HANDBUCH DER PHYSIK

UNTER REDAKTIONELLER MITWIRKUNG VON

R. GRAMMEL-STUTTGART · F. HENNING-BERLIN
H. KONEN-BONN · H. THIRRING-WIEN · F. TRENDELENBURG-BERLIN
W. WESTPHAL-BERLIN

HERAUSGEGEBEN VON

H. GEIGER UND KARL SCHEEL

BAND XVI

APPARATE UND MESSMETHODEN FÜR
ELEKTRIZITÄT UND MAGNETISMUS

BERLIN
VERLAG VON JULIUS SPRINGER
1927

APPARATE UND MESSMETHODEN FÜR ELEKTRIZITÄT UND MAGNETISMUS

BEARBEITET VON

E. ALBERTI · G. ANGENHEISTER · E. BAARS · E. GIEBE
A. GÜNTHERSCHULZE · E. GUMLICH · W. JAEGER · F. KOTTLER
W. MEISSNER · G. MICHEL · H. SCHERING · R. SCHMIDT
W. STEINHAUS · H. v. STEINWEHR · S. VALENTINER

REDIGIERT VON W. WESTPHAL

MIT 623 ABBILDUNGEN

BERLIN
VERLAG VON JULIUS SPRINGER
1927

ISBN-13:978-3-642-88920-2   e-ISBN-13:978-3-642-90775-3
DOI: 10.1007/978-3-642-90775-3

ALLE RECHTE, INSBESONDERE DAS DER ÜBERSETZUNG
IN FREMDE SPRACHEN, VORBEHALTEN.
COPYRIGHT 1927 BY JULIUS SPRINGER IN BERLIN.
SOFTCOVER REPRINT OF THE HARDCOVER 1ST EDITION 1927

Inhaltsverzeichnis.

Kapitel 1.
Die elektrischen Maßsysteme und Normalien. Von Professor Dr. W. Jaeger, Berlin. (Mit 14 Abbildungen.) 1
- a) Absolute Einheiten 1
- b) Die internationalen (empirischen) Einheiten 13
- c) Die gesetzlichen elektrischen Normale 24
- d) Konstanz der elektrischen Grundeinheiten 38
- e) Beziehung der internationalen, empirischen Einheiten zu den absoluten elektrischen Einheiten. — Absolute Ohmbestimmungen und Messung der absoluten Stromstärke 40
- f) Kritische Geschwindigkeit 59

Kapitel 2.
Allgemeines und Technisches über elektrische Messungen. Von Professor Dr. W. Jaeger, Berlin. (Mit 23 Abbildungen.) 60

Kapitel 3.
Auf Influenz- und Reibungs-Elektrizität beruhende Apparate und Geräte. Von Dr. Gerhard Michel, Berlin. (Mit 8 Abbildungen.) 76
- a) Elektrisierung durch Reibung 76
- b) Auf Influenz beruhende Apparate und Geräte 79

Kapitel 4.
Auf der Induktion beruhende Apparate. Von Professor Dr. S. Valentiner, Clausthal. (Mit 33 Abbildungen.) 87
- a) Die Theorie des Funkeninduktors 88
- b) Technische Einzelheiten des Funkeninduktors 100
- c) Apparate zur Erzeugung von Stromstößen 113
- d) Apparate für besondere Zwecke 118

Kapitel 5.
Elektrische Ventile, Gleichrichter, Verstärkerröhren, Relais. Von Professor Dr. A. Güntherschulze, Berlin. (Mit 52 Abbildungen.) 121
- a) Allgemeine Eigenschaften der Ventile 121
- b) Die einzelnen Gleichrichter 136
  - α) Mechanische Gleichrichter 136
  - β) Trockenplattengleichrichter 139
  - γ) Elektrolytgleichrichter 140
  - δ) Gasentladungsgleichrichter 143
- c) Detektoren 153
- d) Schaltrelais 162

Kapitel 6.
Telephon und Mikrophon. Von Dr. Walther Meissner, Berlin. (Mit 22 Abbildungen.) 167
- a) Allgemeines 167
- b) Theoretische Grundlagen 169
- c) Elektromagnetische und elektrodynamische Telephone und Lautsprecher . 171
- d) Durch elektrische Kräfte wirksame Telephone und Lautsprecher 184
- e) Thermophone und ähnliche elektrisch betriebene Schallsender 192
- f) Kohlemikrophone 193
- g) Elektromagnetische und elektrodynamische Telephone als Mikrophone . 196
- h) Durch elektrische Kräfte wirksame Mikrophone 198
- i) Mikrophone unter Verwendung von Flüssigkeit und Gas 200

Kapitel 7.
Schwingung und Dämpfung in Meßgeräten und elektrischen Stromkreisen. Von Professor Dr. W. Jaeger, Berlin. (Mit 24 Abbildungen.) 201
- a) Allgemeines 201
- b) Eigenschwingungen: $\frac{d^2 x}{d\tau^2} + 2\alpha \frac{dx}{d\tau} + x = 0$ 204
- c) Erzwungene Schwingungen: $\frac{d^2 x}{d\tau^2} + 2\alpha \frac{dx}{d\tau} + x = \varphi(\tau)$ 213
- d) Zusammenstellung einiger Größen und Gleichungen 223

Kapitel 8.
Elektrostatische Meßinstrumente. Von Professor Dr. Friedrich Kottler, Wien. (Mit 40 Abbildungen.) 225
- a) Blättchenelektrometer 226
- b) Faden- und Saitenelektrometer 234
- c) Nadelelektrometer 239
- d) Quadrantenelektrometer 240
- e) Absolute Elektrometer 248
- f) Sonstige Elektrometer 251

Kapitel 9.
Elektrodynamische Meßinstrumente. Von Dr. Rudolf Schmidt, Berlin. (Mit 63 Abbildungen.) 253
- I. Nadelinstrumente 254
  - a) Bussolen, Galvanometer 254
  - b) Weicheisen- (Dreheisen-) Instrumente 267
- II. Drehspul-, Saiten- und Schleifeninstrumente mit permanentem Magneten . . 269
  - a) Drehspulgalvanometer mit Spiegelablesung 269
  - b) Drehspul-Zeigerinstrumente. Amperestundenzähler 277
  - c) Saiten- und Schleifengalvanometer 284
- III. Dynamometrische Instrumente 287
  - a) Elektrodynamometer, Stromwagen 287
  - b) Dynamometrische Zeigerinstrumente. Wattstundenzähler 291
- IV. Induktionsinstrumente 301

Kapitel 10.
Schwingungsinstrumente. Von Professor Dr. H. Schering, Charlottenburg. (Mit 26 Abbildungen.) 304
- a) Vibrationsgalvanometer 304
- b) Zungenfrequenzmesser 322
- c) Oszillograph 324

Kapitel 11.
Auf thermischer Grundlage beruhende Meßinstrumente. Von Professor Dr. A. Güntherschulze, Berlin. (Mit 14 Abbildungen.) 331

Kapitel 12.
Auf elektrolytischer Wirkung beruhende Meßinstrumente. Von Professor Dr. A. Güntherschulze, Berlin. (Mit 9 Abbildungen.) 341
- a) Voltameter 342
- b) Elektrolytzähler und Kapillarelektrometer 348

Kapitel 13.
Meßwandler. Von Professor Dr. H. Schering, Charlottenburg. (Mit 8 Abbildungen.) 355

Kapitel 14.
Messung des Stromes, der Spannung, der Elektrizitätsmenge, der Leistung und der Arbeit. (Mit 47 Abbildungen.) 368
- I. Gleichstrom. Von Dr. R. Schmidt, Berlin 368
  - a) Messung der Stromstärke 368
  - b) Messung der Spannung 375
  - c) Gleichstromleistung 379
  - d) Gleichstromarbeit 380
  - e) Elektrizitätsmenge 380

Inhaltsverzeichnis.

II. Wechselstrom 384
   a) Messungen mit anzeigenden Instrumenten (außer Elektrometern). Von Dr. R. Schmidt, Berlin 384
   b) Messungen mit dem Elektrometer. Von Professor Dr. H. Schering, Charlottenburg 393
   c) Nullmethoden. Von Professor Dr. H. Schering, Charlottenburg 397
   d) Hochspannungsmessungen. Von Professor Dr. A. Güntherschulze, Berlin 405

Kapitel 15.
Elektrometrie. Von Professor Dr. A. Güntherschulze, Berlin. (Mit 4 Abbildungen.) 415

Kapitel 16.
Widerstände und Widerstandsapparate. Von Professor Dr. H. v. Steinwehr, Berlin. (Mit 23 Abbildungen.) 424
   a) Allgemeines über Widerstände 424
   b) Widerstandskombinationen 432

Kapitel 17.
Methoden zur Messung des elektrischen Widerstands. Von Professor Dr. H. v. Steinwehr, Berlin. (Mit 21 Abbildungen.) 445

Kapitel 18.
Kondensatoren und Induktivitätsspulen. Von Professor Dr. Erich Giebe, Berlin. (Mit 10 Abbildungen.) 470
   a) Allgemeine Eigenschaften von Kondensatoren und Gesichtspunkte für die Herstellung von Normalen 470
   b) Luftkondensatoren 473
   c) Glimmerkondensatoren 479
   d) Papier- und Glas-Ölkondensatoren 482
   e) Allgemeine Eigenschaften von Spulen und Gesichtspunkte für die Herstellung von Induktivitätsnormalen 482
   f) Selbstinduktivitätsnormale 488
   g) Normale der Gegeninduktivität 492
   h) Stetig veränderbare Induktivitäten 493

Kapitel 19.
Messung von Kapazitäten und Induktivitäten. Von Professor Dr. Erich Giebe, Berlin. (Mit 25 Abbildungen.) 495
   a) Maßeinheiten. Übersicht über die Meßmethoden. Historisches 495
   b) Die Wheatstonesche Brücke bei Wechselstrom 498
   c) Kapazitätsbestimmung aus Widerstand und Zeit (Frequenz) 508
   d) Vergleichung von Kapazitäten 512
   e) Messung sehr kleiner Kapazitäten 516
   f) Messung der Kapazität oder der Zeitkonstante großer Drahtwiderstände . 518
   g) Selbstinduktivitätsbestimmung aus Widerstand und Zeit (Frequenz) . . . 519
   h) Vergleichung von Selbstinduktivitäten 520
   i) Bestimmung von Selbstinduktivitäten aus Kapazitäten 523
   k) Messung sehr kleiner Selbstinduktivitäten 530
   l) Messung der Induktivität oder Zeitkonstanten von Drahtwiderständen . . 531
   m) Gegeninduktivitätsbestimmung aus Widerstand und Zeit (Frequenz) . . . 532
   n) Vergleichung von Gegeninduktivitäten 532
   o) Vergleichung von Gegeninduktivitäten mit Selbstinduktivitäten 534
   p) Bestimmung von Gegeninduktivitäten aus Kapazitäten 537

Kapitel 20.
Messung der Dielektrizitätskonstanten und des Dipolmomentes. Von Professor Dr. A. Güntherschulze, Berlin. (Mit 9 Abbildungen.) 540
   a) Allgemeines 540
   b) Die Bestimmung der Dielektrizitätskonstanten von festen Körpern . . . 541
   c) Die Bestimmung der Dielektrizitätskonstanten von Flüssigkeiten 543
   d) Die Bestimmung der Dielektrizitätskonstanten von Gasen und Dämpfen . 550
   e) Messung des Dipolmomentes 551

Inhaltsverzeichnis.

Kapitel 21.
Erzeugung elektrischer Schwingungen. Von Dr. Egon Alberti, Berlin. (Mit 15 Abbildungen.) 553
    I. Umwandlung einer unperiodischen Energie in Energie elektrischer Schwingungen 553
   II. Schwingungsformen 557
      a) Elektrischer Lichtbogen 557
      b) Röhrensender 561
      c) Glimmlampe 563

Kapitel 22.
Wellenmesser und Frequenznormale. Von Dr. Egon Alberti, Berlin. (Mit 13 Abbildungen.) 565

Kapitel 23.
Meßmethoden bei elektrischen Schwingungen. Von Dr. Egon Alberti, Berlin. (Mit 18 Abbildungen.) 572
      a) Frequenzmessung 572
      b) Messung des Dämpfungsdekrementes und des Wirkwiderstandes von Schwingungskreisen 577
      c) Leistungs- und Verlustmessungen 586
      d) Aufnahme und Analyse von Schwingungskurven 589

Kapitel 24.
Elektrochemische Messungen. Von Dr. E. Baars, Marburg (Lahn). (Mit 44 Abbildungen.) 594
    I. Leitfähigkeit von Elektrolyten 594
      a) Wechselstrommethode 594
      b) Gleichstrommethoden (und sonstige) 614
      c) Einige Anwendungen 617
   II. Überführungszahl und Ionenbeweglichkeit 623
      a) Analytische Methode 623
      b) Methode der wandernden Grenzfläche 630
  III. Elektrochemische Potentiale 634
      a) Allgemeine Grundlagen der Messung 634
      b) Messung von Ruhepotentialen 651
      c) Potentiale arbeitender Elektroden 662
      d) Die wichtigsten Anwendungen 672

Kapitel 25.
Messungen an para- und diamagnetischen Stoffen. Von Dr. W. Steinhaus, Berlin. (Mit 8 Abbildungen.) 679

Kapitel 26.
Messungen an ferromagnetischen Stoffen. Von Professor Dr. E. Gumlich, Berlin. (Mit 27 Abbildungen.) 688
      a) Allgemeines 688
      b) Magnetometrische Methode 690
      c) Ballistische und andere Methoden 708
      d) Messung kleiner Induktionen 729
      e) Messung hoher Induktionen 731
      f) Verlustmessung 739
      g) Induktionsmessung bei Wechselstromfeldern 747

Kapitel 27.
Herstellung und Ausmessung magnetischer Felder. Von Professor Dr. E. Gumlich, Berlin. (Mit 7 Abbildungen.) 750
      a) Herstellung magnetischer Felder 750
      b) Messung magnetischer Felder 756

Kapitel 28.
Erdmagnetische Messungen. Von Professor Dr. G. Angenheister, Potsdam. (Mit 16 Abbildungen.) 764
      a) Allgemeines 764
      b) Wirkungsweise permanenter Magnete 766
      c) Messung des erdmagnetischen Feldvektors und seiner zeitlichen Änderung . 774
      d) Analyse der Beobachtungen 790

Sachverzeichnis 796

Allgemeine physikalische Konstanten
(September 1926)[1].

a) Mechanische Konstanten.

Gravitationskonstante	$6{,}6_5 \cdot 10^{-8}$ dyn $\cdot$ cm$^2 \cdot$ g^{-2}
Normale Schwerebeschleunigung	$980{,}665$ cm $\cdot$ sec^{-2}
Schwerebeschleunigung bei 45° Breite	$980{,}616$ cm $\cdot$ sec^{-2}
1 Meterkilogramm (mkg)	$0{,}980665 \cdot 10^3$ erg
Normale Atmosphäre (atm)	$1{,}01325_3 \cdot 10^6$ dyn $\cdot$ cm^{-2}
Technische Atmosphäre	$0{,}980665 \cdot 10^6$ dyn $\cdot$ cm^{-2}
Maximale Dichte des Wassers bei 1 atm	$0{,}999973$ g $\cdot$ cm^{-3}
Normales spezifisches Gewicht des Quecksilbers	$13{,}5955$

b) Thermische Konstanten.

Absolute Temperatur des Eispunktes	$273{,}2_0$°
Normales Litergewicht des Sauerstoffes	$1{,}42900$ g $\cdot$ l^{-1}
Normales Molvolumen idealer Gase	$22{,}414_5 \cdot 10^3$ cm^3
Gaskonstante für ein Mol	$0{,}8204_5 \cdot 10^2$ cm^3-atm $\cdot$ grad^{-1}
	$0{,}8313_2 \cdot 10^8$ erg $\cdot$ grad^{-1}
	$0{,}8309_0 \cdot 10^1$ int joule $\cdot$ grad^{-1}
	$1{,}985_8$ cal $\cdot$ grad^{-1}
Energieäquivalent der 15°-Kalorie (cal)	$4{,}184_2$ int joule
	$1{,}1623 \cdot 10^{-6}$ int k-watt-st
	$4{,}186_3 \cdot 10^7$ erg
	$4{,}268_8 \cdot 10^{-1}$ mkg

c) Elektrische Konstanten.

1 internationales Ampere (int amp)	$1{,}0000_0$ abs amp
1 internationales Ohm (int ohm)	$1{,}0005_0$ abs ohm
Elektrochemisches Äquivalent des Silbers	$1{,}11800 \cdot 10^{-3}$ g $\cdot$ int coul^{-1}
Faraday-Konstante für ein Mol und Valenz 1	$0{,}9649_4 \cdot 10^5$ int coul
Ionisier.-Energie/Ionisier.-Spannung	$0{,}9649_4 \cdot 10^5$ int joule $\cdot$ int volt^{-1}

d) Atom- und Elektronenkonstanten.

Atomgewicht des Sauerstoffs	$16{,}000$
Atomgewicht des Silbers	$107{,}88$
LOSCHMIDTsche Zahl (für 1 Mol)	$6{,}06_1 \cdot 10^{23}$
BOLTZMANNsche Konstante k	$1{,}372 \cdot 10^{-16}$ erg $\cdot$ grad^{-1}
$1/_{16}$ der Masse des Sauerstoffatoms	$1{,}650 \cdot 10^{-24}$ g
Elektrisches Elementarquantum e	$1{,}592 \cdot 10^{-19}$ int coul
	$4{,}77_4 \cdot 10^{-10}$ dyn$^{1/2} \cdot$ cm
Spezifische Ladung des ruhenden Elektrons e/m	$1{,}76_8 \cdot 10^8$ int coul $\cdot$ g^{-1}
Masse des ruhenden Elektrons m	$9{,}02 \cdot 10^{-28}$ g
Geschwindigkeit von 1-Volt-Elektronen	$5{,}94_5 \cdot 10^7$ cm $\cdot$ sec^{-1}
Atomgewicht des Elektrons	$5{,}46 \cdot 10^{-4}$

e) Optische und Strahlungskonstanten.

Lichtgeschwindigkeit (im Vakuum)	$2{,}998_5 \cdot 10^{10}$ cm $\cdot$ sec^{-1}
Wellenlänge der roten Cd-Linie (1 atm, 15° C)	$6438{,}470_0 \cdot 10^{-8}$ cm
RYDBERGsche Konstante für unendl. Kernmasse	$109737{,}1$ cm^{-1}
SOMMERFELDsche Konstante der Feinstruktur	$0{,}729 \cdot 10^{-2}$
STEFAN-BOLTZMANNsche Strahlungskonstante σ	$5{,}7_5 \cdot 10^{-12}$ int watt $\cdot$ cm$^{-2} \cdot$ grad^{-4}
	$1{,}37_4 \cdot 10^{-12}$ cal $\cdot$ cm$^{-2} \cdot$ sec$^{-1} \cdot$ grad^{-4}
Konstante des WIENschen Verschiebungsgesetzes	$0{,}288$ cm $\cdot$ grad
WIEN-PLANCKsche Strahlungskonstante c_2	$1{,}43$ cm $\cdot$ grad

f) Quantenkonstanten.

PLANCKsches Wirkungsquantum h	$6{,}55 \cdot 10^{-27}$ erg $\cdot$ sec
Quantenkonstante für Frequenzen $\beta = h/k$	$4{,}77_5 \cdot 10^{-11}$ sec $\cdot$ grad
Durch 1-Volt-Elektronen angeregte Wellenlänge	$1{,}233 \cdot 10^{-4}$
Radius der Normalbahn des H-Elektrons	$0{,}529 \cdot 10^{-8}$ cm

---

[1] Erläuterungen und Begründungen s. Bd. II d. Handb. Kap. 10, S. 487—518.

Kapitel 1.

Die elektrischen Maßsysteme und Normalien.

Von

W. JAEGER, Charlottenburg.

Mit 14 Abbildungen.

1. Allgemeines. Die Resultate der elektrischen Messungen werden heute in der Regel in den sog. **internationalen praktischen Einheiten** (intern. Ohm, Ampere usw.) ausgedrückt. Diese Einheiten beruhen auf dem MAXWELLschen elektromagnetischen Maßsystem, sind aber nicht die „absoluten" Einheiten dieses Systems selbst, die durch die mechanischen Grundmaße der Masse, Länge und Zeit dargestellt werden, sondern es sind die durch internationale **empirische Festsetzungen** (Quecksilbernormale, Ziff. 24, und Silbervoltameter, Ziff. 27) vereinbarten Einheiten, die aber so gewählt wurden, daß sie den absoluten Einheiten möglichst nahekommen. Man hat also zu unterscheiden zwischen dem absoluten und dem internationalen Ampere usw. (vgl. Ziff. 15 und 35). Die Zurückführung der Messungen auf die internationalen Einheiten erfolgt in der Praxis durch Normalwiderstände und Normalelemente (vgl. Ziff. 20 und 28). Als **magnetische Einheiten** werden dagegen **die absoluten** auf cm, g, sec bezogenen Einheiten des elektromagnetischen Maßsystems benutzt (GAUSS, MAXWELL).

Außer dem elektromagnetischen Maßsystem finden bekanntlich in der Elektrizitätslehre auch noch andere Maßsysteme Verwendung, die sich von dem elektromagnetischen System durch andere „Dimensionen" unterscheiden, nämlich das elektrostatische und das GAUSSsche System. Aber auch innerhalb der Systeme von gleicher Dimension entstehen noch Unterschiede in den Zahlenfaktoren, einmal durch die verschiedenen Definitionen der Einheiten hinsichtlich des Faktors 4π, andererseits dadurch, daß für Länge, Masse und Zeit cm, g, sec (CGS-System) oder mm, mg, sec oder andere von ihnen abgeleitete Größen verwendet werden (s. Ziff. 10). Für das Verhältnis der Einheiten, die in verschieden dimensionierten Systemen ausgedrückt sind, spielt die kritische Geschwindigkeit (Lichtgeschwindigkeit) eine wesentliche Rolle (vgl. Ziff. 12 u. 36).

Im folgenden sollen zunächst die verschiedenen Maßsysteme näher besprochen werden; dabei sei auf die allgemeine Darstellung des absoluten Maßsystems in Bd. II ds. Handb. hingewiesen.

a) Absolute Einheiten.

2. Dimensionen der absoluten Einheiten. Die elektrischen und magnetischen Größen werden wie die mechanischen Größen (s. ds. Handb. Bd. II, Kap. 1) auf die Grundmaße von Länge (L), Masse (M) und Zeit (T) zurückgeführt, und die entsprechenden Einheiten werden dann im Gegensatz zu rein empirischen Einheiten als „absolute" Einheiten (Ziff. 3 ff.) bezeichnet. Die sog. „Dimensionen" der betreffenden Größen, d. h. die mit Potenzen versehenen Grundmaße (L, M, T) werden durch eckige Klammern gekennzeichnet. Z. B. ist eine Geschwindigkeit gleich einer Länge dividiert durch eine Zeit, also ihre Dimension ist $[LT^{-1}]$. Meist wird den Einheiten das Zentimeter-Gramm-Sekunden-System (CGS-System) zugrunde gelegt, so daß also z. B. die Geschwindigkeitseinheit gleich 1 $[\text{cm sec}^{-1}]$ zu setzen ist.

Um nun die Dimensionen der elektrischen und magnetischen Einheiten abzuleiten, muß man auf die Kräftewirkungen der elektrischen und magnetischen Größen zurückgehen, bzw. die Energiegleichungen zu Hilfe nehmen. Die Verkettung der elektrischen und magnetischen Größen endlich wird durch die beiden MAXWELLschen Gleichungen dargestellt (Ziff. 5 und 13).

Es sei deshalb zunächst daran erinnert, daß die Kraft (= Masse × Beschleunigung) die Dimension $[MLT^{-2}]$ besitzt; die Einheit der Kraft im CGS-System ist das Dyn = 1 $[\text{cm g sec}^{-2}]$. Diese Einheit entspricht dem Gewicht von 1,01972 · 10⁻³ g am Ort normaler Schwere (980,665 cm sec⁻²), d. h. ungefähr dem Gewicht von 1 mg an der Erdoberfläche.

Ferner hat die Energie (= Kraft × Weg) oder Arbeit die Dimension $[ML^2T^{-2}]$; im CGS-System ist ihre Einheit das Erg = 1 $[\text{g cm}^2 \text{sec}^{-2}]$ und entspricht der Arbeit von 1,01972 · 10⁻⁸ kgm am Ort normaler Schwere, d. h. annähernd der Arbeit, die aufgewendet werden muß, um an der Erdoberfläche 1 mg um 1 cm zu heben.

Tabelle 1. Mechanische Einheiten.

Bezeichnung	Dimension	Einheit im CGS-System	
Kraft	$[MLT^{-2}]$	Dyn	$[\text{g cm sec}^{-2}]$
Energie . . .	$[ML^2T^{-2}]$	Erg	$[\text{g cm}^2\text{sec}^{-2}]$
Energiedichte.	$[ML^{-1}T^{-2}]$	Erg/cm³	$[\text{g cm}^{-1}\text{sec}^{-2}]$
Leistung . . .	$[ML^2T^{-3}]$	Erg/sec	$[\text{g cm}^2\text{sec}^{-3}]$

In Betracht kommt auch noch die Energiedichte oder die Energie in der Volumeinheit (= Energie/Volumen); diese Größe hat also die Dimension $[ML^{-1}T^{-2}]$ und ihre Einheit ist 1 Erg/cm³ = 1 $[\text{g cm}^{-1}\text{sec}^{-2}]$. Schließlich ist noch die Leistung (= Arbeit in der Zeiteinheit) von der Dimension $[ML^2T^{-3}]$ zu erwähnen; ihre Einheit im CGS-System ist Erg/sec = 1 $[\text{g cm}^2 \text{sec}^{-3}]$.

In Tabelle 1 sind diese oft gebrauchten mechanischen Größen tabellarisch zusammengestellt.

3. Elektrische und magnetische absolute Einheiten. Zur Ableitung der Dimensionen der absoluten elektrischen und magnetischen Einheiten seien zunächst nur die folgenden Größen betrachtet:

Elektrische Größen:

e = Elektrizitätsmenge (wahre) oder elektrische Ladung,
$\mathfrak{E}$ = Elektrische Feldstärke (Kraftliniendichte),
$\mathfrak{D}$ = Dielektrische Verschiebung [$\mathfrak{D} = \varepsilon \mathfrak{E}$][1]),
ε = Dielektrizitätskonstante.
(1)

Magnetische Größen:

m = Magnetische Masse[2]),
$\mathfrak{H}$ = Magnetische Feldstärke,
$\mathfrak{B}$ = Magnetische Induktion ($\mathfrak{B} = \mu \mathfrak{H}$),
μ = Permeabilität.
(2)

---

[1]) Vielfach wird auch $\mathfrak{D} = \varepsilon \mathfrak{E}/4\pi$ gesetzt; für die Ableitung der Dimensionen führen aber beide Ausdrücke zum gleichen Resultat.

[2]) Die magnetische Masse kommt in Wirklichkeit nie isoliert vor, da auch die kleinsten magnetischen Teilchen gleichviel positiven und negativen Magnetismus enthalten.

Zwischen diesen Größen bestehen nun innerhalb jeder Gruppe folgende Kraft- und Energiegleichungen; es seien hierbei zunächst die elektrischen Größen e, $\mathfrak{E}$, ε betrachtet:

Nach dem COULOMBschen Anziehungsgesetz, durch welches die Einheit der elektrischen Ladung definiert wird (vgl. Bd. XII), ist analog wie bei den mechanischen Massen:

$$\frac{e^2}{\varepsilon L^2} = \text{Kraft}. \tag{3}$$

Hierbei bedeutet L den Abstand zweier gleich großer ungleichnamiger Elektrizitätsmengen. Ferner ist auch

$$e\mathfrak{E} = \text{Kraft}, \tag{4}$$

und endlich

$$\varepsilon \mathfrak{E}^2 = \mathfrak{E}\mathfrak{D} = \text{Energiedichte}. \tag{5}$$

Setzt man hierbei von vornherein ε als dimensionslos voraus, so erhält man die Größen e, $\mathfrak{E}$ und $\mathfrak{D}$ sogleich im elektrostatischen Maßsystem (s. Ziff. 9). Es wird die Dimension von

$$[e] = \left[L\sqrt{\text{Kraft}}\right] = [M^{1/2} L^{3/2} T^{-1}] \text{ [aus Gleichung (3)]}, \tag{6}$$

$$[\mathfrak{E}] = [\mathfrak{D}] = \left[\frac{\text{Kraft}}{e}\right] = \left[\frac{\sqrt{\text{Kraft}}}{L}\right] = [M^{1/2} L^{-1/2} T^{-1}] \text{ [aus Gleichung (4)]}. \tag{7}$$

Die dritte Gleichung ist dadurch auch erfüllt, da $\mathfrak{E}^2 = [\text{Kraft}/L^2] = [\text{Energie}/L^3]$ wird, also die Dimension der Energiedichte erhält.

In ganz analoger Weise hat man bei den magnetischen Größen m, $\mathfrak{H}$ und μ zu verfahren. Es gelten hier die entsprechenden Beziehungen:

$$\frac{m^2}{\mu L^2} = \text{Kraft}. \tag{8}$$

$$m\mathfrak{H} = \text{Kraft}. \tag{9}$$

$$\mu \mathfrak{H}^2 = \mathfrak{H}\mathfrak{B} = \text{Energiedichte}. \tag{10}$$

Setzt man in diesen Gleichungen von vornherein μ als dimensionslos voraus, so erhält man die Größen m, $\mathfrak{H}$, $\mathfrak{B}$ im magnetischen bzw. elektromagnetischen System (s. Ziff. 9) und findet dann die folgenden Dimensionen:

$$[m] = \left[L\sqrt{\text{Kraft}}\right] = [M^{1/2} L^{3/2} T^{-1}] \text{[aus Gleichung (8)]}. \tag{11}$$

$$[\mathfrak{H}] = [\mathfrak{B}] = \left[\frac{\sqrt{\text{Kraft}}}{L}\right] = [M^{1/2} L^{-1/2} T^{-1}] \text{ [aus Gleichung (9)]}, \tag{12}$$

während Gleichung (10) wieder von selbst erfüllt ist.

Die elektrischen Größen e, $\mathfrak{E}$, $\mathfrak{D}$, ε haben also im elektrostatischen System dieselben Dimensionen wie die magnetischen Größen m, $\mathfrak{H}$, $\mathfrak{B}$, μ im elektromagnetischen System. Die Dielektrizitätskonstante ε im elektrostatischen und die Permeabilität μ im elektromagnetischen System sind dabei beide dimensionslos und haben außerdem im Vakuum den Wert 1.

Die Einheiten der betrachteten elektrischen und magnetischen Größen im elektrostatischen bzw. elektromagnetischen CGS-System erhält man nun, wenn man in den Gleichungen (6), (7), (11), (12) Dyn für Kraft setzt, ferner cm für L, g für M und sek für T, und wenn man den Proportionalitätsfaktor, der den Gleichungen eigentlich noch zugesetzt werden müßte, gleich 1 annimmt. Z. B. ist im elektrostatischen System die

$$\text{Einheit der Elektrizitätsmenge} = 1\,[\text{cm}\sqrt{\text{Dyn}}] = 1\,[\text{g}^{1/2}\text{cm}^{3/2}\text{sec}^{-1}].$$

Aus den Beziehungen (6) und (7), bzw. (11) und (12), kann man die Dimensionen der anderen elektrischen Größen (Stromstärke, Spannung usw.) im elektrostatischen System und die anderen magnetischen Größen (magn. Fluß usw.) im elektromagnetischen System leicht ableiten. Um weiter die Dimensionen der elektrischen Größen im elektromagnetischen System und diejenigen der magnetischen Größen im elektrostatischen System zu erhalten, muß man die MAXWELLschen Verkettungsgleichungen (Ziff. 5) oder die POYNTINGsche Strahlungsgleichung benutzen. Im GAUSSschen System endlich ist sowohl ε wie μ dimensionslos gesetzt.

Ehe aber auf diese Ableitung der übrigen Dimensionen näher eingegangen wird (vgl. Ziff. 6ff.), sollen die bisher aufgestellten Dimensionen in allgemeinerer Form aufgestellt werden, indem die Größen ε und μ nicht von vornherein als dimensionslos angenommen, sondern zunächst offen gelassen werden[1]). Je nachdem man dabei von den elektrischen oder magnetischen Maßen ausgeht, erhält man das elektrische oder das magnetische System.

4. Dimensionsgleichungen in allgemeinster Form. (Elektrisches System.) Wenn man bei den elektrischen Größen der Dielektrizitätskonstante eine zunächst unbestimmt gelassene Dimension $[\varepsilon]$ zuteilt, so erhält man aus Gleichung (3) für die Dimension der Elektrizitätsmenge:

$$[e] = \left[L \sqrt{\varepsilon \cdot \text{Kraft}} \right] = [M^{1/2} L^{3/2} T^{-1} \varepsilon^{1/2}], \qquad (13)$$

ferner aus Gleichung (4) für die Dimension der Feldstärke:

$$[\mathfrak{E}] = \left[\frac{\text{Kraft}}{e} \right] = \left[\frac{\sqrt{\text{Kraft}}}{L \sqrt{\varepsilon}} \right] = [M^{1/2} L^{-1/2} T^{-1} \varepsilon^{-1/2}]. \qquad (14)$$

Für die Dimension der dielektrischen Verschiebung folgt wegen $\mathfrak{D} = \varepsilon \mathfrak{E}$

$$[\mathfrak{D}] = [\varepsilon \mathfrak{E}] = [M^{1/2} L^{-1/2} T^{-1} \varepsilon^{1/2}]. \qquad (15)$$

Gleichung (5) ist wieder von selbst erfüllt. Wird ε dimensionslos gesetzt, so erhält man aus Gleichung (13), (14), (15) die früher (Ziff. 3) abgeleiteten Dimensionen der Gleichungen (6) und (7).

Die Dimensionen der übrigen elektrischen Größen findet man dann in folgender Weise:

Für die Stromstärke J gilt die Beziehung

$$J = \frac{de}{dt}. \qquad (16)$$

Da die Differentiation nach t für die Dimension eine Division durch eine Zeit bedeutet, so erhält man als Dimension

$$[J] = \left[\frac{e}{T} \right] = [M^{1/2} L^{3/2} T^{-2} \varepsilon^{1/2}]. \qquad (17)$$

Für das Potential φ oder die Spannung hat man zu setzen:

$$\mathfrak{E} = -\nabla \varphi. \qquad (18)$$

Die vektorielle Operation ∇, wie auch die Operationen divergenz und rotor entsprechen einer Differentiation der Größe nach einer Länge, für die Dimension daher einer Division durch eine Länge. Somit ist die Dimension der Spannung:

$$[\varphi] = [\mathfrak{E} L] = [M^{1/2} L^{1/2} T^{-1} \varepsilon^{-1/2}]. \qquad (19)$$

---

[1]) Vgl. M. ABRAHAM u. A. FÖPPL, Einführung in die Maxwellsche Theorie der Elektrizität, 4. Aufl. § 61, Tabelle S. 236—237. Leipzig u. Berlin: B. G. Teubner 1912.

Der Ohmsche Widerstand R ist der Quotient aus Spannung durch Stromstärke:

$$R = \frac{\varphi}{J}, \tag{20}$$

so daß für die Dimension folgt:

$$[R] = [L^{-1} T \varepsilon^{-1}]. \tag{21}$$

Mit R ist der spezifische Widerstand r verbunden durch die Beziehung R gleich $r \cdot \frac{\text{Länge}}{\text{Querschnitt}}$, d. h. es ist die Dimension

$$[r] = [RL] = [T \varepsilon^{-1}]. \tag{22}$$

Die elektrische Leitfähigkeit σ ist das Reziproke von r; man erhält also

$$[\sigma] = \left[\frac{1}{r}\right] = [T^{-1} \varepsilon]. \tag{23}$$

Die Stromdichte i ist gleich der Stromstärke dividiert durch den Querschnitt, andererseits auch gleich Leitfähigkeit×elektr. Feldstärke. Die Dimension der Stromdichte ergibt sich daher als:

$$[i] = \left[\frac{J}{L^2}\right] = [\sigma \mathfrak{E}] = [M^{1/2} L^{-1/2} T^{-2} \varepsilon^{1/2}]. \tag{24}$$

Die Kapazität C, die mit einer Elektrizitätsmenge e aufgeladen ist, hat die Spannung φ, so daß man erhält:

$$[C] = \left[\frac{e}{\varphi}\right] = [L \varepsilon]. \tag{25}$$

Die Menge der freien Elektrizität e' wird definiert durch das Potential fingierter elektrischer Ladungen, die sich im Abstand L von der Stelle befinden, für die das Potential zu berechnen ist. Man hat daher die Beziehung:

$$\frac{e'}{L} = \varphi, \tag{26}$$

so daß man für die Dimension von e' erhält [s. Gleichung (19)]:

$$[e'] = [L \varphi] = [M^{1/2} L^{3/2} T^{-1} \varepsilon^{-1/2}]. \tag{27}$$

5. Verkettung der elektrischen und magnetischen Größen. Um aus den vorstehend abgeleiteten Dimensionen der elektrischen Größen die Dimensionen der magnetischen Größen (m, $\mathfrak{H}$, $\mathfrak{B}$, μ usw.) zu berechnen, muß man den POYNTINGschen Satz oder die MAXWELLschen Gleichungen zu Hilfe nehmen. Diese lauten in der Differentialform für ruhende Körper, wenn k eine zunächst unbestimmt gelassene Konstante bedeutet:

$$\frac{1}{k} \frac{d\mathfrak{D}}{dt} + \frac{4\pi \sigma \mathfrak{E}}{k} = \operatorname{rot} \mathfrak{H}, \tag{28}$$

$$-\frac{1}{k} \frac{d\mathfrak{B}}{dt} = \operatorname{rot} \mathfrak{E}. \tag{29}$$

Die Konstante k hat für alle Medien denselben Wert.

In der angegebenen Form gelten die Gleichungen auch für das GAUSSsche System, wenn für k die Lichtgeschwindigkeit c gesetzt wird, während sie für das elektrostatische und elektromagnetische System eine etwas andere Form annehmen (Ziff. 13).

In Gleichung (28) hat das zweite Glied linker Seite, durch welches der Strom in metallischen Leitern dargestellt wird, die gleiche Dimension wie das erste

Glied, so daß man sich für die Dimensionsbetrachtungen auf das erste Glied beschränken kann.

Daß die Dimensionen der Gleichung (28) und (29) in Ordnung sind, erkennt man, wenn man die Gleichungen über Kreuz multipliziert. Die Konstante k hebt sich dann fort und man erhält [unter Berücksichtigung des ersten Gliedes von Gleichung (28)] die Ausdrücke $(d\mathfrak{D}/dt)\,\mathrm{rot}\,\mathfrak{E}$ und $(d\mathfrak{B}/dt)\,\mathrm{rot}\,\mathfrak{H}$, deren Dimensionen gleich sind, da sowohl $\mathfrak{D}\mathfrak{E}$ wie $\mathfrak{B}\mathfrak{H}$ die Dimension einer Energiedichte besitzen, siehe Gleichung (5) und (10), Ziffer 3.

Multipliziert man andererseits die linken Seiten der Gleichungen und die rechten Seiten miteinander, so erhält man, da $\mathfrak{D} = \varepsilon\mathfrak{E}$ und $\mathfrak{B} = \mu\mathfrak{H}$ zu setzen ist, eine Beziehung zwischen den drei ihrer Dimension nach zunächst unbestimmt gelassenen Konstanten ε, μ und k.

Die Multiplikation liefert, wenn wieder nur das erste Glied der Gleichung (28) betrachtet wird:

$$-\frac{1}{k^2}\frac{d\varepsilon\mathfrak{E}}{dt}\cdot\frac{d\mu\mathfrak{H}}{dt} = \mathrm{rot}\,\mathfrak{E}\,\mathrm{rot}\,\mathfrak{H}. \tag{30}$$

Für die Dimensionen heben sich die Größen $\mathfrak{E}$ und $\mathfrak{H}$ der linken und rechten Seite weg. Da ferner für die Dimension die Differentiation nach t einer Division durch die Zeit T entspricht und der rotor einer Division durch eine Länge L (vgl. Ziff. 4), so besteht für die Dimensionen von ε, μ und k die Beziehung

$$\left[\frac{k}{\sqrt{\varepsilon\mu}}\right] = \left[\frac{L}{T}\right] = \text{Geschwindigkeit}. \tag{31}$$

Die Größe $k/\sqrt{\varepsilon\mu}$ ist die Geschwindigkeit, mit der sich eine elektromagnetische Störung in einem Isolator fortpflanzt, wie sich aus den Wellengleichungen im Dielektrikum mit den Konstanten μ und ε ergibt. Für das Vakuum ist diese Geschwindigkeit gleich der Lichtgeschwindigkeit zu setzen.

Infolge der Gleichung (31) für ε, μ und k sind nur zwei dieser Größen willkürlich wählbar. Setzt man ε und μ dimensionslos (GAUSSsches System), so wird k eine Geschwindigkeit (Lichtgeschwindigkeit) von der Dimension $[LT^{-1}]$; wenn ε und k dimensionslos gesetzt werden (elektrostatisches System), so erhält μ die Dimension $[L^{-2}T^2]$, und wenn μ und k dimensionslos angenommen werden (elektromagnetisches System), so ergibt sich für ε die Dimension $[L^{-2}T^2]$. Vorläufig sollen aber für die Dimensionen von ε, μ und k noch keine bestimmten Annahmen gemacht werden. Mittels der Gleichungen (28) und (29) sind dann die allgemeinen Dimensionen von $\mathfrak{H}$, $\mathfrak{B}$ usw. abzuleiten.

6. Magnetische Größen des elektrischen Systems ausgedrückt in ε und k. Zunächst erhält man im elektrischen System für die magnetische Feldstärke $\mathfrak{H}$ aus Gleichung (28) die folgende Dimensionsgleichung; (vgl. Gleichung (14), Ziff. 4).

$$[\mathfrak{H}] = \left[\frac{1}{k}\cdot\frac{L}{T}\cdot\varepsilon\mathfrak{E}\right] = [M^{1/2}L^{1/2}T^{-2}\varepsilon^{1/2}k^{-1}]. \tag{32}$$

Ferner findet man aus Gleichung (29) für die Dimension der Permeabilität μ:

$$[\mu] = \left[k\,\frac{T}{L}\,\frac{\mathfrak{E}}{\mathfrak{H}}\right] = [L^{-2}T^2\varepsilon^{-1}k^2]. \tag{33}$$

Die Dimension der magnetischen Induktion $\mathfrak{B}$ ergibt sich aus $\mathfrak{B} = \mu\mathfrak{H}$ zu:

$$[\mathfrak{B}] = [\mu\mathfrak{H}] = [M^{1/2}L^{-3/2}\varepsilon^{-1/2}k]. \tag{34}$$

Weiter folgt für den magnetischen Fluß Φ, der gleich $\mathfrak{B} \times$ Fläche ist:

$$[\Phi] = [\mathfrak{B} L^2] = [M^{1/2} L^{1/2} \varepsilon^{-1/2} k], \tag{35}$$

und für die Änderung des magnetischen Flusses:

$$\left[\frac{d\Phi}{dt}\right] = \left[\frac{\Phi}{T}\right] = [M^{1/2} L^{1/2} T^{-1} \varepsilon^{-1/2} k]. \tag{36}$$

Die Induktivität L' folgt aus der Beziehung[1]):

$$\Phi = \frac{J L'}{k}. \tag{37}$$

Daher ist die Dimension von L':

$$[L'] = \left[\frac{k \Phi}{J}\right] = [L^{-1} T^2 \varepsilon^{-1} k^2]. \tag{38}$$

Der wahre Magnetismus m (nicht vorhanden) folgt aus Gleichung (9), Ziff. 3. $m \mathfrak{H} = $ Kraft. Die Dimension desselben ist daher:

$$[m] = \left[\frac{MLT^{-2}}{\mathfrak{H}}\right] = [M^{1/2} L^{3/2} \varepsilon^{-1/2} k]. \tag{39}$$

Die magnetomotorische Kraft φ_m (Potential des freien Magnetismus) ist aus der Beziehung

$$\varphi_m = \int \mathfrak{H} d\mathfrak{s} \tag{40}$$

abzuleiten, wobei $d\mathfrak{s}$ das Wegelement bedeutet, also eine Länge. Die Dimension von φ_m ist somit:

$$[\varphi_m] = [\mathfrak{H} L] = [M^{1/2} L^{1/2} T^{-2} \varepsilon^{1/2} k^{-1}]. \tag{41}$$

Weiter ergibt sich der freie Magnetismus m' (der von fingierten magnetischen Massen herrührt) aus dem Potential φ_m, da $\varphi_m = m'/L$ ist:

$$[m'] = [L \varphi_m] = [M^{1/2} L^{3/2} T^{-2} \varepsilon^{1/2} k^{-1}]. \tag{42}$$

Das magnetische Moment M' ist gleich einer Länge mal einer magnetischen Masse, hat also die Dimension:

$$[M'] = [mL] = [M^{1/2} L^{5/2} \varepsilon^{-1/2} k]. \tag{43}$$

Die Magnetisierung der Volumeinheit (magn. Intensität) $\mathfrak{J}$ ist gleich dem magnetischen Moment, dividiert durch ein Volumen, also die Dimension derselben:

$$[\mathfrak{J}] = \left[\frac{M'}{L^3}\right] = [M^{1/2} L^{-1/2} \varepsilon^{-1/2} k]. \tag{44}$$

Hiermit sind die Dimensionen der wesentlichsten elektrischen und magnetischen Größen, ausgedrückt in ε und k, abgeleitet. In ganz analoger Weise kann man diese Größen in μ und k ausdrücken, wenn man, statt von den elektrischen, von den magnetischen Größen ausgeht. Darauf soll im folgenden noch kurz eingegangen werden.

7. Magnetische und elektrische Größen des magnetischen Systems, ausgedrückt in μ und k. Zunächst folgt der wahre Magnetismus m aus Gleichung (8), Ziff. 3, so daß man für die Dimension desselben analog wie in Gleichung (13) findet:

$$[m] = [L\sqrt{\mu \cdot \text{Kraft}}] = [M^{1/2} L^{3/2} T^{-1} \mu^{1/2}], \tag{45}$$

---

[1]) Zum Unterschied von der Länge L ist hier die Induktivität mit L' bezeichnet.

und ferner die **magnetische Feldstärke** $\mathfrak{H}$, analog Gleichung (14), aus Gleichung (9)

$$[\mathfrak{H}] = \left[\frac{\text{Kraft}}{m}\right] = [M^{1/2} L^{-1/2} T^{-1} \mu^{-1/2}]. \tag{46}$$

Daraus folgen in der früher angegebenen Weise die übrigen magnetischen Größen; z. B. hat die magnetische Induktion $\mathfrak{B}$ die gleiche Dimension wie die dielektrische Verschiebung $\mathfrak{D}$ in Ziff. 4, wenn man μ statt ε setzt.

Die elektrischen Größen werden aus den magnetischen Größen wieder durch die Verkettungsgleichungen (28) und (29) berechnet. Zunächst folgt aus Gleichung (29), da $\mathfrak{B} = \mu \mathfrak{H}$ ist, für die **elektrische Feldstärke** $\mathfrak{E}$

$$[\mathfrak{E}] = \left[\frac{1}{k}\frac{L}{T}\mu\mathfrak{H}\right] = [M^{1/2} L^{1/2} T^{-2} \mu^{1/2} k^{-1}], \tag{47}$$

also ebenfalls die gleiche Dimension wie diejenige von $\mathfrak{H}$ in Ziff. 6, wenn man μ statt ε setzt.

Die Dimension der Dielektrizitätskonstante ε folgt aus Gleichung (28), in der $\mathfrak{D} = \varepsilon \mathfrak{E}$ zu setzen ist; es wird dabei wieder nur das erste Glied berücksichtigt. Man hat demnach zu setzen:

$$[\varepsilon] = \left[k\frac{T}{L}\frac{\mathfrak{H}}{\mathfrak{E}}\right] = [L^{-2} T^2 \mu^{-1} k^2], \tag{48}$$

erhält also eine Dimension, die derjenigen von μ in Ziff. 6 analog ist. Die weiteren elektrischen Größen ergeben sich dann in der früher in Ziff. 4 bereits angegebenen Weise, so daß darauf hier nicht weiter eingegangen werden soll. Im folgenden (Tab. 2) werden die wichtigsten elektrischen und magnetischen Größen in den beiden allgemeinen Systemen (elektrisches und magnetisches System) zusammengestellt, bei denen über die Dimensionen von ε, μ und k noch nicht verfügt ist.

8. Zusammenstellung der Dimension der elektrischen und magnetischen Größen in allgemeiner Form.

Tabelle 2. Dimensionen in allgemeiner Form.
(Die magnetischen Größen sind durch * gekennzeichnet.)

Bezeichnung	Dimension ausgedrückt in	
	a) ε und k (elektrisches System)	b) μ und k (magnetisches System)
Dielektrizitätskonstante ε	$[\varepsilon]$	$[L^{-2} T^2 \mu^{-1} k^2]$
*Permeabilität μ	$[L^{-2} T^2 \varepsilon^{-1} k^2]$	$[\mu]$
Elektrische Feldstärke $\mathfrak{E}$	$[M^{1/2} L^{-1/2} T^{-1} \varepsilon^{-1/2}]$	$[M^{1/2} L^{1/2} T^{-2} \mu^{1/2} k^{-1}]$
Dielektrische Verschiebung $\mathfrak{D}$	$[M^{1/2} L^{-1/2} T^{-1} \varepsilon^{1/2}]$	$[M^{1/2} L^{-3/2} \mu^{-1/2} k]$
*Magnetische Feldstärke $\mathfrak{H}$	$[M^{1/2} L^{1/2} T^{-2} \varepsilon^{1/2} k^{-1}]$	$[M^{1/2} L^{-1/2} T^{-1} \mu^{-1/2}]$
*Magnetische Induktion $\mathfrak{B}$	$[M^{1/2} L^{-3/2} \varepsilon^{-1/2} k]$	$[M^{1/2} L^{-1/2} T^{-1} \mu^{1/2}]$
Wahre Elektrizitätsmenge e	$[M^{1/2} L^{3/2} T^{-1} \varepsilon^{1/2}]$	$[M^{1/2} L^{1/2} \mu^{-1/2} k]$
Freie Elektrizitätsmenge e'	$[M^{1/2} L^{3/2} T^{-1} \varepsilon^{1/2}]$	$[M^{1/2} L^{5/2} T^{-2} \mu^{1/2} k^{-1}]$
*Wahrer Magnetismus m	$[M^{1/2} L^{1/2} \varepsilon^{-1/2} k]$	$[M^{1/2} L^{3/2} T^{-1} \mu^{1/2}]$
*Freier Magnetismus m'	$[M^{1/2} L^{5/2} T^{-2} \varepsilon^{1/2} k^{-1}]$	$[M^{1/2} L^{3/2} T^{-1} \mu^{-1/2}]$
Elektrisches Potential (Spannung) φ_e	$[M^{1/2} L^{1/2} T^{-1} \varepsilon^{-1/2}]$	$[M^{1/2} L^{3/2} T^{-2} \mu^{1/2} k^{-1}]$
*Magnetisches Potential (Spannung) φ_m	$[M^{1/2} L^{3/2} T^{-2} \varepsilon^{1/2} k^{-1}]$	$[M^{1/2} L^{1/2} T^{-1} \mu^{-1/2}]$
Elektrische Stromstärke J	$[M^{1/2} L^{3/2} T^{-2} \varepsilon^{1/2}]$	$[M^{1/2} L^{1/2} T^{-1} \mu^{-1/2} k]$
Stromdichte (wahre) i	$[M^{1/2} L^{-1/2} T^{-2} \varepsilon^{1/2}]$	$[M^{1/2} L^{-3/2} T^{-1} \mu^{-1/2} k]$
Elektrische Leitfähigkeit σ	$[T^{-1} \varepsilon]$	$[L^{-2} T \mu^{-1} k^2]$
Widerstand R	$[L^{-1} T \varepsilon^{-1}]$	$[L T^{-1} \mu k^{-2}]$
Kapazität C	$[L \varepsilon]$	$[L^{-1} T^2 \mu^{-1} k^2]$
*Induktivität L'	$[L^{-1} T^2 \varepsilon^{-1} k^2]$	$[L \mu]$

9. Elektrostatisches, Elektromagnetisches und GAUSSsches Maßsystem. Die bis jetzt noch offengelassenen Dimensionen der Größen ε, μ und k in vorstehender Tabelle können an sich beliebig gewählt werden mit der Beschränkung, daß durch die Festsetzung für zwei von diesen Größen die Dimension der dritten Größe durch Gleichung (31), Ziff. 5 bestimmt wird. Man erhält also theoretisch unendlich viele Systeme. In der Regel aber verfährt man so, daß man entweder ε und k oder μ und k oder aber ε und μ dimensionslos gleich 1 setzt. Man erhält dann hinsichtlich der Dimensionen die folgenden drei Maßsysteme:

1. MAXWELLsches elektrostatisches Maßsystem; bei diesem ist ε und k in Spalte a der vorstehenden Tabelle dimensionslos gleich 1 gesetzt. Die Dimension von μ wird dann $[L^{-2}T^2]$.

2. MAXWELLsches elektromagnetisches Maßsystem, bei welchem μ und k in Spalte b der Tabelle dimensionslos gleich 1 gesetzt wird. Die Dimension von ε wird dann $[L^{-2}T^2]$.

3. Gaußsches Maßsystem, in welchem ε und μ dimensionslos gleich 1 gesetzt sind, so daß k die Dimension $[LT^{-1}]$ und den Wert der Lichtgeschwindigkeit (s. Ziff. 13 u. 36) erhält. Die Spalten a und b der vorstehenden Tabelle liefern dann beide die gleichen Dimensionen.

Bei dem Gaussschen Maßsystem, das in theoretischen Werken (HERTZ, PLANCK usw.) vielfach Verwendung findet, entsprechen die Dimensionen der elektrischen Größen den Dimensionen derselben im elektrostatischen System und die Dimensionen der magnetischen Größen den Dimensionen derselben im elektromagnetischen System. Die Größen $\mathfrak{E}$, $\mathfrak{D}$, $\mathfrak{H}$, $\mathfrak{B}$ haben daher alle dieselbe Dimension $[M^{1/2}L^{-1/2}T^{-1}]$, und C und L' haben gleichfalls dieselbe Dimension $[L]$.

Die Dimensionen dieser drei Systeme sind in der Tabelle 4, S. 12 zusammengestellt. Die weiteren Erklärungen zu der Tabelle sind in Ziff. 12 zu finden.

Die Einheiten der magnetischen und elektrischen Größen in diesen absoluten Systemen führen mit Ausnahme derjenigen für die magnetische Feldstärke $\mathfrak{H}$ (GAUSS) und den magnetischen Fluß Φ (MAXWELL) im elektromagnetischen System keine besonderen Namen, sondern werden als CGS-Einheiten bezeichnet. In betreff der Namen Ampere, Volt usw. siehe die folgende Ziffer.

10. Die „praktischen" elektromagnetischen Einheiten (Ampere, Volt usw.). Wie bereits erwähnt, sind die mit besonderen Namen belegten sog. „Praktischen Einheiten", die besonders in der Elektrotechnik durchweg benutzt werden, der Dimension nach Einheiten des elektromagnetischen Maßsystems. Da aber die auf cm, g, sek zurückgeführten Einheiten für den Gebrauch zu unbequem schienen, hat man das cm und g durch andere Grundmaße ersetzt, die sich von diesen durch Zehnerpotenzen unterscheiden.

Für die Längeneinheit hat man statt des cm die annähernde Länge des Erdquadranten 10^4 km = 10^9 cm gewählt und für die Masseneinheit eine Masse von 10^{-11} g statt eines Gramms; die Sekunde als Zeiteinheit ist beibehalten worden. Ferner sind die Hauptgrößen mit besonderen Namen belegt worden, die aus der folgenden Zusammenstellung (Tab. 3) hervorgehen; diese enthält außerdem das Verhältnis der praktischen absoluten Einheiten zu denen des elektromagnetischen CGS-Systems. Für die rein magnetischen Größen sind cm, g, sec beibehalten worden.

In betreff der Beziehungen der praktischen Einheiten zu denen des elektromagnetischen Systems vgl. die Tabelle 4, Ziff. 12 (S. 12).

Zur Prüfung der Richtigkeit der Dimensionen in Gleichungen, welche elektrische und magnetische Größen enthalten, ist es nützlich, die folgenden in jedem Maßsystem gültigen Beziehungen zu beachten:

$$\left.\begin{array}{l} CL' \text{ oder Kapazität} \times \text{Induktivität} = (\text{Zeit})^2; \text{Farad} \times \text{Henry} = (\text{Sekunde})^2 \\ RC \text{ oder Widerstand} \times \text{Kapazität} = \text{Zeit}; \text{Ohm} \times \text{Farad} = \text{Sekunde} \\ L'/R \text{ oder Induktivität/Widerstand} = \text{Zeit}; \text{Henry/Ohm} = \text{Sekunde}, \end{array}\right\} \quad (49)$$

ferner die bei sinusförmigem Wechselstrom bestehenden Beziehungen für die Dimension:

$$[\omega L'] = [R]; \quad \left[\frac{1}{\omega C}\right] = [R], \qquad (50)$$

wobei ω die Kreisfrequenz bedeutet und die Dimension $[T^{-1}]$ besitzt.

Tabelle 3. Praktische elektromagnetische Einheiten.

Praktische Einheit	Namen	Wert in elektromagn. Einheiten des CGS-Systems
der Spannung	Absol. Volt	$= 10^8$
,, Stromstärke	,, Ampere	$= 10^{-1}$
des Widerstandes	,, Ohm	$= 10^9$
der Elektrizitätsmenge	,, Coulomb = Amperesekunde	$= 10^{-1}$
,, Leistung	,, Watt = Voltampere	$= 10^7$ ($= 10^7$ Erg/sec)
,, Energie	,, Joule = Wattsekunde	$= 10^7$ ($= 10^7$ Erg)
,, Kapazität	,, Farad	$= 10^{-9}$
,, Induktivität	,, Henry[1])	$= 10^9$
,, magnet. Feldstärke	,, Gauß	$= 1$
des magnet. Flusses	,, Maxwell	$= 1$

Zwischen den praktischen Einheiten bestehen folgende Beziehungen:
Coulomb = Ampere × Sekunde (Amperesekunde).
  = Volt × Farad.
Volt   = Ampere × Ohm.
Ampere = Coulomb/Sekunde.
Ohm   = Volt/Ampere.
Watt   = Ampere × Volt (Voltampere).
Joule = Watt × Sekunde (Wattsekunde).
Farad = Coulomb/Volt.
Henry = Volt × Sekunde/Ampere.
Gauß   = $\frac{1}{0,4\pi}$ Amperewindungen/cm.

11. Multipla und Submultipla der Einheiten. Die dekadischen Vielfachen und Bruchteile der Einheiten werden durch Vorsetzen folgender Worte bezeichnet:

	Bezeichnung			Bezeichnung	
Mega- bzw. Meg-	$= 10^6$	M	Mikro- bzw. Mikr-	$= 10^{-6}$	μ [2])
Kilo-	$= 10^3$	k	Milli-	$= 10^{-3}$	m
Hekto-	$= 10^2$	h	Zenti-	$= 10^{-2}$	c
Deka-	$= 10$	D	Dezi-	$= 10^{-1}$	d

Beispiele hierfür sind: Milliampere, Kilowatt, Megohm, Mikrohm, Mikrofarad usw.
Erwähnt sei noch, daß

1 Kilowattstunde $= 3,6 \cdot 10^5$ Joule bzw. Wattsekunden ist.

12. Zusammenstellung der Dimensionen für die elektrischen und magnetischen Größen im elektrostatischen, elektromagnetischen und Gaussschen System. Die im vorstehenden abgeleiteten Dimensionen der elektrischen und magnetischen Größen in den drei gebräuchlichen Systemen sind in der folgenden Tabelle 4 (S. 12) zusammengestellt. Ferner ist das Verhältnis der Größen im elektrostatischen, elektromagnetischen und Gaussschen System angegeben, das sich durch Division der Dimensionen ergibt. In den Fällen, bei denen die Dimension für die betreffenden Systeme nicht die gleiche ist, wird das Verhältnis der Dimen-

---
[1]) Früher auch als „Quadrant" bezeichnet (Festsetzung in Paris 1882, s. Ziff. 17).
[2]) Für 10^{-12} wird häufig die Bezeichnung $\mu\mu$ gewählt, z. B. $\mu\mu$F $= 10^{-12}$ Farad. μ alleinstehend ist 10^{-3} mm, $\mu\mu$ allein 10^{-9} mm.

sionen durch Potenzen einer Geschwindigkeit dargestellt. Diese mit c bezeichnete Geschwindigkeit, die in den Faktoren c^2, c, c^{-1}, c^{-2} auftritt, ist, wie die Gleichung für elektrische Wellen im Vakuum zeigt, die Lichtgeschwindigkeit, die im vorliegenden Fall auch „kritische Geschwindigkeit" genannt wird. $E_m/E_s = c$ bedeutet z. B., daß die im CGS-System angegebene betreffende Größe im elektromagnetischen System den c-fachen Betrag besitzt wie im elektrostatischen. Weiter ist noch angegeben, welchen Wert die CGS-Einheiten des elektromagnetischen, elektrostatischen und GAUSSschen Systems, ausgedrückt in den „Praktischen Einheiten" Coulomb usw., besitzen. Für das elektrostatische (und zum Teil das GAUSSsche) System tritt hierbei der Betrag der Lichtgeschwindigkeit c ein, der rund gleich $3 \cdot 10^{10}$ cm/sec gesetzt worden ist. Der genauere Wert ist $2{,}998_5 \cdot 10^{10}$ cm sec^{-1} (s. ds. Handb. Bd. II, Artikel HENNING-JAEGER und die diesem Band beigefügte Tabelle über allgemeine physikalische Konstanten).

13. Die MAXWELLschen Gleichungen in den drei Dimensionssystemen. In den verschiedenen Dimensionssystemen müssen auch die MAXWELLschen Verkettungsgleichungen (Ziff. 5) in verschiedener Form geschrieben werden. Sie unterscheiden sich hinsichtlich des Vorkommens der Lichtgeschwindigkeit c.

Beim GAUSSschen System ist nach Ziff. 9 die Konstante k eine Geschwindigkeit, und zwar die Lichtgeschwindigkeit. Denn die Fortpflanzungsgeschwindigkeit $v = k/\sqrt{\mu\varepsilon}$ im Dielektrikum s. Gl. (31), wird für das Vakuum, wobei im GAUSSschen System ε und μ dimensionslos gleich 1 werden, zur Lichtgeschwindigkeit, so daß man also $k = c$ zu setzen hat und somit für das Dielektrikum erhält:

$$v = c/\sqrt{\varepsilon\mu}. \tag{51}$$

Da $k = c$ ist, folgt aus den Gleichungen (28) und (29), Ziff. 5 für die MAXWELLschen Gleichungen:

$$\left.\begin{aligned}\frac{1}{c}\frac{d\mathfrak{D}}{dt} + \frac{4\pi\sigma\mathfrak{E}}{c} &= \operatorname{rot}\mathfrak{H}, \\ -\frac{1}{c}\frac{d\mathfrak{B}}{dt} &= \operatorname{rot}\mathfrak{E}.\end{aligned}\right\} \tag{51a}$$

Hierin ist $\mathfrak{D} = \varepsilon\mathfrak{E}$ und $\mathfrak{B} = \mu\mathfrak{H}$.

Im elektrostatischen und elektromagnetischen System, bei denen die Konstante k dimensionslos ist (Ziff. 9), lauten die Gleichungen, wenn man ε und μ die ihnen in diesen Systemen zukommenden Dimensionen zuteilt:

$$\left.\begin{aligned}\frac{d\mathfrak{D}}{dt} + 4\pi\sigma\mathfrak{E} &= \operatorname{rot}\mathfrak{H}, \\ -\frac{d\mathfrak{B}}{dt} &= \operatorname{rot}\mathfrak{E}.\end{aligned}\right\} \tag{51b}$$

Hierin ist ebenfalls $\mathfrak{D} = \varepsilon\mathfrak{E}$ und $\mathfrak{B} = \mu\mathfrak{H}$. Für die Fortpflanzungsgeschwindigkeit im Dielektrikum erhält man

$$v = 1/\sqrt{\varepsilon\mu}. \tag{51c}$$

Für gewöhnlich werden dagegen für ε und μ die reinen auf den Wert im Vakuum bezogenen Verhältniszahlen gesetzt, die mit ε' und μ' bezeichnet seien. In diesem Fall nehmen die Gleichungen folgende Form an:

Elektrostatisch $$\left.\begin{aligned}\frac{d(\varepsilon'\mathfrak{E})}{dt} + 4\pi\sigma\mathfrak{E} &= \operatorname{rot}\mathfrak{H}, \\ -\frac{1}{c^2}\frac{d(\mu'\mathfrak{H})}{dt} &= \operatorname{rot}\mathfrak{E}, \\ v &= c/\sqrt{\varepsilon'\mu'}.\end{aligned}\right\} \tag{52}$$

Tabelle 4. Dimensionen
c = Lichtgeschwindigkeit = rund $3 \cdot 10^{10}$ cm; die magne-

Bezeichnung	Dimension		
	Elektrostatisch E_s	Elektromagnetisch E_m	Gaußsystem E_g
Dielektrizitätskonstante ε	1	$[L^{-2} T^2]$	1
*Permeabilität μ	$[L^{-2} T^2]$	1	1
Masse (wahre), elektr. e	$[L^{3/2} M^{1/2} T^{-1}]$	$[L^{1/2} M^{1/2}]$	$[L^{3/2} M^{1/2} T^{-1}]$
* „ , magnet. m	$[L^{1/2} M^{1/2}]$	$[L^{3/2} M^{1/2} T^{-1}]$	$[L^{3/2} M^{1/2} T^{-1}]$
Freie Elektrizität e'	$[L^{3/2} M^{1/2} T^{-1}]$	$[L^{5/2} M^{1/2} T^{-2}]$	$[L^{3/2} M^{1/2} T^{-1}]$
*Freier Magnetismus m'	$[L^{5/2} M^{1/2} T^{-2}]$	$[L^{3/2} M^{1/2} T^{-1}]$	$[L^{3/2} M^{1/2} T^{-1}]$
Feldstärke, elektr. $\mathfrak{E}$	$[L^{-1/2} M^{1/2} T^{-1}]$	$[L^{1/2} M^{1/2} T^{-2}]$	$[L^{-1/2} M^{1/2} T^{-1}]$
* „ , magn. $\mathfrak{H}$	$[L^{1/2} M^{1/2} T^{-2}]$	$[L^{-1/2} M^{1/2} T^{-1}]$	$[L^{-1/2} M^{1/2} T^{-1}]$
Dielektr. Verschiebung $\mathfrak{D}$	$[L^{-1/2} M^{1/2} T^{-1}]$	$[L^{-3/2} M^{1/2}]$	$[L^{-1/2} M^{1/2} T^{-1}]$
*Magn. Induktion $\mathfrak{B}$	$[L^{-3/2} M^{1/2}]$	$[L^{-1/2} M^{1/2} T^{-1}]$	$[L^{-1/2} M^{1/2} T^{-1}]$
Potential, elektr. φ_e	$[L^{1/2} M^{1/2} T^{-1}]$	$[L^{3/2} M^{1/2} T^{-2}]$	$[L^{1/2} M^{1/2} T^{-1}]$
* „ , magn. φ_m	$[L^{3/2} M^{1/2} T^{-2}]$	$[L^{1/2} M^{1/2} T^{-1}]$	$[L^{1/2} M^{1/2} T^{-1}]$
Flächendichte, elektr.	$[L^{-1/2} M^{1/2} T^{-1}]$	$[L^{-3/2} M^{1/2}]$	$[L^{-1/2} M^{1/2} T^{-1}]$
* „ , magnet.	$[L^{-3/2} M^{1/2}]$	$[L^{-1/2} M^{1/2} T^{-1}]$	$[L^{-1/2} M^{1/2} T^{-1}]$
Raumdichte (wahre), elektr.	$[L^{-3/2} M^{1/2} T^{-1}]$	$[L^{-5/2} M^{1/2}]$	$[L^{-3/2} M^{1/2} T^{-1}]$
* „ „ , magnet.	$[L^{-5/2} M^{1/2}]$	$[L^{-3/2} M^{1/2} T^{-1}]$	$[L^{-3/2} M^{1/2} T^{-1}]$
*Magnetisierung der Volumeinheit	$[L^{-3/2} M^{1/2}]$	$[L^{-1/2} M^{1/2} T^{-1}]$	$[L^{-1/2} M^{1/2} T^{-1}]$
*Magnet. Moment	$[L^{3/2} M^{1/2}]$	$[L^{5/2} M^{1/2} T^{-1}]$	$[L^{5/2} M^{1/2} T^{-1}]$
*Magn. Fluß (Kraftlinie) Φ	$[L^{3/2} M^{1/2}]$	$[L^{1/2} M^{1/2} T^{-1}]$	$[L^{3/2} M^{1/2} T^{-1}]$
Stromstärke J	$[L^{3/2} M^{1/2} T^{-2}]$	$[L^{1/2} M^{1/2} T^{-1}]$	$[L^{3/2} M^{1/2} T^{-2}]$
Stromdichte i	$[L^{-1/2} M^{1/2} T^{-2}]$	$[L^{-3/2} M^{1/2} T^{-1}]$	$[L^{-1/2} M^{1/2} T^{-2}]$
Widerstand R	$[L^{-1} T]$	$[L T^{-1}]$	$[L^{-1} T]$
Spezifischer Widerstand r	$[T]$	$[L^2 T^{-1}]$	$[T]$
Spezifisches Leitvermögen σ	$[T^{-1}]$	$[L^{-2} T]$	$[T^{-1}]$
Kapazität C	$[L]$	$[L^{-1} T^2]$	$[L]$
*Induktivität L'	$[L^{-1} T^2]$	$[L]$	$[L]$
Stromleistung	$[L^2 M T^{-3}]$	$[L^2 M T^{-3}]$	$[L^2 M T^{-3}]$
Stromenergie	$[L^2 M T^{-2}]$	$[L^2 M T^{-2}]$	$[L^2 M T^{-2}]$

Hier ist ebenfalls $\mathfrak{D} = \varepsilon' \mathfrak{E}$, aber $\mathfrak{B} = \mu' \mathfrak{H}/c^2$ zu setzen. Führt man $\mathfrak{D}$ und $\mathfrak{B}$ ein, so folgen wieder die Gleichungen (51b). Ferner erhält man:

$$\text{Elektromagnetisch} \quad \left. \begin{aligned} \frac{1}{c^2} \frac{d(\varepsilon' \mathfrak{E})}{dt} + 4\pi \sigma \mathfrak{E} &= \operatorname{rot} \mathfrak{H}, \\ -\frac{d(\mu' \mathfrak{H})}{dt} &= \operatorname{rot} \mathfrak{E}. \\ v &= c/\sqrt{\varepsilon' \mu'}. \end{aligned} \right\} \quad (53)$$

In diesem Fall ist $\mathfrak{D} = \varepsilon' \mathfrak{E}/c^2$ und $\mathfrak{B} = \mu' \mathfrak{H}$. Durch Einsetzen dieser Werte erhält man auch hier wieder die Gleichungen (51b).

Es ist indessen nicht konsequent, die Gleichungen (52) und (53), wie es meist geschieht, in der oben angegebenen Form zu schreiben, da hierbei eine Vermischung des GAUSSschen mit den MAXWELLschen Systemen stattfindet mit dem Zweck, ε und μ als reine (dimensionslose) Zahlen einführen zu können, was aber bei den beiden MAXWELLschen stets nur für die eine derselben zutrifft.

14. Das „rationale System" von H. A. LORENTZ und HEAVISIDE. — Bei dem sog. „rationalen System" haben die elektrischen und magnetischen Größen die gleichen Dimensionen wie bei dem GAUSSschen System; der Unterschied betrifft nur die Zahlenwerte der Einheiten, die so gewählt sind, daß der Faktor 4π in den MAXWELLschen Gleichungen nicht mehr auftritt. Dafür erscheint er im COULOMBschen Gesetz im Nenner. Infolgedessen unterscheiden sich die Zahlen-

Ziff. 15.   Empirische und absolute Einheiten.   13

der drei Maßsysteme.
tischen Größen sind durch * gekennzeichnet.

Dimensionsverhältnis		1 CGS-Einheit		
E_m/E_s	E_m/E_g	Elektromagnetisch ist gleich	Elektrostatisch ist gleich	Gaußsystem ist gleich
$1/c^2$	$1/c^2$	—	—	—
c^2	1	—	—	—
$1/c$	$1/c$	10 Coulomb	$1/3 \cdot 10^{-9}$ Coulomb	$1/3 \cdot 10^{-9}$ Coulomb
c	1	—	—	—
c	c	—	—	—
$1/c$	1	—	—	—
c	c	—	—	—
$1/c$	1	1 Gauß	$1/3 \cdot 10^{-10}$ Gauß	1 Gauß
$1/c$	$1/c$	—	—	—
c	1	—	—	—
c	c	10^{-8} Volt	300 Volt	300 Volt
$1/c$	1	—	—	—
$1/c$	$1/c$	10 Coulomb/cm²	$1/3 \cdot 10^{-9}$ Coulomb/cm²	$1/3 \cdot 10^{-9}$ Coulomb/cm²
c	1	—	—	—
$1/c$	$1/c$	10 Coulomb/cm³	$1/3 \cdot 10^{-9}$ Coulomb/cm³	$1/3 \cdot 10^{-9}$ Coulomb/cm³
c	1	—	—	—
c	1	—	—	—
c	1	—	—	—
c	1	1 Maxwell	$3 \cdot 10^{10}$ Maxwell	1 Maxwell
$1/c$	$1/c$	10 Ampere	$1/3 \cdot 10^{-9}$ Ampere	$1/3 \cdot 10^{-9}$ Ampere
$1/c$	$1/c$	—	—	—
c^2	c^2	10^{-9} Ohm	$9 \cdot 10^{11}$ Ohm	$9 \cdot 10^{11}$ Ohm
c^2	c^2	10^{-9} Ohm·cm	$9 \cdot 10^{11}$ Ohm·cm	$9 \cdot 10^{11}$ Ohm·cm
$1/c^2$	$1/c^2$	10^9/Ohm·cm	$10^{-11}/9$ Ohm·cm	$10^{-11}/9$ Ohm·cm
$1/c^2$	$1/c^2$	10^9 Farad	$1/9 \cdot 10^{-11}$ Farad	$1/9 \cdot 10^{-11}$ Farad
c^2	1	10^{-9} Henry	$9 \cdot 10^{11}$ Henry	10^{-9} Henry
1	1	10^{-7} Watt	10^{-7} Watt	10^{-7} Watt
1	1	10^{-7} Joule	10^{-7} Joule	10^{-7} Joule

werte der elektrischen und magnetischen Größen dieses Systems, mit Ausnahme von ε und μ, von denen des GAUSSschen Systems dadurch, daß der Faktor 4π in den Potenzen 1, $\frac{1}{2}$, $-\frac{1}{2}$, -1 auftritt. Das rationale System hat sich aber nicht eingebürgert; wollte man zu diesem System übergehen, so müßten auch die „Praktischen Einheiten" geändert werden, was heute nicht mehr möglich ist.

b) Die internationalen (empirischen) Einheiten.

15. Empirische und absolute Einheiten. Die vorstehend erörterten absoluten Einheiten, sowohl die im CGS-System ausgedrückten Einheiten der drei Dimensionssysteme (elektrostatisches, elektromagnetisches und GAUSSsches System) sowie die auf anderen Grundeinheiten beruhenden praktischen Einheiten des elektromagnetischen Systems (Ohm, Ampere usw.) sind schwer mit genügender Genauigkeit realisierbare Größen. Zur Messung bedarf man unter allen Umständen greifbarer Einheiten, deren Verhältnis zu den absoluten Einheiten mit möglichster Genauigkeit festgelegt werden muß. An sich würde es allerdings für die Messungen auf elektrischem Gebiet genügen, irgend zwei willkürliche empirische Einheiten zu besitzen, auf welche dann die übrigen Einheiten zurückgeführt werden. Wenn die empirischen Einheiten konstant und auch womöglich genau reproduzierbar sind, so ist dadurch eine einheitliche Grundlage für alle Messungen gewährleistet. In der Tat hat man anfänglich beliebige empirische Einheiten gewählt; im späteren Verlauf der Entwicklung hat man diese Einheiten aber so definiert, daß sie möglichst nahe den absoluten Einheiten entsprechen. Neuerdings machen sich Bestrebungen geltend, die absoluten Einheiten selbst als Grundlage der Messungen zu nehmen; doch wird es noch lange Zeit dauern, bis sich diese Bestrebungen verwirklichen werden, falls es überhaupt gelingt, zu diesem Ziel zu gelangen. Daneben aber kann man auf empirische Einheiten von guter Konstanz nicht verzichten, da die absoluten Einheiten niemals zur direkten Verwendung bei den Messungen geeignet sind.

Im folgenden soll ein kurzer geschichtlicher Überblick über die Entwicklung der empirischen elektrischen Einheiten gegeben werden, der auch aus dem Grunde notwendig erscheint, um die zu verschiedenen Zeiten den Messungen zugrunde gelegten Einheiten in Beziehung zueinander setzen zu können.

16. Geschichtlicher Überblick über die empirischen elektrischen Einheiten. Die ersten empirischen Festsetzungen um die Mitte des vorigen Jahrhunderts bezogen sich auf die Einheit des Widerstands. Erwähnt sei z. B. ein Vorschlag von JACOBI[1]), als Widerstandseinheit einen Kupferdraht von 1 m Länge und 1 mm^2 Querschnitt zu wählen. Da aber der spezifische Widerstand des Kupfers je nach dem Grade der Reinheit und der Art der Bearbeitung sehr starken Schwankungen unterworfen ist, so war diese Einheit nicht brauchbar. JACOBI stellte deshalb später eine willkürlich gewählte Widerstandseinheit aus einem Kupferdraht (Länge 7,6 m, Durchmesser 0,67 mm) her, der auf einem Serpentinzylinder aufgewunden war, und sandte Kopien desselben an verschiedene Physiker; diese Kopien waren indes inkonstant und zeigten Differenzen von mehreren Prozenten.

Längere Zeit diente dann die sog. British Association Unit (BAU) des Board of Trade in London, die 1864 von einem dazu beauftragten Komitten hergestellt wurde, als Widerstandseinheit für elektrische Messungen. Diese auch als „Ohmad" bezeichnete Einheit bestand aus einer Anzahl Widerstandsbüchsen, bei denen Drähte aus verschiedenen Legierungen, hauptsächlich Platin-Silber, als Widerstandsmaterial dienten[2]). Diese Legierungen sollten besonders konstant sein; die Widerstände erwiesen sich aber im Laufe der Zeit als recht veränderlich. Auch sollte diese Einheit, dem Vorschlage von W. WEBER[3]) gemäß, sehr nahe einem absoluten Ohm entsprechen; indessen zeigten spätere Messungen, daß sie etwa den Wert 0,988 Ohm besaß. Die BAU ist in früheren Veröffentlichungen über elektrische Messungen vielfach zu finden.

Die beiden erwähnten Einheiten sind nicht reproduzierbar; diese Eigenschaft muß aber von einer empirischen Widerstandseinheit gefordert werden, da man sich andererseits auf eine völlige Unveränderlichkeit der willkürlich gewählten Einheit verlassen müßte. Eine solche Unveränderlichkeit kann aber von vornherein nicht angenommen werden und mußte erst durch wiederholte, über einen langen Zeitraum fortgesetzte Messungen erwiesen werden.

Es war also notwendig, eine gut definierte, sicher reproduzierbare Widerstandseinheit ausfindig zu machen. Dies ist in vollstem Maße gelungen durch die von W. v. SIEMENS vorgeschlagenen Quecksilberwiderstände, die auch heute noch, nur unter anderer Bezeichnung, als Widerstandsnormale in Benutzung sind. SIEMENS[4]) schlug vor, als Einheit des Widerstandes eine Queck-

---

[1]) M. H. v. JACOBI, Pogg. Ann. Bd. 54, S. 335. 1841.
[2]) Vgl. FLEEMING JENKIN, Pogg. Ann. Bd. 126, S. 139. 1865.
[3]) W. WEBER, Abhandlgn. d. kgl. Akad. d. Wiss., Göttingen Bd. 10. 1862.
[4]) W. v. SIEMENS, Pogg. Ann. Bd. 110, S. 1. 1860 u. Bd. 113, S. 91. 1861; vgl. auch F. DEHMS, ebenda Bd. 136, S. 260, 373. 1869. Ein Vorschlag, Quecksilber als Widerstandsmaterial zu benutzen, soll auch schon von POUILLET gemacht worden sein.

silbersäule von 0° zu wählen, die eine Länge von 1 m und einen Querschnitt von 1 mm² besitzt. Diese Einheit ist als Siemens-Einheit bezeichnet worden und längere Zeit, besonders in der Telegraphentechnik, in Gebrauch gewesen; sie ist ungefähr 6% kleiner als das absolute Ohm (s. später). Das Quecksilber besitzt vor allen anderen metallischen Leitern den großen Vorzug, daß es leicht in sehr großer Reinheit herzustellen ist, und daß es sich im flüssigen Zustand befindet, so daß die bei anderen Metallen mit dem Härtezustand usw. in Verbindung stehenden Übelstände in Fortfall kommen. Zur Herstellung der Siemens-Einheit muß das Quecksilber in eine Glasröhre gefüllt werden, deren Querschnitt und Kaliber bekannt ist. Näheres über die Herstellung siehe bei den Normalrohren (Ziff. 24).

Widerstandsnormalien der Siemens-Einheit wurden von der Firma Siemens & Halske hergestellt und in den Handel gebracht; das Material dieser Normalien bestand aus Neusilber, das sich aber als inkonstant erwies. Erst infolge der Beschlüsse auf den Pariser Kongressen (1881 beginnend) trat dann das Ohm an die Stelle der Siemens-Einheit. Die Pariser Kongresse, an denen u. a. auch HELMHOLTZ und F. KOHLRAUSCH teilnahmen, stellten den ersten Versuch einer internationalen Einigung über die elektrischen Einheiten dar.

17. Vorarbeiten und Grundlagen für die definitiven Festsetzungen. Auf dem ersten Pariser Kongreß[1]) 1881 wurden die praktischen Einheiten Ohm, Ampere, Coulomb, Volt an Stelle der auf dem CGS-System beruhenden elektromagnetischen Einheiten festgesetzt und die Quecksilbereinheit prinzipiell als Widerstandseinheit angenommen. Eine besondere Kommission wurde ernannt, welche diejenige Länge der Quecksilbersäule festsetzen sollte, die einem Ohm entsprach. Bei einer späteren Konferenz zu Paris 1884 wurde dann 1 Ohm = 1,06 Siemens-Einheiten festgesetzt und als „Legales Ohm" bezeichnet. Dieses Ohm ist um ca. 3‰ kleiner als das spätere „Internationale Ohm", das heute in Gebrauch ist. Außerdem wurde auf dieser Zusammenkunft noch das Joule, Watt und als Einheit der Induktivität der „Quadrant" (heute als Henry bezeichnet) definiert. Das Ampere sollte ebenfalls durch eine empirische reproduzierbare Einheit, nämlich durch die im Silbervoltameter ausgeschiedene Silbermenge, festgelegt werden; doch wurden noch keine zahlenmäßigen Festsetzungen dafür getroffen, da noch weitere Messungen über den Wert des Silberäquivalents abgewartet werden sollten.

Wie man sehen wird, entsprachen die damaligen Festsetzungen über die empirischen Einheiten des Ohm und Ampere im Prinzip bereits den noch heute gültigen internationalen Abmachungen und gesetzlichen Festlegungen.

Die Frage der elektrischen Einheiten erschien damals als so überaus wichtig, daß sich in dem folgenden Dezennium sehr viele Physiker mit der Herstellung von Quecksilbernormalen und der Auswertung der Siemens-Einheit in absoluten Ohm, sowie mit der Auswertung des Silberniederschlags in absoluten Ampere befaßten. Da diese Messungen die Grundlage für die späteren Definitionen der empirischen Einheiten bilden, soll hier kurz auf dieselben eingegangen werden.

Die ersten von W. WEBER und R. KOHLRAUSCH sowie von MASCART ausgeführten Bestimmungen des Silberäquivalents[2]) sind nicht sehr genau und wurden daher später nicht berücksichtigt. Dagegen stimmten die von

---
[1]) Conférence internationale pour la détermination des unitées électriques, Procès verbaux. Paris: Impr. Nation. 1882.
[2]) W. WEBER u. R. KOHLRAUSCH, Pogg. Ann. Bd. 99, S. 10. 1856; E. MASCART, Journ. de phys. (2) Bd. 3, S. 283. 1884.

Lord RAYLEIGH und SIDGEWICK[1]) mit der Stromwage und von F. und W. KOHLRAUSCH[2]) mit der Tangentenbussole vorgenommenen Messungen des Silberäquivalents gut überein. Diese Forscher fanden nebenstehende Werte.

Autoren	Jahr	Silbermenge
RAYLEIGH und SIDGEWICK	1884	1,11794 mg/Coulomb
F. und W. KOHLRAUSCH	1886	1,11826 mg/Coulomb

Diese Werte sind bei der späteren Definition des internationalen Ampere zu dem Mittelwert 1,1180 mg/Coulomb zusammengefaßt worden.

Sehr viel größer ist die Zahl der sog. „absoluten Ohmbestimmungen", d. h. der Auswertung der Siemens-Einheit, in einigen Fällen auch der BAU (s. Ziff. 16), in absoluten Ohm. Diese Messungen, die sich bis zum Jahre 1890 erstrecken, sind von E. DORN, der selbst solche Messungen ausgeführt hat, kritisch zusammengestellt und neu berechnet worden[3]). Dort finden sich auch eingehende Literaturangaben für die einschlägigen Untersuchungen. Die kritischen Betrachtungen betreffen sowohl die Herstellung der Quecksilbernormale wie die verschiedenen, zur Ermittlung des absoluten Ohms benutzten Methoden. Wegen der Einzelheiten muß auf die Arbeit von DORN verwiesen werden; es mögen nur kurz die Ergebnisse zusammengestellt werden.

Quecksilbereinheiten, die als Grundlage für die absoluten Messungen dienten, wurden hergestellt von Siemens & Halske (1882/85 und 1885/89), RAYLEIGH und SIDGEWICK (1883), MASCART, DE NERVILLE, BENOÎT (1884), BENOÎT (1885), LORENZ (1885), STRECKER und F. KOHLRAUSCH (1885), GLAZEBROOK und FITZPATRIK (1888), HUTCHINSON und WILKES (1889), SALVIONI (1889), PASSAVANT (1890), LINDECK (1891). Die Herstellung dieser Quecksilbereinheiten entsprach keineswegs den Anforderungen, die man heute an dieselbe stellt (vgl. Ziff. 24) und die eine Genauigkeit jeder Einzelmessung (Längenmessung, Auswägung, Kaliberfaktor) auf nahe ein Hunderttausendstel verlangt; die Unterschiede betragen Bruchteile eines $^0/_{00}$ bis nahe $1^0/_{00}$. DORN hat die Werte, soweit es möglich war, nach gemeinsamen Gesichtspunkten korrigiert.

Zur Auswertung der Quecksilbereinheiten in absoluten Ohm kamen verschiedene Methoden zur Anwendung (vgl. Ziff. 33): 1. Dämpfung eines schwingenden Magnets (sog. dritte WEBERsche Methode), 2. Induktionsstöße mit dem Erdinduktor (erste WEBERsche Methode), 3. Methode von LORENZ, 4. Methode von KIRCHHOFF, 5. WEBERS rotierende Rolle, 6. Methode von LIPPMANN. In betreff der absoluten Methoden vgl. auch Ziff. 33 u. KOHLRAUSCHS Lehrbuch der Physik § 116. Absolute Ohmbestimmungen wurden ausgeführt nach Methode 1 von WILD (1884), F. KOHLRAUSCH (1888), DORN (1889), nach 2 von WEBER und ZÖLLNER (1880), G. WIEDEMANN (1884 u. 1891), nach 3 von LORENZ (1885), RAYLEIGH und SIDGEWICK (1883), ROWLAND, KIMBALL, DUNCAN (1884), DUNCAN, WILKES, HUTCHINSON (1889), JONES (1890), nach 4 von GLAZEBROOK, DODDS, SARGANT (1883), MASCART, DE NERVILLE, BENOÎT (1884), HIMSTEDT (1886), ROITI (1884), nach 5 von RAYLEIGH und SCHUSTER (1881), RAYLEIGH (1882), H. WEBER (1882) nach 6 von WUILLEUMIER (1890).

---

[1]) Lord RAYLEIGH u. H. SIDGEWICK, Phil. Trans. Bd. 175, S. 411. 1884.
[2]) F. u. W. KOHLRAUSCH, Wied. Ann. Bd. 27, S. 1. 1886.
[3]) E. DORN, Wiss. Abh. d. Phys.-Techn. Reichsanst. Bd. 2, S. 257. 1895 (Verlag Julius Springer) und im Beiheft zur ZS. f. Instrkde. Bd. 13. 1893: „Vorschläge zu gesetzlichen Bestimmungen über elektrische Maßeinheiten, entworfen durch das Kuratorium der Phys.-Techn. Reichsanstalt, nebst kritischem Bericht über den wahrscheinlichen Wert des Ohm nach den bisherigen Messungen." Berlin: Julius Springer 1893. Frühere kritische Zusammenstellungen finden sich bei Lord RAYLEIGH, Phil. Mag. (5) Bd. 14, S. 329. 1882 u. G. WIEDEMANN, Elektrot. ZS. Bd. 3, S. 260. 1882.

Einige dieser Messungen mußte DORN völlig ausschließen, anderen gab er halbes, den übrigen volles Gewicht. Im folgenden ist das Ergebnis seiner Berechnungen zusammengestellt. Die Zahlen geben den Wert des absoluten Ohm ausgedrückt in Siemens-Einheiten (S.-E.), an. Unter Berücksichtigung der Messungen mit halbem Gewicht folgt als Hauptmittel 1,06279 bzw. 1,06290.

A. Halbes Gewicht.

Autoren	Jahr	1 absol. Ohm gleich
WILD	1884	1,06192 S.-E.
DUNCAN, WILKES, HUTCHINSON . .	1889	352 ,,
MASCART, DE NERVILLE, BENOIT .	1884	293 ,,
KIMBALL	1883	250 ,,
	Mittel	1,06272 S.-E.

B. Volles Gewicht.

Autoren	Jahr	1 absol. Ohm gleich	
		Kleinster Wert	Größter Wert
KOHLRAUSCH	1888	1,06271 S.-E.	1,06271 S.-E.
DORN	1889	245 ,,	245 ,,
RAYLEIGH und SIDGEWICK . .	1883	255 ,,	291 ,,
ROWLAND, KIMBALL, DUNCAN .	1884	290 ,,	290 ,,
ROWLAND	1887	320 ,,	320 ,,
JONES	1890	302 ,,	328 ,,
GLAZEBROOK, DODDS, SARGANT .	1883	265 ,,	301 ,,
HIMSTEDT	1886	280 ,,	280 ,,
ROWLAND und KIMBALL . . .	1884	310 ,,	310 ,,
RAYLEIGH	1882	280 ,,	316 ,,
WUILLEUMIER	1890	267 ,,	285 ,,
	Mittel	1,06280 S.-E.	1,06294 S.-E.

DORN hält den Wert: 1 absol. Ohm = 1,0628 S.-E. für den wahrscheinlichsten; diese Zahl ist auf 1,0630 abgerundet worden.

Man erkennt aus dem Vorstehenden, welche erhebliche Mühe und Arbeit darauf verwandt worden ist, die Beziehung der absoluten Einheiten der Stromstärke und des Widerstandes zu den empirischen Maßen festzustellen, um eine sichere Grundlage für die späteren Festsetzungen zu schaffen.

In Deutschland bestand um diese Zeit ein dringendes Bedürfnis, die Angelegenheit der elektrischen Einheiten gesetzlich zu regeln, da die 1887 gegründete Phys.-Techn. Reichsanstalt für die Prüfung eingesandter Widerstände und Normalelemente einer sicheren Grundlage bedurfte, und da das in Paris festgesetzte legale Ohm so erheblich von dem absoluten Ohm abwich, daß eine Änderung dieser Festsetzung ernstlich ins Auge gefaßt werden mußte. Daher wurden von der Reichsanstalt die wissenschaftlichen Grundlagen zu einem Gesetzentwurf über elektrische Maße aufgestellt und vom Kuratorium dieser Behörde im März und Dezember 1892 eingehend beraten.

Vom Board of Trade in London war gleichfalls ein Gesetzentwurf ausgearbeitet worden, der indessen in einigen Punkten von demjenigen der Reichsanstalt abwich. Da aber eine internationale Einigung über alle die elektrischen Einheiten betreffenden Fragen im höchsten Grade wünschenswert erschien, so fanden auf Anregung der Reichsanstalt im August 1892 in Edinburgh gelegentlich der Versammlung der British Association for the advancement of science Verhandlungen statt, um die Differenzpunkte zu beseitigen. Hieran beteiligten sich u. a. v. HELMHOLTZ als Präsident der Reichsanstalt, ferner Vertreter des Electrical Standards Committee der British Association, des Board of Trade, des Bureau international des Poids et Mesures und ein Vertreter aus Amerika. Die deutschen Vorschläge zur Beseitigung der Differenzpunkte wurden durchgängig angenommen. Der in den erwähnten „Vorschlägen der Reichsanstalt" abgedruckte Gesetzentwurf entspricht fast völlig dem später (1898) in Deutschland erlassenen Gesetz (Ziff. 23) und den in London 1908 getroffenen internationalen Abmachungen (Ziff. 20). Das Ampere wird definiert als der unveränderliche Strom, der aus einer wässerigen Lösung von salpetersaurem Silber in der Sekunde mittlerer Sonnenzeit 0,001118 g Silber niederschlägt. Für die Widerstandseinheit wird in § 2 festgesetzt: „Als Ohm gilt der elektrische Widerstand einer Quecksilbersäule von der Temperatur des schmelzenden Eises, deren Länge bei durchweg gleichem Querschnitt 106,3 cm und deren Masse 14,452 g[1]) beträgt, was einem Quadratmillimeter Querschnitt der Säule gleichgeachtet werden darf." Diese Definition des Ohm ist gleichbedeutend damit, daß 1 Ohm = 1,063 S.-E. gesetzt werden soll. Derselbe Wert für das internationale Ohm im Gegensatz zu dem in Paris festgesetzten legalen Ohm (= 1,060 S.-E.) war auch in dem Entwurf des Board of Trade vorgeschlagen worden. Zum erstenmal tritt hier die Definition der Quecksilbereinheit durch Länge und Masse, statt durch Länge und Querschnitt auf. Dies ist aus dem Grund geschehen, weil der Querschnitt des Rohres durch Auswägen mit Quecksilber zu erfolgen hat. Man erhält dann also die Masse der Rohrfüllung direkt. Wollte man daraus den wirklichen Querschnitt des Rohres berechnen, so müßte man die absolute Dichte des Quecksilbers von 0° mit der genügenden Genauigkeit (auf 10^{-5}) kennen oder mit anderen Worten die in einem Kubikzentimeter enthaltene Masse des Quecksilbers. Diese Größe hängt aber von dem jeweiligen Stand der Wissenschaft ab; eine Änderung des Wertes durch neue Messungen würde auch die Querschnittsberechnung beeinflussen. Davon macht man sich unabhängig, wenn man die Masse des Quecksilbers selbst zur Definition heranzieht. Dabei wurde die Dichte des Quecksilbers bei 0° zu 13,5956 angenommen[2]) (nach neueren Messungen ist die Dichte 13,5955 g cm^{-3}, vgl. ds. Handb. II, Artikel HENNING-JAEGER und die dem vorliegenden Band beigefügte Tabelle der physikalischen Konstanten). Diese Definition durch die Masse des Quecksilbers wurde auch vom Electrical Standards Committee der British Association angenommen. Auch wurde im November 1892 von der Sachverständigen-Kommission der englischen Regierung die bisher benutzte BAU (Ziff. 16) in England beseitigt und an ihre Stelle das internationale Ohm (= 1,063 S.-E.) gesetzt. In Deutschland wurde von der Reichspost in dieser Zeit noch die S.-E. in ausgedehntem Maße benutzt, von seiten der Reichsanstalt wurde die Prüfung eingesandter Widerstände in legalen Ohm ausgeführt. Erst von 1894 trat an die Stelle dieser Einheiten das internationale Ohm (= 1,063 S.-E.).

18. Internationaler Elektrikerkongreß zu Chicago 1893. Einen wichtigen Markstein in der Geschichte der elektrischen Einheiten bildet der Internationale Elektrikerkongreß zu Chicago 1893, der gelegentlich der dortigen Weltausstellung stattfand (21. bis 25. August) und an dem der damalige Präsident der Phys.-Techn. Reichsanstalt v. HELMHOLTZ, ferner ROWLAND, MASCART,

---

[1]) Später in 14,4521 g abgeändert, s. Ziff. 20 und 23.
[2]) Diese Zahl gilt für das „normale Quecksilber", das sich auf der Erde vorfindet. Dieses Quecksilber stellt aber ein Gemisch verschiedener Isotopen dar, die verschiedene Dichte besitzen, während die elektrische Leitfähigkeit für alle Isotopen die gleiche ist. Für die Auswägung der Rohre mit Quecksilber muß daher Vorsorge getroffen werden, daß zu diesem Zweck stets das normale Quecksilber benutzt wird. Bezüglich der Isotopen des Quecksilbers vgl. J. N. BRÖNSTEDT u. G. v. HEVESY, ZS. f. physik. Chem. Bd. 99, S. 189. 1921; ZS. f. anorg. Chem. Bd. 124, S. 22. 1922; W. JAEGER u. H. v. STEINWEHR, ZS. f. Phys. Bd. 7, S. 111. 1921.

VIOLLE u. a. teilnahmen. Bezüglich des Ampere und Ohm wurden die Festsetzungen so getroffen[1]), wie es die Reichsanstalt in Übereinstimmung mit England vorgeschlagen hatte. Der Kongreß ging aber noch weiter, indem er auch für die Spannung eine empirische Einheit festsetzte und den Wert des CLARKschen Normalelementes (s. Ziff. 28) zu 1,434 Volt bei 15° annahm, in der Erwägung, daß die elektrischen Messungen selbst in der Praxis mit Widerständen und Normalelementen vorgenommen werden. Dieser Schritt erwies sich aber in der Folge als verhängnisvoll und gab den Anlaß zu großen Unzuträglichkeiten sowohl bei wissenschaftlichen Messungen wie auch im wirtschaftlichen Verkehr der Länder. Denn es zeigte sich bald, daß der für das CLARKsche Element angenommene Wert um etwa 1°/₀₀ zu hoch war, wenn die für das Ohm und Ampere getroffenen Festsetzungen zugrunde gelegt wurden.

Vom Jahre 1894 ab wurden in der Reichsanstalt gemäß den neuen internationalen Festsetzungen die Widerstände in internationalen Ohm (= 1,063 S.-E.) geeicht, nachdem mittlerweile fünf Quecksilbernormale mit denkbar größter Genauigkeit ausgewertet worden waren, welche die Grundlage der deutschen Widerstandseinheit bildeten; in anderen Ländern wurden erst erheblich später Quecksilbernormale hergestellt (s. Ziff. 24).

Es war ein günstiger Umstand, daß um diese Zeit erhebliche Fortschritte in der Herstellung von Drahtwiderständen und Normalelementen, die bei den praktischen Messungen als sekundäre Normale dienen, gemacht worden waren (vgl. Ziff. 25 u. 28). Infolge eingehender Untersuchungen in der Reichsanstalt, die durch Entdeckungen von WESTON in Newark veranlaßt waren, traten an Stelle der bisher gebräuchlichen Drahtwiderstände aus Neusilber bzw. Nickelin solche aus Manganin, die bei geeigneter Herstellung eine sehr große Konstanz und auch nur einen kleinen Temperaturkoeffizienten von wenigen Hunderttausendsteln besitzen. Ebenso wurde das Clarkelement, welches als erstes brauchbares Normalelement lange Zeit in Benutzung war, durch das WESTONsche Kadmiumelement ersetzt, das einen etwa zwanzigfach kleineren Temperaturkoeffizienten besitzt. Die 1894 in der Reichsanstalt zum erstenmal hergestellten Elemente, die aber erst viel später auch im Handel erhältlich waren, sind fast in derselben Zusammensetzung noch heute im Gebrauch und haben das Clarkelement verdrängt, ebenso wie die Manganinwiderstände jetzt allgemein benutzt werden und an die Stelle der früher gebräuchlichen Widerstände getreten sind. Ohne diese beiden durch gute Konstanz ausgezeichneten Gebrauchsnormale für Widerstand und Spannung würden die zuverlässigsten Einheiten nicht nutzbar gemacht werden können, da diese selbst zum Gebrauch bei den Messungen viel zu umständlich sind.

Die Vereinbarungen von Chicago wurden nun von einigen Ländern (von England und Amerika 1894, von Frankreich 1896) unverändert in das Gesetz aufgenommen, so daß sich für diese Länder in der Folge wegen der erwähnten Unrichtigkeit der für das Clarkelement angenommenen Spannung Schwierigkeiten bei den elektrischen Messungen ergaben. Deutschland dagegen war dem Vorgehen dieser Länder nicht gefolgt, sondern legte in dem 1898 erlassenen Gesetz für elektrische Maßeinheiten (s. Ziff. 23) nur zwei Einheiten, nämlich das Ohm und das Ampere, gemäß den in Chicago gefaßten Beschlüssen fest, während das Volt mittels des OHMschen Gesetzes aus diesen beiden Einheiten abgeleitet werden sollte. Diesem Vorgehen Deutschlands schlossen sich später auch Österreich (1900) und Belgien (1903) an.

---

[1]) Proceed. of the Intern. Congress, Chicago 1893, publ. by the Amer. Inst. of Electr. Eng., New York. 1894; vgl. daselbst S. 17.

Durch die Diskrepanz der Definitionen für die elektrischen Einheiten in den verschiedenen Ländern entstanden nun die bereits erwähnten Schwierigkeiten, welche eine Neuordnung der internationalen Vereinbarungen dringend notwendig machten. Beispielsweise entstanden bei Lieferungen elektrischer Lampen Differenzen für die auf das Ampere bzw. Volt berechnete Leuchtstärke, je nachdem in den Ländern, welche die drei Einheiten angenommen hatten, die Messungen auf das Normalelement oder das Silbervoltameter zurückgeführt wurden.

Doch hat man auf dem im Jahre 1904 in St. Louis abgehaltenen internationalen Elektrikerkongreß davon Abstand genommen, neue Festsetzungen zu vereinbaren, weil die Lage noch nicht genügend geklärt war.

19. Charlottenburger Konferenz 1905 und Internationaler Kongreß zu London 1908. Da aber die Zustände, besonders für die Länder, welche die Beschlüsse von Chicago unverändert angenommen hatten, nicht bestehen bleiben konnten, andererseits aber eine internationale Einigung auf einem großen Kongreß ohne vorhergehende Verständigung in kleinerem Kreise schwer zu erreichen gewesen wäre, so berief die Phys.-Techn. Reichsanstalt (unter WARBURG) im Jahre 1905 eine vorbereitende internationale Konferenz nach Charlottenburg, an der sechs Länder (Amerika, Belgien, Deutschland, England, Frankreich, Österreich) teilnahmen[1]).

Man einigte sich dahin, daß in Übereinstimmung mit dem deutschen Gesetz nur zwei Einheiten, nämlich das Ohm und das Ampere, unter Beibehaltung der in Chicago angenommenen Definitionen gesetzlich festgelegt werden sollten. Als Normalelement wurde an Stelle des CLARKschen Zinkelements das schon erwähnte WESTONsche Kadmiumelement mit einem Überschuß von Kadmiumsulfatkristallen und einem Amalgam von 12 bis 13% Kadmium angenommen. Für die Quecksilbernormale, das Silbervoltameter und das Normalelement wurden noch besondere Ausführungsbestimmungen (Spezifikationen) festgesetzt.

Nach mehrmaligem Aufschub fand dann drei Jahre später, im Oktober 1908, ein großer Internationaler Kongreß in London statt, an dem sich unter dem Vorsitz von Lord RAYLEIGH 22 Länder mit 46 Delegierten beteiligten[2]). Die Vorbereitungen zu diesem Kongreß waren von Deutschland und England gemeinsam getroffen worden, so daß den Beratungen bestimmt formulierte Anträge zugrunde gelegt werden konnten. Die vorläufigen Beschlüsse von Charlottenburg fanden auf diesem Kongreß im wesentlichen ihre Bestätigung, doch wurden den Zahlen 106,3 (Quecksilbereinheit) und 1,118 (Silbervoltameter) noch zwei Nullen angefügt, um auszudrücken, daß die Festsetzungen auf ein Hunderttausendstel genau sein sollten.

Der Beschluß, entsprechend den Charlottenburger Vereinbarungen, als zweite Einheit das Ampere anzunehmen, ist nicht ohne große Debatten gefaßt worden. Es war vielmehr von Amerika vorgeschlagen worden, als zweite Einheit das Volt zu wählen und dasselbe durch ein Normalelement zu verkörpern, auf das, wie schon erwähnt, bei den Messungen selbst aus praktischen Gründen zurückgegriffen werden muß. Der Vorschlag hat in der Tat mancherlei für sich und ist auch seinerzeit in der Phys.-Techn. Reichsanstalt vertreten worden[3]). Daß man dennoch von der Wahl des Volt als zweiter elektrischer Einheit an Stelle des Ampere abgesehen hat, geschah aus der Erwägung, daß der Chemismus des

---

[1]) Verhandlungen der Internat. Konferenz über elektrische Maßeinheiten, abgehalten in der Phys.-Techn. Reichsanstalt vom 23.—25. Okt. 1905, Berlin 1906; gedruckt in der Reichsdruckerei. Vgl. auch Elektrot. ZS. Bd. 27, S. 237. 1906.

[2]) International Conference on electrical units and standards 1908; printed for his Majesty's Stationary by Darling & Son, London 1909. Auszug s. Elektrot. ZS. Bd. 30, S. 344. 1909.

[3]) K. KAHLE, ZS. f. Instrkde. Bd. 13, S. 313. 1893.

Normalelementes komplizierter erscheint als der des Silbervoltameters, und daß noch eine gewisse Unsicherheit in der Herstellung übereinstimmender Normalelemente vorhanden war, die allerdings mittlerweile durch die späteren Untersuchungen auf diesem Gebiete völlig behoben worden ist (vgl. Ziff. 28).

Auch ist es ja an sich keineswegs notwendig, daß die gesetzlich definierten Grundmaße gleichzeitig diejenigen Maße sind, welche bei den Messungen selbst in Anwendung kommen. Auch die Quecksilbernormale sind für die Messungen zu unbequem und liefern nur unter Einhaltung besonderer Versuchsbedingungen richtige und genaue Werte. Bei den Messungen selbst benutzt man daher an Stelle der Quecksilberrohre die auf jene zurückgeführten Drahtnormale (Manganinwiderstände), mit denen man ohne große Vorsichtsmaßregeln jederzeit zuverlässige Resultate erhält.

Drahtnormale und Normalelemente kann man daher als sekundäre Normale ansehen, welche die gesetzlichen Normale bei den Messungen repräsentieren.

Als Normalelement wurde in London das schon in Charlottenburg näher definierte Westonelement angenommen und für die Spannung desselben vorläufig der Wert 1,0184 int. Volt bei 20°C festgesetzt, da die damals vorliegenden Messungen zu einer definitiven Festsetzung nicht ausreichend erschienen. Dieser nur von England daraufhin provisorisch eingeführte Wert ist später noch abgeändert worden (s. Ziff. 20).

Außerdem wurde noch eine Formel festgesetzt für die Abhängigkeit der Spannung des Westonelements von der Temperatur (vgl. Ziff. 28); ferner wurden besondere Bestimmungen für die Herstellung der Quecksilbernormale vereinbart (vgl. Ziff. 24).

20. Londoner Beschlüsse für die elektrischen Grundeinheiten. Die Beschlüsse wurden in mehreren Sprachen formuliert. Der deutsche Wortlaut ist folgender (vgl. auch das deutsche Gesetz von 1898, Ziff. 23):

„Das internationale Ohm ist der Widerstand, den eine Quecksilbersäule von 106,300 cm Länge und 14,4521 g Masse bei durchweg gleichem Querschnitt gegenüber einem konstanten Strom bei der Temperatur des schmelzenden Eises besitzt."

„Das internationale Ampere ist derjenige konstante Strom, der beim Durchgang durch eine wässerige Lösung von Silbernitrat 0,001118 00 g Silber in einer Sekunde niederschlägt."

„Das internationale Volt ist diejenige konstante Spannungsdifferenz[1]), die in einem Leiter von einem internationalen Ohm Widerstand von einem internationalen Ampere erzeugt wird."

„Das internationale Watt ist die Leistung, die ein konstanter elektrischer Strom von einem internationalen Ampere bei einer elektrischen Spannungsdifferenz[1]) von einem internationalen Volt verrichtet."

Das deutsche Gesetz von 1898 brauchte infolge dieser Beschlüsse nicht abgeändert zu werden, da die Anhängung der beiden Nullen beim Silbervoltameter und bei der Länge der Quecksilbersäule als selbstverständlich erschien und das deutsche Gesetz stets in diesem Sinne ausgelegt worden war.

Die Londoner Konferenz hat sich auch mit der Frage beschäftigt, in welcher Weise die Übereinstimmung der konkreten Einheiten in den verschiedenen Ländern erzielt und aufrechterhalten werden können. Als bestes Mittel hierzu betrachtete sie in Übereinstimmung mit der Charlottenburger Konferenz die Schaffung eines **Internationalen elektrischen Laboratoriums**, sowie die Bildung einer **Permanenten internationalen Kommission** nach dem Vorbild derjenigen für Maß und Gewicht in Breteuil. Beide Institutionen sind aber noch nicht ins Leben getreten. Um auch für die Zwischenzeit ein Organ zur Verfolgung der internationalen Ziele zu besitzen, wurde ein Komitee aus

---
[1]) Statt „Spannungsdifferenz" würde besser „Spannung" zu setzen sein.

15 Delegierten, das sog. RAYLEIGHsche Komitee, gebildet, dem 11 Länder (Amerika, Belgien, Deutschland, England, Frankreich, Holland, Italien, Japan, Österreich, Rußland, Schweiz) angehörten und das noch durch nichtstimmberechtigte Mitglieder ergänzt wurde. Dies Komitee, das sich zunächst hauptsächlich mit der definitiven Festsetzung eines Wertes für die Spannung des Westonelementes befaßte (s. Ziff. 21), hat unter dem Vorsitz von WARBURG, dem Präsidenten der Phys.-Techn. Reichsanstalt, bis zum Krieg bestanden, ist dann aber aufgelöst worden.

In der Reichsanstalt war im Jahre 1908 auf Grund silbervoltametrischer Messungen für die Spannung des Westonelementes bei 20° C der Wert 1,01834 int. Volt gefunden worden. Doch machte sich der Wunsch geltend, eine internationale Festsetzung des Wertes auf Grund gemeinsamer Messungen der in Betracht kommenden Staatsinstitute zu treffen. Dies wurde ermöglicht durch eine Einladung Amerikas an Deutschland, England und Frankreich, Delegierte nach Washington zwecks gemeinsamer Messungen zu entsenden. Dieser Plan wurde vom Rayleighkomitee gutgeheißen; die Kosten wurden in dankenswerter Weise von verschiedenen amerikanischen elektrotechnischen Firmen aufgebracht.

21. Delegierten-Zusammenkunft in Washington 1910 (Westonelement). An den im Bureau of Standards (B. o. St.) in Washington im April und Mai 1910 ausgeführten silbervoltametrischen Messungen des sog. „Internationalen Technischen Komitees" beteiligten sich E. B. ROSA und F. A. WOLFF vom B. o. St., W. JAEGER von der Phys.-Techn. Reichsanstalt (P.T.R.), F. E. SMITH vom National Physical Laboratory (N.P.L.) in Teddington-London und F. LAPORTE vom Laboratoire Central d'Électricité (L.C.E.) in Paris[1]. Jeder der drei nach Washington entsandten Delegierten brachte je zwei Silbervoltameter mit, sowie eine Anzahl Westonelemente und Manganinwiderstände, die an die Einheiten der betreffenden Länder angeschlossen worden waren. Bezüglich der Widerstandseinheit ist zu bemerken, daß nur Deutschland (seit 1894) und England (seit 1905) im Besitz von Quecksilbernormalen waren, durch welche das internationale Ohm dieser Länder repräsentiert war. Amerika benutzte als Widerstandseinheit das Mittel einer Anzahl Manganinwiderstände, die mit der deutschen und englischen Einheit verglichen waren; Frankreich bezog seine Messungen auf legale Ohm (s. Ziff. 17), die 1884 hergestellt waren und im Post- und Telegraphenamt in Paris aufbewahrt wurden. Der Mittelwert aus den deutschen und englischen Widerstandseinheiten, die sich nur um ein Hunderttausendstel unterschieden, wurde den Messungen in Washington zugrunde gelegt. Die Vergleichung der in den vier Staatsinstituten hergestellten Westonnormalelemente ergab eine hervorragende Übereinstimmung derselben; die Gruppenmittel zeigten gegenüber dem Gesamtmittel Abweichungen, die unterhalb von einem Hunderttausendstel waren. Das Gesamtmittel der Elemente konnte daher unbedenklich für die silbervoltametrischen Messungen benutzt werden. Es wurden auch neue Elemente hergestellt mit Materialien, welche von den verschiedenen Vertretern mitgebracht worden waren; doch kann darauf hier nicht näher eingegangen werden.

Bei den silbervoltametrischen Messungen selbst, aus denen der Wert des Westonelements abgeleitet wurde, waren meist zehn Silbervoltameter hintereinander geschaltet (Näheres über die Silbervoltameter s. Ziff. 27), und zwar je zwei von Deutschland, England und Frankreich sowie vier von Amerika. Von den letzteren enthielten zwei Voltameter Tonzellen, die anderen beiden nicht.

---

[1]) Vgl. Report to the international committee on electrical units and standards of a special technical committee appointed to investigate and report on the concrete standards of the international electrical units and to recommend a value for the Weston normal cell. Washington: Government printing office 1912.

Die Stromstärke betrug in der Regel 0,5 Amp., die Zeitdauer des Stromschlusses zwei Stunden, so daß etwa 4 g Silber niedergeschlagen wurden. Der Strom ging auch durch einen Widerstand von 2 Ohm, an dessen Enden also eine Spannung von 1 Volt entstand, die mittels eines Kompensators mit der Spannung eines Westonelements verglichen wurde. Die Abweichung dieses Elementes von dem Gesamtmittel aller Elemente (s. oben) wurde in Rechnung gesetzt. Außer diesen Hauptversuchen wurde noch eine Reihe von Nebenversuchen angestellt, bei denen die Bedingungen für die Silbervoltameter in sehr verschiedener Weise variiert wurden. Die für die Silbervoltameter erforderlichen Materialien (Silber, Silbernitrat usw.) wurden von den Delegierten der verschiedenen Länder mitgebracht und auch in verschiedenen Kombinationen ausgetauscht. Wegen der Einzelheiten muß auf den zitierten Report des Internat. Techn. Komitees verwiesen werden.

Wie man aus den vorstehenden Darlegungen ersieht, waren durch das gemeinsame Zusammenarbeiten der Delegierten an einem Ort die Grundlagen der Messungen, nämlich die Widerstandswerte und der Wert der Normalelemente, außerordentlich sichergestellt, was sich durch Messungen, die in den verschiedenen Staatslaboratorien selbst angestellt worden wären, in dieser Vollendung nicht hätte erreichen lassen. Nach der Rückkehr der Delegierten in ihre Heimat wurden die nach Washington mitgenommenen Westonelemente und Drahtwiderstände wieder mit den Einheiten der jeweiligen Staatsinstitute verglichen, um etwaige Änderungen festzustellen und einen möglichst sicheren Anschluß an die Washingtoner Messungen zu erreichen. Die Übereinstimmung der Normalien war dadurch für die beteiligten Länder bis auf wenige Hunderttausendstel sichergestellt. Diese Übereinstimmung scheint auch heute noch zu bestehen, obwohl die internationalen Beziehungen durch den Krieg eine sehr lange Unterbrechung erfahren haben. Nur mit England und Amerika haben sich in der letzten Zeit wieder Beziehungen angebahnt, welche eine Vergleichung der Normalien bis zu einem gewissen Grade ermöglichen.

Auf Grund der gemeinsamen Messungen hat nun das Internationale Technische Komitee folgenden Wert:

Westonelement bei $20°$ C · 1,01830 int. Volt

zur internationalen Annahme empfohlen. Dieser Vorschlag wurde vom Rayleigh-Komitee gebilligt, und darauf wurde dieser Wert vom 1. Januar 1911 ab international eingeführt[1]).

Gleichzeitig wurde das Mittel aus der deutschen und englischen Widerstandseinheit vorläufig als internationale Widerstandseinheit angenommen.

In Deutschland war vor dem 1. Januar 1911 ein anderer Wert des Westonelements den Eichungen der Reichsanstalt zugrunde gelegt worden, nämlich 1,0186 int. Volt bei $20°$ C. Dieser Wert stammte noch aus weiter zurückliegenden Messungen und war beibehalten worden, um die Kontinuität der Eichungen nicht zu stören, obwohl die Messung in der Reichsanstalt im Jahre 1908 den Wert 1,01834 ergeben hatte. Um den von früher stammenden Wert nicht in kurzer Zeit zweimal ändern zu müssen, hat man ihn bis zu der definitiven internationalen Festsetzung beibehalten. Dieser Umstand ist zu beachten, wenn bei Messungen, die vor dem 1. Januar 1911 liegen, Westonelemente benutzt worden sind.

22. Die Staatsinstitute der verschiedenen Länder. Die Tatsache, daß jetzt die internationalen elektrischen Einheiten bis auf wenige Hunderttausendstel übereinstimmen und innerhalb dieser Genauigkeitsgrenze auch festgehalten

---

[1]) Elektrot. ZS. Bd. 31, S. 1303. 1910; Ann. d. Phys. Bd. 34, S. 376. 1911; ZS. f. Instrkde. Bd. 31, S. 20. 1912; ZS. f. phys. Chem. Bd. 75, S. 674. 1911.

werden können (s. Ziff. 31 u. 32), bedeutet einen gewaltigen Fortschritt gegen die früheren Zustände. Ein solches Resultat konnte nur dadurch erreicht werden, daß in verschiedenen Ländern Staatsinstitute gegründet wurden, denen die Pflege der elektrischen Einheiten obliegt. Das älteste Institut dieser Art ist die **Physikalisch-Technische Reichsanstalt** in Charlottenburg, die 1887 ins Leben gerufen wurde und deren erster Präsident H. v. HELMHOLTZ war. Seit 1894 besitzt die Reichsanstalt konkrete elektrische Einheiten, Quecksilber- und Drahtnormale sowie Westonelemente, so daß seit dieser Zeit die elektrischen Einheiten auf einige Hunderttausendstel konstant gehalten werden konnten (vgl. Ziff. 31 u. 32). Erst später wurden auch in anderen Ländern Institute ähnlicher Art gegründet, in England 1902 das **National Physical Laboratory** zu Teddington, in Amerika 1904 das **Bureau of Standards** zu Washington. In Frankreich, welches ein eigentliches Staatsinstitut für diesen besonderen Zweck nicht besitzt, werden die betreffenden Arbeiten und die Eichungen von dem der Post angegliederten **Laboratoire Central d'Électricité** ausgeführt. Später sind dann noch andere Länder dem Beispiel Deutschlands gefolgt, so Österreich, Belgien, Japan, Rußland und die Schweiz. Diese Institute sind meist den bereits bestehenden Instituten für Maß und Gewicht angegliedert worden; auch in Deutschland ist seit kurzem die frühere Normaleichungskommission mit der Phys.-Techn. Reichsanstalt vereinigt worden. In diesen Staatsinstituten werden die eingesandten Drahtnormale und Normalelemente geeicht und auf die Einheiten der betreffenden Länder zurückgeführt, so daß die Grundlagen der elektrischen Messungen sehr sichergestellt sind und auch in den verschiedenen Ländern sich in guter Übereinstimmung befinden. Nach den bisherigen langjährigen Erfahrungen können die elektrischen Einheiten dauernd bis auf wenige Hunderttausendstel konstant erhalten werden (vgl. Ziff. 31 u. 32).

c) Die gesetzlichen elektrischen Normale.

23. Deutsches Gesetz vom 1. Juni 1898[1]). Für Deutschland gilt noch heute das am 1. Juni 1898 erlassene Gesetz über die elektrischen Einheiten, das sich von den späteren internationalen Londoner Beschlüssen (Ziff. 20) nur in einigen formalen Punkten unterscheidet und folgenden Wortlaut hat:

Deutsches Gesetz über die elektrischen Einheiten vom 1. Juni 1898[1]).

1. „Die gesetzlichen Einheiten für elektrische Messungen sind das Ohm, das Ampere und das Volt."

2. „Das Ohm ist die Einheit des elektrischen Widerstandes. Es wird dargestellt durch den Widerstand einer Quecksilbersäule von der Temperatur des schmelzenden Eises, deren Länge bei durchweg gleichem, einem Quadratmillimeter gleich zu achtenden Querschnitt 106,3 cm und deren Masse 14,4521 g[2]) beträgt."

3. „Das Ampere ist die Einheit der elektrischen Stromstärke. Es wird dargestellt durch den unveränderlichen elektrischen Strom, welcher bei dem Durchgange durch eine wässerige Lösung von Silbernitrat in einer Sekunde 0,001118 g Silber niederschlägt."

4. „Das Volt ist die Einheit der elektromotorischen Kraft. Es wird dargestellt durch die elektromotorische Kraft, welche in einem Leiter, dessen Widerstand ein Ohm beträgt, einen elektrischen Strom von einem Ampere erzeugt."

Hieran schließen sich noch folgende Bestimmungen:

a) „Die Elektrizitätsmenge, welche bei einem Ampere in der Sekunde durch den Querschnitt der Leitung fließt, heißt eine Amperesekunde (Coulomb), die in einer Stunde hindurchfließende Elektrizitätsmenge heißt eine Amperestunde."

---

[1]) Deutsches Gesetz über elektrische Einheiten, Reichsgesetzblatt für 1898, S. 905. Deutscher Reichsanzeiger Nr. 138 vom 14. Juni 1898. Ferner Ausführungsbestimmungen, erlassen vom Bundesrat am 6. Mai 1901; Reichsgesetzblatt von 1901, S. 127. Deutscher Reichsanzeiger Nr. 110. 1901 u. Elektrot. ZS. Bd. 22, S. 531. 1901.

[2]) Bis dahin war in Deutschland der Wert 14,452 benutzt worden; vgl. Wiss. Abh. d. Phys.-Techn. Reichsanst. Bd. 2, S. 419. 1895 und Ziff. 17.

b) „Die Leistung von einem Ampere in einem Leiter von einem Volt Endspannung heißt ein Watt."

c) „Die Arbeit von einem Watt während einer Sekunde heißt eine Wattsekunde."

d) „Die Kapazität eines Kondensators, welcher durch eine Amperesekunde auf ein Volt geladen wird, heißt ein Farad."

e) „Der Induktionskoeffizient eines Leiters, in welchem ein Volt induziert wird durch die gleichmäßige Änderung der Stromstärke um ein Ampere in der Sekunde, heißt ein Henry."

Mit der Herstellung und Überwachung der elektrischen Einheiten und der Prüfung eingesandter Normale ist die Phys.-Techn. Reichsanstalt in Charlottenburg betraut; ihre elektrischen Einheiten sind für das Deutsche Reich maßgebend. Sie hat vor allem Quecksilbernormale für das Ohm herzustellen und für deren stetige Kontrolle und sichere Aufbewahrung zu sorgen; sie hat ferner Normale aus festem Metall an die Quecksilbernormale anzuschließen und deren Wert durch öftere Vergleichung sicherzustellen. Für die Ausgabe amtlich beglaubigter Widerstände und galvanischer Normale hat sie Sorge zu tragen. Es sei noch erwähnt, daß im ganzen Reich Prüfämter verteilt sind, deren Normale und Meßgeräte von der Reichsanstalt überwacht werden, so daß die von den Prüfämtern geeichten technischen Apparate (Elektrizitätszähler usw.) ebenfalls auf die deutschen Einheiten zurückgeführt werden.

Im folgenden sollen nun die Einheiten und Normale der Reichsanstalt und auch anderer Staatsinstitute näher besprochen werden.

24. Quecksilbernormale[1]). Bei der Definition für die Quecksilbernormale ist ein vollkommen zylindrischer Querschnitt des Rohres vorausgesetzt, in dem sich das Quecksilber befindet. Da aber absolut zylindrische Rohre nicht existieren, muß man durch Kalibrieren der Rohre die Änderung des Querschnitts untersuchen und in Rechnung setzen. Man kann dann den sog. „Kaliberfaktor" K berechnen, der nahe gleich 1 ist und mit dem man den aus Länge und Masse der Quecksilbersäule berechneten Widerstand noch multiplizieren muß, um ihn auf denjenigen eines vollkommen zylindrischen Rohres zurückzuführen. Außerdem ist noch der sog. „Ausbreitungsfaktor" zu berücksichtigen (s. unten).

Nach der gesetzlichen Definition berechnet sich der Widerstand R einer Quecksilbersäule von der Länge L Meter, wenn das Gewicht der Rohrfüllung bei $0°$ G Gramm beträgt, nach der Formel

$$R = K \frac{14{,}4521}{(1{,}063)^2} \cdot \frac{L^2}{G} = 12{,}7898_2 \cdot K \frac{L^2}{G} \text{ int. Ohm}.$$

Der Zahlenfaktor des zweiten Ausdrucks stellt diejenige Quecksilbermasse dar, welche ein zylindrisches Rohr von 1 m Länge und 1 int. Ohm Widerstand bei $0°$ füllen würde.

Die sog. „geometrische Auswertung" der Normalrohre, d. h. die Berechnung ihres Widerstandes aus den geometrischen Dimensionen, setzt sich nach obiger Formel zusammen aus der Ermittlung des Kaliberfaktors K, der Messung der Länge des Rohres bei $0°$ und der Masse G der Quecksilberfüllung, ebenfalls bei $0°$. Im folgenden sollen die in der Reichsanstalt bei diesen Messungen benutzten Methoden kurz angedeutet werden; wegen der Einzelheiten sei auf die angegebenen Literaturstellen verwiesen[1]). Die Kalibrierung der Rohre wurde nach den bei

---

[1]) Vgl. hierzu die Veröffentlichungen der Phys.-Techn. Reichsanstalt: W. JAEGER, Wiss. Abh. d. Phys.-Techn. Reichsanst. Bd. 2, S. 379. 1895; W. JAEGER u. K. KAHLE, ebenda Bd. 3, S. 95. 1900; W. JAEGER u. H. DIESSELHORST, ebenda Bd. 4, S. 115. 1904 u. S. 193. 1905 und Auszüge daraus in der ZS. f. Instrkde. Bd. 16, S. 134. 1896 u. Bd. 21, S. 1. 1901, sowie Wied. Ann. Bd. 64, S. 456. 1898. Die letzten nach dem Krieg ausgeführten, sehr umfangreichen Messungen mit den 10 Quecksilbernormalen der Phys.-Techn. Reichsanstalt befinden sich in der Drucklegung und werden in den Wiss. Abh. d. Phys.-Techn. Reichsanst. erscheinen.

Thermometern gebräuchlichen Methoden[1]) ausgeführt; die Rohre waren zu diesem Zweck mit einer Millimeterteilung versehen, deren Fehler bestimmt wurden. Die Kuppenhöhe der Fäden wurde bei der Kalibrierung berücksichtigt, indem zu der von Basis zu Basis reichenden Länge der Fäden noch der Betrag

$$x = h\left\{1 + \frac{1}{3}\frac{h^2}{r^2}\right\}$$

hinzugefügt wurde, wobei h die Kuppenhöhe und r den Rohrdurchmesser bedeutet. Die Kalibrierung wurde ausgeführt mit einem kurzen Faden von 2 cm Länge und außerdem mit längeren Fäden von 10 cm und zum Teil auch von 50 cm, da bei den kleinen Fäden sich die Fehler kumulieren. Hieraus wurde dann zunächst die Kaliberkurve berechnet und daraus die Querschnittskurven. Den Querschnitt an einer Stelle des Rohres, bezogen auf den mittleren Querschnitt der ganzen kalibrierten Rohrstrecke, d. h. also das Querschnittsverhältnis s, berechnet man in folgender Weise. Sind x_m und x_n die Kaliberkorrektionen für zwei Punkte m und n des Rohres (z. B. $m = 12$, $n = 14$ cm), so ist der relative Querschnitt s des zwischen diesen Punkten liegenden Rohrstückes:

$$s = \frac{(m + x_m) - (n + x_n)}{m - n} = 1 + \frac{x_m - x_n}{m - n} = 1 + \delta.$$

Denn die Kaliberkorrektion x_m bedeutet, daß man einem von dem Nullpunkt bis zum Punkt m reichenden Faden den Betrag x_m hinzufügen muß, um die Länge zu erhalten, die der Faden in einem vollkommen zylindrischen Rohre haben würde. Geht man zu unendlich kleinen Strecken $m - n$ über, so stellt $\delta = s - 1$ die Differentialkurve der Kaliberkurve dar. Für die ganze kalibrierte Rohrstrecke, die sich aus n Intervallen zusammensetzen möge, ist $\sum_{1}^{n} \delta = 0$ und $\frac{1}{n}\sum_{1}^{n} s = 1$. Der Kaliberfaktor der ganzen kalibrierten Rohrstrecke ist dann $K = \frac{1}{n}\sum_{1}^{n}\frac{1}{s}$ oder angenähert gleich $1 + \frac{1}{n}\sum_{1}^{n}\delta^2$.

Da aber im allgemeinen die Stellen, an denen das Rohr nach der Kalibrierung abgeschnitten wird, nicht mit den Endpunkten der Kalibrierung zusammenfallen, so ist der Kaliberfaktor K dann nach folgender Gleichung zu berechnen:

$$K = \frac{1}{(\alpha + n + \beta)^2}\left\{\frac{\alpha}{s_\alpha} + \sum_{1}^{n}\frac{1}{s} + \frac{\beta}{s_\beta}\right\}\left\{\alpha s_\alpha + \sum_{1}^{n} s + \beta s_\beta\right\}.$$

Hierin bedeutet n die Anzahl der ganzen Intervalle (z. B. von 2 cm Länge), α und β die durch mikrometrische Ausmessung ermittelten Bruchteile von ganzen Intervallen, die noch an beiden Enden hinzukommen, s die jeweiligen relativen Querschnitte, s_α und s_β die relativen Querschnitte der Intervalle α und β.

Nach dem Abschneiden werden die Rohrenden möglichst plan geschliffen, derart, daß die Endflächen senkrecht auf der Rohrachse stehen. Es muß beim Schleifen sorgfältig darauf geachtet werden, daß keine Stücke aus der Kapillare ausspringen.

Zum Zwecke der Längenmessung müssen die Rohre möglichst gerade gestreckt werden, da es auf die wirkliche Länge der Kapillare ankommt. Bei

---

[1]) In betreff der Kalibrierungsmethoden vgl. Wiss. Abh. d. Phys.-Techn. Reichsanst. Bd. 1. 1894 (Verlag Julius Springer); dort ist auch die Ermittlung der Teilungsfehler angegeben.

der Messung kommen die Rohre in ein Wasserbad, das durch zirkulierendes Eiswasser in der Nähe von 0° gehalten wird. Die äußersten Enden des Rohres ragen aus dem Bad heraus; die Länge wird an mehreren symmetrisch zur Rohröffnung gelegenen Stellen mit Kontaktkugeln ermittelt. Die Längenmessung muß auf etwa $1/100$ mm genau ausgeführt werden. Da bei der Messung das Rohr nicht genau die Temperatur von 0° besitzt, ist noch eine kleine Korrektion auf 0° erforderlich (Temperaturkoeffizient des Jen. Glases ca. 8 μ pro Meter und Grad).

Die Auswägung des Rohres muß ebenfalls bei 0° erfolgen; hierbei muß das Quecksilber genau an den Schnittflächen abgegrenzt werden, wozu plane Glasplättchen dienen. Die sorgfältig gereinigten und getrockneten Rohre wurden zum Zwecke der Füllung mit Quecksilber senkrecht gestellt und das Quecksilber hochgesaugt. Das untere Ende der Rohre wurde unter Quecksilber mit einer planen Glasplatte abgeschlossen, worauf die Rohre in senkrechter Stellung auf 0° abgekühlt wurden. Die am oberen Ende noch herausragende Quecksilberkuppe wurde dann mit einer ebenen Glasplatte abgestrichen, wobei darauf geachtet werden mußte, daß kein Quecksilber in das Rohr hineingepreßt wurde, daß aber auch kein Hohlraum übrig blieb. Das Quecksilber wurde dann in einem Wägegläschen auf etwa $1/100$ mg genau gewogen und das Gewicht auf das Vakuum reduziert. Eine Anzahl in dieser Weise ausgeführter Füllungen, deren Ergebnis gemittelt wurde, stimmte in der Regel auf wenige Hunderttausendstel überein[1]).

Da die Rohre für die elektrische Messung mit Endgefäßen versehen werden müssen, ist noch der Ausbreitungswiderstand zu berechnen, der durch den Austritt des Stromes aus der zylinderförmigen Quecksilbersäule in die kugelförmigen Endgefäße entsteht. Dieser ist zu berechnen aus den Endradien des Rohres r_1 und r_2 (in mm), der sich aus der Querschnittskurve ergibt. Bezeichnet a den sog. „Ausbreitungsfaktor", so ist der Ausbreitungswiderstand A:

$$A = \frac{a \cdot 10^{-3}}{\pi}\left(\frac{1}{r_1} + \frac{1}{r_2}\right) \text{ Siemens-Einheiten (S.-E.)},$$

oder auch, wenn Q den mittleren Querschnitt des Rohres bezeichnet,

$$A = \frac{a \cdot 10^{-3}}{Q}(r_1 + r_2) \text{ S.-E.}$$

In int. Ohm erhält man den Ausbreitungswiderstand durch Division der berechneten Zahlen mit 1,063. Als Ausbreitungsfaktor ist in London 1908 (s. Ziff. 20) der Wert $a = 0,80$ international festgesetzt worden; für die Definition der Quecksilbereinheit war es erforderlich, auch für diesen Wert eine Vereinbarung zu treffen.

Die elektrische Messung der Ohmrohre muß ebenfalls bei 0° erfolgen, da andernfalls durch die Reduktion der Messungen auf 0° zu große Unsicherheiten entstehen; denn die scheinbare Änderung des Widerstandes des Quecksilbers hängt von der zu den Rohren verwendeten Glassorte ab. In der Nähe von 0° beträgt die Widerstandsänderung des Quecksilbers etwa + 0,000875 für einen Grad Temperaturerhöhung. Da der Widerstand auf Bruchteile von Hunderttausendsteln gemessen werden soll, muß die Temperatur auf einige $1/1000$° genau bekannt sein.

Für die elektrische Messung müssen die Ohmrohre, wie erwähnt, noch mit Endgefäßen versehen sein, durch die der Strom zugeleitet wird und die

---

[1]) Über die in England und Amerika hergestellten Ohmnormale siehe F. E. SMITH, Phil. Trans. Bd. 104, S. 57. 1905; Coll. Res. Nat. Phys. Lab. Teddington Bd. 1, S. 149. 1906; Bd. 5, S. 149. 1909; F. A. WOLFF, A. M. P. SHOEMAKER, C. A. BRIGGS, Bull. Bur. of Stand. Bd. 12, S. 375. 1916.

auch Potentialdrähte zur Messung der Spannung besitzen. Abb. 1 zeigt das kugelförmige Endgefäß mit der aus einem Platindraht bestehenden Stromzuführung s und dem Ansatz a zum Einfüllen des Quecksilbers; bei p mündet senkrecht zur Zeichenebene der Potentialdraht. Das Endgefäß ist auf das Rohrende r so aufgesetzt, daß die Schlifffläche des Rohres einen Teil der Kugelfläche bildet. Bei den Ohmrohren der Reichsanstalt sind die Endgefäße durch aufgekittete Stahlverschraubungen mit dem Rohr verbunden, bei den englischen und amerikanischen Rohren sind die Rohre am Ende konisch geschliffen, so daß sie in einen Schliff der Endgefäße passen. Nach den Londoner Festsetzungen sollen die Endgefäße einen Durchmesser von 5 cm besitzen, es genügt aber, wie besondere Messungen gezeigt haben, ein kleinerer Durchmesser von 4 cm, wie er in der Reichsanstalt benutzt wurde und der für die Handhabung der Rohre bequemer ist. Die Füllung der Rohre mit Quecksilber zum Zweck der elektrischen Messung muß im Vakuum erfolgen, d. h. die Rohre müssen ausgepumpt werden, worauf das von Luft befreite Quecksilber angesaugt wird. Anderenfalls legt sich das Quecksilber wegen des im Rohre vorhandenen Luftpolsters nicht vollständig an die Wandung an und man erhält bei verschiedenen Füllungen stark abweichende Widerstandswerte; denn es ist zu beachten, daß eine Veränderung des Rohrdurchmessers um 1 μ den Widerstand der Quecksilbersäule schon um etwa 1 °/$_{00}$ beeinflußt. Die im Vakuum vorgenommenen Füllungen stimmen auf wenige hundertstel Promille überein, wozu aber auch eine sehr sorgfältige Reinigung der Rohre erforderlich ist. Natürlich muß auch das zur Füllung benutzte Quecksilber sehr rein sein.

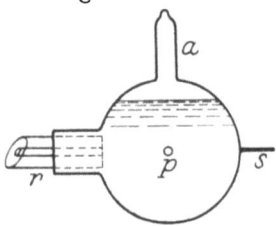

Abb. 1. Kugelförmiges Endgefäß für Quecksilbernormale.

r Ende des Rohres, s Stromzuführung, p Spannungsabnahme, a Ansatz.

Um die Normalrohre bei der Messung auf 0° zu bringen, werden sie in ein gut durchgerührtes Petroleumbad gebracht, das allseitig von Eis umschlossen ist[1]). Die Messung der Rohre erfolgt indirekt durch Vergleichung mit einer Anzahl von Manganinnormalen, die auf diese Weise auch an die Normalrohre angeschlossen werden. (Näheres hierüber und über die Konstanz der Widerstandseinheit s. Ziff. 26 u. 31.)

Seit dem 1. Januar 1898 dienten als Widerstandseinheit der Reichsanstalt fünf Quecksilbernormale[2]), die vor dieser Zeit hergestellt worden waren. In letzter Zeit sind noch fünf neue Normalrohre hergestellt worden, so daß jetzt im ganzen zehn Rohre vorhanden sind. Die älteren Rohre haben sich im Laufe der Zeit zum Teil um einige Hunderttausendstel des Wertes geändert, so daß ihr Widerstandswert durch Längenmessung und Auswägung mit Quecksilber erneut ermittelt werden mußte. Die Untersuchungen hierüber sind erst jetzt abgeschlossen worden und noch nicht veröffentlicht.

25. Manganinnormale. Da man früher mit Drahtwiderständen schlechte Erfahrungen gemacht hatte (vgl. Ziff. 16), so versuchte man sog. „Quecksilberkopien" der Normalrohre herzustellen, die aus U-förmigen gebogenen Glasrohren bestanden und als sekundäre Einheiten versendet wurden. Solche Kopien wurden von SIEMENS, MASCART, SALVIONI, BENOÎT angefertigt; auch in der Reichsanstalt ist eine größere Anzahl solcher Kopien hergestellt worden, bei denen sich das Quecksilber in Glasröhren befand; später wurde auch Quarz statt Glas verwendet. Doch sind diese Kopien für den Gebrauch ebenso un-

---

[1]) Im englischen und amerikanischen Staatsinstitut werden die Rohre direkt in Eis gebettet.
[2]) Vorher war eine um 12 Hunderttausendstel größere Einheit benutzt worden, deren Wert auf vorläufigen, weniger genau ausgemessenen Normalrohren basierte.

bequem wie die Normalrohre selbst, da sie auch auf 0° gebracht werden müssen; sie haben sich daher nicht eingebürgert. Auch wurden sie dadurch überflüssig, daß es durch die Bemühungen der Reichsanstalt gelang, Drahtwiderstände von ausgezeichneter Konstanz herzustellen, die jetzt als sog. ,,Manganinnormale" fast ausschließlich in Gebrauch sind (s. auch Ziff. 18). Sie zeichnen sich auch durch einen kleinen Temperaturkoeffizienten (von wenigen Hunderttausendsteln pro Grad) aus, während die früher benutzten Materialien (Neusilber, Nickelin, Patentnickel) noch einen Temperaturkoeffizienten von etwa $1^0/_{00}$ besaßen. Einen bedeutenden Anteil an diesem erheblichen Fortschritt hat WESTON in Newark (Amerika), der gefunden hatte, daß Legierungen aus Kupfer und Manganin einen negativen Temperaturkoeffizienten zeigten[1]). Dadurch wurden FEUSSNER und LINDECK von der Phys.-Techn. Reichsanstalt veranlaßt, systematische Untersuchungen an solchen Legierungen anzustellen, die auf der Isabellenhütte zu Dillenburg angefertigt wurden. Sie fanden dann eine später als ,,Manganin" bezeichnete Legierung (84 Kupfer, 12 Mangan, 4 Nickel), die allen Anforderungen entsprach und auch eine sehr kleine Thermokraft gegen Kupfer besaß, was für genaue Widerstandsmessungen von erheblicher Bedeutung ist. Der Temperaturkoeffizient beträgt meist nur ein Hunderttausendstel oder weniger für 1°; er ist aber nicht linear, so daß für genaue Messungen eine quadratische Temperaturformel des Widerstandes benutzt werden muß; das Maximum des Widerstandes liegt in der Regel in der Nähe der Zimmertemperatur. Die große Konstanz der aus Manganin hergestellten Widerstände (vgl. hierzu Ziff. 31) konnte aber erst dadurch erreicht werden, daß sie künstlich gealtert werden, indem sie nach der Fertigstellung mehrere Stunden auf etwa 140° erwärmt werden. Anderenfalls zeigen sie anfänglich starke Änderung, während sachgemäß hergestellte Widerstände jahrzehntelang auf wenige Hunderttausendstel konstant bleiben. Bekanntlich hat auch das aus denselben Untersuchungen hervorgegangene ,,Konstantan" (60 Kupfer, 40 Nickel) einen ganz minimalen Temperaturkoeffizienten, ist aber wegen seiner großen Thermokraft gegen Kupfer (ca. 40 Mikrovolt pro Grad) für Normalwiderstände nicht geeignet, wird vielmehr als Material für Thermoelemente benutzt und auch zu technischen Widerständen, da sein spezifischer Widerstand ebenso wie der des Manganins sehr groß ist (Konstantan 0,49, Manganin $0,42 \cdot 10^{-4}$ Ohm · cm bei Zimmertemperatur). Wegen weiterer Einzelheiten auch betreffs der Form der Drahtnormalen, die meist Büchsenform besitzen, s. ds. Bd., Kap. 16. Hier sei nur noch erwähnt, daß bei den in der Reichsanstalt als Normalwiderstände benutzten Manganinbüchsen noch besondere Klemmen auf den Drahtbügeln angebracht sind (vgl. Abb. 2), um den Widerstand genau zu definieren. Meist sind an jedem Bügel B 3 Klemmen vorhanden, je eine für Stromzuleitung, für Spannung und für einen Nebenschluß. Büchsen von kleinem Betrag ($1/_{10}$ Ohm und weniger) besitzen besondere Potentialzuleitungen zu den Enden des Widerstandes innerhalb der Büchse. Solche Widerstände können deshalb nicht ohne weiteres hintereinandergeschaltet werden.

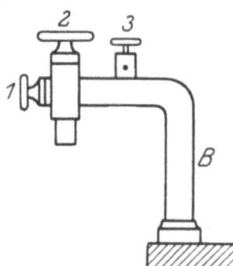

Abb. 2. Bügel (B) mit drei Klemmen $1, 2, 3$ für Widerstandsbüchsen.

26. Vergleichung der Quecksilberwiderstände mit den Manganinnormalen. In der Phys.-Rechn. Teichsanstalt wird die Vergleichung der Quecksilberwiderstände mit den Manganinnormalen (Büchsen von 1 Ohm) mittels der in ds. Band, Kap. 17 beschriebenen Differentialmethode mit übergreifendem Neben-

---
[1]) Vgl. die amerikanischen Patente 381304 und 381305.

schluß (modifizierte KOHLRAUSCHsche Methode) ausgeführt. Die Meßanordnung zeigt Abb. 3, in welcher Q das auf 0° befindliche Normalrohr und M den zu vergleichenden, in einem Petroleumbad stehenden Manganinwiderstand bedeutet. Die Methode erfordert, daß der Widerstand des Manganinnormals etwas größer ist als der des Normalrohres, damit er durch einen an M gelegten Nebenschluß N dem Widerstand des Rohres gleichgemacht werden kann. Der aus einer Batterie B entnommene Meßstrom, der durch einen Vorschaltwiderstand R reguliert und durch den Schlüssel S geschlossen wird, beträgt einige Milliampere, so daß die Stromwärme im Quecksilber keine merkliche Temperaturerhöhung erzeugen kann. Das Differentialgalvanometer (Kugelpanzergalvanometer) G besitzt zwei Stromspulen, die so geschaltet sind, daß die Ströme auf die Nadel des Galvanometers in entgegengesetztem Sinn wirken. Durch den Schalter U kann die Stromrichtung in den Widerständen vertauscht werden, während die Stromrichtung in den Galvanometerspulen unverändert bleibt. Beim Umlegen dieses von v. STEINWEHR angegebenen Schalters[1]), an dessen Stelle auch der KOHLRAUSCHsche sechsnäpfige Schalter benutzt werden kann, werden die Verbindungen 1—2 nach 1—4, 10—9 nach 10—7 und 5—6 nach 3—8 verlegt. Die Galvanometerspulen brauchen keinen gleichen Widerstand und auch keine gleiche Wirkung auf die Nadel zu besitzen, da die Abgleichung so bewirkt wird, daß diese Ungleichheiten herausfallen. Zu diesem Zweck sind vor die Galvanometerspulen noch die Widerstände r_1 und r_2 gelegt, von welchen der eine zum Zweck dieser Abgleichung noch einen Nebenschluß n besitzt. Die Abgleichung wird so vorgenommen, daß die Ausschläge beim Umlegen des Schalters gleich weit nach beiden Seiten gehen. Dann kann der Ausschlag durch Änderung des Nebenschlüssels N zur Büchse auf Null gebracht werden;

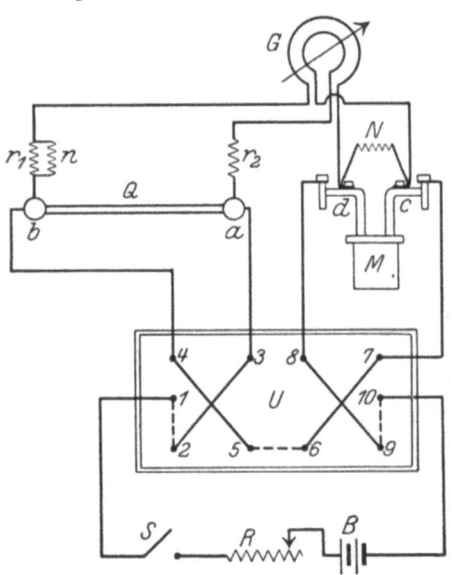

Abb. 3. Vergleichung eines Quecksilbernormals Q mit einem Manganinnormal M mittels eines Differentialgalvanometers G.

die beiden Widerstände sind in diesem Fall gleich groß und der Unterschied zwischen Quecksilberwiderstand und Büchse kann dann aus dem Nebenschluß N berechnet werden. Es ist aber nicht nötig, die angegebene Abgleichung vollständig zu machen, da durch geeignete Kombination der Ausschläge, wie l. c. näher ausgeführt ist, der richtige Nebenschluß N ermittelt werden kann. Die bei den Messungen benutzte Stromstärke beträgt etwa 0,01 Amp., so daß keine in Betracht kommende Erwärmung des Quecksilbers stattfindet. Bei einer Stromstärke von 0,15 Amp. beträgt die durch Widerstandsänderung gemessene Erwärmung etwa 0,03°[2]).

Die Widerstandsmessungen werden mit einer Genauigkeit von 1 Milliontel ausgeführt. Die verschiedenen an die Ohmrohre angeschlossenen Manganinwiderstände werden nach der gleichen Methode außerdem unter sich verglichen, so daß man überschüssige Gleichungen für die verschiedenen Widerstandswerte

---

[1]) Vgl. W. JAEGER, ZS. f. Instrkde. Bd. 24, S. 290. 1904.
[2]) Vgl. W. JAEGER, Wiss. Abh. d. Phys.-Techn. Reichsanst. Bd. 2. S. 432. 1895.

erhält, die eine Kontrolle für die Genauigkeit der Messung darstellen und die Werte mit größerer Sicherheit zu berechnen ermöglichen. Aus den an die Quecksilbernormale angeschlossenen 1-Ohm-Büchsen wird dann weiter durch den sog. Aufbau zunächst das Widerstandsverhältnis 1:10 abgeleitet, mit dessen Hilfe dann mittels der THOMSONschen Brückenmethode (ds. Band, Kap. 17) die übrigen Dekaden bis herunter zu 10^{-5} Ohm und hinauf bis 10^5 Ohm und höher festgestellt werden. Die Gesamtheit dieser Widerstände, die in regelmäßigen Abständen gemessen werden, bilden dann die Grundlage für die Eichung eingesandter Widerstände, Widerstandskästen usw. (Über die Konstanz der Widerstandseinheit s. Ziff. 31).

27. Silbervoltameter. Für die Benutzung des Silbervoltameters sind als Ergänzung des deutschen Gesetzes (Ziff. 23) durch den Bundesrat noch besondere Ausführungsbestimmungen („Bedingungen, unter denen bei der Darstellung des Ampere die Abscheidung des Silbers stattzufinden hat") erlassen worden, die auch im wesentlichen mit den Londoner Festsetzungen 1908 (Ziff. 20) übereinstimmen und von denen hier die wichtigsten mitgeteilt seien[1]).

„Die Flüssigkeit soll eine Lösung von 20 bis 40 Gewichtsteilen reinen Silbernitrats in 100 Teilen chlorfreien destillierten Wassers sein; sie darf nur solange benutzt werden, bis im ganzen 3 g Silber auf 100 cm³ der Lösungen elektrolytisch ausgeschieden sind.

Die Anode soll, soweit sie in die Flüssigkeit eintaucht, aus reinem Silber bestehen. Die Kathode soll aus Platin bestehen. Übersteigt die auf ihr abgeschiedene Menge Silber 0,1 g auf das Quadratzentimeter, so ist das Silber zu entfernen.

Die Stromdichte soll an der Anode ein Fünftel, an der Kathode ein Fünfzigstel Ampere auf das Quadratzentimeter nicht überschreiten."

Außerdem sind noch Anweisungen über das Auswaschen des Silbers, das Trocknen und Wägen gegeben.

Die in der Phys.-Techn. Reichsanstalt benutzten Silbervoltameter haben die von F. KOHLRAUSCH angegebene Form (vgl. Abb. 4). Als Kathode dient ein zylindrischer Platintiegel P von etwa 100 cm³ Inhalt, die Anode S besteht aus einem zylindrischen Silberstab, der an einem Silberdraht befestigt ist und von dem Tragarm T_2 gehalten wird; an dem anderen Träger T_1 ist der Tiegel befestigt. Die Träger führen zu Klemmen K_1, K_2, die auf der aus Ebonit bestehenden Grundplatte befestigt sind. Unterhalb der Anode befindet sich ein Glasschälchen G, welches dazu dient, den bei der Elektrolyse sich bildenden Schlamm (Anodenschlamm) aufzufangen, da dieser nicht mitgewogen werden darf.

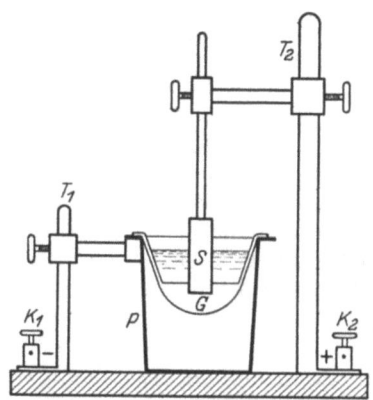

Abb. 4. Silbervoltameter der Phys.-Techn. Reichsanstalt.

P Platintiegel, S Silberanode, G Glasschälchen.

Beim Auswaschen des niedergeschlagenen Silbers muß man sehr vorsichtig verfahren, da sich häufig kleine Silberkristalle ablösen, die mit dem Waschwasser weggespült werden können. Man muß die Kristalle auf einem Filter, durch das man das ganze Waschwasser hindurchlaufen läßt, sammeln und nach dem Trocknen wägen. Andererseits muß der Silberniederschlag sehr gut ausgewaschen werden, damit kein Silbernitrat zurückbleibt. Nach dem Auswaschen wird der Tiegel getrocknet und auf schwache Rotglut gebracht, worauf er nach völligem

---

[1]) Vgl. W. JAEGER u. St. LINDECK, Elektrot. ZS. Bd. 22, S. 531. 1901 u. W. JAEGER, D. Mechaniker-Ztg. 1909.

Erkalten gewogen wird. Da der Silberniederschlag nur wenige Gramm beträgt, muß die Wägung sehr genau mit allen Vorsichtsmaßregeln und notwendigen Korrektionen ausgeführt werden. Die angestrebte Genauigkeit beträgt ein Hunderttausendstel, so daß die Wägung auf einige hundertstel Milligramm genau auszuführen ist.

Die bei den Silbervoltametern benutzte Stromstärke beträgt in der Regel einige zehntel Ampere, die Zeitdauer des Stromdurchgangs einige Stunden (vgl. auch Ziff. 21).

Statt des von KOHLRAUSCH angewandten Glasschälchens zum Auffangen des Anodenschlammes, der übrigens bei völlig reinem Silber nicht auftreten soll, sind auch andere Maßregeln zu diesem Zweck ergriffen worden. Früher war es vielfach üblich, die Anode mit Filtrierpapier zu umhüllen, wie es z. B. von RAYLEIGH und SIDGEWICK bei ihren silbervoltametrischen Messungen geschehen ist (vgl. Ziff. 17); doch hat sich gezeigt, daß dann der Silberniederschlag infolge der in dem Filtrierpapier vorhandenen organischen Substanzen nicht unerheblich zu hoch ausfällt. Organische Substanzen müssen daher im allgemeinen für diese Zwecke vermieden werden. Man kann aber trotzdem gut ausgewaschene Rohseide, wie die Versuche in der Reichsanstalt und in Washington 1910 erwiesen haben, unbedenklich zur Umhüllung der Anode verwenden. Ebenso kann auch nach dem Vorschlag von RICHARDS eine poröse Tonzelle zu diesem Zweck verwendet werden, wenn sie vorher gut ausgelaugt wird.

Die Ansicht von RICHARDS allerdings, daß die Tonzelle notwendig sei, um die „Anodenflüssigkeit", die sich nach seiner Ansicht bildet, von der Kathode fernzuhalten, weil sonst ein zu großer Silberniederschlag entsteht, hat sich als unrichtig erwiesen. Ebenso ist die Behauptung von RAYLEIGH, daß die Temperatur von Einfluß auf den Silberniederschlag sei, nach den Untersuchungen von SMITH und F. KOHLRAUSCH unzutreffend. Lange Zeit galt es nach den Versuchen von SCHUSTER und CROSSLEY als feststehend, daß die Gegenwart von Sauerstoff die Abscheidung des Silbers stark vergrößert (etwa $1^0/_{00}$), doch haben spätere sorgfältige, mit einer Genauigkeit von ein Hunderttausendstel ausgeführte Messungen im National Physical Laboratory (mit vermindertem Druck) und in der Phys.-Techn. Reichsanstalt (mit einer Stickstoffatmosphäre) gezeigt, daß der Sauerstoff keine Vergrößerung des Silberniederschlags bewirkt. Auch der von verschiedenen Autoren behauptete Unterschied des Niederschlags in blanken und mattierten Tiegeln hat sich ebenso wie der sog. „Volumeffekt" (RICHARDS, ROSA) als nicht vorhanden herausgestellt; ebenso ist auch der Druck in weiten Grenzen ohne Einfluß auf den Silberniederschlag. Näheres über diese Fragen findet man eingehend erörtert in den unten angeführten Mitteilungen der Phys.-Techn. Reichsanstalt[1]), in der auch die betreffenden Literaturangaben enthalten sind.

Das Silbervoltameter stellt das gesetzliche Stromnormal für die Staatsinstitute dar, ist aber naturgemäß nicht eichbar. Bei den praktischen Messungen treten daher an die Stelle des Silbervoltameters die Normalelemente, welche von den Staatsinstituten geeicht werden und somit als sekundäre gesetzliche Einheit zu gelten haben. Man erreicht dadurch auch eine größere Genauigkeit, als wenn man bei den Messungen selbst das Silbervoltameter anwenden wollte, da der Gebrauch desselben zu umständlich ist und auch besondere Vorsichtsmaßregeln erfordert, die bei dem Gebrauch des Normalelements nicht

---

[1]) K. KAHLE, ZS. f. Instrkde. Bd. 18, S. 229. 1898; W. JAEGER u. H. v. STEINWEHR, ebenda Bd. 28, S. 327 u. 353. 1908; Bd. 35, S. 225. 1915; Elektrot. ZS. Bd. 35, S. 819. 1914; H. v. STEINWEHR, ZS. f. Instrkde. Bd. 33, S. 321 u. 353. 1913; H. v. STEINWEHR u. A. SCHULZE, ebenda Bd. 42, S. 221. 1922 u. Wiss. Abh. d. Phys.-Techn. Reichsanst. Bd. 6, S. 99. 1923.

notwendig sind. (Über den Anschluß der Normalelemente an das Silbervoltameter vgl. Ziff. 29.)

28. Normalelemente. Die Normalelemente sind in Band XIII, sowie hinsichtlich der thermodynamischen Grundlagen in Bd. XI ds. Handb. eingehend behandelt[1]), so daß hier nur kurz einige Gesichtspunkte erörtert werden sollen, die für ihren Gebrauch als gesetzliche Normale in Betracht kommen.

Ehe das CLARKsche Normalelement in allgemeine Aufnahme kam, wurde vielfach das DANIELLsche Element in verschiedenen Formen, besonders in der von FLEMING angegebenen Modifikation als Normalelement benutzt[2]). Die Spannung desselben beträgt etwa 1,08 Volt, ist aber auf viele Promille unsicher. Einen erheblichen Fortschritt bedeutete demgegenüber das bereits 1872 von CLARK angegebene Zink-Quecksilberelement[3]), das zuerst von Lord RAYLEIGH eingehender untersucht wurde[4]). Daran schlossen sich dann später Untersuchungen von GLAZEBROOK und SKINNER[5]) und in der 1887 gegründeten Phys.-Techn. Reichsanstalt[6]). In England wurde die von CLARK[3]) angegebene sog. Board-of-Trade-Form benutzt (vgl. Bd. XIII, Artikel über Elemente), während KAHLE bei seinen Untersuchungen sehr verschiedene Formen, darunter auch die jetzt beim Westonelement allgemein gebräuchliche H-Form, untersuchte und auch Vorschriften zur Herstellung des Clarkelementes ausarbeitete[6]). Nach den Untersuchungen von KAHLE sind die Clarkelemente auf etwa $1/10000$ reproduzierbar. In der Reichsanstalt wurde später von FEUSSNER eine Konstruktion angegeben[7]), die dann im Handel (z. B. von Hartmann & Braun, Frankfurt a. M.) ausgeführt und zur Eichung eingesandt wurde. Abb. 5 zeigt das von FEUSSNER konstruierte Element. Die Paste aus Merkursulfat

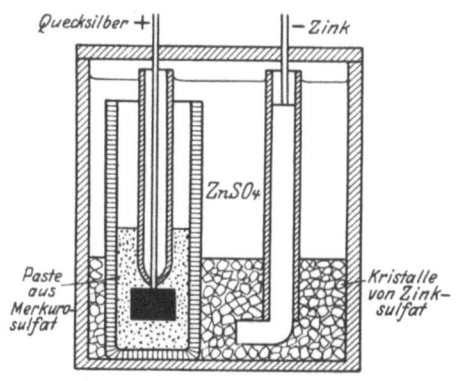

Abb. 5. Clarkelement nach FEUSSNER.

ist in einer besonderen Tonzelle enthalten, während sich außerhalb derselben die Kristalle von Zinksulfat und eine gesättigte Lösung dieses Elektrolyten befinden; der amalgamierte Zinkstab ist oberhalb des umgebogenen Endes isoliert, sodaß sich nur das untere Ende innerhalb der Zinksulfatkristalle befindet und so stets von einer gesättigten Lösung des Elektrolyts umgeben ist. Als positiver Pol dient ein amalgamiertes Platinblech, das sich innerhalb der Paste befindet und dieselbe EMK wie Quecksilber besitzt.

Das Clarkelement wurde in der Reichsanstalt beglaubigt, wenn es innerhalb $1^0/_{00}$ mit den Normalen der Reichsanstalt übereinstimmte. Als Normalwert

---

[1]) Vgl. auch W. JAEGER, Die Normalelemente und ihre Anwendung in der elektrischen Meßtechnik, Halle a. S.: Wilh. Knapp 1901, sowie Elektrische Meßtechnik, 2. Aufl., Leipzig: J. A. Barth 1922.

[2]) Vgl. Dinglers Journ. Bd. 258, S. 319. 1885 u. ST. LINDECK, ZS. f. Instrkde. Bd. 12, S. 17. 1892.

[3]) L. CLARK, Proc. Roy. Soc. London Bd. 20, S. 144. 1872 u. Phil. Trans. Bd. 164, S. 1. 1874.

[4]) Lord RAYLEIGH, Phil. Trans. Bd. 175, S. 412. 1884 u. Bd. 176, S. 781. 1885.

[5]) R. T. GLAZEBROOK u. S. SKINNER, Phil. Trans. Bd. 183, S. 567. 1892.

[6]) ST. LINDECK, ZS. f. Instrkde. Bd. 12, S. 17. 1892; K. KAHLE, ebenda Bd. 12, S. 117. 1892 u. Bd. 13, S. 191 u. 292. 1893; Wied. Ann. Bd. 51, S. 174 u. 203. 1894; W. JAEGER u. K. KAHLE, ZS. f. Instrkde. Bd. 18, S. 161. 1898 u. Wied. Ann. Bd. 65, S. 926. 1898.

[7]) K. FEUSSNER, Samml. elektrotechn. Vorträge (Voit) Bd. 1, Heft 3, S. 135. 1897.

galt auf Grund vorläufiger silbervoltametrischer Messungen der abgerundete, auf den Prüfungsscheinen angegebene Wert 1,434 int. Volt bei 15° C.

Nach den über die Spannung des Westonelements getroffenen internationalen Festsetzungen (Ziff. 20) ist für die Spannung des Clarkelements E_t bei der Temperatur t die Formel zu benutzen:

$$E_t = 1{,}4324 - 0{,}00119\,(t - 15°) - 0{,}000007\,(t - 15°)^2 \text{ int. Volt.}$$

Das Clarkelement hat aber verschiedene Nachteile, die beim Gebrauch desselben störend sind. Zunächst ändert sich seine Spannung um nahe $1^0/_{00}$ für 1° Temperaturänderung. Will man also auf ein Hunderttausendstel messen, so muß seine Temperatur auf etwa $1/_{100}°$ bekannt sein. Außerdem ändert sich die Konzentration der Zinksulfatlösung stark mit der Temperatur und die richtige Konzentration stellt sich nur langsam her. Bei einem Gang der Temperatur bleibt daher die Spannung hinter dieser zurück, eine Erscheinung, die in England als „Lag" bezeichnet wird. Man muß daher die Temperatur sehr lange Zeit konstant halten, wenn man sicher sein will, daß die Spannung des Elements der abgelesenen Temperatur entspricht. Aus diesem Grund hat man die Elemente bei genauen Messungen in ein Eisbad gestellt, was aber nicht immer ausführbar ist und auch eine große Unbequemlichkeit darstellt. Man muß nach dem Einbringen des Elements in das Eis sehr lange Zeit warten, ehe man mit der Messung beginnen darf. Das Verhältnis Clark 15°/Clark 0° ist 0,9885.

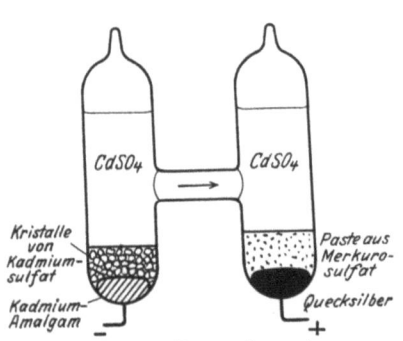

Abb. 6. Westonelement.

Angesichts dieser Nachteile des Clarkelements war es von großer Bedeutung, daß WESTON in Newark ein Element ausfindig machte, das einen sehr viel kleineren Temperaturkoeffizienten hatte[1]. Dieses Element war dem Clarkelement analog zusammengesetzt, nur war das Zink durch Kadmium ersetzt. Als die Reichsanstalt hiervon Kenntnis erhielt, stellte sie eine Anzahl solcher Elemente her, die auf ein Hunderttausendstel übereinstimmten[2] und bestimmte auch den Temperaturkoeffizienten derselben. Doch unterschieden sich diese Elemente, die in derselben Form auch heute noch in Gebrauch sind, in einer Beziehung von den Elementen, die WESTON angegeben hatte. WESTONs Ziel war, ein Element herzustellen, das praktisch ganz ohne Temperaturkoeffizient war. Er erreichte dies durch Anwendung einer verdünnten Kadmiumsulfatlösung als Elektrolyt. Diese Elemente sind aber nicht im chemischen Gleichgewicht und ändern sich deshalb mit der Zeit allmählich. Bei den von der Reichsanstalt hergestellten Elementen war in Analogie mit der Zusammensetzung des Clarkelements die Kadmiumsulfatlösung konzentriert und es waren noch überschüssige Kristalle des Hydrats von Kadmiumsulfat ($CdSO_4$, $8/3\,H_2O$) zugefügt, wodurch das Element völlig reversibel wird. Der Temperaturkoeffizient ist dann allerdings nicht ganz Null, aber so klein, daß dadurch keine Unbequemlichkeiten entstehen. Abb. 6 zeigt das WESTONsche Element mit gesättigtem Elektrolyt, das später international als Normal der EMK angenommen worden ist. In dem einen Schenkel des H-förmigen Gefäßes befindet sich als negativer Pol das

---

[1] E. WESTON, D. R. P. Nr. 75194; Electrician Bd. 30, S. 741. 1893; Elektrot. ZS. Bd. 13, S. 235. 1892.
[2] W. JAEGER u. R. WACHSMUTH, Elektrot. ZS. Bd. 15, S. 507. 1894 u. Wied. Ann. Bd. 59, S. 575. 1896.

Kadmiumamalgam (von $12^1/_2\%$ Kadmiengehalt), darüber Kristalle des Kadmiumsulfats, in dem anderen Schenkel als positiver Pol Quecksilber und darüber die Merkurosulfat-Paste. Der übrige Teil des Elements ist mit einer gesättigten Lösung von Kadmiumsulfat gefüllt.

Das als Depolarisator bei den Normalelementen benutzte Merkurosulfat hat lange Zeit Schwierigkeiten bereitet. Nachdem durch die Untersuchungen in der Phys.-Techn. Reichsanstalt erwiesen war[1]), daß die bei den Normalelementen trotz sorgfältigster Herstellung noch vorhandene Spannungsunterschiede ihre Ursache in den aus dem Handel bezogenen Proben von Merkurosulfat hatten, beschäftigten sich die verschiedenen Staatslaboratorien mit dieser Frage und mit der Herstellung von Merkurosulfat. In der Reichsanstalt wurde durch v. STEINWEHR gefunden, daß die Korngröße des durch Fällung hergestellten Salzes von Einfluß auf die Spannung der Elemente ist, und daß die Korngröße nicht zu klein sein darf[2]). Er gab eine Herstellungsweise an, bei der dieser Fehler vermieden wird, so daß jetzt die Elemente in einer Übereinstimmung von wenigen Hunderttausendstel hergestellt werden können. Das Westonelement, das sich nunmehr seit etwa 30 Jahren in allen Ländern durchaus bewährt hat, war trotzdem der Gegenstand vieler Anfeindungen (besonders durch E. COHEN, Utrecht, und seine Mitarbeiter), die aber alle durch die Untersuchungen der Reichsanstalt als unbegründet nachgewiesen werden konnten[3]). (Näheres hierüber und über die Literatur s. Bd. XIII in dem Artikel über Elemente.) Die Spannung des Westonelements E_t bei $t°$ beträgt, wenn man die in der Reichsanstalt ermittelte und mehrfach bestätigte Temperaturformel zugrunde legt:

$$E_t = 1{,}01830 - 0{,}000038\,(t - 20°) - 0{,}00000065\,(t - 20°)^2 \text{ int. Volt.}$$

In London ist allerdings die im Bureau of Standards bestimmte[4]) Temperaturgleichung dritten Grades angenommen worden:

$$E_t = 1{,}01830 - 0{,}0000406\,(t - 20°) - 0{,}00000095\,(t - 20°)^2$$
$$- 0{,}0000001\,(t - 20°)^3 \cdot \text{int. Volt.}$$

Die Formel liefert aber praktisch in den in Betracht kommenden Temperaturgrenzen dieselben Werte wie die quadratische Formel, so daß es eigentlich überflüssig war, diese für die Berechnung bequemere Formel zu beseitigen.

Nachdem die ersten Elemente in der Reichsanstalt hergestellt waren, dauerte es noch eine geraume Zeit, bis Westonelemente im Handel zu beziehen waren. Sie wurden zuerst von der Weston Electr. Co. in Berlin hergestellt. Dies waren aber die bereits erwähnten Elemente mit ungesättigter Kadmiumsulfatlösung, bei denen die Lösung eine solche Konzentration hat, daß sie bei etwa $4°$ gesättigt ist. Bei dieser Temperatur stimmt die Spannung der Elemente mit derjenigen der eigentlichen Normalelemente überein. Die Spannung der Kadmiumelemente mit ungesättigter Lösung, die keine reproduzierbaren Normalelemente im strengen Sinn darstellen, beträgt bei allen in Betracht kommenden Temperaturen etwa 1,0187 int. Volt. Heute werden auch von der angegebenen Firma Normalelemente mit gesättigter Lösung in den Handel gebracht.

---

[1]) W. JAEGER u. ST. LINDECK, ZS. f. Instrkde. Bd. 21, S. 76. 1901.
[2]) H. v. STEINWEHR, ZS. f. Instrkde. Bd. 25, S. 205. 1905.
[3]) W. JAEGER u. ST. LINDECK, ZS. f. phys. Chem. Bd. 35, S. 98. 1900; W. JAEGER, ZS. f. Instrkde. Bd. 20, S. 317. 1900 u. Ann. d. Phys. Bd. 4, S. 123. 1901; W. JAEGER u. H. v. STEINWEHR, ZS. f. phys. Chem. Bd. 97, S. 319. 1921; Bd. 105, S. 204. 1923 u. Wiss. Abh. d. Phys.-Techn. Reichsanst. Bd. 7, S. 151. 1923; A. SCHULZE, ZS. f. phys. Chem. Bd. 105, S. 177. 1923. Wiss. Abh. d. Phys.-Techn. Reichsanst. Bd. 7, S. 123. 1924; W. JAEGER u. H. v. STEINWEHR, ZS. f. phys. Chem. Bd. 105, S. 204. 1923. Wiss. Abh. d. Phys.-Techn. Reichsanst. Bd. 7, S. 151. 1924.
[4]) F. WOLFF, Bull. Bureau of Stand. Bd. 5, S. 309. 1908.

Es sei noch erwähnt, daß man die Westonelemente für sehr genaue Messungen am besten in ein Petroleumbad einsetzt, um beide Schenkel des H-förmig gestalteten Elements auf gleiche Temperatur zu bringen[1]).

29. Messung der Normalelemente mit dem Silbervoltameter. Die Spannung der Normalelemente in int. Volt wird auf das int. Ohm und Ampere zurückgeführt, indem die Spannung des Normalelements mit derjenigen an den Enden eines Widerstandes mit Hilfe eines Kompensators verglichen wird, wobei der durch den Widerstand fließende Strom silbervoltametrisch gemessen wird. Zu diesem Zweck dient eine Anordnung gemäß Abb. 7. Der Strom einer Batterie B von größerer Spannung (z. B. 72 Volt) fließt durch ein Amperemeter A (zur ungefähren Einstellung des Stroms), einen Regulierwiderstand W, den Widerstand R und je nach der Stellung des Umschalters U (sechsnäpfige Wippe) durch die hintereinander geschalteten Silbervoltameter V (in der Zeichnung drei Voltameter) oder den Ersatzwiderstand W'. Durch den anderen Umschalter U' (sechsnäpfige Wippe) kann das zu messende Normalelement N oder die Spannung an den Enden des Widerstandes R an Kompensator K (vgl. ds. Bd., Kap. 17) gelegt werden. Der Kompensatorstrom wird von einem Element E (Akkumulator) geliefert und kann durch den Ballastwiderstand r reguliert werden. Das Galvanometer G (Spiegelgalvanometer) zeigt die Stromlosigkeit im Kompensationskreis an. An den Schalter U ist noch ein Chronograph Ch angeschlossen, der bestimmt ist, die Zeitmarken für den Anfang und das Ende des durch die Silbervoltameter fließenden Stromes zu liefern. Der Chronograph ist zu diesem Zweck einerseits mit der Klemme 5, andererseits über den Kondensator C (Papierkondensator von mehreren Mikrofarad) mit der Klemme 6 des Umschalters verbunden. Die Klemmen 2 und 3 des Umschalters stehen dauernd in Verbindung. Wenn bei geschlossenem Schalter S Klemme 1 mit 2 und 4 mit 5 verbunden wird (gestrichelt gezeichnet), ist der Ersatzwiderstand W' eingeschaltet und der Kondensator C auf die Spannung der Batterie aufgeladen. Wird nun der Umschalter U nach der anderen Seite umgelegt, so wird Klemme 5 mit 6 verbunden, wodurch einerseits die Silbervoltameter V eingeschaltet werden (Strombeginn) und gleichzeitig der Kondensator über den Elektromagnet des Chronographen entladen wird. Dadurch entsteht auf dem abrollenden Papierstreifen eine scharfe Zacke, die den Zeitpunkt des Stromschlusses anzeigt. Gleichzeitig werden von einer Normaluhr auf dem Papierstreifen Sekundenmarken geschrieben. Wenn bei Beendigung des Versuches der Schalter U geöffnet wird, entsteht eine zweite Zeitmarke dadurch, daß sich der Kondensator durch die Batterie wieder auflädt. Auf diese Weise läßt sich die Dauer des Stromschlusses sehr genau ermitteln. Der Chronograph braucht nur am Anfang und Ende des Versuchs zu laufen; die ganze Anzahl der Sekunden läßt sich leicht genau genug ermitteln. Dem Normalwider-

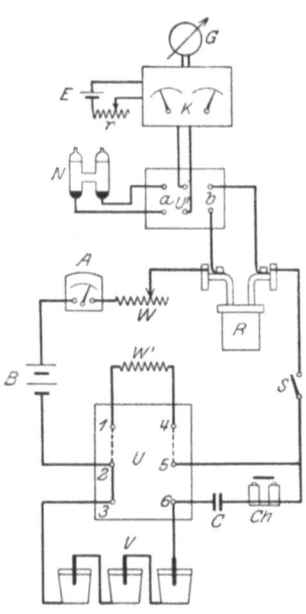

Abb. 7. Messung des Normalelements N mittels eines Widerstandes R und der Silbervoltameter V mit Hilfe des Kompensators K.

---

[1]) Wegen der Polarisation der Normalelemente siehe Bd. XIII. Artikel über Elemente und W. JAEGER, Ann. d. Phys. Bd. 14, S. 726. 1904.

stand R gibt man zweckmäßig eine solche Größe, daß die Spannung an seinen Enden nahe derjenigen des Normalelements gleich ist, also z. B. bei einer Stromstärke von $1/3$ Amp und Messung eines Westonelements den Betrag von 3 Ohm (drei hintereinander geschaltete 1-Ohm-Büchsen). In diesem Fall sind die Einstellungen am Kompensator für beide Stellungen des Umschalters U' nahe gleich, so daß das Widerstandsverhältnis der beiden Kompensatoreinstellungen nahe gleich 1 ist und daher die Widerstände selbst nicht genau bekannt zu sein brauchen. Die Stärke des im Kompensator fließenden Stromes braucht man nicht zu kennen; bei einem Kompensator von 10000 Ohm Widerstand muß der Meßstrom auf etwa 10^{-4} Amp einreguliert werden. Als Spiegelgalvanometer kann dann ein Drehspulinstrument von großem äußeren Widerstand benutzt werden. Die Normalwiderstände (Manganinbüchsen) und die Normalelemente stehen in Petroleumbädern, um die Temperatur sicherzustellen. Die verschiedenen Normalelemente werden bei jeder Messung untereinander verglichen, damit etwaige Änderungen derselben erkannt werden können. Bei der großen Genauigkeit, mit der die Messungen ausgeführt werden sollen (etwa auf ein Hunderttausendstel), ist möglichste Temperaturkonstanz des Raumes, in dem die Beobachtungen vorgenommen werden, erwünscht. Vor dem Beginn des eigentlichen Versuchs wird die Batterie zunächst längere Zeit (1 Stunde und mehr) auf den Ersatzwiderstand W' geschaltet, dessen Widerstand demjenigen der hintereinander geschalteten Silbervoltameter nahe gleich ist. Nach der Einschaltung der Silbervoltameter ändert sich in der Regel der Strom anfangs etwas stärker als später, wenn sich das dynamische Gleichgewicht hergestellt hat. Bei den in der Phys.-Techn. Reichsanstalt angestellten Messungen wurde der Strom während der Messung nicht reguliert, sondern es wurde in Abständen von 1 bis 2 Minuten die Spannung an den Enden des Normalwiderstandes R mit dem Kompensator eingestellt und dann der Mittelwert der Einstellung graphisch ermittelt. Die Spannung des Normalelementes braucht nur in längeren Zwischenräumen gemessen zu werden, da die Einstellungen sich nur in dem Maße ändern, als der Kompensatorstrom eine Änderung erfährt. Bei den in Washington 1910 ausgeführten silbervoltametrischen Messungen (vgl. Ziff. 21) wurde der Strom, der durch die Silbervoltameter floß, durch Regulierung auf einer bestimmten Stärke gehalten. Auch die Meßanordnung war eine etwas andere.

30. Kapazität und Induktivität. Die Normale der Kapazität und Induktivität (Selbstinduktion und gegenseitige Induktion), welche die Grundlage für die Eichung eingesandter Normale bilden, werden auf die elektrische Grundeinheit des internationalen Ohm zurückgeführt. Da die Kapazitäten und Induktivitäten an anderer Stelle dieses Bandes eingehend behandelt werden (vgl. Kap. 18), genügt es, hier nur einige Gesichtspunkte hervorzuheben, die für die eigentlichen Normale von Bedeutung sind.

Als Normale der Kapazität kommen nur besonders konstruierte Luftkondensatoren in Betracht, bei denen ganz geringe dielektrische Verluste auftreten, welche durch die Verbindungsstücke und Träger bewirkt werden. In der Phys.-Techn. Reichsanstalt werden Kondensatoren nach Angabe von GIEBE und von SCHERING und SCHMIDT benutzt, die sich auch in bequemer Weise zusammensetzen lassen (Näheres darüber s. ds. Band, Kap. 18). Da die Luft eine kleine Dielektrizitätskonstante besitzt, kann man auf diese Weise nur Kondensatoren von relativ kleiner Kapazität herstellen, wenn man noch tragbare Apparate haben will; durch Parallelschaltung einer größeren Anzahl solcher Kondensatoren kommt man indessen doch bis auf Bruchteile eines Mikrofarad. Die Luftkondensatoren müssen so solide konstruiert sein, daß sie möglichst unveränderlich sind, da sie als Normale für eine längere Zeit dienen sollen, ohne daß sie öfter neu gemessen werden müssen. Diese Forderung wird auch von den Kapazitätsnormalen der Reichsanstalt in weitem Maße erfüllt.

Die Kapazität hat im elektromagnetischen Maßsystem die Dimension $[L^{-1}T^2]$, der Widerstand $[L\,T^{-1}]$ (vgl. Ziff. 12); somit ist 1 Farad gleich 1 Sekunde geteilt durch 1 Ohm. Das internationale Farad ist also durch einen in internationalen Ohm gemessenen Widerstand und eine Zeitmessung zu bestimmen. In der Phys.-Techn. Reichsanstalt geschieht diese Zurückführung des Farad auf das Ohm nach der MAXWELLschen Methode der abwechselnden Ladung und Entladung des zu messenden Kondensators in einer WHEATSTONEschen Brücke (vgl. ds. Band, Kap. 19). Die regelmäßige Ladung und Entladung des Kondensators erfolgt durch einen rotierenden Kommutator, dessen Umdrehungsgeschwindigkeit sehr konstant sein muß. GIEBE hat dies durch einen besonders empfindlichen Geschwindigkeitsregler erreicht, der die Umdrehungsgeschwindigkeit auf etwa ein Hunderttausendstel konstant erhält. Die Anzahl der Aufladungen in der Sekunde (Zeitmessung) läßt sich durch einen Chronographen mit ausreichender Genauigkeit bestimmen; in der Brückenanordnung muß man dann noch einen Widerstand absolut in int. Ohm kennen und ein Verhältnis zweier Widerstände. Außerdem kommt noch ein Korrektionsfaktor in Betracht, der durch die verschiedenen Widerstände und den Galvanometerwiderstand bedingt ist. Von der auf diese Weise gemessenen Kapazität, die für die Normale der Kapazität mit einer Genauigkeit von ein Hunderttausendstel bestimmt wird, ist noch die Kapazität der Zuleitungen abzuziehen, die besonders ermittelt wird. Neuerdings haben GIEBE und SCHERING eine Meßmethode angegeben, bei der diese Zuleitungskapazität sehr klein gemacht werden kann (ds. Band l. c.).

Die Induktivitäten, in erster Linie Selbstinduktionen, bestehen aus Rollen aus Kupferdraht, die auf Marmor-, Glas- oder Porzellankerne aufgewickelt sind. Für höhere Frequenzen nimmt man Litzendraht, um die Widerstandserhöhung durch Skineffekt zu vermeiden. Die Kapazität dieser Induktivitätsrollen muß auch gemessen werden, da sie von Einfluß ist auf die Veränderung der Induktivität mit der Frequenz (vgl. ds. Band, Kap. 19). Die Normale der Selbstinduktion werden auf diejenigen der Kapazität (Luftkondensatoren) zurückgeführt. Die Kapazität hat im elektromagnetischen Maßsystem die Dimension $[L^{-1}T^2]$, die Induktivität die Dimension $[L]$ (vgl. Ziff. 12), so daß also 1 Henry gleich dem Quadrat der Zeiteinheit dividiert durch 1 Farad zu setzen ist. Die Vergleichung der Induktivität mit der Kapazität, auf die sie zurückgeführt werden soll, erfolgt in der von GIEBE für Wechselstrom modifizierten WHEATSTONEschen Brücke (ds. Band, Kap. 19); die Frequenz des Wechselstroms liefert die Zeitmessung. Über die Meßmethode selbst vgl. ds. Band, Kap. 19; eine besonders genaue Methode zur Zurückführung der Induktivität auf die Kapazität ist von GRÜNEISEN und GIEBE bei ihrer absoluten Ohmbestimmung (Ziff. 33) angewandt worden.

Die Zurückführung der Kapazitätsnormale auf die Widerstandseinheit und der Selbstinduktionsnormale auf die Kapazitätsnormale muß natürlich von Zeit zu Zeit wiederholt werden.

d) Konstanz der elektrischen Grundeinheiten.

Unter Grundeinheiten sind hier die Widerstandseinheit und die durch die Normalelemente repräsentierte Spannungseinheit verstanden, über deren Konstanz jetzt in der Phys.-Techn. Reichsanstalt eine Erfahrung von über 30 Jahre vorliegt.

31. Konstanz der Widerstandseinheit. Die Grundlage der Widerstandseinheit bilden die Quecksilbernormalrohre, von denen die Phys.-Techn. Reichsanstalt zur Zeit 10 Stück besitzt, die mit großer Sorgfalt geometrisch ausgewertet sind (s. Ziff. 24). Bei der elektrischen Messung mit den Normalrohren gilt als Wert eines Rohres das Mittel aus mehreren (meist fünf) Füllungen mit Quecksilber; dabei stimmen die Einzelwerte der verschiedenen Füllungen mit dem Mittelwert meist innerhalb eines Hunderttausendstel überein. Als Wert der durch die Normalrohre dargestellten Widerstandseinheit gilt wiederum der Mittelwert aus den einzelnen Rohren. Auch hierbei weichen die Einzelwerte nur bis zu einigen Hunderttausendsteln von dem Gesamtmittel ab, so daß der Mittelwert der Normalrohre als auf etwa ein Hunderttausendstel genau angesehen werden darf. Da diese Messungen aber sehr mühsam und zeitraubend sind (bei 10 Rohren müssen mindestens 50 Füllungen mit Quecksilber ausgeführt und gemessen werden), so können sie nur in größeren Zeitintervallen vorgenommen werden. Für die Zwischenzeit muß man eine sehr konstante sekundäre Widerstandseinheit benutzen, die bei den praktischen Messungen und bei den Eichungen zugrunde gelegt werden kann. Wie bereits ausgeführt wurde (Ziff. 25), besitzt man eine solche sekundäre Einheit, die allen Anforderungen genügt, in den Drahtwiderständen aus Manganin. In der Phys.-Techn. Reichsanstalt dienen zu diesem Zweck vier Büchsenwiderstände von 1 Ohm Widerstand aus Manganin, die seit 1894 wiederholt an die Quecksilberwiderstände angeschlossen worden sind und deren Mittelwert sich außerordentlich konstant erhalten hat[1]).

In der folgenden Tabelle sind die Werte des Mittels der vier Manganinnormale in int. Ohm bei 18° C für die Zeit von 1892 bis Ende 1912 zusammengestellt, wie sie aus der Vergleichung mit den Quecksilbernormalen ergeben haben. In den letzten Spalten sind die Abweichungen der Einzelwerte von dem Gesamtmittel 1,001727 int. Ohm angegeben:

In dem Zeitraum von 20 Jahren hat somit eine nennenswerte Änderung des Mittelwertes M nicht stattgefunden, so daß man diesen Wert in dem betreffenden Zeitraum als konstant ansehen kann. Um die Kontinuität der Widerstandseinheit aufrechtzuerhalten, hat man den Mittelwert der vier Büchsen nicht jedesmal dem aus der Vergleichung mit den Quecksilbernormalen sich ergebenden Betrag gleich gesetzt, da sonst unberechtigte Schwankungen in der Einheit aufgetreten wären. Aus bestimmten Gründen hat

Tabelle 5. Mittelwert M der 4 Manganinnormale der Phys.-Techn. Reichsanstalt zu verschiedenen Zeiten.

Datum	M in int. Ohm bei 18°C	Differenz in Milliontel
1892	1,001718	− 9
1894/95	35	+ 8
1897	35	+ 8
1903	35	+ 8
1904	15	−12
1905	27	0
1909	14	−13
1911	36	+ 9
1912	26	− 1
Mittel	1,001727	

man seit 1898, wo die neue Widerstandseinheit in Übereinstimmung mit dem deutschen Gesetz (Ziff. 23) zugrunde gelegt wurde, den Mittelwert M bis heute konstant zu 1,001745 int. Ohm bei 18° C beibehalten.

Die vier Manganinbüchsen werden alljährlich auch unter sich verglichen, um ihre relativen Veränderungen festzustellen, ebenso wird alljährlich der ganze Stamm der Widerstandsnormale von der kleinsten bis zur größten Dekade (10^{-4} Ohm bis 10^5 Ohm) an den Mittelwert M angeschlossen, wodurch noch eine weitere Kontrolle für die Konstanz dieses Mittelwertes erlangt wurde (Näheres hierüber s. in den Literaturstellen Anm. 1, S. 25). Die relative Vergleichung

---

[1]) Vgl. außer den bei den Quecksilbernormalen (Ziff. 24) angegebenen Literaturstellen noch: W. JAEGER u. ST. LINDECK, ZS. f. Instrkde. Bd. 18, S. 97. 1898 u. Wied. Ann. Bd. 65, S. 572. 1898; W. JAEGER, Berl. Ber. 1903. S. 544; W. JAEGER u. ST. LINDECK, ZS. f. Instrkde. Bd. 26, S. 15. 1906; W. JAEGER u. H. v. STEINWEHR, ebenda Bd. 33, S. 293. 1913.

der vier Manganinnormale ergab, daß zwei Büchsen bis auf ein Hunderttausendstel konstant geblieben waren, während sich die dritte und vierte in den 20 Jahren um $+6$ bzw. -6 Hunderttausendstel geändert hatten. Dies bedeutet eine jährliche Änderung von wenigen Millionteln des Wertes, so daß also die Widerstandseinheit der Phys.-Techn. Reichsanstalt auch in der Zeit zwischen den einzelnen Vergleichung mit den Quecksilbernormalen in hohem Maße sichergestellt ist.

Durch den Krieg erfuhren diese regelmäßigen Messungen eine längere Unterbrechung. Nach dem Krieg wurden die fünf neuen Quecksilbernormale mit deren Herstellung bereits begonnen war, fertiggestellt und eine Vergleichung aller zehn Quecksilberrohre mit den Manganinnormalen durchgeführt. Die alten Rohre, die sich zum Teil relativ geändert hatten, wurden durch Längenmessung und Auswägung neu ausgewertet.

32. Konstanz der Normalelemente. Die Normalelemente, welche, wie bereits ausgeführt wurde, die sekundäre zweite elektrische Grundeinheit neben den Normalwiderständen bilden, müssen in größerer Anzahl vorhanden sein, da einzelne Elemente unter Umständen Änderungen unterworfen sein können. Die verschiedenen Staatsinstitute besitzen daher einen großen Stamm von WESTONschen Normalelementen mit stets gesättigtem Elektrolyt (vgl. Ziff. 28), die in einem Raum von sehr konstanter Temperatur aufgehoben und von Zeit zu Zeit untereinander verglichen werden. Der Mittelwert dieser Elemente bildet die Spannungseinheit der Staatsinstitute, die der Eichung zur Prüfung eingesandter Normalelemente zugrunde gelegt wird. Die Phys.-Techn. Reichsanstalt besitzt rund 100 derartiger Elemente, die in einem gemeinsamen Petroleumbad stehen und mit der einen Elektrode parallel geschaltet sind, so daß die mittels eines Kompensators ausgeführte Vergleichung der Elemente mit einem Bezugselement in bequemer Weise vor sich gehen kann. Von Zeit zu Zeit werden auch neue Elemente hergestellt, um eine weitere Kontrolle für die Unveränderlichkeit der Elemente zu erhalten, die aus der relativen Übereinstimmung derselben sich ergibt. In größeren Zeiträumen wird ferner eine silbervoltametrische Ausmessung der Elemente (vgl. Ziff. 29) vorgenommen, die in den Grenzen der Beobachtungsfehler von wenigen Hunderttausendsteln Übereinstimmung mit den früher gefundenen Werten ergeben muß und auch stets ergeben hat. Auf diese Weise ist die Spannungseinheit auf wenige Hunderttausendstel für immer sichergestellt. Ab und zu bietet sich auch Gelegenheit zu internationaler Vergleichung der Elemente und zu einem Austausch von Normalelementen zwischen den verschiedenen Staatsinstituten, wobei sich bisher immer eine sehr erfreuliche Übereinstimmung der Werte auf wenige Hunderttausendstel ergeben hat.

In betreff der Konstanz der Westonelemente vgl. die in Ziff. 28 angegebene Literatur. Die letzte in der Phys.-Techn. Reichsanstalt 1922 ausgeführte Messung des Elementenstammes mittels des Silbervoltameters ergab als Mittelwert 1,01831 int. Volt bei 20° in sehr guter Übereinstimmung mit dem in Washington 1910 (Ziff. 21) gefundenen Wert 1,01830. Im Bureau of Standard[1]) war 1912 der Wert 1,01827 erhalten worden.

e) Beziehung der internationalen, empirischen Einheiten zu den absoluten elektrischen Einheiten. — Absolute Ohmbestimmungen und Messung der absoluten Stromstärke.

Die absoluten Ohmbestimmungen und die absoluten Messungen der Stromstärke, die zu der Aufstellung der jetzt gültigen gesetzlichen empirischen Ein-

---

[1]) E. B. ROSA, N. E. DORSEY, J. M. MILLER, Bull. Bureau of Stand. Bd. 8, S. 269. 1912.

heiten für Widerstand und Stromstärke geführt haben, sind bereits in Ziff. 17 kurz erwähnt und zusammengestellt. Nachdem in London 1908 die internationalen Festsetzungen (Ziff. 20) für die elektrischen Einheiten ihren Abschluß gefunden hatten, sind neuerdings wieder derartige Messungen ausgeführt worden, um nachträglich die internationalen Einheiten mit möglichster Genauigkeit auf die absoluten Einheiten zurückzuführen. Im folgenden sollen zunächst die für die absoluten Messungen angewandten Methoden kurz erläutert werden; nur diejenigen Methoden, die in neuerer Zeit zu Messungen mit sehr großer Genauigkeit ausgebildet wurden, sollen ausführlicher besprochen werden. Hieran schließt sich dann eine Besprechung der Ergebnisse der neuesten Messungen und die hieraus sich ergebende Beziehung der internationalen zu den absoluten Einheiten.

33. Absolute Ohmbestimmungen. Von den Methoden, die zur absoluten Messung eines Widerstandes bisher benutzt worden sind (vgl. Ziff. 17), sind nur einige mit solcher Genauigkeit ausführbar, wie sie zur Zeit für die elektrischen Einheiten erforderlich ist; nach den bisherigen Ausführungen über die Einheiten muß eine Genauigkeit von wenigen Hunderttausendsteln des Wertes erreicht werden. Der Vollständigkeit wegen sollen aber auch die übrigen Methoden, die einer solchen Genauigkeit nicht fähig sind, im folgenden kurz erläutert werden. (Näheres über die verschiedenen Methoden s. in der Abhandlung von DORN Ziff. 17; die auch die Literaturangaben enthält.)

α) **Dämpfungsmethode** (sog. dritte WEBERsche Methode). Der absolute Wert des Widerstandes wird berechnet aus der elektrodynamischen Dämpfung der Schwingungen, die eine Magnetnadel innerhalb einer Galvanometerspule ausführt. Aus den Schwingungsgesetzen (s. Kapitel Schwingungsvorgänge in ds. Band) folgt, daß für das logarithmische Dekrement Λ der Dämpfung (auf eine ganze Schwingungsdauer bezogen) die Beziehung gilt

$$\frac{\Lambda}{\sqrt{4\pi^2 + \Lambda^2}} = \frac{pT_0}{4\pi K}, \qquad (54)$$

wenn T_0 die ganze Schwingungsdauer im ungedämpften Zustand, K das Trägheitsmoment und p die Dämpfungskonstante bedeutet. Da ferner $T_0 = 2\pi\sqrt{K/D}$ und beim Nadelgalvanometer $D = HM$ zu setzen ist (D = Richtkraft, M = magnetisches Moment der Nadel, H = Horizontalintensität des Erdfeldes), so ist zunächst $T_0/4\pi K = \pi/MHT_0$. Für die Dämpfungskonstante p besteht beim Nadelgalvanometer die Beziehung $p = M^2G^2/R$, wenn G die Galvanometerkonstante und R den absoluten Widerstand des Gesamtschließungskreises des Galvanometers bedeutet. Von der Luftdämpfung ist dabei abgesehen; die hier angegebene Dämpfung rührt nur von der elektrodynamischen Wirkung des durch die schwingende Nadel auf die Galvanometerwindungen induzierten Stromes her; auf diese Dämpfung kommt es allein hier an. Zur Berechnung des Widerstandes erhält man durch Einsetzen des Wertes von p usw. in Gleichung (54) den Ausdruck:

$$R = \frac{\pi}{T_0} G^2 \frac{M}{H} \frac{\sqrt{\Lambda^2 + 4\pi^2}}{\Lambda}. \qquad (55)$$

Bei der Berechnung dieses Wertes sind noch verschiedene Korrektionen zu berücksichtigen, die herrühren von der Torsion des Aufhängefadens, der Luftdämpfung, der Selbstinduktion, der Abhängigkeit der Größen G und Λ von der Amplitude, dem induzierten Magnetismus (Längs- und Quermoment), von magnetischen Lokaleinflüssen und der Abhängigkeit verschiedener Größen von der Temperatur.

β) **Induktionsstöße mit dem Erdinduktor (erste Webersche Methode).** Beim Umlegen der Windungen des Erdinduktors wird durch die

Induktion des Erdfeldes in dem Schließungskreis eine Elektrizitätsmenge erzeugt, die der Nadel eines in den Kreis eingeschalteten Galvanometers einen Stromstoß erteilt, so daß sie eine ballistische Schwingung ausführt (vgl. Schwingungsvorgänge in ds. Band). Aus der Größe des Ausschlags läßt sich, wenn die betreffenden Konstanten des Galvanometers bekannt sind, die anfängliche Winkelgeschwindigkeit der Galvanometernadel und daraus die Elektrizitätsmenge berechnen, die andererseits dem absoluten Widerstand des Schließungskreises umgekehrt proportional ist. Die der Galvanometernadel beim einmaligen Umlegen des Erdinduktors erteilte Winkelgeschwindigkeit kann auch mittels einer Multiplikationsmethode bestimmt werden, indem man dem Magnet beim Durchgang durch die Ruhelage jedesmal einen Induktionsstoß erteilt, der im Sinne des folgenden Ausschlags wirkt. Da der Erdinduktor wegen seiner großen Masse nicht in einer verschwindend kleinen Zeit umgelegt werden kann, muß hierfür noch eine Korrektion angebracht werden; denn ein Teil des Stromstoßes erfolgt dann in der Zeit, in der die Nadel sich bereits aus der Ruhelage entfernt hat.

Wird der Erdinduktor um eine vertikale Achse aus einer Stellung, in der die Windungen senkrecht zum magnetischen Meridian stehen, um 180° gedreht und ist H_i die Horizontalintensität des Erdfeldes, F die Windungsfläche des Induktors, so ist der magnetische Gesamtfluß durch die Windungen gleich $2H_iF$; wenn ferner R den absoluten Widerstand des gesamten Schließungskreises, Q die beim Umlegen induzierte Elektrizitätsmenge bedeutet, so besteht die Beziehung $Q = 2H_iF/R$. Die durch die Elektrizitätsmenge Q der Galvanometernadel erteilte Winkelgeschwindigkeit γ, die sich aus dem ballistischen Ausschlag ergibt, ist proportional Q und der dynamischen Galvanometerkonstante q, die beim Nadelgalvanometer gleich MG zu setzen ist, ferner umgekehrt proportional dem Trägheitsmoment K; also $\gamma = MGQ/K$. Da die Schwingungsdauer der Galvanometernadel T_0 im ungedämpften Zustand aus der Beziehung $T_0 = 2\pi\sqrt{K/D}$ sich ergibt und die Richtkraft D beim Nadelgalvanometer gleich MH_g ist, wenn H_g die Horizontalintensität des Erdfeldes am Orte des Galvanometers bedeutet, so erhält man schließlich durch Einführung dieser verschiedenen Beziehungen in die oben für Q angegebene Gleichung:

$$R = 2\frac{H_i}{H_g}\left(\frac{2\pi}{T_0}\right)^2 \cdot \frac{FG}{\gamma}. \tag{56}$$

Dabei ist noch das Torsionsverhältnis der Magnetnadel zu berücksichtigen und wegen der endlichen Länge der Nadel eine Korrektion anzubringen.

γ) **Methode von** KIRCHHOFF. Von zwei konaxial und konzentrisch angeordneten Spulen wird die eine (sekundäre) mit einem ballistischen Galvanometer verbunden, während die andere (primäre) von einem Gleichstrom durchflossen wird, bei dessen Unterbrechung (oder Umkehrung) in der Sekundärspule eine Elektrizitätsmenge entsteht, die einen ballistischen Ausschlag der Galvanometernadel hervorruft. Ist M die gegenseitige Induktivität beider Spulen und i die Stromstärke in der Primärspule, so ist die induzierte momentane EMK $e = M \cdot di/dt$ und die gesamte Elektrizitätsmenge, welche durch die Stromöffnung entsteht, $Q = Mi/R$, wenn R den absoluten Widerstand des sekundären Schließungskreises bedeutet. Q ergibt sich aus dem ballistischen Ausschlag; zur Berechnung des Widerstandes muß man noch M und i kennen. Die Induktivität M kann berechnet oder in der Wechselstrombrücke durch Vergleich mit einer bekannten Kapazität gemessen werden (vgl. ds. Band, Kap. 19).

Die Methode ist auch in der Weise abgeändert worden, daß man nicht nur einen einzigen Induktionsstoß erzeugt, sondern den primären Strom mittels eines periodischen Unterbrechers in rascher Folge schließt und öffnet und dann nur entweder den Schließungs- oder Öffnungsstrom des sekundären Kreises zum Galvanometer leitet, wodurch man einen dauernden Ausschlag der Nadel erhält.

δ) **Rotierender Erdinduktor** (WEBER). In dem um eine vertikale Achse mit gleichmäßiger Winkelgeschwindigkeit rotierenden Erdinduktor wird durch das Erdfeld ein Wechselstrom induziert, der auf eine im Mittelpunkt der Rolle des Induktors angebrachte Magnetnadel in der Weise wirkt, daß eine dauernde Ablenkung derselben zustande kommt. Aus dieser Ablenkung, den Dimensionen der Rolle und der Winkelgeschwindigkeit läßt sich dann der Widerstand des Stromkreises berechnen. Wegen der Selbstinduktion der Rolle und der Induktion der Magnetnadel auf die Rolle müssen noch Korrektionen angebracht werden, die nicht leicht zu ermitteln sind. Diese Methode ist insofern von Interesse, als sie von der British Association zur Bestimmung des Widerstandes der BAU (Ziff. 17) verwandt wurde, wobei aber der Widerstand um etwa 1% zu klein gemessen wurde.

Bedeutet nun F die Windungsfläche des Erdinduktors, H die Horizontalintensität des Erdmagnetismus und φ den Winkel, den die Achse der Induktorspule mit dem magnetischen Meridian bildet, so ist der magnetische Fluß durch die Spule bei der durch den Winkel φ gegebenen Lage $\Phi = FH\cos\varphi$ und der induzierte Momentanstrom $i = \frac{1}{R}\frac{d\Phi}{dt}$, wenn R den absoluten Widerstand des Schließungskreises der Induktorrolle bedeutet. Macht die Induktorrolle N Umdrehungen in der Sekunde, so beträgt die Winkelgeschwindigkeit $2\pi N$. Man erhält daher (ohne Rücksicht auf das Vorzeichen) $i = \frac{2\pi NFH}{R}\sin\varphi$; die zum Meridian senkrechte Komponente des Stromes ist $i\sin\varphi$, und man erhält daher für eine ganze Umdrehung der Induktorrolle einen Mittelwert der Stromkomponente:

$$J = \frac{1}{2\pi}\int_0^{2\pi} i\sin\varphi\, d\varphi = \frac{NFH}{R}\int_0^{2\pi}\sin^2\varphi\, d\varphi = \frac{\pi NFH}{R}, \qquad (57)$$

der bei genügend hoher Wechselzahl wie ein Gleichstrom ablenkend auf die Magnetnadel wirkt.

Bezeichnet man mit G die Galvanometerkonstante der Induktionsspule, d. h. die durch den Strom 1 am Orte der Nadel erzeugte Feldintensität, und wird die Magnetnadel durch den in der Spule induzierten Strom um den Winkel α aus dem Meridian abgelenkt, so besteht die Beziehung $JG\cos\alpha = H\sin\alpha$, so daß sich für die Berechnung des Widerstandes R die Gleichung ergibt:

$$R = \pi\frac{FGN}{\mathrm{tang}\,\alpha}. \qquad (58)$$

Bei dieser Methode muß die Magnetnadel sorgfältig vor den Luftströmungen geschützt werden, die durch die schnelle Rotation des Erdinduktors entstehen. Auch müssen Metallmassen in der Nähe der rotierenden Spule wegen der in diesen induzierten Wirbelströme vermieden werden.

ε) **Methode von LIPPMANN**[1]). Innerhalb eines größeren Solenoids, in welchem durch einen konstanten Strom ein möglichst homogenes magnetisches Feld erzeugt wird, rotiert eine kleinere Spule mit konstanter Winkelgeschwindigkeit, so daß in dieser durch Induktion eine sinusförmige EMK entsteht. Durch

---

[1]) G. LIPPMANN, C. R. Bd. 95, S. 1348. 1882.

eine mit dem Wechselstrom synchrone Kontaktvorrichtung wird jedesmal eine Verbindung mit der Rolle hergestellt, wenn die Amplitude der Spannung ihren größten Wert besitzt. Diese Maximalspannung wird kompensiert gegen die Spannung an den Enden eines Widerstandes, durch den der Strom des Solenoids fließt.

Hat dieser Strom den Wert i und bedeutet F die Fläche der rotierenden Spule, N die Umdrehungszahl in der Sekunde (also Winkelgeschwindigkeit $= 2\pi N$) und H das homogene Feld innerhalb des Solenoids, so erhält man für die Maximalspannung der rotierenden Spule den Wert $2\pi NFH$ (vgl. hierzu die Ausführungen bei der vorhergehenden Methode). Die Feldstärke H berechnet sich aus der Stromstärke i und der Windungszahl des Solenoids für einen Zentimeter seiner Länge als $H = 4\pi n i$, während die Spannung an den Enden des Widerstandes R, durch den der Strom i fließt, gleich iR ist. Setzt man die beiden Spannungen gleich, so ergibt sich R aus der Gleichung:

$$R = 8\pi^2 n N F. \tag{59}$$

Wegen der Inhomogenität des Solenoidfeldes sind noch Korrektionen erforderlich.

ζ) **Methode von Lorenz**[1]). Diese Methode ist in der ursprünglichen Form der vorstehenden sehr ähnlich; in einem von konstantem Strom durchflossenen Solenoid rotiert hier eine kreisförmige Metallscheibe, deren Achse mit derjenigen des Solenoids zusammenfällt, mit konstanter Geschwindigkeit. Durch die Drehung der Scheibe wird in axialer Richtung eine EMK erzeugt, die durch einen Schleifkontakt am Umfang der Scheibe und an der Achse abgenommen und in derselben Weise wie bei der Lippmannschen Methode kompensiert wird.

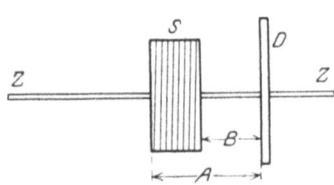

Abb. 8. Lorenz-Methode zur absoluten Widerstandsmessung.
D rotierende Kreisscheibe, die auf der Achse Z befestigt ist. S feststehendes Solenoid.

Später wurde dann die Anordnung in der Weise abgeändert, daß eine oder mehrere Spulen S (Abb. 8) seitlich von der Kreisscheibe D angebracht wurden, deren Achsen mit der Rotationsachse Z der Scheibe zusammenfallen. Die magnetische Feldstärke ist dann symmetrisch zu der Achse und ist nur eine Funktion des Halbmessers der Scheibe. Die an den Enden eines Halbmessers zwischen Umfang und Achse der Scheibe induzierte Spannung ist gleich der von dem Halbmesser in der Sekunde geschnittenen Kraftlinienzahl. Ist H_ϱ die zur Scheibe senkrechte Komponente der magnetischen Feldstärke an einer Stelle ϱ des Halbmessers und N die sekundliche Umdrehungszahl, so ist die Kraftlinienzahl x für den ganzen Halbmesser r gleich

$$x = N\int_0^r H_\varrho \, 2\pi\varrho \, d\varrho. \tag{60}$$

Der Integralwert ist aber gleich dem Kraftlinienfluß Φ durch die Scheibe, der andererseits gleich iM zu setzen ist, wenn i die in der Spule fließende Stromstärke bezeichnet und M die Gegeninduktivität zwischen Spule und dem Umfang der Scheibe. Demnach ist die Spannung zwischen dem Rand und der Achse der Scheibe

$$V = iNM. \tag{61}$$

---

[1]) L. Lorenz, Pogg. Ann. Bd. 149, S. 251. 1873.

Fließt der Spulenstrom durch einen Widerstand R, der so abgeglichen ist, daß die Spannung an seinen Enden der induzierten Spannung gleich ist, so erhält man:

$$R = NM. \qquad (62)$$

In dem am Anfang erwähnten Fall, daß die Scheibe innerhalb einer Spule rotiert, kann man angenähert die als homogen anzusehende Feldstärke $H = 4\pi n i$ setzen, wenn die Spule n Windungen auf die Längeneinheit besitzt und als praktisch unendlich lang angesehen werden darf. In diesem Fall wird dann angenähert:

$$R = 4\pi^2 n N r^2, \qquad (63)$$

worin r den Halbmesser der Scheibe bezeichnet. Im allgemeinen aber muß die Gegeninduktivität M berechnet werden, aus der sich dann der absolute Widerstand nach Gleichung (62) ergibt.

Für die Gegeninduktivität eines als Schraube betrachteten Solenoids auf einen kreisförmigen Leiter hat VIRIAMU JONES[1]) eine exakte Formel angegeben, und zwar für den Fall, daß das Solenoid seinen Anfang in der Kreisebene nimmt, und daß seine Achse senkrecht auf dem Mittelpunkt des Kreises steht. Bedeutet A den Radius der Schraubenwindungen, Θ den Gesamtwinkel derselben vom Anfangspunkt bis zum Ende der Schraube und a den Radius des Kreisstromes, so ist nach JONES:

$$M = \Theta(A + a) c k \left\{ \frac{K - E}{k^2} + \frac{c'^2}{c^2}(K - \Pi) \right\}. \qquad (64)$$

Hierin bedeuten noch K und E die vollständigen elliptischen Integrale erster und zweiter Art vom Modul k und Π das vollständige elliptische Integral dritter Art:

$$\Pi = \int_0^{\pi/2} \frac{d\psi}{(1 - c^2 \sin\psi)\sqrt{1 - k^2 \sin^2\psi}}. \qquad (65)$$

Die Größen c, c', k, k' sind aus folgenden Gleichungen zu berechnen, in denen noch x die axiale Länge des Solenoids bedeutet:

$$\left. \begin{array}{ll} c^2 = \dfrac{4Aa}{(A+a)^2}, & k^2 = \dfrac{4Aa}{(A+a)^2 + x^2}, \\ (c')^2 = 1 - c^2, & (k')^2 = 1 - k^2. \end{array} \right\} \qquad (66)$$

Die Differenz der elliptischen Integrale $K - \Pi$ kann durch vollständige und unvollständige elliptische Integrale erster und zweiter Art ausgedrückt werden. Wird $c'/k' = \sin\beta$ gesetzt, so erhält man nämlich:

$$c^{-1}(k')^2 \sin\beta \cos\beta (K - \Pi) = -\tfrac{1}{2}\pi - K(k) \cdot K(k', \beta) \qquad (67)$$
$$+ E(k) \cdot K(k', \beta) + K(k) \cdot E(k', \beta).$$

Wenn das Solenoid nicht in der Kreisebene seinen Anfang nimmt, wie es in der Wirklichkeit stets der Fall ist, so berechnet sich die Gegeninduktivität einfach als diejenige der Differenz zweier verschieden langer Solenoide, die beide in der Kreisebene beginnen (Solenoid von der Länge A und der Länge B in Abb. 8).

η) **LORENZ-Methode des National Physical Laboratory in Teddington.** Von SMITH in Teddington (England) ist die LORENZ-Methode in weiter abgeänderter Form und in großem Maßstab zu einer äußerst genauen Bestimmung

---

[1]) J. VIRIAMU JONES, Proc. Roy. Soc. London Bd. 63, S. 198 u. 204. 1898.

des absoluten Ohms angewandt worden[1]). Der von SMITH konstruierte Apparat hat zwei auf gemeinsamer Welle (Z) befestigte Scheiben D_1, D_2 von etwa $^1/_2$ m Durchmesser, die einen Abstand von 1,5 m haben. Zu beiden Seiten der Scheiben befinden sich konzentrisch zur Achse einlagige Spulen S_1, S_2, S_3, S_4 von 36 cm Durchmesser und 16 cm Höhe (s. die schematische Abb. 9). Die Welle besitzt eine Gesamtlänge von 7 m, um den an dem einen Ende derselben angebrachten Motor in möglichst große Entfernung von den Scheiben und Spulen zu bringen. Jede Scheibe ist in 10 Sektoren geteilt, die unter sich und gegen die Achse isoliert sind. Die Ränder der korrespondierenden Sektoren beider Scheiben sind durch Drähte verbunden, die mit den Scheiben rotieren. Diese Drähte müssen durch das innere Feld der Spulen geführt sein, im übrigen ist aber ihre Lage ganz beliebig. In Abb. 9 ist einer dieser Drähte (d) gezeichnet; die zwischen ihren Enden induzierte Spannung hängt allein von der Lage der Endpunkte des Drahtes, also von dem Radius der Scheiben, ab. Ist also die Gegeninduktivität einer Spule auf den einen Scheibenumfang M_1, auf den anderen M_2, so ist die in dem Draht induzierte Spannung nach Gleichung (61) $V = iN(M_1 - M_2)$. Die Wirkungen der einzelnen Spulen addieren sich; die Spulen, die der einen Scheibe benachbart sind, werden vom Strom in umgekehrter Richtung durchflossen wie die Spulen der anderen Scheibe. Die Spannung wird am Rand der Scheiben durch besonders gestaltete Bürsten abgenommen. Die Bürsten bestehen aus einer größeren Anzahl feiner Drähte aus Phosphorbronze, die in eine Art Fiedelbogen eingespannt sind und tangential an die Scheibe angedrückt werden, so daß die Kontaktlänge der Drähte etwa 5 bis 6 cm beträgt. Infolgedessen überbrücken die Bürsten die Trennungsstelle der Sektoren. An jeder Scheibe sind fünf Bürsten angebracht, die je einen Abstand von zwei Segmenten haben; die

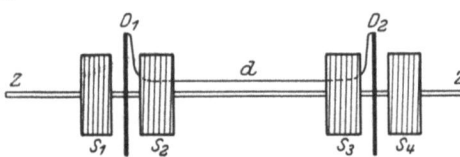

Abb. 9. LORENZ-Methode des Nat. Phys. Lab.
ZZ Drehachse, auf der die Kreisscheiben D_1, D_2 festsitzen. S_1, S_2, S_3, S_4 feststehende Solenoide.

Bürsten können entweder alle parallel oder hintereinander geschaltet werden; im ersteren Fall erhält man dieselbe Spannung, wie wenn jede Scheibe nur eine Bürste hätte, im zweiten Fall die fünffache Spannung.

Die Spulen sind auf Zylinder aus karrarischem Marmor gewickelt. Ihr mittlerer Abstand von der benachbarten Scheibe beträgt 15 cm. Die nach Gleichung (64) berechnete Gegeninduktivität für den Umfang der benachbarten Scheibe ist im elektromagnetischen CGS-System etwa $29 \cdot 10^8$ cm. Sie wurden von einem Strom von 2 Amp durchflossen. Die Anzahl der Umdrehungen der Scheiben pro Sekunde betrug durchschnittlich 17,5. Das zur Kompensation benutzte Drehspulengalvanometer nach AYRTON-MATHER von 16,5 Ohm Widerstand gab bei der angewandten Schaltung und 2 m Skalenabstand 57 mm Ausschlag für ein Mikrovolt. Die Spannung an dem Kompensationswiderstand von 0,01 Ohm betrug 0,02 Volt.

Mit dieser Apparatur erhielt SMITH das Resultat:

$$1 \text{ int. Ohm} = 1{,}00052 \text{ abs. Ohm}, \tag{68}$$

wobei das int. Ohm auf die englische Widerstandseinheit bezogen ist.

ϑ) Methode der Physikalisch-Technischen Reichsanstalt[2]). Die Selbstinduktion einer Spule wird durch geometrische Ausmessung in absolutem

---

[1]) F. E. SMITH, Phil. Trans. Bd. 214, S. 27. 1914; u. Nat. Phys. Lab. Coll. Res. Bd. 11, S. 209. 1914.
[2]) E. GRÜNEISEN u. E. GIEBE, Ann. d. Phys. Bd. 63, S. 179. 1920.

Maße ermittelt. Andererseits wird sie durch Vergleichung mit einer bekannten Kapazität in int. Henry in der Wechselstrombrücke gemessen. Die Kapazität ihrerseits wird mittels der MAXWELLschen Methode in int. Farad bestimmt durch Zurückführung auf Normalwiderstände. Da die Induktivität der Dimension nach gleich einem Widerstand mal einer Frequenz ist, so ergibt das in obiger Weise ermittelte Verhältnis des absoluten zum internationalen Henry auch das Verhältnis des internationalen Ohm zur absoluten Widerstandseinheit. Eine ähnliche Methode ist bereits von CAMPBELL[1]) benutzt worden, der aber statt einer Selbstinduktion eine Gegeninduktivität verwandt hat; später hat er dann noch die Messung mit größerer Genauigkeit durchgeführt. Doch ist die Methode in der Reichsanstalt zu einer besonders großen Genauigkeit ausgebildet worden, welche die Messung des Verhältnisses auf etwa ein Hunderttausendstel ermöglicht. Hierzu war es vor allem erforderlich, die Messung in der Wechselstrombrücke auf diese Genauigkeit zu bringen. Einige Einzelheiten über diese Messungen sollen im folgenden noch mitgeteilt werden.

Die Induktionsspulen bestanden aus blankem Kupferdraht von 0,5 mm Durchmesser, der auf zylindrische Marmorkerne von 35,5 cm Durchmesser unter einem konstanten Zug von 1,3 kg Gewicht in Nuten aufgewickelt war. Die Marmorkerne wurden vorher von Feuchtigkeit befreit; die Nuten hatten eine Ganghöhe von $3/4$ bzw. 1 mm. Eine Spule hatte 162 Windungen bei einer Länge von 18 cm und eine Induktivität von etwa 0,01 Henry, zwei andere Spulen hatten 447 Windungen und 0,05 Henry bei einer Länge von 38 cm. Die beiden letzteren Spulen waren noch durch Zuleitungsdrähte in je drei gleiche Abschnitte unterteilt, so daß jeder Teil eine Induktivität von etwa 0,01 Henry besaß. Auf diese Weise konnten die Spulen in verschiedenen Kombinationen verglichen werden.

Zur Berechnung der Induktivität muß bekannt sein: der Windungsradius (Abstand der Mittelfaser des Drahtes von der Spulenachse) R, die Ganghöhe g, der Drahtdurchmesser d und die Windungszahl N. Die Induktivität L ergibt sich dann nach der LORENZschen Formel, an der ROSA noch eine Korrektur angebracht hat[2]):

$$L = \frac{8\pi}{3} R N^2 Q - 4\pi R N (A + B).\qquad(69)$$

Hierin ist Q eine Funktion von R/Ng und enthält vollständige elliptische Integrale erster und zweiter Art, A ist eine Funktion von d/g und B eine Funktion von N. Die Formel ist bis auf ein Milliontel richtig.

Der Drahtquerschnitt wurde teils aus Gewicht, Länge und Dichte, teils aus elektrischem Widerstand, Länge und spez. Leitfähigkeit bestimmt.

Bei der für die berechnete Induktivität L angestrebten Genauigkeit von ein Hunderttausendstel muß der Drahtdurchmesser auf $3^0/_{00}$ genau gemessen werden. Eine bedeutend größere Meßgenauigkeit, nämlich von 1,5 Hunderttausendstel, ist für die Bestimmung der Ganghöhe g erforderlich. Diese Größe wurde mit Hilfe eines Tasträdchens gemessen, das mit einer Nute versehen war und mit sehr geringer Reibung auf einer Achse derart längs der Spule verschiebbar war, daß es federnd an die zu messende Drahtwindung angelegt werden konnte. An der Nabe des Rädchens befand sich eine Ringmarke, auf die das Mikroskop einer mit Maßstab versehenen Teilmaschine eingestellt wurde. Die Ganghöhe wurde in acht über den Umfang des Zylinders gleichmäßig verteilten Mantellinien bestimmt, aber nur von vier zu vier bzw. acht zu acht Gängen.

---

[1]) A. CAMPBELL, Proc. Roy. Soc. London (A) Bd. 87, S. 391. 1912; Bd. 107, S. 1310. 1925.
[2]) L. LORENZ, Wied. Ann. Bd. 7, S. 161. 1879; E. B. ROSA u. L. COHEN, Bull. Bureau of Stand. Bd. 5, S. 41. 1908; sowie E. B. ROSA u. F. GROVER, ebenda Bd. 8, S. 1. 1911.

Die größte Genauigkeit, nämlich 0,6 Hunderttausendstel, muß die Bestimmung des Windungsdurchmessers R besitzen. Sie wurde deshalb nach zwei verschiedenen, voneinander unabhängigen Methoden ausgeführt, nämlich einerseits durch die Messung einzelner Durchmesser mittels eines besonders für diesen Zweck konstruierten Komparators[1]), andererseits durch Messung der gesamten Länge des aufgewundenen Drahtes. Die Ausmessung mittels des Komparators wurde an jeder achten Windung in vier um je 45° gegeneinander geneigten Axialebenen vorgenommen und konnte mit einer Genauigkeit von wenigen μ ausgeführt werden. Der so gefundene Spulendurchmesser unterscheidet sich von dem Windungsdurchmesser R um die Drahtdicke. Die Längenmessung des Drahtes erfolgte bei der Bewicklung der Spulen. Um die angestrebte Genauigkeit von einem Hunderttausendstel zu erreichen, wurde die Länge nicht durch Vergleichung mit einem Maßstab gemessen, sondern mittels Meßscheiben, über die der Draht beim Aufwickeln unter einer ganz bestimmten Spannung hinlief. Die Messung liefert den mittleren Windungsdurchmesser der Spule, d. h. den Durchmesser der Zylinderfläche, auf der die Mittelachse des Drahtes liegt. Die verschiedenen Meßscheiben ergaben etwas voneinander abweichende Resultate, wenn der anderweitig gefundene Drahtdurchmesser zugrunde gelegt wurde. Dies ist darauf zurückzuführen, daß der Draht einen elliptischen Querschnitt hatte. Für die Berechnung der Windungsdurchmesser wurde deshalb eine solche „wirksame" Drahtdicke gewählt, daß die komparatorisch bestimmten Werte mit den aus der Verwendung der Meßscheiben sich ergebenden Windungsdurchmessern übereinstimmten.

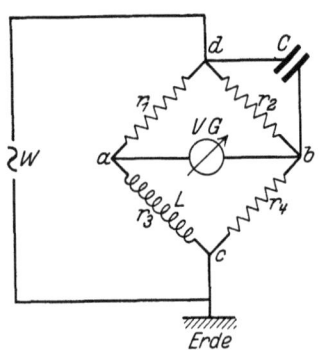

Abb. 10. Absolute Widerstandsmessung der Phys.-Techn. Reichsanstalt, Vergleichung des Kondensators C mit der Selbstinduktion L in der WHEATSTONEschen Brücke mittels Wechselstrom.
W sinusförmige Spannungsquelle, VG Vibrationsgalvanometer.

Die Auswertung der aus den geometrischen Abmessungen berechneten Induktivitäten in internationalen elektrischen Einheiten geschah durch Zurückführung derselben auf eine Kapazität und Widerstände nach einer modifizierten MAXWELLschen Brückenmethode. Die zu diesem Zweck benutzte Schaltung zeigt in schematischer Weise Abb. 10. In dieser bedeutet L die zu messende Selbstinduktion, welche den Widerstand r_3 besitzt, C die zu einem Widerstand r_2 parallel geschaltete Kapazität, r_1 und r_4 Widerstände. Die in der Brückenanordnung benutzten Widerstände r_1, r_2, r_4 sind möglichst frei von Kapazität und Induktivität. Zwischen den Punkten a und b der Brücke liegt ein auf die Frequenz des zur Messung benutzten Wechselstroms (Frequenz 200, 500 bzw. 720) abgestimmtes Vibrationsgalvanometer. Für die Kapazität C wurden Luftkondensatoren von 0,1 bzw. 0,2 Mikrofarad benutzt, die in internationalen Einheiten nach der MAXWELLschen Methode ausgemessen waren. (Näheres über die Luftkondensatoren der Phys.-Techn. Reichsanstalt und die Messung ihrer Kapazität in int. Farad s. ds. Band, Kap. 18.)

Bei Verwendung von sinusförmigem Wechselstrom erhält man im Idealfall, d. h. bei Abwesenheit aller störenden Induktivitäten und Kapazitäten für die Stromlosigkeit des Galvanometerkreises die beiden Bedingungen:

$$r_1 r_4 = r_2 r_3, \quad L = r_1 r_4 C; \qquad (70)$$

---

[1]) F. GÖPEL, ZS. f. Instrkde. Bd. 34, S. 180. 1914.

die Messung liefert also die Induktivität ausgedrückt in Farad · Ohm². In Wirklichkeit sind aber noch die in den einzelnen Zweigen vorhandenen Induktivitäten und Kapazitäten vorhanden, die durch eine Hilfsmessung eliminiert werden. Bei dieser Messung wird die Induktivität L durch einen dünnen Bifilardraht von gleichem Widerstand und kleiner berechenbarer Selbstinduktion l ersetzt, und der Kondensator C, dem ein Drehkondensator parallel geschaltet ist, wird abgeschaltet. Man muß dann die Einstellung des Drehkondensators etwas verändern, um wieder Stromlosigkeit im Galvanometerkreis zu erhalten. Bedeutet dann Δc die Kapazitätsänderung des Drehkondensators für die Haupt- und Hilfsmessung, so findet man

$$L = l + r_1 r_4 (C + \Delta c). \tag{71}$$

Da die Spule selbst eine Kapazität besitzt und daher ihre Induktivität mit der Frequenz veränderlich ist, muß ihre Induktivität auf die Frequenz Null reduziert werden.

Um die störenden Einwirkungen der verschiedenen Brückenzweige aufeinander zu vermeiden, wurde die von GIEBE angegebene Form der WHEATSTONEschen Brücke benutzt, bei der die vier Ecken der Brücke dicht beieinanderliegen. (Näheres über diese Brückenform und die oben kurz beschriebene Meßmethode s. in ds. Band, Kap. 19.)

Wie die mit den verschiedenen Spulen und ihren Unterabteilungen erhaltenen Messungsergebnisse zeigen, konnte das Verhältnis der absoluten zur internationalen Einheit (Henry bzw. Ohm) auf etwa ein Hunderttausendstel genau nach der angegebenen Methode ermittelt werden. Nach dieser Methode fanden GRÜNEISEN und GIEBE

$$1 \text{ int. Ohm} = 1{,}00051 \text{ abs. Ohm}, \tag{72}$$

wobei das int. Ohm auf die deutsche Widerstandseinheit der Phys.-Techn. Reichsanstalt bezogen ist.

34. Absolute Strommessung. Zur absoluten Messung des Stromes gibt es nicht so zahlreiche Methoden wie zur absoluten Widerstandsmessung. Man bedient sich zu dieser Messung der Tangentenbussole, bei der das Drehmoment des Stromes auf eine Magnetnadel mit dem Drehmoment des Erdfeldes verglichen wird, des Elektrodynamometers, bei dem als Vergleichskraft die Torsion der Aufhängung benutzt wird, oder der verschiedenen Arten von Stromwagen, bei denen die Schwerkraft als Vergleichsmaß benutzt wird. Mit der Tangentenbussole läßt sich keine ausreichende Genauigkeit, d. h. eine Genauigkeit von einigen Hunderttausendsteln erreichen, weil die Messung des Erdmagnetismus nicht mit dieser Genauigkeit ausgeführt werden kann und auch der Ausschlag der Nadel nicht so genau zu messen ist. Ebenso sind auch die Messungen mit dem Dynamometer weniger genau. Es bleiben daher nur die Stromwagen zur genauen absoluten Messung des Stromes übrig, von denen verschiedene Ausführungsformen für diesen Zweck benutzt worden sind. Die Stromwagen sind Dynamometer, bei denen eine feste Stromspule auf eine bewegliche wirkt; das Drehmoment wird kompensiert durch das Drehmoment eines Gewichtes. Zur Berechnung der absoluten Stromstärken muß also auch der Wert der Schwerebeschleunigung für den Ort, an dem die Messung ausgeführt wird, bekannt sein. Die bewegliche Spule ist entweder an einem Wagebalken aufgehängt, wie bei der Stromwage von RAYLEIGH und bei derjenigen des Bureau of Standards, oder wie bei der HELMHOLTZschen Stromwage um eine horizontale Achse drehbar angeordnet.

α) **Rayleighsche Stromwage.** Die von Rayleigh angegebene und für die Bestimmung des Silberäquivalents benutzte Stromwage[1]) (vgl. Ziff. 17) ist schematisch in Abb. 11 dargestellt. Auf der einen Seite eines gleicharmigen Wagebalkens hängt eine kreisförmige Spule B mitten zwischen zwei größeren festen Spulen A und C. In den letzteren Spulen fließt der Strom in entgegengesetztem Sinn, so daß sich die Wirkungen auf die bewegliche Spule addieren. Die Anziehung der Spulen wird durch ein Gewicht G kompensiert, das sich auf der rechten Wagschale befindet. Der Abstand der festen Spulen wird so gewählt, daß die Wirkung auf die bewegliche Spule ein Maximum wird (weitere Einzelheiten s. unter γ). Eine solche Wage, bei der die Anziehung der Spulen berechnet wurde, bildete früher die gesetzliche Einheit der Stromstärke in England; sie wurde im Laboratorium des Board of Trade (BOT) in London aufbewahrt.

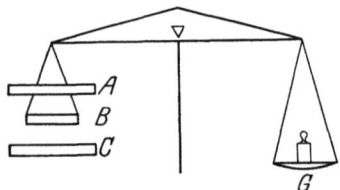

Abb. 11. Rayleighsche Stromwage.
A, C feste Kreisspulen, B bewegliche Spule, G Gewicht.

Bei einer von Lord Kelvin angegebenen Stromwage (die auch den Namen Wattwage führt) befinden sich auf beiden Seiten der Wage je drei Spulen, die sich in ihrer Wirkung addieren. Die Anziehung wird durch Reitergewichte kompensiert.

β) **Stromwage des National Physical Laboratory in Teddington, England.** Diese Stromwage ist im Prinzip ähnlich derjenigen von Kelvin, indem sich auf beiden Seiten der Wage feste und bewegliche Spulen befinden, deren Achsen vertikal stehen. Die von Ayrton, Mather und Smith[2]) zu einer genauen Bestimmung der absoluten Stromstärke benutzte Wage ist schematisch in Abb. 12 dargestellt. An beiden Enden des Wagebalkens hängen zylindrische Stromspulen konzentrisch in feststehenden Spulen; die obere und untere feste Spule sind hier nahe zusammengerückt. Das von den Spulen ausgeübte Drehmoment wird durch Gewichte kompensiert, die auf Schalen aufgelegt werden, welche gleichfalls an den Endschneiden hängen. Außerdem werden noch Reitergewichte benutzt. Die von Oertling in London gefertigte Wage hat einen Balken von ca. 50 cm Länge und reagiert bei einer Belastung von 50 kg auf ein Übergewicht von 0,1 mg. Alle Schneiden und Ebenen bestehen aus Achat. Die festen Spulen sind auf Trägern befestigt und können mittels vertikaler Schrauben um 35 cm gehoben und gesenkt werden.

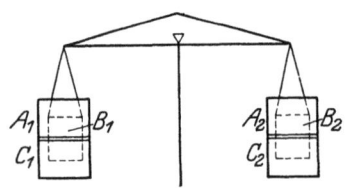

Abb. 12. Stromwage des Nat. Phys. Lab.
A_1, C_1, A_2, C_2 feste Solenoide, B_1, B_2 bewegliche Solenoide.

Bei der Strommessung befinden sich alle Spulen innerhalb des Wagekastens. Die Arretierung des Wagebalkens geschieht ohne merkliches Heben desselben; es genügt hierzu eine Hebung um 4 μ. Auf weitere Einzelheiten der Konstruktion kann hier nicht eingegangen werden. Die Spulen sind in einer Lage auf sehr sorgfältig hergestellte Zylinder aus karrarischem Marmor mit einer Steighöhe von 1,4 mm aufgewickelt und bestehen aus blankem Kupferdraht von 0,56 mm Durchmesser, der beim Aufwickeln durch ein Gewicht gespannt wurde; bei allen Spulen sind gleichzeitig zwei Drähte aufgewickelt, von denen der eine zwischen den Windungen des

---

[1]) Lord Rayleigh u. H. Sidgewick, Phil. Trans. (A) Bd. 175, S. 411. 1885.
[2]) W. E. Ayrton, T. Mather, u. F. E. Smith, Phil. Trans. Bd. 207, S. 463. 1908; Nat. Phys. Lab. Coll. Res. Bd. 4, S. 1. 1908; F. E. Smith u. T. Mather, Phil. Trans. Bd. 207, S. 545. 1908.

anderen liegt. Diese Maßnahme ist in erster Linie zur Prüfung der Isolation der Spulen getroffen worden. Zwischen den oberen und unteren festen Spulen befindet sich ein kleiner Zwischenraum von einigen Millimetern. Der Strom in diesen beiden Spulen fließt in entgegengesetzter Richtung. Jede Spule besteht aus etwa 180 Windungen und hat eine Länge von 13 cm. Die festen Spulen haben einen äußeren Durchmesser von 33 cm, die beweglichen einen solchen von 20,5 cm.

Die Anziehungskraft k zwischen einer festen und einer beweglichen Spule wird berechnet nach der von VIRIAMU JONES[1]) angegebenen Formel:

$$k = J i' (M_1 - M_2),\qquad(73)$$

in welcher J die Stromstärke in der beweglichen Spule, i' den Strom für die Längeneinheit der festen Spule bedeutet und M_1, M_2 die Gegeninduktivitäten zwischen dem beweglichen Solenoid und der oberen bzw. unteren Endfläche der festen Spule. Die Gegeninduktivitäten M_1 und M_2 der beiden Kreisflächen auf das Solenoid werden nach der ebenfalls von JONES angegebenen Gleichung (64) berechnet, die auch bei der LORENZschen Methode der absoluten Ohmbestimmung Anwendung findet.

Bei der Berechnung der Anziehung kommt es in erster Linie auf das Längenverhältnis der Spulen und auf das Verhältnis ihrer Durchmesser an. Die Längen wurden mit einem Komparator gemessen, die äußeren Durchmesser mit einer optischen Fühlhebelmethode.

Die Stromzuführung zu den Spulen erfolgt durch konzentrische Kabel, die parallel zu der Achse der Spulen oder radial geführt sind. Zur Überleitung des Stromes zu den beweglichen Spulen dienen je 160 Silberdrähte von 25 μ Durchmesser, die von der Aufhängung zum Wagenständer führen, an dem das konzentrische Kabel mündet.

Die Spulen, deren richtige Justierung auf elektrischem Wege vorgenommen wird, können in verschiedener Weise geschaltet werden. Da durch alle Spulen der gleiche Strom fließt, mißt man mit der Wage das Quadrat der Stromstärke. Wenn die Spulen alle hintereinander geschaltet sind und von 1 Amp durchflossen werden, wird die Anziehungskraft derselben kompensiert durch ein Gewicht von ca. 7,5 g; beim Kommutieren des Stroms erhält man das doppelte Gewicht. Der Strom fließt auch durch einen Manganinwiderstand von 1 Ohm, an dessen Enden daher eine Spannung von 1 Volt besteht, die mit derjenigen von WESTONschen Normalelementen verglichen wird.

Die größte Schwierigkeit bei den Messungen verursachte die Stromwärme und die dadurch hervorgerufenen Luftströmungen im Wagekasten. Wenn der Strom 20 Min. geschlossen blieb, war der Nullpunkt der Wage nicht mehr konstant, und es konnten erst nach Verlauf von 3 bis 4 Stunden neue Messungen angestellt werden.

In das Resultat geht die Schwerbeschleunigung ein, die zu 981,20 cm sec^{-2} (Wert in Kew, das dem Beobachtungsort Teddington benachbart ist) angenommen wurde. Der Manganinwiderstand wurde auf die englische Widerstandseinheit (int. Ohm) bezogen. Man erhält also den Wert der Normalelemente in sog. semiabsoluten Volt. Für die zur Messung benutzten Elemente ergab sich bei 17° eine Spannung von 1,01819$_7$ Volt. Da diese Elemente aber um 0,1 Millivolt kleiner waren als die normalen Elemente, so leiten die Autoren den Wert

$$1{,}01830 \text{ Volt bei } 17°\text{ C } (= 1{,}01819 \text{ Volt bei } 20°\text{ C})$$

für die Spannung des WESTONschen Normalelements ab (bezogen auf die endgültig angenommene Schwerebeschleunigung von 981,09 cm sec^{-2}).

---

[1]) J. VIRIAMU JONES, Proc. Roy. Soc. London Bd. 63, S. 204. 1898.

Die durch SMITH, MATHER und LOWRY (l. c.) vorgenommene Zurückführung der Normalelemente auf das Silbervoltameter (der RAYLEIGHschen Form, siehe Ziff. 27) unter Verwendung von Widerständen, die in int. Ohm ausgedrückt waren, ergab ferner:

$$1 \text{ abs. Amp entspricht } 1{,}11827 \text{ mg Silber/sec.} \tag{74}$$

γ) **Stromwage des Bureau of Standards in Washington.** Bei der Wage des B. of St. wird aus Gründen, die näher (in der unten zitierten Mitteilung) erörtert werden[1]), die Form der RAYLEIGHschen Stromwage mit einseitigen Spulen angewandt, bei denen die beiden festen Spulen einen solchen Abstand haben, daß ihre Wirkung auf die bewegliche Spule ein Maximum ist. Um aber die Störungen der Wage durch die Stromwärme nach Möglichkeit zu vermeiden, sind die Spulen unterhalb des Wagekastens angebracht, wie die Skizze Abb. 13 zeigt. Außerdem werden die Spulen durch Wassermäntel gekühlt. Die Wage ist von RUEPRECHT angefertigt, hat einen Wagebalken von 30 cm Länge und ist für eine Belastung bis zu 2 kg bestimmt. Die Spulen sind mehrlagig gewickelt mit quadratischem Querschnitt. Bei den festen Spulen ist der Querschnitt 2×2 cm bei einem mittleren Radius von 50 cm, bzw. $1{,}4 \times 1{,}4$ cm bei einem Radius von 40 cm, bei der beweglichen Spule ist der Querschnitt 1×1 cm bei einem Radius von 20 bzw. 25 cm. Es sind mehrere Spulen zum Auswechseln vorhanden. Wenn durch die hintereinandergeschalteten Spulen ein Strom von 1 Amp fließt, so wird die Anziehung beim Kommutieren des Stromes durch Gewichte von 3 bis 8 g kompensiert. Die bewegliche Spule erwärmt sich dabei um 2 bis 3° über die Umgebung. Die festen Spulen sind vollständig von einem Wassermantel umgeben, so daß von ihnen überhaupt keine störenden Luftströmungen ausgehen.

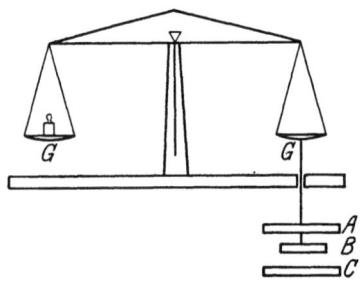

Abb. 13. Stromwage des Bureau of Standard.
A, C feste Kreisspulen, *B* bewegliche Spule, *G* Gewichtsschalen.

Der Hauptteil der Anziehung der Spulen wird nicht durch Ausmessung und Berechnung, sondern mit Hilfe einer elektrischen Vergleichung derselben nach einer von BOSSCHA[2]) angegebenen Methode ermittelt.

Nach LYLE[3]) läßt sich für eine aus mehreren Lagen bestehende Spule von dem rechteckigen Querschnitt $2\alpha \cdot 2\alpha$ und dem mittleren Radius a ein äquivalenter Radius a_e berechnen mittels der Formel:

$$a_e = a\left(1 + \frac{4\alpha^2}{24 a^2}\right) = a + \frac{\alpha^2}{6 a}. \tag{75}$$

Das Verhältnis der äquivalenten Radien, auf das es allein ankommt, wird nach dem Verfahren von BOSSCHA in der Weise gemessen, daß die Spulen konzentrisch mit horizontaler Achse in den Meridian eingestellt werden, und daß die in denselben fließenden Ströme so verzweigt werden, daß ihre Wirkung auf eine im Zentrum der Spulen angebrachte Magnetnadel sich aufhebt. Die Ströme können mit einem Kompensationsapparat gemessen werden. Die äquivalenten Radien verhalten sich dann wie die Stromstärken. Die Anziehung zweier linearer Kreisströme (feste und bewegliche Spule), die den äquivalenten Radien entsprechen, ergibt sich in folgender Weise. Fließt in beiden Strom-

---

[1]) E. B. ROSA, N. E. DORSEY, J. M. MILLER, Bull. Bureau of Stand. Bd. 8, S. 269. 1912.
[2]) I. BOSSCHA, Pogg. Ann. Bd. 93. S. 402. 1854.
[3]) TH. R. LYLE, Phil. Mag. Bd. 3, S. 310. 1912; vgl. auch Bull. Bur. of Stand. Bd. 2, S. 374. 1906.

kreisen der gleiche Strom J und ist M die Gegeninduktivität beider paralleler konzentrischer Kreise (fester und beweglicher), deren Zentren sich im Abstand x befinden, so ist die Anziehungskraft (s. unter β)

$$F = J^2 \frac{\partial M}{\partial x}. \tag{76}$$

Hierin ist $\partial M/\partial x$ dimensionslos, da M im elektromagnetischen Maßsystem die Dimension einer Länge hat. In die Berechnung der Anziehungskraft gehen daher nur Längenverhältnisse ein. Die Gegeninduktivität M zweier linearer konzentrischer Kreisströme mit den Radien a_1 und a_2 ist zu berechnen nach der von MAXWELL[1]) angegebenen Formel:

$$M = 4\pi\sqrt{a_1 a_2}\left\{\left(\frac{2}{k} - k\right)K - \frac{2}{k}E\right\}, \tag{77}$$

in der a_1 und a_2 (wobei $a_2 > a_1$ ist) die beiden oben erwähnten äquivalenten Radien bedeuten, K und E die vollständigen elliptischen Integrale erster und zweiter Art für den Modul k, wobei der Modul sich ergibt aus:

$$k = \frac{2\sqrt{a_1 a_2}}{\sqrt{(a_1+a_2)^2 + x^2}}. \tag{77a}$$

Aus Gl. (77) ergibt sich nach MAXWELL (l. c. § 702)

$$\frac{\partial M}{\partial x} = \pi \frac{x\,k}{\sqrt{a_1 a_2}}\left\{2K - \frac{2-k^2}{1-k^2}E\right\}. \tag{78}$$

Für einen bestimmten Abstand x_m der beiden Kreisströme ist die dem Ausdruck $\partial M/\partial x$ proportionale Anziehung derselben ein Maximum. Dieser Maximalwert ist zu berechnen aus einer anderen von MAXWELL (l. c. § 702) aufgestellten Gleichung für $\partial M/\partial x$, die durch harmonische Kugelfunktionen, also durch eine Reihe dargestellt wird. Wegen ihrer schlechten Konvergenz ist allerdings diese Reihe weniger zur Berechnung der Anziehung selbst geeignet, als Gl. (78). Aus dieser Reihe folgt für x_m die Beziehung:

$$\frac{x_m}{a_2} = \frac{1}{2}\left[1 - 0{,}9\left(\frac{a_1}{a_2}\right)^2 - \frac{1}{8}\left(\frac{a_1}{a_2}\right)^4 \ldots\right], \tag{79}$$

so daß also x_m/a_2 aus dem Verhältnis a_1/a_2 zu berechnen ist. In erster Annäherung ist $x_m = \frac{1}{2} a_2$ zu wählen. Wegen weiterer Einzelheiten der Berechnung und Messung muß auf das Original verwiesen werden.

Die Stromwage in Verbindung mit dem int. Ohm lieferte für das Westonelement bei 20° den Wert 1,01822 (semiabsol.) Volt. Mit dem Silbervoltameter ergab sich für das Element 1,01827 int. Volt bei 20°, so daß also aus der Messung mit der Stromwage (auf dem Umweg über das Normalelement) folgt:

$$1 \text{ abs. Amp entspricht } 1{,}11805 \text{ mg Silber/sec.} \tag{80}$$

Somit ist nach den Messungen im B. of St. das int. Amp um $5 \cdot 10^{-5}$ kleiner als das absolute. Für die Schwerebeschleunigung wurde für den Beobachtungsort der Wert 981,274 cm sec^{-2} angenommen.

δ) **Helmholtzsche Stromwage (Phys.-Techn. Reichsanstalt).** Bei der von HELMHOLTZ angegebenen Stromwage, welche von KAHLE zu einer absoluten Strommessung benutzt wurde[2]), ist die bewegliche Stromspule S um eine

---

[1]) I. CL. MAXWELL, Lehrb. d. Elektr. u. d. Magn., deutsche Ausgabe Bd. II, § 696, S. 414. 1883; vgl. auch E. B. ROSA und F. W. GROVER, Bull. Bureau of Stand. Bd. 8, S. 14. 1912; Lord RAYLEIGH und H. SIDGEWICK, Phil. Trans (A) Bd. 175, S. 411. 1885; A. HEYDWEILLER, Wied. Ann. Bd. 44, S. 533. 1891.
[2]) K. KAHLE, Wied. Ann. Bd. 59, S. 532. 1896; ZS. f. Instrkde. Bd. 17, S. 97. 1897.

horizontale Achse dadurch drehbar angeordnet, daß sie in der aus Abb. 14 ersichtlichen Weise an Bändern aufgehängt ist, welche gleichzeitig die Stromzuführung besorgen. An den oberen Enden führen diese Bänder über kleine Röllchen r zu den Klemmen k_1, k_2; die unteren Enden rollen bei der Drehung der Spule auf dem Halbzylinder Z ab. An diesem ist ein Wagebalken W befestigt, der eine Wagschale G zum Auflegen von Gewichten und ein Laufgewicht L besitzt. Der Vorteil dieser Anordnung besteht darin, daß die Stromwärme nur einen geringen Einfluß auf die Gleichgewichtslage ausübt. In der Ebene der horizontalen Drehachse ist ein Stromviereck R (im Durchschnitt gezeichnet) angebracht, das aus einem Kupferband besteht, welches auf einen Rahmen aufgespannt ist. Aus den Dimensionen dieses Stromvierecks ist das auf die bewegliche Spule ausgeübte Drehmoment zu berechnen. Die Windungsfläche der beweglichen Spule wird durch elektrische Vergleichung mit dem Stromviereck ermittelt.

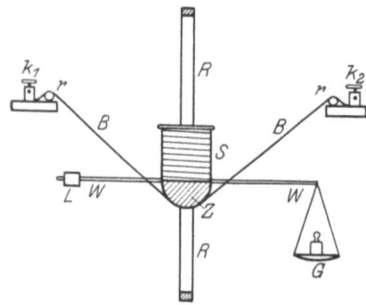

Abb. 14. HELMHOLTZsche Stromwage der Phys.-Techn. Reichsanstalt.

S drehbare Spule mit vertikaler Achse, B Silberbänder, Z Halbzylinder aus Aluminium, W Wagebalken, L Laufgewicht. R feststehender viereckiger Rahmen (im Schnitt).

Für das von dem Stromviereck auf die Spule ausgeübte Drehmoment ist von W. WIEN[1]) eine Formel aufgestellt worden, wobei das Drehmoment aus dem Vektorpotential der vier Seiten des Vierecks abgeleitet wurde. Später wurde von DIESSELHORST[2]) eine für die Berechnung bequemere Gleichung mitgeteilt, bei deren Ableitung das Stromviereck durch eine äquivalente magnetische Platte ersetzt wurde. Für die bewegliche Spule wurde von beiden Autoren das magnetische Äquivalent gesetzt. Die beiden Formeln ergaben bei der numerischen Berechnung bis auf $3 \cdot 10^{-5}$ dasselbe Resultat.

Die von DIESSELHORST für das Drehmoment D (das sich aus zwei Gliedern D_1 und D_2 zusammensetzt) aufgestellte Gleichung lautet:

$$\begin{aligned} D_1 &= Ji\,(n\,R^2\pi) \sum_{+h,-h} \left\{ \frac{2}{\sqrt{R^2+b^2}} \operatorname{arctg} \frac{l\sqrt{R^2+b^2}}{a\,(c-h)} \right. \\ &\quad \left. + \frac{1}{2}\frac{R^2}{a(c-h)l}\left(\frac{4}{3}\cdot\frac{l^4}{a^2(c-h)^2} - \frac{l^2}{(c-h)^2} - \frac{1}{2}\frac{a^2}{l^2} - 1\right)\right\}, \\ D_2 &= -Ji\,(n\,R^2\pi)\left\{\frac{1}{L_{+h}\{b^2+(c-h)^2\}} - \frac{1}{L_{-h}\{b^2+(c-h)^2\}}\right\}\frac{R^2 a}{2h}. \end{aligned} \qquad (81)$$

Hierin bedeutet $nR^2\pi$ die durch elektrische Vergleichung mit dem Stromviereck zu ermittelnde Windungsfläche der drehbaren Spule, R deren Radius, n die Windungszahl, $2h$ die Länge und i die Stromstärke dieser Spule. Ferner ist J die Stromstärke in dem Bandviereck, a und c sind seine Seitenlängen (horizontale und vertikale Länge), b die Breite des Bandes. Zur Abkürzung ist gesetzt:

$$l^2 = R^2 + a^2 + b^2 + (c-h)^2; \quad L^2 = a^2 + b^2 + (c-h)^2. \qquad (82)$$

Die Größen R, b und h brauchen nur ungenau bekannt zu sein. Das Glied D_2 ist klein gegen D_1. Wenn die Längen in cm, die Stromstärken in elektromagnetischen CGS-Einheiten angegeben werden, erhält man das Drehmoment in dyn × cm.

---

[1]) W. WIEN, Wied. Ann. Bd. 59, S. 523. 1896.
[2]) H. DIESSELHORST, Inaug.-Dissert. Berlin 1896. (Über das Potential von Kreisströmen.)

Bei der von KAHLE benutzten Stromwage war rund $2a = 56$ cm, $2b = 2{,}2$ cm, $2c = 61$ cm, $2R = 5$ cm, $2h = 5$ cm, woraus sich dann, wenn alle Größen in CGS-Systeme ausgedrückt werden, als Drehmoment annähernd ergibt:

$$D = J\,i\,(n R^2 \pi) \cdot K_s \text{ dyn. cm}, \quad \text{wobei } K_s = 0{,}193 \text{ cm}^{-1} \text{ ist}. \tag{83}$$

Wegen der Abrundung der Ecken des Vierecks und wegen der Wirkung der Zuleitungen sind noch Korrektionen anzubringen.

Die Messung der Windungsfläche $n R^2 \pi$ der beweglichen Spule wurde von KAHLE nach einer von KOHLRAUSCH[1]) angegebenen Methode durch Vergleichung mit dem Stromviereck vorgenommen. Die Nadel eines Magnetometers wurde im Mittelpunkt des im Meridian eingestellten Vierecks aufgestellt und die vom gleichen Strom wie das Viereck durchflossene Stromspule in ost-westlicher Richtung in eine solche Entfernung d von der Ebene des Vierecks gebracht, daß die Wirkung beider Stromkreise auf die Magnetnadel sich gerade aufhob. Zur Berechnung der Windungsfläche muß dann noch das Drehmoment D_m des Stromvierecks auf eine in seinem Zentrum angebrachte Magnetnadel von der Länge λ bekannt sein. Aus den von WIEN abgeleiteten Formeln ergibt sich nach KAHLE durch entsprechende Spezialisierung für dieses Drehmoment die Gleichung:

$$D_m = M J K_m, \tag{84}$$

in der M das magnetische Moment der Magnetnadel, J die Stromstärke im Viereck bedeutet und K_m gegeben ist durch:

$$K_m = \frac{2}{b} \operatorname{arctg} \left(\frac{2bN}{ac} \cdot \frac{1 - \dfrac{\lambda^2}{N^2}\left(1 - \dfrac{1}{2}\dfrac{a^2}{N^2}\right)}{1 - \dfrac{\lambda^2}{a^2} - \dfrac{b^2 N^2}{a^2 c^2}\left(1 - 2\dfrac{a^2 \lambda^2}{N^4}\right)} \right). \tag{85}$$

Hierin ist zur Abkürzung $N^2 = a^2 + b^2 + c^2 + \lambda^2$ gesetzt. K_m hat die Dimension cm^{-1} und den ungefähren Zahlenwert wie der in Gleichung (83) angegebene Wert für $K_s = 0{,}193$ cm^{-1}, der sich auf die bewegliche Spule bezieht.

Die Windungsfläche $f = n R^2 \pi$ der beweglichen Spule berechnet sich dann aus der Beziehung:

$$f = \frac{d^3 K_m}{2} \frac{1+\zeta}{1+\delta}, \tag{86}$$

worin ζ und δ Korrektionsgrößen bedeuten. Die Entfernung $2d$ ergibt sich aus der östlichen und westlichen Einstellung der Spule und war ca. 97 cm; daraus folgt für die Windungsfläche der Spule, die in acht Lagen 560 Windungen besitzt, rund $f = 11 \cdot 10^3$ cm^2.

An Einzelheiten sei über die Stromwage noch folgendes angeführt. Die bewegliche Spule ist auf ein mit Flanschen versehenes Aluminiumrohr von 5 cm Länge, 4 cm lichter Weite und 2,5 mm Wandstärke aufgewickelt. Die Wicklung besteht aus doppelt mit Seide umsponnenem Aluminiumdraht von 0,6 bzw. 0,7 mm Durchmesser, von dem gleichzeitig zwei Drähte zusammen aufgespult wurden. Eine Spule hat 560 Windungen, eine andere 372. Der Widerstand beträgt 9 bzw. 5 Ohm. Der Halbzylinder Z und der Wagebalken W bestehen ebenfalls aus Aluminium; der letztere hat eine halbe Länge von 14,4 cm.

Die den Strom zuführenden Silberbänder, von denen sich je zwei zu beiden Seiten befinden, haben eine Dicke von 5 μ und sind 3 mm breit. Das auf den viereckigen Rahmen aufgespannte Kupferband hat eine Breite von 22 mm und eine Dicke von 0,1 mm.

Die Stromwage muß so justiert werden, daß die bewegliche Spule in der Mitte des Bandvierecks vertikal steht, daß ihre Drehungsachse horizontal und

---

[1]) F. KOHLRAUSCH, Wied. Ann. Bd. 18, S. 513. 1883.

parallel zur Ebene des Bandvierecks gerichtet ist; daß ferner diese Ebene in den Meridian fällt.

Zu den definitiven Messungen wurde nicht das Bandviereck selbst benutzt, sondern Spulen, die zu beiden Seiten des Vierecks fest im Abstand von 8 cm montiert waren. Diese Spulen sind 25 cm hoch, 17 cm breit und 5 cm tief und sind bewickelt mit 255 Doppelwindungen eines 1 mm starken Kupferdrahtes in 15 Lagen; ihr Widerstand beträgt ca. 14 Ohm.

Die Wirkung dieser festen Spulen auf die bewegliche Spule ist elektrisch mit derjenigen des Bandvierecks verglichen worden, indem der Strom zwischen beiden so verzweigt wurde, daß kein Drehmoment auf die bewegliche Spule ausgeübt wurde. Bei gleicher Stromstärke ist das Drehmoment der festen Spule ca. 1800mal größer als dasjenige des Bandvierecks. Als Schwerebeschleunigung wurde der Wert 981,25 cm sec^{-2} angenommen.

Mit dieser Stromwage bestimmte KAHLE die Spannung eines H-förmigen Clarkelementes bei 0° C, indem diese Spannung kompensiert wurde gegen diejenige an den Enden eines Widerstandes von 4 int. Ohm, der mit der Stromwage hintereinandergeschaltet war. Der durch die feste und bewegliche Spulen fließende Strom war dabei rund 0,36 Amp. Die Wirkung dieses Stromes wurde kompensiert durch ein Gewicht von rund 0,36 g. Die Schwerebeschleunigung in Charlottenburg, dem Ort der Messungen, wurde zu 981,25 cm sec^{-2} angenommen. Daraus ergibt sich für die Spannung des Clarkelements bei 0° der Wert 1,4488 semiabs. Volt; dies entspricht einer Spannung von 1,4322 Volt bei 15° C. Später hat dann KAHLE das Clarkelement bei 0° an das Silbervoltameter angeschlossen[1]) und fand unter Zugrundelegung des gesetzlichen (int.) Ampere für das Clarkelement den Wert 1,4492$_5$ int. Volt bei 0°. Unter Berücksichtigung der von ihm mit der Stromwage gefundenen Spannung des Clarkelementes ergibt sich dann für das Silberäquivalent:

$$1 \text{ abs. Amp entspricht } 1{,}1183 \text{ mg Silber/sec }^2). \qquad (87)$$

35. Beziehung der internationalen zu den absoluten elektrischen Einheiten[3]). Es handelt sich nun darum, aus den verschiedenen Zahlen, die nach den vorstehend besprochenen Methoden ermittelt worden sind, zuverlässige Werte für die Beziehung der internationalen zu den absoluten Einheiten abzuleiten.

α) Internationales Ohm. Die von DORN im Jahre 1893/95 kritisch gewerteten absoluten Ohmbestimmungen, die bis zu dieser Zeit vorlagen, hatten (vgl. Ziff. 17) das Ergebnis, daß 1 int. Ohm = 1,06285 S.-E. zu setzen war. Dieser Wert, auf 1,0630 abgerundet, wurde den Festsetzungen des deutschen Gesetzes 1898 und den internationalen Vereinbarungen zu London 1908 zugrunde gelegt. Neuere sehr genaue Messungen sind dann später im Nat. Phys. Lab. in England von SMITH und in der Phys.-Techn. Reichsanstalt von GRÜNEISEN und GIEBE ausgeführt worden (s. Ziff. 33 η und ϑ). Diese Messungen ergaben:

SMITH: 1 int. Ohm = 1,00052 abs. Ohm,

GRÜNEISEN, GIEBE: 1 „ „ = 1,00051 „ „

In diesen Zahlen stecken aber noch die Unterschiede der beiderseitigen Widerstandseinheiten. Nach einer im Jahre 1914 in England vorgenommenen Vergleichung betrug dieser Unterschied damals etwa $2 \cdot 10^{-5}$, und zwar in dem Sinne, daß dadurch die Differenz beider Bestimmungen um diesen Betrag größer

---

[1]) K. KAHLE, ZS. f. Instrkde. Bd. 18, S. 229 u. 267. 1898.
[2]) Die Messungen mit der HELMHOLTZschen Stromwage besitzen eine Genauigkeit von etwa einem Zehntausendstel.
[3]) Vgl. auch Bd. II ds. Handb., Artikel HENNING-JAEGER.

wird. Doch ist durch diese Messung die gesuchte Beziehung auf wenigstens 10^{-4} sichergestellt, so daß man nach den zur Zeit vorliegenden Messungen setzen darf:

$$1 \text{ int. Ohm} = 1{,}0005 \text{ abs. Ohm}. \tag{88}$$

β) **Internationales Ampere.** Nicht so sichergestellt ist die Beziehung zwischen internationalen und absoluten Einheiten bei der Stromstärke. Auf Grund der Messungen von RAYLEIGH und SIDGEWICK sowie von F. und W. KOHLRAUSCH war international festgesetzt worden (vgl. Ziff. 17 u. 20), daß

$$1 \text{ int. Coulomb} = 1{,}11800 \text{ mg} \tag{89}$$

Silber aus einer Silbernitratlösung ausscheiden soll.

Im Anschluß daran ist dann später in Washington der Wert des WESTONschen Normalelements durch Vergleichung mit dem Silbervoltameter zu 1,0183 int. Volt bei 20° bestimmt und auch international angenommen worden (s. Ziff. 21). Die verschiedenen absoluten Strommessungen, die für die Beziehung des internationalen zum absoluten Ampere in Betracht kommen, sind zum Teil mit dem Silbervoltameter, zum Teil mit Normalelementen ausgeführt worden. In Ziff. 34 sind nur diejenigen absoluten Messungen näher beschrieben, bei denen die Stromwage in der einen oder anderen Form benutzt wurde. Die Messungen mit Tangentenbussole oder Dynamometer sind, wie erwähnt, weniger genau, so daß auf Einzelheiten nicht näher eingegangen zu werden brauchte. Der Vollständigkeit wegen müssen aber auch diese Messungen hier mit aufgeführt werden. Bei verschiedenen der im folgenden angeführten Messungen ist für das Silbervoltameter die sog. RAYLEIGHsche Form benutzt worden, bei der die Anode von Filtrierpapier umgeben ist. Diese Voltameter liefern aber einen zu hohen Silberniederschlag (vgl. Ziff. 27), was bei der Vergleichung der verschiedenen Werte zu berücksichtigen ist. Daher weichen auch die von verschiedenen Autoren gegebenen Zusammenstellungen der Resultate zum Teil voneinander ab, wie folgende Tabelle zeigt.

Tabelle 6. Silberäquivalent des absoluten Coulomb.

Autor	Jahr	Methode	Nach SMITH, MATHER[1])	Nach GUTHE[2])
1. MASCART[3])	1884	—	1,1156 mg	—
2. FR. u. W. KOHLRAUSCH[4]) . . .	1884	Tangentenbuss.	83	1,1177 mg
3. RAYLEIGH u. SIDGEWICK[5]) . . .	1884	Stromwage	79	76
4. PELLAT u. POTIER[6])	1890	Stromwage	92	89
5. KAHLE[7])	1896	Stromwage	83	—
6. PATTERSON u. GUTHE[8])	1898	Dynamometer	92	77
7. PELLAT u. LEDUC[9])	1903	Stromwage	95	90
8. v. DIJK u. KUNST[10])	1904	Tangentenbuss.	82	78
9. GUTHE[2])	1906	Dynamometer	82	77
10. AYRTON, MATHER, SMITH[11]) . .	1909	Stromwage	82,7	—

[1]) F. E. SMITH u. T. MATHER, Phil. Trans. Bd. 207, S. 545. 1908.
[2]) K. GUTHE, Bull. Bureau of Stand. Bd. 2, S. 33. 1906; u. Ann. d. Phys. Bd. 21, S. 913. 1906.
[3]) E. MASCART, Journ. de phys. Bd. 3, S. 283. 1884.
[4]) F. u. W. KOHLRAUSCH, Wied. Ann. Bd. 27, S. 1. 1886.
[5]) Lord RAYLEIGH u. H. SIDGEWICK, Phil. Trans. (A) Bd. 175, S. 411. 1885.
[6]) H. PELLAT u. A. POTIER, Journ. de phys. Bd. 9, S. 381. 1890.
[7]) K. KAHLE, Wied. Ann. Bd. 59, S. 532. 1896; Bd. 67, S. 1. 1899; vgl. auch Ziff. 34, δ.
[8]) G. W. PATTERSON u. K. E. GUTHE, Phys. Rev. Bd. 7, S. 257. 1898.
[9]) H. PELLAT u. A. LEDUC, C. R. Bd. 136, S. 1649. 1903.
[10]) G. VAN DIJK u. J. KUNST, Ann. d. Phys. Bd. 14, S. 569. 1904; G. VAN DIJK, ebenda Bd. 19, S. 249. 1906; Arch. Néerland. Bd. 9, S. 442. 1904.
[11]) W. E. AYRTON, T. MATHER u. F. E. SMITH, Phil. Trans. Bd. 207, S. 463. 1908; Nat. Phys. Lab. Coll. Res. Bd. 4, S. 1. 1908 (vgl. auch Ziff. 34, β).

Hierzu kommen noch die neueren in Tabelle 7 aufgeführten Messungen.

Tabelle 7. Silberäquivalent des absoluten Coulomb.

Autor	Jahr	Methode	mg/abs. Coul.
11. Janet, Laporte, Jouaust[1]) . .	1908	Stromwage	$1{,}1179_3$
12. Haga u. Boerema[2])	1910	Tangentenbuss.	80_7
13. Rosa, Dorsey, Miller[3]) . . .	1912	Stromwage	80_6

Die Unterschiede in Tabelle 6, die in mehrere Zehntausendstel gehen, rühren daher, daß die Messungsergebnisse zum Teil umgerechnet worden sind. Guthe hat mit der Richardsschen Form des Silbervoltameters (mit Tonzelle, vgl. Ziff. 27) gearbeitet, Smith und Mather ebenso wie die französischen Autoren mit der Rayleighschen (mit Filtrierpapier). Bei der Definition des int. Amp dürfen aber nach den neueren Erfahrungen keine Voltameter mit Filtrierpapier benutzt werden, da sie unrichtige Werte ergeben. Die mit dem Rayleighschen Voltameter erhaltenen Ergebnisse lassen sich auch wegen der durch das Filtrierpapier auftretenden Fehler nicht mit Sicherheit reduzieren, so daß die mit diesen Voltametern erhaltenen Resultate unsicher sind.

Die Zusammenstellung in den Tabellen 6 und 7 zeigt, besonders unter Berücksichtigung der obenstehenden Ausführungen, daß es nicht möglich ist, aus den bisherigen Messungen eine auf ein Zehntausendstel zuverlässige Beziehung zwischen dem internationalen und absoluten Ampere abzuleiten.

Das B.of St. in Washington hat in einem besonderen Zirkular[4]) zu dieser Frage Stellung genommen, indem es nur die Messungen 10, 12, 13 berücksichtigt (Staatslaboratorien von England und Amerika sowie die Messung von Haga und Boerema), wobei aber an 10 und 13 noch Korrektionen wegen der Voltameter angebracht wurden. Das B.of St. kommt so zu dem Resultat, daß zu setzen ist: 1 int. Amp = 0,9999 abs. Amp. Doch muß man wohl sagen, daß die getroffene Auswahl etwas willkürlich ist, und daß daher die Differenz von einem Zehntausendstel nicht sicher genug festgestellt ist.

Es scheint daher richtiger, sich vorläufig nicht auf einen Wert festzulegen und internationales und absolutes Ampere bis auf ein Zehntausendstel gleichzusetzen:

$$1 \text{ int. Amp} = 1{,}0000 \text{ abs. Amp }[5]). \tag{90}$$

Aus den Werten des int. Ohm und int. Amp ergeben sich nun auch die anderen internationalen Einheiten und man erhält folgende Zusammenstellung für die

Beziehung der internationalen zu den absoluten elektrischen Einheiten:

1 int. Ohm = 1,0005 abs. Ohm   1 int. Joule = 1,0005 abs. Joule = $1{,}0005 \cdot 10^7$ erg
1 int. Amp = 1,0000 abs. Amp   1 int. Farad = 0,9995 abs. Farad
1 int. Coulomb = 1,0000 abs. Coul.   1 int. Watt = 1,0005 abs. Watt = $1{,}0005 \cdot 10^7$ erg $\cdot$ sec^{-1}
1 int. Volt = 1,0005 abs. Volt   1 int. Henry = 1,0005 abs. Henry

---

[1]) P. Janet, F. Laporte, R. Jouaust, Bull. Soc. Intern. des Electr. Bd. 8, S. 459. 1908. In dieser Mitteilung wird für das Westonsche Normalelement der Wert 1,0188 Volt bei 20° angegeben. In einer späteren Mitteilung (C. R. Bd. 153, S. 718. 1911) wurde dieser Wert korrigiert auf $1{,}0183_6$ Volt, woraus sich obiges Silberäquivalent ergibt unter der Annahme, daß die Elemente den normalen Wert hatten. Auch von A. Guillet (Bull. Soc. Intern. des Electr. Bd. 8, S. 539. 1908) und von H. Pellat (ebenda S. 573) sind ähnliche Werte für das Normalelement gefunden worden.
[2]) H. Haga u. J. Boerema, Proc. Amsterdam 1910, S. 587.
[3]) E. B. Rosa, N. E. Dorsey, J. M. Miller, Bull. Bureau of Stand. Bd. 8, S. 269. 1912; u. Bd. 10, S. 477. 1913; vgl. auch Ziff. 34, γ.
[4]) Circular of the Bureau of Stand., Nr. 60 (Sec. Edition), S. 37. 1920 (Verf. nicht angegeben).
[5]) Vgl. auch Bd. II ds. Handb., Artikel Henning-Jaeger, Ziff. 16.

f) Kritische Geschwindigkeit.

36. Lichtgeschwindigkeit, kritische Geschwindigkeit, Konstante c. Die kritische Geschwindigkeit (Konstante c), deren Kenntnis zur Umrechnung der elektrostatischen in die elektromagnetischen Einheiten und umgekehrt nötig ist (vgl. die Tabelle 4, Ziff. 12), ist nach der MAXWELLschen Theorie gleich der Lichtgeschwindigkeit.

Für die aus optischen Methoden bestimmte Lichtgeschwindigkeit (im Vakuum) ist zu setzen[1]) $c = 2{,}99868 \cdot 10^{10}$ cm $\cdot$ sec^{-1}.

Auf elektrischem Wege ist eine genaue Messung der Konstante c von ROSA und DORSEY[2]) ausgeführt worden, indem die Kapazität von Kondensatoren (Kugel-, Zylinder- und Plattenkondensatoren mit Schutzring) sowohl aus den Dimensionen derselben in elektrostatischen Einheiten berechnet als auch in elektromagnetischem Maße durch eine Widerstands- und Zeitmessung nach der bekannten MAXWELLschen Methode (ds. Band, Kap. 19) gemessen wurde. Nach Tabelle 4, Ziff. 12 ist

$$c = \sqrt{\frac{C_s}{C_m}} = \sqrt{10^9 \, \text{Ohm} \cdot \text{cm/sec}}, \tag{91}$$

wenn C_s die elektrostatisch, C_m die elektromagnetisch gemessene Kapazität bedeutet; man erhält aus der Berechnung C_s in cm und die elektromagnetische Kapazität in sec/Ohm durch die elektrische Messung; also C_m in sec/10^9 Ohm, wenn C_m in cm, g, sec ausgedrückt wird. Bei ihren Messungen fanden ROSA und DORSEY unter Benutzung eines in internationalen Einheiten gemessenen Widerstandes: $c = 2{,}9971 \cdot 10^{10}$ cm $\cdot$ sec^{-1}. Dieser Wert ist noch auf das absolute Ohm umzurechnen, wofür die in Ziff. 35, Gleichung (88) angegebene Beziehung zu benutzen ist. Dann erhält man $c = 2{,}9978 \cdot 10^{10}$ cm $\cdot$ sec^{-1}, d. h. einen Wert, der auf drei Zehntausendstel mit der aus den optischen Methoden abgeleiteten Zahl (s. oben) übereinstimmt. Unter Berücksichtigung der erreichten Meßgenauigkeit kann man daher als Gesamtmittel für die kritische Geschwindigkeit angeben:

$$c = 2{,}998_5 \cdot 10^{10} \, \text{cm} \cdot \text{sec}^{-1}. \tag{92}$$

---

[1]) Vgl. Bd. II ds. Handb., Artikel HENNING-JAEGER, Ziff. 22.
[2]) E. B. ROSA u. N. E. DORSEY, Bull. Bureau of Stand. Bd. 3. S. 601. 1907.

Kapitel 2.

Allgemeines und Technisches über elektrische Messungen.

Von

W. JAEGER, Berlin.

Mit 23 Abbildungen.

Im folgenden ist zunächst eine Übersicht über die verschiedenen Gleich- und Wechselstromquellen gegeben. Sodann wird die Reinigung des Wechselstromes, die künstliche Phasenverschiebung, Stromregulierung, Stromverstärkung usw. behandelt.

1. Gleichstromquellen. Annähernd konstante Spannungen zur Erzeugung von Gleichstrom erhält man einerseits aus Primär- und Sekundärelementen sowie aus Thermoelementen, andererseits aus Gleichstromgeneratoren und Elektrisiermaschinen. Auch kann durch besondere Vorrichtungen eine Wechselspannung in eine Gleichspannung umgeformt werden. Von Primärelementen (Daniell-, Bunsen-, Leclanché-, Tauchelemente vgl. Bd. XIII) werden jetzt meist nur noch Trockenelemente nach dem Leclanchétyp verwendet, und zwar als Anoden- bzw. Heizbatterien für Elektronenröhren und zur Erzeugung schwachen Gleichstroms für Meßzwecke usw. Als hauptsächlichste Gleichstromquelle bei elektrischen Messungen dient heute der Bleiakkumulator bzw. Akkumulatorenbatterien; andere Akkumulatoren, z. B. der EDISONsche Akkumulator, haben wenig Verbreitung gefunden.

Der Akkumulator zeichnet sich vor allem dadurch aus, daß er einen sehr kleinen, im allgemeinen zu vernachlässigenden Widerstand besitzt, daß er sich nicht polarisiert (vgl. Bd. XIII), und daß er wieder aufgeladen werden kann. Bei Stromentnahme sinkt seine Spannung allmählich in dem Maße, wie die Säure infolge der chemischen Umsetzung verdünnter wird. Im frisch geladenen Zustand beträgt seine Spannung etwa 2,2 Volt; wenn sie auf etwa 1,8 Volt gesunken ist, muß der Akkumulator wieder aufgeladen werden. Die während dieses Spannungsabfalls von ihm gelieferte Elektrizitätsmenge (in Amperestunden ausgedrückt) wird als seine „Kapazität" bezeichnet. Im normalen Zustand sind die positiven Platten durch Bleisuperoxyd tiefbraun gefärbt, die negativen Platten haben das Aussehen von metallischem Blei. Bei der Entladung wird an beiden Platten Bleisulfat gebildet, das beim Laden wieder zersetzt wird. Die als Elektrolyt dienende verdünnte Schwefelsäure hat ein spezifisches Gewicht von 1,2. Zum Auffüllen darf nur destilliertes Wasser bzw. 5 proz. chlorfreie Schwefelsäure (Akkumulatorensäure) verwendet werden. Das Laden der Akkumulatoren geschieht durch Gleichstromgeneratoren (Netzspannung) oder wenn Wechselspannung vorhanden ist, mit Hilfe von Quecksilbergleichrichtern. Für jeden Akkumulatortyp wird ein maximaler Lade- und Entladungsstrom angegeben, der von der Größe und Anzahl der Platten abhängt. Mit dem maximalen Strom kann der Akkumulator, wenn er sich in gutem Zustand befindet, in etwa vier Stunden entladen werden. Die Aufladung wird solange fortgesetzt, bis eine reichliche Gasentwicklung eintritt. Auch wenn der Akkumulator nicht benutzt wird, muß er etwa monatlich aufgeladen werden. Die Platten dürfen niemals trocken stehen; deshalb muß immer genügend Säure nachgefüllt werden, die etwa 1 cm über den Platten stehen soll.

Die Spannung des Akkumulators ist auch von der Temperatur abhängig; sie nimmt um etwa 0,8 Millivolt für einen Grad Temperaturerhöhung zu. Bei großen Ansprüchen an die Konstanz der Spannung muß man daher den Akkumulator auch vor Temperaturschwankungen schützen.

Die feststehenden, zu Meßzwecken dienenden Akkumulatorenbatterien ordnet man zweckmäßig so an, daß man sie in verschiedener Weise schalten kann. Einer Batterie von acht Zellen kann man dann z. B. 2 Volt entnehmen (alle Zellen parallel) bzw. 4 oder 8 oder 16 Volt (alle Zellen hintereinander). Die Kapazität der Batterie ist bei Schaltung auf 2 Volt achtmal so groß als bei Schaltung auf 16 Volt. Um bei diesen Schaltungen guten Kontakt zu erhalten, führt man die Pole der einzelnen Zellen zu Quecksilbernäpfen; die Schaltung kann dann durch vier verschiedene Bretter ausgeführt werden, auf welchen die Verbindungsdrähte, die in die Näpfe eingetaucht werden, fest montiert sind. Die Enden der Drähte müssen gut amalgamiert sein. Die Verwendung von Steckkontakten ist für Meßzwecke nicht empfehlenswert; dagegen können Verschraubungen benutzt werden. Die Batterien müssen durch Porzellan- oder Glasuntersätze bzw. durch Ölisolationen gegen die Erde isoliert werden. Meist ist aber doch ein kleiner Erdschluß vorhanden, worauf bei der Messung Rücksicht genommen werden muß, damit dadurch keine Fehler verursacht werden. Kleine Akkumulatoren von etwa 0,1 Amp. Entladestrom werden für Hochspannungsbatterien benutzt.

Konstante Spannungen von kleinem Betrage kann man auch durch Thermoelemente (vgl. Bd. XIII) erhalten. Wenn sich die beiden Lötstellen des Elements auf konstanter, aber verschiedener Temperatur befinden, entsteht eine EMK, welche als Stromquelle benutzt werden kann. Für technische Zwecke werden Vorrichtungen gebaut, z. B. die Thermosäule von GÜLCHER, bei der eine größere Anzahl von Thermoelementen hintereinandergeschaltet sind. Die einen Lötstellen werden durch Gasflammen erwärmt, während die anderen durch ausgedehnte Bleche abgekühlt werden. Wenn der Gasdruck konstant gehalten und die Vorrichtung vor Luftzug geschützt wird, kann man eine einigermaßen konstante Spannung erhalten.

Nur in besonderen Fällen kommen für Meßzwecke auch die von Gleichstromgeneratoren bzw. von Elektrisiermaschinen (vgl. Kap. 3) gelieferten Spannungen in Betracht. Die Spannungen der Elektrisiermaschinen (Influenzmaschinen), von denen diejenigen von WEHRSEN, WHIMSHURST und WOMMELSDORF genannt seien, sind sehr hoch, aber wenig konstant. Die Gleichstromgeneratoren liefern bei konstanter Tourenzahl eine konstante mittlere Spannung, doch sind der Gleichspannung noch kleine Pulsationen überlagert, die durch den Kollektor hervorgerufen werden. Der von der Maschine gelieferte Strom ist in Wirklichkeit kommutierter Wechselstrom. Diese Pulsationen, deren Amplitude man durch Drosselspulen verkleinern kann, sind für viele Zwecke nicht störend. Gleichstromgeneratoren werden auch für hohe Spannungen gebaut.

In neuerer Zeit findet auch die Umwandlung von Wechselspannung in Gleichspannung, besonders für sehr hohe Spannungen (bis etwa 200 kV) vielfach Anwendung, z. B. zum Betrieb von Röntgenröhren (Coolidgeröhren). Eine hierzu dienende Apparatur ist z. B. die Stabilivolt-Anlage der Firma Siemens & Halske (vgl. a. Bd. XVII). Das Prinzip der Einrichtung ist folgendes. Wenn eine Wechselstromquelle mit einem elektrischen Ventil (Gleichrichter) und einem Kondensator hintereinandergeschaltet wird, lädt sich der Kondensator auf den Spitzenwert der Spannungskurve auf und man kann ihm dann einen schwachen Gleichstrom entnehmen, der nur kleine Pulsationen aufweist[1]). In der Regel werden unter Benutzung zweier Ventile und zweier Kondensatoren beide Hälften der Spannungskurve ausgenutzt (Abb. 1). Zur Erreichung sehr hoher Spannungen wird zunächst gewöhnlicher Wechselstrom (von 50 Perioden) auf hohe Spannung transformiert; die Ventile und Kondensatoren müssen besonders daraufhin konstruiert sein, die hohen Spannungen auszuhalten. Die jetzt meist benutzte Doppelschaltung zeigt Abb. 1; W bedeutet die Wechselstromquelle, T den Transformator, V die Ventile und C die Kondensatoren. Bei G wird der Gleichstrom entnommen.

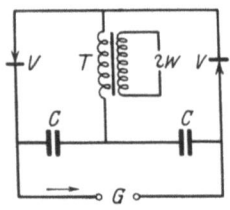

Abb. 1. Umwandlung von Wechselstrom in Gleichstrom.

2. Wechselstromquellen. Die Vorrichtungen zur Erzeugung von Wechselstrom sind sehr mannigfaltig, so daß hier nur die Haupttypen angegeben werden können. In der Regel ist für Meßzwecke eine rein sinusförmige Wechselspannung erforderlich, die auf verschiedene Weisen auch aus nicht sinusförmiger Spannung hergestellt werden kann. Bei Wechselstrom ist nicht nur die effektive Stärke, sondern auch die Periodenzahl (Frequenz), die Phase gegenüber der Spannung und die Form der Stromkurve zu beachten. Die für Meßzwecke in Betracht kommenden Frequenzen reichen von etwa 50 bis 10^8 und mehr. Der Wechselstrom bietet den Vorteil, daß man ihn leicht auf höhere oder niedrigere Spannung transformieren kann. Für die Erzeugung der Wechselspannung kommen zunächst die Wechselstrom- (bzw. Drehstrom-) Generatoren in Betracht, zu denen auch andere Vorrichtungen, wie Wechselstromsirenen, Hochfrequenzmaschinen, Magnetinduktor usw. zu rechnen sind. Sodann kann man Wechselspannung dadurch herstellen, daß man Gleichstrom periodisch unterbricht (zerhackt) und diesen Strom im Transformator in reinen Wechselstrom umformt. Das sog. Induktorium ist z. B. eine Vorrichtung für diesen Zweck. Andererseits stehen zur Erzeugung von Wechselspannung noch die von der Hochfrequenztechnik her bekannten Methoden, Poulsenlampe, Elektronenröhren usw. zur Verfügung, die ungedämpften Wechselstrom liefern, während man durch die Funkenstrecken, Summer usw. periodisch sich wiederholende gedämpfte Wellenzüge erhält, die aber auch für manche Messungen brauchbar sind. Über die Reinigung des Wechselstroms, d. h. die Verwandlung in reine Sinusform, s. Ziff. 4. Nach dieser allgemeinen Übersicht mögen noch folgende nähere Einzelheiten mitgeteilt werden.

Wenn zur Erzeugung einer Wechselspannung für Meßzwecke Wechselstromgeneratoren (vgl. Bd. XVII) verwendet werden, so müssen diese, falls die Spannung und Frequenz konstant sein sollen, von Maschinen mit konstanter Tourenzahl angetrieben werden, z. B. von Gleichstrommotoren, die durch eine Akkumulatorenbatterie gespeist werden und die noch mit einer besonderen Regulierungsvorrichtung für die Umdrehungszahl versehen sind. Geschwindigkeitsregulatoren, mit denen man die Tourenzahl auf etwa ein Hunderttausendstel konstant erhalten kann, sind z. B. von GIEBE und von ROSA angegeben worden[2]). Für

---

[1]) Über die Vorgänge bei dieser Schaltung s. W. JAEGER u. H. v. STEINWEHR, Arch. f. Elektrot. Bd. 13, S. 330. 1924; Wiss. Abh. d. Phys.-Techn. Reichsanst.
[2]) E. GIEBE, ZS. f. Instrkde. Bd. 29, S. 205. 1909; E. B. ROSA, Bull. Bureau of Stand. Washington Bd. 3, S. 557. 1907.

viele Zwecke genügen aber die in der Technik gebräuchlichen Regulatoren (Tirillregler usw.).

In manchen Fällen, z. B. zur Eichung von Elektrizitätszählern, bedarf man zweier Wechselströme, die um eine einstellbare Phase gegeneinander verschoben sind. Dies kann man erreichen durch Doppelgeneratoren, die auf einer gemeinsamen Achse befestigt sind; die Phasenverschiebung wird dadurch bewirkt, daß der Stator des einen Generators gegen den anderen um einen meßbaren Winkel gedreht werden kann. Dies Prinzip zur Herstellung einer Phasenverschiebung wurde zuerst von OBERBECK angewandt, der es für einen Sinusinduktor geringer Frequenz benutzte[1]).

Für Meßzwecke ist von FRANKE[2]) eine sehr vollkommene Maschine angegeben worden, die Sinusstrom höherer Frequenz liefert und von Siemens & Halske hergestellt wird. Sie besitzt zwei ruhende eisenfreie Anker, von denen der eine zur Herstellung einer Phasenverschiebung meßbar gegen den anderen gedreht werden kann. Der eine Anker läßt sich meßbar aus dem Feld herausziehen, um dadurch die Amplitude ändern zu können. Die aus einer Reihe von Zähnen bestehenden Feldmagnete, welche durch ein Solenoid erregt werden, drehen sich und induzieren in den Ankern sinusförmige Spannungen.

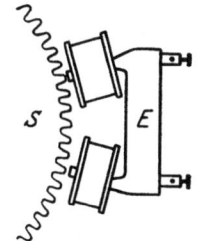

Abb. 2. Wechselstromsirene.

Für Messungen, bei denen sehr verschiedene Frequenzen (bis etwa 10000) gebraucht werden, sind die nach dem Prinzip der Wechselstromsirene gebauten Maschinen geeignet. Bei einer von Siemens & Halske nach den Angaben von DOLEZALEK[3]) hergestellten Maschine dieser Art rotiert eine mit einer großen Anzahl von Zähnen versehene Eisenscheibe S (Abb. 2) vor den Polen eines Elektromagnets E, in dessen Windungen der Wechselstrom induziert wird. Die Scheibe ist ebenso wie der Kern des Elektromagnets aus einer großen Zahl sehr dünner Eisenbleche zusammengesetzt, die aufeinandergepreßt sind. Die Pole des Elektromagnets haben einen solchen Abstand, daß sie gleichzeitig zwei Zähnen der Eisenscheibe gegenüberstehen. In der Erregerwicklung des Elektromagnets dürfen keine die Erregung schwächenden Ströme induziert werden. Deshalb wird für die Erregung des Elektromagnets eine hohe Spannung mit großem Ballastwiderstand verwendet oder eine Drosselspule in den Stromkreis eingeschaltet. Die Scheibe besitzt 120 Zähne und kann mit 400 Touren/Min. betrieben werden, so daß man eine Frequenz von 800 erreichen kann. Die Tourenzahl wird beispielsweise durch einen Kontaktgeber mittels eines Chronographen gemessen. Eine ähnliche Maschine von noch höherer Frequenz ist von DUDDELL[4]) angegeben worden. Auch für größere Leistung werden ähnliche Maschinen, z. B. von der A.E.G. geliefert, mit der man bis zu einer Frequenz von 10000 kommen kann.

Auf einem anderen Prinzip (Multiplikationsverfahren) beruhen die für Zwecke der drahtlosen Telegraphie von ALEXANDERSON und von GOLDSCHMIDT konstruierten Hochfrequenzmaschinen[5]), die hier nur erwähnt seien, da sie für Meßzwecke kaum in Betracht kommen.

---

[1]) A. OBERBECK, Wied. Ann. Bd. 19, S. 213. 1883; Tätigkeitsber. d. Phys.-Techn. Reichsanst., ZS. f. Instrkde. Bd. 22, S. 124. 1902; G. STERN, Elektrot. ZS. Bd. 23, S. 774. 1902.
[2]) AD. FRANKE, Elektrot. ZS. Bd. 12, S. 447. 1891; vgl. auch Bd. 34, S. 433. 1913.
[3]) F. DOLEZALEK, ZS. f. Instrkde. Bd. 23, S. 240. 1903.
[4]) W. DUDDELL, Phil. Mag. Bd. 9, S. 299. 1905.
[5]) E. F. W. ALEXANDERSON, Proc. Amer. Inst. Electr. Eng. 1909 (Sekt. I), S. 655; R. GOLDSCHMIDT, Elektrot. ZS. Bd. 32, S. 54. 1911.

Zur Konsthalthaltung der Tourenzahl, von welcher die Frequenz und die Spannung der besprochenen Generatoren abhängt, kann außer den bereits erwähnten Regulatoren auch noch eine künstliche Belastung des antreibenden elektrischen Motors in Anwendung kommen. Auf der gemeinsamen Welle wird z. B. noch ein kleiner Generator angebracht, der durch einen passenden Widerstand geschlossen wird, so daß er eine gewisse Arbeit leistet und daher bremsend wirkt. Oder man verwendet eine Wirbelstrombremse, die aus einer auf der gemeinsamen Welle sitzenden Scheibe gebildet wird; diese wird durch einen Magnet oder Elektromagnet gebremst. Der Elektromagnet kann gleichzeitig als Spannungsregulator benutzt werden, wenn der den antreibenden Motor durchfließende Strom gleichzeitig durch den Elektromagnet fließt (v. STEINWEHR). Steigt die Netzspannung, so wird die Bremswirkung verstärkt und wirkt der Vergrößerung der Tourenzahl entgegen.

3. Umwandlung von Gleichstrom in Wechselstrom. Das bereits als Beispiel erwähnte Induktorium (vgl. Kap. 4), das mit NEEFschem Hammer, mit einem Wehnelt-, Simon- oder Quecksilberunterbrecher betrieben werden kann, liefert im allgemeinen keine konstante Frequenz, findet aber doch für manche Messungen Anwendung; der Strom des Induktoriums ist nicht sinusförmig.

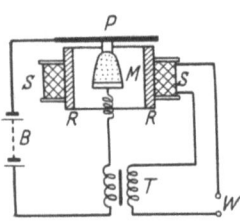

Abb. 3. Mikrophonsummer.

Der Mikrophonsummer (Abb. 3) ermöglicht es, die Frequenz in ziemlich weiten Grenzen zu variieren; doch ist die Frequenz nicht sehr konstant. Der Summer ist ein auf dem Resonanzprinzip beruhendes, selbsterregendes Telephon, das von einer Gleichstromquelle erregt wird[1]). Der von Akkumulatoren B gespeiste Primärkreis wird gebildet durch die Mikrophonplatte P, in deren Mittelpunkt ein Beutelmikrophon M angebracht ist, und durch die primäre Wicklung eines Induktoriums (bzw. Transformators T). Den Sekundärkreis bildet die zweite Wicklung des Induktoriums und eine Spule S, die über einen zylindrischen Stahlring RR geschoben ist. Der Ring läßt sich in verschiedenem Abstand von der Membran bringen zwecks Regulierung der Amplitude. Bei W wird der Wechselstrom abgenommen. Wenn die Klemmen kurzgeschlossen werden, schwingt die Membran in ihrem Eigenton. Durch Einschalten einer Kapazität in den Sekundärkreis wird dieser auf eine bestimmte Frequenz abgestimmt, so daß die Membran erzwungene Schwingungen macht, deren Frequenz sich weit von ihrer Eigenfrequenz entfernen kann. Bei Einstimmung des Sekundärkreises auf die Eigenfrequenz erhält man kräftige Schwingungen, die einen nahe sinusförmigen Strom liefern. Die Frequenz des Sekundärkreises kann durch Wahl verschieden dicker Platten etwa von 300 bis 650 variiert werden.

Zur periodischen Unterbrechung des Gleichstroms kann auch der Helmholtzsche Stimmgabelunterbrecher oder der nach dem gleichen Prinzip gebaute Saitenunterbrecher dienen, die beide eine sehr konstante Frequenz liefern. Der Saitenunterbrecher ist zuerst von M. WIEN[2]) benutzt worden; in der Phys.-Techn. Reichsanst. wurde später ein von ORLICH angegebener Unterbrecher verwendet[3]). Bei dem letzteren wird die Tonhöhe der Saite dadurch reguliert, daß sie durch einen Hebel verschieden stark gespannt werden kann, und daß ihre Länge durch verschiebbare Stege, die von oben her die Saite herunterdrücken, verändert wird. Zur Feinregulierung dienen noch zwei außerhalb der

---

[1]) F. DOLEZALEK, ZS. f. Instrkde. Bd. 23, S. 242. 1903. Der Apparat ist von Siemens & Halske zu beziehen.
[2]) M. WIEN, Wied. Ann. Bd. 44, S. 683. 1891.
[3]) E. ORLICH, ZS. f. Instrkde. Bd. 24, S. 126. 1904.

Stege von unten gegen die Saite andrückende Schrauben mit Feinverstellung. Die Mitte der aus Kupfer bestehenden Saite SS schwingt zwischen den Polen eines Elektromagnets E innerhalb eines engen Luftraumes (Abb. 4). Die zu beiden Saiten der Mitte angebrachten Platindrähte tauchen bei der Schwingung der Saite in Quecksilbernäpfe Q_1, Q_2 ein, deren Höhe durch Schrauben einstellbar ist. Die Besonderheit des Apparats besteht darin, daß nicht der den Elektromagnet E erregende Gleichstrom unterbrochen wird, so daß also die Selbstinduktion der Anordnung gering ist. Vielmehr wird der durch die Saite fließende Gleichstrom (1 bis 2 Amp) in dem links gezeichneten Quecksilberkontakt Q_1 unterbrochen. Der zur Erzeugung des Wechselstroms benutzte Strom, der auch durch die Primärwicklung eines Transformators T fließt, ist von dem die Saite bewegenden Strom unabhängig und wird durch den Napf Q_2 unterbrochen; diese Anordnung ist für die Regulierung sehr bequem. Der Wechselstrom wird an den Klemmen der Sekundärseite des Transformators bei W abgenommen. Um die Funkenbildung an den Kontaktstellen nach Möglichkeit zu vermeiden, werden den Quecksilbernäpfen entweder Widerstände R, R oder Kondensatoren parallelgeschaltet; außerdem wird das Quecksilber in den Näpfen mit Wasser oder Alkohol bedeckt. Ein Übelstand besteht in der leichten Verschmutzung der Kontaktstellen.

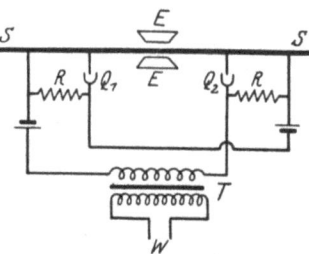

Abb. 4. Schaltung des Saitenunterbrechers.

Ein Apparat, der frei ist von den Unzuträglichkeiten, welche von den Quecksilberkontakten herrühren, ist der rotierende Unterbrecher, der besonders für die absolute Messung von Kapazitäten nach der MAXWELLschen Methode benutzt wird, aber auch für die Erzeugung von Wechselstrom aus Gleichstrom und für andere Zwecke Verwendung finden kann, da er einen Stromkreis periodisch öffnet und schließt. Ein sehr vollkommener Apparat dieser Art ist von GIEBE für die Kapazitätsmessungen in der Phys.-Techn. Reichsanst. konstruiert worden, der an anderer Stelle dieses Bandes (absolute Kapazitätsmessung, Kap. 19) näher erläutert ist, so daß von einer Beschreibung an dieser Stelle abgesehen wird. Dort findet sich auch die Beschreibung des bereits erwähnten Zentrifugalregulators von GIEBE, durch den es ermöglicht wird, die Tourenzahl beliebig lang auf etwa ein Hunderttausendstel konstant zu erhalten. Bei Verwendung dieses Apparates zur Herstellung von Wechselstrom wird also eine außerordentlich hohe Konstanz der Frequenz erreicht. Die Tourenzahl wird durch einen Kontaktgeber mittels eines Chronographs gemessen. Die erreichbaren Frequenzen liegen im akustischen Gebiet.

Erwähnenswert ist auch noch der von FALKENTHAL[1]) angegebene sog. Pendelumformer, mit dem eine sinusförmige Wechselspannung von der Frequenz 500 hergestellt wird. Der ein kleines Format besitzende Apparat besteht im wesentlichen aus einem eisengeschlossenen Transformator mit einem zwischen zwei Kontakten schwingenden Anker (Pendel), der durch Gleichstrom polarisiert und in dem künstlich vergrößerten Streufeld des oberen Transformatorbereiches angeordnet ist. Die Polarisation des Ankers ist so gewählt, daß er durch das Streufeld in die andere Lage gebracht wird, so daß dann durch den hergestellten Kontakt der Strom in Primärspule umgekehrt wird und der Anker auf diese Weise hin und her schwingen muß.

Zur Umwandlung von Gleich- in Wechselstrom dient auch die Poulsenlampe, die aber nur für höhere Frequenzen (etwa bis 10000 herunter) in Betracht

---

[1]) E. FALKENTHAL, Jahrb. f. drahtl. Telegr. Bd. 14, S. 529. 1919.

kommt. Sie liefert bei geeigneter Anordnung ungedämpfte Schwingungen und wurde vielfach auf dem Gebiet der drahtlosen Telegraphie vor Einführung der Elektronenröhren benutzt. Das Prinzip der Lampe ist von DUDDELL angegeben[1]; es besteht darin, zu einer mit Gleichstrom gespeisten Lichtbogenlampe eine in Reihe verbundene Selbstinduktion und Kapazität parallel zu schalten. In diesem Nebenschlußkreis entstehen dann Schwingungen (Wechselstrom), deren Frequenz durch die Selbstinduktion und Kapazität bestimmt ist (THOMSONscher Schwingungskreis). Damit der Wechselstrom nicht in den Gleichstromkreis übertreten

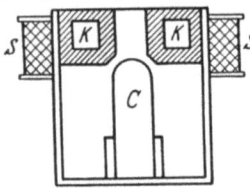

Abb. 5. Poulsenlampe.

kann, wird in den letzteren vor die Lampe eine Drosselspule geschaltet; außerdem wird dieser Stromkreis noch mit einem Beruhigungswiderstand versehen; POULSEN hat es nun durch Abkühlung des Lichtbogens erreicht, das Frequenzmaximum der Vorrichtung, das etwa bei 40000 lag, noch erheblich weiter zu steigern. Die Abkühlung wird dadurch erzielt, daß man den Lichtbogen in einer Atmosphäre von Wasserstoff oder Leuchtgas brennen läßt, und daß man die Anode durch

Wasser kühlt. Ferner ist es vorteilhaft, den Bogen unter dem Einfluß eines magnetischen Feldes auf der Anode wandern zu lassen. Für die Anode wählt man der raschen Abkühlung wegen am besten Kupfer, während die Kathode aus Kohle besteht. Abb. 5 zeigt schematisch eine solche Lampe. C ist die Kathode (zylindrischer Kohlenstab), K die aus Kupfer bestehende Anode, durch deren Hohlraum Kühlwasser geleitet wird. S ist eine von Gleichstrom durchflossene Spule, durch welche bewirkt wird, daß der Lichtbogen langsam im Kreis herumwandert, so daß die Elektroden nicht einseitig verbrennen. Je nach der Betriebsart liefert die Poulsenlampe Schwingungen verschiedener Art (erster, zweiter und dritter Art). Um ungedämpften reinen Wechselstrom zu erhalten (Schwingungen erster Art), darf die Stromstärke nicht zu groß sein.

Für Meßzwecke kommen heute im wesentlichen die Elektronenröhren in Betracht, die im letzten Dezennium eine sehr vielseitige Anwendung gefunden

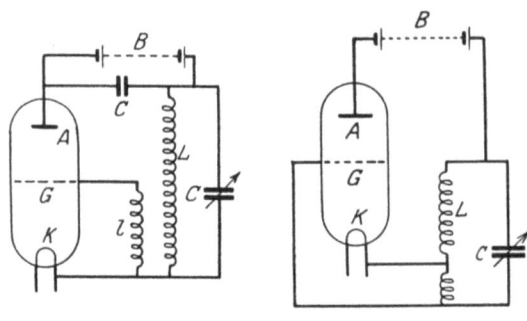

Abb. 6 u. 7. Elektronenröhren; Schaltung zur Erzeugung elektrischer Wellen.

und besonders im Gebiet der Hochfrequenz fast alle anderen Methoden zur Erzeugung ungedämpften Wechselstroms verdrängt haben. Der Vorteil ihrer Anwendung besteht hauptsächlich darin, daß sie eine sehr konstante Frequenz liefern. Die Elektronenröhren werden bekanntlich auch als Stromverstärker verwendet und sind auch in dieser Hinsicht für Meßzwecke von Bedeutung. Die Sende- und Verstärkerröhren werden an anderer

Stelle ds. Handb. (Bd. XVII) eingehend behandelt, so daß hier nur einige Punkte erwähnt seien. Die Wirkung der Elektronenröhren beruht darauf, daß von glühenden Metallen und Oxyden (Wehneltkathode) Elektronen ausgesandt werden, also negative Elektrizität. Die sehr hoch evakuierten Röhren besitzen daher als Kathode K einen durch Gleichstrom zum Glühen gebrachten Draht (Wolframdraht) oder auch einen mit Oxyd überzogenen Draht (s. Abb. 6 u. 7), dem eine Anode A gegenübersteht.

---

[1] W. DUDDELL, Electrician Bd. 46, S. 269 u. 310. 1900; V. POULSEN, Elektrot. ZS. Bd. 27, S. 100. 1903.

Wird der positive Pol einer Batterie B an die Anode, der negative an die Kathode gelegt, so können die ausgesandten Elektronen abfließen und es entsteht ein positiver Strom von der Anode zur Kathode. In umgekehrter Richtung kann kein Strom fließen; die aus zwei Elektroden bestehende Röhre wirkt also als elektrisches Ventil. Die Stromstärke hängt in hohem Maße von der Temperatur ab, welche der Glühdraht besitzt; zur Erzeugung eines konstanten Stromes muß also die Heizspannung sehr konstant gehalten werden. Dies ist ein Übelstand der Elektronenröhren. Um diese Röhren nun zur Erzeugung von Wechselstrom oder zur Stromverstärkung benutzen zu können, muß zwischen Anode und Kathode noch eine dritte, und zwar durchbrochene Elektrode, das Gitter G, vorhanden sein. Durch eine zwischen das Gitter und die Heizkathode gelegte Spannung wird der Elektronenstrom beeinflußt; er folgt den Schwankungen der Gitterspannung ohne Trägheit. Man kann also mit der Gitterspannung den Elektronenstrom steuern.

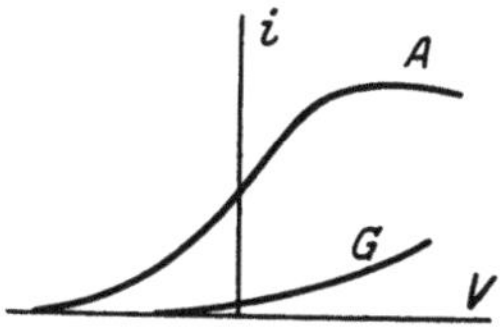

Für die Arbeitsweise der Elektronenröhren ist die Charakteristik (Kennlinie derselben) maßgebend. Abb. 8 zeigt (schematisch) die Abhängigkeit des Anodenstroms (A) und des Gitterstroms (G) von der Gitterspannung V. Der Anodenstrom steigt mit der Gitterspannung bis zu einem Maximalwert (Sättigungsstrom) und bleibt dann nahe konstant. In dem steilen Teil der Kennlinie bewirkt eine kleine Änderung der Gitterspannung eine starke Stromänderung. Daher wird dieser Teil der Kurve für die Steuerung des Stroms und für die Verstärkung ausgenutzt. Wenn die Gitterspannung Null ist, besteht im allgemeinen noch ein gewisser Anodenstrom. Um diesen zum Verschwinden zu bringen, muß man eine bestimmte Gitterspannung vom entgegengesetzten Zeichen anlegen (Vorspannung); durch eine Vorspannung kann man daher die Kennlinie verschieben. Der Sättigungsstrom ist von der Stärke des Heizstroms der Kathode in hohem Maße abhängig. Wird die Anodenspannung erhöht, so verschieben sich die Kennlinien nach der positiven Seite der Abszisse; man erhält so eine Schar von Kurven, deren horizontaler Abstand für eine bestimmte Stromstärke, dividiert durch den zugehörigen Zuwachs der Anodenspannung als Durchgriff bezeichnet wird. Die Bauart der Röhren ist sehr verschieden; bei kleineren Röhren findet man vielfach eine zylindrische Anordnung der drei Elektroden; der Heizdraht in der Achse, Gitter und Anode als zylindrische Röhren. Zum Teil werden auch Elektronenröhren mit einem Doppelgitter verwendet.

Abb. 8. Kennlinie der Elektronenröhre.

Diejenigen Röhren, die keinen blanken Heizdraht besitzen, sondern eine Oxydkathode, brauchen im allgemeinen bei derselben Leistung einen kleineren Heizstrom und eine geringere Anodenspannung. Man muß vor allem darauf achten, daß besonders bei den Lampen mit Oxydkathoden die angegebene Heizspannung nicht überschritten wird. Für die Anodenspannung werden meist Trockenbatterien genommen, zur Heizung der Kathode benutzt man besser Akkumulatoren von genügender Kapazität, wenn der Heizstrom lange Zeit konstant sein soll.

Um nun mit den Elektronenröhren Wechselstrom zu erzeugen, werden sehr verschiedene Schaltungsweisen benutzt, von denen in Abb. 6 und 7 zwei Beispiele, die häufig Anwendung finden, angegeben sind. Wird in den Anodenkreis der Röhre ein aus Selbstinduktion und Kapazität bestehender Schwingungskreis eingeschaltet, der auf die Gitterspannung zurückwirken kann, so entstehen in der Röhre ungedämpfte elektrische Schwingungen, deren Frequenz durch den Schwingungskreis bedingt ist. Man kann auf diese Weise Schwingungen von niedriger Frequenz bis zu 10^8 und mehr hervorbringen.

In den Abbildungen ist die Induktivität mit L, die regelbare Kapazität (Kondensator) mit C bezeichnet. Um zu verhindern, daß die Schwingungen in die Hochspannungsbatterie B gelangen, können der Batterie Drosselspulen vorgeschaltet und ein Kondensator C (Abb. 6) parallel gelegt werden, der die Schwingungen hindurchläßt. Bei der Schaltung nach Abb. 6 ist der Schwingungskreis mit einer Induktivität l gekoppelt, die auf den Gitterkreis wirkt (Rückkopplung). Bei der sog. Dreipunktschaltung nach Abb. 7 geschieht die Rückkopplung mittels eines Spartransformators (Autotransformator) L. Auf andere Schaltungsweisen einzugehen, ist hier nicht der Ort.

Es müssen nun noch die Vorrichtungen kurz erwähnt werden, welche gedämpfte Schwingungen erzeugen, da dieselben, wie z. B. der Summer, vielfach zu Meßzwecken, besonders in der Hochfrequenz, Verwendung finden. Genauer ausgedrückt handelt es sich dabei um periodisch wiederkehrende allmählich abklingende Wellenzüge. Die Periode der Wiederkehr ist erheblich größer als diejenige der Wellen selbst und liegt meistens im akustischen Gebiet, um die Anwendung des Telephons als Meßapparat zu ermöglichen.

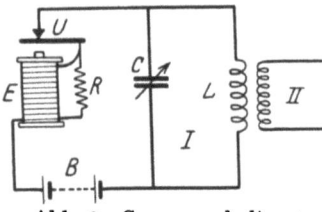

Abb. 9. Summerschaltung.

Allen Vorrichtungen zur Erzeugung gedämpfter Schwingungen ist gemeinsam, daß ein aus Selbstinduktion und Kapazität bestehender Schwingungskreis durch einen Stromstoß in Eigenschwingungen versetzt wird. Da der Kreis nicht widerstandslos ist, sind diese Schwingungen mehr oder weniger gedämpft.

Abb. 9 zeigt z. B. die Schaltung bei Benutzung eines Summers. Der Summer ist nach dem Prinzip des NEEFschen Hammers gebaut und wird durch eine Batterie B angetrieben. E ist der Elektromagnet, U der selbsttätige Unterbrecher. Zur Vermeidung von Funkenbildung ist ein Widerstand R parallel zu dem Elektromagnet geschaltet; an die Stelle des Widerstandes kann auch ein Kondensator treten. Die Summer sind meist mit Steckkontakten versehen. Der Resonanzkreis wird aus dem regelbaren Kondensator C und der Selbstinduktion L gebildet. Mit der Selbstinduktion können andere Schwingungskreise (Stromkreis II) magnetisch gekoppelt werden. Die Kopplung darf nicht zu stark sein, damit nicht zwei verschiedene Schwingungen entstehen. Statt des Summers kann auch einer der früher beschriebenen periodischen Unterbrecher treten.

Ein anderes Mittel zur Erregung des Schwingungskreises ist die Funkenstrecke, die dann in Serie mit der Kapazität und Selbstinduktion geschaltet wird. Die Funkenstrecke wird z. B. erzeugt durch ein Induktorium, dessen Primärkreis durch Wechselstrom niedriger Frequenz gespeist wird. Bei der Kopplung mit einem zweiten Schwingungskreis entsteht die gleiche Schwierigkeit wie bei dem Summer. Man darf deshalb auch hier nicht stark koppeln; die Energie pendelt zwischen dem Primär- und Sekundärkreis hin und her.

Diese Schwierigkeit wird überwunden durch Anwendung der WIENschen Löschfunken[1]). Durch starke Abkühlung der Funkenstrecke kann man es erreichen, daß die Funken beim ersten Minimum abreißen, so daß dann die Energie nicht mehr zwischen den beiden Schwingungskreisen hin und her pendelt, sondern vollständig im Sekundärkreis bleibt, der dann unbeeinflußt durch den Primärkreis seine Schwingungen ausführen kann. Die Funkenstrecke besteht aus kleinen kreisförmigen Silberplatten, die auf größere Kupferplatten aufgelötet sind. Die Platten sind durch Glimmerringe getrennt; die Funken springen

---

[1]) M. WIEN, Phys. ZS. Bd. 7, S. 871. 1906; Bd. 9, S. 49. 1908.

zwischen den Silberplatten über. Man benutzt vielfach einen ganzen Satz solcher hintereinandergeschalteter Funkenstrecken. Zwischen den beiden Schwingungskreisen gibt es eine günstigste Kopplung, die ausprobiert werden muß. Auf nähere Einzelheiten kann hier nicht eingegangen werden, da die beschriebenen Vorrichtungen an anderer Stelle ds. Handb. (Bd. XV u. XVII) näher besprochen werden.

Zur Herstellung kurzer Hertzscher Wellen, deren Länge nach Zentimetern und Millimetern rechnet, dienen Funken, die zwischen kleinen Resonatoren, z. B. mittels eines Induktoriums, erzeugt werden. In Verbindung mit parallel ausgespannten Drähten (nach LECHER) können auf diesen stehende Wellen hervorgerufen werden. Zur Messung von Dielektrizitätskonstanten ist eine auf diesem Prinzip beruhende Anordnung von DRUDE angegeben worden[1]).

4. Reinigung des Wechselstroms. Zur Reinigung des Wechselstroms, d. h. zur Herstellung eines reinen Sinusstroms, soweit er nicht schon von den beschriebenen Stromquellen geliefert wird, stehen verschiedene Mittel zu Gebote. Es handelt sich dabei darum, aus einer vorhandenen, verzerrten Stromkurve diejenige Schwingung herauszuholen — es braucht nicht immer die Grundschwingung zu sein — die man gerade benutzen will und die anderen Schwingungen möglichst unwirksam zu machen. Eine reine Sinusschwingung ist immer dann für die Messungen erforderlich oder wenigstens sehr wünschenswert, wenn das Meßinstrument, wie z. B. das Telephon, auf jede Schwingung innerhalb gewisser Grenzen anspricht. Benutzt man dagegen ein selektives Instrument, wie z. B. das Vibrationsgalvanometer, das im wesentlichen nur auf eine bestimmte Schwingung anspricht, so ist die Bedingung eines reinen Sinusstromes nicht so wesentlich. Eine selektive Vorrichtung, bei der auch im wesentlichen nur eine bestimmte elektrische Schwingung möglich ist, besitzt man in dem THOMSONschen Schwingungskreis, auch Resonanzkreis genannt. Je kleiner der OHMsche Widerstand desselben im Verhältnis zur Selbstinduktion des Kreises ist, desto geringer ist die Dämpfung der Schwingungen, desto größer die Resonanzamplitude bzw. desto kleiner die Resonanzbreite. (Vgl. ds. Bd., Kap. 7.) Wird nun ein solcher, auf die Schwingung von der gewünschten Frequenz abgestimmter Resonanzkreis mit einem Stromkreis, der die gewünschte Schwingung enthält, gekoppelt (galvanisch oder magnetisch), so werden in ihm die anderen Schwingungen um so mehr abgeschwächt, je größer die Resonanzschärfe ist. Man kann auch den ursprünglichen Stromkreis durch einen regelbaren Kondensator auf eine bestimmte Frequenz abstimmen, die man dann aber experimentell (mittels Wellenmessers) bestimmen muß; sie läßt sich nur dann berechnen, wenn man die bereits in dem Kreis vorhandenen Induktivitäten und Kapazitäten kennt.

Ein anderes Mittel zur Unterdrückung nicht gewünschter Schwingungen, und daher auch zur Herstellung reinen Sinusstroms bieten die Kettenleiter, besonders die Siebketten, die in der drahtlosen Telephonie zu diesem Zweck Anwendung finden. Es braucht daher an dieser Stelle nicht weiter darauf eingegangen zu werden; es sei nur erwähnt, daß man mit den Kettenleitern die Oberschwingungen abdrosseln kann, so daß nur die Grundschwingung übrigbleibt, dagegen mit den Siebketten eine bestimmte Frequenz hindurchlassen kann, während die anderen ausgelöscht werden.

Ferner kann man auch unter Umständen die Eigenschaft der Induktivität benutzen, daß sie die Amplituden der Oberschwingungen, welche die Spannungskurve enthält, in stärkerem Verhältnis drosselt als diejenige der Grundschwingung;

---

[1]) E. LECHER, Wied. Ann. Bd. 42, S. 142. 1891; Bd. 41, S. 850. 1890; P. DRUDE, ebenda Bd. 61, S. 470. 1897; Ann. d. Phys. Bd. 8, S. 336. 1902; Bd. 16, S. 116. 1905; ZS. f. phys. Chem. Bd. 40, S. 635. 1902; Physik des Äthers. Stuttgart: F. Enke.

die Amplitude der n-ten Oberschwingung wird durch die Induktivität n-mal so stark verringert als diejenige der Grundschwingung, so daß sich die Stromkurve mehr der Sinusform nähert als die als verzerrt angenommene Spannungskurve.

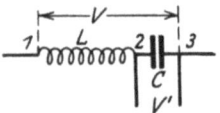

Abb. 10. Schaltung zur Reinigung des Wechselstroms.

Umgekehrt verhält es sich bei einer Kapazität; in diesem Fall ist die Spannungskurve reiner, d. h. sie nähert sich mehr der Sinusform. Auch dieser Umstand wird zur Reinigung des Wechselstroms benutzt, indem man eine Art Spannungsteiler verwendet (s. Abb. 10), bei dem eine Induktivität L und eine Kapazität C hintereinandergeschaltet sind. Die an der Kapazität (bei 2 und 3) abgenommene Spannung V' nähert sich dann mehr der Sinusform als die ursprüngliche Spannung V zwischen den Punkten 1 und 3. Wenn diese Reinigung der Wechselspannung nicht ausreicht, kann die Spannung V' nochmals in derselben Weise gereinigt werden.

5. Künstliche Phasenverschiebung. Von den auf einer gemeinsamen Welle sitzenden Doppelgeneratoren, mit denen man eine künstliche einstellbare Phasenverschiebung zweier Wechselspannungen herstellen kann, war bereits die Rede (Ziff. 2). Doch ist diese Phasenverschiebung nicht für alle Meßzwecke konstant genug, da sie durch die Erschütterungen bei der Rotation der beweglichen Teile leicht Veränderungen erleidet. Wenn man diesen Übelstand vermeiden will, muß man die beiden phasenverschobenen Spannungen demselben Generator entnehmen. Man kann dazu einen Drehstromgenerator (D, Abb. 11) verwenden, an den ein Transformator angeschlossen ist. An die Sekundärseite des Transformators (Klammer 1, 2, 3) wird ein regulierbarer Stromwiderstand R_1, R_2, R_3 angeschlossen, der im Punkt S verbunden ist. In Serie mit dem Widerstand R_3 liegt ein Voltmeter V vom Widerstand R und parallel dazu ein aus Widerständen bestehender Spannungsteiler R', an dem die gegen die Spannung 1, 2 phasenverschobene Spannung V' abgenommen wird. Die Ablesung am Voltmeter und das Widerstandsverhältnis des Spannungsteilers ergibt den Betrag von V', der noch durch den Widerstand R_3 verändert werden kann. Wie das Diagramm Abb. 12 zeigt, wird durch das Widerstandsverhältnis R_1/R_2 die Phase von V' reguliert. Dies ist aber nur innerhalb von 60° möglich; wenn die Phase außerhalb dieses Bereiches liegt, müssen die Pole vertauscht werden.

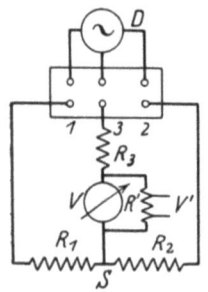

Abb. 11. Künstliche Phasenverschiebung bei Drehstrom.

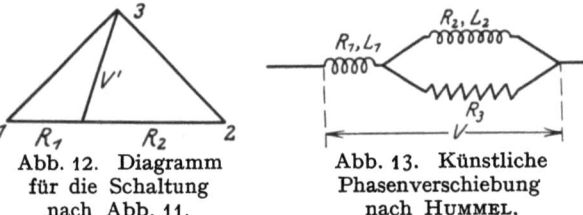

Abb. 12. Diagramm für die Schaltung nach Abb. 11.

Abb. 13. Künstliche Phasenverschiebung nach HUMMEL.

Auch durch Induktionsvariatoren lassen sich beliebige Phasenverschiebungen herstellen, worauf hier nicht näher eingegangen werden soll[1]).

Für manche Meßzwecke ist es nötig, eine Phasenverschiebung zweier Spannungen oder Ströme von genau 90° herzustellen. Dies kann mit den bereits beschriebenen Anordnungen ausgeführt werden. Indes gibt es auch noch andere Methoden, die es ermöglichen, mit gewöhnlichem einphasigen Wechselstrom solche Phasenverschiebungen herzustellen.

Bei der von HUMMEL angegebenen Schaltung (Abb. 13) ist der Strom in dem mit Index 2 bezeichneten Zweig gegen die Gesamtspannung V oder einen

---

[1]) Vgl. CH. V. DRYSDALE, Electrician Bd. 75, S. 157. 1915; C. DÉGUISNE, Arch. f. Elektrot. Bd. 5, S. 303. 1917.

mit dieser Spannung konphasen Strom um 90° verschoben, wenn bei Sinusstrom folgende Relation besteht: $R_1(R_2 + R_3) = \omega^2 L_1 L_2 - R_1 R_2$. Daß die Phasenverschiebung genau 90° ist, kann durch ein Dynamometer (Wattmeter) festgestellt werden, dessen eine Spule von dem im Kreis 2 vorhandenen Strom durchflossen wird, während an die Spannungsspule die Gesamtspannung V gelegt wird. Das Dynamometer darf dann keinen Ausschlag zeigen. Abb. 14 zeigt das Diagramm der Spannungen und Ströme. Die Spannungen V_2 und V_3 sind identisch, J_3 ist in Phase mit V_3 und J_2 steht senkrecht auf V; daraus ergibt sich das Diagramm.

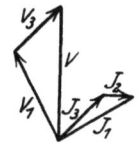

Abb. 14. Diagramm zur Schaltung nach Abb. 13.

Ferner ist von GÖRGES für denselben Zweck eine Brückenmethode angegeben worden, die Abb. 15 schematisch zeigt. Hier ist die Spannung und der Strom in der mit dem Index 5 bezeichneten Diagonale der Brücke gegen die an der Brücke liegende Spannung und einen mit ihr konphasen Strom um 90° verschoben. Die Prüfung geschieht wiederum mittels eines Dynamometers. Die mit R_1 usw. bezeichneten Widerstände sind in beiden Fällen induktionsfrei angenommen. R_1, L_1 usw. bedeutet eine Selbstinduktion L, die einen Widerstand besitzt, der mit dem evtl. noch hinzugeschalteten OHMschen Widerstand gleich R_1 ist.

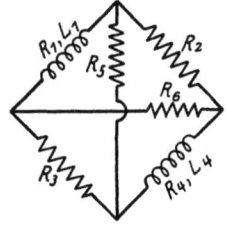

Abb. 15. Künstliche Phasenverschiebung nach GÖRGES.

6. Regulierung der Spannungen und Ströme. Wenn der Strom rotierenden Generatoren entnommen wird, hat man die Möglichkeit, durch Änderung der Erregung und der Tourenzahl die Spannung zu variieren. Bei Akkumulatoren kann man durch verschiedene Schaltung (vgl. Ziff. 1) die Spannung den Verhältnissen einigermaßen anpassen. Für eine weitere Regulierung der Spannung stehen bei Gleichstrom nur die aus Widerständen bestehenden Spannungsteiler zur Verfügung, die dem zu entnehmenden Strom angepaßt sein müssen. Bei der Abzweigung einer Spannung von diesen Spannungsteilern ist zu beachten, daß der zwischen den Abzweigklemmen liegende Widerstand zu den übrigen Widerständen des Stromkreises hinzukommt. Bei Wechselstrom hat man in den Strom- und Spannungstransformatoren ein bequemes Mittel zur Hand, um die gewünschte Spannung herzustellen. Auch für Wechselstrom sind Spannungsteiler hergestellt worden, auf die hier nur hingewiesen sei[1]); sie zeigen aber einen sehr komplizierten Bau. Auch hintereinandergeschaltete Kondensatoren können als Spannungsteiler für Wechselstrom benutzt werden. Zur Regulierung der Stromstärke dienen in erster Linie die Widerstände verschiedenster Art. Da diese in dem vorliegenden Bande ausführlich behandelt sind (Kap. 16), braucht hier nicht näher darauf eingegangen zu werden. Für Wechselstrom müssen die Widerstände induktions- und kapazitätsfrei sein, wenn keine Phasenverschiebung zwischen Strom und Spannung auftreten soll. Falls dies aber zulässig ist, können auch Selbstinduktionen (Drosselspulen) und Kondensatoren als Widerstand benutzt werden. Doch ist bei Verwendung von Kondensatoren zu beachten, daß unter Umständen beim Einschalten Ströme auftreten, die Schaden anrichten können. Mitunter ist es nötig, den Strom beim Einschalten langsam anwachsen bzw. beim Ausschalten langsam abnehmen zu lassen (z. B. beim Ausschalten starker Elektromagnete). Man kann dazu Flüssigkeitswiderstände mit verschiebbaren Elektroden oder andere kontinuierlich veränderbare Widerstände (Ruhstratschieber) bzw.

---

[1]) Vgl. E. ORLICH u. H. SCHULTZE, Arch. f. Elektrot. Bd. 1, S. 1 u. 88. 1913.

nach Art der Anlasser konstruierte Widerstandssätze benutzen. Auch Kohlenelektroden, die unter Bildung eines Lichtbogens langsam auseinandergezogen werden, können Verwendung finden. Es sei auch noch hingewiesen auf die sog. Beruhigungswiderstände, die nach Angabe von NERNST aus Eisendrähten hergestellt werden, welche in einem Vakuum ausgespannt sind.

7. Eichung der Meßinstrumente. Die zur Messung verwendeten, direkt zeigenden Instrumente (Amperemeter usw.) müssen öfter geeicht werden, wenn die Messungen zuverlässig sein sollen. Das gleiche gilt natürlich für die Meßwiderstände, Induktivitäten und Kapazitäten, für welche die Meßmethoden aber bereits an anderer Stelle dieses Bandes eingehend behandelt sind.

Alle direkt zeigenden Instrumente, sowohl für Gleich- wie für Wechselstrom, werden letzten Endes meist auf die Angaben eines Kompensationsapparates, und damit auf die Einheiten des Widerstandes und der Spannung (Normalelement) zurückgeführt. Der Kompensationsapparat ist ebenfalls an anderer Stelle dieses Bandes behandelt (Kap. 16). Zunächst lassen sich die Angaben der Gleichstrominstrumente für Stromstärke und Spannung ohne weiteres mit dem Kompensator prüfen. Hierzu gehören die nach dem Prinzip der Nadel- und Drehspulgalvanometer konstruierten Instrumente, ebenso die auf dem Dynamometerprinzip beruhenden Instrumente und die Hitzdrahtinstrumente, wie auch die Elektrometer. Die drei letzteren (Amperemeter, Wattmeter usw.) können auch für Wechselstrom benutzt werden und bilden so die Basis für die übrigen zahlreichen Wechselstrominstrumente, die nicht mit Gleichstrom geeicht werden können.

8. Stromschlüssel, Umschalter, Stromwender. Stromschlüssel. Bei vielen Messungen, besonders bei solchen, die in Verbindung mit einem Galvanometer ausgeführt werden, ist es wünschenswert, mit demselben Schlüssel den Strom nur für einen Moment und andererseits auch dauernd schließen zu können. Für solche Zwecke ist ein Schlüssel, wie er in Abb. 16 angegeben ist, sehr geeignet.

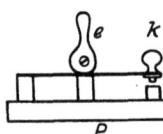

Abb. 16. Stromschlüssel.

Mittels des Knopfes k kann ein nur kurzdauernder Stromschluß von verschieden langer Dauer hervorgerufen werden, während durch Umlegen des Exzenters e der Schlüssel dauernd geschlossen wird. Die Konstruktion kann in mannigfacher Weise abgeändert werden. Statt zweier Platinkontakte kann auch ein Quecksilbernapf Anwendung finden, in den beim Niederdrücken des Knopfes k ein amalgamierter Kupfer- oder Platinstift eintaucht. Es empfiehlt sich, die Grundplatte P aus gut isolierendem Material, z. B. Hartgummi, herzustellen; eine Holzplatte isoliert in vielen Fällen nicht ausreichend gut. Das gleiche gilt auch für die im folgenden beschriebenen Umschalter usw. Auf andere Schlüssel, wie solche für starke Ströme, Momentanausschalter und Schlüssel für Hochspannungszwecke soll hier nicht weiter eingegangen werden, da sie mehr auf technisches Gebiet gehören und an anderer Stelle des Handbuchs (Bd. XVII) behandelt sind. Erwähnt seien nur noch Doppel- und Mehrfachschlüssel, bei denen in verschiedenen Variationen Kontakte geschlossen bzw. geöffnet werden; ebenso sei auch auf die Schlüssel zu besonderen Zwecken, z. B. den KOHLRAUSCHschen Umschalter für die Messungen mit dem Differentialgalvanometer hingewiesen, der in diesem Bande bei den Widerstandsmessungen (Kap. 17) beschrieben ist.

Umschalter. Die Umschalter — ein- und mehrpolige — zeigen eine große Mannigfaltigkeit. Viel benutzt werden bei elektrischen Messungen Vorrichtungen, bei denen die Umschaltung durch Umlegen einer Wippe (s. Abb. 17a und b) bewirkt wird. Für eine zweipolige Umschaltung sind sechs Quecksilbernäpfe erforderlich, die in einer gut isolierenden Grundplatte angebracht sind. Die aus Kupfer bestehenden Teile a, b, c auf jeder Seite der Wippe sind metallisch verbunden, die beiden Seiten dagegen sind durch eine isolierende Stange B (aus Glas, Siegellack, Ebonit o. dgl.) verbunden. Die in die Quecksilbernäpfe eintauchenden Enden der Wippe müssen gut amalgamiert sein. Zu diesem Zweck werden sie zunächst in eine angesäuerte Lösung von Merkuronitrat oder Sublimat getaucht, sodann abgespült und mit einem Lappen blank abgewischt. Dann haftet das Quecksilber gut an der Oberfläche. Von Zeit zu Zeit müssen die Enden durch Abwischen blank

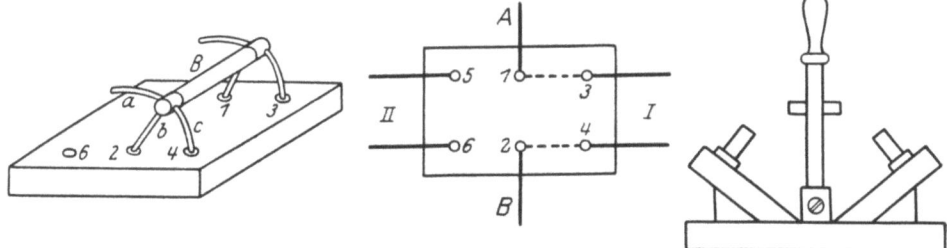

Abb. 17 a und b. Wippe, Ansicht und Grundplatte.   Abb. 18. Metallumschalter.

gemacht oder neu amalgamiert werden. Wenn die Wippe nach der einen Seite umgelegt ist, stehen die Näpfe 1, 3 und 2, 4 in Verbindung (s. Abb. 17), beim Umlegen nach der anderen Seite 1, 5 und 2, 6. Auf diese Weise kann der Strom, der, wie der Grundriß zeigt, bei A und B zugeleitet wird, dem Stromkreis I oder II zugeführt werden. Einen rein metallischen Umschalter, der für diesen Zweck zweipolig sein muß, zeigt Abb. 18; er ermöglicht ebenso wie die Wippe ein sehr rasches Umschalten.

Mitunter werden auch ein- bzw. zweipolige Umschalter für mehr als zwei Anordnungen notwendig. Abb. 19 stellt einen zweipoligen Umschalter für sieben Stromkreise dar. Die an die Klemmen e und f geführten, umzuschaltenden Leitungen führen zu zwei halbkreisförmigen Metallringen b und c, auf welchen zwei durch ein Isolationsstück i verbundene Schleiffedern s, s verschoben werden können, deren andere Enden auf den Kontakten 1, 2 usw. schleifen. Das Isolationsstück ist um den Punkt h drehbar, so daß die Zuleitungen e und f mit sieben verschiedenen Anordnungen verbunden werden können (in der Abbildung ist e mit a, f mit d verbunden). Die Kontakte können auch durch Quecksilbernäpfe und die Metallringe durch Quecksilberrinnen ersetzt werden; in diesem Fall muß der Bügel bei der Umschaltung jedesmal hochgehoben und nach der Drehung wieder gesenkt werden.

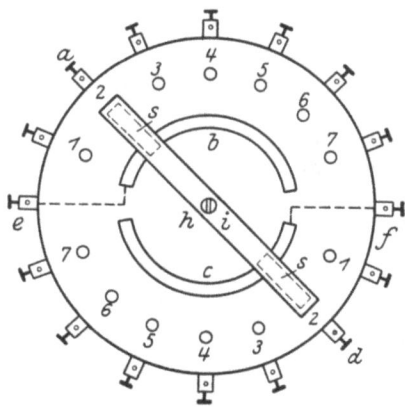

Abb. 19. Umschalter für mehrere Stromkreise.

Stromwender (Gyroskop). Den Umschalter nach Abb. 17 kann man dadurch in einen Stromwender umwandeln, daß man auf dem Grundbrett noch die in Abb. 20 angegebenen kreuzförmigen metallischen Verbindungen zwischen den Näpfen 3, 6 und 4, 5 herstellt. Der Strom wird bei A und B zugeleitet und tritt bei C und D aus. Wenn die Wippe nach der einen Seite umgelegt ist, so daß, wie in der Abbildung die Näpfe 1, 3 und 2, 4 verbunden sind, verläuft der Strom in CD in der angegebenen Richtung. beim Umlegen der Wippe nach der anderen

Seite in umgekehrter Richtung. Ein anderer Stromwender mit nur vier Quecksilbernäpfen ist in Abb. 21 schematisch dargestellt. Der Strom wird an den einander gegenüberliegenden Klemmen A, B zugeführt und tritt bei den anderen Klemmen C, D aus. Die durch ein Isolierstück i verbundenen Kupferbügel b_1 und b_2, deren Enden amalgamiert sind, verbinden in der Zeichnung die Näpfe 1, 3 und 2, 4. Werden sie aus den Näpfen herausgehoben und der Bügel nach Drehung um 90° wieder gesenkt, so sind die Näpfe 1,4 und 2, 3 verbunden, so daß der in dem Kreis CD verlaufende Strom dann die umgekehrte Richtung besitzt.

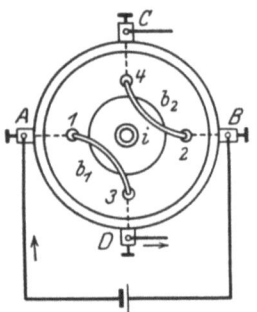

Abb. 20. Sechsnäpfiger Stromwender.

Ein Quecksilberstromwender, der von Thermokräften völlig frei ist, wurde von DES COUDRES angegeben; das Kommutieren des Stromes wird durch Umlegen von Hähnen bewirkt[1]).

Rein metallische Stromwender gibt es in verschiedenen Ausführungen. Abb. 22 zeigt einen solchen Apparat, bei dem auf einem zylindrischen Isolier-

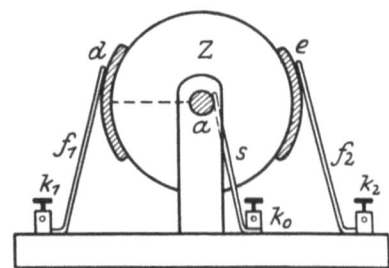

Abb. 21. Viernäpfiger Stromwender.   Abb. 22. Metallstromwender.

stück Z, das um eine Achse a drehbar ist, zwei Metallstücke d und e (schraffiert) angebracht sind. Das eine derselben ist mit dem vorderen Teil der metallischen Achse, das andere mit dem davon isolierten hinteren Teil verbunden. Den beiden Teilen der Achse wird der durch die Klemmen k_0 eintretende Strom am besten durch besondere Schleiffedern S zugeführt. Auf dem Isolierstückschleifen zwei Metallfedern f_1, f_2, die mit den Klemmen k_1 und k_2 in Verbindung stehen. Durch einen Handgriff, dessen Bewegung durch Anschläge in der Weise begrenzt wird, daß das Isolierstück um 180° gedreht werden kann, wird der Strom kommutiert. Auf andere Ausführungen soll hier nicht eingegangen werden.

9. Stromverstärkung und Vergrößerung des Galvanometerausschlags. Der Wechselstrom kann ohne weiteres durch die Verstärkerröhren, wie sie in der drahtlosen Telegraphie gebraucht werden (vgl. ds. Hd. Bd. XVII), verstärkt werden; auf diese Weise können z. B. die Ausschläge von Vibrationsgalvanometern vergrößert werden. Aber auch Gleichstrom läßt sich verstärken; z. B. in dem Fall, daß die Stromstärke, wie z. B. bei Ionisierungsströmen gegeben ist. Wird dann ein hoher Widerstand in den Stromkreis eingeschaltet, so erhält man eine hohe Spannung, die an den Gitterkreis einer Elektronenröhre angelegt werden kann und dann einen durch ein Galvanometer fließenden Anodenstrom hervorruft. Auf diese Weise kann man sehr schwache Ströme, wie es z. B. bei dem Dosis-

---

[1]) Vgl. H. HAUSRATH, Ann. d. Phys. Bd. 9, S. 531. 1902.

messer von Siemens & Halske geschehen ist[1]), durch einen Galvanometerausschlag messen. Eine gegebene Spannung auf diese Weise mittels Elektronenröhren zu vergrößern, ist dagegen nicht möglich.

Doch gibt es auch ein Mittel, um einen Galvanometerausschlag auf andere Weise zu vergrößern und so Spannungen mittels des Galvanometers zu messen, die sich sonst der Beobachtung entziehen. Eine Vergrößerung des Galvanometerausschlags läßt sich durch das von MOLL und BURGER angegebene „Thermorelais" erreichen[2]), das in Abb. 23 dargestellt ist. Ein in ein Vakuum eingeschlossenes Thermoelement bildet den Hauptbestandteil des Relais. Das Thermoelement besteht aus einem mittleren Teil aus Manganin (M) und zwei seitlichen Stücken aus Konstantan (K, K), so daß sich die beiden Lötstellen 1 und 2 innerhalb des Vakuums befinden. Die geschwärzten Bänder aus Manganin und Konstantan sind etwa 0,5 mm breit und nur wenige μ dick; sie sind mittels Silber aneinandergelötet, und zwar in der Weise, daß die Lötstelle nicht dicker ist als die Bänder selbst. Die Bänder sind aus dickerem Material hergestellt, das ausgewalzt wird, nachdem die Lötstelle auf gleiche Dicke wie die Bänder abgefeilt worden ist. Dieses Thermorelais wird in folgender Weise benutzt. Wenn der von dem Spiegel eines Instruments (Galvanometer, Elektrometer usw.) reflektierte Lichtstrahl auf die Mitte des Manganinblättchens M auffällt, so werden die Lötstellen 1 und 2 gleich stark erwärmt und ein zwischen die Enden a und b des Thermoelementes eingeschaltetes Galvanometer zeigt keinen Ausschlag. Bei einer Bewegung des Spiegels nähert sich der Lichtstrahl einer der Lötstellen, so daß nunmehr das Galvanometer infolge der ungleichen Erwärmung der Lötstellen einen Ausschlag nach der einen oder anderen Seite ausführt. Es ist auf diese Weise gelungen, den ursprünglichen Ausschlag des Spiegels bei dem zwischen a und b eingeschalteten Galvanometer hundertmal und mehr zu vergrößern. Da natürlich auch etwaige Nullpunktsstörungen des Instruments in gleichem Verhältnis wie die Ausschläge vergrößert werden, hat die Vergrößerung nur dann Zweck, wenn die Nullage des primären Instruments außerordentlich gut ist.

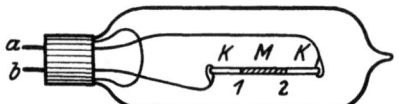

Abb. 23. Thermorelais von MOLL und BURGER.

---

[1]) K. W. HAUSSER, R. JAEGER u. W. VAHLE, Wiss. Veröffentl. a. d. Siemens-Konz. Bd. 2, S. 325. 1922; R. JAEGER u. H. SCHEFFERS, ebenda Bd. 4, S. 233. 1925.
[2]) W. J. H. MOLL u. H. C. BURGER, ZS. f. Phys. Bd. 34, S. 109. 1925.

Kapitel 3.

Auf Influenz- und Reibungs-Elektrizität beruhende Apparate und Geräte.

Von

GERHARD MICHEL, Berlin.

Mit 8 Abbildungen.

a) Elektrisierung durch Reibung.

1. Primitive Methode. Der primitivsten Methode, elektrische Energie zu gewinnen, liegt ein schon frühzeitig bekanntes Phänomen zugrunde. Schon die alten Griechen beobachteten nämlich, daß Bernstein, der mit Fell oder Stoff gerieben war, die Fähigkeit erhielt, kleine Teilchen aus Kork usw. anzuziehen. Spätere Forscher nannten diese zuerst an Bernstein beobachtete Erscheinung von dem griechischen Namen Elektron des Bernsteins her vis electrica (Elektrizität), fanden aber bald, daß die Elektrisierbarkeit durchaus nicht auf den Bernstein beschränkt war; vielmehr zeigte sich, daß es zwei Kategorien von Körpern gibt, von der eine elektrisierbar war, die andere dagegen zunächst nicht. Nachdem man aber als Grund für die scheinbare Nichtelektrisierbarkeit dieser zweiten Stoffkategorie ihre Fähigkeit, die Elektrizität zu leiten, erkannt hatte, gelang es, auch Leiter durch Reibung zu elektrisieren, indem man sie mit Handhaben aus nichtleitendem Material versah.

Bei solchen Versuchen erwies sich stets nicht nur das geriebene Material in den elektrischen Zustand versetzt, sondern auch das reibende, und zwar fand man, daß der geriebene wie der reibende Körper immer quantitativ dieselben Ladungen erhielten, daß dieselben aber qualitativ stets verschieden waren. Indem man nun alle möglichen Materialien miteinander verglich, erkannte man erstens, daß es zwei Arten von Elektrizität gibt, die positive und die negative, die die Eigenschaft haben, daß sich gleichnamige abstoßen, entgegengesetzte dagegen anziehen. Trägt das geriebene Material die eine Art der Elektrizität, so trägt das Reibzeug die andere. Man nennt diejenige Elektrizität negativ, die eine Siegellackstange erhält, wenn man sie mit einem Katzenfell reibt. Dieses selbst trägt also dann nach dem Gesagten positive Ladung. Die Festsetzung ist willkürlich und erklärt sich wahrscheinlich im Sinne der unitarischen Elektrizitätstheorie so, daß man bei Ausführung dieses Versuches am Katzenfell infolge der Spitzenwirkung leicht ein Leuchten wahrnimmt, während die Siegellackstange dunkel bleibt.

Ferner lehrten diese Untersuchungen, daß derselbe Körper je nach dem Material, mit dem er gerieben wird, bald positiv, bald negativ elektrisch wird. So erhält z. B. Siegellack, mit Seide gerieben, positive Ladung. Man hat nun die untersuchten Materialien verschiedentlich in eine „Spannungsreihe" angeordnet,

d. h. man hat eine Reihe aufgestellt, in der jedes folgende Glied der Reihe, mit jedem früheren Gliede gerieben, negativ elektrisch wird, und zwar ist die Elektrisierung um so stärker, je größer der Abstand der Stoffe in der Spannungsreihe ist. Es seien hier die Spannungsreihen von YOUNG[1]), FARADAY[2]) und KOLBE[3]) angeführt:

YOUNG	FARADAY	KOLBE
+	+	+
Glas, poliert	Raubtierfell	englisches Flintglas
Haare	Flanell	Raubtierfell
Wolle	Elfenbein	Glimmer
Federn	Federkiel	Flanell
Papier	Bergkristall	Glas, matt
Holz	Flintglas	Seide
Wachs	Baumwolle	Baumwolle
Siegellack	Leinwand	Leinwand
Glas, matt	Weiße Seide	Metalle
Metalle	Die Hand	Kork
Harz	Holz	Harze
Seide	Lack	Hartgummi
Schwefel	Metalle	Amalgam
	Schwefel	Speckstein
−	−	−

Wie man sieht, stimmen diese Reihen nicht völlig miteinander überein. Dies ist nicht weiter verwunderlich, da es sich ja zum Teil um sehr schlecht definierte oder komplizierte Substanzen handelt, bei denen zufällige Verunreinigungen und Zustandsänderungen erfahrungsgemäß sehr störend wirken können. Eine sehr wichtige Rolle spielt z. B., wie man weiß, die Oberflächenbeschaffenheit der Substanz. So wird ein zur Hälfte mattgeschliffener Glasstab, mit Wolle gerieben, an dem mattierten Teile häufig negativ, während er an dem glatten Teile positiv wird. Ferner werden neue Glasoberflächen beim Reiben nur schwer elektrisch, erst wenn das Glas gealtert ist, nimmt die Elektrisierbarkeit zu. Die Art, wie das Reiben erfolgt, ist ebenfalls von Bedeutung, so fand z. B. RIESS[4]), daß Glas, mit Haaren gepeitscht, negativ wurde, dagegen positiv, wenn man es durch eine Haarschlinge zog.

2. Die Reibungselektrisiermaschine. Die Herstellung von Elektrizität zum Zwecke größerer elektrischer Versuche nach der im vorigen Abschnitt geschilderten einfachen Methode ist weder sehr bequem noch sehr ergiebig. Man konstruierte sich daher schon frühe Vorrichtungen, die das Reiben von Isolatoren auf möglichst rationelle Weise besorgen sollten. Der einfachste dieser Apparate ist die Elektrisiermaschine von OTTO V. GUERICKE, eine auf drehbarer Achse montierte Schwefelkugel, die mit der Hand gerieben wurde. Dieser Maschinentypus wurde nach und nach durch verschiedene Konstrukteure vervollkommnet und erhielt durch die WILSONsche Idee, zur Entnahme der Elektrizität von dem geriebenen Isolator die Spitzenwirkung heranzuziehen, ihre aus Abb. 1 ersichtliche endgültige Gestalt. Eine auf einer isolierten Achse befestigte Glasscheibe G ist vermittels einer Handhabe drehbar, dabei wird sie durch die mit Zinnamalgam bestrichenen Reibkissen R gerieben und stark positiv aufgeladen. Kommen nun die positiv geladenen Glasteile in die Nähe der Kämme K, so wird auf dem Leitersystem C-K Elektrizität influenziert. Die auf der der Glas-

---

[1]) TH. YOUNG, Lectures on natural philosophy. London 1807.
[2]) M. FARADAY, Experimental researches in electricity ant. 2141. Pogg. Ann. Bd. 60, S. 345. 1843.
[3]) B. KOLBE, Einführung in die Elektrizitätslehre Bd. I, S. 14. 1904.
[4]) P. Th. RIESS, Reibungselektrizität. Bd. II, S. 386. 1863.

scheibe zugewandten Seite erzeugte negative Elektrizität gleicht sich infolge der Spitzenwirkung der Kämme K mit der positiven Ladung der Glasplatte aus. Die positive Influenzelektrizität zweiter Art bleibt auf dem Konduktor. Die an den Reibkissen befestigten Seidenlappen S sollen einen Funkenübergang vom Reibkissen zu den geriebenen Teilen der Glasplatte und sonstige Ladungsverluste der letzteren verhindern. Die Reibkissen stehen mit der Erde in leitender Verbindung. Will man der Elektrisiermaschine negative Elektrizität entnehmen, so muß man an Stelle des Reibzeuges den Konduktor erden und das Reibzeug mit einem geeigneten zweiten Konduktor verbinden.

Im Laboratorium findet die Reibungselektrisiermaschine als Elektrizitätsquelle wohl kaum noch Verwendung, dagegen wird sie in Vorlesungen und im Unterricht aus historischen und pädagogischen Gründen noch gern vorgeführt. Es seien deshalb noch einige Winke für den praktischen Gebrauch hinzugefügt. Man muß insbesondere bei feuchtem Wetter darauf achten, daß die isolierenden Teile der Maschine und die Glasplatte frei sind von Feuchtigkeitsüberzügen, wie sie sich z. B. leicht bilden, wenn der Apparat aus einem kalten Sammlungsraum in einen warmen Vorführungsraum gebracht wird. Man

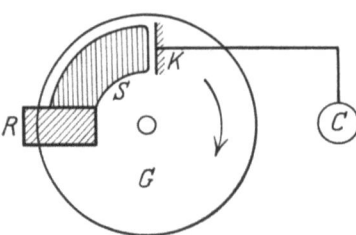

Abb. 1. Reibungselektrisiermaschine.

kann solche Überzüge durch vorsichtiges Bestreichen mit der Flamme eines Bunsenbrenners beseitigen. Auch ist es vorteilhaft, einige Zeit vor Gebrauch der Maschine in unmittelbare Nachbarschaft der Glasplatte einige elektrische Glühlampen zu bringen und so ihre Temperatur etwas über der der Umgebung zu halten.

Haben sich auf der Scheibe Amalgamteile festgesetzt, so muß sie mit Alkohol und Äther gereinigt werden.

Als Zinnamalgam hat sich das KIENMAYERsche am besten bewährt. Es besteht aus einem Teil Zink, einem Teil Zinn und zwei Teilen Quecksilber.

3. Die Dampfelektrisiermaschine. Eine von dem soeben besprochenen Typus abweichende Form der Reibungselektrisiermaschinen stellt die Dampfelektrisiermaschine von ARMSTRONG und PATTINSON[1]) dar. Der in einem auf Glasfüßen montierten heizbaren Dampfkessel entstehende Dampf wird zunächst in ein Reservoir geleitet, in dem teilweise Kondensation des Dampfes stattfindet. Darauf strömt der Dampf durch eine Anzahl geeignet konstruierter Düsen gegen ein System von Spitzen aus. Die Spitzen sind mit einem Konduktor verbunden, der gegen den Kessel gut isoliert ist.

Die Wirkungsweise dieser Maschine, die im wesentlichen von FARADAY[2]) untersucht wurde, ist folgende: Der mit Flüssigkeitsteilchen geschwängerte Dampf reibt sich beim Ausströmen an den Wänden der Düsen. Er selbst wird dabei positiv, der Kessel also negativ elektrisch. Trockener Dampf ist wirkungslos. Bringt man in das Dampfreservoir etwas Öl (Terpentin-Olivenöl), so überziehen sich nach FARADAY die Wände der Düsen mit einer Ölschicht, so daß die Reibung jetzt zwischen Öl und dem nassen Dampf erfolgt. Der Effekt kehrt sich dann um, der Dampf wird negativ, der Kessel positiv elektrisch.

Das Material, aus dem die Düsen gefertigt sind, ist von wesentlichem Einfluß auf die Wirksamkeit der Maschine. Zwar werden alle festen Körper negativ

---

[1]) W. G. ARMSTRONG, Phil. Mag. Bd. 17 u. 18. 1840; PATTINSON, ebenda Bd. 17. 1840; Bd. 20. 1841.
[2]) M. FARADAY, Experimental researches in electricity ant. Ser. 18. Pogg. Ann. Bd. 60, S. 321. 1843.

elektrisch, aber die erzeugte Elektrizitätsmenge ist je nach dem verwendeten Material sehr verschieden. Am geeignetsten sind, wie FARADAY fand, Düsen aus Buchsbaumholz, das mit destilliertem Wasser getränkt ist.

b) Auf Influenz beruhende Apparate und Geräte.

4. Der Elektrophor. Die bisher geschilderten Methoden, Elektrizität zu gewinnen, haben den Nachteil, daß bei ihnen ein verhältnismäßig nur geringer Bruchteil der aufgewendeten Energie in elektrische Energie verwandelt wird. Der größte Anteil wird vielmehr in Wärme verwandelt und geht somit für die Elektrizitätsgewinnung verloren. Von diesem Nachteil frei sind die auf der Influenzwirkung eines geladenen Leiters auf einen ungeladenen beruhenden Apparate, die es ermöglichen, Arbeit, welche gegen die bei der Influenz auftretenden elektrischen Felder geleistet werden kann, in elektrische Energie zu verwandeln.

Der einfachste dieser Apparate ist der von WILCKE und einige Zeit später von VOLTA angegebene Elektrophor. Auf einer Metallunterlage a (Abb. 2) befindet sich der sog. Kuchen b, eine runde Scheibe aus irgendeinem isolierenden Material, in der Regel aus Harz, Schellack oder Hartgummi. (Sehr empfehlenswert ist die PALMIERische Isoliermasse, bestehend aus einem Gewichtsteil feingepulvertem Gips und zwei Gewichtsteilen geschmolzenem Kolophonium.) Auf dem Kuchen liegt weiterhin der aus Metallblech bestehende hohle Deckel c, der mit einer isolierenden

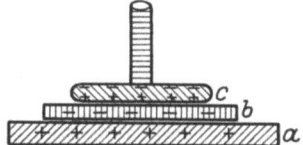

Abb. 2. Elektrophor.

Handhabe versehen ist. Er soll möglichst nicht dünner als 1 cm sein und muß einen gut abgerundeten Rand haben. Wird nun der Harzkuchen, nachdem der Deckel c abgenommen ist, mit einem Fuchsschwanz gepeitscht, so wird er negativ aufgeladen. Bringt man darauf den Deckel wieder auf den Kuchen, so hat man die in der Abbildung eingezeichnete Ladungsverteilung. Die negative Ladung des Kuchens b wirkt influenzierend auf die Unterlage a und den Deckel c. Die negative Influenzelektrizität zweiter Art des Deckels kann man etwa durch Berührung mit der Hand zur Erde ableiten, die positive erster Art bleibt dagegen auf dem Deckel, da sie ja durch die negative Ladung des Kuchens gebunden ist. Hebt man nun den Deckel ab, nachdem natürlich die Erdung unterbrochen ist, so trägt der Deckel eine positive Ladung. Unterläßt man die Erdung ganz, so zeigt sich der Deckel nach dem Abheben völlig unelektrisch. Die positive Influenzelektrizität erster Art der Unterlage a wirkt bindend auf die negative Ladung des Kuchens ein und verhindert dadurch die sog. Zerstreuung der Elektrizität. Jeder Ladungsträger zieht nämlich die stets in der Luft vorhandenen Ladungen (ionisierte Moleküle usw.) entgegengesetzten Vorzeichens an und entlädt sich auf diese Weise selbsttätig. Erreicht nun die Ladung resp. das Potential des Trägers einen solchen Wert, daß die schon in der Luft vorhandenen Ionen so hohe Geschwindigkeiten erlangen können, daß sie ihrerseits beim Zusammenstoß ein neutrales Molekül zu ionisieren vermögen, so erfolgt diese Entladung so schnell, daß es nicht möglich ist, die Ladungsdichte über diesen Grenzwert zu steigern. Die metallene Unterlage bewirkt also, daß man einerseits die Ladungsdichte wesentlich weiter treiben kann, als es ohne Unterlage möglich wäre, andererseits kann man durch sie den Kuchen b, besonders wenn außerdem noch der Deckel aufgelegt wird, viel länger geladen halten, als es sonst der Fall wäre.

5. Influenzmaschinen. Es würde äußerst unbequem sein, wollte man den Elektrophor zur Erzeugung größerer elektrischer Energien verwenden. Daher ging man dazu über, auf dem Elektrophorprinzip beruhende Maschinen zu konstruieren, welche die einzelnen Phasen des Elektrophors: Aufbringen des Deckel auf den geladenen Kuchen, Entfernung der Influenzelektrizität zweiter Art, Abheben und Entladen des Deckels usw. in kontinuierlicher Folge durchliefen. So entstanden die Influenzelektrisiermaschinen, von denen hauptsächlich drei Formen weitere Verbreitung gefunden haben: Die von HOLTZ, TOEPLER und WIMSHURST (HOLTZsche Maschine zweiter Art).

α) Die HOLTZsche Elektrisiermaschine besteht (vgl. die schematische Abb. 3. Der Übersichtlichkeit halber sind die Scheiben hier und im folgenden als Zylinder gezeichnet) aus einer feststehenden, lackierten Glasscheibe A, die an zwei Stellen Durchbohrungen besitzt. Die Scheibe A trägt auf der einen Seite zwei Papierbelegungen p_1 und p_2, die in die Papierspitzen S_1 und S_2 auslaufen, welche durch die Durchbohrungen der Scheibe hindurch sehr nahe an die schnell rotierende, ebenfalls lackierte Scheibe B heranreichen. Der Papierbelegung gegenüber jenseits der rotierenden Scheibe befinden sich die Kämme K_1 und K_2, die mit dem Konduktoren C_1 und C_2 leitend verbunden sind. Die Wirkungsweise der Maschine ist folgende: Bringt man auf die Papierbelegung p_1, nachdem man C_1 und C_2 leitend verbunden hat, eine beliebige, z. B. negative Ladung, so wirkt diese influenzierend auf die Glasplatte und das Kammsystem $K_1 - K_2$, und zwar wird K_1 positiv, K_2 negativ elektrisch. Diese Elektrizitäten strömen nun infolge der Spitzenwirkung auf die schnell rotierende Glasplatte aus und vernichten die Influenzelektrizität (negative) zweiter Art der Platte. Somit ist schließlich in unserem Falle der obere Teil derselben positiv, der untere negativ geladen. Die positive Ladung des oberen Teils der Glasplatte wirkt influenzierend auf die Papierbelegung p_2, die negative Elektrizität strömt durch die Papierspitze s_2 auf die rotierende Platte und die Belegung p_2 erhält auf diese Weise eine positive Ladung. Die negative Elektrizität des unteren Teils der Glasplatte wirkt influenzierend auf die Belegung p_1, die positive Influenzelektrizität strömt durch die Spitze s_1 auf die rotierende Scheibe. Auf diese Weise werden die Ladungen von p_1 und p_2 progressiv bis zu einem durch die Isolierfähigkeit der Glasplatte usw. bestimmten Grenzwert gesteigert. Zieht man die Kugeln C_1 und C_2 immer weiter auseinander, so wird schließlich die von der Maschine gelieferte Spannung nicht mehr zur Funkenbildung zwischen C_1 und C_2 ausreichen. In diesem Falle verlieren die Belegungen verhältnismäßig rasch ihre Ladungen durch Elektrizitätsausgleich im Innern der Maschine, ja es tritt sogar häufig Umpolung auf. Dies zu verhindern, ist der Zweck des sog. Diagonalkonduktors D zweier leitend miteinander verbundenen Kämme. Kann der Ausgleich der Elektrizitäten nicht mehr über $C_1 - C_2$ erfolgen, so übernimmt D die Funktion des Systems K_1, C_1, C_2, K_2.

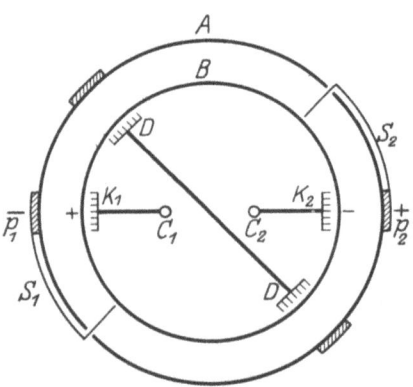

Abb. 3. HOLTZsche Elektrisiermaschine.

Man kann diese Maschine — um die Vergleichung mit dem Elektrophor durchzuführen — auffassen als bestehend aus einer Kombination zweier Elektrophore, deren Kuchen entgegengesetzte Ladungen tragen. Der Kuchen des einen ist die Belegung p_1, der Deckel dagegen wird gebildet durch den oberen Teil der rotierenden Scheibe und das System K_1 und C_1, der Kuchen des zweiten durch die Belegung p_2 und der Deckel entsprechend durch den unteren Teil der Glasplatte und dem System K_2 und C_2. Jede Hälfte der Maschine entspricht also einem Elektrophor mit Doppeldeckel, bei dem man die Trennung der Influenzelektrizitäten dadurch bewirkt, daß man den dem Kuchen zugewandten Teil des Deckels hervorzieht.

β) Die HOLTZsche Maschine hat den Nachteil, daß man ihrer Papierbelegung bei Inbetriebnahme eine so hohe Ladung erteilen muß, daß an den Spitzen s_1 und s_2 der Belegungen Spitzenströme auftreten können, die ja, wie wir gesehen haben, die Vorbedingung für die Wirksamkeit der Maschine sind. Von diesem Nachteil frei sind die Maschinen, welche zum Ausgleich der Elektrizitäten neben der Spitzenwirkung auch die durch kleine Schleifpinselchen aus Metall bewirkte Ableitung benutzen. Man nennt diese Maschinen, weil für ihre Wirksamkeit schon die äußerst geringen Ladungsreste der Belegung resp. die durch die Pinselreibung bei der Drehung erzeugten geringen Ladungen genügen, selbsterregende Maschinen. Sie wurden zuerst von TOEPLER fast gleichzeitig mit der HOLTZschen Maschine (1865) konstruiert. Die Wirkungsweise einer solchen Maschine nach TOEPLER soll die schematische Zeichnung Abb. 4 veranschaulichen. Die feststehende Scheibe A ist mit den beiden Belegungen p_1 und p_2 versehen, die im Sinne des eingezeichneten Pfeiles rotierende Scheibe B, von etwa 2 cm kleinerem Durchmesser als A, trägt dagegen eine Anzahl kleinerer leitender Belegungen $p'_1 - p'_2 -$ usw. Die Abmessungen der Belegungen seien so gewählt, daß jeder Belegung der feststehenden Platte drei Belegungen der rotierenden Scheibe entsprechen. Die mittlere der drei den festen Belegungen gegenüberstehenden rotierenden Belegungen p'_1 und p'_7 stehen vermittels den

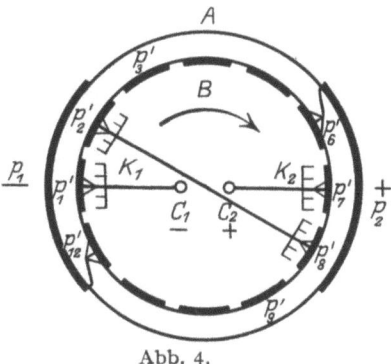

Abb. 4.

TOEPLERsche Influenzmaschine.

aus feinem Messingdraht bestehenden Schleifpinselchen in Kontakt mit dem Konduktor C_1 und C_2. Außerdem befinden sich in ihrer Nähe die Kämme K_1 und K_2, um auch einen Elektrizitätsübergang infolge Spitzenwirkung nach C_1 und C_2 zu ermöglichen. Ferner stehen die Belegungen p'_2 und p'_8 durch einen ebensolchen, aus Kämmen und Schleifbürsten bestehenden System miteinander in Beziehung, und endlich besteht ein ebenfalls durch Metallpinselchen bewirkter Kontakt zwischen den Belegungen p_1 und p_2 und den sich gerade in den Stellungen von p'_6 und p'_{12} befindenden Belegungen. Die Belegung p_1 trage nun eine wenn auch sehr kleine, nehmen wir an negative, Anfangsladung. Diese wirkt influenzierend auf p'_1 und p'_2. Die negative Influenzelektrizität zweiter Art der Belegungen p'_1 wird teils durch den mit ihr in Kontakt stehenden Pinsel, teils durch die ihnen gegenüberstehenden Kämme nach dem Konduktor C_1 überführt. Ebenso geht die negative Influenzelektrizität der Belegung p'_2 nach p'_8 über. Die nun positiv geladene Belegung p'_2 kommt nun im Verlaufe der Drehung an die Stelle von p'_6 und lädt durch den eingezeichneten Pinselkontakt die feststehende Belegung p_2 ebenfalls positiv auf. Diese Ladung wirkt influenzierend auf die in der Stellung p'_7 und p'_8 befindlichen Belegungen. Nach Ableitung der positiven Influenzelektrizität nach C_2 resp. p'_2 verlassen die Belegungen den Wirkungsbereich von p_2 negativ geladen, kommen darauf in der Stellung p'_{12} in Kontakt mit p_1 und erhöhen dessen negative Ladung, solange ihr Potential höher ist als das von p_1. Von hier an wiederholt sich das Spiel der Maschine in der geschilderten Weise. Da es dem Zufall überlassen bleibt, welches Vorzeichen die Anfangsladungen der Belegungen haben, ist es eine Eigentümlichkeit dieser und aller anderen selbsterregenden Maschinen, daß man bei ihnen nicht vorher sagen kann, welcher Konduktor positiv und welcher negativ wird. Man muß deshalb in jedem einzelnen Falle das Vorzeichen des Konduktors ermitteln. Dies kann man am einfachsten durch ein Elektroskop, das eine Ladung bekannten Vorzeichens trägt, tun. Ferner kann man die Art des Poles aus dem typischen Aussehen der an den Spitzen der Kämme sich bildenden leuchtenden Entladungen erkennen. Aus dem mit dem negativen Konduktor verbundenen Kamm, der also selbst positiv ist, sieht man ziemlich breite bläuliche Strahlenbüschel aus den einzelnen Zinken hervorkommen, während der mit dem positiven Konduktor in Verbindung stehende (negative) Kamm an den Spitzen seiner Zinken nur kleine bläuliche Punkte zeigt. Die Erscheinung ist in der Regel so hell, daß sie schon in mäßig hellem Zimmer gesehen werden kann. Endlich kann man auch eine kleine leuchtende Gasflamme zur Auspolung der Maschine benutzen. Bringt man eine solche zwischen die Konduktoren, so wird sie nach demjenigen, der die negative Lage trägt, hin abgelenkt.

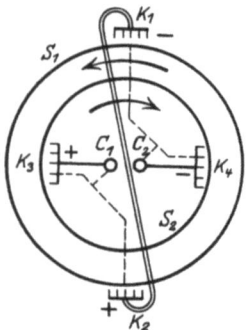

Abb. 5. Influenzmaschine mit zwei rotierenden Scheiben.

γ) Influenzmaschinen mit zwei rotierenden Scheiben. HOLTZ hat des weiteren noch eine andere Maschine (Influenzmaschine zweiter Art) gebaut, bei der im Gegensatz zu seiner früheren Konstruktion beide Scheiben rotieren. Eine solche ist in Abb. 5 schematisch dargestellt. Die beiden gleich großen Glasscheiben S_1 und S_2 drehen sich mit gleicher Geschwindigkeit im entgegengesetzten Sinne. Die Kämme K_1, K_2 und K_3, K_4 sind nahe den Enden zweier einen Winkel von 90° miteinander bildenden Durchmesser der Scheiben S_1 und S_2 in der eingezeichneten Weise angebracht. Die Kämme K_1 und K_2 sind miteinander leitend verbunden, die Kämme K_3 und K_4 mit den Konduktoren C_1 und C_2. Bringt man nun in die Nähe des Kammes K_3 auf die gegenüberliegenden Seite der Scheibe S_1 eine negative Ladung, so werden, wenn C_1 und C_2 miteinander verbunden sind, K_3 durch Influenz positiv, K_4 negativ elektrisch und geben entsprechende Elektrizitäten an die Scheibe S_2 ab. Die geladenen Teile der Scheibe S_2 wirken nun im weiteren Verlauf der Drehung auf die Kämme K_1 und K_2 influenzierend, und zwar wird in unserer Zeichnung K_1 negativ, K_2 positiv. Dementsprechend erhält auch die in der Abbildung linke Scheibenhälfte von S_1 negative, die andere positive Ladungen. Diese wirken ihrerseits auf die Kämme K_3 und K_4 influenzierend und ladungserhöhend ein. Man kann jetzt die erregende Ladung fortnehmen, da der Prozeß kontinuierlich weiterläuft.

Bei der geschilderten Schaltungsweise wird nur die Elektrizität der Scheibe S_2 ausgenutzt, verbindet man aber anstatt K_1 mit K_2, K_1 mit K_4 und K_2 mit K_3 (in der Abbildung punktiert), so entnimmt man die Elektrizität beider Scheiben. Allerdings ist dann der Polsinn der Konduktoren von dem Drehungssinn der Scheiben abhängig, während er früher davon unabhängig war.

Die HOLTZsche Idee, beide Scheiben rotieren zu lassen, ist auch bei der sog. WIMSHURSTschen Maschine benutzt, deren Konstruktion aus Abb. 6 ersichtlich ist. Zwei gleich große Hartgummischeiben S_1 und S_2, die einen Abstand von nur wenigen Millimetern haben, tragen eine größere Anzahl äquidistanter Stanniolbelegungen. Sie können vermittels einer Kurbel im entgegengesetzten Sinne gedreht werden. Die diametral gegenüberliegenden Belegungen p_1 und p_2 der Scheibe S_1 und p_1' und p_2' der Scheibe S_2, deren Verbindungslinien einen Winkel von etwa 50° gegen die Horizontale bilden, sind durch Schleifpinsel miteinander verbunden. Ferner befinden sich noch an den eingezeichneten Stellen die u-förmig gebogenen Kämme K_1 und K_2.

Die Wirkungsweise dieser Maschine ist folgende: Die der Belegung p'_1 gegenüber befindliche Belegung der Scheibe S_2 trage eine zufällige, z. B. eine positive Ladung. Diese wirkt influenzierend auf das System $p'_1 - p'_2$. Werden die Scheiben jetzt weitergedreht, so ist p'_1 nach Trennung des Pinselkontaktes negativ, p'_2 positiv elektrisch. Diese Ladungen wirken im weiteren Verlaufe der Drehung auf die durch Schleifpinsel miteinander verbundenen Belegungen p'_1 und p'_2 ein, so daß auch diese nach Lösung des Pinselkontaktes elektrisch geladen sind und bei weiterer Drehung auf die in Stellung $p_1\, p_2$ befindlichen Belegungen influenzierend wirken. Dieser Prozeß setzt sich weiter fort, bis sich schließlich die eingezeichnete Ladungsverteilung auf den Belegungen ergibt. Wir haben vier Quadranten zu unterscheiden, von denen zwei sich gegenüberliegende auf der vorderen und hinteren Platte entgegengesetzt geladen sind, die anderen beiden dagegen auf beiden Platten gleichnamige Ladung tragen. An dieser Stelle wird nun die Elektrizität vermittels der u-förmigen Kämme entnommen.

Die Wimshurstmaschinen haben von allen Influenzmaschinen wohl die größte Verbreitung gefunden, was wohl hauptsächlich auf ihre relativ geringe Abhängigkeit von Witterungseinflüssen, ihre Einfachheit und Billigkeit zurückzuführen ist.

δ) Influenzmaschinen großer Wirksamkeit. Schon TOEPLER hatte, um große Wirkungen zu erzielen, Maschinen gebaut, welche auf einer gemeinsamen Achse mehrere (bis zu 60) drehbare Scheiben besaßen, von denen sich jede zwischen zwei festen Glasplatten befindet. Die

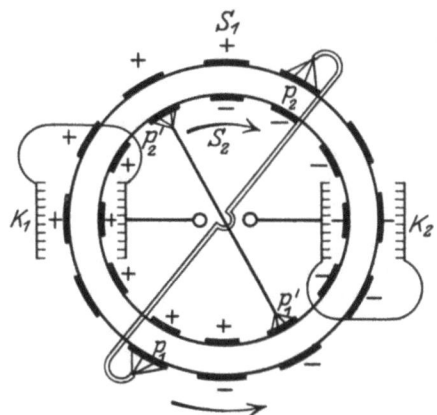

Abb. 6. Wimshurstmaschine.

Maschinen sind eingebaut in ein möglichst gut schließendes Glasgehäuse, in dem Schalen mit Chlorkalzium oder Schwefelsäure sich befinden, und werden auf diese Weise vor Staub und Feuchtigkeit geschützt. Eine solche zwanzigplattige Maschine, deren Scheibendurchmesser 26 cm betrug, lieferte bei 22 Umdrehungen pro Sekunde einen Strom von 0,0081 abs. Einheiten.

Ferner hat auch WOMMELSDORF eine vielplattige Influenzmaschine angegeben, die indessen geringere Verbreitung gefunden hat. Dagegen wird die nach den Prinzipien von WOMMELSDORF[1]) von Wehrsen-Berlin gebaute „Starkstrom-Influenzmaschine" im Laboratorium und in der Praxis häufig benutzt. Sie besitzt eine feste und eine rotierende Scheibe. Ihre Metallbelegungen sind wellenförmig und nicht wie bei der ursprünglichen WIMSHURSTschen Maschine auf die Scheiben aufgeklebt, sondern in dieselben einvulkanisiert. Ferner besitzt sie nur einen Ausgleicher, der nach einer Skala eingestellt werden kann. Das Versenken der Belegungen in die Masse der Platte hat den Vorteil, daß die Sektoren sowohl gegeneinander als auch gegen Erde durch den Hartgummi besser isoliert sind als durch Luft. Insbesondere ist die Isolation nicht von dem Feuchtigkeitsgehalt der Luft abhängig. Ferner sind sie auch viel länger in betriebsfähigem Zustand zu halten als die Maschinen mit aufgeklebten Belegungen, bei

---

[1]) H. WOMMELSDORF, Ann. d. Phys. Bd. 23, S. 609. 1907; Bd. 24, S. 483. 1907.

denen sich die Scheibenoberfläche infolge der Ozonbildung beim Funkenübergang nach und nach mit einer leitenden Oxydschicht überziehen. Eine solche Maschine vermag etwa das Vierfache zu leisten wie eine gewöhnliche WIMSHURSTsche Maschine gleicher Dimensionen.

In letzter Zeit hat noch WOMMELSDORF einen bedeutenden Fortschritt in der Konstruktion der Elektrisiermaschinen erzielt. Er erhöht deren Wirksamkeit um ein Beträchtliches dadurch, daß er die festen und rotierenden Scheiben in abwechselnder Folge in sehr geringen Abständen nach Art eines Kondensators anordnet (Abb. 7). Die Belegungen sind ebenfalls wie bei der soeben besprochenen Maschine in die Plattenmasse einvulkanisiert, jedoch erfolgt die Elektrizitätsabnahme durch Bürstchen, die in eine am äußeren Plattenrande angebrachte Rille greifen. Als Plattenmaterial wird bakelithaltiger Hartgummi verwendet, der sich besser als reines Hartgummi bewährt hat. Die Maschine, die unter dem Namen Kondensatormaschine in dem Handel ist (fabriziert von Berliner Elektrogesellschaft Berlin-Schöneberg), vermag Ströme bis zu 3 mA zu liefern. Die folgende Tabelle zeigt einen Vergleich derselben mit der sonst meistens gebrauchten Influenzmaschine nach HOLZ-WIMSHURST.

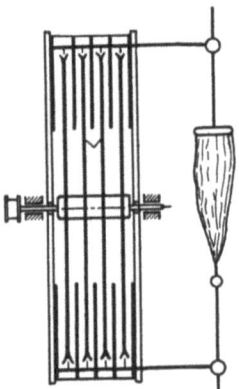

Abb. 7. Kondensatormaschine von WOMMELSDORF.

Außer den hier besprochenen Influenzmaschinen gibt es noch eine große Anzahl anderer Konstruktionen resp. Umkonstruktionen der von uns behandelten. Doch ist eine Besprechung aller dieser im Rahmen dieses Buches unmöglich. Einen guten Überblick über die älteren Konstruktionsformen gibt das Buch von GRAY über Influenzmaschinen (französisch von PELLISSIER. Paris: Gauthier Villars 1892).

Tabelle 1.

	Größte erreichbare	
	Funkenlänge in mm	Stromstärke[1] in Mikroampere
Influenzmaschine (nach HOLTZ-WIMSHURST) mit:		
2 rotierenden Scheiben von 20 cm Durchmesser	ca. 80	ca. 12
2 ,, ,, ,, 26 ,, ,,	,, 100	,, 15
2 ,, ,, ,, 35 ,, ,,	,, 150	,, 40
2 ,, ,, ,, 45 ,, ,,	,, 190	,, 60
2 ,, ,, ,, 55 ,, ,,	,, 220	,, 70
8 ,, ,, ,, 41 ,, ,,	,, 170	,, 110
12 ,, ,, ,, 55 ,, ,,	,, 220	,, 140
WOMMELSDORFsche Kondensatormaschine mit:		
1 rotierenden Scheibe von 26 cm Durchmesser	,, 175	,, 350
1 ,, ,, ,, 55 ,, ,,	,, 330	,, 700
5 ,, Scheiben ,, 55 ,, ,,	,, 350	,, 3000

Es sei noch erwähnt, daß HEMPEL an einer TOEPLERschen Maschine den Einfluß, den der Gasdruck uud die Art des Gases auf die Wirksamkeit der Maschine haben, untersuchte. Er fand, daß die erregte Elektrizitätsmenge stark zunimmt mit wachsendem Druck des Gases, und daß sie für Wasserstoff wesentlich geringer ist als für atmosphärische Luft und Kohlensäure. In einem Bade von Petroleum war die Maschine nicht wirksam.

---

[1]) Gemessen in einem Stromkreis von ca. 1000 Ohm Widerstand bei praktisch in Frage kommenden Tourenzahlen und Motorbetrieb.

6. Elektrostatischer Motor. Ebenso wie es möglich ist, durch Aufwendung mechanischer Energie elektrische Energie dadurch zu gewinnen, daß man gegen die zwischen zwei Ladungen wirksamen elektrostatischen Kräfte Arbeit leistet, kann man auch den umgekehrten Prozeß stattfinden lassen, man kann durch Ausnutzung der elektrostatischen Kräfte mechanische Arbeit gewinnen. Die einfachste Vorrichtung, welche dies ermöglicht, ist wohl eine drehbar aufgehängte s-förmige Nadel mit scharfen Spitzen an den Enden. Eine solche gerät, sobald man sie auflädt, infolge des Spitzenstromes in Rotation.

FRANKLIN verfertigte sich ein Rad aus Glasstreifen, die an ihren Enden Kupferkugeln trugen. Dasselbe wurde drehbar in wagerechter Lage zwischen zwei Leidenerflaschen aufgehängt, die entgegengesetzte Ladungen trugen, durch diese konnten vermittels zweier Schleifkontakte die an den Enden der einzelnen Glasstreifen befindlichen Metallkugeln entgegengesetzt aufgeladen werden. Das Rad geriet dann infolge der Abstoßung der gleichnamigen und der Anziehung der ungleichnamigen Elektrizitäten in Rotation, die solange anhielt, als die Flaschen noch Ladungen trugen.

Verbindet man die Konduktoren einer Influenzmaschine, etwa einer HOLTZschen erster Art, mit den Konduktoren einer zweiten Maschine, so gerät deren bewegliche Scheibe, wenn man sie im richtigen Sinne anstößt, in lebhafte Rotationen, sobald man der zweiten Maschine Elektrizität zuführt. Dabei spielt sich genau der umgekehrte Prozeß ab wie früher bei der Elektrizitätsgewinnung. Die Ladungen der Konduktoren strömen durch die Kämme auf die Scheibe und die Kämme stoßen darauf die gleichnamig geladenen Teile der Scheibe ab und ziehen die entgegengesetzt geladenen Teile an.

7. Duplikatoren. Außer beim Elektrophor und den aus diesem entstandenen Influenzmaschinen ist die Influenz noch bei den sog. Duplikatoren zur Vervielfältigung vorhandener Ladungen benutzt worden. Die Duplikatoren hatten nicht in erster Linie den Zweck, elektrische Energie zu gewinnen, sondern sie sollten den Meßbereich der Elektrometer dadurch erweitern, daß sie kleine Ladungen, die schon unterhalb der Empfindlichkeitsgrenze der Instrumente lagen, oder die doch nur sehr ungenau meßbar waren, so sehr erhöhen, daß sie gut meßbar waren. Ferner sollten sie es ermöglichen, Ladungsverluste, die während einer Messung auftraten, wieder zu ersetzen. Sie haben sich aber nicht bewährt, denn sie zeigen alle den Übelstand, daß durch sie kleine zufällige Ladungen, die sich fast überall vorfinden und die häufig von der Größenordnung der zu messenden sind, ebenfalls mit vervielfältigt werden. Es soll daher hier nicht auf die einzelnen, von den verschiedensten Autoren stammenden Ausführungsformen dieses Instrumentes eingegangen werden, sondern nur auf den sog. Replenisher W. THOMSONS, der einige praktische Bedeutung gehabt hat, und den Wassertropfduplikator, der eine äußerst geistreiche Lösung des Duplikatorproblems darstellt.

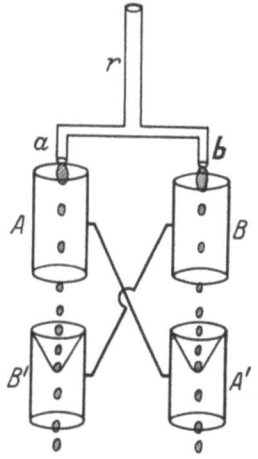

Abb. 8. Wassertropfduplikator.

Die Konstruktion des Replenisher ist folgendermaßen. Zwei aus einem Zylindermantel ausgeschnittene Metallbleche seien mit den Leitern verbunden, deren Ladungen resp. Potentialdifferenzen vervielfältigt werden sollen. Zu dem Zweck bringt W. THOMSON zwei weitere zylindrische Metallbleche, die an einem drehbaren Hartgummistab montiert sind koaxial zwischen die festen Bleche. Wird nun durch einen Federkontakt die Influenzelektrizität zweiter Art zur Erde abgeleitet, so tragen die drehbaren Bleche Ladungen. Diese werden in der zur ersten Stellung senkrechten Lage durch Schleifkontakte auf den aufzuladenden Leiter übertragen.

Abb. 8 gibt ein schematisches Bild des Wassertropfapparates. Aus den Öffnungen a und b des geerdeten Wasserrohres r tropft Wasser. Der Metallzylinder A, der mit A' leitend verbunden ist, trage eine schwache, etwa positive Ladung. Infolge Influenzwirkung dieser wird der Tropfen beim Abreißen eine negative Ladung tragen, diese gibt er beim Auftreffen an dem Metallzylinder B' ab, der mit B in leitender Verbindung steht und der im Innern als Trichter gearbeitet ist. Von B' tropft das Wasser ungeladen ab, weil sich der Trichter im Innern eines zylindrischen Leiters befindet. BB' bleibt also geladen und wirkt seinerseits ladungserhöhend auf AA' usw.

Kapitel 4.

Auf der Induktion beruhende Apparate.

Von

S. VALENTINER[1]), Clausthal.

Mit 33 Abbildungen.

1. Abgrenzung des Stoffes. Wenn man von Apparaten spricht, die zur Erzeugung elektrischer Energie dienen sollen und auf Induktion beruhen, so denkt man zuerst an die große Reihe elektrischer Maschinen, in denen infolge von Induktionswirkung Gleich- oder Wechselstrom erzeugt wird. Ihnen allen liegen die bekannten Induktionserscheinungen zugrunde, und ihr Prinzip ist die Induktion eines elektrischen Stromes gemäß dem zweiten Tripel der MAXWELLschen Gleichungen durch Bewegung von Leiterteilen oder Schleifen im magnetischen Feld. Über diese in die Elektrotechnik gehörenden, wichtigen physikalischen Hilfsapparate wird in Band 17 gesondert berichtet (Transformatoren und elektrische Maschinen). Ihre Behandlung im vorliegenden Kapitel hat daher zu unterbleiben, und wir haben uns zu beschränken auf diejenigen auf Induktion beruhenden Apparate, die im physikalischen Laboratorium mancherlei Zwecken dienen, aber in der Technik weniger Bedeutung erlangt haben.

Unter ihnen ist bei weitem der wichtigste Apparat der Funkeninduktor, dem wir uns zunächst zuwenden werden, dessen Hauptzweck es ist, hohe Spannungen zu liefern. In den kleineren Formen ist er noch heute ein unentbehrlicher physikalischer Hilfsapparat, der vor den Wechselstromtransformatoren in der Regel den Vorzug der Handlichkeit und bequemen Benutzbarkeit hat; die größeren Modelle haben mehr und mehr an Bedeutung verloren, da die elektrischen Verhältnisse, auf die es bei der Benutzung der großen Modelle häufig ankommt, im allgemeinen weniger leicht übersehbar, eindeutig bestimmbar und einstellbar sind als bei den Transformatoren etwa gleicher Leistung.

Neben dem Funkeninduktor spielen einige weitere Hilfsapparate, die auf Induktion beruhen, im physikalischen Laboratorium eine Rolle. Das sind die, die zur Erzeugung von Stromstößen bekannter oder bestimmbarer oder wenigstens reproduzierbarer Größe benutzt werden, deren Haupttypen hier genannt werden sollen.

Endlich gibt es eine Reihe von Apparaten, die als physikalische Demonstrationsapparate bezeichnet werden können oder ein besonderes, zum Teil nur noch historisches Interesse haben. Über sie wird zum Schluß ein Wort zu sagen sein.

---

[1]) Bei der Bearbeitung dieses Kapitels erfreute ich mich der weitgehenden Unterstützung des Herrn Dr. H. HERRMANN, Berlin (Elektrizitätsges. Sanitas), wofür ich ihm herzlichst danke.

a) Die Theorie des Funkeninduktors.

2. Die wesentlichen Teile des Funkeninduktors. Der Funkeninduktor[1]), ein Apparat, bei dem die Gesetze der Induktion nutzbar gemacht werden, um hohe Spannungen zu erzeugen, besteht aus einem zylindrischen Eisenkern F, der zwei voneinander isolierte Wicklungen trägt (Abb. 1). Die auf den Kern gewickelte Primärspule S_1 hat wenige Windungen, auf ihr ruht die Sekundärspule S_2, die sich aus vielen Windungen dünnen Drahtes zusammensetzt. Mit der Primärwicklung und der Stromquelle E_1 in Reihe liegt ein Unterbrecher U. Parallel zu diesem wird nach dem Vorschlage von Fizeau[2]) ein Kondensator C_1 geschaltet[3]).

Wird die Primärspule von Gleichstrom konstanter Stärke durchflossen, so kann sich an den Enden der Sekundärspule keine Spannungsdifferenz ausbilden, da das magnetische Feld des Eisenkerns seine Größe und Richtung beibehält. Anders liegen die Verhältnisse bei der Schließung und Öffnung des Primärkreises. Wird dieser geschlossen, so kommt ein Strom durch die Spule zustande, der von Null bis zu der durch das Ohmsche Gesetz bestimmten Stärke ansteigt. Daß dieser Strom nicht gleich mit seinem vollen Werte einsetzt, hat seinen Grund darin, daß das beim Anlegen der Spannung entstehende magnetische Feld in der Primärspule eine gegenelektromotorische Kraft erzeugt, die entgegengesetzt gleich der elektromotorischen Kraft der Stromquelle ist, nach dem Anlegen aber auf den Wert Null herabsinkt. Diese Änderung des magnetischen Feldes hat auch das Entstehen einer Spannungsdifferenz zwischen den Enden der Sekundärspule zur Folge, die denselben zeitlichen Verlauf hat wie die elektromotorische Kraft der Primärspule. Über diesen Spannungsverlauf lagert sich noch, wenn die Sekundärspule zu eigenen Schwingungen fähig ist, die Periode dieser Schwingungen. Bei der Öffnung des Primärkreises fällt das durch den Strom erzeugte magnetische Feld zusammen und ruft sowohl an den Enden der Primärspule als auch in der Sekundärspule eine elektromotorische Kraft hervor. Während jedoch bei der Schließung die Änderung des Stromes und damit die des magnetischen Feldes durch die elektrischen Dimensionen der Primärspule bestimmt ist, hängt sie beim Öffnen in erster Linie von der Ausbildung des Unterbrechungsfunkens ab. Je schneller der Funke abreißt, um so größer ist die in der Sekundärspule induzierte EMK. Man hat daher parallel zur Unterbrechungsstelle einen Kondensator angeschaltet, in den die an den Unterbrecherkontakten freiwerdende Energie, die sonst als Lichtbogen verlorengehen würde, abfließen kann. Dieser Kondensator bedingt aber eine Komplizierung des Stromverlaufes im Primärkreis nach der Öffnung. In dem aus Primärspule, Kondensator und Batterie bestehenden Kreis bilden sich Schwingungen aus, deren Periode durch die Größe der Selbstinduktion und der Kapazität bestimmt ist. Diese werden infolge der induktiven Kopplung auf die Sekundärspule übertragen.

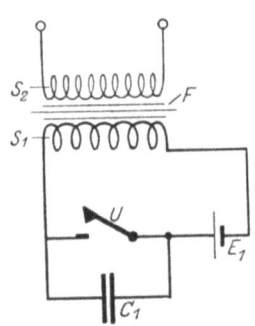

Abb. 1. Schaltungsschema des Funkeninduktors.

---

[1]) Der Funkeninduktor entstand in der Werkstatt des Mechanikers H. D. Ruhmkorff und wird zuweilen als „Ruhmkorff" bezeichnet. Von neueren Werken, die sich mit ihm eingehend beschäftigen, sei genannt H. Armagnat, La Bobine d'Induction. Paris 1905.

[2]) H. Fizeau, C. R. Bd. 36, S. 418. 1853.

[3]) Der Übersichtlichkeit halber sind im folgenden alle Bezeichnungen, die sich auf den primären Kreis beziehen, mit dem Index 1, die auf den sekundären bezüglichen mit dem Index 2 versehen.

3. Prinzipielles über die Wirkung des Induktors.

Bei energetischer Betrachtungsweise läßt sich die Wirkung des Induktors folgendermaßen vorstellen: Die im Eisenkern aufgespeicherte Energie wandert bei der Unterbrechung des Primärstromes in den Primärkondensator und wird bei der Entladung des letzteren über die Primärspule auf die Sekundärspule übertragen. Bezeichnet man mit J_1' die primäre Stromstärke im Moment der Unterbrechung, mit L_1 den Selbstinduktionskoeffizienten der Primärspule, mit C_2 die Kapazität der Sekundärspule, mit E_2' die maximal in ihr induzierte EMK, so ist

$$\frac{L_1 J_1'^2}{2} = \frac{C_2 E_2'^2}{2} \quad \text{also} \quad E_2' = J_1' \sqrt{\frac{L_1}{C_2}}.$$

Dabei ist enge Kopplung zwischen Primär- und Sekundärkreis vorausgesetzt, und Verluste sind vernachlässigt. Diese setzen sich zusammen aus Kupferverlusten infolge des OHMschen Widerstandes der Spulen, aus Eisenverlusten infolge von Hysteresis und Foucaultströmen und aus Verlusten im Unterbrechungsfunken. Die ersteren werden durch Anpassung des Kupferquerschnittes an die Stromstärke herabgesetzt; zur Vermeidung der Eisenverluste wird als Kern ein Bündel dünner, ausgeglühter Eisendrähte verwendet; einer Ausbildung des Unterbrechungsfunkens wird durch den Fizeaukondensator entgegengewirkt.

4. Die die Theorie erleichternden Vernachlässigungen.

Im folgenden sollen die Vorgänge im Funkeninduktor theoretisch behandelt werden[1]). Es sei dabei vorausgeschickt, daß sich eine strenge Theorie derselben nicht geben läßt, sondern es müssen Vernachlässigungen gemacht werden, damit das Problem der mathematischen Untersuchung zugänglich wird. So wird im folgenden angenommen, daß die Selbstinduktionskoeffizienten der beiden Spulen L_1 und L_2 (Abb. 2) und der Koeffizient der gegenseitigen Induktion M konstante Größen sind, daß also eine Abhängigkeit derselben von der Stromstärke nicht besteht. Daß in Wahrheit eine solche vorhanden ist, zeigte z. B. WALTER[2]) experimentell. Er teilt für die Abhängigkeit des primären Selbstinduktionskoeffizienten L_1 von der primären Maximalstromstärke J_1' die folgende Tabelle, die an einem großen 30-cm-Induktor aufgenommen ist, mit:

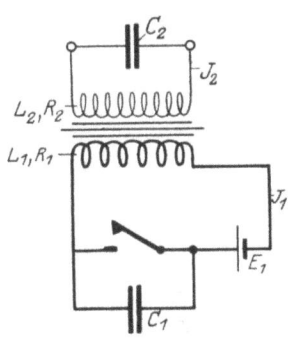

Abb. 2. Zur Theorie des Funkeninduktors.

J_1'	0,02	0,1	0,35	0,95	2,1	2,85	3,4	4,5	5,6	6,6	Amp.
L_1	0,076	0,085	0,092	0,108	0,120	0,122	0,123	0,122	0,116	0,109	Henry

Weiter sei angenommen, daß Proportionalität zwischen dem Momentanwert des magnetischen Feldes und der Primärstromstärke bestehe. Ferner müssen die im Eisen und im Unterbrechungsfunken auftretenden Verluste vernachlässigt werden. Schließlich sei die Änderung des Stromes in der Sekundärspule mit der Zeit, die Größe dJ_2/dt gleich Null gesetzt, also eine Rückwirkung der Sekundärspule auf die Primäre nicht berücksichtigt. Diese Annahme ist insofern zulässig, als der Sekundärstrom infolge des Transformationsverhältnisses keine hohen Absolutwerte annehmen kann, und als andererseits infolge der hohen Selbstinduktion der Sekundärspule schnelle Änderungen der Stromstärke nicht möglich sind. Der Strom in den Spulen wird als quasistationär angenommen, die Kapazität der Sekundärspule C_2 als an den Enden derselben konzentriert.

---

[1]) Vgl. R. COLLEY, Wied. Ann. Bd. 44, S. 109. 1891; H. ARMAGNAT, l. c.
[2]) B. WALTER, Wied. Ann. Bd. 62, S. 300. 1897.

5. Wirkung des Schließungsstromes. Der Induktor besteht aus zwei Stromkreisen, die miteinander induktiv gekoppelt sind. Für den geschlossenen Primärkreis gilt

$$R_1 J_1 + L_1 \frac{dJ_1}{dt} = E_1, \qquad (1)$$

wobei mit R_1 der Ohmsche Widerstand des Kreises und mit E_1 die elektromotorische Kraft der Stromquelle bezeichnet ist. Die Integration dieser Gleichung führt für die Anfangsbedingung $t = 0$, $J_1 = 0$ auf die Lösung:

$$J_1 = \frac{E_1}{R_1}\left(1 - e^{-\frac{R_1}{L_1}t}\right) = J_1^0 \left(1 - e^{-\frac{R_1}{L_1}t}\right). \qquad (2)$$

Der Strom hat also zur Zeit $t = 0$ den Wert Null und nähert sich nach einem Exponentialgesetz dem durch das Ohmsche Gesetz bestimmten Grenzwert. Der Anstieg ist um so langsamer, je größer die Selbstinduktion im Kreise und je kleiner der Ohmsche Widerstand ist. Die in Abb. 3 dargestellte Kurve ist von Walter[1]) mittels Braunschen Rohres und rotierenden Spiegels beobachtet worden, wobei die Ablenkung des Kathodenstrahles durch das Feld des Induktorkernes hervorgerufen wurde.

Abb. 3. Zeitlicher Verlauf des Primärstromes.

Die an der Primärspule auftretende gegenelektromotorische Kraft der Selbstinduktion hat den Wert

$$\sigma_1 = -L_1 \frac{dJ_1}{dt} = -R_1 J_1^0 e^{-\frac{R_1}{L_1}t} \qquad (3)$$

und erreicht ihr Maximum

$$\sigma_1' = -R_1 J_1^0 = -E_1 \qquad (4)$$

zur Zeit $t = 0$.

Analog gilt, wenn M der Koeffizient der gegenseitigen Induktion ist, für die in der Sekundärspule bei der Schließung des Primärkreises induzierte EMK

$$\sigma_2 = -M J_1^0 \frac{R_1}{L_1} e^{-\frac{R_1}{L_1}t} \qquad (5)$$

und im Höchstfalle:

$$\sigma_2' = -M J_1^0 \frac{R_1}{L_1} = -\frac{M}{L_1} E_1. \qquad (6)$$

Das Verhältnis beider Kräfte ist also

$$\frac{\sigma_2}{\sigma_1} = \frac{M}{L_1}, \quad \text{unabhängig von der Zeit} = \frac{\sigma_2'}{\sigma_1'}. \qquad (7)$$

Für den Fall einer engen Kopplung, wie er bei den normalen Induktorien angenommen werden kann, gilt:

$$M = \sqrt{L_1 L_2}. \qquad (8)$$

Berücksichtigt man weiter, daß der Selbstinduktionskoeffizient dem Quadrat der Windungszahlen proportional ist, und führt die Transformationszahl $\ddot{u}$ als das Verhältnis der Sekundärwindungszahl N_2 zu der Anzahl der Primärwindungen N_1 ein, so folgt:

$$\frac{\sigma_2}{\sigma_1} = \frac{M}{L_1} = \sqrt{\frac{L_2}{L_1}} = \frac{N_2}{N_1} = \ddot{u} = \frac{\sigma_2'}{\sigma_1'}. \qquad (9)$$

---

[1]) B. Walter, Wied. Ann. Bd. 62, S. 300. 1897.

Die im Moment des Stromschlusses in der Sekundärspule induzierte EMK σ_2' ist also gleich der EMK $E_1 (= \sigma_1')$ der Stromquelle, multipliziert mit der Transformationszahl. Will man σ_2' klein halten, wie es z. B. im Röntgenbetrieb erforderlich ist, so darf die EMK E_1 der Stromquelle nur so hoch gewählt werden, wie es zur Erreichung der verlangten öffnungselektromotorischen Kraft gerade nötig ist. Darauf hat WALTER[1]) besonders hingewiesen.

6. Wirkung des Öffnungsstromes auf eine über Widerstand geschlossene Sekundärspule. Bei geöffnetem Unterbrecher wird der Stromkreis aus Primärspule, Kondensator und Batterie gebildet. Für ihn gilt das Gleichungssystem

$$R_1 J_1 = V_1 - L_1 \frac{dJ_1}{dt} + E_1,$$
$$J_1 = -C_1 \frac{dV_1}{dt}, \qquad (10)$$

wobei V_1 die an den Kondensatorbelegungen liegende Potentialdifferenz bedeutet. Zur Zeit der Unterbrechung $t=0$ ist der Kondensator ungeladen, also $V_1 = 0$, der Strom in der primären Spule $J_1 = J_1'$. Es ergibt sich daher als Lösung des obigen Gleichungssystems[2])

$$V_1 = \frac{J_1'}{\beta C_1} e^{-\alpha t} \sin \beta t,$$
$$J_1 = J_1' e^{-\alpha t}\left(\cos \beta t - \frac{\alpha}{\beta} \sin \beta t\right), \qquad (11)$$

wobei

$$\alpha = \frac{R_1}{2L_1} \quad \text{und} \quad \beta = \sqrt{\frac{1}{L_1 C_1} - \frac{R_1^2}{4 L_1^2}}$$

gesetzt ist.

V_1 und J_1 beschreiben also Sinusschwingungen mit dem Dämpfungsfaktor α und der Schwingungsdauer:

$$T_1 = \frac{2\pi}{\beta} = \frac{2\pi}{\sqrt{\frac{1}{L_1 C_1} - \frac{R_1^2}{4L_1^2}}}. \qquad (12)$$

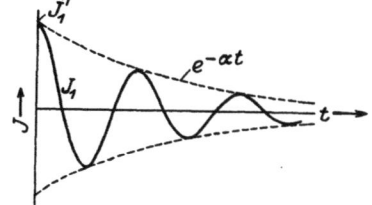

Abb. 4. Zeitlicher Verlauf des Primärstroms im Kondensatorkreis nach dem Öffnen.

Um die Phasenverschiebung zwischen V_1 und J_1 festzustellen, soll in Gleichung (11) α gegenüber β vernachlässigt werden, was bei den in der Praxis gebrauchten Induktorien zulässig ist. Dadurch fällt das zweite Glied in der Klammer fort, und der Stromverlauf ist durch die Kosinusfunktion bestimmt. Der Strom eilt also der Spannung um $\pi/2$ voraus.

Für die Stromvorgänge in der über einen Widerstand kurzgeschlossenen Sekundärspule bei Öffnung des Primärkreises gilt die Gleichung

$$L_2 \frac{dJ_2}{dt} + R_2 J_2 = -M \frac{dJ_1}{dt}, \qquad (13)$$

worin für J_1 die zweite Gleichung (11) gilt.

---

[1]) B. WALTER, in ALBERG-SCHÖNBERGS Röntgentechnik Bd. I, S. 165. 1919.
[2]) Vgl. dazu die Beobachtungen von E. TAYLOR JONES, Electrician Bd. 82, S. 99 u. 121. 1919. Nach ihnen hängt der Maximalwert von der Stärke des unterbrochenen Stromes, von seiner Induktivität und Kapazität und infolge der Rückwirkung auch von der Kapazität des Sekundärkreises ab und ist wesentlich größer bei offenem als bei über einen Kondensator geschlossenem Sekundärkreis.

Zur Vereinfachung der Rechnung sei wieder angenommen, daß α gegenüber β sehr klein ist. Dasselbe soll zutreffen für die Größe $\gamma = R_2/2L_2$. Bei Berücksichtigung der Anfangsbedingung $t = 0$, $J_2 = 0$ ergibt sich dann als Lösung die Gleichung:

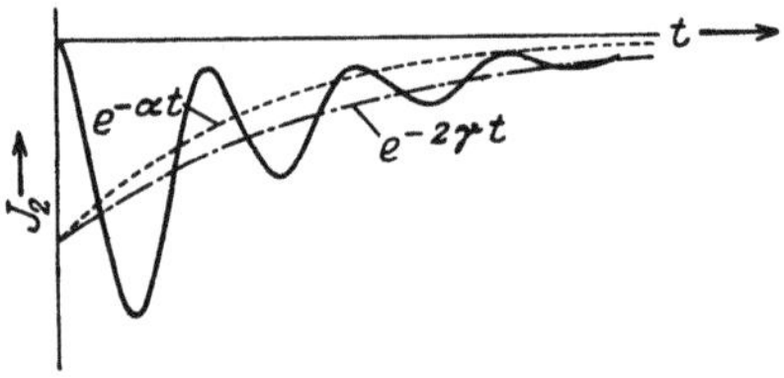

$$J_2 = \frac{MJ_1'}{L_2}(e^{-\alpha t}\cos\beta t - e^{-2\gamma t}). \quad (14)$$

Abb. 5. Zeitlicher Stromverlauf im Sekundärkreis mit äußerem Widerstand beim Öffnen des Primärstromes.

Der Strom beschreibt also eine gedämpfte Sinusschwingung mit dem Dämpfungsfaktor α und der Schwingungsdauer [vgl. Gleichung (12)] $T_2 = 2\pi/\beta = T_1$, die sich über die Exponentialkurve superponiert.

7. Wirkung des Öffnungsstromes auf Sekundärspule mit Kondensator. Es sollen zuletzt die Strom- und Spannungsverhältnisse in der über einen Kondensator C_2 kurzgeschlossenen Sekundärspule bei Öffnung des Primärstromes untersucht werden. Nach dem OHMschen Gesetz gilt für dieselbe die Gleichung [vgl. Gleichung (10)]

$$R_2 J_2 = -L_2 \frac{dJ_2}{dt} - M\frac{dJ_1}{dt} - V_2 \quad \text{mit} \quad J_2 = -C_2 \frac{dV_2}{dt} \quad (15)$$

oder:

$$\frac{d^2V_2}{dt^2} + \frac{R_2}{L_2}\frac{dV_2}{dt} + \frac{V_2}{L_2 C_2} = -\frac{M}{L_2 C_2}\frac{dJ_1}{dt} \quad (16)$$

mit den Anfangsbedingungen für $t = 0$, $J_2 = 0$, $V_2 = 0$. Wir haben hier 3 Fälle zu unterscheiden:

1. Die Sekundärspule ist aperiodisch gedämpft, also

$$R_2^2 > 2\frac{L_2}{C_2},$$

dann wird

$$V_2 = \frac{MJ_1'}{L_2 C_2}\left(\frac{1}{2\delta}e^{-(\gamma-\delta)t} - e^{-(\gamma+\delta)t} - \frac{1}{\beta}e^{-\alpha t}\sin\beta t\right),$$

$$J_2 = \frac{MJ_1'}{L_2}\left(\frac{\gamma-\delta}{2\delta}e^{-(\gamma-\delta)t} - \frac{\gamma+\delta}{2\delta}e^{-(\gamma+\delta)t} + e^{-\alpha t}\cos\beta t\right),$$

wobei

$$\delta = \sqrt{\frac{R_2^2}{4L_2^2} - \frac{1}{L_2 C_2}}.$$

2. Die Sekundärspule ist schwingungsfähig,

$$R_2^2 < 2\frac{L_2}{C_2},$$

dann ist

$$V_2 = \frac{MJ_1'}{L_2 C_2}\frac{\beta^2}{\beta^2 - \delta'^2}\left(\frac{1}{\delta'}e^{-\gamma t}\sin\delta' t - \frac{1}{\beta}e^{-\alpha t}\sin\beta t\right),$$

$$J_2 = \frac{MJ_1'}{L_2}\frac{\beta^2}{\beta^2 - \delta'^2}\left(-e^{-\gamma t}\cos\delta' t + e^{-\alpha t}\cos\beta t\right),$$

wobei

$$\delta' = \sqrt{\frac{1}{L_2 C_2} - \frac{R_2^2}{4L_2^2}}.$$

3. Es liegt der Grenzfall vor

$$R_2^2 = 2\frac{L_2}{C_2},$$

dann wird
$$V_2 = \frac{MJ_1'}{L_2C_2}\left(te^{-\gamma t} - \frac{1}{\beta}e^{-\alpha t}\sin\beta t\right),$$
$$J_2 = \frac{MJ_1'}{L_2}\left((\gamma t - 1)e^{-\gamma t} + e^{-\alpha t}\cos\beta t\right).$$

Die zeitliche Änderung der Stromstärke in der sekundären Spule ist also aufzufassen als eine Superposition der Schwingungen der Primärspule über eine Dämpfungslinie

$$c_1 e^{-(\gamma-\delta)t} + c_2 e^{-(\gamma+\delta)t} \quad \text{(Fall 1)}, \quad \text{bzw.} \quad c_3 e^{-\gamma t} \quad \text{(Fall 3)},$$

wie in Abb. 6a gezeichnet, oder über die gedämpfte Sinusschwingung der Sekundärspule, wie in Abb. 6b dargestellt ist (Fall 2).

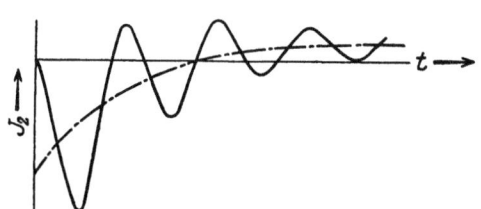
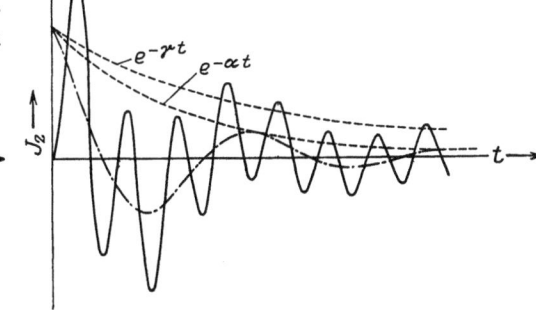

Abb. 6a u. b. Zeitlicher Stromverlauf im Sekundärkreis mit Kondensator beim Öffnen des Primärstromes.

8. Maximalspannung im sekundären Kreis. Die sekundäre Maximalspannung ϱ_2' bei der Öffnung des Primärkreises kann aus der Gleichung (13) oder

$$\varrho_2 = -M\frac{dJ_1}{dt} \tag{17}$$

abgeleitet werden, wobei, wie oben [Gleichung (11)] gezeigt, wieder

$$J_1 = J_1' e^{-\alpha t}\left(\cos\beta t - \frac{\alpha}{\beta}\sin\beta t\right),$$
$$\alpha = \frac{R_1}{2L_1}, \qquad \beta = \sqrt{\frac{1}{L_1C_1} - \frac{R_1^2}{4L_1^2}}$$

ist. Vernachlässigt man hierin R_1 gegenüber $2L_1$, so wird

$$J_1 = J_1' \cos\frac{t}{\sqrt{LC}} \tag{18}$$

und die Schwingungsdauer

$$T_1 = \frac{2\pi}{\beta} = 2\pi\sqrt{L_1C_1}. \tag{19}$$

Für ϱ_2 folgt dann

$$\varrho_2 = \frac{MJ_1'}{\sqrt{L_1C_1}}\sin\frac{t}{\sqrt{L_1C_1}} \tag{20}$$

mit dem Maximum

$$\varrho_2' = \frac{MJ_1'}{\sqrt{L_1C_1}} = M\frac{J_1'}{T_1}2\pi, \tag{21}$$

das für $t = T/4$ eintritt. ϱ_2' ist also dem Koeffizienten der gegenseitigen Induktion und der Primärstromstärke zur Zeit der Unterbrechung direkt, der

Schwingungsdauer des Primärkreises umgekehrt proportional. Für den Fall enger Kopplung zwischen Primär- und Sekundärspule, den man bei den in der Praxis gebräuchlichen Induktorien annehmen kann, ist

$$M = \sqrt{L_1 L_2}. \tag{8}$$

Es wird also nach Gleichung (21):

$$\varrho_2' = J_1' \sqrt{\frac{L_2}{C_1}}. \tag{22}$$

Diese Formel ist zuerst von WALTER[1]) abgeleitet worden; wir lesen aus ihr, wie teilweise schon aus Gleichung (21), ab, daß die EMK an den Enden der Sekundärspule proportional der Stromstärke J_1' im Primärkreis im Augenblick der Unterbrechung, proportional der Wurzel aus der Selbstinduktion des Sekundärkreises und umgekehrt proportional der Wurzel aus der Kapazität des Primärkreises ist.

Um auch beim Öffnen des Primärkreises das Verhältnis der maximalen Spannungen im Sekundär- und im Primärkreis $\varrho_2' : \varrho_1'$ zu finden, müssen wir die im Primärkreis auftretende gegenelektromotorische Kraft der Induktion ϱ_1 aus Gleichung (18) durch Differentiation nach t und Multiplikation mit L_1 berechnen, also bilden:

$$L_1 \frac{dJ_1}{dt} = -L_1 J_1' \frac{1}{\sqrt{L_1 C_1}} \sin \frac{t}{\sqrt{L_1 C_1}}.$$

Als Maximalwert ergibt sich daraus

$$\varrho_1' = \sqrt{\frac{L_1}{C_1}} J_1'$$

und für $\varrho_2' : \varrho_1'$ finden wir wieder den Wert, den wir bereits für σ_2'/σ_1' gefunden haben:

$$\frac{\varrho_2'}{\varrho_1'} = \frac{M}{L_1} = \sqrt{\frac{L_2}{L_1}} = \frac{N_2}{N_1} = \ddot{u}.$$

Bemerkenswert ist aber, daß

$$\frac{\varrho_1}{\sigma_1} = \frac{\varrho_2}{\sigma_2} = \frac{1}{R_1} \sqrt{\frac{L_1}{C_1}} \tag{23}$$

ist, und daß, da in der Regel R_1 klein gegen $\sqrt{L_1/C_1}$ ist, sowohl ϱ_1 als auch ϱ_2 viel größer als σ_1 und σ_2 ist. Daraus ergibt sich, daß für die Vorgänge im Induktor in erster Linie der Öffnungsstrom maßgebend ist, wie das auch die Erfahrung lehrt.

9. Experimentelle Prüfung. Die Proportionalität zwischen ϱ_2' und J_1' in der Formel (22) ist experimentell bestätigt worden. OBERBECK[2]) untersuchte die Abhängigkeit zwischen ϱ_2' und der EMK der Batterie und findet: „Bei einem gegebenen Induktionsapparat und bei einer bestimmten Art der Unterbrechung des primären Stromes haben die Verhältnisse der Maximalspannungen der sekundären Rolle und der Klemmspannungen des primären Stromes nahezu denselben Wert. Man kann denselben als die Transformationszahl des Induktoriums unter den gegebenen Umständen bezeichnen[3])." Da nach der Formel (2):

$$J_1 = \frac{E_1}{R_1}\left(1 - e^{-\frac{R_1}{L_1}t}\right)$$

---

[1]) B. WALTER, Wied. Ann. Bd. 62, S. 300. 1897.
[2]) A. OBERBECK, Wied. Ann. Bd. 62, S. 109. 1897 u. Bd. 64, S. 193. 1898.
[3]) A. OBERBECK, l. c. S. 124.

Proportionalität zwischen Primärstrom und EMK der Stromquelle besteht, wird durch die Untersuchungen von OBERBECK auch die Richtigkeit der in der WALTERschen Formel ausgesprochenen Beziehung zwischen ϱ_2' und J_1' be-bewiesen.

OBERBECK beobachtete weiter, daß die Transformationszahl bei Erhöhung der Zahl der Unterbrechungen pro Sekunde fällt. So zeigt ein Induktor bei Verwendung eines Doppelhammers die Transformationszahl 3487, bei Verwendung eines rotierenden Quecksilberunterbrechers bei hoher Drehzahl, jedoch kleinerer Unterbrechungsfrequenz als im ersten Falle die Transformationszahl 4462. Bei weiterer Verminderung der Unterbrechungsfrequenz ging die Transformationszahl sogar auf 5408 herauf. Diese Beobachtung läßt sich leicht durch die WALTERsche Formel in Verbindung mit Gleichung (2) erklären.

WALTER findet ferner Proportionalität zwischen der Unterbrechungsstromstärke und der in Zentimetern gemessenen Schlagweite zwischen Spitze und Platte und schließt an Hand der Theorie auf Proportionalität zwischen Schlagweite und Maximalspannung[1]).

10. Einfluß des Unterbrechungsfunkens. Nach der Theorie ist weiter die Sekundärspannung der Quadratwurzel aus der Kapazität des Primärkondensators umgekehrt proportional. Es sollte also ein Induktor ohne Primärkondensator am günstigsten arbeiten. Dies steht mit der Erfahrung in Widerspruch. Es gibt vielmehr für jeden Induktor eine günstigste Kapazität und die Kurve, die die Abhängigkeit der Sekundärspannung vom Primärkondensator darstellt, hat ein Maximum. Der Widerspruch erklärt sich dadurch, daß in der Theorie die Vor-

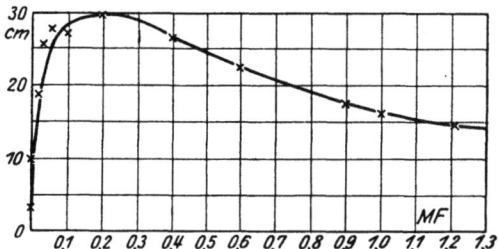

Abb. 7. Abhängigkeit der sekundären Spannung von der Primärkapazität.

gänge im Unterbrechungsfunken nicht berücksichtigt sind, die um so mehr in Erscheinung treten, je kleiner der Primärkondensator ist. Alle Faktoren, die die Lichtbogenbildung zwischen den Unterbrecherkontakten begünstigen, wie Erhöhung der Primärstromstärke, Verlangsamung der Geschwindigkeit der Unterbrecherkontakte zueinander[2]), verschieben das Maximum der Kurve zu größeren Kapazitätswerten. Auch das Material, aus dem die Unterbrecherkontakte bestehen, hat einen Einfluß. Je weniger dasselbe zur Lichtbogenbildung neigt, um so kleiner ist die optimale Primärkapazität. Eine Übereinstimmung zwischen Theorie und Beobachtung besteht daher erst auf dem absteigenden Ast der Kurve.

Abb. 7, die einer Arbeit von WALTER[3]) entnommen ist, zeigt die Beziehung zwischen Sekundärspannung und Primärkapazität bei einem KOHLschen 30-cm-Induktor, aus Abb. 8 ist das Anwachsen der optimalen Kapazität mit der

---

[1]) Vgl. hierzu auch F. KLINGELFUSS, Ann. d. Phys. Bd. 5, S. 837. 1901 (s. unter Ziff. 13).
[2]) N. CAMPBELL, Phil. Mag. Bd. 37, S. 481. 1919, hat im Anschluß an Arbeiten von TAYLOR JONES die Lichtbogenbildung an der Untersuchungsstelle näher untersucht und kommt zu dem Resultat, daß der maximale Strom, der funkenfrei unterbrochen werden kann, von der Öffnungsgeschwindigkeit in gewissen Grenzen nicht erheblich abhängt, wohl aber vom Elektrodenmaterial. Vorteilhaft für Vermeidung eines Lichtbogens ist Kühlung der Elektroden.
[3]) B. WALTER, l. c. 1897.

Unterbrechungsstromstärke zu erkennen [MIZUNO[1])], aus den Abb. 9 bis 11[2]) der Einfluß der Geschwindigkeit der Unterbrecherkontakte. Bei den Kurven I wurde die Unterbrechung langsam von Hand aus bewirkt, die mit II bezeichneten

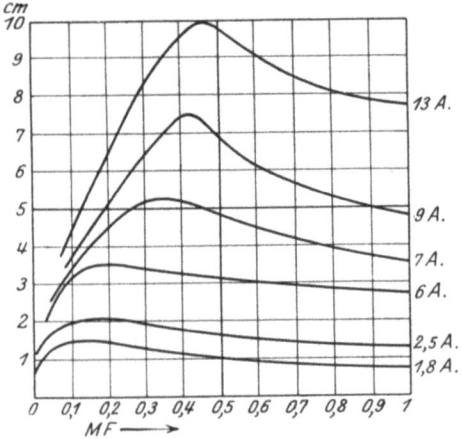

Abb. 8. Optimale Kapazität bei verschiedenen Sekundärspannungen.

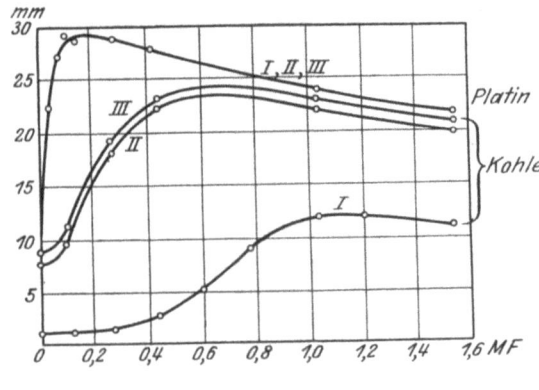

Abb. 9.

Kurven beziehen sich auf eine Geschwindigkeit der Kontakte von 8 m pro Sekunde, die Kurven III auf eine solche von 18 m pro Sekunde. Ein anomales Verhalten zeigt dabei Zink, bei dem die günstigste Kapazität mit der Geschwindigkeit

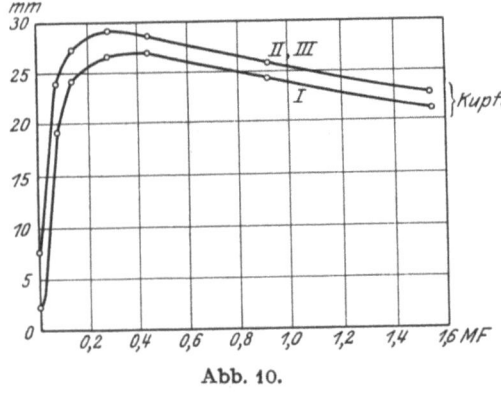

Abb. 10.

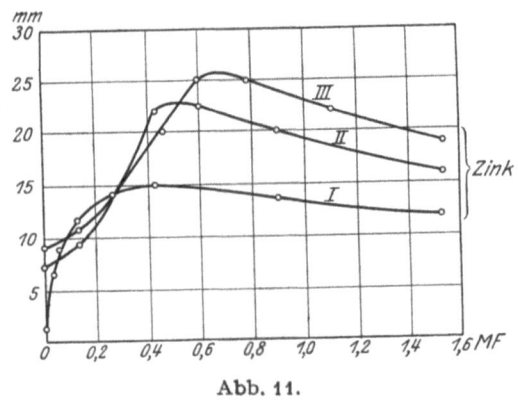

Abb. 11.

Abb. 9—11. Abh. der Sekundärspannung von der Primärkapazität bei verschiedenem Funkenstreckenmaterial und verschiedener Unterbrechergeschwindigkeit.

größer wird. Aus den gleichen Abbildungen geht der Einfluß des Kontaktmateriales hervor.

In der Theorie ist angenommen, daß die Unterbrechung des Primärkreises ohne Funkenbildung, also verlustlos erfolgt. Ein Funken kann nicht entstehen,

---

[1]) T. MIZUNO, Phil. Mag. Bd. 45, S. 447. 1898. Auch Beobachtungen von F. KLINGELFUSS, Ann. d. Phys. Bd. 5, S. 837. 1901 lassen sich damit in Einklang bringen; er erhielt an einem 30-cm-Induktor die maximale Funkenlänge auch bei Vergrößerung der Kapazität über den Wert, mit dem die Länge bei einer gewissen Stromstärke zu erreichen war, wenn er die Stromstärke entsprechend vergrößerte.

[2]) R. BEATTIE, Phil. Mag. Bd. 50, S. 139. 1900.

wenn sich die Unterbrecherkontakte so schnell voneinander entfernen, daß die am Kondensator liegende Spannung einen Durchschlag zwischen ihnen nicht hervorrufen kann. In Abb. 12[1]) ist mit v', v'', v''', v'''' der Verlauf der Potentialdifferenz am Primärkondensator bei wachsenden Kapazitätsgrößen bezeichnet (als Ordinaten sind die V_1-Werte, als Abszissen die Zeiten, die seit der Unterbrechung verstrichen sind, aufgetragen). Die Maximalamplituden (zur Zeit $t = T/4$) sind umgekehrt proportional der Schwingungsdauer. Die Gerade v_0 gibt die Größe der Potentialdifferenz an, die nötig ist, um einen Überschlag zwischen den Unterbrecherkontakten zustande zu bringen, wobei das Durchschlagspotential proportional der Entfernung und eine gleichförmige Bewegung der Kontakte angenommen ist. Erhebt sich die Kondensatorspannung über das Durchschlagspotential, so findet ein Funkenübergang und damit eine Entladung des Kondensators statt.

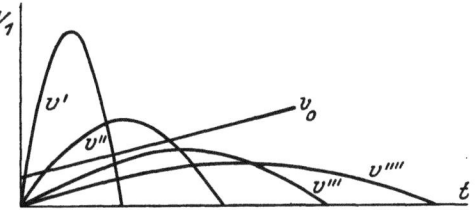

Abb. 12. Zeitliche Spannungsänderung am Primärkondensator.

Dieses ist der Fall bei den beiden kleinsten Kondensatoren (Spannungskurven v' und v''). Der optimale Kondensator müßte so bemessen sein, daß seine Spannungskurve die Gerade v_0 berührte. Diese darf übrigens nicht durch den Anfangspunkt gelegt werden, wenn man der Beobachtung Rechnung tragen will, daß die Funkenbildung gegenüber der geometrischen Unterbrechung verzögert ist. Mit dieser Verzögerung hängt auch zusammen, daß eine Erhöhung des Primärstromes, die sich in einer Vergrößerung der Amplitude der Spannungskurve v des Kondensators auswirken könnte und eine Vergrößerung des Primärfunkens ohne Erhöhung der Sekundärspannung zur Folge haben müßte, solche Wirkungen nicht zeigt.

Der Abb. 12 ist auch die Sekundärspannung zu entnehmen, die der Induktor liefert. Da die in der Sekundärspule induzierte EMK zu der der Selbstinduktion in der Primärspule im Verhältnis M/L_1 steht, erhält man erstere durch Multiplikation der Ordinaten in Abb. 12 mit diesem Faktor. Ist die sekundär eingestellte Funkenstrecke kleiner als dieser Wert, so gleicht sich die Energie hier aus weil sie einen geringeren Widerstand als an den Unterbrecherkontakten findet.

11. Schwingungen des Kreises: Kondensator-Funkenstrecke. Eine weitere Komplizierung der Vorgänge im Unterbrechungsfunken tritt dadurch auf, daß der aus Kondensator und Funkenstrecke bestehende Kreis Schwingungen ausführt, deren Frequenz durch die Kondensatorkapazität und die Selbstinduktion der Verbindungsleitungen bestimmt ist. Sie können nur bestehen, solange der Funke übergeht, und haben für eine bestimmte Kapazität ein Maximum der Intensität. Eine Verkleinerung der Kapazität unter diesen Wert setzt ihre Intensität herab, da dadurch die im Kondensator aufgespeicherte Energie sinkt. Dasselbe gilt bei einer Vergrößerung der Kapazität, weil diese, wie oben ausgeführt ist, der Ausbildung eines Funkens entgegenwirkt. WAGHORN[2]) hat unter Verwendung der in Abb. 13 bezeichneten Schaltung den Strom, der durch den

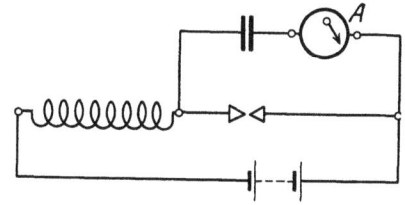

Abb. 13. Schaltungsweise zum Nachweis von Schwingungen im Primärkreis.

---

[1]) H. ARMAGNAT, Éclairage él. Bd. 22, S. 121. 1900. Die Kurve v' hat das höchste Maximum, da, wie oben gezeigt, $v_{max} \infty\ 1/\sqrt{C}$ ist.

[2]) WAGHORN, Electrician Bd. 66, S. 172. 1910.

Kondensator fließt, durch das Hitzdrahtamperemeter A gemessen. Er sollte, wenn keine Schwingungen der betrachteten Art zustande kämen, den durch die berechnete Kurve $OABC$ dargestellten Verlauf haben (Abb. 14). Die Messung desselben gibt aber die Kurve $OA_1B_1C_1$. Die Kurve OA_1D gibt die Differenz zwischen beobachteten und gemessenen Werten und zeigt also den Verlauf des hochfrequenten Stromes in Abhängigkeit von der Kapazität. Seine Intensität wächst mit Vergrößerung der Selbstinduktion im Hauptkreis. Ein Vergleich der Abb. 14 ($L = 0,042$) mit Abb. 15 ($L = 0,026$) läßt diesen Einfluß der Größe L_1 er-

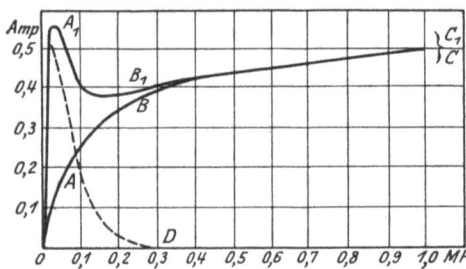 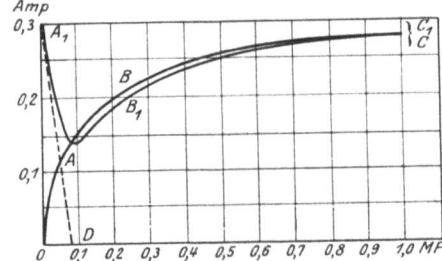

Abb. 14 u. 15. Zum Nachweis hochfrequenter Ströme.

kennen. Die Schwingungen konnten auch mit einem Wellenmesser nachgewiesen werden. Bei einer Selbstinduktion der Induktorspule von 0,024 Henry und einer Kapazität von 0,001 bis 0,005 MF wurden nur hochfrequente Schwingungen beobachtet, von 0,005 bis 0,1 MF traten Schwingungen in beiden Kreisen auf, über 0,1 MF kamen nur Schwingungen in dem von Induktorspule und Kapazität gebildeten Kreis zustande.

Weiter findet WAGHORN, daß das Maximum der Funkenlänge und das des hochfrequenten Stromes bei gleicher Kapazität des Primärkondensators eintritt.

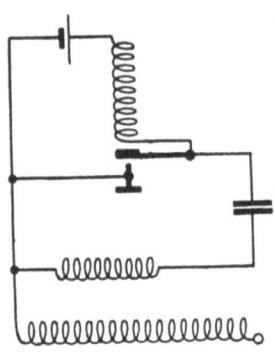

Abb. 16. Zur Ausnutzung hochfrequenter Ströme bei Primärunterbrechung.

WAGHORN hat das Auftreten von Schwingungen nur bei Verwendung eines rotierenden Quecksilberunterbrechers beobachtet und weist besonders darauf hin, daß sie nicht auftreten, wenn der Stromschluß in Luft zwischen festen Kontakten, wie z. B. beim Hammerunterbrecher zustande kommt, ohne wohl freilich verschiedene Metalle als Kontaktmaterial versucht zu haben. Bei den jetzt im Handel befindlichen Hochfrequenzapparaten werden diese Schwingungen durch einen in einen Handgriff aus Isoliermaterial eingebauten Teslatransformator auf hohe Spannung transformiert und unter Zwischenschaltung von Kondensatorelektroden dem Körper zugeführt. Die plattenförmigen Unterbrecherkontakte sind aus Silber oder Wolfram hergestellt. Die Kapazität beträgt ca. 0,1 MF. Abb. 16 gibt ein Schaltungsschema eines solchen Apparats.

N. CAMPBELL[1]) gibt Methoden der Ermittlung der im Öffnungsfunken auftretenden Schwingungen an, woraus er auf den Maximalwert der Spannung glaubte, schließen zu können. Die experimentell gefundenen Spannungswerte weichen freilich von diesen berechneten stark ab.

12. Über die Rolle des Eisenkerns. Bei den Vorgängen im Induktor spielt der Eisenkern eine wichtige Rolle, die keinen Ausdruck in der obenerwähnten

---
[1]) N. CAMPBELL, Phil. Mag. Bd. 37, S. 284 u. 372. 1919.

Theorie findet. Er hat die Aufgabe, beim Stromschluß magnetische Energie aufzuspeichern und dieselbe bei der Stromunterbrechung wieder freizugeben. Während die Wechselstromtransformatoren, die dem Induktor am nächsten stehen, den größten Nutzeffekt bei geschlossenem Eisenkern zeigen, bringt beim Induktor ein geschlossener Kern keine Erhöhung der Sekundärspannung gegenüber den eisenlosen Spulen. Die Einfügung eines Luftspaltes in den Kern aber und seine Vergrößerung läßt die Spannung schnell zu einem Maximum ansteigen und dann wieder langsam abfallen. Diese Beobachtung erklärt sich durch folgende Betrachtung: An den freien Enden eines in einem magnetischen Felde H' befindlichen Eisenstabes bilden sich scheinbare magnetische Belegungen aus. Diese wirken dem ursprünglichen Feld entgegen, so daß die Feldstärke im Eisen

$$H = H' - H_i$$

ist, wenn mit H_i die von den scheinbaren Belegungen hervorgerufene Feldstärke bezeichnet ist. Diese ist proportional der Magnetisierungsintensität J also

$$H_i = p \cdot J.$$

Damit wird

$$H = H' - p \cdot J,$$

p heißt der Entmagnetisierungsfaktor. Für ein Ellipsoid[1]) mit den Achsen $a = b = c\sqrt{1 - e^2}$ ist:

$$p = 4\pi\left(\frac{1}{e^2} - 1\right)\left(\frac{1}{2e}\log\frac{1+c}{1-c} - 1\right);$$

und hat für den Fall einer Kugel ($e = 1$) den Wert:

$$p = \tfrac{4}{3}\pi.$$

Für ein langgestrecktes Rotationsellipsoid wird er

$$p = 4\pi \frac{a^2}{c^2}\left(\log \frac{2c}{a} - 1\right)$$

und nähert sich bei Verlängerung der Rotationsachse dem Werte Null. Dasselbe gilt von einem Eisenkern, dessen Enden durch ein Joch verbunden sind. Nun ist aber die Magnetisierungsarbeit pro Volumeneinheit wesentlich durch p bestimmt; denn sie ist

$$\int H' dJ = \int H dJ + p \int J dJ = \int H dJ + \frac{pJ^2}{2};$$

und darin ist das erste Glied die durch die Hysteresis verbrauchte Arbeit und kann vernachlässigt werden. Die verfügbare Energie des Kernes ist also proportional dem Entmagnetisierungsfaktor. Sie ist demnach klein im Fall eines geschlossenen Eisenkerns oder übermäßig langer Eisenstäbe im Induktor, was der Erfahrung entspricht.

Bei Verkürzung des Eisenkerns wird p dagegen größer und damit auch die im Kern aufgespeicherte Energie. Einer Vergrößerung der Funkenstrecke im sekundären Kreis durch das Wachsen des Entmagnetisierungsfaktors wirkt freilich die mit der Verkürzung des Eisenkerns loser werdende Kopplung der Induktorstromkreise entgegen, indem bei loser Kopplung nicht alle im Eisenkern aufgespeicherte magnetische Energie in elektrische Energie der Sekundärspule umgesetzt wird. Das zeigt folgende Überlegung. Für die maximale Sekundärspannung war oben die Gleichung abgeleitet worden:

$$\varrho_2' = \frac{MJ_1'}{\sqrt{L_1 C_1}}. \tag{21}$$

---

[1]) Lord RAYLEIGH, Phil. Mag. Bd. 2, S. 581. 1901.

Die in der Sekundärspule auftretende Energie ist also:
$$\frac{C_2 \varrho_2'^2}{2} = \frac{C_2 M^2 J_1'^2}{2 L_1 C_1}.$$
Bei loser Kopplung ist
$$M_{\text{lose}}^2 < L_1 L_2 = M_{\text{fest}}^2,$$
also
$$\left[\frac{C_2 \varrho_2'^2}{2}\right]_{\text{lose}} < \left[\frac{C_2 \varrho_2'^2}{2}\right]_{\text{fest}}.$$

DESSAUER[1]) zeigt theoretisch und experimentell in einer neueren Arbeit, daß man die Leistungsfähigkeit der Funkeninduktoren wesentlich erhöhen oder also den Stromverbrauch vermindern kann, wenn man die freien Enden des Eisenkerns durch Ansetzen von nach außen sich erweiternden unterteilten Kegelstumpfen vergrößert. Besonders bei Einzelschlagentladungen ist die Wirkung der Ansatzstücke sehr gut.

b) Technische Einzelheiten des Funkeninduktors.

13. Eisenkern und Primärkreis. Aus den vorangehenden Darlegungen ergibt sich einigermaßen zwangsmäßig Form und Zusammensetzung eines Funkeninduktors für eine bestimmte Sekundärspannung, oder wie man meist angibt, für eine bestimmte Funkenlänge oder Schlagweite. Die beiden Grundformen sind 1. geradliniger Eisenkern mit Primär- und Sekundärwicklung, 2. bis auf einen kleinen Luftspalt oder ganz geschlossener Eisenkern mit Primär- und Sekundärwicklung. Von diesen ist die erste Form die gebräuchlichere, sobald man als Stromquelle für die Primärspule nicht Wechselstrom, sondern unterbrochenen Gleichstrom verwendet. Der Grund ist aus obigem ersichtlich, wenn man noch beachtet, daß der Bau eines Induktors mit geradlinigem Eisenkern bequemer ist[2]).

Der Eisenkern besteht in der Regel zur Vermeidung von Wirbelströmen aus einer Zahl von 1 bis 2 mm dicken Eisendrähten, die voneinander durch Lack, Harz, Papier od. dgl. isoliert sind. Besonders bei den größeren Induktoren muß auf sorgfältige Isolierung geachtet werden. Bei geschlossenen oder fast geschlossenen Eisenkernen verwendet man des bequemeren Zusammenbaues wegen meist, wie bei den Wechselstromtransformatoren, Eisenbleche. Die Dicke des Eisenkerns wird, wie die Erfahrung gelehrt hat, zweckmäßig gleich dem 10. bis 15. Teil der Länge gewählt, und diese etwa doppelt so groß als die gewünschte maximale Funkenlänge (vgl. auch den Schluß der Ziff. 12).

Die Primärwicklung besteht meist aus nur einer Lage von wenigen bis 1000 Windungen eines Drahtes, der bei den kleinen Induktoren 0,6 bis 0,8 mm, bei den großen 2 bis 3 mm dick ist. Sie ist in der Regel auf Isoliermaterial gewickelt und über den Eisenkern geschoben. Bei den geschlossenen Induktoren, bei denen der Eisenkern die Hufeisenform mit angesetzten Polschuhen besitzt, zerfällt die Primärspule in zwei auf den Schenkeln des Hufeisens sitzende Teile. In vielen Fällen auch der ersten Art ist die Primärspule unterteilt, so daß Teile hintereinander oder parallel geschaltet werden können.

Die Unterbrechung des die Primärspule durchfließenden Stromes geschieht auf verschiedene Weise. Näheres darüber siehe unten, Ziff. 17 bis 23.

Der dem Unterbrecher parallel geschaltete Kondensator ist im Fuß des Induktors untergebracht und ist meist ein Stanniolpapierkondensator, der wie

---
[1]) E. DESSAUER, Phys. ZS. Bd. 22, S. 425. 1921.
[2]) Vgl. hierzu auch F. KLINGELFUSS, Ann. d. Phys. Bd. 5, S. 837. 1901.

die Primärspule häufig unterteilt werden kann, im Hinblick darauf, daß für verschiedene Unterbrecher und bei verschiedenen Stromstärken verschiedene Kapazitäten erforderlich sind, um bestimmte Wirkungen zu erzielen. KLINGELFUSS (l. c) hat die Einflüsse der Kapazität nach verschiedenen Richtungen hin untersucht. Er fand dabei die Beziehung in gewissen Grenzen erfüllt:

$$E_2 = \frac{J_1}{p \cdot C_1} \frac{N_2}{N_1} \cdot \text{konst.},$$

worin E_2 die sekundäre Spannung, J_1 die primäre Stromstärke, C_1 die Kapazität, p die Zahl[1]) der halben Schwingungen, die sich im Primärkreis bei der Unterbrechung ausbilden, N_2, N_1 die Windungszahlen bedeuten. Danach kann man für eine bestimmte Stromstärke eine ganz bestimmte Kapazität finden, um eine gewisse Funkenlänge zu erreichen. Er spricht von dem Normalzustand der variablen Bestimmungsstücke, wenn J_1 und C_1 gerade so gewählt sind, daß die bei dem betreffenden Induktor maximal zulässige Funkenlänge damit erreicht werden kann, und meint, daß die im Normalzustand induzierte Spannung und die Größe des Grenzbereiches, innerhalb dessen der Normalzustand durch Veränderung der Variablen J_1 und C_1 hergestellt werden kann, ein genügendes Bild über die Verwendbarkeit einer Spule gibt. Weiter zeigt er z. B., daß zur Erreichung der gleichen Funkenlänge von 30 cm bei einem 30 cm-Induktor für die Kapazitäten

2   4   6   8   10   20   30 · C_0,

worin C_0 eine nicht genau bekannte Einheit (ca. 0,016 MF) ist, die Primärstromstärken

8,0   9,6   11,3   13,0   15,0   23,0   25,5 Amp.

nötig sind. Dabei hatte freilich die Entladung im Sekundärkreis ein sehr verschiedenes Aussehen; bei kleinen Kapazitäten war der Funke dünn, bei größeren wurde er dicker, bei der größten hatte er das Aussehen eines dicken Bandes.

Für einen 1 m-Funkeninduktor gibt KLINGELFUSS als Kapazität, mit der bereits sehr kräftige Einzelfunken oder bei Benutzung eines Quecksilberunterbrechers kräftige Funkenfolgen zu erzielen sind, 0,1 MF an. Bei Erhöhung der Kapazität unter Wahrung des Normalzustandes steigt die Elektrizitätsmenge in der Entladung gewaltig an.

Die Hauptaufgabe des Kondensators bei dem Induktor ist die Funkenlöschung, um eine möglichst schnelle und vollständige Unterbrechung zu erzielen. Daher ist in solchen Fällen, in denen dies auf anderem Wege schon erwirkt wird, wie beim Wehneltunterbrecher, der Kondensator häufig überflüssig, unter Umständen schädlich. Beziehungen, nach denen die Berechnung der richtigen Dimensionen eines Kondensators erfolgen kann, der wenigstens bei induktiven schwachen (bis 0,5 Amp.) Strömen die Funkenbildung am Kontakt unterdrückt, sind von GÜNTHER[2]) angegeben worden. Durch Messung der Funkenenergie hat er festgestellt, daß mit zunehmender, dem Unterbrecher parallelgeschalteter Kapazität der Öffnungsfunke abnimmt, der Schließungsfunke langsam zunimmt, so daß für einen Stromkreis dem Kondensator zweckmäßig eine bestimmte Größe gegeben wird, bei der das Minimum der Funkenenergie auftritt, das übrigens nach wachsenden Kapazitäten sehr flach ist. Er fand im besonderen, daß die Energie des Schließungsfunkens proportional der gesamten entladenen Kondensatorenergie ist, die sich derart auf Funken und Zuleitungswiderstand verteilt, daß man zur Annahme eines konstanten Funkenwiderstandes gelangt.

---
[1]) Die Bestimmung von p gibt KLINGELFUSS (l. c.) an; vgl. auch Ziff. 9.
[2]) O. E. GÜNTHER, Ann. d. Phys. Bd. 42, S. 94. 1913.

Was den Öffnungsfunken betrifft, so hatte ARONS[1]) für den Widerstand während der Unterbrechung die willkürliche Funktion $w = w_0 \frac{\tau}{\tau - t}$ in Ansatz gebracht, worin τ die Unterbrechungszeit bedeutet, und die Folgen dieser Annahme für den Stromverlauf bei der Öffnung diskutiert. JOHNSON[2]) und LAMPA[3]) betrachteten den Stromverlauf unter besonderer Berücksichtigung der der Funkenstrecke parallelgeschalteten Kapazität und berechneten die an den Belegungen des Kondensators auftretende oszillatorische Spannungsdifferenz, „und zwar so, wie wenn sich die gesamte Selbstinduktionsenergie des Stromkreises zunächst in den Kondensator entladen würde. Ein Öffnungsfunke tritt nach ihnen dann auf, wenn das Maximum der so berechneten Spannungsdifferenz das Funkenpotential der gerade herrschenden Elektrodenentfernung erreicht"[4]). GÜNTHER gelang es auf Grund oszillographischer Aufnahmen eine Formulierung des Verlaufes von Strom und Spannung an der Funkenstrecke und damit des Funkenwiderstandes als Funktion der Zeit zu finden; sie stellt eine Erweiterung des Ausdrucks von ARONS dar, die den Konstanten des Stromkreises Rechnung trägt. Er schloß aus seinen Untersuchungen, „der gewöhnliche Öffnungsfunke ist bei Abwesenheit eines Kondensators und bei nicht zu rapider Stromöffnung als eine Lichtbogenentladung aufzufassen. Ein parallel zur Funkenstrecke geschalteter Kondensator unterdrückt das Zustandekommen eines Lichtbogens; dafür tritt schon bei sehr kleinen Kapazitäten eine reine Funkenentladung auf. Mit Hilfe dieser Anschauung findet sich ein Ausdruck, der es gestattet, für beliebigen Stromkreis angenähert die Kapazität zu berechnen, bei der der Öffnungsfunke gerade verschwindet"[5]).

GÜNTHER hat in der genannten Arbeit endlich auch noch die Einflüsse des Funkens auf die Kontakte untersucht und dabei gefunden, daß der Öffnungsfunke durch Oxydationswirkung, der Schließungsfunke durch Verbrauch des Kontaktmaterials (infolge leichten Zusammenschweißens) schädlich wirkt.

Über Einzelheiten der Funkenbildung selbst, oszillatorische Entladungen dabei u. dgl., bzw. Lichtbogenausbildung bei Schaltern s. Bd. XIV und XVII.

14. Die Sekundärspule. Die sekundäre Wicklung besteht aus sehr vielen (nach Tausenden zählenden) Windungen Cu-Draht von höchstens 0,2 mm Durchmesser, und ist meistens auf die Primärspule so gewickelt, daß die Enden der letzteren überragen. Bei im übrigen gleichen Bedingungen wächst, wie die Erfahrung in Übereinstimmung mit der Theorie gezeigt hat, die Funkenlänge der sekundären Spule im Verhältnis der Windungszahl. KLINGELFUSS fand an einem Funkeninduktor mit geradlinigem Eisenkern z. B. folgende Werte; N_2 bedeutet die Windungszahl, f die Funkenlänge:

N_2	20	30	40	60	80	84 · 1000
f	23,5	35	47,5	71,5	96	100 cm
$N_2 : f$	0,85	0,86	0,84	0,84	0,83	0,84 · 1000.

Die Art der Wicklung ist sehr verschieden. Die modernen Funkeninduktoren besitzen Sekundärspulen, die aus einer großen Zahl von aneinandergelegten Flachspulen bestehen. Die Flachspulen sind entweder alle von außen nach innen gewickelt und schließen in der Weise aneinander, daß das innere Ende gut isoliert an das äußere der nächsten Spule gelegt ist; oder sie sind zur Hälfte von außen nach innen, zur anderen von innen nach außen gewickelt und schließen

---

[1]) L. ARONS, Wied. Ann. Bd. 63, S. 177. 1897.
[2]) K. R. JOHNSON, Ann. d. Phys. Bd. 2, S. 179 u. 495. 1900.
[3]) A. LAMPA, Wiener Ber. Bd. 109, IIa, S. 891. 1900; Bd. 110, S. 891. 1901.
[4]) O. E. GÜNTHER, l. c. S. 112.
[5]) O. E. GÜNTHER, l. c. S. 131.

Ziff. 15. Normale Induktorformen. 103

so aneinander, daß bei aufeinanderfolgenden Spulen die inneren Enden oder die äußeren Enden verbunden sind (Abb. 17). Besonders sorgfältig durchdacht ist die Art, wie KLINGELFUSS die Wicklung vornimmt, um mit möglichst wenig, aber sicher ausreichender Isolation auszukommen, wobei er überdies die Wicklung ohne Unterbrechung und ohne nachfolgendes Aneinandersetzen des Drahtes durchführt. Zu beachten ist die Kondensatorwirkung zwischen den beiden Induktorspulen, die man meist dadurch herabdrückt, daß man entweder die einen Enden der beiden Spulen erdet oder die Mitte der sekundären Spule mit der der primären verbindet.

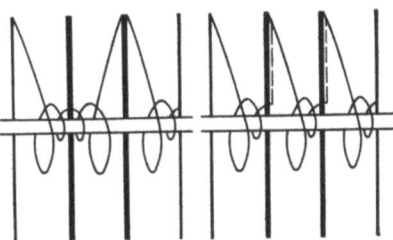

Abb. 17. Art der Verbindung der Teile einer Sekundärspule.

Welchen großen Einfluß die Wicklungsart bei demselben Transformationsverhältnis N_2/N_1 auf die Funkenlänge hat, geht aus der folgenden Tabelle hervor:

Funkenlänge	AEG	Carpentier	Klingelfuß
15 cm	160	108	—
30 ,,	240	183	—
50 ,,	350	180	—
60 ,,	420	144	—
70 ,,	500	—	—
100 ,,	—	—	107

Die Zahlen in der 2., 3., 4. Spalte geben das Verhältnis N_2/N_1 bei Induktoren verschiedener Wicklungsart z. B. der AEG., von CARPENTIER, von KLINGELFUSS an. Die geringere Windungszahl im letzteren Fall bringt den Vorteil mit sich, daß ohne größere äußere Dimensionen zu benötigen, der Durchmesser des Drahtes größer gewählt werden kann, also der Widerstand kleiner wird. Was diesen angeht, so beschreibt KLINGELFUSS einen 1 m-Funkeninduktor mit 40000 Ohm Widerstand in der sekundären Spule mit 86000 Windungen (im Gegensatz zu einem 40 cm-Funkeninduktor von CARPENTIER mit 50000 Ohm und 153000 Windungen).

15. Normale Induktorformen und Abmessungen. Das Schaltungsschema der normalen Type ist in Abb. 1 gegeben, ein schematischer Durchschnitt in Abb. 18. F ist der Eisenkern, S_1 und S_2 die primäre und die sekundäre Spule, U der Unterbrecher und C_1 der Kondensator im Fuß des Induktors.

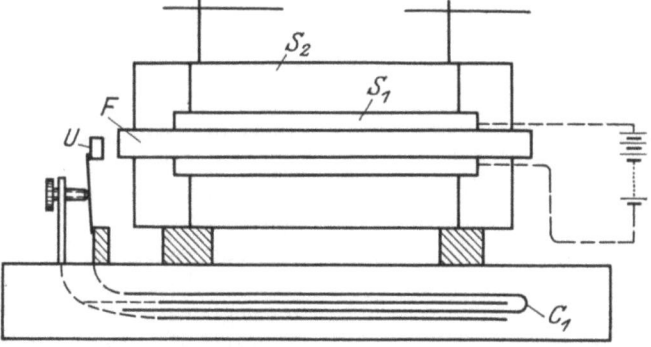

Abb. 18. Schematischer Schnitt durch einen Funkeninduktor.

Die Länge der sekundären Spule ist in der Regel nur etwas kleiner als die der primären und diese kleiner als der Eisenkern. Diese Ausmaße werden gewählt, um das magnetische Feld bei gegebener Länge des Wicklungsdrahtes möglichst gut auszunutzen. Bemerkenswert kurz ist die sekundäre Spule bei einigen Induktoren von ROCHEFORT und WYDTS, die 1897 ihnen die in Abb. 19 ersichtliche Form gegeben haben. Die folgende, aus Zahlen von KLINGELFUSS zusammengestellte Tabelle gibt einen gewissen Anhalt über die Dimensionen (sie gelten für mechanische Unterbrechung):

N_1	N_2	Länge des Eisenkernes	Schlagweite	Kapazität des Kondensators
410	9 000	20 cm	10 cm	0.08 MF
450	18 000	40 ,,	20 ,,	0.08 ,,
450	45 000	85 ,,	50 ,,	0.24 ,,
720	72 000	136 ,,	80 ,,	0.24 ,,
900	90 000	170 ,,	100 ,,	0.24 ,,

Über die in der primären Spule zu verwendenden Stromstärken (vgl. auch Ziff. 13) finden wir ebenfalls bei KLINGELFUSS[1]) Angaben, die sich auf Beobachtungen an einem 100 cm Funkenlänge liefernden Induktor beziehen und in der folgenden Tabelle mitgeteilt sind. Von der Stromstärke hängt die Art der Entladung ab; die Reihe A gibt Stromstärken an, bei denen noch Büschelentladungen auftreten, B bezieht sich auf den Beginn der blauen Funkenentladung, C den Beginn der intensiv blauen Funkenentladung, D den Beginn der sichtbaren Aureole neben blauer Entladung, E auf das Vorhandensein sehr dicker Aureole. (Es handelt sich dabei um Einzelentladungen in Luft unter Atmosphärendruck zwischen positiver Spitze und negativer Platte.)

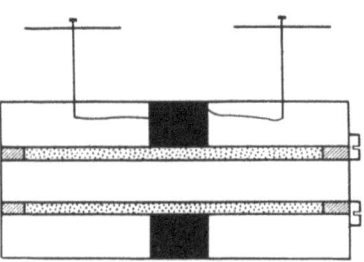

Abb. 19. Schema der Bauart der Induktoren von ROCHEFORT und WYDTS.

Funkenlänge	10	30	50	80	100 cm
A	0,9	2,4	4,1	7,0	9,5 Amp
B	0,95	2,5	4,2	7,5	10,0
C	1,6	4,0	6,3	11,5	20,0
D	2,5	5,0	7,0	13,0	21,0
E	9,5	15,0	27,0	—	—

LA ROSA und PASTA[2]) haben eine Reihe von Messungen des Induktionsflusses an verschiedenen Stellen der sekundären Spule von Induktoren ausgeführt und auf Grund derselben auch einige Angaben über die zweckmäßigsten Dimensionen der Teile des Induktionsapparates gemacht.

16. Abarten der gewöhnlichen Induktorform. Auf die dem geschlossenen Wechselstromtransformator ähnliche Form wurde bereits hingewiesen. Zu dieser Type kann man auch den sog. ,,Pendelumformer" zählen, der allerdings keine hohen Spannungen erzeugt, vielmehr in der sekundären Spule eine Wechselspannung von etwa 150 Volt, wenn an die Primärspule 12 (bzw. 24) Volt Gleichstrom mit mechanischer Unterbrechung angelegt wird. Ein Schnitt ist in Abb. 20 wiedergegeben[3]). Der Gleichstrom wird durch die Zunge Z unterbrochen in der aus der Abbildung leicht ersichtlichen Weise. Diese Umformer wurden in der Schützengrabenfunkentelegraphie vielfach zur Erregung der Sender benutzt.

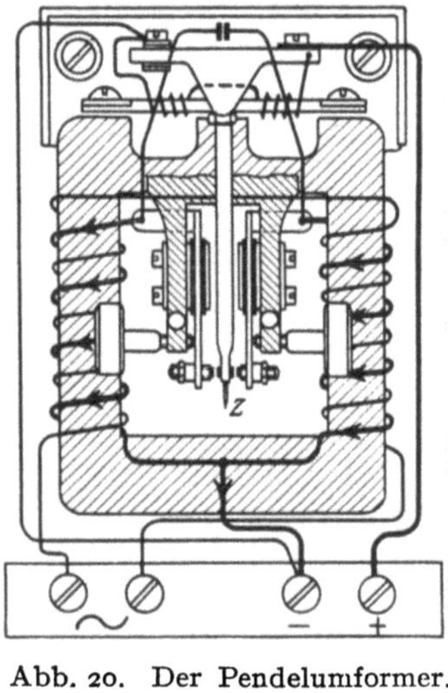

Abb. 20. Der Pendelumformer.

[1]) F. KLINGELFUSS, Ann. d. Phys. Bd. 9, S. 1198. 1902.
[2]) M. LA ROSA u. G. PASTA, N. Cim. (6) Bd. 1, S. 81. 1911.
[3]) Entnommen aus: H. MOSLER, Einführung in die moderne drahtlose Telegraphie und ihre praktische Verwendung. Braunschweig: Vieweg & Sohn 1920.

17. Mechanische Unterbrecher mit Schwingungskörper ohne Quecksilber.

Als Grundtypus dieser Unterbrecher ist der WAGNERsche oder NEEFFsche Hammer[1]), dessen Schema aus Abb. 21 ersichtlich ist, zu nennen; F ist das Ende des Eisenkerns eines Induktors, M ein an der Feder R befestigtes Eisenstück, die in A am Gestell des Induktors befestigt ist. U ist die Unterbrecherstelle, indem der Strom z. B. in V eintreten und bei A austreten kann. Die Metalle an der Unterbrecherstelle sind mit Platinplättchen versehen, was für die Geschwindigkeit der Unterbrechung notwendig ist (s. oben Ziff. 10). Die Zahl der Unterbrechungen in der Sekunde hängt offenbar von der Masse des schwingenden Körpers der Elastizität der Feder, der Stromintensität und der Einstellung der Schraube ab. Die Unterbrechungszahl ist verhältnismäßig klein, die Intensität des zu unterbrechenden Stromes darf nicht hoch sein und daher ist dieser Unterbrecher für große Induktoren nicht im Gebrauch. Eine wichtige Verbesserung hat DEPREZ[2]) 1881 angegeben, die darin bestand, daß er durch eine kräftige Feder die Kontakte aufeinander drückte. Die Wirkungsweise seines Unterbrechers ist aus der schematischen Abb. 22 zu erkennen. Durch Anspannen der Feder

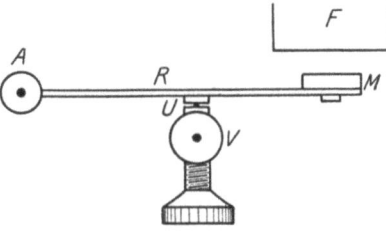

Abb. 21. Prinzip des WAGNERschen Hammers.

und Benutzung höherer Spannungen läßt sich die Unterbrechungszahl gegenüber der des WAGNERschen Hammers beträchtlich erhöhen.

Um zu erreichen, daß die Unterbrechung selbst möglichst plötzlich eintritt, trifft man die Anordnung, daß z. B. nicht die schwingende Zunge M selbst des DEPREZunterbrechers den Strom unterbricht, sondern diese, sobald sie schon in schneller Bewegung sich befindet, eine zweite mitnimmt, die ihrerseits den Kontakt herstellt. Der Vorteil dieser Unterbrecher ist außerdem der, daß sie die Unterbrechung zu ganz bestimmten, einstellbaren Zeiten nach Stromschluß zu erzwingen gestatten. Große Strombelastungen vertragen auch sie nicht.

Später hat sich u. a. v. CZUDNOCHOWSKI[3]) bemüht, diese mechanischen Unterbrecher zu verbessern. Er hält einen „Knick" in der Feder des WAGNERschen Hammers an der Unterbrecherstelle für vorteilhaft und zeigt, daß die richtige Wahl des Verhältnisses der Abschnitte: Befestigungspunkt — Unterbrecher-

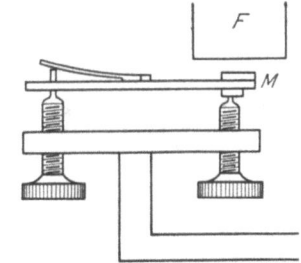

Abb. 22. Prinzip des DEPREZunterbrechers.

stelle und Unterbrecherstelle — Ankerschwerpunkt von Wichtigkeit ist für gute Ausnutzung des Primärstromes und schnelle Stromunterbrechung. Nicht weniger bedeutungsvoll für Stromschlußdauer und Unterbrechungsgeschwindigkeit ist das Ankergewicht. Bei den mechanischen Unterbrechern, bei denen ein Kondensator zur Unterdrückung der Funkenbildung an der Unterbrecherstelle nötig ist, muß außerdem darauf geachtet werden, daß die Zeit zwischen einer Unterbrechung und dem nächsten Stromschluß nicht zu kurz ist, damit das mit dem Kondensator gekoppelte Schwingungssystem ausschwingen kann.

---
[1]) J. P. WAGNER (1799—1879) hat den Apparat zuerst ersonnen (Pogg. Ann. Bd. 46, S. 107. 1839), jedoch scheint der Frankfurter Arzt NEEFF (1782—1849) einen gleichen ohne Kenntnis des Apparats von WAGNER konstruiert zu haben.
[2]) M. DEPREZ, C. R. Bd. 92, S. 1283. 1881.
[3]) W. BIEGON V. CZUDNOCHOWSKI, Verh. d. D. Phys. Ges. Bd. 17, S. 305. 1915; vgl. auch B. THIEME, ebenda Bd. 17, S. 364. 1915; E. RUHMER, Funkeninduktoren. Berlin 1912.

Besondere Bedeutung haben die Unterbrecher erlangt, die bei den sog. ,,Summern" Verwendung gefunden haben, deren Unterbrechungszahl gut einstellbar und sehr hoch ist, so daß sie als hoher Ton wahrnehmbar wird. Freilich sind diese Unterbrecher nur für ganz kleine Ströme brauchbar. Einen ähnlichen Apparat bringt Siemens & Halske in den Handel, bei dem es freilich nicht zu einer vollständigen Unterbrechung kommt, sondern nur zu einer Stromschwankung, die aber — und das ist der Vorteil der Anordnung — in der sekundären Spule einen sinusförmigen Stromverlauf bewirkt (Mikrophonsummer Abb. 23). Die Wirkungsweise ist die folgende. Die Telephonmembran T verstärkt und schwächt beim Schwingen durch Beeinflussung der Mikrophonkontakte M den Strom der Akkumulatoren, der zugleich durch die Primärspule eines kleinen Induktoriums fließt. Die Sekundärspule ist mit einer Wicklung um ein Eisenrohr F, das vor der Membran liegt, verbunden, wodurch bei der Induktion eine Verstärkung und Schwächung des Magnetismus des Eisenrohrs hervorgerufen und die Membran zu weiteren Schwingungen gebracht wird. Zweckmäßig schaltet man in den Sekundärkreis noch eine solche Kapazität ein, daß die elektrische Resonanz mit der Eigenschwingung der Membran übereinstimmt[1]). (Bei der Schwingungszahl n der Membran, der Selbstinduktion L Henry des sekundären Kreises muß die Kapazität $C = \dfrac{10^6}{4\pi^2 n^2 L}$ MF sein.) Man erreicht auf diese Weise außerdem eine sehr reine Sinusschwingung.

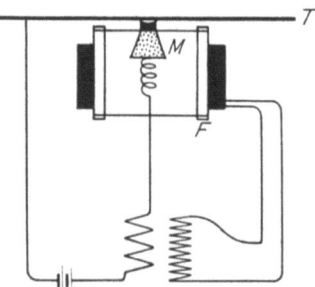

Abb. 23. Schema des Mikrophonsummers.

In gewissem Sinne zu den mechanischen Unterbrechern muß man den von DESSAUER[2]) angegebenen rechnen, der eine einzige möglichst schnelle Unterbrechung durch ,,Explosion" hervorruft, wie es unter Umständen bei sehr kurzdauernden Röntgenaufnahmen erwünscht ist. In einer Patrone befindet sich ein Metallfaden von einigen zehntel Millimeter Dicke, der nur wenige Ampere Belastung verträgt. Wird er mit einem Strom von hundertmal größerer Stärke belastet, so vergast er sofort mit Heftigkeit. Geht das im Innern eines dichten Körpers, wie der Patrone vor sich, so kann Dampf und Gas nicht entweichen und in dem hohen Drucke erfolgt die Unterbrechung sofort. Ein Kondensator ist dabei nicht nötig. Bei Benutzung solcher Patronen beobachtete er mit dem Oszillographen, daß in $4/100$ Sekunden nach dem Einschalten der Primärstrom und mit ihm das Magnetfeld auf das notwendige Maximum anstieg und in wenig mehr als $1/1000$ Sekunden von mehr als 250 Amp. auf Null herabsank.

18. Quecksilberunterbrecher mit Schwingungskörper. Schon FOUCAULT[3]) hat einen Unterbrecher angegeben, bei dem die Unterbrechung und Schließung des Stromes durch Aus- und Eintauchen einer Platinspitze in Quecksilber geschieht, wobei die Platinspitze am Ende eines WAGNERschen Hammers angebracht und mit diesem bewegt wird. Der Apparat ist in verschiedenen Formen noch heute in Gebrauch, da recht starke Ströme in der Weise unterbrochen werden können, wenn über dem Quecksilber Alkohol oder Wasser sich befindet, um die Funkenbildung möglichst zu unterdrücken. Vielfach verwendet man die besondere Form, bei der die Bewegung durch einen von dem Primärkreis vollständig getrennten

---

[1]) F. DOLEZALEK, ZS. f. Instrkde. Bd. 23, S. 240. 1903.
[2]) F. DESSAUER, Phys. ZS. Bd. 13, S. 1101. 1912.
[3]) L. FOUCAULT, C. R. Bd. 43, S. 44. 1856 (FOUCAULTS Interruptor).

Stromkreis bewirkt wird, der selber durch die Bewegung des Armes unterbrochen und geschlossen wird, wie das schematisch die Abb. 24 zeigt. Oder es wird die Bewegung des Unterbrecherbügels durch einen kleinen Motor unterhalten. Im letzteren Fall kann man die Unterbrecherzahl pro Sekunde einstellen. Wegen des Anhaftens des Quecksilbers kommt man aber auch bei diesen Formen über eine Unterbrecherzahl von 30 bis 40 in der Sekunde nicht hinaus.

Zu dieser Art von Unterbrechern gehören die für kleine Ströme sehr gut brauchbaren Saitenunterbrecher[1]). Eine straff gespannte Metallsaite ist mit einer Spitze versehen, die beim Schwingen in Quecksilber ein- und aus ihm austaucht; das Schwingen wird elektromagnetisch unterhalten evtl. unter Benutzung einer zweiten Spitze. Diese Unterbrecher haben

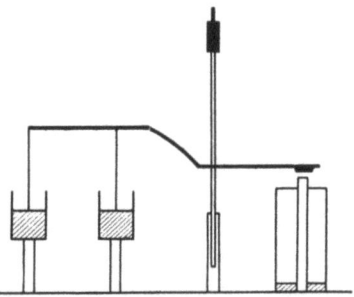

Abb. 24. Quecksilberunterbrecher.

den Vorteil der sehr konstanten Unterbrecherzahl, die außerdem akustisch leicht bestimmbar und in weiten Grenzen verschieden einstellbar ist.

19. Rotierende Quecksilberunterbrecher. Zu wesentlich höheren Unterbrecherzahlen gelangt man in folgender Weise. Nach Art einer Turbine mit vertikaler Achse wird Quecksilber, das sich über dem Boden eines zylindrischen Gefäßes befindet, angesaugt und in einer gewissen Höhe über dem Quecksilberniveau des Zylinders aus einer horizontal geführten mit der Turbine verbundenen Spitze durch Zentrifugalwirkung nach außen geschleudert. In geschlossenem Strahl fliegt es gegen die Wandung des Gefäßes oder gegen in das Gefäß isoliert hineinragende Metallstreifen, durch die dann eine Verbindung zwischen dem Quecksilber und anderen Leiterteilen hergestellt wird (Turbinenunterbrecher der AEG). Der Kontakt durch den Quecksilberstrahl ist sehr gut, die Unterbrecherzahl kann sehr hochgetrieben werden; man erreicht leicht eine Zahl von 150 in der Sekunde. Für kleine Unterbrecherzahl (die eine geringe Tourenzahl der durch einen Motor angetriebenen Turbine erfordert) ist ein solcher Unterbrecher natürlich nicht geeignet, da die Zentrifugalkraft groß genug sein muß, um das Quecksilber weit genug herauszuschleudern. Über dem Quecksilber befindet sich Alkohol. Die auftretende Verschmutzung und Tropfenbildung des Quecksilbers ist kaum hinderlich und eine Reinigung nicht oft nötig.

Bei einer Abart hiervon wird das Quecksilber durch eine Turbine gehoben und aus einer ruhenden Spitze gegen einen in Rotation befindlichen Kranz von Zähnen herausgestoßen. Auch diese Anordnung hat sich bewährt (TESLA, BOAS).

Bei anderen hierhergehörenden „rotierenden Quecksilberunterbrechern", die von Firma Sanitas, Berlin (Rotax), von Firma Reiniger, Gebbert u. Schall, Erlangen (Record) und von den Veifa-Werken, Aschaffenburg (Deformationsunterbrecher) in den Handel gebracht werden, befindet sich das Gehäuse mit dem Quecksilber in Rotation, derart, daß das Quecksilber durch Zentrifugalkraft gehoben wird und in bestimmter Höhe im Gefäß einen zusammenhängenden Ring bildet, der mit der einen Zuleitung verbunden ist. Dort tritt es z. B. mit den Zähnen eines ebenfalls sich drehenden, im Innern des Gefäßes, also isoliert davon gelegenen Rades in Kontakt, das die andere Zuleitung bildet; oder es wird die Verbindung mit der anderen Zuleitung durch einen im Innern des Gehäuses hin

---

[1]) M. WIEN, Wied. Ann. Bd. 44, S. 683. 1891; W. NERNST, ZS. f. phys. Chem. Bd. 14, S. 622. 1894; L. ARONS, Wied. Ann. Bd. 66, S. 1177. 1898.

und her schwingenden Kontaktstab hergestellt, der bei den größten Elongationen in den Quecksilberring taucht, oder dadurch, daß ein Kontaktstab im Innern um eine zur Achse des Quecksilberringes geneigte Achse rotiert und auf diese Weise zweimal bei einer Umdrehung in den Quecksilberring taucht. Bei dem von DESSAUER[1]) näher beschriebenen Deformationsunterbrecher bewegen sich Kontaktstab und Quecksilberring koaxial mit evtl. verschiedenen Geschwindigkeiten; der Kontaktstab reicht aber zum Quecksilber nur an Stellen, an denen infolge von am Innern der Wand des Gefäßes eingesetzten kleinen Erhöhungen der Quecksilberring deformiert wird.

20. Elektrolytische Unterbrecher. Legt man an die Elektroden in einem Elektrolyten eine die Polarisationsspannung weit übertreffende Spannungsdifferenz, so tritt an der Elektrode mit der kleineren Oberfläche unter Umständen eine Lichterscheinung und erhebliche Wärmeentwicklung auf, was besonders deutlich zu beobachten ist, wenn die betreffende Oberfläche sehr klein (z. B. eine aus einem Glasrohr herausragende Platinspitze) ist. Der intermittierende Charakter der an der Elektrode auftretenden Lichterscheinung war bald nach Entdeckung dieses Vorganges erkannt worden und wurde von KOCH und WÜLLNER[2]) mit Hilfe eines eingeschalteten Telephons einwandfrei nachgewiesen. Man bezeichnete die kleine Elektrode, an der die Beobachtungen gemacht werden konnten, die „aktive" Elektrode[3]). WEHNELT[4]) zeigte nun, daß mit der Erscheinung eine vollständige Unterbrechung des Stromes verbunden war und benutzte diese Erkenntnis zur Konstruktion eines äußerst wirkungsvollen Unterbrechers. Wie SIMON[5]) zuerst durch eigens zu dem Zweck angestellte Versuche nachweisen konnte, trat die Unterbrechung durch einen Verdampfungsvorgang an der kleinen Oberfläche infolge hoher Stromdichte und starker Wärmeentwicklung ein, indem sich an der Platinspitze ein Dampfbläschen bildete, das sich schließlich über die ganze Platinspitze ausdehnte. Nach der Unterbrechung des Stromes wurde die Wärme durch die Flüssigkeit schnell fortgeführt, und dadurch eine Kondensation hervorgerufen, so daß der Strom von neuem fließen konnte. Befand sich in der Leitung eine größere Selbstinduktion, so zeigte sich an der Unterbrecherstelle ein Öffnungsfunke, wodurch die Leuchterscheinung entstand. WEHNELT fand als brauchbare Anode eine Platinspitze, als Kathode eine Bleiplatte; als Elektrolyt benutzte er verdünnte Schwefelsäure. Auch andere Metalle und Elektrolyte waren verwendbar. Die Unterbrechungszahl an der Platinspitze (als Anode) war überraschend hoch und konnte auf mehrere Tausend Unterbrechungen in der Sekunde gesteigert werden, wie WEHNELT durch die stroboskopische Methode und durch die Höhe des pfeifenden Tones, der bei der hohen Unterbrecherzahl entstand, bestimmte. Als Kathode verwendet erwies sich die Platinspitze überraschenderweise als unbrauchbar. Die Erklärung für diese eigentümliche Polarität der Erscheinung sah KLUPATHY[6]) in dem bei dem Stromdurchgang auftretenden Peltiereffekt[7]), der bei der im Wehneltunterbrecher gewählten Zusammenstellung von Leitern die Anode erwärme und vermutlich mit der reinen Stromwärme zusammen zur Dampfbildung und Unterbrechung führe. Auch die Wasserstoffentwicklung an der Kathode und die sofortige Absorption im Platin mag der Unterbrechung an

---
[1]) F. DESSAUER, Phys. ZS. Bd. 10, S. 674. 1909.
[2]) K. R. KOCH u. A. WÜLLNER, Wied. Ann. Bd. 45, S. 475 u. 759. 1892.
[3]) LAGRANGE u. HOHO, Lum. électr. Bd. 52, S. 113. 1894.
[4]) A. WEHNELT, Elektrot. ZS. Bd. 20, S. 76. 1899; Wied. Ann. Bd. 68, S. 233. 1899.
[5]) H. TH. SIMON, Wied. Ann. Bd. 68, S. 273. 1899.
[6]) E. KLUPATHY, Ann. d. Phys. Bd. 9, S. 147. 1902.
[7]) E. BOUTY, C. R. Bd. 89, S. 146. 1879; Bd. 90, S. 987. 1880; Bd. 92, S. 868. 1881; J. GILL, Wied. Ann. Bd. 40, S. 115. 1890.

der Kathode entgegenwirken[1]); sie ruft vermutlich im Platin eine so große Erhitzung hervor, daß, wie es beobachtet wird, bei größeren Spannungen die Platinspitze sehr schnell abschmilzt.

Sehr eingehend haben bald nach der Entdeckung durch WEHNELT die Erscheinungen am Wehneltunterbrecher VOLLER und WALTER[2]) diskutiert, nachdem sie eine Reihe die Vorgänge aufklärende Versuche ausgeführt hatten. Die Untersuchung der Gas- und Dampfblasen, die sich an der Anode entwickeln, lehrte, daß sich Wasserstoff und Sauerstoff in beträchtlichen Mengen darin befanden, in Mengen, die nicht aus rein elektrolytischer Wirkung zu erklären waren. Auch nach ihrer Meinung ist die erste Ursache der Unterbrechung die Erwärmung der Flüssigkeitsschicht um den kurzen Anodendraht herum infolge des erheblichen Widerstandes; die Stromwärme bringt bei genügender Stromstärke die Flüssigkeit zum Verdampfen; außerdem tritt aber in der Dampfblase anscheinend eine Zersetzung auf, sei es nun durch direkte Elektrolyse oder chemische Dissoziation infolge der durch Funkenbildung erzeugten hohen Temperatur; der Stromschluß erfolgt dann durch Ablösen der Dampfblase unter Explosion und Kondensation. Bei verkehrter Schaltung sind nach ihren Beobachtungen die im Induktionsapparat erzeugten sekundären Funkenlängen wesentlich geringer als bei normaler Schaltweise und zerstäuben die kleinen Platinspitzen außerordentlich schnell.

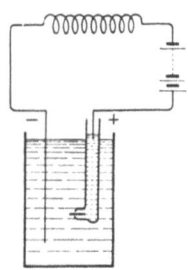

Abb. 25. Schema des WEHNELTunterbrechers.

Das einfache Schaltungsschema der Anordnung zeigt die Abb. 25. Bemerkenswert ist, daß ein Kondensator bei diesem Unterbrecher nicht gebraucht wird, da die Unterbrechung außerordentlich schnell und vollständig erfolgt. SIMON ist später durch die Überlegung, daß die starke, den Verdampfungsvorgang hervorrufende Erwärmung infolge des Stromes durch jede Art der Einschnürung der Strombahn zu erreichen sein müsse, auf die folgende Modifikation gekommen. Man trennt die beiden in der Größe nicht so wesentlich verschiedenen Elektroden[3]) in verdünnter Schwefelsäure voneinander, indem man die eine mit einem Porzellanrohr umgibt, das mit kleinen Löchern versehen ist. Die Unterbrechung findet an den Löchern des Rohres statt. Die seinem Vorschlag entsprechende Form ist in Abb. 26 schematisch dargestellt, in der auch der Erfahrung entsprechend das Flüssigkeitsniveau im engen Rohr höher gezeichnet ist als im weiten Gefäß, was auf das Auftreten von Unterbrecherblasen im Innern zurückzuführen ist.

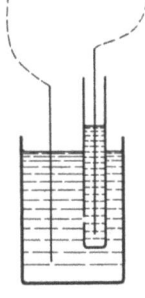

Abb. 26. Schema des Lochunterbrechers.

Die Unterbrecherzahl wächst bis zu hohen Spannungen (vgl. jedoch Ziff. 22) mit der angelegten Spannung und ist ungefähr umgekehrt proportional dem Widerstand im Kreis, daher auch der Selbstinduktion. Sie wächst mit abnehmender Dicke des Platindrahtes offenbar wegen der schnelleren Erwärmung und der damit verbundenen Dampfbildung. Auch von dem Strom in der sekundären Spule hängt die Frequenz etwas ab und nimmt zu, wenn der Widerstand (Funkenstrecke) im sekundären Kreis kleiner wird. Die Änderung der Frequenz bei Änderung der Sekundärfunken ist akustisch leicht festzustellen. Bemerkens-

---

[1]) H. TH. SIMON, l. c.
[2]) A. VOLLER u. B. WALTER, Wied. Ann. Bd. 68, S. 526. 1899.
[3]) Als solche können Bleistreifen oder Bogenlampenkohlen verwendet werden (vgl. auch W. GROSCH, ZS. f. phys. Unterr. Bd. 35, S. 81. 1922).

wert ist, daß bei sehr hohen Unterbrecherzahlen eine **vollständige** Unterbrechung nicht mehr eintritt.

Die Stromdichte ist ziemlich unabhängig von der angelegten Spannung, und bei Platinspitzen etwa 0,4 Amp/mm². Sie hängt aber von der **Temperatur** des Elektrolyten ab, nimmt ab, wenn diese zunimmt. Oberhalb von 60° ist die Arbeitsweise unregelmäßig, weshalb die Verwendung einer Kühlvorrichtung bei Dauerbetrieb empfehlenswert ist. Bei Dauerbetrieb sollte man Stromstärken verwenden, die 10 Amp. nicht wesentlich unter-, 15 Amp. nicht wesentlich überschreiten.

21. Theoretisches zum elektrolytischen Unterbrecher. SIMON[1]), KLUPATHY[2]), GOLDHAMMER[3]) und LUDEWIG[4]) haben ausführlich die Wirkungsweise des WEHNELTschen und des Lochunterbrechers behandelt und zum Teil durch Versuche die oben mitgeteilte Anschauung bestätigt. So konnte gezeigt werden, was für die Anschauung der Wärmeentwicklung an der Platinspitze sprach, an der der größte Widerstand im Stromkreis anzunehmen ist, daß bei einem bestimmten Unterbrecher die zu einer Unterbrechung erforderliche Stromarbeit immer die gleiche ist. Man zerlegt bei diesen Betrachtungen den Unterbrechungs- und Schließungsvorgang im Unterbrecher in zwei Perioden: T_1 die Zeitdauer vom Moment des Stromschlusses bis zur Unterbrechung, T_2 die vom Moment der Unterbrechung bis zum Schluß.

Nach SIMON, der den **Peltier**effekt nicht zur Erklärung mit heranzieht, muß die entwickelte JOULEsche Wärme allein gerade genügen, um an der Anode eine Verdampfung und Stromunterbrechung hervorzurufen. Sie ist nach SIMON gleich

$$\int_0^{T_1} J^2 W \, dt$$

und hat bei einem bestimmten Unterbrecher einen konstanten Wert c_1, wie seine oben erwähnten Versuche auch zeigten, die freilich keine extremen Fälle enthalten (W ist der Widerstand an der Platinspitzenoberfläche). In Rücksicht darauf, daß der Strom J mit der Zeit t gemäß der Gleichung zunehmen muß (L die Selbstinduktion des Kreises)

$$J = \frac{E}{W}\left(1 - e^{-\frac{W}{L}t}\right)$$

und unter der, wie Versuch und Rechnung lehrt, berechtigten Annahme, daß L/W klein gegen T_1 ist, findet man

$$T_1 = \frac{3}{2}\frac{L}{W} + c_1\frac{W}{E^2}.$$

T_2 ist offenbar bestimmt durch die Abkühlungsgeschwindigkeit der Anode und ihrer Umgebung, also für einen bestimmten Unterbrecher eine Konstante c_2. Somit findet man für die Unterbrechungszahl in Übereinstimmung mit den Resultaten der in gewissen Grenzen ausgeführten qualitativen Versuche:

$$\frac{1}{T} = 1 : \left[\frac{3}{2}\frac{L}{W} + \frac{c_1 W}{E^2} + c_2\right].$$

---

[1]) H. TH. SIMON, Wied. Ann. Bd. 68, S. 273. 1899.
[2]) E. KLUPATHY, Ann. d. Phys. Bd. 9, S. 147. 1902.
[3]) D. A. GOLDHAMMER, Ann. d. Phys. Bd. 9, S. 1070. 1902.
[4]) P. LUDEWIG, Ann. d. Phys. Bd. 25, S. 467. 1908; Bd. 28, S. 175. 1909; Bd. 31, S. 445. 1910; vgl. a. L. SCHÖN, Darmstädter Wiss. 1908.

Als Stromkurve folgt die in Abb. 3 (Ziff. 5) schematisch aufgezeichnete Form, und als die vom Hitzdrahtamperemeter angegebene Stromstärke ergibt sich:

$$\bar{J} = \sqrt{\frac{1}{T}\int_0^{T_1} J^2\, dt} = \sqrt{\frac{c_1}{\frac{3}{2}L + \frac{c_1 W^2}{E^2} + c_2 W}}.$$

Sie nimmt also mit wachsender Unterbrecherzahl und wachsendem Widerstand (kleiner werdender Anodenfläche) rasch ab, mit wachsender Betriebsspannung schnell zu, mit wachsender Selbstinduktion ab, ein Resultat, das in Übereinstimmung mit den experimentellen Ergebnissen steht. Die maximale Stromstärke, die für die sekundäre Spannung maßgebend sein wird, ist offenbar im Moment der Unterbrechung erreicht, also zur Zeit T_1 und muß dementsprechend den Wert annehmen:

$$J_1 = \frac{E}{W}\left(1 - e^{-\frac{3}{2} + \frac{c_1 W}{L \cdot E^2}}\right).$$

Sie wird die maximale Funkenstrecke des Induktoriums bestimmen.

KLUPATHY war der Meinung, daß es nicht genüge, für den Verdampfungsvorgang nur die JOULEsche Wärme in Rechnung zu setzen, sondern daß auch hier der an der Anode auftretende Peltiereffekt eine Rolle spiele (s. o.)[1]. GOLDHAMMER behandelte daraufhin die Vorgänge etwas allgemeiner und kam auf Formeln für die Zeit T_1, die nicht sehr viel von denen SIMONS und KLUPATHYS abweichen. Im besonderen machte er die Annahme, daß die während des Stromdurchgangs entwickelte Wärme als von T_1 abhängig angesehen werden müsse, also in den Formeln von SIMON c_1 im einfachsten Fall durch $a_1 + b_1 \cdot T_1$ zu ersetzen sei. Für T_1 findet er in erster Annäherung beim Wehneltunterbrecher

$$T_1 = \frac{b + \frac{1}{2}J_1 \Theta}{J_m - a},$$

beim Lochunterbrecher

$$T_1 = \frac{\beta + \frac{1}{3}J_1^2 \Theta}{J_e^2 - \alpha},$$

worin a, b, α, β Konstanten des benutzten Unterbrechers sind, die von Größe und Form desselben abhängen, J_1 die maximale primäre Stromstärke ist, die in dem Moment besteht, in dem die Unterbrechung beginnt, J_m die mittlere, J_e die effektive Stromstärke und Θ die Zeit des Stromabfalls von J_1 auf Null bedeutet, die sicher klein gegen die Zeit des Stromanstiegs ist. In die Konstanten gehe auch der Peltiereffekt und der Widerstand im Elektrolyten ein; Θ scheine für ein und denselben Unterbrecher konstant zu sein, auch wenn sich die Unterbrecherzahl pro Sekunde ändert, von der offenbar nur die Zeit des Stromanstiegs abhängt[2]. Da die Konstanten a, b proportional der aktiven Fläche des Unterbrechers und die Konstanten α, β bei dem Lochunterbrecher proportional dem Quadrat des Lochquerschnittes sind, folgt aus den Gleichungen für T_1, daß diese Zeiten und damit die Unterbrechungszahlen von den Stromdichten an der Unterbrecherstelle bei verschiedenen Unterbrechern abhängen.

22. Grenzen der Verwendbarkeit des elektrolytischen Unterbrechers. Wie schon bemerkt, sind bei Dauerbetrieb Stromstärken von 10 bis 15 Amp. am günstigsten, wenn man es mit den üblichen Wehnelt- oder Simonunterbrechern

---
[1] Vgl. hierzu: E. BOUTY, C. R. Bd. 89, S. 146. 1877; Bd. 90, S. 987. 1880; Bd. 92, S. 868. 1881; J. GILL, Wied. Ann. Bd. 40, S. 115. 1890.
[2] R. FEDERICO u. P. BACCEI, Phys. ZS. Bd. 1, S. 137. 1899.

zu tun hat. STARKE[1]) hat aber gezeigt, daß, wenn man dem Platindraht eine äußerst geringe Dicke (einige Hundertstel Millimeter) gibt, man bei einer Spannung von 10 bis 12 Volt und Stromstärken von einigen Hundertstel Ampere mit dem Wehneltunterbrecher sehr befriedigend arbeiten kann. Er beschreibt ein einfaches Modell, das er bei kleinen Induktoren, wie sie zur Messung von Flüssigkeitswiderständen mit der Kohlrausch-Meßbrücke oder zur Messung von Dielektrizitätskonstanten nach der Methode von NERNST Verwendung finden, mit Vorteil benutzt hat. Durch die hohe Unterbrechungszahl, die äußerst bequeme Handhabung und absolute Betriebssicherheit zeichnet er sich zweifellos vor anderen Unterbrechern aus.

Die wichtige Frage, von welchen bis zu welchen Betriebsspannungen der normale Wehneltunterbrecher brauchbar ist, ist mehrfach Gegenstand der Untersuchung gewesen. Sie kann nicht ohne Bezugnahme auf gewisse Nebenumstände insbesondere auf die Größe der Selbstinduktion im Kreise beantwortet werden. Man hat im allgemeinen drei verschiedene Arten des Stromdurchgangs durch den Elektrolyten im Wehneltunterbrecher zu unterscheiden, deren Verhältnis zueinander aus der Abb. 27, die die Resultate einer Untersuchung von BARY[2]) wiedergibt, leicht entnommen werden kann. In ihr sind als Abszisse die Betriebsspannung, als Ordinate die Logarithmen der Selbstinduktion des Kreises in Henry aufgetragen. Bei verhältnismäßig kleinen Spannungen und kleinen Selbstinduktionen beobachtet man die gewöhnliche elektrolytische Leitung; bei höheren Selbstinduktionen tritt der regelmäßige Unterbrechungsvorgang ein; bei weiterer Steigerung der Spannung beginnt die Platinspitze zu glühen, die Stromintensität nimmt ab, die Unterbrechung wird unregelmäßig, bis bei noch höheren Spannungen die Unterbrechung ganz aufhört. Dieses letztere Gebiet ist bereits von VIOLLE und CHASSAGNY[3]) beschrieben worden.

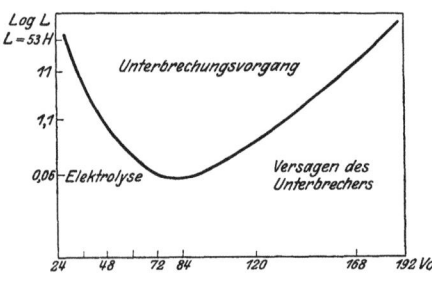

Abb. 27. Nötige Betriebsspannung für elektrolytische Unterbrechung.

Daß bei einer vorgegebenen Spannung die Selbstinduktion im Wehneltunterbrecherkreis eine bestimmte Größe mindestens haben muß, wenn der Unterbrecher gut funktionieren soll, zeigt übrigens durch eine einfache Überlegung LUDEWIG[4]). Durch die schnelle Unterbrechung an der Platinspitze oder dem Loch infolge der Blasenbildung bildet sich in der 2. Periode des Unterbrechungsvorgangs eine Öffnungsspannung aus, die das explosible Gasgemisch durchschlagen muß, wenn der Unterbrecher richtig arbeitet. Sie muß also einen bestimmten Wert erreichen und hängt ab von der Zeit, in der der Widerstand an der Unterbrechungsstelle von seinem ursprünglichen Wert W auf ∞ wächst und von der Zeitkonstante des Unterbrecherkreises $\vartheta = L/W$ mit der Selbstinduktion L. Wenn $\tau < \vartheta$, so wächst die Spannung mit Sicherheit über den erforderlichen Wert, wenn $\tau > \vartheta$, ist das unter Umständen nicht der Fall, indem sie nur bis zu dem Betrag $E \dfrac{\vartheta}{\tau - \vartheta}$ wächst, wenn E die Betriebsspannung bedeutet. Also wirken Erhöhung der Betriebsspannung, Vergrößerung der Selbstinduktion,

---

[1]) H. STARKE, Verh. d. D. Phys. Ges. Bd. 3, S. 125. 1901.
[2]) P. BARY, C. R. Bd. 128, S. 925. 1899.
[3]) VIOLLE u. CHASSAGNY, C. R. Bd. 108, S. 284. 1889.
[4]) P. LUDEWIG, Ann. d. Phys. Bd. 31, S. 445. 1910.

Verkleinerung des Widerstandes in gleichem Sinne auf das Zustandekommen des Wehneltphänomens.

23. Untersuchungen von LUDEWIG **am elektrolytischen Unterbrecher**[1]). Gegen die Theorie, daß der Peltiereffekt eine Rolle spiele, wandte sich auf Grund besonderer Versuche LUDEWIG. Einmal sprach dagegen, daß das verwendete Metall auf die Unterbrechungstätigkeit keinen spezifischen Einfluß hatte; und zweitens ergaben die Versuche, daß der Peltiereffekt auch nicht die Unipolarität der Erscheinung erklären konnte; denn bei verkehrter Schaltung (negativer Platinspitze) trat allerdings offenbar durch sekundäre Ursachen der Unterbrechungsvorgang weniger regelmäßig auf, aber mit größerer Unterbrecherzahl. In Übereinstimmung mit letzterem Befund zeigte sich ferner, daß am Unterbrecher sich nicht eine so hohe Spannung ausbildete, bis Unterbrechung auftrat, als wenn die Platinspitze am positiven Pol lag. Allem Anschein nach ist die Unipolarität in der von STARK und CASSUTO[2]) angegebenen Weise zu erklären; wenn das Metall Kathode ist, so muß nach der Ionentheorie bei relativ niedriger Spannung ein Lichtbogen einsetzen.

LUDEWIG zeigte ferner durch eine Reihe von Versuchen, daß die Annahme SIMONS (reiner Verdampfungsvorgang) zur Erklärung der Wirkungsweise des Lochunterbrechers völlig genüge; die Abweichungen bei kleiner Unterbrecherzahl lassen sich zwanglos daraus erklären, daß merklich Wärme in einer Unterbrecherperiode abgeführt wird. Bei den Versuchen ergab sich auch, daß die Unterbrecherzahl bei Erhöhung der Temperatur nur unwesentlich erhöht wird. Komplizierter sind die Vorgänge bei dem eigentlichen Wehneltunterbrecher, der unter sonst gleichen Umständen (Oberfläche des Stiftes gleich Öffnung des Lochunterbrechers) 3 bis 5mal sooft unterbricht als der Lochunterbrecher. Bei dem Stiftunterbrecher tritt offenbar Elektrolyse auf (vgl. oben genannte Arbeit von VOLLER und WALTER), bei der schon während des Stromanstieges bis zum Augenblick der Unterbrechung Sauerstoffblasen an dem Stift sich ansetzen und die Unterbrechung beschleunigen.

Es sei erwähnt, daß LUDEWIG im Anschluß an diese Untersuchungen auch die Rückwirkung der sekundären Wicklung bei Benutzung elektrolytischer Unterbrecher auf die Unterbrechung experimentell untersucht hat und dabei fand, daß der Stiftunterbrecher gegenüber dem Lochunterbrecher eine größere Schließungsinduktion zeigt, deren Auftreten bekanntlich für Röntgenstrahlen schädlich ist.

In einer späteren Arbeit wendet sich LUDEWIG[3]) gegen die Theorie von BARY[4]), der glaubte, die Wirkung auf eine bis zum Zerreißen des Stromfadens führende Einschnürung infolge von ,,elektromagnetischer Striktion" zurückführen zu können, eine Theorie, die in der Tat abzulehnen ist, da sie nicht ausreicht, von den Vorgängen ein quantitativ richtiges Bild zu geben.

c) Apparate zur Erzeugung von Stromstößen.

24. Die Windungsfläche. Durch Bewegung einer Induktionsspule im Magnetfeld, die an ein ballistisches Galvanometer angeschlossen ist, können wir einen berechenbaren Stromstoß erzeugen und durch ihn das ballistische Galvanometer eichen, wenn wir außer der Kenntnis des Magnetfeldes auch die der Windungsfläche der Spule besitzen. Handelt es sich um ein homogenes

---

[1]) P. LUDEWIG, l. c.
[2]) J. STARK u. L. CASSUTO, Phys. ZS. Bd. 5, S. 264. 1904.
[3]) P. LUDEWIG, Phys. ZS. Bd. 10, S. 678. 1909.
[4]) P. BARY, L'Éclair. électr. Bd. 51, S. 37. 1907; C. R. Bd. 147, S. 570. 1908; L'Éclair. électr. Bd. 6, S. 136 u. 172. 1909.

Magnetfeld, so brauchen wir zur Berechnung des Stromstoßes nur die Kenntnis der Summe der von den einzelnen Windungen der Spulen umschlossenen Flächen. Diese Summe wird Gesamtwindungsfläche oder wirksame Windungsfläche genannt und kann rechnerisch oder empirisch bestimmt werden. Enthält die Spule eine Reihe von Windungen dünnen Drahtes derart, daß der Querschnitt der Wicklung klein ist im Vergleich zu der Größe der von einer Windung umschlossenen Fläche, und ist das Feld in größerer Ausdehnung homogen, so wird zur Berechnung des Stromstoßes die Kenntnis der Gesamtwindungsfläche genügen.

Die rechnerische Bestimmung aus den Dimensionsabmessungen ist nicht leicht mit großer Genauigkeit durchführbar. Es gibt aber einige bequeme Formeln, deren Anwendung für Überschlagsbestimmungen empfehlenswert ist. So ist z. B. bei gleichmäßiger Wicklung mit dem inneren bzw. äußeren Halbmesser r_0 und r_1 und der Windungszahl n die Gesamtwindungsfläche:

$$f = \tfrac{1}{3}\pi n (r_0^2 + r_0 r_1 + r_1^2).$$

Oder, wenn man eine Lage mit n Windungen einer Flachspule hat, die, was beim Aufspulen gemessen sein mag, die Drahtlänge l ergeben, so ist

$$f = \frac{l^2}{4\pi n} + \frac{\pi}{12} n \cdot (r_1 - r_0)^2.$$

Die empirische Bestimmung geschieht hauptsächlich in zweierlei Weise. Entweder vergleicht man die Fernwirkung auf eine Magnetnadel mit der einer Spule von bekannter Windungsfläche, wenn beide von einem bekannten Strom durchflossen werden; oder man bringt die Spule in ein bekanntes Magnetfeld und berechnet die Fläche aus dem Ausschlag eines geeichten ballistischen Galvanometers bei Drehung der Spule um bekannte Winkel. Die Ausführungsformen dieser Methoden sind sehr verschiedenartig und hängen natürlich von der Größe und Form der Spule ab.

25. Messung des Induktionsstoßes mit dem ballistischen Galvanometer. Als ballistisches Galvanometer bezeichnet man ein solches, mit dem kurzdauernde Stromstöße gemessen werden können; es muß zu dem Zweck eine lange Schwingungsdauer besitzen. DIESSELHORST[1]) stellt folgende Forderungen an ein zur Messung von Induktionsströmen brauchbares Galvanometer: 1. Es muß möglich sein, den Umkehrpunkt scharf zu beobachten (wenn größere Ausschläge benutzt werden, darf deswegen die Zeitdauer bis zur ersten Umkehr nicht weniger als etwa 5 Sekunden betragen). 2. Das Galvanometer muß nach dem Ausschlag in kurzer Zeit zur Ruhe kommen. 3. Der zeitliche Verlauf des Induktionsstromes soll die Größe des Ausschlages nicht merklich oder wenigstens nur um einen hinreichend genau angebbaren Betrag beeinflussen. Seine Überlegungen führen zu dem Resultat, daß die Drehspulengalvanometer zu Messungen eines einzelnen Induktionsstoßes sich dann besonders gut eignen, wenn es bei dem gerade vorhandenen äußeren Widerstand nahezu aperiodisch schwingt und die Schwingungsdauer des ungedämpft schwingenden Systems etwa 15 Sekunden beträgt.

Ist die Dauer des Stromstoßes sehr klein gegen die Schwingungsdauer τ des ungedämpft schwingenden Systems, so ergibt eine einfache Rechnung für die im Induktionsstoß auftretende Elektrizitätsmenge

$$Q = \frac{1}{W}\int_0^t E\,dt \qquad (24)$$

den Wert

$$Q = C \cdot \frac{\tau}{\pi} k^{\frac{1}{\pi}\operatorname{arc tg}\frac{\pi}{\lambda}} \cdot s, \qquad (25)$$

---

[1]) H. DIESSELHORST, Ann. d. Phys. Bd. 9, S. 458. 1902.

wenn k das Dämpfungsverhältnis, $\lambda = \lg k$, s der Ausschlag des Galvanometers und C die Empfindlichkeit des Galvanometers, d. h. der konstante Ausschlag ist, den das Galvanometer bei einem konstanten Strom der Stärke 1 zeigt.

In welcher Weise die Dauer des Induktionsstoßes bei der Berechnung der Elektrizitätsmenge Q aus dem Ausschlag zu berücksichtigen ist, haben DORN[1]) und später DIESSELHORST[2]) angegeben. Das an den beobachteten Ausschlag wegen der Dauer anzubringende Korrektionsglied hängt von der Stromform des Induktionsstoßes ab und ist proportional dem Quadrat des Verhältnisses der Dauer ϑ des Stoßes und der Schwingungsdauer τ des Systems. Der Ausschlag muß um $\gamma \vartheta^2/\tau^2$ vergrößert werden, um den richtigen Wert von Q zu geben, wenn γ eine zwischen 0 und 1 gelegene, von der Stromform abhängige Zahl ist.

26. Genauere Meßmethoden eines Induktionsstoßes. Häufig kann man die in einem Stromstoß auftretende Elektrizitätsmenge dadurch genauer bestimmen, daß man den Stoß vielmals wiederholt, z. B. $n$mal in der Sekunde und den sich dabei einstellenden konstanten Ausschlag s_0 des Galvanometers mißt. Offenbar ist in dem Fall:

$$Q = C \frac{s_0}{n}. \tag{26}$$

Ferner haben bereits GAUSS und WEBER[3]) zwei andere Meßmethoden zur genaueren Bestimmung von Induktionsströmen mit dem ballistischen Galvanometer angegeben, die unter dem Namen Multiplikations- und Zurückwerfungsmethode bekannt sind. Die Multiplikationsmethode besteht darin, daß man den gleichen Induktionsstoß auf das gedämpft schwingende Galvanometersystem mehrmals wirken läßt und zwar immer in dem Augenblick, wenn das System durch die Ruhelage hindurchschwingt. Kann man

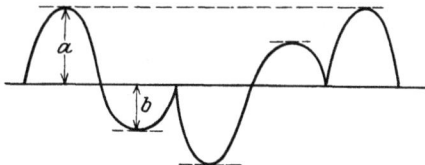

Abb. 28. Galvanometerausschläge bei der Zurückwerfungsmethode.

den Induktionsstoß in beiderlei Richtung auf das Galvanometer wirken lassen, so kann man das System bei jedem Hin- und Hergang durch die Ruhelage anstoßen und erzielt dadurch, daß das System schließlich zwischen immer wieder erreichten maximalen Ausschlägen hin und her pendelt. Es läßt sich zeigen, daß, kleine Ausschläge vorausgesetzt, die maximalen Ausschläge den durch das Galvanometer im Induktionsstoß hindurchgeflossenen Elektrizitätsmengen proportional sind, und daß, wenn der maximale Ausschlag von der Nullage an gerechnet mit s_m bezeichnet wird, der erste Ausschlag s, der in Formel 25 einzusetzen wäre, gegeben ist durch:

$$s = s_m \frac{k-1}{k}. \tag{27}$$

Bei der „Zurückwerfungsmethode" läßt man nach Erteilung eines Stoßes das System hin und über die Ruhelage zurück und wieder bis zur Ruhelage schwingen und erteilt in dem Augenblick einen Stoß in entgegengesetzter Richtung; man fährt so fort, bis die Ausschläge immer dieselben Werte zeigen. Das Verhältnis des großen (ersten) zum kleinen (zweiten in entgegengesetzter Richtung) gibt das Dämpfungsverhältnis $k = a/b$ (vgl. Abb. 28). Für s in Formel (25) ist in dem Fall zu setzen:

$$s = \frac{a^2 + b^2}{\sqrt{ab}} \frac{1}{\sqrt{k}}. \tag{28}$$

---

[1]) E. DORN, Wied. Ann. Bd. 17, S. 654. 1882.
[2]) H. DIESSELHORST, Ann. d. Phys. Bd. 9, S. 712. 1902.
[3]) W. WEBER, Ges. Werke Bd. 3, S. 438, 441. 1893.

Auch bei diesen Methoden zur Berechnung von Q wird angenommen, daß die Stoßdauer ϑ kurz gegenüber der Schwingungsdauer τ ist, andernfalls ein Korrektionsglied, proportional ϑ^2/τ^2 anzubringen ist. Auch ist bei diesen Messungen natürlich darauf zu achten, daß der neue Stromstoß im Moment des Durchschwingens durch die Ruhelage erfolgt. In Anbetracht der endlichen Dauer des Stoßes kann man die Frage aufwerfen, welcher Moment des Stoßes mit dem Durchschwingen durch die Ruhelage zusammenfallen soll, um einen möglichst kleinen Fehler entstehen zu lassen. DIESSELHORST zeigt, daß bei allen symmetrischen Stromkurven der mittlere Zeitpunkt des Stoßes mit dem Durchlaufen der Ruhelage zusammenfallen sollte, wenn Stöße miteinander verglichen werden, die verschiedene Stromform besitzen. Beim Vergleich von Stößen verschiedener Stärke und gleicher Stromform ist es unwesentlich, welcher Moment des Stoßes mit dem des Durchlaufens der Ruhelage zusammenfällt, wenn es nur bei allen Stößen der gleiche Moment ist.

27. Der Erdinduktor. In vielen Fällen kann man den Reduktionsfaktor eines ballistischen Galvanometers, d. h. die Zahl, mit der man den ersten Ausschlag bei einem Induktionsstoß multiplizieren muß, um Q zu erhalten, empirisch finden, in dem man nicht von dem Dauerausschlag bei konstantem Strom ausgeht, sondern einen bekannten Induktionsstrom benutzt. Zur Erzeugung solcher Stromstöße dienen in erster Linie der Erdinduktor und der Magnetinduktor, Apparate, die freilich dann von vornherein in die Leitung zum Galvanometer eingeschaltet werden müssen, da der Reduktionsfaktor von der Dämpfung und diese von dem Widerstand im Kreise abhängig ist. Von diesem Gesichtspunkt aus seien diese Apparate hier behandelt. Der Erdinduktor besteht in der Hauptsache aus einer Spule, die um eine Achse drehbar ist, die durch Verstellung des sie haltenden Rahmens in zwei zueinander senkrechte Richtungen gebracht werden kann. Durch besondere Vorrichtungen am Rahmen kann man die horizontale und die vertikale Lage der Achse recht genau einstellen und so, daß sie in der horizontalen Lage mit der magnetischen Nord-Südrichtung zusammenfällt. Dreht man die Spule aus ihrer horizontalen Ebene um die Achse um 180°, so erhält man infolge der Vertikalkomponente der erdmagnetischen Kraft einen Induktionsstoß, wenn man die Enden leitend (z. B. durch ein ballistisches Galvanometer) verbindet. Der Stoß ist bekannt, wenn man die Windungsfläche und das Erdfeld kennt. Die Windungsfläche läßt sich meist aus den dem Instrument vom Konstrukteur beigegebenen Daten genau genug ermitteln (andernfalls empirisch). Bezüglich der Vermeidung von Fehlerquellen bei der Messung sei auf F. KOHLRAUSCH, Lehrb. d. prakt. Physik verwiesen.

Eine besonders wichtige Rolle spielt der Erdinduktor bei erdmagnetischen Messungen, insbesondere bei der Messung des Inklinationswinkels, dessen Tangente gleich dem Verhältnis der Ausschläge des angeschlossenen Galvanometers bei horizontaler und bei vertikaler Lage der Achse des Erdinduktors ist. Über diese Anwendung wird an anderer Stelle dieses Handbuches ausführlich berichtet (ds. Bd., Kap. 28). Der Vollständigkeit halber sei hier nur noch mitgeteilt, daß SCHERING[1]) vorgeschlagen hat, zur Bestimmung der Richtung der erdmagnetischen Kraft, die Stellung der Erdinduktorachse aufzusuchen, bei der ein Induktionsstrom nicht zu erhalten ist. MEYER[2]) hat versucht, diese Stellung zu finden, indem er die Spule des Erdinduktors in dauernde Rotation versetzte, und die Achse solange verschob, bis er in einem angeschlossenen Telephon keinen Ton mehr wahrnahm, eine Methode, die von der Empfindlich-

---

[1]) K. SCHERING, Nachr. Ges. d. Wiss. Göttingen 1882, S. 345.
[2]) G. MEYER, Wied. Ann. Bd. 64, S. 742. 1898.

keit der Tonwahrnehmung abhängt und bei der heute bekannten Möglichkeit der Verstärkung zu guten Resultaten führen mag.

HAALCK[1]) beschreibt ein auf dem Prinzip des Erdinduktors beruhendes Lokalvariometer, das u. a. dazu konstruiert wurde, wenn möglich, Eisenvorkommen im Erdboden aufzufinden. Zwei gleiche Spulen, am Ende eines 1—2 m langen Stabes befestigt, werden um eine in die Verbindungslinie und die mittlere Windungsfläche fallende Achse in Rotation versetzt und induzieren auf eine 3. Spule. Sind die beiden erstgenannten gegeneinander geschaltet, so wird die 3. einen Strom nur anzeigen, wenn ein Unterschied der magnetischen Feldstärken an den Orten der induzierenden Spulen vorhanden ist. Die für eine genügende Empfindlichkeit des Apparats notwendige sehr große Rotationsgeschwindigkeit stößt aber einstweilen auf Schwierigkeiten in der technischen Ausführung.

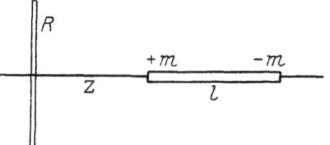

Abb. 29. Zur Induktion durch einen Magnetstab in einem Ring.

28. Der Magnetinduktor. In eine Spule wird ein Magnetstab hineingestoßen (Abb. 29) und dadurch in ihr eine induzierte Spannung erzeugt, die sich bei bekannten Dimensionen von Spule und Magnet berechnen läßt. Schaltet man ein ballistisches Galvanometer an, so kann der Stromstoß zur Eichung derselben verwendet werden. Im Falle eines Drahtkreises vom Radius R an Stelle der Spule hat die induzierte EMK, die in dem Draht dadurch erzeugt wird, daß ein Magnetstab mit dem magnetischen Moment ml (Polstärke $\pm m$) von sehr großer Entfernung in der Achse des Drahtkreises dem Drahtkreis bis zur Entfernung $z + l/2$ genähert wird, den Wert:

$$E = 2\pi m \left\{ \frac{l+z}{\sqrt{R^2 + (l+z)^2}} - \frac{z}{\sqrt{R^2 + z^2}} \right\}.$$

Hat man es mit einer Spule von n Windungen und der Länge l' zu tun (Radius R) und wird der Magnet in die Spule von großer Entfernung hineingebracht, so daß die Mittelpunkte und Achsen zusammenfallen, so ist

$$E = \frac{4\pi m n}{l'} \left\{ \sqrt{R^2 + \left(\frac{l+l'}{2}\right)^2} - \sqrt{R^2 + \left(\frac{l-l'}{2}\right)^2} \right\},$$

Diese Gleichung kann, wenn die Spule im Vergleich zum Radius lang ist und außerdem der Magnet im Vergleich zur Spule kurz, in Annäherung ersetzt werden durch:

$$E = 4\pi (ml) \cdot \frac{n}{l'}.$$

In diesem Fall läßt sich also mit einer Spule leicht das magnetische Moment eines Magneten bestimmen.

Um Induktionsstöße bekannter oder wenigstens reproduzierbarer Größe herzustellen, benutzt man vielfach den sog. „Doppelmagnetinduktor", eine Spule, durch die zwei mit gleichen Polen aneinandergelegte Magnetstäbe auf einem Schlitten hindurchbewegt werden können, so daß z. B. erst ein Südpol, dann ein Nordpol, dann wieder ein Nordpol, dann wieder ein Südpol in die Spule eintritt; Anschläge machen die Bewegung genau reproduzierbar.

Der Name „Magnetinduktor" ist vielfach auch für andere auf Induktion beruhende Apparate oder Maschinen verwendet worden (vgl. Ziff. 29).

---

[1]) H. HAALCK, ZS. f. techn. Phys. Bd. 6, S. 377. 1925.

d) Apparate für besondere Zwecke.

29. Magnetelektrische Maschinen. Pixii und Ritchie waren die ersten, die die Induktionserscheinungen benutzten, um maschinenmäßig aus mechanischer Energie elektrische Energie herzustellen. Unabhängig voneinander gaben sie 1832 Konstruktionen an, aus denen sich die sog. „magnetelektrischen Maschinen" entwickelten, die auch in späterer Zeit zuweilen noch verwendet worden sind, als bereits von W. Siemens (1867) das „Dynamoprinzip" dem Bau von elektrischen Maschinen zugrunde gelegt wurde. Ritchie führte Eisenkerne, die mit Kupferband umwickelt waren, an den Polen eines Hufeisenmagneten vorbei und ließ die Enden des Bandes auf amalgamierten Kupferplatten schleifen, von denen der Induktionsstrom abgenommen werden konnte. Bei der Maschine von Pixii rotierte ein Hufeisenmagnet vor zwei Spulen, die mit Eisenkernen versehen waren und in deren Enden die induzierte Spannung sich ausbildete.

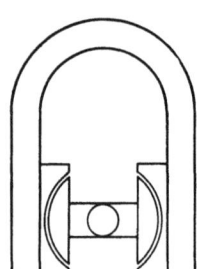

Abb. 30. Schema des Kurbelinduktors.

Ähnlich ist die 1844 von Stöhrer angegebene Maschine, bei der die Spulen über den Polen von Hufeisenmagneten rotieren. Die Stromstärke des entstehenden Wechselstromes hängt von der Rotationsgeschwindigkeit ab. W. Weber hat an einer solchen Maschine mit Kommutator zur Gleichrichtung des Induktionsstromes die Abhängigkeit der Stromstärke von der Umdrehungszahl untersucht und gezeigt, daß bei einer gewissen Umdrehungszahl und sonst gleichen Bedingungen ein Maximum der Stromstärke zu erhalten ist, was auch eine einfache Überlegung fordert. Eine wichtige Verbesserung brachte Siemens 1857 mit der Einführung des Doppel-T-Ankers. Zwischen den Polen von mehreren aufeinandergelegten Hufeisenmagneten rotiert ein Eisenkern von doppel-T-förmigem Querschnitt mit einer Wicklung, in der bei der Rotation eine Induktion auftritt. Diese Apparate findet man noch heute vielfach in den Telephonanlagen zur Erzeugung des Anwecrufes (ein-, zwei-, dreilamelliger „Kurbelinduktor", auch „Magnetinduktor" genannt). Abb. 30 zeigt schematisch einen Schnitt bei unbewickeltem Anker.

Die magnetelektrischen Maschinen ohne Kommutator ergeben angenähert sinusförmigen Wechselstrom. Als besonders bewährte neuere Konstruktionen, speziell für physikalische Zwecke mit dem ausgesprochenen Ziel der Lieferung von sinusförmigem Wechselstrom, seien hier genannt die Wechselstromsirene von M. Wien[1]) für eine Schwingungszahl bis zu 8500 in der Sekunde (evtl. sogar bis 17000 in der Sekunde) und die Wechselstrommaschine von Dolezalek[2]). Die Maschine von Wien bestand im wesentlichen aus folgendem: Eine kreisrunde Messingscheibe von 40 cm Durchmesser, an deren Rand ringsherum 250 Zähne ausgefräst waren, und deren Lücken mit Transformatorblech ausgefüllt wurden, rotierte um eine zur Scheibe senkrechte Achse durch die Mitte so, daß der Rand sich zwischen den Polen eines Elektromagneten hindurchbewegte, auf deren Enden die Induktionswicklung saß. In dieser entstand ein nahezu sinusförmiger Wechselstrom von einer Frequenz zwischen 1000 und 8500, wenn die Tourenzahl zwischen 4 und 34 variierte[3]). Die Anordnung von Dolezalek ist nicht so sehr verschieden. Eine zahnradartige Eisenscheibe, aus mehreren

---

[1]) M. Wien, Ann. d. Phys. Bd. 4, S. 425. 1901.
[2]) F. Dolezalek, ZS. f. Instrkde. Bd. 23, S. 240. 1903.
[3]) Zur Vervollkommnung der Sinusform schaltet man in den aus Induktionsspule und äußerer Leitung bestehenden elektrischen Kreis eine Kapazität und evtl. Selbstinduktion, so daß die Eigenperiode des Kreises mit der Schwingungszahl des Wechselstroms übereinstimmt $(n = 1/2\pi\sqrt{LC})$; vgl. M. Wien, l. c.

Hundert aufeinandergelegten dünnen Blechscheiben, wird vor den Polen eines Elektromagneten in Rotation versetzt, auf denen wiederum die Induktionsspulen aufsitzen. Bei 100 Zähnen und bis 4000 Umdrehungen pro Minute gab die Maschine bis 6600 Perioden in der Sekunde. Andere „Hochfrequenzmaschinen", die schließlich aus den „Magnetinduktoren" entstanden sind, werden in anderen Abschnitten dieses Handbuches behandelt.

Im Zusammenhang mit dem Vorstehenden sei endlich noch hingewiesen auf den „Sinusinduktor" von F. KOHLRAUSCH[1]), der sinusförmigen Wechselstrom bis zu Frequenzen von ca. 150 pro Sekunde zu liefern vermag. Bei dem Apparat, den KOHLRAUSCH beschrieb, rotierte ein Stahlmagnet in einer engen,

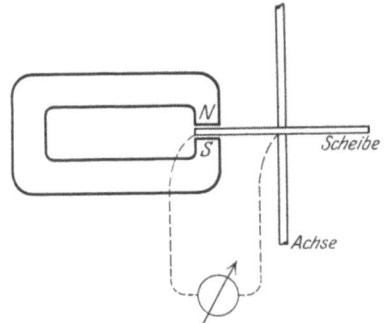   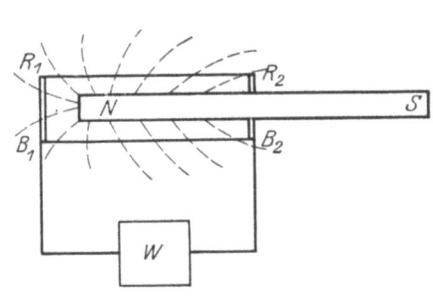

Abb. 31. Zur unipolaren Induktion.   Abb. 32. Schema zur Wirkungsweise einer Unipolarmaschine.

langen Spule, und zwar bestand der Magnet aus einer 0,6 cm dicken, kreisförmigen Stahlscheibe von 4 cm Durchmesser, der durch ein besonderes Räderwerk in Rotation um die Achse durch den Mittelpunkt versetzt wurde, und über den eine Spule von einer inneren Weite von 4,4 cm und einer Höhe von 2,3 cm übergeschoben werden konnte.

30. Die Unipolarmaschine. Die „Unipolarinduktion" kann dazu verwendet werden, maschinenmäßig ohne Kommutator Gleichstrom zu erzeugen. Zwischen den Polen eines Hufeisenmagneten bewegt sich der Rand einer kreisförmigen Kupferscheibe, die um eine durch den Mittelpunkt gelegte Achse rotiert. Zwischen Mittelpunkt und Radius der Kupferscheibe entsteht (s. „Elektromagnetische Induktion" in Band XV) eine induzierte Spannung, die in einem äußeren Schließungsdraht leicht nachgewiesen werden kann (s. Abb. 31). Auf diesem Prinzip sind „Unipolarmaschinen" gebaut worden, die wegen ihrer einfachen Konstruktion von Interesse, trotzdem freilich wenig in Aufnahme gekommen sind, weil die Abnutzung der Bürsten an den Schleifringen in-

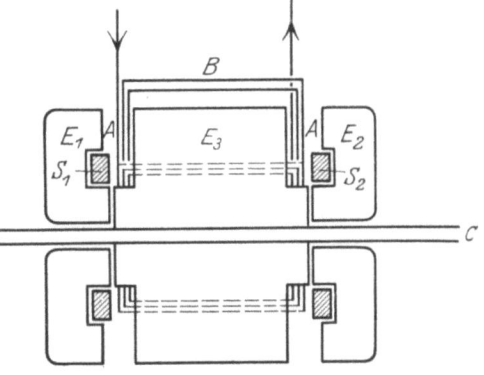

Abb. 33. Schema einer Ausführungsform einer Unipolarmaschine.

folge der großen Reibung als lästig empfunden wurde und die Maschinen auch nur verhältnismäßig kleine Spannungen bei allerdings großen Stromstärken

---

[1]) F. KOHLRAUSCH, Pogg. Ann. Jubelband. 1874, S. 290.

liefern können. Das Schema geht aus der Abb. 32 hervor. NS ist ein Magnet, $R_1 R_2$ Metallringe, die miteinander durch Metallstäbe oder einen Kupferzylinder verbunden sind und um die Magnetachse rotieren. $B_1 W B_2$ ist die feste äußere Leitung, die mit den Bürsten B_1 und B_2 an die Schleifringe angelegt ist. Daß an den Bürsten bei der Rotation eine EMK auftreten muß, ist unmittelbar verständlich. Abb. 33 zeigt das Schema einer Ausführungsform mit drei hintereinandergeschalteten Schleifringpaaren und den ,sie verbindenden Metallstäben oder -zylindern. Mit B ist die äußere feste Leitung angedeutet, die durch die Öffnungen bei A an die Schleifringe angelegt ist. S_1, S_2 sind Magnetfelderregerspulen, die mit den Eisenteilen E_1, E_2 ruhen, während der Eisenteil E_3 mit den die Schleifringe verbindenden Stäben oder einem Zylinder um die Achse C rotiert. Die Gen. El. Co. hat nach dem Entwurf von NOEGGERATH Turbogeneratoren der Art von 50 bis 5000 kW, bei Spannungen von 6 bis 600 Volt, Stromstärken von 800 bis 8000 Amp. und Geschwindigkeiten von 900 bis 3000 Umdrehungen in der Minute gebaut.

Kapitel 5.

Elektrische Ventile, Gleichrichter, Verstärkerröhren, Relais.

Von

A. GÜNTHERSCHULZE, Berlin.

Mit 52 Abbildungen.

a) Allgemeine Eigenschaften der Ventile.

1. Einteilung der Ventile und Gleichrichter[1]. Ein elektrisches Ventil ist eine den elektrischen Strom leitende Anordnung, deren Charakteristik von der Stromrichtung abhängig ist. Infolgedessen läßt es bei gegebener Spannung in der einen Richtung einen anderen Strom fließen als in der anderen. Apparate, die dieses durch bewegte Teile, wie Schalter, schwingende Kontaktfedern oder rotierende Kollektoren usw. erreichen, gehören nach der Definition nicht zu den elektrischen Ventilen.

Gleichrichter sind Apparate, die die richtungwechselnden Impulse eines Wechselstromes dadurch in Gleichstrom verwandeln, daß sie entweder die eine Stromrichtung unterdrücken oder durch geeignete, im Takte der Wechselstromimpulse schwingende Kontakte beide Impulsrichtungen in eine gemeinsame Richtung bringen. Im ersten Falle werden elektrische Ventile, im zweiten die sog. mechanischen Gleichrichter verwandt. Auch im ersten Falle lassen sich durch geeignete Kombinationen mehrerer Ventile beide Stromrichtungen in eine gemeinsame Richtung steuern.

Bei den Gleichrichtern ist demzufolge die gelieferte Gleichspannung durch die zugeführte Wechselspannung unmittelbar bestimmt. Auch die Kurvenform des vom Gleichrichter aufgenommenen Wechselstromes ist direkt durch die Kurvenform des stets mehr oder weniger pulsierenden Gleichstromes bedingt. Der Gleichrichter zerlegt lediglich den Gleichstrom, dessen Pulsationsform durch den Verbrauchskörper (z. B.: Motor, Akkumulator, Bogenlampe usw.) gegeben ist, in zwei Hälften entgegengesetzter Richtung und entnimmt diese dem Wechselstromnetz.

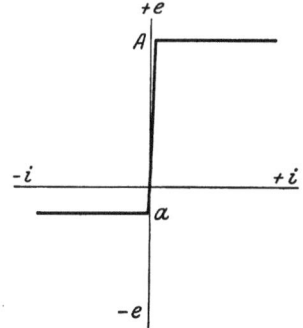

Abb. 1. Schema der Charakteristik eines selbständigen Ventiles.

Die Gleichrichter treten damit in Gegensatz zu den rotierenden Umformern, bei denen weder die Spannungen noch die Kurvenformen der Gleich- und Wechselstromseite unmittelbar voneinander abhängen.

Bei den elektrischen Ventilen sind zwei Gruppen zu unterscheiden.

---

[1] A. GÜNTHERSCHULZE, Elektrische Gleichrichter und Ventile. München: Josef Kösel u. Friedrich Pustet 1924. S. a. Bd. XVII.

Hat ein Gebilde die Charakteristik der Abb. 1, so läßt es im positiven Quadranten nur einen verschwindend geringen Strom fließen, solange die Spannung unter dem Betrage A bleibt, während im negativen Quadranten jede beliebige Stromstärke hindurchgelassen wird, sofern nur die Spannung den Betrag a übersteigt.

Aber auch ein Gebilde, das nach Abb. 2 eine in beiden Quadranten gleiche, gekrümmte Charakteristik besitzt, läßt sich zu einem Ventil machen, wenn man den Nullpunkt der Charakteristik durch einen Hilfsstrom aus seiner symmetrischen Lage verschiebt. Schickt man z. B. durch das Gebilde der Abb. 2 einen konstanten Hilfsstrom vom Betrage i_0, so daß die Spannung am Gebilde gleich e_0 ist, so bleibt e_0 der Mittelwert der Spannung. Der Mittelwert des Stromes dagegen wird, wie Abb. 2 ohne weiteres erkennen läßt, infolge der Krümmung der Charakteristik gleich $i_m > i_0$. Ferner leuchtet ohne weiteres ein, daß in Abb. 2 $i_m < i_0$ sein würde, wenn die e, i-Kurve nach oben konvex wäre.

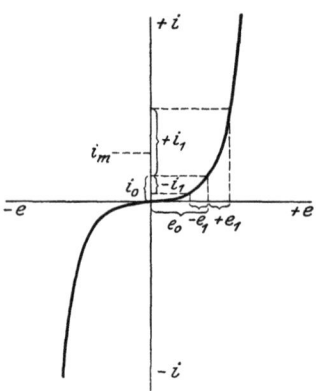

Abb. 2. Schema der Charakteristik eines unselbständigen Ventils mit Hilfsspannung.

Man hat also zwischen echten oder selbständigen und unselbständigen oder Ventilen mit Hilfsspannung zu unterscheiden.

Da der elektrische Strom ein Elektrizitätstransport durch Elektronen oder Ionen ist, läßt sich das echte Ventil auch als Vorrichtung definieren, die den Elektronen oder Ionen in der einen Richtung ein anderes Hindernis bietet als in der anderen. Das ist in einem homogenen Körper nicht denkbar. Also ist das Charakteristikum eines echten Ventiles die Grenze zwischen zwei verschiedenen Körpern, in denen sich die Elektronen oder Ionen in verschiedener Weise bewegen. Es sind so viel Gruppen von Ventilen denkbar, wie es Arten von Grenzen gibt. Daraus ergibt sich ohne weiteres die Einteilung der echten Ventile nach den Grenzen, auf denen sie beruhen. Diese Grenzen sind:
1. Metall-Metall,
2. Gas-Gas,
3. Elektrolyt-Elektrolyt,
4. Metall-Gas (oder „Vakuum"),
5. Metall-Elektrolyt,
6. Gas-Elektrolyt.

Dabei sind unter „Metall" alle Körper mit Elektronenleitung verstanden, also nicht nur die eigentlichen Metalle, sondern auch „metallisch" leitende Elemente und Verbindungen, wie C, Se, Te und viele Oxyde, Sulfide usw. der Schwermetalle.

Von den aufgeführten theoretisch möglichen Kombinationen kommen praktisch nur folgende in Frage:
1. Metall-Metall,
und zwar als echte Ventile in den Detektoren sowie den Trockenplattengleichrichtern und als Ventile im weiteren Sinne in den Thermoventilen, die Wechselstrom auf dem Umwege über die Wärme in Gleichstrom verwandeln,
2. Metall-Gas (oder „Vakuum"),
3. Metall-Elektrolyt,
4. Gas-Elektrolyt.

2. Die allgemeinen Schaltungen der Ventile. Bei statischer Verwendung eines Ventiles versteht sich die Schaltung von selbst. Das Ventil wird in den Stromkreis eingeschaltet, in dem nur eine Stromrichtung möglich sein soll.

Bei der dynamischen Verwendung oder Gleichrichtung hat diese einfachste Schaltung den Nachteil, daß die eine Richtung des Wechselstromes unterdrückt wird, die einzelnen gleichgerichteten Stromstöße also durch Pausen unterbrochen sind. Deshalb wird diese Schaltung, soweit es sich um Strom niederer Frequenz handelt, nur bei gelegentlicher Verwendung selbstgefertigter Ventile im Laboratorium oder bei kleinen Gleichrichtern für niedrige Spannungen benutzt.

Sie läßt sich wesentlich dadurch verbessern, daß an Stelle eines OHMschen Vorschaltwiderstandes eine möglichst verlustfreie Induktivität gewählt wird. Das hat zur Folge, daß sich die Dauer der Durchlässigkeit nahezu über eine volle Periode anstatt über fast eine halbe bei Verwendung des OHMschen Widerstandes erstreckt. Doch ist eine Beseitigung oder auch nur Verringerung der mit dieser Schaltung verbundenen starken Pulsationen nicht möglich.

3. Die Graetzsche Schaltung. Zur Ausnützung beider Richtungen des Wechselstromes müssen mehrere Ventile kombiniert werden. Bei der sog. GRAETZschen[1]) Schaltung werden zum Gleichrichten von einphasigem Wechselstrom vier Ventile in der in der Abb. 3 angegebenen Weise miteinander verbunden. Die Ventile sind als Pfeile gezeichnet, deren Richtung die Flußrichtung angeben soll. Zum Gleichrichten

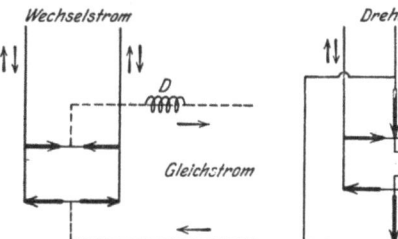

Abb. 3. GRAETZsche Schaltung für einphasigen Wechselstrom.

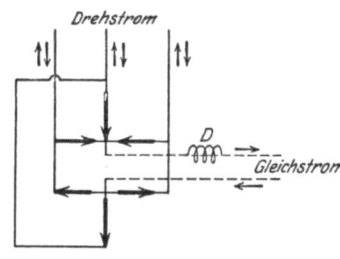

Abb. 4. GRAETZsche Schaltung für Drehstrom.

von Drehstrom sind zu der GRAETZschen Schaltung nach Abb. 4 sechs Ventile erforderlich. D ist eine Drosselspule im Gleichstromkreis.

4. Die Transformatorschaltung. Bei der technischen Gleichrichtung von Wechselstrom ist die gebräuchliche Schaltung die Transformatorschaltung der Abb. 5 und 6. T ist ein sog. Spartransformator oder Autotransformator, an dessen Enden die Betriebswechselspannung E liegt. Die im Verhältnis der Windungszahlen verkleinerte oder vergrößerte Spannung e wird bei Einphasenstrom zwei, bei Drehstrom drei Ventilen zugeführt, die zu einem Gleichrichter zusammengefaßt sind. Der den gleichgerichteten

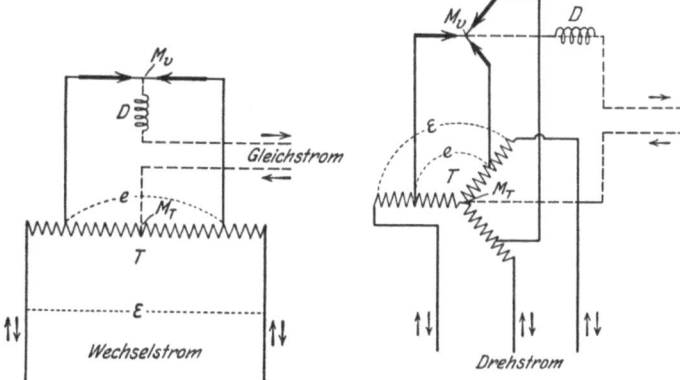

Abb. 5. Transformatorschaltung für einphasigen Wechselstrom.

Abb. 6. Transformatorschaltung für Drehstrom.

Strom führende Kreis liegt zwischen dem Mittelpunkt M_V der Ventile und dem Mittelpunkt M_T des Transformator. Der Gleichstrom fließt dann stets von M_V nach M_T.

---

[1]) L. GRAETZ, Wied. Ann. Bd. 62, S. 323. 1897.

Für größere Leistungen werden sechs Ventile in der in Abb. 7 wiedergegebenen Schaltung verwandt. Der Transformator liefert Sechsphasenstrom. Auf der Gleichstromseite überlappen sich die Ströme der einzelnen Phasen so weitgehend, daß die Welligkeit des Stromes nur noch gering ist.

Die wichtigsten aller technischen Gleichrichter, die Quecksilberdampfgleichrichter, haben die Eigenschaft zu erlöschen, wenn die Stromstärke in ihnen auch nur eine Hunderttausendstelsekunde lang unter die sog. Mindeststromstärke im Betrage von 3 bis 5 Amp. sinkt.

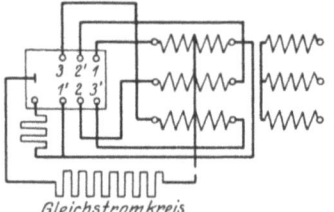

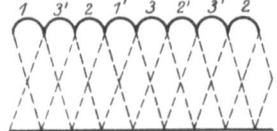

Abb. 7. Schaltungsschema und Gleichstromkurve eines 6phasigen Gleichrichters.

Infolgedessen sind diese Gleichrichter bei Einphasenstrom nur dann betriebsfähig, wenn durch eine Drosselspule im Gleichstromkreis verhindert wird, daß der Strom in jeder Wechselstromperiode die Mindeststromstärke unterscheidet. Bei Mehrphasenströmen wandert der Lichtbogen von Anode zu Anode und bleibt bei jeder so lange, wie sie die höchste positive Spannung von allen Anoden hat.

Der Nachteil dieser letztgenannten Schaltungen liegt darin, daß sie eines Transformators bedürfen, ihr Vorteil darin, daß sich das Verhältnis zwischen Wechsel- und Gleichspannung mit Hilfe des Transformators beliebig einstellen läßt, und daß der Strom immer nur ein Ventil durchfließt statt zwei, wie bei der GRAETZschen Schaltung, so daß die Energieverluste in der Ventilgruppe nur halb so groß werden.

Eine Energierücklieferung von der Gleichstrom- zur Wechselstromseite ist bei den Gleichrichtern nicht möglich. Von der Frequenz des Wechselstromes sind die Gasentladungsventile unabhängig. Sie richten hochfrequente Schwingungen ebensogut gleich wie niederfrequenten Wechselstrom. Die Elektrolytgleichrichter dagegen werden infolge ihrer großen elektrostatischen Kapazität bei hohen Frequenzen wirkungslos. Die Spannung der Gleichrichter kann nur auf der Anodenseite geregelt werden, und zwar werden Stufen- oder Drehtransformatoren dazu verwandt.

Bei Parallelschaltung müssen die Gleichrichter mit Anodendrosseln versehen werden. Diese müssen so bemessen sein, daß sie die fallende Charakteristik der Gleichrichter in eine leicht ansteigende verwandeln.

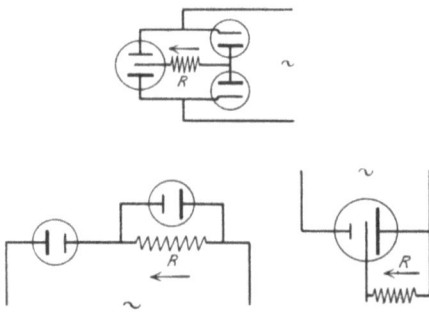

Abb. 8. Verschiedene Elektrolytgleichrichterschaltungen nach BAIRSTO. Ausnutzung beider Stromrichtungen durch ein, zwei und drei Ventile.

5. Bairstoschaltungen. Für den Aluminiumgleichrichter sind von BAIRSTO[1]) einige sinnreiche Schaltungen angegeben worden. Erstens läßt sich die GRAETZsche Vierzellenschaltung dadurch vereinfachen, daß man gemäß Abb. 8 oben zwei Aluminiumelektroden in einem Gefäß unterbringt, so daß sich eine Dreizellenschaltung ergibt. Würde man auch die beiden anderen Aluminiumelektroden in eine Zelle bringen, um eine Zweizellenschaltung zu erhalten, so würde man

---

[1]) G. E. BAIRSTO, Electrician Bd. 69, S. 625. 1912.

die Gleichrichtung unmöglich machen, wie eine Verfolgung der Stromwege ohne weiteres ergibt. Trotzdem findet BAIRSTO eine Schaltung, die mit zwei Zellen beide Stromrichtungen auszunutzen erlaubt, indem er die große elektrostatische Kapazität formierter Aluminiumelektroden zu Hilfe nimmt. Abb. 8 links gibt die Schaltung. In ihr ist R der Gleichstromverbrauchskörper. In der einen Stromrichtung läßt A den Strom durch R gehen, in der anderen sperrt A, B aber entlädt seine in der vorigen Stromrichtung in der Kapazität aufgespeicherte Elektrizitätsmenge in der gleichen Richtung durch R, in der zuvor der Strom durch A floß. Ja, es gelingt BAIRSTO sogar nach Abb. 8 rechts, mit einer einzigen Zelle beide Stromphasen auszunutzen. In den beiden letzten Fällen erhält man die günstigste Wirkung, wenn man die Elektrode B, die kapazitiv wirken soll, etwa achtmal so groß macht wie die Elektrode A.

6. Die Greinacherschaltungen. GREINACHER[1]) gibt eine Schaltung an, die erlaubt, aus einer Wechselspannungsquelle eine bei Entnahme sehr kleiner Ströme von der Größenordnung 10^{-4} Amp. durchaus konstante Gleichspannung zu bekommen. GREINACHER erhielt bei seiner in Abb. 9 links wiedergegebenen Schaltung, mit zweimal vier Ventilzellen und einem Telephonkondensator von $2\,\mu\mathrm{F}$ und 220 Volt effektiver Wechselspannung eine konstante Gleichspannung von 260 Volt zwischen K_1 und K_2. Die Ventilzellen Z_1, Z_2 bestanden aus kleinen Reagensgläschen von 5 cm Höhe, in

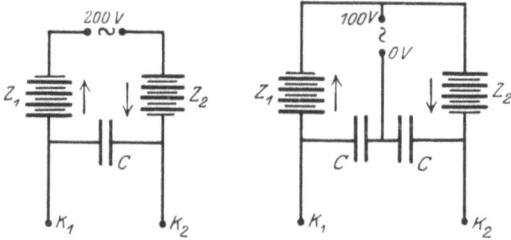

Abb. 9. Ventilschaltungen nach GREINACHER zur Erzeugung konstanter Gleichspannungen.

die je ein Aluminium- und ein Eisendraht tauchten. Der Elektrolyt war $NaHCO_3$-Lösung, auf die ein wenig Paraffinöl gegossen war. Mit Hilfe der Schaltung der Abb. 9 rechts läßt sich die Spannung verdoppeln. Durch Vergrößerung der Zellenzahl und Verwendung hinreichender Wechselspannung kann man auf diese Weise jede beliebige Gleichspannung erhalten.

Diese Greinacherschaltungen werden nicht nur in Verbindung mit Aluminiumgleichrichtern zur Erzielung mäßiger Gleichspannung, sondern auch in Verbindung mit Hochspannungsglühkathodengleichrichtern zum Erreichen sehr hoher Spannungen verwandt. Eine Abart der Greinacherschaltung, die besonders in der Röntgentechnik in Verbindung mit Hochspannungsglühventilen vielfach angewandt wird, ist die in Abb. 10 wiedergegebene Delonschaltung (vgl. auch Bd. XVII). v sind die Ventile. Der eine Pol der Hochspannungsseite des Transformators wird geerdet. Auf der ungeerdeten Seite schwankt die Spannung in dem in Abb. 10 gewählten Beispiel zwischen $+50000$ und -50000 Volt, also um 100000 Volt, die auf der Gleichstromseite als Gleichspannung erscheinen. Es wird also die Wechselspannung durch diese Schaltung beim Gleichrichten verdoppelt. Da nun die Hochspannungsglühkathodengleichrichter nur eine beschränkte Stromstärke liefern, ist es wichtig, zu wissen, wie groß die Kondensatoren und die Widerstände im

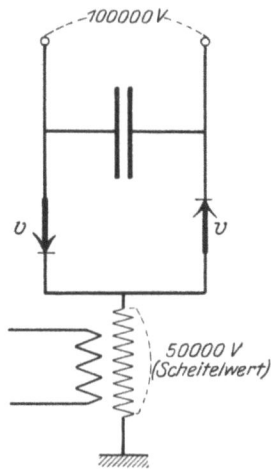

Abb. 10. Delonschaltung.

---

[1]) H. GREINACHER, Verh. d. D. Phys. Ges. Bd. 16, S. 320. 1914; ZS. f. Phys. Bd. 4, S. 195. 1921.

Stromkreis sein müssen, wenn die durch die Entnahme von Gleichstrom aus der Schaltung bedingten Spannungsschwankungen gering bleiben sollen. Diese Untersuchung ist durch JAEGER und v. STEINWEHR[1]) durchgeführt worden. Infolge des abwechselnden Ein- und Ausschaltens des Stromes durch das Ventil spielen die sog. Einschaltvorgänge eine wichtige Rolle und führen zu recht komplizierten Gleichungen. Die experimentelle Prüfung bestätigte die abgeleiteten Gleichungen vollkommen und führte zu der Darstellung der Abb. 11, der die Schaltung der Abb. 9 links zugrunde liegt. In Abb. 11 bedeutet v die Kondensatorspannung, V_0 die Scheitelspannung des gleichgerichteten Wechselstroms, R_2 den im Nebenschluß zum Kondensator liegenden Widerstand, der die Energieentnahme repräsentiert, R_1 einen zwischen Kondensator und Ventil liegenden Widerstand, C die Kapazität in Farad und ω die Kreisfrequenz.

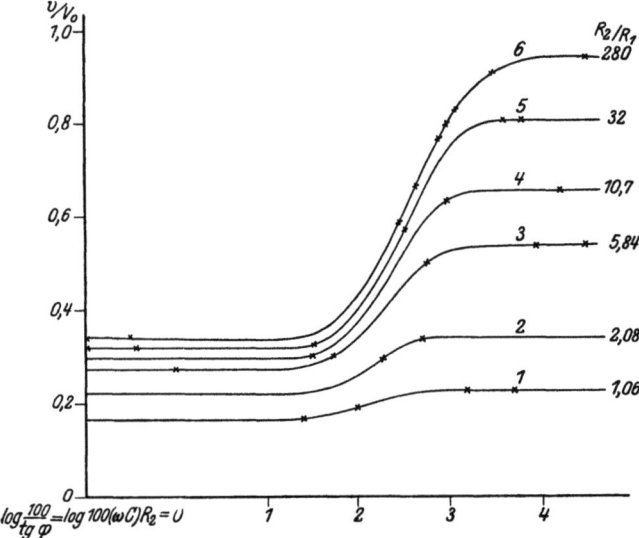

Abb. 11. Arithmetischer Mittelwert des Spannungsverhältnisses v/V_0 im dynamischen Gleichgewicht bei der einfachen Greinacherschaltung.

Der Widerstand R_1 ist der Ausdruck dafür, daß das Ventil nicht beliebige, sondern nur Ströme bis zu einem bestimmten Maximalwert liefert.

Die Abbildung zeigt, daß der Wert v dem Scheitelwert V der Wechselspannung um so näher kommt, die Spannungsschwankungen um so geringer werden, je größer R_2, ω und C und je kleiner R_1 wird.

7. Die Energieverluste in den Ventilen und bei der Gleichrichtung von Wechselstrom. Bei der Gleichrichtung von Wechselströmen mit Hilfe von Ventilen lassen sich vier Arten von Verlusten unterscheiden, nämlich:

1. Energieverluste im Ventil in der Sperrichtung,
2. Energieverluste im Ventil in der Flußrichtung,
3. Energieverluste im Gleichstromverbrauchskreis durch Lieferung von pulsierendem, statt konstantem Gleichstrom durch das Ventil,
4. Energieverluste im Gleichstromverbrauchskreis durch Wiedergutmachung der schädlichen Wirkung des in der Sperrichtung vom Ventil durchgelassenen Stromes.

Man hat deshalb auch zwei Wirkungsgrade zu unterscheiden, den Wirkungsgrad des Ventiles und den Wirkungsgrad der Gleichrichtung. Da die Verluste im Ventil von seiner e, i-Kurve in beiden Stromrichtungen abhängen und diese für jedes Ventil eine andere ist, lassen sich allgemeine Regeln über die Berechnung der Verluste nicht aufstellen. Sicher ist nur, daß man die Verluste nicht als durch OHMschen Widerstand erzeugt ansehen kann, denn es gibt wohl kein Ventil, dessen Charakteristik aus zwei Geraden verschiedener Neigung besteht. Bei den meisten technisch benutzten Ventilen wird die Verlustberechnung dadurch

---

[1]) W. JAEGER u. H. v. STEINWEHR, Arch. f. Elektrot. Bd. 13, S. 330. 1924.

sehr einfach, daß die Verluste in der Sperrichtung zu vernachlässigen sind, weil kein merklicher Strom hindurchgelassen wird, während in der Flußrichtung ein konstanter, von der momentanen Stromstärke unabhängiger Spannungsverlust e_0 stattfindet. Man erhält also den Verlust im Gleichrichter durch Multiplikation dieses Spannungsverlustes mit dem mit einem Drehspulinstrument gemessenen Mittelwert des vom Ventil gelieferten Gleichstromes i_M. Der Wirkungsgrad des Ventiles ist gleich dem Quotienten aus der abgegebenen Energie q_a und der aufgenommenen Energie q_e oder gleich $\frac{q_a}{q_a + e_0 \cdot i_M}$. Eine derartige Verlustberechnung ist zulässig beim Quecksilberdampfgleichrichter, dem Edelgasgleichrichter, der Wehneltventilröhre und anderen, nicht dagegen bei den Elektrolytgleichrichtern.

Die Wirkungsweise aller Gleichrichter besteht darin, daß sie, von den Verlusten abgesehen, die richtungswechselnden Impulse des Wechselstromes entweder in eine gemeinsame Richtung umklappen oder die eine der beiden Richtungen unterdrücken. Damit liefern sie intermittierenden oder pulsierenden Gleichstrom, also in jedem Falle einen Gleichstrom, dem ein Wechselstrom übergelagert ist. Die effektive Stärke dieses Wechselstromes verhält sich zu der des mittleren Gleichstromes bei einphasigem Wechselstrom und Ausnützung beider Stromrichtungen ungefähr wie 1:2. Sie wird um so geringer, je mehr Phasen der gleichgerichtete Wechselstrom besitzt.

Die von diesem übergelagerten Wechselstrom mitgeführte Energie ist nur dann Nutzenergie, wenn es sich um Stromwirkungen handelt, die von der Richtung unabhängig sind, wie Wärmewirkung oder Beleuchtung. Im anderen Falle tritt sie als Wärmeverlust im Verbrauchskörper auf.

Noch schlimmer steht es um die vom Ventil infolge von unvollkommener Wirksamkeit in der Sperrichtung durchgelassene Strommenge. Diese ist nicht nur reiner Verlust, sondern hebt die beabsichtigte Wirkung des gewünschten Gleichstromes durch ihre entgegengesetzte Richtung auf und muß infolgedessen durch eine gleich große Menge der Flußrichtung wieder unschädlich gemacht werden. Doch kommen Ventile mit unvollkommener Wirksamkeit in der Sperrichtung nur selten vor. Eine immerhin merkliche Durchlässigkeit in der Sperrichtung ist bei den Glimmlichtgleichrichtern und den neuen Trockenplattengleichrichtern vorhanden.

Der vom Gleichrichter mitgelieferte, dem Gleichstrom übergelagerte Wechselstrom bewirkt ferner, daß der vom Gleichrichter gelieferte Strom in einem Drehspulinstrument einen anderen Ausschlag hervorruft als in einem Hitzdrahtinstrument. Es ist also bei der Messung der elektrischen Größen eines Gleichrichters besondere Vorsicht geboten.

Will man z. B. die Verluste im Gleichrichter messen, so hat man zugeführte und abgegebene Energie mit elektrodynamischen Wattmetern zu bestimmen. Handelt es sich dagegen um die Feststellung des Wirkungsgrades der Gleichrichtung, so muß die aufgenommene Energie mit einem elektrodynamischen Wattmeter, die abgegebene Gleichstromenergie je nach dem Verwendungszweck mit einem Wattmeter oder durch Multiplikation der mit Drehspulinstrumenten gemessenen, vom Gleichrichter gelieferten Gleichstromstärke und Gleichspannung ermittelt werden.

8. Leistungsfaktor und Phasenverschiebung der Ventile. Berechnung der Ströme, Spannungen und Leistungen. Zur Berechnung der Ströme, Spannungen und Leistungen werden folgende vereinfachenden Annahmen gemacht[1]):

---

[1]) A. GÜNTHERSCHULZE, Elektrische Gleichrichter und Ventile, S. 101 ff. München: Josef Kösel u. Friedrich Pustet. 1924.

1. Im Gleichrichter findet kein Spannungsverlust statt. (Er läßt sich ohne Schwierigkeiten nachträglich berücksichtigen.)
2. Es werden keine Drosselspulen verwendet.
3. Der Gleichrichter wird durch OHMsche Widerstände belastet.
4. Die Transformatoren besitzen weder Verlust noch Streuung.

Der Gleichrichter möge mit Hilfe von n Anoden einen n-phasigen Strom gleichrichten. Dann ist die Dauer der Wirksamkeit einer Anode $2\pi/n$.

Für die Berechnung der Effektiv- und Mittelwerte werde der Höchstwert der Sinuskurve gleich 1 gesetzt. Dann wird an der Kathode
der effektive Wert des Stromes

$$i_{\text{eff},k} = \sqrt{\frac{1}{2} + \frac{n}{4\pi}\sin\frac{2\pi}{n}}, \tag{1}$$

der arithmetische Mittelwert des Stromes

$$i_{\text{mi},k} = \frac{n}{\pi}\sin\frac{\pi}{n}, \tag{2}$$

an seiner Anode
der effektive Wert des Stromes

$$i_{\text{eff},a} = \sqrt{\frac{1}{2\pi} + \frac{1}{4\pi}\sin\frac{2\pi}{n}}, \tag{3}$$

der arithmetische Mittelwert des Stromes

$$i_{\text{mi},a} = \frac{1}{\pi}\sin\frac{\pi}{n}, \tag{4}$$

ferner wird

$$\frac{i_{\text{eff},a}}{i_{\text{mi},k}} = C_i = \frac{\pi}{n\cdot\sin\frac{\pi}{n}}\sqrt{\frac{1}{2\pi}+\frac{1}{4\pi}\sin\frac{2\pi}{n}}. \tag{5}$$

$$\frac{\text{Phasenspannung}_{\text{eff}}}{\text{Gleichspannung}_{\text{mi}}} = C_e = \frac{\pi}{\sqrt{2}\sin\frac{\pi}{n}}. \tag{6}$$

Für C_e und C_i ergeben sich folgende Werte:

n	C_i	C_e
2	0,79	1,11
3	0,59	0,86
6	0,41	0,74

Hinsichtlich der Leistung sind nicht weniger als sechs verschiedene Werte zu unterscheiden, nämlich:
1. $N_= = e_{\text{mi},k}\cdot i_{\text{mi},k}$ die Gleichstromleistung auf der Kathodenseite des Gleichrichters;
2. $N_\sim$ die tatsächliche Wechselstrom- oder Wellenstromleistung. Da der Wirkungsgrad zu 100% vorausgesetzt wurde, ist es gleichgültig, für welche Stellen der Schaltung diese Leistung berechnet wird;
3. N_{sL} die Scheinleistung im Netz auf der Primärseite des Transformators;
4. N_{s1} die Scheinleistung in der primären ⎫ Wicklung des
5. N_{s2} die Scheinleistung in der sekundären ⎬ Transformators;
6. $N_T = \frac{1}{2}(N_{s1} + N_{s2}) =$ Typenleistung des Transformators.

Diese Leistungen lassen sich durch folgende Formeln miteinander verknüpfen:

$$\frac{N_\sim}{N_=} = K = \frac{\frac{1}{2}+\frac{n}{4\pi}\sin\frac{2\pi}{n}}{\frac{n^2}{\pi^2}\sin^2\frac{\pi}{n}}, \tag{7}$$

$$n = \quad 2 \quad\quad 3 \quad\quad 6$$
$$K = 1{,}23 \quad 1{,}03 \quad 1{,}00$$

$$\frac{N_{s2}}{N_=} = \frac{\pi^2}{2}\cdot\frac{\sqrt{\frac{1}{n}+\frac{1}{2\pi}\sin\frac{2\pi}{n}}}{n\sin^2\frac{\pi}{n}}. \tag{8}$$

Ziff. 9.   Besondere Eigentümlichkeiten der Gleichrichtung.   129

$N_{s1}:N_{s2}$ und $N_{sL}:N_{s1}$ hängen von der Schaltungsart des Transformators ab. Abb. 12 gibt die wichtigsten Zahlenwerte nach einer Untersuchung von KADEN[1]).

Kein Gleichrichter erzeugt irgendeine Phasenverschiebung. Durch eine Gleichrichteranlage wird nur diejenige Phasenverschiebung bedingt, die der Transformator der Anlage als solcher hervorruft. Dagegen ist der Leistungsfaktor eines Gleichrichters kleiner als 1, wenn die Stromkurve, die er erzwingt, wesentlich von der Sinusform der aufgedrückten Spannungskurve abweicht.

Phasen-zahl	Gleichstrom				Anodenstrom				Verhältniswerte	
	Form	Höchst-Wert	Effekt-Wert	Mittel-Wert	Form	Höchst-Wert	Effekt-Wert	Mittel-Wert	C_i=Anodenstrom eff. / Gleichstrom mittel	C_e=Phasenspanng. eff. / Gleichspannung mittel
1(2)	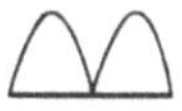 ∩∩	1,00	0,71	0,64	 ∩ ∩	1,00	0,50	0,32	0,785	1,110
3	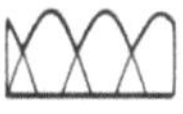 ∩∩∩	1,00	0,84	0,83	 ∩ ∩	1,00	0,49	0,28	0,587	0,855
6	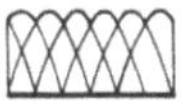 ∩∩∩∩∩∩	1,00	0,95	0,95	 ∩ ∩	1,00	0,39	0,16	0,409	0,740

Abb. 12. Stromformen und Berechnungskonstanten aus dem Gleichrichterbetrieb.

Eine von KRIJGER[2]) durchgeführte Rechnung ergibt ebenso wie Versuche von GÜNTHERSCHULZE, daß der Leistungsfaktor eines induktiv belasteten Netzes durch Einschalten von Gleichrichtern wesentlich verbessert wird, und zwar ist die Verbesserung am größten, wenn die Stromstärken beider Kreise einander gleich sind, die Phasenverschiebung im induktiv belasteten Kreise groß ist und die Gleichrichter sowohl Anoden- als auch Kathodendrosseln besitzen.

9. Besondere Eigentümlichkeiten der Gleichrichtung. Veränderung der Phasendauer durch die Ventile. Enthält ein Ventilkreis weder Kapazität noch Induktivität, sondern außer dem Ventil nur OHMschen Widerstand, so besteht die Wirkungsweise des Ventiles nur darin, die eine Phase des Stromes stärker zu schwächen als die andere, ohne an der relativen Dauer der beiden Phasen etwas zu ändern.

Enthält der Ventilkreis eine Induktivität, so wird die Dauer der Flußrichtung auf Kosten der Dauer der Sperrichtung um so mehr vergrößert, je größer ωL ($\omega = 2\pi n$ = Kreisfrequenz, L Induktivität) gegenüber dem OHMschen Widerstand R des Kreises ist[3]). Ist R gegenüber ωL zu vernachlässigen, so erstreckt sich die Dauer der Durchlässigkeit nahezu über die volle Periode, wenn sich das Ventil wie ein Gebilde verhält, das für die beiden Stromrichtungen sehr verschiedene konstante OHMsche Widerstände und keine Mindestspannung hat, sondern schon bei der geringsten Spannung in der durchlässigen Richtung anspricht.

---
[1]) H. KADEN, Wiss. Veröffentl. a. d. Siemens-Konz. Bd. 3, S. 41. 1923.
[2]) L. P. KRIJGER, Elektrot. ZS. Bd. 44, S. 286. 1923.
[3]) N. PAPALEXI, Ann. d. Phys. Bd. 39, S. 976. 1912.

Eine Dauer der Durchlässigkeit von 360° erscheint zunächst paradox. Man ist auf den ersten Blick geneigt, anzunehmen, daß der Strom, der im Beginn der Phase zugleich mit der Spannung einsetzt, infolge der Anwesenheit der Induktivität eine Nacheilung von 90° erleidet, also nach 180 + 90 = 270° wieder aufhört. Eine weitere Überlegung zeigt jedoch, daß die Frage anders behandelt werden muß. Einen unterbrochenen Gleichstrom kann man sich mathematisch in einen konstanten Gleichstrom und einen darüberliegenden Wechselstrom zerlegt denken. In Abb. 13 ist der dick ausgezogene Strom in bezug auf die Nullinie unterbrochener Gleichstrom, in bezug auf die Linie AB des konstanten Gleichstromes dagegen ein Wechselstrom, der um die Grade AB mit unsymmetrischer Form, aber nach beiden Seiten gleicher mittlerer Intensität schwankt.

Nun fließt der Gleichstrom A ungehindert durch die Induktivität hindurch, der Wechselstrom jedoch findet einen Widerstand, der um so größer ist, je höher die Frequenz des Wechselstromes ist. Der Wechselstrom der Abb. 13 besteht aus einer FOURIERschen Reihe sinusförmiger Glieder mit stark überwiegender Grundwelle. Da schon die erste Oberschwingung, die die dreifache Frequenz der Grundwelle hat, von der Induktivität neunmal so stark geschwächt wird wie die Grundwelle und die höheren Oberschwingungen noch viel stärker geschwächt werden, ergibt sich, daß der von der Induktivität hindurchgelassene Strom nahezu reine Sinusform hat. Da er gleichzeitig um 90° nach rückwärts verschoben wird, ergibt sich für ihn die in Abb. 13 gezeichnete Kurve, die in der Tat die Nullinie nur punktweise berührt, also aus nahezu 360° dauernden Stromstößen besteht.

Abb. 13. Wirkung einer Induktivität auf die Form eines gleichgerichteten Stromes.
——— Strom bei reinem OHMschen Widerstand.
- - - - Strom bei reiner Induktivität ohne Berücksichtigung der Phasenverschiebung.
——— Strom bei reiner Induktivität mit Berücksichtigung der Phasenverschiebung.

Die entgegengesetzte Wirkung tritt ein, wenn statt der Induktivität eine Kapazität mit parallelem Widerstand in den Ventilkreis eingeschaltet wird. Die Dauer der Durchlässigkeit wird dann unter 180° verkürzt und kann durch geeignete Wahl des Verhältnisses von Kapazität und Widerstand bis zu ganz kurzen scharfen Stromstößen verringert werden.

Die Wirkung der Kombinationen von Induktivität und Widerstand hat W. JAEGER[1]) erschöpfend mathematisch behandelt, indem er ein Ventil annahm, das in der Sperrichtung praktisch undurchlässig ist, in der Flußrichtung eine konstante von der momentanen Stromstärke unabhängige Mindestspannung und keine merkliche elektrostatische Kapazität hat. Diese Annahme trifft für die wichtigsten Gleichrichter, wie den Quecksilberdampfgleichrichter, den Edelgasgleichrichter, den Wehneltgleichrichter, nicht dagegen für den neuen Trockenplattengleichrichter zu.

Unter Verwendung symbolischer Darstellung leitet JAEGER folgendes ab:

10. Ventil in Serie mit Widerstand und Induktivität. Der Widerstand ist mit R, die Induktivität mit L bezeichnet.

Für die Durchlaßzone $t = 0$ bis t_1 (s. Abb. 14) ist die Ventilspannung konstant gleich der Mindestspannung ($\mathfrak{v} = v_0$), und es gilt ferner $\mathfrak{V} - v_0 = Ri + L\,di/dt$ mit der Bedingung, daß zur Zeit $t = 0$ der Strom $i = 0$ ist. Hieraus folgt, wenn der Wert von $\mathfrak{V}$ zur Zeit $t = 0$ mit $\mathfrak{V}_0$ bezeichnet wird,

$$i = \underbrace{\frac{\mathfrak{V}}{R+j\omega L}}_{\text{I}} - \underbrace{\frac{v_0}{R}}_{\text{II}} - \underbrace{\left(\frac{\mathfrak{V}_0}{R+j\omega L} - \frac{v_0}{R}\right)e^{-\frac{R}{L}t}}_{\text{III}}, \qquad (9)$$

---
[1]) W. JAEGER, Arch. f. Elektrot. Bd. 2, S. 418. 1914.

Ziff. 10.   Ventil in Serie mit Widerstand und Induktivität.   131

ferner der Wert von $\mathfrak{V}$ zur Zeit 0

$$\mathfrak{V}_0 = V \sin \varphi = v_0,$$

woraus sich die Phase φ ergibt. Da auch für $t = t_1$ der Strom Null ist, folgt zur Bestimmung von t_1, wenn zur Abkürzung

$$\alpha = \frac{\omega L}{R}$$

gesetzt wird:

$$e^{-\frac{R}{L}t_1} = \frac{\mathfrak{V}_1 - (1 + j\alpha) v_0}{\mathfrak{V}_0 - (1 + j\alpha) v_0} = \frac{(1 - j\alpha) \mathfrak{V}_1 - (1 + \alpha^2) v_0}{(1 - j\alpha) \mathfrak{V}_0 - (1 + \alpha^2) v_0} \quad (10)$$

und

$$\mathfrak{V}_1 - v_0 = L \left(\frac{di}{dt}\right)_{t_1},$$

worin $\mathfrak{V}_1$ den Wert von $\mathfrak{V}$ zur Zeit t_1 bedeutet.

In der Sperrzone: $t = t_1$ bis T ist $i = 0$ und die Ventilspannung gleich der Betriebsspannung ($\mathfrak{v} = \mathfrak{V}$).

Ist der Widerstand R sehr klein, so folgt für den Strom in der Durchlaßzone:

$$i = \frac{\mathfrak{V}}{R + j\omega L} - \frac{\mathfrak{V}_0}{R + j\omega L} - \frac{v_0}{L} t + \frac{R}{L} \left(\frac{\mathfrak{V}_0}{R + j\omega L} t + \frac{v_0}{2L} t^2\right), \quad (11)$$

und für eine reine Selbstinduktion ($R = 0$) bzw. für sehr große Werte von ωL[1])

$$i = \frac{1}{\omega L} \Big(\underbrace{j\mathfrak{V}_0 - j\mathfrak{V}}_{\text{I}} - \underbrace{2\pi v_0 \frac{t}{T}}_{\text{II}} \Big). \quad (12)$$

Wäre keine Mindestspannung vorhanden ($v_0 = 0$), so würde man in letzterem Falle erhalten

$$i = \frac{\mathfrak{V} - \mathfrak{V}_0}{j\omega L}. \quad (13)$$

Die Gleichungen sind in Abb. 14 veranschaulicht.

Die Kurven gelten für alle Frequenzen und sind wesentlich durch das Verhältnis v_0/V bestimmt. Die Konstruktionselemente [s. Gleichung (12)] sind in leicht ersichtlicher Weise punktiert in der Abbildung angegeben. Ebenso ist auch die Stromkurve eingezeichnet, welche man für $v_0 = 0$ erhalten würde [Gleichung (13)]. Man sieht, daß nur in diesem Fall die Durchlaßzone durch die Selbstinduktion über die ganze Periode verbreitert wird, daß aber im allgemeinen wegen der Mindestspannung, auch wenn kein OHMscher Widerstand in der Anordnung vorhanden ist, eine Sperrzone übrigbleibt, deren Breite durch das Verhältnis v_0/V bedingt ist. Im vorliegenden Fall bleibt auch bei reiner Selbstinduktion noch eine Sperrzone von etwa $0,2\,T$ übrig.

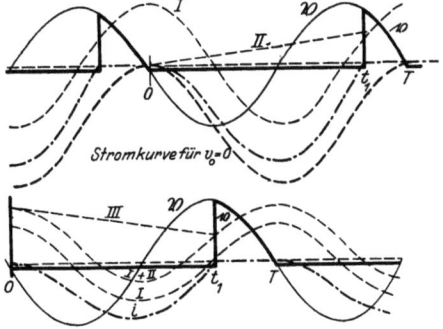

Abb. 14. Ventil in Serie mit Widerstand und Induktivität.

$\mathfrak{V}$ = Betriebsspannung; $\mathfrak{v}$ = Ventilspannung; i = Gesamtstrom; $0 - T$ = Dauer einer Periode; I, II u. III Hilfskurven.

---

[1]) Die Differentialgleichung in der Durchlaßzone heißt dann:

$$\mathfrak{V} - v_0 = L \frac{di}{dt}; \qquad \text{das Integral} \int^{t_1} L \frac{di}{dt} dt = \int^{t_1} (\mathfrak{V} - v_0) \, dt \text{ ist Null.}$$

9*

Bei der Aufnahme durch den Oszillographen können diese Kurven durch den Widerstand des Apparates erheblich geändert werden, wie an folgender Abb. 15 erläutert werden soll. Die Spitzen der Kurven werden unter Umständen durch auftretende e-Funktionen abgerundet.

11. Widerstand und Induktivität in Serie mit dem Ventil, außerdem Widerstand parallel dazu.

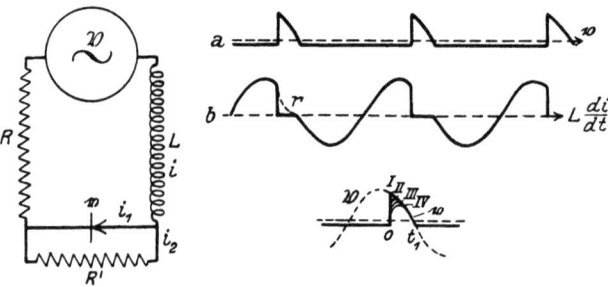

Abb. 15. Ventil in Serie mit Widerstand und Induktivität, außerdem Widerstand parallel dazu.

R, R' = Widerstand; L = Induktivität; i = Gesamtstrom; i_1, i_2 = Teilströme. Links: Schaltungsschema. Rechts oben: Kurve der Ventilspannung. Rechts Mitte: Kurve der in der Induktivität erzeugten Spannung. r = Widerstand des Oszillographen. Rechts unten: Einfluß des Widerstands R'. I: $R' = \infty$ II: $R' = 10000\,\Omega$ III: $R' = 5000\,\Omega$. IV = $2000\,\Omega$.

Die Anordnung wird durch Abb. 15 links dargestellt. Der Widerstand R' kann den Widerstand des Oszillographenkreises darstellen, welcher zur Aufnahme der Ventilspannung dienen soll. Die Sperrzone ist hier von $t = 0$ bis t_1 gerechnet, die Durchlaßzone von t_1 bis T. In der letzteren Zone hat man zwei Zweigströme i_1 und i_2 zu unterscheiden, in der Sperrzone ist $i_2 = i$.

In der Sperrzone gilt daher die Gleichung

$$\mathfrak{v} = \mathfrak{V} - Ri - L\frac{di}{dt} = R'i \tag{14}$$

mit der Bedingung, daß zur Zeit $t = 0$ und $t = t_1$ die Ventilspannung $v = v_0$ (Mindestspannung) ist.

Man erhält hieraus, wenn $R_1 = R + R'$ gesetzt wird:

$$i = \frac{\mathfrak{V}}{R_1 + j\omega L} - \left(\frac{\mathfrak{V}_0}{R_1 + j\omega L} - \frac{v_0}{R'}\right)e^{-\frac{R_1}{L}t}, \tag{15}$$

$$\mathfrak{v} = \frac{R'\mathfrak{V}}{R_1 + j\omega L} - \left(\frac{R'\mathfrak{V}_0}{R_1 + j\omega L} - v_0\right)e^{-\frac{R_1}{L}t}. \tag{16}$$

Aus (16) ergibt sich auch die Bedingung für t_1 (da zu dieser Zeit $V = V_1$ und $\mathfrak{v} = v_0$ ist), die wieder durch eine transzendente Gleichung dargestellt wird.

Für $t = 0$ ist $i = v_0/R'$; für $R' = \infty$ gehen die Gleichungen in diejenigen des Falles 2 über ($\mathfrak{v} = \mathfrak{V}$, $i = 0$).

In der Durchlaßzone ist $\mathfrak{v} = v_0$, also $i_2 = v_0/R'$ und

$$\mathfrak{V} - v_0 = Ri + L\frac{di}{dt}. \tag{17}$$

Da für $t = T$ die Betriebsspannung $\mathfrak{V} = \mathfrak{V}_0$ und $i = v_0/R'$ sein muß, ergibt sich also für die Ströme:

$$i = \frac{\mathfrak{V}}{R + j\omega L} - \frac{v_0}{R} - \left(\frac{\mathfrak{V}_0}{R - j\omega L} - \frac{v_0}{R'} - \frac{v_0}{R}\right)e^{-\frac{R}{L}(t-T)}; \tag{18}$$

$$i_2 = \frac{v_0}{R'},$$

und für den Ventilstrom i_1:

$$i_1 = i - i_2.$$

Ziff. 12. Induktivität und Widerstand parallel, beide in Serie zum Ventil. 133

Für große Werte von R' ergibt sich somit in der Sperrzone angenähert:

$$i = \frac{1}{R'}\left(\mathfrak{V} - (\mathfrak{V}_0 - v_0) e^{-\frac{R'}{L}t}\right) \quad \text{oder nahe} \quad i = \frac{\mathfrak{V}}{R'}; \quad (19)$$

$$\mathfrak{v} = R' i = \mathfrak{V} - (\mathfrak{V}_0 - v_0) e^{-\frac{R'}{L}t}.$$

Für $R' = \infty$ wird $\mathfrak{v} = V$, wie im Falle (2), d. h. man erhält die Kurve a (Abb. 15). Im allgemeinen wird aber die Spitze der Kurve durch die e-Funktion abgerundet; der Wert von v steigt dann mehr oder weniger allmählich auf denjenigen der Betriebsspannung. Statt einer Kurve von der Form a der Abb. 15 erhält man dann die verzerrten Kurven Abb. 15 unten, welcher die Verhältnisse des Schemas Abb. 15 links zugrunde gelegt sind unter der Annahme $L = 1$ Henry, $R' = 10000$ Ohm (II), 5000 (III) und 2000 (IV) Ohm; I entspricht $R' = \infty$. Man sieht also, daß hier ein sehr großer Widerstand nötig ist, um die Verzerrung der Kurve zu vermeiden.

12. Induktivität und Widerstand parallel, beide in Serie zum Ventil. Die Anordnung zeigt Abb. 16. Die Zeit $t = 0$ ist als Beginn der Durchlaßzone genommen. Der Widerstand R kann z. B. den Widerstand des Oszillographenkreises darstellen, der zur Aufnahme der in L induzierten Spannung dient; der Fall hat aber auch abgesehen von dieser Anwendung Interesse.

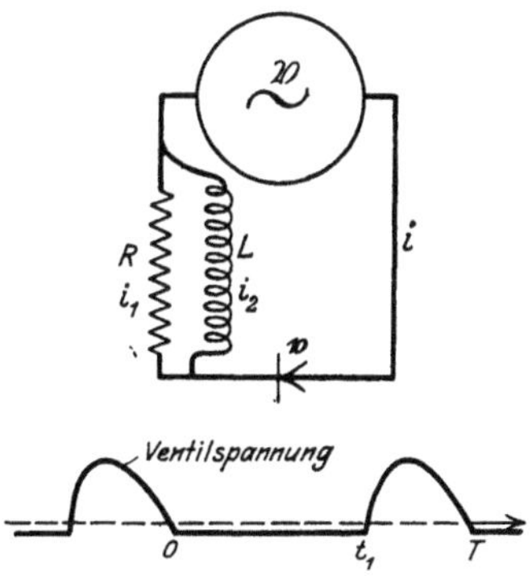

Für den Gesamtstrom

$$i = i_1 + i_2$$

gelten die Bedingungen des Falles (2); aber die Einzelströme i_1 und i_2 sind zu Beginn und Ende der Durchlaßperiode entgegengesetzt gleich, im übrigen aber um 90° gegeneinander phasenverschoben.

In der Durchlaßzone $t = 0$ bis t_1 gelten die Gleichungen

$$R i_1 = L \frac{d i_2}{d t} = \mathfrak{V} - v_0 \quad (20)$$

mit den vorstehend angegebenen Bedingungen für $i_1 + i_2$.

Abb. 16. Induktivität und Widerstand parallel, beide in Serie zum Ventil.
Oben: Schaltungsschema. Unten Ventilspannung. R = Widerstand; L = Induktivität; i = Gesamtstrom; i_1, i_2 = Teilströme; $\mathfrak{v}$ = Ventil.

Man erhält für die drei Ströme die Gleichungen:

$$i_1 = \frac{\mathfrak{V} - \mathfrak{V}_0}{R}, \quad (21)$$

$$i_2 = \frac{\mathfrak{V} - \mathfrak{V}_0}{j \omega L} - \frac{2 \pi v_0}{\omega L} \frac{t}{T} - \frac{\mathfrak{V}_0 - v_0}{R}, \quad (22)$$

$$i = \frac{\mathfrak{V} - \mathfrak{V}_0}{j \omega L} - \frac{2 \pi v_0}{\omega L} \frac{t}{T} + \frac{\mathfrak{V} - \mathfrak{V}_0}{R} = (\mathfrak{V} - \mathfrak{V}_0)\left(\frac{1}{j \omega L} + \frac{1}{R}\right) - \frac{v_0 t}{L}. \quad (23)$$

Zur Zeit $t = 0$ ist $i_1 = -i_2 = \frac{V_0 - v_0}{R}$; ebenso folgt für $t = t_1$:

$$i_1 = -i_2 = \frac{\mathfrak{V}_1 - v_0}{R}$$

unter Berücksichtigung der folgenden Bedingung, die sich aus der Gleichung für i ergibt, da zur Zeit $t = t_1$ (wie auch für $t = 0$) der Gesamtstrom $i = 0$ ist:

$$v_0 t_1 = \frac{(\mathfrak{V}_1 - \mathfrak{V}_0)(R + j \omega L)}{j \omega R}. \quad (24)$$

Für die Sperrzone (t_1 bis T) gilt:
$$\mathfrak{v} = \mathfrak{V} - R i_1, \quad i = 0.$$

Da zur Zeit t_1 die oben angegebene Beziehung gilt, erhält man für den Strom, der während der Sperrzone in dem aus L und R gebildeten Stromkreis verläuft:

$$R i_1 - L \frac{d i_2}{d t} = 0, \quad \text{also} \quad i_1 = -i_2 = \frac{\mathfrak{V}_1 - v_0}{R} e^{-\frac{R}{L}(t - t_1)}, \quad (25)$$

für $t = T$ ist dann

$$\frac{\mathfrak{V}_1 - v_0}{R} e^{-\frac{R}{L}(T - t_1)} = \frac{\mathfrak{V}_0 - v_0}{R}, \quad (26)$$

wodurch eine weitere Bedingungsgleichung für V_1 und V_0 gegeben ist.

Für die Ventilspannung erhält man nach Gleichung (25) den Ausdruck

$$\mathfrak{v} = \mathfrak{V} - (\mathfrak{V}_1 - v_0) e^{-\frac{R}{L}(t - t_1)}, \quad (27)$$

für die Spannung an den Enden von R und L:

$$\mathfrak{V} - \mathfrak{v} = (\mathfrak{V}_1 - v_0) e^{-\frac{R}{L}(t - t_1)}. \quad (28)$$

Durch den Widerstand R wird also die Kurve der Ventilspannung in analoger Weise verändert wie im vorigen Fall. Ebenso wird die Kurve b der Abb. 15 verzerrt, indem an Stelle des bei t_1 auftretenden Sprungs eine Abnahme nach Gleichung (28) erfolgt, wie Abb. 15 (Kurve b, gestrichene Linie r der ersten Periode) zeigt.

13. Widerstand in Serie, Induktivität parallel zum Ventil. Die Anordnung zeigt Abb. 17 links. In der Sperrzone (hier von $t = 0$ bis t_1, vgl. Abb. 17) geht ein Strom nur durch L und R; die am Ende der Sperrzone in L induzierte EMK ist gleich der Mindestspannung v_0, die von diesem Moment an bis $t = T$ konstant bleibt. Der Strom im Selbstinduktionskreis verändert sich von diesem Zeitpunkt an umgekehrt proportional der Induktivität, für sehr kleine Werte derselben kann er in kurzer Zeit auf einen sehr hohen Betrag kommen. Das Nähere geht aus den im folgenden mitgeteilten Gleichungen hervor.

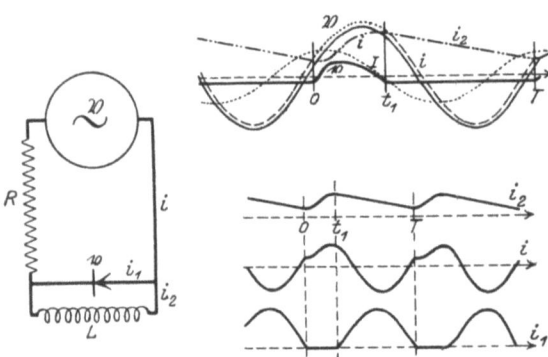

Abb. 17. Widerstand in Serie, Induktivität parallel zum Ventil.

R = Widerstand. $\mathfrak{V}$ = Betriebsspannung. i = Gesamtstrom. i_1 = Strom im Ventil. i_2 = Strom in der Induktivität L. $0 - T$ = Dauer einer Periode. Links: Schaltungsschema. Rechts oben: Konstruktion der Kurven. Rechts unten sind die Ströme i, i_1, i_2 gesondert gezeichnet.

Für die Sperrzone ($t = 0$ bis t_1) gelten die Gleichungen:

$$i = i_2; \quad \mathfrak{v} = \mathfrak{V} - R i = L \frac{d i}{d t}; \quad \mathfrak{V} = R i + L \frac{d i}{d t} \quad (29)$$

mit der Bedingung, daß für $t = 0$ und $t = t_1$ die Ventilspannung $v = v_0$ sein muß. Daher ergeben sich folgende Gleichungen:

$$i = \frac{\mathfrak{V}}{R + j \omega L} + \frac{1}{R}\left(\frac{j \omega L \mathfrak{V}_0}{R + j \omega L} - v_0\right) e^{-\frac{R}{L} t}, \quad (30)$$

$$\mathfrak{v} = \frac{j \omega L \mathfrak{V}}{R + j \omega L} - \left(\frac{j \omega L \mathfrak{V}_0}{R + j \omega L} - v_0\right) e^{-\frac{R}{L} t}. \quad (31)$$

Zur Zeit $t = 0$ wird $i = \dfrac{\mathfrak{V}_0 - v_0}{R}$; aus der Bedingung für $\mathfrak{v}$ zur Zeit t_1 folgt eine transzendente Gleichung für t_1:

$$e^{-\frac{R}{L}t_1} = \frac{j\beta\mathfrak{V}_1 - v_0}{j\beta\mathfrak{V}_0 - v_0}, \quad \text{wo} \quad \beta = \frac{\omega L}{R + j\omega L}, \tag{32}$$

woraus weiter folgt, daß $i = \dfrac{\mathfrak{V}_1 - v_0}{R}$ zur Zeit t_1 ist.

In der Durchlaßzone t_1 bis T gelten die Gleichungen:

$$R i = \mathfrak{V} - v_0; \quad L\frac{di_2}{dt} = v_0; \quad \mathfrak{v} = v_0.$$

Unter Beachtung der Bedingung, daß zur Zeit t_1 sein muß: $i = i_2 = (\mathfrak{V}_1 - v_0)/R$, $\mathfrak{v} = v_0$ und $\mathfrak{V} = \mathfrak{V}_1$, ergeben sich die Gleichungen:

$$i = \frac{\mathfrak{V} - v_0}{R}; \quad i_2 = \frac{\mathfrak{V}_1 - v_0}{R} + \frac{v_0}{L}(t - t_1) = \frac{\mathfrak{V}_1 - v_0}{R} + \frac{2\pi v_0}{\omega L}\left(\frac{t - t_1}{T}\right). \tag{33}$$

Am Ende der Periode ($t = T$) ist wieder $i = i_2$, $\mathfrak{V} = \mathfrak{V}_0$, woraus die weitere Bedingungsgleichung folgt:

$$\mathfrak{V}_0 - \mathfrak{V}_1 = v_0 \frac{R}{L}(T - t_1). \tag{34}$$

Die transzendenten Gleichungen (32) und (34) für t_1 und φ sind am einfachsten dadurch zu umgehen, daß man den Zeitpunkt t_1 durch Konstruktion ermittelt und dann evtl. mit Hilfe der Gleichungen genauer berechnet.

Die drei Ströme i, i_2, i_1 im Widerstand, Induktionszweig und dem Ventil (Strom nach oben geklappt) sind in der oberen Hälfte der Abb. 17 nochmals in kleinerem Maßstab gesondert gezeichnet. Der Strom i_2 stellt einen undulierenden Gleichstrom dar.

Die bei geringer Frequenz vorhandene starke Verbreiterung der Durchlaßzone verschwindet also bei Hochfrequenz und geht auf die Breite der halben Periode zurück, wobei gleichzeitig der Strom im Induktionskreis verschwindet, wenn nicht die Selbstinduktion entsprechend der Zunahme der Periode verkleinert wird.

14. Verwendung der Ventile zur Erzeugung hochfrequenter Schwingungen. Zur Erzeugung hochfrequenter Schwingungen mit Hilfe von Ventilen sind zwei Wege vorgeschlagen. Der eine besteht darin, daß durch das Ventil in jeder Mittelfrequenzperiode ein kurzer Stromstoß geschickt wird, der einen Hochfrequenzkreis im Takte anstößt. Der zweite Weg beruht darauf, daß der von einem Gleichrichter gelieferte Gleichstrom Pulsationen enthält, die bei Gleichrichtung n-phasigen Wechselstromes die n-fache Frequenz haben wie der Wechselstrom.

Beide Verfahren, deren Wirkungsgrad gering ist, sind durch die Ausbildung der Senderöhren überholt worden.

15. Verwendung der Ventile zu Meßzwecken. Die Messung von Gleichströmen ist bequemer und empfindlicher als die von Wechselströmen. Es liegt also nahe, Wechselströme mit Hilfe von Ventilen vor der Messung in Gleichströme zu verwandeln. Das setzt jedoch voraus, daß das Ventil bis zu den kleinsten Spannungen herab wirksam bleibt. Leider besitzen aber fast alle Ventile auch in der durchlässigen Richtung eine Mindestspannung, unterhalb deren sie undurchlässig sind. Nur bei den Detektoren liegt ein Versuch von A. SZEKELY[1]) vor, sehr schwache hochfrequente Wechselströme durch Umwandlung in Gleich-

---

[1]) A. SZEKELY, Wiener Ber. Bd. 130, S. 3. 1921.

ströme quantitativ zu messen. Bei der großen Empfindlichkeit der meisten Detektoren gegen Erschütterungen und stärkere Strombelastungen dürfte sich dieses Verfahren jedoch kaum einbürgern.

16. Verwendung der Ventile zum Absperren unerwünschter Stromrichtungen. Das einfachste Verfahren, das Ventil in den Stromkreis zu schalten, in dem nur eine Stromrichtung möglich sein soll, ist für viele Zwecke zu grob. Viel zweckmäßiger ist es, das Ventil auf ein Relais arbeiten zu lassen, das die erforderlichen Kontakte betätigt.

Im Laboratorium lassen sich die Ventile auch sehr bequem als Stromrichtungssucher (Polsucher) verwenden. Ein elektrolytisches Ventil, bestehend aus einem Aluminiumblechstreifen und einem Bleistreifen in Boraxlösung in einem bis auf eine winzige Entgasungsöffnung vergossenen Glasrohr, wird in Serie mit einer Glühlampe an einen Stechkontakt angeschlossen oder auch dem zu belastenden Apparat parallel geschaltet. Je nachdem, ob die Glühlampe beim Einschalten aufleuchtet oder nicht, ist die richtige oder falsche Stromrichtung vorhanden.

17. Verwendung der Ventile zur Erzeugung beliebiger Kurvenformen. Die elektrolytischen Ventile lassen sich zur Erzeugung beliebiger Kurvenform bequem verwenden. Je nach dem gewählten Elektrolyten werden diese Ventile in der undurchlässigen Richtung bei einer ganz bestimmten Spannung durchlässig und haben dann für alle diesen Wert überschreitenden Spannungsbeträge bei geeigneter Elektrodenanordnung einen sehr geringen inneren Widerstand. Liegt diese kritische Spannung beispielsweise bei 40 Volt und wird das Ventil, das in diesem Falle aus zwei undurchlässigen Elektroden besteht, mit Vorschaltwiderstand an eine Wechselspannung von 400 Volt gelegt, so steigt die Spannung am Ventil in beiden Richtungen sehr schnell auf 40 Volt und bleibt dann den größten Teil der Phase auf diesem Werte konstant, so daß eine fast rechteckige Spannungskurve entsteht, die mit Hilfe eines Transformators auf den gewünschten Spannungsbetrag umgewandelt werden kann.

Wird andererseits bei dem gleichen Ventil die Wechselspannung so gewählt, daß ihr Scheitelwert nur wenig größer als 40 Volt ist, so besteht die Stromkurve aus lauter schmalen Spitzen in der Mitte der Periode. Durch Kombination derartiger Verfahren läßt sich fast jede beliebige Kurvenform herstellen.

Auch mit den Gasentladungsventilen lassen sich ähnliche Veränderungen der ursprünglichen Kurvenform eines Wechselstromes herbeiführen, die für spezielle Untersuchungen oft sehr erwünscht sind.

b) Die einzelnen Gleichrichter.

α) Mechanische Gleichrichter.

18. Gleichrichter mit schwingenden Kontakten. Das Prinzip der Gleichrichter mit schwingenden Kontakten besteht darin, daß ein durch den gleichzurichtenden Wechselstrom gesteuertes schwingendes Kontaktsystem genau im Takte des Wechselstromes den Stromkreis für die eine Hälfte der Periode geschlossen, für die andere geöffnet hält. Bei Verwendung eines Kontaktes wird die eine Stromrichtung unterdrückt. Spielt das bewegliche System zwischen zwei festen Kontakten hin und her, so können durch geeignete Schaltungen beide Stromrichtungen in die gleiche Richtung gebracht werden. Wird ein schwingungsfähiger Kontakt ohne besondere Hilfsmittel etwa durch einen Wechselstrommagneten in Schwingungen versetzt, so würde infolge der Trägheit des Systems eine Phasenverschiebung zwischen den Schwingungen und dem erregenden Wechselstrom bestehen, die zur Folge hätte, daß die Kontakte sich nicht bei Stromlosigkeit öffneten und schlössen. Dieses würde — abgesehen von der Verringerung der Stromausbeute — zu Öffnungsfunken an den Kontakten führen, die sie in kurzer Zeit unbrauchbar machen würden. Nun läßt sich jedoch die Phase eines Wechselstromes mit Hilfe von Kapazitäten und Induktivitäten beliebig verschieben, so daß keine Schwierigkeit besteht, den Gleichrichter so einzuregulieren, daß die durch die Trägheit bedingte Phasenverschiebung vollständig kompensiert wird. Allerdings ist diese Kompensation nur für eine bestimmte Frequenz wirksam. Deshalb arbeiten Gleichrichter mit schwingenden Kontakten schlecht, wenn sie bei einer wesentlich anderen Frequenz benutzt werden als diejenige, für die sie einreguliert sind.

Der Umstand, daß der Strom in jeder Periode zweimal auf Null sinken muß, damit die Kontakte bei Stromlosigkeit geöffnet werden können, hat zur Folge, daß der vom Gleichrichter gelieferte Strom, der bei Akkumulatorenladung die Gestalt der Abb. 18 hat (unten Strom-, oben Spannungskurve), nicht durch Drosselspulen ausgeglichen werden kann. Wie Abb. 18 erkennen läßt, kann man sich diesen Strom zusammengesetzt denken aus einem konstanten mittleren Gleichstrom und einem darüber gelagerten Wechselstrom von dem Betrage $i_g/\sqrt{2}$, wenn i_g der mittlere Gleichstrom ist. Dieser übergelagerte Wechselstrom ist reiner Verlust und drückt den Wirkungsgrad des Gleichrichters nicht unbeträchtlich herunter. Da sich aber das Anwendungsgebiet der Gleichrichter mit schwingenden Kontakten auf kleine Ströme von einigen Ampere und niedrige Spannungen, also kleine Energiemengen, beschränkt, ist ein billiger und betriebssicherer Apparat von geringem Wirkungsgrade einem teuren Apparat von höherem Wirkungsgrade überlegen, weil die Energiekosten gegenüber der Verzinsung und Amortisation des Apparates nur eine geringe Rolle spielen.

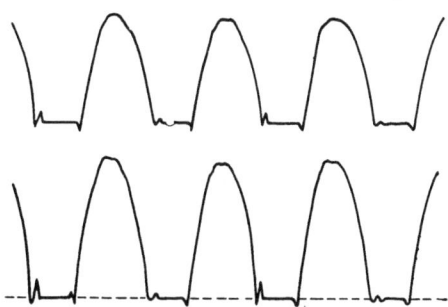

Abb. 18. Strom- und Spannungskurve eines Pendelgleichrichters bei Ladung einer Akkumulatorenbatterie (oben Spannungskurve, unten Stromkurve).

Die älteren Gleichrichter mit schwingenden Kontakten fielen durch das starke Geräusch, das sie machten, sehr unangenehm auf. Bei den neueren Typen ist es gelungen, dieses Geräusch so weit zu unterdrücken, daß es nicht mehr als störend empfunden wird.

Gleichrichter mit schwingenden Kontakten werden u. a. von den Firmen Elektrizitäts-Aktiengesellschaft Hydrawerk, Charlottenburg, Deutsche Telephonwerke, Berlin, Koch & Sterzel, Dresden, Velios-Werke A.-G., Dresden, Dr. Max Levy, Berlin, Joh. Schlenker, Schwenningen, Al. Spadinger, Wien, u. a. hergestellt.

Die Gleichrichter der verschiedenen Firmen unterscheiden sich in Einzelheiten der Kontaktsteuerung, der Dämpfung und des Kontaktmateriales.

19. Gleichrichter mit rotierenden Kontakten. Zur Erzeugung der in der Röntgentechnik erforderlichen hohen Gleichspannungen wurde bis vor kurzem fast ausschließlich der von KOCH[1] im Jahre 1903 angegebene Hochspannungsnadelgleichrichter benutzt. Seinem Prinzip nach ist er ein rotierender Umschalter. Auf der Achse eines synchron mit der gleichzurichtenden Spannung rotierenden Motors befinden sich zwei axial und radial gegeneinander versetzte Nadelpaare, die an einem System von Metallkugeln vorbeistreifen, von denen

---
[1] F. J. KOCH, Ann. d. Phys. Bd. 14, S. 547. 1904.

die einen mit dem Hochspannungstransformator, die anderen mit der Röntgenröhre verbunden sind. Es tritt also an die Stelle des bei Niederspannung erforderlichen Kontaktes hier die Stromabnahme durch Spitzenwirkung. Eine wesentliche Verbesserung dieses Gleichrichters, der Hochspannungsscheibengleichrichter, stammt ebenfalls von KOCH. Die beiden Nadelpaare sind durch zwei in eine auf der Motorachse angebrachte isolierende Scheibe eingesetzte Metallsegmente ersetzt. An Stelle der Spitzen werden Kontaktorgane geringer Krümmung verwandt und ihr Mindestabstand von den Metallsegmenten weitgehend verringert. Infolgedessen ist der Spannungsverlust in der Gasstrecke beim Hochspannungsscheibengleichrichter wesentlich geringer als beim Nadelgleichrichter und seine Wirkungsweise viel sicherer.

Die beiden Apparaten anhaftenden Mängel sind das Geräusch, das sie verursachen, und die nicht unbeträchtliche Erzeugung nitroser Gase. Neuerdings werden sie durch die Glühkathodenröhren verdrängt.

Außer von der Firma Koch & Sterzel, Dresden, werden sie von der Siemens Reiniger Veifa G. m. b. H. Berlin hergestellt.

20. Der Quecksilberstrahlgleichrichter. HARTMANN ersetzt die magnetisch zum Schwingen gebrachte Kontaktfeder durch einen elektromagnetisch in Schwingungen versetzten flüssigen Quecksilberstrahl. Zwischen den Polen eines kräftigen Gleichstrommagneten wird ein Strahl flüssiges Quecksilber mit großer Geschwindigkeit senkrecht von oben nach unten hindurchgespritzt; durch diesen Strahl wird der gleichzurichtende Wechselstrom hindurchgeleitet. Infolgedessen wird der Strahl durch das Magnetfeld abgelenkt und führt im Takte des Wechselstromes hin und her schlenkernde Bewegungen aus. Unten auf dem Boden des Gefäßes aber trifft er auf zwei in seiner Schwingungsrichtung liegende, durch eine Lücke getrennte Kontaktstreifen, die ihn auffangen. Durch Kompensation der Phasenverschiebung wird erreicht, daß der eine Kontaktstreifen die eine, der andere die andere Stromrichtung aufnimmt. An der Lücke tragen beide Streifen scharfe Schneiden aus Quarz, die den Quecksilberstrahl durchschneiden und für eine momentane Unterbrechung des Stromes sorgen.

Der große Vorzug des Ersatzes einer festen Kontakteinrichtung durch diesen flüssigen Strahl besteht darin, daß es eine durch die Gefahr der Kontaktverbrennung bedingte Belastungsgrenze hier nicht mehr gibt. Der Gleichrichter soll für Ströme von mehreren hundert Ampere und Spannungen von mehreren hundert Volt brauchbar sein. Um ein Verschmutzen des Quecksilbers zu vermeiden, befindet sich die Kontakteinrichtung in einer Atmosphäre von Wasserstoff, der jedoch im praktischen Betrieb wegen der Explosionsgefahr wohl durch andere geeignete Gase ersetzt werden müßte.

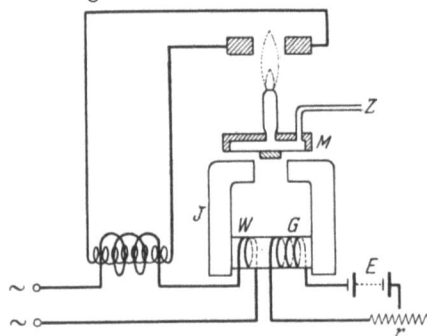

Abb. 19. Schaltungsschema des Flammengleichrichters von DOWLING und HARRIS.

21. Gleichrichter mit schwingender Flamme. Wenn eine Flamme in die Nähe einer von zwei einander gegenüberstehenden Elektroden gebracht wird, läßt sich eine gewisse Gleichrichterwirkung erzielen, da die Flamme eine große Menge negativer Ionen liefert. Diese Wirkung läßt sich nach J. J. DOWLING und J. T. HARRIS[1]) wesentlich verbessern, wenn die

---

[1]) J. J. DOWLING u. J. T. HARRIS, Scient. Proc. Roy. Dubl. Soc. Bd. 16, S. 171. 1921.

Flamme genau synchron mit der Wechselspannung steigt und fällt. Hierzu wird das die Flamme speisende Gas durch eine KÖNIGsche Manometerkapsel M (Abb. 19) geleitet, deren Membran entweder eine Eisenplatte oder eine Gummischeibe ist, die ein in der Mitte aufgeklebtes Eisenstück trägt. Unter ihr ist ein Elektromagnet J mit zwei getrennten Wicklungen W und G angeordnet. Durch die Windungen W geht der volle Primärstrom des Hochspannungstransformators. Die Wicklung G führt Gleichstrom von einem Akkumulator E. Der Gleichstrom bewirkt, daß die Magnetisierung in jeder Periode nur einmal auf- und abschwankt. Die Kapsel muß möglichst flach, die Flamme 8 bis 10 cm hoch, das Zuleitungsrohr Z entweder eng oder an seiner Mündung leicht mit Watte verstopft sein.

Mit einer Kapsel von 2 ccm Volumen, einem Brennerrohr von 1 ccm und einer Gummimembran von 3 cm Durchmesser lassen sich Flammenschwankungen zwischen 1 und 10 cm Höhe erreichen. Bei einer Wechselspannung von 6000 Volt ergeben sich Gleichströme bis 20 mA und vollständige Gleichrichtung. Wesentlich höhere Spannungen lassen sich mit einer Flamme nicht bewältigen, weil die Flamme dann elektrostatisch beeinflußt wird.

β) Trockenplattengleichrichter.

22. Der Elkongleichrichter. In neuester Zeit ist mit Erfolg ein Effekt zur Konstruktion von Gleichrichtern ausgebildet worden, der bisher nur in der Hochfrequenztechnik bei den Kristalldetektoren angewandt wurde, nämlich die auf der verschiedenen Ablösearbeit der Elektronen in Metallen und elektronisch leitenden Metallverbindungen beruhende Ventilwirkung. Die Theorie dieser Ventilwirkung wird bei Besprechung der Detektoren gegeben. Das grundsätzliche Neue ist der Übergang von der Gleichrichtung von Mikroampere in den Detektoren zu der von Ampere in den Trockenplattengleichrichtern.

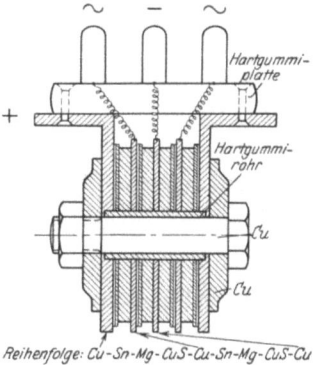

Abb. 20. Ventilaggregat eines Elkongleichrichters.

Bei dem in Amerika bereits auf dem Markt befindlichen Elkongleichrichter sind an dem üblichen Transformator 3 Aggregate der in Abb. 20 wiedergegebenen Konstruktion parallel angeschlossen und liefern 6 Volt Gleichspannung bei 0,15 Amp. Das Ventil wird durch eine aus einem Gemisch von Kupfersulfür und Zinksulfid bestehende, anscheinend gepreßte, sehr harte Platte von 0,2 cm Dicke und 2,85 cm Durchmesser gebildet, gegen die auf der

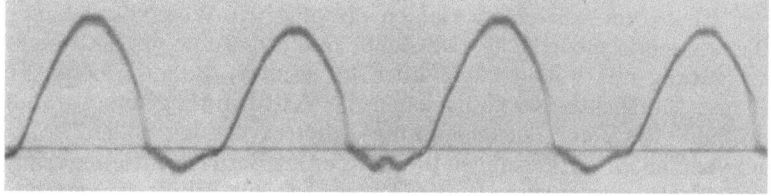

Abb. 21. Elkongleichrichter. Gleichrichterstrom bei Ladung einer 6 Volt-Batterie $i_m = 0{,}15$ Amp.

einen Seite eine Kupferscheibe, auf der anderen eine Magnesiumscheibe unter hohem Druck gepreßt werden. Vier solcher Ventile sind zu dem in Abb. 20

wiedergegebenen Aggregat vereint und in der GRAETZschen Schaltung an den Transformator angeschlossen. Die GRAETZsche Schaltung ist gewählt worden, weil sie gegenüber Spannungsstößen der Transformatoren bei Schaltvorgängen größere Sicherheit bietet.

Abb. 21 zeigt den ein Ventil durchfließenden Strom. Danach ist auch in der Sperrichtung eine merkliche Durchlässigkeit vorhanden.

In Abb. 22 ist die statische Charakteristik eines Ventils wiedergegeben. Sie gleicht durchaus der eines Kristalldetektors. In der Flußrichtung wird oberhalb von 0,5 Volt jeder Strom hindurchgelassen. In der Sperrichtung steigt die Stromstärke beschleunigt mit der abgedrosselten Spannung an. Für Spannungen unterhalb von 0,5 Volt ist keine Ventilwirkung vorhanden.

In der letzten Zeit sind in Deutschland große Fortschritte mit den Trockenplattengleichrichtern erzielt worden. Gleichrichter, die bei einem Plattendurchmesser von 4 cm Gleichstrom von 3 Amp bei mehr als 10 Volt mit vorzüglicher Sperrwirkung in der undurchlässigen Richtung mit einem Aggregat (nicht mit Parallelschaltung von 3 Aggregaten wie beim Elkongleichrichter) liefern, haben mir vorgelegen. Da aber die Versuche noch nicht abgeschlossen sind, kann ich Näheres darüber noch nicht berichten. Es scheint aber dieses neue Prinzip eine bedeutende Zukunft zu haben.

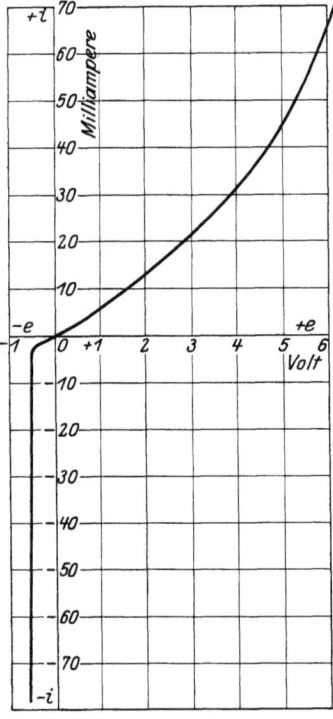

Abb. 22. Statische Charakteristik eines Ventilelementes.

γ) **Elektrolytgleichrichter.**

23. Allgemeine Eigenschaften der Elektrolytgleichrichter. Damit ein Elektrolytgleichrichter technisch brauchbar ist, sind folgende Forderungen an ihn zu stellen[1]:

1. Die Ventilwirkung muß eine vollständige sein.
2. Die Maximalspannung muß ein gut Teil höher liegen als der Scheitelwert derjenigen Wechselspannung, die er gleichrichten soll.
3. Die elektrostatische Kapazität muß wegen der durch sie bedingten störenden Kapazitätsströme möglichst klein sein.
4. Die Mindestspannung in der durchlässigen Richtung muß niedrig sein.
5. Der Elektrolyt soll einen kleinen spezifischen Widerstand haben.
6. Die kühlende Oberfläche der Zelle muß so groß sein, daß sie sich bei Dauereinschaltung mit Vollast nicht über 40° erhitzt, da bei höheren Temperaturen bei fast sämtlichen Kombinationen die Ventilwirkung unvollständig wird.

Wenn nun 100 Volt Gleichspannung geliefert werden sollen, so muß bei Ausnutzung beider Stromrichtungen die Zelle unter Berücksichtigung der Verluste reichlich 300 Volt absperren. Infolgedessen ist die Mindestspannung relativ hoch. Der Elektrolyt muß stark verdünnt sein, damit die Maximalspannung genügend über 300 Volt liegt. Die Folge ist ein verhältnismäßig hoher spezifischer Widerstand des Elektrolyten. Damit die durch diesen Widerstand und die

---

[1] A. GÜNTHERSCHULZE, l. c. S. 125.

Mindestspannung bedingten Verluste die Zelle gemäß Punkt 6 nicht unzulässig erwärmen, muß sie große Abmessungen erhalten. Das führt wiederum zu einer großen elektrostatischen Kapazität und störenden Kapazitätsströmen.

Diese Schwierigkeiten hatten zur Folge, daß der Versuch, einen lebensfähigen Elektrolytgleichrichter für 100 Volt Gleichspannung herzustellen, scheiterte.

Alle diese Schwierigkeiten verschwinden jedoch, wenn es sich um Lieferung von geringen Gleichspannungen handelt. Es lassen sich dann beliebig konzentrierte Lösungen verwenden, ohne daß die Maximalspannung zu niedrig wird. Es kann also der bestleitende Elektrolyt mit einer Kombination ausgesucht werden, in der die elektrostatische Kapazität und die Mindestspannung klein sind. Das ist in letzter Zeit mehrfach mit Erfolg versucht worden.

24. Der Aluminiumgleichrichter mit wässeriger Lösung. Dieser Gleichrichter ist so einfach, daß jeder, der nur über elementare technische Kenntnisse verfügt, ihn selbst herstellen kann. Ein Aluminiumblech und ein Eisen- oder Bleiblech werden in einen Elektrolyten getaucht, der aus einer gesättigten Lösung von kohlensaurem Ammoniak (Hirschhornsalz) oder Borax besteht. Mit einem geeigneten Vorschaltwiderstand an Wechselspannung gelegt, wird der Gleichrichter schon nach wenigen Minuten wirksam. Ist er erst einmal „formiert", so gewinnt er selbst nach einer Pause von Tagen beim Wiedereinschalten seine Wirksamkeit schon nach Sekunden wieder.

Die Oberfläche des Aluminiumbleches und das Gefäß sind so groß zu wählen, daß der Elektrolyt im Betriebe sich nicht wesentlich über 30 bis höchstens 40° C erhitzt. Als Anhaltspunkt diene eine Stromdichte von 2 Amp/qdm des gleichgerichteten Stromes. Unnötige Größe der Oberfläche wirkt wegen der Kapazitätsströme schädlich. Die Lebensdauer der Aluminiumplatten wird größer, wenn sie in der Zone, in der sie die Oberfläche des Elektrolyten durchsetzen, mit einem guthaftenden säurefesten Lack bestrichen werden, da die Anfressungen des Aluminiums in der Regel an der Stelle beginnen, an der Luft und Lösung zusammenstoßen. Läßt die Wirksamkeit des Gleichrichters beträchtlich nach, was nach ca. 50 Betriebsstunden der Fall zu sein pflegt, so genügt es, die Aluminiumplatte mit einer scharfen Glaskante oder etwas Schmirgelpapier abzukratzen und von neuem zu formieren.

Eine Bedingung muß allerdings mit größter Sorgfalt innegehalten werden, wenn der Gleichrichter befriedigen soll: Es muß bei der Auswahl der Substanzen auf größte Reinheit geachtet werden. Aluminiumblech ist oft vom Walzen her auf der Oberfläche mit mikroskopischen Eisenflittern bedeckt. Diese sind vor der Verwendung des Bleches durch Abätzen mit Natronlauge, Abwischen und Nachspülen mit destilliertem Wasser zu entfernen. Der Elektrolyt muß mit destilliertem Wasser angesetzt werden und das benutzte Salz frei von Chloriden und Nitraten sein, die beide schon in sehr geringen Mengen die Ventilwirkung stören und das Aluminium stark angreifen.

Der Wirkungsgrad des Aluminiumgleichrichters ist nicht schlechter wie der der anderen Kleingleichrichter für geringe Spannungen.

25. Der Tantalgleichrichter. Tantal zeigt die elektrolytische Ventilwirkung in allen Elektrolyten und in noch ausgeprägterer Form als Aluminium. Die Versuche, Tantalgleichrichter zu konstruieren, sind jedoch anfänglich stets daran gescheitert, daß Tantal den in der durchlässigen Richtung an ihm abgeschiedenen Wasserstoff aufnimmt und dadurch trotz seiner außerordentlichen Härte vollständig spröde wird und schließlich von selbst zerfällt.

Ein entscheidender Fortschritt wurde erst durch die Entdeckung erzielt, daß bei Verwendung von Schwefelsäure mittlerer Konzentration, der etwas

Ferrosulfat zugesetzt ist, infolge einer eigentümlichen Doppelwirkung dieses Eisensalzes der Wasserstoff nicht unmittelbar an der Tantaloberfläche frei wird, so daß er dem Tantal nicht schadet.

Nach diesem Prinzip ist der sog. Balkitegleichrichter konstruiert. Er besteht aus einer Tantal- und einer Bleielektrode in 25 proz. Schwefelsäure, der 0,8% $FeSO_4 \cdot 7\, H_2O$ zugesetzt sind. Abb. 23 zeigt die vorzügliche Sperrwirkung eines solchen Gleichrichters.

Der Balkitegleichrichter wird in verschiedenen Typen für Gleichstrom von 0,4 bis zu mehreren Ampere hergestellt. Sein Hauptanwendungsgebiet ist die Ladung der Radioheizbatterien von 6 Volt. Doch wird er auch für wesentlich höhere Spannungen zum direkten Ersatz von Anodenbatterien hergestellt.

Bei einer Type für 2,5 Amp, 6 Volt ergab sich der Wirkungsgrad des gesamten Gleichrichters einschließlich der Verluste im Transformator für 110/6 Volt

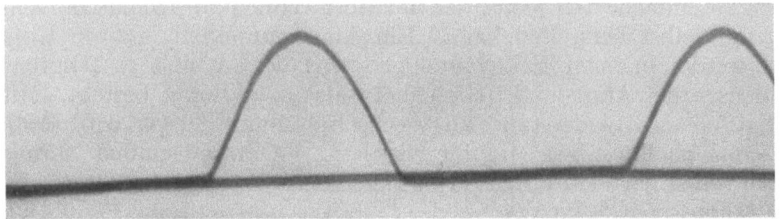

Abb. 23. Gleichrichterstrom eines Balkitegleichrichters für 2,5 Amp 6 Volt.

zu 30%. Eine Dauereinschaltung von mehreren hundert Betriebsstunden verringerte den Wirkungsgrad nicht merklich.

Wegen der beträchtlichen Wasserzersetzung muß öfter destilliertes Wasser nachgefüllt werden. Die Wasserverdunstung wird durch eine auf das Wasser gebrachte Ölschicht verhindert.

26. Der Eisengleichrichter. Eisen zeigt in konzentrierter Schwefelsäure eine ausgeprägte, bis 80 Volt wirksame Ventilwirkung[1]). Die in höheren Konzentrationen geringe Leitfähigkeit der Schwefelsäure kann durch Zusatz von wasserfreiem Natriumsulfat sehr verbessert werden. Die Verluste sind gering.

27. Der Kolloidgleichrichter. H. ANDRÉ[2]) hat kürzlich einen Gleichrichter von angeblich vorzüglichem Wirkungsgrad angegeben, der auf einer eigentümlichen Wirkung von Silberkolloid beruhen soll. Eine Silberelektrode und eine Nickelelektrode werden so auf eine mit konzentrierter Schwefelsäure getränkte Bimsteinoberfläche gesetzt, daß sie sich lose berühren. Durch Kapillarwirkung steigt die Säure in der Berührungsstelle in die Höhe. Wird diese Zelle an eine niedrige Wechselspannung gelegt, so wird der Widerstand der Kontaktstelle einige Sekunden nach Stromschluß sehr gering und die Gleichrichterwirkung fast vollkommen. Die Anode ist dann mit kolloidalem Silber bedeckt. Statt des Nickels können auch Pb, Fe, Cu, Al, Si benutzt werden. Die erreichbare gleichgerichtete Spannung liegt zwischen 8 Volt bei Cu und 50 Volt bei Si. Am günstigsten soll sich eine Ferrosiliziumlegierung mit 14% Si verhalten. Die Silberkathode kann auch um die Anode herumgewickelt werden. Die günstigste Temperatur des Elektrolyten ist 50° C, die beste Konzentration 65° B.

28. Aluminiumgleichrichter mit geschmolzenem Salpeter. Die Ventilwirkung des Aluminiums in geschmolzenem Kalium- oder Natriumnitrat[3])

---

[1]) A. GÜNTHERSCHULZE, ZS. f. Elektrochem. Bd. 18, S. 326. 1912.
[2]) H. ANDRÉ, L'onde électrique Bd. 5, S. 28. 1926.
[3]) A. GÜNTHERSCHULZE, ZS. f. Elektrochem. Bd. 17, S. 510. 1911.

zeichnet sich durch einen besonders geringen Spannungsverlust im Elektrolyten und eine abnorm niedrige Mindestspannung in der durchlässigen Richtung aus. Ferner fehlen die Kapazitätsstörungen fast ganz, da die elektrostatische Kapazität der wirksamen Schicht sehr viel geringer ist als in wäßrigen Lösungen. Die Maximalspannung liegt zwischen 80 und 90 Volt.

Alle diese Eigenschaften machen diese Kombination zum Gleichrichten niedriger Spannungen besonders geeignet.

Dem Vernehmen nach wird demnächst ein nach diesem Prinzip konstruierter Gleichrichter in den Handel gebracht werden, bei dem die eigentliche elektrolytische Zelle in die besonders kompendiöse Form einer leicht auswechselbaren Patrone gebracht ist, die nach Erschöpfung der Materialien durch eine neue ersetzt werden kann.

Der Empfindlichkeit der Kombination gegen wesentliche Temperatursteigerungen wurde durch Verwendung des eutektischen Gemisches von KNO_3 und $NaNO_3$ begegnet, das schon bei einer wesentlich niedrigeren Temperatur schmilzt als die reinen Komponenten.

d) Gasentladungsgleichrichter.

29. Glimmlichtgleichrichter. Die Glimmlichtgleichrichter beruhen auf der gleichzeitigen Verwendung zweier Ventilwirkungen der Glimmentladung. Erstens ist nämlich der Kathodenfall der Glimmentladung der Ablösearbeit der Elektronen proportional, also z. B. an einer Kaliumkathode noch nicht halb so groß wie an einer Eisenkathode. Zweitens steigt der Kathodenfall als „anomaler Kathodenfall" stark an, wenn die freie Oberfläche der Kathode erheblich unter den Betrag verkleinert wird, der bei der gegebenen Stromstärke beim normalen Fall gerade von der Entladung bedeckt wird.

Stellt man also einen Gleichrichter aus einer großen Kaliumelektrode und einer kleinen stiftförmigen Eisenelektrode her, so läßt er in der Richtung, in der der Eisenstift Kathode ist, selbst bei Spannungen von mehreren hundert Volt nur wenige Milliampere hindurch, während in der umgekehrten Richtung je nach der Größe der Kaliumelektrode Ströme bis zu 0,2 Amp mit einem Spannungsverlust von ca. 80 Volt fließen. Wird der Gleichrichter also unmittelbar an ein Netz von 120 Volt Spannung gelegt, so bleiben 40 Volt für die Gleichrichtung verfügbar. Ist eine Netzspannung von 220 Volt vorhanden, so begnügt man sich mit der zweiten Ventilwirkung und stellt beide Elektroden aus Eisen her.

Abb. 24. Einfach-Glimmlichtgleichrichter.

Glimmlichtgleichrichter werden von der Firma Julius Pintsch A.-G. Berlin (Vertrieb durch die Hydrawerke A.-G. Charlottenburg) und von der Osramgesellschaft (Vertrieb durch die AEG) hergestellt. Die in Abb. 24 wiedergegebenen Glimmgleichrichter der Firma Julius Pintsch haben eine glühlampenähnliche Gestalt und sind mit einer Normal-Edison-Fassung versehen. Sie enthalten ein von Fremdgasen freies Gemisch von Helium- und Neongas von etwa 10 mm Druck. Die Kathode besteht bei den Gleichrichtern für 220 Volt-Netze aus einem großen zylindrischen Blech aus reinem Eisen. Für 110 Volt-Netze wird dieses Blech innen mit einer bei Zimmertemperatur flüssigen Kalium-Natriumlegierung überzogen. Die Anode ist ein dünner Eisendraht in der Achse des Zylinders, der so weit mit einer isolierenden Schutzhülle aus Porzellan bekleidet ist, daß nur seine Spitze in der Mitte des Zylinders für die Entladung frei bleibt. Die Gleichrichter werden für Stromstärken bis 0,2 Amp. hergestellt. Die zu ladende Batterie wird in Serie mit dem Glimmlichtventil und dem Vorschaltwiderstand unmittelbar an die Wechselspannung gelegt. Man begnügt sich mit der Ausnutzung einer Stromrichtung, spart den Transformator und die Drosselspulen und lädt kleine Akkumulatorenbatterien ohne jegliche Bedienung und Beaufsichtigung.

Abb. 25 gibt die eigentümliche Stromkurve einer Glimmlichtröhre für 220 Volt Wechselspannung, die in Serie mit einem OHMschen Widerstande an eine nahezu sinusförmige Spannung gelegt war. Die Zacken der Kurve sind vermutlich Vergrößerungen von Oberschwingungen der Wechselspannung. Die Kurve läßt die große Durchlässigkeit in der Flußrichtung und den geringfügigen Strom in der Sperrrichtung gut erkennen.

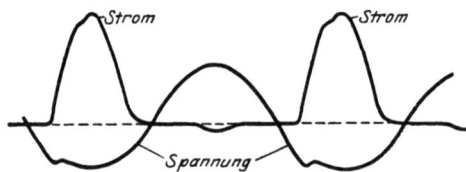

Abb. 25. Strom und Spannung eines Glimmlichtgleichrichters mit Alkalikathode. Wechselspannung 120 Volt effektiv.

30. Lichtbogengleichrichter[1,2]). Der weißglühende Kathodenfleck eines Lichtbogens ist die ergiebigste von allen Elektronenquellen. Mit seiner Hilfe lassen sich die größten Ströme gleichrichten. Bedingung für die Wirksamkeit der Lichtbogengleichrichter ist, daß nur die eine der beiden Elektroden des Lichtbogens auf die Temperatur der hellen Weißglut kommt, bei der die Elektronen in großen Mengen ausgesandt werden. Diese Bedingung ist bei einem Lichtbogen in Luft, etwa aus Kohle und Eisen, in so unzureichendem Maße erfüllt, daß sich seine deutlich ausgeprägte Ventilwirkung technisch nicht verwenden läßt. Hierfür kommt nur der Lichtbogen in stark verdünnten Gasen in Frage.

Damit sich die Kathode nicht durch Verdampfung verbraucht, muß sie entweder aus einem Metall bestehen, das bereits bei gewöhnlicher Temperatur flüssig ist, so daß das im Lichtbogen verdampfte und an den Gefäßwänden kondensierte Metall stets wieder zur Kathode zurückrinnt, oder aus einem Metalle, das bei der Temperatur des Kathodenfleckes des Lichtbogens noch nicht merklich verdampft.

Beide Fälle werden technisch ausgenutzt, der erste im Quecksilberdampfgleichrichter, der zweite im Wolframlichtbogengleichrichter. Beim Quecksilberdampfgleichrichter bildet der Quecksilberdampf selbst das verdünnte Gas, beim Wolframlichtbogengleichrichter wird Argon verwandt.

31. Der Quecksilberdampfgleichrichter. Die Ventile der Quecksilbergleichrichter sind die Anoden. Die Träger der Stromes in der Gasstrecke sind praktisch nur die Elektronen, und diese können ohne Widerstand wohl aus dem Gasraume in eine kalte (d. h. unter Weißglut befindliche) Elektrode hinein, nicht aber aus ihr heraus.

Aus dem weißglühenden Kathodenfleck auf dem Quecksilber, der durch die in einem Spannungsgefälle von 8 bis 10 Volt auf die Kathode zuströmenden Kationen gebildet wird, verdampft die nicht unbeträchtliche Menge von $7,2 \cdot 10^{-3}$ g/Ampsec Quecksilber, d. h. bei einem 100 Amp.-Gleichrichter 26 kg Quecksilber in der Stunde, die sich an den Gefäßwänden wieder kondensieren. Die Abkühlungsverhältnisse des Gleichrichtergefäßes müssen so gewählt werden,

---

[1]) S. auch Bd. XVII, Artikel Technische Quecksilberdampfgleichrichter. Insbesondere findet sich dort eine ausführliche Darstellung der Theorie der Quecksilberdampfgleichrichter.
[2]) KURT EMIL MÜLLER, Der Quecksilberdampfgleichrichter. Berlin: Julius Springer 1925; GUSTAV W. MÜLLER, Der Quecksilberdampfgleichrichter. Berlin: Verlagsanstalt Norden 1924; A. GÜNTHERSCHULZE, Elektrische Gleichrichter und Ventile. München: Joseph Kösel u. Friedrich Pustet 1924; A. GÜNTHERSCHULZE u. W. GERMERSHAUSEN, Übersicht über den heutigen Stand der Gleichrichter. Leipzig: Hachmeister & Thal. 1925.

daß diese Menge sich kondensiert, ohne daß der Druck des Quecksilberdampfes auf mehr als ca. 0,3 mm steigt, da der Spannungsverlust im Gleichrichter bei diesem Druck ein Minimum ist. Die Gleichrichter haben also eine besondere Kühlkammer, die größeren außerdem Ventilatorkühlung, die Großgleichrichter aus Eisen Wasserkühlung.

Die Anoden bestehen bei den Gleichrichtern mit Glasgefäß aus Graphit, bei den Großgleichrichtern aus Eisen und werden so bemessen, daß sie bei Vollast die Temperatur dunkler Rotglut nicht überschreiten. Zur Vermeidung der Rückzündung werden sie in besonderen Armen untergebracht, die bei den Gleichrichtern für höhere Spannungen gekröpft sind.

Da ein Versagen der Elektronenquelle an der Kathode auch nur während einer hunderttausendstel Sekunde den Gleichrichter zum Erlöschen bringt, ist durch die Schaltung dafür gesorgt, daß die von den einzelnen Anoden abwechselnd zur Kathode fließenden Ströme sich pausenlos folgen, unter Umständen sogar etwas überlappen. Sinkt die Stromstärke im Gleichrichter unter einen Mindestwert, der je nach der Größe des Gleichrichters bei 3 bis 6 Amp. liegt, so erlischt dieser. Es werden deshalb bei Gleichrichtern, die häufiger im Betriebe diese untere Belastungsgrenze unterschreiten, Hilfsanoden eingebaut, die dauernd im Betrieb bleiben und den Lichtbogen auch ohne Belastung der Hauptanoden aufrechterhalten. Sie enden unmittelbar über der Quecksilberoberfläche. Zum Zünden wird der Gleichrichter geschüttelt, so daß das Kathodenquecksilber die Hilfsanoden vorübergehend berührt. Der Öffnungsfunken leitet dann den Lichtbogen ein.

Der Spannungsverlust in der durchlässigen Richtung setzt sich aus dem Kathodenfall im Betrage von ca. 9 Volt, dem Verlust in der Gasstrecke von 3 bis 15 Volt je nach der Länge und den Krümmungen der Seitenarme und dem Verlust an der Anode zusammen, der zwischen 0 und 15 Volt liegt. Der Gesamtspannungsverlust beträgt also je nach Gefäßform und Belastungszustand zwischen 12 und 25 Volt.

32. Die Rückzündung. In der undurchlässigen Richtung vermag der Gleichrichter um so höhere Spannungen abzusperren, je schwächer er belastet ist und je länger und gekrümmter seine Anodenarme sind. Im Laboratorium sind 20000 Volt erreicht worden, in der Technik geht man bis 3000 Volt. Wird die Sperrgrenze überschritten, so entsteht die sog. Rückzündung. Sie ist physikalisch der Umschlag der in der undurchlässigen Richtung oberhalb von 500 Volt vorhandenen Glimmentladung in den Lichtbogen. Für die richtige Beurteilung der Spannungsverhältnisse im Gleichrichter ist zu bedenken, daß in der undurchlässigen Richtung bei einem Einphasengleichrichter, der beispielsweise 500 Volt gleichzurichten hat, an der Kathode der undurchlässigen Richtung (einer sog. Gleichrichter„anode") eine Spannung von reichlich dem doppelten Betrage, also von über 1000 Volt, auftritt. Die Umstände, die die Rückzündung begünstigen, sind 1. Anbringen von Gleichrichteranoden und -kathoden im gleichen Hohlraum, so daß die von der Kathode ausgehenden Strahlen die Anoden unmittelbar treffen können, 2. Verunreinigungen der Anoden, insbesondere durch Alkali- oder Kalksalze (Handschweiß), 3. Anwesenheit von Fremdgasen im Gleichrichter. Die erste Gefahr wird durch Unterbringen der Anoden in nicht zu kurzen, gekröpften Seitenarmen beseitigt. Die Vermeidung von Verunreinigungen ist eine Frage sauberer Fabrikation. Die hinreichende Beseitigung der Fremdgase ist das schwierigste Problem. Würde man einen fertig zusammengesetzten Gleichrichterkolben in kaltem Zustande bis auf bestes Röntgenvakuum auspumpen, abschmelzen und in Betrieb setzen, so würden die Elektroden alsbald derartige Gasmengen abgeben, daß der Gleichrichter je nach der Betriebsspannung erlöschen oder rückzünden würde.

Es werden deshalb die Gleichrichter nicht nur während des Evakuierens mit soviel Strom belastet, wie sie irgend vertragen, sondern vielfach gleichzeitig in Heizkästen bis 200° C erhitzt. Die Anoden müssen auf helle Rotglut kommen, wenn sie genügend gasfrei werden sollen.

33. Verfahren zur Herstellung vakuumdichter Stromzuführungen. Das Problem, Ströme bis 500 Amp. luftdicht in ein Glasgefäß einzuführen ist auf zwei verschiedene Weisen gelöst. Die eine besteht darin, daß als Stromzuführung Molybdänstäbe benutzt werden, die sich in beliebiger Dicke in eine besondere Art Borosilikatglas, sog. Molybdänglas, luftdicht einschmelzen lassen. Temperaturschwankungen, so daß es für Gleichrichterkolben besonders geeignet ist.

Bei dem zweiten Verfahren werden die beiden Stromzuführungen gegen die beiden Seiten des Bodens einer Kappe aus reinem weichen Kupfer gestoßen. Die Seitenränder der Kappe sind bis auf 0,01 mm ausgewalzt. Zugleich mit einem passenden Glasrohr wird die Kappe bis zu dessen Erweichungstemperatur erhitzt, über das Glasrohr geschoben, bis dieses gegen eine Nut der Kappe stößt und dann auf der ganzen Berührungslänge mit dem Glasrohr verblasen. Die Verbindung zwischen Kupfermantel und Glas wird sehr innig, weil das Glas das beim Erhitzen gebildete Kupferoxyd zum Teil in sich auflöst.

34. Kühlung und Belastungsgrenze. Von 30 Amp. aufwärts erhalten die Quecksilberdampfglasgleichrichter Luftkühlung. Unter dem Gleichrichtergefäß wird ein elektrischer Ventilator angeordnet, der automatisch eingeschaltet wird, wenn die Belastung des Gleichrichters 40% der Vollast übersteigt. Er bläst einen kräftigen Luftstrom gegen die erhitzten Teile des Gefäßes. Infolge dieser Kühlung steigt die Belastbarkeit der Gleichrichter fast auf das Dreifache.

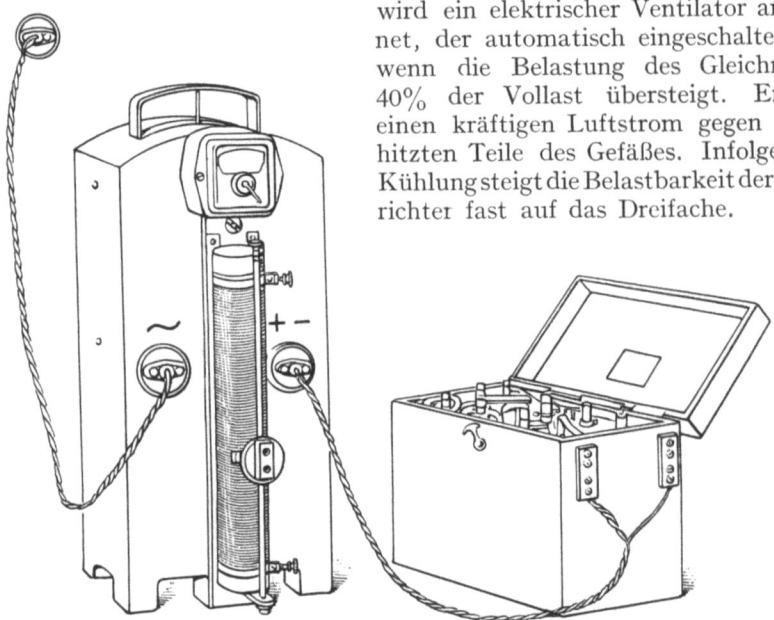

Abb. 26. Kleingleichrichter der AEG.

Die Grenze der Belastbarkeit der Gleichrichter ist dadurch gegeben, daß mit der Belastung die Temperatur, mit der Temperatur der Quecksilberdampfdruck und mit diesem oberhalb von 0,3 mm der Spannungsverlust in der Gasstrecke schnell ansteigen. Diese drei Faktoren treiben sich also oberhalb eines bestimmten Dampfdruckes gegenseitig schnell in die Höhe. Da die Erhitzung Zeit braucht, läßt sich ein Gleichrichter um so stärker überlasten, je kürzer die Dauer der Überlastung ist. Eine Überlastung von 100% wird einige Minuten lang anstandslos ertragen.

35. Gleichrichtertypen. Die Quecksilbergleichrichter aus Glas werden zur Zeit in Größen von 5 bis 500 Amp. gebaut. Abb. 26 zeigt einen kleinen

Abb. 27. Gleichrichteranlage der Gleichrichter G. m. b. H.

transportablen Gleichrichter der AEG für 5 Amp. Er ist mit den erforderlichen Nebenapparaten zu einer sehr kompendiösen kleinen Ladestation zusammengebaut, die auch im Laboratorium für viele Zwecke sehr brauchbar ist. Abb. 27 gibt eine größere Type der Gleichrichter G.m.b.H. wieder und zeigt auch den Einbau des Gleichrichterkolben zusammen mit den Hilfsapparaten in ein übersichtliches Gestell, das vorn eine Schalttafel mit den Schaltern, Strom- und Spannungsmessern, Regulierorganen usw. trägt, Abb. 28 endlich einen Gleichrichterkolben für 250 Amp. mit 6 Anoden.

36. Ausschaltvorgänge. Unter Umständen können Gleichrichter durch die sich in ihnen abspielenden Ausschaltevorgänge der Anlage, mit der sie verbunden sind, gefährlich werden. Unterhalb von 3 bis 6 Amp. vermag sich der Lichtbogenfleck im Gleichrichter nicht mehr sicher selbst zu erhalten. Bei einer besonders schnellen Bewegung des Fleckes versagt der Elektronenerzeugungsmechanismus und der Gleichrichter erlischt, und zwar mit einer solchen Plötzlichkeit, daß die im Transformator und den Vorschaltdrosselspulen aufgespeicherten Energien keine Zeit haben, sich noch durch den Gleich-

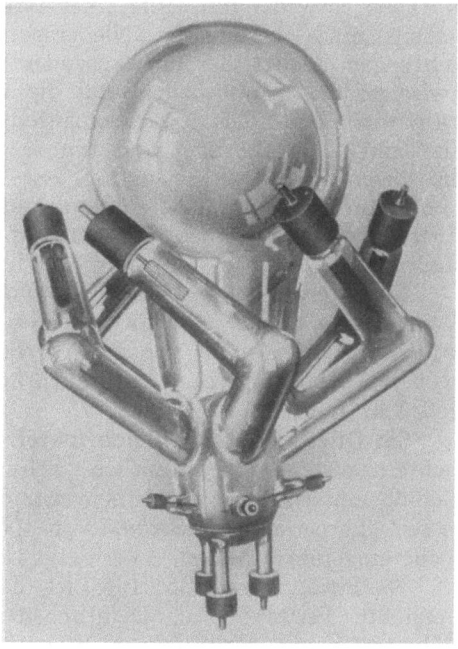

Abb. 28. Gleichrichter der AEG mit 6 Anodenarmen für 250 Amp.

richter zu entladen. Dieser verhält sich ihnen gegenüber wie ein nicht im Betriebe befindlicher Gleichrichter. Es entstehen sehr hohe Spannungen, die sich in Form von Wanderwellen ausbreiten und die schwächste Stelle der Anlage durchschlagen. In der Regel ist der Gleichrichter selbst diese schwächste Stelle, da er Quecksilberdampf von einem bis einigen Zehnteln Millimeter Druck enthält, in dem bei einigen Tausend Volt eine genügende Glimmentladung einsetzt. Spielt sich jedoch der Vorgang an einem Gleichrichter, der in einem sehr kalten Raume steht, kurz nach dem Zünden ab, so kann ein gut von Fremdgasen befreiter Gleichrichter eine so hohe Durchschlagsspannung haben, daß der Durchschlag an einer anderen Stelle der Anlage erfolgt und dort beträchtliche Zerstörungen anrichtet.

37. Anwendungen der Quecksilberdampfgleichrichter im Laboratorium. Im Laboratorium finden sich viele Anwendungen für Quecksilberdampfgleichrichter. Steht billiger Wechsel- oder Drehstrom zur Verfügung, so empfiehlt es sich, die Experimentierbatterien mit Hilfe einer Gleichrichteranlage direkt aus dem Drehstromnetz zu laden.

Wird zwischen den Hilfsanoden des Gleichrichters, oder wo solche nicht vorhanden sind, zwischen einer Anode und der Kathode ein Gleichstromlichtbogen von 5 Amp. hergestellt, so bilden die anderen Anoden mit der Kathode ein sehr wirksames Ventil, das in der einen Richtung mit 18 Volt Spannungsverlust Ströme von einem Mikroampere bis zu vielen Ampere hindurchläßt, in der entgegengesetzten Richtung bis zu mehreren tausend Volt sehr sauber abdrosselt.

Weiter ist die Erzeugung von Gleichspannung von einigen tausend Volt bei Strömen von weniger als 1 Amp, wie sie bei Gasentladungsuntersuchungen und spektralanalytischen Arbeiten viel gebraucht werden, mit diesen Gleichrichtern sehr bequem durchführbar. Wieder wird zwischen Hilfsanoden und Kathode entweder mit Hilfe einer Batterie ein Gleichstromhilfslichtbogen oder mittels eines besonderen Niederspannungstransformators ein Gleichrichterlichtbogen erzeugt, der für dauerndes Vorhandensein des Kathodenflecks sorgt. Zwischen die Hauptanoden und die Kathode wird der Hochspannungstransformator gelegt, der den gleichzurichtenden Strom liefert. Der Gleichrichter muß um so größer sein und um so längere gekröpfte Arme haben, je höher die gleichzurichtende Spannung ist. Mit einem gut fremdgasfreien Gleichrichter für eine normale Belastung von 100 Amp. mit Kühlung lassen sich bei Entnahme von Strömen unter 1 Amp. Gleichspannungen bis 10000 Volt herstellen.

Naturgemäß pulsiert die Spannung etwas mit der dreifachen Frequenz des Drehstromes. Wenn das stört, müssen die Pulsationen durch Vorschalten einer kräftigen Drosselspule vor den Verbrauchskörper und Parallelschalten einer größeren Kapazität zum Verbrauchskörper auf ein unschädliches Maß herabgedrückt werden.

38. Quecksilbergroßgleichrichter mit Eisengefäß[1]). Bei den Großgleichrichtern waren außerordentliche Schwierigkeiten zu überwinden. Die großen Gefäße müssen leicht zu öffnen sein und sich doch vakuumdicht verschließen lassen. Ferner müssen Ströme von 1000 Amp. und mehr isoliert und vakuumdicht eingeführt werden.

Die Firma Brown, Boveri & Cie., die die ersten brauchbaren Großgleichrichter herstellte, verwendet als Dichtungsmaterial eine Kombination von gepreßter Asbestfaser mit darübergeschichtetem Quecksilber.

---

[1]) Ausführliche Beschreibung in Bd. XVII.

Abb. 29 zeigt einen Großgleichrichter der Firma Brown, Boveri & Cie.

Das ganze Gefäß wird durch zirkulierendes Kühlwasser energisch gekühlt. Während bei Glasgleichrichtern Temperaturen der Gefäßwand von 100 bis 120° C ohne Störungen zugelassen werden, geht man bei den Großgleichrichtern mit der Kühlwassertemperatur nicht über 40° C.

Die Großgleichrichter der übrigen Firmen, der AEG, der Siemens-Schuckert-Werke, der Firma Bergmann, unterscheiden sich nur in Konstruktionseinzelheiten von denen der BBC.

Mit den Leistungen ist man sehr weit gekommen. Die höchste Gleichspannung sind 3000 Volt bei 150 Amp., also 450 kW, die größte Stromstärke 3000 Amp. bei 440 Volt, also 1320 kW. Diese Gleichrichter enthalten in 6-Phasenschaltung 12 Anoden, so daß je 2 Anoden in gleicher Phase parallel arbeiten.

39. Argonalgleichrichter. Für den Kleinbetrieb hat der gewöhnliche Quecksilberdampfgleichrichter den Mangel, daß er erlischt, sobald der Strom unter 2 bis 3 Amp. sinkt und, wenn er erloschen ist, durch Kippen oder Schütteln wieder gezündet werden muß. Diese Lücke füllt der Argonalgleichrichter aus. Der normale Kathodenfall im Argon an Alkalikathoden ist 64 Volt.

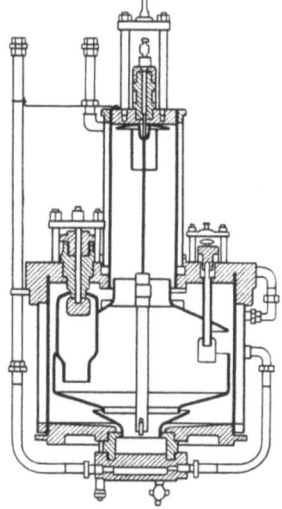

Abb. 29. Großgleichrichter der Firma Brown, Boveri & Cie.

Mit steigender Spannung steigt die Glimmstromstärke an der Kathode schnell an, bis bei geringem Abstand der Elektroden und einigen hundert Volt Spannung mit Sicherheit der Umschlag in einen Lichtbogen erfolgt. Es ist nicht nötig, daß die Kathode aus reinem Alkalimetall besteht, eine Quecksilberkathode, der einige Prozent Alkalimetall zugesetzt sind, erfüllt denselben Zweck. Infolge der leichten Zündbarkeit des Lichtbogens an dieser Kathode lassen sich die nach diesen Prinzipien konstruierten Argonalgleichrichter der Deutschen Telephonwerke bis hinab zu 0,1 bis 0,3 Amp. in Betrieb halten. Sie enthalten eine Quecksilberkathode mit geringem Alkalizusatz, die üblichen Kohleanoden und eine Füllung von Argongas von sehr geringem Druck. Eine in einem besonderen Arme angebrachte Zündanode ist an eine besondere Spannungswicklung des Gleichrichtertransformators angeschlossen, die eine Spannung von 600 Volt liefert und infolgedessen in jeder Phase der Durchlässigkeit mit Sicherheit zündet. Die dazu erforderliche Stromstärke beträgt nur 50 mA. Sobald durch diese Zündung der Lichtbogen eingeleitet ist, schaltet ein Relais die Zündelektrode ab, um sie sofort wieder einzuschalten, sobald der Lichtbogen erlischt. Der Spannungsverlust im Gleichrichter beträgt bei den kleineren Typen 15 Volt.

40. Der Wolframbogenlichtgleichrichter. Der Wolframlichtbogengleichrichter ist aus der Wolframbogenlampe hervorgegangen. Diese wirkt als Gleichrichter, wenn die Anode auf so niedriger Temperatur gehalten wird, daß sie keine Elektronen aussenden kann und wenn der Gasdruck so bemessen ist, daß sie bei der gleichzurichtenden Spannung nicht als Kathode einer Glimmentladung dienen kann. Infolgedessen besteht die Kathode aus einer kleinen Wolframkugel mit emissionsfördernden Zusätzen, die Anode aus einem weit größeren halbkugelförmigen Eisenblech. Eine Hilfselektrode berührt vor der Zündung des Gleichrichters die Kathode und wird beim Einschalten durch ein Bimetallband von ihr wegbewegt, wobei ein Lichtbogen entsteht, der auf die Hauptelektrode überspringt. Abb. 30 zeigt den Gleichrichter, Abb. 31 ein Oszillogramm der Strom- und Spannungskurven, das bei 220 Volt Netzspannung und 0,8 Amp. gleichgerichtetem Strom aufgenommen wurde. Das Modell der Abb. 30 ist für Gleichströme von 0,5 bis 1 Amp. bestimmt.

Der Wert dieses Gleichrichters liegt in seiner Einfachheit. Außer einem Vorschaltwiderstand sind keinerlei Zusatzapparate erforderlich. Er wurde durch SKAUPY und EWEST ausgebildet.

Abb. 30. Wolframlichtbogengleichrichter.

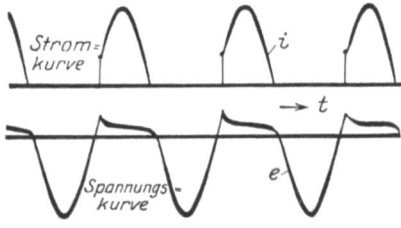

Abb. 31. Strom- und Spannungskurve des Wolframlichtbogengleichrichters. Wechselspannung 220 Volt effektiv.

41. Glühkathodengleichrichter. Mit Gasfüllung. Ramargleichrichter. Tungargleichrichter. Wehneltgleichrichter usw. Ströme von der Größenordnung 1 Amp. und mehr lassen sich mit Hilfe der Elektronenemission aus Glühkathoden nur dann ohne unverhältnismäßigen Aufwand an Spannung gleichrichten, wenn die Raumladung der Elektronen durch positive Ionen kompensiert wird. Also erhalten diese Gleichrichter, wenn sie solche Ströme gleichrichten sollen, eine Edelgasfüllung, in der die erforderlichen positiven Ionen durch Stoßionisation gebildet werden. Der Druck dieses Gases und damit die Stromstärke des Gleichrichters muß um so geringer sein, je größer die gleichzurichtende Spannung ist, wenn die Rückzündung durch Umschlagen der Glimmentladung in den Lichtbogen in der undurchlässigen Richtung vermieden werden soll. So ergibt sich die Reihe:

Gleichrichter	Gasdruck Größenordnung	Strom Amp.	Spannung Volt
RAMAR, TUNGAR	30 mm	3—6	10
WEHNELT	1—0,1 ,,	3—1	100—10000
Hochspannungsglühkathoden	0 ,,	0,01	200000

Der in Amerika von der General Electric Co., in Holland von Philips Gloeilampenfabrik hergestellte Tungargleichrichter und der sehr ähnliche Deutsche Ramargleichrichter der AEG enthalten eine Glühkathode aus Wolframdraht und eine Argonfüllung, deren Druck mehrere Zentimeter beträgt, da das glühende Wolfram in Argon von geringerem Druck rasch zerstäubt. Durch Barium oder auch Magnesium, das als feiner Belag auf der inneren Glaswand der Gleichrichter niedergeschlagen ist, wird für Beseitigung der während der Entladung freiwerdenden und dem Wolfram sehr gefährlichen Restgase gesorgt. Der Tungar- und Ramargleichrichter findet vorwiegend zum Laden der Heizbatterien von Empfangsröhren der Rundfunkapparate Verwendung. Der Spannungsverlust in ihm beträgt nur 5 bis 7 Volt.

42. Der Wehneltgleichrichter. Der wichtigste Teil des Wehneltgleichrichters, die Glühkathode, ist in Abb. 32 schematisch abgebildet. Auf dem schneckenförmig aufgewundenen Leiter a aus einem hochschmelzenden Metall, in der Regel Iridium, das mit einer aktiven Schicht überzogen ist, ruht ein massiver Stift b aus dem gleichen aktiven Material (Erdalkalioxydmischung). Der Stift b wird in dem Rohr c geführt und die Spiralkathode ruht auf dem Oxydblock d. e und f sind die Stromzuführungen, mittels deren die Kathode auf Gelbglut erhitzt wird. Der dann entstehende gleichgerichtete Hauptstrom setzt lichtbogenartig an dem Oxydvorrat an und bringt ihn zur Verdampfung und Sublimation auf die eigentliche Kathode, so daß die von ihr verdampfende Oxydschicht immer wieder ersetzt wird. Für kleinere Stromstärken hat sich auch die in Abb. 33 wiedergegebene Kathodenform bewährt.

Der Wehneltgleichrichter wird von der Akkumulatorenfabrik A.-G. Berlin-Oberschöneweide vorwiegend in zwei Ausführungsformen für Hoch- und Niederspannung hergestellt. Die Niederspannungstype wird für Gleichstromstärken von 1, 2, 3, 6, 10, 20 und 50 Amp. und für Gleichspannungen bis 220 Volt gebaut. Abb. 34 zeigt derartige Gleichrichter. Die wichtigsten Bestandteile der Anordnung sind außer dem Glasgefäß der unten angeordnete Transformator, der gleichzeitig mit Hilfe einer besonderen Wicklung den Heizstrom für die Glühkathode liefert, und die Wehneltbirne mit zwei Anoden für Wechselstrom. Unmittelbar unterhalb der Glühkathode befindet sich eine kleine Zündelektrode, die über einen Silitwiderstand mit einer Anode verbunden ist. Sobald der Gleichrichter eingeschaltet wird, ruft das steile Spannungsgefälle zwischen Zündanode und Kathode in der unmittelbaren Umgebung der Kathode

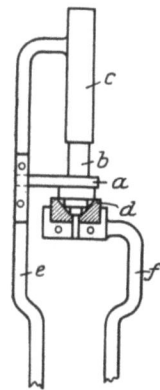

Abb. 32. Glühkathode eines Wehneltgleichrichters.
a Spirale aus Iridium, b Stift aus Erdalkalioxyd, c Führungsrohr, d Erdalkalioxydblock, e, f Stromzuführungen.

Abb. 33. Wehneltoxydkathode für kleine Ströme.

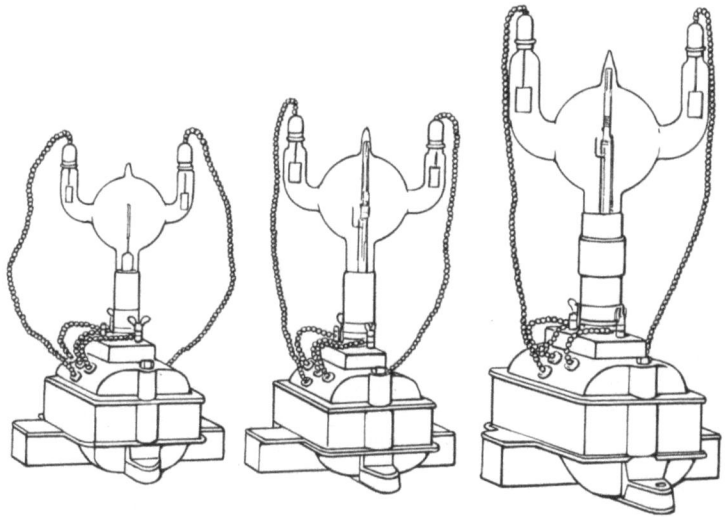

Abb. 34. Wehneltgleichrichter verschiedener Typengröße für Niederspannung.

Ionisation hervor. Diese pflanzt sich fast momentan zu den Anoden fort und leitet damit den Stromdurchgang zu ihnen ein. Die Anoden bestehen aus möglichst reinem Eisen.

Die Glasbirnen der Niederspannungstype sind mit Argon von einem bis einigen Millimetern Druck gefüllt. Ihre Lebensdauer beträgt etwa 800 Stunden und ist durch das langsame Verschwinden sowohl des Oxydes von der Kathode wie der Gasfüllung bedingt. Ist die Lampe erschöpft, so wird sie von der Firma zur Verwertung des Iridiums zurückgenommen.

Die Hochspannungstype wird in drei Ausführungsformen angefertigt, die sämtlich einen Strom von 1 Amp. liefern und entweder zwei Arme für Einphasenstrom oder drei für Drehstrom haben. Sie sind mit reinem Neongas von geringem Druck gefüllt. Die Glaswand ist möglichst eng an die Anode angeschmiegt und unmittelbar unter den Anoden zu einer Verengerung zusammengezogen, um die Bildung des Glimmlichtes in der undurchlässigen Richtung möglichst zu erschweren, so daß dieses auf einen Teil der Stirnfläche der Elektroden beschränkt bleibt. Eine besondere Zündanode ist bei den hohen gleichzurichtenden Spannungen nicht erforderlich.

Die Hochspannungsgleichrichter werden auf Wunsch mit einem Bauer-Regenerierventil ausgestattet, bei dem nach Verbrauch der ersten Gasfüllung, die nach etwa 200 Betriebsstunden erschöpft ist, Luft durch einen kräftigen Druck auf einen Gummiball oder eine Luftpumpe eingeschleust werden kann. Diese Regenerierung kann mehrmals wiederholt werden. Sobald sich jedoch Spuren grünen Lichtes in den Armen zeigen, ist zu viel Luft eingelassen worden, und die Spannung muß erniedrigt werden, bis wieder so viel Gas verbraucht ist, daß die alte Sperrfähigkeit wieder erreicht ist.

Die Erschöpfung der Lampe besteht darin, daß sie trotz lebhaften Glühens der Oxydschicht und trotz einer Belastung mit 6000 Volt Spannung auch in der durchlässigen Richtung keinen Strom hindurchläßt. Diese Erschöpfung tritt auch ein, wenn noch hinreichende Gasmengen vorhanden sind, wie man ohne weiteres an den Gefäßen sieht, die einen Quecksilbertropfen außer dem Argongas enthalten, so daß in ihnen stets mindestens der Quecksilberdampfdruck (0,015 mm bei 50° C) vorhanden ist. Man spricht in diesem Falle von einem Pseudohochvakuum.

43. Hochspannungsglühkathodengleichrichter. Sollen hohe Spannungen gleichgerichtet werden, so ist das Vakuum der Glühkathodengleichrichter auf den äußersten erreichbaren Betrag zu bringen. Die von der Glühkathode ausgehenden Elektronen vermögen dann nicht mehr zu ionisieren, weil sie nicht mehr mit Gasmolekeln zusammenstoßen. In der undurchlässigen Stromrichtung stehen keinerlei Ladungsträger zur Verfügung, eine Rückzündung ist unmöglich.

Der Hochspannungsglühkathodengleichrichter der Osramgesellschaft besteht, wie Abb. 35 erkennen läßt, aus einem Glasrohr von fast 60 cm Länge, das in der Mitte auf etwa 10 cm Durchmesser bauchig aufgetrieben ist. Es ist bis auf das höchste erreichbare Vakuum evakuiert. Die Glühkathode wird durch einen Wolframdraht von 2,5 cm Länge gebildet der durch einen Heizstrom von 6 Amp. auf helle Weißglut erhitzt wird. Der Heizstromkreis wird mit Hilfe eines Doppelsteckers eingeschaltet.

Abb. 35. Hochspannungsglühkathodengleichrichter der Osramgesellschaft.

Die von der glühenden Kathode emittierten Elektronen strömen zu der der Kathode in einer Entfernung von 5 cm gegenüberliegenden Anode, die aus einer kreisförmigen Scheibe dünnen Wolframbleches von 3,5 cm Durchmesser besteht.

Da keine Stoßionisation und infolgedessen auch keine Glimmentladung vorhanden ist, die in einen Lichtbogen umschlagen könnte, ist die Spannung, bis zu der die Röhre sicher gleichrichtet, nur durch die Durchschlagsfestigkeit der isolierenden Teile begrenzt.

Abb. 36 zeigt die *e-i*-Kurven der Röhren bei verschiedenen Heizströmen. Danach ist der Spannungsverlust in ihnen im Vergleich zu dem in anderen Ventilen sehr hoch. Die Ursache liegt in der durch das Fehlen der positiven Ionen bedingten großen Raumladung. Trotzdem sind die Röhren ein sehr wertvolles Mittel, Gleichströme von 100000 Volt und 50 mA (und bei Parallelschaltung mehrerer Röhren entsprechend mehr) herzustellen, die sich in dieser Stärke kaum auf andere Weise erzeugen lassen.

c) Detektoren.

44. Definition des Begriffes Detektor[1]). Im Anschluß an die Erfindung der drahtlosen Telegraphie entstand das Problem, am Aufnahmeorte die beim Auffangen der hochfrequenten elektrischen Schwingungen erhaltenen außerordentlich schwachen

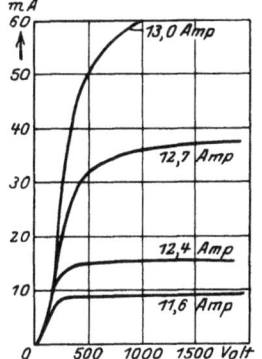 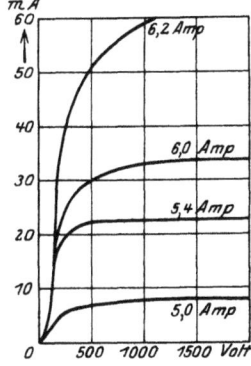

Abb. 36. Emissionskurven der Hochspannungsglühkathodengleichrichter der Osram-Gesellschaft.

Links: Type G 50a, normale Heizstromstärke 12,8 Amp.
Rechts: Type G 50, normale Heizstromstärke 5,2 Amp.

Wechselströme auf die Aufnahmeapparate, seien es Telephone beim Hörempfang, seien es polarisierte Relais beim Schreibempfang, wirken zu lassen. Eine unmittelbare Wirkung kam wegen der hohen Frequenz der Wechselströme in Verbindung mit ihrer geringen Stärke nicht in Frage. Es handelte sich darum, sie entweder zur Auslösung anderweitiger Energien zu verwenden, oder sie gleichzurichten, so daß jeder ankommende, ein Zeichen bildende Wellenzug in einen längerdauernden Stromstoß einer Richtung verwandelt wurde, der im Telephon als Knacken, im Relais als Ausschlag zu erkennen war.

Die Anordnungen, die so die ankommenden elektrischen Schwingungen wahrnehmbar machten, wurden unter dem Sammelbegriff „Detektoren" zusammengefaßt. Man unterscheidet nach ihrer Wirkungsweise thermische und magnetische Detektoren, Kohärer oder Fritter, elektrolytische, Kristall- und Gasdetektoren. Die meisten von ihnen wurden schon bald nach der Erfindung der drahtlosen Telegraphie ausgebildet und später wieder verlassen.

45. Detektoren, bei denen die hochfrequenten Wechselströme fremde Energien freimachen: Kohärer oder Fritter. Die einfachste Form des Kohärers besteht aus einer Glasröhre mit zwei eingepaßten Metallelektroden, zwischen denen sich Körner oder Feilspäne irgendeines Metalles befinden. Ein solches Metallkörneraggregat besitzt bei geringer Spannung einen sehr hohen Widerstand, so daß man einen Kohärer mit einer Stromanzeigevorrichtung und einem geringen Vorschaltwiderstand in Reihe an einen Akkumulator legen kann, ohne daß ein merklicher Strom hindurchfließt. Die hochfrequenten, von den elektromagnetischen Wellen im Auffangkreis erzeugten Wechselströme haben jedoch, wenn die Kapazität des Schwingungskreises klein und seine Induktivität groß ist, sehr beträchtliche Spannungen, die sie befähigen, die zahlreichen minimalen Abstände zwischen den einzelnen Metallkörnern, die den hohen Widerstand des Kohärers bedingen, zu durchschlagen. Auf dem so gebahnten Wege folgt der vom Akkumulator gespeiste Gleichstrom, schweißt dabei die

---

[1]) Vgl. Bd. XVII.

einzelnen Metallkörner durch die Stromwärme zusammen und bildet so eine verhältnismäßig gut leitende Brücke durch den Kohärer. Summarisch ausgedrückt: die hochfrequenten Schwingungen setzen den hohen Widerstand des Kohärers auf einen geringen Betrag herab, der nach Aufhören der Schwingungen bestehen bleibt. Das war ein Übelstand der ersten Kohärer, der dadurch behoben werden mußte, daß ein Klopfer nach Empfang jedes Zeichens durch eine leise Erschütterung des Kohärers die entstandenen Metallbrücken wieder beseitigte.

Das Verfahren, diesen Klopfer überflüssig zu machen, lag nahe. Es mußten Stoffe gewählt werden, die nicht zusammenbackten. Der erste derartige Kohärer war ein Quecksilbertropfen in einer Glasröhre zwischen zwei Elektroden aus Eisen. Er zeichnete sich außerdem durch erhöhte Empfindlichkeit aus. Eine andere Form bestand darin, daß ein Stahlrad über einem mit Mineralöl bedeckten Quecksilberspiegel so rotierte, daß sein unterster Teil eben in das Quecksilber eintauchte. Endlich setzte KOEPSEL einen harten Graphitstift auf eine hochglanzpolierte sehr harte Stahlplatte, benutzte also nur eine einzige Unterbrechungsstelle. Doch ist dieser Detektor vielleicht schon zu den Ventildetektoren zu rechnen.

Alle diese Kohärerdetektoren haben heute nur noch historisches Interesse.

46. Magnetische Detektoren. Wird ein in einer Spule befindlicher Eisenkern durch einen die Spule durchfließenden Gleichstrom gegebener Stärke magnetisiert, so bleibt der Induktionsfluß infolge der Hysteresis des Eisens hinter dem der Magnetisierungsstärke entsprechenden Gleichgewichtszustand zurück. Wird aber dem Magnetisierungsstrom ein Wechselstrom geringer Amplitude überlagert, so nimmt der Induktionsfluß zu und nähert sich dem Gleichgewichtswert. Hat der übergelagerte Wechselstrom eine hohe Frequenz, so verläuft die Zunahme der Induktion stoßartig, so daß in einem mit dem Eisenkern induktiv gekoppelten Telephon ein scharfes Knacken zu hören ist.

Offenbar ist die Wirksamkeit des Eisenkerns mit der Wiedergabe eines Zeichens erschöpft. Sollen weitere Zeichen aufgenommen werden, so muß der Kern von neuem aus seinem Gleichgewichtszustand entfernt werden, sei es, daß die Stärke seiner Magnetisierung geändert, sei es, daß ein neues Stück des Kerns in den Bereich der Spule gebracht wird.

Das ist das Prinzip der Magnetdetektoren, die von MARCONI und verschiedenen anderen ausgebildet worden sind. Sie haben sich in der Praxis gut bewährt, sind aber dann ebenfalls zugunsten besserer Detektoren verlassen worden.

47. Ventildetektoren. Die gewöhnlichen elektrischen Ventile sind im allgemeinen als Detektoren nicht zu brauchen, weil sie in der durchlässigen Richtung erst oberhalb einer nicht unbeträchtlichen Mindestspannung ansprechen und weil ihre Undurchlässigkeit in der Sperrichtung keine vollständige ist, mit einem Wort, weil sie nicht zum Gleichrichten so außerordentlich winziger Ströme, wie sie beim Empfang hochfrequenter Schwingungen vorkommen, eingerichtet sind. Eine Ausnahme machen von den sämtlichen im vorstehenden beschriebenen Ventilen nur die Thermoventile, die ja nicht zu den eigentlichen Ventilen gehören.

48. Thermische Detektoren. Thermoelemente aus äußerst dünnen Drähten haben eine für viele Laboratoriumsmessungen hinreichende Empfindlichkeit und vor den meisten Detektoren den großen Vorzug, daß sie quantitative Messungen erlauben, weil die durch die Erwärmung der Lötstelle bedingte Thermokraft eindeutig mit der aufgenommenen Schwingungsenergie verknüpft ist. Für die Praxis sind jedoch die Thermodetektoren im allgemeinen nicht empfindlich genug.

Außer Thermoelementen werden im Laboratorium auch Bolometer und Thermogalvanometer zur Messung der Energie hochfrequenter Schwingungen benutzt.

Die vielfach zu den Thermodetektoren gerechneten Kombinationen Te—Al, Te—PbS, Si—Cu usw. gehören nicht hierher. Ihre Wirkung dürfte im wesentlichen nicht auf Wärmewirkung beruhen.

49. Elektrolytische Detektoren. Den elektrolytischen Detektor haben verschiedene Forscher unabhängig voneinander ausgebildet. Am bekanntesten ist er unter dem Namen SCHLÖMILCH geworden.

Die Schlömilchzelle[1]) besteht aus einem Gefäß mit verdünnter Schwefelsäure, in die zwei Elektroden aus Platin tauchen, von denen die eine äußerst dünn und mit einer Glasröhre umkleidet ist, so daß nur eine ganz winzige Elektrodenfläche zur Verfügung steht. Der dünne Draht ist mit dem positiven, der dickere mit dem negativen Pol eines Elementes verbunden, dessen EMK nur wenig größer ist als die Zersetzungsspannung der Schwefelsäure in der Schlömilchzelle, so daß ein dauernder, sehr geringer Strom durch die Zelle fließt. Sobald die Zelle nun einen Hochfrequenzstrom aufnimmt, steigt der durch die Zelle fließende Gleichstrom beträchtlich an, so daß man in einem eingeschalteten Telephon ein Knacken oder bei Tonsendung einen musikalischen Ton hört.

50. Kristalldetektoren. Die Kristalldetektoren bestehen aus Kombinationen von Kristallen, in der Regel aus der Gruppe der Sulfide der Schwermetalle, mit einem Metall. In der Regel ist der Kristall auf der einen Seite durch Lötung innig mit einer Metallfassung verbunden, die zur Stromzuführung dient, während auf der anderen Seite eine Spitze eines geeigneten Metalles auf ihm ruht. In der Berührungsstelle zwischen beiden ist der Sitz der Ventilwirkung. Als Kristalle sind verwendet: Psilomelan, Bleiglanz, Eisenkies, Mangansuperoxyd, Karborund, Anatas, Molybdänglanz, Kupferkies, Kupferglanz; ferner zwei Kristalle: Rotzinkerz-Kupferkies (Perikondetektor). Die Metallelektrode ist ziemlich beliebig.

Nachdem die Kristalldetektoren durch die Elektronenröhren weitgehend verdrängt waren, sind sie durch den Rundfunk wieder in steigendem Umfang in Gebrauch gekommen, da es sich bei diesem darum handelte, möglichst billige, einfach zu handhabende Apparate zu verwenden.

Versuche mit künstlichen Detektoren, die durch Fällen chemisch reiner Sulfide, Chloride, Jodide und Zusammenpressen zu harten Pastillen hergestellt werden, sind von FREY[2]) ausgeführt worden.

51. Theorie der Kristalldetektoren. Die Kristalldetektoren sind Gegenstand zahlreicher Untersuchungen gewesen. Die folgende Abb. 37 gibt eine von ETTENREICH an einem Bleiglanz-Nickelindetektor aufgenommene Kurve wieder. Der Detektor bestand aus einem zugespitzten Nickelindraht von 6,8 mm Durchmesser, der mit einem Auflagedruck von 6 g auf eine Spaltfläche eines gut würfelförmigen Bleiglanzkristalles aufgesetzt war.

Die Abb. 37 ist für die Kristalldetektoren typisch.

Bei einem großen Teil der Versuche über Detektoren wurde der Fehler gemacht, daß Erscheinungen, die sich bei kommutiertem Gleichstrom oder niederfrequentem Wechselstrom zeigten, ohne weiteres auf die Hochfrequenzventilwirkung übertragen wurden.

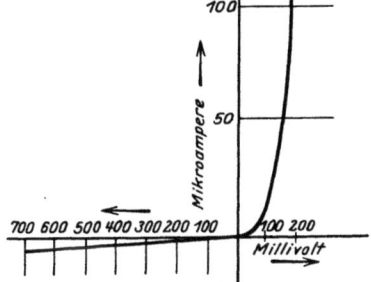

Abb. 37. Stromspannungskurve eines Bleiglanz-Nickelindetektors (nach ETTENREICH).

Ausgehend von der Schlömilchzelle, in der die elektrolytische Ventilwirkung selbstverständlich zu sein scheint, nahm man bis vor kurzem für die meisten

---
[1]) W. SCHLÖMILCH, Elektrot. ZS. Bd. 24, S. 959. 1903.
[2]) F. FREY, Phys. ZS. Bd. 26, S. 849. 1925.

Kristalldetektoren ebenfalls elektrolytische Ventilwirkung, teils der Kristalle selbst, teils in den auf ihnen haftenden Wasserhäuten an. In den Fällen, in denen zweifellos keine Elektrolyse vorhanden war, wurde die thermoelektrische Wirkung zur Erklärung herangezogen.

Die Theorie der elektrolytischen Ventilwirkung erhielt eine Stütze durch die Versuche von HUIZINGA[1]), der elektrolytische Vorgänge an der Kontaktstelle unmittelbar mit dem Auge beobachtete. Und doch sind beide Ansichten falsch. Nicht einmal die Wirksamkeit der Schlömilchzelle beruht auf elektrolytischer Ventilwirkung.

Ein elektrolytisches Ventil entsteht dadurch, daß die in einem Elektrolyten wandernden Ionen an eine Grenze gelangen, an der sie sich abscheiden und dabei die Grenze in der Weise verändern, daß eine elektromotorische Gegenkraft entsteht. Wird beispielsweise eine große und eine kleine Platinelektrode in Schwefelsäure getaucht, wie bei der Schlömilchzelle, so wird an der kleinen Elektrode in der einen Stromrichtung Wasserstoff, in der anderen Sauerstoff gasförmig abgeschieden, während es an der großen Elektrode infolge der äußerst geringen Stromdichte nicht zu einer merklichen Polarisation kommt. Da nun das Potential der Wasserstoffabscheidung in Schwefelsäure $+ 0{,}274$ Volt, das der Sauerstoffabscheidung $- 0{,}86$ Volt beträgt, bleibt eine einseitige Potentialdifferenz von $- 0{,}586$ Volt übrig.

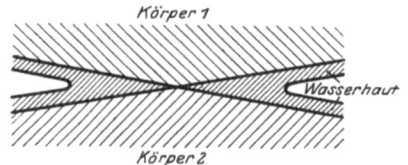

Abb. 38. Schematische Darstellung der Lage der Wasserhaut zwischen zwei sich berührenden Körpern.

Hiernach kann aber ein elektrolytisches Ventil immer erst dann wirksam werden, wenn in jeder Stromrichtung die erforderliche Menge Ionen abgeschieden, wenn also eine Zeitlang Strom geflossen oder eine bestimmte Elektrizitätsmenge verbraucht ist. Und zwar muß zuerst die von der vorhergehenden Richtung gebildete Schicht beseitigt, dann die der Stromrichtung entsprechende Schicht gebildet werden. Nun zeigt ein guter Detektor Hochfrequenzströme von 10^{-8} Amp. bei einer Frequenz von 10^6 Perioden in der Sekunde noch gut an. Also steht für die Ionenabscheidung in jeder Richtung nur eine Elektrizitätsmenge zur Verfügung, die klein gegen $0{,}5 \cdot 10^{-14}$ Coulomb, also schätzungsweise 10^{-15} Coulomb ist. Eine derartige Elektrizitätsmenge scheidet 10^{-20} g Wasserstoff ab.

Hierzu kommt noch, daß die Ionenabscheidung an sich schon ein Prozeß ist, der nicht mit beliebiger Geschwindigkeit vor sich geht. Es dürfte deshalb einleuchten, daß die Ionenventilwirkung für Hochfrequenz überhaupt nicht in Frage kommt. Alle Hochfrequenzventile sind ohne Ausnahme Elektronenventile, die Schlömilchzelle so gut wie die Kristalldetektoren.

Daß von HUIZINGA elektrolytische Vorgänge an der Kontaktstelle beobachtet worden sind, steht hiermit durchaus nicht im Widerspruch. Bekanntlich berühren sich zwei aufeinandergelegte Körper unmittelbar nur in wenigen Punkten. Schon bei einem geringen Berührungsdruck wird der Flächendruck an diesen Punkten so groß, daß eine die Oberfläche überziehende Wasserhaut beiseite gequetscht wird. Es liegen dann die Verhältnisse der Abb. 38 vor. Haben die den Kontakt bildenden verschiedenartigen beiden Körper metallische Leitfähigkeit, so bilden sie mit der Wasserhaut ein kurz geschlossenes Element, in dem Elektrolyse stattfindet. Sind die beiden Körper an ihrer Berührungsstelle durch eine ihnen angehörende schlecht leitende Schicht getrennt (z. B. bei Bleiglanz durch eine Schicht Schwefelatome), so bilden sie mit der Wasserhaut ein offenes

---

[1]) M. J. HUIZINGA, Phys. ZS. Bd. 21, S. 91. 1920.

Element, das eine bestimmte elektromotorische Kraft besitzt. Beide Erscheinungen haben mit der Ventilwirkung der Elektronenberührungsstelle nichts zu tun.

Die wirklichen Vorgänge bei der Ventilwirkung der Kontaktdetektoren sind erst in den letzten Jahren durch die Arbeiten von SZEKELY[1]), ETTENREICH[2]), HOFFMANN[3]) und ROTHER[4]) geklärt und vor kurzem von SCHOTTKY[5]) in einer sehr anschaulichen Darstellung behandelt worden. SCHOTTKY geht von folgenden Vorstellungen aus: Das Innere jedes metallischen Leiters ist mit einer sehr großen Menge lose gebundener Elektronen erfüllt, die sich ähnlich wie die Atome eines idealen Gases verhalten. Sobald die Elektronen durch die Oberfläche eines Leiters hindurchtreten und in den umgebenden Raum gelangen, wirkt auf sie eine von der Art des Metalles abhängige elektrische Kraft von einigen Volt, die sie wieder zum Metall zurückzieht. Nur diejenigen Elektronen, die zufällig eine abnorme Geschwindigkeit haben, vermögen diese Kraft

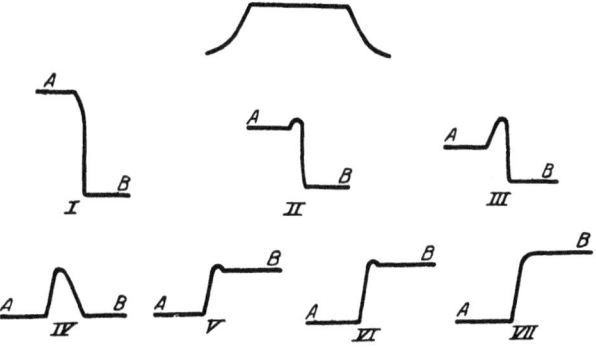

Abb. 39. Verschiedene Ausbildung der Ränder zweier sich berührender Elektronennäpfe bei verschiedenen Spannungen nach SCHOTTKY.

A und B Potentiale (ausgedrückt durch Niveaus) zweier Leiter.

zu überwinden und das Metall zu verlassen. Die mittlere Geschwindigkeit der Elektronen bei Zimmertemperatur entspricht einer elektrischen Spannung von 0,045 Volt, so daß bei Zimmertemperatur praktisch überhaupt keine Elektronen das Metall verlassen können.

SCHOTTKY stellt diese Verhältnisse sehr anschaulich durch das Bild eines flachen Napfes mit hochgebogenen Rändern dar (Abb. 39). Auf dem Boden dieses Napfes vermögen elastische Kugeln (die Elektronen) ungestört hin- und herzurollen. Sobald sie aber den Napf verlassen wollen, müssen sie eine so große Geschwindigkeit haben, daß sie den Rand hinaufzulaufen vermögen (Überwindung der Anziehungskraft des Metalles). Die Höhe des Randes entspricht der gesamten, beim Verlassen des Napfes zu überwindenden Spannung, die Steilheit des Randes dem Spannungsgefälle.

Nun kann man versuchen, das Bestreben der Elektronen, das Metall zu verlassen, dadurch zu unterstützen, daß man ein äußeres Feld an das Metall legt, das die Elektronen herauszieht. Im Bild der Abb. 39 bedeutet das, daß der Rand des Napfes herabgebogen und dadurch niedriger wird, und es fragt sich, welches Potentialgefälle hierzu nötig ist. Auf Grund einer Berechnung, deren Wiedergabe hier zu weit führen würde, kommt SCHOTTKY zu dem Schluß, daß das maximale Potentialgefälle, d. i. die Steilheit des Randes, an einer vollkommen ebenen Fläche bei Wolfram $1,4 \cdot 10^8$ Volt pro Zentimeter und bei Natrium $0,28 \cdot 10^8$ Volt pro Zentimeter beträgt.

Für das Anlegen des äußeren Feldes kommt aber noch eine sehr wichtige Erscheinung in Betracht. Die Unebenheiten, die man an einer Oberfläche mit

---

[1]) A. SZEKELY, Wiener Ber. Bd. 127, S. 719. 1918.
[2]) R. ETTENREICH, Wiener Ber. Bd. 128, S. 1169. 1919.
[3]) G. HOFFMANN, Phys. ZS. Bd. 24, S. 109. 1922.
[4]) F. ROTHER, Phys. ZS. Bd. 23, S. 423. 1922.
[5]) W. SCHOTTKY, ZS. f. Phys. Bd. 14, S. 63. 1923.

dem Mikroskop beobachten kann, sind größer als 10^{-5} cm. Unebenheiten von 10^{-6} cm und kleinere sind aber überall anzunehmen. Denkt man sich auf eine ebene Fläche einen Halbzylinder gelegt, so wird der Potentialgradient über dem Zylinder verdoppelt. Legt man auf den Zylinder einen zweiten vom halben Durchmesser, so findet über diesem eine weitere Verdoppelung des Potentialgradienten statt. Eine Überschlagsrechnung dieser Erscheinung ergibt, daß bei Flächen, die keine sichtbaren Unebenheiten aufweisen, die wahre Feldstärke an den exponierten Punkten ungefähr eine Zehnerpotenz größer ist als die aus der makroskopischen Oberflächengestalt folgende. Also beherrscht von einem bestimmten angelegten Potential an nicht nur die bloße Steigerung des mittleren äußeren Feldes, sondern eine lokale Übersteigerung des mittleren Potentialgradienten, eine elektronische Spitzenwirkung, die Erscheinungen. Die infolge des Vorhandenseins dieser Spitzen zur Einleitung der kalten Elektronenentladung erforderliche Feldstärke beträgt demnach für Wolfram $1,8 \cdot 10^7$ V/cm.

Diese Erscheinungen sind die Grundlage für die Erklärung der Vorgänge des Stromüberganges bei kurzen Trennstrecken. ROTHER[1]) und HOFFMANN[2]) haben die dabei auftretenden Erscheinungen näher untersucht. HOFFMANN findet als kritische Feldstärke, bei der der Übergang der Elektronen beginnt, für Platiniridium $4,8 \cdot 10^6$, Cu $3,5 \cdot 10^6$, Al $3,4 \cdot 10^6$, Zn $2,7 \cdot 10^6$, Pb $2,2 \cdot 10^6$ V/cm. ROTHER fand bei Platin $7,6 \cdot 10^6$ V/cm. Diese experimentell ermittelten und wahrscheinlich noch zu kleinen Zahlen nähern sich den von der Theorie geforderten schon sehr.

Die Wirkungsweise der Kontaktdetektoren erklärt SCHOTTKY mit Hilfe der auseinandergesetzten Gedankengänge folgendermaßen. In dem von ihm gebrauchten Bilde stoßen bei Kontaktdetektoren zwei Elektronennäpfe so nahe aneinander, daß ihre Ränder ineinanderfließen. Das Niveau des Bodens der Elektronennäpfe entspricht der freien Energie der Elektronen in den beiden Leitern, und zwar der totalen Energie, und ist demnach bei thermischem Gleichgewicht und ohne angelegtes Feld in beiden Leitern gleich. Auch bei gleichem Niveau der Böden hängt aber die Gestalt des zusammenfließenden Randes nicht nur von den Innenfeldern, sondern auch von dem äußeren Feld ab, das durch die Ansammlung entgegengesetzter Ladungen an den Oberflächen der beiden Körper hervorgerufen wird, und das dazu dient, den durch die inneren Felder bedingten Potentialverlauf zwischen den Körpern so zu korrigieren, daß gerade der durch einen äußeren Kontakt ausgeprägte Niveauunterschied zwischen den beiden Böden herauskommt. Bei genügender Entfernung der beiden Körper voneinander und äußerer Berührung ist der Potentialunterschied gleich der Voltadifferenz im Vakuum.

Werden nun zwei Elektronennäpfe in konstanter kleiner Entfernung nebeneinandergestellt und der Boden des einen gegen den des anderen gehoben oder gesenkt, so ergeben sich, wenn A einen bedeutend höheren und steileren Rand hat als B, die in Abb. 39 dargestellten Verhältnisse. Bei genügend starkem Potentialunterschied verschwindet der Rand sowohl wenn A negativ gegen B, als auch wenn B negativ gegen A ist, aber die dazu erforderlichen Potentialunterschiede sind für beide Fälle verschieden. Infolgedessen wird die Stromspannungskurve unsymmetrisch, indem ein Elektronenstrom von B nach A bereits bei viel kleineren Spannungen fließt als bei der Umkehr der Spannung von A nach B. Das heißt, es muß die Stromspannungscharakteristik der Abb. 40 links entstehen, wobei e die Spannung an der Berührungsstelle ist. Nimmt man statt ihrer die Spannungen an den äußeren Enden der beiden in kleiner Ent-

---
[1]) F. ROTHER, l. c. S. 157.
[2]) G. HOFFMANN, l. c. S. 157.

fernung voneinander befindlichen Kristalle, so kommt noch der Spannungsverlust in ihnen hinzu, und es ergibt sich die Kennlinie der Abb. 40 rechts. Das ist aber vollständig der Typus der Kurve, wie sie beispielsweise HUIZINGA bei seinen vermeintlichen elektrolytischen Detektoren gefunden hat. Auch die Annahme HUIZINGAS, daß erst nach Überwindung einer Polarisationsgegenkraft, die in beiden Richtungen verschieden sei, ein Strom einsetze, entspricht durchaus den Verhältnissen der Abb. 40.

Damit ist klar erwiesen, daß es sich bei den Detektoren stets um Elektronenventilwirkung handelt. Die Einzelheiten der Theorie sind noch aufzuklären. Unter Umständen liegen sehr verwickelte Erscheinungen vor. Beispielsweise können von den verschiedenen Berührungspunkten der beiden Körper der eine eine vollständige Berührung ohne Trennschicht, der zweite eine Berührung mit dazwischenliegender isolierender fester Trennschicht molekularer Dicke, der dritte ein Sichnähern bis auf einen sehr geringen lufterfüllten Abstand sein. Alle drei Stellen liegen elektrisch einander parallel und liefern ihren Anteil zur e, i-Kurve. Aus der Theorie wird auch verständlich, welche Rolle die Elektrolyse bei den Detektoren spielt, bei denen sie tatsächlich nötig ist, wie bei der Schlömilchzelle. Sie dient lediglich dazu, die erforderliche Trennschicht zu erzeugen und aufrechtzuerhalten. Ebenso kann unter Umständen die Gleichstromkomponente, die der mit Hochfrequenzwechselstrom belastete Detektor infolge seiner Ventilwirkung erhält, ihn sekundär polarisieren und dadurch den Wirkungsgrad der Gleichrichtung weit über den Anfangswert hinaus erhöhen. Die dazu erforderliche Zeit ist sehr groß gegen die Dauer einer Hochfrequenzschwingung und sehr klein gegen die Beobachtungsdauer.

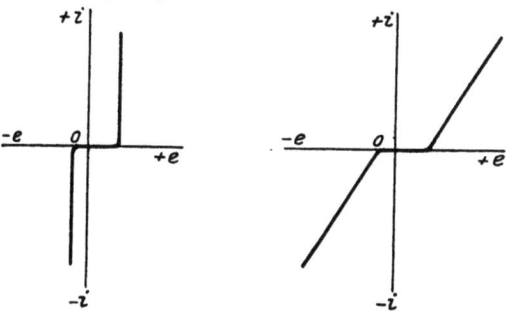

Abb. 40. Schematische Stromspannungskurve eines Detektors nach SCHOTTKY.
Links: bei geringem innern Widerstand (Metalle).
Rechts: bei großem innern Widerstand (Halbleiter).

Eine weitere Entwicklung der SCHOTTKYschen Theorie ist neuerdings durch STRANSKY[1]) versucht worden. STRANSKY geht davon aus, daß die in vielen Fällen zweifellos richtige SCHOTTKYsche Theorie nicht erklären kann, weshalb bei fast jedem Detektormaterial Stellen aufzufinden sind, bei denen der gleichgerichtete Strom die entgegengesetzte Richtung des normalen hat, und daß ein Detektor, der aus PbS-Kristall mit daraufgesetzter Pb-Spitze besteht, oder sogar ein Detektor mit PbS-Kristall und PbS-Spitze anspricht. STRANSKY gibt die Erklärung für diese Erscheinungen, indem er die Atomdeformation mit heranzieht. Durch den Berührungsdruck, der bei geringer Auflagefläche sehr groß werden kann, gehen die heteropolaren Verbindungen durch die Deformation, vorzugsweise des Anions, in homöopolare über. Im homöopolaren Zustand sind aber geringere Kräfte zur Elektronenemission erforderlich als im heteropolaren. Also ist zur Erzielung der Ventilwirkung nach STRANSKY erstens eine heteropolare, leicht deformierbare Verbindung und zweitens ein hinreichender Auflagedruck erforderlich.

52. Ventile mit Hilfsspannung. Die Kristalldetektoren werden teils ohne weiteres in den Hochfrequenzkreis eingeschaltet, teils in Verbindung mit einer

---

[1]) I. STRANSKY, ZS. f. phys. Chem. Bd. 113, S. 131. 1925.

Hilfsspannung verwandt. Im letzteren Falle ergibt sich, wie Ziff. 1 ausgeführt wurde, auch bei einer in beiden Stromrichtungen symmetrischen Charakteristik eine Ventilwirkung, wenn nur die Charakteristik gekrümmt ist, und die Ventilwirkung ist um so stärker, je stärker die Krümmung ist, wobei durch die Hilfsspannung dafür gesorgt wird, daß der Detektor sich bei Stromlosigkeit gerade im Knickpunkt der Charakteristik befindet.

Der Vorzug der Ventile mit Hilfsspannung besteht darin, daß sie gegen Erschütterungen sehr viel unempfindlicher sind als die ohne Hilfsspannung arbeitenden Detektoren. Sie erfreuten sich deshalb während des Krieges großer Beliebtheit.

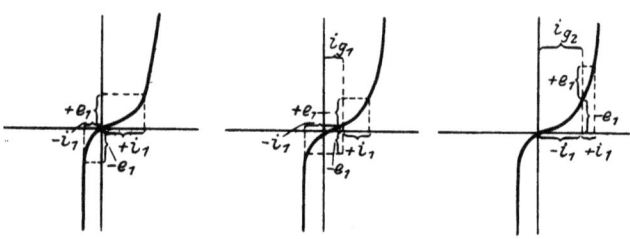

Abb. 41. Einfluß der Hilfsspannung auf die Gleichrichterwirkung unselbständiger Ventile.
Links: ohne Hilfsspannung. Mitte: geringe Hilfsspannung.
Rechts: größere Hilfsspannung.

Eine allgemeine formale Theorie dieser Ventile ist von BRANDES aufgestellt worden. Abb. 41 gibt die verschiedenen Möglichkeiten ihrer Verwendung. Aus ihr läßt sich folgendes unmittelbar ablesen:

1. Belastet man das Ventil mit einem konstanten Gleichstrom i_{g1} und lagert über diesen die Wechselspannung $\pm e_1$, so sind die durch diese Wechselspannung bedingten Stromänderungen $\pm i_1$ einander gleich. Eine Veränderung des Gleichstroms i_{g1} oder eine Ventilwirkung auf den Wechselstrom findet nicht statt.

2. Belastet man das Ventil mit dem größeren Gleichstrom i_{g2} und der Wechselspannung $\pm e_1$, so ist der durch sie bedingte Strom $-i_1$ größer als der Strom $+i_1$. Es ergibt sich also eine Schwächung des Stromes i_{g2} oder eine Gleichrichtung des Wechselstromes im negativen Sinne.

3. Analog erfolgt eine Gleichrichtung des Wechselstromes im positiven Sinne, wenn der Gleichstrom kleiner ist als i_{g1} (z. B. Null).

Man kann also die ursprünglich vorhandene Ventilwirkung durch zunehmende Belastung des Ventils mit Gleichstrom schwächen, vernichten und in ihr Gegenteil umkehren. Die Gleichrichterwirkung wird um so kräftiger, je stärker die Krümmung der Charakteristik an der dem eingeschalteten Gleichstrom entsprechenden Stelle ist.

Zur Veranschaulichung diene die folgende von LEIMBACH[1]) ermittelte Tabelle 1, die sich auf einen Tellur-Silizium-Detektor bezieht.

Tabelle 1.

Hilfsspannung Volt	Gleichstrom i_g Amp.	Durch die Hochfrequenzschwingungen ausgelöster Gleichstrom Amp.
0	0	$-80 \cdot 10^{-8}$
0,082	$1 \cdot 10^{-8}$	$-78 \cdot 10^{-8}$
0,615	$5,8 \cdot 10^{-8}$	$-39 \cdot 10^{-8}$
0,820	$10,5 \cdot 10^{-8}$	$+2 \cdot 10^{-8}$
1,050	$17,0 \cdot 10^{-8}$	$+135 \cdot 10^{-8}$
2,10	$84,0 \cdot 10^{-8}$	$+5040 \cdot 10^{-8}$
2,94	$864,0 \cdot 10^{-8}$	$+18240 \cdot 10^{-8}$

53. Verstärkerröhren. Die Elektronenröhren übertreffen alle anderen Detektoren an Leistungsfähigkeit ganz außerordentlich, verlangen dafür allerdings auch Nebenapparate und sind wesentlich teurer.

Ursprünglich wurden die Elektronenröhren ohne Gitter in der Schaltung

---

[1]) G. LEIMBACH, Phys. ZS. Bd. 12, S. 229. 1911.

der Abb. 42 verwandt. Abb. 43 gibt die Charakteristik und die Vergrößerung des Gleichstroms bei Wechselstrombelastung an.

Die Röhren ohne Gitter verhalten sich wie ein Kristalldetektor und können demnach nur einen Bruchteil des ihnen zugeführten hochfrequenten Wechselstroms in nutzbaren Gleichstrom umwandeln.

Ganz anders wirken die Elektronenröhren mit Gitter. Bei ihnen werden nicht mehr die auf das Empfangstelephon wirkenden Anodenströme durch Verwandlung eines Bruchteils des hochfrequenten Wechselstroms in Gleichstrom

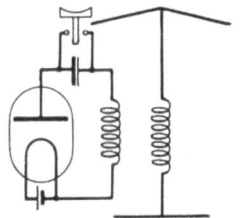

Abb. 42. Gleichrichterschaltung einer Elektronenröhre ohne Gitter.

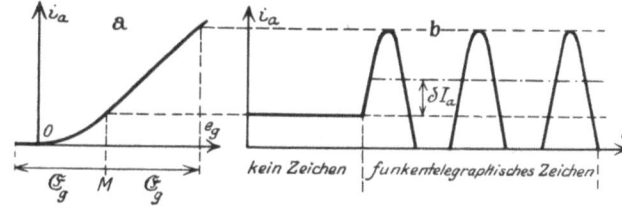

Abb. 43. Charakteristik einer Elektronenröhre ohne Gitter und Vergrößerung des Gleichstroms bei Wechselstrombelastung.

erzeugt, sondern die Hochfrequenzenergie wird dem Gitterkreis zugeführt, lädt in diesem das Gitter statisch auf und schwächt oder verstärkt dadurch je nach dem Sinn der Ladung den Anodenstrom. Die Hochfrequenzenergie braucht in diesem Falle also nur die Verluste im Gitterkreis zu decken. Sie wird nicht selbst gleichgerichtet, sondern wirkt als „Steuerenergie", während die Größe des Anodenstromes unter anderem von der Spannung der Anodenbatterie abhängt. Die Elektronenröhren mit Gitter gehören also eigentlich zu den Relais.

Die erste gut verstärkende Röhre war die nach ihrem Erfinder benannte Liebenröhre[1]). Sie bestand aus einer Wehneltkathode im unteren, einer spiralförmigen Anode im oberen Teile eines länglichen Glasgefäßes und einer siebartigen Hilfselektrode, dem Vorläufer des Gitters, zwischen beiden. Die Röhre hatte nicht Hochvakuum, wie die späteren Elektronenröhren, sondern enthielt Quecksilberdampf von einigen hundertstel Millimeter Druck. Der Firma Telefunken gelang es, mit ihr im Jahre 1912 bei direktem Empfang die 50fache, bei Kaskadenschaltung sogar die 10000fache Lautstärke zu erreichen.

Aus dieser Liebenröhre wurden im Laufe der Jahre die modernen Elektronenröhren dadurch entwickelt, daß an die Stelle der Wehneltkathode eine Glühkathode aus Wolfram oder einem anderen schwerschmelzenden Metall in Form eines dünnen Glühdrahtes und an die Stelle eines dampfgefüllten Raumes das höchsterreichbare Vakuum gesetzt wurden. Infolgedessen spielt die in der Liebenröhre noch wirksame Bildung positiver Ionen durch Ionenstoß jetzt keine Rolle mehr. Die Strömung ist eine reine Elektronenströmung. Außerdem wurde die gegenseitige Anordnung der Elektroden völlig geändert. Die Anode ist jetzt in der Regel ein den Glühdraht konzentrisch umgebender Zylinder, das Gitter bildet ein Zylindernetz zwischen Glühdraht und Anode.

Man unterscheidet Schwachstromverstärkerröhren und Starkstromverstärkerröhren. Bei den ersteren ist die übertragene Leistung so klein, daß sie weit unter der Leistung bleibt, die sonst eine kleine Röhre umsetzen kann. Die schwächsten Verstärkerröhren arbeiten mit mindestens 1 mA Emission. Gebraucht werden für Telephon 10^{-4} Amp. und bei Morsehörempfang 10^{-6} Amp. Mit einigen Ausnahmen baut man heute sowohl als Verstärkerröhren für Hochfrequenz und

---
[1]) R. LINDEMANN u. E. HUPKA, Arch. f. El. Bd. 3, S. 49. 1914.

Niederfrequenz als auch für Detektorröhren für die Ventil- und Audionschaltung und schließlich für Überlagerung die gleichen Röhrentypen. Abb. 44 zeigt eine derartige Röhre.

Als Starkstromverstärkerröhren, die Leistungen bis zu mehreren Kilowatt liefern müssen, verwendet man selten die üblichen Senderöhren. Meist werden besondere Röhrentypen benutzt, bei denen der Ruhestrom der Röhre in der Mitte der Charakteristik liegt und die Elektroden so geformt sind, daß die Charakteristik möglichst linear ist. Ferner legt man die Gleichstromcharakteristiken stark in das Gebiet negativer Gitterspannungen, so daß immerhin bei geringer Ausnutzung ohne Gitterstrom gearbeitet werden kann. Abb. 45 zeigt eine Starkstromverstärkungsröhre.

Bei den Schwachstromröhren werden die reinen Wolframkathoden allmählich vollständig durch die thorierten Kathoden und die Oxydkathoden verdrängt, bei den Starkstromverstärkerröhren dagegen bisher noch nicht.

54. Relais. Unter einem Relais wird eine Anordnung verstanden, mittels welcher große Energiemengen durch kleine Energiemengen gesteuert, d. h. in ihrer Intensität und Richtung nach Wunsch beeinflußt werden. Hiernach gehört zu den Relais beispielsweise auch der bereits beschriebene Pendelgleichrichter, da bei ihm durch die geringe mechanische Energie des schwingenden Kontaktes die beiden abwechselnden Richtungen des Wechselstroms in eine gemeinsame Richtung umgeschaltet werden, wenn auch der Pendelgleichrichter im allgemeinen nicht zu den Relais gerechnet wird.

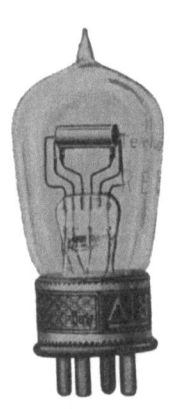
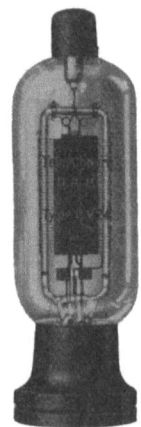

Abb. 44. Schwachstromverstärkerröhren.

Abb. 45. Starkstromverstärkeröhren.

Die Relais werden in zwei Gruppen eingeteilt. Die der einen Gruppe beschränken sich darauf, durch Öffnen oder Schließen von Kontakten die gewünschte Energiesteuerung zu erreichen. Sie heißen Schaltrelais. Bei denen der anderen Gruppe dagegen besteht eine enge Verknüpfung zwischen der Steuerenergie und der gesteuerten, derart, daß die Intensität der gesteuerten Energie in jedem Augenblick der Intensität der steuernden proportional ist. Man bezeichnet die Relais dieser zweiten Gruppe als quantitative Relais.

d) Schaltrelais.

55. Das einfach wirkende Magnetrelais. Bei diesem Relais durchfließt der Steuerstrom die Wicklung eines nicht ganz geschlossenen Elektromagneten mit Eisenkern, der infolgedessen einen beweglichen Anker anzieht und dadurch einen zweiten Stromkreis schließt. Sobald der Steuerstrom aufhört, zieht eine Feder den Anker in seine Ruhelage zurück und öffnet dadurch den Stromkreis wieder.

56. Das einfach wirkende elektrodynamische Relais. Wird ein stromanzeigendes Zeigerinstrument so abgeändert, daß der Zeiger, sobald er sich unter der Wirkung des Stromes bewegt, einen Kontakt berührt und dadurch einen zweiten Stromkreis schließt, so ist das Instrument dadurch zu einem Relais geworden.

Also lassen sich alle Typen von Stromanzeigern und Strommessern sowohl für Gleichstrom wie für Wechselstrom ohne wesentliche Änderungen als Relais verwenden, und man unterscheidet ebenso wie bei diesen Drehspulrelais, Weicheisenrelais, Hitzdrahtrelais, Ferrarisrelais usw.

57. Das polarisierte Magnetrelais. Auf dem einen Schenkel eines rechtwinklig gebogenen Stahlmagneten M (Abb. 46), dessen Pole sich bei A und B befinden, sind zwei Spulen S_1 und S_2 mit den Polschuhen B_1 und B_2 angebracht. In dem anderen Schenkel ist ein Eisenanker U drehbar gelagert, der bis zwischen die Polschuhe reicht und an einer Verlängerung eine Kontaktscheibe zwischen den Gegenkontakten U_1, U_2 trägt. Sind die beiden Spulen stromlos, so ist die Anziehung der beiden Polschuhe auf den Anker gleich groß, so daß er sich in Ruhe befindet. Sobald jedoch die Anziehung durch einen die beiden Spulen durchfließenden Strom nur im geringsten ungleich gemacht wird, schlägt der Anker aus und schließt den Kontakt bei U_1.

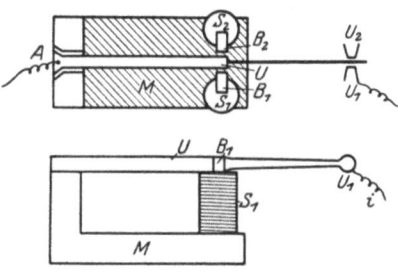

Abb. 46. Schema eines polarisierten Magnetrelais.

Die Empfindlichkeit dieses polarisierten Relais ist sehr viel größer als die eines einfach wirkenden. Das von der Gesellschaft für drahtlose Telegraphie gebaute Relais soll sicher ansprechen, wenn es bei 100000 Ω Vorschaltwiderstand mit einer Spannung von 1,4 Volt betrieben wird. Doch ist eine derartige Empfindlichkeit nur zu erreichen, wenn der Anker U mit peinlichster Sorgfalt ausbalanciert ist und die Einstellvorrichtungen für den Kontakt bei U_1 besonders empfindlich gearbeitet sind.

58. Das elektrostatische Relais von JOHNSEN und RAHBEK[1]). Wird auf eine Platte, die aus einem Halbleiter, wie z. B. Solnhofener Schiefer, besteht und deren untere Fläche mit einer festanschließenden Metallbelegung versehen ist, eine Metallscheibe gelegt und eine Spannung von beispielsweise 220 Volt zwischen die Metallbelegung unter der Platte und die Metallscheibe auf der Platte geschaltet, so fließt infolge des hohen Widerstandes des Halbleiters nur ein Strom von etwa 10^{-6} Amp. durch das System. Gleichzeitig wird aber die Metallplatte so kräftig von der Halbleiterplatte angezogen, daß Kräfte von der Größenordnung eines Kilogramms nötig sind, um sie von ihr abzuheben.

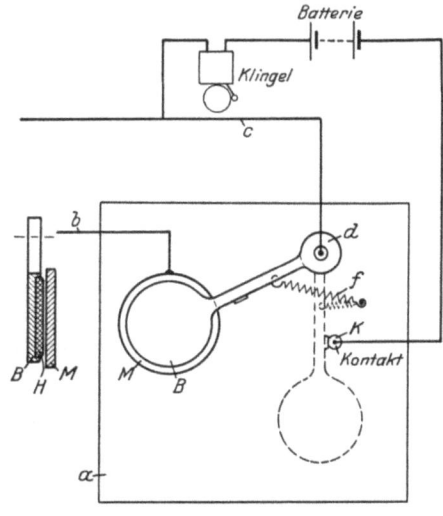

Abb. 47. Schema eines elektrostatischen Relais nach JOHNSEN und RAHBEK.

Diese Erscheinung, deren Einzelheiten und Erklärung an anderer Stelle (Bd. 12) behandelt sind, ermöglicht die Konstruktion sehr empfindlicher Relais verschiedener Art, und zwar lassen sich die nach diesem Prinzip gebauten Apparate in zwei Gruppen einteilen. Bei denen der ersten Gruppe ruhen Halbleiter und Leiter aufeinander, bei denen der zweiten bewegen sie sich gegeneinander.

Die einfachste Anordnung ist das in Abb. 47 schematisch wiedergegebene Relais. Es beruht darauf, daß die beim Vorhandensein von Spannung festgehaltenen Teile beim Aufhören der Spannung durch mechanische Kräfte gelöst

---

[1]) K. ROTTGARDT, ZS. f. techn. Phys. Bd. 2, S. 315. 1921.

werden, so daß die mit ihnen verbundenen Kontakte in Tätigkeit treten können. In eine Hartgummiplatte a ist eine runde Metallplatte M fest eingelassen. An sie ist die eine der Zuleitungen b, durch die das Relais betätigt wird, angeschlossen. An einem Drehpunkt d, mit dem die andere Zuleitung c verbunden ist, ist ein beweglicher Arm angebracht, der an seinem unteren Ende B einen Halbleiter H

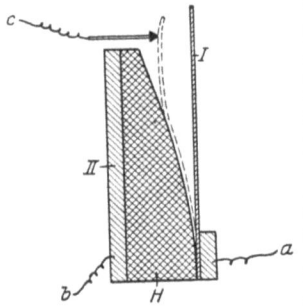

Abb. 48. Schema eines elektrostatischen Relais nach JOHNSEN und RAHBEK mit biegsamem Metallband.

faßt, mit dem er leitend verbunden ist. Eine Feder f sucht den Arm aus seiner Lage über der Metallplatte M wegzuziehen. Wird der Arm so gedreht, daß sein Halbleiter auf der Platte M liegt, und Spannung an das System gelegt, so haftet der Arm auf der Platte. Dabei fließen bei einer Spannung von 110 Volt $1 \cdot 10^{-6}$ Amp, so daß zum Festhalten der Platte eine Leistung von $1{,}1 \cdot 10^{-4}$ Watt erforderlich ist. Wird die Spannung unterbrochen, so zieht die Feder f den Arm zurück und schließt den Kontakt K eines Klingelkreises. Zu neuer Wirkung muß das Relais neu gespannt werden.

Ein anderes Prinzip gibt Abb. 48. Der Halbleiter H hat hier die Form eines Keils mit einer bogenförmig geschnittenen Fläche. Er trägt auf seiner ebenen Fläche die Metallbelegung II. Auf der anderen Seite ist ein sehr dünnes Plättchen I, z. B. aus Aluminium, unten auf eine kleine Länge aufgepreßt, so daß beim Anlegen von Spannung mittels a und b der Übergangs-

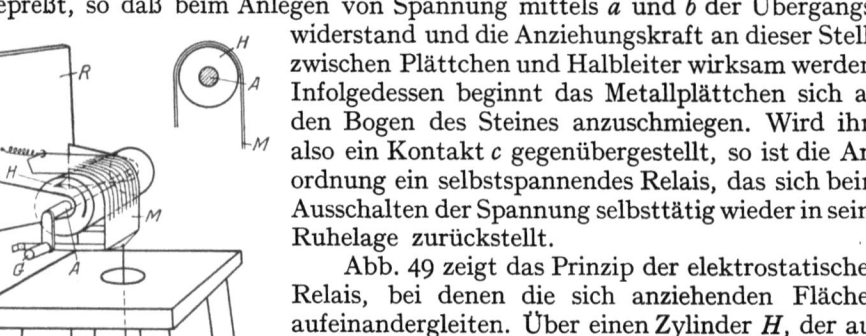

Abb. 49. Schema eines elektrostatischen Relais nach JOHNSEN und RAHBEK mit Gleitflächen.

widerstand und die Anziehungskraft an dieser Stelle zwischen Plättchen und Halbleiter wirksam werden. Infolgedessen beginnt das Metallplättchen sich an den Bogen des Steines anzuschmiegen. Wird ihm also ein Kontakt c gegenübergestellt, so ist die Anordnung ein selbstspannendes Relais, das sich beim Ausschalten der Spannung selbsttätig wieder in seine Ruhelage zurückstellt.

Abb. 49 zeigt das Prinzip der elektrostatischen Relais, bei denen die sich anziehenden Flächen aufeinandergleiten. Über einen Zylinder H, der aus einem Halbleiter besteht, ist ein Metallband M gelegt, das auf der einen Seite starr befestigt, auf der anderen durch ein Gewicht belastet ist. Wird der Zylinder mittels der Kurbel G gedreht, so schleift das Metallband darauf. Sobald aber eine Spannung zwischen die Zylinderachse A und das Metallband gelegt wird, ziehen sich Halbleiter und Metallband an, der Halbleiter nimmt das Metallband mit und hebt das an diesem hängende Gewicht. Bei einem System mit einem Achatzylinder als Halbleiter war es auf diese Weise möglich, mit einem Leistungsaufwand von $8 \cdot 10^{-2}$ Watt ein Gewicht von 5 kg festzuhalten. Nach diesem Prinzip ist beispielsweise das in Abb. 50 wiedergegebene Relais konstruiert. Das Metallband I aus Nickelstahl liegt auf dem Achatzylinder H auf und wird auf der einen Seite durch die Feder f, deren Spannung veränderlich ist, festgehalten, auf der anderen Seite ist es mit einem Winkelhebel V verbunden, der sich um einen Drehpunkt drehen kann. Der Winkelhebel wird auf der einen Seite durch die Feder F gegen einen Ruhekontakt gezogen, auf der anderen Seite ist seine Bewegung durch die Stellschraube F begrenzt. An seinem unteren Ende trägt er einen Schreibstift G, der auf dem Papierstreifen P aufliegt. Der Zylinder H wird durch einen Motor in Rotation versetzt, das Metallband gleitet auf ihm, solange es nicht durch eine an $1, 2$ angelegte Spannung mitgenommen wird. Sobald dieses geschieht, schreibt der Winkelhebel auf dem laufenden Papierstreifen einen Querstrich. Beim Aufhören des Spannungszeichens wird ein Querstrich entgegengesetzter Richtung geschrieben. $3, 4, 5$ sind Kontakte für Sonderzwecke. Beim Eintreffen von Morsezeichen entsteht also die in Abb. 51 wiedergegebene Schrift, die beim Abdecken ihres unteren Teils Morsezeichen ergibt. Das Relais erlaubt eine sehr große Schreibgeschwindigkeit.

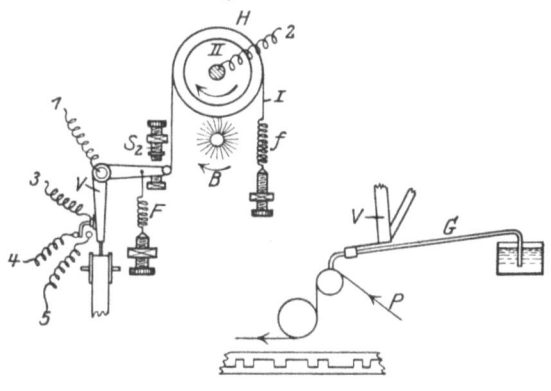

Abb. 50. Schema eines Schnellschreibrelais nach JOHNSEN und RAHBEK.

N Morseschreiber der Gebestation mit den Kontakten a und b; L Leitung; T Schnellschreibrelais auf der Empfangsstation.

59. Quantitative Relais. Zu den quantitativen Relais gehören vor allem die bereits behandelten Verstärkerröhren, da in ihnen die Schwankungen der großen gesteuerten Energie ein getreues Abbild der Schwankungen der geringen Steuerenergie sind. Sie

Abb. 51. Schrift des Schnellschreibrelais.

werden jedoch im allgemeinen nicht unter den Begriff Relais eingereiht.

60. Das Quecksilberlichtbogenrelais. L. DUNOYER und P. TOULON[1]) haben folgende Erscheinung näher untersucht: Um eine gründlich von Fremdgasen befreite Quecksilberlampe der in Abb. 52 dargestellten Form wird in der Nähe der Anode ein Metallring G gelegt, der durch einen Schalter entweder mit der Anode oder mit der Kathode verbunden werden kann. Wird nun zwischen k und C ein Hilfslichtbogen eingeleitet und zwischen a und C eine Wechselspannung gelegt, so vermag diese Wechselspannung in der durchlässigen Stromrichtung (C-Kathode) nur dann eine Entladung zu erzwingen, wenn der Ring G mit der Anode verbunden ist. Ist dagegen G mit der Kathode verbunden, so läßt sich die an a und C liegende Wechselspannung auf mehrere tausend Volt steigern, ohne daß eine Entladung zwischen a und C übergeht.

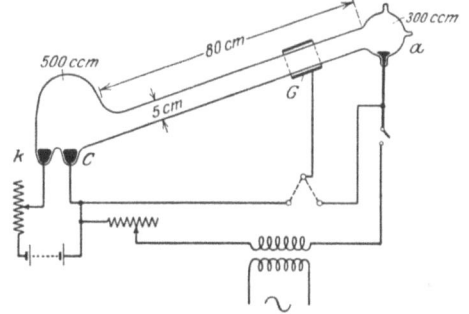

Abb. 52. Quecksilberlichtbogenrelais nach DUNOYER und TOULON.

a Anode; C Kathode; k Hilfsanode; G Metallring.

Nun bedeutet die Verbindung des Ringes G mit der Anode oder Kathode nichts anderes als die Übertragung der Potentiale dieser Elektroden auf den

---

[1]) L. DUNOYER u. P. TOULON, Journ. de phys. Bd. 5, S. 257. 1924.

Ring. Der Lichtbogen zwischen a und C wird also gezündet oder gelöscht, je nachdem welches Potential an G liegt. Da durch G die Gasentladung rein elektrostatisch beeinflußt wird und die Kapazität des aus G — Glaswand — Gasraum gebildeten Kondensators sehr klein ist, so genügen verschwindend geringe Energiemengen, um Ströme aus- und einzuschalten, die mehrere hundert Ampere betragen können. Es liegt hier also ein außerordentlich wirksames Starkstromrelais vor.

Ferner kommt es auf das Potential von G lediglich während der Phase der Durchlässigkeit der Gasstrecke an, da während der entgegengesetzten Phase von vornherein kein Strom fließt. Daraus folgt, daß, wenn G mit Wechselspannung der gleichen Frequenz wie die Hauptentladung belastet wird, sich durch Verschieben der Phase zwischen Steuerspannung und Hauptspannung das Einsetzen der Zündung in der durchlässigen Richtung beliebig regeln, d. h. der Hauptstrom kontinuierlich von der maximalen Intensität bis auf Null schwächen läßt.

Die Erscheinung rührt daher, daß, wenn G mit der Kathode verbunden ist, den von dieser ausgehenden Elektronen, die den Lichtbogen zwischen C und a einzuleiten haben, das sie in der Richtung a vortreibende Potentialgefälle fehlt, weil G und C auf demselben Potentiale sind. Hierin liegt auch die Erklärung dafür, weshalb für die Wirksamkeit dieses Relais die Verwendung von Wechselstrom im Hauptkreis unbedingtes Erfordernis ist. Würde an a bis C eine Gleichspannung gelegt, so würde alsbald die Wirkung der auf G befindlichen Ladung durch eine von der Anode her nach G vordringende, sich auf der Glaswand unter G absetzende entgegengesetzte Ladung aufgehoben werden. Da die dazu erforderlichen positiven Ionen nur langsam wandern und nur in äußerst geringen Mengen vorhanden sind, so ist die zur Neutralisierung der Ladung von G erforderliche Zeit groß gegen $1/100$ Sekunde, während sie bei Gleichstrom nur eine kurze Verzögerung des Einsetzens des Lichtbogens zu erreichen vermag.

Kapitel 6.

Telephon und Mikrophon.

Von

WALTHER MEISSNER, Berlin.

Mit 22 Abbildungen.

a) Allgemeines.

1. Verwendungszweck von Telephon und Mikrophon. Telephon und Mikrophon verdanken ihre Erfindung dem Bemühen, den Schall auf größere Entfernungen mit Hilfe von elektrischen Strömen zu übertragen. Dies gelang zuerst (1861) P. REISS, später (1875) in vollkommenerer Weise BELL. Dieser benutzte anfänglich an der Sprechstelle und an der Hörstelle denselben Apparat, das Telephon, um die akustische Energie in elektrische Energie und an der Hörstelle diese wieder umgekehrt in akustische Energie zu verwandeln. Später (R. LÜTGE, HUGHES, BERLINER 1878) verwendete man an der Sprechstelle einen andersartigen Apparat, das Mikrophon, besonders das Kohlemikrophon, das als eine Fortentwicklung des REISSschen Gebers angesehen werden kann. Neuerdings werden aber auch wieder bestimmte Arten von Telephonen an Stelle der Kohlemikrophone verwendet.

Das Telephon selbst wurde dann später in der drahtlosen Telegraphie als Empfangsapparat für die Morsezeichen eingeführt. Ebenso dient es neuerdings zum Empfang der drahtlosen Telephonie, besonders des Rundfunks.

Das Telephon hat ferner in der Physik bei vielen Messungen ausgedehnte Anwendung gefunden: Es dient als Anzeigevorrichtung für Wechselstrom bei Widerstandsmessungen an Elektrolyten und anderen Stoffen, bei Messung von Kapazität und Induktivität u. dgl. m. Es wird auch bei Erregung mit konstantem Wechselstrom als Schallquelle konstanter Schallintensität benutzt.

Das Mikrophon ist auch ein wichtiges Hilfsmittel zum Studium der Sprachklänge u. dgl.

2. Übertragungseinrichtungen für die Telephon- oder Mikrophonströme. Anfänglich erzeugte man in einem Gleichstromkreis, der Sprechtelephon und Hörtelephon miteinander verband, durch Besprechen des Telephons Gleichstromschwankungen. Später, nach Einführung des Kohlemikrophons, schaltete man (BERLINER, VARLEY 1880) zwischen das besprochene, von Gleichstrom durchflossene Mikrophon und die zum Hörtelephon führende Leitung einen Transformator, so daß in der Leitung nur Wechselstrom floß. Neuerdings ist die Übertragung der Sprechströme vom Mikrophon auf das Hörtelephon vielfach variiert worden. Z. B. bedient man sich dazu hochfrequenter Ströme in Drahtleitungen sowie der ohne Benutzung von Drahtleitungen sich durch den Raum fortpflanzenden ungedämpften elektrischen Schwingungen (drahtlose Telephonie), wie sie neben den gedämpften Schwingungen auch in der drahtlosen Telegraphie benutzt werden. Bezüglich all dieser Übertragungseinrichtungen wird auf Bd. XVII ds. Handb. verwiesen.

3. Verschiedene Arten von Telephonen und Mikrophonen. Das BELLsche elektromagnetische Telephon bestand aus einer Eisenmembran und einem in kleinem Abstand von ihr befindlichen, eine Wicklung tragenden Stahlmagneten. Wird die Spule vom Sprechstrom durchflossen, so treten schwankende magnetische Kräfte zwischen Eisenmembran und Magnet auf, die die Membran zum Schwingen bringen. Diese Anordnung haben — wenn auch in verbesserter Form — noch heute die meisten der gebräuchlichen Telephone. — Als elektrodynamisches Telephon bezeichnet man folgende Anordnung: In einem durch permanente Magnete oder elektromagnetisch erzeugten magnetischen Feld befindet sich senkrecht zur Feldrichtung ein folien- oder bandartiger Leiter, der vom Sprechstrom durchflossen wird. Beim Schwanken des Stromes entstehen schwankende elektrodynamische Kräfte auf die Folie, die sie zum Tönen bringen. — Eine Abart der elektrodynamischen Telephone sind die ohne Stahl- oder Elektromagnete und ohne Eisen konstruierten Spulentelephone, die auch als Induktionstelephone bezeichnet werden. Sie sind teilweise auch für Hochfrequenzströme brauchbar. Sie besitzen nur eine oder mehrere Stromspulen und eine Membran aus Aluminium oder dgl., die auch mit einer Spule verbunden oder als Spule ausgebildet sein kann. Zwischen Membran und Spule treten, falls die Spule vom Sprechstrom und evtl. einem übergelagerten Gleichstrom durchflossen wird, infolge der in der Membran induzierten Wirbelströme elektrodynamische Kräfte auf, die die Membran zum Tönen bringen. Die elektrodynamischen und Spulentelephone sind wie das BELLsche auch an Stelle von Kohlemikrophonen verwendbar. — Die Kondensatortelephone bestehen meist aus einem Plattenkondensator, dessen eine Platte als dünne Telephonmembran ausgebildet ist. Wirken an diesem Kondensator wechselnde Spannungen, etwa hervorgerufen durch Induktion von Sprechströmen in einer zum Kondensator parallel gelegten Spule, so gerät die Membran in Schwingungen. Die Empfindlichkeit des Kondensatortelephons kann wesentlich heraufgesetzt werden dadurch, daß man an dasselbe eine konstante Gleichspannung legt. Sie entspricht dem permanenten Magneten beim elektromagnetischen oder elektrodynamischen Telephon. Auch das Kondensatortelephon kann an Stelle eines Mikrophons verwendet werden. Es ist ferner besonders auch für Hochfrequenzströme brauchbar. Auch im letzteren Fall läßt sich die Empfindlichkeit durch zusätzliche Spannungen, die in diesem Fall allerdings nicht Gleichstromspannungen sein dürfen, wesentlich heraufsetzen. Andere Arten von Telephonen sind das Thermophon, das piezoelektrische Telephon usw.

Als „Mikrophone" bezeichnete man ursprünglich nur die „Kohlemikrophone", die auch heute noch fast ausschließlich für gewöhnliche Fernsprechanlagen und vielfach für Telephonie ohne Draht verwendet werden. Bei ihnen besteht der wirksame Bestandteil meist aus Kohlestückchen oder Kohlekörnern, die sich zwischen einer festen Platte und der Membran befinden und von Gleichstrom durchflossen sind. Bewegt sich die Membran durch Besprechen oder dgl., so ändert sich der Widerstand der Kohlepackung im Rhythmus der Membranbewegung, und es entstehen entsprechende Schwankungen des Gleichstroms, die durch einen Transformator oder direkt weiterwirken. Die Ausführungsformen und Schaltungen der Kohlemikrophone sind je nach dem Verwendungszweck sehr verschiedenartig.

Neuerdings nennt man Mikrophone auch andere Apparate als Kohlemikrophone, z. B. Kondensatortelephone, die an Stelle von Mikrophonen, also an der Sprechseite, benutzt werden. Man spricht also z. B. von Kondensatormikrophonen u. dgl.

4. Lautsprecher. Die Telephone wurden ursprünglich ausschließlich als Kopfhörer ausgebildet. Ihre Schallöffnung wurde direkt ans Ohr gelegt. Baut man die Telephone derartig, daß der durch sie hervorgerufene Schall auf größere Entfernung im Zimmer, in großen Räumen oder sogar im Freien zu hören ist, so bezeichnet man sie als **Lautsprecher**. Die verschiedenen Arten von Lautsprechern unterscheiden sich in ähnlicher Weise wie die verschiedenen Arten von Telephonen. Es gibt also **elektromagnetische Lautsprecher**, **elektrodynamische Lautsprecher**, **Induktionslautsprecher**, **Kondensatorlautsprecher** usw. Um die erforderliche große Schallintensität hervorzurufen, ist man aber von den bei Telephonen angewendeten Ausführungsformen teilweise wesentlich abgegangen. Ferner ist für Lautsprecher auch ein Prinzip angewendet worden, das für Telephone nicht benutzt wird, nämlich das **Prinzip der elektrischen Anziehungskräfte nach JOHNSEN und RAHBECK**.

Zu den Lautsprechern können auch die Unterwasserschallapparate gerechnet werden, bezüglich derer auf Bd. VIII ds. Handb. verwiesen wird.

b) Theoretische Grundlagen.

5. RAYLEIGHsche Theorie. RAYLEIGH[1]) hat eine Theorie der akustischen Strahler entwickelt, auf der die neueren Theorien der Telephone und Lautsprecher[2]) fußen. Als **Strahler nullter Ordnung** (Nullstrahler) bezeichnet man eine Kugel, deren Oberfläche Schwingungen um eine Ruhelage ausführt, derart, daß der Mittelpunkt der Kugel relativ zum umgebenden Gas ständig in Ruhe bleibt. Einen **Strahler erster Ordnung** nennt man meist eine starre Kugel, deren Mittelpunkt lineare Schwingungen um eine Ruhelage ausführt. Der Nullstrahler kann in erster Annäherung ersetzt werden durch eine Scheibe, die in einer von ihr ganz ausgefüllten Öffnung einer starren Wand Schwingungen ausführt (z. B. unter der Wirkung eines Elektromagneten) und auf deren hinterer Seite sich ein geschlossener Raum mit starren Wänden befindet. Eine derartig schwingende Platte nennen HAHNEMANN und HECHT **Kolbenmembran**. Statt der Platte kann praktisch auch eine am Rande befestigte, aber sehr wenig gespannte dünne Membran benutzt werden. Aus dem Energiegesetz oder dem Impulssatz folgt für eine ebene Kolbenmembran, wenn x die zur Membranfläche normale Elongation ist, die Differentialgleichung

$$m\frac{d^2 x}{dt^2} + r\frac{dx}{dt} + cx = k. \tag{1}$$

Hierbei ist t die Zeit sowie

$m = m_m + m_s =$ Membranmasse + mitschwingende Mediummasse,

$r = r_v + r_s =$ Reibungswiderstand + Strahlungswiderstand bei $\frac{dx}{dt} = 1$

$c =$ Richtkraft bei der Elongation 1,

$k =$ erregende Kraft.

Ist die Membran kreisförmig und bedeutet r_0 ihren Radius, ϱ die Dichte des umgebenden Mediums, u die Schallgeschwindigkeit in ihm, ω die Frequenz einer Partialschwingung, so gilt nach RAYLEIGH

$$\left. \begin{array}{l} m_s = \tfrac{8}{3}\varrho\, r_0^3 g(y); \qquad\qquad r_s = u\varrho\pi r_0^2 h(y) \\ g(y) = \tfrac{3}{2}\pi\dfrac{K_1(y)}{y^3}; \qquad h(y) = 1 - 2\dfrac{J_1(y)}{y}; \qquad y = 2\dfrac{r_0}{u}\omega\,. \end{array} \right\} \tag{2}$$

Hierbei ist $J_1(y)$ die BESSELsche Funktion erster Ordnung. $K_1(y)$ ist nach RIEGGER in Abb. 1 für Werte bis $y = 20$ dargestellt. $K_1(y)$ schwankt um die

---
[1]) Lord RAYLEIGH, Theory of Sound. Bd. II, S. 148 u. f. London 1878.
[2]) H. POINCARÉ, L'éclairage électrique Bd. 50, S. 221. 1907; W. HAHNEMANN u. H. HECHT, Phys. ZS. Bd. 17, S. 601. 1916; Bd. 18, S. 261. 1917; Bd. 20, S. 104 u. 245. 1919; Ann. d. Phys. Bd. 60, S. 454. 1919; Bd. 63, [S. 57. 1920; H. LICHTE, Phys. ZS. Bd. 18, S. 393. 1917; H. RIEGGER, Wiss. Veröffentl. a. d. Siemens-Konz. Bd. 3, H. 2, S. 67. 1924.

in Abb. 1 eingezeichnete Gerade $K = 2y/\pi$. Die Rechnungen von HAHNEMANN und HECHT sowie von LICHTE sind durchgeführt für den vereinfachten Fall $r_0 \ll u/\omega$. Diese Annahme ist für Unterwasserschallapparate, welche diese Autoren besonders im Auge hatten, meist genügend erfüllt. Für Luft und beispielsweise 10000 Schwg/sec, also $\omega = 20\,000\,\pi$ dagegen müßte mit $u = 34000$ cm/sec $r_0 \ll 3,4/2\pi$ cm sein, was praktisch keineswegs der Fall ist. Deshalb benutzte RIEGGER die genaueren RAYLEIGHschen Formeln.

Wenn die Kolbenmembran nach beiden Seiten der starren Wand strahlt, also auf der Rückseite nicht durch eine Kapsel abgeschlossen ist, sind die in (2) angegebenen Werte von m_s und r_s zu verdoppeln.

Fehlt die die Platte umgebende starre Wand, so sind nach HAHNEMANN und HECHT bei einseitigem Abschluß durch starre Kapsel und bei Gültigkeit der Bedingung $r_0 \ll u/\omega$ die Werte von m_s und r_s mit $1/\sqrt{2}$ bzw. $\tfrac{1}{2}$ zu multiplizieren.

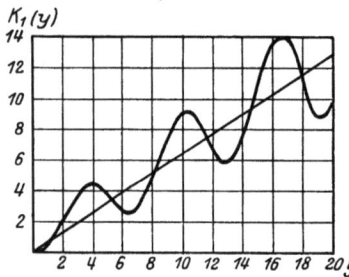

Abb. 1. RAYLEIGHsche Funktion $K_1(y)$ nach RIEGGER.

Die bei Telephonen wesentlich interessierende, in einer bestimmten Zeit t ausgestrahlte Energie W_s ist für eine bestimmte Partialschwingung von der Frequenz ω offenbar:

$$W_s = \int_0^t r_s \left(\frac{dx}{dt}\right)^2 dt. \tag{3}$$

Kann man also nach (1) x als Funktion von t bestimmen, so läßt sich nach der RAYLEIGHschen Theorie die ausgestrahlte Energie für eine bestimmte Frequenz berechnen.

Wird das Telephon nicht als akustischer Strahler, sondern als Empfänger (Mikrophon) benutzt, so rührt ein Teil von k her von den Druckschwankungen der auf die Membran auffallenden akustischen Welle. Ist die auffallende Welle eine ebene Welle mit dem Schalldruck $p = f(t)$, so liefert sie einen Beitrag zu k von der Größe $2Fp$, wenn F die Membranfläche ist, an der die Welle reflektiert wird. Man muß aber weiter berücksichtigen, daß als dämpfende Kraft nicht nur $(r_v + r_s)dx/dt$ auftritt, sondern eine Kraft, die von den durch die Membranbewegung hervorgerufenen elektrischen und magnetischen Vorgängen herrührt und als negative erregende Kraft neben der positiven Kraft $2Fp$ einzusetzen ist, wenn man (1) auf das Mikrophon anwenden will.

6. Die elektrischen und magnetischen Vorgänge im Telephon und Mikrophon. Um (1) lösen zu können, muß man nach Ziff. 5 zur Bestimmung von k auf die elektrischen und magnetischen Vorgänge im Telephon eingehen. Dies ist nur möglich bei Zugrundelegung von speziellen Anordnungen, wie sie daher z. B. RIEGGER in seiner in Ziff. 5 zitierten Arbeit betrachtet. Einige allgemeine Gesichtspunkte lassen sich aber herausheben:

Das Telephon stellt wie ein Elektromotor einen Apparat dar, mit dem elektrische Energie in mechanische Energie, nämlich in Bewegungsenergie der Membran, verwandelt wird. Benutzt man das Telephon als Mikrophon, so wird mit seiner Hilfe die der Membran durch die akustische Welle erteilte Bewegungsenergie in elektrische Energie umgewandelt, wie es in einer Dynamomaschine der Fall ist. Auch bei dem Kondensatortelephon liegen die Verhältnisse ähnlich. Alle Gesichtspunkte, die beim Bau von Motoren und Dynamomaschinen maßgebend sind, auch alle Anordnungen, lassen sich daher beim Bau von Telephonen berücksichtigen. Es kommt darauf an, mit geringer elektrischer Energie eine möglichst große Kraftwirkung auf die Membran zu erzielen. Dies wird bei dem elektromagnetischen und elektrodynamischen Telephon durch Verwendung von Eisen und zusätzlichen konstanten magnetischen Feldern erreicht. Beim Kondensatortelephon dient demselben Zweck ein zusätzliches elektrisches Feld. Hysteresisverluste im Eisen und Wirbelstromverluste sind möglichst gering zu halten[1]), ebenso die Streuung.

7. Ersatzkreismethode nach HAHNEMANN und HECHT[2]). HAHNEMANN und HECHT haben die Analogie zu einer elektrischen Maschine noch weiter durchgeführt, indem sie sich die mechanische Leistung der Membran durch eine in einem elektrischen Ersatzkreis erzeugte elektrische Leistung ersetzt denken, die in allen Punkten der mechanischen Leistung entspricht. Bei dieser Auffassung stellt das elektrodynamische Telephon also einen elektrischen Transformator dar, und es lassen sich alle in der Transformatorentheorie üblichen Berechnungsmethoden und Diagramme anwenden. Betreffs dieser Behandlungsweise, die besonders für die Unterwasserschallapparate ausgearbeitet ist, deren Durchführung hier aber zu weit führen würde, sei auf Bd. VIII ds. Handb. verwiesen.

8. Verzerrungsfreiheit der Schallwiedergabe durch das Telephon. In vielen Fällen, besonders beim Lautsprecher, kommt es darauf an, daß die akustischen Schwingungen verschiedener Frequenz im gleichen Stärkeverhältnis, wie sie auf das Mikrophon wirken, vom Telephon wiedergegeben werden. Dazu ist u. a. nötig, daß sowohl die Mikrophonmembran wie die Telephonmembran nur solche Eigenschwingungen hat, die außerhalb der für die Übertragung in Betracht kommenden Frequenzen liegen. Meistens gibt man neuerdings den Apparaten Eigenfrequenzen, die unterhalb der in der Sprache vorkommenden Frequenzen liegen. Auch die Abhängigkeit der Schallstärke von der Größe der Membranelongationen bei Mikrophon und Telephon sowie die Übertragungsorgane, besonders die zwischengeschalteten Verstärker, sind von wesentlichem Einfluß auf die Größe der auftretenden Verzerrung der akustischen Wellen. Letzten Endes kommt es nicht auf die Verzerrungsfreiheit jedes einzelnen Gliedes der Übertragungseinrichtungen an. Die in ihnen entstehenden Fehler können sich bei geeigneten Anordnungen unter Umständen gegenseitig aufheben. Auch bezüglich dieser Fragen sei auf Bd. VIII und XVII ds. Handb. verwiesen.

c) Elektromagnetische und elektrodynamische Telephone und Lautsprecher.

9. Elektromagnetisches Telephon. Das elektromagnetische Telephon wird im wesentlichen noch heute ebenso gebaut, wie es von BELL angegeben wurde, nur daß statt eines Stabmagneten ein Hufeisenmagnet benutzt wird. Abb. 2 gibt die Anordnung eines neueren Kopfhörers, wie er z. B. für Rundfunkzwecke üblich ist: Auf dem Boden der Dose D von etwa 55 mm Durchmesser ist der permanente Magnet NS befestigt. Auf seinen Schenkeln sitzen die Spulen s_1 und s_2, die hintereinandergeschaltet und an die Anschlußklemmen K_1 und K_2 angeschlossen sind, von denen aus die Telephonschnüre durch eine Bohrung in der Dosenwand nach außen führen. Die Endflächen von NS stehen in genau gleicher Höhe wie der Rand der Dose D. In einem durch Zwischenlage eines Ringes R_1 gegebenen Abstand von wenigen zehntel Millimetern von NS befindet sich die eiserne Membran M, die unter Zwischenfügung eines Ringes R_2 durch die aufschraubbare Telephonkappe K angepreßt wird. In der Mitte der Kappe ist die Schallöffnung O von etwa 10 mm Durchmesser. Bei Benutzung als Kopfhörer werden zwei durch einen Bügel verbundene Fernhörer hintereinandergeschaltet und an die beiden Ohren gelegt.

---
[1]) K. W. WAGNER, Über die Verbesserung des Telephons. Elektrot. ZS. Bd. 32, S. 80 u. 110. 1911.
[2]) W. HAHNEMANN u. H. HECHT, Phys. ZS. Bd. 20, S. 104 u. 245. 1919.

Abb. 3 zeigt eine etwas andere Anordnung: Unter dem halbringförmigen permanenten Magneten NS liegt der eiserne Halbring $a\,b$, auf dessen Schenkeln (Polschuhen) die Spulen s_1 und s_2 stecken. Die sonstige Bezeichnung entspricht dem zu Abb. 2 Gesagten. Bisweilen werden die Polschuhe auch ohne den eisernen Halbring auf den Stahlmagneten an seinen Enden aufgesetzt.

Neuerdings hat man auch mit Erfolg die Stahlmagnete durch Elektromagnete ersetzt, die von der für die Mikrophone erforderlichen Stromquelle gespeist werden.

Um die Wirbelstromverluste gering zu machen, werden die Polschuhe und die Membran in den letzten Jahren aus „legiertem Eisen" mit hohem spezi-

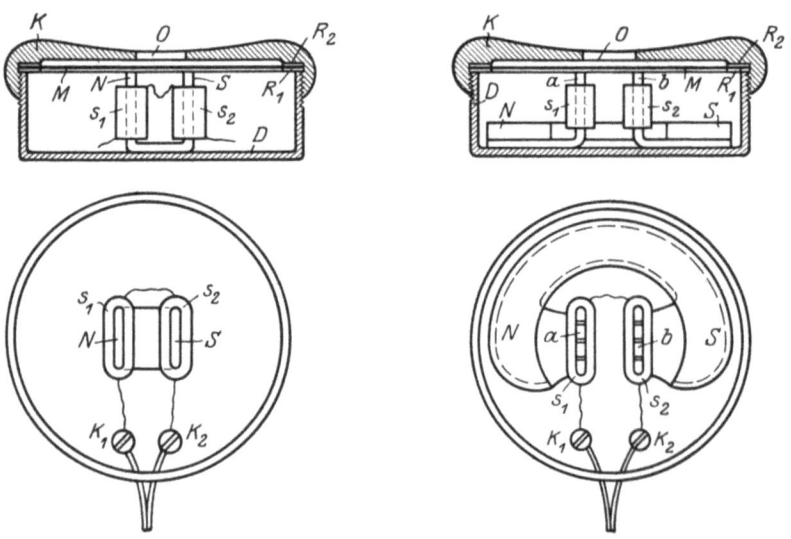

Abb. 2. Kopfhörer einfacher Anordnung.

Abb. 3. Kopfhörer mit eisernen Magnetschenkeln.

fischen Widerstand (meist Eisen mit Siliziumzusatz) hergestellt. Ferner werden die Polschuhe bisweilen geschlitzt. Durch Verwendung von legiertem Material erreichte WAGNER[1]) gleiche Lautstärke des Telephons wie mit gewöhnlichem Eisen bei 55% der zugeführten elektrischen Energie.

Bei normalen Posttelephonen beträgt die Dicke der Membran etwa 0,15 mm, der Gleichstromwiderstand r der Wicklung 60 bis 200 Ohm, die Selbstinduktion L bei 400 bis 2000 Perioden/Sekunde etwa 0,3 bis 0,4 Henry. Bei Kopffernhörern für drahtlose Telegraphie und Rundfunk wird der Gleichstromwiderstand der Wicklung eines einzelnen Telephons meist zu 2000 Ω gewählt, so daß der Widerstand der beiden hintereinandergeschalteten Telephone des Hörers meist 4000 Ω beträgt.

Mißt man die Werte von Widerstand R_t und Selbstinduktion L des Telephons für Wechselströme verschiedener Frequenz, so findet man nur bei vollkommen festgehaltener Membran Konstanten. Kann die Membran Schwingungen ausführen, so sind R_t und L nach dem experimentellen Befund in hohem Maße von der Frequenz des in die Telephonwicklung geschickten Stromes abhängig. Abb. 4 zeigt z. B. nach WAGNER die experimentell gefundenen Kurven für R_t und L als Funktion der Kreisfrequenz $\omega = 2\pi n$ (n = Schwingungszahl pro Sekunde) des Spulenstroms. Die starken Maxima und Minima der Kurven

---

[1]) K. W. WAGNER, Elektrot. ZS. Bd. 32, S. 80 u. 110. 1911.

entsprechen der Resonanzfrequenz der Telephonmembran. Bei derselben ändert sich die Phase der Membranschwingung relativ zum Spulenstrom sehr stark.

Auch die Resonanzfrequenz der Telephonmembran ist keine Konstante, sondern hängt von allen möglichen äußeren Umständen ab: Durch Heranbringen des Ohres oder Schließen des Schalloches steigt die Resonanzfrequenz stark an. Ferner sind die Resonanzkurven in allgemeinen doppelwellig, entsprechend einer Resonanzfrequenz der Membran selbst und des Luftraumes zwischen Membran und Hörmuschel. Die Membran selbst hat auch nicht nur eine einzelne Eigenfrequenz, sondern eine ganze Reihe von solchen[1]). Infolgedessen ist die RAYLEIGHsche Theorie der Kolbenmembran mit nur einer Eigenfrequenz für viele Zwecke nicht ausreichend.

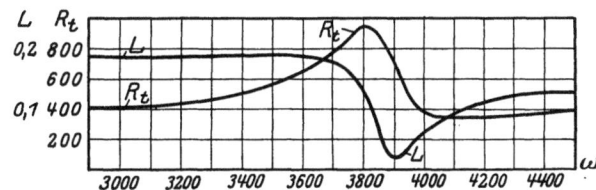

Abb. 4. Abhängigkeit des Widerstandes R_t und der Selbstinduktion L eines Posttelephons von der Frequenz ω.

Nach allem ist es klar, daß eine strenge Theorie des Telephons kaum möglich ist. Die Theorie, auch wenn sie nur für einen rein sinusförmigen Spulenstrom durchgeführt wird, kann aber allgemeine Anhaltspunkte und Vergleichswerte geben.

Zunächst handelt es sich darum, einen Ausdruck für k [Gleichung (1) Ziff. 4] zu gewinnen, d. h. für die auf die Eisenmembran wirkende Kraft. Ist $\mathfrak{H}$ die magnetische Feldstärke in der Mitte der Membran, so kann man setzen $k = a f(\mathfrak{H})$, wobei a eine von der Permeabilität der Membran und den geometrischen Daten des Telephons abhängige Konstante und $f(\mathfrak{H})$ eine Funktion von $\mathfrak{H}$ ist, oder in erster Annäherung

$$k = a \mathfrak{H}^2.$$

Die Größe von $\mathfrak{H}$ ist gegeben durch das vom permanenten (oder Elektromagneten) herrührende Feld $\mathfrak{H}_1$ und das sich darüber lagernde schwankende schwache Feld $\varDelta \mathfrak{H}$, das durch den schwankenden Spulenstrom J hervorgerufen ist. Sowohl $\mathfrak{H}_1$ wie $\varDelta \mathfrak{H}$ sind außerdem vom Abstand zwischen Membran und Polschuhen abhängig. In erster Näherung kann man setzen

$$\mathfrak{H}_1 + \varDelta \mathfrak{H} = (\mathfrak{H}_0 + \varDelta \mathfrak{H}_0) \frac{1}{1 + \frac{x}{x_1}},$$

wenn $\mathfrak{H}_0$ und $\varDelta \mathfrak{H}_0$ die Werte von $\mathfrak{H}_1$ und $\varDelta \mathfrak{H}$ für den Fall sind, daß die Membran in der natürlichen Ruhelage ($\varDelta \mathfrak{H} = 0$) festgehalten wird. Ferner ist x die Elongation der Membranmitte aus dieser Ruhelage und x_1 der Abstand zwischen Membran und Polschuhen in der Ruhelage. In erster Annäherung kann man ferner setzen

$$\varDelta \mathfrak{H}_0 = s J,$$

so daß man insgesamt erhält

$$k = \frac{a}{1 + \frac{x}{x_1}} (\mathfrak{H}_0^2 + 2 s J \mathfrak{H}_0 + s^2 J^2). \quad (4)$$

In der Regel ist x klein gegen x_1, so daß man x/x_1 gegen 1 vernachlässigen kann. Ferner ist meist sJ klein gegen $\mathfrak{H}_0$, so daß $s^2 J^2$ gegen $2 J \mathfrak{H}_0$ zu vernachlässigen ist.

---

[1]) M. WIEN, Ann. d. Phys. Bd. 4, S. 450. 1901; Verh. d. D. Phys. Ges. Bd. 4, S. 297. 1902; Pflügers Arch. f. d. ges. Physiol. Bd. 97, S. 1. 1903; W. HAHNEMANN u. H. HECHT, Ann. d. Phys. Bd. 60, S. 454. 1919.

Da ferner das Glied $a\mathfrak{H}_0^2$ nur eine konstante Kraft darstellt, die nur eine konstante Durchbiegung der Membran hervorruft, so kann man auch dieses Glied fortlassen und erhält also
$$k = 2\,a\,s J\,\mathfrak{H}_0 = AJ. \tag{4a}$$

Ist $J = J_0 \sin \omega t$, so hat die Kraft k hiernach dieselbe Frequenz wie der Spulenstrom. Wäre $\mathfrak{H}_0 = 0$, so würde mit $J = J_0 \sin \omega t$ dagegen $k = a s^2 J_0^2 \sin^2 \omega t = \frac{1}{2} a s^2 J_0^2 (1 - \cos 2\omega t)$. Die Kraft k hätte dann also die doppelte Frequenz des Spulenstroms, so daß man alle Töne am Telephon eine Oktave höher hören würde. Das konstante Feld $\mathfrak{H}_0$ bewirkt vor allem aber auch eine große Steigerung der Kraft k, nämlich im Verhältnis $2\,\mathfrak{H}_0 : s J_0$.

Die Stromstärke J wird nun durch die Membranbewegung beeinflußt. Es sei der gesamte Verlustwiderstand des Telephonkreises
$$R = R_n + R_t, \tag{5}$$
wobei R_n ein außer dem Telephonwiderstand im Kreise vorhandener OHMscher Widerstand sein soll. Die Verluste durch Wirbelströme und Hysteresis sollen dabei in R miteinbegriffen sein. R ist infolgedessen in Wirklichkeit keine Konstante, sondern von der Frequenz ω und auch von der Membranbewegung abhängig. Bei der Theorie des Telephons sieht man jedoch, um die Rechnungen durchführen zu können, zunächst meist R als Konstante an. Der scheinbare Widerstand, wie er experimentell gemessen wird, ergibt sich trotzdem als abhängig von der Frequenz. Ist E die im Spulenkreise von außen her wirksame EMK, so erhält man, da $RJ^2 dt$ die in der Zeit dt entstehende Wärme, $\frac{d}{dt}(\frac{1}{2} L J^2)\,dt$ die Änderung der magnetischen Energie des Telephonkreises und $k \frac{dx}{dt} dt$ die nach außen geleistete Arbeit ist, nach dem Energiegesetz die Beziehung:
$$RJ^2 + \frac{d}{dt}\left(\frac{1}{2} L J^2\right) + k \frac{dx}{dt} = EJ. \tag{6}$$

Sieht man, wie meist üblich, für eine bestimmte zu untersuchende Frequenz L als Konstante an, was streng nicht zutreffend ist, da L sich innerhalb einer Periode wegen der Membranbewegung ändert, so wird mit (4a)
$$RJ + L \frac{dJ}{dt} + A \frac{dx}{dt} = E. \tag{6a}$$

Durch Gleichung (6a) und Gleichung (1), die mit (4a) übergeht in
$$m \frac{d^2 x}{dt^2} + r \frac{dx}{dt} + c x = AJ, \tag{1a}$$
ist x und J für eine zu untersuchende Frequenz von E als Funktion von t bei gegebenem E bestimmt.

Setzt man
$$E = E_0 \sin \omega t \tag{7}$$
und betrachtet nur den nach Abklingung der Einschaltvorgänge eintretenden stationären Zustand, so kann man als Lösung von (6a) und (1a) bei Benutzung der komplexen Rechnung setzen
$$J = J_0 e^{j(\omega t + \varphi_i)}; \quad x = x_0 e^{j(\omega t + \varphi_x)}; \quad j = \sqrt{-1}. \tag{8}$$
Hierbei sind φ_i und φ_x die Phasenverschiebungen zwischen J und E sowie J und x.

Setzt man (8) in (6a) und (1a) ein, so erhält man
$$R J_0 e^{j\varphi_i} + L J_0 \omega j e^{j\varphi_i} + A x_0 \omega j e^{j\varphi_x} = E_0, \tag{9}$$
$$-m x_0 \omega^2 e^{j\varphi_x} + r x_0 \omega j e^{j\varphi_x} + c x_0 e^{j\varphi_x} = A J_0 e^{j\varphi_i}. \tag{10}$$

Aus (9) und (10) erhält man für J_0 und x_0 die Gleichungen

$$\left.\begin{array}{l}J_0 e^{j\varphi_i}\left[R + \dfrac{A^2 r \omega^2}{r^2 \omega^2 + (c - m\omega^2)^2} + j\omega\left(L + \dfrac{A^2(c - m\omega^2)}{r^2\omega^2 + (c - m\omega^2)^2}\right)\right] \\ \quad = J_0 e^{j\varphi_i}[R_s + j\omega L_s] = E_0,\end{array}\right\} \quad (11)$$

$$\left.\begin{array}{l}x_0 e^{j\varphi_x}\left[\dfrac{R}{A}(c - m\omega^2) - \dfrac{Lr}{A}\omega^2 + j\omega\left(A + \dfrac{rR + L(c - m\omega^2)}{A}\right)\right] \\ \quad = x_0 e^{j\varphi_x}[\mathfrak{E}_s + j\omega\mathfrak{E}_s] = E_0\end{array}\right\} \quad (12)$$

Aus (11) und (12) findet man in bekannter Weise — indem man $e^{j\varphi} = \cos\varphi + i\sin\varphi$ setzt und Reelles und Imaginäres trennt — für die reellen Amplituden J_0 und x_0 sowie die Phasenverschiebungen φ_i und φ_x

$$J_0 = \frac{E_0}{\sqrt{R_s^2 + \omega^2 L_s^2}}; \quad \mathrm{tg}\,\varphi_i = \frac{\omega L_s}{R_s}; \qquad (11\mathrm{a})$$

$$\left.\begin{array}{l}x_0 = \dfrac{E_0}{\sqrt{\mathfrak{E}_s^2 + \omega^2 \mathfrak{E}_s^2}} = \dfrac{AJ_0}{\sqrt{r^2\omega^2 + (c - m\omega^2)^2}}; \\ \mathrm{tg}\,\varphi_x = \dfrac{\omega\mathfrak{E}_s}{\mathfrak{E}_s}; \quad \mathrm{tg}(\varphi_x - \varphi_i) = \dfrac{r\omega}{c - m\omega^2}.\end{array}\right\} \quad (12\mathrm{a})$$

Für $c = \infty$, d. h. stillstehende Membran, wird $x_0 = 0$; $R_s = R$; $L_s = L$. Durch die Membranbewegung erhält man statt R einen scheinbaren Widerstand R_s und statt L eine scheinbare Selbstinduktion L_s. Trägt man R_s und L_s nach (11) als Funktion von ω auf, so erhält man ähnliche Kurven wie die experimentell gefundenen Kurven von Abb. 4. Für den Grenzfall $c = m\omega$ (Resonanz für die Membran) und $r = 0$ (Membran im Vakuum reibungslos schwingend) wird $J_0 = 0$ und $x_0 = E_0/\omega A$. Es entsteht durch die Membranschwingung eine E_0 gleiche elektromotorische Gegenkraft. Ist r nicht gleich Null, so wird x_0 bei gegebenem E_0 ein Maximum für einen außerhalb der Resonanzstelle $\omega = \sqrt{c/m}$ liegenden Wert von ω. Ist dagegen J_0 gegeben, so wird x_0 für $\omega = \sqrt{c/m}$ ein Maximum, wie aus dem zweiten Ausdruck für x_0 in (12a) sofort folgt. Die Phase zwischen J_0 und dem entstehenden E_0 bleibt dieselbe wie bei gegebenem E_0.

Es mag bemerkt werden, daß die vorstehenden Ableitungen durchaus nicht in allen Telephontheorien streng durchgeführt sind, sondern daß vielfach mit noch weitergehenden, bedenklichen Vereinfachungen, oft unter Außerachtlassung von (6a), gerechnet wird. Nach-

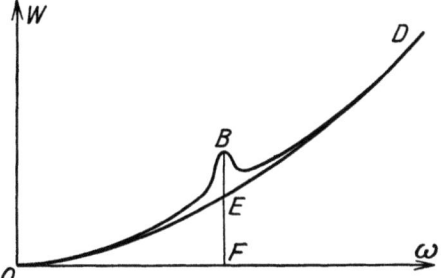

Abb. 5. Vom Telephon aufgenommene Leistung W als Funktion von ω.

dem $x = x_0 \sin(\omega t + \varphi_x)$ nach (12a) als Funktion von t bestimmt ist, kann man nach (3) von Ziff. 5 die akustisch von der Membran ausgestrahlte Energie W_s für eine bestimmte Frequenz ω berechnen.

Andererseits kann man experimentell nach bekannten Methoden der Wattmessung und durch Rechnung die vom Telephonkreis aufgenommene Energie

$$W = EJ\cos\varphi_i \qquad (13)$$

ermitteln. Trägt man W als Funktion von ω auf, so erhält man etwa die in Abb. 5 dargestellte Kurve OBD. Hält man die Eisenmembran vollkommen fest, so erhält man dagegen die Kurve OED. Danach ist

$$\eta = \frac{W_s}{W} = \frac{BE}{BF} \qquad (14)$$

der „mechanisch-akustische Wirkungsgrad" des Telephons. Am größten ist derselbe an der Stelle, wo x_0 nach (12a) den größten Wert annimmt, d. h. je nachdem man J_0 oder E_0 als gegeben ansieht, in der Resonanzstelle oder in der Nähe derselben. In Wirklichkeit hat auch η mehrere Maxima, da die Membran eine ganze Reihe von Eigentönen hat. $W - W_s$ ist die im Eisen und in der Telephonmembran in Wirbelstromwärme und Hysteresiswärme umgesetzte Energie.

Von W_s wird im Gehörgang noch etwa 65 Prozent vernichtet, so daß nur etwa $0,35\ W_s$ wirklich zur Wahrnehmung gelangt.

HAHNEMANN und HECHT[1]) fanden bei einem Posttelephon mit 1000 Ω Widerstand für η bei $\omega = 2\pi n = 1200$ etwa $0,02 \cdot 10^{-3}$, bei $\omega = 3000$ bis 6000 etwa 1 bis $10 \cdot 10^{-3}$.

Der Wirkungsgrad des elektromagnetischen Telephons ist also ein recht niedriger.

Bei gewöhnlichen Telephonen, z. B. Posttelephonen, ist x_0 und daher W_s und η nach Vorstehendem sehr stark von der Frequenz ω des erregenden Stromes abhängig. Deshalb ist eine wirklich klanggetreue Wiedergabe der Sprache und Musik mit ihnen nicht möglich, selbst wenn die zugehörigen Aufnahme- und Übertragungsapparate verzerrungsfrei arbeiten. Trotzdem ist Verständlichkeit erfahrungsgemäß gut zu erzielen, was zum Teil mit der Struktur der Vokalklänge zusammenhängt[2]). Über ein verbessertes Telephon nach SELL s. Ziff. 30.

Für manche Anwendungszwecke ist umgekehrt eine gute Resonanzfähigkeit der Membran für bestimmte Frequenzbereiche oder bestimmte Töne erwünscht. Telephone, die besonders auf hohe Frequenzen ansprechen, so daß tiefe Nebengeräusche nicht stören, sind von BRÖMSER angegeben worden. Sie besitzen eine Membran von kleinem Durchmesser und daher höherer Eigenfrequenz als die der normalen Telephone.

Ein Telephon mit scharfer Resonanzfähigkeit, also ein Telephon, das auf einen ganz bestimmten Ton anspricht, dagegen schon auf nahe dabei gelegene Töne nur sehr wenig, erhält man, wenn man die Masse der Membran verhältnismäßig groß macht. Ist ω_r die Resonanzfrequenz, für die also $m\omega_r^2 = c$ ist, und ω eine nahe dabei gelegene Frequenz $\omega_r + \Delta\omega$, $x_{0,r}$ und x_0 die zugehörigen Amplituden bei gleich großem erregenden Strom J_0, so ist nämlich nach (12a)

$$\frac{x_0}{x_{0,r}} = \sqrt{\frac{r^2\omega_r^2}{r^2\omega^2 + (c - m\omega^2)^2}} = \sqrt{\frac{r^2\omega_r^2}{r^2\omega^2 + m^2\Delta\omega^2(2\omega_r + \Delta\omega)^2}}. \quad (12b)$$

$x_0/x_{0,r}$ ist also um so kleiner und die Resonanzschärfe um so größer, je größer bei gegebenem Wert des Dämpfungswiderstandes r die Masse m ist. Eine Vergrößerung von m ohne Änderung von r erhält man z. B., wenn man die Membran in der Mitte durch Klötzchen aus Blei oder dgl. beschwert.

Bei dem Resonanztelephon von SEIBT[3]) ist die Resonanzschärfe auf die vorstehend angegebene Weise erreicht. Außerdem ist der Resonanzton selbst in weitem Bereich (von 450 bis 1400 Schwg/Sek) einstellbar, indem die Membran in folgender Weise abstimmbar gemacht ist: Es sind zwei Membranen vorhanden, die durch ein ihre Mittelpunkte verbindendes verschraubbares Stäbchen gegeneinander gespannt werden können, wodurch die Federkonstante c des Membransystems vergrößert wird. Bei dieser Verspannung werden beide Membranen außerdem gegen die abgerundeten Einspannringe hin durchgebogen, so daß sich ihr freier Durchmesser verkleinert. Auch dies bewirkt Erhöhung der Federkonstante.

---

[1]) W. HAHNEMANN u. H. HECHT, Ann. d. Phys. Bd. 60, S. 454. 1919.
[2]) Vgl. K. W. WAGNER, Elektrot. ZS. Bd. 32, S. 80. 1911.
[3]) G. SEIBT, Elektrot. ZS. Bd. 41, S. 625. 1920.

Eine andere Art Resonanztelephon, das Zungentelephon nach BROWN, ist von PIRANI und PASCHEN beschrieben[1]).

Resonanztelephone kommen bei Erdtelegraphie und drahtloser Telegraphie in Betracht, um gegenseitige Störungen verschiedener Stationen, die naheliegende Wellenlängen haben, auszuschließen, indem die Höhe des Empfangstones verschieden gewählt wird.

Um Wechselstrom niedriger Frequenz, z. B. von 50 Perioden/Sek, hörbar zu machen, kann man in denselben einen Unterbrecher höherer Frequenz einschalten[2]). Man hört dann im Telephon den Unterbrecherton.

10. Elektromagnetische Lautsprecher. Die elektromagnetischen Lautsprecher, wie sie z. B. in großem Umfange für den Rundfunk benutzt werden, lehnen sich in ihrem Aufbau oft eng an das elektromagnetische Telephon an. Zum Teil wird statt einer Eisenmembran ein an einer Membran aus unmagnetischem Material befestigter eiserner Anker benutzt. Der Abstand zwischen Anker und Magnetpolen bzw. Membran und Magnetpolen ist häufig einstellbar, so daß man mit diesem Abstand soweit heruntergehen kann, daß gerade noch nicht Berührung von Polen und Anker bei den stärksten Tönen eintritt. Um beim elektromagnetischen Lautsprecher möglichst geringe Verzerrung der Klangwiedergabe zu erreichen, muß man die Resonanzfrequenz der Membran außerhalb der zu übertragenden Frequenzen legen (Ziff. 7). Da die Resonanzfrequenz im wesentlichen gegeben ist durch $\omega_r = \sqrt{c/m}$, so erhält man einen **unterhalb** der zu übertragenden Frequenzen gelegenen Wert von ω_r durch kleine Federkonstante c der Membran und große Masse m derselben. Diese Maßnahme ist aber beim elektromagnetischen Lautsprecher nicht ohne weiteres durchführbar; denn die Membran wird, falls man sie groß und zur Erzielung eines kleinen c-Wertes dünn macht, durch die ständig einseitig wirkende Anziehungskraft in dem konstanten magnetischen Feld zu stark durchgebogen, so daß die Membran oder der Anker die Magnetpole berührt. Will man umgekehrt die Resonanzfrequenz **oberhalb** des Übertragungsbereiches legen, so wird man zu Membranen von kleinem Durchmesser geführt; solche Membranen müssen zur Erzielung genügender Lautstärke große Elongationen ausführen, und bei diesen ist nach (4) die erregende Kraft k gar nicht mehr proportional der erregenden Stromstärke J, selbst wenn man von der Veränderlichkeit der Permeabilität mit der Feldstärke absieht. Die dadurch bedingte Verzerrung der Klänge sucht man häufig durch besondere Form der Schalltrichter, die vor der Schallöffnung angebracht sind, zu mildern.

Um trotz der oben erwähnten Schwierigkeiten leichtbewegliche große Schallflächen benutzen zu können, verwendet man neuerdings polarisierte elektromagnetische Systeme, bei denen sich der Anker im labilen magnetischen Gleichgewicht befindet. Die Anordnung ist dabei beispielsweise derart, daß der eiserne Anker sich in der Mitte zwischen den Polschuhen eines geschlitzten permanenten Ringmagneten befindet und in dieser Lage durch eine schwache Feder gehalten wird. Der Telephonstrom, der durch Wicklungen auf den Polschuhen fließt, bewirkt dann je nach seinem Vorzeichen eine Bewegung des Ankers nach dem einen oder anderen Polschuh zu. Mit dem Anker ist durch einen dünnen Stab oder dgl. die den Schall erzeugende Membran verbunden.

Bei der neuesten Ausführungsform eines derartigen Lautsprechers, dem Protos-Lautsprecher der Firma Siemens & Halske, besteht die Membran aus einem großen v-förmig gefalteten Pertinaxblatt. Die Mitte der starren Faltkante ist mit dem Anker durch ein Stäbchen verbunden; die beiden anderen

---

[1]) M. PIRANI u. P. PASCHEN, Verh. d. D. Phys. Ges. Bd. 21, S. 43. 1919.
[2]) H. SCHERING u. V. ENGELHARDT, ZS. f. Instrkde. Bd. 40, S. 123. 1920.

Längskanten des Blattes sind ganz lose zwischen Filz gelagert. Diese Form der Membran soll geringe Verzerrung der Klänge und gute Verstärkung geben.

Bei allen elektromagnetischen Lautsprechern bleibt aber die Schwierigkeit bestehen, daß die Kraft auf den Anker bei größeren Elongationen desselben nicht mehr proportional der Feldstärke $\mathfrak{H}$ ist und daß auch die Veränderlichkeit der Permeabilität mit der Feldstärke einen ungünstigen Einfluß ausübt.

Deshalb ist man, besonders bei Lautsprechern sehr großer Lautstärke, zum elektrodynamischen und elektrostatischen Prinzip übergegangen.

11. Elektrodynamisches Telephon. Als elektrodynamisches Telephon bezeichnet man im allgemeinen ein Telephon, bei welchem der Schall durch ein vom Sprechstrom durchflossenes Band o. dgl. erzeugt wird, das sich in einem magnetischen Feld, z. B. zwischen den Polen eines permanenten Magneten, befindet. Schon frühzeitig und immer wieder ist versucht worden — jedoch ohne dauernden Erfolg — das BELLsche elektromagnetische Telephon durch das elektrodynamische zu ersetzen. So z. B. durch CUTTRISS und REDDING, die 1881 ein Patent anmeldeten, durch LODGE[1]), SIMON[2]), MARCER[3]), REINGANUM[4]) HERMANN und KUNZE (Patentanmeldung 1914). Der Grund für den mangelnden Erfolg liegt wohl hauptsächlich darin, daß es schwer ist, dem elektrodynamischen Telephon eine für einen Kopfhörer geeignete Form zu geben und überhaupt es bei genügender Empfindlichkeit in genügend kleinen Dimensionen zu bauen. Diese Schwierigkeiten entfallen bei Lautsprechern nach dem elektrodynamischen Prinzip. Bei diesen sind zwei grundsätzlich verschiedene Ausführungsformen vorhanden. Bei der einen, dem „Bändchenlautsprecher", ist die schwingende stromdurchflossene Fläche nur klein, führt aber verhältnismäßig große Elongationen aus; bei der anderen, dem „Blatthaller", ist die mit dem Stromleiter verbundene, den Schall erzeugende Fläche verhältnismäßig groß, führt aber nur sehr kleine Amplituden aus. Einzelheiten über diese beiden Lautsprecher sind in den beiden folgenden Ziffern angegeben.

12. Bändchenlautsprecher nach SCHOTTKY und GERLACH[5]). Das Schema des Bändchenlautsprechers gibt Abb. 6: Zwischen den Polschuhen eines Elektromagneten NS, der ein Feld von etwa 10000 Gauß (Erregerleistung etwa 200 Watt)

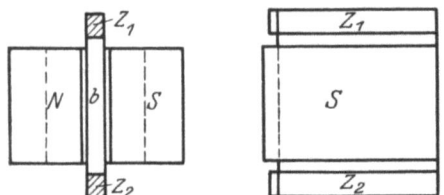

Abb. 6. Bändchenlautsprecher.

erzeugt, befindet sich in einem Luftspalt von etwa 10 mm Breite das Bändchen b zwischen den Stromzuführungen Z_1 und Z_2. Das Bändchen besteht aus einer Aluminiumlegierung, die etwa halb so gut wie Kupfer leitet. Es hat eine Länge von etwa 70 mm, eine Breite von 10 mm und eine Dicke von 0,0005 mm. Sein Widerstand beträgt etwa 0,05 Ohm, der maximal das Bändchen durchfließende Strom 10 Amp. Das Bändchen ist mit wellblechartiger Querriffelung versehen. Hierdurch wird die Federkonstante c des Bändchens [Gleichung (1), Ziff. 4] sehr klein, während die Festigkeit in der Querrichtung erhöht wird. Die kleine Federkonstante ist möglich, da das Bändchen nur von Wechselstrom durchflossen wird, so daß keine dauernd nach einer Seite wirkende Kraft wie bei der Membran

---

[1]) O. LODGE, Electrician Bd. 42, S. 269, 305, 366 u. 402. 1898—1899.
[2]) H. TH. SIMON, Phys. ZS. Bd. 10, S. 310. 1909.
[3]) P. MARCER, L'électricien Bd. 39, S. 13. 1910.
[4]) M. REINGANUM, Phys. ZS. Bd. 11, S. 460. 1910.
[5]) W. SCHOTTKY und E. GERLACH, ZS. f. techn. Phys. Bd. 5, S. 574 und 576. 1924; H. RIEGGER, Wiss. Veröffentl. a. d. Siemens-Konz. Bd. 3, H. 2, S. 95. 1924.

des elektromagnetischen Telephons auftritt. Die größte auftretende Elongation aus der Ruhelage beträgt etwa 5 mm. Infolge der Kleinheit von c liegt die Resonanzfrequenz $\omega_r = \sqrt{c/m}$ unterhalb der Hörgrenze, obwohl die Masse des Bändchens nur 0,03 g beträgt. Man kann sogar die Federkonstante c in Gleichung (1) von Ziff. 4 für den Bändchenlautsprecher gleich Null setzen und nur die Massenträgheit des Bändchens in Betracht ziehen.

Zur Bändchenmasse ist noch eine nach Gleichung (2) von Ziff. 4 zu berechnende Luftmasse m_s hinzuzurechnen. Der dem Bändchen entsprechende Radius r_0 der äquivalenten Kolbenmembran kann dabei nach Formeln von RIEGGER und BACKHAUS ermittelt werden.

Die erregende Kraft k in Gleichung (1) von Ziff. 4 ist für den Bändchenlautsprecher leicht zu berechnen als

$$k = l \mathfrak{H} J = A J. \tag{15}$$

Hierbei ist l die Länge des Bändchens, soweit es sich im Magnetfeld befindet, $\mathfrak{H}$ die Stärke des Magnetfeldes, J der im Bändchen fließende Strom. Da k senkrecht zu $\mathfrak{H}$ und J gerichtet ist, wirkt die Kraft entsprechend Abb. 6 senkrecht zur Ebene des Bändchens. Die Kraft k ist also ebenso wie beim elektromagnetischen Telephon [Gleichung (4a), Ziff. 8] wieder proportional J.

Auch die Gleichung (6a) kann vom elektromagnetischen Telephon unverändert übernommen werden, so daß sich wieder die Endgleichungen (11a) und (12a) von Ziff. 8 ergeben, in denen man beim Bändchenlautsprecher für c den Wert Null setzen kann.

RIEGGER findet a. a. O. beim Bändchenlautsprecher — allerdings unter vereinfachenden Annahmen — für den Wirkungsgrad $\eta = W_s/W$ [Gleichung (14) von Ziff. 8] im Bereich $\omega = 500$ bis $\omega = 6000$ den Wert 0,0107, bei $\omega = 12000$ $\eta = 0,0095$, bei $\omega = 24000$ $\eta = 0,0081$. Die Konstanz von η ist also recht gut; aber der Wert von η ist nicht hoch, wenn auch höher als beim gewöhnlichen Telephon. Er soll durch Verwendung eines Trichters erheblich heraufgesetzt werden können.

Eine gewisse Schwierigkeit liegt beim Bändchenlautsprecher auch in der sehr geringen mechanischen Festigkeit des Bändchens.

13. Elektrodynamisches Blatt (Blatthaller) nach RIEGGER als Lautsprecher[1]. Der Aufbau dieses Lautsprechers ist aus der schematischen Abb. 7 zu ersehen: An einem quadratischen „Blatt" b aus dünnem Pertinax (Isolationspappe) ist an Trägern t ein mäanderförmiger Leiter l angebracht, der zwischen den Polen NS NS usw. von Stahl- oder Elektromagneten verläuft und in den durch die Zuführungen Z_1 und Z_2 der Sprechstrom J geleitet wird. Bei dieser Anordnung hat die elektrodynamische Kraft auf alle langen Leiterstücke l dieselbe Richtung senkrecht zur Blattfläche. Eine konstante Kraft bei $J = 0$ ist

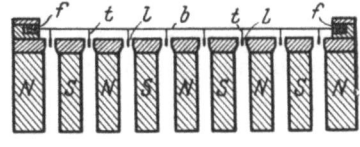
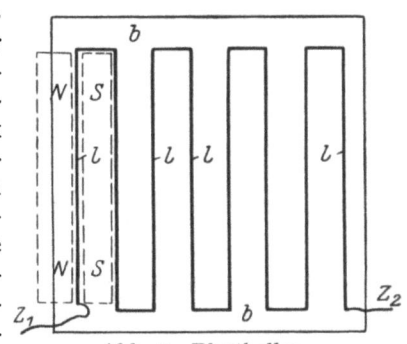

Abb. 7. Blatthaller.

nicht vorhanden. Das Blatt b ist zwischen Filzstreifen f leicht beweglich gelagert und hat eine Größe von 20×20 cm bis 50×50 cm und mehr. Die Stärke des magnetischen Feldes beträgt bei Verwendung eines Elektromagneten wie beim

---

[1] H. RIEGGER, Wiss. Veröffentl. a. d. Siemens-Konz. Bd. 3, H. 2, S. 71 u. 87. 1924.

Bändchenlautsprecher etwa 10 000 Gauß, der Widerstand des Leiters l etwa 0,05 Ohm. Die Masse des Blattes und des an ihr befestigten Leiters ist bei 400 cm² Blattgröße etwa 20 g. Zur Blattmasse kommt wieder entsprechend Gleichung (2) von Ziff. 4 noch eine Luftmasse m_s hinzu, die zwischen $\omega = 500$ und $\omega = 24000$ etwa 9 bis 0,1 g beträgt. Die Resonanzfrequenz des Blatthallers liegt nach RIEGGER bei etwa $\omega_r = 250$, woraus sich die Konstante c zu $1,8 \cdot 10^6$ ergibt. Die Berechnung von W_s und W führt nach RIEGGER zu dem Ergebnis, daß der Wirkungsgrad η [Gleichung (14) von Ziff. 8] zwischen $\omega = 500$ bis $\omega = 6000$ etwa 0,20 bis 0,10 beträgt, bei $\omega = 12000$ etwa 0,03, bei $\omega = 24000$ etwa 0,01.

Dem Blatthaller im Wesen verwandt, wenn auch in der Ausführungsart abweichend, ist der Lautsprecher von RICE und KELLOGG[1]).

14. Induktionstonsender nach HEWLETT[2]). Aus Abb. 8 ist die HEWLETTsche Ausführungsart des Induktionstonsenders zu ersehen: Eine kreisförmige Membran M aus 0,025 mm starker Aluminiumfolie ist am Rande zwischen Ringe b eingeklemmt. Zu beiden Seiten der Membran, etwa in 0,5 mm Abstand, befinden sich Flachspulen S_1 und S_2. Jede von ihnen besteht aus sieben hintereinandergeschalteten ringförmigen Spulen, zwischen denen ringförmige Schallöffnungen frei bleiben. S_1 und S_2 besitzen eine gemeinschaftliche Zuführung Z_1 und Stromableitungen Z_2 und Z_3.

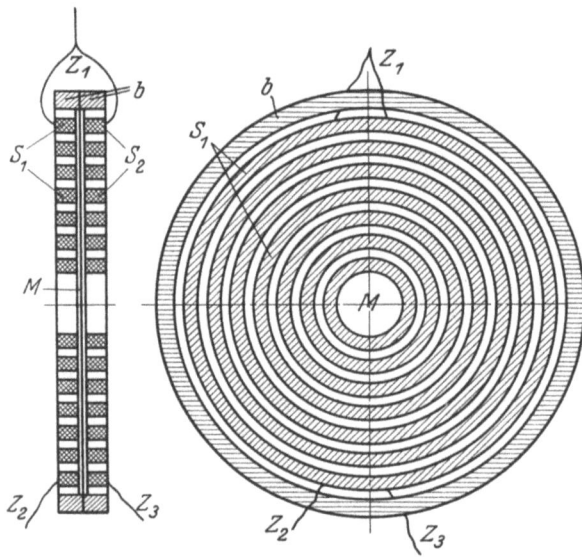

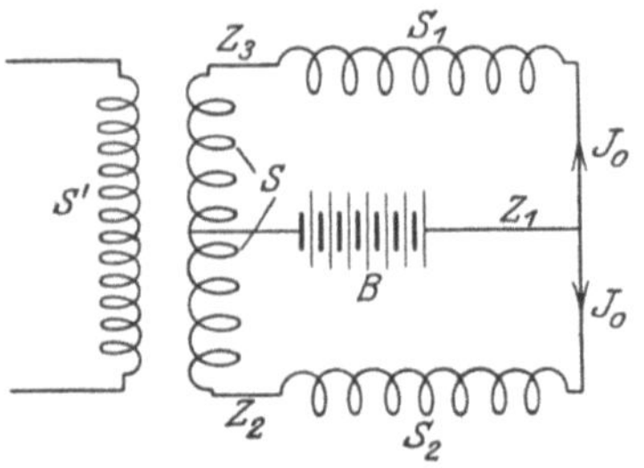

Abb. 8. Induktionstonsender nach HEWLETT.

Abb. 9. Schaltung des Induktionstonsenders nach HEWLETT.

Die Wirkungsweise des Induktionssenders ist nun folgende: Die Spulen S_1 und S_2 sind zunächst in symmetrischer Weise von einem Gleichstrom J_0 durchflossen (Abb. 9), der von einer Batterie B gespeist wird und über die beiden Teile einer Spule S geschlossen ist. Die von S_1 und S_2 erzeugten magnetischen Felder sind einander entgegengesetzt, so daß an allen Punkten von M die zu M senkrechte Komponente des magnetischen Feldes Null ist. Außerdem wird aber in S_1 und S_2 ein Wechselstrom J von Tonfrequenz erzeugt, der S_1, S_2 und S hintereinander durchläuft und durch induktive Kopplung von S mit einer von Wechselstrom (z. B. Sprechstrom) durchflossenen Spule S' erzeugt wird. In B kann aus Symmetriegründen kein Wechselstrom auftreten. Die in S_1 und S_2

---

[1]) CH. W. RICE u. E. W. KELLOGG, Journ. Amer. Inst. Electr. Eng. Bd. 44, S. 982 u. 1015. 1925.
[2]) C. W. HEWLETT, Phys. Rev. (2) Bd. 19, S. 52. 1922; Journ. Opt. Soc. Amer. Bd. 6, S. 1059. 1922.

durch den Wechselstrom J erzeugten magnetischen Felder sind also gleichgerichtet und ihre Resultante steht im Gegensatz zu dem von J_0 herrührenden Feld an allen Punkten von M senkrecht zur Ebene von M, so daß durch J kreisförmige Wirbelströme J_m in M erzeugt werden. Zwischen diesen Wirbelströmen J_m und den in S_1 und S_2 fließenden Strömen $J_1 = J + J_0$ und $J_2 = J - J_0$ treten elektrodynamische Kräfte auf, welche die Membran in Schwingungen versetzen und so zum Tönen bringen.

Die Größe der auf die Membran wirkenden Kraft kann man wohl am besten in folgender Weise finden[1]): Die magnetische Energie des Tonsenders ist

$$W = \tfrac{1}{2} J_1^2 L_1 + \tfrac{1}{2} J_2^2 L_2 + \tfrac{1}{2}\int_0^{r_a} J_m^2 L_m dr + J_1 \int_0^{r_a} J_m L_{m,1} dr + J_2 \int_0^{r_a} J_m L_{m,2} dr. \quad (16)$$

Hierbei ist L_1 die Selbstinduktion von S_1, L_2 diejenige von S_2, $J_m dr$ der in der Membran im Kreisring vom Radius r und Breite dr fließende Strom, L_m die Selbstinduktion dieses Stromes, $L_{m,1}$ die Induktion desselben Stromes hinsichtlich Spule S_1, $L_{m,2}$ dieselbe Größe hinsichtlich Spule S_2, r_a der Außenradius der Membran. Aus W ergibt sich die Kraft k auf die Membran, wenn man bei konstant gedachten Strömen eine der möglichen Bewegung entsprechende unendlich kleine virtuelle Verrückung δp der Membran vornimmt. Es ist also mit

$$\frac{\partial}{\partial p}\int J_m L_{m,1} dr = -\frac{\partial}{\partial p}\int J_m L_{m,2} dr$$

$$k = -\frac{\delta W}{\delta p} = -\frac{\delta}{\delta p}\int_0^{r_a} (J_1 - J_2) L_{m,1} J_m dr$$

oder mit $J_1 - J_2 = 2 J_0$

$$k = -2 J_0 \frac{\partial}{\partial p}\int_0^{r_a} L_{m,1} J_m dr = -2 J_0 \int_0^{r_a} J_m \frac{\partial L_{m,1}}{\partial p} dr. \quad (17)$$

Zur Bestimmung der Elongation x der Membran erhält man dann weiter außer der Gleichung (1) von Ziff. 4 die Gleichung (6) von Ziff. 8 entsprechende, aus dem Energieprinzip fließende Beziehung

$$R_1 J_1^2 + R_2 J_2^2 + \int R_m J_m^2 dr + \frac{dW}{dt} + k\frac{dx}{dt} = EJ + E_0 J_0.$$

Hierbei ist R_1 der OHMsche Widerstand von S_1, R_2 derjenige von S_2 und E_0 die J_0 erzeugende EMK. Mit $R_1 + R_2 = R$, $R_1 = R_2$, $RJ_0^2 = E_0 J_0$, $L_1 = L_2$, $L_{m,1} = L_{m,2}$ wird

$$RJ^2 + \frac{d}{dt}\left\{L_1 J^2 + \tfrac{1}{2}\int_0^{r_a} J_m^2 L_m dr + 2J\int_0^{r_a} J_m L_{m,1} dr\right\} + h\frac{dx}{dt} = EJ$$

oder

$$RJ + 2L_1 \frac{dJ}{dt} + \int_0^{r_a} \frac{J_m dJ_m}{J dt}(L_m + 2L_{m,1}) dr - 2J_0 \frac{dx}{dt}\frac{\partial}{\partial p}\int_0^{r_a} \frac{J_m}{J} L_{m,1} dr = E. \quad (18)$$

Ferner hat man noch die aus den MAXWELLschen Gleichungen folgende Beziehung für die in der Membran induzierten Ströme

$$L_m \frac{dJ_m}{dt} + L_{m,1}\frac{dJ_1}{dt} + L_{m,2}\frac{dJ_2}{dt} + R_m J_m = 0,$$

---

[1]) Vgl. W. MEISSNER, ZS. f. Phys. Bd. 3, S. 113. 1920.

oder mit $L_{m,1} = L_{m,2}$ und $J_1 = J_2 = J$,

$$L_m \frac{dJ_m}{dt} + 2 L_{m,1} \frac{dJ}{dt} + R_m J_m = 0 \qquad (19)$$

durch (18), (19) und Gleichung (1) von Ziff. 5, die mit (17) übergeht in

$$m \frac{d^2x}{dt^2} + r \frac{dx}{dt} + c x = -2 J_0 \frac{\partial}{\partial p} \int_0^{r_a} L_{m,1} J_m dr, \qquad (1\,b)$$

ist J, J_m und x als Funktion der Zeit t bestimmt.

Aus (19) folgt, daß J_m proportional J wird, falls R_m genügend klein ist. Also wird dann die Kraft k nach (17) proportional J genau wie die Kraft beim elektromagnetischen und elektrodynamischen Telephon. Wäre nur eine Spule auf einer Seite des Telephons vorhanden und $J_0 = 0$, so würde k proportional J^2, wie leicht ersichtlich ist, da nur bei zwei symmetrischen Spulen sich die Kräfte zwischen J und J_m aufheben. Im letzteren Falle würde die Membran mit der doppelten Frequenz von J schwingen. Dies ist vermieden durch die symmetrische Anordnung der beiden Spulen auf beiden Seiten der Membran. Durch den konstanten Strom J_0, der als Faktor in (17) auftritt, kann k prinzipiell beliebig vergrößert werden. Er entspricht also dem konstanten magnetischen Feld beim elektromagnetischen Telephon. Doch lassen sich ohne Eisen längst nicht so starke Kräfte erzielen wie mit Eisen. In dieser Hinsicht ist also das Induktionstelephon dem elektromagnetischen und elektrodynamischen Telephon weit unterlegen. Seine Empfindlichkeit ist weit geringer. Dagegen ist der Wirkungsgrad η des Induktionstelephons, der sich wieder nach (13) und (14) von Ziff. 9 und (3) von Ziff. 5 berechnen läßt, falls man c klein macht, unabhängiger von ω als es bei Verwendung von Eisen zu erreichen ist. Denn in letzterem Fall ist die Kraft schon deswegen von ω abhängig, weil die Permeabilität des Eisens und daher die Induktion von ω nicht unabhängig ist.

15. Spulenhochfrequenztelephon. Die sämtlichen im Vorhergehenden beschriebenen Telephone versagen, wenn die Frequenz der erregenden Spannung oberhalb der Hörgrenze liegt, und zwar auch dann, wenn die Amplitude der erregenden Spannung und des durch sie erzeugten Stromes Schwankungen („Modulationen") aufweist in derartigem Rhythmus, daß man einen Ton oder Sprache o. dgl. hören müßte. Z. B. ist es mit keinem der vorstehend beschriebenen Telephone möglich, gedämpfte Hochfrequenzströme, bei denen Hochfrequenzwellenzüge im Abstand von Tonfrequenz aufeinander folgen (Löschfunkensender der drahtlosen Telegraphie) zu hören: Da bei allen die auf die Membran wirkende Kraft proportional der Stärke des erregten Stromes ist, die Membran aber nicht so leicht gemacht werden kann, daß sie den hochfrequenten Kräften folgt, bleibt sie völlig in Ruhe. Außerdem ist die Selbstinduktion der meisten Telephone so groß, daß es nicht ohne weiteres möglich ist, einen Hochfrequenzstrom merklicher Intensität in ihnen zu erzeugen. Um die Telephone verwenden zu können, muß man die hochfrequenten Ströme (mit einem Detektor oder Ventilrohr) gleichrichten, so daß durch das Telephon ein Gleichstrom fließt, dessen Stärke in derselben Weise pulsiert wie die Amplitude des Hochfrequenzstroms. Die Pulsationen des Gleichstroms erzeugen dann Schwankungen der auf die Membran wirkenden Kraft, und dadurch Töne (Detektorempfang in der drahtlosen Telegraphie mit gedämpften Wellen und im Rundfunk).

Man kann aber die Schwankungen in der Amplitude des Hochfrequenzstroms auch ohne Gleichrichtung desselben hörbar machen durch eine andere

Anordnung des Induktionstelephons als die in Ziff. 14 beschriebene[1]). Eine solche Anordnung ist z. B. die in Abb. 10 skizzierte: Die Primärspule S_1 bildet einen Teil eines elektrischen Schwingungskreises. Die Sekundärspule S_2, deren oberer Teil als Telephonmembran ausgebildet ist, besteht aus einer einzigen Windung. Fließt in der Primärspule ein Hochfrequenzstrom, so wirkt auf die Membran zufolge des in der Sekundärspule induzierten, nahezu entgegengesetzt gerichteten Stromes eine dauernd nach dem Innern der Spule gerichtete elektrodynamische Kraft, die im Rhythmus der Amplitudenschwankungen des Hochfrequenzstroms pulsiert.

Die Größe der auf die Membran wirkenden Kraft kann man ähnlich wie in Ziff. 14 finden: Die magnetische Energie ist

$$W = \tfrac{1}{2} L_1 J_1^2 + L_{12} J_1 J_2 + \tfrac{1}{2} L_2 J_2^2, \quad (20)$$

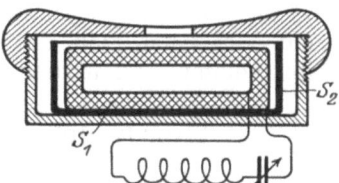

Abb. 10. Spulenhochfrequenztelephon.

wenn L_1, L_2 die Selbstinduktionen von Primär- und Sekundärspule, J_1, J_2 die Ströme in ihnen und L_{12} ihre gegenseitige Induktion ist. Ist δp eine unendlich kleine der möglichen Bewegung entsprechende virtuelle Verrückung der Membran bei konstant gedachten Strömen, so ist die Kraft k bestimmt durch

$$k = -\frac{\delta W}{\delta p} = -J_1 J_2 \frac{\partial L_{12}}{\partial p} - \frac{1}{2} J_2^2 \frac{\partial L_2}{\partial p}. \quad (21)$$

Im Falle der Abb. 10 ist offenbar, falls δp positiv nach dem Innern der Spule zu gesetzt wird, $\partial L_{12}/\partial p$ positiv, $\partial L_2/\partial p$ negativ; also sind, da $J_1 J_2$ wesentlich negativ ist, beide Glieder von k wesentlich positiv, während sie entgegengesetztes Vorzeichen hätten, falls die Sekundärspule im Innern der Primärspule läge. Die weitere Theorie des Spulenhochfrequenztelephons ist ähnlich wie die in Ziff. 14 entwickelte des HEWLETTschen Induktionstelephons. Ist der Widerstand R_2 der Sekundärspule klein genug, so ist entsprechend (19) von Ziff. 14, in der Index m durch 2 zu ersetzen und $J = J_1$ zu setzen ist, J_2 proportional $-J_1$, so daß nach (21) k proportional J_1^2 wird.

Ist $J_1 = J_{1,a} \sin \omega t$, so wird also

$$k = A J_{1,a}^2 \sin^2 \omega t, \quad (22)$$

also ständig positiv. Schwankt $J_{1,a}$, so schwankt k im selben Rhythmus, z. B. im Rhythmus der J_1 erzeugenden gedämpften Hochfrequenzwellenzüge.

Um ungedämpfte Hochfrequenzwellen hörbar zu machen, muß man außer ihnen auf die Primärspule eine zweite Hochfrequenzschwingung nahezu gleicher Frequenz einwirken lassen, so daß man Schwebungstöne hört. Es ist dann also zu setzen

$$J_1 = J_{1,a} \sin \omega t + J'_{1,a} \sin(\omega' t + \varphi)$$

und es wird

$$\left. \begin{array}{l} k = A J_1^2 = A\{J_{1,a}^2 \sin^2 \omega t + J'^2_{1,a} \sin^2(\omega' t + \varphi) \\ \quad - J_{1,a} J'_{1,a} \cos[(\omega + \omega') t + \varphi] + J_{1,a} J'_{1,a} \cos[(\omega - \omega') t - \varphi]\}. \end{array} \right\} \quad (23)$$

Für die Hörbarmachung kommt nur das letzte Glied in Betracht, wobei ω' so zu wählen ist, daß $(\omega - \omega')$ eine Tonfrequenz ergibt. Da die Amplitude $J'_{1,a}$ der

---

[1]) J. ZENNECK, Lehrbuch der drahtlosen Telegraphie, S. 403. Stuttgart 1913; H. REIN, Lehrb. d. drahtl. Telegr. S. 291. Berlin 1917; R. A. FESSENDEN, Electrician Bd. 59, S. 484. 1907; The Electr. Rev. (London) Bd. 60, S. 369. 1907; L. W. AUSTIN, Jahrb. d. drahtl. Telegr. 8, S. 443. 1914; W. MEISSNER, ZS. f. Phys. Bd. 3, S. 111. 1920.

überlagerten Hilfswelle beliebig groß gemacht werden kann, kann die Kraft k und daher die Empfangslautstärke durch die Hilfswelle sehr verstärkt werden. Auch beim Empfang gedämpfter Schwingungen ist die Überlagerung einer Hilfswelle zur Verstärkung möglich.

Ohne die Verstärkung durch die Hilfswelle ist der Empfang mit dem Spulentelephon schwächer als mit Detektor und elektromagnetischem Telephon.

Beim Spulentelephon muß die Primärspule auf einem kleinen Raum untergebracht werden und besitzt deswegen erhebliche Dämpfung. Dies ist der Hauptgrund, weswegen man mit dem Hochfrequenzkondensatortelephon (Ziff. 21) weiter kommt als mit dem Hochfrequenzspulentelephon.

d) Durch elektrische Kräfte wirksame Telephone und Lautsprecher.

16. Kondensatortelephon für Tonfrequenz. Legt man an einen Kondensator, z. B. einen geschichteten Papierkondensator, eine genügend kräftige Wechselstromspannung, so hört man ihn tönen, wie schon bald nach der Erfindung des elektromagnetischen Telephons von verschiedenen Forschern, z. B. WRIGHT, VARLEY, POLLARD, GARNIER, DOLBEER festgestellt wurde. ARGYROPOULOS[1] fand — und unabhängig von ihm fanden dies sicherlich auch andere —, daß der Ton des Kondensators sehr bedeutend verstärkt wurde, wenn außer der Wechselspannung an den Kondensator noch eine Gleichspannung gelegt und die Wechselspannung durch einen Mikrophontransformator mit hohem Übersetzungsverhältnis vom Mikrophon aus zugeführt wurde. DEPREZ[2] gab die Erklärung hierfür. ABRAHAM[3] fand, daß trotz Hilfsspannung mit dem Kondensatortelephon längst nicht die Empfindlichkeit wie mit dem elektromagnetischen Telephon zu erreichen sei: Bei 1000 Volt Hilfsspannung war an seinem nur eine einzige, nahe über einer festen Platte gespannte Membran besitzenden Telephon eben noch eine Wechselstromspannung von 0,001 Volt hörbar. PEUKERT[4] machte die Versuche von ARGYROPOULOS nach an einem Papierkondensator von 2 Mikrofarad mit angeblich gutem Erfolg. ORT und RIEGER[5] benutzten einen Kondensator mit mehreren übereinanderliegenden dünnen Folien, die schwach gespannt waren, und erhielten ihrer Angabe nach schon bei einer Hilfsspannung von 4 bis 20 Volt ebenso große Lautstärke wie mit dem elektromagnetischen Telephon, obwohl die Resonanzfrequenz der Folien unterhalb der Hörgrenze lag. Bei 120 Volt Hilfsspannung wirkte das Telephon angeblich als Lautsprecher. WENTE[6] beschrieb ein eine einzige gespannte Membran besitzendes Kondensatortelephon, das er als Präzisionsschallquelle und als Instrument zur absoluten Messung von Schallstücken benutzte.

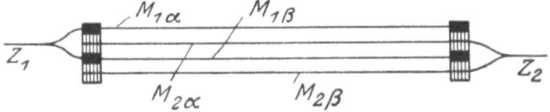

Abb. 11. Kondensatortelephon.

Zur Darlegung der Wirkungsweise des Kondensatortelephons diene Abb. 11: Die Membranen $M_{1\alpha}$, $M_{1\beta}$ und $M_{2\alpha}$, $M_{2\beta}$ seien etwa zwischen Ringen gespannt. Die beiden ersteren mögen die gemeinsame Zuleitung Z_1, die beiden letzteren gegen $M_{1\alpha}$ und $M_{1\beta}$ isolierten Membranen die gemeinsame Zuleitung Z_2 besitzen.

---

[1] T. ARGYROPOULOS, C. R. Bd. 144, S. 971. 1907.
[2] M. DEPREZ, C. R. Bd. 144, S. 1012. 1907.
[3] H. ABRAHAM, C. R. Bd. 144, S. 1154. 1907.
[4] K. PEUKERT, Elektrot. ZS. Bd. 30, S. 51. 1909.
[5] C. K. ORT u. J. RIEGER, Elektrot. ZS. Bd. 30, S. 655. 1909.
[6] E. C. WENTE, Phys. Rev. Bd. 10, S. 39. 1917.

Die Fläche jeder Membran sei F, der bei allen gleiche Abstand voneinander a, die Dielektrizitätskonstante des Zwischenmediums ε. Legt man zwischen Z_1 und Z_2 eine schwankende Spannung E, so wirkt auf die Membran $M_{1\alpha}$ die nach dem Kondensatorinnern gerichtete Gesamtkraft

$$k_{1\alpha} = \frac{\varepsilon F E^2}{8\pi a^2} = \frac{1}{2a} E^2 C, \qquad (24)$$

wobei C die Kapazität des aus $M_{1\alpha}$ und $M_{2\alpha}$ gebildeten Kondensators ist. Auf $M_{2\alpha}$ wirkt in Richtung nach $M_{1\alpha}$ zu offenbar eine $k_{1\alpha}$ gleiche Kraft, in Richtung nach $M_{1\beta}$ aber eine Kraft, die ebenfalls gleich $k_{1\alpha}$ ist, falls die Abstände zwischen den Membranen gleich groß sind. Die Gesamtkraft auf $M_{2\alpha}$ ist also Null. Dasselbe gilt für $M_{1\beta}$. Auf $M_{2\beta}$ wirkt eine wieder nach dem Kondensatorinnern gerichtete $k_{1\alpha}$ gleich große Kraft.

Man sieht zunächst, daß die Verwendung geschichteter Kondensatoren, wie sie von vielen Autoren als zweckmäßig beschrieben wird, keinen Nutzen bringt, falls die Schichten gleichen Abstand voneinander haben. Auch wenn diese Bedingung nicht genau erfüllt ist, ist die Wirksamkeit der inneren Schichten offenbar sehr gering. Über eine Anordnung, bei der dies nicht zuzutreffen scheint, siehe Ziff. 20. Die Kraft $k_{1\alpha}$ verteilt sich gleichmäßig über die ganze Membran. Größere Elongationen können aber nur die nahe der Membranmitte angreifenden Kräfte hervorrufen, falls die Membran am Rande fest angespannt ist. In letzterem Falle ist es daher zweckmäßig, der festen Platte einen erheblich kleineren Durchmesser als der Membran zu geben (Abb. 15, Ziff. 21). Ist die Membran steif und am Rande etwa nur zwischen Filz gelagert wie beim RIEGGERschen Blatthaller (Abb. 7, Ziff. 13), so können Membran und feste Platte gleiche Größe haben.

Sei nun die zwischen Z_1 und Z_2 liegende Spannung erstens rein sinusförmig, also $E = E_0 \sin \omega t$. Dann wird die auf die Membran wirkende Kraft nach Gleichung (24)

$$k = \frac{C E_0^2}{2a} \sin^2 \omega t = \frac{C E_0^2}{2a} \frac{1 - \cos 2\omega t}{2}. \qquad (25)$$

Im Falle einer rein sinusförmigen erregenden elektrischen Spannung gibt also das Kondensatortelephon einen Ton doppelter Frequenz, also doppelter Tonhöhe. Ähnliches gilt, falls die erregende Spannung noch sinusförmige Oberschwingungen enthält.

Sei zweitens die Spannung zwischen Z_1 und Z_2 eine pulsierende Gleichspannung, also im einfachsten Fall $E = E_0' + E_0 \sin \omega t$. Dann wird die Kraft auf die Membran

$$\left. \begin{array}{l} k = \dfrac{C}{2a}(E_0'^2 + 2 E_0' E_0 \sin \omega t + E_0^2 \sin^2 \omega t) \\[4pt] = \dfrac{C}{2a}\left(E_0'^2 + 2 E_0' E_0 \sin \omega t + E_0^2 \dfrac{1 - \cos 2\omega t}{2}\right). \end{array} \right\} \qquad (26)$$

Im Fall einer sinusförmig pulsierenden Gleichspannung gibt also das Kondensatortelephon einen Grundton von der Frequenz der erregenden Spannung und einen Oberton doppelter Frequenz. Ist die Gleichspannung E_0' groß gegen die Amplitude der Spannungsschwankung E_0, so wird der Oberton schwach gegen den Grundton; durch Vergrößerung von E_0' kann man bei gegebenem Wert von E_0 den sinusförmigen Teil der Kraft k prinzipiell beliebig vergrößern. Die Grenze ist durch Funkenübergang bzw. die Durchschlagsfestigkeit des Dielektrikums gegeben.

Quantitative Betrachtungen zeigen, daß es auch bei konstanter Hilfsspannung nicht möglich ist, die pulsierende Kraft auf die Membran bei kleiner

Ausführung derselben ebenso groß wie beim elektromagnetischen Telephon zu machen, falls in beiden Fällen die in der Übertragungsleitung auftretenden Stromschwankungen gleich groß sind. Deshalb hat das Tonfrequenzkondensatortelephon das elektromagnetische Telephon nicht ersetzen können, obwohl der Fortfall des Eisens eine bessere Klangübertragung ermöglicht.

17. Polarisiertes Kondensatortelephon für Tonfrequenz[1]). Bei Verwendung einer zusätzlichen konstanten Gleichspannung E_0' wirkt auf die Membran nach (26) eine einseitig gerichtete starke konstante Kraft $C E_0'^2 / 2 a$, die ungünstig ist, da sie die Membran spannt und so ihre Federkonstante erhöht, evtl. auch Berührung mit der festen Platte hervorruft. Dies vermeidet die Anordnung nach Abb. 12: Die Membran M befindet sich zwischen zwei mit Löchern oder Schlitzen versehenen Platten P_1 und P_2. Ohne Spannungsschwankungen haben P_1 und P_2 beide gleiches Potential, M aber ein um E_0' höheres Potential. Werden in den Spulen L_1 und L_2 Spannungen E und $-E$ induziert, so ist die gesamte Spannung zwischen P_1 und M bzw. P_2 und M also

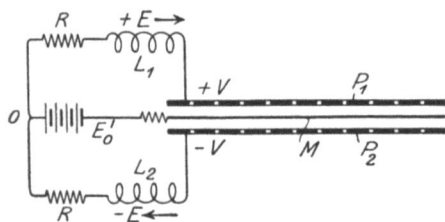

Abb. 12. Polarisiertes Kondensatortelephon nach RIEGGER.

$$E_1 = E_0' + V; \quad E_2 = E_0' - V. \tag{27}$$

Ist F wieder die Membranfläche, a der gleiche Abstand zwischen M und P_1 bzw. P_2, x die Elongation von M nach P_1 zu (wobei M als starr vorausgesetzt wird), so ist die gesamte Kraft auf M in Richtung von x

$$k = \frac{\varepsilon F}{8\pi}\left(\frac{E_1^2}{(a-x)^2} - \frac{E_2^2}{(a+x)^2}\right) = \frac{C_0}{2a}\left(\frac{E_1^2}{\left(1-\frac{x}{a}\right)^2} - \frac{E_2^2}{\left(1+\frac{x}{a}\right)^2}\right). \tag{28}$$

Ist x klein gegen a, wie es praktisch meist zutrifft, so kann man für (28) schreiben

$$k = \frac{C_0}{2a}\left(E_1^2\left(1+\frac{2x}{a}\right) - E_2^2\left(1-\frac{2x}{a}\right)\right),$$

oder mit (27)

$$k = \frac{2C_0}{a}\left(E_0' V + \frac{x}{a}(E_0'^2 + V^2)\right). \tag{29}$$

Falls V klein gegen E_0' ist, ist V^2 zu vernachlässigen.

Ein Vergleich von (29) mit (26) lehrt, daß beim polarisierten Kondensatortelephon die einseitige konstante Kraft in Fortfall kommt. Aus (29) folgt weiter, daß k einseitig bleiben, also stets gleiches Vorzeichen haben kann, falls x einmal zu groß wird, so daß $E_0'^2 x/a > E_0' V$ ist.

Mit (29) geht (1) von Ziff. 5 über in

$$m\frac{d^2x}{dt^2} + r\frac{dx}{dt} + cx = \frac{2C_0}{a}\left(E_0' V + E_0'^2 \frac{x}{a}\right), \tag{30}$$

falls man das Glied mit V^2 von (29) vernachlässigt.

Andererseits ist V mit der in L_1 und L_2 induzierten elektromotorischen Kraft E verknüpft: Ist L die gleich große Selbstinduktion von L_1 und L_2, und R der im Kreise von L_1 bzw. L_2 wirksame OHMsche Widerstand, J_1 der Strom in L_1, J_2 der Strom in L_2, R_0 der Widerstand der Batterie E_0', so ist nach dem Energieprinzip

$$\left. \begin{array}{l} \frac{d}{dt}\left(\frac{1}{2}C_1(E_0'+V)^2\right) + \frac{d}{dt}\left(\frac{1}{2}C_2(E_0'-V)^2\right) + \frac{d}{dt}\left(\frac{1}{2}LJ_1^2\right) + \frac{d}{dt}\left(\frac{1}{2}LJ_2^2\right) \\ + R(J_1^2 + J_2^2) + R_0(J_2 - J_1)^2 + k\frac{dx}{dt} = 2EJ + E_0'(J_2 - J_1). \end{array} \right\} \tag{31}$$

---
[1]) H. RIEGGER, Wiss. Veröffentl. a. d. Siemens-Konz. Bd. 3, H. 2, S. 78. 1924.

Hierbei sind die veränderlichen Kapazitäten C_1 und C_2 gegeben durch

$$C_1 = \frac{\varepsilon F}{4\pi(a+x)} = \frac{\varepsilon F}{4\pi a\left(1+\dfrac{x}{a}\right)} = \frac{C_0}{1+\dfrac{x}{a}}; \qquad C_2 = \frac{C_0}{1-\dfrac{x}{a}}, \qquad (32)$$

die Ströme J_1 und J_2 durch

$$J_1 = \frac{d(C_1(E_0' + V))}{dt}; \qquad J_2 = \frac{d(C_2(E_0' - V))}{dt}. \qquad (33)$$

Durch (30) bis (33) ist x und V als Funktion von t bestimmt, falls E als Funktion von t gegeben ist, ähnlich wie beim elektromagnetischen Telephon (Ziff. 9) die Gleichungen (6) und (1a) x und J als Funktion von t zu berechnen gestatten. Für manche Zwecke lassen sich die Gleichungen (30) bis (33) wesentlich vereinfachen.

Die Lösung von (30) bis (33) ist möglich, falls E Sinusform hat. Es ergeben sich dabei auch die Phasenverschiebungen φ_x, φ_i und φ_V zwischen E und x, E und J sowie E und V.

Man kann dann weiter, ähnlich wie in Ziff. 9 nach Gleichung (3) von Ziff. 5 die akustisch von der Membran ausgestrahlte Energie W_s für eine bestimmte Frequenz ω berechnen sowie die vom Telephonkreis aufgenommene Energie

$$W = 2EJ\cos\varphi_i. \qquad (34)$$

Dadurch ist dann auch der mechanisch-akustische Wirkungsgrad

$$\eta = \frac{W_s}{W}, \qquad (35)$$

des elektrostatischen Telephons der Anordnung von Abb. 12 gegeben.

Für andere Anordnungen lassen sich natürlich entsprechende Berechnungen anstellen.

18. Kondensatorlautsprecher. Für einen als Lautsprecher dienenden „elektrostatischen Haller" findet RIEGGER[1]) auf Grund ähnlicher Rechnungen wie der in Ziff. 17 angestellten folgendes: Macht man die Membranfläche $F = 400 \text{ cm}^2$, den Membranabstand $a = 0,05$ cm, die Kapazität $C_0 = 640$ cm, die konstante zusätzliche Spannung $E_0 = 1000$ Volt, die Membranmasse $m_m = 2$ g, die Federkonstante $c = 6,4 \cdot 10^6$, so daß die Eigenfrequenz bei $\omega = 780$ liegt, so wird die Resonanzstelle, d. h. Stelle größten Wertes der Elongation x, nach $\omega = 250$ verlegt. Im Bereich $\omega = 1000$ bis $\omega = 12000$ ist die ausgestrahlte Energie konstant etwa $0,7 \cdot 10^{-3}$ Watt, falls die schwankende Spannung V den Scheitelwert 100 Volt hat. Die Strahlung ist dann etwa dieselbe wie beim Bändchenlautsprecher (Ziff. 12) bei Belastung mit 1 Amp. Es lassen sich also mit dem elektrostatischen Lautsprecher sehr große Leistungen erreichen. Der Wirkungsgrad η desselben liegt nach den Berechnungen von RIEGGER bei der Schaltung von Abb. 12 zwischen dem Werte 0,01 für den Bändchenlautsprecher und dem Wert von etwa 0,1 für den elektrodynamischen Blatthaller (Ziff. 13). — Ein Kondensatorlautsprecher ist u. a. in den Triergonapparaten des sprechenden Films (J. MASSOLE, J. ENGL und H. VOGT) verwendet. Bei ihm besteht die Membran aus einer mit dünnem Metallüberzug versehenen Glimmerscheibe.

19. Kondensatortelephon und Kondensatorlautsprecher nach E. REISZ[2]). Das Schema dieser eigenartigen Apparate ist aus Abb. 13 zu ersehen: Auf einer durchlöcherten Metallplatte P liegt eine möglichst ungespannte Membran M

---

[1]) H. RIEGGER, Wiss. Veröffentl. a. d. Siemens-Konz. Bd. 3, H. 2, S. 96. 1924.
[2]) E. NESPER, Radio-Amateur Bd. 4, S. 56. 1926 (das Schema des Lautsprechers in dieser Notiz ist nicht ganz zutreffend); H. KRÖNCKE, Wireless World Bd. 18, S. 397. 1926.

aus Gummi (oder auch Seide) auf. P ist auf der nach M gekehrten Seite mittels Sandstrahlgebläse od. dgl. stark aufgerauht, so daß viele kleine Hohlräume zwischen P und M entstehen. M wird durch einen Ring R gehalten. Auf der von P abgekehrten Seite von M sind kleine Kohlekörnchen der verschiedensten Größe mittels Gummilösung od. dgl. derart aufgeklebt, daß sie nur an der Membran M haften, aber untereinander nicht verbunden sind. Die Kohlekörnerschicht K und die Metallplatte P bilden die beiden Belegungen des Kondensators mit den Zuleitungen Z_1 und Z_2. Durch die angegebene Konstruktion soll erreicht werden, daß die Membran auf jede vorkommende Tonfrequenz gleich gut anspricht, indem immer einzelne kleine Bereiche der Membran entsprechend der Masse der anhaftenden Kohlekörnchen in Schwingung geraten. Die kleinen Hohlräume sollen genügen, um die Schwingungen der Membran zu ermöglichen. Da die Membran sehr dünn ist, sind die auftretenden Kräfte, also die Empfindlichkeit des Telephons, verhältnismäßig groß. Bei der Benutzung als Kopfhörer wird das Telephon mit normaler Hörmuschel H versehen. Beim Lautsprecher, der etwa 30 cm Durchmesser hat, fällt H fort, und auch die Rückwand des Telephons ist dann durchlöchert, so daß der Lautsprecher nach vorn und hinten schallt. In beiden Fällen wird natürlich wieder an den Kondensator eine zusätzliche Hilfsspannung von 100 bis 300 Volt gelegt. Als solche kann direkt die Anodenspannung des verwendeten Röhrenverstärkers benutzt werden, indem das Kondensatortelephon direkt zwischen Anode und Kathode der letzten Verstärkerröhre geschaltet wird.

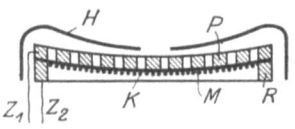

Abb. 13. Kondensatortelephon nach REISZ.

Die Theorie des REISZschen Telephons ist qualitativ natürlich durch das in Ziff. 17 Ausgeführte gegeben. Quantitative Rechnungen dürften aber wegen der Undefiniertheit der Abstände usw. der einzelnen Teile kaum möglich sein, obwohl diese Undefiniertheit vielleicht gerade ein Vorzug ist. Der Wirkungsgrad η des REISZschen Telephons soll zwischen $\omega = 2\pi n = 1000$ bis $\omega = 50000$ nahezu konstant sein. Über die absolute Größe von η fehlen Angaben.

20. Kondensatortelephon und Lautsprecher nach E. WALTZ[1]). Bei diesen Apparaten kommt entgegen dem in Ziff. 16 Dargelegten ein Mehrfachkondensator zur Verwendung, der in folgender Weise hergestellt ist: zwei Bänder B_1 und B_2 aus Metallfolie, zwischen denen eine Isolationsschicht J aus getränktem Papier od. dgl. eingefügt ist, sind so, wie es in Abb. 14 angedeutet ist, zusammengelegt und werden in Richtung des Pfeils weiter zusammengepreßt, bis sie einen dünnen Schichtenkondensator von etwa 1 cm² Fläche und etwa 10 Lagen bilden. B_1 und B_2 haben Zuführungen Z_1 und Z_2, an welche die konstante Hilfsspannung und die schwankende vom Sprechstrom induzierte Spannung gelegt werden. Der Kondensator selbst dient nicht direkt als Haller, sondern er ist, wie in Abb. 14 angedeutet, mit einer besonderen Membran, z. B. der des Lautsprechers, verbunden.

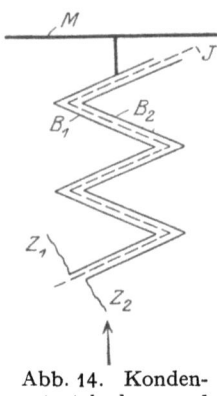

Abb. 14. Kondensatortelephon nach WALTZ.

Nach E. LAU, der dieses Kondensatortelephon, das auch als Mikrophon verwendbar sein soll, durchgebildet hat, gibt dasselbe in weitem Frequenzbereich klanggetreue Schallübertragung. Einer quantitativen Durchrechnung dürfte es

---

[1]) E. LAU, Elektrot. ZS. Bd. 46, S. 690. 1925.

noch weniger als das REISZsche Telephon (Ziff. 19) zugänglich sein. Sein Wirkungsgrad soll erheblich kleiner als der des elektromagnetischen Lautsprechers sein.

21. Kondensatorhochfrequenztelephon[1]). Ein elektrostatisches Telephon läßt sich ähnlich wie ein Spulentelephon (Ziff. 15) auch für Hochfrequenzströme verwenden. Das Kondensatortelephon habe z. B. die Ausführungsform von Abb. 15. Die Membran M ist auf dem Ring R_1 ausgespannt und durch Aufpressen mit dem Ring R metallisch verbunden. Die Platte P mit einer oberen Fläche von der Größe F hat von M einen Abstand a von etwa 0,1 mm. Die Grundplatte H_2 und die Hörmuschel H bestehen aus Hartgummi. Die Kraft k auf die Membran ist entsprechend Gleichung (24) von Ziff. 16

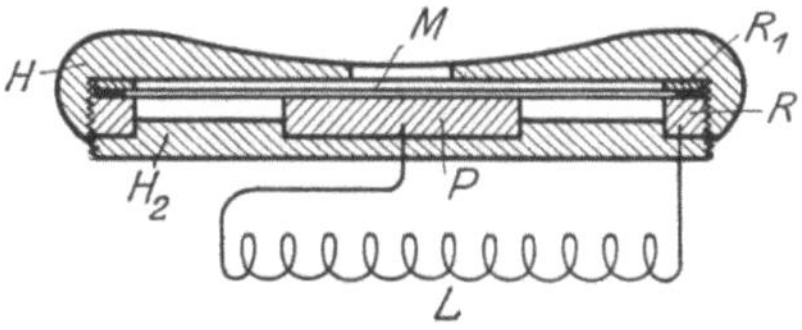

$$k = \frac{\varepsilon F E^2}{8\pi a^2} = \frac{1}{2a} E^2 C, \qquad (36)$$

Abb. 15. Kondensatorhochfrequenztelephon.

wenn E die am Telephon liegende Spannung und C die Kapazität des Kondensatortelephons ist. Die Spannung E am Telephon wird z. B. dadurch hervorgerufen, daß in der Selbstinduktion L (Abb. 15), die zwischen M und P gelegt ist, ein Wechselstrom induziert wird.

Ist E sinusförmig und liegt ihre Frequenz ω oberhalb der Hörgrenze, so kann E keine hörbare Wirkung hervorrufen. Bei genügend hoher Frequenz ω werden überdies die Elongationsschwankungen der Membran entsprechend ihrer Masse unmerklich klein; es entsteht nur eine dem Mittelwert von E^2 entsprechende dauernde einseitige Ausbiegung der Membran. Schwankt aber die Amplitude E_0 von E, so schwankt die Kraft k und damit die Ausbiegung der Membran im Rhythmus von E_0^2, und diese Schwankungen rufen einen dem Rhythmus von E_0^2 entsprechenden Klang hervor. Wirkt z. B. auf L durch Kopplung eine gedämpfte Hochfrequenzschwingung ein, bei der die einzelnen Wellenzüge in Tonfrequenz aufeinanderfolgen (Löschfunkensender), so hört man im Kondensatortelephon einen Ton genau gleicher Frequenz. Auch die Modulationen der Amplitude, wie sie etwa im Rundfunk auftreten, hört man im Kondensatortelephon ohne Gleichrichtung des induzierten Stroms und damit Sprache und Musik. Aber die Klangübertragung ist nicht klanggetreu, da die Kraft auf die Membran nicht der Amplitude, sondern dem **Quadrat** der Amplitude der induzierten Hochfrequenzspannung proportional ist.

Der Empfang gedämpfter Hochfrequenzschwingungen mit dem Kondensatortelephon nach Abb. 15 ist fast ebenso laut wie mit Kristalldetektor und normalem Telephon bei günstigster Kopplung des Detektorkreises.

Will man ungedämpfte Hochfrequenzschwingungen mit dem Kondensatortelephon hörbar machen, so muß man auf dasselbe außer der zu empfangenden Hochfrequenzschwingung noch eine Hilfsschwingung nahezu gleicher Frequenz wirken lassen wie beim normalen Überlagerungsempfang von drahtlosen Schwingungen. Dabei tritt gleichzeitig eine Verstärkung des Empfangs auf, die sehr hoch gemacht werden kann. Diese Verstärkung des Empfangs durch eine übergelagerte Hilfswelle ist auch beim Empfang gedämpfter Wellen möglich.

Sei etwa die zu empfangende Welle rein sinusförmig und erzeuge am Telephon die Spannung
$$E_a = E_0 \sin \omega t. \qquad (37)$$

---
[1]) J. ZENNECK, Lehrb. d. drahtl. Telegr. 2. Aufl., S. 403. Stuttgart 1913; H. REIN, Lehrb. d. drahtl. Telegr. S. 291. Berlin 1917; R. A. FESSENDEN, Electrician Bd. 59, S. 484. 1907; Electr. Rev. (London) Bd. 60, S. 369. 1907; L. W. AUSTIN, Jahrb. f. drahtl. Telegr. Bd. 8, S. 493. 1914; W. MEISSNER, ZS. f. Phys. Bd. 3, S. 111. 1926.

Die vom Hilfsschwingungskreis induzierte, ebenfalls sinusförmige Spannung am Telephon sei

$$E_b = E'_0 \sin(\omega' t + \varphi). \tag{38}$$

Dann ist die nach (36) für die Kraft k maßgebende Größe E^2 gegeben durch

$$\begin{aligned} E^2 &= (E_a + E_b)^2 = E_0^2 \sin^2 \omega t + E_0'^2 \sin^2(\omega' t + \varphi) \\ &+ 2 E_0 E'_0 \sin \omega t \sin(\omega' t + \varphi) = E_0^2 \sin^2 \omega t + E_0'^2 \sin^2(\omega' t + \varphi) \\ &- E_0 E'_0 \cos[(\omega + \omega') t + \varphi] + E_0 E'_0 \cos[(\omega - \omega') t - \varphi]. \end{aligned} \tag{39}$$

Für die Hörbarmachung kommt nur das letzte Glied in Betracht, wobei ω' so zu wählen ist, daß $\omega - \omega'$ eine Tonfrequenz ergibt. Die Amplitude der den Ton erzeugenden Kraft ist also proportional $E_0 E'_0$. Bei genügend großer Amplitude der Hilfsspannung E'_0 kann also der Empfang prinzipiell beliebig verstärkt werden. Die Grenze ist, wie schon oben bemerkt, durch Funkenübergang gegeben.

Beim Empfang nicht sinusförmiger ungedämpfter Wellen liegen die Verhältnisse ähnlich.

Bei Anwendung einer Hilfswelle beim Empfang gedämpfter Hochfrequenzschwingungen ist zu setzen:

$$E_a = E_0 \cdot e^{-\beta t} \sin(\omega t + \varphi); \qquad E_b = E'_0 \sin(\omega' t),$$

wobei φ bei jedem neu einsetzenden Wellenzug von E_a einen anderen Wert erhält. Es wird daher

$$\begin{aligned} E^2 &= (E_a + E_b)^2 = E_0'^2 \sin^2 \omega' t + E_0^2 e^{-2\beta t} \sin^2(\omega t + \varphi) \\ &- E_0 E'_0 e^{-\beta t} \cos[(\omega + \omega') t + \varphi] + E_0 E'_0 e^{-\beta t} \cos[(\omega - \omega') t + \varphi]. \end{aligned} \tag{40}$$

Bei großem Wert von E'_0 überwiegen die beiden letzten Glieder bei weitem das Glied $E_0^2 e^{-2\beta t} \sin^2 \omega t$, das bei Fortfall der Hilfswelle den Ton erzeugt. Liegt $\omega - \omega'$ im Bereich der Tonfrequenz, so müssen nach (40) besonders komplizierte Töne auftreten, was sich praktisch bestätigt. Um gute Verstärkung zu erhalten, muß hier $(\omega - \omega')$ **unterhalb** der Hörgrenze liegen, also ω' sehr nahe gleich ω sein.

22. Polarisiertes Kondensatorhochfrequenztelephon[1]). Auch beim Kondensatorhochfrequenztelephon läßt sich ähnlich wie beim Kondensatortelephon für Tonfrequenz (Ziff. 17) eine derartige Anordnung treffen, daß keine einseitige Kraft auf die Membran wirkt. Die Membran M (Abb. 16) befindet sich dabei wieder zwischen zwei Platten P_1 und P_2, die siebartig durchlöchert sind, so daß P_1 schalldurchlässig ist. Zum Empfang ungedämpfter Hochfrequenzschwingungen erzeugt man zwischen P_1 und P_2 eine Schwingung mit nahezu der Frequenz der zu empfangenden Welle. Die von der aufzunehmenden Schwingung herrührende Spannung wird an M und P_1 oder an M und P_2 gelegt. Es gelten dann analoge Betrachtungen, wie die in Ziff. 19 angestellten. Als einseitig wirkende Kraft tritt aber nur die den Schwebungston erzeugende Kraft auf.

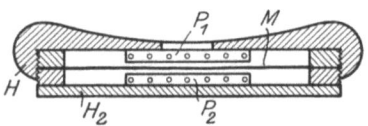

Abb. 16. Polarisiertes Kondensatorhochfrequenztelephon.

Bisher ist es nicht gelungen, mit dem Kondensatortelephon dieselbe Empfindlichkeit zu erreichen wie bei dem modernen Schwebungsempfang mit Hochfrequenzverstärker, Audion und elektromagnetischem Telephon.

---

[1]) W. MEISSNER, ZS. f. Instrkde. Bd. 45, S. 149. 1925.

23. Lautsprecher nach Johnsen-Rahbek[1]).

Dieser Lautsprecher beruht auf den von Johnsen und Rahbek entdeckten starken elektrischen Anziehungskräften, die zwischen einem Halbleiter A (Abb. 17) und einem Leiter B auftreten, wenn an sie eine größere Spannung E gelegt wird (vgl. Kap. 5). Die obere, nicht nach B zu gerichtete Oberfläche von A sei durch Kathodenzerstäubung od. dgl. gut leitend gemacht, so daß die Stromlinien in A senkrecht zur Oberfläche von A verlaufen. Der Widerstand von A sei R_a, der Widerstand von B sei ebenso wie der des sonstigen Stromkreises zu vernachlässigen, der Widerstand der Übergangsschicht zwischen A und B von der mittleren Dicke x sei R_x. Da praktisch A und B sich nur in einzelnen Punkten berühren, ist bei trockenen Oberflächen von A und B der Übergangswiderstand R_x groß gegen R_a. Der

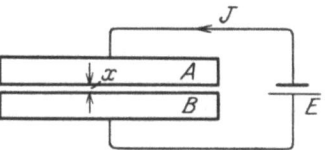

Abb. 17. Johnsen-Rahbek-Effekt.

Spannungsunterschied zwischen den einander zugekehrten Oberflächen von A und B ist an den Stellen, die sich nicht berühren

$$E_x = E \frac{R_x}{R_x + R_A}, \tag{41}$$

also nahezu gleich E, falls R_x groß gegen R_A ist.

Die elektrische Anziehungskraft, die zwischen A und B auftritt, ist

$$k = \frac{\varepsilon_x F E_x^2}{8\pi x^2} = \infty \frac{\varepsilon_x F E^2}{8\pi x^2}, \tag{42}$$

falls F die Größe der wirksamen Fläche und ε_x die Dielektrizitätskonstante des Zwischenmediums ist. Letztere braucht nicht gleich derjenigen der normalen Luft zu sein, da sie durch Oberflächenschichten (adsorbierte Gashäute) beeinflußt sein kann. ε_x kann also wesentlich größer als 1 werden. Da x außerdem sehr klein ist, ist die Größe der auftretenden Anziehungskräfte verständlich. Bei Benutzung von Solnhofer Schiefer oder Achat ergaben sich bei 200 Volt Anziehungskräfte von etwa 40 bzw. 250 g/cm².

Das Schema eines auf dem geschilderten Effekt beruhenden, von der Firma E. F. Huth, Berlin, gebauten Lautsprechers gibt Abb. 18. Ein Achatzylinder A mit Drehachse D wird im Sinne des Pfeiles dauernd in gleichmäßiger Rotation erhalten. Der Achatzylinder ist von einem Metallband B umschlungen, dessen eines Ende an der Mitte der Membran des Lautsprechers befestigt ist, während das andere Ende durch eine Feder F gehalten wird, so daß das Metallband dauernd gespannt ist und mit leichtem Druck den Achatzylinder berührt. Zwischen die Achse und das Metallband B ist eine Gleichspannung E geschaltet sowie die Sekundärwicklung eines Transformators, durch den die Schwankungen eines Mikrophonstromes od. dgl. auf den Stromkreis des Lautsprechers übertragen werden. Ist E_s die in letzterem durch den Mikrophonstrom induzierte Spannung, so ist nach (42)

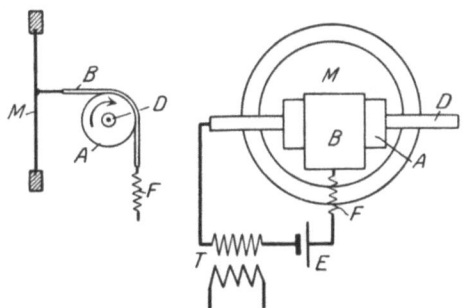

Abb. 18. Schema des Lautsprechers nach Johnsen-Rahbek.

---

[1]) K. Rottgardt, ZS. f. techn. Phys. Bd. 2, S. 315. 1921; L. Bergmann, ebenda Bd. 3, S. 220. 1922; J. Waszik, ebenda Bd. 5, S. 29. 1924; H. Schering u. R. Schmidt, ebenda Bd. 6, S. 19. 1925.

die zwischen Achatzylinder und Metallband auftretende Anziehungskraft in erster Näherung

$$k = \frac{\varepsilon_x F (E + E_s)^2}{8 \pi x^2} = \alpha (E + E_s)^2. \qquad (43)$$

Falls E groß gegen E_s ist, ist die durch E_s bedingte Schwankung von k

$$k = 2 \alpha E E_s. \qquad (43\text{a})$$

Entsprechend diesen Schwankungen von k treten schwankende **Reibungskräfte** zwischen Achatzylinder und Metallband auf und daher schwankende Zugkräfte auf die Membran. Die Membran führt also Schwingungen aus, die gleiche Frequenz wie E_s haben und deren Amplituden mit E_s wachsen.

Da bei diesem Lautsprecher mechanische Reibungskräfte u. dgl. eingehen, die wesentlich von der Oberflächenbeschaffenheit abhängen und mit ihr schwanken, ist derselbe einer exakten Durchrechnung weniger zugänglich als die früher behandelten.

24. Piezoelektrische Telephone und Lautsprecher[1]). Verschiedene nichtleitende Kristalle, die nicht dem regulären System angehören, z. B. Quarz, erfahren eine Deformation, falls man an ihre Endflächen eine elektrische Spannung anlegt. Durch Anlegen einer Wechselspannung kann man die Kristalle zum Schwingen und Tönen bringen. Auch hier ergibt eine zusätzliche große Gleichspannung wie beim Kondensatortelephon (Ziff. 16) eine große Verstärkung und bewirkt, daß die Frequenz des auftretenden Tones dieselbe ist wie die der wirksamen Wechselspannung, während ohne zusätzliche Gleichspannung die doppelte Frequenz auftritt. Zur Vergrößerung der akustischen Wirkung kann man mit dem einen Ende des Kristalls eine größere blattartige Platte verbinden.

Auch nach diesem Prinzip sind Lautsprecher und Unterwasserschallapparate gebaut worden.

e) Thermophone und ähnliche elektrisch betriebene Schallsender.

25. Thermophon[2]). Bei den als Thermophon bezeichneten Apparaten sind zwei verschiedene Arten zu unterscheiden: Bei der einen Art bewirken die mit Stromschwankungen verknüpften Temperaturschwankungen von Leitern **mechanische** Veränderungen, insbesondere schwankende Wärmeausdehnungen, die ihrerseits auf mechanische, den Ton erzeugende Systeme, z. B. Membranen, wirken. Diese Art von Thermophonen haben in keiner Hinsicht Bedeutung gewonnen. Bei der zweiten Art werden durch die Temperaturschwankungen des Leiters thermodynamisch berechenbare Druckschwankungen in dem umgebenden Gas hervorgerufen. Derartige Thermophone haben das Gute, daß sie im wesentlichen keine Eigenfrequenz besitzen und daher die Klangfarbe der zu übertragenden Töne sehr wenig entstellen. Voraussetzung ist hierbei wieder, daß dem induzierten Sprechstrom ein stärkerer Gleichstrom überlagert wird, da sonst wieder wie beim Kondensator- und Spulentelephon die doppelten Schallfrequenzen auftreten. Auch die Stärke des Tones wird durch den überlagerten Gleichstrom wieder erheblich vergrößert.

---

[1]) A. M. NICOLSON, Proc. Inst. Radio Eng. Bd. 38, S. 1315. 1919; W. G. CADY, Phys. Rev. Bd. 17, S. 531. 1921; Bd. 18, S. 142. 1921; Bd. 20, S. 98. 1922; Proc. Inst. Radio Eng. Bd. 50, S. 83. 1922; J. VALASEK, Phys. Rev. Bd. 17, S. 475. 1921; Bd. 19, S. 478. 1922; Bd. 20, S. 639. 1922.

[2]) H. D. ARNOLD u. J. B. CRANDALL, Phys. Rev. Bd. 10, S. 22. 1917; E. C. WENTE, ebenda Bd. 19, S. 333. 1922; F. TRENDELENBURG, Wiss. Veröffentl. a. d. Siemens-Konz. Bd. 3, H. 2, S. 212. 1924.

Bei der praktischen Ausführung derartiger Thermophone wird z. B. (TRENDELENBURG) ein in einer durch Gummimembrane abgeschlossenen Gaskammer ausgespannter Haardraht verwendet, der von einem starken Gleichstrom und dem mit Hilfe eines Telephontransformators induzierten Sprechstrom durchflossen wird. Die mit einem derartigen Thermophon erreichbare Lautstärke ist aber nur ein Bruchteil derjenigen eines elektromagnetischen Telephons. Der Energiebedarf ist das Tausendfache und mehr.

26. Sprechende Bogenlampe u. dgl.[1]). Läßt man die schwankenden Sprechströme mit Hilfe eines Transformators auf den Stromkreis eines Gleichstromflammenbogens einwirken, so wird das Volumen desselben periodisch vergrößert oder verkleinert. Dadurch entstehen Druckschwankungen in der umgebenden Luft, so daß die Sprache usw. vom Flammenbogen wiedergegeben wird. Hierbei bewirkt wieder der konstante Gleichstrom des Kreises eine Verstärkung und Wiedergabe der richtigen Tonhöhe. Auch die Funkenstrecke eines Induktoriums kann man in ähnlicher Weise zum Tönen bringen[2]).

f) Kohlemikrophone.

27. Kohlemikrophon für Drahttelephonie. Die Form der Kohlemikrophone, wie sie in den meisten Telephonapparaten verwendet werden, ist aus Abb. 19 zu ersehen: In einem Metallgehäuse G ist unter Zwischenschaltung von Isolationsbuchsen und Scheiben J eine Metallplatte P mit Schraube S isoliert befestigt. Auf P ist eine Kohleschale K_1 angeschraubt. Um diese herum liegt ein Filzring F, auf diesem mit leichtem Druck die Kohlemembran M. Diese wird durch den Deckel H gegen das Gehäuse G gedrückt, ist also mit dem Gehäuse leitend verbunden. Zwischen M und K_1 liegt eine Füllung aus kleinen Kohlestückchen K_2. Die beiden Pole des Mikrophons bilden also die Schraube S, in der meist noch ein federnder Stift angebracht ist, und das Gehäuse G. Der Widerstand solcher Mikrophone beträgt je nach der Ausführung etwa 20 bis 300 Ohm.

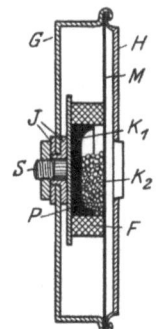

Abb. 19. Kohlemikrophon.

Die Ausführungsform dieser Kohlemikrophone ist so vielfältig variiert worden, daß die Aufzählung der verschiedenen Formen hier zu weit führen würde. Bei vielen Formen ist die Kammer ganz mit Kohlekörnern gefüllt. Die Kohleschale ist oft als eine Platte mit zahlreichen einzelnen Vertiefungen ausgeführt, um die Berührungsflächen der Kohlekörner möglichst groß zu machen. Die Membran steht oft horizontal, nicht senkrecht.

Eine exakte Theorie des Kohlemikrophons stößt auf Schwierigkeiten. Am ehesten wäre sie vielleicht möglich bei der ursprünglichen Form, bei der nur eine einzige Berührungsstelle zwischen einem Kohlestift und einer Kohlescheibe vorhanden war. Von Untersuchungen über die Mikrophonwirkung seien diejenigen von BIDWELL[3]), PEDERSEN[4]) und HOLM[5]) erwähnt. Ausführliches betreffs der letzteren s. in Bd. VIII ds. Handb.

Alle Körper werden, wenn sie nur mit leisem Druck einander berühren, die Eigenschaft haben, daß der Übergangswiderstand zwischen ihnen sich durch leise Bewegungen oder Schwingungen, wie sie durch Besprechung der Membran

---

[1]) H. TH. SIMON, Wied. Ann. Bd. 64, S. 233. 1898; Phys. ZS. Bd. 7, S. 433. 1906.
[2]) H. MOSLER, Elektrot. ZS. Bd. 27, S. 291. 1906.
[3]) S. BIDWELL, Journ. Soc. tel. Eng. Bd. 12, S. 173. 1883.
[4]) P. V. PEDERSEN, Electrician London. Bd. 76, S. 589 u. 625. 1916; La Lumière électrique Bd. 32, S. 281; Bd. 33, S. 17. 1916.
[5]) R. HOLM, ZS. f. techn. Phys. Bd. 3, S. 290, 320, 349. 1922; Bd. 6, S. 166. 1925.

des Mikrophons hervorgerufen werden, ändert. Warum aber sind diese Widerstandsänderungen bei Verwendung von Kohle so viel größer als bei Verwendung von Metallen? Vielleicht spielt die Gas- und Wasseradsorption, die an Kohle bekanntlich sehr viel größer als an Metall ist, eine maßgebende Rolle. Sie wirkt wohl wie eine elastische Schicht zwischen den Körnchen, so daß bei Bewegung derselben mehr oder weniger Molekülkomplexe miteinander in Berührung kommen. Außerdem ist die Temperaturänderung, die bei Stromänderung auftritt, in Betracht zu ziehen.

Bei der Kompliziertheit des ganzen Vorganges wird man anzunehmen haben, daß die Beziehung zwischen Elongation der Membran und Widerstand des Mikrophons keine einfache, jedenfalls bei etwas größeren Elongationen keine lineare ist[1]). Das hat zur Folge, daß bei Verwendung des gewöhnlichen Kohlemikrophons eine wirklich klanggetreue Übertragung nicht möglich ist: Die Lautstärken der leisen und lauten Klänge behalten bei der Übertragung nicht genau das richtige Verhältnis. Dies scheint sich praktisch zu bestätigen, auch wenn man Resonanzeffekte der Membran vermeidet. Über eine Verbesserung in dieser Hinsicht siehe Ziff. 29.

28. Kohlemikrophone für drahtlose Telephonie. Besonders während einer gewissen Entwicklungsperiode war in der drahtlosen Telephonie das Bedürfnis nach Mikrophonen vorhanden, die sehr viel stärkere Strombelastungen als die gewöhnlichen „Schwachstrommikrophone" vertrugen, um größere Leistungen durch das Mikrophon erreichen zu können. Dieses Bedürfnis zeitigte eine große Zahl von Umbildungen des Schwachstrommikrophons. Teilweise behalf man sich durch Parallelschalten von mehreren gewöhnlichen Mikrophonen und geschickte konstruktive Durchbildung dieses Verfahrens. Besonders ist in dieser Hinsicht die Verwendung von Doppelmikrophonen mit Kohlekörnern zwischen zwei gleichzeitig besprochenen Membranen sowie die Verwendung vergoldeter Metallmembranen zu erwähnen. Hauptsächlich aber suchte man die durch hohe Belastung entstehende Stromwärme unschädlich zu machen, und zwar durch Wasserkühlung, durch Füllung des Mikrophons mit dem die Wärme besonders gut leitenden Wasserstoffgas und durch Kombination beider Methoden[2]). Die Füllung mit Wasserstoffgas dürfte aber die Gasadsorption an den Kohlekörnchen und so die gute Wirksamkeit des Mikrophons wieder etwas beeinträchtigen, worauf auch gewisse experimentelle Befunde mit solchen Mikrophonen hinweisen. Neuerdings ist das Bedürfnis nach Starkstrommikrophonen wieder etwas in den Hintergrund getreten. Bei Benutzung von Röhrensendern für die drahtlose Telephonie, besonders den Rundfunk, verwendet man in der Regel wenig belastete Mikrophone und verstärkt die durch diese hervorgerufenen Stromschwankungen mit Hilfe von Niederfrequenzverstärkern, bevor man sie auf den Sender wirken läßt. Natürlich werden aber gerade mit Rücksicht auf diese Verstärkung an das zu verwendende Mikrophon hinsichtlich der Störungs- und Verzerrungsfreiheit der Klangübertragung besonders hohe Anforderungen gestellt. Ein Kohlemikrophon, das denselben zu genügen scheint, ist in Ziff. 29 besprochen.

29. Kohlemikrophon nach E. REISZ[3]). Dieses Kohlemikrophon weist prinzipielle Unterschiede gegenüber früheren Konstruktionen auf: Erstens ist es sozusagen membranlos, zweitens wird der Strom nicht in Richtung der auf-

---

[1]) R. HOLM, ZS. f. techn. Phys. Bd. 3, S. 254. 1922, schließt aus seinen Messungen, die aber mehr qualitativ waren, auf Proportionalität zwischen Elongation und Widerstandsänderung.

[2]) Vgl. E. NESPER, Handb. der drahtlosen Telegraphie und Telephonie. Bd. II, S. 428. 1921.

[3]) E. NESPER, Radio-Amateur Bd. 4, S. 880. 1925.

treffenden Schallwellen durch das Mikrophon geführt, sondern senkrecht dazu, drittens wird besonderer Wert darauf gelegt, daß die Kohlekörner sehr verschiedene Größe, bis herunter zu feinem Kohlestaub, haben.

Das Schema des REISZschen Mikrophons gibt Abb. 20: In einem aus Isolationsmaterial bestehenden Block A befindet sich eine mit Kohlekörnchen verschiedenster Größe gefüllte Vertiefung. An zwei gegenüberliegenden Stellen derselben sind zwei Elektroden P_1 und P_2 mit Zuführungen Z_1 und Z_2 befestigt. Um das Mikrophon aufrecht stellen zu können, ist über die Kohlefüllung eine dünne ungespannte Gummimembran gelegt, die keinerlei Resonanzstellen im Bereich der hörbaren Klänge hat. Die Dicke der Kohleschicht beträgt nur 1 bis 2 mm. Der Widerstand des Mikrophons beträgt bei normaler Ausführung etwa 100 Ohm, bei größerer Ausführung 300 bis 400 Ohm. Es wird mit etwa 0,008 Amp belastet.

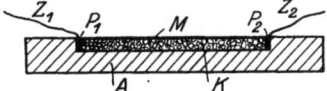

Abb. 20. Kohlemikrophon nach REISZ.

Das eigentliche Mikrophon ist in einen Marmorblock eingelassen, der eine Schallöffnung und die Anschlußklemmen besitzt und an Gummischnüren aufgehängt wird.

Das REISZsche Mikrophon soll im Bereich $\omega = 1000$ bis $\omega = 40000$ einen nahezu gleichbleibenden Wirkungsgrad haben. Es wird neuerdings in vielen deutschen Rundfunksendestationen und auch in England benutzt. Jedoch ist seine Empfindlichkeit viel geringer als die der gewöhnlichen Mikrophone, so daß bei seiner Verwendung eine größere Verstärkung der erzeugten Stromschwankungen als beim gewöhnlichen Mikrophon nötig ist.

Eine weitere Verbesserung seines Mikrophons erhofft REISZ noch durch Verwendung der in Ziff. 19 beschriebenen resonanzfreien Gummimembran mit aufgeklebten Kohlekörnern.

30. Mikrophonverstärker und Phonophore. Verbindet man ein gewöhnliches Kohlemikrophon mit einem Telephon in geeigneter Weise durch kurze Leitungen, legt das Telephon ans Ohr und stellt das Mikrophon dicht dabei auf oder hängt es vor die Brust, so hört man die Sprache einer zweiten, im gleichen Raum befindlichen Person stärker als ohne die Apparatur. Doch gilt dies, wie eine genauere experimentelle Untersuchung zeigt, nur, falls der auf das Mikrophon fallende Schall eine gewisse Mindeststärke hat; andernfalls hört man den Sprechenden leiser als ohne Apparatur, so daß eine Reizschwelle des Mikrophons vorgetäuscht wird. Derartige Apparaturen werden von der Firma Siemens & Halske für Schwerhörige hergestellt und als einfache Phonophore bezeichnet. Sie sind aber wegen des geringen Verstärkungsgrades nur für nicht sehr stark Schwerhörige brauchbar.

Um weiterzukommen, verwendet Siemens & Halske Mikrophonverstärker. Diese Verstärker, die vor der Erfindung der Elektronenrohrverstärker schon für andere Zwecke verwendet, neuerdings aber für die Benutzung bei Phonophoren besonders gut durchgebildet wurden, bestehen aus einer Kombination von Telephon und Mikrophon: Der durch das Auffangmikrophon erzeugte Mikrophonstrom fließt durch ein Telephon, dessen Membran unmittelbar als Membran eines zweiten Mikrophons dient. Die durch das zweite Mikrophon hervorgerufenen stark vergrößerten Stromschwankungen wirken erst auf das am Ohr befindliche Hörtelephon. Derartige Phonophore mit Mikrophonverstärker geben — allerdings auch wieder erst oberhalb einer gewissen Stärke des auftretenden Schalles — eine recht beträchtliche Schallverstärkung und sind auch für manche anderen Zwecke als den der Verwendung für Schwerhörige wegen ihrer Einfachheit und Transportfähigkeit geeignet. Die dabei verwendeten

Telephone sind meist sehr leicht gehaltene elektromagnetische „Ohrsprecher", deren Membran so klein ist, daß sie fast in den Gehörgang eingeführt werden kann. Durch eine durchbohrte, in die Schallöffnung eingesetzte Olive wird der Gehörgang ganz abgeschlossen, was günstig für die Ausnutzung der Schallenergie ist. Neuerdings fertigen Siemens & Halske zu den Phonophoren auch leichte, besonders gut durchgebildete Dosentelephone nach SELL. Bei ihnen ist ein topfförmiger Magnet mit zwei konzentrischen Polen, deren äußerer also ringförmig ist, verwendet, so daß ein gut geschlossener magnetischer Kreis entsteht. Die leichte Membran besitzt einen ziemlich hohen Eigenton und ist stark gedämpft, so daß das Telephon nach (12b) von Ziff. 9 sehr verzerrungsfreie Wiedergabe ermöglicht. Die starke Dämpfung ist dadurch erreicht, daß der als federndes Polster wirkende Luftraum hinter der Membran nur durch einen engen Schlitz mit dem Außenraum kommuniziert. — Allerdings wird die Güte dieses Telephons bei den Phonophoren nicht ausgenutzt, da die Aufnahmemikrophone keineswegs resonanzfrei arbeiten.

g) Elektromagnetische und elektrodynamische Telephone als Mikrophone.

31. Elektromagnetisches Mikrophon. Die ursprünglich von BELL benutzte Anordnung, auch auf der Sprechseite ein Telephon, dessen Membran besprochen wird, zu verwenden, hat sich in manchen Fällen, z. B. in der drahtlosen Telephonie[1]), auch neuerdings als gut anwendbar gezeigt. Man kann dabei verhältnismäßig große Energie im Telephon umsetzen.

Die Theorie des so verwendeten Telephons gestaltet sich folgendermaßen[2]):

Nimmt man an, daß auf die als „Kolbenmembran" betrachtete Membran eine ebene akustische Welle auffällt mit dem Schalldruck

$$p = f(t),$$

so wird wegen der Reflexion der Welle entsprechend Ziff. 5 auf die Membran eine Kraft $2Fp$ ausgeübt, wenn F die Membranfläche ist. Ist J der in der Telephonwicklung durch die Membranbewegung induzierte Strom, so wird die gesamte erregende Kraft

$$k = 2Fp + AJ. \qquad (44)$$

Dabei ist J so gerichtet, daß AJ im Mittel entgegen $2Fp$, also dämpfend wirkt. Der Faktor A ist wieder durch Gleichung (4a) von Ziff. 9 gegeben. In (44) steckt noch die Voraussetzung, daß die Elongationen der Membran sehr klein gegen die Wellenlänge des auffallenden Schalles sind, so daß die Abhängigkeit des Schalldruckes vom Ort der Membran zu vernachlässigen ist. Diese Voraussetzung ist in der Regel genau genug erfüllt. Mit (44) geht Gleichung (1) von Ziff. 5 über in

$$m\frac{d^2x}{dt^2} + r\frac{dx}{dt} + cx = 2Fp + AJ. \qquad (1\text{c})$$

Um zu einer der Gleichung (6) von Ziff. 9 entsprechenden Differentialgleichung für J zu kommen, muß man eine Annahme betreffs der Energieabgabe nach der Sendeseite zu machen. Nimmt man an, daß das als Mikrophon benutzte Telephon vermittels eines streuungslosen Transformators auf einen Verstärker wirkt, so kann man so rechnen, als ob erstens die Selbstinduktion L des Telephonkreises einen abgeänderten Wert L' hat und zweitens in den Telephonkreis außer dem

---
[1]) J. ZENNECK, Jahrb. d. drahtl. Telegr. Bd. 19, S. 126. 1922.
[2]) H. RIEGGER, Wiss. Veröffentl. a. d. Siemens-Konz. Bd. 3, H. 2, S. 75. 1924. Hier ist speziell das elektrodynamische Telephon als Mikrophon behandelt; H. LICHTE, Phys. ZS. Bd. 18, S. 393. 1917.

OHMschen Telephonwiderstand R_t noch ein OHMscher Nutzwiderstand R'_n eingeschaltet ist. Da eine äußere elektromotorische Kraft im Telephonkreis jetzt nicht wirksam ist, erhält man so an Stelle der Gleichung (6a) von Ziff. 9 die Beziehung

$$R'J + L'\frac{dJ}{dt} + A\frac{dx}{dt} = 0, \tag{45}$$

wobei

$$R' = R_t + R'_n; \qquad L' = L_t + L'_n, \tag{45a}$$

ist und $A\,dx/dt$ ein solches Vorzeichen hat, daß im Mittel Arbeit auf den Telephonkreis übertragen wird.

Setzt man

$$p = p_0 \sin \omega t, \tag{46}$$

so kann man wieder als Lösung von (1c) und (45) bei Benutzung der komplexen Rechnung setzen

$$J = J_0 e^{j(\omega t + \varphi_i)}; \qquad x = x_0 e^{j(\omega t + \varphi_x)}; \qquad j = \sqrt{-1}. \tag{47}$$

Damit wird aus (45) und (1c)

$$R'J_0 e^{j\varphi_i} + L'J_0 \omega j e^{j\varphi_i} + A x_0 \omega j e^{j\varphi_x} = 0,$$
$$- m x_0 \omega^2 e^{j\varphi_x} + r x_0 \omega j e^{j\varphi_x} + c x_0 e^{j\varphi_x} = 2F p_0 + A J_0 e^{j\varphi_i},$$

oder

$$\left. \begin{array}{l} J_0 e^{j\varphi_i} \left[A + r\dfrac{R'}{A} + (c - m\omega^2)\dfrac{L'}{A} + j\omega\left(r\dfrac{L'}{A} + (c - m\omega^2)\dfrac{R'}{A\omega^2}\right) \right] \\ \qquad = J_0 e^{j\varphi_i} [A_s + j\omega B_s] = 2F p_0. \end{array} \right\} \tag{48}$$

$$\left. \begin{array}{l} x_0 e^{j\varphi_x} \left[c - m\omega^2 + \dfrac{A^2 \omega^2 L'}{R'^2 + \omega^2 L'^2} + j\omega\left(r + \dfrac{R'A^2}{R'^2 + \omega^2 L'^2}\right) \right] \\ \qquad = x_0 e^{j\varphi_x} [C_s + j\omega D_s] = 2F p_0. \end{array} \right\} \tag{49}$$

Aus (48) und (49) folgt weiter

$$J_0 = \frac{2F p_0}{\sqrt{A_s^2 + \omega^2 B_s^2}}; \qquad \operatorname{tg} \varphi_i = \frac{\omega B_s}{A_s}. \tag{48a}$$

$$x_0 = \frac{2F p_0}{\sqrt{C_s^2 + \omega^2 D_s^2}} = \frac{J_0}{A\omega}\sqrt{R'^2 + \omega^2 L'^2}; \qquad \operatorname{tg} \varphi_x = \frac{\omega D_s}{C_s}; \qquad \operatorname{tg}(\varphi_x - \varphi_i) = \frac{R'}{\omega L'}. \tag{49a}$$

Hiernach wird J_0 und x_0 ein Maximum für den Fall der Resonanz der Membran, d. h. $c = m\omega^2$. In diesem Fall erhält die gesamte induzierte mittlere Stromleistung $\frac{1}{2}J_0^2 R'$ den Wert

$$\left(\frac{1}{2}J_0^2 R'\right)_{c=m\omega^2} = \frac{2F^2 p_0^2 A^2}{\dfrac{1}{R'}(A^2 + rR')^2 + \dfrac{1}{R'}\omega^2 r^2 L'^2}. \tag{50}$$

Dieser Ausdruck wird ein Maximum für $R'^2 = \omega^2 L'^2 + A^4/r^2$. Ist speziell $L' = 0$, so wird das Maximum von (50)

$$\left(\frac{1}{2}J_0^2 R'\right)_{\max} = \frac{F^2 p_0^2}{2r}. \tag{50a}$$

Falls auch $r_v = 0$ gesetzt wird, ist also dann die Leistung umgekehrt proportional dem Strahlungswiderstand r_s, der nach Gleichung (2) von Ziff. 5 in erster Näherung proportional ω^2 ist.

Dieser Fall der Resonanz ist ganz ungeeignet, um eine klanggetreue Übertragung mit dem als Mikrophon benutzten Telephon zu erzielen. Man muß im Gegenteil die Eigenfrequenz der Membran unterhalb oder oberhalb des Tongebietes legen, wodurch die in elektrische Energie umgesetzte Schallenergie gegenüber (50a) sinkt.

Aber auch in diesen Fällen wird J_0 nicht proportional dem Schalldruck p_0, sondern in verschiedenartiger Weise abhängig von ω (RIEGGER). Man muß zu erreichen suchen, daß die Übertragungsorgane (Verstärker usw.) und das Telephon an der Gegenseite derartig wirken, daß die an der Gegenseite erzeugte Schalldruckamplitude stets proportional derjenigen an der Sprechseite wird. Näheres hierüber siehe in Bd. VIII ds. Handb.

32. Bändchenmikrophon[1]). Von den elektrodynamischen Telephonen ist besonders das Bändchentelephon (vgl. Ziff. 12) als Mikrophon durchgebildet worden. Die Anordnung ist ganz ähnlich wie beim Bändchenlautsprecher. Die Theorie entspricht durchaus dem in Ziff. 31 für das elektromagnetische Mikrophon Dargelegten, nur daß die Größe von A in Gleichung (44) von Ziff. 31 jetzt durch Gleichung (15) von Ziff. 12 gegeben ist.

33. Induktionsmikrophon. Auch das HEWLETTsche Induktionstelephon (Ziff. 14) und die ihm verwandten Apparate sind ohne weiteres an Stelle von Mikrophonen an der Sprechseite zu verwenden. Die Empfindlichkeit ist geringer als beim Bändchenmikrophon wegen des Fortfalls des Eisens, so daß sehr große Verstärkung nötig ist. Dafür soll, was einleuchtet, eine größere Verzerrungsfreiheit der Klangübertragung zu erreichen sein. Die Theorie läßt sich im Anschluß an Ziff. 14 entsprechend dem in Ziff. 31 Dargelegten entwickeln, gestaltet sich aber komplizierter als die des elektromagnetischen Mikrophons.

h) Durch elektrische Kräfte wirksame Mikrophone.

34. Kondensatormikrophon[2]). Das Kondensatortelephon (Ziff. 16ff.) kann in verschiedener Weise als Mikrophon benutzt werden: In der niederfrequenten Drahttelephonie kann man es einfach an Stelle eines Kohlemikrophons verwenden; durch die Ladungsschwankungen beim Besprechen des Kondensatortelephons entstehen Stromschwankungen im Mikrophonkreis, die mit Hilfe eines Transformators nach der Empfangsseite hin weitergeleitet werden. Die dabei erzielbaren Stromschwankungen sind aber viel geringer als bei Verwendung des Kohlemikrophons. Bei Hochfrequenztelephonie kann man das Kondensatortelephon genau in derselben Weise benutzen, indem man die erzeugten Stromschwankungen im Mikrophonkreis, evtl. nach Verstärkung durch einen Niederfrequenzverstärker, z. B. auf den Gitterkreis einer Senderöhre wirken läßt. Man kann aber das Kondensatortelephon, besonders das polarisierte Kondensatortelephon (Ziff. 17), auch so schalten, daß durch die Schwankungen seiner Kapazität beim Besprechen Änderungen der Wellenlänge in einem Hochfrequenzkreis hervorgerufen werden. Diese Wellenlängenänderungen können dann ihrerseits — evtl. nach Verstärkung durch Erzeugung von Schwebungen mit einem Hilfshochfrequenzkreis konstanter Frequenz — in einem gekoppelten Resonanzkreis (z. B. der Sendeantenne) Änderungen der Amplitude der Hochfrequenz-

---

[1]) W. SCHOTTKY u. E. GERLACH, ZS. f. techn. Phys. Bd. 5, S. 574 u. 576. 1924; H. RIEGGER, Wiss. Veröffentl. a. d. Siemens-Konz. Bd. 3, H. 2, S. 75. 1924.

[2]) R. A. FESSENDEN, Amer. Patent 1901; E. C. WENTE, Phys. Rev. Bd. 10, S. 39. 1917; J. B. CRANDALL, ebenda Bd. 11, S. 449. 1918; F. TRENDELENBURG, Wiss. Veröffentl. a. d. Siemens-Konz. Bd. 3, H. 2, S. 43. 1924; ZS. f. techn. Phys. Bd. 5, S. 236. 1924; H. RIEGGER, Wiss. Veröffentl. a. d. Siemens-Konz. Bd. 3, H. 2, S. 82. 1924; ZS. f. techn. Phys. Bd. 5, S. 577. 1924.

schwingungen hervorrufen. Näheres über die verschiedenen hierbei vorliegenden Möglichkeiten siehe in Bd. VIII ds. Handb.

Dem polarisierten Kondensatormikrophon gab RIEGGER die Form von Abb. 21, die dem Schema des Kondensatortelephons Abb. 12 entspricht; es ist von TRENDELENBURG auch zur objektiven Klangaufzeichnung verwendet worden. Die Theorie desselben gestaltet sich folgendermaßen:

Für die erregende Kraft k in Gleichung (1) von Ziff. 5 erhält man entsprechend Gleichung (44) von Ziff. 30 und Gleichung (29) von Ziff. 17

$$k = 2Fp + \frac{2C_0}{a}\left(E_0' V + E_0'^2 \frac{x}{a}\right). \tag{51}$$

Hierbei bedeutet, entsprechend Ziff. 44 und Ziff. 17, F die Fläche der Membran, $p = f(t)$ den Schalldruck der auffallenden ebenen Schallwelle, C_0 die Kapazität der einen Kondensatorhälfte bei ruhender Membran, a den Abstand der ruhenden Membran von den beiden festen Platten, E_0' die zwischen Membran und den beiden festen Platten wirksame Gleichspannung (Abb. 12 von Ziff. 17), V die durch die Membranbewegung induzierte Wechselspannung zwischen Membran und Platte P_1, x die Elongation der Membran aus der Ruhelage nach P_1 zu.

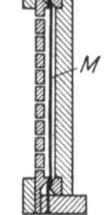

Abb. 21. Kondensatormikrophon nach RIEGGER.

Mit (51) geht Gleichung (1) von Ziff. 5 über in

$$m\frac{d^2x}{dt^2} + r\frac{dx}{dt} + cx = 2Fp + \frac{2C_0}{a}\left(E_0' V + E_0'^2 \frac{x}{a}\right). \tag{52}$$

An Stelle von Gleichung (31) von Ziff. 17 tritt, da die äußere EMK $E = 0$ ist, wenn L' und R' mit Rücksicht auf die äußeren gekoppelten Kreise abgeänderte Werte von Selbstinduktion und Widerstand sind

$$\left. \begin{array}{l} \frac{d}{dt}\left(\frac{1}{2}C_1(E_0'+V)^2\right) + \frac{d}{dt}\left(\frac{1}{2}C_2(E_0'-V)^2\right) + \frac{L'}{2}\frac{d}{dt}(J_1^2 + J_2^2) \\ + R^1(J_1^2 + J_2^2) + R_0(J_2 - J_1)^2 + k\frac{dx}{dt} = E_0'(J_2 - J_1). \end{array} \right\} \tag{53}$$

Hierbei ist wieder

$$C_1 = \frac{C_0}{1 + \frac{x}{a}}; \qquad C_2 = \frac{C_0}{1 - \frac{x}{a}} \tag{54}$$

$$J_1 = \frac{d}{dt}(C_1(E_0' + V)); \qquad J_2 = \frac{d}{dt}(C_2(E_0' - V)). \tag{55}$$

Ist p als Funktion von t gegeben, z. B. $p = p_0 \sin \omega t$, so ist durch (52) bis (55) sowohl x wie V als Funktion von t bestimmt.

Ist speziell L' sehr klein und R' sehr groß, wie es praktisch bei andersartiger Schaltung als entsprechend Abb. 12 eintritt (vgl. RIEGGER), so wird J_1 und J_2 sehr klein. Dann folgt aus (55) mit $J_1 = J_2 = 0$ in erster Annäherung

$$V = -E_0' \frac{x}{a}. \tag{55a}$$

Setzt man (55a) in (52) ein, so erhält man die von V unabhängige Gleichung

$$m\frac{d^2x}{dt^2} + r\frac{dx}{dt} + cx = 2Fp, \tag{52a}$$

die z. B. TRENDELENBURG bei der Theorie seiner objektiven Klangaufzeichnung verwendet.

Die Diskussion von (52a) ergibt, daß Unabhängigkeit der erzeugten Spannung V von der Frequenz am besten durch hohe Eigenfrequenz der Membran erreicht wird. Diese ist bequem durch Anordnung eines sehr kleinen abgeschlossenen Luftraums auf einer Seite der Membran zu erreichen.

35. Piezoelektrisches Mikrophon. Das piezoelektrische Telephon (Ziff. 24) ist ähnlich wie das Kondensatortelephon als Mikrophon verwendbar: Durch Deformation des piezoelektrischen Kristalls, wie sie beim Besprechen einer mit dem Kristall mechanisch gekoppelten Membran entsteht, werden an seinen Endflächen Spannungsschwankungen erzeugt, die ähnlich wie die am Kondensatormikrophon auftretenden ausgenutzt werden können. Literatur siehe Ziff. 24.

i) Mikrophone unter Verwendung von Flüssigkeit und Gas.

36. Flüssigkeitsstrahlmikrophon. Schon BELL hat auf die Möglichkeit hingewiesen, mit Hilfe eines den elektrischen Strom leitenden Flüssigkeitsstrahls ein Mikrophon herzustellen. Sein Gedanke ist von MAJORANA[1]) in folgender Weise durchgeführt worden: Aus einer Düse D (Abb. 22) fließt ein dünner Strahl S von schwacher Salzlösung od. dgl. aus. In eine seitliche Öffnung der Düsenwandung ragt ein mit der besprochenen Membran M verbundener Stab A. Der Strahl S überbrückt den aus Isolationsmaterial bestehenden Zwischenraum zwischen den Elektroden P_1 und P_2, die in einem von der Spannung E gespeisten Stromkreise liegen. Beim Besprechen von M wird durch A der Flüssigkeitsstrahl in Schwingungen versetzt, so daß der Überbrückungswiderstand zwischen P_1 und P_2 sich im Tempo der Schwingungen ändert. Es entstehen Stromschwankungen, die durch den Transformator T weitergeleitet werden. — Nach ähnlichem Prinzip ist das hydraulische Mikrophon von CHAMBERS[2]) gebaut, das 250 bis 500 Watt vertragen soll.

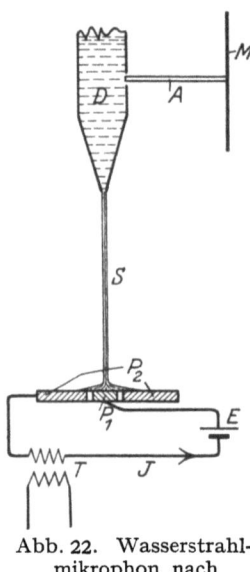

Abb. 22. Wasserstrahlmikrophon nach BELL-MAJORANA.

Derartige Mikrophone sind in der drahtlosen Telephonie mit Erfolg benutzt worden, um möglichst große Leistungen im Mikrophon umsetzen zu können. Eine wirklich klanggetreue Übertragung, die höheren Ansprüchen genügt, dürfte aber damit nicht zu erreichen sein.

37. Kathodophon.[3]) Dieses von MASSOLE, ENGL und VOGT angegebene Mikrophon ist im wesentlichen die Umkehrung der sprechenden Bogenlampe (Ziff. 26): Mit Hilfe einer glühenden Oxydkathode wird eine Entladung in freier Luft in einem Stromkreis hergestellt. Durch Besprechen der Entladungsstrecke entstehen Stromschwankungen, die mit Hilfe eines Transformators in üblicher Weise weitergeleitet werden. Es leuchtet ein, daß bei diesem Mikrophon wegen des Fehlens von Eigenschwingungen klanggetreue Übertragung zu erreichen ist. Doch scheint es auch in der drahtlosen Telephonie wieder durch das Kohlemikrophon verdrängt zu werden. — Die Bogenlampe und die Funkenstrecke eines Induktoriums sind schon früher von SIMON und MOSLER in entsprechender Weise als Mikrophon benutzt worden[4]).

---

[1]) Q. MAJORANA, L'électricien Bd. 37, S. 257. 1909; Journ. él. (2) Bd. 11, S. 246 u. 275. 1910.
[2]) F. J. CHAMBERS, Electrician Bd. 65, S. 560. 1910.
[3]) J. MASSOLE, J. ENGL u. H. VOGT, D.R.P. 1919 u. 1920; F. AMBROSIUS, Rad. Te. Exp. Helios Bd. 30, S. 125. 1924.
[4]) Vgl. die Literatur zu Ziff. 26.

Kapitel 7.

Schwingung und Dämpfung in Meßgeräten und elektrischen Stromkreisen.

Von

W. JAEGER, Berlin.

Mit 24 Abbildungen.

a) Allgemeines.

1. Bewegungsgleichungen. Die beweglichen Teile der Meßgeräte führen sehr verschiedene Bewegungsformen aus. Wenn sie um eine Achse drehbar sind (Aufhängung an einem Faden, Lagerung mit Zapfen oder Spitzen), so wird die Abweichung ihrer Einstellung von der Nullage durch einen Winkel ausgedrückt, wie bei den Nadel- und Drehspulgalvanometern. Es gibt aber auch Meßgeräte, wie z. B. das Fadengalvanometer, bei denen der bewegliche Teil (Faden) eine seitliche Ausbiegung erfährt. Die beweglichen Teile können Schwingungen um eine Gleichgewichtslage ausführen, zu denen auch im weiteren Sinne die aperiodischen Bewegungen zu rechnen sind; aber sie sind auch unter dem Einfluß äußerer Kräfte, wie z. B. beim Oszillographen, imstande, beliebige Bewegungen, als Funktion der Zeit betrachtet, zu vollführen.

2. Drehbar gelagerte mechanische Systeme. Für drehbar gelagerte Systeme gilt nach einem allgemeinen Satz der Mechanik:

$$\text{Trägheit} \times \text{Winkelbeschleunigung} = \text{Summe der Drehmomente.} \quad (1)$$

Wenn es sich um ein gedämpft schwingendes System handelt, wie es im allgemeinen der Fall ist, so setzt sich die rechte Seite obiger Gleichung zusammen aus den Drehmomenten der **Richtkraft** (Direktionskraft), der **Dämpfung** und derjenigen der **äußeren**, auf das System wirkenden **Kräfte**.

Die Richtkraft D, welche das System in die Nullage zurückzuführen sucht, wird z. B. bei den Nadelgalvanometern gebildet durch die Wirkung des magnetischen Feldes oder durch die Torsion des Aufhängefadens oder durch beide zusammen; bei den Drehspulgalvanometern wirkt die Torsion der Aufhängung und die Federkraft der unteren Stromzuführung, in anderen Fällen diese Federkraft allein. Bei kleinen Ausschlägen darf man das Drehmoment der Richtkraft proportional dem Ausschlagswinkel ψ setzen, also gleich $D\psi$. Die Dämpfung, welche die Bewegung des Systems erfährt, kann durch Luft oder eine besondere Flüssigkeitsdämpfung bewirkt werden oder aber durch elektrodynamische Rückwirkung des durch die Bewegung induzierten Stroms oder durch eine Kombination dieser Faktoren. Bei nicht zu großer Winkelgeschwindigkeit setzt man in der Regel das durch die Dämpfung bewirkte Drehmoment proportional der Winkelgeschwindigkeit $d\psi/dt$, also gleich $p\,d\psi/dt$, wobei p als

Dämpfungskonstante bezeichnet wird. Das Drehmoment der äußeren, auf das System wirkenden Kraft endlich ist eine beliebige Funktion der Zeit, die mit $F(t)$ bezeichnet sei. Durch Summation dieser drei Drehmomente erhält man für Gleichung (1), wenn noch das Trägheitsmoment mit K bezeichnet wird, die Differentialgleichung zweiter Ordnung

$$K \frac{d^2 \psi}{d t^2} = -D \psi - p \frac{d \psi}{d t} + F(t),\qquad(2)$$

oder nach Division durch K:

$$\frac{d^2 \psi}{d t^2} + \frac{p}{K} \frac{d \psi}{d t} + \frac{D}{K} \psi = \frac{F(t)}{K} = f(t).\qquad(3)$$

3. Elektrischer (Thomsonscher) Schwingungskreis. Eine der Gleichung (3) in der mathematischen Form ganz analoge Differentialgleichung erhält man für einen elektrischen Schwingungskreis, in welchem ein Ohmscher Widerstand R, eine Selbstinduktion L und ein Kondensator von der Kapazität C hintereinander geschaltet sind und in dem eine Umfangsspannung V induziert wird, die im allgemeinen eine beliebige Funktion der Zeit darstellt und als äußere, auf den Stromkreis wirkende Kraft zu betrachten ist, die auch Null sein kann. Wird der Augenblickswert der Stromstärke mit i bezeichnet, so besteht bekanntlich die Gleichung (s. Kap. 18):

$$L \frac{di}{dt} + R i + \frac{1}{C} \int i \, dt = V.\qquad(4)$$

Die Spannung v des Kondensators ist $v = (1/C) \int i \, dt$. Führt man diesen Wert in Gl. (4) ein, so ergibt sich nach Division durch L eine Gleichung für v:

$$\frac{d^2 v}{d t^2} + \frac{R}{L} \cdot \frac{dv}{dt} + \frac{1}{LC} v = \frac{V}{LC} = f(t),\qquad(5)$$

also auch eine Differentialgleichung zweiter Ordnung von derselben Form wie Gleichung (3). Der Dämpfungskonstante p entspricht hier der Widerstand R des Stromkreises, der also dämpfend wirkt. Ebenso entspricht das Trägheitsmoment K der Selbstinduktion L und die Richtkraft D dem Wert $1/C$; die vorstehenden Größen werden dabei als konstant angenommen. Es ist aber zu beachten, daß die einzelnen Glieder der beiden Gleichungen (3) und (5) verschiedene Dimension haben, nämlich diejenigen von Gleichung (3) die Dimension $[t^{-2}]$, diejenigen der Gleichung (5) die Dimension $[i \cdot t^{-2}] = [m^{1/2} l^{1/2} t^{-3}]$ im elektromagnetischen Maßsystem.

Man kann beide Gleichungen auf die gemeinsame Form bringen:

$$\frac{d^2 x}{d t^2} + 2 m \frac{dx}{dt} + n x = f(t),\qquad(6)$$

und somit die beiden Probleme der mechanischen Bewegung und der Vorgänge im Thomsonschen Schwingungskreis gemeinsam behandeln.

Die Konstante n hängt in einfacher Weise mit der Schwingungsdauer des ungedämpft schwingenden Systems bei Abwesenheit äußerer Kräfte zusammen ($m = 0$ und $f(t) = 0$). Man erhält dann $d^2 x/dt^2 + n x = 0$ mit der Lösung $x = A \sin 2\pi t/T_0$, worin A eine Integrationskonstante und T_0 die Schwingungsdauer (ganze Periode) bei Abwesenheit von Dämpfung bezeichnet. Setzt man

$$\frac{2\pi}{T_0} = 2\pi \nu_0 = \omega_0,\qquad(7)$$

worin ν_0 die **Frequenz** und ω_0 die sog. **Kreisfrequenz** bei Abwesenheit von Dämpfung bedeutet, so folgt durch Einsetzen des Wertes von x in die angegebene Differentialgleichung $n = \omega_0^2$, so daß man an Stelle von Gleichung (6) schreiben kann:

$$\frac{d^2x}{dt^2} + 2m\frac{dx}{dt} + \omega_0^2 x = f(t). \tag{8}$$

Betreffs der Bedeutung der einzelnen Größen dieser Gleichung für die beiden gemeinsam betrachteten Fälle siehe untenstehende Zusammenstellung (Tabelle 2).

4. Darstellung der Bewegungsgleichung durch einen einzigen Parameter α. Die Gleichung (8) enthält noch zwei Parameter m und ω_0, die von den Konstanten der ursprünglichen Differentialgleichungen (2) und (4) abhängen (s. Tabelle 2). Man kann aber Gleichung (8) durch Einführung eines anderen Zeitmaßes so umformen, daß nur ein einziger Parameter darin vorkommt, so daß alle Bewegungsformen nur mit diesem Parameter variieren. Diese Verallgemeinerung durch Einführung eines anderen Zeitmaßes ist zuerst vom Verf. für den aperiodischen Grenzfall vorgenommen worden, in welchem Fall überhaupt kein Parameter mehr vorhanden ist; später hat dann ZÖLLICH diese Maßnahme für die allgemeine Schwingungsgleichung in erschöpfender Weise durchgeführt[1]).

Führt man das **Zeitmaß** τ ein, welches definiert ist durch

$$\tau = \omega_0 t = 2\pi \frac{t}{T_0}, \tag{9}$$

so ergibt sich die nur einen **Parameter α** enthaltende Gleichung

$$\frac{d^2x}{d\tau^2} + 2\alpha\frac{dx}{d\tau} + x = \varphi(\tau), \tag{10}$$

wenn zur Abkürzung gesetzt wird:

$$\alpha = \frac{m}{\omega_0} \quad \text{und} \quad \varphi(\tau) = \frac{1}{\omega_0^2} f\left(\frac{\tau}{\omega_0}\right). \tag{11}$$

Das Zeitmaß der Gleichung (9) ist dimensionslos, indem die Zeit nicht absolut (in Sekunden, Minuten usw.) ausgedrückt wird, sondern in Bruchteilen von 2π, da die Zeit t durch die Dauer der ungedämpften Schwingung T_0 dividiert wird; ebenso ist der Parameter α dimensionslos, da er nach Gleichung (10) die Dimension $[\tau^{-1}]$ besitzt und τ selbst dimensionslos ist. Den einzelnen Gliedern von Gleichung (10) kommt die Dimension von x zu, also im Falle der mechanischen Bewegung ($x = \psi$) die Dimension Null, im Falle des elektrischen Schwingungskreises ($x = i$) die Dimension der Stromstärke. Bei der Betrachtung der Bewegungsformen nach Gleichung (10) braucht man auf die speziellen Konstanten der Gleichungen (2) und (4) nicht zurückzugreifen; man kann sie dann hinterher in die abgeleiteten allgemein gültigen Gleichungen einsetzen; dadurch wird die Darstellung sehr vereinfacht und die Resultate werden übersichtlicher.

Der Zusammenhang der verschiedenen, im vorstehenden definierten Größen, die in den angegebenen Gleichungen vorkommen, ergibt sich aus der folgenden tabellarischen Zusammenstellung (Tabelle 1, 2 und 3).

---

[1]) Vgl. W. JAEGER, ZS. f. Instrkde. Bd. 23, S. 261 u. 353. 1903; Ann. d. Phys. Bd. 21, S. 64. 1906; H. ZÖLLICH, Wiss. Veröffentl. a. d. Siemens-Konz. Bd. 1, S. 24. 1920; Bd. 2, S. 378. 1922; s. auch W. JAEGER, ZS. f. Phys. Bd. 9, S. 251. 1922; Elektrische Maßtechnik, 2. Aufl. Leipzig: J. A. Barth 1922.

5. Tabellarische Zusammenstellung der in den Differentialgleichungen vorkommenden Größen. Zur Benutzung und Umformung der im weiteren Verlauf abgeleiteten Gleichungen mögen die folgenden Zusammenstellungen dienen:

1. Gleichung von der Form $a\dfrac{d^2 x}{dt^2} + b\dfrac{dx}{dt} + cx = F(t)$ (s. Tab. 1).

2. Gleichung von der Form $\dfrac{d^2 x}{dt^2} + 2m\dfrac{dx}{dt} + \omega_0^2 x = f(t)$ (s. Tab. 2).

3. Gleichung von der Form $\dfrac{d^2 x}{d\tau^2} + 2\alpha\dfrac{dx}{d\tau} + x = \varphi(\tau)$ (s. Tab. 3).

Tab. 1.

Bezeichnung	Mechanisch	Elektrisch
x	ψ	i
a	K	L
b	p	R
c	D	$1/C$
$F(t)$	Drehmoment der äußeren Kräfte	dV/dt

Tab. 2

Bezeichnung	Mechanisch	Elektrisch
x	ψ	i
m	$p/2K$	$R/2L$
ω_0^2	D/K	$1/LC$
$f(t)$	$F(t)/K$	V/LC

Tab. 3. ($\tau = \omega_0 t$).

Bezeichnung	Mechanisch	Elektrisch
x	ψ	i
α	$\dfrac{p}{2\sqrt{KD}}$	$\dfrac{R}{2}\sqrt{\dfrac{C}{L}}$
$\varphi(\tau)$	$\dfrac{1}{D}F\left(\sqrt{\dfrac{K}{D}}\tau\right)$	V

Ferner ist

$$\alpha = \omega_0 t; \quad mt = \alpha\tau. \tag{12}$$

Dem Wert $\alpha > 1$ entspricht, wie im folgenden gezeigt wird, der **aperiodische Zustand**, dem Wert $\alpha = 1$ der aperiodische **Ganzzustand**, in dem gerade keine Schwingungen mehr stattfinden, dem Wert $\alpha < 1$ der **periodische Zustand** mit Dämpfung und der Wert $\alpha = 0$ der völlig **ungedämpfte Zustand**. Im Grenzzustand gelten nach Tab. 3 die Beziehungen:

$$\alpha = 1; \quad p^2 = 4KD; \quad R^2 = 4L/C.$$

6. Eigenschwingung und erzwungene Schwingung. Für die weitere Behandlung der Differentialgleichungen von der Form

$$a\dfrac{d^2 x}{dt^2} + b\dfrac{dx}{dt} + cx = F(t) \quad \text{bzw.} \quad \dfrac{d^2 x}{d\tau^2} + 2\alpha\dfrac{dx}{d\tau} + x = \varphi(\tau) \tag{13}$$

ist folgendes zu beachten. Wenn die rechte Seite der Gleichungen Null gesetzt wird, so erhält man die Vorgänge, welche auftreten, wenn keine äußeren Kräfte auf das System einwirken, d. h. die sog. **Eigenschwingung des Systems**. Wenn Dämpfung vorhanden ist, verschwinden diese Schwingungen praktisch nach einer gewissen Zeit, wie später noch näher gezeigt wird. Andererseits liefern die Gleichungen (13) selbst ein partikuläres Integral. Diese Lösung stellt die sog. **erzwungenen Schwingungen** (stationäre Bewegung) dar, die so lange dauern, als die äußeren Kräfte wirken. Das **allgemeine Integral** der Differentialgleichungen wird daher durch die Summe der beiden angegebenen Lösungen, der Eigenschwingung und der erzwungenen Schwingung dargestellt. Nach dem Verschwinden der Eigenschwingung bleibt die erzwungene Schwingung als nunmehr stationäre Bewegung allein übrig. Im folgenden sollen nun zunächst die Eigenschwingungen näher betrachtet werden und später einige allgemeine Lösungen bei Gegenwart einer äußeren Kraft, die für die Praxis von Wichtigkeit sind (z. B. für Wechselstrom, Oszillographen usw.).

b) **Eigenschwingungen**: $\dfrac{d^2 x}{d\tau^2} + 2\alpha\dfrac{dx}{d\tau} + x = 0$.

7. Allgemeines. Zunächst sei der Fall der ungedämpften Schwingung behandelt, in welchem also $\alpha = 0$ bzw. $p = 0$ und $R = 0$ ist s. Tab. 3). In der allgemeinen Form der Darstellung erhält man dann für alle Systeme mit beliebigen Konstanten die einfache Gleichung

$$\frac{d^2 x}{d\tau^2} + x = 0, \qquad (14)$$

in der also $\tau = \omega_0 t$ ist. Die Lösung dieser Gleichung ist

$$x = A \sin(\tau + \varphi), \qquad (15)$$

worin A und φ Integrationskonstanten darstellen, die durch die Anfangsbedingungen für x und $dx/d\tau$ zur Zeit $\tau = 0$ bestimmt werden. Ist für $\tau = 0$ die Größe von x gleich x_0 und $v_0 = (dx/d\tau)_0$ die „Geschwindigkeit", so erhält man

$$A = \sqrt{x_0^2 + v_0^2}; \quad \tan\varphi = \frac{x_0}{v_0}; \quad \sin\varphi = \frac{x_0}{\sqrt{x_0^0 + v_0^2}}.$$

A ist die immer gleich groß bleibende **Maximalamplitude** der Schwingung und die **ganze Periode einer Schwingung ist für alle Systeme** bei dieser Darstellungsweise gleich 2π (s. Ziff. 8, Abb. 4). Wenn der Parameter α dagegen von Null verschieden ist, so erhält man für jeden Wert von α (also für jeden Dämpfungsgrad) eine besondere Kurvenform. Eine partikuläre Lösung der allgemeinen Differentialgleichung ist

$$x = e^{\gamma \tau}, \qquad (16)$$

wobei γ, wie man durch Einsetzen des Wertes von x in die Differentialgleichung sieht, der quadratischen Gleichung

$$\gamma^2 + 2\alpha\gamma + 1 = 0 \qquad (17)$$

genügen muß. Diese Gleichung hat im allgemeinen zwei Wurzeln γ_1 und γ_2, nämlich $\gamma = -\alpha \pm \sqrt{\alpha^2 - 1}$, die für $\alpha > 1$ beide reell, für $\alpha < 1$ beide komplex sind; für $\alpha = 1$ erhält man zwei gleiche Wurzeln $\gamma_1 = \gamma_2 = -1$. Außerdem ist $\gamma_1 \gamma_2 = 1$. Die allgemeine Lösung der Differentialgleichung ist daher

$$x = c_1 e^{\gamma_1 \tau} + c_2 e^{\gamma_2 \tau} = e^{-\alpha \tau}\left\{c_1 e^{\sqrt{\alpha^2 - 1}\,\tau} + c_2 e^{-\sqrt{\alpha^2 - 1}\,\tau}\right\} \qquad (18)$$

worin c_1 und c_2 zwei Integrationskonstanten darstellen, die wieder durch die Anfangsbedingungen für x und für $v = dx/d\tau$ zu berechnen sind. Der Faktor $e^{-\alpha \tau}$, der zur Zeit $\tau = 0$ den Wert 1 hat, nimmt mit wachsender Zeit immer mehr ab, so daß x (d. h. der Ausschlag bzw. die Stromstärke) mit der Zeit verschwindet, falls α nicht Null ist (dämpfungsfreie Schwingung). Der Klammerausdruck in Gleichung (18) läßt sich durch hyperbolische bzw. trigonometrische Funktionen darstellen, je nachdem $\sqrt{\alpha^2 - 1}$ reell oder imaginär, also $\alpha > 1$ bzw. $\alpha < 1$ ist. Im aperiodischen Grenzfall ist $\alpha = 1$; dann wird $x = (c + c'\tau)e^{-\tau}$, worin c und c' Integrationskonstanten darstellen. Zur Abkürzung sei gesetzt:

$$\beta = \sqrt{\alpha^2 - 1} = j\sqrt{1 - \alpha^2} = j\varepsilon\ [1]). \qquad (19)$$

Führt man in Gleichung (18) ein $c_1 = \dfrac{r+q}{2}$, $c_2 = \dfrac{r-q}{2}$ und beachtet, daß für die hyperbolischen Funktionen die Definitionen $\mathfrak{Sin}\,z = \dfrac{e^z - e^{-z}}{2}$, $\mathfrak{Cos}\,z = \dfrac{e^z + e^{-z}}{2}$ bestehen, so kann man an Stelle von Gleichung (18) schreiben:

$$x = e^{-\alpha\tau}\{r\,\mathfrak{Cos}\,\beta\tau + q\,\mathfrak{Sin}\,\beta\tau\} \qquad (20)$$

oder, wenn man $r = c\,\mathfrak{Sin}\,\varphi$, $q = c\,\mathfrak{Cos}\,\varphi$ setzt:

$$x = c \cdot e^{-\alpha\tau}\,\mathfrak{Sin}(\beta\tau + \varphi) \quad \text{oder auch} \quad = c' e^{-\alpha\tau}\,\mathfrak{Cos}(\beta\tau + \varphi')\ [2]), \qquad (21)$$

---
[1]) Mit j wird $\sqrt{-1}$ bezeichnet.
[2]) Je nach den Anfangsbedingungen muß man den $\mathfrak{Sin}$ oder $\mathfrak{Cos}$ wählen (s. unten).

worin c und φ bzw. c' und φ' die beiden Integrationskonstanten bedeuten, welche durch die Anfangsbedingungen bestimmbar sind. Nimmt man nun als Anfangsbedingungen an, daß für $\tau = 0$ sein soll $x = x_0$ und $dx/d\tau = v_0$ und führt die daraus berechneten Konstanten in die Gleichungen (21) ein, so ergibt sich:

$$\left.\begin{array}{l} x = \dfrac{\sqrt{(v_0 + \alpha x_0)^2 - (\beta x_0)^2}}{\beta} e^{-\alpha \tau} \mathfrak{Sin}\,(\beta \tau + \varphi); \quad \mathfrak{Tang}\,\varphi = \dfrac{\beta x_0}{v_0 + \alpha x_0}, \\[2mm] x = \dfrac{\sqrt{(\beta x_0)^2 - (v_0 + \alpha x_0)^2}}{\beta} e^{-\alpha \tau} \mathfrak{Cof}\,(\beta \tau + \varphi'); \quad \mathfrak{Tang}\,\varphi' = \dfrac{v_0 + \alpha x_0}{\beta x_0}. \end{array}\right\} \quad (22)$$

Je nachdem $(v_0 + \alpha x_0)^2$ größer oder kleiner als $(\beta x_0)^2$ ist, hat man die obere oder untere Gleichung zu wählen, damit die Wurzeln reell sind und $\mathfrak{Tang}$ wie es sein muß, zwischen $+1$ und -1 liegt.

Die Gleichungen gelten für den aperiodischen Zustand ($\alpha > 1$). Im aperiodischen Grenzfall ($\alpha = 1$) erhält man die allgemeine Gleichung:

$$x = (a + b\tau) e^{-\tau}, \qquad (23)$$

in der a und b Integrationskonstanten darstellen. Werden dieselben Anfangsbedingungen, wie im aperiodischen Zustand angenommen, s. Gl. (22), so ergibt sich die Gleichung:

$$x = \{x_0 + (x_0 + v_0)\tau\} e^{-\tau}. \qquad (23a)$$

Im periodischen Zustand ($\alpha < 1$) wird $\beta = \sqrt{\alpha^2 - 1}$ imaginär. Da $\mathfrak{Sin}\,(jz) = j \sin z$, $\mathfrak{Cof}\,(jz) = \cos z$ usw. ist, so braucht man in diesem Fall nur an Stelle der hyperbolischen Funktionen die trigonometrischen zu setzen und statt β die mit j multiplizierte Größe $\sqrt{1 - \alpha^2}$ zu verwenden; dann ist wieder alles reell. Beschränkt man sich auf die Gleichung, welche den Sinus enthält, so hat man also im periodischen Zustand:

$$x = c\, e^{-\alpha \tau} \cdot \sin(\sqrt{1 - \alpha^2}\, \tau + \varphi) = c\, e^{-\alpha \tau} \sin(\varepsilon \tau + \varphi), \qquad (24)$$

d. h. eine gedämpft verlaufende Sinusschwingung. Zur Abkürzung ist dabei gesetzt [s. Gleichung (19)]:

$$\varepsilon = j\beta = \sqrt{1 - \alpha^2} \quad \text{oder} \quad \varepsilon^2 = -\beta^2 \qquad (25)$$

Wenn wieder dieselben Anfangsbedingungen, wie im aperiodischen Zustand gelten, so erhält man die den Gleichungen (22) entsprechende Gleichung des periodischen Zustandes:

$$x = \dfrac{\sqrt{(\varepsilon x_0)^2 + (v_0 + \alpha x_0)^2}}{\varepsilon} \varepsilon^{-\alpha \tau} \sin(\varepsilon \tau + \varphi); \quad \operatorname{tang}\varphi = \dfrac{\varepsilon x_0}{v_0 + \alpha x_0}. \qquad (25a)$$

8. Ballistische Bewegung. Für mechanische Systeme ist von besonderer Bedeutung die ballistische Bewegung, bei der zur Zeit Null ($\tau = 0$) der Ausschlag Null ist ($x_0 = 0$), dem System aber eine Geschwindigkeit $v_0 = (dx/d\tau)_0$ erteilt worden ist. Setzt man in den Gleichungen (22), (23), (24), (25a) $x_0 = 0$ [man muß dann die den $\mathfrak{Sin}$ enthaltende Gleichung (22) benutzen], so erhält man für die verschiedenen Werte von α (verschiedene Dämpfungszustände) die in der folgenden Tabelle 4 zusammengestellten Bewegungsformen, in die man mittels der Tabellen 2 und 3 Ziff. 5 und der Beziehung $\tau = \omega_0 t$ leicht die Konstanten des betreffenden Systems (K, p usw.) und die absolute Zeit t einführen kann. Die Phasenverschiebung φ der Gleichung (22) und (25a) wird null.

Tabelle 4. Ballistische Bewegung.

Art der Dämpfung	α	$\tau = \omega_0 t;\ \beta = \sqrt{\alpha^2-1};\ \varepsilon = \sqrt{1-\alpha^2}$ $x_0 = 0,\ v_0 = \left(\frac{dx}{d\tau}\right)_0 = \frac{1}{\omega_0}\left(\frac{dx}{dt}\right)_0$	Figur
Unendlich gedämpft	$\alpha = \infty$	$x = 0$	—
Aperiodisch	$\alpha > 1$	$x = \dfrac{v_0}{\beta} e^{-\alpha\tau} \cdot \mathfrak{Sin}\,\beta\tau$,	1
Aperiodischer Grenzfall	$\alpha = 1$	$x = v_0\,\tau\,e^{-\tau}$,	2
Periodisch gedämpft	$\alpha < 1$	$x = \dfrac{v_0}{\varepsilon} e^{-\alpha\tau} \cdot \sin\varepsilon\tau$,	3
Ungedämpft	$\alpha = 0$	$x = v_0 \sin\tau$,	4

Die Bewegungsgleichungen werden unten an der Hand der Abb. 1 bis 6 noch näher erläutert. Von Interesse ist bei der ballistischen Bewegung auch die Zeit τ', zu der der erste Maximalausschlag eintritt und die Größe desselben. Aus der Bedingung für das Maximum $v = dx/d\tau = 0$ folgt für $\alpha > 1$ die Beziehung
$-\alpha\,\mathfrak{Sin}\,\beta\tau' + \beta\,\mathfrak{Cof}\,\beta\tau' = 0$ oder $\mathfrak{Tang}\,\beta\tau' = \beta/\alpha$ bzw. $\beta\tau' = \mathfrak{Ar\,Tang}\,\dfrac{\beta}{\alpha}$; nach der Erreichung des Maximums geht dann der Ausschlag allmählich wieder auf Null zurück. Bei den periodischen Schwingungen ($\alpha < 1$) geht die Bewegung nach Erreichung des ersten Maximums in abnehmenden Amplituden um die Nullage hin und her (s. Abb. 6). Hier interessiert zunächst nur das erste Maximum, welches auch als „Ballistischer Ausschlag" bezeichnet wird. Die Zeit, welche diesem entspricht, ist gegeben durch $\varepsilon\tau' = \mathrm{arc\,tg}\,\dfrac{\varepsilon}{\alpha}$. Die Einführung der Zeit τ' in die Gleichungen der Tabelle 4 führt auf die folgenden Funktionen, die bei der Benutzung der Bewegungsgleichungen öfter gebraucht werden und deren Werte daher hier angeführt seien. Es ist

$$\mathfrak{Sin\,Ar\,Tg}\,z = \frac{z}{\sqrt{1-z^2}} \quad \text{und} \quad \sin\mathrm{arc\,tg}\,z = \frac{z}{\sqrt{1+z^2}}. \tag{26}$$

Die auf die angegebene Weise berechneten Werte für die Zeit τ' und den Maximalwert x_max sind in Tabelle 5 zusammengestellt.

Tabelle 5. Zeit und Größe des ballistischen Ausschlags.

Art der Dämpfung	α	$\tau' =$ Zeit der Umkehr	Maximaler Ausschlag x_m	Abbildung
Aperiodisch	$\alpha > 1$	$\dfrac{1}{\beta}\mathfrak{Ar\,Tg}\,\dfrac{\beta}{\alpha}$	$v_0 \cdot e^{-\alpha\tau'}$	1
Aperiodischer Grenzfall	$\alpha = 1$	1	v_0/e	2
Periodisch gedämpft	$\alpha < 1$	$\dfrac{1}{\varepsilon}\mathrm{arctg}\,\dfrac{\varepsilon}{\alpha}$	$v_0 \cdot e^{-\alpha\tau'}$	3
Ungedämpft	$\alpha = 0$	$\pi/2$	v_0	4

Die absolute Zeit t', zu welcher der ballistische Ausschlag eintritt, ergibt sich aus der Beziehung $\tau' = \omega_0 t'$, s. Gleichung (9); betreffs der Größen β und ε siehe Tabelle 4; ω_0 und α, s. Tabelle 2 und 3. In den Abb. 1 bis 4 sind die ballistischen

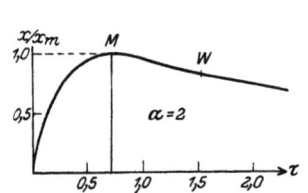

Abb. 1. Ballistischer Ausschlag; aperiodisch ($\alpha > 1$).

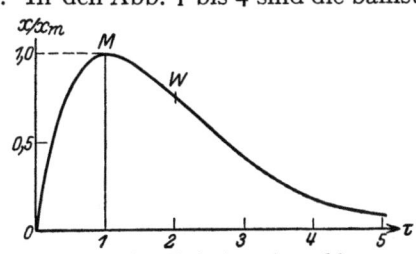

Abb. 2. Ballistischer Ausschlag; Grenzfall ($\alpha = 1$).

Bewegungsvorgänge gemäß Tabelle 4 und 5 wiedergegeben; die Abszisse stellt das dimensionslose Zeitmaß $\tau = \omega_0 t$ dar, die Ordinate den Ausschlag, der infolge einer bestimmten Anfangsgeschwindigkeit $v_0 = (dx/d\tau)_0$ erreicht wird, und zwar

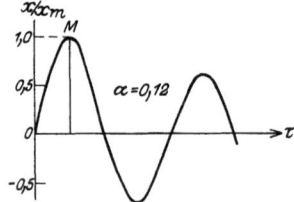

Abb. 3. Ballistischer Ausschlag; periodisch gedämpft ($\alpha < 1$).

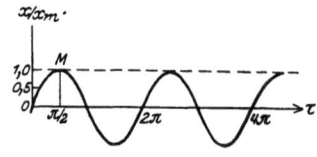

Abb. 4. Ballistischer Ausschlag; ungedämpft ($\alpha = 0$).

als Bruchteil des „ballistischen Ausschlags" x_m (des ersten Maximums, s. Tabelle 5), der in den Abbildungen mit M bezeichnet ist; die Ordinate ist also x/x_m.

Ferner ist noch mit W der Wendepunkt der Bewegungskurven angegeben, bei dem eine Umbiegung derselben stattfindet und für den die Bedingung gilt, daß $d^2x/d\tau^2$ Null sein muß. Daraus ergibt sich als Zeitpunkt τ'' für den Wendepunkt:

$$\left.\begin{aligned}
\text{im aperiodischen Zustand} \quad (\alpha > 1), \quad & \tau'' = \frac{1}{\beta}\operatorname{Ar}\operatorname{Tg}\frac{2\alpha\beta}{\alpha^2+\beta^2}, \\
\text{im aperiodischen Grenzfall} \quad (\alpha = 1), \quad & \tau'' = 2, \\
\text{für periodisch gedämpft} \quad (\alpha < 1), \quad & \tau'' = \frac{1}{\varepsilon}\arctan\frac{2\alpha\varepsilon}{\alpha^2-\varepsilon^2}, \\
\text{für ungedämpft} \quad (\alpha = 0), \quad & \tau'' = \pi.
\end{aligned}\right\} \quad (27)$$

Durch Einsetzen der Werte von τ'' in die Gleichungen der Tabelle 4 erhält man unter Beachtung der Gleichung (26) die Größe des Ausschlags für den Wendepunkt; im aperiodischen Grenzfall z. B. beträgt der Ausschlag beim Wendepunkt $2/e = 0{,}7358$ des ballistischen Ausschlags.

Von Interesse ist es noch, zu wissen, wie rasch der ballistische Ausschlag bis auf einen gewissen Bruchteil verschwindet; das völlige Verschwinden desselben dauert ja theoretisch unendlich lange. Im aperiodischen Grenzfall ($\alpha = 1$) ist die Zeit τ_n, welche erforderlich ist, damit der ballistische Ausschlag auf den $n$ten Teil zurückgeht, nach Tabelle 4 und 5 gegeben durch die Beziehung:

$$\tau_n e^{-\tau_n} = \frac{1}{n\,e}. \qquad (28)$$

Daraus ergeben sich folgende zusammengehörige Werte:

Tabelle 6.

$\frac{1}{n}$	$\frac{1}{1000}$	$\frac{1}{5000}$	$\frac{1}{10000}$	Bruchteil des ballistischen Ausschlags
τ_n	10,3	12,0	12,6	Zeitdauer

Da der ballistische Ausschlag zur Zeit $\tau = 1$ eintritt, so ist also im aperiodischen Grenzfall das zehnfache dieser Zeit erforderlich, damit der Ausschlag auf $1^0/_{00}$ zurückgeht. Für $\alpha \leqslant 1$ sind die entsprechenden Zeiten noch größer, der aperiodische Grenzfall ist also in Hinsicht der Schnelligkeit, mit welcher der ballistische Ausschlag verschwindet, am günstigsten, wie DIESSELHORST[1]) nachgewiesen hat.

Bei starker aperiodischer Dämpfung ($\alpha \gg 1$) sind die Rückkehrzeiten sehr groß, während andererseits der ballistische Ausschlag außerordentlich

---

[1]) H. DIESSELHORST, Ann. d. Phys. Bd. 9, S. 712. 1902.

schnell erreicht wird. Für große Werte von α, etwa $\alpha > 4$, ist β nahe gleich $\alpha \left(1 - \frac{1}{2\alpha^2}\right)$ [Gleichung (19)] und da $\mathfrak{Ar}\mathfrak{Tg}\, z = \frac{1}{2} \lg \frac{1+z}{1-z}$ ist, erhält man nach Tabelle 5 angenähert $\tau' = \frac{\lg n\, 2\alpha}{\alpha}$. Je größer also die Dämpfung ist, desto kleiner ist τ', d. h. um so rascher wird der ballistische Ausschlag erreicht. Nach der Erreichung des Maximums geht die Bewegung im Anfang nach der Gleichung

$$x = \frac{v_0}{2\alpha}\left(1 - \frac{\tau}{2\alpha}\right) \tag{29}$$

vor sich, da man angenähert $\mathfrak{Sin}\,\beta\tau = \frac{1}{2}\, e^{\beta\tau}$ setzen kann und da nahe $\beta - \alpha = -1/2\alpha$ ist. Für große Werte von α geht also der ballistische Ausschlag $v_0/2\alpha$ nur sehr langsam zurück. Abb. 5 zeigt zwei Bewegungskurven für $\alpha = 7$ und $\alpha = 10$ bei gleicher Anfangsgeschwindigkeit $dx/d\tau$. Das Maximum des Ausschlags ist wieder mit M bezeichnet.

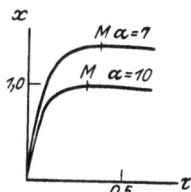

Abb. 5. Ballistischer Ausschlag; aperiodisch (α sehr groß).

Nimmt man in den Abb. 1 bis 5 die Zeit des ballistischen Ausschlags (Maximum M) als Zeitanfang, so entspricht dies dem Fall, daß das System zur Zeit Null um den Betrag des ballistischen Ausschlags abgelenkt war und dann unter dem Einfluß der Richtkraft in die Nullage gemäß dem weiteren Verlauf der Kurven zurückkehrt. Oder man kann annehmen, daß das System sich im Zeitanfang ohne Geschwindigkeit in seiner Ruhelage befindet und dann durch eine äußere Kraft beeinflußt wird, die ihm eine neue Ruhelage zu erteilen sucht, welche in der Abszissenachse liegt.

9. Schwingungsdauer. Dämpfungsverhältnis und logarithmisches Dekrement bei gedämpften Sinusschwingungen. Die gedämpften Sinusschwingungen welche nach der Gleichung vor sich gehen

$$x = c\, e^{-\alpha\tau} \sin(\varepsilon\tau + \varphi), \quad \text{wo} \quad \varepsilon = \sqrt{1 - \alpha^2}\ \text{ist}, \tag{30}$$

vgl. Gleichung (24), (25), erfordern noch eine nähere Betrachtung hinsichtlich der Schwingungsdauer im gedämpften Zustand und der Abnahme der Amplituden. Die Konstanten c und φ der Gleichung (30) berechnen sich entsprechend der Gleichung (22) aus den Anfangswerten x_0 und $v_0 = (dx/d\tau)_0$ durch:

$$\left.\begin{aligned} c &= \frac{\sqrt{(\varepsilon x_0)^2 + (v_0 + \alpha x_0)^2}}{\varepsilon}, \\ \operatorname{tg}\varphi &= \frac{\varepsilon x_0}{v_0 + \alpha x_0}. \end{aligned}\right\} \tag{31}$$

Die Durchgänge durch die Nullage erfolgen nach Gleichung (30) für $\varepsilon\tau + \varphi = 0, \pi, 2\pi\ldots$ Für die Dauer Θ der ganzen Periode zwischen zwei gleichsinnigen Durchgängen (Schwingungsdauer) gilt also die Beziehung[1]:

$$\varepsilon\Theta = 2\pi \quad \text{oder} \quad \Theta = \frac{2\pi}{\varepsilon} = \frac{2\pi}{\sqrt{1-\alpha^2}}. \tag{32}$$

Die Schwingungsdauer Θ_0 der ungedämpften Schwingung ($\alpha = 0$) ist, wie früher schon gezeigt wurde, $\Theta_0 = 2\pi$, so daß sich ergibt

$$\Theta = \frac{\Theta_0}{\sqrt{1-\alpha^2}} \quad \text{oder auch} \quad T = T_0 \frac{1}{\sqrt{1-\alpha^2}}; \quad \sqrt{1-\alpha^2} = \varepsilon, \tag{33}$$

---

[1] Bei mechanischen Vorgängen wird auch mitunter die halbe Periode als Schwingungsdauer bezeichnet (z. B. F. KOHLRAUSCH, Prakt. Physik), worauf hier zur Vermeidung von Verwechslungen hingewiesen sei.

wenn T und T_0 die entsprechenden absoluten Schwingungsdauern bedeuten, die mit Θ und Θ_0 gemäß Gleichung (9) durch die Beziehung verbunden sind:

$$\Theta = \omega_0 T, \quad \Theta_0 = \omega_0 T_0. \tag{34}$$

Die Maxima und Minima der Bewegungskurve (s. Abb. 6) ergeben sich aus der Bedingung $dx/d\tau = 0$. Da die trigonometrische Tangente vieldeutig ist, erhält man zur Berechnung der den Maximalamplituden entsprechenden Zeiten die Gleichung $\varepsilon\tau' = \operatorname{arctg}\dfrac{\varepsilon}{\alpha}+n\pi$, wo n die ganzen Zahlen von 0 an darstellt (s. Tabelle 5: τ' für $n=0$, entsprechend dem ersten Maximum). Setzt man den Wert von τ' in der Tabelle 4 (für $\alpha < 1$) ein, so folgt

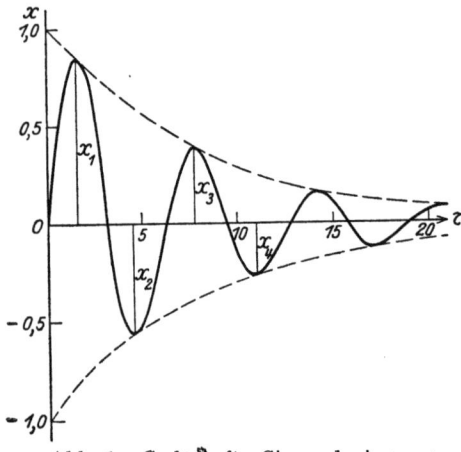

Abb. 6. Gedämpfte Sinusschwingung.

$$x = \cos n\pi \cdot e^{-\frac{\alpha}{\varepsilon}n\pi}\left\{v_0 e^{-\frac{\alpha}{\varepsilon}\operatorname{arctg}\frac{\varepsilon}{\alpha}}\right\}. \tag{35}$$

Der Klammerausdruck ist konstant, so daß sich die Amplituden x_1, x_2, x_3 ... (Abb. 6) der aufeinanderfolgenden Maxima und Minima (abgesehen vom Zeichen) verhalten wie

$$1 : e^{-\frac{\alpha}{\varepsilon}\pi} : e^{-\frac{\alpha}{\varepsilon}2\pi} \ldots$$

Das Verhältnis zweier aufeinanderfolgenden Maxima (Ausschläge nach der gleichen Seite), das als Dämpfungsverhältnis k bezeichnet wird[1]), ist also:

$$k = \left(\frac{x_1}{x_2}\right)^2 = \frac{x_1}{x_3} = e^{2\pi\frac{\alpha}{\varepsilon}}. \tag{36}$$

Den natürlichen Logarithmus von k nennt man das „logarithmische Dekrement" Λ; für dieses erhält man demnach[1]):

$$\Lambda = \log k = 2\pi\frac{\alpha}{\varepsilon} = 2\pi\frac{\alpha}{\sqrt{1-\alpha^2}} \tag{37}$$

oder, da $2\pi/\varepsilon = \Theta$ die Schwingungsdauer bei vorhandener Dämpfung bezeichnet [Gleichung (32)] und da $\Theta = \omega_0 T$ ist:

$$\Lambda = \alpha\Theta = mT. \tag{38}$$

Vgl. hierzu Gleichung (11) und (34). Aus Gleichung (37) folgt andererseits für α:

$$\alpha = \frac{\dfrac{\Lambda}{2\pi}}{\sqrt{1+\left(\dfrac{\Lambda}{2\pi}\right)^2}} = \frac{\Lambda}{\sqrt{\Lambda^2+(2\pi)^2}}; \quad \varepsilon = \frac{2\pi}{\sqrt{\Lambda^2+(2\pi)^2}}. \tag{39}$$

Die Einhüllende der Maxima und Minima hat die Gleichung $\pm\dfrac{v_0}{\varepsilon}e^{-\alpha\tau}$, wenn zur Zeit $\tau = 0$ der Ausschlag Null ist ($x_0 = 0$). In Abb. 6 ist eine gedämpfte Sinusschwingung nach der Gleichung $x = e^{-\alpha\tau}\sin\varepsilon\tau$ gezeichnet, bei der $\alpha = 0{,}12$ ist, also $\varepsilon = 0{,}993$, $\Lambda = 0{,}76$, $\sqrt{k} = 1{,}46$. Die direkt aufeinander-

---

[1]) Auch beim Dämpfungsverhältnis und beim Dekrement legt man mitunter nur die halbe Periode zugrunde (s. Anm. 1 S. 209), so daß k das Verhältnis der absoluten Werte zweier direkt aufeinander folgender Ausschläge darstellt; dann ist $k = e^{\pi\alpha/\varepsilon}$ und $\Lambda = \pi\alpha/\varepsilon$ zu setzen.

folgenden Amplituden sind mit x_1, x_2, x_3, x_4 bezeichnet. Die Einhüllende der Maxima ist punktiert angegeben.

Wenn keine Dämpfung vorhanden ist ($\alpha = 0$), so wird $k = 1$, $\Lambda = 0$ und alle Ausschläge sind gleich groß; die Schwingungsdauer ist in diesem Fall, wie schon früher erwähnt, $\Theta_0 = 2\pi$ (Abb. 4). Für den ballistischen Ausschlag (erstes Maximum) erhält man bei der gedämpften Schwingung nach Tabelle 5 unter Berücksichtigung von Gleichung (37), da $e^\Lambda = k$ ist:

$$x_{\max} = v_0 e^{-\frac{\Lambda}{2\pi}\operatorname{arctg}\frac{2\pi}{\Lambda}} = v_0 k^{-\frac{1}{2\pi}\operatorname{arctg}\frac{2\pi}{\Lambda}}. \tag{40}$$

Ferner wird nach Gleichung (33) und (39):

$$\Theta = \Theta_0 \sqrt{1 + \left(\frac{\Lambda}{2\pi}\right)^2}; \quad \text{ebenso} \quad T = T_0 \sqrt{1 + \left(\frac{\Lambda}{2\pi}\right)^2}. \tag{41}$$

Die Schwingungsdauer ist also im gedämpften Zustand größer als im ungedämpften.

10. Dämpfungsverhältnis k, Dekrement Λ usw. als Funktion von α. Um ein Bild von der Veränderung der Größen k, Λ, Θ, τ' usw. mit zunehmendem α (wachsender Dämpfung) gewinnen zu können, sind in Abb. 7, bei der auf der Abszissenachse die Größe α aufgetragen ist, folgende Werte dargestellt: die Zeit τ', die dem ersten ballistischen Maximum entspricht (Tabelle 5), die Größe x_m/v_0 des ersten Ausschlags (Tabelle 5) in Bruchteilen der Anfangsgeschwindigkeit v_0[1]), das Verhältnis $\Theta_0/\Theta = \varepsilon = \sqrt{1-\alpha^2}$ der Schwingungsdauern im ungedämpften und gedämpften Zustand [Gleichung (41)], der Wert $\Lambda/2\pi = \alpha/\varepsilon$ der in den Gleichungen (37), (40) und (41) vorkommt und dem logarithmischen Dekrement proportional ist. Von $\alpha = 0$ bis 1 reicht der Teil der periodischen Schwingungen, für $\alpha > 1$ tritt der aperiodische Zustand ein, der bis $\alpha = \infty$ reicht. Die Größen $\Lambda/2\pi$ und Θ_0/Θ treten nur in dem periodischen Teil auf, τ' und x_m/v_0 erstrecken sich über das ganze Gebiet von $\alpha = 0$ bis ∞. Die Zeit τ' des ballistischen Ausschlags beginnt für $\alpha = 0$ mit dem Wert $\pi/2$ und nimmt dann ab, so daß für $\alpha = 1$ (aperiodischer) Grenzfall der Wert 1 erreicht wird, und nähert sich für größere Werte von α allmählich dem Wert 0. x_m/v_0 beginnt mit dem Wert 1 für $\alpha = 0$ (vgl. Tabelle 5), fällt auf den Betrag $1/e$ für $\alpha = 1$ und nähert sich dann ebenfalls dem Werte 0. Der ballistische Ausschlag wird also mit wachsender Dämpfung immer kleiner, die Zeit, in welcher dieser Ausschlag erreicht wird, immer kürzer. Das logarithmische Dekrement Λ ist Null für $\alpha = 0$ und wird unendlich im Grenzzustand ($\alpha = 1$), die Schwingungsdauer Θ ist gleich Θ_0 für $\alpha = 0$ und wird unendlich für $\alpha = 1$.

Ferner zeigt noch Abb. 8 die Abhängigkeit des **Dämpfungsverhältnisses k von der Dämpfung**. Als Abszisse ist wieder α aufgetragen, als Ordinate der Wert von $\sqrt{k}$, der das Verhältnis des Betrags zweier direkt aufeinanderfolgenden Amplituden (x_1, x_2, Abb. 6) darstellt. Für kleine Beträge von α gilt angenähert die aus Gleichung (36) folgende Beziehung:

$$\alpha = \frac{\log_n k}{2\pi}.$$

Die Abbildung reicht nur bis $\sqrt{k} = 10$, da für größere Werte für α der Betrag zu stark ansteigt. Höhere Werte als $\sqrt{k} = 10$ sind außerdem schon so nahe an dem aperiodischen Grenzfall, daß man diesen selbst an die Stelle setzen kann;

---

[1]) Diese Größe ist nach Gleichung (40) auch gleich $k^{-\frac{1}{2\pi}\operatorname{arctg}\frac{2\pi}{\Lambda}}$.

denn für $\sqrt{k} = 10$ beträgt bereits der dritte Ausschlag nur 1% des ersten. Die Abb. 8 soll nur zur Orientierung dienen, damit man die in Abb. 7 eingetragenen

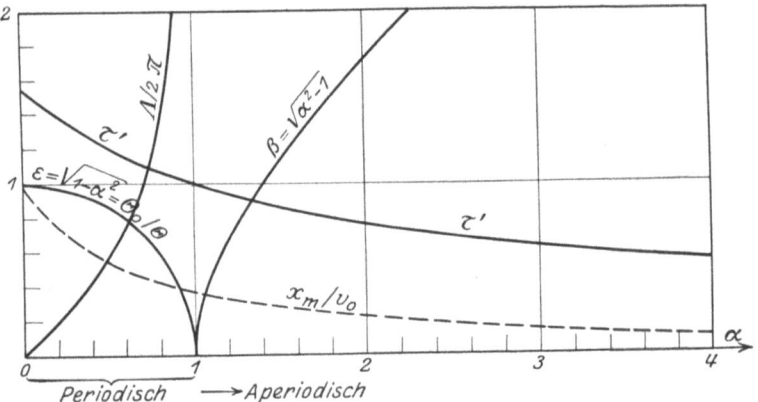

Abb. 7. Abhängigkeit der Größen Θ_0/Θ, $\Lambda/2\pi$, τ' und x_m/v_0 von α.

Größen auch als Funktion von k entnehmen kann. Genauere Werte der für die Verwendung des ballistischen Ausschlags erforderlichen Größen Θ/Θ_0 und x_m/v_0 (in der in Anm. 1, S. 211 angegebenen Form), Λ usw. in Funktion von k können aus Tabellen entnommen werden, die z. B. in F. KOHLRAUSCH, Lehrbuch der praktischen Physik und W. JAEGER, Elektrische Meßtechnik (J. A. Barth, Leipzig) enthalten sind. Für den Gebrauch der KOHLRAUSCHschen Tabellen sind aber die Anmerkungen auf S. 209 und 210 zu beachten; das dort mit k bezeichnete Dämpfungsverhältnis ist $\sqrt{k}$ nach der hier gegebenen Definition, das mit Λ bezeichnete Dekrement ist $\Lambda/2$, die Schwingungsdauer ist $\tau/2$.

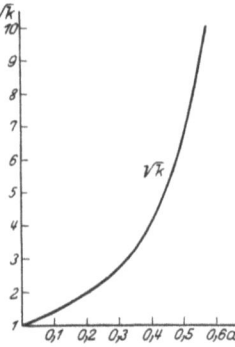

Abb. 8. $\sqrt{k}$ als Funktion von α.

11. Bestimmung des Parameters α und der Kreisfrequenz $\omega_0 = 2\pi/T_0$ aus den Schwingungsvorgängen. Da $k = e^\Lambda$ ist, Gleichung (37), kann man aus dem Verhältnis zweier direkt aufeinanderfolgender Amplituden zunächst $\sqrt{k}$ und daraus Λ ermitteln; bestimmt man ferner aus den Durchgängen durch die Nullage die absolute Schwingungsdauer T, so folgt dann mittels Gleichung (41) T_0 und nach Gleichung (7) auch ω_0, das nach Tabelle 2 für mechanische Systeme gleich $\sqrt{D/K}$, für elektrische gleich $\sqrt{1/LC}$ ist. Aus Λ und T ergibt sich weiter nach Gleichung (38) der Wert von m und schließlich mittels Gleichung (11) $\alpha = m/\omega_0$ und nach Gleichung (9) $\tau = \omega_0 t$, $\Theta = \omega_0 T$, so daß man nun die dem Parameter α entsprechenden Größen der bisherigen Darstellung (z. B. Abb. 7) entnehmen kann. Kann man noch das Trägheitsmoment K bestimmen, so findet man mittels ω_0 und m auch die Werte von p und D, so daß damit alle Konstanten des schwingenden Systems bestimmt sind. Auch aus der Größe des ballistischen Ausschlags kann man α ermitteln und hieraus Θ nach Gleichung (32). Wenn man dann noch die Schwingungsdauer absolut bestimmt, folgt wieder aus der Gleichung $\Theta = \omega_0 T$ die Kreisfrequenz ω_0 usw.

Im aperiodischen Grenzfall ($\alpha = 1$) kann man ω_0 dadurch bestimmen, daß man die absolute Zeit t beobachtet, in welcher der ballistische Ausschlag (bzw. der Anfangsausschlag) auf einen bestimmten Teil zurückgeht. Die hierzu gehörige Zeit τ kann man z. B. der Abb. 2 entnehmen; dann ergibt die Beziehung $\tau = \omega_0 t$ die Kreisfrequenz ω_0 und damit alles weitere. Im aperiodischen Zustand kann man ähnlich verfahren, oder man bestimmt die Konstanten mittels der erzwungenen Schwingungen, worauf später noch eingegangen wird (Ziff. 17, Schluß).

c) Erzwungene Schwingungen: $\frac{d^2x}{d\tau^2} + 2\alpha \frac{dx}{d\tau} + x = \varphi(\tau)$.

12. Allgemeines. Die partikuläre Lösung der angegebenen Differentialgleichung liefert, wie schon erwähnt, die „erzwungenen Schwingungen", die, wenn sie stationär geworden sind, nur von der Funktion $\varphi(\tau)$ der rechten Seite abhängen. Wenn aber die auf das System wirkenden äußeren Kräfte, durch welche die Funktion $\varphi(\tau)$ bestimmt ist, zur Zeit $\tau = 0$ auftreten, bei der das System in Ruhe ist, so überlagern sich in der ersten Zeit den stationären Schwingungen noch die im allgemeinen allmählich abklingenden Eigenschwingungen, die man erhält, wenn die rechte Seite der Differentialgleichung Null gesetzt wird und die im vorstehenden eingehend besprochen worden sind. Dadurch entstehen, wie im folgenden näher gezeigt werden soll, zunächst kompliziertere Bewegungsformen, die z. B. für die Betrachtung der Vorgänge bei Oszillographen und bei Vibrationsgalvanometern von Bedeutung sind.

Die allgemeine Lösung der obigen Differentialgleichung mit dem einzigen Parameter α wird dargestellt durch

$$x = \frac{1}{\beta} \int_0^\tau \varphi(\xi) e^{-\alpha(\tau-\xi)} \mathfrak{Sin}\, \beta(\tau - \xi) d\xi, \qquad (42)$$

worin wieder $\beta = \sqrt{\alpha^2 - 1}$ ist. Man kann auch $\varphi(\tau)$ z. B. durch eine FOURIERsche Reihe darstellen, die aus einer Anzahl sinusförmiger Glieder gebildet wird, von denen jedes eine andere Amplitude und Phase besitzt. Diese Lösung wird nach der Erläuterung der erzwungenen Schwingung durch eine äußere sinusförmig wechselnde Kraft besprochen worden (Ziff. 21).

Für einige Spezialfälle, die im folgenden behandelt werden sollen, lassen sich leicht partikuläre Integrale, die der stationären Bewegung entsprechen, angeben.

13. Plötzlich auftretende konstante Kraft $\varphi(\tau) = a$. Wenn zur Zeit $\tau = 0$ die rechte Seite der Differentialgleichung den zeitlich konstanten Wert $\varphi(\tau) = a$ annimmt, während sich das System vorher in Ruhe befand, so entsteht die Frage, wie das System darauf reagiert. Bei gleichem Parameter α verhalten sich die Systeme in gleicher Weise. Abb. 9 zeigt den plötzlichen Sprung der Funktion $\varphi(\tau)$, d. h. die vorgegebene Kurve, welche z. B. von einem Oszillographen möglichst genau kopiert werden soll. Es ist dann zu untersuchen, für welchen Wert des Parameters α diese Forderung am besten erfüllt ist. Die Frage läßt sich allgemein lösen, ohne daß man die einzelnen Konstanten eines speziellen Systems zu kennen braucht. Das partikuläre Integral ist in diesem Fall, wie man ohne weiteres einsieht, einfach $x = a$. Hierzu tritt noch die bei $\tau = 0$ einsetzende Eigenbewegung des Systems nach den Gleichungen (21, 23, 24). Die Konstanten c und φ, a und b dieser Gleichungen bestimmen sich aus der Bedingung,

Abb. 9. Plötzlicher Sprung der äußeren Kraft $\varphi(\tau) = a$.

daß zur Zeit $\tau = 0$ das System sich in der Nullage in Ruhe befinden soll, so daß also $x_0 = 0$ und $v_0 = (dx/d\tau)_0 = 0$ sind. Man erhält dann:

$$\left.\begin{array}{l} \text{Für } \alpha > 1: x = a\left\{1 - \dfrac{1}{\beta}e^{-\alpha\tau}\mathfrak{Sin}(\beta\tau + \varphi)\right\}; \quad \mathfrak{Tg}\,\varphi = \dfrac{\beta}{\alpha}; \quad \mathfrak{Sin}\,\varphi = \beta; \\ \text{,, } \alpha = 1: x = a\{1 - (1 + \tau)e^{-\tau}\}; \\ \text{,, } \alpha < 1: x = a\left\{1 - \dfrac{1}{\varepsilon}e^{-\alpha\tau}\sin(\varepsilon\tau + \varphi)\right\}; \quad \text{tg}\,\varphi = \dfrac{\varepsilon}{\alpha}; \quad \sin\varphi = \varepsilon, \end{array}\right\} \quad (43)$$

wo wieder $\beta = \sqrt{\alpha^2 - 1}$ und $\varepsilon = \sqrt{1 - \alpha^2}$ ist, Gleichung (19) und (25).

In den Abb. 10a, b, c ist die durch Gleichung (43) gegebene Bewegung dargestellt für drei Werte: $\alpha = 0,1$; $0,7$; 1. Abb. 10c entspricht also

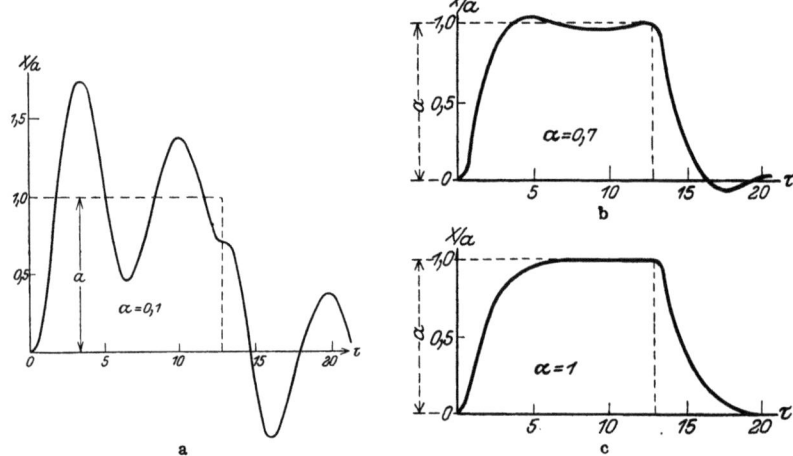

Abb. 10a—c. Bewegungsvorgang bei plötzlichem Sprung der äußeren Kraft für verschiedene Parameter α.

dem aperiodischen Grenzfall. Als Abszisse ist τ, als Ordinate x/a aufgetragen, so daß also im Idealfall zur Zeit $\tau = 0$ sofort der Wert x/a erreicht und dann entsprechend der gestrichelten Linie beibehalten werden sollte. Dieser Idealfall kann aber, wie man sieht, niemals erreicht werden. Wenn $\alpha = 0,1$ ist (Abb. 10a), so führt das System Schwingungen um die Gleichgewichtslage aus, die erst allmählich abklingen, für $\alpha = 0,7$ sind die Schwingungen nur noch gering, aber es dauert eine gewisse Zeit, bis der Wert $x/a = 1$ erreicht ist; für $\alpha = 1$ (Abb. 10c) finden zwar keine Schwingungen mehr statt, aber es dauert noch längere Zeit, als bei Abb. 10b, bis das neue Gleichgewicht erreicht ist. Wie eine nähere Betrachtung zeigt, ist der Fall der Abb. 10b, d. h. $\alpha = 0,7$ am günstigsten; dies entspricht einem Dekrement $\Lambda = 6,16$, Gl. (37), und einem Dämpfungsverhältnis $k = 473$ ($\sqrt{k} = 21,7$)[1]. Diesen Dämpfungsgrad wird man also dem System geben. Bei den Abbildungen 10 ist noch die weitere Bewegung des Systems angedeutet für den Fall, daß $\varphi(\tau)$ wieder zu einer gewissen Zeit (hier für $\tau = 12,6$) gleich Null wird, vgl.

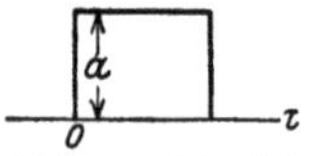

Abb. 11. Rechteckige Form der Kraftkurve.

Abb. 11, die z. B. der Kurvenform des sog. „zerhackten Gleichstroms" entspricht. Wenn man die absoluten Zeiten t wissen will, welche der Abszisse τ entsprechen, so ist zu beachten, daß $\tau = \omega_0 t = 2\pi t/T_0$ ist, Gleichung (9). Kennt man also die (ganze) Schwingungsdauer T_0 im ungedämpften Zustand, so ist $t = T_0 \tau/2\pi$, d. h. die einem bestimmten Wert von τ entsprechende absolute Zeit ist um so kleiner, je kleiner die Schwingungsdauer T_0 ist. Um so

---

[1] Für $\alpha = 0,1$ (Abb. 10a) ist $\Lambda = 0,63$, $\sqrt{k} = 1,37$.

genauer ist dann auch die Abbildung der angegebenen Kurve erfüllt. Ist z. B. $T_0 = 1/1000$ sec, so entspricht dem Wert $\tau = 5$ die absolute Zeit $t = 8 \cdot 10^{-4}$ sec, so daß also für $\alpha = 0,7$ in dieser Zeit die neue Gleichgewichtslage erreicht wird.

Man erhält übrigens dieselben Bewegungsvorgänge auch, wenn man bei der ballistischen Bewegung (Ziffer 8) von der Zeit τ' ausgeht, die dem Maximalausschlag entspricht. Ist dieser gleich a, so kehrt das System von diesem Ausschlag, bei dem seine Geschwindigkeit Null ist, allmählich in die Nullage zurück, während es hier aus der Nullage in die durch a gegebene neue Gleichgewichtszulage abgelenkt wird.

14. Plötzlich einsetzende Kraft, die sich proportional der Zeit ändert $\varphi(\tau) = b\tau$. Den Verlauf der zur Zeit $\tau = 0$ einsetzenden Kraft zeigen die ansteigenden gestrichelten Linien in den Abb. 12a, b, c. Solche proportional τ auftretende Kräfte entstehen z. B. bei proportional mit der Zeit sich ändernden Temperaturen, wenn diese Änderung mit einem Widerstandsthermometer in Brückenanordnung verfolgt werden. Auf das im Brückenzweig befindliche Galvanometer wirkt dann eine proportional mit der Zeit veränderliche Kraft, aber das bewegliche System des Galvanometers kann der Kraft nicht sofort folgen, so daß es nicht die durch die punktierte Linie angedeutete Bewegung ausführt. Es ist auch hier notwendig, sich darüber zu orientieren, wie sich das bewegliche System bei verschiedenen Dämpfungsgraden, d. h. verschiedenen Werten des Parameters α verhält. Das partikuläre Integral der Differentialgleichung für $\varphi(\tau) = b\tau$, das der erzwungenen stationären Bewegung entspricht, ist
$$x = -2\alpha b + b\tau = b(\tau - 2\alpha) \ ^1). \tag{44}$$
Hierzu tritt wieder das Integral für die Eigenbewegung des Systems [Gleichung (21)]. Befindet sich zur Zeit $\tau = 0$ das System in der Nullage ($x_0 = 0$) in Ruhe ($dx/d\tau = 0$ für $\tau = 0$), so erhält man die allgemeinen Lösungen:

$$\left.\begin{array}{l} \text{Für } \alpha > 1 : x = b\left\{(\tau - 2\alpha) + \dfrac{1}{\beta}e^{-\alpha\tau}\mathfrak{Sin}(\beta\tau + \varphi)\right\}; \quad \mathfrak{Tg}\,\varphi = \dfrac{2\alpha\beta}{2\alpha^2 - 1}; \quad \mathfrak{Sin}\,\varphi = 2\alpha\beta, \\[4pt] \text{,, } \alpha = 1 : x = b\left\{(\tau - 2) + (\tau + 2)e^{-\tau}\right\}, \\[4pt] \text{,, } \alpha < 1 : x = b\left\{(\tau - 2\alpha) + \dfrac{1}{\varepsilon}e^{-\alpha\tau}\sin(\varepsilon\tau + \varphi)\right\}; \quad \text{tg}\,\varphi = \dfrac{2\alpha\varepsilon}{2\alpha^2 - 1}; \quad \sin\varphi = 2\alpha\varepsilon. \end{array}\right\} \tag{45}$$

worin wieder $\beta^2 = \alpha^2 - 1$ und $\varepsilon^2 = 1 - \alpha^2$ ist.

Wie schon aus der partikulären Lösung Gleichung (44) ersichtlich ist und wie auch die Gleichungen (45) zeigen, bleibt nach dem Abklingen der Eigen-

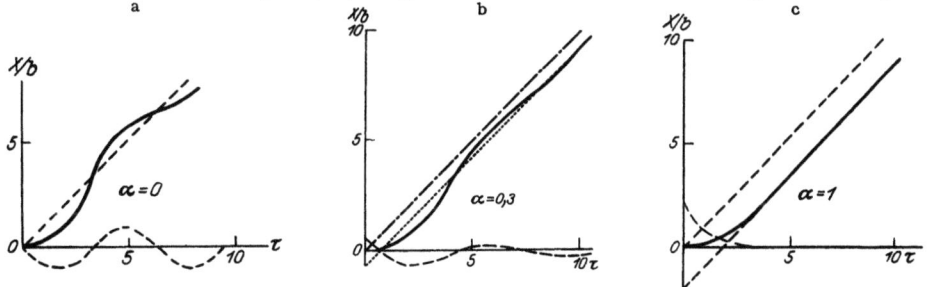

Abb. 12a—c. Äußere Kraft $\varphi(\tau) = b\tau$. Bewegung für verschiedene Parameter α.

schwingungen die Bewegung des Systems zeitlich um den Betrag 2α hinter der vorgegebenen Kurve zurück. Dies zeigen auch die Abb. 12b und c für $\alpha = 0,3$

---
[1]) Es sei noch angeführt, daß das partikuläre Integral für $\varphi(\tau) = a + b\tau$, welches die beiden Fälle (a und $b\tau$) umfaßt, lautet: $x = a - 2ab + b\tau$.

und 1. In den Abb. 12a, b, c ist als Abzsisse τ, als Ordinate x/b, d. h. der Klammerausdruck der obigen Gleichungen aufgetragen, der nach längerer Zeit den Wert $\tau - 2\alpha$ annimmt; die Linien steigen daher im Winkel von 45° an. Zur Zeit $\tau = 0$ hat die Eigenschwingung die Amplitude $+2\alpha$, wodurch x_0 Null wird. Die Eigenschwingungen sind in den Abbildungen (auf der Abszisse) gestrichelt gezeichnet, ebenso die äußere Kraft und der Wert $\tau - 2\alpha$. Im ungedämpften Zustand ($\alpha = 0$, Abb. 12a) führt das System dauernd Schwingungen um die vorgegebene Linie aus. In den übrigen Fällen ($\alpha > 0$) wird die gerade Linie nach dem Verschwinden der Eigenschwingung durch eine gerade Linie von derselben Neigung wiedergegeben.

Da nach Gleichung (9) und (11)

$$\tau - 2\alpha = \omega_0\left(t - \frac{2m}{\omega_0^2}\right) = \omega_0\left(t - \frac{mT_0^2}{2\pi^2}\right) \qquad (46)$$

ist, so wird die absolute Zeit des Nachhinkens der Bewegung um so kleiner, je kleiner die Schwingungsdauer T_0 im ungedämpften Zustand und je kleiner der Dämpfungsfaktor m ist. Zur Vermeidung von Schwingungen ist aber auch hier eine Dämpfung am günstigsten, welche nahe den aperiodischen Zustand ($\alpha = 1$) herbeiführt.

15. Vorgegebene Kurve $\varphi(\tau) = c\tau^2$. Nicht immer wird die vorgegebene Bewegung durch das System kopiert. Dies ist z. B. nicht der Fall für $\varphi(\tau) = c\tau^2$.

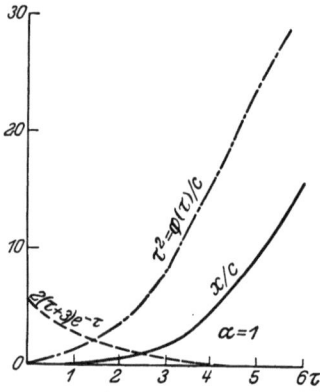

Abb. 13. Bewegungsvorgang bei einer Kraft von der Form $\varphi(\tau) = c\tau^2$. Aperiodischer Grenzzustand.

Die nach dem Verschwinden der Eigenbewegung auftretende stationäre Bewegung, welche durch das partikuläre Integral dargestellt wird, ist in diesem Fall:

$$x = c\{(8\alpha^2 - 2) - 4\alpha\tau + \tau^2\}, \qquad (47)$$

also eine Kurve, die einen wesentlich anderen Verlauf zeigt, als die zeitliche Kurve der äußeren Kraft. Hierzu tritt noch die Eigenschwingung, welche durch Gl. (21) dargestellt wird. Zur Bestimmung der Konstanten der Eigenschwingung dienen wieder die gleichen Anfangsbedingungen, wie in den beiden vorhergehenden Fällen. Es sei hier nur die Gleichung für den aperiodischen Grenzfall ($\alpha = 1$) angegeben, bei welchem die Eigenschwingung durch Gl. (23) gegeben ist. In diesem Fall erhält man dann

$$x = c\{6 - 4\tau + \tau^2 - 2(\tau + 3)e^{-\tau}\}. \qquad (48)$$

Abb. 13 zeigt den Verlauf der vorgegebenen Kurve $\varphi(\tau)/c = \tau^2$ (gestrichelt) und der Bewegung des Systems x/c; außerdem die Eigenschwingung $2(\tau + 3)e^{-\tau}$ (gestrichelt), die bei etwa $\tau = 4$ praktisch verschwindet. Die Bewegungskurve ist zeitlich verschoben gegen τ^2 und zeigt auch einen anderen Verlauf; für große Werte von τ nähert sie sich der Kurve für τ^2.

16. Erregung durch ungedämpfte Sinusschwingung, $\varphi(\tau) = A\sin(\varkappa\tau + \delta)$. Sowohl für mechanische wie elektrische Vorgänge (z. B. Vibrationsgalvanometer, Thomsonkreis) ist der Fall von großer Wichtigkeit, daß die äußere Kraft die Form einer ungedämpften Sinusschwingung besitzt. In dem Ausdruck für $\varphi(\tau)$ ist A die Amplitude, δ die Phase der Schwingung. Die Bedeutung von $\varkappa$ geht aus folgendem hervor. Bezeichnet man mit ω_1 die Kreisfrequenz der äußeren Kraft ($\omega_1 = 2\pi/T_1 = 2\pi\nu_1$); so ist:

$$\varkappa\tau = \omega_1 t \quad \text{und daher} \quad \varkappa = \frac{\omega_1}{\omega_0} = \frac{T_0}{T_1}, \qquad (49)$$

da $\tau = \omega_0 t$ ist, wobei $\omega_0 = 2\pi/T_0$ die Kreisfrequenz der ungedämpften Schwingung für das betrachtete System bedeutet.

Als partikuläre Lösung, die der stationären Bewegung entspricht, ergibt sich aus der Differentialgleichung

$$x = \frac{A}{N}\sin(\varkappa\tau + \delta + \chi); \quad \operatorname{tang}\chi = -\frac{2\alpha\varkappa}{1-\varkappa^2}; \quad \sin\chi = -\frac{2\alpha\varkappa}{N}, \qquad (50)$$

wenn zur Abkürzung gesetzt wird:

$$N^2 = (1-\varkappa^2)^2 + 4\alpha^2\varkappa^2. \qquad (51)$$

In kürzerer Form läßt sich die partikuläre Lösung durch Anwendung der symbolischen Schreibweise darstellen. Bezeichnet man $A\sin(\varkappa\tau + \delta)$ mit $\mathfrak{A}$, so hat auch x eine ähnliche Form, d. h. man kann x gleich dem imaginären Teil von $c\,e^{j\varkappa\tau}$ setzen, worin c eine Konstante bedeutet, so daß man erhält $dx/d\tau = j\varkappa x$, $d^2x/d\tau^2 = -\varkappa^2 x$ und für die Differentialgleichung $d^2x/d\tau^2 + 2\alpha\,dx/d\tau + x = \mathfrak{A}$ erhält man also

$$(-\varkappa^2 + 2j\alpha\varkappa + 1)x = \mathfrak{A}, \qquad (52)$$

oder durch Multiplikation mit $(1 - \varkappa^2 - 2j\alpha\varkappa)$ auf beiden Seiten:

$$x = \frac{\mathfrak{A}}{N^2}(1 - \varkappa^2 - 2j\alpha\varkappa). \qquad (53)$$

Hieraus folgt der für $\operatorname{tg}\chi$ in Gleichung (50) angegebene Wert und ebenso A/N als Amplitude der erzwungenen Schwingung. Die erzwungene Schwingung hat also, wenn sie stationär geworden ist, eine andere Phase (um den Winkel χ verändert), als die äußere, auf das System wirkende Kraft. Für die allgemeine Lösung sind der partikulären Lösung noch die Eigenschwingungen, Gl. (21), (23), (24) hinzuzufügen, so daß sich dann ergibt

$$\left.\begin{aligned}\text{Für } \alpha > 1: \quad & x = \frac{A}{N}\sin(\varkappa\tau + \delta + \chi) + c\,e^{-\alpha\tau}\mathfrak{Sin}(\beta\tau + \varphi),\\ \text{,, } \alpha = 1: \quad & x = \frac{A}{N}\sin(\varkappa\tau + \delta + \chi) + (a + b\tau)e^{-\tau},\\ \text{,, } \alpha < 1: \quad & x = \frac{A}{N}\sin(\varkappa\tau + \delta + \chi) + c\,e^{-\alpha\tau}\sin(\varepsilon\tau + \varphi),\end{aligned}\right\} \qquad (54)$$

worin wieder $\beta^2 = \alpha^2 - 1$ und $\varepsilon^2 = 1 - \alpha^2$ zu setzen ist. Die Konstanten c, φ, a und b bestimmen sich aus den Anfangsbedingungen für x und $dx/d\tau$.

Durch die Übereinanderlagerung der beiden Bewegungen, der stationären Bewegung und der Eigenschwingung, entstehen im Anfang komplizierte Bewegungsvorgänge, die man als „Einschaltvorgänge" bezeichnet, und die erst allmählich in die erzwungene Schwingung übergehen. Ebenso treten beim Aufhören der äußeren Kraft die Eigenschwingungen des Systems allein auf mit den Anfangsbedingungen, die zur Zeit des Aufhörens der Kraft gelten. Diese Eigenschwingungen klingen dann allmählich ab, und das System kommt wieder zur Ruhe.

Im aperiodischen Grenzfall ($\alpha = 1$) wird z. B., wenn $x = 0$ und $dx/d\tau = 0$ ist für $\tau = 0$, also das System sich im Gleichgewicht und Ruhezustand befindet und außerdem $\delta = 0$ ist:

$$x = \frac{A}{1+\varkappa^2}\left\{\sin(\varkappa\tau + \chi) + \varkappa\left(\tau + \frac{2}{1+\varkappa^2}\right)e^{-\tau}\right\}, \qquad (55)$$

wobei $\sin\chi = -\frac{2\varkappa}{1+\varkappa^2}$ und $\varphi(\tau) = A\sin\varkappa\tau$ ist.

Die Abb. 14 bis 19 zeigen einige Fälle von Einschaltvorgängen unter verschiedenen Bedingungen, nämlich für verschiedene Werte von α und $\varkappa$ und für

Figur	14	15	16	17	18	19
$\varkappa$	1,1	0,5	2,3	1,2	10	1
α	0,02	0,01	0,09	0	1	0,1

verschiedene Anfangsbedingungen[1]). Die Werte von α und $\varkappa$ für die einzelnen Abbildungen ergeben sich aus nebenstehender Zusammenstellung.

Hierin bedeutet also $\varkappa = \omega_1/\omega_0$ [Gleichung (49)] das Verhältnis der Kreisfrequenz der äußeren Kraft zu derjenigen des ungedämpft schwingenden Systems oder auch

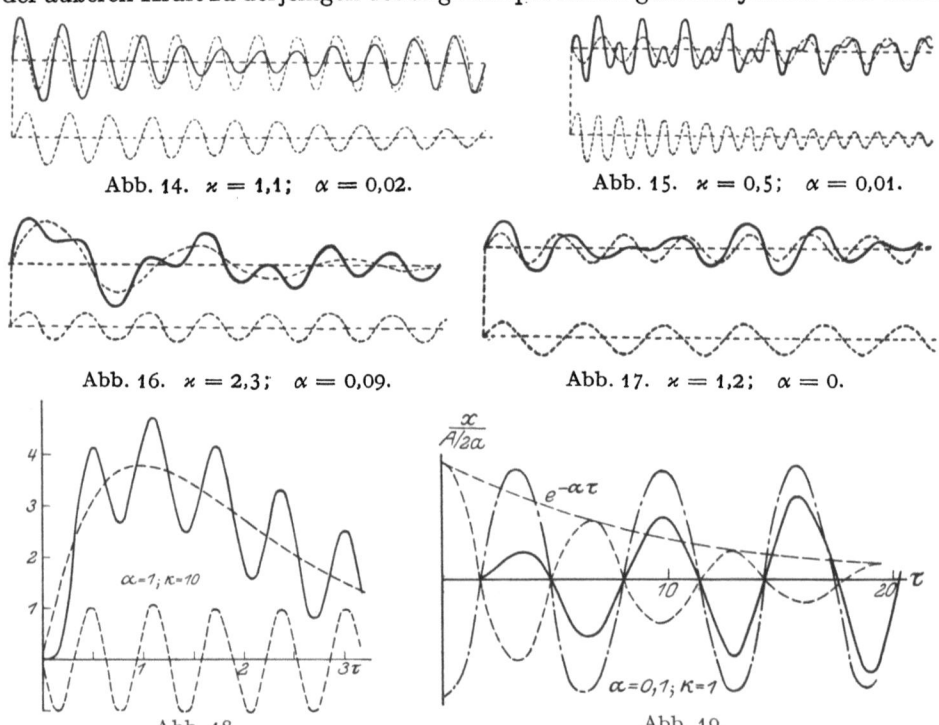

Abb. 14. $\varkappa = 1,1$; $\alpha = 0,02$.

Abb. 15. $\varkappa = 0,5$; $\alpha = 0,01$.

Abb. 16. $\varkappa = 2,3$; $\alpha = 0,09$.

Abb. 17. $\varkappa = 1,2$; $\alpha = 0$.

Abb. 18.

Abb. 19.

Abb. 14—19. Verschiedene Fälle von Einschaltvorgängen.

das Verhältnis der entsprechenden Schwingungsdauern T_0/T_1 und $\alpha = m/\omega_0$ [Gl. (11)] den Parameter der Differentialgleichung in allgemeiner Form, der nach Gleichung (39) mit dem Dekrement Λ in der Beziehung $\alpha = \Lambda/\sqrt{\Lambda^2 + (2\pi)^2}$ steht.

17. Stationärer Zustand für $\varphi(\tau) = A \sin(\varkappa \tau + \delta)$. Nach dem Abklingen der Eigenbewegung des Systems bleibt die aufgezwungene stationäre Bewegung übrig, welche nach Gleichung (50) die gleiche Schwingungsdauer besitzt, wie die äußere Kraft und um den Phasenwinkel χ gegen sie verschoben ist. Die Schwingungsdauer ist $\Theta = 2\pi/\varkappa = 2\pi T_1/T_0$; die Phasenverschiebung wird Null für ein ungedämpft schwingendes System ($\alpha = 0$), dann hören aber die Eigenschwingungen niemals auf, so daß die erzwungenen Schwingungen nicht mit denjenigen der äußeren Kraft übereinstimmen.

Von wesentlichem Interesse ist nun die Amplitude der erzwungenen Schwingung, die nach Gleichung (50) und (51) dargestellt wird durch den Ausdruck:

$$A' = \frac{A}{N} = \frac{A}{\sqrt{(1-\varkappa^2)^2 + 4\alpha^2\varkappa^2}}. \tag{56}$$

---

[1]) Vgl. hierzu auch F. BEDELL u. A. C. CREHORE, übersetzt von A. H. BUCHERER, Theorie der Wechselströme (Berlin-München, Springer-Oldenburg) sowie W. LINKE, Arch. f. Elektrotechn. Bd. 1, S. 16 u. 69. 1913 (Einschaltvorgänge).

Ziff. 18.   Resonanzschärfe, Resonanzbreite.   219

Das Verhältnis A'/A hat im allgemeinen bei einem gegebenen Parameter α ein Maximum für einen bestimmten Wert von $\varkappa$ (Resonanzfall). Das Maximum tritt ein für:

$$\varkappa_m = \sqrt{1 - 2\alpha^2}. \tag{57}$$

Man erhält dann für das Amplitudenverhältnis den maximalen Wert:

$$\left(\frac{A'}{A}\right)_m = \frac{1}{2\alpha\sqrt{1-\alpha^2}}, \quad \left(\text{für kleines } \alpha: \left(\frac{A'}{A}\right)_m \approx \frac{1}{2\alpha}\right), \tag{58}$$

während sich für $\varkappa = 1$ (also $\omega_1 = \omega_0$) der kleinere Wert $1/2\alpha$ ergibt. Ein Maximum ist aber nur dann vorhanden, wenn die Wurzel in Gleichung (57) reell ist, d. h. für $1 > 2\alpha^2$ oder $\alpha < \sqrt{\tfrac{1}{2}}$, d.h. $\alpha < 0{,}707$; diesem Wert entspricht $\varepsilon = 0{,}707$, $\varLambda = 2\pi$, $\sqrt{k} = 23{,}1$. Das Dekrement und das Dämpfungsverhältnis müssen also unter diesen Beträgen bleiben, damit ein Resonanzmaximum auftreten kann. Für $\alpha = \sqrt{\tfrac{1}{2}}$ wird $\varkappa_m = 0$ und A'/A nach Gleichung (56) gleich 1. Für ein ungedämpftes System ($\alpha = 0$) tritt das Maximum nach Gleichung (56) für $\varkappa = 1$ ein, d. h. für $\omega_1 = \omega_0$, also für völlige Übereinstimmung der beiden Schwingungsdauern. Das Maximum ist dann unendlich groß. Je kleiner α ist, desto größer wird im Resonanzfalle das Maximum. Abb. 20 zeigt für verschiedene Werte der Dämpfung ($\alpha = 0{,}2$ bis $\alpha = 10$) den Verlauf des Verhältnisses A'/A

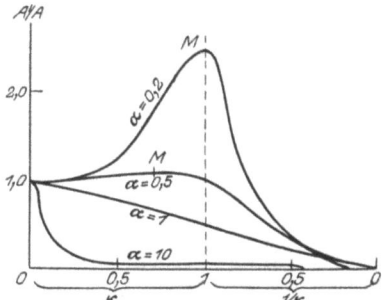

Abb. 20. Abhängigkeit des Amplitudenverhältnisses A'/A nach Gleichung (56) in Abhängigkeit von $\varkappa$ für verschiedene Werte von α (verschiedene Dämpfung).

(Ordinate) der Amplituden für die erzwungene und die erregende Schwingung und zwar in Abhängigkeit von $\varkappa$, dem Verhältnis der Kreisfrequenzen nach Gleichung (49) als Abszisse. Für die Werte von $\varkappa$, die über 1 liegen, ist als Abszisse der reziproke Wert $1/\varkappa$ aufgetragen, um die Kurven bis $\varkappa = \infty$ darstellen zu können. Für $\varkappa = 0$ ist bei allen Kurven $A' = A$, für $\varkappa = \infty$ ist $A' = 0$. Die Stelle des Maximums ist bei denjenigen Kurven, die ein Maximum für A' besitzen, durch den Buchstaben M gekennzeichnet. Je kleiner die Dämpfung ist, desto mehr rückt das Maximum an die Stelle, für die $\varkappa = 1$, d. h. $\omega_1 = \omega_0$ ist; im allgemeinen liegt das Maximum links von dieser Stelle, d. h. bei Werten von $\omega_1 < \omega_0$. Für Werte von $\alpha > 0{,}707$ haben die Kurven, wie bereits erwähnt, überhaupt kein Maximum mehr; der Wert von A'/A fällt dann von dem Betrag 1, den er für $\varkappa = 0$ besitzt, bei wachsenden Werten des Frequenzverhältnisses $\varkappa$ immer mehr ab.

Berechnung von α und ω_0. Aus dem Verlauf der Kurven von A'/A lassen sich auch die für das betreffende System charakteristischen Konstanten α und ω_0 berechnen, indem man mehrere zusammengehörige Werte von A'/A und $\varkappa$ ermittelt; die Berechnung kann mittels Gleichung (56) oder auf graphischem Wege erfolgen. Auf diese Weise kann man die Werte auch für aperiodisch sich bewegende Systeme berechnen[1]). Über die Berechnung von α und ω_0 bei gedämpfter periodischer Schwingung s. Ziff. 11.

18. Resonanzschärfe, Resonanzbreite. Bei den Kurven, die ein Maximum besitzen (Resonanzkurven), interessiert noch die Resonanzschärfe. Wie

---

[1]) Näheres hierüber s. bei H. ZÖLLICH (l. c.), wo auch Anwendungen auf die Theorie von Meßgeräten (Oszillographen usw.) zu finden sind.

aus Abb. 20 zu entnehmen ist, verlaufen die Kurven um so flacher, und das Maximum hat einen um so kleineren Betrag, je größer die Dämpfung, also auch α, ist. Als Maß der Resonanzschärfe, die mit abnehmender Dämpfung zunimmt, hat man die sog. **Resonanzbreite** eingeführt, die sich auch experimentell leicht bestimmen läßt. Man ermittelt denjenigen Wert von $\varkappa$, für den das Amplitudenverhältnis A'/A auf die Hälfte des Maximalbetrags gesunken ist ($\varkappa'$) und bezeichnet dann die in Prozenten angegebene „**Verstimmung**"

$$100 \frac{\varkappa' - \varkappa_m}{\varkappa_m} \qquad (59)$$

als **Resonanzbreite**; strenggenommen stellt dieser Ausdruck allerdings nur die Hälfte der Resonanzbreite dar. Der Wert von $\varkappa_m$ für das Maximum ist durch Gleichung (57) gegeben.

Die Hälfte des Maximalwertes von A'/A ist nach Gleichung (58) gleich $1/(4\alpha\sqrt{1-\alpha^2})$; der zugehörige Wert von $\varkappa'$ ergibt sich aus Gleichung (56) durch die Beziehung:

$$(\varkappa')^2 = 1 - 2\alpha^2 \pm 2\alpha\sqrt{3(1-\alpha^2)} = (\varkappa_m)^2 \pm 2\alpha\sqrt{3(1-\alpha^2)}. \qquad (60)$$

Die Resonanzkurve verläuft demnach symmetrisch, wenn man als Abszissen die Quadrate der Frequenzen bzw. die Quadrate von $\varkappa$ aufträgt. Wenn die Frequenzen selbst aufgetragen werden, wie es gewöhnlich der Fall ist, so werden die Kurven unsymmetrisch, und zwar in der Weise, daß der abfallende Ast steiler verläuft als der ansteigende; diese Unsymmetrie wird aber nur für verhältnismäßig große Dämpfungsgrade merklich. Bei kleiner Dämpfung — kleinem α — ist nahe $\varkappa_m = 1$, und wenn man die links und rechts von $\varkappa_m$ liegenden Werte $\varkappa'$ mit $\varkappa_1$ und $\varkappa_2$ bezeichnet, gilt dann angenähert die Beziehung:

$$\varkappa_1^2 - \varkappa_2^2 = (\varkappa_1 - \varkappa_2)(\varkappa_1 + \varkappa_2) = 4\alpha\sqrt{3}. \qquad (61)$$

Da in diesem Fall ferner nahe $\frac{\varkappa_1 + \varkappa_2}{2} = \varkappa_m$ und $\varkappa_m$ angenähert gleich 1 ist, so kann man setzen:

$$\frac{\varkappa_1 - \varkappa_2}{\varkappa_m} = 2\alpha\sqrt{3}. \qquad (62)$$

Dieser Ausdruck stellt, in Bruchteilen von $\varkappa_m$ ausgedrückt, den doppelten Betrag, der oben definierten Resonanzbreite für kleine Dämpfung dar [s. Gleichung (59)]. Die Resonanzbreite selbst, in Prozenten ausgedrückt, ist dann also gleich $100\alpha\sqrt{3}$.

Je kleiner die Dämpfung ist, desto schneller fällt die Maximalamplitude für eine bestimmte Verstimmung ab, d. h. desto selektiver ist das System für die dem Resonanzpunkt entsprechende Frequenz. Diese Betrachtungen sind z. B. für das Vibrationsgalvanometer von Wichtigkeit, bei dem die Dämpfung so klein sein muß, daß es noch stark selektiv wirkt, aber andererseits doch so groß, daß die Schwingungen nach dem Aufhören der äußeren Kraft schnell abklingen.

19. Phasenverschiebung der erzwungenen Schwingung, Phasensprung. Nach Gleichung (50) ist $\chi = -\arctan\frac{2\alpha\varkappa}{1-\varkappa^2}$ die Phasenverschiebung der erzwungenen Schwingung gegenüber der äußeren sinusförmigen Kraft, die sie erregt. Die dieser Verschiebung entsprechende Zeit τ' ist demnach:

$$\tau' = \frac{1}{\varkappa}\chi = -\frac{1}{\varkappa}\arctan\frac{2\alpha\varkappa}{1-\varkappa^2}. \qquad (63)$$

Für $\varkappa = 1$, d. h. für $\omega_1 = \omega_0$, beträgt somit die Phasenverschiebung $\pi/2$ bei jedem Grad der Dämpfung.

Bei kleiner Dämpfung, also kleinem α, geht die als Funktion von $\varkappa$ aufgetragene Phasenverschiebung χ bei $\varkappa = 1$ sehr steil durch den Wert $\pi/2$ hindurch, während sie für $\varkappa < 1$ nahe 0, für $\varkappa > 1$ nahe gleich π ist (Abb. 21). Für die Resonanzlagen $\varkappa = 1$ tritt also ein um so plötzlicherer Phasensprung im Betrage π auf, je kleiner die Dämpfung ist. Dieser Umstand kann zur scharfen Einstellung der Resonanz, z. B. von Vibrationsgalvanometern, benutzt werden, indem man eine stroboskopische Scheibe oder ähnliche Hilfsmittel verwendet[1]).

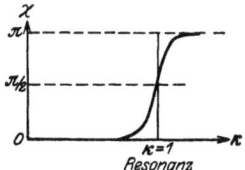

Abb. 21. Phasensprung.

20. Erregung durch gedämpfte Sinusschwingung; $\varphi(\tau) = A e^{-\gamma\tau} \sin(\varkappa\tau + \delta)$. Der Fall, daß die äußere Kraft, welche die erzwungenen Schwingungen hervorruft, die Form einer gedämpften Sinusschwingung oder eine regelmäßige Folge solcher gedämpften Schwingungen darstellt, kommt besonders für elektrische Schwingungskreise in Betracht [Stoßerregung[2])]. Hierbei treten im allgemeinen zwei Glieder mit Dämpfungsfaktoren, eines mit dem Exponent γ, das andere mit α, auf. Die allgemeine Lösung, welche sich aus der erzwungenen und der Eigenbewegung zusammensetzt, lautet

$$\left.\begin{array}{l} x = \dfrac{A}{\sqrt{N^2 + Z^2}} e^{-\gamma\tau} \sin(\varkappa\tau + \delta + \chi) + c \cdot e^{-\alpha\tau} \mathfrak{Sin}(\beta\tau + \varphi), \\ \tan \chi = \dfrac{Z}{N}; \quad Z = 2\varkappa(\gamma - \alpha); \quad N = \gamma^2 - 2\alpha\gamma + 1 - \varkappa^2, \end{array}\right\} \quad (64)$$

worin c und φ Integrationskonstanten darstellen, die durch die Anfangsbedingungen gegeben sind. Für $\gamma = 0$ ergeben sich daraus die Gleichungen (50) usw.

Soll zur Zeit $\tau = 0$ gelten $x = 0$ und $dx/d\tau = 0$, so erhält man für die Integrationskonstanten die Werte

$$c = -\frac{A}{\beta(N^2 + Z^2)} \sqrt{\frac{\{(\alpha - \gamma)Z' + \varkappa N'\}^2 - \beta^2 (Z')^2}{1 + \text{tg}^2 \delta}}; \quad \mathfrak{Tg}\,\varphi = \frac{\beta Z'}{(\alpha - \gamma)Z' + \varkappa N'}, \quad (65)$$

worin zur Abkürzung gesetzt ist:

$$Z' = Z + N \operatorname{tg}\delta; \quad N' = N - Z \operatorname{tg}\delta. \quad (66)$$

Wenn $\alpha < 1$ ist, so erhält man auch für das zweite Glied der Gleichung (64) eine gedämpfte Sinusschwingung von der Form $c e^{-\alpha\tau} \sin(\varepsilon\tau + \varphi)$, worin $\varepsilon = \sqrt{1 - \alpha^2}$ und $\varepsilon^2 = -\beta^2$ ist. Die aus zwei gedämpften Sinusschwingungen von im allgemeinen verschiedener Dämpfung zusammengesetzte komplizierte Schwingung läßt sich dann in die Form:

$$x = M \sin(\mu\tau + \psi) \quad (67)$$

bringen. Hierin ist $\mu = (\varkappa + \varepsilon)/2$. M aber und ψ sind keine Konstanten, sondern Funktionen der Zeit.

Führt man nun die Bezeichnungen ein:

$$\mu = \frac{\varkappa + \varepsilon}{2}; \quad n = \frac{\varkappa - \varepsilon}{2}; \quad \alpha' = \frac{\gamma + \alpha}{2}; \quad \zeta = \frac{\gamma - \alpha}{2}, \quad (68)$$

so erhält man, wenn $\delta = 0$ gesetzt wird [Gl. (64), (65)]:

$$\operatorname{tg}\chi = \frac{(n + \mu)\zeta}{\zeta^2 - n\mu}; \quad \operatorname{tg}\varphi = \frac{(n - \mu)\zeta}{\zeta^2 + n\mu}, \quad (69)$$

da $N = 4(\zeta^2 - n\mu)$ und $Z = 4\varkappa\zeta$ ist.

---

[1]) Vgl. Fr. WENNER, Bull. Bureau of Stand. Washington Bd. 6, S. 347. 1910; A. E. KENNELLY, HUNTER u. PRIOR, Trans. Amer. Inst. Electr. Eng. Bd. 39, S. 443. 1920.

[2]) Eine sehr eingehende Theorie über diese Schwingungsvorgänge ist von V. BJERKNES, Wied. Ann Bd. 55, S. 121. 1895, gegeben worden; vgl. auch P. Drude, Ann. d. Phys. Bd. 13, S. 512, 1904 und Physik des Äthers, 2. Aufl. S. 461, 1912 (Verlag F. Enke, Stuttgart).

Ist nun weiter die Dämpfung (α und γ) klein, so daß ε nahe gleich 1 wird und sind die Perioden der beiden Glieder, welche die Schwingungsform darstellen, wenig voneinander verschieden, so darf man die Quadrate von n, α' und ζ gegen μ^2 vernachlässigen und erhält dann mit dieser Einschränkung:

$$\frac{A}{\sqrt{N^2+Z^2}} = \frac{A}{4\mu\sqrt{n^2+\zeta^2}}; \qquad c = \frac{A}{4\mu\sqrt{n^2+\zeta^2}}\frac{\mu+n}{\mu-n}. \tag{70}$$

Führt man diese Werte in Gleichung (67) und (64) ein, so folgt für M:

$$M^2 = \frac{A^2}{16\mu^2(n^2+\zeta^2)}\left[e^{-2\gamma\tau} + e^{-2\alpha\tau}\frac{\mu+2n}{\mu-2n} - 2e^{-2\alpha'\tau}\frac{\mu+n}{\mu-n}\cos 2n\tau\right]. \tag{71}$$

Nach Gleichung (67) ist M die einhüllende Amplitudenkurve der mit der Kreisfrequenz $\mu\omega_0$ schwingenden Wellen.

Für $\zeta = 0$, d. h. $\gamma = \alpha$ wird angenähert:

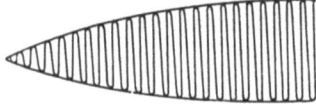

Abb. 22. M_1 nach Gleichung (72).

$$M_1 = \pm\frac{A}{2\mu n}e^{-\alpha\tau}\sin n\tau, \tag{72}$$

Das heißt, man erhält Schwebungen mit abnehmender Amplitude, wie sie Abb. 22 zeigt.

Ist außerdem $n = 0$, d. h. $\varkappa = \varepsilon$, also die Periode der beiden die Schwingung zusammensetzenden Glieder gleich groß, so ergibt sich:

Abb. 23. M_2 nach Gleichung (73).

$$M_2 = \pm\frac{A}{2\mu}\tau\varepsilon^{-\alpha'\tau}. \tag{73}$$

Abb. 24. Allgemeiner Fall nach Gleichung (71).

Diese Schwingungsform ist in Abb. 23 dargestellt; für größere Werte von τ nimmt M wieder ab und nähert sich der Null.

Im allgemeinen Fall [Gleichung (71)] ergeben sich Schwebungen, die aber nicht bis zum Wert $M = 0$ gehen (s. Abb. 24).

21. $\varphi(\tau)$ = allgemeine Funktion. Wenn die auf das System wirkende äußere Kraft eine beliebige Funktion der Zeit ist, so läßt sie sich z. B. durch eine FOURIERsche Reihe darstellen. Die einzelnen Glieder der Reihe haben die Form einer ungedämpften Sinusfunktion (bzw. Kosinusfunktion); das partikuläre Integral der einzelnen Glieder ergibt sich also nach der in Ziff. 16 angegebenen Gleichung. Die Summation der einzelnen partikulären Integrale liefert dann das partikuläre Integral der vorgegebenen Funktion, hinzu treten noch die Eigenschwingungen des Systems, deren beiden Konstanten wieder durch die Anfangsbedingungen zu bestimmen sind.

Handelt es sich z. B. um eine in dem Intervall T periodische Funktion, so läßt sich dieselbe darstellen in der Form:

$$f(t) = \frac{b_0}{2} + \sum_{n=0}^{\infty} a_n \sin n\omega t + \sum_{n=1}^{\infty} b_n \cos n\omega t = \frac{b_0}{2} + \sum_{n=1}^{\infty} A_n \sin(n\omega t + \delta_n), \tag{74}$$

worin $\omega = 2\pi/T$ die Kreisfrequenz bedeutet, a_n und b_n bzw. A_n die Amplituden der einzelnen harmonischen Wellen, δ_n die Phase derselben und n alle ganzen Zahlen von 0 bis ∞. Die zweite Gleichung (72) entsteht durch Zusammenfassung der gleichartigen Sinus- und Kosinusglieder.

Die Konstanten a_n, b_n usw. der Gleichung (74) berechnen sich aus folgenden Formeln:

$$\left.\begin{array}{l} a_n = \dfrac{2}{T}\displaystyle\int_{-T/2}^{+T/2} f(t)\sin n\omega t\cdot dt; \qquad b_n = \dfrac{2}{T}\displaystyle\int_{-T/2}^{+T/2} f(t)\cos n\omega t\cdot dt, \\[1em] A_n = \sqrt{a_n^2 + b_n^2}; \qquad \operatorname{tg}\delta_n = \dfrac{b_n}{a_n}. \end{array}\right\} \tag{75}$$

Wenn die Funktion an einer Stelle einen Sprung erleidet, so ist für diese Stelle das Mittel aus den beiden Werten zu setzen, die dort gelten. Die Grundwelle erhält man für $n = 1$, die erste Oberwelle für $n = 2$ usw.

Jede Teilwelle stellt eine ungedämpfte Sinusschwingung von der Form $A_n \sin(n\omega t + \delta_n)$ dar, für welche die Lösung bereits in Ziff. 16 gegeben ist. Da bei dem partikulären Integral sowohl die Amplituden wie die Phasen der Einzelwellen in verschiedener Weise geändert werden, so liefert im allgemeinen das gesamte partikuläre Integral der gegebenen Funktion eine von dieser abweichende Kurvenform. Durch die hinzutretenden Eigenschwingungen tritt noch eine weitere Abänderung auf. Für die Abbildung von Kurven durch den Oszillographen sind diese Betrachtungen von Wichtigkeit[1]).

d) Zusammenstellung einiger Größen und Gleichungen.

22. Definition einiger Größen.

Absolute Zeiten:

$t =$ Zeit in Sekunden,
$T =$ ganze Schwingungsdauer in Sekunden,
$T_0 =$ Schwingungsdauer im ungedämpften Zustand,

Relative Zeiten: [für Gleichung (β)]

$\tau = \omega_0 t = 2\pi t/T_0$
$\Theta = \omega_0 T = 2\pi T/T_0$
$\Theta_0 = \omega_0 T_0 = 2\pi$

$\nu =$ Frequenz,
$\omega =$ Kreisfrequenz $= 2\pi\nu = 2\pi/T$,
$\omega_0 =$ Kreisfrequenz im ungedämpften Zustand $= 2\pi/T_0$,
$K =$ Trägheitsmoment, $D =$ Richtkraft, $p =$ Dämpfungskonstante,
$L =$ Induktivität, $C =$ Kapazität, $R =$ Widerstand,
$k =$ Dämpfungsverhältnis für gleichgerichtete Amplituden,
$\Lambda = \log_n k =$ logarithmisches Dekrement,
$\alpha =$ Dämpfungsparameter; $\varepsilon = \sqrt{1-\alpha^2}$; $\beta = \sqrt{\alpha^2-1}$,
$F(t) =$ Drehmoment der äußeren Kräfte, $V =$ elektrische Spannung.

23. Gleichungen zwischen den verschiedenen Größen.
Bewegungsgleichung mit zwei Parametern [Gleichung (8), Ziff. 3]:

$$\frac{d^2x}{dt^2} + 2m\frac{dx}{dt} + \omega_0^2 x = f(t) \,. \quad (\alpha)$$

Hinsichtlich der Berechnung von m aus den Konstanten des Systems vgl. Tabelle 2 Ziff. 5. Durch Einführung von $\tau = \omega_0 t$ und von $\alpha = m/\omega_0$ (vgl. Tabelle 3, Ziff. 5) erhält man die allgemeine Gleichung mit dem einzigen Parameter α [Gleichung (10) Ziff. 4]:

$$\frac{d^2x}{d\tau^2} + 2\alpha\frac{dx}{d\tau} + x = \varphi(\tau) \,. \quad (\beta)$$

Hierin ist

$$\varphi(\tau) = \frac{1}{\omega_0^2} f\left(\frac{\tau}{\omega_0}\right).$$

Allgemein ist $\tau = \omega_0 t$, $\alpha = m/\omega_0$, ε bzw. $\beta = \omega/\omega_0$ [2]).

---

[1]) Vgl. z. B. E. ORLICH, Aufnahme und Analyse von Wechselstromkurven. Braunschweig: Vieweg 1906; W. JAEGER, Elektrische Meßtechnik, 2. Aufl. Leipzig: Barth 1922.
[2]) Siehe die Tabelle 2 betreffs ω_0 und m.

Für den periodischen Zustand ($\alpha < 1$) gelten die Beziehungen:

$$\varepsilon\tau = \omega t, \quad \alpha\tau = mt$$

$$\Theta = \frac{\Theta_0}{\varepsilon} = \frac{2\pi}{\varepsilon}: \quad T = \frac{T_0}{\varepsilon} \text{ [Gleichung (33)]},$$

$$k = e^{2\pi\frac{\alpha}{\varepsilon}}; \quad \frac{\Lambda}{2\pi} = \frac{\alpha}{\varepsilon}; \quad \Lambda = \alpha\Theta = mT \text{ [Gleichung (37) und (38)]},$$

$$\alpha = \frac{\Lambda}{\sqrt{\Lambda^2 + (2\pi)^2}}; \quad \varepsilon = \frac{2\pi}{\sqrt{\Lambda^2 + (2\pi)^2}} \text{ [Gleichung (39)]},$$

$$\Theta = \Theta_0 \sqrt{1 + \left(\frac{\Lambda}{2\pi}\right)^2}; \quad T = T_0\sqrt{1 + \left(\frac{\Lambda}{2\pi}\right)^2}$$

$$x_{\max} = v_0\, e^{-\frac{\Lambda}{2\pi}\operatorname{arctg}\frac{2\pi}{\Lambda}} = v_0\, k\, e^{-\frac{1}{2\pi}\operatorname{arctg}\frac{2\pi}{\Lambda}} \text{ [Gleichung (40) und Tabelle 5]}$$
$$= \text{ballistischer Ausschlag},$$

$$\tau' = \frac{1}{\varepsilon}\operatorname{arctg}\frac{\varepsilon}{\alpha} \text{ (Tabelle 5 Ziff. 8)} = \text{Zeit des ballistischen Ausschlags}.$$

Die allgemeine Lösung der Differentialgleichung (β) für $\varphi(\tau) = 0$ (Eigenschwingung) ist in Gleichung (21) usw. gegeben. In den Tabellen 4 und 5 (Ziff. 8) sind die wesentlichen Daten für die ballistische Bewegung enthalten. Die erzwungenen Schwingungen für verschiedene Formen der Kräftefunktion $\varphi(\tau)$ sind von Ziff. 12 ab behandelt.

Die Schwingungen gekoppelter Systeme, welche für elektrische Vorgänge von Bedeutung sind, werden an anderer Stelle behandelt (Hochfrequenz, Bd. XV); ebenso die Schwingungen, bei denen die Faktoren der Differentialgleichung inkonstant sind.

Kapitel 8.

Elektrostatische Meßinstrumente.

Von

FRIEDRICH KOTTLER, Wien.

Mit 40 Abbildungen.

1. Einleitung. Der nachfolgende Artikel behandelt die Konstruktion der elektrostatischen Meßgeräte mit Ausschluß der zur Messung der Kapazität dienenden Instrumente. Letztere siehe diesen Band bei GIEBE, Selbstinduktionen und Kapazitäten. Im wesentlichen handelt es sich hier um Spannungsmesser. Inwiefern dieselben als Ladungsmesser verwendet werden können, sowie überhaupt die Anwendung der elektrostatischen Meßgeräte (Messungsmethoden) siehe diesen Band unter Elektrometrie von SCHERING. Was die Theorie der elektrostatischen Meßgeräte anlangt, findet man in Band XII (KOTTLER, Elektrostatik der Leiter), da hier nur die Endformel interessiert, soweit sie für die Konstruktion von Belang ist. Schließlich sei bemerkt, daß von der Konstruktion jedes einzelnen Instruments nur das Prinzipielle gebracht wird; alle Abbildungen sind daher schematische Längs- oder Querschnitte, Angaben über Abmessungen werden nicht gebracht (ausgenommen die physikalisch wichtigen Daten über das spannungsempfindliche System).

Bei der großen Menge der seit der systematischen Inangriffnahme der luftelektrischen Forschungen (um 1887) und der Entdeckung der Radioaktivität (um 1900) konstruierten Modelle mußte eine Auswahl durch Beschränkung auf die wichtigeren Typen getroffen werden. Das gleiche gilt in noch höherem Maße von den älteren Instrumenten, da deren Beschreibung nur historischen Wert hätte und bei MASCART, Handbuch der statischen Elektrizität (übersetzt von WALLENTIN, Wien 1883), oder bei WIEDEMANN, Lehre von der Elektrizität (1. Band 1893) nachgeschlagen werden kann.

2. Einteilung. Alle elektrostatischen Meßinstrumente beruhen auf der ponderomotorischen Wirkung des elektrostatischen Feldes. Eine Einteilung muß daher nach mechanischen Prinzipien erfolgen. Es fragt sich nur, ob auf Grund der mechanischen Kraft, d. i. der „Richtkraft", welche der elektrostatischen Kraft entgegenwirkt, oder auf Grund des Mechanismus, welcher die mechanische Kraft entwickelt. Hier wurde das letztere gewählt und demgemäß unterschieden: Blättchenelektrometer, Faden- und Saitenelektrometer, Nadelelektrometer, Quadrantenelektrometer, absolute oder Wageelektrometer, sonstige seltene Elektrometer[1]. Die erstere Einteilung auf Grund der mechanischen Kraft verwendet G. BERNDT und unterscheidet[2] demgemäß Elektrometer mit Schwerkraft bzw. Biegungselastizität bzw. Torsionselastizi-

---

[1] Vgl. eine ähnliche Einteilung bei P. CERMAK, Elektrostatische Meßapparate und Messung elektrostatischer Größen in Graetz' Handb. der Elektrizität Bd. I. Leipzig 1912.
[2] G. BERNDT, Elektrometer unter besonderer Berücksichtigung der Konstruktionen für luftelektrische und radioaktive Messungen. Helios 1920 (auch als Sonderdruck Leipzig 1921).

tät als Richtkraft[1]). Allerdings decken sich diese beiden Einteilungsgründe ziemlich: die Richtkraft bei fast allen Blättchenelektrometern (mit Ausnahme des WULFschen Universalelektroskops) sowie bei den meisten Wageelektrometern ist die Schwerkraft, fast alle Faden- und die Saitenelektrometer beruhen auf Biegungselastizität, alle Nadel- und fast alle Quadrantenelektrometer auf Torsionselastizität[2]).

Lord KELVIN[3]) hat eine andere Einteilung der Elektrometer, welche nicht auf mechanischen Prinzipien, sondern auf elektrischen beruht. Er unterscheidet: Abstoßungselektrometer, symmetrische Elektrometer und Elektrometer mit angezogener Scheibe. Die erste Gruppe umfaßt Blättchenelektrometer und einige Nadelelektrometer, die zweite HANKEL-BOHNENBERGERS Blättchen- und KELVINS Quadrantenelektrometer, die dritte die absoluten Wageelektrometer (im Gegensatz zu den relativen der beiden ersten Gruppen). Unter absoluten Elektrometern versteht man solche, bei welchen die mechanischen Richtkräfte direkt meßbar und die elektrischen Kräfte genau berechenbar sind; dadurch kann man letztere auf das mechanische, d. i. „absolute" Maßsystem (cgs) zurückführen. Dagegen bedürfen alle relativen Elektrometer der Eichung, um ihre Angaben in cgs-Einheiten auszudrücken. Lord KELVIN teilt ferner die Elektrometer ein in idiostatische, die mit der eigenen (zu messenden) Ladung ihr Auslangen finden, und heterostatische, die außerdem noch eine fremde (Hilfs-) Ladung benötigen. Doch ist diese letztere Einteilung keine richtige; denn alle Elektrometer können sowohl in idiostatischer als in heterostatischer Schaltung gebraucht werden. Lord KELVIN erwähnt selbst, daß schon die Vorzeichenbestimmung der Ladung auf einem gewöhnlichen Blättchenelektroskop mit Hilfe eines angenäherten geriebenen Harzstabes auf dem heterostatischen Prinzip beruht. Auch gegen die erstere Einteilung Lord KELVINS können manche Einwände erhoben werden.

a) Blättchenelektrometer.

3. Allgemeines. Das Urbild des Blättchenelektrometers ist das elektrische Doppelpendel, d. h. zwei an Fäden aufgehängte Holundermarkkügelchen, welche je nach der ihnen mitgeteilten Elektrizitätsmenge durch gegenseitige Abstoßung mehr oder weniger divergieren. Ein solches „Elektroskop" verwendete schon CANTON 1753 bei der Entdeckung der elektrostatischen Influenz. Wegen seiner geringen Empfindlichkeit wurde es durch das Goldblattelektroskop von BENNET[4]) ersetzt, bei welchem an Stelle der Fäden mit Kügelchen zwei schmale Blättchen aus Goldfolie treten, die isoliert inmitten eines zur Abhaltung des Luftzuges dienenden Gefäßes hängen. Dies wurde der Typus des üblichen Demonstrationsinstruments, wobei als Gefäß ursprünglich eine Glasflasche, erst nach FARADAYS Hinweis ein Metallgehäuse verwendet wurde. — Neben diesem Zweiblättchenelektrometer gibt es auch ein Einblättchenelektrometer, dessen Urbild das einfache elektrische Pendel ist, d. h. ein von einem festen Leiter abgestoßenes, an einem Faden hängendes Holundermarkkügelchen. Es ist natürlich weniger empfindlich als das Zweiblättchenelektrometer. Be-

---

[1]) Es gibt auch Elektrometer, die den Erdmagnetismus als Richtkraft verwenden (Ziff. 16).
[2]) Wenn die unifilare Aufhängung bei den letztgenannten Instrumenten durch eine bifilare ersetzt wird, tritt an Stelle der Torsionselastizität die Schwerkraft (zusammen mit der Torsionselastizität; vgl. A. GRAY, Absolute Measurements in Electricity and Magnetism Bd. I, S. 246. London 1888). Instrumente mit Spiralfedern gehören wohl nicht unter Torsions-, sondern unter Biegungselastizität.
[3]) Lord KELVIN, Reprint of papers on electrostatics, S. 265 u. 311. 1884.
[4]) A. BENNET, Phil. Trans. (abridged) Bd. 16, S. 173. 1787.

kannt ist das HENLEYsche „Quadrantelektroskop"[1]) auf den Reibungselektrisiermaschinen, das ein solches Einblättchenelektrometer ist und seinen recht unpassenden Namen davon hat, daß es über einen Kreisquadranten ausschlägt.

Alle Blättchenelektrometer (mit einer schon obengenannten Ausnahme[2]) verwenden die Schwerkraft als Richtkraft. Sie sind, da eine Theorie ihrer elektrischen Kräfte nicht existiert (Artikel KOTTLER, Bd. XII, Ziff. 53), nur als relative Elektrometer brauchbar. Sie bedürfen daher einer Eichung, aber nicht nur einer einzigen Eichung, sondern einer ganzen Eichkurve, da der Ausschlagwinkel der angelegten Spannung nicht proportional ist. Bei Verwendung zu Ladungsmessung tritt noch hinzu, daß Kapazität und namentlich Influenzierungskoeffizient der Blättchen (gegen Gehäuse) stark veränderlich sind, so daß „Ladungsempfindlichkeit" und „Spannungsempfindlichkeit" des Blättchenelektrometers einander durchaus nicht proportional sind (d. h. der Satz „Ladung ist gleich Spannung mal Kapazität" gilt hier nicht). Die elektrischen Kräfte im Blättchenelektrometer beruhen übrigens nicht nur auf der gegenseitigen Abstoßung der Blättchen, sondern auch auf der Anziehung eines jeden Blättchens durch das meist geerdete Gehäuse infolge der auf diesem influenzierten Ladungen.

4. Die Elektrometer von EXNER und von ELSTER und GEITEL. Das auch heute noch weitverbreitete EXNERsche Elektroskop[3]), das für lufttelektrische Zwecke bestimmt, daher leicht transportierbar ist, zeigt Abb. 1. Die wesentliche Verbesserung gegenüber dem BENNETschen Elektroskop ist die Verlängerung des metallenen Blättchenträgers A, so daß die Blättchen B, B (die aus Aluminiumfolie bestehen) in ihrer Ruhelage sich zu seinen beiden Seiten an ihn anlegen. An Stelle des BENNETschen Doppelpendels sind also hier zwei einfache Pendel getreten. Dies dient nicht nur der Erhöhung der Empfindlichkeit, sondern auch der Transportierbarkeit. Die gleichen Zwecke verfolgen die seitlich angebrachten metallenen Schutzbacken P, P, die beim Transport ganz nahe an die Blättchen herangeschoben werden, um Beschädigungen derselben durch Aus- und Umschlagen zu verhindern. Außerdem wird durch ihre mehr oder minder große Annäherung die Empfindlichkeit (vgl. oben Ziff. 3) allerdings unter Verkleinerung des Meßbereiches (Anschlagen der Blättchen an die Backen) mehr oder weniger erhöht.

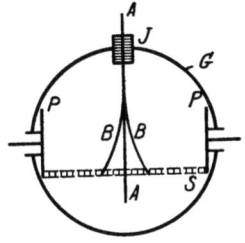
Abb. 1. EXNERsches Elektroskop.

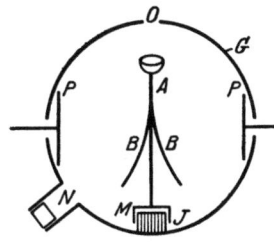
Abb. 2. ELSTER-GEITELsches Elektroskop.

J ist eine Bernsteinisolation, mittels welcher der Träger A in dem Gehäuse G (Metalltrommel mit Glasplatten bedeckt) befestigt ist. Die Ablesung der Blättchendivergenz erfolgt an der auf die eine Glasplatte aufgeklebten Skala S.

Von ELSTER und GEITEL[4]) stammt die folgende Verbesserung des EXNERschen Elektroskops (Abb. 2): Die Bernsteinisolation J ist ganz in das Innere des Gehäuses G verlegt und gegen Staub und Licht durch eine Messingkappe M geschützt. Vor Feuchtigkeit schützt das bei N eingeführte metallische Natrium. Die Zufuhr der Ladung erfolgt mittels verschiedener durch die Öffnung O von

---

[1]) W. HENLEY, Phil. Trans. (abridged) Bd. 13, S. 323. 1772.
[2]) Vgl. auch das Balkenelektroskop von ISING (Ziff. 6).
[3]) F. EXNER, Wiener Ber. Bd. 95, S. 1084. 1887.
[4]) J. ELSTER u. H. GEITEL, Ann. d. Phys. Bd. 2, S. 427. 1900.

oben frei eingeführter Sonden, die in den ausgebohrten Kopf des Blättchenträgers A gesteckt werden. Die Skala S ist nicht mehr auf die Deckglasplatte geklebt, sondern zur Vermeidung parallaktischer Fehler nach Abb. 3 ebenso weit vor der Deckplatte D als die Blättchen B hinter derselben angebracht; sie spiegelt sich an der versilberten unteren Hälfte der Deckplatte, so daß ihr

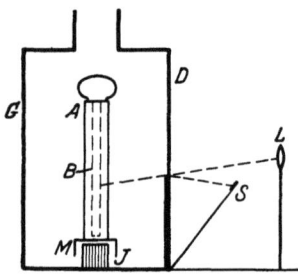

Abb. 3. ELSTER-GEITELsche parallaxenfreie Ablesung.

mittels der Lupe L betrachtetes Spiegelbild ebenso weit liegt als das gleichzeitig direkt betrachtete Blättchen B.

Kapazität des ELSTER-GEITELschen Elektrometers: 5 bis 10 cm.

Mittlere Spannungsempfindlichkeit: 6 Volt per Skalenteil (abhängig von der Blättchendicke).

Meßbereich: 40 bis 300 Volt.

Eichkurve: Von 160 Volt ab fast linear.

Zur Vergrößerung des Meßbereichs verwendet GERDIEN[1]) zwei Blättchenpaare an demselben Träger, ein kürzeres[2]) dünneres und darüber ein längeres dickeres. Meßbereiche 40 bis 300 bzw. 280 bis 800 Volt.

5. Das BRAUNsche Elektrometer[3]) verwendet ebenfalls zwei einfache Pendel, die aber nicht wie bei EXNER nebeneinanderliegen. Vielmehr ist das eine die Verlängerung des anderen. Abb. 4 zeigt den zweimal gebrochenen Blättchenträger A und das Blättchen BB, welches ein leichtes starres Aluminiumblech ist, das mittels Spitzen in dem Träger A um eine horizontale Achse drehbar gelagert ist. Zur Erzielung stabilen Gleichgewichts liegt der Schwerpunkt des Blechs ein wenig unterhalb der Achse. Zur Vermeidung von Parallaxenfehlern wird oft die Rückwand mit einem Spiegel versehen. Vorder- und Rückwand sind übrigens meist metallisch zu verschließen.

Kapazität: ca. 20 cm.

Meßbereiche [je nach Ausführung[4])] 0 bis 1500 (geteilt zu je 100) oder 0 bis 3500 (zu je 100) oder 0 bis 10000 (zu je 500) Volt.

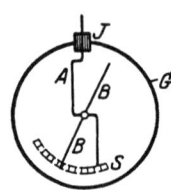

Abb. 4. Elektrometer von BRAUN.

Eichung: auf der Skala aufgetragen, daher (mit Unrecht) als absolutes Elektrometer bezeichnet. Die Skalenteile werden für größere Ausschläge immer kleiner (Abnahme der Empfindlichkeit).

ELSTER und GEITEL verbesserten das BRAUNsche Elektrometer durch Natriumtrocknung und durch Verlegung der Isolation in das Innere wie bei ihrem Blättchenelektroskop[5]). BRÄUER[6]) nimmt an Stelle des Aluminiumstreifens einen dünnen versilberten Glasfaden und erhöht dadurch die Empfindlichkeit auf 2 bis 3 Volt per Skalenteil bei einer Kapazität von nur 4 cm. Die gleiche Empfindlichkeit erhält HAGA[7]), indem er an Stelle der Achse ein dünnes Silberband verwendet, an welches das (sehr leichte) Aluminiumblatt angekittet wird. Zur Erhöhung der Empfindlichkeit nimmt BÉKEFY[8]) mehrere Blätter statt des einen, die er alle an der gleichen Achse befestigt. Ver-

---

[1]) H. GERDIEN, Göttinger Nachr. 1904, S. 277.
[2]) Zwecks Vermeidung des Anschlagens an das Gehäuse bei Anlegung der für das obere Blättchenpaar bestimmten höheren Spannungen.
[3]) F. BRAUN, Wied. Ann. Bd. 31, S. 856. 1887; Bd. 44, S. 777. 1891.
[4]) Vgl. die Kataloge von E. Leybolds Nachf. oder Max Kohl A.-G.
[5]) Vgl. J. FRICK, Physikal. Technik Bd. II, 1, S. 60. 1907.
[6]) P. BRÄUER, ZS. f. Unterr. Bd. 27, S. 232. 1914.
[7]) H. HAGA, Phys. ZS. Bd. 18, S. 275. 1917.
[8]) E. BÉKEFY, ZS. f. Instrkde. Bd. 18, S. 151. 1917.

schiedene Empfindlichkeitsbereiche lassen sich auch durch Änderung des Abstandes des Schwerpunktes von der Achse erzielen.

SHRADER[1]) hat ebenfalls, um die bei niedrigen Spannungen störende Achsenreibung zu vermeiden, den Aluminiumflügel auf Phosphorbronzebändern eingespannt. Dann hat er[2]) eine neue Type des BRAUNschen Elektrometers mit vertikaler Drehachse (Abb. 5 u. 6) angegeben. An dem Phosphorbronzeband B hängt der Aluminiumdoppelflügel F, der von den Flächen F_1, die am Rohr R befestigt sind, abgestoßen wird, indem R, F_1, F auf gleiches Potential gebracht werden. Das Instrument ist also eigentlich ein Nadelelektrometer [vgl. unter c] vom Typus des DELLMANNschen Elektrometers (Richtkraft: Torsionselastizität). Spiegelablesung. Meßbereich (je nach Anspannung der Aufhängung) von 100 bis 10000 Volt (über 10000 Volt nur bei Füllung mit isolierendem Öl). Empfindlichkeit: ca. 1 mm per Volt (bei 1 m Skalenabstand).

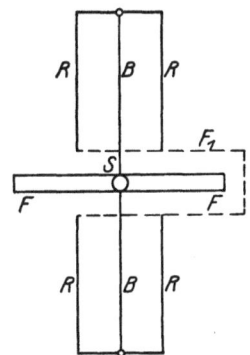

Abb. 5. Elektrometer von SHRADER.

Das BRAUNsche Elektrometer ist ein Demonstrationsinstrument, das das EXNERsche Elektroskop zu ergänzen oder zu ersetzen geeignet ist. Es kann aber auch als Hochspannungselektrometer verwendet werden. GUYE und TSCHERNIAVSKI[3]) setzen ein BRAUNsches Elektrometer in einem luftdichten Gefäße einem Drucke von 10 Atmosphären aus und messen bis zu 100000 Volt. Da sich die Konstante des Elektrometers als vom Druck fast unabhängig erweist, konnte die Eichung bei normalem Druck vorgenommen werden.

Abb. 6. Querschnitt des Elektrometers von SHRADER.

6. Einblättchenelektrometer. Die meisten Einblättchenelektrometer haben zum Unterschied von den Zweiblättchenelektrometern kein zylindrisches, sondern ein parallelepipedisches Gehäuse (zwecks Erzielung eines homogenen Feldes wie im Plattenkondensator). Zunächst sind eine Anzahl Schulinstrumente zu nennen; die Wahl des Einblättchentypus anstatt des Zweiblättchentypus verfolgt hier wohl den Zweck der Erweiterung des Meßbereichs, um mit einem einzigen Instrument für alle Vorlesungszwecke auszulangen. Die Abb. 7 zeigt das Elektrometer von KOLBE[4]). Der Blättchenträger A, der mittels Hartgummipfropfens J im Gehäuse G befestigt ist, trägt an einem Scharnier das Aluminiumblättchen B; Ablesung mittels Spiegelskala an der Hinterwand, Erhöhung der Empfindlichkeit durch die seitliche Annäherung des verschiebbaren Kugelkonduktors K (Ziff. 3). Ähnlich ist das Elektrometer nach GRIMSEHL[5]) (Abb. 8), bei welchem der drehbare Arm C zur Erhöhung der Empfindlichkeit und gleichzeitig der Linearisierung der Eichkurve dient. Es zeigt bereits 2 Volt an, hat jedoch geringeren Meßbereich als das KOLBEsche. Schließlich ist in Abb. 9 das Elektrometer von NOACK[6]) dargestellt. Es bedeutet H einen metallischen Hohlzylinder, mit dessen Achse die Drehungsachse des Blättchens B zusammenfällt, welcher in das Gehäuse G eingebaut ist. Dadurch soll die bei parallelepipedischem Gehäuse

---

[1]) J. G. SHRADER, Phys. Rev. Bd. 15, S. 533. 1920.
[2]) J. G. SHRADER, Journ. Opt. Soc. Amer. Bd. 6, S. 273. 1922.
[3]) C. E. GUYE u. A. TSCHERNIAVSKI, C. R. Bd. 150, S. 911. 1910; Arch. sc. phys. et nat. Bd. 29, S. 140. 1910; Bd. 35, S. 565. 1913.
[4]) B. KOLBE, ZS. f. Unterr. Bd. 2, S. 153. 1889.
[5]) E. GRIMSEHL, ZS. f. Unterr. Bd. 16, S. 7. 1903.
[6]) K. NOACK, Abhandlgn. z. Did. u. Phil. d. Naturwissensch. Bd. 2, S. 1. 1906.

bei mittleren Ausschlägen plötzlich auftretende Steigerung der Empfindlichkeit beseitigt, also eine Vergrößerung bzw. Verkleinerung der Empfindlichkeit für kleine bzw. große Ausschläge erzielt werden. Überdies befolgt die Eichkurve das einfache Gesetz: $V \infty \sqrt{\sin \alpha \cdot \operatorname{tg} \alpha}$, wo α der Ausschlagwinkel ist (Artikel KOTTLER, Bd. XII, Ziff. 53). Meßbereich (mit Aluminiumblättchen): 0 bis 1200 Volt.

Auf einem ganz anderen Prinzip beruht die Gleichung für die Eichkurve bei dem ebenfalls für Vorlesungszwecke bestimmten Elektrometer von SCHWEDOFF[1]) (Abb. 10 u. 11). Der Blättchenträger A ist um eine horizontale Achse

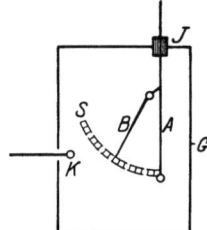
Abb. 7. Elektrometer nach KOLBE.

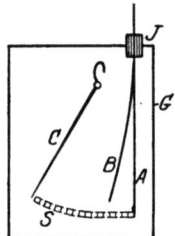
Abb. 8. Elektrometer nach GRIMSEHL.

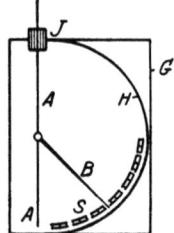
Abb. 9. Elektrometer nach NOACK.

drehbar. Er kann dem sich abspreizenden Blättchen B (Abb. 10) nachgedreht werden, bis er es wieder berührt (Abb. 11). In dieser Lage ist der elektrostatische Abstoßungsdruck auf das Blättchen genau gleich der entgegenwirkenden Schwerkraftkomponente oder das Quadrat der Ladung proportional dem Sinus des Drehungswinkels (Sinuselektrometer). Das Instrument besitzt gegenüber den anderen Blättchenelektrometern den Vorteil konstanter Kapazität. Für Vorlesungszwecke kann das Gehäuse entbehrt werden.

In Abb. 12 ist ein neues Einblättchenelektrometer von TH. WULF[2]) dargestellt, bei welchem als Richtkraft nicht bloß die Schwerkraft, sondern auch

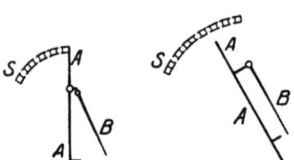
Abb. 10 u. 11. Elektrometer von SCHWEDOFF.

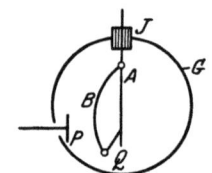
Abb. 12. WULFs Universalelektroskop.

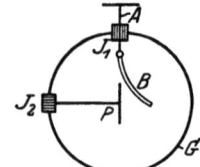
Abb. 13. Aufladungselektrometer von ZELENY.

die Biegungselastizität verwendet wird[3]). An der schmalen, nur 1 μ dicken Aluminiumfolie B ist am unteren Ende der elastische Quarzbügel Q angekittet, der seinerseits wieder an dem Blättchenträger A befestigt ist. Dadurch wird eine rasche Rückkehr in die Ruhelage, also eine große Einstellgeschwindigkeit erreicht; ferner wird der Einfluß der Luftströmungen, die ein frei herabhängendes Blättchen beeinflussen, beseitigt. Eine Arretiervorrichtung oder Schutzbacken sind entbehrlich. Für die Ablesung hat man den Vorteil, daß die größte Ausweichung nicht am unteren Ende wie bei einem freien Blättchen, sondern in der Mitte stattfindet, wo sich das Blättchen nahezu geradlinig und nicht bogen-

---

[1]) TH. SCHWEDOFF, ZS. f. Unterr. Bd. 5, S. 235. 1892.
[2]) TH. WULF, ZS. f. Unterr. Bd. 38, S. 217. 1925.
[3]) Ein Einblättchenelektrometer mit freihängendem Blättchen („Balken") aus 0,015 mm dicken Phosphorbronzedraht, bei dem jedoch die Schwerkraft nur $1/10$ der Richtkraft, dafür die Biegungselastizität des Balkens die restlichen $9/10$ liefert, ist das Balkenelektroskop von G. ISING, Ingeniors Vetensk. Akad. Handlingar 33 (1924).

förmig verschiebt. Die Platte P dient zur Regelung der Empfindlichkeit durch verschieden starke Annäherung an den Träger A. Wegen seiner vielseitigen Anwendbarkeit nennt WULF das Instrument „Universalelektroskop". Es dient z. B. zum Nachweis der von einzelnen α-Teilchen in einer GEIGERschen Spitzenkammer (Bd. XXII) erzeugten Entladungsstöße in der Vorlesung. Es ist ferner als Registrierinstrument mit photographischer Registrierung sehr gut verwendbar. Auch als Meßinstrument zur Spannungsmessung und zu Strommessung (nach dem Prinzip des Entladeelektroskops, vgl. unten) kann es dienen und wird hierzu mit Mikroskop und 100 teiliger Okularskala (vgl. unten) ausgerüstet. In dieser Ausrüstung ergibt sich je nach dem Abstand PA ein verschiedener Meßbereich, z. B.:

$PA = 1$ mm: 10 bis 18 Volt (für höhere Spannungen springt das Blättchen an die Platte P an). Empfindlichkeit: ca. 1 Volt per Skalenteil. $PA = 6$ mm: 10 bis 173 Volt. Empfindlichkeit: ca. 2 V/Skt. $PA = 30$ mm: bis 800 Volt. Empfindlichkeit: ca. 4 V/Skt. Die Eichkurven, namentlich für geringere Empfindlichkeit, sind in ihrem mittleren Teile nahezu linear.

Unter Entladungselektrometer versteht man ein zur Messung von Strömen geeignetes Elektrometer: sobald die durch den Strom dem Blättchen des Elektrometers zugeführte Elektrizitätsmenge einen bestimmten Betrag erreicht hat, schlägt dieses an das Gehäuse an und entlädt sich, um ruckartig in die Ruhelage zurückzukehren. Mit Zuhilfenahme einer Stoppuhr läßt sich so aus der Anzahl der Entladungen per Zeiteinheit ein Maß für die Stromstärke ableiten[1]). Bedingung für ein gutes Entladeelektrometer ist, daß das Blättchen nicht kriecht und nicht klebt. — Ein Aufladeelektrometer hat ZELENY[2]) konstruiert (Abb. 13). Es enthält ein Goldblättchen B, welches von der zu konstantem Hilfspotential geladenen Platte P bei Berührung aufgeladen und abgestoßen wird; durch einen von A weggehenden Ionisationsstrom (der gemessen werden soll) wird es allmählich soweit entladen, daß es von P angezogen und ruckweise abgestoßen wird. Zur Vermeidung des Anklebens kehrt B der Platte P seine scharfe Kante zu[3]). Bei ZELENY ist P z. B. auf 200 Volt geladen, B wird bis zu 100 Volt entladen, worauf es wieder an P anspringt[4]). Das Elektrometer ZELENYS ist heterostatisch (Ziff. 2).

Außer den vorgenannten Einblättchenelektrometern, welche zu Vorlesungszwecken u. dgl. dienen, gibt es aber auch Laboratoriumsinstrumente dieses Typus. Trotz der scheinbar geringeren Empfindlichkeit im Vergleich zu ELSTER-GEITELS Zweiblättchenelektrometer hat das seine Vorteile. Vor allem entfällt durch den Wegfall des zweiten Blättchens ein großer Teil des Luftvolumens und damit ein Teil der Störung durch die innerhalb des Elektrometers gebildeten Ionen (Ladungszerstreuung). Außerdem kann bei einem einzigen Blättchen das Mikroskop mit Okularmikrometer angewendet werden, was bei zwei Blättchen wegen ihrer zu großen Distanz nicht möglich ist (vgl. jedoch Ziff. 10 WIECHERT). Hierdurch wird die Genauigkeit der Ablesung und damit die Empfindlichkeit bedeutend erhöht. Während demnach das Zweiblättchenelektrometer für die Untersuchungen der atmosphärischen Elektrizität ausreicht, werden für die schwächeren Ströme bei radioaktiven Präparaten und der sog. natürlichen Ionisation der Gase Einblättchenelektrometer mit Mikroskopablesung verwendet. Hier sind zu nennen: das Elektrometer von P. CURIE[5]) für erstere, das Goldblattelektrometer von C. T. R. WILSON[6]) für letztere Zwecke, das

---

[1]) Vgl. z. B. A. WEINHOLD, Physik. Demonstrationen, S. 792. 1921.
[2]) J. ZELENY, Phys. Rev. Bd. 32, S. 581. 1911.
[3]) F. HORTON, Phil. Mag. Bd. 30, S. 381. 1915.
[4]) V. F. HESS, ZS. f. Unterr. Bd. 37, S. 240. 1924.
[5]) P. CURIE, Radioaktivität Bd. I, S. 77. 1912.
[6]) C. T. R. WILSON, Proc. Roy. Soc. London Bd. 68, S. 152. 1901.

Elektrometer für Messung der Radioaktivität der Gewässer von H. W. Schmidt[1]), welches als Reiseapparat eine Schutzbacke zur Transportsicherung wie bei Exner (Ziff. 4) besitzt. Wilson[2]) hat später in sein Elektrometer eine kleine Leidener Flasche aus Quarzglas eingebaut, welche zur Ladung des Goldblatts dient.

Bei der Ablesung durch Mikroskop stört der unscharfe Rand des Blättchens. Deshalb hat Kurz[3]) ein Stück dieses Randes weggeschnitten und den entstandenen Ausschnitt durch einen Quarzfaden von 4 μ Dicke überbrückt, auf welchen eingestellt wird. Damit dürfte die oberste Grenze der Genauigkeit des Einblättchenelektrometers erreicht worden sein. Gerade um jene Zeit entstanden die Fadenelektrometer [vgl. unter b)], die einen Fortschritt über diese Grenze hinaus ermöglichten.

7. Das Elektrometer von Hankel. Die bisher behandelten Elektrometer sind [von Zelenys Aufladungselektrometer abgesehen[4])] sämtlich idiostatisch (Ziff. 2). Das heterostatische Prinzip hat beim Blättchenelektrometer Hankel[5]) eingeführt (Abb. 14). Das dünne Goldblatt B kann sich zwischen den auf entgegengesetzt gleiche Potentiale geladenen Platten P_1, P_2 hin und her bewegen. Hankel verwendete bereits (wohl als erster) die Elektrometerablesung durch Mikroskop und Okularskala. Das Instrument wird noch heute hergestellt. Es zeichnet sich durch sehr kleine Kapazität und schnelle Einstellung aus. Die Eichkurve ist in ihrem mittleren Teile linear, später wächst die Empfindlichkeit (Annäherung an eine Platte[6]). Durch passende Wahl der Hilfsspannung (Hankel nahm 100 Zellen einer Wasserbatterie) und des mikrometrisch regulierbaren Abstandes $P_1 P_2$ läßt sich die Empfindlichkeit bis auf $1/150$ Volt per Skalenteil treiben! Diese große Empfindlichkeit (im Gegensatz zu den übrigen Blättchenelektrometern) wird durch die Labilisierung der Ruhelage erreicht. Hängt nämlich das Blättchen im ungeladenen Zustande genau in der Mitte zwischen den beiden Platten P_1, P_2, so befindet es sich in nahezu labilem Gleichgewicht, da es sowohl von rechts als von links gleich stark angezogen wird (vgl. Artikel Kottler, Bd. XII, Ziff. 52). Labil wäre dieses Gleichgewicht, wenn die Richtkraft der Schwere verschwindend klein wäre ($\mu \infty 0$, l. c. Ziff. 52), da es dann nur ein elektrisches Gleichgewicht wäre, welches nach einem Theorem von Earnshaw immer labil ist. Wir werden diesem Prinzip der Erhöhung der Empfindlichkeit durch Labilisierung der Ruhelage noch öfter begegnen [Ziff. 8, 20]. Über die Ausgestaltung der Hankelschen Konstruktion bei den Faden- und Saitenelektrometern vgl. unter b).

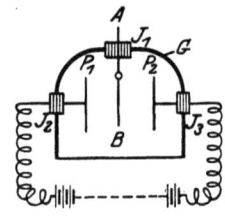

Abb. 14. Elektrometer von Hankel.

8. Kippelektrometer. Das eigenartige Kippelektrometer von Wilson[7]) zeigt Abb. 15. Es ist ein Einblättchenelektrometer, dessen Blättchenträger A nicht verlängert ist. Das Elektrometer ist seitlich soweit gekippt, bis die Seiten-

---

[1]) H. W. Schmidt, Phys. ZS. Bd. 6, S. 561. 1905.
[2]) C. T. R. Wilson, Cambr. Proceed. Bd. 13, S. 184. 1905.
[3]) K. Kurz, Phys. ZS. Bd. 7, S. 375. 1906.
[4]) Bei welchen aber das heterostatische Prinzip auch nicht wesentlich ist; vgl. die Bemerkung bei Th. Wulf, ZS. f. Unterr. Bd. 38, S. 221. 1925.
[5]) W. Hankel, Pogg. Ann. Bd. 84, S. 28. 1850. Seine Vorläufer waren Bohnenberger und Fechner.
[6]) Diesen Fehler vermeidet die Konstruktion von H. Clark, Journ. Opt. Soc. Am., Bd. 9, S. 179, 1924, der anstelle von P_1, P_2 (Abb. 14) zwei gekrümmte Platten verwendet, die dem vom Blättchen B beschriebenen Bogen entsprechen und mikrometrisch verstellbar sind. — Vgl. auch J. Shimizu Nagaoka Festschrift 1925, S. 17, der die vertikalen Platten P_1, P_2 beibehält, aber unten durch zwei ebenfalls vertikale, sich nähere Platten ergänzt, die mit P_1 bez. P_2 leitend verbunden sind.
[7]) C. T. R. Wilson, Cambr. Proceed. Bd. 12, S. 135. 1903.

wand des Gehäuses G einen Winkel von ungefähr 30° mit der Unterlage bildet. Mittels der Fußschrauben SS kann dieser Winkel in gewissen Grenzen abgeändert werden. Dem Goldblättchen B gegenüber steht die Platte P, die auf ein beliebiges Hilfspotential gebracht werden kann (heterostatisches Prinzip, Ziff. 2) und deren Abstand von B obendrein veränderlich ist. Dadurch hat man drei Mittel (Kippwinkel, Hilfspotential, Abstand) zur Veränderung der Empfindlichkeit. Den Einfluß des Kippwinkels sieht man aus folgender Betrachtung: Wäre B lotrecht und P wagerecht, so wäre B bei der geringsten Ladung gleichen Vorzeichens mit dem Hilfspotential in labilem Gleichgewicht (Labilisierung der Ruhelage). Durch die Kippung wird die Labilität auf größere Ausschläge verschoben, wie die Abb. 16 zeigt, die den Zusammenhang zwischen Potential des Blättchens und Kippwinkel bei festem Hilfspotential und Abstand illustriert.

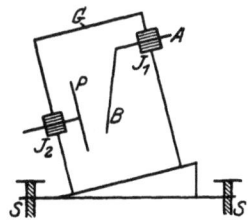

Abb. 15. Kippelektrometer von WILSON.

Bei kleinem Kippwinkel zeigt die Eichkurve von einem gewissen Potential an kleiner werdende Ausschläge als für kleinere Potentiale (strichlierter Teil); dies sind eben die Fälle labilen Gleichgewichts, bei denen das Blättchen an das Gehäuse oder an die Platte P anfliegt. Für großen Kippwinkel verläuft die Eichkurve durchaus stabil, wenngleich für sehr große Ausschläge die Empfindlichkeit zunimmt (Annäherung an das Gehäuse). Für einen mittleren Kippwinkel (Grenzwinkel) kann gerade die Grenze zwischen Stabilität und Labilität erreicht werden. Bei der Einstellung auf große Empfindlichkeit wird man natürlich gerade diese Lage aufsuchen[1]). Ebenso hat das Hilfspotential einen großen Einfluß auf Stabilität und Empfindlichkeit (Abb. 17): Die Kurven zeigen den großen Einfluß kleiner Änderungen des Hilfspotentials (bei festem Kippwinkel und Abstand). Der Pfeil an der Kurve für Hilfspotential 302 bedeutet Instabilwerden. Die höchste erreichbare Empfindlichkeit beträgt etwa 0,005 Volt/Skalenteil. Die Eichkurven sind nichts weniger als linear. Dazu kommen Nullpunktswanderungen infolge von Schwankungen des Hilfspotentials, Wärmeströmungen u. dgl. Die erreichte maximale Empfindlichkeit übertrifft nur wenig die des HANKELschen Elektrometers (Ziff. 7).

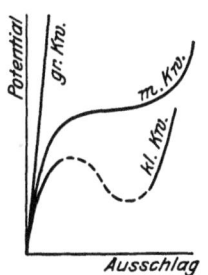

Abb. 16. Verschiedene Kippwinkel bei WILSONS Elektrometer.

Die Kapazität ist 2 cm. Beobachtet wird mit Mikrometermikroskop. Zum Transport muß die Platte P geladen sein, dann zieht sie das Blättchen an.

HUBBARD[2]) kippt das HANKELsche Elektrometer nach einem Ausschlag so lange, bis das Blättchen wieder in der Mitte zwischen beiden Platten, aber natürlich schief hängt. Das Prinzip ist das gleiche wie bei SCHWEDOFF (Ziff. 6). (Sinuselektrometer.) Beispiel: Für ein an das Blättchen angelegtes Potential 5 Volt wurde bei Hilfspotential $\pm$ 50 Volt ein Kippwinkel von 1° 36' gemessen.

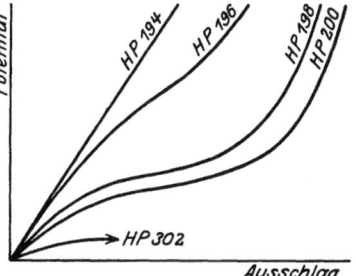

Abb. 17. Verschiedene Hilfspotentiale bei WILSONS Elektrometer.

---
[1]) G. W. C. KAYE, Phil. Trans. Bd. 209, S. 123. 1908; Proc. Phys. Soc. Bd. 23, S. 209. 1910.
[2]) J. C. HUBBARD, Phys. Rev. Bd. 33, S. 358. 1912.

b) Faden- und Saitenelektrometer.

9. Allgemeines. Das Aluminiumblättchen als bewegliches System weist die unangenehme Erscheinung des cri-cri[1]) auf. Darunter versteht man ein auffälliges Springen des Blättchens bei steigender Ladung infolge des Nachlassens innerer elastischer Spannungen, die von kleinen Verbiegungen, Knicken u. dgl. herrühren. Umgekehrt kann das Blättchen bei sinkender Ladung durch Versteifung aus eben diesen Ursachen einen größeren Ausschlag vortäuschen, als es haben sollte. Es mußte also nach einem anderen Material von ebensolcher Leichtigkeit, aber besseren elastischen Eigenschaften, als das Aluminiumblättchen hat, gesucht werden. So kam man auf den Quarzfaden[2]). Zunächst wurde versucht, die alten Typen der Blättchenelektrometer einfach durch Einführung von Quarzfäden an Stelle der Aluminiumblättchen zu verbessern. Dabei zeigte sich aber, daß für den Quarzfaden die Schwerkraft als Richtkraft unbrauchbar ist. Die Fäden biegen sich leicht durch, und zwar nicht nur mit einfacher, sondern mit doppelter Krümmung, so daß sie auch nicht in der Einstellebene des Ablesemikroskops bleiben. Man hat daher später die Schwerkraft als Richtkraft ganz aufgegeben und die Fäden nicht frei hängen lassen, sondern an beiden Enden befestigt[3]). Die elektrischen Kräfte biegen oder bauchen einen solchen Faden aus, die Biegungselastizität leistet dagegen Widerstand. Diese elektrischen Kräfte sind teils reine Abstoßungskräfte wie beim Zweifadenelektrometer, dem Seitenstück zum Zweiblättchenelektrometer; teils sind sie bald Abstoßungskräfte, bald Anziehungskräfte wie beim Einfadenelektrometer, dem Seitenstück zum Einblättchenelektrometer je nach dessen Schaltung (Abstoßschaltung oder Influenzschaltung). Die Mikroskopablesung ist natürlich bei allen Fadenelektrometern wegen der verkleinerten Beweglichkeit des Fadens (im Vergleich zum freihängenden Blättchen) obligat. Da trotzdem die Empfindlichkeit zu klein wäre, wird zur Hilfsladung, also zum heterostatischen Prinzip gegriffen. Damit wird die Empfindlichkeit der besten Blättchenelektrometer erreicht und übertroffen. Die Kapazität ist ungefähr ebenso klein wie bei diesen, aber dank der geringeren Beweglichkeit viel weniger veränderlich als bei diesen. Dadurch wird der Unterschied zwischen Ladungs- und Spannungsempfindlichkeit (vgl. Ziff. 3) geringer. Hierzu tritt die in der Konstruktion begründete leichte Transportierbarkeit, so daß namentlich das Einfadenelektrometer sich gegenwärtig großer Beliebtheit erfreut.

Wir besprechen zunächst die noch die Schwerkraft als Richtkraft benutzenden Fadenelektrometer von WIECHERT und von ELSTER und GEITEL, sodann die auf Biegungselastizität beruhenden Instrumente, wie namentlich die Zwei- und Einfadenelektrometer von WULF, sowie das Saitenelektrometer von LUTZ.

10. Das Elektrometer von WIECHERT[4]) (Abb. 18) ist ganz einfach ein Zweiblättchenelektrometer, bei welchem die Blättchen durch zwei kurze metallisierte Quarzfäden BB ersetzt sind. Um die Durchbiegung (Ziff. 9) zu vermeiden, sind sie kurz und hängen außerdem in der Ruhelage nicht senkrecht nach unten, sondern liegen auf einem dachförmigen Kopf D des Blättchenträgers A. Die

---

[1]) H. EBERT, Phys. ZS. Bd. 6, S. 641. 1905.
[2]) Allerdings muß er erst leitend gemacht werden, da Quarz ein (vorzüglicher) Isolator ist. Versilberung nach F. HIMSTEDT, Wied. Ann. Bd. 50, S. 752. 1893, Überzug mit hygroskopischer Chlorkalziumschicht nach F. DOLEZALEK, ZS. f. Instrkde. Bd. 21, S. 345. 1901 oder Platinierung durch Kathodenzerstäubung nach F. BESTELMEYER, ebenda Bd. 25, S. 339. 1905. Bei geringer Empfindlichkeit werden die Quarzfäden gern durch dünne Wollastondrähte (aus Pt) ersetzt.
[3]) Einen freihängenden magnetisierten Stahldraht, der von unten durch einen Magnetpol beeinflußt wird, verwendet H. BROWN, Phys. Rev. Bd. 24, S. 207, 1924.
[4]) E. WIECHERT, ZS. f. Instrkde. Bd. 29, S. 381. 1909.

Ladesonde C ist nicht wie bei ELSTER-GEITEL (Ziff. 4) frei, sondern mittels einer (zweiten) Bernsteinisolation J_2 luftdicht in das Gehäuse G eingeführt. Dies erleichtert die Trockenhaltung des Innenraums mittels der Ansatzröhren T_1, T_2, in denen außer der Trockensubstanz noch Bleiazetat zur Konservierung der Versilberung der Quarzfäden untergebracht werden kann. Bemerkenswert ist die Ablesevorrichtung. Wegen der Kürze der Fäden muß Mikroskopablesung mit 100 teiliger Okularskala verwendet werden, die im allgemeinen bei Zweiblättchenelektrometern wegen der großen Divergenz der beiden Blättchen nicht anwendbar ist (vgl. Ziff. 6). WIECHERT

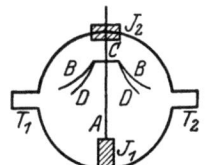

Abb. 18. Elektrometer von WIECHERT.

verwendet daher ein Mikroskop mit zwei Objektiven, für jeden Faden eines, und zwar werden mittels zweier Prismen die von beiden erzeugten Bilder der Fäden im Okular kreuzweise übereinandergelegt.

Kapazität: 6,8 cm. Meßbereich (je nach Fadendicke): 100, 200, 300, 400 Volt, Empfindlichkeit (wie bei den Zweiblättchenelektrometern mit dem Ausschlag abnehmend): $1/2$ bis 1 Volt per Skalenteil.

11. Das Fadenelektrometer von ELSTER und GEITEL[1]) (Abb. 19) ist ein Einblättchenelektrometer nach HANKEL (Ziff. 7), bei welchem das Blättchen durch einen metallbestäubten Quarzfaden B von 1 μ Dicke ersetzt ist. Freilich ist das untere Ende nicht frei, sondern durch den lose angekitteten Spinnfaden C in seiner Beweglichkeit etwas beschränkt. Dies dient als Arretierung beim Transport sowie zur Vermeidung der Durchbiegung (Ziff. 9). An Stelle der Platten P_1, P_2 (Abb. 14) sind hier zwei Schneiden S_1, S_2 getreten[2]), deren Abstand sich durch Mikrometerschrauben regulieren läßt. Die beiden Schneiden werden mittels eingebauter Trockensäulen auf ±150 Volt geladen.

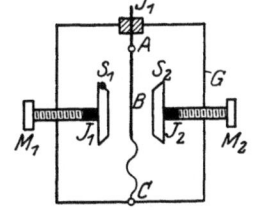

Abb. 19. Fadenelektrometer von ELSTER und GEITEL.

Kapazität: 2 cm. Meßbereich: 30 Volt. Maximale Empfindlichkeit: 0,003 Volt per Skalenteil (Okularskala 160 teilig bei 60 facher Vergrößerung).

Selbstverständlich läßt das Instrument auch idiostatische Verwendung zu, indem der Faden mit einer der Schneiden verbunden wird (Abstoß- oder Influenzschaltung vgl. Ziff. 13[3]).

12. Das Zweifadenelektrometer von WULF[4]) zeigt Abb. 20. Ursprünglich (1907) verwendete WULF auch teilweise die Schwerkraft als Richtkraft, indem er die beiden, 2μ dicken, platinierten Quarzfäden B, B an ihren unteren vereinigten Enden durch ein minimales Gewichtchen beschwerte. In der neueren Form (1909) wird das untere Ende an dem elastischen Quarzbügel Q befestigt, so daß nur mehr die Biegungselastizität als Richtkraft dient. Diese Befestigung des unteren Endes verbürgt eine gute Transportfähigkeit sowie Unempfindlichkeit gegen Neigungen, was bei der alten Form nicht der Fall war. Sie hat dafür den Nachteil der Temperaturempfindlichkeit wegen der ungleichen Ausdehnung des

---

[1]) J. ELSTER u. H. GEITEL, Phys. ZS. Bd. 10, S. 664. 1909.
[2]) Diese Einrichtung, schon bei C. W. LUTZ (1908) (vgl. Ziff. 13), dient zur besseren Festhaltung des Fadens in der Einstellebene des Mikroskops.
[3]) Ein HANKELsches Elektrometer ist auch das „Balkenelektrometer" von ISING, das einen „Balken" (0,015 mm dicken Phosphorbronzedraht) im Felde der beiden seitlichen Leiter biegt. [Vgl. auch das Balkenelektroskop von ISING (Ziff. 6)]. 200 Skalenteile pro Volt bei 100 facher Vergrößerung.
[4]) TH. WULF, Phys. ZS. Bd. 8, S. 246, 527 u. 780. 1907; Bd. 10, S. 251. 1909; Bd. 26, S. 352. 1925.

Gehäuses G und des Quarzbügels Q. In der neuesten Form ist daher Q nicht mehr unten am Boden des Instruments, sondern an einem von oben herabhängenden Stabe aus Invar befestigt. Die Fäden BB stoßen sich bei Aufladung gegenseitig ab und bauchen sich wie gezeichnet aus. Hierbei hilft auch die Anziehung durch Influenz seitens der runden Drähte S_1, S_2 mit, welche hier an die Stelle der Schneiden (Ziff. 11) treten[1]) und überdies der Führung der Fäden (Festhaltung in der Einstellebene) dienen. Bei der Ausbauchung bewegen sich die mittleren Teile der Fäden parallel zu sich selbst durch das Gesichtsfeld des Mikroskops (160teilige Skala). Wegen ihres geringen Abstandes (einige Millimeter) sind beide Fäden gleichzeitig im Gesichtsfeld zu sehen, wobei sie als gerade Linien parallel den Skalenstrichen erscheinen. Kapazität: 1,7 cm (fast konstant über den ganzen Meßbereich). Meßbereich (je nach Fadendicke): 40 Volt, 100, 300 Volt usf. maximal 1300 Volt.

Mittlere Empfindlichkeit: maximal $40/160 = 0{,}25$ Volt per Skalenteil bei 40 Volt Meßbereich, bei 300 Volt Meßbereich ca. 2 Volt[2]) (nimmt mit wachsendem Ausschlag sehr wenig ab).

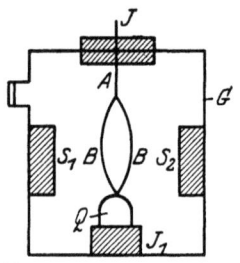

Abb. 20. Zweifadenelektrometer von WULF. Neuere Form.

Wegen der großen Einstellgeschwindigkeit ist das Elektrometer auch als photographisches Registrierinstrument verwendbar[3]). Auch als Oszillograph für Wechselspannungen kann das WULFsche Elektrometer verwendet werden, wenn die platinierten Quarzfäden, die die raschen Schwingungen nicht vertragen, durch Wollastondrähte ersetzt werden und Öldämpfung statt der Luftdämpfung verwendet wird[4]).

13. Das Saitenelektrometer von LUTZ[5]) verwendet eine Platinsaite von 1 bis 2μ Dicke, B (Abb. 21), d. i. einen beiderseits fest[6]) eingespannten Pt-Faden, ist also als Einfadenelektrometer zu bezeichnen. Diese Saite ist zwischen zwei Bernsteinisolatoren J_1, J_2 ausgespannt, von der der obere fest, der untere mittels der Spannschraube R mikrometrisch auf und ab bewegt werden kann. Hierdurch ist die Saitenanspannung und damit die Empfindlichkeit veränderlich. Zur Saite parallel sind zwei Schneiden S_1 (Influenzschneide) und S_2 (Abstoßschneide), deren gegenseitiger Abstand (5 mm) konstant bleibt; beide zusammen können aber relativ zur Saite verschoben werden. Bei der Influenzschaltung

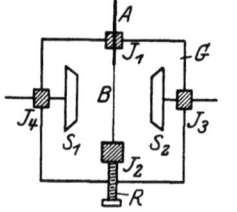

Abb. 21. Elektrometer von LUTZ.

---

[1]) Ohne allerdings eine Hilfsladung aufzunehmen. Das WULFsche Zweifadenelektrometer wird gewöhnlich idiostatisch verwendet. Es gestattet allerdings, die Fäden mit einem zylindrischen Hilfskonduktor zu umgeben. Dieser wird auf ein bestimmtes Potential geladen (heterostatisches Prinzip), wenn es sich um Vorzeichenbestimmung einer den Fäden zuzuführenden Ladung handelt. Auch zur Erhöhung der Empfindlichkeit.

[2]) TH. WULF, Phys. ZS. Bd. 11, S. 1090. 1910.

[3]) Mit Hilfskonduktor bis zu 1 Volt.

[4]) Ein neues Zweifadenelektrometer, das auch als Einfadenelektrometer verwendbar ist, von sehr geringer Kapazität und Temperaturempfindlichkeit bei W. KOHLHÖRSTER, Zschr. f. Instrkde. Bd. 44, S. 494, 1924; Phys. ZS. Bd. 26, S. 654, 1925. Meßbereich 0—100 Volt, Empfindlichkeit 0,3 Volt per Skalenteil, wenn die zu messende Spannung an die Fäden gelegt wird. Gesamter Meßbereich eines Instruments 0,01—1000 Volt.

[5]) C. W. LUTZ, Phys. ZS. Bd. 9, S. 100 u. 642. 1908 nach Vorläufern: M. EDELMANN, ebenda Bd. 7, S. 115. 1906; CREMER, Münch. Med. Wochenschr. 1907, S. 1; WERTHEIM SALOMONSOHN, Phys. ZS. Bd. 8, S. 195. 1907; das Prinzip der Saite wurde vom EINTHOVENschen Saitengalvanometer übernommen. Verbesserung: C. W. LUTZ, Phys. ZS. Bd. 13, S. 954. 1912.

[6]) Vgl. jedoch Ziff. 14.

steht die Saite angenähert in der Mitte zwischen S_1 und S_2, aber etwas näher zur Influenzschneide S_1, damit die Ausschläge der Saite nach dieser hin erfolgen. Dabei sind beide Schneiden geerdet, ziehen also beide die Saite nach entgegengesetzten Seiten. Diese Schaltung ist daher wenig empfindlich. Zur Erhöhung der Empfindlichkeit kann die Saitenspannung mittels der Spannschraube R erniedrigt oder die Influenzschneide S_1 der Saite B mehr genähert werden. Besser ist es, die Doppelschaltung zu verwenden, bei welcher die Abstoßschneide S_2 mit der Saite B leitend verbunden wird, während die Influenzschneide S_1 geerdet bleibt. S_2 wirkt dann abstoßend, S_1 anziehend, beide Schneiden verstärken ihre Wirkung. Schließlich kann behufs weiterer Steigerung der Empfindlichkeit zum heterostatischen Prinzip gegriffen und den Schneiden eine Hilfsladung erteilt werden (Saitenschaltung), indem sie auf entgegengesetzte Potentiale geladen werden, während der Saite die zu messende Spannung zugeführt wird[1]). Mikroskopablesung mit 100teiliger Skala.

Kapazität (in Influenzschaltung): 2,3 cm; (in Doppelschaltung): 4,7 cm; (in Saitenschaltung): 2,3 cm (alles ohne Ladesonde und Deckel).

Meßbereich[2]) (in Influenzschaltung): 100 bis 750 (Eichkurve fast linear von 400 bis 750). Empfindl.: ca. 4 Volt per Skalenteil. (In Influenzschaltung bei Annäherung $S_1 B = 1$ mm): 0 bis 420 (linear von 100 bis 420). Empfindl.: ca. 3 V/Skt. (In Doppelschaltung bei schwacher Saitenanspannung): 2 bis 130 Volt. Empfindl.: ca. 2 V/Skt. (In Doppelschaltung bei mittlerer Saitenspannung): 5 bis 270 Volt (linear von 20 bis 270 Volt). Empfindl.: 3 V/Skt. (In Doppelschaltung bei stärkster Saitenspannung): 10 bis 420 Volt (linear von 60 bis 420 Volt). Empfindl.: ca. 4 V/Skt.

Meßbereich (in Saitenschaltung bei Hilfsladung ± 4 Volt und schwacher Saitenanspannung): 0,1 bis 70 Volt. Empfindl.: 1,4 V/Skt. (desgl. bei mittlerer Saitenanspannung): 1 bis 323 Volt. Empfindl.: 6 V/Skt. (desgl. bei starker Saitenanspannung): 5 bis 750 Volt. Empfindl.: 20 V/Skt. (In Saitenschaltung bei Hilfsladung ± 10 Volt und schwacher Saitenspannung): 0,5 bis 242 Volt. Empfindl.: 5 V/Skt.

Für Potentiale kleiner als 0,1 Volt sind Hilfsladungen von etwa ± 50 Volt erforderlich. Empfindl.: 0,01 V/Skt. Noch größere Hilfsladungen ergeben keine Steigerung der Empfindlichkeit, wenigstens bei größeren Ausschlägen, und dürfen überdies wegen Gefahr des Zerreißens der Saite nicht auf einmal an die Schneiden angelegt werden.

Es empfiehlt sich, wenn Unempfindlichkeit gegen Neigungen und Erschütterungen verlangt wird, die mit dem benötigten Meßbereich verträgliche, stärkstmögliche Saitenanspannung zu wählen. Bei bestimmter Hilfsladung in Saitenschaltung gibt es immer eine Saitenanspannung, bei der die Eichkurve über den ganzen Meßbereich linear wird; diese Anspannung wird man bei Registrierungen mit Vorteil zu wählen haben. Das Saitenelektrometer eignet sich natürlich vorzüglich als Registrierinstrument.

Eine ganz ähnliche Konstruktion, die als Saite einen $3\,\mu$ dicken Quarzfaden verwendet, stammt von LABY[3]).

Eine Abänderung seines Saitenelektrometers für Schulzwecke hat LUTZ 1916 gegeben[4]). Er verwendet hierbei ein Mikroskop mit 50teiliger Okularskala, einen Platindraht von 2,5 μ Dicke als Saite, die an einem Metallbügel ausgespannt

---

[1]) Es gibt noch eine Schneidenschaltung: Hilfsladung an der Saite, zu messende Spannung an einer Schneide, die aber nicht empfehlenswert ist.
[2]) Potentiale über 1100 Volt verträgt das Instrument nicht, da dann Ausstrahlung von der Saite beginnt.
[3]) T. H. LABY, Cambr. Proceed. Bd. 15, S. 106. 1909.
[4]) C. W. LUTZ, Phys. ZS. Bd. 17, S. 619. 1916.

ist, sowie eine einzige ihr gegenüberstehende Schneide (Influenzschneide), die gewöhnlich geerdet ist. Der Bügel vertritt die Abstoßschneide, daher liegt Doppelschaltung vor. Die Isolation ist aus Quarz. Kapazität: 6 cm.

Meßbereich (bei schwacher Saitenanspannung): 4 bis 98 Volt. Empfindl.: 1,5 V/Skt. (bei mittlerer Saitenanspannung): 7 bis 305 Volt. Empfindl.: 4 V/Skt. (bei starker Saitenanspannung): 16 bis 970 Volt. Empfindl.: 17 V/Skt.

Schließlich hat LUTZ sein Instrument mit einer anderen Befestigung des unteren Endes der Saite versehen (vgl. Ziff. 14).

14. Das Einfadenelektrometer von WULF[1]) (Abb. 22) unterscheidet sich von dem Saitenelektrometer von LUTZ nur dadurch, daß an Stelle der beiderseits starr eingespannten Saite ein metallisierter Quarzfaden B oder für Registrierzwecke ein Pt-Faden von 3 μ Dicke aufwärts) tritt, der an seinem unteren Ende von dem elastischen Quarzbügel Q gehalten wird (vgl. Ziff. 12). Mittels der Reguliervorrichtung R kann Q gehoben bzw. gesenkt werden, wodurch B entspannt bzw. angespannt wird. Durch die elastische Befestigung des unteren Endes wird die Unabhängigkeit von Neigung und Erschütterung gewährleistet, sowie ein allzuleichtes Labilwerden des Fadens bei Entspannung desselben verhindert, daher der Meßbereich vergrößert. Die Schneiden S_1, S_2 sind jede für sich verstellbar.

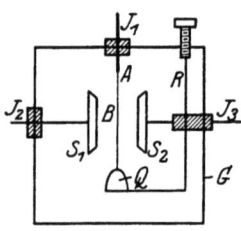

Abb. 22. Einfadenelektrometer von WULF.

Schaltungen wie bei LUTZ (Ziff. 13). Die Doppelschaltung nennt WULF Kombinationsschaltung und unterscheidet daneben noch eine reine Abstoßschaltung, wo die Influenzschneide S_1 so weit zurückgezogen ist, daß ihre Anziehung auf B, das mit der Abstoßschneide S_2 verbunden ist, nicht mehr wirkt.

Kapazität im Minimum: 2 cm.

Maximale Empfindlichkeit bei Fadenschaltung und Hilfspotential ±200 Volt: 0,003 V/Skt. (wie bei ELSTER und GEITEL Ziff. 11).

Mittlere Empfindlichkeit in idiostatischer Kombinationsschaltung: etwa 3 V/Skt. Ausstrahlung bei etwa 1200 Volt.

LUTZ hat später[2]) die Befestigung an einer elastischen Quarzdrahtschleife für sein Saitenelektrometer von WULF übernommen, woran sich eine Polemik zwischen beiden geknüpft hat.

15. Andere Einfadenelektrometer. Ein Einfadenelektrometer mit Wollastondraht, welcher über einen metallenen Träger im Abstand von 1 mm ausgespannt ist und am unteren Ende von einem quergestellten Quarzfaden elastisch festgehalten wird, hat GREINACHER angegeben[3]). Es dient als Vibrationsinstrument in der WHEATSTONEschen Brücke, als Indikator für Wechselspannung, und hat ein stark vergrößerndes Ablesemikroskop.

Ein Registrierelektrometer, das einen ⊏förmigen Kohlefaden aus einer Glühlampe verwendet, der sich zwischen zwei plattenförmigen, auf entgegengesetztes Potential geladenen Elektroden befindet, so zwar, daß seine Ebene vertikal und parallel zu den Plattenebenen steht, stammt von VILLARD[4]). Bei 120 Volt Hilfsladung hat es eine Empfindlichkeit bis zu 0,2 V/Skt. Meßbereich je nach Faden und Plattenabstand bis zu 2000 Volt.

---

[1]) TH. WULF, Phys. ZS. Bd. 15, S. 250. 1914. Über eine Anwendung in der drahtlosen Telegraphie s. TH. WULF, ebenda Bd. 15, S. 611. 1914.
[2]) C. W. LUTZ, Phys. ZS. Bd. 24, S. 166. 1923; TH. WULF, ebenda Bd. 24, S. 299. 1923; C. W. LUTZ, ebenda Bd. 24, S. 460. 1923; TH. WULF, ebenda Bd. 25, S. 109. 1924; C. W. LUTZ, ebenda Bd. 25, S. 282. 1924.
[3]) H. GREINACHER, Phys. ZS. Bd. 13, S. 388 u. 433. 1912.
[4]) P. VILLARD, C. R. Bd. 153, S. 315. 1911.

Bei ECCLES[1]) ist der Faden oben **frei**, unten isoliert und befestigt. Dem oberen Ende nahe befindet sich eine isolierte Elektrode. Der Faden ist aus versilbertem Glas oder Phosphorbronze. Empfindl.: 0,01 V/Skt. (Mikroskopablesung).

Ein einfaches Einfadenelektrometer zur Selbstherstellung mit einem durch Chlorkalziumlösung leitend gemachten, bogenförmig gekrümmten Quarzfaden von 20 μ beschreibt GREBE[2]). Mikroskopablesung. Empfindl.: 5 V/Skt.

c) Nadelelektrometer.

16. Allgemeines und verschiedene Typen. Unter Nadelelektrometern sollen hier nur Instrumente verstanden werden, die aus einer Modifikation der COULOMBschen Drehwage (Ziff. 23) entstanden sind. An Stelle der Meßkugel bei derselben und des Wagebalkens, an dem diese Kugel befestigt ist, tritt eine Nadel, an Stelle der Standkugel irgendein fester Leiter, der die Nadel abstößt. Als Richtkraft dient die Torsion des Aufhängedrahtes. Es ist allerdings üblich, auch bei den Quadrantenelektrometern (vgl. d) von einer Nadel zu sprechen,

Abb. 23. Draufsicht auf das Elektrometer von DELLMANN.

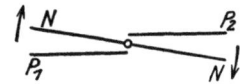
Abb. 24. Grundriß des Elektrometers von CRÉMIEU.

obwohl deren „Nadel" eher ein Blatt als eine Nadel ist. Gemeinsam ist beiden Gruppen die Torsionselastizität[3]) als Richtkraft, sonst sind sie jedoch recht verschieden.

Die hier definierten Nadelelektrometer im engeren Sinne sind in der Mitte des 19. Jahrhunderts sehr beliebt gewesen. Wir nennen das Elektrometer von DELLMANN[4]). Abb. 23 zeigt in Draufsicht die Nadel NN, einen Silberdraht mit kugelförmigen Enden, welche isoliert an einem Glasfaden hängt. Sie wird gekreuzt von dem festen Leiter LL, einem Silberstreifen, den die Nadel in der Ruhelage berührt. Führt man dem festen Leiter LL eine Ladung zu, so teilt er sie der Nadel NN mit und stößt sie in der Richtung der gezeichneten Pfeile ab, bis die Torsion Halt gebietet.

Aus neuerer Zeit ist das Elektrometer von CRÉMIEU[5]) zu nennen. Abb. 24 zeigt in Draufsicht die Nadel N, N aus Aluminiumdraht und die beiden Platten P_1, P_2, welche hier an Stelle des festen Leiters LL treten. Die Nadel hängt an einem Metallband. Empfindlichkeit und Kapazität sind sehr veränderlich.

Ähnlich ist das Elektrometer von LA ROSA[6]). Dieser verwendet an Stelle des Leiters L zwei horizontale, miteinander verbundene Aluminiumstreifen, und an Stelle der Nadel einen an einem metallisierten Quarzfaden hängenden leichten Aluminiumstreifen. Außer deren gegenseitiger **Abstoßung** wirkt aber noch die **Anziehung** durch Influenz seitens zweier quer zum festen Streifen aufgestellter geerdeter Säulen. Bei großer Annäherung an die letzteren wird die Nadel instabil. Mit Hilfe einer dem Drehungssinn der Abstoßung entgegen- bzw. gleichgerichteten Anfangstorsion läßt sich eine größere bzw. kleinere Anfangsempfindlichkeit erzielen, da dann die Torsionskraft die Abstoßung teilweise unterstützt bzw. hemmt. Es erinnert das an das Prinzip der Labilisierung der Ruhelage (Ziff. 7).

---

[1]) W. H. ECCLES, Electrician Bd. 72, S. 1044. 1914.
[2]) L. GREBE, ZS. f. Phys. Bd. 3, S. 329. 1920.
[3]) Daneben gibt es Nadelelektrometer, die den Erdmagnetismus als Direktionskraft verwenden. P. RIESS 1853, R. KOHLRAUSCH 1853, A. PELTIER 1836, B. SZILARD 1909.
[4]) J. DELLMANN, Pogg. Ann. Bd. 55, S. 301. 1842; Bd. 86, S. 524. 1852.
[5]) V. CRÉMIEU, C. R. Bd. 156, S. 460. 1913.
[6]) M. LA ROSA, N. Cim. Bd. 5, S. 50. 1913.

Schließlich ist zu nennen ein Torsionselektrometer von FOLMER[1]), bei dem der feste Leiter nadelförmig, die bewegliche „Nadel" ein dünner Aluminiumstreifen, an Wollastondraht etwas oberhalb des ersteren hängend, ist. Die „Nadel" erhält ein Hilfspotential, der feste Leiter die zu messende Ladung.

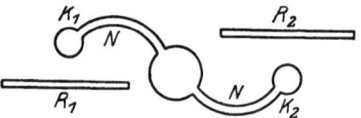

Abb. 25. Drehwage von HEYDWEILER.

Das zum Ersatz des BRAUNschen Elektrometers bestimmte Demonstrationsinstrument von SHRADER (vgl. Ziff. 5) ist ebenfalls ein Nadelelektrometer.

Hierher gehört auch das Hochspannungselektrometer von HEYDWEILLER[2]), das ebenfalls aus einer Modifikation der COULOMBschen Drehwage entstanden ist. Abb. 25 zeigt in Draufsicht einen bifilar aufgehängten beweglichen Leiter, die „Nadel" NN mit Kugeln $K_1 K_2$ an ihren Enden, welche den festen Ringen R_1, R_2 gegenüberstehen. Das Instrument hat Spiegelablesung und Flüssigkeitsdämpfung, wozu die Nadel unten einen Glasstab mit Spiegel und Dämpferflügel trägt. Meßbereich: 6000 bis 60000 Volt mit 1% Genauigkeit.

d) Quadrantenelektrometer.

17. Allgemeines. Die in den Abschnitten a bis c behandelten Instrumente bedurften alle einer Eichkurve, da ihre Empfindlichkeit vom Ausschlag mehr oder weniger abhängig ist. Das Bestreben nach einem Instrument mit konstanter Empfindlichkeit, bei welchem Ausschlag und zu messendes Potential einander direkt proportional sind, hat zur Konstruktion des Quadrantenelektrometers durch W. THOMSON (Lord KELVIN) geführt. Die Eichkurve soll entbehrlich gemacht und bei absoluten Messungen auf eine einzige Eichung reduziert werden; bei relativen Messungen entfällt überhaupt jede Eichung. Das Wesentliche an der Konstruktion kann so ausgedrückt werden[3]): Man hat zwei feste Leiter A, B und einen beweglichen Leiter C, der etwa von A abgestoßen, von B angezogen wird. (Dies ist z. B. der Fall im Einblättchenelektrometer, wo A der Träger, B das Gehäuse ist, oder bei HANKELS Elektrometer usf.) Dies soll aber so geschehen, daß die Distanz zwischen den Oberflächen von A und C bzw. von B und C dabei konstant bleibt, so daß die Kräfte zwischen A und C bzw. zwischen B und C für verschiedene Lagen von C konstant bleiben. (Dies ist ersichtlicherweise bei den früher genannten Instrumenten nicht der Fall, wo die Distanz von den Leitern fortwährend zu- bzw. abnimmt, so daß die Kräfte nicht konstant bleiben.) Lord KELVIN[4]) hat dies durch die in Abb. 26 im Querschnitt und in perspektivischer Ansicht dargestellte Konstruktion zu erreichen gesucht. Q_1, Q_2, Q_3, Q_4 sind vier Quadranten einer flachen, runden Messingschachtel, von denen Q_1 mit Q_3, Q_2 mit Q_4 durch je einen Draht leitend

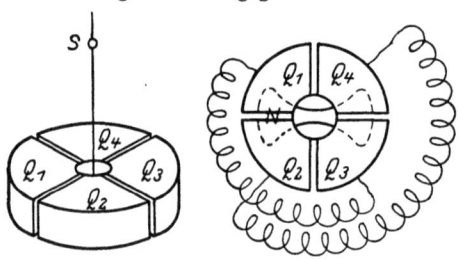

Abb. 26. Quadrantenelektrometer von THOMSON.

---

[1]) H. J. FOLMER, Proc. Amsterdam Bd. 17, S. 659. 1914.
[2]) A. HEYDWEILLER, Wied. Ann. Bd. 48, S. 111. 1893.
[3]) J. CL. MAXWELL, Treatise. Bd. I, S. 336 (§ 219).
[4]) W. THOMSON, Brit. Assoc. Report 1867; Reprint of papers on electrostatics usw. S. 266ff. Vorausgegangen war ein divided-ring-Elektrometer, das wir heute nach G. HOFFMANN (Ziff. 20) als Duantenelektrometer bezeichnen können.

Quadrantenelektrometer.

verbunden sind. N ist die „Nadel", d. h. ein Aluminiumblatt von lemniskatenförmigem Umriß, die inmitten dieser Schachtel schwebt; sie hängt an einer (bifilaren) Aufhängung, die durch ein rundes Loch in der oberen Decke der Schachtel durchgeführt ist. In der Ruhelage liegt die Nadel symmetrisch zu den vier Quadranten, mit ihrer Mittellinie genau über dem Schlitz zwischen Q_1 und Q_2 bzw. Q_3 und Q_4. Wenn nun Q_1 mit Q_3 gegen Q_2 mit Q_4 eine Potentialdifferenz erhält, die Nadel aber ungeladen ist, so soll sie (bei richtiger symmetrischer Einstellung) in ihrer Ruhelage verbleiben. So wie sie aber selbst eine Ladung aufweist, wird sie von dem einen Quadrantenpaar abgestoßen, von dem anderen angezogen und erreicht vermöge der Richtkraft der Aufhängung eine neue Gleichgewichtslage, nachdem sie sich um einen der zwischen den Quadranten herrschenden Potentialdifferenz proportionalen Winkel gegen ihre Ruhelage gedreht hat. Siehe die Theorie im Artikel KOTTLER, Bd. XII, Ziff. 49. Die Ablesung des Winkels erfolgt mit Hilfe eines Spiegels S, der an der Aufhängung befestigt ist, und Fernrohrs mit Skala (evtl. objektiv an Skala).

Das Quadrantenelektrometer kann in folgenden Schaltungen verwendet werden: a) **heterostatisch**, Hilfspotential an der Nadel, zu messende Potentialdifferenz zwischen den Quadranten (**Quadrantschaltung**); b) **heterostatisch**, zu messendes Potential an der Nadel, Quadranten auf entgegengesetzt gleichen Potentialen (**Nadelschaltung**); c) **idiostatisch**, Nadel und ein Quadrantenpaar verbunden (meist geerdet), das andere Quadrantenpaar auf der zu messenden Spannung, oder umgekehrt. Bei a) und b) ergibt sich der Ausschlag nach der Theorie MAXWELLS (Bd. XII Artikel KOTTLER) der zu messenden Spannung [nahezu[1])] proportional, bei c) ist er ihrem **Quadrate** proportional; daher eignet sich die idiostatische Schaltung zur Messung von **Wechselspannungen**[2]). Die empfindlichste Schaltung ist nicht b), die der empfindlichen Blättchen- (Faden-, Saiten-)schaltung bei den Blättchen- (Faden-, Saiten-)elektrometern entsprechen würde[3]), sondern die Quadrantschaltung a).

Die ursprüngliche Konstruktion THOMSONS hat zahllose Abänderungen erfahren. Sie betreffen u. a.: die **Aufhängung** (Ersatz der bifilaren isolierenden Aufhängung (aus Seidenfäden) durch Metalldrähte (Pt), die **Dämpfung** (Ersatz der Dämpfung mittels Schwefelsäure (in welche ein an der Nadel hängender Flügel eintaucht), durch Luftdämpfung (Dämpferflügel) oder magnetische Dämpfung, die **Quadranten** (Ersatz der Schachtel durch eine in vier Sektoren geteilte Scheibe mit frei darüberschwebender Nadel), die **Nadel** (anstatt des horizontalen Blattes zwei vertikale, durch einen Querarm verbundene Stücke eines mit der Quadrantenschachtel koaxialen Zylinders) usf. Wir übergehen alle diese Typen und besprechen in Ziff. 18 nur die neueren Quadrantenelektrometer.

Vorweg sei bemerkt, daß die Quadrantenelektrometer die empfindlichsten, wenngleich am schwierigsten zu behandelnden elektrostatischen Meßinstrumente sind. Hierzu kommt, daß sie meist eine viel höhere Kapazität als die Fadenelektrometer oder Blättchenelektrometer haben. (Die Hauptschuld daran trägt die kondensatorähnliche Wirkung der Quadrantenschachtel.) Dies hat zur Folge, daß die Ladungsempfindlichkeit der Quadrantenelektrometer viel kleiner ist als ihre Spannungsempfindlichkeit und die Ladungsempfindlichkeit der übrigen Elektrometer bei weitem nicht so übertrifft wie deren Spannungsempfindlichkeit.

---

[1]) Über die Inkonstanz der Empfindlichkeit und Versuche zu ihrer Behebung Ziff. 18.
[2]) Näheres über Theorie und Schaltung bei E. ORLICH, ZS. f. Instrkde. Bd. 23, S. 97. 1903.
[3]) Vergleiche zwischen Schaltung des Quadrantenelektrometers und des Fadenelektrometers bei R. JAEGER, ZS. f. Instrkde. Bd. 37, S. 5. 1917.

18. Neuere Quadrantenelektrometer.

Abb. 27 zeigt das viel verbreitete Quadrantenelektrometer von DOLEZALEK[1]) im Querschnitt. Die Nadel N ist eine Doppelnadel aus Silberpapier, deren jedes Blatt etwa die Form einer Acht hat. Die Luftreibung dieser Doppelnadel ist genügend groß, um eine besondere Dämpfungsvorrichtung entbehrlich zu machen.

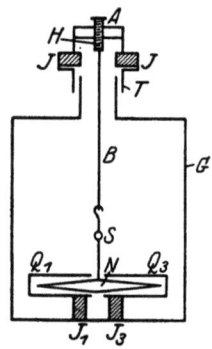

Abb. 27. Quadrantenelektrometer von DOLEZALEK.

Sie hängt an einem Quarzfaden B von 3 bis 9 μ Dicke, der dadurch leitend gemacht ist, daß er nach Entfettung mit einer hygroskopischen Chlorkalziumlösung überzogen wird. (Es können statt dessen auch metallisierte Quarzfäden oder Wollastondrähte verwendet werden, damit das Instrument getrocknet werden kann.) S ist der zur Ablesung dienende Spiegel; J_1, J_3 sind Bernsteinisolatoren, auf denen die Quadranten Q_1, Q_3 ruhen. T ist der Torsionskopf, in welchem der Träger A mittels der Isolation J befestigt ist, so zwar, daß er mit Hilfe der Schraube H gehoben oder gesenkt werden kann; hierdurch wird die Höhenlage der Nadel reguliert. Zur Regulierung ihrer Seitenlage kann der Torsionskopf gedreht und durch eine Klemmschraube fixiert werden. Außerdem sind drei Stellschrauben vorgesehen, um die Nadel den Quadrantenflächen parallel zu stellen, was von großer Bedeutung für die Justierung ist, wie wir sofort sehen werden.

In der Quadrantschaltung ist die Empfindlichkeit vom Hilfspotential der Nadel abhängig. Sie wächst mit diesem aber nur bis zu einem Maximum. Dies scheint der Formel MAXWELLS [Bd. XII, Artikel KOTTLER (54)][2])

$$k\vartheta = \frac{a^2}{4\pi\delta}(V_1 - V_2)(2V_3 - V_1 - V_2)$$

zu widersprechen, welche bei kleinen Spannungen (V_1, $V_2 \ll V_3$) in

$$k\vartheta \sim \frac{a^2}{2\pi\delta}(V_1 - V_2)V_3$$

übergeht, also eine direkte Proportionalität der Empfindlichkeit mit dem Hilfspotential V_3 behauptet. Die Aufklärung ist die, daß zur mechanischen Richtkraft k noch eine elektrostatische Richtkraft[3]) $\pm k' V_3^2$ tritt, so daß die MAXWELLsche Formel zu lauten hat:

$$(k \pm k' V_3^2)\vartheta \sim \frac{a^2}{2\pi\delta}(V_1 - V_2)V_3.$$

Gilt das obere Vorzeichen, so vergrößert sich die Richtkraft der Aufhängung mit wachsendem Nadelpotential V_3; dies wirkt hemmend auf die Empfindlichkeit, es gibt daher ein Maximum der Empfindlichkeit bei einer bestimmten Nadelspannung $V_3 = \sqrt{k/k'}$. Gilt das untere Vorzeichen, so verkleinert sich die Richtkraft der Aufhängung mit wachsendem Nadelpotential, vergrößert sich daher die Empfindlichkeit bis ins Unendliche (Labilisierungstendenz nach G. HOFFMANN, vgl. Ziff. 20). Über die Ursachen dieser elektrostatischen Richtkraft sind verschiedene Meinungen geäußert worden. Man hat die von den Quadrantenschlitzen bzw. Nadelrändern herrührende Kraftlinienstreuung dafür verantwortlich gemacht. SCHOLL[4]) hat dagegen auf die Abweichungen der

---

[1]) F. DOLEZALEK, ZS. f. Instrkde. Bd. 21, S. 345. 1901.
[2]) V_1, V_2, V_3 Potentiale des ersten, zweiten Quadrantenpaares und der Nadel, ϑ der Drehungswinkel, k die Richtkraft der Torsion, a Halbmesser der Kreissektoren, aus denen die Nadel zusammengesetzt ist, d ihr Abstand von den Quadrantenflächen.
[3]) L. GOUY, Journ. d. phys. Bd. 7, S. 97. 1888.
[4]) H. SCHOLL, Phys. ZS. Bd. 9, S. 915. 1908.

Nadelflächen von symmetrischer Gestalt und auf ihre windschiefe Lage hingewiesen. In der Tat konnte er mittels der Stellschrauben die Empfindlichkeit in weitem Maße beeinflussen.

Bei dem Quadrantenelektrometer von DOLEZALEK hat man es immer mit einem Maximum der Empfindlichkeit zu tun. Dieses liegt bei ca. 300 Volt. Man geht aber mit der Nadelladung meistens nicht viel über 100 Volt hinaus, da eine zu große Empfindlichkeit die Messung erschweren würde. Bei einer Nadelladung $V_3 = 110$ Volt und einem Skalenabstand von 1 m kommt man bis $2 \cdot 10^{-4}$ V/mm der Skala bei einer Schwingungsdauer von etwa 20 Sekunden und einer Kapazität von 80 cm. Bei Verwendung von Wollastondrähten sinkt diese Empfindlichkeit etwa auf 10^{-3} V/mm. Dabei besteht für nicht zu große Ausschläge gute Proportionalität zwischen Ausschlag und Quadrantpotential. Für große Ausschläge gibt schon die obige Formel von MAXWELL ein Versagen der Proportionalität.

Das Dolezalekelektrometer ist also (ganz abgesehen von seiner Einfachheit) in bezug auf Spannungsempfindlichkeit ein entschiedener Fortschritt gewesen, da keines der früheren Quadrantenelektrometer oder der sämtlichen Blättchen- und Fadenelektrometer diese Empfindlichkeit erreicht. Sein Mangel liegt dagegen in seiner großen Kapazität, die zu einer verhältnismäßig geringen Ladungsempfindlichkeit führt. Das Hauptbestreben der Folgezeit bildet daher die Konstruktion eines Instruments von ebensolcher Empfindlichkeit, aber **kleinerer Kapazität**. Daneben gehen auch Bestrebungen zur **Verbesserung der Konstanz der Empfindlichkeit** bei verschiedenen Ausschlägen sowohl als **Proportionalität** derselben mit verschiedenen Nadelspannungen. Schließlich betreffen andere Verbesserungen die **Ladungszuführung zur Nadel**, da der hygroskopische Quarzfaden eine schwache Seite des Instruments ist.

Um mit dem letzten Punkt zu beginnen, hat zunächst WIEN eine Platinspitze angebracht, mit der die Nadel einmal zur Berührung gebracht wird, wodurch sie für längere Zeit ihre Ladung erhält. Außerdem ist für Trocknung durch Natrium oder Chlorkalzium vorgesorgt. Der Quarzfaden bleibt gewöhnlich trocken und daher isolierend. ERIKSON[1]) führt den Metalldraht, der den Spiegel S (Abb. 27) trägt, durch eine kleine feste Kammer, die durch ein geeignetes Präparat ionisierte Luft enthält und an der eine Spannung liegt. Durch die Ionen wird der Draht und damit die Nadel N geladen. Die Kammer ist gegen die Quadranten elektrostatisch abgeschirmt.

Mit der Reduktion der Kapazität haben sich u. a. befaßt: PASCHEN[2]), der ein Zylinderquadrantenelektrometer mit einer vertikalen Kupferfolie als „Nadel" verwendet, die an einem Wollastondraht von 5 bis 6 μ Dicke parallel zur Achse des Zylinders hängt. Der Durchmesser des Zylinders ist nur 9 mm, seine Höhe 3 cm. Durch diese Verkleinerung der Abmessungen wurde die Kapazität bis auf 15 cm bei einer Empfindlichkeit von $2 \cdot 10^{-4}$ Volt (Nadelladung 40 Volt, Skalenabstand 1 m) heruntergedrückt. Die Ausschläge sind nur nahezu den Potentialen proportional.

Ferner KLEINER[3]) und nach ihm MÜLLY[4]), die ebenfalls ein Zylinderquadrantenelektrometer, aber statt mit ebener, mit zylindrischer Nadel verwenden, welche vertikal und konaxial zu den Quadranten an einem Heraeus-Wollastonfaden von 3 bis 7 μ Dicke hängt. Innerer Durchmesser der äußeren Quadranten 16 mm, äußerer Durchmesser der inneren Quadranten 8 mm, Durchmesser des

---

[1]) H. A. ERIKSON, Phys. Rev. Bd. 1, S. 253. 1912.
[2]) F. PASCHEN, Phys. ZS. Bd. 7, S. 492. 1906.
[3]) A. KLEINER, Vierteljschr. d. naturf. Ges. Zürich 1906, S. 126.
[4]) C. MÜLLY, Phys. ZS. Bd. 14, S. 237. 1913.

Nadelzylinders, der zwischen äußerem und innerem Quadrantenzylinder schwebt, 12 mm, Höhe 12 mm. Kapazität 1 bis 2 cm. Maximale Empfindlichkeit bei 105 Volt Nadelladung und 5 μ dickem Faden: 15000 Skalenteile (1 m Skalenabstand), per Volt also ca. $6 \cdot 10^{-5}$ V/Skt. Auch hier wächst mit zunehmender Nadelladung die Empfindlichkeit nicht proportional bis zur Labilität [entsprechend negativen elektrostatischen Richtkräften, vgl. oben[1])].

Mit den negativen Richtkräften, die von der windschiefen Lage der Nadel sowie von einer Höhendifferenz der Quadrantenpaare herrühren, haben sich besonders A. H. COMPTON und K. T. COMPTON[2]) befaßt. Durch Neigung der Nadel und vertikale Verstellung des einen Quadrantenpaares gegen das andere gelang es ihnen, **Konstanz der Empfindlichkeit bei verschiedenen Ausschlägen sowie beliebige Veränderung der Empfindlichkeit** zu erzielen. Bei 1 m Skalenabstand ergaben sich 60000 mm per Volt, d. i. etwa $2 \cdot 10^{-5}$ V/Skt.

Mit den Richtkräften, welche von den Schlitzen zwischen den Quadranten herrühren, befaßt sich PARSON[3]). Er macht die Breite dieser Schlitze regulierbar. Er erreicht dadurch **Labilisierung der Ruhelage** und eine (ziemlich konstante) Empfindlichkeit von $2 \cdot 10^{-5}$ V/mm bei einer Kapazität von 9 cm.

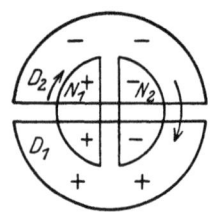

Abb. 28. Binantenelektrometer von DOLEZALEK.

19. Das Binantenelektrometer. Die von den Quadrantenschlitzen herrührende Störung der Konstanz der Empfindlichkeit bei verschiedenen Ausschlägen beseitigt DOLEZALEK[4]) radikal durch Beseitigung dieser Schlitze. Er nimmt (Abb. 28) zwei Duanten D_1, D_2 an Stelle der vier Quadranten. Dafür muß er die Nadel in zwei Hälften N_1, N_2 zerlegen, die auf entgegengesetzte Hilfspotentiale geladen werden. Die Theorie (Bd. XII, KOTTLER, Ziff. 50) ergibt an Stelle der MAXWELLschen Formel

$$k\vartheta = \frac{2a^2}{4\pi\delta} 2 V_3 \cdot (V_1 - V_2)$$

mit der gleichen Bedeutung der Buchstaben wie in Ziff. 18, woraus die strenge Proportionalität zwischen Ausschlag ϑ und zu messender Potentialdifferenz $V_1 - V_2$ (zwischen den Duanten D_1 und D_2) hervorgeht. DOLEZALEK nennt das Instrument Binantenelektrometer (zweimal je zwei Duanten). Außerdem ist (Abb. 29) noch die Einrichtung getroffen, daß Duantenschachtel und Nadel als konzentrische Kugelschalenstücke ausgebildet sind, deren gemeinsamer Mittelpunkt im Aufhängepunkt der Nadel liegt. Dadurch soll das bei großen Ausschlägen leicht eintretende Anpendeln der Nadel an die Duanten vermieden

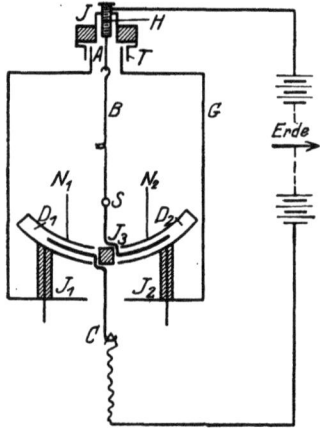

Abb. 29. Binantenelektrometer von DOLEZALEK.

werden. Möglicherweise hat dies auch auf die oft genannten, von der windschiefen Lage der ebenen Nadel herrührenden Richtkräfte Einfluß. In der Tat zeigt sich fast bis zu $\pm$ 1500 Volt Nadelspannung lineares Ansteigen der Empfindlichkeit, was auf ein fast völliges Fehlen der elek-

---
[1]) Vgl. G. HOFFMANN, Ann. d. Phys. Bd. 52, S. 677 (Fußnote). 1917.
[2]) A. H. COMPTON u. K. T. COMPTON, Phys. Rev. Bd. 13, S. 288. 1919; Bd. 14, S. 85. 1919.
[3]) A. L. PARSON, Phys. Rev. Bd. 8, S. 248. 1916.
[4]) F. DOLEZALEK, Ann. d. Phys. Bd. 26, S. 312. 1908; das Prinzip schon bei R. BLONDLOT u. P. CURIE, C. R. Bd. 107, S. 864. 1888.

trostatischen Richtkräfte ($k'V_3^2$ in Ziff. 18) hinweist. Damit sind also zwei Mängel des Quadrantenelektrometers, Inkonstanz der Empfindlichkeit bei verschiedenen Ausschlägen sowohl als mangelnde Proportionalität bei wachsender Nadelspannung, beseitigt.

Der Aufhängedraht B (Abb. 29) ist aus Pt von $10\,\mu$ Durchmesser, der untere Draht C, der nur zur Zuleitung zur anderen Nadelhälfte dient, aus Pt von $4\,\mu$ Durchmesser. Die Nadelhälften sind durch Bernstein J_3 voneinander isoliert. Zum Transport wird mittels der Hubschraube H die Nadel bis zur Berührung mit den Duanten gesenkt. Die Kapazität ist doppelt so groß wie die eines Quadrantenelektrometers gleicher Abmessungen, die Spannungsempfindlichkeit, wie die obige Formel zeigt, ebenfalls doppelt so groß. Empfindlichkeit: bis ca. $3\cdot 10^{-4}$ V/Skt.

20. Duantenelektrometer[1]). Mit der Konstruktion dieses hochempfindlichen Elektrometers beabsichtigt HOFFMANN, eine höhere **Ladungsempfindlichkeit** als die der übrigen Elektrometer zu erreichen. Die praktische Benutzungsgrenze der letzteren gibt er wie folgt an:

a) Fadenelektrometer: Kapazität ca. 2 cm. Spannungsempfindlichkeit 10^{-3} Volt. Ladungsempfindlichkeit: $2\cdot 10^{-3}$ V·cm = 14000 Elementarquanten der Elektrizität.

b) Quadrantenelektrometer: Kapazität ca. 50 cm. Spannungsempfindlichkeit 10^{-4} Volt. Ladungsempfindlichkeit: $5\cdot 10^{-3}$ V·cm = 35000 Elementarquanten.

Der Grund dieser unverhältnismäßig kleinen Ladungsempfindlichkeit der Quadrantenelektrometer liegt nicht nur in ihrer großen Kapazität, sondern in der großen Veränderlichkeit des Influenzierungskoeffizienten zwischen Nadel und Quadranten. Aus Bd. XII, Artikel KOTTLER, Ziff. 51, ergibt sich für eine dem Quadrantenpaar 1 bei Erdung des Paares 2 zugeführte Ladung e_1' = Gesamtladung von 1 abzüglich der von der Nadel 3 auf 1 influenzierten Ladung

$$e_1' = \vartheta\left\{\frac{F_1}{2\pi\delta}\cdot\frac{2\pi\delta}{a^2}\frac{k}{V_3} + \frac{a^2}{2\pi\delta}V_3\right\},$$

worin alle Buchstaben die gleiche Bedeutung wie in Ziff. 18 haben; F_1 bedeutet die über dem Quadrantenpaar 1 befindliche Oberfläche der Nadel, so daß nach bekannter Formel

$$C = \frac{F_1}{2\pi\delta}$$

die Kapazität des Quadrantenpaares 1 (Beitrag von oben und von unten) ist. Dagegen ergibt sich für die Spannung (vgl. Ziff. 18)

$$V_1 \sim \vartheta\frac{2\pi\delta}{a^2}\frac{k}{V_3}.$$

Bezeichnet man die für $\vartheta = 1$ (etwa 1 Skalenteil) auftretenden Ausschläge, d. i. die reziproke Spannungs- bzw. Ladungsempfindlichkeit mit S bzw. L, so ergibt sich

$$L = C\frac{2\pi\delta}{a^2}\frac{k}{V_3} + \frac{a^2}{2\pi\delta}V_3$$

bzw.

$$S = \frac{2\pi\delta}{a^2}\frac{k}{V_3}$$

oder

$$L = CS + \frac{a^2}{2\pi\delta}V_3,$$

---

[1]) G. HOFFMANN, Phys. ZS. Bd. 13, S. 480 u. 1029. 1912; Bd. 25, S. 6. 1924; Ann. d. Phys. Bd. 42, S. 1196. 1913; Bd. 52, S. 665. 1917.

die (reziproke) Ladungsempfindlichkeit L ist also keineswegs das bloße Produkt aus Kapazität C mal (reziproker) Spannungsempfindlichkeit S, sondern es tritt noch ein von der Influenzladung herrührender Term hinzu, der die Ladungsempfindlichkeit $1/L$ herabsetzt. Würde also die Spannungsempfindlichkeit $1/S = \infty$, so bliebe immer noch eine nur endliche Ladungsempfindlichkeit.

Unter diesen Verhältnissen ist es behufs Vergrößerung der Ladungsempfindlichkeit $1/L$, also Verkleinerung von L, am besten, die Spannungsempfindlichkeit $1/S$ unendlich groß zu machen, die Nadel zu labilisieren. Dies gelingt, wenn die elektrostatischen Richtkräfte (Ziff. 18) negativ sind, also

$$k - k'V_3^2$$

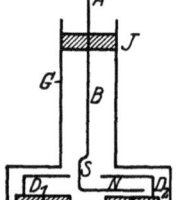

an Stelle von k tritt, bei passender Wahl der Hilfsspannung $V_3 = \sqrt{k/k'}$. Man hat nämlich dann unter Berücksichtigung der elektrostatischen Richtkräfte

$$S = \frac{2\pi \delta}{a^2} \frac{k - k'V_3^2}{V_3},$$

Abb. 30. Elektrometer von HOFFMANN.

was für den angegebenen Wert von V_3 Null wird. Für diese Hilfsspannung erreicht man also Labilisierung der Ruhelage (Astasierung). Wenn man über diese Hilfsspannung hinausgeht, wird S negativ, in der Formel für L ist dann der erste Term negativ („Negative" Elektrometerkapazität). Dann kann man unter Umständen auch die Ladungsempfindlichkeit bis zur Labilitätsgrenze ($L = 0$) steigern, was für Messung kleinster Elektrizitätsmengen von Bedeutung ist, obwohl in diesem Gebiet der Labilität aller Spannungsmessungen besondere Hilfsapparate erforderlich sind[1]. Im allgemeinen genügt es, nur die Spannungsempfindlichkeit bis zur Labilitätsgrenze ($S = 0$), die Hilfsspannung also bis zu dem angegebenen Wert zu treiben.

Bei der Konstruktion handelt es sich also um Erzielung eines negativen Terms elektrostatischer Richtkräfte. (Bei DOLEZALEKS Quadrantenelektrometer sind sie positiv, Ziff. 18). Dies erreicht HOFFMANN durch folgende Anordnung (Abb. 30). D_1, D_2 sind die beiden Duanten, die meist auf entgegengesetztem Hilfspotential gehalten werden; über ihnen schwebt

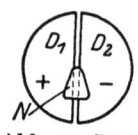

die einseitige Nadel N aus dünner Pt-Iridiumfolie (Abb. 31), die an einem Wollastondraht von etwa 5 μ Dicke hängt. Die Nadel trägt bei S den Spiegel und erhält bei A das zu messende Potential zugeführt. Im Gegensatz zur Quadrantschaltung bei

Abb. 31. Duanten und Nadel bei HOFFMANN.

DOLEZALEK besteht hier Nadelschaltung (Ziff. 17). Nichtsdestoweniger sind die früheren theoretischen Betrachtungen, von einem Zahlenfaktor abgesehen, anwendbar.

Kapazität: 5 cm. Spannungsempfindlichkeit bei Hilfsspannung 12 Volt zwischen den Duanten: $12 \cdot 10^{-5}$ Volt. Ladungsempfindlichkeit: $3 \cdot 10^{-3}$ V·cm = 21800 Elementarquanten. Bei Hilfsspannung 30 Volt: Spannungsempfindlichkeit labil. Ladungsempfindlichkeit: $0,2 \cdot 10^{-3}$ V·cm = 1900 Elementarquanten (1 m Skalenabstand).

Bei dieser Empfindlichkeit ist es notwendig, das Elektrometergehäuse zu evakuieren[2]), um die Isolation der Luft zu verbessern, welche ja immer Ionen (infolge durchdringender Strahlung) enthält. Wieweit das Vakuum zu treiben ist, ergibt die Rücksicht auf die Dämpfung.

---

[1]) G. HOFFMANN, Phys. ZS. 1924, Bd. 25, S. 6.
[2]) Schon A. KLEINER hatte sein Quadrantenelektrometer (Ziff. 18) behufs Verminderung der Dämpfung evakuiert.

Mit dem Instrument läßt sich die stoßartige Ionisationswirkung eines einzelnen α-Teilchens (50000 Elementarquanten per 1 cm Flugbahn) leicht nachweisen. Durch Summation über $1/4$ Stunde = 900 Sekunden ließe sich sogar ein Strom von 1 Elementarquantum/1 Sekunde feststellen.

21. Verschiedene Anwendungen des Quadrantenelektrometers. Hier sind zunächst die meist für höhere Spannungen und für technische Zwecke bestimmten Zeigerinstrumente zu nennen. Abb. 32 zeigt das erste derartige Instrument, das elektrostatische Voltmeter von W. THOMSON [Lord KELVIN][1]). Es besteht aus nur einem Quadrantenpaar QQ und der Nadel NN, die beide vertikal gestellt sind. Als Richtkraft dient die Schwerkraft in Gestalt kleiner Gewichte G, die an das untere Ende der Nadel N angehängt werden. Die Spannung wird an die Quadranten gelegt, die Nadel ist geerdet. Die elektrische Anziehung treibt sie zwischen die Quadranten, das Gewicht G zieht zurück. Je nach Wahl von G verschiedene Empfindlichkeit. Am oberen Ende der Nadel sitzt ein Zeiger, der über eine Skala von 60 Strichen spielt. Mit $G = 32,5$ bzw. $G = 4 \cdot 32,5$ bzw. $G = 16 \cdot 32,5$ mg bedeutet jeder Skalenteil 50 bzw. 100 bzw. 200 Volt. Meßbereich daher bis etwa 12000 Volt.

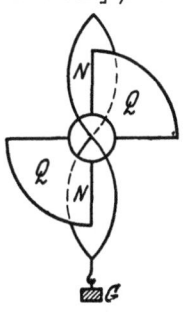

Abb. 32. Elektrostatisches Voltmeter von Lord KELVIN.

Die Firma Hartmann & Braun hat dieses Voltmeter dahin abgeändert, daß als Richtkraft eine Spiralfeder benutzt und magnetische Dämpfung angewendet wird.

Ferner hat THOMSON noch ein für kleinere Spannungen geeignetes Zeigerinstrument, das sog. Multizellularelektrometer, angegeben, bei welchem mehrere Quadrantenpaare horizontal übereinander und ebenso mehrere auf gemeinsamer Achse sitzende Nadeln übereinander angewendet werden. Meßbereich 40 bis 120 oder 150 bis 400 V. Ausführung als Schalttafelinstrument durch Hartmann & Braun. Eine ähnliche neuere Konstruktion mit bloß einer Doppelnadel und Torsion als Richtkraft bei WÜSTNEY[2]). Ausschlag von 70° bei 50 Volt.

Ein Zeigerinstrument nach Art des elektrostatischen Voltmeters, aber mit nur einem Quadranten und Spiralkraft als Gegenkraft stammt von SZILARD[3]). Das gangbare Modell hat Kapazität 6 cm, Meßbereich 100 bis 300 Volt. Empfindlichkeit etwa 1 V/Skt. Magnetische Dämpfung. Das Instrument arbeitet in jeder Lage.

Wegen der ausgezeichneten Proportionalität der Ausschläge mit den Potentialen ist auch das Binantenelektrometer von DOLEZALEK (Ziff. 19) als Zeigerinstrument ausgebildet worden. Bei Hilfsladung ±100 Volt Empfindlichkeit 0,13 V/Grad (Platinfaden von 10 μ Dicke). Bei stärkeren Fäden Meßbereich bis zu 1600 Volt, bei schwächeren Fäden Empfindlichkeit bis zu $3 \cdot 10^{-2}$ V/Grad.

Für Zwecke der luftelektrischen Forschungen hat BENNDORF[4]) ein weitverbreitetes Registrierzeigerinstrument angegeben, das nach dem Muster der älteren Quadrantenelektrometer mit bifilarer Pt-Drahtaufhängung (50 μ Dicke) B und Schwefelsäuredämpfung D versehen ist (Abb. 33). Die Nadel ist nach oben durch den Bernstein J isoliert, die Ladungszufuhr erfolgt bei E von unten. Durch Drehen der Walze W, über die der Draht B auf- oder abgewickelt wird, kann die Nadel N gehoben und gesenkt werden. Der Zeiger Z aus Aluminium spielt über einem von einem Uhrwerk getriebenen Papierstreifen, auf welchen er von Zeit zu Zeit elektromagnetisch niedergedrückt wird. Die Kapazität ist etwa 30 cm, die Empfindlichkeit ca. 10 V/mm.

---

[1]) Lord KELVIN, Tel. J. Bd. 25, S. 4, 1889.
[2]) P. WÜSTNEY, Phys. ZS. Bd. 12, S. 1251. 1911.
[3]) B. SZILARD, Phys. ZS. Bd. 15, S. 208. 1914; C. R. Nov. 1909; Bd. 174, S. 1618. 1922.
[4]) H. BENNDORF, Wiener Ber. Bd. 111, S. 487. 1902.

PATTERSON[1]) hat die Empfindlichkeit des BENNDORFschen Elektrometers erhöht, indem er eine Doppelnadel und drei Quadrantenplatten verwendet. Zur bifilaren Aufhängung dient Phosphorbronzedraht von 0,002 inch Durchmesser. Zur Dämpfung dient eine an der Nadel hängende Scheibe und zwei Hufeisenmagnete. Kapazität: 100 cm. Empfindlichkeit in Quadrantschaltung mit ca. 200 Volt Nadelladung: 0,66 V/mm. Empfindlichkeit in Nadelschaltung mit ca. 40 Volt Potentialdifferenz zwischen den Quadranten: 3,65 V/mm; mit 8 Volt Potentialdifferenz: 17,6 V/mm.

Für Registrierzwecke in Nadelschaltung ist das DOLEZALEKsche Quadrantenelektrometer abgeändert von WALKER[2]).

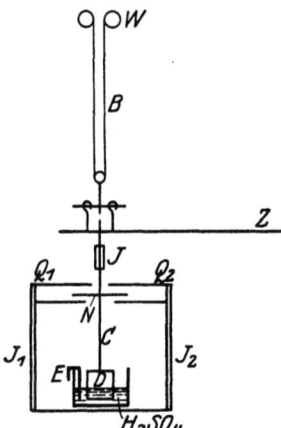

Abb. 33. Registrierquadrantenelektrometer von BENNDORF.

Für photographische Registrierung dienen noch ein von EBERT[3]) angegebenes Quadrantenelektrometer mit Pt-Drahtaufhängung und magnetischer Dämpfung, Empfindlichkeit bis zu $3 \cdot 10^{-2}$ V/mm, ferner ein selbstregistrierendes Elektrometer von RUDGE[4]) zur Aufzeichnung rascher Potentialschwankungen mit Phosphorbronzeaufhängung und Öldämpfung.

Auf die Verwendbarkeit des Quadrantenelektrometers zur Messung von Wechselspannungen in idiostatischer Schaltung und als Nullinstrument (Vibrationsinstrument) in Quadrantschaltung in der WHEATSTONEschen Brücke sei nur hingewiesen[5]).

e) Absolute Elektrometer.

22. Das THOMSONsche Schutzringelektrometer[6]) ist dazu bestimmt, die Potentiale in absoluten elektrostatischen Einheiten zu messen (Abb. 34). Wir beschreiben hier die einfachere Ausführung desselben. A ist eine feste Platte, die mittels der Mikrometerschraube M gehoben und gesenkt werden kann. B ist eine bewegliche, mittels Metalldrähten an dem Wagebalken W aufgehängte Platte, die mittels aufgelegter Gewichte so ausbalanciert werden kann, daß sie genau in der Ebene des festen Schutzrings C, von dem sie durch einen schmalen Luftspalt getrennt ist, zu liegen kommt, was mittels einer Marke und der Lupe L festgestellt wird. Schutzring C und Platte B sind leitend verbunden. Es wird nun B und C auf ein festes Potential V_0 gebracht, während A geerdet ist; es muß jetzt die Lage von A mit Hilfe von M so lange geändert werden, bis B wieder in die Ebene des Schutzringes zurückkehrt. Dann ist die elektrostatische Kraft von A auf B (vgl. Bd. XII, Artikel F. KOTTLER, Ziff. 47).

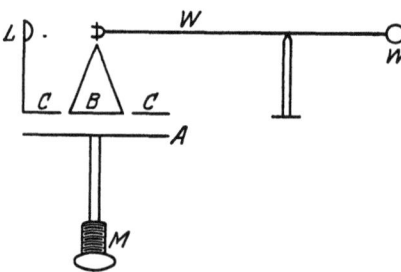

Abb. 34. Schutzringelektrometer von Lord KELVIN.

$$\frac{1}{8\pi} \frac{F}{\delta_0^2} V_0^2,$$

---

[1]) J. PATTERSON, Phil. Mag. Bd. 26, S. 200. 1913.
[2]) G. W. WALKER, Proc. Roy. Soc. London Bd. 84, S. 585. 1910.
[3]) H. EBERT, ZS. f. Instrkde. Bd. 29, S. 169. 1909.
[4]) D. RUDGE, Cambr. Proceed. Bd. 19, S. 1. 1916.
[5]) Vgl. E. ORLICH, ZS. f. Instrkde. Bd. 29, S. 33. 1909.
[6]) W. THOMSON, Rep. Brit. Assoc. Bd. 27, S. 497. 1867.

wo F die Fläche von B, δ_0 den Abstand AB bedeuten, genau gleich dem Gewicht P, das zur Einstellung der (ungeladenen) Platte B in die Ebene von C erforderlich war. Wird nun A auf das zu messende Potential V gebracht und neuerlich so weit gehoben oder gesenkt, bis B einspielt, so ist jetzt die elektrostatische Kraft

$$\frac{1}{8\pi}\frac{F}{\delta^2}(V-V_0)^2,$$

wo δ der neue Abstand AB ist, wieder gleich P. Hieraus folgt

$$V=(\delta_0-\delta)\sqrt{\frac{8\pi P}{F}},$$

womit es nur auf die Messung der Differenz der Abstände $\delta_0-\delta$ (abgesehen von den Apparatkonstanten P, F) ankommt, was viel leichter ist als die Messung eines Abstandes δ_0 oder δ; es genügt die Ablesung der Differenz der Stellungen der Mikrometerschraube M.

KIRCHHOFF hat diese Methode vereinfacht durch seine Potentialwage (Abb. 35), bei der es allerdings auf genaue Abmessung des Abstandes $\delta = AB$ ankommt. Hier kommt

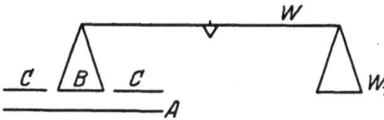

Abb. 35. Potentialwage von KIRCHHOFF.

die zu messende Spannung V an A, während B, C und die Wage W geerdet sind. Wenn die Wage vorher genau austariert war, so daß B in der Ebene von C einspielte, tritt jetzt eine Störung dieser Einstellung durch Anziehung von A auf B ein, welche Störung durch Auflegung eines Gewichtes P auf die andere Wagschale W_1 kompensiert wird. Dann ist

$$V = \delta\sqrt{8\pi\frac{P}{F}}.$$

Der Meßbereich dieser Instrumente ist etwa von 1000 bis 10000 Volt, ihre Empfindlichkeit nicht so sehr von der Bestimmung des Gewichtes P als der des Abstandes δ abhängig.

Wie man sieht, kann die Potentialwage außer zu Eichzwecken, wofür sie ursprünglich bestimmt ist, auch als Hochspannungselektrometer verwendet werden.

23. Andere absolute Elektrometer. Mit Vermeidung der schwierigen Abstandsmessung mißt MACH (1883) die Abstoßung zweier sich berührender Hälften einer geladenen Kugel. Die gleiche Einrichtung hat LIPPMANN[1]), der diese Abstoßung mit Hilfe eines Winkels mißt. Ein absolutes Zylinderelektrometer haben BICHAT und BLONDLOT[2]) angegeben (Abb. 36). Innerhalb des festen äußeren Zylinders Z_a ist auf- und abwärts beweglich der innere Zylinder Z_i, der mittels der gekreuzten Schneiden S_1, S_2 vom Wagebalken W (Gegengewicht C) getragen wird. Lädt man Z_a auf ein zu messendes Potential, so wird der (geerdete) Z_i in Z_a hineingezogen; um ihn in seine frühere Lage zurückzuführen, ist die Auflage eines bestimmten Gewichtes P auf die Wagschale S erforderlich. Einsetzung in die Bd. XII (KOTTLER, Ziff. 48) gegebene Formel liefert dann das gesuchte Potential. Meßbereich 5000 bis 30000 Volt.

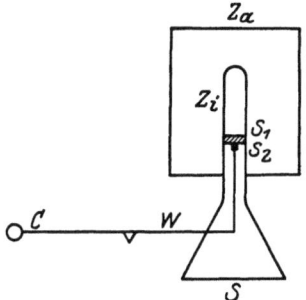

Abb. 36. Zylinderelektrometer von BICHAT und BLONDLOT.

---
[1]) G. LIPPMANN, C. R. Bd. 102, S. 666. 1886.
[2]) E. BICHAT u. G. BLONDLOT, Journ. de phys. Bd. 5, S. 325. 1886.

Von Noack[1]) ist eine für den Unterricht geeignete Form angegeben worden. Ein absolutes Elektrometer aus einer ebenen Platte und einer Kugel[2]), sowie ein solches aus zwei Kugeln[3]) haben Guillet und Aubert angegeben. Ein Elektrometer, das auf der Anziehung einer ebenen Platte auf einen an einem Wagebalken hängenden Zylinder beruht und bis zu 20000 Volt mißt, stammt von Bouchet[4]).

Zu Hochspannungsmessungen ist das Prinzip der Spannungswage mit dem der (elektrodynamischen) Stromwage kombiniert worden, wobei die elektrostatische Anziehung anstatt durch Gewichte durch elektrodynamische Anziehung (Abstoßung) kompensiert wird. Solche Spannungsstromwagen sind angegeben: von Crémieu[5]) von 2 bis 40000 Volt, von Müller[6]) von 1000 bis 140000 Volt, von Tschernyscheff[7]) von 10000 bis 180000 Volt, der den Apparat zur Erhöhung der Isolation unter Druck bis zu 10 Atmosphären verwendet, von Palm[8]) bis zu 250000 Volt effektiv (auch für Wechselspannung, doppelte Spannungsstromwage; Stickstoff von 12 Atmosphären[9]).

Ein absolutes Elektrometer, welches auf den Niveauänderungen in zwei kommunizierenden, mit Hg gefüllten Gefäßen beruht, die eintreten, wenn den beiden Niveaus auf verschiedene Potentiale geladene Metallplatten auf naher Distanz gegenüberstehen, hat C. Barus[10]) angegeben. Die Niveauänderungen mißt Barus interferometrisch[11]).

Ein anderes Prinzip als das der Wage verwenden Ebert und Hoffmann in ihrem absoluten Elektrometer[12]) (Abb. 37). Zwischen den Platten P_1, P_2,

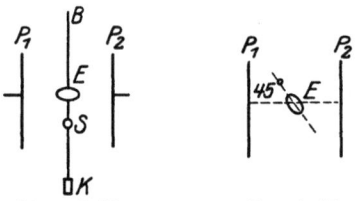

Abb. 37. Elektrometer von Ebert und Hoffmann.

die auf die zu messende Potentialdifferenz gebracht werden, hängt an zwei Quarzfäden B ein Ellipsoid E aus Aluminiumblech, so daß in der Ruhelage seine lange Achse unter 45° gegen die Platten geneigt ist. Die von dem homogenen Feld auf E influenzierten Ladungen bewirken eine Drehung des Ellipsoids, das sich axial parallel zu den Kraftlinien zu stellen sucht. Die Verdrehung wird mittels des Spiegels S gemessen. Diese Kraftwirkung ist berechenbar; wird noch die Direktionskraft der Aufhängung gemessen, so hat man ein absolutes Elektrometer. Meßbereich (durch Änderung des Plattenabstandes in weiten Grenzen veränderlich): 10 bis 10000 Volt. Magnetische Dämpfung mittels zwischen den Polen eines Magneten hängenden Kupferzylinders K.

---

[1]) K. Noack, Abhandlgn. zur Didaktik Bd. II 1, S. 51. 1906.
[2]) A. Guillet u. M. Aubert, Journ. de phys. Bd. 2, S. 990. 1912.
[3]) A. Guillet u. M. Aubert, C. R. Bd. 170, S. 385. 1920.
[4]) L. Bouchet, C. R. Bd. 175, S. 950. 1922; Bd. 176, S. 377. 1923.
[5]) V. Crémieu, C. R. Bd. 138, S. 563. 1904.
[6]) C. Müller, Ann. d. Phys. Bd. 28, S. 585. 1909.
[7]) A. Tschernyscheff, Phys. ZS. Bd. 11, S. 445. 1910.
[8]) A. Palm, ZS. f. techn. Phys. Bd. 1, S. 137. 1920.
[9]) Zu Hochspannungsmessungen dient oft ein Niederspannungsmesser, der von der Hochspannung influenziert wird. Vgl. z. B. das Kugelkilovoltmeter für hohe Wechselspannungen von K. Sterzel, ETZ 1924, Heft 7, welcher ein Niederspannungsvoltmeter vom Biquadranttyp in eine Art Kugelkondensator einschließt und zwischen die Pole des Hochspannungsfeldes setzt. Meßbereich bis 250000 V. Eine ponderomotorische Wirkung des Hochspannungsfeldes auf ein Horizontalpendel verwenden zur Messung der Hochspannung H. Abraham und P. Villard, Journ. d. phys. Bd. 1, S. 525, 1911.
[10]) C. Barus, Proc. Nat. Acad. Amer. Bd. 7, S. 242. 1921.
[11]) Interferometrische Messung verwendet Barus schon: Sill. Journ. Bd. 37, S. 65. 1914; sie betrifft zwei bifilare Pendelelektrometer sowie das Quadrantenelektrometer.
[12]) H. Ebert u. M. Hoffmann, ZS. f. Instrkde. Bd. 18, S. 1. 1898; vgl. V. Bjerknes, Wied. Ann. Bd. 48, S. 594. 1893.

Eine ähnliche Richtwirkung des homogenen Feldes auf eine unter 45° gegen die Kraftlinien geneigte dielektrische Nadel bei GRAETZ und FOMM[1]).

Schließlich sei noch darauf hingewiesen, daß auch COULOMBS Drehwage ein absolutes Elektrometer ist (Abb. 38). M ist die an dem isolierenden Wagebalken W angebrachte durch die Scheibe S (die gleichzeitig als Dämpfung dient) ausbalancierte Meßkugel. W hängt an einem feinen Metalldraht B, dessen Torsionskraft aus Schwingungsbeobachtungen bestimmbar ist. In der Ruhelage berührt M die Standkugel S, welche möglichst gleich groß wie M sein soll und an dem isolierenden Stabe A befestigt ist. Wird S an A herausgehoben und geladen, hierauf wieder eingeführt und mit M zur Berührung gebracht, so bekommt M die halbe Ladung, während S die andere Hälfte behält, und wird von M abgestoßen, bis die Gleichgewichtslage zwischen elektrostatischer Abstoßung und Richtkraft der Torsion zustande kommt (Abb. 39). Bedeutet r den Halbmesser des von M beschriebenen Kreisbogens, α den Drehwinkel (Anfangstorsion Null), so ist das Drehmoment der elektrischen Kräfte

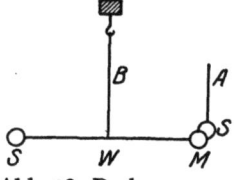

Abb. 38. Drehwage von COULOMB.

$$\frac{e^2}{4 r^2 \sin^2 \frac{\alpha}{2}} \cdot r \cos \frac{\alpha}{2},$$

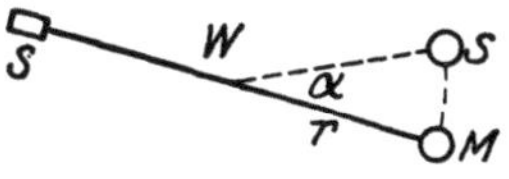

wenn e die Ladung jeder der beiden Kugeln ist. Dieses ist gleich dem Drehmoment der elastischen Kräfte

$$k\alpha.$$

Abb. 39. Messung von Ladungen mittels der Drehwage.

Hieraus kann die Ladung e in absolutem Maße gefunden werden. Die COULOMBsche Drehwage ist also kein absolutes Elektrometer für Spannungs-, sondern ein solches für Ladungsmessung. Über ihre Mängel vgl. Bd. XII, Artikel KOTTLER, Ziff. 15.

f) Sonstige Elektrometer.

24. Nichtmechanische Wirkungen des elektrostatischen Feldes. Bisher ist ausnahmslos die mechanische, genauer gesagt, ponderomotorische Wirkung des elektrostatischen Feldes als elektrische Kraft in den besprochenen Elektrometern verwendet worden. Es folgen einige auf anderer als ponderomotorischer Wirkung beruhende Apparate.

Hier ist zunächst die piezoelektrische Wirkung des elektrischen Feldes (vgl. Bd. XIII) zu nennen, die die Brüder CURIE[2]) bei ihrem piezoelektrischen Quarz verwendet haben (Abb. 40). Sie verwenden zwei sehr dünne Quarzplatten, die normal zur Richtung der einen elektrischen Achse E_1 geschnitten sind und rechteckige Gestalt haben. Zur kürzeren Seite des Rechtecks parallel liegt die (einzige) optische Achse O. Die beiden Platten werden so aufeinandergekittet, daß die Achsen E_1 entgegengesetzt gerichtet sind. Die Außenflächen werden bis auf einen schmalen isolierenden Rand versilbert. Hängt man in der Richtung der längeren Rechteckseite, also normal zu O und zu E_1, ein Gewicht an, so lädt sich jede Platte an ihrer Außenfläche entgegengesetzt wie an ihrer Innenfläche. Lädt man dagegen jede Platte, so erfährt sie in der Richtung ihrer längeren Seite eine Verlängerung oder Verkürzung. Besteht also zwischen beiden Platten eine Potentialdifferenz,

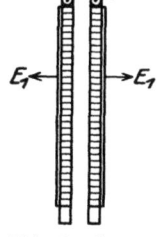

Abb. 40. CURIES Doppelquarz.

---

[1]) L. GRAETZ u. L. FOMM, Wied. Ann. Bd. 53, S. 85. 1893; Bd. 56, S. 635. 1894.
[2]) J. u. P. CURIE, C. R. Bd. 91, S. 38 u. 294. 1880; Bd. 106, S. 1287. 1888.

so erfährt die Doppelplatte eine Durchbiegung nach der einen oder anderen Seite, die mittels Zeigers abgelesen wird. Sie ist der Potentialdifferenz proportional. Meßbereich 0 bis 600 Volt bei einer Empfindlichkeit von $^1/_2$ Volt.

Curie[1]) hat auch eine einfache Platte verwendet, indem er ihre bei Belastung entstehende piezoelektrische Auflading zur Kompensation eines Ionenstromes verwendete (Curies piezoelektrischer Apparat).

Die Änderung der Doppelbrechung des Quarzes im elektrostatischen Felde verwendet F. Pockels[2]).

Auf das auf elektrolytischer Wirkung beruhende Kapillarelektrometer Lippmanns sei hier nur hingewiesen (vgl. Kap. 12).

Ebenso kann hier auf die Verwendung des Funkens und seiner Schlagweite zur Messung von Hochspannungen nicht eingegangen werden.

---

[1]) P. Curie, Ann. chim. phys. Bd. 95. 1899.
[2]) F. Pockels, Verh. D. Naturf. u. Ärzte 1897, S. 56.

Kapitel 9.

Elektrodynamische Meßinstrumente.

Von

RUDOLF SCHMIDT, Berlin.

Mit 63 Abbildungen.

1. Einteilung und Begrenzung des Stoffes. Die in den folgenden Abschnitten behandelten Instrumente für die Messung oder die Anzeige elektrischer Ströme beruhen auf den pondoromotorischen Wirkungen dieser Ströme: auf den Kräften, die zwischen stromführenden Leitern wirksam sind, oder die von stromdurchflossenen Leitern auf ferromagnetische Körper ausgeübt werden. Je nach Wahl des beweglichen und des festen Systems können in dieser großen und wichtigen Gruppe der sog. elektrodynamischen Meßinstrumente vier Klassen unterschieden werden, deren Merkmale sich folgendermaßen kennzeichnen lassen:

1. Beweglicher permanenter Magnet oder bewegliches System aus weichem Eisen im Felde einer feststehenden, stromdurchflossenen Spule. Zu dieser Klasse gehören die Bussolen, die Nadelgalvanometer, sowie die Dreheisen-(Weicheisen-) Instrumente.

2. Bewegliche, stromdurchflossene Spule oder stromdurchflossener Leiter in dem Felde eines feststehenden permanenten Magneten. Dieser Klasse gehören die Drehspulgalvanometer, die Drehspul-Strom-, Spannungs- und Amperestundenmesser für Gleichstrom sowie die Saiten- und Schleifengalvanometer an.

3. Bewegliche, stromdurchflossene Spule in dem Felde einer feststehenden stromdurchflossenen Spule: Elektrodynamometer, Stromwagen, dynamometrische Zeigerinstrumente, Elektrizitätszähler (Wattstundenzähler).

4. Bewegliche, kurzgeschlossene Spule oder Kurzschlußanker in dem Felde einer stromdurchflossenen Spule: Induktionsmeßgeräte.

An dieser Einteilung, die sich aus der Übereinstimmung der Wirksamkeit der Meßorgane ergibt, soll festgehalten werden, obwohl teilweise in den einzelnen Gruppen Instrumente zusammengefaßt werden, die äußerlich und ihrer Verwendbarkeit nach recht verschiedenartig sind. Die häufig gebrauchte Unterscheidung zwischen „wissenschaftlichen" und „technischen" Meßinstrumenten soll dagegen vermieden werden; sie hat zu der irrigen Vorstellung, der man nicht selten begegnet, beigetragen, daß mit dem Gebrauch eines „technischen" Instruments stets eine geringe Meßgenauigkeit verbunden sei. Unter den nötigen Vorsichtsmaßregeln läßt sich mit einem guten Präzisionszeigerinstrument eine Genauigkeit von etwa $1^0/_{00}$ erzielen. Das ist aber auch, wenn nicht ganz besondere Vorkehrungen getroffen werden, die Grenze der Ablesegenauigkeit bei einem Instrument mit Spiegelablesung. Die höhere Genauigkeit wird nur bedingt durch die Wahl der Meßmethode.

Die ersten Galvanometer zum Nachweis des elektrischen Stromes wurden bald nach OERSTEDTS Entdeckung der Einwirkung des Stromes auf eine bewegliche Magnetnadel von SCHWEIGGER (1820) und fast gleichzeitig von POGGENDORF gebaut. Von hier führt eine lange und vielfach verzweigte Entwicklungsreihe zu den zahlreichen Formen von Galvanometern und Anzeigeinstrumenten für Gleich- und Wechselströme, die heute der modernen Meßtechnik zur Verfügung stehen. Aus dieser Reihe können von den älteren Instrumenten nur wenige berücksichtigt werden, obwohl sie noch vielfach in den Laboratorien aus didaktischen Gründen oder behelfsweise Verwendung finden. Dagegen werden die Zeigerinstrumente ausführlicher behandelt werden, als es sonst in den Handbüchern der Physik üblich ist.

I. Nadelinstrumente.
a) Bussolen, Galvanometer.

2. Tangentenbussole. In dem Mittelpunkt eines in n-Windungen kreisförmig gebogenen, stromführenden Leiters (Abb. 1) ist eine kurze Magnetnadel drehbar aufgehängt. Die Windungsebene wird in den magnetischen Meridian gestellt, sie fällt also mit der Richtung der Magnetnadel zusammen, solange die Windungen stromlos sind. Ist das magnetische Moment der Nadel M, so übt ein Strom I auf die Nadel ein Drehmoment

$$\frac{I \, 2 r \pi n \, M \cos \alpha}{r^2}$$

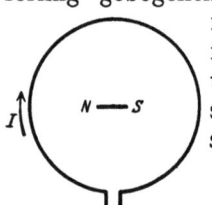

Abb. 1. Tangentenbussole.

aus. Hierin bezeichnet α den Ablenkungswinkel und r den Radius der kreisförmigen Windungen. Diesem Drehmoment ist das durch die Horizontalkomponente $\mathfrak{H}$ des Erdmagnetismus ausgeübte Moment $\mathfrak{H} M \sin \alpha$ gleich. Für den Strom I ergibt sich daher die Beziehung:

$$I = \frac{r \mathfrak{H}}{2 \pi n} \operatorname{tg} \alpha.$$

I wird in absoluten Einheiten erhalten. Ist die Torsionskraft des Aufhängefadens merklich, so ist $\mathfrak{H}$ um den Faktor $(1 + \Theta)$ zu erweitern, wenn Θ das Torsionsverhältnis des Fadens ist.

Das von POUILLET[1]) angegebene Prinzip der absoluten Strommessung mittels der Tangentenbussole ist von W. WEBER[2]) insbesondere für die Vergleichung von Strömen praktisch benutzt worden. Heute findet die Tangentenbussole, die in den verschiedensten Ausführungsformen lange Zeit hindurch das einzige genaue Strommeßgerät auch für die Praxis war, in der von F. KOHLRAUSCH[3]) angegebenen Form nur noch zu didaktischen Zwecken Verwendung, abgesehen von der auch jetzt noch nicht restlos gelösten fundamentalen Aufgabe der Bestimmung des Verhältnisses der absoluten zur gesetzlichen Stromeinheit.

Für genaue Messungen bedarf der Reduktionsfaktor

$$C = \frac{r \mathfrak{H}}{2 \pi n}$$

verschiedener Korrektionen, die durch die Inhomogenität des Feldes in der Nähe des Kreismittelpunktes sowie durch die endliche Ausdehnung der Magnetnadel und der Strombahn bedingt sind[4]). Für einen rechteckigen Querschnitt

---

[1]) C. S. M. POUILLET, Pogg. Ann. Bd. 42, S. 281. 1837.
[2]) W. WEBER, Pogg. Ann. Bd. 55, S. 27. 1842.
[3]) F. KOHLRAUSCH, Wied. Ann. Bd. 15, S. 550. 1882.
[4]) Über die vollständigen Theorien dieser Korrektionen s. R. KOHLRAUSCH u. W. WEBER, Webers Werke Bd. 3, S. 645. 1893; F. KOHLRAUSCH, Wied. Ann. Bd. 15, S. 550. 1882, Bd. 17, S. 737. 1882; Bd. 18, S. 513. 1883; Bd. 19, S. 130. 1883; F. u. W. KOHLRAUSCH, ebenda Bd. 27, S. 21. 1886.

von der Breite b und der Dicke h und für einen Polabstand l der Magnetnadel, der etwa $^5/_6$ der geometrischen Länge der Nadel beträgt, ist die vollständige Formel bei Fortlassung der Korrektionsglieder höherer Ordnung[1]):

$$I = \frac{r\mathfrak{H}}{2\pi n}\left(1 + \frac{1}{8}\frac{b^2}{r^2} - \frac{1}{12}\frac{h^2}{r^2} - \frac{3}{16}\frac{l^2}{r^2}\right)\left(1 + \frac{15}{16}\frac{l^2}{r^2}\sin^2\alpha\right)\operatorname{tg}\alpha\,.$$

Nach dem Vorschlage von HELMHOLTZ[2]) und GAUGAIN[3]) wird der Einfluß der Nadellänge beträchtlich vermindert, wenn die Nadel in der Achse der Windungsfläche in einem Abstand von $r/2$ vom Kreismittelpunkt aufgehängt wird; es verschwinden die Korrektionsglieder erster Ordnung. Zwecks Messung stärkerer Ströme bis 1000 Amp. verstärkt CHOPIN[4]) die Richtkraft des Erdfeldes durch ein Hilfsfeld.

Wird der Drahtkreis gedreht, bis seine Ebene mit der Richtung der abgelenkten Magnetnadel zusammenfällt[5]), so ist

$$\mathfrak{H} M \sin\alpha = \frac{2\pi n I M}{r}$$

und

$$I = \frac{\mathfrak{H} r}{2\pi n}\sin\alpha\,.$$

Diese Beziehung liegt der Sinusbussole zugrunde; sie ist von den Einflüssen frei, die bei der Tangentenbussole aus der Drehung der Magnetnadel aus der Windungsfläche heraus resultieren, jedoch ist ihre Einstellung äußerst mühsam.

3. Nadelgalvanometer. Historischer Überblick. Verzichtet man auf eine absolute Strommessung, wie sie mit Hilfe der Tangentenbussole möglich ist, so kann die Wirkung des Stromes auf die Magnetnadel dadurch wesentlich erhöht werden, daß der Strom durch eine große Zahl von Windungen um die Magnetnadel herumgeführt wird. Für kleine Winkelausschläge der Nadel ist dann $I = C\alpha$. Der Reduktionsfaktor C kann bei solchen Instrumenten, die als Galvanometer im engeren Sinne bezeichnet werden, nicht durch Rechnung ermittelt, sondern muß durch Versuch bestimmt werden.

Die ersten einfachen Formen des Galvanometers, wie sie von SCHWEIGGER (vgl. Ziff. 1) benutzt wurden, bestanden aus einer um einen rechteckigen Rahmen gewickelten Spule, dem Multiplikator, in dessen Innerem eine Magnetnadel an einem dünnen Faden aufgehängt war. Eine wesentliche Steigerung der Empfindlichkeit erzielte NOBILI[6]) durch Anwendung eines astatischen Magnetsystems, das aus zwei miteinander starr verbundenen, aber entgegengesetzt gerichteten Magneten gebildet war, deren einer sich innerhalb, deren anderer sich außerhalb der Spule befand (Abb. 2). Je nach dem Grad der Astasierung wird die Richtkraft des Erdfeldes geringer und daher die Empfindlichkeit größer. Bei der großen Trägheit der schwingenden Systeme war ihre Dämpfung gering; die damit verbundenen Beobachtungsschwierigkeiten veranlaßten W. WEBER[7]) zur Anwendung der dämpfenden Wirkung von Wirbelströmen, die durch Bewegung der Magnetnadel

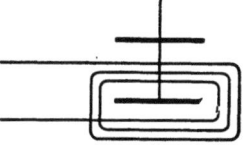

Abb. 2. Astatisches Nadelsystem.

---

[1]) F. KOHLRAUSCH, Pogg. Ann. Bd. 141, S. 457. 1870.
[2]) H. v. HELMHOLTZ, mitgeteilt in der Sitzung der Phys. Ges. Berlin am 16. III. 1849 (vgl. E. WIEDEMANN, Elektrizitätslehre. Bd. III, S. 275. 1895).
[3]) T. M. GAUGAIN, Pogg. Ann. Bd. 88, S. 442. 1853.
[4]) M. CHOPIN, C. R. Bd. 151, S. 1037. 1910.
[5]) C. S. M. POUILLET, Pogg. Ann. Bd. 42, S. 284. 1837.
[6]) L. NOBILI, Pogg. Ann. Bd. 8, S. 338. 1826.
[7]) W. WEBER, Elektrodynamische Maßbestimmung. Bd. 2, S. 337. 1846; Göttinger Anz., S. 205. 1833.

in benachbarten Metallmassen entstehen. MELLONI[1]) schwächte zur Steigerung der Empfindlichkeit durch einen äußeren Magneten das Erdfeld an der Stelle, wo sich der Magnet befindet; auch hierdurch kann eine beliebige Verkleinerung der Richtkraft des Erdfeldes erzielt werden.

Zu einem gewissen Abschluß kam die Entwicklung der Galvanometer durch die Konstruktionen von WIEDEMANN[2]) und W. THOMSON (Lord KELVIN) (1851). WIEDEMANN läßt das an einem Kokonfaden aufgehängte System, einen horizontal magnetisierten Eisenring, in einer kupfernen Hülle, schwingen. Die beiden Feld-

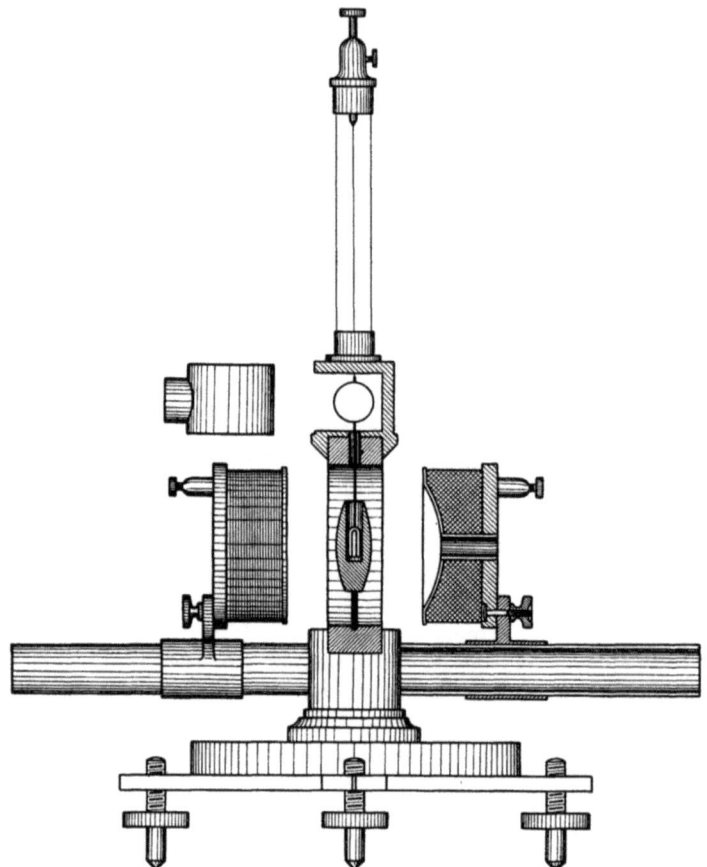

Abb. 3. Galvanometer nach WIEDEMANN.

spulen sind verschiebbar angeordnet, so daß sich die Empfindlichkeit in weiten Grenzen variieren läßt. Auch ist die Anwendung eines äußeren astasierenden Magneten vorgesehen. Abb. 3 zeigt das Galvanometer von WIEDEMANN in einer Ausführungsform von HARTMANN und BRAUN; bei ihr ist der ringförmige Magnet durch einen Glockenmagnet nach SIEMENS (vgl. Ziff. 5) ersetzt.

Das astatische Galvanometer von KELVIN, das in Abb. 4 nach einer Ausführung von ELLIOT, London, dargestellt ist, zeichnet sich besonders durch ein leichtes System von sehr geringem Trägheitsmoment aus. Jeder der beiden Magnetsysteme wird von einem Spulenpaar umgeben, die Spulen sind in der aus Abb. 5 ersichtlichen Form gewickelt. Zur Dämpfung der Schwingungen dient

---

[1]) M. MELLONI, Arch. de l'électric. Bd. 1, S. 667. 1841.
[2]) E. WIEDEMANN, Pogg. Ann. Bd. 89, S. 504. 1853.

Ziff. 3. Nadelgalvanometer. 257

ein Flügel, dessen Ebene senkrecht zur Ebene des Spiegels und der Magnete gestellt ist (s. Abb. 5), um eine größere Unempfindlichkeit gegen Erschütterungen zu erzielen. Der Dämpfungsflügel schwingt in einem durch die inneren Wände der Feldspulen gegebenen engen Raum, so daß eine kräftige Dämpfung gewährleistet ist. Ein Richtmagnet mit nach unten gekrümmten Enden ist oberhalb

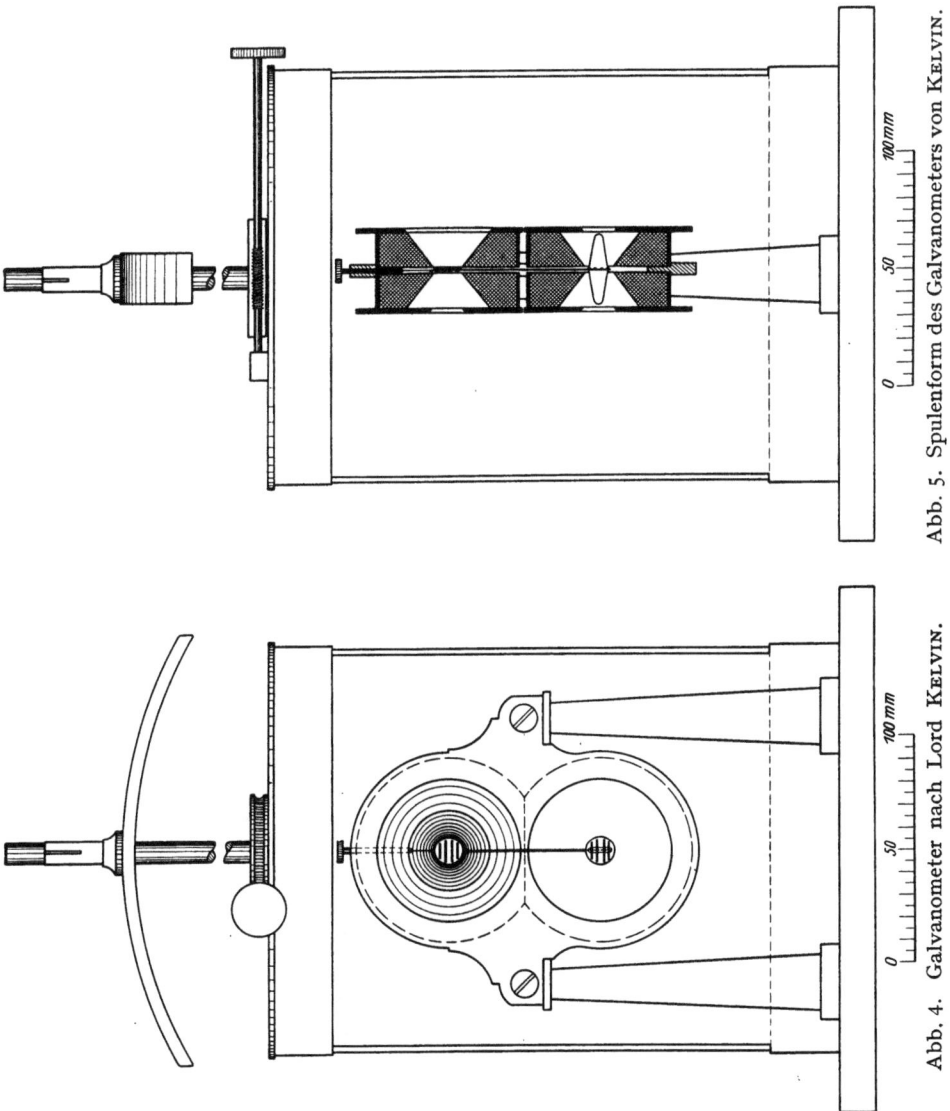

Abb. 5. Spulenform des Galvanometers von KELVIN.

Abb. 4. Galvanometer nach Lord KELVIN.

des Galvanometers an einer Stange drehbar und verschiebbar angebracht. Abb. 6 zeigt die Form des Thomsongalvanometers, die ihm von DU BOIS und H. RUBENS[1]) gegeben ist. Das Instrument ist mit drei Systemen von 1 g, 0,3 g und 0,1 g Gewicht ausgestattet; auf die Form der Spulen (Abb. 7) wird später zurückzukommen sein (s. Ziff. 9).

Mit den astatischen Systemen sind außerordentlich hohe Empfindlichkeiten erreicht worden (Ziff. 6). Die Schwierigkeit ihrer Anwendung beruht auf den

---
[1]) H. DU BOIS u. H. RUBENS, Wied. Ann. Bd. 48, S. 236. 1893.

Handbuch der Physik. XVI. 17

Störungen des Erdfeldes, die besonders durch vagabundierende Ströme hervorgerufen werden, und die zu Schwankungen der Ruhelage und Änderungen der Empfindlichkeit Veranlassung geben. Einen wirksamen Schutz gegen diese Störungen bietet die von DU BOIS und RUBENS[1]) vorgeschlagene mehrfache Panzerung der Systeme mit einem Material von hoher Anfangspermeabilität.

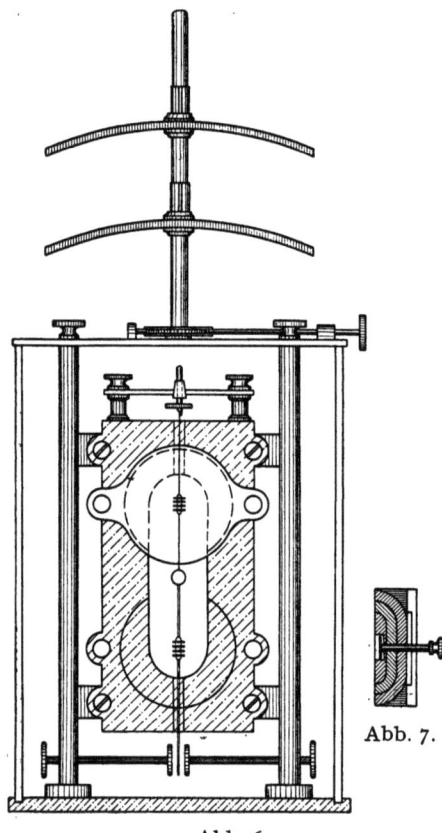

Abb. 6.
Kelvingalvanometer nach DU BOIS-RUBENS.
Abb. 7.
Spulenform des Galvanometers nach Abb. 6.

Bei einer dreifachen Panzerung ist die Schutzwirkung angenähert der dritten Potenz der Permeabilität proportional, und ein äußeres homogenes Feld wird auf etwa den tausendsten Teil geschwächt, wenn, wie bei dem von Siemens & Halske benutzten Gußstahl, der Wert der Permeabilität etwa 200 ist. Eine nähere Beschreibung des Panzergalvanometers ist in Ziff. 12 gegeben, so daß sich ein weiteres Eingehen hier erübrigt (vgl. auch Ziff. 7).

Die Entwicklung der Nadelgalvanometer schließt ab mit dem Galvanometer von NERNST[2]), bei dem ein grundsätzlich anderes Prinzip zur Beseitigung der Störungen verwendet ist. Ein vollkommen astasiertes System würde gegenüber Störungen des homogenen Feldes unempfindlich sein. Die Herstellung eines völlig astatischen Systems war jedoch bis dahin nicht gelungen. Es besaß stets noch ein kleines, im homogenen Felde wirksames Moment, das zum Teil von der Ungleichheit der Nadelmomente, zum Teil von dem Winkel herrührt, den die Nadeln miteinander bilden. Nach dem Vorschlag von NERNST wird dieses Moment durch eine innere Astasierung beseitigt, indem zwei kleine Hilfsmagnete oberhalb des Systems, mit diesem starr verbunden, in zwei zueinander senkrechten Ebenen angebracht werden. Auch Systeme, die gegen inhomogene Felder weitgehend geschützt sind, wurden unter Verwendung dreier Magnete hergestellt. Als Magnetmaterial fand das Eisen von GUMLICH-KRUPP[3]) Verwendung, das durch eine hohe Koerzitivkraft ausgezeichnet ist. Näheres über das NERNSTsche Galvanometer siehe Ziff. 6 und 13.

4. Zur Theorie des Nadelgalvanometers. Ein durch die Feldspulen des Nadelgalvanometers fließender Strom I rufe einen Ausschlag α des beweglichen Systems hervor. Das magnetische Moment des gesamten Systems sei M, das Moment desjenigen Teils des Systems, der der Stromwirkung unterliegt, M_1. Bezeichnet man die Kraft des Magnetfeldes, das beim Durchgang der Einheit der Stromstärke durch die Wicklungen entsteht, mit G, so ist das dem Strome I

---

[1]) H. DU BOIS u. H. RUBENS, Wied. Ann. Bd. 48, S. 236. 1893; Ann. d. Phys. Bd. 2, S. 84. 1900; Elektrot. ZS. Bd. 15, S. 371. 1894; ZS. f. Instrkde. Bd. 20, S. 65. 1900.
[2]) W. NERNST u. W. JÄGER, ZS. f. Instrkde. Bd. 44, S. 80. 1924; Bd. 45, S. 139. 1925.
[3]) E. GUMLICH, ZS. f. Phys. Bd. 14, S. 241. 1923. Ds. Handb. Bd. XV, Kap. 4.

entsprechende Drehmoment $M_1 GI \cos \alpha$. Das gleich große rücktreibende Drehmoment ist $MH \sin \alpha$, wenn H die Intensität des Richtfeldes ist. Es besteht daher die Beziehung

$$MH \sin \alpha = M_1 G I \cos \alpha. \qquad (1)$$

G wird als Galvanometerfunktion, $M_1 G = q$ als dynamische Galvanometerkonstante bezeichnet. Für kleine Winkel α folgt aus Gleichung (1):

$$\frac{I}{\alpha} = \frac{MH}{M_1 G} = \frac{D}{q} = C. \qquad (2)$$

C ist der Reduktionsfaktor. Er ist in absolutem Maß gleich derjenigen Stromstärke, die dem System den Winkelausschlag $\alpha = 1$ in absolutem Maß ($= 360/2\pi$) erteilt.

Der reziproke Wert α/I ist ein Maß für die Empfindlichkeit des Galvanometers; die Empfindlichkeit ist dem Reduktionsfaktor umgekehrt proportional.

Die Direktionskraft D ist bei demselben System im wesentlichen von der Größe des magnetischen Richtfeldes abhängig. Wird sie durch besondere Richtmagnete erzeugt, so ist sie in weiten Grenzen veränderlich. Unverändert bleibt dagegen das Trägheitsmoment K des Systems. Mit der Richtkraft D und der ganzen Schwingungsdauer T hängt es durch die folgende Beziehung zusammen:

$$T = 2\pi \sqrt{\frac{K}{MH}} = 2\pi \sqrt{\frac{K}{D}}. \qquad (3)$$

Aus den Gleichungen (2) und (3) erhält man durch Eliminieren von MH:

$$C = \frac{4\pi^2 K}{M_1 G} \cdot \frac{1}{T^2}. \qquad (4)$$

Aus dieser Beziehung lassen sich die folgenden Gesichtspunkte für die Steigerung der Empfindlichkeit herleiten:

1. Die Empfindlichkeit wächst mit dem Quadrat der Schwingungsdauer, die mit der Richtkraft durch die Gleichung (3) zusammenhängt. Je kleiner die Richtkraft, um so größer die Schwingungsdauer und um so größer die Empfindlichkeit.

2. Das Verhältnis des magnetischen Moments des Systems zu seinem Trägheitsmoment, M_1/K, muß möglichst groß sein. Über die Herstellung von Systemen mit großem Moment und kleiner Trägheit wird in Ziff. 5 Näheres mitgeteilt werden.

3. Die Abmessungen der Feldspulen, ihre Lage zu den Systemmagneten usw. sind so zu wählen, daß die Galvanometerfunktion G möglichst groß wird. Näheres hierüber siehe in Ziff. 9.

5. Magnetisches Moment und Trägheitsmoment von Magnetsystemen.
Das magnetische Moment von Stabmagneten wächst mit ihrem Volumen unter der Voraussetzung, daß ihre Abmessungen einander ähnlich sind. Da das Trägheitsmoment mit der dritten Potenz der Länge zunimmt, so wären an sich kurze dicke Magnete günstig, um ein großes Verhältnis M_1/K zu erzielen. Bei einer solchen Form ist jedoch die entmagnetisierende Wirkung der Enden beträchtlich. W. Thomson als erster hat aus diesem Grunde eine Reihe kurzer und sehr dünner Magnete verwendet, die einander parallel auf einen Spiegel oder eine Glimmerscheibe geklebt wurden. Die entmagnetisierende Wirkung ist bei ihnen wegen ihrer geringen Dicke sehr verringert, das magnetische Moment dagegen das gleiche, wie bei einem dickeren Magneten, dessen Querschnitt dem der Gesamtheit der einzelnen entspricht. Ebenso ist das Trägheitsmoment das gleiche. Eine andere Lösung bedeutet die von Werner v. Siemens angegebene Glockenform des Magneten (s. Abb. 3). Dieser Magnet besitzt infolge seiner eigentüm-

lichen Gestalt eine geringe Trägheit, infolge seiner Länge aber ein großes magnetisches Moment bei geringer entmagnetisierender Wirkung der Enden.

6. Astatische Systeme. Eine besondere Bedeutung hat die Verminderung des Trägheitsmoments für astatische Systeme, bei denen das resultierende magnetische Moment M, das der Kraft des richtenden Feldes unterliegt, sehr gering ist; bei ihnen würde gemäß Formel (3), Ziff. 4 ein großes Trägheitsmoment K eine übergroße Schwingungsdauer zur Folge haben. Für astatische Systeme ist daher die von THOMSON vorgeschlagene Form der Magnetanordnung vorbildlich geworden. Die Systeme von WEISS[1]) und BROCA[2]) und ähnliche von GUILLAUME[3]), CLASSEN[4]) und KOLLERT[5]), bei denen die Magnete der Drehungsachse parallel mit entgegengerichteten Polen angeordnet sind, erreichen nicht die günstigen Werte der THOMSONschen Anordnung. Mit dieser sind die höchsten Empfindlichkeiten wohl von PASCHEN[6]) erreicht worden. Das von ihm aus feinen Stahldrähtchen hergestellte System, bei dem 26 Magnete von etwa 1 bis 1,5 mm Länge Verwendung fanden, wog zusammen mit dem Spiegel nur 5 mg.

Ein astatisches System bestehe aus zwei Magneten oder Magnetsystemen mit den Momenten m_1 und m_2; ihre magnetischen Achsen mögen den Winkel $(180° - \gamma)$ einschließen. Dann ist das resultierende Moment:

$$M = \sqrt{m_1^2 + m_2^2 - 2 m_1 m_2 \cos \gamma} = \sqrt{(m_1 - m_2)^2 + 4 m_1 m_2 \sin^2 \frac{\gamma}{2}}.$$

Unter der Voraussetzung, daß die Galvanometerspulen in ähnlicher Weise angeordnet sind, wie bei dem Galvanometer von THOMSON, daß sie also in gleichem Sinne ablenkend auf die Magnete wirken, ist das der Stromwirkung unterliegende Moment $M_1 = m_1 + m_2$.

Je größer das Verhältnis M_1/M, um so größer ist nach Formel (2), Ziff. 4 die Empfindlichkeit. Man hat daher die Momente m_1 und m_2 möglichst groß zu wählen und die Magnete möglichst einander parallel zu richten. Vollkommene Astasie in bezug auf äußere homogene Felder ist erreicht, wenn $m_1 = m_2$ und $\gamma = 0$ ist. Die Erfüllung besonders der letzten Bedingung ist schwierig. Die Systeme bleiben daher den Schwankungen des Erdfeldes unterworfen und zeigen bei großer Empfindlichkeit eine starke Unruhe. Einen wesentlichen Fortschritt bedeutet die Anordnung, die NERNST bei seinem Galvanometer gewählt hat (s. Ziff. 3 u. 13). Hier wird das resultierende Moment M durch ein drittes Magnetsystem vollständig kompensiert. Das dritte System besteht aus zwei Magneten, deren einer in Richtung der Achse des Hauptmagneten, deren anderer senkrecht dazu orientiert ist. Die horizontale Komponente ihres magnetischen Moments kann verändert werden, indem man die Magnete in einer vertikalen Ebene dreht. Die Justierung des Systems auf Störungsfreiheit geschieht mit Hilfe starker Stabmagnete, die in einer horizontalen Ebene bei etwa 2 m Entfernung von dem Nadelsystem umgedreht werden. Die horizontale Ebene liegt in der Höhe, die durch die Mitte der beiden Nadelsysteme gegeben ist. Dabei werden zwei Lagen benutzt, eine parallel zu den Nadeln, die andere senkrecht dazu. Beim Umlegen der Stabmagnete darf dann kein Ausschlag des Nadelsystems erfolgen.

7. Schwächung des Erdfeldes durch äußere Magnete. Für die Verminderung der Richtkraft ist eine zweite Methode anwendbar: die Schwächung des Erdfeldes durch einen äußeren astasierenden Magneten oder durch ein Magnet-

---

[1]) P. WEISS, C. R. Bd. 120, S. 728. 1895.
[2]) A. BROCA, Journ. de phys. (3) Bd. 6, S. 67. 1897; C. R. Bd. 123, S. 101. 1896.
[3]) C. GUILLAUME, Arch. sc. phys. et nat. (4) Bd. 20, S. 297. 1905.
[4]) I. CLASSEN, Elektrot. ZS. Bd. 17, S. 674. 1896.
[5]) I. KOLLERT, ZS. f. Instrkde. Bd. 32, S. 141. 1912.
[6]) F. PASCHEN, Wied. Ann. Bd. 48, S. 272. 1893; Bd. 50, S. 415. 1895.

system. Das Feld des in geeigneter Entfernung symmetrisch über oder unter dem System angebrachten Magneten setzt sich mit dem Erdfeld zu einem resultierenden Feld zusammen; diesem kann durch entsprechende Wahl der Entfernung und der Lage des astasierenden Magneten jeder beliebige Wert und jede beliebige Richtung erteilt werden[1]). Der Grad der Astasierung kann entsprechend der Gleichung (3) in Ziff. 4, nach der die Richtkraft dem Quadrat der Schwingungsdauer umgekehrt proportional ist, oder entsprechend Gleichung (2) Ziff. 4, nach der die Empfindlichkeit der Richtkraft umgekehrt proportional ist, aus der Schwingungsdauer bzw. der Empfindlichkeit beurteilt werden[2]). Ist die Astasierung weit durchgeführt, ist also das resultierende Richtfeld klein, so bewirken schon geringe Änderungen der Größe oder Richtung einer der beiden Komponenten starke Veränderungen des resultierenden Feldes. Der Erdmagnetismus zeigt eine regelmäßige tägliche Variation; die Horizontalintensität kann sich um mehrere Promille ändern (vgl. Bd. XV). Der Magnetismus des astasierenden Magneten ist Schwankungen infolge von Temperaturänderungen unterworfen. Beide Einflüsse verursachen schon bei geringer Astasierung störende Schwankungen der Nullage und der Empfindlichkeit.

8. Schwächung des Erdfeldes durch eiserne Schutzhüllen. Die mit der Astasierung verbundenen Scnwierigkeiten werden unerträglich, wenn zu den periodischen Schwankungen des Erdfeldes stoßartige magnetische Störungen durch Erdströme von elektrischen Bahnen usw. hinzutreten. Gegen solche Störungen kann die Abschirmung des Magnetsystems durch weiches Eisen einen wirksamen Schutz bieten. Die Wirkung von kugel- oder zylinderförmigen Eisenhüllen ist von STEFAN[3]), DU BOIS[4]) und WILLS[5]) theoretisch und experimentell untersucht worden. Die schirmende Wirkung eines einfachen Panzers ist nahezu proportional der Permeabilität μ, die Wirkung eines zweifachen proportional μ^2 und die eines dreifachen proportional μ^3. Für die Schirmwirkung ist daher wesentlich die Größe der Permeabilität und zwar, da es sich um verhältnismäßige schwache Felder handelt, die Größe der Anfangspermeabilität. Bei dem Panzergalvanometer von DU BOIS und RUBENS[6]) fanden zwei kugelförmige und ein zylindrischer Panzer Verwendung, die aus einem nach besonderem Verfahren ausgeglühten Stahlguß hergestellt waren. Die aus der Schirmwirkung berechnete Anfangspermeabilität des Stahles war etwa 230 bis 240. Durch die dreifache Panzerung wurden die äußeren magnetischen Felder auf den tausendsten Teil geschwächt und damit auch die Größe der Störungen wesentlich vermindert. Das Richtfeld für die Galvanometernadel wurde durch besondere Richtmagnete innerhalb der Panzer erzeugt (vgl. Ziff. 12). NICHOLS und WILLIAMS[7]) beschreiben ein Galvanometer mit drei konzentrischen zylindrischen Panzern, bei dem nach ihren Angaben bei gleicher Empfindlichkeit ein vierfach besserer Schutz gegen äußere Störungen erreicht war, als bei dem Galvanometer von DU BOIS-RUBENS.

9. Die günstigste Gestalt der Feldspulen. Die Galvanometerfunktion G ist von der Zahl und Form der Drahtwindungen sowie von ihrer Entfernung von der Nadel abhängig. Bei gleicher Windungszahl wird sie um so größer, je näher die Windungen an das System herangebracht werden. Ihr Abstand von

---

[1]) Bezüglich der Theorie vgl. A. CHARPENTIER, Ecl., électr. Bd. 40, S. 380. 1904.
[2]) Über das Verfahren der Astasierung vgl. z. B. W. JÄGER, Elektr. Meßtechnik. 2. Aufl., S. 203. Leipzig 1922.
[3]) I. STEFAN, Wied. Ann. Bd. 17, S. 928. 1882.
[4]) H. DU BOIS, Wied. Ann. Bd. 63, S. 348. 1897; Bd. 65, S. 1. 1898; H. DU BOIS u. A. P. WILLS, Ann. d. Phys. Bd. 2, S. 78. 1900.
[5]) A. P. WILLS, Phys. Rev. Bd. 9, S. 193. 1899.
[6]) H. DU BOIS u. H. RUBENS, ZS. f. Instrkde. Bd. 20, S. 65. 1900.
[7]) B. F. NICHOLS u. S. R. WILLIAMS, Phys. Rev. Bd. 27, S. 250. 1908.

der Nadel ist jedoch nicht nur dadurch begrenzt, daß ein genügend großer Raum für die Bewegungen der Nadel frei bleiben muß, sondern es ist auch zu berücksichtigen, daß bei zu starker Annäherung an die Nadel die ihr am nächsten gelegenen Windungen ein Drehmoment ausüben können, das dem von den weiter entfernten Windungen ausgeübten entgegenwirkt[1]). Immerhin ist die Bedeutung dieser Frage bei kleinen Nadelsystemen gering.

Eine eingehende Untersuchung über die günstigste Spulenform stammt von MAXWELL[2]), eine experimentelle Prüfung der MAXWELLschen Ableitungen ist von VOLKMANN[3]) vorgenommen. Die Wirkung einer kreisförmigen Windung, deren Spuren in Abb. 8 durch die Kreise AA' bezeichnet sind, auf einen in O befindlichen Einheitspol ist umgekehrt proportional dem Quadrat von ϱ und proportional dem Sinus des Winkels φ:

$$K = c \frac{\sin \varphi}{\varrho^2}.$$

Setzt man

$$\frac{\varrho^2}{\sin \varphi} = x^2,$$

so ist

$$K = \frac{c}{x^2}.$$

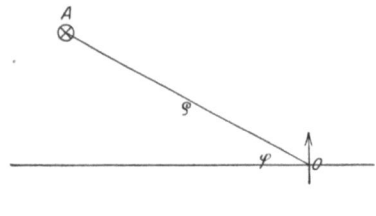

Abb. 8. Die Wirkung der kreisförmigen Windung AA' auf einen Einheitspol in O.

Die Wirkung auf einen Einheitspol ist für alle diejenigen Windungen die gleiche, für die $x = \varrho \sin \varphi^{-1/2}$ konstant ist. Die Oberfläche einer Lage, die dieser Bedingung genügen soll, wird durch eine Fläche gebildet, die die Kurve $\varrho = x \sin \varphi^{1/2}$ bei der Rotation um die Achse B (Abb. 9) beschreibt. Die verschiedenen Parametern x entsprechenden Kurvenscharen sind in Abb. 9 gezeichnet. In der Regel gibt man den Spulen aus praktischen Gründen einen rechteckigen Querschnitt. Will man mit einer bestimmten Drahtlänge eine möglichst große Wirkung erzielen, so muß man die Rechtecksform des Querschnitts möglichst einer der Kurvenscharen anpassen, wie dies in der Abbildung angedeutet ist.

Besonders günstig bezüglich ihrer Wirksamkeit ist die Lage der Spulen, wenn man das Magnetsystem so ausbildet, daß die Pole der Magnete in die Spulen hineingezogen werden. Beispiele für solche Konstruktionen ist das Mikrogalvanometer von ROSENTHAL[4]) (Abb. 10), das später von EDELMANN mit astatischem Gehänge ausgeführt worden ist. Ähnliche Systeme sind von GRAY[5]), KOLLERT[6]) sowie von AYRTON, MATHER und SUMPNER ausgeführt worden.

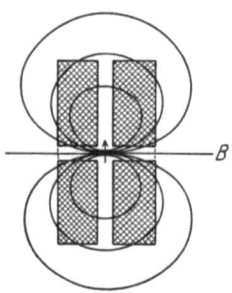

Abb. 9. Die günstigste Spulenform der Galvanometer.

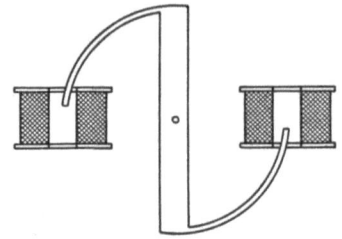

Abb. 10. System des Mikrogalvanometers von ROSENTHAL.

---

[1]) Vgl. W. E. AYRTON, T. MATHER u. W. E. SUMPNER, Phil. Mag. (3) Bd. 30, S. 59. 1890; Bd. 42, S. 442. 1896; S. W. HOLMANN, ebenda Bd. 40, S. 494. 1895; A. GRAY, ebenda Bd. 43, S. 36. 1897.
[2]) I. C. MAXWELL, Lehrbuch der Elektrizität und des Magnet. Bd. II, S. 448. Berlin 1883.
[3]) W. VOLKMANN, Verh. d. D. Phys. Ges. Bd. 13, S. 172. 1911.
[4]) I. ROSENTHAL, Wied. Ann. Bd. 23, S. 677. 1884.
[5]) TH. GRAY, Proc. Roy. Soc. London Bd. 36, S. 287. 1884.
[6]) I. KOLLERT, Wied. Ann. Bd. 29, S. 491. 1886.

Die Kraftwirkungen, die die einzelnen Windungen einer Spule auf den Magneten ausüben, nehmen mit dem Quadrat ihres Abstandes, des Radiusvektors ϱ, ab; bei gegebenem Wicklungsraume kann daher die Gesamtwirkung erhöht werden, wenn die dem Magneten nähergelegenen Windungen aus dünnerem Draht gewickelt werden als die äußeren Windungen. Eine nähere Diskussion dieser Frage findet man bei MAXWELL[1]). Ein Beispiel für die Ausführung einer solchen Wicklung zeigt die Abb. 7, die den Durchschnitt durch die Wicklung eines Thomsongalvanometers nach DU BOIS-RUBENS darstellt.

10. Die Dämpfung der Nadelgalvanometer. Ist die Dämpfung proportional der Geschwindigkeit des Systems, und ist das Drehmoment proportional der Ablenkung, so gelten für alle schwingenden Systeme der Galvanometer dieselben Bewegungsgleichungen, unabhängig davon, welcher Art die Dämpfung und welcher Art die Richtkraft ist. Hierauf an dieser Stelle näher einzugehen erübrigt sich, da die Bewegung eines gedämpft schwingenden Systems in einem besonderen Abschnitt dieses Bandes behandelt ist (s. Kap. 7).

Für Nadelgalvanometer kommt fast ausschließlich die Luftdämpfung in Frage. Das Gehänge wird mit besonderen Scheiben oder Flügeln versehen; durch Änderung der Größe des Luftraumes, in dem die Flügel oder Scheiben schwingen, kann das Maß der gewünschten Dämpfung eingestellt werden (vgl. Abb. 11).

11. Die normale Empfindlichkeit. Die Empfindlichkeit $S = \alpha/I$ ist nach Gl. (4) Ziff. 4 dem Quadrat der Schwingungsdauer proportional. Die Beziehung zwischen den Empfindlichkeiten S_1 und S_2, die zwei verschiedenen Schwingungsperioden T_1 und T_2 entsprechen, ist daher:

$$S_2 = S_1 \frac{T_1^2}{T_2^2}.$$

Es ist üblich, die Stromempfindlichkeit als denjenigen Ausschlag in Skalenteilen zu definieren, den der Strom 10^{-6} A bei einer Schwingungsdauer des Systems von 10 sec und bei einem Skalenabstand von 1000 Skalenteilen hervorbringt[2]). Will man die Empfindlichkeiten verschiedener Galvanometer vergleichen, so ist der Widerstand ihrer Feldspulen zu berücksichtigen. Auf den gleichen Wicklungsraum bezogen wächst der Widerstand einer Spule mit dem Quadrat der Windungszahl[3]), während die ablenkende Wirkung und damit die Galvanometerfunktion mit der ersten Potenz der Windungszahl zunimmt. Ist die auf 1 Ohm bezogene Galvanometerfunktion g, so ist für einen Widerstand R der Spule die Funktion $G = g R^{1/2}$. Dementsprechend wird aus der bei R Ohm gemessenen Empfindlichkeit S die Empfindlichkeit $\mathfrak{S}$ für einen Spulenwiderstand von 1 Ohm durch die Gleichung erhalten

$$\mathfrak{S} = S R^{-1/2}.$$

Ist die Empfindlichkeit $\mathfrak{S}$ gegeben, so ergibt sich die Empfindlichkeit S für eine Schwingungsdauer T und den Widerstand R aus

$$S = \mathfrak{S} R^{1/2} T^2/100.$$

$\mathfrak{S}$ wird als normale Empfindlichkeit bezeichnet; sie ist der auf 1 Ohm Spulenwiderstand umgerechnete Ausschlag in Skalenteilen, den ein Strom von 10^{-6} A bei 10 sec Schwingungsdauer des Systems und bei einem Skalenabstand von 1000 Skalenteilen hervorbringt[4]).

---

[1]) J. C. MAXWELL, Lehrb. d. El. u. d. Magn. Bd. 2, S. 451 ff.
[2]) O. LUMMER u. F. KURLBAUM, Wied. Ann. Bd. 46, S. 206. 1892.
[3]) Diese Beziehung gilt nur angenähert, weil der Einfluß der Umspinnung nicht berücksichtigt ist.
[4]) H. DU BOIS u. H. RUBENS, ZS. f. Instrkde. Bd. 20, S. 65. 1900; W. AYRTON u. T. MATHER, Phil. Mag. (5) Bd. 46, S. 349. 1898.

Ausführliche tabellarische Zusammenstellungen der Empfindlichkeiten der verschiedensten Formen von Nadelgalvanometern, ihrer Spulenwiderstände, Schwingungsdauern usw. findet man in den Arbeiten von AYRTON und MATHER[1]), von DES COUDRES[2]) und von HAUSRATH[3]).

12. Beschreibung des Kugelpanzergalvanometers von DU BOIS-RUBENS. Das Magnetgehänge (Abb. 11) ist von einem dreifachen Gußstahlpanzer $P_1 P_2 P_3$ umgeben. Der innere Panzer P_1 besteht aus zwei Kugelschalen, innerhalb derer die Feldspulen befestigt sind. Die vertikale Trennungsebene der beiden Hälften der inneren Kugelschale P_1 und die der äußeren Schale P_2 liegen in Azimuten, die um 90° gegeneinander verschoben sind. Dadurch wird der nach-

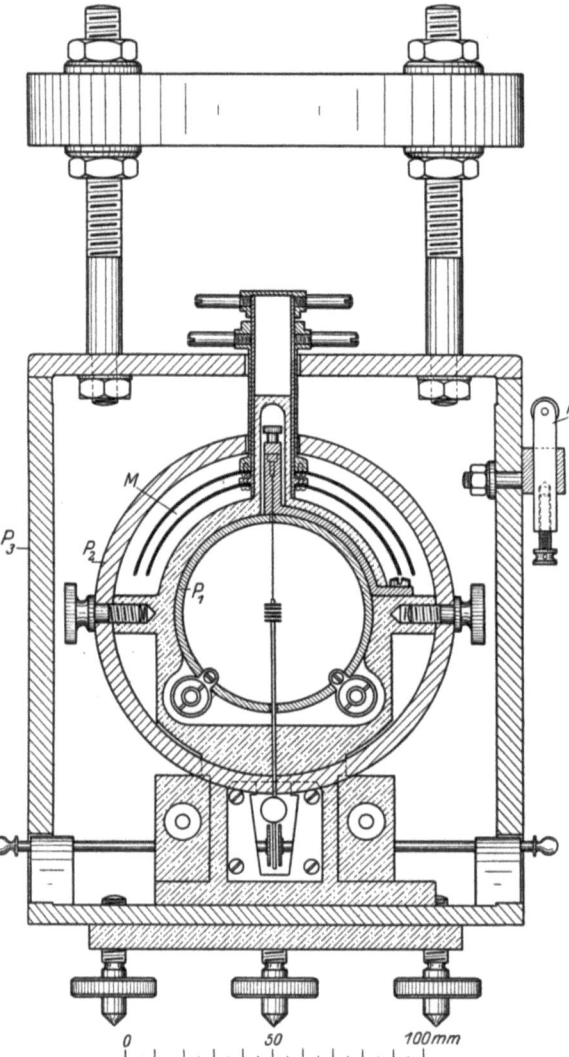

Abb. 11. Kugelpanzergalvanometer von DU BOIS-RUBENS, in der Ausführung von Siemens & Halske.

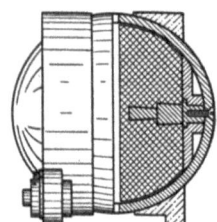

Abb. 12. Feldspulen des Kugelpanzergalvanometers.

teilige Einfluß der Schnittflächen herabgesetzt. Das äußere zylindrische Gehäuse trägt drei Rollen R für die Durchführung der Aufhängedrähte. Die Feldspulen (Abb. 12) füllen den inneren kugligen Raum mit Ausnahme einer von zwei Ebenen im Abstande von 2,5 mm begrenzten Luftschicht aus. Um den theoretischen Forderungen für die günstigste Spulenform möglichst zu genügen, ist jede Spule aus 2 bis 4 Einzelspulen von verschiedenen Drahtdurchmessern gebildet (vgl.

---

[1]) W. AYRTON u. T. MATHER, Phil. Mag. (5) Bd. 46, S. 354. 1896.
[2]) Th. DES COUDRES, ZS. f. Elektrochem. Bd. 3, S. 516. 1897.
[3]) H. HAUSRATH, Helios Bd. 15, S. 178. 1909.

Abb. 7). Durch geeignete Schaltung der Einzelspulen lassen sich Widerstände von 2,5 bis 4000 Ohm herstellen. Es sind zwei Magnetgehänge vorgesehen. Das schwere System wiegt etwa 300 mg; jedes Magnetbündel besteht aus 2×7 Lamellen von 0,25 mm Stärke, die in Form eines Rechtecks von 6×5 mm angeordnet sind. Das leichte System wiegt etwa 16 mg. Jedes Magnetbündel besteht aus 2×5 Lamellen von 0,15 mm Stärke, die in Form eines Rechtecks von $4\times 2,5$ mm angeordnet sind. Die beiden Richtmagnete M sind von außen drehbar.

Unter Benutzung der Spulen von 5 Ohm Widerstand wurde mit dem schweren Gehänge eine normale Empfindlichkeit — bezogen auf 1000 Skalenteile Abstand, 10 sec Schwingungsdauer und 1 Ohm Widerstand — von $\mathfrak{S} = 160$, mit dem leichten Gehänge von $\mathfrak{S} = 1000$ erreicht. (Vgl. auch Ziff. 8.)

13. Beschreibung des Galvanometers von NERNST. Das astatische System besteht aus zwei kleinen Magneten M (Abb. 13); der eine schwingt innerhalb der Feldspule, der andere oberhalb derselben. Die Kompensationsmagnete (vgl. Ziff. 6) K_1 und K_2 von 7 mm Länge und 0,5 mm Durchmesser sind auf Aluminiumscheiben, die in ihrer Ebene drehbar sind, angeordnet. Der eine Magnet, der dazu dient, das in der Hauptrichtung resultierende magnetische Moment gleich Null zu machen, liegt in der Ebene, die durch die Längsachse der beiden Systemmagnete bestimmt ist. Der zweite Kompensationsmagnet liegt in der zur ersten senkrechten Ebene und kompensiert das aus der Winkelstellung der Systemmagnete resultierende Moment. Die Magnete und der Spiegel sind an einem 70 mm

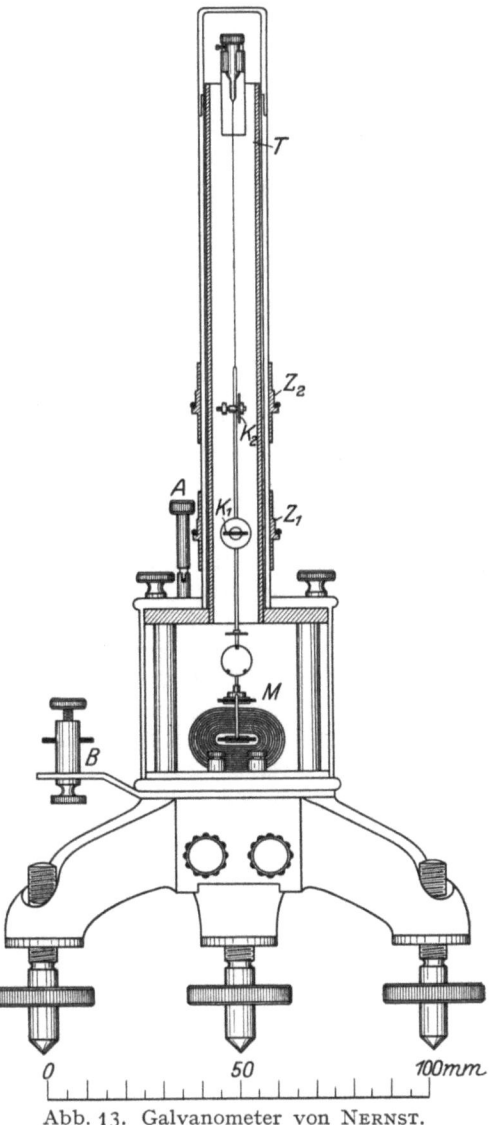

Abb. 13. Galvanometer von NERNST.

langen Quarzfaden von einigen μ Dicke aufgehängt. Das gesamte Gehänge wiegt 1 g. Eine besondere Dämpfung, etwa der Luftdämpfung der Kugelpanzergalvanometer entsprechend, ist nicht vorgesehen; die Schwingungen werden hauptsächlich durch die elektrodynamische Wirkung zwischen Magneten und induzierten Strömen gedämpft. Die Arretierung, die in der Abbildung nicht gezeichnet ist, wird durch den Stellstift A betätigt. Durch den gleichen Stift kann auch der die Feldspule tragende Halter aus Kupferblech gelöst und dann nach rückwärts gedreht sowie in seiner Höhe verstellt werden. Die Klemme B, die um ihre eigene Achse sowie um die des Instruments drehbar ist, und deren Entfernung vom System geändert werden kann, trägt den Richtmagneten. Das innere Messingrohr T ist breit geschlitzt, so daß die freie Beobachtung des Gehänges möglich ist. Über das äußere abnehmbare Zylinderrohr sind zwei in ihrer Höhe verstellbare kurze Zylinder Z_1 und Z_2 geschoben, die als Träger für Eisenringe dienen. Mit Hilfe der Eisenringe kann die Wirkung der Kompensationsmagnete unterstützt werden.

Der Widerstand der Feldspule beträgt 2 Ohm. Die normale Stromempfindlichkeit des Instruments ist 80 bis 100. Aperiodische Einstellung erfolgt bei einem Außenwiderstand von etwa 3 Ohm.

14. Zeigergalvanometer. Zeigergalvanometer des Nadeltyps werden für Messungen nicht mehr benutzt. Historisches Interesse beansprucht ein Zeigerinstrument dieses Typs, das lange Zeit hindurch für genauere Messungen der Stromstärke unentbehrlich war, bis es durch die Drehspulinstrumente verdrängt wurde, nämlich das Torsionsgalvanometer von Siemens & Halske[1]). Das bewegliche System war ein Magnet, der in dem Felde der stromdurchflossenen Spule aufgehängt war. Die durch den Strom hervorgerufenen Ablenkungen des Magneten aus der Meridianebene wurden durch Tordieren einer mit ihm verbundenen Feder kompensiert; der Magnet kehrt in die Anfangslage zurück und behält, ähnlich wie bei der Sinusbussole, stets die gleiche Lage zur Windungsebene der Spule. Somit ist, da das Drehmoment der Torsionsfeder dem Torsionswinkel proportional ist, die Teilung der Skala des Instruments vollkommen gleichmäßig.

15. Nadelgalvanometer für Wechselstrom. Das Prinzip ist von Bellati[2]) angegeben. Bringt man einen Stab aus weichem Eisen in das Feld einer Spule, so erfährt er, wenn er senkrecht zur magnetischen Achse liegt, keine Ablenkung. Hat er die Richtung der magnetischen Achse der Spule, so wird er magnetisiert, jedoch nicht abgelenkt. In allen Zwischenlagen wird er sowohl magnetisiert wie abgelenkt. Bei Wechselstrom wechselt mit der Stromrichtung auch die Polarität des Eisens; daher vermag auch Wechselstrom eine ablenkende Wirkung auszuüben.

M. Wien[3]) beschreibt die Konstruktion eines nach diesem Prinzip gebauten Galvanometers, bei dem das System durch einen Hilfsmagneten in eine um 45° gegen die Achse der Spule geneigte Lage gebracht wird; mittels des Hilfsmagneten kann gleichzeitig die Schwingungsdauer geregelt werden.

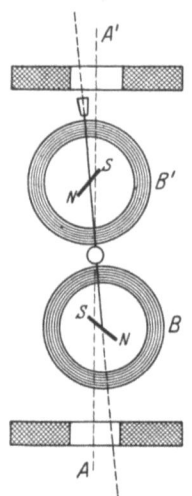

Abb. 14. Astatisches Nadelgalvanometer für Wechselstrom.

Bei dem Wechselstromgalvanometer von Franklin und Freudenberger[4]) ist das Gehänge dem astatischen Magnetgehänge Lord Kelvins ähnlich; die Magnete sind durch Drähte aus weichem Eisen ersetzt, die mit der Achse der Aufhängung, eines Quarzfadens, einen Winkel von 45° bilden (Abb. 14). Die Magnetisierung des Systems erfolgt durch ein Hilfsfeld AA', dessen Achse mit derjenigen der Aufhängung einen Winkel von 5 oder 10° einschließt. Die Feldspulen BB' umgeben in ähnlicher Weise wie bei dem Galvanometer von Lord Kelvin das System. Das Richtfeld AA' und die ablenkenden Felder BB'

---
[1]) O. Frölich, Elektrot. ZS. Bd. 1, S. 200. 1880; Bd. 4, S. 195. 1883.
[2]) M. Bellati, Atti di Torino (6) Bd. 1, S. 563. 1883; Beiblätter Bd. 7, S. 617. 1883.
[3]) M. Wien, Ann. d. Phys. (4) Bd. 4, S. 445. 1901.
[4]) W. S. Franklin u. L. A. Freudenberger, Electrical World Bd. 48, S. 718. 1906; Phys. Rev. Bd. 24, S. 37. 1907.

werden durch den gleichen Wechselstrom erregt. Nach Angaben der Verfasser wird bei einem ihrer Instrumente durch einen Strom von $4 \cdot 10^{-9}$ Amp ein Ausschlag von 1 mm bei 1 m Skalenabstand hervorgerufen.

Eine einfachere Konstruktion ist von GUINCHANT[1]) angegeben.

Die Instrumente wurden als Nullinstrumente in der Brücke verwendet. Eine weitere Verbreitung haben sie nicht gefunden, da ihnen die Vibrationsgalvanometer als Resonanzinstrumente in vieler Beziehung überlegen sind.

b) Weicheisen- (Dreheisen-) Instrumente.

16. Wirkungsweise der Weicheiseninstrumente. Das Prinzip des Nadelgalvanometers nach Ziff. 15: feststehende Feldspule, bewegliches Eisensystem, liegt, wenn auch in modifizierter Form, der Konstruktion einer besonders für die Elektrotechnik wichtigen Klasse von Meßinstrumenten zugrunde, den sog. Dreheisen- oder Weicheiseninstrumenten. Bringt man Eisen in das Magnetfeld einer Spule, so werden im allgemeinen zwischen diesen und dem induzierten Eigenfeld des Eisens Kräfte wirksam, die das Eisen zu bewegen suchen. Von den verschiedenen möglichen Bewegungen sind für die Ausführung von Anzeigeinstrumenten besonders zwei wichtig geworden: bei der einen führt das bewegliche System eine Bewegung in Richtung der Längsachse AB der Feldspule aus (Abb. 15), bei der anderen dreht es sich um die Achse AB oder um eine ihr parallele, exzentrisch gelagerte Achse im Innern der Spule. Als Richtkraft dient entweder die Schwerkraft oder bei besseren Ausführungen die Spannung einer Spiralfeder. Abb. 16 zeigt, wie zwei Gewichte a und b in zwei zueinander senkrechten Lagen angebracht werden zur Änderung sowohl der Richtkraft (durch a) als auch zur Einstellung der Nullage des Zeigers (durch b).

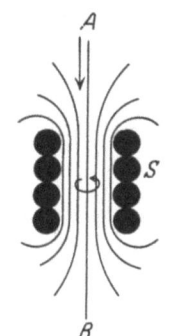

Abb. 15. Zum Prinzip der Weicheiseninstrumente.

Die Stärke des Magnetfeldes der Spule sowohl wie des beweglichen Eisens ändert sich mit der Stärke des die Spule durchfließenden Stromes; daher ist der Ausschlagswinkel in erster Annäherung dem Quadrat des Stromes proportional; die Skala erhält einen quadratischen Charakter. Wird das bewegliche Eisen so dimensioniert, daß es schon bei der Anfangsstromstärke magnetisch gesättigt ist, so wird dadurch der quadratische Charakter der Skala dem linearen genähert.

Die ersten brauchbaren Ausführungen von Weicheiseninstrumenten stammen von F. KOHLRAUSCH, von UPPENBORN und von HUMMEL. KOHLRAUSCH[2]) hängt einen Eisenzylinder an einer Feder derart auf, daß er durch die Einwirkung des magnetischen Feldes in das Innere der Spule hineingezogen wird. Die Aufhängefeder liefert gleichzeitig die Gegenkraft.

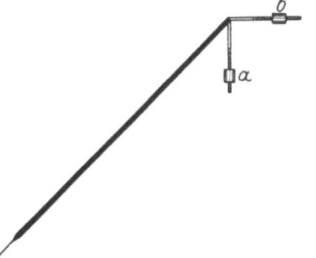

Abb. 16. Anordnung zweier Gewichte zur Einstellung der Richtkraft und der Nullstellung des Zeigers.

Bei dem Instrument von UPPENBORN[3]) wird eine Eisenscheibe, die in unsymmetrischer Lage zur Feldspule drehbar angebracht ist, durch die Einwirkung des Feldes um ihre Achse gedreht und dabei zum Teil in den inneren Spulenraum hineingezogen (vgl. Abb. 18). HUMMEL[4]) legt das bewegliche System,

---
[1]) M. GUINCHANT, C. R. Bd. 148, S. 1674. 1909.
[2]) F. KOHLRAUSCH, Elektrot. ZS. Bd. 5, S. 18. 1884.
[3]) F. UPPENBORN, Zentralbl. f. Elektrot. Bd. 5, S. 787. 1883.
[4]) HUMMEL, Zentralbl. f. Elektrot. Bd. 6, S. 779. 1884.

ein zylindrisch gebogenes dünnes Eisenblech A, in das Innere einer zylindrischen Spule S (Abb. 17); die Drehachse des Systems ist parallel der Achse der Spule, jedoch exzentrisch gelagert.

Abb. 18 zeigt die aus der Anordnung von UPPENBORN entwickelte Form eines modernen Instruments der sog. Flachspultype. Die Zeigerachse A ist möglichst

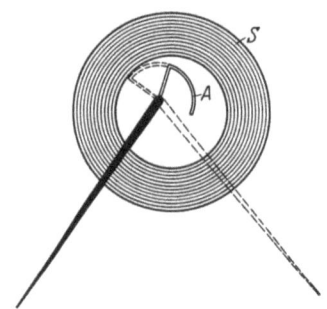
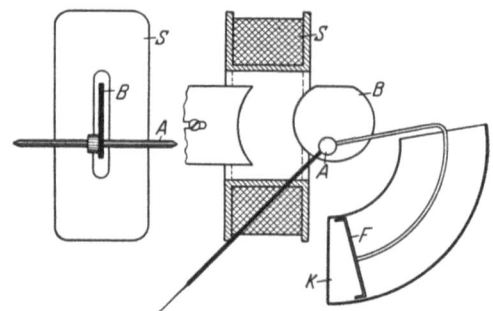

Abb. 17. Weicheiseninstrument nach HUMMEL.

Abb. 18. Weicheiseninstrument der Flachspultype.

nahe der Öffnung der flach gewickelten Spule S gelagert; sie trägt das bewegliche System B, eine Eisenscheibe, die stark exzentrisch auf die Drehachse A aufgesetzt ist. Dadurch, daß man der Eisenscheibe eine besondere Form gibt, ist man in der Lage, in den einzelnen Teilen der Skala die Größe des Ausschlagwinkels in Abhängigkeit von der Stromstärke zu modifizieren. Die Dämpfung wird durch einen mit der Zeigerachse verbundenen Flügel F bewirkt, der sich in der Kammer K bewegt.

In Abb. 19 ist die Form eines Instruments der sog. Rundspultype wiedergegeben, wie sie sich aus der von HUMMEL angegebenen Anordnung entwickelt hat. Im Innern der zylindrischen Spule befinden sich zwei konzentrisch gebogene Eisenbleche, deren eines, A, mit der Spule starr verbunden, deren anderes, B, auf der zentrisch gelagerten Zeigerachse befestigt ist; die gleichsinnige Magnetisierung beider Eisenbleche bewirkt eine

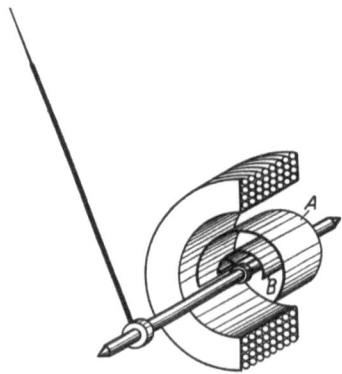

Abb. 19. Weicheiseninstrument der Rundspultype.

Abstoßung und damit eine Drehung des beweglichen Systems. Auch bei diesen Instrumenten läßt sich der Skalencharakter durch die Form der Eisenbleche variieren.

17. Eigenschaften der Dreheiseninstrumente. Die Dreheiseninstrumente werden sowohl als Strom- wie als Spannungsmesser gebaut; sie sind für Gleich- und Wechselstrom verwendbar. Bei Gleichstrom zeigen sich Unterschiede der Angaben, je nachdem bei zunehmendem oder abnehmendem Strom gemessen wird. Diese durch Hysteresis des Eisens verursachten Fehler sind nicht unbeträchtlich; ihre Größe ist von den Eigenschaften (Remanenz, Koerzitivkraft) des Eisens abhängig. Bei einem guten Instrument maß KEINATH[1]) einen Hysteresisfehler von 0,6%. Bei der Eichung der Skala wird der Mittelwert aus den Beobachtungen mit zu- und abnehmendem Strom zugrunde gelegt.

Die bei Wechselstrom auftretenden Wirbelströme in den Metallteilen, die von dem Wechselfeld durchsetzt werden, verursachen Unterschiede zwischen

---

[1]) G. KEINATH, Die Technik der elektrischen Meßgeräte, 2. Aufl., S. 127. München und Berlin 1922.

den Gleichstrommittelwerten und den Wechselstromwerten; die Instrumente sollen daher für jede Stromart mit einer Skala versehen sein.

Das Auftreten der Wirbelströme bedingt ferner eine Abhängigkeit der Angaben von der Frequenz. Die Größe dieses mit der Stromstärke veränderlichen Fehlers ist bei verschiedenen Ausführungsformen verschieden[1]). Bei Spannungsmessern ist der Fehler stets sehr bedeutend; bei ihnen addiert sich zu dem durch Wirbelströme verursachten Fehler noch derjenige, der durch die Änderung des Scheinwiderstandes des Instruments mit der Frequenz entsteht. Spannungsmesser müssen daher stets für eine bestimmte Frequenz geeicht sein.

Die Dreheiseninstrumente zeichnen sich durch eine große Widerstandsfähigkeit gegen Beschädigung infolge von Überlastung aus. Man verwendet sie daher auch für Gleichstrom als Anzeigeinstrumente überall dort, wo gelegentlich Überlastungen unvermeidbar sind. Die Meßgenauigkeit für Gleichstrom ist wegen der Fehlerquellen gering, für Wechselstrom erreichen Instrumente guter Konstruktion angenähert die Meßgenauigkeit von dynamometrischen Instrumenten, wenn die möglichen Fehlerquellen berücksichtigt werden.

II. Drehspul-, Saiten- und Schleifeninstrumente mit permanentem Magneten.

a) Drehspulgalvanometer mit Spiegelablesung.

18. Historischer Überblick. Als Vorläufer der Spulengalvanometer kann man das Bifilargalvanometer von WEBER[2]) ansehen; dieses Instrument diente ihm zur Messung des Stromes bei der Bestimmung der Wassermenge, die in der Zeiteinheit durch die absolute Einheit der Stromstärke zersetzt wird. Es bestand aus einer in der Ebene des magnetischen Meridians bifilar aufgehängten Drahtspule. Ist die Horizontalintensität des Erdmagnetismus $\mathfrak{H}$, so erfährt die vom Strome I durchflossene Spule von der Windungsfläche F ein Drehmoment $\mathfrak{H} F I \cos \alpha$. Das entgegenwirkende Drehmoment der bifilaren Aufhängung ist $D \sin \alpha$, daher ist der Strom in absoluten Einheiten:

$$I = \frac{D}{\mathfrak{H} F} \operatorname{tg} \alpha.$$

Bei der unifilaren Aufhängung, die von R. KOHLRAUSCH angewendet wurde, ist das Gegendrehmoment durch das Torsionsmoment $D\alpha$ des Aufhängefadens gegeben, so daß der Strom

$$I = \frac{D}{\mathfrak{H} F} \frac{\alpha}{\cos \alpha}$$

wird. In beiden Fällen ist für kleine Winkel α der Ausschlag der Stromstärke proportional:

$$I = C \alpha.$$

Der Reduktionsfaktor C wird für die absolute Strommessung aus den Konstanten des Apparates und der Horizontalintensität des Erdfeldes berechnet. Verzichtet man für relative Messungen auf diese Möglichkeit, so lassen sich durch Anwendung stärkerer Magnetfelder wesentlich empfindlichere Apparate herstellen. Lord KELVIN brachte bei seinem Siphonrecorder, einem Apparat, der zur Aufnahme von Zeichen bei der Kabeltelegraphie diente, eine unifilar aufgehängte Spule in das Feld eines Elektromagneten und erzielte damit eine bemerkenswerte Empfindlichkeit. Die grundlegende Form des Spulengalvanometers, eine

---
[1]) Nähere Angaben hierüber bei G. KEINATH, ZS. f. Fernmeldetechn. Bd. 1, S. 7. 1920; Die Technik der elektrischen Meßgeräte, S. 128.
[2]) W. WEBER, Elektrodynamische Maßbestimmungen. Bd. I, S. 16. 1846.

Spule mit Eisenkern im Felde eines kräftigen permanenten Magneten, ist von DEPREZ und D'ARSONVAL[1]) geschaffen worden. Die Spule ist an einem dünnen Silberdraht aufgehängt, der gleichzeitig die eine Stromzuführung bildet. Ein zweiter Silberdraht verläuft zentral von der Spule senkrecht nach unten und ist an einer Feder befestigt; er bildet die zweite Stromzuführung. Innerhalb der Spule befindet sich ein Eisenkern, der den Luftweg der magnetischen Kraftlinien verringert. Die Grundform des Galvanometers von DEPREZ-D'ARSONVAL, die durch den Hufeisenmagnet und die Drehspule mit Eisenkern gekennzeichnet ist, ist bei allen späteren Konstruktionen trotz zahlreicher Verbesserungen im einzelnen beibehalten worden. Eine davon etwas abweichende Form wurde in England von AYRTON und MATHER[2]) ausgebildet. Bei dieser Form findet ein horizontal gelagerter ringförmiger Magnet Verwendung. Die Spule ist zur Erzielung eines kleinen Trägheitsmoments schmal und langgestreckt, ein Eisenkern im Innern der Spule ist nicht vorhanden. Später ist von DIESSELHORST[3]) ein Galvanometer ähnlicher Bauart von kleiner Schwingungsdauer durchgebildet worden (vgl. Ziff. 25).

19. Zur Theorie des Spulengalvanometers[4]). Ein durch die bewegliche Spule von der Windungsfläche F fließender Strom I rufe einen Ausschlag α der Spule hervor. Das dem Strome I entsprechende Drehmoment ist $IHF\cos\alpha$; wenn H die Feldintensität des permanenten Magneten ist. Im Gleichgewichtszustande ist das rücktreibende, durch die Richtkraft D des Aufhängefadens erzeugte Drehmoment $D\alpha$. Aus der Gleichsetzung beider Ausdrücke folgt für kleine Ausschlagwinkel

$$\frac{I}{\alpha} = \frac{D}{HF} = \frac{D}{q} = C,$$

wenn die dynamische Galvanometerkonstante HF mit q bezeichnet wird. C ist der Reduktionsfaktor. Die ihm umgekehrt proportionale Empfindlichkeit (Ziff. 4) ist in gleicher Weise von den Konstanten D und q des Galvanometers abhängig wie beim Nadelgalvanometer. Es besteht aber ein wesentlicher Unterschied. Beim Nadelgalvanometer ist die Wirkung der elektrodynamischen Dämpfung gegenüber der Luftdämpfung im allgemeinen gering[5]); die Dämpfung ist daher nahezu unabhängig von der dynamischen Galvanometerkonstante q. Bei dem Spulengalvanometer dagegen ist diese Größe auch für die Dämpfung bestimmend. Die Dämpfung beruht hier im wesentlichen auf der Wirkung der in der geschlossenen Spule induzierten Ströme, die dem Gesamtwiderstand R umgekehrt proportional, der Galvanometerkonstante q direkt proportional sind:

$$i = \frac{q}{R}\frac{d\alpha}{dt}.$$

Für das Drehmoment iq der Dämpfung ergibt sich hieraus

$$iq = \frac{q^2}{R}\frac{d\alpha}{dt}.$$

Der Dämpfungsfaktor q^2/R ist demnach der zweiten Potenz der dynamischen Galvanometerkonstante proportional. Ist der Dämpfungsfaktor der offenen

---

[1]) M. DEPREZ u. A. D'ARSONVAL, Lum. électr. Bd. 4, S. 309. 1881; Bd. 6, S. 439. 1882.
[2]) Vgl. hierzu Elektrot. ZS. Bd. 14, S. 213. 1893; Bd. 15, S. 703. 1894.
[3]) H. DIESSELHORST, ZS. f. Instrkde. Bd. 31, S. 247 u. 276. 1911.
[4]) W. JAEGER, ZS. f. Instrkde. Bd. 23, S. 261 u. 353. 1903; Bd. 28, S. 206. 1908; Ann. d. Phys. Bd. 21, S. 64. 1906; P. W. WHITE, Phys. Rev. Bd. 19, S. 305. 1904; H. DIESSELHORST, ZS. f. Instrkde. Bd. 31, S. 247 u. 276. 1911; F. ZERNIKE, Proc. Amsterdam Bd. 24, S. 239. 1922. Zusammenfassend: TH. DES COUDRES, ZS. f. Elektrochem. Bd. 3, S. 417. 1897; H. HAUSRATH, Helios Bd. 15, S. 173 u. 269. 1909.
[5]) Eine Ausnahme bildet das Galvanometer von NERNST (Ziff. 13).

Spule p_0, so ist der gesamte Dämpfungsfaktor, der in die Gleichung des gedämpft schwingenden Systems eingeht,

$$p = p_0 + \frac{q^2}{R}.$$

Die Bewegungsgleichung des gedämpft schwingenden Systems ist in dem Kapitel 7 dieses Bandes behandelt worden. Für den Fall $p < 2\sqrt{KD}$ erhält man gedämpfte Schwingungen, für $p > 2\sqrt{KD}$ eine aperiodische Bewegung, das Galvanometer „kriecht", und für $p = 2\sqrt{KD}$ den Übergangszustand, den aperiodischen Grenzzustand.

Für den Grenzfall ist demnach

$$p_0 + \frac{q^2}{R} = 2\sqrt{KD},$$

oder wenn man die Beziehung nach Gleichung (3), Ziff. 4 berücksichtigt:

$$p = p_0 + \frac{q^2}{R} = \frac{DT}{\pi}.$$

Für $p_0 = 0$ ist

$$q = \sqrt{\frac{TDR}{\pi}}.$$

Setzt man

$$\left(1 - \frac{p_0 \pi}{TD}\right)^{1/2} = \gamma \quad {}^{1}), \tag{1}$$

so erhält bei Elimination von K

$$C = \frac{D}{q} = \sqrt{\frac{\pi D}{TR}} \cdot \frac{1}{\gamma}, \tag{2}$$

bei Elimination von D

$$C = \sqrt{\frac{4\pi^3}{T^3} \frac{K}{R}} \cdot \frac{1}{\gamma'}, \tag{3}$$

wenn

$$\gamma' = \left(1 - \frac{p_0 T_0}{4\pi K}\right)^{1/2}$$

gesetzt wird. In gleicher Weise wie beim Nadelgalvanometer nimmt die Empfindlichkeit gemäß Gleichung (2) proportional mit der Wurzel aus dem Widerstand zu. Während aber beim Nadelgalvanometer der Zuwachs der Empfindlichkeit mit dem Quadrat der Schwingungsdauer erfolgt, ist er hier der Wurzel aus der Schwingungsdauer proportional. Der Grenzwiderstand R ist durch die Schaltung, in der das Galvanometer verwendet wird, bestimmt; ebenso ist der Wert der Schwingungsdauer begrenzt. Die gegebenen Werte R und T bestimmen den Maximalwert der Galvanometerkonstante $q = HF$, der für das Galvanometer gerade noch zulässig ist. Eine Steigerung der Empfindlichkeit ist dann nur durch Verkleinerung der Richtkraft D möglich.

20. Der Grenzwiderstand. Für den Gebrauch des Galvanometers ist der aperiodische Grenzzustand der günstigste; bei kleinerem Widerstand kriecht das Galvanometer, bei größerem wird die Spannungsempfindlichkeit geringer. Demnach muß der innere Widerstand r_i des Galvanometers, der sich aus dem Widerstand der Spule und dem der Zuleitungen (Aufhängung) zusammensetzt, geringer sein als der Widerstand R im aperiodischen Grenzzustand, so daß die Beziehung besteht

$$R = r_i + r_a = r_a\left(1 + \frac{r_i}{r_a}\right),$$

wenn der äußere Widerstand des Stromkreises gleich r_a gesetzt wird.

Nun ist die Stromempfindlichkeit gemäß Gleichung (1), Ziff. 19

$$S = \frac{q}{D} = \sqrt{\frac{TR}{\pi D}} \cdot \gamma, \tag{1}$$

---

[1]) Vgl. W. JAEGER, Ann. d. Phys. (4) Bd. 21, S. 64. 1906.

die Spannungsempfindlichkeit

$$P = \frac{S}{R} = \sqrt{\frac{T}{\pi R D}} \cdot \gamma. \qquad (2)$$

Führt man für R den obigen Wert ein und setzt zur Abkürzung

$$\left(\frac{1}{1+\frac{r_i}{r_a}}\right)^{1/2} = \delta,$$

so erhält man

$$S = \sqrt{\frac{T r_a}{\pi D}} \cdot \frac{\gamma}{\delta}, \qquad (3)$$

$$P = \sqrt{\frac{T}{\pi D r_a}} \cdot \gamma \delta \;^{1)}. \qquad (4)$$

Zwischen γ und dem logarithmischen Dekrement Λ besteht die Beziehung

$$\gamma = \left[1 - \left(\frac{\Lambda^2}{4\pi^2 + \Lambda^2}\right)^{1/2}\right]^{1/2} {}^{2)}.$$

In der nachfolgenden Tabelle sind nach JAEGER[3]) für einige Werte γ die entsprechenden von Λ bzw. von k, dem Dämpfungsverhältnis, ferner für einige Werte von δ die dazugehörigen des Verhältnisses r_i/r_a angegeben.

Tabelle 1.

γ	$\Lambda/2$	$\sqrt{k}$	δ	r_i/r_a
1,0	0	0	1,0	0
0,9	0,61	1,8	0,9	0,24
0,8	1,21	3,3	0,8	0,56
0,7	1,86	6,4	0,7	1,04
0,6	2,62	13,7	0,6	1,78
0,5	3,56	35,2	0,5	3,00

Die maximale Empfindlichkeit wird erreicht für $\gamma = 1$ und $\delta = 1$. Dem Werte $\gamma = 1$ entspricht der Wert $p_0 = 0$ (Gleichung 1 in Ziff. 19), d.h. das Galvanometer müßte bei offenem Stromkreis ungedämpft schwingen. In der Regel versieht man mit Rücksicht auf ein bequemeres Arbeiten die Spule mit einigen Kurzschlußwindungen; der dadurch verursachte Verlust an Empfindlichkeit ist nicht erheblich; nach der oben angegebenen Tabelle ist bei einem Dämpfungsverhältnis von $\sqrt{k} = 3,3$ immer noch das 0,8fache der maximalen Empfindlichkeit vorhanden. Der Wert $r_i/r_a = 0$ läßt sich praktisch nicht verwirklichen; immerhin ist es nötig, den Widerstand des Galvanometers so zu wählen, daß das Verhältnis r_i/r_a nicht zu groß wird. Andernfalls hätte man mit einem beträchtlichen Verlust an Empfindlichkeit zu rechnen.

21. Die normale Stromempfindlichkeit. Ist die Empfindlichkeit eines Galvanometers für eine Schwingungsdauer T und für einen Widerstand R als Ausschlag in Skalenteilen bei einem Skalenabstand von 1000 Skalenteilen gegeben, so ist die normale Stromempfindlichkeit $\mathfrak{S}$ gemäß der Definition in Ziff. 11 mit Rücksicht auf die Gleichung (1) in Ziff. 20:

$$\mathfrak{S} = \frac{S\sqrt{10}}{\sqrt{RT}}.$$

Der Grenzwert der erreichbaren Stromempfindlichkeit läßt sich nach Gleichung (2) in Ziff. 19 berechnen. Setzt man $T = 10$ sec, $R = 1\,\Omega = 10^9$ cgs-Einheiten, und setzt man $D = 0,5$ g cm²/t^{-2}, so erhält man für 10^{-6} Amp einen Winkelausschlag von $0,8 \cdot 10^{-2}$. Ihm entspricht bei einem Skalenabstand von 1000 Skalenteilen und bei Spiegelablesung die maximal erreichbare Stromempfindlichkeit 16. Dieser Grenzwert kann nur durch Verringerung der Richtkraft weiter herab-

---
[1]) Vgl. W. JAEGER, Ann. d. Phys. (4) Bd. 21, S. 84. 1906.
[2]) W. JAEGER, ZS. f. Instrkde. Bd. 23, S. 356. 1903.
[3]) W. JAEGER, l. c. S. 356.

Ziff. 22, 23.   Die günstigste Spulenform. Vergrößerung der Empfindlichkeit.   273

gesetzt werden. DIESSELHORST verwendete bei der Konstruktion seines Galvanometers einen Aufhängefaden, dessen Richtkraft 0,189 war.

22. Die günstigste Spulenform. Das Problem der günstigsten Spulenform ist zuerst von MATHER[1]) behandelt worden. In Abb. 20 ist die Richtung des homogenen Magnetfeldes durch den Pfeil bezeichnet. Ein in der Entfernung ϱ von 0 gelegenes vertikales Drahtstück liefert einen mit ϱ^2 proportionalen Beitrag zum Trägheitsmoment, dagegen einen mit $\varrho \cos\varphi$ proportionalen Beitrag zum Drehmoment, wenn φ der Winkel zwischen ϱ und der Richtung des Magnetfeldes ist. Alle Punkte auf ein und derselben Kurve

$$\frac{\cos\varphi}{\varrho} = \text{konst.}$$

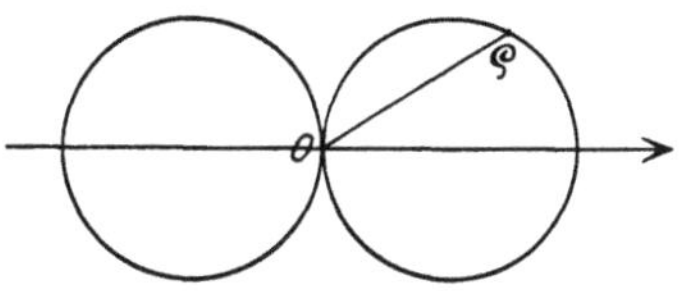

sind Spuren von Vertikaldrähten gleicher spezifischer Wirksamkeit. Für ein bestimmtes Trägheitsmoment hat demnach eine Spule aus gegebenem Draht dann die größte Windungsfläche, wenn ihr Querschnitt aus zwei sich berührenden Kreisen besteht, in deren einem die Windungen aufsteigen, in deren anderem sie niedergehen, und wenn die Länge der Spule groß gegen den Radius des Querschnittskreises ist. DIESSELHORST[2]) weist auf einen Nachteil dieser Windungsführung hin. Es treten infolge der Magnetisierbarkeit des Spulenmaterials, die sich nie vollständig beseitigen läßt, magnetische Richtkräfte auf, die wegen der Hysteresis zu Nullpunktsveränderungen Veranlassung geben. Diese Störungen treten bei der Konstruktion mit radialem Magnetfeld — Spule um einen Eisenkern beweglich — nicht auf.

Abb. 20. Querschnittsfigur der günstigsten Spulenform.

23. Vergrößerung der Empfindlichkeit. In Ziff. 21 wurde näher begründet, daß bei gegebener Schwingungsdauer und gegebenem Grenzwiderstand eine Erhöhung der Empfindlichkeit nur noch durch Verringerung der Richtkraft der Aufhängung möglich ist; dieser Verringerung ist durch die Forderung einer gewissen mechanischen Festigkeit des Aufhängefadens eine Grenze gezogen. REINGANUM[3]) hat den Vorschlag gemacht, das rücktreibende Drehmoment der Aufhängung zum Teil durch ein dem Ausschlag proportionales und gleichgerichtetes Drehmoment zu kompensieren. Er befestigt zu diesem Zwecke eine kleine Magnetnadel an dem beweglichen System. Die Nadel befindet sich in einem schwächeren Teil des permanenten Magnetfeldes, parallel zu den Kraftlinien dieses, jedoch mit entgegengesetzter Polarität. Auf diese Weise kann ähnlich der Astasierung bei Nadelgalvanometern eine Kompensation der Richtkraft bis zu einem gewissen Grade erreicht werden; eine weit durchgeführte Kompensation hat auch hier Nullpunktsstörungen und Instabilität zur Folge. REINGANUM erzielt eine Empfindlichkeitssteigerung auf das 11fache, allerdings auf Kosten der Schwingungsauer, die von 3,9 auf 12 sec stieg.

ROHMANN[4]) sucht eine Empfindlichkeitssteigerung dadurch zu erzielen, daß er starke, durch Elektromagnete erzeugte Felder anwendet. Da die Dämpfung mit dem Quadrat der Feldstärke wächst, so ist dieses Verfahren nur möglich, wenn zugleich besondere Beobachtungsmethoden Anwendung finden. Hierfür gibt ROHMANN die folgenden Vorschriften. Das Magnetfeld hat zuerst einen solchen Wert H_0, daß das bewegliche System sich im aperiodischen Grenzzustand

---

[1]) T. MATHER, Phil. Mag. (5) Bd. 29, S. 434. 1890.
[2]) H. DIESSELHORST, ZS. f. Instrkde. Bd. 31, S. 276. 1911.
[3]) M. REINGANUM, Phys. ZS. Bd. 10, S. 91. 1909; vgl. auch E. DIBBERN, ZS. f. Instrkde. Bd. 31, S. 105. 1911.
[4]) H. ROHMANN, Phys. ZS. Bd. 14, S. 203. 1913.

befindet. Der Ausschlag, den ein konstanter, durch die Spule fließender Strom hervorruft, wird nun vergrößert, indem man das Magnetfeld auf den großen Wert H ansteigen läßt und dann wieder auf den alten Wert H_0 bringt. Bei diesen Feldänderungen entstehen in der Drehspule, die durch einen kleinen Widerstand kurzgeschlossen sein soll, Induktionsströme, die groß gegen den konstanten Strom sind, der den ursprünglichen Ausschlag hervorgerufen hat. Unter dem Einfluß dieser Induktionsströme wird die Spule beim Wachsen des Feldes nach der Nullage hin bewegt, beim Abnehmen des Feldes von der Nullage fortbewegt; der Weg, den sie im letzteren Fall zurücklegt, ist größer als der erste. Durch die plötzliche Feldschwächung wird also ein ballistischer Ausschlag erteilt, dessen Größe durch das Verhältnis der beiden Felder gegeben ist und etwa das $^1/_2\, H/H_0$ fache des ursprünglichen Ausschlags beträgt. Für die Messungen von **Elektrizitätsmengen** wird die Tatsache benutzt, daß eine in einem sehr starken Magnetfeld drehbare Spule mit großer Annäherung sich so bewegt, daß der von ihr zurückgelegte Weg in jedem Augenblick der durch sie hindurchgegangenen Elektrizitätsmenge proportional ist. Die Spule befindet sich ursprünglich in einem starken Felde in der Nullage. Dann wird durch sie eine bestimmte Elektrizitätsmenge geschickt; sie bewegt sich um den entsprechenden Winkel. Dieser Ausschlag wird vergrößert, indem das Magnetfeld plötzlich auf einen kleinen Wert gebracht wird. Der auf diese Weise erzeugte ballistische Ausschlag ist ein Maß für die Elektrizitätsmenge; er ist wieder von dem Verhältnis der Felder abhängig und etwa $^1/_2\, H/H_0$ mal größer als der, den man für dieselbe Elektrizitätsmenge in einem schwachen Felde H nach der gewöhnlichen ballistischen Methode erhalten hätte. Ein weiterer Vorteil besteht darin, daß die zu messende Elektrizitätsmenge nicht in einer gegen die Schwingungsdauer kleinen Zeit die Spule durchfließen muß, sondern als konstanter Strom durch die Spule gehen kann.

24. Die natürlichen Grenzen der Meßgenauigkeit. Wir fügen hier eine Betrachtung ein, die nicht nur für die Beurteilung des Verhaltens hochempfindlicher Drehspulgalvanometer wichtig ist, sondern ganz allgemein auf Meßinstrumente anwendbar ist.

Der Verfeinerung der Meßgenauigkeit eines Galvanometers ist, wie ISING[1]) gezeigt hat, eine unüberwindliche Grenze gesetzt. Das bewegliche System des Galvanometers ist mit der umgebenden Luft in unregelmäßiger, BROWNscher Bewegung begriffen. ISING berechnet unter der Voraussetzung eines ausschließlich elektromagnetisch gedämpften Systems für die **scheinbare** mittlere Stromschwankung, die dieser Bewegung entspricht, den Ausdruck $\left(\dfrac{\pi k \Theta}{r T}\right)^{-\frac{1}{2}}$, worin k gleich der BOLTZMANNschen Konstante, Θ gleich der absoluten Temperatur, r gleich dem Widerstand und T gleich der Schwingungsdauer des Galvanometers ist. ZERNIKE[2]) hat nun neuerdings darauf hingewiesen, daß den von ISING berechneten **scheinbaren** Schwankungen **wirkliche** Stromschwankungen entsprechen, statistisch berechenbare Schwankungen der Intensität des Stromes, die auch ohne Galvanometer in einem Stromkreise vom Widerstande r bestehen, und die eine zweite Ursache der Bewegung bilden. Seine Berechnungen für ein beliebiges aperiodisch gedämpftes Galvanometer von der Eigenschwingung T führen zu dem Ausdruck:

$$\overline{i^2} = \frac{\pi k \Theta}{r T}, \tag{1}$$

also zu derselben Größe, die ISING berechnet hat.

---

[1]) G. ISING, Phil. Mag. (7) Bd. 1, S. 827, 1926.
[2]) F. ZERNIKE, ZS. f. Phys. Bd. 40, S. 628, 1926.

Diese Übereinstimmung erklärt sich daraus, daß die Größe der beobachtbaren Schwankungen eines Galvanometers unabhängig davon ist, ob der Stromkreis offen oder geschlossen ist. In letzterem Falle ist gewöhnlich die Luftdämpfung klein gegen die elektromagnetische Dämpfung, d. h. die Schwankungen werden vorwiegend durch spontane Ströme verursacht. Wenn ISING also zur Berechnung der Galvanometerempfindlichkeit voraussetzt, daß die Dämpfung ausschließlich elektromagnetisch ist, so hat er implizite den Fall betrachtet, daß die Galvanometerschwankungen nur durch die Stromschwankungen hervorgerufen werden.

Für eine Temperatur von 18°C ergibt die Beziehung (1)

$$\sqrt{\overline{i^2}} = \frac{1{,}12 \cdot 10^{-10}}{\sqrt{rT}} A,$$

wenn r in Ohm gemessen wird. Die mittlere Schwankung des Galvanometerausschlages a ergibt sich aus $D\overline{\varphi^2} = k\Theta$. Bei 1 m Skalenabstand ist $a = 2000\,\varphi$, daher ist bei 18°

$$\sqrt{\overline{a^2}} = \frac{4 \cdot 10^{-4}}{\sqrt{D}} mm,$$

wenn D die Direktionskraft des Galvanometers ist. Mit diesem Ausdruck berechnet ZERNIKE die in folgender Tabelle angegebenen Schwankungen für 1 m Skalenabstand.

Man kann aus den Zahlen der Tabelle berechnen, bei welcher Skalenentfernung die BROWNsche Bewegung gerade anfängt merklich zu werden. Bei Ablesung auf 0,1 mm wird das etwa der Fall sein, sobald die mittlere Schwankung 0,07 mm erreicht; bei

Instrument	Direktionskraft	Schwankung in 1 m Entfernung	Höchstzulässige Skalenentfernung
Gewöhnliches Drehspulgalvanometer..	1	0,4 μ	180 m
Höchstempfindliches Drehspulgalvanometer	0,003	7 μ	10 m
Höchstempfindliches Nadelgalvanometer	$4 \cdot 10^{-6}$	0,2 mm	0,35 m

einer Sinusbewegung wäre die doppelte Amplitude dann nämlich 0,2 mm, und bei dem unregelmäßigen Charakter der Schwankungen würden auch Nullpunktsverlagerungen von 0,3 mm nicht selten sein. Die einer mittleren Schwankung von 0,07 mm entsprechende Skalenentfernung ist in der letzten Spalte der Tabelle angeführt. Es gelang ZERNIKE, bei einem hochempfindlichen Drehspulgalvanometer mit einer Direktionskraft von etwa 0,003 die Schwankungen dadurch zu beobachten, daß er das Licht mit Hilfe eines zweiten Spiegels am Galvanometerspiegel 8mal reflektierte, so daß eine äquivalente Skalenentfernung von 24 m erreicht wurde. Die Schwankungen waren etwa 0,3 mm nach beiden Seiten.

25. Ausführungsformen von Spulengalvanometern. Nach den Ausführungen in Ziff. 18 kommen zwei Systeme in Betracht. Das eine hat die ursprüngliche Form von DEPREZ-D'ARSONVAL im wesentlichen beibehalten. |In Abb. 21 ist nach einer Ausführungsform von Siemens & Halske ein Instrument dieses Typs gezeichnet. Die Drehspule ist zwischen den Polen eines kräftigen Hufeisenmagneten M (Abb. 21 und 22), dessen Polschuhe P die Spule S zylindrisch umschließen, aufgehängt; im Innern der Spule befindet sich ein Eisenkern E zylindrischer Form. Diese Anordnung gewährleistet einen radialen Verlauf der Kraftlinien; der Ausschlagswinkel ist bei kleinen Ablenkungen angenähert proportional der Stromstärke. Die Drehspulen werden für verschiedene Widerstände, von etwa 10 bis 10000 Ohm gewickelt. Die normale Stromempfindlichkeit beträgt etwa 10 bis 12[1]).

Ein Galvanometer mit zwei Wicklungen der Feldspule wird von Hartmann & Braun gebaut (Abb. 23). Die eine Wicklung hat viele dünndrähtige Windungen, die andere wenige Windungen aus dickem Draht. So können ohne Auswechselung des Systems zwei verschiedene Stromempfindlichkeiten und zwei verschiedene Spannungsempfindlichkeiten hergestellt werden. Die für die Messung nicht benutzte Wicklung kann durch einen geeigneten Widerstand geschlossen und so zur Erzielung der gewünschten Dämpfung benutzt werden, die dadurch weitgehend von dem äußeren Widerstand des Stromkreises unabhängig wird.

Einen wesentlich anderen Aufbau zeigen die Instrumente, die in England zuerst von AYRTON und MATHER[2]) angegeben sind. Später hat DIESSELHORST[3]) ein Galvanometer mit sehr kleiner Direktionskraft beschrieben, das einen ähnlichen Aufbau zeigt wie die englischen Instrumente. Den Abb. 24 u. 25 liegt die von Siemens & Halske ausgeführte Konstruktion zugrunde. Der ringförmige Magnet M ist horizontal gelagert. Der Polabstand beträgt entsprechend der sehr geringen Breite der Spule S nur etwa 10 mm. Im Innern der Spule befindet sich — im Gegensatz zu den erwähnten englischen Galvanometern — ein Eisenkern E. Bei der schmalen, langgestreckten Form der Spule ist ihr Trägheitsmoment gering und die Schwingungsdauer klein. $T/2$ ist etwa 2,5 sec. Der Grenzwiderstand, der den aperi-

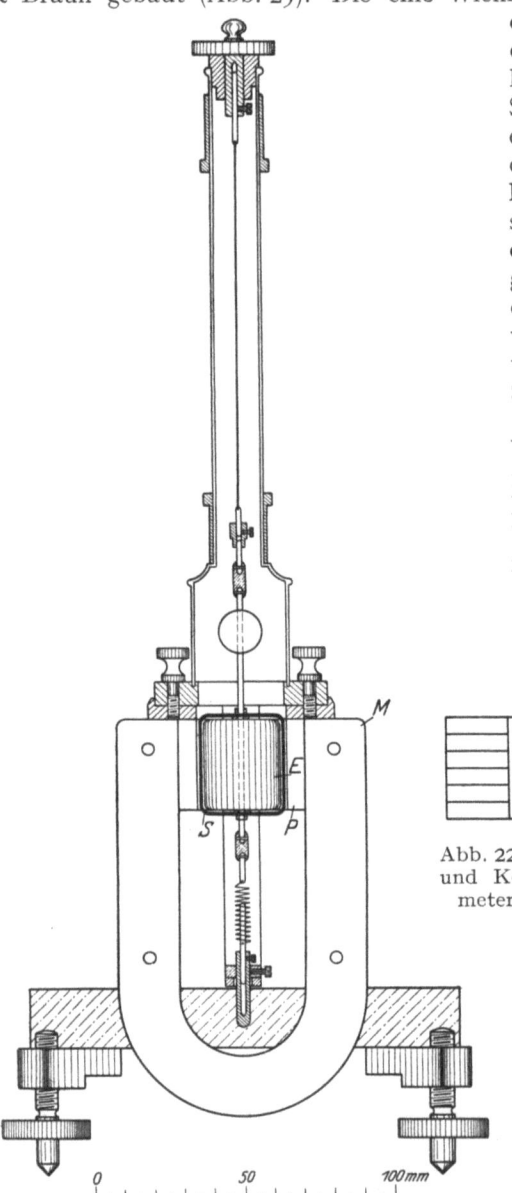

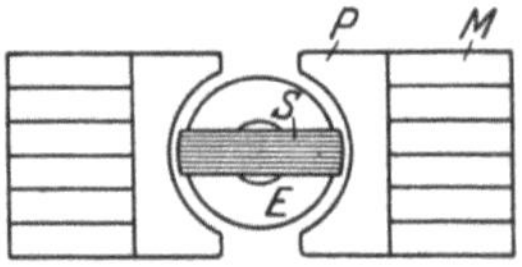

Abb. 22. Magnet, Spule und Kern des Galvanometers nach Abb. 21.

Abb. 21. Spulengalvanometer nach DEPREZ-D'ARSONVAL in der Ausführung von Siemens & Halske.

---

[1]) Vgl. hierzu W. JAEGER, ZS. f. Instrkde. Bd. 28, S. 206. 1908; A. ZAHN, ebenda Bd. 31, S. 145. 1911.
[2]) Beschreibung s. Elektrot. ZS. Bd. 14, S. 213. 1893 u. Bd. 15, S. 703. 1894.
[3]) H. DIESSELHORST, ZS. f. Instrkde. Bd. 31, S. 286. 1911.

odischen Schwingungszustand kennzeichnet, ist etwa 250 Ohm, wovon auf den inneren Widerstand etwa 50 Ohm entfallen.

Galvanometer mit ähnlichen Eigenschaften sind von MOLL[1]) (Grenzwiderstand 100 Ohm bei einem inneren Widerstand von 30 Ohm, $T/2 = 2$ sec), sowie von WENNER, WEIBEL und WEAVER[2]) (Grenzwiderstand 65 Ohm, $T/2 = 3$ sec) gebaut worden. Das Galvanometer von MOLL ist dadurch bemerkenswert, daß die Spule zwischen zwei gespannten Fäden aufgehängt ist; es ist daher verhältnismäßig unempfindlich gegen Erschütterungen.

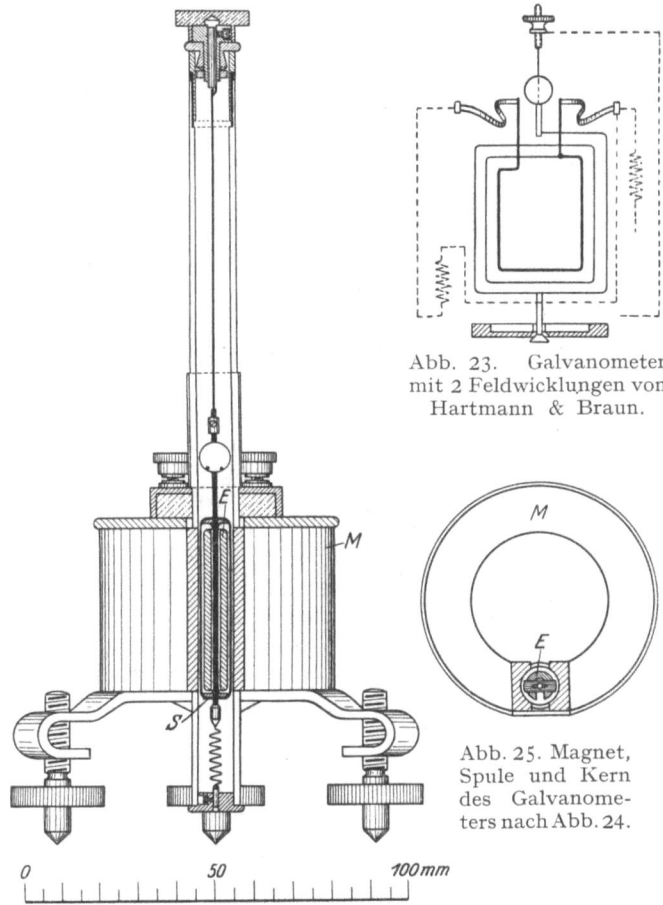

Abb. 23. Galvanometer mit 2 Feldwicklungen von Hartmann & Braun.

Abb. 25. Magnet, Spule und Kern des Galvanometers nach Abb. 24.

Abb. 24. Galvanometer nach DIESSELHORST.

b) Drehspul-Zeigerinstrumente. Amperestundenzähler.

26. Aufbau der Drehspul-Zeigerinstrumente. Wie bei dem Drehspul-Spiegelgalvanometer mit Fadenaufhängung die Konstruktion von DEPREZ-D'ARSONVAL richtunggebend gewesen ist, so ist für Zeigerinstrumente nach dem gleichen Prinzip die Form vorbildlich geworden, die ihnen WESTON[3]) gab;

---

[1]) W. I. H. MOLL, Proc. Amsterdam Bd. 16, S. 149. 1913; Proc. Phys. Soc. Bd. 35, S. 235. 1923.
[2]) F. WENNER, E. WEIBEL u. F. C. WEAVER, Phys. Rev. (2) Bd. 3, S. 497. 1914; vgl. auch I. MANN, Physica Bd. 2, S. 379. 1922.
[3]) Vgl. Electrical World Bd. 12, S. 263. 1888.

alle späteren Ausführungen sind ihr in den wesentlichen Teilen ähnlich. Der Magnet M (Abb. 26) ist hufeisenförmig, mitunter auch zur Erzielung einer größeren Länge flaschenförmig ausgebaucht. Er ist aus Eisen von hoher Remanenz und Koerzitivkraft hergestellt. Die Polschuhe P umschließen zylinderförmig die Drehspule S, in deren Innerem sich ein zylindrischer Eisenkern E befindet. Bei dieser Anordnung durchsetzen die Kraftlinien die Spule radial und in gleichförmiger Verteilung; der Ausschlag wird so dem die Spule durchfließenden Strom proportional, auch für große Ausschlagswinkel, die bei diesen Instrumenten maximal etwa 90° betragen. Der Luftspalt zwischen den Polschuhen und dem Eisenkern im Innern der Spule wird so klein wie möglich gehalten, um zu verhindern, daß Fremdfelder die Angaben beeinflussen oder die Konstanz des Magneten gefährden. Ein beide Polschuhe überbrückendes Eisenstück bildet einen magnetischen Nebenschluß und dient dazu, die Einstellung des Ausschlags auf eine bestimmte Stromstärke zu erleichtern.

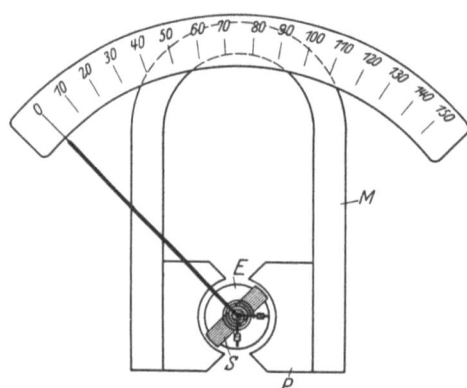

Abb. 26. Drehspulzeigerinstrument.

Die Spule ist in Spitzen gelagert. Die Spitzen bilden in der Regel nicht die Enden einer durch die Spule laufenden Achse; sie sind vielmehr auf beide Seiten der Spule aufgekittet, je nach Ausbildung der Lager nach innen oder nach außen weisend. Die Spitzen sind in Steinen gelagert, wobei mit Rücksicht auf Temperaturschwankungen etwas Raum für die Längenausdehnung gelassen werden muß; trotzdem die Achsenluft nur wenige hundertel Millimeter beträgt, kann die Unsicherheit der Lagerung die Einstellung des Zeigers von Zufälligkeiten abhängig machen. Dieser „Kippfehler" wird durch eine von Schöne angegebene und von Siemens & Halske ausgeführte Bauart beseitigt, die in der Abb. 27 skizziert ist. Die Zeigerachse ist in die Ebene der tragenden Lagerspitze a gelegt. Kippbewegungen, die durch seitliche Verschiebungen der anderen Lagerspitze b entstehen, können nicht auf die Zeigerspitze übertragen werden.

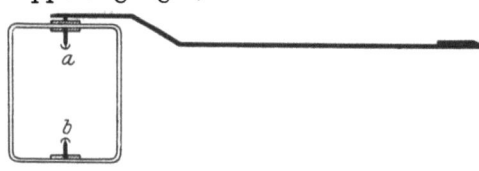

Abb. 27. Anordnung zur Beseitigung des Kippfehlers.

Die Drehspule wird auf einen Rahmen von Kupfer oder Aluminium gewickelt; die in ihm bei der Bewegung der Spule erzeugten Wirbelströme dämpfen die Bewegung der Spule so kräftig, daß der Zeiger nach 1 bis 3 Schwingungen zur Ruhe kommt. Bei Instrumenten von hoher Empfindlichkeit und geringer Richtkraft, mit Faden- oder Bandaufhängung der Spule, wie sie z. B. für Temperaturmessungen in Verbindung mit Thermoelementen verwendet werden, würde die Wirkung eines Kurzschlußrahmens zu kräftig sein. Hier liegen die Dämpfungsverhältnisse ganz ähnlich wie beim Spiegelgalvanometer; um nicht den aperiodischen Grenzzustand zu überschreiten, ist immer ein bestimmter äußerer Widerstand, Grenzwiderstand, erforderlich.

Die Richtkraft liefert eine Spiralfeder, die sich beim Ausschlagen des Zeigers spannt und die aus einem Material von geringer elastischer Nachwirkung, meist Phosphorbronze, hergestellt ist. Präzisionsinstrumente sind mit zwei Federn versehen, die in entgegengesetztem Sinne gewickelt sind; Einzelfedern sollen die Neigung haben, sich bei längerem Gebrauch aufzuwickeln. Über die Abhängigkeit der elastischen Eigenschaften von der Temperatur vgl. Ziff. 27.

Der Zeiger ist als Messerzeiger ausgebildet; bei höheren Ansprüchen an die Ablesegenauigkeit verwendet man Zeiger, die einen gespannten Faden tragen. Die Skala ist mit einem Spiegel unterlegt, der eine parallaxenfreie Einstellung ermöglicht.

27. Die innere Schaltung. Das Instrument verhält sich gegenüber Temperaturänderungen verschieden, je nachdem es als Strommesser ohne Nebenwiderstand, als Strommesser mit Nebenwiderstand nach Abb. 28 oder als Span-

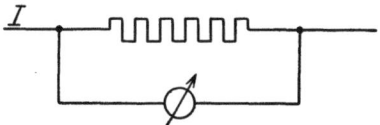

Abb. 28. Schaltung als Strommesser.

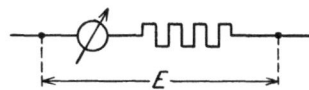

Abb. 29. Schaltung als Spannungsmesser.

nungsmesser mit Vorwiderstand nach Abb. 29 gebraucht wird. Das ist bei der Beurteilung der Wirksamkeit der inneren Schaltung zu berücksichtigen.

Das Material der Spulenwicklung ist Kupfer, dessen Widerstand R_1 sich mit der Temperatur ändert. Der Gebrauch des Drehspulgalvanometers als Spannungsmesser setzt einen unveränderlichen Instrumentwiderstand voraus. Aus diesem Grunde wird der Spule stets ein von der Temperatur unabhängiger Widerstand R_2 (Manganin) vorgeschaltet. Ist a_1 der Temperaturkoeffizient des Kupfers, so ist der resultierende Temperaturkoeffizient des Gesamtwiderstandes $R = R_1 + R_2$:

$$a = a_1 \frac{R_1}{R_1 + R_2}.$$

Die Temperatur beeinflußt nicht nur den Widerstand der Wicklung, sondern sie verändert auch die Richtkraft der Feder in dem Sinne, daß mit steigender Temperatur die Richtkraft abnimmt. Beide Einflüsse, die Erhöhung des Widerstandes der Spule, d. h. die Verminderung des Stromes in ihr, und die Verkleinerung der Richtkraft wirken einander entgegen und kompensieren sich zum Teil. Bei Verwendung von Bronze als Federmaterial mit einem Temperaturkoeffizienten des Torsionsmoduls von 0,02% je Grad würde eine vollständige Kompensation des Temperatureinflusses eintreten, wenn die Größe des Widerstandes R_2 so gewählt wird, daß der Temperaturkoeffizient des Gesamtwiderstandes $R_1 + R_2$ gleich 0,02 wird. Für $a_1 = 0,4\%$ ist das der Fall bei einem Widerstandsverhältnis $R_2/R_1 = 19$.

Für die Abgleichung des Instruments auf einen bestimmten Skalenwert wird dem Widerstande $R_1 + R_2$ in der Regel

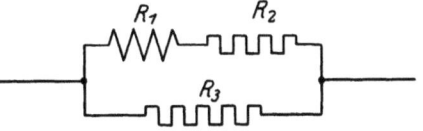

Abb. 30. Innere Schaltung des Präzisionsspannungsmessers.

ein temperaturunabhängiger Widerstand R_3 (Abb. 30) parallel geschaltet. Dieser hat auf den Temperaturkoeffizienten des Instruments keinen Einfluß, wenn es als Spannungsmesser oder als Strommesser in Verbindung mit Nebenwiderständen gebraucht wird, da er dem Gesamtwiderstande parallel liegt. Anders ist es bei der Verwendung des Instruments als Strommesser ohne Nebenwiderstand; ändert sich infolge von Temperaturänderungen der Gesamtwiderstand $R_1 + R_2$, so ist eine Änderung der Stromverteilung in beiden parallel geschalteten Zweigen die Folge. Das Verhältnis der Widerstände beider Zweige kann jedoch so gewählt werden, daß auch hier nur ein geringer Temperaturfehler bleibt.

Der Anteil des Spannungsabfalls, der bei der besprochenen Schaltung auf die Drehspule selbst entfällt, ist gering; er beträgt nur $1/20$ des gesamten Spannungsabfalls an den Klemmen des Instruments. Bei Millivoltmetern, die bei einer Spannung von 30 bis 50 mV ihren maximalen Ausschlag erreichen sollen, kann man dieses Verhältnis nicht einhalten; man würde nicht die gewünschte Empfindlichkeit erreichen. Bei ihnen wird häufig von einer von SWINBURNE angegebenen und von KOLLERT[1]) näher behandelten Schaltung Gebrauch gemacht, bei der der Spule ein wesentlich höherer Anteil am Spannungsabfall gegeben werden kann. Der der Spule R_1 und ihrem Vorwiderstande R_2 parallel geschaltete Widerstand R_3 besteht im Gegensatz zu der vorigen Schaltung aus einem Material von hohem Temperaturkoeffizienten, meist Kupfer. Dieser Kombination von Widerständen ist nach Abb. 31 ein vierter Widerstand R_4 aus Manganin vorgeschaltet. Die Wirksamkeit dieser Anordnung läßt sich kurz so beschreiben: bei steigender Temperatur ist die relative Zunahme des Widerstandes von R_3 größer als von $R_1 + R_2$; daher würde, eine konstante Spannung zwischen den Punkten A und B vorausgesetzt, der Strom in $R_1 + R_2$ weniger stark abnehmen als in R_3. Will man erreichen, daß der Strom in der Spule R_1 bei Temperaturänderung konstant bleibt, so muß man dafür sorgen, daß die Spannung zwischen den Klemmen A und B in gleichem Maße sich ändert wie der Widerstand von $R_1 + R_2$. Diese gewünschte Änderung der Spannung bewirkt der Widerstand R_4, dessen Spannungsabfall von dem Gesamtstrom und daher von der Temperatur abhängig ist. Seine Größe wird so bemessen, daß bei konstanter Spannung an den Klemmen des Instruments die Teilspannung an AB in gleichem Maße mit der Temperatur sich ändert, wie der Widerstand $R_1 + R_2$. Dann bleibt der Strom in $R_1 + R_2$ konstant, dagegen ändert sich der Strom in dem Parallelzweige wegen des höheren Temperaturkoeffizienten von R_3. Daher muß, wenn das Instrument richtig abgeglichen ist, der Gesamtstrom bzw. der Gesamtwiderstand sich mit der Temperatur etwas ändern.

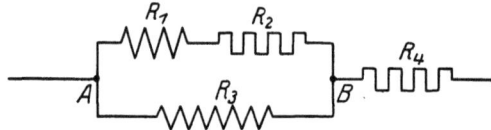

Abb. 31. Schaltung von SWINBURNE.

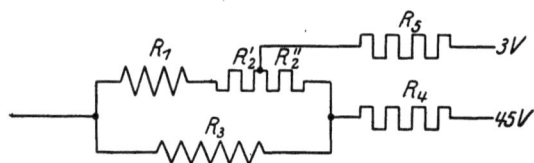

Abb. 32. Innere Schaltung der Millivolt- und Amperemeter von Siemens & Halske.

Eine nähere Diskussion der Schaltung[2]) ergibt, daß sich das Instrument nur für zwei Temperaturen richtig abgleichen läßt. Zwischen beiden Werten treten wieder Abweichungen auf, die allerdings gering sind.

Der Nachteil der Schaltung ist, daß die Brauchbarkeit der Instrumente als Strommesser ohne Nebenwiderstand eingeschränkt ist; sie zeigen einen beträchtlichen Temperaturfehler von 0,1 bis 0,2% je Grad. Auch bei Verwendung von Nebenwiderständen muß darauf geachtet werden, daß der Strom im Nebenschluß mindestens das 10fache des Instrumentstroms ist.

Auch die Messung höherer Spannungen unter Vorschaltung von Widerständen ist bei diesen Instrumenten nicht ohne weiteres statthaft; der Vorwiderstand addiert sich zu dem Widerstande R_4, so daß die Abgleichung nicht mehr richtig ist. Aus diesem Grunde wird bei den Instrumenten von Siemens & Halske, deren innerer Widerstand 10 Ohm beträgt, eine besondere Schaltung nach Abb. 32 gewählt[3]). Der Widerstand R_2 ist so angezapft, daß die Temperatur-

---

[1]) J. KOLLERT, Elektrot. ZS. Bd. 31, S. 1219. 1910; Bd. 32, S. 299 u. 482, 700. 1911.
[2]) Vgl. J. KOLLERT, l. c.
[3]) W. SKIRL, Meßgeräte und Schaltungen für Wechselstromleitungsmessungen. 2. Aufl., S. 234. Berlin 1923.

koeffizienten von $R_1 + R_2'$, sowie von $R_3 + R_2''$ einander gleich sind. Dann bleibt die Stromverteilung in beiden Zweigen die gleiche. Der Widerstand R_5 ist schon bei einer Spannung von 3 Volt so groß, daß der Temperaturkoeffizient des Instruments verschwindend klein ist.

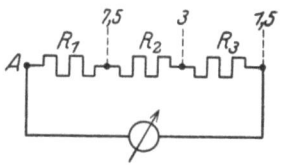

Abb. 33. Schaltung der Nebenwiderstände für Strommessung.

28. Äußere Schaltung. Die Nebenwiderstände für die Strommessung sind nach Abb. 33 für die kleineren Stufen in der Regel zu mehreren vereinigt. Bei Verwendung des Meßbereichs 1,5 A wird an die Klemme A und 1,5 A angeschlossen; sämtliche Nebenwiderstände sind hintereinandergeschaltet. Im Meßbereich 7,5 A addieren sich die Widerstände R_2 und R_3 zu dem Instrumentwiderstand. Indessen ist der Spannungsabfall bei dem kleinen Instrumentstrom sehr gering; er wird durch entsprechende Dimensionierung von R_1 ausgeglichen.

29. Eigenschaften der Drehspulzeigerinstrumente. Der Einfluß der Temperatur ist bereits in Ziff. 27 eingehend behandelt worden. Zu ergänzen ist noch, daß auch die Remanenz des Feldmagneten von der Temperatur beeinflußt wird. Nach Messungen von GUMLICH[1]) hat man bei steigender Temperatur mit einer Abnahme des Magnetismus von 0,02 bis 0,03% je Grad zu rechnen.

Bei allen Überlegungen über den Einfluß der Temperatur in Ziff. 27 ist eine gleichmäßige Temperaturänderung aller in Betracht kommenden Teile des Instruments vorausgesetzt. Diese Voraussetzung trifft nicht zu, soweit Erwärmung durch die Stromwärme, die besonders in den Vorwiderständen auftritt, in Frage kommt. Eine ungleichmäßige Erwärmung beeinträchtigt naturgemäß die Wirksamkeit der Kompensationsschaltungen. Die Folge ist, daß sich Unterschiede in den Angaben des Instruments zeigen, je nachdem das Instrument kürzere oder längere Zeit eingeschaltet ist, ein Fehler, der mehrere Zehntel Skalenteile betragen kann.

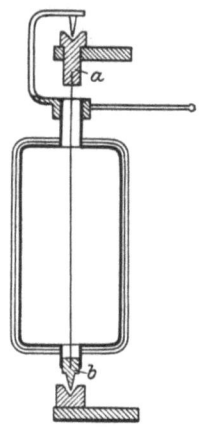

Abb. 34. Systemaufhängung nach MOHS.

Den Einfluß äußerer magnetischer Felder sucht man durch einen guten magnetischen Schluß nach Möglichkeit zu unterdrücken. Die durch das Erdfeld hervorgerufenen Änderungen können auf weniger als $1/1000$ beschränkt werden. Größer ist die gegenseitige Beeinflussung nebeneinander aufgestellter Instrumente. Nach Messungen von KEINATH[2]) muß der Abstand 20 cm betragen, wenn der Fehler kleiner als 1 Promille bleiben soll. Besonderes Augenmerk ist bei der Messung stärkerer Ströme auf die Führung der Zuleitungen zu richten. Bei Schleifenbildung können stärkere Ströme ganz bedeutende Fehler hervorrufen. Die Leitungen sind daher nach Möglichkeit bifilar zu führen.

30. Drehspulzeigergalvanometer. Zeigerinstrumente, die an Empfindlichkeit den Spiegelgalvanometern nahekommen, werden sowohl mit Spitzenlagerung der Spule, als auch mit Faden- oder Bandaufhängung hergestellt. Ihre Empfindlichkeit liegt je nach der Größe des inneren Widerstandes in der Größenordnung von 10^{-6} bis 10^{-7} A für einen Skalenteil Ausschlag. Die Instrumente mit Faden- oder Bandaufhängung müssen in ähnlicher Weise wie die Spiegelgalvanometer nach einer Libelle genau justiert werden. Diese Justierung erübrigt sich bei einer Aufhängung, die von MOHS[3]) angegeben und von HARTMANN und BRAUN hergestellt wird. Nach Abb. 34 ist der Aufhängefaden unten am Rahmen der Spule, also unterhalb ihres Schwer-

---

[1]) E. GUMLICH, Ann. d. Phys. Bd. 59, S. 669. 1919.
[2]) G. KEINATH, Die Technik der elektrischen Meßgeräte, S. 59.
[3]) M. MOHS, Phys. ZS. Bd. 11, S. 55. 1910.

punktes befestigt. Der Faden allein trägt die Spule; die beiden Spitzenlager a und b verhindern lediglich das seitliche Ausschwingen der Spule. Eine merkliche Reibung findet in ihnen nicht statt, weil die Spitzen vom Gewicht des Systems entlastet sind. Die Empfindlichkeit eines mit dieser Aufhängung versehenen Zeigergalvanometers von 280 Ohm Widerstand ist $3,2 \cdot 10^{-7}$ A für einen Ausschlag von einem Bogengrad gleich einem Skalenteil von etwa 1,5 mm Länge.

31. Kreuzspulinstrumente. Zwei auf gleicher Achse befestigte und miteinander starr verbundene Spulen, deren Windungsflächen einen bestimmten Winkel einschließen, sind frei drehbar in dem Felde eines permanenten Magneten gelagert. Eine richtkraftgebende Spiralfeder ist nicht vorhanden. Wird ein solches Spulensystem von einem Strome durchflossen, so ist seine Lage lediglich durch die Richtung des resultierenden Magnetfeldes der Spulen gegeben. Das System stellt sich so ein, daß die Kraftlinien des resultierenden Feldes und die des Richtfeldes einander parallel und gleichgerichtet

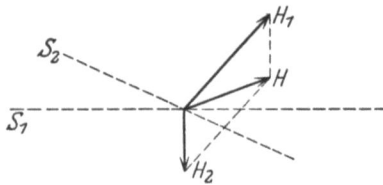

Abb. 35. Diagramm der Felder bei Kreuzspulinstrumenten.

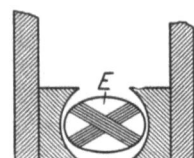

Abb. 36. Magnet, Spule und Kern der Kreuzspulinstrumente.

verlaufen. In dem Diagramm nach Abb. 36 mögen s_1 und s_2 die Lage der Windungsflächen der Spulen andeuten, die Pfeile H_1 und H_2 die Richtung und Größe ihrer Felder. Dann ist die Richtung des resultierenden Feldes H, die allein für die Einstellung des Spulensystems maßgebend ist, nur durch das Verhältnis der Felder H_1 und H_2 bestimmt. Instrumente dieser Art werden daher als Verhältnisinstrumente oder Quotientenmesser bezeichnet.

Bei den Drehspulinstrumenten nach Abb. 26 ist ein zylindrischer Eisenkern im Innern der Spule angeordnet. Daher verlaufen die Kraftlinien in radialer Richtung. Eine solche Kraftlinienverteilung würde bei einem Kreuzspulinstrument eine labile Einstellung zur Folge haben. Bei ihnen ist es nötig, daß die Kraftlinien einander parallel verlaufen, oder daß die Kraftliniendichte in einer bestimmten Richtung ein gut ausgeprägtes Maximum hat. Daher wird dem Kern E, wenn ein solcher überhaupt Verwendung findet, eine elliptische Form gegeben (Abb. 36).

32. Widerstandsmesser. Kreuzspulinstrumente sind zuerst von BRUGER[1]) als direkt anzeigende Widerstandsmesser in der aus Abb. 37 ersichtlichen Schaltung beschrieben worden. Das auf jede Spule ausgeübte Drehmoment ist proportional dem Strom, der durch die Spule fließt, und proportional einer Funktion des Ausschlagwinkels α. Das Gesamtdrehmoment ist daher:

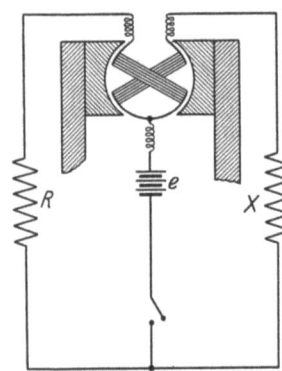

Abb. 37. Kreuzspulinstrument als Widerstandsmesser nach BRUGER.

$$D = c_1 f_1(\alpha) i_1 - c_2 f_2(\alpha) i_2.$$

Dem zweiten Ausdruck ist das negative Vorzeichen gegeben, weil die Richtung der Ströme in den Spulen so gewählt ist, daß die beiden Drehmomente einander entgegenwirken. In der angegebenen Schaltung wirkt auf beide Stromkreise die EMK e. Daher ist

$$i_1 = \frac{e}{X + r_1}; \qquad i_2 = \frac{e}{R + r_2},$$

---
[1]) TH. BRUGER, Elektrot. ZS. Bd. 15, S. 333. 1894; Bd. 27, S. 631. 1906; Phys. ZS. Bd. 7, S. 775. 1906.

wenn X der zu messende unbekannte Widerstand, R ein unveränderlicher Widerstand, r_1 und r_2 die Spulenwiderstände sind. Das System stellt sich so ein, daß $D = 0$ wird. Daher erhält man die Beziehung

$$\frac{f_1(\alpha)}{f_2(\alpha)} = F(\alpha) = C\frac{X + r_1}{R + r_2} \quad \text{oder} \quad X = C'F(\alpha) + c.$$

Der Ausschlag α ist lediglich eine Funktion des Widerstandes X; alle anderen Größen sind Konstante. Von der Spannung e ist die Einstellung unabhängig.

Bei den nach den Angaben von BRUGER gebauten Instrumenten reicht das Meßbereich vom Einfachen bis zum Hundertfachen, z. B. von 0,1 bis 10 Ohm. Durch Zuschalten eines eingebauten Nebenschlusses zum Vergleichswiderstand kann das Meßbereich noch um den Faktor 10 verkleinert werden, so daß ein Bereich von 1 bis zum 1000 fachen umfaßt wird.

Ein Widerstandsmesser für sehr kleine Widerstände (bis 10^{-6} Ohm) ist von EVERSHED[1]) angegeben. Eine Modifikation des Drehspulsystems beschreibt HELD[2]). Zwei gekreuzte, übereinanderliegende Spulen bilden das System eines Widerstandsmessers von EVERETT-EDGECUMBE[3]).

33. Amperestundenzähler. Die Messung der Stromstärke mit Hilfe eines Drehspulinstruments kann in eine Messung der Strommenge übergeführt werden, wenn man den Ausschlag der Drehspule nicht durch die Gegenkraft einer Spiralfeder begrenzt, sondern wenn man die Spule in Rotation versetzt. Bei den als Amperestunden- oder Magnetmotorzählern bezeichneten Meßgeräten (Abb. 38) wird zu diesem Zwecke das System nach Art des Ankers eines Gleichstrommotors aus mehreren Windungen hergestellt, denen der Strom über einen Kommutator (Kollektor) durch feine, schleifende Bürsten aus Edelmetall zugeführt wird. Im Felde eines permanenten Magneten gerät dann das System bei Stromdurchgang in Rotation. Das Drehmoment und daher auch die Rotationsgeschwindigkeit ist der Stromstärke im Anker proportional. Mit der Achse des Systems ist eine Aluminium- oder Kupferscheibe starr verbunden. Bei ihrer Bewegung in dem Felde des Magneten werden Wirbelströme induziert, deren Felder rückwirkend die Bewegung des Systems bremsen. Das bremsende Drehmoment ist proportional der Umlaufsgeschwindigkeit, daher ist im Gleichgewichtszustande, in dem bremsendes und treibendes Drehmoment einander gleich sind, die Umlaufsgeschwindigkeit dem Ankerstrom proportional, und die Zahl der Umdrehungen während eines Zeitraumes T ist ein Maß für die gesamte durch den Anker geflossene Elektrizitätsmenge $Q = \int\limits^{T} I\, dt$. Die Umdrehungen werden auf ein Zählwerk übertragen; die Übersetzung wird so gewählt, daß das Zählwerk unmittelbar Amperestunden angibt. Wird der Strom I von einer Stromquelle konstanter Spannung E geliefert, so kann das Zählwerk in der Einheit der Stromarbeit EQ, in Kilowattstunden, geeicht werden.

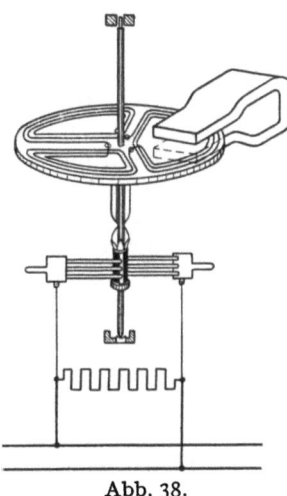

Abb. 38. Amperestundenzähler.

Der Anker der Magnetmotorzähler wird entweder trommelförmig oder nach Abb. 38 scheibenförmig ausgebildet. Seine drei Wicklungen sind flache Spulen, die auf einer gleichzeitig als Bremsscheibe dienenden Aluminiumscheibe

---

[1]) Vgl. Elektrot. ZS. Bd. 46, S. 465. 1925.
[2]) S. HELD, Gen. Electr. Rev. Bd. 15, S. 591. 1926; Ref. Elektrot. ZS. Bd. 47, S. 1330. 1926.
[3]) Ref. s. Electrician Bd. 87, S. 460. 1921.

befestigt sind. Ähnlich wie bei den Strommessern durchfließt der Strom I einen Nebenwiderstand, von dem der Ankerstrom abgezweigt wird.

Eine große Meßgenauigkeit ist mit den Zählern dieser Art auf die Dauer nicht zu erreichen. Der Spannungsverlust in dem Nebenwiderstand darf 1 bis 1,5 Volt nicht übersteigen. Bei kleineren Belastungen liegt daher nur eine sehr geringe Spannung an den Bürsten des Zählers, und kleine Änderungen des Übergangswiderstandes zwischen Bürsten und Kommutator verursachen erhebliche Fehler.

c) Saiten- und Schleifengalvanometer.

34. Saitengalvanometer. Auf einen im Felde eines permanenten Magneten senkrecht zu den magnetischen Kraftlinien ausgespannten Draht wirken bei Stromdurchgang Kräfte, die ihm eine seitliche Ausbiegung erteilen. Gibt man dem Drahte eine sehr geringe Masse, so daß er durch kleine Direktionskräfte in Spannung erhalten und nach der Ausbiegung wieder in die Ruhelage zurückgeführt werden kann, so können Ströme von sehr geringer Stärke in starken Magnetfeldern Ausbiegungen hervorrufen, die durch ein Mikroskop von hinreichender Vergrößerung beobachtbar sind. Mit der geringen Trägheit des Fadens ist gleichzeitig eine sehr geringe Schwingungsdauer verbunden, die den Ablauf schneller Stromänderungen zu verfolgen gestattet. Das erste empfindliche Galvanometer nach diesem Prinzip ist von EINTHOVEN[1]) gebaut worden. Ein von ADER[2]) im Jahre 1897 beschriebener, nach dem gleichen Prinzip arbeitender Apparat zur Registrierung von Telegraphenzeichen, dessen 0,02 mm dicker Kupfer- oder Aluminiumdraht auf lichtempfindliches Papier projiziert wurde, hatte nicht die Empfindlichkeit, die EINTHOVEN erreichte.

Ist die seitliche Ausbiegung des Drahtes klein gegen seine Länge, so ist die Ausbiegung der Stärke des Stromes proportional. Nach EINTHOVEN ist für eine bestimmte Feldstärke und Feldverteilung längs der Seite die Stromempfindlichkeit

$$S = \frac{a}{i} = \frac{T^2}{4\pi^2} \cdot \frac{1}{k},$$

wenn a die Ausbiegung, T die Schwingungsdauer und k eine dem Trägheitsmoment proportionale Größe ist. Die Empfindlichkeit hängt von der Saitendicke ab und ist der Spannung der Saite umgekehrt proportional. Die Schwingungsdauer läßt sich in weiten Grenzen durch Änderung der Direktionskraft, d. h. der Fadenspannung, verändern. Bei geringer Spannung, d. h. bei großer Empfindlichkeit, beträgt sie mehrere Sekunden, bei großer Spannung kann sie bis auf die Größenordnung von tausendstel Sekunden vermindert werden. Die Bewegungen der Saite werden nicht nur durch die elektrodynamische Wirkung der induzierten Ströme gedämpft, sondern auch durch den Luftwiderstand. Der Anteil der Luftdämpfung wächst mit der Geschwindigkeit der Saitenbewegung; bei großer Schwingungsdauer ist sowohl die Luftdämpfung wie die elektrodynamische Dämpfung so gering, daß sie vergrößert werden muß. EINTHOVEN legt zu diesem Zwecke dem Galvanometer einen Widerstand und einen Kondensator parallel. Das gegenseitige Verhältnis von Kapazität und Widerstand bestimmen dann die Dämpfung, die auf diese Weise aperiodisch gemacht werden kann.

Eine vollständige Theorie des Saitengalvanometers ist wegen der Kompliziertheit der Verhältnisse bisher nicht aufgestellt worden. Eine Theorie der Saitenschwingung hat P. HERTZ[3]) gegeben. Er betrachtet die Vorgänge beim

---

[1]) W. EINTHOVEN, Ann. d. Phys. Bd. 12, S. 1059. 1903; Bd. 21, S. 483 u. 665. 1906.
[2]) Vgl. M. EDELMANN, Phys. ZS. Bd. 7, S. 115. 1906.
[3]) P. HERTZ, ZS. f. Math. u. Phys. Bd. 58, S. 1. 1910.

Einschalten eines Gleichstroms und diskutiert die Bewegung der Saite bis zu ihrem ersten Umkehrpunkte. Der Einfluß der Luftdämpfung wird nicht berücksichtigt. FÖRSTER[1]) untersucht die Bewegung der Saite mit und ohne Luftdämpfung sowie die Abhängigkeit der Empfindlichkeit von der Frequenz beim Einschalten eines einwelligen Wechselstroms. Bezüglich aller Einzelheiten muß auf die Originalarbeiten verwiesen werden.

35. Ausführungsformen des Saitengalvanometers. Eine einfache Ausführung mit permanenten Magneten stammt von M. EDELMANN; sie ist in Abb. 39 skizziert. Das Magnetsystem besteht aus zwei kräftigen permanenten Magneten; der Faden ist ein versilberter Quarz-, Gold- oder Platinfaden. Die erreichbaren Empfindlichkeiten sind nach Angaben von EDELMANN in der untenstehenden Tabelle angeführt. Höhere Empfindlichkeit läßt sich mit einem ähnlich gebauten einfachen Instrument erzielen, das mit einem Elektromagneten ausgestattet ist. Die höchsten Empfindlichkeiten werden mit einem großen Modell erreicht, das aus der ursprünglichen Form des EINTHOVENschen Galvanometers entstanden ist. Zur Ablesung werden Mikroskope mit 60- bis 1000facher Vergrößerung verwendet; für die Aufzeichnung schneller Vorgänge sind photographische Registriervorrichtungen vorgesehen.

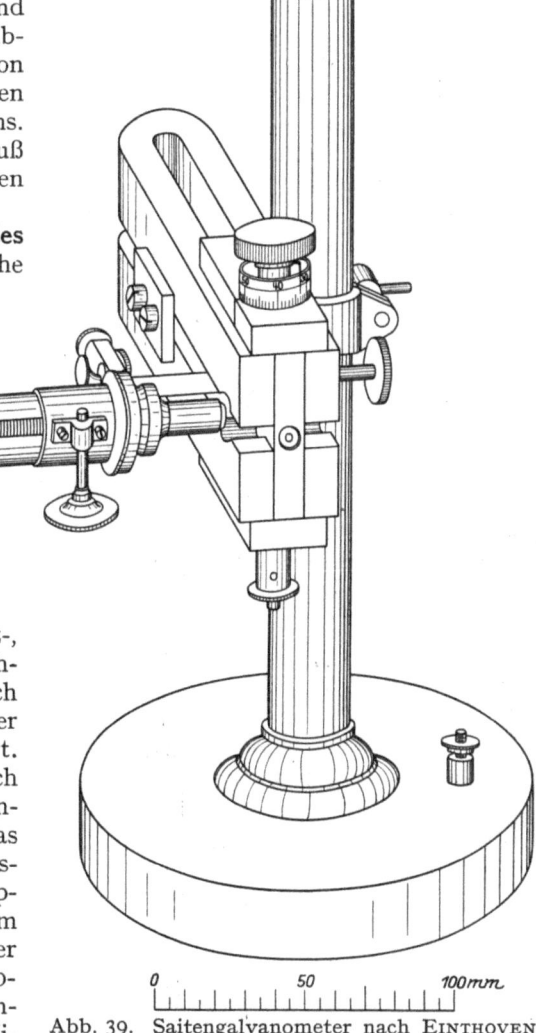

Abb. 39. Saitengalvanometer nach EINTHOVEN von M. EDELMANN.

Nebenstehende Tabelle gibt die Empfindlichkeit des kleinen Instruments mit permanenten Magneten bei 100facher Vergrößerung und aperiodischer Einstellung für verschiedenes Saitenmaterial.

Tabelle 2.

Material der Saite	Durchmesser in μ	Widerstand in Ohm	Ausschlag = 1 mm	Ausschlag erfolgt in
Au	8,5	140	$7,5 \cdot 10^{-8}$ A	0,08 sec
Pt	3,8	4000	$3,6 \cdot 10^{-7}$ A	0,02 sec
SiO$_2$	2,5	10000	$8,3 \cdot 10^{-7}$ A	0,01 sec

---

[1]) R. FÖRSTER, Elektrot. ZS. Bd. 35, S. 146. 1914. Weitere theoretische Arbeiten: L. S. ORNSTEIN, Proc. Amsterdam Bd. 17, S. 784. 1914; A. C. CREHORE, Phil. Mag. (6) Bd. 28, S. 207. 1914; M. GILDEMEISTER, Pflügers Arch. f. d. ges. Physiol. Bd. 195, S. 123. 1922.

Eine modifizierte Form des Saitengalvanometers, bei der das magnetische Feld von zwei parallel und symmetrisch zur Schwingungssaite ausgespannten stromdurchflossenen Drähten geliefert wird, beschreibt WERTHEIM SALOMONSON[1]). Andere Formen sind von HUTH[2]), von VON ANGERER[3]) (Photographische Registrierung mit hoher Geschwindigkeit) und von WILSON[4]) (einfache Ausführungsform) angegeben.

36. Das Schleifengalvanometer. Ein schleifenförmig gebogenes Metallband S von etwa 0,75 bis 1 μ Dicke, 0,5 mm Breite und 30 mm Länge ist zwischen den Polen von zwei permanenten Magneten M aufgehängt (Abb. 40 und 41); die

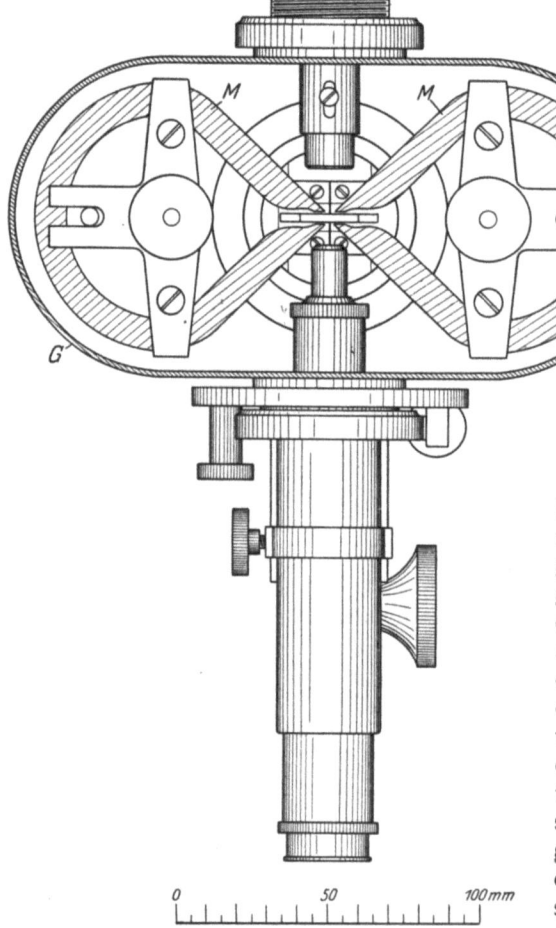

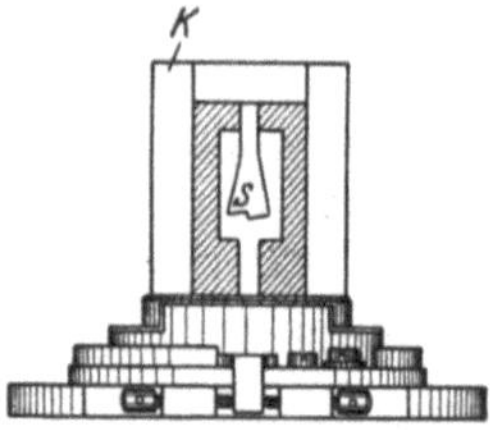

Abb. 41. Einsatz mit Schleife zum Schleifengalvanometer.

beiden Magnete stehen einander mit ungleichnamigen Polen gegenüber, so daß bei Stromdurchgang durch die Schleife ihre beiden Arme nach der gleichen Seite abgelenkt werden. Die Mitte des horizontal liegenden Teiles der Schleife ist vertikal nach unten gebogen (Abb. 41); auf diesen Teil wird zur Beobachtung der Bewegung ein Mikroskop von 80- bis 600facher Vergrößerung, das mit einer hundertteiligen Okularskala versehen ist, eingestellt, oder es wird dieser Teil mit Hilfe einer Projektionseinrichtung objektiv abgebildet. Das Galvanometergehäuse G ist in einer Gabel um eine horizontale Achse drehbar angeordnet; die Schleife kann daher in hängender, stabiler Lage, oder nach Drehung des Gehäuses um 180° stehend, in labiler Lage verwendet werden; in letzterer Lage ist die Empfindlichkeit um das 5- bis 6fache vergrößert.

Abb. 40. Schleifengalvanometer von Zeiß.

---

[1]) J. K. A. WERTHEIM SALOMONSON, Phys. ZS. Bd. 8, S. 195. 1907.
[2]) E. F. HUTH, Phys. ZS. Bd. 13, S. 38. 1912.
[3]) E. v. ANGERER, ZS. f. Instrkde. Bd. 42, S. 1. 1922.
[4]) E. WILSON, Proc. Phys. Soc. Bd. 36, S. 433. 1924.

Die Schleife ist von einem luftdicht schließenden Glaskasten K umgeben; der Schwingungsraum für die Schleife ist sehr schmal, so daß eine kräftige Luftdämpfung auf die Schwingungen wirkt. Als Richtkraft wirkt bei hängender Lage der Schleife im wesentlichen die Schwerkraft; in ihrer labilen Lage dagegen sind nur geringe elastische Kräfte als Richtkraft wirksam. Daher entstehen bei wechselnder Richtung der Ausschläge in dieser Lage Nullpunktsschwankungen von ± 1 Skalenteil. In der stabilen Lage bleiben die Nullpunktsänderungen auf 0,2 Skalenteile beschränkt, wenn die Ausschläge 50 Skalenteile nicht überschreiten.

Der innere Widerstand des Galvanometers beträgt 6 bis 10 Ohm; die Stromempfindlichkeit ist für je einen Skalenteil bei hängender Schleife und 80facher Vergrößerung $3 \cdot 10^{-7}$ A, bei 640facher Vergrößerung $3{,}7 \cdot 10^{-8}$ A; bei stehender Lage der Schleife sind die entsprechenden Werte $6 \cdot 10^{-8}$ A bzw. $7{,}5 \cdot 10^{-9}$ A.

Die Vorzüge des Instruments sind seine aperiodische Einstellung bei geringer Schwingungsdauer (etwa 0,6 Sek.), seine hohe Spannungsempfindlichkeit, die es besonders für thermoelektrische Messungen geeignet macht, sowie seine Unempfindlichkeit gegen mechanische Erschütterungen.

Das Schleifengalvanometer ist von MECHAU[1]) angegeben und wird von dem Zeiß-Werk, Jena, hergestellt.

III. Dynamometrische Instrumente.
a) Elektrodynamometer, Stromwagen.

37. Wirkungsweise. Der Sprachgebrauch bezeichnet als Elektrodynamometer diejenigen Apparate, bei denen eine bewegliche Spule sich im Felde einer feststehenden Spule **dreht**. Die Anwendung solcher Instrumente geht auf W. WEBER[2]) zurück, der sich ihrer zur absoluten Strommessung bediente. Die bewegliche Spule war bifilar innerhalb einer größeren Spule aufgehängt. In der Ruhelage stehen die beiden Spulenachsen senkrecht aufeinander. Der Apparat wird so orientiert, daß die Kraftlinien der beweglichen Spule in der Ruhelage denen des horizontalen Erdfeldes parallel laufen. Sind i und i' die Intensitäten der Ströme in der festen und in der beweglichen Spule, G die Galvanometerfunktion der festen Spule, F' die Windungsfläche der beweglichen Spule, D die Direktionskraft der Aufhängung und α der Ablenkungswinkel, so ist

$$F'G i i' \cos\alpha = D \sin\alpha \pm F'H i' \sin\alpha.$$

Das durch das Erdfeld hervorgerufene Drehmoment $F'H i' \sin\alpha$ ist je nach der Richtung des Stromes i' positiv oder negativ; daher kann durch Kommutieren der Ströme in beiden Spulen der Einfluß des Erdfeldes auf die Messung beseitigt werden. Die Anwendung der Dynamometer ist, soweit nicht absolute Messungen ausgeführt werden sollen, heute ausschließlich auf Wechselströme beschränkt; hier fällt der Einfluß des Erdfeldes von selbst heraus.

G ist eine Funktion des Winkels α. Der Reduktionsfaktor C, der durch die Beziehung bestimmt ist
$$i i' = C \operatorname{tg}\alpha, \tag{1}$$

ist — Gleichstrom vorausgesetzt — daher nur dann eine Konstante, wenn das Feld der feststehenden Spule vollkommen homogen ist. Andernfalls ist C von dem Winkel α abhängig, in ähnlicher Weise wie der Reduktionsfaktor der Tangentenbussole (Einfluß der Nadellänge).

---
[1]) R. MECHAU, Phys. ZS. Bd. 24, S. 242. 1923.
[2]) W. WEBER, Elektrodynamische Maßbestimmung. Bd. X. 1846; Pogg. Ann. Bd. 73, S. 194. 1848.

Für kleine Ausschlagswinkel α kann man mit großer Annäherung Proportionalität zwischen ii' und α annehmen:

$$ii' = C\alpha. \qquad (2)$$

Das gilt sowohl für die bifilare wie für die unifilare Aufhängung.

Sind beide Spulen in Serie geschaltet, so daß sie von dem gleichen Strome i durchflossen werden, so ist

$$i = C'\sqrt{\alpha}. \qquad (3)$$

In dieser Schaltung dient das Dynamometer zur Messung von Strömen oder von Spannungen. Für die Messung von Leistungen leitet man durch die eine Spule den Strom i, durch die andere Spule einen der Spannung e proportionalen Strom

$$i' = \frac{e}{R};$$

dann ist nach Gleichung (2):

$$ei = RC\alpha. \qquad (4)$$

R ist für Gleichstrom gleich dem OHMschen Widerstand des Spannungskreises, bei Wechselstrom ist u. U. der Einfluß der Induktivität zu berücksichtigen.

Die Beziehungen (2) und (4) gelten bei Wechselstrom für jeden Zeitmoment; der Ausschlagswinkel ist daher dem Mittelwert $M(ii_1)$ bzw. $M(ei)$ proportional. Dementsprechend liefert die Gleichung (3) den Mittelwert $\sqrt{M(i^2)} = I$, d. h. den Effektivwert des Stromes i (vgl. Bd. XV ds. Handb., Kapitel Wechselströme, Gleichung (4) die Leistung $M(ei) = EI\cos\varphi$, wenn E und I die Effektivwerte des Stromes und der Spannung, φ die Phasenverschiebung zwischen ihnen ist. Hat die an die Spannung gelegte Spule des Dynamometers eine merkliche Induktivität, so ist zu berücksichtigen, daß der Strom bzw. sein Feld nicht die gleiche Phase hat wie die Spannung; der Winkel der Phasenverschiebung ist durch $\operatorname{tg}\delta = \omega L/R$ gegeben. Näheres s. Kapitel 14 dieses Bandes.

Bei Torsionsdynamometern wird in ähnlicher Weise wie beim Torsionsgalvanometer die bewegliche Spule durch Tordieren einer Feder in die Anfangslage zurückgeführt. Ist das von der Feder ausgeübte Drehmoment dem Torsionswinkel α proportional, so gelten die Gleichungen (2) bis (4) streng, auch für große Winkel. Das Instrument wird so orientiert, daß die Ebene der beweglichen Spule in der Anfangslage genau senkrecht zum magnetischen Meridian steht; Orientierungsfehler können durch Kommutieren der Stromrichtungen in beiden Spulen eliminiert werden.

Die absolute Strommessung mit dem Elektrodynamometer ist unter der Voraussetzung möglich, daß der Wert des Reduktionsfaktors C in Gleichung (1) durch Rechnung ermittelt werden kann (vgl. hierüber Ziff. 39).

38. Spiegeldynamometer. Wie erwähnt, beschränkt sich die Anwendung der Elektrodynamometer fast ausschließlich auf Wechselstrom; daher ist es wichtig, bei dem Aufbau dieser Instrumente nach Möglichkeit Metallmassen zu vermeiden, in denen Wirbelströme entstehen und rückwirkend Fehler verursachen können. Abb. 42 und 43 zeigen den Aufbau eines Instruments von SIEMENS & HALSKE, bei dem der Körper K ganz aus Stein gefertigt ist, während die Spulenträger T aus Hartgummi bestehen. Beide Spulen, F und S, sind nach einem Vorschlage von FRÖHLICH[1]) kugelförmig gewickelt (Abb. 43). Nach MAXWELL bildet sich im Innern einer kugelförmigen Spule, die vollständig mit Draht umwickelt ist, ein vollkommen homogenes Magnetfeld aus. Wird in dem kugelförmigen Hohlraum eine zweite, ebenfalls kugelförmig gewickelte Spule derart aufgehängt, daß die Achsen bzw. die Windungsflächen aufeinander senk-

---

[1]) O. FRÖHLICH, Pogg. Ann. Bd. 143, S. 643. 1871.

recht stehen, so ist das Drehmoment, das beim Stromdurchgang ausgeübt wird, dem Kosinus des Ablenkungswinkels proportional (Ziff. 37). Der Reduktionsfaktor C wird eine Konstante.

Die bewegliche Spule S ist bei dem abgebildeten Instrumente an einem dünnen Metallbande unifilar aufgehängt. Dieses dient gleichzeitig als die eine Stromzuführung, während die andere durch eine Spiralfeder gebildet wird, die von der Systemachse senkrecht nach unten an die Grundplatte geführt ist. Die Dämpfung der Schwingungen erfolgt durch eine aus Isoliermaterial hergestellte Luftdämpfung D, zwei kreisrunde Scheiben, die sich in kreisförmig gebogenen und an einem Ende abgeschlossenen Röhren bewegen.

Ein von PALM[1]) beschriebenes und von HARTMANN & BRAUN hergestelltes Elektrodynamometer, bei dem die feste Spule von einer besonderen (synchronen) Stromquelle gespeist wird, zeigt einen anderen Aufbau. Die bewegliche Spule S (Abb. 44) besteht aus nur 7 Windungen sehr dünnen Kupferdrahtes; sie ist an einem kurzen Platin-Nickelband von 7 cm Länge aufgehängt. Der Widerstand einschließlich der Zuleitungen beträgt 18 Ohm. Bei 32 Ohm induktionsfreiem Vorwiderstand ist der Winkel der Phasenverschiebung zwischen Strom und Spannung infolge Induktivität der Spule nur etwa 10 Sek. (bei Frequenz 50). Die beiden festen Spulen bestehen aus je 4000 Windungen und haben zusammen einen Widerstand von etwa 800 Ohm,

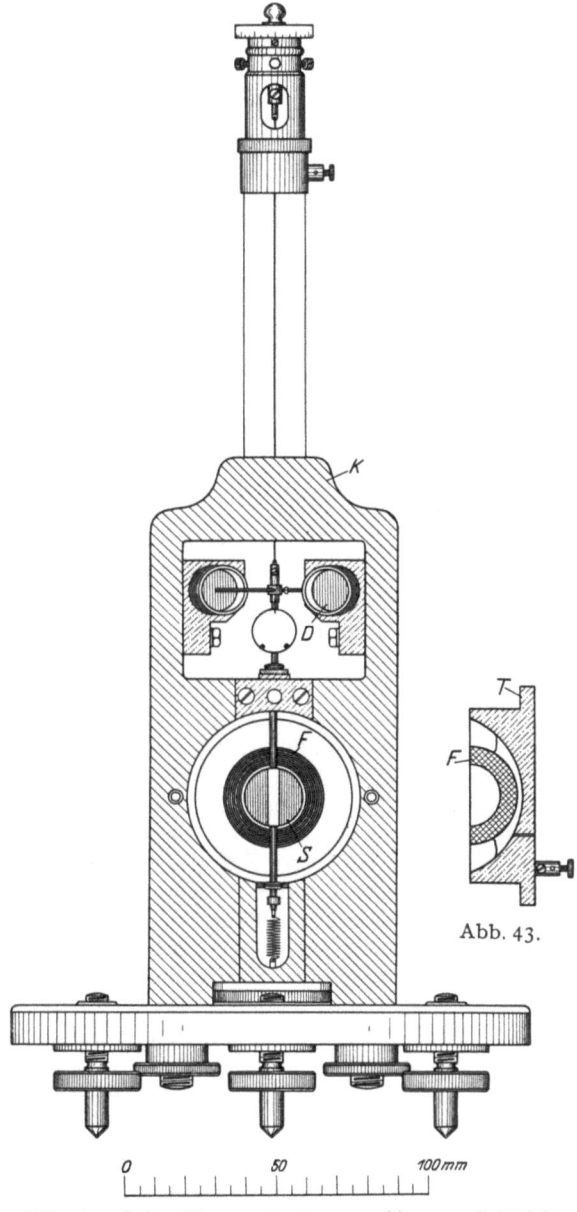

Abb. 42. Spiegeldynamometer von Siemens & Halske.
Abb. 43. Feldspule des Dynamometers nach Abb. 42.

ihre Induktivität beträgt 2 Henry. Bei einer Stromstärke von 30 mA in der festen Spule entspricht einem Strom von 10^{-6} A in der beweglichen Spule ein Ausschlag von 1 mm bei 2 m Skalenabstand.

---

[1]) A. PALM, ZS. f. Instrkde. Bd. 33, S. 368. 1913.

Bei Wechselstrom treten infolge des Skineffekts Verzerrungen der Spulenfelder auf; aus diesem Grunde pflegt man den Draht der Spulen vielfach zu unterteilen und zu verdrillen. Bei stärkeren Strömen und größeren Leiterquerschnitten hat auch dieses Verfahren keinen genügenden Erfolg. AGNEW[1]) erzeugt daher das Feld zwischen zwei konzentrischen ineinandergesteckten Kupferröhren. Bei dieser Anordnung hängt das Feld nur von der Stärke des Stromes und von dem Abstand des Feldpunktes von der Achse ab, nicht dagegen von der Gestalt des Leiters. Das aus zwei Spulen bestehende astatische bewegliche System wird so in dieses Feld gebracht, daß die eine Spule oberhalb, die andere unterhalb des inneren Rohres sich befindet. Durch das innere Rohr kann zwecks Ableitung der Stromwärme Wasser geleitet werden. Dann ist das Instrument bis 5000 A belastbar, während die Belastungsgrenze ohne Wasserkühlung bei 1000 A liegt. Einem Strom von 6 A entsprach ein Ausschlag von 1 mm bei 1 m Skalenabstand. Bis zur Frequenz 200 Per/sec blieb der Fehler infolge Feldverzerrung unter 0,1 mm.

Abb. 44. Dynamometer von Hartmann & Braun.

39. Absolute Elektrodynamometer. Stromwagen. Die Kraft P, die zwei von dem gleichen Strome i durchflossene Spulen aufeinander ausüben, läßt sich allgemein durch die Beziehung ausdrücken:

$$P = C i^2.$$

Ist die eine Spule fest gelagert, die andere, wie bei den Elektrodynamometern, drehbar, so ist P das Moment der Kraft, die die Spule zu drehen, also den Winkel zwischen beiden Spulen zu ändern sucht. Ist dagegen die bewegliche Spule, wie bei den sog. Stromwagen, parallel zur festen verschiebbar, so ist P die Kraft, die die Entfernung zwischen beiden Spulen zu verändern sucht. Im ersteren Falle wird die Kraft aus dem Drehungswinkel der an einem Faden aufgehängten Spule, im zweiten Falle durch eine Wägung gemessen. Ist die Bestimmung des Reduktionsfaktors C der Berechnung zugänglich, so gestatten beide Arten von Apparaten die Stromstärke i in absolutem Maße zu messen. Diese Aufgabe ist nach beiden Methoden unter erheblichem Aufwand an experimentellen Mitteln gelöst worden, mit dem Ziele, das internationale, elektrochemisch definierte Maß der Stromstärke, das Ampere, mit dem absoluten Ampere in Beziehung zu bringen. In England bildete eine Stromwage lange Zeit hindurch die gesetzliche Grundlage für die Einheit der Stromstärke.

Seit der gesetzlichen Festlegung der Einheit der Stromstärke kommen absolute Strommessungen für die Praxis nicht mehr in Frage. Wir können uns daher darauf beschränken, kurz das Prinzip der für absolute Strommessungen gebrauchten Apparate anzugeben. Im übrigen muß auf die Literatur verwiesen werden, aus der die grundlegenden Arbeiten unten[2]) angeführt sind, sowie auf Kap. 7 dieses Bandes.

Ein absolutes Dynamometer nach dem Prinzip des Dynamometers von WEBER ist von GRAY[2]) sowie von PATTERSON[3]) angegeben. Eine gegenseitige Drehung zweier Spulen liegt auch bei dem Dynamometer von v. HELMHOLTZ[4]) vor. Hier ist jedoch die drehbare Spule auf dem Balken einer empfindlichen Wage über dessen Drehungsachse befestigt (Abb. 45). Der Wagebalken hängt

---

[1]) P. G. AGNEW, Bull. Bureau of Stand. Bd. 8, S. 651. 1913; Phys. Rev. Bd. 32, S. 629. 1911.
[2]) A. GRAY, Absol. Measur. Bd. 2, S. 276. 1893; Phil. Mag. Bd. 33, S. 62. 1892.
[3]) C. W. PATTERSON, Phys. Rev. Bd. 20, S. 300. 1905; C. W. PATTERSON u. K. E. GUTHE, ebenda Bd. 7, S. 261. 1898.
[4]) K. KAHLE, Wied. Ann. Bd. 59, S. 532. 1896; Phys. ZS. Bd. 17, S. 97. 1897.

in zwei Silberbändern, die den Strom führen; der in Form eines Zylinderabschnitts ausgebildete Teil des Wagebalkens rollt sich bei der Drehung der Spule auf den Bändern ab. Bei der Stromwage von RAYLEIGH[1]) (Abb. 46) ist die bewegliche Spule auf der einen Seite eines

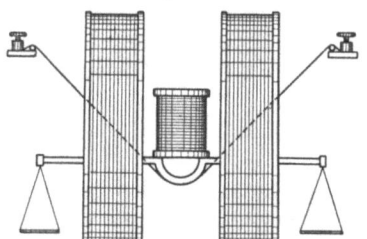

Abb. 45. Absolutes Dynamometer nach v. HELMHOLTZ.

Abb. 46. Stromwage nach Lord RAYLEIGH.

Wagebalkens aufgehängt und bewegt sich parallel zu zwei Feldspulen, die in gleicher Richtung vom Strome durchflossen werden, so daß die Kräfte sich addieren. Bei der Stromwage (Abb. 47) von Lord KELVIN[2]) tragen beide Wagebalken Spulen. Der Strom durchfließt die beiden beweglichen Spulen in entgegengesetzter

Abb. 47. Stromwage nach Lord KELVIN.

Richtung, so daß die Wirkung des Erdfeldes aufgehoben wird. Der Ausschlag der Wage wird durch aufgesetzte Reiter kompensiert.

40. Drehspulgalvanometer für Wechselstrom. Im Felde eines permanenten Magneten erfährt die Drehspule eines Galvanometers keine sichtbare Ablenkung, wenn sie von Wechselstrom durchflossen wird, dessen Periodendauer klein gegen die Schwingungsdauer des Galvanometersystems ist. Werden jedoch die permanenten Magnete durch Elektromagnete ersetzt[3]) und diese durch Wechselstrom von gleicher Frequenz erregt, so erhält man einen konstanten Ausschlag.

Die Wirkungsweise solcher Instrumente ist grundsätzlich die gleiche wie bei den dynamometrischen Spiegelinstrumenten. Während aber bei diesen die Anwendung von Eisen in den Feldern aus den in Ziff. 38 angeführten Gründen ausgeschlossen ist, ist sie bei den Wechselstromgalvanometern unbedenklich, weil sie nur als Nullinstrumente dienen.

Sehr empfindliche Galvanometer mit Wechselstromerregung sind von WEIBEL[4]) gebaut worden; seine theoretischen Untersuchungen über das Verhalten einer wechselstromdurchflossenen Spule im Wechselfeld lehren, daß sich das Wechselstromgalvanometer bezüglich Dämpfung und Schwingungsdauer ganz ähnlich verhält wie das Gleichstromgalvanometer. Näher auf diese Instrumente einzugehen erübrigt sich, da sie infolge der Überlegenheit der Resonanzinstrumente (Vibrationsgalvanometer) keine weitere Verbreitung gefunden haben.

b) Dynamometrische Zeigerinstrumente. Wattstundenzähler.

41. Allgemeines. Die Gleichungen (2) bis (4) in Ziff. 37 haben nur für kleine Ausschlagswinkel Gültigkeit und können daher nur auf Spiegelinstrumente angewendet werden. Bei Zeigerinstrumenten — Strom-, Spannungs- und Leistungsmessern für Wechselstrom — trifft diese Voraussetzung nicht zu. Das von den

---

[1]) Lord RAYLEIGH u. H. SIDGEWICK, Phil. Trans. Bd. 175, S. 411. 1885.
[2]) W. E. AYRTON, T. MATHER u. F. E. SMITH, Phil. Trans. Bd. 207, S. 463. 1908.
[3]) W. STROUD u. I. H. OATES, Phil. Mag. (6) Bd. 6, S. 707. 1903; H. ABRAHAM, C. R. Bd. 142, S. 993. 1906; W. E. SUMPNER u. W. C. S. PHILLIPS Phil. Mag. (6) Bd. 20, S. 309. 1910.
[4]) E. WEIBEL, Bull. Bureau of Stand. Bd. 14, S. 23. 1917; Scient. Pap. Bureau of Stand. 1917, Nr. 297.

Strömen i und i' ausgeübte Drehmoment ist, wenn zunächst Gleichstrom vorausgesetzt wird, dem Produkte beider proportional, ferner proportional einer Funktion des Ausschlagswinkels α, die nicht näher bekannt ist. Als Gegenkraft dient meist eine Spiralfeder; das von ihr ausgeübte Gegendrehmoment ist dem Ausschlagswinkel α proportional. Wenn beide Kräfte im Gleichgewicht sind, so gilt daher die Beziehung:

$$i i' f(\alpha) = c \alpha .$$

Gelingt es, die Funktion $f(\alpha)$ zu einer Konstanten zu machen, so ist bei Leistungsmessern die Leistung dem Ausschlage des Zeigers proportional, und es ergibt sich eine vollkommen gleichmäßige Teilung der Skala des Instruments.

Man hat früher den Windungen der Stromspule von Wattmetern komplizierte Formen gegeben, um die Proportionalität des Ausschlages mit der Leistung zu erzielen. In Deutschland hat wohl zuerst GOERNER mit einem von der Firma Hartmann & Braun hergestellten Leistungsmesser gezeigt, daß es möglich ist, lediglich durch geeignete Abmessung der Stromspule und der Spannungsspule den gleichen Erfolg zu erzielen; seinem Beispiel sind dann später alle Konstrukteure gefolgt. Welche Größenverhältnisse im einzelnen zu wählen sind, ist in der Literatur nicht bekanntgegeben; es ist anzunehmen, daß die günstigste Form rein empirisch gefunden wird.

42. Leistungsmesser. In Abb. 48 ist ein Leistungsmesser neuerer Ausführung schematisch gezeichnet. Die Lage der beiden Spulen und die Richtung ihrer Felder sind so gewählt, daß die Spulen aufeinander senkrecht stehen, wenn der Zeiger auf den mittleren Teilstrich der Skala einspielt. Die Anfangs- und Endlage der Spule ist dann durch einen Winkel von etwa 45° nach beiden Seiten hin begrenzt.

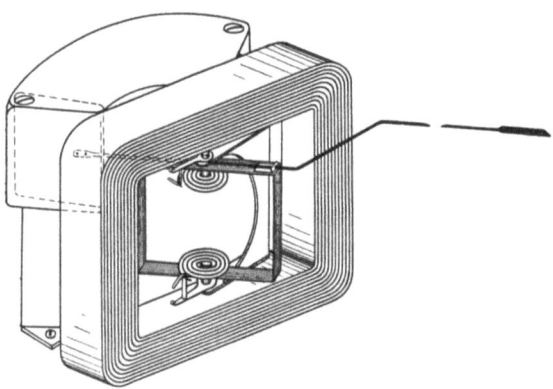

Abb. 48. Dynamometrischer Leistungsmesser.

Die Stromspule ist bei den Instrumenten amerikanischer Herkunft kreisrund, während die deutschen Konstrukteure die Rechtecksform bevorzugen. Die Spannungsspule liegt in der Regel innerhalb der Stromspule; nur für besondere Zwecke, z. B. für den Anschluß an Meßwandler, werden Instrumente hergestellt, bei denen die Spannungsspule die Stromspule umschließt. Es gelingt auf diese Weise, den Eigenverbrauch der Stromspule herabzudrücken, was mit Rücksicht auf die Meßgenauigkeit der Wandler erwünscht ist. Dieser Vorteil wird allerdings mit einer größeren Beeinflußbarkeit des Instruments durch fremde Magnetfelder erkauft.

Die Stromspulen werden zwei- oder viermal unterteilt. Das Parallel- und Hintereinanderschalten der einzelnen Teile ergibt Meßbereiche mit dem Verhältnis 1:2 oder 1:2:4.

Die innere Schaltung des Spannungskreises ist in Abb. 49 wiedergegeben. Der Drehspule R_1 und ihrem Vorwiderstande R_2 ist ein Abgleichwiderstand R_3 parallel geschaltet; er wird so bemessen, daß bei vollem Zeigerausschlag der Gesamtstrom im Spannungskreis einen bestimmten Betrag, meist 30 mA hat. Die Vorwiderstände R_4 für die verschiedenen Nennspannungen werden dann so abgestuft, daß immer die gleiche Stromstärke im Spannungskreis erhalten bleibt. Sie werden entweder in das Gehäuse eingebaut oder, wie es bei den Instrumenten deutscher Herkunft jetzt fast allgemein üblich ist, dem Instrument besonders beigegeben. In diesem Falle wird der Spannungskreis des Instruments selbst auf einen Betrag von 1000 Ohm abgeglichen, entsprechend einer Spannung von 30 Volt.

Temperaturänderungen sollen den Strom in der Drehspule nicht merklich ändern. Da die aus Manganin bestehenden Vorwiderstände einen sehr hohen Wert im Vergleich zu dem Widerstande der Drehspule haben, so ist bei einem Gesamtwiderstand von 3000 Ohm, entsprechend einem Meßbereich von 90 Volt, die Temperaturabhängigkeit praktisch gleich Null. Wenn auch bei Temperaturänderungen die Verteilung der Ströme auf die beiden parallel geschalteten Zweige (Abb. 49) sich ändert, so ist

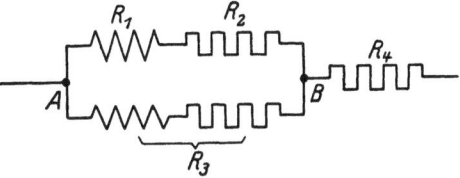

Abb. 49. Innere Schaltung des Spannungskreises der Leistungsmesser.

doch, weil R_3 einen verhältnismäßig hohen Betrag hat, die Stromänderung in der Spule so gering, daß ihr Einfluß auf die Größe des Zeigerausschlags durch die in entgegengesetztem Sinne wirkende Abhängigkeit der Richtfeder von der Temperatur ausgeglichen wird. Bei Gebrauch des Leistungsmessers mit Spannungen unter 90 Volt kann der Temperaturfehler merklich werden.

Der Strom in der Drehspule soll mit der Spannung am Instrument in gleicher Phase sein. Die Induktivität der Spule an sich ist gering; sie würde eine merkliche Phasenverschiebung des Stromes gegenüber der Spannung nicht verursachen, wenn nicht der parallel geschaltete Widerstand R_3 vorhanden wäre. Man übersieht die Verhältnisse am klarsten an einem Diagramm. In Abb. 50 gibt E_1 die Teilspannung an den Klemmen AB des Instruments nach Größe und Richtung. Der Strom I_1 im Drehspulzweig eilt wegen der Induktivität dieses Zweiges der Teilspannung E_1 um den Winkel φ nach, während der Strom I_2 mit der Spannung E_1 in Phase ist. I_1 und I_2 setzen sich zu dem Gesamtstrom I zusammen. Er ist in gleicher Phase mit der Teilspannung E_2, die an dem induktionsfreien Vorwiderstande liegt. E_1 und E_2 liefern, vektoriell zusammengesetzt, die Gesamtspannung E; ihr eilt der Strom I_1 in der Spule um einen beträchtlichen Winkel nach. Dieser Winkelfehler läßt sich, wie leicht zu übersehen ist, in einfacher Weise dadurch beseitigen, daß man einen Teil des Widerstandes R_3 induktiv wickelt; die

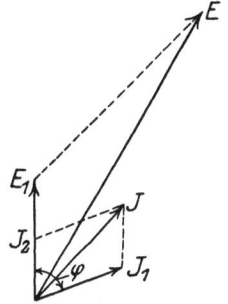

Abb. 50. Diagramm der Spannungen und Ströme im Spannungskreis.

Induktivität muß so bemessen sein, daß das Verhältnis der Blind- und Wirkwiderstände in beiden parallelen Zweigen das gleiche ist. Dann ist der Phasenfehler genau so klein, wie wenn keine Parallelschaltung vorhanden wäre. Auch diesen Rest kann man noch beseitigen, indem man die Induktivität von R_3 um einen entsprechenden Betrag vergrößert, ein Kunstgriff, der eine genaue Abgleichung nur für eine Frequenz liefert; er wird bei den Instrumenten von Siemens & Halske angewendet.

43. Eigenschaften der Leistungsmesser. Bei Leistungsmessern ohne Eisen ist die Voraussetzung für ihre Richtigkeit, daß die Felder in den Spulen dem Strome proportional sind, ohne weiteres erfüllt. Dagegen ist die Gleichheit der Phase des Feldes mit der des Stromes nicht ohne weiteres sicher. Das gilt insbesondere für das Feld des Hauptstroms. Wirbelströme und Skineffekt können hier eine Phasendifferenz hervorrufen, deren Richtung im voraus nicht bestimmbar ist. Es gelingt, durch Vermeidung von Metallteilen in der Nähe der Spulen und durch Unterteilung der Kupferleiter den Fehler für Stromstärken bis etwa 20 A so klein zu halten, daß er praktisch bedeutungslos ist; er liegt in der Größenordnung von 1 Min. bei Frequenz 50. Bei Leistungsmessern höherer Stromstärke verursacht er merkliche Fehler, die um so mehr in Erscheinung treten, je kleiner der Leistungsfaktor der zu messenden Leistung ist. Beim Leistungsfaktor 0 zeigt dann das Wattmeter noch einen Ausschlag, der bei Frequenz 50 bis etwa 0,5 Skalenteile betragen kann. Über den Phasenfehler im Spannungskreis ist bereits im vorigen Abschnitt Näheres ausgeführt. Seine Größe ist naturgemäß von der Höhe des vorgeschalteten induktionsfreien Widerstandes abhängig. Er liegt ebenfalls in der Größenordnung von einigen Minuten bei Frequenz 50 und ist daher bei dieser Frequenz praktisch bedeutungslos.

Die Stärke des vom Hauptstrom erzeugten Feldes ist verhältnismäßig gering. Daher kann bereits das Erdfeld die Messung um einen Betrag fälschen, der bis zu 0,5% des Skalenendwertes betragen kann. Bei Gleichstrommessungen ist aus diesem Grunde die Stromrichtung zu kommutieren, bei Wechselstrom ist auf den Einfluß des Feldes der Zuleitungen und anderer gleichphasiger Fremdfelder zu achten.

Die Phasenfehler nehmen mit steigender Frequenz zu; hierzu kommt noch eine weitere Störung. Die Wirkung der gegenseitigen Induktion der beiden Spulen sucht die Drehspule so zu bewegen, daß sie zur festen Spule senkrecht steht; in dieser Lage ist die gegenseitige Induktion Null. Am Anfange der Skale werden daher zu große, am Ende zu kleine Werte der Leistung gemessen. Dieser Einfluß nimmt mit dem Quadrate der Frequenz zu und ist außerdem von der Stromstärke abhängig. Während er bei Frequenz 50 nicht merklich ist, verursacht er bei Frequenz 500 bereits einen Fehler von 0,5% der gesamten Skalenlänge. Dieser Fehler zusammen mit den Phasenfehlern ist die Ursache, daß mit den Leistungsmessern bei Frequenz 500 keine höhere Genauigkeit als etwa 1% des Skalenendwerts erzielt werden kann. Dabei müssen noch besondere Ausführungen verwendet werden, bei denen der parallele Abgleichwiderstand zur Drehspule fortgelassen ist[1]). Der Einfluß der Wechselinduktion wird ausgeschaltet bei den Torsionsleistungsmessern, bei denen stets beide Spulebenen aufeinander senkrecht stehen (vgl. Ziff. 45).

Das kleinste Meßbereich für Leistungsmesser mit Spitzenlagerung der Spule ist 0,5 Amp. Für die Messung sehr kleiner Leistungen wird eine Steigerung der Empfindlichkeit dadurch erzielt, daß man die Drehspule an einem Faden oder Band aufhängt. Auch werden zum Teil astatische Systeme verwendet, zwei auf gleicher Achse befestigte Spulen, die entgegengesetzt gewickelt sind und deren eine innerhalb, deren andere außerhalb der Feldspule liegt.

44. Leistungsmesser mit Eisen. Mit Hilfe von Eisen ist es möglich, die Eigenfelder der Instrumente zu verstärken und gleichzeitig den Einfluß der Fremdfelder zu schwächen. Seiner Anwendung stehen die durch Remanenz und Hysterese hervorgerufenen Fehler im Wege, die bis vor nicht allzu langer Zeit die Brauchbarkeit solcher Instrumente für genauere Messungen stark einschränkten. In neuerer Zeit ist es gelungen, diese Fehler auf ein geringes Maß herabzudrücken. Überall dort, wo es bei der Ausführung von Messungen nicht möglich ist, den Einfluß von Fremdfeldern wirksam genug fernzuhalten, ist die Anwendung solcher eisengeschlossenen Instrumente zu empfehlen. Die Gesichtspunkte, nach denen ihr Aufbau zu erfolgen hat, sind zuerst von v. DOLIVO-DOBRO-

---

[1]) V . G. KEINATH, ZS. f. Fernmeldetechn. Bd. 1, S. 22. 1920.

WOLSKY[1]) klar erkannt worden. Unabhängig von ihm hat DRYSDALE[2]) die Konstruktion eines Leistungsmessers angegeben, der ähnlich gute Eigenschaften hatte.

Die Kurve, die die Abhängigkeit der Induktion von der Feldstärke oder die Beziehung zwischen der Magnetisierung und der Zahl der erregenden Amperewindungen darstellt, ist unter der Bezeichnung „Hysteresisschleife" wohlbekannt (vgl. Bd. XV). Verlaufen die Kraftlinien ausschließlich in Eisen, so hat sie etwa die in Abb. 51 durch die Linie A dargestellte Form. Die Remanenz, in der Abbildung durch die auf der Ordinatenachse abgeschnittenen Strecke dargestellt, ist im Verhältnis zur Maximalmagnetisierung groß; das gleiche gilt für die Koerzitivkraft im Verhältnis zur maximalen Zahl der Amperewindungen. Wird in den Weg der Kraftlinien ein genügend breiter Luftspalt eingeschaltet, so ist die Zahl der Amperewindungen, die für die gleiche maximale Magnetisierung erforderlich ist, ungleich größer als im ersten Falle. Die Magnetisierungskurve streckt sich in Richtung der Abszissenachse, etwa so, wie es die Kurve B in der Abb. 51 andeutet. Nunmehr ist die Remanenz im Verhältnis zur maximalen Magnetisierung klein geworden, ebenso die Koerzitivkraft im Verhältnis zu den maximalen Amperewindungen. Großer Luftspalt und kurze Eisenwege der Kraftlinien bei gleichzeitiger Anwendung großer Amperewindungszahlen der Stromspule machen also den Einfluß der Remanenz gering. Sie wirken in gleicher Weise auch auf eine Verkleinerung der Phasenverschiebung zwischen dem Hauptstrom und seinem Felde, die durch Hysteresis und Wirbelströme verursacht wird. In der vektoriellen Zusammensetzung erscheint der Strom als Resultante zweier aufeinander senkrechter Komponenten, des eigentlichen Magnetisierungsstroms, der in gleicher Phase mit dem Felde ist, und des Verluststroms. Das Größenverhältnis dieser beiden Komponenten bestimmt die Größe des Winkels der Phasenverschiebung zwischen dem Strom und seinem Feld. Sorgt man für einen hohen Magnetisierungsstrom, und das bewirken die obengenannten Maßnahmen, so kann der Winkel auf einen unschädlichen Betrag gebracht werden. Es gelang auf diese Weise DOBROWOLSKY, den Phasenfehler auf 0,3% der gesamten Skalenlänge bei einem Leistungsfaktor $\cos \varphi = 0$ herabzudrücken.

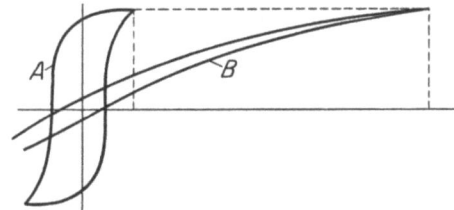

Abb. 51. Abhängigkeit der Induktion von der Feldstärke.

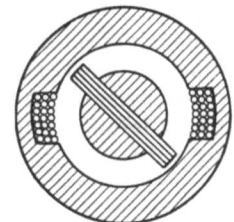

Abb. 52. Leistungsmesser mit Eisen nach v. DOLIVO-DOBROWOLSKY.

Die Anordnung des Eisens und der Spulen, wie sie dem nach den Angaben DOBROWOLSKYS von der Allgemeinen Elektrizitäts-Gesellschaft gebauten Leistungsmesser entspricht, ist in Abb. 52 gezeichnet. Die Instrumente haben ein Drehmoment von 0,8 gcm, etwa das Doppelte desjenigen der Leistungsmesser ohne Eisen. Der Hysteresefehler bei Gleichstrom für zu- und abnehmenden Strom beträgt 0,7% vom Höchstwert.

45. Torsionsdynamometer[3]). Die Torsionsdynamometer, deren Wirkungsweise in Ziff. 37 kurz angegeben ist, finden infolge der Vervollkommnung der

---
[1]) M. v. DOLIVO-DOBROWOLSKY, Elektrot. ZS. Bd. 34, S. 113. 1913. Patent der Allgemeinen Elektrizitäts-Gesellschaft vom Jahre 1909.
[2]) C. V. DRYSDALE, Electrician Bd. 63, S. 358. 1909.
[3]) Die Abb. 53 ist mit frdl. Genehmigung des Verf. dem Werke: G. Keinath, Die Technik der elektrischen Meßgeräte, München und Berlin, 1922, entnommen.

Ausschlagsinstrumente nur noch für die Messung sehr kleiner Leistungen Anwendung. Abb. 53 zeigt eine Ausführung nach DUDDELL-MATHER mit astatischer Anordnung der Spulen. Die Stromspulen sind mehrfach unterteilt, so daß Meßbereiche im Verhältnis von 1:10 hergestellt werden können. Bei voller Belastung der Strom- und Spannungsspulen wird eine ganze Umdrehung des Torsionskopfes bei $\cos\varphi = 0{,}1$ erreicht. Da nach erfolgter Einstellung das bewegliche System stets die gleiche Lage zu den Feldspulen hat, ist die Skalenteilung des Instruments in dem Maße gleichförmig, in dem eine Proportionalität des Torsionswinkels der Feder mit dem von ihr erzeugten Gegendrehmoment besteht. Das gleiche gilt für ein von CHAUMAT[1]) angegebenes Torsionswattmeter. Hier wird, ähnlich wie bei den Zeiger-Leistungsmessern nach Ziff. 42, die bewegliche Spule zwar aus ihrer Anfangslage abgelenkt, bis durch die Gegenkraft zweier sich spannender Spiralfedern das Gleichgewicht gehalten wird; dann aber wird die Feldspule von Hand so weit

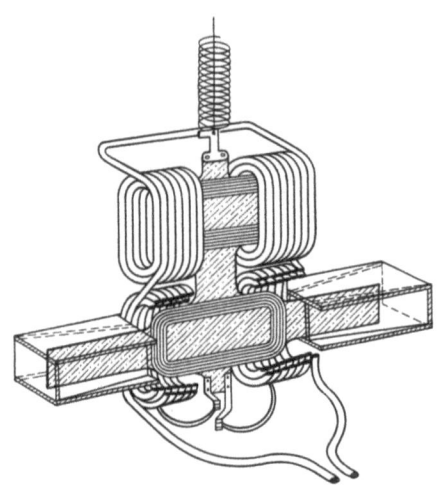

Abb. 53. Torsionsdynamometer nach DUDDELL-MATHER.

nachgedreht, daß sie zur beweglichen Spule wieder die gleiche Stellung einnimmt, wie in der Anfangslage. Der Torsionswinkel ist der Leistung genau proportional.

46. Dynamometrische Strom- und Spannungsmesser. In Ziff. 41 ist die Beziehung

$$ii'f(\alpha) = c\alpha$$

für Leistungsmesser diskutiert worden. Bei diesen Instrumenten wird der Ausschlag α der Leistung proportional, wenn $f(\alpha) = $ konst. ist. Bei Strom- und Spannungsmessern liegen die Verhältnisse anders. Hier sind die Ströme, wenn Feldspule und Drehspule hintereinandergeschaltet sind, in beiden Spulen gleich, oder sie stehen, wenn die Drehspule der Feldspule parallel gelegt ist, in einem konstanten Verhältnis $i = ni'$. Die obige Gleichung hat daher die Form:

$$i^2 f(\alpha) = c'\alpha.$$

Für $f(\alpha) = $ konst. würde sich demnach eine quadratische Teilung der Skala und somit große Unterschiede der Empfindlichkeit über den Skalenbereich ergeben, die unerwünscht sind. Man sucht daher durch eine besondere Form und Anordnung der Spulen Proportionalität des Stromes mit dem Ausschlage zu erzielen. Eine elegante Lösung dieses Problems stammt von BRUGER[2]). Während bei der üblichen Anordnung die Flächen der Feldspule und der Drehspule sich kreuzen, geht BRUGER von zwei ebenen Spulen aus, die in der Ruhelage einander parallel sind und deren eine um den Punkt 0 (Abb. 54) drehbar ist. Für $i = i'$ ist das Drehmoment, das beide Ströme aufeinander ausüben,

Abb. 54. Lage der Feldspulen nach BRUGER.

$$i^2 \frac{dG}{d\alpha} = c\alpha,$$

---

[1]) H. CHAUMAT, C. R. Bd. 174, S. 866. 1922.
[2]) TH. BRUGER, Elektrot. ZS. Bd. 25, S. 822. 1904; Phys. ZS. Bd. 4, S. 876. 1903.

wenn G eine Funktion ist, die durch Form und gegenseitige Lage der beiden Spulen bedingt ist. Um der gestellten Bedingung $i = c\alpha$ zu genügen, muß demnach

$$\frac{dG}{d\alpha} = \frac{c_1}{\alpha} \quad \text{oder} \quad G = c_1 \ln \alpha + c_1'$$

sein. BRUGER zeigt durch Rechnung, daß flache Spulen von Rechtecksform, die in der aus der Abb. 55 und 56 ersichtlichen Form angeordnet sind, der vorstehenden Bedingung Genüge leisten. Bei Stromdurchgang wird die bewegliche Spule von der festen abgestoßen. Die abstoßende Kraft nimmt schneller ab als $1/\alpha$. Dafür tritt aber eine Anziehung durch den umgebogenen Teil der feststehenden Spule ein. Es gelingt auf diese Weise, eine ziemlich vollkommene Proportionalität des Ausschlages mit dem Strome zu erzielen. Instrumente, bei denen der Kunstgriff BRUGERS keine Anwendung findet, haben von etwa $1/5$ des Endwerts der Skala ab eine nur angenähert lineare Skala; sie wird erzielt durch geeignete Dimensionierung der Spulen.

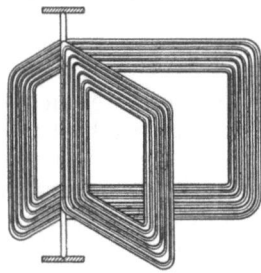

Abb. 55. Form der Feldspulen nach BRUGER.

Abb. 56. Schnitt durch die Spulen nach Abb. 55.

47. Innere Schaltung. Dynamometrische Strommesser. Der Drehspule wird der Strom durch die Spiralfedern, die die Richtkraft liefern, zugeführt. Da sie nur eine geringe Belastung vertragen, so kann man Drehspule und Feldspule nur dann hintereinanderschalten, wenn die Stromstärke etwa 0,5 A nicht übersteigt. Bei dieser Schaltweise haben Temperatur und Frequenz nur einen geringen Einfluß auf die Angaben des Instruments. Bei höheren Stromstärken wird nach Abb. 57 die Drehspule der Feldspule parallel gelegt. Die Stromverteilung in beiden Zweigen ist durch das Verhältnis ihrer Scheinwiderstände bestimmt; diese aber sind abhängig von der Frequenz. Es ist daher nötig, in beide Zweige noch je einen induktionsfreien Widerstand einzufügen; dadurch werden die Blindkomponenten der Widerstände klein gegen die Wirkkomponenten, so daß die Abhängigkeit des Scheinwiderstandes von der Frequenz nur gering ist. Damit die Stromverteilung in beiden Zweigen auch von der Temperatur unbeeinflußt ist, muß der Temperaturkoeffizient in beiden Zweigen angenähert der gleiche sein. Aber auch wenn diese Voraussetzung erfüllt ist, zeigt sich noch eine störende Erscheinung. Die Feldspulen werden durch den Strom sehr viel stärker erwärmt als die Drehspule; dabei nehmen sie wegen der größeren Kupfermassen die Endtemperatur erst allmählich an. Siemens & Halske vermeiden diesen „Anwärmefehler" dadurch, daß sie einen Teil des Widerstandes im Drehspulkreis aus Kupfer herstellen und ihn über die Feldspule wickeln. Der Anwärmefehler wird dadurch auf etwa 0,2% des Skalenwertes herabgedrückt.

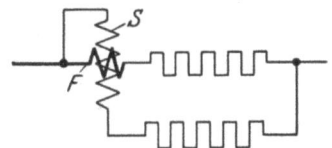

Abb. 57. Innere Schaltung der dynamometrischen Strommesser.

Die üblichen Meßbereiche für dynamometrische Strommesser sind 0,5 bis 100 Amp. Höhere Meßbereiche können nicht, wie bei Gleichstrom, durch Abzweigwiderstände hergestellt werden, sondern es sind hierfür Stromwandler erforderlich.

Dynamometrische Spannungsmesser. Ihre innere Schaltung ist wesentlich einfacher. Feldspule und Drehspule werden mit einem induktionsfreien Widerstand aus Manganin in Serie geschaltet. Die Größe des Vorwiderstandes richtet sich nach der Spannung. Durch ihn ist auch die Abhängigkeit der Angaben von der

Temperatur bestimmt. Einen gewissen Ausgleich gegen den stets verbleibenden positiven Temperaturkoeffizienten bietet der entgegengesetzt wirkende Temperaturkoeffizient der Spiralfedern. Die Frequenzabhängigkeit, die durch die Änderung des Scheinwiderstandes mit der Frequenz gegeben ist, hängt ebenfalls von der Größe des Vorwiderstandes ab. Eine Kompensationsschaltung, die den Frequenzfehler für einen weiten Frequenzbereich kompensiert, ist von ROTH[1]) angegeben.

Die für die Messung höherer Spannungen erforderlichen Vorwiderstände werden unbequem groß. Man wählt daher den Ausweg, die Feldspulen zu unterteilen.

Die üblichen Meßbereiche der dynamometrischen Spannungsmesser liegen zwischen 15 und 600 Volt. Der Eigenverbrauch der Instrumente ist hoch; er beträgt 6 bis 10 Watt.

48. Eigenschaften. Mit dynamometrischen Strom- und Spannungsmessern läßt sich bei weitem nicht die Meßgenauigkeit erzielen, wie sie mit Drehspulinstrumenten für Gleichstrom erreichbar ist. Die Größe des Anwärmefehlers, die nicht nur von der Einschaltdauer, sondern auch von der Stromstärke abhängig ist, die Abhängigkeit der Angaben von der Frequenz, die insbesondere durch die gegenseitige Induktion der Spulen hervorgerufen wird und von deren gegenseitiger Lage abhängig ist (vgl. Ziff. 43, vorletzter Absatz), geben zu Fehlern Veranlassung, die schwer zu übersehen und deren Größe im Einzelfalle schwer abzuschätzen ist. Hierzu kommt die starke Beeinflußbarkeit durch Fremdfelder; so kann das Feld der Zuleitungen, wenn nicht peinlich jede Schleifenbildung vermieden ist, erhebliche Fehler verursachen.

49. Kreuzspulinstrumente für Wechselstrom. Das Verhalten zweier starr miteinander verbundener Drehspulen im Felde eines permanenten Magneten ist in Ziff. 31 behandelt worden. Ersetzt man das permanente Magnetfeld durch ein Wechselfeld, so erhält man eine Anordnung, die nach BRUGER[2]) für die Messung des Leistungsfaktors, bei einwelliger Kurvenform also der Phasenverschiebung zwischen dem Strome I und der Spannung E eines Wechselstromkreises benutzt werden kann. Nach Abb. 58 sind die Drehspulen S unter einem Winkel von 90° gekreuzt; beide Spulen werden mit geeigneten Vorwiderständen an die Spannung E gelegt, so daß die Ströme in ihnen, i_1 und i_2, der Spannung proportional sind. Der Vorwiderstand der einen Spule sei induktionsfrei, der der zweiten dagegen rein induktiv (Drosselspule), so daß der Strom i_2 gegen den Strom i_1 um angenähert 90° in der Phase verschoben ist. Hat nun der mit der Spannung E phasengleiche Strom i_1 gegen den Strom I, der das Feld in den Spulen F erregen möge, die Phasenverschiebung φ, so hat der Strom i_2 die Phasenverschiebung $90° - \varphi$ gegen I. Daher ist, wenn α bzw. $90° - \alpha$ die Winkel zwischen den Windungsflächen der Drehspulen und der Feldspulen sind, das auf die eine Spule ausgeübte Drehmoment der Größe $I i_1 \cos\varphi \sin\alpha$, das auf die zweite Spule ausgeübte Drehmoment der Größe

$$I i_2 \cos(90° - \varphi) \sin(90° - \alpha) = I i_2 \sin\varphi \cos\alpha$$

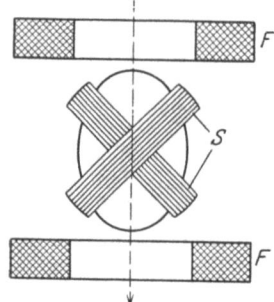

Abb. 58. Kreuzspulinstrument für Wechselstrom.

---

[1]) A. ROTH, Über eine neue Methode zur Analyse von Wechselstromkurven, S. 25. Berlin 1917; vgl. auch G. KEINATH, Die Technik der elektrischen Meßgeräte, 2. Aufl., S. 71.
[2]) TH. BRUGER, Elektrot. ZS. Bd. 15, S. 333. 1894; Bd. 27, S. 531. 1906.

proportional. Da keine anderen Richtkräfte auf das bewegliche System einwirken — eine richtkraftgebende Spiralfeder ist nicht vorhanden —, und da ferner die Stromführung in den Drehspulen so gewählt ist, daß beide Drehmomente einander entgegenwirken, so nimmt das System eine solche Lage ein, daß die beiden Drehmomente einander gleich werden. Durch Gleichsetzen der beiden obengenannten Ausdrücke erhält man daher die Beziehung:

$$\operatorname{tg}\varphi = \operatorname{const}\frac{i_1}{i_2}\operatorname{tg}\alpha.$$

Das Verhältnis i_1/i_2 ist, da beide Spulen an der gleichen Spannung liegen, konstant und durch die Größe der Scheinwiderstände beider Zweige gegeben. Der Winkel α, der die Lage des Systems bestimmt, ist daher lediglich eine Funktion des Winkels φ, der Phasenverschiebung zwischen Strom und Spannung.

Dieses Ergebnis wird der Anschauung näher gebracht, wenn man bedenkt, daß das resultierende Feld der beiden aufeinander senkrecht stehenden Spulen ein Drehfeld von konstanter Amplitude ist, das mit der Winkelgeschwindigkeit $\omega = 2\pi f$ ($f =$ Frequenz des Wechselstroms) rotiert, während der Zeitdauer einer Periode also eine Umdrehung macht. In der gleichen Zeit erreicht das die Feldspulen erregende Wechselfeld einmal seinen Höchstwert in einer Richtung. Das System nimmt dann eine solche Lage ein, daß die Richtung des Drehfeldes mit der Richtung des Wechselfeldes in dem Augenblick zusammenfällt, in dem letzteres durch seinen Maximalwert geht. Diese Lage ist augenscheinlich nur von der zeitlichen Verschiebung abhängig, die beide Felder gegeneinander haben.

Wenn, wie bei Wechselstrom-Dreiphasensystemen (Drehstromsystemen), Spannungen zur Verfügung stehen, die eine Phasenverschiebung von 120 bzw. 60° gegeneinander haben, so kann man davon absehen, dem Strome in der einen Spule künstlich eine Phasenverschiebung zu erteilen. Man kreuzt die Spulen in diesem Falle um 120° und legt sie an zwei Spannungen derart, daß die Ströme in ihnen um 60° gegeneinander in der Phase verschoben sind. Auch hier resultiert, wie sich leicht zeigen läßt, ein kreisförmiges Drehfeld.

Für technische Zwecke werden die Leistungsfaktormesser mit eisengeschlossenen Systemen gebaut.

KEINATH[1]) hat die Kreuzspulinstrumente für Wechselstrom auch für Temperaturmessung mit Hilfe von Widerstandsthermometern sowie für die Fernanzeige kleiner Bewegungen nutzbar gemacht.

50. Dynamometrische Wattstundenzähler. In Analogie mit den Ausführungen in Ziff. 33 kann die Messung der Leistung in eine solche der Arbeit übergeführt werden, wenn man das bewegliche System eines nach Art eines Leistungsmessers gebauten Instruments rotieren läßt. In Abb. 59 ist die grundsätzliche Anordnung eines Wattstundenzählers wiedergegeben. Der „Hauptstrom" I durchfließt die Feldspulen F. Das Feld des aus mehreren Einzelspulen zusammengesetzten, meist

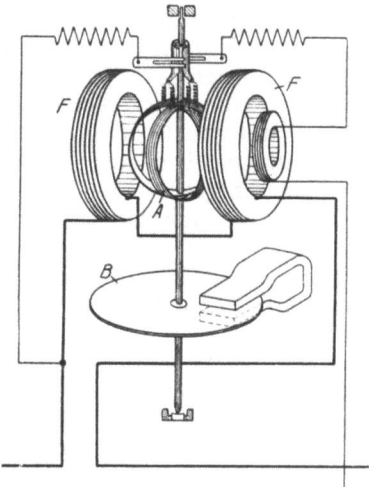

Abb. 59. Dynamometrischer Wattstundenzähler.

---

[1]) G. KEINATH, Elektrot. u. Maschinenb. Bd. 40, S. 97 u. 113. 1922; H. KAFKA, ebenda Bd. 40, S. 421. 1922.

kugelförmig gewickelten Ankers A wird von einem der Spannung E proportionalen Strom erregt. Die Stromzuführung zu den Ankerwicklungen erfolgt über einen Kommutator (Kollektor), auf dem feine Bürsten aus Edelmetall schleifen. Gemäß Ziff. 37 ist das Drehmoment und daher auch die Umlaufsgeschwindigkeit des Ankers dem Produkte der Ströme in den Spulen, also auch dem Produkte EI — bei Wechselstrom $EI\cos\varphi$ — proportional. Mit dem Spulensystem dreht sich eine auf gleicher Achse befestigte Aluminiumscheibe B in dem Felde eines permanenten Magneten und erzeugt ein der Umlaufsgeschwindigkeit proportionales Drehmoment. Beide Drehmomente, das treibende und das bremsende, halten einander das Gleichgewicht. Daher ist in jedem Augenblick die Leistung EI bzw. $EI\cos\varphi$ der Umlaufsgeschwindigkeit proportional, die Zahl der Umdrehungen während eines bestimmten Zeitraumes T demnach der Arbeit des Stromes $\int EI\,dt$ bzw. $\int EI\cos\varphi\,dt$ proportional. Ein die Umdrehung registrierendes Zählwerk gibt bei geeignetem Übersetzungsverhältnis die Arbeit des Stromes in der gewünschten Einheit, etwa in Kilowattstunden, an.

Der Spannungsstrom durchfließt außer einem Vorwiderstande, mit dessen Hilfe er auf die gewünschte Stärke gebracht wird, eine in ihrer Entfernung vom Anker verstellbare Spule (s. Abb. 59), deren Feld sich zu dem Felde des Hauptstromes addiert. Das dadurch entstehende zusätzliche Drehmoment wirkt verhältnismäßig um so stärker, je kleiner das Feld der Spulen F ist, d. h. je kleiner die Stärke des Hauptstromes ist. Man ist daher imstande, mit Hilfe dieser Spule das Drehmoment der Reibungskräfte, die sich bei kleiner Belastung des Zählers verhältnismäßig stärker bemerkbar machen, zu kompensieren. Mit steigender Temperatur nimmt die Bremswirkung der Scheibe entsprechend dem Temperaturkoeffizienten ihrer Leitfähigkeit ab. Den hieraus resultierenden Fehler behebt man, indem man dem Vorwiderstande einen positiven Temperaturkoeffizienten von entsprechender Größe gibt. Dann nimmt auch mit steigender Temperatur der Spannungsstrom und damit das treibende Drehmoment in dem gleichen Maße ab wie das bremsende.

Eine Abart der Motorzähler ist der oszillierende Zähler der Allgemeinen Elektrizitätsgesellschaft. Bei diesem ist die Drehung des Ankers, der aus zwei nebeneinander liegenden Spulen von gleichen Dimensionen besteht, durch zwei Anschläge begrenzt. Bei der Berührung der Anschläge wird ein Relais betätigt, das den Spannungsstrom einmal der einen Wicklung und einmal der anderen Wicklung, aber mit umgekehrter Stromrichtung, zuführt. Auf diese Weise entsteht an Stelle der rotierenden Bewegung des Ankers eine oszillierende. Der Vorteil dieser Konstruktion liegt in dem Fortfall des Kollektors und der Bürsten.

Bei den Pendelzählern von Aron durchfließt der Spannungsstrom die Windungen von zwei Spulen, die auf zwei gleich langen Pendeln derart angebracht sind, daß ihre Wicklungsebenen horizontal liegen. Dicht unter diesen Spulen liegen die Hauptstromspulen, deren Wicklungen so geführt sind, daß sie auf das eine Pendel anziehend, auf das andere abstoßend wirken, daß sie also den Gang des einen Pendels beschleunigen, den des anderen verzögern. Die hervorgerufene Gangdifferenz ist EI bzw. $EI\cos\varphi$ proportional; sie wird mit Hilfe eines Differentialgetriebes auf ein Zählwerk übertragen.

Die dynamometrischen Elektrizitätszähler werden, obwohl sie sowohl für Wechselstrom, wie auch für Gleichstrom brauchbar sind, ausschließlich in Gleichstromanlagen verwendet. Für die Messung der Wechselstromarbeit kommen wegen ihrer Einfachheit und Zuverlässigkeit ausschließlich Induktionszähler (Ziff. 54) in Betracht.

IV. Induktionsinstrumente.

51. Wirkungsweise. Bei allen bisher beschriebenen Instrumenten werden dem beweglichen Systeme, sofern es nicht ein magnetisches Eigenfeld besitzt, Ströme zur Erzeugung eines Magnetfeldes zugeführt, das mit dem Richtfeld in Wechselwirkung tritt. Bei den Instrumenten, die als Induktionsmeßgeräte bezeichnet werden, besteht das bewegliche System aus kurzgeschlossenen Leitern, entweder aus den kurzgeschlossenen Windungen einer Spule, oder aus einer Metalltrommel oder Metallscheibe. Die zur Erzeugung des Feldes erforderlichen Ströme werden in dem beweglichen System durch Induktion hervorgerufen; sie sprechen daher nur auf Wechselstrom an. In Abb. 60 ist die grundsätzliche Anordnung eines Induktionsmeßgerätes gezeichnet. Je zwei Spulenpaare F_1 und F_2 sind so angeordnet, daß ihre Achsen aufeinander senkrecht stehen. Zwischen ihnen ist eine Metalltrommel frei drehbar gelagert. Die einander gegenüberliegenden Spulen werden von dem gleichen Strome in gleicher Richtung durchflossen, das Spulenpaar F_1 vom Strome I_1, das Spulenpaar F_2 vom Strome I_2. Der Strom I_2 möge gegen den Strom I_1 um den Winkel ψ in der Phase verschoben sein. Dann haben die von den Strömen erzeugten Felder H_1 und H_2 die gleiche Phasenverschiebung ψ gegeneinander. Von diesen Feldern werden in den ihnen gegenüberliegenden Teilen der Trommel elektromotorische Kräfte induziert. Ihnen entsprechen Wirbelströme, die unter der Voraussetzung, daß man die Induktivität ihrer Strombahnen vernachlässigen kann, mit den ihnen zugehörigen elektromotorischen Kräften in gleicher Phase sind; die Magnetfelder H_1' und H_2' der Wirbelströme sind daher gegen die Felder H_1 und H_2 der gegenüberliegenden Spulen je um 90° in der Phase verschoben. Diese Phasenverschiebung ist die Ursache, daß zwischen den einander gegenüberliegenden primären und sekundären Feldern keine ponderomotorischen Kräfte wirksam werden; solche Kräfte treten dagegen zwischen den Feldern H_1 und H_2' bzw. H_2 und H_1' auf. Wie nebenstehendes Diagramm (Abb. 61) zeigt, ist die Phasenverschiebung zwischen H_1 und H_2' (90° + ψ), zwischen H_2 und H_1' (90° − ψ). Die Felder H_1 und H_2' sowie H_2 und H_1' schließen einen räumlichen Winkel von 90° miteinander ein. Daher sind die wirksamen Kräfte den Größen

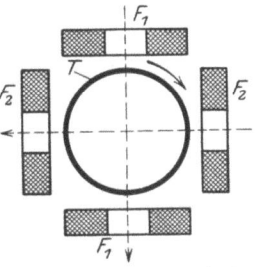

Abb. 60. Schematische Darstellung des Induktionsmeßgerätes.

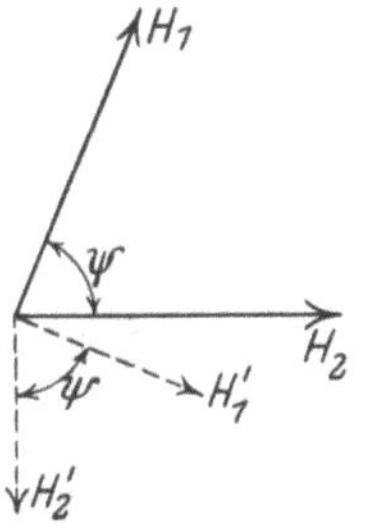

Abb. 61. Diagramm der wirksamen Felder eines Induktionsmeßgerätes.

$$H_2 H_1' \cos(90° - \psi) \sin 90° = H_2 H_1' \sin \psi$$

bzw.

$$-H_1 H_2' \cos(90° + \psi) \sin 90° = H_1 H_2' \sin \psi$$

proportional. Den beiden Einzelkräften mußte das entgegengesetzte Vorzeichen gegeben werden, weil sie in entgegengesetzter Richtung wirken. Da H_1' proportional H_1 und H_2' proportional H_2 ist, so ist die Summe der Kräfte der Größe

$$H_1 H_2 \sin \psi,$$

oder auch der Größe

$$I_1 I_2 \sin \psi$$

proportional.

52. Ausführungsformen. Induktions-Strom- und Spannungsmesser. In der praktischen Ausführung werden die Spulen zur Verstärkung der Felder stets über Eisenkerne, etwa nach Abb. 62, gewickelt. Sorgt man dafür, daß die Ströme I_1 und I_2 von gleicher Stärke sind, so ist nach Ziff. 51 das Drehmoment proportional I^2, da $\sin \psi$ in diesem Falle konstant ist. Das trifft allerdings nur für eine bestimmte Frequenz zu; denn die Phasenverschiebung ψ wird durch eine Kunstschaltung hervorgerufen, etwa durch Einfügen einer Drosselspule in den einen Stromkreis, und ist somit von der Frequenz abhängig.

Unter dem Einfluß der auftretenden Kräfte dreht sich die Trommel so lange, bis entgegenwirkende Kräfte ihnen das Gleichgewicht halten. Sie werden von einer Spiralfeder geliefert, deren Gegendrehmoment dem Drehungswinkel α proportional ist. Daher ist

$$I^2 = c\alpha.$$

Es resultiert eine quadratische Skala.

Für die Messung von Spannungen werden die Felder H_1 und H_2 durch Ströme erregt, die der Spannung proportional sind.

Induktions-Leistungsmesser. Die Leistung eines Wechselstromkreises ist gleich $EI\cos\varphi$, wenn E die effektive Spannung, I die effektive Stromstärke und φ der Winkel der Phasenverschiebung zwischen beiden ist. Das Induktionsmeßgerät wird für die Messungen von Leistungen verwendbar, wenn man I_1 dem Strome I, I_2 der Spannung E proportional macht. Darüber hinaus ist eine weitere Bedingung zu erfüllen. Der Winkel ψ muß genau gleich 90° sein, d. h. I_1 und I_2 müssen eine Phasenverschiebung von 90° haben, wenn E und I die Phasenverschiebung Null haben. Dann ist nach Ziff. 51 bei beliebiger Phasenverschiebung φ zwischen E und I das erzeugte Drehmoment der Größe

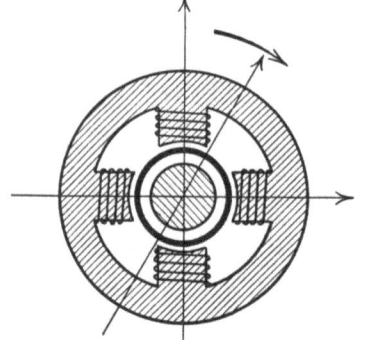

Abb. 62. Induktionsmeßgerät mit Eisenkernen.

$$EI \sin(90° + \varphi) = EI \cos\varphi,$$

d. h. der Leistung des Wechselstroms proportional. Wird die Gegenkraft durch die Spannung einer Spiralfeder erzeugt, so ist nach früherem

$$EI \cos\varphi = c\alpha,$$

d. h. der Ausschlag ist der Leistung proportional; die Teilung der Skala des Instruments ist gleichmäßig.

53. Eigenschaften. Wegen des hohen Drehmoments der Induktionsmeßgeräte finden sowohl die Strom- und Spannungsmesser wie auch die Leistungsmesser in erster Linie als schreibende Meßgeräte oder als Kontaktinstrumente in der Technik Anwendung. Die Meßgenauigkeit ist nicht groß. Die Instrumente zeigen die schon erwähnte Abhängigkeit von der Frequenz, die auf den Winkel der Phasenverschiebung zwischen den beiden Feldern Einfluß hat; bei Spannungs- und Leistungsmessern ändert sich außerdem die vom Scheinwiderstande abhängige Größe des Spannungsstroms mit der Frequenz. Aus diesen Gründen kommen Induktionsinstrumente für Messungen des Physikers wenig in Betracht, so daß wir hier darauf verzichten können, näher auf die Ausführungsformen einzugehen. Bezüglich dieser sei nur noch erwähnt, daß an Stelle der Trommel als bewegliches System häufig eine Scheibe benutzt wird, wobei dann auch die Anordnung der Felder eine andere ist.

54. Induktionszähler. Das Prinzip der Induktionsmeßgeräte hat seine für die Praxis wichtigste Anwendung bei den Induktionszählern für Wechselstrom gefunden. Die Trommel oder Scheibe eines Induktionsleistungsmessers wird in Rotation versetzt, wenn die die Gegenkraft liefernde Spiralfeder entfernt wird. An ihrer Stelle bringt man eine die Bewegung bremsende Gegenkraft zur Wirkung, indem man das System zwischen den Polen eines permanenten Magneten rotieren läßt. Der Magnet induziert in der Scheibe Wirbelströme. Das durch die Wirkung ihrer Felder ausgeübte Drehmoment ist proportional der Geschwindigkeit der rotierenden Scheibe, also proportional der Zahl der Umdrehungen u in der Zeiteinheit. Im Gleichgewichtszustande ist das treibende und das bremsende Drehmoment einander gleich; daher ist nach Ziff. 52

$$EI \cos\varphi = cu.$$

Die Umlaufsgeschwindigkeit ist also in jedem Augenblick der Leistung proportional. Werden die Umdrehungen in geeigneter Weise auf ein Zählwerk übertragen, so summiert dieses die Augenblickswerte der Leistung, es gibt das Zeitintegral $\int EI \cos\varphi\, dt$, d. h. die Arbeit des Wechselstromes an.

Das rotierende System ist bei den heute gebauten Zählern stets eine Aluminiumscheibe. Abb. 63 zeigt den Aufbau der wesentlichen Teile eines Induktionszählers. Das dem Strome I entsprechende Feld wird durch die Spulen A, die auf das sog. Stromeisen gewickelt sind, erzeugt. Das der Spannung proportionale Feld liefert die Spule B, die auf das sog. Spannungseisen aufgebracht ist. Der Widerstand des Spannungskreises ist im wesentlichen induktiv. Der Spannungsstrom und sein Feld sind daher

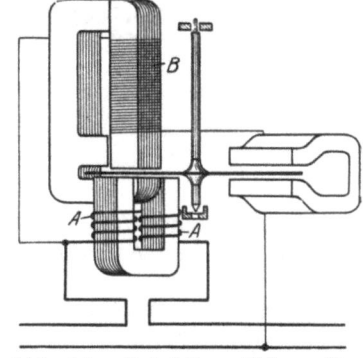

Abb. 63. Induktionszähler für einphasigen Wechselstrom.

angenähert um 90° gegen die Spannung in der Phase verschoben. Die nach Ziff. 52 für die Messung der Leistung erforderliche genaue Abgleichung der Verschiebung auf 90° erfolgt meist dadurch, daß man einige Kurzschlußwindungen auf dem Spannungseisen anbringt[1]).

---

[1]) Näheres hierüber bei: K. SCHMIEDEL, Wirkungsweise und Entwurf der Motorelektrizitätszähler. Stuttgart 1916. E. MÖLLINGER, Wirkungsweise der Motorelektrizitätszähler. 2. Aufl. Berlin 1924.

Kapitel 10.

Schwingungsinstrumente.

Von

H. SCHERING, Charlottenburg.

Mit 26 Abbildungen.

1. Übersicht. Aus der'Gruppe der elektrodynamischen Meßgeräte sind in Kap. 9 die einen Ausschlag gebenden behandelt. Dieses Kapitel bringt die eine Schwingung ausführenden Instrumente dieser Gruppe, es handelt sich demgemäß um Wechselstromgeräte und Apparate zur Untersuchung zeitlich rasch veränderlicher Ströme. Ein hochempfindliches und viel benutztes, elektrodynamisch schwingendes Nullinstrument für Wechselstrom von Tonfrequenz ist das Telephon. Es ist bereits in Kap. 6 behandelt. Die nachstehenden Ausführungen beschäftigen sich nur mit sichtbar gemachten Schwingungen: Vibrationsgalvanometer, Zungenfrequenzmesser und Oszillograph.

a) Vibrationsgalvanometer.

2. Entstehungsgeschichte. MAX WIEN[1]) übertrug bei einem dem elektrodynamischen Telephon ähnlichen Apparat die von einem Wechselstrom erregten Transversalschwingungen der Membran auf eine einseitig eingespannte Feder, an deren Ende ein Spiegelchen befestigt war; bei der Bewegung des Hebels wird die Ebene des Spiegels geneigt; das Bild eines beleuchteten Spaltes, von dem Spiegel auf eine Skala in größerem Abstand objektiv entworfen oder in einem Fernrohr subjektiv betrachtet, wird durch die Schwingung zu einem Lichtband auseinandergezogen. Die Empfindlichkeit ist sehr hoch bei Übereinstimmung der Wechselstromfrequenz mit der Eigenfrequenz des Apparates. Eine Regelung der letzteren in engen Grenzen (1 bis 2%) ist durch Ändern des Abstandes des Dauermagneten von der Membran möglich. Zur Messung bei einer anderen Frequenz wurde eine andere Membran passender Eigenfrequenz in den Apparat gesetzt.

Um lückenlos über ein weites Bereich die Eigenfrequenz regeln zu können, benutzte RUBENS[2]) an Stelle der Transversalschwingungen einer Membran die Torsionsschwingungen einer Saite, an deren Mitte ein Magnetsystem mit Spiegel befestigt war; es erübrigte sich damit die Hebelübertragung auf den Spiegel. Die Eigenfrequenz läßt sich durch Ändern der Saitenlänge erheblich verstellen. RUBENS nannte das Instrument Vibrationsgalvanometer (im folgenden V.G. abgekürzt). Von anderen sind später eine große Zahl verschiedener Konstruktionen ausgebildet. Im Prinzip sind alle V.G. von der Stromrichtung abhängige Galvanometer mit kleiner veränderbarer Eigenfrequenz. Wie bei dem Gleichstromgalvanometer unterscheidet man zwei Gruppen: Nadel-V.G. und Spulen-V.G.

---

[1]) M. WIEN, Wied. Ann. Bd. 42, S. 593 u. Bd. 44, S. 680. 1891.
[2]) H. RUBENS, Wied. Ann. Bd. 56, S. 27. 1895.

3. Der Zweck des Vibrationsgalvanometers.
Es dient vorwiegend als Nullinstrument in Wechselstrom-Brücken und Kompensationsschaltungen, es ersetzt das Telephon bei tieferen Frequenzen, welche im Telephon nicht mehr einen gut hörbaren Ton geben. Aber auch bei höheren Frequenzen ist es dort angebracht, wo Lärm das Abhören mit dem Telephon erschwert, ferner ist es bei einer Häufung von Messungen weniger ermüdend, das Verschwinden der Spaltbildverbreiterung, namentlich bei objektiver Ablesung, zu beobachten, als das Erlöschen des Tones im Telephon.

Besonders wertvoll ist die **selektive Empfindlichkeit** für die Resonanzfrequenz; bei Anordnungen, in denen die Nullabgleichung von der Frequenz abhängig ist, braucht bei Verwendung des Vibrationsgalvanometers die Wechselstromkurve nicht frei von Oberwellen zu sein, während unter diesen Verhältnissen die Messung mit dem Telephon sehr erschwert, wenn nicht unmöglich ist.

4. Die Theorie[1]).
Sie ist in dem Kapitel 7: Schwingung und Dämpfung in Meßgeräten, zum Teil enthalten. Im folgenden ist unter Benutzung der gleichen Buchstabenbezeichnungen und Gleichungs-Nummern das zur Besprechung der Eigenschaften des V.G. Erforderliche herausgezogen, neu hinzukommende Gleichungen sind von (74) fortlaufend beziffert. Die Theorie gilt für V.G. mit einem Freiheitsgrade (Drehung) unter der Voraussetzung, daß das durch die Dämpfung bewirkte Drehmoment der Winkelgeschwindigkeit proportional ist, was für nicht zu große Winkelgeschwindigkeiten zutrifft.

Es bedeutet:
K Trägheitsmoment, $\qquad\qquad\qquad\qquad$ ψ Ausschlagwinkel,
D Richtkraft, $\qquad\qquad\qquad\qquad\qquad$ ν Frequenz,
p Dämpfungskonstante, $\qquad\qquad\qquad$ $\omega = 2\pi\nu$ Kreisfrequenz,
q dynamische Galvanometerkonstante, $\qquad$ t die Zeit.

Die allgemeine Differentialgleichung lautet:

$$K\frac{d^2\psi}{dt^2} + p\frac{d\psi}{dt} + D\psi = F(t). \qquad (2)$$

5. Freie Schwingung.
Eine äußere Kraft ist nicht vorhanden $F(t) = 0$, wäre keine Dämpfung vorhanden, also $p = 0$, so folgt aus Gleichung (2):

$$\psi = A \sin\omega_0 t; \qquad \omega_0 = 2\pi\nu_0 = \sqrt{\frac{D}{K}}. \qquad (7)$$

ω_0 ist die Kreisfrequenz der ungedämpft gedachten Eigenschwingung, im folgenden kurz als „Eigenschwingung" bezeichnet.

Die Werte einiger häufig vorkommender Ausdrücke seien hier zusammengestellt:

$$K\omega_0^2 = D; \qquad K\omega_0 = \sqrt{KD} = \frac{D}{\omega_0}; \qquad \frac{p}{2\sqrt{KD}} = \alpha. \qquad (74)$$

Führen wir in der allgemeinen Gleichung (2) das Zeitmaß $\tau = \omega_0 t$, also $dt = d\tau/\omega_0$ ein, so geht sie, wenn $F(t) = \Phi(\tau)$ ist, nach Gleichung (74) in folgende Form über:

$$\frac{d^2\psi}{d\tau^2} + 2\alpha\frac{d\psi}{d\tau} + \psi = \frac{\Phi(\tau)}{D}. \qquad (75)$$

Ist die äußere Kraft $\Phi(\tau) = 0$ und $\alpha < 1$, so ist die Lösung der Gleichung (75) eine gedämpfte Sinusschwingung:

$$\psi = c e^{-\alpha\tau} \cdot \sin(\sqrt{1-\alpha^2}\,\tau + \varphi). \qquad (24)$$

Darin sind c und φ durch die Anfangsbedingungen gegebene Integrationskonstanten.

---
[1]) Vgl. die im Kap. 7 angegebene Literatur und B. HAGUE, Alternating Bridge Methods. London, Sir Isaac Pitman & Sons Ltd. 1923.

6. Dämpfungsgrad α. Ist der Parameter $\alpha = 1$, so kehrt, da $\sqrt{1-\alpha^2}\tau = 0$ wird, das abgelenkte System gerade in die Ruhelage zurück, ohne über sie hinauszuschwingen, die zugehörige Dämpfungskonstante sei p_a, dann ist nach Gleichung (74): $p/p_a = \alpha/1$. Der Parameter α ist das Verhältnis der tatsächlichen Dämpfungskonstante zu der den aperiodischen Grenzfall herbeiführenden Dämpfungskonstante. Wir bezeichnen im folgenden α als Dämpfungsgrad.

7. Erzwungene Schwingung. Das V.G. werde von einem einwelligen Wechselstrome mit der Amplitude J und der Kreisfrequenz ω [Vektor $\mathfrak{J}$] durchflossen; es sei $\omega = \varkappa\omega_0$. Das System des V.G. führt dann nach Abklingen des Einschaltvorganges erzwungene Drehschwingungen mit der konstanten Amplitude A' bei der Kreisfrequenz $\omega = \varkappa\omega_0$ aus, wir können daher in Gleichung (75) an Stelle des Winkels ψ den harmonischen Vektor $\mathfrak{A}'$ setzen. Ist q die dynamische Galvanometerkonstante, d. h. das vom Strome 1 auf das System ausgeübte Drehmoment, so ist die äußere, auf das System des V.G. wirkende Kraft $\Phi(\tau) = q\mathfrak{J}$. Das schwingende System induziert nun seinerseits als Rückwirkung seiner Bewegung im V.G. eine Wechselspannung mit der Amplitude E_r und der Kreisfrequenz $\omega = \varkappa\omega_0$ [Vektor $\mathfrak{E}_r$]. Bei kleinen Amplituden A' ist die Rückwirkungsspannung:

$$\mathfrak{E}_r = -q\frac{d\mathfrak{A}'}{dt} = -q\omega_0\frac{d\mathfrak{A}'}{d\tau}. \tag{76}$$

Das V.G. sei an einen äußeren Widerstand (z. B. Brücke) angeschlossen, in dem eine Wechsel-EMK von der Amplitude E und der Kreisfrequenz ω [Vektor $\mathfrak{E}$] wirkt, die Induktivität des V.G. sei vernachlässigbar klein, der Gesamtwiderstand des Kreises sei R, dann ist die äußere Kraft:

$$\Phi(\tau) = q\mathfrak{J} = \frac{q}{R}(\mathfrak{E} + \mathfrak{E}_r) = \frac{q}{R}\left(\mathfrak{E} - q\omega_0\frac{d\mathfrak{A}'}{d\tau}\right). \tag{77}$$

Die allgemeine Differentialgleichung (75) erhält nach Einsetzen dieses Wertes unter Berücksichtigung der Gleichung (74) und nach Ordnen die Form:

$$\frac{d^2\mathfrak{A}'}{d\tau^2} + \left(2\alpha + \frac{q^2}{R\sqrt{KD}}\right)\frac{d\mathfrak{A}'}{d\tau} + \mathfrak{A}' = \frac{q\mathfrak{E}}{DR}. \tag{78}$$

Der Koeffizient von $d\mathfrak{A}'/d\tau$ ist also größer als 2α, und zwar um ein Glied, welches mit abnehmendem R wächst, der Dämpfungsgrad wächst also dadurch, daß die Rückwirkungsspannung in dem Widerstand R des Kreises [V.G. + Schließungswiderstand] Arbeit leistet; ist der Widerstand $R = R_g$, dem Widerstand des Galvanometers selbst, der Schließungswiderstand also verschwindend klein (Kurzschluß), so erreicht die zusätzliche Dämpfung ihren Höchstwert; ist der Widerstand $R = \infty$ (Leerlauf) oder praktisch sehr groß, so verschwindet die zusätzliche Dämpfung.

Schreiben wir unter Berücksichtigung des Wertes für α nach Gleichung (74)

$$2\alpha + \frac{q^2}{R\sqrt{KD}} = 2\alpha\left(1 + \frac{q^2}{pR}\right) = 2\alpha h; \quad h = 1 + \frac{q^2}{pR}, \tag{79}$$

so ist h der Faktor, um den der bei Leerlauf vorhandene Dämpfungsgrad α wächst, wenn der geschlossene Kreis den Widerstand R hat.

Da $\mathfrak{A}'$ eine harmonische Funktion von $\omega t = \varkappa\tau$ ist, so sind seine Differentialquotienten

$$\frac{d\mathfrak{A}'}{d\tau} = +j\varkappa\mathfrak{A}' \quad \text{und} \quad \frac{d^2\mathfrak{A}'}{d\tau^2} = -\varkappa^2\mathfrak{A}',$$

wobei $j = \sqrt{-1}$.

Nach Ausführung der Differentiation in Gleichung (78) ergibt sich:

$$\mathfrak{A}'[(1-\varkappa^2) + j2\alpha h\varkappa] = \frac{q}{D}\frac{\mathfrak{E}}{R}. \tag{80}$$

Gehen wir zu den Amplituden A' und E über, so ist

$$A' = \frac{qE}{DRN}; \qquad N = \sqrt{(1-\varkappa^2)^2 + 4\alpha^2 h^2 \varkappa^2}. \tag{81}$$

Der Phasenunterschied χ von A gegen E ist der arctg des Quotienten aus dem imaginären Teil und dem reellen Teil in Gleichung (80)

$$\chi = \operatorname{arctg}\left(+2\alpha h \frac{\varkappa}{1-\varkappa^2}\right). \tag{82}$$

Der Höchstwert der Amplitude A'_m, also Resonanz, ergibt sich, wie man durch Differentiation der Gleichung (81) nach $\varkappa$ findet, wenn

$$\varkappa_m = \sqrt{1 - 2\alpha^2 h^2}. \tag{83}$$

Der Dämpfungsgrad αh ist nun bei den V.G. auch bei Kurzschluß, von wenigen ungewöhnlichen Ausnahmen abgesehen, so klein, daß $2\alpha^2 h^2$ gegen 1 verschwindet, somit $\varkappa_m = 1$ und $\omega = \omega_0$ ist. Resonanz tritt also ein, wenn die Frequenz der Wechselspannung gleich der Eigenfrequenz des V.G. ist.

Die Resonanzamplitude und der Phasenunterschied sind dann

$$A'_m = \frac{qE}{2DR\alpha h}; \qquad \chi = +\frac{\pi}{2}. \tag{84}$$

Bei Resonanz eilt die Amplitude A der Spannung E und dem Strom $\mathfrak{J}$ in der Phase um $\pi/2$ oder 90° nach. Ist $\varkappa < 1$, d. h. $\omega < \omega_0$, so wird nach Gleichung (82) $\chi < \pi/2$, bei $\varkappa > 1$, d. h. $\omega > \omega_0$, wird $\chi > \pi/2$, und zwar, wenn αh klein ist, im ersten Fall rasch nahe 0, im zweiten Fall nahe π (Phasensprung).

8. Blindwiderstand im Kreise. Enthält der etwa aus einer Brücke und dem V.G. bestehende Kreis Induktivitäten und Kapazitäten, so können wir ihn durch einen das V.G. enthaltenden Kreis vom Gesamtwiderstande R in Reihe mit einer Induktivität L und einer Kapazität C ersetzt denken. Der Scheinwiderstand $\mathfrak{S}$ des Kreises ist

$$\mathfrak{S} = R + jB = R\left(1 + j\frac{B}{R}\right); \qquad B = \omega L - \frac{1}{\omega C}. \tag{85}$$

Dieser elektrische Schwingungskreis hat die Eigenkreisfrequenz $\omega_* = 1/\sqrt{LC}$ und den Dämpfungsgrad $\beta = R/2\sqrt{C/L}$; es sei $\omega_* = \omega_0/\lambda$, also $\omega = \varkappa\lambda\omega$. Dann ist:

$$\frac{B}{R} = \frac{\omega^2 LC - 1}{R\omega C} = \frac{(\varkappa^2\lambda^2 - 1)}{2\beta\varkappa\lambda}; \qquad \begin{aligned}\text{für } C = \infty, & \quad \frac{B}{R} = \varkappa\omega_0 L; \\ \text{für } L = 0, & \quad \frac{B}{R} = \frac{1}{\varkappa\omega C}.\end{aligned} \tag{86}$$

Nach Einsetzen des Wertes $\mathfrak{S}$ nach Gleichung (85) in Gleichung (78) und (80) sowie nach Ordnen nach reellen und imaginären Gliedern ergibt sich beim Übergang zu den Amplituden:

$$A' = \frac{qE}{DRN'}; \qquad N' = \sqrt{\left[(1-\varkappa^2) - 2\alpha\varkappa\frac{B}{R}\right]^2 + \left[(1-\varkappa^2)\frac{B}{R} + 2\alpha\varkappa\left(1 + \frac{q^2}{pR}\right)\right]^2}. \tag{87}$$

$$\chi = \operatorname{arctg}\frac{(1-\varkappa^2)(B/R) + 2\alpha\varkappa(1 + q^2/pR)}{(1+\varkappa^2) - 2\alpha\varkappa B/R}. \tag{88}$$

Zur Bestimmung der Resonanz ist in N' der den betreffenden Verhältnissen entsprechende Wert von B/R einzusetzen und N' nach $\varkappa$ zu differenzieren. Es hat keinen Zweck, diese komplizierten Verhältnisse hier weiter zu verfolgen. Es sei aber bemerkt, daß bei einer großen Induktivität L im Kreise ($C = \infty$), die Resonanz bei einer merklich höheren Frequenz als ω_0 liegt, die Resonanzkurve stark unsymmetrisch wird und χ kleiner als $\pi/2$ ist[1]).

---

[1]) F. WENNER, Bull. Bureau of Stand. Bd. 6, S. 365. 1910.

Bei $\varkappa\lambda = 1$, also Resonanz des elektrischen Schwingungskreises, wird $B/R = 0$, die Gleichungen (87) und (88) gehen in die Form (81), (82) und (84) über; jedoch ist die Resonanzkurve des V.G. sehr viel spitzer, da bei Abweichung der Frequenz von der Resonanzfrequenz wieder Gleichung (87) gilt.

9. Leerlauf, Stromempfindlichkeit. Wenn R sehr groß ist (Leerlauf), so ist die aufgedrückte Spannung E so groß, daß dagegen die Rückwirkungsspannung E_r verschwindet, in Gleichung (89) wird $h = 1$. Nach Gleichung (84) ist dann die Schwingungsamplitude

$$A'_m = \frac{qE}{2DR\alpha} = \frac{qJ}{2D\alpha}. \tag{89}$$

Als Stromempfindlichkeit bei Resonanz $\overset{i}{\Gamma}_m$ bezeichnet man die Verbreiterung des Spaltbildes (also das Doppelte des Ausschlages von der Nullage) bei 1 m Skalenabstand für eine effektive Stromstärke von 1 Mikroampere ($1\,\mu\text{A} = 10^{-6}$ A). Der Effektivwert des Stromes ist $J/\sqrt{2}$. Eine Drehung des Spiegels um $1/1000$ im Bogenmaß bewirkt eine Drehung des Lichtstrahles um das Doppelte, gibt also bei 1000 mm Skalenabstand einen Ausschlag von 2 mm. Die Bildverbreiterung ist also $4 \cdot 10^3 A'_m$. Die Stromempfindlichkeit bei Resonanz ist also

$$\overset{i}{\Gamma}_m = \frac{4 \cdot 10^3 A'_m}{J \cdot 10^6} \cdot \sqrt{2} = 2 \cdot 10^{-3} \cdot \frac{q\sqrt{2}}{D\alpha} \text{ mm}/\mu\text{A}.\ [1]) \tag{90}$$

Bei Gleichstrom pflegt man als Stromempfindlichkeit den einseitigen Ausschlag bei 1 m Skalenabstand für 1 μA zu bezeichnen. Für $\omega_0 = 0$, $\varkappa = 0$ geht Gleichung (81) in die bekannte Form über

$$A'_g = \frac{qJ}{D}. \tag{91}$$

Die Gleichstromempfindlichkeit $\overset{i}{\Gamma}_g$ ist dann

$$\overset{i}{\Gamma}_g = \frac{2 \cdot 10^3 A'_g}{J \cdot 10^6} = 2 \cdot 10^{-3} \frac{q}{D} \text{ mm}/\mu\text{A}.\ [1]) \tag{92}$$

Aus dem Verhältnis der Stromempfindlichkeiten bei Gleichstrom und bei Resonanz kann man also den Dämpfungsgrad α berechnen.

$$\alpha = \sqrt{2}\,\overset{i}{\Gamma}_g / \overset{i}{\Gamma}_m. \tag{93}$$

10. Kurzschluß, Spannungsempfindlichkeit. Ist der äußere Widerstand verschwindend klein, dann ist $R = R_g$, dem Widerstand des V.G. Aus Gleichung (84) ergibt sich die Spannungsempfindlichkeit $\overset{e}{\Gamma}_m$ bei Resonanz, nämlich die Bildverbreiterung bei 1 m Skalenabstand für eine effektive Spannung von 1 μV,

$$\overset{e}{\Gamma}_m = \frac{q}{DR_g\alpha h}\sqrt{2} \cdot 10^{-3} \text{ mm}/\mu\text{V}; \qquad h_0 = 1 + \frac{q^2}{pR_g}. \tag{94}$$

Der durch die Rückwirkung bei Kurzschluß bedingte Verstärkungsfaktor h_0 des Dämpfungsgrades ist dann

$$h_0 = \overset{i}{\Gamma}_m / \overset{e}{\Gamma}_m R_g. \tag{95}$$

h_0 läßt sich also aus dem Widerstand des Galvanometers, der Strom- und der Spannungsempfindlichkeit bei Resonanz ermitteln.

---

[1]) Die mechanischen Größen sind hier im praktischen elektrischen Maß gemessen gedacht: $K = V \cdot A \sec^3$, $p = V \cdot A \sec^2$, $D = V \cdot A \sec$, $q = V \sec$.

Wenn h_0 groß ist (z. B. 40 beim Campbell-V.G. Ziff. 26), so ist es natürlich sehr unbequem, daß der Dämpfungsfaktor $h\alpha$ und die damit zusammenhängenden etwas weiter unten besprochenen Eigenschaften des V.G. sich mit jeder Änderung des Schließungswiderstandes stark ändern. Erhöht man den Dämpfungsfaktor künstlich, z. B. durch Kurzschlußwindungen beim Spulen-V.G. und durch Wirbelstromdämpfung beim Nadelgalvanometer, so wird h kleiner, da p proportional α ist.

11. Der Betriebswiderstand. Der Strom I ist es, welcher mit seinem magnetischen Wechselfelde das System treibt. Die Gleichung (89) gilt also unabhängig davon, wie groß oder klein und welcher Art der äußere Schließungskreis ist, ebenso die Beziehung, daß die Schwingungsamplitude um $\pi/2$ gegen die Stromamplitude in der Phase zurückbleibt. Nur hängt I nicht allein von der EMK E und dem Scheinwiderstand des Schließungskreises, sondern auch von der Rückwirkungsspannung E_r ab; da man keine Meßinstrumente hat, die I zu messen gestatten, muß man I aus Widerstandsunterteilungen, d. h. aus E und R berechnen und dabei müssen R und E groß sein, damit die Rückwirkungsspannung E_r nicht in Betracht kommt. Für diese ergibt sich die Amplitude und ihr Phasenunterschied gegen die Schwingungsamplitude A_m bei Resonanz aus der Gleichung (76)

$$\mathfrak{E}_r = -jq\omega_0\varkappa\mathfrak{A}'; \qquad E_r = q\omega A_m; \qquad \varphi = +\pi/2. \tag{96}$$

E_r eilt also A_m um $\pi/2$ in der Phase nach, A_m eilt ebenso J um $\pi/2$ nach, also ist zwischen E_r und $\mathfrak{J}$ der Phasenunterschied π oder 180°, E_r wirkt wie eine Widerstandserhöhung; es ist also unter Berücksichtigung der Gleichungen (89) und (74)

$$IR_g + E_r = IR_g + q\omega_0 A_m = IR_g\left(1 + \frac{q^2}{pR_g}\right) = IR_m.$$

Mißt man also den Wirkwiderstand R_m in der Wechselstrombrücke bei Resonanz, so ist

$$\frac{R_m}{R_g} = \left(1 + \frac{q^2}{pR_g}\right) = h_0. \tag{97}$$

Bei Nadelgalvanometern mit Eisen in den Spulen ist für R_g nicht der Gleichstromwiderstand, sondern der Wirkwiderstand bei herausgenommenem System zu nehmen.

Ist $\omega < \omega_0$, so wirkt die Rückwirkungsspannung als Induktivität, für $\omega > \omega_0$ wie eine Kapazität.

Der günstigste Wert der Spannungsempfindlichkeit ergibt sich dann, wenn $R_m = 2R_g$, also $h_0 = 2$ ist, dann wird die Hälfte der zugeführten Leistung als Stromwärme im Widerstand R_g, die andere Hälfte in der Dämpfung verzehrt. Die Gegenspannung E_r ist dann bei Kurzschluß die Hälfte der aufgedrückten Spannung, der Dämpfungsgrad variiert vom Leerlauf bis zum Kurzschluß im Verhältnis 1 : 2.

12. Die dynamische Galvanometerkonstante q. Abb. 1 zeigt für ein Spulen-V.G. die Abhängigkeit der Strom- und der Spannungsempfindlichkeit bei Resonanz und des Wirkwiderstandes R_m von der Feldstärke des Magneten, der die dynamische Galvanometerkonstante q proportional ist. Bei sehr großer Feldstärke ist zwar die Stromempfindlichkeit $\overset{i}{\Gamma}_m$ bei Leerlauf sehr groß, aber die Spannungsempfindlichkeit sinkt stark, da der Wirkwiderstand R_m ungeheuer ansteigt, denn er wächst nahezu mit q^2. Der günstigste Wert der Spannungsempfindlichkeit (Kurve 2) liegt bei $R_m/R_g = h_0 = 2$. Verf. hält es aber für zweckmäßig, die dynamische Galvanometerkonstante bei dem zweckmäßig gewählten Dämpfungsgrad um etwa 30% kleiner zu wählen, dann wird $h_0 = 1,5$; die Einbuße an Stromempfindlichkeit beträgt etwa 30%, die Einbuße an Spannungsempfindlichkeit nur etwa 10%. Da überdies der äußere Schließungswiderstand praktisch in der Regel nicht klein ist gegen R_g, so ist für diesen Fall h noch kleiner als 1,5, die Rückwirkung macht sich praktisch kaum mehr bemerkbar.

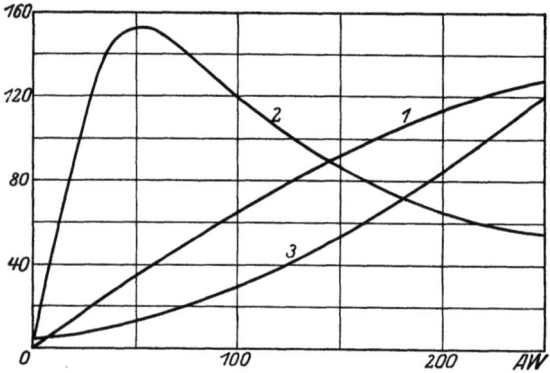

Abb. 1. Der Einfluß der dynamischen Galvanometerkonstante nach ZÖLLICH (vgl. Ziff. 27).

1) $\times 1$ mm/µA $= \overset{i}{\Gamma}_m$. 2) $\times 5\times 10^{-3}$ mm/µV $= \overset{e}{\Gamma}_m$. 3) $\times 4\,\Omega = R_m$.

13. Die Daten des V.G. Das Verhalten eines V.G. ist durch die 5 Größen: Eigenfrequenz ν_0, Stromempfindlichkeit und Spannungsempfindlichkeit bei Resonanz, Gleichstromempfindlichkeit und Widerstand vollständig gegeben. Statt der Spannungsempfindlichkeit kann man auch den Wirkwiderstand bei Resonanz bestimmen. Die vier mechanischen Größen in absolutem Maß ergeben sich aus folgenden Gleichungen[1]):

$$\left. \begin{array}{ll} K = 0{,}45\,\dfrac{(\overset{i}{\Gamma}_m - R_g \overset{e}{\Gamma}_m)}{\nu_0^3 \cdot \overset{i}{\Gamma}_m \overset{i}{\Gamma}_g \overset{e}{\Gamma}_m}\,\text{cm}^2\text{g}, & p = 8{,}1\,\dfrac{(\overset{i}{\Gamma}_m - R_g \overset{e}{\Gamma}_m)}{\nu_0^2 (\overset{i}{\Gamma}_m)^2 \overset{e}{\Gamma}_m}\,\dfrac{\text{cm}^2\text{g}}{\text{sec}}, \\[2ex] D = 18 \cdot \dfrac{(\overset{i}{\Gamma}_m - R_g \overset{e}{\Gamma}_m)}{\nu_0\,\overset{i}{\Gamma}_m \overset{i}{\Gamma}_g \overset{e}{\Gamma}_m}\,\dfrac{\text{cm}^2\text{g}}{\text{sec}^2}, & q = 9\cdot 10^4\,\dfrac{(\overset{i}{\Gamma}_m - R_g \overset{e}{\Gamma}_m)}{\nu_0\,\overset{i}{\Gamma}_m \overset{e}{\Gamma}_m}\,\text{cm}^{\frac{1}{2}}\text{g}^{\frac{1}{2}}. \end{array} \right\} \quad (98)$$

Darin sind die Empfindlichkeiten Γ in mm/µA bzw. mm/µV und der Widerstand R_g in Ohm einzusetzen. Bei Nadelgalvanometern mit Eisen in den Spulen ist für R_g der Wirkwiderstand bei herausgenommenem System zu nehmen.

14. Verstimmung, Resonanzbreite. Die Frequenz des Wechselstromes, der von Maschinen erzeugt wird, unterliegt mehr oder weniger großen Schwankungen, für die Benutzbarkeit des V.G. ist es entscheidend, daß die Amplitude der Schwingung des V.G. nicht zu stark von diesen Frequenzschwankungen beeinflußt wird. Die Frequenz des Stromes werde bei konstanter Amplitude $\mathfrak{J}$ auf den Wert ω' gebracht, bei dem die Amplitude des V.G. auf die Hälfte gegenüber der bei Resonanz zurückgeht, dann ist bei Leerlauf

$$\left(\frac{\omega'}{\omega_0}\right)^2 = (\varkappa')^2 = 1 - 2\alpha^2 \pm 2\alpha\sqrt{3(1-\alpha^2)} \approx 1 \pm 2\alpha\sqrt{3}. \tag{58}$$

Bei der Kleinheit des Dämpfungsgrades bei V.G. ist dann

$$\frac{\omega'}{\omega_0} = 1 \pm \alpha\sqrt{3} \qquad \text{oder} \qquad \frac{\omega' - \omega_0}{\omega_0} = \pm \alpha\sqrt{3} = \pm \frac{a_\infty}{100}. \tag{99}$$

Dieser Wert a_∞, der mit dem Dämpfungsgrad durch einen einfachen Zahlenfaktor verknüpft ist, wird Resonanzbreite genannt und in Prozent angegeben; er kennzeichnet die Brauchbarkeit der vorhandenen Dämpfung für die gegebenen Versuchsbedingungen in anschaulicher Weise. Die Resonanzbreite $a_\infty = 1\%$ bedeutet, daß eine Abweichung der Frequenz von der Resonanzfrequenz um 1% die Amplitude des V.G. auf die Hälfte herabsetzt.

---

[1]) F. WENNER, Bull. Bureau of Stand. Bd. 6, S. 365. 1910, dort ist die Gleichstromempfindlichkeit für kommutierten, also doppelten Ausschlag definiert.

Ziff. 15, 16.   Empfindlichkeit gegen Oberwellen. Die Abklingezeit.   311

Ist der Schließungswiderstand so klein, daß $h > 1$, dann ist angenähert die Resonanzbreite

$$a = a_\infty \sqrt{1 + \tfrac{8}{3}(h-1) + \tfrac{4}{3}(h-1)^2} \approx 1{,}1\, a_\infty h. \qquad (100)$$

Bei sehr spitzer Resonanzkurve ist der Unterschied zwischen ω' und ω_0 sehr klein, es ist dann bequemer, eine Frequenz ω'' zu wählen, bei der die Amplitude auf A_m/x sinkt. Dann ist

$$\frac{\omega''}{\omega_0} = 1 \pm \alpha \sqrt{x^2 - 1} \quad \text{und} \quad a_\infty = \alpha \sqrt{3} = \frac{\omega'' - \omega_0}{\omega_0} \cdot \sqrt{\frac{3}{x^2 - 1}}. \qquad (99\,\text{a})$$

15. Empfindlichkeit gegen Oberwellen. Der Wechselstrom in einer Brücke, deren Abgleichung von der Frequenz abhängig ist, enthalte eine Oberwelle $n$ter Ordnung, das V.G. als Nullinstrument sei auf die Grundwelle abgestimmt. Ist die Brücke für die Grundwelle abgeglichen, dann fließt durch das V.G. nur ein Wechselstrom von der Kreisfrequenz $n\omega_0$, seine Amplitude sei $\mathfrak{J}_n$, die durch ihn bewirkte Amplitude A'_n bedeutet natürlich eine Störung der Nullabgleichung. Nach Gleichung (54) ist:

$$A'_n = \frac{\mathfrak{J}_n q}{D\sqrt{(1-n^2)^2 + 4\alpha^2 n^2}}; \qquad x = \frac{n\omega_0}{\omega_0} = n. \qquad (101)$$

Da α^2 vernachlässigbar klein ist gegen 1, so wird die Stromempfindlichkeit (vgl. Ziff. 8) für die $n$te Oberwelle

$$\overset{i}{\Gamma}_n = \frac{2q}{D(n^2-1)} \cdot \sqrt{2} \cdot 10^{-3} = \frac{2\sqrt{2}}{(n^2-1)}\, \Gamma_g \; \text{mm}/\mu\text{A}. \qquad (102)$$

Die Empfindlichkeit für die Störungswelle nimmt also nahezu umgekehrt proportional mit dem Quadrat der Ordnungszahl ab, von dem Dämpfungsgrad ist sie praktisch unabhängig, sie ist kleiner als die Gleichstromempfindlichkeit.

Bezogen auf die Resonanzempfindlichkeit [Gleichung (82)] ist

$$\frac{\overset{i}{\Gamma}_n}{\overset{i}{\Gamma}_m} = \frac{2\alpha}{(n^2-1)} = \frac{2\sqrt{3}\, a_\infty}{(n^2-1)}. \qquad (103)$$

Die selektive Empfindlichkeit des V.G. für die Resonanzfrequenz ist also um so größer, je kleiner der Dämpfungsgrad ist.

16. Die Abklingzeit ϑ. Wird das schwach gedämpfte V.G. plötzlich stromlos, so dauert es eine gewisse Zeit, bis die Schwingung abklingt; bei niedriger Frequenz spielt diese Zeit eine nicht unwesentliche Rolle: In einem Zweige einer Brücke sei ein Kurbelwiderstand, die Brücke sei nicht im Gleichgewicht, das Galvanometer entwirft ein Lichtband. Bei einer Verstellung des Widerstandes um einen Kontakt werde die Brücke gerade ins Gleichgewicht gebracht. Das V.G. schwingt frei, klingt nun die Schwingung sehr langsam ab, so ist man geneigt zu glauben, die Brücke sei noch nicht im Gleichgewicht und verstellt den Widerstand um einen weiteren Kontakt, regelt also über die Gleichgewichtsstellung heraus, entsprechend lange dauert es, bis sich das V.G. zu der neuen Amplitude aufschwingt. Das Regeln wird zeitraubend und ermüdend, und zwar besonders, wenn man mit kontinuierlicher Regelung (Schleifdraht, Drehkondensator) arbeitet.

Aus Gleichung (24) ergibt sich das Verhältnis der Amplituden A_1 und A_2 für die Zeit t_1 und t_2:

$$\frac{A_1}{A_2} = \frac{e^{-\alpha \tau_1}}{e^{-\alpha \tau_2}} = e^{+\alpha \omega_0 (t_2 - t_1)}. \qquad (104)$$

Nehmen wir den natürlichen Logarithmus dieser Gleichung, so ergibt sich

$$t_2 - t_1 = \frac{1}{\alpha \omega_0} \ln \frac{A_1}{A_2}.$$

Definieren wir nun als **Abklingzeit** $\vartheta_{0,1}$ die Zeit, in der die Amplitude auf $1/10$ ihres Wertes sinkt, so wird

$$\vartheta_{0,1} = \frac{2,3}{\alpha \omega_0} = \frac{0,63}{a \nu_0}. \tag{105}$$

Die Abklingzeit ist also der Resonanzbreite und der Eigenfrequenz umgekehrt proportional.

17. Günstige Resonanzbreite. Am günstigsten ist es, wenn man die Resonanzbreite a durch willkürliche Änderung einer künstlichen Dämpfung den jeweiligen Versuchserfordernissen anpassen kann. Sonst muß man einen Mittelweg einschlagen.

Im folgenden sind die verschiedenen Größen, auf welche die Dämpfung einen Einfluß hat, zusammengestellt, statt des Dämpfungsgrades α ist die Resonanzbreite a, an Stelle der Kreisfrequenz ω_0 die Frequenz ν_0 der Eigenschwingung ohne Dämpfung eingeführt.

A. Günstige Wirkung kleiner Resonanzbreite a.

Hohe Resonanzempfindlichkeit:

$$\Gamma_m = 2{,}45 \frac{\Gamma_g}{a}. \tag{93a}$$

Relative Unempfindlichkeit gegen Oberwellen der Ordnungszahl n:

$$\frac{\Gamma_n}{\Gamma_m} = 1{,}15 \frac{a}{(n^2 - 1)}. \tag{85a}$$

B. Ungünstige Wirkung kleiner Resonanzbreite a.

Empfindlichkeit gegen Frequenzschwankungen:

$$\frac{\nu' - \nu_0}{\nu_0} = a; \quad \text{bei } \nu' \text{ halbe Amplitude.} \tag{86a}$$

Lange Abklingzeit:

$$\vartheta_{0,1} = \frac{0{,}63}{a \nu_0}.$$

Bei einer Resonanzbreite $a = 0{,}3\%$ ist zwar die Resonanzempfindlichkeit das 817fache der Gleichstromempfindlichkeit und die Empfindlichkeit für die dritte Oberwelle nur $1/2320$ der Resonanzempfindlichkeit, aber bei einer Frequenzschwankung um $\pm 0{,}3\%$ von der Resonanzfrequenz schwankt die Bildverbreiterung um 50%, und bei der Frequenz $\nu_0 = 50$ Hz dauert es 4,2 sek, bis eine Bildverbreiterung bei freier Schwingung auf den zehnten Teil ihres Betrages absinkt, und umgekehrt dauert es 4,2 sek, bis nach einer Brückenänderung die neue Bildverbreiterung sich auf 90% ihres Wertes aufgeschwungen hat. Diese große Erschwerung der Messung wird man nur dann in Kauf nehmen, wenn man eine besonders große selektive Empfindlichkeit wirklich braucht, z. B. bei Messungen an Spulen mit Eisen nahe der Sättigung, die eine Verzerrung der Stromkurve bewirkt. Hierbei erzielt man durch Herabsetzung der Dämpfung die gleiche Wirkung, als wenn man Siebketten zum Herabdrücken der dritten Oberwelle vor das V.G. schaltet, diese machen elektrisch die Resonanzkurven des V.G. spitz. Bei niedrigen Frequenzen ist es für die meisten anderen Anwendungen zweckmäßig, die Resonanzbreite $a = 1\%$ zu machen, die praktisch vorkommenden Frequenzschwankungen stören dann noch nicht merklich, und die Abklingzeit beträgt 1,4 sek bei 50 Hz, die Resonanzempfindlichkeit ist das

245 fache der Gleichstromempfindlichkeit und das 700fache der Empfindlichkeit für die dritte Oberwelle.

Für Frequenzen des hörbaren Bereiches spielt die Abklingzeit keine wesentliche Rolle mehr, es stören bei geringer Resonanzbreite nur die Frequenzschwankungen. Benutzt man aber einen Röhrensender als Spannungsquelle, so ist bei der außerordentlichen Konstanz der Frequenz eine geringe Resonanzbreite günstig, allerdings macht sich dann die Rückwirkung stärker bemerkbar.

18. Änderung der Empfindlichkeit mit der Frequenz. Die Empfindlichkeiten sind der Richtkraft D, also, bei konstantem Trägheitsmoment K, dem Quadrat der Eigenfrequenz ν_0 [Gleichung (7)] umgekehrt proportional. Wird also die Eigenfrequenz in weiterem Bereiche bei im wesentlichen konstantem K und q allein durch die Richtkraft geregelt, so sinken die Gleichstromempfindlichkeiten sehr rasch mit wachsender Eigenfrequenz. Die Dämpfungskonstante p ist, sofern eine künstliche Zusatzdämpfung durch Kurzschlußwindung bei dem Spulen-V.G. und durch Wirbelstrom bei dem Nadel-V.G. nicht angebracht ist, bedingt durch die Luftreibung und durch den Energieverlust in der unvollkommenen Elastizität der tordierten Aufhängungen, dieser Anteil wächst bei Erhöhung der Richtkraft durch Verkürzung des frei schwingenden Teiles der Aufhängungen, er nimmt also zu. Der Dämpfungsgrad $a = p/2\sqrt{KD} = p/2\varkappa\omega_0$ nimmt also langsamer als umgekehrt proportional der Eigenfrequenz ab. Die Wechselstromempfindlichkeit fällt also ebenfalls sehr rasch ab, vgl. Ziff. 26. Günstiger ist es, wenn bei der Erhöhung der Eigenfrequenz das Trägheitsmoment abnimmt (vgl. Ziff. 28) oder die Galvanometerkonstante q (vgl. Ziff. 23) zunimmt.

19. Nadel- und Spulen-V.G. Ein Nadel-V.G. wird durch starke magnetische Streuwechselfelder der gleichen Frequenz wie die Eigenfrequenz des V.G. zum Schwingen gebracht, es zeigt in diesem Falle auch nach Abnehmen der beiden Zuleitungen eine Bildverbreiterung. Durch einen eisernen Schutzpanzer kann man die Störung stark herabsetzen, überdies kann man sie durch Kommutieren der Zuleitungen zum V.G. bei der Messung eliminieren. Man vermeidet es, Nadel-V.G. in die unmittelbare Nähe stark streuender Apparate zu setzen, z. B. bei niedriger Frequenz Relaisspulen, Zungenfrequenzmesser, schlecht geschlossene Transformatoren, bei Tonfrequenz Spulen mit vielen Windungen.

Spulen-V.G. werden durch magnetische Streufelder nicht beeinflußt. Da das bewegliche System feine Drähte und Bänder enthält, die vom Strom durchflossen werden, werden sie durch versehentliche Überlastung leichter gefährdet als die Nadel-V.G.

Gegen starke mechanische Erschütterungen sind beide Arten V.G. für tiefe Frequenz gleich empfindlich. Eine schwere, auf drei Schaumgummibällen ruhende Eisenplatte, auf welche das V.G. gestellt wird, schützt dieses gut gegen Erschütterungen.

20. Nadel-V.G. von Rubens[1]). Abb. 2. Das bewegliche System, die „Nadel" n, besteht aus zwanzig 8 mm langen, 0,35 mm dicken, weichen Eisendrähten, die auf einem schmalen leichten Messingstreifen aufgelötet sind, der auch den Spiegel trägt. Der Magnethalter ist an zwei Punkten auf die in dem Rahmen A aufgespannte Stahlsaite c gelötet, deren freie Länge durch die an dem Rahmen verschiebbaren Stege $s_1 s_2$ mit Klemmbacken begrenzt wird. Zwei Hufeisenmagnete m_1 und m_2 sind einander mit gleichnamigen Polen gegenübergestellt, ihre Polschuhe p drücken das magnetische Feld gegen die Nadel und magnetisieren sie kräftig. Die Spulen L auf den Polschuhen werden von dem

---

[1]) H. Rubens, Wied. Ann. Bd. 56, S. 27. 1895. — Bezugsquelle: Mechaniker Oehmke, Physiologisches Institut der Universität, Berlin NW.

zu messenden Wechselstrom so durchflossen, daß in der Halbperiode gleichbleibender Stromrichtung ein Paar diagonaler Pole magnetisch geschwächt, das andere Paar verstärkt wird, somit ein Drehmoment auf die Nadel entsteht; in der nächsten Halbperiode des Stromes ist seine Wirkung umgekehrt, die Nadel macht erzwungene Schwingungen. Mit den Stegen $s_1 s_2$ läßt sich die Eigenfrequenz im Bereich von etwas über einer Oktave verändern. Die Feinabgleichung der Resonanz (etwa 15%) wird durch Nähern der beiden auf Schlitten stehenden Magnete an die Nadel mit Hilfe zweier Schrauben bewirkt, und zwar sinkt dabei die Richtkraft, es wächst die dynamische Galvanometerkonstante und die Dämpfung durch Wirbelstrom in den Polschuhen; die Stromempfindlichkeit bei Resonanz ändert sich wenig mit dem Abstand, aber bei weitem Abstand ist die Resonanzbreite geringer. Bei niedriger Frequenz muß man beide Magnete recht gleichmäßig der Nadel nähern, sonst schlägt sie um. RUBENS empfiehlt einen Abstand von 3 bis 4 mm, dann sei die Empfindlichkeit bei Resonanz etwa 40 mal größer, bei 2 cm Abstand dagegen 250 bis 300 mal größer als bei Gleichstrom (augenscheinlich ist damit die Gleichstromempfindlichkeit bei kommutiertem Ausschlag gemeint); es ist dann bei dem kleinen Abstand die Resonanzbreite 3%, bei dem großen Abstand 0,4%. WENNER[1]) gibt für das RUBENS-V.G. an:

Frequenz ν_0 100 Hz,

Res. Stromempfindlichkeit $\overset{i}{\Gamma}_m$ 1,5 mm/μA,

Res. Spannungsempfindlichkeit $\overset{e}{\Gamma}_m$ 0,0014 mm/μV,

Gleichstromempfindlichkeit $\overset{i}{\Gamma}_g$ 0,009 mm/μA,
Widerstand R_g 234 Ω.

Daraus folgt:
Resonanzbreite bei Leerlauf $a = 1,5\%$
Rückwirkungsfaktor $h_0 = 1,7$
Resonanzbreite bei Kurzschluß $h_0 a = 2,5\%$.

WENNER änderte das V.G. ferner etwas ab, er stellte die Nadel aus einer Scheibe von 10 mm Durchmesser und 0,36 mm Dicke aus Transformatoreisen her, befestigte sie an bifilaren Stahldrähten und wählte als Material für die Polschuhe Transformatoreisen (wahrscheinlich Siliziumlegierung). Die Resonanzbreite a bei Leerlauf betrug nur 0,15% als Folge der geringen Wirbelstrombildung, der Rückwirkungsfaktor h_0 berechnet sich aber zu 11,6. Diese starke Abhängigkeit der Resonanzbreite vom äußeren Schluß ist ungünstig.

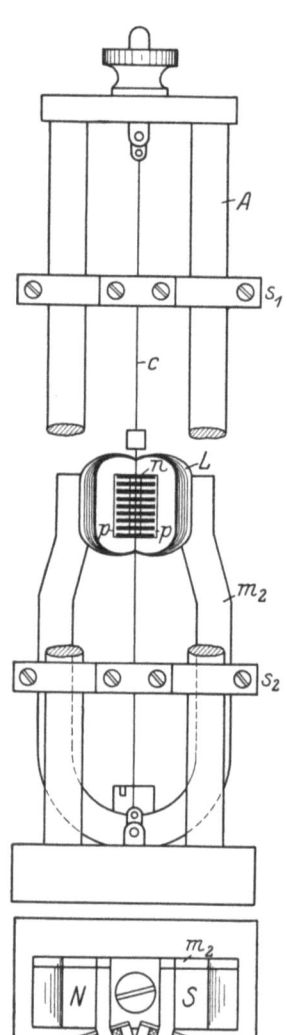

Abb. 2. Nadel-V.G. von RUBENS.

---

[1]) F. WENNER, Bull. Bur. of Stand. Bd. 6, S. 365. 1910; in der Tabelle sind offenbar einige Druckfehler.

21. Nadel-V.G. von MAX WIEN[1]). (Abb. 3.) Auf ein 4 mm langes und 2 mm breites sehr dünnes Stück Messingblech, das auf eine Messingscheibe c gelötet ist, sind als „Nadel" n einige magnetisierte Stahldrähtchen von 3 mm Länge mit Schellack befestigt, darüber ist an dem Messingdraht um 90° gedreht ein Spiegelträger von $2 \cdot 2$ mm aufgelötet. Das System ist in dem Galgen A mit den Schrauben $\sigma_1 \sigma_2$ eingespannt, die freie Länge und damit die Eigenfrequenz der Saite läßt sich durch Verschieben der Klemmstege $s_1 s_2$ ändern. Ein Ring r von 5 cm Durchmesser und 4 mm Dicke ist aus 0,2 mm starkem Eisendraht gewickelt und an einer Stelle aufgesägt. Auf den Ring sind 4 Wicklungen L von je 50Ω aufgebracht. Die Nadel n steht inmitten des Ringspaltes, mit der Scheibe σ_3 wird sie parallel zu den Eisenendflächen gestellt. Letztere können, da der Ring biegsam ist, mit den Schrauben E_1 und E_2 der Nadel genähert werden, dabei sinkt die Richtkraft, hiermit wird die Feinabstimmung auf Resonanz vorgenommen; mit dem Nähern wächst die Dämpfung durch Wirbelstrom in den Eisenenden des Ringes. Mit einer (nicht gezeichneten) Schraube σ_4 wird die Saite beim Einsetzen passend gespannt, auf die Torsionsschwingung einer Saite übt die Spannung nur einen sehr geringen Einfluß. Zu dem Instrument werden 3 Systeme mit Saiten von 0,1—0,15—0,2 mm Dicke geliefert.

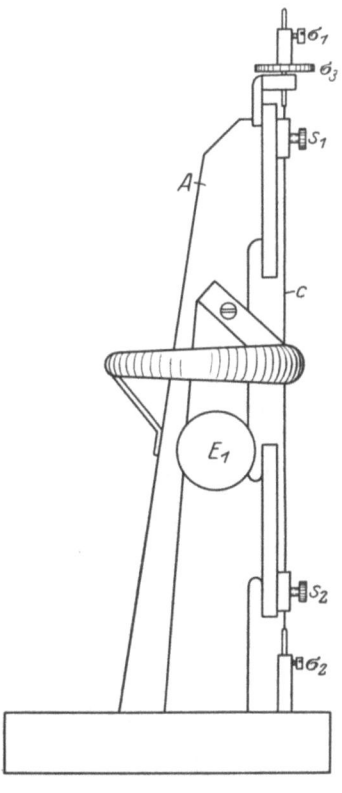

Aus der zitierten Arbeit sind für verschiedene nicht näher bezeichnete Systeme bei Reihenschaltung der Wicklungen ($R_g = 200 \Omega$) folgende Angaben zu entnehmen:

ν_0	100	500	1000	4000	Hz
Γ_m	70	30	0,7	0,17	mm/μA
Γ_g	0,6				mμ/μA
a	2				%

Bei 100 Hz sind wahrscheinlich die Eisenendflächen sehr dicht an das System herangeschoben gewesen. Im allgemeinen ist die Resonanzbreite namentlich bei höheren Frequenzen unbequem klein, WIEN gibt an, daß die Frequenz des Wechselstromes sehr konstant sein muß. Durch Aufkleben eines Kupferscheibchens von 4 mm

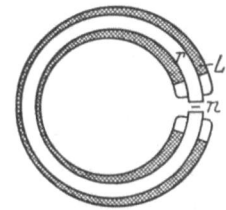

Abb. 3. Nadel-V.G. von MAX WIEN.

Durchmesser und $1/_2$ mm Dicke auf eine oder beide Eisenendflächen mit Wachs kann man nach Versuchen des Verf. die Resonanzbreite passend erhöhen.

22. Nadel-V.G. von DRYSDALE-TINSLEY[2]). (Abb. 4.) Eine Eisennadel und ein länglicher Spiegel S sind mit Wachs auf einem sehr dünnen Seidenfaden befestigt, der in dem schmalen Rahmen R ausgespannt ist, dieser ist zwischen

---
[1]) M. WIEN, Ann. d. Phys. Bd. 4, S. 441. 1901. — Bezugsquelle: Mechaniker FELDHAUSEN, Physikalisches Institut der Techn. Hochschule Danzig.
[2]) H. TINSLEY, Electrician Bd. 69, S. 939. 1912; Ref. ZS. f. Instrkde. Bd. 32, S. 393. 1912.

die vertikalen Polschuhe P eines horizontal liegenden Hufeisenmagneten H eingeschoben. Die Richtkraft des beweglichen Systems ist zum geringen Teil durch die Torsion des Seidenfadens, zum größeren Teil durch die magnetische Wirkung der Polschuhe auf die Nadel bedingt, der zweite Teil wird durch Verschieben des magnetischen Nebenschlußjoches J auf dem Hufeisenmagneten geändert. Ein Verschieben von J um 5 cm ändert die Eigenfrequenz von 50 auf 60 Hz, Drehen des Schraubenkopfes K an der Vorderseite des Instrumentes verschiebt das Joch J und gestattet eine grobe und sehr feine Regelung der Eigenfrequenz, die Abstimmung ist also wesentlich bequemer als bei den vorher beschriebenen Instrumenten.

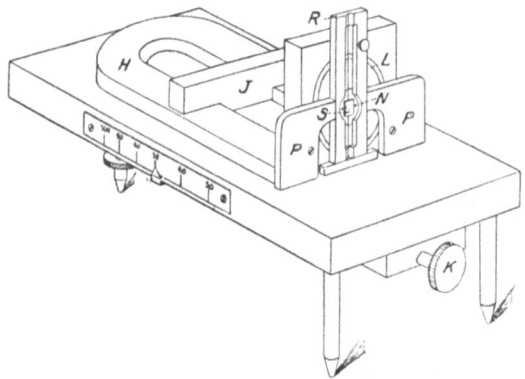

Abb. 4. Nadel-V.G. von DRYSDALE-TINSLEY.

Die Spule L in Form einer flachen Scheibe ist so von hinten gegen die Polschuhe gesetzt, daß ihre Achse senkrecht zur Nadel steht. Spule und Rahmen sind leicht austauschbar; es werden acht Stufen von Spulen von 0,005 Ω und 0,0034 mH bis 17000 Ω und 5,3 H und Nadeleinsätze bis herunter zu 10 Hz angeführt.

Für die Eigenfrequenz 50 sind folgende Werte aus der Mitteilung zu entnehmen:

Spule		Frequenz 50				
Widerstand Ω	Induktiv. mH	$\overset{e}{\Gamma_m}$ mm/μV	$\overset{i}{\Gamma_m}$ mm/μA	$\overset{i}{\Gamma_g}$ mm/μA	a	$\vartheta_{0,1}$ sek
50	—	—	7,1	0,0050	0,17%	7,5
40	17	0,15	6,0	—	—	—
250	270	0,06	18,0	—	—	—

Die Empfindlichkeit ist lediglich durch sehr schwache Dämpfung erreicht, die Resonanzbreite ist sehr gering und die Abklingzeit so lang, daß das Arbeiten mit dem Instrument schwierig ist. Der Rückwirkungsfaktor h_0 ist nicht merklich von 1 verschieden. Offenbar sind beim Nadel-V.G. ohne Eisen in den Spulen keine günstigen Eigenschaften zu erzielen.

23. Nadel-V.G. von SCHERING und SCHMIDT[1]). (Abb. 5.) Die Nadel n ist das in der Mitte ein Spiegelchen tragende Eisenblättchen von $4 \cdot 4 \cdot 0{,}06$ mm, es ist in der Mitte eines 29 mm langen, 0,02 mm dicken Phosphorbronzedrahtes c mit Schellack befestigt; der Draht ist in einem schmalen Messingrahmen A aufgespannt, der zwischen zwei Hartgummibacken eingeschlossen ist, die sich zu einem Zylinder von 18 mm Durchmesser ergänzen. In Höhe der Nadel hat die eine Backe ein mit einer Linse von 1 m Brennweite verschlossenes Loch für den Strahlengang, die andere Backe ein eingeschraubtes Kupferstück, das durch Drehen mit einem Messingschraubenzieher der Nadel genähert werden kann und deren Dämpfung regelbar erhöht. Dieser Einsatz ist zwischen die vier radial angeordneten Enden zweier U-förmiger Wechselstrommagnete $w_1 w_2$ mit massivem Eisen gesteckt, die sich zwischen den Schenkeln eines größeren U-förmigen

---

[1]) H. SCHERING u. R. SCHMIDT, ZS. f. Instrkde. Bd. 38, S. 1. 1918. — Bezugsquelle: Hartmann & Braun, Frankfurt a. M.-Bockenheim, und Siemens & Halske, Berlin-Siemensstadt.

Elektromagneten m befinden, der mit Gleichstrom gespeist wird; von diesen erhält die Nadel eine über das Eisen der Wechselstrommagnete gehende Magnetisierung und eine Richtkraft, die Eigenfrequenz wird durch Regeln des Gleichstromes auf die Wechselstromfrequenz abgestimmt. Bringt man beim Aufstellen des Instrumentes bei stark erregtem Magneten das Spaltbild durch Drehen des Instrumentes auf die Mitte der Mattscheibe und führt man das beim Schwächen des Magneten etwa seitwärts wandernde Spaltbild durch Drehen des Einsatzes wieder zurück, so bleibt nachher das Spaltbild, wenn man die Eigenfrequenz zwischen 30 und 160 Hz mit einem Widerstand im Gleichstromkreis regelt, stets in der Mitte der Mattscheibe. Steckt man einen anderen Einsatz ein, z. B. für 10 bis 75 Hz mit einer Blattnadel von $4 \cdot 6 \cdot 0{,}18$ mm ein, so ist bei starker Magneterregung ohne weiteres das Spaltbild auf der Mattscheibe. Gegenüber dem Abstimmen der anderen V.G. durch Verstellen von Schrauben am Instrument

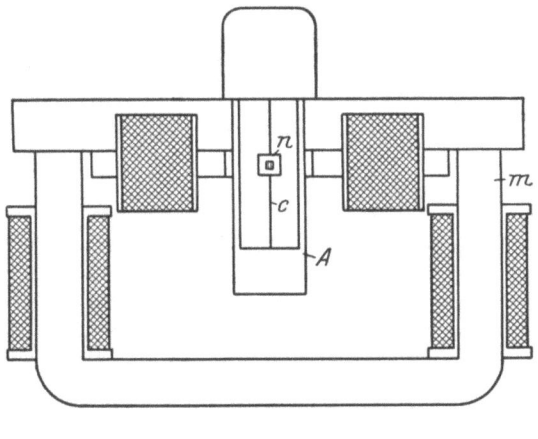
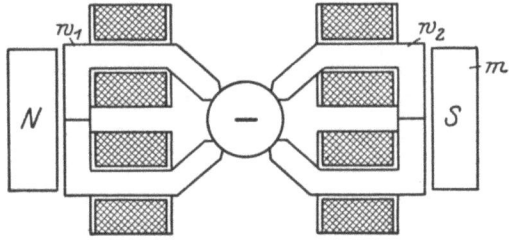

Abb. 5. Nadel-V.G. von SCHERING und SCHMIDT für tiefe Frequenzen.

selbst, wobei das Instrument erschüttert und bei gröberer Verstellung ein Aufsuchen des Spaltbildes notwendig wird, ist das Abstimmen vom Platz des Beobachters durch Regeln eines Widerstandes eine Erleichterung, die der Technik erst die Benutzung des V.G. in größerem Umfange annehmbar gemacht hat, obwohl dieses Instrument z. B. die hohe Empfindlichkeit des von ZÖLLICH (Ziff. 27) nicht erreicht.

Die Spulen sind wie beim V.G. von RUBENS geschaltet, so daß ein Wechselstrom in der Halbperiode gleicher Stromrichtung ein Paar diagonaler Polstücke magnetisch schwächt, das andere stärkt. Die Empfindlichkeiten bei Wechsel- und Gleichstrom, die Resonanzbreite und die Abklingzeit in Abhängigkeit von der Frequenz und der Erregung des Magneten sind aus Abb. 6 u. 7 zu ersehen. Da die von der Magneterregung abhängige Galvano-

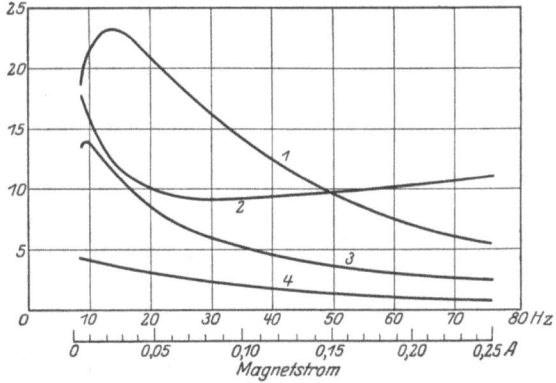

Abb. 6. Stromempfindlichkeiten, Resonanzbreite und Abklingzeit bei dem Nadel-V.G. von SCHERING und SCHMIDT mit Einsatz für das Frequenzbereich 10—75 Hz.

1) $\times 1$ mm/µA $= \Gamma_m$.   2) $\times 0{,}1\% = a$.
3) $\times 0{,}01$ mm/µA $= \Gamma_g$. 4) $\times 1$ sec $= \vartheta_{01}$.

meterkonstante q mit zunehmender Eigenfrequenz zunimmt, so nimmt die Wechselstromempfindlichkeit nur verhältnismäßig langsam ab (vgl. Ziff. 12), die Resonanzbreite nimmt zuerst etwas ab, dann aber wieder zu. Das Dämpferstück war dabei der Nadel auf etwa 1 mm genähert, entfernt man es stark, so sinkt bei 50 Hz a auf $1/4\%$, bei Polstücken aus legierten Blechen auf etwa 0,1%; bei starker Annäherung kann man $a = 4\%$ erreichen, ohne daß die Nadel am freien Schwingen behindert wird. Die Rückwirkung ist bei $a = 1,0\%$ gering; bei Kurzschluß stieg a nur um etwa $1/4\%$. Der Gleichstromwiderstand beträgt 72 Ω, der Wirkwiderstand bei 50 Hz bei herausgenommenem Einsatz 82 Ω, die Induktivität 0,23 H, mit Einsatz für 10 bis 75 Hz bei Resonanz 50 Hz der Wirkwiderstand 89 Ω, die Induktivität 0,25 H, der Scheinwiderstand 118 Ω, die Spannungsempfindlichkeit bei Resonanz war $\overset{e}{I}_m = 0{,}065$ mm/μV bei Abstimmung des schwereren Systems auf 50 Hz.

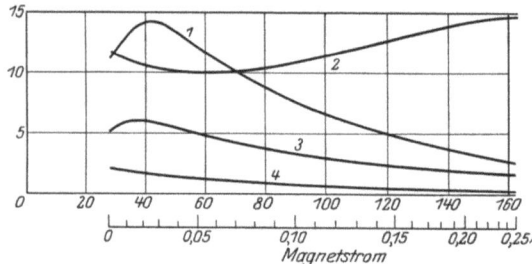

Abb. 7. Stromempfindlichkeiten, Resonanzbreite und Abklingzeit beim Nadel-V.G. von Schering und Schmidt mit Einsatz für den Frequenzbereich 30—160 Hz.

1) $\times 1$ mm/μA $= \overset{i}{\Gamma}_m$. 2) $\times 0{,}1\% = a$.
3) $\times 0{,}01$ mm/μA $= \overset{i}{\Gamma}_g$. 4) $\times 1$ sec $= \vartheta_{01}$.

Durch eine gußeiserne Kappe von 2 cm Wandstärke wurde der Einfluß magnetischer Streuwechselfelder der Resonanzfrequenz auf $1/12$, durch eine Kappe aus legierten Blechen (1,2 cm Eisendicke) auf $1/28$ herabgesetzt, im letzten Falle betrug die Empfindlichkeit 78 mm/Gauß. Infolge des Luftspaltes zwischen den Wechselstrommagneten und den Schenkeln des Gleichstrommagneten war die Erdkapazität des V.G. allein bei Erdung der Schenkel nur $13{,}3 \cdot 10^{-12}$ F, während sie mit 2 m langer, frei gespannter Zuleitung $30{,}9 \cdot 10^{-12}$ F war. Durch Ankleben eines Platinbleches gleicher Größe an die schwerere Nadel kann man tiefe Eigenfrequenzen bis 2 Hz erreichen. Wesentlich höhere Eigenfrequenzeen als 160 Hz sind durch Wahl anderer Nadeln nicht zu erreichen.

Es ist unzweckmäßig, eine Herabsetzung der Empfindlichkeit, z. B. zu Beginn einer Brückenmessung, durch Verstimmen des V.G. bewirken zu wollen, wozu die bequeme Abstimmbarkeit leicht verführt; das V.G. führt dann bei Änderung des Stromes Schwebungsschwingungen aus, was bei der Brückenabgleichung sehr stört.

24. Nadel-V.G. von Schering[1]). (Abb. 8.) Die Nadel n, ein Eisenblättchen von $4 \cdot 4 \cdot 0{,}05$ mm mit einem Ansatz zum Befestigen des Spiegelchens, ist auf einen kurzen Bronzedraht von 0,02 mm Dicke aufgeklebt, der in einem Messingrahmen A aufgespannt ist. Auf dem Rahmen sind seitlich einstellbare schmale Polstücke befestigt, die in den Gleichstrommagneten m eingesteckt werden. Durch Regeln

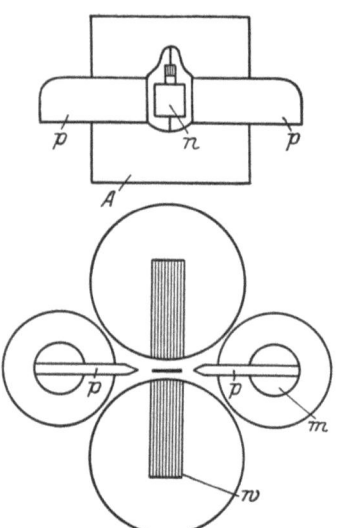

Abb. 8. Nadel-V.G. von Schering für Tonfrequenz.

---
[1]) H. Schering, ZS. f. Instrkde. Bd. 38, S. 11. 1918; Bd. 39, S. 140. 1919.

des Gleichstromes mit einem Widerstand kann vom Platz des Beobachters die Eigenfrequenz von 160 bis 750 Hz abgestimmt werden. Um 90° gegen die Gleichstrommagneten verdreht, ist der bis auf einen kleinen Luftspalt geschlossene Wechselstrommagnet aus legierten Blechen angeordnet. Bei Reihenschaltung der beiden Spulen ist der Widerstand 36 Ω, die Induktivität 0,2 H. Der Blindwiderstand ist also weitaus überwiegend. Die Dämpfung wird künstlich durch Kupferscheiben auf den Endflächen des Wechselstrommagneten erhöht. Die Abhängigkeit der Stromempfindlichkeit von der Eigenfrequenz zeigt Abb. 9.

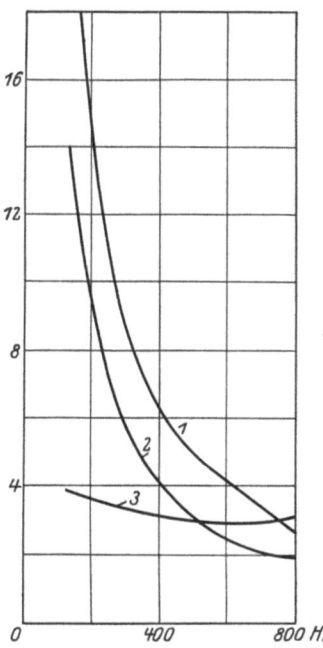

Abb. 9. Stromempfindlichkeiten und Resonanzbreite bei dem Nadel-V.G. von SCHERING für Tonfrequenz.

1) 1 mm/μA = Γ_m^i.
2) $\times$ 0,01 mm/μA = Γ_g^i.   3) $\times$ 0,1% = a.

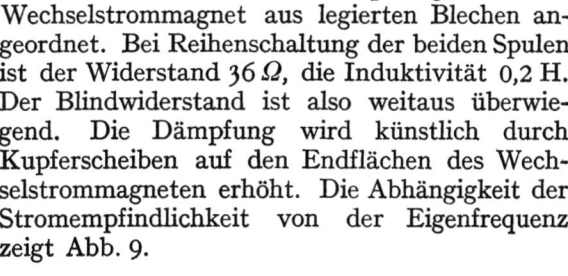

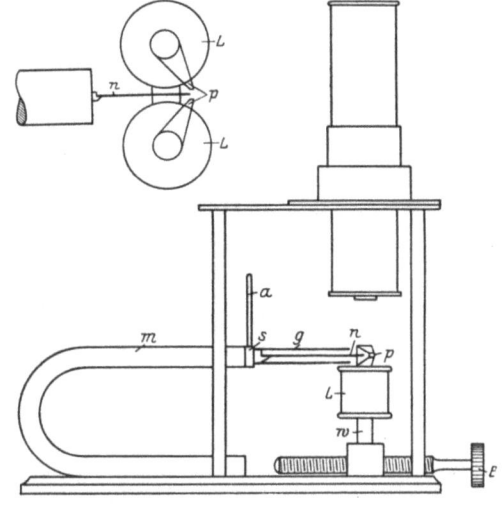

Abb. 10. Nadel-V.G. von AGNEW.

25. Nadel-V.G. von AGNEW[1]). (Abb. 10.) Die „Nadel" n ist ein 33 mm langer Stahldraht, für die Frequenz 60 Hz 0,1 mm, für 25 Hz 0,04 mm stark, der auf einem dünnen Sockel s von weichem Eisen befestigt ist; der Sockel wird an der Stirnfläche eines Hufeisenmagneten m lediglich magnetisch festgehalten, der Aluminiumdraht a dient zum Anfassen des Sockels, ein Glasröhrchen g schützt den Stahldraht. Ein U-förmiger, aus legiertem Blech hergestellter Eisenkern w trägt die beiden Wechselstromspulen L und zwei Polstücke p, welche die Form von abgestumpften Pyramiden mit einer Endfläche von 2 · 0,5 mm haben. Die Enden der Polstücke sind voneinander und von dem Ende des Stahldrahtes 1,5 mm entfernt. Mit der Eisenschraube E wird der magnetische Schluß des Dauermagneten geändert und damit die Eigenfrequenz des Stahldrahtes geregelt. Beim Beschicken der Spulen L mit Wechselstrom gleicher Frequenz wird die Nadel in horizontaler Ebene in Transversalschwingungen versetzt, die mit dem Mikroskop beobachtet werden. Es gibt mit einer Spule von 1 Ω eine Spannung von 1 μV, mit einer Spule von 270 Ω ein Strom von 0,05 μA eine erkennbare Schwingung. Die Resonanzbreite ist etwa 1%, die Rückwirkung gering. Das Instrument ist robust und handlich.

---

[1]) P. G. AGNEW. Bur. of Stand. Scient. Pap. Nr. 370, S. 37—44. 1920.

26. Spulen-V.G. von CAMPBELL[1]). (Abb. 11.) Die schmale, leichte Spule Sp mit Spiegel ist oben an einem Seidenfaden c aufgehängt, nach unten mit zwei dünnen Drähten d, die gleichzeitig Zuleitungen zur Spule sind, verspannt. Die Eigenfrequenz wird fein durch Spannen der Feder f (z. B. von 50 bis 100 Hz), grob durch Verschieben des Steges, welcher die freie Länge der Drähte d begrenzt (z. B. von 100 bis 800 Hz), geregelt. Die Spule befindet sich in dem Luftspalt eines Dauer- oder Elektromagneten. Die Rückwirkung ist sehr stark, während der Widerstand bei Gleichstrom $30\,\Omega$ beträgt, ist der Betriebswiderstand $700\,\Omega$. Nach WENNER[2]) ist für dieses Instrument:

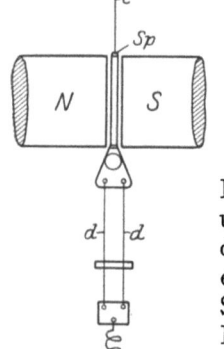

v_0 Hz	$\overset{i}{\varGamma_m}$ mm/μA	$\overset{e}{\varGamma_m}$ mm/μV	$\overset{i}{\varGamma_g}$ mm/μA	a_∞ %	h_0
100	7,3	0,0061	0,005	0,14	40

Bei Kurzschluß ist also die Resonanzbreite sehr groß. Später befestigte CAMPBELL nach dem Vorgang von HAUSRATH[3]) die Spule oben und unten an einem Bronzeband[4]), die Richtkraft ist ähnlich wie bei einer Bifilarbefestigung von der Spannung des Bandes abhängig, das Instrument deckt das Frequenzbereich 10 bis 400 Hz.

Ferner[5]) befestigte er die Spule oben und unten an einer Bifilardrahtverspannung und erzielte eine Abstimmbarkeit von 40 bis 1000 Hz, der Betriebswiderstand sinkt dabei von 500 auf 35 Ω. Die Abhängigkeit der Empfindlichkeit zeigt Abb. 12.

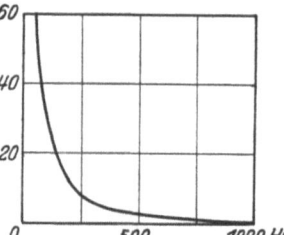

Abb. 11. Spulen-V.G. von CAMPBELL.

Abb. 12. Die Stromempfindlichkeit $\overset{i}{\varGamma_m}$ in mm/μA, in Abhängigkeit von der Frequenz beim Spulen-V.G. von CAMPBELL.

27. Spulen-V.G. von ZÖLLICH[6]). Das Instrument enthält eine 1 mm breite, mehrere cm lange Spule an Bändern aufgehängt; auf Resonanz wird grob durch Stege, die mit einer Schraube verstellt werden, fein durch die Spannung der Bänder abgestimmt. Das Feld des Dauermagneten mit schmalem Luftspalt ist so bemessen, daß der Rückwirkungsfaktor $h_0 = 2$ ist. Eine Kurzschlußwindung auf der Spule bewirkt eine Resonanzbreite von etwa 3% bei tiefer Frequenz. Das Instrument hat drei einsteckbare Spuleneinsätze für 15 bis 30, 25 bis 60, 50 bis 500 Hz. Die Empfindlichkeiten sind:

v_0	25	50	60	100	500	Hz
$\overset{i}{\varGamma_m}$	250	125	106	59	10	mm/μA
$\overset{e}{\varGamma_m}$	0,5	0,25	0,21	0,12	0,02	mm/μV
R_m	500	500	500	500	500	Ω.

Es ist dieses das empfindlichste aller Vibrationsgalvanometer.

---

[1]) A. CAMPBELL, Phil. Mag. Bd. 14, S. 499. 1907; Proc. Phys. Soc. Bd. 20, S. 626. 1907.
[2]) F. WENNER, Bull. Bur. of Stand. Bd. 6, S. 365. 1910.
[3]) H. HAUSRATH, Phys. ZS. Bd. 10, S. 756. 1909.
[4]) A. CAMPBELL, Proc. Phys. Soc. Bd. 25, S. 203. 1913.
[5]) A. CAMPBELL, Proc. Phys. Soc. Bd. 26, S. 120. 1914.
[6]) H. ZÖLLICH, Arch. f. Elektrot. Bd. 3, S. 369. 1915. — Bezugsquelle: Siemens & Halske, Berlin-Siemensstadt.

28. Bifilar-V.G. von Duddell.

28. Bifilar-V.G. von Duddell. (Abb. 13.) Ein Spulengalvanometer hoher Eigenfrequenz mit nur einer Windung hat zuerst BLONDEL durch zwei in geringem Abstand parallel ausgespannte Drähte mit in der Mitte aufgeklebtem Spiegel für den Oszillographen hergestellt. Als V.G. ist diese Anordnung von MÜHLENHÖVER[1]) und gelegentlich von E. GIEBE und H. SCHERING[2]) benutzt. DUDDELL[3]) bildete sie zu einem handlichen Instrument für das Frequenzbereich 70 bis 700 Hz aus. Ein dünner Bronzedraht ist über ein Röllchen r aus Elfenbein gelegt, das von einer Feder gehalten

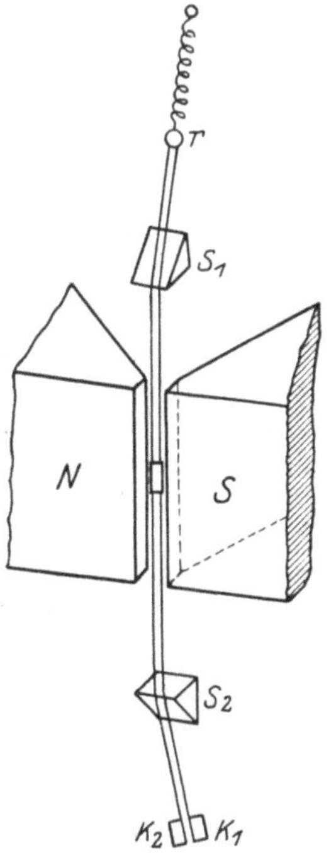

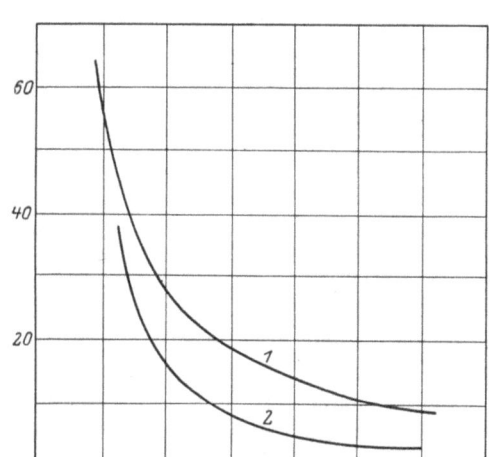

Abb. 13. Bifilar-V.G. von DUDDELL.

Abb. 14. Stromempfindlichkeiten des Bifilar-V.G. von DUDDELL.

1) $\times 1$ mm/μA = Γ_m.   2) $\times 0,01$ mm/μA = Γ_g.

wird, die Drahtenden sind an den Klemmen $k_1 k_2$ verlötet; durch diese Anordnung wird gewährleistet, daß beide Saiten gleiche Spannung haben. Die beiden Stege $s_1 s_2$ werden zur Grobabstimmung durch eine Schraube mit Rechts- und Linksgewinde verschoben, die Feinabstimmung, die ein ziemlich weites Frequenzbereich beherrscht, wird durch Spannen der Feder mit einer Schraube bewirkt. Die Abhängigkeit der Stromempfindlichkeit von der Frequenz zeigt Abb. 14. Die Resonanzbreite ist bei 130 Hz, 2%, bei 400 Hz 0,7%, bei 600 Hz 0,5%. Der Widerstand beträgt 136 Ω, der Rückwirkungsfaktor h_0

ν_0	538	592	530	228	Hz
Saitenlänge l_0	5	10	13	16	cm
h_0	1,22	1,95	2,22	2,51	

Die Stromempfindlichkeit ist nahezu unabhängig davon, ob die Abstimmung auf eine bestimmte Frequenz mit langen Saiten und starker Spannung oder mit kurzen Saiten und geringer Spannung vorgenommen wird. Es ist daher für die Spannungsempfindlichkeit günstiger, mit kurzen Saiten zu arbeiten.

---

[1]) H. MÜHLENHÖVER, Dissert. Münster i. W. 1905.
[2]) E. GIEBE u. H. SCHERING, ZS. f. Instrkde. Bd. 26, S. 151. 1906.
[3]) W. DUDDELL, Proc. Phys. Soc. Bd. 21, S. 774. 1909.

29. Langsaiten-V.G. von SCHERING **und** SCHMIDT[1]). Das Instrument ist nach Art des von DUDDELL, aber mit 1 m langen Saiten aus Kupferband von 0,2 · 0,02 mm Querschnitt gebaut, es wird damit das Frequenzbereich 25 bis 125 Hz beherrscht. Der Widerstand beträgt 15,8 Ω, die Resonanzbreite ist bei 50 Hz 1,1%, der Rückwirkungsfaktor $h_0 = 1,4$. Die Stromempfindlichkeit ist:

ν_0	25	50	125	Hz
Γ_m^i	10	10	3,6	mm/μA
Γ_m^e	—	0,45	—	mm/μV

b) Zungenfrequenzmesser[2]).

30. Prinzip. Der steile Anstieg der Amplitude der durch einen Wechselstrom erzwungenen Schwingung schwach gedämpfter mechanischer Schwinger bei Resonanz wird im Zungenfrequenzmesser zur Bestimmung der Frequenz des Wechselstromes benutzt. Die Schwinger sind einseitig eingespannte Blattfederzungen von 3 bis 5 mm Breite, 0,1 bis 0,3 mm Stärke und 20 bis 60 mm Länge, deren freie Enden rechtwinklig umgebogen und mit weißer Farbe belegt sind. Eine Anzahl solcher Zungen sind nebeneinander so angeordnet, daß man auf die Reihe ihrer weißen Endflächen sieht, die sich über einer Frequenzskala befindet. Durch die Wahl der Abmessungen des Stahlbandes und durch Lochen am freien Ende wird die Eigenfrequenz der Zunge grob dem Sollwert angepaßt, durch Beschweren des Endes mit Lötzinn erfolgt die Feinabstimmung auf den entsprechenden Wert der Frequenzskala. Im allgemeinen beträgt der Frequenzschritt von Zunge zu Zunge etwa 1%. Die Resonanzbreite (vgl. Kap. 7, Ziff. 18) einer Zunge bei Frequenzen der Starkstromtechnik liegt in der Größenordnung von 0,4%, die Dämpfung ist vorwiegend Luftreibung. Wird der Frequenzmesser — in weiter unten beschriebener Weise — mit einem Wechselstrom erregt, dessen Frequenz in dem Meßbereich liegt, so werden mehrere benachbarte Zungen in Schwingungen versetzt. Hat eine Zunge eine große Amplitude, die beiden Nachbarzungen gleiche kleine Amplituden, so ist die Wechselstromfrequenz gleich der an der Skala abzulesenden Nennfrequenz der weit ausschwingenden Zunge; führen dagegen zwei benachbarte Zungen gleichgroße Schwingungen aus, so liegt die Wechselstromfrequenz in der Mitte zwischen den Nennfrequenzen der beiden Zungen, man kann also an dem Instrument die Frequenz auf $^1/_2$% ablesen, aus der Form der zwischen diesen beiden extremen Fällen liegenden Schwingungsbilder kann man noch kleinere Bruchteile schätzen, doch ist die Genauigkeit der Abstimmung der Zungen nur etwa 0,3%, sie sinkt bei anhaltender Beanspruchung der Zungen auf 0,5%. Es ist daher zweckmäßig, den Frequenzmesser bei langdauernden Untersuchungen nicht ständig eingeschaltet zu lassen. Es muß vermieden werden, die Zungen größere Bildverbreiterungen als etwa 30 mm machen oder sie gar anschlagen zu lassen, da hierdurch die Zungen Änderungen der Eigenfrequenz erleiden oder gar abbrechen. Für die Benutzung in einem weiten Spannungsbereich werden die Zungenfrequenzmesser mit regelbaren Vorwiderständen ausgerüstet. Bequemer und sicherer ist es, den Frequenzmesser für niedrige Spannung (z. B. 12 V) zu wählen und als Vorwiderstand eine passende Metallfadenlampe zu benutzen, deren Wider-

---

[1]) H. SCHERING u. R. SCHMIDT, Arch. f. Elektrot. Bd. 1, S. 254. 1912. — Bezugsquelle: Hartmann & Braun, Frankfurt a. M.-Bockenheim, auch mit kurzem Einsatz nach DUDDEL für Tonfrequenzen.
[2]) Vgl. G. KEINATH, Die Technik der Elektrizitäts-Meßgeräte, 2. Aufl., S. 245—250. München u. Berlin: R. Oldenbourg 1922.

stand kalt etwa 8 mal so klein ist als bei Glut, die Bildverbreiterung der Zungen ist dann von der Spannung in weitem Bereich wenig abhängig.

Zungenfrequenzmesser werden für Frequenzen von 10 Hz aufwärts hergestellt, ihr Anwendungsgebiet ist das des technischen Starkstroms. Bei 500 Hz werden die Zungen sehr kurz, entsprechend die zulässigen Bildverbreiterungen klein. Bei höheren Frequenzen müßte man eine ungeheure Zahl von Zungen anwenden, um kontinuierlich in einem größeren Bereich messen zu können, es werden deshalb einige bestimmte Frequenzen in großen Stufen ausgewählt und für jede dieser Stufen eine hierfür genau abgestimmte Zunge mit zwei Nachbarzungen angeordnet.

31. Zungenfrequenzmesser nach HARTMANN-KEMPF[1]). Abb. 15. Zwischen zwei Reihen Zungen Z ist eine lange Erregerspule L mit eisernen Polschuhen p angeordnet. Diese üben, wenn L mit einem Wechselstrom von der Frequenz ν gespeist wird, auf die Zungen eine im Tempo 2ν an und abschwellende anziehende Kraft aus, eine merkliche Schwingung führen nur die wenigen Zungen aus, deren Eigenfrequenzen in der Nähe des Doppelten der Eigenfrequenz des Wechselstromes liegen. Die Skala des Instrumentes ist für die Wechselstromfrequenz beziffert. Überlagert man in der Spule L dem Wechselstrom einen Gleichstrom etwas größerer Stärke, so schwillt die anziehende Kraft bei einer vollen Periode des Wechselstromes einmal an und ab, das Gerät läßt sich so zur Messung der zweifachen auf der Skala angegebenen Wechselstromfrequenzen benutzen. Der gleiche Zweck wird erreicht durch Annähern einer Anzahl U förmiger Stahlmagnete, die auf einer von außen schwenkbaren Leiste befestigt sind, an die Stahlzungen. Diese werden dadurch magnetisch polarisiert und erleiden in der einen Halbperiode des Wechselstromes eine Anziehung, in der anderen eine Abstoßung, schwingen also bei Resonanz mit der gleichen Frequenz wie der Wechselstrom. Derartig umschaltbare Apparate tragen eine in Eigenfrequenzen der Zungen bezifferte Skala, und die beiden Stellungen der schwenkbaren Leiste sind mit „Polwechsel" und „∞", d. h. Frequenz, gekennzeichnet.

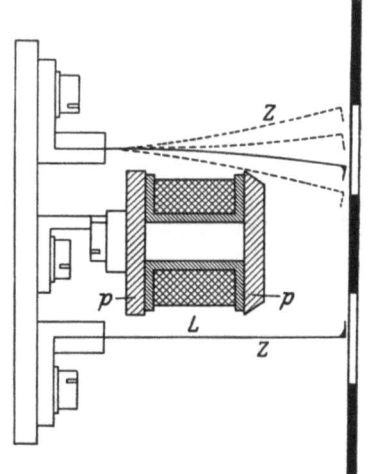

Abb. 15. Zungenfrequenzmesser nach HARTMANN-KEMPF.

Zungen höherer Eigenfrequenz bedürfen einer größeren Krafteinwirkung wie die Zungen niedrigerer Eigenfrequenz, um jeweils bei Resonanz die gleiche Amplitude zu erhalten. Eine gleichmäßige Empfindlichkeit wird bei langen Zungenreihen durch die Form der Polschuhe erzielt, bei den Zungen höherer Frequenz ist der Luftspalt zwischen Polschuh und Zunge kleiner. Die große lange Spule bedingt einen nicht unerheblichen Energieverbrauch und erzeugt wegen des geringen magnetischen Schlusses merkliche magnetische Streuwechselfelder.

Die unmittelbare elektromagnetische Einwirkung auf die einzelne Zunge gestattet die Ausführung bis zu Frequenzen von 1500 Hz[2]).

32. Zungenfrequenzmesser nach FRAHM[3]). (Abb. 16.) Die Zungen Z sind, bis zu 30 in einer Reihe, mit ihren Befestigungsklötzen auf eine gemeinsame Kamm-

---

[1]) Hersteller: Hartmann & Braun, Frankfurt a. M.-Bockenheim.
[2]) R. HARTMANN-KEMPF, Phys. ZS. Bd. 2, S. 1183. 1910.
[3]) Hersteller: Siemens & Halske, Berlin-Siemensstadt.

leiste K geschraubt, die mit zwei Blattfedern b auf dem Sockel des Instrumentes befestigt ist und den Eisenanker a trägt; auf diesen wirkt der kleine Wechselstrommagnet mit den Erregerspulen L. Ein Wechselstrom durch L erschüttert die Kammleiste im doppelten Rhythmus seiner Frequenz und bringt so mittelbar die Zungen entsprechender Eigenfrequenz zum Schwingen. Die Schwingungen sind nicht so vollkommen rein wie bei der unmittelbaren Anregung, der gut geschlossene Magnet aber hat nur einen geringen Verbrauch und erzeugt keine magnetischen Streuwechselfelder. Um bei langen Zungenreihen eine annähernd gleichmäßige Empfindlichkeit zu erzielen, wird der Zungenkamm in einzeln erregte Gruppen von etwa 10 Zungen unterteilt.

Wird der Erregermagnet auf einen permanenten Magneten aufgesetzt, also polarisiert, so wird der Anker nur einmal in jeder vollen Wechselstromperiode angezogen. Der umschaltbare Zungenfrequenzmesser enthält zwei Erregermagnete, von denen einer polarisiert ist, beim Einschalten des letzteren läßt sich der Apparat zur Messung doppelt so hoher Frequenzen verwenden.

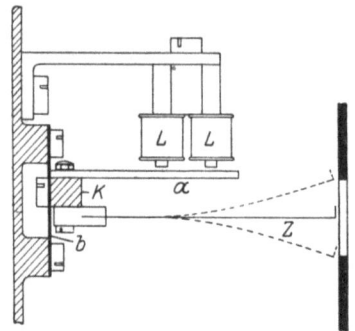

Abb. 16. Zungenfrequenzmesser nach FRAHM.

c) Oszillograph.

33. Zweck und Art. Der Oszillograph dient dazu, die Änderung eines Stromes oder einer Spannung mit der Zeit, namentlich solche großer Geschwindigkeit, im Bilde festzuhalten oder periodisch gleichmäßig wiederkehrende Änderungen dem Auge sichtbar zu machen. Im folgenden sind die auf dem elektrodynamischen Prinzip beruhenden Oszillographen besprochen. Es sind Gleichstromgalvanometer mit hoher Eigenfrequenz, ähnlich wie die Vibrationsgalvanometer, aber mit **starker Dämpfung**, um eine möglichst getreue Wiedergabe des elektrischen Vorgangs zu erhalten. Man unterscheidet Nadel-, Spulen- oder Bifilar- und Saiten- oder Einfaden-Oszillographen.

Entwicklungsgeschichte. BLONDEL[1]) hat den Oszillographen erfunden, seine Theorie gegeben und einen brauchbaren Apparat entwickelt. Sein Nadel O. G. Abb. 17 enthält als bewegliches System ein in Spitzen gelagertes Eisenblättchen mit einem aufgeklebten Spiegelchen, zur Dämpfung ist es in Öl passender Zähigkeit gesetzt. Ein starker Dauer- oder Elektromagnet mit dünnen, sich verjüngenden, zur Verringerung der Wirbelströme geschlitzten Polschuhen gibt dem Blättchen eine kräftige Magnetisierung und eine starke Richtkraft. Vor und hinter die Nadel ist je eine Spule gesetzt. Werden diese von einem sich ändernden Strome durchflossen, so ändert sich der Drehwinkel des Blättchens

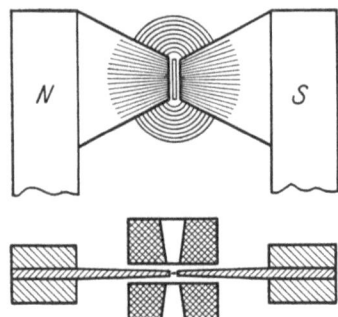

Abb. 17. Nadeloszillograph von BLONDEL.

---

[1]) A. BLONDEL, C. R. Bd. 116, S. 502, 748. 1893; Indust. électr. Bd. 8, S. 137, 361. 1899; Rapport prés. au congrès int. de phys. à Paris 1900, Bd. 3, S. 264. Paris: Gauthier Villars 1900; Journ. de phys. Bd. 1, S. 273. 1902.

entsprechend, ein von dem Spiegelchen auf eine lichtempfindliche Fläche geworfenes Bild eines Lichtpunktes schreibt eine Strom-Zeitkurve auf die Fläche, wenn diese senkrecht zur Bewegung des Lichtstrahles proportional der Zeit bewegt wird. DUDDELL[1]), ersetzte das Blättchen durch ein stark gespanntes schmales, 0,2 bis 0,3 mm dickes Eisenband und erzielte damit Eigenfrequenzen bis 50000 Hz. In wesentlich anderer Anordnung hat DUBOIS einen hochempfindlichen Nadel-O.G. für die Messung von Strömen in Vakuumröhren ausgebildet (Ziff. 38). Ein Nachteil für manche Verwendungszwecke ist die hohe Induktivität der Wechselstromspulen, welche z. B. die Anwendung eines Nebenschlusses zur Aufnahme stärkerer Ströme nicht gestattet. Diesen Nachteil haben die Spulen-O.G. nicht, namentlich nicht in der von DUDDELL angegebenen Form der Spule mit nur einer Windung, die von zwei bifilar gespannten Bändern gebildet wird (vgl. Vibrationsgalvanometer Abb. 13). In Deutschland ist der Bifilar O.G. von Siemens & Halske zu hoher Vollkommenheit ausgebildet (Ziff. 36). Einen Spulen-O.G. mit der niedrigen Eigenfrequenz 10 Hz hat ABRAHAM mit einer 2 Transformatoren enthaltenden Hilfsschaltung zur Beseitigung der Störung durch das große Trägheitsmoment in dem Rheographen[2]) entwickelt.

34. Die Abbildung. Die Theorie ist in Kap. 7 Ziff. 13 bis 21 für verschiedene Arten der äußeren Kraft, d. h. des zu untersuchenden Stromes behandelt. Der günstigste Dämpfungsgrad ist $\alpha = 1/\sqrt{2} = 0{,}707$ (Ziff. 13 u. 17). Bei dieser starken Dämpfung macht sich die Rückwirkung (Vibrationsgalvanometer Ziff. 7) nicht bemerkbar. Für die Aufnahme eines Wechselstromes, der harmonische Oberwellen hat, ist noch folgendes nachzutragen. Nach dem FOURIERschen Gesetz superponieren die Wellen sich in einfacher Weise, die Formeln sind also für die Grundwelle der Frequenz ν und die Oberwellen der Frequenz $n\nu$ einzeln anzuwenden. Ist ν_0 die Eigenfrequenz der O.G. bei fortgedachter Dämpfung, so ist für $\varkappa$ jetzt $n\varkappa = n\nu/\nu_0$, und für n der Reihe nach 1, 2, 3 usw. einzusetzen. Für den Dämpfungsgrad $\alpha = 1/\sqrt{2}$ geht die Formel für das Verhältnis der Amplituden der aufgedrückten Kraft und der Schwingung der O.G. nach Gleichung 54, Kap. 7 über in

$$\frac{1}{N} = \frac{1}{\sqrt{1 + n^4 \varkappa^4}} = M. \qquad (54a)$$

Dieses Verhältnis ist im folgenden als Abbildungsmaßstab M bezeichnet. Es ist um etwa $[(2{,}66\, n\varkappa)^4 \%]$ kleiner als 1 (solange die Abweichung unter 10% bleibt), z. B. bei $\varkappa = \frac{1}{50}$ wird die Oberwelle $n = 21$ nur um 1,5% im Maßstab zu klein abgebildet.

Die Phasenverschiebung χ der Schwingung gegen den Strom ergibt sich für $\alpha = 1/\sqrt{2}$ aus Gleichung (50)

$$\mathrm{tg}\,\chi = -\frac{\sqrt{2}\,n\,\varkappa}{1 - n^2 \varkappa^2}. \qquad (50a)$$

Sei die volle Periode der Grundwelle auf dem Kurvenbilde 180 mm lang, so ergeben sich in diesem z. B. für $\varkappa = \frac{1}{50}$ nebenstehende Verschiebungen in Millimetern für die verschiedenen Wellen.

Welle	Verschiebung mm
$n = 1$	1,62
$n = 5$	1,62
$n = 11$	1,65
$n = 21$	1,70

Die Grundwelle und die Oberwellen sind also um sehr nahe den gleichen Betrag in Millimetern verschoben, die Abbildung der Kurve in sich ist also getreu.

---

[1]) W. DUDDELL, Electrician Bd. 39, S. 636. 1897; Journ. Amer. Inst. Electr. Eng. Bd. 28, S. 1. 1899; vgl. E. ORLICH, Aufnahme und Analyse von Wechselstromkurven. Braunschweig: Vieweg & Sohn 1906.
[2]) H. ABRAHAM, Journ. de phys. Bd. 6, S. 356. 1897; ref. ZS. f. Instrkde. Bd. 18, S. 30. 1898.

35. Die Eigenfrequenz ν_0 bei fortgedachter Dämpfung[1]) ist nun, wie KENELLY HUNTER und PRIOR durch Aufsuchen des Phasensprungs (Kap. 7, Ziff. 17) experimentell nachgewiesen haben, sehr viel niedriger als die Eigenfrequenz in Luft, offenbar weil am System haftende Ölteilchen mitschwingen und das Trägheitsmoment vergrößern. Multipliziert man für einen beliebigen Dämpfungsgrad α den Abbildungsmaßstab M mit der Wechselstromfrequenz ν, so ergibt sich, da $\varkappa = \frac{\nu}{\nu_0}$, aus Gleichung (50)

$$\nu M = \frac{\nu}{N} = \frac{\nu_0}{\sqrt{\left(\frac{1}{\varkappa} - \varkappa\right)^2 + 4\alpha^2}}. \quad (106)$$

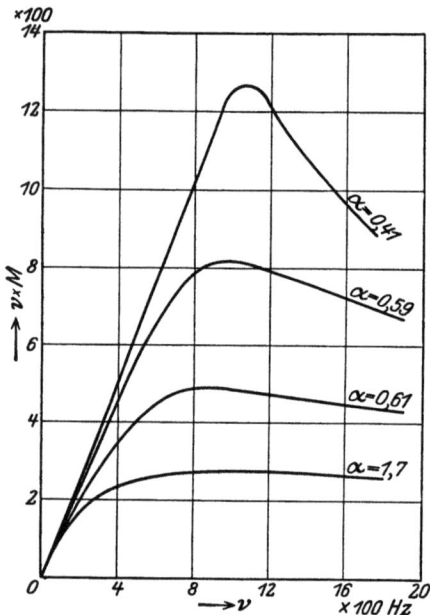

Abb. 18. Zur Eigenfrequenz bei fortgedachter Dämpfung.

Diese Funktion hat ein Maximum für $\varkappa = 1$, also $\nu = \nu_0$, und zwar auch für $\alpha > 1$, es wird nur flacher (Abb. 18). Mißt man also auf einem Schirm die Bildverbreiterungen des O.G. für eine bestimmte Stromstärke bei verschiedenen Frequenzen und trägt das Produkt: Bildverbreiterung × Frequenz als Funktion der letzteren auf, so ist die Frequenz, bei der das Maximum liegt, die Eigenfrequenz ν_0[2]). Das Verhältnis von Bildverbreiterung bei der Frequenz ν_0 zu der bei einer gegen ν_0 sehr tiefen Frequenz gibt den Abbildungsmaßstab M_0 für ν_0. Aus Gleichung (106) folgt für den Dämpfungsgrad α und die Phasenverschiebung χ

$$\alpha = \frac{1}{2M_0}; \quad \operatorname{tg}\chi = -\frac{1}{M_0} \cdot \frac{\varkappa}{1-\varkappa^2}. \quad (107)$$

Hat die Kurve $\nu_0 M$ ein sehr flaches Maximum ($\alpha > 1$), so sucht man rechts und links des Maximums zwei gleichhohe Ordinaten νM auf; sind ν_1 und ν_2 die zugehörigen Frequenzen, so ist $\nu_0 = \sqrt{\nu_1 \nu_2}$.

Nach Kap. 7, Ziff. 17, Gleichung 56 hat M selbst ein Maximum, wenn $\alpha < 0{,}707$ und zwar ist:

$$M_m = \frac{1}{2\alpha\sqrt{1-\alpha^2}} \quad \text{bei} \quad \frac{\nu_m}{\nu_0} = \sqrt{1-2\alpha^2}. \quad (56) \quad (55)$$

Aus M_m kann man also α bestimmen und aus α und der Frequenz ν_m, bei der das Maximum eintritt, die Eigenfrequens ν_0.

$\alpha =$	0,65	0,60	0,55	0,50	0,45	0,40	0,35	0,03
$M_m =$	1,01	1,04	1,09	1,15	1,25	1,36	1,52	1,74
$\frac{\nu_m}{\nu_0} =$	0,39	0,53	0,63	0,71	0,77	0,83	0,87	0,90

Schaltet man einen Akkumulator über einen rotierenden Unterbrecher auf einen induktionsfreien Widerstand und nimmt den Strom mit dem O.G. auf, so kann man aus dem Kurvenbild des Einschaltstoßes nach Kap. 7, Ziff. 13 auf den Dämpfungsgrad α schließen, sofern $\alpha < 0{,}7$ ist, also ein Hinausschwingen

---

[1]) Von H. ZÖLLICH geprägter Ausdruck.
[2]) Vom Verf. angegeben.

über die Endlage stattfindet; um für $\alpha \gtreqless 0,7$ aus den Kurvenbild auf α schließen zu können, müßte man ν_0 bei fortgedachter Dämpfung kennen.

36. Der Siemens-Bifilar-Oszillograph[1]). Ein kräftiger Elektromagnet, umschaltbar für 110 und 220 Volt Gleichspannung enthält Luftspalte mit zylindrischer Bohrung, in welche die Schleifeneinsätze eingesteckt werden, es

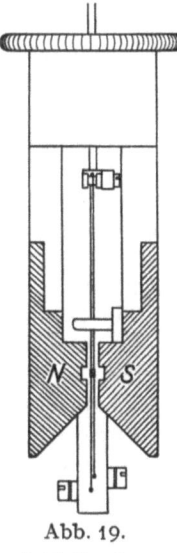

Abb. 19.
Schleife des Siemens-Bifilar-Oszillographen.

Meßschleife Type	Bei 1 m Lichtzeigerlänge Stromempfindlichkeit für Gleichstrom mm/mA	Eigenfrequenz in Luft Hz	Widerstand der Meßschleife Ω
1	0,5	6 000	1
2	0,3	12 000	1
4	3	3 000	2,5
5	20	2 000	4,5

werden Ausführungen mit 2, 3 und 6 gleichzeitig benutzbaren Meßschleifen hergestellt. Abb. 19 zeigt den unteren Teil des Einsatzes mit der Bifilarschleife aus Bronzeband (nach dem Prinzip von DUDDELL) zwischen den beiden Polschuhen N, S. Auf die Schleife ist ein kleines Spiegelchen aufgeklebt. Der gezeichnete Teil steckt in einer Büchse, die vor dem Spiegelchen ein mit einer Linse verschlossenes Fensterchen hat und mit Paraffinöl gefüllt ist. Nach oben sind die Zuleitungen an Klemmen herausgeführt. Einige der gebräuchlichsten Schleifen sind die obenstehenden.

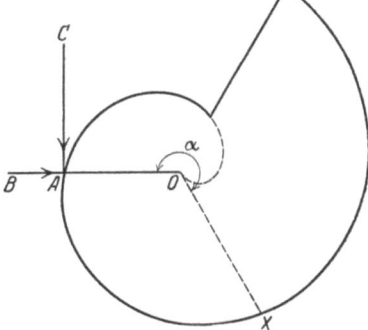

Abb. 20. Schnitt durch die Zylinderfläche, die das Kurvenbild subjektiv sichtbar macht.

Im Öl ist die Eigenfrequenz ν_0 nur etwa halb so groß. Eine Lichtquelle großer Flächenhelligkeit, für größere Registriergeschwindigkeiten eine Bogenlampe, beleuchtet durch eine Kondensorlinse soviel schmale Spalte, als Meßschleifen in dem Apparat enthalten sind. Von jedem Spalt geht ein Lichtbündel zu dem Spiegel der zugehörigen Schleife, dieser entwirft durch das vor ihm befindliche Linsenfenster ein scharfes Bild des Spaltes auf das photographische Registrierpapier. Vor diesem befindet sich noch eine Zylinderlinse, welche das Spaltbild zu einem scharfen Punkt auf dem Papier zusammenzieht. Das Papier ist entweder für Wechselstromaufnahmen auf einer zylindrischen Trommel, die von einem Synchron- oder Gleichstrommotor angetrieben wird, aufgespannt, oder wird zur Aufnahme nichtperiodisch wiederkehrender Vorgänge als langes Band vorbeigezogen. Zwischen Zylinderlinse und Papier befindet sich ein Verschluß, der entweder durch Betätigen eines Kontaktes als Momentverschluß selbsttätig während einer Trommelumdrehung geöffnet wird oder als Zeitverschluß willkürlich geöffnet oder geschlossen werden kann. Um die Kurvenbilder dem Auge unmittelbar sichtbar zu machen, werden die Lichtstrahlen durch einen vorgeklappten Spiegel abgelenkt und entweder über einen rotierenden Polygonspiegel auf eine Mattscheibe oder direkt auf eine rotierende weiße Zylinderfläche geworfen, deren Schnitt senkrecht zur Achse eine archimedische Spirale ist. Diese ist dadurch definiert, daß die Länge eines Radiusvektors OA (Abb. 20) proportional ist

---

[1]) W. HORNAUER, ZS. f. Elektrot. (Wien) Bd. 23, S. 433 u. 445. 1905 u. Prospekte der Firma Siemens & Halske.

dem Winkel α, den er mit dem Anfangsvektor OX bildet. Fällt in der Richtung BA ein Lichtstrahl auf die Fläche, so scheint der Lichtfleck einem in der Richtung CA blickenden Beobachter proportional der Zeit von links nach rechts zu wandern.

Bei Apparaten für die Aufnahme nichtperiodischer Vorgänge ist eine Stimmgabel mit Spiegel eingebaut, deren Schwingungen eine Zeitmarkenlinie auf das Papier schreiben.

37. Das Dämpferöl. Werden die Meßschleifen verschiedener Typen mit

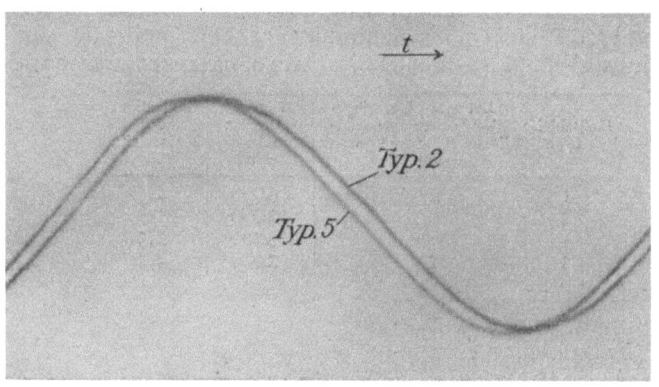

Abb. 21. Gleichzeitige Aufnahme derselben Wechselspannung mit zwei Schleifen verschiedenen Dämpfungsgrades.
Typ. 2: $\alpha = 0{,}3$.   Typ. 5: $\alpha = 1{,}7$.

demselben Paraffinöl (bei 20° C Zähigkeit $\eta_{20} = 1{,}35$ Zentipoisen) beschickt, so ist der Dämpfungsgrad α bei den verschiedenen Typen sehr verschieden, z. B. bei Type 2 $\alpha = 0{,}3$, dagegen bei Type 5 $\alpha = 1{,}7$. Für die Aufnahme von Wechselströmen, deren Frequenz niedrig gegen die Eigenfrequenz r_0 der Schleife in Öl ist, fällt die größere Veränderlichkeit des Ab-

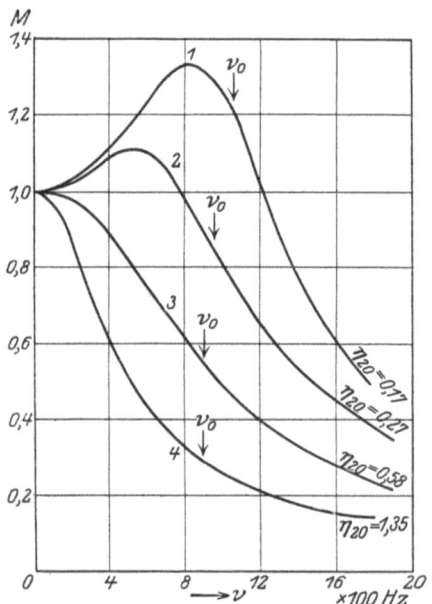

Abb. 22. Abhängigkeit des Abbildungsmaßstabes von der Zähigkeit des Öles bei 20° C. Schleife Typ S.
1) Spindelöl b; $\alpha = 0{,}40$.   2) Weißöl; $\alpha = 0{,}55$.
3) White loom B; $\alpha = 0{,}9$.   4) Paraffinöl; $\alpha = 1{,}6$.

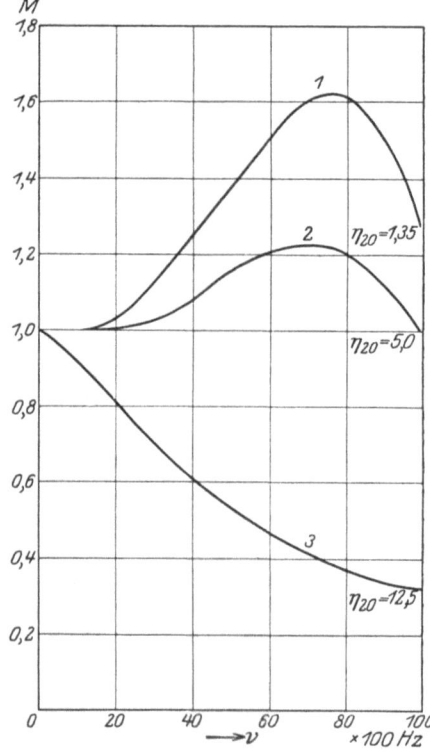

Abb. 23. Abhängigkeit des Abbildungsmaßstabes von der Zähigkeit des Öles bei 20° C. Schleife Typ 2.
1) Paraffinöl $\alpha = 0{,}33$. 2) 5,7 T Rizinus + 1 T Petroleum $\alpha = 0{,}45$. 3) Rizinus $\alpha = 1{,}5$.

bildungsmaßstabes mit wachsender Frequenz noch kaum ins Gewicht. Will man aber aus der gleichzeitigen Aufnahme zweier Wechselströme mit 2 Schleifen verschiedener Type Schlüsse über ihre Phasenverschiebung ziehen, so muß man beachten, daß die Schwingung der stärker gedämpften Schleife nach Gleichung (50) in der Phase stärker hinter dem Wechselstrom zurückbleibt als die schwächer gedämpfte. Abb. 21 zeigt die gleichzeitige Aufnahme derselben Wechselspannung von 50 Hz über induktionsfreie Widerstände mit Schleifen der Type 2 und 5. Abb. 22 und 23[1]) zeigen die Abhängigkeit des Abbildungsmaßstabes von der Frequenz bei diesen Schleifen und den Dämpfungsgrad für Öle verschiedener Zähigkeit. Leider ist die Auswahl wasserheller nicht fluoreszierender Öle geeigneter Zähigkeit gering. Für Type 5 ist Weißöl $\eta_{20}=0{,}27$ von STERN-SONNEBORN gut geeignet; für Type 2 eine warm hergestellte Mischung von 5,7 Teilen Rizinusöl und 1 Teil wasserhellem Petroleum. Da die Zähigkeit der Öle sehr stark von der Temperatur abhängt, muß eine Erwärmung der Schleifen durch die Stromwärme des Elektromagneten, die bei älteren Apparaten sehr stark ist, vermieden werden. Es empfiehlt sich, den gesättigten Elektromagneten schwächer zu erregen — die Empfindlichkeit sinkt dabei nicht sehr — und ihn jeweils nur für die Aufnahme einzuschalten.

38. Dreheisen-Oszillograph von Dubois[2]). Ein Eisenblättchen P von $2\,\text{cm}^2$ Fläche (Abb. 24) das um eine Achse senkrecht zur Zeichenebene drehbar gelagert ist, befindet sich zwischen den lamellierten Polschuhen F eines kräftigen Elektromagneten NS, auf des Blättchens oberer Fläche wird ein S-Pol, auf seiner unteren ein N-Pol induziert; in die Polschuhe ist die das Blättchen

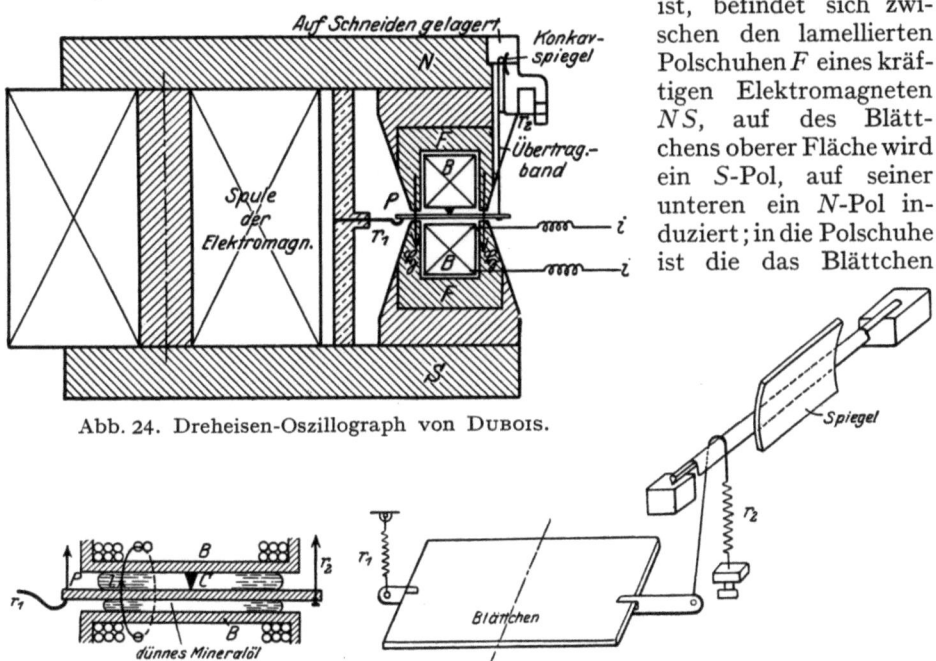

Abb. 24. Dreheisen-Oszillograph von Dubois.

Abb. 25. Lagerung des Blättchens des O.G. von Dubois.

Abb. 26. Übertragungsmechanismus beim O.G. von Dubois.

umschließende Wechselstromspule BB mit sehr vielen Windungen eingebettet, ihr Wechselfeld steht senkrecht zu dem das Blättchen durchsetzenden Gleichfeld $\mathfrak{H}$ und versetzt daher das Blättchen in Schwingung. Gelagert ist das Blättchen auf

---

[1]) Messungen des Verf.
[2]) R. Dubois, Rev. gén. de l'El. Bd. 17, S. 977; ref. Elektrot. ZS. Bd. 47, S. 678. 1926.

2 Spitzen oder Schneiden C (Abb. 25.), die in der Spule BB befestigt sind, gegen diese Auflager wird das Blättchen durch die Federn r_1 und r_2 gedrückt, die ihm eine starke Richtkraft geben; zur Dämpfung dient je ein Tropfen dünnen Öles zwischen Blättchen und Spulenkörper. Die Schwingung des Blättchens wird durch ein sehr biegsames Stahlband von nur 0,05 mm Dicke auf eine Achse mit einem Konkavspiegel von 1 cm Länge und 2—3 mm Breite übertragen (Abb. 26), dabei wird die Drehung 30mal vergrößert. Der Apparat gestattet die Aufnahme von Wechselströmen bis 3000 Hz bei Stromstärken von wenigen Mikroampere. Er ist dort geeignet, wo der große Widerstand und die Induktivität der Spule nicht stört, zur Messung von Strömen in Verstärkerröhren, zur Aufnahme von Schallsignalen und Zeitmarken.

Kapitel 11.

Auf thermischer Grundlage beruhende Meßinstrumente[1]).

Von

A. GÜNTHERSCHULZE, Berlin.

Mit 14 Abbildungen.

1. Vorzüge und Meßprinzipien. Die von einem elektrischen Strom in einem dünnen Metalldraht erzeugte Übertemperatur ist von der Art und Frequenz des zu messenden Stromes sowie von äußeren Magnetfeldern unabhängig. Die auf thermischer Grundlage beruhenden elektrischen Meßinstrumente können also mit Gleichstrom geeicht und dann zur Messung von Wechselstrom beliebiger Kurvenform in Räumen benutzt werden, in denen starke unregelmäßige Magnetfelder vorkommen (wobei jedoch darauf zu achten ist, daß die Zuleitungen zum Instrument so geführt sind, daß nicht in ihnen durch die wechselnden Magnetfelder Ströme induziert werden). Bei genügend dünnen Hitzdrähten kann eine zur Messung hinreichende Übertemperatur bereits mit sehr viel geringeren Energiemengen erzielt werden als die auf anderen, insbesondere dynamometrischen Meßprinzipien beruhenden Instrumente benötigen. Die thermischen Meßinstrumente sind also die empfindlichsten Apparate für Wechselstrom.

Drei grundsätzlich verschiedene Meßprinzipien werden angewandt. Bei dem einen erzeugt die Übertemperatur eine Thermokraft, die durch ein empfindliches Drehspulinstrument gemessen wird; das zweite besteht in der direkten Übertragung der durch die Erwärmung bewirkten Verlängerung eines dünnen Drahtes auf einen Zeiger; das dritte benutzt die Widerstandsänderung eines Metalldrahtes durch die Stromwärme.

2. Thermoelektrische Meßinstrumente. Das Thermokreuz. Der Wert dieser Apparate für Wechselstrommessungen liegt darin, daß sie den zu messenden Wechselstrom mit Hilfe der von ihm in einem oder mehreren Thermoelementen erzeugten Wärme durch einen Gleichstrom ersetzen. Obwohl der Wirkungsgrad dieser Umformung recht gering ist, wird dadurch doch eine große Steigerung der Empfindlichkeit erreicht, weil die auf dem Drehspulprinzip beruhenden Gleichstrommeßinstrumente ganz außerordentlich viel empfindlicher sind als die von Wechselstrom durchflossenen Meßinstrumente.

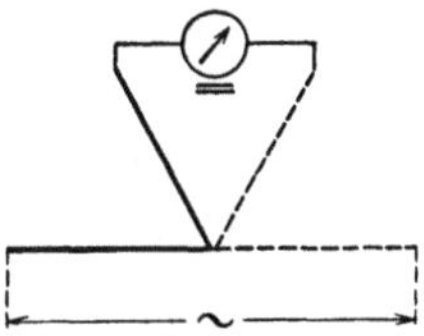

Abb. 1. Thermokreuz.
―――― Silberdraht
- - - - Konstantandraht

In der einfachsten Anordnung wird ein Hitzdraht metallisch mit der Lötstelle eines Thermoelementes verbunden. Zwei Silber- und zwei Konstantandrähte werden in der in Abb. 1 wiedergegebenen Weise zusammengelötet, so daß sie ein sog. Thermokreuz bilden. In

---

[1]) Zusammenfassende Darstellungen siehe G. KEINATH, Die Technik der elektrischen Meßgeräte. Berlin: R. Oldenbourg 1922; K. GRUHN, Elektrotechnische Meßinstrumente. Berlin: Julius Springer 1920.

Verbindung mit einem hochempfindlichen Spiegelgalvanometer dienen sie zur Messung von Wechselströmen von 1 bis 10 mA.

Von der Firma Weston werden nach diesem Prinzip auch Meßinstrumente für größere Stromstärken gebaut. Abb. 2 bis 4 geben die Anordnung wieder. S ist ein Widerstandsband aus einer Platinlegierung, das an den Enden an die Stromzuführungsklötze B und B' hart angelötet ist und von dem zu messenden Strom durchflossen wird. In der Mitte (1) dieses Bandes ist die Lötstelle eines Thermoelementes hart angelötet, dessen Enden an die beiden Kompensationsbänder C und D angeschlossen sind, die die Stromzuführungen B und B' überbrücken. C und D sind von B und B' durch die sehr dünnen Glimmerplättchen E und F isoliert.

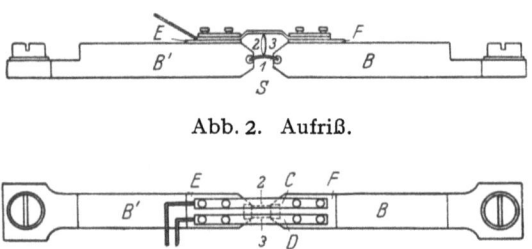

Abb. 2. Aufriß.

Abb. 3. Grundriß. 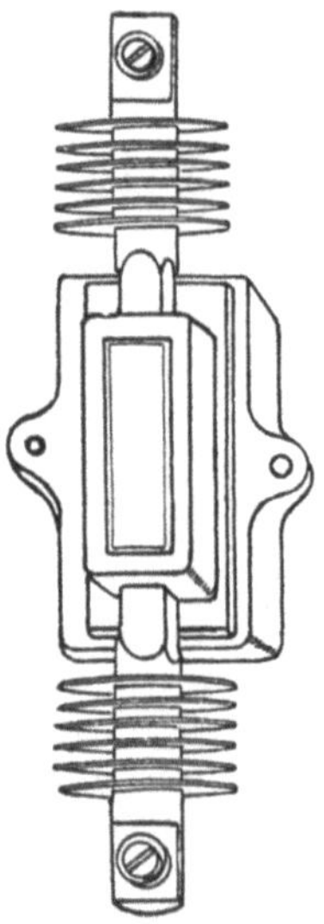 Abb. 4. Außenansicht.
Abb. 2—4 Meßwiderstand der Thermoinstrumente der Firma Weston.

Die beiden sehr dünnen Drähte 2 und 3 des Thermoelementes bestehen aus einer Pt- und einer Ni-Legierung. Die aus Kupfer bestehenden Kompensationsbänder werden so bemessen, daß sie dem Heizband thermisch gleichwertig sind. Sie werden also durch Änderungen der Außentemperatur in gleichem Maße beeinflußt wie das Heizband. Die Anordnung kompensiert die Änderungen der Außentemperatur. Der Spannungsabfall beträgt bei Vollast 150 mV. Das Heizelement ist um 50% überlastbar. Die Teilung des durch diese Spannung erregten Zeigerinstrumentes ist quadratisch.

Nach diesem System werden sowohl Instrumente für Schalttafeln als auch tragbare Instrumente für Gleich- und Wechselstrom bis zur Frequenz 3000, Ströme bis 750 Amp. oder Spannungen bis 150 Volt gebaut.

Oberhalb der Frequenz 3000 beginnen Störungen durch kapazitive Ströme. Durch eine besondere Schaltung sind diese Störungen bei dem Hochfrequenzvoltameter derselben Firma beseitigt, so daß es bis zur Frequenz 10^6 innerhalb von 1% richtig zeigt. Es wird für Spannungen bis 20 Volt hergestellt.

3. Thermobrückeninstrumente. Der nächste Fortschritt war eine derartige Erhöhung der Empfindlichkeit der thermoelektrischen Anordnung, daß das unhandliche und nicht transportable Spiegelgalvanometer durch ein transportables Zeigergalvanometer ersetzt werden konnte.

Zuerst gelang es VOEGE[1], die Empfindlichkeit der Thermoelemente dadurch wesentlich zu erhöhen, daß er sie in ein hohes Vakuum einschloß, so daß die Wärmeentziehung durch Konvektion wegfiel. Dann erreichte WERTHEIM-SALOMONSOHN[2] eine große Steigerung der Empfindlichkeit durch eine sinnreiche

---

[1] W. VOEGE, Elektrot. ZS. Bd. 27, S. 467. 1906.
[2] J. K. A. WERTHEIM-SALOMONSOHN, Phys. ZS. Bd. 7, S. 463. 1906.

Schaltung, bei der der zu messende Strom eine größere Anzahl von Thermoelementen durchfließt, deren Thermokräfte sich addieren. Der leitende Gedanke der in Abb. 5 wiedergegebenen Anordnung besteht darin, daß abwechselnd sehr dünne Drähte und dicke Bleche aneinandergelötet werden, so daß nur die Lötstelle Draht-Draht erhitzt wird, während die Lötstelle Draht-Blech kalt bleibt. Zwei so aufgebaute Ketten werden parallel geschaltet, der Wechselstrom wird an AB, das Gleichstrominstrument an CD gelegt. Die ganze Anordnung bildet also gewissermaßen eine WHEATSTONEsche Brücke. Die Thermoelemente befinden sich bei WERTHEIM-SALOMONSOHN nicht im Vakuum, sondern in Luft.

Nach diesem Prinzip baut die Firma S. Guggenheimer, Nürnberg ein „Wechselstrompräzisionsinstrument" für maximal 1 Amp., das jedoch nach der üblichen Bezeichnungsweise auf das Prädikat Präzision keinen Anspruch hat. Es enthält vier Thermoelemente aus 0,15 mm dicken Manganin-Konstantandrähten, nützt also den Vorteil der WERTHEIM-SALOMONSOHNschen Anordnung, mehrere Thermoelemente in Reihe schalten zu können, nicht aus. Das Gleichstromzeigerinstrument ist spitzengelagert, also ohne weiteres transportabel. Die Übertemperatur der Thermodrähte bei Höchstbelastung beträgt 50° C, die Thermokraft 225 mV.

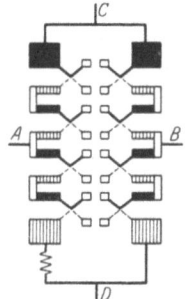

■ Eisen ▥ Konstantan
Abb. 5. Thermobrücke nach WERTHEIM-SALOMONSOHN.
AB Anschluß des Wechselstromes. CD Anschluß des Gleichstrommeßinstrumentes.

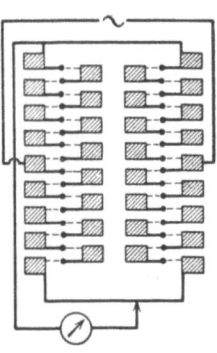

Abb. 6. Thermobrückenschaltung nach SCHERING.
——— Manganin.
- - - - Konstantan.

Ein sehr viel empfindlicheres Instrument konstruierte SCHERING[1]) in der Physikalisch-Technischen Reichsanstalt, indem er die Verfahren von VOEGE und WERTHEIM-SALOMONSOHN kombinierte. Seine Thermoelemente bestanden ebenfalls aus Manganin-Konstantan im höchsten erreichbaren Vakuum. Er ersetzte die Bleche durch kleine Klötze aus Messing. Abb. 6 gibt die SCHERINGsche Schaltung wieder.

Ein mit der SCHERINGschen Thermobrücke verbundenes Zeigergalvanometer von 400 Ω wird durch eine Belastung der Brücke mit 6 mA auf den vollen Ausschlag gebracht. Der Widerstand der 0,015 mm dicken Hitzdrähte beträgt 100 Ω, so daß sich der Energieverbrauch zu 0,0036 Watt ergibt. Ein so geringer Eigenverbrauch läßt sich mit anderen Wechselstrommeßinstrumenten gleicher Genauigkeit auch nicht annähernd erreichen.

Entscheidend für die Beständigkeit der Angaben des Instrumentes ist die Erhaltung des hohen Vakuums. Das ganze, die Thermobrücke enthaltende Gefäß muß nicht nur mit allen Mitteln der Vakuumtechnik gepumpt, sondern auch gleichzeitig so weit erhitzt werden wie möglich, da sonst nach dem Abschmelzen dauernd Gase aus den Metallteilen und Gefäßwänden frei werden. Im Interesse besserer Entgasung hat die Firma Hartmann & Braun, die solche Instrumente herstellt, die dicken Messingklötze durch Drähte sehr viel geringerer Masse ersetzt, die sich viel leichter entgasen lassen, deren Durchmesser aber immer noch im Vergleich zu dem Thermodraht groß ist. Bei allen thermoelektrischen Meßinstrumenten ist eine häufigere Nacheichung mit Gleichstrom dringend zu empfehlen.

Bei einer zweiten von SCHERING angegebenen Schaltung durchfließt der Strom einen Hitzdraht aus Manganin und einen Hitzdraht aus Konstantan,

───────────
[1]) H. SCHERING, ZS. f. Instrkde. Bd. 32, S. 69 u. 101. 1912.

die parallel geschaltet sind. In der Mitte des Manganindrahtes ist ein Konstantandraht, in der Mitte des Konstantandrahtes ein Manganindraht aufgelötet. Diese aufgelöteten Drähte führen zu einem Gleichstrommeßinstrument. Die Lötstellen werden erhitzt, wenn ein Strom die beiden Hitzdrähte durchfließt, es tritt aber kein Peltiereffekt auf, da der Hauptstrom an der Lötstelle nicht von einem Metall zum anderen übergeht. Die Thermokräfte der beiden Metalle addieren sich. Ein zweckmäßig gewählter Vorschaltwiderstand vor einem der Hitzdrähte ermöglicht es, den Strom so zu verteilen, daß kein Teil des Stromes in den Gleichstrommeßkreis übertritt.

4. Das DUDDELLsche Thermogalvanometer. Das Thermoelement besteht aus einer Lötstelle Wismut-Antimon und bildet ein Stück einer einzigen Windung eines Drehspulinstrumentes, in die es V-förmig eingesetzt ist. Es ist mit dem Hitzdraht nicht leitend verbunden, sondern erhält seine Wärme von ihm durch Bestrahlung und Leitung durch die Luft. Der Hitzdraht besteht aus einer induktionsfrei gewickelten Spirale aus Platindraht oder aus einem mäanderförmig mit einer dünnen Platinschicht überzogenen Glimmerblättchen. Die empfindlichste Ausführungsform dieses Thermogalvanometers wird durch einen Strom von 5 mA zum vollen Ausschlag gebracht und verbraucht bei einem Widerstand von 150 Ω maximal 0,004 Watt. Das Galvanometer ist ein Zeigergalvanometer mit Spitzenlagerung. Die Skalenteilung ist rein quadratisch. Die Instrumente werden für Ströme bis 100 mA bei 1,5 Ω Widerstand gebaut.

5. Thermokette für Hochfrequenz. Eine Anzahl Thermoelemente sind in Reihe geschaltet und in einem evakuierten Gefäß untergebracht. Im Wechselstromkreis befindet sich in der in Abb. 7 wiedergegebenen Schaltung ein Kondensator, im Gleichstromkreis eine Drosselspule, so daß beide Kreise gegeneinander blockiert sind. In Verbindung mit einem empfindlichen Galvanometer vermag eine derartige Anordnung schon äußerst geringe Hochfrequenzströme anzuzeigen. Lästig ist allerdings, daß sie wegen des im Wechselstromkreis befindlichen Kondensators nicht mit Gleichstrom geeicht werden kann, sondern mit Wechselstrom niedriger Frequenz geeicht werden muß.

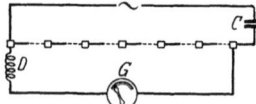

Abb. 7. Thermokette für Hochfrequenz.
C Sperrkondensator. D Sperrdrossel. G Gleichstrominstrument. ——— Manganin. - - - - Konstantan.

6. Vorteile und Nachteile der thermoelektrischen Instrumente. Die großen Vorzüge der thermoelektrischen Instrumente gegenüber den Hitzdrahtinstrumenten sind ihre große Empfindlichkeit und die Konstanz ihres Nullpunktes bei Schwankungen der Außentemperatur.

Ihr wesentlichster Nachteil ist ihre relativ große Empfindlichkeit gegen Überlastungen. Infolge der außerordentlich geringen Masse der Thermodrähte und ihrer dadurch bedingten sehr geringen Wärmekapazität ist es sehr schwer, sie durch Sicherungen zu schützen, da sie selbst eher durchschmelzen als die Sicherungen. Die unempfindlicheren Typen haben wegen ihrer ziemlich dicken Thermodrähte eine merkliche Trägheit. Hierzu tritt noch bei Thermoelementen im Vakuum die Gefahr der Änderung der Empfindlichkeit mit der Zeit durch Verschlechterung des Vakuums.

7. Prinzip der Hitzdrahtinstrumente. In seiner einfachsten Form der unmittelbaren Übertragung der Verlängerung eines Hitzdrahtes über eine Rolle auf einem Zeiger, in der das Hitzdrahtprinzip zuerst von CARDEW angewandt wurde, führt es zu unhandlichen Instrumenten ungenügender Genauigkeit. Brauchbar wurden die Hitzdrahtinstrumente erst durch zwei weitere erfinderische Gedanken, nämlich erstens die starke Vergrößerung der Hitzdrahtbewegung durch eine mechanische Übersetzung und zweitens die vollständige Kompensation der Außentemperatur.

8. Der Hitzdraht. Der Hitzdraht soll einen großen Ausdehnungskoeffizienten, wegen der Überlastbarkeit einen hohen Schmelzpunkt und drittens eine große mechanische Festigkeit haben. In Frage kommen vor allem Platin-Iridium mit 10 oder 30% Iridium (der Firma Hartmann & Braun patentiert) sowie Platin-Silber mit 10 oder 30% Platin. Platin-Silber-Drähte werden in der Regel auf eine Übertemperatur von 80 bis 130° C erhitzt und verlängern sich dann bei 160 mm Hitzdrahtlänge um 0,2 bis 0,3 mm. Die dünnsten verwandten Drähte haben 0,03, die dicksten 0,35 mm Durchmesser für maximal 1 Amp., doch kriecht bei den letzteren infolge ihrer großen Wärmekapazität der Zeiger schon sehr stark. Sollen größere Stromstärken gemessen werden, so werden die Drähte unterteilt, wie Abb. 8 zeigt. Hier fließen vom Punkte O aus 5 Amp. der Sammelschiene S_1 zu, verteilen sich dann über sehr dünne Metallbänder in der aus der Abbildung ersichtlichen Weise, um in Teilströmen von je 0,5 Amp. den Hitzdraht H gleichmäßig zu durchfließen. Durch die verschiedenen Ableitungsbänder fließen diese Teilströme zur zweiten Sammelschiene S_2 und vereinigen sich wieder bei U. Die Anordnung hat den zehnten Teil des Spannungsabfalles eines ungeteilten Hitzdrahtes im Anschluß an einen Nebenschluß.

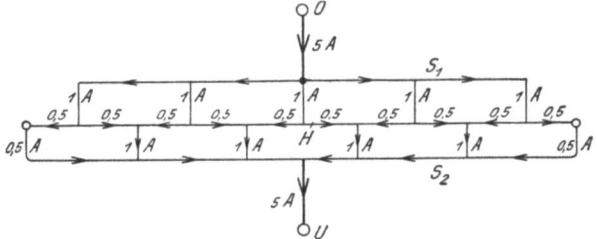

Abb. 8. Schema der Stromverteilung in einem Hitzdrahtstrommesser für 5 Amp.

9. Die mechanische Übersetzung der Hitzdrahtbewegung. Abb. 9 gibt das angewandte Prinzip. Der Hitzdraht H ist zwischen den beiden Punkten K_1, K_2 eingespannt. Von diesen ist der eine fest, der andere läßt sich durch eine Einstellschraube verschieben, um den Zeiger auf die Nullage des Instrumentes einstellen zu können. Bei a ist an dem Hitzdraht der sog. Brückendraht S befestigt, dessen anderes Ende bei f_1 fest eingespannt ist, am Brückendraht wiederum bei b ein Seidenfaden, der mit der an der Achse des Zeigers Z befestigten Rolle R verbunden ist; von der Rolle R führt andererseits ein Spannfaden nach C, zur

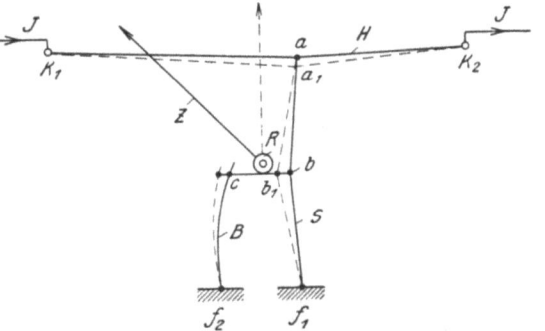

Abb. 9. Schema der mechanischen Übersetzung der Bewegung des Hitzdrahtes auf den Zeiger.

Blattfeder B, die bei f_2 eingespannt ist. Diese hält demnach das ganze System bereits in der Ruhelage unter einer gewissen geringfügigen mechanischen Spannung. Verlängert sich nun durch die Erwärmung durch den Strom J der Hitzdraht H beispielsweise um 0,2 mm, so nimmt seine Durchbiegung von a nach a_1 um etwa 2 mm und die Durchbiegung des Brückendrahtes von b nach b_1 um etwa 6 mm zu, so daß eine Übersetzung der Bewegung vom Hitzdraht zur Rolle auf das 30fache erfolgt. Von der Rolle nach der Blattfeder wird die Bewegung wiederum dadurch nach unten übersetzt, daß der Spannfaden über eine sehr viel kleinere Rolle läuft als der vom Brückendraht ausgehende Seidenfaden, da sich sonst die Spannung der Blattfeder B beträchtlich mit dem Ausschlage ändern würde, wodurch allerlei Störungsquellen entständen.

10. Skaleneinteilung. Eine Berechnung der Skaleneinteilung kommt bei den Hitzdrahtinstrumenten nicht in Frage. Bei konstantem Widerstand ist die Wärmeentwicklung im Hitzdraht dem Quadrat der Stromstärke proportional. Für die Übertemperatur gilt das nur noch mit einer gewissen Annäherung. Die mechanische Übersetzung der Hitzdrahtbewegung wirft dann diese ganzen Gesetzmäßigkeiten vollkommen um. Dafür bietet sie ein Mittel, rein empirisch eine annähernd gleichmäßig geteilte Skala herzustellen. Offenbar ist die Übersetzung der Hitzdrahtbewegung um so kleiner, je mehr der Hitzdraht bereits von der Geradlinigkeit abweicht, je mehr er bereits „vorgespannt" ist. Das heißt, mit zunehmendem Ausschlag des Instrumentes nimmt die Übersetzung ab. Die Skalenteilung müßte deswegen mit zunehmendem Ausschlag immer enger werden. Wegen des quadratischen Zusammenhanges von Stromstärke und Drahtverlängerung aber müßte sie mit zunehmendem Ausschlag immer weiter werden. Also lassen sich beide entgegengesetzt wirkenden Einflüsse durch Einstellen einer geeigneten Nullpunktvorspannung mehr oder weniger kompensieren und der Versuch ergibt, daß diese Kompensation sehr weit geht und, von sehr kleinen Ausschlägen abgesehen, zu fast proportionalen Teilungen führt.

11. Kompensation der Außentemperatur. Zwei Verfahren werden angewandt, die Plattenkompensation und die Drahtkompensation. Bei der Plattenkompensation sind die beiden Einspannpunkte des Hitzdrahtes auf einer Platte befestigt, die den gleichen Ausdehnungskoeffizienten wie der Hitzdraht selbst hat. Diese Anordnung ist sehr unvollkommen. Sie kompensiert nur unendlich langsame Temperaturschwankungen vollkommen; bei schnellen Temperaturschwankungen nimmt der Hitzdraht infolge seiner sehr geringen Wärmekapazität die neue Temperatur sofort an, die Platte jedoch nicht, und das Instrument zeigt so lange falsch, bis die Platte ebenfalls die neue Temperatur erreicht hat. Eine gewisse Verbesserung wurde dadurch erreicht, daß der größte Teil der Platte aus einem Metall mit sehr geringem Temperaturkoeffizienten hergestellt und daran ein schmaler Streifen eines Metalles mit großem Temperaturkoeffizienten gefügt wurde, der die neue Temperatur viel schneller annahm.

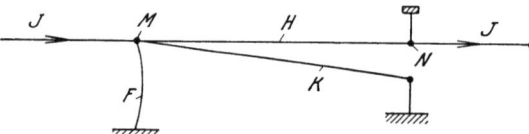

Abb. 10. Schema der Temperaturkompensation des Hitzdrahtes.

Eine entscheidende Verbesserung wurde jedoch erst durch die Drahtkompensation erzielt. Ihr Schema zeigt Abb. 10. Der Hitzdraht H ist einerseits an der Nullpunktstellvorrichtung N, andererseits an der Feder F befestigt, die von einem zum Hitzdraht annähernd parallel gespannten, vom Strom nicht durchflossenen Kompensationsdraht K gehalten wird. Haben jetzt H und K gleiche Länge und gleichen Ausdehnungskoeffizienten, so bleibt die Spannung von H bei Temperaturänderungen ungeändert, wenn H und K die neue Temperatur gleich schnell annehmen. Dieses läßt sich zwar nicht völlig erreichen, da K kräftiger sein muß als H, aber doch nahezu, so daß selbst schnelle Temperaturänderungen nur noch geringfügige, vorübergehende Fehler beim Instrument hervorrufen.

12. Meßgenauigkeit, Überlastungsfähigkeit. Der durchschnittliche Fehler der Hitzdrahtinstrumente läßt sich nicht wesentlich unter 1% herunterdrücken, so daß sie nicht zu den eigentlichen Präzisionsinstrumenten zu rechnen sind.

Hinsichtlich der Überlastungsfähigkeit stehen zwei Forderungen miteinander im Widerspruch. Änderungen der Außentemperatur beeinflussen die Angaben eines Hitzdrahtinstrumentes um so weniger, je höher die Übertemperatur des Hitzdrahtes ist. Andererseits verträgt das Instrument eine um so größere Überlastung, ehe der Hitzdraht durchschmilzt, je niedriger seine Übertemperatur bei vollem Ausschlag ist. Es muß also zwischen den beiden Forderungen ein Kompromiß geschlossen werden. In der Regel sind die Apparate so eingerichtet, daß sie eine kurze Überlastung mit dem dreifachen Nennstrom noch vertragen. Vielfach sucht man den Hitzdraht durch besondere Sicherungen zu schützen, beispielsweise, indem man den Strom einen zweiten Hitzdraht durchfließen läßt, der sich bei Überlastung so weit verlängert, daß er einen Kontakt herstellt, der das Instrument kurzschließt. Die Instrumente haben in der Regel eine Wirbelstromdämpfung. Ein flacher Aluminiumbügel dreht sich zwischen den Polen eines permanenten Hufeisenmagneten.

13. Verwendung als Spannungsmesser. Das Instrument erhält einen induktionsfreien und temperaturunabhängigen Vorschaltwiderstand. Bei verschiedenen niedrigen Meßbereichen ist für jedes Meßbereich eine besondere Skala vorzusehen, da bei sich deckenden Null- und Endpunkten der Skala die Ausschläge in der Mitte der Skala bei größerem Meßbereich kleiner sind.

14. Verwendung als Strommesser. Bei Meßinstrumenten bis 5 Amp. durchfließt der gesamte Strom den oder die Hitzdrähte gemäß der Anordnung der Abb. 8.

Für größere Ströme werden Instrumente für 5 Amp. mit 0,20 bis 0,25 Volt Spannungsabfall in Verbindung mit einem Nebenschluß benutzt. Bis 100 Amp. werden die Nebenschlüsse im Instrument selbst untergebracht. Instrumente mit mehreren Meßbereichen müssen jedoch für jedes Meßbereich eine besondere Skala erhalten. Bei Wechselstrom lassen sich statt der Nebenschlüsse auch Stromwandler verwenden.

15. Strommesser für Hochfrequenz. Hitzdrahtstrommesser gewöhnlicher Konstruktion mit Nebenschluß beginnen schon bei der Frequenz 1000 merkliche Abweichungen zu zeigen, weil sich dann schon die Verschiedenheit der Induktivität des Hitzdrahtes und des Nebenschlusses bemerkbar macht. Es mußten deshalb für Hochfrequenz besondere Strommesser konstruiert werden. Dabei besteht das eine Verfahren darin, die Zeitkonstanten L/R des Nebenschluß- und des Meßkreises einander vollständig gleich zu machen. Dieses Verfahren wird u. a. von der Firma Siemens & Halske angewandt.

Das zweite, von BROCA[1]) angegebene Verfahren besteht in einer vollkommen symmetrischen Anordnung sämtlicher stromdurchflossener Teile. Wie Abb. 11 zeigt, sind eine Anzahl gleichdimensionierter Hitzbänder $a, b, c, d, e \ldots$ auf einer Trommel T am Rande auf zwei Metallscheiben befestigt. Sie werden sämtlich von gleichen Teilen des zu messenden Stromes durchflossen. Die Verlängerung eines dieser Bänder dient in

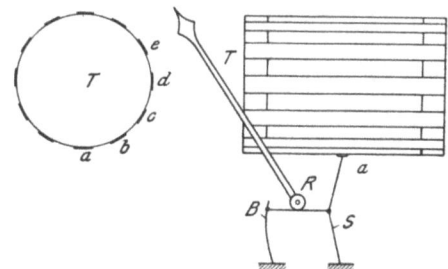

Abb. 11. Schema eines Hitzdrahtstrommessers für Hochfrequenz nach BROCA.

der in der Abb. 9 angegebenen üblichen Weise zur Messung des Stromes. Offenbar bilden sämtliche übrigen Bänder den Nebenschluß dieses Bandes, aber infolge der vollständig regelmäßigen Anordnung sind die Störungen durch verschiedene Induktivität beseitigt. Derartige Instrumente werden für Stromstärken bis 300 Amp. gebaut.

---

[1]) M. BROCA, Bull. de la Soc. int. des Electriciens. Juli 1909.

Tabelle 1. Zusammenstellung der Empfindlichkeit verschiedener Meßinstrumente.

Art des Instruments	Konstanten des verwendeten Galvanometers	Art der Ablesung	Widerstand in Ohm	Zusammengehörige Werte von Strom und Ausschlag	Wattverbrauch für 100 mm bzw. Skatenteile Ausschlag
Hitzdraht-Luftthermometer. Kupferdraht von 0,02 mm Durchmesser, 1 cm Länge	—	Direkte Ablesung	0,78	100 mm Ausschlag 0,178 Amp.	$247 \cdot 10^{-4}$
Hitzdraht-Luftthermometer. Manganindraht von 0,02 mm Durchmesser, 3,6 cm Länge	—	,,	34	100 mm Ausschlag 0,024 Amp.	$200 \cdot 10^{-4}$
Hitzdrahtinstrument von Hartmann & Braun (empfindlichste Type)	—	,,	9,37	Ganze Skala = ca. 45 mm 0,04 Amp.	$333 \cdot 10^{-4}$
Bolometer von Béla Gáti. Platindraht von 0,0025 mm Durchmesser	Widerstand = 60 Ohm Empfindl. $1° = 10^{-6}$ Amp.	,,	44	10° Ausschlag 0,001 Amp.	$4,4 \cdot 10^{-4}$
Bolometer, nicht evakuiert. Eisendraht von 0,02 mm Durchmesser	Widerstand = 225 Ohm Empfindl. 1 mm = $8,55 \cdot 10^{-9}$ Amp.	Spiegelablesung	1,8	100 mm Ausschlag 0,0117 Amp.	$2,46 \cdot 10^{-4}$
Dasselbe Bolometer, evakuiert	,,	,,	2,2	100 mm Ausschlag 0,002 Amp.	$0,088 \cdot 10^{-4}$
Thermoelement von Voege. Eisen u. Konstantan 0,02 mm Durchmesser; evakuiert	Widerstand = 30 Ohm Empfindl. 1 Sek. = $2,5 \cdot 10^{-8}$ Amp.	,,	3,6	100 mm Ausschlag 0,0126 Amp.	$5,68 \cdot 10^{-4}$
Brandesches Thermoelement. Eisen und Konstantan, 0,025 mm Durchm., nicht evakuiert	Widerstand = 60 Ohm Empfindl. 1 mm = $8,55 \cdot 10^{-9}$ Amp.	,,	5,1	100 mm Ausschlag 0,036 Amp.	$66,1 \cdot 10^{-4}$
Dasselbe Thermoelement, evakuiert	,,	,,	5,1	100 mm Ausschlag 0,006 Amp.	$2 \cdot 10^{-4}$
Duddell-Thermogalvanometer. Gold heater	—	,,	18	100 mm Ausschlag 220 $\cdot 10^{-6}$ Amp.	$0,046 \cdot 10^{-4}$
Duddell-Thermogalvanometer. Platin auf Glas	—	,,	103	100 ,, $138,4 \cdot 10^{-6}$,,	$0,049 \cdot 10^{-4}$
Dasselbe	—	,,	202,5	100 ,, $110 \cdot 10^{-6}$,,	$0,061 \cdot 10^{-4}$
Dasselbe	—	,,	363	100 ,, $92,4 \cdot 10^{-6}$,,	$0,077 \cdot 10^{-4}$
Dasselbe	—	,,	1071	100 ,, $48,4 \cdot 10^{-6}$,,	$0,063 \cdot 10^{-4}$
Dasselbe	—	,,	3367	100 ,, $35,2 \cdot 10^{-6}$,,	$0,104 \cdot 10^{-4}$
Dasselbe	—	,,	13910	100 ,, $12,4 \cdot 10^{-6}$,,	$0,055 \cdot 10^{-4}$

16. Hitzdrahtleistungsmesser für Hochfrequenz. In Wirklichkeit sind diese Apparate Amperemeter. Sie heißen jedoch Leistungsmesser, weil ihre Skala nicht für den sie durchfließenden Strom i, sondern für die von den Instrumenten verzehrte Leistung $i^2 \cdot r$ geeicht ist. Sie stellen also das im allgemeinen für Meßinstrumente gültige Prinzip, wonach das Meßinstrument einen möglichst geringen Bruchteil der verfügbaren Energie für sich verbrauchen soll, auf den Kopf. Sie verbrauchen die gesamte verfügbare Energie. Sie sind zugleich Belastung und Meßgerät. Aber gerade das ist bei der Dämpfungsmessung in der Meßtechnik der drahtlosen-Telegraphie erwünscht. Bei dem empfindlichsten Typ dieser Instrumente wird der vollen Ausschlag schon mit 0,015 Watt erreicht. Doch ist diese Empfindlichkeit auf Kosten der Genauigkeit erzielt worden, da der Seidenfaden, statt um die Zeigerrolle, unmittelbar um die nur 0,6 mm dicke Zeigerachse geschlungen ist.

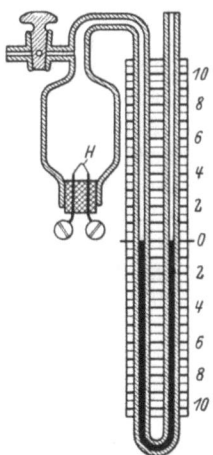

Abb. 12. Hitzdrahtluftthermometer nach RIESS.
H Hitzdraht.

17. Hitzdrahtluftthermometer. Das Hitzdrahtluftthermometer nach RIESS besteht gemäß Abb. 12 aus einem Glaskolben, der mit einem Alkoholmanometer und einem Hahn versehen ist, durch dessen Öffnung Druckdifferenzen gegen die Außenluft ausgeglichen werden können. In den Glaskolben sind von unten her durch einen Stopfen zwei dicke Drähte eingeführt, zwischen denen sich der dünne Hitzdraht H im untersten Teil des Gefäßes befindet. Die durch die Erwärmung hervorgerufene Druckzunahme der Luft wird von dem Manometer angezeigt. Das Instrument läßt sich mit Gleichstrom eichen.

18. Bolometer. Die Bolometer werden vorzugsweise für Hochfrequenzstrommessungen gebraucht.

Der Hitzdraht bildet einen Zweig mit den Zweigen a, b, c, w einer WHEATSTONEschen Brücke, die so eingestellt wird, daß kein Strom durch das Galvanometer geht (Abb. 13). Sobald dann ein Wechselstrom i durch den Draht W geschickt wird, erwärmt er sich. Die dadurch hervorgerufene Widerstands-

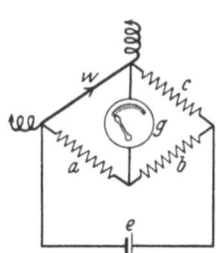

Abb. 13. Einfaches Hitzdrahtbolometer.

w Hitzdraht als Brückenzweig. $a\ b, c$ die übrigen Brückenzweige. e Spannungsquelle. g Galvanometer.

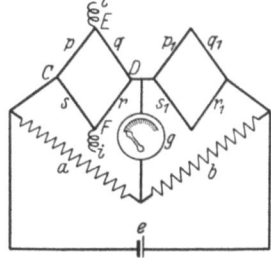

Abb. 14. Hitzdrahtbolometer in Doppelschaltung.

a, b die unveränderlichen Brückenzweige. e Spannungsquelle. g Galvanometer. i zu messender Strom.

änderung erzeugt im Galvanometer einen Ausschlag, der der Stromstärke des Wechselstromes ziemlich genau proportional ist. Gegen die übrige Brücke muß der Hitzdraht durch Drosselspulen abgeschirmt werden, so daß der Wechselstrom nur im Hitzdraht verläuft. Der Hitzdraht läßt sich in eine Glasröhre einschließen, die evakuiert wird, wodurch die Empfindlichkeit bedeutend gesteigert wird. Ferner lassen sich im Vakuum extrem dünne Drähte verwenden. BELA GATI konstruierte derartige Bolometer mit 0,002 mm dickem Golddraht. Mit Platindrähten ist man bisher bis herab auf 0,0005 mm Dicke gekommen.

Die Anordnung der Abb. 13 ist von Schwankungen der Zimmertemperatur abhängig. Diese Abhängigkeit wird durch die etwas abweichende Schaltung der Abb. 14 stark verringert. Die Verzweigung $pqrs$, die an Stelle von W in Abb. 14, und die Verzweigung $p_1 q_1 r_1 s_1$, die an Stelle von c in Abb. 14 steht, sind aus dünnem Eisen- oder Platindraht und möglichst gleich gemacht. Ferner sind die Zweige $pqrs$ so abgeglichen, daß ein zwischen E und F fließender Gleichstrom keinen Ausschlag im Galvanometer erzeugt. Es sind dann die Punkte C und D auf gleicher Spannung, so daß von dem zu messenden Wechselstrom kein merklicher Teil in die übrige Brücke gelangt, ohne daß Drosselspulen hierzu nötig sind.

In der Tabelle S. 338 sind die Empfindlichkeiten einer Anzahl verschiedener thermischer Meßinstrumente zusammengestellt.

Kapitel 12.

Auf elektrolytischer Wirkung beruhende Meßinstrumente.

Von

A. GÜNTHERSCHULZE, Berlin.

Mit 9 Abbildungen.

1. Allgemeines. Die wichtigste Grundlage der elektrolytischen Meßinstrumente ist das FARADAYsche Gesetz. Es ergibt die durch den Stromkreis geflossene Elektrizitätsmenge. Durch Division mit der Versuchsdauer ergibt sich die mittlere Stromstärke während des Versuchs oder bei konstant gehaltener Stromstärke die Stromstärke schlechthin.

Die elektrolytischen Meßinstrumente sind also in erster Linie Instrumente zur Messung der Elektrizitätsmenge. Bei der Strommessung sind sie den sonstigen Strommessern vorzuziehen, wenn es sich um rasch und unregelmäßig schwankende Ströme handelt, deren arithmetischer Mittelwert gesucht ist, oder wenn ein unmittelbarer Anschluß an die gesetzliche Stromeinheit erstrebt wird. Daneben haben sie zum Teil noch den Vorzug der Billigkeit.

Die elektrolytische Messung elektrischer Spannungen beruht auf der Abhängigkeit der Oberflächenspannung einer im Elektrolyten befindlichen Quecksilberoberfläche von der Potentialdifferenz zwischen Quecksilber und Elektrolyt.

Das FARADAYsche Gesetz ist eine Folge des Umstandes, daß in den gewöhnlichen flüssigen Elektrolyten keine freien Elektronen, sondern nur elektrolytische positive und negative Ionen vorhanden sind. Infolgedessen ist der Durchgang einer bestimmten Elektrizitätsmenge durch die Oberfläche einer Elektrode mit der Abgabe oder Aufnahme einer äquivalenten Anzahl Ladungen durch die Ionen des Elektrolyten verknüpft.

Wieweit dieser den Charakter eines strengen Naturgesetzes besitzende Vorgang zur Messung der Elektrizitätsmenge ausgenutzt werden kann, hängt von folgenden Bedingungen ab:

1. Die Ionen des Elektrolyten müssen durch die Abgabe oder Aufnahme der Ladungen an den Elektroden in einen Zustand überführt werden, in welchem ihre Menge festgestellt werden kann. Praktisch kommen nur diejenigen Vorgänge in Frage, bei denen die positiven Ionen bei Abgabe ihrer Ladung an der Kathode den Elektrolyten verlassen und sich in meßbarer Form auf der Kathode niederschlagen. Der entsprechende anodische Vorgang, die Auflösung einer der Elektrizitätsmenge äquivalenten Menge der Anode, ist für auch nur einigermaßen genaue Messungen nicht brauchbar, weil die Auflösungsgeschwindigkeit eines Metallkristalles von der Orientierung der sich auflösenden Fläche im Kristall abhängt. Da nun die Anoden bisher stets ein Gefüge regellos orientierter feiner Kristallite waren, wurden immer einige Kristallite bei der Auflösung umgangen und fielen unaufgelöst von der Anode zu Boden, indem sie eine zu große Auflösung vortäuschten. Vielleicht schafft die Herstellung von Einkristallen hier Wandel.

2. Es muß bekannt sein, wieviel Ladungen die Ionen abgeben oder aufnehmen. Kommen beispielsweise in einem Elektrolyten nebeneinander einwertige und zweiwertige Ionen des gleichen Metalles in einem von der Temperatur, Konzentration usw. abhängigen Verhältnis vor, so ist der Elektrolyt zur Verwendung in einem Meßinstrument nicht geeignet. Auch diese Schwierigkeiten bestehen an der Anode in wesentlich größerem Umfang als an der Kathode. Viele Ionen gehen an der Anode zunächst mit einer instabilen Wertigkeit in Lösung und fallen dann zum Teil als Metallpulver (Anodenschlamm) wieder aus.

3. Das Verhältnis, in welchem sich die einzelnen Ionen des Elektrolyten abscheiden, muß bekannt sein. Praktisch läuft diese Bedingung darauf hinaus, daß die Abscheidung einer Ionenart die aller anderen so weit überwiegen muß, daß die letzteren vernachlässigt werden können.

4. Es dürfen sich an der Kathode keine die abgeschiedene Menge verändernden chemischen Nebenreaktionen abspielen.

5. Die Abscheidung muß in einer Form erfolgen, die erlaubt, die abgeschiedene Menge zu wägen oder volumetrisch zu bestimmen, ohne daß mit ihr verbundene unberechenbare Fremdstoffe (beispielsweise adsorbierte Schichten in merklicher Menge) mitgewogen oder gemessen werden.

Diese Bedingungen haben zur Folge, daß die Zahl der für Messung von Elektrizitätsmengen auf elektrolytischem Wege verfügbaren Kombinationen auch bei nur geringen Ansprüchen an die Genauigkeit schon sehr gering ist und sich bei erhöhten Ansprüchen an die Meßgenauigkeit auf ganz wenige verringert.

Die auf der elektrolytischen Wirkung beruhenden Meßinstrumente werden eingeteilt in die vorwiegend der Strommessung dienenden Voltameter und die zur Messung von Elektrizitätsmengen verwendeten Elektrolytzähler. Eigentümlicherweise werden für beide Arten zum Teil verschiedene elektrolytische Kombinationen verwendet.

a) Voltameter.

2. Das Silbervoltameter. Die mit dem Silbervoltameter erreichbare Genauigkeit ist so groß, daß die gesetzliche Einheit der Stromstärke auf ihm beruht. (Vgl. Kap. 1.) Die entsprechende Stelle im Gesetz, betreffend die elektrischen Maßeinheiten, erlassen am 1. Juni 1898, lautet: „§ 3. Das Ampere ist die Einheit der elektrischen Stromstärke. Es wird dargestellt durch den unveränderlichen elektrischen Strom, welcher beim Durchgang durch eine wässerige Lösung von Silbernitrat in einer Sekunde 0,001 118 g Silber niederschlägt."

Entsprechende Gesetze bestehen in den übrigen Kulturländern. Sehr sorgfältige Untersuchungen einer großen Anzahl von Forschern über die Fehlerquellen der Messung und die erreichbare Genauigkeit gingen diesen Gesetzen voraus. Die älteren Untersuchungen sind von EISENREICH[1]) zusammengestellt.

Die seit dieser Zeit angestellten Untersuchungen, an denen vor allem die deutsche und die amerikanische Reichsanstalt wichtigen Anteil haben, sind unten aufgeführt[2]). Der Niederschlag aller dieser Untersuchungen findet sich

---

[1]) K. EISENREICH, ZS. f. phys. Chem. Bd. 76, S. 643. 1911.
[2]) F. LAPORTE u. P. DE LA GORCE, C. R. Bd. 150, S. 278. 1910; H. HAGA u. I. BOEREMA, Proc. Amsterdam Bd. 13, S. 587. 1910; I. S. LAIRD u. G. A. HULETT, Trans. Amer. Electroch. Soc. Bd. 22, S. 345. 1912; G. D. BUCKNER u. G. A. HULETT, ebenda Bd. 22, S. 367. 1912; E. B. ROSA, N. E. DORSEY u. I. M. MILLER, Bull. Bureau of Stand. Bd. 8, S. 269. 1912; E. B. ROSA, G. W. VINAL u. A. S. MCDANIEL, ebenda Bd. 9, S. 151, 209 u. 493. 1912; ST. I. BATES u. G. W. VINAL, Journ. Amer. Chem. Soc. Bd. 36, S. 916. 1914; G. A. HULETT u. G. W. VINAL, Journ. phys. chem. Bd. 19, S. 173. 1915; TH. W. RICHARDS u. F. O. ANDEREGG, Journ. Amer. Chem. Soc. Bd. 37, S. 7. 1915; W. JAEGER u. H. v. STEINWEHR, ZS. f. Instrkde. Bd. 35, S. 225. 1915; G. W. VINAL u. W. H. BOVARD, Journ. Amer. Chem. Soc. Bd. 38, S. 496. 1916; W. M. BOVARD u. G. A. HULETT, ebenda Bd. 39, S. 1077. 1917.

in den von der Physikalisch-technischen Reichsanstalt ausgearbeiteten Bestimmungen zur Ausführung des Gesetzes über die elektrischen Maßeinheiten vom Jahre 1901, die wörtlich folgen, da sie die beste und kürzeste Darstellung der Bedingungen sind, die zur Erreichung der höchsten Genauigkeit innegehalten werden müssen.

3. Bedingungen, unter denen bei der Darstellung des Ampere die Abscheidung des Silbers stattzufinden hat. Die Flüssigkeit soll eine Lösung von 20 bis 40 Gewichtsteilen reinen Silbernitrats in 100 Teilen chlorfreien destillierten Wassers sein; sie darf nur so lange benutzt werden, bis im ganzen 3 g Silber auf 100 ccm der Lösung elektrolytisch abgeschieden sind.

Die Anode soll, soweit sie in die Flüssigkeit eintaucht, aus reinem Silber bestehen. Die Kathode soll aus Platin bestehen. Übersteigt die auf ihr abgeschiedene Menge Silber 0,1 g auf das Quadratzentimeter, so ist das Silber zu entfernen.

Die Stromdichte soll an der Anode $1/5$, an der Kathode $1/50$ Ampere auf das Quadratzentimeter nicht überschreiten.

Vor der Wägung ist die Kathode zunächst mit chlorfreiem destilliertem Wasser zu spülen, bis das Waschwasser bei dem Zusatz eines Tropfens Salzsäure keine Trübung zeigt, alsdann 10 Minuten lang mit destilliertem Wasser von 70 bis 90° auszulaugen und schließlich mit destilliertem Wasser zu spülen. Das letzte Waschwasser darf kalt durch Salzsäure nicht getrübt werden. Die Kathode wird warm getrocknet, bis zur Wägung im Trockengefäß aufbewahrt, und nicht früher als 10 Minuten nach der Abkühlung gewogen."

Die große Genauigkeit, die sich mit dem Silbervoltameter erreichen läßt, beruht darauf, daß das Silber in Silbernitratlösung sehr nahezu einwertig und sein Abscheidungspotential so edel ist, daß die Wasserstoffabscheidung bei diesem Potential selbst bei höchsten Ansprüchen an die Genauigkeit unmerklich ist, solange nicht die Abscheidungsgeschwindigkeit ganz abnorm groß gewählt wird.

Allerdings gilt die strenge Einwertigkeit des Silbers im Silbernitrat auch nur in einiger Entfernung von der Anode. Eine Silberanode sendet nach JELLINEK[1]), besonders in der Wärme neben $Ag^\cdot$ auch $(Ag_2)^\cdot$-Ionen aus, deren Konzentration unmittelbar an der Anode größer ist, als dem Gleichgewicht entspricht. Schon dicht an der Anode aber zerfällt das $(Ag_2)^\cdot$ zum größten Teil unter Bildung von Silberpulver. Infolgedessen sinken von einer Silberanode nicht nur unterhöhlte Kristallite zu Boden, sondern es bildet sich in weit größerem Umfang durch diese Wiederzersetzung des $(Ag_2)^\cdot$-Ions ein feinpulveriger Anodenschlamm, der ebenfalls nicht auf die Kathode gelangen darf. Diese Bildung von $(Ag_2)^\cdot$ ist auch der Grund dafür, daß nach den Ausführungsbestimmungen des Gesetzes eine Lösung nur so lange benützt werden darf, bis 3 g Silber auf 100 ccm der Lösung elektrolytisch abgeschieden sind.

Ferner ist beim Silbervoltameter streng darauf zu achten, daß keine organischen Stoffe in die Lösung gelangen, da das Silbernitrat in ihrer Gegenwart durch Licht zersetzt wird und das ausfallende Silber den Niederschlag zu groß erscheinen läßt. Es darf deshalb auch die Anode zur Vermeidung des Herabfallens von Silberstaub nur dann mit Fließpapier umhüllt werden, wenn auf höchste Genauigkeit verzichtet wird. Es ergeben sich bei Verwendung von Fließpapier in der Regel Werte, die um 0,3 bis 0,6 $^0/_{00}$ zu groß sind. Um das Herabfallen des Anodenschlammes von der Anode auf die Kathode zu verhindern, wird unter die Anode ein Glasschälchen gehängt, in das der Schlamm

---

[1]) K. JELLINEK, ZS. f. phys. Chem. Bd. 71, S. 513. 1908.

hineinfällt. Als Kathode verwendet man am besten einen flachen weiten Platintiegel, da sich dann die aus einem kurzen Silberstab von 5 mm Dicke bestehende Anode am gleichmäßigsten auflöst.

Ist der Platintiegel eng und tief, so wird die Stromdichte an der Spitze der Anode am größten und spitzt diese zu, so daß die Stromdichte über den zulässigen Wert steigt. Die Folge ist, daß die chemische Zusammensetzung der Anodenflüssigkeit sich ändert, und daß diese, sobald sie zur Kathode gelangt, dort Fehler in der Abscheidung bewirkt. Man ist also bei Verwendung einer engen tiefen Platinschale gezwungen, die Anodenflüssigkeit durch eine kleine Tonzelle von der Kathodenflüssigkeit zu trennen. Die Reaktion auf Reinheit des Spülwassers wird noch besser mit einem Tropfen KJ-Lösung durchgeführt, da AgJ weit weniger löslich ist als AgCl.

4. Das Kupfervoltameter. Das Silbervoltameter hat zwei Nachteile. Erstens ist das Arbeiten mit der im Lichte bei Gegenwart organischer Stoffe zersetzlichen Silbernitratlösung, die auch die Haut stark angreift, nicht gerade angenehm, und zweitens wird bei der Messung großer Ströme die Anordnung recht teuer. Beide Unannehmlichkeiten werden beim Kupfervoltameter vermieden. Wenn es auch nicht die hohe Genauigkeit des Silbervoltameters erreicht, so genügt seine Genauigkeit doch für die meisten Zwecke.

Die wichtigsten Untersuchungen über das Kupfervoltameter sind von OETTEL[1]), FOERSTER[2]), RICHARDS[3]) ausgeführt worden.

Die Grenze der Genauigkeit ist beim Kupfervoltameter durch ähnliche Erscheinungen gegeben wie beim Silbervoltameter. Die Ionen kommen in verschiedenen Wertigkeitsstufen vor. Während aber beim Silbervoltameter die Ionen abweichender Wertigkeit erst während der Elektrolyse an der Anode entstehen und durch rechtzeitiges Abbrechen des Versuchs weitgehend von der Kathode ferngehalten werden können, liegt beim Kupfer in Kupfersulfatlösung von vornherein ein Gleichgewichtszustand vor:

$$2(\text{Cu}^{\cdot}) \rightleftarrows \text{Cu} + \text{Cu}^{\cdot\cdot},$$

in welchem die Konzentration der $\text{Cu}^{\cdot}$ sehr viel kleiner als die der $\text{Cu}^{\cdot\cdot}$, aber doch nicht völlig zu vernachlässigen ist. Stets scheidet sich an der Kathode neben $\text{Cu}^{\cdot\cdot}$ auch $\text{Cu}^{\cdot}$ ab und es handelt sich darum, die Versuchsbedingungen so zu wählen, daß die $\text{Cu}^{\cdot}$-Abscheidung möglichst gering wird.

Bei gewöhnlicher Temperatur enthält eine molekulare Kupfersulfatlösung nach LUTHER[4]) $3{,}4 \cdot 10^{-4}$ $\text{Cu}^{\cdot}$ Ionen. Mit der Temperatur nimmt diese Menge stark zu. Es findet sich also auch aus den gleichen Gründen wie beim Silbervoltameter stets Anodenschlamm auf den Kupferanoden, der vom Bade ferngehalten werden muß.

Die von den genannten Forschern, insbesondere von FOERSTER ausgearbeitete Vorschrift für das Kupfervoltameter lautet[5]):

An den Breitseiten eines rechteckigen Glastroges werden zwei in Pergamentpapier gehüllte Bleche aus gewöhnlichem Handelskupfer angebracht, die parallel geschaltet als Anoden dienen. In der Mitte zwischen ihnen und parallel zu ihnen hängt ein als Kathode dienendes dünnes Kupferblech an einem Kupferdraht. Der Elektrolyt besteht aus einer Lösung, die 125 g $CuSO_4 \cdot 5H_2O$, 50 g H_2SO_4

---

[1]) F. OETTEL, Chem.-Ztg. Bd. 17, S. 543 u. 577. 1893.
[2]) F. FOERSTER u. O. SEIDEL, ZS. f. anorg. Chem. Bd. 14, S. 106. 1897; F. FOERSTER, ZS. f. Elektrochem. Bd. 3, S. 479 u. 493. 1897.
[3]) TH. RICHARDS, E. COLLINS u. G. W. HEIMROD, ZS. f. phys. Chem. Bd. 32, S. 321. 1900.
[4]) R. LUTHER, ZS. f. phys. Chem. Bd. 38, S. 395. 1901.
[5]) F. FOERSTER, Elektrochemie wässeriger Lösungen. 3. Aufl. Leipzig: Joh. Ambr. Barth 1922.

und 50 g Alkohol im Liter Wasser enthält. Die gesamte Oberfläche der Kathode muß so bemessen sein, daß die Stromdichte nicht mehr als 0,03 und nicht weniger als 0,005 Amp., am besten 0,01 bis 0,015 Amp. beträgt.

Bei zu hoher Stromdichte wird die Abscheidung locker und zur Wägung ungeeignet, bei zu geringer scheidet sich zu wenig Kupfer ab. Bei längerer Versuchsdauer ist der Elektrolyt zu rühren. Bei richtigem Verfahren scheidet sich das Kupfer als dichter, fast glatter, schön hellrosa gefärbter Niederschlag auf der Kathode ab, der nach Schluß des Versuchs kurz abgespült und bei 100° im Luftbad getrocknet wird.

Zur Beurteilung der zu erwartenden Gewichtszunahme diene die Angabe, daß 1 Amp. in der Minute 19,76 mg Kupfer abscheidet.

5. Das Knallgasvoltameter. Beim Knallgasvoltameter wird die durch Wasserzersetzung entwickelte Knallgasmenge volumetrisch ermittelt. Das bietet zwei sehr wesentliche Vorteile. Erstens lassen sich auf diese Weise so geringe Elektrizitätsmengen noch messen, wie sie gewichtsanalytisch nur unter ganz besonderen Vorsichtsmaßregeln meßbar wären, und zweitens läßt sich die durch die Zelle geschickte Elektrizitätsmenge in jedem Augenblick ohne Unterbrechung des Stromes durch eine einfache Ablesung ermitteln, wenn das Knallgas in einem kalibrierten Meßrohr aufgefangen wird.

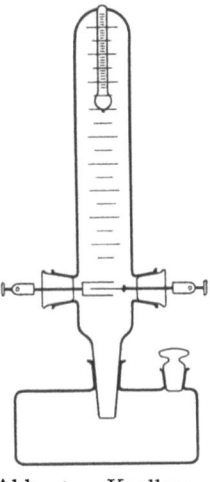

Abb. 1. Knallgasvoltameter.

Für die Wasserzersetzung sind zwei verschiedene Verfahren üblich. Das eine verwendet als Elektrolyten 10- bis 20proz. Schwefelsäure, als Elektroden zwei Platinbleche, die sich in möglichst geringem Abstand gegenüberstehen. Unmittelbar über den Elektroden befindet sich der geeichte Meßzylinder. So entsteht der in Abb. 1 wiedergegebene Apparat. Nach dem Versuch kann der Meßzylinder durch Umkehren des ganzen Apparates auf einfache Weise wieder gefüllt werden. Mit Platinelektroden von je 15 qcm² wirksamer Oberfläche können Ströme bis zu 40 Amp. ohne unzulässige Erwärmung des Apparates gemessen werden.

Sehr wichtig ist, daß die Knallgasentwicklung unterbrochen wird, ehe das entwickelte Knallgas die Elektroden einhüllt, da es sonst durch einen Öffnungsfunken zur Explosion gebracht werden kann.

An der Anode wird neben Sauerstoff auch etwas Ozon entwickelt, wodurch sich eine zu geringe Knallgasmenge ergibt. Bei Verwendung von Phosphorsäure ist diese Ozonentwicklung wesentlich geringer. Sind also die zu messenden Ströme nicht sehr groß, so daß es nicht so sehr auf äußerst geringen Innenwiderstand des Voltameters ankommt, so wird an Stelle der Schwefelsäure besser die nicht ganz so gut leitende Phosphorsäure (40%) verwandt.

Das zweite Verfahren besteht in der Verwendung von chloridfreier, etwa 15proz. Natronlauge[1]) in einem durch einen Gummistopfen verschließbaren Glasbecher. Durch den Gummistopfen werden außer dem Gasableitungsrohr die Zuleitungen zu zwei Elektrodenblechen luftdicht hindurchgeführt. Als Elektroden können nach F. OETTEL[2]) bei großen Stromstärken Nickelbleche verwandt werden, am besten in Gestalt zweier konzentrischer Zylinder.

Lästig, aber unvermeidlich, ist bei genauen Messungen mit dem Knallgasvoltameter die Anbringung der erforderlichen Korrekturen an dem gemessenen

---
[1]) F. FOERSTER, Elektrochemie wäßriger Lösungen. 3. Aufl. Leipzig: Joh. Ambr. Barth 1922.
[2]) F. OETTEL, ZS. f. Elektrochem. Bd. 1, S. 355. 1894.

Gasvolumen. Unmittelbar abgelesen wird ein Volumen v von der Temperatur t und dem Druck p, wobei die Temperatur t des Gases nicht ohne weiteres mit der Temperatur des Beobachtungsraumes identifiziert werden darf. Zu ihrer unmittelbaren Ermittlung ist in dem in Abb. 1 dargestellten Apparat ein kleines Thermometer im Gasraum angebracht. Bei 0° C und 760 mm Druck würde das Volumen betragen:
$$v_0 = \frac{v}{1 + 0{,}00367\,t}\frac{p}{760}.$$

Dabei ist p gleich dem Barometerstand b, vermindert um die Höhendifferenz h der Schwefelsäure im Meßrohr und im unteren Gefäß, umgerechnet auf Quecksilberdruck. Es ist hinreichend genau $p = b - h/12$. p aber ist der Druck des mit Feuchtigkeit gesättigten Gases. Also muß noch der Partialdruck des über der benutzten Schwefelsäure gesättigten Wasserdampfes abgezogen werden. Über 15proz. Säure ist der Dampfdruck des Wassers 90% des Dampfdruckes e über reinem Wasser, der aus den Dampfdrucktabellen zu entnehmen ist.
So ergibt sich:
$$p = b - \frac{h}{12} - 0{,}9\,e.$$

Hat man so v_0 gefunden, so ergibt sich die mittlere Stromstärke J bei einer Zersetzungsdauer von τ Sekunden zu:
$$J = \frac{1}{0{,}1740}\frac{v_0}{\tau} = 5{,}75\,\frac{v_0}{\tau}\ \text{Amp}$$

Diese Gruppe lästiger Korrekturen hat zu der Berechnung möglichst einfacher Tabellen geführt. Sehr bequem ist die folgende im KOHLRAUSCH gegebene.

Unmittelbar gemessen wird das Volumen v bei dem Druck $p' = b - h/12$ und der Temperatur t. Aus diesem wird mittels der Korrektur δ das Volumen v' ausgerechnet:
$$v' = v(1 + \delta).$$
Dann wird
$$J = 5\,\frac{v'}{\tau}.$$

δ ergibt sich für die vorkommenden Temperaturen und Barometerstände aus der folgenden Tabelle:

Tabelle 1.

t	$p = 700$	710	720	730	740	750	760
10	+ 0,009	+ 0,024	+ 0,038	+ 0,053	+ 0,068	+ 0,082	+ 0,097
15	− 0,013	+ 0,002	+ 0,016	+ 0,030	+ 0,044	+ 0,059	+ 0,073
20	− 0,035	− 0,021	− 0,007	+ 0,007	+ 0,021	+ 0,035	+ 0,049
25	− 0,058	− 0,045	− 0,031	+ 0,031	− 0,004	+ 0,010	+ 0,024

Aus der Tabelle folgt, daß bei dem meist herrschenden Barometerstand von ca. 750 mm, einer Höhendifferenz der Schwefelsäurespiegel von 12 cm, also $p' = 740$ und einer Temperatur von 25° C des Knallgases (leichtes Erwärmen mit der Hand) die Korrektur 4⁰/₀₀ beträgt. Das heißt, wenn nur mäßige Anforderungen an die Genauigkeit gestellt werden, kann man sich unter diesen normalen Verhältnissen die Korrektur schenken.

6. Das Knallgasamperemeter. Mit Hilfe eines von OSTWALD zuerst angewandten Kunstgriffes haben BREDIG und HAHN[1]) das Knallgasvoltameter in ein sehr billiges und einfaches, für Messungen mäßiger Genauigkeit ausreichendes Knallgasamperemeter umgewandelt. Der Grundgedanke ist folgender: Wird das

---
[1]) G. BREDIG u. O. HAHN, ZS. f. Elektrochem. Bd. 7, S. 259. 1900.

Voltameter bis auf eine enge Kapillare, durch die das Knallgas ausströmen kann, luftdicht verschlossen, so stellt sich im Voltameter ein Überdruck ein, der durch die Entwickelungsgeschwindigkeit des Knallgases einerseits, seinen Reibungswiderstand in der Kapillare andererseits bedingt ist. Also ist bei gegebener Kapillare der Überdruck ein Maß der Entwicklungsgeschwindigkeit des Knallgases, also der Stromstärke, wobei allerdings zu bedenken ist, daß der Überdruck sich einer Änderung der Stromstärke nur allmählich anpaßt, so daß schnelle Änderungen der Stromstärke nicht wahrnehmbar sind. Der Überdruck wird mit einem Wassermanometer gemessen. Abb. 2 zeigt die Ausführungsform des Apparates. Das Glasgefäß a ist fast vollständig mit 25 proz. Natronlauge gefüllt. In diese tauchen die beiden konzentrischen Nickelelektrodenzylinder b und c. Das Knallgas steigt durch d in die Höhe, wird in e durch Watte filtriert und entweicht durch die Kapillare f, deren Länge je nach dem gewünschten Meßbereich abgeglichen wird, beispielsweise so, daß das Manometer g, das mit gefärbtem Wasser gefüllt ist, für 1 Amp. gerade einen Teilstrich anzeigt. Die Watte muß öfter erneuert werden. Die Meßgenauigkeit des Instruments wird zu 5% angegeben.

Der Wert des Instruments liegt darin, daß es mit einfachen Laboratoriumsmitteln hergestellt werden kann.

Ein unter Umständen sehr wesentlicher Mangel haftet allen Knallgasvoltametern an. Von einem idealen Meßinstrument wird verlangt, daß es für seine Messung keinerlei Energie verbraucht. Diesem Ideal kommen das Silbervoltameter und das Kupfervoltameter einigermaßen nahe. Sie verbrauchen nur diejenige Spannung, die zur Überwindung des geringen inneren Widerstandes des Elektrolyten dient. Eine Polarisation findet in nennenswertem Betrage in diesen Voltametern nicht statt. Bei den Knallgasvoltametern ist dagegen die volle Polarisation der kräftigen Wasserzersetzung zu überwinden, die über 2 Volt beträgt, was für viele Versuche schon sehr unangenehm ins Gewicht fällt.

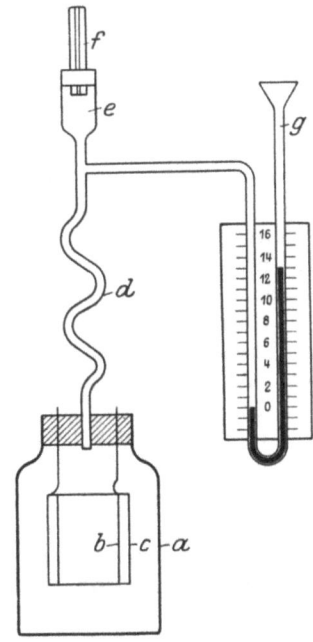

Abb. 2. Knallgasamperemeter.

7. Das Wasserstoffvoltameter. Bei schwachen Strömen führt die Bildung von Ozon, Wasserstoffsuperoxyd und Überschwefelsäure an der Anode beim Knallgasvoltameter zu größeren Abweichungen. Infolgedessen empfiehlt es sich in diesem Falle, nur den elektrisch abgeschiedenen Wasserstoff aufzufangen und zu messen. Es werden also, wie in Abb. 3 angegeben, die beiden Platinelektroden in den beiden Schenkeln eines U-förmigen Gefäßes angeordnet, dessen über der Kathode befindlicher Schenkel als Meßzylinder ausgebildet ist. Er läßt sich zur genauen Ermittlung der Temperatur des abgeschiedenen Wasserstoffes mit einem Thermometerbade umgeben, das mittels eines Kautschukstopfens über den Schenkel geschoben wird.

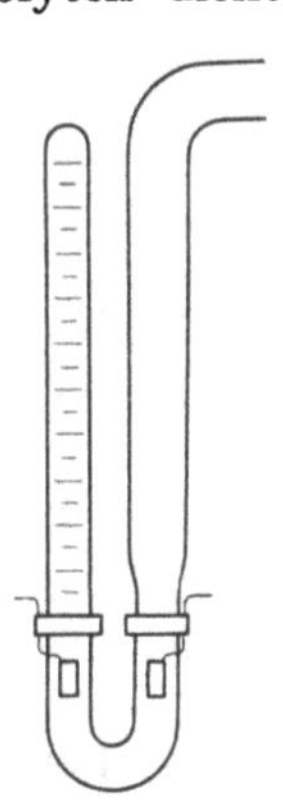

Abb. 3. Wasserstoffvoltameter.

Die Anbringung der Korrektur an dem abgelesenen Gasvolumen erfolgt in gleicher Weise wie beim Knallgasvoltameter, nur ist das abgelesene Volumen zunächst mit 3/2 zu multiplizieren.

8. Das Jodvoltameter. Die Verwendung von Jod ist zuerst von HERROUN[1]) vorgeschlagen worden. DANNEEL[2]) und später KREIDER[3]) haben es zu einem recht genauen Meßinstrument ausgebildet.

Bei den ersten beiden Forschern befindet sich ein Platinblech als Anode auf dem Boden eines mit 10- bis 15 proz. Zinkjodidlösung gefüllten Becherglases. Die Kathode ist ein in Pergamentpapier gehüllter amalgamierter Zinkstab. Das ausgeschiedene Jod wird mit Thiosulfatlösung titriert. 0,1036 ccm 0,1 n-Lösung entsprechen der Elektrizitätsmenge 1 Coulomb.

KREIDER verwendet als Zelle ein mit einem seitlichen Hals versehenes Probierröhrchen, das unten in eine lange Kapillare ausgezogen ist. In die Verbindungsstelle dieser Kapillare ist ein Glasstab eingeschliffen. Oben ist das Probierröhrchen durch einen Gummistopfen verschlossen, durch den leicht beweglich der Glasstab und die Zuführungen zu den Elektroden hindurchgehen. Anode und Kathode sind zylindrisch gebogene Bleche aus Platin, die Anode am Boden der Röhre in einer starken wässerigen Lösung von KJ, die Kathode oben in der Röhre in einer über die KJ-Lösung geschichteten verdünnten Salzsäurelösung. Durch diese Anordnung der Elektroden und des Elektrolyten wird verhindert, daß das an der Anode abgeschiedene Jod zur Kathode diffundiert und sich dort wieder mit K vereinigt.

Das Füllen der Probierröhren erfolgt durch Aufsaugen der beiden Elektrolyten durch die verschließbare Kapillare.

Nach dem Abstellen des Stromes wird der Glasschliff leicht geöffnet und die Zelle langsam in einen Erlenmeyerkolben entleert, in dem das Jod titriert wird. KREIDER gibt an, daß die verschiedenen mit dem Jodvoltameter ausgeführten Messungen bis auf ein Zehntausendstel übereinstimmen.

9. Sonstige Voltameter. Eine große Genauigkeit ergibt das Kadmiumvoltameter, das von LAIRD und HULETT[4]) näher untersucht worden ist. Weniger genau sind das Quecksilber- und das Bleivoltameter.

Beim Quecksilbervoltameter verwendete W. VON BOLTON[5]) 0,1 n-Merkuronitratlösung, in der das Quecksilber einwertig ist. Die Lösung wird so weit mit Salpetersäure angesäuert, daß sich keine basischen Salze ausscheiden. Beide Elektroden bestehen aus Quecksilber. Die Messung erfolgt durch Wägung des Quecksilbers der Kathode. Als Elektrizitätszähler hat das Quecksilbervoltameter in einer anderen Zusammensetzung neuerdings eine ausgedehnte Anwendung gefunden.

Das Bleivoltameter ist von FISCHER, THIELE und MAXSTADT[6]) untersucht worden.

Da aber alle diese Voltameter vor den zuerst beschriebenen keine wesentlichen Vorteile bieten, haben sie sich nicht einzubürgern vermocht.

b) Elektrolytzähler und Kapillarelektrometer.

10. Der Zinkzähler. Der erste praktisch verwendete Elektrizitätszähler war der 1882 von EDISON eingeführte Zinkzähler.

In einem Glasgefäß befanden sich zwei Zinkplatten in einer Zinksulfatlösung. Die Zelle war mit einem Vorschaltwiderstand an einen Nebenschluß gelegt, der den Hauptstrom aufnahm.

---

[1]) E. F. HERROUN, Phil. Mag. (5) Bd. 40, S. 91. 1895.
[2]) H. DANNEEL, ZS. f. Elektrochem. Bd. 4, S. 154. 1897.
[3]) D. A. KREIDER, Phys. ZS. Bd. 6, S. 582. 1905.
[4]) J. S. LAIRD u. G. A. HULETT, Trans. Amer. Electroch. Soc. Bd. 22, S. 385. 1912.
[5]) W. v. BOLTON, ZS. f. Elektrochem. Bd. 2, S. 74. 1895.
[6]) F. FISCHER, K. THIELE u. B. MAXSTADT, ZS. f. anorg. Chem. Bd. 67, S. 302 u. 339. 1910.

Zur Feststellung des Stromverbrauchs mußten die Elektroden in das Elektrizitätswerk gebracht und dort gewogen werden. Die Zähler wurden sehr bald durch die Motorzähler verdrängt.

11. Der Wasserzähler. Ein Wasserzersetzungszähler wurde in England als sog. Bastianzähler viel gebraucht. Die Elektroden waren Platinbleche in einer kugelförmigen Erweiterung eines Glasgefäßes. Die Glaskugel verengerte sich oben zu einer kalibrierten Röhre. Das Ganze war mit angesäuertem oder mit Lauge versetztem Wasser gefüllt. Gemessen wurde die Abnahme des Wasserspiegels im Meßrohr infolge der Wasserzersetzung. Wegen der großen, von verschiedenen Variablen abhängigen Polarisation des Zählers konnte er nicht im Nebenschluß verwendet, sondern mußte vom gesamten Strom durchflossen werden.

12. Der Quecksilberzähler. Quecksilber bietet als Elektrodenmetall den großen Vorteil, daß es als flüssiges Metall in einem Meßrohr aufgefangen werden kann, also nicht wie beim EDISONschen Zinkzähler Wägungen nötig sind.

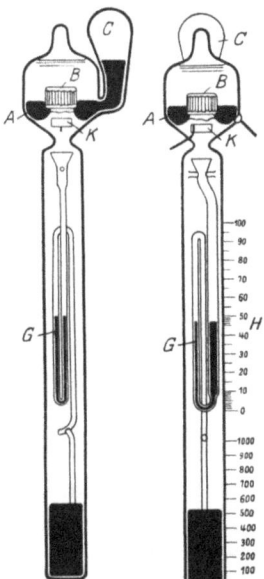

Abb. 4. Stiazähler.

Der ältere, von WRIGHT durchgebildete Quecksilberzähler versagte nach anfänglich guter Wirkungsweise nach einiger Zeit, weil als Elektrolyt Merkuronitrat verwandt wurde, das allmählich basische Salze bildete, die zu schweren Störungen führten.

Der jetzt in großem Umfang verwandte Quecksilberzähler, der sog. Stiazähler, wurde von HATFIELD unter Leitung von ABEGG ausgebildet.

Die nebenstehende Abb. 4 gibt die wichtigsten Teile des Stiazählers wieder[1]).

Das eigentümlich gestaltete, in seinem oberen Teile kugelförmige Glasgefäß A enthält von unten her eine Einstülpung, so daß eine ringförmige Lagerfläche für das Anodenquecksilber gebildet wird. Auf die Einstülpung ist der Rost B aus Glasstäben aufgesetzt. Die Lücken zwischen den Glasstäben sind so schmal, daß das Quecksilber durch seine kapillare Spannung verhindert wird, durch sie hindurchzufließen. Unter dem Rost in der Einstülpung befindet sich die Kathode K. Der Elektrolyt ist eine Kaliumquecksilberjodidlösung (K_2HgJ_4), die 225 g HgJ_2 und 750 g KJ in einem Liter enthält.

Die Wirkungsweise des Zählers ist folgende: Der Strom löst anodisch das Quecksilber auf und bildet dadurch unmittelbar über dem Quecksilber eine Schicht hoher Konzentration. Bei dem hohen spezifischen Gewicht dieser Schicht und ihrer geringen Diffusion würde die Gefahr bestehen, daß ihre Sättigungsgrenze überschritten wird und Salz auf der Anode auskristallisiert. Das wird dadurch verhindert, daß die spezifisch schwere Schicht dauernd durch die Lücken des Rostes B nach der Kathode K abfließt, wo sie wieder verbraucht wird. Der Rost B verhindert also das Ansteigen der Konzentration über der Anode, die außer der genannten Wirkung auch noch eine die Angaben des im Nebenschluß liegenden Zählers fälschende Polarisationswirkung haben würde.

Wenn das Abfließen der konzentrierten Lösung nicht beeinträchtigt werden soll, darf aber der Quecksilberspiegel nicht unter die untere Kante des Rostes B sinken. Dieses wird dadurch erreicht, daß (links in Abb. 4) ein Vorratsraum C

---
[1]) Bekanntmachung über Prüfungen und Beglaubigungen durch die elektrischen Prüfungsämter Nr. 41: Elektrot. ZS. Bd. 30, S. 976. 1909.

für Quecksilber geschaffen ist. Dieser Vorratsraum ist durch die zwischen beiden Räumen liegende Glasnase vom Hauptraum getrennt. Sobald nun der Quecksilberspiegel im Hauptraum unter die untere Kante der Nase sinkt, vermag in den Vorratsraum Elektrolyt einzuströmen und die gleiche Menge Quecksilber in den Hauptraum zu fließen, so daß das Niveau des Quecksilbers im Hauptraum dauernd konstant bleibt.

Das komplexe Salz K_2HgJ_4 zerfällt in Lösung im wesentlichen in die Ionen $2 \cdot K^{\cdot}$ und $(HgJ_4)''$. Es liegt hier also, wie bei komplexen Salzen ja stets, der interessante Fall vor, daß das Metall, in diesem Fall das Quecksilber, zur Anode wandert und an der Kathode abgeschieden wird. Die Abscheidung an der Kathode erfolgt aus dem außerordentlich geringen Vorrat an Quecksilberionen Hg'', die neben den anderen Ionen in äußerst geringer Menge vorhanden sind, aber, sobald eines von ihnen verschwindet, aus dem großen HgJ_4-Vorrat nachgeliefert werden. Diese Nachlieferung und die damit zusammenhängenden Diffusionsvorgänge gehen jedoch nicht beliebig schnell vor sich. Infolgedessen verträgt der Stiazähler nur geringe Stromdichten an der Kathode. Das ist kein Nachteil, da er auch aus anderen Gründen im Nebenschluß liegen muß.

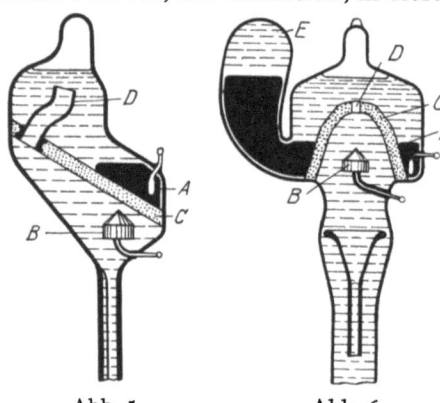

Abb. 5. Abb. 6.
Neue Form des Stiazählers.
A Anode; B Kathode; C Glasfritter; D Quecksilberdurchlaß; E Vorratsbehälter.

Das an der Kathode abgeschiedene Quecksilber rinnt in das U-förmige Meßrohr $G-H$. Für diesen Vorgang ist von großer Wichtigkeit, daß das Quecksilber nicht an der Kathode haftet. Dieses würde zur Folge haben, daß erstens im Beginn des Zählens zu wenig angezeigt wird, und daß zweitens das in großen Tropfen herabfallende Quecksilber im Meßrohr keine zusammenhängende Schicht bilden, sondern Elektrolytinseln zwischen sich einschließen würde, was eine genaue Messung unmöglich machen würde.

Seltsamerweise scheidet sich nun einwertiges Quecksilber an Platinkathoden ab, ohne zu haften, während das hier verwandte zweiwertige haftet, so daß Platinkathoden unbrauchbar sind. Dagegen zeigte es sich, daß auch das zweiwertige Quecksilber von Iridiumkathoden herabrinnt, ohne sich zu amalgamieren, wenn sie nicht überlastet werden. Es wurden deshalb Iridiumkathoden verwandt. Neuerdings ist es dann gelungen, die Schwierigkeiten der isolierten Stromzuführung zu einer Kohlenkathode zu überwinden, so daß jetzt die billigere und noch sicherer wirkende Kohlenkathode verwandt wird.

In neuester Zeit hat die Zelle des Stiazählers die in Abb. 5 u. 6 wiedergegebene erheblich vereinfachte Form erhalten[1]), die durch die Ausbildung von gefrittetem Glas ermöglicht wurde. C ist ein schräger oder konischer Glasfritter, dessen Poren so eng sind, daß zwar der Elektrolyt, nicht aber das Quecksilber hindurchtreten kann.

Ist so viel Quecksilber abgeschieden, daß das Meßrohr gefüllt ist, so hebert sich das Quecksilber durch G selbsttätig in ein tieferes weiteres Meßrohr hinunter. Dieses Meßrohr vermag die zehnfache Menge aufzunehmen wie das obere, so daß der Vorteil einer doppelten Skala, einer feineren oben, an der die Einer geschätzt und die Zehner und Hunderter abgelesen werden, und einer gröberen unten zur Ablesung der Tausender erzielt ist.

---

[1]) Bekanntmachung über Prüfungen und Beglaubigungen durch die Elektrischen Prüfungsämter Nr. 188, Elektrot. ZS. Bd. 45, S. 1385. 1924; Bd. 48, S. 174. 1927.

Die Zersetzungszelle liegt an einem den Hauptstrom aufnehmenden Nebenschluß, an dem der Spannungsabfall bei Vollast etwa 0,86 Volt beträgt. Vor der Zelle liegt im Nebenschlußkreis noch ein Vorschaltwiderstand, der die Aufgabe hat, den negativen Temperaturkoeffizienten der Zelle zu kompensieren. Er wird deshalb derart aus Ni mit stark positivem Temperaturkoeffizienten und Konstanten oder Manganin mit sehr kleinem Temperaturkoeffizienten zusammengesetzt, daß sein Temperaturkoeffizient dem der Zelle gerade entgegengesetzt gleich ist. Bei Vollast fließen rund 50 Milliamp. durch die Elektrolytzelle.

Wird die Stromrichtung umgekehrt, so läßt die Zelle bis zu einer Spannung von 0,5 Volt keinen Strom hindurch. Die Zelle wirkt also wie ein Ventil und wird auch in dieser Eigenschaft verwandt. Wird die Spannung über 0,5 Volt gesteigert, so scheidet sich an der Kohlenelektrode Jod ab. Solange diese Abscheidung in mäßigen Grenzen bleibt, verschwindet sie bei Herstellung der richtigen Stromrichtung wieder, ohne die Zelle zu schädigen.

13. Der Wasserstoffzähler. Der grundlegende Unterschied zwischen dem Wasserstoffvoltameter und dem Wasserstoffzähler besteht darin, daß das erstere auf der Wasserzersetzung beruht, während beim Wasserstoffzähler der Wasserstoff genau so an der Anode aufgelöst und an der Kathode abgeschieden wird wie das Quecksilber im Stiazähler. Die Platinmetalle vermögen beträchtliche Mengen Wasserstoff in sich aufzulösen, und die Diffusionsgeschwindigkeit des in ihnen aufgelösten Wasserstoffs ist im Hinblick darauf, daß es sich um Diffusion in einem festen Körper handelt, sehr groß. Wird also dem Platinmetall eine sehr große Oberfläche gegeben, so vermag der an der Oberfläche der Anode elektrolytisch aufgelöste Wasserstoff so schnell aus dem Innern nachzudiffundieren, daß sich die Anode wie eine Wasserstoffelektrode verhält. Ferner muß der Zähler, um ein Entweichen von Wasserstoff zu verhindern, vollständig geschlossen sein. Damit wird aber auch der große Vorteil erreicht, daß das Volumen des an der Kathode abgeschiedenen Wasserstoffs vom Barometerstand und der Temperatur unabhängig wird.

Trotzdem war der erste von HOLDEN nach diesem Prinzip mit Elektroden von Platinmohr konstruierte Zähler so ungenau, daß er für die Praxis nicht in Frage kam. Auch hier gelang es wieder HATFIELD, diesmal unter Leitung von FREUNDLICH in Braunschweig, den Zähler zu einem genauen Meßinstrument auszubilden. HATFIELD fand alsbald heraus, daß es vor allem zwei Fehler waren, die die Angaben des Zählers fälschten.

Der erste war, daß die Polarisation an der Kathode bei geringer Stromstärke größer war als bei stärkerem Strom. Die Beseitigung dieses Fehlers gelang mit Hilfe einer Kathode von Rhodiummohr auf Gold, bei der sich die Polarisation mit der Stromstärke nicht änderte.

Der zweite Fehler bestand darin, daß der an der Kathode abgeschiedene Wasserstoff bei schwachem Strom nicht in Form von Bläschen in die Höhe stieg, sondern sich wieder im Elektrolyten löste. Dieser Fehler wurde dadurch beseitigt, daß der Kathode die Form eines feinmaschigen Netzes gegeben wurde, das die Grenzfläche zwischen dem Elektrolyten und dem Gasvorrat der Kathode bildet. Die Oberflächenspannung verhindert den Elektrolyten, durch das Netz hindurchzutreten. Der abgeschiedene Wasserstoff jedoch vermag die Oberfläche zu durchdringen und in den Gasvorratsraum zu gelangen. Als Elektrolyt wird verdünnte Phosphorsäure verwandt.

Der Zähler hat die in Abb. 7 wiedergegebene Form erhalten[1]). Die elektrolytische Zelle ist ein U-förmiges Glasrohr, dessen einer Schenkel zum Anoden-

---
[1]) Bekanntmachung über Prüfungen und Beglaubigungen durch die Elektrischen Prüfungsämter: Elektrot. ZS. Bd. 45, S. 10. 1923.

behälter A verbreitert ist. Eine Feder F drückt diesen Behälter fest gegen ein mit Paraffin überzogenes Gipsbrett. Alle übrigen Teile der Zelle ragen frei in das Innere des Gehäuses hinein. Im unteren Teile des Anodenbehälters befindet sich als Anode eine rechteckige, mit Rhodiummohr überzogene Goldelektrode P_1, die zum Teil in den Elektrolyten taucht, zum Teil in den darüber befindlichen mit Wasserstoff gefüllten Gasraum ragt.

In dem anderen Schenkel der Zelle befindet sich eine zum größten Teil mit Wasserstoff gefüllte Kammer K, deren Innenwand die aus dem gleichen Metall wie die Anode bestehende Kathode P_2 trägt. Die Kathodenkammer läuft oben in die Kapillare 1 und unten in die vielfache Kapillare 2 aus. Durch das Zusammenwirken beider Kapillaren wird stets eine bestimmte Menge von Wasserstoff im oberen Teil der Kammer zurückgehalten, so daß der größere obere Teil der Kathode dauernd vom Wasserstoff umspült ist. Der an der Kathode abgeschiedene Wasserstoff entweicht in Blasen durch die Kapillare 1 in das etwa 20 cm lange Meßrohr M mit der Skale Sk.

Auf dem Zellenkörper befinden sich drei blanke Kupferbänder I, II, III. Sie sind ebenso wie eine auf dem Isolierschlauch J sitzende blanke Kupferdrahtwicklung IV mit der Anode verbunden und verhindern, daß etwa auftretende Kriechströme abgeleitet werden, ohne die Zelle selbst zu durchfließen.

Diese beim Quecksilberzähler überflüssige Maßnahme ist hier unbedingt nötig, weil die den Zähler durchfließenden Ströme sehr viel geringer sind als beim Quecksilberzähler.

Das von einer gegebenen Elektrizitätsmenge bei Zimmertemperatur entwickelte Wasserstoffvolumen ist annähernd 1500 mal so groß wie das von der gleichen Elektrizitätsmenge entwickelte Quecksilbervolumen. Zum Ausgleich ist der Querschnitt des Meßrohres beim Wasserstoffzähler etwa 7,5mal so groß wie beim Stiazähler und der Strom nur $1/200$ des Stromes im Stiazähler.

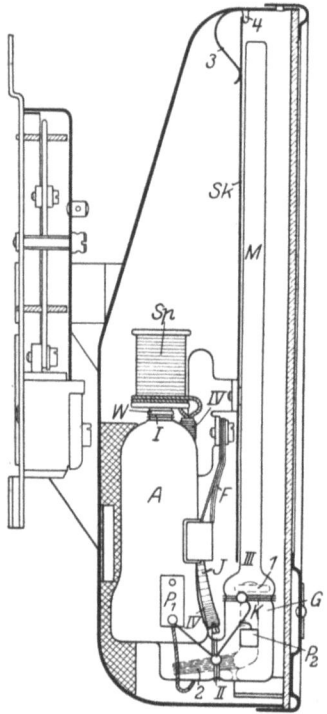

Abb. 7. Wasserstoffzähler.

Die Zelle liegt ebenfalls an einem Nebenschluß in Serie mit einem sehr großen Vorschaltwiderstand. Der Spannungsverlust im Nebenschluß beträgt bei Vollast 0,5 Volt. Der Vorschaltwiderstand beträgt 4400 Ω, während auf den Widerstand der Zelle selbst 600 Ω kommen. Die Stromstärke in der Elektrolytzelle beträgt also bei Vollast 0,0001 Amp. Der Vorschaltwiderstand Sp ist auf das obere Ende des Anodenbehälters bei W aufgesetzt (Abb. 7), seine Zuleitungen liegen in einem gut isolierenden Schlauch J, der in einer Rinne des Behälters A verläuft.

Wenn das Meßrohr mit Gas gefüllt ist, wird der Zähler, ebenso wie der Quecksilberzähler, durch Kippen der Elektrolytzelle wieder in den Anfangszustand zurückgeführt.

14. Das Kapillarelektrometer. Das von LIPPMANN angegebene Kapillarelektrometer dient zur Messung kleiner Spannungen bis zu einem Volt. Es ist eigentlich insofern kein Elektrometer, als unter einem Elektrometer allgemein ein Instrument zur Messung elektrischer Spannungen verstanden wird, das, abgesehen von dem kapazitiven Ladestrom, keinen merklichen Strom verbraucht.

Das Kapillarelektrometer wird von einem zwar geringfügigen, aber doch immerhin so merklichen Strom durchflossen, daß die elektrostatische Messung geringer Ladungen nicht in Frage kommt.

Für Laboratoriumsarbeiten ist dem Kapillarelektrometer von LUTHER[1]) eine besonders praktische Form gegeben worden, die in Abb. 8 wiedergegeben ist. Auf dem kräftigen Grundbrett ist mit Hilfe eines federnden Metallstreifens ein dünnes Brett befestigt, das durch eine Stellschraube nach Belieben geneigt werden kann und auf dem das eigentliche Elektrometer ruht. Die Quecksilberelektrode, die dazu dient, dem Elektrolyten über dem Meniskus das gewünschte Potential zuzuführen, befindet sich in dem Glaskölbchen b, die andere wird durch das Quecksilber in a gebildet, das in die mit b verbundene Kapillare wenig eindringt. Zur Stromzuführung wird Platindraht verwandt. Die Kapillare c soll etwa 0,5 mm lichte Weite haben. Unter ihr liegt eine in halbe Millimeter geteilte Ableseskala.

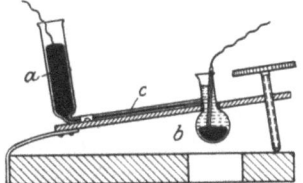

Abb. 8. Kapillarelektrometer.

Das Kapillarelektrometer beruht auf der Änderung der Oberflächenspannung des Quecksilbers durch die elektrolytische Polarisation. Wird Quecksilber in Berührung mit verdünnter Schwefelsäure gebracht, so lädt es sich positiv gegen die Schwefelsäure auf. Infolgedessen besteht an der Oberfläche eine elektrische Doppelschicht, die durch die positiven Ladungen im Quecksilber und die negativen im Elektrolyten gebildet wird. Eine derartige Doppelschicht sucht aber die Oberfläche zu strecken, weil die gleichen nebeneinanderliegenden Ladungen sich gegenseitig abstoßen. Die Oberflächenspannung dagegen sucht die Oberfläche zu verkleinern. Also arbeitet die Doppelschicht gegen die Oberflächenspannung und verringert sie.

Die Oberflächenspannung aber hat zur Folge, daß das Quecksilberniveau in einer Kapillare, die mit einem weiten Gefäß kommuniziert, im Vergleich zu dem Niveau des weiteren Gefäßes um so niedriger steht, je enger die Kapillare und je größer die Oberflächenspannung ist. Also steigt das Quecksilberniveau in der Kapillare, sobald seine Oberfläche mit verdünnter Schwefelsäure in Berührung gebracht wird und sich dadurch positiv polarisiert. In dem Maße aber, in dem diese Polarisation durch eine von außen angelegte Spannung wieder verringert wird, nimmt die Oberflächenspannung wieder zu und sinkt der Quecksilbermeniskus wieder in der Kapillare. Dieser letztere Vorgang läßt sich zur Messung von Spannungen verwenden. Als zweite Elektrode, die der verdünnten Säure die zu messende Spannung zuführt, wird ebenfalls Quecksilber verwandt. Damit sich die gesamte angelegte Spannung auf die den Meniskus in der Kapillare bildende Quecksilberelektrode konzentriert, muß die Oberfläche der zweiten Elektrode sehr groß gegen die des Meniskus sein. Die Polarisation des Quecksilbers gegen die verdünnte Schwefelsäure beträgt $+1,0$ Volt. Also wird sie durch Anlegen einer Spannung von -1 Volt gerade aufgehoben. Nur bis zu dieser Spannung ist das Kapillarelektrometer verwendbar.

Vor der Benutzung wird das Elektrometer zunächst kurzgeschlossen und ein Tropfen Quecksilber von e nach b durch Flachstellen des oberen Brettes hinübergedrückt. Dann wird die Stellschraube des Brettes so eingestellt, daß sich die Grenze zwischen dem Meniskus und der Schwefelsäure am oberen Ende der Skala befindet; je steiler die Kapillare liegt, um so unempfindlicher ist das Elektrometer, um so schneller stellt es sich aber auch ein. Die gewünschte Neigung läßt sich bei gegebener Einstellung der Quecksilberkuppe durch Änderung

---

[1]) OSTWALD-LUTHER, Physikalisch-chemische Messungen, 4. Aufl., S. 397.

der Quecksilbermenge in *a* erreichen. Die beste Neigung ist die, bei der 0,01 Volt einen Ausschlag von 3 bis 5 Skalenteilen ergibt. Um den Stand des Meniskus genau ablesen zu können, bedient man sich einer über der Skala befestigten Lupe. Es lassen sich auf diese Weise die Spannungen mit einer Genauigkeit von 0,001 Volt messen.

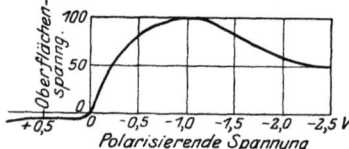

Abb. 9. Kurve der Oberflächenspannung des in verdünnter Schwefelsäure polarisierten Quecksilbers nach PASCHEN.

Abb. 9 gibt den Zusammenhang zwischen der Oberflächenspannung des in verdünnter Schwefelsäure polarisierten Quecksilbers und der polarisierenden Spannung nach Versuchen von PASCHEN[1]). Da hiernach die Ausschläge des Elektrometers nur innerhalb enger Grenzen der angelegten Spannung proportional sind, muß das Elektrometer entweder bei einer bestimmten Neigung vor dem Gebrauch geeicht oder nur als Nullinstrument benutzt werden. Letzteres ist die Regel.

Wird das Quecksilber in der Kapillare zur Anode gemacht, so wird es unrein und unbeweglich. Ist dieses durch ein Versehen geschehen, so muß wieder ein Tropfen Quecksilber nach *b* hinübergedrückt werden. Zwischen den einzelnen Messungen eines Versuches soll das Elektrometer dauernd kurzgeschlossen sein.

---

[1]) F. PASCHEN, Wied. Ann. Bd. 40, S. 47. 1890.

Kapitel 13.

Meßwandler.

Von

H. SCHERING.

Mit 8 Abbildungen.

1. Zweck und Art. Meßwandler sind Transformatoren, welche zur Erweiterung des Meßbereiches von Meßgeräten für Wechselstrom dienen. Sie scheiden sich ihrem Wesen nach in zwei Gruppen: Stromwandler und Spannungswandler.

Der Stromwandler transformiert den der Messung zu unterwerfenden Strom auf eine für den Stromkreis des Meßgerätes passende Stärke in einem genau bekannten Verhältnis. Er entspricht dem Nebenschlußwiderstand, der bei Gleichstrom den Strommeßbereich von Strommessern, Elektrizitätszählern u. dgl. erweitert. Bei Wechselstrom ist der Nebenschluß außer bei Hitzdrahtgeräten im allgemeinen nicht brauchbar, da die Spulen der Meßgeräte eine merkliche Induktivität haben; es müßte demnach der Nebenschluß ebenfalls eine Induktivität erhalten, welche sich zur Induktivität des Meßgerätes so verhält, wie der Nebenschlußwiderstand zum Gerätwiderstand.

Der Spannungswandler transformiert die für die Messung in Frage kommende Spannung auf einen für den Spannungskreis des Meßgerätes passenden Betrag in einem genau bekannten Verhältnis; er entspricht dem Vorwiderstand, der bei Wechselspannung für Meßgeräte mit merklicher Induktivität im Spannungskreise, wie z. B. die Induktionszähler, nicht verwendet werden kann.

Die Meßwandler haben ferner die besonders wertvolle Eigenschaft, daß sie das Meßgerät nur elektromagnetisch mit dem Stromkreis, in dem gemessen werden soll, koppeln, aber es elektrisch von ihm vollkommen isoliert halten. Dadurch ist es möglich, in Hochspannungsanlagen Meßgeräte einzubauen, die der Beobachter ohne Gefahr berühren und aus unmittelbarer Nähe beobachten kann. Überdies haben die Meßwandler neuerer Konstruktion sehr geringe Fehler, die zeitlich völlig unveränderlich sind.

2. Theorie. Sie ist die gleiche wie die des Arbeitstransformators, nur daß hier bei der großen Genauigkeit, welche für die Meßwandler verlangt wird, das Schwergewicht auf den Größen ruht, welche Fehler gegenüber einer idealen Transformation verursachen. Es sind für Spannungs-[1]) und Stromwandler[2])[3]) besondere Diagramme aufgestellt, aus denen die Fehler der Wandler bei allen vorkommenden Beanspruchungen abgelesen werden können, und es ist nachgewiesen, wie außerordentlich genau diese aus den Daten des Wandlers berechneten Fehler mit den gemessenen Fehlern übereinstimmen[3]). Da die von der Technik

---

[1]) J. MÖLLINGER u. H. GEWECKE, Elektrot. ZS. Bd. 32, S. 922. 1911.
[2]) J. MÖLLINGER u. H. GEWECKE, Elektrot. ZS. Bd. 33, S. 270. 1912.
[3]) H. SCHERING, Arch. f. Elektrot. Bd. 7, S. 47. 1918/19.

benutzten fingierten Größen, wie Magnetisierungsstrom, primäre und sekundäre Streuung, der Denkweise des Physikers fremd sind, soll von den ihm geläufigen Differentialgleichungen ausgegangen werden.

3. Der Lufttransformator. Der Transformator besteht aus zwei gekoppelten Spulen 1 und 2; zunächst sehen wir von der Verstärkung der Kopplung durch das Eisen ab, betrachten also einen Lufttransformator. Es seien die Windungszahlen n_1, n_2, die Induktivitäten L_1, L_2 die Widerstände r_1, r_2, die Gegeninduktivität sei

$$M = \varkappa \sqrt{L_1 L_2} = \sqrt{\varkappa_1 L_1 \cdot \varkappa_2 L_1}. \tag{1}$$

$\varkappa$ ist der Kopplungsgrad.

Wir können uns nun die Anordnung schematisch ersetzt denken durch zwei widerstandslose, fest, d. h. mit dem Kopplungsfaktor 1 gekoppelte Induktivitäten $\Lambda_1 = \varkappa_1 L_1$ und $\Lambda_2 = \varkappa_2 L_2$, denen bzw. die kleinen „Streu"induktivitäten $\lambda_1 = (1 - \varkappa_1) L_1$ und $\lambda_2 = (1 - \varkappa_2) L_2$, die nicht miteinander und Λ_1 und Λ_2 gekoppelt sind, mit den Widerständen r_1 und r_2 vorgeschaltet sind. Es sei das Verhältnis

$$\frac{\Lambda_1}{\Lambda_2} = Z^2, \quad \text{dann ist} \quad M = \sqrt{\Lambda_1 \Lambda_2} = \frac{\Lambda_1}{Z}. \tag{2}$$

$$L_1 = \Lambda_1 + \lambda_1; \qquad L_2 = \Lambda_2 + \lambda_2.$$

An die Sekundärspule 2 sei eine Belastung vom Scheinwiderstand $\mathfrak{S}_b$ gelegt. Bei einwelliger Spannung U und Strom I von der Kreisfrequenz ω rechnen wir mit den Vektoren $\mathfrak{U}$ und $\mathfrak{J}$, es ist $\frac{dI}{dt} = j\omega \mathfrak{J}$. Die bekannten Differentialgleichungen erscheinen dann in der Form:

$$\mathfrak{U}_1 = \mathfrak{J}_1 r_1 + j\omega \mathfrak{J}_1 (\Lambda_1 + \lambda_1) + j\omega \mathfrak{J}_2 M. \tag{3}$$

$$0 = \mathfrak{J}_2 \mathfrak{S}_b + \mathfrak{J}_2 r_2 + j\omega \mathfrak{J}_2 (\Lambda_2 + \lambda_2) + j\omega \mathfrak{J}_1 M. \tag{4}$$

Fassen wir zusammen

$$r_1 + j\omega \lambda_1 = \mathfrak{S}_1; \qquad r_2 + j\omega \lambda_2 = \mathfrak{S}_2, \tag{5}$$

so wird

$$\mathfrak{U}_1 = \mathfrak{J}_1 \mathfrak{S}_1 + j\omega \Lambda_1 \mathfrak{J}_1 + j\omega M \mathfrak{J}_2. \tag{6}$$

$$0 = \mathfrak{J}_2 (\mathfrak{S}_2 + \mathfrak{S}_b) + j\omega \Lambda_2 \mathfrak{J}_2 + j\omega M \mathfrak{J}_1. \tag{7}$$

Aus Gleichung (7) ergibt sich

$$\mathfrak{J}_2 = -\frac{j\omega M}{(\mathfrak{S}_2 + \mathfrak{S}_b) + j\omega \Lambda_2} \cdot \mathfrak{J}_1. \tag{8}$$

In Gleichung (6) eingesetzt, wird:

$$\mathfrak{U}_1 = \mathfrak{J}_1 \left[\mathfrak{S}_1 + j\omega \Lambda_1 + \frac{\omega^2 M^2}{(\mathfrak{S}_2 + \mathfrak{S}_b) + j\omega \Lambda_2} \right]. \tag{9}$$

Wir führen die Verhältniszahl Z nach Gleichung (2) ein:

$$\mathfrak{U}_1 = \mathfrak{J}_1 \left[\mathfrak{S}_1 + j\omega \Lambda_1 + \frac{\omega^2 \Lambda_1^2}{Z^2 (\mathfrak{S}_2 + \mathfrak{S}_b) + j\omega \Lambda_1} \right]. \tag{10}$$

Erweitern wir $j\omega \Lambda_1$ mit dem Nenner und ziehen die beiden Brüche zusammen, so ist

$$\mathfrak{U}_1 = \mathfrak{J}_1 \left[\mathfrak{S}_1 + \frac{Z^2 (\mathfrak{S}_2 + \mathfrak{S}_b) \cdot j\omega \Lambda_1}{Z^2 (\mathfrak{S}_2 + \mathfrak{S}_b) + j\omega \Lambda_1} \right]. \tag{11}$$

Der Bruch bedeutet die Parallelschaltung des Scheinwiderstandes $Z^2 (\mathfrak{S}_2 + \mathfrak{S}_b)$ mit der Induktivität Λ_1.

Ziff. 4, 5.   Transformator mit Eisen. Der Magnetisierungsstrom.   357

Denken wir uns nun einen Apparat, der ideal verlustlos ohne Phasenverschiebung transformierte, so daß genau $(\mathfrak{U}_1) = -Z \mathfrak{U}_2$ und $(\mathfrak{J}_1) = -\dfrac{\mathfrak{J}_2}{Z}$ wäre, dann würde, wenn sekundär der Scheinwiderstand $(\mathfrak{S}_2 + \mathfrak{S}_b)$ angelegt wäre, der Apparat scheinbar auf der Primärseite den Scheinwiderstand

$$\frac{(\mathfrak{U}_1)}{(\mathfrak{J}_1)} = Z^2 \frac{\mathfrak{U}_2}{\mathfrak{J}_2} = Z^2(\mathfrak{S}_2 + \mathfrak{S}_b). \tag{12}$$

aufweisen.

Wir können uns daher schematisch (Abb. 1) den Lufttransformator vorstellen als einen idealen, ohne Verlust und Phasenfehler arbeitenden Transformator T^*, dem auf der Primärseite der Widerstand der Primärspule r_1 und die fingierte primäre Streuinduktivität λ_1 vorgeschaltet und die widerstandslose Induktivität $\Lambda_1 = \varkappa_1 L_1$ parallelgeschaltet ist, und an dem sekundär der Widerstand der Sekundärspule r_2, die fingierte sekundäre Streuinduktivität λ_2 und der Scheinwiderstand der Belastung $\mathfrak{S}_b$ in Reihe liegen. Dieses aus den physikalischen Gleichungen abgeleitete mit fingierten Größen aufgebaute Schema hat den außerordentlichen Vorzug, die Vorgänge im Transformator leicht und mit großer Genauigkeit verfolgen zu können.

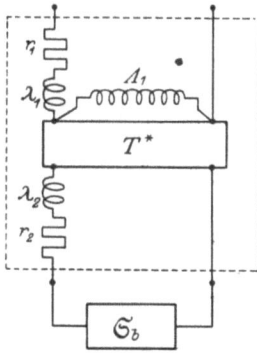

Abb. 1. Schema des Lufttransformators.

4. Transformator mit Eisen. Befinden sich die beiden Spulen übereinander auf einem geschlossenen Eisenring, so ist die Kopplung sehr fest, die Induktivitäten Λ_1 und Λ_2 sind infolge der hohen Permeabilität des Eisens sehr groß, da diese aber veränderlich ist, so hängt Λ_1 bzw. Λ_2 von der daranliegenden Spannung ab. Außerdem verursachen Hysteresis und Wirbelströme Verluste, so daß in dem Schema für die widerstandslose Induktivität Λ_1 ein Scheinwiderstand $\mathfrak{M}_1 = R_1 + j \omega \Lambda_1 = M(\cos \chi + j \sin \chi)$ zu setzen ist (Abb. 2). Dabei ist χ ein sehr großer Winkel.

Da die Streulinien im wesentlichen durch die Luft gehen, sind die fingierten Streuinduktivitäten λ_1 bzw. λ_2 praktisch unveränderlich und sehr klein im Verhältnis zu den sehr großen Induktivitäten Λ_1 bzw. Λ_2; diese sind also praktisch von L_1 und L_2, den „Leerlaufinduktivitäten", unmerklich wenig verschieden. Es kann daher bei sekundär offenem Wandler, d. h. Leerlauf, auf der Primärseite $\mathfrak{M}_1$ und χ (unter Abzug des Widerstandes r_1) in Abhängigkeit von der angelegten Spannung bestimmt werden oder umgekehrt bei primär offenem Wandler auf der Sekundärseite $\mathfrak{M}_2$ und χ.

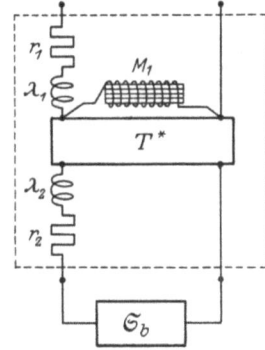

Abb. 2. Schema des Transformators mit Eisen.

Wegen des sehr geringen Unterschiedes von Λ gegen L ist praktisch genau

$$Z^2 = \frac{\Lambda_1}{\Lambda_2} = \frac{n_1^2}{n_2^2} = \frac{\mathfrak{M}_1}{\mathfrak{M}_2}. \tag{13}$$

Die Wirkung der Streuinduktivitäten ist aber, wie aus dem Schema ohne weiteres ersichtlich, bei dem belasteten Transformator keineswegs verschwindend.

5. Der Magnetisierungsstrom. In dem Schema denkt man sich den Primärstrom $\mathfrak{J}_1$ in zwei Teile zerlegt, von denen der eine $\mathfrak{J}_1'$ den Scheinwiderstand $\mathfrak{M}_1$

durchfließt; diesen Teil nennt man Magnetisierungsstrom. Wie bemerkt, mißt man bei Leerlauf $\mathfrak{M}$ und χ oder, was dasselbe ist, $\mathfrak{J}_1'$ und χ in Abhängigkeit von der Spannung, dabei hat der Strom wegen der veränderlichen Permeabilität des Eisens keine sinusförmige, sondern eine verzerrte Kurve, und es erscheint zunächst kühn, mit diesem Magnetisierungsstrom in Diagramm und Rechnung als einem Vektor zu operieren und der Phasenwinkel χ erscheint überhaupt nicht definiert. Mißt man den Strom, die Spannung und die Leistung, so geben, wenn die Spannung sinusförmig ist, die harmonischen Oberwellen des Stromes keinen Anteil an der Leistung. Ist ihre Amplitude kleiner als 10% der Grundwelle, so machen sie sich im Effektivwert des Stromes nur mit weniger als $1/2$% bemerkbar, und in dem Ausdruck der Leistung $N = EI\cos\chi$ ist χ der Phasenverschiebungswinkel der Grundwelle des Stromes gegen die Spannung. Mißt man in einer Kompensations- oder Brückenschaltung mit einem Vibrationsgalvanometer als Nullinstrument, so spricht dieses als Resonanzinstrument überhaupt nur auf die Grundwelle an. Man begeht daher keinen Fehler, wenn man mit dem Magnetisierungsstrom als einem Vektor operiert. Nach unserem Schema wird der andere Teil des Primärstromes nämlich $(\mathfrak{J}_1 - \mathfrak{J}_1')$ ideal transformiert, es ist also

$$(\mathfrak{J}_1 - \mathfrak{J}_1') = -\frac{\mathfrak{J}_2}{Z}; \qquad Z = \frac{n_1}{n_2} \tag{14}$$

mithin

$$n_1 \mathfrak{J}_1 - (-n_2 \mathfrak{J}_2) = n_1 \mathfrak{J}_1'. \tag{15}$$

Der Primärstrom $\mathfrak{J}_1$ erzeugt in den Windungen n_1 ein den Amperewindungen $n_1\mathfrak{J}_1$ proportionales Feld, dem wirkt das von dem Strom $\mathfrak{J}_2$ in den Windungen n_2 erzeugte, den Amperewindungen $n_2\mathfrak{J}_2$ proportionale Feld entgegen, das resultierende Feld ist proportional den Amperewindungen $n_1\mathfrak{J}_1'$, das also der fingierte Magnetisierungsstrom $\mathfrak{J}_1'$ in den Windungen n_1 erzeugte, daher die Bezeichnung Magnetisierungsstrom. Abb. 3 zeigt das Diagramm der Amperewindungen; der Magnetisierungsstrom ist der Deutlichkeit halber stark übertrieben gezeichnet.

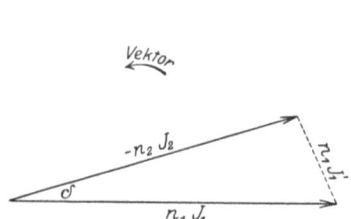

Abb. 3. Diagramm der Amperewindungen.

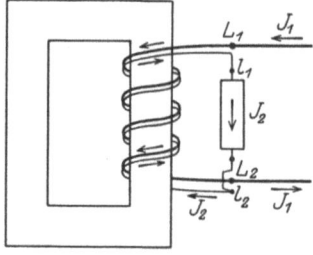

Abb. 4. Verlauf der Ströme im Transformator und den Anschlüssen.

Das negative Vorzeichen des Vektors des Sekundärstromes verursacht bisweilen Mißverständnisse. Um einen Eisenkern seien zwei Drähte bifilar miteinander aufgewickelt (Abb. 4), der Anfang des als Primärwicklung benutzten sei L_1, des sekundären l_1, das Ende des primären L_2, des sekundären l_2 (übliche Bezeichnung bei Stromwandlern). Der Stromverlauf in einem bestimmten Augenblick ist durch Pfeile gekennzeichnet. Die Stromrichtung in der sekundären Belastung ist also die gleiche, wie wenn zwischen L_1 und L_2 ein Nebenschlußwiderstand sich befände und l_1 und l_2 die Klemmen zur Spannungsabnahme wären. Der kleine Phasenunterschied δ_i', den $-\mathfrak{J}_2$ gegen $\mathfrak{J}_1$ hat, geht daher bei einem sekundär an einem Stromwandler angeschlossenen Leistungsmesser als Fehler ein. Es ist aber leider üblich geblieben, von dem Fehlwinkel δ_i (nach MÖLLINGER) zu sprechen, d. h. dem Winkel, welcher der Phasenverschiebung von $\mathfrak{J}_2$ gegen $\mathfrak{J}_1$ an 180° fehlt. Wenn der Fehlwinkel δ_i positiv ist, also ein positiver Betrag an 180° fehlt, so eilt $-\mathfrak{J}_2$ um den gleichen Betrag vor $\mathfrak{J}_1$ her, δ_i' ist also negativ in der mathematischen Diktion, es ist also

$$\text{Fehlwinkel } \delta_i = -\delta_i' = -\sphericalangle(-\mathfrak{J}_2, \mathfrak{J}_1).$$

Der Fehlwinkel wird in Minuten angegeben.

6. Der Stromwandler. Das Verhältnis I_1/I_2 bezeichnet man als Übersetzungsverhältnis U, das Verhältnis der Nennwerte (z. B. 100/5 A) als $U_N = -\frac{(I_1)_N}{(I_2)_N}$. Der Stromfehler f_i ist die relative Abweichung des tatsächlichen Sekundärstromes I_2 vom Sollwert I_2^0 desselben ausgedrückt in Prozent, also

$$f_i = \frac{I_2 - I_2^0}{I_2^0} \cdot 100 = \left(\frac{U_N}{U} - 1\right) \cdot 100. \tag{16}$$

Stromfehler f_i und Fehlwinkel δ_i (s. oben) sollen möglichst klein und bei Änderung der Stromstärke oder der sekundären Belastung $\mathfrak{S}_b$ wenig veränderlich sein. Aus dem Schema Abb. 2 sieht man, daß primäre Streuinduktivität und primärer Widerstand r_1 ohne Einfluß auf das Verhältnis $\mathfrak{J}_1/\mathfrak{J}_2$, also auf diese Fehler ist. In dem Schema bildet der Scheinwiderstand beim Leerlauf $\mathfrak{M}_1$ einen Nebenschluß zu dem idealen Transformator T^*, die Transformation ist also um so vollkommener, je größer dieser Nebenschluß, ein je kleinerer Bruchteil also der „Magnetisierungsstrom" $\mathfrak{J}_1'$ von dem Primärstrom $\mathfrak{J}_1$ ist.

Die sekundäre EMK $\mathfrak{E}_2$ im Transformator ist

$$\mathfrak{E}_2 = \mathfrak{J}_2(\mathfrak{S}_2 + \mathfrak{S}_b), \tag{17}$$

die Spannung $\mathfrak{U}_1'$ an den Primärklemmen von T^* berechnet sich demnach zu

$$\mathfrak{U}_1' = -\frac{n_1}{n_2}\mathfrak{E}_2 = -\frac{n_1}{n_2}\mathfrak{J}_2(\mathfrak{S}_2 + \mathfrak{S}_b); \tag{18}$$

der Magnetisierungsstrom $\mathfrak{J}_1'$ ist dann

$$\mathfrak{J}_1' = \frac{U_1'}{\mathfrak{M}_1} = -\mathfrak{J}_2 \frac{n_1}{n_2} \cdot \frac{\mathfrak{S}_2 + \mathfrak{S}_b}{\mathfrak{M}_1}. \tag{19}$$

Setzen wir diesen Ausdruck in Gleichung (15) ein und ordnen:

$$n_1 \mathfrak{J}_1 = -n_2 \mathfrak{J}_2 \left[1 + \left(\frac{n_1}{n_2}\right)^2 \frac{\mathfrak{S}_2 + \mathfrak{S}_b}{\mathfrak{M}_1}\right],$$

so wird unter Berücksichtigung der Gleichung (13)

$$\frac{\mathfrak{J}_1}{-\mathfrak{J}_2} = \frac{n_2}{n_1}\left[1 + \frac{(\mathfrak{S}_2 + \mathfrak{S}_b)}{\mathfrak{M}_2}\right]. \tag{20}$$

In dieser Gleichung sind außer den Windungszahlen nur Größen der Sekundärseite enthalten. In der Tat sind Stromwandler für verschiedene primäre Nennstromstärken im Eisen und in der Sekundärwicklung ganz gleichartig gebaut, doch ist zu beachten, daß die in $\mathfrak{S}_2$ enthaltene fingierte sekundäre Streuinduktivität λ_2 auch von Form und Abstand der primären Wicklung abhängig ist.

Die Transformation ist nun um so vollkommener:

1. je kleiner $\mathfrak{S}_b$, die sekundäre „Bürde", ist, die Art der Belastung soll dem „Kurzschluß" nahekommen;

2. je kleiner $\mathfrak{S}_2$, d. h. der sekundäre Wicklungswiderstand, und die sekundäre Streuinduktivität λ_2 ist;

3. je größer $\mathfrak{M}_2$ oder die sekundäre Induktivität bei Leerlauf Λ_2 ist;

4. je höher die Kreisfrequenz ω ist, wenn $\mathfrak{S}_b$ wenig Induktivität enthält.

7. Die Leerlaufinduktivität. Eine Wicklung von n Windungen auf einem vollkommen geschlossenen Eisenring vom wirksamen Querschnitt q, der mittleren Länge l des Eisenweges und der Permeabilität μ hat die Induktivität L in Henry

$$L = 4\pi n^2 \frac{q\mu}{l} \cdot 10^{-9}.$$

Durch Erhöhung der Windungszahl kann man die Induktivität vergrößern, allerdings nicht mit n^2, da zugleich bei gegebener Spannung μ sinkt, es gibt eine Grenze, oberhalb deren eine Vergrößerung der Windungszahl keinen Vorteil bietet. Beim Vergrößern von q sinkt ebenfalls μ, so daß die Induktivität nur mäßig steigt; mit wachsendem q wächst auch die Drahtlänge der Wicklungen, also der Kupferaufwand, wenn die Widerstände nicht zunehmen sollen.

8. Die Windungsabweichung. Das zweite Glied in Gleichung (20) läßt sich bei technischer Frequenz ($\omega = 2\pi \cdot 50$) auch bei sehr kleiner Bürde nicht verschwindend klein machen, man gibt, um dieses auszugleichen, der sekundären Wicklung $1 \div 2$ Windungen weniger, als dem Nennübersetzungsverhältnis $\ddot{U}_N$ entspricht; die relative Windungsabweichung b in Prozent ist

$$b = \frac{1 \div 2}{n_2} \cdot 100; \quad \frac{n_2}{n_1} = \frac{\ddot{U}_N}{1 + \frac{b}{100}} \approx \ddot{U}_N \left(1 - \frac{b}{100}\right). \tag{21}$$

9. Stromfehler und Fehlwinkel. Setzen wir Gleichung (21) in Gleichung (20) ein, vernachlässigen wir von zweiter Ordnung kleine Größen gegen 1 und zerlegen das zweite Glied der Gleichung (20) in den reellen Bestandteil A und den imaginären jB, so ist

$$\frac{\mathfrak{J}_1}{-\mathfrak{J}_2} = \ddot{U}_N \left[1 - \frac{b}{100} + A + jB\right]. \tag{22}$$

Beim Übergang von der komplexen Größe zum Modul wird bei Vernachlässigung der Quadrate der gegen 1 sehr kleinen Größen in der Klammer

$$\ddot{U} = \frac{I_1}{I_2} = \ddot{U}_N \left[1 - \frac{b}{100} + A\right], \quad \operatorname{tg}(-\mathfrak{J}_2, \mathfrak{J}_1) = \frac{B}{1 - \frac{b}{100} + A}. \tag{23}$$

Aus Gleichung (16) ergibt sich unter analoger Vernachlässigung

$$f_i = b - 100 A, \quad \delta_i = -\frac{B}{1 - \frac{f_i}{100}}. \tag{24}$$

Setzen wir zur Abkürzung

$$\left.\begin{array}{l}\mathfrak{S}_2 + \mathfrak{S}_b = [S]_2 (\cos\psi + j\sin\psi) \\ \mathfrak{M}_2 = M_2 (\cos\chi + j\sin\chi),\end{array}\right\} \tag{25}$$

so wird

$$f_i = b - 100 \cdot \frac{[S]_2}{M_2} \cdot \cos(\chi - \psi), \quad \delta_i = +\frac{[S]_2}{M_2} \frac{\sin(\chi - \psi)}{1 - \frac{f_i}{100}}. \tag{26}$$

Hieraus ergibt sich das Verhalten von Stromfehler f_i und Fehlwinkel δ_i unter den verschiedenen Bedingungen.

Angenommen, die Windungsabweichung b sei so gewählt, daß bei Nennstrom und sehr kleiner sekundärer Bürde $\mathfrak{S}_b$, d. h. Kurzschluß $f_i = 0$ sei. Mit sinkender Stromstärke nimmt die Spannung $\mathfrak{E}_2$ und $\mathfrak{U}'_1$ [Gleichung (17), (18)] ab, infolgedessen sinkt μ und damit Λ_2 und M_2; der Stromfehler f_i wächst negativ, der Fehlwinkel δ wächst positiv. Der Winkel χ des Leerlaufstromes gegen die Leerlaufspannung (ohne den Spannungsabfall von r_2) ist sehr groß; der Fehlwinkel δ_i

ist daher im allgemeinen stets positiv; nur bei großem ψ, z. B. bei Schienenstromwandlern mit großer sekundärer Streuinduktivität, kommen bei induktiver sekundärer Bürde negative Fehlwinkel vor. Bei konstanter Stromstärke wird mit wachsender induktionsloser sekundärer Bürde (ψ klein) der Fehlwinkel stark positiv größer, da $[S]_2$ wächst und $\sin(\chi - \psi)$ groß ist; der Stromfehler dagegen wird nur mäßig negativ größer, da $\cos(\chi - \psi)$ klein ist; umgekehrt mit wachsender stark induktiver sekundärer Bürde (ψ groß) wächst f_i stark negativ, da $\cos(\chi - \psi)$ groß ist, δ_i ändert sich wenig. Bei großer sekundärer Bürde ist die Abhängigkeit der Größen f_i und δ_i von der Stromstärke erheblich größer als bei Kurzschluß, da $\mathfrak{U}_1'$ größer ist und μ, d. h. Λ_1 und M_2, bei höherer Spannung stärker mit deren Wert variieren.

Vielfach wird b größer gewählt, so daß f_i bei Kurzschluß und Nennstrom einen mäßigen positiven Wert hat. Abb. 5 und 6 zeigen die Fehlerkurven eines guten Stromwandlers. Es ist üblich, die sekundäre Bürde als Scheinwiderstand in Ω mit dem Leistungsfaktor $\cos\varphi$ anzugeben.

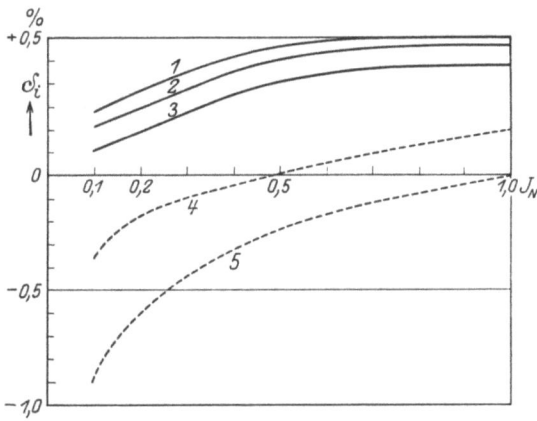

Abb. 5. Stromfehler f_i eines Stromwandlers in Prozent.

Sekundäre Bürde: Scheinwiderstand $\mathfrak{S}_b =$
1) $= 0{,}12\,\Omega$
2) $= 0{,}60\,\Omega$ } $\cos\varphi = 1$
3) $= 1{,}20\,\Omega$
4) $= 0{,}60\,\Omega$ } $\cos\varphi = 0{,}5$
5) $= 1{,}20\,\Omega$

10. Künstliche Beeinflussung der Fehlerkurven. Die S. S. W. Nürnberg brachten auf einem Wandler mit verhältnismäßig geringem Eisen- und Kupfergewicht eine dritte Wicklung, an welche ein Kondensator angeschlossen war. Derselbe war so bemessen, daß bei etwa 2 Volt sekundärer Spannung bei 50 Hertz die Leerlaufinduktivität durch die gekoppelte Kapazität kompensiert wurde. Der Phasenwinkel χ des Scheinwiderstandes bei Leerlauf (nach Abzug des Wicklungswiderstandes) ist daher bei 2 Volt sekundär 0, darunter positiv, darüber

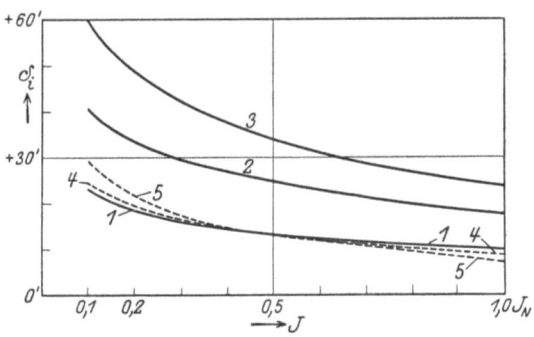

Abb. 6. Fehlwinkel δ_i eines Stromwandlers in Minuten.

Sekundäre Bürde: Scheinwiderstand $\mathfrak{S}_b =$
1) $= 0{,}12\,\Omega$
2) $= 0{,}60\,\Omega$ } $\cos\varphi = 1$
3) $= 1{,}20\,\Omega$
4) $= 0{,}60\,\Omega$ } $\cos\varphi = 0{,}5$
5) $= 1{,}20\,\Omega$

negativ; der Fehlwinkel kann daher in einem Gebiet, in dem praktisch der Wandler am häufigsten arbeitet, zu Null gemacht werden, im übrigen verteilen sich die Fehlwinkel auf das positive und negative Gebiet[1].

Den gleichen Erfolg kann man naturgemäß auch bei einem gewöhnlichen Wandler durch Anlegen einer entsprechend großen Kapazität (Größenordnung $10\,\mu\mathrm{F}$ Papierkondensator) an die sekundären Klemmen erzielen und den Winkelfehler in einem gewissen Bereich zum Verschwinden bringen, es kann das für

---

[1] Beispiel vgl. H. SCHERING, Arch. f. Elektrot. Bd. 7, S. 47. 1918/19.

manche Verwendung des Stromwandlers im Laboratorium unter Umständen von Nutzen sein.

Ein sehr sinnreiches und vollkommneres Verfahren haben BROOKS und HOLTZ[1]) erdacht, das Abb. 7 erläutert. Dem Hauptstromwandler, dem sekundär die Stromspule eines Zählers angeschlossen ist, wird ein analoger Hilfsstromwandler zugefügt, dessen zwei Wicklungen vom Primär- und Sekundärstrom des Hauptwandlers so durchflossen werden, daß sich die Felder entgegenwirken, es ist also so, als wenn nur die Primärwicklung des Hilfswandlers vom Magnetisierungsstrom $\mathfrak{J}_1'$ durchflossen würde; an die dritte Wicklung des Hilfswandlers, welches die gleiche Windungszahl hat, wie die sekundäre Wicklung des Hauptwandlers, ist eine zweite Spule des Zählers, welche mit der ersten bifilar verläuft, angeschlossen; der Strom in dieser zweiten Spule ist $\approx -\mathfrak{J}_1' n_1/n_2$, der Strom in der ersten Spule ist

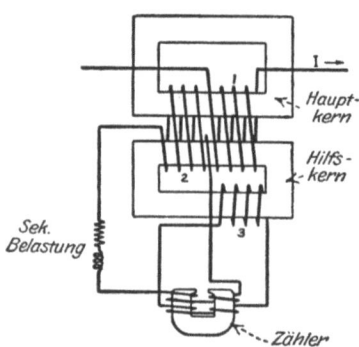

Abb. 7. Stromwandler von BROOKS und HOLTZ.

$$\mathfrak{J}_2 = -(\mathfrak{J}_1 - \mathfrak{J}_1') n_1/n_2,$$

die resultierende Wirkung ist so, als ob in einer einzigen Spule der Strom

$$\mathfrak{J}_2 - \mathfrak{J}_1' n_2/n_1 = \mathfrak{J}_1 n_2/n_1$$

flösse. Der Hilfswandler liefert das, was zur vollkommenen Transformation an $\mathfrak{J}_2$ fehlt, den transformierten Magnetisierungsstrom, nach. Siemens & Halske stellen nach diesem Prinzip Normalstromwandler mit verschwindend geringen Fehlern zum Prüfen von gewöhnlichen Wandlern her; der Hauptwandler ist sekundär an einen induktionsfreien Widerstand von 0,4 Ω angeschlossen, die dritte Wicklung des Hilfswandlers an einen gleichen Widerstand 0,4 Ω, die Summe der Spannungsabfälle ist so groß, als ob 0,4 Ω vom Strom $\mathfrak{J}_1 n_1/n_2$ durchflossen würde.

11. Der Spannungswandler. Spannungsmesser und die Spannungskreise von Leistungsmessern, Elektrizitätszählern u. dgl. werden an den Spannungswandler angeschlossen, sie stellen eine schwache Belastung des Transformators dar, der Spannungswandler arbeitet nahezu bei Leerlauf. Bei vollkommenem Leerlauf ist nach dem Schema Abb. 2 die primär an dem idealen Wandler T^* liegende Spannung U_1' nur um den kleinen Spannungsabfall, den der Magnetisierungsstrom $\mathfrak{J}_1'$ in dem Primärwiderstande r_1 und der primären Streuinduktivität λ_1 hervorbringt, gegen die primäre Klemmenspannung verkleinert. Der Spannungswandler arbeitet mit hoher magnetischer Induktion $\mathfrak{B}$ im Eisen, $\omega \Lambda_1$ ist daher sehr groß; bei sekundärer Belastung treten weitere Spannungsabfälle an r_1 und λ_1 sowie r_2 und λ_2 auf.

Die sekundäre Klemmenspannung U_2 ist bei sekundärer Belastung mit dem Scheinwiderstand $\mathfrak{S}_b$

$$\mathfrak{U}_2 = \mathfrak{J}_2 \mathfrak{S}_b \tag{28}$$

Nach Gleichung (18) ist dann die Primärspannung U_1' am idealen Transformator T^*

$$\mathfrak{U}_1' = -\frac{n_1}{n_2} \mathfrak{U}_2 \left(\frac{\mathfrak{S}_2}{\mathfrak{S}_b} + 1 \right). \tag{29}$$

---

[1]) H. B. BROOKS u. F. C. HOLTZ, Electrical World Bd. 80, S. 79. 1922; Ref. Elektrot. ZS. Bd. 43, S. 1390. 1922.

Die Primärspannung am Spannungswandler U_1 ist

$$\mathfrak{U}_1 = \mathfrak{J}_1 \mathfrak{S}_1 - \frac{n_1}{n_2} \mathfrak{U}_2 \left(\frac{\mathfrak{S}_2}{\mathfrak{S}_b} + 1 \right), \tag{30}$$

aus der Beziehung zwischen $\mathfrak{J}_1$ und $\mathfrak{J}_2$ [Gleichung (20)] und aus Gleichung (28) ergibt sich:

$$\mathfrak{J}_1 \mathfrak{S}_1 = - \mathfrak{U}_2 \frac{\mathfrak{S}_1}{\mathfrak{S}_b} \cdot \frac{n_2}{n_1} \left[1 + \frac{\mathfrak{S}_2 + \mathfrak{S}_b}{\mathfrak{M}_2} \right]. \tag{31}$$

Durch Einsetzen in Gleichung (30) und Ordnen bekommen wir:

$$\frac{\mathfrak{U}_1}{-\mathfrak{U}_2} = \frac{n_1}{n_2} \left[1 + \frac{\mathfrak{S}_2 + \left(\frac{n_2}{n_1}\right)^2 \mathfrak{S}_1}{\mathfrak{S}_b} + \frac{\left(\frac{n_2}{n_1}\right)^2 \mathfrak{S}_1}{\mathfrak{M}_2} + \frac{\mathfrak{S}_2}{\mathfrak{S}_b} \frac{\left(\frac{n_2}{n_1}\right)^2 \mathfrak{S}_1}{\mathfrak{M}_2} \right]. \tag{32}$$

In der Klammer ist das zweite und dritte Glied klein gegen 1, das letzte Glied daher zweiter Ordnung klein, also vernachlässigbar gegen 1.

12. Spannungsfehler und Fehlwinkel. Das Übersetzungsverhältnis ist $\ddot{U} = \frac{U_1}{U_2}$, das Nennübersetzungsverhältnis $\ddot{U}_N$ das Verhältnis der entsprechenden Nennwerte. Der Spannungsfehler f_e ist die relative Abweichung der tatsächlichen sekundären Klemmspannung U_2 vom Sollwert desselben U_2^0, ausgedrückt in Prozent, also

$$f_e = \frac{U_2 - U_2^0}{U_2^0} \cdot 100 = \left(\frac{\ddot{U}_N}{\ddot{U}} - 1 \right) \cdot 100. \tag{33}$$

Der Fehlwinkel δ_e ist das Negative des kleinen Phasenunterschied δ'_e von $-\mathfrak{U}_2$ gegen $\mathfrak{U}_1$, δ_e ist also positiv zu rechnen, wenn $-\mathfrak{U}_2$ vor $\mathfrak{U}_1$ hereilt.

Beim Spannungswandler gibt man der Primärwicklung einige Windungen weniger als dem Nennübersetzungsverhältnis entspricht, um den an sich negativen Spannungsfehler zu verkleinern oder in das positive Gebiet zu rücken; diese geringe Windungsabweichung in Prozenten der primären Windungszahlen ausgedrückt, sei b, dann ist

$$\frac{n_1}{n_2} = \frac{\ddot{U}_N}{1 + \frac{b}{100}} \approx \ddot{U}_N \left(1 - \frac{b}{100} \right). \tag{34}$$

Dieses ist unter den analogen Vernachlässigungen wie beim Stromwandler in Gleichung (32) einzuführen, in der wieder die Trennung des reellen Teiles $1 + A$ und des imaginären Teiles jB vorzunehmen ist. Analog wie beim Stromwandler ergibt sich der Spannungsfehler f_e und Fehlwinkel δ_e

$$f_e = b - 100 A, \qquad \delta_e = - \frac{B}{1 - \frac{f_e}{100}}. \tag{35}$$

Da δ_e eine kleine Korrektionsgröße ist, kann die Abweichung des Nenners von 1 vernachlässigt werden.

13. Leerlauf. In Gleichung (32) verschwindet das zweite Glied in der Klammer, da $\mathfrak{S}_b = \infty$. Setzen wir

$$\mathfrak{S}_1 = r_1 + j\omega\lambda_1 = S_1 (\cos \xi_1 + j \sin \xi_1), \tag{36}$$

so wird

$$f_e = b - 100 \cdot \left(\frac{n_2}{n_1}\right)^2 \cdot \frac{S_1}{M_2} \cos(\chi - \xi_1), \qquad \delta_e = \left(\frac{n_2}{n_1}\right)^2 \frac{S_1}{M_2} \sin(\chi - \xi_1). \tag{37}$$

Der Fehlwinkel ist positiv und klein, der Spannungsfehler läßt sich durch die Windungsabweichung bei der großen Zahl der Primärwindungen beliebig abgleichen.

14. Belastung. Der Zähler des zweiten Gliedes in Gleichung (32) ist der Scheinwiderstand des Spannungswandlers auf der Sekundärseite, bei Kurzschluß der Primärseite; setzen wir

$$\mathfrak{S}_2 + \left(\frac{n_2}{n_1}\right)\mathfrak{S}_1 = K_2(\cos\eta + j\sin\eta),$$
$$\mathfrak{S}_b = S_b(\cos\varphi + j\sin\varphi),$$

so ergibt sich bei den erlaubten Vernachlässigungen, wie leicht zu übersehen ist:

$$f_e = (f_e)_{\text{leer}} - 100\frac{K_2}{S_b}\cos(\varphi - \eta), \qquad \delta_e = (\delta_e)_{\text{leer}} + \frac{K_2}{S_b}\sin(\varphi - \eta).$$

Bei Belastung bewegt sich der Spannungsfehler in negativer Richtung; ob der Fehlwinkel positiv oder negativ ist, hängt von der Phasenverschiebung φ der sekundären Belastung und dem Winkel η des Scheinwiderstandes des Wandlers bei Kurzschluß ab. Bei induktionsloser Last ($\varphi = 0$) ändert sich mit steigender Belastung, also abnehmendem S_b, der Spannungsfehler stärker als bei induktiver Belastung. Der Fehlwinkel bewegt sich bei induktionsloser Belastung mit steigender Last meist in negativer Richtung, bei vorherrschend induktiver Last in positiver Richtung.

Bei Spannungswandlern ist es üblich, als Belastung nicht den Scheinwiderstand S_b, sondern die bei der Nennspannung und Nennfrequenz abgegebene Scheinleistung in Volt-Ampere und deren Leistungsfaktor $\cos\varphi$ anzugeben.

15. Ausführung der Stromwandler[1]**.** Der Eisenkern wird aus hochlegierten Blechen hergestellt, die eine hohe Anfangspermeabilität haben, so daß die Leerlaufinduktivität auch bei kleiner Magnetisierungsspannung hoch ist. Aus dem gleichen Grunde wird der magnetische Schluß sehr gut gemacht. Siemens & Halske baut den Kern aus undurchschnittenen, also stoßfugenfreien, rechteckigen Blechringen auf und wickelt den Draht auf eine um den Kernschenkel sich drehende Hülse auf. Andere Firmen schieben die an einer Stelle aufgeschnittenen Blechringe abwechselnd von rechts und von links in die fertig gewickelte Spule, so daß die Schnittstelle eines Bleches immer zwischen zwei an dieser Stelle nicht durchschnittene Bleche zu liegen kommt. Siemens-Schuckert Werke bauen Stromwandler als Manteltransformatoren, die Mittelstege (Abb. 8) werden herausgestanzt, geschichtet in die Wicklung gesteckt und wieder in das Mantelpaket eingepreßt. Auch bei diesen nicht stoßfugenfreien Anordnungen ist der magnetische Schluß gut.

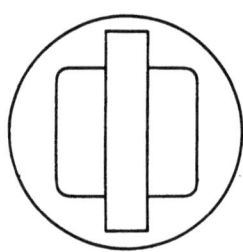

Abb. 8. Mantelstromwandler mit ausgestanztem Mittelsteg.

Ein Anhalt für die Güte eines Stromwandlers ist die Amperewindungszahl. Die besten Wandler, die für genaue Leistungsmessung verwandt werden, bei der es auf den Fehlwinkel ankommt, haben bei der Nennstromstärke 1200 AW, eine Steigerung darüber hinaus hat sich nicht bewährt. Die sekundäre Nennstromstärke ist allgemein 5 Amp., solche Wandler haben also sekundär 240 Windungen abzüglich der Windungsabweichung. Eine Windung weniger bedeutet eine Windungsabweichung um 0,4%, um diese Stufe läßt sich also der Stromfehler abgleichen. Um feiner abgleichen zu können, bohren Siemens-Schuckert-Werke Löcher in den Kern bei $1/2$ oder $1/3$ der Breite, durch welche das Ende

---

[1]) Vgl. G. KEINATH, Die Technik der elektrischen Meßgeräte. München u. Berlin: R. Oldenbourg 1922.

des sekundären Drahtes hindurchgezogen werden und somit eine Abgleichung um $1/2$ oder $1/3$ Windung vorgenommen werden kann.

Für den Betrieb weit abliegender Meßgeräte über lange Leitungen wird die sekundäre Nennstromstärke 1 oder 0,5 Amp. gewählt, die sekundäre Windungszahl ist 5- bzw. 10mal größer als die des normalen Wandlers, mithin ist $\varLambda_2$ oder $\mathfrak{M}_2$ das 25- bzw. 100fache des normalen Wertes, der Widerstand der sekundären Zuleitungen darf also bei diesen Wandlern das 25- bzw. 100fache dessen betragen, was bei normalen Stromwandlern zulässig ist.

16. Umschaltbare Stromwandler. Die Primärwicklung kann aus einer geraden Anzahl (2 oder 4) vollkommen gleichartiger Wicklungen hergestellt werden, die durch Walzenschalter, Laschen oder Steckvorrichtungen in Reihe oder parallelgeschaltet werden, so daß sich zwei bzw. drei um den Faktor 2 fortschreitende Meßbereiche ergeben. Für Laboratoriummessungen ohne Hochspannung werden von Siemens & Halske und Landis & Gyr Stromwandler gebaut, bei denen die Primärspule eine Anzahl Zapfklemmen enthält, so daß man für das kleinste Meßbereich die ganze Spule, für die höheren Meßbereiche schrittweise geringere Teile der Spule einschalten kann. Für die Messung noch höherer Stromstärken kann man ein biegsames Kabel mehrere oder einmal durch das Fenster des Wandlers hindurchziehen.

17. Schienen- oder Einleiter-Stromwandler. Bei Nennstromstärken von 1000 Amp. aufwärts wird der gerade Leiter durch das Fenster des Eisenkernes hindurchgeführt. Die AW-Zahl bei Nennstrom ist dem primären Nennstrom zahlenmäßig gleich. Ist nur ein Schenkel des Kernes mit der Sekundärwicklung versehen, so sind Stromfehler und Fehlwinkel merklich von der Lage des anderen Leiters bzw. bei Drehstrom von der der beiden anderen Leiter abhängig. Diese Abhängigkeit wird geringer, wenn zwei gegenüberliegende Schenkel des Kernes bewickelt sind; bei diesen Schienen-Stromwandlern ist die Sekundär-Streuinduktivität groß. Am vollkommensten sind die „kurzschlußsicheren" Einleiter-Stromwandler von Siemens & Halske, der Eisenkern ist aus gestanzten Kreisringen aufgeschichtet und, abgesehen von vier für die Befestigung frei gelassenen Stellen, gleichmäßig mit der Sekundärwicklung bedeckt.

Um in Anlagen Kontrollmessungen ausführen zu können, ohne die starken Leiter auftrennen zu müssen, werden Schienen-Stromwandler mit aufklappbarem Joch hergestellt; an der Öffnungs- und der Drehstelle greifen die Bleche wie die Finger gefalteter Hände ineinander; damit der Eisenschluß gut wird, müssen hier die Bolzen, welche die Bleche zusammendrücken, gut angezogen werden.

18. Schutzvorrichtungen. Zum Schutz der Wicklungen gegen aufprallende Wanderwellen wird den Primärklemmen ein Widerstand aus Siliziumkarbid parallelgeschaltet, der die günstige Eigenschaft hat, daß beim Auftreten einer hohen Spannung an ihm sein Widerstandswert augenblicklich stark abnimmt und nach Verschwinden der Spannung auf den vorigen Wert zurückkehrt; die Form flacher Scheiben ist in dieser Beziehung günstiger als die langer Stäbe. Dieser Nebenschluß beeinflußt natürlich die Fehlergrößen f_i und δ_i etwas, namentlich bei kleinen Nennstromstärken; diese Beeinflussung fällt fort, wenn dem Widerstand eine Funkenstrecke in Form eines dünnen durchlöcherten Glimmerblattes vorgeschaltet ist.

19. Einfluß der Remanenz. Wird durch den Stromwandler ein Gleichstrom etwa zur Messung der Wicklungswiderstände geschickt oder wird im Betriebe unter Strom der Stromwandler sekundär unterbrochen, so verbleibt dem Eisen eine remanente Magnetisierung, die die Abhängigkeit des Scheinwiderstandes $\mathfrak{M}$ von der Magnetisierungsspannung ändert. Bei legierten Blechen ist die Remanenz verhältnismäßig gering, immerhin ist die Beeinflussung der Fehlergrößen, namentlich wenn die Stromstärke einen kleinen Bruchteil der Nennstromstärke beträgt, recht merklich[1]). Zum Entmagnetisieren legt man eine Wechselspannung von etwa 100 Volt 50 Hz an die Sekundärklemmen des Wandlers und läßt die Spannung gleichmäßig stoßfrei langsam verschwinden. Die Fehlergrößen des entmagnetisierten Stromwandlers sind zeitlich völlig unveränderlich.

Das sekundäre Unterbrechen eines Stromwandlers im Betriebe ist wegen der zwischen den sekundären Klemmen auftretenden hohen Spannung lebensgefährlich. Überdies besteht die Gefahr, daß infolge der abnorm hohen Magnetisierungsspannung das Eisen durch Wirbelstromverluste überhitzt wird (Eisenbrand).

20. Stromwandler für Hochfrequenz. Für den Betrieb von Meßgeräten ohne erhebliche Induktivität, z. B. Hitzdrahtstrommesser, braucht bei Hochfrequenz der Stromwandler geringere Windungszahl und kleineren Eisenquerschnitt zu haben, da die hohe Frequenz hohen Scheinwiderstand $\mathfrak{M}_2$ bei Leerlauf gibt; mit dem Kleinerwerden des Wandlers nimmt die sekundäre Streuinduktivität ab, S_2 wird wesentlich kleiner, also kann $\mathfrak{M}_2$ und damit der Wandler weiter verkleinert werden.

21. Fehlergrenzen. Von der Physikalisch-Technischen Reichsanstalt sind für beglaubigungsfähige Stromwandler folgende Fehlergrenzen vorgeschrieben:

Die Nennbürde eines Stromwandlers muß mindestens $0{,}6\,\Omega$ bei der sekundären Nennstromstärke 5 A sein.

Für Stromstärken vom Nennwert bis zu dessen fünftem Teil darf der Stromfehler $\pm 0{,}5\%$, der Fehlwinkel ± 40 Minuten nicht überschreiten.

Für Stromstärken unter $^1/_5$ bis $^1/_{10}$ des Nennwertes darf der Stromfehler $\pm 1\%$, der Fehlwinkel ± 60 Minuten nicht überschreiten.

Die Fehlergrenzen gelten für den Frequenzbereich, für den der Wandler als beglaubigungsfähig erklärt ist und für alle sekundäre Bürden mit Leistungsfaktoren zwischen 0,5 und 1 bis zur Nennbürde.

22. Spannungswandler. Zur Erzielung eines hohen Scheinwiderstandes $\mathfrak{M}$ muß der magnetische Schluß wie beim Stromwandler sehr gut sein, man verwendet jedoch Dynamoblech, da dieses bei hohen Feldstärken eine höhere Permeabilität μ hat, als legiertes Blech. Mit der Drahtstärke der primären Wicklung geht man wegen der Gefahr des Zerreißens nicht unter 0,1 mm herunter. Mit zunehmender primärer Nennspannung steigt die Windungszahl und der Abstand der primären Wicklungen von der sekundären und vom Eisenkern; dieser bekommt ein großes Eisenfenster, einen langen Eisenweg und muß deshalb einen entsprechenden größeren Querschnitt erhalten. Für Nennspannungen von 20 kV aufwärts werden die Spannungswandler zwangläufig zu Transformatoren von beträchtlicher Leistungsfähigkeit (über 1 kW stark steigend mit der primären Nennspannung), die Belastung durch die Meßgeräte ist bei derartigen Wandlern also eine ganz geringe. Spannungswandler mit erheblichen Fehlergrößen kommen daher nur bei niedrigeren Nennspannungen vor, wenn an Eisen und Kupfer gespart ist.

Im Betriebe werden die Spannungswandler im allgemeinen nur bei Spannungen in der Nähe der Nennspannung gebraucht, im Laboratorium auch zur Spannungsmessung bei erheblich niedrigeren Werten; der Spannungsfehler f_e, auf den es im letzteren Falle allein ankommt, ändert sich bis $^1/_5$ der Nennspannung sehr wenig und bis $^1/_{10}$ derselben mäßig.

---

[1]) V. ENGELHARDT, Elektrot. ZS. Bd. 41, S. 647. 1920.

23. Dreiphasen-Spannungswandler. Für Drehspannung werden auch dreischenklige Kerne mit drei Primär- und Sekundärwicklungen in Sternschaltung gebaut, gegenüber drei einzelnen Spannungswandlern wird damit eine Ersparnis erzielt, meß- und betriebstechnisch bieten sie keine Vorteile. Da für die Messung der Leistung zwei Einphasenwandler in V-Schaltung genügen, ist auch hierbei die Ersparnis gering.

24. Schutzvorrichtungen. Der beste Schutz gegen aufprallende Wanderwellen ist eine aus Widerstandsdraht einlagig auf ein Rohr gewickelte Luftdrossel. Der Widerstand beeinflußt die Fehlergrößen und darf deshalb nicht zu groß sein. Die Anwendung der Drossel ist auch im Laboratorium angebracht, wenn Durchschläge oder Überschläge vorkommen, die ja Wanderwellen erzeugen.

25. Fehlergrenzen. Von der Phys.-Techn. Reichsanstalt sind für beglaubigungsfähige Spannungswandler folgende Fehlergrenzen festgesetzt.

Die Nennleistung des Sekundärkreises eines Spannungswandlers darf nicht weniger als 30 VA betragen.

Für Spannungen von 0,8 bis 1,2 des Nennwertes darf der Spannungsfehler $\pm 0,5\%$, der Fehlwinkel ± 20 Minuten nicht überschreiten.

Die Fehlgrenzen gelten für den Frequenzbereich, für den der Wandler als beglaubigungsfähig erklärt ist, und für alle sekundären Leistungen mit Leistungsfaktoren zwischen 0,5 und 1 bis zu der Nennleistung.

26. Die Isolierung der Meßwandler. Für den Betrieb muß die Isolierung der Primärwicklung gegen Sekundärwicklung und Eisenkern bei Hochspannung unbedingt zuverlässig sein. Der in einen Blechtopf eingebaute Wandler wird entweder warm unter Vakuum mit geschmolzener Isoliermasse beschickt, die dann erstarrt, oder mit Öl gefüllt. Der Stromwandler erhält einen, der Spannungswandler zwei primäre Durchführungsisolatoren für hohe Spannung aus Porzellan oder Hartpapier in das Gehäuse. Die Meßwandler werden nur bis 20 kV Betriebsspannung hergestellt. Bei tiefer Temperatur neigt die Masse zur Rissebildung, mit wachsender Temperatur nimmt ihre Durchschlagfestigkeit stark ab. Bei plötzlicher heftiger Erwärmung, z. B. durch Eisenbrand, kann die stark treibende Masse den Meßwandler explosionsartig sprengen. Die Ölfüllung ist bei stationär aufgestellten Transformatoren eine zuverlässige Isolierung, wenn das Öl von Zeit zu Zeit daraufhin geprüft wird, ob es verschmutzt oder feucht geworden ist.

Kapitel 14.

Messung des Stromes, der Spannung, der Elektrizitätsmenge, der Leistung und der Arbeit.

Mit 47 Abbildungen.

I. Gleichstrom.
Von Rudolf Schmidt, Berlin.

a) Messung der Stromstärke.

1. Das Maß der Stromstärke. Im elektromagnetischen (CGS-) Maßsystem ist die Einheit der Stromstärke durch den Strom repräsentiert, der, eine kreisförmige Bahn von der Länge 1 beschreibend, auf einen in der Entfernung 1 befindlichen Magnetpol 1 die Kraft 1 ausübt. Der zehnte Teil dieser elektromagnetischen CGS-Einheit wird als Ampere bezeichnet. Ein praktisches Maß für die Einheit der Stromstärke läßt sich aus der „absoluten" Definition nicht gewinnen. Daher ist auf Grund internationaler Vereinbarungen das Ampere als die Stärke desjenigen Stromes festgesetzt worden, der in einer Sekunde 0,00111800 g Silber aus einer wässerigen Lösung von Silbernitrat abscheidet. Die so definierte Einheit des internationalen Ampere scheint ziemlich genau, jedenfalls auf weniger als $1/_{10000}$ mit dem absoluten Ampere übereinzustimmen (vgl. Kap. 1).

2. Strommessung in absolutem Maße. Bei der absoluten Strommessung kommt es gemäß der Definition der absoluten Stromeinheit nach Ziff. 1 auf die Feststellung der von dem Magnetfeld des Stromes ausgeübten Kraft an. Für diese Messungen bedient man sich der Tangentenbussole, der Elektrodynamometer oder der Stromwagen. Bei der Tangentenbussole wird die Wirkung des Feldes auf eine Magnetnadel mit der des Erdfeldes verglichen (Kap. 9, Ziff. 2). Bei den Elektrodynamometern und Stromwagen (Kap. 9, Ziff. 37—39) werden die Kräfte, die die Felder zweier Spulen, von denen die eine beweglich ist, aufeinander ausüben, entweder durch die Messung des Drehungswinkels oder durch Wägung bestimmt und mit den aus den Dimensionen berechenbaren Kräften in Beziehung gesetzt. In jedem Falle handelt es sich um die fundamentale Aufgabe, die für die Festlegung einer praktischen Stromeinheit erforderlichen Grundlagen zu schaffen und, nachdem diese Festlegung erfolgt war, ihre Genauigkeit nachzuprüfen. Für praktische Messungen des Stromes kommen diese Methoden heute nicht mehr in Betracht; es sei denn, daß etwa die Tangentenbussole aus didaktischen Gründen verwendet wird. Bezüglich der Ausführung der erwähnten grundlegenden Arbeiten, die sich nur mit großem experimentellen

Aufwande durchführen lassen, muß auf die Literatur verwiesen werden, aus der die wichtigsten Arbeiten unten[1]) angeführt sind (vgl. auch Kap. 1 und Bd. II, Kap. 10 ds. Handb.).

3. Die Grundlagen der Strommessung in internationalen Ampere. a) Durch Elektrolyse. Das internationale Ampere ist durch den konstanten Strom definiert, der bei Durchgang durch eine wässerige Lösung von Silbernitrat in einer Sekunde 0,00111800 g Silber ausscheidet. Für Stromstärkenmessungen der höchsten Genauigkeit kommt in erster Linie das Silbervoltameter in Frage. v. STEINWEHR und SCHULZE[2]) schätzen die erreichbare Genauigkeit der Messung auf einige Hunderttausendstel. Für weniger genaue Messungen bedient man sich des Kupfer-, Wasser- oder Jodvoltmeters. Ist E das elektrochemische Äquivalent, M die in t Sekunden niedergeschlagene Menge des Körpers, so ist die Stromstärke $I = \dfrac{M}{Et}$. Voraussetzung einer genauen Messung ist die Konstanz des Stromes, anderenfalls wird der zeitliche Mittelwert gewonnen.

b) Durch Messung der Spannung an einem Widerstande. Die Einheit der EMK, das Volt, ist gesetzlich definiert als diejenige EMK, die an einem Leiter von 1 Ohm Widerstand einen Strom von 1 Ampere erzeugt. Die Messung des Stromes in internationalem Maße kann somit auf die Messung des Spannungsabfalls an einem Normalwiderstande von bekanntem Betrage, der von dem zu messenden Strom durchflossen wird, zurückgeführt werden. Die Messung der Spannung selbst wird, wenn eine höhere Meßgenauigkeit erzielt werden soll, durch Vergleich mit der Spannung des Weston-Kadmiumelements ausgeführt. Seine EMK ist auf Grund internationaler Vereinbarungen auf 1,01830 int. Volt bei 20° C festgesetzt worden, ein Wert, der als auf $1/10000$ genau angesehen werden kann (Kap. 1). Dies ist demnach zugleich die Grenze, innerhalb derer die Genauigkeit der indirekten Strommessung liegt, da der Wert des Normalwiderstandes auf wenige Hunderttausendstel genau bestimmt werden kann.

c) Mit Hilfe von anzeigenden Instrumenten. Eine direkte Messung der Stromstärke in internationalem Maße gestatten die in Kapitel 9 beschriebenen galvanometrischen und dynamometrischen Meßinstrumente mit Spiegel- oder Zeigerablesung. Die Zeigerinstrumente tragen eine Skala, die in int. Ampere geeicht ist, wobei meist die Methoden nach b) Anwendung finden. Die Benutzung von Spiegelinstrumenten für die direkte Strommessung setzt voraus, daß ihre Reduktionsfaktoren für verschiedene Ausschlagswinkel bestimmt werden (Ziff. 7). Sowohl bei Zeiger- wie bei Spiegelablesung liegt die erreichbare Genauigkeit bei etwa 1 Promille für einen Ausschlag von 100 Skalenteilen.

Von den drei vorstehend angegebenen grundsätzlichen Methoden der Strommessung sind die elektrochemischen in dem Kapitel 12 dieses Bandes eingehend behandelt worden. Im folgenden wird daher nur auf die Methoden nach b) und c) näher eingegangen werden.

---

[1]) Tangentenbussole: F. u. W. KOHLRAUSCH, Wied. Ann. Bd. 27, S. 1. 1886; G. VAN DIJK u. J. KUNST, Ann. d. Phys. Bd. 14, S. 569. 1904; H. HAGA u. J. BOEREMA, Proc. Amsterdam Bd. 3, S. 587. 1910. — Elektrodynamometer: C. W. PATTERSON u. K. E. GUTHE, Phys. Rev. Bd. 7, S. 357. 1898. — Stromwage: Lord RAYLEIGH u. H. SIDGEWICK, Phil. Trans. Bd. 175, S. 97. 1885; K. KAHLE, Wied. Ann. Bd. 67, S. 1. 1899 (Stromwage von HELMHOLTZ); H. PELLAT u. A. POTIER, Journ. de phys. (2) Bd. 6, S. 175; Bd. 9, S. 381. 1890; H. PELLAT u. A. LEDUC, C. R. Bd. 136, S. 1649. 1903; K. GUTHE, Ann. d. Phys. Bd. 21, S. 913. 1906; W. E. AYRTON, T. MATHER u. F. E. SMITH, Phil. Trans. Bd. 207, S. 463. 1908; P. JANET, F. LAPORTE u. R. JOUAST, Bull. Soc. Intern. des Electr. Bd. 8, S. 459. 1908; E. B. ROSA, N. E. DORSEY u. I. M. MILLER, Bull. Bureau of Stand. Bd. 8, S. 269. 1912; Bd. 10, S. 477. 1913.

[2]) H. v. STEINWEHR u. A. SCHULZE, ZS. f. Instrkde. Bd. 33, S. 321 u. 553. 1913; Bd. 41, S. 221. 1921.

4. Indirekte Strommessung durch Messung der Spannung an einem Widerstande. Der Strom I erzeugt an einem Widerstande vom Betrage R den Spannungsabfall IR. Legt man nach Abb. 1 zwecks Messung des Spannungsabfalls einen stromverbrauchenden Apparat, etwa einen Spannungsmesser der Drehspultype, vom Widerstande r_g an die Enden des Widerstandes, so verzweigt sich der Strom I. Zeigt dabei das Meßinstrument eine Spannung E an, so ist

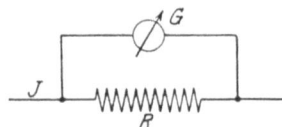

Abb. 1. Indirekte Strommessung.

$$I = \frac{E}{R} + \frac{E}{r_g} = \frac{E}{R}\left(1 + \frac{R}{r_g}\right).$$

Diese Methode der Strommessung liegt bei allen jenen anzeigenden Strommessern vor, bei denen nur ein geringer Teilstrom durch das Instrument selbst fließt, während der Hauptstrom durch einen Nebenwiderstand geleitet wird.

5. Indirekte Strommessung. Kompensation des Spannungsabfalls. Die größere Meßgenauigkeit erzielt man durch Kompensation des Spannungsabfalls. Der zu messende Strom I durchfließt nach Abb. 2 den regelbaren Widerstand R, dem eine Spannungsquelle von der EMK E mit einem Galvanometer G parallelgeschaltet wird. R wird so eingestellt, daß der Strom im Galvanometerzweig verschwindet.

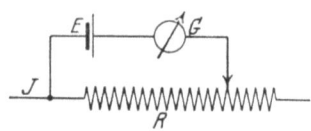

Abb. 2. Indirekte Strommessung mit Kompensation des Spannungsabfalls.

Dann ist $I = E/R$. Der Widerstand R wird entweder aus einem Schleifdrahte, einem regelbaren Widerstandssatz oder aus einer Kombination von beiden gebildet.

Sowohl das Weston- wie das Clarkelement verändern ihre EMK, wenn ihnen ein merklicher Strom entnommen wird. Bei Verwendung dieser Elemente muß bis zur erfolgten Abgleichung ein großer Ballastwiderstand in den Galvanometerzweig gelegt werden.

Regelbare Widerstände für stärkere Ströme herzustellen macht Schwierigkeiten. Zur Messung stärkerer Ströme wendet man daher eine Schaltung nach Abb. 3 an. Es gilt die Beziehung

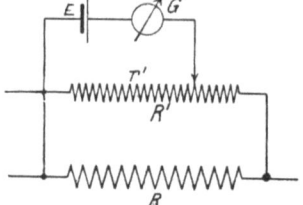

Abb. 3. Messung stärkerer Ströme bei Kompensation des Spannungsabfalls.

$$I = \frac{E(R + R')}{Rr'}.$$

Der Widerstand der Abzweigleitungen ist zu vernachlässigen, wenn er klein gegen R' gewählt wird.

6. Indirekte Strommessung. Kompensationsapparat. Die wichtigste Methode der exakten Strommessung beruht auf der Messung des Spannungsabfalls an einem Normalwiderstande mit Hilfe des Kompensationsapparates. Die Apparatur in ihren verschiedenen Ausführungen ist in Kapitel 16 dieses Bandes ausführlich behandelt worden. Das Meßprinzip ist in Abb. 4 schematisch gezeichnet. Durch einen Widerstand r von bekanntem Betrage wird ein Strom geleitet, dessen Stärke durch Kompensation gegen ein Normalelement N (gestrichelte Lage des Umschalters) auf einen runden Betrag eingestellt wird. Beträgt der gesamte Widerstand r des Kompensationsapparates 15000 Ohm, wie dies bei den normalen Ausführungsformen die Regel ist, so wird der von der Hilfsbatterie B gelieferte Hilfsstrom mittels des Regulierwiderstandes W so eingestellt, daß die an einem Widerstande von 10183 Ohm abgenommene Spannung gleich der EMK des Normalelements (1,0183 Volt) ist. Dann ist die

Stärke des Stromes in dem Widerstande R gleich 10^{-4} A, die gesamte Spannung an den Enden von r gleich 1,5 Volt. Von dieser Spannung läßt sich nunmehr jeder beliebige Teilbetrag von genau bekannter Größe abgreifen. Der zu messende Strom I wird durch einen Normalwiderstand R geleitet. Die Größe von R wird so gewählt, daß der Spannungsabfall 1,5 Volt nicht übersteigt. Der Umschalter wird in die durch ausgezogene Linien gekennzeichnete Lage gebracht und ein solcher Teilbetrag r am Kompensationsapparat eingestellt, daß das Galvanometer keinen Ausschlag zeigt. Dann ist

$$IR = ir',$$
$$I = \frac{r'}{R} i,$$

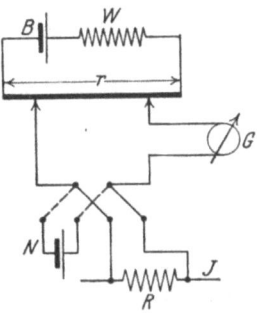

Abb. 4. Strommessung mit Hilfe des Kompensationsapparates.

in dem oben bezeichneten Falle also

$$I = \frac{r'}{R} 10^{-4} \text{ A}.$$

Wahl des Galvanometers. Die Empfindlichkeit der Messung hängt außer von dem Widerstande des Kompensationskreises von der Wahl eines geeigneten Galvanometers wesentlich ab. Beim Spulengalvanometer — dieses kommt fast ausschließlich in Betracht — wird die größte Empfindlichkeit dann erreicht, wenn die Summe des inneren Widerstandes g des Galvanometers, des Kompensationswiderstandes r und des Widerstandes R gleich dem Grenzwiderstand für aperiodische Dämpfung des Galvanometers ist; dabei soll g klein gegen $r + R$ sein[1]) (vgl. Kap. 9, Ziff. 20). Unter dieser Voraussetzung ist, wie eine einfache Betrachtung lehrt[2]), der Ausschlag des Galvanometers um so größer, je kleiner der Widerstand $r + R + g$ gemacht wird. Ist einer dieser drei Widerstände wesentlich größer als die anderen, so ist er für die erreichbare Empfindlichkeit bestimmend. Bei kleinem Widerstande R kann man daher durch Anwendung eines Kompensationswiderstandes von kleinerem inneren Widerstande in Verbindung mit einem Galvanometer von kleinem Widerstande eine wesentliche Steigerung der Empfindlichkeit erzielen.

Die Anwendung des von MOLL und BURGER[3]) angegebenen Thermorelais bietet die Möglichkeit, die Empfindlichkeit der Einstellung zu steigern, ohne hochempfindliche Galvanometer benutzen zu müssen, bei denen die Störungen der Nullage die Ausnutzung der Galvanometerempfindlichkeit begrenzen. Das Thermorelais besteht aus einem in einem hochevakuierten Glasgefäß eingeschlossenen doppelten Thermoelement, dessen mittlerer Teil aus Manganin und dessen beide Enden aus Konstantan bestehen. Wird der Lichtfleck des Galvanometers auf die Mitte des Elements projiziert, so kann das Thermorelais durch Verschieben in eine solche Lage gebracht werden, daß beide Lötstellen die gleiche Temperatur annehmen, daß also das mit dem Thermoelement verbundene Galvanometer keinen Ausschlag zeigt. Schon eine ganz geringe Verschiebung des Lichtflecks entsprechend einer Drehung des Galvanometerspiegels um $1/10$ Sekunde wird auf diese Weise an dem Ausschlag des zweiten Galvanometers erkennbar. Die Empfindlichkeitssteigerung beträgt nach den Angaben von MOLL und BURGER das 10- bis 100fache. Die Einstelldauer ist etwa 4 Sekunden.

---

[1]) W. JAEGER, ZS. f. Instrkde. Bd. 26, S. 77. 1906.
[2]) Vgl. z. B. W. JAEGER, Meßtechnik, S. 304.
[3]) W. J. H. MOLL u. H. C. BURGER, Phil. Mag. (6) Bd. 50, S. 624 u. 626. 1925.

H. v. STEINWEHR[1]) wendet an Stelle des Thermoelements das Bolometerprinzip an. Zwei schmale dünne Metallfolien mit einem großen Temperaturkoeffizienten des elektrischen Widerstandes sind unmittelbar nebeneinander ausgespannt und bilden zwei Zweige einer WHEATSTONEschen Brückenschaltung. Von dem Galvanometerspiegel wird ein streifenförmiges Lichtband auf die beiden Folien geworfen, so daß in der Ruhelage des Spiegels die Folien ihrer ganzen Länge nach je zur Hälfte bedeckt sind. Bei einer Drehung des Spiegels um einen kleinen Winkel verschiebt sich das Lichtband derart, daß der von ihm bedeckte Teil der einen Folie in dem gleichen Maße vergrößert wird, wie der entsprechende Teil bei der anderen verkleinert wird. Die dadurch hervorgerufenen Temperatur- bzw. Widerstandsänderungen werden in der üblichen Weise von dem Brückengalvanometer angezeigt und bilden ein Maß für die Größe der Verschiebung des Lichtbandes. Der Vorteil dieser Einrichtung gegenüber der von MOLL besteht in der größeren Einstellungsgeschwindigkeit.

Meßgenauigkeit. Der Wert der benutzten Widerstände, des Normalwiderstandes und der Widerstände des Kompensationsapparates läßt sich auf einige Hunderttausendstel genau bestimmen. Demnach ist die absolute Genauigkeit der Methode lediglich durch die Grenze bedingt, innerhalb derer die Spannung des Weston-Kadmiumelements an die internationalen Einheiten des Widerstandes und der Stromstärke angeschlossen ist. Der Wert 1,01830 int. Volt wird als auf $1/10000$ genau angesehen (Kap. 1).

7. Direkte Messung der Stromstärke. Messung schwacher Ströme. Die empfindlichsten Instrumente für die Messung von Strömen sind die Galvanometer; Angaben über ihre Empfindlichkeit sind in Kapitel 9 enthalten. Stromstärke I und Ausschlag des Galvanometers sind, solange kleine Ausschläge in Frage kommen, einander proportional: $I = Ca$. Bei größeren Ausschlägen a gilt angenähert $I = Ca(1 + Ca^2)$.

C wird durch Versuch ermittelt. Man leitet einen Strom i durch einen Widerstand von hohem Betrage, von dessen Teilwiderstand r das Galvanometer abgezweigt ist. Der Gesamtstrom i wird — etwa durch Kompensation — gemessen; in den Galvanometerkreis wird nötigenfalls ein Ballastwiderstand gelegt. Der Galvanometerstrom ist

$$I = \frac{ir}{g},$$

wenn g der Gesamtwiderstand des Galvanometerkreises ist.

8. Empfindlichkeitsänderung des Galvanometers. Durch Parallelschalten eines Widerstandes r zum Galvanometer vom Widerstande g wird die Empfindlichkeit herabgesetzt; der Teilstrom, der das Galvanometer durchfließt, ist $\frac{i}{1 + g/r}$, wenn i der Gesamtstrom ist. Demnach wird die Empfindlichkeit auf den $n$ten Teil der ursprünglichen verkleinert, wenn das Verhältnis g/r gleich $n - 1$ ist. Der in der Abb. 5 gezeichnete Nebenwiderstand enthält Widerstände von $1/4$, $1/9$, $1/99$, $1/999$ und $1/9999$ des Galvanometerwiderstandes. Ihnen entsprechen Empfindlichkeiten von 0,2; 0,1; 0,01; 0,001 und 0,0001 der Empfindlichkeit ohne Nebenwiderstand. Bei dieser Anordnung ist der das Galvanometer schließende Widerstand für jede Stufe der Empfindlichkeit ein anderer. Mit dem Widerstande ändert sich auch die Dämpfung des Galvanometers, die bei kleinem Parallelwiderstande so stark werden kann, daß das Galvanometer kriecht. Eine von AYRTON und MATHER[2]) angegebene Schaltung vermeidet

---

[1]) Nach freundlicher persönlicher Mitteilung.
[2]) W. E. AYRTON u. T. MATHER, Electrician Bd. 32, S. 627. 1894. Vgl. auch H. SACK, Elektrot. ZS. Bd. 17, S. 587. 1896.

Ziff. 9, 10. Das Röhrengalvanometer. Messung des Stromes mit Zeigerinstrumenten. 373

diesen Übelstand. Dem Galvanometer wird ein Widerstand parallelgeschaltet, dessen Wert im Verhältnis zu dem des Galvanometerwiderstandes sehr groß ist, und der daher die Empfindlichkeit des Galvanometers nicht merklich vermindert.

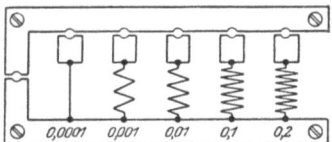

Abb. 5. Nebenwiderstand zum Galvanometer.

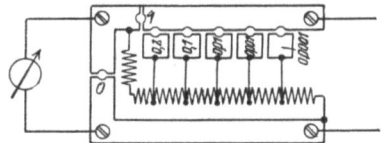

Abb. 6. Nebenwiderstand nach AYRTON und MATHER.

Der Widerstand hat anzapfbare Unterteilungen $r_1, r_2, r_3 \ldots$ Ihnen entsprechen Empfindlichkeiten, die sich wie $1/r_1 : 1/r_2 : 1/r_3 \ldots$ verhalten (Abb. 6). Diese Verhältnisse sind von der Größe des Galvanometerwiderstandes selbst unabhängig. Ebenso ist die Dämpfung unabhängig davon, welche Empfindlichkeitsstufe gewählt wird. Die Dämpfung bleibt natürlich von dem Widerstande des äußeren Kreises abhängig.

Nach VOLKMANN[1]) lassen sich drei Widerstände r_1, r_2, r_3 mit dem Widerstand des Galvanometers und dem äußeren Widerstande stets so kombinieren (Abb. 7), daß bei der Änderung der Empfindlichkeit des Galvanometers in einem gewünschten Verhältnis der Gesamtwiderstand und damit auch die Dämpfung stets gleichbleibend sind.

Eine ganz ähnliche Kombination von je drei Widerständen verwenden SCHERING und REICHARDT[2]) für einen Empfindlichkeitsregler, der insbesondere für den Gebrauch in Brückenschaltungen gedacht ist und eine Abstufung der Empfindlichkeit in weiten Grenzen ermöglicht. Die Empfindlichkeitsstufen schreiten in geometrischer Reihe fort. Die Abstufung ist für einen weiten Bereich ziemlich unabhängig von dem Widerstand der Brücke und dem Widerstand des Galvanometers.

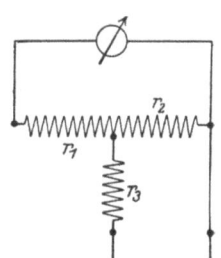

Abb. 7. Nebenwiderstand nach VOLKMANN.

9. Das Röhrengalvanometer. Die Anwendung einer Glühkathodenröhre als Verstärkerröhre bietet die Möglichkeit, sehr schwache Ströme in der Größenordnung von 10^{-10} bis 10^{-13} A mit einem Zeigerstrommesser zu messen. Der zu messende Strom durchfließt einen Widerstand von hohem Betrage (10^{10} Ohm). Dem Widerstande wird die an das Gitter der Röhre gelegte Spannung abgenommen. Der Spannungsabfall des Widerstandes beeinflußt demnach den Anodenstrom, dessen an einem Zeigergalvanometer abzulesende Stärke ein Maß für den zu messenden Strom ist. Das Prinzip dieser Anordnung, deren Eigenschaften und Wirkungsweise im einzelnen von HAUSSER, JAEGER, VAHLE und SCHEFFERS[3]) untersucht worden sind, wird zur Messung von Ionisierungsströmen bei dem Dosismesser für Röntgenstrahlen von Siemens & Halske angewendet. Näheres hierüber s. Bd. 17, Kap. 3.

10. Messung des Stromes mit Zeigerinstrumenten. Ein universelles Hilfsmittel für die direkte Messung von Strömen sind die Zeigerinstrumente der Deprez-d'Arsonval-Type. Die Stromempfindlichkeit der Zeigergalvanometer mit

---

[1]) W. VOLKMANN, Ann. d. Phys. (4) Bd. 10, S. 217. 1903.
[2]) H. SCHERING u. G. REICHARDT, Arch. f. Elektrot. Bd. 12, S. 493. 1923.
[3]) K. W. HAUSSER, R. JAEGER, W. VAHLE. Wiss. Veröffentl. a. d. Siemens-Konz. Bd. 2, S. 325. 1922. R. JAEGER und H. SCHEFFERS. Ebenda. Bd. 4. Heft 1. S. 233. 1925.

Faden- oder Bandaufhängung liegt etwa in der Größenordnung von $0{,}1 \cdot 10^{-6}$ A für 1 Skalenteil Ausschlag, für Instrumente mit Spitzenlagerung bei etwa $1 \cdot 10^{-6}$ A. Der innere Widerstand dieser Type beträgt einige 100 Ohm. Die nächste Stufe der Empfindlichkeit findet man bei Instrumenten mit Spitzenlagerung des Systems, deren innerer Widerstand etwa 2 bis 10 Ohm und deren Empfindlichkeit etwa 0,5 bis 0,03 mA für 1 Skalenteil Ausschlag beträgt. Diese Instrumente können durch Nebenschließen von Widerständen für die Messung von Stromstärken bis zur Größenordnung von 10 000 A und darüber verwendbar gemacht werden, so daß mit einem solchen Instrument und den Nebenwiderständen ein sehr weites Strommeßbereich beherrscht wird. Es ist zu beachten, daß bei Instrumenten mit kleinerem inneren Widerstand der Widerstand der Verbindungsleitungen zum Nebenschluß unverändert bleiben muß, damit die Meßergebnisse stets die gleichen sind.

Die Eigenschaften dieser Instrumente sind eingehend in den Ziff. 26 bis 30 des Kapitels 9 behandelt worden. Die Beurteilung der erreichbaren Meßgenauigkeit beruht auf der Kenntnis der Eigenschaften. Es wird daher auf die angegebenen Ziffern besonders hingewiesen.

Man findet fast stets die Angabe, daß die Meßgenauigkeit etwa 0,1 Skalenteil, entsprechend der Ablesegenauigkeit, betrage. Diese Angabe ist nur mit großer Einschränkung richtig. Wie in den angegebenen Ziffern im einzelnen dargestellt ist, ist der Temperatureinfluß zwar in recht vollkommener Weise kompensiert worden, jedoch nur unter der Voraussetzung gleichmäßiger Erwärmung aller Teile des Instruments. Die Erwärmung einzelner Teile durch Stromwärme bedingt jedoch Fehler. Daher zeigen alle Instrumente eine Abhängigkeit ihrer Angaben von der Größe und der Dauer der Belastung, die 0,1 bis 0,3 Skalenteile betragen kann. Will man die der Ablesegenauigkeit entsprechende Meßgenauigkeit von 0,1 Skalenteilen erzielen, so ist es nötig, das Instrument genau unter den Versuchsbedingungen zu eichen, die bei den eigentlichen Messungen vorliegen. Die Eichung muß öfter wiederholt werden, und sie wird am besten durch Strommessung mit Hilfe der Kompensationseinrichtung ausgeführt. Hierbei regelt man die Stromstärke so, daß der Zeiger des Instruments auf volle Skalenteile einspielt, da die Einstellung auf einen Strich der Skala mit größerer Genauigkeit ausgeführt werden kann als die Schätzung von Zehntelskalenteilen. Die ermittelten Korrektionen stellt man am besten graphisch dar.

11. Fernmessung von Gleichströmen. BESAG[1]) hat eine interessante Methode der Fernmessung stärkerer Gleichströme angegeben. Nach Abb. 8 wird der den Gleichstrom führende Leiter von dem Eisenkern einer Drosselspule umschlossen. Die Wicklung der Drosselspule wird von einer Wechselstromquelle konstanter Frequenz und Spannung gespeist; die Stärke des Wechselstromes wird durch ein Zeigerinstrument gemessen. Nun ändert sich der Scheinwiderstand der Drosselspule, wenn ihr Eisenkern gleichzeitig durch Gleichstrom magnetisiert wird; mit zunehmender Magnetisierung nimmt die Permeabilität ab, und der Scheinwiderstand wird geringer. Die Stärke des fließenden Wechselstromes ist daher gleichzeitig ein Maß für die Stärke des Gleichstromes. In der praktischen Ausführung von Hartmann & Braun sind zwei Drosselspulen von entgegengesetztem Wicklungssinn vorgesehen, um eine Induktion von Wechselspannung in dem Gleichstromleiter, die rückwir-

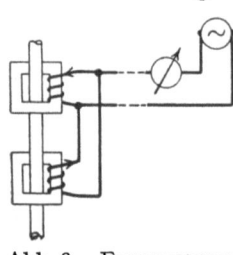

Abb. 8. Fernmessung von Gleichströmen nach BESAG.

---

[1]) E. BESAG, Elektrot. ZS. Bd. 40, S. 436. 1919.

kend die Angaben des Wechselstrominstruments beeinflussen würden, zu vermeiden.

12. Technische Kompensationseinrichtungen für Strommessung. Mit verhältnismäßig einfachen Mitteln läßt sich eine exakte Kontrolle von Präzisionsinstrumenten auf folgende Weise ermöglichen. Nach Abb. 9 durchfließt der Strom einer Hilfsbatterie B den Widerstand R; die Größe von R ist so gewählt, daß ein bestimmter Strom, meist 1,5 A, einen Spannungsabfall hervorruft, der gleich der EMK des Normalelements N ist. Die genaue Regelung des Stromes wird durch Verändern eines der Batterie B parallelgeschalteten Widerstandes W bewirkt und daran erkannt, daß das in den Stromkreis des Normalelementes geschaltete Nullinstrument keinen Ausschlag zeigt. Der den Widerstand R durchfließende Strom ruft in einem in den gleichen Stromkreis eingeschalteten Präzisionsinstrument einen bestimmten Ausschlag hervor, der auf der Skala durch eine besondere Marke gekennzeichnet ist. Dieser Ausschlag wird aber nur dann erreicht, wenn das Instrument „richtig" ist. Eine etwa vorhandene Abweichung wird durch Verändern eines magnetischen Nebenschlusses am Feldmagneten des Instrumentes beseitigt. Dieses kann nunmehr entweder zu weiteren Messungen direkt verwendet werden, oder es wird dazu benutzt, die Korrektionen anderer Instrumente festzustellen. Die ganze Einrichtung ist kompendiös zu einer handlichen Apparatur vereinigt und wird als technische Kompensationseinrichtung von verschiedenen Firmen in den Handel gebracht. Bei einigen Ausführungsformen ist es möglich, mehrere Skalenpunkte des Instrumentes zu kontrollieren.

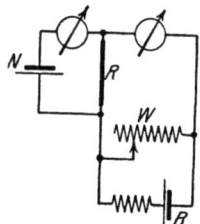

Abb. 9. Technische Kompensationseinrichtung.

b) Messung der Spannung.

13. Das Maß der Spannung. Im elektromagnetischen (CGS-) System ist die Einheit durch diejenige Spannung repräsentiert, die in einem magnetischen Felde von der Stärke 1 CGS in einem geraden, zur Feldrichtung senkrechten Leiter induziert wird, wenn er mit der Geschwindigkeit 1 cm/sec senkrecht zu sich selbst und zur Feldrichtung bewegt wird. Das 10^8-fache dieser Einheit wird als Volt bezeichnet. Auch für die Spannung läßt sich ebenso wie für die Stromstärke ein praktisches Maß aus der absoluten Definition nicht gewinnen. Auf Grund internationaler Vereinbarungen ist daher die gesetzliche Einheit der Spannung aus den beiden gesetzlichen Grundeinheiten, dem Ohm und dem Ampere, abgeleitet worden. Die gesetzliche Einheit der Spannung (EMK) wird dargestellt durch diejenige Spannung (EMK), die in einem Leiter von 1 Ohm Widerstand einen Strom von 1 A erzeugt[1]). Das internationale Ampere hat keine mit Sicherheit feststellbare Differenz gegenüber dem absoluten Ampere; für die Einheit des Widerstandes dagegen gilt

$$1 \text{ int. Ohm} = 1{,}0005 \text{ abs. Ohm (Kap. 1)}$$

und daher

$$1 \text{ int. Volt} = 1{,}0005 \text{ abs. Volt.}$$

Die Anwendung des auf der gesetzlichen Definition beruhenden Maßes der Spannung ist umständlich. Es wird für praktische Messungen durch das Weston-Kadmiumelement ersetzt. Die Spannung dieses Elementes ist inter-

---

[1]) Gesetz, betreffend die elektrischen Maßeinheiten vom 1. Juni 1898. Reichsgesetzblatt 1898, S. 905.

national zu 1,01830 int. Volt bei 20° festgesetzt worden, ein Wert, dessen Genauigkeit auf mindestens $1/10000$ einzuschätzen ist.

14. Grundlagen der Spannungsmessung. Eine absolute Spannungsmessung auf Grund der Definition der elektromagnetischen CGS-Spannungseinheit ist kaum durchführbar. Die absoluten Messungen der Spannungen beruhen vielmehr auf der Definition der Spannung im elektrostatischen Maßsystem, auf der ponderomotorischen Wirkung zweier Ladungen entsprechend dem COULOMBschen Gesetz. Die elektrostatische Spannungseinheit ist gleich 300 elektromagnetischen CGS-Einheiten. Über das Prinzip der absoluten Spannungsmessungen wird an anderer Stelle (Kap. 8 und 15) berichtet.

Auf indirekte Weise wird ein absolutes Maß für die Spannung gewonnen, indem ein in absolutem Maße gemessener Strom durch einen Widerstand geleitet wird, dessen Wert in absoluten Einheiten bestimmt ist. Derartige Messungen sind für die Feststellung der Beziehung der internationalen zu den absoluten Einheiten durchgeführt worden (vgl. hierzu Kap. 1 und 8).

Die indirekte Methode liefert bei Verwendung der internationalen Einheiten des Stromes und des Widerstandes ein Maß für das internationale Volt, entsprechend seiner Definition nach Ziff. 13.

Seit der Vervollkommnung der Normalelemente, besonders des Weston-Kadmiumelementes, und seit der einwandfreien und internationalen Festsetzung des Wertes seiner Spannung bedient man sich fast ausschließlich dieses Maßstabes für die Vergleichung elektromotorischer Kräfte bzw. von Spannungen. Die Temperaturabhängigkeit seiner EMK wird durch die Beziehung dargestellt:

$$E_t = 1{,}01830 - 0{,}0_4 406\,(t-20) - 0{,}0_6 95\,(t-20)^2 - 0{,}0_7 1\,(t-20)^3\,.$$

15. Spannungsmessung aus Stromstärke und Widerstand. Bestimmung von elektromotorischen Kräften. Liefert eine EMK E in einem Stromkreise vom Gesamtwiderstand R den Strom I, so ist $E = I/R$. Bei hohem Widerstande des Kreises kann der innere Widerstand der Stromquelle häufig vernachlässigt werden. Diese einfache Methode wird in verschiedenen Variationen angewendet. Man mißt z. B. dieselbe Spannung E, indem man nacheinander zwei verschiedene Widerstände r_1 und r_2 in den Stromkreis einschaltet; dadurch wird der Widerstand des Galvanometers und der Stromquelle eliminiert:

$$E = \frac{I_1 I_2 (r_1 - r_2)}{I_2 - I_1}\,.$$

Beim Vergleich zweier Stromquellen kann nacheinander entweder auf die gleiche Stromstärke oder auf gleichen Widerstand eingestellt werden. Sind die gemessenen Werte I_1 und I_2 bzw. R_1 und R_2, so ist

$$E_1 : E_2 \text{ wie } I_1 : I_2 \text{ bzw. } R_1 : R_2$$

Messung von Potentialdifferenzen. Den Spannungsunterschied zwischen zwei Punkten eines Stromkreises mißt man in ähnlicher Weise, wie unter a) beschrieben, indem man nach Abb. 10 an die beiden Punkte ein Galvanometer unter Vorschaltung eines großen Widerstandes anschließt. Ist der Widerstand G der Abzweigung groß gegen den Widerstand des Kreises, so ist $E = IG$. Ändert das Anlegen der Abzweigung den Spannungsabfall E merklich, so daß er den Wert E' annimmt, so ist

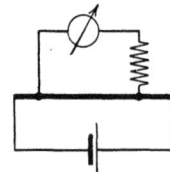

Abb. 10. Messung von Potentialdifferenzen.

$$E = E'\left(1 + \frac{1}{G} \cdot \frac{R_0 R}{R_0 + R}\right) = I\left(G + \frac{R_0 R}{R_0 + R}\right).$$

Hierin ist R der Widerstand zwischen den beiden Abzweigpunkten, R_0 der gesamte übrige Widerstand des Stromkreises.

16. Kompensationsmethoden. Die in Ziff. 15 beschriebenen Methoden liefern die EMK eines Elements nur dann richtig, wenn sie nicht von der Stromstärke abhängt; das ist aber mehr oder weniger bei allen Elementen der Fall. Die von POGGENDORF angegebene Kompensationsmethode gestattet eine Spannungsmessung, ohne daß dem Element Strom entnommen wird. Diese Methode ist von größter Wichtigkeit geworden.

Der den Widerstand R durchfließende, von einer Hilfsbatterie B gelieferte Strom (Abb. 11) wird mittels des Widerstandes W so eingestellt, daß der Spannungsabfall an den Klemmen von R genau entgegengesetzt gleich der Spannung des gemessenen Elementes E ist. Dann fließt in der Abzweigung kein Strom, was an dem in der Abzweigung liegenden empfindlichen Galvanometer G erkennbar ist.

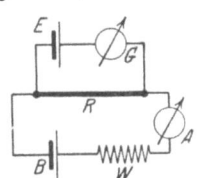

Abb. 11. Kompensationsmethode nach POGGENDORF.

LINDECK und ROTHE[1]) haben diese Methode besonders für die Messung von Thermokräften ausgebildet. Eine nach ihren Angaben gebaute Meßeinrichtung hierfür wird von Siemens & Halske geliefert.

BOSSCHA[2]) und später DU BOIS-REYMOND[3]) lassen einen konstanten Strom durch den Widerstand R fließen. An ihm wird dann ein solcher Spannungsabfall entsprechend einem Widerstand r abgegriffen, daß die Spannung des zu messenden Elementes kompensiert wird. Wiederholt man die Messung mit einem Normalelement N, so ist $E/N = r/r'$.

17. Anwendung des Kompensationsapparats zur Spannungsmessung. Der Kompensationsapparat, dessen Wirkungsweise und Ausführungsformen eingehend in dem Kap. 16 behandelt sind, ist bei weitem das beste Hilfsmittel für die exakte Spannungsmessung; in Verbindung mit einem Westonelement wird die Spannung in internationalen Einheiten erhalten.

Das Schema des Kompensationsapparates ist in Abb. 12 gezeichnet (vgl. Ziff. 6). Ein den gesamten Widerstand des Kompensationsapparates durchfließender Strom aus der Hilfsbatterie wird mittels eines regelbaren Widerstandes auf einen runden Betrag eingestellt. Dieser Betrag richtet sich nach der Größe der zu messenden Spannung. Hat sie die gleiche Größenordnung wie das Normalelement oder ist sie kleiner, so kompensiert man das Normal an einem großen Widerstande; bei einem Kompensationswiderstande von 10183 Ohm erhält man eine Stromstärke von 0,0001 Amp. Die Genauigkeit der Messung wird um so geringer, je kleiner die Spannung ist. Bei sehr kleinen Spannungen verwendet man daher einen Kompensationsapparat von kleinem Widerstande. Bei diesem muß das Normalelement an einem besonderen Widerstande gemäß Abb. 13 kompensiert werden[4]). Schwierigkeiten bei der Messung kleiner Spannungen entstehen häufig durch Thermokräfte. Kommutieren des Meßstromes und der zu messenden Spannung ist daher unbedingt nötig.

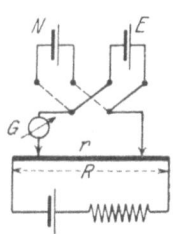

Abb. 12. Spannungsmessung mit Kompensationsapparat.

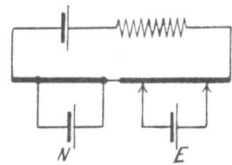

Abb. 13. Messung kleiner Spannungen mit Kompensationsapparat.

---

[1]) ST. LINDECK u. R. ROTHE, ZS. f. Instrkd. Bd. 20, S. 293. 1900.
[2]) J. BOSSCHA, Pogg. Ann. Bd. 94, S. 172. 1855.
[3]) E. H. DU BOIS-REYMOND, Berl. Ber. 1862, S. 707.
[4]) Näheres s. im Kap. 16 ds. Bandes. Ferner K. DIESSELHORST, ZS. f. Instrkde. Bd. 26, S. 173 u. 297. 1906; Bd. 28, S. 1. 1908.

Für die Messung von Spannungen, deren Größe über dem Wert des Normalelements liegt, verwendet man einen Kompensationsapparat von hohem Widerstande, indem man höhere Stromstärken einstellt. Da jedoch die Widerstände des Apparates eine Belastung von über 0,01 A. nicht vertragen, so ist 100 Volt die Grenze der Spannung, die direkt gemessen werden kann. Höhere Spannungen müssen nach Abb. 14 an einem Spannungsteiler T, einem anzapfbaren Widerstand von (meist) 100000 Ohm, in einem bekannten Verhältnis unterteilt werden. Die größte Meßgenauigkeit erreicht man, wenn die Teilspannung von der Größenordnung der EMK des Normalelementes ist.

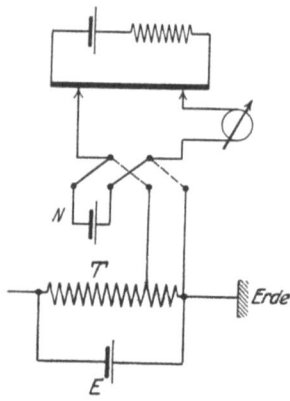

Abb. 14. Messung hoher Spannungen mit dem Kompensationsapparat.

Bei der Messung hoher Spannungen verursachen häufig Kriechströme, die das Galvanometer erreichen, Störungen. Das sicherste Mittel hiergegen ist die Erdung der Meßanordnung an einem solchen Punkte, daß an keiner Stelle des Kompensationsapparates ein hohes Potential gegen Erde besteht. Außerdem ist es zweckmäßig, die Galvanometerleitungen mit geerdeten Schutzröhren zu versehen und die Kompensationseinrichtung auf eine geerdete Unterlage zu stellen. Diese Maßnahmen wirken sicherer wie jede noch so gute Isolierung der Kompensationseinrichtung gegen Kriechströme.

Über Wahl des Galvanometers, Meßgenauigkeit usw. s. Ziff. 6.

18. Spannungsmessung mit Zeigerinstrumenten. Bei geringeren Ansprüchen an die Meßgenauigkeit ist die Verwendung von Zeigerinstrumenten zur Spannungsmessung in einem weiten Spannungsbereich möglich. Es werden hochempfindliche Instrumente besonders für den Gebrauch mit Thermoelementen sowohl mit Bandaufhängung wie mit Spitzenlagerung der Drehspule hergestellt. Die erreichbare Empfindlichkeit liegt bei etwa $50 \cdot 10^{-6}$ Volt für 1 mm Ausschlag des Zeigers und einen Grenzwiderstand von 30 Ohm, bei etwa $100 \cdot 10^{-6}$ Volt für 1 mm Ausschlag und einen Grenzwiderstand von 300 Ohm. Die Spannungsmesser für höhere Spannungen von etwa 100 mV ab werden mit einem Widerstand von etwa 50 bis 100 Ohm je 1 Volt Spannung hergestellt; das bewegliche System ist mit einem Kurzschlußrahmen zwecks elektromagnetischer Dämpfung der Schwingungen versehen. Die Stromaufnahme bei diesen Instrumenten beträgt demnach 10 bis 20 mA. Durch Vorschalten von Widerständen kann das Meßbereich für Spannungen bis einige 1000 Volt erweitert werden. Bei einem Instrumentwiderstand von R Ohm erhält man das 10-, 100- usw. fache Meßbereich durch Vorschalten eines Widerstandes von $9R$, $99R$ usw. Die praktische Grenze liegt wegen der Unhandlichkeit der Widerstände bei etwa 3000 Volt. Für die Messung höherer Spannungen sind elektrostatische Instrumente vorzuziehen.

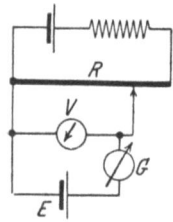

Abb. 15. Kompensationsschaltung mit Zeigerinstrument.

Die verschiedenen Formen von Spannungsmessern und ihre inneren Eigenschaften sind in Kap. 9 behandelt worden. Die mit guten Präzisionsinstrumenten im günstigsten Falle erreichbare Meßgenauigkeit liegt bei etwa 1 Promille für einen Ausschlag von 100 Skalenteilen (vgl. hierzu Ziff. 10).

19. Kompensationsschaltung mit Zeigerinstrument. Der Eigenverbrauch der Drehspulspannungsmesser ist gering. Doch liegt häufig die Aufgabe vor, Spannungen zu messen, z. B. bei Elementen, ohne daß irgendeine

Stromabgabe stattfindet. In diesem Falle kann man sich der in Abb. 15 gezeichneten Kompensationsschaltung bedienen. Der Spannungsmesser V zeigt unmittelbar die Spannung des Elementes an, wenn der Widerstand R so geregelt wird, daß das Galvanometer G keinen Ausschlag zeigt.

20. Messung höherer Spannungen mit der Funkenstrecke. Die Funkenschlagweite in der Luft (vgl. Bd. XIV, Kap. 7) ist abhängig von der Form der Elektroden, vom Luftdruck und von der Temperatur. Die Meßgenauigkeit wird weiter beeinträchtigt durch den sog. Entladeverzug. Die Anwendung nadelförmiger Elektroden, die diese störende Erscheinung am wenigsten zeigen, verbietet sich wegen der Undefiniertheit ihrer Form. Man verwendet hauptsächlich Kugelfunkenstrecken, bei denen man nach HERTZ den Entladeverzug durch Bestrahlung mit kurzwelligen Strahlen nach Möglichkeit beseitigt. Die Funkenstrecke hat hauptsächlich für die Messung hoher Wechselspannungen Bedeutung (s. Abschnitt d). Eine Tabelle der Schlagweiten für Kugeln verschiedenen Durchmessers findet man bei KOHLRAUSCH[1]); die wichtigste Literatur über die Anwendung der Funkenstrecke ist unten angegeben[2]).

c) Messung der Gleichstromleistung.

21. Die Einheit der Leistung. Die Einheit der Leistung, 1 Erg/sec, wird durch den Strom 1 im Widerstande 1 oder durch die EMK 1 geleistet, wenn diese den Strom 1 erzeugt. 10^7 Erg/sec werden als Watt (abs.) bezeichnet. Die Beziehung des internationalen Watt zum absoluten Watt ist dadurch gegeben, daß nach Ziff. 13 ein int. Ohm = 1,0005 abs. Ohm und nach Ziff. 1 ein int. Amp. = 1,0000 abs. Amp. gesetzt werden. Demnach ist ein int. Watt = 1,0005 abs. Watt.

22. Direkte Messung der Leistung. Die in Kap. 9, Abschn. III beschriebenen dynamometrischen Meßinstrumente (Dynamometer, Zeigerleistungsmesser) gestatten eine unmittelbare Messung der Leistung $N = EI$. Abb. 16 zeigt die Schaltung zur Messung der Leistung in einem Widerstande, der vom Strome I durchflossen wird und an dem ein Spannungsabfall E besteht. Bei dieser Schaltung wird die Stromspule des Leistungsmessers von dem Strome $I + i$ durchflossen, wenn $i = E/R$ der Strom in der Spannungsspule des Leistungsmessers ist. Die angezeigte Leistung ist daher

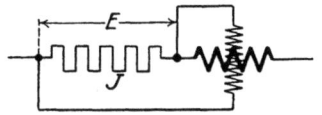

Abb. 16. Messung der Leistung mittels Dynamometers.

$$N' = E(I + i) = EI + Ei.$$

Von der gemessenen Leistung N' ist die Leistung in der Spannungsspule, Ei, abzuziehen. Da $Ir = iR$ ist, so kann man in der vorstehenden Gleichung i durch Ir/R ersetzen und erhält

$$N = EI = \frac{N'}{1 + \dfrac{r}{R}}.$$

Ist R groß gegen r, so wird der Nenner angenähert gleich 1; der Eigenverbrauch der Spannungsspule kann dann vernachlässigt werden.

Den dynamometrischen Messungen mit Gleichstrom steht eine prinzipielle Schwierigkeit entgegen: die Beeinflussung der Instrumente durch äußere magnetische Felder. Der Einfluß ist auch bei technischen Leistungsmessern mit

---

[1]) F. KOHLRAUSCH, Lehrb. d. prakt. Physik. Leipzig 1927.
[2]) M. TOEPLER, Elektrot. ZS. Bd. 28, S. 998 u. 1025. 1907; Ann. d. Phys. Bd. 29, S. 153. 1909; W. WEICKER, Elektrot. ZS. Bd. 32, S. 436 u. 460. 1911; F. W. PEEK, Proc. Amer. Inst. of Electr. Ing. Bd. 33, S. 889. 1914; W. ESTORFF, Elektrot. ZS. Bd. 27, S. 60 u. 76. 1916.

Zeigerablesung erheblich. Die durch die Horizontalkomponente des Erdfeldes hervorgerufenen Abweichungen betragen bei ihnen bis 0,5% des Skalenendwertes (s. Kap. 9, Ziff. 43). Aus diesem Grunde lassen sich genaue Messungen nur ausführen, wenn es möglich ist, durch Kommutieren von Strom und Spannung den Einfluß magnetischer Fremdfelder zu beseitigen.

23. Indirekte Messung der Leistung. Wegen der in der letzten Ziffer bezeichneten Schwierigkeit der Messung mit dynamometrischen Instrumenten ist das Verfahren, die Leistungsmessung auf eine Strom- und Spannungsmessung zurückzuführen, meist vorzuziehen. Für diese Messungen kommen, je nach dem gewünschten Grad der Meßgenauigkeit, alle die Methoden der Strom- und Spannungsmessung in Frage, die in den Ziff. 4 ff. und 15 ff. erörtert worden sind, für sehr genaue Messungen insbesondere die Meßmethoden mit dem Kompensationsapparat. Über ihre Anwendung bei kalorimetrischen Messungen berichten JAEGER und v. STEINWEHR Näheres[1]).

Die Messung des Stromes und der Spannung kann durch eine Messung des Stromes und des Widerstandes, bzw. der Spannung und des Widerstandes gemäß den Beziehungen

$$N = I^2 R = \frac{E^2}{R}$$

ersetzt werden, wenn die Sicherheit gegeben ist, daß der Widerstand unabhängig von der Temperatur einen konstanten Wert behält.

d) Messung der Gleichstromarbeit.

24. Die Einheit der Arbeit. Die Einheit der Arbeit ist das Erg. 10^7 Erg bezeichnet man als eine Joule. Nach Ziff. 21 ist

1 int. Joule = 1 int. Wattsek. = 1,0005 abs. Joule.

Für technische Messungen ist ausschließlich die Kilowattstunde als Einheit gebräuchlich.

25. Die Messung der Arbeit. Die Messung der Arbeit $\int_0^T EI\,dt$ kann auf eine Messung der Leistung und auf eine Zeitmessung zurückgeführt werden, wenn die Leistung EI während der Beobachtungsdauer T konstant ist. Für die Eichung von Elektrizitätszählern verwendet man daher als Stromquelle Akkumulatorenbatterien, die eine weitgehende Konstanz des Stromes und der Spannung gewährleisten.

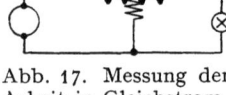

Abb. 17. Messung der Arbeit in Gleichstromnetzen.

Für die Messung der Gleichstromarbeit in Elektrizitätsverteilungsanlagen werden dynamometrische Wattstundenzähler verwendet, wie sie in Kap. 9, Ziff. 50, beschrieben sind. Die Feldspulen dieser Apparate werden von dem Verbrauchsstrom durchflossen, die Spulen des rotierenden Systems von einem der Spannung proportionalen Strom. Die Schaltung wird in der Regel nach Abb. 17 ausgeführt; der Eigenverbrauch in dem Spannungskreise wird hierbei nicht mitgemessen, dagegen fällt der Eigenverbrauch der Feldspulen dem Verbraucher zur Last. Bei Dreileitersystemen werden die Feldspulen je zur Hälfte in die Außenleiter gelegt, dem Spannungskreis wird die Spannung der Außenleiter zugeführt[2]).

e) Messung der Elektrizitätsmenge.

26. Die Einheit der Elektrizitätsmenge. Im elektromagnetischen Maßsystem ist die Einheit der Elektrizitätsmenge die vom Strome 1 durch einen

---

[1]) W. JAEGER u. H. v. STEINWEHR, Ann. d. Phys. Bd. 21, S. 46. 1906; Bd. 64, S. 322. 1921.

[2]) Näheres z. B. bei K. SCHMIEDEL, Die Prüfung der Elektrizitätszähler. Berlin 1924.

Querschnitt der Leitung in einer Sekunde beförderte Elektrizitätsmenge. Die praktische Einheit, die Amperesekunde, gleich einem Coulomb, ist gleich dem 10. Teil der CGS-Einheit. Da das int. Ampere weitgehend mit dem absoluten übereinstimmt (Ziff. 1), so gilt diese Übereinstimmung auch für die Einheit der Elektrizitätsmenge.

27. Messung größerer Elektrizitätsmengen. Die von dem Strom I während der Zeit T beförderte Elektrizitätsmenge Q ist gleich $\int\limits^{T} I dt$, bei konstantem Strom gleich IT. Sie wird unmittelbar erhalten bei der Elektrolyse: $Q = 1/E\,m$, wenn E das elektrochemische Äquivalent und m die ausgeschiedene Menge ist. In der Praxis findet die Elektrolyse zur Messung der Elektrizitätsmenge in Amperestunden bei den Quecksilber ausscheidenden Zählern von Schott u. Gen., Jena, sowie bei dem Wasserstoffzähler der Siemens-Schuckertwerke Anwendung (s. Kap. 12).

Bei konstantem Strome genügt es, die Stromstärke und die Zeit zu bestimmen. Bei variabler Stromstärke kann aus den Aufzeichnungen eines registrierenden Strommessers die Strommenge durch Integration der Stromkurve ermittelt werden. Eine größere Meßgenauigkeit läßt sich hierbei nur mit Hilfe solcher Registrierinstrumente erzielen, bei denen eine punktförmige Aufzeichnung der Kurve, eine Funkenregistrierung oder photographische Registrierung stattfindet. Näheres hierüber bei KEINATH[1]).

Die Meßgenauigkeit der als „Elektrizitätszähler" häufig benutzten Amperestundenzähler (Kap. 9, Ziff. 33) — rotierende Spule im Felde eines permanenten Magneten — ist nur gering. Ihre Angaben sind infolge wechselnder Reibungskräfte und Änderung des Übergangswiderstandes zwischen Bürsten und Kollektor leicht größeren Schwankungen unterworfen.

28. Messung kleiner Elektrizitätsmengen. Ballistisches Galvanometer. Wird eine Elektrizitätsmenge durch ein Galvanometer in einer gegen seine Schwingungsdauer sehr kurzen Zeit entladen, so ist der erste Ausschlag der Elektrizitätsmenge proportional. Diese Beziehung ergibt sich ohne weiteres aus der Bewegungsgleichung des Galvanometers

$$K \frac{d^2\varphi}{dt^2} + p \frac{d\varphi}{dt} + D\varphi = qi,$$

wenn man die Voraussetzung macht, daß das Trägheitsmoment K so groß ist, daß der Trägheitswiderstand $K \dfrac{d^2\varphi}{dt^2}$ sehr groß gegenüber der Bremskraft $p\,d\varphi/dt$ und dem entgegenwirkenden Drehmoment $D\varphi$ der Direktionskraft D ist. Man vergrößert daher beim ballistischen Galvanometer, wenn nötig, das Trägheitsmoment durch Gewichte, die auf das bewegliche System aufgesteckt werden, eine Maßnahme, die gleichzeitig die Schwingungsdauer vergrößert und damit die Ablesung des ersten Umkehrpunktes erleichtert. Die Integration der Bewegungsgleichung unter den gemachten Voraussetzungen zeigt, daß die dem System erteilte Anfangsgeschwindigkeit u_0 der Elektrizitätsmenge Q proportional ist. Es gilt die Beziehung:

$$u_0 = \frac{q}{K} \int i\,dt = \frac{q}{K} Q.$$

Für ein gedämpftes System entspricht der Anfangsgeschwindigkeit u_0 ein erster Ausschlag

$$\varphi_1 = \frac{u_0 T_0}{2\pi} k^{-\frac{1}{2\pi} \operatorname{arctg} \frac{2\pi}{\Lambda}},$$

---

[1]) G. KEINATH, Die Technik der elektrischen Meßgeräte, S. 72ff. 1922.

(s. Kapitel 7), worin T_0 die Schwingungsdauer des ungedämpften Systems, k das Dämpfungsverhältnis und Λ das logarithmische Dekrement bedeutet. Unter Berücksichtigung der Beziehung

$$\frac{D}{K} = \omega_0^2, \qquad \frac{D}{q} = C, \qquad \text{also} \qquad \frac{q}{K} = \frac{\omega_0^2}{C},$$

erhält man

$$Q = \varphi_1 \frac{CT_0}{2\pi} k^{\frac{1}{2\pi}\operatorname{arc tg}\frac{2\pi}{\Lambda}}. \tag{1}$$

Der Reduktionsfaktor C wird in bekannter Weise durch Gleichstrommessungen gefunden. Die Schwingungsdauer des ungedämpften Systems hängt mit der des gedämpften Systems durch die Beziehung zusammen:

$$T_0 = \frac{T}{\sqrt{1 + \left(\frac{\Lambda}{2\pi}\right)^2}}.$$

Das Dämpfungsverhältnis k ist gegeben durch

$$k = \frac{\varphi_2}{\varphi_1} = \frac{\varphi_3}{\varphi_2} = \cdots,$$

wenn φ die Ausschläge des um die Ruhelage schwingenden Systems sind. Λ ist gleich $\ln k$. Für den Exponentialfaktor findet man Tabellen z. B. bei W. JAEGER[1]) und im Lehrbuch von KOHLRAUSCH.

Nach DIESSELHORST[2]) ist auch für ballistische Messungen der aperiodische Grenzzustand am günstigsten. Für den Grenzzustand gilt:

$$Q = \frac{CT_0 e \varphi_1}{2\pi}, \tag{2}$$

worin e die Basis der natürlichen Logarithmen ist.

Die vorstehenden Beziehungen gelten unter der Voraussetzung, daß die Entladedauer klein ist gegen die Schwingungsdauer des Galvanometers; anderenfalls wird der Ausschlag zu klein gefunden, er ist von der Zeitdauer und der Form des Stromes abhängig. Der Einfluß ist von DORN[3]) und später von DIESSELHORST[4]) sowie von WEISS[5]) untersucht worden.

29. Empirische Eichung des ballistischen Galvanometers. Die in der Formel (2), Ziff. 28, vorkommenden Konstanten des Galvanometers C und T_0, ebenso auch Λ können in der üblichen Weise durch Messungen bestimmt werden. Meist zieht man jedoch vor, den Proportionalitätsfaktor des Ausschlags empirisch zu bestimmen, indem man eine Elektrizitätsmenge von bekannter Größe durch die Spulen des Galvanometers fließen läßt. Hierzu bedient man sich verschiedener Hilfsmittel. Man lädt einen Kondensator bekannter Kapazität K auf eine Spannung V Volt, dann ist $Q = KV$. Man erzeugt durch eine EMK E bekannter Größe während der Zeitdauer t einen Induktionsstoß. Ein EMK-Integral, $\int E dt$, bekannter Größe liefern der Erdinduktor, der Magnetinduktor oder die

---

[1]) W. JAEGER, Die elektrische Meßtechnik, 2. Aufl., S. 496.
[2]) H. DIESSELHORST, Ann. d. Phys. (4) Bd. 9, S. 458. 1902.
[3]) E. DORN, Wied. Ann. Bd. 17, S. 654. 1882.
[4]) H. DIESSELHORST, Ann. d. Phys. (4) Bd. 9, S. 712. 1902.
[5]) P. WEISS, Journ. de phys. (3) Bd. 4, S. 420. 1905. Weitere Arbeiten über die Theorie des ballistischen Galvanometers: O. M. STEWARD, Phys. Rev. Bd. 16, S. 158. 1903; W. P. WHITE, ebenda Bd. 23, S. 382. 1906; A. ZELENY, ebenda Bd. 23, S. 399. 1906; P. E. KLOPSTEG, ebenda (2) Bd. 2, S. 390. 1913; Bd. 3, S. 121. 1914.

sekundäre Wicklung einer Gegeninduktivität beim Öffnen des primären Stromes[1]).

30. Steigerung der Empfindlichkeit. Die klassische Methode zur Steigerung der Empfindlichkeit ist die Multiplikationsmethode von W. WEBER. Die Voraussetzung für ihre Anwendung ist, daß man in der Lage ist, die Entladung der zu messenden Elektrizitätsmenge zu beliebigen Zeiten zu wiederholen. Man erteilt dann dem Galvanometer im Augenblick des Durchgangs durch die Nullage einen Stoß entgegengesetzter Richtung so lange, bis eine konstante maximale Ablenkung eingetreten ist. Näheres über diese Methode, die seit der Steigerung der Empfindlichkeit moderner Galvanometer an Bedeutung eingebüßt hat, sowie über die Zurückwerfungsmethode gibt KOHLRAUSCH in seinem Lehrbuch.

Bei kleinem Widerstande des äußeren Stromkreises kann die Dämpfung der Schwingungen die Empfindlichkeit der Beobachtung erheblich beeinträchtigen. Man kann in diesem Falle zur Steigerung der Empfindlichkeit den Stromkreis nach einem Zeitintervalle, das sehr klein ist gegenüber der Schwingungsdauer, öffnen und dadurch einen größeren Ausschlag erzielen[2]).

31. Das Kriechgalvanometer. Nach Ziff. 28 ist für die Bewegung des Galvanometersystems beim ballistischen Galvanometer das Trägheitsglied in der Bewegungsgleichung maßgebend. Im Gegensatz hierzu bestimmt beim Kriechgalvanometer lediglich das Dämpfungsglied die Bewegung des Systems. Eine hierfür genügend große Dämpfungskonstante erhält man bei einem normalen Drehspulgalvanometer, wenn man es mit kleinem Schließungswiderstande verwendet. Unter Vernachlässigung des Trägheitsgliedes $K\frac{d^2\varphi}{dt^2}$ und des durch die Direktionskraft D bestimmten Gegendrehmomentes $D\varphi$ ergibt die Integration der Bewegungsgleichung

$$p(\varphi_1 - \varphi_0) = q\int i\,dt = qQ,$$

worin φ_0 den Ausschlagswinkel vor und φ_1 denjenigen nach dem Stromstoß bezeichnet. Die Größe $(\varphi_1 - \varphi_0)$ der Bewegung des Systems ist also proportional der Elektrizitätsmenge Q.

Ist R der Gesamtwiderstand des Galvanometerkreises, so ist die Dämpfungskonstante $p = \frac{q^2}{R}$, da die Dämpfung bei offenem Stromkreis vernachlässigbar klein ist. Demnach ist

$$Q = \int i\,dt = \frac{q}{R}(\varphi_1 - \varphi_0) \quad \text{oder} \quad R\int i\,dt = \int E\,dt = q(\varphi_1 - \varphi_0).$$

Das Zeitintegral der EMK ist proportional der Größe $(\varphi_1 - \varphi_0)$. Die Proportionalitätskonstante ist gleich der dynamischen Galvanometerkonstante q, unabhängig von dem Schließungswiderstand R des Galvanometers.

Das Prinzip des stark gedämpften Galvanometers ist zuerst von GRASSOT[3]) bei seinem Fluxmeter, einem Instrument zur Messung der Intensität von Magnetflüssen, angewendet worden (s. Kap. 26). Eine kritische Untersuchung des Kriechgalvanometers mit Bezug auf seine Verwendung für die Messung von Induktionskoeffizienten, magnetischen Feldern und Kapazitäten ist neuerdings von BUSCH[4]) gegeben.

---

[1]) M. WIEN, Wied. Ann. Bd. 62, S. 702 u. 897. 1897.
[2]) M. GILDEMEISTER, Ann. d. Phys. (4) Bd. 23, S. 401. 1907; W. WWEDENSKY, ebenda, Bd. 66, S. 110. 1921; E. WILSON, Proc. Phys. Soc. Bd. 34, S. 55. 1922.
[3]) M. E. GRASSOT, Journ. de phys. (3) Bd. 3, S. 696. 1904.
[4]) H. BUSCH, ZS. f. techn. Phys. Bd. 7, S. 361. 1926.

II. Wechselstrom.
a) Messungen mit anzeigenden Instrumenten (ausser Elektrometern).
Von RUDOLF SCHMIDT, Berlin.

32. Vorbemerkung. Die Theorie des Wechselstromes, sowohl die des einwelligen wie die des mehrwelligen, ist in dem Kapitel B2 des Bandes XV behandelt worden und wird als bekannt vorausgesetzt. Die Schwierigkeiten der exakten Messung von Stromstärke, Spannung, Leistung des Wechselstromes sind ungleich größer als beim Gleichstrom. Wie in Ziff. 6 im einzelnen ausgeführt ist, beruht die wichtigste Methode der Messung von Gleichströmen auf der Vergleichung von Spannungen mit Hilfe des Kompensationsapparates, wobei als Vergleichsspannung das Normalelement mit genau definierter EMK dient. Eine dieser Methode gleichwertige gibt es für Wechselstrom nicht, da ein genügend definiertes Spannungsnormal für Wechselstrom nicht herstellbar ist. Die Zurückführung von Wechselstrommessungen auf die gesetzlichen Einheiten ist nur durch Vermittlung von Gleichstrom möglich. Hierfür sind alle diejenigen Instrumente von größter Wichtigkeit, deren Angaben sowohl für Gleichstrom wie für Wechselstrom übereinstimmend sind: Dynamometer, Elektrometer und auf dem thermischen Effekt beruhende Instrumente. Der Gebrauch dieser Apparate soll in den folgenden Ziffern näher behandelt werden mit Ausnahme der Elektrometer, deren Anwendung für Wechselstrommessungen in dem folgenden Abschnitt b) zusammengefaßt ist.

33. Strommessung mit dynamometrischen Spiegelinstrumenten. Die Grundlagen der Anwendung dieser Instrumente für Wechselstrom sowie ihre Konstruktion ist in dem Abschnitt III des Kap. 9 beschrieben worden. Für die Strommessung werden die beiden Spulen des Dynamometers im allgemeinen hintereinander geschaltet. Die empfindlichste Ausführungsform eines Dynamometers von Siemens & Halske gibt bei 1 m Skalenabstand einen Ausschlag von 1500 mm bei einer Stromstärke von 1 mA. Für die Umrechnung der Empfindlichkeit auf andere Ausschläge ist zu bedenken, daß der Ausschlag quadratisch mit der Stromstärke wächst. Das Dynamometer nach Hartmann & Braun (Kap. 9, Ziff. 38) wird mit Fremderregung der festen Spule benutzt; der Ausschlag ist demnach der Stromstärke proportional. Bei einem Erregerstrom von 30 mA entspricht einem Ausschlage von 1 mm bei 1 m Skalenabstand eine Stromstärke von $2 \cdot 10^{-6}$ A.

Für die Messung stärkerer Ströme kann man mit Hilfe eines Abzweigwiderstandes, der einer Spule parallel gelegt wird, den Strom teilen. Für das Verhältnis der Teilströme ist das Verhältnis der Scheinwiderstände maßgebend; das Teilungsverhältnis entspricht demjenigen bei Gleichstrom nur dann, wenn Abzweigwiderstand und Spule dieselbe Zeitkonstante haben, wenn also das Verhältnis von Selbstinduktion und Widerstand in beiden Zweigen das gleiche ist.

Für die Gleichstromeichung sind wegen des Einflusses fremder Magnetfelder und etwa vorhandener Unsymmetrien in der Lage der Spulen zueinander vier Kommutierungen bzw. vier Messungen erforderlich; bei Wechselstrom genügen zwei.

34. Strommessung mit Thermoinstrumenten. Die von SCHERING angegebenen Thermo-Brückeninstrumente (Kap. 11) gestatten in Verbindung mit einem Gleichstrom-Zeigergalvanometer die exakte Messung von Stromstärken in der Größenordnung von etwa 0,5 bis 5 mA; dabei ist ihr Energieverbrauch außerordentlich gering. Ihr innerer Widerstand beträgt etwa 100 Ohm. Sie übertreffen die als Hitzdrahtinstrumente bekannten Apparate wesentlich an Empfindlichkeit. Bei diesen ist die kleinste Stromstärke, bei der der Endausschlag der Skala erreicht wird, etwa 30 mA, bei einem Widerstand des Hitzdrahtes von 80 Ohm (Ausführung von Hartmann & Braun). Näheres über Ausführungsformen und Eigenschaften der Thermoinstrumente ist in Kap. 11 gegeben.

35. Strommessung mit Zeigerinstrumenten. Für die Messung von Stromstärken von etwa 10 mA ab stehen dynamometrische Zeigerinstrumente zur Verfügung. Durch Anwendung besonderer Spulenformen ist es besonders BRUGER gelungen, den Ausschlag dieser Instrumente schon von etwa $1/20$ des Endwertes der Skala ab fast vollständig proportional mit der Stromstärke zu machen. Diese Instrumente werden von Hartmann & Braun in verschiedenen Abstufungen der Empfindlichkeit hergestellt. Die empfindlichsten Instrumente erreichen ihren Endausschlag bei 15 mA (s. Kap. 9, Ziff. 46).

Die Schwierigkeiten, die früher der exakten Messung hoher Stromstärken im Wege standen, sind durch die Entwicklung von Präzisionsmeßwandlern (Kap. 13) vollkommen überwunden worden. Die Anwendung von Stromwandlern ist schon bei Stromstärken von etwa 100 Amp. ab durchaus zu empfehlen. Für die Messung sehr hoher Ströme sind Sonderausführungen als Schienenstromwandler und Kettenstromwandler entwickelt worden.

Die Anwendung von Strommessern mit Eisen in den Wechselfeldern (dynamometrische Instrumente mit Eisen, Weicheiseninstrumente) ist für technische Messungen wegen der größeren Unabhängigkeit von störenden Fremdfeldern gleicher Frequenz und wegen der größeren mechanischen Widerstandsfähigkeit dieser Instrumente gegen Überlastungen die Regel. Über die mit ihnen zu erzielende Meßgenauigkeit ist in den Ziffern 16 und 17 des Kap. 9 Näheres mitgeteilt. Ihre Angaben sind für Gleichstrom und Wechselstrom nicht genau übereinstimmend; die Eichung erfolgt daher bei Wechselstrom mit Hilfe von dynamometrischen Instrumenten ohne Eisen.

36. Spannungsmessung mit dynamometrischen Spiegelinstrumenten. Die Spannungsmessung wird auf eine Strommessung zurückgeführt. Die gesuchte Spannung ist $E = IZ$, wenn I der gemessene Strom und Z der Scheinwiderstand der hintereinandergeschalteten Dynamometerspulen einschließlich des durch die Höhe der Spannung bedingten induktionsfreien Vorwiderstandes ist. Aus der Induktivität L der Spulen, die meist gering ist, und dem Wirkwiderstande R ergibt sich der Scheinwiderstand

$$Z = \sqrt{R^2 + \omega^2 L^2} = R\sqrt{1 + \left(\frac{\omega L}{R}\right)^2}.$$

Bei kleinen Frequenzen sowie bei höheren Spannungen, d. h. bei großem Vorwiderstande R, kann das Korrektionsglied $\left(\frac{\omega L}{R}\right)^2$ meist vernachlässigt werden.

Bei einem Dynamometer von Siemens & Halske (Kap. 9, Ziff. 38) mit einem Widerstand der festen und der beweglichen Spule von je 15 Ohm ist nach Angabe von KEINATH[1]) die Induktivität 1 mH. Der Strom hat gegen die Spannung bei der Frequenz 50 eine Phasenverschiebung von 7 Minuten. Das Instrument gibt bei 1 m Skalenabstand einen Ausschlag von 4 mm für 1 mA; also entspricht bei einem Vorwiderstand von 120 Ohm der Spannung 0,15 Volt ein Ausschlag von 4 mm, der Spannung 1 Volt ein solcher von 178 mm.

Bei Fremderregung der festen Spule, wie sie bei dem in Ziff. 38, Kap. 9 beschriebenen Dynamometer von Hartmann & Braun Anwendung findet, kann

---

[1]) G. KEINATH, Die Technik der elektrischen Meßgeräte, S. 358.

eine wesentlich höhere Empfindlichkeit erreicht werden; nähere Angaben sind in der angegebenen Ziffer enthalten. Die Induktivität der aus nur wenigen Windungen bestehenden beweglichen Spule ist äußerst gering; die Phasenverschiebung zwischen Spannung und Strom in ihr beträgt bei Frequenz 50 nur etwa 10 Sekunden.

37. Spannungsmessung mit Thermoinstrumenten. Für die Messung kleiner Spannungen, von etwa 0,05 Volt ab, sind die SCHERINGschen Thermogalvanometer wiederum ein ausgezeichnetes Hilfsmittel. Bei einem Widerstand von 100 Ohm wird der Endausschlag des an das Thermoelement angeschlossenen Gleichstrom-Zeigergalvanometers bei etwa 0,5 bis 0,7 Volt erreicht. Dabei ist der Eigenverbrauch des Instrumentes äußerst gering; er wird von keinem anderen Instrument erreicht. Vorschalten von induktionsfreien Widerständen macht das Instrument für höhere Spannungen ohne weiteres brauchbar (Näheres s. Kap. 11).

Auch die Hitzdrahtinstrumente haben für kleine Spannungsmeßbereiche einen wesentlich geringeren Eigenverbrauch als etwa dynamometrische Zeigerinstrumente. Der Widerstand des Hitzdrahtes ist in der Regel nicht ganz unabhängig von der Erwärmung. Schaltet man dem Hitzdrahtinstrument zur Erweiterung des Meßbereiches einen temperaturunabhängigen Widerstand vor, so ergibt sich daher eine etwas andere Skaleneinteilung. Die Instrumente sind aus diesem Grunde mit einer doppelten Teilung versehen.

38. Spannungsmessung mit Zeigerinstrumenten. Die Möglichkeit des Gebrauchs dynamometrischer Zeigerinstrumente für die Messung kleiner Spannungen ist dadurch stark eingeengt, daß ihr Eigenverbrauch bei kleinen Spannungen sehr hoch ist. Ein dynamometrisches Zeigerinstrument für den Meßbereich 5 Volt hat einen Stromverbrauch von 0,5 bis 1 A. Für Spannungen dieser Größenordnung sind daher Thermoinstrumente vorzuziehen. Dagegen verhalten sich die von BRUGER angegebenen dynamometrischen Spannungsmesser (Hartmann & Braun) bereits bei Spannungen von 15 Volt an günstiger wie etwa Hitzdrahtinstrumente. Bei einem Instrument vom Meßbereich 30 Volt ist der Widerstand 1000 Ohm, der Strom beim Endausschlag demnach 30 mA; bei einem Meßbereich von 60 Volt ist der Widerstand 4000 Ohm, entsprechend einem Strom von 15 mA; in beiden Fällen ist demnach der Eigenverbrauch der Instrumente 0,9 Watt. Die Eigenschaften der dynamometrischen Spannungsmesser sind in den Ziff. 46 und 47 des Kapitel 9 eingehend diskutiert worden. Auf diese Abschnitte sei besonders hingewiesen.

Für die Messung kleiner Spannungen kann auch die Anwendung von Spannungswandlern in Frage kommen. GEWECKE[1]) benutzte für die Messung von Spannungen in der Größenordnung von einigen Volt einen Wandler bei sehr geringer Sättigung des Eisens, mit Hilfe dessen er die Spannungen auf 100 bis 200 Volt transformierte. Die sekundären Spannungen wurden mit Hilfe eines elektrostatischen (Multizellular) Voltmeters gemessen. Der von dem Transformator aufgenommene Strom war maximal 0,5 mA.

39. Messung der Leistung mit dynamometrischen Spiegelinstrumenten. Zur Messung der Leistung leitet man durch die feste Spule des Dynamometers den Strom i, durch die bewegliche Spule einen der Spannung e proportionalen Strom $i' = e/R$; i und e mögen die Augenblickswerte des Stromes und der Spannung, R den Widerstand der beweglichen Spule einschließlich des Vorwiderstandes bezeichnen. Die zwischen den Spulen wirksamen elektrodynamischen Kräfte sind dann in jedem Augenblick dem Produkte ei proportional. Das bewegliche System kann infolge seiner Trägheit den periodischen Schwan-

---

[1]) H. GEWECKE, Arch. f. Elektrot. Bd. 7, S. 203. 1919.

kungen der Größe ei nicht folgen; der Ausschlag entspricht vielmehr dem Mittelwerte $M(ei)$. Dieser Mittelwert ist aber gleich $EI\cos\varphi$, d. h. der Leistung, wenn einwelliger Strom vorliegt; bei mehrwelligem Strom ist der Mittelwert gleich EIk, wenn k der Leistungsfaktor ist, also ebenfalls gleich der Leistung. (Näheres hierüber s. im Kap. Wechselströme in Bd. XV ds. Handb.) Nach Kapitel 9, Ziff. 36, Gleichung (4) ist demnach die Leistung $N = RC\alpha$, wenn α der Ausschlag des Instrumentes ist. Die Konstante C kann durch eine Gleichstrommessung gefunden werden. Die Gleichung $N = RC\alpha$ liefert den richtigen Wert für eine Wechselstromleistung N nur dann, wenn der Spannungskreis keine merkliche Induktivität hat. Ist das nicht der Fall, so hat der Strom in der Spannungsspule gegen die Spannung eine Phasenverschiebung von $\frac{\omega L}{R} = \operatorname{tg}\delta$; der Effektivwert des Stromes I' in der Spannungsspule ist gegeben durch
$I' = \dfrac{E}{R\sqrt{1 + \operatorname{tg}^2\delta}}$. Die dem Ausschlag α entsprechende, durch Gleichstrommessung ermittelte Leistung $N = RC\alpha$ ist dann mit den Faktoren $(1 + \tfrac{1}{2}\delta^2)(1 \pm \delta\operatorname{tg}\varphi)$ zu multiplizieren. Hierbei ist das positive Vorzeichen zu nehmen, wenn der Winkel φ eine kapazitive Verschiebung, das negative Vorzeichen, wenn er eine induktive Phasenverschiebung bedeutet.

Bei der Schaltung des Dynamometers nach Abb. 18 zur Messung der Leistung im Widerstande r ist zu beachten, daß die Leistung um den Betrag E^2/R, die

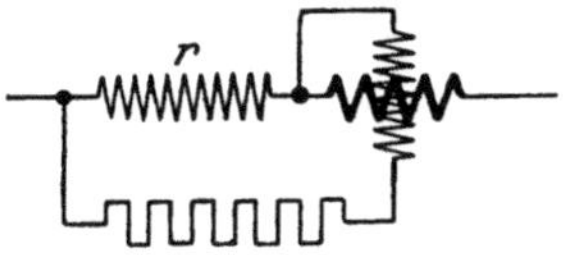

Abb. 18. Leistungsmessung mit Dynamometer. Der Eigenverbrauch im Spannungskreis wird mitgemessen.

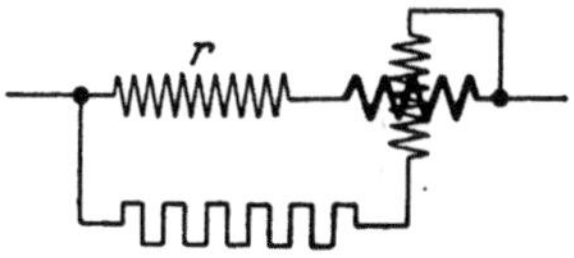

Abb. 19. Leistungsmessung mit Dynamometer. Der Eigenverbrauch der Stromspule wird mitgemessen.

Leistung in der Spannungsspule einschließlich des Vorwiderstandes, zu groß gemessen wird. Dieser Betrag ist daher abzuziehen. Bei der Schaltung nach Abb. 19 dagegen ist die gemessene Leistung um den Betrag der Leistung $I^2 R_i$ in der Stromspule des Dynamometers mit dem Widerstande R_i zu groß.

Der Vorwiderstand für die Spannungsspule ist so zu legen, daß zwischen Strom- und Spannungsspule keine erheblichen Spannungsunterschiede auftreten; Strom- und Spannungsspule müssen also mit je einem Ende ohne Zwischenschaltung von Widerständen unmittelbar verbunden sein (vgl. auch Ziff. 40).

40. Leistungsmessung mit Zeigerinstrumenten. Dynamometrische Leistungsmesser werden für einen weiten Strommeßbereich, in Sonderausführungen auch für die Messung sehr kleiner Leistungen — in der Größenordnung von 1 Watt — gebaut. Ihre Eigenschaften sind in den Ziff. 41 bis 44 des Kapitel 9 eingehend behandelt worden. Für die Beurteilung der erreichbaren Meßgenauigkeit wird auf die Angaben dieser Abschnitte verwiesen.

Bei den technischen Frequenzen 50 bis 100 Per/sec liegen die Fehler guter Leistungsmesser, soweit sie aus den Winkelfehlern im Spannungskreis resultieren, innerhalb der Ablesegenauigkeit der Skala. Bei Stromstärken, die über 100 A liegen, stört jedoch der Phasenfehler des Stromkreises, die Phasenverschiebung zwischen Feld und Strom, in merklicher Weise die Genauigkeit der Messungen. Man verwendet daher bei Stromstärken über 100 A ebenso wie bei Spannungen über 1000 Volt Meßwandler (s. Ziff. 45).

Bei höheren Frequenzen tritt noch eine weitere Fehlerquelle auf, die aus der gegenseitigen Induktion der Spulen des Leistungsmessers entsteht; Näheres hierüber s. Ziff. 43, Kapitel 9.

Für die Schaltung der Leistungsmesser gilt ebenso wie bei den Dynamometern der Grundsatz, daß höhere Spannungen zwischen Strom- und Spannungsspule vermieden werden müssen; die Schaltung ist daher so auszuführen, daß eine Strom- und eine Spannungsklemme des Instrumentes unmittelbar miteinander verbunden sind. Abb. 20 zeigt die Schaltung des Leistungsmessers in einer Wechselstromanlage. Der Eigenverbrauch des Spannungskreises E^2/R ist bei dieser Schaltung zu der angezeigten Leistung zu addieren, wenn die Leistung des Generators festgestellt werden soll. Soll dagegen die Leistung der angeschlossenen energieverbrauchenden Apparate gemessen werden, so ist der Betrag $I^2 R_i$, der der Leistung der Stromspule des Wattmeters entspricht, zu subtrahieren. In der Schaltung nach Abb. 21 ist für die Leistungsbestimmung des Generators die Größe $I^2 R_i$ zu addieren, für die Leistungsmessung des Verbraucherkreises die Größe E^2/R zu subtrahieren.

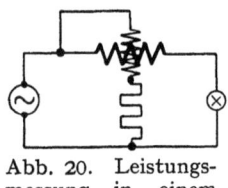

Abb. 20. Leistungsmessung in einem Wechselstromnetz.

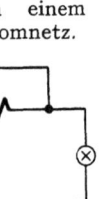

Abb. 21. Leistungsmessung in einem Wechselstromnetz.

Bei derartigen Messungen werden in der Regel außer dem Leistungsmesser noch Strom- und Spannungsmesser angeschlossen, deren Verbrauch dann ebenfalls zu berücksichtigen ist. Wir geben daher nach einer Zusammenstellung von KEINATH[1]) die Zahlen des Eigenverbrauchs einiger Instrumente, bezogen auf ihren Endausschlag:

Stromspule elektrodynamischer Leistungsmesser für alle Stromstärken bis etwa 200 A	4 bis 6 W
Elektrodynamischer Strommesser für 5 A	8 „ 15 W
Desgl. für höhere Stromstärken	20 „ 50 W
Weicheisen-Strommesser bis 100 A	0,5 „ 1,5 W
Spannungskreis elektrodynamischer Leistungsmesser	
bei 120 Volt	3 „ 6 W
bei 500 Volt	12 „ 25 W
Elektrodynamischer Spannungsmesser	
bei 120 Volt	8 „ 15 W
bei 500 Volt	20 „ 30 W

Bei der Eichung der Leistungsmesser mit Gleichstrom ist, um den Einfluß von Fremdfeldern, insbesondere des Erdfeldes auszuschalten, die Stromrichtung in der Strom- und Spannungsspule zu kommutieren. Die Mittelwerte entsprechen den Wechselstromwerten, innerhalb der durch etwaige Phasenfehler gezogenen Grenzen. Die Gleichstrommessungen werden am besten mit Hilfe des Kompensationsapparates durchgeführt.

41. Leistungsmessung mit Hilfe von Spannungsmessern oder Strommessern. Nach SWINBURNE[2]) sowie nach AYRTON und SYMPNER[3]) kann die Leistung nach Abb. 22 mit Hilfe von drei Voltmetern gemessen werden. Dem Apparat A, dessen Leistung zu bestimmen ist, wird ein induktionsfreier Widerstand R vorgeschaltet. Dann ist die Leistung

$$N = \frac{1}{2R}(E_3^2 - E_1^2 - E_2^2).$$

---

[1]) G. KEINATH, Die Technik der elektrischen Meßgeräte, S. 358.
[2]) I. SWINBURNE, Industries Bd. 10, S. 306. 1891.
[3]) W. AYRTON u. W. SYMPNER, Electrician Bd. 26, S. 736. 1891.

Ziff. 42. Leistungsmessung in 3-Phasen-Wechselstromsystemen ohne Nulleiter.

Große Meßgenauigkeit ist wegen der Differenzbildung nicht zu erwarten. Der Widerstand R ist so zu wählen, daß E_2 möglichst gleich E_1 wird. Als Korrektion

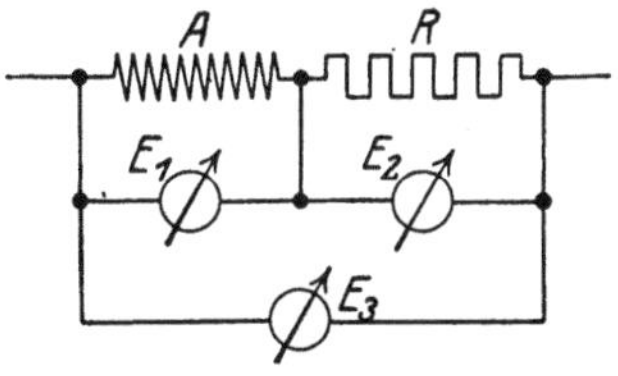

Abb. 22. Leistungsmessung mit Hilfe von drei Voltmetern.

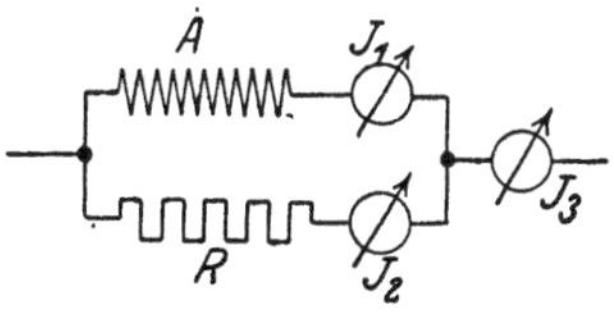

Abb. 23. Leistungsmessung mit Hilfe von drei Strommessern.

der Leistung tritt die Differenz der Leistungen in den Spannungsmessern E_1 und E_2 auf.

In ähnlicher Weise kann nach FLEMING[1]) die Leistung aus den Angaben dreier Leistungsmesser bestimmt werden, die nach Abb. 23 geschaltet sind. Hier wird der Widerstand R dem Apparate A parallelgeschaltet. Dann ist

$$N = \frac{R}{2}(I_3^2 - I_1^2 - I_2^2).$$

Die Ableitung der vorstehenden Beziehungen zwischen der Leistung und den Spannungen bzw. den Strömen ist in Bd. XV, Kapitel B 2 ds. Handb. gegeben.

42. Leistungsmessung in 3-Phasen-Wechselstromsystemen ohne Nulleiter. Die Grundlagen für Leistungsmessungen in 3-Phasen-Wechselstromsystemen sind in Kap. B 2, Bd. XV ds. Handb. behandelt worden. Die Augenblickswerte der Phasenspannungen seien $e_1 e_2 e_3$, die der verketteten Spannungen $e_{12} e_{23} e_{31}$, die Augenblickswerte der Ströme in den Phasenleitungen $i_1 i_2 i_3$. Dann gelten in jedem Augenblick für die gesamte Leistung $\sum ei$ des Systems die Beziehungen

$$\sum ei = e_1 i_1 + e_2 i_2 + e_3 i_3. \quad (1)$$

Bei vollkommen symmetrischer Belastung ist die gesamte Leistung

$$N = 3EI\cos\varphi.$$

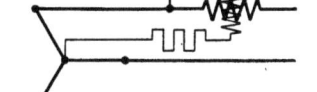

Abb. 24. Leistungsmessung in einem Drehstromnetz bei symmetrischer Belastung.

Es genügt ein Leistungsmesser, dessen Stromspule nach Abb. 24 in einen Außenleiter, und dessen Spannungskreis zwischen Außenleiter und Sternpunkt gelegt ist. Ist der Sternpunkt des Systems nicht zugänglich, so kann nach Abb. 25 durch Zusammenschalten des Spannungskreises des Leistungsmessers mit zwei induktionsfreien Widerständen, von denen jeder seinem Betrage nach genau dem Gesamtwiderstand des Spannungskreises des Leistungsmessers entspricht, ein künstlicher Sternpunkt geschaffen werden.

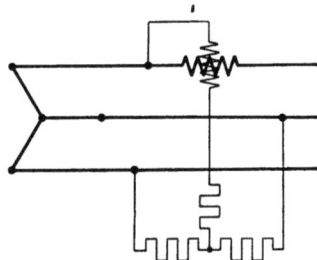

Abb. 25. Leistungsmessung mit künstlichem Sternpunkt.

Sternspannung E und verkettete Spannung E_v unterscheiden sich der Größe nach um den Faktor $\sqrt{3}$. Will man die verkettete Spannung an Stelle der Sternspannung zur Messung der Leistung benutzen, so ist zu berücksichtigen, daß die Phasen der Sternspannung und der verketteten Spannung gegeneinander

---
[1]) I. A. FLEMING, Electrician Bd. 27, S. 9. 1891.

verschoben sind (vgl. Abb. 27). Man wählt eine der beiden verketteten Spannungen, deren Phasendifferenz gegen die Sternspannung 30 bzw. 120° beträgt und kompensiert diese Phasenverschiebung je nach ihrer Richtung entweder mit Hilfe eines Kondensators oder mit Hilfe einer Drosselspule. Der Nachteil einer solchen Schaltung ist der, daß die Phasenverschiebung von der Frequenz abhängig ist.

Bei unsymmetrischer Belastung des Dreiphasensystems ohne Nulleiter sind gemäß Gleichung (1) drei Leistungsmesser für die Leistungsmessung erforderlich. Nach ARON[1]) und BEHN-ESCHENBURG[2]) läßt sie sich mit Hilfe von zwei Leistungsmessern ausführen, wenn man die verketteten Spannungen benutzt entsprechend den Beziehungen

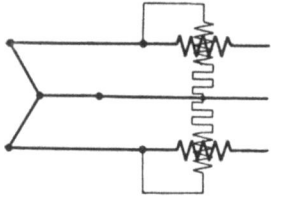

Abb. 26. Leistungsmessung nach ARON.

$$\sum ei = e_{13}i_1 + e_{23}i_2$$
$$= e_{21}i_2 + e_{31}i_3 \qquad (2)$$
$$= e_{32}i_3 + e_{12}i_1.$$

Abb. 26 zeigt die der ersten dieser Gleichungen entsprechende Schaltung; die Stromspulen der beiden Leistungsmesser werden von den Strömen I_1 und I_2 durchflossen, ihre Spannungskreise sind an die verketteten Spannungen E_{13} bzw. E_{23} gelegt. Abb. 27 zeigt die Lage der Spannungen und Ströme zueinander. Bei der Phasenverschiebung Null zwischen Sternspannungen und Strömen ($\cos\varphi = 1$) erreicht der Ausschlag der Leistungsmesser auch bei vollem Strom und voller Spannung nicht den Endausschlag; bei einer hundertteiligen Skala spielt er vielmehr

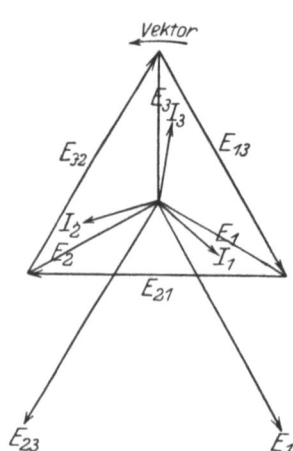

Abb. 27. Diagramm der Spannungen und Ströme bei der Aronschaltung.

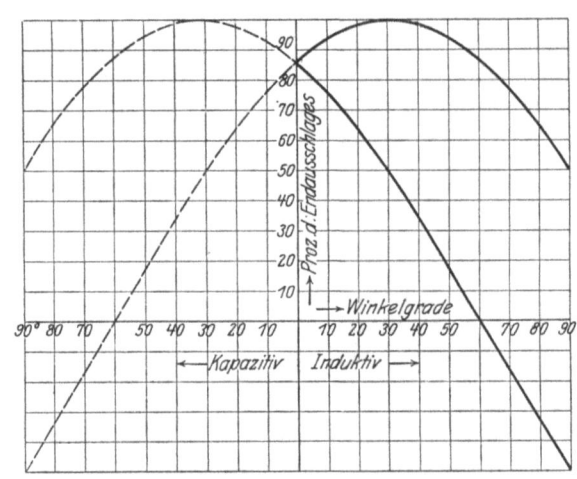

Abb. 28. Ausschläge der Leistungsmesser in Aronschaltung bei verschiedenen Leistungsfaktoren.

auf den Teilstrich 86,6 ein, entsprechend einer Phasenverschiebung von 30° zwischen Strömen und verketteten Spannungen. Erst bei einer Phasenverschiebung von 30° zwischen Strömen und Sternspannungen erreicht der eine Leistungsmesser den vollen Ausschlag, während der andere die Hälfte des Endausschlages anzeigt. In Abb. 28 sind die Ausschläge der Leistungsmesser in Abhängigkeit

---

[1]) Patentschrift vom 26. II. 1891.
[2]) BEHN-ESCHENBURG, Elektrot. ZS. Bd. 13, S. 73. 1892.

von dem Winkel der Phasenverschiebung zwischen Strömen und Sternspannungen bei induktiver und kapazitiver Belastung dargestellt. Bei 60° Phasenverschiebung geht der Zeiger des einen Leistungsmessers durch Null, bei noch größerer Verschiebung wird der Ausschlag negativ; dann muß die Spannung dieses Leistungsmessers durch Vertauschen der Zuleitungen um 180° gedreht werden. Die gesamte Leistung ergibt sich aus der Summe der Ausschläge beider Wattmeter, wobei das Vorzeichen zu berücksichtigen ist. Zur Feststellung des Vorzeichens kann man sich eines Kondensators bedienen, der einem Teil des Vorwiderstandes im Spannungskreis des Leistungsmessers parallelgeschaltet wird und dem Spannungsstrom eine kapazitive Verschiebung erteilt.

Bei Leistungsmessungen im Betriebe sind die Schwankungen der Belastung meist so groß, daß die für die Leistungsmessung erforderliche gleichzeitige Ablesung zweier Leistungsmesser Schwierigkeiten macht. In solchen Fällen bietet die Verwendung eines Leistungsmessers mit zwei messenden Systemen, deren Achsen mechanisch miteinander verbunden sind, große Vorteile, da nur eine Ablesung erforderlich ist. Bei diesen Instrumenten muß man sich allerdings durch besondere Messungen vorher überzeugen, daß keine gegenseitige Beeinflussung der beiden Systeme stattfindet, oder daß die Beeinflussung genügend kompensiert ist.

In allen Fällen, in denen der Einfluß synchroner magnetischer Fremdfelder auf das Meßergebnis nicht vermieden werden kann, ist der Gebrauch eisengeschlossener Instrumente zu empfehlen (Ziff. 44, Kap. 9).

43. Leistungsmessung in 3-Phasen-Wechselstromsystemen mit Nulleitern. Ist der Sternpunkt des Generators und der Belastung durch einen Nulleiter verbunden, so ist die Bedingung für die Gültigkeit der Gleichungen (2) in Ziff. 42, daß die Summe der drei Phasenströme gleich 0 ist, nicht erfüllt. Es sind demnach gemäß Gleichung (1) drei Leistungsmesser erforderlich, deren Spannungskreise zwischen je einen Außenleiter und den Nulleiter eingeschaltet werden.

44. Die Messung der Arbeit bei Wechselstrom. Zu der Leistungsmessung tritt die Bestimmung der Zeit. Eine exakte Messung der Arbeit ist daher nur möglich, wenn die Leistung während der Beobachtungsdauer konstant ist. Aus diesem Grunde werden für die Eichung von Wechselstrom-Arbeitsmessern (Elektrizitätszählern) im Laboratorium Generatoren besonderer Bauart verwendet, deren Antriebsmotoren durch Akkumulatorenbatterien gespeist werden, so daß eine konstante Umlaufzahl und damit konstante Spannung gewährleistet ist. Bei der Eichung solcher Zähler werden Stromkreis und Spannungskreis voneinander getrennt; dem entsprechend hat die Eichmaschine außer dem Antriebsmotor zwei Drehstromgeneratoren, deren einer den „Strom", deren anderer die „Spannung" liefert. Der Ständer der einen Maschine ist gegen den Läufer drehbar, so daß jede beliebige Phasenverschiebung zwischen den Spannungen beider Maschinen hergestellt werden kann[1]).

Zur Messung der Arbeit in Wechselstromverteilungsanlagen dienen die auf dem Induktionsprinzip beruhenden Elektrizitätszähler, deren Arbeitsweise in Ziff. 54, Kapitel 9 beschrieben ist. Ihre Schaltung ist im wesentlichen die gleiche wie die der Leistungsmesser bei der Leistungsmessung. Eine Zusammenstellung normalisierter Schaltungen ist vom Verbande Deutscher Elektrotechniker[2]) herausgegeben worden.

45. Die Verwendung von Meßwandlern. Der Bau und die Wirkungsweise von Meßwandlern sind in dem Kapitel 13 dieses Bandes gesondert behandelt

---

[1]) Näheres hierüber s. z. B. K. SCHMIEDEL, Die Prüfung der Elektrizitätszähler, 2. Aufl., Berlin 1924; W. SKIRL, Wechselstromleistungsmessungen, 2. Aufl., Berlin 1923.
[2]) Elektrot. ZS. Bd. 47, S. 566 u. 862. 1926.

worden. Sie finden Anwendung, wenn es nötig ist, die Stromstärke oder die Spannung auf einen kleineren, der Messung leichter zugänglichen Wert zu transformieren, oder sie dienen dazu, von Meßinstrumenten und Beobachtern gefährliche Hochspannungen fernzuhalten. Die normale sekundäre Stromstärke ist stets 5 A, die normale sekundäre Spannung 100 oder 110 Volt.

Die Schaltungen für die Leistungs- und Arbeitsmessung sind bei Verwendung von Meßwandlern den in den Ziff. 40—44 angegebenen Schaltungen ganz analog.

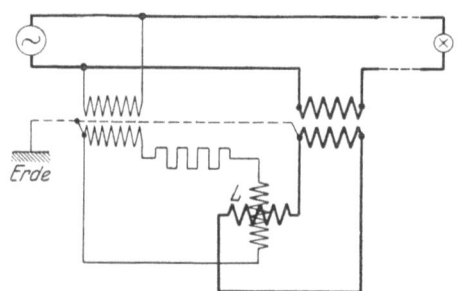

Abb. 29. Schaltung von Meßwandlern bei der Leistungsmessung.

Als Beispiel möge Abb. 28 dienen, in der die Schaltung für Messung der Leistung in einem Einphasenwechselstromnetz mit Hilfe von Meßwandlern in Verbindung mit einem Leistungsmesser L dargestellt ist. Bei Hochspannung ist die Sekundärseite der Wandler wie auch ihre Gehäuse zu erden, damit die Hochspannung, etwa bei Beschädigung der Isolation, den Beobachter oder die Meßinstrumente nicht gefährden, kann. Die Verbindung einer sekundären Spannungs- und Stromklemme durch die Erdleitung nach Abb. 29 verhindert gleichzeitig, daß zwischen der Stromspule und der Spannungsspule des Leistungsmessers größere Spannungen auftreten.

Über die Berücksichtigung der Fehler des Übersetzungsverhältnisses und des Phasenwinkels der Wandler, die in das Meßergebnis eingehen, s. unter Abschnitt d).

Eine Überlastung der Stromwandler über 10—20% hinaus ist gefährlich, da infolge der starken Erwärmung der primären Wicklung die Isolationsmasse des Wandlers unter Volumvermehrung schmilzt; hierbei kann unter Umständen eine Explosion des ganzen Gehäuses stattfinden. Die gleichen gefährlichen Wirkungen können entstehen, wenn der Stromwandler bei geöffnetem Sekundärkreise betrieben wird (vgl. Kap. 13). Spannungswandler dürfen aus ähnlichen Gründen nur bis 10% Überspannung belastet werden.

46. Messung des Leistungsfaktors. Der Leistungsfaktor ist für beliebige Kurvenform des Wechselstromes als das Verhältnis der Leistung zu dem Produkt aus den Effektivwerten von Spannung und Strom definiert: $k = \dfrac{N}{EI}$. Für die Bestimmung des Leistungsfaktors ist demnach die Messung dreier Größen, der Leistung, der Spannung und des Stromes nötig. Für einwelligen Strom ist k identisch mit dem cos der Phasenverschiebung zwischen Spannung und Strom.

In einem Dreiphasen-Wechselstromsystem kann unter Voraussetzung symmetrischer Belastung der Leistungsfaktor aus den Angaben zweier Leistungsmesser in Aron-Schaltung (vgl. Ziff. 42) gemäß der in Bd. 15, Kap. B 2, Ziff. 42 abgeleiteten Beziehung

$$\operatorname{tg} \varphi = \sqrt{3} \, \frac{N_1 - N_2}{N_1 + N_2}$$

berechnet werden. Hierin ist φ der Winkel der Phasenverschiebung zwischen Spannung und Strom, N_1 und N_2 die von den beiden Leistungsmessern angezeigte Leistung. Bei nichtsinusförmiger Kurvenform ist φ gleich der effektiven Phasenverschiebung (vgl. Bd. 15, Kap. B 2, Ziff. 28).

In elektrischen Betrieben kommt es darauf an, in jedem Augenblick die Größe des Leistungsfaktors feststellen zu können, ohne umständliche Messungen machen zu müssen. Hier bedient man sich der anzeigenden Leistungsfaktormesser, deren Wirkungsweise in Kap. 9, Ziff. 49 behandelt worden ist.

47. Bestimmung der Phasenfolge. Für die richtige Schaltung von Meßgeräten in Dreiphasen-Wechselstromsystemen ist die Bestimmung der zeitlichen Folge der drei Phasen häufig von Wichtigkeit.

Legt man drei Widerstände in Sternschaltung an die verketteten Spannungen eines Drehstromnetzes, so sind Größe und Richtung der an den Widerständen herrschenden Spannungen, d. h. die Lage des Sternpunktes in dem Spannungsdreieck, durch das Größenverhältnis und die Art der drei Widerstände bestimmt. Die Lage des Sternpunktes ist unabhängig von der Phasenfolge, wenn die Widerstände kapazitäts- und induktionsfrei sind oder wenn sie die gleiche Zeitkonstante besitzen. Ist das nicht der Fall, so ist die Lage des Sternpunktes auch von der Phasenfolge abhängig. Schaltet man daher eine Induktionsspule oder einen Kondensator mit einem induktionsfreien Widerstand und einem Voltmeter in Stern, so kann aus der Größe des Ausschlages des Voltmeters auf die Phasenfolge geschlossen werden. SCHMIDT[1]) schaltet bei seinem von der Allgemeinen Elektrizitäts-Gesellschaft hergestellten „Drehfeld-Richtungsanzeiger" zwei kleine Glühlampen mit einem Kondensator in Stern. Je nach der Phasenfolge verschiebt sich der Sternpunkt der Spannungen derart, daß entweder nur die eine oder nur die andere Lampe aufleuchtet.

Andere Apparate beruhen auf dem Prinzip des Asynchronmotors. Drei kleine Eisenkerne sind mit Wicklungen versehen, die an die Spannungen des Drehstromsystems angeschlossen werden. Über den Eisenkernen ist eine Metallscheibe drehbar oder verschiebbar angeordnet; je nach der zeitlichen Folge der Phasen bewegt sich die Scheibe in der einen oder anderen Richtung[2]).

b) Messungen mit dem Elektrometer.

Von H. SCHERING, Charlottenburg.

48. Übersicht. Mit dem Quadrantenelektrometer (QE.) kann man, wie E. ORLICH[3]) gezeigt hat, sehr genaue Messungen bei Wechselstrom ausführen, indem man das Instrument mit Gleichspannungen eicht. Vor dem Dynamometer hat das QE. den Vorzug, daß es keine Energie verzehrt; da seine Kapazitäten klein sind, verursachen sie im allgemeinen keine Phasenfehler, während beim Dynamometer die Induktivitäten der Spulen vielfach eine Korrektionsrechnung bedingen. Andererseits ist die Richtkraft beim QE. gering; um zu ausreichender Empfindlichkeit zu kommen, muß die Nadel leicht und das Aufhängeband dünn sein, die Aufstellung erfordert einige Mühe und Geschicklichkeit. Der Standort muß ziemlich erschütterungsfrei sein; die Schwingungsdauer ist vielfach unbequem groß; das Instrument hat daher niemals Eingang in die Technik gefunden. Ferner hat die Entwicklung der Nullmethoden für einwellige Spannung in der Starkstromtechnik eine um Zehnerpotenzen höhere Meßempfindlichkeit gebracht, so daß die Anwendung des QE. nur für die Messung bei verzerrten Spannungen und Strömen insbesondere für die Leistungsmessung gegeben ist.

49. Die Elektrometerformel. (Vgl. Kap. 8.) Bezeichnet bei Gleichspannung U_0 die Spannung der Nadel N gegen das Gehäuse G, U_1 die Spannung des einen Quadrantenpaares Q_1 gegen G und U_2 die des anderen Quadrantenpaares Q_2

---
[1]) R. SCHMIDT, ZS. f. Instrkde. Bd. 42, S. 110. 1921.
[2]) J. A. MÖLLINGER, Elektrot. ZS. Bd. 21, S. 601. 1900.
[3]) E. ORLICH, ZS. f. Instrkde. Bd. 23, S. 97, 1903; Bd. 27, S. 65, 1907; Bd. 28, S. 61, 1908; Bd. 29, S. 33, 1909.

gegen G, so ist nach der von E. ORLICH gegebenen vollständigen Theorie der Ausschlag z des QE.

$$Dz = \begin{cases} a_0 U_0^2 + a_1 U_1^2 + a_2 U_2^2 \\ + b_1 U_0 U_1 + b_2 U_0 U_2 + b_0 U_1 U_2; \\ + c_0 U_0 + c_1 U_1 + c_2 U_2 \end{cases} \quad D = 1 + \mathfrak{A}(U_0 - U_1)(U_0 - U_2) + \mathfrak{B}(U_1 - U_2)^2. \quad (1)$$

Die Konstanten erfüllen die Bedingungen

$$a_1 - a_2 = -b_1 = b_2 \quad \text{und} \quad c_1 = -c_2. \quad (2)$$

D bezeichnet man als MAXWELLsche Konstante, sie ist etwas von den Spannungen abhängig.

50. Quadrantenschaltung. Sie dient zur Messung der Leistung in einem Verbrauchsapparat, in den Stromkreis wird ein winkelfehlerfreier Widerstand R von solcher Größe geschaltet, daß ein Spannungsabfall von einigen Volt entsteht. Diese Spannung wird zwischen Q_1 und Q_2, die Gesamtspannung zwischen N und G gelegt (Abb. 29).

51. Eichung mit Gleichspannung. Es wird G mit einem Quadrantenpaar fest verbunden, z. B. mit Q_2 (Abb. 30), dann ist $U_2 = 0$; von zwei unabhängigen

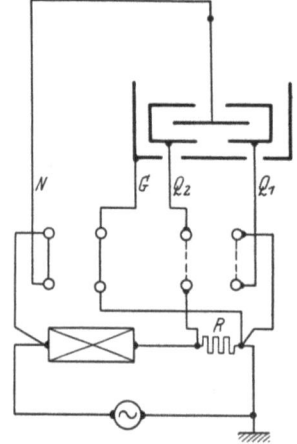

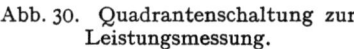

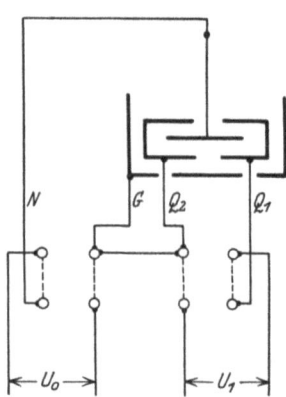

Abb. 30. Quadrantenschaltung zur Leistungsmessung.

Abb. 31. Eichung in Quadrantenschaltung.

Spannungsquellen wird eine kleine Spannung U_1, z. B. die eines Normalelementes, über einen Umschalter an Q_1 und Q_2, eine hohe Spannung U_0 ebenfalls über einen Umschalter an N und G gelegt. Es werden nun unter schrittweisem Umlegen der Umschalter mit Fernrohr und Skala vier Ablesungen der Ausschläge gemacht, die abwechselnd rechts und links der Ruhelage liegen. Zweckmäßig hat aber die Skala die Ziffer 0 an einem Ende, nicht in der Mitte. In dem folgenden Schema sind die übrigbleibenden Glieder der rechten Seite der QE. Formel (1) und darunter ihre Vorzeichen bei den vier schematisch gekennzeichneten Umschalterstellungen eingetragen.

Ablesung	Umschalter NG	$Q_1 Q_2$	$a_0 U_0^2$	$a_1 U_1^2$	$b_1 U_0 U_1$	$c_0 U_0$	$c_1 U_1$
z_1	$\parallel$	$\parallel$	$+$	$+$	$+$	$+$	$+$
z_2	$=$	$\parallel$	$+$	$+$	$-$	$-$	$+$
z_3	$=$	$=$	$+$	$+$	$+$	$-$	$-$
z_4	$\parallel$	$=$	$+$	$+$	$-$	$+$	$-$

Bildet man den mittleren kommutierten Ausschlag α

$$\alpha = \tfrac{1}{2}[(z_1 - z_2) + (z_3 - z_4)], \tag{3}$$

so heben sich alle Glieder bis auf das dritte auf; es ist

$$U_0 U_1 = \left[\frac{D}{2b_1}\right]\alpha. \tag{4}$$

Im allgemeinen sind die vier Ablesungen nicht symmetrisch zur Nullage. Diese Unsymmetrien fallen durch die vierfache Kommutierung heraus. Um große Unsymmetrien zu beseitigen, stellt man die Längsachse der Nadel des spannungslosen QE. genau über einen Quadrantenspalt.

Da U_1 klein gegen U_0 ist, so wird die MAXWELLsche Konstante mit genügender Annäherung

$$D = 1 + \mathfrak{A} U_0^2,$$

sie hängt also praktisch nur von der Nadelspannung ab; diese muß man daher bei der Eichung gleich dem Effektivwert der Wechselspannung bei der Leistungsmessung wählen; für genauere Messungen aber bei zwei Nadelspannungen, etwas oberhalb und etwas unterhalb des Wechselspannungswertes eichen. Die von ORLICH an einem QE. gemessenen Werte $\mathfrak{A} = 6 \cdot 10^{-6}$ und $\mathfrak{B} = 5 \cdot 10^{-5}$ mögen zur Vorstellung der Größenordnung dienen. Bei dem QE. von H. SCHULTZE[1]) kann man $\mathfrak{A}$ durch Parallelstellen der Quadrantenfläche zur Nadelfläche zum Verschwinden bringen.

Treten an Stelle der Gleichspannungen Wechselspannungen mit den Augenblickswerten u_0 und u, so fallen im Schema A die Glieder mit den ersten Potenzen der Spannungen weg, es ist nur ein Umschalter umzulegen, also sind nur zwei Ablesungen zu machen; der zeitliche Mittelwert des Produktes der Augenblickswerte $u_0 u_1$ ist dann

$$M(u_0 u_1) = \left[\frac{D}{2b_1}\right]\alpha; \quad D = 1 + \mathfrak{A} M(u_0^2).$$

52. Leistungsmessung. Nach der Eichung muß die Verbindung von Q_1 mit G entfernt werden, da bei der Leistungsmessung die Spannung am Meßwiderstand R, also an $Q_1 Q_2$, nicht unabhängig von der an NS liegenden Betriebsspannung ist. Der Umschalter NG ist, wie in Abb. 30 gezeichnet, so zu stellen, daß G auf der Seite der Quadranten liegt. Umzulegen ist nur der Umschalter $Q_1 Q_2$, in der Stellung $\|$ ist Q_1 mit G verbunden, $u_1 = 0$ und $u_2 = iR$; in der Stellung $=$ ist $u_2 = 0$ und $u_1 = iR$, wobei i den Augenblickswert des Stromes J durch R bedeutet; demnach ergibt sich das Schema

Ablesung	Umschalter $Q_1 Q_2$	$a_0 u_0^2 + a_1 u_1^2 + a_2 u_2^2 + b_1 u_0 u_1 + b_2 w_0 v_2 + b_0 u_1 v_2$					
z_1	$\|$	u_0^2	0	$i^2 R^2$	0	$u_0 i R$	0
z_2	$=$	u_0^2	$i^2 R^2$	0	$u_0 i R$	0	0
$z_1 - z_2 = \alpha$		$(a_2 - a_1) i^2 R^2 + (b_2 - b_1) u_0 i R$					

Unter Berücksichtigung der Beziehungen zwischen den Koeffizienten Gleichung (2) ist

$$\left(\frac{D}{2b_1}\right)\alpha = R\left[M(u_0 i) - \tfrac{1}{2} R J^2\right] = R\left(N + \tfrac{1}{2} R J^2\right).$$

---

[1]) H. SCHULTZE, ZS. f. Instrkde. Bd. 27, S. 65, 1907.

$M(u_0 i)$ ist, da u_0 die Gesamtspannung ist, die Summe der Leistung N im Verbrauchsapparat und der Leistung RJ^2 im Widerstand R, mithin ist

$$N = \left(\frac{D}{2b_1}\right)\frac{\alpha}{R} - \frac{1}{2}RJ^2.$$

Zur Ermittlung der Leistung muß also noch der Strom J gemessen werden, bei schwachen Strömen am besten mit einem Thermoelement im Vakuum (vgl. Kap. 11). Die Messung von J kann man umgehen, indem man G nicht an den Anfang von R, sondern an die Verbindung von R mit dem Verbrauchsapparat legt und die Messung wiederholt; die Spannung u_0' ist dann die am Verbrauchsapparat liegende und $M(u_0' i') = N$; es ergibt sich

$$\left(\frac{D}{2b_1}\right)\alpha' = R\left[N - \frac{1}{2}RJ^2\right].$$

Durch Bildung des Mittels von α und α' fällt $\frac{1}{2}RJ^2$ heraus. Dabei muß das Gehäuse gut isoliert so aufgestellt sein, daß es keine größere Kapazität als 10^{-10} F gegen Erde hat. Zweckmäßig erdet man stets die Wechselstromquelle auf der Seite des Eingangs in R.

Die obigen Formeln gelten unter der Voraussetzung, daß der Kapazitätsstrom in die Quadrantenpaare, der an R vorbei in den Verbrauchsapparat fließt, verschwindend gegenüber dem Gesamtstrom ist. Die Zuleitungen zum QE. spannt man daher als dünne Drähte frei durch die Luft in einigen Zentimetern Abstand voneinander aus. ORLICH hat für das QE. von SCHULZE folgende Teilkapazitäten einschließlich 3 m Zuleitungen angegeben:

$K_1 = 0{,}11 \cdot 10^{-10}$ F $\quad N$ gegen Q_1 bzw. Q_2
$K_2 = 1{,}58 \cdot 10^{-10}$ F $\quad N$ gegen G
$K_3 = 1{,}09 \cdot 10^{-10}$ F $\quad Q_1$ bzw. Q_2 gegen G
$K_4 = 0{,}50 \cdot 10^{-10}$ F $\quad Q_1$ gegen Q_2.

Bei der Kreisfrequenz ω wird, bei einwelligem Strom, in der ersten Schaltung die Phasenverschiebung zwischen Strom und Spannung scheinbar um den Winkel $\delta = \omega(K_3 + K_4)R$ vergrößert. Die Korrektion wird nur von Bedeutung, wenn ω und R groß sind.

Das Aufhängeband hat einen Widerstand ϱ (bei SCHULZE 100 Ω), an dem bei hoher Frequenz, also merklichem Ladestrom in die Teilkapazitäten $2K_1 + K_2$, ein Spannungsabfall entsteht; bei den angegebenen Größenordnungen tritt aber ein merklicher Fehler erst bei hoher Tonfrequenz auf[1].

53. Die idiostatische Schaltung. Sie kommt zur Anwendung für die Messung von Spannungen oder Spannungsabfällen an winkelfreien Widerständen, also Strömen. Es gibt zwei Arten:

Erste Art: Nadel und Gehäuse sind miteinander und mit einem Quadrantenpaar verbunden, das andere Quadrantenpaar erhält Spannung gegen das erste (Abb. 31). Der Umschalter Q_1Q_2 verbindet in der ∥ Stellung Q_2 mit N und G, also ist $u_2 = 0$, dagegen in der = Stellung Q_1 mit N und G, also ist $u_1 = 0$. Für die Gleichspannungseichung ist zwischen die Spannungsquelle U und den Umschalter Q_1Q_2 noch ein Umschalter U zu legen. Das Schema ist dann:

Ablesungen	Umschalter Q_1Q_2	U	$a_1 U_1^2$	$+\ a_2 U_2^2$	$+\ b_0 U_1 U_2$	$+\ c_1 U_1$	$+\ c_2 U_2$
z_1	∥	∥	+	0	0	+	0
z_2	=	∥	0	+	0	0	+
z_3	=	=	0	+	0	0	−
z_4	∥	=	+	0	0	−	0

---
[1] Näheres vgl. E. ORLICH, ZS. f. Instrkde. Bd. 29, S. 41, 1909.

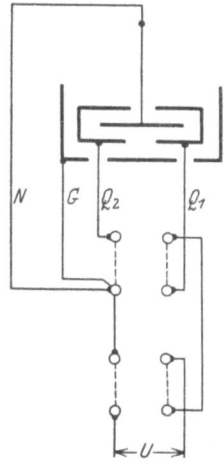

Abb. 32. Idiostatische Schaltung erster Art (Eichung).

Bilden wir nach Gleichung (3) den mittleren kommutierten Ausschlag a, so ist

$$U^2 = \frac{D}{(a_1 - a_2)}\alpha = \left(\frac{D}{b_1}\right)\alpha;$$

$$D = 1 + \mathfrak{B}U^2.$$

Bei Wechselspannung wird allein der Umschalter Q_1Q_2 betätigt. An Stelle von U^2 tritt das Quadrat des Effektivwertes der Wechselspannung.

Zweite Art: Das Gehäuse ist mit dem einen Quadrantenpaar, die Nadel mit dem anderen verbunden, zwischen Nadel und Gehäuse liegt die Spannung U; der Umschalter Q_1Q_2 verbindet in der ∥ Stellung Q_1 mit G, d. h. $U_1 = 0$, in der Stellung = Q_2 mit G, d. h. $U_2 = 0$. Bei der

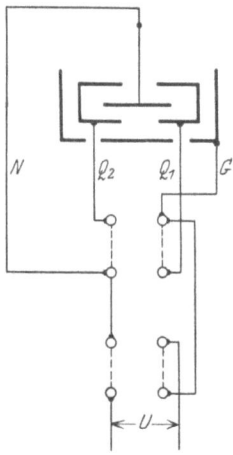

Abb. 33. Idiostatische Schaltung zweiter Art (Eichung).

Eichung wird die Anordnung über einen zweiten Umschalter U an die Gleichspannung U gelegt.

Das Schema ist

Ablesung	Umschalter Q_1Q_2	U	$a_0 U_0^2 + a_1 U_1^2 + a_2 U_2^2 + b_1 U_0 U_1 + b_2 U_0 U_2 + c_0 U_0 + c_1 U_1 + c_2 U_2$							
z_1	∥	∥	+	0	+	0	+	+	0	+
z_2	=	∥	+	+	0	+	0	+	+	0
z_3	=	=	+	0	+	0	+	−	0	−
z_4	∥	=	+	+	0	+	0	−	−	0

Danach ist

$$U^2 = \frac{D\alpha}{\alpha_2 - \alpha_1 + b_2 - b_1} = \left(\frac{D}{b_1}\right)\alpha; \quad D = 1 + \mathfrak{B}U^2.$$

Bei der Messung der Wechselspannung wird nur der Umschalter Q_1Q_2 betätigt Die beiden idiostatischen Schaltungen sind gleichwertig.

c) Nullmethoden.

Von H. Schering, Charlottenburg.

54. Begriff und Art. Die zu messende Größe wird auf bekannte veränderbare Größen dadurch zurückgeführt, daß der Ausschlag eines Instrumentes zum Verschwinden gebracht wird und dann einfache Beziehungen zwischen der gesuchten und den bekannten Größen bestehen. Demnach gehören zu den Nullmethoden auch Differentialschaltungen, sie sind für Wechselstrom mehrfach versucht, z. B. die Wirkung einer Spannung oder Leistung bei Wechselstrom auf ein Elektrometer aufzuheben durch gleichzeitig angelegte Gleichspannungen (Swinburne, Orlich), doch haben sich keine Vorteile gegenüber der Benutzung als Ausschlaginstrument und Eichung mit Gleichspannung ergeben. Eine zweite Nullmethode ist das Kompensationsverfahren, bei dem gegen die unbekannte Spannung oder den Spannungsabfall an einem winkelfreien Widerstand eine bekannte veränderbare Hilfswechselspannung über ein Nullinstrument gegengeschaltet und so lange verändert wird, bis der Ausschlag desselben verschwindet (analog wie bei Gleichspannung), dann ist die gesuchte Spannung der Hilfsspannung nach Größe und Phase gleich. Bei der Wechselstromkompensation muß die Hilfsspannung genau die gleiche Frequenz haben wie die zu messende Spannung und nach Größe und Phase in berechenbarer Weise veränderbar sein. Die dritte Art Nullmethoden sind die Brückenschaltungen; zwischen Brücken- und Kompensationsschaltungen gibt es Zwischenstufen, im folgenden sollen als Kompensationsschaltungen, die bezeichnet werden, bei denen die Hilfsspannung der Quelle, welche die zu messende Größe speist, entweder gar nicht oder in solcher Weise entnommen wird, daß der Zusammenhang nicht für die Rechnung benutzt wird. Als Brückenschaltungen werden, wie üblich, auch solche bezeichnet, die nicht nur aus vier Zweigen bestehen.

55. Nullinstrumente. An sich kann jedes empfindliche Wechselstrominstrument hierzu benutzt werden, Dynamometer, Elektrometer und die auf thermischer Wirkung beruhenden Instrumente bleiben aber in der Empfindlichkeit weit hinter dem Telephon und dem Vibrationsgalvanometer zurück. Die erstere Gruppe von Instrumenten hat auch den Nachteil, daß beim Vorhandensein von Oberwellen in den Spannungs- oder Stromkurven der Ausschlag sich nicht ganz auf Null zurückführen läßt, wenn die einander über das Nullinstrument entgegenwirkenden Spannungen die Oberwellen nicht in gleicher Amplitude und Phasenlage enthalten. Man hat als Nullinstrument auch ein Gleichstromgalvanometer mit vorgeschaltetem Kommutator benutzt, der auf der Achse des Generators oder eines Synchronmotors derart angebracht ist, daß während des Laufes die Abnahmebürsten kontinuierlich um die Achse gedreht werden können, und zwar mindestens um einen einer Viertelperiode entsprechenden Winkel; die Abgleichung muß so erfolgen, daß in zwei um diesen Winkel verschiedenen Lagen der Galvanometerausschlag Null wird; auch hier stören Oberwellen, die Anordnung ist zu umständlich. Mit Vorteil kann jedoch oft ein Gleichstromgalvanometer mit vorgeschaltetem Detektor, dessen Widerstand in der durchlässigen Richtung mit 1000 Ω anzusetzen ist, bei verhältnismäßig reiner Kurvenform auch bei tiefer Frequenz verwendet werden. Das Vibrationsgalvanometer ist im Verhältnis zu der hohen selektiven Empfindlichkeit für die Grundwelle gegen Oberwellen sehr unempfindlich, namentlich bei geringer Dämpfung und beim Telephon kann der geübte Beobachter auch bei Obertönen, wenn sie nicht zu stark sind, auf das Verschwinden der Grundwelle einstellen.

56. Kompensationsverfahren. Die verschiedenen Verfahren unterscheiden sich im wesentlichen in der Art, die Phase der Hilfsspannung zu ändern. Zur Erzeugung kleiner berechenbarer Hilfsspannungen wird der Spannungsabfall an einem veränderbaren winkelfreien Widerstand unter Messung der Stromstärke mit einem dynamometrischen Instrument benutzt, das mit Gleichstrom geeicht ist; zur Verminderung der Rechenarbeit wird die Stromstärke stets auf denselben runden Wert eingestellt und ein Kompensator mit unveränderlichem Gesamtwiderstand (z. B. nach FEUSSNER) mit einem Schleifdraht zur Feinabgleichung unter $\frac{1}{10}\Omega$ oder nur ein Schleifdraht verwendet. Die Messung basiert auf der Angabe des dynamometrischen Instrumentes, dieses mißt den Effektivwert, kompensiert wird aber die Grundwelle, doch machen sich die Oberwellen im Effektivwert nur sehr schwach bemerkbar. Sei $\mathfrak{J}_1$ die Amplitude der Grundwelle, $\mathfrak{J}_n$ die der Oberwelle, so ist der Effektivwert

$$I = \sqrt{\frac{\mathfrak{J}_1^2}{2} + \frac{\mathfrak{J}_n^2}{2}} = \frac{\mathfrak{J}_1}{\sqrt{2}}\sqrt{1 + \frac{\mathfrak{J}_n^2}{\mathfrak{J}_1^2}} \approx I_1\left(1 + \frac{1}{2}\frac{\mathfrak{J}_n^2}{\mathfrak{J}_1^2}\right).$$

Hat also die Oberwelle eine Amplitude von 5% der Grundwelle, so ist der Effektivwert der letzteren nur um 0,13% kleiner als der gemessene Effektivwert; es ist aber leicht, derartige Verzerrungen in dem Strom zur Erzeugung der Hilfsspannung zu vermeiden. Eine wesentlich höhere absolute Genauigkeit als 0,1% ist bei den Kompensationsverfahren nicht zu erwarten; da es auf der Angabe eines Ausschlaginstrumentes beruht.

57. Die FRANKEsche Maschine. Für Tonfrequenzen (150 ÷ 1200 Hertz) hat AD. FRANKE[1]) einen Doppelgenerator auf gemeinsamer Achse und mit gemeinsamer Erregung gebaut, dem einen Generator wird die Betriebsspannung, dem anderen die Hilfsspannung entnommen. Der Ständer des letzteren ist einmal axial verschiebbar, wodurch er sich aus dem Erregerfelde entfernt, damit wird die Größe der Hilfsspannung geregelt, außerdem ist er gegen den Ständer des ersten Generators drehbar, dadurch wird die Phasenverschiebung der Hilfsspannung gegen die Betriebsspannung geändert, und zwar um einen an einer Teilung ablesbaren Winkel.

58. Kompensationsverfahren von DRYSDALE[2]). Derselben Wechselstromquelle wird die Betriebsspannung und der Strom für die Hilfsspannung entnommen, letzterer aber über einen Phasenschieber; derselbe besteht aus zwei senkrecht zueinander stehenden Spulen, die eine wird über einen hohen Vorwiderstand, die andere über eine Kapazität an die Wechselstromquelle angeschlossen, so daß zwei um 90° in der Phase und im Raume gedrehte gleichstarke Felder entstehen, innerhalb der Spulen ist eine dritte Spule drehbar angeordnet, in welcher durch das resultierende Wechselfeld der beiden anderen Spulen eine Wechselspannung induziert wird, welche über einen Vorwiderstand und einen Strommesser den Kompensator speist. Durch Drehen der dritten Spule um einen an einer Teilung ablesbaren Winkel wird die Phase der an dem Kompensator abgenommenen Hilfsspannung um denselben Winkel gedreht.

59. Kompensationsverfahren von W. v. KRUKOWSKI[3]). Als Phasenschieber für technischen Wechselstrom wird ein 4 poliger Drehstrom-Asynchronmotor mit offenem Läufer (Schleifringanker) benutzt, die drei Enden der Läuferwicklung sind jedoch nicht zu Schleifringen, sondern durch die hohle Achse mit biegsamen Schnüren an Klemmen geführt. Der Läufer trägt auf der Achse ein Zahnrad, in das eine Schnecke eingreift, dadurch wird der Läufer festgehalten und ist willkürlich drehbar; beim Drehen ändert sich die Phasenlage der in dem Läufer induzierten Drehspannung; entnommen wird nur Wechselspannung an zwei Klemmen und über einen Transformator mit Vorschaltdrossel zur Reinigung der Kurve an den Wechselstromkompensator mit Strommesser geführt. Der Läufer hat einen Zeiger, der auf einer Skala die Drehung des Phasenwinkels in Graden, auf etwa 0,2° genau angibt, außerdem ist noch eine Mikrometerschraube für Feinverdrehung um 100 Minuten angebracht; die Genauigkeit ist etwa 2 Minuten. v. KRUKOWSKI arbeitet mit einem Doppelgenerator. Der eine gibt die Betriebsspannung für den zu untersuchenden Apparat, der andere die Drehspannung für den Phasenschieber; durch die Erregung des zweiten Generators läßt sich der Strom im Kompensator bequem einstellen, notwendig ist der Doppelgenerator nicht, man kann auch den Phasenschieber mit der gleichen Drehspannung betreiben wie den zu untersuchenden Apparat, muß dann aber den Strom im Kompensator durch einen Vorwiderstand regeln. Die im Läufer induzierte Spannung ist nicht völlig von seiner Lage unabhängig, man muß also

---

[1]) AD. FRANKE, Elektrot. ZS. Bd. 12, S. 447. 1891.
[2]) CH. V. DRYSDALE, Phil. Mag. Bd. 17, S. 402. 1903.
[3]) W. v. KRUKOWSKI, Vorgänge in der Scheibe eines Induktionszählers und der Wechselstromkompensator als Hilfsmittel zu deren Erforschung. Berlin: Julius Springer 1920.

beim Drehen um größere Winkel den Strom im Kompensator nachregeln. Die Siemens-Schuckert-Werke haben einen vervollkommneten Phasenschieber konstruiert, bei dem der Läufer nur Einphasenwechselspannung gibt, deren Abhängigkeit von der Lage des Läufers geringer ist. Die Anwendung der Drosselspulen zur Reinigung der Kurve des Kompensatorstromes erfordert Aufmerksamkeit darauf, daß deren Streufelder keinen störenden Einfluß hervorbringen.

60. Kompensationsverfahren von GEYGER[1]). Nach dem Vorgang von LARSEN und GALL wird die Hilfsspannung aus zwei in der Phase um 90° verschobenen Spannungen zusammengesetzt. Die Schaltung zeigt Abb. 34. Der Isoliertransformator Tr ist primär an die gleiche Spannungsquelle angeschlossen, welche den zu untersuchenden Apparat speist. Sekundär liegt am Tr ein Regelwiderstand, die Primärspule des Lufttransformators T, der Schleifdraht M von 40 cm Länge und 5 Ω Widerstand, dem zur Erhöhung der Gesamtstromstärke ein kleinerer Nebenschluß R_1 parallelgelegt ist und der Strommesser (mit dem Regelwiderstand wird der Strom auf einen bestimmten Wert eingestellt); an der Sekundärseite des Lufttransformators liegt der Schleifdraht M_2 in Reihe mit einem Stöpselwiderstand R_2. In der Mitte sind die beiden Schleifdrähte M_1 und M_2 miteinander verbunden. Der Lufttransformator T würde bei offenem Sekundärkreis eine sekundäre EMK geben, die dem primären Strome genau um 90° in der Phase nacheilt; der Widerstand R_2 und der Schleifdraht werden nun so bemessen, daß sie eine sehr schwache Belastung für den Transformator sind, so daß die sekundäre EMK aus ihrer Phasenlage gegen den Primärstrom nicht verrückt wird; außerdem ist notwendig, daß der Blindwiderstand der sekundären Streuinduktivität klein gegen den sekundär angeschlossenen Widerstand ist, damit der Strom durch letztere keine Phasenverschiebung gegen die sekundäre EMK erleidet. Nun ist die Streuung beim Lufttransformator verhältnismäßig groß, etwa 30%, um gleichwohl eine kleine sekundäre Streuinduktivität zu erhalten, wird die sekundäre Windungszahl niedrig, die primäre dagegen hoch gewählt, um eine genügend große Gegeninduktivität zu erzielen. Es genügt, wenn die Abweichung der Phasenverschiebung, der zwischen den Strömen in den beiden Schleifdrähten M_1 und M_2 auf 4 Minuten genau gleich 90° ist; 4 Minuten sind 0,001$_2$ im Bogenmaß, diese Genauigkeit vom $\frac{1}{1000}$ wird ja bei den Schleifdrahteinstellungen kaum erzielt. Der Widerstand R_2 wird für jede Frequenz nach einer Eichtabelle so eingestellt, daß der Strom in M_2 genau gleich dem in M_1 ist. Die Frequenz muß also mit der Genauigkeit bekannt und konstant sein, die für die Messung verlangt wird. Bei höheren Frequenzen wird durch die Umschalter U nur ein Teil der Windungen des Lufttransformators

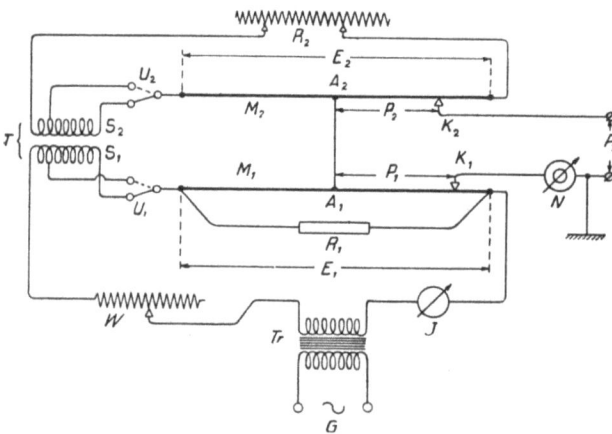

Abb. 34. Kompensator von GEYGER.

---

[1]) W. GEYGER, Elektrot. ZS. Bd. 45, S. 1348. 1924; Arch. f. Elektrot. Bd. 12, S. 370. 1923; Bd. 14, S. 560. 1925.

eingeschaltet. Durch Verschiebung der beiden Schleifkontakte können nun zwischen ihnen Spannungen von 0 bis 4,5 Millivolt in jeder beliebigen Phasenlage in den vier Quadranten erzeugt werden. Die Spannungen zwischen den beiden Schleifkontakten wird nun über ein Nullinstrument gegen die zu messende Spannung geschaltet. Bei einer zweiten Ausführung[1]) sind die beiden Meßdrähte senkrecht zueinander auf einem Zeichenbrett angeordnet, auf dem ein Polarkoordinatenpapier aufgespannt ist; mit den Schleifkontakten sind Lineale verbunden, deren Schnittpunkt auf dem Polarkoordinatenpapier vermerkt, die gemessenen Spannungen unmittelbar nach Größe und Phase zu zeichnen gestatten.

Der Lufttransformator ist aus zwei gleichen nebeneinanderliegenden Transformatoren hergestellt, die so in Reihe geschaltet sind, daß ihre Streufelder sich in einigem Abstande aufheben, andererseits die durch Fremdfelder in den Wicklungen induzierten Spannungen entgegengesetzt gleich sind.

In der Abb. 34, die der Originalarbeit entnommen ist, ist das Nullinstrument auf einer Seite direkt geerdet, das ist nicht immer zweckmäßig. Eine Erdung ist unbedingt erforderlich, sie soll an dem zu untersuchenden Gerät so angebracht sein, daß die durch die Erdung fließenden Erdkapazitätsströme unschädlich sind, und daß das Nullinstrument keine hohe Spannung gegen Erde bekommt.

61. Anwendung des Kompensationsverfahrens. Es können sehr kleine Spannungen, die sonst der Messung kaum zugänglich sind, ohne Stromentziehung gemessen werden, z. B. die Spannung des magnetischen Spannungsmessers von ROGOWSKI und STEINHAUS oder die Spannung an Hilfsspulen zur Ermittlung magnetischer Flüsse. Soll die gemessene Spannung nach Größe und Phasenwinkel in Beziehung gesetzt werden zu einer anderen Größe, z. B. der Betriebsspannung oder dem Betriebsstrom, so ist eine zweite Kompensationsmessung erforderlich, z. B. des an einem Widerstandsteiler abgegriffenen berechenbaren Teiles der Betriebsspannung oder des von dem Betriebsstrom an einem winkelfreien Widerstand hervorgebrachten Spannungsabfalls; während der Zeit der beiden Messungen darf sich nichts ändern, da Absolutwerte gemessen werden; Brückenschaltungen sind darin im allgemeinen wesentlich unabhängiger. Der große Wert des Kompensationsverfahrens von GEYGER besteht darin, daß mit verhältnismäßig einfachen Mitteln Messungen kleiner Spannungen auch von weniger Geübten mit einer für viele Zwecke ausreichenden Genauigkeit ausgeführt werden können und Größe und Phasenlage der Spannung sich so sinnfällig ergibt; eine gewisse Beschränkung besteht in der Höhe der meßbaren Spannung. Der Aufwand eines Kompensationsapparates mit Präzisionswiderständen, Phasenschieber und Reinigungsdrosseln für genauere Messungen erscheint jedoch nicht lohnend, man kommt mit Brückenschaltungen leichter zum Ziele.

62. Brückenschaltung. Die gegen die zu messende Spannung zu schaltende, nach Größe und Phase veränderbare Kunstspannung wird von der Betriebsspannung oder dem Betriebsstrom der zu untersuchenden Anordnung in solcher Weise abgezweigt, daß das Verhältnis der Größe der Kunstspannung zu der der Betriebsspannung oder des Betriebsstromes sowie der Phasenwinkel der Kunstspannung gegen den betreffenden Betriebswert berechenbar ist. Es ist also nur eine einzige Messung erforderlich, und da im allgemeinen bei kleinen Änderungen der Frequenz und der Betriebsspannung das Verhältnis und der Phasenwinkel sich nur unmerklich ändern, so kann die Forderung an Konstanz ermäßigt werden und gleichwohl eine große Genauigkeit durch Ausnutzung der hohen Empfind-

---

[1]) W. GEYGER, Arch. f. Elektrot. Bd. 13, S. 80. 1924. Bezugsquelle: Hartmann & Braun, Frankfurt a. M.

lichkeit erzielt werden; da das Verhältnis gemessen wird, so braucht auch die absolute Größe der Betriebspannung und des Betriebsstromes nicht sehr genau gemessen werden. Wenn die absoluten Größen für einen bestimmten Wert, etwa Nennspannung oder Nennstromstärke, interessieren, so mißt man bei ungefähr diesem Werte und setzt im Verhältnis den Nennwert ein; mit Brückenschaltungen lassen sich auch Leistungsmessungen ausführen, und zwar namentlich bei großen Phasenverschiebungen, also kleinen Leistungsfaktoren, mit einer Genauigkeit, die mit direkt zeigenden Instrumenten nicht erreicht werden kann. Die folgenden Ausführungen beziehen sich nur auf technischen Wechselstrom, die Brückenschaltungen zur Messung von Kapazität, Induktivität und Gegeninduktivität sind im Kapitel 19 behandelt.

63. Die Aufstellung der Brückenschaltung. Für jeden Meßzweck kann man in der Regel mehrere Brückenschaltungen angeben, man wird die Wahl danach einrichten, daß die zur Abgleichung erforderlichen beiden Regelungen möglichst wenig voneinander abhängig sind, und daß sich möglichst einfache Beziehungen ergeben. Die Möglichkeiten zur Verwendung von Brückenschaltungen in dem oben angegebenen erweiterten Sinne für die Starkstromtechnik sind noch bei weitem nicht ausgeschöpft, es können hier nur einige Beispiele gegeben werden. Für die Auffindung einer geeigneten Schaltung empfiehlt es sich, zunächst die ungefähre Lage der zu messenden Spannung zur Betriebsspannung oder zum Betriebsstrom im Diagramm zu skizzieren und nun zu überlegen, wie man mit den Elementen der Brückenschaltung eine gleiche Lage der Kunstspannung erzielen kann. Bei der Berechnung der Brückenbeziehung ist es vielfach bequem, die trigonometrischen Funktionen der Phasenverschiebungswinkel zu benutzen.

64. Die Brückenelemente. Dies sind winkelfreie Widerstände, Kapazitäten und Gegeninduktivitäten; Selbstinduktivität ist nur in seltenen Fällen vorteilhaft, da ihr bei niedriger Frequenz dem Blindwiderstand nahezu gleich großer Kupferwiderstand mit seiner Abhängigkeit von der Temperatur unbequem ist. Der Glimmerkondensator mit drei Kurbeldekaden bis 1 μF ist ein ideales Wechselstrommeßgerät, da er für die meisten Zwecke vernachlässigbar kleine Verlustwinkel hat, in weiten Grenzen veränderbar ist, wobei durch einen zugeschalteten Luftdrehkondensator noch eine kontinuierliche Feinstregelung möglich ist und durch magnetische Streufelder nicht beeinflußt wird. Die Gegeninduktivität gibt sekundär eine gegen den Primärstrom um genau 90° in der Phase verschobene Spannung, die elektrisch nicht mit dem Strom zusammenhängt und daher einem durch den Strom an einem Widerstand erzeugten Spannungsabfall in zwei um 180° verschiedenen Richtungen angefügt werden kann. Da bei der heutigen vielseitigen Verwendung des technischen Wechselstromes in technischen Gebäuden fast stets magnetische Streufelder von nahezu gleicher Frequenz vorhanden sind, muß die Gegeninduktivität astatisch, d. h. aus zwei gleichartigen Gegeninduktivitäten nebeneinander aufgebaut sein, die so geschaltet sind, daß die durch Fremdfelder induzierten Spannungen in ihnen sich aufheben. Veränderbare Gegeninduktivitäten, wie sie von CAMPBELL und im amerikanischen Bureau of Standards sowie neuerdings als Phasenschlitten von DEGUISNE[1]) angewandt sind, bieten nur für die Hervorbringung kleinerer Phasenverschiebung Vorteil, wo die Ablesegenauigkeit der Skala ausreicht; der Meßbereich ist unbequem klein. Wirbelströme in dem Kupferdraht der Wicklung bewirken einen Phasenfehler, für technische Frequenz genügt es, wenn der Draht nicht stärker als 0,5 mm ist, stärkere Querschnitte muß man durch Verdrillen

---

[1]) C. DEGUISNE, Arch. f. Elektrot. Bd. 14, S. 487. 1925.

mehrerer isolierter 0,5 mm-Drähte herstellen. Die Induktivität der Primärwicklung kann oft stören, man macht sie möglichst klein, die der sekundären Wicklung dagegen bewirkt nur, wenn sie abnorm groß ist, eine Herabsetzung der Empfindlichkeit.

65. Die von einer Spule mit Eisen aufgenommene Leistung[1]). Abb. 35 gibt die Schaltung, die bekannte Maxwellbrücke. Z ist z. B. die Stromspule eines Zählers, ϱ ein für die Stromstärke passender winkelfreier Strommeßwiderstand, R_3 und R_4 sind Widerstände von hohem Betrage, C_4 der Glimmerkondensator. Geregelt werden C_4 und R_4; die Reglungen sind wenig voneinander abhängig, reicht C_4 zur Abgleichung nicht aus, so vergrößert man R_3. Bei Nullabgleichung ist die Induktivität und der Wirkwiderstand R bei dem Strom I von der betreffenden Frequenz durch die Beziehungen gegeben:

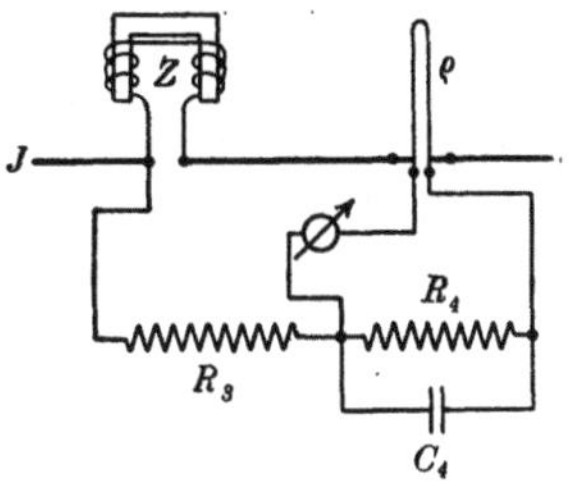

$$R = \frac{\varrho R_3}{R_4}, \qquad L = \varrho R_3 C_4.$$

Die Leistung ist

$$N = I^2 \varrho \frac{R_3}{R_4}, \qquad \cot\varphi = \frac{1}{R_4 \omega C_4}.$$

Abb. 35. Spule mit Eisen.

Den Leistungsfaktor $\cos\varphi$, der zu $\cot\varphi$ gehört, entnimmt man einer Tabelle der Winkelfunktionen.

Die Verbindung der Zählerklemme mit ϱ muß kurz und stark sein, damit der Spannungsabfall an ihr vernachlässigbar klein gegen den an der Zählerspule ist. Die Schaltung ist auch zur Messung der Leerlaufleistung bei Transformatoren verwandt. Ferner ist sie geeignet zur Messung des Einflusses von Eisenarmierungen oder Eisenselen bei Kupferleitungen auf den Wirkwiderstand, dabei kann man die Abhängigkeit des Kupferwiderstandes von der Stromwärme eliminieren durch Wiederholung der Messung mit Gleichstrom der gleichen Stärke in derselben Brücke.

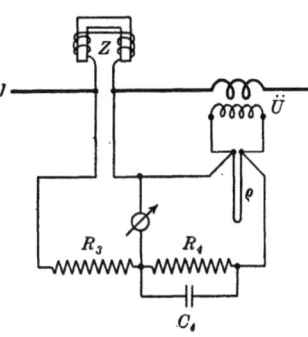

Abb. 36. Spule mit Eisen bei starkem Strom.

66. Dasselbe für starke Ströme[2]). Nach Abb. 36 wird der Strommeßwiderstand ϱ (z. B. 0,20 Ω) sekundär an einem Stromwandler vom Nennübersetzungsverhältnis $\ddot{U}_N$ gelegt, der primär vom Spulenstrom I durchflossen wird; bei der Stromstärke I sei der Stromfehler f_i der Fehlwinkel δ (vgl. Kap. 13), dann ist:

$$N = I^2 \varrho \frac{1+f_i}{\ddot{U}_N} \cdot \frac{R_3}{R_4} [1 - 2{,}9 \cdot 10^{-4} \cdot \delta \cdot R_4 \omega C_4],$$

$$\cot\varphi = \frac{1}{R_4 \omega C_4}\left[1 - 2{,}9 \cdot 10^{-4} \cdot \delta \left(R_4 \omega C_4 + \frac{1}{R_4 \omega C_4}\right)\right].$$

Bei guten Wandlern kann man die durch f und δ bedingten Korrektionsglieder vernachlässigen.

67. Stromwandler bei Leerlauf[3]). Wie in Kapitel 13 ausgeführt, interessiert bei Stromwandlern der sekundäre Scheinwiderstand M eines Stromwandlers bei Leerlauf und sein Phasenwinkel γ in seiner Abhängigkeit von der Magneti-

---

[1]) Tätigkeitsbericht der P. T. R. ZS. f. Instrkde. Bd. 42, S. 107. 1922.
[2]) Tätigkeitsbericht der P. T. R. ZS. f. Instrkde. Bd. 42, S. 107. 1922.
[3]) Eine andere Brückenschaltung mit einer Induktivität vgl. ZS. f. Instrkde. Bd. 39, S. 115. 1919.

sierungsspannung U'. Die Schaltung ist die gleiche wie Abb. 35, nur wird ϱ entsprechend der geringen Stromstärke größer gewählt. Der Kupferwiderstand der sekundären Spule r sei gesondert gemessen. Bei Abgleichung ist

$$R = M\cos\chi = \varrho\frac{R_3}{R_4} - r_1; \quad \omega L = M\sin\chi = \omega C \varrho R_3; \quad \cot g\chi = \frac{M\cos\chi}{M\sin\chi}.$$

Aus der Gesamtspannung U ergibt sich die wirksame Magnetisierungsspannung U':

$$U' = U \cdot \sqrt{\frac{1 + \cot g^2 \chi}{1 + \left(\frac{R}{R + r_1 + \varrho}\right)^2 \cot g^2 \chi}}.$$

Bei niedrigen Spannungen U schaltet man der Brücke einen genügend belastbaren kleinen Widerstand parallel, mißt den Strom und berechnet den Spannungsabfall an dem Widerstand.

68. Die Leistung in einer Zählerspannungsspule. In Abb. 37 ist Z die Spannungsspule, R ein fester Vorwiderstand für Wattmeter, z. B. $20000\,\Omega$, M eine feste Gegeninduktivität von 0,08 H mit einer Primärinduktivität von 0,04 H, ϱ und r kleine regelbare Widerstände, durch deren Verstellung der Ausschlag des Vibrationsgalvanometers zum Verschwinden gebracht wird; die beiden

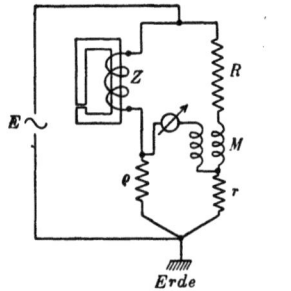
Abb. 37. Zählerspannungsspule.

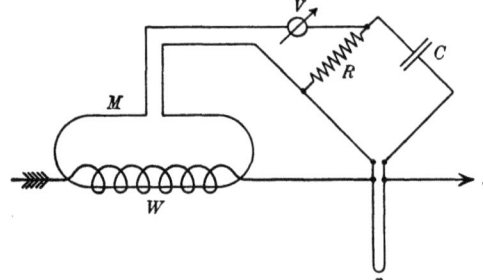
Abb. 38. Magnetischer Spannungsmesser.

Verstellungen sind wenig voneinander abhängig. Bei der Spannung U an der Brücke ist denn nach Abgleichung mit erlaubten Vernachlässigungen:

$$N = \frac{U^2 r}{R\varrho}, \quad \cos\varphi = \frac{r}{\omega M}.$$

Die Primärinduktivität von M ist so klein, daß sie eine merkliche Phasenverschiebung des Stromes durch R nicht bewirkt.

69. Magnetischer Spannungsmesser[1]). Abb. 38 stellt die Eichung des magnetischen Spannungsmessers M in einer Spule von bekannter Windungszahl W dar, der Strom durch die Spule durchfließt einen Strommeßwiderstand r, dem eine feste Kapazität C mit einem veränderbaren Widerstand R liegt; die Spannung an R wird gegen die in M induzierte Spannung über das Vibrationsgalvanometer geschaltet. r ist so groß zu wählen, daß $R \ll \frac{1}{\omega C}$. Die in M für eine Amperewindung auftretende Spannung, also seine Konstante K, ist dann

$$K = \frac{rR\omega C}{W}.$$

Beim Gebrauch des Spannungsmessers zur Messung einer magnetischen Spannung, welche eine Funktion $F\mathfrak{J}$ der Stromstärke $\mathfrak{J}$ ist, wird dieselbe Schaltung verwandt,

---
[1]) W. ENGELHARDT, Arch. f. Elektrot. Bd. 11, S. 198. 1922; ZS. f. Instrkde. Bd. 42, S. 106. 1922.

nur muß, da bei Anwesenheit von Eisen eine Phasenverschiebung entsteht, durch einen veränderbaren Widerstand R_1 zwischen R und C die Kunstspannung um den gleichen Winkel verschoben werden, es ist dann bei den neuen Werten r' und R'

$$\frac{F(\mathfrak{J})}{\mathfrak{J}} = \frac{1}{K} \frac{r^1 R^1}{(R^1 + R_1)} \frac{1}{\sqrt{1 + \text{tg}^2 \varphi}}, \qquad \text{tg}\,\varphi = \frac{1}{(R^1 + R_1)\omega C}.$$

70. Messung hoher Anfangspermeabilitäten[1]). Die Probe, ein dünner Draht, befindet sich in einer Magnetisierungsspule I, die über einen hohen Widerstand an eine Wechselspannung gelegt ist; die äußere ungescherte Feldstärke $\mathfrak{H}_0'$ ist also umgekehrt proportional dem Widerstand R_1 dieses Stromkreises. Um die Probe liegt eine Sekundärspule, die in ihr induzierte Spannung ist der Induktion $\mathfrak{B}$ proportional. An die Wechselspannung wird nun über einen hohen Regelwiderstand eine Gegeninduktivität $M = 1,0 \cdot 10^{-4}$ H gelegt und die in ihr induzierte Spannung über das Vibrationsgalvanometer gegen die Sekundärspule der Probe geschaltet. Bei Abgleichung ist also $\mathfrak{B}$ umgekehrt proportional dem Gesamtwiderstand R_2 des Primärkreises der Gegeninduktivität. Die unkorrigierte Permeabilität μ' ist also proportional R_1/R_2, der Proportionalitätsfaktor enthält die Windungszahl der Sekundärspule, ferner der Wert von M die Kreisfrequenz, den Formfaktor. Der Probenquerschnitt ist also bei gleichem Probenquerschnitt bei gleichartigen Meßreihen konstant. Um kleine Phasenverschiebungen auszugleichen, wird der Sekundärspannung der Gegeninduktivität M noch ein kleiner Spannungsabfall an einem Schleifdraht r im Primärkreis von M, ähnlich wie bei Abb. 37, zugefügt; das Verhältnis der Widerstände ist dann noch mit dem Korrektionsfaktor $\sqrt{1 + \left(\frac{r}{\omega M}\right)^2}$ zu multiplizieren. Auf die anderen magnetischen Korrektionen einzugehen, ist hier nicht der Ort.

d) Hochspannungsmessungen.

Von A. GÜNTHERSCHULZE, Charlottenburg.

71. Allgemeines. Unter Hochspannung sind im folgenden nicht die 250 V überschreitenden Spannungen verstanden, die in den Vorschriften des Verbandes Deutscher Elektrotechniker als Hochspannung definiert sind, sondern Spannungen von der Größenordnung 100000 V, bei denen durch Sprühwirkung, Koronaerscheinungen, große Wirkung selbst kleiner Kapazitäten und Isolationsschwierigkeiten einerseits besondere Vorsichtsmaßnahmen bei den Messungen nötig werden, andererseits sich neue Meßmethoden ergeben, die bei niederen Spannungen nicht in Frage kommen.

Während es bei den niederen Wechselspannungen im wesentlichen nur auf den Effektivwert und allenfalls auf den Formfaktor ankommt, spielt bei Hochspannungen die Scheitelspannung eine sehr wichtige Rolle, weil sie und nicht die effektive Spannung für die dielektrische Festigkeit der Isoliermaterialien, die Koronaverluste u. a. maßgebend ist. Es treten zu den üblichen Messungen der effektiven Spannung, Stromstärke und Leistung bei der Hochspannung noch die Scheitelspannung, die dielektrische Festigkeit und die dielektrischen Verluste hinzu[2]).

72. Messung hoher Gleichspannung. Zur Messung dienen folgende unter Ziff. 73, 74 und 76 näher beschriebenen Verfahren: Bei geringen Energiemengen:

---

[1]) W. STEINHAUS, ZS. f. techn. Phys. Bd. 7, S. 492. 1926.
[2]) S. auch A. ROTH, Hochspannungstechnik. Berlin: Julius Springer 1927.

a) die direkte Spannungsmessung mit dem Hochspannungsvoltmeter nach PALM (s. Ziff. 80),

b) Spannungsmessung durch Funkenstrecke.

Bei größeren Energiemengen:

c) Spannungsteilung durch Widerstände.

Spannungsteilung mit Hilfe von Kapazitäten kommt bei Gleichspannungsmessungen nicht in Frage, weil es keine Kondensatoren gibt, die vollkommen isolieren.

73. Messung des Effektivwertes hoher Wechselspannungen mit dem PALMschen Hochspannungsvoltmeter. Die zu messende Spannung wird an das in Kap. 15 näher beschriebene Hochspannungsvoltmeter nach PALM gelegt. Da dieses Hochspannungsvoltmeter ein zwar vorzüglich durchkonstruierter und sehr genauer, aber leider recht teurer Apparat ist, werden die wenigsten Laboratorien in der Lage sein, ihn sich anzuschaffen, so daß dieses Verfahren praktisch nur selten in Frage kommt.

74. Mit Hilfe einer Funkenstrecke. Die Methode unterliegt dem grundsätzlichen Einwand, daß eine Funkenstrecke nicht Effektivwerte, sondern Scheitelwerte mißt. Sie ist also nur da anwendbar, wo mit hinreichender Sicherheit feststeht, daß die Spannungskurve sinusförmig ist oder wo mindestens das Verhältnis von Scheitelwert zu Effektivwert der Kurve bekannt ist. Von diesem Bedenken abgesehen, hat die Funkenstrecke vor den anderen Verfahren den Vorzug großer Einfachheit und Billigkeit. Dem steht allerdings der Nachteil gegenüber, daß die Messungen erheblich zeitraubender sind, als bei den anderen Methoden. Prinzipiell sind zwei verschiedene Methoden möglich. Soll eine Anordnung mit einer bestimmten Spannung belastet werden, so wird die Funkenstrecke auf den dieser Spannung entsprechenden Wert eingestellt und die Spannung langsam erhöht, bis die Funkenstrecke anspricht. Soll der Betrag einer gegebenen, unveränderlichen Spannung festgestellt werden, so wird die Schlagweite der Funkenstrecke, von großen Werten ausgehend, langsam so weit verringert, bis der Durchschlag erfolgt.

Im einzelnen ist bei den Messungen mit Funkenstrecken folgendes zu beachten:

Die Kugelfunkenstrecke ist für Spannungen oberhalb von 50 kV zu verwenden, bis herunter zu 30 kV ist ihre Verwendung vorzuziehen.

Die Nadelfunkenstrecke kann für Spannungen von 10 bis 50 kV verwandt werden. Die Nadelfunkenstrecke soll aus neuen Nähnadeln bestehen, die axial in die Enden linearer Leiter eingesetzt sind, welche mindestens doppelt so lang als die Funkenstrecke sind. Um die Funkenstrecke muß ein freier Raum sein, dessen Radius mindestens gleich der doppelten Funkenstrecke ist. Die Schlagweiten in Luft zwischen Nähnadelspitzen Nr. 00 für verschiedene Scheitel- und Effektivwerte sinusförmiger Spannungen sind folgende:

Tabelle 1. Funkenpotentiale von Nadelfunkenstrecken bei 25°C und 760 mm Barometerstand.

kV$_{eff}$	Millimeter	kV$_{eff}$	Millimeter
10	11,9	35	51
15	18,4	40	62
20	25,4	45	75
25	33	50	90
30	41		

Die obigen Werte gelten für eine relative Feuchtigkeit von 80%. Änderungen dieses Feuchtigkeitsgehaltes können beträchtliche Änderungen der Schlagweite zur Folge haben.

Die Normalkugelfunkenstrecke besteht aus zwei geeignet montierten Metallkugeln. Bei sachgemäßer Verwendung läßt sich mit ihr eine Genauigkeit von nahezu 2% erreichen. Kein fremder Körper und kein Teil des übrigen Stromkreises darf der Funkenstrecke näher sein, als der doppelte Kugeldurchmesser. Die Halterduchmesser sollen nicht größer als $1/_5$ des Kugeldurchmessers sein. Die Krümmung der Kugeln soll nicht mehr als 1% von den Werten einer vollkommenen Kugel des gewünschten Durchmessers abweichen, der Kugeldurchmesser nicht mehr als 0,1%. Falls die eine Kugel geerdet ist, soll der Überschlagsfunke der ungeerdeten Kugel annähernd 5 Durchmesser über dem Fußboden oder Erdboden sein. Die Schlagweiten zwischen verschiedenen Kugeln für verschiedene Effektivwerte sinusförmiger Spannungen sind in der folgenden Tabelle 2 zusammengestellt. Das Funkenpotential soll dadurch erreicht werden, daß die Funkenstrecke bei konstanter Spannung langsam verkürzt oder die Spannung bei fester Funkenstrecke langsam erhöht wird, um den störenden Einfluß des Entladeverzuges (s. Bd. XIV, S. 354ff.) zu beseitigen.

Tabelle 2. **Zusammenhang zwischen effektiven Spannungen und Schlagweiten von Kugelfunkenstrecken bei 25°C und 760 mm Barometerdruck.**

Kilo-volt	Schlagweite in Millimetern							
	62,5 mm Kugeln		125 mm Kugeln		250 mm Kugeln		500 mm Kugeln	
	1 Kugel geerdet	beide Kugeln isoliert	1 Kugel geerdet	beide Kugeln isoliert	1 Kugel geerdet	beide Kugeln isoliert	1 Kugel geerdet	beide Kugeln isoliert
10	4,2	4,2						
20	8,6	8,6						
30	14,1	14,1	14,1	14,1				
40	19,2	19,2	19,1	19,1				
50	25,5	25,0	24,4	24,4				
60	34,2	32,0	30	30	29	29		
70	46,0	39,5	36	36	35	35		
80	62,0	49,0	42	42	42	41	41	41
90		60,5	49	49	46	45	46	45
100			56	55	52	51	52	51
120			79,7	71	64	63	63	62
140			108	88	78	77	74	73
160			150	110	92	90	85	83
180				138	109	106	97	95
200					128	123	108	106
220					150	141	120	117
240					177	160	133	130
260					210	180	148	144
280					250	203	163	158
300						231	177	171
320						265	194	187
340							214	204
360							234	221
380							255	239
400							276	257

Das Funkenpotential nimmt bei gegebener Schlagweite mit abnehmendem Barometerstand und zunehmender Temperatur ab. Die Korrektur kann in großen Höhen beträchtlich werden. Die Funkenschlagweite für ein gegebenes Potential läßt sich dadurch finden, daß das Funkenpotential durch den in Tabelle 3 gegebenen Korrektionsfehler geteilt wird, so daß sich eine neue Spannung ergibt. Die Schlagweite in Tabelle 2, die dieser neuen Spannung entspricht, ist die gesuchte Schlagweite. Wird andererseits zu einer gegebenen Schlagweite die Spannung gesucht, so ist umgekehrt zu verfahren. Die der

Tabelle 3. Luftdichtenkorrektionen für Kugelfunkenstrecken.

Relative Luftdichte	Normaler Kugeldurchmesser in mm			
	62,5	125	250	500
0,50	0,547	0,535	0,527	0,519
0,55	0,594	0,583	0,575	0,567
0,60	0,640	0,630	0,623	0,615
0,65	0,686	0,677	0,670	0,663
0,70	0,732	0,724	0,718	0,711
0,75	0,777	0,771	0,766	0,759
0,80	0,821	0,816	0,812	0,807
0,85	0,866	0,862	0,859	0,855
0,90	0,910	0,908	0,906	0,904
0,95	0,956	0,955	0,954	0,952
1,00	1,000	1,000	1,000	1,000
1,05	1,044	1,045	1,046	1,048
1,10	1,090	1,092	1,094	1,096

Tabelle zugrunde liegende relative Luftdichte ist gleich $\frac{0{,}392 \cdot b}{273 + t}$, wo b der Barometerdruck in Millimetern und t die Temperatur in °C ist[1]).

75. Mit Spannungswandlern. Spannungswandler (vgl. Kap. 13) werden z. Zt. bis 150 kV geliefert. Sie sind zuverlässig und genau. Hinsichtlich der Einzelheiten sei auf den Abschnitt über Meßwandler verwiesen. Geeicht werden die Spannungswandler in der Regel nach den beiden folgenden Hochspannungsmeßmethoden 6 und 7.

76. Durch Spannungsteilung mit Hilfe von Widerständen. Die Hochspannung wird an einen sehr hohen Widerstand angeschlossen. An der geerdeten Seite wird das Meßinstrument an einen geringen bekannten Bruchteil des Widerstandes gelegt. In der Physikalisch-Technischen Reichsanstalt werden nach dieser Methode Wechselspannungen bis zu 80 000 V gemessen. Der Widerstand hat den Gesamtbetrag von $2{,}5 \cdot 10^6$ Ohm und ist aus doppelt mit Seide isoliertem 0,05 mm dickem Manganindraht hergestellt. Der Draht ist in Form eines großen achteckigen Prismas aufgewickelt, dessen Kanten durch stehende Porzellanrohre gebildet werden. Nach jedem Zentimeter Wicklungshöhe ist der Wicklungssinn umgekehrt, um die Induktivität auf einen unschädlichen Betrag herabzudrücken. Die Eigenkapazität ist bei der Frequenz 50 zu vernachlässigen. Ein unter dem Prismakörper angebrachter Ventilator führt die entwickelte beträchtliche Wärmemenge ab. Der Energieverbrauch des Widerstandes beträgt 2,56 kW. Die Methode kommt also nur da in Frage, wo größere Energiemengen verfügbar sind. Als Meßinstrument kann ein hochempfindliches Thermogalvanometer oder ein Elektrometer dienen.

77. Durch kapazitive Spannungsteilung. Die Methode, die sehr viel weniger Energie verbraucht als die vorstehende, wurde von PETERSEN[2]) ausgebildet. Abb. 39 zeigt das Schaltungsschema. Ein sehr kleiner Hochspannungskondensator C_1 ist mit einem großen Niederspannungskondensator C_2 in Reihe geschaltet, dessen freies Ende geerdet ist. Parallel zum Niederspannungskondensator liegt das Meßinstrument M, in der Regel ein Elektrometer. Dieses muß durch geerdete Hüllen vollständig abgeschirmt sein. Nur ein enger Schlitz mit ausladenden Rändern ermöglicht die Spiegelablesung. Auch der Stromwender, Hilfskondensator und sonstige Hilfsapparate werden abgeschirmt. Die Konstruktion des Hochspannungskondensators ist in Abb. 40 wiedergegeben. Der äußere Zylinder, dessen Kanten gegen Sprühen sorgfältig abgerundet sind, wird zweckmäßig an der Decke aufgehängt. Aus dem inneren Zylinder ist ein kurzes Stück C_1 durch enge Luftspalte herausgeschnitten. Die auf beiden Seiten anschließenden Zylinderstücke sind geerdet. Es ist also das Schutzringprinzip angewandt. Das mittlere Stück ist mit dem großen Niederspannungskondensator C_2 verbunden, zu dem das Elektrometer parallel geschaltet ist. Die elektrostatische Kapazität des Hochspannungskondensators beträgt beispielsweise in

---

[1]) Vgl. A. GÜNTHERSCHULZE, Über die dielektrische Festigkeit. München: Kösel u. Pustet 1924.
[2]) W. PETERSEN, Hochspannungstechnik. Stuttgart: F. Enke 1911.

der Physikalisch-Technischen Reichsanstalt bei 80 kV 50 cm. Der Niederspannungskondensator wird zweckmäßig durch Blitzsicherung gegen eventuelle Überschläge des Hochspannungskondensators geschützt. Die Zuleitungen werden

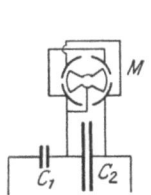

Abb. 39. Schaltungsschema der Hochspannungsmessung durch kapazitive Spannungsteilung.

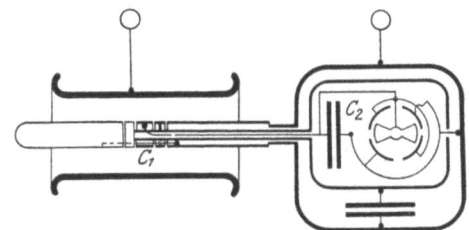

Abb. 40. Aufbau und Abschirmung der einzelnen Apparate der Abb. 39.

auf ihrer ganzen Länge in Rohre verlegt, die das gleiche Potential wie der innere Zylinder des Hochspannungskondensators haben, damit sie keine kapazitiven Störungen hervorrufen. Die absolute Genauigkeit der Messungen hängt davon ab, wie genau die sehr geringe Kapazität des Hochspannungskondensators bekannt ist. Wenn der in Ziff. 6 beschriebene Widerstandsspannungsteiler verfügbar ist, läßt sich die Kapazität dadurch ermitteln, daß beide Spannungsteiler an die gleiche Hochspannung gelegt werden, die gleich der maximalen Spannung ist, die der Widerstandsspannungsteiler verträgt. Es liefert dann die durch den Widerstandsspannungsteiler bekannte Hochspannung in Verbindung mit der bekannten Kapazität C_2 und der an ihr liegenden, vom Elektrometer angezeigten Niederspannung die unbekannte Kapazität C_1. Steht ein empfindliches Wechselstromnullinstrument (Titrationsgalvanometer) zur Verfügung, so wird dieses einerseits an die Verbindung von C_1 mit C_2, andererseits an den Spannungsteilpunkt des Widerstandes gelegt. Die beiden Widerstände des Widerstandsspannungsteilers bilden dann mit den beiden Kondensatoren C_1 und C_2 und dem Nullinstrument eine Kapazitätsmeßbrücke für Hochspannung, in der mit Ausnahme von C_1 alles bekannt ist, so daß sich dieses ergibt. Diese zweite Methode ist wesentlich genauer als die erste.

78. Ermittelung der Hochspannung eines Prüftransformators aus dem Übersetzungsverhältnis. Das Übersetzungsverhältnis des Prüftransformators ist von der Energieaufnahme des Prüfgegenstandes, und auch etwas von der Höhe der Spannung abhängig. Die Ermittlung der Hochspannung eines Prüftransformators mit Hilfe des aus dem Windungsverhältnis bekannten Übersetzungsverhältnisses und der Messung der Niederspannung führt also bei Hochspannung zu falschen Werten und ist unzulässig. Die Ursache der Änderung des Übersetzungsverhältnisses ist eine Spannungserhöhung durch die Strominduktivität des Transformators und die Kapazität des Prüflings.

79. Messung des Scheitelwertes von Hochspannungen mit der Funkenstrecke. Es wurde bereits erwähnt, daß die Funkenstrecke Scheitelspannungen mißt. Ihre Verwendung ist also die gegebene Methode zur Messung von Scheitelwerten. Alles Erforderliche ist bereits unter Ziff. 4 erwähnt. Hier sei nur noch zur Vermeidung von Irrtümern darauf hingewiesen, daß in Tabellen 1 und 2 effektive Spannungen angegeben sind, daß also sämtliche Spannungen mit $\sqrt{2}$ multipliziert werden müssen, wenn Scheitelwerte gewünscht werden.

80. Mit der Glimmröhre. Es ist PALM[1]) gelungen, die Glimmröhre soweit zu verbessern, daß sie bei einer ganz bestimmten Spannung anspricht (auf-

---

[1]) A. PALM, Elektrot. ZS. Bd. 47, S. 873 u. 904. 1926.

leuchtet), die sich mit der Dauer der Benutzung der Lampe nicht merklich ändert. Dieser Zündvorgang einer Glimmröhre ist seinem Wesen nach nichts anderes als das Einsetzen einer Funkenentladung bei geringem Druck. Infolgedessen spricht eine Glimmröhre ebenso auf Scheitelwerte der Spannung an wie eine gewöhnliche Funkenstrecke. Ihr Vorzug vor dieser besteht darin, daß sie ein geschlossener unveränderlicher Apparat ist, der keiner besonderen Pflege und Einregulierung bedarf. Da die Zündspannungen der Glimmröhren von der Größenordnung 100 V sind, müssen sie zur Messung von Hochspannungsscheitelwerten in Verbindung von Spannungsteilern, und zwar am besten bei kapazitiver Spannungsteilung, verwandt werden. Die Glimmröhre wird dem Niederspannungskondensator parallel geschaltet und dieser verkleinert, bis die Röhre aufleuchtet. Dann verhält sich der Scheitelwert der Hochspannung zur Zündspannung der Glimmröhre wie die Niederspannungs- zur Hochspannungskapazität.

81. Mit Glühkathodengleichrichtern. Abb. 41 zeigt die von der Firma Haefely[1]) angegebene Anordnung. C ist ein Hochspannungskondensator. A und B, zwei Ventilröhren (mit 15 V Anodenspannung, 4 V Heizspannung, 0,5 A Heizstrom für Ströme von 0,4 bis 0,45 A) werden in entgegengesetzter Schaltung parallel geschaltet und auf der einen Seite mit dem Hochspannungskondensator verbunden, auf der anderen geerdet. In dem Stromkreis des einen Gleichrichters befindet sich der Strommesser i. Er wird nur von Strömen einer Richtung durchflossen, deren Betrag durch die Kapazität C und den Scheitelwert der Spannung E bedingt ist. Die Anordnung mißt also Scheitelwerte wie eine Funkenstrecke. Ihr großer Vorzug vor dieser liegt darin, daß die Hochspannungsmessung in eine Gleichstrommessung verwandelt worden ist, die die Scheitelspannung unmittelbar anzeigt. Parallel zu den Glühkathodenröhren liegt eine Edelgassicherung S, um die Röhren vor Überspannung zu schützen. Die ganze Anordnung wird durch einen Metallkäfig gegen Ladungen abgeschirmt.

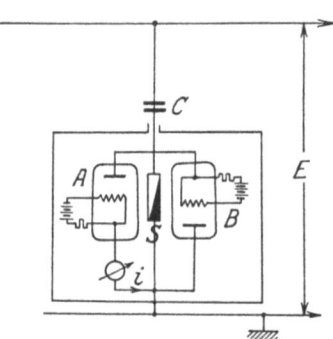

Abb. 41. Schaltungsschema zur Messung des Scheitelwertes von Hochspannungen mit Hilfe von Glühkathodengleichrichtern nach HAEFELY.

82. Messung von Überspannungen. Der Scheitelwert von Überspannungen und Wanderwellen kann mit Hilfe von Kugelfunkenstrecken gemessen werden, wenn für eine vollständige Beseitigung des Entladeverzuges gesorgt ist. Ihre Kurvenform wird mit Hilfe von Oszillographenaufnahmen erhalten. Ein über einen Spannungswandler angeschlossener Schleifenoszillograph gibt nur so lange richtige Werte, als die Spannungsänderung langsamer als die Eigenschwingungszeit der Oszillographenschleife ist. Fast stets verlaufen jedoch Überspannungen und Wanderwellen außerordentlich viel schneller. Sie werden mit dem ROGOWSKIschen[2]) Wanderwellenoszillographen oder mit dem von der Westinghouse Company[3]) konstruierten Klydonographen gemessen, der auf den von TOEPLER[4]) untersuchten Gleitentladungen beruht, die photographisch festgehalten werden. Die Größe dieser Gleitentladungen ist ein Maß für die Höhe der Überspannungen, ihre Form ermöglicht eine Beurteilung der Steilheit der Wellenfront.

---

[1]) A. ROTH, Hochspannungstechnik, S. 356. Berlin: Julius Springer 1927.
[2]) W. ROGOWSKI u. E. FLEGLER, Arch. f. Elektrot. Bd. 16, S. 295. 1926.
[3]) J. H. COX u. Y. W. LEGG, Journ. Amer. Inst. Electr. Eng. Bd. 44, S. 1094. 1925.
[4]) M. TOEPLER, Arch. f. Elektrot. Bd. 10, S. 157. 1921.

83. Strommessung bei Hochspannung. Hochgespannte Ströme werden stets mit Hilfe von Stromwandlern gemessen, um die Hochspannung von der Meßanordnung fernzuhalten. Die Niederspannungswicklung des Stromwandlers ist stets einpolig zu erden, damit die Meßinstrumente bei einem Durchschlage der Hochspannungswicklung nicht beschädigt werden. Ferner beseitigt die Erdung die in der Sekundärwicklung statisch induzierten hohen Spannungen. Bei Wanderwellen wirkt der Stromwandler als Drosselspule. Zur Vermeidung von Überschlägen empfiehlt es sich, ihn durch eine empfindliche Funkenstrecke zu überbrücken.

Bei sehr hohen Spannungen von 100 kV und mehr wird der Einbau von Stromwandlern auf der Hochspannungsseite möglichst vermieden, weil ihre Isolation stets eine schwache Stelle der Anlage bildet.

84. Hochspannungsleistungsmessungen[1]). Der Spannungskreis des Leistungsmessers wird stets an einen Spannungswandler mit der Nennübersetzung $\ddot{V}_e$, dem Spannungsfehler f_e und dem Fehlwinkel δ_e in Minuten gelegt, der Stromkreis an einen Stromwandler vom Nennübersetzungsverhältnis $\ddot{V}_i$ mit dem Stromfehler f_i und dem Fehlwinkel δ_i (vgl. Kap. 13). Die Primärseiten am Spannungs- bzw. Stromwandler werden an die Spannung V bzw. in den Strom J eingeschaltet. Die Hochspannungsleistung N ergibt sich aus der am Leistungszeiger abgelesenen und um seinen Fehler korrigierten Leistung N_2, wenn φ die Phasenverschiebung des sekundären Stromes J_2 gegen die sekundäre Spannung V_2 ist, aus:

$$N = \frac{\ddot{V}_e \ddot{V}_i N_2}{1 - \frac{f}{100}} \approx \ddot{V}_e \ddot{V}_i N_2 \left(1 + \frac{f}{100}\right), \tag{1}$$

$$f = f_i + f_e \pm 0{,}0291 (\delta_i - \delta_e) \operatorname{tg}\varphi; \qquad \cos\varphi = \frac{N_2}{V_2 J_2}. \tag{2}$$

Das $+$-Zeichen gilt für induktive, das $-$-Zeichen für kapazitive Last. Bei Messung einer Drehstromleistung in Aronschaltung mit 2 Wattmetern wäre diese Korrektion für jedes Wattmeter getrennt durchzuführen, da die Phasenverschiebung in den beiden Wattmetern erheblich verschieden ist. Wenn der eine Wattmeterausschlag nahezu Null ist, so ist der Fehler nicht prozentual, sondern absolut auszurechnen. Besondere Aufmerksamkeit erfordern die Vorzeichen, wenn der Ausschlag des einen Wattmeters ursprünglich negativ war und durch Umpolen der Spannungsklemmen positiv gemacht wurde. Bei annähernd symmetrischer Drehstrombelastung, die praktisch in der Regel vorhanden ist, läßt sich die Korrektionsrechnung, wie eine einfache, hier wegen ihrer Länge nicht wiederzugebende Rechnung zeigt, an der sekundär gemessenen Gesamtleistung anbringen.

Der Drehsinn sei $R - S - T$, die Stromwandler seien in die Leitungen R und T eingebaut und die Größen durch Zufügen von R und T gekennzeichnet, dann ist:

$$N = \ddot{V}_e \ddot{V}_i (N_2^R + N_2^T)\left(1 + \frac{f}{100}\right), \qquad \cos\varphi = \frac{N_2^R + N_2^T}{V_2 J_2 V^3}. \tag{3}$$

a) bei induktiver Last

$$\left. \begin{array}{l} f = f_i^T + f_e^T + 0{,}0291 [\delta_i^R - \delta_e^R] \operatorname{tg}\varphi + D[(f_i^R + f_i^T) + (f_e^R - f_e^T)] \\ \quad + B[(\delta_i^R - \delta_i^T) - (\delta_e^R - \delta_e^T)]; \end{array} \right\} \tag{4}$$

b) bei kapazitiver Last

$$\left. \begin{array}{l} f = f_i^R + f_e^R - 0{,}0291 [\delta_i^T - \delta_e^T] \operatorname{tg}\varphi - D[(f_i^R + f_i^T) + (f_e^R - f_e^T)] \\ \quad + B[(\delta_i^R - \delta_i^T) - (\delta_e^R - \delta_e^T)]. \end{array} \right\} \tag{5}$$

---
[1]) Nach einem unveröffentlichten Manuskript von H. SCHERING.

Die in den zweiten Zeilen der Fehlerformeln vorkommenden Differenzen der Spannungsfehler, der Stromfehler und der Fehlwinkel sind bei Benutzung von gleichartigen Wandlern desselben Fabrikats in der Regel so klein, daß bei der Kleinheit der Koeffizienten D und B diese Glieder vollkommen vernachlässigt werden können. Die Korrektionsrechnung ist dann so einfach wie bei Einphasenstrom. In der folgenden Tabelle 4 sind die benötigten Koeffizienten in Abhängigkeit von $\cos\varphi$ angegeben.

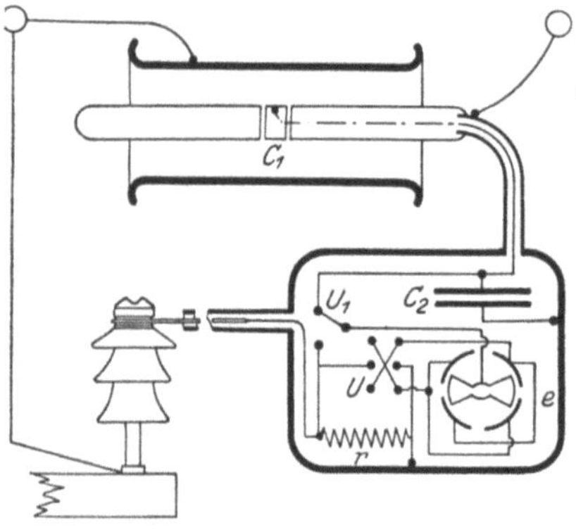

Tabelle 4.

$\cos\varphi$	$0{,}029 \operatorname{tg}\varphi$	D	B
1,0	+ 0,000	+ 0,50	+ 0,008
0,9	+ 0,014	+ 0,36	+ 0,001
0,8	+ 0,022	+ 0,28	− 0,003
0,7	+ 0,030	+ 0,20	− 0,007
0,6	+ 0,039	+ 0,11	− 0,012
0,5	+ 0,050	+ 0,00	− 0,017
0,45	+ 0,058	− 0,08	− 0,021
0,40	+ 0,067	− 0,17	− 0,026
0,35	+ 0,078	− 0,28	− 0,031
0,30	+ 0,092	− 0,42	− 0,038
0,25	+ 0,113	− 0,63	− 0,049
0,20	+ 0,143	− 0,93	− 0,064
0,15	+ 0,192	− 1,42	− 0,088
0,10	+ 0,289	− 2,39	− 0,137
0,05	+ 0,581	− 5,31	− 0,283

Abb. 42. Schema eines Hochspannungswattmeters nach Petersen.

Kleine Leistungen, wie z. B. bei Versuchen an Isoliermaterial, werden mit dem Elektrometer in Leistungsschaltung (s. ds. Kap., Abschn. a) gemessen. Die Spannung wird gegebenenfalls durch Kondensatoren unterteilt. Abb. 42 gibt die Schaltung eines derartigen Hochspannungswattmeters[1]). C_1 ist der Hochspannungskondensator, der in der gleichen Weise verwandt wird, wie in Ziff. 7 beschrieben worden ist, C_2 der Niederspannungskondensator, r der vom Strom durchflossene Abzweigwiderstand und e das Elektrometer. Die ganze Niederspannungsanordnung ist sorgfältig metallisch abgeschirmt. Um mit Ausschlägen nach beiden Seiten arbeiten zu können, sind die Quadranten des Elektrometers an einen Stromwender U angeschlossen. Der zweite Umschalter U_1 ermöglicht die Verwendung des Elektrometers als Strommesser.

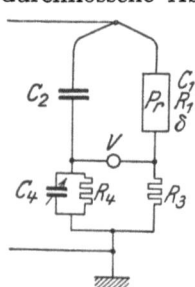

Abb. 43. Hochspannungsmeßbrücke von Schering zur Messung von dielektrischen Verlusten.

85. Messung der dielektrischen Verluste. Die dielektrischen Verluste werden bei Hochspannung in der Regel in der Meßbrücke von Schering[2]) gemessen. Zwei Zweige dieser in Abb. 43 wiedergegebenen Brücke, der verlustlose Kondensator C_2 und der Prüfling Pr liegen unter Hochspannung, die anderen beiden mit den Präzisionswiderständen R_3, R_4 und dem regelbaren Kondensator C_4 an Niederspannung. Als Nullinstrument wird ein Vibrationsgalvanometer oder ein Telephon benutzt. Die Brückenzweige C_4, R_4 und R_3 werden so lange verändert, bis das Nullinstrument v keinen Strom mehr anzeigt. Dann ist der Verlustwinkel:

$$\operatorname{tg}\delta = R_4 \cdot \omega \cdot C_4, \qquad (6)$$

$$(7) \qquad R_1 = \frac{R_3 \cdot C_4}{C_2}, \qquad\qquad C_1 = \frac{C_2 \cdot R_4}{R_3}. \qquad (8)$$

---

[1]) W. Petersen, Hochspannungstechnik. Stuttgart: F. Enke 1911.
[2]) A. Semm, Arch. f. Elektrot. Bd. 9, S. 30. 1920.

Für den dielektrischen Verlust P gilt:

$$P = E^2 \cdot \frac{C_2}{R_3 \cdot C_4} \text{Watt},\qquad(9)$$

wenn C_2 und C_4 in Farad und R_3 in Ohm gerechnet wird. Als verlustlose Hochspannungskondensatoren sind Preßgaskondensatoren besonders geeignet.

Ein mehr technisches Verfahren ist das von BARBAGELATA und EMMANUELI[1]). Die Schaltung ist in Abb. 44 wiedergegeben. Als Hochspannungswiderstand R_2 wird ein Wasserwiderstand verwandt, bei dem das Wasser eine U-förmige Glasröhre oder einen Gummischlauch durchfließt und infolgedessen große Leistungen abzuführen vermag. Die durch die Verluste des Prüflings Pr bedingte Abweichung von der bei einer verlustlosen Kapazität genau 90° betragenden Phasenverschiebung zwischen Strom und Spannung wird mit Hilfe der variablen Induktivität L so kompensiert, daß das Wattmeter WM den Ausschlag Null zeigt. Dann ergibt sich der Verlustwinkel aus der Gleichung:

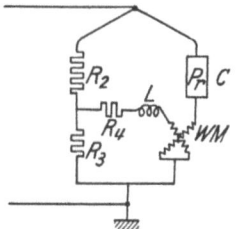

Abb. 44. Technische Messung dielektrischer Verluste nach BARBAGELATA und EMMANUELI.

$$\operatorname{tg}\delta \simeq \cos\varphi = \frac{\omega L}{R_4 + R_3\left[\dfrac{1}{1+\dfrac{R_3}{R_2}}\right]},\qquad(10)$$

wobei ω die Kreisfrequenz, L eine Induktivität (in Henry), R_2, R_3, R_4 Widerstände sind. R_2 braucht nur der Größenordnung nach bekannt zu sein.

Bei allen Verfahren der Verlustmessung ist die Abschirmung der Leitungen und Instrumente sowie eine klare Festlegung der Spannung gegen Erde durch Erdung an den richtigen Stellen besonders wichtig. Ferner muß die Spannungskurve reine Sinusform haben oder durch Resonanz gereinigt werden, da die Oberschwingungen die Messung der dielektrischen Verluste beträchtlich fälschen.

86. Messung der dielektrischen Festigkeit von Gasen. Die Messung der dielektrischen Festigkeit von Gasen ist im wesentlichen die Umkehrung der Spannungsmessung mit der Funkenstrecke. Die bekannte dielektrische Festigkeit der Luft, die in der Eichung der Funkenstrecke steckt, führt zu den gesuchten Spannungen. Also führt in der gleichen Anordnung die bekannte Spannung zur unbekannten dielektrischen Festigkeit. Es gelten demnach für diese Messungen die gleichen Anweisungen, wie sie in Ziff. 4 für die Hochspannungsmessung durch Funkenstrecken gegeben sind. Theoretisch ist die Ermittlung der Durchbruchsspannung im homogenen Feld am wichtigsten. Abb. 45 gibt die in diesem Falle zu verwendende, von ROGOWSKI und RENGIER[2]) angegebene Elektrodenform. Wichtig ist ferner bei Präzisionsmessungen die Beseitigung des Entladeverzuges (s. Bd. XIV, Kap. 7) durch geeignete Bestrahlung.

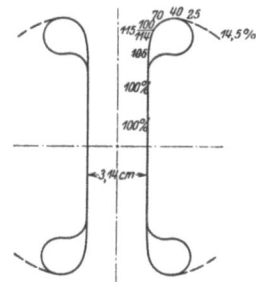

Abb. 45. Elektrodenform nach ROGOWSKI und RENGIER zur Messung der Durchbruchsfeldstärke von Gasen im homogenen Felde.

Bei Untersuchung der dielektrischen Festigkeit von Gasen bei hohen Drucken ist vor einer Fehlerquelle zu warnen, die leicht übersehen wird. Die Elektroden werden in ein Druckgefäß eingeschlossen, das beim Versuche mit 100 Atm. und mehr belastet wird. Die Elektrodenabstände sind bei der großen dielektrischen

---

[1]) BARBAGELATA u. EMMANUELI, Electrotecnica Bd. 26, S. 477. 1922.
[2]) W. ROGOWSKI u. H. RENGIER, Arch. f. Elektrot. Bd. 16, S. 73. 1926.

Festigkeit stark komprimierter Gase sehr gering. Wird nun der Elektrodenabstand bei Atmosphärendruck ermittelt, und dann zu Messung mit hohem Druck übergegangen, so wird das die Elektroden tragende Druckgefäß gedehnt und dadurch die Elektrodenabstände verändert. Es muß deshalb das Gefäß so eingerichtet werden, daß der Elektrodenabstand während des hohen Druckes unmittelbar vor oder nach dem Durchschlag gemessen werden kann.

87. Dielektrische Festigkeit von Flüssigkeiten. Die dielektrische Festigkeit von Flüssigkeiten wird in der Regel zwischen Kugeln gemessen, die sich in geringem Abstande in der zu untersuchenden Flüssigkeit gegenüberstehen. Besonders zu achten ist auf Reinheit und vollständige Trockenheit der Elektrodenoberflächen und auf die vollständige, im Extrem sehr schwierige Beseitigung des gelösten Wassers aus dem Dielektrikum[1]).

88. Dielektrische Festigkeit fester Körper. Die einwandfreie Messung der dielektrischen Festigkeit fester Körper gehört zu den technisch schwierigsten Messungen der Physik. Als bestes Verfahren hat sich das folgende herausgestellt: Das Prüfstück erhält die in Abb. 46 im Querschnitt wiedergegebene Form, bei der in eine planparallele Platte zwei konaxiale Kugelkalotten hineingeschliffen sind. Für höchste Politur der Kalottenoberflächen, wenn möglich durch Schmelz- oder Ätzpolitur zur Beseitigung der Polierrisse, ist zu sorgen. Das so vorbereitete Prüfstück wird dann in einen Apparat eingesetzt, in welchem im Hochvakuum von beiden Seiten Quecksilber in die Kugelkalotten gedrückt wird, das sich lückenlos dem Prüfstück anschmiegt und als Elektrode dient. Sowohl die geringsten submikroskopischen Oberflächenrisse, als auch die dünnsten Luftschichten zwischen Elektrode und Prüfstück führen zu Durchschlagsspannungen, die der Größenordnung nach zu niedrig sein können. Ferner ist eine Kühlung der Quecksilberelektroden vorzusehen, um den Einfluß der Temperatur auf die dielektrische Festigkeit ermitteln zu können.

Abb. 46. Querschnitt eines Prüfstückes zur Untersuchung der dielektrischen Festigkeit.

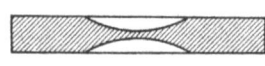

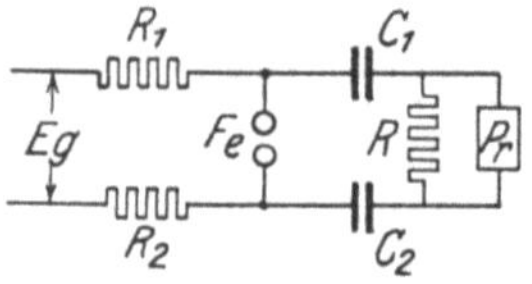

Abb. 47. Schaltung für die Stoßprüfung von Isolatoren.

89. Stoßprüfung von Isolatoren. Die Stoßprüfung soll die Verhältnisse bei Wanderwellen und Blitzschlägen nachahmen. Die für die Prüfung angegebenen Schaltungen beruhen sämtlich darauf, daß die Gleichspannung eines geladenen Kondensators mittels einer Funkenstrecke plötzlich an das Prüfstück gelegt wird. Abb. 47 zeigt eine von MARX[2]) angegebene Schaltung. Die Kondensatoren C_1 und C_2 werden durch die Gleichstromquelle E_g aufgeladen. In dem Augenblick, in dem ihre Spannung den an der Erregerfunkenstrecke F_e eingestellten Wert übersteigt, schlägt diese über, wodurch eine Wanderwelle gegen den Prüfling prallt. Die Kapazität der Kondensatoren muß so groß sein, daß sich während dieses Vorganges ihre Ladung und damit ihre Spannung nicht wesentlich ändert. Der Widerstand R ist so groß, daß er den Entladevorgang nicht wesentlich beeinflußt, dagegen nach der Entladung die Spannung zwischen den beiden Kondensatorbelegungen ausgleicht.

---

[1]) R. M. FRIESE, Wiss. Veröffentl. a. d. Siemens-Konz. Bd. 1, S. 41. 1921.
[2]) E. MARX, Elektrot. ZS. Bd. 45, S. 1083. 1924.

Kapitel 15.

Elektrometrie.

Von

A. GÜNTHERSCHULZE, Berlin.

Mit 4 Abbildungen.

Die Messung der verschiedenen Größen des technischen Wechselstromes im Laboratorium mit Hilfe von Elektrometern ist bereits in Kap. 14 erschöpfend behandelt. Im folgenden werden die mehr physikalischen Methoden der Messung statischer Spannungen, geringer Elektrizitätsmengen, sehr schwacher Ströme, sehr hoher Widerstände usw. mit Hilfe von Elektrometern besprochen werden[1]).

1. Prinzip der Elektrometrie. Elektrometrie ist die Messung gegebener, in der Regel außerordentlich geringer, elektrischer Ladungen oder der von solchen Ladungen erzeugten Spannungen mit Hilfe der von ihnen ausgeübten Kräfte. Die zur Messung dieser Kräfte dienenden Elektrometer bestehen aus einem System fest angeordneter Elektroden, zwischen denen durch eine Ladung ein elektrisches Feld erregt wird. In diesem Felde befindet sich ein bewegliches System, dem eine bestimmte zweite Ladung erteilt wird. Das Produkt aus dieser Ladung und der elektrischen Feldstärke am Orte des beweglichen Systems ist maßgebend für den Ausschlag, der abgelesen wird. Welche der beiden Ladungen als zu messende, welche als bekannte gewählt wird, hängt von der Größe der zu messenden Ladung und der Art des Elektrometers ab. Stets kann jedoch dem Elektrometer nur ein Bruchteil der zu messenden Ladung zugeführt werden, dessen Größe durch das Verhältnis der Kapazität des Elektrometers zu der Summe (Kapazität des Elektrometers + Kapazität des Ladungsträgers) gegeben ist. Ist die Kapazität des Ladungsträgers so groß im Vergleich zu der des Elektrometers, daß sich die Spannung beim Zuschalten des Elektrometers nicht merklich ändert, so spricht man nicht von Ladungs-, sondern von Spannungsmessung. Die Kenntnis der Elektrometerkapazität ist dann nicht erforderlich.

Die Elektrometer sind im Kapitel 8 ausführlich beschrieben. Hier sei nur darauf hingewiesen, daß sie in Quadrantelektrometer mit relativ großer Kapazität und Saitenelektrometer mit relativ sehr kleiner Kapazität unterteilt werden.

Die Kunst der Messung besteht darin, nur die zu messenden und zur Messung dienenden Ladungen auf den vorgeschriebenen Wegen in das Elektrometer gelangen zu lassen. Da es absolute Isolatoren nicht gibt, ist diese Forderung streng nicht erfüllbar. Offenbar muß man ihrer strengen Erfüllung um so näher

---

[1]) Zusammenfassende Darstellung s. F. KOHLRAUSCH, Lehrb. d. prakt. Physik. Leipzig: B. G. Teubner; ferner H. GEIGER u. W. MAKOWER, Meßmethoden auf dem Gebiete der Radioaktivität. Braunschweig: Vieweg & Sohn 1920; H. SCHERING, Die Isolierstoffe der Elektrotechnik. Berlin: Julius Springer 1924.

kommen, je kleiner die zu messenden Ladungen sind. Während sich diese Forderung beispielsweise bei der technischen Messung von Wechselspannungen mit Elektrometern leicht hinreichend erfüllen läßt, setzt die Unmöglichkeit der strengen Erfüllung der Messung der durch die durchdringende kosmische Strahlung erzeugten Ladungen eine frühe, höchst unerwünschte Grenze.

Die Fähigkeit des Beobachters zeigt sich darin, daß er sich stets darüber Rechenschaft gibt, wieweit seine Messungen durch fremde Ladungen und Ladungen am verkehrten Ort gefälscht werden. Des weiteren muß er die Kapazität des Elektrometers (die u. a. von dem Ausschlag des beweglichen Systems abhängt) sowie den Zusammenhang zwischen Ausschlag und Spannungen des Elektrometers, d. h. seine Eichkurve, kennen, ehe er mit den eigentlichen Messungen beginnen kann. Dabei muß er die folgenden Hinweise beachten.

2. Die Isolation des Elektrometers und der Versuchsanordnung. Da bei der Elektrometrie im allgemeinen außerordentlich geringfügige Elektrizitätsmengen im Spiele sind, werden an das Isolationsvermögen der die Anordnung isolierenden Materialien die höchsten Ansprüche gestellt. Diesen genügen in trockener Luft Quarz, Schwefel, Bernstein und auch Schellack und Porzellan sowie gut gereinigtes Kolophonium.

Glas genügt nur mäßigen Ansprüchen. Am besten isolieren noch Flintglas, schwer schmelzbares Kaliglas, Jenaer alkalifreies Glas Nr. 122 oder 477. Da die Leitung des Glases bei gewöhnlicher Temperatur stets ganz überwiegend Oberflächenleitung ist, die durch eine von mehr oder weniger freiem Alkali halbchemisch gebundene Wasserhaut hervorgerufen wird, läßt sich das Isolationsvermögen des Glases durch Beseitigen des Alkaligehaltes seiner Oberfläche, also durch Kochen in schwacher Säure, Nachkochen mit destilliertem Wasser und Trocknen bei möglichst hoher Temperatur in staubfreier Luft weitgehend verbessern.

Frisches Hartgummi isoliert gut. Durch die Lichtwirkung und Staubbedeckung oxydiert sich seine Oberfläche mit der Zeit, wobei freie Säure abgespalten wird und eine beträchtliche Oberflächenleitung entsteht. Sie läßt sich durch Abdrehen, Abschaben oder auch durch Waschen mit Wasser und Alkohol beseitigen. Durch Schmirgeln und Polieren wird dagegen die freie Säure nur immer wieder in die Oberfläche hineingerieben. Wird Hartgummi mit engen, tief eingedrehten Rillen versehen (in die das Licht schlecht eindringen kann), mit filtrierter heißer Schellacklösung getränkt und bei 100° C im Luftbad getrocknet, so isoliert es wie Bernstein.

Paraffin isoliert gut, ist aber für die meisten Zwecke zu weich. Feste Aufbauten lassen sich bei geringeren Ansprüchen an das Isolationsvermögen aus paraffingetränktem Holz herstellen. Das Holz wird, in Paraffin eingetaucht, unter verringertem Druck (Wasserstrahlpumpe) auf etwa 140° C so lange erhitzt, bis das Entweichen von Gasblasen aufhört. Dann läßt man das Ganze bei Atmosphärendruck so langsam erkalten, daß der Luftdruck das Paraffin in die Holzporen zu drücken vermag. In gleicher Weise läßt sich auch Papier behandeln.

Bei höherer Temperatur sind Quarzplatten am besten, die parallel zur Achse geschnitten sind.

Für viele Zwecke sind ferner die organischen Isoliermaterialien Bakelit und die damit hergestellten hochisolierenden Preßstoffe sehr geeignet.

Die folgende Tabelle 1 enthält die Isolationswiderstände der wichtigsten Materialien, wenn Oberflächenleitung ausgeschlossen ist.

Bei den Werten der Tabelle 1 ist zu berücksichtigen, daß bei chemisch undefinierten Stoffen die Widerstände in weiten Grenzen schwanken. Unterschiede um den Faktor 10 sind nicht selten. Die Abnahme des Widerstandes

Tabelle 1[1]). Spezifische Widerstände von Isolationsstoffen.

Material	ϱ_{22}	$\varrho_{20}/\varrho_{30}$	Material	ϱ_{22}	$\varrho_{20}/\varrho_{30}$
Schiefer	$1 \cdot 10^8$	—	Böhm. Glas	$1 \cdot 10^{16}$	—
Elfenbein	$1 \cdot 10^8$	1,6	Schellack	$1 \cdot 10^{16}$	1,5
Roter Fiber	$5 \cdot 10^9$	2,6	Glyptol	$1 \cdot 10^{16}$	3,0
Marmor	$1 \cdot 10^{10}$	—	Quarz $\perp$	$3 \cdot 10^{16}$	—
Zelluloid	$2 \cdot 10^{10}$	1,8	Ambroid	$5 \cdot 10^{16}$	—
Galalith	$2 \cdot 10^{10}$	—	Klarer Glimmer	$5 \cdot 10^{16}$	1,0
Paraff. Mahagoni	$4 \cdot 10^{13}$	3,6	Kolophonium	$5 \cdot 10^{16}$	—
Gew. Glas	$5 \cdot 10^{13}$	2,5	Schwefel	$1 \cdot 10^{17}$	4,9
Quarz $\parallel$	$1 \cdot 10^{14}$	—	Hartgummi	$1 \cdot 10^{18}$	—
Unglas. Porzellan	$3 \cdot 10^{14}$	1,6	Paraffin	$3 \cdot 10^{18}$	—
Weißes Wachs	$6 \cdot 10^{14}$	—	Ceresin	$>5 \cdot 10^{18}$	—
Mikanit	$1 \cdot 10^{15}$	—	Quarzglas	$>5 \cdot 10^{18}$	—
Siegellack	$8 \cdot 10^{15}$	0,9			

bei Zunahme der Temperatur ist meistens sehr groß. Werden keine besonderen Vorsichtsmaßregeln zur Beseitigung der Oberflächenleitung getroffen, so übertrifft diese oft die Leitung durch den Isolator hindurch um das Vielfache.

Zur Orientierung über Isolationswiderstände gelangt man am einfachsten, wenn mit dem Isolator ein gewöhnliches geladenes Elektroskop berührt wird. Wenn es nicht scheinbar momentan entladen wird, ist der Isolationswiderstand mindestens von der Größenordnung $10^{10}\,\Omega$.

3. Kriechschutz. Wird in der Nähe der Meßanordnung Hochspannung verwandt, so kann es vorkommen, daß Ladungen, die aus den Hochspannungsleitungen über die Isolatoren in die Meßanordnung kriechen, jede Messung unmöglich machen. In diesem Falle wird die Meßanordnung auf geerdete Metallstücke gestellt, oder es werden die kriechenden Ladungen durch Schutzringe abgefangen und zur Erde abgeleitet. Unter Umständen sind die kapazitiven Wirkungen der Schutzringe zu beachten.

4. Schutz gegen fremde Felder. Vollkommen elektrostatische Abschirmung der Meßanordnung ist besonders bei Ionisationsmessungen unerläßlich. Zu diesem Zwecke werden die Elektrometer in einen innen mit Blech oder Stanniol überzogenen Holz- oder Pappkasten gestellt, während die Zuleitungen zu den Apparaten durch geerdete metallische Hülsen geführt werden. Die Anschlüsse an die Apparate werden zweckmäßig in kleine geerdete Pappkasten mit abnehmbaren Deckeln verlegt. Schalter, die sich in einem solchen Schutzkasten befinden, werden von außen mit Hilfe einer Schnur betätigt. Vielfach werden auch elektromagnetisch gesteuerte Schalter benutzt.

5. Schutz gegen radioaktive Substanzen und Strahlung. Elektrometrische Apparate können durch Verunreinigung mit den geringsten Mengen radioaktiver Stoffe völlig unbrauchbar werden. Der Versuch, sie durch Reinigung wieder brauchbar zu machen, ist aussichtslos. Außer den radioaktiven Stoffen selbst müssen auch die von ihnen ausgehenden durchdringenden Strahlen sowie Röntgenstrahlen durch starke Bleischirme ferngehalten werden. Die Beseitigung der letzten wahrnehmbaren Spuren beider (Höhenstrahlung) ist ein noch ungelöstes Problem.

6. Selbstentladung („Zerstreuung") des Elektrometers. Da es absolute Isolatoren nicht gibt und vor allem die Luft merklich leitet, entlädt sich jedes geladene und lädt sich jedes ungeladene Elektrometer nach Trennung der Verbindung mit der Erde und den Spannungsquellen. Diese sog. natürliche Zerstreuung ist stets bei der Messung geringer Ladungen zu berücksichtigen, be-

---

[1]) Nach F. KOHLRAUSCH, Lehrb. d. prakt. Physik.

sonders wenn sie dem Elektrometer wie bei der Messung von Ionisationsströmen langsam zufließen. Dazu wird die natürliche Zerstreuung vor und nach jeder Messung ermittelt. Die durch sie bedingte Spannungsänderung soll nicht mehr als 0,01 Volt pro Minute betragen, wenn das Elektrometer ohne zugeschaltete Kapazitäten benutzt wird. Ist die Streuung wesentlich größer, so müssen die einzelnen Teile des Systems auf ihr Isolationsvermögen geprüft werden.

Die Zerstreuung durch die Luft läßt sich durch geringe Mengen von Zigarrenrauch weitgehend verringern, da sich in ihm die leicht beweglichen Luftionen in schwere langsame Langevinionen (Bd. XIV) verwandeln.

7. Spannungen. In der Elektrometrie werden die zu messenden Potentiale stets auf bestimmte, definierte konstante Potentiale bezogen, auf die sämtliche Körper in der Umgebung der Anordnung gebracht werden. In der Regel wird als Bezugspotential das der Erde gewählt, das als das Potential Null angesetzt wird. Es werden dann die auf diesem Potentiale zu haltenden Teile der Apparatur mit der Erde (Wasserleitung, Gasleitung) verbunden. Es handelt sich also stets um die Messung von Potentialdifferenzen, d. h. von Spannungen.

Hohe Spannungen lassen sich mit Hilfe von Reibungselektrisierung herstellen und in Leidener Flaschen aufspeichern. Je größer deren Kapazität, um so geringer ist die Spannungsänderung durch Ladungsverlust. Durch einen Kunstgriff lassen sich längere Zeit fast konstante Spannungen herstellen: Die Leidener Flaschen werden auf eine höhere Spannung geladen als die gewünschte und nach einiger Zeit durch Berührung mit einem Halbleiter bis auf die gewünschte Spannung entladen. Dann gleicht der allmählich frei werdende Rückstand die Spannungsabnahme durch Ladungsverlust mehr oder weniger aus, und die Spannung bleibt längere Zeit fast konstant.

Um die kapazitiven Störungen möglichst gering zu machen, müssen die Zuleitungen zu den Apparaten möglichst dünn sein. Bei hohen Spannungen werden aber die Ladungen um so leichter zerstreut (Koronaverlust), je dünner die Drähte sind, auf denen sich die Ladungen befinden. Als Schutz dagegen wird das Verlegen der Drähte in Kapillaren aus Jenaer Glas 59 mit einem Überzug von starkem Gummischlauch empfohlen. Doch ist die hierdurch bedingte Kapazitätsvergrößerung und Isolationsverschlechterung viel schlimmer als die Vergrößerung der Kapazität durch Wahl dickerer Zuleitungen, so daß sie möglichst zu vermeiden ist.

Niedrigere Potentiale werden am besten mit Akkumulatorenbatterien hergestellt. Bei Zambonischen Säulen ist auf gute Dichtung und Isolation zu achten, wenn Konstanz des Potentiales verlangt wird.

Kommt es auf größtmögliche Definition des Potentiales an, so sind Normalelemente (Westonelemente) zu verwenden. Diese werden nach dem Vorschlage von KRÜGER in sehr kleiner Ausführung in Batterieform in Kästen zu 100 Stück zusammengestellt. Auch Batterien aus Daniellelementen, in denen die Diffusion der Lösungen durch Gelatinieren erschwert ist, werden mit Vorteil benutzt.

8. Theorie des Quadrantelektrometers. (Vgl. a. Kap. 8). Werden alle Teile des Elektrometers auf das Potential Null gebracht und dann an die Quadranten die Potentiale $V_1 V_2$, an die Nadel das Potential V_N gelegt, so gilt für kleine Ablenkungswinkel

$$\alpha = \Re(V_1 - V_2 + \Pi_1)[V_N - \tfrac{1}{2}(V_1 + V_2 + \Pi_2)]. \tag{1}$$

Dabei sind Π_1 und Π_2 die Kontaktpotentiale der Quadranten gegeneinander und gegen die Nadel. Da sie durch Kommutieren der zu messenden Spannung eliminiert werden können, sind sie im folgenden nicht weiter berücksichtigt.

Nach ORLICH ist, wenn a, b, c, D Konstanten bedeuten,

$$D \cdot \alpha = a_0 V_N^2 + a_1 V_1^2 + a_2 V_2^2 + (a_2 - a_1) V_N (V_1 - V_2) + b_0 V_1 V_2 + c_0 V_N \\ + c(V_1 - V_2). \tag{2}$$

Die Zahl der Konstanten kann durch Kommutierungen verringert werden. Eine eventuelle Abhängigkeit der Größe D von V_N, V_1 und V_2 läßt sich durch geeignetes Justieren beseitigen. Geschieht dieses nicht, so ist die gesamte Direktionskraft gleich $D(1 + \gamma V_n^2)$ zu setzen, wo γ für das bestimmte Instrument bei gegebener Justierung eine Konstante ist. Bei der Quadrantschaltung sind V_1 und V_2 klein gegen V_N. Die Empfindlichkeit $\alpha/(V_1 - V_2)$ ist also im wesentlichen proportional $V_N D(1 + \gamma V_N^2)$. Ist γ positiv, so wächst die Empfindlichkeit mit V_N verzögert an und erreicht bei γV_N^2 ein Maximum. Die Ausschläge für $+V$ und $-V$ sind proportional $V(V_N - \frac{1}{2}V)$ und $V(V_N + \frac{1}{2}V)$. Sie unterscheiden sich also um V/V_N, d. h. um 2%, wenn $V_N = 100$ Volt ist und 2 Volt gemessen werden.

Bei der Nadelschaltung ist die Empfindlichkeit α/V_N dem an die Quadranten gelegten Hilfspotential V_Q direkt und der gesamten Direktionskraft $D(1 + \gamma' V_Q^2)$ umgekehrt proportional. γ' ist in der Regel größer als γ.

Bei Doppelschaltung endlich entsteht der elektrische Teil der Direktionskraft erst durch die zu messende Ladung und wächst mit ihr.

9. Eichung des Elektrometers und Spannungsmessung. Der Eichung hat die Justierung des Elektrometers vorauszugehen. Die richtige Justierung wird daran erkannt, daß die Ablenkungen bei gleichen Spannungen entgegengesetzten Vorzeichens gleich groß und entgegengesetzt sind, sowie daß die Ausschläge der Spannung zwischen den beiden Quadrantenpaaren proportional sind, solange die Spannung klein gegen die Nadelspannung ist, wie im vorstehenden Abschnitt näher angegeben ist.

Die Proportionalität der Ausschläge mit der Quadrantenspannung wird geprüft, indem das Element E durch einen hohen unterteilten Widerstand AB geschlossen wird

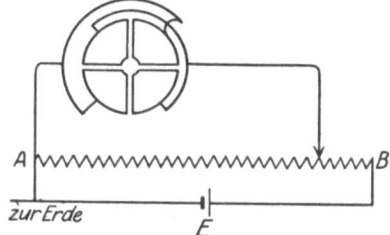

Abb. 1. Schaltungsschema zur Eichung eines Quadrantelektrometers.

(Abb. 1). Die verschiedenen Abzweigstellen des Widerstandes werden nacheinander mit dem einen Quadrantenpaar verbunden, so daß dieses verschiedene Spannungen annimmt. Das andere Quadrantenpaar und der eine Pol des Elementes E haben Erdpotential. Dann muß das graphisch als Funktion der Spannung aufgetragene Mittel aus den kommutierten Ausschlägen eine gerade Linie sein.

Kommutieren des Ausschlages ist unerläßlich, um die unberechenbaren Unsymmetrien des Ausschlages zu beseitigen. Bei langen Messungsreihen ist es zweckmäßig, zur Prüfung der Konstanz ein Normalelement bereit zu haben, das jederzeit an das Elektrometer gelegt werden kann. Nach erfolgter Eichung wird die zu messende Spannung an die Quadranten gelegt, der Ausschlag beobachtet und der zugehörige Spannungswert aus der Eichkurve entnommen.

10. Methode des absoluten Elektrometers mit konstantem Plattenabstand. Die Elektroden eines Kondensators von der Oberfläche f und dem Abstand a ziehen sich mit der Kraft

$$k = \frac{f}{8\pi} \cdot \frac{V^2}{a^2} \tag{3}$$

an, wenn V die Potentialdifferenz ist, auf die sie geladen sind. Die Gleichung gilt jedoch streng nur, wenn f unendlich groß ist. Bei endlichem f werden die

Fehler um so größer, je weniger a gegen die Ausdehnung von f verschwindet. Zur Messung von V ist die Ermittlung von f, a, k nötig. Ein Schutzring verringert den durch die Randwirkungen bedingten Fehler (Abb. 2).

Abb. 2. Schema des absoluten Elektrometers.

Wenn R und R' die Halbmesser der beweglichen Scheibe und des Schutzringes bedeuten, $b = R' - R$ die Breite der Trennfuge ist, so ist für genauere Messungen zu setzen

$$f = \frac{\pi}{2}\left(R^2 + R'^2 - C\frac{R+R'}{1+4,5\,a/b}\right). \qquad (4)$$

Die bewegliche Platte ist entweder mit einer Federwage oder einer zweiarmigen Wage verbunden, deren Zeiger auf Null steht, wenn die bewegliche Platte sich genau in der Ebene des Schutzringes befindet. Die auf sie ausgeübte Kraft wird durch Gewichte gemessen. Da bei angelegter Spannung die Nulllage der Platte labil ist, läßt sich nur dasjenige Gewicht beobachten, bei dem sie gerade von ihrer sie in der Nullage stützenden Unterlage abgehoben wird, ein Verfahren, das erheblich weniger genau ist als eine exakte Wägung mit schwingendem Wagebalken.

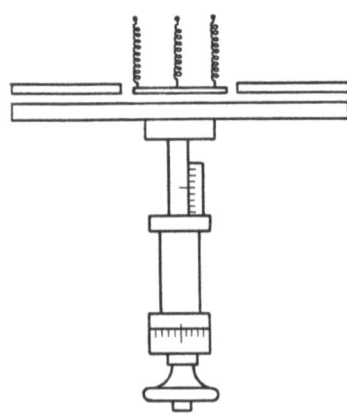

Abb. 3. Schema des absoluten Elektrometers mit Plattenverschiebung.

11. Methode des absoluten Elektrometers mit Plattenverschiebung. Die Schwierigkeit der genauen Messung von a wird dadurch umgangen, daß (Abb. 3) diejenige Verschiebung der unteren Platte gemessen wird, bei der die bewegliche Platte bei konstanter Kraft k nach Anlegen der Spannung V wieder in ihre Nullstellung kommt. Ist diese mit einer Mikrometerschraube genau meßbare Verschiebung l cm, so ist

$$V = l\sqrt{\frac{8\pi k}{f}}. \qquad (5)$$

12. Absolute Hochspannungsmessung nach PALM[1]). Von PALM ist eine Methode zur absoluten Messung von Hochspannungen bis 250000 Volt gegeben worden. Abb. 4 enthält das Meßprinzip. Der Wagebalken AOB, der in O um eine zur Papierebene senkrecht stehende Achse drehbar gelagert ist, bildet eine doppelte Stromspannungswage. Die Anordnung ist symmetrisch zur Achse O, ihre linken Teile sind mit dem Index 1, ihre rechten mit dem Index 2 bezeichnet. Im Abstand a_1 und a_2 von O sind Spannungsplatten vom Durchmesser d_1 und d_2 an dem Wagebalken be-

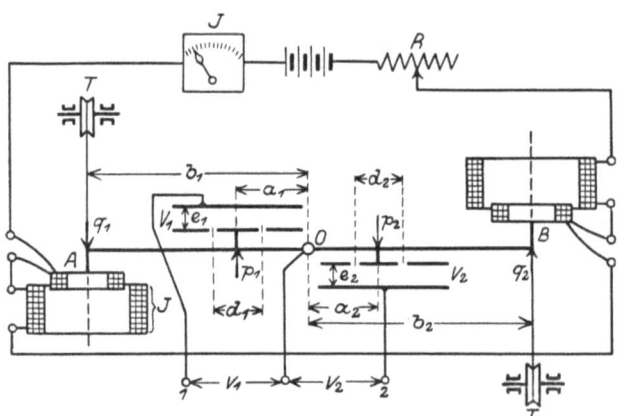

Abb. 4. Schema des absoluten Hochspannungselektrometers nach PALM.

---
[1]) A. PALM, ZS. f. techn. Phys. Bd. 1, S. 137. 1920.

festigt. Sie sind von Schutzringen umgeben, die mit den beweglichen Spannungsplatten in einer Ebene stehen und leitend mit ihnen verbunden sind. Im Abstand e_1 und e_2 von den beweglichen Spannungsplatten sind die festen Spannungsplatten angebracht. Zwischen festen und beweglichen Spannungsplatten bestehen die Potentialdifferenzen V_1 und V_2. Im Abstand b_1 und b_2 sind am Wagebalken die beweglichen Stromspulen A, B befestigt, die in feste Spulen eintauchen. Alle vier Spulen werden in Serie von einem Gleichstrom J durchflossen. Das durch die beweglichen Spannungsplatten hervorgerufene Drehmoment p_1, p_2 ist proportional dem Quadrat der angelegten Spannung V. Das Drehmoment q_1, q_2 der Stromspulen ist proportional dem Quadrat des Stromes J. Es ist also beim Gleichgewicht des Wagebalkens die zu messende Spannung V proportional dem Kompensationsstrom J. Wird der Strom J mit einem Drehspulamperemeter gemessen, dessen Ausschlag dem Strom J proportional ist, so ist es durch geeignete Wahl der Konstanten möglich, dieses Amperemeter direkt mit einer Voltskala zu versehen, die den Effektivwert der angelegten Hochspannung unabhängig von Frequenz und Kurvenform angibt. PALM gibt in der angegebenen Arbeit die einzelnen Drehmomente des näheren an. Die Eichung des Instrumentes erfolgt mit Hilfe von Gewichten.

13. Kapazitätsbestimmung eines Elektrometers. a) Die gesuchte Kapazität γ wird mit der eines bekannten Kondensators C oder einer von den Wänden hinreichend entfernten Kugel verglichen. Das Elektrometer wird auf ein Potential V geladen. Dann wird der vorher zur Erde abgeleitete Kondensator ihm parallelgeschaltet. Dabei sinkt die Spannung auf V'. Dann ist

$$\gamma = C \frac{V'}{V - V'}. \tag{6}$$

Bei der Benutzung einer Kugel als Vergleichskondensator muß die Kapazität des Aufhängedrahtes addiert werden. Sind die auf dem Potential der Erde befindlichen festen Körper hinreichend weit entfernt, so läßt sich die Kapazität des Aufhängedrahtes nach der Näherungsformel von JOHNSON

$$C_d = \frac{L}{2 \ln L/R} \tag{7}$$

berechnen, wo L die Länge und R der Radius des Drahtes ist.

b) Die innere Belegung 1 eines Zylinderkondensators von der Kapazität C wird mit dem geerdeten Elektrometer verbunden, während die äußere Belegung 2 auf das Potential V geladen wird. Darauf wird das Elektrometer von Erde abgeschaltet und die Belegung 2 geerdet. Dadurch wird auf das isolierte System (Elektrometer + Belegung 1) die Elektrizitätsmenge $C \cdot V$ übertragen. Ergibt sich dabei ein Ausschlag von V' Volt, so berechnet sich γ aus

$$C \cdot V = (C + \gamma) \cdot V'. \tag{8}$$

Eine Abänderung dieser Methode besteht darin, daß das Elektrometer mit einem geeichten variablen Kondensator (GERDIENschen Zylinderkondensator, Drehkondensator) verbunden, geladen und isoliert wird. Aus den zu zwei Einstellungen a und b des veränderlichen Kondensators am Elektrometer abgelesenen Spannungen V_a und V_b berechnet sich die Kapazität des Elektrometers. Wird in der Reihenfolge a, b, a in gleichen Zeitintervallen abgelesen, so fällt bei Mittelbildung über die beiden a-Einstellungen die Zerstreuung des Elektrometers, Kondensators usw. heraus.

c) Eine Ionisationskammer wird mit einigen Gramm Uranoxyd oder mit einer anderen konstanten Strahlenquelle beschickt und nach Anlegen der Kammer an das Elektrometer die Wanderungsgeschwindigkeit α_1 und α_2 der Nadel

1. unter Zuschaltung eines Kondensators von der Kapazität C, 2. ohne den Kondensator bestimmt. Dann berechnet sich die Kapazität γ des Elektrometers einschließlich der der Kammer und der Zuleitungen aus der Gleichung

$$\frac{C+\gamma}{\gamma}=\frac{\alpha_1}{\alpha_2}. \tag{9}$$

Die Kapazität der Ionisationskammer wird bestimmt, ehe sie mit Uranoxyd beschickt wird. Die Zelle wird zweckmäßig in der Weise hergestellt[1]), daß die innere Mantelfläche eines Messingzylinders mit Wasserglas bestrichen und mit fein gepulvertem Uranoxyd oder Urannitrat bestäubt wird. Auf einer Hartgummiisolation am Boden des Zylinders wird konaxial ein Messingstab als zweite Elektrode befestigt. Die an der Zelle liegende Spannung muß so groß sein, daß die Zelle den von der Spannung unabhängigen Sättigungsstrom liefert, was bei der Größenordnung 100 Volt bei den üblichen Abmessungen annähernd der Fall ist. Der Sättigungsstrom läßt sich leicht dadurch regulieren, daß ein zweiter beweglicher Zylinder in den die Uranverbindung tragenden Zylinder mehr oder weniger hineingeschoben wird, so daß er die wirksame Oberfläche mehr oder weniger abblendet.

Bei allen drei angegebenen Methoden wird die Messung am genauesten, wenn $C = \gamma$.

Ferner ist bei allen Methoden auf die Selbstentladung des Elektrometers und der Zuleitungen durch Zerstreuung (s. Ziff. 6) zu achten und die dadurch bedingte Korrektur anzubringen.

14. Elektrometrische Messung sehr schwacher Ströme. Als Stromnormal ist die in Ziff. 13 beschriebene Uranzelle geeignet.

Die folgenden Methoden erlauben die Messung von Strömen bis hinab zu 10^{-15} Amp.

1. **Aufladegeschwindigkeit des Elektrometers.** Der Strom wird zur Aufladung des Elektrometers benutzt. Ist C die Kapazität des Systems, α_0 die Ablenkung in Skalenteilen für 1 Volt, α die in t Sekunden entstandene Ablenkung, so ist

$$J = \frac{C}{300 \cdot \alpha_0} \frac{\alpha}{t}\ \text{el.-stat.}\ E = \frac{C}{9 \cdot 10^{11} \alpha_0} \frac{\alpha}{t}\ \text{Amp}. \tag{10}$$

Die Meßgenauigkeit wird durch die Abhängigkeit der Kapazität des Elektrometers vom Ausschlag und durch den zunehmenden Einfluß von Isolationsfehlern mit zunehmendem t begrenzt. Ferner ist zu prüfen, wieweit die Trägheit der Nadel die Ergebnisse fälscht, was durch Verändern der Ablenkungsgeschwindigkeit mit Hilfe parallelgeschalteter Kondensatoren geschehen kann.

2. **Potentialabfall an einem hohen Widerstand.** Der zu messende Strom wird durch einen sehr hohen Widerstand geschickt und die Potentialdifferenz zwischen den Enden des Widerstandes mit dem Elektrometer gemessen. Als Widerstand eignen sich Flüssigkeitswiderstände mit Mannit-Borsäure-Lösung, $k = 0{,}00100$ (Zusammensetzung der Flüssigkeit s. Kap. 20 Ziff. 6). Dabei muß jedoch die Polarisation der Elektroden beseitigt werden. Ein praktisches Verfahren ist von BEHNKEN[2]) angegeben. Den eigentlichen Widerstand bildet eine enge Kapillare, deren Enden in je ein Gefäß von 70 ccm Inhalt bis etwas unter die Flüssigkeitsoberfläche tauchen. Eine zweite weitere Kapillare, die bis auf den Boden des Gefäßes reicht, stellt die Verbindung mit einem zweiten kleineren Gefäß her, von dem eine dritte zu einem als Quecksilbernormalelektrode (Hg unter einer Paste aus Hg und $HgSO_4$ mit 0,1 n-K_2SO_4 angerührt und bedeckt)

---

[1]) H. SCHERING, Ann. d. Phys. (2) Bd. 20, S. 174. 1906.
[2]) H. BEHNKEN, ZS. f. Phys. Bd. 3, S. 48. 1920.

ausgebildeten Gefäß führt. Die mehrfache Zwischenschaltung von weiten Gefäßen soll die Diffusion der 0,1 n-K_2SO_4 in die Widerstandskapillare erschweren. Alle Teile des Apparates mit Ausnahme der Normalelektroden selbst sind mit der Mannit-Borsäure-Lösung gefüllt. Die Flüssigkeit muß überall gleich hoch stehen. Ein derartiger Widerstand ist frei von Polarisation und hält sich monatelang konstant, wenn alle Glasteile vor der Verwendung längere Zeit ausgekocht werden.

Die Verwendung eines Widerstandes aus einer durch eine radioaktive Substanz leitend gemachten Luftschicht zwischen zwei Platten empfiehlt sich nicht, weil das Elektrometer wegen der zeitlichen Schwankungen des Widerstandes unregelmäßig hin und her schwankt.

3. Durch Kompensation. Der zu messende Strom lädt die eine Elektrode eines Kondensators, die mit dem einen Quadrantenpaar des Elektrometers verbunden ist. Die andere Elektrode des Kondensators ist an einen Kontakt K angeschlossen, der auf einem stromdurchflossenen Widerstand R verschiebbar angeordnet ist. Zur Zeit Null wird nun das eingeschaltete Quadrantenpaar von der Erde abgeschaltet. Dann beginnt die Elektrometernadel zu wandern. Wird jedoch durch die gleichmäßige Verschiebung des Kontaktes K die zweite Elektrode des Kondensators mit der gleichen Geschwindigkeit aufgeladen, so bleibt die Nadel in Ruhe. Die Geschwindigkeit dieser zweiten Aufladung läßt sich jedoch bequem durch Ablesung eines zwischen die zweite Elektrode des Kondensators und Erde geschalteten Voltmeters und eine Zeitmessung ermitteln. Es ist dann der gesuchte Strom $J = C \cdot V/t$, wenn der Kondensator C in t Sekunden um V Volt geladen werden muß, um die Elektrometernadel in Ruhe zu halten.

Statt die Nadel völlig in Ruhe zu halten, bestimmt man die Zeit zwischen zwei Durchgängen der Nadel durch den gleichen Ausschlag, indem man sie bei Beginn der Messung den Ausschlag passieren läßt, sie dann auf Null zurückbringt und gegen Ende der Messung wieder wandern läßt, und die Zeit bestimmt, zu welcher sie gerade wieder den Ausschlag passiert.

Die Vorzüge der Methode sind, daß die Kapazität des Elektrometers und seiner Zuleitungen bei ihr keine Rolle spielt und kleine Isolationsfehler nicht stören. Jedoch ist gute Isolation des Kondensators Bedingung.

Das Meßbereich läßt sich durch Variieren von V und C innerhalb weiter Grenzen ändern.

15. Messung von Widerständen und Elektrizitätsmengen. Widerstände. Der zu messende Widerstand wird in Reihe mit einem Normalwiderstand möglichst gleicher Größenordnung in einen Stromkreis konstanter Stromstärke eingeschaltet und erst die Endpunkte des einen, dann die des anderen an das Elektrometer gelegt. Das Verhältnis der in beiden Fällen gemessenen Spannungen gibt das Verhältnis der Widerstände.

Als Normalwiderstände können bei Messungen mäßiger Genauigkeit, wie z. B. von Isolationswiderständen, Bronsonwiderstände verwandt werden. Sie bestehen aus einer Uranzelle, wie sie in Ziff. 13 beschrieben ist. Während dort aber die Spannung so groß gewählt wurde, daß der Sättigungsstrom erreicht war, ist bei der Verwendung der Uranzelle als Bronsonwiderstand im Gegenteil die Spannung so klein zu wählen, daß Strom und Spannung einander noch proportional sind, die Zelle also als konstanter Widerstand wirkt.

Elektrizitätsmenge. Elektrizitätsmengen werden durch die Spannungen gemessen, auf welche sie Kondensatoren bekannter Kapazität laden.

Kapitel 16.

Widerstände und Widerstandsapparate.

Von

H. v. STEINWEHR, Berlin.

Mit 23 Abbildungen.

a) Allgemeines über Widerstände.

1. Historisches. Genau bekannte und konstante Widerstände zu besitzen, war früher für die Physik und später auch für die Technik ein Bedürfnis, dessen Befriedigung lange Zeit hindurch nur mit ungenügendem Erfolge angestrebt wurde. Erst durch die Arbeiten der Phys.-Techn. Reichsanst. wurden die Forderungen nach einer genau definierten und reproduzierbaren Einheit erfüllt, welche allein die Kenntnis des Wertes eines Widerstands ermöglicht, sowie die nach einem Material und einer Konstruktion, die allen Ansprüchen, welche an Präzisionswiderstände gestellt werden müssen, genügen. Während Näheres über die Quecksilbereinheit des Ohm in dem Artikel von W. JAEGER über die elektrischen Einheiten zu finden ist, soll hier nur kurz über die Entwicklung, die zu den jetzt allgemein gebrauchten Drahtwiderständen geführt hat, berichtet werden.

Es war von vornherein klar, daß nur Widerstände in Frage kamen, die aus Metall hergestellt waren, und es wurden deshalb zunächst reine Metalle verwendet. Aber der große Temperaturkoeffizient des elektrischen Widerstands, den dieselben besitzen, ließ sehr bald erkennen, daß man sich nach einem anderen Material umsehen mußte. Die in England vom Board of Trade benutzten Platinsilberwiderstände, die zum Teil starken zeitlichen Änderungen unterworfen sind, haben sich ebensowenig bewährt wie die aus Neusilber oder Patentnickel, die einen großen Temperaturkoeffizienten des Widerstands haben oder die aus Konstantan, die eine große Thermokraft gegen Kupfer besitzen.

Hier setzten die Untersuchungen von FEUSSNER und LINDECK[1]) ein, die zunächst eine Reihe von Legierungen, die bereits für den gedachten Zweck Verwendung fanden, prüften und ihre mehr oder weniger geringe Geeignetheit feststellten.

Einer Anregung von WESTON folgend, der an Mangan-Kupferlegierungen kleine und sogar negative Temperaturkoeffizienten gefunden hatte, ermittelten sie durch systematische Untersuchung einer Reihe von Legierungen aus Mangan und Kupfer mit und ohne Zusatz von Nickel die für Widerstände vorteilhafteste Zusammensetzung des Manganins, welches dann wesentlich infolge dieser Untersuchung und der weiteren Arbeiten der Reichsanstalt auf dem Gebiete der Präzisionswiderstände allgemein als Widerstandsmaterial für diesen speziellen Zweck eingeführt wurde.

---

[1]) K. FEUSSNER u. ST. LINDECK, ZS. f. Instrkde. Bd. 9, S. 233. 1889; Bd. 15, S. 394. 1895; Wiss. Abh. d. Phys.-Techn. Reichsanst. Bd. 2, S. 501. 1895; K. FEUSSNER, Verh. d. D. Phys. Ges. Bd. 10, S. 109. 1891; Elektrot. ZS. Bd. 13, S. 99. 1892; ST. LINDECK, Rep. of the Brit. Ass. 1892, S. 139.

2. Widerstandsmaterial.

2. Widerstandsmaterial. Von den zahlreichen als Widerstandsmaterial brauchbaren Metallegierungen, deren wichtigste in der folgenden Tabelle zusammengestellt sind,

Tabelle 1. Widerstandsmaterialien.

Legierung	Zusammensetzung	$10^4 \cdot \sigma_{20}$	$\left(\dfrac{1}{\sigma}\dfrac{d\sigma}{dt}\right)_{20} \cdot 10^{-5}$	Thermokraft gegen Cu Mikrovolt/Grad
Cekas	Ni, Cr, Fe	1,0	—	—
Konstantan	60 Cu, 40 Ni	0,49	−3 bis +5	−40
Kruppin	30% Ni	0,84	+90	—
Kulmiz	Cu, Mn	0,74	+0,8	—
Manganin	80 Cu, 4 Ni, 12 Mn	0,42	+1 bis +3	+0,8 bis −7,1
Mangankupfer	70 Cu, 30 Mn	1,00	+4	—
Nickelin	62 Cu, 20 Zn, 18 Ni	0,33	+30	—
Resistin	Cu, Mn	0,51	+0,8	—
Patentnickel	74,5 Cu, 0,4 Zn, 24,4 Ni, 0,6 Fe, 0,15 Mn	0,33	+19	—
Mangankupfer	70 Cu, 30 Mn	$1,00_6$	+21	—
Chromnickel		1,1	32	—
Ferrohm		0,52	100	—
Excelsior II		$0,058_3$	138	—

ist, wie bereits erwähnt, allein das Manganin als für Präzisionswiderstände geeignet anzusehen. Die Eigenschaften, welche diese Legierung vor anderen auszeichnen und für den gedachten Zweck prädestinieren, sind hoher spezifischer Widerstand, kleiner Temperaturkoeffizient des Widerstands, geringe Thermokraft gegen Kupfer und zeitliche Unveränderlichkeit bei geeigneter Behandlung. Zur Verwendung als Ballastwiderstände sind die anderen Legierungen dagegen geeigneter, da sie zum Teil für Heizzwecke bestimmt sind und daher höhere Temperaturen aushalten, ohne wesentliche Veränderungen zu erleiden. Wegen seiner geringen Widerstandsfähigkeit gegenüber chemischen Einflüssen bei höheren Temperaturen, ist Zink als eine ungeeignete Komponente für Widerstandslegierungen anzusehen, und die Verwendung aller dieses Metall enthaltenden Materialien daher möglichst zu vermeiden. In der Tabelle bedeutet σ den spezifischen Widerstand der Legierung bei 20°, bezogen auf den cm³-Würfel Quecksilber als Einheit.

Daß in der Tabelle für den Temperaturkoeffizienten des

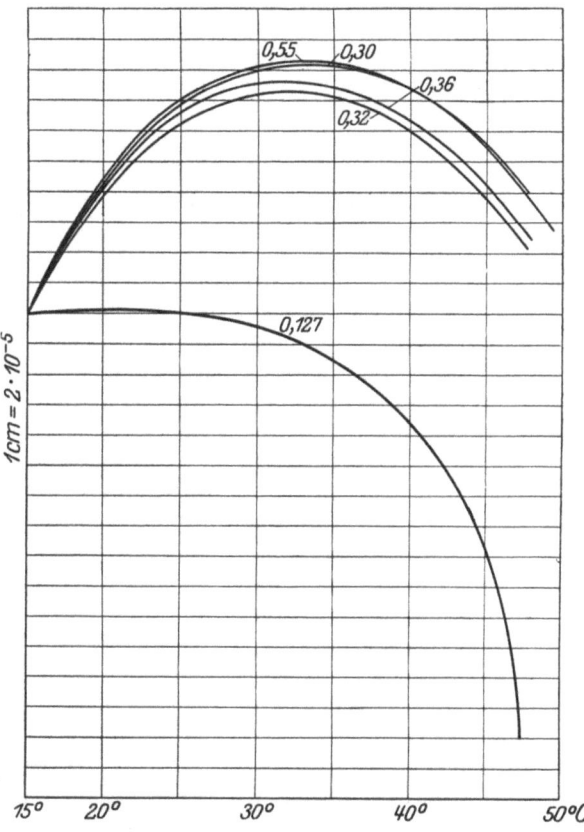

Abb. 1. Abhängigkeit des spezifischen Widerstandes des Manganins von der Temperatur.

Widerstandes des Manganins keine konstante Zahl angegeben ist, rührt einmal daher, daß die Kurven, welche die Beziehung zwischen spezifischem Widerstand und Temperatur darstellen, für verschiedene Proben verschieden ausfallen, hauptsächlich aber daher, daß der Temperaturkoeffizient nicht von der Temperatur unabhängig ist, sondern, wie aus der Abb. 1 hervorgeht, ein Maximum besitzt, das in der Regel zwischen 30 und 40° liegt. In der Umgebung dieser Temperaturen ist der Temperaturkoeffizient daher klein, unter Umständen sogar verschwindend, aber von sehr wechselnder Größe.

3. Herstellung und Aufbewahrung der Drahtwiderstände. Das ursprünglich in der Reichsanstalt von FEUSSNER und LINDECK[1]) ausgearbeitete Verfahren zur Herstellung von Präzisionswiderständen aus Draht, das für alle Arten genauer Widerstände vorbildlich ist, enthält folgende Vorschriften. Auf ein Messingrohr[2]), das mit einem Überzuge aus Seide beklebt ist, wird der mit Seide umsponnene Manganindraht möglichst in einer Lage aufgewickelt und mit Schellack getränkt. Da ein Weichlöten des Manganins nicht genügende Haltbarkeit der Lötstelle sichert, müssen an die Enden der Manganindrähte zunächst Kupferdrähte hart angelötet werden, die ihrerseits an Kupferringen auf die gleiche Weise befestigt werden. Letztere werden dann durch Verschraubung und Weichlötung mit den inneren Enden der Kupferbügel verbunden. Nach dem rohen Abgleichen der Widerstände werden dieselben gealtert, indem sie einen Tag lang (wenigstens aber 10 Stunden) auf 140° erwärmt werden. Hierdurch wird der Widerstand des Drahtes seinem zeitlichen Endwerte so nahe gebracht, daß weitere Änderungen nicht mehr beobachtet werden. Ferner erhärtet der Schellack hierbei zu einer nicht mehr plastischen, kompakten Masse, in welcher der Draht unbeweglich eingebettet ist.

Dieses Verfahren hat sich in Deutschland sehr gut bewährt, und es sind bei der großen Anzahl in der Reichsanstalt durch Jahrzehnte hindurch untersuchter Normalwiderstände außer geringen zeitlichen Schwankungen keine wesentlichen Änderungen beobachtet worden. Im Jahre 1907 wurde jedoch in einer Untersuchung von ROSA und BABCOCK[3]) gezeigt, daß der für die Herstellung der Widerstände benutzte Schellack infolge Wasseraufnahme in dem feuchten Sommerklima Washingtons aufquillt und dadurch Formänderungen des Manganindrahts hervorruft, die sich in geringen periodischen Widerstandsschwankungen bemerklich machen. Diese Schwankungen werden in viel geringerem Umfange und hauptsächlich bei Widerständen höherer Beträge auch hierzulande beobachtet[4]); es ist deshalb erforderlich, bei der Herstellung und Aufbewahrung hierauf Rücksicht zu nehmen. Da man bisher für den Schellack keinen gleichwertigen, nicht hygroskopischen Ersatz gefunden hat, läßt sich dieser Effekt nur herabsetzen, aber leider nicht ganz beseitigen. Zu diesem Zwecke werden die Messingrohre, auf welche der Draht gewickelt wird, nicht mehr mit Seide beklebt, um die Schellackschicht dünner zu machen. Ferner werden die Rohre geschlitzt, was ihnen eine größere Elastizität gegenüber den durch das Quellen des Schellacks hervorgerufenen Formänderungen verleiht. Der noch verbleibende Rest dieser Störung wird dadurch unschädlich gemacht, daß die Büchsen nach einem Vorschlage von v. STEINWEHR in einem abgeschlossenen Raume von konstanter Feuchtigkeit, einem Hygrostaten, aufbewahrt werden[4]).

---

[1]) K. FEUSSNER und ST. LINDECK, ZS. f. Instrkde. Bd. 9, S. 233. 1889; Bd. 15, S. 394. 1895; Wiss. Abh. d. Phys.-Techn. Reichsanst. Bd. 2, S. 501. 1895.
[2]) An Stelle des Messingrohrs kann auch ein Porzellanrohr benutzt werden.
[3]) E. B. ROSA u. H. D. BABCOCK, Electrician Bd. 59, S. 339. 1907; Bull. Bureau of Stand. Bd. 4, S. 211. 1907; ferner W. JAEGER u. ST. LINDECK, Electrician. August 1907.
[4]) ST. LINDECK, ZS. f. Instrkde. Bd. 28, S. 229. 1908.

Die konstante Feuchtigkeit wird nach dem Vorgange von REGNAULT dadurch erzeugt, daß in den erwähnten Raum eine Schale mit verdünnter Schwefelsäure (Dichte 1,336 bei 20° C) gebracht wird, welche die Luft stets zu 50% mit Wasserdampf gesättigt erhält.

Ein anderes Mittel, den Einfluß der Feuchtigkeit zu vermeiden, haben ROSA und BABCOCK durch Konstruktion luftdicht verschlossener Büchsen, die allerdings den Nachteil haben, daß die Messung der Temperatur des Widerstandes weniger sicher ist, gefunden. Bei der Messung derartiger Widerstände ist viel mehr Sorgfalt auf die Konstanthaltung der Bäder zu verwenden als bei Widerständen gewöhnlicher Konstruktion.

4. Normalwiderstände. Die Normalwiderstände werden für den praktischen Gebrauch in solche für Schwachstrommessungen und solche für Starkstrommessungen eingeteilt. Sie müssen aus einem gegen Kupfer thermokraftfreien Material, am besten Manganin (jedenfalls nicht Konstantan), hergestellt werden. Die Widerstände von 0,1 Ohm an aufwärts sind aus umsponnenem schellackiertem Draht, die von kleinerem Betrage aus Blech, hergestellt. Um die Drahtwiderstände auch für Wechselstrommessungen bei nicht zu hohen Frequenzen brauchbar zu machen, müssen sie induktions- und kapazitätsfrei gewickelt werden, was bei den Widerständen von 1 bis 100 Ohm durch bifilare Wicklung erreicht wird. Die bifilare Wicklung wird in der Weise hergestellt, daß der Draht in der Mitte geknickt wird, und die beiden freien Enden nebeneinander aufgewickelt werden. Für Beträge über 100 Ohm sind die auf diese Weise gewickelten Widerstände nicht genügend kapazitätsfrei, so daß sie nach CHAPERON gewickelt werden müssen. Diese Wicklung wird gewöhnlich so hergestellt, daß eine Lage Draht in dem einen Sinne aufgewickelt, die nächste aber im umgekehrten Sinne zurückgewickelt wird. O. WOLFF in Berlin beginnt die Wicklung in der Weise, daß er das eine Drahtende auf dem Zylindermantel bis zur Mitte der Spule führt, von da zum Ende derselben über den aufgelegten Draht zurückwickelt, dann die Wicklung im umgekehrten Sinne bis zur Mitte weiterführt, nunmehr den Draht axial auf dem Zylindermantel zum anderen Ende der Spule führt, von da bis zur Mitte zurückwickelt, und dann dasselbe Stück im umgekehrten Sinne bewickelt. Der Vorteil der CHAPERONschen Wicklung besonders in der Ausführung von WOLFF ist, daß das Nebeneinanderliegen von Drähten, die verhältnismäßig große Spannungsdifferenzen gegeneinander haben und infolgedessen große Kapazitätswirkung zeigen, vermieden wird.

Eine gründlichere Beseitigung der Selbstinduktion ist erforderlich, wenn die Widerstände für Messungen mit hochfrequentem Wechselstrom benutzt werden sollen. Sie wird nach WAGNER und WERTHEIMER[1]) in vollkommener Weise dadurch erreicht, daß die in der eben beschriebenen Weise nach CHAPERON gewickelten Widerstände in mehrere Unterabteilungen zerlegt werden, die durch Fiberringe voneinander getrennt werden.

Eine andere Methode, die Selbstinduktion vollständig zu beseitigen, ist von CURTIS und GROVER[2]) angegeben worden. Auf ein mit zwei einander gegenüberliegenden Schlitzen versehenes Porzellanrohr wird der Draht in der Weise aufgebracht, daß zunächst eine Windung aufgewickelt, sodann der Draht durch beide Schlitze hindurchgeführt und auf der anderen Seite zurückgewickelt wird. Diese Art der Bewicklung wird fortgesetzt, bis der ganze Widerstand auf dem Zylinder aufgewickelt ist. Trotz der guten Eigenschaften, welche die so hergestellten Widerstände besitzen sollen, wird sich diese Fabrikationsweise kaum im großen einführen, da das Wickelverfahren zu umständlich ist.

---

[1]) K. W. WAGNER u. A. WERTHEIMER, Elektrot. ZS. Bd. 24, S. 613 u. 649. 1913.
[2]) H. CURTIS u. F. W. GROVER, Bull. Bureau of Stand. Bd. 8, S. 495. 1912; Elektrot. ZS. Bd. 33, S. 1221. 1912.

Methoden zur Beseitigung der Selbstinduktion bei Starkstromwiderständen sind von PATERSON und RAYNER[1]) sowie von ORLICH[2]) angegeben worden [s. auch CAMPBELL[3])].

Bei Widerständen hohen Betrages werden nach ORLICH[4]) die Wirkungen von Kapazität und Induktivität dadurch gegeneinander kompensiert, daß zwei durch ein Isolationsmittel von passender Dicke voneinander getrennte und in entgegengesetztem Sinne gewickelte Spulen konzentrisch auf dem gleichen Kern von Schiefer montiert sind.

5. Form der Normalwiderstände. Die äußere Form der Widerstandsbüchsen (siehe Abb. 2 und 3) ist die eines vernickelten Messingzylinders (H) mit Ebonitdeckel (D), der in der Nähe des Randes bei f an gegenüberliegenden Stellen von zwei starken Kupferleitungen ($B B$) durchsetzt wird. Diese Drähte, welche bügelförmig nach außen gebogen sind, führen zu den Enden $k k$ des aus Manganindraht hergestellten und auf den Metallzylinder M gewickelten Widerstands und tauchen mit ihren amalgamierten freien Enden in Quecksilbernäpfe, welche als Bohrungen in Kupferschienen hergestellt sind.

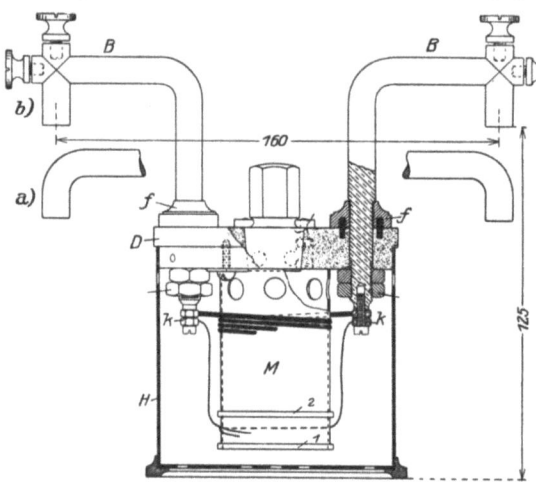

Abb. 2a u. b. Zwei Büchsen mit und ohne Potentialklemmen.

Für Widerstände von 0,1 bis 10000 Ohm sind zwei Ausführungen gebräuchlich, die eine entsprechend der Abb 2b, trägt außer den amalgamierten Enden der Bügel noch zwei Klemmen an jedem Ende. Ihr Widerstand ist definiert durch die Verzweigungsstelle je einer benutzten Klemme und des amalgamierten Endes. Bei Hintereinanderschaltung der Büchsen von 1 Ohm, und besonders von 0,1 Ohm, ist das Stück von diesem Punkte bis zur Endfläche in Rechnung zu setzen. Widerstände von 100000 Ohm werden nur mit Klemmen ausgeführt. Bei der anderen Ausführung der Widerstände von 0,1 bis 10000 Ohm (Abb. 2a) tragen die Bügel keinerlei Klemmen, so daß ihr Wert bis zu den Endflächen definiert ist. Bei einer anderen Form der Büchsen, die für

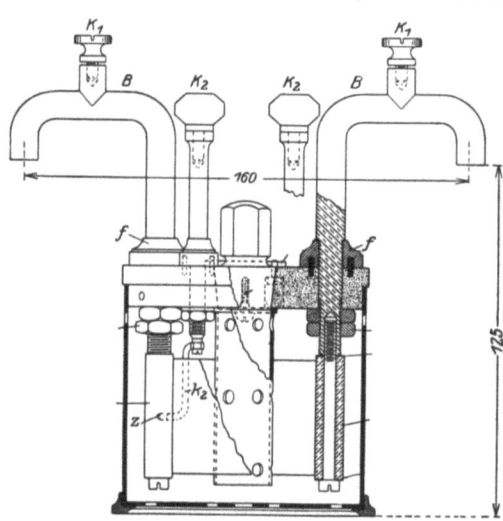

Abb. 3. Eine Büchse mit besonderer Potentialleitung.

---

[1]) C. C. PATERSON u. E. H. RAYNER, Journ. Inst. Electr. Eng. Bd. 42, S. 455. 1909.
[2]) E. ORLICH, ZS. f. Instrkde. Bd. 29, S. 241. 1909.
[3]) A. CAMPBELL, Electrical World Bd. 44, S. 1000. 1908.
[4]) E. ORLICH, Verh. d. D. Phys. Ges. Bd. 12, S. 949. 1910.

Widerstände von 1 Ohm abwärts (Widerstandskörper aus Manganinblech) gebräuchlich ist, tragen die Bügel zwar ebenfalls keine oder nur je eine Klemme (K_1), es sind aber zu der Verbindungsstelle (z) des Widerstands mit den Kupferbügeln besondere Zuleitungen (k_2—K_2) aus starkem Kupferdraht geführt, welche den Ebonitdeckel durchsetzen und in der in Abb. 3 angegebenen Form zwischen den Bügeln angeordnet sind. In ähnlicher Weise wird auch bei der Herstellung des großen Modells für kleine Widerstände zur Messung starker Ströme verfahren. Die Art, wie die den Widerstandskörper bildenden Manganinbleche gestaltet sind, ist aus Abb. 4 ersichtlich, die eine Ansicht des Widerstandes von der Bodenfläche aus gibt.

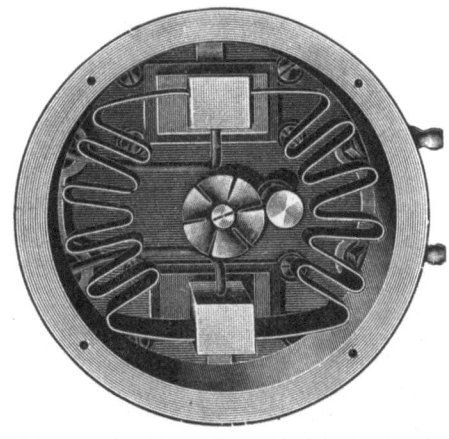

Abb. 4. Ansicht eines Blechwiderstandes von der Bodenfläche aus.

Die Abgleichung solcher Blechwiderstände wird in der Weise vorgenommen, daß in das Manganinblech des Widerstands, dem man bei der Herstellung absichtlich einen kleineren Widerstand als den nominellen Wert gegeben hat, solange Löcher gebohrt werden, bis der richtige Wert erreicht ist. Die weiteren Konstruktionseinzelheiten sind aus den Abb. so gut zu ersehen, daß sich eine weitergehende Beschreibung erübrigt.

6. Verzweigungswiderstände. Für die beiden Zweige der WHEATSTONEschen bzw. THOMSONschen Brüche, von denen nur das Verhältnis bekannt zu sein braucht, werden die sog. Verzweigungswiderstände verwendet. Diese in Form von Büchsen hergestellten Widerstände enthalten zwei gleichgroße, hintereinandergeschaltete Widerstände, von deren Verbindungsstelle eine Zuleitung nach außen geführt ist, die sich in der Mitte zwischen den beiden die anderen Zuleitungen bildenden Bügeln befindet. Die Verzweigungsbüchsen werden in zwei Formen ausgeführt, von denen die eine nur die beiden Vergleichswiderstände, die andere noch kleine Zusatzwiderstände von zusammen $1/100$, $1/1000$ oder $1/10000$ des Nominalwertes der Büchse enthält. Durch einen drehbaren Kontakt kann die mittlere Zuleitung

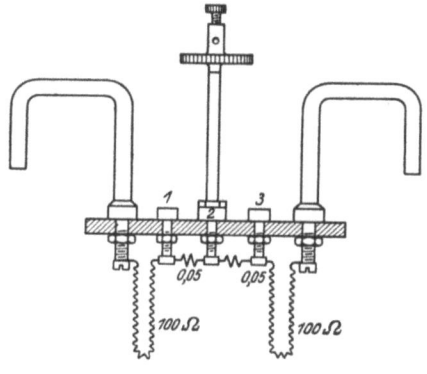

Abb. 5. Schaltung einer Verzweigungsbüchse.

(wie aus Abb. 5 ersichtlich), entweder auf die Mitte der beiden Widerstände oder auf das Ende eines der beiden Zusatzwiderstände geschaltet werden. Die Schaltung ist aus der Skizze (Abb. 5) zu erkennen.

Die Büchsen werden in Beträgen von 2×10, 2×100 und 2×1000 Ohm hergestellt.

7. Temperatur und Belastung der Widerstände. Präzisionswiderstände sollen sich bei genauen Messungen in Petroleumbädern befinden, die zugleich eine genaue Feststellung der Temperatur ermöglichen. Die maximale Belastung soll dabei 1 Watt betragen. Bei Strommessungen können die kleinen Modelle mit 10 und bei guter Kühlung des Petroleums mit 100 Watt belastet werden.

430 Kap. 16. H. v. STEINWEHR: Widerstände und Widerstandsapparate. Ziff. 8, 9.

Tabelle 2.

Ohm	bei Präzisionswiderstandsmessungen Amp	bei Strommessungen Amp
10^5	$3 \cdot 10^{-3}$	$1 \cdot 10^{-2}$
10^4	$1 \cdot 10^{-2}$	$3 \cdot 10^{-2}$
10^3	$3 \cdot 10^{-2}$	$1 \cdot 10^{-1}$
10^2	$1 \cdot 10^{-1}$	$3 \cdot 10^{-1}$
10	$3 \cdot 10^{-1}$	1
1	1	3
10^{-1}	3	10
10^{-2}	10	100
10^{-3}	30	300
10^{-4}	100	1000

Hieraus ergeben sich die nebenstehenden maximalen Strombelastungen für die verschiedenen Widerstandsbeträge.

Die großen Modelle der Einzelwiderstände mit eingebauten gekühlten Petroleumbädern, die für Messungen starker Ströme bestimmt sind, werden für Beträge von 0,01 bis 10^{-5} Ohm hergestellt und vertragen folgende Belastungen: 0,01 Ohm ca. 200 Amp, 0,001 Ohm 700 bis 1000 Amp, 0,0001 Ohm 3000 bis 5000 Amp und 0,00001 Ohm 10000 Amp.

8. Petroleumbäder. Diese Bäder, die den Zweck haben, die Widerstände auf einer bekannten, gut meßbaren und konstanten Temperatur zu halten s. Abb. 6), bestehen aus rechteckigen Metallkästen, die auf einer Holzplatte ruhen und an den Längsseiten von mit einer Nut versehenen Holzwänden flankiert sind. In die Nuten werden die aus Elektrolytkupfer gefertigten Quecksilbernäpfe, die zur Isolation auf Hartgummiplatten befestigt sind, eingesetzt. Die Löcher in den Näpfen müssen gut eben ausgedreht sein, damit die Kupferbügel der Widerstände möglichst ohne Zwischenraum aufsitzen, so daß nur eine geringe Schicht Quecksilber sich zwischen den beiden Metallflächen befindet. Zum Rühren des Bades dient eine kleine Turbine, die an einer der beiden freien Wände angeschraubt und vermittels eines Schnurlaufs angetrieben wird. Während im allgemeinen die Bäder der besseren Temperaturkonstanz wegen auf Zimmertemperatur gehalten werden, ist es notwendig, sie zur Bestimmung des Temperaturkoeffizienten des Widerstands auf höhere Temperatur bringen zu können. Zu diesem Zwecke dienen durch einen passend gewählten Strom erwärmte Heizwiderstände, durch welche die Bäder auf die gewünschte höhere Temperatur gebracht und dort konstant gehalten werden können.

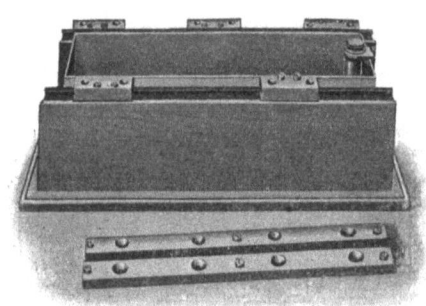

Abb. 6. Petroleumbad.

9. Widerstandssätze. Oft benötigt man zur Messung Widerstandsbeträge, die aus Büchsen zusammenzusetzen, umständlich und kostspielig wäre. Für solche Zwecke werden Widerstandssätze in Holzkästen mit Hartgummideckplatte zusammengestellt (Abb. 7). Die Einzelwiderstände werden dann entweder so gewählt, daß eine Dekade aus 1, 1, 1, 2, 5 (bzw. 1, 2, 2, 5) gebildet wird, oder daß sie aus zehn gleichen Widerständen besteht. Bei der ersteren Anordnung ist die Summe der Widerstände einer Dekade oder die Gesamtsumme aller kleineren Widerstände gleich der Einheit der folgenden Dekade. In der Regel wird diese Anordnung gewählt, damit die Summe aller Widerstände einen runden Betrag ergibt. Zu diesem Zweck wird der erste Widerstand jeder höheren Dekade fortgelassen und durch die Summe der vorhergehenden ersetzt. Zuweilen findet man auch die Einteilung 1, 2, 3, 4.

Das Ein- und Ausschalten der Widerstände geschieht entweder durch Stöpsel oder durch Kurbeln. Stöpsel haben den Vorzug eines geringeren Übergangswiderstands [nach KOHLRAUSCH[1]) etwa $5 \cdot 10^{-5}$ Ohm], jedoch den Nachteil

---
[1]) F. KOHLRAUSCH, Wied. Ann. Bd. 60, S. 333. 1897.

der Unübersichtlichkeit. Ferner lockern sich beim Ziehen eines Stöpsels leicht benachbarte Stöpsel und geben, wenn sie nicht vor jeder Messung nachgezogen werden, zu unkontrollierbaren Fehlern Veranlassung. Diese Unsicherheit soll durch eine neue Anordnung von SIEMENS vermieden werden. Die Kurbeln besitzen einen etwas größeren Übergangswiderstand als die Stöpsel [nach DIESSELHORST[1]) $2 \cdot 10^{-4}$ Ohm], der jedoch bei den neueren Konstruktionen so konstant ist, daß Fehler hierdurch nicht veranlaßt werden. Sie bieten den großen Vorteil der guten Übersichtlichkeit und raschen Einstellungsfähigkeit, was sie besonders zum Messen rasch veränderlicher Widerstände (z. B. Platinthermometer in Kalorimetern) sehr geeignet macht. Eine Abart der Kurbelkästen sind die von

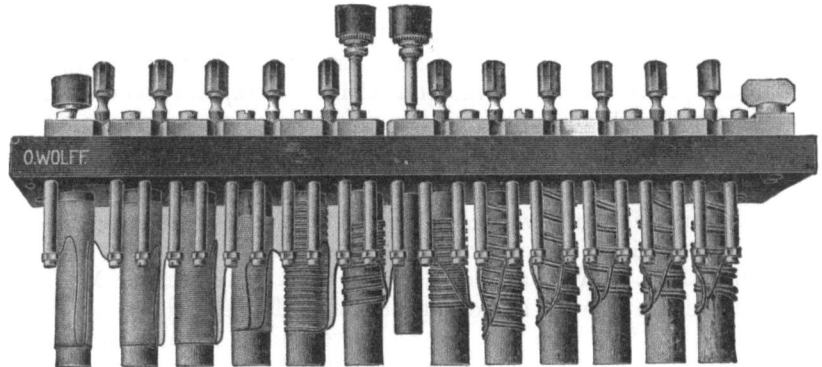

Abb. 7. Inneres eines Widerstandskastens.

den Land- und Seekabelwerken in Köln-Nippes hergestellten Widerstandskästen, bei denen die Kurbel durch einen geradlinig beweglichen Schieber ersetzt ist, der über die Kontaktstücke hinweggeführt wird.

Die Montierung der Widerstände in den Kästen geschieht bei den Kurbel- und Stöpselwiderständen in der gleichen Weise, nämlich so, daß die Enden jeder Widerstandsrolle, wie in Abb. 7 zu den Kontaktklötzen, welche sich auf der Deckplatte des Kastens befinden, geführt werden.

Die gebräuchlichen Widerstandskästen enthalten zwei bis sechs Dekaden. Im letzteren Falle umfassen sie den Bereich von 0,1 Ohm bis 100000 Ohm (im ganzen).

10. Widerstände von sehr hohem Betrage. A. KUNDTsche Widerstände. Widerstände hoher Beträge (bis zu einigen Millionen Ohm) lassen sich nach einem von KUNDT[2]) angegebenen Verfahren herstellen. Zu diesem Zwecke wird eine sehr dünne Schicht einer Legierung von Platin und Gold auf einem Porzellanrohr eingebrannt und durch Ätzen so unterteilt, daß sie das Rohr wie ein aufgewickeltes Band bedeckt. Nach dem Verfahren der SCHERINGschen Fabrik wird eine platinhaltige Lösung auf der Drehbank mit einer Ziehfeder als Schraubenlinie auf den glasierten Porzellanzylinder aufgetragen und dann eingebrannt. Infolge der geringen Anzahl Windungen haben diese Widerstände sehr kleine Induktivität und Kapazität. Die in den ersten Jahren nach der Herstellung beobachteten zeitlichen Änderungen (bis 1,5‰ in 2 Jahren) nehmen mit der Zeit noch weiter ab, so daß sie bei nicht allzu großen Ansprüchen für Messungen mit Wechselstrom vorteilhaft verwendet werden können.

B. Weitere Widerstände von sehr hohem Betrage. Folgende neueren Konstruktionen mögen hier Erwähnung finden:

---
[1]) H. DIESSELHORST, ZS. f. Instrkde. Bd. 28, S. 1. 1908.
[2]) St. LINDECK, ZS. f. Instrkde. Bd. 20, S. 175. 1900; Bd. 17, S. 152. 1897.

a) F. SKAUPY und H. EWEST[1]) stellten Widerstände in der Größe von 1000 Ohm an aufwärts aus dünnen Schichten von Graphit her, die auf einer Glasspirale aufgebracht wurden. Ihr Temperaturkoeffizient beträgt zwischen 20 und 70° C — 0,0007.

b) W. HOFMANN[2]) beschreibt zwei Arten von Widerständen: α) solche aus Kohle, die im Innern einer Glasröhre angebracht sind (Multohm I). Sie werden von 10^4 Ohm an bis zu einer Größe von 10^7 Ohm hergestellt und haben einen Temperaturkoeffizienten von 1,6 bis $2 \cdot 10^{-3}$;

β) solche aus Gemischen von Metalloxyden (Multohm II), die von 1000 Ohm an bis zu einer Million Ohm reichen und einen kleinen, nicht in Betracht kommenden Temperaturkoeffizienten besitzen.

c) FRAYNE[3]) empfiehlt für hauteffektfreie Hochfrequenzwiderstände platinierte Quarzfäden von 0,01 mm Durchmesser, die in Paraffinöl ausgespannt sind und einen praktisch verschwindend kleinen Temperaturkoeffizienten besitzen, wenn die Schicht dünn genug ist.

b) Widerstandskombinationen.

Außer zu den vielseitig verwendbaren Widerstandssätzen werden Widerstände auch für spezielle Zwecke zusammengestellt.

11. Meßbrücken. a) Wheatstonesche Brücke für genaue Messungen. Die WHEATSTONEsche Brücke ist so angeordnet, daß die drei Zweige derselben, welche die bekannten Widerstände enthalten, hintereinandergeschaltet sind (s. Abb. 8, Ausführung von O. Wolff), und zwar in der Weise, daß, beginnend von einer der beiden Klemmen, an die der zu messende Widerstand angeschlossen wird, zunächst die beiden Zweige folgen, welche das Verhältnis des zu messenden zu dem Vergleichswiderstand bestimmen. Diese Widerstände, die als Stöpselwiderstände angeordnet sind, beginnen in der Regel mit 0,1 oder 1 und gehen in Potenzen von 10 fortschreitend bis 100 oder 1000, so daß sich im äußersten Falle das

Abb. 8. WHEATSTONEsche Brücke von O. Wolff.

Verhältnis $1:10^4$ herstellen läßt. Auf diese beiden Zweige folgt ein gewöhnlicher Widerstandssatz mit den üblichen Werten, der entweder als Stöpsel- oder als Kurbelwiderstand ausgeführt ist.

In der Ausführung von Siemens & Halske, deren Schaltungsschema in Abb. 9 gegeben wird, ist die Anordnung der Brückenzweige die gleiche wie bei Wolff, mit dem Unterschied, daß auch die Widerstände der beiden Zweige, welche das Widerstandsverhältnis a/b bestimmen, mit Hilfe einer Kurbel eingestellt werden.

Für den Fall, daß Widerstände gemessen werden sollen, bei denen die Zuleitungen nicht zu vernachlässigen sind, wird ein Zusatzkasten (R_z) geliefert,

---

[1]) F. SKAUPY u. H. EWEST, ZS. f. techn. Phys. Bd. 1, S. 167. 1920.
[2]) W. HOFMANN, ZS. f. techn. Phys. Bd. 1, S. 256. 1920; s. auch J. E. LILIENFELD u. W. HOFMANN, Elektrot. ZS. Bd. 41, S. 870. 1920.
[3]) J. G. FRAYNE, Phys. Rev. (2) Bd. 17, S. 415. 1921.

der zwischen die beiden Dekaden n und q nach Lösen des an dieser Stelle befindlichen Bügels eingeschaltet werden kann. Die Verwendung dieses Widerstands ist so gedacht, daß, nachdem die Zuleitungen zu dem zu messenden Widerstand kurz geschlossen und die Kurbeln der Dekaden von m bis q auf 0 gestellt sind, die Messung der Zuleitungen allein mit Hilfe des Zusatzkastens (R_z), der eine Reihe von festen Widerständen und einen Schleifdraht enthält, erfolgt. Läßt

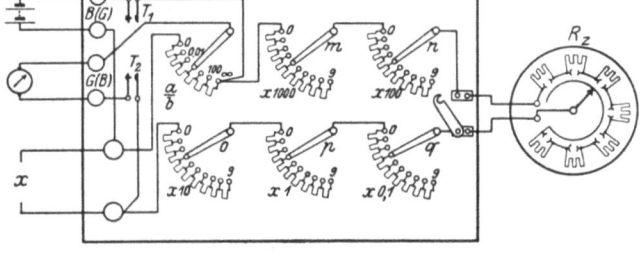

Abb. 9. Meßbrücke von Siemens & Halske.

man die Einstellung von R_z dann bei der eigentlichen Messung unverändert, so ergibt die Einstellung an der Brücke den Wert des zu messenden Widerstands ohne die Zuleitungen, da diese ja schon durch die Einstellung an R_z berücksichtigt sind.

b) WHEATSTONEsche Brücken für weniger genaue Messungen. Um Widerstände zu sparen, sind einfachere Formen der WHEATSTONEschen Brücke konstruiert worden, bei denen die beiden Zweige, welche das Verhältnis bestimmen, in dem der zu messende und der Vergleichswiderstand zueinander stehen, wie bei der ursprünglichen Form der Brücke durch Verschiebung eines Gleitkontakts auf einem Schleifdraht gebildet werden. Der Vergleichswiderstand wird durch Stöpselung einer Reihe von festen Widerständen (in der Ausführung von Hartmann & Braun [s. Abb. 10] 0,1, 1, 10, 100, 1000 Ohm) entnommen. Eine andere Form, welche genauere Messungen erlaubt, ist die ebenfalls von der eben genannten Firma gebaute sog. KOHLRAUSCHsche Walzenbrücke (s. Abb. 11), bei der der Schleifdraht auf eine Walze von etwa 10 cm Durchmesser in 10 Windungen aufgewickelt ist. Die genauere Ablesung, welche durch die größere Drahtlänge ermöglicht wird, läßt sich nur dann voll ausnutzen, wenn der

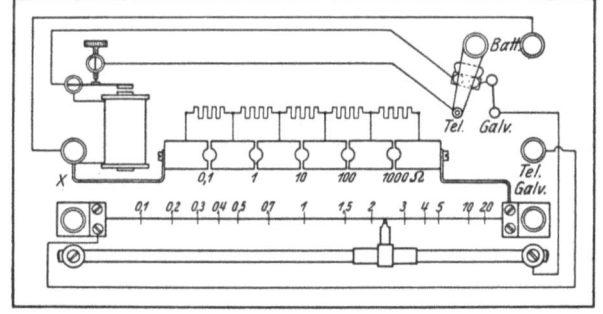

Abb. 10. WHEATSTONEsche Brücke von Hartmann & Braun.

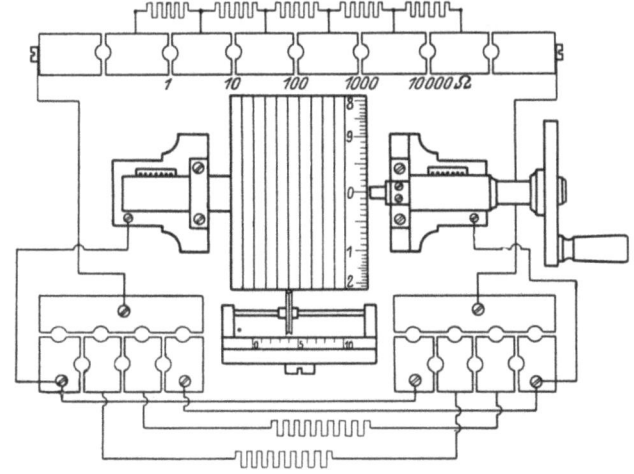

Abb. 11. KOHLRAUSCHsche Walzenbrücke.

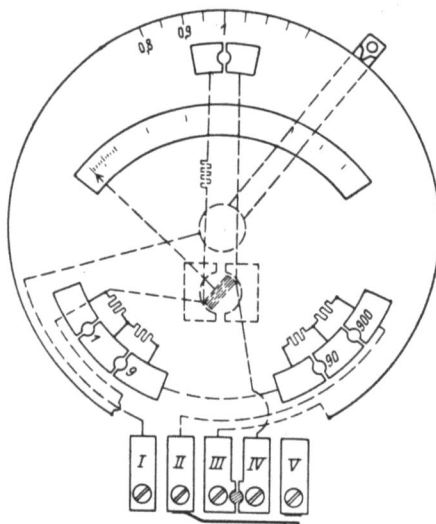

Abb. 12. Universalgalvanometer von Siemens & Halske.

Draht gut kalibriert ist. Die Genauigkeit kann noch dadurch weiter erhöht werden, daß vor die Enden des Schleifdrahts bekannte feste Widerstände geschaltet werden. Dieser Apparat wird hauptsächlich zur Messung elektrolytischer Widerstände benutzt. Hierher gehört auch das Universalgalvanometer[1]) von Siemens & Halske (Abb. 12), soweit es zur Widerstandsmessung dient. Der Schleifdraht ist bei diesem Instrument, wie aus der Abbildung ersichtlich, auf dem kreisförmigen Umfang der Grundplatte angeordnet, darüber befinden sich die Vergleichswiderstände, während das als Nullinstrument dienende Zeigergalvanometer den mittleren Raum ausfüllt.

c) Die Thomsonbrücke. Diese Anordnung, bei der auch die Überbrückungswiderstände im gleichen Verhältnis wie die beiden Vergleichswiderstände stehen müssen, wird von O. Wolff in Berlin als fertiger Apparat herausgebracht (Abb. 13), der erlaubt, auch ziemlich kleine Widerstände noch mit

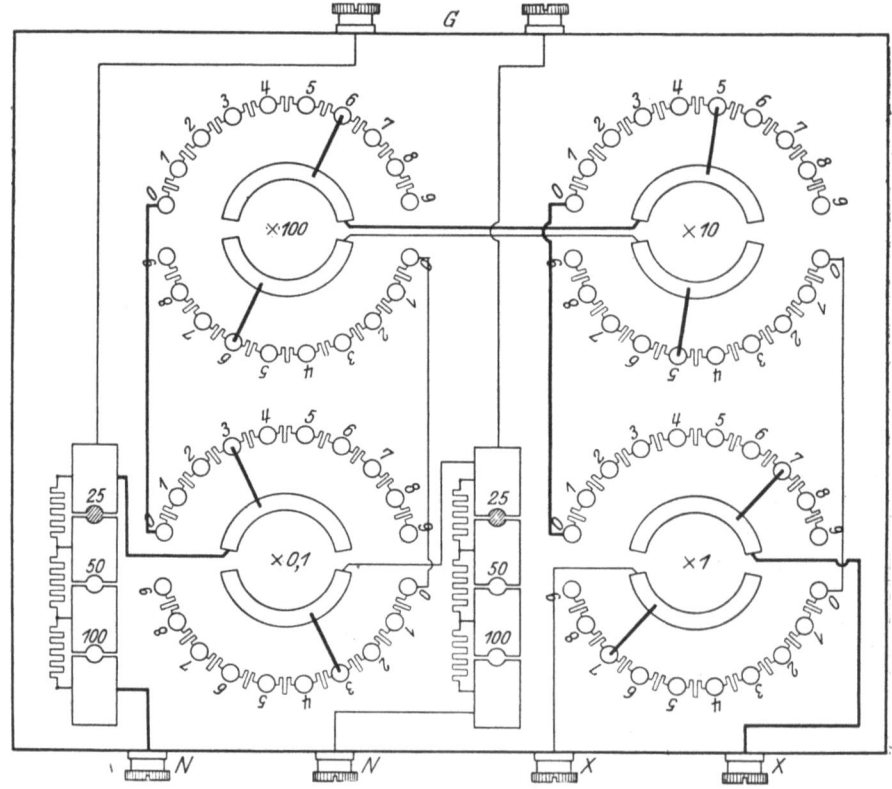

Abb. 13. Thomsonbrücke von O. Wolff.

---

[1]) A. Raps, Elektrot. ZS. Bd. 18, S. 198. 1897.

verhältnismäßig großer Genauigkeit zu messen. An die Klemmen N und X werden die Potentialklemmen des Normals und des zu messenden Widerstandes, die in einem beliebigen Verhältnis zueinander stehen können, angeschlossen. An weiteren Verbindungen ist nur noch die Zuführung des Meßstroms zu je einer Stromzuleitung der beiden außerhalb des Kastens liegenden Widerstände, die sich in Hintereinanderschaltung befinden, sowie die Verbindung der beiden noch übrigen Zuleitungen erforderlich. Näheres über Messungen mit der Thomsonbrücke findet sich in dem Artikel „Widerstandsmessungen" (ds. Bd. Kap. 17). Der dritte Zweig sowie der dazu gehörige Überbrückungswiderstand sind als feste Widerstände ausgebildet, die auf den beiden mit Stöpselleisten versehenen Widerstandssätzen (25, 50 und 100 Ohm) zu gleichen Beträgen gezogen werden. Der vierte Zweig der Brücke ist ein Doppelkurbelrheostat, bei dem die gleichen Widerstände in dem zugehörigen Überbrückungszweig wie in dem Brückenzweige selbst eingestellt werden. Zeigt das Galvanometer den Strom 0, so ist die Messung beendet und der unbekannte Widerstand kann aus den Einstellungen berechnet werden.

12. Kompensationsapparate. a) Allgemeines. Kompensationsapparate oder Kompensatoren sind Widerstandsapparate, die in erster Linie konstruiert sind, um absolute Beträge von elektromotorischen Kräften bzw. Spannungsdifferenzen zu messen. Da jede Strommessung sich mit Hilfe eines Normalwiderstandes auf eine Spannungsmessung zurückführen läßt, so können sie auch mit Vorteil zu Messungen von Stromstärken gebraucht werden. Schließlich können sie auch zur Vergleichung von unbekannten mit bekannten Widerständen (also zur Widerstandsbestimmung) dienen. Diese Messungen werden in der Weise ausgeführt, daß die Spannungen an den vom gleichen Strome durchflossenen Widerständen relativ gemessen und in Verhältnis gesetzt werden. (Näheres beim Artikel über Widerstandsmessungen in diesem Bande.)

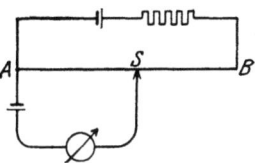

Abb. 14. Einfachste Kompensationseinrichtung mit Schleifdraht.

Das allgemeine Prinzip der Kompensation [POGGENDORF[1])] besteht darin, daß an einem genau bekannten Bruchteil eines von einem gemessenen Strome durchflossenen Widerstandes die Spannung abgenommen und mit Hilfe eines Galvanometers gegen eine unbekannte Spannung kompensiert wird. Dieser Bruchteil muß kontinuierlich oder wenigstens in sehr kleinen Stufen veränderlich sein. Die einfachste Ausführung, die ohne große Mittel improvisiert werden kann und zu elektrochemischen Potentialmessungen auch vielfach benutzt worden ist, besteht in einem Schleifdraht, wie er für die WHEATSTONEsche Brücke gebraucht wird, an dessen Enden eine bekannte Spannung angelegt wird, von der ein Bruchteil zwischen dem einen Ende des Drahtes und dem Schleifkontakt abgenommen wird. Unter Berücksichtigung des Kaliberfaktors verhält sich dann die Teilspannung zur Gesamtspannung wie die Länge zwischen A und S zur Gesamtlänge AB des Drahtes (s. Abb. 14).

Der Vorteil dieser Ausführung besteht in der wirklich kontinuierlich veränderlichen Spannung; von Nachteil dagegen ist der, wenigstens bei der Messung von Spannungen von 0,1 Volt bis 1 Volt und mehr, verhältnismäßig starke Meßstrom, der den Schleifdraht durchfließt, sowie die großen Kaliberkorrektionen, die der Draht in der Regel besitzt. Auch lassen sich genauere Messungen auf diese Weise nicht ausführen. Die Güte des Kontakts bei S spielt eine untergeordnete Rolle.

---

[1]) J. C. POGGENDORF, Pogg. Ann. Bd. 54, 161 (1841).

Um die Mängel dieser Anordnung zu vermeiden, ist eine Reihe von Apparaten konstruiert worden, die zum Teil auf verschiedenen Prinzipien beruhen, denen allen aber das Ziel gemeinsam ist, den Gesamtwiderstand und damit den Meßstrom des Apparats konstant zu halten, was bei den verschiedenen Konstruktionen auf verschiedene Weise erreicht wird.

Im folgenden sollen nur die wichtigsten Typen mit besonderer Berücksichtigung der einheimischen Apparate besprochen werden.

b) **Der Kompensationsapparat von FEUSSNER**[1]). Die Hauptforderung, welche bei der Konstruktion eines Kompensationsapparats zu stellen ist, nämlich die Unveränderlichkeit des Meßstroms, wenn Einstellungen an dem Apparate vorgenommen werden, läßt sich für zwei Dekaden ohne weiteres dadurch erreichen, daß die kompensierende Spannung an den Drehpunkten von Kurbeln abgenommen wird, durch welche Widerstände in den Kompensationskreis eingeschaltet werden können. Aus der Abb. 15, welche einen Kompensator mit zwei Dekaden darstellt, ersieht man ohne weiteres, daß beim Drehen der beiden Kurbeln der Gesamtwiderstand im Hauptstromkreise unverändert bleibt[2]). Für genauere Messungen kann man jedoch nicht mit zwei Dekaden auskommen. Da sich dies einfache Verfahren aber nicht auf weitere Dekaden ausdehnen läßt, so hat FEUSSNER den Kunstgriff angewendet, bei den übrigen Dekaden Doppelkurbeln zu benutzen. Die gleichen Widerstandsänderungen, die durch Einstellen

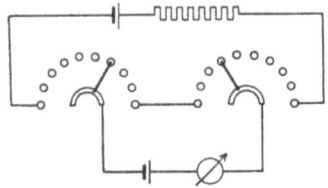

Abb. 15. Kompensator mit zwei Kurbeldekaden.

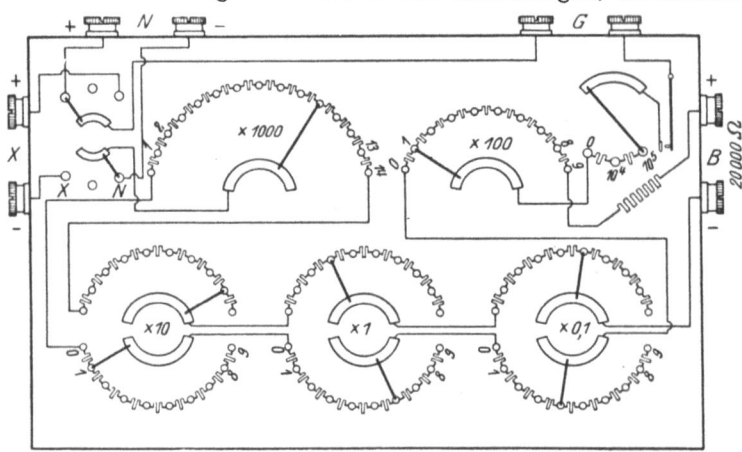

Abb. 16. Kompensator von FEUSSNER.

dieser Kurbeln im Kompensationskreise vorgenommen werden, werden in dem übrigen Teile des Hauptstromkreises durch die gleichen Kurbeln wieder rückgängig gemacht, so daß der Gesamtwiderstand des Kreises unverändert bleibt. Aus der Schaltungsskizze (Abb. 16) ist zu ersehen, wie dieses Prinzip praktisch durchgeführt wird. Die Anordnung der Doppelkurbeln läßt sich beliebig oft wiederholen. In der Regel begnügt man sich mit zwei einfachen und drei Doppel-

---

[1]) K. FEUSSNER, ZS. Instrkde. Bd. 10, S. 113. 1890; Bd. 21, S. 227, 1901; Bd. 23, S. 301, 1903.

[2]) Der Widerstand im Galvanometerkreise und damit die Empfindlichkeit der Anordnung sind von der Einstellung der Kurbeln abhängig.

kurbeln und erhält so fünf Dezimalen. Durch Interpolation zwischen zwei benachbarten kleinsten Widerständen kann man erforderlichenfalls, und wenn die Empfindlichkeit des Galvanometers es zuläßt, auch noch die 6. Dezimale erhalten. Die Verteilung der Widerstände auf die Kurbeln wird in der Regel so vorgenommen, daß die beiden einfachen Kurbeln die beiden Dekaden der Tausender und Hunderter, die drei Doppelkurbeln die Dekaden der Zehner, Einer und Zehntel enthalten. Die verbreitetste Form des Apparats ist die von O. Wolff in Berlin, bei der die Widerstände und Kurbeln an einer Ebonitplatte befestigt sind, welche zugleich den die Widerstände umgebenden Kasten nach oben abschließt Aus der Abbildung ersieht man, daß die Dekade der Tausend-Ohm-Widerstände bis 14000 ausgedehnt ist. Dies rührt daher, daß vor Einführung des Westonelements zur Einstellung des Stromes ein Clarkelement benutzt wurde, das bekanntlich über 1,4 Volt besitzt, so daß man für die Einregulierung des Meßstromes auf ein zehntausendstel Ampere die Widerstände bis 14000 zur Verfügung haben mußte.

An dem Rande der Ebonitplatte sind vier Paar Klemmen angebracht, die zur Herstellung der erforderlichen Verbindungen außerhalb des Kastens dienen. An die Klemmen B wird unter Zwischenschaltung eines fein regulierbaren Widerstands ein Akkumulator angeschaltet, welcher den Meßstrom liefert. Die Klemmen bei N und bei X werden mit dem Normalelement und der zu messenden Spannung bzw. bei Widerstandsmessungen mit den beiden zu vergleichenden Widerständen verbunden, an die Klemmen bei G wird das Galvanometer gelegt. Auf der Ebonitplatte sind noch drei Schalter montiert. Der auf der linken Seite befindliche Umschalter verbindet abwechselnd die Zuleitungen von N und von X mit dem Kompensationskreise, der Drehschalter auf der rechten Seite erlaubt durch Einschaltung von Widerständen in den Galvanometerkreis die Empfindlichkeit zu ändern, und die daneben befindliche Taste dient zum Schließen und Öffnen des Galvanometerstroms. Außer dieser Form des Kompensators hat FEUSSNER[1]) noch eine zweite auf dem gleichen Prinzip beruhende konstruiert, bei der der Apparat eine walzenförmige Gestalt mit radial angeordneten Kurbeln besitzt, die von der Firma Siemens & Halske in den Handel gebracht wird.

Ein besonderer Vorteil des FEUSSNERschen Kompensators besteht darin, daß er sich zwischen den Kompensationsklemmen N bzw. X als Präzisionswiderstandskasten benutzen läßt, wenn die Klemmen G kurz geschlossen, der Schalter auf der rechten Seite auf 0 gestellt und die Taste niedergedrückt werden. Diese Eigenschaft des FEUSSNERschen Kompensators wird in einer besonderen Anordnung von WOLFF dazu verwertet, Kompensator und Meßbrücke in einem Apparat zu vereinigen.

c) **Kompensationsapparat von RAPS[2])**. Ein Kompensator, der den Austausch von Widerständen, die doch immerhin recht genau gleich gemacht werden müssen, ganz vermeidet, ist der von RAPS konstruierte. Er hat zudem den Vorteil, daß sämtliche Widerstände, mit Ausnahme der nichteingeschalteten Zehntel-Ohm-Stücke, ohne Rücksicht auf die Stellung der Kurbeln vom Meßstrom durchflossen werden und also auch, wenn auf die Zehntel-Ohm-Dekade verzichtet wird, einen konstanten Gesamtwiderstand darstellen; der Widerstand des Kompensationskreises ist jedoch von der Einstellung abhängig.

Der Apparat besteht im wesentlichen aus zwei symmetrischen Anordnungen von Widerständen, die auf folgendem Prinzip aufgebaut sind: Durch eine Anzahl gleich großer Widerstände (11 Stück von 1000 Ohm bzw. 10 Stück von 10 Ohm) fließt der Arbeitsstrom des Kompensators. Über die im Halbkreis angeordneten

---
[1]) K. FEUSSNER, Elektrot. ZS. 1911, H. 8 u. 9.
[2]) A. RAPS, Elektrot. ZS. 1895, S. 507; ZS. Instrkde. Bd. 15, S. 215. 1895.

Kontaktklötze an den Enden dieser Widerstände gleitet eine Doppelkurbel (K_1 bzw. K_3), deren Federn, wie aus der Abb. 17 ersichtlich ist, immer zugleich zwei Kontaktklötze berühren. An den beiden Kontakten jeder Kurbel führen feste Leitungen zu einer Reihe von neun hintereinandergeschalteten ebenso großen Widerständen (K_2 bzw. K_4) wie die der Hauptdekade. Hierdurch werden dieselben dem betreffenden eingegabelten Widerstand parallel geschaltet. Die Enden jedes dieser neun Widerstände sind ebenfalls zu halbkreisförmig an-

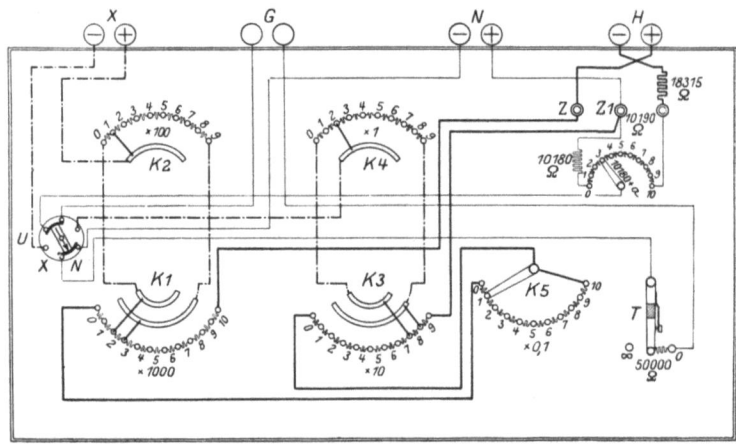

Abb. 17. Kompensator von RAPS (Siemens & Halske).

geordneten Kontaktklötzen geführt, über die eine einfache Kurbel gleitet, in deren Drehpunkt die Spannung zur Kompensation der zu messenden elektromotorischen Kräfte abgenommen wird.

Wird zu einem Widerstand von 1000 (bzw. 10) Ohm eine Serie von neun ebenso großen Widerständen parallel geschaltet, so resultiert ein Gesamtwiderstand von $\frac{1000 \cdot 9000}{1000 + 9000} = 900$ Ohm $\left(\text{bzw. } \frac{10 \cdot 90}{10 + 90} = 9 \text{ Ohm}\right)$. Sind nun in der einen vom Hauptstrom durchflossenen Dekade 11 Tausend-Ohm-Widerstände, so ist ihr Gesamtwiderstand gleich 10900 Ohm. In der dazu symmetrisch angeordneten, die 10 Widerstände von 10 Ohm enthält, beträgt der Gesamtwiderstand unter Berücksichtigung des Nebenschlusses 99 Ohm, so daß die Summe beider Kombinationen 10999 Ohm ausmacht. Zwischen beiden Widerstandsanordnungen befindet sich noch eine Dekade (K_5) von 0,1 Ohm-Widerständen, die vermittels einer Kurbel dem Gesamtwiderstande zugeschaltet werden können, dabei denselben jedoch um die zugeschalteten Beträge verändern. Hierdurch wird eine Veränderung des Meßstromes und damit zugleich der kompensierenden EMK hervorgerufen, womit bei einem Gesamtwiderstand des Kompensators von ca. 20 000 Ohm ein Fehler von höchstens einem halben Zehntausendstel verbunden ist. An den beiden Drehpunkten der Kurbeln K_2 und K_4 kann somit eine Spannung von 0 bis 1,1 Volt abgenommen werden, wenn der Arbeitsstrom genau ein Zehntausendstel Ampere beträgt.

Die Einstellung des Stromes mit Hilfe des Normalelements erfolgt nicht wie beim FEUSSNERschen Apparat an dem gleichen Teile der Anordnung wie die Messung der unbekannten Spannung, sondern an einem in den Arbeitsstromkreis eingeschalteten festen Widerstand von 10180 Ohm, dem noch ein Kurbelwiderstand von 10 Ohm vorgeschaltet ist. Zur Einstellung des Stromes auf den genauen Betrag werden das Normalelement und das Galvanometer sowohl mit dem einen Ende des Widerstandes von 10180 Ohm wie durch eine

Kurbel mit demjenigen Bruchteil des 10-Ohm-Widerstandes verbunden, der mit dem ersteren eine Gesamteinstellung ergibt, die zahlenmäßig der EMK des Normalelements entspricht. Hat das Element also eine EMK von 1,0183 Volt, so ist die Kurbel auf 3 zu stellen und mittels eines feinregulierbaren Vorschaltwiderstands der Arbeitsstrom solange einzuregulieren, bis der Ausschlag im Galvanometer verschwindet.

Dieses Verfahren erfordert bei Messungen, die Anspruch auf größere Genauigkeit erheben, eine große Exaktheit in der Abgleichung der Widerstände, da die Einstellung des Stromes an anderen Widerständen erfolgt als die Spannungsmessung. Man wird daher gut tun, wenn keine Eichung vorliegt, durch Messung der EMK eines Normalelements mit Hilfe der Kompensationswiderstände eine Kontrolle auf die Richtigkeit der Angaben des Apparats vorzunehmen. Diese Einstellung muß bei Verwendung desselben Elements die gleiche sein wie die zur Einregulierung des Meßstroms benutzte.

d) **Kompensationsapparat von Hartmann & Braun**[1]). Neben den erwähnten Apparaten von FEUSSNER und RAPS hat auch der Kompensator der

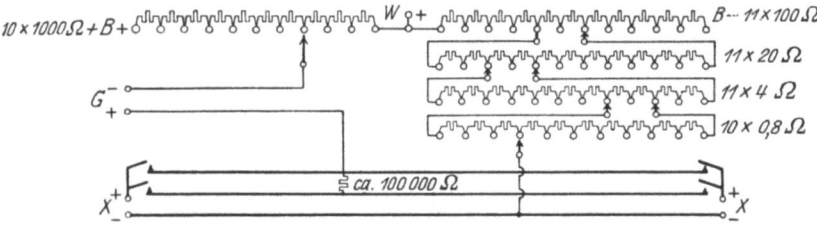

Abb. 18. Kompensator von Hartmann & Braun.

Firma Hartmann & Braun (Abb. 18), der gleichfalls großen Widerstand besitzt, Verbreitung gefunden. Er hat in seinem Prinzip eine gewisse Ähnlichkeit mit dem Apparat von Siemens & Halske. Die Schaltung mag an Hand der nebenstehenden Skizze erläutert werden. Der Meßstrom, der an den Klemmen $+B$ und $-B$ zugeführt wird, durchfließt zwei in Hintereinanderschaltung verbundene Dekaden von Widerständen, von denen die eine 10 Widerstände von 1000 Ohm, also zusammen 10000 Ohm, die andere 11 Widerstände von 100 Ohm enthält, deren Gesamtbetrag unter Berücksichtigung der parallel geschalteten Widerstände 1000 Ohm beträgt. Im ganzen besitzt der Apparat also 11000 Ohm Widerstand. Die Potentialabnahme erfolgt an zwei Stellen. Die eine befindet sich in dem Drehpunkt einer Kurbel, welche über die Endkontakte der 1000-Ohm-Widerstände hinweggleitet, während die zweite sich in dem Drehpunkte einer anderen Kurbel befindet, deren Bedeutung besonders erläutert werden muß. Die zweite Hauptdekade von 100 Ohmwiderständen besitzt an den Enden jedes Widerstandes einen Kontaktklotz, die alle zusammen halbkreisförmig angeordnet sind und von einer Kurbel mit zwei Schleifkontakten überstrichen werden. Diese Kurbel berührt, wie aus der Skizze ersichtlich ist, stets zwei Kontakte, die nicht direkt benachbart sind, und legt immer zu je zwei 100-Ohm-Widerständen eine Reihe von elf 20-Ohm-Widerständen parallel. Dies Verfahren der Parallelschaltung durch Kurbelkontakte wird noch zweimal wiederholt, indem zu 2×20 Ohm eine Reihe von elf 4-Ohm-Widerständen und zu zweien von diesen letzteren eine Reihe von zehn 0,8-Ohm-Widerständen parallel gelegt werden. Diese dreifache Parallelschaltung bewirkt, daß der Gesamtwiderstand der 100-Ohmdekade, ganz gleichgültig, welche Stellung die Kurbeln einnehmen,

---

[1]) TH. BRUGER, Phys. ZS. Bd. 1, 167. 1900.

immer genau 1000 Ohm beträgt. Im Drehpunkte der einfachen Kurbel, welche über die Endkontaktklötze der 0,8-Ohm-Widerstände hinwegstreicht, befindet sich die zweite Potentialabnahme. Die Reihenfolge der Dezimalen bei der Messung ist nun die folgende. Wenn der Meßstrom mit Hilfe eines Normalelements auf genau ein Zehntausendstel Ampere eingestellt ist, so entspricht jede Einheit der 1000-Ohmdekade 0,1 Volt, jede Einheit der 100-Ohmdekade 0,01 Volt, jede Einheit der 20-Ohmdekade 0,001 Volt, jede Einheit der 4-Ohmdekade 0,0001 Volt und jede Einheit der 0,8-Ohmdekade 0,00001 Volt, wie sich leicht durch Rechnung nachprüfen läßt. Bei diesem Kompensator findet die Einstellung des Normalelements ebenso wie bei dem FEUSSNERschen an denselben Widerständen statt wie die Messung der unbekannten Spannung, was aus dem erwähnten Grunde als ein Vorzug anzusehen ist. Er läßt sich jedoch ebensowenig wie der RAPSsche Kompensator als Widerstandskasten gebrauchen.

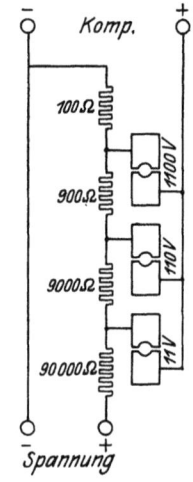

Abb. 19. Spannungsteiler zum Kompensationsapparat von RAPS.

e) Der Spannungsteiler. Zur Messung von Spannungen, die über die Belastungsgrenze der Kompensatoren hinausgehen, werden von allen Firmen, die sich mit dem Bau solcher Apparate befassen, Widerstandsapparate unter der Bezeichnung Spannungsteiler in den Handel gebracht, die erlauben, die zu messende Spannung in einem genau bekannten Verhältnis soweit herabzusetzen, daß sie direkt mit dem Kompensator gemessen werden kann. Zu diesem Zwecke wird die zu messende Spannung, wie aus Abb. 19 ersichtlich, durch einen Widerstand von 100000 Ohm, der in vier Einzelwiderstände von 90000, 9000, 900 und 100 Ohm unterteilt ist, geschlossen. Während nun der eine Pol der zu messenden Spannung direkt zu der einen Klemme des Kompensators geführt wird, wird die Verbindung mit der zweiten Klemme durch Abzweigung an einem der vier Widerstände hergestellt. Zu diesem Zwecke sind drei Stöpselkontakte vorgesehen, neben denen die obere Grenze des jeweiligen Meßbereiches vermerkt ist. So wird, wenn der Stöpsel bei 11 Volt eingesteckt ist, die zu messende Spannung im Verhältnis 1:10 geteilt, so daß die obere Grenze anstatt bei 1,1, bei 11 Volt liegt. Für die beiden anderen Stöpselkontakte gilt in bezug auf die anderen Spannungen das Entsprechende.

f) Thermokraftfreier Kompensationsapparat mit kleinem Widerstand von DIESSELHORST. Auf ganz anderer Grundlage als die im vorstehenden beschriebenen Kompensatoren beruht der von DIESSELHORST[1]) konstruierte Apparat. Kleine Spannungen, z. B. von Thermoelementen, und kleine Widerstände lassen sich mit den üblichen Kompensatoren von großem Widerstand oft nicht genau genug messen. Als schwerwiegende Störung kommt noch hinzu, daß diese Apparate nicht frei von Thermokräften sind und eine mehr oder weniger variable von der Kurbeleinstellung abhängige Empfindlichkeit besitzen. An der Konstruktion von Kompensatoren, welche diese Bedingungen erfüllen und die erwähnten Nachteile nicht besitzen, haben DIESSELHORST[2]), HAUSRATH[3]) und WHITE[4]) hervorragenden Anteil. Im folgenden soll nur auf die beiden

---

[1]) H. DIESSELHORST, ZS. f. Instrkde. Bd. 28, S. 1. 1908.
[2]) H. DIESSELHORST, ZS. f. Instrkde. Bd. 26, S. 297. 1906.
[3]) H. HAUSRATH, ZS. f. Instrkde. Bd. 27, S. 309. 1907; Ann. d. Phys. Bd. 17, S. 735. 1905.
[4]) W. P. WHITE, ZS. f. Instrkde. Bd. 27, S. 210. 1907.

Apparate von DIESSELHORST näher eingegangen werden, von denen besonders der letzte alle Vorzüge auch der Konstruktionen von HAUSRATH und WHITE in sich vereinigt.

Das wichtigste Konstruktionsprinzip, das bei diesen Apparaten zur Anwendung kommt, ist das der ungleichen Stromverzweigung. Wie aus Abb. 20, welche das Schaltungsschema des ersten DIESSELHORSTschen Kompensators mit drei Dekaden gibt, zu ersehen ist, verteilt sich der Strom i, der an den beiden Kontaktfedern der Doppelkurbel II zu- und abgeleitet wird, durch die Mitteldekade nach den beiden Seitendekaden, und zwar, wie sogleich näher erläutert

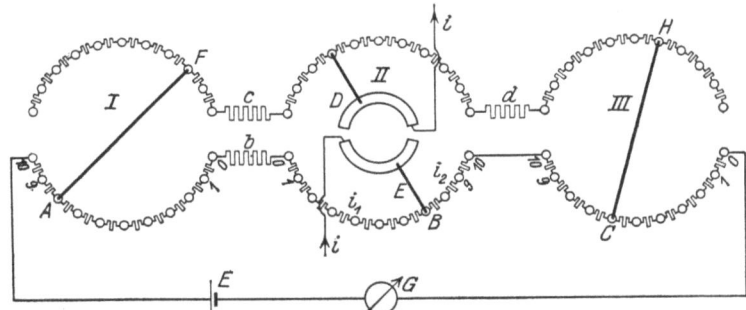

Abb. 20. Kompensator von DIESSELHORST mit drei Dekaden.

werden soll, im Verhältnis 1:10. Verfolgt man den Stromlauf, so sieht man, daß der Widerstand des Kompensationskreises fast unveränderlich ist, da die unteren Teile der drei Dekaden, ganz gleich, welche Stellung die Kurbeln einnehmen, stets alle eingeschaltet sind. Hierdurch wird bewirkt, daß die Meßempfindlichkeit konstant ist. Ferner gehen keine Gleitkontakte in diesen Kreis ein, welche die Veranlassung zu Thermokräften geben könnten. Die Verteilung der Widerstände im Apparat ist nun die folgende. Die mittlere Dekade II besteht aus zweimal 11 Widerständen von 1 Ohm, die beiden seitlichen (I und III) aus je zweimal 10 Widerständen von 0,11 Ohm. Damit nun für die Stromstärken bei der Verzweigung das Verhältnis 1:10 resultiert, müssen die zwischen die drei Dekaden eingeschalteten Zusatzwiderstände eine bestimmte Größe haben, die von DIESSELHORST für b zu 0,11, für c zu 80 und für d zu 910 Ohm gewählt worden ist. Addiert man nun alle vom Strome i_1 bzw. i_2 durchflossenen Widerstände, so findet man auf der Seite von i_1 92,21 Ohm, während sich auf der Seite von i_2 922,10 Ohm ergeben. Die Widerstände der Verzweigung verhalten sich also wie 1:10, die Ströme stehen daher im umgekehrten Verhältnis. Um den Wert der Einstellungen ermitteln zu können, muß man sich vergegenwärtigen, daß, da i_1 und i_2 in entgegengesetzter Richtung fließen, die Differenz der Einstellungen zwischen links und rechts gebildet werden muß.

Auf der Seite von i_1 bzw. i_2 erhält man also, wenn die Einstellungen bei I, II und III mit x_1, x_2, x_3 bezeichnet werden:

$$v_1 = i_1 (0,11 x_1 + b + x_2); \qquad v_2 = i_2 [11 - x_2 - 0,11 (10 - x_3)]$$

oder wenn man i_1 und i_2 durch i ausdrückt und für b den Wert 0,11 einsetzt

$$v_1 = \frac{10}{11} i (0,11 x_1 + 0,11 + x_2); \qquad v_2 = \frac{1}{10} i [11 - x_2 + 0,11 (10 - x_3)]$$

und daraus

$$v_1 - v_2 = 0,1 x_1 + 1 x_2 + 0,01 x_3.$$

Der soeben besprochene Kompensator enthält nur drei Dekaden. Seine Benutzung ist daher auf Messungen beschränkt, bei denen keine besonders große Genauigkeit angestrebt wird. Da dieses System sich nicht auf mehr als drei Dekaden ausdehnen läßt, so mußte eine Erhöhung der Präzision auf anderem Wege gesucht werden. Unter Benutzung von Nebenschlußdekaden gelang es DIESSELHORST und WHITE, Apparate mit fünf Dekaden herzustellen. In dem so erweiterten Apparate von DIESSELHORST (s. Abb. 21) sind die in dem vorher

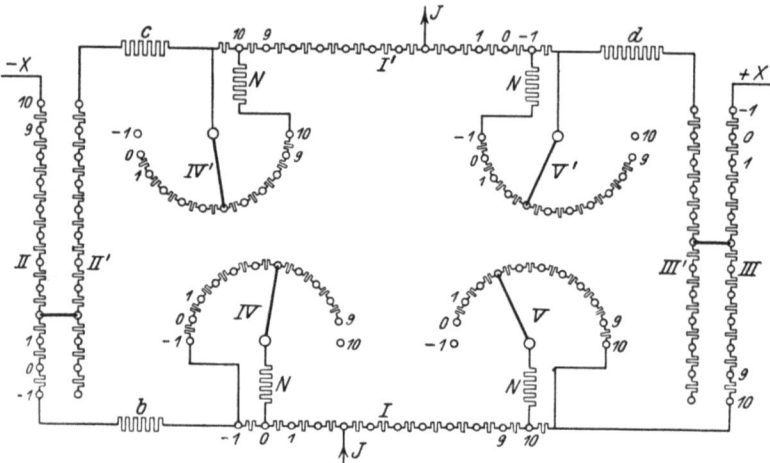

Abb. 21. Kompensator von DIESSELHORST mit fünf Dekaden.

beschriebenen Kompensator mit I, II und III bezeichneten drei Kurbeldekaden beibehalten und nur über den 0-Kontakt hinaus auf −1 erweitert worden. Der besseren Übersichtlichkeit wegen sind in der Zeichnung nicht wie in Wirklichkeit die Kontakte halbkreisförmig, sondern in einer Geraden angeordnet und zum Teil räumlich getrennt worden. Von der gleichen Kurbel werden bedient I und I', II und II', III und III'. Die vierte und fünfte Dekade werden durch die erwähnten Nebenschlußdekaden gebildet, die parallel zu Widerständen von 1 Ohm gelegt sind. Diese Widerstände sind in unmittelbarem Anschluß an die Dekade I und I' an beiden Enden derselben angeordnet. Die Kurbeln der Nebenschlußdekaden sind ebenso wie die der anderen Dekaden zwangsläufig miteinander verbunden, in der Weise, daß IV und IV' bzw. V und V' zueinander gehören.

Tabelle 3.

Des Widerstands		Ort des Widerstands bei Dekade	
Nr.	Betrag (Ohm)	IV und V'	IV' und V
		zwischen den Kontakten	
n_0	8,264	− 1 und 0	+ 10 und + 9
n_1	10,101	0 ,, + 1	+ 9 ,, + 8
n_2	12,626	+ 1 ,, + 2	+ 8 ,, + 7
n_3	16,234	+ 2 ,, + 3	+ 7 ,, + 6
n_4	21,645	+ 3 ,, + 4	+ 6 ,, + 5
n_5	30,30	+ 4 ,, + 5	+ 5 ,, + 4
n_6	45,41	+ 5 ,, + 6	+ 4 ,, + 3
n_7	75,80	+ 6 ,, + 7	+ 3 ,, + 2
n_8	151,51	+ 7 ,, + 8	+ 2 ,, + 1
n_9	454,54	+ 8 ,, + 9	+ 1 ,, 0
n_{10}	∞	+ 9 ,, + 10	0 ,, − 1

Durch die Art der Schaltung wird dann auch in diesem Falle bewirkt, daß in dem einen Teile ebensoviel Widerstand ausgeschaltet, wie in dem anderen eingeschaltet wird, so daß der Gesamtwiderstand konstant, der Wert des Widerstands im Kompensationskreis nahezu konstant bleibt. In jeder dieser Nebenschlußdekaden befinden sich ein fester Widerstand N von 81,64 Ohm und 10 Widerstände, die so berechnet sind, daß beim Fortschreiten der Kurbel um einen Kontakt der Wert des eingeschalteten Widerstandes unter Berücksichtigung der Parallelschaltung zu 1 Ohm sich um 0,0011 Ohm ändert. In der folgenden Tabelle sind die Werte der einzelnen Widerstände mit Angabe der Nebenschlußdekade und der Kontakte, zwischen denen sie liegen, verzeichnet.

Auf diese Weise wird erreicht, daß die Einstellungen der Kurbeln (IV, IV') und (V, V') den Werten der vierten und fünften Dekade entsprechen.

Der Betrag des Widerstands b (s. Abb. 21) ergibt sich zu 0,11089 Ohm. Von den beiden Widerständen c und d kann einer willkürlich gewählt werden. Der Wert des anderen ist dann ebenfalls bestimmt, da beide durch die Beziehung $d = 10 c + 118,9$ Ohm verknüpft sind. Bei der praktischen Ausführung des Apparats wurde $c = 85,69$ Ohm gewählt, womit zugleich d zu 975,8 Ohm bestimmt war. Durch diese Werte der drei Widerstände b, c und d ist das Verhältnis der Ströme i_1 und i_2 in der Verzweigung auf genau 1:10 festgelegt. Ein kleiner Fehler in diesem Verhältnis beeinflußt die Einstellung in der Dekade I überhaupt nicht, die in den Dekaden II und III nur in sehr geringem Maße.

Der Gesamtwiderstand R des Apparats von der Stromverzweigung an ist 90 Ohm, der Widerstand im Kompensationskreise R_K berechnet sich[1]) zu

$$R_K = 14{,}35 - \frac{x_1^2}{R + B} \text{ Ohm},$$

wo x_1 die Einstellung in der Dekade I und B den Ballastwiderstand bedeutet, der zur Regulierung des Meßstroms in den Hauptstrom eingeschaltet ist.

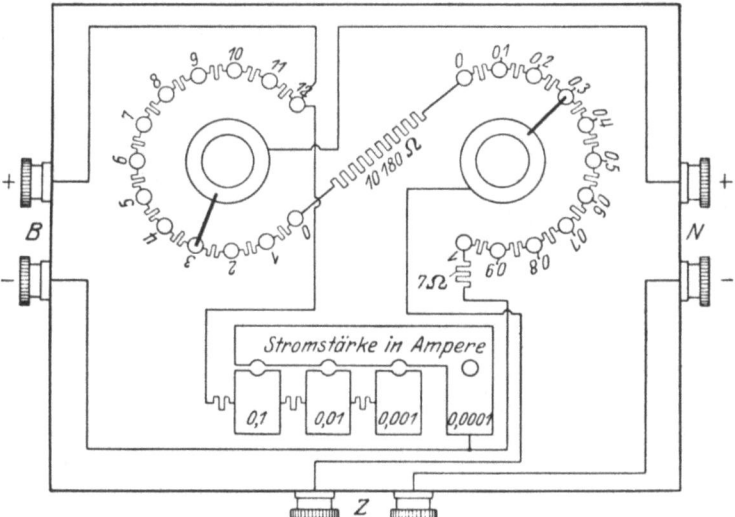

Abb. 22. Hilfswiderstand zum thermokraftfreien Kompensator von DIESSELHORST.

Da mit diesem Kompensator im allgemeinen kleine Spannungen gemessen werden, so ist zur Einstellung des Meßstroms i mit einem Normalelement noch eine besondere Vorrichtung notwendig, die in Form eines Zusatzkastens von O. WOLFF in Berlin geliefert wird.

---

[1]) Siehe H. DIESSELHORST, ZS. f. Instrkde. Bd. 28, S. 4. 1908.

g) **Hilfswiderstand zum thermokraftfreien Kompensator**[1]). Die Einstellung des Meßstromes auf einen genau bekannten runden Betrag muß bei dem DIESSELHORSTschen Kompensator wie bei allen anderen Kompensatoren mit Hilfe eines Normalelements ausgeführt werden. Da eine direkte Einstellung aber nur für 0,1 Amp möglich ist, so hat DIESSELHORST einen besonderen Hilfsapparat konstruiert, der außer der Meßstromstärke von 0,1 Amp noch Ströme von 0,01, 0,001 und 0,0001 Amp einzustellen erlaubt. Die Schaltung dieser Anordnung ist aus Abb. 22 ersichtlich. Der Arbeitsstrom J verzweigt sich nach dem Eintritt bei der einen Klemme B in zwei Systeme von Widerständen. Das eine System besteht aus einem auf eine Rolle gewickelten festen Widerstand von 10180 Ohm, 12 Widerständen von 1 Ohm und 10 Widerständen von 0,1 Ohm, die so hintereinander verbunden sind, daß sich mit zwei Kurbeln von 0,1 zu 0,1 Ohm fortschreitend zwischen 10180 und 10193 Ohm jeder Widerstandswert einstellen läßt. An dem jeweils eingestellten Widerstand wird der Kompensationskreis, bestehend aus Normalelement (WESTON) und Galvanometer, angeschlossen. Die Regulierung des Meßstromes für die niedrigsten Spannungen auf 0,0001 Amp erfolgt nun so, daß, nachdem die Kurbeln auf den der EMK des Elements entsprechenden Wert eingestellt sind, der Hauptstrom J durch Änderung des vorgeschalteten Ballastwiderstandes solange variiert wird, bis das Galvanometer keinen Ausschlag mehr gibt. Zur Messung höherer Spannungen dienen die Meßströme von 0,001, 0,01 und 0,1 Amp., zu deren Einstellung das zweite System von Widerständen gebraucht wird. Es besteht aus drei hintereinandergeschalteten Widerständen $r_1 = 10,210$, $r_2 = 92,820$ und $r_3 = 1030,30$ Ohm, die durch Einsetzen eines Stöpsels eingeschaltet und auf diese Weise dem Kompensationswiderstande parallel gelegt werden können. In diesem Falle erfolgt die Einregulierung des Stromes natürlich erst nach Einsetzen des Stöpsels.

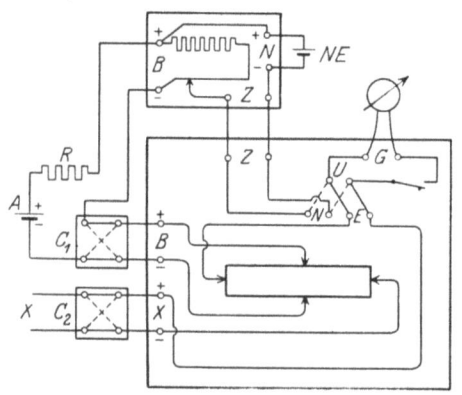

Abb. 23. Schaltung des DIESSELHORSTschen Kompensators in Verbindung mit dem Hilfswiderstand.

In Verbindung mit dem Kompensator wird der Hilfswiderstand so geschaltet (Abb. 23), daß die Klemmen Z der beiden Apparate miteinander verbunden werden. Ferner werden der positive Pol der Arbeitsbatterie A über einen regulierbaren Ballastwiderstand R mit der Plusklemme von B des Hilfskastens, die Minusklemme (von B des Hilfswiderstands) über einen Stromwender C_1 mit der $+ B$-Klemme des Kompensators, die $- B$-Klemme des Kompensators über denselben Stromwender mit dem negativen Pol des Arbeitselements verbunden. Weiter bedeuten C_2 einen zweiten Stromwender, der die Pole der zu messenden Spannung X in verschiedenem Sinne mit den Klemmen X des Kompensators zu verbinden erlaubt und zwangsläufig mit C_1 gekoppelt ist.

Außer in Verbindung mit dem Kompensator zur Einregulierung des Meßstromes kann der Hilfswiderstand auch für sich allein zur Vergleichung von Spannungen dienen, die sich um nicht mehr als 1,3‰ voneinander unterscheiden, so z. B. von Normalelementen vom gleichen Typus.

---

[1]) H. DIESSELHORST, ZS. f. Instrkde. Bd. 28, S. 38. 1908.

Kapitel 17.

Methoden zur Messung des elektrischen Widerstands.

Von

H. v. STEINWEHR, Berlin.

Mit 21 Abbildungen.

1. Einleitung. Bevor die verschiedenen Methoden zur Bestimmung des reinen OHMschen Widerstands näher erläutert werden, sind zwei Punkte kurz zu berühren, die von allgemeiner Wichtigkeit sind, und deren Besprechung deshalb vorausgeschickt werden mag, nämlich a) die Definition des Widerstands und b) die Bedingungen für die größte Empfindlichkeit der Galvanometer.

2. Definition des Widerstands. Wenn der elektrische Widerstand eines räumlichen Gebildes gemessen werden soll, so ist zunächst festzulegen, was darunter zu verstehen ist. Bei metallischen Widerständen in Drahtform ist bei weniger genauen Messungen der Widerstand ausreichend definiert als der Widerstandswert, der ohne besondere Vorsichtsmaßregeln in irgendeiner Anordnung zur Widerstandsbestimmung gemessen wird. Bei genaueren Messungen, an Drahtwiderständen, besonders wenn es sich um kleinere Widerstände oder um Widerstände handelt, bei denen die Zuleitungen eine Rolle spielen, wie bei Widerstandsthermometern, muß das Stück Draht, dessen Widerstand bestimmt werden soll, genau definiert und abgegrenzt sein. Die Begrenzung des Widerstands erreicht man in vollkommener Weise, indem man den Widerstandswert von den Verzweigungspunkten des zu messenden Drahts in je zwei Drähte anrechnet, wie dies in der Abb. 1 schematisch angedeutet ist. In einer solchen Anordnung liegt der zu messende Widerstand r zwischen den Punkten a und b. Wird der Widerstand nach dem OHMschen Gesetz aus dem Verhältnis von Spannung zu Stromstärke bestimmt, so erfolgt z. B. die Zuführung des Stromes, der in diesen Leitungen gemessen wird, durch die Zuleitungen 1 und 2, während die Zuleitungen 3 und 4 zur Spannungsabnahme dienen und als zu einer Vorrichtung zur Messung der Spannung führend gedacht werden müssen. Von dem Punkte an, wo sich die Strom- und Spannungsdrähte treffen, rechnet der Widerstand des zu messenden Drahtstückes. Daraus, daß der Widerstand als zwischen den Verzweigungspunkten liegend definiert ist, ergibt sich ohne weiteres, daß es ganz gleichgültig ist, welche der vier Drähte man als Stromdrähte und welche man als Spannungsdrähte wählt, vorausgesetzt, daß an jedem Verzweigungspunkte ein Stromdraht und ein Spannungsdraht zusammentreffen.

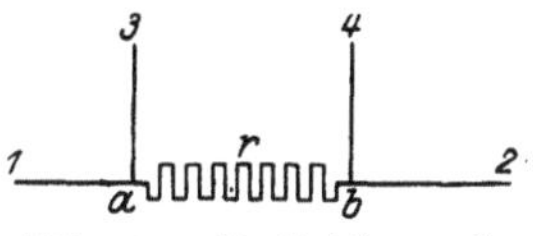

Abb. 1. Definition des Widerstands.

Ist die Verzweigungsstelle kein mathematischer Punkt, sondern besitzt sie räumliche Ausdehnung, so dürfen, wie HELMHOLTZ[1]) gezeigt hat, Strom- und Spannungsdrähte nicht mehr beliebig vertauscht werden. Der Widerstand bleibt vielmehr nur dann ungeändert, wenn an beiden Verzweigungspunkten Strom- und Spannungsdrähte gleichzeitig vertauscht werden.

Widerstände, die zwischen Verzweigungspunkten definiert sind, können für Herstellung genau bekannter Widerstandskombinationen weder in Hintereinander- noch Parallelschaltung zusammengesetzt werden, da in diesen Fällen den eigentlichen Widerständen noch Zuleitungswiderstände zuzurechnen sind, die nicht ohne weiteres bekannt und nur bei großen Widerständen zu vernachlässigen sind.

Außer bei Widerständen, bei denen aus den erwähnten Gründen eine doppelte Zuleitung erforderlich ist, kann eine solche unter besonderen Umständen bei Widerständen notwendig werden, die an sich auch mit einer Zuleitung genügend genau meßbar wären. Dies ist z. B. dann der Fall, wenn die Widerstände sich an einem Orte befinden, der nur durch Zuleitungen von verhältnismäßig großem Widerstand zugänglich gemacht werden kann, wie bei Widerstandsthermometern, bei denen sich der eigentliche Widerstand auf einer durchweg konstanten Temperatur befinden muß. Dies läßt sich bei den Zuleitungen nicht ermöglichen und ist bei richtiger Anordnung auch nicht erforderlich.

3. Bedingungen für die größte Empfindlichkeit der Galvanometer. Auf die Theorie der Galvanometer kann hier nicht näher eingegangen werden, da bereits an anderer Stelle (Kap. 9) das Wissenswerte hierüber gesagt wird. Nur die Erzielung der größten Empfindlichkeit für ein gegebenes Galvanometer soll kurz behandelt werden. Für jeden Galvanometertyp läßt sich ein günstigster äußerer Widerstand finden, der für Nadelgalvanometer anders zu berechnen ist als für Drehspulinstrumente.

1. Nadelgalvanometer. Bezeichnet man den Galvanometerwiderstand mit r_g, den äußeren Widerstand, durch den das Instrument geschlossen ist, mit r_a, so ist der das Galvanometer durchfließende Strom umgekehrt proportional mit $r_g + r_a$. Da weiterhin der Ausschlag des Instruments proportional mit $\sqrt{r_g}$ und der Stromstärke wächst, so erhält man $\alpha = \sqrt{r_g}/(r_g + r_a)$. α wird ein Maximum für $r_g = r_a$, d. h. die Empfindlichkeit ist am größten, wenn der Schließungswiderstand (äußere Widerstand) gleich dem Galvanometerwiderstand ist.

2. Drehspulgalvanometer. Bei diesem Galvanometer ist der Ausschlag umgekehrt proportional mit $r_g + r_a$. Er wird also um so größer, je kleiner der Gesamtwiderstand des Kreises ist. Nun zeigen die Drehspulinstrumente insofern ein eigentümliches Verhalten, als jedes Galvanometer bei einem Schließungswiderstand von einer bestimmten Größe aperiodische Ausschläge besitzt. Ist der Widerstand größer, so pendelt der Ausschlag um die Ruhelage, ist er kleiner, so ist er überaperiodisch gedämpft. Der günstigste Galvanometerwiderstand ist demnach, da der äußere Widerstand nicht beliebig klein gemacht werden kann, $r_g = 0$.

Während also beim Nadelgalvanometer die Schaltung die günstigste ist, bei welcher der äußere Widerstand gleich dem Galvanometerwiderstand ist, so ist für den gleichen Zweck der Galvanometerwiderstand beim Drehspulinstrument möglichst klein zu machen und das Instrument im übrigen so zu wählen, daß der Gesamtwiderstand des Galvanometerkreises, der durch die Anordnung vorgeschrieben ist, dem aperiodischen Zustand entspricht.

---

[1]) H. v. HELMHOLTZ, Pogg. Ann. Bd. 89, S. 353. 1853; Wiss. Abh. Bd. 1, S. 496.

4. Wheatstonesche Brücke. a) Schaltung. Bei der Wheatstoneschen Brücke, in der ein unbekannter Widerstand mit Hilfe eines bekannten und des Verhältnisses zweier Widerstände bestimmt wird, findet eine Verzweigung des Meßstroms in der Weise statt, daß je zwei der die Brücke bildenden Widerstände in Serie und beide Paare einander parallelgeschaltet werden. Die Punkte, an denen die hintereinandergeschalteten Widerstände zusammenstoßen, werden über ein Galvanometer miteinander verbunden. Es entsteht dadurch die in Abb. 2 dargestellte Schaltung.

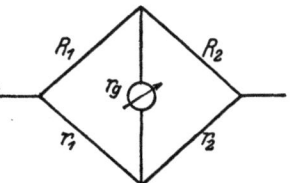

Abb. 2. Schaltung der Wheatstoneschen Brücke.

b) Theorie der Brücke. Ist J die Stromstärke des unverzweigten Stromes, so erhalten wir für i_0 den Strom, der das Galvanometer durchfließt, aus dem ersten Kirchhoffschen Gesetz die Beziehung:

$$i_0 = J \frac{R_1 r_2 - R_2 r_1}{r_g (R_1 + R_2 + r_1 + r_2) + (R_1 + r_1)(R_2 + r_2)} = J \frac{Z}{N}. \quad (1)$$

Der Galvanometerstrom i_0 wird 0 für $R_1 r_2 = R_2 r_1$. In diesem Falle gilt also die Gleichung, wenn R_1 der unbekannte Widerstand ist: $R_1 = R_2 r_1/r_2$, d. h. R_1 ist gleich dem bekannten Widerstande R_2 multipliziert mit dem Verhältnis von r_1 zu r_2. Die gleiche Bedingung gilt auch, wenn Stromquelle und Galvanometer vertauscht werden, wie leicht einzusehen ist.

Zur Ermittlung der größten Empfindlichkeit der Anordnung ist der äußere Widerstand des Galvanometers zu bestimmen. Hierfür kommen allein die vier Brückenzweige in Betracht, die paarweise in Serie und die Serien in Parallelschaltung den äußeren Widerstand des Galvanometers bilden. Man erhält dafür:

$$r_a = \frac{(R_1 + r_1)(R_2 + r_2)}{R_1 + R_2 + r_1 + r_2}. \quad (2)$$

Ist der Galvanometerwiderstand r_g gegeben, so ist der Widerstand r_a bei Verwendung eines Nadelgalvanometers gleich dem Galvanometerwiderstand, bei Verwendung eines Drehspulengalvanometers groß gegen den Galvanometerwiderstand zu wählen; im letzteren Falle muß die Summe $r_g + r_a$ gleich dem aperiodischen Grenzwiderstand des Galvanometers sein.

c) Empfindlichkeit der Brückenmethode. Um die Meßempfindlichkeit, d. h. den für eine bestimmte prozentische Änderung des zu messenden Widerstands oder eines anderen Widerstands der Brückenzweige hervorgerufenen Galvanometerausschlag berechnen zu können, muß ermittelt werden, um welchen Betrag sich der Galvanometerstrom i_0 ändert, wenn der Zähler Z der Gleichung (1), der im Gleichgewichtszustande gleich 0 ist, variiert wird. Es ist also zu bilden:

$$\delta i_0 = J \frac{\delta Z}{N}. \quad (3)$$

Es ist vorteilhaft, zu diesem Zwecke einige Umformungen vorzunehmen.

Ersetzt man die in der Gleichung der Wheatstoneschen Brücke auftretenden vier verschiedenen Widerstände R_1, R_2, r_1, r_2 durch die Beziehungen der drei bekannten Widerstände zu dem unbekannten R_1, d. h. setzt man nach W. Jaeger[1])

$$R_2 = nR_1, \quad r_1 = mR_1 \quad \text{und demgemäß} \quad r_2 = nmR_1, \quad (4)$$

so erhält man, wenn in Gleichung (1) an Stelle der alten Bezeichnungen die soeben gegebenen eingeführt werden:

$$\delta Z = nm R_1 \delta R_1. \quad (5)$$

---

[1]) W. Jaeger, ZS. f. Instrkde. Bd. 26, S. 73. 1906.

Bezeichnet man dann noch die prozentische Änderung des zu messenden Widerstandes $\delta R_1/R_1$ mit ε, so ergibt sich:

$$\delta Z = nmR_1^2\varepsilon. \qquad (6)$$

Für den Nenner des Bruchs der Gleichung (1) erhält man zwei verschiedene Ausdrücke, je nachdem es sich um ein Nadel- oder Drehspulgalvanometer als Nullinstrument handelt. Bei ersterem ist, wie gesagt, die günstigste Schaltung die, in der der äußere Widerstand gleich dem Galvanometerwiderstand ist. Der äußere Widerstand ist aber nach Gleichung (2)

$$r_a = = \frac{(R_1+r_1)(R_2+r_2)}{R_1+R_2+r_1+r_2}.$$

Führt man diesen Ausdruck und zugleich die oben gegebenen Vereinfachungen ein, so erhält man für N:

$$N = 2(R_1+r_1)(R_2+r_2) = 2R_1^2 n(1+m)^2. \qquad (7)$$

Beim Drehspulgalvanometer, bei dem der aperiodische Grenzwiderstand gleich r_a sein soll, ist der günstigste Galvanometerwiderstand gleich 0. Infolgedessen wird

$$N = R_1 n(1+m)^2. \qquad (8)$$

Zwischen dem unverzweigten Hauptstrom J und dem Strom i, der den zu messenden Widerstand durchfließt, besteht die leicht abzuleitende Beziehung:

$$J = i\frac{R_1+r_1}{r_1} \qquad (9)$$

oder, wenn wieder alle Widerstände auf R_1 bezogen werden:

$$J = i\frac{1+m}{m}. \qquad (10)$$

Faßt man alle diese Ergebnisse zusammen, so erhält man

$$\delta i_0 = J\frac{\delta Z}{N} = \frac{i\cdot\varepsilon}{2(1+m)}. \qquad (11)$$

Um nun die Beziehung zwischen der durch eine prozentische Änderung ε eines der Brückenwiderstände hervorgerufenen Änderung der Stromstärke im Galvanometer und den in demselben erzeugten Ausschlag c zu finden, müssen die Beziehungen zwischen Ausschlag, Galvanometerwiderstand und Galvanometerstrom berücksichtigt werden, die für Nadel- und Drehspulgalvanometer die gleichen sind (s. Kap. 9).

Bezeichnet c_0 den Galvanometerausschlag für 1 Ohm und $1\cdot 10^{-6}$ Amp, so wird der Ausschlag c für eine Stromänderung δi_0 und einen Grenzwiderstand r_a

$$c = c_0\sqrt{r_a}\cdot\delta i_0, \qquad (12)$$

da der Ausschlag sich proportional dem Strome und der Quadratwurzel aus dem Widerstande ändert. Führt man die oben gefundene Beziehung für δi_0 ein, so erhält man schließlich für das Nadelgalvanometer:

$$c = c_0\frac{\sqrt{n}}{2\sqrt{(n+1)(m+1)}}\sqrt{R_1}\cdot i\cdot\varepsilon, \qquad (13)$$

für das Drehspulgalvanometer dagegen:

$$c = c_0\frac{\sqrt{n}}{\sqrt{(n+1)(m+1)}}\sqrt{R_1}\cdot i\cdot\varepsilon. \qquad (14)$$

Die Empfindlichkeit und damit auch die bei der Messung erreichbare Genauigkeit hängt von verschiedenen Faktoren ab, deren Einfluß im folgenden kurz besprochen werden soll.

Die Formeln für die Empfindlichkeit bestehen aus zwei Faktoren, deren einer das Produkt $c_0 \varepsilon i \sqrt{R}$ ist, das in der Formel für die Meßempfindlichkeit bei allen Methoden der Widerstandsmessung vorkommt. In diesem Produkt ist die Größe $i\sqrt{R}$ enthalten, welche die Quadratwurzel aus der in dem zu messenden Widerstand entwickelten Leistung darstellt, wie JAEGER[1]) zuerst bemerkt hat. Die Tatsache, daß die Leistung vervierfacht werden muß, um eine Verdopplung der Empfindlichkeit zu erzielen, zeigt, daß durch Erhöhung der Meßstromstärke nur eine beschränkte Steigerung der Empfindlichkeit erreicht werden kann. Ferner kann wegen der mit dem Strome verbundenen Wärmeentwicklung (JOULEsche Wärme), die bekanntlich mit dem Quadrate der Stromstärke ansteigt, die Belastung nicht unbegrenzt gesteigert werden. Sie findet vielmehr sehr bald infolge unzulässiger Temperaturerhöhung des zu messenden Widerstands eine Grenze, die durch die Konstruktion des Widerstands, besonders hinsichtlich der Wärmeabgabe nach außen, und die übrigen äußeren Umstände bedingt ist. Vorgeschrieben ist somit die höchste zulässige Strombelastung, der entsprechend die EMK des Arbeitselements und die zu verwendenden Ballastwiderstände zu wählen sind, nicht aber die EMK selbst. Es ist demnach nicht von Interesse, zu ermitteln, wie mit einer gegebenen Spannung eine möglichst große Empfindlichkeit erzielt werden kann, was bei früheren Untersuchungen häufig Gegenstand der Betrachtung gewesen ist.

Ist der zu messende Widerstand nicht vorgeschrieben wie bei Widerstandsthermometern, sondern nur die darin entwickelte Energie, so kann man noch über eine der beiden Größen Stromstärke oder Widerstand frei verfügen, ohne daß die Meßempfindlichkeit geändert wird.

Betrachtet man den anderen n und m enthaltenden Faktor in dem Ausdruck für die Empfindlichkeit für sich, so sieht man, daß c um so größer wird, je kleiner m und je größer n wird. Das Maximum wird erreicht für $m = 0$ und $n = \infty$, ein Fall, der in der Praxis natürlich nicht verwirklicht werden kann. Wie an dem folgenden Zahlenbeispiel gezeigt wird, nähert man sich dem Maximum bereits sehr weitgehend, wenn Verhältnisse gewählt werden, die noch ziemlich weit von den günstigsten entfernt liegen. So erhält man bei $m = 0,1$ und $n = 10$ für diesen Faktor 0,91 statt 1, also schon auf 9% den maximalen Wert. In der Regel wird das Galvanometer sich nicht in der günstigsten Schaltung befinden, da man meist nur über geringe Variationsmöglichkeiten seines Widerstandes verfügt. Wie JAEGER[1]) gezeigt hat, ist die genaue Innehaltung der Bedingungen aber nicht von großem Einfluß auf die Empfindlichkeit. Besitzt nämlich das Galvanometer einen Widerstand, der sich beim Nadelgalvanometer um den Faktor l und beim Drehspulgalvanometer um den Faktor k von dem äußeren Widerstand unterscheidet, während der Grenzwiderstand bei dem letzteren ebenfalls um den Faktor l verschieden ist (d. h. $r_g = l \cdot r_a$ bzw. $= k \cdot r_a$), so muß der Ausdruck für die Empfindlichkeit beim Nadelgalvanometer noch mit $2\sqrt{l}/(1 + l)$, beim Drehspulgalvanometer mit $\sqrt{l}/(1 + k)$ multipliziert werden, um die auf diese Weise verringerte Empfindlichkeit zu erhalten.

Für das Nadelgalvanometer, bei dem die Verhältnisse einfacher liegen, da es sich nur um eine veränderliche Größe handelt, hat JAEGER[1]) eine Tabelle aufgestellt, aus der die Veränderung der Empfindlichkeit bei Änderung des Galvanometerwiderstandes zu entnehmen ist:

l	1	2	0,5	3	0,33	4	0,25	5	0,2	10	0,1	100	0,01
$2\sqrt{l}/(1+l)$	1,000	0,943		0,866		0,800		0,745		0,575		0,198	

---

[1]) W. JAEGER, ZS. f. Instrkde. Bd. 26, S. 69 u. 360. 1906.

Man ersieht daraus, daß, selbst wenn der Galvanometerwiderstand sich um den Faktor 5 bzw. 10 von dem günstigsten unterscheidet, die Empfindlichkeit erst um 25 bzw. 43% abnimmt.

Erst durch die Arbeiten von SCHUSTER[1]) und besonders die von JAEGER[2]), der seine Rechnungen unabhängig von denen SCHUSTERs anstellte, sind die hier obwaltenden Verhältnisse vollkommen geklärt worden. Alle in diesem Abschnitt gegebenen Rechnungen und Überlegungen über die Empfindlichkeit von Anordnungen zur Widerstandsmessung stützen sich daher auf die Ergebnisse dieser beiden Arbeiten, in denen auch die übrigen in Betracht kommenden Faktoren (Schaltungsweise, Galvanometerwiderstand) berücksichtigt sind.

d) **Günstigste Schaltung bei der Messung in der WHEATSTONEschen Brücke.** In dem Ausdruck für die Empfindlichkeit kann man noch über die Verhältniszahlen m und n frei verfügen. Ihre Größe beeinflußt natürlich die Empfindlichkeit, wie im folgenden erläutert wird.

1. Messungen im Verhältnis 1:1.

α) Wird $R_1 = R_2$, also $n = 1$ gesetzt und m klein gegen 1 (theoretisch $= 0$) gewählt, so erhält man im Grenzfall bei einem Galvanometerwiderstande gleich $R_1/2$ eine Empfindlichkeit, die um den Faktor $\sqrt{2}$ kleiner ist als die günstigste.

β) Das gleiche ist der Fall, wenn $R_1 = r_1$ und n sehr groß gegen 1 (theoretisch $= \infty$) gewählt wird. Der günstigste Galvanometerwiderstand ist dann $= 2R_1$.

γ) Wählt man $R_1 = r_2$, d. h. das Produkt $m \cdot n = 1$, wobei m möglichst klein und n möglichst groß (theoretisch $m = 0$, $n = \infty$) zu nehmen ist, so erhält man bei einem Galvanometerwiderstand gleich R_1 die günstigste Empfindlichkeit.

δ) Die Hälfte der größten Empfindlichkeit dagegen wird nur erreicht, wenn alle vier Widerstände gleich und $g = R_1$ ist. Dieser Fall ist also der ungünstigste.

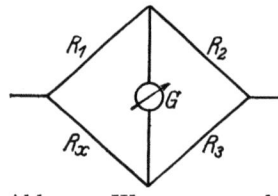

Abb. 3. WHEATSTONEsche Brücke.

2. Ähnlich liegen die Verhältnisse, wenn Messungen im Verhältnis 1:10 angestellt werden sollen, so daß ein näheres Eingehen auf diese Fälle unterbleiben kann.

Erwähnt werden mag noch, daß auch hier die theoretisch günstigsten, aber nicht realisierbaren Fälle $m = 0$, $n = \infty$ bereits in vollkommen ausreichendem Maße für $m = 0,1$ und $n = 10$ verwirklicht werden.

e) **Ausführung der Messungen in der WHEATSTONEschen Brücke im Verhältnis 1:1.** Bei Vergleichung nahe gleicher Widerstände verwendet man mit Vorteil eine Verzweigungsbüchse. Um die Verschiedenheit der beiden Widerstände zu eliminieren, führt man die Messung in beiden Lagen der Verzweigungsbüchse aus und mittelt zwischen den beiden erhaltenen Werten. Gleicht man den Meßwiderstand R_3 (s. Abb. 3) so lange ab, bis in jeder der beiden Lagen der Verzweigungsbüchse Stromlosigkeit im Galvanometer eingetreten ist, so erhält man, wenn R_x den unbekannten, R_1 und R_2 die beiden Widerstände der Verzweigungsbüchse bedeuten:

$$\left.\begin{array}{l} R_1 \cdot R_3' = R_2 \cdot R_x, \\ R_2 \cdot R_3'' = R_1 \cdot R_x. \end{array}\right\} \quad (15)$$

Hieraus ergibt sich $R_x = \sqrt{R_3' \cdot R_3''}$ oder da R_3' sehr nahe gleich R_3'' ist,

$$R_x = \frac{(R_3' + R_3'')}{2}. \quad (16)$$

---

[1]) A. SCHUSTER, Phil. Mag. Bd. 39, S. 175. 1895.
[2]) W. JAEGER, ZS. f. Instrkde. Bd. 26, S. 69 u. 360. 1906.

(Mit Hilfe der beiden gleichen Messungen kann auch das Verhältnis der beiden Widerstände der Verzweigungsbüchse berechnet werden.) Durch Elimination von R_x erhält man $R_1/R_2 = \sqrt{R_3''/R_3'}$, oder da R_3' sehr nahe gleich R_3'' ist:

$$\frac{R_1}{R_2} = 1 + (R_3'' - R_3')/2R_3'. \tag{17}$$

Anstatt den Widerstand R_3 solange zu ändern, bis Stromlosigkeit im Galvanometer eintritt, verfährt man bei genauen Messungen besser so, daß man zwischen zwei Werten von R_3, die um einen geringen Betrag von dem richtigen Wert abweichen und ungefähr um ebensoviel größer wie kleiner als derselbe sind, interpoliert.

Die Interpolation kann auf drei verschiedene Weisen ausgeführt werden:

1. Man benutzt für R_3 einen in bekannter Weise variierbaren Widerstand z. B. einen Stöpselkasten oder Kurbelkasten. Man kann dann zwischen zwei in dem Widerstandskasten eingestellten Werten interpolieren. Gehört z. B. zu dem Widerstand R_3 der Galvanometerausschlag α_1, zu $R_3 + \delta R_3$ der Ausschlag α_2, so erhalten wir als Wert für den zu messenden Widerstand

$$R_x = \frac{R_1}{R_2}\left(R_3 - \frac{\alpha_1}{\alpha_2 - \alpha_1}\delta R_3\right). \tag{18}$$

Dieselbe Messung wird dann mit der umgekehrten Lage der Verzweigungsbüchse wiederholt. Will man ganz sorgfältig verfahren und alle Störungen, z. B. durch Thermokräfte, ausschalten, so wiederholt man beide Messungen nach Umkehrung der Stromrichtung des Meßstromes.

2. Besitzt die Verzweigungsbüchse eine Einrichtung zum Interpolieren (s. Kap. 16), d. h. sind kleine Zusatzwiderstände in der Regel in der Größe von etwa $1^0/_{00}$ vorhanden, die dem einen oder anderen Zweige des Verzweigungswiderstandes zugeschaltet werden können, so kann die Interpolation auch hiermit bei konstantem Vergleichswiderstand R_3 ausgeführt werden. Wird der Bruchteil, um den der Verzweigungswiderstand geändert wird, mit δ bezeichnet, so erhält man bei sonst unveränderter Schaltung für den unbekannten Widerstand:

$$R_x = \frac{R_1}{R_2}R_3\left(1 + \delta \cdot \frac{\alpha_1 + \alpha_2}{\alpha_1 - \alpha_2}\right), \tag{19}$$

wenn α_1 und α_2 die Galvanometerausschläge für die beiden Stellungen des Drehkontaktes rechts und links von dem Mittelkontakt der Verzweigungsbüchse bedeuten.

3. Ist keine Verzweigungsbüchse mit Interpolationseinrichtung vorhanden, oder ist das Intervall, um das der Verzweigungswiderstand geändert wird, für den angestrebten Genauigkeitsgrad der Messung zu groß, so kann man auch so verfahren, daß man zu irgendeinem der Brückenwiderstände einen Nebenschluß legt. Auch in diesem Falle ist es besser, den Nebenschluß nicht so weit abzugleichen, daß der Strom im Galvanometer verschwindet, sondern zwischen zwei Nebenschlüssen zu interpolieren, die so gewählt sind, daß nur kleine Ausschläge entstehen. Legt man den Nebenschluß N an den Vergleichswiderstand R_3, so wird

und

$$\left.\begin{array}{l}\dfrac{1}{R_3'} = \dfrac{1}{R_3} + \dfrac{1}{N'} \\[1ex] \dfrac{1}{R_3''} = \dfrac{1}{R_3} + \dfrac{1}{N''}\end{array}\right\} \tag{20}$$

Der endgültige Nebenschluß ergibt sich dann aus

$$N = N' - \frac{\alpha_1}{\alpha_2 - \alpha_1}(N'' - N'), \tag{21}$$

wenn α_1 und α_2 die zu N' bzw. N'' gehörenden Galvanometerausschläge sind. Für den zu messenden Widerstand erhält man schließlich:

$$R_x = \frac{R_1}{R_2} \frac{R_3 \left[N' - \frac{\alpha_1}{\alpha_2 - \alpha_1} (N'' - N') \right]}{R_3 + N' - \frac{\alpha_1}{\alpha_2 - \alpha_1} (N'' - N')}. \tag{22}$$

Das im vorstehenden über die Ausführung der Messungen Gesagte gilt auch für Messungen, bei denen die Widerstände in anderen Verhältnissen als 1:1, z. B. 1:10, stehen. Nur fällt dann die Möglichkeit der Verwendung einer Verzweigungsbüchse fort, wie ohne weiteres einzusehen ist. Ferner sind diese Betrachtungen nicht auf die WHEATSTONEsche Brücke beschränkt, sondern gelten auch für andere Methoden, wie die Thomsonbrücke, so daß bei der Besprechung derselben hierauf verwiesen werden kann.

f) **Bestimmung des Verhältnisses 1:10.** Ohne nähere Kenntnis des Wertes der Widerstände kann man nur Widerstände von derselben Größe miteinander vergleichen. Will man verschieden große Widerstände vergleichen, so müssen zunächst einige Widerstandsverhältnisse bestimmt werden. Da im Prinzip die Ermittlung von Widerstandsverhältnissen stets auf dieselbe Weise geschieht, so genügt es hier an einem Beispiel — wir wählen dafür das Verhältnis 1:10 — zu zeigen, wie dabei vorzugehen ist.

Um dieses Verhältnis zu messen, werden zunächst drei Einheitswiderstände (ohne Potentialklemmen) untereinander verglichen. Sodann wird die Summe zweier von ihnen in Hintereinanderschaltung mit einem Widerstande vom doppelten Betrage verglichen. Man erhält so das Verhältnis 1:2. Nunmehr vergleicht man die Summe, gebildet aus den hintereinandergeschalteten Einern und dem Zweier mit dem Fünfer, und schließlich die Summe aus den Einern, dem Zweier, und dem Fünfer mit dem Zehner. Auf diese Weise erhält man vermittels der Bestimmung der Verhältnisse 1:2 und 1:5 das Verhältnis 1:10.

5. Die Thomsonbrücke. a) **Schaltung.** Haben die Zuleitungen zu den zu vergleichenden Widerständen im Verhältnis zu diesen eine Größe, welche bei der Messung in der WHEATSTONEschen Brücke den gewünschten Genauigkeitsgrad beeinträchtigen würde, so kann man die WHEATSTONEsche Brücke nicht mehr verwenden und muß statt ihrer eine Anordnung, welche die Zuleitungen zu eliminieren gestattet, wie die Thomsonbrücke benutzen. Das Schema dieser Anordnung ist aus Abb. 4 ersichtlich. Die zu vergleichenden Widerstände sind mit R_1 und R_2, die das Verhältnis R_1/R_2 bestimmenden Widerstände bzw. die Verzweigungsbüchse mit r_1 und r_2, die Überbrückungswiderstände mit ϱ_1 und ϱ_2 bezeichnet. r_1 und r_2 werden groß gegen R_1 und R_2 gewählt, damit man die Zuleitungen zu letzteren zu r_1 und r_2 schlagen kann. Der

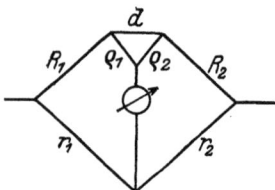

Abb. 4. Schema der Thomsonbrücke.

Strom J wird also in der Weise zu R_1 und R_2 zugeführt, daß die Verzweigung unmittelbar an den Widerständen, also bei Büchsen an den Klemmen, die an den aufgesetzten Bügeln befestigt sind, stattfindet. (NB. Jeden Draht an eine besondere Klemme!) An den anderen einander zugewandten Enden der Widerstände R_1 und R_2 können die Zuleitungen Z_1 und Z_2 nicht auf diese Weise eliminiert werden. Aus diesem Grunde müssen sie hier überbrückt werden, was in der Weise geschieht, daß außer der direkten Verbindung (d) von R_1 und R_2 noch eine zweite Verbindung durch die Widerstände ϱ_1 und ϱ_2 (in der Abbildung 5 die Widerstände ohne Bezeichnung) hergestellt wird, zwischen denen die

Zuleitung zum Galvanometer angelegt wird, wie aus der Abb. 5 ersichtlich ist. Wenn die sog. Überbrückungswiderstände, die natürlich groß gegen Z_1 und Z_2 sein müssen, im Verhältnis R_1/R_2 stehen, so wird auch die direkte Verbindung zwischen R_1 und R_2 im Verhältnis dieser Widerstände geteilt und damit ihr Einfluß beseitigt.

b) **Theorie der Brücke.** Setzen wir

$$\left(G + \frac{\varrho_1 \varrho_2}{\varrho_1+\varrho_2}\right)(R_1 + r_1 + R_2 + r_2) = T_1,$$

$$(R_1 + r_1)(R_2 + r_2) = T_2,$$

$$\frac{d}{\varrho_1+\varrho_2}(R_1+r_1+\varrho_1+R_2+r_2+\varrho_2)G = T_3$$

und $(R_1 + r_1 + \varrho_1)(R_2 + r_2 + \varrho_2) = T_4,$

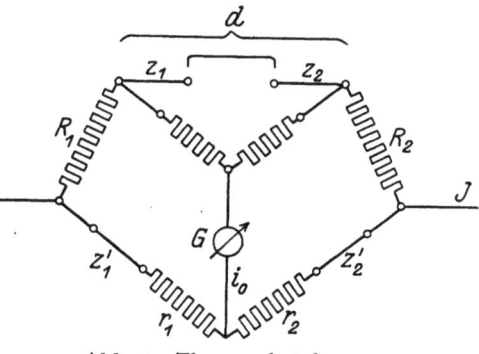

Abb. 5. Thomsonbrücke.

so ergibt die KIRCHHOFFsche Regel für den Strom i_0 im Galvanometer die Beziehung:

$$i_0 = J \frac{R_1 r_2 - R_2 r_1 + \dfrac{d}{\varrho_1+\varrho_2}[r_2(R_1+\varrho_1) - r_1(R_2+\varrho_2)]}{T_1+T_2+T_3+T_4}. \qquad (23)$$

i_0 wird 0, d. h. der Strom im Galvanometer verschwindet, wenn der Zähler 0 wird, was unter anderem dann der Fall ist, wenn ist

$$R_1 : R_2 = r_1 : r_2 = \varrho_1 : \varrho_2. \qquad (24)$$

Aus der Bedingung, daß der Zähler = 0 werden soll, kann man zwei Gleichungen herleiten, welche für die Berechnung der Thomsonbrücke von Wichtigkeit sind:

$$\frac{R_1}{R_2} = \frac{r_1}{r_2} - \frac{d}{R_2} \frac{R_2+\varrho_2}{\varrho_1+\varrho_2}\left[\frac{R_1+\varrho_1}{R_2+\varrho_2} - \frac{r_1}{r_2}\right] \qquad (25)$$

und

$$\frac{R_1}{R_2} = \frac{r_1}{r_2} - \frac{d}{R_2} \frac{\varrho_2}{\varrho_1+\varrho_2+d}\left[\frac{\varrho_1}{\varrho_2} - \frac{r_1}{r_2}\right]. \qquad (26)$$

Beide Formeln zeigen, daß bei kleinem d das Verhältnis R_1/R_2 in erster Annäherung gleich r_1/r_2, die zweite außerdem, daß, wenn ϱ_1/ϱ_2 sich wie r_1/r_2 verhält, das zweite Glied, das als Korrektionsglied aufzufassen ist, verschwindet. Dieses Korrektionsglied hat um so mehr Einfluß, je kleiner der zu messende Widerstand im Verhältnis zu d ist. Die Folge davon ist, daß die Abgleichung um so sorgfältiger vorgenommen werden muß, je mehr dieses Glied in Frage kommt.

Aus den beiden Gleichungen ergeben sich die Methoden, nach denen bei der Messung zu verfahren ist.

1. Man kann den Inhalt der Klammer in jeder der beiden Gleichungen zum Verschwinden bringen, indem man durch Abgleichung entweder für die erste derselben $R_1:R_2 = r_1:r_2 = \varrho_1:\varrho_2$ oder für die zweite $r_1:r_2 = \varrho_1:\varrho_2$ macht;

2. indem man das Korrektionsglied berechnet, nachdem die einzelnen Größen experimentell bestimmt sind.

1. **Eliminierung des Korrektionsgliedes.** In der Praxis kommt die Abgleichung $R_1:R_2 = r_1:r_2 = \varrho_1:\varrho_2$ auf eine sukzessive Abgleichung der drei Widerstandspaare hinaus. Diese Methode ist die empfehlenswerteste und soll deshalb kurz näher erläutert werden.

Nachdem in roher Annäherung alle Widerstandsverhältnisse gleichgemacht sind, stellt man Stromlosigkeit im Galvanometer dadurch her, daß man an einen der vier Widerstände R_1, R_2, r_1, r_2 einen Nebenschluß legt und diesen so lange ändert, bis das Galvanometer bei verringerter Empfindlichkeit keinen Ausschlag mehr gibt. Hierauf wandelt man die Thomsonbrücke in eine gewöhnliche WHEATSTONEsche Brücke um, indem man die direkte Verbindung von R_1 und R_2 aufhebt. Man gleicht jetzt, von neuem und zwar das Verhältnis $(R_1 + \varrho_1) : (R_2 + \varrho_2) = r_1 : r_2$ ab. Nach Einsetzung des Bügels wiederholt man die ganze Operation so oft, bis in beiden Anordnungen (mit und ohne Bügel) völlige Abgleichung erzielt ist, wobei man die Empfindlichkeit des Galvanometers allmählich bis zu dem gewünschten Betrage steigert.

Man erhält so direkt das Verhältnis R_1/R_2, verglichen mit Verhältnis r_1/r_2. Nun sind aber, wie aus der Schaltskizze zu ersehen ist, z_1' und z_2' den Widerständen r_1 und r_2 zuzurechnen, was in der Formel noch nicht berücksichtigt ist. Geschieht dies, so ergibt sich:

$$\frac{R_1}{R_2} = \frac{r_1 + z_1'}{r_2 + z_2'}. \tag{27}$$

Die Werte von r_1 und r_2 werden so groß gegen z_1' und z_2' gewählt, daß stets eine annähernde Kenntnis von z_1' und z_2' genügt, deren Betrag dann aber nur bei den allergenauesten Messungen als Korrektion angebracht wird.

Erfordert es die angestrebte Genauigkeit der Messung, die Widerstände z_1' und z_2' zu kennen, so kann ihre Ermittlung auf verschiedene Weise erfolgen. Einmal kann man nach Aufhebung der direkten Verbindung d der Widerstände R_1 und R_2 und Entfernung oder Kurzschließung der Widerstände r_1 und r_2 z_1' und z_2' direkt in der WHEATSTONEschen Brücke durch Zusatz oder Parallelschaltung von Widerstand auf das Verhältnis R_1/R_2 abgleichen, oder man kann die Zuleitungen direkt messen, indem man die Spannung an ihnen und an einem vom gleichen Strome durchflossenen Normalwiderstand passender Größe mit einem DIESSELHORSTschen Kompensator oder einfacher durch Ausschläge eines Galvanometers vergleicht.

2. **Messung mit Berücksichtigung des Korrektionsgliedes.** Anstatt den Klammerausdruck in Gleichung (25) zum Verschwinden zu bringen, kann man auch so verfahren, daß man ihn besonders bestimmt. Man entfernt zu diesem Zwecke den Bügel d, so daß eine einfache WHEATSTONEsche Brücke entsteht, in der $(R_1 + \varrho_1) : (R_2 + \varrho_2) = r_1 : r_2$ gemacht wird, indem an einen der Widerstände ein Nebenschluß gelegt wird. Wenn R_1 und R_2 sehr klein gegen ϱ_1 und ϱ_2 sind, so kann der zweite Term der Gleichung (25) vereinfacht werden, da unter Vernachlässigung von R_2 gegen ϱ_2 für $(R_2 + \varrho_2)/(\varrho_1 + \varrho_2)$ gesetzt werden kann $R_2/(R_1 + R_2)$. Die Gleichung lautet dann:

$$\frac{R_1}{R_2} = \frac{r_1}{r_2} - \frac{d}{R_1 + R_2}\left(\frac{R_1 + \varrho_1}{R_2 + \varrho_2} - \frac{r_1}{r_2}\right). \tag{28}$$

Wie bei der anderen Methode ist auch hier z_1 und z_2 besonders zu bestimmen, ebenso, wie aus der Gleichung ersichtlich d. Je kleiner der Klammerinhalt wird, um so ungenauer brauchen die Faktoren der Klammer d und $R_1 + R_2$, bekannt zu sein.

c) **Empfindlichkeit der Thomsonbrücke.** Um die Empfindlichkeit der Thomsonbrücke auf die einfachste Weise ausdrücken zu können, verfährt man nach JAEGER in analoger Weise wie bei der WHEATSTONEschen Brücke, indem man alle Widerstände auf den Wert des zu messenden Widerstands zurückführt. Wie dort setzt man:

$$R_2 = n R_1, \quad r_1 = m R_1, \quad r_2 = n m R_1. \tag{29}$$

Hinzu kommen noch die Überbrückungswiderstände

$$\varrho_1 = \mu R_1, \quad \varrho_2 = n \mu R_1 \tag{30}$$

und der Widerstand des Verbindungsstückes
$$d = \nu R_1. \tag{31}$$

Der Widerstand r_a der Brückenanordnung erhält noch ein Zusatzglied gegenüber der einfachen WHEATSTONEschen Brücke:

$$r_a = \frac{(1 + m + \mu)\,n\,R_1}{n+1}. \tag{32}$$

Dasselbe gilt für die anderen Ausdrücke, so daß man schließlich für die Empfindlichkeit der Anordnung erhält: für das Nadelgalvanometer

$$c = c_0 \frac{\sqrt{n}}{2\sqrt{(n+1)(1+m+\mu)}} \sqrt{R_1} \cdot i \cdot \varepsilon \tag{33}$$

und für das Drehspulgalvanometer

$$c = c_0 \frac{\sqrt{n}}{\sqrt{(n+1)(1+m+\mu)}} \sqrt{R_1} \cdot i \cdot \varepsilon. \tag{34}$$

6. Differentialmethode. a) Schaltung. Sehr geeignet für die genaue Vergleichung gleicher Widerstände ist die Differentialmethode besonders in der von F. KOHLRAUSCH[1]) angegebenen Form mit übergreifendem Nebenschluß, auf die wir uns beschränken wollen. Obwohl in diesem Falle kein Strom zum Verschwinden gebracht wird, haben wir hier eine Nullmethode, da die Wirkungen zweier Ströme auf die Nadel des Galvanometers einander aufheben. Zu diesem Zwecke bedarf man eines Galvanometers mit zwei, wenn möglich auf derselben Spule befindlichen Wicklungen, die von entgegengesetzt gerichteten Strömen durchflossen werden. Der Strom J (Abb. 6) einer Batterie E durchfließt außer einem Regulierwiderstand R den zu messenden Widerstand R_1 und den Vergleichswiderstand R_2. Parallel zu je einem der beiden Widerstände liegen die Galvanometerwicklungen g_1 und g_2, und zwar derart, daß die Verbindungsleitung zwischen R_1 und R_2 zu jedem der beiden Widerstände hinzugenommen wird. Durch diese Schaltung werden die Zuleitungswiderstände vollständig eliminiert, so daß man sie nicht zu kennen braucht, was besonders bei der genauen Messung kleiner Widerstände von Bedeutung ist. Würde man die ursprünglich von HEAVISIDE angegebene Schaltung benutzen, bei der die Anschlüsse der Zuleitungen l_1' und l_2' miteinander vertauscht sind, so wäre es nicht möglich, eine Vertauschung der Galvanometerwicklungen g_1 und g_2 gegenüber den Widerständen R_1 und R_2 vorzunehmen, ohne die Verbindungen zwischen diesen Widerständen und dem Galvanometer zu lösen.

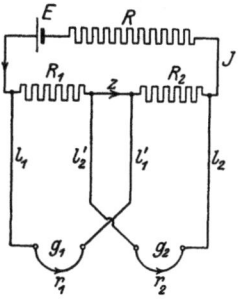

Abb. 6. Schaltungsschema der Differentialgalvanometermethode.

Die beiden Galvanometerwicklungen sind fast niemals wirkungsgleich, auch wenn sie von genau dem gleichen Strome durchflossen werden. Dies rührt hauptsächlich daher, daß es nicht möglich ist, beide Bewicklungen in genau der gleichen Weise herzustellen. Eine Verschiedenheit des Widerstands ließe sich durch Vorschalten eines Widerstands vor die Spule mit kleinerem Widerstande ausgleichen. Man erhält also selbst, wenn $R_2 = R_1$ gemacht ist, immer noch einen Ausschlag am Galvanometer. Es ist deshalb notwendig, die Galvanometer-

---

[1]) F. KOHLRAUSCH, Berl. Ber. 1883, S. 465; Wied. Ann. Bd. 20, S. 76. 1883.

wicklungen in der Weise vertauschen zu können, daß einmal $g_1 \| R_1$ und $g_2 \| R_2$ liegen, nach der Vertauschung aber $g_1 \| R_2$ und $g_2 \| R_1$ liegen. Einen fünfnäpfigen Umschalter, der diese Vertauschung vorzunehmen erlaubt, hat F. KOHLRAUSCH [Abb. 7 (C)] angegeben. Da dieser Umschalter aber kein rasches Umlegen zuläßt, so ist für Zwecke, bei denen es auf schnelles Arbeiten ankommt, der Umschalter vorzuziehen, den v. STEINWEHR angegeben hat (Abb. 8). Diese Umschalter erlauben, die in den schematischen (Abb. 9) angedeuteten Umschaltungen vorzunehmen. Sobald der bekannte Widerstand R_2 dem unbekannten R_1 genau gleichgemacht ist, ist der Ausschlag des Galvanometers in beiden Lagen des Kommutators gleich groß und nach derselben Seite gerichtet. Dieser Restausschlag bei gleichen Widerständen rührt von nicht vollständiger Abgleichung des Galvanometers her. Man kann ihn zum Verschwinden bringen, indem man einen regulierbaren Widerstand vor der Galvanometerwicklung einschaltet, welche die größere Wirkung ausübt.

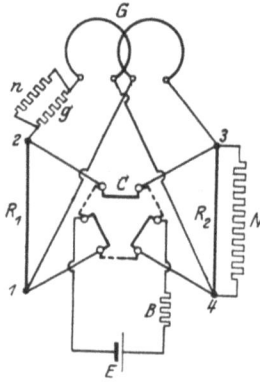

Abb. 7. Umschalter von KOHLRAUSCH für das Differentialgalvanometer.

b) **Ausführung der Messungen.** Zu Beginn der Messung sind in der Regel weder die zu vergleichenden Widerstände gleich, noch die Galvanometer-

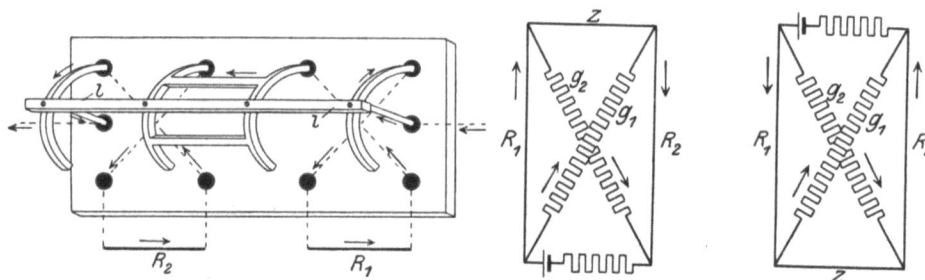

Abb. 8. Umschalter von v. STEINWEHR für das Differentialgalvanometer.

Abb. 9. Schematische Darstellung der beiden Differentialgalvanometerschaltungen.

wicklungen abgeglichen. Die beiden Abgleichungen müssen daher nacheinander vorgenommen werden, wenn man unnötig große Ausschläge vermeiden will. Um möglichst exakte Resultate zu erhalten, verfährt man in der Weise, daß man parallel zu dem größeren der beiden Widerstände einen Nebenschluß legt, der so gewählt wird, daß der wahre interpolierte Wert zwischen zwei ihm sehr nahe gleichen Nebenschlußwerten liegt. Außerdem wiederholt man die ganze Messung nach Kommutierung des Hauptstroms, um etwa vorhandene Thermokräfte auszumerzen. Hieraus ergibt sich das nebenstehende Schema und Beispiel einer Messung. Wäre das Galvanometer vollkommen abgeglichen, so müßten die Ausschläge in beiden Lagen gleich groß nach verschiedenen Seiten sein. Die Genauigkeit der Messung wird hierdurch, wie bereits erwähnt, nicht beeinträchtigt. Da keiner der beiden Nebenschlüsse (N_1, N_2) den Ausschlag zum Verschwinden bringt, vielmehr der richtige Nebenschluß

	$N_2 = 67$	$N_1 = 68$
Lage I	− 8,3	+ 2,2
,, II	+ 3,2	− 6,3
I − II	− 11,5	+ 8,5
Hauptstrom kommutiert		
Lage I	+ 8,1	− 2,1
,, II	− 3,1	+ 6,4
II − I	− 11,2	+ 8,5
Mittel	− 11,35	+ 8,5

Ziff. 6. Differentialmethode. 457

zwischen beiden liegt, so muß er durch eine Interpolationsrechnung ermittelt werden. Es ist

$$\frac{1}{N} = \frac{1}{68} + \frac{8,5}{19,8_5}\left(\frac{1}{67} - \frac{1}{68}\right) = 0{,}014706 + 9{,}4 \cdot 10^{-5} = 0{,}014800.$$

Nehmen wir an, der Nebenschluß sei parallel zu R_2 gelegt, und es solle R_1 bestimmt werden, dann ist:

$$\frac{1}{R_2} + \frac{1}{N} = \frac{1}{R_1} \quad \text{oder} \quad \frac{1}{R_1} - \frac{1}{R_2} = \frac{1}{N} = 0{,}014800 \text{ reziproke Ohm.}$$

Hieraus ergibt sich: $R_2 - R_1 = R_1 \cdot R_2/N$. Sind R_2 und R_1 nahe einander gleich, so braucht man R_1 nur annähernd zu kennen, um die Differenz mit Hilfe der bekannten Werte von R_2 und N berechnen zu können.

c) **Empfindlichkeit der Differentialgalvanometermethode.** Bei dieser Methode kommt allein das Nadelgalvanometer in Betracht, da es hochempfindliche brauchbare Drehspulgalvanometer mit differentialer Wicklung nicht gibt. Die von W. JAEGER[1]) für diesen

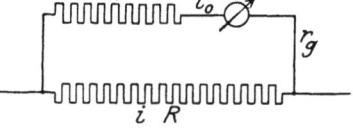

Abb. 10. Ein Zweig der Differentialgalvanometerschaltung.

Fall angestellten Spezialbetrachtungen, die analog denen für die WHEATSTONEsche Brücke sind, führen zu dem Ergebnis, daß die Empfindlichkeit

$$c = c_0 \varepsilon \frac{iR}{R(1+m) + r_g} \sqrt{\frac{r_g}{2}} \tag{35}$$

ist, wo R den vom Strome i durchflossenen unbekannten Widerstand, r_g den Galvanometerwiderstand und $R \cdot m = r$ den dazugehörigen Vorschaltwiderstand bedeuten (s. Abb. 10). Der Strom im Galvanometerzweige ist in der Schaltungsskizze mit i_0 bezeichnet. Für die Rechnung genügt es, nur den einen der beiden aus Galvanometer und Meßwiderstand gebildeten Kreise zugrunde zu legen. Der günstigste Spulenwiderstand ist auch hier

$$r_g = R(1+m), \tag{36}$$

d. h. gleich dem äußeren Widerstande im Galvanometerkreise. Ist kein Vorschaltwiderstand (r) vorhanden, so vereinfacht sich der Ausdruck für die Empfindlichkeit zu

$$c = c_0 \varepsilon i \sqrt{R}/2\sqrt{2}. \tag{37}$$

In der Regel ist es nicht angängig, den Galvanometerwiderstand gleich dem Meßwiderstand zu machen, da dann beide vom gleichen Strome, der für das Galvanometer zu groß wäre, durchflossen würden. Man kann daher von der günstigsten Schaltung keinen Gebrauch machen, muß vielmehr den Galvanometerwiderstand mindestens 5- bis 10mal so groß wählen. Die hierdurch entstehende Empfindlichkeitsverminderung fällt aber nicht so sehr ins Gewicht, da die gleichen Beziehungen gelten wie bei der WHEATSTONEschen Brücke (s. diesen Abschnitt Ziff. 4c).

d) **Methode von HAUSRATH.** HAUSRATH hat eine Modifikation der Differentialgalvanometermethode angegeben, die erlaubt, Widerstände verschiedener Größe miteinander zu vergleichen. In dieser Anordnung werden der zu messende Widerstand und der Vergleichswiderstand nicht von einem gleich starken Strome durchflossen. Der Vergleichswiderstand R_0 (s. Abb. 11) besitzt vielmehr einen Nebenschluß (R), der aus einem Schleifdraht besteht, so daß nur ein Teil des

---

[1]) W. JAEGER, ZS. f. Instrkde. Bd. 24, S. 288. 1904.

Meßstromes durch ihn hindurchfließt. In gleichen Abständen von den Enden des Drahts werden vermittels Schleifkontakte die Zuleitungen zu den beiden Wicklungen des Galvanometers geführt. Der Draht vom Widerstande R wird hierdurch in drei Teile, R' und $R'' = R'''$, geteilt; der den zu messenden Widerstand x durchfließende Strom i wird in R' im Verhältnis $(R + R_0)/R_0$ verkleinert. Nach erfolgter Abgleichung der beiden Galvanometerwicklungen auf Wirkungsgleichheit und gleichen Widerstand ($R_1 = R_2$) ist dann beim Verschwinden des Ausschlags ($i_1 = i_2$):

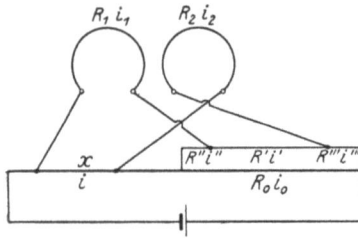

Abb. 11. Differentialgalvanometermethode nach HAUSRATH.

$$x = \frac{i'}{i} R' = \frac{1}{R/R_0 + 1} R' = C \cdot R', \tag{38}$$

d. h. x ist proportional R'.

Die Rechnung vereinfacht sich sehr, wenn zu dem Meßdraht von $R = 1$ Ohm ein Nebenschlußsatz eines Milliamperemeters von 1 Ohm parallel liegt, der Widerstände von $1/9$, $1/99$ und $1/999$ Ohm enthält, da dann der Proportionalitätsfaktor C genau $1/10$ (bzw. $1/100$ oder $1/1000$) wird.

In praxi wird der Meßdraht R durch zwei parallel gespannte Drähte gebildet, die an dem einen Ende verbunden sind, und auf denen ein Kontaktschlitten mit zwei Kontakten verschiebbar angeordnet ist. Hierdurch werden immer zwei genau gleiche Stücke R'' und R''' abgeschnitten, von denen aus die Leitungen zum Galvanometer führen.

7. Widerstandsmessung mit dem Kompensator. Die Widerstandsmessung mit dem Kompensator kommt wie jede andere Messung mit diesem Apparate auf eine Spannungsmessung hinaus, jedoch mit dem Unterschied, daß in diesem Falle eine Einstellung des Meßstroms mit Hilfe eines Normalelements fortfällt. Die Messung selbst kann auf zwei verschiedene Weisen ausgeführt werden, für die das gleiche Schaltungsschema (Abb. 12) gilt:

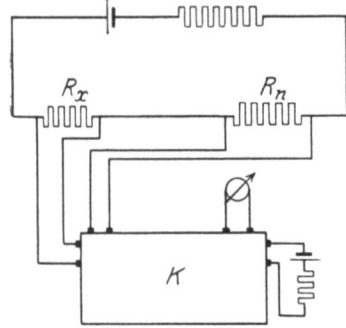

Abb. 12. Widerstandsmessung mit dem Kompensator.

1. indem man den unbekannten Widerstand mit einem passend gewählten kleinen Widerstand hintereinanderschaltet, die Spannung an beiden mit Hilfe des Kompensators einstellt und gewissermaßen eine Messung der Spannung und Stromstärke ausführt, oder

2. indem man den unbekannten und einen möglichst nahe gleich großen Widerstand hintereinanderschaltet und ebenfalls die Spannung an beiden mit dem Kompensator vergleicht.

In beiden Fällen wird der zu messende Widerstand aus den beiden Einstellungen am Kompensator und dem bekannten Vergleichswiderstand berechnet. Ist ε_x die Einstellung für den unbekannten (R_x), ε_n die für den Vergleichswiderstand (R_n), so gilt:

$$\left.\begin{array}{c}\varepsilon_x = c R_x; \quad \varepsilon_n = c R_n \\ \text{und daraus} \quad R_x = \frac{\varepsilon_x}{\varepsilon_n} R_n.\end{array}\right\} \tag{39}$$

Handelt es sich um unrunde Widerstände, deren Betrag man sehr genau zu kennen wünscht, so erhält man bei der Vergleichung mit dem Normal stark voneinander abweichende Einstellungen, die ein genaues Resultat nur dann geben, wenn die Widerstände des Kompensators in sich sehr genau kalibriert sind. Ist dies nicht der Fall, so muß man dem Vergleichswiderstand durch

Parallel- bzw. Hintereinanderschaltung bekannter Widerstände eine solche Größe geben, daß wenigstens in den Dekaden der höchsten Werte übereinstimmende Beträge eingestellt werden. Hat man die Wahl zwischen beiden Verfahren, so ist das zweite aus dem eben besprochenen Grunde vorzuziehen. Ein Nachteil der Widerstandsmessung mit dem Kompensator liegt darin, daß man die beiden Messungen nicht gleichzeitig ausführen kann. Es können also evtl. Stromschwankungen im Kompensator oder in den Widerständen das Ergebnis fälschen. Um den daher stammenden Fehler zu vermeiden, müssen die Einstellungen mehrmals abwechselnd vorgenommen werden.

Für große Widerstände genügt ein Kompensator von großem Widerstande. Bei kleinen Widerständen ist jedoch ein Kompensator von kleinem Widerstande erforderlich (z. B. der von DIESSELHORST), wenn man eine große Meßgenauigkeit anstrebt und deswegen übermäßig starke Ströme vermeiden will, die sich schlecht konstant halten lassen.

8. Andere Methoden zur Widerstandsmessung. Neben den bisher behandelten Methoden, die wegen des hohen Grades von Genauigkeit, deren sie fähig sind, das größte Interesse beanspruchen, kommen bei geringeren Ansprüchen noch einige Meßverfahren in Betracht, von denen die folgenden hier kurz besprochen werden mögen.

a) **Widerstandsbestimmung durch Vertauschung.** Das Prinzip dieser Messung beruht darauf, daß in einem Stromkreise, in dem eine konstante EMK, deren Betrag nicht bekannt zu sein braucht, herrscht, die Ausschläge eines Strommessers umgekehrt proportional der Summe der in diesem Kreise vorhandenen Widerstände sind. Die Schaltung der Meßanordnung ist die folgende:

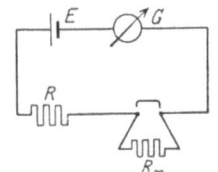

Abb. 13. Widerstandsbestimmung durch Vertauschung.

Ein Stromkreis besteht aus einem Arbeitselement (Akkumulator, Trockenelement) E, dem zu messenden Widerstand R_x, einem variablen bekannten Widerstand (Stöpsel- oder Kurbelkasten) R und einem Zeiger- oder Spiegelgalvanometer G.

Die Messung von R_x wird auf folgende Weise ausgeführt.

Der Widerstand R_x (s. Abb. 13) ist zunächst eingeschaltet und der Widerstand R wird so lange geändert, bis das Galvanometer einen Ausschlag von passender Größe zeigt. Nun wird vermittels eines widerstandsfreien Ausschalters R_x ausgeschaltet und R so lange geändert, bis der Ausschlag α wieder den gleichen Betrag angenommen hat. Dann ist die Differenz der beiden Einstellungen am Widerstandskasten gleich dem gesuchten Widerstande: $R_2 - R_1 = R_x$. In diesem Falle ist es nicht notwendig, den Widerstand des Galvanometers zu kennen. Die Schaltung kann vorteilhaft so abgeändert werden (Abb. 14), daß durch einen sechsnäpfigen Umschalter U entweder

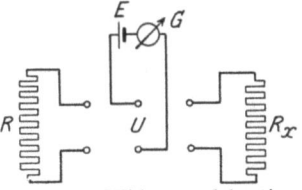

Abb. 14. Widerstandsbestimmung durch Vertauschung.

R oder R_x in den Kreis eingeschaltet werden, wobei dann R so lange geändert wird, bis die Ausschläge in beiden Lagen des Umschalters gleich sind.

Ist der Rheostat nicht weit genug unterteilt, um die Ausschläge vollkommen gleichmachen zu können, so muß der Wert von R_x durch Interpolation gefunden werden. Liegt R_x zwischen R_1 und R_2, so erhält man, wenn die Ausschläge α die entsprechenden Indizes erhalten:

$$R_x = R_1 + (R_2 - R_1)(\alpha_x - \alpha_1)/(\alpha_2 - \alpha_1). \tag{40}$$

Die Genauigkeit dieser Methode ist durch die Sicherheit und Reproduzierbarkeit der Einstellung des benutzten Instruments begrenzt. Hieraus geht hervor, daß

Messungen, die genauer als $1^0/_{00}$ sein sollen, auf diese Weise nicht gemacht werden können.

b) **Ohmmetermethoden.** Ohmmeter sind technische Meßinstrumente mit Zeigereinstellung, die den Wert des zu messenden Widerstands in Ohm direkt abzulesen gestatten. Sie beruhen auf dem Drehspulenprinzip und lassen sich einteilen in Instrumente mit einer oder zwei Spulen.

α) Ohmmeter mit einer Spule sind Amperemeter. Die Anordnung zur Messung ist aus Abb. 15 ersichtlich, die das Schaltungsschema des von der Firma Siemens & Halske konstruierten Apparats wiedergibt. Der Strom einer Trockenbatterie wird durch drei feste und den zu messenden Widerstand x in einer Schaltung wie bei der WHEATSTONEschen Brücke geleitet. In dem den zu messenden Widerstand x enthaltenden Zweig befindet sich außerdem ein empfindliches Drehspulinstrument. Da die Angaben des Instruments von der Spannung der Batterie B abhängen, muß zunächst eine Einstellung ohne den Widerstand x erfolgen, die mit Hilfe der Prüftaste P ausgeführt wird. Die Regulierung der Einstellung auf 0 erfolgt dann entweder durch Änderung der Spannung vermittels eines in die Batterieleitung eingeschalteten Widerstands oder wie bei dem Siemensschen Apparate durch Änderung eines zum Magnetfeld parallel gelegten magnetischen Nebenschlusses. Um drei verschiedene Meßbereiche zur Verfügung zu haben, ist in der aus der Abb. 15 ersichtlichen Weise eine Verbindung zwischen den Punkten hergestellt, an denen je zwei Widerstände zusammenstoßen. Durch eine Kurbel kann durch Einstellung auf die Kontakte 1, 10 oder 100 die passende Empfindlichkeit ausgewählt werden.

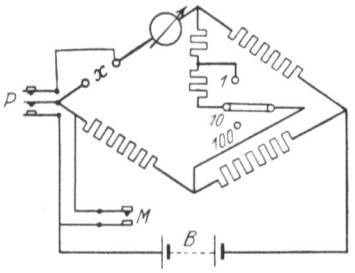

Abb. 15. Ohmmeter nach Siemens & Halske.

β) Ohmmeter mit zwei Spulen. Das Prinzip aller dieser Apparate, das von BRUGER[1]) herrührt, besteht darin, daß zwei in einem Magnetfeld mit ausgeprägter Feldrichtung (ungleichmäßiger Spaltbreite) befindliche Spulen, die einen Winkel miteinander bilden, in dem beweglichen Apparatteile ein entgegengesetztes Drehmoment erzeugen, wodurch eine dem Verhältnis der beiden Kräfte proportionale Einstellung hervorgerufen wird. Die Anordnung kann entweder so getroffen werden, daß eine Spule fest steht und nur eine beweglich ist, oder aber daß beide fest verbundenen Spulen beweglich sind. Ein Beispiel des ersten Typs ist der von BRUGER (Hartmann & Braun), des zweiten Typs der von der Firma Everett-Edgcumbe[2]) konstruierte Apparat. Näheres über Ohmmeter findet man bei G. KEINATH, Die Technik der elektrischen Meßgeräte. München u. Berlin: Oldenbourg 1922.

9. Messung sehr großer Widerstände. a) Allgemeines. Für die Messung großer Widerstände ($> 10^7$ Ohm) kommen neben den bisher erwähnten Methoden, die dem besonderen Zweck angepaßt werden müssen, noch eine Reihe anderer Verfahren in Betracht, die im folgenden besprochen werden sollen.

Als besondere Erfordernisse für die Messung nach den sonst üblichen Methoden sind zu nennen: Galvanometer von hoher Stromempfindlichkeit, die einen großen inneren Widerstand besitzen können, Batterien von hoher Spannung und große Vergleichswiderstände. Da es sich bei diesen Messungen niemals um Erzielung einer großen Genauigkeit handelt, so können z. B. KUNDTsche

---

[1]) TH. BRUGER, Elektrot. ZS. Bd. 15, S. 331. 1894; s. auch H. SACK, ebenda Bd. 24, S. 665. 1903.
[2]) E. Edgcumbe, Electrician Bd. 87, S. 460. 1921.

Widerstände (s. Widerstände) Verwendung finden, die sich unschwer bis zu einer Million Ohm herstellen lassen und mindestens auf 1% konstant sind. So kann man z. B. in der WHEATSTONEschen Brücke noch Widerstände bis zu 10^9 Ohm messen, wenn man zwei Zweigen das Verhältnis 1:1000 gibt und als Vergleichswiderstand eine Million Ohm nimmt.

b) **Spezielle Methoden:** α) **Vergleichung mit einem bekannten kleineren Widerstande unter Verwendung verschiedener Spannungen.** Der zu messende Widerstand R_x wird mit einer Hochspannungsbatterie vom inneren Widerstand r und einem Galvanometer vom Widerstande g zu einem Stromkreise geschlossen, wobei der Strom J entsteht. Nun werde der n-te Teil derselben Batterie durch den bekannten großen Widerstand R und das Galvanometer geschlossen. Der hierbei entstehende Strom sei J'. Dann ist:

$$J(R_x + g + r) = (nR + ng + r)J'.$$

Man kann die Verhältnisse so wählen, daß J sehr nahe gleich J' ist, dann hebt sich Jr gegen $J'r$ und man erhält für den unbekannten Widerstand:

$$R_x = n(R + g)\frac{J'}{J} - g. \qquad (41)$$

Die bei großen Spannungen schwierige Messung des Spannungsverhältnisses der ganzen Batterie zu dem n-ten Teil derselben vermeidet man, indem man die Batterie in n Teile teilt, die zweite Messung mit allen n Teilen ausführt und die gemessenen Ströme J' mittelt.

β) **Vergleichung mit einem bekannten kleineren Widerstand bei gleicher Spannung.** Man schließt eine Batterie vom inneren Widerstand r durch den unbekannten Widerstand R_x und ein Galvanometer vom Widerstande g. Ferner bildet man aus derselben Batterie, dem bekannten Widerstand R und dem mit dem Widerstand r' geshunteten Galvanometer einen Stromkreis. Dann ist:

$$J(R_x + g + r) = J'\left[\frac{(R+r)(r'+g)}{r'} + g\right]$$

und daraus:

$$R_x = \frac{J'}{J} \cdot \left[\frac{(R+r)(r'+g)}{r'} + g\right] - (g + r), \qquad (42)$$

und wenn g und r gegen R zu vernachlässigen sind:

$$R_x = \frac{R(r'+g)}{r'}\frac{J'}{J}. \qquad (42\text{a})$$

γ) **Mit Kondensatorentladungen (nach Siemens).** Diese Methode, welche sich besonders für extrem große Widerstände eignet, ist von R. JAEGER und W. HINZE vervollkommnet worden. Bei dem ursprünglich von W. V. SIEMENS angegebenen Verfahren wird ein geladener Kondensator von der Kapazität C durch den unbekannten großen Widerstand R_x geschlossen. Dabei sinkt das Potential des Kondensators in der Zeit t von V_1 auf V_2. Die Zeitdauer, in der die Abnahme des Potentials erfolgt, hängt mit dem Widerstand durch die Gleichung zusammen:

$$R_x = \frac{1}{C}\frac{t}{\log\frac{V_1}{V_2}}. \qquad (43)$$

Bei sehr großen (Isolations-) Widerständen ist der Ladungsverlust des Kondensators und damit der Widerstand R_0 desselben gesondert zu bestimmen. Zuschalten des zu messenden Widerstands ergibt dann die Summe der Leitwerte beider Widerstände $(1/R')$, woraus sich dann

$$R_x = \frac{R_0 R'}{R_0 - R'} \qquad (44)$$

berechnet.

Diese Methode ergibt richtige Werte nur für solche Materialien, deren OHMscher Widerstand von der angelegten Spannung unabhängig oder linear abhängig ist. Ist diese Bedingung nicht erfüllt, so ist eine Schlußfolgerung auf den Widerstandswert bei einer bestimmten Spannung unzulässig. Will man diesen Fehler vermeiden, so ist man entweder auf sehr große Widerstände beschränkt oder gezwungen, sehr große Kapazitäten zu benutzen, die sich wegen der erforderlichen hohen Isolation (Bernstein) schwer herstellen lassen. Außerdem verlangt diese Methode eine genaue Messung kleiner Zeiten, die ebenfalls zu Fehlern Veranlassung gibt.

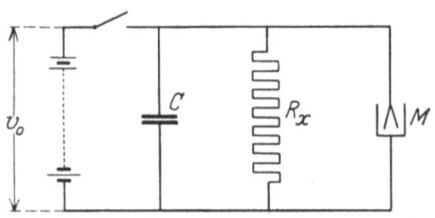

Abb. 16. Schaltung für die Messung großer Widerstände nach JAEGER und HINZE.

Alle diese Mißstände vermeidet eine Modifikation dieser Methode, die von R. JAEGER und W. HINZE[1]) angegeben worden ist. Die Verbesserung besteht darin, daß Aufladung und Entladung durch eine besondere Vorrichtung periodisch vorgenommen werden. Hierdurch gewinnt man den weiteren Vorteil, daß die Ablesung am Elektrometer einem bestimmten Mittelwert aus den durchlaufenen Spannungen entspricht. Folgende drei Schaltungsweisen ergeben sich:

1. Ein Kondensator von bekannter Kapazität wird periodisch aufgeladen und durch den zu messenden Widerstand, dem ein Elektrometer parallelgeschaltet ist, entladen.

2. Wie in 1. wird ein Kondensator abwechselnd aufgeladen und durch den Widerstand entladen. Das Elektrometer liegt aber nicht dauernd an dem Widerstand, sondern wird durch den gleichen Unterbrecher in regelmäßigen Intervallen nach einer bekannten Entladungszeit vermittels eines Momentankontakts mit dem Widerstand verbunden. Je größer der zu messende Widerstand ist, um so größer ist die Dauer der Entladung bzw. die Kapazität zu nehmen.

3. Bei der dritten Schaltung findet sowohl die Auflading wie die Entladung des Kondensators, welche die gleiche Dauer besitzen, durch den zu messenden Widerstand statt. Der von einem dem Kondensator parallelgeschalteten Elektrometer angezeigte Mittelwert der Spannungen nimmt so lange zu, bis die Potentialzunahme während der Aufladezeit gleich der Abnahme während der Entladungszeit geworden ist, womit sich ein dynamisches Gleichgewicht eingestellt hat. Der Zusammenhang zwischen dem effektiven Mittelwert der Spannung, der Kapazität, der Ladungs- und Entladungszeit und dem zu messenden Widerstand kann durch Rechnung ermittelt werden, doch ist es in der Praxis einfacher, den Apparat durch Messung bekannter Widerstände zu eichen.

Eingehender sind die zweite und dritte Schaltung in der erwähnten Abhandlung behandelt. Im folgenden soll nur auf die erste Schaltung kurz näher eingegangen werden. Es sind hier zwei periodisch sich wiederholende Vorgänge zu unterscheiden. Während des ersten Vorgangs $(0 - T_1)$ der Ladung ist die Spannung am Elektrometer konstant gleich der Spannung der Batterie V_0 (s. Abb. 16). Im zweiten Abschnitt $(T_1 - T_2)$ fällt sie nach einer Exponential-

---

[1]) R. JAEGER u. W. HINZE, Wiss. Veröffentl. a. d. Siemens-Konz. Bd. 3, 2. Heft, S. 177. 1924.

funktion ab. Das Quadrat der effektiven am Elektrometer M abgelesenen Spannung ergibt sich hiernach zu:

$$M_{\text{eff}}^2 = \frac{1}{T_2}\left[V_0^2 T_1 - \frac{RC}{2} V_0^2 e^{-2\frac{T_2-T_1}{RC}} + \frac{RC}{2} V_0^2\right]. \quad (45)$$

Aus den folgenden beiden Abbildungen (17 u. 18) ist einerseits der Einfluß des Verhältnisses der Kontaktzeit zur Entladezeit, anderseits der Einfluß der

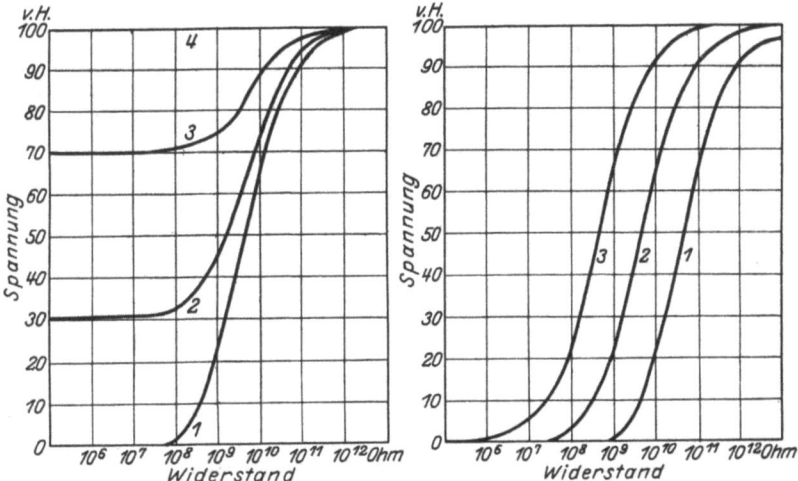

Abb. 17. Abhängigkeit des effektiven Spannungsmittelwertes von dem Widerstand R bei verschiedenen Verhältnissen von Kontaktzeit und Entladezeit (nach Abb. 16).

Abb. 18. Abhängigkeit des effektiven Spannungsmittelwertes von dem Widerstand R bei verschiedenen Kapazitäten (bzw. in Fall 3 Entladezeit). Man ersieht, wie man durch geeignete Wahl dieser Größen das Meßbereich verändern kann.

Größe der Kapazität auf das Bereich der zur Messung geeigneten Widerstände zu ersehen. Die Kurven der Abb. 17 gelten für eine Periodendauer von 1 Sekunde und eine Kapazität von 100 cm. In diesem Falle liegt das brauchbare Meßbereich zwischen $5 \cdot 10^8$ und $5 \cdot 10^{10}$ Ohm. Die zweite Kurventafel (18) zeigt die Verschiebung des Meßbereichs mit der Änderung der Kapazität. In beiden Tafeln ist nur der steile Teil der Kurven für die Messung brauchbar. Über eine Methode, bei der ein sehr großer unbekannter Widerstand mit dem Gitter einer Senderöhre in der bekannten Rückkopplungsschaltung in Serie und in Parallelschaltung mit einem Kondensator gelegt ist, vgl. R. F. BEATTY und A. GILMOUR[1]).

10. Kalibrierung eines Widerstandskastens. Widerstandskästen, bei denen jede Dekade aus lauter gleich großen Widerständen besteht, wie es bei den Kurbelkästen der Fall ist, werden in der Weise kalibriert, daß zunächst der erste Widerstand mit einem Normalwiderstand gleicher Größe, sodann der erste mit dem zweiten, der zweite mit dem dritten usf. verglichen werden. Der letzte Widerstand wird dann wieder an das Normal angeschlossen, wodurch eine Kontrolle für die ganze Reihe der Messungen gegeben ist. Die Berechnung der einzelnen Werte gestaltet sich in diesem Falle sehr einfach und braucht nicht näher erläutert zu werden.

Anders ist bei Widerstandskästen zu verfahren, bei denen jede Dekade sich aus verschieden großen Widerständen zusammensetzt. Hier wird die Methode

---

[1]) R. F. BEATTY und A. GILMOUR, Phil. Mag. (6) Bd. 40, S. 291. 1920.

benutzt, die auch beim Kalibrieren von Gewichtssätzen Anwendung findet. Gewöhnlich schließt man die Summe aller Widerstände vom kleinsten bis zu einer bestimmten Dekade, welche so gewählt wird, daß der Gesamtwiderstand einem mittleren Werte des Kastens, also etwa 10 Ohm oder 100 Ohm, entspricht, an eine Büchse gleichen Betrages, deren Wert bekannt ist, an. Die Ermittlung der höheren Werte geschieht dann einfach in der Weise, daß diese Summe mit dem kleinsten Werte, der Einheit, der folgenden Dekade verglichen und diese dadurch bestimmt wird. Die Summe plus dem Einer der höheren Dekade dient dann zur Bestimmung jedes der beiden Zweier der höheren Dekade, und diese beiden zusammen geben mit dem Einer den Wert des Fünfers der höheren Dekade usw. Die Berechnung ergibt sich ohne weiteres. Für die Berechnung der kleineren Werte bedient man sich des folgenden Schemas. Es sei die Summe $5' + 2' + 2'' + 1'$ an 10 Ohm angeschlossen. Die Messung habe eine Abweichung ϱ von 10 Ohm ergeben, also:

$$5' + 2' + 2'' + 1' = 10 + \varrho. \tag{46}$$

Nun werden die folgenden weiteren Messungen ausgeführt:

$$5' = 2' + 2'' + 1' + \alpha$$
$$2' = 2'' + \beta$$
$$2' = 1' + \Sigma 0{,}1' + \gamma$$
$$1' = \Sigma 0{,}1' + \delta,$$

wo $\Sigma 0{,}1'$ die Summe der nächst kleineren Dekade und α, β, γ und δ die durch Messung gefundenen Differenzen bedeuten. Nachdem man die Größe

$$\sigma = 0{,}1\,(\alpha + 2\beta + 4\gamma + 6\delta - \varrho) \tag{47}$$

gebildet hat, werden die fünf Unbekannten $5'$, $2'$, $2''$, $1'$ und $\Sigma 0{,}1'$ der fünf Gleichungen aus den folgenden Gleichungen ermittelt:

$$\left.\begin{aligned}5' &= 5 - 5\sigma + \alpha + \beta + 2\gamma + 3\delta, \\ 2'' &= 2 - 2\sigma + \beta + \gamma + \delta, \\ 2' &= 2 - 2\sigma + \gamma + \delta, \\ 1' &= 1 - \sigma + \delta \\ \text{und}\quad \Sigma 0{,}1' &= 1 - \sigma.\end{aligned}\right\} \tag{48}$$

Ist die Einteilung des Kastens eine andere, z. B. 4, 3, 2, 1, so wird das Verfahren dementsprechend abgeändert. Auch hier muß bei der Vergleichung die Summe der kleineren Widerstände so gebildet werden, daß sie gleich einem größeren Widerstande ist, also $4 = 3 + 1$, $3 = 2 + 1$, $2 = 1 + 1$.

11. Kalibrierung eines Brückendrahts. Bei einem längs einer Skala ausgespannten Schleifdraht kann nicht ohne weiteres angenommen werden, daß die an dem Maßstab gemessenen Abschnitte zugleich genau die Widerstände darstellen, welche die abgeteilten Drahtenden besitzen, da selbst ein ganz sorgfältig gezogener Draht niemals vollkommen kalibrisch ist. Es ist deshalb notwendig, an jedem als Meßdraht benutzten Drahtstück die anzubringenden Korrektionen zu bestimmen. Hierfür sind eine Reihe von Methoden ausgearbeitet worden, von denen die wichtigsten hier kurz besprochen werden sollen.

α) **Kalibrierung nach der Methode von STROUHAL und BARUS**[1]). Man stellt sich eine größere Anzahl, und zwar um so mehr, in je kleineren Inter-

---

[1]) V. STROUHAL u. C. BARUS, Wied. Ann. Bd. 10, S. 326. 1880.

vallen man das Kaliber des Drahtes bestimmen will, mindestens aber 10 Drahtwiderstände aus Manganindraht her, deren Gesamtwiderstand größer sein soll als der des zu messenden Drahts, und versieht die beiden Enden jedes derselben mit angelöteten amalgamierten Kupferdrahtstücken. Zur Ausführung der Kalibrierung werden alle diese Widerstände hintereinandergeschaltet, indem, wie aus der Abb. 19 ersichtlich ist, je zwei amalgamierte Kupferenden in einen Quecksilbernapf getaucht werden. Die freien Enden der ganzen Serie werden durch möglichst dicke und kurze Kupferdrähte mit den Enden des Schleifdrahts verbunden, an die zugleich die Zuleitungen von einer Stromquelle (Akkumulator) gelegt sind. Für die erste Messung wird nun die Verbindungsstelle des ersten und zweiten Widerstands durch ein Galvanometer mit dem Schleifkontakt verbunden und letzterer so lange verschoben, bis der Strom im Galvanometer verschwindet. Alsdann vertauscht man den ersten und zweiten Widerstand und bestimmt die Stellen am Meßdraht, für die an den beiden Enden des Widerstands Nr. 1 in seiner neuen Lage der Strom im Galvanometer verschwindet. Man fährt in

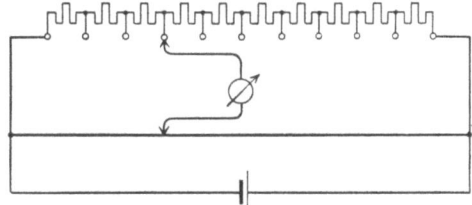

Abb. 19. Kalibrierung eines Drahts nach STROUHAL und BARUS.

derselben Weise fort, indem man den Widerstand Nr. 1 jedesmal mit dem folgenden vertauscht und die Messungen wiederholt, bis er am anderen Ende der Reihe angelangt ist.

Hat man 10 Widerstände und einen Meßdraht von 1 m Länge, so erhält man auf diese Weise 10 Abschnitte von gleichem Widerstand, aber nicht gleicher Länge auf demselben. Die Länge l eines jeden Abschnitts wird nun um einen bestimmten Betrag von 100 mm abweichen. Wir erhalten also $l_1 = 100 + \Delta_1$ usw. bis $l_{10} = 100 + \Delta_{10}$. Man addiert nun alle zehn Längen, wobei man einen Betrag erhält, der von 1000 um die Summe aller Δ abweicht: $L = 1000 + \Sigma\Delta$. Den zehnten Teil von $\Sigma\Delta$ bringt man an jeder der gemessenen Längen l als Korrektion an, die nun alle zusammen den Wert 1000 ergeben müssen. Die neuen Werte $l'_n = l_n - \Sigma\Delta/10$ addiert man nun sukzessive und findet die endgültigen Korrektionen für die Punkte 100 bis 900, indem man die Differenzen $l'_1 - 100$, $l'_2 - 200$ usw. bildet.

Die Korrektionen der Punkte 0 und 1000 erhält man auf diese Weise nicht, kann sie aber bei einer genügend großen Anzahl von Meßpunkten durch graphische Extrapolation schätzen. Ein genaueres Ergebnis erhält man, wenn man zwei genau bekannte Widerstände, die im Verhältnis 1:1000 stehen, in der Brücke mit Hilfe des Schleifdrahts miteinander vergleicht, wobei man die Korrektionen für je einen den Enden sehr nahe liegenden Punkt des Drahts erhält.

β) **Kalibrierung mittels eines Rheostaten.** Ist man im Besitze eines Kurbelrheostaten mit gut abgeglichenen Widerständen, deren Endkontaktstücke eine Vorrichtung zum Befestigen von Zuleitungen besitzen, so kann man die selbstangefertigten Widerstände durch eine Dekade höheren Betrags aus dem Kasten ersetzen. Die Galvanometerleitung muß dann (s. Abb. 20) an die Kurbel angelegt werden. Man kommt dann mit einer erheblich geringeren Zahl von Messungen aus, da immer je zwei aneinander grenzende Messungen durch eine einzige ersetzt werden, wie ohne weiteres einzusehen ist. An Stelle des Kurbelwiderstands kann man auch einen Stöpselwiderstand benutzen, in dem man die zur Kalibrierung geeigneten Widerstandsverhältnisse herstellt.

Zum Gebrauch für die Messungen stellt man sich eine Korrektionstabelle her, zwischen deren Werten man interpoliert, oder man zeichnet sich eine Kurve der Abweichungen vom Sollwert in Abhängigkeit von der Länge des Drahts, aus der man für jeden Punkt die Korrektion entnehmen kann.

γ) **Kalibrierung eines Drahts mit einem Hilfsdraht und einem auswechselbaren Widerstand** [nach CAREY-FOSTER[1]]. An einen Hilfsdraht (D) wird die Batterie B (s. Abb. 21) gelegt. Zwischen den Enden des Drahtes D und den zu kalibrierenden Draht H werden, wie in der Abb. 21 angedeutet, je zwei Quecksilberkontakte ac und bd geschaltet, in welche die Enden eines Widerstandes R oder ein möglichst widerstandsfreier Kupferbügel K eingesetzt werden können. Zur Kalibrierung des Drahtes H wird nun so verfahren, daß zunächst der Widerstand R zwischen a und c eingeschaltet wird und, während der Gleitkontakt des Drahtes H nahe am Ende steht, der Gleitkontakt auf D so lange verschoben wird, bis der Strom im Galvanometer verschwindet. Nun läßt man den Gleitkontakt auf D stehen und vertauscht R und K miteinander. Der Kontakt auf H wird nunmehr so lange verschoben, bis der Strom im Galvanometer verschwindet. Das durch die beiden Einstellungen auf dem Drahte H abgeteilte Stück ist dann gleich der Differenz $R-K$. Dies Verfahren wird unter fortwährendem Vertauschen von R und K und abwechselndem Stehenlassen und Verschieben der beiden Gleitkontakte so lange fortgesetzt, bis der Draht über seine ganze Länge kalibriert ist. Hinsichtlich anderer Methoden der Kalibrierung von Brückendrähten sei auf die Arbeit von HEERWAGEN[2] verwiesen.

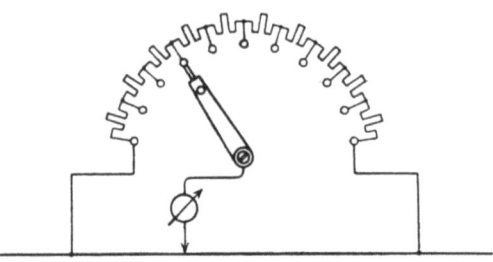

Abb. 20. Kalibrierung eines Drahts mit Hilfe eines Kurbelrheostaten.

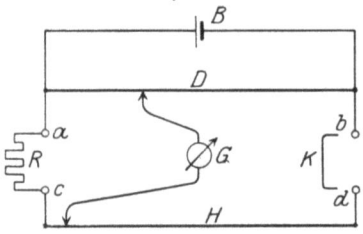

Abb. 21. Kalibrierung eines Drahts nach CAREY-FOSTER.

Zur Erleichterung der Rechnung dient die von OBACH aufgestellte Tabelle, die für jede Einstellung a von mm zu mm den Wert des $\log a/(1000 - a)$ gibt, und die in vielen Büchern (z. B. KOHLRAUSCH und HOLBORN, Leitvermögen der Elektrolyte; KOHLRAUSCH, Lehrbuch der praktischen Physik; OSTWALD-LUTHER, Physikochemische Messungen und anderen) abgedruckt ist.

12. Abhängigkeit des Widerstands von der Temperatur. (Auswertung der Messungen.) Bei genauen Messungen ist es häufig notwendig, den exakten Verlauf der Kurve, welche die Abhängigkeit des Widerstands von der Temperatur bei Widerständen, Widerstandsmaterialien und auch reinen Metallen, z. B. Platinthermometern, darstellt, zu kennen. In der Regel wird es möglich sein, diese Abhängigkeit durch eine quadratische Interpolationsformel, also eine Formel mit drei Konstanten, darzustellen. Gewöhnlich wird hierbei 18° oder 20° C als Ausgangstemperatur benutzt, so daß die Formel z. B. lautet:

$$R_t = R_{18}[1 + \alpha(t - 18) + \beta(t - 18)^2]. \tag{49}$$

Zur Bestimmung von R_{18}, α und β genügen drei Messungen, die zweckmäßigerweise auf das Temperaturgebiet verteilt werden, das für die Messungen in Frage

---

[1] G. CAREY-FOSTER, Wied. Ann. Bd. 26, S. 239. 1885.
[2] F. HEERWAGEN, ZS. f. Instrkde. Bd. 10, S. 170. 1889.

kommt. Je kleiner dieses Gebiet ist, um so besser wird sich die so gewonnene Formel den tatsächlichen Verhältnissen anpassen.

Genauere Resultate erhält man, wenn die Zahl der Beobachtungen über drei vermehrt wird, die Konstanten sind dann jedoch überbestimmt und man kann sie nur verwerten, wenn man die Methode der kleinsten Quadrate zu Hilfe nimmt. Damit diese Methode einen Sinn hat, ist es notwendig, über eine größere Zahl von Beobachtungen zu verfügen. Man kann dann zur Berechnung der Koeffizienten das im Leitfaden von KOHLRAUSCH näher erläuterte Verfahren einschlagen. Einfacher gestaltet sich die im Prinzip damit übereinstimmende Rechnung, wenn man so vorgeht, wie es unter anderem z. T. in der Phys.-Techn. Reichsanst. geschieht, und wie es in dem Werke von JAEGER: ,,Elektrische Meßtechnik" näher beschrieben ist. Zum Zwecke dieser Rechnung wird Gleichung (49) folgendermaßen umgeformt:

$$R_t = A + B t + C t^2. \qquad (50)$$

Bedeutet f_k den Fehler der einzelnen Beobachtung, so gilt für die Messung bei der Temperatur t_k

$$R_k - (A + B t_k + C t_k^2) = f_k. \qquad (51)$$

Da die Summe über die Fehlerquadrate $[\Sigma_1^n (f_k)^2]$ sämtlicher n angestellten Beobachtungen ein Minimum sein soll, muß $\delta \Sigma_1^n (f_k)^2 = 0$ sein. Diese Operation ergibt die folgenden drei Bestimmungsgleichungen:

$$\left. \begin{array}{l} n A + B \Sigma t_k + C \Sigma t_k^2 = \Sigma R_k \\ A \Sigma t_k + B \Sigma t_k^2 + C \Sigma t_k^3 = \Sigma (R_k \cdot t_k) \\ A \Sigma t_k^2 + B \Sigma t_k^3 + C \Sigma t_k^4 = \Sigma (R_k \cdot t_k^2), \end{array} \right\} \qquad (52)$$

worin das Summenzeichen sich über sämtliche beobachteten Werte bzw. die vorkommenden höheren Potenzen und Produkte erstreckt. Die Auflösung der drei Gleichungen ergibt die Werte für die drei Koeffizienten A, B und C.

13. Ausgleichung von Messungen mehrerer nahe gleich großer Widerstände nach dem Thiesenschen Verfahren. Hat man mehrere nahe gleich große Widerstände verglichen und wünscht die gefundenen Werte untereinander auszugleichen, so kann man sich nach JAEGER[1]) mit Vorteil der von THIESEN[2]) für die Kalibrierung von Thermometern ausgearbeiteten Methode, die eine Vereinfachung der Methode der kleinsten Quadrate darstellt, bedienen.

Zur Ausführung der Rechnung bedarf man für n Widerstände $n(n-1)/2$ Bestimmungen, d. h. sämtliche Messungen in allen Kombinationen.

Das Verfahren, auf dessen Ableitung hier nicht näher eingegangen werden kann, wird am besten durch ein Beispiel veranschaulicht. Gemessen wurden die Differenzen von vier Widerständen R_1, R_2, R_3, R_4 in allen Kombinationen. Dann wird aus den so gewonnenen Werten das folgende Schema aufgestellt:

	1	2	3	4
	$R_1 - R_1$	$R_2 - R_1$	$R_3 - R_1$	$R_4 - R_1$
	$R_1 - R_2$	$R_2 - R_2$	$R_3 - R_2$	$R_4 - R_2$
	$R_1 - R_3$	$R_2 - R_3$	$R_3 - R_3$	$R_4 - R_3$
	$R_1 - R_4$	$R_2 - R_4$	$R_3 - R_4$	$R_4 - R_4$
Summe	$4(R_1 - M) = S_1$	$4(R_2 - M) = S_2$	$4(R_3 - M) = S_3$	$4(R_4 - M) = S_4$

---

[1]) W. JAEGER, Wiss. Abh. d. Phys.-Techn. Reichsanst. Bd. 2, S. 426. 1895.
[2]) M. THIESEN, Carls Rep. Bd. 15, S. 285 u. 677. 1879; Wiss. Abh. d. Phys.-Techn. Reichsanst. Bd. 1, S. 52. 1894; ZS. f. Instrkde Bd. 15, S. 46. 1895.

Die Werte der letzten Horizontalreihe, welche die Summen (S) der Vertikalreihen enthält, sind zugleich die vierfachen Differenzen jedes Widerstandes gegenüber dem Mittelwerte (M) sämtlicher vier Widerstände. Hieraus berechnen sich die Werte der einzelnen Widerstände zu:

$$R_1 = M + \frac{S_1}{4}, \quad R_2 = M + \frac{S_2}{4}, \quad R_3 = M + \frac{S_3}{4}, \quad R_4 = M + \frac{S_4}{4}. \quad (53)$$

Eine Kontrolle für die Richtigkeit der Rechnung ergibt sich daraus, daß die Gesamtsumme $S_1 + S_2 + S_3 + S_4 = 0$ sein muß, da jede Differenz zweimal mit entgegengesetztem Vorzeichen vorkommt.

Als Beispiel für die THIESENsche Ausgleichung nehmen wir die Vergleichung von vier 1-Ohmbüchsen (A, B, C und D), bei denen die Abweichung jeder Büchse vom Mittelwerte bestimmt werden soll. In dem Schema bedeuten die Zahlen die gemessenen Differenzen je zweier Büchsen (z. B. $A - A = 0, B - A = -17,4 \cdot 10^{-6}$ usw.). Es ergibt sich von selbst, daß jeder Wert zweimal vorkommt (z. B. $B - A$ und $A - B$). Die Werte jeder Vertikalreihe werden addiert und die Summe durch die Anzahl der Widerstände dividiert. Die so erhaltenen Zahlen stellen die Abweichung jedes Widerstands vom Mittelwert der vier Büchsen dar. Um hieraus die ausgeglichenen Differenzen $B - A$ usw. zu erhalten, werden diese Werte der einzelnen Widerstände voneinander subtrahiert. Die so gewonnenen Werte sind den durch Messung erhaltenen Zahlen in Klammern beigefügt.

	A	B	C	D
A	0	− 17,4 (− 16,3)	+ 47,6 (+ 47,8)	+ 127,1 (+ 125,7)
B	+ 17,4	0	+ 64,7 (+ 64,1)	+ 140,3 (+ 142,0)
C	− 47,6	− 64,7	0	+ 78,4 (+ 77,9)
D	− 127,1	− 140,3	− 78,4	0
Σ		− 157,3	− 222,4	+ 33,9	+ 345,8
¼ Σ		− 39,3	− 55,6	+ 8,5	+ 86,4

14. Widerstandsmessungen höchster Präzision. Wird bei Widerstandsmessungen höchste Genauigkeit angestrebt, so können — gleichgültig nach welcher Methode die Messung ausgeführt wird — die Vergleichswiderstände Widerstandskästen nicht entnommen werden, da sie besonders wegen der Zuleitungen und Stöpsel- bzw. Kurbelwiderstände nicht genau genug bekannt und definiert sind. Solche Widerstandsmessungen müssen vielmehr in der Weise ausgeführt werden, daß die benötigten Widerstände aus Büchsen und bei unrunden Widerständen aus Büchsenkombinationen in Parallel- bzw. Hintereinanderschaltung zusammengestellt werden. Nur für die letzte Abgleichung, welche sich durch Büchsen nicht mehr herstellen läßt, dürfen Widerstandskästen in Parallelschaltung benutzt werden.

Das einzuschlagende Verfahren wird am besten an der Hand einer Temperaturmessung mittels eines Widerstandsthermometers erläutert. Ein Platinthermometer habe bei irgendeiner Temperatur einen Widerstand von 7 Ohm, der gemessen und dessen Änderung mit der Temperatur verfolgt werden soll. Man kann dann den Vergleichswiderstand etwa folgendermaßen zusammensetzen:

$$10 \parallel (20 + 10) \parallel (100 + 50) \parallel 350 \text{ Ohm},$$

d. h., es wird eine 10-Ohmbüchse parallel der Summe von 20 + 10 Ohm und diese wieder parallel der Summe von 100 + 50 Ohm, alle Widerstände in Büchsenform, geschaltet. Der fehlende Rest von 350 Ohm, der mit N bezeichnet werden möge, kann nun einem Widerstandskasten, am besten einem Kurbelkasten, entnommen werden, da hierbei große Genauigkeit nicht mehr in Frage kommt, wie aus dem folgenden zu ersehen ist.

Zur Bestimmung der Genauigkeit, mit der N bekannt sein muß, ermittelt man den Wert der übrigen Widerstände der Kombination, den wir mit R bezeichnen wollen. Das Verhältnis $R:N$ gibt nun zugleich den Faktor an, mit dem die gewünschte Genauigkeit von R multipliziert werden muß, um die für N erforderliche Genauigkeit zu ermitteln. Hat man mehrere Widerstände, die parallel geschaltet sind, so rechnet man am besten mit den reziproken Beträgen. Angewendet auf unser Beispiel, ergibt sich für $R = 10 \parallel (20 + 10) \parallel (100 + 50)$, $1/R = 0{,}1400000$, während $1/N = 0{,}0028571$ ist. $R:N$ steht in diesem Falle also etwa im Verhältnis $1:50$. Im gleichen Verhältnis verringert sich dementsprechend die Genauigkeit, mit der N bekannt sein muß. Soll R auf $1 \cdot 10^{-6}$ gemessen werden, so braucht N im vorliegenden Beispiel nur auf $5 \cdot 10^{-4}$ bekannt zu sein, was bei den geprüften Präzisionswiderstandskästen in der Regel ohne weiteres der Fall ist.

Kapitel 18.

Kondensatoren und Induktivitätsspulen.

Von

E. GIEBE, Berlin.

Mit 10 Abbildungen.

a) Allgemeine Eigenschaften von Kondensatoren und Gesichtspunkte für die Herstellung von Normalen.

1. Einleitung. Von den drei für Wechselstrommessungen in Betracht kommenden Widerstandsgrößen, dem OHMschen Widerstand, dem kapazitiven Widerstand $1/\omega C$ und dem induktiven ωL läßt sich praktisch nur der kapazitive rein darstellen. Hierauf beruht die große Bedeutung der Kapazitätsnormale für die Wechselstrommeßtechnik. Ein Kondensator besitzt einen rein kapazitiven Widerstand, wenn eine an seine Klemmen gelegte Wechselspannung eine Phasenverschiebung von genau 90° gegen den in den Kondensator fließenden Strom hat, so daß keine Energie im Kondensator verbraucht wird. Dieser Bedingung genügen Luftkondensatoren, wenn sie gut konstruiert sind, in sehr vollkommener Weise, Kondensatoren mit festen und flüssigen Dielektriken mit mehr oder minder großer Annäherung. Die Ursachen des Energieverbrauchs in Kondensatoren können verschiedener Art sein und lassen sich zum Teil durch geeignete Konstruktion beseitigen; sie sollen im folgenden einzeln besprochen werden. Zuvor ist zu erläutern, welche Größe als Kapazität eines Kondensators zu bezeichnen ist.

2. Definition der Kondensatorkapazität. Die Kapazität eines Kondensators ist im allgemeinen nicht genau definiert, weil nicht alle elektrischen Feldlinien von einer Belegung zur anderen verlaufen; ein gewisser, wenn auch oft nur kleiner, aber mit der Aufstellung des Kondensators variabler Bruchteil der Feldlinien geht von beiden Belegungen zur Erde. Die hiervon herrührende Unbestimmtheit des Kapazitätswertes muß bei Normalkondensatoren grundsätzlich beseitigt werden. Dies geschieht durch ein sehr einfaches Mittel, das freilich bei im Handel erhältlichen Apparaten, insbesondere den viel gebrauchten Drehkondensatoren, oft nicht angewandt wird. Man umgibt die Belegungen mit einer sie allseitig umschließenden leitenden Hülle. Der Kondensator hat dann drei eindeutig definierte Konstanten (vgl. ds. Handb. Bd. 12), nämlich die Teilkapazität k_{12} beider Belegungen (1, 2) gegeneinander und die Teilkapazitäten k_{10} und k_{20} jeder Belegung gegen die Hülle. Je nach der Schaltungsweise setzt sich die „Betriebskapazität" in verschiedener Weise aus den drei Teilkapazitäten zusammen. Meist verbindet man die Hülle dauernd mit einer der beiden Belegungen 1 oder 2, dann ist die Betriebskapazität

$$k_I = k_{12} + k_{10} \quad \text{oder} \quad k_{II} = k_{12} + k_{20} \tag{1}$$

die einzige Konstante des Kondensators. Die Hülle ist zu erden oder so an die Meßschaltung anzuschließen, daß ihre Kapazität gegen Erde nicht in das Meßresultat eingeht. Bleibt die Hülle von beiden Belegungen isoliert, so ist die Betriebskapazität

$$k_{III} = k_{12} + k_{10} \cdot k_{20}/(k_{10} + k_{20}), \qquad (2)$$

sofern die Versuchsbedingungen in der den Kondensator enthaltenen Schaltung so gewählt sind, daß die Ladungen auf beiden Belegungen entgegengesetzt gleich sind; dazu bedarf es oft besonderer Maßnahmen in der Meßanordnung. Die verschiedenen Teil- und Betriebskapazitäten lassen sich einzeln messen (Kap. 19, Ziff. 16).

Auch nicht abgeschützte Kondensatoren haben drei Teilkapazitäten k_{12}, k_{10}, k_{20}, an Stelle der Hülle tritt die Erde; jedoch ändern sich dann k_{10} und k_{20}, in geringem Maße auch k_{12} mit der Lage des Kondensators zur Erde. Nur wenn $k_{12} \gg k_{10}$ und k_{20} ist, kann man k_{12} schlechtweg die Kapazität des Kondensators nennen, wie es gemeinhin geschieht.

3. Leitungswiderstände in Kondensatoren können die Ursache von Energieverbrauch sein. Die von den Anschlußklemmen zu den Belegungen führenden Zuleitungen oder die Belegungen selbst, wenn sie kleinen Querschnitt oder geringe Breite bei großer Länge haben [wie z. B. bei manchen Papierkondensatoren oder bei Glasplattenkondensatoren mit galvanisch niedergeschlagenen Belegungen[1])], stellen einen gewissen „inneren" Widerstand des Kondensators dar, der mit seiner Kapazität in Reihe liegt. Beim Betriebe mit Wechselstrom gelten dann die folgenden Beziehungen (3) (vgl. ds. Handb. Bd. 15), wenn $\mathfrak{S}$ den Operator ($i = \sqrt{-1}$), S den Scheinwiderstand des Kondensators der Kapazität C, $\varphi = \pi/2 - \delta$ den Phasenwinkel zwischen Strom J und Spannung E, ϱ den Reihenwiderstand und Q den Energieverbrauch bedeutet. Dabei ist $\delta = \pi/2 - \varphi$ als ein sehr kleiner Winkel anzusehen.

$$\left.\begin{aligned} \mathfrak{S} &= \varrho + \frac{1}{i\omega C}, & \operatorname{tg}\delta &= \varrho\omega C, \\ S &= \frac{1}{\omega C} \cdot \sqrt{1 + (\varrho\omega C)^2} \approx \frac{1}{\omega C}, & \cos\varphi &= \sin\delta = \operatorname{tg}\delta = \delta, \\ Q &= E \cdot J \cdot \cos\varphi = E \cdot J \cdot \delta = \omega C E^2 \delta = J^2 \varrho, \end{aligned}\right\} \qquad (3)$$

δ nimmt also bei gleichbleibendem ϱ mit ω und C zu. Bei einem Scheinwiderstand von $1/\omega C = 200$ Ohm, also z. B. $C = 1\,\mu\text{F}$, $f = \omega/2\pi = 800$ Hz oder $C = 0{,}001\,\mu\text{F}$ und $f = 8 \cdot 10^5$ Hz (Wellenlänge 375 m), verursacht ein Reihenwiderstand $\varrho = 0{,}06$ Ohm einen Winkel δ von $3 \cdot 10^{-4} = 1'$ und bei $E = 100$ Volt einen Energieverbrauch von $Q = 0{,}015$ Watt. Der innere Widerstand ϱ, z. B. in Drehkondensatoren, wo die Zuleitung zum beweglichen System oft über eine Spiralfeder erfolgt, kann besonders bei hoher Frequenz störend wirken; in diesem Fall ist auch die „innere" Selbstinduktion l, die in ϱ steckt, nicht zu vernachlässigen. Als Folge davon nimmt die Kapazität des Kondensators mit der Frequenz zu, nach der Formel

$$C_\omega = C/(1 - \omega^2 l C), \qquad (4)$$

wo C den Kapazitätswert bei Niederfrequenz bedeutet. Der kurzgeschlossene Kondensator hat daher eine Eigenschwingung, deren Frequenz durch $1/2\pi\sqrt{lC}$ gegeben ist. Drahtleitungen im Innern von Hochfrequenzkondensatoren sind also möglichst zu vermeiden.

---
[1]) J. C. COFFIN, Phys. Rev. Bd. 25, S. 123. 1907.

Leitung im Innern des Dielektrikums und über die Oberfläche wirkt wie ein den Kondensatorklemmen parallel liegender Widerstand. Die den Gleichungen (3) entsprechenden Beziehungen lauten, wenn R den Parallelwiderstand der Kapazität K bedeutet,

$$\mathfrak{S} = \frac{1}{\left(\frac{1}{R} + i\omega K\right)}, \qquad \delta \approx \operatorname{tg}\delta = \frac{1}{R\omega K},$$

$$S = \frac{1}{\omega K \sqrt{1 + \left(\frac{1}{R\omega K}\right)^2}} \approx \frac{1}{\omega K}, \qquad Q = E \cdot J \cdot \delta = \frac{E^2}{R}. \qquad (5)$$

$G = 1/R$ wird auch als Ableitung bezeichnet. Je niedriger die Frequenz und je kleiner K ist, um so höher sind die an die Isolation zu stellenden Anforderungen.

4. Dielektrische Verluste in Kondensatoren. Die Erscheinung der dielektrischen Nachwirkung, Absorption oder Rückstandsbildung (Kap. 20), die bei allen Kondensatoren mit festen oder flüssigen Dielektriken auftritt, ist meist die wesentlichste Ursache für den Energieverbrauch in Kondensatoren. Diese Erscheinung, auf deren physikalische Bedeutung hier nicht eingegangen zu werden braucht (vgl. hierzu Kap. 20), zeigt sich auch dann, wenn von unzureichender Isolation, die sich durch Gleichstrommessungen feststellen ließe, nicht die Rede sein kann; sie ist eine Unvollkommenheit der Dielektrika, von der nur die Gase frei sind. Man kann sich einen solchen unvollkommenen Kondensator ersetzt denken durch eine reine Kapazität K mit parallelgeschaltetem Widerstand R oder durch eine reine Kapazität C in Reihe mit einem Widerstande ϱ. Aus den für diese Schaltungen gültigen, oben abgeleiteten Beziehungen (3) und (5) folgt $K = C \cdot \cos^2 \delta$; doch ist bei Meßkondensatoren δ stets so klein, daß praktisch $K = C$ wird. Weder das eine noch das andere Ersatzschema deckt das Verhalten wirklicher Kondensatoren bei verschiedenen Frequenzen, denn die Beobachtungen ergeben δ weder direkt noch umgekehrt proportional mit der Frequenz, wie es nach (3) bzw. (5) sein müßte, sondern für ein weites Frequenzbereich in erster Annäherung unabhängig von der Frequenz. Wenn trotzdem vielfach mit den fiktiven Werten von ϱ, R und $G = 1/R$ gerechnet wird, so ist wohl zu beachten, daß dies Rechengrößen sind, die nur für eine ganz bestimmte Frequenz Gültigkeit haben. Die Messungen ergeben ferner für die Kapazität solcher Kondensatoren Werte, die mit zunehmender Frequenz ein wenig abnehmen, und zwar bei niedrigen Frequenzen verhältnismäßig schnell, dann immer langsamer. Auch dieser Beobachtungstatsache wird keines der beiden Ersatzschemata gerecht. Besser als durch ϱ, R oder G charakterisiert man einen solchen unvollkommenen Kondensator durch den Winkel $\delta = \pi/2 - \varphi$[1]), den man „Phasenabweichung" oder „dielektrischen Verlustwinkel", auch „Verlustfaktor" nennt. $\delta = \sin \delta = \cos \varphi$ wird also aus der Leistung $E \cdot J \cdot \delta$ definiert und daher, namentlich in der englischen Literatur, auch als Leistungsfaktor bezeichnet. Der Widerstandsoperator eines unvollkommenen Kondensators hat demnach, wenn δ klein vorausgesetzt wird, die Form

$$\mathfrak{S} = \frac{1}{i\omega C(1 - i\delta)} \approx \frac{1 + i\delta}{i\omega C} \approx \frac{\delta - i}{\omega C}. \qquad (6)$$

Dabei sind in dem jeweils gemessenen Wert von δ natürlich auch die Beiträge mit inbegriffen, welche durch die unter Ziff. 3 erläuterten Ursachen bedingt sind. In den bei Hochfrequenzmessungen üblichen Schwingungskreisen verursachen die Energieverluste im Kondensator eine zusätzliche Dämpfung des

---

[1]) Bisweilen wird δ nicht seinem absoluten Betrage nach, sondern unter Berücksichtigung des Drehsinnes durch die Beziehung $\varphi + \delta = -\pi/2$ definiert.

Kreises; in der Hochfrequenztechnik bezeichnet man daher die Größe $\pi \cdot \delta$ auch als log. Dämpfungsdekrement eines Kondensators.

Bei Parallelschaltung mehrerer unvollkommener Kondensatoren, welche die Kapazitäten C_1, C_2, C_3 ... und die Verlustwinkel δ_1, δ_2, δ_3 ... haben, ergibt sich aus (6) für die resultierende Kapazität C und ihren Verlustwinkel δ

$$C = C_1 + C_2 + C_3 + \ldots, \qquad \delta = \frac{C_1 \delta_1 + C_2 \delta_2 + C_3 \delta_3 + \ldots}{C}$$
$$= \delta_1 + \frac{C_2}{C}(\delta_2 - \delta_1) + \frac{C_3}{C}(\delta_3 - \delta_1) + \ldots \tag{7}$$

und bei Reihenschaltung zweier Kondensatoren

$$C = \frac{C_1 \cdot C_2}{C_1 + C_2}, \qquad \delta = \frac{C_1 \delta_2 + C_2 \delta_1}{C_1 + C_2}. \tag{8}$$

Der Verlustwinkel eines Kondensators ist ein Maß für seine Güte. Nur Luftkondensatoren lassen sich so bauen, daß ihr Verlustwinkel unmeßbar klein ist; sie kommen daher allein als Kapazitätsnormale in Betracht. Für viele Meßzwecke, bei denen nicht allerhöchste Genauigkeit erforderlich ist, sind Glimmerkondensatoren wohl geeignet, da sie einen sehr kleinen Verlustwinkel haben. Für höhere Kapazitätsbeträge, die mit Luftkondensatoren nur schwer oder überhaupt nicht darstellbar sind, sind sie unentbehrlich.

b) Luftkondensatoren.

5. Absolute Kapazitätsnormale, d. h. Kondensatoren, deren Kapazität durch Ausmessung ihrer geometrischen Dimensionen in elektrostatischen Einheiten, also in cm bestimmbar ist, werden meist nur für einen ganz besonderen Zweck hergestellt, nämlich zur Bestimmung des Verhältnisses der elektromagnetischen zur elektrostatischen Einheit der Elektrizitätsmenge, d. i. der Lichtgeschwindigkeit. Derartige Kondensatoren erfordern geometrisch einfache, der mathematischen Behandlung zugängliche Formen, die eine möglichst genaue Dimensionsbestimmung ermöglichen; sie sind entweder als Kreisplattenkondensatoren mit Schutzring, als Zylinderkondensatoren mit einem dem Schutzring entsprechenden Schutzzylinder oder als Kugelkondensatoren ausgebildet. Bei Kapazitätsbeträgen von 30 bis 150 cm sind hierbei Meßgenauigkeiten von wenigen zehntel Promille des Absolutwertes erreicht[1]). Als Gebrauchsnormale sind solche Kondensatoren u. a. ihrer kleinen Kapazität wegen wenig geeignet. Doch werden Plattenkondensatoren berechenbarer Kapazität, weil sie sich in einfacher Weise zusammensetzen lassen und keiner elektrischen Eichung bedürfen, bisweilen als Normale benutzt, zur Dielektrizitätskonstanten-Bestimmung sind sie unentbehrlich (vgl. Kap. 20). Zwei-Plattenkondensatoren sind wegen der Unbestimmtheit ihrer Erdkapazitäten (Ziff. 2) ungeeignet, zweckmäßiger sind Drei-Plattenkondensatoren[2]) (drei gleich große Kreisplatten oder eine Kreisplatte in der Mitte zwischen zwei sehr großen Platten), am einwandfreiesten, aber umständlicher in der Herstellung, Schutzringkondensatoren[3]). Über die Formeln zur Berechnung von Kapazitäten vgl. Band XII.

Die in der elektrischen Meßtechnik als Kapazitätsnormale benutzten Luftkondensatoren brauchen nicht berechenbar zu sein; ihr Kapazitätswert muß durch elektrische Messungen auf die gesetzlich festgelegten elektrischen Grund-

---

[1]) E. B. ROSA u. N. E. DORSEY, Bull. Bureau of Stand. Bd. 3, S. 433 u. 605. 1907; hier auch Literatur.
[2]) E. GRÜNEISEN u. E. GIEBE, Verh. d. Deutsch. Phys. Ges. Bd. 14, S. 921. 1912.
[3]) Eine geeignete Form ist von H. SCHERING, ZS. f. Instrkde. Bd. 46, S. 114. 1926 angegeben.

einheiten bezogen werden. Nur zur ungefähren Vorausberechnung der Abmessungen einer beabsichtigten Konstruktion benutzt man die einfache Formel $C =$ Fläche : $4\pi \cdot$ Abstand. Im übrigen sind für die Konstruktion die im vorigen Abschnitt erläuterten Gesichtspunkte maßgebend.

6. Konstruktionen von festen Normalkondensatoren. Soll der Verlustwinkel von Luftkondensatoren unmeßbar klein, d. h. kleiner als $1''$ bis $2''$ oder $0{,}5$ bis $1 \cdot 10^{-5}$ im Bogenmaß sein, so müssen die zum Aufbau der Kondensatoren unentbehrlichen festen Dielektrika auf das knappste bemessen werden und von bester Qualität sein. Ist c der auf den festen Isolierstoff vom Verlustwinkel δ entfallende Betrag der Gesamtkapazität $C + c$ des Luftkondensators, so berechnet sich dessen Verlustwinkel nach (7) zu

$$\Delta = c \cdot \delta : (C + c), \quad (9)$$

da C mit Gas als Dielektrikum verlustfrei ist. Setzt man für δ den Wert $5 \cdot 10^{-3}$, der etwa für bestes Hartgummi und für Bernstein gilt, so darf c nicht mehr als $1/1000$ von C betragen, wenn Δ den Betrag von $5 \cdot 10^{-6}$ nicht überschreiten soll. Bei einer Dielektrizitätskonstante von etwa 3 für jene Isolierstoffe darf also auf c nur $1/3000$ der gesamten Belegungsfläche entfallen, wenn der Belegungsabstand für C und c gleich groß gewählt wird. Um diese Forderung mit Rücksicht auf die notwendige Stabilität des Aufbaues der Kondensatoren zu erfüllen, bedarf es, vor allem bei kleinen Kapazitätsbeträgen, besonderer Sorgfalt in der Anordnung und Dimensionierung der Isolatoren.

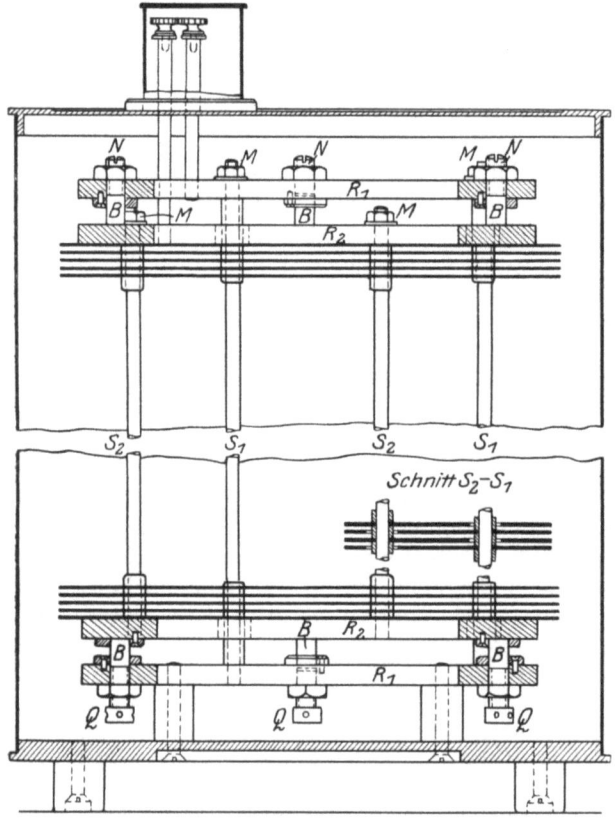

Abb. 1. Normalluftkondensator von GIEBE für große Kapazitäten.

Wesentlich günstiger als bei den genannten Isolierstoffen gestalten sich die Verhältnisse bei Verwendung von Quarzglas als festes Dielektrikum, das bei einer Dielektrizitätskonstante von $3{,}7$ einen äußerst kleinen Verlustwinkel von etwa $1 \cdot 10^{-4}$ hat; für c/C ergibt sich dann als Grenzwert $1/20$.

Bei den Normalluftkondensatoren der Phys.-Techn. Reichsanstalt wird daher seit längerem nur noch Quarzglas verwandt; nur bei großen Kapazitätsbeträgen ist in den ersten Ausführungsformen Bernstein benutzt.

Normalluftkondensatoren werden als Zylinder- und als Plattenkondensatoren konstruiert. Die ersten Konstruktionen beider Typen rühren von MUIR-

HEAD und GLAZEBROOK[1]) sowie von Lord KELVIN[2]) her. Einen von GIEBE[3]) konstruierten Normalkondensator der Reichsanstalt in Plattenform, der sehr wenig festes Dielektrikum (Bernstein) enthält, zeigt Abb. 1. Er besteht aus 71 Magnaliumplatten von 20 cm Durchmesser und 1 mm Dicke, die einen Luftabstand von je 2 mm besitzen, und hat eine Kapazität von rund 0,01 μF. 35 bzw. 36 Platten sind für sich unter Einfügung metallischer Zwischenstücke zu je einem System fest miteinander verbunden, so daß also nicht jede Platte einzeln, sondern nur ein Plattensystem als Ganzes gegen das andere zu isolieren ist. Dies geschieht oben und unten durch je vier Bernsteinsäulen B von 12 mm Höhe und 8 mm Dicke, die zwischen je zwei Metallringen R_1 und R_2 sitzen. In jeden der Ringe sind je vier Messingstangen S_1, S_2 eingeschraubt. Die Stangen S_1 und S_2 sind um 45° gegeneinander versetzt. Die mit acht Löchern versehenen Platten des Systems 1 bzw. 2 werden auf die Stangen S_1 bzw. S_2 mit entsprechenden Zwischenstücken in Form kleiner Messingröhrchen (Höhe 5 mm) aufgeschoben. Dabei ragen die Stangen des einen Systems immer durch entsprechende Löcher in den Platten und Ringen des anderen Systems frei hindurch. Durch Muttern M auf jeder Stange ist jedes System für sich fest zusammengepreßt. Durch die Justierschrauben Q wird die gegenseitige Lage beider Systeme richtig eingestellt und durch Anziehen der Schrauben N und der Gegenmuttern festgehalten. Zur Vermeidung von Sprühverlusten bei höheren Spannungen sind alle scharfen Kanten der Metallteile verrundet. Das Schutzgehäuse ist mit dem einen Plattensystem leitend verbunden. Für den Verlustwinkel dieses Kondensators ergibt sich rechnerisch nach Formel (9) bei einem Verhältnis $c/C = 1/10\,000$ ein Wert von $5 \cdot 10^{-7}$, der weit unterhalb der Meßmöglichkeit liegt. Die Abmessungen einer Anzahl in der gleichen Art gebauten Normalkondensatoren der Reichsanstalt[4]) enthält Tabelle 1.

Tabelle 1. Abmessungen von Normalluftkondensatoren der Phys.-Techn. Reichsanstalt

Nennwert	Platten				Gewicht
$\mu\mu$F	Anzahl	Durchmesser mm	Dicke mm	Abstand mm	kg
2 000	15	200	1	2	
5 000	37	200	1	2	
10 100	73	200	1	2	17
32 000	107	200	1	1	19
32 000	101	300	1,25	2	50
50 000	157	300	1,25	2	65

Von GIEBE[4]) ist auch ein Zylinderkondensator konstruiert; er besteht bei einer Kapazität von 0,0109 μF aus sieben gezogenen Messingrohren von 50 cm Länge, 14 bis 12,8 cm Durchmesser, 1 mm Wandstärke und 1 mm Belegungsabstand. Diese Form ist jedoch bei hohen Kapazitätsbeträgen hinsichtlich der Stabilität des Aufbaues und der Raumausnutzung ungünstiger als die Plattentype.

7. Das Parallelschalten mehrerer Luftkondensatoren bietet gewisse Schwierigkeit infolge der schlecht definierten Zusatzkapazität der erforderlichen Leitungen; die Einzelbeträge der Kapazitäten können nicht einfach addiert werden. Um diese Schwierigkeit zu umgehen, sind in der Reichsanstalt die

---

[1]) R. T. GLAZEBROOK, Rep. of the Brit. Assoc. Leeds 1890, S. 102; Electrician Bd. 25, S. 616. 1890.
[2]) Lord KELVIN, Proc. Roy. Soc. London Bd. 52, S. 6. 1892/93.
[3]) E. GIEBE, ZS. f. Instrkde. Bd. 29, S. 269. 1909.
[4]) E. GIEBE, a. a. O.; H. SCHERING u. R. SCHMIDT, ZS. f. Instrkde. Bd. 32, S. 253. 1912.

großen Luftkondensatoren von zusammen 0,2 μF in Gruppen von je 4 zu 0,01, 0,01, 0,03, 0,05 μF auf einem leicht zu handhabenden Wagen ein für allemal fest aufgestellt und mit einer zweckmäßig konstruierten Schaltvorrichtung wohldefinierter Kapazität versehen, die eine beliebige Parallelschaltung der vier Abteilungen mit Hilfe von Steckern ohne Veränderung der ein für allemal gleichen Schaltungskapazität ermöglicht[1]). In sehr einfacher Weise ist die gleiche Schwierigkeit bei kleinen Kapazitäten (1000 bis 5000 μμF) durch die in Abb. 2

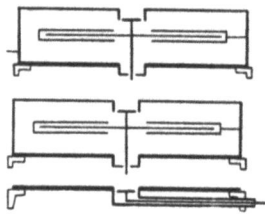

Abb. 2. Parallelschaltung kleiner Luftkondensatoren nach SCHERING und SCHMIDT.

schematisch dargestellte Konstruktion von SCHERING und SCHMIDT[2]) überwunden. Die Kondensatoren selbst sind prinzipiell wie in Abb. 1 aufgebaut. Das isolierte System trägt oben und unten zentral je einen Kontaktstift; der untere ragt frei aus dem Boden des Gehäuses heraus, über dem oberen befindet sich im Deckel des Gehäuses ein Loch. Wird nun ein Kondensator auf einen zweiten gesetzt, wobei die Gehäusefüße als Führung dienen, so tritt der untere Kontaktstift des ersten in das Gehäuse des zweiten ein und berührt federnd dessen oberen Kontaktstift. Dadurch sind die isolierten Plattensysteme verbunden. Die Verbindung der anderen Systeme ist durch die Berührung der Gehäuse gegeben. Der Anschluß der Kondensatoren erfolgt stets durch Aufsetzen auf einen Untersatz, der mit einem isolierten Kontaktstift in derselben Weise ausgebildet ist, wie der obere Teil eines Kondensators. Von dem Kontaktstift führt ein Draht durch ein Rohr seitlich nach außen. Setzt man also mehrere Kondensatoren aufeinander und den untersten auf den Untersatz, so ist die Gesamtkapazität dieser Kombination abzüglich der Kapazität des Untersatzes genau gleich der Summe der Einzelkapazitäten.

8. Feste Normalkondensatoren für kleine Kapazitätsbeträge. Bei den neuesten von GIEBE[1]) konstruierten Normalluftkondensatoren[3]) der Reichsanstalt

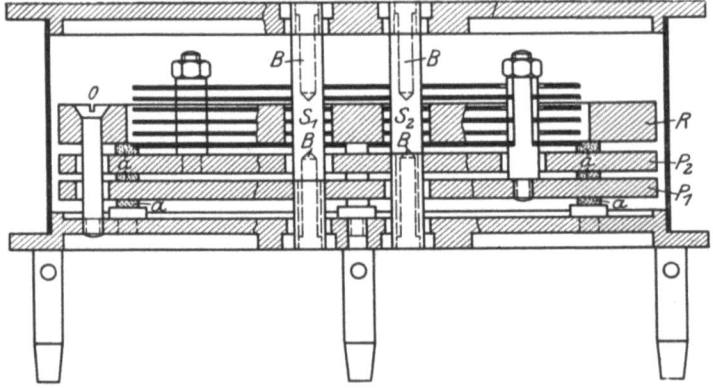

Abb. 3. Normalluftkondensator von GIEBE für kleine Kapazitäten.

in kleinen Beträgen zu 50, 100, 200 usw. bis 3000 μμF sind bei prinzipiell gleichem Aufbau wie in Abb. 1 beide Plattensysteme vom Gehäuse isoliert, was für manche Meßzwecke sehr erwünscht ist. Abb. 3 zeigt einen solchen Kondensator.

---

[1]) E. GIEBE u. E. ALBERTI, ZS. f. techn. Phys. Bd. 6, S. 98. 1925.
[2]) H. SCHERING u. R. SCHMIDT, ZS. f. Instrkde. Bd. 32, S. 253. 1912.
[3]) Zu beziehen von der Firma SPINDLER u. HOYER in Göttingen.

Die Stangen, welche wie in Abb. 1 zur Aufnahme der Kondensatorplatten dienen, sind in zwei starke Aluminiumplatten P_1, P_2 eingeschraubt. Die isolierte Befestigung dieser Platten an der Grundplatte des Apparates geschieht mit Hilfe des Ringes R und von Schrauben O. Die Platten P sind voneinander, von der Grundplatte und vom Ring R durch je drei Quarzsäulchen a isoliert, während R mit der Grundplatte leitend verbunden ist. Zum Anschluß des Kondensators und zum Parallelschalten mit anderen gleichartig gebauten dient, wie in der Mitte der Abb. 3 in einem besonderen Schnitt dargestellt, je ein in die Platte P_1 bzw. P_2 eingeschraubter Stab S_1 bzw. S_2, der in Löcher der Grund- und Deckplatte des Apparates frei hineinragt. In ähnlicher Weise wie bei den Kondensatoren von SCHERING und SCHMIDT werden diese Kondensatoren durch Aufsetzen auf einen entsprechend konstruierten Untersatz angeschlossen und durch Aufeinandersetzen parallelgeschaltet. Dabei wird die leitende Verbindung zwischen den Plattensystemen zweier aufeinandergesetzter Kondensatoren durch Doppel-Bananenstecker bewirkt, die in axiale Bohrungen B der Stäbe S hineingesteckt werden. Die Gehäuse sind unmittelbar in leitender Berührung. Durch Aufschrauben von Muttern auf das obere und untere Ende der Stäbe S kann wahlweise das eine oder das andere Plattensystem mit dem Gehäuse verbunden werden. Die Gesamtkapazitäten einer Kombination mehrerer aufeinandergesetzter Kondensatoren dieser Art, welche, wie oben angegeben, kleine Einzelbeträge haben, ist bis auf etwa 0,1 $\mu\mu$F gleich der Summe der Einzelkapazitäten. Dabei addieren sich die unter Ziff. 2 definierten drei Teilkapazitäten k_{12}, k_{10}, k_{20} je für sich. Die genaue Abgleichung auf einen runden Betrag der Betriebskapazität $k_{12} + k_{20}$ erfolgt mit Hilfe einer besonderen, auf der obersten Kondensatorplatte angebrachten Justiervorrichtung[1]). Bei einem Durchmesser der Kondensatorplatten von 12 cm und einem Abstand von 2 mm erfordern Kapazitätsbeträge von $k_{12} + k_{20} = 1000$ bzw. 800, 600, 400 $\mu\mu$F folgende Anzahl von Platten: 17 bzw. 13, 9, 5. Die Teilkapazitäten k_{10} und k_{20} haben dabei Werte von etwa 60 bis 80 $\mu\mu$F.

9. Eigenschaften der Kapazitätsnormale der Reichsanstalt. Über etwaige Verlustwinkel, zeitliche Konstanz und Temperaturkoeffizienten der Normalluftkondensatoren der Reichsanstalt ist folgendes zu sagen. Soweit die Verluste von festen Dielektriken herrühren könnten, ist der Winkelfehler rechnerisch nach Ziff. 6 verschwindend klein. Dies ist auch experimentell von GIEBE und ZICKNER[2]) bestätigt. Bei Messungen höchster Genauigkeit müssen jedoch die Kondensatoren trockengehalten werden, weil in feuchter Luft feine Staubfädchen, welche unvermeidbar zwischen den Kondensatorplatten sitzen und diese überbrücken können, den Isolationswiderstand unter Umständen so stark herabsetzen, daß nach Ziff. 3 Verluste auftreten. Gut getrocknet haben die Kondensatoren Isolationswiderstände von der Größenordnung 10^{13} bis 10^{15} Ohm.

Eine Änderung der Kapazität mit der Frequenz ist von vornherein unwahrscheinlich, tatsächlich haben Präzisionsmessungen von GRÜNEISEN und GIEBE[3]) im Frequenzbereich von 300 bis 700 Hz und von GIEBE und ALBERTI[4]) im Bereich von 1500 bis $3 \cdot 10^5$ Hz bei Meßgenauigkeiten von wenigen Hunderttausendsteln im ersten und wenigen Zehntausendsteln im zweiten Falle keinerlei Anzeichen einer Frequenzabhängigkeit der Kapazität ergeben.

Die Kondensatoren hohen Betrages (Ziff. 6, Abb. 1, Tab. 1) sind nach langjährigen Erfahrungen bis auf etwa 2 zehntel Promille zeitlich unveränder-

---

[1]) H. SCHERING u. R. SCHMIDT, ZS. f. Instrkde. Bd. 32, S. 253. 1912.
[2]) E. GIEBE u. G. ZICKNER, Arch. f. Elektrot. Bd. 11, S 116. 1922.
[3]) E. GRÜNEISEN u. E. GIEBE, Wiss. Abh. d. Phys.-Techn. Reichsanst. Bd. 5, S. 1. 1921.
[4]) E. GIEBE u. E. ALBERTI, ZS. f. techn. Phys. Bd. 6, S. 92. 1925.

lich, sofern sie einen Plattenabstand von 2 mm haben, bei 1 mm Abstand sind die Kapazitätsschwankungen größer. In den ersten Jahren nach der Herstellung sind bei den meisten Kondensatoren etwas größere, einseitige Änderungen der Kapazität beobachtet. Um solche Änderungen möglichst zu verhindern, werden jetzt neu hergestellte Kondensatoren durch längeres Erhitzen auf über 100° künstlich gealtert. Die kleinen Kapazitäten nach Abb. 3 sind bei Beträgen von 1000 $\mu\mu$F und weniger bis auf wenige zehntel $\mu\mu$F zuverlässig. Im Vergleich mit Normalwiderständen sind Normalkondensatoren weniger konstant; doch ist die Konstanz der letzteren für die meisten Meßzwecke völlig ausreichend. Nur zu Messungen höchster Genauigkeit (Größenanordnung $1/1000\%$) müssen sie jeweils nachgeeicht werden. Da hierfür eine einfache Methode (Kap. 19, Ziff. 11) zur Verfügung steht, fällt dies wenig ins Gewicht in Anbetracht der sonstigen vorzüglichen Eigenschaften der Luftkondensatoren als Wechselstromnormale.

Die Temperaturkoeffizienten liegen in der nach der thermischen Ausdehnung zu erwartenden Größenordnung von 2 bis $3 \cdot 10^{-5}$ pro Grad.

Da die Dielektrizitätskonstante der Gase vom Druck abhängig ist, so ändert sich die Kapazität von Luftkondensatoren mit dem Barometerstand, eine Druckzunahme von 10 mm Hg bei konstanter Temperatur vergrößert die Kapazität um $7,3 \cdot 10^{-6}$ ihres Wertes. Die Überschlagsspannung beträgt bei den Kondensatoren mit 2 mm Plattenabstand etwa 3000 Volt.

10. Luftkondensatoren für hohe Spannungen. Die in Ziff. 6 bis 8 beschriebenen Kondensatoren sind nur bei relativ niedrigen Spannungen zu benutzen. Für hohe Spannungen verwendet man, um die Durchschlagsfestigkeit zu erhöhen, nach FESSENDEN[1]) und M. WIEN[2]) Preßgaskondensatoren. Die Konstruktion von WIEN ist als Zylinderkondensator ausgebildet; fünf Präzisionsmessingrohre sind in einem 1 m langen nahtlosen Stahlrohr von 6 cm Durchmesser und 1,5 mm Wandstärke angeordnet. Drei Rohre bilden die eine, die anderen beiden Rohre und der Behälter die andere Belegung. Für einen Belegungsabstand von 3 mm beträgt die Kapazität etwa 1700 $\mu\mu$F, die Durchschlagsfestigkeit 40000 Volt bei 15 bis 20 Atm. Gasdruck. Die Verlustwinkel sind bis zum Durchschlagen sehr gering; es treten keine Sprühwirkungen[3]) auf, die bei vielen Leydener Flaschen eine wesentliche Ursache von Verlusten sind und sich bei diesen nur durch besondere Konstruktionen, wie die von MOŚCIKI[4]), herabsetzen lassen. Preßgaskondensatoren ähnlicher Konstruktion sind in der Reichsanstalt von SCHERING[5]), ferner von PALM[6]) gebaut; sie können bei einer Kapazität von 450 bzw. 100 $\mu\mu$F und bei 12 Atm. Kohlensäure bis 70000 bzw. 180000 Volt ohne Sprühverluste beansprucht werden. Zylinderkondensatoren ohne Preßgas für Spannungen bis 10^5 Volt sind von PETERSEN[7]) und SCHERING[8]) hergestellt.

11. Stetig veränderbare Luftkondensatoren sind neben Festkondensatoren für die Wechselstrommeßtechnik unentbehrlich; sie werden wie jene entweder als Zylinder- oder als Plattenkondensatoren ausgebildet. Der Zylinderkonden-

---

[1]) R. FESSENDEN, Electrician Bd. 55, S. 795. 1905.
[2]) M. WIEN, Ann. d. Phys. Bd. 29, S. 679. 1909.
[3]) W. HAHNEMANN u. L. ADELMANN, Elektrot. ZS. Bd. 28, S. 988 u. 1010. 1907; H. RAUSCH v. TRAUBENBERG u. W. HAHNEMANN, Phys. ZS. Bd. 8, S. 498. 1907.
[4]) J. MOŚCIKI, Elektrot. ZS. Bd. 25, S. 527. 1904.
[5]) H. SCHERING, ZS. f. Instrkde. Bd. 44, S. 96. 1924.
[6]) A. PALM, Elektrot. ZS. Bd. 47, S. 906. 1926. Zu beziehen durch die Firma HARTMANN & BRAUN A.G., Frankfurt a. Main.
[7]) W. PETERSEN, Hochspannungstechnik, S. 92 u. 104. 1911.
[8]) H. SCHERING, ZS. f. Instrkde. Bd. 40, S. 124. 1920.

sator von GERDIEN[1]) besteht aus zwei Systemen konaxialer Zylinder, das eine System ist fest, das andere beweglich und kann, parallel der Achse, in die Luftzwischenräume der festen Zylinder hineingeschoben werden. Die meist gebräuchliche Type stetig veränderbarer Kondensatoren sind die von KÖPSEL zuerst konstruierten „Drehkondensatoren", die aus einem festen und einem um eine Achse drehbaren System halbkreisförmiger ebener Metallplatten bestehen. Die beweglichen Platten werden in die Zwischenräume zwischen den festen hineingedreht. Die Kapazität ändert sich nahezu linear mit dem Drehwinkel, abgesehen von den ersten 10 bis 15° an den beiden Enden der meist in 180° geteilten Skala. Bei Normalkondensatoren dieser Art ist mit Rücksicht auf die zeitliche Unveränderlichkeit besondere Sorgfalt auf zuverlässige, zweiseitige Achsenlagerung und auf möglichst widerstandsfreie (vgl. Ziff. 3) Stromzuführung zum beweglichen System zu verwenden. Bezüglich der Abschützung und der Verwendung fester Dielektrika gelten die schon erläuterten Gesichtspunkte. Die Konstruktion wird am einfachsten, wenn ein System mit dem Gehäuse leitend verbunden ist; dabei ist es hinsichtlich der dielektrischen Verluste in den Isolatoren und aus anderen Gründen einfacher, das feste Plattensystem vom Gehäuse zu isolieren (mit Quarzglas) und die Drehachse metallisch zu lagern und nicht umgekehrt, wie es bei technischen Drehkondensatoren vielfach der Fall ist. Die Normal-Drehkondensatoren der Reichsanstalt sind nach diesen Gesichtspunkten gebaut; bei den neuesten Formen[2]) sind beide Systeme vom Gehäuse isoliert, nach dem Konstruktionsprinzip von Abb. 3. Um Feineinstellung zu ermöglichen, erfolgt der Antrieb der Drehachse durch Friktionsräder von geeignetem Übersetzungsverhältnis, die keinen toten Gang haben. Für Feinablesung dient ein fester Nonius, während sich die Skala, bei den neueren Formen geschützt im Innern des Gehäuses unter dem Deckel angeordnet, mit der Drehachse bewegt. Ähnliche Konstruktionen von Präzisionskondensatoren mit Quarzisolation sind im Bureau of Standards[3]) und in National Physical Laboratory[4]) hergestellt.

Die Normaldrehkondensatoren der Reichsanstalt haben keinen meßbaren Verlustwinkel[5]), ihre Kapazität ist zeitlich weniger konstant wie die der Festkondensatoren. Es mag darauf hingewiesen werden, daß die meisten der im Handel erhältlichen Drehkondensatoren infolge unzweckmäßiger Isolierung keineswegs verlustfrei sind. Es kommen[5]) Verlustwinkel bis zu 20' vor bei den kleinsten Einstellungen, bei den größten je nach Kapazitätsgröße 1' bis 2'. Da den technischen Drehkondensatoren oft die notwendige Schutzhülle fehlt, so sind überdies die Verlustwinkel ebenso wie die Kapazitäten undefiniert.

c) Glimmerkondensatoren.

12. Eigenschaften von Glimmerkondensatoren. Diese haben vor den Luftkondensatoren den großen Vorzug, daß sie sich leicht in großen Kapazitätsbeträgen bei handlicher Form herstellen lassen, weil sich Glimmer in äußerst dünne Blätter spalten läßt und eine sehr hohe Dielektrizitätskonstante (6 bis 8) hat. Mit Stöpsel- oder Kurbelschaltvorrichtung ausgerüstete Glimmerkapazitätssätze ermöglichen in bequemer Weise die Parallelschaltung der einzelnen Abteilungen des Satzes zu beliebigen Kombinationen. Für die Ausführung vieler Messungen, bei denen die Anforderungen an die Genauigkeit nicht zu hohe sind,

---
[1]) H. GERDIEN, Phys. ZS. Bd 5, S 294. 1904.
[2]) Zu beziehen durch die Firma Spindler & Hoyer, Göttingen.
[3]) Bull. Bureau of Stand. Cirkular Nr. 74, S. 318. 1924.
[4]) Nat. Phys. Lab. Report for 1924, S. 84.
[5]) E. GIEBE u. G. ZICKNER, Arch. f. Elektrot. Bd. 11, S. 109. 1922.

sind daher Glimmerkondensatoren ein vorzügliches Hilfsmittel. Ihre Kapazität ist nicht völlig verlustfrei und hat daher bei Gleichstrom je nach Lade- und Entladezeit und bei Wechselstrom je nach der Frequenz etwas verschiedene Werte; die Größe des Verlustwinkels ändert sich ebenfalls ein wenig mit der Frequenz. Glimmerkondensatoren müssen daher bei Benutzung zu genauen Messungen für die jeweilige Gebrauchsfrequenz geeicht werden.

Alle Eigenschaften dieser Kondensatoren, die Größen des Verlustwinkels, die Temperaturkoeffizienten von Kapazität und Winkel, die zeitliche Konstanz beider hängen stark von der Glimmersorte und der Herstellungsweise ab. Mangelnde Reinheit des Glimmers, dünne Luftschichten in den Blättern, die Dicke und Beschaffenheit des zum Aufbringen der Belegungen auf den Glimmer benutzten Stoffes (meist Paraffin), vor allem auch Feuchtigkeit des Rohmaterials haben erheblichen Einfluß. Die Temperaturkoeffizienten von Kapazität und Winkel sind daher bei verschiedenen Kondensatoren oft sehr verschieden und auch bei demselben Kondensator für verschiedene Frequenzen nicht gleich groß. Auch Luftdruckschwankungen können Schwankungen der Kapazität hervorrufen. CURTIS[1]), der alle diese Faktoren eingehend untersucht hat, um festzustellen, unter welchen Bedingungen ein Glimmerkondensator als Kapazitätsnormal brauchbar ist, kommt zu folgendem Schluß: Kondensatoren, welche dauernd im Vakuum und bei konstanter Temperatur gehalten werden, sind bis auf einige Hunderttausendstel unveränderlich; den normalen Luftdruckschwankungen ausgesetzt, sind sie weniger zuverlässig und, wenn sie den gewöhnlichen Schwankungen der Zimmertemperatur unterliegen, sind sie nur bis auf einige Zehntausendstel konstant.

13. Stöpsel- und Kurbelkondensatoren. Die Größe des Verlustwinkels der im Handel erhältlichen mehrstufigen Glimmerkondensatoren ist aus den beiden folgenden Tabellen 2 und 3 ersichtlich, die einige Meßresultate[2]) enthalten, welche an den viel benutzten Stöpsel- und Kurbelkondensatoren der Firma Siemens & Halske gewonnen sind; diese Zahlen können im großen und ganzen als typisch für das Verhalten solcher Kondensatoren angesehen werden.

Tabelle 2. Verlustwinkel δ eines zwölfstufigen Glimmerkondensators (A) von Siemens & Halske bei $f = 800$ Hz.

Kapazität μF	tg δ	δ Minuten
0,001	8 · 10⁻⁴	2,8
0,002	4,5	1,5
0,002°	3,6	1,3
0,005	2,5	0,9
0,01	1,7	0,6
0,01°	1,5	0,5
0,02	0,9	0,3
0,05	0,6	0,2
0,1	0,9	0,3
0,1°	0,6	0,2
0,2	0,6	0,2
0,5	0,9	0,3

Tabelle 3. Verlustwinkel δ eines Dreidekaden-Kurbelkondensators (B) von Siemens & Halske bei $f = 800$ Hz.

Kapazität μF	tg δ	δ Minuten
0,002	18 · 10⁻⁴	6,3
0,004	14	5,0
0,006	13	4,4
0,008	12	4,0
0,02	2,5	0,9
0,04	2,9	1,0
0,06	2,3	0,8
0,08	2,0	0,7
0,2	2,5	0,9
0,4	2,5	0,9
0,6	0,7	0,3
0,8	1,2	0,4

Bei beiden Typen umschließt die eine Belegung (1) jeder einzelnen Abteilung die anderen (2) völlig, so daß die Kondensatoren bis auf die Schaltvorrichtung als abgeschützt gelten können. Alle Belegungen (1) sind dauernd mit der einen

---
[1]) H. L. CURTIS, Bull. Bureau of Stand. Bd. 6, S. 431. 1910.
[2]) E. GIEBE u. G. ZICKNER, Arch. f. Elektrot. Bd. 11, S. 109. 1922.

Anschlußklemme verbunden, während die Belegungen (2) durch die Stöpsel oder Kurbeln nach Bedarf an die andere Klemme gelegt werden. Die nicht eingeschalteten Abteilungen sind beim Kurbelkondensator durch eine geeignete Ausbildung der Kurbelkontakte stets kurzgeschlossen, bei der Stöpseltype hat dies durch Umstecken der Stöpsel zu geschehen.

Was die Frequenzabhängigkeit von δ betrifft, so ergaben sich für Kondensator B bei $f = 50$ Hz etwa doppelt so hohe Werte als bei $f = 800$ Hz. Die Kapazitäten nehmen mit wachsender Frequenz ab; die Differenzen für $f = 50$ und 800 Hz betrugen bei Kondensator B etwa 0,5% bei den kleinsten, etwa 0,05% bei den größten Beträgen. Der Temperaturkoeffizient der Kapazität ist bei Kondensatoren der beiden Typen meist negativ, von der ungefähren Größe $2 \cdot 10^{-4}$ pro Grad. Die Kapazitäten sind im allgemeinen bis auf etwa $1°/_{00}$ zeitlich unveränderlich; bei den Verlustwinkeln treten oft Änderungen, meist Anwachsen des Wertes, mit der Zeit ein, bei den kleinsten Kapazitäten bis zum doppelten Betrag. Bei Kurbelkondensatoren müssen die Kurbelkontakte von Zeit zu Zeit gereinigt und mit reiner Vaseline eingefettet werden, sonst können leicht durch Übergangswiderstände (Ziff. 3) Unsicherheiten, insbesondere zusätzliche Verluste entstehen; bei den neueren Bürsten-Kontakten ist diese Gefahr wesentlich geringer als bei den älteren Messer-Kontakten. In der Handhabung, namentlich bei Messungen in der Wechselstrombrücke, ist die Kurbeltype erheblich bequemer als die Stöpseltype.

14. Die Schaltungskapazität in Stöpsel- und Kurbelkondensatoren. Wie die Zahlen der Tabelle 2 und 3 zeigen, nimmt der Verlustwinkel mit abnehmender Kapazität stark zu; er müßte als Materialkonstante für alle Kapazitätsbeträge gleich groß herauskommen, wenn der Kondensator nur Glimmer und nicht noch andere feste Isolatoren von schlechten dielektrischen Eigenschaften, z. B. das die Kontaktklötze isolierende Hartgummi, enthielte. Eine solche schädliche Zusatzkapazität, die nicht Glimmer als Dielektrikum enthält, ist die Schaltungskapazität c_s des Kondensators, das ist diejenige Kapazität, die bei Ausschaltung und Kurzschluß sämtlicher Abteilungen zwischen den Kondensatorklemmen liegt. c_s wurde bei Kondensator A bzw. B zu 30 bzw. 63 $\mu\mu$F gemessen, die Verlustwinkel δ_s von c_s sind sehr groß: 15' bzw. 1° 20'. Die Winkel δ in den Tabellen 2 und 3 sind nun um so stärker durch δ_s beeinflußt, je mehr c_s gegenüber der Gesamtkapazität in Betracht kommt [vgl. Formel (7), Ziff. 4].

Der ziemlich hohe Betrag der Schaltungskapazität hat ferner zur Folge, daß bei gleichzeitiger Einschaltung mehrerer Abteilungen von Stöpselkondensatoren der zugehörige Kapazitätswert nicht genau als die Kapazitätssumme der einzeln gemessenen Abteilungen berechnet werden kann. Der berechnete Wert ist stets größer, bis zu 1% bei den kleinsten Beträgen, als der direkt gemessene. Das Entsprechende gilt für die Verlustwinkel. Bei Kurbelkondensatoren tritt die gleiche Unstimmigkeit nur bei gleichzeitiger Einschaltung von Abteilungen aus zwei oder drei Dekaden auf. Beim Eichen derartiger Kondensatoren bestimmt man daher zweckmäßig außer c_s, δ_s direkt die aus Ein- und Ausschalten einer Abteilung sich ergebenden Differenzen c, δ. Man kann dann die bei gleichzeitiger Stöpselung mehrerer Abteilungen 1, 2, 3 ... resultierende Kapazität C und ihren Verlustwinkel Δ nach den Formeln (Ziff. 4)

$$\left. \begin{array}{l} C = c_s + c_1 + c_2 + \ldots \\ C \cdot \Delta = c_s \delta_s + c_1 \delta_1 + c_2 \delta_2 + \ldots \end{array} \right\} \quad (10)$$

berechnen und erspart so die mühevolle Durcheichung aller möglichen Kombinationen. Die nach (10) für eine beliebige Kombination berechneten Werte stimmen mit dem Ergebnis direkter Messungen derselben Kombination sehr nahe, wenn auch nicht völlig überein; die noch übrigbleibenden Differenzen betragen für die Kapazitäten bei größeren Werten wenige zehntel $^0/_{00}$, bei den kleinsten bis zu etwa $1^0/_{00}$ und für die Verlustwinkel wenige zehntel Minuten. Doch verhalten sich Stöpselkondensatoren aus älterer Zeit in dieser Beziehung meist schlechter.

Auch nach Abzug der Verluste von c_s sind die Verlustwinkel der kleinen Abteilungen immer noch wesentlich höher als die der großen. Es liegt dies daran, daß außer c_s noch andere schädliche Zusatzkapazitäten vorhanden sind, z. B. in den von den Belegungen der einzelnen Abteilungen zu den Kontaktklötzen führenden Zuleitungen.

d) Papier-, Glas- und Ölkondensatoren.

15. Aus paraffiniertem Papier hergestellte Kondensatoren sind nicht sehr konstant und haben Verlustwinkel bis zu mehreren Graden. Eine eingehende Untersuchung von Papierkondensatoren verschiedenster Ausführungsarten ist von GROVER[1]) ausgeführt. Viele Glassorten in Leydener Flaschen haben große Verlustwinkel[2]). Neuerdings werden von der Firma Schott & Genossen Flaschen- und Plattenkondensatoren aus einem Spezialglas (Minosglas) hergestellt, das sich durch einen kleinen Verlustwinkel von wenigen Minuten bei großer Durchschlagsfestigkeit auszeichnet[3]). Manche Öle zeigen gut getrocknet sehr geringe Verluste[2]) und werden deshalb zum Füllen von Platten- oder Zylinderkondensatoren benutzt; sie werden jedoch leicht durch chemische Veränderungen und durch Feuchtigkeitsaufnahme ungünstig beeinflußt. Gut geeignet ist Paraffinöl, das wenig Feuchtigkeit aufnimmt und auch chemisch stabil ist.

e) Allgemeine Eigenschaften von Spulen und Gesichtspunkte für die Herstellung von Induktivitätsnormalen.

16. Einleitung. Während der kapazitive Widerstand $1/\omega C$, wie im vorigen Abschnitt gezeigt, rein dargestellt werden kann, ist dies für den induktiven Widerstand ωL (L = Selbstinduktionskoeffizient) nicht möglich, weil jede wirkliche Spule auch OHMschen Widerstand R hat. Im Betriebe mit Wechselstrom ist daher für eine wirkliche Spule der Phasenverschiebungswinkel φ zwischen Strom J und Spannung E niemals $\pi/2$, sondern meist erheblich kleiner, $\pi/2 - \gamma$. In einer Spule wird also stets Energie verbraucht, in Wärme umgesetzt; nennt man in entsprechender Weise wie bei Kondensatoren γ den Verlustwinkel der Spule, so ist dieser bei praktisch herstellbaren Spulen meist erheblich größer als der von mangelhaften Kondensatoren.

Für den Operator $\mathfrak{S}$, den Scheinwiderstand S und den Energieverbrauch Q einer Spule gelten die Beziehungen

$$\left.\begin{array}{l} \mathfrak{S} = R + i\omega L = i\omega L(1 - i\,\mathrm{tg}\,\gamma) \\ S = \sqrt{R^2 + \omega^2 L^2} = \omega L \sqrt{1 + \mathrm{tg}^2\,\varphi} \\ Q = E \cdot J \cos\varphi = E \cdot J \sin\gamma = J^2 R \\ \mathrm{tg}\,\varphi = \mathrm{ctg}\,\gamma = \dfrac{\omega L}{R} \end{array}\right\} \quad (11)$$

Dabei ist zunächst vorausgesetzt, daß bei eisenfreien Spulen, um die es sich hier allein handelt, R und L frequenzunabhängige Konstanten sind, daß also für R

---

[1]) F. W. GROVER, Bull. Bureau of Stand. Bd. 7, S. 495. 1911.
[2]) M. WIEN, Ann. d. Phys. Bd. 29, S. 679. 1909.
[3]) E. SCHOTT, Jahrb. d. drahtl. Telegr. Bd. 18, S. 82. 1921.

der Gleichstromwiderstand zu setzen ist. Das ist aber tatsächlich im allgemeinen nur bei sehr niedrigen Frequenzen der Fall; bei höheren Frequenzen wird für die gleichen (effektiven) Stromstärken bei Wechselstrom stets mehr Energie in der Spule verbraucht, als bei Gleichstrom. Der Quotient Q/J^2, der Wirkwiderstand, steigt mit wachsender Frequenz in immer stärkerem Maße über den Gleichstromwiderstandswert an; auch der Selbstinduktionskoeffizient ist nicht ganz frequenzunabhängig. Die Ursachen dieser Erscheinung sind auf die im folgenden näher besprochene Kapazitäts- und Hautwirkung (Skineffekt) der Spule zurückzuführen. Beide Wirkungen haben ein sehr kompliziertes Verhalten von Spulen zur Folge; bei der Herstellung von Normalen der Induktivität sucht man sie daher so klein wie möglich zu machen. Das ist praktisch nur für einen begrenzten Frequenzbereich möglich.

Vollkommener als Selbstinduktivitäten sind die Gegeninduktivitäten. Bei diesen ist, wenigstens für Niederfrequenz, die sekundär induzierte Spannung genau um $\pi/2$ gegen den primären Strom in der Phase verschoben. Dieser Eigenschaft wegen haben Gegeninduktivitäten bei nicht zu hohen Frequenzen (etwa unterhalb 1000 bis 2000 Hz) gegenüber den Selbstinduktivitäten ähnliche Vorzüge in der Meßtechnik wie Kapazitäten. Bei höherer Frequenz macht sich allerdings ebenso wie bei den Selbstinduktivitäten die Kapazitäts- und die Hautwirkung geltend. Die beiden Spulen der Gegeninduktivität sind dann nicht nur magnetisch, sondern auch elektrisch gekoppelt, und die Phasenverschiebung zwischen sekundärer Spannung und primärem Strom beträgt nicht mehr genau $\pi/2$.

17. Die Eigenkapazität von Spulen. Die einzelnen Windungen und Lagen einer von Wechselstrom durchflossenen Spule haben Spannungsdifferenzen gegeneinander und zum Teil auch gegen Erde. Als Folge davon treten Ladungserscheinungen auf; die Spule hat daher verteilte Kapazität. Man nimmt nach M. Wien[1]) gewöhnlich an, daß eine Spule mit verteilter Kapazität ersetzt werden kann durch eine kapazitätsfreie Spule, der ein Kondensator parallelgeschaltet ist, und nennt die Kapazität des Ersatzkondensators die Eigenkapazität (c) der Spule, oder kurz Spulenkapazität. Für den Operator einer solchen Spule, also der Verzweigung Abb. 4 zwischen den Punkten A und B, ergibt sich dann, an Stelle von (11)

$$\mathfrak{S} = (R + i\omega L)\frac{1}{i\omega c} : \left(R + i\omega L + \frac{1}{i\omega c}\right), \quad (12)$$

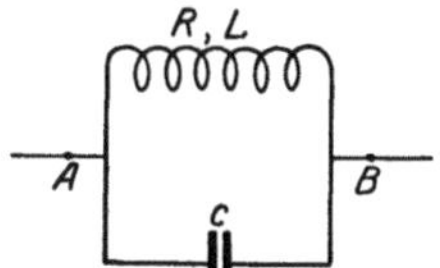

oder nach geeigneter Umformung, unter erlaubter Vernachlässigung von $\omega^2 R^2 c^2$ gegen 1 und $R^2 c$ gegen L

$$\mathfrak{S} = \frac{R_0}{(1 - \omega^2 Lc)^2} + i\omega \frac{L}{1 - \omega^2 Lc} = R' + i\omega L'. \quad (13)$$

Abb. 4. Ersatzschema für eine Spule mit Eigenkapazität.

Durch die Spulenkapazität erscheint also Widerstand und Induktivität vergrößert gegenüber den für Gleichstrom bzw. Wechselstrom sehr niedriger Frequenz gültigen Werten. Solange $\omega^2 Lc$ klein gegen 1 ist, also bei mittleren Frequenzen, rechnet man mit den Näherungsformeln

$$R' = R(1 + 2\omega^2 Lc) \quad \text{und} \quad L' = L(1 + \omega^2 Lc). \quad (14)$$

Wird bei sehr hohen Frequenzen $\omega^2 Lc$ nahe gleich 1, so gilt auch (13) nicht mehr (vgl. hierzu Ziff. 19).

Daß die genannte Ersatzschaltung der Wirklichkeit entspricht, daß also c als eine von der Frequenz unabhängige Konstante der Spule anzusehen ist,

---

[1]) M. Wien, Wied. Ann. Bd. 44, S. 711. 1891.

ist experimentell nachgewiesen[1]). Jedoch bedarf es bei Normalspulen für genaue Messungen besonderer experimenteller Maßnahmen, damit c einen eindeutig bestimmten, genau meßbaren Wert erhält, und zwar aus folgendem Grunde: Die Kapazitätswirkung einer Spule ist einerseits auf ihre Kapazität gegen Erde zurückzuführen, die man die äußere Kapazität nennen kann, anderseits auf die Kapazität der einzelnen Lagen und Windungen gegeneinander, die innere Kapazität, die nur beim Betriebe mit Wechselstrom zur Geltung kommt. Die äußere Kapazität hängt von der Lage der Spule zur Erde ab, ist also mehr oder weniger unbestimmt. Dem Ersatzkondensator der WIENschen Ersatzschaltung muß man daher, wie jedem nicht abgeschützten Kondensator, drei Teilkapazitäten zuschreiben. Die in Ziff. 2 über die Notwendigkeit der Abschützung von Kondensatoren gemachten Ausführungen gelten daher auch für die Spulenkapazität. Die Spulen werden, um sie elektrisch abzuschirmen, nach GIEBE[1]) in eine sie allseitig umschließende leitende Hülle hineingesetzt (Ziff. 25). Die Spulenkapazität hat dann, wie die Kapazität eines abgeschützten Kondensators drei Teilkapazitäten und je nach Schaltung, d. h. je nachdem man die eine oder die andere Spulenklemme oder keine von beiden mit der Hülle verbindet, verschiedene Betriebswerte. Unter c ist also in (13) und (14) und in den folgenden Formeln der jeweilige Betriebswert zu verstehen.

18. Dielektrische Verluste der Spulenkapazität. Die Ersatzschaltung des vorigen Abschnittes bedarf noch aus einem anderen Grunde einer Modifikation von wesentlicher Bedeutung. Wir haben bisher die Spulenkapazität als eine „reine" Kapazität angesehen. In einem so wenig einheitlichen Dielektrikum, wie dem Isolationsmaterial von Spulen, das hygroskopische Stoffe wie Seide oder Baumwolle, ferner Paraffin oder Schellack sowie im Wicklungskern Holz, Glas, Marmor o. dgl. enthält, treten aber zweifellos dielektrische Verluste auf. Für den Operator der Kapazität c haben wir daher nicht $1/i\omega c$, sondern nach Ziff. 4, Formel (6) $1/i\omega c(1 - i\delta)$ zu setzen, wo δ den Verlustwinkel von c bedeutet. Für die Induktivität der Ersatzschaltung benutzen wir den Operator $i\omega L(1 - i\gamma)$ nach (11), worin tg $\gamma \approx \gamma$ gesetzt ist, und erhalten für den Operator der Spule an Stelle von (12)

$$\mathfrak{S} = \frac{i\omega L(1 - i\gamma)}{1 - \omega^2 Lc[1 - i(\gamma + \delta) - \gamma \cdot \delta]}. \qquad (15)$$

Die Wirkung von δ kann sich offenbar erst geltend machen in einem Frequenzbereich, in welchem die von c merkbar wird, also bei ziemlich hohen Frequenzen. Dann ist γ klein, δ ist nach Ziff. 4 erfahrungsgemäß wenig abhängig von der Frequenz und ebenfalls klein. Man kann daher bei der Ausrechnung von (15) die Quadrate und Produkte von γ und δ (Größenordnung 10^{-4}) gegen 1 vernachlässigen und erhält die Formel[2])

$$\mathfrak{S} = \frac{R + \omega^3 L^2 c \delta}{(1 - \omega^2 Lc)^2} + i\omega \frac{L}{1 - \omega^2 Lc} = R'' + i\omega L'', \qquad (16)$$

die sich von (13) durch das Hinzutreten eines von ω^3 abhängigen Gliedes zu R unterscheidet. L'' ist gleich L' in (13), die dielektrischen Verluste in c haben also, was von Wichtigkeit ist, auf die Induktivität der Spule keinen Einfluß. Dagegen wird der Wirkwiderstand, wie in den folgenden Abschnitten sich zeigen wird, bei hohen Frequenzen außerordentlich stark erhöht. Bei nicht abgeschützten Spulen ist δ ebensowenig wie c definiert.

---

[1]) E. GIEBE, ZS. f. Instrkde. Bd. 31, S. 6. 1911; R. LINDEMANN, Verh. d. D. Phys. Ges. Bd. 12, S. 572. 1910; E. GIEBE u. E. ALBERTI, ZS. f. techn. Phys. Bd. 6, S. 135. 1925.
[2]) R. LINDEMANN, Verh. d. D. Phys. Ges. Bd. 12, S. 582. 1910.

Einen ähnlichen Einfluß wie die dielektrischen Verluste hat eine merkliche Leitung in der Drahtisolation der Spule bei hoher Frequenz und hoher Induktivität, also hohem ωL. Sind z. B. die Klemmen einer Spule schlecht isoliert und bedeutet r den Isolationswiderstand, $g = 1/r$ die Ableitung (den „Leitwert"), so kann man r auch als der Spulenkapazität parallelliegend auffassen, die dadurch einen zusätzlichen Verlustwinkel vom Betrage $\delta_r = 1/\omega c r$ [Ziff. 3, Formel 5] erhält. Aus dem Operator (16) der Spule wird also

$$\mathfrak{S} = \frac{R + \omega^3 L^2 c \delta + \omega^2 L^2 g}{(1 + \omega^2 L c)^2} + i\omega \frac{L}{1 - \omega^2 L c}. \qquad (17)$$

Der Isolationswiderstand r muß also groß gegen $\omega^2 L^2$ sein, damit $\omega^2 L^2 g$ gegen R nicht in Betracht kommt.

19. Spule mit Eigenkapazität im Schwingungskreis. Etwas anders als in der Schaltung Abb. 4 liegen die Verhältnisse, wenn man die Spule mit einem Kondensator C zu einem Schwingungskreis (Abb. 5) vereinigt, in welchem durch einen Primärkreis I unter loser Kopplung, also unter Vermeidung von Rückwirkung ein Strom induziert wird. Dieser verteilt sich dann offenbar auf die beiden Kapazitäten c und C. c legt sich also parallel zu C. Nach Ziff. 4, Formel (7) ist die Gesamtkapazität des Kreises $C + c$ und $\Delta = c \cdot \delta/(C + c)$ ihr Verlustwinkel, sofern C durch einen verlustfreien Kondensator dargestellt wird. Der Schwingungskreis ist in Resonanz mit der aufgedrückten Frequenz, wenn im komplexen Widerstand des Schwingungskreises,

$$\mathfrak{S} = R + i\omega L + \frac{1}{i\omega (C + c)(1 - i\Delta)}, \qquad (18)$$

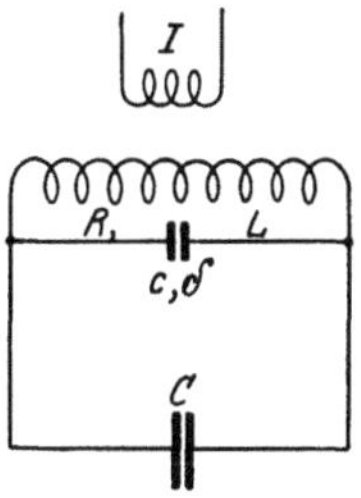

Abb. 5. Spule mit Eigenkapazität im Schwingungskreis.

der imaginäre Anteil verschwindet. Das ergibt, wenn $\Delta^2 \ll 1$, die Resonanzbedingung

$$\omega^2 L (C + c) = 1, \qquad (19)$$

ferner für den reellen Teil von $\mathfrak{S}$, den Wirkwiderstand des Schwingungskreises,

$$R_s = R + \frac{\Delta}{\omega (C + c)} = R + \omega^3 L^2 c \delta. \qquad (20)$$

Hier ist gegenüber (16) der Nenner $(1 - \omega^2 L c)^2$ fortgefallen. Dies gilt aber nur, wenn C unmittelbar an die Klemmen der Spule angeschlossen ist; liegt zwischen C und L ein Widerstand, wie z. B. bei Dämpfungsmessungen nach der Methode von LINDEMANN, so ist statt (20) R'' aus (16) zu setzen.

In die Resonanzbedingung geht nur c, nicht δ ein. Schwingt der Kreis mit seiner Eigenschwingung frei aus, statt in einer aufgezwungenen Frequenz, so beeinflussen natürlich die dielektrischen Verluste auch die Eigenfrequenz des Kreises (vgl. ds. Handb. Bd. 15). Ist $C = 0$, wird der Spule also kein Kondensator parallelgeschaltet, so stellt sie, durch ihre Eigenkapazität geschlossen, auch einen Schwingungskreis dar, der zu Resonanzschwingungen angeregt werden kann, wenn die Frequenz der erregenden Schwingung den im allgemeinen sehr hohen Wert

$$f = 1 : 2\pi\sqrt{L \cdot c} \qquad (21)$$

hat. Diesen Wert nennt man die Eigenfrequenz der Spule. Der Wirkwiderstand ist dann, wenn man (21) in (20) einsetzt,

$$R_s = R + \omega L \delta. \qquad (22)$$

Bei einer Spule von $0{,}1\ H$ und $R = 36$ Ohm, $c = 50\ \mu\mu$F würde bei der Eigenschwingung ($\omega = 4{,}47 \cdot 10^5$, $f = 7{,}1 \cdot 10^4$ Hz), selbst dann, wenn c sich dielektrisch so günstig verhielte wie die besten Glimmerkondensatoren ($\delta = 1 \cdot 10^{-4}$, Ziff. 13),

$\omega L \delta$ bereits 4,5 Ohm, also über 12% von R betragen. Bei mehrlagigen Spulen wird man mit Verlustwinkeln von $\delta = 1 \cdot 10^{-2}$ rechnen müssen; dann wird $\omega L \delta = 450$ Ohm. Es ist also, wie hieraus erhellt, praktisch kaum möglich, Spulen so zu bauen, daß die durch dielektrische Verluste bedingte Widerstandserhöhung bei hohen Frequenzen nicht in Betracht käme. Ausdrücklich betont sei, daß R_s in den Formeln (20) und (22) bei elektrostatisch nicht abgeschützten Spulen (vgl. Ziff. 17) überhaupt keinen bestimmten Wert hat, weil c und δ undefiniert sind.

Das kapazitive Verhalten von Spulen bei Hochfrequenz, die Eigenfrequenzen von Spulen sind Gegenstand zahlreicher theoretischer und auch experimenteller Arbeiten[1]) gewesen.

20. Herabsetzung der Spulenkapazität durch die Wicklungsart. Aus obigen Ausführungen ergibt sich die Notwendigkeit, für Normalspulen, die bei hohen Frequenzen benutzt werden, die Spulenkapazität möglichst klein zu machen. Man sucht dies durch besondere Wicklungsarten zu erreichen, die alle den Zweck haben, die Spannungsdifferenzen neben- oder übereinander liegender Wicklungsteile möglichst gering zu machen. Eine wesentlich kleinere Kapazität als die Lagenwicklung nach dem Schema Abb. 6 hat die Stufenwicklung nach Abb. 7. Die Bezifferung gibt die Folge der einzelnen Windungen an. Zu dem gleichen Zweck der Kapazitätsverkleinerung werden in der Hochfrequenztechnik auch noch andere Wicklungsarten, z. B. Honigwabenwicklung u. a., mit Erfolg angewandt[2]). Um bei Hochfrequenz möglichst geringen Wirkwiderstand, also geringe Dämpfung zu erhalten, muß nach Formel (20) neben c vor allem auch der Verlustwinkel δ klein gehalten werden. Aus diesem Grunde ist es vorteilhaft, bei einlagigen Hochfrequenzspulen zwischen den einzelnen Windungen einen Luftabstand zu lassen und statt eines massiven zylindrischen Kernes einen vieleckigen Rahmen für die Wicklung zu benutzen[3]), so daß das Dielektrikum der Spulenkapazität im wesentlichen Luft ist.

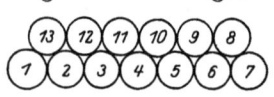
Abb. 6. Schema der Lagenwicklung.

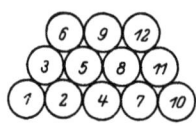
Abb. 7. Schema der Stufenwicklung.

Die von GIEBE angewandte elektrische Abschützung der Spulen vergrößert natürlich die Spulenkapazität und wirkt insofern ungünstig, obschon die Vergrößerung bei hinreichend weiten Schutzhüllen nicht allzu beträchtlich ist. Gleichwohl können solche Hüllen für genaue Messungen nicht entbehrt werden. Eine ungeschützte Spule hat z. B. einen merklich höheren Wirkwiderstand, wenn sie unmittelbar auf einem Tisch steht, als wenn sie höher aufgestellt wird[4]).

21. Hautwirkung (Skineffekt) ist die zweite wesentliche Ursache der Widerstandserhöhung einer von Wechselstrom durchflossenen Spule. Die Theorie dieser Erscheinung wird an anderer Stelle dieses Handbuches behandelt (Bd. XV). Bei Spulen handelt es sich um sog. einseitige Hautwirkung; der Wechselstrom ist nicht wie der Gleichstrom gleichmäßig über den Leiterquerschnitt verteilt, sondern wird nach dem der Spulenachse zugewandten Teile des Querschnitts zusammengedrängt. Das hat eine mit der Frequenz schnell ansteigende Erhöhung des Leiterwiderstandes zur Folge. Die Erscheinung ist zuerst von DOLEZALEK[5])

---

[1]) Literaturübersicht bei A. GOTHE, Arch. f. Elektrot. Bd. 9, S. 1. 1921; ferner J. WALLOT, ebenda Bd. 10, S. 233. 1921.
[2]) Vergleichende Messungen verschiedener Wicklungsarten vgl. R. ETTENREICH, Jahrb. d. drahtl. Telegr. Bd. 19, S. 308. 1922.
[3]) Bureau of Stand. Cirkular Nr. 74, S. 318. 1924.
[4]) R. LINDEMANN, Verh. d. D. Phys. Ges. Bd. 2, S. 574. 1910.
[5]) F. DOLEZALEK, Ann. d. Phys. Bd. 12, S. 1142. 1903.

beobachtet und gemessen, er fand z. B. für eine Spule aus 1,1 mm starkem Kupferdraht bei einer Frequenz von 2000 Hz eine Widerstandserhöhung von mehr als 100% des Gleichstromwiderstandes, während sich der Selbstinduktionskoeffizient nur sehr wenig änderte, und zwar abnahm. Das letztere Resultat erklärt sich dadurch, daß mit der Stromverdrängung keine wesentliche Änderung des gesamten magnetischen Feldes verbunden ist; der mittlere Wicklungsradius der Spule wird nur wenig kleiner. Um die Stromverdrängung zu verhindern, verwandte DOLEZALEK zuerst statt massiver Drähte einen Leiter aus einer großen Anzahl dünner, miteinander verdrillter isolierter Einzeldrähte, sog. Drahtlitzen, die heute ausschließlich für Induktivitätsnormale benutzt werden und besonders in der Hochfrequenztechnik weitgehende Verwendung finden. Damit solche Litzen ihren Zweck erfüllen, müssen sie „ideal" verdrillt sein, d. h. alle Einzeldrähte müssen völlig gleichmäßig an der Stromführung teilnehmen. Dazu ist nötig, daß jeder Einzeldraht gleich oft jede Stelle des Litzenquerschnittes erfüllt, und es muß außerdem durch eine sichere Isolation ein Übergehen des Stromes von einem Einzeldraht auf einen ihn berührenden zweiten verhindert werden. Unter diesen Bedingungen ist Stromverdrängung unmöglich, sofern der Einzeldraht selbst hinreichend dünn ist. Praktisch wird die ideale Verdrillung weitgehend durch Verflechten oder mehrfaches Verdrillen erfüllt. So werden z. B. bei einer aus 180 Einzeldrähten nach dem Schema $5 \times 4 \times 3 \times 3$ mehrfach verdrillten Litze zunächst fünf Einzeldrähte einfach miteinander verdrillt, von dieser Litze in gleicher Weise vier, darauf drei der so erhaltenen Litzen und nochmals drei, so daß die letzte Operation in einer einfachen Verdrillung dreier Litzen von je $5 \times 4 \times 3 = 60$ Einzeldrähten besteht. Die Einzeldrähte sind mit einer dünnen Schicht eines besonders festen und zähen Lackes überzogen. Aus Gründen der technischen Herstellung kann man den Durchmesser des Einzeldrahtes nicht kleiner als etwa 0,07 mm machen; für diese Drahtstärke kommt bei hoher Frequenz die Hautwirkung im Einzeldraht noch in Betracht.

Über die Widerstandserhöhung bei Litzendrahtspulen sind systematische experimentelle Untersuchungen hauptsächlich von LINDEMANN[1]) und MEISSNER[2]) ausgeführt. Theoretisch ist das Problem von M. WIEN[3]), MÖLLER[4]), ROGOWSKI[5]) und BUTTERWORTH[6]) behandelt. Unter gewissen Bedingungen erfolgt die Widerstandszunahme mit dem Quadrat der Frequenz. Dieses Gesetz hat zwar nur eine beschränkte Gültigkeit, ist aber nach Messungen von LINDEMANN für kurze mehrlagige Spulen von der Form, wie sie bei Induktivitätsnormalen benutzt wird, in weitem Frequenzbereich annähernd zutreffend. Für die Widerstandszunahme ΔW solcher Spulen hat M. WIEN die folgende, zunächst für massiven Draht geltende Formel theoretisch abgeleitet:

$$\Delta W = \frac{4\pi^6 m^3 \varrho^4}{(r_1 + r_2)\sigma}\left\{1 + \frac{3 r_1^2}{(r_1 + r_2)^2}\right\}^2 f^2, \qquad (23)$$

wo m die Zahl der Windungen, δ den Drahtradius, $\sigma = 1700$ den spezifischen Widerstand, r_1 und r_2 den inneren und äußeren Halbmesser der Wicklung und f die Frequenz bedeuten. Wird der Draht vom Radius ϱ durch Z Einzeldrähte

---

[1]) R. LINDEMANN, Verh. d. D. Phys. Ges. Bd. 11, S. 682. 1909; Bd. 12, S. 572. 1910; Jahrb. d. drahtl. Telegr. Bd. 4, S. 561. 1911; R. LINDEMANN u. W. HÜTER, Verh. d. D. Phys. Ges. Bd. 15, S. 219. 1913.
[2]) A. MEISSNER, Jahrb. d. drahtl. Telegr. Bd. 3, S. 57. 1909.
[3]) M. WIEN, Ann. d. Phys. Bd. 14, S. 1. 1904.
[4]) H. G. MÖLLER, Ann. d. Phys. Bd. 36, S. 738. 1911.
[5]) W. ROGOWSKI, Arch. f. Elektrot. Bd. 3, S. 264. 1915; Bd. 4, S. 61 u. 293. 1916; Bd. 8, S. 269. 1920.
[6]) S. BUTTERWORTH, Phil. Trans. Bd. 222, S. 57. 1921.

vom Radius r ersetzt, die zusammen den gleichen Kupferquerschnitt haben wie der Massivdraht, so ist nach LINDEMANN die Widerstandszunahme $\Delta W'$ der Litzenspule

$$\Delta W' = \frac{\Delta W}{Z}. \qquad (24)$$

Diese Formel ist, insbesondere was die quadratische Frequenzabhängigkeit von $\Delta W'$ betrifft, durch Messungen von LINDEMANN im großen und ganzen bestätigt (vgl. Ziff. 23), kann also zur Abschätzung der Widerstandserhöhung von Litzenspulen der genannten Form benutzt werden. Für andere Spulenformen gelten im allgemeinen kompliziertere Gesetze. Aber wie man auch die Spulenform wählen mag, es gelingt auch bei Verwendung von Litzendraht nicht, die Widerstandserhöhung durch Hautwirkung völlig zu beseitigen; es kann sogar, wie LINDEMANN[1]) zuerst beobachtete, bei sehr hohen Frequenzen (Größenordnung 10^6 Hz) Litzendraht ungünstiger sein wie Massivdraht gleichen Kupferquerschnittes. Doch ist es möglich, in einem beschränkten Frequenzbereich bis hinauf zu etwa 5000 Hz diese Erhöhung bis auf sehr geringe Beträge herabzudrücken, wie unter Ziff. 23 gezeigt wird. Wichtig ist, daß bei Benutzung ideal verdrillter Litzen der Selbstinduktionskoeffizient praktisch unabhängig von der Frequenz ist.

f) Selbstinduktivitätsnormale.

22. Absolute Induktivitätsnormale sind Spulen von einfacher Form und Wicklung, deren Induktivität aus den gemessenen geometrischen Dimensionen zu berechnen ist. Der Wert ergibt sich dann durch Längenmessungen in Zentimetern. Da jedoch die praktische Einheit der Induktivität nicht genau gleich der absoluten oder einem Vielfachen derselben ist, so erhält man auf diese Weise einen Zahlenwert, der ausgedrückt in 10^9 cm, etwas anders, und zwar etwas größer ist als derjenige Wert, der durch elektrische Messungen der Induktivität in int. Henry erhalten wird. Beide Werte unterscheiden sich um den gleichen relativen Betrag, wie das absolute Ohm vom internationalen, d. h. um 0,5°/₀₀. Tatsächlich sind solche, aus ihren Abmessungen genau berechenbare Spulen, hauptsächlich deshalb hergestellt, um diese Differenz der absoluten und internationalen Widerstandseinheit genau zu bestimmen. Eine solche Bestimmung ist von GRÜNEISEN und GIEBE[2]) in der Phys.-Techn. Reichsanstalt ausgeführt. Die dabei benutzten Spulen, die mit größter Sorgfalt hergestellt und geometrisch und elektrisch, also in absolutem und in internationalem Maß genau ausgemessen sind, stellen die Präzisionsnormale der Reichsanstalt dar. Die Abmessungen von zweien dieser Spulen, die mit massivem Kupferdraht von 0,5 mm Durchmesser einlagig auf Hohlzylinder aus Marmor gewickelt sind, enthält Tabelle 4 in abgerundeten Zahlen.

Tabelle 4. Abmessungen von absoluten Induktivitätsnormalen der Phys.-Techn. Reichsanstalt.

Induktivität H	Durchmesser cm	Ganghöhe cm	Windungszahl	Wicklungsbreite cm	Widerstand Ohm
0,01	35,5	0,1	162	16,2	15
0,05	35,5	0,075	447	33,5	42

Für die Berechnung der Induktivität ist die Formel von LORENZ[3]) (ds. Handb. Bd. XV) mit einer kleinen Korrektion von ROSA[4]) benutzt. Die

---

[1]) R. LINDEMANN, Verh. d. D. Phys. Ges. Bd. 11, S. 682. 1909; zur Theorie der Erscheinung vgl. W. ROGOWSKI, l. c.
[2]) E. GRÜNEISEN u. E. GIEBE, Wiss. Abh. d. Phys.-Techn. Reichsanst. Bd. 5, S. 1. 1921.
[3]) L. LORENZ, Wied. Ann. Bd. 1, S. 161. 1879.
[4]) E. B. ROSA, Bull. Bureau of Stand. Bd. 2, S. 159. 1906.

geometrische Ausmessung der Spulen ist bis auf etwa $\pm 2 \cdot 10^{-5}$ des Induktivitätsbetrages, die elektrische Messung bis auf $\pm 1 \cdot 10^{-5}$ ausgeführt. Diese Normale sind für Wechselstrommessungen nur bei niedrigen Frequenzen zu benutzen, bis etwa 1000 Hz, in einem Bereich, wo Skineffekt und Spulenkapazität nur sehr geringen Einfluß haben; sie sind im Laufe von 15 Jahren bis auf wenige Hunderttausendstel konstant geblieben. Absolute Normale ähnlicher Art sind im Bureau of Standards von COFFIN[1]) hergestellt.

23. Induktivitätsnormale für Niederfrequenz, deren Selbstinduktionskoeffizient nicht durch Berechnung aus den Dimensionen, sondern durch elektrische Messungen, etwa durch Vergleich mit absoluten Normalen oder auf andere Weise zu ermitteln ist, werden nach anderen Gesichtspunkten als die in Ziff. 22 beschriebenen hergestellt. Sie sollen möglichst frei von Hautwirkung sein und keine weitreichenden magnetischen Streufelder haben, welche bei der Ausführung von Messungen oft sehr störend sind. Man verwendet kurze, mehrlagige Spulen von mäßigem Durchmesser, die mit gut verdrillter Litze gewickelt werden.

Eine geeignete Spulenform ist die zuerst von M. WIEN[2]) (1896) angegebene, die seitdem meist üblich ist. Diese Spulen sind mehrlagig, haben quadratischen Wicklungsquerschnitt und werden so bemessen, daß für die gewünschte Induktivität bei gegebener Dicke des Wicklungsdrahtes die Drahtlänge, also der Widerstand, ein Minimum wird[3]). Zur Vorausberechnung der erforderlichen Drahtlänge und der Abmessungen des Wicklungskernes benutzt man die STEFANsche[4]) Formel in der folgenden bequemen Form[5])

$$L = 4\pi a N^2 f(\varepsilon) = 2 l^{\frac{5}{3}} \varepsilon^{\frac{2}{3}} f(\varepsilon) : (2\pi d)^{\frac{2}{3}}. \tag{25}$$

L ist die Selbstinduktivität, a der mittlere Radius, N die Anzahl der Windungen, l die Drahtlänge, d der Durchmesser des umsponnenen Drahtes, $f(\varepsilon)$ eine vom Verhältnis $b/a = \varepsilon$ abhängige Funktion, b die Seite des Wicklungsquadrates. $F = \varepsilon^{\frac{2}{3}}$. $f(\varepsilon)$ ist ein Maximum, l also ein Minimum, wenn $1/\varepsilon = 1{,}5$ ist. Doch kommt es nicht auf eine genaue Innehaltung dieses Wertes an, denn für $1/\varepsilon = 1{,}1$ bzw. 1,5 bzw. 1,85 hat F die wenig voneinander verschiedenen Werte 1,019, bzw. 1,032 bzw. 1,024. Eine der Formel (25) entsprechende Formel für rechteckigen Wicklungsquerschnitt und ein graphisches Berechnungsverfahren ist von SCHERING[6]) angegeben. Als Wicklungskern, der völlig eisenfrei sein muß, verwendet man am besten Marmor, auch Mahagoniholz hat sich bewährt; Serpentin, das früher für diesen Zweck oft benutzt wurde, ist meist eisenhaltig[7]). Zur Sicherung der Isolation legt man zwischen je zwei Lagen der Wicklung einen Papierstreifen. Nach Fertigstellung der Wicklung werden die Spulen im Vakuum paraffiniert, damit die Windungen in unveränderlicher Lage bleiben. Die Daten einiger Normalspulen[8]) der Reichsanstalt sind in Tabelle 5 zusammengestellt. $1/\varepsilon$ ist gleich 1,5 gewählt. Dann ist die Seite b des Wicklungsquadrates gleich dem inneren Radius. Die Litzen für die Spulen von 0,01 und 0,001 H sind nach dem Schema $4 \times 3 \times 3 \times 3$ verdrillt, die für die anderen beiden Spulen sind verflochten.

Die Anschlußklemmen der Spulen sind, zur Vermeidung von Wirbelströmen, in möglichst kleinen Abmessungen hergestellt und am Rande des Spulenkernes auf Hartgummi befestigt.

---

[1]) J. G. COFFIN, Bull. Bureau of Stand. Bd. 2, S. 87. 1906.
[2]) M. WIEN, Ann. d. Phys. Bd. 58, S. 553. 1896.
[3]) J. Cl. MAXWELL, El. and Magn. Bd. II. Art. 706.
[4]) J. STEFAN, Wied. Ann. Bd. 22, S. 114. 1884.
[5]) E. GIEBE, ZS. f. Instrkde. Bd. 31, S. 33. 1911.
[6]) H. SCHERING, ZS. f. Instrkde. Bd. 43, S. 83. 1923.
[7]) E. B. ROSA, Bull. Bureau of Stand. Bd. 1, S. 337. 1905.
[8]) E. GIEBE, ZS. f. Instrkde. Bd. 31, S. 33. 1911.

Tabelle 5. Abmessungen von Induktivitätsnormalen für Niederfrequenz.

Induktivität H	Anzahl der Litzendrähte	Durchmesser des Einzeldrahtes mm	Windungszahl	Halbmesser innen cm	Halbmesser außen cm	Widerstand Ohm	Spulenkapazität $\mu\mu$F	Zeitkonstante 10^{-3} sec	tg γ bei $f = 1000$ Hz
0,1	25	0,1	1088	3,3	6,6	36	42	3	0,06
0,01	108	0,07	350	3,1	6,2	5,1	41	2	0,08
0,001	108	0,07	137	2,1	4,2	1,2	27	0,8	0,19
0,0001	100	0,1	51	1,5	3,0	0,17	24	0,6	0,27

Diese Spulen sind im Frequenzbereich von 50 bis 5000 Hertz genau untersucht[1]). Die Induktivität ist innerhalb der Meßgenauigkeit von wenigen Hunderttausendsteln unabhängig von der Frequenz, für die kleinen Spulen auch der Widerstand; bei der Spule von 0,1 H beträgt die Widerstandserhöhung etwa 1% bei $f = 4000$ Hz. Wie unvollkommen im Vergleich zu Kapazitätsnormalen die durch solche Spulen dargestellten Induktivitätsnormale sind, besonders bei kleinen Beträgen, erkennt man aus der geringen Größe ihrer Zeitkonstanten und den hohen Beträgen der Verlustwinkel für $f = 1000$ Hz in den letzten Spalten der Tabelle. Bei sehr unvollkommenen Kondensatoren und bei Kabeln ist demgegenüber tg $\gamma = 0,01$ bis 0,02. Eine ideale d. h. widerstandslose Spule hätte die Zeitkonstante unendlich.

Bei Hochfrequenz haben alle diese mehrlagigen Spulen sehr erhebliche Widerstandserhöhungen[2]), wie die Zusammenstellung in Tabelle 6 als Beispiel zeigt. Dabei ist in den angegebenen Werten ΔR die durch die Spulenkapazität nach Formel (16) bedingte recht erhebliche Erhöhung des Wirkwiderstandes in Abzug gebracht; sie macht z. B. für die Spule von 0,1 H bei $f = 3,7 \cdot 10^4$ Hz 47 Ohm aus.

Tabelle 6. Widerstandserhöhung der mehrlagigen Normale von Tab. 5.

Gleichstromwiderstand R Ohm	Induktivität H	Frequenz Hz	ΔR Ohm
36	0,1	$3,7 \cdot 10^4$	89
5,1	0,01	8,2	12
1,2	0,001	23	4,2
0,17	0,0001	29	0,76

Die Frequenzabhängigkeit des Wirkwiderstandes W der Spulen gehorcht den in Ziff. 18 und 21 besprochenen Gesetzen. Es ist

$$W = \frac{R + a\omega^2 + b\omega^3}{(1 - \omega^2 Lc)^2}. \quad (26)$$

a und b sind aus den Meßresultaten ableitbare Konstante, $a\omega^2$ ist die durch Hautwirkung, $b\omega^3$ die durch dielektrische Verluste in der Spulenkapazität c bedingte Widerstandszunahme. Für die Spule von 0,01 H ist z. B. $a = 5,0 \cdot 10^{-12}$, $b = 7,8 \cdot 10^{-17}$, dem letzteren Wert entspricht ein dielektrischer Verlustwinkel [Formel (16)] von 1° 2' oder tg $\delta = 0,018$, a ergibt sich rechnerisch nach Formel (24) zu $5,4 \cdot 10^{-12}$. Derartige mehrlagige Normale haben also, trotz Litzendrahtbenutzung, bei hohen Frequenzen sehr große Widerstandserhöhungen, die etwa oberhalb von $f = 4000$ Hz bei der größten Induktivität merklich wird, bei den kleineren Induktivitäten bei entsprechend höheren Frequenzen. Für $L = 0,1$ H ist bei $f = 4000$ Hz $a\omega^2$ etwa ebenso groß wie $b\omega^3$ und gleich 0,1 Ohm. Diese Normale der Reichsanstalt sind zeitlich innerhalb 0,005 bis 0,01% unveränderlich.

Die käuflichen Induktivitätsnormale, z. B. die von Siemens & Halske, zeigen, ungefähr gleichartig hergestellt, etwa das gleiche Verhalten.

24. Induktivitätsnormale für hohe Frequenzen. Als solche verwendet man statt der beschriebenen besser Spulen mit einer oder wenigen Lagen in Stufenwicklung und größerem Durchmesser als bei jenen. Die Spulen haben dann ein ziemlich ausgedehntes Streufeld, was aber bei Messungen im Schwingungskreis erwünscht

---
[1]) E. GIEBE, ZS. f. Instrkde. Bd. 31, S. 33, 1911.
[2]) R. LINDEMANN, Verh. d. D. Phys. Ges. Bd. 12, S. 572. 1910.

ist. Abmessungen und Widerstandserhöhung einiger solcher Normale der Reichsanstalt[1]) sind in Tabelle 7 zusammengestellt. Sie sind auf Porzellanzylinder von 200 mm Durchmesser gewickelt und im Vakuum paraffiniert.

Tabelle 7. Abmessungen von Induktivitätsnormalen für Hochfrequenz.

Induktivität	Ganghöhe	Wicklungsbreite	Anzahl der Windungen	Anzahl der Lagen	Gleichstromwiderstand	Widerstandserhöhung	
						bei Frequenz	ΔR
H	mm	mm			Ohm	Hz	Ohm
0,01	1	115	228	2	11,3	$5 \cdot 10^4$	1,9
0,005	1,3	106	159	2	3,8	8	1,9
0,001	1,3	87	65	1	1,5	15	0,6

Die Spulenkapazität ist etwa $1/3$ (bei den größeren) bis $1/2$ (bei den kleineren Spulen) des Wertes der mehrlagigen Spulen in Tabelle 5. In den angegebenen Werten von ΔR ist die Widerstandserhöhung durch die Spulenkapazitätswirkung nicht mit inbegriffen. Man erkennt den großen Unterschied der ΔR-Werte in Tabelle 6 und 7 für die beiden Spulenarten.

Daß bei Spulen der in Tabelle 7 gekennzeichneten Art die Selbstinduktionskoeffizienten bis zu Frequenzen von 150000 Hz von der Frequenz unabhängig sind, innerhalb der Meßgenauigkeit von 0,1 bis 0,2°/₀₀, ist von GIEBE und ALBERTI nachgewiesen.

Der Einfluß der Wicklungsart und des Isolationsmaterials (Paraffin, Schellack usw.) auf die Widerstandserhöhung von Hochfrequenzspulen ist von HUND und GROOT[2]) untersucht.

25. Die elektrische Abschützung der Induktivitätsnormale, deren Notwendigkeit in Ziff. 17 erläutert ist, erfolgt in der Reichsanstalt[3]) in der aus Abb. 8a ersichtlichen Weise. Die Spulen, und zwar die der Tab. 5, sind auf einem Ständer in der Mitte eines Holzkastens von 50 cm Seitenlänge angeordnet. Die Innenwände des Kastens sind mit einer Belegung dünnsten Stanniols versehen, das in der in Abb. 8b gezeichneten Weise mit einem Messer geritzt ist, um durch diese Unterteilung die Wirbelströme unschädlich zu

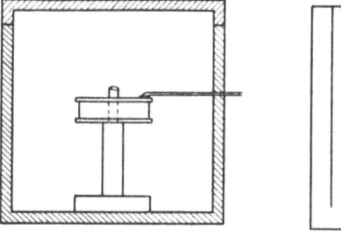
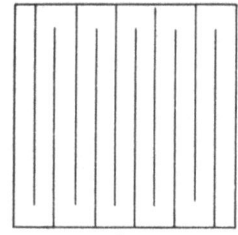

Abb. 8a u. 8b. Elektrische Abschützung von Induktivitätsnormalen.

machen. Die Belegungen jeder der sechs Wände sind so verbunden, daß kein geschlossener Leiterkreis entsteht. Eine Spulenklemme wird an die Stanniolbelegungen angeschlossen; je nachdem man die äußere oder die innere Spulenlage an den Schutzkasten legt, erhält man eine andere Spulenkapazität. Der Unterschied beträgt z. B. für eine 1 H-Spule 5,4 $\mu\mu$F auf 60 $\mu\mu$F; die drei in Ziff. 17 und 2 definierten Teilkapazitäten haben für die gleiche Spule die folgenden Werte in $\mu\mu$F: $k_{12}=56,5$, $k_{10}=8,5$, $k_{20}=3,3$. Die Schutzhülle ruft eine Vergrößerung der Spulenkapazität gegenüber dem Wert der ungeschützten Spule um einige $\mu\mu$F hervor. Einen ähnlichen Schutzkasten[1]) haben die Hochfrequenznormale Tabelle 7. Die elektrische Abschirmung ist bei Hochfrequenz noch wichtiger als bei Nieder-

---

[1]) E. GIEBE u. E. ALBERTI, ZS. f. techn. Phys. Bd. 6, S. 92. 1925.
[2]) A. HUND u. W. B. GROOT, Technol. Pap. of the Bur. of Stand. Nr. 298. 1925.
[3]) E. GIEBE, ZS. f. Instrkde. Bd. 31, S. 19. 1911.

frequenz, weil bei Messungen im Schwingungskreis stets andere Leiter der Meßanordnung, wie Kondensatoren, Detektorkreis, ziemlich nahe an die Spulen herangebracht werden müssen.

g) Normale der Gegeninduktivität.

26. Ein absolutes Normal der Gegeninduktivität ist zu dem bei den absoluten Selbstinduktivitäten erläuterten Zweck von A. CAMPBELL[1]) im National Physical Laboratory hergestellt. Es besteht (Abb. 9) aus zwei einlagigen, auf einen und denselben Marmorzylinder gewickelten Spulen CD, die in Reihe geschaltet den Primärkreis bilden. Die Sekundärspule H besteht aus mehreren Lagen, die in einer in einen Marmorring hineingedrehten ziemlich schmalen Nut untergebracht sind. Die Abmessungen und Lagen der Spulen sind derart gewählt, daß das von den Strömen in C und D herrührende magnetische Feld in dem von der Spule H eingenommenen Raum nahezu Null ist; dann ist keine sehr große Genauigkeit in der Bestimmung der Abmessungen und in der Justierung von H erforderlich. Die Abmessungen, bei einer Induktivität von 0,01 H, sind folgende: für Spule C und D je 75 Windungen, mittlerer Durchmesser 30 cm, Abstand zwischen den inneren bzw. äußeren Enden der Spulen 15 bzw. 30 cm, Ganghöhe 1 mm, Drahtdurchmesser 0,6 mm; für Spule H 485 Windungen, mittlerer Durchmesser 43,7 cm, axiale bzw. radiale Tiefe 1,00 bzw. 0,86 cm, Drahtdurchmesser 0,4 mm. Die Berechnung der Induktivität erfolgt nach einer Formel von VIRIAMU JONES. Die Genauigkeit der Ausmessung wird zu $\pm 1 \cdot 10^{-5}$ des Induktivitätswertes angegeben[2]).

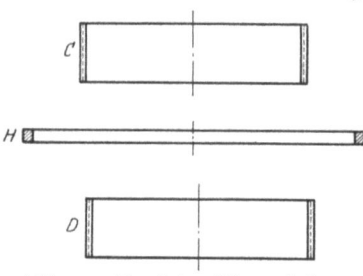

Abb. 9. Absolutes Normal der Gegeninduktivität von CAMPBELL.

27. Gebrauchsnormale der Gegeninduktivität werden nach den gleichen Gesichtspunkten konstruiert wie die Selbstinduktivitätsnormale. Man benutzt zwei gleiche, und zwar kurze Spulen von mäßigem Durchmesser, die man auf den gleichen Marmorkern in eingedrehte Nuten mit Litzendraht aufwickelt; beide Spulen sind also koaxial übereinander angeordnet. Die Vorausberechnung ist, wenn man nicht ein graphisches Verfahren[3]) anwendet, ziemlich umständlich. Man berechnet nach STEFANS Formel (vgl. Ziff. 23) für rechteckige Wicklungsquerschnitte gleicher axialer Länge, die unmittelbar aufeinanderliegend angenommen werden, die Selbstinduktivitäten L_1, L_2 der beiden Spulen und die Selbstinduktivität L_{1+2} der in Reihe geschalteten Spulen aus, dann ist die Gegeninduktivität

$$M = \tfrac{1}{2}[L_{1+2} - (L_1 + L_2)].$$

Die günstigste Form der Gegeninduktivität ist nach SCHERING[3]) im allgemeinen die, bei der für den Gesamt-Wicklungsquerschnitt ($a =$ mittlerer Radius, $b =$ axiale Länge, $c =$ radiale Tiefe) $c/b = 0{,}65$ und $a/\sqrt{bc}$ etwa 2,3 ist und jede Spule die Hälfte des Wicklungsraumes einnimmt. Sind die beiden Spulen durch einen größeren Zwischenraum getrennt, so kann man in ähnlicher Weise verfahren, indem man sich den Zwischenraum von Wicklung erfüllt denkt und deren Selbst- und Gegeninduktivität in Abzug bringt.

---

[1]) A. CAMPBELL, Proc. Roy. Soc. London Bd. 79, S. 428. 1907; Bd. 87, S. 391. 1912.
[2]) D. W. DYE, Proc. Roy. Soc. London Bd. 101, S. 315. 1922.
[3]) H. SCHERING, ZS. f. Instrkde. Bd. 43, S. 83. 1923.

Zur Eigenkapazität jeder der Spulen kommt für Gegeninduktivitäten noch die gegenseitige Kapazität beider Spulen bei höheren Frequenzen zur Wirkung; die Hauptschwierigkeit entsteht durch die letztere. Um sie herabzusetzen, dürfen beide Spulen nicht zu nahe beieinander angeordnet werden. Bei manchen käuflichen Normalen sind Primär- und Sekundärspule durch gleichzeitiges Aufwickeln zweier Drähte auf einen und denselben Kern hergestellt; dann ist die gegenseitige Kapazität außerordentlich groß. Solche Normale sind daher nur bei sehr niedrigen Wechselstromfrequenzen brauchbar.

Genaue systematische Untersuchungen von Gegeninduktivitäten in einem weiten Frequenzbereich scheinen nicht ausgeführt zu sein. Einige kurze Angaben finden sich in den Reports des National Physical Laboratory[1]). Danach beträgt die Änderung einer sorgfältigst konstruierten Gegeninduktivität von 1 bis 11 mH zwischen $f = 50$ und 2000 Hz einige Hunderttausendstel. Der Phasenwinkel φ zwischen sekundärer Spannung und primärem Strom kann größer oder kleiner als $\pi/2$ sein; es werden für $\pi/2 - \varphi$ je nach Schaltung Werte von der Größenordnung $2 \cdot 10^{-5}$ bis $1 \cdot 10^{-4}$ bei $f = 1000$ Hz angegeben.

h) Stetig veränderbare Induktivitäten.

28. Diese Apparate werden Variatoren, Variometer oder Induktometer genannt; sie sind für die Ausführung vieler Messungen sehr bequem, weil sie eine Veränderung der Induktivität gestatten ohne gleichzeitige Änderung des OHMschen Widerstandes. Für genaue Messungen können sie die festen Normale nicht ersetzen. Die Apparate bestehen im Prinzip aus zwei Spulen, einer festen und einer beweglichen, deren gegenseitige Lage durch Drehungen oder Verschiebungen in meßbarer Weise verändert wird. In Reihe geschaltet stellen solche Spulen einen Variator der Selbstinduktivität, voneinander isoliert oder einpolig verbunden, einen Variator der Gegeninduktivität dar. Der Meßbereich ist meist ziemlich klein, man unterteilt daher jede der beiden Spulen in einzelne Ab-

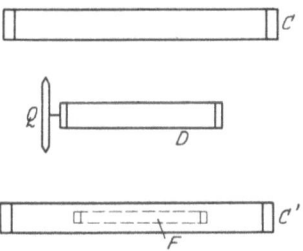

Abb. 10. Variator der Gegeninduktivität von CAMPBELL.

teilungen, die wahlweise eingeschaltet werden können, so daß man in einander überlagernden Meßbereichen neben der stetigen eine stufenweise Veränderungsmöglichkeit hat.

Selbstinduktionsvariatoren sind zuerst von AYRTON und PERRY[2]) und von M. WIEN hergestellt. WIEN[3]) verwendet zwei flache Zylinderspulen von großem Durchmesser (24 bzw. 20 cm) mit horizontal angeordneten Spulenachsen. Die eine Spule ist um eine vertikale Achse um 180° drehbar; sie hat zwei Wicklungen zu zwei bzw. vier Lagen. Die feste Spule hat vier Wicklungen von 2, 4, 8, 16 Lagen zu je 18 Windungen. Der Meßbereich beträgt 0,6 bis 120 mH. Ein ähnlicher Variator ist von HAUSRATH[4]) angegeben.

Bei einem Variator der Gegeninduktivität von A. CAMPBELL[5]) besteht (Abb. 10) der Primärkreis aus zwei gleichen koaxialen Spulen C und C' gleicher Wicklungsrichtung, die in Reihe geschaltet sind.

Der Sekundärkreis enthält ebenfalls zwei in Reihe geschaltete Spulen, von denen eine (F) innerhalb C' fest angeordnet ist. Die bewegliche Spule D ist an

---

[1]) D. W. DYE u. S. BUTTERWORTH, Nat. Phys. Rep. 1922, S. 82; 1923, S. 83.
[2]) W. E. AYRTON u. J. PERRY, Electrician Bd. 34, S. 564. 1895.
[3]) M. WIEN, Ann. d. Phys. Bd. 57, S. 249. 1896.
[4]) H. HAUSRATH, ZS. f. Instrkde. Bd. 27, S. 302. 1907.
[5]) A. CAMPBELL, Phil. Mag. Bd. 6, S. 155. 1908; Proc. Phys. Soc. Bd. 21, S. 69. 1910.

einer exzentrischen Achse Q montiert, so daß sie in einer zu den Spulen C, C' parallelen Ebene gedreht werden kann. Die Spule F ist in 10 Stufen zu je 0,1 mH unterteilt. Der Meßbereich der beweglichen Spule beträgt $-0,002$ bis $+0,11$ mH, der gesamte Meßbereich 0 bis 1 mH. Ein anderes ähnlich gebautes Instrument von CAMPBELL hat ein Meßbereich von $-4 \cdot 10^{-5}$ bis 0,11 H. Gegeninduktivitätsvariatoren können bis auf Null und auf negative Werte verändert werden. Das ist ein Vorteil, den Selbstinduktivitätsvariatoren nicht besitzen.

Die Wicklung muß aus Drahtlitze bestehen, andernfalls ändert sich schon bei ziemlich niedrigen Frequenzen mit der Induktivität auch der Widerstand, wodurch eine der besten Eigenschaften dieser Apparate verlorengeht. Bei höheren Frequenzen stören in mehrstufigen Apparaten die tot liegenden Windungen. Ein Mangel der älteren Variatoren besteht darin, daß die Induktivitätsänderung nur angenähert linear mit dem Winkel erfolgt. Beim CAMPBELLschen Apparat ist z. B. eine ungleichmäßige Teilung der Ableseskala erforderlich. Da die Variatoren große Spulenabmessungen haben, so unterliegen sie leicht störenden Wechselwirkungen mit fremden magnetischen Streufeldern. Die letztgenannten Mängel sind bei dem neueren Variator von BROOKS und WEAVER[1]) vermieden. Dieser besteht aus vier festen und zwei beweglichen Spulen von annähernd elliptischer Form, die auf drei kreisförmigen konzentrischen Hartgummischeiben (Durchmesser 35,5 cm) montiert sind. Die mittlere drehbare Scheibe trägt beiderseits der vertikalen Drehungsachse die beiden beweglichen Spulen, jeder von ihnen stehen je zwei auf der oberen und unteren Hartgummischeibe angeordnete feste Spule bei maximaler bzw. minimaler Induktivität genau gegenüber. Die sechs Spulen sind so hintereinandergeschaltet, daß das Instrument astatisch, d. h. nahezu unabhängig von fremden magnetischen Streufeldern ist. Die Spulenform ist empirisch so ermittelt, daß die Induktivitätsänderung linear mit dem Drehwinkel erfolgt. Der Meßbereich beträgt 0,125 bis 1,23 mH bei 0,35 Ohm Widerstand, ein Teilstrich der Skala entspricht 5 μH.

Die in der Hochfrequenztechnik gebräuchlichen Variatoren, wie die sog. Zylinder- und Kugelvariometer, bei denen die Spulen auf Zylinder- oder Kugelflächen angeordnet sind, sind meist nicht für Meßzwecke konstruiert.

---

[1]) H. B. BROOKS u. F. C. WEAVER, Bull. Bureau of Stand. Bd. 13, S. 569. 1917.

Kapitel 19.

Messung von Kapazitäten und Induktivitäten.

Von

E. GIEBE, Berlin.

Mit 25 Abbildungen.

a) Maßeinheiten. Übersicht über die Meßmethoden. Historisches.

1. Die Maßeinheiten, die den elektrischen Messungen von Kapazitäten und Induktivitäten praktisch zugrunde gelegt werden, sind das Farad (F) und das Henry (H) (vgl. Kap. 1); sie sind nach den Ausführungsbestimmungen zum Deutschen Reichsgesetz, betreffend die elektrischen Maßeinheiten, vom Jahre 1898, folgendermaßen definiert: Die Kapazität eines Kondensators, welcher durch eine Amperesekunde auf ein Volt geladen wird, heißt ein Farad. Der Induktionskoeffizient eines Leiters, in welchem ein Volt induziert wird durch die gleichmäßige Änderung der Stromstärke um ein Ampere in der Sekunde, heißt ein Henry. Den Maßeinheiten, die nach obigen Definitionen aus den durch internationale Übereinkunft festgelegten elektrischen Grundeinheiten abgeleitet sind, gibt man, ebenso wie den letzteren, zweckmäßig den Zusatz international, bezeichnet sie also mit int. F und int. H zum Unterschied von den entsprechenden absoluten Einheiten des CGS-Systems, mit denen sie nicht genau übereinstimmen. Die absoluten Einheiten der Kapazität und Induktivität im elektromagnetischen Maßsystem sind sec^2/cm bzw. cm. Nennt man 10^{-9} sec^2/cm ein absolutes Farad und 10^9 cm ein absolutes Henry, so gelten zwischen den absoluten und internationalen Einheiten die folgenden bis auf $1 \cdot 10^{-4}$ angegebenen Zahlenbeziehungen:

$$1 \text{ int. F} = 0{,}9995 \text{ abs. F},$$

$$1 \text{ int. H} = 1{,}0005 \text{ abs. H}.$$

Der Kapazitätsbetrag eines Kondensators in int. F ist demnach um $1/2 \, ^0/_{00}$ größer als in abs. F, der Induktivitätsbetrag einer Spule um $1/2 \, ^0/_{00}$ kleiner als in abs. H. Der Unterschied von $1/2 \, ^0/_{00}$ ist der gleiche wie der zwischen int. und abs. Widerstandseinheit, für welche die Beziehung

$$1 \text{ int.} \Omega = 1{,}0005 \text{ abs.} \Omega$$

gilt. (Vgl. Kap. 1.)

Kapazitätsbeträge werden vielfach, besonders in der Technik der drahtlosen Telegraphie, in der Einheit des elektrostatischen Maßsystems, d. i. in cm, angegeben. Für die Umrechnung gilt

$$1 \text{ abs. F} = v^2 \cdot 10^{-9} \text{ cm},$$

wo v die Lichtgeschwindigkeit ist, für welche man gewöhnlich den runden Wert $3 \cdot 10^{10}$ cm/sec einsetzt. Genauer ist $v = 2{,}9985 \cdot 10^{10}$ cm/sec und demnach:

1 abs. F $= 0{,}9990 \times 9 \cdot 10^{11}$ cm $= 0{,}8991 \cdot 10^{12}$ cm,

1 int. F $= 0{,}9985 \times 9 \cdot 10^{11}$ cm $= 0{,}8986 \cdot 10^{12}$ cm.

Da das Farad zu groß ist, benutzt man praktisch das Mikrofarad, $\mu\mathrm{F} = 10^{-6}\mathrm{F}$, oder das Mikro-Mikrofarad, $\mu\mu\mathrm{F} = 10^{-12}\mathrm{F}$. Die Einheit $\mu\mu\mathrm{F}$ ist deshalb praktisch besonders bequem, weil die Beträge einer Kapazität in $\mu\mu\mathrm{F}$ und in cm numerisch nahe (bis auf 10%) einander gleich sind. Für Induktivitäten sind neben dem Henry das Millihenry, mH $= 10^{-3}$ H, und das Mikrohenry, $\mu\mathrm{H} = 10^{-6}$ H, gebräuchlich.

Als absolute Messung einer Kapazität oder einer Induktivität bezeichnet man die Bestimmung der Abmessungen eines Kondensators bzw. einer Spule von einfacher geometrischer Form und die Berechnung der Kapazität bzw. Induktivität nach theoretisch abgeleiteten Formeln in absoluten Einheiten des CGS-Systems, d. i. in cm (elektrostat.) für die Kapazität und ebenfalls in cm (elektromagn.) für die Induktivität. Derartige absolute Messungen werden praktisch vielfach zur ungefähren Bestimmung eines Kapazitäts- oder Induktivitätswertes ausgeführt, in einigen Fällen sind sie außerordentlich genau durchgeführt mit besonderen Meßzielen, die in Kapitel 18 Ziff. 5 und 26 besprochen sind.

Die in diesem Abschnitt behandelten elektrischen Methoden zur Messung von Kapazitäten und Induktivitäten ergeben sich prinzipiell aus den elementaren Beziehungen, welche zwischen Kapazität C, Induktivität L oder M (Selbst- oder Gegeninduktivität), Widerstand R, Elektrizitätsmenge Q, Stromstärke J, Spannung E und Zeit t bestehen:

$$C = \frac{Q}{E} = \left[\frac{J \cdot t}{J \cdot R}\right] = \left[\frac{t}{R}\right]; \qquad M \text{ oder } L = E : \frac{dJ}{dt} = [t \cdot R].$$

Es ist also t/C bzw. L/t von der Dimension eines Widerstandes; der Wert von C und L ist daher aus der Widerstandseinheit, dem int. Ohm, und der Zeiteinheit, der sec, bestimmbar. In der heutigen Meßtechnik wendet man vorwiegend periodische Ströme an, meist Wechselströme, bei den Messungen von Kapazitäten auch periodische Ladung und Entladung mittels Gleichstrom. Dabei geht die Zeit als Periodendauer, d. i. als Frequenz ein. Alle Messungen von Kapazitäten und Induktivitäten mit Wechselstrom (Frequenz $f = \omega/2\pi$) laufen auf die Messung der Größen $1/\omega C$ oder ωL hinaus, die nach obigen Formeln die Dimension eines Widerstandes haben. Kapazitäts- und Induktivitätsmessungen sind daher im wesentlichen Widerstandsmessungen, bei denen „Blindwiderstände", und zwar kapazitive Widerstände $1/\omega C$ und induktive Widerstände ωL oder ωM miteinander oder mit OHMschen Widerständen R verglichen werden. Die folgenden fünf für diese Vergleichungen möglichen Kombinationen zu je zweien der drei Widerstandsgrößen umfassen im Prinzip alle Wechselstrommethoden:

1. u. 2. Vergleichung eines kapazitiven oder induktiven mit einem OHMschen Widerstande;

3. u. 4. Vergleichung zweier kapazitiver oder zweier induktiver Widerstände miteinander;

5. Vergleichung eines kapazitiven mit einem induktiven Widerstande.

Die große Mannigfaltigkeit der hierfür ersonnenen Meßschaltungen beruht 1. auf den verschiedenen Möglichkeiten von Reihen- und Parallelschaltung der drei Widerstandsgrößen; 2. auf der zweifachen Wirkung der Induktion, als Selbst- und als Gegeninduktion; 3. auf den verschiedenen, für C, L und M charakteristischen Phasenverschiebungen zwischen Wechselströmen und Wechselspannungen. Bei einem Teil der obigen fünf prinzipiellen Methoden geht die Frequenz in die Messung ein, sie erfordern also eine Zeitmessung und werden wegen dieses Zurückgreifens auf die eine Grundeinheit des CGS-Systems vielfach absolute Messungen genannt zur Unterscheidung von den rein relativen Methoden unter 3. u. 4. In diesem Abschnitt wird die Bezeichnung „absolut" nur für die oben gekennzeichnete Bestimmung von C und L aus den geometrischen Abmessungen benutzt.

Bei der experimentellen Ausführung von Vergleichungen der drei Widerstandsgrößen mit Wechselstrom werden in der heutigen Meßtechnik fast ausschließlich die WHEATSTONEsche Brückenmethode und dieser mehr oder weniger ähnliche Nullmethoden benutzt. Aus diesem Grunde ist die WHEATSTONEsche Brücke bei Wechselstrom in einem besonderen Abschnitt ausführlich behandelt, in welchem die durch die Verwendung von Wechselströmen bedingten experimentellen Schwierigkeiten erörtert werden. Die für die Ausführung von genauen Messungen maßgebenden Gesichtspunkte, die sich dabei für die Brücke ergeben, gelten übrigens nicht nur für diese, sondern auch mehr oder weniger für jede mit Wechselstrom beschickte Meßschaltung. Die in den späteren Abschnitten folgende Besprechung der einzelnen Meßmethoden ist keineswegs eine erschöpfende Darstellung aller Methoden[1]). Am eingehendsten werden diejenigen Methoden behandelt, die experimentell erprobt und für Präzisionsmessungen geeignet sind, also hauptsächlich Wechselstrom-Nullmethoden. Ältere Methoden, wie z. B. diejenigen, die auf der Beobachtung eines ballistischen Galvanometerausschlags beruhen, sind, weil sie ihrer geringen Genauigkeit wegen und aus anderen Gründen nur noch selten gebraucht werden, nur kurz oder überhaupt nicht erwähnt.

Bei der Auswahl einer Meßmethode in einem gegebenen Fall ist zu beachten, daß die wirklichen Kondensatoren und Spulen aus verschiedenen Ursachen, wie in Kapitel 18 eingehend erläutert, keineswegs immer „ideale" Kapazitäten und Induktivitäten darstellen, sondern mit mehr oder weniger ins Gewicht fallenden Unvollkommenheiten behaftet sind. Es können sich daher unter Umständen je nach den Versuchsbedingungen und je nach der Meßmethode verschiedene Meßresultate ergeben. Deshalb soll grundsätzlich die Messung einer Kapazität oder Induktivität unter den gleichen Versuchsbedingungen, z. B. bei der gleichen Wechselstromfrequenz erfolgen, wie sie bei dem beabsichtigten Gebrauch vorliegen. Dementsprechend ist auch die Meßmethode zu wählen.

Häufig ist bei unvollkommenen Kondensatoren oder Spulen die Messung etwa des dielektrischen Verlustwinkels von Kabeln bzw. der Widerstandserhöhung durch Hautwirkung eine ebenso wichtige Aufgabe wie die Bestimmung der Kapazität oder Induktivität; sie ist experimentell meist schwieriger als die Messung von C und L.

Zur historischen Entwicklung der Meßtechnik von Kapazitäten und Induktivitäten ist als Wichtigstes folgendes zu sagen: Die meisten Meßmethoden sind bereits von MAXWELL angegeben; diese MAXWELLschen Methoden sind ursprünglich nicht für Wechselstrom, sondern für Gleichstrom und ballistisches Galvanometer erdacht. Zahlreiche Wechselstrombrückenmethoden sind zuerst von M. WIEN teils aus den MAXWELLschen Methoden entwickelt, teils neu angegeben und erprobt. Die Durchbildung von Meßmethoden für Präzisionsmessungen ist zum

---

[1]) Eine zusammenfassende Darstellung der Meßtechnik nach dem Stande von 1909 gibt E. ORLICH, Kapazität und Induktivität. Braunschweig 1909; eine erschöpfende Darstellung aller Wechselstrombrückenmethoden, B. HAGUE, Alternating Current Bridge Methods. London 1923.

b) Die WHEATSTONEsche Brücke bei Wechselstrom.

2. Die Gleichgewichtsbedingungen. Leitet man in eine Brückenschaltung (Abb. 1), deren vier Zweige in beliebiger Weise aus Widerständen, Kondensatoren und Induktivitätsspulen zusammengesetzt seien, Wechselstrom an den Eckpunkten A, B, so müssen die Spannungen an den Eckpunkten F und G nicht nur der Größe (Amplitude), sondern auch der Phase nach einander gleich sein, wenn im Nullinstrument (Vibrationsgalvanometer oder Telephon) kein Strom fließen, die Brücke also abgeglichen sein soll. Daraus folgt ohne weiteres, daß zur Herstellung des Brückengleichgewichtes bei Wechselstrom nicht wie bei Gleichstrom nur eine, sondern stets zwei Nullbedingungen erfüllt werden müssen. Die Berechnung dieser Bedingungen für eine gegebene Schaltung ist mit Hilfe der symbolischen Darstellung der Wechselstromgrößen durch komplexe Zahlen (vgl. dieses Handbuch, Bd. 15, Kap. 2) in sehr einfacher Weise auszuführen. Sind $\mathfrak{S}_1$, $\mathfrak{S}_2$, $\mathfrak{S}_3$, $\mathfrak{S}_4$ die Widerstandsoperatoren der vier Zweige, so gilt für diese im Brückengleichgewicht bei Wechselstrom die gleiche Beziehung wie für die OHMschen Widerstände bei der Gleichstrombrücke, d. h.

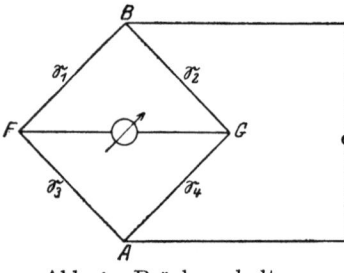

Abb. 1. Brückenschaltung.

$$\mathfrak{S}_1 \mathfrak{S}_4 = \mathfrak{S}_2 \mathfrak{S}_3 \, . \tag{1}$$

Stellt man die Operatoren $\mathfrak{S}$ durch ihre absoluten Beträge $|\mathfrak{S}| = S$, d. h. ihre Scheinwiderstände und ihre Winkel φ, d. h. die Phasenverschiebungswinkel zwischen Wechselstrom und Spannung, in der Form

$$\mathfrak{S} = S e^{i\varphi} \tag{2}$$

dar $(i = \sqrt{-1})$, so wird aus Gleichung (1)

$$S_1 S_4 e^{i(\varphi_1 + \varphi_4)} = S_3 S_2 e^{i(\varphi_2 + \varphi_3)} \, . \tag{3}$$

Hieraus folgen, indem man die reellen und imaginären Teile jeder Seite der Gleichung einander gleichsetzt, die beiden reellen Nullbedingungen

$$S_1 S_4 = S_2 S_3 \, , \tag{4}$$

$$\varphi_1 + \varphi_4 = \varphi_2 + \varphi_3 \, . \tag{5}$$

Den Nullbedingungen kann man auch noch eine andere Gestalt geben. Den Operator $\mathfrak{S}$ einer zwischen zwei Punkten beliebig verzweigten Leitung, deren einzelne Zweige irgendwie aus Widerständen, Kondensatoren und Spulen zusammengesetzt seien, kann man stets auf die Form

$$\mathfrak{S} = a + ib \tag{6}$$

bringen, wobei

$$S = \sqrt{a^2 + b^2} \, , \tag{7}$$

$$\varphi = \operatorname{arctg} b/a \tag{8}$$

ist. Gibt man dem Operator jedes der vier Brückenzweige die Form (6), so entstehen aus 1. nach Trennen des Imaginären vom Reellen die zwei Nullbedingungen

$$a_1 a_4 - b_1 b_4 = a_2 a_3 - b_2 b_3, \qquad (9)$$

$$a_1 b_4 + a_4 b_1 = a_2 b_3 + a_3 b_2. \qquad (10)$$

Jede der Gleichungsformen (4), (5) bzw. (9), (10), die natürlich beide dasselbe aussagen, hat ihre praktischen Vorzüge, so daß man bald die eine, bald die andere anwendet. Ein einfaches Beispiel mag zur Erläuterung der Rechenweise dienen, auf die dann in den folgenden Abschnitten bei Besprechung der verschiedenen Meßschaltungen in jedem Einzelfalle nicht weiter eingegangen zu werden braucht.

Die Brückenschaltung (vgl. Abb. 13 in Ziff. 24) enthalte in den Zweigen 1 und 4 reine Widerstände R_1, R_4, in Zweig 2 einen reinen Widerstand R_2 mit parallelgeschaltetem Kondensator der „reinen" Kapazität C_2 und in Zweig 3 eine Spule vom Widerstand R_3 und der Induktivität L_3. Die Operatoren der 4 Zweige sind demnach (vgl. Kapitel 18, Ziff. 3 u. 16, sowie ds. Handb. Bd. XV).

$$\mathfrak{S}_1 = R_1, \qquad \mathfrak{S}_4 = R_4, \qquad \mathfrak{S}_3 = R_3 + i\omega L_3,$$

$$\mathfrak{S}_2 = \frac{R_2 \cdot \frac{1}{i\omega C_2}}{R_2 + \frac{1}{i\omega C_2}} = \frac{R_2}{1 + i\omega C_2 R_2} = \frac{R_2(1 - i\omega C_2 R_2)}{1 + \omega^2 C_2^2 R_2^2},$$

und die Scheinwiderstände und Phasenwinkel

$$S_1 = R_1, \quad S_4 = R_4, \quad S_3 = \sqrt{R_3^2 + \omega^2 L_3^2}, \quad S_2 = \frac{R_2}{\sqrt{1 + \omega^2 C_2^2 R_2^2}},$$

$$\varphi_1 = 0, \quad \varphi_4 = 0, \quad \operatorname{tg}\varphi_3 = \frac{\omega L_3}{R_3}, \quad \operatorname{tg}\varphi_2 = -\omega C_2 R_2.$$

Die erste Rechenweise ergibt aus (5) unmittelbar

$$\frac{L_3}{C_2} = R_2 R_3 \qquad (11)$$

und aus (4) unter Berücksichtigung von (11):

$$\frac{R_2 R_3 \sqrt{1 + \frac{\omega^2 L_3^2}{R_3^2}}}{\sqrt{1 + \omega^2 C_2^2 R_2^2}} = R_2 R_3 = R_1 R_4. \qquad (12)$$

Bei der zweiten Rechenweise ist in (9) und (10) einzusetzen:

$$a_1 = R_1, \quad a_4 = R_4, \quad a_2 = \frac{R_2}{1 + \omega^2 C_2^2 R_2^2}, \quad a_3 = R_3;$$

$$b_1 = 0, \quad b_4 = 0, \quad b_3 = -\frac{\omega C_2 R_2^2}{1 + \omega^2 C_2^2 R_2^2}, \quad b_3 = \omega L_3,$$

und man erhält dann wiederum die Gleichungen (11) bzw. (12).

Praktisch ist meist die zweite Rechenweise die einfachere, weil die in den Scheinwiderständen bei der ersten Rechenweise auftretenden Wurzeln in komplizierteren Schaltungen als der behandelten in der Regel unbequem sind. Bei Parallelschaltungen in einem Zweige (z. B. Zweig 2 in Abb. 13) wird die Rechnung oft kürzer, wenn man den Operator nicht in der fertigen Form $a + ib$, wie es oben geschehen ist, sondern unaufgelöst, also im Beispiel: $\mathfrak{S}_2 = R_2/(1 + i\omega C_2 R_2)$, in die Gleichung (1) einsetzt.

Von der Phasenbeziehung (5) macht man besonders vorteilhaft bei Korrektionsrechnungen Gebrauch, die für genauere Messungen auszuführen sind, zur Beurteilung des Einflusses, den geringe Selbstinduktion und Kapazität in den oben als „rein" vorausgesetzten Widerständen, ferner der Verlustwinkel von Kondensatoren, die Kapazität von Spulen usw. auf das Meßresultat ausüben. Die strenge Durchführung der Rechnung unter Berücksichtigung dieser Einflüsse, also für eine Brücke, die im allgemeinen Fall in allen 4 Zweigen neben Widerständen auch Selbstinduktionen und Parallelkapazitäten enthält, ist sehr umständlich und führt zu schwer übersehbaren Formeln. Man macht daher von vornherein in jedem einzelnen Operator die durch die geringe Größe jener Fehlerquellen gebotenen Vernachlässigungen. Die häufig vorkommenden Korrektionen in den Operatoren von Widerstand, Induktivität und Kapazität seien hier zusammengestellt.

Ein Widerstand R mit kleiner Selbstinduktion l und Kapazität c hat den Operator:

$$\mathfrak{S} = R(1 + i\varphi), \qquad \varphi = \omega\left(\frac{l}{R} - cR\right) = \omega t. \qquad (13)$$

Hierin ist $\omega^2 l c$ und $\omega^2 c^2 R^2$ gegen 1 vernachlässigt und $\varphi = \operatorname{tg}\varphi$ gesetzt. t ist die sog. Zeitkonstante des Widerstandes.

Für eine Kapazität C mit kleinem Verlustwinkel $\delta \approx \operatorname{tg}\delta$ gilt (vgl. Kapitel 18, Ziff. 4):

$$\mathfrak{S} = \frac{1}{i\omega C(1 - i\delta)} = \frac{1 + i\delta}{i\omega C} = \frac{\delta - i}{\omega C}, \qquad (14)$$

für eine Spule L, R mit Eigenkapazität c (vgl. Kapitel 18, Ziff. 17):

$$\mathfrak{S} = R(1 + 2\omega^2 L c) + i\omega L(1 + \omega^2 L c). \qquad (15)$$

Beim Einsetzen dieser Operatoren in die Gleichung (1) bzw. (4), (5) bzw. (9), (10) ist ferner zu beachten, daß die Quadrate und Produkte der kleinen Größen φ, δ gegen 1 zu vernachlässigen sind.

In obigem Beispiel stimmt die eine Nullbedingung (12) mit der für die Gleichstrombrücke gültigen überein; dies ist jedoch bei vielen angewandten und prinzipiell möglichen Brückenschaltungen durchaus nicht der Fall, vielmehr geht oft auch die Frequenz in die Nullbedingungen ein. Neben der ursprünglichen Brückenschaltung (Abb. 1) werden auch andere Schaltungen mit mehr oder weniger als 4 Zweigen (vgl. z. B. Ziff. 25) und in anderer Anordnung der Zweige angewandt, bei denen ebenfalls auf das Verschwinden des Stromes in einem Galvanometer oder Telephon eingestellt wird. Die Ableitung der Nullbedingungen ist auch in diesen Fällen mit Hilfe der komplexen Symbole sehr einfach; man wendet die KIRCHHOFFschen Regeln an, indem man mit den Operatoren wie mit Widerständen rechnet, und erhält eine komplexe Nullbedingung, die man wie oben in zwei reelle Gleichungen auflöst. Wie die Gegeninduktivität in die Rechnung einzubeziehen ist, wird später (Ziff. 31 u. ff.) an Beispielen erläutert.

Die allgemeinen Gleichgewichtsbedingungen einer Brücke, die neben Kapazitäten und Selbstinduktivitäten auch Gegeninduktivitäten in beliebiger Anordnung enthält, sind von HEAVISIDE[1]) abgeleitet.

Bei der Ableitung der Nullbedingungen wird vorausgesetzt, daß der Widerstandsoperator jeden Zweiges der Brücke durch die Art seiner Zusammensetzung aus Widerständen, Kondensatoren und Spulen eindeutig bestimmt sei; dabei ist folgendes außer acht gelassen: In der Umgebung jedes wechselstromführenden Leiters bestehen magnetische und elektrische Wechselfelder, die auf benachbarte Leiter magnetisch induzierend oder elektrisch influenzierend einwirken können. Die gegenseitige induktive und kapazitive Beeinflussung aller Zweige der Brücke, einschließlich des Stromquellen- und Nullinstrumentzweiges, ver-

---

[1]) O. HEAVISIDE, El. Papers Bd. 2. 1892.

ursacht nun, wie die Erfahrung gezeigt hat, unter Umständen, besonders bei höheren Wechselstromfrequenzen, so erhebliche Fehler, daß es besonderer Hilfsmittel bedarf, um solche Beeinflussungen auszuschließen. Davon ist im folgenden die Rede.

3. Verteilte Kapazität in der Brücke. In jedem Zweige einer Brückenschaltung müssen, auch wenn keine Kondensatoren eingeschaltet sind, Ladeströme fließen, welche die Elektrizitätsmengen befördern, die zur periodischen Aufladung der einzelnen im Zweige befindlichen Leiterteile auf die ihnen zukommende Wechselspannung notwendig sind. Solche Leiterteile sind z. B. die einzelnen Windungen von Widerstands- oder Induktionsspulen, die Kontaktklötze von Stöpsel- oder Kurbelwiderständen usw. Die von den Ladungen eines Leiterteiles ausgehenden elektrischen Kraftlinien verlaufen zur Erde oder zu anderen Leitern der Meßanordnung; alle Leiterteile derselben sind somit in einem weitstreuenden elektrischen Wechselfelde direkt oder über Erde elektrisch miteinander gekoppelt. Jeder Zweig der Brücke enthält also, in meist ungleichmäßiger Verteilung, Kapazitäten — Kapazitäten gegen Erde, „Erdkapazitäten", und Kapazitäten gegen alle anderen Zweige —, deren Größe von den geometrischen Abmessungen der einzelnen Leiterteile, von ihrer Lage zur Erde und zu benachbarten Leitern und von der Spannungsverteilung im gesamten Leitungsnetz abhängt. Wenn nun auch diese verteilten Kapazitäten meist sehr klein sind, so liefern doch, wie die Erfahrung gezeigt hat, die Ladeströme unter Umständen, und zwar besonders bei hohen Spannungen und bei hohen Frequenzen, einen so erheblichen Beitrag zu den Leitungsströmen, daß der Gesamtstrom längs eines Zweiges nicht überall die gleiche Stärke hat. Erfahrungsgemäß sind die Erdkapazitäten die Hauptursache dieser nicht mehr quasistationären Strömung, während die gegenseitigen Kapazitäten zwischen verschiedenen Teilen der Meßanordnung eine geringere Rolle spielen. Erdkapazitäten sind natürlich nicht nur in den Zweigen 1 bis 4 der Schaltung Abb. 1, sondern auch im Galvanometer- und vor allem im Stromquellenzweig vorhanden, so daß kapazitive Verbindungen über Erde zwischen Nullinstrument und Wechselstromgenerator bestehen, die von besonders starkem Einfluß auf die Nullabgleichung der Brücke sind. Man erkennt dies experimentell u. a. daran, daß das Brückengleichgewicht durch Schaltungsänderungen im Stromquellenzweig, z. B. durch Vertauschen der Stromzuleitung bei A (Abb. 1) mit der bei B gestört wird. Bei Wechselstromfrequenzen von einigen tausend Hertz ist die Wirkung der Erdkapazitäten oft so groß, daß Änderungen ihrer Größe, z. B. durch Berühren von Apparaten, etwa des Telephons, mit der Hand oder durch Körperbewegungen des Beobachters, erhebliche Änderungen der Nulleinstellung der Brücke zur Folge haben; bisweilen ist in ganz einfachen Schaltungen, wie z. B. der bei der Vergleichung zweier Selbstinduktionen üblichen, eine Nullabgleichung überhaupt nicht möglich. In jedem Fall bringen diese variablen Erdkapazitäten eine Unbestimmtheit in die Meßanordnung, wodurch die Meßresultate in quantitativ nicht erfaßbarer Weise gefälscht werden[1]).

4. Abschützung und Erdung der Brücke. Um die genannten Kapazitätseinflüsse unschädlich zu machen und einwandfreie Messungen zu ermöglichen, wendet man[2]) folgende Mittel an:

1. elektrische Abschirmung der Brückenzweige durch leitende Schutzhüllen;
2. Erdung der Schaltung an geeigneter Stelle.

---

[1]) E. GIEBE, ZS. f. Instrkde. Bd. 31, S. 13. 1911.
[2]) E. GIEBE, a. a. O.; E. GRÜNEISEN u. E. GIEBE, Wiss. Abh. d. Phys.-Techn. Reichsanst. Bd. 5, S. 1. 1921.

Schutzhüllen und Erdung müssen so angebracht werden, daß der Übergang elektrischer Kraftlinien von leitenden Teilen eines Zweiges der Brücke zur Erde, zum Beobachter oder zu anderen Teilen der Meßanordnung entweder ganz verhindert oder nur da zugelassen wird, wo die Nulleinstellung der Brücke durch kapazitive Nebenschlüsse in einer der Messung und Rechnung zugänglichen Weise oder überhaupt nicht beeinflußt wird.

Das Schema einer vollständig abgeschützten Brücke zeigt Abb. 2.

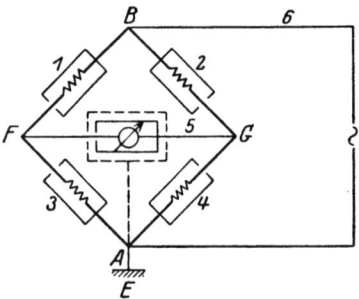

Abb. 2. Abschützung einer Brücke nach GIEBE.

Die leitenden Schutzhüllen (Stanniol, Nickelpapier), welche die Zweige 1 und 2 bzw. 3 und 4 mit ihren Zuleitungen völlig umschließen, sind mit den Stromzuführungseckpunkten B bzw. A verbunden; A ist geerdet. Für den Zweig 5 sind zwei Schutzhüllen erforderlich, eine innere, das Meßinstrument mit seinen Zuleitungen völlig einschließende Hülle I, die mit dem Eckpunkt G (oder F) verbunden ist, und eine äußere Hülle II, welche die erste umgibt, an den Eckpunkt A angeschlossen und somit geerdet ist. Hülle I verhindert den Übergang von elektrischen Kraftlinien vom Meßinstrument zur Umgebung, erteilt aber dem Eckpunkt G Kapazität teils gegen Erde, teils gegen die Hüllen am Eckpunkt B. Um diese Kapazitäten eindeutig zu definieren, dient Hülle II, durch deren Erdung die Kapazität zwischen beiden Hüllen parallel zum Zweig 4 gelegt wird. Die unter Umständen beträchtliche Erdkapazität der mit B verbundenen Hüllen liegt parallel zur ganzen Brückenanordnung, bedeutet also einen kapazitiven Nebenschluß für die Wechselstromquelle, kann aber die Nulleinstellung nicht beeinflussen; das gleiche gilt von sonstigen Erdkapazitäten im Stromquellenzweig 6.

Die vollständige Abschützung einer Brücke macht den Aufbau der Meßanordnung umständlich und unhandlich; besonders gilt dies für die doppelte Abschützung des Nullinstruments, die zwar für ein Vibrationsgalvanometer in fester Aufstellung noch ziemlich einfach ist, aber bei Benutzung eines Telephons zur Beobachtung mit einem beide Schutzhüllen durchsetzenden Höhrrohr zwingt. Die doppelte Abschützung des Nullinstruments erübrigt sich, wenn man den ganzen Zweig FG spannungslos gegen Erde macht. Um dies zu erreichen, legt man parallel zur Stromquelle einen Hilfszweig $I-H-K$ (Abb. 3), der in H geerdet wird[1]). Die beiden Teile IH (Zweig 8) und HK (Zweig 7) werden entsprechend den Zweigen 3 und 1 bzw. 4 und 2 aus Widerständen, Kondensatoren oder Spulen zusammengesetzt und so abgeglichen, daß sich die Operatoren

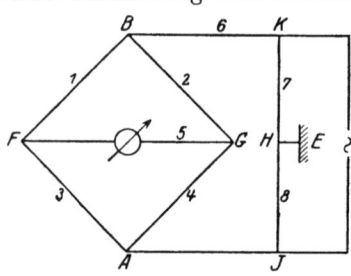

Abb. 3. Brücke mit Hilfszweig zur Erdung nach K. W. WAGNER.

$\mathfrak{S}_7 : \mathfrak{S}_8$ wie $\mathfrak{S}_2 : \mathfrak{S}_4$ verhalten. Experimentell verfährt man folgendermaßen: Man gleicht zunächst die eigentliche Brücke $\begin{vmatrix} 1 & 2 \\ 3 & 4 \end{vmatrix}$ ungefähr ab, schaltet hierauf das Nullinstrument von FG auf GH um (oder legt ein anderes zweites Nullinstrument an GH) und gleicht die Hilfsbrücke $\begin{vmatrix} 2 & 4 \\ 7 & 8 \end{vmatrix}$ ab, wobei nur an den Operatoren $\mathfrak{S}_7$ und $\mathfrak{S}_8$ reguliert werden darf. Dann legt man das Meßinstrument wieder auf FG

---

[1]) K. W. WAGNER, Elektrot. ZS. Bd. 32, S. 1001. 1911.

um und nimmt die endgültige Abgleichung der Hauptbrücke vor. Bei sehr genauen Messungen kann es nötig sein, die Hilfsbrückeneinstellung nochmals zu korrigieren. Auf diese Weise wird der ganze Zweig FG spannungslos gegen Erde, seine Erdkapazitäten sind also unschädlich; die Schutzhüllen der Zweige 1 bis 4 verbindet man mit den Eckpunkten F bzw. G oder, was manchmal zweckmäßiger sein kann (vgl. z. B. Ziff. 16), mit Punkt H. Durch geeignete Aufstellung der Apparate, nötigenfalls durch Anbringung geerdeter Schutzhüllen um die Zweige 7 und 8 oder auch 5 muß jedoch eine direkte kapazitive Beeinflussung zwischen den Zweigen 5 und den Zweigen 6, 7, 8 verhindert werden.

Praktisch genügt es in den meisten Fällen, wenn die Spannung des Brückenzweiges gegen Erde zwar nicht völlig Null, aber doch sehr klein ist. Auf etwas einfachere Weise als mit Hilfszweig erreicht man das, wenn man bei direkter Erdung der Brücke im Eckpunkt A (Abb. 2) die Scheinwiderstände der Zweige 3 und 4 klein wählt gegenüber denjenigen der Zweige 1 und 2, so daß längs dieser Zweige nur ein geringer Spannungsabfall vorhanden ist. Zur weiteren Herabsetzung der Erdkapazitätswirkungen des Nullinstruments macht man die Brücke möglichst gleicharmig, baut sie symmetrisch auf und vermeidet direkte Berührung der Metallteile des Telephons mit der Hand. Zweige mit kleinen Wirk- und Blindwiderständen kann man oft ungeschützt lassen (vgl. z. B. Ziff. 26).

Die Abschützung von Kondensatoren und Spulen ist in Kapitel 18 besprochen; über die Abschützung von Widerständen folgen in Ziff. 7 einige Angaben.

Bei höchsten Ansprüchen an die Meßgenauigkeit wendet man sowohl bei direkter Erdung der Brücke als auch bei Erdung an einem Hilfszweig Substitutionsverfahren an; dann ist äußerste Sorgfalt in der Beseitigung der störenden Erdkapazitäten nicht erforderlich, sofern man nur darauf achtet, daß beim Ersatz der zu messenden Größe durch das Vergleichsnormal an der Anordnung sonst nichts geändert wird.

Direkte Erdung der Stromquelle (Röhrensender, Maschine) gibt leicht zu Störungen Anlaß; man schaltet zweckmäßig stets zwischen Stromquelle und Brücke einen Transformator ein, bei höherer Frequenz einen Lufttransformator, dessen primäre und sekundäre Wicklungen möglichst kleine gegenseitige Kapazität haben sollen. Die Anbringung einer dünnen metallischen unterteilten Schutzhülle zwischen beiden Wicklungen, die geerdet wird, setzt die Störungen durch Erdkapazität des Generators stark herab.

5. Gegenseitige Induktion zwischen verschiedenen Brückenzweigen; Bifilarbrücke von GIEBE[1]). In ähnlicher Weise wie die eben behandelten elektrischen Streufelder, können auch magnetische Streufelder zu Fehlern Anlaß geben. In Brücken, die in der in Abb. 1 gezeichneten Weise angeordnet sind, bestehen induktive Kopplungen zwischen sämtlichen Zweigen der Schaltung, deren Operatoren somit unbestimmt sind. Brücken, die einen gerade oder kreisförmig ausgespannten Schleifdraht größerer Länge enthalten, sind für genaue Wechselstrommessungen unbrauchbar. Um gegenseitige induktive Beeinflussungen möglichst auszuschließen, orndet man die vier Brückeneckpunkte A, B, F, G nahe beieinander an (Abb. 4) und führt bifilare Zuleitungen zu den einzelnen Apparaten S_1, S_2, S_3, S_4. Senkrecht zur Ebene der Brückenzweige nach oben und unten gehen verdrillte Leitungen, durch geerdete Metallrohre elektrisch abgeschützt, zur Stromquelle und zum Nullinstrument. Auf diese Weise erhalten die Zuleitungen der vier Brückenzweige wohldefinierte, meßbare Selbstinduktionen.

Für Meßmethoden, bei denen das Verhältnis S_1/S_2 zweier Scheinwiderstände, z. B. zweier Kapazitäten oder Induktivitäten, als Verhältnis zweier OHMscher

---
[1]) E. GIEBE, Ann. d. Phys. Bd. 24, S. 941. 1907; ZS. f. Instrkde. Bd. 31, S. 6. 1911.

Widerstände R_3/R_4 gefunden wird, erhält eine solche Bifilarbrücke die in Abb. 5 wiedergegebene Form, die für genaue Messungen zweckmäßig ist. Beide Widerstände R_3, R_4, für welche gar keine Zuleitungen nötig sind, bestehen aus bifilar in überall gleichem Abstand ausgespannten Manganindrähten gleicher Stärke; ihre Selbstinduktionen (l_3, l_4) sowie ihre Widerstandswerte sind also der Länge der beiderseits von A ausgespannten Drähte proportional, die durch geeignet geformte Klemmen k_3, k_4 verändert werden kann. Für ein beliebiges Längen-

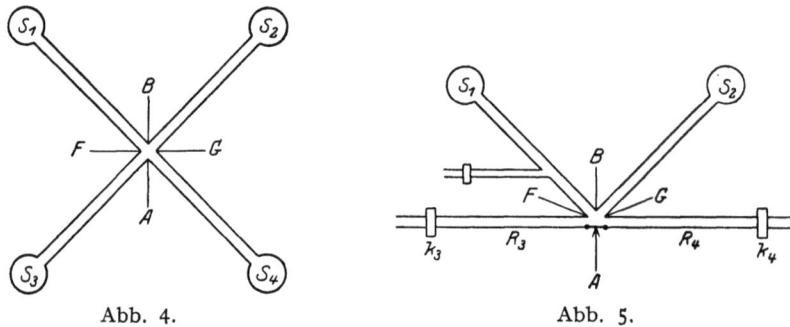

Abb. 4. Abb. 5.
Bifilarbrücke von GIEBE.

verhältnis ist daher $R_3/R_4 = l_3/l_4$, und die Zeitkonstante beider Zweige ist stets gleich groß. Unter diesen Umständen entstehen durch die Selbstinduktion l_3 und l_4 keinerlei Fehler im Meßresultat (vgl. z. B. Ziff. 23). Die Feineinstellung von R_3/R_4 erfolgt durch einen nur 2 cm langen Schleifdraht in der Mitte der Brücke bei A. In Reihe mit S_1 liegt ein Widerstand, wie er für viele Brückenmethoden gebraucht wird; er besteht ebenfalls aus zwei bifilar ausgespannten Manganindrähten, deren Länge durch Gleitkontakt oder Klemme verändert werden kann.

Induktion zwischen zwei Spulen oder zwischen diesen und dem Nullinstrument sind durch Aufstellung in großer gegenseitiger Entfernung und Senkrechtstellen der Spulenachsen zu beseitigen.

6. Stromquelle, Nullinstrument. Als Wechselstromquelle ist der Röhrensender, der sich für beliebige Frequenzen in weitem Bereich bis herab zu wenigen hundert Hertz leicht herstellen läßt, allen anderen (Saitenunterbrecher, Maschinen, Induktorium, Summer) vorzuziehen, weil er sehr konstante Frequenz und sehr nahe sinusförmigen Strom liefert; außerdem gestattet er leicht und schnell die Frequenzen zu variieren. Die Leistung braucht meist nur klein zu sein. Für die technische Frequenz von 50 Hertz ist man auf Maschinen angewiesen.

Als Nullinstrument benutzt man bei Niederfrequenz bis herauf zu etwa 1000 Hertz, bei der technischen Frequenz 50 Hertz ausschließlich, das Vibrationsgalvanometer, bei höheren Frequenzen von wenigen 100 Hertz an aufwärts bis zur Grenze des hörbaren Bereiches das bequemere Telephon. Bei 50 Hertz ist das Telephon, bei Frequenzen über 1000 Hertz das Vibrationsgalvanometer, soweit überhaupt herstellbar, zu unempfindlich. Diejenigen Meßmethoden, bei denen in die Gleichgewichtsbedingung der Brücke die Frequenz, und zwar nicht bloß in Korrektionsgliedern, eingeht, erfordern ein auf die Meßfrequenz abgestimmtes Vibrationsgalvanometer; ein Telephon ist nur dann benutzbar, wenn der Wechselstrom der Energiequelle entweder von vornherein vollkommene Sinusform hat oder doch durch die dazu geeigneten Mittel (elektrische Resonanz, Kettenleiter) von Oberschwingungen vollkommen gereinigt ist. Praktisch ist eine so weitgehende Reinigung des Wechselstromes, wenigstens bei Niederfrequenz, oft schwer erreichbar; in einer für die Grundfrequenz des Wechselstromes nahe abgeglichenen, frequenzabhängigen Brücke hört man daher im Beobachtungstelephon, infolge seiner hohen und außerdem durch Eigenschwingungen der Membran selektiven Empfindlichkeit, meist Obertöne, wodurch eine genaue Abgleichung unmöglich wird. Übrigens ist auch bei Benutzung der Vibrationsgalvanometer die Brücke unter den genannten Umständen oft, z. B. bei der ungünstigen Kurvenform des Induktorwechselstromes, nicht genau abgleichbar, weil dieses schwach auch auf andere Frequenzen als die seiner Eigenschwingung anspricht. Aus diesem Grunde vermeidet man bei niedrigen Frequenzen nach Möglichkeit diejenigen Methoden, bei welchen die Nullbedingungen frequenzabhängig sind, und wendet sie erst bei höheren Frequenzen an, wo infolge der hier schärfer ausgeprägten elektrischen Resonanz eine völlige Reinigung des Wechselstroms leichter gelingt. Man benutzt dann das Telephon, vorteilhaft unter Ausnutzung seiner Eigentöne (meist bei 1000 bis 2000 Hertz), als Nullinstrument oder auch einen empfindlichen Kristalldetektor mit Gleichstromgalvanometer.

7. Die Abgleichung der Brücke. Die Abgleichung der Brücke bei Wechselstrom ist nicht so einfach wie bei Gleichstrom, weil stets zwei Nullbedingungen zu erfüllen sind, die bisweilen auch nicht unabhängig voneinander sind; man braucht also mindestens zwei veränderbare Größen, einen OHMschen Widerstand und ein Widerstandsverhältnis oder einen Blindwiderstand. Da man ferner bei den Wechselstromindikatoren nicht wie beim Gleichstromgalvanometer mit Ausschlägen arbeiten kann, aus denen die Nulleinstellung interpoliert wird, so müssen Wirk- und Blindwiderstand auch fein einstellbar sein. Zur Ausführung der Abgleichung ändert man zunächst die eine der beiden Variablen bis zu einem relativen Ton- oder Ausschlagsminimum, das man hierauf durch Ändern der zweiten Variablen, dann wieder der ersten usw. allmählich auf Null verkleinert. Wenn man nicht die Größenordnung der zu messenden Kapazität oder Induktivität kennt oder anderweitig irgendwie ermitteln kann, ist die Abgleichung bisweilen mühsam.

Als Meßwiderstände benutzt man am besten Einzelwiderstände, und zwar für Wechselstrommessungen besonders konstruierte Widerstände; diese haben eine sehr kleine Zeitkonstante, die freilich bei kleinen Widerstandsbeträgen durch die Selbstinduktion, bei großen durch die Kapazität der unvermeidlichen Zuleitungen oft wesentlich erhöht wird. Zur elektrischen Abschätzung setzt man die Widerstände in Metallkästen größerer Abmessungen, gegebenenfalls mit den für sehr genaue Messungen erforderlichen Petroleumbädern. Die Verwendung von Widerstandssätzen mit Stöpseln oder Kurbeln hat folgende Schwierigkeiten: Auch wenn jeder einzelne Widerstand des Satzes für sich eine sehr kleine Zeitkonstante hat, so tritt doch bei gleichzeitiger Einschaltung mehrerer Stufen infolge gegenseitiger Beeinflussung und infolge der Kapazität der Kontaktklötze und sonstigen Metallteile eine merkliche Vergrößerung der Zeitkonstanten ein, deren Betrag von der jeweiligen Kombination der Stufen abhängt[1]). Die elektrische Abschätzung erhöht die Kapazität der Widerstandskästen; läßt man sie ungeschützt, so hängt die Größe ihrer Zeitkonstanten auch von der Art ab, wie die Kästen in die Brücke eingeschaltet werden[2]). Bifilar gewickelte Widerstände sind ihrer hohen Kapazität wegen für Wechselstrommessungen nicht zu gebrauchen, nach CHAPERON gewickelte können für technische Messungen bei Niederfrequenz benutzt werden. Die unmittelbare Berührung der Kurbeln und Stöpsel bei Widerstandssätzen erschwert wegen der damit verbundenen Kapazitätsänderung die Abgleichung der Brücke.

---
[1]) K. W. WAGNER, Elektrot. ZS. Bd. 36, S. 606. 1915.
[2]) K. W. WAGNER, Arch. f. Elektrot. Bd. 3, S. 326. 1915.

Man verlängert die Hartgummigriffe von Kurbeln und Stöpseln so weit, daß die Hand des Beobachters von den metallenen Kontaktklötzen hinreichend entfernt bleibt.

Für kleine Widerstandsbeträge bis zu einigen hundert Ohm sind bifilar ausgespannte dünne Manganindrähte berechenbarer Selbstinduktion zweckmäßig, sie haben eine sehr geringe Erdkapazität, können daher ungeschützt bleiben. Für Feinregulierung von Widerständen benutzt man, in Parallelschaltung, zwei solche Bifilardrähte von verschiedenen Abmessungen, einen kleineren, dickdrähtigen, dessen Betrag durch Verstellen einer Klemme geändert wird, und einen 5- bis 10mal größeren dünndrähtigen Widerstand mit Gleitkontakt[1]). Eine andere Form[2]) fein einstellbarer, kleiner Widerstände besteht aus einem mit Quecksilber gefüllten U-Rohr, in welches Kupferdrähte mehr oder weniger tief hineingeschoben werden.

Schleifdrähte, zur Änderung eines Widerstandsverhältnisses, sind nur in geringen Drahtlängen von wenigen Zentimetern zu verwenden (vgl. Ziff. 5).

Zur Regelung von Scheinwiderständen benutzt man bei geringen Ansprüchen an die Genauigkeit der Messungen Induktivitätsvariatoren. Viel zweckmäßiger und für Präzisionsmessungen allein geeignet sind Kapazitätssätze von Luftkondensatoren oder — bei geringerer Genauigkeit — Glimmerkondensatoren, die sich in ganz einwandfreier Weise parallel schalten lassen, im Verein mit geeignet konstruierten Drehkondensatoren (Kapitel 18, Ziff. 11), mit deren Hilfe die Feinabgleichung der Brücke sehr einfach und mit jeder gewünschten Ablesegenauigkeit zu erreichen ist. Wegen dieser praktischen und der in Kapitel 18 erörterten prinzipiellen Vorzüge der Kapazitätsnormale vor den Induktivitätsnormalen empfiehlt es sich, bei der Auswahl unter den zahlreichen Meßmethoden in einem gegebenen Fall grundsätzlich diejenigen zu bevorzugen, bei denen die Brückenabgleichung durch Kapazitätsregelung bewirkt wird.

Hängt die Nulleinstellung einer Brücke von der Frequenz ab, so ist, um eine genaue Abgleichung überhaupt zu ermöglichen, eine sehr hohe Konstanz der Frequenz erforderlich. Man benutzt einen Röhrensender, der dieser Forderung im allgemeinen für kurze Meßzeiten gut genügt. Da sich die Frequenz eines Röhrensenders leicht stetig ändern läßt, so kann man bei solchen frequenzabhängigen Brücken die Feinabgleichung auch durch Regeln der Frequenz erzielen (vgl. z. B. Ziff. 26).

8. Meßempfindlichkeit in der Brücke. Bezüglich der Meßempfindlichkeit in der Wechselstrombrücke gelten dieselben Grundsätze wie für die Gleichstrombrücke, nur treten an die Stelle der OHMschen Widerstände die Operatoren bzw. Scheinwiderstände[3]). Die Scheinwiderstände S_5 und S_6 (Abb. 3) von Meßinstrument und Stromquelle müssen also dem Scheinwiderstand der Brücke angepaßt sein. Das Maximum der Empfindlichkeit erhält man, wenn der Scheinwiderstand des Galvanometerzweiges

$$S_5 = \frac{(S_1 + S_2)(S_3 + S_4)}{S_1 + S_2 + S_3 + S_4} \tag{16}$$

ist. Um die Bedingung (16) und die entsprechende für S_6 zu erfüllen, wendet man verschiedene Mittel an. Telephone sind im Handel in sehr verschiedenen Widerstandsbeträgen erhältlich, können also zweckentsprechend ausgewählt werden. Bei einem gegebenen Vibrationsgalvanometer ist der Scheinwiderstand nur zwi-

---

[1]) E. GIEBE, ZS. f. Instrkde. Bd. 31, S. 38. 1911; E. GRÜNEISEN u. E. GIEBE, Wiss. Abh. d. Phys.-Techn. Reichsanst. Bd. 5, S. 89. 1921.
[2]) I. H. DELLINGER, Phys. Rev. Bd. 33, S. 215. 1911.
[3]) Lord RAYLEIGH, Proc. Roy. Soc. London Bd. 49, S. 203. 1891.

schen engen Grenzen oder überhaupt nicht veränderbar[1]). Einen hohen induktiven Widerstand S_5 kann man z. B. durch eine vorgeschaltete Kapazität kompensieren. Durch Resonanzabstimmung wird dann zugleich bei nicht sinusförmigem Strom die Grundschwingung relativ zu den Oberschwingungen verstärkt. Aus dem gleichen Grunde schaltet man oft, bei Hochfrequenz stets, auch mit der Stromquelle einen Kondensator in Reihe oder parallel, den man auf Resonanz abstimmt. Bei schwacher Leistung der Energiequelle kann man so stärkeren Strom oder höhere Spannung erhalten.

Das beste Mittel, um die inneren und äußeren Scheinwiderstände der Brücke einander anzupassen, sind Strom- oder Spannungswandler (vgl. Kap. 13). Im Stromquellenzweig wendet man grundsätzlich einen Wandler an (vgl. Ziff. 4 am Schluß). Für die Messung kleiner Kapazitäten transformiert man also z. B. auf hohe Spannung, für die Messung kleiner Induktivitäten auf niedrige Spannungen. Durch Vorschalten eines geeigneten Wandlers vor das Nullinstrument kann die Empfindlichkeit der Anordnung auf ein Mehrfaches gesteigert werden[2]). Das günstigste Übersetzungsverhältnis[3]) für einen idealen Wandler, bei dem der Magnetisierungsstrom verschwindend klein ist gegen den Betriebsstrom, ist $x = \sqrt{S_5/S_g}$, wenn S_g der Scheinwiderstand des Nullinstruments und S_5 der Scheinwiderstand der Brücken nach Gleichung (16) bedeutet. Doch büßt man nicht viel an Empfindlichkeit ein, wenn man den theoretischen Wert von x nicht genau, z. B. nur bis auf 20%, innehält.

Obschon die Empfindlichkeit praktisch meist völlig ausreichend ist, wird zu ihrer Steigerung in besonderen Fällen die Anwendung von Röhrenverstärkern Vorteile bieten, sofern man durch Abschätzung des Verstärkers mit allem Zubehör Sorge trägt, daß keine Fehler durch elektrische Streufelder entstehen.

Bei der Aufstellung der Wandler ist besonders zu beachten, daß keine gegenseitigen Beeinflussungen durch magnetische Induktion auftreten.

Bei der Wahl der Scheinwiderstandsbeträge in den Zweigen 1, 2, 3, 4, soweit man darüber frei verfügen kann, sind in der Regel nicht Empfindlichkeitsüberlegungen maßgebend, sondern andere Gesichtspunkte, deren wichtigster die möglichst vollständige Beseitigung der Erdkapazitätseinflüsse (Ziff. 4) ist. Man wählt daher oft, z. B. bei der Vergleichung zweier Kapazitäten oder Induktivitäten (vgl. Ziff. 14 u. 23), die etwa in die Zweige 1 und 2 eingeschaltet seien, die Widerstandsbeträge R_3 und R_4, deren Verhältnis in die Messung eingeht, viel kleiner als die Scheinwiderstände von 1 und 2, obschon dies für die Empfindlichkeit der Anordnung keineswegs günstig ist.

9. Meßgenauigkeit. Neben der Meßempfindlichkeit, die in der Regel sehr hoch ist, kommen für die Beurteilung der Meßgenauigkeit, wenn man den Inhalt der vorhergehenden Abschnitte zusammenfaßt, im wesentlichen folgende Fehlerquellen in Betracht:

1. die Erdkapazitäten in der Brücke;
2. gegenseitige magnetische Induktion zwischen verschiedenen Brückenzweigen;
3. die Phasenwinkel der Meßwiderstände;
4. die Zuleitungen.

Ob die Fehlerquellen 1 und 2 von elektrischer oder magnetischer Kopplung zwischen Stromquellenzweig und den übrigen Zweigen herrühren, stellt man

---

[1]) Über günstigste Schaltung der Vibrationsgalvanometer vgl. S. BUTTERWORTH, Proc. Phys. Soc. Bd. 24, S. 75. 1912; W. JAEGER, Arch. f. Elektrot. Bd. 4, S. 262. 1916. Über Brückenempfindlichkeit vgl. U. MEYER, Elektr. Nachricht. Techn. Bd. 1, S. 31. 1924.
[2]) M. WIEN, Ann. d. Phys. Bd. 44, S. 694. 1891.
[3]) H. SCHERING, ZS. f. Instrkde. Bd. 33, S. 117. 1913; ferner U. MEYER, Elektr. Nachr. Techn. Bd. 1, S. 31. 1924.

durch Kommutieren der Hauptstromzuleitungen fest. Grundsätzlich soll deshalb in jeder Wechselstrombrücke im Stromquellenzweige ein Kommutator eingeschaltet sein. Man gleicht die Brücke für beide Kommutatorstellungen ab; treten keine Differenzen in den Einstellungen auf, so ist die Brücke in Ordnung, bei sehr kleinen Differenzen kann man mitteln. Gegeninduktion zwischen Induktivitätsspulen in den Zweigen 1, 2, 3 oder 4 sowie zwischen diesen und dem Meßinstrument stellt man durch Drehen der Spulen um 180° oder Kommutieren ihrer Zuleitungen fest.

Um die Fehlerquelle 3 zu eliminieren, macht man für Meßmethoden, bei welchen das Verhältnis zweier Widerstände eingeht, die Brücke gleichartig und verwendet zwei gleichartig konstruierte Widerstände mit gleichartigen Zuleitungen. Kleine Fehler, die dann noch durch etwaige geringe Unterschiede der Phasenwinkel beider Widerstände entstehen, kann man durch Austauschen der Widerstände eliminieren. In ungleichartiger Brücke oder für sonst noch erforderliche Widerstände benutzt man die in Ziff. 7 genannten Ausführungsformen. Für sehr genaue Messungen müssen auch für die speziell zu Wechselstrommessungen konstruierten Widerstände (nebst Zuleitungen) die Winkelfehler gesondert bestimmt werden. Durch Anwendung von Substitutionsverfahren, bei denen also die zu messende Größe durch ein nahe gleich großes Normal ersetzt wird, umgeht man diese Bestimmung und gewinnt an Meßgenauigkeit.

Die Zuleitungen zu den einzelnen Meßapparaten müssen aus verschiedenen Gründen oft ziemlich lang sein, auf ihre zweckmäßige Gestaltung ist daher großer Wert zu legen. Der Widerstand kann meist hinreichend klein gemacht werden, nicht aber ihre Kapazität und Selbstinduktion. Diese gehen also als Korrektionen ein, die durch Hilfsmessungen zu bestimmen sind. Deshalb ist genaue Definition der zu messenden Größen durch elektrische Abschützung und bifilare Leitungsführung notwendig. Verdrillte, mit Gummi, Seide oder Baumwolle isolierte Leitungen sind ihrer hohen Kapazität wegen, die außerdem große dielektrische Verluste hat, gänzlich unbrauchbar. Eine zweckmäßige Form besteht aus einem dünnen Messingrohr (etwa 2 cm Durchmesser) als Einleitung und einem in der Rohrachse isoliert ausgespannten blanken Draht (bei Hochfrequenz Litze) als Rückleitung. Bezüglich der Isolierung des Drahtes gelten dieselben Gesichtspunkte wie bei der Konstruktion von Luftkondensatoren (Kapitel 18, Ziff. 6); der Isolierstoff soll bei kleinen Abmessungen nur geringe dielektrische Verluste haben. Hartgummi, gut getrocknetes paraffiniertes Holz, Bernstein, bei höchsten Anforderungen Quarzglas sind geeignete Stoffe.

Bei Beachtung aller Fehlerquellen kann man unter Anwendung von Substitutionsverfahren das Verhältnis zweier Kapazitäten oder Induktivitäten sowie das Verhältnis einer Induktivität zu einer Kapazität mit einer Genauigkeit von wenigen Millionsteln messen. Ohne Substitution ist eine Genauigkeit von etwa $1 \cdot 10^{-5}$ erreichbar. Bei kleinen Kapazitäten und Induktivitäten wird die Genauigkeit mit abnehmender Größe immer geringer. Die Zurückführung einer Kapazität oder Induktivität auf Widerstand und Frequenz, wobei meist nicht die Wechselstrombrücke, sondern andere Verfahren angewandt werden, ist bei geeigneten Beträgen der zu messenden Größen bis auf etwa $1 \cdot 10^{-5}$ ausführbar.

c) Kapazitätsbestimmung aus Widerstand und Zeit (Frequenz).

10. Messung einer Kapazität mit ballistischem Galvanometer. Ein auf eine Spannung E geladener Kondensator wird über ein ballistisches Galvanometer entladen; aus dessen Ausschlag s, aus E und aus der ballistischen Galvanometerkonstanten P ergibt sich C. Als Zeitgröße geht die in P enthaltene Schwingungsdauer des Galvanometers ein. s/E ist von der Dimension des Widerstandes. Die Entwicklung dieses jetzt kaum noch angewandten, nicht sehr genauen Verfahrens hat zu der folgenden Methode geführt, die als beste und genaueste Kapazitätsmeßmethode zu bezeichnen ist.

11. Messung einer Kapazität mit Gleichspannung durch periodische Ladung und Entladung. Diese von MAXWELL[1]) angegebene Methode beruht darauf, daß sich eine Kapazität, die in rascher Folge abwechselnd geladen und entladen wird, wie ein Widerstand verhält. Schaltet man in den Schließungskreis einer Batterie von der konstanten Spannung V einen periodischen Umschalter ein, der einen Kondensator von der Kapazität C in stetiger Folge n mal in der Sekunde mit den Polen der Batterie verbindet, also auflädt, hierauf aus dem Schließungskreis ausschaltet und durch Kurzschluß entlädt, so fließt bei jeder Ladung die Elektrizitätsmenge $C \cdot V$, also bei n Ladungen und Entladungen der mittlere Strom[2]) $J = nCV$. Ein Strom von gleicher Stärke würde in dem Schließungskreis der gleichen Spannung fließen, wenn man Kondensator nebst Umschalter durch einen Widerstand vom Betrage $1/(n \cdot C)$ ersetzt. Dieser Betrag entspricht dem Blindwiderstand $1/2\pi f C$ einer Kapazität bei Wechselstrom der Frequenz f. Erfolgt die Auflädung über einen Widerstand R, so hat, solange die Ladung vollständig ist, der mittlere Strom J denselben Wert; aber die Größe des Ersatzwiderstandes hat jetzt, da bei Abschaltung von Kondensator und Umschalter der Widerstand R eingeschaltet bleibt, den Betrag $1/(nC) - R$. Liegt nun Kondensator und Umschalter in einem Zweig AG einer WHEATSTONEschen Brücke (Abb. 6) und ist R der Verzweigungswiderstand des ganzen Leitersystems zwischen den Punkten A und G, so gilt für den Ersatzwiderstand ϱ einerseits die Beziehung

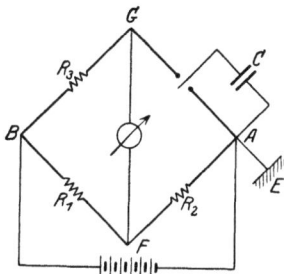

Abb. 6. Kapazitätsmessung mit Gleichspannung durch periodische Ladung und Entladung.

$$\varrho = \frac{1}{nC} - R, \qquad (17)$$

anderseits, wenn der mittlere Strom im Galvanometer Null, die Brücke also abgeglichen ist,

$$\varrho = \frac{R_2 R_3}{R_1}. \qquad (18)$$

Aus den Gleichungen (17) und (18) ergibt sich

$$C = \frac{1}{n} \frac{R_1}{R_2 R_3} \cdot \left[\frac{1}{1 + \frac{R R_1}{R_2 R_3}} \right] = \frac{1}{n} \cdot \frac{R_1}{R_2 R_3} \cdot F, \qquad (19)$$

wo R und F Funktionen der Widerstände R_1, R_2, R_3 sowie der Widerstände g und e des Galvanometer- bzw. Batteriekreises sind. Der Faktor F läßt sich auf folgende Form bringen[3]):

$$F = \frac{1 - \dfrac{R_1^2}{(R_1 + R_2 + e)(R_1 + R_3 + g)}}{\left[1 + \dfrac{R_1 \cdot e}{R_3(R_1 + R_2 + e)}\right] \cdot \left[1 + \dfrac{R_1 \cdot g}{R_2(R_1 + R_3 + g)}\right]} \qquad (20)$$

Da C in Farad gemessen wird, so stellt $1/nC$ im allgemeinen einen sehr hohen Widerstand dar. R wird also klein gegen $1/nC$ sein, oder, was dasselbe

---
[1]) J. CL. MAXWELL, Elektrizität und Magnetismus, § 775.
[2]) Die älteste auf Messung dieses Stromes beruhende Methode rührt von SIEMENS her: Pogg. Ann. Bd. 102, S. 66. 1857.
[3]) J. J. THOMSON, Phil. Trans. Roy. Soc. London Bd. 174, S. 707. 1883.

sagt, F ist ein von 1 wenig verschiedener Korrektionsfaktor; um diesen möglichst nahe gleich Eins zu machen, wählt man ein Galvanometer von kleinem Widerstand, ferner R_1 klein gegen $1/nC$, R_2 beträchtlich größer als R_1. Man arbeitet also mit einem Brückenverhältnis $R_1/R_2 = 1:10$ oder $1:100$. Die Batterie soll kleinen Widerstand haben. Um definierte Spannungen zu haben, ist ein Pol der Batterie, Punkt A, und damit eine Kondensatorbelegung stets zu erden. Bei hohen Kapazitätsbeträgen ist ganz besonders darauf zu achten, daß der Verzweigungswiderstand R klein ist, sonst wird die Aufladung des Kondensators leicht unvollständig; bedeutet t die Kontaktdauer, d. h. die Zeit, während welcher die Belegungen des Kondensators mit den Punkten A und G der Brücke verbunden sind, so muß t/RC klein gegen 1 sein. Ist das nicht der Fall, so tritt an Stelle von C in (19) $C\left(1 - e^{-\frac{t}{RC}}\right)$ oder, wenn man in der Klammer für C den Näherungswert aus (19) einsetzt:

$$C\left(1 - e^{-\frac{t}{T}\cdot\frac{1}{1-F}}\right) = \frac{1}{n}\frac{R_1}{R_2 R_3}\cdot F, \tag{21}$$

wo $T = 1/n$ die Zeitdauer einer Periode und t/T eine Konstante des Umschalters bedeutet, die stets kleiner als 0,5 sein muß. Da $1/nC$ besonders bei sehr kleinen Kapazitäten einen sehr hohen Betrag hat, so können leicht Fehler durch unvollkommene Isolation des Kondensators entstehen. Bedeutet r dessen Isolationswiderstand, so mißt man an Stelle von C in (19) $C + t/T \cdot 1/nr$. Für $C = 1000 \mu\mu$F, $t/T = 0,25$ und $n = 100$ sec^{-1} macht z. B. das Korrektionsglied $1^0/_{00}$ von C aus, wenn $r = 2,5 \cdot 10^9$ Ohm ist. Aus dem gleichen Grunde müssen auch die Eckpunkte A, G, d. h. auch der Umschalter, gut isoliert sein; bei einem Isolationswiderstand r' zwischen A u. G tritt zu C ein Korrektionsglied vom Betrage $1/nr'$.

Eine in jedem Falle anzubringende Korrektion wird durch die sog. ,,Schaltungskapazität" bedingt, d. i. die Kapazität der vom Unterbrecher zum Kondensator führenden Leitungen sowie derjenigen Teile des Unterbrechers, die zugleich mit dem eigentlichen Kondensator periodisch geladen und entladen werden. Man hat also jedesmal zwei Messungen auszuführen: 1. bei angeschaltetem Kondensator; 2. nach Lösung des einen Zuleitungsdrahtes von der Kondensatorklemme unter möglichst geringer Veränderung seiner Lage; der geerdete Zuleitungsdraht bleibt unverändert am Kondensator angeschlossen. Die Differenz beider Messungen ergibt die Kondensatorkapazität. Bei Messung 2 wählt man zweckmäßig andere Widerstände R_1, R_2 als bei 1. Bei dieser Differenzmessung fällt übrigens das obengenannte Korrektionsglied $1/nr'$ heraus, sofern r' bei beiden Messungen gleich ist.

Zur periodischen Umschaltung benutzt man in neuerer Zeit meist ,,rotierende Unterbrecher". Sie bestehen im wesentlichen aus einer rotierenden Scheibe, auf deren Umfang Kontakte, und zwar immer abwechselnd Lade- und Entladekontakte, isoliert angebracht sind. Durch Schleifbürsten werden die wechselnden Verbindungen mit Kondensator und Schaltung hergestellt. Die Bürsten dürfen nirgends auf Isolationsmaterial schleifen, weil sonst durch Reibungselektrizität Störungen entstehen. Geeignete Konstruktionen sind von GIEBE[1]) und von ROSA und GROVER[2]) beschrieben. Die Frequenzen n betragen meist einige Hundert in der Sekunde.

Die Meßgenauigkeit hängt im wesentlichen von der Konstanz der Frequenz n, d. h. der Umlaufszahl des den Unterbrecher antreibenden Elektromotors, ab. Zur

---

[1]) E. GIEBE, ZS. f. Instrkde. Bd. 29, S. 269. 1909.
[2]) E. B. ROSA u. F. W. GROVER, Bull. Bureau of Stand. Bd. 1, S. 153. 1905.

selbsttätigen Konstanthaltung der Frequenz ist von GIEBE[1]) ein astatischer Zentrifugalregulator angegeben, der eine Konstanz der mittleren Frequenz von wenigen Hunderttausendsteln erreichen läßt. Mit Hilfe eines solchen Apparates sind absolute Kapazitätsmessungen annähernd ebenso einfach wie Widerstandsmessungen ausführbar. Die erreichbare Meßgenauigkeit beträgt bei nicht zu kleinen Kapazitäten 0,001%. Natürlich ist dabei eine genaue Messung von n, also eine genaue Zeitmessung mit Chronograph und Normaluhr, notwendig. Dazu braucht man eine Meßzeit von 5 bis 10 Minuten, in welcher die Brücke, den kleinen Schwankungen von n entsprechend, laufend abgeglichen wird. Die Einstellungsgenauigkeit der Brücke ist auch bei sehr kleinen Kapazitäten ($C < 1000\,\mu\mu$F) ebenso weit zu treiben. Doch sind kleinere Absolutbeträge als etwa 0,05 bis 0,1 $\mu\mu$F infolge der Undefiniertheit der Zuleitungskapazität nicht mehr meßbar. Kapazitätsmessungen höchster Genauigkeit nach dieser Methode sind von ROSA und GROVER[2]), ROSA und DORSEY[3]), GIEBE[4]), sowie GRÜNEISEN und GIEBE[5]) ausgeführt.

Die nach dieser Methode erhaltenen Kapazitätswerte haben nur bei völlig verlustfreien Kondensatoren, also Normal-Luftkondensatoren, allgemeine Gültigkeit, d. h. auch für Wechselströme beliebiger Frequenzen. Bei unvollkommenen Kondensatoren, auch Glimmerkondensatoren, erhält man je nach der Anzahl n der Ladungen mehr oder weniger verschiedene Werte, die bei gleichem n auch von der Lade- und Entladedauer, also von Eigenschaften des benutzten Unterbrechers, abhängen können und daher nicht ohne weiteres für Wechselstrommessungen benutzbar sind.

Die drei in Kapitel 18, Ziff. 2, definierten Betriebskapazitäten $k_{12} + k_{10}$, $k_{12} + k_{20}$ und $k_{10} + k_{20}$ können nach dieser Methode durch Messungen bestimmt werden, indem man 1. die eine, 2. die andere Belegung mit dem geerdeten Gehäuse verbindet, 3. beide Belegungen isoliert und miteinander verbunden gegen das geerdete Gehäuse auflädt. In ähnlicher Weise lassen sich auch die gleichen Messungen für einen ungeschützten Kondensator ausführen, die erhaltenen Erdkapazitätswerte k_{10} und k_{20} gelten dann natürlich nur für eine bestimmte Aufstellung des Kondensators. Die Methode eignet sich auch zur Messung der Erdkapazität irgendwelcher Apparate, z. B. von Widerstandskästen, Spulen usw., wo eine auch nur ungefähre Kenntnis des Betrages oft erwünscht ist.

Vor allen Wechselstrommethoden hat diese Methode den großen Vorzug, daß die zwar geringe, aber unvermeidliche Kapazität und Selbstinduktion in den Widerständen R_1, R_2, R_3 oder sonstigen Teilen der Brücke ohne Einfluß auf das Meßresultat sind[6]); diese könnten nur dann störend wirken, wenn sie die Aufladung des zu messenden Kondensators merklich verzögern.

Statt in der Brückenschaltung lassen sich derartige Kapazitätsmessungen auch in einer entsprechend abgeänderten Schaltung mit dem Differentialgalvanometer[7]) ausführen.

12. Messung einer Kapazität in der Wechselstrombrücke nach M. WIEN[8]). Eine Brückenschaltung $\begin{vmatrix} 1 & 2 \\ 3 & 4 \end{vmatrix}$ enthält in Zweig 1 eine Kapazität C_1 mit parallel

---

[1]) E. GIEBE, ZS. f. Instrkde. Bd. 29, S. 205. 1909.
[2]) E. B. ROSA u. F. W. GROVER, Bull. Bureau of Stand. Bd. 1, S. 153. 1905.
[3]) E. B. ROSA u. N. E. DORSEY, Bull. Bureau of Stand. Bd. 3, S. 433. 1907.
[4]) E. GIEBE, ZS. f. Instrkde. Bd. 29, S. 269. 1909.
[5]) E. GIEBE u. E. GRÜNEISEN, Wiss. Abh. d. Phys.-Techn. Reichsanst. Bd. 5, S. 1. 1921.
[6]) H. DIESSELHORST, Ann. d. Phys. Bd. 19, S. 382. 1906.
[7]) F. KLEMENCIC, Wiener Ber. Bd. 89 (2), S. 298. 1884; F. HIMSTEDT, Wied. Ann. Bd. 29, S. 560. 1886; Bd. 35, S. 126. 1888; E. B. ROSA u. F. W. GROVER, a. a. O.; E. B. ROSA, Bull. Bureau of Stand. Bd. 3, S. 549. 1907.
[8]) M. WIEN, Ann. d. Phys. Bd. 44, S. 704. 1891.

geschaltetem Widerstand R_1, in Zweig 2 eine Kapazität C_2 mit Reihenwiderstand R_2, in den Zweigen 3 und 4 reine Widerstände R_3, R_4. Die Nullbedingungen lauten:

$$C_1 \cdot C_2 = \frac{1}{\omega^2 R_1 R_2} \quad \text{und} \quad \frac{C_1}{C_2} = \frac{R_4}{R_3} - \frac{R_2}{R_2}. \qquad (22)$$

Die Methode ist bisher für genaue Messungen nicht durchgebildet; man wendet für verlustfreie Kondensatoren stets Methode Ziff. 11 an, für andere die folgenden Methoden.

d) Vergleichung von Kapazitäten.

13. Vergleichung zweier Kapazitäten mit dem ballistischen Galvanometer. Man lädt die Kondensatoren nacheinander auf die gleiche Spannung auf und entlädt sie einzeln über das Galvanometer, dem ein Widerstand vorgeschaltet ist; dann verhalten sich die Kapazitäten wie die ballistischen Ausschläge. Besser benutzt man eine Brückenschaltung, die der von Abb. 7 ähnelt, nur ist statt der Wechsel- eine Gleichspannung zu benutzen. Man reguliert die Widerstände R_3 und R_4 so ein, daß beim Wenden des Gesamtstromes kein Ausschlag des ballistischen Galvanometers entsteht. Dann verhält sich $C_1 : C_2 = R_4 : R_3$. Diese Methoden erfordern nur einfache Hilfsmittel, bei kleinen Kapazitäten allerdings ziemlich hohe Spannungen, um hinreichende Empfindlichkeit zu erzielen; sie sind sehr bequem, geben aber nur bei verlustfreien Kondensatoren einwandfreie Resultate. Bei unvollkommenen Kondensatoren erhält man infolge von Ladungsabsorption einen zu großen Wert, dessen Betrag von der Dauer der Ladung und Entladung abhängt. Um eindeutig bestimmte Versuchsbedingungen herzustellen, bedarf es besonderer Stromschlüssel[1]), durch die sich bestimmte Zeiten für die Dauer von Ladung und Entladung einstellen lassen. Bei guten Glimmerkondensatoren ist die durch Absorption bedingte Unsicherheit gering.

14. Vergleichung zweier Kapazitäten in der Wechselstrombrücke. Dies ist die einfachste und genaueste Methode zur Kapazitätsmessung, wenn stufenweise sowie stetig veränderbare Kapazitätsnormale zur Verfügung stehen.

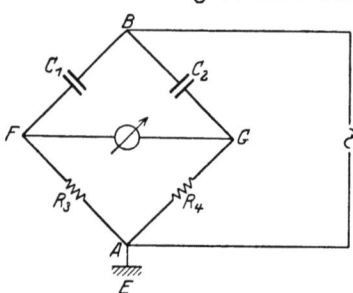

Abb. 7. Vergleichung zweier Kapazitäten in der Wechselstrombrücke.

Die Zweige 1 und 2 der Brücke (Abb. 7) enthalten die zu vergleichenden Kondensatoren mit den Kapazitäten C_1 und C_2, die Zweige 3 und 4 die Widerstände R_3 und R_4. Sind im Idealfall C_1 und C_2 verlustfrei, R_3 und R_4 induktions- und kapazitätsfrei, so ist nur eine einzige Nullbedingung zu erfüllen:

$$C_1 : C_2 = R_4 : R_3 \qquad (23)$$

Dies geschieht am besten durch Regeln des Normalkondensators bei konstant gehaltenem R_3/R_4. Die Abgleichung der Brücke ist unabhängig von der Frequenz.

Da die Blindwiderstände $1/\omega C$ bei Niederfrequenz sehr hoch sind, so braucht man z. B. bei 50 Hertz für genauere Messung, insbesondere von kleinen Kapazitäten hohe Spannungen. Bei höheren Frequenzen, 500 bis 1000 Hertz, kann man mit Telephon als Nullinstrument Kapazitäten aller Größen genau messen, wenn man Spannungen von etwa 10 bis zu einigen hundert Volt und Widerstandsbeträge von etwa 50 bis zu einigen tausend Ohm für die größten bzw. kleinsten Kapazitätsbeträge anwendet. Sehr hohe Widerstände in R_3 und R_4 sind nach Ziff. 4 zu vermeiden.

---
[1]) A. ZELENY, Phys. Rev. Bd. 22, S. 65. 1906; H. L. CURTIS, Bull. Bureau of Stand. Bd. 6, S. 431. 1911.

Ziff. 15. Unvollkommene Kondensatoren. 513

Der Idealfall ist praktisch nur mit abgeschützten Normal-Luftkondensatoren realisierbar, und wenn man für R_3 und R_4 gleiche und gleichkonstruierte Widerstände oder für $C_1 \gtrless C_2$ die Bifilarbrücke von GIEBE (Ziff. 5) verwendet; außerdem müssen die in Ziff. 4 erläuterten Abschützungs- und Erdungsmaßnahmen getroffen sein[1]). Über die Abschützung der Zuleitungen zu C_1 und C_2 vgl. Ziff. 17.

In der Regel sind nicht alle diese Voraussetzungen erfüllt. Dann ist bei genügender Meßempfindlichkeit das Telephon nicht völlig zum Schweigen zu bringen. Alle Störungsursachen haben zur Folge, daß die Phasenverschiebungen nicht genau 90 bzw. 0° in den Kapazitäten bzw. Widerständen betragen. Man braucht daher, um den Strom im Nullinstrument völlig auf Null bringen zu können, Hilfsmittel zur Regelung der Phasen und muß neben (23) noch eine zweite Nullbedingung erfüllen, die durch die Phasenbeziehung [Gleichung (5), Ziff. 2] $\varphi_1 + \varphi_4 = \varphi_2 + \varphi_3$ gegeben ist. Führen wir statt der Winkel φ_1, φ_2 ihre Komplementwinkel $\beta_1 = \pi/2 - \varphi_1$, $\beta_2 = \pi/2 - \varphi_2$ ein und beachten, daß die Winkel $\beta_1, \beta_2, \varphi_3, \varphi_4$ klein sind und daß in Korrektionsgliedern $C_1/C_2 = R_4/R_3$ gesetzt werden kann, so erhalten wir [vgl. Ziff. 2] im allgemeinen Fall, in dem die oben gemachten idealen Voraussetzungen nicht zutreffen, aus der komplexen Gleichung (1) $\mathfrak{S}_1 \mathfrak{S}_4 = \mathfrak{S}_2 \mathfrak{S}_3$ die Nullbedingungen

$$\frac{C_1}{C_2} = \frac{R_4}{R_3}(1 - \beta_1 \varphi_4 + \beta_2 \varphi_3) \qquad (24)$$

$$\beta_2 - \beta_1 = \varphi_3 - \varphi_4 \qquad (25)$$

15. Messung unvollkommener Kondensatoren. Für solche Messungen gelten die allgemeinen Nullbedingungen (24) und (25). In (24) sind gewöhnlich die Produkte der meist kleinen Größen β, φ gegen 1 zu vernachlässigen, d. h. (24) ist identisch mit (23). Die Winkelfehler der Widerstände R_3 und R_4 fälschen im allgemeinen die Messung der Kapazität von Verlustkondensatoren nicht. Um (25) zu befriedigen, muß mindestens einer der vier Winkel regelbar sein. Je nach den hierzu angewandten Mitteln ergeben sich die folgenden drei Methoden zur Messung des Verlustwinkels von Kondensatoren; das Schaltungsschema für alle drei Methoden zeigt Abb. 8.

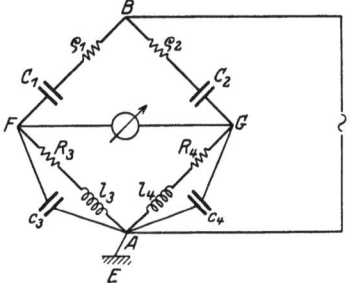

Abb. 8. Messung des Verlustwinkels unvollkommener Kondensatoren.

Die Verlustwinkel der Kondensatoren seien mit δ_1 und δ_2, die Zeitkonstanten [Gleich. (13)] der Widerstände R_3, R_4 mit t_3 und t_4, die Winkel ωt_3 und ωt_4 mit φ_3 und φ_4 bezeichnet.

Die Einstellung der Brücke ändert sich bei diesen Messungen mit der Frequenz; doch ist der Frequenzeinfluß im allgemeinen so gering, daß man in weitem Frequenzbereich mit dem Telephon arbeiten kann. Bei der Frequenz 50 Hertz benutzt man das Vibrationsgalvanometer. Bisweilen ändert sich der Verlustwinkel eines Kondensators oder eines Kabels mit der angelegten Wechselspannung, demgemäß auch die Einstellung der Brücke.

Methode von M. WIEN[2]). Die Phasenabgleichung erfolgt in den Zweigen 1 oder 2 durch Regeln eines in Reihe mit C_1 bzw. C_2 eingeschalteten, im allgemeinen

---

[1]) Über eine vollständig abgeschützte Meßbrücke vgl. E. GIEBE u. G. ZICKNER, Arch. f. Elektrot. Bd. 11, S. 109. 1922.
[2]) M. WIEN, Ann. d. Phys. Bd. 44, S. 689. 1891.

kleinen Widerstandes ϱ_1 bzw. ϱ_2. Im Schaltungsschema Abb. 8 ist also l_3, c_3, l_4, c_4 gleich Null zu setzen. In Gleichung (25) wird

und somit
$$\beta_1 = -(\delta_1 + \omega C_1 \varrho_1) \qquad \beta_2 = -(\delta_2 + \omega C_2 \varrho_2),$$
$$\delta_1 - \delta_2 = \omega C_2 \varrho_2 - \omega C_1 \varrho_1 + \varphi_3 - \varphi_4. \tag{26}$$

Ist C_2 ein verlustfreier Kondensator, δ_2 also gleich 0, so macht man $\varrho_2 = 0$ und erhält, wenn außerdem $\varphi_3 = \varphi_4$ ist, den gesuchten Winkel

$$\delta_1 = \omega C_2 \varrho_2. \tag{26a}$$

Etwaige Selbstinduktion λ_2 in ϱ_2 beeinträchtigt die Gültigkeit von (26a) nicht, die von (23) nur dann, wenn $\omega^2 \lambda_2 C_2$ nicht klein gegen 1 ist, was praktisch kaum vorkommt.

Statt einen Widerstand in Reihe zu schalten, kann man auch zur Phasenreglung einen Widerstand R_2 parallel zu C_2 legen, doch ist der nötige Betrag von R_2 meist unbequem hoch, weil Kondensatoren und Kabel in der Regel nur geringe Verluste zeigen. Vorteilhaft ist dieses von NERNST[1]) ausgebildete Verfahren bei der Bestimmung der Dielektrizitätskonstanten galvanisch leitender Flüssigkeiten (vgl. Kap. 20).

Methode von SCHERING[2]). Die Phasenabgleichung erfolgt in den Zweigen 3 und 4 durch Regeln einer zu R_3 oder R_4 parallel geschalteten kleinen Kapazität c_3 bzw. c_4 mit Hilfe von Dreh- oder Kurbelkondensatoren. Im Schaltungsschema Abb. 8 ist l_3, l_4, ϱ_1, ϱ_2 gleich Null zu setzen. Die Nullbedingung (25) lautet dann
$$\delta_1 - \delta_2 = \omega c_4 R_4 - \omega c_3 R_3 + \varphi_3 - \varphi_4, \tag{27}$$

oder, wenn $\delta_2 = 0$, $c_3 = 0$, $\varphi_3 = \varphi_4$ ist,
$$\delta_1 = \omega c_4 R_4. \tag{28}$$

Diese Methode hat vor der zuerst genannten den Vorteil der stetigen Phasenreglung, die sich bei Widerständen nur unbequem, mit Kapazitätsvariatoren aber leicht bewirken läßt; außerdem ist die Abschützung der Brücke einfacher und auch einwandfreier, wenn in den Zweigen 1 und 2 außer den Kondensatoren keine weiteren Apparate eingeschaltet sind. Durch entsprechende Wahl der Widerstände R_3, R_4 kann man in gewissen Grenzen die erforderlichen Kapazitätsbeträge c_4 variieren.

Für Messungen mit sehr hohen Spannungen bietet diese Methode gegenüber der WIENschen den weiteren Vorteil, daß alle bei der Abgleichung zu regelnden Apparate nur sehr geringe Spannung gegen Erde haben. Bei der Messung großer Kapazitäten mit hohen Spannungen oder mit hohen Frequenzen können die Ladeströme so groß werden, daß die Brückenwiderstände durch Überlastung gefährdet sind. Für solche Fälle ist von SCHERING[3]) eine abgeänderte Schaltung angegeben.

Methode von GROVER[4]). Die Phasenabgleichung erfolgt in den Zweigen 3 und 4 durch Selbstinduktivitäten l_3, l_4 (Widerstände r_3, r_4), die in Reihe mit R_3 und R_4 geschaltet werden. Mindestens eine der Induktivitäten muß stetig

---

[1]) W. NERNST, ZS. f. phys. Chem. Bd. 14, S. 622. 1894.
[2]) H. SCHERING, ZS. f. Instrkde. Bd. 40, S. 124. 1920; H. SCHERING u. A. SEMM, Arch. f. Elektrot. Bd. 9, S. 30. 1921.
[3]) H. SCHERING, ZS. f. Instrkde. Bd. 44, S. 98. 1924.
[4]) F. W. GROVER, Bull. Bureau of Stand. Bd. 3, S. 389. 1907; Bd. 7, S. 498. 1911.

veränderbar sein. Bei abgeglichener Brücke, in deren Schema Abb. 8 ϱ_1, ϱ_2, c_3, c_4 gleich 0 zu setzen sind, ist:

$$\frac{C_1}{C_2} = \frac{R_4 + r_4}{R_3 + r_3} \tag{29}$$

$$\delta_1 - \delta_2 = \frac{\omega l_3 + \varphi_3 R_3}{R_3 + r_3} - \frac{\omega l_4 + \varphi_4 R_4}{R_4 + r_4}. \tag{30}$$

Die Methode ist weniger zweckmäßig als die beiden anderen, weil man bei größeren Verlustwinkeln ziemlich hohe Induktivitäten, also Variatoren in sehr weiten Meßbereichen braucht, die Abschützungsschwierigkeiten machen und leicht Störungen durch magnetische Streufelder verursachen.

Die erste Methode ist von WAGNER und WERTHEIMER[1]), die zweite von GIEBE und ZICKNER[2]) für Präzisionsmessungen durchgebildet, wobei sich Verlustwinkel bis auf 1 bis 2 Bogensekunden genau messen ließen. Man wendet dabei Substitutionsverfahren an, indem man den Prüfkondensator (C_1) durch einen regelbaren Normalkondensator (C_N, δ_N) ersetzt. Man beobachtet die Differenzen $\Delta(\varrho_2)$ bzw. $\Delta(c_4)$; δ_2 braucht nicht bekannt zu sein, φ_3 und φ_4 fallen heraus und es ergibt sich:

$$\delta_1 - \delta_N = \omega C_2 \Delta(\varrho_2) \text{ bzw. } \omega R_4 \Delta(c_4).$$

Ist die Kapazität c_z der Zuleitungen zu C_1 bzw. C_N nicht gegen C_1, C_N zu vernachlässigen, so ist auf der rechten Seite obiger Gleichung noch mit $(C_N + c_z) : C_N$ zu multiplizieren. Die bei Messungen ohne Substitution in das Meßresultat eingehende Differenz $\varphi_3 - \varphi_4$ läßt sich für eine gegebene Anordnung ein für allemal experimentell aus den Gleichungen (26) oder (27) bestimmen, indem man in die Zweige 1 und 2 verlustfreie Kondensatoren einschaltet. Über die Messung von φ_3 und φ_4 vgl. Ziff. 18 u. 29.

Die Messung kleiner Verlustwinkel erfordert sehr fein einstellbare Normalkondensatoren. Soll ein Winkel $\delta = 10^{-4}$ bis auf $1 \cdot 10^{-5}$ richtig gemessen werden, so muß die Brücke hinsichtlich des Verhältnisses $C_1/C_2 = R_4/R_3$ bis auf mindestens $1 \cdot 10^{-5}$ abgeglichen sein. Verlustwinkelmessungen sind nur zuverlässig, wenn ein völliges Schweigen im Beobachtungstelephon erzielt ist, und erfordern unbedingt Abschützung der Brücke.

16. Messung der Teil- und Betriebskapazitäten von Kondensatoren und Kabeln. Die drei in Kapitel 18, Ziff. 2 definierten Teilkapazitäten k_{12}, k_{10}, k_{20}

Tabelle 1. Schaltungen zur Messung der Teil- und Betriebskapazitäten von Kondensatoren und Kabeln.

Nr.	Hülle 0 an	Belegung 1 an	Belegung 2 an	Kapazität im Zweig FB
1	B	F	B	$k_{12} + k_{10}$
2	B	B	F	$k_{12} + k_{20}$
3	B	F	F	$k_{10} + k_{20}$
4	B	F	H	k_{10}
5	B	H	F	k_{20}
6	H	F	B	k_{12}

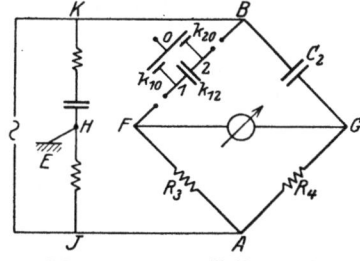

Abb. 9. Messung der Teil- und Betriebskapazitäten von Kondensatoren und Kabeln.

und verschiedenen Betriebskapazitäten eines abgeschützten Kondensators (Belegungen 1 und 2, Hülle 0) oder zweiadrigen Kabels mit Bleimantel kann man in der Wechselstrombrücke (Abb. 9) bei den in der vorstehenden Tabelle 1 angegebenen Schaltungsweisen messen, ebenso die entsprechenden Verlustwinkel

---
[1]) K. W. WAGNER u. A. WERTHEIMER, Phys. ZS. Bd. 13, S. 368. 1912.
[2]) E. GIEBE u. G. ZICKNER, Arch. f. Elektrot. Bd. 11, S. 109. 1922.

wenn man die in Ziff. 15 angegebenen (in Abb. 9 nicht eingezeichneten) Hilfsmittel benutzt. Dabei ist es zweckmäßiger, bei Kabeln z. B. notwendig[1]), die Brücke nicht direkt bei A, sondern bei H in einem WAGNERschen Hilfszweig (Ziff. 4) zu erden.

Bei diesen Schaltungen geht keine andere außer den jeweils in Zweig FB liegenden Kapazitäten in das Meßresultat ein. Die Messungen Nr. 1, 2, 3 können auch bei direkter Erdung der Brücke in A ausgeführt werden[2]), bei Nr. 4 bis 6 ist dies zwar möglich, aber weniger einfach, weil jeweils eine der nicht in FB eingeschalteten Teilkapazitäten sich parallel zu FA legt und somit eine Phasenverschiebung hervorruft, die bei Verlustmessungen zu berücksichtigen ist. Die bei Kabeln wichtige Betriebskapazität $K = k_{12} + k_{10} \cdot k_{20}/(k_{10} + k_{20})$ ist in der Brücke (Abb. 9) nur dann meßbar, wenn der Bleimantel oder die Kondensatorschutzhülle, die in diesem Fall ohne irgendwelche leitende Verbindung mit der Schaltung bleiben müssen, sehr gut gegen Erde isoliert sind und nur eine kleine Kapazität gegen Erde haben. Bei Kondensatoren ist diese Bedingung einigermaßen zu erfüllen, bei Kabeln meist nur annähernd, bei verlegten Kabeln überhaupt nicht. Um in technischen Betrieben zur Bestimmung von K nicht jedesmal drei Messungen (Nr. 1, 2, 3 oder 4, 5, 6) ausführen zu müssen, sind eine Reihe besonderer Schaltungen ersonnen, die K durch eine einzige Messung ergeben. Alle diese Schaltungen[3]) beruhen im wesentlichen darauf, daß man zur eigentlichen Brücke Hilfszweige hinzufügt und durch passende Erdung eine Spannungsverteilung künstlich herstellt, die den Betriebsbedingungen des Kabels entspricht.

Schaltet man in Zweig FB der Abb. 9 einen nicht abgeschützten Kondensator ein, so mißt man dessen Teilkapazität k_{12}. Erdet man bei A, so liegt parallel zu R_3 die eine der Erdkapazitäten k_{10} oder k_{20} des Kondensators und ruft, sofern nicht R_3 sehr klein ist, eine merkliche Phasenverschiebung φ_3 hervor, während die andere (k_{20} bzw. k_{10}) nur als Nebenschluß der Stromquelle zwischen AB wirkt und somit unschädlich ist. Man bekommt daher bei Messung ungeschützter Kondensatoren, auch wenn sie verlustfrei sind, kein völliges Schweigen im Beobachtungstelephon, falls man nicht die in Ziff. 15 genannten Hilfsmittel zur Phasenreglung anwendet. Die beiden Erdkapazitäten k_{10} und k_{20} eines ungeschützten Kondensators, soweit sie überhaupt definiert sind, kann man in der Wechselstrombrücke nicht messen (vgl. hierzu Ziff. 11, am Schluß).

e) Messung sehr kleiner Kapazitäten.

17. Die hierbei auftretende experimentelle Schwierigkeit liegt weniger in zu geringer Meßempfindlichkeit; diese kann sowohl bei periodischer Ladung mit rotierendem Unterbrecher durch Gleichspannung (Ziff. 11) als auch in der Wechselstrombrücke hinreichend groß gemacht werden, so daß kleine Kapazitäten noch bis auf wenige Hundertstel $\mu\mu F$ meßbar sind. Jedoch erfordert die Definition so kleiner Kapazitäten und die Berücksichtigung der Zuleitungskapazität besondere Maßnahmen. Beim rotierenden Unterbrecher kann man die Zuleitungskapazität einschließlich der des Unterbrechers, die von der Größenordnung 5 bis 10 $\mu\mu F$ zu sein pflegen, durch besondere Messung ermitteln, in der Wechselstrombrücke sucht man sie durch Anwendung von Substitutionsverfahren zu eliminieren. Diese Differenzmessungen sind jedoch

---

[1]) K. W. WAGNER, Elektrot. ZS. Bd. 33, S. 635. 1912.
[2]) E. GIEBE u. G. ZICKNER, Arch. f. Elektrot. Bd. 11, S. 115. 1922.
[3]) F. FISCHER, Telegr. u. Fernsprechtechn. 1921, S. 137; H. JORDAN, Elektrot. ZS. Bd. 43, S. 10. 1922; K. KÜPFMÜLLER u. P. THOMAS, ebenda Bd. 43, S. 461. 1922; J. KÜHLE, ebenda Bd. 43, S. 1205. 1922; U. MEYER, ebenda Bd. 44, S. 781. 1923; E. WELLMANN, ebenda Bd. 44, S. 457. 1923.

nur dann zuverlässig, wenn die Zuleitungskapazität selbst wohl definiert ist und durch das An- und Abschalten der Zuleitungsdrähte keine Kapazitätsänderungen eintreten. Man wendet deshalb Schutzhüllen an von ähnlicher Art und in gleicher Schaltungsweise wie beim Schutzringkondensator, die man durch eine Hilfsschaltung auf die gleiche Spannung auflädt wie die Zuleitungen. Bei der Unterbrechermethode sind dazu zwei synchron laufende Unterbrecher erforderlich[1]). In der Wechselstrombrücke (Abb. 7) umgibt man die von Eckpunkt F zu der einen Kondensatorbelegung führende Zuleitung mit einem von ihr isolierten Metallrohr, das man mit dem geerdeten Eckpunkt A der Brücke verbindet; dann liegt die Kapazität zwischen Leitung und Rohr parallel zu R_3 und geht nicht additiv zu C_1 ein. Die von B zur anderen Kondensatorbelegung führende Zuleitung braucht nicht abgeschützt zu werden. Als Vergleichsnormale der Kapazität sind solche Luftkondensatoren geeignet, bei denen beide Belegungen vom Gehäuse isoliert sind (Kapitel 18, Ziff. 8). Um bei der Messung sehr kleiner Kapazitäten die Scheinwiderstände der Zweige 3, 4 denen der Zweige 1, 2 besser anzupassen, verwendet man in 3 und 4 statt Widerstände auch Kondensatoren[2]).

Ein äußerst empfindliches, namentlich zur Messung sehr kleiner Kapazitätsänderungen geeignetes Verfahren beruht auf der Interferenz zweier hochfrequenter Wechselströme. Zwei Röhrensender I und II werden nahe auf die gleiche Frequenz $n_1 \approx n_2$ abgestimmt, so daß in einem mit beiden Sendern gekoppelten Detektorkreis D Schwebungen hörbarer Frequenz $n_1 - n_2$ entstehen, die mit Hilfe eines Gleichrichters (Kristalldetektor od. dgl.) in einem Telephon wahrnehmbar gemacht werden. Schaltet man nun zum Kondensator C_1 im Schwingungskreis des Senders I die zu messende kleine Kapazität C_x parallel, so ändert sich die Senderfrequenz n_1 und damit die Tonhöhe des Schwebungstones. Aus dieser Tonänderung läßt sich die zu messende Kapazitätsgröße ermitteln. Für die praktische Ausführung bieten sich verschiedene Wege. PUNGS und PREUNER[3]) lassen auf den Kreis D einen dritten Röhrensender, und zwar einen Tonsender, einwirken, so daß aus der Interferenz zwischen dem Hochfrequenzschwebungston $n_1 - n_2$ und dem Ton n_3 des dritten Senders langsame Schwebungen entstehen, deren Frequenz $(n_1 - n_2) - n_3 = n_s$ beobachtet oder zu Null gemacht wird. Die Messung geht dann z. B. folgendermaßen vor sich: Zuerst wird auf das Verschwinden der Schwebungen n_s eingestellt, während C_x parallel zur Kapazität C_1 liegt, die zu einem Teil durch einen Normaldrehkondensator dargestellt wurde; dann wird C_x abgeschaltet und mit Hilfe des Drehkondensators n_s zum zweitenmal zu Null gemacht. Die am Drehkondensator abgelesene Kapazitätsdifferenz ist gleich C_x. Ist die Kapazitätsänderung $C_x = dC_1$ von C_1 sehr klein und mit einem Drehkondensator nicht mehr genau genug meßbar, so kann man die zweite Abgleichung auf $n_s = 0$ durch eine Änderung dC_t der Kapazität C_t im Schwingungskreise des Tonsenders bewirken. Dann ist

$$dC_1 = C_x = \frac{C_1}{C_t} \cdot \frac{n_t}{n_1} \cdot dC_t. \qquad (31)$$

Die relativen Kapazitätsänderungen dC_1/C_1 und dC_t/C_t stehen im umgekehrten Verhältnis der Frequenzen, d. h. kleine Änderungen von C_1 haben sehr große Änderungen von C_t zur Folge.

---

[1]) E. B. ROSA u. N. E. DORSEY, Bull. Bureau of Stand. Bd. 3, S. 543. 1907; E. GIEBE u. H. SCHERING, ZS. f. Instrkde. Bd. 46, S. 116. 1926.
[2]) Über eine Kapazitätsmeßbrücke für kleine Kapazitäten vgl. H. SCHERING, ZS. f. Instrkde. Bd. 45, S. 190. 1925.
[3]) L. PUNGS u. G. PREUNER, Phys. ZS. Bd. 20, S. 543. 1919.

Bei genauen Messungen muß man, weil im Schwingungskreise von Röhrensendern die THOMSONsche Formel $\omega^2 LC = 1$ nicht genau gilt, für jeden Sender die wirkliche Beziehung zwischen ω, L und C empirisch ermitteln. Weitere Vorsichtsmaßregeln, z. B. elektrische Abschützung der Sender, sind von HERWEG[1]) angegeben.

f) Messung der Kapazität oder der Zeitkonstante großer Drahtwiderstände.

18. Hierzu braucht man Widerstände von berechenbarer oder verschwindend kleiner Kapazität und Induktivität. Berechenbare Formen sind für Beträge von mehr als etwa 1000 Ohm aus verschiedenen Gründen ungeeignet. Verschwindend kleine Zeitkonstante haben KUNDTsche Widerstände, die aber nicht variierbar hergestellt werden können, und Flüssigkeitswiderstände, die man durch verschiebbare Elektroden regeln kann. Eine geeignete Flüssigkeit ist Mannit-Borsäurelösung[2]), die in passender Konzentration einen sehr geringen Temperaturkoeffizienten der Leitfähigkeit hat. Nach SCHERING und SCHMIDT[3]) kann man die folgende Wechselstrommeßanordnung Abb. 10 benutzen. Die Zweige 1 und 2 enthalten den Flüssigkeitswiderstand R_1 bzw. Prüfwiderstand R_2 in Parallelschaltung zu abgeschützten Drehkondensatoren c_1 und c_2, die

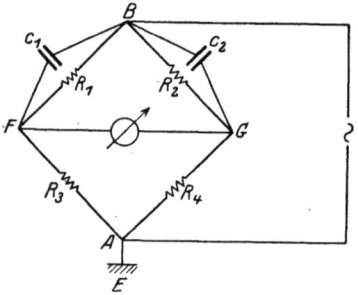

Abb. 10. Messung der Kapazität von Drahtwiderständen.

Zweige 3 und 4 zwei gleiche, symmetrisch aufgebaute Bifilardrahtwiderstände von unveränderbarem Betrag, 50 bis 100 Ohm. Bei Ausführung der Messung gleicht man die Brücke zunächst bei einpolig abgeschalteten Widerständen R_1, R_2 durch Regeln der beiden Kondensatoren ab; nach Anlegen der Widerstände wird das Telephon durch Einstellen des Flüssigkeitswiderstandes und durch Verändern des Kondensators c_1 zum Schweigen gebracht. Die Verschiebung an c_1 ergibt direkt die Kapazität und damit die Zeitkonstante des Widerstandes R_2. Diese Methode wird man bis herab zu Widerstandsbeträgen von etwa 1000 Ohm benutzen können, die sich noch in einwandfreier Weise durch Flüssigkeiten darstellen lassen. Zur Messung der Zeitkonstanten kleinerer Widerstände (≤ 1000) kann man prinzipiell die gleiche Methode unter Benutzung von Bifilardrahtwiderständen als Normale von berechenbaren Zeitkonstanten anwenden. Den Widerstandswert des Normals bringt man genau auf den des Prüfwiderstandes. Man gleicht die Brücke (Abb. 10), zunächst, während der Prüfwiderstand in R_1 eingeschaltet ist, durch Ändern von C_1, C_2 und des Widerstandes R_2, der von beliebiger Art sein kann, ab. Dann ersetzt man den Prüfwiderstand durch das Normal und bringt das Telephon durch Verändern von C_1, erforderlichenfalls auch von C_2, erneut zum Schweigen. Aus der Differenz der eingestellten Kapazitätswerte ergibt sich, da bei der Substitution alle Korrektionen herausfallen, die Differenz der Zeitkonstanten der beiden Widerstände[4]). Nach diesem Substitutionsverfahren läßt sich die Zeitkonstante von Widerständen auf etwa 0,5 bis $1 \cdot 10^{-9}$ sec genau messen[4]). Über andere Meßmethoden vgl. Ziff. 29.

---

[1]) J. HERWEG, Verh. d. D. Phys. Ges. Bd. 21, S. 572. 1919.
[2]) W. NERNST, ZS. f. phys. Chem. Bd. 14, S. 622. 1894.
[3]) H. SCHERING u. R. SCHMIDT, Arch. f. Elektrot. Bd. 1, S. 423. 1913.
[4]) K. W. WAGNER, Elektrot. ZS. Bd. 36, S. 606. 1915; ferner W. HÜTER, Ann. d. Phys. Bd. 39, S. 1350. 1912.

Bei der Berechnung der Zeitkonstanten von Bifilardrahtwiderständen höheren Betrages ist zu beachten, daß ihre Kapazität eine verteilte ist und daß sie auch Erdkapazitäten[1]) haben.

g) Selbstinduktivitätsbestimmung aus Widerstand und Zeit (Frequenz).

19. Messung einer Selbstinduktivität mit ballistischem Galvanometer nach DORN[2]). Eine mit Gleichstrom beschickte WHEATSTONEsche Brücke enthält in einem Zweige die zu messende Induktivität L, in den übrigen Zweigen reine Widerstände. Die Brücke wird zunächst für Dauerstrom abgeglichen. Dann wird der Hauptstrom unterbrochen. Aus dem durch den Induktionsstoß dabei entstehenden ballistischen Ausschlag des Galvanometers, dessen Schwingungsdauer und Dämpfungsdekrement, der Stärke des Hauptstromes und den Widerständen der Brücke ergibt sich L. Diese von RAYLEIGH[3]) etwas modifizierte Methode wird heute nur noch selten angewandt.

20. Messung einer Selbstinduktivität mit Wechselstrom aus dem Scheinwiderstand. Man bestimmt die effektive Stärke I eines die Induktivitätsspule durchfließenden, sinusförmigen Wechselstromes der Frequenz $f = \omega/2\pi$ und die effektive Spannung E an den Klemmen der Spule. Dann ist, wenn R den Gleichstromwiderstand der Spule bedeutet, der Scheinwiderstand

$$\sqrt{R^2 + \omega^2 L^2} = \frac{E}{I} \tag{32}$$

und der induktive Widerstand

$$\omega L = \sqrt{\left(\frac{E}{I}\right)^2 - R^2} . \tag{33}$$

Die Frequenz muß der angestrebten Genauigkeit entsprechend konstant und meßbar sein. E mißt man am besten mit einem Elektrometer kleiner Kapazität. Bei Benutzung eines Spannungsmessers mit Eigenverbrauch (Widerstand r) ist

$$\omega L = \sqrt{\frac{E^2(r+R)^2 - I^2 r^2 R^2}{I^2 r^2 - E^2}} . \tag{34}$$

Statt des Stromes I mißt man besser, mit dem gleichen Elektrometer die Spannung E_1, an den Enden eines mit der Spule in Reihe geschalteten induktionsfreien Widerstandes W. Dann ergibt sich:

$$\omega L = \sqrt{\frac{W^2 E^2}{E_1^2} - R^2} . \tag{35}$$

Am besten macht man durch Regeln des Widerstandes W die Spannung $E = E_1$. Für die Ausführung der Messung ist ein Quadrantenelektrometer geeignet[4]).

Ist R nicht unabhängig von der Frequenz, also nicht gleich dem Gleichstromwiderstand, wie z. B. bei eisenhaltigen Spulen oder infolge von Hautwirkung bei höheren Frequenzen, so ist die Bestimmung des Wirkwiderstandes $R' = Q/I^2$ durch Messung der Leistung Q notwendig. Bei hohen Frequenzen entstehen u. a. auch durch die Elektrometerkapazität Fehler.

Sehr hohe Genauigkeit wird man nur bei niedrigen Frequenzen (bis zu einigen hundert Hertz) erreichen können. Für Präzisionsmessungen bedarf es

---
[1]) Vgl. H. DIESSELHORST u. F. EMDE, Elektrot. ZS. Bd. 30, S. 1184, 1909; F. W. GROVER u. H. L. CURTIS, Bull. Bureau of Stand. Bd. 8, S. 455. 1912; K. W. WAGNER, Arch. f. Elektrot. Bd. 3, S. 326. 1915.
[2]) E. DORN, Wied. Ann. Bd. 17, S. 783. 1882.
[3]) Lord RAYLEIGH, Phil. Trans. Bd. 173, S. 661. 1882; A. ZELENY, ZS. f. Instrkde. 1907, S. 167; Phys. Rev. Bd. 24, S. 257. 1907.
[4]) E. ORLICH, Kapazität und Induktivität, 1909, S. 219.

außerdem einer Analyse der Kurvenform des Wechselstromes, durch welche die Amplituden I_3, I_5 usw. der Oberschwingungen in ihrer relativen Stärke zur Amplitude I_1 der Grundschwingung zu ermitteln ist. Ein aus dem Ergebnis der Analyse zu errechnender, im allgemeinen von 1 nicht sehr verschiedener Ausdruck

$$F = \sqrt{\frac{I_1^2 + I_3^2 + I_5^2 + \cdots}{I_1^2 + 9 I_3^2 + 25 I_5^2 + \cdots}} \qquad (36)$$

geht als Faktor in die Gleichung (35) ein, die dann, für $E = E_1$, lautet:

$$\omega L = F \sqrt{W^2 - R^2}. \qquad (37)$$

ROSA und GROVER[1]) haben nach dieser Methode Induktivitäten von 1 Henry bei einer Frequenz von etwa 380 Hertz mit einer Genauigkeit von wenigen Hunderttausendsteln gemessen.

21. Messung einer Selbstinduktivität in der Wechselstrombrücke. Methode von M. WIEN[2]). Die Zweige 3 und 4 (Abb. 11) enthalten reine Widerstände; zu den Induktivitäten L_1 bzw. L_2, welche die Widerstände R_1 und r_2 haben mögen, sind die reinen Widerstände r und r_2' parallel bzw. in Reihe geschaltet. $r_2 + r_2'$ sei gleich R_2 gesetzt. Die Nullbedingungen lauten für Sinusstrom:

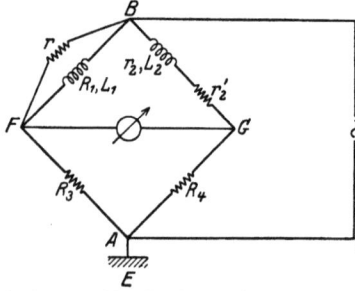

Abb. 11. Wechselstrombrücke zur Bestimmung einer Selbstinduktivität aus Widerständen und Frequenz nach WIEN.

$$\omega^2 L_1 L_2 = (r + R_1) R_2 - \frac{r \cdot R_1 R_4}{R_3}, \qquad (38)$$

$$L_1 \left(\frac{r R_4}{R_3} - R_2 \right) = L_2 (r + R_1), \qquad (39)$$

woraus L_1 und L_2 zu berechnen ist.

Man macht zweckmäßig $R_3 = R_4$, dann muß L_1 größer als L_2 sein. Da der Wirkwiderstand des Zweiges 1 ziemlich groß ist, erhält auch der in Zweig 2 hinzuzuschaltende Widerstand r_2' einen entsprechend hohen Betrag. Ein Nachteil der Methode ist, daß die zu messenden induktiven Widerstände durch die Parallel- bzw. Reihenwiderstände in ihrer Wirkung stark herabgesetzt werden und daß die stark temperaturabhängigen Kupferwiderstände in das Meßresultat eingehen. Doch kann man bei Ausführung der Messungen nach einem von WIEN angegebenen Verfahren den Einfluß von Temperaturänderungen bis zu einem gewissen Grade eliminieren; dabei ist vorausgesetzt, daß beide Spulen frequenzunabhängige Widerstände haben, also Litzenspulen sind. Genauere Messungen erfordern sehr reinen Sinusstrom. Man benutzt zur Vermeidung von Korrektionen verschiedener Ursache niedrige Frequenzen und Vibrationsgalvanometer. Die Methode wurde früher viel angewandt[3]); in neuerer Zeit bestimmt man eine Selbstinduktivität meist durch Vergleich mit einer Kapazität nach Ziff. 24 u. 25 und erzielt dabei größere Genauigkeit.

h) Vergleichung von Selbstinduktivitäten.

22. Vergleichung zweier Selbstinduktivitäten mit ballistischem Galvanometer. Man wendet bei der in Ziff. 19 beschriebenen Methode ein Substitutions-

---
[1]) E. B. ROSA u. F. W. GROVER, Bull. Bureau of Stand. Bd. 1, S. 125. 1905.
[2]) M. WIEN, Ann. d. Phys. Bd. 44, S. 689. 1891.
[3]) F. DOLEZALEK, Ann. d. Phys. Bd. 12, S. 1142. 1903; E. ORLICH, Elektrot. ZS. Bd. 24, S. 504. 1903.

verfahren an, indem man nacheinander die beiden zu vergleichenden Spulen in den einen Brückenzweig einschaltet, jedesmal die Brücke zunächst für Dauerstrom abgleicht und die beim Öffnen des Hauptstromes durch die Induktionsstöße entstehenden ballistischen Ausschläge beobachtet. Die Induktivitäten verhalten sich dann wie die Ausschläge.

23. Vergleichung zweier Selbstinduktivitäten in der Wechselstrombrücke. Methode von MAXWELL[1]). Die Zweige 1 und 2 der Brückenschaltung (Abb. 12) enthalten die zu vergleichenden Spulen; die Zweige 3 und 4 reine Widerstände R_3 und R_4; die Selbstinduktivitäten der Spulen seien L_1 und L_2, ihre Widerstände R_1 und R_2. In Reihe mit einer der Spulen, etwa L_1, muß, um die Brücke abgleichen zu können, ein reiner Widerstand ϱ_1 geschaltet werden. Die Operatoren der 4 Zweige sind also:

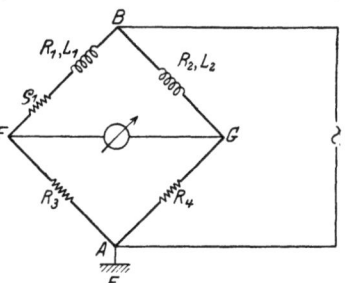

$$\mathfrak{S}_1 = R_1 + \varrho_1 + i\omega L_1, \quad \mathfrak{S}_3 = R_3,$$
$$\mathfrak{S}_2 = R_2 + i\omega L_2, \quad \mathfrak{S}_4 = R_4. \quad (40)$$

Aus der komplexen Nullbedingung $\mathfrak{S}_1\mathfrak{S}_4 = \mathfrak{S}_2\mathfrak{S}_3$ ergibt sich:

$$L_1 : L_2 = R_3 : R_4, \quad (41)$$
$$(R_1 + \varrho_1) : R_2 = R_3 : R_4. \quad (42)$$

Abb. 12. Vergleichung zweier Selbstinduktivitäten in der Wechselstrombrücke.

Die Gleichungen gelten für beliebige Frequenz und Kurvenform des Wechselstromes; dabei ist außer verschwindend kleiner Zeitkonstante der Widerstände R_3 und R_4 vorausgesetzt, daß Induktivität und Widerstand der Spulen frequenzunabhängige Konstante sind. Am einfachsten erreicht man die Abgleichung der Brücke mit Hilfe eines Variators der Selbstinduktivität, der in Zweig 1 oder 2 eingeschaltet wird; man regelt dann abwechselnd diesen und den Widerstand ϱ_1. Die Widerstände R_3 und R_4 können dann fest sein. Ohne Variator gleicht man durch Regeln von ϱ_1 und eines der Widerstände R_3 oder R_4 ab, die zur Feineinstellung zweckmäßig durch einen kurzen Schleifdraht verbunden sind.

Eine für technische Zwecke geeignete Induktivitätsmeßbrücke ist von DOLEZALEK[2]) beschrieben und wird von der Firma Siemens & Halske in den Handel gebracht.

Für genaue Messungen[3]) sind besonders bei höheren Frequenzen eine Reihe von Fehlerquellen zu beachten. Die beiden Spulen L_1, L_2 müssen in ziemlich großer Entfernung voneinander (mindestens 1 m, bei hohen Induktivitäten 2 m) aufgestellt werden. Bei Wechselinduktionen zwischen beiden Spulen (Koeffizient M) tritt an Stelle von (41) $(L_1 \pm M) : (L_2 \pm M) = R_3 : R_4$. Nur bei genau gleichen Werten L_1, L_2 ist M ohne Einfluß. Auch Wechselinduktion mit dem Nullinstrument stört leicht. Die Spulenzuleitungen müssen aus diesen Gründen ziemlich lang sein, bei kleinen Beträgen L ist die Selbstinduktion, bei hohen hauptsächlich die Kapazität der Zuleitungen zu berücksichtigen, welche oft von der Größenordnung der Spulenkapazität ist, zu der sie additiv hinzukommt. In der Nähe der Spulen dürfen sich keine Leiter, besonders kein Eisen befinden. Über die elektrische Abschützung der Spulen und Erdung der Brücke vgl. Kapitel 18, Ziff. 25 und dieses Kapitel Ziff. 4.

---

[1]) J. CL. MAXWELL, Elektrizität und Magnetismus, § S. 757.
[2]) F. DOLEZALEK, ZS. f. Instrkde. Bd. 23, S. 246. 1903.
[3]) E. GIEBE, ZS. f. Instrkde. Bd. 33, S. 6 u. 33. 1911.

Bei höheren Frequenzen können die Selbstinduktionen l_3, l_4 in den Widerständen sehr beträchtliche Fehler verursachen[1]). Die Gleichgewichtsbedingungen der Brücke lauten, wenn man l_3 und l_4 berücksichtigt:

$$\frac{L_1}{L_2} = \frac{R_3}{R_4} + \frac{l_3 R_2 - l_4(R_1 + \varrho_1)}{L_2 R_4}, \tag{43}$$

$$\frac{R_1 + \varrho_1}{R_2} = \frac{R_3}{R_4} + \frac{\omega^2}{R_2 R_4}(L_1 l_4 - L_2 l_3). \tag{44}$$

Den Einfluß der beiden Korrektionsglieder erkennt man, wenn man die Phasenwinkel φ_3, φ_4, $\gamma_1 = \pi/2 - \varphi_1$, $\gamma_2 = \pi/2 - \varphi_2$ einführt durch die Beziehungen

$$\left.\begin{array}{ll}\gamma_1 \approx \mathrm{tg}\,\gamma_1 = \dfrac{(R_1 + \varrho_1)}{\omega L_1} = \dfrac{1}{\omega t_1}, & \varphi_3 \approx \mathrm{tg}\,\varphi_3 = \dfrac{\omega l_3}{R_3} = \omega t_3, \\[6pt] \gamma_2 \approx \mathrm{tg}\,\gamma_2 = \dfrac{R_2}{\omega L_2} = \dfrac{1}{\omega t_2}, & \varphi_4 \approx \mathrm{tg}\,\varphi_4 = \dfrac{\omega l_4}{R_4} = \omega t_4,\end{array}\right\} \tag{45}$$

wo t_1, t_2, t_3, t_4 die Zeitkonstanten der Widerstände und Spulen sind[2]). Die Winkel φ_3, φ_4 sind stets klein, bei höheren Frequenzen (z. B. 2000 Hertz) und Induktivitäten auch die Winkel γ_1, γ_2. An Stelle von (43) und (44) ergibt sich demnach

$$\frac{L_1}{L_2} = \frac{R_3}{R_4} \cdot \frac{1 + \dfrac{t_3}{t_2}}{1 + \dfrac{t_4}{t_1}} \approx \frac{R_3}{R_4}[1 + \varphi_3 \gamma_2 - \varphi_4 \gamma_1], \tag{46}$$

$$\frac{R_1 + \varrho_1}{R_2} = \frac{R_3}{R_4} \cdot \frac{1 - \omega^2 t_2 t_3}{1 - \omega^2 t_1 t_4} \approx \frac{R_3}{R_4}\left[\frac{1 - \dfrac{\varphi_3}{\gamma_2}}{1 - \dfrac{\varphi_4}{\gamma_1}}\right], \tag{47}$$

und man sieht, daß in (46) die Produkte der kleinen Größen φ, γ, in (47) aber die Verhältnisse derselben neben 1 stehen. Das Verhältnis L_1/L_2 wird also, solange die Zeitkonstanten t_1, t_2 der Spulen gegenüber denen der Widerstände (t_3, t_4) groß sind, als Quotient R_3/R_4 sehr nahe richtig bestimmt. Dagegen können offenbar in (44) und (47) die vom Quadrat der Frequenz abhängigen Korrektionen gerade bei großen Zeitkonstanten, also großen Induktivitäten der Spulen, wenn ω hoch ist, erhebliche Beträge annehmen. Unter diesen Umständen, also bei hohen Werten ωL, liegen in der Induktivitätsbrücke ganz ähnliche Verhältnisse vor, wie in der Kapazitätsbrücke (Ziff. 14 und 15). Die Gleichung (47) ist in der Tat nur eine andere Ausdrucksform der für jede Brücke gültigen Beziehung $\varphi_1 + \varphi_4 = \varphi_2 + \varphi_3$ (Ziff. 2), d. h. der Gleichung (25) in Ziff. 14, wenn man in dieser für die Verlustwinkel δ der Kondensatoren die der Spulen ($\gamma = R/\omega L$) setzt, also $\gamma_2 - \gamma_1 = \varphi_3 - \varphi_4$ schreibt. Mit zunehmender Frequenz werden die Winkel γ immer kleiner und bei hohen Induktivitäten von der Größenordnung der Winkel φ. Daher muß man, um die Winkel γ, also die Wirkwiderstände von Spulen, bei hohen Frequenzen richtig messen zu können, ebenso wie bei Verlustwinkelmessungen an Kondensatoren, die Phasenwinkel φ_3 und φ_4 kennen oder Widerstände von äußerst kleiner Zeitkonstante oder endlich die Bifilarbrücke von GIEBE (Ziff. 5) benutzen, in welcher für beliebiges Brückenverhältnis R_3/R_4 stets $\varphi_3 - \varphi_4 = 0$ ist. Außerdem ist ein Vergleichsnormal bekannten Verlustwinkels notwendig; bei den praktisch herstellbaren Induktivitätsnormalen, die den Kapazitätsnormalen bezüglich des Verlustwinkels nicht annähernd gleich-

---

[1]) E. GIEBE, Ann. d. Phys. Bd. 24, S. 941. 1907.
[2]) Für Zweig 1 ist $t_1 = T_1 \cdot (R_1 + \varrho_1)/R_1$, wenn $T_1 = L_1/R_1$ die Zeitkonstante der Spule selbst, also ohne den Reihenwiderstand ϱ_1 ist.

wertig sind, ist der Wirkwiderstand für hohe Frequenzen stets größer als der Gleichstromwiderstand (Kap. 18, e), muß also in seiner Abhängigkeit von der Frequenz geeicht werden. Hierzu eignet sich die unter Ziff. 26 beschriebene Methode.

Über weitere Fehlerquellen ist folgendes zu bemerken. Bei der Messung kleiner Induktivitäten L_1, L_2 kommt, wenn nicht zugleich auch die Widerstände R_1, R_2 sehr klein sind, das Korrektionsglied in Gleichung (43) neben R_3/R_4 in Betracht; es kann zu Null gemacht werden, wenn man, wie oben, dafür Sorge trägt, daß bei beliebigem Brückenverhältnis φ_3 stets gleich φ_4 ist (vgl. auch Ziff. 28 und 29).

Die Selbstinduktion des Widerstandes ϱ_1 geht einfach additiv zu L_1 ein; man benutzt zweckmäßig bifilar ausgespannte Manganindrähte mit Gleitkontakt (vgl. Ziff. 7).

Ferner sind bei höheren Induktivitäten die Spulenkapazitäten in Rechnung zu setzen. Sind c_1 und c_2 die Kapazitätsbeträge (einschließlich Zuleitungskapazität), so ist nach der in Ziff. 2 angegebenen Formel (15) für die Gleichungen (41) und (42) zu setzen

$$L_1(1 + \omega^2 L_1 c_1) : L_2(1 + \omega^2 L_2 c_2) = R_3 : R_4, \qquad (48)$$

oder

$$\frac{L_1}{L_2} = \frac{R_3}{R_4} - \omega^2 L_1 \left(c_1 - c_2 \frac{R_4}{R_3}\right) \cdot \frac{R_3}{R_4}, \qquad (49)$$

und

$$[R_1(1 + 2\omega^2 L_1 c_1) + \varrho_1] : R_2(1 + 2\omega^2 L_2 c_2) = R_3 : R_4. \qquad (50)$$

Um die Korrektion in (49) experimentell zu bestimmen, führt man Messungen bei zwei stark verschiedenen Frequenzen ω_I und ω_{II} aus; $(R_3/R_4)_I$ und $(R_3/R_4)_{II}$ seien die beobachteten Brückenverhältnisse, R_3/R_4 ihr Mittel, dann ist, angenähert:

$$c_1 - c_2 \frac{R_4}{R_3} = \frac{\left(\frac{R_3}{R_4}\right)_{II} - \left(\frac{R_3}{R_4}\right)_I}{L_1 \frac{R_3}{R_4} [\omega_{II}^2 - \omega_I^2]}. \qquad (51)$$

Natürlich ist dies Meßverfahren nur anwendbar, wenn die Koeffizienten L_1, L_2 frequenzunabhängige Konstante sind, also nicht bei Massivdrahtspulen der Hautwirkung wegen, ebensowenig bei eisenhaltigen Spulen. Aus Formel (51) kann man den Näherungswert der Kapazität einer Spule, z. B. der Spule L_1 bestimmen, wenn man die Vergleichsspule L_2 von 10 fach kleinerer Selbstinduktion wählt; dann geht die kleinere Kapazität c_2 nur mit dem 10. Teil, c_1 aber in vollem Betrage ein. Über eine genauere Methode zur Messung der Spulenkapazitäten vgl. Ziff. 27.

Für Spulen aus Massivdraht oder solche mit Eisen, für Kabel mit Bleimantel u. dgl. kann man durch Vergleich mit einem Induktivitätsnormal nach der besprochenen Methode die für die jeweilige Meßfrequenz und Stromstärke gültigen Werte von Wirk- und Blindwiderstand bestimmen. Dabei sind die experimentellen Bedingungen wesentlich andere als oben vorausgesetzt, weil sich das Gleichgewicht der Brücke dann mehr oder weniger stark mit der Frequenz ändert. Man muß daher mit möglichst reinem Sinusstrom und bei niedrigen Frequenzen mit Vibrationsgalvanometer arbeiten, um eine vollständige Nullabgleichung der Brücke erzielen zu können.

i) Bestimmung von Selbstinduktivitäten aus Kapazitäten.

24. Bestimmung von L/C in der Wechselstrombrücke nach MAXWELL[1]). Die Zweige 1 und 4 (Abb. 13) enthalten reine Widerstände R_1, R_4, Zweig 2 die Induktivitätsspule L_3 und den Widerstand R_3, Zweig 2 einen Kondensator der

---
[1]) J. CL. MAXWELL, Elektrizität und Magnetismus, § 778.

Kapazität C_2 mit dem parallelgeschalteten Widerstand R_2. Die in Ziff. 2 abgeleiteten Nullbedingungen lauten:

$$\frac{L_3}{C_2} = R_1 R_4, \qquad (52)$$

$$R_2 R_3 = R_1 R_4. \qquad (53)$$

Wenn der Kondensator stufenweise und stetig veränderbar ist, so ist die Handhabung der Methode sehr einfach, da man beide Bedingungen unabhängig voneinander erfüllen kann, indem man bei festen Beträgen von R_1 und R_2 die Kapazität C_2 und die Widerstände R_2 und R_3 regelt. R_2 soll groß gegen $1/\omega C_2$, R_3 klein gegen ωL_3 sein; man schaltet also zum Kupferwiderstand der Spule nur einen kleinen Widerstand in Reihe, etwa in Form eines mit Gleitkontakt fein einstellbaren Bifilardrahtwiderstandes. Der stark temperaturabhängige Kupferwiderstand erschwert zwar die Nullabgleichung der Brücke etwas, weil man häufig an R_3 nachregulieren muß, geht aber nicht in das Meßresultat ein. Unbequemer ist die Methode, wenn nicht L aus C, sondern umgekehrt eine feste Kondensatorkapazität mit einem Normal der Induktivität bestimmt werden soll, weil dann die Abgleichung nur durch Widerstandsänderungen erfolgen kann, wobei die Nullbedingungen nicht unabhängig voneinander zu erfüllen sind. Man schaltet dann zweckmäßig zu C noch einen Drehkondensator kleiner Kapazität zur Feineinstellung parallel. Für geringere Genauigkeitsansprüche kann man zur Messung von C_2 einen Induktivitätsvariator für L_3 benutzen.

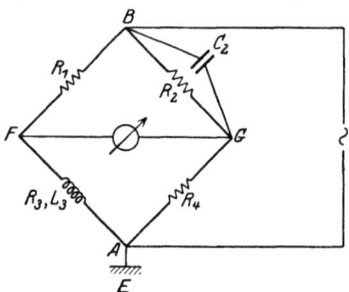

Abb. 13. Methode von MAXWELL zur Bestimmung von L/C.

Die Methode ist in weitem Frequenzbereich für große und kleine Beträge von L und C und auch für Messungen höchster Genauigkeit wohl geeignet. Für solche ist sorgfältige Abschätzung der Brücke nach Ziff. 4 notwendig; eine abgeschützte Meßanordnung für Präzisionsmessungen ist von E. GRÜNEISEN und E. GIEBE[1]) beschrieben. Dabei sind dann auch die kleinen Phasenwinkel $\varphi_1, \varphi_4, \varphi_2$ der Widerstände zu berücksichtigen. Die Nullbedingungen lauten dann:

$$L_3 = R_1 R_4 C_2 + \frac{R_1 R_4}{\omega R_2}(\varphi_1 + \varphi_4 - \varphi_2). \qquad (54)$$

$$R_2 R_3 = R_1 R_4 - \omega L_3 R_2 (\varphi_1 + \varphi_4). \qquad (55)$$

Bei der Ableitung derselben sind die wegen der Kleinheit der Winkel φ erlaubten Vernachlässigungen gemacht (vgl. Ziff. 2). Ferner ist wegen der Wirkung der Spulenkapazität c nach Gleichung (15) (Ziff. 2) für L_3 zu setzen $L_3(1 + \omega^2 L_3 c)$. Hat die Kapazität C_2 einen Verlustwinkel δ_2, so bleibt (54) ungeändert, an Stelle von (55) tritt

$$R_2 R_3 = R_1 R_4 - \omega L_3 R_2 (\varphi_1 + \varphi_4 - \delta_2). \qquad (56)$$

Für Präzisionsmessungen wendet man das folgende Verfahren von GRÜNEISEN und GIEBE an. Nach erfolgter Hauptabgleichung, für welche die Gleichungen (54) und (55) gelten, ersetzt man die Spule L_3 durch einen Bifilardraht aus Manganin von genau gleichem Widerstand und der gegen L_3 kleinen, berechenbaren Induktivität l. Dann ist, um das Nullinstrument wieder stromlos

---

[1]) E. GRÜNEISEN u. E. GIEBE, Wiss. Abh. d. Phys.-Techn. Reichsanst. Bd. 5, S. 1. 1921; Ann. d. Phys. Bd. 63, S. 179. 1920.

Ziff. 25.   Bestimmung von L/C in der Wechselstrombrücke.   525

zu machen, an Stelle der Kapazität C_2 eine gegen diese kleine Kapazität c_2 einzuschalten und R_3 ein wenig, um $\varDelta R_3$ zu verändern. Unter der nur bei gut abgeschützter Brücke völlig zutreffenden Voraussetzung, daß außer den angegebenen keinerlei Veränderungen in der Meßanordnung eintreten, gilt für diese Hilfsmessung

$$l = R_1 R_4 c_2 + \frac{R_1 R_4}{\omega R_2}(\varphi_1 + \varphi_4 - \varphi_2),\qquad(57)$$

$$R_2(R_3 + \varDelta R_3) = R_1 R_4 - \omega l R_2 (\varphi_1 + \varphi_4),\qquad(58)$$

und durch Bildung der Differenzen zwischen den Gleichungen (54) und (57) bzw. (55) und (58) erhält man:

$$L_3 - l = R_1 R_4 (C_2 - c_2),\qquad(59)$$

$$\varDelta R_3 = \omega (L_3 - l)(\varphi_1 + \varphi_4).\qquad(60)$$

In (59) sind l und c_2 leicht mit ausreichender Genauigkeit bestimmbar. Nach diesem Verfahren, das auch zur Vergleichung zweier Induktivitäten gleichen oder verschiedenen Betrages gut geeignet ist, haben GRÜNEISEN und GIEBE bei Frequenzen von einigen hundert Hertz eine Genauigkeit von wenigen Milliontel in L/C erreicht.

Für technische Messungen der Selbstinduktion kurzer Kabelstücke (Größenordnung 10^{-4} Henry) ist von U. MEYER[1]) eine Meßanordnung ausgebildet.

Die Gleichung (56) kann man zur Bestimmung des Verlustwinkels δ_2 benutzen nach einem von U. MEYER[2]) angegebenen Verfahren, bei welchem keine verlustfreien Normalkondensatoren erforderlich sind, wie bei den Ziff. 15 beschriebenen Methoden.

25. Bestimmung von L/C in der Wechselstrombrücke nach ANDERSON[3]). Diese Modifikation der MAXWELLschen Methode hat vor dieser den praktischen Vorteil, daß auch bei nicht regelbarer Kapazität und Induktivität beide Nullbedingungen unabhängig voneinander zu erfüllen sind. Die gegenüber Abb. 13 kompliziertere Schaltung (Abb. 14) dieser Methode erschwert jedoch die Abschätzung zur Beseitigung von Erdkapazitätsstörungen nach Ziff. 4. Die Anwendung der KIRCHHOFFschen Regeln führt zu der Gleichgewichtsbedingung

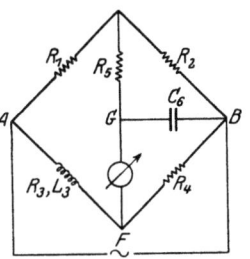

Abb. 14. Methode von ANDERSON zur Bestimmung von L/C.

$$\mathfrak{S}_1 \mathfrak{S}_2 \mathfrak{S}_4 + \mathfrak{S}_1 \mathfrak{S}_4 \mathfrak{S}_5 + \mathfrak{S}_1 \mathfrak{S}_4 \mathfrak{S}_6 + \mathfrak{S}_2 \mathfrak{S}_4 \mathfrak{S}_5 - \mathfrak{S}_2 \mathfrak{S}_3 \mathfrak{S}_6 = 0,\qquad(61)$$

wenn $\mathfrak{S}_1$ bis $\mathfrak{S}_6$ die Operatoren der sechs Zweige sind. Setzt man $\mathfrak{S}_3 = R_3 + i\omega L_3$, $\mathfrak{S}_6 = 1/i\omega C_6$ und für die übrigen Operatoren $\mathfrak{S}$ die Widerstände R, so ergibt sich aus den reellen und imaginären Bestandteilen von (61):

$$R_1 R_4 = R_2 R_3,\qquad(62)$$

$$L_3 = C_6 R_4 \left[R_1 + \frac{R_5 (R_1 + R_2)}{R_2}\right].\qquad(63)$$

Durch eine Gleichstrommessung wird zunächst Bedingung (62) erfüllt; nach Umschalten auf Wechselstrom regelt man, um (63) zu genügen, lediglich den Widerstand R_5. Diese Methode ist von ROSA und GROVER[4]) für Präzisionsmessungen bei Frequenzen von etwa 100 Hertz durchgebildet. Bei hohen Genauig-

---

[1]) U. MEYER, Elektr. Nachr. Techn. Bd. 1, S. 29. 1924.
[2]) U. MEYER, Elektrot. ZS. Bd. 33, S. 779. 1923.
[3]) A. ANDERSON, Phil. Mag. Bd. 31, S. 329. 1891.
[4]) E. B. ROSA u. F. W. GROVER, Bull. Bureau of Stand. Bd. 1, S. 291. 1905.

keitsansprüchen sind die Phasenwinkel φ_1, φ_2, φ_4, φ_5 und, wenn C_6 nicht verlustfrei ist, der Verlustwinkel δ_6 zu berücksichtigen. Die mit der gleichen Annäherung wie in Ziff. 24 durchgeführte Rechnung ergibt statt (63) die Gleichung:

$$L_3 = C_6 R_4 \left[R_1 + \frac{R_5(R_1 + R_2)}{R_2} \right] + \frac{R_1 R_4}{\omega R_2}(\varphi_1 + \varphi_4 - \varphi_2). \tag{64}$$

Zu Gleichung (62) kommt ein sehr kompliziert zusammengesetztes Korrektionsglied, das auch φ_5 und δ_6 enthält, hinzu. Praktisch macht man $R_1 \approx R_2$ und $\varphi_1 \approx \varphi_2$ und führt zwei Abgleichungen unter Austausch von R_1 und R_2 aus.

Ähnliche Modifikationen der MAXWELLschen Methode wie die ANDERSONsche sind die Methoden von STROUD und OATES[1]), RIMINGTON[2]), ILIOVICI[3]) und BUTTERWORTH[4]). Auch zur Untersuchung von Kondensatoren mit dielektrischen Verlusten ist die Methode benutzt[5]).

26. Bestimmung von $L \cdot C$ nach der Resonanzbrückenmethode von GRÜNEISEN und GIEBE[6]). Im Zweige 1 (Abb. 15) liegt die Induktivität L_1 mit dem Widerstand R_1 in Reihe zu einer Kapazität C_1, die übrigen 3 Zweige enthalten reine Widerstände. Die Nullbedingungen lauten:

$$R_1 R_4 = R_2 R_3, \tag{65}$$
$$\omega^2 L_1 C_1 = 1. \tag{66}$$

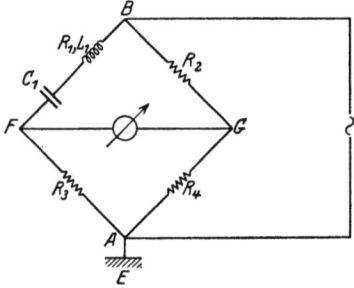

Abb. 15. Resonanzbrückenmethode von GRÜNEISEN und GIEBE zur Bestimmung von $L \cdot C$.

Die Resonanzbedingung (66) kann man bei niedrigen Frequenzen mit den im allgemeinen zur Verfügung stehenden Meßkondensatoren nur für hohe Induktivitäten erfüllen. Man wird daher die Methode in der Regel nur bei höheren Frequenzen, etwa oberhalb 1000 Hertz, anwenden können. Die erforderliche große Konstanz der Frequenz und reine Sinusform des Stromes ist bei Röhrensendern vorhanden, so daß man mit Telephon oder mit Kristalldetektor und Gleichstromgalvanometer arbeiten kann. Die Frequenz mißt man mit Stimmgabel oder Normalfrequenzmesser (Wellenmesser). Zum Regeln von C_1 benutzt man Kapazitätssätze von Luft- oder Glimmerkondensatoren und Drehkondensatoren zur Feineinstellung. Für genaue Messungen ist die Bifilarbrücke von GIEBE geeignet; um die Bedingung (65) zu erfüllen, benutzt man für R_2 einen Bifilardrahtwiderstand mit Schleifkontakt (Ziff. 7) und für R_3 und R_4 gleiche Beträge. Natürlich kann die Abgleichung, z. B. bei festen Werten von L_1, C_1, auch durch Frequenzregelung, die bei Röhrensendern einfach auszuführen ist, erreicht werden. Will man nicht L_1, sondern ohne Frequenzregelung bei einer ganz bestimmten Frequenz C_1 messen, so muß man Induktivitätsvariatoren benutzen, die aber bei höheren Frequenzen zu genaueren Messungen wenig geeignet sind, oder zu dem zu messenden Kondensator einen Drehkondensator parallel schalten. Sehr einfach und ohne Bestimmung der konstant gehaltenen Frequenz ausführbar ist die Messung einer Induktivität durch Substitution eines bekannten Normals aus dem beobachteten Kapazitätsverhältnis.

---

[1]) W. STROUD u. J. H. OATES, Phil. Mag. Bd. 6, S. 707. 1903.
[2]) E. C. RIMINGTON, Proc. Phys. Soc. Bd. 9, S. 26 u. 60. 1880.
[3]) M. ILIOVICI, C. R. Bd. 138, S. 1411. 1904.
[4]) S. BUTTERWORTH, Proc. Phys. Soc. Bd. 24, S. 75 u. 210. 1912.
[5]) S. BUTTERWORTH, Proc. Phys. Soc. Bd. 34, S. 1. 1921; B. V. HILL, Phys. Rev. Bd. 26, S. 400. 1908.
[6]) E. GRÜNEISEN u. E. GIEBE, ZS. f. Instrkde. Bd. 30, S. 147. 1910; Bd. 31, S. 152. 1911; E. MERKEL, ebenda Bd. 41, S. 137. 1921.

Der große Vorzug dieser Methode gegenüber anderen Brückenmethoden besteht darin, daß sie sich auch bei sehr hohen Frequenzen (bis 10^6 Hertz) anwenden läßt[1]), weil alle in Betracht kommenden Fehlerquellen außerordentlich klein sind. Der Grund hierfür ist darin zu suchen, daß, wenn die Resonanzbedingung erfüllt ist, die Meßanordnung einer einfachen Brücke aus vier Widerständen gleicht, deren Beträge sehr klein sind. Daher sind die Erdkapazitätsstörungen auch bei höchsten Frequenzen sehr gering, wenn Kondensatoren und Spulen abgeschützt sind; die Schutzhüllen derselben verbindet man mit dem Eckpunkt B bzw. F. Die kleinen Widerstände R_3 und R_4 können meist ungeschützt bleiben.

Als Korrektionen gehen die nur kleinen Phasenwinkel φ_2, φ_3, φ_4 ein. Setzt man für die Operatoren der drei Widerstände $R(1 + i\varphi)$ [Ziff. 2, Gleichung (13)], so ergibt die Rechnung statt (66)

$$\omega^2 L_1 C_1 = 1 + \omega L_1 R_1 (\varphi_2 + \varphi_3 - \varphi_4), \qquad (67)$$

während Gleichung (65) ungeändert bleibt. In der GIEBEschen Bifilarbrücke ist $\varphi_3 = \varphi_4$; setzt man $\varphi_2 = \omega l_2/R_2$ und beachtet, daß die Brücke zweckmäßigerweise gleicharmig, also $R_3 \approx R_4$, $R_1 \approx R_2$ ist, so wird aus (67):

$$\omega^2 C_1 (L_1 - l_2) = 1. \qquad (68)$$

Von L_1 ist also nur die kleine berechenbare Selbstinduktion des Widerstandes R_2 abzuziehen. Die Berücksichtigung der Eigenkapazität c der Spule und der inneren Selbstinduktion l des Kondensators (Kapitel 18, Ziff. 3) führt zu den folgenden Nullbedingungen:

$$\omega^2 (C_1 + c) \cdot (L_1 + l - l_2) = 1, \qquad (69)$$

$$R_1 R_4 = R_2 R_3 (1 - \omega^2 L_1 c)^2. \qquad (70)$$

Über die Messung von l und c vgl. Ziff. 27.

Ist die Kapazität C_1 nicht verlustfrei und δ_1 ihr Verlustwinkel, so bleibt (69) unverändert, und (70) lautet:

$$\left(\frac{R_1}{(1 - \omega^2 L_1 c)^2} + \frac{\delta_1}{\omega C_1}\right) R_4 = R_2 R_3. \qquad (71)$$

$\delta_1/\omega C_1$ ist nach dem Ersatzschema in Kapitel 18, Ziff. 4 derjenige Widerstand ϱ_1, der in Reihe mit einer verlustfreien Kapazität vom Betrage C_1 die Phasenverschiebung $\pi/2 - \delta_1$ hervorruft. ϱ_1 addiert sich also einfach zum Wirkwiderstand der Spule.

Die Meßempfindlichkeit dieser Nullmethode ist außerordentlich hoch, höher als bei der im folgenden behandelten Ausschlagsmethode, bei der der gewöhnliche elektrische Schwingungskreis benutzt wird. Man kann bis auf etwa 0,001% des Kapazitätswertes einstellen[1]).

Die Methode eignet sich ferner vorzüglich, besser als die Methode Ziff. 23 und andere, zur Messung des Wirkwiderstandes R_1 einer Spule, der sich hier, da der induktive Widerstand der Spule durch C_1 kompensiert ist, ebenso einfach und genau wie ein reiner Drahtwiderstand, messen läßt. Nach erfolgter Wechselstromabgleichung schaltet man auf Gleichstrom um, ersetzt Spule und Kondensator durch einen Widerstandskasten und stellt diesen bei unverändertem R_2, R_3 und R_4 so ein, daß die Brücke abgeglichen ist. Der eingestellte Widerstandswert ist gleich $R_1 : (1 - \omega^2 L_1 c)^2$. Dies Verfahren der Wirkwiderstandsmessung eignet sich besonders gut für hohe Induktivitäten von sehr großer Zeitkonstante, z. B. für Pupinspulen und bei sehr hohen Frequenzen[2]).

---

[1]) E. GIEBE u. E. ALBERTI, ZS. f. techn. Phys. Bd. 6, S. 92. 1925.
[2]) E. GIEBE u. E. GOENS, ZS. f. Instrkde. Bd. 45, S. 187. 1925.

Um den Verlustwinkel δ_1 eines unvollkommenen Kondensators aus Formel (71) zu bestimmen, ersetzt man diesen durch ein Normalluftkondensator, gleicht die Brücke also zweimal mit Wechselstrom ab, einmal mit dem Prüfkondensator, das zweite Mal mit dem Normalkondensator. Aus der Differenz der in beiden Fällen eingestellten Widerstandswerte R_2 ergibt sich δ_1.

27. Bestimmung von $L \cdot C$ im Schwingungskreis. Diese Messungen beruhen, ähnlich wie bei der vorhergehenden Methode, auf der Herstellung von Resonanz in einem aus Kapazität C und Selbstinduktivität L bestehenden Kreis II (Abb. 16), in welchem durch einen Generator (Röhrensender), Kreis I, eine sinusförmige Wechselspannung der Frequenz ω induziert wird. Während jene Methode eine Nullmethode ist, wird hier mit Ausschlägen gearbeitet. L, C oder ω werden so eingestellt, daß

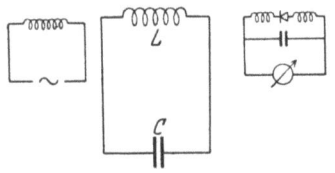

Abb. 16. Bestimmung von $L \cdot C$ im Schwingungskreis.

$$\omega^2 L C = 1 \qquad (72)$$

der Scheinwiderstand des Kreises also ein Minimum, der in ihm fließende Wechselstrom ein Maximum wird, das Eintreten dieses Maximums wird mit Hilfe eines mit II magnetisch gekoppelten Indikatorkreises III, der einen Kristalldetektor mit Gleichstromgalvanometer (oder ähnliche Anordnungen) enthält, an dem Maximalausschlag des Galvanometers erkannt. Die Kopplungen zwischen I und II sowie II und III müssen so lose sein, daß Rückwirkungen ausgeschlossen sind.

In einer solchen Anordnung kann man eine der 3 Größen ω, L oder C aus den beiden anderen bestimmen. Meist wird der Schwingungskreis zu Frequenz- oder Wellenlängenmessungen benutzt, wovon an anderer Stelle dieses Handbuches die Rede ist.

Aber auch zur Messung von Induktivitäten und Kapazitäten, namentlich solchen kleinen Betrages, ist der Schwingungskreis wohl geeignet. Hierbei sind für genauere Messungen die gleichen Fehlerquellen zu beachten wie in der Wechselstrombrücke, nämlich elektrische und magnetische Streufelder. Die Anwendung der gleichen Mittel, insbesondere Abschützung des Kreises, wie dort, gestattet auch hier diese Fehlerquellen zu beseitigen, so daß eine sehr hohe Meßgenauigkeit erreichbar wird. Da praktisch Schwingungskreise meist nicht abgeschützt werden, so soll erläutert werden, welche Meßfehler durch die ungenügende Definition solcher Kreise entstehen können. Nach Kapitel 18, Ziff. 17 hat eine nicht abgeschützte Spule ebenso wie ein ungeschützter Kondensator drei Teilkapazitäten k_{12}, k_{10}, k_{20} (bzw. K_{12}, K_{10}, K_{20} für den Kondensator), von denen je zwei, k_{10}, k_{20} bzw. K_{10}, K_{20} Erdkapazitäten sind. Abb. 17 stellt das Schema eines ungeschützten Schwingungskreises dar. Die Betriebskapazität des Kreises ist demnach:

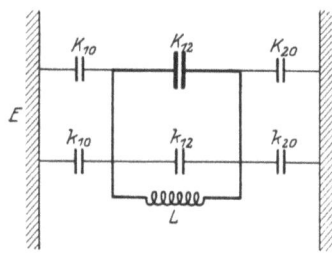

Abb. 17. Teilkapazitäten eines ungeschützten Schwingungskreises.

$$C = K_{12} + k_{12} + \frac{(K_{10} + k_{10})(K_{20} + k_{20})}{K_{10} + K_{20} + k_{10} + k_{20}}. \qquad (73)$$

Da sich nun die 4 Erdkapazitäten mit der Lage des Kreises zur Umgebung ändern, hat C nur dann einen einigermaßen definierten Wert, wenn K_{12} sehr groß ist. Dies wird im allgemeinen nur bei sehr niedrigen Frequenzen der Fall sein. Bei hohen Frequenzen, im Hauptanwendungsgebiet des Schwingungskreises, sind die in Gleichung (73) neben K_{12} stehenden Kapazitätsgrößen zu berücksichtigen.

Man verfährt nun meist so, daß man zur Betriebskapazität des ungeerdeten Kondensators, nämlich

$$c_K = K_{12} + \frac{K_{10} \cdot K_{20}}{K_{10} + K_{20}}, \qquad (74)$$

die aus der Eigenfrequenz der offenen Spule (vgl. diese Ziff. am Schluß) ermittelte Spulenkapazität

$$c_S = k_{12} + \frac{k_{10} \cdot k_{20}}{k_{10} + k_{20}} \qquad (75)$$

einfach hinzuzählt. Das ist nicht streng richtig, vielmehr müssen, in der aus Formel (73) ersichtlichen Weise, die Teilkapazitäten von Spule und Kondensator addiert werden. Nur bei Erdung des Schwingungskreises addieren sich die einander entsprechenden Betriebskapazitäten $K_{12} + K_{10}$ und $k_{12} + k_{10}$ oder $K_{12} + K_{20}$ und $k_{12} + k_{20}$. Dabei ist in jedem Fall die kaum zutreffende Voraussetzung gemacht, daß durch das Heranbringen des Kondensators an die Spule keine wechselseitigen Veränderungen der Teilkapazitäten von Spule und Kondensator eintreten. Hinzu kommt ferner, daß der Schwingungskreis auch mit der ihn erregenden Kopplungsspule des Hochfrequenzgenerators sowie mit dem Indikatorkreis stets nicht bloß magnetisch, sondern auch elektrisch gekoppelt ist, wodurch seine Gesamtkapazität von Zufälligkeiten der Meßanordnung abhängig wird.

Die besprochenen Undefiniertheiten sind nur zu beseitigen[1]), wenn man Spulen sowohl wie Kondensatoren in der in Kapitel 18, Ziff. 25 dargelegten Weise vollständig abschätzt. Die Abschätzung der Kondensatoren allein genügt, auch bei geerdetem Schwingungskreis, nicht.

Die Aufstellung der drei Kreise (Abb. 16) muß so erfolgen, daß eine direkte Energieübertragung vom Sender in den Detektorkreis durch magnetische Induktion oder elektrische Influenz peinlichst vermieden wird. Man ordnet die Achsen der Spulen in den Kreisen I und III senkrecht zueinander und unter 45° Neigung gegen die Achse der Spule L an. Im Kreis III verwendet man symmetrische Detektorspulen[2]) und kurze symmetrisch angeordnete Leitungen.

Der empfindlichste Indikator ist der Kristalldetektor mit Spiegelgalvanometer; man beobachtet zur Festlegung der Resonanzlage nicht den Maximalausschlag des Galvanometers, sondern stellt zwei Kapazitätswerte beiderseits der Resonanzlage ein, bei welcher das Galvanometer gleiche Ausschläge nahe dem Maximum anzeigt.

Am einfachsten ist die Induktivitätsmessung im Schwingungskreis unter Benutzung von Drehkondensatoren, wenn man die zu messende Spule mit einem Normal bekannter Induktivität bei konstant gehaltener Frequenz durch Substitution vergleicht; man umgeht so die Frequenzbestimmung. Die in beiden Fällen zur Resonanzabstimmung erforderlichen Kapazitäten stehen dann im umgekehrten Verhältnis der Induktivitäten. Die Ausführung solcher Messungen kann man in mannigfacher Weise variieren, je nachdem die Prüfspule annähernd die gleiche Selbstinduktivität wie das Normal hat oder erheblich verschiedene. In letzterem Falle kann man z. B. die Prüfspule auf eine Oberschwingung des Wechselstromes, die aus dem Anodenkreis eines Röhrensenders zu entnehmen ist, abstimmen, während das Normal mit der Grundschwingung in Resonanz gebracht wird. Außer den eingestellten Kapazitätsbeträgen muß man dann noch die Ordnungszahl der Oberschwingung kennen. Bezüglich der umgekehrten Aufgabe, also der Bestimmung einer unveränderbaren Kapazität aus einer Induktivität gilt dasselbe wie bei der Methode Ziff. 26.

---

[1]) E. GIEBE u. E. ALBERTI, ZS. f. techn. Phys. Bd. 6, S. 92. 1925.
[2]) E. GIEBE u. E. ALBERTI, Jahrb. d. drahtl. Telegr. Bd. 16, S. 242. 1920.

Alle Induktivitätsmessungen im Schwingungskreis erfordern eine Hilfsmessung, welche die Bestimmung der Spulenkapazität c zum Ziel hat, ihre Genauigkeit wird bei ungeschützten Schwingungskreisen durch die oben erläuterten Undefiniertheiten beeinträchtigt. Außerdem ist bei kleinen Induktivitäten die innere Selbstinduktion l der Kondensatoren zu berücksichtigen (Kap. 18, Ziff. 3). Statt Gleichung (72) ist also genauer zu schreiben:

$$\omega^2 (L + l)(C + c) = 1. \tag{76}$$

Die in abgeschützten Schwingungskreisen erreichbare Meßgenauigkeit[1]) beträgt etwa 0,005 bis 0,01% des Gesamtbetrages von L oder C. Über die Messung des Wirkwiderstandes eines Schwingungskreises vgl. Kap. 23.

Die Bestimmung der Eigenkapazität von Induktivitätsspulen im Schwingungskreis erfolgt am einfachsten und zuverlässiger als nach der in Ziff. 23 angegebenen Methode durch Messung der Induktivität und der Eigenfrequenz der offenen Spule.

Genauer ist das folgende Verfahren, bei welchem eine Frequenzmessung nicht erforderlich ist und die Induktivität nicht bekannt zu sein braucht. Die zu untersuchende Spule wird mit dem Anodenkreis eines Röhrensenders gekoppelt (Schaltung Abb. 16); dessen Grundfrequenz wird so einreguliert, daß die offene Spule in Resonanz ist mit einer harmonischen Oberschwingung hinreichend hoher Ordnung, etwa $\varepsilon = 8$ bis 10. Durch Parallelschalten von Kondensatoren zur Spule wird hierauf nacheinander Resonanz für die Grundschwingung und einige weitere Oberschwingungen hergestellt. Sind C_ε ($\varepsilon = 1, 2, 3 \ldots$) die eingestellten Kondensatorkapazitäten, so gilt nach Formel (72), wenn c die Eigenkapazität der Spule bedeutet,

$$1(C_1 + c) = 4(C_2 + c) = 9(C_3 + c) = \cdots = \text{konst.} = x^2 c$$

oder

$$c = \frac{C_1}{x^2 - 1} = \frac{4 C_2}{x^2 - 4} = \frac{9 C_3}{x^2 - 9} = \cdots = \frac{\varepsilon^2 \cdot C_\varepsilon}{x^2 - \varepsilon^2}, \tag{77}$$

wo x die zunächst unbekannte, aber leicht zu errechnende Ordnungszahl der Oberschwingung für $C_\varepsilon = 0$ ist. Zur Ausrechnung kann man auch ein graphisches Verfahren anwenden. c läßt sich auf diese Weise bis auf wenige Zehntel $\mu\mu$F genau bestimmen, jedoch nur, wenn die Spule abgeschützt ist und abgeschützte Kondensatoren benutzt werden. Ist das nicht der Fall, so treten mehr oder weniger starke Abweichungen in der Beziehung (77) auf, je nach Größe der Erdkapazitäten von Spule und Kondensatoren. Die verschiedenen Betriebskapazitäten einer Spule kann man einzeln messen und daraus ihre 3 Teilkapazitäten berechnen.

In ähnlicher Weise wie die Spulenkapazität kann die innere Selbstinduktion von Kondensatoren bestimmt werden. Man schließt den Kondensator durch verschiedene sehr kleine, etwa aus geometrischen Abmessungen berechnete Selbstinduktionen. Bei Kurzschluß des Kondensators ist in der Schaltung Abb. 16 praktisch meist keine ausreichende Kopplung zu erzielen.

k) Messung sehr kleiner Selbstinduktivitäten.

28. Die Ausführung solcher Messungen erfordert ziemlich hohe Frequenzen, oder bei Niederfrequenz, z. B. 50 Hertz, sehr starke Ströme. Alle in den Abschnitten h und i angeführten Methoden sind angewandt. Durch Vergleich mit

---

[1]) E. GIEBE u. E. ALBERTI, a. a. O.

einem 50- bis 100mal größeren Normal haben M. WIEN[1]) und O. PRERAUER[2]) nach der Methode Ziff. 23 Induktivitäten bis herab zu $5 \cdot 10^{-7}$ Henry bei 250 Hertz auf etwa 1% gemessen. Doch verursacht die Selbstinduktion der Widerstände R_3, R_4 [Abb. 12, Formel (43)] und die von Zuleitungen oft erhebliche Korrektionen. Meßtechnisch einfacher ist es, nach einer der Methoden unter Ziff. 24—27 die Induktivität mit Hilfe von Kapazitäten zu bestimmen, weil diese in Form von Drehkondensatoren in bequemer und stetiger Weise die erforderlichen Abgleichungen vorzunehmen gestatten. Man braucht dann keine Induktivitätsnormale annähernd gleicher Größenordnung und eliminiert durch Differenzmessung die Induktivität von Zuleitungen. Die MAXWELLsche Methode in der Modifikation von GRÜNEISEN und GIEBE gibt auch für sehr kleine Induktivitäten gute Resultate bei verschwindend kleinen Korrektionen. Frequenzen von einigen hundert Hertz sind dabei ausreichend[3]). Ein Verfahren ohne Benutzung von Kapazitäten ist von GIEBE[4]) angegeben, es beruht auf einer Anwendung der Gleichung (44) in Ziff. 23 und erfordert zwei Spulen, deren Induktivität um mehrere Zehnerpotenzen größer ist als die der zu messenden, ferner Frequenzen von etwa 2000 Hertz oder mehr. Man schaltet die Prüfspule (Selbstinduktivität l'_3, Widerstand r'_3) in den Zweig 3 (oder 4) der Schaltung Abb. 12 ein (Bifilarbrückenform); r'_3 sei klein gegen R_3. Für die abgeglichene Brücke gilt dann Gleichung (44), wenn man statt l_3 jetzt $l_3 + l'_3$ schreibt. Hierauf schließt man die Spule l'_3 kurz und gleicht zum zweiten Male ab; die einzige Änderung, die hierzu vorzunehmen ist, besteht in einer Änderung des Widerstandes ϱ_1 auf einen Betrag ϱ'_1 und durch Differenzbildung erhält man:

$$l'_3 = \frac{(\varrho'_1 - \varrho) R_4}{\omega^2 L_2}. \tag{78}$$

Endlich kann auch die Methode Ziff. 17 in ähnlicher Weise wie für kleine Kapazitäten angewandt werden.

l) Messung der Induktivität oder der Zeitkonstante von Drahtwiderständen.

29. Man wendet hierfür vorteilhaft Kapazitätsmeßbrücken an. (Vgl. auch Ziff. 18.) Erforderlich sind Widerstände von berechenbaren Zeitkonstanten in Form von Bifilardrähten, die man für die zu messenden Widerstände substituiert. Die gleichen Schaltungen, wie bei der Messung des Verlustwinkels von Kondensatoren (Abb. 8, Ziff. 15) können auch zur Messung der Zeitkonstanten von Widerständen dienen. Bei einer Benutzung der Methode von M. WIEN (Ziff. 15) verfährt man folgendermaßen[5]): C_1 und C_2 sind Luftkondensatoren, in Zweig 3 wird der Widerstand R_x von der zu messenden Zeitkonstanten t_x eingeschaltet. Durch Einstellen von C_1 und ϱ_1 wird die Brücke genau abgeglichen. Dann wird R_x durch das Vergleichsnormal (Zeitkonstante t_N) ersetzt und das gestörte Gleichgewicht der Brücke durch Nachstellen von ϱ_1 auf ϱ'_1 wieder hergestellt. Dann gilt:

$$t_x = t_N + (\varrho_1 - \varrho'_1) C_1. \tag{79}$$

Ferner wird zur Zeitkonstantenmessung die ANDERSONsche Methode (Ziff. 25) angewandt[6]), auch das in Ziffer 28 erläuterte Verfahren von GIEBE ist geeignet.

---

[1]) M. WIEN, Wied. Ann. Bd. 53, S. 928. 1894.
[2]) O. PRERAUER, Wied. Ann. Bd. 53, S. 784. 1894.
[3]) Eine Modifikation der ANDERSONschen Methode für kleine Induktivitäten hat S. BUTTERWORTH benutzt, Proc. Phys. Soc. Bd. 24, S. 210. 1912.
[4]) E. GIEBE, Ann. d. Phys. Bd. 24, S. 941. 1907.
[5]) K.W.WAGNER u.A.WERTHEIMER, Elektrot. ZS. Bd. 34, S. 618. 1913; Bd. 36, S. 606. 1915.
[6]) F. W. GROVER u. H. L. CURTIS, Bull. Bureau of Stand. Bd. 8, S. 461. 1913; A. H. TAYLOR u. E. H. WILLIAMS, Phys. Rev. Bd. 26, S. 417. 1908.

Für sehr kleine Normalwiderstände, wie sie in der Wechselstrommeßtechnik für Präzisionsmessungen von Strom und Leistung gebraucht werden, ist von ORLICH[1]) eine elektrometrische Methode, die hohe Frequenzen (2000 Hertz) erfordert, angegeben. Ferner ist für solche Normalwiderstände von SCHERING[2]) eine nach Art der THOMSONschen konstruierte Doppelbrücke beschrieben, die bei einer Frequenz von 50 Hertz den Phasenwinkel auf etwa $1/10$ Min. genau zu messen gestattet bei Widerstandsbeträgen von 1 bis 0,0005 Ohm.

m) Gegeninduktivitätsbestimmung aus Widerstand und Zeit (Frequenz).

30. Messung einer Gegeninduktivität mit ballistischem Galvanometer. Durch die eine Wicklung der Gegeninduktivität M wird ein Strom von gemessener Stärke geschickt; die zweite Wicklung ist durch ein Galvanometer geschlossen. Aus dem bei Öffnen und Schließen des Primärstromes entstehenden ballistischen Ausschlag des Galvanometers, aus dessen Schwingungsdauer und Dämpfungsdekrement sowie dem Widerstand des Sekundärkreises ergibt sich M.

31. Messung einer Gegeninduktivität mit Hilfe zweier um 90° in der Phase verschobener Wechselströme nach CAMPBELL[3]). Durch die Primärspule von M (Abb. 18) wird ein Sinusstrom $A \cos \omega t$ geleitet, die Sekundärspule wird durch ein Vibrationsgalvanometer und einen induktionsfreien Widerstand R geschlossen; den Enden von R wird der Strom $B \sin \omega t$ zugeführt. Man regelt R so, daß das Galvanometer keinen Ausschlag anzeigt. Dann ist

$$M = \frac{R}{\omega} \cdot \frac{B}{A}. \qquad (80)$$

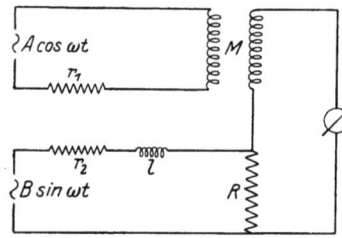

Abb. 18. Bestimmung einer Gegeninduktivität aus Widerstand und Frequenz nach CAMPBELL.

Das Verhältnis B/A, das man nahe gleich 1 wählt, wird mit einem empfindlichen Elektrometer durch Vergleichung der Effektivspannungen an induktionsfreien, nahe gleichen Widerständen r_1 und r_2 bestimmt. Zur genauen Einstellung der Phasenverschiebung auf 90° dient ein kleiner Selbstinduktivitätsvariator l. Einfacher als durch Regeln von R ist die Feinabgleichung mit Hilfe eines Gegeninduktivitätsvariators m als Zusatz zu M auszuführen, wobei m nur ein kleiner Bruchteil der Induktivität von M sein soll. Sind die Wechselströme nicht genau sinusförmig, so kommt zu (80) ein Korrekturfaktor von ähnlicher Form wie bei der Methode unter Ziff. 20 hinzu. Bei einer Frequenz von 100 Hertz ist eine Genauigkeit von weniger als $1 \cdot 10^{-4}$ erreicht.

n) Vergleichung von Gegeninduktivitäten.

32. Mit Wechselstrom. Sehr einfach ist eine Vergleichung mit Hilfe eines Variators der Gegeninduktivität auszuführen[4]). An die in Reihe geschalteten Primärwicklungen beider Induktivitäten wird eine Wechselspannung gelegt (Abb. 19). Die Sekundärwicklungen liegen in Reihe mit einem Telephon und sind so geschaltet, daß die Sekundärspannungen entgegengesetzte Richtung haben. Der

---

[1]) E. ORLICH, ZS. f. Instrkde. Bd. 29, S. 241. 1909.
[2]) H. SCHERING, Elektrot. ZS. Bd. 38, S. 421. 1917.
[3]) A. CAMPBELL, Proc. Roy. Soc. London Bd. 81, S. 450. 1908; ebenda Bd. 87, S. 292. 1912.
[4]) J. CL. MAXWELL, Elektrizität und Magnetismus, § 536; A. CAMPBELL, Proc. Phys. Soc. Bd. 21, S. 74. 1910; Phil. Mag. Bd. 15, S. 155. 1908; Electrician Bd. 60, S. 626. 1908.

Variator wird geändert bis das Telephon schweigt. Dann ist $M_1 = M_2$. Bei höherer Frequenz ist wegen der Kapazitätswirkungen der Spulen (Eigenkapazitäten jeder Spule und gegenseitige Kapazitäten) ein völliges Schweigen des Telephons nicht zu erreichen. Man schaltet zu einer der Sekundärwicklungen, etwa von M_1, einen regelbaren Kondensator (Kapazität c_1) parallel, dann ist angenähert

$$\frac{M_2}{M_1} = 1 - \omega^2 c_1 \left(\frac{L_2 R_1}{R_2} - L_1 \right), \tag{81}$$

wenn L_1 bzw. L_2 und R_1 bzw. R_2 Selbstinduktivität und Widerstand der Sekundärwicklungen bedeuten[1]).

Sind beide Gegeninduktivitäten unveränderbar, so wendet man die Schaltung Abb. 20 an[2]), in welcher die Sekundärkreise gegenüber der Schaltung Abb. 19

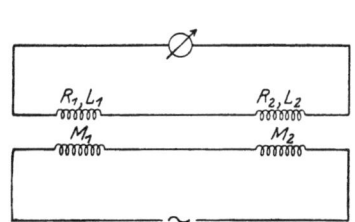

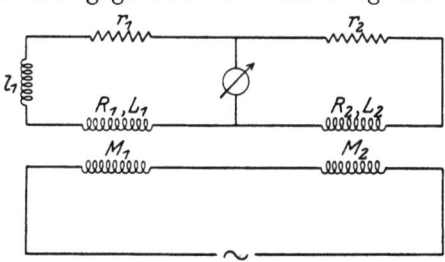

Abb. 19. Messung einer Gegeninduktivität mit Hilfe eines Variators.

Abb. 20. Vergleichung zweier unveränderbarer Gegeninduktivitäten.

durch Hinzuschalten zweier reiner Widerstände r_1 und r_2 und eines Selbstinduktivitätsvariators l_1 zu L_1 (oder L_2) zu einer Brücke ergänzt sind. Die Sekundärspannungen müssen jetzt, umgekehrt wie oben, gleiche Richtung haben. Ist I_1 bzw. I_2 der primäre bzw. sekundäre Strom, so gelten die komplexen Nullbedingungen

$$(r_1 + R_1 + i\omega L_1 + l_1) I_2 = i\omega M_1 I_1,$$
$$(r_2 + R_2 + i\omega L_2) I_2 = i\omega M_2 I_1,$$

woraus folgt:
$$\frac{M_1}{M_2} = \frac{r_1 + R_1}{r_2 + R_2} = \frac{L_1 + l_1}{L_2}. \tag{82}$$

Man gleicht ab durch abwechselndes Regeln von r_1 oder r_2 und l_1. Die Widerstandsbeträge r_1 und r_2 wählt man zweckmäßig groß aus zwei Gründen: 1. Ist $(r_1 + R_1) > \omega L_1$ und $(r_2 + R_2) > \omega L_2$, so kommt es auf eine sehr genaue Abgleichung des Selbstinduktivitätsverhältnisses nicht an; für l_1 kann dann ein grob veränderbarer Variator benutzt werden, ohne daß die Meßgenauigkeit in der Bestimmung von M_1/M_2 leidet. 2. Ist r_1 auch groß gegen R_1 und $r_2 > R_2$, so sind Temperaturschwankungen in den Kupferwiderständen R_1, R_2 von geringem Einfluß auf die Meßgenauigkeit[3]). Praktisch muß ferner durch geeignete Versuchsanordnung Gegeninduktion zwischen dem Variator l_1 und den übrigen Spulen vermieden werden. Wirken die beiden Sekundärspulen induzierend aufeinander ein (m = Koeffizient der Gegeninduktivität), so wird gleichwohl M_1/M_2 als Widerstandsverhältnis $(r_1 + R_1):(r_2 + R_2)$ richtig gemessen; dagegen gilt für die Selbstinduktivitäten:

$$(L_1 + l_1 \pm m):(L_2 \pm m) = (r_1 + R_1):(r_2 + R_2). \tag{83}$$

---

[1]) A. CAMPBELL, Proc. Roy. Soc. London Bd. 87, S. 397. 1912.
[2]) J. CL. MAXWELL, Elektrizität und Magnetismus, § 755.
[3]) Über eine Methode, bei welcher M_1/M_2 als Verhältnis zweier Manganinwiderstände gefunden wird, vgl. A. CAMPBELL, Phil. Mag. Bd. 15, S. 165. 1908.

Bei beiden Methoden, (Abb. 19 und 20) kann auch ein ballistisches Galvanometer und Gleichspannung benutzt werden. Man regelt den Variator bzw. die Widerstände r_1 und r_2 so, daß beim Kommutieren der Spannung kein Ausschlag zu beobachten ist.

33. Differentialtransformator. Vertauscht man in Abb. 20 Galvanometer und Stromquelle, so erhält man die bei den sog. Differentialtransformatoren angewandte Schaltung, in welcher dann, umgekehrt wie in Ziff. 32, aus einem bekannten Verhältnis M_1/M_2, das im einfachsten Fall gleich 1 gemacht wird, das Verhältnis zweier Wirk- und zweier Blindwiderstände bestimmt werden kann. Die Blindwiderstände können kapazitiver oder induktiver Art sein. Man erhält so eine Differentialmethode für Wechselströme ähnlich den bei Gleichstrommessungen angewandten. Dem Differentialgalvanometer bei Gleichstrom entspricht im einfachsten Falle das Differentialtelephon[1]) mit zwei einander gleichen Wicklungen, die aber nicht nur den gleichen Widerstand und gleiche Selbstinduktivität besitzen, sondern auch die gleiche Wirkung auf die Telephonmembran ausüben müssen. Die letzte Forderung ist praktisch schwer zu erfüllen. Deshalb ist es vorteilhafter, die beiden Differentialwicklungen als Primärwicklungen eines Transformators[2]) auszubilden, an dessen Sekundärwicklung ein gewöhnliches Telephon angeschlossen wird. Die Wicklungen müssen so justiert werden, daß das Telephon schweigt, wenn die Primärwicklungen von zwei Strömen gleicher Stärke und Phase durchflossen werden. Zweckmäßig kontrolliert man jeweils vor Beginn einer Messung die Symmetrie der Schaltung durch Einschalten gleicher Widerstände oder durch gegensinniges Hintereinanderschalten der Primärwicklungen und korrigiert nötigenfalls durch geeignete Hilfsmittel, z. B. durch einige verschiebbar angebrachte Wicklungen. Diese Differentialmethode ist besonders von HAUSRATH[3]) ausgebildet, z. B. für Messung der Selbstinduktivität von eisenhaltigen Starkstromspulen in Maschinen und Transformatoren. HAUSRATH wickelt die Differentialspulen auf einen Eisenkern und wendet auch ungleiche Wicklungszahlen, z. B. 1:16 an. Auch bei Hochfrequenz, wo die Benutzung der meisten Brückenmethoden Schwierigkeiten macht, findet das Verfahren Anwendung, z. B. zur Messung der Kapazität und des Verlustwinkels von Kondensatoren[4]).

o) Vergleichung von Gegeninduktivitäten mit Selbstinduktivitäten.

34. Bestimmung einer Gegeninduktivität aus Selbstinduktivitäten. Sind die beiden Wicklungen einer Gegeninduktivität bezüglich ihrer Selbstinduktivitäten L_1, L_2 und ihrer Widerstände nicht sehr verschieden voneinander, so kann man ihre Gegeninduktivität M durch Messung der Selbstinduktivitäten der in Reihe geschalteten Wicklungen bestimmen. Man schaltet 1. so, daß Gegen- und Selbstinduktivität gleichsinnig wirken; 2. so, daß die Gegeninduktivität der Selbstinduktivität entgegenwirkt. Die resultierende Selbstinduktivität des Spulensystems ist im ersten Falle $L_a = L_1 + L_2 + 2M$, im

---

[1]) CHRYSTAL, Trans. Edinbg. Roy. Soc. Bd. 29, S. 609. 1880.
[2]) A. ELSAS, Wied. Ann. Bd. 35, S. 828. 1888; A. TROWBRIDGE, Phys. Rev. Bd. 20, S. 65. 1905.
[3]) H. HAUSRATH, Die Untersuchung elektrischer Systeme auf Grund der Superpositionsprinzipien; ferner NIEBUHR, Experimentaluntersuchungen. Berlin: Julius Springer 1907.
[4]) A. HUND, Dissert. Karlsruhe 1913 u. Hochfrequenzmeßtechnik, S. 98; ferner Arbeiten des Elektr. Inst. d. Techn. Hochschule Karlsruhe. Berlin: Julius Springer 1921; H. HAUSRATH, Nernstfestschrift 1912; F. TRAUTWEIN, Jahrb. d. drahtl. Telegr. Bd. 18, S. 261. 1921; G. SEIBT, Jahrb. d. drahtl. Telegr. Bd. 5, S. 415. 1912.

Ziff. 35. Gegeninduktivitäten und Selbstinduktivitäten. 535

zweiten $L_b = L_1 + L_2 - 2M$. Aus den [nach einer der Methoden der Abschnitte h und i] gemessenen Werten von L_a und L_b ergibt sich:

$$M = (L_a - L_b) \tfrac{1}{4} \quad \text{und} \quad L_1 + L_2 = (L_a + L_b) \cdot \tfrac{1}{2}. \tag{84}$$

Methode von MAXWELL[1]). Die Zweige 1, 3, 4 der Brückenschaltung Abb. 21 enthalten reine Widerstände, in Zweig 2 liegt die eine Wicklung (Selbstinduktivität L_2, Widerstand R_2) der Gegeninduktivität M, während ihre andere Wicklung in den Hauptstromzweig eingeschaltet ist. Sind I_1 und I_2 die Ströme in den beiden Zweigen AFB und AGB, so sind die komplexen Gleichgewichtsbedingungen

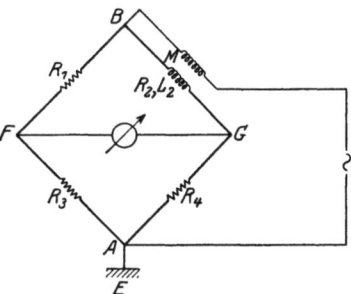

Abb. 21. Vergleichung einer Gegeninduktivität mit einer Selbstinduktivität nach MAXWELL.

$$I_1 R_1 = I_2 (R_2 + i\omega L_2) - (I_1 + I_2) i\omega M, \tag{85}$$
$$I_1 R_3 = I_2 R_4, \tag{86}$$

woraus sich ergibt:

$$R_1 R_4 = R_2 R_3, \tag{87}$$

$$M = \frac{L_2}{1 + \dfrac{R_4}{R_3}}. \tag{88}$$

Damit die Erfüllung dieser Bedingungen möglich ist, muß die Gegeninduktivität so geschaltet sein, daß M und L_2 einander entgegenwirken; außerdem muß $L_2 > M$ sein. Sind M und L_2 unveränderbar, so gleicht man durch Regeln von R_3/R_4 und R_1/R_2 ab. Statt Wechselspannung kann auch Gleichspannung und ballistisches Galvanometer benutzt werden. Da die beiden Nullbedingungen nicht unabhängig voneinander sind, ist die Abgleichung experimentell etwas mühsam; um sie einfacher zu machen, kann man nach MAXWELL[1]) parallel zu AB einen Widerstand W schalten. Die eine Gleichgewichtsbedingung (87) bleibt dann ungeändert, die andere lautet:

$$M = L_2 : \left\{ 1 + \frac{R_4}{R_3} + \frac{R_4 (R_1 + R_3)}{W R_3} \right\}. \tag{89}$$

Durch Regeln von W und eines in Zweig 2 hinzugeschalteten Widerstandes kann man alsdann bei festem Widerstandsverhältnis R_3/R_4 die zwei Nullbedingungen unabhängig voneinander erfüllen.

Diese Methode eignet sich zur Eichung eines Gegeninduktivitätsvariators in einer Anzahl von Einstellungen; man wählt verschiedene Widerstandsverhältnisse R_3/R_4, erfüllt durch eine Gleichstrommessung die Bedingung (87) und braucht dann nach Umschalten auf Wechselstrom, da in einem und demselben Meßbereich des Variators $L_2 =$ konst. ist, nur M so einzustellen, daß das Telephon schweigt. Mehrere Meßbereiche eines solchen Variators, die durch Reihenschaltung mehrerer Sekundärwicklungen auf einer und derselben Primärwicklung hergestellt werden, können nach Ziff. 32 aufeinander bezogen werden, indem man zwei der Sekundärwicklungen in der Schaltung Abb. 20 an die Stelle von L_1 und L_2 einschaltet[2]); die Gegeninduktivität zwischen den beiden Sekundärwicklungen stört bei diesem Vergleich nicht.

35. Bestimmung einer Selbstinduktivität aus Gegeninduktivitäten. Methoden von CAMPBELL[3]). Mit Hilfe eines nach Ziff. 34 geeichten Variators der

---
[1]) J. CL. MAXWELL, Elektrizität und Magnetismus, § 756; ferner H. ROWLAND, Phil. Mag. Bd. 45, S. 66. 1898.
[2]) Näheres über Eichung von Gegeninduktivitätsvariatoren s. A. CAMPBELL, Proc. Phys. Soc. Bd. 21, S. 75. 1910.
[3]) A. CAMPBELL, Phil. Mag. Bd. 15, S. 155. 1908.

Gegeninduktivität kann man Selbstinduktivitäten in sehr einfacher Weise nach den folgenden Verfahren von CAMPBELL messen. Nach Abgleichung einer Brücke wie Abb. 21 schaltet man in Zweig 2 die zu messende Selbstinduktivität L_x mit dem Widerstand R_x ein und gleicht die Brücke zum zweiten Male ab, und zwar bei unveränderten R_3/R_4 durch Ändern des Widerstandes von R_1 auf R_1' und des Variators von M auf M'. Für die erste Abgleichung gelten die Gleichungen (87) und (88), für die zweite die folgenden:

$$L_2 + L_x = \left(1 + \frac{R_4}{R_3}\right)M', \qquad R_1' R_4 = (R_2 + R_x) R_3, \qquad (90)$$

und durch Differenzbildung ergibt sich:

$$L_x = \left(1 + \frac{R_4}{R_3}\right)(M' - M) \quad \text{und} \quad R_x = \frac{(R_1' - R) R_4}{R_3}. \qquad (91)$$

Man findet also L_x, wenn $R_4/R_3 \approx 1$, einfach als Differenz zweier Einstellungen des Gegeninduktivitätsvariators. Diese Methode wird ungenau, wenn L_x klein ist gegen L_2, weil dann $M' - M$ eine kleine Differenz zweier großer Zahlen ist. Man wendet in solchen Fällen die folgende, ebenfalls von CAMPBELL herrührende Methode (Abb. 22) an, die sich von der Schaltung Abb. 21 dadurch unterscheidet, daß in Zweig 1 noch eine Selbstinduktivität L_1 eingeschaltet ist. Die Gleichgewichtsbedingungen lauten

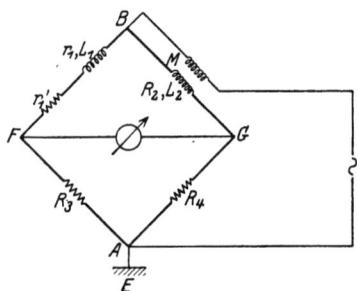

Abb. 22. Vergleichung von Selbstinduktivitäten mit Gegeninduktivitäten nach CAMPBELL.

$$L_2 - \frac{L_1 R_4}{R_3} = M\left(1 + \frac{R_4}{R_3}\right). \qquad (92)$$

$$R_1 R_4 = R_2 R_3, \qquad (93)$$

wenn $R_1 = r_1 + r_1'$ den Gesamtwiderstand des Zweiges 1, also einschließlich des Widerstandes r_1 der Spule L_1, bedeutet. Man gleicht ab durch Regeln von r_1' und M. Um in dieser Schaltung kleine Selbstinduktivitäten zu messen, wählt man L_1 nahe gleich $L_2 R_3/R_4$, dann muß der Variator in Zweig 2 nahe auf $M = 0$ eingestellt werden. Schaltet man nun wie oben die zu messende Selbstinduktivität in Zweig 2 ein, so ergibt sich durch eine entsprechende Differenzmessung wie vorher L_x aus Gleichung (91). Die Differenz $M' - M$ ist aber jetzt, da $M \approx 0$, am Variator genauer ablesbar und einstellbar als vorher. Mit Rücksicht auf die Beseitigung von Fehlerquellen (vgl. weiter unten) macht man $R_3 \approx R_4$, tauscht in zwei Meßgängen beide Widerstände gegeneinander aus; dann ist die gesuchte Selbstinduktivität $L_x = 2(M' - M)$. Mit Hilfe besonders konstruierter Variatoren, wie sie von CAMPBELL[1]) angegeben sind, läßt sich ein derartiges Meßverfahren noch einfacher und genauer gestalten[2]).

In der Schaltung Abb. 22 kann man nach Gleichung (92) auch bei unveränderbarer Gegeninduktivität das Verhältnis M/L_1 bestimmen, man muß dann das Verhältnis L_2/L_1 noch durch eine besondere Messung ermitteln.

Als Fehlerquellen kommen hauptsächlich die kleinen Induktivitäten l_3, l_4 der Widerstände R_3 und R_4 in Betracht, besonders bei ungleicharmiger Brücke; ihre Wirkung macht sich bei höheren Frequenzen (etwa oberhalb 500 Hertz)

---

[1]) A. CAMPBELL, Phil. Mag. Bd. 15, S. 155. 1908.
[2]) A. CAMPBELL, Proc. Phys. Soc. Bd. 22, S. 207. 1910; Phil. Mag. Bd. 19, S. 497. 1910.

in ganz ähnlicher Weise wie bei der Selbstinduktivitätsbrücke in Ziff. 23 geltend. Die Nullbedingungen unter Berücksichtigung von l_3 und l_4 lauten:

$$R_3 L_2 - R_4 L_1 = (R_3 + R_4) M - R_2 l_3 + R_1 l_4, \tag{94}$$

$$R_2 R_3 = R_1 R_4 + \omega^2 [(L_2 - M) l_3 - (L_1 + M) l_4]. \tag{95}$$

Aus einer ähnlich wie in Ziff. 23 durchgeführten Diskussion ergibt sich, daß die Abweichungen der Gleichung (94) von der einfachen Gleichung (92) im allgemeinen nur gering sind, daß aber bei der Messung von Wirkwiderständen die Korrektionsglieder in Gleichung (95) eine beträchtliche Rolle spielen können. Der Einfluß der Spulenkapazitäten ist hier komplizierterer Natur als bei Selbstinduktivitätsvergleichungen, weil die Eigenkapazität der Primär- und der Sekundärwicklung und außerdem ihre gegenseitige Kapazität zu berücksichtigen ist[1]).

p) Bestimmung von Gegeninduktivitäten aus Kapazitäten.

36. Bestimmung von M/C nach Carey Foster[2]). Diese Methode und die folgenden (Ziff. 37 und 38) unterscheiden sich wesentlich von den Brückenmethoden. Während man bei diesen auf Gleichheit zweier Spannungen nach Größe und Phase einstellt, werden hier zwei um 180° in der Phase verschobene Spannungen gegeneinander kompensiert. Die dazu angewandten Schaltungen werden zwar in der Literatur meist als Brücken bezeichnet, sie ähneln jedoch mehr der Schaltung des Kompensationsapparates bei Gleichstrom. Im übrigen wird bei den folgenden Methoden, ebenso wie bei den Brückenmethoden, auf Verschwinden des Stromes in einem Vibrationsgalvanometer oder Telephon eingestellt.

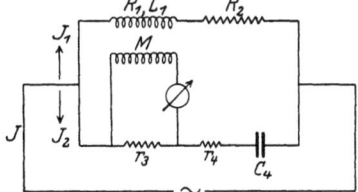

Abb. 23. Bestimmung von M/C nach Carey Foster.

Die ursprüngliche Schaltung von Carey Foster ist für die Benutzung von Gleichspannung und ballistischem Galvanometer erdacht und unterscheidet sich daher in verschiedener Hinsicht von der Schaltung Abb. 23, bei welcher Wechselspannung[3]) zur Anwendung kommt. Der Wechselstrom I teilt sich in zwei Zweigströme I_1 und I_2; der Strom I_1 durchfließt die Primärspule (Widerstand R_1, Selbstinduktivität L_1) der Gegeninduktivität M und den reinen Widerstand R_2, der Strom I_2 die Kapazität C_4, mit der die reinen Widerstände r_3 und r_4 in Reihe liegen. Parallel zu r_3 ist über das Nullinstrument die Sekundärspule von M geschaltet. Zeigt das Nullinstrument keinen Strom an, so müssen die folgenden Beziehungen gelten:

$$I_1 i \omega M = I_2 r_3,$$

$$I_1 (R_1 + R_2 + i \omega L_1) = I_2 \left(r_3 + r_4 + \frac{1}{i \omega C_4} \right)$$

Hieraus ergeben sich die beiden Nullbedingungen:

$$M = (R_1 + R_2) r_3 C_4. \tag{96}$$

$$L_1 = M \left(1 + \frac{r_4}{r_3} \right) \tag{97}$$

Um die Abgleichung zu ermöglichen, muß L_1 mindestens gleich oder größer als M sein; nötigenfalls ist eine Selbstinduktivität in Reihe mit L_1 zu schalten. Ist $L_1 = M$, so kann man r_4 zu Null machen.

---
[1]) Vgl. A. Campbell, Phil. Mag. Bd. 19, S. 503. 1910.
[2]) G. Carey Foster, Proc. Phys. Soc. Bd. 8, S. 137. 1887.
[3]) Modifikation für Wechselstrom zuerst von A. Heydweiller, Ann. d. Phys. Bd. 53, S. 499. 1894.

Berücksichtigt man Kapazität und Induktivität der Widerstände r_3 und r_4, so gelten angenähert folgende Nullbedingungen:

$$M = r_3(R_1 + R_2)C_4 - \omega M r_4 C_4 (\varphi_3 - \varphi_4), \qquad (98)$$

$$L_1 = M\left(1 + \frac{r_4}{r_3}\right) - \frac{\varphi_3(R_1 + R_2)}{\omega}, \qquad (99)$$

wenn φ_3 und φ_4 die Phasenwinkel sind. Die Induktivität von R_2 kommt additiv zu L_1 hinzu. Die Eigenkapazitäten der Gegeninduktivität bedingen eine vom Quadrat der Frequenz abhängige, kompliziert zusammengesetzte Korrektion[1]). Nach CAMPBELL eignet sich diese Methode auch gut zur Messung des Verlustwinkels δ von Kondensatoren; zu r_4 kommt dann additiv ein Glied $\delta/\omega C_4$ hinzu.

Zur Vermeidung von Erdkapazitätsstörungen (Ziff. 3) erdet man entweder am Verzweigungspunkt r_3, R_1 oder am besten nach K. W. WAGNER an einem parallel zur Stromquelle gelegten, aus Kapazität und Widerständen bestehenden Hilfszweig, der nach den Vorschriften von Ziff. 4 abgeglichen wird. Vielfach sind Schaltungen benutzt, bei denen gegenüber Abb. 23 Galvanometer und Stromquelle miteinander vertauscht sind; dann muß der geerdete Hilfszweig dementsprechend anders zusammengesetzt werden[2]). Welche von beiden Schaltungsweisen bezüglich der Meßempfindlichkeit zweckmäßiger ist, hängt von der Größe der Blind- und Wirkwiderstände ab und von der Belastbarkeit der letzteren.

Obschon man prinzipiell nach den Gleichungen (96) und (97) sowohl M/C_4 als auch L_1/M bestimmen kann, empfiehlt es sich praktisch, die Versuchsbedingungen so zu wählen, daß man eines der beiden Verhältnisse möglichst einfach und genau messen kann, d. h. am besten M/C, da für die Bestimmung von L/M andere Methoden zur Verfügung stehen. Nach diesem Gesichtspunkt wird in einer von SCHERING[3]) angegebenen Abänderung der Schaltung Abb. 23 der Widerstand R_2 groß, $r_4 = 0$ und r_3 klein gemacht, so daß ωL_1 gegen $R_1 + R_2$ und r_3 gegen $1/\omega C_4$ zu vernachlässigen ist. Dann sind die beiden Ströme I_1 und I_2 um $\pi/2$ in der Phase gegeneinander verschoben; die Sekundärspannung von M hat daher eine Phasenverschiebung von 180° gegen die Spannung am Widerstand r_3 und kann gegen letztere kompensiert werden. Als einzige durch Regeln von R_2 zu erfüllende Nullbedingung gilt dann Gleichung (96). Weil jedoch die gemachten Voraussetzungen nur mit einer gewissen, wenn auch weitgehenden Annäherung zu verwirklichen sind, kann der Strom im Nullinstrument nicht völlig auf Null, sondern nur auf ein Minimum gebracht werden. Dadurch wird die Genauigkeit der Messung begrenzt; soll sie gleich η sein, so muß man durch geeignete Wahl von C_4 und r_3 den Bedingungen $r_3 \omega C_4 \leq \eta$ und $\omega L_1/(R_1 + R_2) \leq \eta$ genügen. Bei Messungen mit der Frequenz 50 Hertz kann man für Gegeninduktivitäten von $1 \cdot 10^{-1}$ bis $1 \cdot 10^{-4}$ Henry Genauigkeiten von 0,1 bis 0,5% erreichen.

37. Bestimmung von M/C nach SCHERING[4]). Um kleine Gegeninduktivitäten (Größenordnung 10^{-4} bis 10^{-2} Henry) bei der technischen Frequenz 50 Hertz bequem und mit Kondensatorkapazitäten von mäßiger Größe zu messen, kann man die Schaltung Abb. 24 benutzen. Der Wechselstrom I fließt durch die Spule L_1 (von kleinerer Windungszahl) der Gegeninduktivität M und einen reinen Widerstand vom festen Betrage r. Im Nebenschluß zu letzterem liegt die feste Kapazität C und der veränderbare induktionsfreie Widerstand R.

---

[1]) A. CAMPBELL, Proc. Roy. Soc. London Bd. 87, S. 405. 1912; ferner S. BUTTERWORTH, Proc. Phys. Soc. Bd. 33, S. 334. 1921.
[2]) D. W. DYE, Electrician Bd. 87, S. 55. 1921.
[3]) H. SCHERING, ZS. f. Instrkde. Bd. 41, S. 139. 1921.
[4]) H. SCHERING, ZS. f. Instrkde. Bd. 40, S. 122. 1920.

Der durch R und C fließende Strom eilt, wenn R gegen $1/\omega C$ zu vernachlässigen ist, der Spannung am Widerstande r und somit dem mit dieser in Phase befindlichen Strom I um $\pi/2$ voraus. Die Spannung an R ist also gegen I um $-\pi/2$ verschoben und kann somit gegen die in L_2 von I induzierte Spannung kompensiert werden, die eine Phasenverschiebung von $+\pi/2$ gegen I hat.

Bei Stromlosigkeit des Vibrationsgalvanometers ist:

$$I\omega M = I r \omega C R \quad \text{oder} \quad M = C r R. \tag{100}$$

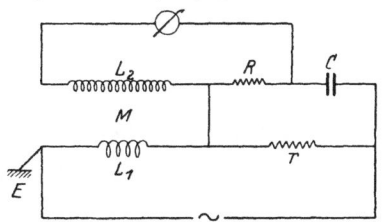

Abb. 24. Bestimmung von M/C nach SCHERING.

Zur Nulleinstellung braucht man nur R zu ändern. Es ist jedoch zu beachten, daß $R \ll 1/\omega C$ sein muß; ist das nicht der Fall, so ist der Galvanometerausschlag nur auf ein Minimum zu bringen. Man muß dann R und C anders wählen, damit eine Nulleinstellung möglich wird. Praktisch wählt man z. B. für $M = 10^{-4}$ Henry, $r = 20$ Ohm, $C = 0{,}1\,\mu$F, bei $M = 10^{-3}$ Henry, $r = 100$ Ohm, $C = 0{,}01\,\mu$F. Es läßt sich eine Genauigkeit von einigen Promille erreichen.

38. Bestimmung von $M \cdot C$ nach der Resonanzmethode von CAMPBELL[1]). Die Primärspule der Gegeninduktivität M (Abb. 25) liegt in Reihe mit einem Kondensator der Kapazität C an einer Wechselspannung. Die Sekundärspule wird so geschaltet, daß die sekundäre Spannung die entgegengesetzte Richtung der Kondensatorspannung hat. Bedeutet I den Primärstrom, so ist die Spannung am Kondensator $I/i\omega C$, die an der Sekundärspule $I \cdot i\omega M$. C wird so abgeglichen, daß das Nullinstrument stromlos ist, dann gilt

$$\omega^2 M C = 1 \tag{101}$$

als einzige Nullbedingung; sie entspricht der Resonanzbedingung für Selbstinduktivitäten, z. B. im Schwingungskreis. Der Strom im Meßinstrument ist jedoch nur dann völlig auf Null zu bringen, wenn die Phasenverschiebung zwischen Primärstrom und Sekundärspannung an der Induktivität und die zwischen Strom und Spannung am Kondensator $+\pi/2$ bzw. $-\pi/2$ beträgt. Wenn also die Kondensatorkapazität nicht verlustfrei ist und bei höheren Frequenzen, wo die Kapazitätswirkungen der Gegeninduktivität merkbar werden, erhält

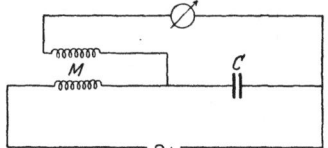

Abb. 25. Bestimmung von $M \cdot C$ nach CAMPBELL.

man nur ein Stromminimum, wodurch die Meßgenauigkeit herabgesetzt wird. Die Anwendbarkeit der Methode ist nach Seite der hohen Frequenzen durch die Unvollkommenheit der Gegeninduktivitäten begrenzt, bei niedrigen Frequenzen, wenigstens für kleinere Induktivitäten, durch die Unvollkommenheit der Kondensatoren, weil sich die hier erforderlichen hohen Kapazitätsbeträge praktisch nicht völlig verlustfrei darstellen lassen. Die Abhängigkeit der Nullbedingung vom Quadrat der Frequenz erfordert sehr reinen Sinusstrom und Benutzung von Vibrationsgalvanometern.

Die Schaltung ist bis hinauf zu Frequenzen von einigen 1000 Hertz auch zur Messung der Frequenz gut geeignet[2]).

---

[1]) A. CAMPBELL, Phil. Mag. Bd. 15, S. 166. 1908.
[2]) H. SCHERING, ZS. f. Instrkde. Bd. 45, S. 193. 1925.

Kapitel 20.

Messung der Dielektrizitätskonstanten und des Dipolmomentes.

Von

A. GÜNTHERSCHULZE, Berlin.

Mit 10 Abbildungen.

a) Allgemeines[1]).

1. Das Problem der Messung der Dielektrizitätskonstanten. Jeder Stoff hat gegenüber einem konstanten elektrischen Feld die beiden Eigenschaften der Dielektrizitätskonstanten ε und des Leitvermögens σ. Bei Beanspruchung des Stoffes mit einer elektrischen Wechselspannung treten als dritte Eigenschaft die dielektrischen Verluste Q hinzu. Bei Ionenleitern folgt aus dem elektrischen Leitvermögen σ als vierte Eigenschaft die elektrische Polarisation P sowohl bei konstantem wie bei wechselndem Felde. (Vgl. ds. Handb. Bd. XII.)

Also ist bei jeder Meßmethode, die die Ermittlung von ε zum Ziele hat, zu prüfen, wie weit σ, Q und P die Messung fälschen.

Die ungenügende Berücksichtigung dieser drei Störungsquellen macht einen großen Teil der älteren Untersuchungen, besonders über die Dielektrizitätskonstante fester Körper, ziemlich wertlos.

σ ist bis zu hohen Frequenzen von der Frequenz f unabhängig, ändert sich dagegen bei hohen Feldstärken manchmal mit diesen.

P ist dem Produkt $f \cdot \sigma$ umgekehrt proportional.

Die dielektrischen Verluste sind in der Regel von Frequenz und Temperatur mehr oder weniger abhängig.

2. Das Prinzip der Messung der Dielektrizitätskonstanten. Die Dielektrizitätskonstante einer Substanz ist das Verhältnis der dielektrischen Verschiebung in dem Stoffe zur dielektrischen Verschiebung im Vakuum bei gleichem elektrischen Felde nicht nur der Intensität, sondern auch der Feldverteilung nach.

Die dielektrische Verschiebung in einer Substanz oder im Vakuum läßt sich ermitteln:

1. Durch die Messung der Kapazität eines Kondensators, dessen Dielektrikum durch die zu untersuchende Substanz gebildet wird und dessen Abmessungen derart geometrisch einfach und definiert sind, daß seine Kapazität im Vakuum aus ihnen berechnet werden kann.

2. Durch die Messung der Kapazitäten eines Kondensators definierter und unveränderlicher Abmessungen, wenn er das eine Mal sich im Vakuum befindet, das andere Mal mit dem zu untersuchenden Stoffe gefüllt ist.

---

[1]) Zusammenfassende Darstellung der neueren Untersuchungen: O. BLÜH, Phys. ZS. Bd. 27, S. 226. 1926.

Die bei dem ersten Verfahren nötige Rechnung führt in der Regel zu einer Formel von zwei Summengliedern, von denen das erste einfache diejenige Kapazität ergibt, die sich bei unendlicher Größe der Elektroden pro Zentimeter Oberfläche ergeben würde, während das zweite kompliziertere die sog. Randkorrektion, d. h. diejenige Abänderung enthält, die die endliche Größe der Elektroden berücksichtigt. Die Nichtberücksichtigung der Randkorrektion führt zu um so größeren Fehlern, je größer das Verhältnis Elektrodenabstand zu Elektrodenfläche ist.

Bei dem zweiten Verfahren ist zu bedenken, daß sich die Zuleitungen in der Regel nicht mehr in dem zu untersuchenden Stoffe befinden. Hat also der Kondensator die Kapazitäten C_1 und C_0 im zu untersuchenden Stoffe und im Vakuum, und ist c die unveränderliche Zuleitungskapazität, so ist gesucht C_1/C, gemessen wird jedoch $(C_1 + c)/(C + c)$. Sobald also der hierdurch hervorgerufene Fehler nicht innerhalb der sonstigen Meßfehler liegt, ist c gesondert zu bestimmen und zu berücksichtigen.

3. Durch die Anziehungskraft, die zwei punktförmige oder auf zwei einander gegenüberstehenden Flächen verteilte Elektrizitätsmengen aufeinander ausüben, und die bei gegebenem Abstand der Dielektrizitätskonstante umgekehrt proportional ist. Werden die Elektroden nicht mit konstanten Elektrizitätsmengen geladen, sondern auf konstanter Potentialdifferenz gehalten, so ist ihre gegenseitige Anziehung der Dielektrizitätskonstante direkt proportional.

4. Durch die auf die Substanz in einem elektrischen Felde ausgeübte mechanische Kraft.

5. Durch die Fortpflanzungsgeschwindigkeit der in einer Substanz sich ausbreitenden langen elektromagnetischen Wellen, die $1/\sqrt{\varepsilon}$ proportional ist.

3. Das Prinzip der Messung des Dipolmomentes. Das Dipolmoment der Moleküle ist bisher noch nicht unmittelbar gemessen, sondern aus der Messung anderer Größen durch Rechnung erschlossen worden. In Frage kommen vor allem drei Methoden, nämlich erstens die Ermittlung der Abhängigkeit der Dielektrizitätskonstante des die Dipole enthaltenden Stoffes von seiner Temperatur. Das Verfahren läuft auf eine Häufung von Kapazitätsmessungen hinaus und bedarf hier keiner besonderen Behandlung.

Die zweite Methode besteht in der Messung der dem Dielektrikum in einem elektrischen Drehfelde durch die Dipolmoleküle erteilten Rotation.

Die dritte benutzt die Änderung der Dielektrizitätskonstanten dipolhaltiger Dielektriken durch ein dem zur Messung dienenden Wechselfelde übergelagertes starkes elektrostatisches Feld.

b) Die Bestimmung der Dielektrizitätskonstanten von festen Körpern.

4. Kapazitätsmessungen. Allgemeines. Die meisten Methoden der Kapazitätsmessungen sind bereits in Kap. 19 behandelt. Infolgedessen werden im folgenden nur die dort nicht erwähnten, speziell für die Messung der Dielektrizitätskonstanten ausgebildeten Methoden besprochen werden.

Auch die Berechnung der Kapazität eines geometrisch einfachen Kondensators ist in Kap. 19 bereits in dem Abschnitt über die absoluten Kapazitätsmessungen besprochen.

Die älteren Methoden der Bestimmung der Dielektrizitätskonstanten durch Kapazitätsmessungen krankten sämtlich daran, daß sie mit statischen Ladungen arbeiteten und infolgedessen die gesamten durch Leitfähigkeit, Polarisation, Rückstandsbildung usw. bedingten Fehler in Kauf nehmen mußten. Erst in diesem Jahrhundert wurde durch die Ausbildung der Wechselstrommethoden die Grundlage für exakte Messungen geschaffen. Einen außerordentlichen Aufschwung erlangten dann die Messungen durch die Einführung der ungedämpften Hochfrequenzschwingungen der Röhrengeneratoren.

Die größte Aufmerksamkeit verlangt bei der Bestimmung der Dielektrizitätskonstanten durch Kapazitätsmessung nicht diese Messung, sondern die Forderung, daß bei Messung der Kapazität des das unbekannte Dielektrikum enthaltenden Kondensators genau das gleiche Feld vorhanden sein soll wie bei der Messung des gleichen Kondensators mit Luft oder Vakuum als Dielektrikum. Diese Forderung bezieht sich nicht nur auf die gleiche mittlere Feldstärke, sondern auch auf völlig gleiche Feldverteilung. Mit hinreichender Genauigkeit ist diese Forderung nur erfüllt, wenn in beiden Fällen der Kondensator vom Dielektrikum nicht nur erfüllt, sondern vollkommen umhüllt ist.

Folgende vier Verfahren kommen vorwiegend zur Lösung dieser Aufgabe in Frage:

1. Ist der feste Körper schmelzbar, so läßt man in ihm den eingetauchten Kondensator erstarren. Bilden sich bei der Abkühlung des erstarrten Körpers auf Zimmertemperatur infolge von kristallinen Umlagerungen Risse und Sprünge, so wird die Kapazitätsmessung fehlerhaft (ferner: Zuleitungskapazität!).

2. Liegt der feste Körper in pulveriger oder körniger Form vor, so mischt man zwei dielektrische Flüssigkeiten stark verschiedener Dielektrizitätskonstante derart miteinander, daß die Kapazität eines das Gemisch als Dielektrikum enthaltenden Kondensators sich durch Einbringen des festen Körpers nicht ändert. Praktisch ermittelt man einige Punkte zu beiden Seiten des Gleichgewichtes und findet dieses durch Interpolation.

3. Der in Pulverform vorliegende Körper wird zu flachen Scheiben gepreßt und zwischen die Platten eines Luftkondensators gebracht. Ist dann ε die Dielektrizitätskonstante des aus Luft und dem Pulver bestehenden Dielektrikums, $\delta = d/d_1$ das Verhältnis der Dichten von Gemisch und fester Substanz, u eine von STÖCKER[1]) ermittelte Formzahl, so berechnet sich die gesuchte Dielektrizitätskonstante ε_1 aus der Formel

$$\varepsilon_1 = \frac{\delta(\varepsilon + u) + u(\varepsilon - 1)}{\delta(\varepsilon + u) - u(\varepsilon - 1)}.$$

Die Werte sind jedoch nach HEYDWEILLER[2]) um einige Prozent unsicher und durchschnittlich etwas zu hoch (Randkorrektion!).

4. Läßt sich der feste Körper in die Form planparalleler Scheiben bringen, so werden zwei solche Scheiben von der Dicke a beiderseits mit je zwei beträchtlich kleineren, miteinander gleichen, kreisförmigen und konzentrischen Stanniolbelegungen versehen und so aufeinander gelegt, daß die inneren Belegungen sich decken. Die Felder sind dann zwar nicht völlig, aber sehr nahezu die gleichen, wie wenn zwischen den Belegungen sich Luft befände. Gemessen wird die Kapazität C der inneren Belegung gegen die äußeren, zur Erde abgeleiteten.

Dann ist

$$\varepsilon = \frac{C}{C_0},$$

wenn C_0 die Kapazität der Anordnung mit Vakuum als Dielektrikum ist. C_0 berechnet sich nach der Formel:

$$C_0 = \frac{r^2}{2a} + \frac{r}{\pi}\left[1{,}1078 + \frac{2}{3}f\left(\frac{2d}{a}\right)\right], \tag{2}$$

---

[1]) E. STÖCKER, ZS. f. Phys. Bd. 2, S. 236. 1920.
[2]) A. HEYDWEILLER, ZS. f. Phys. Bd. 3, S. 308. 1920.

wobei r der Radius der Belegungen, a der Abstand der geerdeten Belegungen von der mittleren und f eine Funktion von $(2d/a)$ ist, die bei unendlich dünnen Belegungen Null wird. Sie hat die Form

$$f(x) = (1 + x) \lg \text{nat} (1 + x) - x \lg \text{nat} x. \tag{3}$$

Es ist

x	0,02	0,04	0,06	0,08	0,10	0,20	0,40	0,60	0,80	1,0	1,2	1,4
$f(x)$	0,098	0,168	0,230	0,285	0,335	0,54	0,84	1,06	1,24	1,39	1,52	1,63

Die Bedingung der gleichen Feldverteilung wird noch besser erfüllt, wenn die beiden äußeren Belegungen ebenso groß wie die Scheiben aus dem zu untersuchenden Dielektrikum gemacht werden[1]). Die Kapazität berechnet sich dann nach der Formel

$$C = \frac{r^2}{2a} + \frac{r}{\pi}\left[2\lg\text{nat}\,2 + 2f\left(\frac{d}{4a}\right)\right]. \tag{4}$$

Die Bedeutungen der Buchstaben sind die gleichen wie in der Formel (2). Als Zuleitung zu den inneren Belegungen werden möglichst dünne Drähte verwandt.

5. Die zugleich bequemste und exakteste Methode ist die des **Schutzringkondensators**. Eine planparallele Platte des zu untersuchenden Materials wird beiderseits mit Metallelektroden belegt, wobei auf der einen Seite ein schmaler kreisförmiger Ring, der Schutzring, freibleibt. Das Aufkleben von Stanniol mit Klebstoffen führt zu Störungen. Wird der zu untersuchende Körper von Öl nicht angegriffen, so empfiehlt es sich, ihn mit einer hauchdünnen Ölschicht zu überziehen und das Stanniol darauf festzustreichen. Wesentlich besser ist die Herstellung der Überzüge nach dem SCHOOPschen Metallspritzverfahren. Dabei wird der Schutzring dadurch ausgespart, daß während des Spritzens ein flacher Metall- oder Papierring der gewünschten Abmessungen auf die Platte gelegt wird. Mit Hilfe des SCHOOPschen Spritzverfahrens lassen sich auch sehr dünne empfindliche organische Substanzen ohne Verbrennung mit Metallüberzügen versehen.

Ist r der innere, r' der äußere Radius des Schutzringes, $l = r' - r$ die Schutzringbreite, a der Abstand der Elektroden, so ist die Kapazität im Vakuum

$$C_0 = \frac{(r+r')^2}{16a} - \frac{r+r'}{2\pi}(\beta\,\text{tg}\,\beta + \ln\cos\beta),$$

wo $\beta = \text{arctg}\,\tfrac{1}{2}\,b/a$.

Das Korrekturglied braucht nur bei sehr genauen Präzisionsmessungen berücksichtigt zu werden.

c) Die Bestimmung der Dielektrizitätskonstanten von Flüssigkeiten.

5. Kapazitätsmessungen bei Dielektriken mit verschwindend geringer Leitfähigkeit. Der Meßkondensator wird vollständig in die zu untersuchende dielektrische Flüssigkeit eingetaucht. Die Kapazitätsmessung wird nach einer der in Kap. 19 angegebenen Methoden vorgenommen.

6. Kapazitätsmessungen bei Dielektriken mit merklicher Leitfähigkeit. Kompensation des Leitvermögens nach NERNST[2]). Abb. 1 gibt das Schaltungsschema der Methode. C ist der geerdete Meßkondensator, C_1 der variable Vergleichskondensator, der bei den Versuchen von NERNST aus zwei Metallplatten mit einschiebbarer Glasplatte bestand, C_2 ein konstanter Hilfskondensator, T ein Telephon, r_0 zwei gleiche konstante, r zwei variable Flüssigkeitswiderstände. Die letzteren lassen sich durch Verschieben der Elektroden oder durch Ver-

---
[1]) E. GRÜNEISEN u. E. GIEBE, Verh. d. D. Phys. Ges. Bd. 14, S. 921. 1912.
[2]) W. NERNST, ZS. f. phys. Chem. Bd. 14, S. 622. 1894.

engerung der Flüssigkeitssäule variieren. Der zur Messung dienende Wechselstrom wird bei A und B zugeführt. An dem Meßkondensator werden drei Kapazitätsmessungen ausgeführt, nämlich 1. wenn er mit der zu untersuchenden dielektrischen Flüssigkeit, 2. wenn er mit einer Eichflüssigkeit bekannter Dielektrizitätskonstante, 3. wenn er mit Luft gefüllt ist. Durch die letzte Messung wird die Kapazität der Zuleitungen eliminiert, soweit sie von Kraftlinien herrührt, die außerhalb der Flüssigkeit verlaufen. Ferner muß die Gleichheit der beiden Widerstände r_0 dadurch festgestellt werden, daß nach erfolgter Nulleinstellung ihre Vertauschung keine Änderung der Einstellung bewirkt.

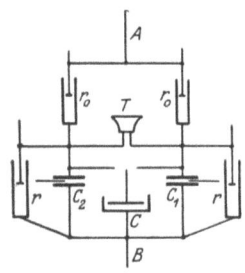

Abb. 1. Schaltungsschema der NERNSTschen Methode der Messung von Dielektrizitätskonstanten.

Der Kernpunkt der Methode ist die Verwendung der beiden variablen Flüssigkeitswiderstände r. Sie dienen zur Kompensation der durch das Leitvermögen der zu messenden flüssigen Dielektriken verursachten Störungen. Als Flüssigkeit dieser Widerstände wird Mannit-Borsäurelösung gewählt (121 g Mannit, 41 g Borsäure, 0,04 g KCl in Wasser zu 1 l gelöst; $K_{18} = 0{,}00100$; Temperaturkoeffizient der Leitfähigkeit sehr gering).

Das Meßverfahren besteht darin, daß man C erst zu C_2, dann zu C_1 schaltet und jedesmal durch Variieren von C_1 das Telephon zum Schweigen bringt. Die Differenz der Einstellung ist gleich dem Doppelten der Kapazität des Kondensators C in Luft einschließlich der der Zuleitungen. In gleicher Weise werden die Kapazitäten des Kondensators mit der Eichflüssigkeit und der unbekannten Flüssigkeit bestimmt. Hat diese eine merkliche Leitfähigkeit, so wird auf der Gegenseite so lange r verkleinert, bis das Telephon zum Schweigen gebracht werden kann.

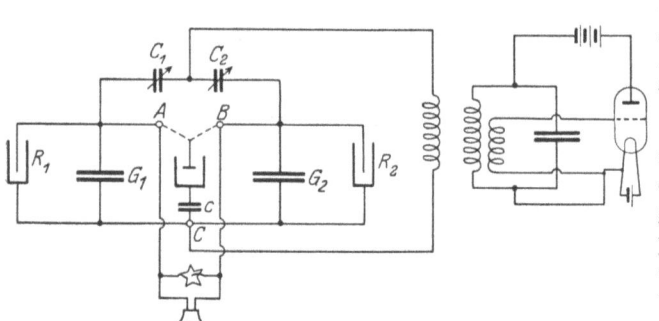

Abb. 2. Schaltung von JOACHIM.

Die Methode erlaubt die Messung von Dielektriken mit um so größerer Leitfähigkeit, je höher die Frequenz des zur Messung benutzten Wechselstromes ist.

Ist C_x die Kapazität des Kondensators, wenn er mit der zu untersuchenden Flüssigkeit der Dielektrizitätskonstante ε, C_0 diejenige, wenn er mit der Eichflüssigkeit der Dielektrizitätskonstante ε_0, C diejenige, wenn er mit Luft gefüllt ist, so wird

$$\varepsilon - 1 = (\varepsilon_0 - 1)\frac{C_x - C}{C_0 - C}. \qquad (5)$$

Im übrigen sind die in Kap. 19 gegebenen Vorschriften zu beachten.

HERTWIG[1]) gestaltete die Methode für Hochfrequenz aus, indem er einen durch einen Poulsenlichtbogen erregten Primärkreis auf die Brücke als Sekundärkreis abstimmte.

JOACHIM[2]) ersetzte den Poulsenlichtbogen durch Elektronenröhren.

Abb. 2 gibt die JOACHIMsche Schaltung. G_1 und G_2 sind unveränderlich, C_1 und C_2 Drehkondensatoren, R_1 und R_2 Flüssigkeitswiderstände.

---

[1]) W. HERTWIG, Ann. d. Phys. Bd. 42, S. 1099. 1913.
[2]) H. JOACHIM, Ann. d. Phys. Bd. 60, S. 570. 1919.

7. Kapazitätsmessungen durch Resonanz im Schwingungskreis.

Zwei Methoden sind üblich. a) Der Meßkondensator wird mit dem zu untersuchenden Dielektrikum gefüllt und mit einer bekannten Selbstinduktion L zu einem Schwingungskreis verbunden. Sodann wird mit einem Erregerkreis Resonanz hergestellt und die Schwingungsdauer τ mit einem Wellenmesser bestimmt. Dann läßt sich die Kapazität aus der Formel

$$\tau = 2\pi \sqrt{C \cdot L} \qquad (6)$$

berechnen. Die Wiederholung des Versuches mit dem mit Luft gefüllten Kondensator ergibt C_0, der Quotient C/C_0 die gesuchte Dielektrizitätskonstante ε.

Die Formel (6) ist jedoch nur richtig, solange es zulässig ist, die im Schwingungskreise überall verteilte Induktivität und Kapazität gegenüber der Induktivität der Spule und der Kapazität des Kondensators zu vernachlässigen, d. h. solange beide relativ groß sind, die Frequenz also klein ist. Bei kurzen Wellen ist die Formel keineswegs mehr anwendbar.

b) Bedeutend bequemer und wohl auch genauer ist die folgende Relativmethode:

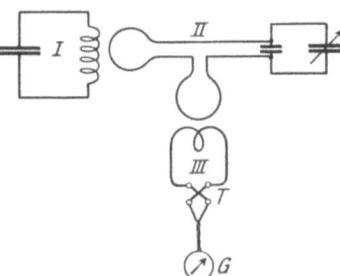

Abb. 3. Schaltungsschema von WALDEN.
I Primärkreis; *II* Kopplungskreis;
III Detektorkreis; *T* Detektor.

Es wird auf Resonanz zwischen dem Erregerkreis und einem Schwingungskreis eingestellt, der einen Drehkondensator enthält, dessen Kapazität als Funktion des Drehwinkels genau bekannt ist. Sodann wird dem Drehkondensator der Kondensator mit dem zu untersuchenden Dielektrikum parallelgeschaltet und die Resonanz durch Verkleinern der Kapazität des Drehkondensators wieder hergestellt. Die Differenz der beiden Drehkondensatorkapazitäten ist gleich der Kapazität des Versuchskondensators. Im übrigen wird wie unter a) verfahren.

In beiden Fällen ist bei Verwendung geringer Kapazitäten die Kapazität der Zuleitungen zu ermitteln und in Rechnung zu setzen.

Die Methode b) ist beispielsweise von WALDEN[1]) bei der Messung der Dielektrizitätskonstanten vieler organischer Flüssigkeiten verwandt worden. Abb. 3 zeigt die Schaltung. Die Induktivitäten bestanden aus Drahtschleifen von 7 cm Durchmesser, von denen die eine mit dem Primär-, die andere mit dem Detektorkreis gekoppelt war. Letzterer zeigte mit Hilfe eines Detektors die Resonanz an. Als Untersuchungskondensator benutzte WALDEN die von FÜRTH[2]) angegebene Form (Abb. 4). Die Elektroden waren durch den Hartgummideckel geführte Drähte aus Stahl, um Verbiegungen beim Einfüllen zäher Flüssigkeiten zu vermeiden. Der Kondensator wurde mit Flüssigkeiten bekannter Dielektrizitätskonstante geeicht. Es gelang WALDEN, bei Leitfähigkeiten bis zu 10^{-4} die Dielektrizitätskonstanten wässeriger Salzlösungen mit einer Genauigkeit von $1^0/_{00}$ zu messen. Bei dieser Methode ist auf die Kapazität der einzelnen Teile der Schaltung gegen Erde zu achten, die zu größeren Meßfehlern führen kann. Das Sicherste ist, diese Fehlerquelle durch elektrostatische Abschirmung der ganzen Anordnung zu beseitigen (s. den Abschnitt über Messung von Kapazität und Induktivität).

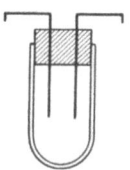

Abb. 4. Meßkondensator für flüssige Dielektriken nach FÜRTH.

---

[1]) P. WALDEN, H. ULRICH u. O. WERNER, ZS. f. phys. Chem. Bd. 115, S. 177. 1925; Bd. 116, S. 261. 1925.
[2]) R. FÜRTH, Ann. d. Phys. Bd. 70, S. 64. 1923.

8. Kraftwirkungsmethode von Silow[1]). Es wird die Ablenkung der Nadel eines Elektrometers gemessen, wenn sie sich das eine Mal in Luft, das andere Mal in dem zu untersuchenden Dielektrikum befindet und in beiden Fällen gleiche Potentiale angelegt werden. Aus dem Verhältnis der Ablenkungswinkel läßt sich das Kräfteverhältnis und daraus das Verhältnis der Dielektrizitätskonstanten finden. Perot[2]) verbesserte die Methode dadurch, daß er zwei Quadrantelektrometer übereinander brachte. Ihre Nadeln waren starr miteinander verbunden, so daß sie die Differenz der Wirkungen anzeigten. Die oberen Quadranten befanden sich stets in Luft, die unteren in der zu untersuchenden Flüssigkeit.

9. Kraftwirkungsmethode von Quincke[3]). Die untere horizontale Platte eines in die zu untersuchende Flüssigkeit eingetauchten Kondensators ist unbeweglich, die obere ihr planparallel gegenüberstehende hängt am Wagebalken einer Wage und stützt sich auf Schrauben, die an der unteren Platte vorbeiführen. Nachdem die Platte an der Wage genau austariert war, wurde die Platte auf ein hohes Potential gebracht und auf die Wageschale am anderen Wagearm ein Gewicht gelegt, das nicht genügte, die Platte abzuheben. Sodann wurde das Potential durch Ableitung ganz langsam verringert, bis die Platte von den Stützschrauben abriß. Die Dielektrizitätskonstante berechnet sich nach der Formel

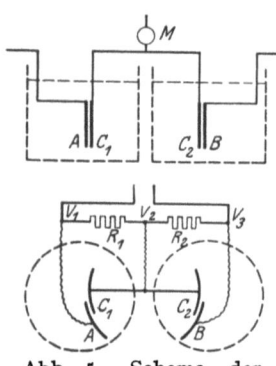

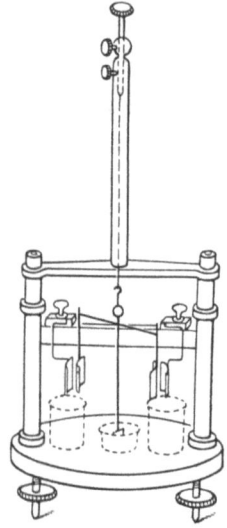

$$p = \frac{\varepsilon \cdot S \cdot V^2}{8\pi d^2}, \qquad (7)$$

in der p die Anziehungskraft der Platte, S die Größe der Oberfläche der oberen Platte, V das Potential und d der Plattenabstand ist.

Statt der Anziehungskraft der Platten läßt sich auch der auf eine zwischen die Platten gebrachte Luftblase ausgeübte Druck messen. Auch diese Methode wurde von Quincke

Abb. 5. Schema der Kraftwirkungsmethode von Carman.
V_1, V_3 Potentiale der festen Platten A und B; V_2 Potential des beweglichen Systems; M Spiegel.

Abb. 6. Schema des von Carman benutzten Apparates.

angewandt. Durch eine Öffnung in der oberen Platte wurde eine große Luftblase in den Raum zwischen den Platten gebracht und ihr Druck mit Hilfe eines Manometers gemessen. Wurde Spannung an die Platte gelegt, so stieg das Manometer um einen Betrag h. Ist δ das spezifische Gewicht der Manometerflüssigkeit, so ist

$$h \cdot \delta = \frac{(\varepsilon - 1) V^2}{8\pi d^2}. \qquad (8)$$

Diese Methode ist neuerdings von Michaud und Balloul[4]) angewandt worden.

10. Kraftwirkungsmethode von Carman. Die Elektrometermethode von Silow ist von Carman[5]) wesentlich verbessert und modernisiert worden. Er hängt zwei Zylindermantelflächen C_1, C_2 als Elektrometerquadranten so auf, daß sie zwei festen koaxialen Zylindermantelflächen A, B unsymmetrisch gegenüberstehen, so daß die bei angelegter Spannung auf sie ausgeübten Drehmomente einander entgegenwirken, wie Abb. 5 u. 6 zeigen. Beide Systeme tauchen in Glasbecher.

---
[1]) P. Silow, Pogg. Ann. Bd. 156, S. 389. 1875; Bd. 158, S. 306. 1876.
[2]) A. Perot, C. R. Bd. 113, S. 415. 1891.
[3]) H. Quincke, Wied. Ann. Bd. 32, S. 529. 1887; Bd. 34, S. 401. 1888.
[4]) F. Michaud u. A. Balloul, Ann. de phys. (9) Bd. 11, S. 295. 1919.
[5]) A. P. Carman, Phys. Rev. Bd. 24, S. 396. 1924.

Der eine Becher wird mit der zu untersuchenden Flüssigkeit gefüllt, der andere enthält eine Flüssigkeit bekannter Dielektrizitätskonstante. Durch Abzweigungen an den beiden Widerständen R_1 und R_2 werden die an die beiden Systeme gelegten Spannungen so abgeglichen, daß das Elektrometer beim Einschalten in Ruhe bleibt. Dann gilt

$$\frac{\varepsilon_x}{\varepsilon} = C \frac{R_1^2}{R_2^2}. \qquad (9)$$

Die Konstante C läßt sich mit Hilfe von zwei Flüssigkeiten bekannter Dielektrizitätskonstanten ermitteln. Durch Änderung des Plattenabstandes kann die Empfindlichkeit des Instrumentes in weiten Grenzen verändert werden. Bei dielektrischen Verlusten und Leitfähigkeit der Dielektriken ist eine besondere Bestimmung beider Störungen erforderlich.

11. Die Ellipsoidmethode von FÜRTH[1]). Befindet sich eine Flüssigkeit von der Dielektrizitätskonstanten ε_0 und der Leitfähigkeit σ_0 zwischen zwei planparallelen senkrechten Platten, an welche Spannung gelegt werden kann, und hängt zwischen den Platten in der Flüssigkeit an einem Torsionsfaden ein Rotationsellipsoid einer beliebigen festen Substanz von der Dielektrizitätskonstanten ε und der Leitfähigkeit σ unter einem Winkel von 45° gegen die Plattennormale, so wird beim Anlegen eines Feldes auf das Ellipsoid ein Drehmoment ausgeübt, das durch Messung mit Spiegel und Skala bestimmt werden kann. Für dieses Drehmoment ergibt sich der Ausdruck

$$D = 8\varepsilon_0 \cdot V^2 \sin 2\vartheta \cdot A. \qquad (10)$$

In den ziemlich verwickelten Ausdruck A gehen außer den Achsen a und b des Ellipsoids noch das Verhältnis der Leitfähigkeiten σ/σ_0 ein.

Von der Dielektrizitätskonstanten des Ellipsoids ist das Drehmoment unabhängig. Wegen der Abhängigkeit des Drehmomentes von σ_0 ist man auch hier gezwungen, mit der Frequenz um so höher zu gehen, je größer die Leitfähigkeit der zu untersuchenden Flüssigkeit ist. Am weitesten kommt man, wenn das Achsenverhältnis des Ellipsoids und sein spezifisches Gewicht möglichst klein, die Aufhängung möglichst empfindlich ist. Bisher wurden Versuche mit einem Achsenverhältnis 1:20 bei einem Rotationsellipsoid aus Nickel angestellt.

12. Methode der Fortpflanzungsgeschwindigkeit (langer) elektromagnetischer Wellen. Die Fortpflanzungsgeschwindigkeit elektromagnetischer Wellen ist proportional

$$\frac{1}{n} = \frac{1}{\sqrt{\varepsilon}}, \qquad (11)$$

wenn n der Brechungsindex des Dielektrikums ist. Werden längs einer Doppeldrahtleitung stehende HERTZsche Wellen erzeugt, so ist ihre mit einem Detektor, Bolometer oder empfindlichem Hitzdrahtinstrument meßbare Wellenlänge umgekehrt proportional $1/\sqrt{\varepsilon}$. Man kann entweder die Wellenlängen λ_0 in Luft und λ in der zu untersuchenden Flüssigkeit bestimmen (vgl. ds. Handb. Bd. XV). Dann ist

$$\varepsilon = \left(\frac{\lambda_0}{\lambda}\right)^2, \qquad (12)$$

wenn die Abweichung der Dielektrizitätskonstante der Luft von 1 vernachlässigt wird. Oder es wird die Frequenz n mit dem Wellenmesser gemessen und aus ihr und der Lichtgeschwindigkeit c sowie dem in der Flüssigkeit ermittelten λ direkt die Fortpflanzungsgeschwindigkeit c_x und daraus

$$\varepsilon = \left(\frac{c}{c_x}\right)^2 \qquad (13)$$

ermittelt.

---
[1]) R. FÜRTH, Ann. d. Phys. Bd. 70, S. 64. 1923.

Das Verfahren ist auf Dielektriken von größerem Leitvermögen anwendbar als die übrigen Verfahren, z. B. noch auf verdünnte Salzlösungen.

Das Verfahren ist zuerst in ausgedehntem Maße von DRUDE[1]) benutzt worden.

Abb. 7 gibt seine Anordnung wieder. Der Wellenerreger besteht aus zwei Halbkreisen von 3 mm dickem Kupferdraht und 2,5 cm Kreisradius in Petroleum,

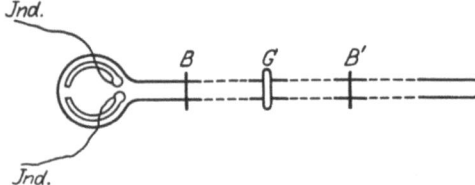

Abb. 7. Schema der Anordnung von DRUDE.

die mit einem Teslatransformator verbunden sind. Dieser wurde bei DRUDE von einem Induktorium gespeist. Die eine der aus dünnem Draht bestehenden Zuleitungen wird mit dem einen Drahtkreis fest verbunden, die andere dem anderen Drahtkreis bis auf etwa $1/2$ mm genähert, so daß an dieser Stelle Fünkchen überspringen. Die Entladungen gehen zwischen den Kugelenden von 6 mm Durchmesser bei $1/2$ mm Schlagweite über. Über den beiden Halbkreisen befindet sich die mit einem LECHERschen Drahtsystem verbundene Drahtschlinge, auf die die beiden Halbkreise induzieren. Die längs der Drähte verlaufenden stehenden elektromagnetischen Wellen haben in Luft bei den angegebenen Abmessungen der Apparatur eine Länge von 74 cm.

Etwa 7 cm von der Kreisperipherie entfernt liegt ein fester überbrückender Drahtbügel B auf den Drähten und erzwingt an seiner Auflagestelle einen Knotenpunkt. Etwa 16 cm dahinter liegt als zweite Überbrückung die stark evakuierte Geißlerröhre G, deren Aufleuchten einen Schwingungsbauch anzeigt. Dieser bildet sich am stärksten aus, wenn B' gerade auf einen weiteren Knotenpunkt gelegt wird. Beobachtet werden entweder die Stellen von B', denen das stärkste Aufleuchten entspricht, oder es wird die Mitte zwischen denjenigen Lagen von B' ermittelt, bei denen G gerade zu leuchten beginnt. Der Abstand der Minima ist gleich einer halben Wellenlänge. Zur Ermittlung der Wellenlänge in der zu untersuchenden Flüssigkeit werden die Drähte durch einen mit ihr gefüllten Glastrog hindurchgeführt. Wegen des nicht unendlichen Flüssigkeitsquerschnitts wird ein zu großes λ gemessen. Der Fehler steigt mit der Dielektrizitätskonstanten und beträgt bei Flüssigkeitströgen von $3 \times 3{,}5$ cm und $\varepsilon = 80$ etwa 4%, bei 5×6 cm und $\varepsilon = 80$ etwa 2,1%.

13. Methode von HOLBORN. HOLBORN[2]) modernisierte die Methode durch Einführung ungedämpfter Schwingungen. Zwei Glühkathodenröhren sind so durch eine gemeinsame Schaltung verbunden (Abb. 8), daß die Zuleitungen zu Anode und Gitter nur Gleichspannungen führen, so daß die Frequenz der Hochfrequenzströme durch diese Leitungen nicht beeinflußt wird. Die Anoden der Röhren sind durch die Induktivitäten L und über den Kondensator C miteinander verbunden. Die Anodenspannung wird in der Mitte von L zugeführt. Die Gitter sind ebenfalls durch eine Spule verbunden, deren Mitte über einen Widerstand von 1000 bis 4000 Ω an die Glühdrähte gelegt ist. Die Röhren arbeiten in Gegentaktschaltung, d. h. die Spannungen zwischen Gitter und Anoden sind um 180° gegeneinander verschoben. Von

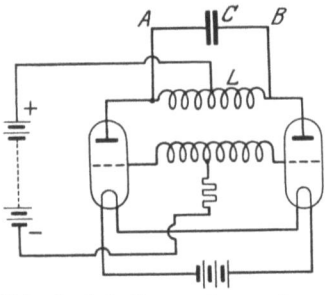

Abb. 8. Schaltungsschema der Methode von HOLBORN.

---
[1]) P. DRUDE, Wied. Ann. Bd. 55, S. 633. 1895.
[2]) L. HOLBORN, ZS. f. Phys. Bd. 6, S. 328. 1921.

den Punkten A und B gehen die LECHERschen Drähte aus. HOLBORN maß mit Wellenlängen bis etwa zu 2,4 m, während MESNY[1]) durch Verwendung von Spezialröhren bis auf 1,2 m kam.

14. Methode von WACHSMUTH[2]). Eine Drahtspule von 28,5 cm Drahtlänge, einer Ganghöhe von 0,6 cm, einer Drahtdicke von 0,3 cm und einem Spulendurchmesser von 3 cm wurde an 3 Seidenflächen aufgehängt. Die Wellenlänge ihrer Eigenfrequenz berechnete sich nach DRUDE zu 47,8 cm und wurde durch Resonanz zu 46,7 cm gemessen. Sodann wurde die Spule in die zu untersuchende Flüssigkeit getaucht, die sich in einem Gefäß von solcher Größe befand, daß eine Vergrößerung des Gefäßes keine merkliche Änderung der Eigenfrequenz mehr hervorrief. Die neue Eigenfrequenz wurde wieder durch Resonanz gemessen. Aus dem Verhältnis der Eigenfrequenzen ergibt sich die Dielektrizitätskonstante ε.

Die im Prinzip der Methode von DRUDE gleiche Methode hat den Vorteil, daß die Messung der Abstände von Knotenpunkten durch die sehr viel genauere Messung von Eigenfrequenz durch Resonanz ersetzt wird.

15. Methode von POTAPENKO[3]). A, B (Abb. 9) ist ein LECHERsches Drahtsystem mit den beiden auf Knotenpunkten liegenden Brücken A und B, so daß die Resonanzwellenlänge $\lambda = 2l$ ist. Wird nun in dieses System ein Kondensator C eingeschaltet, so wird die Eigenperiode der Schwingungen des Systems vergrößert, und um es wieder in Resonanz mit der früheren Wellenlänge λ zu bringen, muß l durch Verschieben der Brücke B um die Strecke d verkleinert werden.

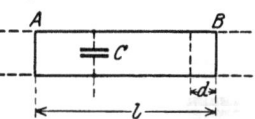

Abb. 9. Prinzip der Methode von POTAPENKO.

Ist außerdem der Kondensator mit einem absorbierenden Dielektrikum gefüllt, so wird seine Einschaltung in das System das Dämpfungsdekrement der Schwingungen vergrößern. Sind die Größenverhältnisse des Systems und die Kapazität des Kondensators sowie die Verschiebung d und die Änderung des logarithmischen Dämpfungsdekrementes seiner Schwingungen bei Einschaltung des Kondensators bekannt, so lassen sich aus diesen Daten sowohl die Dielektrizitätskonstante als auch der Absorptionskoeffizient des den Kondensator erfüllenden Dielektrikums in Abhängigkeit von der Wellenlänge ermitteln.

16. Dekrementsmethode von ZAHN[4]). Gegeben sei ein schwingungsfähiges System, das aus einer lokalisierten Kapazität C, Induktivität L, OHMschen Widerstand R bestehe. Das zu untersuchende Dielektrikum der Dielektrizitätskonstante ε und der Leitfähigkeit σ erfülle und umgebe den Kondensator, so daß diesem ein Widerstand W parallelgeschaltet ist. Ist dann die Leitfähigkeit des Dielektrikums so groß, daß R gegen LW/C und gegen W selbst vernachlässigt werden kann, so nehmen die Gleichungen für die Eigenfrequenz n und das Dekrement $\mathfrak{d}$ die Form an:

$$n = \frac{1}{\tau} = \frac{1}{2\pi C}\sqrt{\frac{C}{L} - \frac{1}{4W^2}}, \tag{14}$$

$$\mathfrak{d} = \frac{1}{2 \cdot W \cdot C}\tau = \frac{18\pi\sigma}{\varepsilon}\cdot 10^{11}\tau. \tag{15}$$

Nun werde das beschriebene System von einem Generator ungedämpfter Schwingungen gleicher Frequenz in äußerst loser Kopplung angeregt. Wird dann die aus einer Elektrolytlösung bestehende Kondensatorfüllung durch eine andere gleichen Leitvermögens, aber etwa kleinerer Dielektrizitätskonstante

---
[1]) R. MESNY, L'onde électrique, Jan. 1924.
[2]) R. WACHSMUTH, Verh. d. D. Phys. Ges. Bd. 3, S. 7. 1922.
[3]) G. POTAPENKO, Verh. d. wiss. Forschungs-Inst. f. Phys. u. Krist., Moskau, H. 6. 1926.
[4]) H. ZAHN, Ann. d. Phys. Bd. 80, S. 182. 1926.

ersetzt, so ist die Resonanz gestört und kann durch Hinzufügen einer kleinen Kapazität wiederhergestellt werden, was dadurch geschieht, daß die Größe des Kondensators C durch Verringern des Plattenabstandes geändert wird (Änderung der Randkorrektion!), wobei zugleich W verkleinert wird. Dann ist die relative Dekrementsänderung

$$\frac{\Delta \mathfrak{b}}{\mathfrak{b}} = \frac{\Delta \varepsilon}{\varepsilon}. \tag{16}$$

Es läßt sich also die Änderung der Dielektrizitätskonstante durch Änderung des Dekrements bis zu beliebig hohen Dekrementen, d. h. bis in die Nähe der Grenze $L = 4W^2C$, messen. Als obere Grenze für die Methode wird von ZAHN $\sigma = 0,1$ angegeben. Bei gut leitenden Substanzen ist es wie bei allen derartigen Methoden erforderlich, möglichst hohe Frequenzen zu benutzen, bei denen die im vorstehenden angenommenen quasistationären Verhältnisse nicht realisierbar sind. Die daraus sich ergebenden komplizierten Gleichungen sind von HELLMANN und ZAHN[1]) in einer zweiten Untersuchung entwickelt.

d) Die Bestimmung der Dielektrizitätskonstanten von Gasen und Dämpfen.

Im Prinzip lassen sich hier die gleichen Methoden anwenden, wie bei der Bestimmung der Dielektrizitätskonstanten von Flüssigkeiten. Da aber die Dielektrizitätskonstante der Gase von der Größenordnung 1,0006 ist, so müssen die Kapazitätsmessungen mit einer Genauigkeit von $1:6 \cdot 10^{-7}$ ausgeführt werden, wenn $\varepsilon - 1$ auf ein Promille ermittelt werden soll. Demgegenüber steht der große Vorteil, daß Leitfähigkeit, dielektrische Verluste, Rückstandsbildungen usw. bei Gasen nicht mehr in Frage kommen. Es können also ohne Bedenken auch statische Methoden angewandt werden.

17. Methode von BOLTZMANN. BOLTZMANN gelang es als erstem im Jahre 1874, exakte Messungen der Dielektrizitätskonstanten von Gasen auszuführen. Er brachte zwei sorgfältig isolierte und gegen Wärmewirkungen geschützte Metallplatten unter einen Rezipienten aus Metall. Die eine Platte A konnte mit dem einen Pol einer Batterie P aus Daniellelementen verbunden werden, deren anderer Pol geerdet war. Die andere Platte B konnte entweder an Erde oder an ein Elektrometer gelegt werden.

Während sich das zu untersuchende Gas zwischen den Platten befindet, wird A durch P auf das Potential V geladen, das von dem Elektrometer angezeigt wird, wenn B zuerst geerdet und dann mit dem Elektrometer verbunden wird. Dann wird die Verbindung von A mit P unterbrochen und das Gas evakuiert. Dabei steigt das Potential V infolge der Abnahme der Dielektrizitätskonstante auf den Wert $V \cdot \varepsilon_1/\varepsilon_2$, wenn ε_1 die Dielektrizitätskonstante des Gases, ε_2 die des Vakuums (1,000000) ist. Nun wird A wieder mit P verbunden, wodurch A auf das Potential $V(1 - \varepsilon_1/\varepsilon_2)$ gebracht wird. Die Einstellung des Elektrometers ändert sich entsprechend um einen Winkel α, und es ist

$$V\left(1 - \frac{\varepsilon_1}{\varepsilon_2}\right) = C \cdot \alpha. \tag{17}$$

Durch eine zweite Messung mit einem anderen P wird der Faktor C eliminiert.

Es gelang BOLTZMANN, mit diesem Verfahren Werte zu erhalten, die der Bedingung

$$\varepsilon = n^2 \tag{18}$$

gut genügten.

Durch die Einführung der Elektronenröhren ist auch hier die Meßgenauigkeit außerordentlich gesteigert worden. Seltsamerweise genügen aber die neueren Werte der theoretisch geforderten Beziehung weit weniger gut.

---

[1]) H. HELLMANN u. H. ZAHN, Ann. d. Phys. Bd. 80, S. 191. 1926.

18. Methoden von Lebedew[1]) und Bädecker[2]). Es wird die Kapazität zweier Kondensatoren miteinander verglichen, von denen der eine ungeändert bleibt, während der andere zuerst mit Luft, dann mit den Dämpfen verschiedener organischer Flüssigkeiten gefüllt wurde. Bädecker wandte dann die Methode von Nernst auf Gase an.

19. Schwebungsmethoden. Die Schwebungsmethoden ermöglichen eine außerordentlich große Genauigkeit von Relativmessungen kleiner Kapazitäten. Es handelt sich um die Anwendung des folgenden Prinzips:

Induzieren zwei Schwingungskreise, von denen der eine die Frequenz 1 000 000, der andere die Frequenz 1 001 000 hat, auf einen dritten, so hört man in diesem im Telephon den Überlagerungston der Frequenz 1000. Läßt man diesen Ton zugleich mit dem Ton einer Stimmgabel von der Frequenz 1000 auf das Ohr wirken, so hört man bei geringfügiger Änderung der ersten Frequenz Schwebungen im Telephon, und zwar wird eine Schwebung in der Sekunde im Telephon gehört, wenn der Überlagerungston von 1000 auf 1001, die eine Frequenz also von 1 000 000 auf 1 000 001 geht. Eine Kapazitätsänderung, die eine solche Frequenzänderung hervorruft, läßt sich also noch nachweisen. Ihre Grenze findet die Methode an der Genauigkeit, mit der sich die verschiedenen Frequenzen konstant halten lassen. Herweg[3]) gelang es bei einer Wellenlänge von 300 m ($n = 10^6$), noch Kapazitätsänderungen von der Größenordnung 10^{-5} zu bestimmen.

Fritts[4]) hat die subjektive Schwebungsmethode durch eine objektive photographische Methode ersetzt. Die Schwebungsfrequenz wird einem Detektor und einem Niederfrequenzverstärker zugeführt. Der Beobachter kann infolgedessen in genügender Entfernung von den Schwingungskreisen bleiben, was für die Konstanz der Frequenz wichtig ist. Die Schwebungen werden durch einen leichten, auf einer Telephonmembran befestigten Flügel sichtbar gemacht, dessen Bewegungen auf einem bewegten Film aufgezeichnet werden.

e) Messung des Dipolmomentes.

20. Methode von P. Lertes[5]). Prinzip: Eine mit der zu untersuchenden dielektrischen Flüssigkeit gefüllte Glaskugel wird in einem elektrischen Drehfeld aufgehängt und das auf sie ausgeübte Drehmoment durch die Torsion des Aufhängefadens gemessen. Abb. 10 zeigt die Anordnung. Die Spannungen bei L und N sind um 90° in der Phase gegen die Spannungen bei O und M verschoben. Dasselbe gilt von den Spannungen ON gegen OL und LM gegen NM. Infolgedessen ist das Drehfeld homogen. Soll es auch kreisförmig sein, so müssen sowohl die Ohmschen als auch die kapazitiven Widerstände einander gleich sein, also der Bedingung genügen:

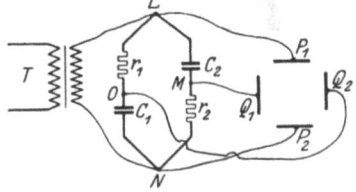

Abb. 10. Schaltungsschema der Methode von P. Lertes zur Messung des Dipolrotationsmomentes.

$$r_1 = r_2 = \frac{1}{\omega C_1} = \frac{1}{\omega C_2}. \qquad (19)$$

Durch Vertauschung der Punkte Q_1 und Q_2 ändert sich der Sinn des Drehfeldes. Die Wechselspannungen werden durch Elektronenröhren erzeugt. Bei den Versuchen von Lertes bestanden die Drehfeldplatten P_1, Q_1, P_2, Q_2 aus 1 mm dicken Zinkplatten von 7×12 cm, die gut isoliert auf einem Brett mit Schlitten-

---
[1]) P. Lebedew, Wied. Ann. 44, S. 288. 1911.
[2]) K. Bädecker, ZS. f. phys. Chem., Bd. 36, S. 305. 1901.
[3]) J. Herweg, ZS. f. Phys. Bd. 3, S. 36. 1920.
[4]) E. C. Fritts, Phys. Rev. Bd. 21, S. 198. 1923.
[5]) P. Lertes, ZS. f. Phys. Bd. 5, S. 257. 1921; Bd. 21, S. 198. 1923.

führungen montiert waren. Der Abstand der gegenüberliegenden Platten betrug 8 cm. In der Mitte des Drehfeldes wurde an einem 90 cm langen und 0,06 mm dicken Phosphorbronzedraht eine Glashohlkugel von etwa 6 cm Durchmesser und 1 mm Dicke aufgehängt, die an ihrem oberen Ende eine 1½ cm große Öffnung zum Einfüllen der Flüssigkeit hatte. Die Ablenkung wurde mit Hilfe eines am Aufhängefaden angebrachten Galvanometerspiegels beobachtet.

21. Methode von Herweg[1]). Die Dipole werden durch ein dem zur Messung benutzten Wechselfeld übergelagertes hohes elektrostatisches Feld zum Teil polarisiert, so daß sie der Änderung des Wechselfeldes nicht mehr zu folgen vermögen. Dann ergibt sich für die Verkleinerung $\Delta \varepsilon$ der Dielektrizitätskonstante ε die Formel

$$\Delta \varepsilon = \frac{4\pi}{15} \cdot \frac{N m^4}{k^3 T^3} \frac{\varepsilon^2}{(1-\Theta)^4}, \qquad (20)$$

wobei N die Loschmidtsche Zahl, k die Boltzmannsche Konstante, T die absolute Temperatur, m das Dipolmoment, E die Feldstärke und $\Theta = \dfrac{4\pi N m^2}{9kT}$ ist.

---

[1]) J. Herweg, Verh. d. D. Phys. Ges. Bd. 21, S. 572. 1919; ZS. f. Phys. Bd. 3, S. 36. 1920.

Kapitel 21.

Erzeugung elektrischer Schwingungen.

Von

EGON ALBERTI, Berlin.

Mit 15 Abbildungen.

1. Einleitung. Unter dem Begriff der elektrischen Schwingungen versteht man im allgemeinen nur solche elektromagnetische Schwingungsvorgänge, deren Frequenz einerseits größer ist als die der akustischen Schwingungen, andererseits kleiner als die der Wärmestrahlen: $10^4 < f < 10^{11}$. Die Grenzen sind jedoch nicht scharf definiert, insbesondere wird die untere Grenze vielfach den höchsten Frequenzen des in der Starkstromtechnik üblichen Wechselstromes gleichgesetzt: $10^2 < f$. Wenn wir diese Definition der elektrischen Schwingungen annehmen, so stehen für die Erzeugung derselben zwei Wege offen: Die Umwandlung einer unperiodischen, insbesondere Gleichstromenergie, und die Umwandlung von niederfrequenter Wechselstromenergie in elektrische Schwingungsenergie. Die Umwandlung von niederfrequenter in hochfrequente Schwingungsenergie erfolgt mit Frequenztransformatoren, die an anderer Stelle des Handbuches behandelt werden. Die Umwandlung von Gleich- in Wechselstromenergie soll im folgenden, jedoch nur in prinzipieller Darstellung gegeben werden, die verschiedenen praktischen Ausführungsarten siehe Band 17.

I. Umwandlung einer unperiodischen Energie in Energie elektrischer Schwingungen[1]).

2. Allgemeines. Es interessiert zunächst die Frage, unter welchen allgemeinen Bedingungen ein Wechselstrom in einem Kreise, der nur konstante EM-Kräfte enthält, dauernd bestehen kann, ferner die Frage, unter welchen besonderen Bedingungen Schwingungen einsetzen, und schließlich, welcher Dauerzustand sich einstellt. Die Antwort auf die erste Frage lautet, daß **ungedämpfte elektrische Schwingungen nur dann dauernd fortbestehen können, wenn das System einen veränderlichen Wechselwiderstand enthält**. Ohmscher Widerstand, Selbstinduktion oder Kapazität müssen ihre Größe ändern. Dies ergibt sich ohne weiteres aus der Tatsache, daß weder Gleichspannungen noch Gleichströme auf einen Wechselstrom irgendwie einwirken, daß also im Falle konstanter Wechselwiderstände einem etwa vorhandenen Wechselstrom aus dem Gleichstrom keine Energie zugeführt würde,

---

[1]) Die Ausführungen dieses Abschnittes gelten nicht nur für die Erzeugung elektrischer Schwingungen, sondern ebenso für die Herstellung niederfrequenter Wechselströme. Näheres s. W. KAUFMANN, Ann. d Phys. (4) Bd. 2, S. 158. 1900; H. BARKHAUSEN, Das Problem der Schwingungserzeugung. Leipzig 1907; K. W. WAGNER, Der Lichtbogen als Wechselstromerzeuger. Leipzig 1910; H. BUSCH, Stabilität, Labilität und Pendelungen in der Elektrotechnik. Leipzig 1913; W. SCHALLREUTER, Über Schwingungserscheinungen in Entladungsröhren. Braunschweig 1923; H. BARKHAUSEN, Jahrb. d. drahtl. Tel. Bd. 27, S. 150. 1926; J. ZENNECK u. H. RUKOP, Lehrb. d drahtl. Telegr. 5. Aufl. besonders S. 562—586. Stuttgart 1925; E. FRIEDLÄNDER, Arch. f. Elektrot. Bd. 16, S. 273. 1926; Bd. 17, S. 1. 1926; BALTH. VAN DER POL, Jahrb. d. drahtl. Telegr. Bd. 28, S. 178. 1926.

der Wechselstrom also allmählich abklingen müßte. Bei Änderung des Wechselwiderstandes erzeugt die Gleichspannung an den Enden desselben eine Wechselspannung, die als treibende EMK für den etwa fließenden Wechselstrom anzusehen ist. Insofern im Wechselwiderstand die Umformung der zugeführten Energie in Wechselstromenergie stattfindet, kann man ihn als den Erzeuger der Wechselstromenergie bezeichnen. Dabei braucht der Gleichstrom des Kreises nicht die Steuerung des Wechselwiderstandes zu besorgen, es kann ebensogut eine mechanische oder thermische Kraft sein, die den Wechselwiderstand ändert. Auch die Nachlieferung der Energie braucht nicht aus der Gleichstromquelle zu erfolgen, ob Gleichstromenergie, mechanische oder thermische Energie in Wechselstromenergie umgeformt wird, hängt von der Art des Wechselwiderstandes ab. Ist er ein veränderlicher OHMscher Widerstand, so kann in ihm nur ein Austausch von Gleichstrom- in Wechselstromenergie stattfinden, da durch die reine Änderung des OHMschen Widerstandes dem System keine Energie von außen zugeführt wird. Ist er eine veränderliche Induktion oder Kapazität, so kann nur mechanische in Wechselstromenergie umgeformt werden, denn die dem Wechselwiderstand vom Gleichstrom zugeführte Energie ist in beiden Fällen Null, für den Fall der Kapazität, weil kein Gleichstrom fließen kann, für eine Induktivität, weil das Integral über die Wechselspannung $\int_0^T e\,dt = 0$ ist.

Zu den Schwingungserzeugern mit veränderlicher Selbstinduktion gehören die Dynamomaschinen, Schwingungserzeuger mit veränderlicher Kapazität sind die Influenzmaschinen. Sehen wir von den Hochfrequenzmaschinen, welche auf dem Prinzip der niederfrequenten Wechselstrommaschinen beruhen und an anderer Stelle des Handbuches (Bd. XVII) behandelt werden, ab, so kommt zur Erzeugung elektrischer Schwingungen nur die Änderung des OHMschen Widerstandes in Frage.

Die Schwingungserzeuger mit veränderlichem Ohmschen Widerstand lassen sich wieder in zwei Gruppen teilen, je nachdem ob die Änderung durch äußere Einwirkung oder selbsttätig vom durchfließenden Strom erzeugt wird. Als Beispiele eines durch äußere Einwirkung veränderlichen OHMschen Widerstandes seien das Mikrophon, die mechanischen Unterbrecher (Summer) und die Elektronenröhre in den gebräuchlichen Senderschaltungen (Röhrensender mit Fremderregung, mit innerer und äußerer Rückkopplung) angeführt. Bei der Elektronenröhre erfolgt dabei die äußere Einwirkung über die Gitterspannung.

Der durch den OHMschen Widerstand fließende Strom erzeugt selbst die Veränderung des Widerstandes bei Gasentladungen und bei Elektronenröhren bestimmter Schaltung. Zu den in Frage kommenden Gasentladungen gehört vor allen Dingen der „Funke", die „Glimmlampe" und der „Lichtbogen", zu den speziellen Röhrenschaltungen die Anordnungen, welche eine negative Charakteristik benutzen. So z. B. die Schaltungen von HULL, SCOTT-TAGGART, HABANN, RUKOP, ALBERTI, ROTTGARDT u. a. Einige andere Anordnungen lassen sich streng weder der einen noch der anderen Gruppe zuordnen, so z. B. die Schaltungen, welche Kippschwingungen ergeben. Es sind dies Schaltungen ohne Schwingungskreis. Der Schwingungsverlauf setzt sich hier im allgemeinen aus zwei Phasen zusammen, deren eine durch die Charakteristik des Widerstandes, deren andere durch den Ladungsvorgang des Energiespeichers bestimmt wird.

Man kann für die Schwingungserzeuger mit veränderlichem OHMschen Widerstand auch andere Einteilungen wählen, z. B. nach Anordnungen mit und ohne Schwingungskreis unterscheiden, oder, was damit gleichbedeutend ist, nach Anordnungen mit einem oder mit zwei Energiespeichern. Bei den Schaltungen mit Schwingungskreis spricht man von entdämpften Eigenschwingungen.

3. Stabilitäts- und Labilitätsbedingungen.

Die schon oben erwähnte Frage, unter welchen Bedingungen elektrische Schwingungen einsetzen, führt zur Untersuchung der Stabilitäts- und Labilitätsbedingungen von Gleichstromkreisen, die Frage nach dem sich einstellenden Dauerzustand führt auf die Stabilitätsbedingungen von Schwingungen. Die Lösungen dieser Aufgaben sind für den Lichtbogen andere als für die Elektronenröhre, und zwar scheinbar die entgegengesetzten. Physikalisch liegt der Grund für das entgegengesetzte Verhalten in der Vertauschung von Ursache und Wirkung. Beim Lichtbogen ist die Stromänderung die Ursache für die Spannungsänderung, bei der Röhre dagegen ist die Spannungsänderung die Ursache für die Stromänderung. Mathematisch bedeutet dies eine Phasenverschiebung zwischen Strom und Spannung (Voreilung bzw. Nacheilung), die beim Lichtbogen unter dem Namen der „Lichtbogenhysteresis" bekannt ist. Man wird ihr gerecht, indem man dem Lichtbogen außer einem negativen Widerstand noch eine positive Induktivität zuschreibt. Die zeitliche Verzögerung des Stromes bei der Elektronenröhre ist bedingt durch die wenn auch außerordentlich kleine Zeit, die die Elektronen brauchen, um von der Kathode zur Anode zu fliegen. Dieser Phasenverschiebung wird man gerecht durch Ansetzen einer der Röhre parallelgeschalteten Kapazität. Dieselbe ist außerordentlich klein, so daß schon die natürliche Kapazität der Röhre sowie die der Zuleitungen und der etwa darin eingeschalteten Spule wesentlich größer sind und, da sie parallel geschaltet sind, praktisch überwiegend in Erscheinung treten.

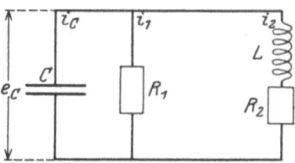

Abb. 1. Generelles Schema zur Schwingungserzeugung mit Lichtbogen und Elektronenröhre.

Mit den folgenden Ableitungen folgen wir der Darstellung von BARKHAUSEN[1]), der, von einer einzigen Schaltung ausgehend, nur durch andere Deutung der mathematischen Symbole zur Lösung beider Fälle gelangt. Abb. 1 zeigt die Schaltung mit den im folgenden geltenden Bezeichnungen. Die Gleichungen für diese Anordnung lauten:

$$i_1 + i_2 + i_c = 0, \tag{1}$$

$$e_c = R_1 i_1 = R_2 i_2 + L \frac{di_2}{dt}, \tag{2}$$

$$\frac{i_c}{C} = \frac{de_c}{dt} = R_1 \frac{di_1}{dt} = R_2 \frac{di_2}{dt} + L \frac{d^2 i_2}{dt^2}. \tag{3}$$

Hieraus folgt die Schwingungsgleichung:

$$L \frac{d^2 i_2}{dt^2} + \left(R_2 + \frac{L}{CR_1}\right) \frac{di_2}{dt} + \frac{1}{C}\left(1 + \frac{R_2}{R_1}\right) i_2 = 0, \tag{4}$$

aus der bekanntlich Labilität folgt, sobald einer der Koeffizienten negativ ist, falls also entweder:

$$1 + \frac{R_2}{R_1} < 0, \tag{5}$$

oder

$$R_2 + \frac{L}{CR_1} < 0 \tag{6}$$

ist. Gleichung (5) ist das Kriterium der Gleichstromlabilität, Gleichung (6) das der Schwingungslabilität[2]). Letzteres folgt ohne weiteres aus einem Vergleich der Schwingungsgleichung (4) mit der Differentialgleichung des einfachen Konden-

---
[1]) H. BARKHAUSEN, Jahrb. d. drahtl. Telegr. Bd. 27, S. 150. 1926.
[2]) Näheres s. H. BUSCH, Stabilität, Labilität und Pendelungen in der Elektrotechnik. Leipzig 1913 (besonders S. 26); J. ZENNECK u. H. RUKOP, Lehrb. d. drahtl. Telegr. 5. Aufl. Stuttgart 1925 (besonders S. 565).

satorkreises, wenn man berücksichtigt, daß für diesen $\vartheta = R/2L$ ist. Danach setzen Schwingungen ein, sobald das logarithmische Dekrement der Dämpfung negativ wird.

Im Falle des Lichtbogens können wir nun nach BARKHAUSEN R_2 als seinen Widerstand und L als seine durch die Lichtbogenhysteresis verursachte Selbstinduktion auffassen. R_1 ist dann der äußere Widerstand R_a und C eine etwa parallel geschaltete Kapazität. Für den Widerstand des Lichtbogens, der ein negativer ist, ist die Neigung der Stromspannungscharakteristik de/di zu setzen. Die Gleichungen (5) und (6) erhalten damit die Form:

$$-\frac{de}{di} > R_a, \qquad (7)$$

$$-\frac{de}{di} > \frac{L}{CR_a}. \qquad (8)$$

Im Falle der Röhre können wir umgekehrt R_1 als deren negativen Widerstand de/di und C als die durch die Elektronenverzögerung bedingte Kapazität auffassen. R_2 ist dann der äußere Widerstand R_a und L seine Induktivität. Es wird dann

$$-\frac{de}{di} < R_a, \qquad (9)$$

$$-\frac{de}{di} < \frac{L}{CR_a}, \qquad (10)$$

wobei R_a der bei Gleichstrom allein maßgebende äußere OHMsche Widerstand und L/CR_a der Wechselstromwiderstand des aus Induktivität und Kapazität in Parallelschaltung bestehenden Schwingungskreises für die Resonanzfrequenz ist.

Lichtbogen und Elektronenröhre verhalten sich somit bezüglich ihrer Stabilität gegen Gleich- und Wechselstrom vollkommen entgegengesetzt. Dieses unterschiedliche Verhalten hat zur Folge, daß beim Lichtbogen, der selbst einen kleinen

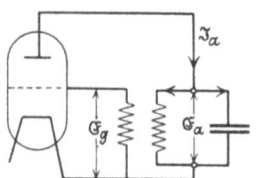
Abb. 2. Senderschaltung der Elektronenröhre.
$\mathfrak{J}_a$ = Anodenstrom. $\mathfrak{E}_a$ = Anodenspannung. $\mathfrak{E}_g$ = Gitterspannung.

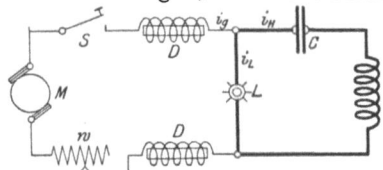
Abb. 3. Senderschaltung des Lichtbogens.
M = Gleichstrommaschine. L = Lichtbogen. D = Drossel. i_g = Gleichstrom. i_L = Lichtbogenstrom. i_H = Hochfrequenzstrom. w = Vorschaltwiderstand.

inneren Widerstand hat, auch der Wechselstromwiderstand klein sein muß, wenn Schwingungen bestehen sollen. Bei der Elektronenröhre dagegen, die einen großen inneren Widerstand hat, muß der Wechselwiderstand ebenfalls groß sein. Es ergibt sich daraus weiter die bekannte Tatsache, daß bei der Elektronenröhre im allgemeinen Kapazität und Induktivität in Parallelschaltung an der Röhre liegen müssen (s. Abb. 2), beim Lichtbogen dagegen in Serienschaltung (Abb. 3).

Das Gleichstromlabilitätskriterium des Lichtbogens [Gleichung (7)] erhält in anderer Darstellung eine sehr einfache geometrische Deutung. Ist der Lichtbogen über einen Vorschaltwiderstand W an eine Gleichstrommaschine oder an eine Batterie von der Spannung E_0 angeschlossen, so ist der Vorschaltwiderstand gleich dem Widerstande R_a der Gleichung (7). Der Widerstand W umfaßt in einer Schaltung nach Abb. 3 die Summe aus w und dem Ohmschen Widerstand der Drosseln D. Faßt man nun die Batterie zusammen mit dem Vorschaltwiderstand als Generator auf, so hat dieser die Charakteristik

$$E(i) = E_0 - iW, \qquad (11)$$

daraus folgt
$$\frac{dE}{di} = -W = -R_a. \qquad (12)$$

Durch Einsetzen in Gleichung (7) ergibt sich
$$\frac{dE}{di} - \frac{de}{di} > 0. \qquad (13)$$

Mithin ist der Gleichstromzustand stabil, wenn für diesen
$$\frac{de}{di} - \frac{dE}{di} > 0, \qquad (14)$$

d. h. wenn die Charakteristik des Verbrauchers steiler ansteigt als die des Generators [verallgemeinertes KAUFMANNsches Stabilitätskriterium[1])].

Bei den soeben durchgeführten Stabilitätsbetrachtungen für die Schwingungserzeugung mit dem Lichtbogen und der Elektronenröhre sind Anordnungen mit einem aus Kapazität und Selbstinduktion gebildeten Schwingungskreise zugrunde gelegt worden. Es gibt indessen, wie bereits unter Ziff. 2 ausgeführt wurde, auch Schaltungen ohne Schwingungskreis, bei welchen ebenfalls Schwingungen auftreten (Kippschwingungen). Für diese lassen sich in analoger Weise Stabilitätsbetrachtungen durchführen[2]). Zeichnet man zu der Strom-Spannungscharakteristik der Entladungsstrecke die Widerstandslinie $r = E - i_B R$, so hängt das Auftreten der Schwingungen von der Lage des Schnittpunkts dieser Linien ab. Dabei ist mit E die Batteriespannung, mit R der Vorschaltwiderstand und mit i_B der Strom durch die Entladungsstrecke bezeichnet (vgl. Abb. 15, in der die Kurven für die Glimmlampe wiedergegeben sind).

II. Schwingungsformen.

4. Bei den Schwingungsvorgängen am elektrischen Lichtbogen beobachtet man im wesentlichen drei verschiedene Schwingungsarten, die sich aus den dynamischen Eigenschaften des Lichtbogens ergeben und charakteristische Unterschiede in der Kurvenform der Schwingungen aufweisen. Man nennt sie Schwingungen erster, zweiter und driter Art. Ähnliche Kurvenformen ergeben sich auch bei der Schwingungserzeugung mit Elektronenröhren und Glimmlampen, man spricht daher auch hier von Schwingungen erster und zweiter Art, nur für die Schwingungen dritter Art ergibt sich keine entsprechende Erscheinung. Abgesehen von diesen Schwingungsformen treten in besonderen Fällen noch einige andere auf, die jedoch weniger allgemeine Bedeutung haben.

a) Elektrischer Lichtbogen[3]). (Vgl. Bd. XIV.)

Der elektrische Lichtbogen gehört zu denjenigen Gebilden, deren Widerstand sich mit der Stärke des ihn durchfließenden Stromes ändert. Nimmt man die Stromstärke in Abhängigkeit von der an den Elektroden herrschenden Spannung bei Gleichstrom auf, so erhält man eine hyperbelförmige Kurve, die als statische Charakteristik bezeichnet wird. Mit wachsendem Strom sinkt die Spannung, d. h. die Charakteristik hat einen fallenden Verlauf. Merkliche Unterschiede gegen diese zeigt die bei Wechselstrom aufgenommene dynamische Charakteristik des Lichtbogens (Abb. 4). Für gleiche Stromwerte erhält

---

[1]) H. BUSCH, Stabilität, Labilität und Pendelungen in der Elektrotechnik. Leipzig 1913.
[2]) Näheres s. E. FRIEDLÄNDER, Arch. f. Elektrot. Bd. 17, S. 1. 1926, insbes. S. 6 bis 9.
[3]) H. BARKHAUSEN, Das Problem der Schwingungserzeugung. Leipzig 1907; A. BLONDEL, L'Éclairage électrique Bd. 44, S. 41 bis 52 und 81 bis 103. 1905; H. TH. SIMON u. M. REICH, Phys. ZS. Bd. 3, S. 278. 1902; Bd. 4, S. 364. 1903; H. Th. SIMON, ebenda Bd. 7, S. 445. 1906; Jahrb. d. drahtl. Telegr. Bd. 1, S. 16. 1907; V. POULSEN, Elektrot. ZS. Bd. 27, S. 1040. 1906.

man je nach der Vorbehandlung verschiedene Spannungswerte, die Auf- und Abwärtskurven fallen nicht zusammen. Beim Durchlaufen einer vollen Wechselstromperiode erhält man eine Schleife, die nach SIMON als Lichtbogenhysteresisschleife bezeichnet wird. Im fallenden Teil der dynamischen Charakteristik ist der Widerstand des Lichtbogens $R = de/di$ negativ und damit auch die Energie $i^2 de/di$, d. h. es wird Wechselstromenergie erzeugt. Ist durch die Anordnung die Bedingung (7) erfüllt, so lassen sich mit derselben Schwingungen erzeugen.

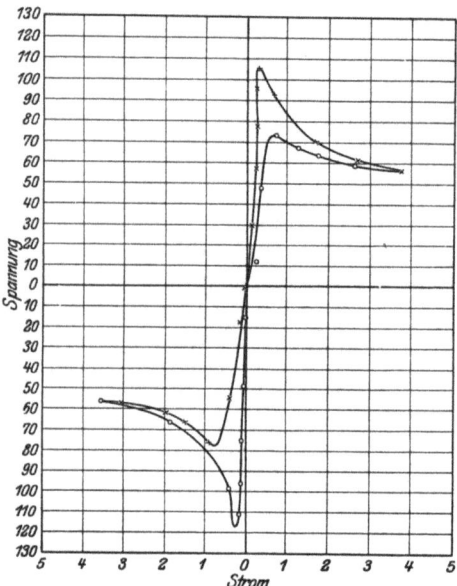

Abb. 4. Dynamische Charakteristik des Lichtbogens.

5. Schwingungen erster Art. Bei der Senderschaltung des Lichtbogens (s. Abb. 3) sind zwei Kreise zu unterscheiden, der Gleichstromkreis, in dem der Strom i_g fließt, und der Hochfrequenzkreis mit dem Strom i_H. Der beiden Kreisen gemeinsame Teil, der Lichtbogen L, wird von der Summe oder der Differenz der beiden Ströme durchflossen. Ist der Kondensator C aufgeladen, so fließt durch den Lichtbogen nur der Gleichstrom i_g, ihm überlagert sich der dann einsetzende sinusförmig verlaufende Entladungsstrom des Kondensators, und zwar in der ersten Halbperiode gleichgerichtet, in der zweiten Halbperiode entgegengerichtet. Ist die Amplitude des Wechselstromes kleiner als der Gleichstrom, so erlischt der Lichtbogen während der Schwingungen nie, diesen Zustand bezeichnet man als Schwingungen erster Art. Sie entstehen dann, wenn die Selbstinduktion des Schwingungskreises groß ist gegen die Kapazität. Abb. 5, a, b, c zeigt den experimentell aufgenommenen Verlauf von Lichtbogenstrom und Spannung bei drei verschiedenen Verhältnissen der Wechselstromamplitude zum Gleichstrom. Im Schwingungskreis fließt ein ungedämpfter, nahezu sinusförmiger Wechselstrom, während die Bogenlampe von einem pulsierenden Gleichstrom durchflossen wird. Die Spannung am Lichtbogen ist nicht sinusförmig. Praktisch sind die Schwingungen erster Art von geringer Bedeutung, da sie einen schlechten Wirkungsgrad besitzen. Die Frequenz der Schwingungen ist nahezu durch die KIRCHHOFF-THOMSONsche Formel $\omega^2 LC = 1$ bestimmt. Sie wird durch die Lichtbogenhysteresis, die sich wie eine in den Schwingungskreis eingeschaltete Selbstinduktion äußert, stark herabgesetzt. Die dämpfende Wirkung der Hysteresis, die mit der Frequenz stark zunimmt, vermindert bei hohen Frequenzen überdies die Leistung, so daß Schwingungen erster Art im wesentlichen nur bei niedrigen Frequenzen herstellbar sind.

6. Schwingungen zweiter Art. Wird die Amplitude des Wechselstromes größer als der Gleichstrom, so erlischt der Lichtbogen, sobald beide Ströme gleich und entgegengesetzt sind. Der Entladestrom des Kondensators setzt aus und es beginnt eine neue Aufladung der Kapazität aus der Energiequelle, bis die Zündspannung des Lichtbogens erreicht ist. Nun beginnt das Spiel von neuem. Die Spannung am Lichtbogen ist näherungsweise konstant, solange der Bogen brennt, in der Zwischenzeit ist sie gleich der Spannung am Konden-

Ziff. 6. Schwingungen erster und zweiter Art. 559

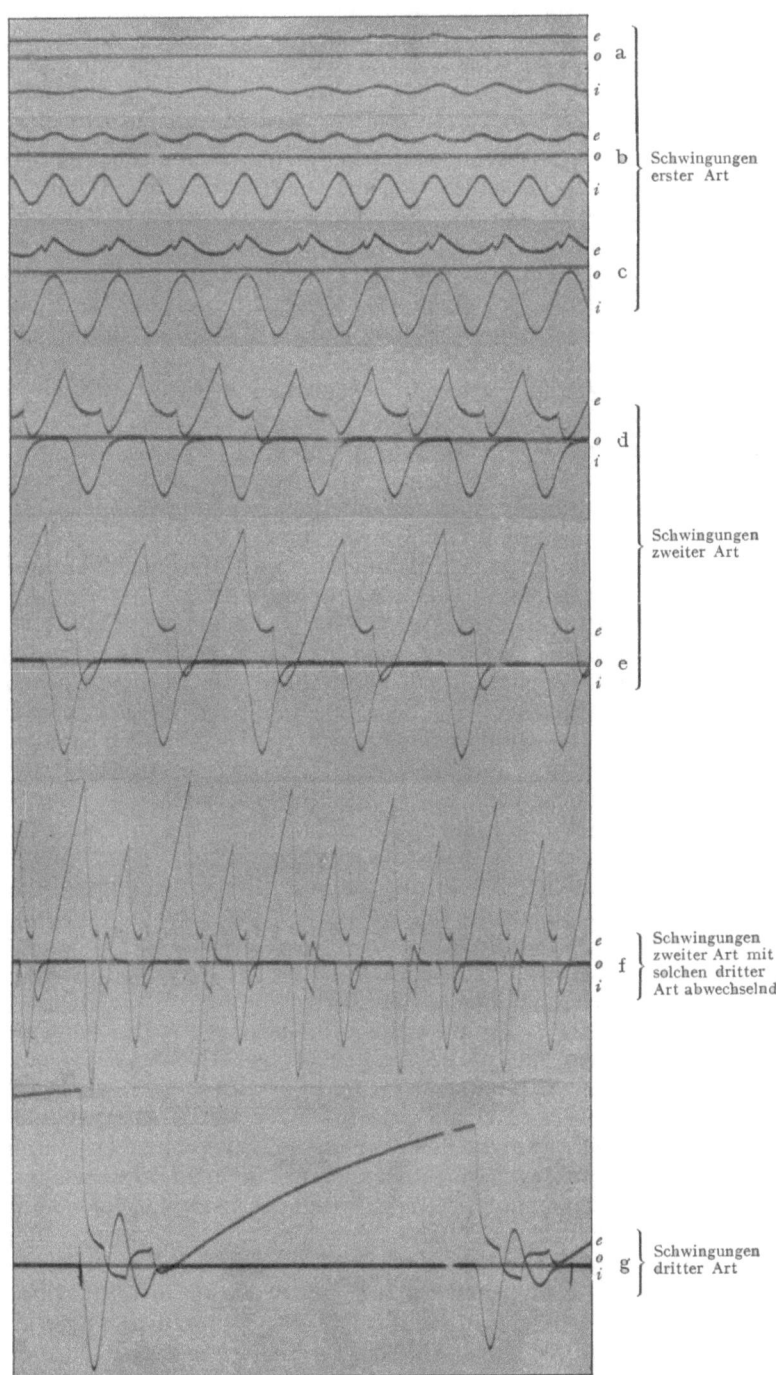

Abb. 5. Lichtbogenschwingungen.
e = Lichtbogenspannung. i = Lichtbogenstrom.

sator, d. h. sie nimmt gradlinig mit der Aufladung der Kapazität zu. Da die Zündung des Lichtbogens wie sein Aussetzen nicht momentan erfolgen, so findet auch der Übergang der Spannung an diesen Stellen nicht sprunghaft statt. Beim Erlöschen des Lichtbogens ist die Spannung am Kondensator negativ, damit sinkt auch die Spannung am Lichtbogen unter die Nullinie. Strom- und Spannungsverlauf sind aus Abb. 5 d und e zu ersehen. Die Amplitude des Wechselstromes steigert man durch Verminderung der Lichtbogenhysteresis und durch schnelle Entionisierung der Lichtbogenbahn. Dazu dienen: Kühlung und Drehung der Elektroden, besonders der positiven, Kühlung der Gasstrecke durch Wasserstoff und Entionisierung derselben mit Hilfe eines starken Magnetfeldes (POULSEN). Die Frequenz der Schwingungen ist nicht mehr allein durch die Dimensionen des Schwingungskreises bestimmt wie bei den Schwingungen erster Art, sondern hängt wesentlich von der Zeit ab, während welcher der Lichtbogen erloschen ist. Die einzelnen Perioden setzen sich aus zwei Abschnitten zusammen, der Zeit T_1, während welcher sich der Kondensator entlädt, und der Zeit T_2, welche zur Aufladung des Kondensators nötig ist. Letztere hängt von der Zündspannung des Lichtbogens und damit von dem Grade der Entionisierung der Gasstrecke ab. Es ist deswegen schwer, vollkommne Regelmäßigkeit, die für die Konstanz der Frequenz erforderlich ist, zu erreichen. Der Wirkungsgrad bei den Schwingungen zweiter Art ist sehr viel größer als bei den Schwingungen erster Art, er ist um so besser, je höher die mittlere Spannung am Lichtbogen ist. Die höchsten erzielbaren Frequenzen liegen in der Größenordnung von 10^6.

7. Schwingungen dritter Art. Die Schwingungen zweiter Art gehen in Schwingungen dritter Art über, wenn in dem Augenblick, in welchem der Strom den Wert Null erreicht, eine Rückzündung erfolgt, der Lichtbogenstrom also seine Richtung umkehrt. Solche Rückzündungen treten auf, wenn die Bogenspannung, die im Augenblick des Erlöschens den Wert der Kondensatorspannung annimmt, einen genügend großen negativen Wert besitzt und die Entionisierung der Gasstrecke noch nicht weit genug fortgeschritten ist. Die Rückzündungen können mehrmals hintereinander erfolgen, bis die in dem Kondensator aufgespeicherte Energie sich in Form eines gedämpften Schwingungszuges über den Lichtbogen entladen hat. Damit nehmen die Schwingungsvorgänge im Lichtbogen nahezu dieselben Formen an wie bei der Funkenentladung. Die Schwingungen dritter Art sind im allgemeinen sehr unstabil und gehen leicht in Schwingungen erster Art oder in den Zustand des schwingungslos brennenden Lichtbogens über. Sie sind daher sowohl für technische wie für Meßzwecke ungeeignet. Man verhindert die Rückzündung nach SIMON[1]) dadurch, daß man verschiedenartige Elektroden benutzt und die Dämpfung vergrößert. In Abb. 5 g sind die Vorgänge bei Schwingungen dritter Art, in Abb. 5 f ist ein Zustand wiedergegeben, bei dem Schwingungen zweiter Art mit Schwingungen dritter Art regelmäßig abwechseln.

8. Kippschwingungen[2]). Schon die Schwingungen zweiter und dritter Art kann man als Kippschwingungen bezeichnen, da beim Erreichen der Zündspannung ein plötzliches Kippen aus einem Schwingungszustand in einen anderen erfolgt. Es ist indessen üblich, von Kippschwingungen nur dann zu sprechen, wenn die Anordnung keinen Schwingungskreis enthält. Bei Schaltungen mit nur einem Energiespeicher, d. h. entweder einer Kapazität oder einer Selbstinduktion, treten, wie am Schluß der Ziff. 3 bereits ausgeführt ist, ebenfalls Schwingungen auf, die den Charakter von Kippschwingungen haben. Die Schaltung kann nach BARKHAUSEN darin bestehen, daß dem Lichtbogen eine Kapazität C in Serie mit einem Vorschalt-

---

[1]) H. TH. SIMON, Phys. ZS. Bd. 4, S. 737. 1903.
[2]) H. BARKHAUSEN, Verh. d. D. Phys. Ges. Bd. 11, S. 267. 1909; Elektrot. ZS. Bd. 45, S. 1338. 1924; E. FRIEDLÄNDER, Arch. f. Elektrot. Bd. 17, S. 1. 1926.

Ziff. 9. Röhrensender. Schwingungen erster Art. 561

widerstand R_c parallel geschaltet ist, während andererseits ebenfalls über einen Vorschaltwiderstand R die Batterie E am Lichtbogen liegt (s. Abb. 6). Schwingungen treten auf bei kleinem Kohlenabstand und hoher Arbeitsspannung (z. B. 400 Volt bei etwa 400 Ohm Vorschaltwiderstand). Ist eine Selbstinduktion der einzig vorhandene Energiespeicher, so ist die Batterie in Serie mit einem Widerstand und der Selbstinduktion an den Lichtbogen angeschlossen, der Selbstinduktion parallel ein zweiter Widerstand. Die Kurvenform bei Kippschwingungen siehe unter Ziff. 12 u. 13.

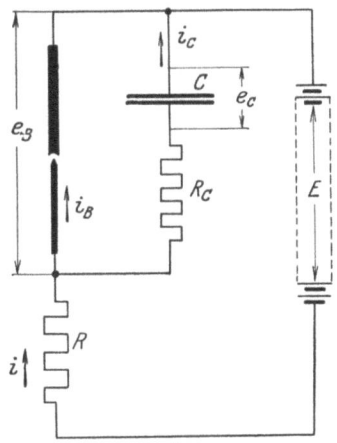

b) Röhrensender.

Die folgenden Darlegungen über Schwingungen erster und zweiter Art bei Elektronenröhren beziehen sich nur auf Rückkopplungsschaltungen oder auf Schaltungen mit Fremderregung, bei denen die Relaiseigenschaft der Röhre zur Geltung kommt, nicht auf Anordnungen mit negativer Stromspannungscharakteristik. Die Charakterisierung bezieht sich ferner in erster Linie auf die Kurvenform des Anodenstromes,

Abb. 6. Lichtbogenkondensatorschaltung zur Erregung von Kippschwingungen.
e_B = Lichtbogenspannung
i_B = Lichtbogenstrom.

daneben auch auf den Wirkungsgrad. Die Vorgänge in der Elektronenröhre leiten sich bekanntlich aus den Kennlinien ab, aus ihnen erklären sich auch die Erscheinungen bei den Schwingungen erster und zweiter Art.

9. Schwingungen erster Art. Bei Schwingungen erster Art haben wir wie beim Lichtbogen einen rein sinusförmigen Anodenstrom, er tritt dann auf, wenn die Aussteuerung des Senders nur soweit erfolgt, daß der geradlinige Teil der Anodenstrom-Gitterspannungscharakteristik nicht wesentlich überschritten wird (Abb. 7, wegen der Krümmung der Charakteristik sind die Spitzen der Stromkurve bei voller Aussteuerung etwas abgeflacht). Der Ruhepunkt A, um welchen die Schwingungen nach beiden Seiten erfolgen, wird durch geeignete Wahl der Gittervorspannung am zweck-

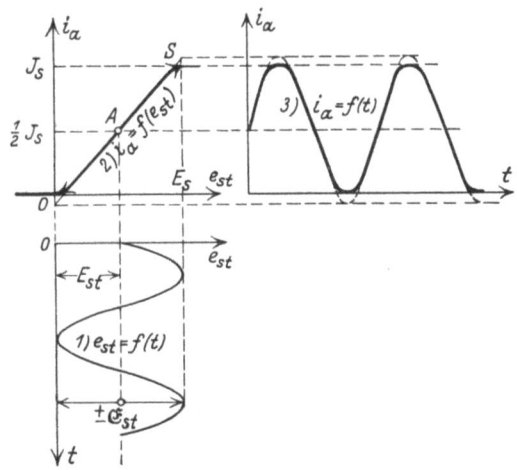

Abb. 7. Konstruktion von $i_a = f(t)$ aus $e_{st} = f(t)$ und $i_a = f(e_{st})$. Schwingungen erster Art bei Elektronenröhren.

mäßigsten auf die Mitte der Charakteristik gelegt. Bei voller Aussteuerung schwankt dann die Steuerspannung e_{st} zwischen 0 und der Sättigungsspannung E_s hin und her; die Amplitude der Steuerwechselspannung ist gegeben durch den Ausdruck $\mathfrak{E}_{st} = \mathfrak{E}_g + D\mathfrak{E}_a$, wo $\mathfrak{E}_g$ die Gitterspannung, D den Durchgriff und $\mathfrak{E}_a$ die Anodenspannung bezeichnen. E_{st} ist der Mittelwert der Steuerspannung. Die hierfür erforderliche Gitterwechselspannung wird als Grenzgitterspannung bezeichnet, sie bildet die Grenze zwischen den Schwingungen erster und zweiter Art. Der Wirkungsgrad ist auch hier wie bei den Lichtbogenschwingungen erster Art nicht sehr hoch.

Handbuch der Physik. XVI. 36

10. Schwingungen zweiter Art. Eine scharfe Grenze zwischen den Schwingungen erster und zweiter Art besteht nicht. Schwingungen zweiter Art treten auf, wenn der Sender so stark ausgesteuert ist, daß der Anodenstrom in jeder Periode eine Zeitlang Null ist (Analogie zum Erlöschen des Lichtbogens). Das ist der Fall, sobald die Steuerspannung negative Werte annimmt. Bei selbsterregten Röhrensendern erreicht man diesen Zustand z. B. durch feste Rückkopplung oder mit Hilfe einer negativen Gittervorspannung. Abb. 8 und 9 zeigen zwei den Lichtbogenbeispielen analog gewählte Fälle.

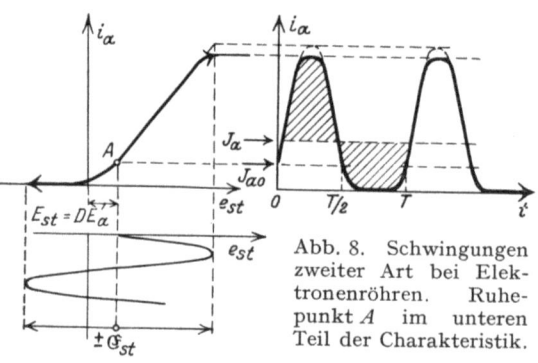

Abb. 8. Schwingungen zweiter Art bei Elektronenröhren. Ruhepunkt A im unteren Teil der Charakteristik.

Die Analogie erstreckt sich jedoch nicht nur auf die Form der Stromkurve, sondern auch darauf, daß bei den Röhrenschwingungen zweiter Art ebenfalls ein höherer Wirkungsgrad erreichbar ist als bei den Schwingungen erster Art. Ein Unterschied besteht insofern, als beim Röhrensender die obere Spitze der Stromkurve beim Erreichen des Sättigungsstromes abgeflacht wird. Im Grenzfall nimmt die Stromkurve sogar die Form einer rechteckigen Meanderkurve an. Bei Elektronenröhren sind die Schwingungen zweiter Art im Gegensatz zum Lichtbogen keine Kippschwingungen, da der Zündvorgang fehlt.

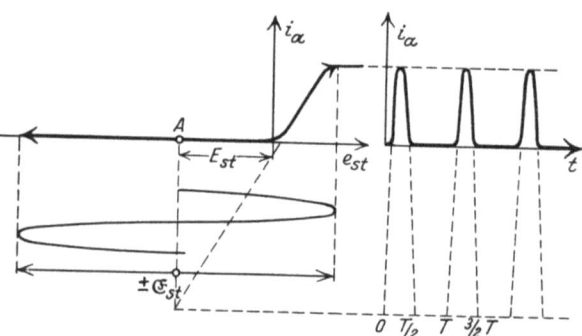

Abb. 9. Schwingungen zweiter Art bei Elektronenröhren. Ruhepunkt A im Negativen. Lange stromlose Zeiten.

11. Überspannter Zustand. Schwingungen dritter Art gibt es bei der Elektronenröhre nicht, dagegen kann der Anodenstrom noch verschiedene andere Kurvenformen annehmen, von denen die durch den überspannten Zustand charakterisierten im Prinzip die wichtigsten sind. Als überspannten Zustand bezeichnet man den Zustand, bei welchem die Anodenspannung unter die Gitterspannung herabsinkt. Da nämlich im Anodenkreise für gewöhnlich irgendein Wechselwiderstand z. B. der des Schwingungskreises liegt, so lagert sich im Anodenkreis über die Gleichspannung der Spannungsabfall an diesem Wechselwiderstand, der in der Phase um 180° gegen die Gitterspannung verschoben ist. Sinkt nun die Anodenspannung unter die Gitterspannung, so fließt während dieser Zeit ein erheblicher Teil des Elektronenstromes nicht

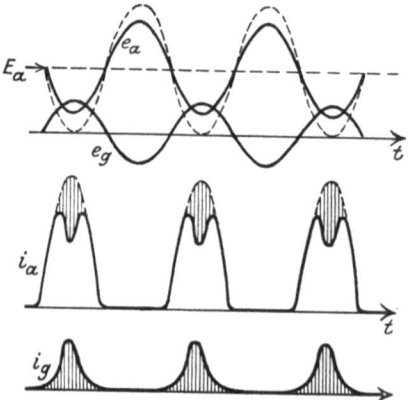

Abb. 10. Überspannter Zustand. Belastung durch abgestimmten Schwingungskreis.

zur Anode, sondern zum Gitter. Daraus ergibt sich eine Einsattelung des Anodenstromes, wie aus Abb. 10 zu ersehen. Im oberen Bild sind Kurvenform und Phase der einzelnen Spannungen, im mittleren die Kurvenform des Anodenstromes i_a und im unteren diejenige des Gitterstromes i_g wiedergegeben. Die Einsattelung liegt bei rein OHMscher Belastung an der Stelle des Strombauches, bei induktiver oder kapazitiver Belastung seitlich verschoben (s. Abb. 11).

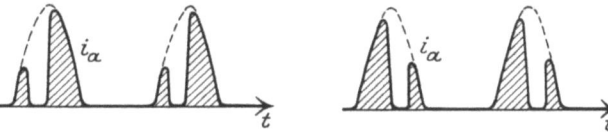

Abb. 11. Überspannter Zustand.

12. Kippschwingungen[1]). Auch bei Elektronenröhren treten Schwingungen bei Anordnungen mit nur einem Energiespeicher auf. Unter den verschiedenen hier möglichen Schaltungen sind auch solche mit zwei Röhren und einer Widerstandsrückkopplung von der letzten zur ersten Röhre. Als Beispiel seien die Schwingungsvorgänge bei einer Schaltung nach Abb. 12 betrachtet. Sie besteht aus einem einzigen Lufttransformator M, dessen Primär- und Sekundärspule L_a und L_g im Anoden- und Gitterkreis der Röhre liegen. Ist die Rückkopplung so groß, daß die Steuerspannung

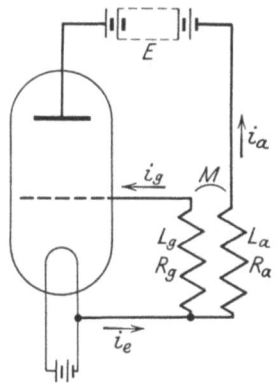

Abb. 12. Kippschwingschaltung einer Dreielektrodenröhre.

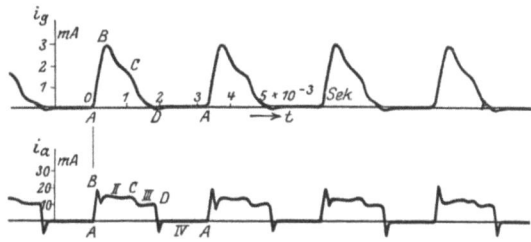

Abb. 13. Oszillographische Aufnahme der Kippschwingungen einer Dreielektrodenröhre. Oben Gitterstrom i_g, unten Anodenstrom i_a.

den Sättigungswert überschreitet, so verlaufen Gitter- und Anodenstrom, wie es das Oszillogramm der Abb. 13 zeigt. Nach dem Einschalten zunächst ein plötzlicher Anstieg $A-B$ beider Stromkurven bis zum Erreichen der Sättigungsspannung, dann ein nahezu konstanter Anodenstrom, ein Absinken beim rückläufigen Unterschreiten der Sättigungsspannung bei C und ein weiterer plötzlicher Abfall bei D, sobald die Steuerspannung negativ wird. Diesem Vorgang überlagert sich eine Eigenschwingung des Transformators im Augenblick des Ein- und Ausschaltens. Bei loserer Rückkopplung und anderer Gittervorspannung nehmen die Schwingungsvorgänge einen merklich anderen Verlauf. Die Periode derartiger Schwingungen ist proportional der Zeitkonstanten RC, es ist daher von VAN DER POL[1]) vorgeschlagen worden, die Schwingungen als **Relaxationsschwingungen** zu bezeichnen.

c) Glimmlampe[2]).

13. Die Schwingungserzeugung erfolgt in der in Abb. 14 wiedergegebenen Schaltung (Blinkschaltung). Die Glimmlampe G bildet mit dem Kondensator C

---
[1]) E. FRIEDLÄNDER, Arch. f. Elektrot. Bd. 16, S. 273. 1926; BALTH. VAN DER POL, JR., Jahrb. d. drahtl. Telegr. Bd. 28, S. 178. 1926.
[2]) W. SCHALLREUTER, Über Schwingungserscheinungen in Entladungsröhren. Braunschweig 1923; A. RIGHI, Rend. di Bologna 1902, S. 188; J. HERWEG, Phys. ZS. Bd. 13, S. 633. 1912.

und der Selbstinduktion L einen Schwingungskreis, andererseits ist sie über den Widerstand R an die Gleichspannung E angeschlossen. Die Selbstinduktion L ist für die Schwingungserzeugung nicht unbedingt erforderlich. Bei Schwin-

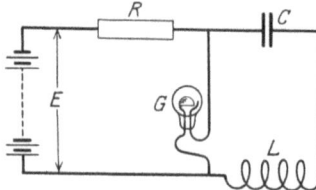

Abb. 14. Glimmlampenschaltung zur Schwingungserzeugung.

gungen erster Art schwingt der Kreis GLC in seiner durch die THOMSONsche Formel gegebenen Eigenschwingung. Die Schwingungen sind sehr unbeständig und treten nur in einem eng begrenzten Bereich auf (bei kleinem Vorschaltwiderstand R). Ein konstanter Gleichstrom durch die Lampe ist den Schwingungen überlagert. Ganz anders ist der Vorgang bei den Schwingungen zweiter Art. Hier sind wieder wie beim Lichtbogen die beiden Phasen der Auflagung und der Entladung des Kondensators zu unterscheiden. Ist E die Gleichspannung, V_0 die Spannung beim Erlöschen der Lampe, V_1 diejenige beim Einsetzen des Glimmlichtes (Zündspannung) und R_1 der Widerstand des Schwingungskreises, so ist die Periodendauer der Schwingungen zweiter Art:

$$T = RC \ln \frac{E - V_0}{E - V_1} + R_1 C \ln \frac{V_1}{V_0}. \tag{15}$$

Abb. 15 zeigt links die Charakteristik der Lampe, rechts den aus der Charakteristik bei Vernachlässigung der Induktivitäten und der Hysteresiserscheinungen sich ergebenden zeitlichen Verlauf von Strom (i_g) und Spannung (e) der Lampe. Die Charakteristik wird im Punkte (P) von der Geraden ($E - i_g R$)

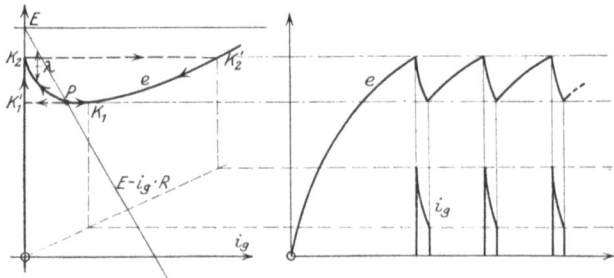

Abb. 15. Kippschwingungen der Glimmlampe.

geschnitten. Liegt dieser Punkt zwischen K_1, dem Minimum der Strom-Spannungscharakteristik, und K_2, so treten Schwingungen auf, liegt P dagegen zwischen K_1' und K_2', so sind keine Schwingungen vorhanden, die Gleichgewichtslage ist stabil. Der Abstand zwischen der Geraden ($E - i_g R$) und der Strom-Spannungscharakteristik ist gleich $i_c R$. Der Schwingungsvorgang nimmt folgenden Verlauf. Nach dem Einschalten steigt die Spannung am Kondensator und der Glimmlampe nach einer Exponentialfunktion bis zur Zündspannung V_1. Im Augenblick des Zündens findet ein Kippen von K_2 nach K_1 statt, hierauf entlädt sich der Kondensator und der Strom durch die Glimmlampe sinkt längs der Charakteristik bis zum Punkte K_1. Bei K_1 erlischt die Lampe und es findet ein zweites Kippen nach K_2' statt, worauf sich der Vorgang wiederholt. Um große Schwingungsenergie und einen stabilen Schwingungszustand zu erreichen, ist es zweckmäßig, Lampen mit kleiner Eigenkapazität und möglichst ungleichen Elektroden zu verwenden und die Elektrode mit der großen Oberfläche zur Kathode zu machen. Geeignet sind z. B. Lampen mit kappenförmiger Kathode, denen als Anode ein kurzer Draht gegenübersteht. Die günstigste Füllung der Lampen ist Helium bei einem Druck von etwa 25 mm Hg.

Kapitel 22.

Wellenmesser und Frequenznormale[1]).

Von

EGON ALBERTI, Berlin.

Mit 13 Abbildungen.

1. Allgemeines. In der Technik ist es üblich, Apparate zur Bestimmung der Frequenz elektrischer Schwingungen als Wellenmesser zu bezeichnen, obwohl meistens nicht Wellenlängen, sondern Frequenzen gemessen werden. Die Umrechnung von Wellenlängen λ auf Frequenzen ν erfolgt nach der Gleichung:

$$\lambda = \frac{c}{\nu} = cT,$$

wo c die Lichtgeschwindigkeit und T die Periodendauer ist.

α) **Resonanzwellenmesser.** Die Grundlage für die Resonanzwellenmesser bildet die Erscheinung, daß Strom und Spannung in einem Schwingungskreis, der durch elektrische Schwingungen von außen erregt wird, dann ein Maximum haben, wenn die Eigenfrequenz des Kreises gleich der Erregerfrequenz ist. Demgemäß bestehen die Wellenmesser aus einer Selbstinduktion und einer Kapazität, von denen wenigstens eine kontinuierlich veränderlich sein muß, und aus einem Strom- oder Spannungsanzeiger. Im allgemeinen wird zur Resonanzeinstellung die Stromanzeige benutzt. Anstatt jedoch ein Instrument in den Schwingungskreis zu legen, koppelt man zweckmäßig mit ihm einen aperiodischen Detektorkreis und liest den durch den Detektor gleichgerichteten Strom an einem empfindlichen Galvanometer ab. Zur Spannungsanzeige benutzt man für Messungen geringerer Genauigkeit häufig ein Geißlerrohr oder eine Funkenstrecke. Außer zur Bestimmung von Wellenlängen kann man den Wellenmesser auch zur Messung der Eigenfrequenz von Schwingungskreisen, Spulen usw. benutzen. Man stößt dann den Wellenmesser meist mit einem Summer in seiner Eigenfrequenz an und induziert die Schwingungen auf den zu messenden Kreis. Der erste Resonanzwellenmesser wurde von ZENNECK[2]) angewandt. Er benutzte einen Kondensator unveränderlicher Kapazität und eine Strombahn mit stetig veränderlichem Selbstinduktionskoeffizienten. Heute wird zur Änderung der Frequenz des Wellenmessers fast ausschließlich nach dem Vorgange von FRANKE und DÖNITZ[3]), die als erste den Wellenmesser zu einem technischen Meßinstrument ausgebaut haben, ein eichbarer Drehkondensator benutzt. Variometer zur Änderung der Frequenz sind von YVES DE FOREST[4]), RENDAHL und PÉRI[4]), von FERRIÉ, SEIBT[4]) und LORENZ angewandt. Kapazität und Selbstinduktion gleichzeitig werden bei dem Cymometer von FLEMING[4]) und dem Wellenmesser von BOAS[4]) geändert. Da wegen der unvermeidlichen Anfangskapazität der Kondensatoren die Eigenfrequenz des Wellenmessers bei den beiden Endstellungen des Drehkondensators sich nur wie 1:3 bis 1:4 ändert, so werden dem Wellenmesser im allgemeinen

---

[1]) K. REIN-WIRTZ, Radiotelegraphisches Praktikum, 3. Aufl. Berlin 1922; E. NESPER, Handb. d. drahtl. Telegr. u. Teleph. Berlin 1921, s. auch Kapitel 23, a) Frequenzmessung.
[2]) J. ZENNECK. Ann. d. Phys., Bd. 8, S. 211, 1902.
[3]) J. DÖNITZ, Elektrot. ZS. Bd. 24, S. 920. 1903.
[4]) Ausführliche Beschreibungen dieser heute nur noch wenig benutzten Wellenmesser bei E. NESPER, Handb. d. drahtl. Telegr. u. Teleph. Berlin 1921.

mehrere auswechselbare Induktionsspulen zur Erweiterung des Meßbereiches beigegeben. Die einzelnen Meßbereiche werden so gewählt, daß eine reichliche gegenseitige Überlappung vorhanden ist. Zur Verringerung der Eigenverluste werden die Selbstinduktionsspulen meist als Flachspulen aus fein unterteilter Emaillelitze hergestellt.

Der Normalwellenmesser der Reichsanstalt[1]) ist ebenfalls nach dem Dönitzprinzip mit stetig veränderlicher Kapazität gebaut. Er hat das in Abb. 1 skizzierte Aussehen. Als Kapazität dient ein Satz von abgeschützten Normalluftkondensatoren, bestehend aus acht auswechselbaren festen Kondensatoren (C_f) und einem Drehkondensator (C_d). Die Kondensatoren sind so gebaut, daß beim Zusammenschalten mehrerer ihre Kapazität sich genau addiert. Die Kapazität des Drehkondensators ist ein Bruchteil der Gesamtkapazität. Durch zwei parallele Drähte V sind die Kondensatoren mit der Selbstinduktionsspule (L) verbunden. Um

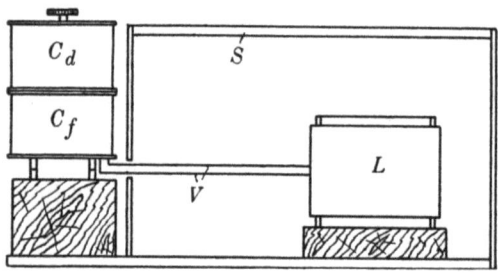

Abb. 1. Normalwellenmesser der Phys.-Techn. Reichsanst.

auch die Eigenkapazität der Selbstinduktionsspulen genau zu definieren, sind die Spulen ebenfalls durch eine allseitig umschließende leitende Hülle (S) aus unterteiltem Stanniol abgeschützt und die Hülle mit dem Gehäuse der Kondensatoren leitend verbunden. Der Schwingungskreis ist damit völlig unbeeinflußbar durch äußere elektrische Felder; die bei gewöhnlichen Wellenmessern häufig als lästig empfundene Beeinflussung bei Annäherung und Entfernung des Beobachters ist damit streng vermieden. Die Erregung des Kreises erfolgt durch rein magnetische Kopplung mit dem Sender. Eine merkliche Energieentziehung durch Wirbelströme im Stanniol findet bei genügender Unterteilung der Hülle nicht statt. Die Genauigkeit des Wellenmessers beträgt bei Wellenlängen von 1000 bis 100000 m etwa 0,01 bis 0,02%.

Über die Eichung von Wellenmessern und die verschiedenen Anwendungsmöglichkeiten siehe Abschnitt D, Kapitel 23, besonders Ziff. 12.

β) **Wellenmesser mit zwei Wechselstromwiderständen.** Die Wellenmesser dieses Prinzips beruhen auf der Abhängigkeit der Wechselstromwiderstände von der Frequenz. Schaltet man zwei verschiedenartige Wechselstromwiderstände parallel, so ändert sich das Verhältnis der in den beiden Zweigen fließenden Ströme mit der Frequenz. Schaltet man sie dagegen in Serie, so ist das Verhältnis der beiden Spannungen an den Enden dieser Widerstände abhängig von der Frequenz. Ist einer der beiden Widerstände ein rein OHMscher, der andere ein induktiver oder kapazitiver, so ist das Verhältnis der beiden Ströme oder Spannungen proportional der Frequenz, ist der eine Widerstand dagegen kapazitiver, der andere induktiver Art, so geht die Frequenz quadratisch ein. Enthält jeder Widerstand Kapazität und Selbstinduktion, die aber auf verschiedene Frequenzen abgestimmt sind, so besteht Proportionalität mit dem Quadrat der Frequenz in dem Bereich zwischen den beiden Eigenfrequenzen. Wellenmesser, welche nach diesen Gesichtspunkten gebaut sind, haben den Resonanzwellenmessern gegenüber den großen Vorteil, daß sie leicht zu selbstanzeigenden Wellenmessern ausgestaltet werden können, andererseits besitzen sie jedoch im allgemeinen eine erheblich geringere Genauigkeit und sind meistens nicht unabhängig von der Stärke der Erregung.

---

[1]) E. GIEBE u. E. ALBERTI, Tätigkeitsber. d. Phys.-Techn. Reichsanst. ZS. f. Instrkde. Bd. 40, S. 120. 1920; Bd. 42, S. 104. 1922; ZS. f. techn. Phys. Bd. 6, S. 92. 1925.

2. Wellenmesser mit parallel geschalteten Wechselstromwiderständen.

Hitzdrahtwellenmesser. In einem Zweige liege ein OHMscher Widerstand w, im anderen eine Selbstinduktion L, in beiden außerdem je ein Hitzdrahtamperemeter. Dann wird mit steigender Frequenz bei unverändertem Gesamtstrom der Strom im Widerstandszweige wachsen, der Strom im induktiven Zweige dagegen sinken. Nach diesem Prinzip ist von FERRIÉ ein selbstanzeigender Wellenmesser gebaut worden, dessen Schaltung in Abb. 2 wiedergegeben ist. Die beiden Hitzdrahtamperemeter sind in einem Instrument vereinigt, und zwar so, daß ihre beiden Zeiger sich vor einer gemeinsamen Skala kreuzen. Ändert man bei konstanter Frequenz den Gesamtstrom, so ändert sich der Ausschlag beider Amperemeter und der Kreuzungspunkt der Zeiger

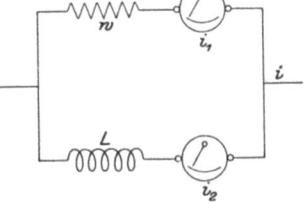

Abb. 2. Schaltung des selbstanzeigenden Wellenmessers von FERRIÉ.

wandert längs einer Kurve. Für jede Frequenz ergibt sich eine andere Kurve, das Bild der Frequenzskala ist eine Kurvenschar. Die Kurve, auf welcher sich die beiden Zeiger kreuzen, gibt die gesuchte Wellenlänge. Statt der Selbstinduktion L läßt sich auch ein Kondensator verwenden, oder man kann in den einen Zweig eine Selbstinduktion, in den anderen eine Kapazität schalten.

Dynamometrische Wellenmesser. Ersetzt man die beiden Amperemeter des Hitzdrahtwellenmessers durch die beiden Spulen eines Kurzschlußringdynamometers (L. MANDELSTAM und PAPALEXI — Abb. 3), so erhält man ebenfalls eine Vorrichtung zur Wellenmessung. Die beiden von den Strömen i_1

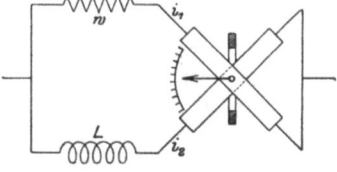

Abb. 3. Wellenmesser nach dem Prinzip des Kurzschlußringdynamometers (MANDELSTAM und PAPALEXI).

und i_2 erzeugten magnetischen Spulenfelder setzen sich zu einem elliptischen Drehfelde zusammen, in dessen Hauptachsenrichtung die Ebene des Kurzschlußringes einzuspielen sucht. Nach diesem Prinzip ist ein Wellenmesser von W. HAHNEMANN gebaut (Abb. 4), bei dem das Dynamometer aus zwei festen, senkrecht zueinander stehenden und untereinander angeordneten Spulen e und f besteht, deren Mittelachse gemeinsam ist, und zwei um diese Mittelachse frei drehbaren, kurzgeschlossenen und miteinander starr verbundenen Spulen g und h, an denen der Zeiger z befestigt ist. Dieser spielt

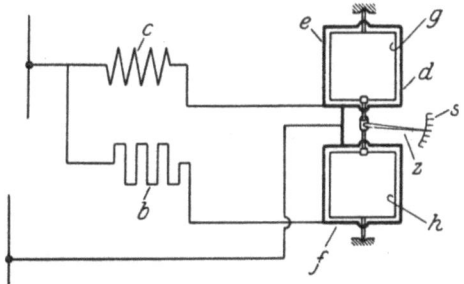

Abb. 4. Wellenmesser nach HAHNEMANN.

über der Skala s. b ist der Vorschaltwiderstand, c die Vorschaltselbstinduktion.

Auf demselben Prinzip beruht ein Wellenmesser von SEIBT, dessen Schaltungsschema in Abb. 5 gegeben ist. An Stelle der rechtwinklig zueinander stehenden festen Dynamometerspulen sind halbkreisförmige Flachspulen getreten, deren Windungsflächen in einer Ebene liegen. Zwei derartige Systeme liegen übereinander, ihre Ebenen sind jedoch etwas gegeneinander geneigt (vgl. den unter dem Schaltungsschema in Abb. 5 gezeichneten Längsschnitt). Im ganzen sind also vier Spulen ($S_1 S_1'$ und $S_2 S_2'$) vorhanden. Durch die Parallelschaltung je zweier Spulen ist der induktive Widerstand derart verringert, daß zur Erregung des Wellenmessers kleine Spannungen genügen. In dem sehr engen Zwischenraum zwischen den Spulen bewegt sich der Kurzschlußanker, der aus einer einzigen Windung besteht. Die Spulen sind so geschaltet, daß ihre Felder in entgegengesetztem Sinne drehend auf den Anker wirken. Dadurch heben sich die im Anker induzierten elektromotorischen Kräfte nahezu auf, der Ankerstrom ist fast Null. Parallel zur Spule S_1 ist ein Widerstand w_1 geschaltet, wodurch die Größe des erforderlichen Widerstandes w_2 stark herabgesetzt wird. Zur Änderung des Meßbereiches wird ein Teil der Widerstände w_1 und w_2 kurzgeschlossen. Zur Vermeidung von Eigenschwingungen hat die Spule L einen hohen Selbstinduktionskoeffizienten. Der Kurzschlußanker, der nur aus einer einzigen Windung besteht, hat die aus der Abb. 5 rechts ersichtliche Form. Bei kleinen Stromstärken (etwa unter 2 Amp.) kann der Wellenmesser

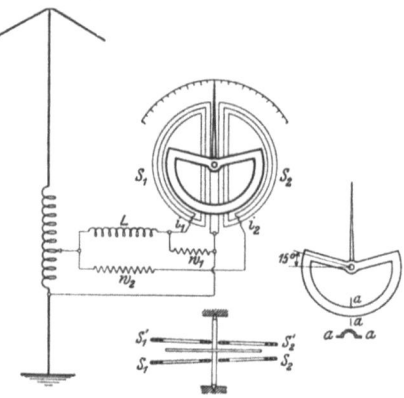

Abb. 5. Wellenmesser nach SEIBT.

unmittelbar in den Schwingungskreis geschaltet werden, bei größeren Stromstärken ist eine induktive oder galvanische Kopplung (wie in Abb. 5) erforderlich.

3. Wellenmesser mit zwei in Serie geschalteten Wechselstromwiderständen. Auf dem Prinzip der Serienschaltung beruht ein von O. SCHELLER angegebener selbstanzeigender dynamometrischer Wellenmesser, dessen Schaltungsschema in Abb. 6 wiedergegeben ist. Jeder der beiden Wechselstromwiderstände zwischen den Punkten a—b und b—c setzt sich zusammen aus einer Kapazität in Serie mit einer Selbstinduktion. Sie sind auf zwei voneinander verschiedene Wellenlängen λ_1 und λ_2 ($\lambda_1 > \lambda_2$) abgestimmt, für die sie bei Vernachlässigung des OHMschen Widerstandes den Wert Null annehmen. Im Nebenschluß zu ihnen liegt je eine Spule (I, II) des Kurzschlußringdynamometers. Ist die zu messende Wellenlänge gleich einer der beiden Eigenwellen der Wechselstromwiderstände, so ist die entsprechende Dynamometerspule stromlos, und der Kurzschlußring stellt sich mit seiner Windungsfläche in die Feldrichtung der anderen Dynamometerspule. Liegt die zu messende Wellenlänge zwischen den beiden Eigenwellenlängen der Widerstände, so stellt sich der Kurzschlußring auf eine Zwischenstellung zwischen den beiden Grenzwerten. Ist die Welle kleiner als beide Eigenwellen oder größer, so wandert der Zeiger in einen der beiden benachbarten

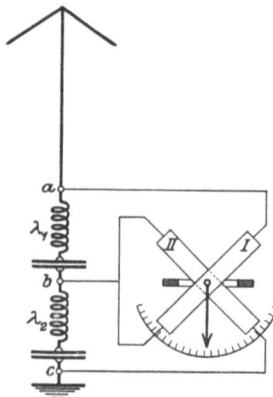

Abb. 6. Wellenmesser nach O. SCHELLER.

Sektoren der gekreuzten Spulen. Zur Änderung des Meßbereiches ist es am zweckmäßigsten, die Kapazitäten zu ändern. Die Genauigkeit des Wellenmessers kommt der eines guten Resonanzwellenmessers gleich.

4. Wellenmesser mit Resonanzbrückenschaltung. [Nullmethode][1]. Schaltet man in einen Zweig einer Brücke Kapazität und Selbstinduktion in Serie, während in den anderen drei Zweigen reine OHMsche Widerstände liegen, so ist die Brücke nur dann stromlos, wenn außer der bekannten Widerstandsbedingung $w_1/w_2 = w_3/w_4$ auch die Gleichung $\omega^2 \cdot LC = 1$ erfüllt ist, d. h. wenn die Frequenz des Wechsel-

---

[1] E. GRÜNEISEN u. E. GIEBE, ZS. f. Instrkde. Bd. 30, S. 147. 1910; Bd. 31, S. 152. 1911; A. HEYDWEILLER u. H. HAGEMEISTER, Verh. d. D. Phys. Ges. Bd. 18, S. 52. 1916; E. GIEBE u. E. ALBERTI, ZS. f. techn. Phys. Bd. 6, S. 92. 1925; Radio Rev. Bd. 3, S. 79. 1922.

stromes gleich der Eigenfrequenz des aus Kapazität und Selbstinduktion gebildeten Zweiges ist. Abb. 7 zeigt die von GRÜNEISEN und GIEBE angegebene Schaltung. Zur Abstimmung auf eine bestimmte Frequenz ist sowohl der Kondensator wie einer der Widerstände wechselweise solange zu ändern, bis der Brückenstrom verschwindet. Außer der Frequenz ergibt sich dann gleichzeitig der Dämpfungswiderstand des kapazitiv-induktiven Zweiges. Bedingung für genaue

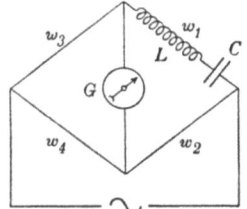
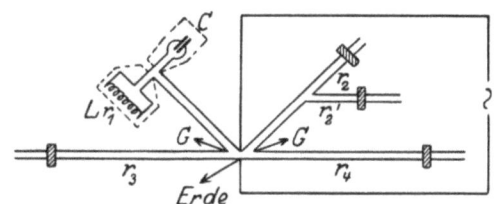

Abb. 7. Resonanzbrücke nach GRÜNEISEN und GIEBE.

Abb. 8. Resonanzbrücke für Hochfrequenzschwingungen.

Messungen ist, daß die Erregungsspannung außerordentlich reine Sinusform hat, da sonst der Ausschlag des Nullinstrumentes G nicht genau auf Null gebracht werden kann. Die Brücke ist zweckmäßig nach Art der GIEBEschen Bifilarbrücke[1]) anzuordnen (Abb. 8), eine Ecke der Brücke zu erden und Kapazität und Selbstinduktion abzuschirmen. Die Widerstände sind aus bifilar ausgespannten dünnen Manganindrähten herzustellen. Als Nullinstrument kann ein Detektor mit Spiegelgalvanometer oder im hörbaren Frequenzbereich auch ein Telephon benutzt werden. Das Nullinstrument wird an den Brückenpunkten GG angeschlossen.

5. Wellenmesser nach dem Prinzip der harmonischen Oberschwingungen.
Das Prinzip beruht auf dem von LINDEMANN[2]) zuerst zu Eichzwecken angewandten Verfahren, mit Hilfe eines Senders mit zahlreichen Oberschwingungen aus einer einzigen bekannten Frequenz eine Frequenzskala aufzustellen. Die Apparatur besteht im wesentlichen aus einem Röhrensender mit stark verzerrter Kurvenform, d.h. mit möglichst vielen harmonischen Oberschwingungen starker Intensität (Multivibrator von ABRAHAM und BLOCH[3]), aus einer Stimmgabel von etwa 1000 Hertz, einem Zwischenkreis, einem Verstärker und einem Telephon oder Lautsprecher. Die Schaltung geht aus Abb. 9 hervor. Die Stimmgabel dient zur Festlegung der Grundfrequenz. Mit Hilfe der Kopplungsschleife und eines abstimmbaren Zwischenkreises wird diejenige Oberwelle, deren Frequenz in der Nähe der Grundfrequenz des zu eichenden Senders liegt, herausgeholt und mit ihr zur Überlagerung gebracht. Die Differenz der beiden Frequenzen wird dann durch Zählen der Schwebungen bestimmt.

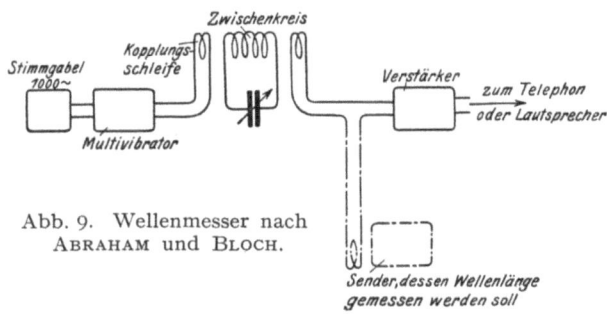

Abb. 9. Wellenmesser nach ABRAHAM und BLOCH.

---
[1]) E. GIEBE, ZS. f. Instrkde. Bd. 31, S. 6. 1911.
[2]) R. LINDEMANN, Verh. d. D. Phys. Ges. Bd. 14, S. 624. 1912; Jahrb. d. drahtl. Telegr. Bd. 8, S. 147. 1914.
[3]) H. ABRAHAM u. E. BLOCH, Ann. de phys. Bd. 12, S. 237. 1919; C. R. Bd. 168, S. 1105. 1919; Electrician Bd. 94, S. 119. 1925; A. HUND, Proc. Inst. Radio Eng. Bd. 13, S. 207. 1925. B. VAN DER POL, Jahrb. d. drahtl. Telegr. Bd. 28, S. 178. 1926, besonders Seite 182.

6. Frequenznormale [Quarzresonatoren][1].

Die an gewissen Kristallen, wie z. B. Quarz, beobachtete Erscheinung der Piezoelektrizität besteht in einer dielektrischen Polarisation des Kristalles bei Ausübung eines mechanischen Druckes und umgekehrt in einer elastischen Deformation beim Anlegen einer elektrischen Spannung. Werden elektrische Wechselfelder benutzt, so wird, wie CADY gezeigt hat, der Kristall zu stehenden elastischen Schwingungen angeregt, wenn die Frequenz des erregenden Feldes übereinstimmt mit einer der elastischen Eigenfrequenzen. Die Abhängigkeit von der Frequenz ist so ausgeprägt, daß diese Kristalle sich in hervorragender Weise als Frequenznormale eignen.

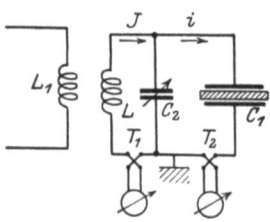

Abb. 10. Schaltung des Quarzresonators zur Frequenzmessung.

Das Kristall wird zweckmäßig in der Form einer Platte oder eines Stabes geschnitten, und zwar in folgender Orientierung zu den Kristallachsen. Ein hexagonaler Bergkristall besitzt eine optische oder Hauptachse und senkrecht dazu drei elektrische Achsen, die um 120° gegeneinander versetzt sind. Der Stab oder die Platte werden so geschnitten, daß die optische Achse in der Breitenrichtung, und eine der elektrischen Achsen in der Dickenrichtung verläuft, während die Längsrichtung senkrecht auf beiden steht. Zur Erregung wird der Quarz zwischen zwei metallische Belegungen gebracht, die somit einen Kondensator mit Quarz als Dielektrikum darstellen. Das elektrische Feld des Kondensators verläuft dann in Richtung der einen elektrischen Achse des Kristalles. Dieser Kondensator C_1 wird z. B. nach Abb. 10 parallel zu einem Schwingungskreis C_2 geschaltet, der von außen über die Spule L_1 erregt wird. Mißt man die Ströme J und i in den beiden Kreisen mit zwei Thermoelementen T_1 und T_2, so ergeben sich in Abhängigkeit von der Frequenz f die in Abb. 11 wiedergegebenen charakteristischen Kurven. Der Strom J sinkt bei Resonanz nahezu auf Null, die Dielektrizitätskonstante und der Widerstand des Quarzes ändern sich sehr stark, die scheinbare elektrostatische Kapazität wird negativ.

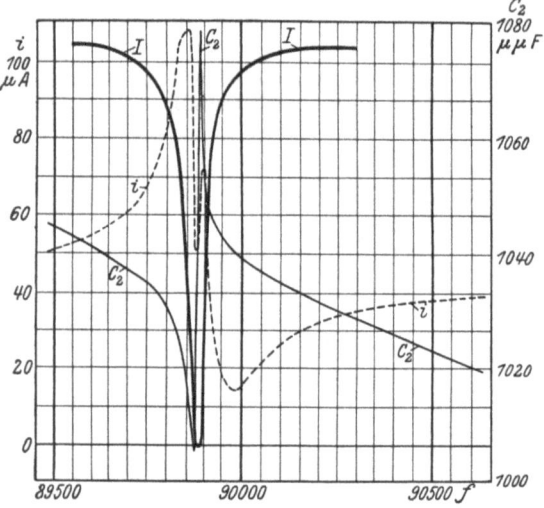

Abb. 11. Charakteristische Kurven eines Quarzresonators.

Für die Anwendung der Kristalle als Frequenznormale kommen im wesentlichen drei Schaltungen in Frage:

a) Hat man einen Sender für ungedämpfte Schwingungen, deren Frequenz auf die Eigenfrequenz des Quarzresonators abgestimmt werden soll, so schaltet man letzteren parallel zum Abstimmungskondensator des Schwingungskreises

---

[1] W. G. CADY, Phys. Rev. Bd. 17, S. 531. 1921; Proc. Inst. Radio Eng. Bd. 10, S. 83. 1922; E. GIEBE u. A. SCHEIBE, ZS. f. Phys. Bd. 33, S. 335. 1925; Elektrot. ZS. Bd. 47, S. 380. 1926; M. v. LAUE, ZS. f. Phys. Bd. 34, S. 347. 1925; W. G. CADY, Journ. Opt. Soc. Amer. Bd. 10, S. 483. 1925. Zusammenfassender Bericht mit Literaturverzeichnis: A. SCHEIBE, Jahrb. d. drahtl. Telegr. Bd. 28, S. 15. 1926.

und legt ein Telephon entweder direkt in den Kreis oder in einen induktiv gekoppelten Detektorkreis. Bei Änderung der Senderfrequenz hört man in unmittelbarer Nähe der Resonanz einen Ton, der durch Schwebungen zwischen der Senderfrequenz und den angeregten Eigenschwingungen des Quarzresonators zustande kommt.

b) Bei einer Schaltung nach Abb. 10 erkennt man die Resonanz an dem plötzlichen Absinken des Stromes J im Thermoelement T_1. Statt des Thermoelementes kann man natürlich auch einen induktiv gekoppelten Detektorkreis mit Galvanometer benutzen. Das Thermoelement T_2 erübrigt sich.

c) Sichtbarmachung der elastischen Schwingungen durch Leuchterscheinungen. Nach GIEBE und SCHEIBE kann man die elastischen Schwingungen dadurch sichtbar machen, daß man eine der beiden Belegungen des Kondensators in geringem Abstande von der Quarzplatte hält und den ganzen Resonator in einen luftverdünnten Raum bringt. Stimmt man dann die Senderfrequenz wieder auf die Frequenz des Quarzstabes ab, so bildet sich bei Resonanz in dem Zwischenraum zwischen dem Quarzstab und der etwas abgehobenen Belegung eine Leuchterscheinung aus, die in der Mitte des Stabes ihre größte Helligkeit hat.

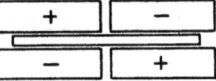
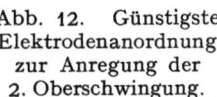
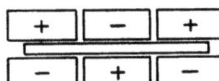

Abb. 12. Günstigste Elektrodenanordnung zur Anregung der 2. Oberschwingung.

Abb. 13. Günstigste Elektrodenanordnung zur Anregung der 3. Oberschwingung.

Die Erscheinung kommt in folgender Weise zustande: Das erregende Wechselfeld ruft wechselnde elastische Deformationen hervor, die bei Resonanz zur Ausbildung stehender Schwingungen führen. Die elastischen Deformationen, die nach bekannten Gesetzen in der Stabmitte am stärksten sind und nach beiden Enden hin auf Null abnehmen, erzeugen ihrerseits rückwirkend auf der der abgehobenen Elektrode zugekehrten Seite des Quarzstabes elektrische Wechselspannungen, die die Ursache für die Leuchterscheinungen sind. Außer in der Grundschwingung kann der Quarzstab auch in seinen Oberschwingungen erregt werden, und zwar sowohl in den gradzahligen wie in den ungeradzahligen. Zur Sichtbarmachung der Oberschwingungen wählt man statt zweier Elektroden eine der doppelten Ordnungszahl der Oberschwingung entsprechende Anzahl von Elektroden, die man kreuzweise miteinander verbindet, wie es in Abb. 12 und 13 für die Schwingungen $2n$ und $3n$ durch die Polaritätszeichen angedeutet ist. Diese Anordnung ist zweckmäßig, da bei den longitudinalen Stabschwingungen in höherer als der Grundfrequenz im gleichen Zeitmoment Stellen maximaler Verdichtung mit Stellen maximaler Verdünnung abwechseln. Die Oberschwingungen sind nach CADY[1]) nicht genau harmonisch.

Außer der angegebenen Anordnung sind auch noch andere zur Sichtbarmachung der Schwingungen geeignet. Benutzt man z. B. zwei Elektroden, die kürzer sind als der Quarzstab, z. B. halb so lang, und läßt man die andere Stabhälfte ohne Elektroden, so setzen längs der freien Stabhälfte Entladungen ein, die je nach dem Vakuum von einer Stabseite zur anderen oder von einem Verdichtungsmaximum zu einem benachbarten Verdünnungsmaximum verlaufen. Das Entladungsgefäß ist ungefähr bis auf 10 bis 15 mm Hg zu evakuieren. Bei einem Quarzstab von etwa 1,5 mm Dicke ist der Zwischenraum zur Elektrode etwa gleich 0,5 mm zu wählen.

Die Wellenlänge der elektrischen Schwingungen, welche vom Quarzresonator gesteuert werden, ist (in Meter) etwa 100mal so groß als die Länge des Resonators (in Millimeter). Der Temperaturkoeffizient des Quarzes ist äußerst gering. Zwischen 20° und 110° C nimmt die Frequenz pro Grad Temperaturzunahme um 0,0005% ab.

---

[1]) G. W. PIERCE, Proc. Amer. Acad. Bd. 59, S. 104. 1923.

Kapitel 23.

Meßmethoden bei elektrischen Schwingungen[1]).

Von

Egon Alberti, Berlin.

Mit 18 Abbildungen.

a) Frequenzmessung.

1. Allgemeines. Frequenzmessungen lassen sich entweder auf eine Zeitmessung oder auf eine Längenmessung zurückführen. Bei den elektrischen Schwingungen sehr hoher Frequenz ($\nu > 10^7$ Hertz) ist die Längenmessung im allgemeinen die bequemere, bei Schwingungen niedrigerer Frequenz ist die Zeitmessung das Gegebene. In älteren Arbeiten findet man meistens die Wellenlänge der elektrischen Schwingungen angegeben. Die Umrechnung von Wellenlängen λ auf Frequenzen ν erfolgt mit Hilfe der Beziehung:

$$\lambda = \frac{c}{\nu} = cT.$$

In die Umrechnung geht die Lichtgeschwindigkeit c ein, deren Wert auf etwa $\pm\, 2/10\,000$ unsicher ist.

Bei den Frequenzmessungen sind praktisch zwei Fälle zu unterscheiden: Die Messung der Frequenz wirklich vorhandener Schwingungen und die Bestimmung der Eigenfrequenz von Schwingungskreisen. Zur ersten Art gehört die Frequenzmessung an Sendern (Oszillatoren), zur zweiten die Frequenzmessung bei Empfängern (Resonatoren). Bei gedämpften Schwingungen hat neben der Hochfrequenz auch die Wellengruppenfrequenz eine gewisse Bedeutung. Ihre Bestimmung ist unter Ziffer 5 behandelt.

2. Messung der Frequenz bestehender Schwingungen. α) Durch Auswertung von Schwingungskurven. Die ältesten Methoden der Frequenzmessung beruhen auf der Aufnahme der Schwingungskurve mit dem rotierenden Spiegel [1. Methode von Feddersen[2]), 2. Methode von Gehrke und Diesselhorst[3]) mit dem Glimmlichtoszillographen]. Es sind Absolutmethoden, die heute jedoch nur noch historisches Interesse haben.

β) Mittels des Paralleldrahtsystems von Lecher[4]). Bei dieser Methode wird die Frequenzmessung auf eine Längenmessung zurückgeführt, es ist

---

[1]) K. Wirtz und H. Rein, Radiotelegraphisches Praktikum. 3. Aufl. Berlin 1922; J. Zenneck u. H. Rukop, Lehrbuch der drahtl. Telegr. 5. Aufl. Stuttgart 1925; A. Hund, Hochfrequenzmeßtechnik. Berlin 1922; F. Banneitz, Taschenb. d. drahtl. Telegr. Berlin 1927.

[2]) W. Feddersen, Pogg. Ann. Bd. 113, S. 437. 1861; Bd. 116, S. 132. 1862.

[3]) H. Diesselhorst, Verh. d. D. Phys. Ges. Bd. 5, S. 320. 1907; Bd. 6, S. 306. 1908; Elektrot. ZS. Bd. 29, S. 703. 1908.

[4]) E. Gehrke, Elektrot. ZS. Bd. 26, S. 697. 1905; H. Diesselhorst, Jahrb. d. drahtl. Telegr. Bd. 1, S. 262. 1908; O. Schriever, Ann. d. Phys. Bd. 63, S. 645. 1920; A. Scheibe, ebenda Bd. 73, S. 54. 1923.

eine absolute Methode, die sich jedoch nur für Laboratoriumsversuche und für Frequenzen $\nu > 6 \cdot 10^5$ ($\lambda < 500$ m) eignet.

Das System paralleler Drähte wird zwischen den Stirnwänden einer Meßbank ausgespannt, auf der ein Schlitten längs zweier Führungsschienen bewegt werden kann. Der gegenseitige Abstand der Drähte muß klein sein gegen ihre Länge. (Übliche Dimensionen sind z. B. 1 mm dicke Kupferdrähte bei 20 bis 25 mm Abstand, die Länge richtet sich in der Hauptsache nach der benutzten Wellenlänge.) Auf dem Schlitten wird die Brücke mit dem Indikator zum Nachweis der stehenden Wellen angebracht. Zweckmäßig ist es, als Brücke eine Plattenbrücke zu verwenden, d. h. eine Metallscheibe, deren Ebene senkrecht auf den Paralleldrähten steht. Die Paralleldrähte werden dann durch zwei Öffnungen der Plattenbrücke hindurchgeführt und durch Schleiffedern metallisch mit ihr verbunden. Als Indikator dient entweder ein Kristalldetektor D oder ein Hochvakuumthermoelement The. Der Detektor kann entweder direkt mit den beiden Hälften der in diesem Fall durchschnittenen Plattenbrücke verbunden werden (Abb. 1) oder kapazitiv, indem an ihm zwei Antennen angebracht werden, die isoliert durch zwei Löcher in der Brücke in den Schwingungskreis hineinragen (Abb. 2). Bei Benutzung eines Thermoelementes erfolgt die Kopplung mit Hilfe einer Koppelschleife, die isoliert durch die Plattenbrücke geführt wird (Abb. 3). Am empfindlichsten ist die Anordnung des direkt gekoppelten Detektors. Die Indikatoren müssen sich auf der vom Sender abgewandten Seite der Plattenbrücke befinden. Die Kopplung des Lechersystems mit dem Sender kann kapazitiv oder induktiv erfolgen, bei induktiver Kopplung werden die dem Sender zugekehrten Enden des Drahtsystems zweckmäßig miteinander verbunden. Als Stromanzeiger sind Galvanometer mit kleiner Schwingungsdauer zu verwenden. Die Messung erfolgt durch Beobachtung der Stromstärke beim Bewegen des Schlittens, der Abstand zweier Strommaxima voneinander ist gleich der halben Wellenlänge. Das Paralleldrahtsystem wird am stärksten erregt, wenn seine Länge ein Vielfaches der halben oder viertel Wellenlänge der Schwingungen in Luft ist. Infolge der gegenüber der Lichtgeschwindigkeit etwas verringerten Ausbreitungsgeschwindigkeit der Wellen längs der Drähte ist eine kleine Korrektur von etwa 1% anzubringen [HUND[1])].

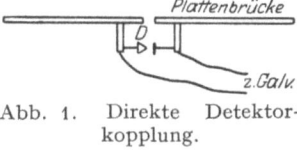

Abb. 1. Direkte Detektorkopplung.

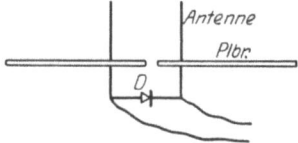

Abb. 2. Kapazitive Detektorkopplung.

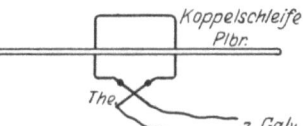

Abb. 3. Kopplung der Thermoelemente.

γ) **Durch Strom und Spannungsmessung.** Wird ein Kondensator von bekannter Kapazität C von einem sinusförmigen Strom i durchflossen und ist die gleichzeitig gemessene Wechselspannung am Kondensator e, so bestimmt sich die Frequenz aus der Gleichung

$$\nu = \frac{i}{2\pi C e},$$

wenn e in Volt, i in Ampere und C in Farad gemessen wird. Der Wechselstromwiderstand des Spannungsmessers muß groß gegen den kapazitiven Widerstand von C sein. Liegt am Voltmeter gleichzeitig eine Gleichstromspannung, so ist die abgelesene Spannung um den Betrag der Gleichstromspannung zu korrigieren.

---

[1]) A. HUND, Scient. Pap. Bureau of Stand. Bd. 19, S. 487. 1924.

δ) **Mit einem geeichten Wellenmesser (in Resonatorschaltung).**
Wenn wir von den selbstanzeigenden Wellenmessern absehen, welche fast ausschließlich auf dem Prinzip zweier Wechselstromwiderstände beruhen, so bestehen die technischen Wellenmesser im allgemeinen aus einem Schwingungskreis, dessen Einstellung so lange verändert wird, bis seine Eigenwelle mit der zu messenden Welle übereinstimmt. Die stetige Änderung erfolgt entweder mit Hilfe eines Drehkondensators, oder mittels eines Variometers, oder auch durch gleichzeitige Änderung von Kapazität und Selbstinduktion. Nach der Einstellung auf Resonanz mit Hilfe eines meist lose gekoppelten Indikators liest man die zugehörige Wellenlänge auf der Skala oder Eichtabelle ab. Der Wellenmesser ist möglichst lose mit der Anordnung zu koppeln, in welcher die zu messenden hochfrequenten Schwingungen bestehen. Ist die Kopplung nicht lose genug, so erhält man unsymmetrische Resonanzkurven oder Resonanzkurven, welche zwei Maxima besitzen. Die Ursache für unsymmetrische Resonanzkurven ist häufig auch darin zu suchen, daß der Oszillator direkt oder über irgendwelche Leitungen auf den Indikatorkreis induziert. In allen diesen Fällen stimmt die abgelesene Wellenlänge nicht genau mit der vom Sender ausgestrahlten überein[1]). Über technische Wellenmesser s. Kap. 22.

ε) **Mit der Resonanzbrücke**[2]) (Nullmethode). In der Resonanzbrücke von GRÜNEISEN und GIEBE[2]) (Abb. 4) liegen Kapazität und Selbstinduktion in Reihe in einem Zweige der Brücke, während die drei anderen Zweige reine Widerstände enthalten. Die Abgleichung erfolgt durch Änderung der Kapazität und eines Widerstandes. Der Brückenstrom verschwindet, wenn $w_1/w_2 = w_3/w_4$ und $\omega^2 LC = 1$ ist. Aus der Resonanzbedingung ergibt sich somit die Frequenz. Die Anwendung dieser Nullmethode erfordert sehr reine Sinusschwingungen, weil nur für solche eine völlige Nullabgleichung der Brücke möglich ist. Für genaue Messungen ist die Brücke nach Art der GIEBEschen Bifilarbrücke[3]) anzuordnen und die Widerstände aus bifilar ausgespannten dünnen Manganindrähten herzustellen. Als Nullinstrument G kann ein Detektor mit Spiegelgalvanometer oder im hörbaren Frequenzbereich auch ein Telephon benutzt werden. Die Brückenmethode bietet gegenüber den Ausschlagsmethoden die Vorteile jeder Nullmethode, insbesondere eine wesentlich höhere Genauigkeit in der Bestimmung der Resonanzlage (Größenordnung 0,001%).

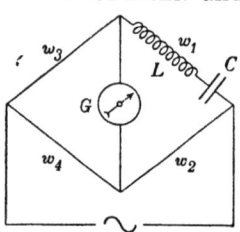
Abb. 4. Resonanzbrücke nach GRÜNEISEN und GIEBE.

ζ) **Mit Schwebungsmethoden bei Messung ungedämpfter Schwingungen**[4]). **Mit einer Hilfsschwingung bekannter Frequenz.** Die Hilfsschwingung und die Schwingung, deren Frequenz gemessen werden soll, läßt man direkt oder über eine induktive Kopplung auf ein Telephon wirken und ändert die Frequenz der Hilfsschwingung. Sobald die beiden Schwingungen oder zwei ihrer harmonischen Oberschwingungen

---

[1]) J. ZENNECK u. H. RUKOP, Lehrbuch der drahtlosen Telegraphie, 5. Aufl., S. 139ff. Stuttgart 1925; M. WIEN, Jahrb. d. drahtl. Telegr. Bd. 1, S. 462. 1908; Ann. d. Phys. Bd. 25, S. 625. 1908; S. LOEWE, Jahrb. d. drahtl. Telegr. Bd. 6, S. 325. 1912; E. GIEBE u. E. ALBERTI, ebenda Bd. 16, S. 242. 1920.

[2]) E. GRÜNEISEN u. E. GIEBE, ZS. f. Instrkde. Bd. 30, S. 147. 1910; Bd. 31, S. 152. 1911; A. HEYDWEILLER u. H. HAGEMEISTER, Verh. d. D. Phys. Ges. Bd. 18, S. 52. 1916; E. GIEBE u. E. ALBERTI, ZS. f. techn. Phys. Bd. 6, S. 92. 1925.

[3]) E. GIEBE, Ann. d. Phys. Bd. 24, S. 946. 1907. Ds. Handb. Bd. 16, Kap. 19 und 22, Ziff. 4, sowie Abb. 8.

[4]) R. LINDEMANN, Verh. d. D. Phys. Ges. Bd. 14, S. 624. 1912; H. ABRAHAM u. E. BLOCH, Ann. de phys. Bd. 12, S. 237. 1919; M. WIEN, Jahrb. d. drahtl. Telegr. Bd. 14, S. 608. 1919; E. GRÜNEISEN u. E. MERKEL, ZS. f. Phys. Bd. 2, S. 277. 1920; A. HUND, Proc. Inst. Radio Eng. Bd. 13, S. 207. 1925.

nahezu in Resonanz sind, hört man im Telephon einen Schwebungston, der sich in seiner Tonhöhe ändert. Beiderseits der Resonanz liegt je ein Tonspektrum, bei der Resonanzlage selbst verschwindet der Ton (Nullzone). Es gilt dann $\omega_1:\omega_2 = p:q$, wo p und q irgendwelche kleinste ganze Zahlen sind. Ist der Wert der gesuchten Frequenz annähernd bekannt, so findet man durch versuchsweises Einsetzen einiger ganzer Zahlen für p und q in die obige Gleichung leicht, welche Zahlen in Frage kommen und erhält damit den genauen Wert der gesuchten Frequenz. Ist dies nicht der Fall, so ist eine zweite analoge Messung mit zwei anderen harmonischen Oberschwingungen erforderlich. Man erhält damit eine zweite Gleichung mit zwei anderen kleinsten ganzen Zahlen. Erst dann, wenn sich aus beiden Gleichungen derselbe Wert für die gesuchte Frequenz ergibt, sind die ganzen Zahlen richtig gewählt.

Liegt die gesuchte Frequenz im hörbaren Gebiet, so erhält man in der Nähe der genauen Abstimmung Schwebungen beiderseits der Resonanz. Die Schwebungen sind um so langsamer, je näher man der Resonanz kommt. Durch Zählen dieser Schwebungen pro Sekunde mit Stoppuhr oder Chronograph ergibt sich eine sehr genaue Messung der Frequenz. Die Differenz der beiden Schwingungsfrequenzen ist gleich der Zahl der Schwebungen. Wächst die Zahl der Schwebungen, wenn man die Hilfsfrequenz erhöht, so ist die gesuchte Frequenz tiefer als die Hilfsfrequenz.

η) **Aus der Verstimmung des Hilfssenders**[1]. Der Hilfssender, dessen Frequenz nicht bekannt zu sein braucht, wird zunächst durch Einstellen auf die Nullzone im Schwebungsgebiet in Resonanz mit der zu suchenden Frequenz gebracht. Die Kapazität des Drehkondensators bei dieser Einstellung sei C. Sodann wird der Kondensator des Hilfssenders um einen kleinen Betrag ΔC geändert, der so groß sein muß, daß man die Zahl Δn der nun wieder auftretenden Schwebungen noch bequem und sicher zählen kann. Dann ist die gesuchte Frequenz:

$$\nu = -2C \frac{\Delta n}{\Delta C}.$$

Bei ganz hohen Frequenzen, wenn die Schwebungen nicht mehr zählbar sind, bestimmt man den entstehenden Schwebungston Δn z. B. durch Vergleich mit einer Stimmgabel. Hat man bei Resonanz nicht auf die Grundschwingung, sondern auf die p-te Oberschwingung abgestimmt, so bleibt die Methode anwendbar, doch ist in obiger Gleichung statt ΔC einzusetzen $p\Delta C$.

Vorausgesetzt wird, daß für die Frequenz des Hilfssenders die THOMSONsche Formel gilt. Die Genauigkeit der Methode ist beschränkt (etwa 1%).

3. Messung der Eigenfrequenz von Schwingungskreisen. α) **Durch Rechnung aus der THOMSONschen Formel.** Die Eigenfrequenz eines Schwingungskreises kann nach der THOMSONschen Formel aus den Werten der Selbstinduktion L und der Kapazität C berechnet werden, wenn Selbstinduktion und Kapazität getrennt und gut definiert sind. Als Selbstinduktion sind einlagige Spulen aus Drahtlitze auf Glas- oder Porzellanzylindern von großem Durchmesser geeignet, weil bei diesen der Hauteffekt gering ist. Zur Kapazität C des Kondensators ist die der Spule c zu addieren, die man etwa aus der mit einem Wellenmesser bestimmten Eigenfrequenz der Spule ohne Kondensator bestimmt. Zu L tritt als Korrektion die Selbstinduktion l des Kondensators und die der Zuleitungen, die man, falls es sich um bifilare Drähte handelt, aus den Dimensionen berechnen kann. Die Eigenfrequenz des Schwingungskreises ist dann:

$$\nu = \frac{1}{2\pi\sqrt{(L+l)(C+c)}},$$

---

[1] R. WELLER, Jahrb. d. drahtl. Telegr. Bd. 14, S. 599. 1919.

die Eigenwellenlänge:
$$\lambda = 2\pi v \sqrt{(L+l)(C+c)},$$
wo λ in cm, L in Henry und C in Farad zu rechnen sind. Die Absolutmessungen von L und C enthalten die notwendige Zeitmessung; sie ergeben die Werte der beiden Größen, bezogen auf die Zeiteinheit und die Widerstandseinheit; letztere fällt im Produkt LC heraus, es ist also nur notwendig, die gleiche Widerstandseinheit bei der Messung von C und L zu benutzen.

Um genau definierte Kapazitäten zu haben, ist es zweckmäßig, die Kondensatoren elektrisch abzuschirmen, für sehr genaue Messungen ebenso auch die Spulen, da sonst die Spulenkapazität von der Umgebung abhängig ist[1]). Die beiden Schutzhüllen werden miteinander verbunden.

Die aus der THOMSONschen Formel errechnete Eigenfrequenz ist nur richtig, wenn der Schwingungskreis mit anderen Kreisen äußerst lose gekoppelt ist. Infolgedessen kann man z. B. bei Sendern die Frequenz der ausgestrahlten Schwingungen aus den Daten des Schwingungskreises nur näherungsweise berechnen.

β) **Mit einem geeichten Wellenmesser in Oszillatorschaltung.** Man erregt den geeichten Wellenmesser mit einem Summer, induziert die Schwingungen auf den zu untersuchenden, lose gekoppelten Schwingungskreis und stimmt diesen auf die Erregerfrequenz mit Hilfe eines Indikatorkreises ab. Der Wellenmesser muß in Oszillatorschaltung geeicht sein, da die Eichkurven für die verschiedenen Schaltungen nicht genau übereinstimmen.

γ) **Mit einem geeichten Wellenmesser in Resonatorschaltung und einer Hilfsschwingung.** Bei der im vorhergehenden angewandten Oszillatorschaltung eines Wellenmessers wird im allgemeinen ein Saitensummer zur Erregung der Schwingungen benutzt. Wegen der fast unvermeidlichen Inkonstanz der Saitensummer ist die Genauigkeit der Messungen nur sehr gering. Man hat deswegen, sobald durch die Entwicklung der Elektronenröhre die Herstellung ungedämpfter Schwingungen bequem möglich war, den Saitensummer durch einen Röhrensummer ersetzt. Zweckmäßiger ist es jedoch, die ungedämpften Schwingungen des Röhrensenders direkt auf den zu eichenden Schwingungskreis zu induzieren und die Frequenz der Hilfsschwingung auf die Eigenfrequenz des Kreises abzustimmen. Mit einem geeichten Wellenmesser in Resonatorschaltung bestimmt man dann nach der unter Ziffer 2, δ beschriebenen Methode die Frequenz der Hilfsschwingung. Außer einfachen Schwingungskreisen kann man nach demselben Verfahren auch Empfangsanordnungen eichen oder die Eigenfrequenzen von Spulen usw. bestimmen.

Bei der Eichung ist darauf zu achten, ob die Abstimmung auf die Grundfrequenz der Hilfsschwingungen oder auf eine harmonische Oberschwingung derselben erfolgt ist. Bei Abstimmung auf eine Oberschwingung ist die Frequenz mit der Ordnungszahl derselben zu multiplizieren.

4. Eichung von Wellenmessern. Für die Eichung von Wellenmessern sind ohne weiteres die im vorhergehenden beschriebenen Methoden anwendbar, wegen der praktischen Bedeutung der Aufgabe und der erforderlichen großen Genauigkeit seien jedoch noch einmal die zweckmäßigsten Methoden hervorgehoben.

Die aus der THOMSONschen Formel berechneten Frequenzen sind bei Berücksichtigung der Spulenkapazität und der Selbstinduktion der Zuleitungen und des Kondensators außerordentlich genau, bei Verwendung abgeschützter Kondensatoren und Spulen bis auf wenige Zehntel Promille.

Durch Vergleichung mit einem Normalwellenmesser erfolgt die Eichung nach Ziffer 2, δ, wenn der Wellenmesser in Oszillatorschaltung

---

[1]) E. GIEBE u. E. ALBERTI, ZS. f. techn. Phys. Bd. 6, S. 92. 1925. Ds. Handb. Bd. 16, Kap. 19, sowie 22, Ziff. 1 unter „Der Normalwellenmesser der Reichsanstalt".

geeicht werden soll, nach Ziffer 3, γ, wenn er in Resonatorschaltung geeicht werden soll. Die beiden Eichkurven sind nicht identisch.

Sind ein oder mehrere Festpunkte der Frequenzskala absolut bestimmt, so kann man nach der **Relativmethode der harmonischen Oberschwingungen**[1]) weitere Festpunkte als ganzzahlige Vielfache der jeweiligen Grundfrequenz bei Eichung mit einer Hilfsfrequenz nach der Methode Ziffer 3, γ erhalten. Der Hilfssender muß außerordentlich konstant sein und Oberschwingungen von genügender Stärke besitzen; zweckmäßig benutzt man einen Röhrensender mit nicht zu starker Heizung und koppelt den Wellenmesser mit einer in den Anodenkreis geschalteten Kopplungsspule.

Für sehr kurze Wellenlängen (etwa unter 20 m), ist die Eichung mittels des Paralleldrahtsystems von LECHER die genaueste.

5. Messung von Wellengruppenfrequenzen. Bei Stoßerregung (z. B. durch Funkenentladung) wird eine bestimmte Anzahl von Wellenzügen in der Sekunde ausgestrahlt, welche gleich der Zahl der Stoßerregungen pro Sekunde ist.

Bei Erzeugung der Funken mit Hilfe eines Funkeninduktors und eines Motorunterbrechers ist die Wellengruppenfrequenz gleich der Tourenzahl, wenn nur eine Entladung bei jeder Unterbrechung erfolgt. Finden Partialentladungen statt, so ist die einfachste Methode zur Bestimmung der Gruppenfrequenz die stroboskopische.

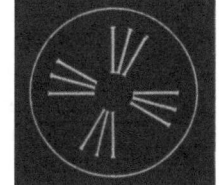

Abb. 5. Partialentladungen, aufgenommen mit Entladungsanalysator.

Eine schwarze Kreisscheibe mit einem eingezeichneten weißen Radius wird durch einen Motor in Umdrehungen versetzt und die Umdrehungsgeschwindigkeit solange geändert, bis der weiße Radius bei Belichtung mit der Funkenentladung stillzustehen scheint. Zweckmäßiger ist es nach J. A. FLEMMING[2]), an Stelle des weißen Zeigers eine GEISSLERsche (Helium- oder Neon-) Röhre zu verwenden, die durch Schleifringe vom Meßkreis erregt wird. Steht das Bild der Röhre oder der weiße Radius scheinbar still, so gibt die Zahl der leuchtenden Radien mal der Tourenzahl die Entladungszahl. Bei Partialentladungen erscheinen die Radien gruppenweise. (Abb. 5.)

Findet die Stoßerregung nicht durch Funken statt, sondern z. B. durch stoßweise Energienachlieferung von einem Röhrensender, so erhält man die Wellengruppenfrequenz und die Partialstöße am zweckmäßigsten durch Aufnahme der Schwingungskurven mit einem masselosen Oszillographen, wie dem GEHRKEschen Glimmlichtoszillographen oder der BRAUNschen Röhre.

b) Messung des Dämpfungsdekrementes und des Wirkwiderstandes von Schwingungskreisen[3]).

6. Beziehung des Dämpfungsdekrementes zu anderen elektrischen Größen. Das logarithmische Dämpfungsdekrement ϑ und der Wirkwiderstand w eines Schwingungskreises sind durch folgende Beziehungen miteinander verbunden:

$$\vartheta = \frac{w_\Omega}{2L_H} \cdot T = \frac{w_\Omega}{2L_H} \cdot \frac{1}{\nu} = \pi w_\Omega \sqrt{\frac{C_F}{L_H}} = \frac{\lambda_{\text{cm}}}{2c} \cdot \frac{w_\Omega}{L_H} = 2\pi^2 c \frac{w_\Omega C_F}{\lambda_{\text{cm}}},$$

---

[1]) S. z. B. R. LINDEMANN, Verh. d. D. Phys. Ges. Bd. 14, S. 624. 1912; H. ABRAHAM u. E. BLOCH, Ann. de phys. Bd. 12, S. 237. 1919; E. GRÜNEISEN u. E. MERKEL, ZS. f. Phys. Bd. 2, S. 277. 1920; E. GIEBE u. E. ALBERTI, ZS. f. techn. Phys. Bd. 6, S. 92. 1925.
[2]) J. A. FLEMING, Jahrb. d. drahtl. Telegr. Bd. 1, S. 68. 1907.
[3]) H. REIN-WIRTZ, Radiotelegr. Praktikum, 3. Aufl. Berlin 1922; J. ZENNECK u. H. RUKOP, Lehrbuch der drahtlosen Telegraphie, 5. Aufl. Stuttgart 1925.

wo c die Lichtgeschwindigkeit ist. Aus dem Wirkwiderstand ergibt sich der Leistungsverbrauch zu i^2w, wenn i die wirksame Stromstärke ist. Der Wirkwiderstand bei Hochfrequenz wird gelegentlich auch als **Hochfrequenzwiderstand** bezeichnet.

7. Bestimmung des Dämpfungsdekrementes aus der Resonanzkurve des Stromeffektes über der Verstimmung. α) **Erregung mit gedämpften Schwingungen (BJERKNESsche Resonanzmethode).** Die Resonanzkurve eines Schwingungskreises ist um so breiter, je größer seine Dämpfung ist, man kann daher aus der Breite die Dämpfung ermitteln. Die vollständige Aufnahme der Resonanzkurve ist dazu nicht erforderlich, es genügt, den Stromeffekt bei zwei Einstellungen, z. B. bei Resonanz und bei einer Verstimmung, zu messen. Der Meßkreis muß jedoch extrem lose mit dem Erregerkreis gekoppelt sein, damit keine Rückwirkung auftritt. Ferner ist Voraussetzung für die Anwendbarkeit der Methode, daß die Resonanzkurve symmetrisch verläuft. Dazu gehört z. B., daß der zu messende Widerstand innerhalb der für die Messung erforderlichen Verstimmung keine merkbare Abhängigkeit von der Frequenz besitzt. Zur Messung des Stromeffektes dient zweckmäßig ein mit dem Meßkreis ebenfalls lose gekoppelter aperiodischer Hilfskreis mit Thermoelement und Galvanometer. Bei Erregung mit gedämpften Schwingungen erhält man die Summe der beiden Dämpfungsdekremente: ϑ_1 das logarithmische Dekrement der Erregerschwingungen und ϑ_2 das logarithmische Dekrement des Meßkreises. Um die Einzeldekremente zu erhalten, ist dann noch eine weitere Messung erforderlich.

Ist der Kondensator des Meßkreises geeicht, so daß man die Kapazität C_r bei Abstimmung auf die Erregerfrequenz und die Kapazität C' bei Verstimmung kennt, so ergibt sich näherungsweise bei nicht zu großer Verstimmung für die Summe der Dekremente:

$$\vartheta_1 + \vartheta_2 = \pi\left(\frac{C'-C_r}{C'}\right)\sqrt{\frac{1}{\left(\frac{i_r}{i}\right)^2-1}},$$

wo i_r und i den Strom im Meßkreis bei Resonanz und bei Verstimmung bedeuten. Sind dagegen die Wellenlängen des Meßkreises für die beiden Einstellungen bekannt, so ergeben sich die Dekremente aus der Gleichung:

$$\vartheta_1 + \vartheta_2 = 2\pi\left(\frac{\lambda'-\lambda_r}{\lambda'}\right)\sqrt{\frac{1}{\left(\frac{i_r}{i}\right)^2-1}}.$$

Nimmt man zwei Verstimmungen von der Resonanzlage aus vor, eine zu größeren und eine zu kleineren Werten der Kapazität, und wählt man die Verstimmungen so, daß der Stromeffekt bei beiden der gleiche ist, so wird:

$$\vartheta_1 + \vartheta_2 = \pi\frac{\lambda''-\lambda'}{\lambda_r}\sqrt{\frac{1}{\left(\frac{i_r}{i}\right)^2-1}} = \frac{\pi}{2}\frac{C''-C'}{C_r}\sqrt{\frac{1}{\left(\frac{i_r}{i}\right)^2-1}}.$$

Damit wird die Meßgenauigkeit größer. Die Methode wird einfacher, wenn man die Kapazität von der Resonanzlage aus nach beiden Seiten soweit ändert, daß der Stromeffekt bei Verstimmung halb so groß ist wie bei Resonanz $i^2 = \frac{1}{2}i_r^2$. Alsdann gilt für einfache Verstimmung:

$$\vartheta_1 + \vartheta_2 = 2\pi\frac{\lambda'-\lambda_r}{\lambda'} = \pi\frac{C'-C_r}{C'},$$

und für beiderseitige Verstimmung:
$$\vartheta_1 + \vartheta_2 = \pi \frac{\lambda'' - \lambda'}{\lambda_r} = \frac{\pi}{2} \frac{C'' - C'}{C_r},$$
Voraussetzung ist dabei, daß $\frac{C' - C_r}{C'}$ klein ist gegen 1.

Um aus der Summe der Dekremente die Einzeldekremente zu erhalten, schaltet man nun einen bekannten kapazitäts- und induktivitätsarmen Widerstand in den Meßkreis ein und mißt den Strom bei Resonanz, er sei i'_r. Durch das Zuschalten des Widerstandes wird das Dekrement des Meßkreises um
$$\vartheta'_2 = 2\pi^2 c \frac{C_F W_\Omega}{\lambda_m}$$
vergrößert. Es gilt nun:
$$\vartheta_2 = \frac{\vartheta'_2}{\left(\frac{i_r}{i'_r}\right)^2 \cdot \frac{\vartheta_1 + \vartheta_2}{\vartheta_1 + \vartheta_2 + \vartheta'_2} - 1}.$$

Ist der zugeschaltete Widerstand W nicht bekannt, so erhält man das vergrößerte Dämpfungsdekrement $\vartheta_1 + \vartheta_2 + \vartheta'_2$, indem man auch bei zugeschaltetem Widerstand außer der Messung bei Resonanz noch eine Messung bei Verstimmung ausführt, damit ist dann auch ϑ'_2 bestimmt.

Für die Messung erzeugt man sich zweckmäßig die gedämpften Schwingungen in einem Zwischenkreis von möglichst kleiner Eigendämpfung durch Stoßerregung (Abb. 6). Die Schwin-

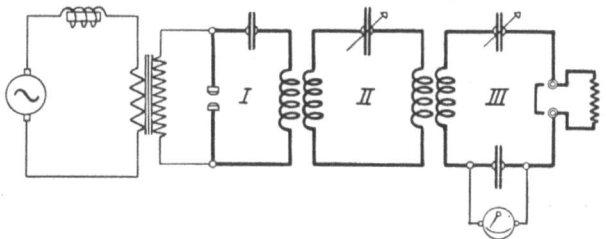

Abb. 6. Dämpfungsmessung nach der Resonanzmethode mit Stoßerregung.
I = Erregerkreis. *II* = Zwischenkreis. *III* = Meßkreis.

gungen haben dann die Frequenz des Zwischenkreises, und es ergibt sich aus der Messung die Summe der Dekremente des Meßkreises und des Zwischenkreises.

Wesentlich genauer und einfacher als die Messung mit gedämpften ist die Messung mit ungedämpften Schwingungen.

β) **Erregung mit ungedämpften Schwingungen. Bei loser Koppelung** [RAUSCH VON TRAUBENBERG und MONASCH[1])]. Die Messung erfolgt wieder durch Bestimmung des Stromeffektes im Meßkreis bei Resonanz und bei Verstimmung des Meßkreises gegen die konstant gehaltene Erregerfrequenz. Die Kopplung muß sehr lose sein, damit der Strom und die Frequenz des Primärkreises nicht durch Rückwirkung geändert werden. Als Schwingungserzeuger verwendet man wegen ihrer großen Konstanz zweckmäßig Röhrensender, doch ist, um lose Kopplung zu erzielen, große Leistung erforderlich. Aus demselben Grunde ist eine sehr empfindliche Strommessung, z. B. mit aperiodischem Kreis, Thermokreuz und Spiegelgalvanometer, nötig.

Da die Erregerschwingungen ungedämpft sind, erhält man aus der Berechnung unmittelbar die Dämpfung des Meßkreises. Aus den Kapazitäten bei beiden Einstellungen ergibt sich:
$$\vartheta = \pi \left(\frac{C'}{C_r} - 1\right) \sqrt{\frac{1}{\left(\frac{i_r}{i}\right)^2 - 1}}.$$

---

[1]) H. RAUSCH v. TRAUBENBERG u. B. MONASCH, Phys. ZS. Bd. 8, S. 925. 1907; C. FISCHER, Ann. d. Phys. Bd. 28, S. 57. 1909.

Aus den zugehörigen Wellenlängen:
$$\vartheta = \pi \left(\frac{\lambda'^2}{\lambda_r^2} - 1\right) \sqrt{\frac{1}{\left(\frac{i_r}{i}\right)^2 - 1}},$$

und aus den zugehörigen Frequenzen:
$$\vartheta = \pi \left(\frac{\nu_r^2}{\nu'^2} - 1\right) \sqrt{\frac{1}{\left(\frac{i_r}{i}\right)^2 - 1}}.$$

Beobachtet man außer der Resonanz wieder zwei Verstimmungen, die den gleichen Stromeffekt besitzen, so ist das Dämpfungsdekrement:
$$\vartheta = \frac{\pi}{2} \left(\frac{C'' - C'}{C_r}\right) \sqrt{\frac{1}{\left(\frac{i_r}{i}\right)^2 - 1}},$$

und
$$\vartheta = \frac{\pi}{2} \left(\frac{\lambda''^2 - \lambda'^2}{\lambda_r^2}\right) \sqrt{\frac{1}{\left(\frac{i_r}{i}\right)^2 - 1}}.$$

Ist außerdem der Stromeffekt bei Verstimmung halb so groß wie bei Resonanz, so ist:
$$\vartheta = \frac{\pi}{2} \frac{C'' - C'}{C_r} = \frac{\pi}{2} \frac{\lambda''^2 - \lambda'^2}{\lambda_r^2}.$$

Ist die Kopplung nicht sehr lose, wie vorausgesetzt wird, sondern macht sich eine Änderung des Stromes i_1 im Primärkreis bei der Abstimmung bemerkbar, so läßt sich diese in erster Annäherung dadurch berücksichtigen, daß man das Verhältnis i_2/i_1 statt i sowohl bei Resonanz wie bei Verstimmung in Rechnung setzt. Die erreichbare Genauigkeit beträgt etwa 1 bis 3%.

γ) **Bei fester Kopplung** (PAULI). **Durch Strommessung im Primär- und Sekundärkreis**[1]. Steht für die Messung keine große Energie zur Verfügung, so daß man bei loser Kopplung ungenügende Ausschläge der Instrumente erhält, so ist folgendes Verfahren zweckmäßig (Abb. 7). Der Kreis II, dessen Dämpfung gemessen werden soll, werde rein induktiv oder rein kapazitiv mit dem Primärkreis I gekoppelt. In beide Kreise werden Strommesser (i_1, i_2) eingeschaltet, der im Primärkreis so, daß er nicht zugleich von Gleichstrom durchflossen wird. Ferner ist zur Frequenzmessung ein empfindlicher Wellenmesser (am besten als Überlagerer) erforderlich. Die Anordnung ist in Abb. 7 für gemischte Kopplung gegeben. Die Kapazität des Sekundärkreises ergibt sich aus der Serienschaltung der beiden Kondensatoren C_s und C_k zu $C_2 = \frac{C_s C_k}{C_s + C_k}$ die Selbstinduktion zu $L_2 = L_s + L_k$. Bei der Messung werden die Abstimmittel des Primärkreises schrittweise verändert und gleichzeitig die zusammengehörigen Werte von i_1 und i_2 sowie die Frequenz mit

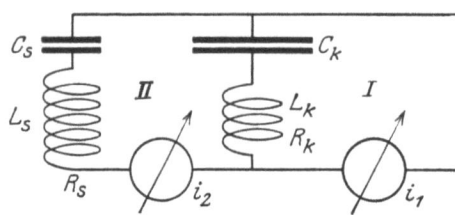

Abb. 7. Dämpfungsmessung durch Strommessungen bei fester Kopplung (PAULI).

---

[1] H. PAULI, ZS. f. Phys. Bd. 5, S. 376. 1921; Mitt. a. d. Telegraphentechn. Reichsamt Bd. 9, S. 183. 1921; M. OSNOS, Jahrb. d. drahtl. Telegr. Bd. 26, S. 10. 1925.

Ziff. 7. Dämpfungsdekrement. 581

dem Wellenmesser abgelesen; dabei muß ein Minimum des Wertes i_1/i_2 durchschritten werden, das bei kleiner Dämpfung zugleich die Resonanzwelle anzeigt.

Die Auswertung geschieht zweckmäßig graphisch. Zu beiden Seiten der Resonanz suche man solche Werte von λ' und λ'', die zu gleichen Verhältnissen $i_1^2/i_2^2 = a$ gehören. Dann bilde man bei rein kapazitiver Kopplung der beiden Kreise die Werte $\left(\frac{\omega' - \omega''}{\omega_r}\right)^2 = x$, bei rein induktiver Kopplung dagegen die Werte $\left(\frac{\lambda'^2 - \lambda''^2}{2\lambda_r^2}\right)^2 = x$ und trage die Werte von a als Ordinaten über den zugehörigen Werten von x als Abszissen auf. Verlängert man die durch Verbindung der Punkte entstehende gerade Linie bis zum Schnitt mit der x-Achse, so schneidet sie auf dieser r^2 als Quadrat der gesuchten Dämpfung ab (vgl. als Beispiel Abb. 8). Es bedeutet:

$$r = \frac{R_2}{\omega_r L_2} = \frac{R_2}{\omega_2 L_2} = \omega_2 C_2 R_2.$$

Die Steigung der Geraden hängt von der Kopplung ab, andere Kopplung muß bei gleicher Dämpfung denselben Achsenabschnitt liefern (siehe Kurve III, IV und V der Abb. 8). Bei Zuschaltung von reinen Widerständen verschiebt die Gerade sich parallel (s. Kurve I, II und III). Da bei der Messung der Widerstand des Meßinstrumentes im Sekundärkreis mitgemessen wird, so muß dieser nachträglich abgezogen werden. (Bei der im folgenden

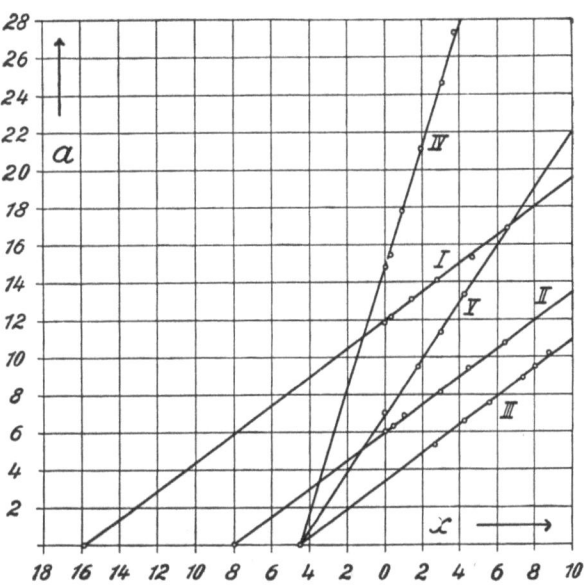

Abb. 8. Beispiele der graphischen Auswertung der Messungen bei der PAULIschen Dämpfungsmeßmethode.

beschriebenen Methode ist die Anbringung einer solchen Korrektur nicht erforderlich.) Zu berücksichtigen ist dabei, daß der Widerstand des Meßinstrumentes im allgemeinen von der Größe des Ausschlages abhängt. Die Änderung des Widerstandes $R_2 = R_s + R_k$ mit der Frequenz infolge Stromverdrängung ist in der Theorie in erster Annäherung berücksichtigt.

Das Verfahren setzt voraus, daß $\delta\omega$ klein gegen ω ist, und daß im Primärkreis reine Sinusschwingungen vorhanden sind. Kapazität und Selbstinduktion des zweiten Kreises brauchen nicht bekannt zu sein. Die erreichbare Genauigkeit beträgt etwa 1 bis 3%.

δ) **Durch Strommessung im Primärkreis und im Kopplungszweig [PAULI[1])].** Die Berücksichtigung des zusätzlichen Widerstandes des Meßinstrumentes im Sekundärkreise kann man umgehen, wenn man das Meßinstrument aus dem Sekundärkreis in den Kopplungszweig legt, im übrigen aber die Messung genau so durchführt. Bei der graphischen Auswertung der Beobachtungen ist dann $a = i_k^2/i_1^2$ zu setzen, wo i_k der Strom im Kopplungszweige ist. Die reine Widerstandskopplung der Kreise führt zur Methode der Stromspannungsmessung.

---

[1]) H. PAULI, ZS. f. Phys. Bd. 6, S. 118. 1921.

8. Bestimmung des Dämpfungsdekrementes aus der Resonanzkurve des Stromeffektes über dem Frequenzverhältnis [PAULI, H. G. MÖLLER[1])]. Man ändert die Eigenfrequenz des Sekundärkreises und mißt außer dem Stromeffekt die Frequenz der Schwingungen. Dann trägt man das Effektverhältnis über dem Frequenzverhältnis auf und erhält Resonanzellipsen, aus welchen sich die Dämpfung gleich dem Verhältnis der Breite zur Höhe ergibt. Die Methode hat in die Praxis bisher keinen Eingang gefunden.

9. Dämpfungsdekrement aus Frequenzverhältnis und Verstimmung [K. HEEGNER, H. PAULI[2])]. Auch dieses Verfahren hat praktisch keine Bedeutung gewonnen. Näheres s. Literatur.

10. Bestimmung des Dämpfungswiderstandes durch Vergleich mit einem bekannten Widerstande. α) Aus der Änderung des Resonanzstromes beim Einschalten eines Zusatzwiderstandes in den Meßkreis.

Erregung mit gedämpften Schwingungen[3]). Die Verwendung gedämpfter Schwingungen ist nur dann zu empfehlen, wenn ungedämpfte Schwingungen genügender Konstanz, wie sie z. B. von Röhrensendern geliefert werden, nicht zur Verfügung stehen. Gemessen wird der Strom im Meßkreise II bei Abstimmung auf die Erregerschwingungen, und zwar erstens ohne, zweitens mit eingeschaltetem Zusatzwiderstand.

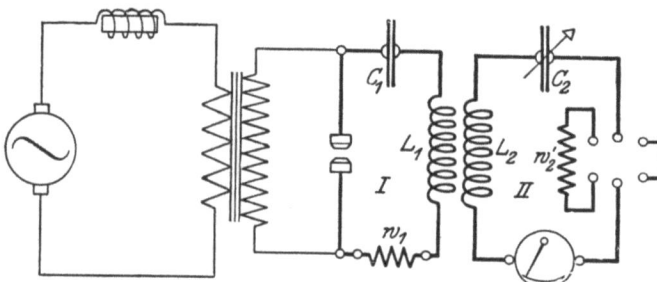

Abb. 9. Dämpfungsmessung nach der Vergleichsmethode von LOEWE.

Als Zusatzwiderstand ist ein kapazitäts- und induktivitätsarmer Widerstand zu verwenden, dessen Wert bekannt ist. Die Schaltung ist in Abb. 9 gegeben, w_2' bedeutet den Zusatzwiderstand, w_1 einen zur Erhöhung der Dämpfung in den Primärkreis geschalteten großen Widerstand (etwa 15 bis 150 Ω). Der gesuchte Dämpfungswiderstand w_2 berechnet sich bei loser Kopplung mit meistens genügender Annäherung aus der Gleichung:

$$w_2 \approx \frac{w_2'}{m-1} + \frac{m}{w_1}\frac{C_2}{C_1}\left(\frac{w_2'}{m-1}\right)^2,$$

wo $m = (i_2/i_2')^2$ ist. Das letzte Glied der Gleichung berücksichtigt die Rückwirkung des Meßkreises auf den Erregerkreis, doch ist auch hier noch eine lose Kopplung der beiden Kreise vorausgesetzt. Man kann die Kopplung des Sekundärkreises mit dem Primärkreis zur Beseitigung der Rückwirkung extrem lose machen, wenn man den Strom im Sekundärkreis mit einem induktiv gekoppelten aperiodischen Kreis und einem sehr empfindlichen Strommesser (z. B. Thermokreuz und Spiegelgalvanometer) mißt. Die dann auftretende Rückwirkung des Hilfskreises auf den Meßkreis kann man dadurch eliminieren, daß man eine zweite Messung bei veränderter Kopplung ausführt.

Zur Bestimmung des Dämpfungswiderstandes aus der Änderung des Resonanzstromes beim Einschalten zweier voneinander verschiedener Zusatz-

---
[1]) H. PAULI, ZS. f. Phys. Bd. 5, S. 376. 1921; Jahrb. d. drahtl. Telegr. Bd. 18, S. 338. 1921; Bd. 19, S. 42. 1922; H. G. MÖLLER, ebenda Bd. 16, S. 402. 1920.
[2]) K. HEEGNER, Arch. f. Elektrot. Bd. 9, S. 127. 1920; H. PAULI, Jahrb. d. drahtl. Telegr. Bd. 19, S. 42. 1922.
[3]) S. LOEWE, Dissert. Jena 1913; Jahrb. d. drahtl. Telegr. Bd. 7, S. 365. 1913.

widerstände ist eine Methode von HÖGELSBERGER[1]) angegeben. Er benutzt ebenfalls gedämpfte Schwingungen zur Messung. Ein Nachteil des Verfahrens liegt darin, daß kleine Fehler bei der Messung der Resonanzstromstärken das Endergebnis erheblich fälschen können.

β) **Erregung mit ungedämpften Schwingungen** [LINDEMANN, FISCHER, PAULI[2])]. Im Schwingungskreis I werden mit Hilfe einer Elektronenröhre nach einer der bekannten Senderschaltungen ungedämpfte Schwingungen erzeugt und diese auf den lose mit dem Primärkreis gekoppelten Meßkreis II übertragen. Nach Abstimmung wird der Strom im Sekundärkreis mit einem Hilfskreis III (meist aperiodisch mit Thermokreuz und Spiegelgalvanometer oder Bolometer) einmal ohne Zusatzwiderstand und dann nach Einschalten eines bekannten induktivitäts- und kapazitätsarmen Zusatzwiderstandes w' gemessen. Die Schaltung ist in Abb. 10 gegeben. Vorausgesetzt ist eine so lose Kopplung zwischen Primär- und Sekundärkreis, daß keine Rückwirkung stattfindet. Hierauf ist besonders bei Verwendung eines Röhrensenders als Schwingungserzeugers wegen der bekannten Zieherscheinung zu achten. Eine Rückwirkung des Hilfskreises auf den Meßkreis ist dagegen zugelassen. Sie wird dadurch berücksichtigt, daß die gleiche Messung **bei zwei verschiedenen Kopplungen** zwischen Hilfs- und Meßkreis durchgeführt wird. Die mit und ohne Zusatzwiderstand im Meßkreis gemessenen Stromstärken seien i_{3k} und i'_{3k}. Dann ergibt die erste Messung:

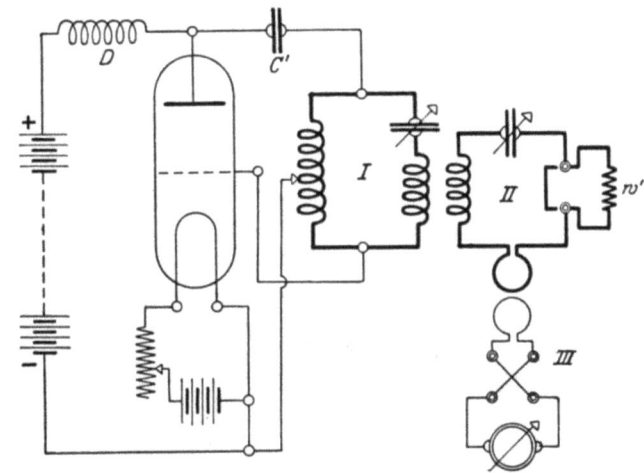

Abb. 10. Dämpfungsmessung nach der Vergleichsmethode von LINDEMANN und FISCHER.

$$\frac{w'}{\frac{i_{3k}}{i'_{3k}}-1}=a,$$

oder bei Benutzung eines Thermokreuzes mit Spiegelgalvanometer, wenn die Ausschläge mit α_0 und α bezeichnet werden:

$$\frac{w'}{\sqrt{\frac{\alpha_0}{\alpha}-1}}=a.$$

Die Messung bei veränderter Kopplung ergebe entsprechend:

$$\frac{w'}{\frac{i_{3k'}}{i'_{3k'}}-1}=b=\frac{w'}{\sqrt{\frac{\beta_0}{\beta}-1}}.$$

---

[1]) L. HÖGELSBERGER, Jahrb. d. drahtl. Telegr. Bd. 7, S. 182. 1913; s. auch H. REIN-WIRTZ, Radiotelegr. Praktikum, 3. Aufl. Berlin 1922.
[2]) R. LINDEMANN, Verh. d. D. Phys. Ges. Bd. 11, S. 28. 1909; C. FISCHER, Ann. d. Phys. (4) Bd. 28, S. 57. 1909; H. PAULI, ZS. f. Phys. Bd. 5, S. 376. 1921, bes. S. 385; K. VOLLMER, Jahrb. d. drahtl. Telegr. Bd. 3, S. 247. 1910; S. LOEWE, ebenda Bd. 7, S. 365, 1913.

Dann ist:
$$w = a - \frac{b-a}{m-1},$$
und
$$m = \left(\frac{b}{a}\right)^2 \left(\frac{i_{3k'}}{i_{3k}}\right)^2 = \left(\frac{b}{a}\right)^2 \left(\frac{\beta_0}{\alpha_0}\right).$$

Bei höheren Frequenzen ist für die Bestimmung des Widerstandes einer Spule eine Korrektur wegen der Spulenkapazität erforderlich. Es berechnet sich der Leistungswiderstand w_2 einer Spule mit der Eigenkapazität γ, die frei von Kapazität den Widerstand w und den Selbstinduktionskoeffizienten L besitzen würde, zu:
$$w_2 = \frac{w}{(1-\omega^2 \gamma L)^2 + \omega^2 \gamma^2 w^2},$$
oder angenähert zu:
$$w_2 = \frac{w}{(1-\omega^2 \gamma L)^2}.$$

Ist die Voraussetzung einer extrem losen Kopplung zwischen Primär- und Sekundärkreis nicht zu erfüllen, so erhält man nach PAULI[1]) bis zur kritischen Kopplung ($1 \gg k^2 = D^2$, wo $k = L_{12}/\sqrt{L_1 L_2}$ die Kopplung und $D = R_2/\omega_1 L_2$ die Dämpfung ist) einwandfreie Messungen, wenn man außer der Stromstärke I_2 im Sekundärkreis auch die Stromstärke I_1 im Primärkreis mißt. Man verwendet zweckmäßig eine Reihe von Zusatzwiderständen R_z und hat:
$$R_x + R_z \approx \frac{I_1}{I_2}.$$

Bei einer graphischen Darstellung von I_1/I_2 über R_z erhält man eine gerade Linie, die auf der R-Achse den gesuchten Widerstand R_x abschneidet. Die mit der Methode erreichbare Genauigkeit beträgt etwa 1 bis 3%.

γ) **Nach der Substitutionsmethode.** Das Verfahren besteht darin, den Gegenstand, dessen Dämpfungswiderstand gemessen werden soll (Antenne, Spule, Schwingungskreis oder verlustreicher Kondensator) evtl. unter Zuschalten von Kapazitäten oder Selbstinduktionen so in einen Schwingungskreis zu schalten, daß dadurch nur die Dämpfung, nicht aber die Eigenfrequenz des Kreises geändert wird. Dann kann dies Gebilde durch einen induktions- und kapazitätsarmen Widerstand W_x ersetzt werden.

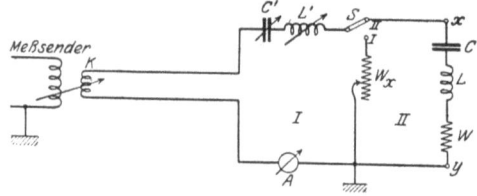

Abb. 11. Dämpfungsbestimmung nach der Substitutionsmethode.

Der Ersatzwiderstand wird nun so lange geändert, bis im Schwingungskreis der gleiche Strom fließt. Abb. 11 zeigt die Schaltanordnung. K ist eine Kopplungsspule von wenig Windungen zur Kopplung mit einem Schwingungserzeuger (z. B. einem Röhrensender) C' und L' ein Luftdrehkondensator und eine Selbstinduktionsspule mit möglichst geringen Verlusten, A ein Hitzdrahtamperemeter, W_x ein veränderlicher, induktions- und kapazitätsarmer Ersatzwiderstand. An die Klemmen XY wird der zu messende Gegenstand (z. B. ein Schwingungskreis CLW) angelegt. Die Messung erfolgt derart, daß der Schwingungserzeuger zunächst auf die Eigenfrequenz des Kreises CLW abgestimmt und dann mit dem Schwingungskreis I über die Spule K gekoppelt wird. Bei Schalter S in Stellung I wird durch Änderung von C' und L' Kreis I auf die Erregerfrequenz abgestimmt, sodann wird durch Umlegen des Schalters

---
[1]) H. PAULI, ZS. f. Phys. Bd. 6, S. 118. 1921.

auf Stellung *II* der Kreis *CLW* (in Serienschaltung) an Stelle des Widerstandes W_x eingeschaltet. Die Abstimmung des gesamten Schwingungskreises *I* sollte dadurch nicht geändert werden, da beide Teile auf die Frequenz des Meßsenders abgestimmt sind. (Unter Umständen ist eine geringe Nachstimmung am Kondensator *C* erforderlich.) Nach Ablesen des Stromes wird der Schalter wieder auf Stellung *I* gelegt und der Widerstand W_x so lange geändert, bis das Amperemeter den gleichen Strom anzeigt. Die Messung ist nach Umpolen der Kopplungsspule *K* zu wiederholen und der Mittelwert zu bilden. Dann ist W_x gleich dem gesuchten Wirkwiderstand des Kreises *CLW*. Die Kopplung mit dem Sender muß äußerst lose sein, ein „Ziehen" darf auf keinen Fall eintreten.

Ist der Verlust eines Kondensators zu bestimmen, so schaltet man den Kondensator in Serie mit einer Selbstinduktion von möglichst geringer Dämpfung, bestimmt den gemeinsamen Wirkwiderstand, ersetzt dann den zu messenden Kondensator durch einen verlustfreien Luftkondensator, mißt wieder den gemeinsamen Wirkwiderstand und erhält aus der Differenz der beiden Wirkwiderstände den Verlustwiderstand des Kondensators. Ist der Wirkwiderstand einer Spule zu bestimmen, so schaltet man sie mit einem verlustfreien Luftdrehkondensator in Serie und erhält unmittelbar den Dämpfungswiderstand der Spule.

11. Bestimmung des Dämpfungswiderstandes durch Entladung eines Kondensators [Pedersen[1])]. Soll der Dämpfungswiderstand einer Spule bestimmt werden, so entlädt man über diese Spule einen auf die Spannung V_0 aufgeladenen Kondensator *C*. Dabei treten gedämpfte Schwingungen im Kreise *CL* auf, die um so schneller abklingen, je größer die Dämpfung ist. Durch ballistische Messung der Spannung

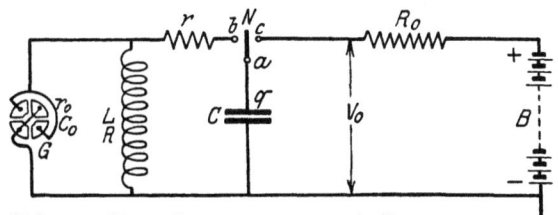

Abb. 12. Dämpfungsmessung nach Pedersen.

an den Enden der Spule erhält man ein Maß der Dämpfung. Die Anordnung ist in Abb. 12 gegeben. *N* ist ein Schalter, *G* ein Elektrometer, das an die Enden der Spule gelegt ist und das zeitliche Integral (D_0) des Quadrates der Spannung ($L\, di/dt$) mißt. Die ballistische Konstante sei β, der Ausschlag des Elektrometers α_0. Dann ist der Hochfrequenzwiderstand *R* der Spule:

$$R = \frac{L}{2 D_0} V_0^2 = \frac{L}{2 \beta \alpha_0} V_0^2.$$

Die Kenntnis von V_0, L und β ist nicht erforderlich, wenn man eine zweite Messung nach Einschalten eines bekannten, von der Frequenz unabhängigen Widerstandes *r* in den Schwingungskreis ausführt. Ist α_r der jetzt gemessene Ausschlag des Elektrometers, so ergibt sich aus beiden Messungen:

$$R = \frac{\alpha_0 - \alpha_r}{r\, \alpha_r}.$$

Voraussetzung ist, daß der Kondensator verlustfrei ist. Ist dies nicht der Fall, so wird der Kondensator *C* durch Überbrücken der Strecke $a - c$ dauernd an Spannung gelegt und durch den Schalter *N* nur noch *a* mit *b* verbunden. Es ist dann jedoch der wirksame Widerstand des Kreises um den Betrag

$$r_0 = \frac{1}{R_0} \cdot \frac{L}{C}$$

---

[1]) O. Pedersen, Vid. Selsk, Math.-fys. Medd, Bd. 4, S. 5. 1922; Wireless World u. Radio Rev. 1922, S. 135; Proc. Inst. Radio Eng. Bd. 13, S. 215. 1925.

vergrößert, dieser muß von dem nach obiger Gleichung berechneten Wert abgezogen werden. Voraussetzung ist ferner, daß der Widerstand $R_0 \ll \varrho$, den Verlustwiderstand des Kondensators, ist, daß der Schalter N keine Verluste hat, und daß die Zuleitungen zum Elektrometer einen kleinen Widerstand haben. Für den Schalter N und das Elektrometer G sind besondere Konstruktionen zweckmäßig (vgl. die Originalarbeit). Das Verfahren ist auch anwendbar zur Bestimmung des Hochfrequenzwiderstandes von Dielektrizis. Für Messungen im Laboratorium scheint die Methode zur Zeit eine der genauesten zu sein. Die Fehlergrenze beträgt etwa 1‰.

12. Aus Strom und Spannungsmessung [Pauli, Chireix, Osnos[1])]. Das von Pauli angegebene Verfahren der Dämpfungsbestimmung durch Messung des Stromes im Primärkreis und im Kopplungszweig bei Resonanz und bei Verstimmung (s. Ziffer 7, γ und δ) geht in eine Strom- und Spannungsmessung über, wenn man in den Kopplungszweig k außer dem Meßinstrument nur einen rein Ohmschen Widerstand von hohem Betrage legt. Dann ist der Kopplungszweig nichts anderes als ein Spannungsmesser und der Dämpfungswiderstand folgt aus dem Ohmschen Gesetz:

$$R_s = \frac{E}{I_1}.$$

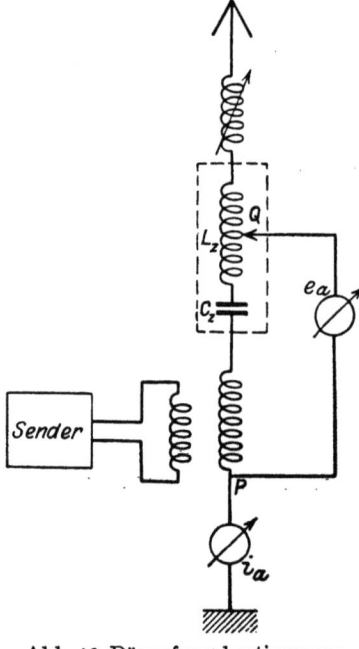

Abb. 13. Dämpfungsbestimmung durch Strom und Spannungsmessung.

Auf das gleiche kommt ein von Chireix und Osnos angegebenes Verfahren zur Messung von Antennenwiderständen hinaus. Bei dieser Methode wird der Antennenkreis mit einem Sender gekoppelt und auf die Frequenz der Schwingungen abgestimmt. Die Kopplung kann beliebig fest sein. Dann wird in den Antennenkreis zwischen Kopplungsspule und Antenne, wie in Abb. 13 angegeben, ein angenähert abgestimmtes Glied $C_z L_z$ geschaltet und ein Voltmeter zwischen die mit P und Q bezeichneten Punkte gelegt. Beim Verschieben des Punktes Q längs der Spule L_z ergibt sich an einer bestimmten Stelle ein Spannungsminimum. Dieses tritt ein, sobald der zwischen P und Q liegende kapazitive Widerstand genau gleich dem induktiven Widerstande ist. Ist i_a der Strom in der Antenne, so ergibt sich der Antennenwiderstand zu:

$$r_a = \frac{E_{\min}}{i_a}.$$

c) Leistungs- und Verlustmessungen.

Die Leistungsmessungen bei Hochfrequenz bieten, wenn große Genauigkeit verlangt wird, erhebliche Schwierigkeiten durch unbeabsichtigte induktive und kapazitive Kopplungen, durch den Spannungsabfall längs der Zuleitungen usw. Es seien hier nur die wichtigsten und zuverlässigsten Meßmethoden erwähnt.

13. Aus Stromstärke und Wirkwiderstand. Die einfachste und am häufigsten angewandte Methode, welche für technische Zwecke meistens ausreichend

---

[1]) H. Pauli, ZS. f. Phys. Bd. 6, S. 209. 1921; H. Chireix, Radioélectricité. S. 33. 1924; M. Osnos, Jahrb. d. drahtl. Telegr. Bd. 26, S. 10. 1925.

ist, ist die Bestimmung der Leistung aus Dämpfungswiderstand und effektiver Stromstärke:

$$N = \frac{R}{2} I_{\text{eff}}^2.$$

Bei offenen Schwingungskreisen besteht hier noch eine weitere Schwierigkeit darin, daß der Strom im Strombauch gemessen werden muß.

14. Kalorimetrische Verlustmessung[1]). Die kalorimetrische Methode ist zur Zeit wohl die genaueste Methode der Verlustmessung bei elektrischen Schwingungen. Ihr Hauptvorteil liegt darin, daß alle Fehlerquellen ausgeschaltet sind, die ihre Ursache in elektromagnetischen Feldern haben. Sie ist jedoch auf Laboratoriumsversuche beschränkt und, da sie wegen der langsamen Erwärmung der Kalorimeterflüssigkeit ziemlich zeitraubend ist, auch hier nicht immer anwendbar. Sie eignet sich z. B. zu Verlustmessungen an Spulen und an Senderöhren. Die Messung erfolgt derart, daß die zeitliche Temperaturerhöhung der Kalorimeterflüssigkeit unter ständigem Rühren derselben beobachtet wird. Ist W der Wasserwert des Kalorimeters, T die korrigierte Temperaturerhöhung und t die Einschaltdauer, so ist die Leistung:

$$N = \frac{W}{0,239} \frac{T}{t}.$$

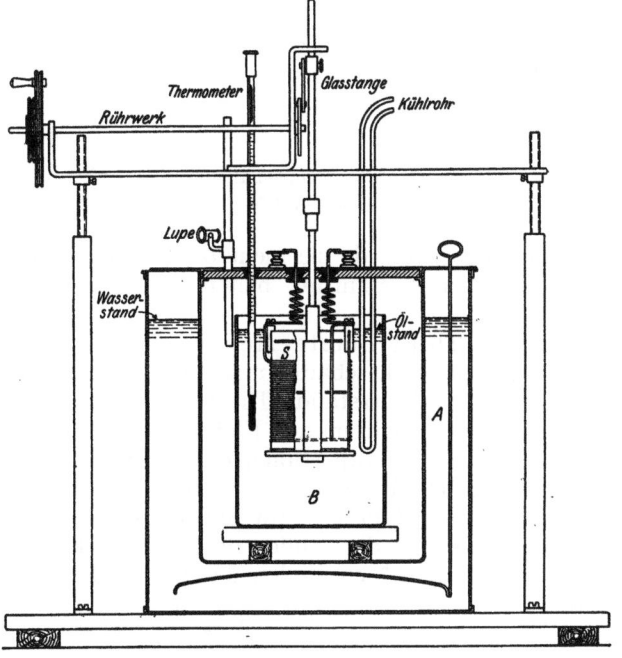

Abb. 14. Kalorimeter von PREUNER und PUNGS zu Leistungsmessungen.

Bei der Anwendung für hochfrequente Schwingungen ist darauf zu achten, daß durch Wirbelströme in den Metallteilen des Kalorimeters (Gefäßwände, Rührer, Quecksilberthermometer) keine zusätzlichen Verluste auftreten. Als Kalorimeterflüssigkeit eignet sich gut Paraffinöl. In Abb. 14 ist ein von PREUNER und PUNGS gebautes Kalorimeter wiedergegeben, das für Untersuchungen bei hochfrequenten Schwingungen zweckmäßig ist. Es unterscheidet sich von den gewöhnlichen dadurch, daß das Kalorimetergefäß B aus dünnwandigem Glas und alle inneren Teile des Rührwerkes ebenfalls aus Glas oder Isolierstoff bestehen. Das äußere Mantelgefäß A ist aus Zinkblech. Die Eichung geschieht am besten empirisch durch elektrische Erwärmung eines in das Kalorimeter getauchten Widerstandsdrahtes unter gleichzeitiger Messung der elektrischen Energie.

Die kalorimetrische Messung ist außerordentlich genau, wenn man sich einer Differentialschaltung bedient. Dazu sind zwei gleiche Kalorimeter und zwei gleiche Leistungsverbraucher erforderlich. Abb. 15 zeigt die Schaltung zur Bestimmung des Verlustwiderstandes einer Spule. k und k' sind die beiden

---

[1]) G. PREUNER u. L. PUNGS, Verh. d. D. Phys. Ges. Bd. 21, S. 594. 1919; Jahrb. d. drahtl. Telegr. Bd. 15, S. 469. 1920; L. LEHRS, Arch. f. Elektrot. Bd. 12, S. 443, 1923.

gleichen Ölkalorimeter, in die die beiden gleichen Spulen eingetaucht sind. Durch eine Spule wird Hochfrequenzstrom, durch die andere Gleichstrom geschickt. Die Thermoelemente t und t' sind über ein Galvanometer G von kleinem Widerstand gegeneinandergeschaltet. Der Gleichstrom i_g wird durch Änderung des Widerstandes w so eingestellt, und von Zeit zu Zeit nachreguliert, daß der Galvanometerausschlag völlig verschwindet. Durch Vertauschen der Kalorimeter und Wiederholung der Versuche werden die Ungleichheiten in den Kalorimetern und Spulen ausgeglichen. Aus den abgeglichenen Mittelwerten ergibt sich:

$$i_w^2 w_w = i_g^2 w_g.$$

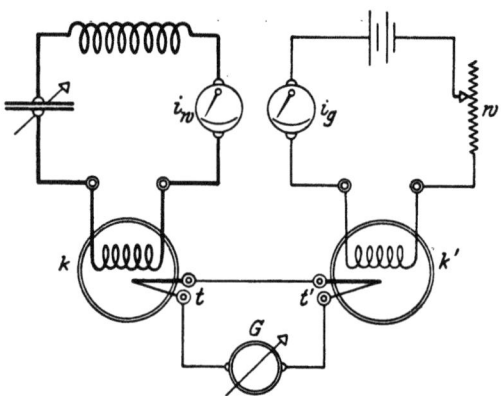

Abb. 15. Kalorimeterdifferentialschaltung zur Verlustmessung an Spulen.

15. Verschiedene andere Methoden der Leistungsmessung. Von den sonst noch vorhandenen Methoden der Leistungsmessung seien hier nur die Prinzipe angegeben, da sie mehr oder weniger die oben angeführten Schwierigkeiten bei der Ausführung bieten und daher im allgemeinen wenig zu empfehlen sind.

Bei der Elektrometermethode[1]), bei der zweckmäßig ein Binantelektrometer benutzt wird, schaltet man in Serie mit dem Leistungsverbraucher einen rein OHMschen Widerstand. Die beiden Binanten werden an den Verbraucher, die beiden Nadelhälften des Elektrometers an den Widerstand angeschlossen. Der Ausschlag ist proportional der Leistung.

Bei dem Dreispannungsmeßverfahren[2]) wird ebenfalls ein rein OHMscher Widerstand R in Serie mit dem Verbrauchskreis geschaltet und die effektiven Spannungen e_{12} an den Enden des Verbrauchers, e_{23} an den Enden des Widerstandes und e_{13} an den Enden der Serienschaltung gemessen. Die Leistung ist dann

$$N = \frac{e_{13}^2 - e_{12}^2 - e_{23}^2}{2R}.$$

Da diese Methode nur anwendbar ist für größere Werte von φ, ist sie von HOHAGE[2]) zu einer Art Brückenanordnung abgeändert worden, in der sie auch für kleine Werte von φ benutzbar ist. Zur Spannungsmessung ist entweder ein Elektrometer oder ein Röhrenvoltmeter zu verwenden.

Bei der Methode mit dem Differentialtransformator[3]) wird der Verbraucher in den einen Zweig des Differentialsystems gelegt, während in den anderen Zweig ein Variometer, ein veränderlicher Luftkondensator und ein rein OHMscher Widerstand geschaltet wird. Variometer, Drehkondensator und OHMscher Widerstand werden solange geändert, bis der Strom in der Sekundärspule des Differentialtransformators verschwindet. Ist I der mit einem Hitzdrahtinstrument im Hauptzweige gemessene Strom, so ist die Leistung

$$N = \frac{I^2}{4} r.$$

---

[1]) E. MAYER, Phys. ZS. Bd. 14, S. 394. 1913; H. REIN-WIRTZ, Radiotelegr. Praktikum, 3. Aufl., S. 247. 1922.
[2]) K. HOHAGE, Techn. Mitt. d. Versuchskomp. d. Tafern. Nr. 2, 1917; Helios Bd. 25, S. 193 u. 201. 1919; H. REIN-WIRTZ, Radiotelegr. Praktikum, 3. Aufl., S. 249. 1922.
[3]) A. HUND, Dissert, Karlsruhe 1913, Berlin: Julius Springer 1913.

Auch mit der Thermokreuzbrücke[1]) können Leistungsmessungen ausgeführt werden, wenn man in die vier Zweige vier gleiche Blockkondensatoren legt und die Spannung über einen hohen Vorschaltwiderstand an zwei gegenüberliegende Brückenpunkte legt, während man an den anderen beiden Brückenpunkten den Strom zuführt.

Die Leistungsmessung mit der Braunschen Röhre[2]) kommt für genauere Messungen nicht in Frage.

d) Aufnahme und Analyse von Schwingungskurven.

16. Mit dem HELMHOLTZschen Pendel[3]). Unter dem HELMHOLTZschen Pendel versteht man ein Pendel, welches beim Schwingen nacheinander zwei Kontakte in einem meßbaren veränderlichen Zeitintervall öffnet. Der erste Kontakt löst den Schwingungsvorgang aus, der zweite unterbricht ihn. Mit Hilfe einer Mikrometerschraube wird die Zeit zwischen dem Öffnen beider Kontakte verändert und damit die Schwingung jedesmal in einem anderen Zustande unterbrochen. Die Aufnahme der Kurven erfolgt also punktweise. Die Methode ist nicht überall und nur für Schwingungsfrequenzen unter 10000 bis 20000 Hertz anwendbar.

17. Mit dem Glimmlichtoszillographen[4]). Das Prinzip des GEHRKEschen Glimmlichtoszillographen beruht auf folgender Erscheinung. Wird an die Elektroden einer Röhre mit geringem Gasdruck eine Spannung angelegt, so überzieht sich die Kathode mit einem Glimmlicht, dessen Länge nahezu proportional der Entladestromstärke ist. Da das Glimmlicht praktisch trägheitslos den Stromschwankungen folgt, so gibt es bei Beobachtung im rotierenden Spiegel den zeitlichen Verlauf des Stromes wieder.

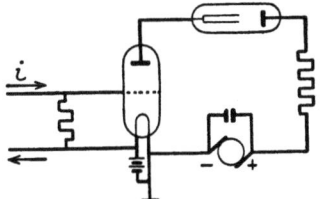

Abb. 16. Schaltung des Glimmlichtoszillographen.

Die Glimmlichtröhre erhält zweckmäßig folgende Gestalt. Die Kathode wird aus zwei etwa 60 mm langen, 10 mm breiten Nickelblechen hergestellt, deren Flächen sich im Abstand von 1,5 mm gegenüberstehen. Die Außenseiten und die Ränder der Bleche werden mit Glimmer bedeckt, so daß sich das Glimmlicht nur in dem Zwischenraum zwischen den beiden Kathodenblechen ausbreiten kann. Der Kathode gegenüber steht eine Anode aus kreisrundem Nickelblech. Das Rohr wird mit trockenem, reinem Stickstoff von etwa 7 bis 10 mm Druck gefüllt. Das Äußere wird mit schwarzem Papier bedeckt, welches falsches Licht abblendet und nur das Glimmlicht durch einen schmalen Schlitz an der Vorder- und Rückseite des Rohres austreten läßt. Die Lichtlinie kann nun entweder in einem rotierenden Spiegel beobachtet werden oder mit Hilfe von Linsen und Spiegeln auf einen abrollenden Filmstreifen projiziert werden. Da eine gewisse Grenzspannung (etwa 300 Volt) erforderlich ist, ehe die Entladung einsetzt, so schaltet man in Serie mit dem Rohr und der aufzunehmenden Wechselspannung eine größere Gleichspannung, so daß die an der Röhre liegende Spannung nie unter die Grenzspannung sinkt. Um die Empfindlichkeit der Anordnung zu

---

[1]) A. HUND, Hochfrequenzmeßtechnik, S. 152. Berlin 1922.
[2]) A. HUND, Hochfrequenzmeßtechnik, S. 151. Berlin 1922; J. A. FLEMING, Journ. Inst. Electr. Eng. Bd. 63, S. 1045. 1925.
[3]) F. TANK u. A. HERZOG, Jahrb. d. drahtl. Telegr. Bd. 17, S. 426. 1921.
[4]) E. GEHRKE, ZS. f. Instrkde. Bd. 25, S. 33 u, 278. 1905; Verh. d. D. Phys. Ges, Bd. 6, S. 176. 1904; V. ENGELHARDT u. E. GEHRKE, ZS. f. techn. Phys. Bd. 6, S. 153 u. 438. 1925; Bd. 7, S. 146. 1926.

steigern, kann man vor das Rohr eine geeignete Hochfrequenzverstärkung schalten. Abb. 16 gibt die Gesamtschaltung wieder. Kommt es auf eine genaue Wiedergabe der Kurvenform nicht an, so kann man die hohe Gleichspannung weglassen und benutzt dann zweckmäßig ein symmetrisches Glimmrohr, bei dem die Anode dieselbe Gestalt hat wie die Kathode. Dann bildet sich das Glimmlicht auf beiden Elektroden entsprechend der positiven und negativen Stromhälfte aus, doch fehlen die Teile in der Gegend der Nullinie. Die obere Frequenzgrenze, bis zu welcher der Glimmlichtoszillograph anwendbar ist, ist durch die Umlaufsgeschwindigkeit des Spiegels oder der Filmtrommel bestimmt, sie liegt bei etwa 50000 Hertz.

18. Mit der Braunschen Röhre[1]). α) Aufbau. Beim Braunschen Rohr wird die Ablenkbarkeit der Kathodenstrahlen durch elektrische und magnetische Felder zur Kurvenaufnahme verwandt. Aus den von der Kathode ausgehenden Strahlen wird ein engbegrenztes Bündel ausgeblendet, das sich zunächst gradlinig fortpflanzt und beim Auftreffen auf einen Fluoreszenzschirm diesen punktförmig aufleuchten läßt bzw. beim Auftreffen auf eine photographische Platte hier einen punktförmigen Niederschlag hervorruft. Wird der Kathodenstrahl nun durch magnetische oder elektrische Felder abgelenkt, so verschiebt sich damit der Luminiszenzfleck auf dem Schirm. Um ein möglichst scharfes Bild zu erhalten, wird das Strahlenbündel in dem Teil, in welchem es noch nicht abgelenkt ist, durch ein Striktionsfeld zusammengezogen, dessen Richtung mit der Bahn der Strahlen zusammenfällt. Die Spannung zur Erzeugung der Kathodenstrahlen kann man entweder einer Influenzmaschine entnehmen oder der Sekundärseite eines Hochspannungstransformators unter Zwischenschaltung einer Gleichrichteranordnung. Bei der Aufstellung des Braunschen Rohres ist darauf zu achten, daß die Achse mit der Richtung des magnetischen Erdfeldes zusammenfällt. Die Metallteile des Rohres sind zweckmäßig aus Aluminium herzustellen. Abb. 17 gibt eine für Hochfrequenzmessungen geeignete Ausführung.

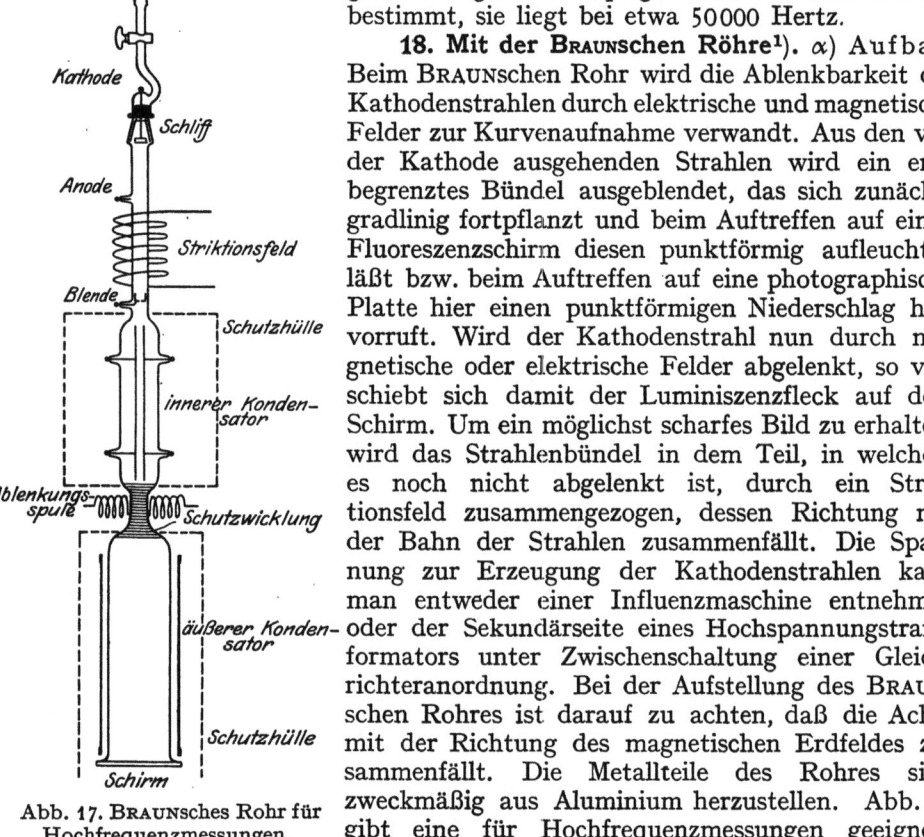

Abb. 17. Braunsches Rohr für Hochfrequenzmessungen.

Bei höheren Frequenzen lagert sich über das magnetische Feld der Ablenkungsspulen noch ein elektrostatisches, welches von der Kondensatorwirkung der Spulen herrührt und störend wirkt. Diese Wirkung kann durch eine besondere Wicklung der Spulen und durch elektrische Abschützung (dichtes Umwickeln des Braunschen Rohres mit einem sehr dünnen, geerdeten Draht) aufgehoben

---

[1]) H. Hausrath, Apparate und Verfahren zur Aufnahme und Darstellung von Wechselstromkurven und elektrischen Schwingungen. Leipzig 1913; L. M. Hull, Proc. Inst. Radio Eng. Bd. 9, S. 130. 1921; E. Alberti u. G. Zickner, Jahrb. d. drahtl. Telegr. Bd. 19, S. 2. 1922; H. Behnken, Arch. f. Elektrot. Bd. 11, S. 181. 1922; W. Rogowski u, E. Flegler, ebenda Bd. 15, S. 297. 1925; Bd. 16, S. 295. 1926; W. Rogowski u. W. Grösser, ebenda Bd. 15, S. 377. 1925. V. Engelhardt, Phys. ZS. Bd. 24, S. 239. 1923; F. R. Terroux, Journ. Frankl. Inst. Bd. 200. S. 771, 1925; A. Dufour, C. R. Bd. 178, S. 1478. 1924; D. Gábor, Arch. f. Elektrot. Bd. 16, S. 296. 1926; Bd. 18, S. 48. 1927; H. Norinder, Tekniska Meddentanden fran Kungt. Vattenfallsstyrdsen, Serie E, Nr. 1. Stockholm 1921.

werden. Der Kathodenstrahl ist durch Schutzhüllen gegen fremde elektrostatische Felder zu schützen. Für den Fluoreszenzschirm wird Zinksulfit (ZnS), Willemit (Zn_2SiO_4) oder Kalziumwolframat ($CaWO_4$) benutzt. Kalziumwolframat fluoresziert blau und ist deshalb besonders gut für photographische Aufnahmen, während Zinksulfit wegen seines hellgrünen Leuchtens für Beobachtungen mit dem Auge vorteilhaft ist.

Bei der BRAUNschen Röhre gelangen im allgemeinen die von einer kalten Kathode ausgehenden gewöhnlichen Kathodenstrahlen zur Verwendung, bei derartigen Röhren schwankt jedoch die Empfindlichkeit mit der Höhe des Vakuums (der Härte des Rohres). Aufnahmen zu verschiedenen Zeiten sind deswegen nur ungenau miteinander zu vergleichen. Der Fehler wird aufgehoben, wenn man mit Glühkathoden im höchsten Vakuum arbeitet[1]). Dabei erzielt man gleichzeitig wegen des starken Emissionsstromes (bis zu 0,5 mA) eine sehr große Lichtstärke des Leuchtfleckes und kann infolgedessen Schwingungen sehr hoher Frequenz untersuchen. Andererseits kann man bei Glühkathodenstrahlen und Verwendung niedriger Gleichspannungen auch Kurvenformen sehr schwacher Ströme und Spannungen aufnehmen, was bei gewöhnlichen Kathodenstrahlen wegen der erforderlichen hohen Gleichspannungen (etwa 5000 bis 20000 Volt) unmöglich ist. Auch die von einer Sekundärkathode ausgehende sekundäre Kathodenstrahlung hat man zur Herstellung eines BRAUNschen Rohres angewandt[2]).

Die photographische Aufnahme erfolgt zweckmäßig in der Durchsicht mit einer auf den Leuchtschirm eingestellten Kamera sehr lichtstarker Optik. Bei der Aufnahme sehr schneller Vorgänge, bei denen die Lichtstärke des Leuchtfleckes zu gering ist, kann man die photographische Platte auch ins Vakuum an die Stelle des Leuchtschirmes setzen und von dem Kathodenstrahl die Kurvenform unmittelbar auf der Platte niederschreiben lassen. Allerdings muß dann beim Auswechseln der Platten die Röhre jedesmal geöffnet werden. Eine weitere Methode der photographischen Aufnahme bei sehr schnellen elektrischen Schwingungen besteht darin, die Platte ohne Benutzung einer Kamera unmittelbar auf die Rückseite des Leuchtschirmes von außen aufzulegen[3]). Die fluoreszierenden Salze müssen dann auf ein sehr dünnes durchsichtiges Quarzfenster aufgetragen werden.

β) **Aufnahmeverfahren.** Zur Aufnahme der Kurvenform einer Wechselgröße mit dem BRAUNschen Rohr muß der Kathodenstrahl auch noch durch ein oder mehrere Hilfsfelder abgelenkt werden, welche die zeitliche Auflösung bewirken. Statt der wirklichen Ablenkung des Kathodenstrahles durch Hilfsfelder kann man jedoch auch eine scheinbare Ablenkung durch Verwendung eines rotierenden Spiegels oder durch Bewegung der photographischen Platte anwenden. Je nach der Art der Hilfsablenkung kann man drei prinzipiell verschiedene Methoden unterscheiden.

19. Die Hilfsablenkung erfolgt der Zeit proportional. Die mechanischen Methoden, wie z. B. die Verwendung eines rotierenden Spiegels oder die translatorische oder rotatorische Bewegung der photographischen Platte sind für die Aufnahme schneller elektrischer Schwingungen ungeeignet. Man benutzt deswegen meist elektrische oder magnetische Hilfsablenkungen, indem man die Felder durch Ströme oder Spannungen erzeugt, welche der Zeit proportional sind. Das ist z. B. der Fall beim Entladestrom eines Kondensators zu Beginn der Entladung [MANDELSTAM[4])] oder näherungsweise bei einem sinusförmigen

---

[1]) W. ROGOWSKI u. W. GRÖSSER, Arch. f. Elektrot. Bd. 15, S. 377. 1925.
[2]) V. ENGELHARDT, Phys. ZS. Bd. 24, S. 239. 1923.
[3]) F. R. TERROUX, Journ. Frankl. Inst. Bd. 200, S. 771. 1925.
[4]) L. MANDELSTAM, Jahrb. d. drahtl. Telegr. Bd. 1, S. 124. 1907.

592   Kap. 23. E. ALBERTI: Meßmethoden bei elektrischen Schwingungen.   Ziff. 20.

Wechselstrom in der Nähe seines Nullwertes [ZENNECK, ROGOWSKI[1])]. Die Frequenz des Hilfsfeldes ist im allgemeinen niedriger zu wählen als die Frequenz der zu untersuchenden Wechselgröße.

In allen Fällen, in denen die Hilfsgröße der Zeit proportional ist, erhält man die zu ermittelnde Kurve direkt in CARTESIschen oder Polarkoordinaten.

Auch eine rotatorische Bewegung des Kathodenstrahles kann man als Zeitablenkung benutzen [KIPPING[2])], wenn man die Ablenkung durch zwei um 90° phasenverschobene Spannungen erzeugt. Um die zu untersuchende Spannung beobachten zu können, wird nunmehr die zur Erzeugung der Kathodenstrahlen notwendige Anodenspannung der BRAUNschen Röhre geändert, indem die zu untersuchende Spannung in Reihe mit der die Kathodenstrahlen erzeugenden Gleichspannung geschaltet wird.

20. Die Hilfsablenkung erfolgt nach einer Sinusfunktion der Zeit. Für die praktische Aufnahme der Kurvenformen ist es im allgemeinen einfacher,

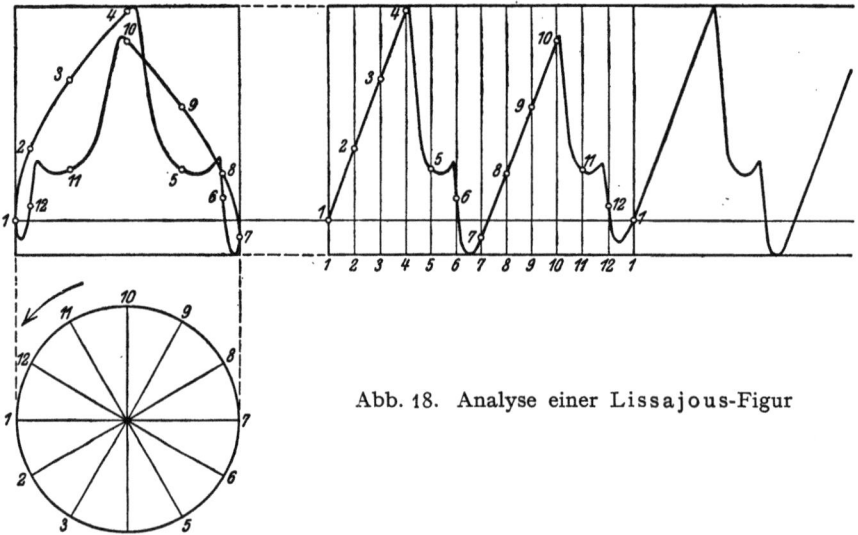

Abb. 18. Analyse einer Lissajous-Figur

die Hilfsablenkung nicht mit einem der Zeit proportionalen Felde, sondern mit einem sinusförmigen Wechselfelde derselben Frequenz, wie die zu untersuchende Wechselgröße, vorzunehmen. Beide können dann von derselben Energiequelle erzeugt werden. Auch ist die Helligkeit des Leuchtfleckes, da sich der Kurvenzug des Bildes in jeder Periode wiederholt, wesentlich größer. Man erhält geschlossene Figuren (Lissajousfiguren), aus denen man die Kurvenform der gesuchten Wechselgröße zwar nicht unmittelbar ersehen, aber durch Umzeichnen leicht ermitteln kann. Die Hilfsgröße braucht nicht unbedingt rein sinusförmig zu sein, doch muß ihre Abhängigkeit von der Zeit bekannt sein. Bei rein sinusförmiger Hilfsgröße erhält man die Überführung der Lissajousfiguren in periodische Funktionen der Zeit mit Hilfe eines sinoidal geteilten Maßstabes. In Abb. 18 ist als Beispiel eine derartige Analyse durchgeführt. Unterhalb der Lissajousfigur (die Ablenkung durch die Hilfsgröße liegt in Richtung der Horizontalen) zeichnet man einen Kreis, dessen Durchmesser gleich der Breite der Figur ist und teilt den Umfang des Kreises in eine Anzahl gleicher Abschnitte (in der

---

[1]) J. ZENNECK, Phys. ZS. Bd. 14, S. 226. 1913; W. ROGOWSKI, Arch. f. Elektrot. Bd. 9, S. 115. 1920.
[2]) N. V. KIPPING, Electrical Communication Bd. 3, S. 78. 1924.

Abb. 18 z. B. 12). Durch die Teilpunkte legt man Senkrechte, die die Lissajousfigur in den Punkten 1 bis 12 schneiden. Trägt man dann die Abstände der Schnittpunkte von der Grundlinie als Ordinaten über einer in gleiche Teile geteilten Abszissenachse auf, so erhält man die gesuchte Kurve. Die mittleren Teile der Lissajousfigur werden genauer wiedergegeben als die in der Nähe der die Figur begrenzenden Senkrechten gelegenen. Falls erforderlich, kann man durch eine zweite Aufnahme mit einer Hilfsgröße anderer Phase die aufgenommene Kurvenform prüfen.

Die Frequenz der Hilfsgröße braucht nicht gleich der Frequenz der gesuchten Wechselgröße zu sein, sie kann auch in einem ganzzahligen Verhältnis zu ihr stehen, oder, wenn es sich nur um die Aufnahme des zeitlichen Verlaufes der Amplitude der Schwingung handelt, gleich der Modulationsfrequenz sein [MAUZ und ZENNECK[1])].

21. Hilfsgröße proportional dem Differentialquotienten der gesuchten Wechselgröße [F. F. MARTENS[2])]. Durch die Analyse der resultierenden Bewegung des Luminiszenzfleckes erhält man gleichzeitig die Kurvenform der gesuchten Wechselgröße und die der Hilfsgröße. Die Methode führt in Sonderfällen zu unbestimmten Werten [Näheres s. Literatur[2])].

---

[1]) E. MAUZ u. J. ZENNECK, Jahrb. d. drahtl. Telegr. Bd. 21, S. 22. 1923.
[2]) F. F. MARTENS, Verh. d. D. Phys. Ges. Bd. 21, S. 65. 1919; E. ALBERTI u. J. ZICKNER, Jahrb. d. drahtl. Telegr. Bd. 19, S. 2. 1922; G. JOOS u. MAUZ, ebenda Bd. 19, S. 268, 1922.

Kapitel 24.
Elektrochemische Messungen.

Von

E. BAARS, Marburg (Lahn).

Mit 44 Abbildungen.

I. Leitfähigkeit von Elektrolyten.

a) Wechselstrommethode.

1. Prinzip der Methode. Die spezifische Leitfähigkeit $\varkappa$, das Leitvermögen eines Zentimeterwürfels, wird definiert als das Reziproke des spezifischen Widerstandes

$$\varkappa = \frac{l}{q} \cdot \frac{1}{R} \, \text{Ohm}^{-1} \cdot \text{cm}^{-1}. \tag{1}$$

(l = Länge in cm, q = Querschnitt in cm² eines gleichförmigen Leiters vom Gesamtwiderstande R Ohm.)

Die zur Ermittlung von R bei Elektrolyten einzuschlagende Methode muß auf Polarisationserscheinungen Rücksicht nehmen, die an den Elektroden, den Übergangsstellen des Stromes aus metallischen in elektrolytische Leiter, auftreten können. Diese bestehen in der Ausbildung elektromotorischer Gegenkräfte durch die Wirkung des Stromes selbst und haben eine scheinbare Ungültigkeit des OHMschen Gesetzes in bezug auf das Gesamtsystem: Elektrode — Elektrolyt — Elektrode zur Folge. Der Widerstand erscheint zu groß. Eine Widerstandsbestimmung wie an metallischen Leitern auf Grund von Stromstärkespannungsmessungen oder durch Vergleichung mit bekannten Widerständen ist deshalb allgemein nur möglich entweder bei gleichzeitiger Ermittlung der an den Phasengrenzen Metall/Flüssigkeit lokalisierten Potentialsprünge oder aber durch Vermeiden des Auftretens störender Polarisation unter den Bedingungen der Messung.

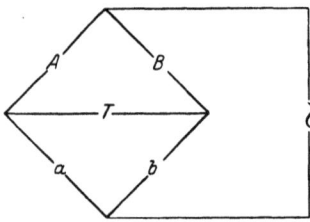

Abb. 1. Schematische Brückenanordnung zur Widerstandsvergleichung.

Praktische Bedeutung kommt fast ausschließlich dem zweiten Wege zu. Die überwiegend benutzte Methode ist von KOHLRAUSCH[1]) eingeführt. Sie ist charakterisiert durch Verwendung von Wechselstrom in einer WHEATSTONEschen Brückenanordnung zur Widerstandsvergleichung. Bei genügend hoher Frequenz des Wechselstromes werden die durch jeden Stromstoß hervorgerufenen Änderungen in der Beschaffenheit der Elektroden durch den darauffolgenden Stoß entgegengesetzter Richtung wieder rückgängig gemacht, so daß praktisch keinerlei Polarisation in Erscheinung tritt. In Abb. 1 ist die gebräuchliche Schaltung

---

[1]) Überblick über die Entwicklung in: F. KOHLRAUSCH u. L. HOLBORN, Das Leitvermögen der Elektrolyte. 2. Aufl. Leipzig u. Berlin 1916. Hier auch ein vollständiges Verzeichnis der älteren Literatur.

schematisch dargestellt. ∾ ist die Wechselstromquelle, T ein Wechselstrommeßinstrument (Nullinstrument), A möge den zu bestimmenden Widerstand, B einen variablen Vergleichswiderstand bedeuten. a und b sind die Teile des Meßdrahts, deren Verhältnis in beliebigen Grenzen verändert werden kann. Nach den KIRCHHOFFschen Verzweigungsgesetzen besteht zwischen den Enden der Brücke die Potentialdifferenz Null, wenn $A:B = a:b$ ist. Durch Aufsuchen der Brückenstellung, bei welcher das Meßinstrument T ohne Strom bleibt, kann demnach A aus dem als bekannt vorausgesetzten Wert von B und dem Verhältnis a/b ermittelt werden nach

$$A = B \cdot \frac{a}{b}. \tag{2}$$

In der gebräuchlichsten, unmittelbar auf KOHLRAUSCH zurückgehenden Ausführungsform der Methode wird als Meßdraht ein gerade ausgespannter oder auf einer Walze spiralig angeordneter Draht mit verschiebbarem Gleitkontakt, als Wechselstromquelle ein kleiner Induktionsapparat mit Federunterbrecher, und als Nullinstrument für Wechselstrom ein Telephon benutzt. Die mannigfachen Modifikationen der Anordnung bestehen in der Auswechslung dieser Einzelelemente gegen andere geeignete Vorrichtungen. Die wichtigsten Möglichkeiten sollen in den nachstehenden Ziffern zur Erörterung kommen.

Die zur Vermeidung der Polarisation eingeführte Verwendung von Wechselstrom bringt allerdings zwei andere Fehlerquellen mit sich. Treten in A und B (oder auch in a und b) Selbstinduktionen oder Kapazitäten auf, so ist — ähnlich wie bei Polarisation — eine scheinbare Widerstandsänderung in dem betreffenden Zweige die Folge. Diese Fehler kommen um so mehr zur Geltung, je höher die Frequenz des Stromes ist, während umgekehrt die Polarisation mit wachsender Frequenz abnimmt. Der Einfluß der Kapazität erscheint ferner bei größeren Widerständen, derjenige von Polarisation und Selbstinduktion bei kleineren Widerständen deutlicher. Die analytische Formulierung der Abweichung führt zu folgenden Ausdrücken für den scheinbaren Widerstand R' eines Leiters vom OHMschen Widerstand R:

für die Selbstinduktion: $$R' = R\sqrt{1 + \omega^2 \cdot \frac{L^2}{R^2}}; \tag{3}$$

für die Polarisation: $$R' = R\sqrt{1 + \frac{P^2}{\omega^2 \cdot R^2}}; \tag{4}$$

für die Kapazität: $$R' = \frac{R}{\sqrt{1 + \omega^2 C^2 \cdot R^2}}. \tag{5}$$

Es bedeuten hierin: ω die Kreisfrequenz des Wechselstromes, L den Selbstinduktionskoeffizienten, P die „Initialkonstante der Polarisation" und C die elektrostatische Kapazität. Die Konstante P ist definiert als Proportionalitätsfaktor von EK der Polarisation (E_p) und ausgeschiedener Menge der Elektrolysenprodukte pro Oberflächeneinheit der Elektrode gemäß

$$E_p = -P\int \frac{I}{q} \cdot dt, \tag{6}$$

einer Gleichung, die nur bei äußerst geringen Stromdichten und auch dann nur für den Idealfall annähernde Gültigkeit besitzt, daß die Stromprodukte weder durch Diffusion noch durch chemische Reaktion von den Elektroden entfernt werden. Nichterfüllung dieser Bedingung gibt zu einer weiteren Änderung des scheinbaren Widerstandes R' Veranlassung, die nicht der zweiten, sondern der ersten Potenz der Stromfrequenz umgekehrt proportional ist.

Auch ohne näher auf die Theorie[1]) einzugehen, erkennt man, daß, falls die Voraussetzungen für das Auftreten der genannten Fehler an sich gegeben sind, die günstigsten Messungsbedingungen bei festliegenden Werten von L, P und C durch zweckentsprechende Anpassung von ω und R aneinander erreicht werden können.

Bei Verwendung des Telephons als Stromindikator ist die Wahl der Frequenz auf ziemlich enge Grenzen beschränkt. Das Instrument ist im allgemeinen brauchbar zwischen etwa 500 und 4000 Schwingungen pro Sekunde. Unter diesen Verhältnissen hat sich erwiesen, daß in allen praktisch vorkommenden Fällen die Fehler klein bleiben, solange R sich in mittleren Werten, zwischen etwa 50 und einigen tausend Ohm, bewegt. Sowohl kleinere als auch größere Widerstände erfordern dagegen besondere Maßnahmen zur Eliminierung der Störungsursachen.

Da sich Polarisation, Selbstinduktion und Kapazitäten niemals völlig ausschließen lassen, muß man unter Umständen deren Wirkung dadurch aufheben, daß man ihre Werte in den sich entsprechenden Stromkreisen der Brückenanordnung einander angleicht (Ziff. 8).

Ein besonderer Vorzug der KOHLRAUSCHschen Wechselstrommethode (bei Verwendung des Telephons) ist es, daß die genannten Fehler sich gewöhnlich in einem Undeutlicherwerden, einer Verwaschung, des Brückenminimums kenntlich machen. Es kann als Regel gelten, daß, solange bei verwaschenem Minimum eine sichere Festlegung der „Minimummitte" noch möglich ist, deren Lage praktisch richtige Werte für den Widerstand liefert, jedenfalls, sofern nicht außergewöhnlich kleine oder große Widerstände ins Spiel kommen (vgl. jedoch Ziff. 8).

Eine letzte, durch den Strom selbst bedingte Fehlerquelle liegt in der Temperaturänderung der Leiter durch die Joulewärme. Besonders trifft dies auf die elektrolytischen Leiter zu, deren Widerstand bei Temperaturerhöhung um 1° durchschnittlich um 2% abnimmt (in der Nähe der Zimmertemperatur). Abgesehen von der Vermeidung unnötig großer Stromstärken wird man durch Einbau der „Leitfähigkeitsgefäße" in Flüssigkeitsbäder konstanter Temperatur Abhilfe zu schaffen suchen, was an sich schon nötig ist, um zufälligen Schwankungen der Raumtemperatur zu entgehen.

Um aus dem Widerstande R eines gegebenen Leiters das spezifische Leitvermögen $\varkappa$ gemäß Gleichung (1) zu ermitteln, ist Kenntnis des Quotienten l/q, der sog. „Widerstandskapazität" des Elektrodengefäßes erforderlich. Bei Gefäßen von gleichförmigem Querschnitt (und in anderen einfachen Fällen) und Elektroden, die den Querschnitt ganz ausfüllen, kann diese durch direkte räumliche Ausmessung von l und q gewonnen werden. Gewöhnlich verzichtet man darauf und ermittelt für Gefäße und Elektroden beliebiger Form l/q nach Gleichung (1) durch Eichung mit Hilfe leicht reproduzierbarer Lösungen bekannten spezifischen Leitvermögens (Ziff. 6).

Über die Genauigkeit der Methode lassen sich allgemein gültige Angaben kaum machen. Sie wechselt je nach den gewählten Einzelelementen der Anordnung. Aber auch in der einfachsten Ausführungsform bleiben die Fehler der elektrischen Messung (bei mittleren Widerständen) vielfach innerhalb der durch Konzentrationsbestimmung und Reinheit des Elektrolyten sowie durch Ermittlung und Konstanthaltung der Temperatur gezogenen Grenzen.

2. Wechselstromquellen. Am verbreitetsten und in normalen Fällen stets ausreichend ist die Verwendung eines kleinen Induktoriums mit feststehendem Elektromagneten und NEEFschem Hammer als Unterbrecher. Der von einem solchen Instrument gelieferte Strom ist zwar nicht symmetrisch, da der Öffnungs-

---

[1]) Vgl. u. a. M. WIEN, Wied. Ann. Bd. 42, S. 593. 1891; Bd. 47, S. 626. 1892; Bd. 58, S. 37. 1896; Bd. 59, S. 267. 1896; E. W. WASHBURN, Journ. Amer. Chem. Soc. Bd. 38, S. 2431. 1916.

strom rascher und intensiver verläuft als der bei primärem Stromschluß induzierte Stoß entgegengesetzter Richtung, doch wird trotz dieser Unsymmetrie Polarisation der Elektroden praktisch vermieden, falls nicht zu gut leitende Elektrolyte zur Messung kommen und die sonstigen Bedingungen, vor allem die Oberflächengröße der Elektroden, richtig gewählt werden.

Die im Handel befindlichen kleinen Induktionsapparate, die sonst meist zu medizinischen Zwecken oder als Schülermodelle Verwendung finden, sind vielfach gut geeignet. Günstig ist ein rasch arbeitender Unterbrecher, besonders bei Verwendung des Telephons als Nullinstrument, da das menschliche Ohr in höheren Tonlagen empfindlicher zu sein pflegt als in tieferen. Übrigens spricht das Telephon wesentlich nicht auf die Grundfrequenz des Unterbrechers an, sondern auf höherliegende Töne, die bei dem Arbeiten des Unterbrechers mit entstehen. Besonders gute Resultate kann ein Unterbrecher geben, der aus einer ziemlich starken Stahlfeder besteht, die zwischen dem Eisenkern des Induktoriums (ohne diesen zu berühren) und einem zu einer Spirale aufgewundenen dünnen Platindraht vibriert (Mückentoninduktorium). Die so erhaltenen Wechselströme sind von bemerkenswerter Symmetrie[1]). Auch bleibt bei dieser Anordnung das störende Unterbrechergeräusch in mäßigen Grenzen, das in anderen Fällen durch besondere Maßnahmen eingeschränkt werden muß. Dazu dient in erster Linie eine gute Federung des Unterbrecherkontaktes, unter Umständen wird es aber notwendig sein, den Unterbrecher in einen Schutzkasten od. dgl. einzuschließen. Recht brauchbar als Unterbrecher sind die im Handel befindlichen „Summer", die ebenfalls einen vorteilhaft hohen Telephonton liefern. Schließlich ist der von NERNST[2]) konstruierte Saitenunterbrecher zu nennen, bei dem ein feiner Stahldraht, an der Kontaktstelle durch einen Platindraht unterbrochen, das schwingende System bildet.

Gewarnt werden muß auf jeden Fall vor Verwendung größerer Induktorien und dementsprechend stärkerer Ströme. Fehler, sowohl durch Polarisation wie durch die Stromwärme sind dann sehr viel schwieriger zu vermeiden. Bei der hohen Empfindlichkeit des Telephons — es spricht in der Nähe der Eigenschwingungen der Membran noch auf Ströme von 10^{-8} Amp. an — ist eine solche Wahl auch durch nichts gerechtfertigt. Es ist im Gegenteil auch bei kleineren Induktorien anzustreben, den Strom so weit zu schwächen, wie Konstruktion des Instruments und Empfindlichkeit der Meßvorrichtung es irgend gestatten. Entweder wird dies durch Einschaltung geeigneter Widerstände in den Primärstromkreis des Induktoriums erreicht. Allerdings muß dann der Unterbrecher auch auf schwache Ströme sicher ansprechen. Oder es wird ein passender Widerstand dem Sekundärstromkreis parallel gelegt. Die Verwendung von größeren Widerständen im Sekundärstromkreis ist nicht zu empfehlen.

Die Eignung eines nach den vorstehenden Gesichtspunkten ausgesuchten Induktoriums ist am besten praktisch zu erproben. Jedenfalls lohnt es sich, auf die richtige Dimensionierung der Wechselstromquelle einige Sorgfalt zu verwenden, da davon die Sicherheit und Bequemlichkeit der Messung zu einem guten Teile abhängt.

Die Wartung der Induktorien erfordert keine übermäßige Aufmerksamkeit. Stärkere Unterbrecherfunken, die auf die Dauer den Platinkontakt zerstören, können durch Parallelschalten einer passenden Kapazität (billig und gut wirksam sind Flüssigkeitskondensatoren, etwa zwei Aluminiumbleche in verdünnter Alkalisulfat- oder Seifenlösung) weitgehend vermindert werden. Ferner empfiehlt es sich, das Induktorium nur jeweils während der Messung in Tätigkeit zu setzen,

---

[1]) R. LORENZ u. H. KLAUER, ZS. f. anorg. Chem. Bd. 136, S. 121. 1924.
[2]) W. NERNST, ZS. f. phys. Chem. Bd. 14, S. 622. 1894.

einerseits zur Schonung des Kontaktes, andererseits, um unnötiger Wärmewirkung des Stromes zu begegnen.

Neben den beschriebenen Induktorien kommen noch eine Reihe anderer, neuerdings in steigendem Maße zur Anwendung gelangender Wechselstromquellen in Frage. Wenn sie auch normalerweise kaum wesentliche Vorteile versprechen, können sie doch in besonderen Fällen, etwa bei der Messung sehr schlecht leitender Elektrolyte, von großem Nutzen sein. Dies gilt vor allem von solchen Verfahren, die reinen Sinusstrom liefern. Die bei hohen Widerständen (etwa 10^4 Ohm und höher) auftretenden Fehler der Wechselstrommethode sind vorwiegend in unvermeidlichen Kondensatorwirkungen sowohl der Leitfähigkeitszellen wie auch der Vergleichswiderstände zu suchen. Nun ist zwar, wie in Ziff. 1 schon angedeutet, eine Unschädlichmachung dieser Wirkungen dadurch möglich, daß man die in beiden Zweigen der Brückenschaltung vorhandenen Kapazitäten durch Zuschaltung variabler Kondensatoren einander angleicht. Dies ist aber einwandfrei nur bei Verwendung sinusförmigen Stromes möglich. Zu dessen Erzeugung kommen verschiedene Verfahren in Betracht, die sämtlich auch — gegenüber der Verwendung von Induktorien — den weiteren Vorzug haben, Ströme variabler und doch jeweils konstanter Frequenz zu liefern.

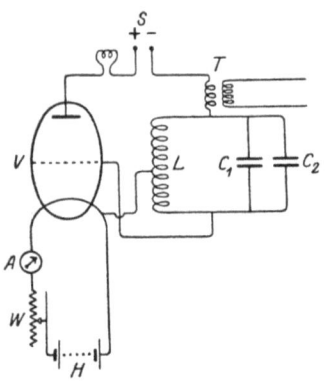

Abb. 2. Röhrengenerator für Widerstandsbestimmungen.

Nur erwähnt werden sollen Hochfrequenzgeneratoren, die besonders in Amerika diesem Zwecke dienstbar gemacht sind (Vreelandoszillator[1]). Da deren Leistungen auch mit einfacheren Mitteln zu erreichen sind, dürfen sie hier übergangen werden.

Vielversprechend erscheint die Verwendung von Elektronenröhren zur Erzeugung von Schwingungen geeigneten Charakters (vgl. Kap. 2). Es kann an dieser Stelle nicht auf Einzelheiten und die vielfachen Möglichkeiten der Schwingungserzeugung selbst eingegangen werden, zumal dies an anderen Stellen des vorliegenden Handbuches ausführlich geschieht. Es sei deshalb nur eine speziell auf vorliegendem Anwendungsgebiete erprobte Schaltung nach ULICH[2]) wiedergegeben.

In Abb. 2 ist V eine Verstärkerröhre für 220 Volt Anodenspannung, 1,1 Amp. Heizstromstärke bei 6,5 Volt Heizspannung. Die Heizung der Röhre erfolgt durch einen vierzelligen Akkumulator H und kann durch den Widerstand W unter Beobachtung des Amperemeters A reguliert werden. Die Anodenspannung wurde dem städtischen Leitungsnetz S (von 220 Volt) entnommen. Der Schwingungskreis besteht aus der Selbstinduktion L (Telephondrossel von Siemens & Halske, Type V. hsi. 2b, mit herausgenommenem Eisenkern, die so einen Selbstinduktionskoeffizienten von etwa 0,7 Henry bei 1900 cm Kapazität und 500 Ohm Widerstand besitzt) und den Kapazitäten C_1 (Stöpselkondensator von Hartmann & Braun von etwa 25000 cm Gesamtkapazität) und C_2 (unveränderliche, sog. Blockkondensatoren von einigen tausend Zentimetern in Parallelschaltung nach Bedarf). Der bei Einsetzen der Schwingungen im Anodenstromkreis sinusförmig an- und abschwellende Gleichstrom induziert in der Sekundärspule des „Niederfrequenztransformators" T (geeignet die Typen T 102 und T 103 der Tele-

---

[1]) S. z. B. W. A. TAYLOR u. S. F. ACREE, Journ. Amer. Chem. Soc. Bd. 38, S. 2396. 1916; J. L. R. MORGAN u. O. M. LAMMERT, ebenda Bd. 48, S. 1220. 1926.
[2]) H. ULICH, ZS. f. phys. Chem. Bd. 115, S. 377. 1925. Ähnliche Anordnungen bei: R. E. HALL u. L. H. ADAMS, Journ. Amer. Chem. Soc. Bd. 41, S. 1515. 1919; sowie in: OSTWALD-LUTHER-DRUCKER, Physikochemische Messungen, 4. Aufl., S. 505. Leipzig 1925.

funken A.-G. mit dem Übersetzungsverhältnis 1:3,5 und 1:8) einen sinusförmigen Wechselstrom, dessen Frequenz durch Variation der Kapazitäten des Schwingungskreises zwischen 800 und 4000 Schwingungen in der Sekunde einzustellen war. Dieser Strom wurde der üblichen Brückenanordnung zugeführt, die zwecks Vermeidung direkter Beeinflussung des Telephons in einer Entfernung von einigen Metern aufgestellt war. Mit dieser Stromquelle gelingt Abgleichung der störenden Kapazitäten (vgl. Ziff. 8) soweit, daß Widerstände von etwa 10^5 Ohm mit $1^0/_{00}$ Genauigkeit gemessen werden können. Zur Messung geringerer Widerstände mit dieser Anordnung wird empfohlen, Spannung und Stromstärke in der Brückenanordnung entweder durch Anwendung eines Transformators 1:1 oder auch durch Drosselung des Anodenstroms herabzusetzen. Verwendung von Röhren geringerer Emission dürfte in diesem Falle ebenfalls zum Ziele führen.

Mit noch geringeren Mitteln erzielte SCHEMINZKY[1]) geeignete Sinusschwingungen. Er benutzt die Erfahrung, daß die bekannten Neonglimmlampen einer gewissen Minimalspannung zur Zündung bedürfen, zur Konstruktion seiner Wechselstromquelle (Abb. 3). Der Kondensator K_2 wird direkt aus der Gleichstromnetzleitung N aufgeladen. (Der hochohmige Widerstand W_1 und der Kondensator K_1 gleichen etwaige Schwankungen des Netzstromes aus.) Die zur Aufladung erforderliche Zeit kann durch Einschalten verschieden hoher Widerstände W_2, W_3, W_4 variiert werden. Der Kondensator entlädt sich durch die Lampe Gl, sobald die an ihm liegende Spannung den zur Glimmentladung erforderlichen Wert hat (Zündspannung), und so lange, bis die Spannung unter den

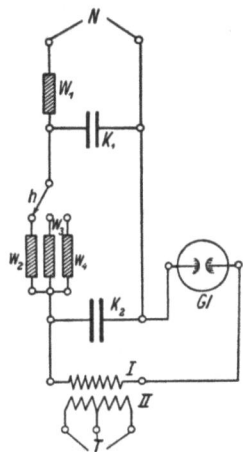

Abb. 3. Glimmlichtoszillator als Wechselstromquelle.

zur Aufrechterhaltung der Entladung erforderlichen Wert abgefallen ist (Löschspannung). Der Vorgang der Kondensatoraufladung und -entladung wiederholt sich sodann rhythmisch mit einer Geschwindigkeit, die bei festgelegter Kapazität K_2 durch den vorgelegten Widerstand W_2, W_3 oder W_4 geregelt wird. Die Stromschwankungen in der Primärspule I des Transformators T induzieren Wechselströme in der Sekundärwicklung II, von wo sie der Meßbrücke zugeleitet werden. Die Frequenz kann so geregelt werden, daß sie im Telephon den erwünschten „Mückenton" gibt. Nähere Angaben über Dimensionierung der Schaltelemente fehlen in der Mitteilung des Verfassers, doch dürfte es nicht schwer sein, sie empirisch zu ermitteln[2]).

3. Stromanzeiger zur Erkennung des Brückenminimums. Das gebräuchlichste Instrument ist immer noch — mit Recht — das bereits von KOHLRAUSCH eingeführte BELLsche Hörtelephon. Auf Konstruktion und Theorie braucht hier nicht eingegangen zu werden (vgl. Kap. 6 ds. Bandes). Der günstigste Spulenwiderstand des Telephons ist an sich mit der Größe der sonstigen Widerstände der Brückenanordnung (Abb. 1, Ziff. 1) veränderlich. Da aber nicht der OHMsche Widerstand allein, sondern dazu der durch die Selbstinduktion hervorgerufene scheinbare Widerstand maßgebend ist, hat man mit dem ersteren unter dem nach den Verzweigungsgesetzen als günstigst berechneten Werte zu bleiben. Der Selbstinduktionskoeffizient des Telephons ist so beträchtlich, daß bei den in Frage kommenden Frequenzen Änderungen in den übrigen Widerständen des

---

[1]) F. SCHEMINZKY, ZS. f. phys. Chem. Bd. 109, S. 435. 1924.
[2]) Vgl. auch R. MECKE u. A. LAMBERTZ, Phys. ZS. Bd. 27, S. 86. 1926.

Stromkreises praktisch keine Rolle spielen und ein kleiner OHMscher Widerstand der Spule fast immer das Gegebene ist. Ein solcher von etwa 10 bis 20 Ohm hat sich praktisch als brauchbar erwiesen. Am besten ist von Fall zu Fall auszuprobieren, ob ein Exemplar geeignet ist und auf schwachen Strom deutlich anspricht. Vielfach ist es günstig, den scheinbaren Widerstand durch Zuschaltung von passenden Kapazitäten in Serie weiter herabzusetzen.

Die Empfindlichkeit des Telephons ist ferner von der Stromfrequenz abhängig. Sie ist am größten, wenn letztere mit der Eigenfrequenz der Telephonmembran übereinstimmt. Unter günstigen Bedingungen geht die Empfindlichkeit in der Nähe der Membran-Eigenschwingungen bis zu 10^{-8} Amp.[1]). Über Mittel zur Angleichung des Telephons an die Stromfrequenz vgl. eine Arbeit von WASHBURN und PARKER[2]) die auch manches sonst Wissenswerte über die Verwendung des Instrumentes bringt. Manchmal zeigt das Telephon Unsymmetrie, so daß die minimale Tonstärke bei etwas verschiedenen Brückenstellungen gefunden wird, je nachdem, in welcher Richtung das Instrument mit der Brücke verbunden ist. Man soll darauf stets prüfen und muß gegebenenfalls das Mittel aus beiden Einstellungen nehmen. Der Übelstand kann verringert werden durch einen parallel zum Telephon gelegten Widerstand von einigen tausend Ohm (Graphitwiderstand, Silitstab), oder manchmal auch durch Erdung einer der beiden Telephonklemmen.

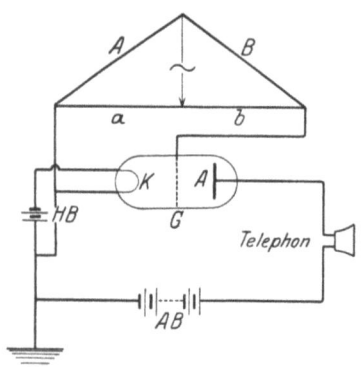

Abb. 4. Anordnung zur Verstärkung des Brückenstroms.

Um direkte Einwirkung der Wechselstromquelle auf das Telephon zu vermeiden, sind beide in einiger Entfernung voneinander, 1 bis 2 m genügen meist, aufzustellen. Empfehlenswert ist die Verwendung eines Doppelhörers, der am Kopf befestigt werden kann. Man hat dann beide Hände frei und ist gegen Störgeräusche einigermaßen geschützt. Bei einfachem Hörer soll das freie Ohr durch ein mit Gummischlauch überzogenes Glasstäbchen oder ähnliche Vorrichtung (Antiphon) verschlossen werden.

Eine Reihe anderer Meßinstrumente sind für den vorliegenden Zweck im wesentlichen nur noch von historischem Interesse, so z. B. das WEBERsche Elektrodynamometer (als der von KOHLRAUSCH bei seinen ersten Arbeiten benutzte Stromanzeiger), das optische Telephon von M. WIEN, das RUBENSsche Vibrationsgalvanometer u. a.

Von Bedeutung erscheinen dagegen neuere Versuche zur Verbesserung der Arbeitsweise mit dem Hörtelephon durch Heranziehung von Röhrenverstärkern[3]). Statt direkt zum Telephon, wird der an den Brückenenden abgenommene Wechselstrom dem Gitterkreise einer Elektronenröhre zugeleitet, in deren Anodenstromkreis das Telephon sich befindet (Abb. 4). Durch Hintereinanderschaltung mehrerer Röhren kann die schwache Energie des ankommenden Stromes fast beliebig verstärkt werden. Abb. 5 zeigt einen dreifachen Verstärker (Kaskade), wie ihn z. B. LORENZ und KLAUER mit Erfolg benutzt haben. Die Kopplung der einzelnen Röhren erfolgt üblicherweise durch Zwischentransformatoren (T_2 und T_3), in dem abgebildeten Schema werden solche auch

---

[1]) M. WIEN, Ann. d. Phys. (4) Bd. 4, S. 450. 1901.
[2]) E. W. WASHBURN u. K. PARKER, Journ. Amer. Chem. Soc. Bd. 39, S. 235. 1917.
[3]) R. E. HALL u. L. H. ADAMS, Journ. Amer. Chem. Soc. Bd. 41, S. 1515. 1919; R. LORENZ u. H. KLAUER, ZS. f. anorg. Chem. Bd. 136, S. 121. 1924.

benutzt, um den Brückenstrom auf das Gitter der ersten Röhre und den Anodenstrom der dritten Röhre auf das Telephon zu übertragen (T_1 und T_4). Der Charakteristik des Elektronenrelais entsprechend werden geringe Schwankungen des Gitterpotentials relativ besser verstärkt als größere, so daß außer einer Erhöhung der Lautstärke des Telephons vor allem deren steilerer Anstieg in der Nähe des Minimums die Folge ist. In Abb. 6 ist die Tonstärke als Funktion der Brückenstellung sowohl ohne (I) als auch mit Verstärker (II) wiedergegeben.

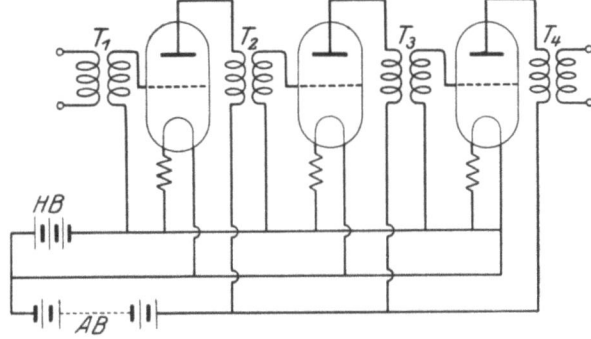

Abb. 5. 3 fach-Niederfrequenzverstärker.

Der Effekt kann so groß sein, daß bei verstärktem Strom das Minimum unter Umständen nicht ganz leicht aufzufinden ist. Man wird dann zunächst ohne Verstärker die Nullstellung angenähert ermitteln und erst zur Feineinstellung die verbesserte Methode heranziehen. Die aus Abb. 6 zu ersehende praktisch vollständige Tonlosigkeit im Minimum ist nur bei sorgfältiger Abgleichung der Polarisation sowie von Induktionen und Kapazitäten in den verschiedenen Brückenzweigen zu erreichen (s. Ziff. 8). An-

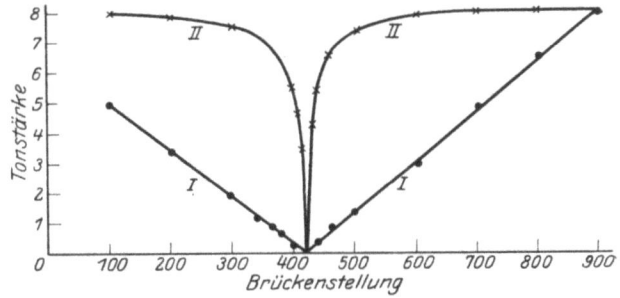

Abb. 6. Tonstärkekurven für unverstärkten und verstärkten Brückenstrom.

derenfalls bleibt die Tonstärke auch im Minimum beträchtlich, doch ist selbst dann eine schärfere Einstellung als unverstärkt möglich. Allerdings kann das Minimum unter diesen Verhältnissen eine Verschiebung erfahren haben, weshalb Abgleichung immer angestrebt werden sollte. Verschwindende Tonstärke im Minimum bei Verstärkung bietet ebenso wie ein unverwaschenes Minimum bei der gewöhnlichen Methode eine gewisse Gewähr dafür, daß die Einstellung durch Selbstinduktionen, Kapazitäten oder Polarisation nicht gefälscht ist (Ausnahmen s. Ziff. 8).

In manchen Fällen kann es erwünscht sein, die akustische Ermittlung des Minimums durch eine optische Ablesung zu ersetzen, etwa dann, wenn es sich darum handelt,

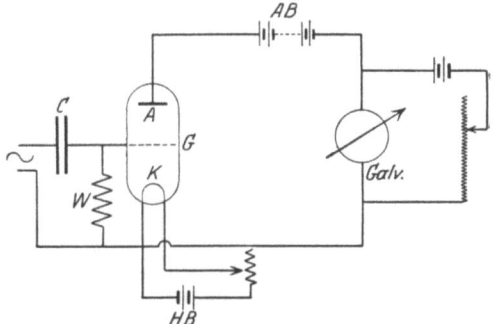

Abb. 7. Gleichrichteranordnung.

einem größeren Auditorium die Messung vorzuführen. (Dies könnte allerdings auch durch Verwendung eines Lautsprechers in der voranstehend beschriebenen Anordnung erreicht werden.) Mancherlei ältere Vorrichtungen, die zu diesem Ziele erdacht sind, bleiben in Wirkung und Bequemlichkeit hinter der modernen Methode, die von der Gleichrichterwirkung der Elektronenröhre Gebrauch macht, zurück. Abb. 7 gibt ein einfaches Schaltungsschema[1]). Der zu messende Wechselstrom, gegebenenfalls nach Verstärkung wie oben geschildert, wird bei ∞ über einen Blockkondensator C dem Gitter G und direkt der Glühkathode K einer als „Audion" geschalteten Röhre zugeführt. W ist ein hoher Widerstand (Silitstab), dessen Dimensionierung am besten auszuprobieren ist. Im Anodenstromkreise liegt ein empfindliches Galvanometer, parallel dazu eine Vorrichtung zur Kompensation des ursprünglichen Anodenstromes. Dem Gitter ist unter Umständen eine passende Vorspannung zu erteilen. Von der auf das Gitter wirkenden Wechselspannung ist die Stärke des gleichgerichteten Galvanometerstromes abhängig. Je geringer das Ausschlagsminimum, um so einwandfreier die Messung. Das Verfahren kann natürlich durch Kombination mit der oben beschriebenen Verstärkeranordnung noch empfindlicher gestaltet werden.

4. Meßdraht. Vergleichswiderstände. Zuleitungen. Als **Meßdraht** genügt häufig ein gerader Draht von 1 m Länge. Für bescheidene Ansprüche an Zuverlässigkeit kann er aus Neusilber, Konstantan oder ähnlichem Material bestehen, für Präzisionsmessungen findet das widerstandsfähige Platiniridium oder neuerdings mit gutem Erfolge auch Draht aus nichtrostendem V-2-A-Stahl Verwendung. Die Schneide des beweglichen Kontaktes soll nach Möglichkeit aus Platin oder besser noch aus Platiniridium sein.

Bequemer als die gerade Meßbrücke ist die Walzenbrücke nach KOHLRAUSCH. Sie gestattet auch, ohne unhandlich zu werden, Benutzung eines längeren Meßdrahtes und damit größere Ablesegenauigkeit. Dasselbe kann erreicht werden durch konstante Zusatzwiderstände an beiden Enden jeder beliebigen Brücke.

Die Genauigkeit der Widerstandsmessung mit der Brücke ist am größten bei Einstellungen in Nähe der Meßdrahtmitte. Bei einem Einstellungsfehler von $1/10$ Teilstrich des 1000 teiligen Meßdrahtes bei den Stellungen

10	50	100	200	300	400	
990	950	900	800	700	600	500

beträgt der relative Fehler des gemessenen Widerstandes:

$$\frac{1}{99} \quad \frac{1}{470} \quad \frac{1}{900} \quad \frac{1}{1600} \quad \frac{1}{2100} \quad \frac{1}{2400} \quad \frac{1}{2500}.$$

Man wird deshalb den Vergleichswiderstand nach Möglichkeit so wählen, daß nur der mittlere Teil des Meßdrahtes für die Einstellung in Frage kommt. Bei Präzisionsmessungen kann unter Umständen die geringe Selbstinduktion des Meßdrahts, besonders in Walzenform, doch noch störend sein. Ein Ersatz des Meßdrahts mit Gleitkontakt durch besonders sorgfältig hergestellte, kapazitäts- und induktionsfreie Widerstandssätze hat sich ausgezeichnet bewährt[2]). Auf ein beliebig variables Widerstandsverhältnis a/b (Abb. 1) wird dann gewöhnlich verzichtet und das Minimum durch Variation des Vergleichswiderstandes aufgesucht.

Als **Vergleichswiderstände** dienen in der Regel Stöpselrheostate in geeigneten Sätzen, an die ebenfalls vor allen Dingen die Forderung möglichst geringer Selbstinduktion und Kapazität gestellt werden muß. Weil dieser Forderung leicht sich anpassend, sind unter Umständen Flüssigkeitswiderstände, sowohl als Vergleichs- wie als Brückenwiderstände von Nutzen. Aber auch die vorwiegend gebräuchlichen aufgespulten Drahtwiderstände entsprechen, wenn nach CHAPERON, FEUSSNER oder ähnlich gewickelt, den zu stellenden Anforderungen, jedenfalls bis zu Werten von etwa 10000 Ohm.

---

[1]) S. auch P. A. THIESSEN, ZS. f. Elektrochem. Bd. 30, S. 473. 1924.
[2]) S. z. B. W. A. TAYLOR u. S. F. ACREE, Journ. Amer. Chem. Soc. Bd. 38, S. 2403 u. 2415. 1916.

Bei genauen Messungen, vor allem kleinerer Widerstände, darf der Widerstand der Zuleitungen, soweit sie in oder zwischen A, B, a und b (Abb. 1) liegen, nicht vernachlässigt werden. Meist wird seine Berechnung aus den Dimensionen der Leitungen und dem spezifischen Widerstand des benutzten Materials ausreichend sein. Gegebenenfalls kann er in dem die Leitfähigkeitszelle enthaltenden Zweige, wo eine sichere Schätzung nicht immer möglich ist, auch experimentell bestimmt werden, indem man die Leitfähigkeitsgefäße (am besten bei unplatinierten Elektroden; Ziff. 5) mit Quecksilber füllt. Zweckmäßig wird der Zuleitungswiderstand immer klein gehalten durch Verwendung von kurzen, dicken Kupferdrähten (1 bis 2 mm Durchmesser) und ebenfalls starken Elektrodenableitungen.

Einzelheiten über Widerstände findet man in Kap. 16. Näheres über Widerstandsmessungen im allgemeinen in Kap. 17 ds. Bandes, so daß die vorstehenden Andeutungen hier ausreichen dürften.

5. Leitfähigkeitsgefäße. Elektroden. Von großer Wichtigkeit ist die Wahl des für den jeweiligen Zweck geeigneten Elektrodengefäßes zur Aufnahme des zu untersuchenden Elektrolyten. Da im allgemeinen (vgl. Ziff. 1) Widerstände mittlerer Größe, von etwa 50 bis 2000 Ohm, am sichersten gemessen werden können, sucht man dem Gefäß und den Elektroden solche Dimensionen zu geben, daß dieser Bedingung genügt wird. Die Widerstandskapazität $C = l/q$ soll also möglichst zwischen $50 \cdot \varkappa$ und $2000 \cdot \varkappa$ betragen. Die Abb. 8 bis 15 veranschaulichen verschiedene gebräuchliche Formen von Leitfähigkeitsgefäßen. Bei solchen für besser leitende Flüssigkeiten wählt man nicht etwa die Elektroden klein (vgl. unten), erreicht vielmehr die Vergrößerung der Widerstandskapazität durch erhöhten Abstand der Elektroden oder einfacher durch Einschnürung des zwischen ihnen liegenden Gefäßteiles (Beispiele Abb. 10, 12, 13). Die Modelle der Abb. 8, 9, 10, 14 u. 15 haben feststehende, die der Abb. 11, 12 u. 13 in ihrer gegenseitigen Entfernung veränderliche Elektroden. Bei Anbringung von Teilmarken am Gefäß (Abb. 12) kann dann die Widerstandskapazität auch meßbar verändert werden. Bequem sind manchmal, besonders für schnelle Orientierungsversuche, Tauchelektroden, wovon Abb. 14 ein Beispiel zeigt. Sie können einfach in beliebige, den Elektrolyten enthaltende Gefäße eingetaucht werden, ohne daß die Widerstandskapazität merklich von deren Größe und Form mitbestimmt ist. In Abb. 15 ist ein pipettenartiges Gefäß wiedergegeben, das z. B. in Fällen, wo Berührung des Elektrolyten mit der atmosphärischen Luft vermieden werden muß, oder auch bei flüchtigen Stoffen, am Platze sein kann. Besondere Umstände verlangen vielfach weitere Modifikationen, deretwegen aber auf die Spezialliteratur verwiesen werden muß[1]).

Als Gefäßmaterial wird für Arbeiten bei gewöhnlicher Temperatur überwiegend Glas gewählt. Die Verwendung der gegen chemische Reagenzien besonders widerstandsfähigen Jenaer Glassorten ist zu empfehlen, vielfach, besonders bei sehr verdünnten Lösungen und überhaupt bei schlechtleitenden Elektro-

---

[1]) Gefäße für Präzisionsmessungen an Lösungen: W. A. TAYLOR u. S. F. ACREE, Journ. Amer. Chem. Soc. Bd. 38, S. 2403. 1916; E. W. WASHBURN, ebenda Bd. 38, S. 2431. 1916. Für Arbeiten unter Luftabschluß: F. BERGIUS, ZS. f. phys. Chem. Bd. 72, S. 338. 1910; K. JELLINEK, ebenda Bd. 76, S. 257. 1911. Für Arbeiten bei erhöhter Temperatur: A. A. NOYES u. W. D. COOLIDGE, ZS. f. phys. Chem. Bd. 46, S. 323. 1903; J. W. MAC BAIN u. M. TAYLOR, ebenda Bd. 76, S. 179. 1911. Für Arbeiten unter erhöhtem Druck: K. ROGOYSKI u. G. TAMMANN, ZS. f. phys. Chem. Bd. 20, S. 1. 1896; A. BOGOJAWLENSKI u. G. TAMMANN, ebenda Bd. 27, S. 457. 1898; F. KÖRBER, ebenda Bd. 67, S. 212. 1909. Für Untersuchung geschmolzener Salze: K. ARNDT, ZS. f. Elektrochem. Bd. 12, S. 337. 1906; R. LORENZ u. H. T. KALMUS, ZS. f. phys. Chem. Bd. 59, S. 17. 1907; A. H. W. ATEN, ebenda Bd. 66, S. 641. 1909; Bd. 73. S. 578. 1910; Bd. 78, S. 1. 1911; F. M. JAEGER u. B. KAPMA, ZS. f.

lyten, unumgänglich. Bei höheren Temperaturen muß häufig anderes Material herangezogen werden, Porzellan, Quarz, unter Umständen auch Platin.

Die Elektroden bestehen üblicherweise aus Platin, das meist noch mit einem Überzug von Platinmohr versehen wird (Platinieren, s. unten). In speziellen Fällen kann aber auch

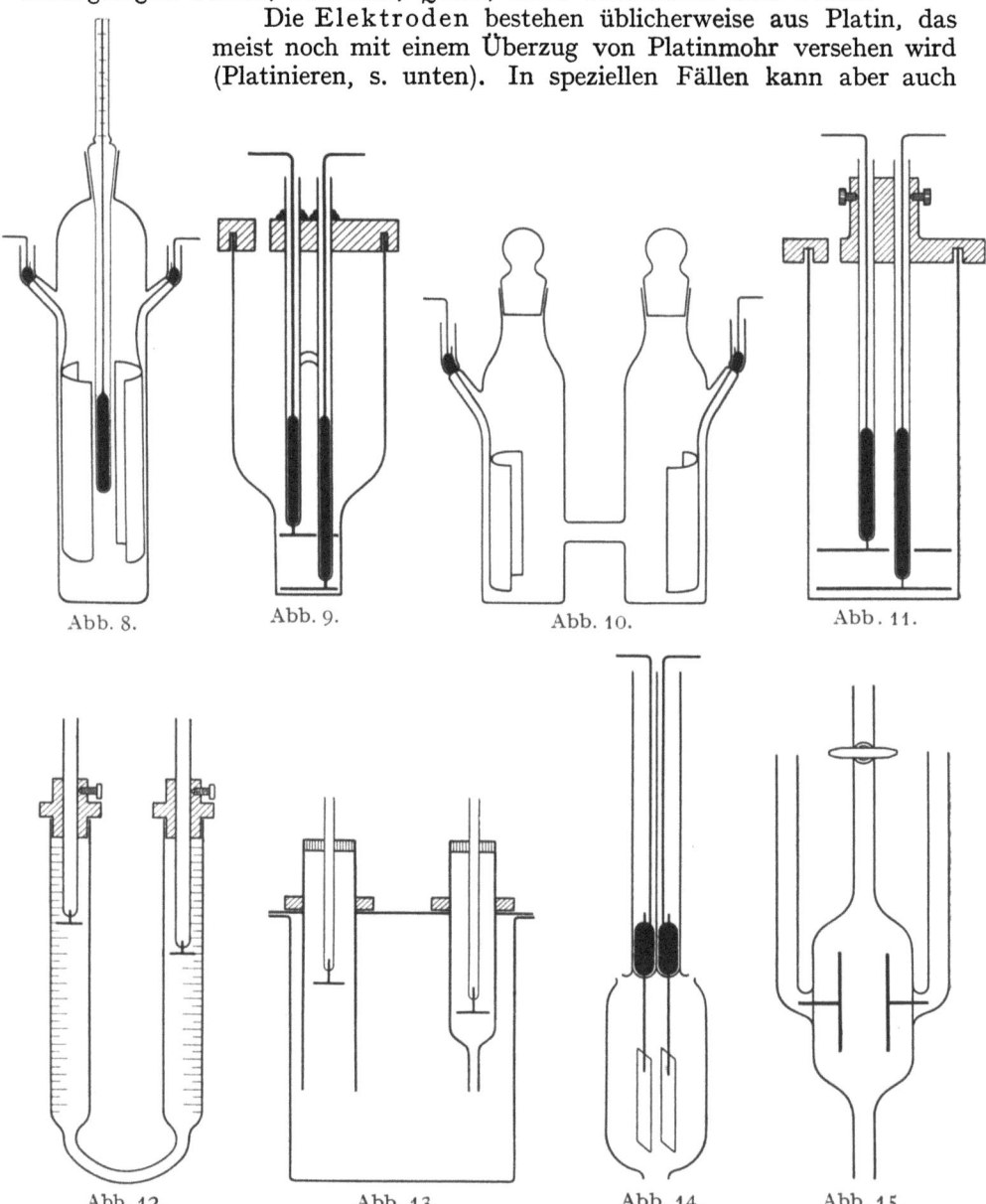

Abb. 8—15. Leitfähigkeitsgefäße verschiedener Form.

anorg. Chem. Bd. 113, S. 27. 1920. Auch feste Elektrolyte können unter Umständen nach Schmelzen und Wiedererstarren in den üblichen Gefäßen gemessen werden. Vgl. z. B.: W. KOHLRAUSCH, Wied. Ann. Bd. 17, S. 642. 1882; C. TUBANDT, Nernst-Festschrift, S. 446. Halle 1912; ZS. f. phys. Chem. Bd. 87, S. 513. 1914. Meist schließt sich die Technik der Untersuchung fester Elektrolyte jedoch mehr an die bei metallischen Leitern gebräuchliche an. Vgl. etwa: W. NERNST, ZS. f. Elektrochem. Bd. 6, S. 41. 1899; K. BAEDEKER, Ann. d. Phys. (4) Bd. 22, S. 749. 1907; Bd. 29, S. 566. 1909; A. BENRATH, ZS. f. phys. Chem. Bd. 64, S. 693. 1908; Bd. 99, S. 57. 1921; M. LE BLANC, ZS. f. Elektrochem. Bd. 18, S. 549. 1912.

anderes Material angebracht sein. So ist für Salzschmelzen hin und wieder Silber vorgezogen worden[1]). Gegen die Benutzung unedlerer Metalle wäre manchmal, z. B. in den Lösungen ihrer Salze, nichts einzuwenden; ihrer nicht allgemeinen Verwendbarkeit wegen hat man davon aber bisher kaum Gebrauch gemacht. Die zu anderen Zwecken oft nützlichen Elektroden mit in Glas eingebrannter Platinschicht (vgl. Ziff. 29) können zu Leitfähigkeitsbestimmungen wegen ihres meist beträchtlichen Widerstandes nicht gebraucht werden. ROTH[2]) empfiehlt neuerdings als Ersatz für Platinelektroden solche aus Silber mit bromierter und dann platinierter Oberfläche.

Zu achten ist stets auf zuverlässige Montierung der Elektroden. Die bei Platin gebräuchlichste Art besteht in der durch angeschweißte (nicht angelötete) Drähte gleichen Materials vermittelten Einschmelzung in Glas, entweder in die Gefäßwand oder in besonders anzubringende Röhren (vgl. die Abbildungen). Eine Veränderung der gegenseitigen Lage der Elektroden wie auch ihrer Orientierung im Gefäß muß ausgeschlossen bleiben. Die Elektrodenbleche und der zur Befestigung dienende Draht sollen deshalb nicht zu schwach sein. Eventuell ist eine besondere Stabilisierung durch Glasstützen od. dgl. notwendig. Bei Elektroden, die nicht fest am Gefäß, sondern etwa am beweglichen Deckel angebracht sind, ist für Innehaltung unveränderter Lage besonders Sorge zu tragen (Paßmarken). Die Stromzuführung erfolgt durch Vermittlung von Quecksilber und in dieses eintauchende dicke Kupferdrähte (vgl. die Abbildungen). Um bei der Starrheit der letzteren eine Zerrung der Elektroden durch Zug oder Druck auf die Zuführungsdrähte zu verhindern, führt man diese zunächst zu fest mit dem Leitfähigkeitsgefäß verbundenen, besonderen Quecksilbernäpfen.

Die Begründung für die Wahl nicht zu kleiner Elektroden bei Gefäßen großer Widerstandskapazität ist zu finden in der Abhängigkeit der störenden Polarisationserscheinungen von der Stromdichte an der Elektrodenoberfläche. Je größer die Stromdichte, um so stärker die Polarisation. Sehr wirksam zur Hintansetzung dieser Fehlerquelle ist deshalb die künstliche Vergrößerung der Elektrodenoberfläche durch „Platinieren". Diese Operation geschieht auf elektrolytischem Wege, indem an die Elektroden in einer Lösung[3]), die 3% Platinchlorid (Platinchlorwasserstoffsäure, [H_2PtCl_6, 8 H_2O]) und 0,02 bis 0,03% Bleiazetat enthält, ein schwacher, hin und wieder kommutierter Strom angelegt wird. Der Strom soll so reguliert sein, daß schwache Gasentwicklung an den Elektroden eintritt. Nur dann erhält man einen Überzug von erwünschter Wirkung. Ansammlung störender Gasblasen unter wagerecht gestellten Elektroden wird durch Schrägstellen des Gefäßes vermieden. Erstmalige Platinierung muß etwa 10 Minuten lang fortgesetzt werden. Zum Nachplatinieren, das zu erfolgen hat, sowie die Elektrode nicht mehr gleichmäßig samtschwarz erscheint, genügen 2 Minuten. Anschließend ist an beiden Elektroden, in verdünnter Schwefelsäure gemeinsam als Kathoden gegen eine Platinhilfsanode geschaltet, einige Minuten lang lebhaft Wasserstoff zu entwickeln, um Reste der Platinierungsflüssigkeit zu reduzieren. Sodann hat gründliche wiederholte Wässerung, zum Schluß in Leitfähigkeitswasser (nächste Ziffer), zu erfolgen. Tropfbar flüssiges Wasser wird endlich durch vorsichtiges Berühren des Randes mit Fliespapier entfernt, und die völlige Trocknung an der Luft abgewartet (gegebenenfalls durch einen warmen Luftstrom zu beschleunigen), wenn man nicht vorzieht, wo angängig, die letzten Wasserreste durch Abspülen mit dem zu untersuchenden

---

[1]) L. POINCARÉ, Ann. chim. phys. Bd. 21, S. 289. 1890; H. S. SCHULTZE, ZS. f. anorg. Chem. Bd. 20, S. 333. 1899.
[2]) W. A. ROTH, D. R. P. 354693. 1921; Achema-Jahrbuch 1926/27, S. 66. Berlin 1927.
[3]) O. LUMMER u. F. KURLBAUM, Verh. d. D. Phys. Ges. Berlin Bd. 13, S. 66. 1895; F. KOHLRAUSCH, Wied. Ann. Bd. 60, S. 315. 1894.

Elektrolyten zu entfernen. Längere Aufbewahrung der trockenen Elektroden an der Luft führt häufig eine mangelhafte Benetzungsfähigkeit herbei, die am besten durch kurze Nachplatinierung zu beheben ist. Bei Nichtgebrauch ist deshalb Bedecken der Elektroden mit reinem Lösungsmittel vorteilhaft.

Nicht immer ist eine Platinierung der beschriebenen Art angebracht. Der fein verteilte Überzug vermag nicht unbeträchtliche Mengen mancher Stoffe zu adsorbieren, was besonders bei extrem verdünnten Lösungen ins Gewicht fallen kann[1]). Auch ist in manchen Fällen chemische Veränderung des Elektrolyten unter dem katalytischen Einfluß des Platinmohrs zu befürchten. Man kann dann statt der sehr feinkörnigen schwarzen die sog. Grauplatinierung anwenden, die entweder durch Erhitzen der wie üblich platinierten Elektrode auf schwache Rotglut oder durch geeignete andere Wahl der Elektrolysierbedingungen erzielt werden kann[2]). Unter Umständen ist auch glattes Platin vorzuziehen. Unter solchen Verhältnissen sind Modifikationen der normalen Meßanordnung, die das Arbeiten mit besonders schwachen Strömen gestatten, wertvoll (vgl. Ziff. 2 u. 3).

Nicht sorgfältigst gereinigte Elektroden können, besonders in verdünnten Lösungen, die Quelle erheblicher Störungen sein. Für die Reinigung glatter Platinelektroden hat sich Behandlung mit heißer konzentrierter Schwefelsäure, in der Kalium- oder Natriumbichromat bis zur Sättigung gelöst ist, bewährt. (Diese Flüssigkeit ist auch zur Reinigung der Glasgefäße vorteilhaft zu verwenden.) Gründliches Abspülen in reinem Wasser hat sich natürlich anzuschließen. Um bei diesem Verfahren völlig gleichartige Elektroden, die keine Potentialdifferenz im gleichen Elektrolyten gegeneinander zeigen, zu erhalten, sollen die beiden Elektroden einer Zelle während der ganzen Operation, und am besten überhaupt stets bei Nichtgebrauch, kurzgeschlossen sein[3]). Platinierte Elektroden können nicht in der beschriebenen Weise behandelt werden. Diese sollten vor der Platinierung gründlichst gesäubert sein. Auch bei ihnen ist Kurzschluß während des Nichtgebrauchs empfehlenswert.

6. Bestimmung der Widerstandskapazität durch Eichung mit Normalflüssigkeiten. Die Ausmessung von Länge und Querschnitt des Leiters, auch indirekt durch Auswägen mit Wasser oder Quecksilber, kann bei den gebräuchlichen, z. B. auch bei sämtlichen in Ziff. 5 abgebildeten Leitfähigkeitsgefäßen, nicht zur Bestimmung der Widerstandskapazität dienen. Voraussetzung für ein solches Verfahren sind Elektroden, die den Querschnitt des Leiters völlig ausfüllen. In der Phys.-Techn. Reichsanst. (und auch an entsprechenden Stellen des Auslandes) sind unter Einhaltung dieser Bedingung die spezifischen Leitfähigkeiten einer Reihe von geeigneten Flüssigkeiten mit äußerster Sorgfalt bestimmt. Diese werden weiterhin zur Eichung beliebiger Gefäße zugrunde gelegt, indem in letzteren der Widerstand R solcher Standardlösungen experimentell ermittelt und nach

$$C = \varkappa \cdot R \tag{1a}$$

die gesuchte Kapazität errechnet wird. Tabelle 1 bringt die spezifischen Leitfähigkeiten der gebräuchlichsten Lösungen bei Temperaturen von 15 bis 25°[4]). Die Auswahl unter diesen hat unter dem Gesichtspunkt zu erfolgen, daß bei der Eichung möglichst Widerstände von etwa gleicher Größenordnung wie bei den eigentlichen Messungen vorhanden sind, jedenfalls sollen ihre Werte, wenn

---

[1]) H. C. PARKER, Journ. Amer. Chem. Soc. Bd. 45, S. 1366. 1923.
[2]) Vgl. A. SCHMID, Die Diffusionsgaselektrode. Stuttgart 1923.
[3]) J. L. R. MORGAN u. O. M. LAMMERT, Journ. Amer. Chem. Soc. Bd. 45, S. 1692. 1923.
[4]) Nach F. KOHLRAUSCH. L. HOLBORN u. H. DIESSELHORST, Wied. Ann. Bd. 64, S. 417. 1898. Die Originaltabelle umfaßt das Temperaturgebiet von 0° bis 36°. Abdruck in LANDOLT-BÖRNSTEIN-ROTH, Phys.-Chem.-Tab. 5. Aufl. Berlin 1923.

irgend angängig, sich zwischen 50 und 2000 Ohm bewegen. Es sind danach verwendbar:

	für Widerstandskapazitäten von etwa $C =$
H_2SO_4 maximaler Leitfähigkeit	1500 ÷ 40
NaCl, gesättigte Lösung	400 ÷ 10
KCl, 1-molar	200 ÷ 5
$MgSO_4$, Lösung maximaler Leitfähigkeit	100 ÷ 3
KCl, 0,1-molar	20 ÷ 0,5
KCl, 0,02-molar $CaSO_4$ (Gips, kristallisiert), gesättigte Lösung	} 4 ÷ 0,1
KCl, 0,01-molar	2 ÷ 0,05

In den $\varkappa$-Werten der Tabelle 1 ist die Eigenleitfähigkeit des Lösungswassers bereits in Abzug gebracht. Deren jeweiliger Wert muß also stets wieder hinzugerechnet werden, was bei Verwendung guten Wassers (vgl. Ziff. 7) praktisch allerdings nur bei den schlechter leitenden Lösungen von Bedeutung ist.

Tabelle 1. Spezifisches Leitvermögen von wäßrigen Normalflüssigkeiten zur Bestimmung der Widerstandskapazität.

Temperatur	H_2SO_4, max[1])	NaCl, gesättigt[2])	KCl, 1 m[3])	$MgSO_4$, max[4])	KCl, 0,1 m[3])	KCl, 0,02 m[3])	Gips, gesättigt[2])	KCl, 0,01 m[3])
15°	0,7028	0,2014$_6$	0,09252	0,04555	0,01048	0,002243	0,001734	0,001147
16°	0,7151	0,2062$_9$	0,09441	0,04676	0,01072	0,002294	0,001782	0,001173
17°	0,7275	0,2111$_5$	0,09631	0,04799	0,01095	0,002345	0,001831	0,001199
18°	0,7398	0,2160$_5$	0,09822	0,04922	0,01119	0,002397	0,001880	0,001225
19°	0,7522	0,2209$_9$	0,10014	0,05046	0,01143	0,002449	0,001928	0,001251
20°	0,7645	0,2259$_6$	0,10207	0,05171	0,01167	0,002501	0,001976	0,001278
21°	0,7768	0,2309$_6$	0,10400	0,05297	0,01191	0,002553	0,002024	0,001305
22°	0,7890	0,2360$_0$	0,10594	0,05424	0,01215	0,002606	0,002071	0,001332
23°	0,8013	0,2411	0,10789	0,05551	0,01239	0,002659	0,002118	0,001359
24°	0,8135	0,2462	0,10984	0,05679	0,01264	0,002712	0,002164	0,001386
25°	0,8257	0,2513	0,11180	0,05808	0,01288	0,002765	0,002211	0,001413

Gegenüber den neuesten amerikanischen Messungen zeigen die in Tabelle 1 gegebenen Leitfähigkeiten von KCl-Lösungen Abweichungen von 0,1 bis 0,2%. Obwohl bei uns die älteren Werte der Tabelle 1 gewöhnlich noch der Kapazitätsbestimmung zugrunde gelegt werden, ist es kaum zweifelhaft, daß den neueren Resultaten der Vorrang gebührt. In Tabelle 1a seien deshalb auch die neueren Ergebnisse niedergelegt[5]).

Kommen Elektrolyte von wesentlich geringerem Leitvermögen als dem der schlechtest leitenden Eichflüssigkeit (0,01 m-KCl) zur Messung, so ist natürlich die angestrebte „Annäherung" des Widerstands bei Eichung und Messung nicht mehr möglich. Ob man in solchen Fällen vorziehen soll, mit kleinerem Widerstand der Eichflüssigkeit und normalem des zu messenden Elektrolyten, d. h. in einem Gefäß sehr kleiner Kapazität, zu arbeiten, oder umgekehrt, das hängt im wesentlichen von der sonstigen Versuchsanordnung ab. Auf Grund der in voranstehenden Ziffern gegebenen Hinweise dürfte eine Entscheidung von Fall zu Fall getroffen werden können[6]).

Hat man einmal eine Anzahl Leitfähigkeitsgefäße von zuverlässig bestimmter Widerstandskapazität zur Verfügung, so ist zur Ausmessung weiterer Exemplare

---

[1]) 30% H_2SO_4; $d_{18°} = 1,223$.
[2]) Bei der jeweiligen Temperatur gesättigt.
[3]) Konzentration bezieht sich auf ein veraltetes Molekulargewicht für KCl. Die 1 m-Lösung enthält 74,59 g im Liter bei 18° (74,555 g mit Messinggewichten in Luft gewogen); $d_{18°} = 1,04492$.
[4]) 17,4% $MgSO_4$; $d_{18°} = 1,190$.
[5]) H. C. PARKER u. E. W. PARKER, Journ. Amer. Chem. Soc. Bd. 46, S. 312. 1924.
[6]) Vgl. auch H. C. PARKER, Journ. Amer. Chem. Soc. Bd. 45, S. 1366. 1923.

Tabelle 1a. Spezifisches Leitvermögen von Kaliumchloridlösungen.
I. 1 Mol KCl in 1000 cm³ Lösung (76,6276 g auf 1000 g Wasser in Luft gewogen.
II. 0,1 ,, ,, ,, 1000 ,, ,, (7,47896 g ,, 1000 g ,, ,, ,, ,,
III. 0,01 ,, ,, ,, 1000 ,, ,, (0,746253 g ,, 1000 g ,, ,, ,, ,,

Temperatur	I	II	III
0°	0,065098	0,0071295	0,00077284
5°	0,073876	0,0082055	0,00089203
10°	0,082886	0,0093158	0,00101513
15°	0,092132	0,0104603	0,00114215
20°	0,097790	0,0111636	0,00122023
25°	0,101607	0,0116393	0,00127307
25°	0,111322	0,0128524	0,00140789
30°	0,121267	0,0140996	0,00154661

die Benutzung von Eichflüssigkeiten bekannter Leitfähigkeit entbehrlich. Man vergleicht dann nach der Brückenmethode je ein Gefäß bekannter und unbekannter Kapazität, gefüllt mit dem gleichen Elektrolyten, dessen $\varkappa$-Wert zwar der Größe der Gefäße einigermaßen angepaßt sein muß (weshalb die letzteren auch unter sich nicht allzu verschieden sein sollen), genau aber nicht gegeben zu sein braucht. Die Kapazitäten C_A und C_B verhalten sich dann wie die Widerstände R_A und R_B, also auch wie die entsprechenden Brückenteile a und b:

$$\frac{C_A}{C_B} = \frac{R_A}{R_B} = \frac{a}{b}; \quad C_A = C_B \cdot \frac{a}{b}. \tag{8}$$

Die Widerstandskapazität eines Gefäßes ist meist auch durch die Höhe der Flüssigkeitsfüllung mitbedingt. Es ist folglich auf annähernd gleiche Füllung bei allen Messungen zu achten.

7. Leitfähigkeitswasser. Handelt es sich darum, aus dem gemessenen Leitvermögen einer Lösung Schlüsse auf die Eigenschaften des gelösten Stoffes zu ziehen — eine Aufgabe, die besonders dem Chemiker häufig entgegentritt —, so ist dies mit Sicherheit, vor allem in schlecht leitenden Lösungen, nur bei Kenntnis der Eigenleitfähigkeit des Lösungsmittels möglich. Aber auch diese Kenntnis ist häufig nur dann von Wert, wenn das benutzte Lösungsmittel einen genügenden Reinheitsgrad besitzt. Die spezielle Erörterung der Verhältnisse bei Wasser, dem praktisch wichtigsten Lösungsmittel, wird dies deutlicher machen. Das reinste bisher gewonnene Wasser hatte ein spezifisches Leitvermögen $\varkappa = 4{,}2 \cdot 10^{-8}$ Ohm$^{-1}\cdot$cm^{-1} bei 18°. Aus seinen Eigenschaften konnte wahrscheinlich gemacht werden, daß absolut reines Wasser $\varkappa_{18°} = 3{,}8 \cdot 10^{-8}$ zeigen würde[1]. Eine so weitgehende Reinigung des Wassers ist nur mit besonderen Mitteln möglich, die für die normale Gewinnung von Lösungswasser nicht in Frage kommen. Das übliche „Leitfähigkeitswasser" hat ein Leitvermögen $\varkappa = 1 \div 2 \cdot 10^{-6}$, ein Wert, der mithin vorzugsweise auf Verunreinigungen beruhen muß.

Falls nun diese Verunreinigungen mit den in solchem Wasser zu untersuchenden Stoffen chemisch zu reagieren vermögen, wird natürlich ihr Anteil an dem Leitvermögen des Mediums eine Änderung erfahren. Demzufolge kann es zu Fehlern führen, wenn von dem experimentell ermittelten Brutto-$\varkappa$-Wert einer Lösung das ursprüngliche Leitvermögen des Lösungsmittels abgezogen wird, um zu dem des gelösten Stoffes zu gelangen. Da die Verunreinigungen des „Leitfähigkeitswassers" meist saurer oder basischer Natur sind, gibt sich das erwähnte Verhalten z. B. darin zu erkennen, daß die Leitfähigkeit des Lösungsmittels bei Zusatz kleinster Mengen von Basen oder Säuren abnimmt, statt

---

[1] F. KOHLRAUSCH u. A. HEYDWEILLER, Wied. Ann. Bd. 53, S. 209. 1894; ZS. f. phys. Chem. Bd. 14, S. 317. 1894.

anzuwachsen. Eingebrachte OH⁻ (H⁺) fangen die H⁺ (OH⁻) der verunreinigenden Säure (Base) unter Wasserbildung fort. Dies ist der Grund, daß sehr verdünnte Lösungen von Säuren und Basen bisher nicht mit der wünschenswerten Genauigkeit gemessen werden konnten. Da nämlich über die spezielle Natur der Verunreinigungen des Wassers sichere Kenntnis kaum zu erhalten ist, führt auch eine rechnerische Eliminierung des Fehlers nicht sicher zum Ziel[1]). Es bleibt also nichts anderes übrig als zu versuchen, den unvermeidlichen Fehler in gewissen Grenzen zu halten.

Die Wichtigkeit der Verwendung möglichst reinen Wassers zu Leitfähigkeitsbestimmungen wäßriger Lösungen dürfte damit genügend deutlich geworden sein.

Die Reinigung des Wassers erreicht man gewöhnlich durch zweckentsprechende, wiederholte Destillation. Verarbeitung größerer Quantitäten trägt wesentlich zum Erfolge bei. Um Übergehen flüchtiger Produkte in das Destillat zu verhindern, bindet oder zerstört man diese durch geeignete Zusätze. Als flüchtige Verunreinigungen des Wassers kommen praktisch — neben organischen Verbindungen, die man gegebenenfalls durch Oxydation mit Kaliumpermanganat (den sogleich zu erwähnenden Säuren zugesetzt) beseitigt — Ammoniak und Kohlendioxyd in Frage. Man destilliert demgemäß einmal unter Zusatz einer nichtflüchtigen Säure (Schwefelsäure oder Phosphorsäure) und ein zweites Mal unter Zusatz basischer Stoffe (gebräuchlich sind Ätzkalk, CaO, oder Ätzbaryt, BaO). Man kann auch beide Prozesse in einem Apparat vereinigen[2]). Um den beabsichtigten Zweck zu erreichen, muß natürlich die Wiederaufnahme von Verunreinigungen aus dem Material des Kühlers und der Auffanggefäße vermieden werden. Hervorragend geeignet ist als solches Quarz, natürlich auch Platin, die aber beide im allgemeinen nicht zur Verfügung stehen dürften. Gewöhnlich benutzt man deshalb Silber oder Zinn für den Kühler [gegen die Verwendung von Silber sind allerdings auch Bedenken laut geworden[3])], gutes Glas, das evtl. noch mit einem schützenden Überzuge von Paraffin oder ähnlichem Material versehen werden kann, für die Vorlage.

Natürlich ist auch Sorge zu tragen, daß ein Verspritzen des Destilliergutes in das Destillat ausgeschlossen bleibt, am besten durch Einfügen geeigneter Aufsätze zwischen Destillierkolben und Kühler. Sind einmal Verunreinigungen in den absteigenden Teil des Kühlers gelangt, so können sie, besonders wenn es sich um Ätzkalk oder Baryt handelt, die lange wirkende Veranlassung zu Störungen sein. Abhilfe schafft im letzteren Falle vorübergehende Destillation einer wäßrigen Salzsäure.

Die ersten Anteile einer Destillation sind zu verwerfen. Es wird immer gut sein, den Reinigungsprozeß durch angenäherte Widerstandsbestimmung an gesondert aufgefangenen Proben zu überwachen. Dabei sollen glatte Platinelektroden benutzt werden.

Bei aller Sorgfalt wird man auf dem beschriebenen Wege die „Eigenleitfähigkeit" des Wassers doch nicht wesentlich unter $\varkappa = 1 \cdot 10^{-6}$ Ohm$^{-1} \cdot$ cm^{-1} herabdrücken können, solange nicht durch besondere Maßnahmen, sowohl bei Herstellung wie bei Aufbewahrung und Verwendung, die Aufnahme von Kohlensäure aus der Atmosphäre und gegebenenfalls auch anderer Stoffe, wie Ammoniak oder gar Salzsäure, verhindert wird. Der normale Gehalt der Luft an Kohlendioxyd genügt, um dem Wasser bei Sättigung, die relativ rasch eintritt, das genannte Leitvermögen zu erteilen[4]). Als Schutz gegen Verunreinigung ist —

---
[1]) S. jedoch H. REMY, ZS. f. Elektrochem. Bd. 31, S. 88. 1925.
[2]) TH. PAUL, ZS. f. Elektrochem. Bd. 20, S. 179. 1914.
[3]) O. HÖNIGSCHMID u. L. BIRCKENBACH, Chem. Ber. Bd. 54, S. 1873. 1921.
[4]) J. KENDALL, Journ. Amer. Chem. Soc. Bd. 38, S. 1480 u. 2460. 1916.

nach vorangehendem „Ausspülen" der Gefäße mit CO_2-freier Luft — ihr Abschluß von der Atmosphäre durch hintereinandergeschaltete Absorptionsgefäße angebracht, eines mit basischen Mitteln gefüllt (Ätzkalk, Natronkalk, Kaliumhydroxyd), das andere mit sauren (Bimssteinstückchen oder Kieselgur mit Schwefelsäure oder Phosphorsäure getränkt). Die Leitfähigkeitsgefäße müssen in solchen Fällen entsprechend modifiziert werden, auch ist natürlich dafür zu sorgen, daß nicht beim Umfüllen des Wassers oder der Lösungen Kohlensäure hinzutreten kann. Bei Beachtung aller Vorsichtsmaßregeln gelingt es, Wasser bis zu $\varkappa = 0{,}05 \cdot 10^{-6} \cdot Ohm^{-1} \cdot cm^{-1}$ herunter zu erhalten[1]).

Tabelle 2. Anteil des Wassers am Leitvermögen einer Salzlösung ($\varLambda_\infty = 100$) bei verschiedenen Konzentrationen.

Salzkonzentration (g-Äquiv./Liter)	$\varkappa_{Salz}$	Anteil des Wassers an $\varkappa_{Lösung}$ in % bei Wasser der spez. Leitf.		
		10^{-6}	10^{-7}	$5 \cdot 10^{-8}$
10^{-1}	10^{-2}	0,01	0,001	0,0005
10^{-2}	10^{-3}	0,1	0,01	0,005
10^{-3}	10^{-4}	1	0,1	0,05
10^{-4}	10^{-5}	9	1	0,5
10^{-5}	10^{-6}	50	9	5
10^{-6}	10^{-7}	91	50	33

Statt durch Destillation hat man auch durch teilweises Gefrierenlassen Leitfähigkeitswasser zu gewinnen versucht[2]). Die Verunreinigungen bleiben dabei größtenteils in der „Mutterlauge" zurück.

Die kleine Tabelle 2 gibt in abgerundeten Zahlen den prozentischen Anteil der Eigenleitfähigkeit von Wasser verschiedener Reinheit an dem Gesamtleitvermögen der Lösungen eines Salzes mit Ionen mittlerer Beweglichkeit ($\varLambda_\infty = 100$), wobei zwecks Vereinfachung vollständige Dissoziation in allen angegebenen Konzentrationen (also im Sinne der neueren Theorie $f_A = 1$) angenommen wurde.

Man erkennt, daß Messungen in größeren Verdünnungen nur bei genauer Kenntnis der aktuellen Lösungsmittelleitfähigkeit mit Erfolg ausgewertet werden können.

Die Korrektionen, wie sie aus der Tabelle hervorgehen, sind ferner nur bei nicht hydrolytisch gespaltenen Salzen anwendbar. Im übrigen, also für Basen und Säuren sowie für Salze schwächerer Basen oder Säuren, liegen völlig übersichtliche Verhältnisse nur bei Anwendung allerreinsten Wassers vor. Dann läßt sich nämlich die gegenseitige Beeinflussung der Dissoziation und damit des Leitvermögens von Lösungsmittel und Gelöstem (auch Hydrolyse) durch Rechnung bestimmen, wozu allerdings die Spaltungsverhältnisse der in Frage kommenden Stoffe bekannt sein müssen (Näheres in Bd. XIII). Da deren Bestimmung meist gerade der Zweck solcher Messungen ist (vgl. Ziff. 13), muß durch allmähliche Näherung (rohe Bestimmung der Dissoziationsverhältnisse aus unkorrigierten Messungen, Benutzung dieser Daten zu einer Korrektur in erster Näherung usf.) die Lösung angestrebt werden. Relativ einfach liegen die Verhältnisse bei Untersuchung nicht zu schwacher Säuren und Basen. Man darf dann vielfach eine praktisch vollständige Zurückdrängung der Wasserdissoziation annehmen, so daß die experimentellen Daten ohne jede Korrektion das gesuchte Leitvermögen des gelösten Stoffes liefern. Dieses Verfahren ist naturgemäß um so eher berechtigt, je „stärker" der betreffende Elektrolyt ist und in je höherer Konzentration er vorliegt. Bei Säuren oder Basen mit Affinitätskonstanten $K = 10^{-6}$ in Verdünnungen von 10^{-6} Mol/Liter würde der Fehler erst etwa 1% der Eigenleitfähigkeit des Wassers betragen. Nimmt man an, daß die Verunreinigung des üblichen Leitfähigkeitswassers ($\varkappa = 1 \div 2 \cdot 10^{-6}$) allein durch Kohlensäure bewirkt ist, dann kann man bei Messung von nicht gar zu schwachen Säuren

---

[1]) H. J. WEILAND, Journ. Amer. Chem. Soc. Bd. 40, S. 131. 1918; CH. A. KRAUS u. W. B. DEXTER, ebenda Bd. 44, S. 2468. 1922.
[2]) W. NERNST, ZS. f. phys. Chem. Bd. 8, S. 120. 1891.

(etwa bis herunter zu $K = 10^{-5}$ bei Konzentrationen von 10^{-5} Mol/Liter) auch bei Anwendung solchen Lösungswassers ebenso verfahren. Meist wird diese Annahme sich nicht allzu weit von der Wahrheit entfernen, doch sollte man nicht versäumen, ihre Berechtigung wenigstens dadurch nachzuprüfen, daß man die Änderung der Leitfähigkeit des Wassers durch kleinste Zusätze von Säuren und Basen untersucht. Ist wirklich Kohlensäure die Hauptverunreinigung, dann steigt bei Säurezusatz die Leitfähigkeit, bei Basenzusatz nimmt sie zunächst deutlich ab. Dieser letzteren Erscheinung entsprechend würde bei Untersuchung von Basen in solchem Wasser sogar eine positive Korrektion an dem gemessenen Wert anzubringen sein.

Näheres Eingehen auf weitere Einzelfälle kann hier nicht erfolgen[1]). Man sieht jedenfalls, welche Schwierigkeiten die Auswertung von Messungsergebnissen in verdünnten Lösungen, besonders bei Verwendung nicht allerbesten Wassers, bereiten kann und wie unter Umständen nur spezielle Überlegungen und Rechnungen zum Ziele führen.

Ganz Entsprechendes gilt für die Mehrzahl der nichtwäßrigen Lösungsmittel, zum Teil sogar in verstärktem Maße, da einerseits die Reinigung hier noch schwieriger sein kann als beim Wasser, andererseits nur in seltenen Fällen über die Natur der Verunreinigungen sowohl als auch über die Ionenspaltung des reinen Mediums Sicheres bekannt ist. Erörterung einzelner Beispiele würde den Rahmen dieses Handbuchs überschreiten[2]).

8. Abgleichung von Kapazitäten, Selbstinduktionen und Polarisation[3]). Zur Erzielung eines genügend scharfen Minimums wird es in manchen extremen Fällen nicht zu umgehen sein, die in einem Brückenzweige auftretende Polarisation, Selbstinduktion bzw. Kapazität dadurch unschädlich zu machen, daß man im anderen Zweige absichtlich gleichartige Erscheinungen von entsprechender Größe hervorruft.

Relativ leicht und sicher gelingt die Kompensation von Kapazitäten[4]). Da sowohl am Vergleichswiderstand als auch an der elektrolytischen Zelle Kondensatorwirkungen auftreten können, ist durch Probieren festzustellen, ob Kapazitätserhöhung des einen oder anderen Brückenzweiges zum Erfolg führt. Man benutzt einen kleinen variablen Kondensator, der also entweder zum Vergleichswiderstand oder zum Leitfähigkeitsgefäß parallel gelegt wird. Durchaus brauchbar, dabei billig und bequem, sind Drehkondensatoren, wie sie in der Radiotechnik bzw. im Rundfunk Verwendung finden. Eine Kapazität bis zu einigen hundert Zentimetern wird fast stets ausreichen, meist sind noch kleinere Dimensionen angebracht. Wichtig ist vor allem eine möglichst feine Einstellung und möglichst geringe Anfangskapazität. Dieser letzteren Notwendigkeit kann man dadurch entgehen, daß man von vornherein zwei Instrumente, je eines in jedem Brückenzweige, verwendet.

Ganz entsprechend kann man Selbstinduktion des Vergleichswiderstandes (im anderen Brückenzweige kommt eine solche praktisch nicht in Frage) durch

---

[1]) S. a. J. KENDALL, Journ. Amer. Chem. Soc. Bd. 38, S. 1480 u. 2460. 1916; Bd. 39, S. 7. 1917; E. W. WASHBURN, ebenda Bd. 40, S. 106. 1918; H. REMY, ZS. f. Elektrochem. Bd. 31, S. 88. 1925.

[2]) Manchmal gelingt eine weitgehende Reinigung von Lösungsmitteln durch lange fortgesetzte Gleichstrom-Elektrolyse; vgl. z. B. G. JAFFÉ, Ann. d. Phys. (4) Bd. 25, S. 257. 1908; Bd. 28, S. 326. 1909; Bd. 32, S. 148. 1910; Bd. 36, S. 25. 1911; J. SCHRÖDER, ebenda Bd. 29, S. 125. 1909; J. FASSBINDER, ebenda Bd. 48. S. 449. 1915; J. CARVALLO, R. C. Bd. 151, S. 717. 1910.

[3]) Vgl. E. W. WASHBURN, Journ. Amer. Chem. Soc. Bd. 38, S. 2431. 1916.

[4]) F. KOHLRAUSCH, Wied. Ann. Bd. 49, S. 225. 1893; W. NERNST, ZS. f. phys. Chem. Bd. 14, S. 622. 1894; M. E. MALTBY, ebenda Bd. 18, S. 133. 1895.

eine vor die Leitfähigkeitszelle gelegte variable Selbstinduktion kompensieren. Auch dazu sind die verschiedenen Formen der beim Funkwesen gebräuchlichen „Variometer" verwendbar, deren OHMscher Widerstand natürlich bekannt sein und in Rechnung gesetzt werden muß. Wenn man aber nicht sicher ist, ob eine vorhandene Minimumunschärfe auf Selbstinduktion des Vergleichswiderstandes oder etwa auf Polarisation zurückzuführen ist, kann dieses Verfahren zu Irrtümern Veranlassung geben. Da ein Stromkreis mit Polarisation formal als Widerstand mit vorgeschalteter Kapazität aufgefaßt werden darf, kann auch die durch Polarisation bedingte Verwaschung des Minimums durch eine passende Selbstinduktion in Serie mit der elektrolytischen Zelle beseitigt werden, vollständig allerdings nur bei Verwendung reinen Sinusstromes. Trotz Schärfe des Minimums kann dann jedoch seine Lage fehlerhaft sein[1]). Man wird deshalb von Verwendung dieses Mittels im allgemeinen Abstand nehmen. Dasselbe gilt für die Kompensation von Polarisation der Zelle bzw. Selbstinduktion des Vergleichswiderstandes durch eine vor diesen gelegte Kapazität[2]), womit natürlich die gleiche Wirkung erzielt wird wie mit der Selbstinduktion im korrespondierenden Stromzweige. Dieses Mittel scheidet für die Praxis meist schon deshalb aus, weil es unbequem große, variable Kapazitäten (mehrere Mikrofarad) erfordert. Eine Eliminierung der genannten Fehler ist möglich durch Messung bei verschiedenen Frequenzen[3]), womit das Verfahren jedoch sehr kompliziert und unbequem wird.

Zur Kompensation der Polarisation hat man mehrfach auch von dem Kunstgriff Gebrauch gemacht, in den zweiten Stromkreis ebenfalls eine elektrolytische Zelle zu legen[4]). Zweckmäßig ist es, diese mit dem gleichen Elektrolyten zu füllen, wie er in der Hauptzelle gemessen werden soll, und beide Zellen mit Elektroden gleicher Oberfläche zu versehen. Den Widerstand der Hilfszelle wird man dagegen — durch Annäherung der Elektroden aneinander — so niedrig wie möglich halten, so daß er nur als kleines Korrektionsglied neben dem Vergleichswiderstand in Erscheinung tritt. Dann ist bei Einhaltung eines Brückenverhältnisses von etwa 1:1 die Polarisation in beiden Zweigen annähernd gleich.

Die Anwendung der zuletzt geschilderten Kompensationsverfahren wird im allgemeinen auf extrem ungünstige Fälle beschränkt bleiben können. Praktisch induktionsfreie Widerstände bis zu hohen Ohmwerten sind durch geeignete Wicklung unschwer herstellbar; die in den Handel gebrachten modernen Instrumente genügen denn auch dieser Forderung meist in ausreichendem Maße. Störende Polarisation ist in den weitaus häufigsten Fällen durch passende Wahl der Widerstandskapazität bei Verwendung gut platinierter Elektroden zu vermeiden. Wo diese Bedingungen nicht erfüllt werden können, wird man zunächst versuchen, die Intensität des Meßstromes, soweit irgend angängig, herabzudrücken, was bei Heranziehung von Vorrichtungen zur nachträglichen Wiederverstärkung (Ziff. 3) sehr weitgehend möglich sein dürfte. Erst wenn auch dies nicht zum Ziele führt — systematische Untersuchungen in dieser Hinsicht liegen leider noch nicht vor — wird man von der Kompensationsmöglichkeit durch Hilfszellen Gebrauch machen.

Einzig der Anwendung kompensierender Kapazitäten wird man vielfach, vor allem bei Messung schlechtleitender Elektrolyte, nicht entraten können. Einerseits sind Drahtwiderstände hoher Ohmzahl weit schwieriger kapazitätsfrei als selbstinduktionslos herzustellen, andererseits wird die Kondensatorwirkung

---

[1]) M. WIEN, Wied. Ann. Bd. 58, S. 37. 1896.
[2]) C. M. GORDON, Wied. Ann. Bd 61, S 1. 1897.
[3]) E. NEUMANN, Wied. Ann. Bd. 67, S. 500. 1899; W. A. TAYLOR u. S. F. ACREE, Journ. Amer. Chem. Soc. Bd. 38, S. 2403 u. 2415. 1916.
[4]) F. BERGIUS, ZS. f. phys. Chem. Bd. 72, S. 338. 1910.

der elektrolytischen Zelle bei schlechtleitenden, besonders wäßrigen Lösungen (wegen der hohen Dielektrizitätskonstante des Wassers) nicht zu vernachlässigen sein. Verwendung sinusförmigen Stromes erleichtert in solchen Fällen die Abgleichung der störenden Kapazitäten.

Kondensatoreigenschaften der Leitfähigkeitsgefäße, die durch Auflading beider Seiten der als Dielektrikum wirkenden Gefäßwand zustande kommen und besonders deutlich sind bei Einbau der Gefäße in wassergefüllte Thermostaten, können durch Verwendung nichtleitender Badflüssigkeiten (Petroleum) erheblich eingeschränkt werden.

9. Einige weitere Modifikationen der KOHLRAUSCHschen Methode. Vorteilhaft ist hin und wieder, in erster Linie bei sehr schlecht leitenden Flüssigkeiten, eine von NERNST[1]) vorgeschlagene Anordnung. Es kommen hier ausschließlich Flüssigkeitswiderstände (w_1, w_2, w_3, w_4) (Abb. 16) zur Anwendung. w_4 ist meßbar veränderlich und wird zunächst gegen w_3 so abgeglichen, daß durch das Meßinstrument kein Strom fließt. Wird dann — durch Öffnen des Stromschlüssels U — der Widerstand in dem w_4 enthaltenden Brückenzweige durch Hinzuschalten des zu bestimmenden Widerstands w_x vergrößert,

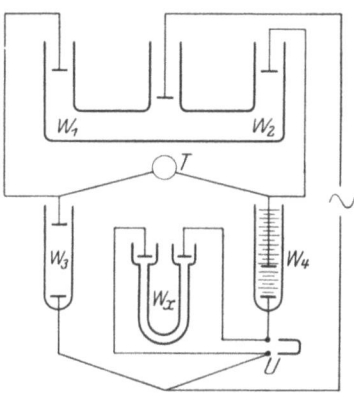

Abb. 16. Brückenanordnung mit Flüssigkeitswiderständen (Substitutionsmethode).

so ist, um erneut das Stromminimum in T zu erhalten, w_4 um denselben Betrag zu verkleinern. Ist die Abhängigkeit von Widerstand und Elektrodenentfernung in w_4 durch Eichung mit bekannten Widerständen ermittelt, so liefert demnach die notwendige Elektrodenverschiebung unmittelbar den gesuchten Widerstand (Substitutionsmethode). Etwaige Unsymmetrie in den elektrostatischen Kapazitäten der beiden Brückenzweige kann durch entsprechende Einstellung je eines variablen Kondensators in Parallelschaltung zu w_3 und w_4 kompensiert werden. Als Elektrolyt für die Flüssigkeitswiderstände ist wegen des geringen Temperaturkoeffizienten ihrer Leitfähigkeit die sog. MAGNANINIsche Flüssigkeit[2]) (121 g Mannit, 41 g Borsäure und 0,04 g Kaliumchlorid in Wasser zu 1 l gelöst; $\varkappa_{18°} = 1 \cdot 10^{-3}$ Ohm$^{-1} \cdot$ cm^{-1}) besonders geeignet. Für kleinere Widerstände sind Lösungen von primärem Kaliumsulfat, die ebenfalls einigermaßen temperaturunabhängig sind, verwendbar.

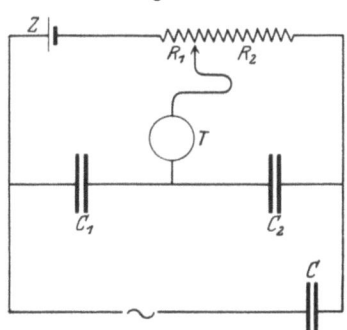

Abb. 17. Brückenanordnung mit Kondensatoren.

Von NERNST[3]) (in Gemeinschaft mit HAAGN) ist ferner eine Meßanordnung ausgebildet worden, die keinerlei geschlossene Stromkreise enthält, was in gewissen Fällen, z. B. bei der Widerstandsmessung von galvanischen Elementen, erstrebenswert ist. Das Verfahren macht von der Möglichkeit Gebrauch,

---

[1]) W. NERNST, ZS. f. phys. Chem. Bd. 14, S. 622. 1894; M. E. MALTBY, ebenda Bd. 18, S. 133. 1895.
[2]) G. MAGNANINI, ZS. f. phys. Chem. Bd. 6, S. 59. 1890; H. SCHERING u. R. SCHMIDT, Arch. f. Elektrot. Bd. 1, S. 424. 1913.
[3]) W. NERNST u. E. HAAGN, ZS. f. Elektrochem. Bd. 2, S. 493. 1896; E. HAAGN, ZS. f. phys. Chem. Bd. 23, S. 97. 1897.

Widerstände durch Kapazitäten zu messen, eine Methode, die umgekehrt zur Bestimmung von Dielektrizitätskonstanten sehr gebräuchlich ist. Abb. 17 zeigt das Schaltungsschema mit einer geringen Abänderung nach DOLEZALEK und GAHL[1]). C_1 und C_2 sind Kondensatoren, deren Kapazitätsverhältnis C_1/C_2 bekannt sein muß, C ein weiterer Kondensator zur Absperrung jeden Gleichstromes, ∞ die Wechselstromquelle, Z die Zelle mit dem zu messenden Widerstande W, T das Telephon oder ein sonstiges Nullinstrument, R_1 und R_2 meßbar veränderliche Widerstände, natürlich induktions- und kapazitätsfrei. Bei Stromlosigkeit im Telephonzweige gilt:

$$(W + R_1) : R_2 = C_2 : C_1. \qquad (9)$$

Das Verhältnis C_2/C_1 bestimmt man am bequemsten, indem man an Stelle von W einen bekannten, kapazitäts- und induktionsfreien, also am besten einen elektrolytischen Widerstand W' bringt. Die Methode liefert in der beschriebenen Anordnung den Widerstand der offenen Zelle. Aber auch arbeitende Ketten können so gemessen werden, wenn zu Z ein bekannter, evtl. variabler Widerstand (W) parallel gelegt wird. Es gilt dann bei Stromlosigkeit in T:

$$\left(\frac{W \cdot w}{(W+w)} + R_1\right) : R_2 = C_2 : C_1. \qquad (10)$$

b) Gleichstrommethoden (und sonstige).

10. Vernachlässigung der Polarisation. Gleichstrommethoden sind fast nur zur Messung sehr hoher Elektrolytwiderstände ($> 10^5$ Ohm) in Gebrauch und hier häufig den Wechselstrommethoden vorzuziehen. Bei allerschlechtesten Leitern, die man gewöhnlich schon den Isolatoren zuzuzählen pflegt, sind sie überhaupt das Gegebene. Doch auch zur angenäherten Messung besserer Leiter sind sie zum Teil ihrer Bequemlichkeit halber gut brauchbar. In der in folgender Ziffer zu besprechenden Ausführungsform dürfte Anwendung von Gleichstrom sogar eine in bezug auf Genauigkeit nicht zu überbietende Präzisionsmethode ergeben.

Bei großen Widerständen kann man, ohne erhebliche Störungen durch die Stromwärme befürchten zu müssen, so hohe Gleichspannungen (etwa einige hundert Volt, z. B. aus Gleichstromnetzen oder Hochspannungsbatterien) an die elektrolytische Zelle legen, daß daneben die Polarisation (durchschnittlich in der Größenordnung von 1 Volt) praktisch zu vernachlässigen ist[2]). Hat die zu untersuchende Flüssigkeit nicht schon an sich minimales Leitvermögen, muß man Gefäße extrem hoher Widerstandskapazität verwenden, etwa Kapillarröhren. Dabei sind die Elektroden aus den bekannten Gründen möglichst groß zu wählen und gut zu platinieren.

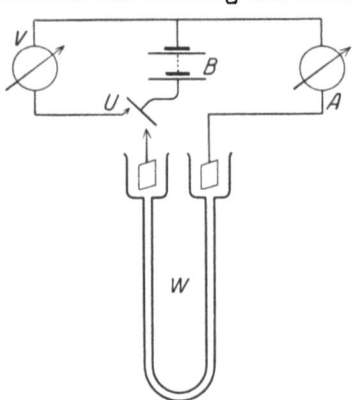

Abb. 18. Widerstandsmessung mit Gleichstrom: Vernachlässigung der Polarisation.

Die Widerstandsbestimmung kann dann sowohl durch Vergleichung in der WHEATSTONEschen Brücke als auch durch Messung von Stromstärke und Spannung erfolgen. Das letztere ist besonders einfach unter Verwendung von Zeigerinstrumenten, etwa so, wie schematisch in Abb. 18 dargestellt. V ist ein hochohmiges

---
[1]) F. DOLEZALEK u. R. GAHL, ZS. f. Elektrochem. Bd. 7, S. 429. 1900.
[2]) M. WILDERMANN, ZS. f. phys. Chem. Bd. 14, S. 247. 1894.

Voltmeter, das die direkte Messung der EK der Stromquelle B gestattet, deren innerer Widerstand deshalb klein sein soll (Akkumulatoren). Der Umschalter U erlaubt B entweder über V oder über den Strommesser A und den zu messenden Widerstand W zu schließen. Bedeuten W_B und W_A die bekannten inneren Widerstände von B bzw. A, so ist aus den gemessenen Werten von E (EK der Stromquelle) und I (Stromstärke) nach dem OHMschen Gesetz zu folgern:

$$W = \frac{E}{I} - W_B - W_A. \qquad (11)$$

Bei roheren Messungen darf vielfach W_B und W_A gegen E/I vernachlässigt werden.

Unter Umständen kann die Polarisation dadurch sehr weitgehend eingeschränkt werden, daß man anstatt der üblichen Platinelektroden sog. **unpolarisierbare Elektroden** benutzt. Deren Auswahl ist entweder dem jeweiligen Untersuchungsobjekt anzupassen, indem man etwa Elektroden aus dem gleichen Metall benutzt, wie der Elektrolyt es enthält (auch Elektroden zweiter Art [Ziff. 28] kommen in Frage), oder aber es werden zwei gleichartige, im übrigen beliebige „Normalelektroden" (Ziff. 24) verwandt, die in der üblichen Weise in elektrolytische Verbindung mit der Widerstandszelle gebracht werden (Abb. 19). Im letzteren Falle muß der Widerstand der Normalelektroden natürlich ebenfalls bekannt oder aber zu vernachlässigen sein. Zu beachten ist, daß in sehr verdünnten Lösungen auch derartige Elektroden nicht mehr der Bedingung praktischer Unpolarisierbarkeit genügen. Allein die Elektroden mit konzentrierteren Lösungen zu umgeben, ist unter solchen Umständen unangebracht wegen Gefahr starker Verunreinigung der zu untersuchenden Flüssigkeit.

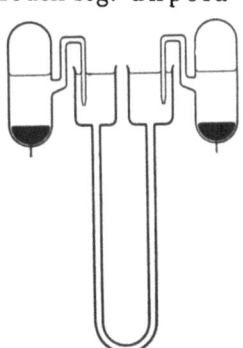

Abb. 19. Widerstandsmessung mit Gleichstrom: Verminderung der Polarisation.

Die Zeit des Stromschlusses wird man bei derartigen Gleichstrommessungen soweit wie möglich beschränken, um merkliche Gehaltsänderungen der Lösungen und störende Stromwärme auszuschließen.

Beim Arbeiten mit sehr großen Widerständen ist die Gefahr störender Nebenschlüsse besonders groß. Sorgfältige Isolation aller Teile der Anordnung ist dann Voraussetzung für den Erfolg. Auch Feuchtigkeitsniederschläge auf der Außenwand der Widerstandszelle können verhängnisvoll sein. Wo schließlich das Leitvermögen des Gefäßmaterials selbst in die Größenordnung desjenigen der zu untersuchenden Flüssigkeit kommt, muß es durch Messung von mindestens zwei Eichflüssigkeiten eliminiert werden. Zur Bestimmung der Widerstandskapazität ist — falls es sich nicht um bloße Vergleichung zweier Flüssigkeiten handelt — natürlich ebenfalls ein Elektrolyt bekannter Leitfähigkeit erforderlich.

11. Eliminierung der Polarisation bei elektrometrischer Messung. Den Einfluß der Polarisation kann man völlig ausschalten, wenn — bei im Prinzip gleicher Anordnung wie voranstehend beschrieben — die Spannung an den Enden eines von bekanntem Strom durchflossenen Flüssigkeitsleiters unter Benutzung von geeigneten Hilfselektroden (Sonden) gemessen wird. Abb. 20 zeigt schematisch die Anordnung der elektrolytischen Zelle und der Elektroden. Der Gleichstrom der Batterie B wird über den Widerstand R und den Strommesser A den Elektroden E_1 und E_2 des Leitfähigkeitsgefäßes zugeführt. N_1 und N_2 sind zwei gleichartige Hilfselektroden von konstantem Potential, also z. B. Kalomel- oder sonstige Normalelektroden. Um mit Sicherheit allen Störungen, die an den Hauptelektroden infolge Elektrolyse auftreten könnten, zu entgehen, sind N_1 und N_2

nicht in deren Nähe, sondern an den mittleren Teil des Leiters gelegt. Die bei geschlossenem Stromkreis zwischen N_1 und N_2 bestehende Potentialdifferenz (E) wird ohne Stromentnahme, also mit dem Elektrometer oder nach einer Kompensationsmethode, gemessen. Es ist dann der Widerstand des Leiterstückes, auf welches dieser Spannungsabfall entfällt:

$$W = \frac{E}{I}.$$

Die Widerstandskapazität wird in gleicher Anordnung mit Hilfe von Flüssigkeiten bekannten Leitvermögens bestimmt.

Eleganter noch wird die Methode, wenn die Ermittlung von I ebenfalls auf Grund einer Spannungsmessung erfolgt. Ist die Potentialdifferenz zwischen den Enden des bekannten Widerstandes R (Abb. 20) zu E_R gefunden, so gilt:

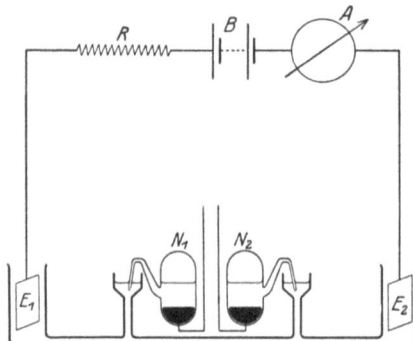

$$I = \frac{E_R}{R}, \tag{13}$$

$$W = \frac{E \cdot R}{E_R}. \tag{14}$$

Der Strommesser A ist in diesem Falle natürlich entbehrlich, ebenso wie R in der ersten Ausführungsform überflüssig ist, bzw. allein dazu dient, die Stromstärke in gewünschten Grenzen zu halten. Der Stromschluß ist auch hier auf kurze Zeiten zu beschränken.

Abb. 20. Widerstandsmessung mit Gleichstrom: Eliminierung der Polarisation.

Die beschriebene Methode hat schon früh zu recht zuverlässigen Messungen an elektrolytischen Leitern[1], auch zur Vergleichung der mit Gleich- und Wechselstrom erhaltenen Werte[2], gedient. Obwohl sie in neuerer Zeit nur vereinzelt Anwendung gefunden hat[3], verdient sie zweifellos größte Beachtung gerade da, wo es sich weniger um bequem und schnell auszuführende Messungen als vielmehr um solche von äußerster Exaktheit handelt.

12. Andere Methoden. Einige weitere Möglichkeiten zur Ermittlung des Leitvermögens besitzen für Elektrolyte fast ausschließlich theoretisches Interesse und kommen zur praktischen Verwendung höchstens in ganz speziellen Fällen in Betracht. Wenigstens erwähnt seien diejenigen Methoden, die man mit gewissem experimentellen Erfolge auch bei elektrolytischen Leitern anzuwenden versucht hat.

In einem geschlossenen elektrolytischen Stromkreise, etwa einer leitenden Flüssigkeit in ringförmigem Gefäße (aber natürlich auch bei jeder beliebigen anderen Form), können ebenso wie in metallischen Leitern Ströme durch Induktion hervorgerufen werden. Unter sonst gleichen Bedingungen ist deren Intensität dem Leitvermögen des Elektrolyten proportional, ihre Messung kann mithin zur Ermittlung der relativen, unter Umständen auch der absoluten Leitfähigkeit dienen. Gemessen werden kann der Effekt durch die Rückwirkung auf das induzierende System, also durch Bestimmung von Dämpfungserscheinungen. Die ersten derartigen Versuche von BEETZ[4] blieben erfolglos. Spätere Resultate

---

[1] F. FUCHS, Pogg. Ann. Bd. 156, S. 156. 1875; s. a. E. BOUTY, C. R. Bd. 98, S. 140, 362, 797 u. 908. 1884 (und folgende Bände). Ann. de chim. phys. (6) Bd. 3, S. 443. 1884.
[2] S. SHELDON, Wied. Ann. Bd. 34, S. 122. 1888.
[3] E. NEWBERY, Journ. Chem. Soc. London Bd. 113, S. 701. 1918; E. D. EASTMAN, Journ. Amer. Chem. Soc. Bd. 42, S. 1648. 1920.
[4] W. BEETZ, Pogg. Ann. Bd. 117, S. 1. 1862.

ergaben wenigstens angenäherte Übereinstimmung mit denen der früher beschriebenen Methoden, wenn auch ihre Genauigkeit sehr viel geringer war. GUTHRIE und BOYS[1]) erzielten die erwartete Wirkung durch Bewegen von Flüssigkeitsmassen gegen starke Elektromagnete, FRANKLIN und FREUDENBERGER[2]) wandten starken Wechselstrom an. HÖBER[3]) beobachtete die Dämpfung einer wechselstromdurchflossenen Spule, wenn ein Elektrolyt in sie eingebracht wurde.

Ebenfalls von HÖBER[3]) ist ein Verfahren ausgearbeitet, das die Kapazitätsänderung eines Plattenkondensators bei teilweisem Ersatz des Dielektrikums durch eine leitende Flüssigkeit benutzt.

GRÄTZ[4]) hat aus der Dämpfung, die schlecht leitende Flüssigkeiten (Benzol, Äther) auf die Bewegung von Isolatoren in einem statischen elektrischen Felde ausüben, die Leitfähigkeit bestimmt.

Endlich hat ERSKINE[5]) eine vergleichende Messung des Leitvermögens wäßriger Salzlösungen durch Ermittlung ihrer dämpfenden Wirkung auf HERTZsche Schwingungen ausgeführt.

Alle diese Methoden haben den Vorzug, keiner Elektroden zu bedürfen. Das wichtigste Ergebnis der durchgeführten Untersuchungen ist die Übereinstimmung der Resultate mit denen anderer Methoden, wenigstens innerhalb der meist nicht unbeträchtlichen Fehlergrenzen. Weitergehende praktische Bedeutung kommt ihnen vorderhand kaum zu.

c) Einige Anwendungen[6]).

13. Bestimmung der elektrolytischen Dissoziation. Als Äquivalent- (bzw. Molar-) Leitfähigkeit von Lösungen bezeichnet man das Produkt aus spezifischem Leitvermögen und Äquivalent- (bzw. Molar-) Verdünnung (bei Wahl des Kubikzentimeters als Volumeinheit):

Äquivalentleitfähigkeit $\quad \Lambda_v = \varkappa \cdot v_A \quad (v_A = \text{cm}^3/\text{g-Äquivalent})$, (15)

Molarleitfähigkeit: $\quad \mu_v = \varkappa \cdot v_M \quad (v_M = \text{cm}^3/\text{Mol})$. (16)

Das Äquivalent-(Molar-)Leitvermögen strebt mit wachsender Verdünnung der Lösung asymthotisch einem oberen Grenzwert zu (Λ_∞ bzw. μ_∞).

Nach der klassischen Theorie der elektrolytischen Dissoziation von ARRHENIUS beruht diese Konzentrationsabhängigkeit des Leitvermögens im wesentlichen auf einer Änderung des Dissoziationszustandes der Ionenbildner. Nur bei unendlicher Verdünnung ist die Spaltung in Ionen vollständig. Mit steigender Konzentration tritt ein zunehmender Bruchteil der Ionen zu undissoziierten Molekeln zusammen, trägt infolgedessen zur Stromleitung nicht mehr bei. Das Verhältnis der Äquivalent- (bzw. Molar-) Leitfähigkeit bei einer endlichen Konzentration (Λ_v) zu derjenigen bei unendlicher Verdünnung (Λ_∞),

$$\alpha = \frac{\Lambda_v}{\Lambda_\infty} = \frac{\mu_v}{\mu_\infty}, \qquad (17)$$

bedeutet mithin für einen bei allen Konzentrationen gleichartig dissoziierenden, einheitlichen Elektrolyten den Dissoziationsgrad (α), den Quotienten von gespaltenem Anteil und Gesamtmenge des Ionenbildners.

Der Dissoziationsgrad ist deshalb von Bedeutung, weil er gestattet, Ionenkonzentrationen zu berechnen, die — wieder nach der klassischen Theorie — für die chemischen wie elektrochemischen Eigenschaften von Elektrolyt-

---

[1]) F. GUTHRIE u. C. F. BOYS, Phil. Mag. (5) Bd. 10, S. 328. 1880.
[2]) W. S. FRANKLIN u. L. A. FREUDENBERGER, Phys. Rev. Bd. 25, S. 294. 1907.
[3]) R. HÖBER, ZS. f. Elektrochem. Bd. 17, S. 148. 1911.
[4]) L. GRÄTZ, Ann. d. Phys. (4) Bd. 1, S. 530. 1900.
[5]) J. A. ERSKINE, Wied. Ann. Bd. 62, S. 454. 1897.
[6]) Näheres über die in diesem Abschnitt nur gestreiften theoretischen Grundlagen sowie deren Literatur in Bd. XIII ds. Handb.

lösungen bestimmend sind. Die Anwendung des Massenwirkungsgesetzes auf den Vorgang der elektrolytischen Dissoziation führt in konsequenter Auswertung dieser Auffassung zu der wichtigen Größe der Affinitäts- oder Dissoziationskonstante (K) als einem Maße auch für gewisse chemische Eigenschaften eines ionenbildenden Stoffes. Für einen in zwei Ionen zerfallenden Ionenbildner gilt

$$K = \frac{\alpha^2}{(1-\alpha) \cdot v}. \tag{18}$$

Die Bestimmung des Dissoziationsgrades aus Leitfähigkeitsmessungen ist der meistbenutzte Weg zur Ermittlung der Affinitätskonstanten von Säuren und Basen.

Nach neueren Anschauungen (BJERRUM u. a.; Näheres in Bd. XIII ds. Handb.) bestehen diese Zusammenhänge für starke Elektrolyte jedoch nicht. Diese werden in allen Verdünnungen als praktisch vollständig dissoziiert angesehen, doch üben die Ionen einen mit steigender Konzentration wachsenden Einfluß aufeinander aus, der eine Behinderung ihrer Beweglichkeit, mithin eine Verringerung des Äquivalentleitvermögens, zur Folge hat. Das Verhältnis Λ_v/Λ_∞ ist in diesen Fällen ein Maß für die relative Beweglichkeit der Ionen. Zwar bedingt die interionische Beeinflussung ebenfalls eine relative Verringerung der Aktivität oder wirksamen Konzentration der Ionen, doch sind die Zusammenhänge zwischen beiden Erscheinungen nicht so einfach, wie die klassische Theorie annahm, so daß in den genannten Fällen keineswegs Proportionalität zwischen Äquivalentleitvermögen und wirksamer Masse angenommen werden darf.

Nicht ausgeprägt starke Ionenbildner sind in Lösungen endlicher Konzentration auch nach der neueren Theorie unvollständig gespalten. Für sie gilt:

$$\frac{\Lambda_v}{\Lambda_\infty} = \alpha \cdot f_\Lambda, \tag{19}$$

wenn α den wahren Spaltungsgrad bedeutet und f_Λ das Verhältnis der Ionenbeweglichkeiten bei endlicher und unendlicher Verdünnung, also die Größe, welche bei starken Elektrolyten unmittelbar durch Λ_v/Λ_∞ gegeben ist. Da f_Λ für Ionenbildner gleichen Typus (ein-ein-wertig, ein-zwei-wertig usw.) bei gleichen Ionenkonzentrationen in erster Annäherung gleiche Werte hat, kann f_Λ der Gleichung (19) wenigstens genähert aus Leitfähigkeitsmessungen starker Elektrolyte erschlossen werden. Gegebenenfalls hat man bei der Berechnung von α schrittweise vorzugehen, indem zunächst die ungefähre Ionenkonzentration der zu untersuchenden Lösung mit dem rohen Wert von α ermittelt wird, den man für $f_\Lambda = 1$ in Gleichung (19) erhält. Daraus ist dann unter Heranziehung eines geeigneten starken Elektrolyten ein der Wirklichkeit besser entsprechender Wert für f_Λ zu bestimmen, der seinerseits weitere Annäherung an den wahren Wert von α gestattet. Das Verfahren ist, falls erforderlich, zu wiederholen, bis ein konstanter Wert für α resultiert.

f_Λ ist, wie aus dem Gesagten schon hervorgeht, eine Funktion der Ionenkonzentration und strebt asymptotisch dem Grenzwert 1 für $c_{\text{Ion}} = 0$ zu. Für schwache Ionenbildner, die auch in konzentrierteren Lösungen keine erheblichen Ionenkonzentrationen aufweisen, kann f_Λ praktisch überhaupt gleich 1 gesetzt werden, so daß für diese besonderen Fälle der Ansatz der klassischen Theorie ($\alpha = \Lambda_v/\Lambda_\infty$) gilt. Hier ist dann auch praktisch die Ionenaktivität gleich der Ionenkonzentration, so daß auch in dieser Hinsicht mit der klassischen Theorie gearbeitet werden darf.

Für genaue Rechnungen ist dieses Verfahren allerdings nur bei sehr verdünnten Lösungen zulässig. Wegen weiterer Einzelheiten der Theorie, insbesondere auch bezüglich des Zusammenhangs zwischen Ionenkonzentration und -aktivität, muß auf Bd. XIII ds. Handb. verwiesen werden.

Der in den voranstehenden Erörterungen auftretende **Grenzwert des Leitvermögens** Λ_∞ ist der direkten experimentellen Bestimmung nicht zugänglich. Λ_v strebt ihm bei fortschreitender Verdünnung asymptotisch zu; bei den noch sichere Leitfähigkeitsmessungen erlaubenden Konzentrationen wird die Grenze jedoch auch innerhalb der Versuchsfehler nicht erreicht. Die Ermittlung von Λ_∞ muß deshalb durch Extrapolation geschehen. Für schwache (binäre) Elektrolyte, die dem Massenwirkungsgesetz gehorchen, könnte dies auf Grund eben dieses Gesetzes, das die Beziehung:

$$\frac{\Lambda_v^2}{\Lambda_\infty(\Lambda_\infty - \Lambda_v)} = K \cdot v \tag{18a}$$

(OSTWALDsches Verdünnungsgesetz)

liefert, erfolgen. Wo die Ermittlung von Λ_∞ bzw. α zu dem Zwecke erfolgt, die Anwendbarkeit des Massenwirkungsgesetzes zu prüfen, hat ein solches Verfahren natürlich keinen Sinn. Dann geht man auf einem Umwege vor.

Für **starke** Elektrolyte gilt nämlich mit einiger Sicherheit[1]) im Gebiete höherer Verdünnungen in wäßriger Lösung $c < 10^{-2}$ — g-Äquivalent/Liter

$$\Lambda_\infty = \Lambda_v + b \cdot c^{\frac{1}{2}} \quad (b \text{ ist eine Stoffkonstante}), \tag{20}$$

so daß aus mindestens zwei Λ_v-Werten bei verschiedenen Verdünnungen (in Wirklichkeit wählt man stets eine größere Anzahl) des gleichen Elektrolyten Λ_∞ bestimmt werden kann. Die graphische Extrapolation ist ihrer Einfachheit halber der rechnerischen vorzuziehen, vor allem, weil sie bequemer die Ausgleichung zufälliger Messungsfehler erlaubt.

Da ferner (bei Vorhandensein von nur zwei Ionenarten) allgemein, für starke und schwache Ionenbildner,

$$\Lambda_\infty = \Lambda_{K\infty} + \Lambda_{A\infty} \tag{21}$$

ist, d. h. sich additiv aus zwei Gliedern, den Grenzwerten des Leitvermögens von Kation und Anion, zusammensetzt, die für ein gegebenes Lösungsmittel und gegebene Temperatur voneinander unabhängige Stoffkonstanten und den Ionenwanderungsgeschwindigkeiten (bei unendlicher Verdünnung) proportional sind, kann für Stoffe mit solchen Ionen, deren Grenzleitfähigkeiten bekannt sind, Λ_∞ ohne weiteres abgelesen werden.

Daraus ergibt sich ferner die Möglichkeit, Λ_∞ auch für **schwache** Elektrolyte mit **einem** Ion unbekannter Eigenschaften zu bestimmen, indem nämlich nach Gleichung (20) und (21) das Grenzleitvermögen dieses Ions aus Messungen an einem starken Elektrolyten, der dasselbe Ion neben einem zweiten von bekanntem Verhalten besitzt, erschlossen wird.

Für eine schwache Säure HX z. B. würde man also neben Leitfähigkeitsmessungen der Säure selbst solche etwa des Natriumsalzes (Alkalisalze sind ohne Ausnahme starke Elektrolyte) vorzunehmen haben, beides bei mehreren Verdünnungen. Auf $\Lambda_{\mathrm{Na}x}^\infty$ wird nach Gleichung (20) extrapoliert, gemäß Gleichung (21) ist sodann

$$\Lambda_{\mathrm{H}x\infty} = \Lambda_{\mathrm{Na}x\infty} - \Lambda_{\mathrm{Na}^+\infty} + \Lambda_{\mathrm{H}^+\infty}.$$

Bei schwachen Basen wählt man überchlorsaure, salzsaure oder salpetersaure Salze, verfährt im übrigen genau wie oben.

Es ist aber zu beachten, daß Leitfähigkeitsmessungen an Salzen sehr schwacher Säuren oder Basen in höheren Verdünnungen durch „Hydrolyse" (in wäßriger

---

[1]) F. KOHLRAUSCH u. M. E. MALTBY, Wiss. Abh. d. Phys.-Techn. Reichsanst. Bd. 3, S. 156. 1900; F. KOHLRAUSCH, ZS. f. Elektrochem. Bd. 13, S. 333 u. 645. 1907; P. DEBYE u. E. HÜCKEL, Phys. ZS. Bd. 24, S. 185 u. 305. 1923.

Lösung; allgemein Solvolyse) entstellt sind. Ohne Korrektion ergeben aus diesem Grunde die Messungen, z. B. an Natriumsalzen sehr schwacher Säuren

Tabelle 3. Abstand des Äquivalentleitvermögens vom Grenzwert $(\Lambda_\infty - \Lambda_v = \Delta_v)$
$t = 25°$; v in Liter/g-Äquivalent.

Produkt der Ionenwertigkeiten $n_K \cdot n_A$	Δ_{32}	Δ_{64}	Δ_{128}	Δ_{256}	Δ_{512}	Δ_{1024}
1	(15)	11,7	8,5	6,4	4,2	3,2
2	(26,6)	22,3	17	12,7	8,5	6,4
3	(39,3)	31,8	24,4	18	12,7	8,5
4	(55)	44,6	33	24,4	17	10,6
5	(66)	56,3	41,5	30,8	22,3	13,8
6	(75,5)	(63,8)	51	38,3	26,6	17

und an Nitraten sehr schwacher Basen zu hohe Grenzwerte. In solchen Fällen kann man die Hydrolyse zurückdrängen und, falls die schwache Säure oder Base einwertig ist, einwandfreie Ergebnisse erhalten, wenn man den jeweiligen Lösungen soviel der freien schwachen Komponente (Säure oder Base) zusetzt, daß völlige Neutralität vorhanden ist[1]). Am einfachsten ist dies durch Prüfung mit Farbenindikatoren (in Proben der Lösung) zu erreichen. Das Verfahren setzt allerdings ein sehr gutes Leitfähigkeitswasser voraus.

Tabelle 4. Grenzwerte des Äquivalent-Leitvermögens von Ionen bei 18° und Temperaturkoeffizienten $(a = (\Lambda_{t°} - \Lambda_{18°})/\Lambda_{18°} (t - 18))$.

Ion	Λ_∞	$a \cdot 10^4$	Ion	Λ_∞	$a \cdot 10^4$
H+	315	154	OH−	174	180
Li+	33,4	265	F−	46,6	238
Na+	43,5	244	Cl−	65,5	216
K+	64,6	217	Br−	67,6	215
NH4+	64	222	J−	66,5	213
Ag+	54,3	229	CNS−	56,6	221
Cu++	46	—	ClO3−	55,0	215
Mg++	45	256	BrO3−	46	—
Ca++	51	247	JO3−	33,9	—
Sr++	51	247	ClO4−	64	—
Ba++	55	239	JO4−	48	—
Zn++	46	254	NO3−	61,7	205
Cd++	46	245	HCO2−	47	—
Pb++	61	240	CH3CO2−	35	238
Mn++	44	—	C2H5CO2−	31	—
Fe++	45	—	SO4−−	68	227
Co++	43	—	CrO4−−	72	—
Ni++	44	—	CO3−−	60	270
Al+++	40	—	C2O4−−	63	231
Fe+++	61	—			
Cr+++	45	—			

Eine angenäherte Ermittlung des Grenzleitvermögens starker Elektrolyte ist schließlich auf Grund der Erfahrung möglich, daß die Konstante b der Gleichung (20) in erster Näherung von der speziellen Natur der Ionen unabhängig und nur von deren Wertigkeit bestimmt ist. Für (starke) Ionenbildner läßt sich demnach Gleichung (20) auf die Form

$$\Lambda_\infty = \Lambda_v + \Delta_v \quad \text{(Ostwald-Walden-Bredig-Regel)} \tag{22}$$

bringen, worin Δ_v Werte besitzt, die für 25°, verschiedene Verdünnungen und verschiedene Größe des Wertigkeitsprodukts $n_K \cdot n_A$ (Wertigkeit von Kation und Anion) in Tabelle 3[2]) aufgeführt sind. Tabelle 4 bringt endlich die Grenzleitfähigkeiten der wichtigsten Ionen (bei 18°) und ihre Temperaturkoeffizienten[3]).

---

[1]) G. BREDIG, ZS. f. phys. Chem. Bd. 13, S. 191. 1894.
[2]) G. BREDIG, ZS. f. phys. Chem. Bd. 13, S. 191. 1894; R. LORENZ u. E. SCHMIDT, ZS. f. anorg. Chem. Bd. 112, S. 209. 1920. Die Werte der Tabelle dürften durchweg etwas (2 bis 10%) zu hoch sein. Da die Grundlage des Verfahrens an sich nicht streng richtig ist und die zur vollständigen Umrechnung notwendigen Daten z. T. noch fehlen, sind trotzdem die Originalzahlen von BREDIG (nach Umrechnung auf die heute gebräuchlichen Einheiten) hierher gesetzt.
[3]) Aus F. KOHLRAUSCH u. L. HOLBORN, Das Leitvermögen der Elektrolyte. 2. Aufl. Leipzig u. Berlin 1916. Neuere Werte in Bd. XIII ds. Handb.

14. Bestimmung von Ionenwertigkeiten. Die in Ziff. 13 erwähnte annähernde Gesetzmäßigkeit im Verlauf der Konzentrations-Leitfähigkeitsfunktion, den Einfluß der Ionenwertigkeit betreffend, kann zur Ermittlung unbekannter Ionenwertigkeiten oder, anders ausgedrückt, zur Bestimmung der Basizität von Säuren und der Azidität von Basen, herangezogen werden[1]). Aus Gleichung (22) (Ziff. 13) folgt, daß

$$\Lambda_{v_2} - \Lambda_{v_1} = \Delta_{v_1} - \Delta_{v_2} = \Delta_{v_1 v_2} \qquad (23)$$

ist, worin $\Delta_{v_1 v_2}$ mit dem Wertigkeitsprodukt $n_K \cdot n_A$ der Ionen veränderlich (und zwar ungefähr proportional), aber nahezu unabhängig von der besonderen Natur der Ionen ist. Durch Bestimmung der Äquivalentleitfähigkeit eines Salzes mit einem bekannten Ion bei zwei verschiedenen Konzentrationen (die Äquivalentkonzentration ist auf das bekannte Ion zu beziehen) und Aufsuchen des zu $\Lambda_{v_2} - \Lambda_{v_1}$ gehörenden Wertes von $n_K \cdot n_A$ mit Hilfe der Tabelle 3 (Ziff. 13) kann die gesuchte Wertigkeit n_K bzw. n_A des zweiten Ions gefunden werden. Voraussetzung des Verfahrens ist, daß das betreffende Salz bei den gewählten Konzentrationen in der gleichen Weise, und zwar in nur zwei Ionenarten, gespalten ist, auch weder Komplexbildung noch Hydrolyse in stärkerem Maße zeigt. Den störenden Einfluß der Hydrolyse kann man gegebenenfalls, wie in vorstehender Ziffer angegeben, durch Zusatz der schwächeren Salzkomponente vermindern, der Komplexbildung sucht man zu entgehen durch Wahl höherer Verdünnungen.

Praktisch werden zur Untersuchung von Säuren meist deren Natrium- (oder Kalium-) Salze, zur Untersuchung von Basen deren Nitrate (Chloride, Perchlorate) benutzt.

Man verfährt so, daß man die wäßrige Lösung der in Frage kommenden Säure oder Base durch Zusatz z. B. einer gemessenen Menge Natronlauge (karbonatfrei) bzw. Salpetersäure bekannten Gehalts möglichst genau neutralisiert (Farbenindikator).

Ein etwaiger kleiner Überschuß der Titrierflüssigkeit ist meist schädlicher als ein geringer Fehlbetrag (wenn die zu untersuchenden Säuren und Basen schwächer sind als die zu ihrer Neutralisation benutzten), was bei der Titration berücksichtigt werden sollte. Die neutralisierte Lösung wird dann durch Verdünnen mit Leitfähigkeitswasser auf die gewünschte Äquivalentkonzentration ($c_1 = 1/v_1$) gebracht. Nach der Messung ihrer Leitfähigkeit wird weiter verdünnt bis zur zweiten Konzentration ($c_2 = 1/v_2$), wegen der beim Verdünnen vorgeschrittenen Hydrolyse evtl. erneut durch Zusatz des zu untersuchenden Elektrolyten neutralisiert, und endlich auch diese Lösung gemessen.

15. Gehaltsbestimmung von Lösungen durch Leitfähigkeitsmessungen[2]). Bei Elektrolyten, deren Leitvermögen als Funktion der Konzentration bekannt ist, kann diese Kenntnis umgekehrt zur Analyse von Lösungen durch Leitfähigkeitsmessungen dienen. Da die experimentellen Daten meist in Form von Äquivalent- (oder Molar-) Leitfähigkeiten (in welchen die Konzentration ja bereits enthalten ist) niedergelegt sind[3]), geht man folgendermaßen vor: Das gemessene spezifische Leitvermögen ($\varkappa$) einer Lösung führt in Verbindung mit dem ebenfalls Tabellen[3]) zu entnehmenden Grenzwert Λ_∞ zu einem ersten rohen Werte (c_I) der gesuchten Konzentration:

$$c_I = \frac{\varkappa}{\Lambda_\infty}.$$

---

[1]) W. OSTWALD, ZS. f. phys. Chem. Bd. 1, S. 74. 1887; Bd. 2, S. 840 u. 901. 1888; P. WALDEN, ebenda Bd. 1, S. 529. 1887; Bd. 2, S. 49. 1888.

[2]) Näheres, auch Literatur, in: F. KOHLRAUSCH u. L. HOLBORN, Das Leitvermögen der Elektrolyte. 2. Aufl. Leipzig u. Berlin 1916.

[3]) LANDOLT-BÖRNSTEIN, Physikalisch-chemische Tabellen. 5. Aufl. 1923; KOHLRAUSCH-HOLBORN, Leitvermögen; P. WALDEN, Das Leitvermögen der Lösungen. Leipzig 1924.

Der diesem c_I entsprechende Wert Λ_I wird der Tabelle (evtl. interpoliert) entnommen und zur Berechnung einer zweiten Näherung in c benutzt

$$c_{II} = \frac{\varkappa}{\Lambda_I},$$

usw., bis c konstant erscheint.

Die Methode ist von besonderem Wert für Lösungen **geringer Konzentration**, deren Analyse auf chemischem Wege im allgemeinen viel unsicherer, manchmal überhaupt nicht durchführbar ist.

Sehr geeignet ist die Leitfähigkeitsmessung auch zur **überschlägigen Ermittlung des Gehalts verdünnter Lösungen unbekannter Zusammensetzung**, wenn es sich nicht gerade um Säuren oder Basen handelt, die ja auch auf rein chemischem Wege (azidimetrische Titration) einfach bestimmt werden können. Die Λ-Werte verdünnter **Salzlösungen** (weniger als $^1/_{10}$ g-Äquivalent im Liter) gruppieren sich nämlich (mit Einzelabweichungen bis zu etwa 20—30%) um einen Mittelwert, der für Zimmertemperatur zu 100 eingesetzt werden soll. Es ist mithin in solchen Lösungen

$$c \approx \varkappa \cdot 10^{-2} \text{ g} \cdot \text{Äquivalent/cm}^3 \approx \varkappa \cdot 10^4 \text{ mg Äquivalent/Liter}.$$

Die nützlichste analytische Anwendung findet die Leitfähigkeitsmethode aber zur Messung der **Löslichkeit schwerlöslicher Salze**. Man bestimmt $\varkappa$ der gesättigten Lösung, deren Herstellung mit der erforderlichen Sorgfalt zu geschehen hat, worauf an dieser Stelle nicht eingegangen werden kann. Weiter verfährt man ähnlich, wie am Beginn dieser Ziffer geschildert. Nur stehen zu diesem besonderen Zweck Λ-Werte (außer Λ_∞, das gegebenenfalls aus $\Lambda_{K\infty} + \Lambda_{A\infty}$ errechnet wird) in der Nähe der gesättigten Lösung natürlich nicht zur Verfügung. Man arbeitet dann so, daß man das zu c_I gehörende Λ_I aus dem Verhalten von Salzen ähnlichen Baues oder mit Hilfe der Ostwald-Walden-Bredig-Regel (Ziff. 13) erschließt. Ebenso ist mit c_{II} usw. zu verfahren.

16. Leitfähigkeitstitration. Wird eine verdünnte wäßrige Lösung einer starken Säure mit steigenden Mengen einer starken Base versetzt (oder umgekehrt), so sinkt zunächst die spezifische Leitfähigkeit der Lösung, erreicht ein Minimum und steigt schließlich wieder an. Die Ursache dieser Erscheinung ist die anomal große Beweglichkeit des Wasserstoff- wie des Hydroxylions. Die beiden Ionenarten treten beim Zusammenbringen von Säure und Base zu undissoziierten, also nicht leitenden, Wassermolekeln zusammen:

$$M^+OH^- + H^+X^- \rightarrow M^+X^- + H_2O,$$

so daß also bei fortschreitender „Neutralisation" der Säure (Base) die sehr gut leitenden $H^+(OH^-)$ immer weiter durch langsamer wandernde, schlechter leitende Kationen (Anionen) ersetzt werden. Erst, wenn alle $H^+(OH^-)$ durch die hinzugefügte Base (Säure) fortgefangen sind, bewirkt weiterer Zusatz eine Erhöhung der Ionenkonzentration (durch OH^- und Kation bzw. H^+ und Anion), also auch wieder ein Ansteigen des Leitvermögens. Beim Neutralpunkte, bei dem Säure und Base in äquivalenten Mengen vorhanden sind, ist mithin ein Minimum der Leitfähigkeit zu erwarten. Daraus ergibt sich die Möglichkeit, Säuren mit Basen (und umgekehrt) zu „titrieren", indem man die Messung der Leitfähigkeit als Indikation für die erreichte Neutralreaktion der Lösung benutzt.

Etwas abweichende Verhältnisse ergeben sich allerdings, wenn man die oben vernachlässigte geringfügige Ionenspaltung des Wassers berücksichtigt. Schon bei dem gewählten Beispiel (starke Säure und starke Base) fällt dann das Leitfähigkeitsminimum nicht genau mit dem „Äquivalenzpunkt" zusammen; praktisch ist dieser Unterschied freilich noch ohne Bedeutung. Anders, wenn schwächere Säuren oder Basen in Frage kommen. Infolge Hydrolyse sind dann im äquivalenten Gemisch beider Komponenten im allgemeinen entweder H^+- oder OH^--Ionen in größerer Menge als in reinem Wasser vorhanden. Das hat ebenfalls ein Auseinanderrücken von Leitfähigkeitsminimum und Äquivalenzpunkt, meist auch ein Undeutlicherwerden des Minimums zur Folge, und zwar ist dieser Effekt häufig so groß, daß seine Vernachlässigung zu enormen Fehlern führen müßte. Doch tritt in solchen Fällen beim Äquivalenzpunkt meist eine zweite Richtungsänderung der „Titrationskurve" zutage, die dann in dem gedachten Sinne zu verwerten ist.

Ähnlich wie bei der Titration von Säuren und Basen liegen die Verhältnisse stets, wenn aus relativ gut leitenden Elektrolyten durch chemische Reaktion Stoffe entstehen, die zur Leitfähigkeit nichts beitragen oder doch schlechter leiten als die Ausgangsstoffe, und auch bei umgekehrter Lage. Häufig zeigt dann die Leitfähigkeit als Funktion des Mischungsverhältnisses ausgezeichnete Werte, aus denen auf den Endpunkt einer chemischen Reaktion mit größerer oder geringerer Sicherheit geschlossen werden kann. Wegen der Einzelheiten muß auf die Sonderliteratur verwiesen werden[1]).

Die in den letzten Ziffern angedeuteten Anwendungen von Leitfähigkeitsbestimmungen an Elektrolyten sind nur am Beispiel wäßriger Lösungen abgehandelt worden. Sie lassen sich meist auch auf nichtwäßrige Lösungen übertragen, doch ermangelt vielfach das grundlegende experimentelle Material[2]) bei diesen der wünschenswerten Reichhaltigkeit und auch Sicherheit.

II. Überführungszahl und Ionenbeweglichkeit[3]).

a) Analytische Methode.

17. Grundlagen. Aus den Konzentrationsänderungen, die in einer elektrolytischen Zelle bei Durchgang von Gleichstrom auftreten, kann in gewissen Fällen auf die relative Beweglichkeit der Ionen geschlossen werden. Schickt man etwa durch eine wäßrige Lösung von Natriumnitrat zwischen unangreifbaren Elektroden $n \cdot 96494$ Coulombs (96494 Coulombs = Äquivalentionenladung $= F$ [Faraday]), so werden an Kathode und Anode je n Grammäquivalente Wasserstoff bzw. Sauerstoff abgeschieden, also n Grammäquivalente Wasser zersetzt. Der Stromtransport im Innern der Lösung wird dagegen von den Ionen des Salzes, Na^+ und NO_3^- übernommen, und zwar im Verhältnis ihrer Wanderungsgeschwindigkeiten U und V. Nach Beendigung der Elektrolyse müssen durch den Querschnitt der Zelle $nU/(U+V)$ g-Äquivalente Na^+-Ionen in Richtung der Kathode und $nV/(U+V)$ g-Äquivalente NO_3^--Ionen in Richtung der Anode gewandert sein. Dementsprechend hat sich im Kathodenraum (die Zelle halbiert gedacht) der Natriumgehalt der Lösung um $n \cdot U/(U+V)$ g-Äquivalente erhöht, im Anodenraum um den gleichen Betrag vermindert, der Nitratgehalt an der Kathode bzw. Anode um $n \cdot V/(U+V)$ g-Äquivalente vermehrt bzw. vermindert.

Das Verhältnis der Konzentrationsänderungen (absolut genommen) von Kation und Anion des Salzes an einer der beiden Elektroden liefert mithin das Verhältnis U/V der Ionenbeweglichkeiten. Die Gehaltsänderung (wieder ohne Berücksichtigung des Vorzeichens) von Kation (Δ_K) oder Anion (Δ_A) in Grammäquivalenten in jedem einzelnen der beiden Elektrodenräume, dividiert durch

---

[1]) I. M. KOLTHOFF, Konduktometrische Titrationen. Dresden u. Leipzig 1923. Hier auch weitere Literatur.
[2]) Vollständige Zusammenstellung bei P. WALDEN, Das Leitvermögen der Lösungen. Leipzig 1924 und Elektrochemie nichtwäßriger Lösungen. Leipzig 1923.
[3]) S. a. Ziff. 47; zur Theorie vgl. Bd. XIII ds. Handb.

die Anzahl F, die insgesamt aufgewendet wurden, ist ein Maß für den relativen Anteil eines jeden Ions an der Stromleitung, also auch ein relatives Maß für die Ionenbeweglichkeit. Man bezeichnet diese Verhältniszahlen

$$\mathfrak{n}_K = \frac{|A_K|}{n} = \frac{U}{U+V} \quad \text{und} \quad \mathfrak{n}_A = \frac{|A_A|}{n} = \frac{V}{U+V} \qquad (25)$$

nach dem Vorgange HITTORFS[1]) als Überführungszahlen des Kations und des Anions. Zusammen mit Leitfähigkeitsmessungen führt die Bestimmung der Überführungszahl zu der wichtigen Größe der Ionenbeweglichkeit selbst (Näheres in Bd. XIII ds. Handb.).

Die angegebenen Beziehungen gelten auch, wenn mehrwertige Ionen an Stelle der einwertigen treten, immer aber nur dann, wenn nicht mehr als zwei Ionenarten aus dem zu untersuchenden Ionenbildner entstehen und an der Stromleitung teilnehmen. Auch wenn diese Bedingung nicht erfüllt wird, ist es trotzdem üblich, die Ausdrücke $|A_K|/n$ und $|A_A|/n$ als Überführungszahlen zu bezeichnen.

Man unterscheidet „HITTORFsche" und „wahre" Überführungszahlen, wobei die erstere Bezeichnung allgemein für das unmittelbare Versuchsergebnis gebräuchlich ist, die letztere allein auf solche Zahlen angewandt wird, die tatsächlich die relative Ionenbeweglichkeit wiedergeben.

Voraussetzung für die Berechnung von relativen Ionenbeweglichkeiten ist natürlich auch, daß man die Zusammensetzung der den Stromtransport besorgenden Ionen kennt. Umgekehrt lassen sich aus Überführungsmessungen häufig Schlüsse auf die Natur der Ionen ziehen. Zusammen mit anderen Methoden bietet deshalb die Bestimmung HITTORFscher Überführungszahlen ein wichtiges Hilfsmittel zur Erkennung und Untersuchung der Komplexbildung in Lösungen[2]).

Die Grundgleichungen (25) bedürfen in manchen Fällen einer Erweiterung. Wenn die transportierten Ionen an den Elektroden zur Entladung kommen und dabei in irgendeiner Form der Lösung entzogen werden, oder wenn bei angreifbaren Elektroden Ionen gleicher Art wie die des zu untersuchenden Elektrolyten neu gebildet werden, so ist die durch solche Vorgänge bedingte Gehaltsänderung natürlich in Rechnung zu setzen. Wird etwa eine Silbernitratlösung zwischen Silberelektroden mit $n \cdot F$ Coulombs elektrolysiert, so werden n Grammäquivalente Silber an der Anode gelöst und die gleiche Menge an der Kathode abgeschieden. Die Überführungszahlen würden sich in diesem Falle berechnen zu:

$$\mathfrak{n}_K = \frac{n - |A_K|}{n}; \quad \mathfrak{n}_A = \frac{|A_A|}{n}. \qquad (26)$$

Bei Elektrolyse eines Chlorids unter Verwendung einer Silberanode, an der das Chlor als festhaftender Niederschlag von AgCl gebunden wird, gelten zur Berechnung der Überführungszahl des Anions verschiedene Ausdrücke, je nachdem, ob die Änderung des Chlorgehalts im Kathodenraum oder im Anodenraum betrachtet wird; nämlich für den Kathodenraum

$$\mathfrak{n}_A = \frac{|A_A|}{n},$$

für den Anodenraum

$$\mathfrak{n}_A = \frac{n - |A_A|}{n}. \qquad (27)$$

---

[1]) W. HITTORF, Pogg. Ann. Bd. 89, S. 177. 1853; Bd. 98, S. 1. 1856; Bd. 103, S. 1. 1858; Bd. 106, S. 337 u. 513. 1859; Ostwalds Klassiker Bd. 21 u. 23.
[2]) Näheres z. B. bei G. PFLEIDERER, im Handb. d. Arbeitsmethoden in d. anorg. Chem. Bd. III 2, S. 832. Leipzig 1914.

Diese Beispiele dürften genügend deutlich erkennen lassen, daß und in welcher Weise die Vorgänge an den Elektroden jeweils berücksichtigt werden müssen. Damit dies aber möglich ist, sollen die Elektrodenvorgänge möglichst gut definiert sein. Da nun offenbar für die Berechnung der Überführungszahl nur die Ionen maßgebend sind, die die Trennungslinie zwischen Kathoden- und Anodenraum durchwandert haben, ist es erlaubt, das Material der Elektroden und den Elektrolyten in Elektrodennähe beliebig und zwar so zu wählen, daß der Forderung nach definierten Elektrodenvorgängen Genüge geleistet wird. Voraussetzung ist allerdings, daß die Trennungsfläche wirklich nur von den Ionen des zu untersuchenden Stoffes durchwandert wird. Man kann sich hierüber auf experimentellem Wege Gewißheit verschaffen, indem man nach beendeter Elektrolyse den mittleren Teil des Gefäßinhalts, am sichersten an verschiedenen Stellen, auf seinen Gehalt untersucht. Ist er unverändert geblieben, so ist die obige Bedingung als erfüllt anzusehen, andernfalls ist der betreffende Versuch zu verwerfen.

Da die Summe der Überführungszahlen von Kation und Anion gleich 1 ist

$$\mathfrak{n}_K + \mathfrak{n}_A = \frac{U}{U+V} + \frac{V}{U+V} = 1, \tag{28}$$

hat man die Möglichkeit, auf vier unabhängigen Wegen zur Kenntnis der Einzelwerte zu gelangen. Man kann entweder den Kathoden- oder auch den Anodenraum, und zwar jeweils entweder auf den kationischen oder anionischen Bestandteil hin, untersuchen. Im allgemeinen wird man sich auf einen Elektrodenraum und Ermittlung entweder des Kations oder des Anions beschränken, je nach der Sicherheit und Leichtigkeit, mit der die analytische Bestimmung der Bestandteile möglich ist. Durch diese Beschränkung wird die technische Durchführung einer Untersuchung manchmal erheblich erleichtert.

Im übrigen ist die Genauigkeit des Verfahrens, soweit Ermittlung der HITTORFschen Überführungszahlen in Frage kommt, im wesentlichen durch die chemisch-analytische Bestimmung bedingt. Auf deren Einzelheiten einzugehen, ist hier nicht der Platz.

18. Zellen für Überführungsmessungen. Die Konstruktion der Überführungsapparate hat sich den voranstehend angedeuteten Bedingungen anzupassen. Sie wird vielfach je nach dem Verhalten der zu untersuchenden Stoffe variiert werden müssen. Einige gebräuchliche Formen, einfache und kompliziertere, sind in den Abb. 21 bis 24 wiedergegeben. Die Anordnung der Elektroden muß vor allem auf Dichteänderungen der Lösung sowie auf Entstehung etwaiger gasförmiger oder fester Produkte infolge der Elektrolyse Rücksicht nehmen. Es muß vermieden werden, daß durch diese Erscheinungen Flüssigkeitsströmungen im mittleren Teil der Zelle entstehen.

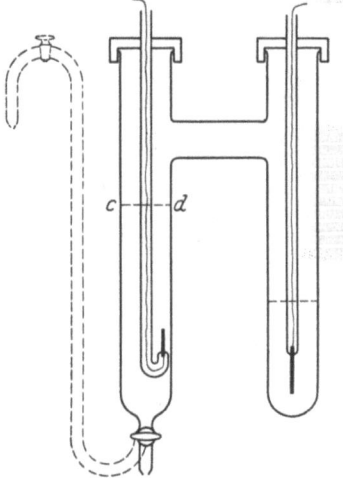

Abb. 21. Überführungsapparat nach NERNST-LOEB-OSTWALD.

Der Apparat der Abb. 21 [von OSTWALD[1]) verbesserte Form nach LOEB und NERNST[2])] ist geeignet, wenn die an den Elektroden sich bildenden Lösungen

---
[1]) OSTWALD-LUTHER-DRUCKER, Physikochemische Messungen, 4. Aufl. Leipzig 1925, vgl. a. K. DRUCKER u. B. KRSNJAVI, ZS. f. phys. Chem. Bd. 62, S. 731. 1908; K. DRUCKER, M. TARLE u. L. GOMEZ, ZS. f. Elektrochem. Bd. 19, S. 8. 1913.
[2]) M. LOEB u. W. NERNST, ZS. f. phys. Chem. Bd. 2, S. 948. 1888.

schwerer als die Mittelschicht sind und weder Gasentwicklung noch Fällung eintritt. Zur Untersuchung gelangt die Flüssigkeit des linken Schenkels. Sie wird nach beendeter Elektrolyse zunächst bis etwa zu der angedeuteten Höhe $(c - d)$ durch den Hahn abgelassen. (Das gestrichelt gezeichnete Hahnrohr dient bei Einbau des Apparates in ein Flüssigkeitsbad zum Absaugen.) Diese Menge dient zur Feststellung der Gehaltsänderung, während die fernerhin ent-

Abb. 22. Überführungsapparat nach Ostwald.

nommene, ursprünglich oberhalb $c - d$ befindliche Lösung zur Prüfung auf Nichtveränderung der Mittelschicht benutzt wird. Das Material der rechten Elektrode und die es umgebende Lösung (die natürlich schwerer sein muß als die zu untersuchende) soll so gewählt werden, daß auf jeden Fall alle Störungen von dieser Seite her vermieden sind. Das Modell der Abb. 22 [ebenfalls von Ostwald[1]) angegeben] kann gerade in solchen Fällen Verwendung finden, wo Gasentwicklung an den Elektroden nicht zu vermeiden ist. Zum Auseinandernehmen nach Stromunterbrechung öffnet man zunächst den mittleren Hahn, dann erst die übrigen. Die mittleren beiden U-Röhren werden benutzt, um sich von der Erfüllung der Grundbedingung (keine Veränderung der Mittelschicht) zu überzeugen.

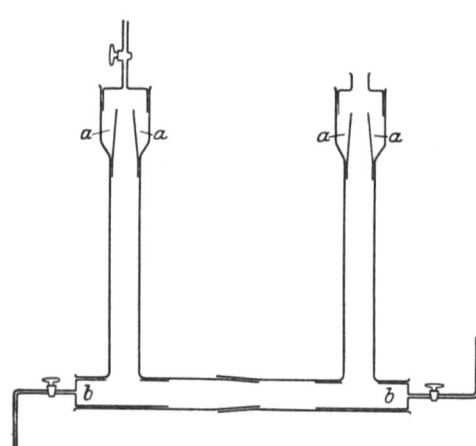

Abb. 23. Überführungsapparat nach Buchböck.

Der Überführungsapparat Abb. 23 [nach Buchböck[2])] kann ebenfalls bei etwaiger Gasentwicklung an den Elektroden benutzt werden. Die Elektroden selbst sind in der Abbildung fortgelassen. Sie sind in dem Raum bei a zwischen Einsatz und Gefäßwand anzubringen, wobei die Stromzuführung entweder durch in die Gefäßwand eingeschmolzene Platindrähte oder von oben her durch die Öffnung des Deckels erfolgt. Die Anordnung der Elektroden im oberen Teile der Zelle setzt ferner voraus, daß die Lösung an ihnen während der Elektrolyse leichter wird bzw.

---

[1]) Ostwald-Luther-Drucker, Physikochemische Messungen, 4. Aufl. Leipzig 1925.
[2]) G. Buchböck, ZS. f. phys. Chem. Bd. 55, S. 563. 1906.

keine Dichteänderung erfährt. Die Trennung der einzelnen Schichten geschieht durch Drehung der mit Hahn versehenen eingeschliffenen Verschlüsse b.

Die Anordnung nach WASHBURN[1]) (Abb. 24) rechnet mit Zunahme der Flüssigkeitsdichte an der einen (unteren), Abnahme an der anderen (oberen) Elektrode. Schließen der Hähne trennt eine passende Flüssigkeitsmenge an den Elektroden von der Mittelschicht ab. Diese letztere kann durch Ansätze mit Hilfe von Pipetten in einzelnen Teilen entnommen werden.

Die Zahl der Beispiele weiter zu vermehren, dürfte unnötig sein. Meist wird man auf Grund der angegebenen Richtlinien einen dem jeweiligen Zwecke angepaßten Apparat besonders zu konstruieren haben[2]).

Verwendung von Platten porösen Materials (Ton, Pergamentpapier, gelatinierte Lösung u. dgl.) zur besseren Trennung der einzelnen Räume, ein früher mehrfach benutztes Verfahren, ist wegen der Gefahr von Lösungsmittelüberführung durch Elektroosmose nicht zu empfehlen[3]), in den angegebenen Apparattypen auch grundsätzlich vermieden.

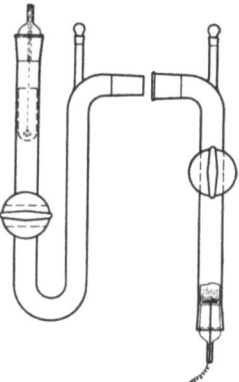

Abb. 24. Überführungsapparat nach WASHBURN.

Über die Wahl des Elektrodenmaterials läßt sich allgemein Gültiges schwer sagen, außer, daß nochmals die Wichtigkeit definierter Elektrodenvorgänge betont und auf die Möglichkeit hingewiesen wird, unerwünschte Elektrodenvorgänge durch richtige Auswahl von Elektrode und umgebendem Elektrolyt zu vermeiden.

Als Anoden werden in den meisten Fällen unedlere, bei Stromdurchgang sich auflösende Metalle (amalgamiertes Kadmium ist sehr geeignet) das Zweckmäßigste sein. Dadurch wird Gasentwicklung an der Anode meist umgangen werden können. Schwieriger ist diese, die immer Gefahren mit sich bringt, an der Kathode hintanzuhalten. Bei Gegenwart von Ionen edler Metalle in nicht zu geringer Konzentration ist zwar kaum etwas zu befürchten, andererseits ist bei deren Fehlen an metallischen Elektroden in wäßriger Lösung leicht mit Wasserstoffentwicklung zu rechnen. Oxydkathoden (PbO_2, MnO_2, CuO), manchmal auch ein Palladiumblech, das ansehnliche Wasserstoffmengen aufzunehmen vermag, sind dann angezeigt. Zu vermeiden ist nach Möglichkeit überhaupt die Entladung von H^+ und OH^-, weil damit die Anhäufung von OH^- an der Kathode, und H^+ an der Anode verbunden sein kann, und bei deren besonders großer Beweglichkeit Störungen durch Hineinwandern in die Mittelschicht am ehesten zu befürchten sind.

19. Versuchsanordnung und Berechnung. Zur Ausführung der Messung wird der mit dem Elektrolyten bekannten Gehalts gefüllte Überführungsapparat

---

[1]) E. W. WASHBURN, ZS. f. phys. Chem. Bd. 66, S. 513. 1909.
[2]) Andere Formen bei: W. BEIN, ZS. f. phys. Chem. Bd. 27, S. 1. 1898; Bd. 28, S. 439. 1899; K. HOPFGARTNER, ebenda Bd. 25, S. 115. 1898; A. A. NOYES, ebenda Bd. 36, S. 63. 1901; H. JAHN, ebenda Bd. 37, S. 673. 1901; E. RIEGER, ZS. f. Elektrochem. Bd. 7, S. 863. 1901; B. D. STEELE u. R. B. DENISON, Journ. Chem. Soc. London Bd. 81, S. 456. 1902; W. HITTORF, ZS. f. phys. Chem. Bd. 39, S. 613. 1902; Bd. 43, S. 239. 1903; G. NORDSTRÖM, ZS. f. Elektrochem. Bd. 13, S. 35. 1907; E. H. RIESENFELD u. B. REINHOLD, ZS. f. phys. Chem. Bd. 68, S. 440. 1910; K. G. FALK, Journ. Amer. Chem. Soc. Bd. 32, S. 1555. 1910. Überführungsmessungen an Salzschmelzen bei: R. LORENZ u. G. FAUSTI, ZS. f. Elektrochem. Bd. 10, S. 630. 1904; an festen Elektrolyten bei: C. TUBANDT u. Mitarbeitern, ZS. f. anorg. Chem. Bd. 110, S. 196. 1920; Bd. 115, S. 105. 1921; Bd. 117, S. 1 u. 48; 1921; Bd. 160, S. 222. 1927.
[3]) W. BEIN, ZS. f. phys. Chem. Bd. 28, S. 439. 1899; W. HITTORF, ebenda Bd. 39, S. 613. 1902; Bd. 43, S. 239. 1903.

in einen Stromkreis zusammen mit einer geeigneten Vorrichtung zur Messung der Elektrizitätsmenge gebracht. Einsenken des Apparats in ein Flüssigkeitsbad konstanter Temperatur ist meist zu empfehlen, einmal, weil die Überführungszahlen in mäßigen Grenzen temperaturveränderlich sind, besonders aber zwecks Vermeidung unregelmäßiger Erwärmung, die zu störenden Konvektionserscheinungen Veranlassung geben kann. Unter Umständen können die kleinen periodischen Schwankungen der Badtemperatur, hervorgerufen durch die periodische Funktion der gewöhnlich benutzten Wärmeregler, der Grund zu Fehlern sein. Die Verwendung eines konstant geheizten Thermostaten von großer Wärmekapazität, dessen Temperatur in größeren Zeiträumen durch Einstellen der Heizung von Hand reguliert wird, ist deshalb vielfach vorzuziehen.

Die zu einem Versuch aufzuwendende Elektrizitätsmenge richtet sich nach den Dimensionen der Zelle und der Konzentration des Elektrolyten. Nach einer überschlägigen Berechnung wird ein Vorversuch zeigen müssen, ob unter den gewählten Bedingungen die Mittelschichten des Elektrolyten unverändert bleiben. Andererseits ist die Elektrolyse so weit wie angängig auszudehnen, um möglichst deutliche Gehaltsänderungen zu erzielen, was der Genauigkeit der Analysen zugute kommt.

Die dabei zu wählende Stromstärke und damit die Zeitdauer der Elektrolyse ist nach beiden Seiten begrenzt durch die Gefahren der Stromwärme und der Diffusion. Prüfung der mittleren Elektrolytschichten gibt auch hier einen Hinweis, wie weit man gehen darf.

Die Messung der Elektrizitätsmenge erfolgt entweder durch ein Coulometer — je nach der erforderlichen Genauigkeit ist unter den in Frage kommenden Typen (vgl. Kap. 12) die Wahl zu treffen — oder durch gleichzeitige Messung von Zeit und Stromstärke. Etwaige Schwankungen der letzteren werden am besten durch Nachregulieren veränderlicher Widerstände ausgeglichen, können aber auch durch Mittelung der in regelmäßigen Zeitabständen erfolgenden Ablesungen in Rechnung gesetzt werden. Die Stromstärkemessung geschieht direkt durch ein Amperemeter oder durch Bestimmung des Spannungsabfalles über einem bekannten Widerstande, am besten nach der Kompensationsmethode. Das letzte Verfahren kann, Fehlen allzu starker Stromschwankungen vorausgesetzt, die genauesten Werte geben, die nur von dem (richtig behandelten) Silbercoulometer noch erreicht werden dürften. Es hat aber natürlich keinen Zweck, die Genauigkeit der Elektrizitätsmengenbestimmung erheblich weiter zu treiben, als sie bei der chemisch analytischen Ermittlung der Konzentrationsänderungen erreicht werden kann. Die Benutzung von Präzisionsgalvanometern in Verbindung mit einer zuverlässigen Stoppuhr dürfte deshalb meist genügen und jedenfalls genauer sein, als die Verwendung von Kupfer-, Knallgas- und ähnlichen Coulometern.

Der weitere Gang des Versuches und die Berechnung der Ergebnisse ist im Prinzip bereits in Ziff. 17 mitgeteilt, doch soll noch auf einige Einzelheiten aufmerksam gemacht werden.

Nach Trennung der einzelnen Schichten werden zunächst die mittleren auf ihren Gehalt geprüft. Ist dieser unverändert, gelangt der Inhalt des zur Untersuchung bestimmten Elektrodenraumes zur Wägung, am einfachsten in dem betreffenden Apparatteil selbst, der nach Ausspülen und Trocknen zurückgewogen wird. Sofern dies nicht möglich, genügt auch Ausgießen des Inhalts und Wägung ohne Berücksichtigung des an den Gefäßwänden haften bleibenden Anteils. Sodann folgt die Bestimmung des Elektrolytgehaltes auf analytischem Wege. Beschränkung auf eine Ionenart genügt, wenn man nicht gerade für das analytische Ergebnis eine Kontrolle wünscht. Die Differenz von Gesamt- und Elektrolytgewicht liefert das Wassergewicht.

Sind Gase zur Entwicklung gelangt, so ist die von ihnen mitgeführte Wasserdampfmenge — durch Wägung vorgelegter Absorptionsröhrchen (etwa mit Phosphorpentoxyd oder Kaliumhydroxyd gefüllt) ermittelt — dem Wassergehalt der Lösung hinzuzurechnen. Dasselbe gilt für entweichenden oder von der Elektrode gebundenen Wasserstoff oder Sauerstoff (aus dem Lösungswasser). Weiter ist aus dem bekannten Gehalt der Ausgangslösung die Elektrolytmenge zu berechnen, die ursprünglich in dem ermittelten Wasser des Elektrodenraumes gelöst gewesen sein muß. Die Differenz der vor und nach dem Versuch in der gleichen Wassermenge vorhandenen Grammäquivalente Elektrolyt, evtl. unter Berücksichtigung der Veränderung durch Elektrodenvorgänge [Gleichung (26) und (27), Ziff. 17], dividiert durch die Anzahl F (96494 Coulombs), die dem Apparat zugeführt wurden, liefert schließlich die gesuchte Überführungszahl.

20. Wahre Überführungszahl. Die HITTORFschen Überführungszahlen ($\mathfrak{n}_H$) brauchen auch bei Beteiligung von nur zwei Ionenarten an der Stromleitung nicht immer mit den „wahren" ($\mathfrak{n}_w$) übereinzustimmen (vgl. Ziff. 17). Dies ist dann nicht der Fall, wenn auf irgendwelche Art die Ionen bei ihrer Wanderung Wasser mit sich führen, und zwar Kation und Anion in ungleichem Maße, so daß auch durch diesen Effekt Änderungen in der Konzentrationsverteilung des Elektrolyten hervorgerufen werden. Bedeutet w die durch $1\,F$ gleichsinnig mit dem betrachteten Ion überführte Anzahl Mole Wasser und x das Verhältnis der Grammäquivalente Salz zur Anzahl Mole Wasser in der Ausgangslösung, so gilt

$$\mathfrak{n}_w = \mathfrak{n}_H + w \cdot x. \tag{29}$$

w kann nach verschiedenen Methoden, wenn auch nicht absolut zuverlässig, bestimmt werden, relativ am sichersten nach dem Vorschlage von NERNST[1]) durch Zusatz von indifferenten Nichtelektrolyten zu der zu untersuchenden Lösung. An deren Konzentrationsänderungen erkennt man dann eine etwaige Wasserüberführung und kann die auf $1\,F$ entfallenden Mole Wasser, d. h. w, erschließen. Statt nach Gleichung (29) die wahre Überführungszahl nachträglich aus der HITTORFschen zu berechnen, kann man sie direkt ermitteln, indem die Gehaltsänderung (Δ_K bzw. Δ_A) statt auf die gleiche Wassermenge (Ziff. 19) auf das gleiche Gewicht des indifferenten Zusatzes bezogen wird. Voraussetzung für diese Rechnungen ist natürlich die Annahme, daß die betreffenden Stoffe nicht selbst unter dem Einfluß des elektrischen Feldes fortbewegt werden. Die Feststellung, daß dies in einer sie allein enthaltenden Lösung nicht eintritt, ist nicht ausschlaggebend, da sie unter Umständen ebenso wie die Wassermolekeln durch die Ionen des zu untersuchenden Stoffes mitgeführt werden können. Eine Entscheidung darüber und unter Umständen eine Eliminierung des Fehlers wäre möglich durch Variation der Konzentration dieser Zusatzstoffe.

Mit abnehmendem x [Gleichung (29)], d. h. mit Verringerung der Konzentration des zu untersuchenden Ionenbildners, verringert sich auch der Unterschied zwischen $\mathfrak{n}_w$ und $\mathfrak{n}_H$, um bei unendlich verdünnter Lösung Null zu werden. Demzufolge könnte auch durch Bestimmung von $\mathfrak{n}_H$ bei verschiedenen Konzentrationen und Extrapolation auf $c = 0$ Kenntnis der „wahren" Überführungszahl gewonnen werden, vorausgesetzt, daß die Konzentrationsabhängigkeit von $\mathfrak{n}_H$ allein auf diesem Effekt der Lösungsmittelüberführung beruht. Auf Grund der neueren Theorie der Elektrolyte (Bd. XIII ds. Handb.) ist dies nicht anzunehmen, da die Abhängigkeit der Ionenbeweglichkeiten von der Konzentration als

---

[1]) W. NERNST, Göttinger Nachr. 1900, S. 68; s. a. G. BUCHBÖCK, ZS. f. phys. Chem. Bd. 55, S. 563. 1906; E. H. WASHBURN, Journ. Amer. Chem. Soc. Bd. 31, S. 322. 1909; ZS. f. phys. Chem. Bd. 66, S. 513. 1909; G. N. LEWIS, Journ. Amer. Chem. Soc. Bd. 30, S. 1355. 1908; ZS. f. Elektrochem. Bd. 14, S. 509. 1908.

Funktion der speziellen Natur und vor allem der Wertigkeit der Ionen vorauszusehen ist. Immerhin ist es wahrscheinlich, daß die Unterschiede von Ion zu Ion nicht sehr groß sind, so daß obige Voraussetzung in erster Annäherung als erfüllt angesehen werden kann. Falls die HITTORFsche Überführungszahl mit Erreichung einer bestimmten Verdünnung konstant wird, darf man daraus wohl einwandfrei schließen, daß dieser konstante Wert gleichzeitig die „wahre" Überführungszahl darstellt.

Die in Gleichung (29) zum Ausdruck kommende Beziehung zwischen Ionenbeweglichkeit, HITTORFscher Überführungszahl und der von den Ionen überführten Wassermenge ist eine der wichtigsten Grundlagen zur Bestimmung der Ionenhydratation[1]).

b) Methode der wandernden Grenzfläche.

21. Theorie der Methode. Überschichtet man in geeignetem Gefäße eine Elektrolytlösung mit einer zweiten derart, daß eine scharfe Trennungsfläche entsteht, so bleibt unter bestimmten Bedingungen auch bei Einwirkung eines elektrischen Feldes diese Grenze erhalten und erfährt eine Verschiebung in Richtung einer der Elektroden. Die Theorie[2]) zeigt, daß (falls überhaupt eine scharfe Trennungsfläche erhalten bleibt) die Grenze zweier Elektrolyte mit einem gemeinsamen Ion, die so vom Strome durchflossen wird, daß die Wanderung der nicht gemeinsamen Ionen in Richtung der Lösung mit dem schneller wandernden Ion erfolgt, sich verschiebt gemäß (Einschränkungen s. unten):

$$\frac{\Delta X}{\Delta t} = \alpha \cdot U \cdot \mathfrak{E}, \qquad (30)$$

worin ΔX die in der Zeit Δt eintretende lineare Verschiebung, $\mathfrak{E}$ die Stärke des elektrischen Feldes, U die absolute Beweglichkeit des schnelleren Ions und α den wahren Dissoziationsgrad (vgl. Ziff. 13) des zugehörigen Elektrolyten bedeutet. Diese Beziehung gestattet die Bestimmung von $\alpha \cdot U$, bei Kenntnis von α (für starke Elektrolyte ist nach der neueren Theorie $\alpha = 1$) auch die der **absoluten Ionengeschwindigkeit** U (in cm · sec^{-1} für die Feldstärke 1). Auch bei Unkenntnis des wahren Spaltungsgrades lassen sich bei gleichzeitiger Messung des Fortschreitens von Kation und Anion desselben Elektrolyten die **Überführungszahlen** errechnen (Einschränkung s. unten):

$$\mathfrak{n}_K = \frac{U}{U+V} = \frac{\Delta X_K}{\Delta X_K + \Delta X_A}; \qquad \mathfrak{n}_A = \frac{V}{U+V} = \frac{\Delta X_A}{\Delta X_K + \Delta X_A}. \qquad (31)$$

Man bringt zu diesem Zwecke die Lösung des zu untersuchenden Elektrolyten etwa in ein U-förmiges Gefäß, überschichtet auf beiden Seiten mit Flüssigkeiten, die einerseits das Anion, andererseits das Kation mit der Unterlösung gemeinsam haben, und deren andere Ionenarten außerdem die Bedingung erfüllen, langsamer zu wandern als die entsprechenden Ionen des Mittelelektrolyten. Die Elektroden tauchen in die oberen Lösungen ein, die Kathode in dem Schenkel des U-Rohrs, der das gemeinsame Kation enthält, die Anode im Schenkel mit dem gemeinsamen Anion. Beide Grenzen wandern dann in die mittlere Lösung hinein, deren Konzentration bis unmittelbar an die Grenze heran unverändert bleibt.

Falls gleichzeitig die durchgegangene Elektrizitätsmenge bestimmt wird und ferner das Lumen des Versuchsrohrs bekannt ist, so genügt auch Kenntnis

---

[1]) Vgl. z. B. H. REMY, ZS. f. phys. Chem. Bd. 89, S. 467 u. 529. 1915; Bd. 118, S. 161. 1925; Bd. 124, S. 41 u. 394. 1926.
[2]) F. KOHLRAUSCH, Wied. Ann. Bd. 62, S. 209. 1897; H. WEBER, Berl. Ber. 1897, S. 936; O. MASSON, ZS. f. phys. Chem. Bd. 29, S. 501. 1899; W. LASH MILLER, ebenda Bd. 69, S. 436. 1909; M. v. LAUE, Festschrift für J. ELSTER u. H. GEITEL. S. 208. Braunschweig 1915; ZS. f. anorg. Chem. Bd. 93, S. 329. 1915.

der Verschiebung nur einer Grenzfläche zur Berechnung der Überführungszahl[1]). Bedeutet v' das von der Grenzfläche bei Durchgang von nF durchlaufene Flüssigkeitsvolumen und v das Äquivalentvolumen (cm³/g-Äquivalent), so ist:

$$\mathfrak{n} = \frac{v'}{v \cdot n}. \tag{32}$$

Die Konzentration der Lösungen stellt sich an jeder Trennungsfläche so ein, daß $c_1 : c_2 = \mathfrak{n}_1 : \mathfrak{n}_2$ ist, wenn $\mathfrak{n}_1$ und $\mathfrak{n}_2$ die Überführungszahlen und c_1 bzw. c_2 die Konzentrationen der nicht gemeinsamen Ionen bedeuten. Kürzliche Untersuchungen[2]) haben gezeigt, daß zur Erzielung einwandfreier Resultate die Konzentration der Hilfslösungen von vornherein wenigstens ungefähr dieser Bedingung angepaßt werden muß. Anderenfalls sind die Ergebnisse mit Art und Konzentration des Hilfselektrolyten veränderlich. Die Ursache dieser Erscheinung dürfte in der Abhängigkeit der Größen α und U von der Konzentration zu suchen sein (Ziff. 13; vgl. auch Bd. XIII), indem weiter anzunehmen ist, daß bei anfänglicher Nichterfüllung obiger Bedingung auch der Mittelelektrolyt an der Grenzfläche eine Konzentrationsänderung erleidet.

Die zur Bestimmung der Einzelbeweglichkeit zu kennende Feldstärke kann durch direkte Messung des Spannungsgefälles zwischen den Elektroden ermittelt werden. Zwecks einfacher Berechnung des auf die Grenzflächen wirkenden Feldes wählt man dann die spezifischen Leitfähigkeiten aller drei Flüssigkeiten gleich groß. Alle genannten Bedingungen, zu denen bei der beschriebenen Anordnung noch die weitere tritt, daß die zu untersuchende Lösung schwerer sein und bleiben muß als die darüber zu schichtenden, sind naturgemäß nicht leicht gleichzeitig zu erfüllen.

Von der Forderung gleicher spezifischer Leitfähigkeit aller drei Lösungen kann man absehen, wenn die Feldstärke aus dem (unveränderlichen) spezifischen Leitvermögen des Mittelleiters und der Stromdichte berechnet wird. Da die spezifische Leitfähigkeit $\varkappa$ ja die Stromdichte (Amp/cm²) bei der Feldstärke 1 bedeutet, ist

$$\mathfrak{E} = \frac{I}{q \cdot \varkappa} \frac{\text{Volt}}{\text{cm}} \quad (q = \text{Querschnitt der Grenzfläche in cm²}). \tag{33}$$

Bei konstanter Stromstärke und konstantem Querschnitt bleibt auch die Feldstärke unverändert. Der Querschnitt der Grenzfläche braucht nicht in beiden Rohrschenkeln gleich groß gewählt zu sein. Man kann durch ein passendes Verhältnis q_K/q_A unter Umständen die vorstehend erwähnten Voraussetzungen leichter an beiden Flächen gleichzeitig erfüllen als bei gleichen Werten. Für die Überführungszahlen errechnet sich unter diesen Bedingungen, da — wegen konstanter Leitfähigkeit der Mittellösung bis unmittelbar an die Trennungsflächen heran —

$$\frac{\mathfrak{E}_K}{\mathfrak{E}_A} = \frac{q_A}{q_K} \tag{34}$$

ist,

$$\mathfrak{n}_K = \frac{\varDelta X_K \cdot q_K}{\varDelta X_K \cdot q_K + \varDelta X_A \cdot q_A} \tag{35a}$$

$$\mathfrak{n}_A = \frac{\varDelta X_A \cdot q_A}{\varDelta X_K \cdot q_K + \varDelta X_A \cdot q_A} \tag{35b}$$

Gleichung (32) bleibt natürlich unverändert..

Die voranstehend erörterten Beziehungen liefern nur dann die „wahre" Überführungszahl und die wirkliche Ionenbeweglichkeit (bzw. $\alpha \cdot U$), wenn sowohl

---

[1]) E. R. SMITH u. D. A. MAC INNES, Journ. Amer. Chem. Soc. Bd. 46, S. 1398. 1924.
[2]) D. A. MAC INNES u. E. R. SMITH, Journ. Amer. Chem. Soc. Bd. 45, S. 2246. 1923; Bd. 46, S. 1398. 1924; Bd. 47, S. 1009. 1925.

Volumen- und Dichteänderungen infolge der Elektrodenvorgänge als auch Wasserüberführungen durch den Strom ausgeschlossen bleiben[1]). Die Eliminirung der ersten Fehlerquelle kann — bei Kenntnis der Elektrodenvorgänge — unter Umständen durch Rechnung erfolgen. Anbringung dieser Korrektur an den unmittelbaren Versuchsergebnissen liefert die HITTORFsche Überführungszahl. Über die rechnerische Durchführung der Korrektur läßt sich auf beschränktem Raum wenig Allgemeingültiges sagen, da sie ganz von der benutzten Versuchsanordnung abhängt. Es sei dieserhalb auf die zitierte Arbeit von LEWIS[1]) verwiesen.

Um wahre Überführungszahlen zu erhalten, ist es notwendig, die übergeführte Wassermenge zu bestimmen, was nach anderen Methoden unter Zusatz eines Nichtelektrolyten, wie in Ziff. 20 beschrieben, geschehen muß. Entsprechendes ist bei Bestimmung von Einzelbeweglichkeiten (allgemeiner bei Bestimmung von $\alpha \cdot U$) zu beachten.

22. Apparate zur „direkten" Messung von Überführungszahlen und Ionenbeweglichkeiten. Die Störungsmöglichkeiten durch Konvektion und Diffusion bedingen bei der „direkten" Methode ganz ähnliche Maßnahmen zu ihrer Verhütung wie bei der analytischen Methode der Überführungsmessung. Wenn dort die Gefahr einer Verunreinigung der Mittelschicht durch die genannten Einflüsse bestand, so ist hier mit der Möglichkeit einer Verwischung der Flüssigkeitsgrenze zu rechnen. In älteren Untersuchungen ist man bestrebt gewesen, durch Gelatinieren der gesamten Flüssigkeiten dem Haupthindernis genauer Messungen, der Konvektion, zu begegnen. Es hat sich jedoch gezeigt, daß dieses Verfahren neue Fehlerquellen in sich birgt. Wenigstens zum Teil gilt das auch noch von der Arbeitsweise STEELES[2]), dessen Apparat in Abb. 25 wiedergegeben ist.

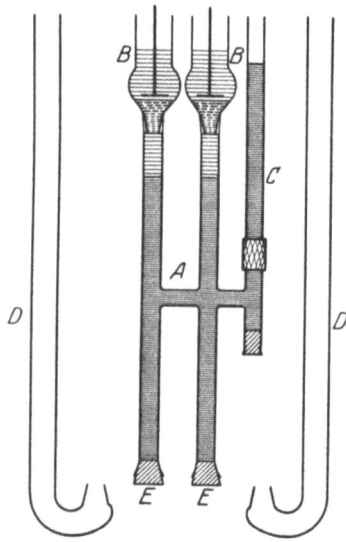

Abb. 25. Ionenwanderungsapparat nach STEELE.

Der zu untersuchende Elektrolyt befindet sich in dem H-förmigen Gefäß A und füllt dieses zu Beginn vollständig aus. Die angrenzenden Elektrolyte, deren Wahl nach den in Ziff. 21 dargelegten Gesichtspunkten zu treffen ist, sind in mit Schliff versehenen Aufsätzen BB untergebracht. Die untere Schicht dieser Lösungen ist gelatiniert und schützt damit die darunter liegenden Flüssigkeitsanteile vor jeder mechanischen Störung, die durch Vorgänge an den oberhalb angebrachten Elektroden verursacht werden könnte. Das seitliche, oben offene Ansatzrohr C dient dem Druckausgleich. Die gezeichnete Anordnung, die den Stand der Grenzflächen nach einigem Stromdurchgang wiedergibt, ist zu benutzen, wenn die zu untersuchende Lösung spezifisch schwerer als die Hilfslösungen ist. Im entgegengesetzten Falle befinden sich letztere mit den Elektroden in den Rohren DD, die in ihrem unteren Teile ebenfalls gelatinierte Lösung enthalten und an Stelle der Verschlußstopfen EE in das H-Gefäß (A) eingeführt werden.

Die durch Anwendung von Gelatine oder sonstigen Diaphragmen verursachten Mißstände bestehen, ähnlich wie bei der analytischen Methode (Ziff. 18),

---

[1]) G. N. LEWIS, Journ. Amer. Chem. Soc. Bd. 32, S. 862. 1910.
[2]) B. D. STEELE, ZS. f. phys. Chem. Bd. 40, S. 689. 1902.

Ziff. 22. Ionenwanderungsapparate. 633

in der elektroosmotischen Verschiebung der ganzen Flüssigkeitssäule. Versuche, den Fehler durch Hilfsmessungen zu eliminieren[1]), haben ihr Ziel nicht einwandfrei erreicht. Besser ist es deshalb, die Verwendung von Diaphragmen jeglicher Art grundsätzlich zu vermeiden.

Konvektionsstörungen hat man bei dieser Forderung entsprechenden Anordnungen durch geeignete Wahl des Elektrodenmaterials einschließlich des sie umgebenden Elektrolyten zu beheben gesucht, Mittel, die in Ziff. 19 bei Besprechung der HITTORFschen Methode bereits Erwähnung fanden.

Eine weitere Schwierigkeit bei den ohne Diaphragma arbeitenden direkten Methoden besteht aber in der anfänglichen Schaffung einer möglichst scharfen Grenze an den Berührungsstellen der verschiedenen Elektrolyte. Je schärfer diese Grenze von vornherein ausgeprägt ist, um so besser bleibt sie auch bei Stromdurchgang erhalten (richtige Wahl der sonstigen Bedingungen vorausgesetzt), um so größer ist mithin die Ablesegenauigkeit. Die folgenden Beispiele zeigen einige Wege, um dieses Ziel zu erreichen[2]).

Die Abb. 26 und 27 bringen die von DENISON und STEELE[3]) konstruierten Apparate, das erste Modell ist für Hilfselektrolyte geringerer Dichte bestimmt, das zweite für solche von höherem spezifischen Gewicht als dem der zu prüfenden Flüssigkeit. (Beide Abbildungen geben nur je eine Hälfte des vollständigen Apparates wieder.) Zwei solcher Teile werden zusammengestellt, indem die Rohre AA, in die hinein Wanderung der Grenzschicht erfolgen soll, in geeigneter Weise verbunden werden. In AA befindet

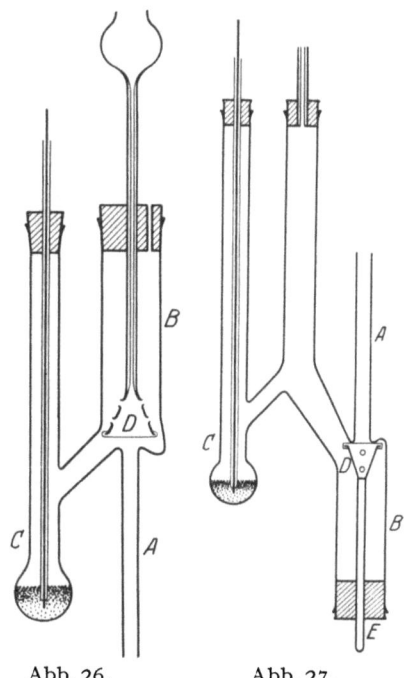

Abb. 26.   Abb. 27.
Abb. 26 u. 27. Ionenwanderungsapparate nach DENISON und STEELE.

sich die zu untersuchende Lösung, in den Räumen BB die Hilfslösung, in CC schließlich die Elektroden, umgeben von geeigneten Elektrolyten. Bei D trichterförmig erweiterte Glasrohre sind an ihrem Stirnende durch eine Pergamentpapiermembran überspannt, die gegen die Rohre A gedrückt werden kann und diese so von B trennt. Diese Vorrichtung erlaubt Füllung des Apparates unter Erzielung der erstrebten scharfen Grenze. Nach Einpipettieren der zu untersuchenden Flüssigkeit in A wird vorübergehend die Membran angelegt, bis auch B mit dem Hilfselektrolyten gefüllt ist. Sodann wird die Membran vorsichtig zurückgezogen. Am sichersten — ohne Störung der Grenzfläche — gelingt dies, wenn der Strom, der durch Einbringen der Flüssigkeit geschlossen wird, bereits einige Zeit durch die Membran hindurch gewirkt und die Grenze ein gewisses Stück in A hinein verschoben hat. Gemessen wird erst nach vorsichtigem Zurückziehen der Membran, wenn der Strom völlig ungehindert passieren kann.

---

[1]) R. ABEGG u. W. GAUS, ZS. f. phys. Chem. Bd. 40, S. 737. 1902; R. B. DENISON, ebenda Bd. 44, S. 575. 1903.
[2]) Eine sehr zweckmäßige Vorrichtung beschreiben auch: D. A. MAC INNES u. T. B. BRIGHTON, Journ. Amer. Chem. Soc. Bd. 47, S. 994. 1925.
[3]) R. B. DENISON und B. D. STEELE, ZS. f. phys. Chem. Bd. 57, S. 110. 1907.

Weitere Verbesserungen dieser Anordnung sind von MAC INNES und SMITH[1]) angegeben. Bei diesen finden sich auch wichtige Erfahrungen über die zweckmäßigste Dimension des Apparats.

Mit einer sehr einfachen Apparatur (Abb. 28) haben neuerdings LORENZ und NEU[2]) offenbar recht gute Bestimmungen der Ionenbeweglichkeit ausführen können. Die Konstruktion lehnt sich an eine Anordnung an, die vor längerer Zeit von NERNST[3]) zur Demonstration der Ionenwanderung angegeben war. Die Unstetigkeitswanderung gelangt in dem engen Winkelrohr A zur Beobachtung, zur Aufnahme der Elektroden sind dessen beide Schenkel am oberen Ende (BB) stark erweitert. Die zu untersuchende Flüssigkeit wurde aus der Hahnkugel C sehr langsam und vorsichtig durch die Kapillare D in das eigentliche Meßrohr (A) gedrückt, das vorher mit einer zweiten Flüssigkeit angefüllt war, die den bekannten Bedingungen entsprach und gleiche spezifische Leitfähigkeit besaß. Die Grenze wurde auf diese Weise außerordentlich scharf erhalten. Bei der günstigen Form der Zelle konnte das auf die Ionen wirkende Feld mit befriedigender Sicherheit aus dem Spannungsgefälle zwischen den Elektroden errechnet werden. Obwohl sich an den Elektroden Gase entwickelten, blieben die Grenzen im allgemeinen doch ausgezeichnet.

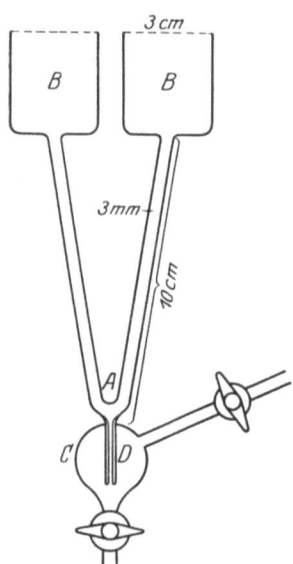

Abb. 28. Ionenwanderungsapparat nach LORENZ und NEU.

Nach den von LORENZ und NEU mit diesem Apparat erzielten Erfolgen zu urteilen, dürfte er trotz seiner Einfachheit zu genauen Messungen geeignet sein.

Die Messung des von den Grenzflächen zurückgelegten Weges erfolgt zweckmäßig mit dem Kathetometer. Bei nicht farbigen Ionen muß man durch geeignete streifende Beleuchtung die Trennungsfläche deutlich sichtbar machen[4]), was bei dem meist vorhandenen Unterschiede der Brechungsindizes der aneinandergrenzenden Flüssigkeiten leicht möglich ist. Auf die in älteren Arbeiten benutzte Methode, den Lösungen irgendwelche Stoffe zuzusetzen, die gemäß der fortschreitenden Verschiebung der Grenzfläche Farb- oder sonstige Reaktionen ergeben, kann mithin gewöhnlich verzichtet werden.

Die anzuwendende Stromstärke ist ebenso wie bei der analytischen Methode (Ziff. 19) in gewissen Grenzen zu halten. Bei zu geringen oder zu hohen Werten wird entweder durch Diffusion oder durch ungleichmäßige Erwärmung die scharfe Grenze zerstört. Das Optimum ist am besten durch Probieren zu ermitteln.

III. Elektrochemische Potentiale.
a) Allgemeine Grundlagen der Messung.

23. Einzelpotentiale und elektromotorische Kräfte. Potentialsprünge, wie sie an der Grenze Metall/Elektrolyt im allgemeinen auftreten, sind als solche der Messung nicht zugänglich. Erst die Kombination von zwei „Elektroden"

---

[1]) D. A. MAC INNES u. E. R. SMITH, Journ. Amer. Chem. Soc. Bd. 45, S. 2246. 1923; Bd. 46, S. 1398. 1924; Bd. 47, S. 1009. 1925.
[2]) R. LORENZ u. W. NEU, ZS. f. anorg. Chem. Bd. 116, S. 45. 1921.
[3]) W. NERNST, ZS. f. Elektrochem. Bd. 3, S. 308. 1897.
[4]) R. ABEGG u. W. GAUS, ZS. f. phys. Chem. Bd. 40, S. 737. 1902.

oder „Halbelementen" zu einer galvanischen Kette vermag Wirkungen hervorzubringen, die einen Rückschluß auf den relativen Wert von Einzelpotentialen gestatten. Im einfachsten Falle setzt sich die elektromotorische Kraft E eines galvanischen Elements aus der Summe der Potentialsprünge π_1 und π_2 an beiden Elektroden zusammen:

$$E = \pi_1 + \pi_2, \qquad (36)$$

vorausgesetzt, daß π_1 und π_2 im Sinne gleicher Stromrichtung, also etwa der des positiven Stromes, gezählt werden. Nach einem Vorschlage der Potentialkommission der Deutschen Bunsen-Gesellschaft[1]) rechnet man jedoch das (relative) Vorzeichen von Elektrodenpotentialen stets so, daß es den (relativen) Ladungssinn der Elektrode gegen den Elektrolyten wiedergibt. Für diese „gerichteten" Einzelpotentiale (E_1 und E_2) gilt mithin:

$$E_{1,2} = E_1 - E_2. \qquad (37)$$

(Es sei an dieser Stelle ausdrücklich darauf aufmerksam gemacht, daß es hin und wieder noch üblich ist — bedingt durch die historische Entwicklung —, dem Potential einer Elektrode gerade das entgegengesetzte Vorzeichen zu geben, so also, daß es dem [relativen] Ladungssinn des Elektrolyten gegen die Elektrode entspricht. Hier soll stets die zuerst angegebene Zählung benutzt werden.)

Da der absolute Potentialwert irgendeiner Einzelelektrode bis heute nicht mit Sicherheit festliegt, pflegt man einer willkürlich gewählten Elektrode, die nur gewissen praktischen Forderungen genügen muß, das Potential Null zuzuerteilen. Derartige Bezugselektroden sind leider immer noch verschiedene im Gebrauch. Nach den Festsetzungen der obengenannten Potentialkommission sollten alle Einzelpotentiale auf die Normal-Wasserstoffelektrode bezogen werden. Potentiale dieser Zählung werden durch das Zeichen E_h kenntlich gemacht.

Daneben ist es aber noch üblich, der Normal-Kalomelelektrode das Potential Null zuzuerteilen und die hieraus abgeleiteten Werte mit E_c zu bezeichnen. Auch der Vorschlag von Ostwald[2]), den seinerzeit wahrscheinlichsten Wert von $+ 0,560$ Volt (bei 18°) für das absolute Potential der Normal-Kalomelelektrode [abgeleitet aus den Messungen von Paschen[3]) an der Quecksilbertropfelektrode] vorläufig anzunehmen und dementsprechend mit Potentialen (E_a) zu arbeiten, die „absolut auf Widerruf" genannt werden könnten, hat immer noch viele Anhänger, obwohl die dieser Zählung zugrunde liegende Annahme heute unsicherer denn je erscheint[4]).

Da Elektrodenpotentiale im allgemeinen temperaturabhängig sind, bedarf es einer Festsetzung, bei welcher Temperatur der gewählten Bezugselektrode das Potential Null zugelegt werden soll. Diese Notwendigkeit hat jedoch eine Schwierigkeit im Gefolge. In einer galvanischen Kette, deren einzelne Teile verschieden temperiert sind, treten außer den „elektrolytischen" noch thermoelektrische Kräfte auf. Für die Berührungsstellen verschiedener Metalle sind diese zwar weitgehend bekannt, über „elektrolytische Thermoketten" sind sichere

---

[1]) R. Abegg, Fr. Auerbach, R. Luther, Abh. d. Deutschen Bunsen-Ges. Nr. 5, Halle 1911; Fr. Auerbach, dieselbe Sammlung Nr. 8, Halle 1915.
[2]) W. Ostwald, Lehrb. d. allgem. Chem. 1. Aufl., Bd. II, S. 947. Leipzig 1893; ZS. f. phys. Chem. Bd. 35, S. 333. 1900; N. T. M. Wilsmore u. W. Ostwald, ebenda Bd. 36, S. 91. 1901.
[3]) F. Paschen, Wied. Ann. Bd. 41, S. 42. 1890.
[4]) Vgl. z. B. K. Bennewitz, ZS. f. phys. Chem. Bd. 124, S. 115. 1926; Bd. 125, S. 144. 1927. Hier auch ältere Literatur.

Kenntnisse jedoch bis heute kaum vorhanden[1]). Solange diese fehlen, kann mithin über den Temperaturkoeffizienten von Einzelpotentialen nichts Endgültiges ausgesagt werden.

Damit entfällt aber streng genommen die Möglichkeit, Einzelpotentiale bei beliebigen Temperaturen auf eine Bezugselektrode von bestimmter Temperatur als Nullpunkt zu beziehen. Um trotzdem Potentiale bei beliebigen Temperaturen zahlenmäßig miteinander verknüpfen zu können, sind zwei verschiedene Wege eingeschlagen worden. RICHARDS[2]) hat die Potentialdifferenz zwischen zwei im übrigen identischen Kalomelelektroden von ungleicher Temperatur gemessen und — unter Vernachlässigung der Thermokräfte — den gesamten Effekt der Potentialänderung der Kalomelelektrode mit der Temperatur zugeschrieben. Zulässigkeit dieses Verfahrens vorausgesetzt, wäre damit der Temperaturkoeffizient des Potentials für wenigstens eine Elektrode gewonnen, an die sich sodann alle Messungen an anderen Elektroden auf experimentellem Wege isotherm anschließen ließen. Wenn auch Hinweise darauf vorhanden sind, daß Thermokräfte in Systemen der von RICHARDS gewählten Zusammensetzung keine erheblichen Werte erreichen dürften, kann doch nicht außer acht gelassen werden, daß Sicherheit über diese Voraussetzung nicht vorhanden ist. AUERBACH[3]) hat deshalb (und auch aus anderen Gründen) vorgeschlagen, die Festlegung des Nullpunktes auf eine Elektrode bestimmter Temperatur überhaupt zu unterlassen, vielmehr der Normal-Wasserstoffelektrode bei beliebiger Temperatur stets den Wert Null zu geben, ein Vorschlag, der darauf hinausläuft, den Temperaturkoeffizienten der genannten Elektrode zu vernachlässigen, wenigstens solange, bis begründetere Vorstellungen diese vorläufige Annahme abzulösen imstande sind.

Einigung ist über diese Frage bisher nicht erzielt. Es dürfte ziemlich gleichgültig sein, welchen der beiden Wege man vorzieht, nur sollte in jedem Falle, wo mit Temperaturkoeffizienten gearbeitet wird, eine eindeutige Notiz darüber unterrichten, wie die betreffenden Zahlen gewonnen sind. Vor allem aber dürfte diese Schwierigkeit nicht dazu führen, den Einfluß der Temperatur überhaupt zu vernachlässigen, wie es leider vielfach geschehen ist.

In die Berechnung von (relativen) Einzelpotentialen aus der gemessenen EMK galvanischer Ketten kommt eine weitere Unsicherheit immer dann hinein, wenn nicht ein einziger Elektrolyt zum Aufbau des Systems verwendet wurde, vielmehr innerhalb der Kette Flüssigkeiten verschiedener Zusammensetzung aneinandergrenzen. An diesen Flüssigkeitsgrenzen treten dann im allgemeinen ebenfalls Potentialsprünge auf, deren Betrag experimentell nur in wenigen einfachen Fällen gewonnen werden könnte (vgl. Ziff. 47) und auch der theoretischen Auswertung nicht immer mit Sicherheit zugänglich ist. Bis zu einem gewissen Betrage können diese Flüssigkeitspotentiale allerdings auf experimentellem Wege eliminiert werden, wenigstens dann, wenn sie an sich keine zu hohen Werte erreichen (Näheres in Ziff. 25).

Die voranstehend geschilderten Schwierigkeiten bei der Zerlegung von elektromotorischen Kräften galvanischer Ketten in Einzelpotentiale sind die Ursache, daß die Zahlenwerte elektrochemischer Einzelpotentiale im allgemeinen eine Unsicherheit von einigen Millivolt (meist 1 bis 2, häufig aber auch weit mehr) in sich bergen, obwohl die experimentellen Messungen vielfach mit erheblich größerer Genauigkeit durchführbar sind. Damit die Möglichkeit erhalten bleibt,

---

[1]) W. DUANE, Wied. Ann. Bd. 65, S. 392. 1898; A. H. BUCHERER, Ann. d. Phys. (4) Bd. 3, S. 204. 1900; E. PODSZUS, ebenda Bd. 27, S. 859. 1908.
[2]) TH. W. RICHARDS, ZS. f. phys. Chem. Bd. 24, S. 39. 1897.
[3]) FR. AUERBACH, ZS. f. Elektrochem. Bd. 18, S. 13. 1912.

heutige Experimentalarbeiten auf Grund etwaiger Fortschritte in den gestreiften grundlegenden Fragen später mit erhöhter Sicherheit auszuwerten, sollten in allen Veröffentlichungen stets die tatsächlich gemessenen galvanischen Kombinationen wiedergegeben werden.

Die Ausführungen dieses Abschnitts beschränken sich im wesentlichen auf die Verhältnisse in wäßrigen Lösungen. Vielfach werden die zu besprechenden Methoden ohne weiteres auch auf nichtwäßrige Systeme zu übertragen sein, doch liegen bisher nur bescheidene Ansätze auf diesem Gebiete vor. Eine Zusammenstellung der einschlägigen Literatur über nichtwäßrige Lösungen findet man in einer Monographie von R. MÜLLER[1]), über die Arbeiten an Schmelzflußelektrolyten unterrichtet R. LORENZ[2]). Einzelne Hinweise auf nichtwäßrige Elektrolyte werden auch im folgenden noch gegeben werden.

24. Normalelektroden. Die wichtigste Forderung, die an eine Elektrode gestellt werden muß, damit sie als Vergleichs- oder Normalelektrode brauchbar erscheint, ist gute und leichte Reproduzierbarkeit.

Am meisten benutzt als Vergleichselektroden sind — nach dem Vorgange von OSTWALD[3]) — Quecksilberelektroden „zweiter Art" (vgl. Ziff. 28), das sind Systeme aus Quecksilber, grenzend an die gesättigte Lösung eines schwerlöslichen Quecksilbersalzes, die von diesem einen Überschuß als festen Bodenkörper und außerdem ein zweites Salz mit gleichem Anion (in konstanter Konzentration) enthält, also etwa:

Hg/Hg_2Cl_2 (fest) $+$ $^m/_1$ KCl : $^m/_1$-KCl-Kalomelelektrode
Hg/Hg_2Cl_2 (fest) $+$ $^m/_{10}$KCl : $^m/_{10}$-KCl-Kalomelelektrode
Hg/Hg_2Cl_2 (fest) $+$ KCl (fest) $+$ aqua: gesättigte KCl-Kalomelelektrode
Hg/Hg_2Cl_2 (fest) $+$ $^m/_1$ HCl : $^m/_1$-HCl-Kalomelelektrode
Hg/Hg_2SO_4 (fest) $+$ $^m/_1$ K_2SO_4 : $^m/_1$-K_2SO_4-Merkurosulfatelektrode
Hg/Hg_2SO_4 (fest) $+$ $^m/_1$ H_2SO_4 : $^m/_1$-H_2SO_4-Merkurosulfatelektrode
Hg/HgO (fest) $+$ $^m/_1$ NaOH : $^m/_1$-NaOH-Merkurioxydelektrode
usw.

Die an erster Stelle genannten drei Elektroden sind die am meisten verbreiteten. Sie werden auch wohl schlechthin als Normal-, Zehntelnormal- bzw. gesättigte Kalomelelektrode bezeichnet. Die Abb. 29 und 30 zeigen die beiden gebräuchlichsten Formen[4]). Das Quecksilber befindet sich am Boden der Glasgefäße, ein Platindraht, der entweder in den Gefäßboden eingeschmolzen ist (Abb. 30) oder — in ein Glasrohr eingeschweißt — von oben her in das Quecksilber eintaucht (Abb. 29), dient der Stromableitung. Über dem Quecksilber befindet sich eine dünne Schicht Kalomel und weiter die Chloridlösung bestimmter Konzentration. Diese Lösung kann durch einen mit Glashahn versehenen Trichter ein- und nachgefüllt werden. Ein heberartiger Ansatz — zweckmäßig ebenfalls mit Glashahn — erlaubt die Herstellung der Flüssigkeitsverbindung mit dem Elektrolyten eines zweiten „Halbelements". Ein an der höchsten Stelle dieses Verbindungshebers aufgesetzter Hahntrichter dient zum gelegentlichen Durchspülen des Rohres mit der Elektrodenflüssigkeit, um so eine Verunreinigung des Gefäßinhalts infolge Diffusion der angrenzenden Flüssigkeit zu vermeiden. Gelegentlich können Abänderungen der beschriebenen Formen notwendig oder doch vorteilhaft sein, etwa dann, wenn die Elektrode in einen Flüssigkeitsthermostaten eingebaut werden soll. Nähere Angaben darüber erübrigen

---

[1]) R. MÜLLER, Elektrochemie der nichtwäßrigen Lösungen. Stuttgart 1923.
[2]) R. LORENZ, Elektrolyse geschmolzener Salze. Bd. III. Halle 1905.
[3]) W. OSTWALD, Lehrb. d. allgem. Chem. 1. Aufl., Bd. II. Leipzig 1893.
[4]) N. T. M. WILSMORE, ZS. f. Elektrochem. Bd. 10, S. 685. 1904; H. DANNEEL, ebenda.

sich wohl[1]). Um die Elektrode transportfähig zu machen, kann das flüssige Quecksilber durch ein elektrolytisch amalgamiertes Platinblech ersetzt werden.

Die Selbstherstellung von zuverlässigen Kalomel-Normalelektroden gelingt leicht[2]). Das zu verwendende Quecksilber ist durch ausgiebiges Schütteln mit angesäuerter Merkuronitratlösung (und nachfolgendes Waschen mit destilliertem Wasser und Trocknen) von unedlen Metallen zu befreien. Von derart gereinigtem, evtl. auch noch im Vakuum destilliertem Quecksilber wird soviel in das trockene Elektrodengefäß eingefüllt, daß der Platinkontakt sicher bedeckt ist. Sodann stellt man sich einen Brei aus Quecksilber und Kalomel[3]) (die käuflichen „reinen" Kalomelpräparate mit Ausnahme des „in Stücken" sind verwendbar) dadurch her, daß beides zusammen mit der Kaliumchloridlösung der gewählten Konzentration solange lebhaft geschüttelt wird, bis beim Absitzenlassen eine zusammenhängende graue Masse aus feinen Quecksilbertröpfchen und Kalomelteilchen resultiert. Die überstehende KCl-Lösung wird dabei einige Male erneuert. Von dem Kalomel-Quecksilberbrei wird eine Schicht von einigen Millimetern auf das Elektrodenquecksilber gebracht und darüber (wie auch in das Verbindungsrohr) schließlich die vom letzten Schütteln stammende KCl-Lösung eingefüllt.

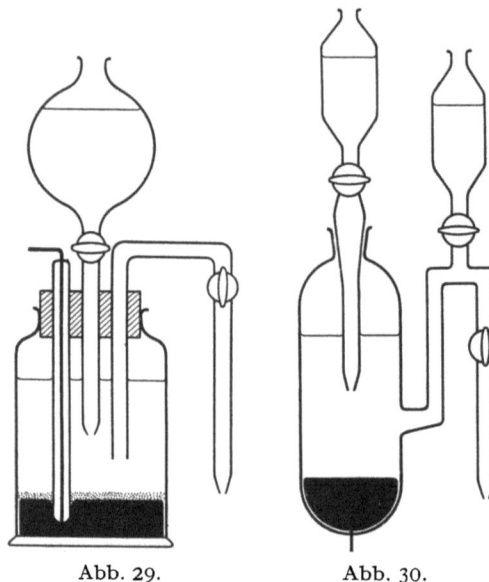

Abb. 29.   Abb. 30.
Kalomel-Normal-Elektrode.

So hergestellte Elektroden — auf $\pm 0{,}3\%$ definierte Konzentration des Elektrolyten vorausgesetzt — geben auf $\pm 0{,}1$ m Volt übereinstimmende Potentiale (bei gleicher Temperatur). Das Dunkelwerden des Kalomels im Lichte hat keinen merklichen Einfluß auf die Elektrode.

In ganz entsprechender Weise können auch die übrigen Quecksilberelektroden angesetzt werden. Auch diese sind bei sorgfältiger Herstellung meist bis auf etwa $\pm 0{,}1$ mVolt definiert[4]).

Ausgezeichnet konstante und bei geeigneter Herstellung auch genügend reproduzierbare Potentiale geben ferner Silberelektroden zweiter Art in Halogensalzlösungen, z. B.:

Ag/AgCl (fest) $+ \mathrm{n}/_{10}$ KCl: $\mathrm{n}/_{10}$-KCl-Chlorsilberelektrode;

Ag/AgCl (fest) $+ \mathrm{n}/_{10}$ HCl: $\mathrm{n}/_{10}$-HCl-Chlorsilberelektrode.

---

[1]) Vgl. etwa R. H. GERKE, Journ. Amer. Chem. Soc. Bd. 44, S. 1684. 1922. Eine Zusammenstellung anderer Formen bei W. M. CLARK, The Determination of Hydrogen Ions. 2. Aufl. Baltimore 1922.

[2]) L. SAUER, ZS. f. phys. Chem. Bd. 47, S. 146. 1904; vgl. a. G. N. LEWIS u. L. W. SARGENT, Journ. Amer. Chem. Soc. Bd. 31, S. 362. 1909; OSTWALD-LUTHER-DRUCKER, Physiko-Chemische Messungen. 4. Aufl. Leipzig 1925.

[3]) Über elektrolytische Herstellung von Kalomel vgl. WOLFF u. WATERS, Bull. Bureau of Stand. Bd. 4, S. 1. 1907; W. W. EWING, Journ. Amer. Chem. Soc. Bd. 47, S. 301. 1925.

[4]) Über Sulfat-Elektroden vgl. L. SAUER, ZS. f. phys. Chem. Bd. 47, S. 146. 1904; über Oxyd-Elektroden F. G. DONNAN u. A. J. ALLMAND, Journ. Chem. Soc. London Bd. 99, S. 845. 1911.

Man benutzt am einfachsten Bleche bzw. Drähte aus Silber oder Platin, die einen elektrolytischen Silberüberzug erhalten, der sodann durch abwechselnd kathodische und anodische Elektrolyse in Halogenwasserstoffsäure in Halogensilber umgewandelt wird (Formierung)[1]). Bei höchsten Ansprüchen an die Reproduzierbarkeit schlägt man zweckmäßig ein allerdings umständliches Herstellungsverfahren nach LEWIS[2]) ein.

Weniger bequem in der Anwendung ist die Wasserstoffelektrode, die aber trotzdem in bestimmten Fällen viel benutzt wird. Näheres über Formen und Anwendung dieser Elektrode in Ziff. 29.

Als Normal-Wasserstoffelektrode ist von der Potentialkommission der Deutschen Bunsengesellschaft diejenige vorgeschlagen, die einen Wasserstoffpartialdruck von 760 mm Quecksilber und eine 1-molare Wasserstoffionenkonzentration aufweist. Auf diese Elektrode beziehen sich die mit E_h zu bezeichnenden Potentiale, es wird also bei dieser Zählung das „Normalpotential" des Wasserstoffs gleich Null gesetzt. Diese Festsetzung, die theoretisch mancherlei Vorteile verspricht, erscheint insofern unzweckmäßig, als über die Ionenkonzentration in Elektrolytlösungen nicht immer die erforderliche sichere Kenntnis besteht.

Praktisch benutzt man als Elektrolyten für die Normal-Wasserstoffelektrode häufig $1-m$ Schwefelsäure, deren H^+-Konzentration wenigstens angenähert mit 1 Mol/Liter in Ansatz gebracht werden darf. Da die H^+-Konzentration anderer Lösungen, besonders verdünnterer, zur Zeit mit immerhin größerer Sicherheit als die einer $^m/_1\text{-}H_2SO_4$ berechnet werden kann, ferner auch die Diffusionspotentiale in solchen Fällen kleiner und relativ sicherer auswertbar zu sein pflegen, ist es empfehlenswert, auf Anwendung einer $^m/_1\text{-}H^+$-Lösung ganz zu verzichten, vielmehr mit jeweils geeigneten Elektrolyten möglichst gut bekannter H^+-Konzentration zu arbeiten und eine Umrechnung auf $c_{H^+} = 1$ Mol/Liter vorzunehmen (vgl. unten). Da aus technischen Gründen Wasserstoff von dem jeweiligen Atmosphärendruck zur Anwendung kommt, dessen Partialdruck sich überdies noch um die Wasserdampftension gegen den Gesamtdruck vermindert, ist bei genauen Messungen eine Reduktion auf den Wasserstoffpartialdruck von 760 mm erforderlich. Für je 6 mm, die der tatsächliche H_2-Druck unter dem Normalwerte bleibt, ist das Elektrodenpotential um 0,1 m Volt positiver als das der Normalelektrode[3]). Häufig kann diese Korrektion, da sie im allgemeinen kleiner bleibt als die sonstigen Unsicherheiten bei der Potentialberechnung, vernachlässigt werden. Für die Messung von Wasserstoffketten mit zwei Gaselektroden von beiderseits gleichem Gesamtdruck gilt dies in erhöhtem Maße.

Es sind vielfach noch andere Bezugselektroden, als bisher aufgezählt, zu Messungen benutzt worden. Ein wirkliches Bedürfnis dafür liegt nur in ganz speziellen Fällen vor, so daß von ihrer Erörterung im einzelnen Abstand genommen werden kann. Dem gedachten Zweck genügt an sich jede Elektrode mit gut definiertem Potential, doch ist nicht außer acht zu lassen, daß nur selten die Zahlenbeziehungen dieser Potentiale zu denen der früher genannten Nullelektroden so relativ sicher sind wie die zwischen den obengenannten Systemen.

Immerhin können auch diese aus den schon erwähnten Gründen (Flüssigkeitspotentiale, Konzentrationsangaben, Temperaturkoeffizienten) auf etwa

---

[1]) H. M. GOODWIN, ZS. f. phys. Chem. Bd. 13, S. 577. 1894; H. JAHN, ebenda Bd. 33, S. 545. 1900; A. THIEL, ZS. f. anorg. Chem. Bd. 24, S. 1. 1900.
[2]) G. N. LEWIS, Journ. Amer. Chem. Soc. Bd. 28, S. 166. 1906; vgl. ferner: A. A. NOYES u. J. H. ELLIS, ebenda Bd. 39, S. 3532. 1917; G. S. FORBES u. F. O. ANDEREGG, ebenda, Bd. 37, S. 1676. 1915; J. N. PEARCE u. A. R. FORTSCH, ebenda Bd. 45, S. 2852. 1923.
[3]) TH. WULFF, ZS. f. phys. Chem. Bd. 48, S. 87. 1904; N. E. LOOMIS u. S. F. ACREE, Journ. Amer. Chem. Soc. Bd. 38, S. 2391. 1916.

1 bis 2 mVolt unsicher sein, obwohl die Einzelpotentiale selbst durchweg auf etwa 0,1 mVolt reproduzierbar sind. Dies ist bei Beurteilung der folgenden Tabellen im Auge zu behalten.

Tabelle 5 bringt die Potentiale der wichtigsten Bezugselektroden bei verschiedenen Temperaturen. E_h bedeutet das Potential gegen die Normal-Wasser-

Tabelle 5. Potentiale von Normalelektroden.

	E_h (Volt)			E_c (Volt)		
	0°	18°	25°	0°	18°	25°
Hg/Hg$_2$Cl$_2$ (fest) + $^m/_{10}$ KCl	+0,337	+0,336	+0,336	+0,048	+0,052	+0,053
Hg/Hg$_2$Cl$_2$ (fest) + $^m/_1$ KCl	+0,289	+0,284	+0,283	±0,000	±0,000	±0,000
Hg/Hg$_2$Cl$_2$ (fest) + KCl, ges.	+0,260	+0,248	+0,244	−0,029	−0,036	−0,039
Hg/Hg$_2$Cl$_2$ (fest) + $^m/_{10}$ HCl	—	+0,335	+0,335	—	+0,051	+0,052
Hg/HgSO$_4$ (fest) + $^m/_{20}$ H$_2$SO$_4$	—	—	+0,681	—	—	+0,398
Hg/HgSO$_4$ (fest) + $^m/_2$ H$_2$SO$_4$	—	+0,685	—	—	+0,401	—
Hg/HgO (fest) + $^m/_{10}$ NaOH	+0,184	—	+0,165	−0,105	—	−0,118
Hg/HgO (fest) + $^m/_1$ NaOH	+0,133	—	+0,109	−0,156	—	−0,174
Hg/HgO (fest) + $^m/_1$ KOH	+0,130	—	+0,106	−0,159	—	−0,177
Ag/AgCl (fest) + $^m/_{10}$ KCl	—	+0,292	+0,290	—	+0,008	+0,007
Ag/AgCl (fest) + $^m/_{10}$ HCl	—	+0,291	+0,289	—	+0,007	+0,006
(Pt), H$_2$ (760 mm)/$^m/_1$ H$^+$	±0,000	±0,000	±0,000	−0,289	−0,284	−0,283

stoffelektrode (H$_2$ von 760 mm Druck, $^m/_1$-H$^+$) von jeweils gleicher Temperatur als Nullpunkt, die Zahlen unter E_c bringen die entsprechenden Werte, bezogen auf die $^m/_1$-KCl-Kalomelelektrode gleicher Temperatur.

In Tabelle 6 sind die Potentiale einiger Wasserstoffelektroden (H$_2$-Druck ist 760 mm) mit häufiger gebrauchten Elektrolyten gegen die Normalwasserstoffelektrode zusammengestellt.

Tabelle 6.
Potentiale einiger Wasserstoffelektroden bei 25°. Normal-Wasserstoffelektrode als Nullpunkt.

(Pt), H$_2$ $\left	\dfrac{m}{1}\right.$ H$^+$	±0,000 Volt
(Pt), H$_2$ $\left	\dfrac{m}{10}\right.$ HCl	−0,064 „
(Pt), H$_2$ $\left	\dfrac{m}{20}\right.$ H$_2$SO$_4$ . . .	−0,073 „
(Pt), H$_2$ $\left	\dfrac{m}{10}\right.$ NaOH . . .	−0,761 „

Zu den Zahlen beider Tabellen ist folgendes zu bemerken: Die Bestimmung von Potentialen E_h (Normal-Wasserstoffelektrode als Nullpunkt) erfordert — wie oben schon erwähnt — neben anderen Daten Kenntnis der H$^+$-Konzentration derjenigen Lösungen, die zum Aufbau der H$_2$-Elektrode benutzt werden. Zwischen zwei Wasserstoffelektroden (gleichen H$_2$-Drucks) mit den H$^+$-Konzentrationen c_1 und c_2 besteht nach NERNST die Potentialdifferenz

$$E_{1,2} = \frac{R \cdot T}{F} \cdot \ln \frac{c_1}{c_2}, \tag{38}$$

woraus sich für $c_2 = 1$ leicht ergibt:

$$E_{h(1)} = \frac{RT}{F} \cdot \ln c_1. \tag{38a}$$

Wird also eine Wasserstoffelektrode mit der H$^+$-Konzentration c_1 als praktische Vergleichselektrode benutzt, so ist der gemessenen Potentialdifferenz Versuchselektrode-Vergleichselektrode (nach Eliminierung des Diffusionspotentials) der Betrag $E_{h(1)}$ hinzuzuzählen, um zu dem Werte $E_{h(x)}$ der zur Untersuchung vorliegenden Elektrode zu gelangen.

Zur Bestimmung der erforderlichen Ionenkonzentrationen wurden früher meist Leitfähigkeitsdaten herangezogen. Bei Benutzung so gewonnener Zahlen versagt aber vielfach, besonders in nicht extrem verdünnten Lösungen, die

Gleichung (38). Nach den neuerdings entwickelten Auffassungen (vgl. Bd. XIII ds. Handb., auch Ziff. 13 dieses Kapitels) ist die Sachlage folgende:

In Gleichung (38) ist an Stelle der Ionenkonzentrationen mit Funktionen dieser Größen, den sog. „Ionenaktivitäten", zu rechnen. Aus Leitfähigkeitsmessungen können diese Aktivitäten nicht in einfacher Weise gewonnen werden; wie man zu ihnen gelangt, ist an dieser Stelle nicht zu erörtern (vgl. Bd. XIII). Auf Grund dieser neueren Theorie wäre es zweifellos das Gegebene, als Wasserstoff-Normalelektrode nicht eine solche mit $c_{H^+} = 1$ zu wählen, sondern diejenige mit einem Elektrolyten der H^+-Aktivität 1 als Nullelektrode zu benutzen. Diese Zählung ist deshalb auch hier zur Grundlage gemacht. Im Ergebnis läuft es auf dasselbe hinaus, wenn, wie vor der klaren Herausarbeitung der neuen Theorie geschehen und auch heute noch mehrfach üblich, mit korrigierten Ionenkonzentrationen gerechnet wird, die in manchen Fällen durch spezielle Annahmen über Komplex- und Solvatbildung in den Elektrolytlösungen gedeutet werden können, im Sinne der neueren Theorie aber eben nicht mehr Konzentrationen, sondern Aktivitäten darstellen.

Im folgenden sei auf die Voraussetzungen, die den Zahlen der obigen Tabellen zugrunde liegen, kurz im einzelnen eingegangen, wobei vor allem auch das Notwendigste über Herkunft und wahrscheinliche Zuverlässigkeit der Daten mitzuteilen ist.

Durchaus zuverlässig dürften die E_c-Potentiale der $^m/_{10}$ KCl-Kalomelelektrode[1]) bei 18 und 25° und die der gesättigten KCl-Kalomelelektrode[2]) bei 25° sein. Sie beruhen auf direkten Messungen gegen die $^m/_1$ KCl-Kalomelelektrode, und die Flüssigkeitspotentiale der betreffenden Kombinationen sind klein und relativ sicher bestimmbar.

Die Potentiale dieser Elektroden bei anderen Temperaturen sind mit Hilfe der später anzugebenden Temperaturkoeffizienten (Tab. 7) berechnet.

Ob die Differenz von 1 mVolt zwischen den Werten der $^m/_{10}$ HCl[3])- und der $^m/_{10}$ KCl-Kalomelelektrode reell ist, dürfte noch fraglich sein. Es ist auch die Ansicht vertreten, daß die Cl$^-$-Konzentrationen (-Aktivitäten) in beiden Elektrolyten, demnach auch die Elektrodenpotentiale gleich seien[4]).

Ohne Schwierigkeit lassen sich an die vorstehend genannten die Ag/AgCl-Elektroden[5]) anschließen, da in den zu diesem Zweck aufzubauenden Ketten Diffusionspotentiale fehlen.

Wesentlich zweifelhafter dürften die angeführten Zahlen der Merkurosulfatelektroden sein. Der Wert für diejenige mit $^m/_2$ H$_2$SO$_4$ bei 18° stammt von SAUER[6]) und schließt erhebliche Unsicherheiten bezüglich des Diffusionspotentials ein. Der für die $^m/_{20}$ H$_2$SO$_4$-Elektrode[7]) bei 25° geltende Wert basiert auf Messungen gegen die Wasserstoffelektrode; die für die Umrechnung in Betracht kommenden Überlegungen sind weiter unten diskutiert. Entsprechendes gilt

---

[1]) L. SAUER, ZS. f. phys. Chem. Bd. 47, S. 146. 1904; G. N. LEWIS, T. B. BRIGHTON u. R. L. SEBASTIAN, Journ. Amer. Chem. Soc. Bd. 39, S. 2245. 1917; H. A. FALES u. W. C. VOSBURGH, ebenda Bd. 40, S. 1291. 1918; vgl. a. W. M. CLARK, The Determination of Hydrogen Ions. 2. Aufl. Baltimore 1922.

[2]) H. A. FALES u. W. A. MUDGE, Journ. Amer. Chem. Soc. Bd. 42, S. 2434. 1920; W. W. EWING, ebenda Bd. 47, S. 301. 1925.

[3]) L. SAUER, ZS. f. phys. Chem. Bd. 47, S. 146. 1904; G. N. LEWIS, T. B. BRIGHTON u. R. L. SEBASTIAN, Journ. Amer. Chem. Soc. Bd. 39, S. 2245. 1917.

[4]) N. E. LOOMIS u. M. R. MEACHAM, Journ. Amer. Chem. Soc. Bd. 38, S. 2310. 1916; D. A. MAC INNES, ebenda Bd. 41, S. 1086. 1919.

[5]) D. A. MAC INNES u. K. PARKER, ebenda Bd. 37, S. 1445. 1915; A. A. NOYES u. J. H. ELLIS, ebenda Bd. 39, S. 2532. 1917.

[6]) L. SAUER, ZS. f. phys. Chem. Bd. 47, S. 146. 1904.

[7]) L. J. BIRCHER u. G. D. HOWELL, Journ. Amer. Chem. Soc. Bd. 48, S. 34. 1926.

für die in der letzten Spalte aufgeführten E_c-Werte der Normal-Wasserstoffelektrode.

Auch in die Potentiale der Quecksilberoxydelektroden, die eingehend von DONNAN und ALLMAND[1]) untersucht sind, gehen zweifelhafte Flüssigkeitspotentiale ein. Die mitgeteilten Zahlen basieren auf dem von den genannten Autoren selbst bevorzugten Eliminierungsverfahren nach PLANCK. Bei Berechnung der Diffusionspotentiale nach HENDERSON (Ziff. 25) ergeben sich um etwa 1 mV negativere Werte.

Als Grundlage der Umrechnung von E_c in E_h diente die Wahl von $E_h =$ + 0,283 Volt für die $^m/_1$ KCl-Kalomelelektrode bei 25°[2]). Bei der Festsetzung dieses Wertes treten die oben angestellten Überlegungen in Kraft, und zwar entspricht der getroffenen Wahl, wie nochmals betont sei, die Benutzung der neueren Theorie, es wurde also mit Ionenaktivitäten statt mit -konzentrationen gerechnet. Demnach ist auch die Normal-Wasserstoffelektrode mit der H$^+$-Aktivität Eins Grundlage der Zählung. Hält man an der klassischen Theorie und der Wasserstoffelektrode mit $c_{H^+} = 1$ Mol/Liter als Nullpunkt fest, so liegt den E_h-Werten der Tabelle die weitere Annahme zugrunde, daß die „korrigierte" H$^+$-Konzentration in $^m/_{10}$ HCl bei 25° 0,082 Mol/Liter beträgt.

Die E_h-Potentiale der $^m/_1$ KCl-Kalomelelektrode bei 18 und 0° wurden wieder mit Hilfe der Temperaturkoeffizienten der Tabelle 7 gewonnen. Unter Zugrundelegung der so erhaltenen Werte wurden alle übrigen E_c-Potentiale auf den Wasserstoff-Nullpunkt umgerechnet. Die auf diese Weise resultierenden E_h-Werte stimmen befriedigend überein mit den aus gelegentlich gemessenen anderen Kombinationen zu errechnenden.

Abweichend von den obigen Grundsätzen wurde allein das Potential der $^m/_{20}$ H$_2$SO$_4$-Merkurosulfatelektrode bei 25° berechnet. Es gründet sich auf direkte Messungen gegen die Wasserstoffelektrode im gleichen Elektrolyten, dessen „korrigierte" H$^+$-Konzentration mit dem heute wahrscheinlichsten, aber immerhin noch unsicheren Werte von 0,058 Mol/Liter eingesetzt wurde.

Die erwähnten korrigierten H$^+$-Konzentrationen für $^m/_{10}$ HCl und $^m/_{20}$ H$_2$SO$_4$ liegen auch den Zahlen der Tabelle 6 zugrunde. Dazu ist in diese Tabelle noch das Potential der Wasserstoffelektrode in $^m/_{10}$ NaOH aufgenommen, dessen Festlegung ebenfalls auf den neueren Anschauungen über elektrolytische Dissoziation bzw. auf Einführung korrigierter Ionenkonzentrationen beruht.

Schließlich darf nicht unerwähnt bleiben, daß von den hier mitgeteilten abweichende Zahlenbeziehungen zwischen E_c- und E_h-Werten nach dem Vorgang von SÖRENSEN[3]) noch vielfach in Gebrauch sind. SÖRENSEN zieht vor, die klassische Theorie der Dissoziation konsequent auch bei der Berechnung von Ionenkonzentrationen aus Leitfähigkeiten beizubehalten und kommt auf dieser Grundlage zu E_h-Werten, die durchweg 2 mVolt positiver sind als die in Tabelle 5 aufgenommenen.

Tabelle 7 bringt die vorstehend schon benutzten Temperaturkoeffizienten einiger Normalelektroden. Diejenigen der Kalomelelektroden[4]) sind durch direkte Messung der verschieden temperierten Halbelemente gegeneinander gewonnen. Sie entsprechen also dem in Ziff. 23 erörterten Verfahren von

---

[1]) F. G. DONNAN u. A. J. ALLMAND, Journ. Chem. Soc. London Bd. 99, S. 845. 1911.
[2]) G. N. LEWIS, T. B. BRIGHTON u. R. L. SEBASTIAN, Journ. Amer. Chem. Soc. Bd. 39, S. 2245. 1917; D. A. MAC INNES, ebenda Bd. 41, S. 1086. 1919; J. A. BEATTIE, ebenda Bd. 42, S. 1128. 1920.
[3]) S. P. L. SÖRENSEN u. K. LINDERSTRÖM-LANG, C. R. (Lab. Carlsberg) Bd. 15, Nr. 6. 1924.
[4]) TH. W. RICHARDS, ZS. f. phys. Chem. Bd. 24, S. 39. 1897; H. A. FALES u. W. A. MUDGE Journ. Amer. Chem. Soc. Bd. 42, S. 2434. 1920; W. W. EWING, ebenda Bd. 47, S. 301. 1925; I. M. KOLTHOFF u. F. TEKELENBURG, Proc. Amsterdam Bd. 29, S. 766. 1926.

RICHARDS und enthalten möglicherweise noch den Einfluß elektrolytischer Thermokräfte. Groß können die dadurch bedingten Fehler nicht sein, wie u. a. aus der befriedigenden Übereinstimmung der mit ihrer Hilfe berechneten Werte der Tabelle 5 mit direkt gemessenen Kombinationen erhellt. Der Temperaturkoeffizient der Normal-Wasserstoffelektrode[1]), der naturgemäß nicht direkt experimentell bestimmt werden kann, ist auf indirekten Wegen ermittelt.

Die mitgeteilten Zahlen gelten für Nähe der Zimmertemperatur, dürften für angenäherte Rechnungen aber auch wohl auf ein Gebiet von etwa 0 bis $+35°$ Anwendung finden können.

Tabelle 7. Temperaturkoeffizienten des Potentials von Normalelektroden.

Elektrode	dE/dT (Volt/C°)
Hg/Hg_2Cl_2 (fest) $+$ $^m/_1$ KCl	$+0{,}0006$
Hg/Hg_2Cl_2 (fest) $+$ $^m/_{10}$ KCl	$+0{,}0008$
Hg/Hg_2Cl_2 (fest) $+$ KCl (fest) $+$ aqua	$+0{,}0002$
(Pt), $H_2 \big/ \dfrac{m}{1} H^+$	$+0{,}00085$

An Hand der Tabellen 5 und 7 sind endlich die Daten der Tabelle 8 berechnet: die sog. „absoluten" Potentiale (nach OSTWALD), die auf der Annahme basieren, daß das wahre Potential der $^m/_1$-KCl-Kalomelelektrode bei $18°$ $E_a = +0{,}560$ Volt beträgt.

Tabelle 8. „Absolute" Potentiale von Normalelektroden.

	(Volt)		
	0°	18°	25°
Hg/Hg_2Cl_2 (fest) $+$ $^m/_{10}$ KCl	$+0{,}597$	$+0{,}612$	$+0{,}617$
Hg/Hg_2Cl_2 (fest) $+$ $^m/_1$ KCl	$+0{,}549$	$+0{,}560$	$+0{,}564$
Hg/Hg_2Cl_2 (fest) $+$ KCl, ges.	$+0{,}520$	$+0{,}524$	$+0{,}525$
Hg/Hg_2Cl_2 (fest) $+$ $^m/_{10}$ HCl	—	$+0{,}611$	$+0{,}616$
$Hg/HgSO_4$ (fest) $+$ $^m/_{20}$ H_2SO_4	—	—	$+0{,}962$
$Hg/HgSO_4$ (fest) $+$ $^m/_2$ H_2SO_4	—	$+0{,}961$	—
Hg/HgO (fest) $+$ $^m/_{10}$ NaOH	$+0{,}444$	—	$+0{,}446$
Hg/HgO (fest) $+$ $^m/_1$ NaOH	$+0{,}393$	—	$+0{,}390$
Hg/HgO (fest) $+$ $^m/_1$ KOH	$+0{,}390$	—	$+0{,}387$
$Ag/AgCl$ (fest) $+$ $^m/_{10}$ KCl	—	$+0{,}568$	$+0{,}571$
$Ag/AgCl$ (fest) $+$ $^m/_{10}$ HCl	—	$+0{,}567$	$+0{,}570$
(Pt), H_2 (760 mm) $\big/ \dfrac{m}{1} H^+$	$+0{,}260$	$+0{,}276$	$+0{,}281$

Für die Auswahl der für einen bestimmten Zweck geeignetsten Bezugselektrode ist im wesentlichen der Gesichtspunkt maßgebend, eine Kette von möglichst geringem oder doch einigermaßen sicher bestimmbarem Flüssigkeitspotential zur Messung zu bringen.

In Ziff. 25 wird weiter auf diese Frage eingegangen werden. Ferner ist zu bedenken, daß die Reproduzierbarkeit von Normalelektroden nicht unter allen Umständen die gleiche zu sein braucht. So haben sich z. B. die $^m/_1$- und $^m/_{10}$ KCl-Kalomelelektroden bei höheren Temperaturen nicht bewährt, weil die Einstellung eines konstanten Potentials nach Temperaturwechsel recht erhebliche Zeiten erfordert[2]). Die gesättigte KCl-Kalomelelektrode scheint in dieser Hinsicht günstiger zu sein. Auch bei sehr geringen Ionenkonzentrationen versagen Kalomelelektroden vielfach. Chlorsilberelektroden sind in solchen Fällen vorteilhafter[3]).

Die zweckmäßigste Größe der Normalelektroden läßt sich allgemeingültig kaum angeben, immerhin wird sie durch gewisse Forderungen nach beiden Seiten begrenzt. Allzu kleine Elektroden werden bei etwaigem Stromdurchgang, der nicht immer zu vermeiden ist (vgl. Ziff. 26 u. 27), ihr Potential infolge Polari-

---

[1]) S. P. L. SÖRENSEN, C. R. (Lab. Carlsberg) Bd. 9, S. 121. 1912; I. M. KOLTHOFF u. F. TEKELENBURG, Proc. Amsterdam Bd. 29, S. 766. 1926.
[2]) H. A. FALES u. W. A. MUDGE, Journ. Chem. Soc. Bd. 42, S. 2434. 1920; I. M. KOLTHOFF u. F. TEKELENBURG, Proc. Amsterdam Bd. 29, S. 766. 1926.
[3]) A. A. NOYES u. J. H. ELLIS, Journ. Amer. Chem. Soc. Bd. 39, S. 2532. 1917.

sation verändern können. Unter 1 bis 0,5 cm² Elektrodenoberfläche wird man deshalb, wo diese Gefahr irgend besteht, im allgemeinen nicht heruntergehen. Sehr große Elektrodenoberflächen sind aber meist ebenfalls unangebracht. Quecksilberelektroden können z. B. bei mehr als etwa 10 cm² Oberfläche sehr empfindlich gegen mechanische Erschütterungen werden, große Platinbleche bei Wasserstoffelektroden brauchen ziemlich lange Zeit bis zur konstanten Einstellung des Potentials. Mittlere Größen werden deshalb allgemein vorzuziehen sein. Durchgang stärkerer Ströme als etwa 10^{-4} Amp., auch für kurze Zeiten, soll dann nach Möglichkeit vermieden werden. Sind solche unbeabsichtigt doch einmal aufgetreten, bedarf die geschädigte Elektrode einer mehr oder minder beträchtlichen Erholungspause, um ihr normales Potential wieder zu erreichen.

Um von derartigen Zufälligkeiten unabhängig zu sein und auch um jederzeit eine gewisse Kontrolle ihrer richtigen Funktion zu haben, empfiehlt es sich, stets mindestens zwei gleichartige Normalelektroden zu halten, von denen nur eine der eigentlichen Messung dient und von Zeit zu Zeit gegen die zweite geprüft wird.

25. Eliminierung von Flüssigkeitspotentialen. Nur in seltenen Fällen ist es möglich, die Bezugselektrode so zu wählen, daß die entstehende galvanische Kette nur einen einzigen Elektrolyten von überall gleicher Zusammensetzung enthält. Im allgemeinen werden zwei verschiedene Flüssigkeiten innerhalb der Kette aneinanderstoßen, an deren Berührungsfläche dann, wie schon erwähnt, in der Regel ebenfalls ein Potentialsprung auftritt.

Die Ursache der Potentialdifferenz zwischen beiden Schichten ist nach NERNST[1]) die verschiedene Diffusionsgeschwindigkeit der positiven und negativen Ionen. Auf Grund dieser Anschauung lassen sich bei Kenntnis von Konzentration, Wanderungsgeschwindigkeit und Wertigkeit der in Frage kommenden Ionen „Diffusions"- oder „Flüssigkeitspotentiale" berechnen, wobei man allerdings zu etwas verschiedenen Resultaten kommt, je nachdem, welche spezielle Annahme über das Diffusionsgefälle in der Berührungszone gemacht wird. Die Rechnung ist streng nur für (im Sinne der klassischen Ionentheorie) vollständig dissoziierte Elektrolyte durchgeführt.

NERNST hat die Theorie für den Spezialfall entwickelt, daß zwei verschieden konzentrierte Lösungen desselben Ionenbildners aneinandergrenzen. Wenn U und V die Wanderungsgeschwindigkeiten, n_K und n_A die Wertigkeiten von Kation bzw. Anion bedeuten und c_1 bzw. c_2 die Äquivalentkonzentrationen in beiden Schichten sind, so gilt

$$E_{1,2} = \frac{U/n_K - V/n_A}{U+V} \cdot \frac{RT}{F} \cdot \ln \frac{c_2}{c_1}. \tag{39}$$

Unter der Voraussetzung, daß das zunächst anzunehmende unendlich große Konzentrationsgefälle an der Berührungsfläche sich infolge Diffusion spontan zu einem stationären endlichen Gefälle umbildet, hat PLANCK[2]) für die Potentialdifferenz zwischen zwei Schichten mit beliebig vielen, aber nur gleich-(n-) wertigen Ionen abgeleitet:

$$E_{1,2} = -\frac{RT}{n \cdot F} \cdot \ln \xi, \tag{40}$$

worin ξ gegeben ist durch die transzendente Gleichung:

$$\frac{\xi \sum c_2 \cdot U_2 - \sum c_1 \cdot U_1}{\sum c_2' \cdot V_2 - \xi \sum c_1' \cdot V_1} = \frac{\log \frac{\sum c_2}{\sum c_1} - \log \xi}{\log \frac{\sum c_2}{\sum c_1} + \log \xi} \cdot \frac{\xi \sum c_2 - \sum c_1}{\sum c_2 - \xi \cdot \sum c_1}. \tag{41}$$

---
[1]) W. NERNST, ZS. f. phys. Chem. Bd. 4, S. 129. 1889; vgl. a. H. JAHN, Grundr. d. Elektrochemie. 2. Aufl., S. 350. Wien 1905.
[2]) M. PLANCK, Wied. Ann. Bd. 40, S. 561. 1890.

Die Konzentrationen sind Ionenkonzentrationen (vgl. unten), und zwar mit c für Kationen, mit c' für Anionen bezeichnet. Die Summationen haben sich jeweils über Konzentrationen und Wanderungsgeschwindigkeiten sämtlicher Kationen bzw. Anionen in der betreffenden Schicht (durch die Indizes 1 und 2 angedeutet) zu erstrecken. Die transzendente Gleichung (41) ist im allgemeinen nur durch Probieren auflösbar, dies geschieht am einfachsten auf graphischem Wege. Beide Seiten der Gleichung werden einzeln als Funktionen von ξ aufgezeichnet. Der Schnittpunkt beider Kurven liefert den gesuchten Wert von ξ.

PLEIJEL[1]) hat die Rechnung für den allgemeinsten Fall beliebigwertiger Ionen durchgeführt. Wegen der Resultate, die sich auf beschränktem Raum nicht wiedergeben lassen, muß auf die Originalarbeit verwiesen werden.

Explizite Lösungen besitzen die Gleichungen von PLANCK und PLEIJEL nur für einige spezielle Fälle, insbesondere ergibt sich bei Vorhandensein von nur je einem binären Ionenbildner in jeder Schicht, und zwar von gleicher Konzentration und gleicher Wertigkeit:

$$E_{1,2} = \frac{RT}{nF} \cdot \ln \frac{U_2 + V_1}{U_1 + V_2}. \tag{42}$$

Bei nur n-wertigen Ionen liegt ξ der Gleichung (41) stets zwischen

$$\frac{\sum c_1 \cdot U_1}{\sum c_2 \cdot U_2} \quad \text{und} \quad \frac{\sum c_2' \cdot V_2}{\sum c_1' \cdot V_1}.$$

HENDERSON[2]) gelang es, durch Einführung einer von PLANCK abweichenden Vorstellung über die Struktur des Diffusionsgefälles in der Grenzschicht eine auch für den allgemeinsten Fall lösbare Formel aufzustellen. Er nimmt an, daß durch mechanische Vermischung der beiden ursprünglichen Flüssigkeiten Zwischenschichten entstanden sind, die sich in stetiger Reihe additiv aus den ersteren aufbauen lassen. Unter dieser Voraussetzung gelangt er zu der Beziehung:

$$E_{1,2} = \frac{RT}{F} \cdot \left. \begin{matrix} \dfrac{\sum \dfrac{U_2 \cdot c_2}{m_2} - \sum \dfrac{U_1 \cdot c_1}{m_1} - \sum \dfrac{V_2 \cdot c_2'}{m_2'} + \sum \dfrac{V_1 \cdot c_1'}{m_1'}}{\sum U_2 \cdot c_2 - \sum U_1 \cdot c_1 + \sum V_2 \cdot c_2' - \sum V_1 \cdot c_1'} \\ \cdot \ln \dfrac{\sum U_2 \cdot c_2 + \sum V_2 \cdot c_2'}{\sum U_1 \cdot c_1 + \sum V_1 \cdot c_1'}. \end{matrix} \right\} \tag{43}$$

Die Konzentrationen c_1, c_1', c_2, c_2' in (43) sind Äquivalentionenkonzentrationen (vgl. unten), im übrigen haben die Bezeichnungen die gleiche Bedeutung wie oben für Gleichung (41) erläutert.

Die ursprüngliche HENDERSONsche Formel weicht von der hier mitgeteilten etwas ab. Dies rührt daher, daß bei HENDERSON — entgegen der ausdrücklichen Festsetzung des Verfassers — mit Molarkonzentrationen gerechnet werden müßte. Schon PFLEIDERER[3]) hat darauf aufmerksam gemacht, daß eine Verwechslung der beiden Konzentrationszählungen vorliegt und demgemäß die HENDERSONsche Gleichung berichtigt. Da aber bis in die neueste Zeit die ältere, fehlerhafte Fassung in der Literatur auftaucht, sei hier nochmals ausdrücklich

---

[1]) H. PLEIJEL, ZS. f. phys. Chem. Bd. 72, S. 1. 1910; vgl. a. J. M. LOVÉN, ebenda Bd. 20, S. 593. 1896; K. R. JOHNSON, Ann. d. Phys. (4) Bd. 14, S. 995. 1904.
[2]) P. HENDERSON, ZS. f. phys. Chem. Bd. 59, S. 118. 1907; Bd. 63, S. 325. 1908; s. ferner N. BJERRUM, ZS. f. Elektrochem. Bd. 17, S. 58. 1911; A. C. CUMMING, Trans. Faraday Soc. Bd. 8, S. 86. 1912; Anwendung auf nichtwäßrige Lösungsmittel bei N. ISGARISCHEW, ZS. f. Elektrochem. Bd. 18, S. 568. 1912; Bd. 19, S. 491. 1913; s. auch P. F. BÜCHI, ebenda Bd. 30, S. 443. 1924.
[3]) G. PFLEIDERER, im Handb. d. Arbeitsmethoden in d. anorg. Chem. Bd. III, 2, S. 862. Leipzig 1914.

auf die Diskrepanz hingewiesen. In die HENDERSONsche Ableitung ist der erwähnte Fehler dadurch hineingekommen, daß[1]) fälschlich

(Ionenwanderungsgeschwindigkeit) = konst. × (Ionenwertigkeit) × (Äquivalentionenleitfähigkeit)

gesetzt wurde, während in Wahrheit gilt:

$$U_\infty = \frac{1}{F} \cdot \Lambda_{\mathrm{Ion}\,\infty}, \qquad (44)$$

(vgl. Bd. XIII ds. Handb.)

In allen mitgeteilten Formeln (39), (41), (42), (43) können übrigens demgemäß die Wanderungsgeschwindigkeiten U und V (nach der klassischen Theorie mit U_∞ und V_∞ identisch) ersetzt werden durch die Äquivalent-Ionenleitfähigkeiten $\Lambda_{K\infty}$ und $\Lambda_{A\infty}$, die von den erstgenannten Größen ja nur durch einen konstanten Faktor unterschieden sind. Allerdings wird auch hier die Sachlage durch Einführung der neueren Theorie der Elektrolyte etwas verschoben. Nach dieser sind U und V nicht konstante, sondern konzentrationsvariable Größen. Dafür wird aber — bei starken Elektrolyten — der Dissoziationsgrad nach dieser Theorie unabhängig von der Konzentration gleich 1. Es ist also nach der neuen Theorie (für starke Elektrolyte), falls C die Gesamtäquivalentkonzentration eines Ionenbildners bedeutet

$$c \cdot U = C \cdot \Lambda_{\mathrm{Ion}}/F, \qquad (44\mathrm{a})$$

und nach der klassischen Theorie

$$c \cdot U = C \cdot \alpha \cdot \Lambda_{\mathrm{Ion}\,\infty}/F. \qquad (44\mathrm{b})$$

Da die klassische Theorie den Dissoziationsgrad aus Leitfähigkeiten ermittelt gemäß $\alpha = \Lambda/\Lambda_\infty$, so werden, falls in erster Näherung

$$\Lambda/\Lambda_\infty = \Lambda_{\mathrm{Ion}}/\Lambda_{\mathrm{Ion}\,\infty}$$

gesetzt werden darf, die Ausdrücke (44a) und (44b) identisch, alte und neue Theorie führen demnach unter diesen Voraussetzungen zum gleichen Ergebnis. Für schwache Elektrolyte bleibt dieser Schluß aller Voraussicht nach ebenfalls in Geltung. Praktische Bedeutung hat diese Überlegung allerdings allein für den Fall, daß nur ein einheitlicher Ionenbildner in jeder Schicht des betrachteten Systems vorhanden ist, da nur unter dieser Voraussetzung eine Bestimmung des klassischen Dissoziationsgrades in der angegebenen Weise möglich. Für Elektrolytgemische wird auf der neueren Grundlage die exakte Lösung gesucht werden müssen, wozu jedoch heute die Theorie noch nicht hinreichend entwickelt ist.

Für die schon hervorgehobenen speziellen Fälle nach NERNST (ein Ionenbildner in verschiedenen Konzentrationen) und PLANCK (je ein binärer Ionenbildner von gleicher Wertigkeit und Konzentration in jeder Schicht, wozu hier als weitere Bedingung hinzukommt, daß die beiden Elektrolyte eine Ionenart gemeinsam haben) führt Gleichung (43) auf die schon bekannten Beziehungen Gleichung (39) und (42). In anderen Fällen stimmen die Resultate nach PLANCK und HENDERSON nicht überein.

Diese Abweichungen sind zweifellos in den abweichenden Annahmen über das Zustandekommen der Diffusionszwischenschicht begründet. Die experimentellen Ergebnisse scheinen zu bestätigen, daß — wie von vornherein zu vermuten — die HENDERSONschen Voraussetzungen leichter zu verwirklichen sind als die PLANCKschen, da selbst bei größter Vorsicht eine geringe mechanische Vermischung der aneinandergrenzenden Flüssigkeiten unvermeidlich sein wird.

---

[1]) P. HENDERSON, ZS. f. phys. Chem. Bd. 59, S. 122. 1907.

Dementsprechend sind auch zeitliche Änderungen des Diffusionspotentials vorauszusehen und wirklich mehrfach festgestellt worden[1]).

BJERRUM[2]) hat gut reproduzierbare, der Formel von HENDERSON sich anpassende Werte gefunden, wenn er die Berührungszone in eine Schicht von reinem Quarzsand (im U-Rohr) verlegte und das Einfüllen der Flüssigkeiten so vornahm, daß eine gewisse mechanische Vermischung innerhalb der Sandschicht die Folge war (Ziff. 31). BÜCHI[3]) hat das gleiche Resultat (Übereinstimmung mit der HENDERSONschen Theorie) erhalten, wenn — ohne sonstige besondere Maßnahmen — die Flüssigkeiten der Einzelelektroden bereits längere Zeit vor der Messung miteinander in Berührung standen.

Sehr gut reproduzierbare Potentiale erhielten andererseits LAMB und LARSON[4]) bei ständiger Erneuerung der Flüssigkeitsgrenze, erreicht durch Gegeneinanderströmenlassen der beiden Flüssigkeiten in engen Röhrchen (Ziff. 31). Unter diesen Verhältnissen dürften die Bedingungen der PLANCKschen Formel am ehesten zutreffen.

Immerhin ist die Berechnung von Flüssigkeitspotentialen infolge der geschilderten Erscheinungen noch mit einer gewissen Unsicherheit behaftet, die um so mehr ins Gewicht fallen muß, je größer der Absolutwert des fraglichen Potentials ist.

Man wird mithin bestrebt sein, die innerhalb einer zu messenden Kette auftretenden Diffusionspotentiale so klein wie möglich zu halten. Soweit dies nicht durch passende Wahl der Elektroden (bzw. der Elektrodenflüssigkeiten) erreicht werden kann — die Bedingungen dafür sind je nach den Verhältnissen sehr verschieden, für einfache Fälle wird man sie aus der Theorie leicht ablesen können —, ist einer der beiden folgenden Wege einzuschlagen.

Entweder setzt man beiden Elektrolyten einen indifferenten, d. h. gegenüber den Elektrodenstoffen elektrochemisch unwirksamen, „starken" Ionenbildner in großem Überschuß, und zwar beiderseits in gleicher Konzentration, zu, oder aber man schaltet die hochkonzentrierte Lösung eines Salzes mit zwei Ionen möglichst gleicher Wanderungsgeschwindigkeit als Zwischenelektrolyten ein. Die Wirksamkeit beider Maßnahmen folgt aus der Theorie.

Bezüglich der ersten[5]) ist jedoch zu bedenken, daß ein solcher Zusatz die Elektrodenpotentiale verändern kann, nach der neuen Theorie der Elektrolyte sogar notwendig verändern muß. Nach dieser ist der Potentialsprung Elektrode/Elektrolyt unter anderem durch die „Aktivität" des wirksamen Ions bedingt, welche ihrerseits eine Funktion der Gesamtionenkonzentration ist. Stammen die an den Elektroden wirksamen Ionen aus „starken" Elektrolyten, so hat die Gegenwart eines Fremdelektrolyten in hoher, beiderseits gleicher Konzentration zur Folge, daß die „Aktivitäten" der in Rede stehenden Ionen den Konzentrationen der sie liefernden Ionenbildner proportional sind (vgl. Bd. XIII). Gelegentlich wird man gerade von diesem Verhalten Gebrauch machen können.

Allgemeiner anwendbar ist aber die zweite Methode: Einführung eines Zwischenelektrolyten[6]). Als solcher kommt in erster Linie Kaliumchlorid in ge-

---

[1]) Vgl. besonders A. M. CHANOZ, Ann. Univ. Lyon, Nouv. Sér. Bd. 1, S. 18. 1906.
[2]) N. BJERRUM, ZS. f. Elektrochem. Bd. 17, S. 58, 389. 1911.
[3]) P. F. BÜCHI, ZS. f. Elektrochem. Bd. 30, S. 443. 1924.
[4]) A. B. LAMB u. A. T. LARSON, Journ. Amer. Chem. Soc. Bd. 42, S. 229. 1920.
[5]) ST. BUGARSZKY, ZS. f. anorg. Chem. Bd. 14, S. 145. 1897; R. ABEGG u. E. BOSE, ZS. f. phys. Chem. Bd. 30, S. 545. 1899; O. SACKUR, ebenda Bd. 38, S. 129. 1901; Bd. 39, S. 364. 1902.
[6]) O. F. TOWER, ZS. f. phys. Chem. Bd. 20, S. 198. 1896; N. BJERRUM, ebenda Bd. 53, S. 428. 1905; A. C. CUMMING u. R. ABEGG, ZS. f. Elektrochem. Bd. 13, S. 17. 1907.

sättigter Lösung (oder aus mancherlei Gründen zweckmäßig nur nahezu gesättigt, nämlich 3,5-molar) zur Anwendung, weil für dieses Salz die Forderung gleicher Wanderungsgeschwindigkeit von Kation und Anion am besten erfüllt ist [vgl. Tab. 4 (Ziff. 13). Es ist allerdings zu berücksichtigen, daß diese Zahlen für unendliche Verdünnung gelten. Wie das Verhältnis der Wanderungsgeschwindigkeiten bei höheren Konzentrationen verschoben ist, läßt sich noch nicht mit Sicherheit angeben.] Nur wo dieses nicht benutzt werden kann (z. B. gegen Silbernitratlösungen, wegen Bildung von AgCl), greift man zu Ammoniumnitrat oder auch zu Mischungen von Kaliumnitrat mit 15 Molprozent Natriumnitrat[1]).

Tabelle 9. **Flüssigkeitspotentiale wässeriger Lösungen gegen Kaliumchloridlösung verschiedener Konzentration bei 25° (in Volt).**

Elektrolyt	Konzentration (Mol/Liter)	KCl 0,1 m.	KCl 1,0 m.	KCL 3,5 m.
KCl	0,01	−0,0004	−0,0008	−0,0010
	0,1	—	−0,0004	−0,0006
	1,0	+0,0004	—	−0,0002
HCl	0,01	−0,0093	−0,0028	−0,0014
	0,1	−0,0277	−0,0097	−0,0031
	1,0	−0,0562	−0,0274	−0,0166
H_2SO_4	0,05	−0,025	−0,008	−0,004
	0,5	−0,053	−0,025	−0,014
NaOH	0,1	+0,0189	+0,0054	+0,0021
	1,0	+0,0450	+0,0188	+0,0105
KOH	0,1	+0,0154	+0,0045	+0,0017
	1,0	+0,0342	+0,0153	+0,0086
NaCl	0,1	+0,0043	+0,0007	+0,0002
	1,0	+0,0112	+0,0038	−0,0019

In Tabelle 9 sind die Flüssigkeitspotentiale einer Anzahl Elektrolyte gegen KCl-Lösungen verschiedener Konzentration, berechnet nach HENDERSON [Gleichung (43)], zusammengestellt. Die Zahlen geben das Potential der an erster Stelle genannten Flüssigkeit gegen die zweite an. Man erkennt die potentialvermindernde Wirkung der höher konzentrierten Kaliumchloridlösungen.

Zwischenschaltung einer 3,5m-KCl-Lösung verringert die Diffusionspotentiale der meisten Lösungen, abgesehen allein von stark sauren oder stark basischen, so weit, daß in vielen Fällen von ihrer Berücksichtigung ganz abgesehen werden darf. Diese Möglichkeit ist vor allem dann wichtig, wenn einer Berechnung der Flüssigkeitspotentiale mangels Kenntnis der Zusammensetzung bzw. der Dissoziationsverhältnisse der Lösungen Schwierigkeiten entgegenstehen. Wo dieses Verfahren doch noch nicht zu vernachlässigende Restpotentiale übrigläßt, wie besonders bei stark sauren und basischen Lösungen, bedient man sich einer von BJERRUM[2]) angegebenen Extrapolationsmethode. Es werden Messungen mit 1,75- und 3,5m-KCl-Lösung als Zwischenelektrolyt gemacht und die zwischen beiden Resultaten bestehende Differenz der letzteren Messung nochmals hinzugezählt. Die so erhaltenen Werte weichen, falls die Extrapolation nicht mehr als 2 bis 3 mV beträgt, weniger als 0,5 mV von den nach HENDERSON berechneten ab.

Auf die besonderen Verhältnisse, die an der Grenze von wäßrigen und nichtwäßrigen Phasen bzw. allgemein an der Berührungsstelle zweier flüssiger Phasen auftreten, kann im Rahmen dieses Handbuchs nicht eingegangen werden[3]).

---

[1]) Vgl. jedoch C. DRUCKER, ZS. f. phys. Chem. Bd. 125, S. 394. 1927.
[2]) N. BJERRUM, ZS. f. Elektrochem. Bd. 17, S. 389. 1911.
[3]) Vgl. etwa L. MICHAELIS, Die Wasserstoffionen-Konzentration. 2. Aufl., Teil I. Berlin 1922.

Es sei nur gesagt, daß das Problem bis heute nicht soweit geklärt erscheint, daß es etwa mit Sicherheit möglich wäre, Potentialmessungen in nichtwäßrigen Medien an die in wäßrigen Lösungen gebräuchlichen Potentialskalen anzuschließen.

26. Methoden der Messung von Potentialdifferenzen. Die Methoden der Spannungsmessung an sich sowie die dazu gebrauchten Apparate sind an anderer Stelle dieses Bandes abgehandelt. Hier sind nur noch einige Bemerkungen über die spezielle Anwendung auf die EMK-Bestimmung an galvanischen Ketten und im Zusammenhang damit über die zweckmäßigste Auswahl unter den möglichen Verfahren am Platze.

Von dem Sonderfall abgesehen, daß man direkt elektromotorische Kräfte arbeitender galvanischer Elemente zu messen wünscht, ist die Meßanordnung so einzurichten, daß störende Polarisation der Elektroden (Ziff. 32) vermieden wird. Diese Polarisation kann je nach der Art der Kette sehr verschiedene Werte annehmen. Bei gegebener Zusammensetzung des Systems wächst sie mit der Stromdichte an den Elektroden. Verwendung ausreichend großer Elektroden gibt folglich ein Mittel an die Hand, die Polarisation herabzusetzen. Nicht immer jedoch ist dies möglich. Besonders in solchen Fällen ist darauf zu achten, daß der zu messenden Kette kein nennenswerter Strom entnommen wird.

Falls man also nach der direkten galvanometrischen Methode arbeitet (Vergleich des durch die Kette hervorgerufenen Galvanometerausschlags mit dem durch die bekannte EMK eines Normalelements verursachten; als Spannungsnormale findet wohl ausschließlich das Kadmium-Normalelement in einer seiner gebräuchlichen Formen Verwendung [Bd. XIII]), ist durch genügend hohe Ballastwiderstände bei Verwendung eines empfindlichen Meßinstruments der Polarisation zu begegnen. Durch Variation der Widerstände des Stromkreises kann man sich überzeugen, ob dieses Ziel erreicht ist, vorausgesetzt, daß der innere Widerstand der zu messenden Kette bekannt oder aber gegenüber den sonstigen Widerständen zu vernachlässigen ist. Ist diese Bedingung nicht erfüllt, der Beobachter also genötigt, eine Widerstandsänderung im Stromkreise schon zwecks Eliminierung des Kettenwiderstands vorzunehmen, so können nur praktisch unpolarisierbare Ketten nach diesem Verfahren genau gemessen werden.

Ganz zu vernachlässigen sind die schwachen Ströme, die bei elektrometrischer Spannungsmessung in Frage kommen. Diese Methode ist deshalb für leicht polarisierbare Systeme die weitaus geeignetste. Quadrant- und Binantelektrometer mit Spiegelablesung sind bei einiger Sorgfalt auf eine Empfindlichkeit bis zu 0,1 mV zu bringen, so daß auch in dieser Hinsicht allen normalen Ansprüchen Rechnung getragen werden kann. Ein besonderer Vorteil der elektrometrischen Messung ist ferner die konstante Spannungsempfindlichkeit des Elektrometers, unabhängig vom Widerstand der zu messenden Kette, jedenfalls innerhalb aller für diese letzteren in Betracht kommenden Größen. Aus diesem Grunde ist das Elektrometer das für Messungen an Ketten hohen Widerstandes (besonders solche mit nichtwäßrigen Elektrolyten gehören hierher) prädestinierte Instrument. Es wird im allgemeinen in der ,,Quadrantenschaltung" zu verwenden sein.

Eine andere Methode speziell zur Messung von Ketten hohen Widerstands besteht darin, daß ein Kondensator passender Größe (mit gut isolierendem Dielektrikum) durch die Kette aufgeladen und durch ein ballistisches Galvanometer entladen wird[1]. Der Galvanometerausschlag wird durch Vergleich mit

---

[1] Vgl. H. T. BEANS u. E. T. OAKES, Journ. Amer. Chem. Soc. Bd. 42, S. 2116. 1920.

dem in analoger Weise durch bekannte elektromotorische Kräfte erzielten Ausschlage ausgewertet.

Am häufigsten pflegt man jedoch elektrochemische Spannungsmessungen nach Kompensationsmethoden vorzunehmen, meist in der Anordnung von DU BOIS-REYMOND. Als Nullinstrument kommt dabei neben empfindlichen Galvanometern das Kapillarelektrometer nach LIPPMANN-OSTWALD, das Quadrant- bzw. Binantelektrometer oder evtl. auch das Telephon in Betracht.

Das Quadrant- (Binant-) Elektrometer (vgl. Kap. 8) entwickelt als Nullinstrument die gleichen Vorzüge, wie oben für die direkte elektrometrische Messung erörtert: 1. konstante Spannungsempfindlichkeit auch bei hohen Widerständen der zu messenden Systeme, 2. kein praktisch ins Gewicht fallender Stromverbrauch. Als Nullinstrument erfordert es überdies nicht die besonderen Vorsichtsmaßregeln, die seiner Verwendung als Meßinstrument häufig doch hindernd im Wege stehen dürften. Über die speziellen Anwendungsgebiete dieses Instruments sowie die mit ihm erreichbare Genauigkeit gilt das oben Gesagte.

Im Augenblicke der endgültigen Ablesung, d. h. bei erreichter Kompensation, wird zwar auch bei Verwendung anderer Nullinstrumente der Kette kein Strom entnommen (wenigstens theoretisch; praktisch wegen nicht völliger Kompensation ein um so geringerer, je empfindlicher das benutzte Instrument ist). Bei Aufsuchen der Kompensationsstellung aber ist ein Stromfluß in der einen oder anderen Richtung nicht zu vermeiden. Man sucht die dadurch evtl. verursachte Polarisation hintanzuhalten, indem man die Einstellung mit größeren Ballastwiderständen (etwa 10^5 Ohm) im Stromkreise beginnt und diese in dem Maße herausnimmt, wie man sich der Endeinstellung nähert.

Die zu erreichende Genauigkeit ist außer von der Stromempfindlichkeit des benutzten Meßinstruments vom Gesamtwiderstande des Stromkreises abhängig. Ist die kleinste noch sicher feststellbare Stromstärkeänderung ΔI, so kann bei einem Widerstande R die Spannung bis auf $E = R \cdot \Delta I$ genau abgelesen werden. Empfindliche Galvanometer mit Fadenaufhängung ($\Delta I = 10^{-9}$ Amp.) sind mithin bei Werten von $R < 10^5$ Ohm dem Quadrantelektrometer in dieser Beziehung überlegen. Bei $R > 10^5$ Ohm kehrt sich das Verhältnis um.

Mit dem Kapillarelektrometer kommt man im allgemeinen nicht über eine Genauigkeit von etwa 0,5 mV hinaus. Bei Ketten hohen Widerstands ist seine Verwendung nicht zu empfehlen, weil der Quecksilberfaden dann nur träge sich einstellt. Für gewöhnliche Fälle aber, die auch selten eine größere Genauigkeit als 0,5 mV erfordern, ist das Kapillarelektrometer seiner bequemen Anwendung halber sehr brauchbar.

Das Telephon kann dadurch zur Erkennung von Gleichstrom dienen, daß man diesen durch einen geeigneten Unterbrecher in einzelne Stromstöße zerhackt, am besten so, daß die „Frequenz" des intermittierenden Gleichstroms in der Nähe derjenigen der Telephonmembran-Eigenschwingungen liegt. Das Telephon spricht dann auf Ströme von etwa 10^{-8} Amp. noch an.

Wenn nun bei der Messung galvanischer Ketten auch einerseits, wie besprochen, Polarisation der Elektroden vermieden werden muß, kann es andererseits doch notwendig werden, vor der eigentlichen Messung in dieser oder jener Richtung einen Strom durch die Kette hindurchzusenden. Wie in Ziff. 27 noch näher erläutert werden wird, handelt es sich vielfach darum, das Verhalten einer Elektrode gegenüber einem bestimmten Bestandteil des Elektrolyten (oder auch des Ionenbildners) zu untersuchen. Anwesenheit anderer Stoffe, selbst in kleinen Mengen, kann diese Aufgabe erschweren, indem auch diese potentialbestimmend sich betätigen. Durch Entnahme oder Zuführung von Strom ist es nicht selten möglich, diese „Verunreinigungen" unschädlich zu machen. Eine derartige „Reinigung" der Elektroden tritt bei Kompensationsverfahren unter Verwendung von stromverbrauchenden Nullinstrumenten in gewissem Maße automatisch ein. Bei elektrostatischer Messung kann zu diesem Zwecke Anbringung eines variablen Nebenschlusses zum Elektrometer nützlich sein, der bei der endgültigen Messung im allgemeinen natürlich zu entfernen ist. Bei einer derartigen Arbeitsweise überzeugt man sich von der Erreichung des beabsichtigten Zieles und gleichzeitig von dem Nichtvorhandensein störender Polarisation durch die Feststellung, daß von beiden Seiten her, d. h. nach Stromdurchgang in der einen und anderen Richtung, der gleiche Endwert des Potentials sich einstellt.

Methoden zur Ermittlung rasch veränderlicher Elektrodenpotentiale werden in Ziff. 38 besprochen werden.

b) Messung von Ruhepotentialen.

27. Reversible und irreversible Elektrodenvorgänge. Das elektrochemische Potential einer Elektrode ist bedingt durch die Gesamtheit der an ihr sich abspielenden, mit einem Austausch elektrischer Ladungen verbundenen chemischen Vorgänge. Ist nur ein bestimmter Vorgang möglich und verläuft dieser isotherm und reversibel nach dem Schema

$$\alpha A + \beta B + \cdots + n \ominus \rightarrow \mu M + \nu N + \cdots \quad (45)$$

($\ominus$ = negative Äquivalentladung), und bedeuten ferner c_A, c_B, c_M, c_N die Konzentrationen der beteiligten Stoffe und K die chemische Gleichgewichtskonstante des Vorgangs, so gilt[1]:

$$E = \frac{RT}{n \cdot F} \cdot \ln\left(K \cdot \frac{c_A^\alpha \cdot c_B^\beta \cdots}{c_M^\mu \cdot c_N^\nu \cdots}\right). \quad (46)$$

Läuft der Vorgang in irreversibler Weise ab, so bleibt das gemessene Potential hinter dem unter Zugrundelegung des Gesamtvorgangs aus (46) berechneten theoretischen Werte zurück.

Irreversible Elektrodenvorgänge geben sich meist dadurch zu erkennen, daß das Elektrodenpotential bei Variation der Konzentrationen der beteiligten Stoffe nicht in der von Gleichung (46) geforderten Weise sich ändert. Auch sind in solchen Fällen selten zeitlich konstante Potentialwerte zu erhalten. Reversibilität ist im allgemeinen um so eher zu erwarten, je weniger Strom der Kette im Augenblicke der Messung entnommen wird. Eben aus diesem Grunde sind meist die (praktisch) stromlos arbeitenden Meßmethoden vorzuziehen. Dabei ist jedoch stets zu bedenken, daß der unter diesen Verhältnissen potentialbedingende Vorgang (der ja mit unendlich kleiner Geschwindigkeit abläuft) nicht derselbe zu sein braucht wie der, den man bei endlichem Stromdurchgang in der einen oder anderen Richtung tatsächlich beobachten kann.

Auch sonst ist der äußerlich erkennbare Vorgang nicht immer der für das Potential maßgebende. Den eigentlich potentialbestimmenden Ionenreaktionen können andere Vorgänge vorangehen oder sich anschließen. Solange auch diese reversibel ablaufen, ist es gleichgültig, ob sie bei Auswertung der Gleichung (46) berücksichtigt werden oder nicht. Sofern aber irgendeine dieser Anschlußstufen irreversibel ist, ist es auch der Bruttovorgang.

Bei allen an Potentialmessungen sich anschließenden thermodynamischen Folgerungen ist dies im Auge zu behalten.

Aus Gleichung (46) ist ferner abzulesen, daß definierte Potentiale immer nur dann erwartet werden können, wenn die Konzentrationen aller an dem

---
[1] Vgl. F. HABER, ZS. f. Elektrochem. Bd. 7, S. 1043. 1901.

stromliefernden Vorgang beteiligten Stoffe eindeutig festgelegt sind. Gegen diese Forderung wird bei Versuchsanordnungen zur Messung elektrolytischer Potentiale häufig verstoßen.

Sehr verwickelte Verhältnisse können eintreten, wenn — wie es praktisch fast ausnahmslos der Fall ist — mehrere mit Ladungsaustausch verbundene chemische Vorgänge sich nebeneinander an der Elektrode abzuspielen vermögen[1]). Kann etwa neben dem obengenannten [Gleichung (45)] ein zweiter Vorgang

$$\alpha_1 A_1 + \beta_1 B_1 + \cdots + n_1 \ominus \rightarrow \mu_1 M_1 + \nu_1 N_1 + \cdots$$

eintreten, so gilt auch für diesen eine der Gleichung (46) analoge Beziehung, die natürlich im allgemeinen zu einem von E abweichenden Werte E_1 des Elektrodenpotentials führen würde. Nun suchen zwar alle an den verschiedenen Reaktionen beteiligten Stoffe sich an der Elektrode derart ins Gleichgewicht miteinander zu setzen, daß die für die einzelnen Reaktionen geltenden Potentialwerte E, E_1, E_2 usw. einander gleich werden. Dabei können aber — wie leicht einzusehen — die Konzentrationen der an dem vorzugsweise betrachteten Vorgang beteiligten Stoffe in der Nähe der Elektrode in undefinierter Weise sich ändern. Nur wenn diese Änderungen klein bleiben, sind Potentiale zu erhalten, die den ursprünglichen Konzentrationen der beteiligten Stoffe in der oben erörterten gesetzmäßigen Weise zugeordnet sind. Näheres darüber kann nur von Fall zu Fall ausgesagt werden, ein Eingehen auf Einzelheiten würde an dieser Stelle zu weit führen.

Bei der praktischen Ausführung von Messungen hat man sich gegebenenfalls durch systematische Variation der Konzentrationen aller an dem betrachteten Vorgang beteiligten Stoffe von dem Bestehen des gesetzmäßigen Zusammenhangs zwischen Konzentration und Elektrodenpotential zu überzeugen.

Auch ohne daß die Teilnehmer verschiedener möglicher Elektrodenreaktionen sich in der geschilderten Weise ins Gleichgewicht setzen, kann das Potential einer Elektrode in bezug auf einen der Vorgänge definiert sein, nämlich dann, wenn alle anderen nur mit vergleichsweise vernachlässigbarer Geschwindigkeit gegenüber einem in dieser Hinsicht bevorzugten ablaufen können. Es ist einleuchtend, daß dieser Unterschied um so mehr ins Gewicht fällt, je größere Arbeitsleistung (positiv oder negativ) von der Elektrode (bzw. von der Kette) verlangt wird. Es kann hier also das schon früher genannte Verfahren angebracht sein, vor der definitiven, bei Stromlosigkeit erfolgenden Messung die Elektrode absichtlich mit schwachen Strömen in wechselnder Richtung zu „polarisieren".

Bei diesen kurzen Andeutungen über die allgemeinen Grundlagen der elektrolytischen Potentialmessung muß es hier sein Bewenden haben. Man erkennt die dabei auftretende große Mannigfaltigkeit der einzuhaltenden Bedingungen. Ihre vielfach schwierige Realisierbarkeit ist der Grund, daß Potentialmessungen häufig zu den langwierigsten, ein größtes Maß von Geduld erfordernden physikalisch-chemischen Untersuchungen zu zählen sind.

Zur praktischen Verwendung der Gleichung (46) ist noch eine Umformung notwendig. Da bisher in keinem einzigen Falle die Gleichgewichtskonstante K eines Einzelelektrodenvorgangs mit Sicherheit bekannt, mithin auch das absolute Potential einer Einzelelektrode nicht anzugeben ist, unterscheiden sich alle Einzelpotentiale, die in der früher erörterten Weise auf einen willkürlichen Nullpunkt bezogen sind, von den nach Gleichung (46) zu fordernden um ein konstantes, aber seiner Größe nach unbekanntes additives Glied, das nur mit dem gewählten Nullpunkt der Potentialzählung veränderlich ist (vgl. Ziff. 23). Experimentell läßt sich mithin nur der relative Einfluß der Konzentrationen

---

[1]) R. LUTHER, ZS. f. Elektrochem. Bd. 13, S. 289. 1907.

der Reaktionsteilnehmer auf das Elektrodenpotential erfassen. Man schreibt deshalb — falls die Normal-Wasserstoffelektrode als Bezugssystem gewählt wird —

$$E_h = {}_0E_h + \frac{RT}{n \cdot F} \cdot \ln \frac{c_A^\alpha \cdot c_B^\beta \ldots}{c_M^\mu \cdot c_N^\nu \ldots}, \qquad (47)$$

worin ${}_0E_h$, das **Normalpotential** des betreffenden Elektrodenvorgangs, das bei Einheitskonzentrationen aller beteiligten Stoffe gemessene (oder auf diese umgerechnete) Potential gegen die Normal-Wasserstoffelektrode bedeutet. Unter Einheitskonzentration versteht man hier laut Übereinkunft bei gelösten Stoffen 1 Mol/Liter, bei Gasen ihre Konzentration unter Normal-Atmosphärendruck (760 mm Quecksilber), bei reinen festen oder flüssigen Stoffen ihre „natürliche" Konzentration.

Eine Tabelle der wichtigsten Normalpotentiale findet sich in Bd. XIII ds. Handb., eine Aufstellung aller bis 1912 einschließlich zugänglichen Zahlen in den Potentialsammlungen der Deutschen Bunsengesellschaft[1]).

Die Gleichungen (46) bzw. (47) gelten streng nur unter der Voraussetzung, daß in allen in Betracht kommenden Phasen, soweit die in ihnen auftretenden Stoffe konzentrationsvariabel sind, die idealen Gasgesetze Anwendung finden können. Nach Ansicht der neueren Theorie der Elektrolyte ist dies auch in verdünnten Elektrolytlösungen nicht der Fall. Aber auch dann gelten — wie schon mehrfach betont — Beziehungen ganz der gleichen Form, nur haben an Stelle der Ionenkonzentrationen Funktionen dieser Größen, die „Aktivitäten", zu treten. Näheres in Bd. XIII ds. Handb. Hier soll im allgemeinen die ältere Vorstellung beibehalten und mit Ionenkonzentrationen gerechnet werden, doch ist gegebenenfalls auf diesen Punkt zu achten.

28. Elektroden aus „angreifbaren" Metallen. Aus technischen Gründen müssen die Ableitungselektroden galvanischer Ketten stets aus metallisch leitendem Material bestehen, obwohl an dem stromliefernden Vorgang keineswegs solche Stoffe auch teilzunehmen brauchen.

Wo das letztere doch der Fall ist, wird man eben diese Stoffe als Ableitungsmaterial wählen, anderenfalls sind **indifferente**, d. h. am elektrochemischen Vorgang sich nicht beteiligende Metalle, gelegentlich auch Graphit, Metalloxyde u. dgl., heranzuziehen. Im besonderen finden solche Verwendung bei **Gaselektroden**, an denen Gase als Ionenbildner wirksam sind (Ziff. 29) und bei den sog. **Oxydations-Reduktionselektroden** (Ziff. 30), an denen beliebige nichtmetallische Stoffe im flüssigen, festen oder gelösten Zustande sich elektromotorisch betätigen.

Elektroden aus **angreifbaren** Metallen kommen in erster Linie in Frage, wenn es sich um Untersuchung der Beziehungen zwischen eben diesem Metall und seinen Ionen handelt. Eine diesem Zweck dienende wird als **Metallelektrode erster Art**[2]) bezeichnet. **Metallelektroden zweiter Art**[3]) sind solche, bei denen in Berührung mit dem Metall die gesättigte Lösung eines schwerlöslichen Salzes des gleichen Metalls bei Anwesenheit eines Salzüberschusses als Bodenkörper vorhanden ist. Die Theorie lehrt, daß dann das Produkt der Ionenkonzentrationen des Salzes, kurz „Löslichkeitsprodukt" genannt, konstant ist, unabhängig von einem etwaigen Überschuß der einen oder anderen Salzkomponente in der Lösung: $c_K \cdot c_A =$ konst. (Die neuere Theorie setzt wieder Aktivitäten an Stelle der Konzentrationen.) Daraus folgt, daß bei Veränderung der Anionenkonzentration die Kon-

---
[1]) Abhandlgn. d. Deutschen Bunsen-Ges. Nr. 5 u. 8. Halle 1911 u. 1915.
[2]) W. NERNST, ZS. f. phys. Chem. Bd. 4, S. 129. 1889.
[3]) W. NERNST, ZS. f. phys. Chem. Bd. 4, S. 129. 1889; H. M. GOODWIN, ebenda Bd. 13, S. 577. 1894.

zentration des Kations sich in gleichem Maße, aber in umgekehrtem Sinne ändert. Das Potential einer solchen Elektrode spricht demnach, unter Zugrundelegung des Vorgangs der Anionenbildung oder -entladung, in der durch Gleichung (47), Ziff. 27, geforderten Weise auf die Variation der Anionenkonzentration an. Handelt es sich um elementare Anionen, z. B. Halogenionen, so ist das Verhalten der Elektrode — in bezug auf die Konzentrationsveränderung des Anions — ganz dasselbe, als wenn die freien Halogene als Elektrodenmaterial vorliegen. Derartige Systeme können folglich in gewissen Fällen mit Vorteil benutzt werden, um die schwierigere Handhabung nichtmetallischer Ionenbildner zu umgehen.

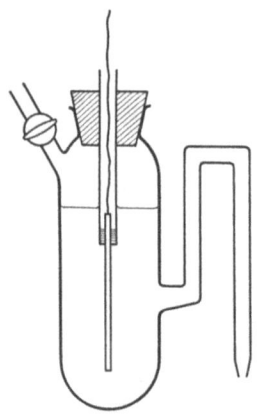

Abb. 31. Metallelektrode.

In demselben Sinne können Elektroden dritter Art[1]) einen Ersatz für Metallelektroden darstellen, die direkt nicht oder nur schwierig hergestellt werden können. Ihr Prinzip ist folgendes. X^+ bedeute das Ion eines solchen Metalls. Sättigt man X^+-Ionen enthaltende Lösungen verschiedener Konzentration mit dem schwer löslichen Salz XA und gleichzeitig mit dem noch schwerer löslichen MA (M ein geeignetes Metall, A^- das gleiche Anion wie in XA), so ist die M^+-Konzentration, weil sowohl $C_{X^+} \cdot C_{A^-}$ = konst. als auch $C_{M^+} \cdot C_{A^-}$ = konst. ist, stets proportional der X^+-Konzentration: C_{M^+} = konst. $\cdot C_{X^+}$. Falls also das Potential einer Elektrode aus dem Metall M konzentrationsrichtig auf dessen eigene Ionen anspricht, tut es dies — abgesehen vom Absolutwert des Potentials — in solchen Lösungen auch in bezug auf die Ionen X^+. Das System verhält sich in dieser Beziehung also wie eine Elektrode aus X gegen X^+-Ionen.

Die experimentelle Anordnung von Metallelektroden ist je nach dem chemischen Verhalten der zur Anwendung gelangenden Metalle verschieden. Vielfach genügt es, einen Stab, Draht oder Blech des betreffenden Metalls in gut gereinigtem Zustande in den im offenen Glasgefäß befindlichen Elektrolyten einzutauchen. Eine bewährte Anordnung mit geschlossenem Elektrodengefäß ist in Abb. 31 dargestellt.

Nur in Ausnahmefällen wird sich das Metall in den Glasträger (s. Abb. 31) einschmelzen lassen, meist ist Einkitten erforderlich. Gemische von Paraffin mit Kautschuk (2:1), weißer Siegellack, Picëin haben sich als Kittsubstanzen bewährt. Die Größe der Elektrode hat sich unter Umständen nach ihrer Polarisierbarkeit und deshalb auch nach der gewählten Meßanordnung (Ziff. 26) zu richten.

Bei der Auswahl des Elektrodenmaterials ist zu berücksichtigen, daß die mechanische Vorbehandlung von Einfluß auf seine Eigenschaften sein kann. Um ungleichmäßige Oberflächenbeschaffenheit des Elektrodenmaterials zu eliminieren, benutzten RICHARDS und LEWIS[2]) Metalle in Form groben Pulvers, in das ein Ableitungsdraht eingebettet wurde. Häufig ist es vorzuziehen, das Material elektrolytisch auf einer indifferenten Unterlage (Platin) niederzuschlagen oder aber auf dem ursprünglichen Metall selbst einen frischen Überzug elektrolytisch zu erzeugen[3]). Solche Niederschläge müssen eine ausreichende Dicke haben, damit sie zuverlässig die Eigenschaften des kompakten Materials auf-

---

[1]) R. LUTHER, ZS. f. phys. Chem. Bd. 27, S. 364. 1898; R. LUTHER u. F. POKORNY, ZS. f. anorg. Chem. Bd. 57, S. 290. 1908; J. F. SPENCER, ZS. f. phys. Chem. Bd. 76, S. 360. 1911; Bd. 80, S. 125. 1912.
[2]) TH. W. RICHARDS u. G. N. LEWIS, ZS. f. phys. Chem. Bd. 28, S. 1. 1899.
[3]) B. NEUMANN, ZS. f. phys. Chem. Bd. 14, S. 191. 1894.

weisen[1]). Eine feinkörnige bis schwammige Beschaffenheit verbürgt eine große wirksame Oberfläche, doch ist — da ihre Herstellung häufig höhere Stromdichten erfordert — dann besonders mit der möglichen Gegenwart von mitabgeschiedenen Verunreinigungen zu rechnen.

Metalle, die unedler sind als Quecksilber, kann man verwenden, nachdem ihnen durch Amalgamieren eine Oberfläche mit wohldefinierten Eigenschaften verliehen ist. Auch dieser Prozeß kann mit Vorteil elektrolytisch erfolgen, indem entweder aus einer Merkuronitratlösung Quecksilber kathodisch auf dem Metall abgeschieden oder umgekehrt das Amalgam durch hinreichend ausgedehnte Elektrolyse einer Lösung des betreffenden Metallsalzes bei Anwendung einer Quecksilberkathode gewonnen wird. Die sich bildende gesättigte Lösung des Metalls in Quecksilber verhält sich aus thermodynamischen Gründen wie das reine Metall. [Die Metalle der Eisengruppe lassen sich nicht amalgamieren. Bei ihrer Verwendung als Elektroden sind — auch aus anderen als den obenerwähnten Gründen — besondere Vorsichtsmaßregeln notwendig[2])].

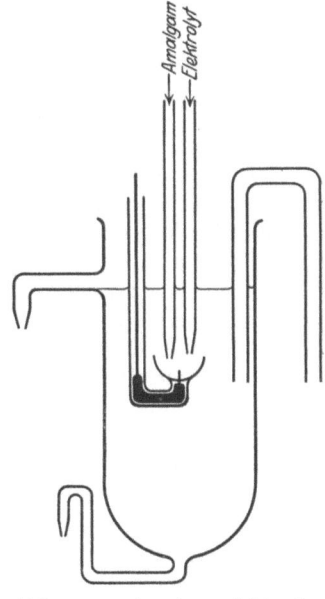

Unedle Metalle müssen bei genaueren Messungen gegen die Einwirkung des Luftsauerstoffs, auch des im Elektrolyten gelösten, geschützt werden. Zu vermeiden ist in solchen Fällen, daß die Elektrode aus dem Elektrolyten herausragt, weil die Berührungszone Metall-Flüssigkeit-Gas eine besonders empfindliche Angriffsstelle darstellt. Unter Umständen ist auch der Elektrolyt vor Verwendung durch Auskochen oder durch Durchleiten eines indifferenten Gases (Stickstoff oder Wasserstoff) von Sauerstoff zu befreien. Auch während der Messung kann diese letztere Maßnahme angezeigt sein[3]). Die Elektrodengefäße können dazu einer zweckentsprechenden Abänderung bedürfen.

Abb. 32. Amalgamelektrode.

Die sehr unedlen Metalle der Alkali-, Erdkali- und zum Teil auch der Erdmetallgruppe können in wäßriger Lösung überhaupt nicht in reinem Zustande Verwendung finden, da sie lebhaft das Wasser zersetzen. Man benutzt sie deshalb in Form von verdünnten Amalgamen[4]). Da in diesen häufig Verbindungen zwischen den Metallen vorliegen, jedenfalls aber die Gesetze der verdünnten Lösungen meist nicht anwendbar sind, kann die wirksame Konzentration des fraglichen Metalls gewöhnlich nicht aus der analytischen Zusammensetzung erschlossen werden, doch kann man durch Messung der Potentialdifferenz zwischen gesättigtem und verdünntem Amalgam in einem Elektrolyten mit indifferentem Lösungsmittel den Anschluß an das in Wasser direkt nicht verwendbare reine Metall gewinnen[5]). Auch verdünnte Amalgame der genannten Art bedürfen in wäßriger Lösung meist besonderer Vorsichtsmaßnahmen, z. B. ständiger Erneuerung von Amalgamoberfläche und Elektrolyt. Abb. 32 gibt

---

[1]) A. OBERBECK, Wied. Ann. Bd. 31, S. 336. 1887; vgl. auch J. N. PRING, ZS. f. Elektrochem. Bd. 19, S. 255. 1913; ST. PROCOPIU, C. R. Bd. 169, S. 1030. 1919.
[2]) Vgl. etwa TH. W. RICHARDS u. G. E. BEHR, ZS. f. phys. Chem. Bd. 58, S. 301. 1907.
[3]) TH. W. RICHARDS u. G. S. FORBES, ZS. f. phys. Chem. Bd. 58, S. 683. 1907; W. C. MOORE, Journ. Amer. Chem. Soc. Bd. 43, S. 81. 1921.
[4]) Eine andere originelle Methode für Potentialmessung an derart unedlen Metallen bei G. TRÜMPLER, ZS. f. Elektrochem. Bd. 30, S. 103. 1924.
[5]) G. N. LEWIS u. CH. A. KRAUS, Journ. Amer. Chem. Soc. Bd. 32, S. 1459. 1910.

eine zu solchen Messungen geeignete Apparatur nach DRUCKER[1]) wieder. Nach DRUCKER und LUFT[2]) sind befriedigende Resultate manchmal nur innerhalb enger Grenzen der Amalgamzusammensetzung zu erzielen. Dies ist einleuchtend, wenn man bedenkt, daß die unvermeidliche spontane Zersetzung des Amalgams bei hohen Metallkonzentrationen die Zusammensetzung des Elektrolyten in Elektrodennähe und bei geringen Metallkonzentrationen die des Amalgams selbst stark beeinflussen muß.

Die Herstellung auch dieser Amalgame erfolgt am einfachsten elektrolytisch. Lösungen von Salzen des in Frage kommenden Metalls werden unter Anwendung einer Quecksilberkathode elektrolysiert[3]), wobei unter Umständen die aufgewandte Elektrizitätsmenge auf Grund des FARADAYschen Gesetzes die Konzentration des Amalgams wenigstens ungefähr zu berechnen gestattet.

Elektroden zweiter und dritter Art können ganz analog angeordnet werden wie die oben besprochenen. Der Elektrolyt wird durch Schütteln mit den anzuwendenden schwerlöslichen Salzen gesättigt, ein Überschuß von diesen wird ferner in der Lösung suspendiert. Die Metallelektroden sind zweckmäßig in eine solche Lage zu bringen, daß sie von einer Schicht des Bodenkörpers umgeben sind. Beispiele für Elektroden zweiter Art und ihre Herstellung bieten die in Ziff. 24 erörterten Quecksilber- und Silber-Normalelektroden.

29. Gaselektroden. Die metallischen Ableitungselektroden, an denen Gase sich in reversibler Weise elektromotorisch betätigen sollen, müssen zwei verschiedenen Bedingungen genügen. Einmal müssen sie indifferent sein in dem doppelten Sinne, daß sie weder vom Gas noch vom Elektrolyten angegriffen werden unter Aussendung ihrer spezifischen Ionen, andererseits müssen sie bei der Wirksamkeit mancher Gase eine gewisse Vermittlerrolle zu übernehmen imstande sein. Worin diese besteht, ist nicht in allen Fällen sicher aufgeklärt, wahrscheinlich handelt es sich stets um die katalytische Beschleunigung irgendwelcher Vorgänge, die der eigentlichen Ionenbildung vorangehen bzw. an die Ionenentladung sich anschließen (vgl. Bd. XIII).

Die wichtigste Gaselektrode, die in den letzten Jahren eine immer zunehmende Anwendung gefunden hat, worüber unten (Ziff. 42) noch Näheres gesagt werden soll, ist die Wasserstoffelektrode. Einige einfache Anordnungen zeigen die Abb. 33 bis 35[4]). Die Ableitungselektrode, meist Blech oder Draht, taucht zu einem Teil in den Elektrolyten, zum anderen ist sie von Wasserstoff umspült. Für die schnelle Einstellung des reversiblen Potentials ist geringe Eintauchtiefe zweckmäßig, ganz knappe Berührung der Flüssigkeitsoberfläche durch eine drahtförmige Elektrode ist in dieser Hinsicht besonders günstig. Zwar wächst dadurch naturgemäß die Polarisierbarkeit, doch zeigt die Erfahrung, daß diese bei der Wasserstoffelektrode — geeignetes Elektrodenmaterial vorausgesetzt — auch in solcher Anordnung bei Arbeiten mit Nullmethoden die zulässige Grenze nicht überschreitet. Der Elektrolyt wird durch Durchleiten von

---

[1]) C. DRUCKER u. G. RIETHOF, ZS. f. phys. Chem. Bd. 111, S. 1. 1924. Andere Formen z. B. bei G. N. LEWIS u. CH. A. KRAUS, Journ. Amer. Chem. Soc. Bd. 32, S. 1459. 1910; M. KNOBEL, ebenda Bd. 45, S. 70 u. 77. 1923; OSTWALD-LUTHER-DRUCKER, Physiko-Chemische Messungen. 4. Aufl. Leipzig 1925.
[2]) C. DRUCKER u. F. LUFT, ZS. f. phys. Chem. Bd. 121, S. 307. 1926.
[3]) W. KERP, ZS. f. anorg. Chem. Bd. 17, S. 284. 1898; C. DRUCKER, u. G. RIETHOF, ZS. f. phys. Chem. Bd. 111, S. 1. 1924. Über nichtelektrolytische Darstellung von Amalgamen vgl. besonders TH. W. RICHARDS u. G. S. FORBES, ZS. f. phys. Chem. Bd. 58, S. 683. 1907; G. N. LEWIS u. CH. A. KRAUS, Journ. Amer. Chem. Soc. Bd. 32, S. 1459. 1910.
[4]) Eine bei Präzisionsmessungen bewährte Form stammt von N. T. M. WILSMORE, ZS. f. phys. Chem. Bd. 35, S. 302. 1901; vgl. ferner die Zusammenstellung bei W. M. CLARK, The Determination of Hydrogen Ions. 2. Aufl. Baltimore 1922 sowie die Kataloge und Prospekte der einschlägigen Lieferfirmen.

Wasserstoff mit diesem gesättigt. Bei „punktförmigem" Kontakt zwischen Elektrode und Flüssigkeit genügt es häufig auch, wenn Wasserstoff nur über die Elektrolytoberfläche hinweggeleitet wird. Die rasche Sättigung der dünnen, mit der Elektrode in Berührung befindlichen Flüssigkeitsschicht ist wohl die Hauptursache der schnellen Einstellung solcher Elektroden.

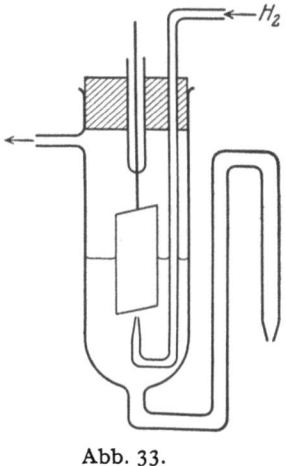

Abb. 33. Wasserstoffelektrode.

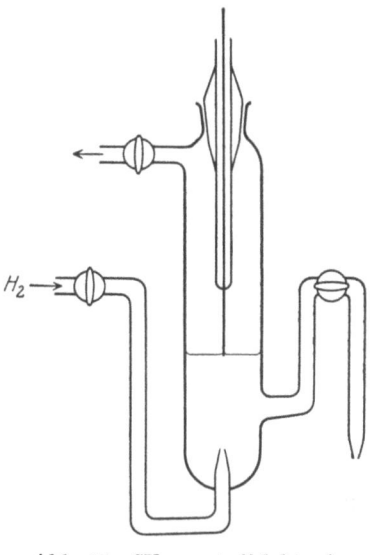

Abb. 34. Wasserstoffelektrode.

Sehr wesentlich ist völlige Reinheit des benutzten Wasserstoffs. Sowohl Sauerstoff, der an der Elektrode unter H_2O_2-Bildung reagiert, wie auch z. B. Schwefelwasserstoff, Arsenwasserstoff u. dgl., die als ausgesprochene Elektrodengifte zu gelten haben, sind peinlichst auszuschließen. Entwikkelt man den Wasserstoff aus Zink und Säure, so muß er zumindest durch Waschen mit gesättigter Lösung von Kaliumpermanganat von den zuletzt genannten Verunreinigungen befreit werden. Am besten ist elektrolytisch (aus reiner Alkalilauge zwischen Nickelelektroden) entwickelter Wasserstoff[1]). Er enthält nur noch Spuren von Sauerstoff, die, falls sie überhaupt noch stören, am zweckmäßigsten durch Leiten des Gases über auf etwa 200° erhitzten Palladiumasbest entfernt werden.

Beim Durchleiten des Wasserstoffs durch Elektrolyte mit flüchtigen Bestandteilen ist auf die Gefahr einer Veränderung der Flüssigkeitszusammensetzung Rücksicht zu nehmen. Man vermeidet sie, indem man den Wasserstoff vor Eintritt in das Elektrodengefäß eine (nicht zu kleine) mit demselben Elektrolyten gefüllte Waschflasche durchstreichen läßt. Dadurch wird gleichzeitig erreicht, daß der Wasserdampf- und damit auch der Wasserstoffpartialdruck einen zuverlässig definierten Wert erreicht. Wasserstoffelektroden, die ohne strömendes Gas zu arbeiten gestatten, sind von MICHAELIS[2]) angegeben.

Als Material für die Ableitungselektrode findet Platin oder Gold, versehen mit einer dünnen Schicht von feinverteiltem Platin, Iridium oder Palladium, Verwendung. (Platinierungsvorschrift in Ziff. 5; Überzüge von Palladium und Iridium werden analog erzeugt.) Gold ist als Unterlage günstig, weil es nur geringes Lösungsvermögen für Wasserstoff besitzt, derartige Elektroden sich infolgedessen rasch

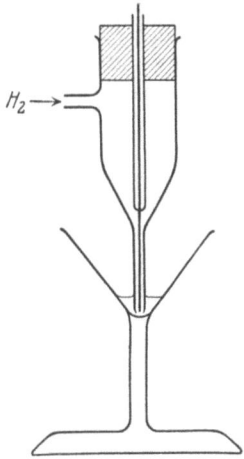

Abb. 35. Wasserstoffelektrode für geringe Flüssigkeitsmengen.

---

[1]) Dazu geeigneter Apparat ist beschrieben bei: M. VÈZES u. J. LABATUT, ZS. f. anorg. Chem. Bd. 32, S. 464. 1902.
[2]) L. MICHAELIS, Die Wasserstoffionen-Konzentration. Berlin 1914.

mit Wasserstoff sättigen. Die erwähnten Überzüge, die im allgemeinen eine bessere Konstanz der Potentialeinstellung verbürgen, können bei solchen Elektrolyten störend sein, die unter dem Einfluß feinverteilter Platinmetalle eine spontane Zersetzung erleiden[1]). Ganz allgemein haben sich Elektroden aus Gold (oder vergoldetem Platin) mit glattem Iridiumüberzug bewährt. (In 5 proz. Lösung von Iridiumchlorid mit so schwachen Strömen kathodisch behandelt, daß in 12 bis 24 Stunden ein dünner Niederschlag entsteht[2]).

Recht brauchbar und besonders als billiger Ersatz für größere, massiv metallische Elektroden zu empfehlen sind die nach dem Vorgange von WESTHAVER[3]) durch Einbrennen von Platin oder Iridium auf Glas herzustellenden. Auch diese können mit einem Überzuge fein verteilten Platins bzw. Iridiums versehen werden.

Die Arbeitsweise mit der Wasserstoffelektrode bedarf kaum noch näherer Erläuterung. Nach Einfüllen des Elektrolyten wird Wasserstoff bis zur Sättigung der Flüssigkeit durchgeleitet (normalerweise erfordert dies höchstens etwa 10 bis 15 Minuten), sodann der Gasstrom abgestellt und in kurzen Zeitabständen das Potential gemessen. Konstante Werte werden bei der Gold-Iridiumelektrode gewöhnlich schon nach wenigen Minuten erreicht, bei platinierten Platinelektroden kann dies $1/2$ bis 1 Stunde, gelegentlich auch noch längere Zeit in Anspruch nehmen[4]). Gegebenenfalls wird der Endwert durch nochmalige Messung nach erneutem Durchleiten von Wasserstoff überprüft.

Andere Gase, etwa Chlor, Kohlenoxyd, Sauerstoff, können in ganz derselben Anordnung, wie für Wasserstoff beschrieben, elektromotorisch wirksam sein. Die Einwirkung so aktiver Gase wie Chlor auf den Elektrolyten kann durch Verdünnung mit indifferenten Zusatzgasen hintangehalten werden[5]). Als Elektrodenmaterial kommen ebenfalls Platin, Iridium und Gold, mit oder ohne Überzug von Platin- oder Iridiummohr, in Frage. Für Chlor ist Iridium besonders empfehlenswert, auch Graphit (Bogenlampenkohlen, Achesongraphit) ist anwendbar. Sauerstoff gibt (bei Zimmertemperatur) an keinerlei Material reversible Potentiale, am ehesten scheint Nickel[6]) — soweit bekannt — dieser Bedingung zu entsprechen. Die Einstellungsgeschwindigkeit des Potentials ist bei verschiedenen Gasen sehr verschieden. Bei Chlor z. B. werden konstante Werte gewöhnlich nach sehr kurzer Zeit erreicht, bei Sauerstoff sind solche überhaupt kaum zu erzielen.

30. Oxydations-Reduktionselektroden. Potentiale, die beliebigen zwischen gelösten, festen oder flüssigen nichtmetallischen Stoffen sich abspielenden elektrochemischen Vorgängen entsprechen, teilen sich einer in den Elektrolyten eintauchenden indifferenten Elektrode aus geeignetem Material mit und können somit an dieser gemessen werden.

Solche Vorgänge lassen sich stets als Oxydations-Reduktionsreaktionen auffassen, und die Wirksamkeit indifferenter Elektroden (in wäßriger Lösung) läßt sich dadurch erklären, daß man an ihnen eine Beladung mit Wasserstoff bzw. Sauerstoff in solchen Konzentrationen annimmt, daß das Wasserstoff- (bzw. Sauerstoff-) Potential dem Oxydations-Reduktionspotential gleich wird. Man hat

---

[1]) Vgl. etwa F. HABER u. S. GRINBERG, ZS. f. anorg. Chem. Bd. 18, S. 37. 1898.
[2]) G. N. LEWIS, T. B. BRIGHTON u. R. L. SEBASTIAN, Journ. Amer. Chem. Soc. Bd. 39, S. 2245. 1917.
[3]) J. B. WESTHAVER, ZS. f. phys. Chem. Bd. 51, S. 90. 1905.
[4]) Interessante Beobachtungen über die Einstellungsgeschwindigkeit von Wasserstoffelektroden bei A. H. W. ATEN, Trans. Amer. Elektrochem. Soc. Bd. 43, S. 89. 1923; vgl. ferner A. T. BEANS u. L. P. HAMMET, Journ. Amer. Chem. Soc. Bd. 47, S. 1215. 1925.
[5]) G. N. LEWIS u. F. F. RUPERT, Journ. Amer. Chem. Soc. Bd. 33, S. 299. 1911.
[6]) A. COEHN u. Y. OSAKA, ZS. f. anorg. Chem. Bd. 34, S. 86. 1903.

es hier also mit einem Spezialfall der früher erwähnten Erscheinung zu tun, daß die Teilnehmer aller an der Elektrode bzw. im Elektrolyten möglichen Reaktionen sich an der Elektrode untereinander ins Gleichgewicht zu setzen bestrebt sind. (Es leuchtet ein, daß man von diesem Standpunkt aus alle Elektroden [in wäßriger Lösung] als Wasserstoff- [bzw. Sauerstoff-] Elektroden auffassen könnte. Notwendig ist eine solche Auffassung auch für Oxydations-Reduktionselektroden aber nicht, da man ebenso gut einen direkten Elektronenaustausch zwischen den wirksamen Ionen und der Ableitungselektrode annehmen darf.)

Die Anordnung der Ableitungselektrode kann meist so erfolgen, wie es in Ziff. 28 (Abb. 31) für eine „Metall"elektrode angegeben ist. Jedenfalls soll die Elektrode zweckmäßig ganz in die Flüssigkeit eintauchen. Auch die Form des Elektrodengefäßes der Abb. 31 ist die für diesen Zweck geeignetste. Luftsauerstoff und natürlich auch andere oxydierende oder reduzierende Gase sind der Elektrode gewöhnlich fernzuhalten, der Elektrolyt dementsprechend durch Auskochen bzw. Durchleiten indifferenter Gase (Stickstoff) zu reinigen.

Bezüglich des Materials der indifferenten Elektrode gilt im wesentlichen das in Ziff. 29 Gesagte.

Die Sicherheit und Geschwindigkeit der Einstellung von Oxydations-Reduktionspotentialen ist ebenfalls sehr verschieden. Während Fälle bekannt sind, in denen ein ebenso gut definiertes Potential wie an „Metall"elektroden beobachtet wird, sind in anderen konstante Potentiale nur schwer oder gar nicht zu erzielen. Vielfach kann man dann jedoch durch Zusatz kleiner Mengen sog. „Potentialvermittler"[1]) das gewünschte Ziel erreichen. Es handelt sich dabei um Stoffe, die selbst leicht und schnell reversible Potentiale ergeben. Sie setzen sich in der schon mehrfach beschriebenen Weise mit den übrigen Lösungsteilnehmern ins Gleichgewicht, so daß ein durch sie bedingtes Potential auch dem des ursprünglichen Elektrolyten entspricht, vorausgesetzt, daß in diesem keine wesentlichen Konzentrationsverschiebungen durch die spontane Reaktion mit dem Zusatz eingetreten sind.

Besonders erinnert sei an dieser Stelle nochmals an die allgemeine Regel, daß, damit ein Potential wirklich definiert sei, auch die Konzentrationen aller an dem potentialbedingenden Vorgang beteiligten Stoffe definiert sein müssen.

Schließlich sei noch erwähnt, daß Oxydations-Reduktionselektroden als Ersatz für die Wasserstoff-Gaselektrode dienen können, soweit es sich um die Beziehung zwischen Potential- und H^+-Konzentrationsveränderlichkeit handelt. Ein derartiges, neuerdings viel benutztes System ist die Chinhydronelektrode[2]). Chinhydron ist eine Additionsverbindung äquimolarer Mengen von Chinon und Hydrochinon. Der Gleichgewichtskonstante des Vorgangs

$$C_6H_4O_2 + H_2 \rightleftarrows C_6H_4(OH)_2$$
(Chinon)   (Hydrochinon)

entsprechend herrscht über dem reinen Chinhydron ein ganz bestimmter, allerdings minimaler Wasserstoffdruck, der sich einer in die gesättigte Lösung eintauchenden indifferenten Elektrode (blankes Platin oder Gold) mitteilt. Die Chinhydronelektrode kann also als Wasserstoffelektrode von äußerst kleinem H_2-Partialdruck (etwa 10^{-24} Atm. bei Zimmertemperatur) aufgefaßt werden

---

[1]) L. LOIMARANTA, ZS. f. Elektrochem. Bd. 13, S. 33. 1908; R. ABEGG, ebenda Bd. 13, S. 34. 1908; R. LUTHER, ebenda Bd. 13, S. 289. 1908.
[2]) F. HABER u. R. RUSS, ZS. f. phys. Chem. Bd. 47, S. 294. 1904; E. BIJLMANN, Ann. chim. phys. (9) Bd. 15, S. 109. 1921; E. BIJLMANN u. H. LUND, ebenda [9] Bd. 16, S. 321. 1921; S. P. L. SÖRENSEN u. K. LINDERSTRÖM-LANG, C. R. Trav. Lab. Carlsberg Bd. 14, Nr. 14, S. 17. 1921; S. P. L. SÖRENSEN, Ann. chim. phys. (9) Bd. 16, S. 283. 1921; J. M. KOLTHOFF, Hoppe-Seylers Zeitschr. f. physiol. Chem. Bd. 144, S. 259. 1925. Hier auch weitere Literatur.

und reagiert in der Tat in derselben reversiblen Weise wie die gewöhnliche H_2-Gaselektrode auf Änderungen der H^+-Konzentration des Elektrolyten. Wegen des geringen H_2-Drucks ist sie von besonderem Wert zur Untersuchung von oxydierenden Stoffen, die gegen Wasserstoff von gewöhnlichem Druck zu unbeständig sind.

Aus hier nicht zu erörternden Gründen sättigt man mit Vorteil die zu untersuchenden Flüssigkeiten außer mit Chinhydron noch entweder mit Chinon oder mit Hydrochinon. Dadurch wird natürlich auch der Wasserstoffdruck und damit das Potential geändert. Gegen die Wasserstoffelektrode vom H_2-Druck 760 mm im gleichen Elektrolyten zeigt die gesättigte Chinon-Chinhydronelektrode ein Potential von $+0,7570$ Volt, die gesättigte Hydrochinon-Chinhydronelektrode ein solches von $+0,6185$ Volt bei 18°.

Praktisch arbeitet man so, daß die zu untersuchende Flüssigkeit mit ausreichenden Mengen der festen Stoffe bis zur Sättigung geschüttelt und sodann in das Elektrodengefäß eingefüllt wird. Der als Ableitung dienende Gold- oder Platindraht ist vorher schwach auszuglühen. Die Potentialeinstellung erfolgt momentan, so daß sofort nach dem Zusammensetzen der Elektrode (bzw. der Kette) gemessen werden kann.

Lösungen, deren c_{H^+} kleiner als 10^{-8} Mol/Liter ist, lassen sich mit der Chinhydronelektrode nur bei Einhaltung besonderer Vorsichtsmaßregeln (Ausschluß der atmosphärischen Luft) untersuchen, womit der Vorzug der Einfachheit der Methode gegenüber Benutzung der Wasserstoffgaselektrode bei derartigen Lösungen hinfällig wird.

31. Kombination von Einzelelektroden zur Kette. Über die Wahl der geeignetsten Bezugselektrode ist in Ziff. 23 und 24 das Notwendigste gesagt.

Die experimentelle Anordnung der Kombination richtet sich ganz nach der Art der Einzelelektroden und ferner danach, ob der gleiche Elektrolyt für beide Elektroden zur Anwendung kommt oder verschiedene Flüssigkeiten ohne bzw. mit Einschaltung eines Zwischenelektrolyten. Es können nur einige typische Fälle hier erläutert werden[1]).

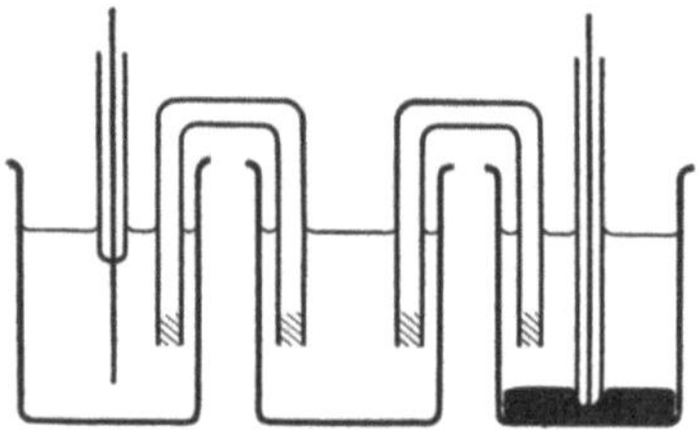

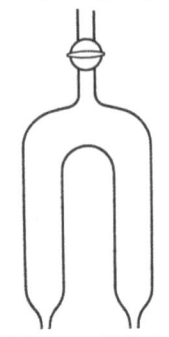

Abb. 37. U-Rohr zur Flüssigkeitsverbindung von Einzelelektroden.

Bei Benutzung offener Elektrodengefäße erfolgt die Flüssigkeitsverbindung am einfachsten durch U-Röhren (Abb. 36), deren Öffnungen nach Füllung — um Auslaufen zu verhindern — mit flüssigkeitsgetränkter Watte lose verschlossen werden.

Abb. 36. Galvanische Kette mit offenen Elektrodengefäßen.

Bequemer sind U-Röhren mit Glashahn und etwas verengten Öffnungen (Abb. 37), die durch Ansaugen gefüllt werden können und bei geschlossenem Hahn auch ohne Wattepfropfen nicht auslaufen. Vermischung des Inhalts der verschiedenen Gefäße durch Heberwirkung muß bei diesen Anordnungen durch

---

[1]) Über die Technik bei Schmelzelektrolyten vgl. R. LORENZ, Elektrolyse geschmolzener Salze. Bd. III. Halle 1905; R. LORENZ u. F. KAUFLER, Elektrochemie geschmolzener Salze, Leipzig 1909; über Ketten mit festen Elektrolyten besonders F. HABER u. ST. TOLLOCZKO, ZS. f. anorg. Chem. Bd. 41, S. 407. 1904; F. HABER u. R. BEUTNER, Ann. d. Phys. (4) Bd. 26, S. 927. 1908; F. HABER u. J. ZAWADZKI, ZS. f. phys. Chem. Bd. 78, S. 228. 1911; M. KATAYAMA, ebenda Bd. 61, S. 566. 1908; Elektrolyt-Verbindungen zwischen geschmolzenen und wäßrigen Elektrolyten: C. LIEBENOW u. L. STRASSER, ZS. f. Elektrochem. Bd. 3, S. 353. 1897; F. HABER u. L. BRUNER, ebenda Bd. 10, S. 697. 1904; P. BECHTEREW, ebenda Bd. 17, S. 851. 1911.

gleichen Flüssigkeitsstand in allen Gefäßen verhindert werden. Verringert wird diese Fehlerquelle auch durch Gelatinieren des Röhrcheninhalts (Auflösen von 3 bis 5% Gelatine oder 1 bis 3% Agaragar im Elektrolyten unter Anwendung von Wärme nach vorausgegangener Quellung, diese Lösung heiß einfüllen und erkalten lassen) oder durch Verschließen der Röhrchenöffnungen mit Ton- oder Pergamentmembranen. Bei genauesten Messungen ist dieses Verfahren jedoch nicht immer am Platze[1]). Auch flüssigkeitsgetränkte Baumwoll- oder Asbestdochte können der Verbindung von offenen Einzelelektroden dienen.

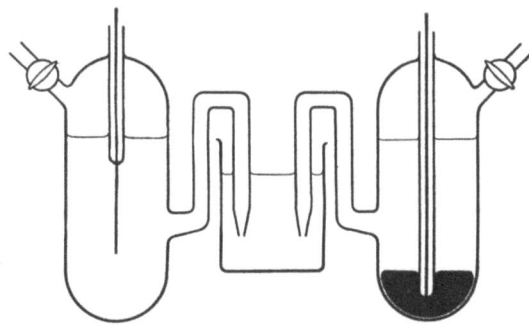

Abb. 38. Verbindung zweier Einzelelektroden.

Die in den Abb. 29, 30, 31, 33 und 34 dargestellten Einzelelektroden können einfach dadurch zur Kette vereinigt werden, daß ihre flüssigkeitsgefüllten seitlichen Ansätze in ein gemeinsames Zwischengefäß mit passendem Elektrolyten eingetaucht werden (Abb. 38). Sind die Elektrodengefäße sonst gegen die Atmosphäre abgeschlossen, kann ein Auslaufen nicht stattfinden. Bei gasdurchspülten Elektroden (und natürlich auch sonst, falls erforderlich) können die in den Verbindungsröhren evtl. vorhandenen Hähne bei Verwendung genügend empfindlicher Meßinstrumente (immer auch bei elektrometrischer Messung) geschlossen bleiben, vorausgesetzt, daß die Schliffflächen nicht gefettet sind. Der in die kapillaren Schliffräume eindringende Elektrolyt genügt dann zur Herstellung der elektrolytischen Verbindung.

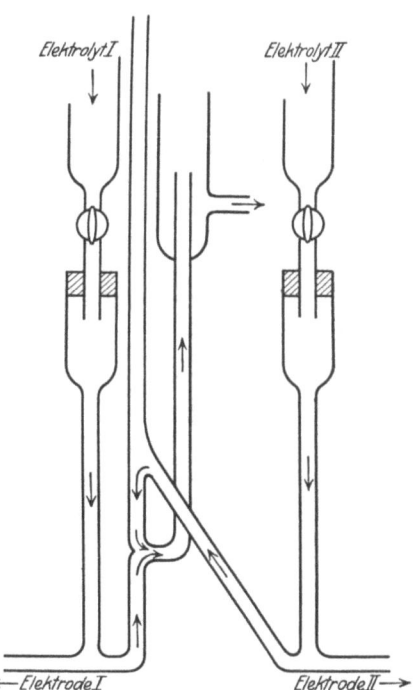

Aus den in Ziff. 25 diskutierten Gründen ist unter Umständen (besonders, wenn größere Diffusionspotentiale nicht zu vermeiden sind) auf die Erzielung definierter Zustände an den Flüssigkeitsgrenzen Wert zu legen. Der schon erwähnte Kunstgriff, in einer Schicht von Seesand eine breitere, aber einigermaßen stabile Mischungszone zu erzeugen, wird nach BJERRUM[2]) folgendermaßen ausgeführt: In die untere Biegung eines U-Rohrs

Abb. 39. „Fließende" Elektrolytverbindung nach LAMB und LARSON.

kommt zuerst die spezifisch schwerste Lösung, dann wird Seesand nachgeschüttet, bis Lösung und Sand gleichhoch stehen. In beide Schenkel werden weiter die Lösungen I und II sowie Sand in kleinen Portionen eingefüllt, wobei durch abwechselnd einseitiges Verschließen des U-Rohrs größere Flüssigkeitsverschiebungen zu verhindern

---

[1]) R. FRICKE, ZS. f. Elektrochem. Bd. 30, S. 577. 1924.
[2]) N. BJERRUM, ZS. f. Elektrochem. Bd. 17, S. 389. 1911.

sind. Die Schenkel des aufrecht stehenden U-Rohrs stehen weiterhin etwa durch Heber mit den Elektrodenräumen bzw. mit dem Inhalt von Zwischengefäßen in elektrolytischer Verbindung. Auf diese Weise wurden bis auf 0,2 mV reproduzierbare elektromotorische Kräfte leicht erhalten.

Bis auf 0,01 mV definierte Werte konnten LAMB und LARSON[1]) durch Gegeneinanderströmenlassen der beiden Flüssigkeiten erzielen. Die von ihnen benutzte Vorrichtung, die wohl ohne Erläuterung verständlich ist, zeigt Abb. 39.

c) Potentiale arbeitender Elektroden.

32. Polarisationserscheinungen[2]). Arbeitende Elektroden, d. h. solche, an denen elektrochemische Vorgänge mit endlicher Geschwindigkeit ablaufen, zeigen Potentiale, die von den im „Ruhezustand" zu beobachtenden abweichen: es tritt Polarisation auf, und zwar ausnahmslos in solcher Richtung, daß dadurch dem betreffenden Vorgang ein Hindernis erwächst. Man hat zunächst zwischen Konzentrationspolarisation und chemischer Polarisation zu unterscheiden. Beide Arten sind vermutlich immer bedingt durch Konzentrationsänderungen der an der elektrochemischen Reaktion teilnehmenden Stoffe in Elektrodennähe, mit dem einzigen Unterschied, daß diese Konzentrationsänderungen im ersten Falle in der beschränkten Diffusionsgeschwindigkeit der Teilnehmer, im zweiten im verzögerten Ablauf chemischer Reaktionen ihren Grund haben. Beide Erscheinungen sind zu unterscheiden: 1. durch ihre verschiedenartige Abhängigkeit von mechanischer Beeinflussung: Konzentrationspolarisation ist stark abhängig von Konvektionserscheinungen im Elektrolyten (und gegebenenfalls auch im Elektrodenmaterial), mit wachsender Durchmischungsgeschwindigkeit nimmt der Betrag der Polarisation ab, chemische Polarisation bleibt von Konvektionsphänomenen praktisch unbeeinflußt; 2. durch verschiedene Temperaturabhängigkeit: die chemische Polarisation verringert sich sehr viel stärker mit steigender Temperatur als die durch Diffusionserscheinungen geregelte Konzentrationspolarisation.

Der Betrag der Polarisation, besonders der chemischen, kann sehr verschieden sein je nach der Natur der beteiligten Stoffe, er wächst außerdem stets mit der Stromdichte an den Elektroden. Die Konzentrationspolarisation im besonderen steigt erheblich mit abnehmender Konzentration der beteiligten Stoffe. Absolut polarisationslos ist eine arbeitende Elektrode nie, wenn man mithin von „unpolarisierbaren" Elektroden spricht, so sind darunter nur solche zu verstehen, deren Potentialänderung gegenüber dem Ruhezustand bei geringen oder mittleren Stromdichten praktisch vernachlässigt werden darf, was für eine gegebene Elektrodenart immer nur in nicht zu „verdünnten" Systemen zutreffen kann.

Eine dritte Art der Polarisation kommt durch Abscheidung von Elektrolyseprodukten an der Elektrode zustande: Abscheidungspolarisation.

Jeden der Polarisation irgendwelcher Art entgegenwirkenden Vorgang bezeichnet man als Depolarisation.

Polarisationserscheinungen sind sowohl für das arbeitende galvanische Element (galvanische Polarisation) wie auch bei der Elektrolyse eines Systems durch fremden Strom (elektrolytische Polarisation) von großer Bedeutung. Ferner können sie aber auch bei allen „rein chemischen" Umsetzungen, an denen Ionen beteiligt sind, eine wichtige Rolle spielen, denn alle derartigen Reaktionen können gewissermaßen als Vorgänge in kurzgeschlossenen galvanischen Ketten aufgefaßt werden.

---

[1]) A. B. LAMB u. A. T. LARSON, Journ. Amer. Chem. Soc. Bd. 42, S. 229. 1920.
[2]) Eingehend in Bd. XIII ds. Handb.

Für Potentialmessungen an „arbeitenden" Elektroden gelten im wesentlichen auch alle Betrachtungen der vorangehenden Ziffern. Doch kommt noch eine Anzahl neuer Gesichtspunkte hinzu, die besonderer Besprechung bedürfen.

Die eigentlichen Meßmethoden sind ganz dieselben wie oben beschrieben, insbesondere ist auch hier im Prinzip Stromlosigkeit im Meßkreise anzustreben. Praktisch allerdings ist diese Bedingung unter Umständen von geringerer Bedeutung, weil die durch ihre Nichteinhaltung bedingten Fehler vielfach innerhalb der Grenze der sonst auftretenden Unsicherheiten bleiben. Daraus ergeben sich eine Anzahl roherer Meßmethoden, die ohne Benutzung einer besonderen Bezugselektrode auskommen, als solche vielmehr die ohnehin notwendige, ebenfalls unter Strom liegende Gegenelektrode der galvanischen oder elektrolytischen Zelle heranziehen (Ziff. 35). Von allgemeinerer Bedeutung und größere Sicherheit verbürgend ist auch hier die Verwendung einer besonderen Hilfselektrode (Ziff. 36), die mit der zu untersuchenden zu einer neuen Kette kombiniert wird, deren EK dann in bekannter Weise zu messen ist.

33. Oberflächenbeschaffenheit der Elektroden. Einfluß der Konvektion. Zu den bei Messung von „Ruhepotentialen" zu definierenden Faktoren — Art und Konzentration der Reaktionsteilnehmer, Temperatur und (unter Umständen), Zeit — kommen bei arbeitenden Elektroden als weitere hinzu: Stromdichte an der Elektrode und mechanischer Zustand des Systems (Durchmischung oder -rührung). Die zeitlichen Veränderungen des Potentials spielen überdies im letzteren Falle eine sehr viel größere Rolle.

Die Stromdichte an der Elektrode ist gegeben durch Stromstärke und Elektrodenoberfläche. Die Ermittlung dieser letzteren ist kaum jemals mit absoluter Sicherheit möglich. Die makroskopische Oberfläche ist zwar gewöhnlich aus den geometrischen Dimensionen zu erschließen, doch kommt es für die Polarisation (jedenfalls für chemische und Abscheidungspolarisation) nicht auf diese, sondern auf die tatsächliche Oberfläche an, die infolge Aufrauhung des Elektrodenmaterials die erstere um ein Vielfaches übertreffen kann. Es bleibt deshalb nichts anderes übrig, als sich mit Festlegung der makroskopischen Oberfläche zu begnügen und ferner möglichst definierte Angaben über die Oberflächenbeschaffenheit zu machen. Wenn mit dem Zweck der Untersuchung vereinbar, wird man stets einen der zwei Grenzfälle, hochpolierte oder möglichst rauhe Elektrodenflächen, wählen. Im ersten Falle wird dann wenigstens angenähert wirkliche und Makrooberfläche übereinstimmen, wegen möglichen Angriffs der Elektrode oder Entstehen von Niederschlägen auf ihr allerdings nicht mit Sicherheit über längere Zeiträume. Im zweiten Grenzfall ist zwar die absolute Größe der Oberfläche kaum abzuschätzen, doch ist mit einiger Wahrscheinlichkeit auf Konstanz und gute Reproduzierbarkeit zu rechnen. Ob jedoch die so beschaffenen Flächen auch bei verschiedenem Elektrodenmaterial als gleichartig, mithin als proportional den Makrooberflächen, betrachtet werden dürfen, ist zum mindesten zweifelhaft. Die erwünschte extremrauhe Oberfläche ist am sichersten auf elektrolytischem Wege zu erzeugen. Kathodische Abscheidung bei relativ hohen Stromdichten läßt die meisten Metalle in geeigneter schwammiger Beschaffenheit erscheinen. Zu berücksichtigen ist aber, daß gerade unter diesen Umständen durch Mitabscheidung anderer Stoffe aus dem Elektrolyten unerwünschte Komplikationen auftreten können. Man sollte deshalb nur mit reinen Salzen arbeiten, auch Komplexsalze nach Möglichkeit vermeiden. Der Gefahr einer Mitabscheidung von Wasserstoff ist allerdings in wäßrigen Lösungen nicht zu entrinnen.

Daß Konvektionserscheinungen bei Konzentrationspolarisation von wesentlicher Bedeutung sind, wird ohne weiteres verständlich, wenn man bedenkt, daß für die Nachlieferung der bei der Elektrodenreaktion verbrauchten Stoffe durch Diffusion das Konzentrationsgefälle für eben diese Stoffe maßgebend ist.

Definierte Polarisationsverhältnisse sind nur dort zu erwarten, wo dieses Gefälle ausreichend definiert ist. Der eine Weg zur Erreichung dieses Zieles, völliger Ausschluß jeder Konvektion, ist nur schwierig zu realisieren, mit genügender Sicherheit wohl allein durch Gelatinieren des Elektrolyten[1]), was aber nur in speziellen Fällen anwendbar sein dürfte. Allgemeiner gangbar ist der zweite Weg, definierte Diffusionsverhältnisse zu schaffen: absichtlich starke Rührung[2]).

Das Diffusionsgefälle für irgendeinen betrachteten Stoff ist außer durch die Konzentrationsdifferenz an beiden Enden des Diffusionsweges durch die Länge dieses Weges gegeben. Durch Rührung werden Konzentrationsverschiebungen in der Hauptmasse des Elektrolyten fortwährend wieder ausgeglichen, es muß jedoch angenommen werden, daß eine gewisse Schicht der Flüssigkeit in unmittelbarer Nähe der Elektrode hiervon nicht betroffen wird. In dieser kann vielmehr ein Konzentrationsausgleich immer nur durch Diffusion erfolgen. Das Diffusionsgefälle ist dann außer durch die potentialbestimmende Konzentration an der Elektrode selbst durch die praktisch konstante Konzentration im Innern des Elektrolyten und durch die bei gegebener Rührgeschwindigkeit ebenfalls konstante Dicke der erwähnten Grenzschicht gegeben.

Diese Überlegungen gelten für das nach gewissem Stromdurchgang zu erwartende stationäre und zwar lineare Gefälle. Die Zeit, die zur Erreichung dieses Zustandes erforderlich ist, fällt mit Verkleinerung des Diffusionsweges stark ab, so daß auch in dieser Beziehung in lebhaft gerührten Systemen am ehesten reproduzierbare Zustände zu erwarten sind.

Praktisch erzielt man die Durchmischung des Elektrolyten entweder durch Einbau besonderer Rührer in die elektrolytische Zelle[3]) oder bei kleineren Elektroden, indem man diese selbst bei geeigneter Formgebung rotieren läßt[4]).

Die Dicke der Diffusionsschicht nimmt mit gesteigerter Rührintensität ab, und zwar etwa proportional der Potenz $1/2$ bis $2/3$ der Umlaufszahl des Rührers[5]). Dieser Wert ist etwas variabel je nach der besonderen Form und den Ausmaßen von Rührer und Elektrodengefäß. Noch ausgeprägter gilt dies natürlich für die erreichte Rührwirkung selbst, so daß die in verschiedenen Apparaten auch bei gleicher Rührgeschwindigkeit erhaltenen Resultate untereinander selten vergleichbar sind. Die bei den meist benutzten Umdrehungsgeschwindigkeiten von etwa 100 bis 1000 Touren in der Minute erzielten Diffusionsschichtdicken bewegen sich durchschnittlich zwischen 10^{-2} und 10^{-4} cm. Ihr genauer Wert ist, wo erforderlich, durch Eichung zu ermitteln [nach Gleichung (48), Ziff. 39; vgl. dazu Bd. XIII].

Der Einfluß der Konvektion ist vorangehend für den (flüssigen) Elektrolyten diskutiert worden. Ganz entsprechendes dürfte auch für Gasgemische gelten, wenn auch experimentelle Erfahrungen darüber ganz fehlen. In festen Stoffen ist mit Störungen durch Konvektion kaum zu rechnen, dafür spielen aber hier, wegen der geringeren Diffusionsgeschwindigkeit, Zeitphänomene eine größere Rolle.

Bei rein chemischer Polarisation hat Konvektion keinen merklichen Einfluß. Wo es also auf deren Untersuchung ankommt und die übrigen Bedingungen so

---

[1]) U. GRASSI, ZS. f. phys. Chem. Bd. 44, S. 460. 1903.
[2]) E. BRUNNER, ZS. f. phys. Chem. Bd. 47, S. 56. 1904; Bd. 58, S. 1. 1907; W. NERNST u. E. S. MERRIAM, ebenda Bd. 53, S. 235. 1905.
[3]) z. B. bei J. B. WESTHAVER, ZS. f. phys. Chem. Bd. 51, S. 65. 1905.
[4]) Vgl. etwa W. NERNST u. E. S. MERRIAM, ZS. f. phys. Chem. Bd. 53, S. 235. 1905; A. EUCKEN, ebenda Bd. 59, S. 72. 1907.
[5]) Vgl. die vorstehend zitierten Arbeiten.

sind, daß der Betrag einer Konzentrationspolarisation vernachlässigbar erscheint (geringe Stromdichten bei nicht zu kleinen Stoffkonzentrationen), kann auf Rührung des Systems verzichtet werden.

Die Bedeutung des Zeitfaktors beruht bei Konzentrationspolarisation — wie schon angedeutet — im wesentlichen auf der mehr oder minder langsamen Erreichung eines stationären Zustandes der Diffusion. Daneben kommen aber auch, und dies gilt in verstärktem Maße für chemische Polarisation, durch den elektrolytischen Prozeß hervorgerufene Änderungen der Oberflächenbeschaffenheit der Elektroden in Frage. Da in manchen Fällen der Polarisation langsam verlaufende chemische Einwirkungen auf das Elektrodenmaterial (selbst bei sog. unangreifbaren Elektroden) die Hauptursache des Zeitphänomens sind, ist unter Umständen die Verwendung von Elektroden möglichst geringer Dicke nützlich, um rasch zu zeitlich konstanten Potentialen zu gelangen[1]). Dünne Folien des betreffenden Metalls oder für diesen Fall auch wohl auf Glas aufgebrannte Metallschichten (vgl. Ziff. 34) kommen in Betracht. Wo es nicht möglich ist, stationäre Grenzzustände zu erzielen, oder wo diese nicht abgewartet werden sollen, ist es notwendig, die Zeit bei allen Angaben über Polarisationserscheinungen zu berücksichtigen[2]).

34. Anordnung der Elektroden. Wichtig zur Erzielung einer gleichförmigen Stromdichte an den Elektroden der Zelle ist deren gegenseitige Anordnung. Man kann zu diesem Zweck die Elektroden mit parallelen Flächen einander zukehren und alle übrigen Flächen durch einen indifferenten, nichtleitenden Kitt abdecken. (Ein Gemisch von Rohkautschuk und Paraffin im Verhältnis 1:2 hat sich bewährt.) Ist diese Anordnung nicht möglich, z. B. bei drahtförmigen Elektroden, so ordnet man die Gegenelektrode symmetrisch um den Draht herum an. Sind beide Elektroden durch längere Flüssigkeitssäulen von hohem Widerstand voneinander getrennt, so erübrigen sich besondere Maßnahmen.

Weil nur schwierig gleiche Stromdichte entlang ihrer ganzen Oberfläche ergebend, sind die sonst recht brauchbaren auf Glas aufgebrannten Elektroden (vgl. Ziff. 29) für Polarisationsmessungen im allgemeinen nicht zu empfehlen. Die aufgebrannte dünne Metallschicht hat meist einen nicht unbeträchtlichen Widerstand, so daß ein deutlicher Spannungsabfall in ihr nicht zu vermeiden ist.

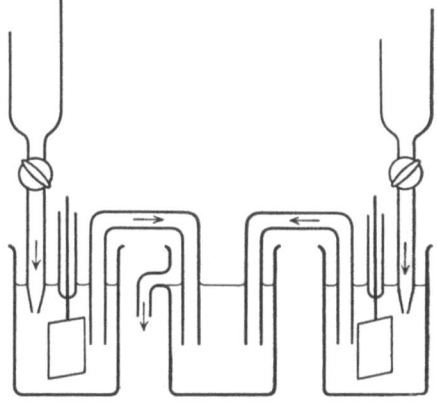

Abb. 40. Vorrichtung zur Verhütung der Diffusion störender Elektrolysenprodukte.

Weiter ist bei Anordnung von Versuchs- und Gegenelektrode zu berücksichtigen, daß nicht etwa an der letzteren auftretende Produkte störend auf die zu untersuchende Elektrode einwirken.

Einmal wird man deshalb die Gegenelektrode so zu wählen versuchen, daß störende Stoffe an ihr möglichst nicht entstehen können. Anodische Entwicklung von Chlor z. B. wird durch Anwendung einer Silberelektrode umgangen, Sauerstoff kann man durch eine „formierte" Bleielektrode (negative Akkumulatorplatte), Wasserstoff durch eine ebensolche von Bleisuperoxyd (positive Akku-

---
[1]) R. LUTHER u. F. J. BRISLEE, ZS. f. phys. Chem. Bd. 45, S. 216. 1903.
[2]) G. PFLEIDERER, ZS. f. phys. Chem. Bd. 68, S. 49. 1909; K. BENNEWITZ, ebenda Bd. 72, S. 202. 1910.

mulatorplatte) aufnehmen lassen, vorausgesetzt, daß der Elektrolyt deren Anwendung erlaubt. Nicht immer jedoch und nicht für beliebige Stromdichten wird sich eine geeignete Gegenelektrode finden lassen.

Dann ist die Gefahr einer Diffusion vom einen zum anderen Elektrodenraum durch Einbau poröser Membranen oder durch Einschalten eines längeren Flüssigkeitsweges von kleinem Querschnitt zu verringern. Sicherer noch ist die in Abb. 40 skizzierte Vorrichtung, die durch regulierbare Flüssigkeitsströme in entgegengesetzter Richtung ihr Ziel erreicht.

35. Messung ohne Hilfselektrode. Wenn Art und Größe der Gegenelektrode so gewählt werden, daß die an ihr bei den in Betracht kommenden Stromstärken auftretende Polarisation gegenüber dem an der Versuchselektrode zu erwartenden Effekt klein bleibt, kann die Messung des Polarisationspotentials direkt zwischen den genannten beiden Elektroden erfolgen.

Die Stromstärke in der elektrolytischen Zelle muß sowohl bei dieser wie auch bei jeder anderen Anordnung zur Bestimmung der Polarisation einen definierten Wert erhalten. Meist interessiert ja auch gerade die Abhängigkeit von der Stromstärke (bzw. Stromdichte).

Eine ganz allgemein anwendbare Anordnung zur Variation der Stromstärke in weitem Umfange ist schematisch in Abb. 41 wiedergegeben. Eine konstante Stromquelle A (Akkumulator von ausreichender Spannung und Kapazität) ist über einen variablen Widerstand R_1 an die Enden eines Gefälldrahtes angeschlossen. An dessen eines Ende bzw. an den Gleitkontakt (K) sind die Elektroden E_1 und E_2 (Versuchs- und Gegenelektrode) der Zelle Z gelegt, unter Zwischenschaltung von ebenfalls variablen Widerständen, einem größeren R_2

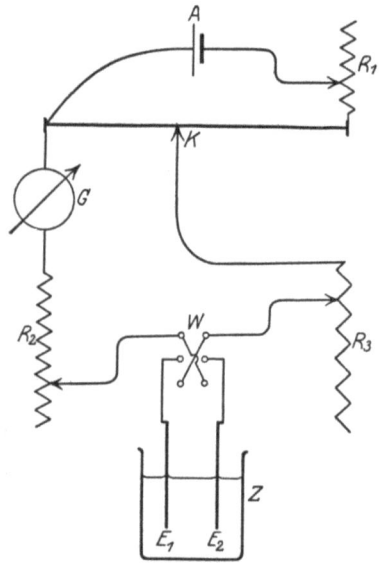

Abb. 41. Schaltungsanordnung zur Variation der Elektrolysierstromstärke.

zur groben und einem kleineren R_3 zur Feineinstellung. Vor der Zelle liegt außerdem ein Instrument (G) zur Messung der Stromstärke. Die Wippe W gestattet eine Vertauschung der Stromrichtung. Regulierung ist möglich an R_1, K, R_2 und R_3. Über Wahl und Ausführung der Schaltelemente erübrigt sich an dieser Stelle Näheres zu sagen. Ohne große Mittel läßt sich bei geeigneter Dimensionierung mit der beschriebenen Anordnung jede in Betracht kommende Stromstärke erzielen, und zwar in beliebiger Richtung, so daß sowohl A als auch Z arbeitsliefernde Stromquelle sein kann. Bei sehr schwachen Strömen wird die galvanometrische Stromstärkemessung durch elektrometrische Bestimmung des Spannungsabfalls entlang einem bekannten hohen Widerstande des Stromkreises ersetzt.

Die bei stromdurchflossener Zelle zwischen E_1 und E_2 (Abb. 41) gemessene Spannung enthält außer der Differenz der Elektrodenpotentiale noch den OHMschen Spannungsabfall (E_R), der durch das Produkt von Zellwiderstand (R) und Stromstärke (I) gegeben ist. Eine Kenntnis von R ist deshalb zur Auswertung der Messung erforderlich. Naheliegend ist seine Bestimmung nach der Wechselstrommethode[1]), etwa in der von NERNST und HAAGN angegebenen Form (s. Ziff. 9).

---

[1]) G. BABOROVSKY, ZS. f. Elektrochem. Bd. 11, S. 465. 1905; E. BRUNNER, ZS. f. phys. Chem. Bd. 58, S. 1. 1907.

Natürlich hat die Widerstandsbestimmung bei geschlossenem Hauptstrom zu erfolgen, da der unter diesen Verhältnissen geltende Wert von R keineswegs mit dem bei offener Zelle übereinzustimmen braucht. Erfahrungsgemäß ist aber häufig die Gleichstrompolarisation einer Elektrode (und damit wieder der Zellenwiderstand) durch überlagerten Wechselstrom stark beeinflußbar[1]). Wo dies, wovon man sich durch den Versuch zu überzeugen hat, der Fall ist, bleibt nichts anderes übrig, als E_R aus dem mit Hilfe der verschiedenen Messungen geschätzten Wert von R zu berechnen. Bei kleinen Werten von R und geringen Stromstärken wird dieses Verfahren noch einigermaßen brauchbare Resultate zeitigen können, unter ungünstigeren Bedingungen wird es höchst bedenklich.

36. Messung mit Hilfselektrode. Aus den soeben erörterten und auch aus anderen Gründen wird man meist die Verwendung einer Hilfselektrode der direkten Messung vorziehen. Eine der früher angegebenen Normalelektroden, für deren Wahl die in Ziff. 23 und 24 besprochenen Gesichtspunkte maßgebend sind, ist dann also durch Herstellung einer elektrolytischen Verbindung der zu untersuchenden Elektrode zuzuordnen. Um bei der Spannungsmessung dieser Kette nicht auch einen Teil des OHMschen Spannungsgefälles der stromdurchflossenen Hauptzelle mitzumessen, muß die Flüssigkeitsableitung zur Bezugselektrode an eine Stelle geführt werden, die entweder von Stromlinien nicht durchsetzt ist oder aber, falls dies nicht angängig, möglichst nahe an der zu untersuchenden Elektrode liegt. Vielfach genügt es bereits, das Verbindungsrohr unmittelbar an der Rückseite der Versuchselektrode münden zu lassen, falls diese den Querschnitt der Zelle annähernd ausfüllt und dabei durchlöchert bzw. als Drahtnetzelektrode ausgebildet ist[2]). Da aber andererseits solche Elektroden ungünstig sind für Erzielung definierter und gleichmäßiger Stromdichte auf der gesamten wirksamen Oberfläche, ist das geschilderte Mittel einer allgemeinen Anwendung nicht fähig.

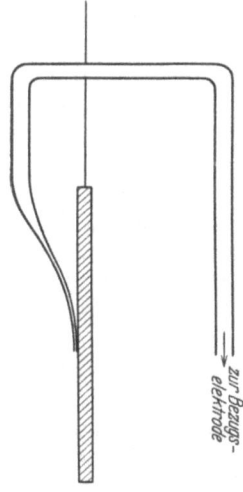

Abb. 42. Kapillare zur elektrolytischen Verbindung von Versuchs- und Bezugselektrode.

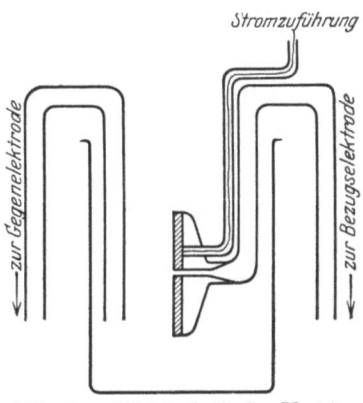

Abb. 43. Elektrolytische Verbindung zwischen ,,arbeitender'' und Bezugselektrode.

Eine andere Methode [von HABER[3]) auf Anregung von LUGGIN zuerst angewandt] besteht darin, das der elektrolytischen Verbindung dienende Glasrohr in einer feinen, biegsamen Kapillare endigen zu lassen und diese dicht an die Elektrodenfläche anzulegen (Abb. 42). Diese Anordnung hat den besonderen Vorteil, ein punktweises Abtasten der gesamten Oberfläche zu gestatten. Der Widerstand einer solchen flüssigkeitsgefüllten Kapillare ist naturgemäß recht groß, worauf bei Wahl der Meßmethode Rücksicht zu nehmen ist.

---

[1]) S. z. B. G. GRUBE, ZS. f. Elektrochem. Bd. 24, S. 237. 1918; S. GLASSTONE, Journ. Amer. Chem. Soc. Bd. 47, S. 940. 1925.

[2]) A. FISCHER, ZS. f. Elektrochem. Bd. 13, S. 469. 1907; H. J. S. SAND, Journ. Chem. Soc. London Bd. 91, S. 374. 1907; F. FOERSTER u. J. YAMASAKI, ZS. f. Elektrochem. Bd. 16, S. 324. 1910.

[3]) F. HABER, ZS. f. phys. Chem. Bd. 32, S. 208. 1900.

Eine dritte Möglichkeit schließlich ist in Abb. 43 dargestellt[1]). Die plattenförmige, mit einer zentrischen Bohrung versehene Elektrode ist auf einen ebenfalls durchlöcherten Glasteller aufgekittet, an den nach rückwärts das zur elektrolytischen Ableitung bestimmte Rohr angeschmolzen ist. Die Stromzuführung zur Elektrode erfolgt durch einen ebenfalls in Glasrohr verlegten Draht. In gewöhnlichen Fällen haben sich alle drei Verfahren durchaus bewährt. Wenn aber, was nicht selten eintritt, durch die Wirkung des polarisierenden Stromes eine schlecht leitende Schicht (die fest, flüssig oder gasförmig sein kann) unmittelbar an der Oberfläche der Versuchselektrode entsteht, so kann auch bei den beschriebenen Anordnungen eine erhebliche Fälschung der Potentialmessung die Folge sein. Man greift dann zu dem Ausweg, die Spannungsmessung nicht bei geschlossenem Hauptstrom, sondern möglichst unmittelbar nach seiner Unterbrechung vorzunehmen.

37. Polarisationsmessung bei geöffnetem Hauptstrom. Die polarisierende Wirkung eines gegebenen Stromes ist zwar stets gewisse Zeit nach Beendigung des Stromschlusses noch festzustellen, doch erfolgt der Abfall des Elektrodenpotentials, besonders sogleich nach Stromöffnung, häufig so rasch, daß nur mit besonderen Hilfsmitteln eine Polarisationsmessung an der geöffneten Zelle den während des Stromdurchgangs erreichten Wert ergeben kann.

Durch geeignete mechanische Vorrichtungen läßt sich erreichen, daß sehr kurze Zeit nach Ausschalten des Hauptstroms die zu messende Kette (ohne oder mit Hilfselektrode) für eine ebenfalls möglichst kurze Zeit automatisch mit einem ballistischen Galvanometer Kontakt erhält. Eine derartige Anordnung beschreibt z. B. EUCKEN[2]). Es liegt auf der Hand, daß die Wahrscheinlichkeit, auf diese Art richtige Werte zu erhalten, mit verringerter Dauer der Unterbrechungs- und Kontaktzeiten wächst. Durch systematische Variation beider kann man sich gegebenenfalls von deren Einfluß überzeugen und, wenn erforderlich, auf unendlich kleine Zeiten extrapolieren. Da man bei Verkürzung der Kontaktdauer mit dem Meßinstrument bald die Empfindlichkeitsgrenze des ballistischen Galvanometers erreichen wird, kann mit Vorteil ein gut isoliertes Quadrantelektrometer dessen Stelle einnehmen.

Eine nicht immer genügend gewürdigte Fehlerquelle der genannten Meßmethode kann das Vorhandensein von Selbstinduktionen sowohl im Hauptstrom wie im Meßkreise sein. Bei Verwendung des Galvanometers liegt eine solche immer vor. Die an sich mögliche Eliminierung dieses Einflusses macht das Verfahren sehr unbequem, man wird deshalb eher versuchen, die induzierten Ströme durch Zuschaltung von induktionsfreiem Widerstandsballast herabzudrücken, was freilich nur auf Kosten der Empfindlichkeit geschehen kann.

Statt den Galvanometerausschlag bei einmaligem Kontakt zu messen, kann man auch die Dauerablenkung bei häufiger Wiederholung des obigen Verfahrens bestimmen. Die soeben erwähnten Schwierigkeiten bezüglich der Selbstinduktion gelten natürlich auch hier. Dazu treten aber noch andere Unsicherheiten auf. Gewöhnlich hat man so gearbeitet, daß durch einen rotierenden Unterbrecher[3]) während der halben Umdrehungszeit nur der Hauptstrom-, während der anderen Hälfte nur der Meßstromkreis geschlossen war. [Das gleiche kann man mit Stimmgabelunterbrechern erzielen[4]).] Einerseits aber erreicht dann die

---

[1]) F. HABER, ZS. f. Elektrochem. Bd. 4, S. 506. 1898; E. MÜLLER u. M. SOLLER, ebenda Bd. 11, S. 863. 1905; A. FÜRTH, ebenda Bd. 32, S. 512. 1926.
[2]) A. EUCKEN, ZS. f. phys. Chem. Bd. 59, S. 108. 1907; s. a. F. RICHARZ, Wied. Ann. Bd. 39, S. 201. 1890.
[3]) z. B. E. NEWBERY, Journ. Chem. Soc. London Bd. 105, S. 2419. 1914; F. STREINTZ, Wied. Ann. Bd. 32, S. 116. 1887.
[4]) S. z. B. M. LE BLANC, ZS. f. phys. Chem. Bd. 5, S. 467. 1890.

Polarisation der Elektroden sicher nicht den Wert, der einem dauernden Stromdurchgang der Intensität entspricht, wie sie hier während des einzelnen Stromstoßes herrscht, und es ist zum mindesten auch fraglich, ob Dauerstrom und intermittierender Strom gleicher Effektivstärke dieselbe Polarisationswirkung haben würden. Es darf nämlich nicht vergessen werden, daß auch die Ausbildung der Polarisation nach Stromschluß ein Zeitphänomen ist. Man bleibt also im unklaren, welcher Intensität eines Dauerstromes der gemessene Effekt zuzuordnen ist. Andererseits liefert aber auch die Spannungsmessung nur das zeitliche Mittel des Potentials über die ganze Dauer der Messung. In Fällen, wo der Potentialabfall sehr rasch erfolgt, kann dies zu erheblichen Abweichungen führen. Zwar können beide genannten Fehler durch Steigerung der Umlaufsgeschwindigkeit des Unterbrechers verringert werden, auch wären wieder Messungen bei verschiedenen Geschwindigkeiten und Extrapolation des Resultats auf unendliche Geschwindigkeit zu versuchen, es liegen jedoch Hinweise darauf vor, daß bei der praktisch benutzten oberen Grenze der Tourenzahl die Abweichungen vom wahren Wert in vielen Fällen immer noch zu groß sind, um eine sichere Extrapolation zu gestatten[1]).

Wohl aber scheint man durch Änderung der Unterbrecherkonstruktion zu einwandfreien Ergebnissen gelangen zu können. Richtet man den Unterbrecher so ein, daß fast während des gesamten Umlaufs der Hauptstrom geschlossen und nur während eines Bruchteils der sehr kurzen Öffnungsperiode die Meßvorrichtung eingeschaltet bleibt, so werden offenbar die oben besprochenen Fehler vermieden. Auch unter diesen Bedingungen muß man sich durch Variation der Umlaufsgeschwindigkeit überzeugen, daß die Polarisation bereits in der Zeit eines einzigen Umlaufs ihren stationären Endzustand erreicht hat. Ferner ist durch Veränderung des Zeitraums zwischen Öffnung des Hauptstroms und Schließen des Meßkreises festzustellen, ob man dem Potentialabfall zuvorgekommen ist. Anderenfalls ist wieder eine Extrapolation auf unendlich kleine Unterbrechungszeiten vorzunehmen. Die Kontaktdauer für die Messung selbst bleibt dabei stets so klein wie nur irgendmöglich. Bewährte Unterbrecherkonstruktionen findet man in Arbeiten von GLASSTONE[2]), KNOBEL[3]) und FÜRTH[4]).

Es bedarf kaum der Erwähnung, daß die beschriebenen Kommutatoranordnungen statt der oben angenommenen direkten galvanometrischen oder elektrometrischen Spannungsmessung ebensogut die Benutzung von Kompensationsmethoden gestatten. Es hat dies noch den Vorteil, daß auch bei Verwendung des Galvanometers als Nullinstrument Selbstinduktionen im Meßkreis ihre Bedeutung verlieren. Bei den sehr kurzen Kontaktzeiten wird allerdings auch als Nullinstrument das Elektrometer vorzuziehen sein.

38. Zeitliche Änderungen des Potentials. Selbstverständlich können die in voranstehender Ziffer genannten Methoden auch da Verwendung finden, wo gerade der zeitliche Verlauf von schnellen Potentialänderungen untersucht werden soll. In den zitierten Arbeiten von KNOBEL und FÜRTH sind Unterbrecherkonstruktionen angegeben, die an beliebigen Punkten der Umlaufperiode, also sowohl während des Polarisationsanstiegs nach Stromschluß als auch während der Stromlosperiode, das Elektrodenpotential zu messen gestatten. Durch systematische Variation der Kontaktstelle gelingt es, aus den zeitlichen Momentanwerten des Potentials die geschlossene Potentialzeitkurve zu konstruieren. Da

---

[1]) S. GLASSTONE, Journ. Chem. Soc. London Bd. 123, S. 1745. 1923; A. L. FERGUSON u. G. VAN ZYL, Trans. Amer. Elektrochem. Soc. Bd. 45, S. 16. 1924.
[2]) S. GLASSTONE, Journ. chem. soc. Bd. 123, S. 2926. 1923; Bd. 125, S. 250. 1924.
[3]) M. KNOBEL, Journ. Amer. Chem. Soc. Bd. 46, S. 2613. 1924.
[4]) A. FÜRTH, ZS. f. Elektrochem. Bd. 32, S. 512. 1926.

auch die Momentanstromstärken in gleicher Weise (durch den Spannungsabfall entlang einem bekannten Widerstande des Stromkreises) gemessen werden können, ist die Aufnahme von Wechselstromcharakteristiken bzw. ihrer Veränderung durch Polarisationserscheinungen möglich[1]).

Häufiger hat man sich zu diesen und ähnlichen Untersuchungen des Oszillographen (vgl. Kap. 10) bedient[2]). In der meist benutzten Ausführung (Siemens & Halske) hat dieses Instrument jedoch den Nachteil, nennenswerter Ströme zu bedürfen, was mehr oder minder beträchtliche Verzerrung der Resultate zur Folge haben muß, ein Fehler, der aus den schon erörterten Gründen (Ziff. 35) nicht immer mit Sicherheit eliminiert werden kann.

Potentialänderungen geringerer Geschwindigkeit lassen sich häufig mit ausreichender Genauigkeit an einem gut gedämpften Voltmeter verfolgen[3]). Erfolgen die Änderungen schließlich so langsam, daß während der zur Messung erforderlichen Zeit praktisch Konstanz herrscht, so kann man natürlich auf irgendeine der normalen Methoden zurückgreifen.

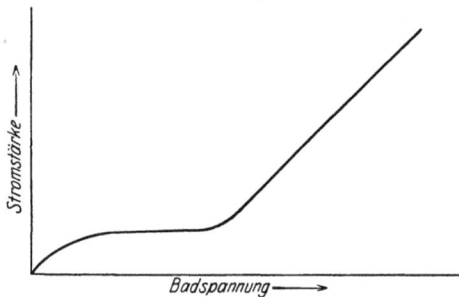

Abb. 44. Stromspannungskurve.

39. Stromspannungskurve. Grenzstrom. Wichtige Rückschlüsse auf den Ablauf elektrochemischer Reaktionen gestattet manchmal die Aufnahme von Stromstärkespannungskurven bei der Elektrolyse. Alles für die Messung der Einzeldaten Wichtige ist in den vorangehenden Ziffern bereits besprochen. Ob man zur Aufnahme der Kurve so vorgeht, daß man jeweils die Stromstärke auf einen konstanten Wert einreguliert und die zugehörige Spannung ermittelt oder umgekehrt, ist gleichgültig, falls wirklich der stationäre Endzustand in jedem Falle abgewartet wird. Geschieht dies aus irgendwelchen Gründen nicht, so darf, wenn die Resultate wirklich definiert sein sollen, Angabe des eingeschlagenen Weges und der nach jeder Änderung der Bedingungen verflossenen Zeit nicht fehlen[4]). Mittel zur beschleunigten und sicheren Erreichung des stationären Zustandes sind früher angegeben (Ziff. 33).

In Abb. 44 ist der idealisierte Verlauf einer Stromspannungskurve dargestellt. Diese einfache Form würde z. B. dem Auftreten einer durch Depolarisation gestörten Abscheidungspolarisation entsprechen, ohne daß gleichzeitig Konzentrationspolarisation oder chemische Polarisation in Erscheinung tritt. Man erkennt, daß erst nach Erreichen einer bestimmten Badspannung die Kurve den vom Ohmschen Gesetz geforderten linearen Zusammenhang zwischen Stromstärke und Spannung zeigt. Der schwache Strom bei geringeren Spannungen, der Reststrom, ist durch Diffusionserscheinungen geregelt, in dem erwähnten Falle durch die Diffusionsgeschwindigkeit des Depolarisators. In einem gewissen Bereich ist der Reststrom von der angelegten Spannung unabhängig. Dieser „Grenzstrom" tritt dann auf, wenn — infolge praktisch vollständiger Verarmung des Elektrolyten in Elektrodennähe in bezug auf den diffundierenden Stoff — das Diffusionsgefälle einen oberen Grenzwert erreicht hat.

---

[1]) A. FÜRTH, ZS. f. Elektrochem. Bd. 32, S. 512. 1926.
[2]) M. LE BLANC, Abh. d. Deutschen Bunsen-Gesellsch. Nr. 3. Halle 1910. D. REICHINSTEIN, ZS. f. Elektrochem. Bd. 15, S. 734, 913. 1909; Bd. 16, S. 916. 1910; Bd. 17, S. 699. 1911.
[3]) R. LORENZ, ZS. f. Elektrochem. Bd. 14, S. 781. 1908; R. LORENZ u. E. LAUBER, ebenda Bd. 15, S. 157. 1909.
[4]) Vgl. G. PFLEIDERER, ZS. f. phys. Chem. Bd. 68, S. 49. 1909; K. BENNEWITZ, ebenda Bd. 72, S. 202. 1910.

Für die Intensität des Grenzstroms im stationären Zustande[1]) gilt, falls nur eine Elektrode polarisierbar ist, $n \cdot F$ Coulombs pro Mol des als Nichtion vorausgesetzten diffundierenden Stoffes (Diffusionskoeffizient $= \varDelta$) an der Elektrode von der Oberfläche q umgesetzt werden, l die Dicke der Diffusionsschicht und c die Konzentration jenseits dieser Schicht bedeuten:

$$I = n \cdot F \cdot q \cdot \varDelta \cdot c/l. \tag{48}$$

Mithin ergibt sich die Möglichkeit, aus Grenzstrommessungen sowohl Diffusionskoeffizienten als auch die Dicke von Diffusionsschichten bei bewegtem Elektrolyten zu berechnen.

Bezüglich anderer Fälle als der oben herausgegriffenen sei auf Bd. XIII ds. Handb. verwiesen.

40. Abscheidungspotentiale. Zersetzungsspannung. Das in Abb. 44 zu erkennende starke Anwachsen der Stromstärke tritt ein, wenn die Abscheidungspolarisation ihren oberen Grenzwert erreicht hat. Das ist der Fall, sobald eine weitere Konzentrationssteigerung der infolge Elektrolyse an den Elektroden abgeschiedenen Stoffe nicht mehr möglich ist (Sättigungspolarisation), also bei Metallabscheidung z. B., wenn der Niederschlag die Eigenschaften des kompakten Metalls erreicht hat, bei Entstehung sich lösender Stoffe, sobald die Umgebung der Elektrode an ihnen gesättigt ist, bei Gasen, wenn ihr Druck an der Elektrodenoberfläche dem äußeren Druck gleichkommt, so daß sie in Blasenform entweichen können. Das Potential der Elektrode in diesem Zustande nennt man Abscheidungspotential. Falls Konzentrations- und chemische Polarisation fehlen, ist es gleich dem Ruhepotential des abgeschiedenen Stoffes gegen den betreffenden Elektrolyten, anderenfalls ist sein Wert höher als dieses. Die Differenz der Abscheidungspotentiale an beiden Elektroden ist die Zersetzungsspannung[2]).

Die Bestimmung der Zersetzungsspannung hat — außer der theoretischen — eine gewisse praktische Bedeutung, da sie das Mindestmaß der zur Zerlegung eines bestimmten Elektrolyten (bei gegebenem Elektrodenmaterial) aufzuwendenden Energie anzugeben gestattet.

Die Festlegung des Zersetzungspunktes ist nicht immer eindeutig möglich. Falls ein Reststrom unterhalb dieses Punktes praktisch fehlt, ist seine Lage ohne weiteres abzulesen. Falls andererseits die Verhältnisse so einfach wie im Beispiel der Abb. 44 liegen, liefert Verlängerung des oberen linearen Kurventeils bis zum Schnittpunkt mit der Abszissenachse die gesuchte Zersetzungsspannung[3]). Diese Idealfälle sind jedoch selten gegeben. Gewöhnlich tritt sowohl ein deutlicher Reststrom auf und ist auch der Verlauf der Stromspannungskurve oberhalb der Zersetzungsspannung keineswegs linear, hat vielmehr — infolge Auftretens von Konzentrations- und chemischer Polarisation — logarithmischen Charakter. Es ist mehrfach der Vorschlag gemacht, statt der Stromstärken selbst deren Logarithmen als Ordinaten aufzutragen. Dabei im übrigen wie oben zu verfahren, ist nicht angängig, da so — wie leicht einzusehen — nicht Extrapotation auf $I = 0$, sondern auf $I = 1$ erfolgt und das Resultat somit von der willkürlichen Wahl der Stromstärkeeinheit abhängt. Sinngemäßer ist es — bei logarithmischer Zählung der Stromstärke —, den Abszissenwert des Schnittpunktes der linearen Kurventeile unterhalb und oberhalb des „Knickpunktes" als Zersetzungsspannung zu bezeichnen[4]). Diese bedeutet dann die Differenz

---
[1]) E. SALOMON, ZS. f. phys. Chem. Bd. 24, S. 55. 1897.
[2]) M. LE BLANC, ZS. f. phys. Chem. Bd. 8, S. 299. 1891; Bd. 12, S. 333. 1893.
[3]) H. G. MÖLLER, ZS. f. phys. Chem. Bd. 65, S. 226. 1909.
[4]) J. B. WESTHAVER, ZS. f. phys. Chem. Bd. 51, S. 65. 1905; vgl. auch G. PREUNER, ebenda Bd. 59, S. 670. 1907.

der Elektrodenpotentiale bei Grenzstromintensität. Natürlich ist die Transformation der logarithmischen Kurve (mit I als Ordinate) in eine Gerade (durch Auftragen von $\log I$ als Ordinate) nur möglich, wenn die gemessenen Spannungen ihres Anteils RI, des OHMschen Spannungsabfalls zwischen den Elektroden, entkleidet sind. Es liegt jedoch auf der Hand, daß der wie vorstehend definierte Begriff der Zersetzungsspannung seine ursprüngliche Bedeutung als unter bestimmten stofflichen Bedingungen konstante Größe verloren hat, da ein so heterogener Faktor wie mechanische Konvektion, infolge der durch sie bedingten Änderung des Grenzstroms, von maßgebendem Einfluß wird.

Auch kann dieses Verfahren der Extrapolation versagen, wenn schon wenig oberhalb der Zersetzungsspannung neue Elektrodenvorgänge einsetzen, die naturgemäß den Kurvenverlauf entstellen.

Bei gasförmigen Elektrolyseprodukten besteht eine andere Möglichkeit zur Festlegung des „Zersetzungspunktes" im Aufsuchen der Badspannungen bzw. zweckmäßiger der Elektrodenpotentiale (durch Messung mit Hilfselektrode), bei denen die ersten Gasbläschen zu entweichen beginnen[1]. Man steigert in kleinen Intervallen die Badspannung (bzw. die Stromstärke) und wartet nach jeder Änderung genügend lange, um den zunächst in der Elektrode und deren Umgebung sich lösenden Produkten Zeit zur eventuellen Blasenbildung zu lassen. Um Übersättigungserscheinungen mit Sicherheit zu vermeiden, beobachtet man besser noch bei fallender Badspannung das Aufhören der Bläschenbildung[2]. Durch Auszählen der in einer gegebenen Zeit bei bestimmtem Elektrodenpotential entweichenden Bläschen und Extrapolation auf das zur Bläschenzahl Null gehörende Potential können ausgezeichnete (gelegentlich bis auf 10^{-5} Volt und besser) reproduzierbare Werte erhalten werden[3].

d) Die wichtigsten Anwendungen.

41. Abnahme der freien und Gesamtenergie bei Ablauf chemischer Reaktionen. Aus dem umfangreichen Gebiet der Verwertungsmöglichkeiten elektrolytischer Potentialmessungen können hier nur die allerwichtigsten, direkten Anwendungen kurz besprochen werden.

In erster Linie ist die Bestimmung der Abnahme der freien Energie bei freiwillig verlaufenden chemischen Vorgängen zu nennen.

Jede chemische Reaktion, die sich in zwei Teilvorgänge zerlegen läßt, an denen Ionen beteiligt sind, läßt sich prinzipiell zur Grundlage einer galvanischen Kette machen. Die Anordnung wird so getroffen, daß jeder der beiden Vorgänge isoliert in je einem Elektrodenraum ablaufen kann und so in der oben erörterten Weise (Ziff. 27 u. 30) für die Potentialdifferenz Elektrode-Flüssigkeit bestimmend ist. Falls beide Teilvorgänge reversibel ablaufen, tritt die gesamte Differenz der freien Energie zwischen Anfangs- und Endzustand des Systems als elektrische Arbeit auf [HELMHOLTZ[4]]. So liefert eine Kette mit der EMK E Volt bei isothermem und reversiblem Umsatz von $n \cdot F$ Coulombs unter Konstanthalten der Konzentrationen aller Reaktionsteilnehmer die maximale Arbeit

$$A = E \cdot n \cdot F \text{ Joule} = E \cdot n \cdot 0{,}23899 \cdot 96494 \text{ cal} = 23061 \cdot n \cdot E \text{ cal}. \quad (49)$$

---
[1] W. A. CASPARI, ZS. f. phys. Chem. Bd. 30, S. 89. 1899.
[2] A. THIEL u. E. BREUNING, ZS. f. anorg. Chem. Bd. 83, S. 329. 1913.
[3] Bestimmung der Zersetzungsspannung nichtwäßriger Lösungen: u. a. R. MÜLLER, Monatsh. f. Chem. Bd. 43, S. 67 u. 75. 1922; über Schmelzelektrolyte vgl. etwa: B. NEUMANN u. E. BERGVE, ZS. f. Elektrochem. Bd. 21, S. 143 u. 152. 1916; L. WÖHLER, ebenda Bd. 24, S. 261. 1918.
[4] H. v. HELMHOLTZ, Berl. Ber. 1882, 2. Febr. u. 7. Juli; Ges. Abh. Bd. II.

Voraussetzung für die Beziehung von A auf die Elektrodenreaktionen ist, daß die EMK der Kette sich ausschließlich aus der Summe der Elektrodenpotentiale zusammensetzt, Diffusionspotentiale also fehlen bzw. eliminiert sind.

Die VAN'T HOFFsche Gleichung der Reaktionsisotherme[1]) liefert ferner die Beziehung zwischen dem noch konzentrationsvariablen Werte von A und der Affinitätskonstante K, der Gleichgewichtskonstante der zugrunde liegenden Reaktion, die eine nur noch temperaturabhängige Stoffkonstante darstellt. Für die Gesamtreaktion (Bezeichnungen s. Ziff. 27):

$$\alpha A + \beta B + \cdots + n\ominus \to \mu M + \nu N + \cdots \qquad (50)$$

gilt:

$$A = E \cdot nF = RT \cdot \ln\left(K\, \frac{c_A^\alpha \cdot c_B^\beta \cdots}{c_M^\mu \cdot c_N^\nu \cdots}\right), \qquad (51)$$

womit auch K durch Messung der EMK einer entsprechenden galvanischen Kette mit bekannten Teilnehmerkonzentrationen der Bestimmung zugänglich wird. Dies ist von besonderer Wichtigkeit für Reaktionen mit extremen K-Werten, die einer chemisch analytischen Bestimmung nicht zugänglich sind. Streng gilt Gleichung (51) allerdings nur für unendlich verdünnte Systeme, Allgemeingültigkeit wird erreicht bei Einsetzen von „Aktivitäten" an Stelle der Konzentrationen (vgl. Ziff. 27). Auch sei nochmals darauf hingewiesen, daß die sonst analoge Berechnung der freien Energie und der Gleichgewichtskonstante von Einzelelektrodenvorgängen nicht möglich ist, solange es der Kenntnis absoluter Elektrodenpotentiale ermangelt (Ziff. 23).

Die integrale Arbeit, die ein arbeitsfähiges System endlicher Ausdehnung (also auch ein galvanisches Element) leisten kann, wenn es von einem gegebenen Anfangszustand in den Zustand der Arbeitsunfähigkeit (Gleichgewicht, Minimum des freien Energieinhalts) übergeht, bleibt auch bei idealem Verlauf infolge der unvermeidlichen Änderung der Teilnehmerkonzentrationen hinter der nach (51) zu berechnenden zurück[2]).

Da auch der Temperaturkoeffizient der EMK galvanischer Ketten experimentell leicht zugänglich ist, stellt die Messung elektromotorischer Kräfte ebenfalls ein bequemes Mittel zur Bestimmung der Wärmetönung chemischer Reaktionen dar. Es gilt, unter denselben Voraussetzungen wie oben,

$$\left.\begin{aligned}U = A - T\frac{dA}{dT} &= E \cdot n \cdot F - T \cdot n \cdot F \frac{dE}{dT} \\ &= nF\left(E - T \cdot \frac{dE}{dT}\right)\text{Joule} = 23061\,n\left(E - T \cdot \frac{dE}{dT}\right)\text{cal}.\end{aligned}\right\} \qquad (52)$$

42. Bestimmung von Ionenkonzentrationen. Die Abhängigkeit des Elektrodenpotentials von der Konzentration der Teilnehmer elektrochemischer Reaktionen gibt die wertvolle Möglichkeit an die Hand, unbekannte Ionenkonzentrationen durch EMK-Messung galvanischer Ketten zu bestimmen. Das Prinzip sei an dem besonders wichtigen Beispiel der Bestimmung von H^+-Konzentrationen erläutert[3]). Werden zwei Wasserstoffelektroden zu einer galvanischen Kette kombiniert, so ist deren EMK (nach rechnerischer oder experimenteller

---

[1]) J. H. VAN'T HOFF - E. COHEN, Studien zur chemischen Dynamik. Amsterdam u. Leipzig. 1896; vgl. C. KNÜPFER, ZS. f. phys. Chem. Bd. 26, S. 255. 1896; V. SAMMET, ebenda Bd. 53, S. 641. 1905.
[2]) A. THIEL, Rec. Trav. chim. d. Pays-Bas Bd. 42, S. 647. 1923.
[3]) Vgl. hierzu besonders: L. MICHAELIS, Die Wasserstoffionen-Konzentration. 1. Aufl. Berlin 1914; 2. Aufl., Teil I. Berlin 1922; W. M. CLARK, The Determination of Hydrogen Ions. 2. Aufl. Baltimore 1922; FR. AUERBACH u. E. SMOLCZYK, ZS. f. phys. Chem. Bd. 110, S. 65. 1924.

Eliminierung etwaiger Flüssigkeitspotentiale) gemäß Gleichung (46) — dem Vorgang $H_2 - 2\Theta \rightarrow 2H^+$ entsprechend:

$$E = E' - E'' = -\frac{RT}{2F} \cdot \ln\left(K \cdot \frac{C'_{H_2}}{C'^2_{H^+}}\right) + \frac{RT}{2F} \cdot \ln\left(K \cdot \frac{C''_{H_2}}{C''^2_{H^+}}\right). \quad (53)$$

Sind die Wasserstoffdrucke an beiden Elektroden gleich, also $C'_{H_2} = C''_{H_2}$, so wird einfach:

$$E = E' - E'' = \frac{RT}{F} \cdot \ln\frac{C'_{H^+}}{C''_{H^+}} = \frac{RT}{F \log e} \cdot \log\frac{C'_{H^+}}{C''_{H^+}}. \quad (54)$$

Wegen des in Frage kommenden weiten Bereiches von H^+-Konzentrationen in wäßrigen Lösungen zieht man vor, statt mit Konzentrationen, mit deren Logarithmen zu rechnen und pflegt den negativen dekadischen Logarithmus der H^+-Konzentration Wasserstoffexponent (p_H) zu nennen. Wird $p_H = -\log c_{H^+}$ in (54) eingeführt, so ist

$$p'_H = p''_H - E \cdot F \cdot \log e / RT. \quad (55)$$

Ist p''_H bekannt, so macht also Bestimmung von E auch p'_H zugänglich.

Wird statt der Potentialdifferenz E zweier Wasserstoffelektroden diejenige (E_N) der Wasserstoffelektrode unbekannter H^+-Konzentration (H_2-Druck = 760 mm) gegen eine beliebige Bezugselektrode, deren Potentialdifferenz gegen die Normal-Wasserstoffelektrode bekannt und gleich E_h ist, gemessen, so gilt

$$E = E_N + E_h \quad \text{und} \quad p''_H = 0, \quad \text{mithin} \quad p'_H = -(E_N + E_h) \cdot F \cdot \log e / RT. \quad (56)$$

Die Anwendung der Methode auf andere Ionenarten und evtl. auch auf Konzentrationsbestimmung von Nichtionen, falls diese nur am Elektrodenvorgang beteiligt sind, liegt auf der Hand und bedarf keiner weiteren Erläuterung. Alles für die technische Durchführung der Messung Wichtige ist früher bereits erläutert worden[1]).

Die Bedeutung der Methode liegt vor allem darin, daß sie — im Gegensatz zu vielen anderen — aktuelle Einzelkonzentrationen zu messen gestattet. (Rein chemische Bestimmungen z. B. liefern nur die analytische Zusammensetzung, Leitfähigkeitsmessungen immer die Summe der Wirkungen aller vorhandenen Ionen.) Aus diesem Grunde ist die potentiometrische Konzentrationsbestimmung auch besonders wichtig für die Untersuchung von Komplexionen enthaltenden Lösungen. Näheres in Bd. XIII ds. Handb.

Eine gewisse Einschränkung erfährt die Verwendbarkeit der obigen Ausführungen durch den (zum Teil in der neuen Theorie der Elektrolyte begründeten) Einfluß der Gesamtionenkonzentration auf elektrolytische Potentiale. Auch diesetwegen muß auf Bd. XIII verwiesen werden.

Infolge der logarithmischen Beziehung zwischen Konzentration und EMK ist zur einigermaßen sicheren Festlegung der ersteren recht genaue Messung der EMK erforderlich. Einem Fehler von 1 mVolt bei der Potentialbestimmung entspricht eine Unsicherheit von etwa $4 \cdot n\%$ in der Konzentration eines n-wertigen Ions. Da dieser relative Fehler unabhängig von der absoluten Konzentration stets derselbe bleibt, ist die Anwendung der Methode von besonderem Nutzen bei extrem geringen Ionenkonzentrationen, bei denen häufig alle anderen Wege der Konzentrationsbestimmung versagen oder doch wesentlich größere Fehler zeitigen.

43. Potentiometrische Löslichkeitsbestimmung. Einen Sonderfall der in letzter Ziffer besprochenen potentiometrischen Konzentrationsermittlung stellt

---

[1]) Methodisches zur Messung von H^+-Konzentrationen s. auch bei H. MENZEL u. F. KRÜGER, ZS. f. Elektrochem. Bd. 32, S. 93. 1926.

die Bestimmung der Löslichkeit schwer löslicher Salze dar[1]). Die Bestimmung der Ag$^+$-Konzentration etwa einer gesättigten Lösung von AgCl in reinem Wasser würde, da bei der in Frage kommenden geringen Löslichkeit die gesamte gelöste Salzmenge als in Ionen gespalten betrachtet werden darf, unmittelbar die gesuchte Löslichkeit ergeben. Wegen der starken Beeinflussung der Löslichkeit durch geringste Mengen von gleichionigen Verunreinigungen, pflegt man in solchen und ähnlichen Fällen in Lösungen zu arbeiten, die einen absichtlichen, aber bekannten Zusatz gleichioniger Salze enthalten, im obigen Beispiel also etwa die Ag$^+$-Konzentration in einer an AgCl gesättigten KCl-Lösung bekannten Gehalts zu bestimmen. Die Cl$^-$-Konzentration dieser Lösung, berechnet aus dem Gehalt an KCl und dessen Dissoziationsgrad unter den vorliegenden Bedingungen, sei c_{Cl^-}, die potentiometrisch bestimmte Ag$^+$-Konzentration dieser Lösung c_{Ag^+}. Das Produkt dieser Ionenkonzentrationen, das Löslichkeitsprodukt L, ist (nach der klassischen Theorie) eine für alle Lösungen, die AgCl als Bodenkörper enthalten, konstante Größe. Da ferner in der rein wäßrigen Lösung von Chlorsilber $c_{Ag^+} = c_{Cl^-}$ und praktisch auch der Gesamtmenge gelösten Salzes gleich ist, errechnet sich die gesuchte Löslichkeit l zu

$$l = \sqrt{L} = \sqrt{c_{Ag^+} \cdot c_{Cl^-}}. \tag{57}$$

Praktisch läuft eine derartige Löslichkeitsbestimmung also auf die Messung des Potentials einer Elektrode zweiter Art hinaus, im obigen Beispiel einer KCl-AgCl/Ag-Elektrode. Wo das dem zu untersuchenden Salz zugrunde liegende Metall zur Herstellung von Elektroden zweiter Art (und dann natürlich auch erster Art) nicht geeignet ist, können solche dritter Art (Ziff. 28) Verwendung finden.

Der besondere Wert der Methode kommt wieder in erster Linie bei Stoffen sehr geringer Löslichkeit zur Geltung, wo andere Verfahren versagen oder doch wesentlich unsicherer sind.

Nach der neueren Theorie ist auch im vorliegenden Falle der Einfluß der Gesamtionenkonzentration auf das Elektrodenpotential zu berücksichtigen. Man eliminiert ihn evtl. durch Messungen bei verschiedenem Gehalt an zweitem Ion (z. B. Variation der KCl-Konzentration bei AgCl-Lösungen) und Extrapolation auf verschwindende Konzentration[2]). (Streng genommen ist die Extrapolation auf den Wert der Ionenkonzentration durchzuführen, der in der rein wäßrigen Lösung herrscht, doch ist diese Abweichung bei nur einigermaßen schwerlöslichen Salzen nicht von Belang.)

44. Potentiometrische Maßanalyse. Ganz ähnlich wie Leitfähigkeitsbestimmungen (Ziff. 16) lassen sich auch Potentialmessungen als Indikator bei der volumetrischen chemischen Analyse verwenden[3]). Das Prinzip ist folgendes: Vermischt man zwei Flüssigkeiten, die miteinander chemisch zu reagieren vermögen, in wechselndem Verhältnis, so herrscht nach vollzogenem Umsatz in jeder der Mischungen eine bestimmte Konzentration für jeden Reaktionsteilnehmer. Läßt sich nun eine Elektrode finden, die auf die Konzentrationsänderungen eines der Teilnehmer in definierter Weise anspricht, und das ist wenigstens im Prinzip für alle Reaktionen unter Beteiligung von Ionen der Fall, so muß diese Elektrode für das ausgezeichnete Gemisch, das beide Flüssigkeiten in chemisch äquivalenten Mengen enthält, ein ganz bestimmtes Potential gegen den Elektrolyten annehmen. Ist dieses Potential rechnerisch oder experimentell zugänglich, so läßt sich umgekehrt natürlich auch das Mischungsverhältnis beider

---
[1]) H. M. GOODWIN, ZS. f. phys. Chem. Bd. 13, S. 577. 1894.
[2]) Vgl. etwa A. E. BRODSKY u. J. M. SCHERSCHEWER, ZS. f. Elektrochem. Bd. 32, S. 1. 1926.
[3]) R. BEHREND, ZS. f. phys. Chem. Bd. 11, S. 466. 1893; W. BÖTTGER, ebenda Bd. 24, S. 253. 1897; F. CROTOGINO, ZS. f. anorg. Chem. Bd. 24, S. 225. 1900.

Flüssigkeiten aufsuchen, das diesem Elektrodenpotential, mithin dem gesuchten „Äquivalenzpunkt", entspricht.

Man geht dann praktisch so vor, daß man die Versuchselektrode, eingetaucht in die zu untersuchende Flüssigkeit, mit einer zweiten prinzipiell beliebigen, also etwa einer Normalelektrode, zur Kette vereinigt und so lange Titriermittel in kleinen, abgemessenen Dosen zufließen läßt, bis die EMK der Kette den aus Potential der Bezugselektrode und „Äquivalenzpotential" voraus zu berechnenden Wert erreicht hat.

Die Genauigkeit eines solchen Verfahrens ist naturgemäß um so größer, je empfindlicher das Potential der Versuchselektrode in der Nähe des Äquivalenzpunktes gegen kleine Änderungen des Mischungsverhältnisses ist. In günstigen Fällen, wo an diesem Punkte geradezu ein Sprung oder doch wenigstens ein deutlicher Wendepunkt in der Kurve Elektrodenpotential-Mischungsverhältnis auftritt, kann man der Kenntnis des Äquivalenzpotentials (Umschlagspotentials) überhaupt entraten. Wie alle Titrationsverfahren setzt auch dieses naturgemäß voraus, daß die grundlegende Reaktion ausreichend rasch und definiert verläuft.

Daneben ist aber auch erforderlich, daß die Elektrodenpotentiale sich genügend schnell auf definierte Werte einstellen. Ein Hauptvorzug dieser Methode liegt auch wieder in ihrer Anwendbarkeit auf Lösungen von praktisch beliebig kleiner Konzentration.

Wegen aller Einzelheiten sei auf die ausführliche Monographie von E. MÜLLER[1]) verwiesen, die auch eine Zusammenstellung aller Reaktionen enthält, die auf ihre Verwendung zur potentiometrischen Titration bisher untersucht wurden[2]).

45. Ionenwertigkeiten. Molargröße von Ionenbildnern. Die wichtige Grundgleichung

$$E = E_0 + \frac{RT}{nF} \ln \cdot \frac{C_A^\alpha \cdot C_B^\beta \ldots}{C_M^\mu \cdot C_N^\nu \ldots} \qquad (47)$$

(Ziff. 27) kann auch Verwendung finden zur Bestimmung von Ionenwertigkeiten bzw. zur Ermittlung der Molargröße von Ionenbildnern.

Durch systematische Änderung der Konzentration der fraglichen Ionen oder Ionenbildner läßt sich feststellen, mit welchen Werten der Konzentrationsexponenten (α, β, μ, ν) und mit welchem Werte von n Gleichung (47) die gemessenen Potentiale E wiederzugeben vermag. Daraus können sodann Schlüsse im obigen Sinne gezogen werden. Am einfachsten wird dies an Hand einiger Beispiele deutlich.

Vom Merkuroion etwa ist aus stöchiometrischen Verhältnissen und auf Grund des FARADAYschen Gesetzes bekannt, daß es pro Grammatom Quecksilber eine Äquivalentladung (96494 Coulombs) trägt. Da das metallische Quecksilber, wie anderweitig festgestellt, einatomig ist, könnte die Bildung des Merkuroions ganz allgemein durch das Schema

$$n\,\mathrm{Hg} - n\ominus \to \mathrm{Hg}_n^{(n+)} \qquad (58)$$

wiedergegeben werden, ohne daß zunächst eine Entscheidung über den Zahlenwert von n möglich wäre. Da aber die Abhängigkeit des Quecksilberpotentials von der Merkuroionenkonzentration allein mit $n = 2$ der Gleichung (47) genügt, ist dadurch zugunsten der Formel Hg_2^{++} für das Merkuroion entschieden[3]).

---
[1]) E. MÜLLER, Die elektrometrische (potentiometrische) Maßanalyse, 4. Aufl. Dresden u. Leipzig 1926.
[2]) Auch die Verfolgung von Stromspannungskurven läßt sich zu maßanalytischen Zwecken ausnutzen: W. NERNST u. E. S. MERRIAM, ZS. f. phys. Chem. Bd. 53, S. 235. 1905; L. R. FRESENIUS, ebenda Bd. 80, S. 481. 1912.
[3]) A. OGG, ZS. f. phys. Chem. Bd. 27, S. 285. 1898.

In ganz analoger Weise läßt sich etwa aus der Druckabhängigkeit des Potentials einer Gaselektrode oder der Abhängigkeit des Potentials einer Amalgamelektrode von der Konzentration des in Quecksilber gelösten Metalls die Molargröße (Anzahl Atome in der Molekel) des fraglichen Gases bzw. des fraglichen Metalls ermitteln[1]).

Es sei aber ausdrücklich bemerkt, daß auf diesem Wege keine Entscheidung der Frage möglich ist, ob ein mehratomiger Ionenbildner unmittelbar oder über den Atomzustand in Ionenform übergeht.

46. Umwandlungstemperaturen polymorpher Stoffmodifikationen. Polymorphe Modifikationen eines und desselben Stoffes haben im allgemeinen verschiedenen Energieinhalt, und demzufolge zeigen sie gegen den gleichen Elektrolyten, wenn sie überhaupt durch einen reversiblen elektrochemischen Vorgang mit mindestens einem von dessen Bestandteilen verknüpft sind, im allgemeinen ein verschiedenes Potential. Nur bei einer bestimmten Temperatur sind polymorphe Stoffe im thermodynamischen Gleichgewicht, zeigen mithin auch die gleichen elektrochemischen Eigenschaften. Liegt diese „Umwandlungstemperatur" unterhalb der Schmelzpunkte beider Formen, liegt also Enantiotropie vor, so läßt sie sich experimentell bestimmen durch Aufsuchen derjenigen Temperatur, bei der das Potential beider Formen gegen denselben Elektrolyten gleich wird. Man hat zu diesem Zwecke nur nötig, beide Modifikationen mit einem gemeinsamen Elektrolyten zur galvanischen Kette zu kombinieren und deren Temperaturabhängigkeit zu untersuchen.

Ganz ähnliche Überlegungen gelten für die Umwandlungstemperatur zweier Hydrate desselben Salzes. Solche besitzen im allgemeinen verschiedene Löslichkeiten, die nur bei der Umwandlungstemperatur gleich werden. Baut man also eine Kette auf, die aus zwei gleichartigen, im übrigen den bekannten Bedingungen genügenden Elektroden besteht, deren jede in die gesättigte Lösung eines der beiden Hydrate eintaucht, so geht die EMK einer derartigen Kette durch Null, wenn von beliebiger Seite her die Umwandlungstemperatur durchschritten wird[2]). Etwaige Flüssigkeitspotentiale sind selbstverständlich zu eliminieren.

47. Potentiometrische Bestimmung der Überführungszahl. EMK-Messungen an galvanischen Ketten lassen sich auch zur Bestimmung der Überführungszahlen (vgl. Abschn. II) verwerten[3]). Die elektromotorische Kraft einer Kette, die aus zwei gleichartigen Elektroden, eintauchend in verschieden konzentrierte Lösungen desselben einheitlichen Ionenbildners (mit nur zwei Ionenarten), derart aufgebaut ist, daß die beiden Elektrolyte unmittelbar aneinandergrenzen, setzt sich aus drei Einzelpotentialsprüngen zusammen, nämlich den beiden Elektrodenpotentialen und dem Diffusionspotential (Konzentrationsketten mit Überführung). An Hand der Gleichungen (39) und (46) findet man für die Gesamt-EMK, bei Verwendung von Elektroden, die in Bezug auf das Kation reversibel arbeiten [Beispiel: (Pt) H_2/HCl (c_1)/HCl (c_2)/H_2 (Pt)]:

$$E_I = \frac{RT}{n_K \cdot F} \cdot \ln\frac{c_1}{c_2} + \frac{V/n_A - U/n_K}{U+V} \cdot \frac{RT}{F} \cdot \ln\frac{c_1}{c_2} = \left(\frac{V/n_A - U/n_K}{U+V} + \frac{1}{n_K}\right)\frac{RT}{F} \cdot \ln\frac{c_1}{c_2}$$

$$= \left(1 + \frac{n_K}{n_A}\right) \cdot \frac{V}{U+V} \cdot \frac{RT}{n_K \cdot F} \cdot \ln\frac{c_1}{c_2} \quad (n_K \text{ und } n_A \text{ sind absolut zu nehmen}),$$

also
$$E_I = \left(1 + \frac{n_K}{n_A}\right) \cdot \mathfrak{n}_A \cdot \frac{RT}{n_K \cdot F} \cdot \ln\frac{c_1}{c_2}, \tag{59}$$

---

[1]) G. MEYER, ZS. f. phys. Chem. Bd. 7, S. 477. 1891; TH. WULF, ebenda Bd. 48, S. 87. 1904; TH. W. RICHARDS u. R. N. GARROW-THOMAS, ebenda Bd. 72, S. 165. 1910.
[2]) E. COHEN, ZS. f. phys. Chem. Bd. 14, S. 1. 1894.
[3]) G. KÜMMELL, Wied. Ann. Bd. 64, S. 655. 1898; D. MAC INTOSH, Journ. phys. Chem. Bd. 2, S. 273. 1898; vgl. auch D. A. MAC INNES u. J. A. BEATTIE, Journ. Amer. Chem. Soc. Bd. 42, S. 1117. 1920.

und entsprechend mit Elektroden, die auf das Anion konzentrationsrichtig ansprechen [Beispiel: Hg, Hg_2Cl_2/HCl (c_1)/HCl (c_2)/Hg_2Cl_2, Hg]:

$$E_{II} = -\frac{RT}{n_A \cdot F} \cdot \ln\frac{c_1}{c_2} + \frac{V/n_A - U/n_K}{U+V} \cdot \frac{RT}{F} \cdot \ln\frac{c_1}{c_2} = \left(\frac{V/n_A - U/n_K}{U+V} - \frac{1}{n_A}\right) \cdot \frac{RT}{F} \cdot \ln\frac{c_1}{c_2}$$

$$= -\left(1 + \frac{n_A}{n_K}\right) \cdot \frac{U}{U+V} \cdot \frac{RT}{n_A \cdot F} \cdot \ln\frac{c_1}{c_2},$$

also

$$E_{II} = -\left(1 + \frac{n_A}{n_K}\right) \cdot \mathfrak{n}_K \cdot \frac{RT}{n_A \cdot F} \cdot \ln\frac{c_1}{c_2}$$

oder auch

$$E_{II} = -\left(1 + \frac{n_K}{n_A}\right) \cdot \mathfrak{n}_K \cdot \frac{RT}{n_K \cdot F} \cdot \ln\frac{c_1}{c_2}. \qquad (60)$$

Falls Konzentration und Wertigkeit der Ionen bekannt sind, läßt sich mithin durch Bestimmung von E_I bzw. E_{II} der Zahlenwert von $\mathfrak{n}_A$ bzw. $\mathfrak{n}_K$ ermitteln.

Die Unsicherheit bezüglich Kenntnis der Ionenkonzentrationen (vgl. Ziff. 24 u. 25) läßt sich eliminieren, wenn beide Ketten gemessen werden. Berücksichtigt man, daß $\mathfrak{n}_K = 1 - \mathfrak{n}_A$ ist (Ziff. 17), so ergibt sich durch Kombination von (59) und (60) leicht:

$$\mathfrak{n}_A = \frac{E_I}{E_I - E_{II}}; \qquad \mathfrak{n}_K = -\frac{E_{II}}{E_I - E_{II}}. \qquad (61)$$

Dasselbe läßt sich erreichen, wenn noch die Messung einer entsprechenden Konzentrationskette ohne Überführung hinzugenommen wird. Eine solche erhält man, wenn zwei Ketten, die den Ionenbildner in der Konzentration c_1 bzw. c_2 enthalten und deren jede mit je einer für das Kation bzw. für das Anion reversiblen Elektrode ausgestattet ist, gegeneinandergeschaltet werden, also etwa: (Pt)H_2/HCl(c_1)/Hg_2Cl_2,Hg—Hg,Hg_2Cl_2/HCl(c_2)/H_2(Pt). Für die EMK einer solchen Doppelkette erhält man nach [Gleichung (46)]

$$E_{III} = \pm\left(1 + \frac{n_K}{n_A}\right) \cdot \frac{RT}{n_K \cdot F} \cdot \ln\frac{c_1}{c_2}. \qquad (62)$$

wobei das positive bzw. negative Vorzeichen gilt, je nachdem, ob die auf das Kation oder die auf das Anion ansprechenden Elektroden sich außen befinden. Durch Kombination von (61) mit (59) oder (60) ergibt sich:

$$\mathfrak{n}_A = \frac{|E_I|}{|E_{III}|}; \qquad \mathfrak{n}_K = \frac{|E_{II}|}{|E_{III}|}. \qquad (63)$$

Es muß noch betont werden, daß auch die so bestimmten Überführungszahlen nur dann „wahre" Überführungszahlen (vgl. Abschn. II) sind, wenn in den Ketten mit Überführung kein Wassertransport vom einen zum anderen Elektrodenraum erfolgt[1]). Andernfalls ist die schon früher erörterte Korrektion anzubringen (Ziff. 20).

Eine Durchrechnung der obigen Beziehungen nach der neuen Theorie ist bisher nicht erfolgt. Es läßt sich aber voraussehen, daß nach dieser die Verhältnisse wesentlich komplizierter werden, wie schon daraus hervorgeht, daß in Bezug auf Elektrodenpotentiale zwar ein Ersatz der Konzentrationsangaben durch Aktivitäten zu erfolgen hat (Ziff. 27), nicht aber in bezug auf das Diffusionspotential (Ziff. 25). Mithin dürfte die beschriebene Methode nur bei sehr verdünnten Lösungen, auf welche klassische und neuere Theorie praktisch gleicherweise anwendbar sind, wirklich zuverlässige Resultate geben. Gerade in solchen Fällen versagen aber die sonstigen Methoden aus naheliegenden Gründen, so daß das potentiometrische Verfahren eine willkommene Ergänzung darstellen kann.

---
[1]) G. N. LEWIS, Journ. Amer. Chem. Soc. Bd. 30, S. 1355. 1908; ZS. f. Elektrochem. Bd. 14, S. 509. 1908.

Kapitel 25.

Messungen an para- und diamagnetischen Stoffen.

Von

W. STEINHAUS, Berlin.

Mit 8 Abbildungen.

1. Allgemeines. Zur Messung der Suszeptibilität dia- und paramagnetischer Körper kommen grundsätzlich die gleichen Methoden in Betracht, wie sie bei der Messung an ferromagnetischen Körpern gebräuchlich sind, also die Magnetometer- und die Induktionsmethode. Wegen der außerordentlich geringen Beträge der zu messenden Größen ist allerdings eine ungewöhnliche Empfindlichkeit und gleichzeitig eine weitgehende Störungsfreiheit der Apparatur erforderlich, Eigenschaften, die sich im allgemeinen nur schwer vereinigen lassen.

Infolgedessen wird von diesen Methoden verhältnismäßig wenig Gebrauch gemacht. Vielmehr beruhen die allermeisten, die angewandt werden, auf der Messung der Zugkraft, d. h. der ponderomotorischen Wirkung eines inhomogenen Feldes auf den zu untersuchenden Körper.

Nach der formalen Theorie des Magnetismus (s. Bd. XV ds. Handb.) suchen die Feldkräfte an den Stellen höherer Feldstärke immer diejenigen Körper zu bewegen, welche die größere Suszeptibilität haben. Folglich werden Körper, die sich gegenüber ihrer Umgebung (Luft oder leerer Raum) paramagnetisch verhalten, im inhomogenen Felde nach Stellen größerer Feldstärke hingezogen, relativ diamagnetische von diesen Stellen fortgedrückt. Die Kraft p, mit der das geschieht, ist der Suszeptibilität des Körpers proportional. Es sind nun zwei Fälle möglich, in denen sich die Suszeptibilität $\varkappa$ leicht berechnen läßt, und zwar ist diese Berechnung nur bei para- und diamagnetischen Körpern streng durchzuführen, weil bei diesen keine Abhängigkeit der Suszeptibilität von der Feldstärke besteht.

Im ersten Falle ist der Körper so klein, daß mit einer mittleren Feldstärke und einem mittleren örtlichen Differentialquotienten innerhalb des Körpers gerechnet werden kann. Dann ist

$$\varkappa = \frac{p \cdot g}{v} \cdot \frac{1}{\mathfrak{H} \cdot \frac{\partial \mathfrak{H}}{\partial x}}, \tag{1}$$

wenn v das Volumen und g die Schwerebeschleunigung ist und die Kraft p in der x-Richtung wirkt.

Im zweiten Falle ist der Körper ein langgestrecktes Prisma (oder auch Zylinder), dessen eine Basisfläche sich im Felde $\mathfrak{H}$, dessen andere in dem für gewöhnlich zu vernachlässigenden Felde $\mathfrak{H}_0$ befindet. Dann ist

$$\varkappa = \frac{2p \cdot g}{q \cdot \mathfrak{H}^2}, \tag{2}$$

wo q der Prismenquerschnitt ist.

Die genaue Ausmessung der Feldgrößen wird in Kap. 27 behandelt. Im folgenden sollen die wichtigsten Methoden, die zur Bestimmung der Kraft p dienen, kurz skizziert werden; einzelne Konstruktionsdaten mögen in den angeführten Originalarbeiten nachgesehen werden. Zunächst aber seien noch einige allgemeine Bemerkungen vorausgeschickt.

Dynamische Methoden zur Messung der Kraft, z. B. Beobachtung der Änderung der Schwingungsdauer im Magnetfelde, sind selten angewandt worden[1]. Sie haben nur eine geringe Genauigkeit; jedenfalls läßt sich größere Empfindlichkeit und Zuverlässigkeit in der folgenden Weise leichter erreichen.

Bei den statischen Methoden kann man sowohl gegen eine bekannte elastische Kraft einen meßbaren Ausschlag entstehen lassen, als auch diesen mittels einer meßbaren Gegenkraft auf Null zurückbringen. Der letztere Weg ist einfacher und sicherer, weil man hier die Feldgrößen $\mathfrak{H}$ und gegebenenfalls $\partial \mathfrak{H}/\partial x$ nur im Nullpunkt zu kennen braucht. Diese Kompensation ist mit Fernrohr, Spiegel und Skala oder mit einem Mikroskop leicht kontrollierbar.

Weil die Zugkraftmethoden nicht ohne weiteres die wahre Suszeptibilität ergeben, vielmehr den Unterschied zwischen dieser und derjenigen des Nachbarmediums, so muß diese letztere gut bekannt sein; man benutzt z. B. Wasser oder Luft und schlägt deren Suszeptibilität zu der scheinbaren des gemessenen Körpers hinzu. Man benutzt aber auch als Umgebung den leeren Raum oder, falls das nicht möglich ist, eine unmagnetische Lösung (z. B. eine 5proz. Chromalaun- oder 1,86proz. Nickelchloridlösung) bzw. ein praktisch unmagnetisches Gas (wie Leuchtgas oder Kohlendioxyd); in diesen Fällen erhält man unmittelbar die wahre Suszeptibilität.

Die Zugkraftmethoden eignen sich in gleicher Weise für feste, flüssige wie gasförmige Körper. Die beiden letzteren kann man in Gefäßen zur Untersuchung bringen, deren eigene Wirkung im Felde vorher genau ermittelt worden ist. Bei manchen Methoden aber, wie bei der Steighöhenmethode und ihren Modifikationen, ist keine Wirkung des Gefäßes selbst vorhanden.

Feste Körper, die sich nicht immer in geeignete Form bringen lassen, werden häufig mittels isomagnetischer Flüssigkeiten untersucht. Man hängt den Körper im inhomogenen Felde innerhalb eines geeigneten Glastroges auf, der eine Flüssigkeit, etwa eine Salzlösung, von annähernd gleicher Suszeptibilität wie der Körper enthält. Dann wird die Suszeptibilität der Flüssigkeit durch Verdünnen oder Konzentrieren solange geändert, bis der Körper beim Anlegen des Feldes in einem Mikroskop keine Verschiebung mehr erkennen läßt. Die gesuchte Suszeptibilität des Körpers ist dann gleich der der Flüssigkeit, welche sich leicht nach einer der anderen Methoden bestimmen läßt.

Der schwächste Punkt aller Methoden, die nach der Gleichung (1) arbeiten, ist die genaue Bestimmung von $\partial \mathfrak{H}/\partial x$. Um diese zu umgehen, eliminiert man aus der Gleichung gern diesen Ausdruck durch Messung eines Vergleichskörpers mit gut bekannter Suszeptibilität. Als solcher dient fast immer Wasser.

2. Wägungsmethode. Eine sehr einfache und naheliegende Methode, die Kraft p zu messen, ist die der Wägung, wie sie z. B. PASCAL[2] bei seinen Untersuchungen verwandte. An dem einen Arm einer empfindlichen Wage (Abb. 1) ist mittels eines 60 bis 70 cm langen Fadens F ein Glasrohr R aufgehängt, dessen unteres Ende die Wagschale P trägt. Das Rohr hat eine Länge von 20 bis 30 cm, eine lichte Weite von 8 mm und enthält im unteren Teil den zu untersuchenden Körper K, beispielsweise eine Salzlösung. Durch Gewichte auf beiden Wagschalen ist die Wage ins Gleichgewicht gebracht. Ein Elektromagnet E mit

---
[1] J. SCHUHMEISTER, Wiener Ber. (2) Bd. 83, S. 45. 1881.
[2] P. PASCAL, C. R. Bd. 150, S. 1054. 1910.

horizontaler Feldachse ist so angeordnet, daß die obere Grenzfläche von K in der Achse liegt. Beim Erregen des Magneten werden Kräfte auf das Glasrohr R, den Körper K und die über diesem liegende Luftsäule ausgeübt. Aus Symmetriegründen aber kommen die Kräfte auf R an der Wage nicht zur Wirkung, sondern nur die beiden letzteren.

Durch Änderung des Gewichtes auf der unteren Schale um den Betrag p wird die Wage dann wieder ins Gleichgewicht gebracht; das wird daran erkannt, daß die obere Grenzfläche von K, die mit dem Mikroskop beobachtet wird, wieder an der ursprünglichen Stelle liegt. Die scheinbare Suszeptibilität k' des Körpers ist dann p proportional.

Im allgemeinen benutzt man diese Methode nicht zu absoluten Messungen, sondern zu solchen mittels eines Vergleichskörpers K_1 mit der bekannten Suszeptibilität $\varkappa_1$, der unter genau gleichen Bedingungen an der Wage eine Kraft p_1 hervorbringt. Die gesuchte wahre Suszeptibilität von K ist dann

$$\varkappa = \varkappa_0 \pm \frac{p}{p_1}(\varkappa_1 - \varkappa_0),$$

wobei $\varkappa_0$ die Suszeptibilität der Luft bedeutet.

SONÉ[1]) hat gezeigt, daß diese Methode bei Verwendung einer besonders empfindlichen Wage auch geeignet ist, die Suszeptibilität von Gasen zu bestimmen. Das von ihm verwandte zylindrische Gefäß hat in der Höhe der Polachse eine

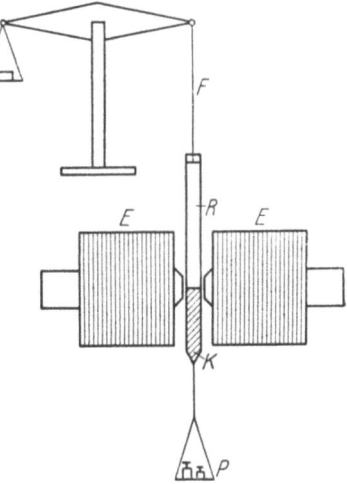

Abb. 1. PASCALsche Wage.

Zwischenwand, die es in zwei Kammern zerlegt. Die untere Kammer wird evakuiert, die obere mit dem zu untersuchenden Gase gefüllt. Auch SONÉ benutzt Wasser als Vergleichskörper.

3. Drehwagenmethode. Sehr empfindlich lassen sich auch die Methoden ausgestalten, die sich der Drehwage bedienen. Eine vielbenutzte Anordnung ist die von CURIE und CHÉNEVEAU[2]).

An dem einen Arm einer Drehwage ist vertikal ein Rohr befestigt, das den zu untersuchenden, etwa paramagnetischen Körper K enthält (Abb. 2). Der andere Arm trägt außer dem Gegengewicht Q am Ende eine Skala, an der mittels des Mikroskops M der Ausschlag der Wage beobachtet werden kann. In gleicher Höhe mit K befindet sich der Schlitz eines permanenten Ringmagneten. Dieser ist mittels einer Mikrometerschraube in der Richtung des Pfeiles (Abb. 2b) und in umgekehrter Richtung verschiebbar. Befindet sich der Magnet in größerer Entfernung, so ist die Wage im Nullpunkt, der Körper K auf der Mittellinie m des Apparates. Bei der Annäherung bis in die Stellung 1 (ausgezogen) entsteht ein Ausschlag, der dann bei weiterer Verschiebung des Magneten bis in die Mittellinie auf Null zurückgeht. Der Ausschlag hat also ein Maximum.

Wird der Magnet nun weitergeschoben bis in die Stellung 2 (gestrichelt), so entsteht ein Ausschlag nach der anderen Seite, der bei weiterer Verschiebung wieder durch ein Maximum nach Null zurückkehrt. Bei den beiden Maximalausschlägen werden die Einstellungen des Mikrometerschlittens abgelesen. Ihre Differenz sei Δ.

---

[1]) T. SONÉ, Phil. Mag. (6) Bd. 39, S. 305. 1920; Sc. Reports Tohoku Univ. Bd. 11, S. 139. 1922.
[2]) P. CURIE u. C. CHÉNEVEAU, Journ. de phys. (4) Bd. 2, S. 796. 1903; C. CHÉNEVEAU, C. R. Bd. 150, S. 1317. 1910.

Diese Messung wird dreimal ausgeführt, einmal mit dem Rohr allein (Δ_2), dann mit Rohr und Versuchskörper (Δ) und schließlich mit Rohr und einem Vergleichskörper (Δ_1), dessen Massensuszeptibilität χ_1 bekannt ist. Ist nun die Masse

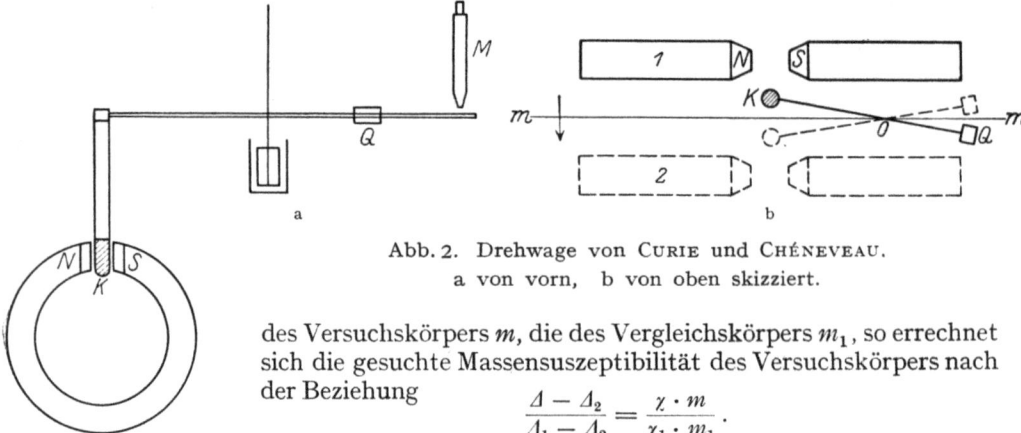

Abb. 2. Drehwage von CURIE und CHÉNEVEAU.
a von vorn, b von oben skizziert.

des Versuchskörpers m, die des Vergleichskörpers m_1, so errechnet sich die gesuchte Massensuszeptibilität des Versuchskörpers nach der Beziehung
$$\frac{\Delta - \Delta_2}{\Delta_1 - \Delta_2} = \frac{\chi \cdot m}{\chi_1 \cdot m_1}.$$

In einer späteren Arbeit[1]) beschreibt CHÉNEVEAU ein neues Modell der Drehwage, das gegenüber dem früheren einige Verbesserungen aufweist.

In etwas anderer Weise bedient sich TERRY[2]) der Drehwage. Der Körper K wird in der aus Abb. 3a ersichtlichen Weise an ihrem einen Arm starr befestigt.

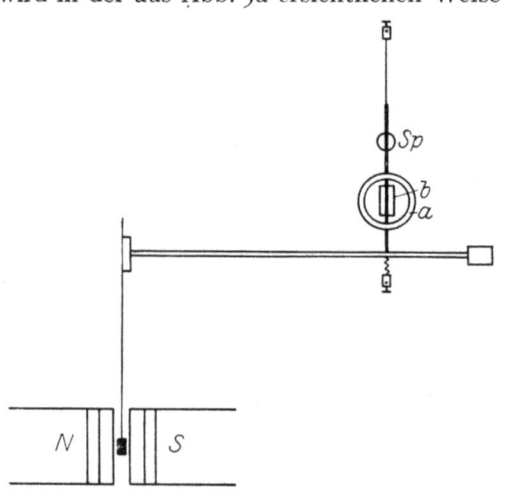

Er befindet sich zwischen den keilförmigen Polen N und S (Abb. 3b) eines Elektromagneten. An der Achse der Drehwage ist außer einem Spiegel Sp, der die Beobachtung mit Fernrohr und Skala gestattet, eine Spule b befestigt, die von einem kleinen konstanten Strom durchflossen wird. Senkrecht zur Windungsfläche dieser Spule ist eine zweite a fest im Raume angeordnet, deren Strom leicht zu regulieren ist. Durch das Drehmoment, das

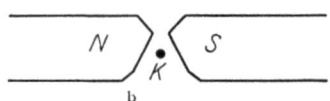

Abb. 3a u. 3b. Drehwage von TERRY.

die Anziehung der Spulen auf die Achse der Drehwage ausübt, wird der beim Erregen des Feldes entstehende Ausschlag auf Null zurückgeführt. Auch bei dieser Anordnung mißt man am bequemsten mit einem Vergleichskörper von bekannter Suszeptibilität.

4. Methode des „beweglichen Wagens". Die Methode von WEISS und FOËX[3]) hat mit der soeben beschriebenen insofern einige Ähnlichkeit, als sie eben-

---

[1]) C. CHÉNEVEGU u. A. C. JOLLEY, Phil. Mag. Bd. 20, S. 257. 1910.
[2]) E. M. TERRY, Phys. Rev. (2) Bd. 9, S. 394. 1917.
[3]) G. FOËX, Ann. de phys. (9) Bd. 16, S. 196. 1921; s. auch PH. THÉODORIDÈS, Journ. de phys. (6) Bd. 3, S. 1. 1922; über einige Verbesserungen ferner G. FOËX und R. FORRER, Journ. de phys. et le Radium. (6) Bd. 7, S. 180. 1926.

falls eine Nullmethode im inhomogenen Felde darstellt, bei der die Kompensation des Ausschlags durch elektrodynamische Anziehung zweier Spulen bewirkt wird.

An einem festen bronzenen Gestell HHH (Abb. 4) ist mit einem System von fünf feinen Fäden F ein Quarzrohr $QOUQ$, der sog. „bewegliche Wagen", so aufgehängt, daß ihm als einziger Freiheitsgrad nur eine horizontale Bewegung in der Symmetrieebene eines großen Elektromagneten senkrecht zur Feldrichtung bleibt. Der Probekörper K ist mittels eines Quarzstäbchens S entweder in U oder in O an dem Wagen befestigt und befindet sich an einer Stelle des inhomogenen Feldes, an der die ponderomotorische Wirkung ein Maximum hat. Am einen Ende des Wagens befindet sich die Scheibe 2 der regulierbaren Luftdämpfung D, am entgegengesetzten Ende ein Mikrometer M. Dieses wird durch ein Mikroskop beobachtet, das mit dem Tisch des Elektromagneten fest verbunden ist. Schließlich trägt der Wagen noch die mittlere flache Spule 1 des Elektrodynamometers Ed, dessen andere Spulen 2 und 3 an dem Gestell H befestigt sind. Durch die mit dem Wagen verbundene Spule 1

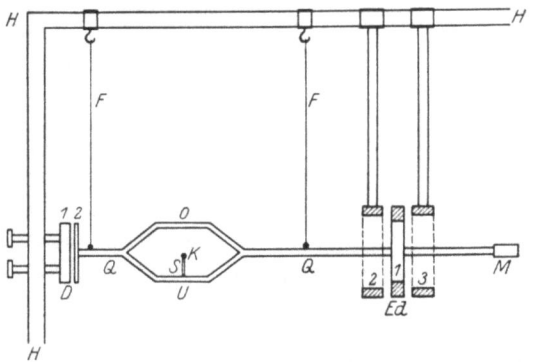

Abb. 4. „Beweglicher Wagen" nach WEISS und FOËX.

wird ein konstanter Strom geschickt, während man den Strom in den beiden festen Spulen so einreguliert, daß die Verschiebung des Wagens, welche durch die Wirkung des Feldes auf den Probekörper hervorgebracht wird, gerade wieder verschwindet. Die gemessene Stromstärke ist dann der auf den Körper ausgeübten Kraft proportional.

Zur Elimination der Feldgrößen $\mathfrak{H}$ und $\partial\mathfrak{H}/\partial x$ wird wieder ein Vergleichskörper mit bekannter Suszeptibilität benutzt. Die Schwierigkeit, diesen an die genau gleiche Stelle des Feldes zu bringen, beseitigt man dadurch, daß man sowohl mit dem Probe- wie mit dem Vergleichskörper die Stelle der maximalen Wirkung aufsucht und an dieser die Messungen durchführt.

5. Steighöhenmethode. Zur Messung der Suszeptibilität von Flüssigkeiten wird besonders häufig von der Steighöhenmethode Gebrauch gemacht. Diese stammt in ihrer ursprünglichen Form von QUINCKE[1]).

Ein U-Rohr, dessen einer Schenkel eine Kapillare ist und dessen anderer einen verhältnismäßig großen Durchmesser besitzt, wird etwa zur Hälfte mit der zu untersuchenden Flüssigkeit gefüllt und mit dem engen Schenkel so zwischen die Pole eines Elektromagneten gebracht, daß die Flüssigkeitsoberfläche sich in der Achse des Magneten befindet; die Feldstärke an der Grenzfläche im weiten Schenkel sei gegen die maximale Feldstärke zwischen den Polen zu vernachlässigen. Beim Erregen des Feldes steigt oder fällt der Meniskus im Kapillarrohr, je nachdem die Flüssigkeit para- oder diamagnetisch gegen Luft ist. Zur Beobachtung der Steighöhe, aus der dann die Suszeptibilität berechnet wird, dient ein Kathetometermikroskop.

Diese Methode ist in vielfacher Weise modifiziert worden. DU BOIS[2]) gibt dem Steigrohr eine geringe meßbare Neigung α gegen die Horizontale (Abb. 5). Das oben wieder geschlossene U-Rohr ist um die Polachse drehbar angeordnet. Die Flüssigkeit wird gerade so hoch eingefüllt, daß der Kapillarmeniskus bei

---

[1]) G. QUINCKE, Wied. Ann. Bd. 24, S. 369. 1885.
[2]) H. DU BOIS, Wied. Ann. Bd. 35, S. 137. 1888.

erregtem Felde in der Polachse liegt; nach dem Ausschalten des Feldstromes sinkt er, wenn die Flüssigkeit sich gegenüber dem im oberen Teile befindlichen Gase paramagnetisch verhält. Ist dieses Gas unmagnetisch, so ist der hydrostatische Druck

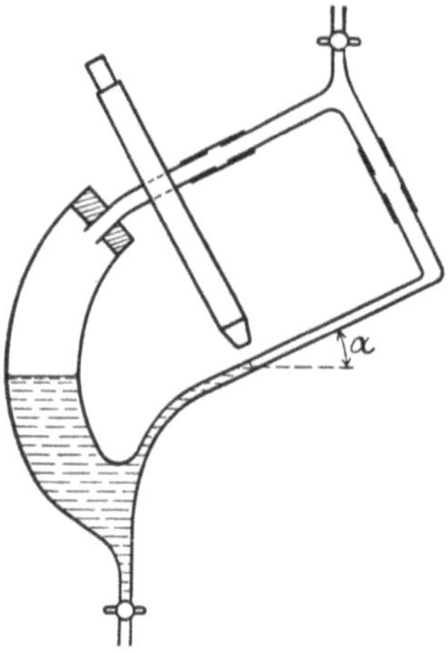

$$P = a_v \cdot g \cdot d = \frac{\varkappa}{2}(\mathfrak{H}^2 - \mathfrak{H}_r^2),$$

wobei a_v die auf die Vertikale bezogene Steighöhe, g die Schwerebeschleunigung, d die Dichte der Flüssigkeit und $\mathfrak{H}_r$ die Stärke des nach dem Ausschalten zurückbleibenden Feldes bedeuten.

Bringt man das U-Rohr in nahezu horizontale Lage ($\alpha = 0{,}5°$), so bildet es eine äußerst empfindliche Vorrichtung zur qualitativen Beobachtung magnetischer Differenzen zwischen den beiderseits des Meniskus befindlichen Fluidis. Auf diese Weise kann man in einem Felde von etwa 10^4 Gauß eine Verschiebung noch sicher wahrnehmen, die ungefähr $1/10\,^0/_{00}$ der Suszeptibilität des Wassers entspricht.

Abb. 5. Steighöhenmethode nach DU BOIS.

Nach dieser Methode lassen sich sehr einfach unmagnetische Lösungen herstellen. LIEBKNECHT und WILLS[1]) haben zu dem Zwecke einen besonderen Apparat angegeben (Abb. 6). Aus dem großen Gefäß A, in dem die Lösung konzentriert oder verdünnt wird, läßt man nach sorgfältigem Durchschütteln durch vorsichtiges Öffnen und Schließen des Hahnes H so viel Flüssigkeit in den eigentlichen Meßapparat treten, daß der Meniskus sich etwa in der Mitte des nahezu horizontalen Teiles des Kapillarrohres K befindet. Als Nachbarmedium, das den übrigen Teil des Apparates erfüllt, dient ein möglichst unmagnetisches Gas, für gewöhnlich Leuchtgas. Zur Untersuchung bringt man den Apparat so in das Feld eines Elektromagneten, daß sich der Meniskus E gerade in der Polachse befindet. Ist die Lösung unmagnetisch, so verschiebt sich der Meniskus beim Erregen des Feldes nicht.

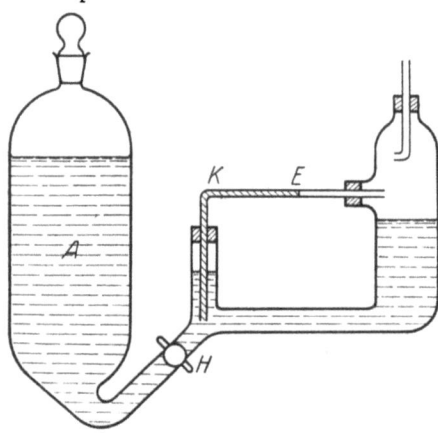

Abb. 6. Apparat von LIEBKNECHT und WILLS.

BAUER und PICCARD[2]) benutzen die Steighöhenmethode zur Suszeptibilitätsbestimmung an gasförmigen Körpern, indem sie die Niveauverschiebung einer Wassersäule einmal unterhalb von Wasserstoff und dann unterhalb des zu untersuchenden Gases messen. Da die Wirkung auf den sehr schwach diamagnetischen Wasserstoff zu vernachlässigen ist, wird im ersten Falle die Niveauänderung h_0 durch den Einfluß des Feldes auf das Wasser allein hervorgebracht, während im zweiten Falle die Verschiebung h von der abstoßenden Wirkung des Feldes auf das Wasser und der anziehenden auf das (paramagnetische) Gas herrührt. Die Suszeptibilität dieses Gases ist dann $\varkappa = \varkappa_0 \dfrac{h - h_0}{h_0}$, wo $\varkappa_0$ diejenige des Wassers

---

[1]) O. LIEBKNECHT u. A. P. WILLS, Ann. d. Phys. Bd. 1, S. 178. 1900.
[2]) E. BAUER u. A. PICCARD, Journ. de phys. (6) Bd. 1, S. 97. 1920.

bedeutet. Die Verfasser haben diese Methode in verschiedener Weise durchgeführt; die Einzelheiten mögen im Original nachgesehen werden.

JÄGER und MEYER[1]) haben nicht direkt die Steighöhen abgelesen, sondern den Überdruck gemessen, der erforderlich ist, um den Meniskus nach Erregung des Feldes wieder in seine ursprüngliche Lage zu bringen. Dieser Druck wird durch die Volumänderung bestimmt, die man dem weiten Gefäß erteilen muß, in welches der dem Magneten abgewandte Schenkel des U-Rohres ausläuft. Die Volumänderung wird durch Heben und Senken des Quecksilberstandes in einem mit dem weiten Gefäß verbundenen Kapillarrohre hergestellt. Zur genaueren Beobachtung des Flüssigkeitsmeniskus dient ein Mikroskop.

Eine mögliche Fehlerquelle bei Messungen nach der Steighöhenmethode liegt in Störungen der Oberflächenspannung des Meniskus. Es ist aber immer wieder festgestellt worden, daß solche Störungen bei genügender Sauberkeit des Rohres nicht zu befürchten sind, wenn man durch öfter wiederholtes, willkürliches Verschieben des Meniskus dafür sorgt, daß die Wände der Kapillare oberhalb des Meniskus benetzt bleiben.

Doch sind auch Anordnungen angegeben worden, die von solchen Störungen frei sind. So arbeiten z. B. DE HAAS und DRAPIER[2]) mit einem ebenen Meniskus, den sie in folgender Weise erhalten. Das Kapillarende des U-Rohres ist genau eben abgeschliffen, das andere Ende durch Schläuche mit einem Gefäß von $1^1/_4$ l Inhalt verbunden, in dem man den Gasdruck mittels eines kleinen Kolbens ein wenig verändern kann. Das Gefäß befindet sich während der Versuche durch Einpacken in schmelzendes Eis auf sehr konstanter Temperatur. Der in ihm herrschende Druck wird an einem Petroleummanometer kathetometrisch bestimmt.

Durch Druckänderung läßt sich leicht erreichen, daß etwas Flüssigkeit aus dem abgeschliffenen Kapillarende austritt und dort eine Kuppe bildet, deren Höhe mit Hilfe eines Mikroskops gemessen werden kann. Es läßt sich nun entweder direkt ein ebener Meniskus einstellen, was man am reflektierten Bilde eines Glühfadens genau erkennt, oder aus einer Reihe von Messungen bei verschiedenen Kuppenhöhen auf die Höhe Null extrapolieren.

PICCARD und CHERBULIEZ[3]) gehen so vor, daß sie ein ringförmig geschlossenes Gefäß verwenden, in dessen unterem Teil sich die Lösung (sehr verdünnte Salzlösung) befindet, während der obere Teil das reine Lösungsmittel enthält. Die eine Trennungsschicht befindet sich in der Polachse des Magneten. Auf diese Weise werden einmal alle Meniskusfehler vermieden, andererseits ist die Empfindlichkeit beträchtlich, weil die Differenz der Dichten von Lösung und Lösungsmittel sehr klein ist. Sie kann noch dadurch vergrößert werden, daß der nicht im Felde liegende Schenkel kapillar verengert ist; in ihm schwimmende Körperchen können mit dem Mikroskop beobachtet werden und zeigen durch ihren Stillstand an, daß die Füllung sich im Gleichgewicht befindet. Schließlich hat die Methode für manche Zwecke den großen Vorzug, daß sie unmittelbar die Differenz der Suszeptibilitäten von Lösung und Lösungsmittel ergibt.

Eine ähnliche Methode wendet ROOP[4]) bei der Untersuchung von Gasen an. In einem O-Rohr werden zwei Gase verschiedener Dichte übereinandergeschichtet. Als Vergleichsgas läßt sich z. B. sehr bequem Kohlendioxyd benutzen, da es eine hohe Dichte und eine sehr kleine Suszeptibilität miteinander vereinigt. Daß die Trennungsflächen nicht scharf sind, sondern beide Gase ineinander

---

[1]) G. JÄGER u. ST. MEYER, Wied. Ann. Bd. 63, S. 83. 1897.
[2]) W. J. DE HAAS u. P. DRAPIER, Verh. d. D. Phys. Ges. 1912, S. 761.
[3]) A. PICCARD u. E. CHERBULIEZ, Actes Soc. Helv. des sc. nat. Genève 1915 (2), S. 131. 1916.
[4]) W. P. ROOP, Phys. Rev. (2) Bd. 2, S. 497. 1913; Bd. 7, S. 529. 1916.

diffundieren, ist praktisch bedeutungslos, solange die Diffusionszone auf den gleichmäßigen Teil des Feldes beschränkt bleibt.

Am schwierigsten ist die Ermittlung der Steighöhe. ROOP füllt mittels der beiden Dreiweghähne C und D (Abb. 7) zunächst den Schenkel A mit dem zu untersuchenden, darauf B mit dem Vergleichsgas. Werden dann die beiden Schenkel miteinander verbunden, so sinkt das schwerere Gas nach unten, während das leichtere den oberen Teil des O-Rohres erfüllt. In beiden Schenkeln befindet sich dann von beiden Gasen gleich viel. Wird nun bei A das Feld erregt, so strömt in diesen Schenkel entsprechend der Steighöhe mehr Gas von größerer Suszeptibilität. Darauf werden die Hähne C und D wieder geschlossen, aus beiden Schenkeln das Gas getrennt ausgetrieben, von Kohlensäure befreit und die Volumina gemessen, aus denen sich die Steighöhe dann leicht berechnen läßt.

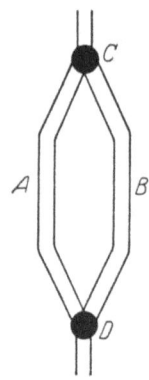

Abb. 7. O-Rohr nach ROOP zur Messung der Suszeptibilität von Gasen.

6. Tropfmethode. Eine außerordentlich einfache Methode zur rohen Bestimmung der Suszeptibilität von Flüssigkeiten hat ATHENASIADIS[1]) angegeben. Sie beruht darauf, daß ein aus einem Tropftrichter (Abb. 8) austretender Tropfen in einem nach unten zunehmenden, inhomogenen Felde eine positive oder negative Beschleunigung erfährt, je nachdem er para- oder diamagnetisch ist. Im ersteren Falle z. B. unterstützt also die Wirkung des Feldes diejenige der Schwere gegen die Oberflächenkräfte; die Tropfen werden also kleiner oder die auf das zwischen den Marken A und B eingeschlossene Volum entfallende Tropfenzahl wird größer sein als ohne die Wirkung des Feldes. Bei diamagnetischen Flüssigkeiten ist es umgekehrt. Ist N die Zahl der Tropfen im Felde, N_0 diejenige ohne Feld, d die Dichte der Flüssigkeit, g die Schwerebeschleunigung, $\mathfrak{H}$ die mittlere Feldstärke am Ort des gerade abreißenden Tropfens, und liegt x in der vertikalen Richtung, so ist die Suszeptibilität

$$\varkappa = \frac{d \cdot (N - N_0) \cdot g}{N_0 \cdot \mathfrak{H} \cdot \dfrac{\partial \mathfrak{H}}{\partial x}}.$$

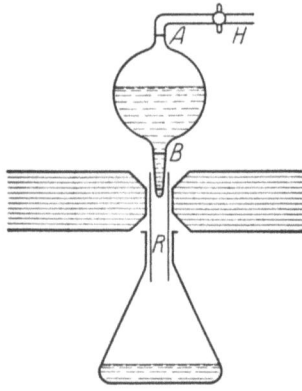

Abb. 8. Tropfmethode nach ATHENASIADIS.

$\mathfrak{H} \cdot \partial \mathfrak{H}/\partial x$ kann ausgemessen, bequemer aber durch eine Messung mit einer Flüssigkeit von bekanntem $\varkappa$ bestimmt werden. Der Tropftrichter ist oben mit einem Hahn H versehen, der zur Regulierung der Tropfgeschwindigkeit dient. Die Spitze B des Trichters mündet in ein mit dem Auffanggefäß verbundenes Rohr R. Durch dieses wird erreicht, daß der Tropfen bei seiner Bildung von einer Dampfatmosphäre umgeben bleibt, die seine Verdampfung und damit eine Fälschung der Tropfenzahl verhindert.

Diese Methode kann zwar keinesfalls als besonders zuverlässig gelten; sie ist aber sehr einfach und für orientierende Messungen recht geeignet.

7. Magnetometer- und Induktionsmethoden. Die Verwendung hochempfindlicher Magnetometer zur Messung der Suszeptibilität nicht allzu schwach magnetischer Körper ist grundsätzlich möglich; man hat aber davon wenig Gebrauch gemacht, weil die Anforderungen an Störungsfreiheit nur mit größerem Aufwand zu erfüllen sind. Die oben besprochenen Zugkraftmethoden sind fast

---

[1]) G. ATHENASIADIS, Ann. d. Phys. Bd. 66, S. 415. 1921.

immer sicherer und einfacher in der Anwendung, und erst dann, wenn es sich um die Beobachtung stärker magnetischer Körper handelt, hat das Magnetometer Vorteile (s. ferromagnetische Meßmethoden). Hier soll nur das von GRAY und ROSS[1]) konstruierte Instrument Erwähnung finden, das mit allen nur erdenklichen Justierungs- und Kompensationsmöglichkeiten ausgerüstet ist.

Ganz ähnlich verhielt es sich früher mit den Induktionsmethoden, solange man mit einem ballistischen Galvanometer — selbst in Differentialschaltung — den einzelnen Induktionsstoß messen mußte. Erst die Benutzung von Wechselströmen hat hierin eine so völlige Umänderung herbeigeführt, daß heute sogar in schwachen Feldern von wenigen Gauß an sehr verdünnten Salzlösungen einfache, aber genaue Messungen möglich sind.

Die erste Methode dieser Art wurde von HEYDWEILLER[2]) angegeben. Sie beruht auf der Änderung der Selbstinduktion einer Spule, welche eintritt, wenn der zu untersuchende Körper in die Spule eingeführt wird. Die Änderung wird in einer Brückenanordnung mit Wechselstrom gemessen.

Von FALCKENBERG[3]) ist diese Methode zu größerer Genauigkeit fortentwickelt worden, indem er Kapazitätsstörungen durch den Beobachter vermeiden und die Konstanz des Wechselstromes (1000 bzw. 12000 Per./sec) durch Einführung eines Röhrensenders als Stromquelle verbessern konnte.

Nach KUNZ und FRITTS[4]) ist eine solche Methode auch zu Messungen an Gasen gut geeignet.

---
[1]) J. G. GRAY u. A. D. ROSS, Ann. d. Phys. Bd. 33, S. 1413. 1910.
[2]) A. HEYDWEILLER, Boltzmann-Festschr. 1903, S. 4.
[3]) G. FALCKENBERG, ZS. f. Phys. Bd. 5, S. 70. 1921.
[4]) J. KUNZ u. E. C. FRITTS, Phys. Rev. (2) Bd. 19, S. 425. 1922; s. auch P. TOULON, Journ. de phys. (6) (Bd. 5, S. 116, S. 1924.)

Kapitel 26.

Messungen an ferromagnetischen Stoffen.

Von

E. GUMLICH, Berlin.

Mit 27 Abbildungen.

a) Allgemeines.

1. Verschiedene Bereiche der magnetischen Messung. Das Gebiet der magnetischen Messungen umfaßt natürlich im allgemeinen sämtliche Feldstärken von den kleinsten bis zu den größten, es ist aber aus leicht ersichtlichen Gründen nicht möglich, für dies ganze Gebiet dieselben Meßmethoden und Meßapparate zu verwenden; man teilt es deshalb praktisch in drei Einzelgebiete ein, die allerdings nicht scharf voneinander getrennt sind und sich zum Teil überdecken, nämlich einmal das Gebiet der kleinsten Feldstärken, der sog. Anfangspermeabilität, und der kleinsten Feldstärkenänderungen, nämlich der GANSschen reversiblen Permeabilität, sodann das Gebiet der mittleren Feldstärken von einigen zehntel bis zu mehreren hundert Gauß und endlich das Gebiet der ganz hohen Feldstärken, der sog. magnetischen Sättigung. Weitaus das größte Interesse beansprucht natürlich das Gebiet der mittleren Feldstärken, das bis vor kurzem für die Technik fast ausschließlich in Betracht kam, während die beiden anderen Gebiete im wesentlichen nur vom theoretischen Gesichtspunkt aus Beachtung fanden. Neuerdings beginnt allerdings auch die Technik von den Eigenschaften der ferromagnetischen Stoffe bei ganz niedrigen und ganz hohen Feldstärken zunehmenden Gebrauch zu machen, und daher sind auch auf diesen Gebieten erhebliche Fortschritte in der Meßtechnik zu verzeichnen, auf die später näher eingegangen werden muß; zunächst aber sollen die hauptsächlichsten für die Messung der magnetischen Eigenschaften bei mittleren Feldstärken zur Verfügung stehenden Methoden und Apparate besprochen werden.

2. Methode der Entmagnetisierung. Da jede Spur einer früheren Magnetisierung die Ergebnisse einer magnetischen Untersuchung fälscht, so muß zunächst vorher eine etwa vorhandene Remanenz auf das sorgfältigste entfernt werden, und zwar bei sehr weichem Material auch die Wirkung des Erdfeldes, zufälliger Streufelder in der Nähe von Maschinen usw. Hierzu ist aber nicht etwa das früher vielfach auch in Lehrbüchern empfohlene Verfahren des Ausglühens zu verwenden, denn damit ist stets eine mehr oder weniger starke Änderung der Materialeigenschaften verbunden, sondern lediglich die Methode der Ummagnetisierung mit abnehmender maximaler Feldstärke, wodurch die ordnende Wirkung des früher vorhandenen Feldes, das einer größeren oder kleineren Anzahl der die Probe zusammensetzenden Molekularmagnetchen eine bestimmte Vorzugsrichtung erteilt hat, wieder zerstört und ein Zustand größtmöglicher Unordnung herbeigeführt wird, so daß die Wirkungen aller Elementarmagnetchen auf einen äußeren Punkt sich gegenseitig vollständig aufheben[1]). Zu diesem Zweck bringt man den zu entmagnetisierenden Körper (Stab oder Ellipsoid) in eine Magnetisierungsspule, die zur Vermeidung des störenden Hauteffektes von einem Wechselstrom möglichst kleiner Periodenzahl durchflossen wird — bei nicht zu dicken Proben ist die gewöhnliche Zahl von 50 per/sec noch durchaus zulässig —, und bringt den Strom durch allmähliches, gleichmäßiges Einschalten von Widerstand zum Verschwinden; hierbei sind Kurbelwiderstände mit größeren Sprüngen möglichst zu vermeiden, die kleineren Sprünge der Ruhstratwiderstände dagegen sind meist unschädlich. Das Maximum der anzuwendenden Feldstärke soll jedenfalls höher liegen als dasjenige der früheren Magnetisierung, das Minimum so tief, daß es keine nachweisbare Remanenz mehr hinterläßt, die gesamte Entmagnetisierung muß also ein Feldbereich von etwa 200 Gauß bis zu wenigen hundertstel Gauß herab durchlaufen, ja bei Messungen der Anfangspermeabilität ist auch diese letztere Grenze noch viel zu hoch. Man wird also bei den zu den magnetischen Messungen zu verwendenden Spulen mit beträchtlicher Spulenkonstante entweder über sehr viel Vorschaltwiderstand verfügen müssen, oder, was bequemer ist, man wird den Entmagnetisierungsprozeß in mehreren Stufen mit verschiedener Spannung durchführen, wobei sich in bequemer Weise ein sog. Autotransformator verwenden läßt. Als solcher dient beispielsweise ein hinreichend großer Ring aus übereinandergeschichteten Blechstreifen, der mit einer Wickelung von bestimmter Zahl — etwa 100 — Windungen umgeben ist und von dem verfügbaren Wechselstrom durchflossen wird. Verbindet man nun die Magnetisierungsspule mit den beiden Enden der Wickelung, so erhält man eine maximale, zur Erreichung der erforderlichen Höchstfeldstärke hinreichende Spannung; verbindet man sie dagegen mit zwei aufeinanderfolgenden Windungen, so erhält man nur den hundertsten Teil dieser Spannung, und man kann also, wenn man zwei oder mehrere Entmagnetisierungsprozesse mit geeigneter Spannung hintereinander ausführt, mit sehr viel weniger Vorschaltwiderstand auskommen und hat nur dafür zu sorgen, daß der Anfangswert der Feldstärke beim folgenden Prozeß immer noch etwas höher liegt als der Endwert des vorhergehenden. — Ob und wieweit der Entmagnetisierungsprozeß den notwendigen Anforderungen genügt hat, erkennt man bei magnetometrischen Messungen ohne weiteres daraus, daß die zu untersuchende Probe, die ja bei der Aufnahme vollständiger Magnetisierungskurven einen passenden Abstand vom Magnetometermagnet haben muß, nach der Entmagnetisierung keine Verschiebung des Nullpunktes mehr hervorbringt. Es braucht kaum noch besonders darauf hingewiesen zu werden, daß bei diesen Messungen wenigstens von magnetisch sehr weichem Material die Entmagnetisierung an dem Ort und mit derselben Spule vorgenommen werden muß, die zur späteren magnetischen Untersuchung dient, denn bei jeder Überführung der Probe von einer Spule zur anderen läßt sich eine Einwirkung des Erdfeldes oder etwa vorhandener Streufelder kaum vermeiden, und damit wäre ja die Wirkung der vorhergehenden Entmagnetisierung zum Teil wieder vernichtet.

3. Entmagnetisierungsapparat. Die beschriebene Methode wird in den meisten Fällen, namentlich als Vorbereitung zur Aufnahme von Magnetisierungskurven mittlerer Feldstärke, vollkommen genügen, nicht aber bei der Bestimmung der sog. Anfangspermeabilität, bei welcher auch die kleinsten Reste von remanentem Magnetismus das Messungsergebnis noch erheblich fälschen können, und zwar rührt dies daher, daß auch bei der Verwendung von Ruhstratwiderständen kleine Stromschwankungen durch schlechten Kontakt, Übergangswiderstände usw. nicht zu vermeiden sind, welche Spuren von remanentem Magnetismus

---

[1]) W. STEINHAUS u. E. GUMLICH, Arch. f. Elektrot. Bd. 4, S. 150. 1915.

im einen oder anderen Sinne bestehen lassen oder hervorbringen. In derartigen Fällen empfiehlt sich die Verwendung des in der Reichsanstalt konstruierten[1]) und später noch verbesserten, dem DU BOIS-REYMONDschen Schlittenapparat nachgebildeten Entmagnetisierungsapparates von folgender Einrichtung (Abb. 1).

Die Primärspule A ist fast vollkommen ausgefüllt durch einen zylindrischen Kern F aus legiertem Blech, der durch die ebenfalls aus Blech bestehende Deckel- und Grundplatte sowie eine Anzahl von außen um die Spule verteilter Blechpakete zu einem nahezu geschlossenen magnetischen Kreis vervollständigt ist. Dieser wird nur durch einen ringförmigen Luftschlitz D unterbrochen, durch welchen hindurch die Sekundärspule B vermittelst eines über die Rollen N und die Kurbeltrommel O laufenden Drahtseils gehoben und gesenkt werden kann; ein an der Kurbel angebrachtes Sperrad verhindert ein unbeabsichtigtes Zurückgleiten der Spule. Die über die Holzrollen M laufende und durch das Gewicht R gespannt gehaltene Kupferlitze L verbindet die Sekundärspule mit der in der Abbildung nicht sichtbaren Magnetisierungsspule, welche die zu entmagnetisierende Probe aufnimmt. Zur Führung der Sekundärspule dient ein geschlitztes Messingrohr C; das Ganze wird durch hölzerne Grund- und Deckplatten S und drei starke hölzerne Streben T getragen. Der die Primärspule durchlaufende Wechselstrom wird so bemessen, daß der bei der tiefsten Stellung der Spule B darin induzierte und mit einem eingeschalteten Amperemeter gemessene Strom die zum Entmagnetisieren notwendige maximale Stärke besitzt. Hebt man dann durch gleichmäßiges Drehen der Kurbel O die Sekundärspule allmählich aus dem Feld der Primärspule heraus bis zum Anschlag an die Deckplatte, so nimmt der induzierte, die Magnetisierungsspule durchlaufende Strom vollkommen stetig bis auf Null ab. — Bei hinreichender Höhe des ganzen Gestelles, welche gestattet, die Sekundärspule von der Primärspule weit genug zu entfernen, kann man die äußere Armierung und die eisernen Deckplatten des Apparates weglassen; es empfiehlt sich aber dann, zur Vermeidung starker Streufelder den Eisenkern F in der Sekundärspule zu befestigen und stets mit derselben herauszuwinden, was natürlich eine gewisse Unbequemlichkeit im Betrieb mit sich bringt.

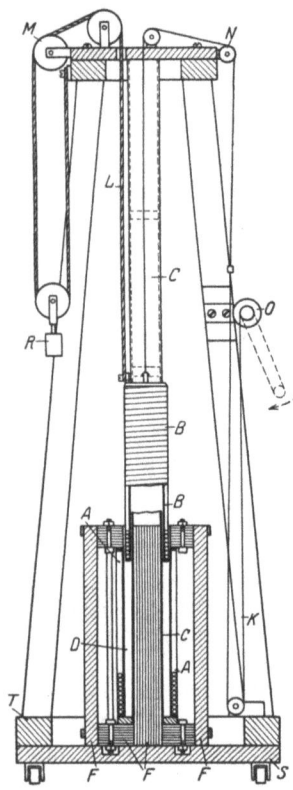

Abb. 1. Entmagnetisierungsapparat.

Langjährige Versuche in der Reichsanstalt haben ergeben, daß bei ganz gleichmäßiger Bewegung, die durch den stetigen Rückgang des Stromzeigers kontrolliert werden kann, ein störender Rest von Remanenz nicht mehr zu befürchten ist.

b) Magnetometrische Methode.

4. Allgemeines. Zur absoluten Bestimmung der Magnetisierungskurven, d. h. der Beziehung zwischen der Induktion $\mathfrak{B}$ und der Feldstärke $\mathfrak{H}$, dient entweder die magnetometrische Messung an Ellipsoiden oder die ballistische Messung an bewickelten Ringen, da nur bei diesen beiden Messungsarten die wahre Feld-

---

[1]) E. GUMLICH u. W. ROGOWSKI, Ann. d. Phys. (4) Bd. 34, S. 235. 1911; Elektrot. ZS. Bd. 32, S. 180. 1911.

stärke $\mathfrak{H}$ der Probe genau berechnet werden kann. Im allgemeinen ist in neuerer Zeit die Bedeutung der magnetometrischen Methode gegenüber der ballistischen etwas zurückgetreten, da man die früher vielfach mit dem Magnetometer durchgeführte Untersuchung von zylindrischen Stäben, die wegen der Unsicherheit der Scherung namentlich bei sehr weichem Material mit erheblichen Fehlern behaftet ist, neuerdings allgemein durch die bequemere und sicherere ballistische Jochmessung ersetzt hat. Für die Messung mit Proben in Ellipsoidform, für welche sich die Scherung genau berechnen läßt, gilt dies jedoch nicht; sie hat außerdem gewisse Vorzüge vor der ballistischen Ringmessung, namentlich den, daß man von etwaigen Nachwirkungserscheinungen des Materials unabhängig ist, und daß man zum Studium des Einflusses von thermischer Behandlung u. dgl. nicht immer wieder die doppelte Bewickelung des Ringes erneuern muß. Schließlich gibt auch die magnetometrische Methode ein außerordentlich bequemes und dabei genaues Mittel zur Bestimmung der Koerzitivkraft, und zwar nicht nur an Ellipsoiden, sondern auch an beliebig gestalteten Stäben, und da gerade diese so wichtige Materialkonstante sowohl zur Beurteilung der Natur von Eisenproben als auch zur Bestimmung der Scherung bei der Jochmethode eine besonders wichtige Rolle spielt, wird man wenigstens in wissenschaftlichen Laboratorien auch fernerhin auf den Gebrauch des Magnetometers nicht verzichten können.

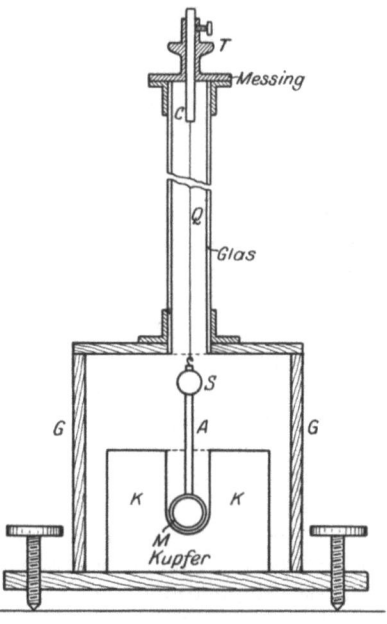

Abb. 2. Gewöhnliches Magnetometer.

5. Gewöhnliches Magnetometer. Ein gewöhnliches Magnetometer besteht im wesentlichen aus einem um eine vertikale Achse drehbaren Magnetchen, dessen Ablenkung aus der Nord-Süd-Richtung, die durch einen zumeist in der Ost-West-Richtung gelagerten Magneten hervorgebracht wird, gemessen werden kann, im einfachsten Falle also aus einem mit Teilkreis versehenen Kompaß. Zu genaueren Messungen dient ein leichtes, an einem Quarz- oder Kokonfaden Q aufgehängtes und mit einem kleinen Spiegel S versehenes Magnetchen M (Abb. 2), dessen Ablenkung mit Fernrohr und Skale beobachtet werden kann. Als Magnet verwendet man entweder ein kurzes leichtes Stäbchen oder besser noch einen dünnen, mit zwei Polen am horizontalen Durchmesser versehenen Ring, der in der eng anschließenden Höhlung eines Klotzes K aus reinem eisenfreiem Kupfer schwingt und durch die starke Dämpfung rasch zur Ruhe kommt. Ein leichtes Aluminiumstäbchen A trägt den drehbaren und verschiebbaren Spiegel S, dem gegenüber sich in dem Gehäuse G eine mit einer guten Glasplatte verschlossene Öffnung zur Beobachtung der Spiegelstellung befindet. Der Aufhängefaden ist an einem Messingstift C befestigt, der sich in einer Hülse verschieben und festklemmen läßt; eine Drehung des Systems um einen bestimmten Winkel vermittelt der mit Teilung versehene Torsionskopf T, der von einer Glasröhre getragen wird. Die Justierung des ganzen Holzgehäuses, das, ebenso wie der Dämpfer K, zur leichteren Handhabung am besten aus zwei durch einen vertikalen Schnitt getrennten Hälften besteht, erfolgt durch drei Fußschrauben. Als Unterlage für das Magnetometer dient eine Platte in der Mitte einer etwa 3 m langen, stabilen, mit Teilung versehenen, einfachen oder doppelten Führungsschiene, der Magnetometerbank, die mit beiden Enden auf zwei festen Sockeln ruht. Auf ihr gleiten zwei mit je einer Strichmarke zum Einstellen versehene Schlitten als Träger von zwei möglichst gleichen Magnetisierungsspulen, von denen die eine die zu messende Probe aufnimmt, während die mit der ersten in Reihe geschaltete „Kompensationsspule" die von der Magnetisierungsspule auf das Magnetometer hervorgebrachte Ablenkung wieder aufheben soll, so daß nur die von der Probe allein herrührende Ablenkung in Erscheinung tritt.

Die zur Beobachtung der Ablenkung dienende Skale wird am besten aus Glas mit Beleuchtung von hinten oder von der Seite (MARTENS) gewählt; das Fernrohr soll hinreichend lichtstark sein und eine Vergrößerung besitzen, welche gestattet, noch bei 2 bis 3 m Abstand das zehntel Millimeter mit Sicherheit abzuschätzen, damit man sich im allgemeinen mit mäßigen Ausschlägen des Magnetometers begnügen kann und die Probe nicht allzu nahe an das Magnetometer heranzubringen braucht, was leicht zu unangenehmen Störungen Veranlassung gibt.

6. Justierung des Apparates. Die Magnetometerbank soll genau in der magnetischen Ost-West-Richtung stehen, was mittels einer mit längerem Zeiger und Teilung versehenen Bussole bei der Aufstellung ein für allemal zu kontrollieren ist. Zeigt das Erdfeld über die ganze Länge der Bank hin Schwankungen, was beim Vorhandensein von starken Eisenträgern od. dgl. in der Nähe der Bank leicht vorkommen kann, so ist für die Ausrichtung der Bank die Stelle maßgebend, auf die das Magnetometer zu stehen kommt. Die Magnetisierungs- und die Kompensationsspule müssen auf der Bank so stehen, daß ihre Achsen in eine Gerade zusammenfallen, welche durch die Mitte des Magnetometermagnets geht. Zu diesem Zweck werden die Platten, auf welchen die Spulen ruhen, mit Schrauben versehen, welche eine Verschiebung in horizontaler und vertikaler Richtung sowie eine geringe Drehung um eine horizontale und eine vertikale Achse gestatten. Mit Hilfe von Fadenkreuzen, welche vorübergehend vor den Öffnungen der Spulen befestigt werden, läßt sich dann die Aufgabe leicht lösen, falls das Magnetometergehäuse so eingerichtet ist, daß sich Vorder- und Hinterwand gleichzeitig entfernen lassen oder planparallele Glasplatten eine bequeme Durchsicht gestatten und der Magnetometermagnet selbst aus einem Ring besteht (s. oben); andernfalls müssen erst die Spulen ausgerichtet und dann der Magnet in die Spulenachse gebracht werden. Bei einwandfreier Ausrichtung müssen die von den einzelnen Spulen hervorgebrachten Ausschläge beim Kommutieren des Stromes einander gleich sein. — Durch rohes Einstellen der Kompensationsspule und vorläufiges Einbringen des Probekörpers in die Magnetisierungsspule läßt sich dann leicht der günstigste Abstand bestimmen, bei welchem die vorhandene Skale gerade ausgenutzt wird; der Probekörper ist sodann wieder aus der Spule zu entfernen und der Abstand der Kompensationsspule nunmehr endgültig so zu regulieren, daß auch bei der höchsten in Betracht kommenden Stromstärke die beiden Spulen allein keinen Ausschlag hervorbringen. Muß, wie beispielsweise bei der Messung von Anfangspermeabilitäten oder der Koerzitivkraft magnetisch sehr weicher und ungünstig dimensionierter Proben, der Abstand zwischen Spulen und Magnetometer sehr klein gewählt werden, so ist die Erzielung einer genauen Kompensation durch Verschiebung der Spule mit der Hand oder durch schwaches Klopfen mit einem leichten Gegenstand recht umständlich; es empfiehlt sich daher für diese Fälle die Anbringung einer mikrometrischen Feinverschiebung des Schlittens oder der Spule in ihrem Lager. Bei derartig geringem Abstand der Spulen läßt sich auch eine unregelmäßige Bewegung des Magnets nach raschem Durchlaufen des Magnetisierungszyklus, wie er vielfach notwendig wird, kaum vermeiden, da das von den beiden Spulen herrührende Feld in der unmittelbaren Umgebung des Magnetometermagnets dann sehr ungleichmäßig ist und auch die geringste Erschütterung des Bodens oder eine schwache Luftbewegung, welche den Magnet vorübergehend etwas verschiebt und dadurch in ein anderes Feld bringt, eine entsprechende Drehung des Magnets, also eine unruhigere Nullage zur Folge hat. Auch die nicht völlig zu vermeidende Ungleichheit in den Abmessungen der beiden Spulen macht sich dann unangenehm bemerkbar, indem bei einer Erwärmung der Spulen durch den Strom die Querschnitte sich ungleich stark vergrößern, so daß nach Verlauf des Magnetisierungszyklus die vorher bei niedrigerer Temperatur genau durchgeführte Kompensation nicht mehr stimmt. Aus diesen Gründen ist es also vorteilhaft, den Abstand zwischen Magnetisierungsspule und Magnetometer nicht zu gering zu wählen, selbst auf die Gefahr hin, daß die Ausschläge verhältnismäßig klein bleiben. Selbstverständlich soll auch der Durchmesser der Spulen nicht größer sein, als es durch die Abmessungen der zu verwendenden Proben unbedingt erforderlich ist, damit auch bei mäßiger Länge der Spulen das Feld innerhalb derselben möglichst gleichmäßig bleibt, so daß die Probekörper ziemlich weit nach vorn geschoben und die von ihnen herrührenden Ausschläge dadurch vergrößert werden können, ohne daß die Spulen selbst zu nahe an den Magnet herangebracht werden müssen.

Um die Abstände der Probekörper vom Magnet, die ja in die Bestimmung der Magnetisierungsintensität eingehen, genau ermitteln zu können, muß natürlich die Lage des Magnets über der Magnetometerbank bekannt sein; sie wird am einfachsten durch Ablenkungsversuche bestimmt. Zu diesem Zweck läßt man die Magnetisierungsspule bei einer passenden Stromstärke von einer Stellung aus wirken, bei welcher der Indexstrich des Spulenschlittens mit dem Teilstrich p der Bank zusammenfällt; sodann dreht man die Spule um 180°, bringt sie mit dem Schlitten auf die andere Seite des Magnetometers und verschiebt den Schlitten solange, bis der Ausschlag nach der umgekehrten Richtung gleich groß geworden ist; der Schlittenindex stehe dann auf dem Teilstrich q; dann muß die Verlängerung des Magnetometerfadens genau durch die Mitte der beiden Lagen p und q hindurchgehen, d. h. das Magnetometer steht über dem Teilstrich $p + 1/2(q - p)$. Praktisch wird man dabei natürlich vorteilhafterweise so verfahren, daß man die Spule in der zweiten Lage auf zwei nahe beieinander gelegene Teilstriche q_1 und q_2 bringt, welche die Stellung q einschließen, und diese dann aus den beobachteten Ausschlägen durch Interpolationsrechnungen ermittelt.

Den Abstand zwischen Magnetometerspiegel und Skale wird man im allgemeinen nicht unter 2 bis 3 m wählen, dann sind auch für die Bestimmung des Ablenkungswinkels kleine Korrektionen wegen der Brechung der von dem Lichtstrahl durchsetzten Glasteile ohne Belang; bei kleineren Abständen muß man sie berücksichtigen und von der Dicke der zum Verschluß dienenden planparallelen Glasplatten, des Magnetometerspiegels, falls er auf der Rückseite versilbert ist, und einer etwa benutzten Glasskale mit Teilung auf der Rückseite nur zwei Drittel in Ansatz bringen. Die Ausrichtung der Skale erfolgt in bekannter Weise am einfachsten dadurch, daß man nach Einstellung auf den Nullpunkt die Skale so lange dreht, bis die Endpunkte der einen Kathetenseite eines gut gearbeiteten rechtwinkligen Dreiecks, dessen andere Kathetenseite auf der Skale aufliegt, zusammenzufallen scheinen; eine etwaige noch verbleibende Unsicherheit fällt heraus, wenn man, was auch aus anderen Gründen vorteilhaft ist, zwei Beobachtungsreihen mit Ausschlägen nach entgegengesetzter Richtung kombiniert.

7. Theorie und Ableitung der Formeln; 1. und 2. GAUSSsche Hauptlage.

Bekanntlich kann man bei Rotationsellipsoiden, die für genaue magnetometrische Messungen allein in Betracht kommen, die magnetische Wirkung auf einen hinreichend weit entfernten Körper von zwei Punkten, den Polen, ausgehend denken, die sich aus den Abmessungen des Ellipsoids berechnen lassen, und zwar beträgt der Polabstand das 0,775 fache von der Länge des Ellipsoids; bei einigermaßen langgestreckten Stäben ist es ebenfalls erlaubt, nur hängt hier die Lage der Pole nicht bloß von den Dimensionen des Stabes, sondern auch von der jeweiligen Magnetisierungsintensität bzw. der Permeabilität des Stabes ab, die sich ja mit der Magnetisierungsintensität ändert. Je höher die Permeabilität des Stabes ist, desto weiter rücken die Pole von den Enden nach der Mitte des Stabes zu; sie wandern also mit wachsender Feldstärke bzw. Permeabilität zunächst von den Enden gegen die Mitte zu, kehren dann um und erreichen bei sehr hohen Feldstärken, wo μ nahezu gleich 1 ist, die Enden des Stabes[1]). Da nun in die Rechnung zur Bestimmung der Magnetisierungsintensität der Abstand der Pole des Probekörpers und des Magnetometermagnets eingeht, der Polabstand aber mit der unbekannten Magnetisierungsintensität J variiert, so ist schon daraus ersichtlich,

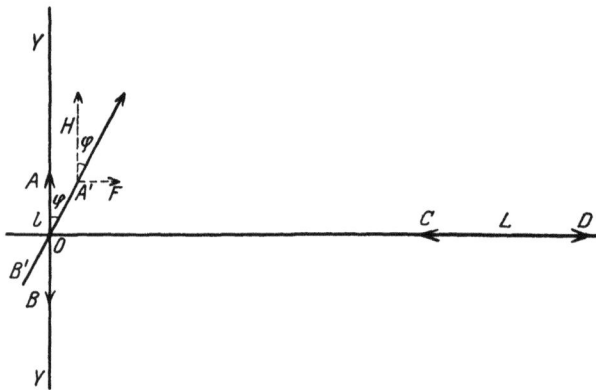

Abb. 3. Erste GAUSSsche Hauptlage.

daß sich für genaue Messungen stabförmige Körper nicht eignen. Dazu kommt noch die Unsicherheit in der Berechnung der im stabförmigen Probekörper herrschenden wahren Feldstärke, worauf später noch besonders einzugehen sein wird. Es kommen also für genaue magnetometrische Messungen ausschließlich Probekörper in Form eines möglichst langgestreckten Rotationsellipsoids in Betracht, bei welchen beide Fehlerquellen fortfallen.

Wir nehmen nun an, es wirke ein derartiges Ellipsoid mit den Polen C und D und dem Polabstand L (Abb. 3) aus verhältnismäßig großer Entfernung auf die Pole A und B eines kleinen drehbaren Magnetchens vom Polabstand l, und zwar sei das Ellipsoid ost-westlich vom Magnet AB so gelagert, daß die Verlängerung seiner großen Achse genau die Mitte O des Magnets trifft (1. GAUSSsche Hauptlage); dann wird das Ellipsoid den Magnet aus seiner ursprünglichen Lage herauszudrehen suchen, während die horizontale Komponente des Erdfeldes dieser Drehung entgegenwirkt. Unter der Wirkung dieser beiden Kräfte, nämlich des Erdfeldes H und des dazu nahezu senkrechten, vom Ellipsoid herrührenden Feldes F wird der Magnet eine neue Ruhelage $A'B'$ einnehmen, welche mit der ursprünglichen den Winkel φ einschließt; sie ist gegeben durch die Beziehung tg $\varphi = F/H$, woraus folgt

$$F = H \cdot \text{tg}\,\varphi. \tag{1}$$

Kennt man also H und φ, so kann man die im Punkte A' wirkende Komponente des vom Ellipsoid herrührenden Feldes und damit, bei bekanntem Abstand zwischen Ellipsoid und Magnet, das magnetische Moment des Ellipsoids berechnen.

---
[1]) E. GUMLICH, Ann. d. Phys. (4) Bd. 59, S. 672. 1919.

Nun rührt die Feldkomponente F von der Differenz der Wirkungen der beiden Ellipsoidpole auf die Magnetpole her, deren Stärke hier außer Betracht bleiben kann, da sie in der Gleichung (1) auf beiden Seiten auftreten würde und daher herausfällt. Nennen wir nun

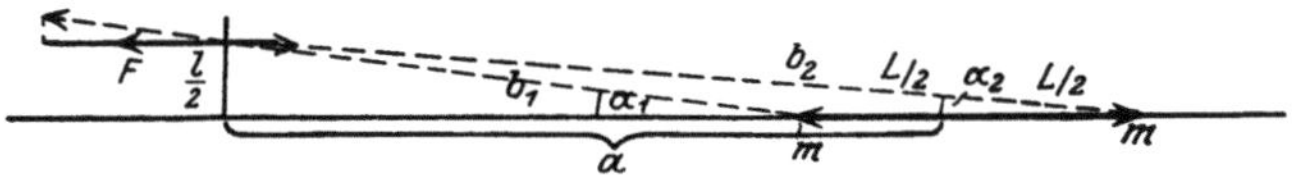

Abb. 4. Zur ersten GAUSSschen Hauptlage.

die Polstärke des Ellipsoids m, den Abstand seiner beiden Pole von einem Pol des Magnets b_1 und b_2 (Abb. 4), den Abstand der Ellipsoidmitte von der Nadelmitte a, so wird

$$F = \frac{m}{b_1^2}\cos\alpha_1 - \frac{m}{b_2^2}\cos\alpha_2 = m\left(\frac{a-L/2}{b_1^3} - \frac{a+L/2}{b_2^3}\right),$$

also

$$m = \frac{F}{\dfrac{a-L/2}{b_1^3} - \dfrac{a+L/2}{b_2^3}}. \tag{2}$$

Wegen der geringen Größe von l und φ gilt mit hinreichender Annäherung

$$b_1 = \sqrt{\left(a-\frac{L}{2}\right)^2 + \left(\frac{l}{2}\right)^2}; \qquad b_2 = \sqrt{\left(a+\frac{L}{2}\right)^2 + \left(\frac{l}{2}\right)^2}. \tag{3}$$

Bei Vernachlässigung von l und von L^2 gegenüber a^2 in Formel (2) und (3) geht die Formel (2) über in

$$m = \frac{F \cdot a^3}{2L} \quad \text{oder} \quad \mathfrak{M} = mL = \frac{F \cdot a^3}{2}, \tag{4}$$

die viel gebraucht wird, aber natürlich verhältnismäßig wenig genau ist. Hierin bedeutet $\mathfrak{M}$ das magnetische Moment, das bekanntlich bei gleichmäßiger Magnetisierung, wie wir sie beim Rotationsellipsoid, aber nicht beim zylindrischen Stab haben, mit dem magnetischen Moment der Volumeneinheit J, der sog. Magnetisierungsintensität, durch die Beziehung

$$\mathfrak{M} = m \cdot L = V \cdot J \tag{5}$$

verknüpft ist; hierin bezeichnet V das Volumen des Ellipsoids. Führen wir diese Beziehung in Formel (2) ein, so erhalten wir schließlich für die Magnetisierungsintensität J die Gleichung

$$J = \frac{L \cdot H \cdot \mathrm{tg}\,\varphi}{\left[\dfrac{a-L/2}{b_1^3} - \dfrac{a+L/2}{b_2^3}\right]V}. \tag{6}$$

Ist nun, wie es meist der Fall sein wird, der Abstand a verhältnismäßig sehr groß im Vergleich zu $l/2$, so kann man setzen $b_1 = a - L/2$; $b_2 = a + L/2$, und man erhält die für die meisten Messungen ausreichende Beziehung

$$J = \frac{H \cdot (a^2 - L^2/4)^2 \cdot \mathrm{tg}\,\varphi}{2aV}. \tag{7}$$

In dieser Formel ist der Abstand a der Mitte des Ellipsoids vom Magnetometermagnet genau zu bestimmen; die Größe L beträgt 0,775 von der ganzen Ellipsoidlänge; das Volumen V erhält man am besten durch Wasserwägung; ein Vergleich mit dem aus den Achsen berechneten Volumen $4/3\,b\,c^2\pi$ gibt einen Maßstab für die Genauigkeit der Herstellung. Die Größe $\mathrm{tg}\,\varphi$ liefert die Beobachtung der Ablenkung mit Fernrohr und Skale; es ist hierbei aber auch noch eine Korrektion zu berücksichtigen: Da nämlich der reflektierte Lichtstrahl den Winkel 2φ beschreibt, wenn der Spiegel sich um den Winkel φ dreht, so erhält man $\mathrm{tg}\,2\varphi = e/A$, wenn e den mit dem Fernrohr beobachteten Ausschlag auf der Skale in Millimetern und A den im gleichen Maßstab gemessenen Abstand zwischen Spiegel und Skale bezeichnet. Aus der Beziehung

$$\operatorname{tg}\varphi = -\frac{1}{\operatorname{tg} 2\varphi} \pm \sqrt{1 + \frac{1}{\operatorname{tg}^2 2\varphi}}$$

ergibt sich nun durch Reihenentwicklung

$$\operatorname{tg}\varphi = \frac{1}{2A}\left(e - \frac{e^3}{4A^2} + \cdots\right). \tag{8}$$

Man hat also von dem abgelesenen Ausschlag e in jedem Falle noch die Korrektionsgröße $e^3/4A^2$ abzuziehen, die man am besten einer für eine bestimmte Entfernung A angefertigten Kurve entnimmt; höhere Potenzen der Korrektionsgröße brauchen bei einigermaßen beträchtlichem Abstand A nicht berücksichtigt zu werden, wohl aber kann die Torsion des Aufhängefadens unter Umständen noch eine kleine Korrektion erfordern, denn auch sie wirkt in demselben Sinn wie die Richtkraft der Erde, bewirkt also, daß die gefundene Ablenkung φ etwas zu klein ausfällt; man hat deshalb den gefundenen Ausschlag φ mit dem Verhältnis

$$\frac{D+d}{D} = 1 + \frac{d}{D} = 1 + \Theta \tag{9}$$

zu multiplizieren, wobei D die Direktionskraft des Erdfeldes und d diejenige des Fadens bezeichnet. Letztere findet man dadurch, daß man den Torsionskopf des Magnetometers um 360° dreht und die dabei auftretende Ablenkung ε in Skalenteilen beobachtet. Es ist dann

$$\Theta = \frac{\varepsilon}{4\pi A - \varepsilon}. \tag{10}$$

Die Größe Θ ist bei mäßiger Fadendicke meist klein und vielfach ganz zu vernachlässigen; anderenfalls faßt man sie praktischerweise mit der Korrektionskurve $e^3/4A^2$ zusammen, der man dann in jedem Falle gleich die Summe der beiden Korrektionen entnehmen kann.

Bei der zweiten GAUSSschen Hauptlage befindet sich der Mittelpunkt des Ellipsoids im magnetischen Meridian nördlich oder südlich vom Magnetometermagnet; die Längsachse des Ellipsoids steht genau senkrecht zum Meridian. Die Formeln zur Berechnung von J stimmen bis auf ein kleineres Korrektionsglied mit denjenigen der ersten Hauptlage überein, nur fehlt der Faktor 2 im Nenner, der Ausschlag φ und damit die Empfindlichkeit der Messung ist daher nur halb so groß; aus diesen, wie auch aus anderen Gründen wird diese Meßanordnung nur in Ausnahmefällen benutzt und es braucht daher hier nicht näher darauf eingegangen zu werden.

Zur Bestimmung des magnetischen Moments eines permanenten Stabmagnets $\mathfrak{M} = VJ$ in der ersten GAUSSschen Hauptlage bedient man sich ebenfalls der Formeln (7) und (8), wobei man für den Polabstand L etwa fünf Sechstel der Stablänge einzuführen hat, was in Anbetracht der durch die ungleichmäßige Magnetisierung der Stäbe bedingten Unsicherheit meist genügt, anderenfalls muß man durch Beobachtung aus zwei verschiedenen Abständen und Auflösung der Gleichung (6) nach L den wirklichen Wert des Polabstandes experimentell bestimmen. Um Ungleichmäßigkeiten des Materials einigermaßen Rechnung zu tragen, wiederholt man die Messungen, nachdem man den Stab um 180° gedreht hat, so daß das früher hinten befindliche Stabende nunmehr dem Magnetometer zugewendet ist, und nimmt als Ablenkungswinkel φ das Mittel aus den beiden beobachteten Ablenkungen φ_1 und φ_2.

8. Bestimmung der Horizontalintensität des Erdfeldes. Zur Berechnung der gesuchten Magnetisierungsintensität J nach Gleichung (6) fehlt nun noch der

Wert H der Horizontalkomponente des Erdmagnetismus, der nur bei rohen Überschlagsrechnungen den bekannten Tabellensammlungen von LANDOLT-BÖRNSTEIN oder KOHLRAUSCH (Lehrbuch der praktischen Physik) entnommen werden kann, für genauere Messungen aber stets bestimmt werden muß, da schon durch das Vorhandensein von größeren eisernen Gegenständen, wie Trägern, Heizkörpern usw. der Wert der Horizontalkomponente stark beeinflußt wird und in diesem Fall sogar merklich von der jeweiligen Temperatur des Beobachtungsraumes abhängen kann. Es ist deshalb vorteilhaft, die Bestimmung vor und nach der eigentlichen magnetometrischen Messung vorzunehmen und das Mittel zur Rechnung zu benutzen. Sie erfolgt in einfacher und recht sicherer Weise durch die Beobachtung der Ablenkung, welche das Magnetometer durch eine stromdurchflossene kreisförmige Spule mit einer oder wenigen Windungen von genau bekanntem Durchmesser erfährt, die so auf der Magnetometerbank aufgestellt ist, daß ihre Ebene in den magnetischen Meridian fällt und das auf ihrer Ebene im Mittelpunkte errichtete Lot die Mitte des Magnetometermagnets trifft. Ist die beobachtete Ablenkung gleich φ_1, so gilt auch hier wie bei der Ablenkung des Ellipsoids [vgl. Formel (1)] die Beziehung $F_1 = H \cdot \operatorname{tg} \varphi_1$ oder

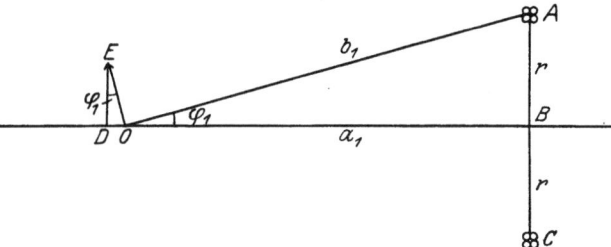

Abb. 5. Bestimmung der Horizontalintensität des Erdfeldes.

$$H = \frac{F_1}{\operatorname{tg} \varphi_1}, \qquad (11)$$

wobei F_1 die Horizontalkomponente des von dem Stromkreis hervorgebrachten Feldes am Orte des Magnets bezeichnet. Die Größe F_1 läßt sich aber aus den Versuchsbedingungen genau berechnen: Es sei (Abb. 5) O der Ort des wieder sehr klein angenommenen Magnetometermagnets, AC der Durchschnitt des senkrecht zur Papierebene gedachten, stromdurchflossenen Kreises, dann ist die Wirkung eines bei A senkrecht zur Bildebene gedachten Kreiselementes von der Länge dl auf den Punkt O nach OE senkrecht zu b_1 gerichtet und hat die Größe $dl \cdot i/(10 b_1^2)$, wobei i die Stromstärke in A und b_1 den Abstand des Stromelementes von der Mitte des Magnets bezeichnet. Die für unseren Fall maßgebende Horizontalkomponente nach OD, die zur Richtung der Horizontalkomponente des Erdfeldes senkrecht steht, wird also $\frac{dl\,i \cdot \sin \varphi_1}{10 \cdot b_1^2} = \frac{dl\,i}{10 \cdot b_1^2} \cdot \frac{r}{b_1}$, diejenige des ganzen aus n Windungen bestehenden Ringes

$$F_1 = \frac{2r^2 \pi n i}{10\, b_1^3} = \frac{2r^2 \pi n i}{10 \sqrt{(a_1^2 + r^2)^3}}.$$

Setzen wir diesen Wert in (11) ein, so erhalten wir

$$H = \frac{2r^2 \pi n i}{10 \sqrt{(a_1^2 + r^2)^3}\, \operatorname{tg} \varphi_1} = \frac{0{,}4\, r^2 \pi n i}{\sqrt{(a_1^2 + r^2)^3}} \cdot \frac{A}{e_1}. \qquad (12)$$

Hierin bedeutet e_1 wieder den an der Skala beobachteten und natürlich ebenfalls mit der entsprechenden Korrektion (s. oben) zu versehenden Ausschlag in Millimetern. Der mittlere Radius r der Windungen der Kreisspule muß selbstverständlich genau gemessen werden; es ist daher vorteilhaft, nur wenige Windungen und nicht mehr als zwei Lagen zu benutzen; vielfach wird man auch schon mit dem Stromkreis einer vorhandenen Tangentenbussole auskommen.

9. Wahre Feldstärke. Um ein Urteil über die magnetischen Eigenschaften wie Suszeptibilität oder Permeabilität, Remanenz, Hystereseverlust usw. der zu untersuchenden Probe zu gewinnen, muß man für den ganzen Verlauf der Magnetisierungskurve die Beziehung zwischen der Magnetisierungsintensität J oder der Induktion $\mathfrak{B} = (4\pi J + \mathfrak{H})$ zu der zugehörigen, im Innern der Probe herrschenden wahren Feldstärke kennen, denn diese ist bei einer Probe von endlichen Abmessungen keineswegs identisch mit dem Feld $\mathfrak{H}' = 0,4\pi n i$ der Magnetisierungsspule, worin n die Anzahl der Windungen pro cm und i die Stromstärke in Ampere bezeichnet, sondern im allgemeinen sehr viel kleiner. Wir können nämlich annehmen, daß sich beim Austritt jeder Induktionslinie aus der Probe in die umgebende Luft auf der Oberfläche der Probe eine Schicht von freiem Magnetismus bildet, die der magnetisierenden Feldstärke entgegen, also entmagnetisierend wirkt, und zwar natürlich um so stärker, je dichter und je näher der Mitte der Probe der Austritt der Induktionslinien erfolgt, d. h. je kleiner das Dimensionsverhältnis l/d der Probe ist (l = Länge, d = Durchmesser). Bringen wir also in das vollkommen gleichmäßige Feld $\mathfrak{H}'$ einer Magnetisierungsspule einen ferromagnetischen Probekörper in Ellipsoid- oder Stabform, so erleidet das Spulenfeld außerhalb der Probe in beiden Fällen eine starke Verzerrung, die durch den ungleichmäßigen Austritt der Induktionslinien aus dem Innern der Probe in das Feld der Spule bedingt ist; im Innern der Probe dagegen ist sowohl das Feld wie auch die Induktion bei Proben in Ellipsoidform gleichmäßig, bei Proben in Stabform ungleichmäßig.

Für die Beziehung zwischen der wahren Feldstärke $\mathfrak{H}$ und der scheinbaren Feldstärke $\mathfrak{H}'$ gilt nun

$$\mathfrak{H} = \mathfrak{H}' - NJ = \mathfrak{H}' - N\frac{\mathfrak{B} - \mathfrak{H}}{4\pi}, \quad \text{oder angenähert} \quad \mathfrak{H} = \mathfrak{H}' - \frac{N\mathfrak{B}}{4\pi}, \quad (13)$$

worin J die Magnetisierungsintensität und N den sog. Entmagnetisierungsfaktor bezeichnet, der beim Ellipsoid nur vom Dimensionsverhältnis l/d abhängt und berechnet werden kann, beim zylindrischen Stab dagegen sich mit der Magnetisierungsintensität ändert. Nennen wir das Dimensionsverhältnis, also das Verhältnis der Länge l zum größten Durchmesser d des Ellipsoids p, so ist nach NEUMANN[1])

$$N = \frac{4\pi}{p^2 - 1}\left[\frac{p}{\sqrt{p^2 - 1}}\ln(p + \sqrt{p^2 - 1}) - 1\right], \quad (14)$$

oder für Werte von p, deren Quadrat groß ist gegen 1

$$N = \frac{4\pi}{p^2}(\ln 2p - 1). \quad (15)$$

In der folgenden Tabelle 1 sind die Werte für das Dimensionsverhältnis $p = 5$ bis $p = 300$ zusammengestellt; trägt man sie in Form einer Kurve auf, so lassen sich dieser auch Zwischenwerte mit hinreichender Sicherheit entnehmen. Der Vollständigkeit halber enthält die Tabelle auch entsprechende Werte von N für zylindrische Stäbe, die von R. MANN[2]) auf magnetometrischem und von SHUDDEMAGEN[3]) auf ballistischem Wege (vgl. später) durch Vergleichsmessungen mit dem Ellipsoid gewonnen wurden und zu Überschlagsrechnungen wenigstens bis zu $\mathfrak{B} = 10000$ verwendet werden können. Man sieht, wie außerordentlich

---
[1]) F. NEUMANN, Crelles Journ. Bd. 37, S. 44. 1848.
[2]) CH. R. MANN, Dissert. Berlin 1895.
[3]) C. L. B. SHUDDEMAGEN, Proc. Amer. Acad. Bd. 43, S. 185. 1907; Phys. Rev. Bd. 31, S. 165. 1910: Contr. Jefferson Lab. Bd. 8, Nr. 2. 1911.

stark der Wert von N mit abnehmendem Dimensionsverhältnis wächst, und es ist daher leicht ersichtlich, daß man bei gutem Material mit hoher Permeabilität nur Ellipsoide mit möglichst großem Dimensionsverhältnis verwenden darf, wenn nicht die unvermeidlichen Unsicherheiten bei der Bestimmung von J bzw. $\mathfrak{B}$ zu ganz erheblichen Fehlern in der Berechnung von $\mathfrak{H}$ führen sollen. Schon bei $N = 50$ geht bei Permeabilitäten von einigen Tausend ein prozentisch gemessener Fehler von J etwa mit dem 10- bis 15fachen prozentischen Betrag in die nach (13) berechneten Werte von $\mathfrak{H}$ ein, und dieser prozentische Fehler würde sich natürlich bei kleineren Dimensionsverhältnissen noch entsprechend erhöhen; man muß also das Dimensionsverhältnis der Ellipsoide um so größer wählen, je höher die Permeabilität, also je besser das zu untersuchende Material ist. Dies ist aber nur möglich durch Vergrößerung der Länge oder durch Verringerung der Dicke, und beides hat natürlich seine Grenzen, denn die Herstellung eines langen und dabei dünnen Ellipsoids ist schwierig; außerdem muß auch die Länge der Magnetisierungsspule derjenigen des Ellipsoids angepaßt werden, d. h. sie muß so groß gewählt werden, daß das Feld längs des ganzen Ellipsoids noch als hinreichend gleichmäßig zu betrachten ist.

Tabelle 1. Entmagnetisierungsfaktoren N.

Dimensionsverhältnis p	Rotationsellipsoid (Ovoid)	Zylindrischer Stab	
		magnetometrisch nach R. MANN	ballistisch nach SHUDDEMAGEN
5	0,7015	0,6800	
10	0,2549	0,2550	0,204
15	0,1350	0,1400	0,106
20	0,0848	0,0898	0,0672
25	0,0587	0,0628	0,0467
30	0,0432	0,0460	0,0344
40	0,0266	0,0274	0,0211
50	0,0181	0,0183	0,0144
60	0,0132	0,0131	0,0104
70	0,0101	0,0099	0,00795
80	0,0080	0,0078	0,00625
90	0,0065	0,0063	0,00507
100	0,0054	0,0052	0,00420
150	0,0026	0,0025	0,00204
200	0,0016	0,0015	0,00120
300	0,0008	0,0008	

10. Bestimmung der Koerzitivkraft. Ob das Material der Probe magnetisch besonders weich oder hart ist, und ob das zur Untersuchung zu verwendende Ellipsoid daher ein besonders großes Dimensionsverhältnis haben muß, läßt sich natürlich erst durch die Untersuchung feststellen, aber ein gewisses Urteil gewährt, wie schon aus der Zusammenstellung in Tabelle 2 von Bd. XV, Kap. 4 hervorgeht, bereits die Bestimmung der Koerzitivkraft, die mit Hilfe des Magnetometers auch an gestreckten Probekörpern beliebiger Formen schnell und sicher ermittelt werden kann. Bekanntlich versteht man unter Koerzitivkraft diejenige Feldstärke, welche notwendig ist, um die Remanenz des Probekörpers zu beseitigen. Magnetisieren wir also eine stabförmige Probe in der zum Magnetometer gehörigen Magnetisierungsspule hinreichend hoch und lassen den Magnetisierungsstrom allmählich bis auf Null abnehmen, dann zeigt das Magnetometer noch einen Ausschlag, welcher der scheinbaren Remanenz entspricht; kehren wir nun die Richtung des Stromes um und lassen ihn allmählich wieder anwachsen, bis das Magnetometer wieder auf den Nullpunkt 500 einsteht, so ergibt die nunmehr durch die Spule erzeugte scheinbare Feldstärke $\mathfrak{H}' = 0,4\pi n i$ die richtige Koerzitivkraft. Denn im allgemeinen gilt ja, wie oben schon erwähnt, für die wahre Feldstärke die Beziehung $\mathfrak{H} = \mathfrak{H}' - NJ$; im vorliegenden Falle aber ist definitionsmäßig $J = 0$, das ganze zweite Glied rechter Hand mit dem unbekannten Entmagnetisierungsfaktor N fällt also fort und es wird $\mathfrak{H} = \mathfrak{H}'$. Praktischerweise verfährt man nun so, daß man nicht genau auf den Skalenteil 500 einstellt, sondern auf einen etwas höheren und einen etwas niedrigeren, und aus den beiden dafür notwendigen Stromstärken i_1 und i_2 die zur Einstellung auf 500 notwendige

Stromstärke i interpoliert. Vergrößert man nun nochmals den Strom bis zur früheren maximalen Feldstärke und läßt ihn wieder auf Null abnehmen, so erhält man den der Remanenz entsprechenden Ausschlag nach der entgegengesetzten Richtung. Das Mittel aus beiden Ausschlägen muß dann dem wahren Nullpunkt entsprechen, der sich ja während der allerdings nur kurzen Zeit der Beobachtung etwas verschoben haben könnte. Macht man mehrere derartige Reihen hintereinander, so hat man in der Übereinstimmung der Ergebnisse gleichzeitig ein gutes Kriterium für die Genauigkeit der Messung. Wie hoch man die maximale Feldstärke hierbei zu wählen hat, hängt natürlich ganz von der Beschaffenheit des Materials ab; in jedem Falle soll die Feldstärke so hoch sein, daß auch bei weiterer Vergrößerung derselben der auf- und absteigende Ast der Hystereseschleife merklich zusammenfallen, also keine irreversiblen Magnetisierungsvorgänge dabei mehr auftreten. Dies ist bei einigermaßen weichem Material schon bei einer Feldstärke von etwa 150 Gauß der Fall; bei weichem Stahl würde man etwa bis zu 200 oder 250 Gauß zu gehen haben, bei hartem W- oder Cr-Stahl bis etwa 300 Gauß, bei hochprozentigem Co-Stahl aber bis zu mindestens 1000 Gauß wie an anderer Stelle (Band XV, Kap. 4, Ziff. 26, Tab. 6) nachgewiesen wurde. Sollte man im Zweifel darüber sein, ob die verwendete maximale Feldstärke ausreicht, so geht man damit etwas höher und sieht zu, ob trotzdem die Remanenz noch genau denselben Wert erhält wie bei der kleineren Feldstärke; ist dies der Fall, so kann man sich damit begnügen, anderenfalls muß man die maximale Feldstärke entsprechend steigern.

Soll die Koerzitivkraftbestimmung hinreichend genau werden, so muß natürlich auch die Remanenz des Probekörpers noch einen genügenden Ausschlag des Magnetometers hervorbringen, man wird dazu also den Probekörper, namentlich wenn er aus sehr weichem Material besteht, mit der Magnetisierungsspule ziemlich nahe an das Magnetometer heranbringen müssen. Das ist zwar aus mehreren bereits früher erwähnten Gründen nicht erwünscht, aber insofern unbedenklich, als man ja hierbei den der maximalen Feldstärke entsprechenden Ausschlag gar nicht zu beobachten braucht, derselbe kann also weit über die Skala hinausgehen. Auch bei der vollständigen Aufnahme eines Ellipsoids aus weichem Material mit dem Magnetometer wird man sich im allgemeinen nicht mit einer einzigen Magnetisierungskurve begnügen; denn da in diesem Falle auch die den höchsten Feldstärken entsprechenden Ausschläge noch gemessen werden sollen, also die Skala nicht überschreiten dürfen, so wird man für die Remanenz ebenso wie für niedrige Feldstärken nur sehr kleine und daher mit ziemlicher Unsicherheit behaftete Ausschläge erhalten. Es empfiehlt sich deshalb in solchen Fällen, außer dem in normalem Abstand ausgeführten Zyklus auch noch einen solchen aus erheblich geringerem Abstand, aber natürlich mit der gleichen maximalen Feldstärke aufzunehmen, der zur Ergänzung des Hauptzyklus dient und für die Punkte geringer Feldstärke ebenso wie für die Koerzitivkraft hinreichend genaue Werte liefert.

11. Magnetische Nachwirkung (Viskosität); Akkommodation. Es muß hier noch auf eine Fehlerquelle hingewiesen werden, welche in erster Linie die ballistischen, bis zu einem gewissen Maß aber auch die magnetometrischen Messungen trifft. Es zeigt sich nämlich, daß bei vielen, namentlich magnetisch weichen Materialien die Magnetisierung der Feldstärke nicht momentan bis zu ihrem vollen Betrage folgt, sondern daß das Magnetometer bei der Feldänderung erst nach Verlauf einer bestimmten Zeit, die unter Umständen eine ganze Anzahl von Sekunden betragen kann, seine endgültige Stellung einnimmt, es „kriecht". Dieses Kriechen hat man, ebenso wie die bekannte Relaxationsdauer bei Elektromagneten mit dicken, kompakten Eisenkernen, auf Wirbelströme allein zurückzuführen gesucht; dies ist aber nicht begründet, denn einmal würde diese Erscheinung bei den geringen in Betracht kommenden Querschnitten so rasch abklingen, daß sie kaum in Erscheinung treten könnte, und dann zeigt sich diese Nachwirkungserscheinung nur bei bestimmten Materialien, und zwar am stärksten kurz nach dem Ausglühen, während es nach längerem Lagern mehr und mehr zu verschwinden scheint, trotzdem hierbei der spezifische elektrische Widerstand, von dem ja cet. par. die Wirbelströme in erster Linie abhängen, nahezu ungeändert bleibt. Wir müssen also gewisse molekulare, bis jetzt noch völlig ungeklärte Vorgänge für diese Erscheinung verantwortlich machen und bei Beobachtung derartiger Materialien mit dem Ablesen immer so lange warten, bis das Magnetometer seine endgültige Stellung eingenommen hat; man ist dann sicher, keine erheblichen Fehler zu begehen, während bei der ballistischen Untersuchung solcher Proben mit großer Nachwirkung die Fehler bei den einzelnen Sprüngen nicht zu vermeiden sind und sich erheblich summieren können, falls man nicht ein Galvanometer mit außergewöhnlich großer Schwingungsdauer verwendet, was lästig und zeitraubend ist. In jedem Fall wird man gut tun, Material mit beträchtlichen Nachwirkungserscheinungen wenigstens zu Normalproben überhaupt nicht zu verwenden; Si-Legierungen mit 3 bis 4% Si zeigen weder Nachwirkungs- noch auch Alterungserscheinungen, werden sich also hierfür zumeist brauchbar erweisen.

Bevor man zum Zweck der Messung eine Hystereseschleife durchläuft, ist es vorteilhaft, das Material einigen Magnetisierungszyklen zu unterwerfen, da man nur dann mit einiger Sicherheit darauf rechnen kann, stets dieselbe reproduzierbare Hystereseschleife zu erhalten (sog. magnetische Akkomodation); dies gilt insonderheit auch für ballistische Messungen.

12. Kontrolle des Nullpunktes. Da die Ergebnisse der magnetischen Messungen durch die sog. magnetische Vorgeschichte des Materials beeinflußt werden, so darf man bei der Aufnahme einer Magnetisierungskurve den Magnetisierungsstrom nicht unterbrechen, um etwa eine Kontrolle des Nullpunktes vorzunehmen; man ist also bei der Auswertung der Magnetometerausschläge auf diejenigen Nullpunkte angewiesen, die man vor und nach der ganzen Messungsreihe abliest. Nun sind aber nicht nur in belebten Gegenden die magnetischen Störungen durch Fernwirkungen von Straßenbahnen, Fabriken usw. mitunter so groß, daß die dadurch bedingten Nullpunktsverschiebungen die Messungen mit dem gewöhnlichen Magnetometer ganz erheblich beeinträchtigen, wenn nicht unmöglich machen, sondern auch in abgelegenen Gegenden treten ja bekanntlich erdmagnetische Störungen und mehr oder weniger regelmäßige Deklinationsschwankungen auf, die sich als Nullpunktsverschiebungen bei den Aufnahmen von längeren Magnetisierungsreihen sehr störend bemerkbar machen und das Messungsergebnis erheblich fälschen können. Man ist daher bei genaueren Messungen gezwungen, in hinreichender Entfernung von dem Beobachtungsinstrument ein gleich empfindliches Magnetometer aufzustellen, dessen Nullpunktsverschiebungen man von Zeit zu Zeit während der Beobachtungsreihe kontrolliert und bei der Auswertung der letzteren in Rechnung zieht. In ganz besonderem Maße ist dies erforderlich bei den astasierten Magnetometern mit hoher Empfindlichkeit.

13. Astasiertes Magnometer. Die Empfindlichkeit des gewöhnlichen Magnetometers ist durch die Horizontalkomponente des Erdmagnetismus bedingt und daher ein für allemal gegeben. Stehen also nur Proben von sehr kleinen Abmessungen zur Verfügung, oder will man etwa Werte der Anfangspermeabilität oder der reversiblen Permeabilität messen, bei denen nur sehr kleine Induktionsänderungen in Betracht kommen, so muß man den Abstand der Probe vom

Magnetometer sehr klein nehmen, was erhebliche Übelstände im Gefolge hat, auf die oben bereits hingewiesen wurde. Man hat sich nun früher vielfach dadurch zu helfen gesucht, daß man die Horizontalkomponente des Erdmagnetismus und damit die Richtkraft des Magnetometermagnets durch mehrere in geeigneten Abständen aufgestellte Magnete zu schwächen suchte. Wenn dies Verfahren auch scheinbar ohne weiteres zum Ziele führt, so hat es doch große Schattenseiten, denn einmal wird, falls man nicht sehr starke Magnete aus relativ großer Entfernung wirken läßt, durch den Einfluß dieser Astasierungsmagnete das Feld in der unmittelbaren Umgebung des Magnetometermagnets stark verzerrt, und das hat natürlich zur Folge, daß die Richtkraft des Magnetometermagnets sich mit der Größe des Ausschlags ändert. Sodann aber wirkt ein derartiges künstliches Zusatzfeld auch magnetisierend auf die zu untersuchende Probe, und das muß natürlich gerade bei der Bestimmung der Anfangspermeabilität u. dgl. besonders sorgfältig vermieden werden. Hier hilft eine vom Verfasser[1]) angegebene einfache Vorrichtung: Man stellt mittels eines hölzernen Hohlringes von genügendem Querschnitt, den man mit einer Wickelung aus Kupferdraht versieht, ein in sich geschlossenes und daher nach außen streuungsfreies Feld her, dessen Stärke mittels des durchfließenden Stromes beliebig reguliert werden kann, und bringt das ganze Magnetometergehäuse in dies Hilfsfeld. Zumeist genügt es, die Kreisspule mit einem zur Aufnahme des Magnetometers ausreichenden Schlitz zu versehen, wobei dann allerdings das Hilfsfeld im Schlitz nicht mehr ganz homogen bleibt; anderenfalls verwendet man als Spule zwei genau aneinander passende Hälften, deren Wickelungen hintereinander verbunden werden und die der stabförmigen Stütze des Trägers am unteren Ende sowie der den Aufhängefaden enthaltenden Röhre am oberen Ende des Magnetometers den Durchtritt gestatten. In einer derartigen Spule ist das Feld in jeder Horizontalebene hinreichend homogen, variiert aber natürlich etwas in vertikaler Richtung, was außer Betracht bleiben kann. Eine durch Stellschrauben zu betätigende Vorrichtung gestattet, die Ringebene genau in den magnetischen Meridian zu drehen; ob dies erreicht ist, ob also die Richtung des Hilfsfeldes mit der Richtung des Erdfeldes genau zusammenfällt, was unbedingt erforderlich ist, erkennt man daran, daß beim Einschalten bzw. Kommutieren des Stromes in der Ringspule das Magnetometer keinen Ausschlag erleidet. Ist dies erreicht, dann kann man durch richtige Schaltung und Regulierung des Hilfsstromes die Empfindlichkeit des Magnetometers beliebig vergrößern. Leider werden auch die äußeren Störungen durch Erdströme u. dgl. und damit auch die Nullpunktsschwankungen ungefähr in demselben Maße verstärkt wie die Empfindlichkeit des Magnetometers; es ist also, um dem Rechnung zu tragen, die Aufstellung eines zweiten astasierten Magnetometers mit genau derselben Einrichtung und derselben Empfindlichkeit notwendig, an welchem die jeweiligen Nullpunktsschwankungen während der Messungsreihen kontrolliert werden können; selbstverständlich muß die Aufstellung dieses Kontrollinstruments so gewählt werden, daß eine direkte Wirkung des zu messenden Probekörpers darauf nicht mehr zu befürchten ist.

Umgekehrt kann man natürlich mit derselben Vorrichtung auch die Empfindlichkeit des Magnetometers verringern und es damit auch gegen äußere Störungen unempfindlicher machen, falls man in der Lage ist, Proben von hinreichend großen Abmessungen zu verwenden, welche auch noch bei verstärkter Direktionskraft des Magnetometers genügend große Ausschläge hervorbringen. Die jeweilige Empfindlichkeit des astasierten Magnetometers läßt sich natürlich genau in derselben Weise bestimmen wie beim gewöhnlichen Magnetometer.

---

[1]) E. Gumlich, Verh. d. D. Phys. Ges. 1914, S. 406.

14. Beispiel einer Ellipsoidmessung; Hystereseverlust; Maximalpermeabilität. In Abb. 6 ist ein Beispiel für die Messung eines Ellipsoids von 33 cm Länge und 0,6 cm Durchmesser, also $N = l/d = 55$ gegeben, und zwar stellt die gestrichelte Kurve die Induktionen, aufgetragen in Abhängigkeit von der beobachteten scheinbaren Feldstärke $\mathfrak{H}'$ dar, die ausgezogene dieselben Induktionen in Abhängigkeit von der gescherten wahren Feldstärke $\mathfrak{H} = \mathfrak{H}' - NJ$. Man sieht, wie außerordentlich stark der Einfluß des Scherungsgliedes NJ schon bei diesem doch noch ziemlich beträchtlichen Dimensionsverhältnis ist, und kann leicht übersehen, wie groß die Wirkung auch eines geringen Beobachtungsfehlers in der Induktion wird. Koerzitivkraft und Hystereseverlust $W_h = 1/4\pi \int \mathfrak{H} \cdot d\mathfrak{B}$ sind für beide Schleifen gleich, wie es auch sein muß, denn der in dem Ausdruck für den Hystereseverlust stehende Integralwert entspricht ja, von einem konstanten, durch den Maßstab der Zeichnung gegebenen Faktor abgesehen, dem am einfachsten durch ein Planimeter zu messenden Flächeninhalt der Hystereseschleife; zerlegt man aber beide Hystereseschleifen durch Schnitte parallel zur $\mathfrak{H}$-Achse in gleich hohe unendlich kleine Streifen, so sieht man, daß diese bei beiden Schleifen aus Parallelogrammen von derselben Grundlinie und Höhe bestehen, also denselben Flächeninhalt haben, wenn sie auch verschieden geneigt sind. Einen maßgebenden Einfluß

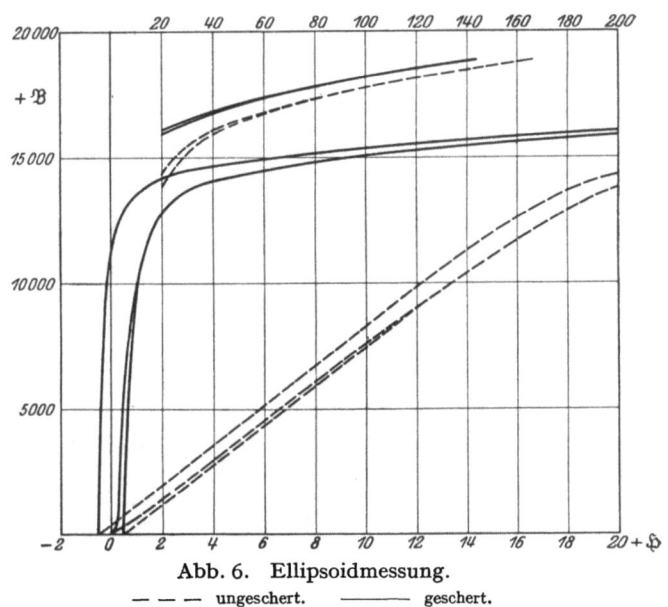

Abb. 6. Ellipsoidmessung.
– – – ungeschert. ——— geschert.

auf den Hystereseverlust dagegen hat zumeist die Koerzitivkraft, also die Breite der Hystereseschleife bei der Induktion $\mathfrak{B} = 0$, und man kann deshalb, wenn es nur auf einen rohen Überschlag ankommt, schon die Koerzitivkraft allein als Maß für die Größe des Hystereseverlustes betrachten. Für die Höhe der Maximalpermeabilität dagegen ist sowohl die Koerzitivkraft wie auch die Remanenz bestimmend, denn da die Nullkurve immer innerhalb der Hystereseschleife bleiben muß und erfahrungsgemäß bei etwa $\mathfrak{B} = 10000$ bis 12000 in den aufsteigenden Ast einläuft, so wird das Maximum der Permeabilität $\mathfrak{B}/\mathfrak{H}$ natürlich umso höher ausfallen, je steiler die Hystereseschleife, je höher also die Remanenz $\mathfrak{B}_r$ und je niedriger die Koerzitivkraft $\mathfrak{H}_c$ ist. Tatsächlich hat sich auf Grund eines umfangreichen Zahlenmaterials die empirische Beziehung $\mu_{max} = \mathfrak{B}_r/2\mathfrak{H}_c$[1]) bei einigermaßen normalem Kurvenverlauf innerhalb weniger Prozent als richtig erwiesen und leistet in bestimmten Fällen, namentlich auch bei der genaueren Ermittlung des Verlaufs der Jochscherung, wertvolle Dienste.

15. Störungsfreies Magnetometer von KOHLRAUSCH und HOLBORN[2]). Wie schon erwähnt, sind die magnetischen Störungen namentlich in großen Städten durch Straßenbahnen, Starkstromschleifen, Fabrikanlagen, Erdströme u. dgl.

---
[1]) E. GUMLICH u. E. SCHMIDT, Elektrot. ZS. Bd. 32, S. 697. 1901.
[2]) F. KOHLRAUSCH u. L. HOLBORN, Ann. d. Phys. (4) Bd. 10, S. 287. 1903.

vielfach so stark, daß auch zur Nachtzeit das Arbeiten mit dem gewöhnlichen Magnetometer ausgeschlossen ist; hier hilft, wenn die Störungsquellen nicht allzu nahe sind, das störungsfreie Magnetometer von KOHLRAUSCH und HOLBORN. Es beruht im Prinzip darauf, daß als Magnetometermagnet nicht ein Magnetstab verwendet wird, sondern zwei um 180° gegeneinander gedrehte Magnetstäbe von gleich großem Moment, die in einem gewissen Abstand voneinander an einer leichten Stange befestigt und mit Hilfe der letzteren und eines nachwirkungsfreien Platin-Iridiumdrahtes an der Decke oder einem festen Ständer aufgehängt sind. Hierdurch ist die Richtkraft des Erdmagnetismus auf das ganze System ausgeschaltet und durch die Torsionskraft des Aufhängefadens ersetzt, aber auch irgendwelche äußeren magnetischen Störungen können das System nicht in Bewegung setzen, da eine Störung, welche den unteren Magnet nach der einen Seite zu drehen sucht, mit derselben Stärke auf den oberen Magnet in umgekehrter Richtung wirkt, so daß das ganze System in Ruhe bleibt, vorausgesetzt, daß die Störungsquelle hinreichend weit entfernt ist bzw. der Abstand der beiden Magnete so bemessen ist, daß das von der Störungsquelle ausgehende Störungsfeld an den Orten der beiden Magnete genau die gleiche Größe hat. Hieraus ergibt sich auch die Grenze der Leistungsfähigkeit dieser Anordnung: Soll dieselbe zu praktischen Messungen noch tauglich bleiben, so muß der Abstand nicht zu gering bemessen werden, denn eine in der Nähe des einen Magnets aufgestellte Probe, deren Magnetisierungsintensität gemessen werden soll, wirkt wohl in erster Linie auf diesen, in zweiter Linie aber auch auf den anderen, den Kompensationsmagnet, und zwar um so stärker, je geringer der Abstand der beiden Magnete ist; die ganze Messung mit dem Apparat bedarf also einer entsprechenden Korrektion, die um so größer und auch um so unsicherer wird, je geringer der Abstand der beiden Magnete zum Zweck der Beseitigung der äußeren Störungen gewählt werden muß, je näher also die entsprechende Störungsquelle liegt; gegen die Einwirkung einer direkt am Beobachtungsgebäude vorbeifahrenden Straßenbahn u. dgl. hilft auch diese Anordnung nicht mehr, bei weiter entfernten Störungsquellen dagegen hat sie sich vorzüglich bewährt.

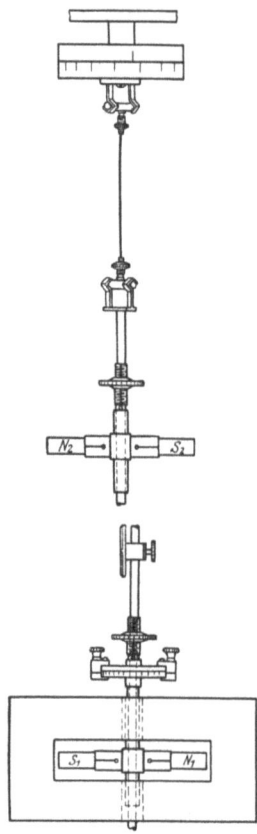

Abb. 7. Störungsfreies Magnetometer von KOHLRAUSCH und HOLBORN.

In Abb. 7 ist ein Durchschnitt durch das ursprüngliche, von KOHLRAUSCH und HOLBORN konstruierte Instrument gegeben, der im wesentlichen nur in bezug auf die Maße noch einiger Erläuterungen bedarf. Die beiden Magnete haben eine Länge von 6 cm bei einem Durchmesser von 0,7 cm, besitzen gleiches magnetisches Moment, sind aus demselben Material angefertigt und in gleicher Weise behandelt und gealtert, damit, wenn überhaupt eine kleine Änderung des Moments im Laufe der Zeit eintritt, sie für beide Magnete gleich ist und sich daher in bezug auf die Ruhelage nicht bemerkbar macht; der Abstand der Magnete beträgt 192 cm. Ein den unteren Magnet umschließender, durch einen vertikalen Schnitt in zwei Teile zerlegter und daher leicht zu entfernender Kupferdämpfer beseitigt störende Pendelungen. Zur besseren Ausrichtung sind die Magnete verschiebbar und drehbar angeordnet, die Justierung des Ganzen vermittelt ein mit Teilung versehener Torsionskopf. Auf den ersten Blick scheint zwar, da die richtende Erdkraft auf das ganze System keine Wirkung ausübt, die Stellung des Magnets zum magnetischen Meridian gleichgültig zu sein, tatsächlich aber ist es vorteilhaft, die Ebene beider Magnete wenigstens angenähert mit dem magnetischen Meridian zusammenfallen zu lassen. Steht sie nämlich senkrecht darauf, so macht sich, wie leicht ersichtlich, jede Temperaturänderung mit der Höhe, die ja bei geheizten Zimmern unausbleiblich ist und eine Abnahme des Moments des zeitweilig wärmeren Magnets bedingt, durch eine starke und sehr lästige Wanderung des Nullpunktes bemerkbar. Das ganze System ist vor Luftzug durch einen Holzschrank, der Aufhängefaden durch ein geschlitztes Messingrohr geschützt, dessen Schlitz nach der Aufhängung des Systems wieder verklebt wird.

16. Ableitung der Formeln. Wir lassen zunächst die Wirkung des Ellipsoids auf die obere Nadel des Systems außer acht und betrachten nur die Wirkung auf die untere Nadel, deren magnetisches Moment $\mathfrak{M}_1$ sei. Das vom Ellipsoid herrührende, senkrecht zur Ruhelage der Nadel stehende Feld sei F_1; die Direktionskraft, welche an der Nadel angreift und sie zu drehen sucht, ist dann $F_1 \mathfrak{M}_1$; ihr entgegengesetzt wirkt die Torsionskraft des Fadens, die dem Drehungswinkel proportional ist. Kommt die Nadel unter der Einwirkung beider entgegengesetzt gerichteten Kräfte nach der Drehung um den Winkel α zur Ruhe, so gilt wegen der Gleichheit der beiden Drehmomente

$$F_1 \mathfrak{M}_1 \cos\alpha = D\alpha \tag{16}$$

und hieraus

$$F_1 = \frac{D\alpha}{\mathfrak{M}_1 \cos\alpha} = \frac{C\alpha}{\cos\alpha} = C\alpha\left(1 + \frac{\alpha^2}{2} + \cdots\right) = \frac{2\mathfrak{M}}{a^3}, \tag{17}$$

wobei $\mathfrak{M}$ das magnetische Moment des Ellipsoids und $C = D/\mathfrak{M}_1$ eine noch später zu bestimmende Konstante bezeichnet. Wegen der Ableitung des Wertes auf der rechten Seite der Gleichung und der vorläufigen Vernachlässigung der durch die endlichen Dimensionen der Nadel bedingten kleinen Korrektionsgrößen vgl. Ziff. 7. Hieraus würde sich also direkt der gesuchte Wert von $\mathfrak{M}$ in erster Annäherung ergeben, wenn nicht das Ellipsoid auch auf die zweite Nadel einwirkte. Bei gegebenem Nadelabstand h wird diese Wirkung von der Entfernung b des Ellipsoidmittelpunkts von der Mitte der oberen Nadel abhängen, die ja wieder durch die Beziehung $b = \sqrt{a^2 + h^2}$ auf den Abstand a des Ellipsoidmittelpunktes von der Mitte der unteren Nadel und den Nadelabstand h zurückgeführt werden kann. Man findet die Korrektion, indem man das magnetische Moment des Ellipsoids in zwei Komponenten zerlegt, von denen die eine aus erster GAUSSscher Hauptlage in der Verbindungslinie zwischen Ellipsoidmitte und der Mitte der oberen Magnetnadel wirkt, die zweite leicht gesondert bestimmt werden kann. Nach Durchführung der Rechnungen, wegen deren auf die Originalarbeit von KOHLRAUSCH und HOLBORN (l. c.) verwiesen werden muß, ergibt sich für die Summe der vom Ellipsoid herrührenden Feldkomponenten, welche das Nadelsystem zu drehen suchen,

$$F = \frac{2\mathfrak{M}}{a^3}\left[1 + \psi\left(\frac{a}{h}\right)\right], \tag{18}$$

wobei die Funktion ψ gegeben ist durch die Beziehung

$$\psi\left(\frac{a}{h}\right) = \frac{\frac{1}{3}(a/h)^3 - (a/h)^5}{[1 + (a/h)^2]^{\frac{5}{2}}}. \tag{19}$$

Der Verlauf von $\psi(a/h)$ ist in Abb. 8 wiedergegeben, genauere Werte sind der Tabelle 2 zu entnehmen.

Aus der Formel (19) geht in Übereinstimmung mit dem Kurvenverlauf in Abb. 8 hervor, daß bei einer bestimmten Stellung des Ellipsoids die Wirkung desselben auf die obere Nadel überhaupt Null ist, nämlich dann, wenn der Abstand $a = h \cdot \sqrt{0{,}5}$ ist; für kleinere Werte von a ist die Korrektion positiv und erreicht etwa 2%, für größere Abstände ist sie negativ und wächst andauernd, was ja in der Natur der Sache liegt. Es ist also natürlich vorteilhaft, das Ellipsoid, falls es die Dimensionen desselben gestatten, in die Nähe der günstigsten Stelle a zu bringen.

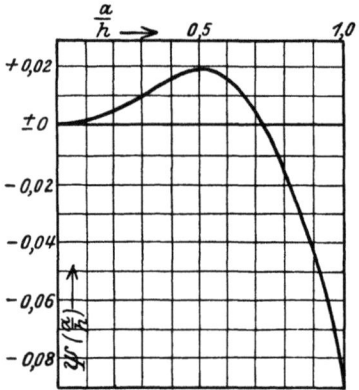

Abb. 8. Verlauf der Funktion $\psi(a/h)$.

Berücksichtigt man nun schließlich noch, wie beim gewöhnlichen Magnetometer, die Polabstände des Ellipsoids L und der unteren Nadel l, die gegenüber dem Abstand a im allgemeinen nicht zu vernachlässigen sein werden, so erhält man

$$F = \frac{2\mathfrak{M}}{a^3}\left[1 + \frac{\frac{1}{2}L^2 - \frac{3}{4}l^2}{a} + \psi\left(\frac{a}{h}\right)\right] \\ = C\alpha\left(1 + \frac{1}{2}\alpha^2 + \cdots\right). \quad (20)$$

Zur Bestimmung der Konstanten C verwendet man, wie zur Bestimmung der Horizontalintensität des Erdfeldes, am besten eine vom Strom iA durchflossene Spule mit wenigen, etwa n Windungen und großem Radius r, die man aus dem Abstand a_1 auf das Magnetometer wirken läßt. Man erhält dann für das gesamte Feld F_1, das eine Ablenkung β hervorbringt, die Beziehung

$$F_1 = \frac{2r^2\pi n i}{10(a_1^2 + r^2)^{\frac{3}{2}}}\left[1 - \frac{\frac{3}{4}l^2}{(a_1^2 + l^2/4)} + \psi\left(\frac{a_1}{h}\right)\right] = C\beta\left(1 + \frac{1}{2}\beta^2 + \cdots\right). \quad (21)$$

Der hieraus für C sich ergebende Wert ist in die Gleichung (20) einzusetzen.

Tabelle 2. Werte der Funktion $\psi(a/h)$.

	0,2	0,3	0,4	0,5	0,6	0,7	0,8	0,9
0,00	+0,0033	+0,0089	+0,0150	+0,0179	+0,0140	+0,0013	−0,0208	−0,0513
0,01	+0,0038	+0,0096	+0,0155	+0,0179	+0,0132	−0,0005	−0,0235	−0,0547
0,02	+0,0043	+0,0102	+0,0160	+0,0177	+0,0122	−0,0024	−0,0263	−0,0582
0,03	+0,0048	+0,0109	+0,0164	+0,0176	+0,0112	−0,0044	−0,0291	−0,0618
0,04	+0,0053	+0,0115	+0,0168	+0,0173	+0,0100	−0,0065	−0,0321	−0,0654
0,05	+0,0059	+0,0121	+0,0171	+0,0170	+0,0088	−0,0086	−0,0351	−0,0691
0,06	+0,0065	+0,0127	+0,0174	+0,0166	+0,0075	−0,0109	−0,0382	−0,0729
0,07	+0,0071	+0,0133	+0,0176	+0,0160	+0,0061	−0,0132	−0,0413	−0,0767
0,08	+0,0077	+0,0139	+0,0178	+0,0155	+0,0046	−0,0157	−0,0446	−0,0805
0,09	+0,0083	+0,0145	+0,0179	+0,0148	+0,0030	−0,0182	−0,0479	−0,0844

Statt der Winkel α und β wird man natürlich wieder, da man mit Fernrohr und Skala arbeitet, die an der Skala abgelesenen Ausschläge e benutzen. Drückt man α wie auch α^3 als Funktion von e/A aus, wobei A wieder den Skalenabstand bezeichnet, berücksichtigt nur noch Glieder von der dritten Potenz von e/A und setzt endlich $\mathfrak{M} = VJ$, wobei V das Volumen des Ellipsoids, J die gesuchte Magnetisierungsintensität bezeichnet, so erhält man schließlich

$$J = \frac{Ca^3}{2V\left[1 + \frac{\frac{1}{2}L^2 - \frac{3}{4}l^2}{a^2} + \psi\left(\frac{a}{h}\right)\right]} \cdot \frac{e}{2A}\left[1 - \frac{5}{6}\left(\frac{e}{2A}\right)^2\right]. \quad (22)$$

Da die Empfindlichkeit des Magnetometers in erheblichem Maße von der Temperatur abhängt — denn einmal ändert sich die Direktionskraft des Aufhängefadens mit der Temperatur, dann aber auch das magnetische Moment der Magnete — so ist bei genaueren Messungen die Bestimmung der Direktionskraft vor und nach jeder Messungsreihe erforderlich. Falls der Aufbau einer größeren Ablenkungsspule zu hinderlich ist, kann man sich dadurch helfen, daß man eine gewöhnliche lange Magnetisierungsspule ein für allemal an diese Spule mit großem Radius anschließt und sie dann zur Bestimmung der Empfindlichkeit verwendet; absolute Messungen der Empfindlichkeit darauf zu gründen, ist nicht ratsam, da die Rechnung ziemlich verwickelt und unsicher ist (vgl. KOHLRAUSCH und HOLBORN l. c.).

17. Die Magnetometer von DIETERLE, TOBUSCH (VON AUWERS) und HAUPT. Da die Richtkraft des Systems bei der ursprünglichen Anordnung nur durch die Aufhängung gegeben ist, so kann man natürlich bei so schweren Systemen, wie die hier verwendeten, nur auf eine mäßige Empfindlichkeit rechnen, wie sie bei den gewöhnlichen Messungen auch erwünscht ist. In besonderen Fällen jedoch, wo man es mit sehr kleinen Proben oder mit sehr geringen Induktionsänderungen zu tun hat, reicht diese Empfindlichkeit nicht aus, und man muß leichtere Systeme und Aufhängefäden mit geringerer Torsionskraft verwenden. Eingehende Untersuchungen darüber hat DIETERLE[1]) angestellt; er verwendete als Magnetnadeln mehrere ausgerichtete und wieder gehärtete Stückchen von Uhrfedern, die auf eine Unterlage von Glimmer geklebt und magnetisiert wurden, als Verbindungsstück zwischen den beiden Systemen, von denen das obere als Ablenkungssystem, das untere als Hilfssystem diente, einen dünnen Glasstab, als Aufhängungsfaden einen dünnen Quarzfaden; zur Dämpfung benutzte er Luftdämpfung; das ganze System war an einem vertikal verschiebbaren Arm eines kräftigen Trägers befestigt und durch Glasröhren vor Luftzug geschützt.

Den Vorteil großer Empfindlichkeit und einer so großen Störungsfreiheit, wie sie durch die oben beschriebenen Anordnungen nicht gewährleistet werden kann, bietet eine von TOBUSCH angegebene und durch v. AUWERS[2]) verbesserte Anordnung. Hier befinden sich die beiden Nadeln des von einem Quarzfaden getragenen astatischen Systems in so geringem Abstand voneinander, daß auch näher gelegene Störungsquellen nicht mehr wirken. Nördlich und südlich von dem System stehen vertikal die Magnetisierungs- und die Kompensationsspule; die Länge des Probekörpers ist so bemessen, daß die beiden Pole desselben in die Niveauebenen der beiden Nadeln fallen. Da die von den beiden Polen auf das System ausgeübte Drehung in derselben Richtung erfolgt, so ist, auch abgesehen von der geringen Torsionskraft des Aufhängefadens, die Empfindlichkeit natürlich sehr viel größer als bei dem bisher beschriebenen System. Als Nachteil der Anordnung ist die Vertikalstellung des Probekörpers zu nennen, infolge deren die Probe von vornherein unter der Wirkung der vertikalen Komponente des Erdfeldes steht, was bei magnetisch sehr weichem Material erhebliche Fehler in dem unteren Teil der Magnetisierungskurve zur Folge haben kann. Wegen der Entwicklung der Formeln für die Konstanten des Instruments muß auf die Abhandlung von v. AUWERS verwiesen werden.

Endlich sei noch eine Anordnung von HAUPT[3]) erwähnt, die für bestimmte Zwecke gute Dienste leisten kann; sie besteht (Abb. 9) aus zwei möglichst identischen längeren Stabmagneten, die durch eine Strebe und zwei gebogene Verbindungsstücke B so zu einem Rahmen vereinigt sind, daß der Nordpol des

---

[1]) R. DIETERLE, Dissert. Tübingen 1919; Ann. d. Phys. (4) Bd. 59, S. 343. 1919.
[2]) O. v. AUWERS, Ann. d. Phys. (4) Bd. 63, S. 867. 1920.
[3]) E. HAUPT, Elektrot. ZS. Bd. 28, S. 1096. 1907.

einen Magnets dem Südpol des anderen gegenübersteht, und umgekehrt; das ganze in hängender Stellung auf einer Spitze Sp gelagerte System repräsentiert also in den beiden Polpaaren N_1S_2 und N_2S_1 ein KOHLRAUSCH-HOLBORNsches Nadelpaar, das in geringem Abstand — nämlich dem Polabstand der beiden Magnete — aufgehängt ist und daher eine gute Ruhelage garantiert, um so mehr, als auch eine etwaige Verschiedenheit der magnetischen Momente beider Magnete die Ruhelage nicht beeinflussen kann. Die Direktionskraft liefert hier an Stelle des Aufhängefadens eine Spiralfeder F, während der mit Teilung versehene Torsionskopf T gestattet, den Ausschlag wieder auf Null zurückzubringen; wir haben es also hier mit einer Nullmethode zu tun, die an sich stets gewisse Vorzüge bietet. In der Höhe der beiden Polpaare befinden sich noch die Magnetisierungsspule S und die Kompensationsspule S'. Da die Pole der Probe auf diejenigen der Magnetometermagnete aus geringer Entfernung und in demselben Sinne drehend wirken, so ist offenbar diese Wirkung unverhältnismäßig stark, so daß sehr kleine Proben verwendet werden können. Andererseits aber — und darin liegt der Nachteil der Anordnung, die ihrer weiteren Verbreitung hinderlich im Wege steht — darf man bei dem geringen Abstand von Probekörper und Magnetsystem den Magnetismus nicht mehr in punktförmigen Polen konzentriert denken, ist vielmehr auch bei Verwendung von Proben in Ellipsoidform auf umständliche Rechnungen angewiesen[1]), bei der Verwendung von kurzen gedrungenen Stäben aber auf die Anbringung einer mehr oder weniger unsicheren Scherung; immerhin hat sich der Apparat, wenigstens zu rasch ausführbaren Vergleichsmessungen von kleinen, gleich dimensionierten Probekörpern, brauchbar erwiesen.

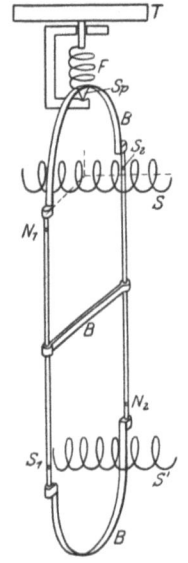

Abb. 9. Störungsfreies Magnetometer von HAUPT.

c) Ballistische und andere Methoden.

18. Allgemeines. Während früher die magnetometrische Methode für magnetische Messungen fast ausschließlich in Betracht kam, wird sie jetzt immer mehr von der bequemeren und weniger Störungen ausgesetzten ballistischen Methode verdrängt, wenn auch nicht in jeder Beziehung vollkommen ersetzt. Sie beruht auf folgendem: Bringt man eine mit einer Sekundärspule versehene Probe in eine Magnetisierungsspule und erzeugt darin mittels eines die Spule durchfließenden Stromes ein magnetisches Feld, so tritt in der Probe ein Induktionsfluß auf; dieser erzeugt an den Enden der Sekundärspule eine gewisse Spannung, die sich in einem mit der Sekundärspule verbundenen ballistischen Galvanometer in Form eines Stromstoßes ausgleicht; aus dem hierdurch hervorgebrachten Galvanometerausschlag läßt sich dann unter Berücksichtigung der Galvanometerkonstante, der Anzahl der Sekundärwindungen und des Widerstands des Sekundärkreises die Größe des Induktionsflusses und somit auch mittels des bekannten Querschnitts der Probe die Induktion berechnen. Genau so, wie das Entstehen des Feldes, wirkt auch die Änderung eines solchen auf die Probe bzw. das Galvanometer, und man kann somit, vom unmagnetischen Zustand des Materials ausgehend (vgl. Ziff. 3), die sog. Nullkurve OA (Abb. 10) bis zu einer beliebig hohen Feldstärke durchlaufen, indem man die Feldstärken durch Ausschalten von Widerstand aus dem Magnetisierungsstromkreis (Kurbelwiderstand!) sprungweise

---

[1]) F. W. JORDAN, Verh. d. D. Phys. Ges. Bd. 11, S. 216. 1909.

ändert und die dabei entstehenden Galvanometerausschläge beobachtet. Beim Maximum angelangt, läßt man den Magnetisierungsstrom wieder in einer geeigneten Anzahl von Sprüngen auf Null abnehmen und durchläuft damit den absteigenden Hystereseast AB; sodann kehrt man die Stromrichtung um und läßt den Strom wieder bis zu seinem früheren Höchstwert anwachsen, wobei man von B über C nach D gelangt; von da ab verfährt man in genau derselben Weise wie von dem symmetrisch gelegenen Punkt A ab und durchläuft damit die ganze Hystereseschleife $ABCDEFA$, wobei zu bemerken ist, daß man, um stets Ausschläge nach der gleichen Richtung zu erhalten, in den Punkten A und D die Richtung des sekundären Stromes durch eine Wippe umkehren muß. Wir erhalten also, wenn wir die Summen der einzelnen Ausschläge $1, 1+2, 1+2+3, \ldots$ als Funktion der entsprechenden und durch den Magnetisierungsstrom gegebenen Feldstärken auftragen, die Magnetisierungskurve in Galvanometerausschlägen dargestellt oder nach Multiplikation der einzelnen Ausschläge mit einem noch zu bestimmenden Reduktionsfaktor direkt in Induktionslinien, wobei von der fast in jedem Fall notwendigen Scherung der Feldstärke zunächst abgesehen werden soll. Die Gesamtheit der Ausschläge, die man beim Durchlaufen

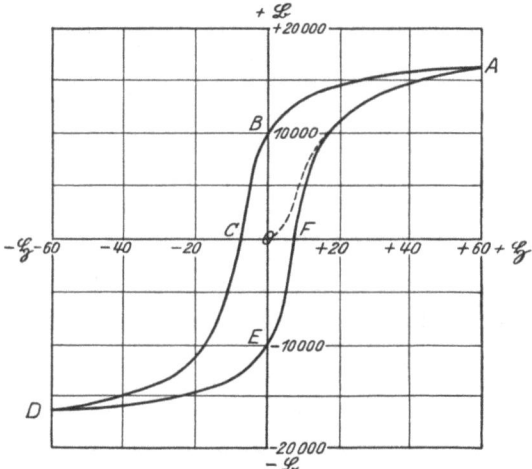

Abb. 10. Magnetisierungskurve.

der Schleife von $+\mathfrak{H}_{max}$ bis $-\mathfrak{H}_{max}$ erhält, entspricht natürlich dem Doppelten der gesamten Induktion; um die wahre, zur Feldstärke $\mathfrak{H}_{max}$ gehörige Induktion $\mathfrak{B}_{max}$ zu erhalten, hat man also diese Summe zu halbieren und von ihr nunmehr die Summen der beim Stromrückgang zwischen $\mathfrak{H}_{max}$ und $\mathfrak{H}=0$ erhaltenen Magnetometerausschläge abzuziehen. Diese Ausschläge sind wegen der stets vorhandenen Hysterese erheblich kleiner als die bei der Nullkurve zwischen $\mathfrak{H}=0$ und $\mathfrak{H}_{max}$ erhaltenen Werte, es bleibt also ein positiver Rest übrig, d. h. unser darstellender Punkt gelangt nicht wieder zum Ausgangspunkt O zurück, sondern zum Punkt B, und zwar entspricht der Rest BO der Remanenz des Materials. Ziehen wir von diesem Rest die mit wachsender negativer Feldstärke erhaltenen Ausschläge ab, bis der Rest Null wird, so kommen wir damit zum Punkt C (Abb. 10); die diesem Wert $\mathfrak{B}=0$ entsprechende Feldstärke OC gibt uns die Koerzitivkraft des Materials, deren Bestimmung mit dem Magnetometer in Ziff. 10 bereits besprochen wurde. Zur Ermittlung des weiteren Verlaufes des aufsteigenden Hystereseastes zwischen den Punkten C und D könnte man nun wieder von Punkt C aus die einzelnen Galvanometerausschläge summieren bis zum Erreichen der halben Gesamtsumme und sie den entsprechenden Feldstärkenwerten zuordnen, es ist aber für die Rechnung einfacher, den umgekehrten Weg einzuschlagen, wieder von der halben Summe beim Punkt D auszugehen und die einzelnen Ausschläge abzuziehen, d. h. ebenso zu verfahren, wie beim absteigenden Ast zwischen A und B. Im allgemeinen trifft man nämlich bei den Beobachtungen natürlich den Punkt C nicht genau, vielmehr liegt der eine beobachtete Wert etwas oberhalb, der andere etwas unterhalb von $\mathfrak{B}=0$, und man müßte also zuerst rechnerisch bestimmen, welcher Feldstärke der anteilige Restbetrag von $\mathfrak{B}$ entspricht, oder man müßte dauernd mit negativen Werten rechnen. Mit Hilfe einer Rechenmaschine lassen sich die beschriebenen Rechnungsoperationen in außerordentlich kurzer Zeit ausführen, indem man zunächst den Reduktionsfaktor als Multiplikand einstellt und mit der halben Summe der sämtlichen Ausschläge multipliziert; man erhält dann die dem Punkt A entsprechende Gesamtinduktion; sodann stellt man die Maschine auf Subtraktion und multipliziert mit dem Reduktionsfaktor die einzelnen Ausschläge, wobei sich die Produkte von selbst von der Gesamtsumme abziehen; die Übereinstimmung der beiden Restwerte in der Nähe des Punktes C gibt eine erwünschte Kontrolle für die Rechnung.

Theoretisch sollten die beiden Äste der Hystereseschleifen vollkommen symmetrisch verlaufen, es würde also eigentlich die Aufnahme der einen Hälfte genügen; tatsächlich zeigen sich jedoch häufig, namentlich an den steilen Stellen, nicht unerhebliche Verschiedenheiten der Einzelausschläge, die auf die mehr oder weniger labilen Zustände der Moleküle zurückzuführen sind, sich aber in der Summe wieder ausgleichen müssen; es ist deshalb in jedem Falle vorteilhaft, die beiden Hälften aufzunehmen und die erhaltenen Ausschläge zu mitteln. Das Vorhandensein größerer Abweichungen zwischen den Gesamtsummen der Ausschläge bei beiden Hälften der Schleife deutet auf Beobachtungsfehler hin, denen nachgegangen werden muß.

19. Korrektion wegen der Nachwirkungserscheinungen; Kommutierungskurve. Die bereits in Ziff. 11 erwähnten Nachwirkungserscheinungen, die sich bei manchen Materialien in erheblichem Maße störend bemerkbar machen, können das Ergebnis der soeben beschriebenen ballistischen Messung stark beeinträchtigen. Grundsätzlich wird man ja bei der Wahl des Galvanometers — zur Vermeidung der äußeren Störungen nimmt man am besten ein Drehspulinstrument — darauf sehen, daß die Dauer des ersten Ausschlages nicht unter 5 bis 6 Sekunden bleibt, damit dem Grundprinzip, daß der überwiegende Teil des Magnetisierungsvorgangs bereits abgelaufen ist, ehe das Galvanometersystem sich merklich aus seiner Ruhelage entfernt hat, Rechnung getragen wird, aber für viele Materialien genügt auch diese Schwingungsdauer nicht vollständig, und eine noch größere Schwingungsdauer ist wegen des damit verbundenen Zeitverlustes lästig; man wird also namentlich an den steilsten Stellen der Magnetisierungskurven, wo die Nachwirkungserscheinungen am stärksten zu sein pflegen, stets eine gewisse Einbuße an Ausschlag erleiden, und der Fehler wird insgesamt um so mehr ins Gewicht fallen, je zahlreicher die angewendeten Sprünge sind. Man kann sich jedoch dadurch in genügendem Maße von dieser Fehlerquelle befreien, daß man zum Schluß der Einzelbeobachtungen noch eine Messung macht, welche mit einem einzigen Sprunge das ganze durchmessene Induktionsgebiet umfaßt, daß man also die maximale Feldstärke kommutiert und den dabei auftretenden Ausschlag beobachtet; er ist von diesen Nachwirkungserscheinungen frei und daher im allgemeinen größer als die Summe der Einzelausschläge, er gibt also den richtigen Wert für die gesamte Induktion $\mathfrak{B}_{\max}$, auf den die Einzelsprünge dann zu reduzieren sind. Selbstverständlich muß zu dieser Beobachtung des Kommutierungswertes ein größerer Vorschaltwiderstand genommen und in Rechnung gezogen werden, auch sollen zur Erzielung der sog. „Akkomodation" vor der endgültigen Beobachtung wenigstens 10 bis 20 Kommutierungen mit der gleichen maximalen Stromstärke ausgeführt werden.

Eine andere, von Nachwirkungsfehlern nahezu freie Methode zur Bestimmung der Induktion in Abhängigkeit von der Feldstärke besteht darin, daß man die soeben für die höchste Feldstärke beschriebene Kommutierung auch schon bei niedrigen Feldstärken anwendet. Man durchläuft dann bei jeder Beobachtung eine vollständige Hystereseschleife, aber ohne Unterteilung, und beobachtet also nur den Galvanometerausschlag, der beim plötzlichen Übergang einer positiven Feldstärke von bestimmtem Betrag zu der gleich hohen negativen Feldstärke entsteht; dieser entspricht also dem Doppelten der Induktion für die entsprechende Feldstärke. Der Nachteil, den dieses ebenfalls vielfach verwendete Verfahren besitzt, liegt in der Notwendigkeit, vor jeder endgültigen Beobachtung die schon erwähnten 10 bis 20 Kommutierungen mit derselben Feldstärke vorzunehmen ein Vorteil dagegen in dem vergrößerten Galvanometerausschlag und dem Umstand, daß ein an einem bestimmten Punkt gemachter Beobachtungsfehler nicht, wie bei der Nullkurve, auf die gesamte Beobachtungsreihe übertragen wird, sondern beim graphischen Ausgleich sofort erkannt und berücksichtigt werden kann; im Endergebnis aber weichen beide Beobachtungsarten zumeist nicht erheblich voneinander ab und können nach Belieben verwendet werden.

20. Messungen am Ellipsoid bzw. Stab in freier Spule und am bewickelten Ring; Feldstärke. Bei Besprechung der magnetometrischen Messungen wurde darauf hingewiesen, daß man nur mit einem Probekörper in Ellipsoidform absolute Werte erhält, da man nur bei ihm die wahre Feldstärke berechnen kann; auch zu ballistischen Messungen läßt sich ein langgestrecktes Ellipsoid verwenden, wenn man um die Mitte desselben eine Anzahl von Windungen aus dünnem, gut isoliertem Draht legt und mit dem ballistischen Galvanometer verbindet; doch darf natürlich die Wickelung nur ganz kurz und auch nicht dick sein, weil ja beim Ellipsoid Streulinien schon da auftreten und daher nicht mehr von allen Windungen gefaßt werden, wo die Dicke merklich abnimmt, und weil andererseits eine erhebliche Dicke der Wickelung Unsicherheiten wegen der sog. Luftlinien, d. h. wegen der zwischen Eisenoberfläche und Spulenmitte verlaufenden Feldlinien (s. später), die ballistisch mitgemessen werden, sowie wegen der innerhalb der Spule sich schließenden Streulinien verursacht; man wird also nur verhältnismäßig wenig Sekundärwindungen benutzen können, was natürlich die Verwendung eines recht empfindlichen Galvanometers voraussetzt. Für die Berechnung der wahren Feldstärke $\mathfrak{H}$ gilt hier ebenfalls die schon bei der magnetometrischen Messung erwähnte Beziehung $\mathfrak{H} = \mathfrak{H}' - NJ$ (Ziff. 9), wobei $\mathfrak{H}'$ die scheinbare, aus Spulenkonstante und Stromstärke zu berechnende Feldstärke, J die Magnetisierungsintensität und N den Entmagnetisierungsfaktor bezeichnet, der nur durch die Dimensionen des Ellipsoids bedingt ist und nicht mehr von der Magnetisierungsintensität J oder der Permeabilität μ abhängt.

Dies ist beim zylindrischen Stab nicht der Fall, infolgedessen kann hier der Entmagnetisierungsfaktor, dem WÜRSCHMIDT[1]) eine interessante Studie gewidmet hat, nur experimentell bestimmt und nur zu Messungen von geringerer Genauigkeit verwendet werden. In Tabelle 1, Ziff. 9 finden sich auch die von SHUDDEMAGEN[2]) an zylindrischen Stäben zwischen 0,6 cm und 2 cm Dicke bei den verschiedenen Dimensionsverhältnissen ermittelten Entmagnetisierungsfaktoren für ballistische Messung, die wenigstens bis zu $\mathfrak{B} = 10000$ oder 12000 Verwendung finden können. Sie sind, wie ein Vergleich mit den durch R. MANN magnetometrisch gewonnenen entsprechenden Werten zeigt, durchweg erheblich niedriger als diese, was darauf zurückzuführen ist, daß bei den ballistischen Messungen durch die nur um die Mitte des Stabes gelegte Induktionsspule der Höchstwert der Induktion gemessen wird, bei der magnetometrischen Methode

---

[1]) J. WÜRSCHMIDT, Theorie des Entmagnetisierungsfaktors. Braunschweig: Fried. Vieweg & Sohn A.-G. 1925.
[2]) C. L. B. SHUDDEMAGEN, Proc. Amer. Acad. Bd. 43, S. 185. 1907; Phys. Rev. Bd. 31, S. 165. 1910; Contr. Jefferson Lab. Bd. 8, Nr. 2. 1911.

dagegen der wegen der ungleichmäßigen Verteilung der Magnetisierung im Stab sehr viel kleinere Mittelwert.

Auch im Verlauf der Scherungskurven NJ in Abhängigkeit von J oder $\mathfrak{H}$ besteht insofern ein grundsätzlicher Unterschied, als bei den magnetometrisch gewonnenen die Scherung sich mit wachsender Magnetisierung immer mehr vergrößert, bei den ballistisch gewonnenen aber nach Erreichung eines Maximums bei etwa $J = 1000$ wieder abnimmt und bei der Sättigung Null werden würde. Dies steht mit der Tatsache im Zusammenhang, daß die Magnetisierung eines zylindrischen Stabes mit zunehmender Sättigung, also abnehmender Permeabilität, immer gleichmäßiger wird, die Pole also immer mehr nach den Stabenden hinrücken, eine Erscheinung, der bei den gewöhnlichen magnetometrischen Messungen nicht Rechnung getragen wird.

Gebräuchlicher als die ballistische Messung am Ellipsoid ist die Messung am geschlossenen, mit Sekundär- und Primärwicklung versehenen Probering von rechteckigem oder kreisrundem Querschnitt (Torroid), der, wenn es sich um Blech handelt, einen von etwaigen Einflüssen der Walzrichtung freien Mittelwert liefert (s. später). Wie sich unmittelbar aus dem HOPKINSONschen Gesetz vom magnetischen Kreis ableiten läßt, ist die wahre Feldstärke innerhalb des Ringes gegeben durch

$$\mathfrak{H} = \frac{0{,}4\pi Ni}{l} = 0{,}4\pi ni = \frac{0{,}2 Ni}{r}, \qquad (23)$$

darin bezeichnet r den mittleren Radius des Ringes, $l = 2r\pi$ seinen mittleren Umfang, N die gesamte Windungszahl, $n = N/l$ also die Windungszahl pro cm und i die Stromstärke in Ampere. Dies setzt allerdings voraus, daß die Ringbreite gegenüber dem Radius vernachlässigt werden kann, anderenfalls ist auch im Innern dieses Ringes die Feldstärke nicht mehr hinreichend gleichmäßig; sie ist am größten am inneren Rand des Ringes, wo die Windungen am engsten zusammenliegen, und am kleinsten am äußeren Rande; man trägt diesem Umstand Rechnung, wenn man nach NIETHAMMER[1]) an Stelle des mittleren Umfanges l setzt

$$\lambda = \frac{2\pi(r_a - r_i)}{\ln r_a - \ln r_i}, \qquad (24)$$

worin r_a den Radius des äußeren und r_i denjenigen des inneren Ringumfanges bezeichnet.

21. Bestimmung der Induktion; Eichung des Galvanometers (Normalspule). Wir nehmen an, der Ring vom Querschnitt q trage ν gleichmäßig verteilte und gegen das Eisen möglichst dünn, aber gut (Paragummiband) isolierte Sekundärwindungen, dann tritt an den Enden dieser Wickelung beim Entstehen oder Verschwinden einer Induktion $\mathfrak{B}$ im Eisen die Spannung $q\mathfrak{B}\nu$ auf, die sich als Elektrizitätsmenge $q\mathfrak{B}\nu/w$ durch das Galvanometer entlädt und dort einen Ausschlag α hervorbringt, wobei w den Gesamtwiderstand des Sekundärkreises bezeichnet. Nennen wir C_1 diejenige Elektrizitätsmenge, welche einen Ausschlag des Galvanometers von einem Skalenteil hervorbringen würde, so gilt

$$\frac{\mathfrak{B}q\nu}{w} = C_1 \alpha. \qquad (25)$$

Zur Auswertung der Konstanten C_1 bedient man sich entweder der Entladung eines Kondensators von bekannter Kapazität oder besser einer sog. Normalspule. Diese besteht aus einem ziemlich langen und ganz gleichmäßig abgedrehten Zylinder aus Marmor oder aus einer mit einer Hartgummischicht überzogenen Glasröhre, in welche eine fortlaufende Rille zur Aufnahme der aus blankem

---
[1]) F. NIETHAMMER, Dissert. Zürich 1898; Wied. Ann. Bd. 66, S. 33. 1898.

Kupferdraht bestehenden Wickelung eingedreht ist. Aus der genau zu bestimmenden Länge l der ganzen Spule, ihrem von Drahtmitte zu Drahtmitte gemessenen Durchmesser d und der Windungszahl n pro cm ergibt sich dann für einen Strom von i Ampere in der Spulenmitte die Feldstärke

$$\mathfrak{H} = \frac{0{,}4\pi n i}{\sqrt{1 + (d/l)^2}}. \qquad (26)$$

Bringt man nun auf der Mitte der Normalspule eine eng anschließende, nicht zu lange Sekundärspule von insgesamt ν_1 Windungen an und verbindet sie mit dem ballistischen Galvanometer, so gilt für den Ausschlag β, den man beim Kommutieren eines Stromes von i Ampere erhält, analog der Gleichung (25) die Beziehung

$$\frac{2 \cdot 0{,}4\pi n i q_1 \nu_1}{\sqrt{1 + (d/l)^2} \cdot w_1} = C_1 \beta, \qquad (27)$$

wobei $q_1 = d^2\pi/4$ den Querschnitt der Primärspule und w_1 den Gesamtwiderstand des Sekundärkreises einschließlich des Galvanometers bezeichnet. Das Kommutieren des Stromes wählt man natürlich, um bei gleicher Stromstärke den doppelten Ausschlag und daher eine größere Genauigkeit zu erzielen. Da in Gleichung (27) alle Größen linker Hand bekannt sind, so ergibt sich daraus die gesuchte Größe C_1 und durch Division von (25) und (27) auch ohne weiteres die gesuchte Induktion

$$\mathfrak{B} = \frac{q_1 \nu_1 w \cdot 0{,}8\pi n i}{q \nu w_1 \sqrt{1 + (d/l)^2}} \cdot \frac{\alpha}{\beta}. \qquad (28)$$

Die Gleichung (28) gilt natürlich ebensowohl für eine Induktionsänderung $\Delta\mathfrak{B}$, wie für die bei der Ableitung zunächst ins Auge gefaßte, von Null an gezählte Induktion $\mathfrak{B}$. Mißt man also eine ganze Reihe von Ausschlägen α_1, α_2 bis α_n, die den Induktionsänderungen $\Delta\mathfrak{B}_1, \Delta\mathfrak{B}_2 \ldots \Delta\mathfrak{B}_n$ entsprechen, so kann man aus letzteren die Nullkurve sowie die ganze Hystereseschleife zusammensetzen.

22. Magnetetalon. Für mäßige Meßgenauigkeit reicht eine einmalige Bestimmung der Galvanometerkonstante C_1 nach Formel (27) aus; bei höheren Anforderungen an Genauigkeit muß man aber diese Bestimmung vor und nach jeder Messungsreihe wiederholen, da sich bei den unvermeidlichen Temperaturschwankungen im Beobachtungsraum auch der Galvanometerwiderstand und namentlich die Elastizität des Aufhängefadens etwas ändert. Will man dazu nicht dauernd die kostbare Normalspule benutzen, so kann man sie durch eine gewöhnliche Spule oder auch durch einen oder zwei permanente Magnete ersetzen, die an die Normalspule angeschlossen werden; ein derartiger „Magnetetalon" hat sich in nunmehr fast 30jährigem Gebrauch in der Reichsanstalt vorzüglich bewährt. Er besteht aus zwei kurzen kräftigen, mit Folgepolen aneinanderstoßenden und sehr gut gealterten Stabmagneten, die fest in einer Messingröhre gelagert sind. Über die in zwei Holzbacken eingelassene Messingröhre gleitet eine zwischen zwei Holzflanschen gefaßte und auf Messingrohr gewickelte Induktionsspule, die über einen entsprechenden Vorschaltwiderstand mit dem ballistischen Galvanometer verbunden ist. Anschläge an beiden Seiten bewirken, daß sich die Spule in den Endlagen etwa über den Indifferenzpunkten der beiden Magnete befindet und bei der Verschiebung über den freien Teil der Messingröhre die von den Folgepolen der beiden Magnete austretenden Kraftlinien schneidet. Bezeichnen wir diesen von den ν_2 Windungen der Induktionsspule geschnittenen Kraftlinienfluß, dessen Größe wir nicht zu kennen brauchen, mit Φ_2, den Widerstand im Sekundärkreis mit w_2, die Galvanometerkonstante, welche wegen

Ungleichheit der Widerstände in den Sekundärkreisen von C_1 abweichen wird, mit C_2, dann gilt für einen Ausschlag γ [vgl. Formel (25)]

$$\left[\frac{\Phi_2 v_2}{w_2}\right] = C_2 \gamma. \tag{29}$$

Hieraus folgt unter Berücksichtigung von (25) bis (27)

$$\mathfrak{B} = \left[\frac{2 \mathfrak{H} q_1 v_1}{w_1} \cdot \frac{\gamma}{\beta}\right] \frac{w_1 \alpha}{\nu q \gamma} = \frac{C w_1 \alpha}{\nu q \gamma}, \tag{30}$$

wobei

$$C = \left[\frac{2 \mathfrak{H} q_1 v_1}{w_1} \cdot \frac{\gamma}{\beta}\right] = \left[\frac{0{,}2 \pi^2 n d^2 v_1 i}{w_1 \sqrt{1 + (d/l)^2}} \cdot \frac{\gamma}{\beta}\right] \tag{31}$$

ist. Diese Größe C gilt also für einen bestimmten Widerstand w_1 des bei der Messung des Eisenringes benutzten Sekundärkreises. Da die Größe der Galvanometerausschläge natürlich vom Querschnitt und der Permeabilität des Eisenringes abhängen und man somit zur Erzielung geeigneter Ausschläge im allgemeinen verschieden großer Vorschaltwiderstände bedarf, so ist es vorteilhaft, diese Größe C gleich von vornherein für eine Anzahl von Vorschaltwiderständen w_1 zu ermitteln und in Abhängigkeit von w_1 in Form einer Kurve aufzutragen, der man auch zwischenliegende Werte mit hinreichender Genauigkeit entnehmen kann.

23. Dämpfung des Galvanometers. Um sich von Fehlern frei zu machen, welche kleine Änderungen des Widerstandes w_1 im Sekundärkreis bei der Ringmessung und der Normalspulenmessung, den wir als identisch vorausgesetzt hatten, hervorbringen können, arbeitet man vorteilhafterweise mit einem Nebenschluß w_n (Abb. 11), der so bemessen ist, daß der die Dämpfung des Galvanometers G bestimmende Kombinationswiderstand $w' = w_v \cdot w_n/(w_v + w_n)$ stets eine bestimmte konstante Größe hat; hierbei bezeichnet w_v den eigentlichen Vorschaltwiderstand und w_n den noch zu bestimmenden Widerstand des Nebenschlusses. Es ist natürlich vorteilhaft, für w' den Widerstand des aperiodischen Grenzfalles zu wählen, bei dessen Verwendung das Galvanometer ohne Schwingungen direkt in die Ruhelage übergeht; dann ergibt sich

$$w_n = \frac{w_v \cdot w'}{w_v - w'}. \tag{32}$$

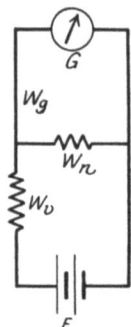

Abb. 11. Galvanometerkreis für konstante Dämpfung.

Da man bei verschiedenen Proben mit verschiedener Empfindlichkeit, also auch mit verschiedenen Vorschaltwiderständen w_v wird arbeiten müssen, so empfiehlt es sich, die Größe w_n für eine ganze Reihe von Widerständen w_v ein für allemal zu berechnen und sie in Abhängigkeit von w_v in Kurvenform aufzutragen. Selbstverständlich wird durch diesen Nebenschluß die Empfindlichkeit des Galvanometers ganz erheblich vermindert, was für Messungen, bei welchen man an und für sich einen größeren Vorschaltwiderstand nötig hätte, durchaus erwünscht ist; es muß dann in den diesbezüglichen Formeln (25) bzw. (29) w und w_2 durch

$$w_v\left[1 + \frac{w_g}{w_n} + \frac{w_g}{w_v}\right] = w_v\left(1 + \frac{w_g}{w'}\right) \tag{33}$$

ersetzt werden, worin w_g den Widerstand des Galvanometers zur Zeit der Eichung bezeichnet. Reicht die Empfindlichkeit zur Einführung eines Nebenschlusses nicht aus, so muß man natürlich eine direkte Schaltung verwenden, immer aber muß $w_v = w'$ gewählt werden.

24. Luftlinienkorrektion. Der mit der Sekundärspule gemessene Induktionsstoß rührt, genau genommen, nicht nur von den im Eisen erzeugten Induktionslinien her, sondern auch von den Feldlinien, welche zwischen Eisen und Sekundärspule oder in den Zwischenräumen zwischen einzelnen Blechringen verlaufen, und wenn man auch diese Zwischenräume so knapp als möglich hält, so sind sie doch wegen der notwendigen Isolation usw. nicht vollkommen zu vermeiden, und bei dickeren aus mehreren Lagen bestehenden Sekundärspulen ist diese Luftlinienschicht sogar bis zur Mitte der Spule zu rechnen, da die Feldlinien ja auch innerhalb dieser Spule verlaufen. Für niedrige Feldstärken, bei denen die Permeabilität des Ferromagnetikums ja sehr viel größer ist als diejenige der Luft, spielt diese Korrektur keine merkliche Rolle, sie ist aber zumeist nicht unbeträchtlich bei höheren Feldstärken und kann namentlich bei der Bestimmung der Sättigungswerte, wie später gezeigt werden wird, die Größe der zu messenden Werte erreichen. Ist der mittlere Querschnitt der Sekundärspule gleich q', derjenige des Eisens gleich q, die Feldstärke gleich $\mathfrak{H}$, so beträgt die Anzahl der von dem Kraftlinienfluß Φ abzuziehenden Feldlinien $(q' - q)\mathfrak{H}$, wir erhalten also $q\mathfrak{B} = \Phi - (q' - q)\mathfrak{H}$ oder

$$\mathfrak{B} = \frac{\Phi}{q} - \left(\frac{q'}{q} - 1\right)\mathfrak{H}. \tag{34}$$

25. Skalenkorrektion. Für die Winkel α, β, γ, die bei den bisherigen Ableitungen in Betracht kamen, sind bei der Spiegelablesung natürlich die entsprechenden Zahlenwerte durch die Beziehung

$$\alpha = \frac{28{,}648°}{A} \cdot e\left(1 - \frac{1}{3}\frac{e^2}{A^2}\cdots\right) \tag{35}$$

einzuführen (A = Abstand zwischen Spiegel und Skale). Da es sich jedoch hierbei immer um das Verhältnis der Winkel α/γ oder β/γ handelt, so genügt es, für die betreffenden Winkel direkt die verbesserten Skalenablesungen einzusetzen, also an den Ablesungen die Korrektionen $-e^3/3A^2$ anzubringen.

26. Jochmethode. Wenn nun auch die ballistische Messung an ringförmigen Proben die einwandfreiesten Ergebnisse liefert, so wird sie doch wegen der Schwierigkeit der Herstellung jeder einzelnen Probe nur in besonderen Fällen angewendet werden können; einen brauchbaren Ersatz hierfür liefert die von HOPKINSON[1]) angegebene Jochmethode. Sie beruht auf der Tatsache, daß die in einem Stab erzeugten Induktionslinien sich auf demjenigen Wege zu schließen suchen, der ihrer Gesamtheit den geringsten magnetischen Widerstand entgegensetzt.

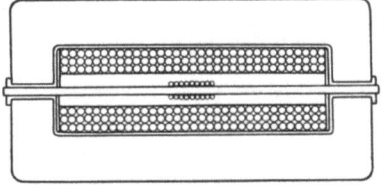

Abb. 12. Schlußjoch.

Da nun der Widerstand für einen Weg im Eisen von der Permeabilität μ nur den μ-ten Teil so groß ist als derjenige des entsprechenden Weges in der Luft, so verbindet man die Enden eines von der Magnetisierungsspule umgebenen Probestabes durch einen Rahmen aus gutem Eisen mit erheblichem Querschnitt, wie ihn Abb. 12 im Durchschnitt zeigt; die beim ungeschlossenen Stab in freier Spule schon nahe der Mitte beginnenden und nach dem Ende zu sich immer mehr verdichtenden Streulinien suchen sich nun den bequemeren Weg durch den Stab und das Joch, der Stab wird also, wenn man von den immerhin noch in gewissem Maße vorhandenen Streulinien in der Nähe der Verbindung von Stab und Joch absieht, nahezu gleichmäßig magnetisiert, und man wird also die Feldstärke $\mathfrak{H}$, welche zu der in der Mitte des Stabes durch eine Sekundärspule gemessene Induktion gehört, durch die Beziehung $\mathfrak{H} = 0{,}4\pi n i$ finden,

---
[1]) J. HOPKINSON, Phil. Trans. Bd. 176 II, S. 455. 1885.

worin n die Windungszahl der Magnetisierungsspule pro cm und i die Stromstärke in Ampere bezeichnet. Dies ist nun nicht genau richtig, der Ausdruck auf der rechten Seite der vorstehenden Gleichung ist etwas zu groß, denn er entspricht der magnetomotorischen Kraft, welche nicht nur den Induktionsfluß durch den Stab treibt, sondern auch noch den Widerstand der Luftschlitze, der Klemmbacken zwischen Stab und Joch sowie des Jochs selbst überwindet. Je kleiner dieser zusätzliche Widerstand gehalten werden kann, um so günstiger werden die Verhältnisse. Eine genauere Diskussion der dazugehörigen Bedingungen findet sich in Ziff. 34 des „Leitfaden der magnetischen Messung" des Verfassers[1]). Hier sei nur auf folgendes hingewiesen: Als sog. Klemmbacken, welche den Übergang zwischen Stab und Joch vermitteln, verwendet man wohl am besten zylindrisch oder schwach konisch geschliffene, durch einen Längsschnitt in zwei Teile zerlegte Eisenstücke, welche den Probestab möglichst eng umschließen und vermittelst einer durch den Jochkörper hindurchgeführten Klemmschraube sowohl mit dem Stab als auch mit dem Joch fest verbunden werden. Der Widerstand des Joches ist direkt proportional seiner Länge, umgekehrt proportional seinem Querschnitt und umgekehrt proportional seiner Permeabilität; soll er also möglichst gering werden, so müßte danach die Länge des Joches möglichst klein, Querschnitt und Permeabilität möglichst groß gewählt werden. Der erstere Schluß ist jedoch falsch, denn einer geringen Jochlänge würde natürlich auch eine geringe Stablänge entsprechen, wir wissen aber, daß die Magnetisierung des freien Stabes um so ungleichmäßiger wird, je geringer das Dimensionsverhältnis ist, d. h. also, je geringer das Verhältnis der Länge des Stabes zu seinem gegebenen Durchmesser ist. Ein Stab von großem Dimensionsverhältnis wird also an sich schon in geringerem Grade der Verbesserung durch einen Jochschluß bedürfen als ein solcher mit kleinem Dimensionsverhältnis; dazu kommt noch, daß bei Verdoppelung der Länge des Stabes und der dazugehörigen Magnetisierungsspule wohl die magnetomotorische Kraft der Spule verdoppelt wird, nicht aber der Widerstand des Joches, denn nur der Widerstand der horizontalen Jochteile wird dadurch verdoppelt, derjenige der vertikalen Jochteile dagegen bleibt unverändert, die Verhältnisse werden also auch aus diesem Grunde günstiger für möglichst lange Stäbe. In der Reichsanstalt kommen, wenn möglich, Stäbe von 33 cm Länge und 0,6 cm Durchmesser zur Verwendung, doch können auch Stäbe bis zu 1 cm Durchmesser darin gemessen werden; die freie Öffnung des Joches, welche die Magnetisierungsspule aufnimmt, hat eine Länge von etwa 26 cm. Stehen nur kürzere Proben zur Verfügung oder bietet die Herstellung in dieser Länge zu große Schwierigkeiten (bei der Härtung pflegen sich z. B. längere Stahlstäbe leicht zu verziehen), so ist man natürlich auf ein kürzeres Joch angewiesen, das eine entsprechend geringere Meßgenauigkeit gewährleistet. Der Querschnitt des Joches soll mindestens 100- bis 200mal so groß sein als derjenige des Stabes, seine Permeabilität möglichst hoch. Bei einem derartigen Querschnittsverhältnis ist nun die Belastung des Joches durch die aus dem Stab und der Magnetisierungsspule in das Joch übertretenden Induktionslinien nur sehr gering und übersteigt nicht einige Hundert pro qcm, man hat also für das Joch ein Material zu wählen, welches nicht hohe Maximalpermeabilität, sondern hohe Anfangspermeabilität besitzt wie etwa die neueren Fe-Ni-Legierungen (Permalloy); beispielsweise wird sich eine Legierung von 50% Ni und 50% Fe gut dazu eignen, welche neben einer Anfangspermeabilität von mindestens $\mu_0 = 2000$ auch einen relativ hohen spezifischen Widerstand besitzt; dies ist insofern von Bedeutung, als dadurch das Auftreten der bei so beträcht-

---

[1]) E. GUMLICH, Leitfaden der magnetischen Messung. Braunschweig: Vieweg & Sohn 1918.

lichen Querschnitten nicht unerhebliche Wirbelströme verringert und somit der Ablauf des Magnetisierungsvorganges bzw. des Induktionsstoßes in der Sekundärspule beschleunigt wird, der ja der Hauptsache nach bereits beendigt sein soll, ehe sich das ballistische Galvanometer aus seiner Ruhelage entfernt. In demselben Sinne wie die Wirbelströme wirkt auch die Viskosität des Jochmaterials, die aus diesem Grunde möglichst gering sein soll. Endlich ist es noch wichtig, daß die Magnetisierungsspule möglichst nahe an die seitlichen Jochteile heranreicht. Beispielsweise würde ein Abstand von 5 mm zwischen den Mitten der äußersten Magnetisierungswindungen und den Jochseiten, der teilweise durch zwei die Spulenwicklung zusammenhaltende Flansche ausgefüllt wird, bedingen, daß insgesamt eine Länge von 1 cm des Stabes von Magnetisierungswindungen völlig frei bleibt, was bei einer Spulenlänge von 26 cm einen Fehler von rund 4% in der Feldstärkenbestimmung zur Folge haben würde. Aus diesem Grunde ist es daher vorteilhaft, auf die Anbringung von Flanschen vollkommen zu verzichten und die Länge der Spule so zu bemessen, daß sie genau in die freie Öffnung des Joches paßt und dort ein für allemal befestigt werden kann, was allerdings die Bequemlichkeit der Handhabung etwas beeinträchtigt.

27. Jochscherung. Aus dem Vorhergehenden ist ersichtlich, daß die bei der Jochmessung aus der Spulenkonstante und der Stromstärke sich ergebende

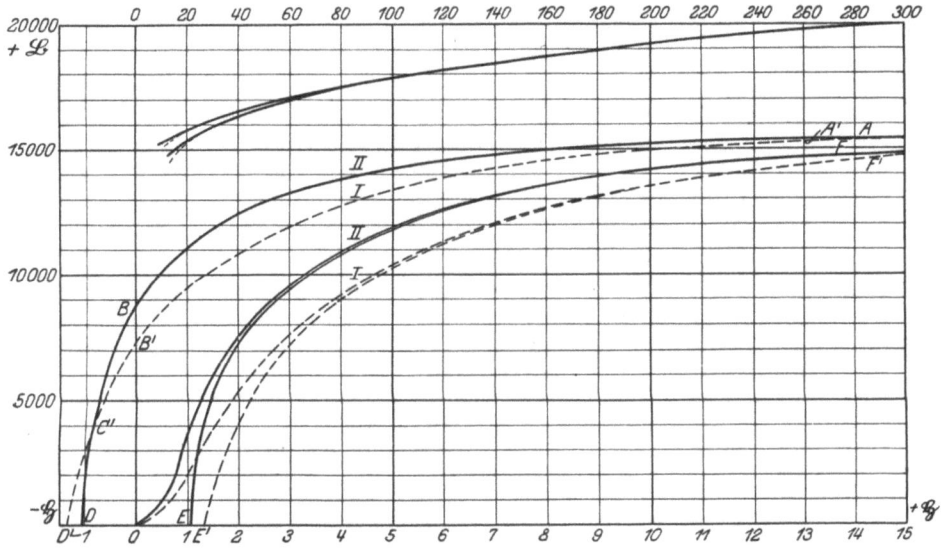

Abb. 13. Jochkurve und Ellipsoidkurve zur Bestimmung der Scherung.

Feldstärke $\mathfrak{H}'$ im allgemeinen zu groß ausfällt und durch eine Korrektion, die sog. „Scherung", verbessert werden muß. Man findet dieselbe experimentell dadurch, daß man einen zylindrischen Stab im Joch untersucht, ihn sodann zum Ellipsoid abdreht und dieses entweder mit dem Magnetometer oder auch ballistisch in freier Spule (Ziff. 20) mißt. Trägt man beide Magnetisierungs- und Hysteresekurven auf Koordinatenpapier auf (Abb. 13), so findet man in der Differenz zwischen der scheinbaren und der wahren Feldstärke für eine bestimmte Induktion $\mathfrak{B}$ die für diesen Punkt geltende Scherung, welche die für das Joch ermittelte Feldstärke $\mathfrak{H}'$ auf die wahre Feldstärke $\mathfrak{H}$ reduziert. Führt man dies für eine Anzahl von Punkten der Nullkurve, des aufsteigenden und des absteigenden Astes durch, so erhält man eine Scherungskurve (Abb. 14), vermittelst deren man bei diesem und ähnlichem Material die Ergebnisse der Jochmessung in absolute Werte überführen kann. Nun hängt aber, wie aus den Ausführungen in Ziff. 26 ersichtlich ist, die Jochscherung in erheblichem Maß von der Permeabilität des untersuchten Stabes ab; man kann also nicht dieselbe Scherungskurve für alle möglichen, stark voneinander abweichenden Eisen- und Stahlsorten benutzen, sondern muß für eine Anzahl magnetisch verschiedener Eisensorten, für Gußeisen, weichen und harten Stahl derartige Scherungskurven ermitteln und sie nur für Material von magnetisch ähnlichen Eigenschaften verwenden. Dies genügt bei mäßigen Ansprüchen an die Genauigkeit, nicht aber bei höheren und namentlich nicht für magnetisch sehr weiches Material, wo die Werte der Scherung zum Teil die absoluten Beträge der wahren Feldstärke noch erheblich übersteigen und die unvermeidliche Unsicherheit der Scherung daher stark ins Gewicht fällt. Die Scherung läßt sich nun dadurch noch verbessern, daß man durch zwei besondere Beobachtungen sowohl die Breite wie auch die Neigung der Scherungskurve genauer bestimmt. Das erstere gelingt durch Messung der wahren Koerzitivkraft, die, wie in Ziff. 10 ausgeführt wurde, mit dem Magnetometer auch an Stäben von beliebigem Dimensionsverhältnis in freier Spule möglich ist. Man wird also für jeden im Joch aufgenommenen Probestab die Koerzitivkraft noch gesondert mit dem Magnetometer bestimmen und erhält in der Differenz der beiden gefundenen Werte die Hälfte der Breite $D'E'$ (Abb. 14) als Scherung der Koerzitivkraft. Die jeweilige Neigung der Scherungskurve ergibt sich durch genauere Bestimmung der wahren Feldstärke desjenigen Punktes der Nullkurve, für welchen die Permeabilität ein Maximum wird. Es gilt nämlich mit hinreichender Genauigkeit die empirisch gefundene Beziehung[1] $\mu_{max} = \mathfrak{B}_r/2\mathfrak{H}_c$, und daher

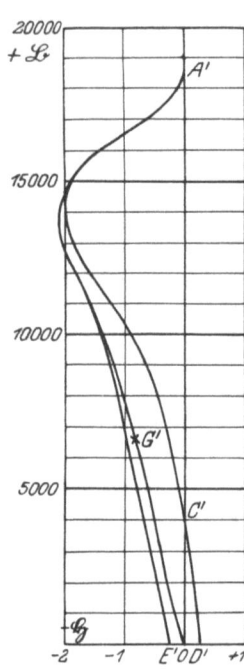

Abb. 14. Scherungskurve für das Joch.

$$\mathfrak{H} = \frac{2\mathfrak{H}_c \cdot \mathfrak{B}}{\mathfrak{B}_r}, \qquad (36)$$

hierin bezeichnet $\mathfrak{H}_c$ die durch die magnetometrische Messung genau bekannte Koerzitivkraft, $\mathfrak{B}_r$ die aus der Jochmessung annähernd bekannte Remanenz, die infolge der Scherung im allgemeinen nur wenig erhöht wird, $\mathfrak{B}$ die Induktion und $\mathfrak{H}$ die zugehörige Feldstärke an der Stelle der maximalen Permeabilität. Bei den meisten Materialien pflegt diese Maximalpermeabilität etwa zwischen den Induktionen 5000 und 7000 zu liegen, und zwar bei einer Feldstärke, die erfahrungsgemäß etwa das 1,3fache der Koerzitivkraft beträgt, und da die Permeabilitätskurve in der Gegend ihres Maximums ziemlich flach verläuft, so können wir irgendeine zwischen diesen Grenzen gelegene Induktion für $\mathfrak{B}$ einsetzen und finden dann durch die Gleichung (36) die zugehörige wahre Feldstärke $\mathfrak{H}$; aus der aufgenommenen Jochkurve ergibt sich die für dieselbe Induktion gefundene Feldstärke $\mathfrak{H}'$, die Differenz $\mathfrak{H}' - \mathfrak{H}$ liefert also den wahren Scherungswert für die Induktion $\mathfrak{B}$, also (Abb. 14) den Abstand des Punktes G' von der Ordinatenachse und damit auch die ungefähre Neigung der Nullkurve. Mit Hilfe dieser zwei genauer bestimmten Punkte, durch welche die entsprechenden Scherungskurven hindurchzulegen sind, läßt sich also die Genauigkeit der letzteren

---

[1] E. GUMLICH u. E. SCHMIDT, Elektrot. ZS. Bd. 22, S. 697. 1901.

so weit verbessern, daß sie auch weitergehenden Ansprüchen genügt; vollständig befriedigend ist dies allerdings immer noch nicht, und namentlich bei magnetisch sehr weichem Material wird man trotzdem auf die Messung mit dem bewickelten Ring oder dem Ellipsoid angewiesen bleiben.

28. Untersuchung von Blechstreifen im Joch. Die Verwendung zylindrischer Probestäbe bei der Jochuntersuchung hat den Vorteil, daß sie verhältnismäßig leicht und genau auf der Drehbank hergestellt und ohne erhebliche Luftzwischenräume im Joch eingeklemmt werden können, doch ist natürlich die Verwendung von Proben mit quadratischem oder rechteckigem Querschnitt keineswegs ausgeschlossen, wenn man durch zwischengelegte Plättchen aus weichem Eisen für einen guten magnetischen Schluß mit dem Jochkörper sorgt. Dies gilt speziell für Eisenblech, das zumeist in Form eines aus mehreren übereinandergelegten Streifen gebildeten Bündels untersucht wird. Bei Herstellung dieser Streifen ist sorgsam darauf zu achten, daß möglichst wenig magnetische Härtung durch das Schneiden entsteht. Ausgeschlossen ist das Schneiden mit einer Handschere, wobei die Streifen verbogen werden und wieder gerichtet werden müssen; dadurch wird das Material in magnetischer Beziehung gänzlich verändert. Am besten ist die Abtrennung der Streifen mittels einer Parallelschere oder, falls diese nicht vorhanden ist, mittels eines sog. „Reißers", aber auch dann ist eine mechanische und daher auch magnetische Härtung der unmittelbar an den Schnitt grenzenden Randzone nicht zu vermeiden, deren Einfluß sich natürlich um so stärker bemerkbar macht, je schmaler der ganze Blechstreifen ist. Es ist deshalb vorteilhaft, die Breite der Streifen möglichst groß zu wählen, wenigstens nicht unter 1 bis 2 cm; ist dies wegen der Abmessungen des zur Verfügung stehenden Joches nicht möglich, so hilft man sich dadurch, daß man an einem wenigstens 3 cm breiten, also nahezu ungehärtetem Streifen die Koerzitivkraft noch mit dem Magnetometer besonders bestimmt und auf diesen Wert die mit dem schmaleren Bündel im Joch durchgeführten Messungen reduziert.

Beim Blech ist außerdem noch zu bedenken, daß seine Magnetisierbarkeit auch nach sorgfältigem Ausglühen in erheblichem Maße von der Walzrichtung abhängt, die zumeist an der faserigen Struktur des Bleches erkennbar ist; im allgemeinen ist die Magnetisierbarkeit in der Walzrichtung erheblich größer als senkrecht dazu, die günstigsten Werte liegen aber vielfach etwa unter 45° zwischen beiden Richtungen, was mit der Fabrikationsmethode zusammenhängt. Infolgedessen sind die an Blechstreifen gewonnenen mit den an Blechringen gewonnenen Versuchsergebnissen ohne weiteres nicht vergleichbar, und es ist deshalb auch ausgeschlossen, etwa eine Jochscherung auf die Vergleichung dieser Ergebnisse zu gründen. Es bleibt daher nur übrig, die für kompaktes Material gefundenen Scherungskurven unter Berücksichtigung der wahren Koerzitivkraft und der Scherung für die Maximalpermeabilität (Ziff. 27) auch bei der Untersuchung von Eisenblech zu verwenden.

29. Doppelschlußjoch; magnetische Brücke. Die Unsicherheit, welche der oben beschriebenen Jochscherung namentlich dann noch anhaftet, wenn es sich um magnetisch sehr weiches Material handelt, hat schon seit langer Zeit zahlreiche Versuche veranlaßt, die Anordnung des Joches so umzugestalten, daß man die Fehlerquelle, nämlich den Widerstand von Joch und Luftschlitzen, entweder direkt bestimmen oder vollständig beseitigen kann. Dem erstgenannten Zweck dient das Doppelschlußjoch von EWING, das aus zwei den Seitenteilen in Abb. 15 entsprechenden Jochstücken aus weichem Eisen besteht, durch welche zwei vollkommen identische Stäbe zu einem magnetischen Kreis geschlossen werden, jedoch so, daß durch Verschieben der Jochstücke ihr Abstand verdoppelt werden kann. Außer zwei Sekundärspulen, durch welche die Induktion in der Mitte der Stäbe in bekannter Weise bestimmt wird, tragen die Stäbe zwei Magnetisierungsspulen, welche nicht nur die zur Herstellung dieser Induktion, sondern auch die zur Überwindung des Widerstands von Luftspalten und Joch notwendige magnetomotorische Kraft liefert; dieser letztere Teil bleibt bei Vergrößerung der Stablänge unverändert, während der erstere genau entsprechend der Stablänge wächst. Gehen wir also von einer Länge l des Stabes und der Magnetisierungsspulen aus und nehmen an, daß zur Herstellung einer bestimmten Induktion in diesem Fall $a_1 AW$ gehören, von denen der größere Teil zur Überwindung des Widerstandes W der Stäbe, der kleinere zur Überwindung des Widerstandes w von Joch und Luftspalten dient, und verdoppeln die Länge der Stäbe und der Magnetisierungsspulen, so werden wir zur Hervorbringung derselben Induktion im zweiten Fall nicht die doppelte Anzahl von AW benötigen, sondern etwas weniger, nämlich $a_2 < 2 a_1$; es gehören also

$$\begin{array}{ll} a_1 AW & \text{zur Überwindung des Widerstandes } W + w \\ \underline{a_2 AW \quad ,, \quad ,, \quad ,, \quad ,, \quad 2W + w} \\ (a_2 - a_1) AW & \text{zur Überwindung des Widerstandes } W. \end{array}$$

Benötigen wir also im ersten Fall in den N Windungen der kürzeren Spule den Strom i_1, im zweiten Fall in den $2N$ Windungen der längeren Spule den Strom i_2, so entspricht der gemessenen Induktion als zugehörige wahre Feldstärke der Wert $\mathfrak{H} = 0{,}4\pi N (2i_2 - i_1)/l$. Theoretisch ist diese Methode durchaus einwandfrei, in der Anwendung wird sie beschränkt durch die Schwierigkeit der Herstellung je zweier Stäbe mit vollkommen identischen Eigenschaften und der Herstellung genau gleicher Übergangswiderstände zwischen Stab und Joch; auch die Notwendigkeit, für jeden Punkt der Magnetisierungskurven zwei Messungen auszuführen, ist natürlich nicht vorteilhaft, so daß die an sich ja sehr bestechende Methode in dieser Form keine weitere Verbreitung gefunden zu haben scheint.

Das Prinzip des Doppeljochs liegt auch der von EDISON konstruierten, von EICKEMEYER, EWING[1]), KENELLY und HOLDEN[2]) verbesserten magnetischen Brücke zugrunde. Auch hier sind zwei gleich dimensionierte Stäbe, nämlich der Probestab und ein zum Vergleich dienender Normalstab mit bekannten magnetischen Eigenschaften durch zwei Jochstücke zu einem magnetischen Kreis zusammengeschlossen. Beide Stäbe tragen identische Magnetisierungsspulen, die aber aus getrennten Stromkreisen gespeist werden. Man erzeugt nun durch einen Strom i_n in der Spule des Normalstabes ein bestimmtes Feld $\mathfrak{H}_n$, dem die bekannte Induktion $\mathfrak{B}_n$ entspricht, und erregt die andere Spule durch einen Strom i_x so lange, bis in beiden Stäben der gleiche Induktionsfluß, also wegen der Gleichheit der Dimensionen auch die gleiche Induktion herrscht; dann verhält sich die zugehörige unbekannte Feldstärke $\mathfrak{H}_x : \mathfrak{H}_n = i_x : i_n$. Ob dies Ziel erreicht ist, kann man entweder ballistisch durch Sekundärspulen ermitteln oder mittels einer aus weichem Eisen bestehenden Brücke, die auf die beiden Jochteile aufgesetzt wird und durch die kein Induktionsfluß geht, wenn die Induktion in beiden Stäben gleich hoch ist, da sich dann beide Joche auf gleichem magnetischen Potential befinden; durch die Ablenkung einer in einem Luftschlitz der Brücke aufgehängten Magnetnadel läßt sich das Vorhandensein des Induktionsflusses in der Brücke nachweisen; die ganze Brücke würde sich vorteilhaft durch den später zu besprechenden magnetischen Spannungsmesser von ROGOWSKI und STEINHAUS ersetzen lassen. Jedenfalls wird man hier einer

---

[1]) J. A. EWING, Electrician Bd. 37, S. 41, 115.
[2]) HOLDEN, Electrical World Bd. 24, S. 617.

Anzahl geeichter Normalstäbe mit verschiedenen magnetischen Eigenschaften bedürfen, da es nicht zulässig sein dürfte, die Methode auf die Vergleichung von Stäben mit ganz verschiedenen Eigenschaften, also namentlich ganz verschiedener Permeabilität, auszudehnen, und zur Beschaffung derartiger Normalstäbe empfiehlt sich, wenn man sich nicht mit der Genauigkeit der gewöhnlichen Jochscherung begnügen will, die von BURROWS angegebene Methode des kompensierten Doppeljochs.

30. Kompensiertes Joch von BURROWS; Permeameter von ILLIOVICI, von PICOU und von FAHY. Wenn der Grund für die Unmöglichkeit, mit dem gewöhnlichen Schlußjoch absolute Messungen auszuführen, darin zu suchen ist, daß ein schwer zu bestimmender Teil der magnetomotorischen Kraft zur Überwindung des Widerstandes von Luftschlitzen und Joch dient, so liegt natürlich der Gedanke nahe, auch die Stelle des Übertritts vom Stab ins Joch und das Joch selbst mit soviel AW zu versehen, daß sie

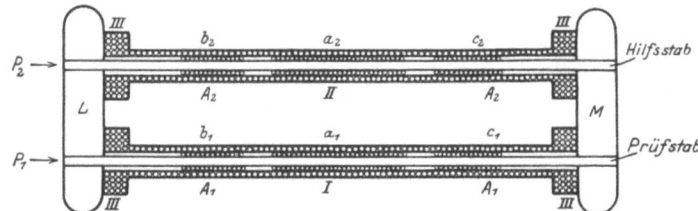

Abb. 15. Kompensiertes Joch von BURROWS.

gerade hinreichen, diesen Widerstand zu überwinden. Das Kriterium dafür, daß diese Absicht erreicht wurde, muß dann die Tatsache sein, daß die Induktion über die ganze Länge des Stabes hinweg konstant geworden ist. Diese Methode hat BURROWS[1]) tatsächlich in seiner Anordnung (Abb. 15) erfolgreich durchgeführt. Die Anordnung entspricht ungefähr derjenigen beim EWINGschen Doppeljoch, nur sind hier drei selbständige Stromkreise vorgesehen, je einer für jeden der beiden Stäbe und ein dritter, welcher die Wickelungen um Joch und Übertrittsstellen speist. Durch richtige Regulierung der Stromstärke in den drei Kreisen kann man erreichen, daß der Induktionsfluß wenigstens bis in die Nähe der Übergangsstellen hinreichend gleichmäßig wird; dies läßt sich mittels der über die Länge der beiden Stäbe verteilten Induktionsspulen a_1, b_1, c_1 und a_2, b_2, c_2 kontrollieren, die bei Gegeneinanderschaltung keinen Ausschlag des ballistischen Galvanometers hervorrufen dürfen. Ist das erreicht, dann ist auch das Feld längs des Stabes gleichmäßig und hat die Größe $0.4\pi Ni/l$, wenn N die gesamte Zahl der Windungen einer Magnetisierungsspule A_1 oder A_2 und l die Länge derselben bezeichnet; die zugehörige Induktion $\mathfrak{B}$ ergibt sich natürlich aus dem mittels einer der Induktionsspulen erzeugten Ausschlag des ballistischen Galvanometers. Hier hat man es also tatsächlich mit einer absoluten Messung zu tun, bei welcher der Hilfsstab gewissermaßen nur einen Jochteil vertritt; man kann aber als solchen auch einen Normalstab benutzen, dessen Magnetisierungskurve bereits genau bekannt ist, und den Prüfstab mit diesem Normalstab vergleichen, wie dies bei der vorstehend beschriebenen magnetischen Brücke geschieht.

Die mit dieser komplizierten Anordnung erreichbare Genauigkeit ist unzweifelhaft erheblich größer als bei der gewöhnlichen Jochanordnung und findet anscheinend nur bei Material mit sehr hoher Permeabilität, wie sie beispielsweise die als Permalloy bezeichneten Fe-Ni-Legierungen besitzen, ihre Grenze, aber die ganze Handhabung ist natürlich sehr umständlich und zeitraubend, namentlich bei der Aufnahme von Hystereseschleifen, bei der ein besonderer Schematis-

---

[1]) CH. W. BURROWS, Bull. Bureau of Stand. Bd. 6, Nr. 117, S. 31. 1909; Circular Bur. of Stand. 1916, Nr. 17.

mus innegehalten werden muß; sie wird also nur in denjenigen Fällen lohnend erscheinen, bei denen die Erreichung einer außergewöhnlichen Genauigkeit erforderlich ist; in diesen Fällen steht aber auch die erheblich einfachere Ellipsoid- oder Ringmessung zur Verfügung, während zumeist wegen der fast stets vorhandenen Ungleichmäßigkeit des Materials die Erzielung einer Meßgenauigkeit, welche die mit dem gewöhnlichen Joch erreichbare wesentlich übersteigt, überflüssig erscheint.

Wie BURROWS benutzt auch ILLIOVICI[1]) zur Überwindung des magnetischen Widerstandes von Joch und Luftspalten eine das Joch umgebende Hilfsspule, durch die er einen besonderen Strom i' von passender Größe schickt. Preßt man nun an zwei ziemlich weit auseinanderliegenden Punkten A und B des Probestabes ein zweites jochartiges Eisenstück an, das eine mit dem ballistischen Galvanometer verbundene Induktionsspule trägt, und ändert man den Strom i' so lange, bis beim gleichzeitigen Kommutieren des Hauptstromes i und des Hilfsstromes i' das Galvanometer keinen Ausschlag mehr gibt, so befinden sich die beiden Punkte A und B auf gleichem magnetischen Potential, und man findet in diesem Fall die zur Induktion $\mathfrak{B}$ im Stab gehörige wahre Feldstärke wieder aus der Formel $\mathfrak{H} = 0{,}4\pi Ni/l$.

Das Permeameter von PICOU[2]) besteht aus zwei Jochen, welche an zwei gegenüberliegenden Flächen des zu untersuchenden Vierkantstabes angesetzt werden. Beide Joche sind mit einer Spule A und B, der Stab mit einer Spule C umgeben. Schaltet man zunächst A und B hintereinander, während C stromlos bleibt, so durchsetzt der Kraftlinienfluß nur die beiden Joche, die vier Luftschlitze zwischen dem Stab und den Jochen und die doppelte Stabdicke. Kehrt man dann die Stromrichtung in der Spule B um und schickt nun auch durch C einen Strom von solcher Stärke, daß der vorhin beobachtete Induktionsfluß in beiden Jochen ungeändert bleibt, dann liefert der durch C fließende Strom gerade diejenige Feldstärke, welche der in dem Probestab herrschenden Induktion entspricht, da die beiden Ströme in A und B die zur Überwindung des magnetischen Widerstandes in den Jochen und in den Luftschlitzen notwendige magnetomotorische Kraft decken. Statt des Stabes können natürlich auch Blechstreifen zur Untersuchung gelangen.

Eine praktische Verwendung haben die beiden letztgenannten Apparate, trotzdem sie im Prinzip einwandfrei sind, wenigstens in Deutschland nicht gefunden.

Ein soeben nach PICOUS Angaben von der Firma Carpentier hergestelltes Permeameter[3]) entspricht fast vollkommen dem kompensierten Doppeljoch von BURROWS und bietet daher prinzipiell nichts Neues.

Von einer anderen Anordnung geht FAHY[4]) bei seinem Permeameter aus; er erzeugt den Induktionsfluß nicht in den beiden zu vergleichenden Stäben, sondern in dem Joch selbst, das in der Form eines ⊥ gestaltet ist, dessen Mittelteil die Magnetisierungsspule trägt; zwischen die beiden freien Plattenenden werden in gleichem Abstand vom Mittelteil und parallel zu diesem die beiden zu vergleichenden Stäbe gebracht, nämlich der Prüfstab und ein Normalstab von genau gleichen Abmessungen und bekannten magnetischen Eigenschaften; beide Stäbe tragen Induktionsspulen, die mit dem ballistischen Galvanometer verbunden sind. Der in dem Mittelteil des Joches erzeugte Induktionsfluß verzweigt sich über die Endplatten durch die beiden Stäbe; der Fluß in ihnen

---

[1]) A. ILLIOVICI, Bull. Soc. Intern. d. Electr. 1913, S. 581.
[2]) R. V. PICOU, Bull. Soc. Intern. d. Electr. 1902, S. 745.
[3]) R. V. PICOU, Rev. gén. de l'Electr. 1926. S. 346—350.
[4]) F. P. FAHY, Electrical World Bd. 69, S. 315. 1917.

wird ballistisch mit Hilfe von Sekundärspulen gemessen, die zugehörige Feldstärke des Prüfstabes kann, wenn beide Stäbe aus ähnlichem Material bestehen, der Magnetisierungskurve des Normalstabes entnommen werden, da dann wegen der beiderseits nahezu gleichen magnetischen Potentialdifferenz zwischen den Plattenenden die Feldstärke in beiden Stäben nahezu gleich ist. Falls die Stäbe erheblich verschiedene Permeabilität besitzen, gilt dies nicht mehr, man muß dann dafür sorgen, daß durch geeignete Zusatzwicklungen die Streuflüsse beiderseits gleich werden, was man wieder durch zusätzliche Sekundärwindungen mittels des ballistischen Galvanometers erkennen kann. Die Feldstärke läßt sich auch absolut bestimmen, wenn man den Normalstab durch eine mit sehr viel Windungen versehene und mit dem ballistischen Galvanometer verbundene Induktionsspule ersetzt. Auf Einzelheiten kann hier um so weniger eingegangen werden, als die ganze Anordnung zu mancherlei Bedenken Veranlassung gibt. Dies gilt auch für die vereinfachte FAHYsche Anordnung[1]), bei welcher das magnetisierende Joch nur einseitig ausgebildet ist. Auch hier trägt der Mittelteil die Magnetisierungsspule, welche den Induktionsfluß erzeugt, der sich durch die Seitenteile und den dazwischenliegenden Luftraum schließt. Zwischen den Enden dieser Seitenteile befindet sich der durch eine Sekundärspule mit dem ballistischen Galvanometer verbundene Probestab, während die zu der gemessenen Induktion im Stab gehörige Feldstärke ebenfalls ballistisch mittels einer Luftspule mit vielen Windungen bestimmt wird, die sich dicht neben dem Stab befindet. Das dieser Anordnung zugrunde liegende und von EWING in die Meßtechnik eingeführte Gesetz vom stetigen Übergang der Tangentialkomponente der Feldstärke von einem zum anderen Medium hat sich zwar bei geeigneter Anordnung für hohe Felder gut bewährt, bei den hier in Betracht kommenden relativ niedrigen Feldern, deren Größe sich längs des Stabes sehr stark ändert, sind die zu erwartenden Fehler sicher recht erheblich und der Apparat kann infolgedessen wohl höchstens für technische Messungen Verwendung finden.

31. EPSTEINscher Apparat nach GUMLICH und ROGOWSKI; Anordnung von VAN LONKHUYZEN. Auf dem zuletzt erwähnten Prinzip beruht eine vom Verfasser und von ROGOWSKI[2]) ausgearbeitete Methode zur Bestimmung der Kommutierungskurve von Dynamoblech, die hier wenigstens kurz erwähnt werden soll. Für die Elektrotechnik ist es außerordentlich wichtig, für größere Proben von Dynamoblech (10 kg), welche einen hinreichend genauen Mittelwert versprechen, nicht nur den Hysterese- und Wirbelstromverlust bei der Ummagnetisierung, sondern auch die Magnetisierbarkeit für eine Reihe von höheren Feldstärken zu kennen, auf Grund deren die Dimensionen der zu bauenden Maschinen und Transformatoren bemessen werden können. Da die Anwendung von gestanzten Ringen, welche die einwandfreiesten Ergebnisse liefern würden, mit zuviel Aufwand an Zeit und Kosten verbunden wäre, schlug EPSTEIN die Verwendung von vier Bündeln mit je 2,5 kg 3 cm breiter Blechstreifen vor, welche in vier im Quadrat angeordneten Magnetisierungsspulen Platz finden und so eine Art von geschlossenem, nur durch die Luftspalten unterbrochenem magnetischem Kreis bilden sollten. Für die Verlustbestimmung hat sich diese Methode auch bewährt, nicht aber ohne weiteres für die Permeabilitätsmessung, bei welcher ursprünglich der über die ganze Länge der Bündel mittels Induktionsspulen bestimmten Induktion die nach dem Prinzip des magnetischen Kreises bestimmte Feldstärke $\mathfrak{H} = 0{,}4\pi Ni/l$ zugeordnet werden sollte; hierbei be-

---

[1]) F. P. FAHY, Chem. and Metallurg. Eng. Bd. 19, Nr. 5 u. 6. 1918.
[2]) E. GUMLICH u. W. ROGOWSKI, Elektrot. ZS. 1912, S. 262.

zeichnet N die gesamte Windungszahl und l den mittleren Umfang des Blechquadrats (200 cm). Infolge der starken Streuung in den Ecken erwies sich jedoch diese Messungsart auch für technische Anforderungen als zu ungenau, wohl aber gelang die Messung, als man die Induktion nur in der Mitte der vier Bündel, also an einer von Streuung nahezu freien Stelle, in der gewöhnlichen Weise ballistisch bestimmte und ihr diejenige Feldstärke zuordnete, die an der gleichen Stelle ermittelt wurde. Dazu dienten 16 ganz platte Induktionsspulen, von denen je vier möglichst dicht an der Oberfläche der Blechbündel angeordnet waren und die, hintereinandergeschaltet und mit dem ballistischen Galvanometer verbunden, die Tangentialkomponente des mittleren Kraftlinienflusses maßen, die an der Oberfläche des Bleches herrschte und die dem erwähnten Gesetze nach auch für das Innere des Blechbündels gültig sein muß. Dadurch, daß diese Feldspulen nicht direkt auf die Oberfläche der Bündel gebracht werden konnten, sondern auf der Oberfläche einer die Bündel umschließenden dünnen Preßspanhülse befestigt werden mußten, wurde die empirische Bestimmung einer Korrekturgröße notwendig, die mit abnehmender Feldstärke prozentisch immer mehr anstieg und unterhalb von 5 AW überhaupt nicht mehr verwendet werden konnte, was auf die mit abnehmender Feldstärke relativ immer stärker werdende Störung des Feldes durch die aus der Oberfläche des Eisens aus- und wieder eintretenden regellosen Streulinien infolge der ungleichmäßigen Beschaffenheit der Proben zurückzuführen ist.

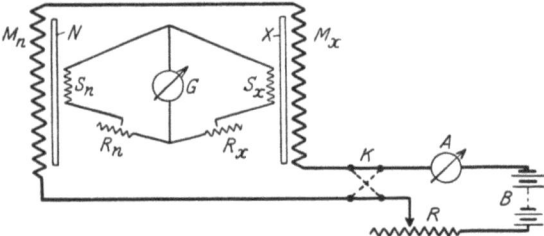

Abb. 16. Meßanordnung nach van Lonkhuyzen.

Mit den auf diese Weise untersuchten Normalproben können dann mittels des von der Firma Siemens & Halske hergestellten Magnetisierungsapparates nach van Lonkhuyzen andere Proben in einfachster Weise verglichen werden, und zwar werden die Ergebnisse dann besonders befriedigend, wenn zwischen den magnetischen Eigenschaften der Prüfprobe und der Normalprobe kein allzu großer Unterschied besteht; es ist also ratsam, sich für laufende Messungen, evtl. durch die Reichsanstalt, eine hinreichende Anzahl von Normalproben verschiedener Art untersuchen zu lassen und die jeweils passende zum Vergleich heranzuziehen. Abb. 16 zeigt schematisch die Anordnung des Apparates; die Normalprobe N und die Prüfprobe X befinden sich in den vollkommen gleich dimensionierten Magnetisierungsspulen M_n und M_x, die von demselben aus der Batterie B gespeisten Strom durchflossen werden; der Stromkreis enthält außer dem Amperemeter A und dem Kommutator K noch einen Vorschaltwiderstand R, mit Hilfe dessen die gewünschte, in beiden Spulen gleiche Feldstärke eingestellt wird. Die aus gleich vielen Windungen bestehenden Sekundärspulen S_n und S_x, welche die Proben umschließen, sind über die beiden Vorschaltwiderstände R_n und R_x und das sehr empfindliche Differentialgalvanometer G so geschaltet, daß das letztere in Ruhe bleibt, wenn die beiden beim Kommutieren des Magnetisierungsstromes in den Sekundärkreisen erzeugten Stromstöße einander gleich sind. Dies ist dann der Fall, wenn $\mathfrak{B}_x q_x / R_x = \mathfrak{B}_n q_n / R_n$ ist, worin $\mathfrak{B}_x$ und $\mathfrak{B}_n$ die Induktionen, q_x und q_n die Querschnitte, R_x und R_n die entsprechend gewählten Widerstände in beiden Kreisen bezeichnen. Hieraus folgt

$$\mathfrak{B}_x = \frac{q_n}{q_x} \cdot \frac{R_x}{R_n} \cdot \mathfrak{B}_n \, ; \tag{37}$$

sind die Querschnitte der beiden Proben einander gleich, und wählt man R_n numerisch gleich $\mathfrak{B}_n$, so erhält man

$$\mathfrak{B}_x = R_x, \qquad (38)$$

d. h. man liest in dem Widerstand R_x, welcher vorgeschaltet werden muß, damit das Differentialgalvanometer in Ruhe bleibt, gleich die richtige, in der Probe vorhandene Induktion $\mathfrak{B}_x$ ab. Am vorteilhaftesten ist es, wenn man statt der beiden Spulen mit den beiden Versuchsproben zwei vollständige Epsteinapparate mit den vier zugehörigen Bündeln, also zwei vollkommen geschlossene magnetische Kreise verwendet, doch liefern auch zwei etwa 0,4 cm dicke Bündel aus Blechstreifen von etwa 50 cm Länge hinreichend genaue Ergebnisse.

32. Der magnetische Spannungsmesser. Die Bestimmung der in einer Probe herrschenden Induktion bietet, wie wir gesehen haben, bei Verwendung der ballistischen Methode zumeist keine Schwierigkeiten, wohl aber diejenige der zugehörigen wahren Feldstärke, welche ja durch die entmagnetisierende Wirkung der freien Enden bzw. der beim Austritt von Streulinien sich bildenden magnetischen Belegungen unter Umständen erheblich beeinflußt wird und von der scheinbaren, durch die Magnetisierungsspule gelieferten

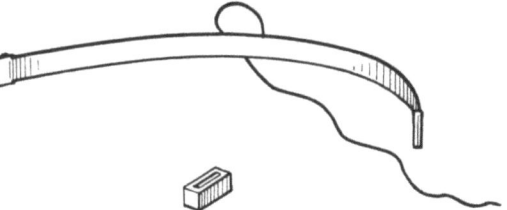

Abb. 17. Magnetischer Spannungsmesser von ROGOWSKI und STEINHAUS.

Feldstärke mitunter sehr stark abweicht. Diese Schwierigkeit läßt sich in vielen Fällen durch den von ROGOWSKI und STEINHAUS[1]) konstruierten magnetischen Spannungsmesser überwinden, der auf dem bekannten Satz beruht, daß das Linienintegral der magnetischen Feldstärke Null oder $0,4\pi Ni$ ist, je nachdem der Integrationsweg keine oder Ni AW umschließt. Er besteht, wie Abb. 17 zeigt, aus einer schmalen, biegsamen und mit einer großen Anzahl gleichmäßig verteilter Windungen versehenen Spule, deren in der Mitte liegende Zuleitungen mit dem ballistischen Galvanometer verbunden werden. Bringt man die durch zwei dünne Holzfassungen geschützten Enden der Spule an zwei Stellen (1) und (2) des magnetischen Feldes $\mathfrak{H}$, so gilt für den Kraftlinienfluß Φ längs der Spulenachse die Beziehung

$$\Phi = qn\int_1^2 \mathfrak{H}_x dx = k\int_1^2 \mathfrak{H}_x dx, \qquad (39)$$

worin q den mittleren Querschnitt der Spule, n die Windungszahl pro Zentimeter und $\mathfrak{H}_x$ die Komponente des Feldes in Richtung der Spulenachse bezeichnet.

Zum praktischen Gebrauch muß der Spannungszeiger natürlich geeicht werden, was am einfachsten dadurch geschieht, daß man ihn um eine Spule mit N Windungen herumschließt und den Strom i in der Spule kommutiert; gibt das ballistische Galvanometer dabei den Ausschlag α, so entspricht also ein Skalenteil beim Kommutieren dem Wert $N \cdot i/\alpha$ AW. Da der Querschnitt des Spannungsmessers aus leicht ersichtlichen Gründen nur klein sein darf und auch die Windungszahl n nicht beliebig hoch gesteigert werden kann, so ist leider für die Verwendung des Apparates zumeist ein äußerst empfindliches Galvanometer Hauptbedingung und seiner Anwendung wird dadurch eine Grenze gesetzt. Eine Anzahl lehrreicher Beispiele, welche zeigen, daß man mit dem kleinen Apparat nicht nur

---

[1]) W. ROGOWSKI u. W. STEINHAUS, Arch. f. Elektrot. Bd. 1, S. 141. 1912.

das in einer bewickelten Probe herrschende wahre Feld und damit auch eine evtl. notwendige Scherung, sondern auch den der Messung bisher unzugänglichen magnetischen Spannungsabfall an einzelnen Teilen fertiger Maschinen messen kann, gibt neben dem erwähnten Aufsatz von ROGOWSKI und STEINHAUS (l. c.) auch noch eine zweite Abhandlung von ROGOWSKI[1]).

33. Methoden von DRYSDALE und von DENSO. Zur Messung der Permeabilität von größeren Gußstücken gießt man vielfach an den Hauptkörper einen stabförmigen Ansatz mit an, der sich nach dem Erkalten leicht ablösen und magnetisch untersuchen läßt, doch bleibt infolge der verschiedenen Abkühlungsverhältnisse doch eine gewisse unkontrollierbare Unsicherheit bestehen. Unter Umständen kann man sich dann nach DRYSDALE[2]) dadurch helfen, daß man aus dem massiven Block mit dem Hohlbohrer ein kleines Loch ausbohrt, in dessen Innerem ein zylindrischer Zapfen stehen bleibt. Über diesen, der gewissermaßen als Probestab bei einer Jochmessung dient, wird eine kleine Magnetisierungs- und Induktionsspule geschoben und die Öffnung zum besseren Schluß mit einem Eisendeckel versehen. Man kann dann nach dem gewöhnlichen ballistischen Verfahren einen ziemlich guten Überblick über die Permeabilität des Materials gewinnen. Ist auch dieses Verfahren ausgeschlossen, wie bei fertigen Gußstücken, dem Eisengestell einer Dynamomaschine u. dgl., so kommt man nach DENSO[3]) dadurch einigermaßen zum Ziel, daß man zur Messung der Induktion einige mit dem ballistischen Galvanometer verbundene Windungen um das ganze Stück legt, während man die zugehörige Feldstärke ebenfalls ballistisch mit einer ganz flachen, eng an die Oberfläche des Stückes angepreßten Spule bestimmt und, wie bei der Meßanordnung von GUMLICH und ROGOWSKI (Ziff. 31), von dem Gesetz Gebrauch macht, daß die Tangentialkomponente des magnetischen Feldes beim Übergang von einem Medium zum anderen sich nicht sprungweise ändert; die Remanenz des Gestelles muß aus der Ankerspannung bei unerregten Schenkeln besonders bestimmt werden.

34. Magnetische Wage von DUBOIS. Da die Zugkraft die am meisten ins Auge fallende und am frühzeitigsten bekannt gewordene Eigenschaft eines Magneten ist, lag es natürlich von vornherein nahe, sie als Grundlage für die Messung der Magnetisierbarkeit zu benutzen, aber erst DU BOIS[4]) gelang es, die erheblichen Schwierigkeiten mannigfacher Art so weit zu beseitigen, daß der von ihm konstruierte Apparat auch für Präzisionsmessungen tauglich wurde. Er besteht im wesentlichen aus einem einseitigen Joch, dessen horizontaler, von den beiden kurzen vertikalen Sockeln durch zwei schmale Spalte getrennter Teil als Wagebalken ausgebildet ist; der Drehpunkt desselben, eine feine Schneide, liegt nicht in der Mitte, sondern exzentrisch, so daß das Gleichgewicht durch einen unter dem kürzeren Wagebalken angebrachten Bleiklotz hergestellt werden muß. Wird ein in der Jochspule befindlicher Probestab magnetisiert, so durchsetzt der entstehende Induktionsfluß die beiden gleich ausgebildeten Luftspalte in gleicher Weise, und es findet beiderseits eine gleich starke Anziehung zwischen den die Luftspalten begrenzenden Flächen statt, die aber am längeren Wagebalken ein stärkeres Drehmoment hervorbringt als am kürzeren, und daher den Wagebalken zum Umklappen bringt. Mittels zweier verschieden schwerer Laufgewichte kann das Gleichgewicht wieder hergestellt werden, und es läßt sich nach Eichung der Wage aus der Stellung der Gewichte auf die Zugkraft und damit auf die Induktion des Stabes schließen. Da die Zugkraft P dem Quadrat

---
[1]) W. ROGOWSKI, Arch. f. Elektrot. Bd. 1, S. 511. 1913.
[2]) C. V. DRYSDALE, Bull. Soc. Intern. des Electr. 1902, S. 729.
[3]) DENSO, Dissert. Rostock.
[4]) H. DU BOIS, ZS. f. Instrkde. Bd. 20, H. 4 u. 5. 1900.

der Induktion $\mathfrak{B}$ proportional ist ($P = q\mathfrak{B}^2/4\pi$), so muß natürlich auch die Teilung quadratisch sein, und zwar gibt sie für Stäbe von den vorgeschriebenen Abmessungen (Länge 33 cm, Durchmesser = 0,798 cm, oder bei quadratischem Querschnitt Kantenläng 0,707 cm) gleich die richtige Induktion an. Auch hier, wie beim gewöhnlichen Joch, wird ein Teil der magnetomotorischen Kraft zur Überwindung der Luftwiderstände und des Jochwiderstandes verbraucht; deshalb bedarf auch die aus Spulenkonstante und Stromstärke abgeleitete, zu einer gemessenen Induktion gehörige Feldstärke, die hier in einfacher Weise durch das 100fache des in Ampere gemessenen Stromes gegeben ist, einer Scherung, die auf dieselbe Weise gewonnen wird wie bei der gewöhnlichen Jochmessung. Die Befestigung der Stäbe im Joch erfolgt ebenfalls durch Klemmbacken oder durch sog. Kugelkontakte, indem man die Stabenden mit Kugelflächen von 0,5 cm Radius versieht, welche genau in entsprechende Hohlschliffe von Vollbacken hineinpassen; dadurch wird zwar die Scherung, absolut genommen, etwas größer, dafür aber konstanter als bei der Verwendung von Klemmbacken. Da das Joch nicht nur von den vom Stab herrührenden Induktionslinien durchsetzt wird, sondern auch von den von der Spule außerhalb des Stabes erzeugten Feldlinien, die natürlich in derselben Weise wirken müssen wie die ersteren, aber nach einem anderen Gesetz sich verändern, so sind sie durch eine zweite Spule von sehr viel größerem Querschnitt kompensiert worden, welche die eigentliche Magnetisierungsspule umgibt und von dem Magnetisierungsstrom in entgegengesetzter Richtung durchflossen wird; Windungszahl und mittlerer Durchmesser dieser Kompensationsspule sind so bemessen, daß ihr Kraftlinienfluß gerade genügt, um denjenigen der eigentlichen Magnetisierungsspule im Joch wieder aufzuheben. Dadurch wird natürlich auch die Zahl der wirksamen Amperewindungen, also die Größe des Feldes der Magnetisierungsspule, etwas verringert, aber wegen des sehr viel größeren Querschnitts der Kompensationsspule nur im mäßigen Betrage.

Eine besonders wichtige Bedingung beim Gebrauch des Apparates ist die Unschädlichmachung des Erdfeldes. Die Wirkung der Horizontalkomponente wird, wie beim gewöhnlichen Joch, dadurch beseitigt, daß man die Wage genau senkrecht zum magnetischen Meridian stellt; aber auch die Vertikalkomponente, die durch die beiden vertikalen Sockel mit gleich starkem Zug, aber an ungleichen Hebelarmen auf den Wagebalken wirkt, muß unschädlich gemacht werden. Zu diesem Zweck sind dem Apparat zwei kleine permanente Stabmagnete beigegeben, welche in einer Hülse auf der Grundplatte des Apparates aufgestellt und nach Bedarf verschoben werden können. Nach den unter Leitung von DU BOIS ausgeführten Untersuchungen von v. HORVAT[1]), die überhaupt für den Gebrauch der Wage manches beachtenswerte Ergebnis lieferten, hat sich der Ersatz dieser beiden Kompensationsmagnete durch einen in größerer Entfernung aufgestellten stärkeren Magnet als vorteilhaft erwiesen. Als Kriterium dafür, daß die Kompensation des Erdfeldes vollständig gelungen ist, gilt die Tatsache, daß dann ein Probestab für gleich hohe positive und negative Feldstärken dieselbe Induktion liefert. Die Dicke der beiden Luftschichten zwischen den auf Hochglanz polierten Endflächen der Sockelteile und des Wagebalkens muß natürlich nur sehr klein und beiderseits genau gleich sein, was durch verstellbare Anschläge erreicht wird. Das durch genaue Einstellung der Laufgewichte erreichbare Gleichgewicht des Wagebalkens ist labil, so daß bei der geringsten Verschiebung auch des kleineren Gewichtes der Balken bald nach der einen, bald nach der anderen Seite umkippt; man verfährt daher bei der Messung am besten so, daß man das Laufgewicht solange verschiebt, bis durch ein sanftes Klopfen

---

[1]) CL. V. HORVAT, Über die Aufnahme von Hystereseschleifen mit Hilfe der magnetischen Wage von DUBOIS. Dissert. Berlin 1919.

mit der Hand auf der Unterlage ein Abreißen des Wagebalkens auf der einen Seite und ein Überkippen nach der anderen Seite stattfindet. Mit einiger Übung läßt sich dies sehr genau durchführen, und die Wage ermöglicht dann tatsächlich recht genaue und reproduzierbare Messungen, sie erfordert aber eine sehr erschütterungsfreie Aufstellung und eignet sich daher mehr für den Laboratoriumsgebrauch als für technische Betriebe; der Apparat wird von der Firma Siemens & Halske (Wernerwerk) gebaut.

35. Magnetisierungsapparat nach KÖPSEL-KATH. Weniger genau, aber auch viel weniger empfindlich und daher in Laboratorien und in technischen Betrieben weit verbreitet, ist der ebenfalls von der Firma Siemens & Halske (Wernerwerk) hergestellte Magnetisierungsapparat nach KÖPSEL[1])-KATH[2]). Er beruht, wie aus Abb. 18 ersichtlich ist, auf dem aus dem D'Arsonval-Galvanometer bekannten Prinzip der Drehspule: Der in dem Probestab von 27 cm Länge und 0,6 cm Durchmesser durch die Magnetisierungsspule S erzeugte Induktionsfluß wird durch das Joch J geschlossen, das in der Mitte durch eine zylindrische Bohrung unterbrochen ist. Diese Bohrung ist zur Erzielung eines geringeren magnetischen Widerstandes mit einem Zylinder aus weichem Eisen soweit ausgefüllt, daß nur noch ein schmaler Hohlzylinder übrigbleibt, in welchem eine aus wenigen Windungen bestehende und mit einem langen Aluminiumzeiger versehene Induktionsspule s spielt, die von einer Feder in der Ruhelage so festgehalten wird, daß ihre Windungsebene mit der Mittelachse des Joches zusammenfällt. Läßt man nun einen Strom durch die Spule s gehen, so sucht sie sich unter der Wirkung der das Joch und den Luftzylinder durchsetzenden Induktionslinien so zu drehen, daß ihre Windungsebene senkrecht zur Richtung der Induktionslinien steht, und zwar wird das Drehmoment der Spule um so größer, je größer der die Spule durchfließende Strom und je größer der vom Stab herrührende Induktionsfluß ist; man kann also nach Eichung des Apparates aus dem Ausschlag des mit der Spule verbundenen Zeigers auf die Größe des im Stab bzw. im Joch verlaufenden Induktionsflusses schließen. Auch hier wird, wie bei der Wage von DU BOIS, der von der Magnetisierungsspule herrührende Kraftlinienfluß mitgemessen, der sich ja ebenfalls durch das Joch hindurch schließt, und es würde naheliegen, ihn auch hier, wie bei der Wage, durch eine zweite, die Magnetisierungsspule umschließende und den gleichen, aber entgegengesetzt gerichteten Kraftlinienfluß hervorbringende Spule zu kompensieren. In einfacherer, wenn auch nicht vollkommener Weise ist dies annähernd dadurch erreicht, daß um das Joch selbst einige aus Abb. 18 ersichtliche und vom Magnetisierungsstrom durchflossene Windungen gelegt sind, deren Wirkung auf das Joch gerade hinreicht, den aus der Magnetisierungsspule stammenden Kraftlinienfluß auszugleichen. Dies ist, streng genommen, natürlich nur für eine einzige Feldstärke möglich, da jedoch die Magnetisierung des Joches durch diese Windungen nur sehr gering ist und daher nahezu proportional der magnetisierenden Stromstärke bleibt, so ist der Fehler nicht allzu störend und kann von der doch notwendigen Scherung mit aufgenommen werden. Für die Beziehung zwischen der Stromstärke h in der Drehspule und dem Querschnitt q

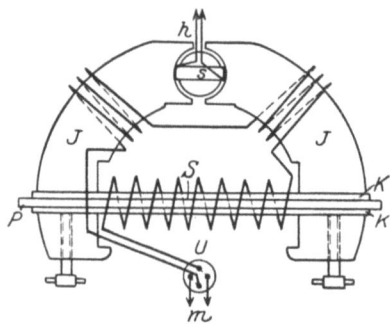

Abb. 18. Magnetisierungsapparat nach KÖPSEL-KATH.

---

[1]) A. KÖPSEL, Elektrot. ZS. Bd. 15, S. 214. 1894; ZS. f. Instrkde. Bd. 14, S. 391. 1924.
[2]) H. KATH, Elektrot. ZS. Bd. 19, S. 411. 1898; ZS. f. Instrkde. Bd. 18, S. 33. 1898.

des Stabes gilt $h = \text{konst}/q$; dann gibt die jeweilige Stellung des Zeigers über der Skala direkt die Werte der Induktion; die zugehörige Feldstärke ist gleich dem 100fachen des Magnetisierungsstromes in Ampere, doch bedarf selbstverständlich auch diese Feldstärke einer in der gewöhnlichen Weise zu bestimmenden Scherung. Für die Messung von Eisenblech in Streifenform, die vielfach mit dem Apparat ausgeführt wird, gilt das in Ziff. 28 Gesagte.

36. Apparat von BRUGER. Die bekannte Eigenschaft des Wismut, seine elektrische Leitfähigkeit im magnetischen Feld zu ändern, hat BRUGER[1]) zur Konstruktion eines von der Firma Hartmann & Braun, Frankfurt a. M. zu beziehenden Eisenprüfapparates benutzt, indem er in einer Jochanordnung zwischen dem Ende des Probestabes und dem Joch, oder in der Mitte zwischen zwei Hälften des Probestabes einen schmalen Luftspalt zur Aufnahme einer Wismutspirale bestehen ließ, welche von dem Induktionsfluß des Stabes durchsetzt wird. Aus der durch eine Eichung bekannten Widerstandsänderung der Spirale in Abhängigkeit von der Feldstärke kann dann auf die Höhe des den Luftspalt und daher auch den Stab durchsetzenden Induktionsflusses geschlossen werden. Bei der Größe des magnetischen Widerstandes eines derartigen Luftspaltes von geringem Querschnitt muß natürlich die an den Messungen anzubringende Scherung sehr groß sein und in erheblichem Maß von der Permeabilität des Probestabes abhängen, so daß für genauere Messungen diese Methode kaum in Betracht kommen dürfte.

d) Messung kleiner Induktionen.

37. Anfangspermeabilität und reversible Permeabilität. Bis vor kurzem hatte das Gebiet der Anfangspermeabilität, d. h. der Permeabilität bei Feldstärken von der Größenordnung von 0,001 Gauß, im wesentlichen nur theoretisches Interesse, und das gleiche gilt von der sog. GANSschen[2]) reversiblen Permeabilität, bei der einer bestehenden Magnetisierung endlicher Größe außerordentlich kleine Zyklen überlagert werden, die im wesentlichen, ebenso wie die Vorgänge bei der Anfangspermeabilität, nur aus reversiblen Magnetisierungsvorgängen bestehen. Neuerdings macht jedoch auch die Technik bei Meßtransformatoren, Pupinspulen, Krarupwicklungen, Telephonmagneten usw. immer mehr Gebrauch von Material mit hoher Anfangspermeabilität, und seit der Entdeckung der hohen Anfangspermeabilität der als „Permalloy" bezeichneten Fe-Ni-Legierungen durch ARNOLD und ELMEN[3]), welche die höchsten bis dahin bekannten Werte um das 10- bis 20fache übertrifft, ist das Interesse an derartigem Material ständig im Wachsen begriffen (vgl. a. Bd. 15).

Zur Messung selbst kann man grundsätzlich die bisher besprochene magnetische oder ballistische Methode benutzen, vorausgesetzt, daß man eine Probe in Ellipsoidform verwendet und über hinreichend empfindliche Meßinstrumente verfügt. Ausgeschlossen bleibt bei der ballistischen Methode die Benutzung eines Joches, da es auch bei größter Vorsicht nicht gelingt, das Joch so vollkommen zu entmagnetisieren, daß die Rückwirkung eines noch verbliebenen Restes von Remanenz auf den Stab nicht mehr in Betracht kommt. Es bleibt also auch beim ballistischen Verfahren nur die Messung eines Ellipsoids in freier Spule übrig, und zwar wird man wegen der bequemeren Messung der Stromstärke eine Spule von kleiner Konstante, also wenig Windungen pro Zentimeter, vorziehen. Die Magnetisierungsspule muß natürlich genau senkrecht zum

---

[1]) Th. BRUGER, Elektrot. ZS. Bd. 15, S. 469. 1894.
[2]) R. GANS, Ann. d. Phys. Bd. 27, S. 1. 1908; Bd. 29, S. 301. 1909.
[3]) H. D. ARNOLD u. G. W. ELMEN, Journ. Frankl. Inst. Bd. 195, S. 621. 1923; Electrician Bd. 90, S. 669 u. 672. 1923.

magnetischen Meridian orientiert sein, um eine Wirkung des Erdfeldes auszuschließen. Die Zahl der Windungen der Sekundärspule richtet sich selbstverständlich nach der Empfindlichkeit des verfügbaren Galvanometers; mit je weniger Windungen man auskommt, um so besser ist es, denn einmal müssen die sämtlichen Windungen wegen der veränderlichen Dicke des Ellipsoids möglichst nahe der Mitte desselben zusammengedrängt werden, andererseits darf aber auch die Sekundärspule nicht zu dick sein, damit die Korrektion wegen der zwischen Ellipsoidoberfläche und Spulenmitte verlaufenden Feldlinien (Luftlinienkorrektion vgl. Ziff. 24) nicht erheblich ins Gewicht fällt, denn sie ist unsicher, da das Feld in der Nähe der Ellipsoidoberfläche wegen der austretenden Induktionslinien stark verzerrt und nicht hinreichend genau bekannt ist. Das Ellipsoid soll möglichst gestreckt, der Entmagnetisierungsfaktor N in der Formel für die wahre Feldstärke $\mathfrak{H} = \mathfrak{H}' - NJ$ soll also möglichst klein sein, da sich sonst bei Materialien mit hoher Anfangspermeabilität kleine Beobachtungsfehler bei der Messung von J, die bei den im allgemeinen nur geringen Galvanometerausschlägen nicht zu vermeiden sind, im Wert von $\mathfrak{H}$ außerordentlich störend bemerkbar machen. Auch bei dem vielfach verwendeten Dimensionsverhältnis des Ellipsoids $l/d = 55$ kann das Korrektionsglied NJ den 10- bis 20fachen Betrag der zu bestimmenden Größe $\mathfrak{H}$ erreichen. Handelt es sich um zahlreiche Messungen mehr orientierender Art, bei denen nicht die äußerste Genauigkeit erwartet wird, so kann man zur Not auch langgestreckte zylindrische Stäbe benutzen, doch müssen die damit gewonnenen Ergebnisse noch nachträglich auf entsprechende Ellipsoidwerte reduziert werden[1]). Dies Verfahren hat sich bei den früher in Betracht kommenden Anfangspermeabilitäten bis zu etwa $\mu_0 = 500$ noch gut bewährt, es wird aber naturgemäß um so unsicherer, je größer die Anfangspermeabilität ist, und es bleibt dann nichts weiter übrig, als lange und dünne Drähte ($d = 0,1$ cm, $l = 50$ bis 100 cm) zu benutzen, für die angenähert die Entmagnetisierungsfaktoren von Ellipsoiden mit demselben Dimensionsverhältnis verwendet werden können, aber natürlich sind hierbei Sekundärspulen mit sehr zahlreichen Windungen und außerordentlich empfindliche Galvanometer erforderlich. Schließlich ist noch darauf zu achten, daß die besonders empfindlichen Drähte bei der Messung keinerlei Zwang durch Biegung, Klemmen usw. erleiden, sondern etwa in einem eng anschließenden Glasrohr gelagert werden, da schon durch die mit einer geringen Biegung verbundenen mechanischen Spannungen erhebliche Änderungen der Anfangspermeabilität verursacht werden können.

Noch während des Druckes dieses Artikels erschien die Beschreibung einer neuen, von STEINHAUS[2]) ausgearbeiteten Meßmethode, die sich in der Physikal.-Techn. Reichsanstalt bei zahlreichen Versuchen gut bewährte und hier wenigstens kurz Erwähnung finden soll, zumal die Messungen selbst nur unverhältnismäßig kurze Zeit in Anspruch nehmen: Als Proben dienen ebenfalls Drähte von 1 mm Durchmesser und 50 cm Länge, die mit einer den Draht eng umschließenden Sekundärspule von 8 cm Länge und etwa 2000 Windungen in einer Magnetisierungsspule Platz finden, welche aus Metallband auf ein Glas- oder Porzellanrohr von 1 m Länge so gewickelt ist, daß die Spulenkonstante etwa 1 ist, d. h. daß einer Stromstärke von 1 A etwa eine scheinbare Feldstärke $\mathfrak{H}'$ von 1 Gauß entspricht. Zur Magnetisierung dient nicht Gleichstrom, sondern rein sinusförmiger Wechselstrom von etwa 20 Per/sec; die an den Enden der Sekundärspule damit erzeugte Spannung wird kompensiert durch die Spannung an den Enden der Sekundärspule einer gegenseitigen Induktivität, deren Primärspule

---

[1]) E. GUMLICH u. W. ROGOWSKI, Ann. d. Phys. (4) Bd. 34, S. 235. 1911; Elektrot. ZS. Bd. 32, S. 180. 1911.
[2]) W. STEINHAUS. ZS. f. techn. Phys. Bd. 7, Nr. 10, S. 492. 1926.

über einem regulierbaren, induktionsfreien Vorschaltwiderstand an die Primärspannung angeschlossen ist. Ob die Kompensation einwandfrei gelungen ist, erkennt man an einem in den Sekundärkreis geschalteten Vibrationsgalvanometer von SCHERING und SCHMIDT, dessen Empfindlichkeit sich nötigenfalls durch Vorschalten eines Zweiröhrenverstärkers auf etwa das Hundertfache steigern läßt. Aus den Konstanten der gegenseitigen Induktivität und den zur Kompensation notwendigen Vorschaltwiderständen läßt sich zunächst die scheinbare Permeabilität $\mu' = \mathfrak{B}_{max}/\mathfrak{H}'_{max}$ berechnen und daraus wieder unter Berücksichtigung einiger Korrektionen, wegen deren auf die Originalabhandlung verwiesen werden muß, die wahre Permeabilität $\mu = \mathfrak{B}_{max}/\mathfrak{H}_{max}$ ableiten.

Mit dieser Methode, wie auch mit der Messung an Drähten mittels eines hochempfindlichen ballistischen Galvanometers (Panzergalvanometers), wird man nun die Permeabilität für verschiedene Feldstärken von den niedrigstmöglichen an bestimmen und daraus graphisch die der Feldstärke $\mathfrak{H} = 0$ entsprechende wahre Anfangspermeabilität μ_0 extrapolieren. Der sich hierbei ergebende Anstieg der Permeabilität mit der Feldstärke, der durch irreversible Magnetisierungsvorgänge bedingt wird, gibt gleichzeitig auch ein gewisses Maß für die bei zyklischen Magnetisierungen auftretenden, praktisch höchst unerwünschten Hystereseverluste, die um so größer werden, je steiler der Anstieg der Permeabilitätskurve ist[1]).

Eine vollkommen andere Anordnung unter Verwendung von Wechselstrom beschreibt KELSALL[2]): Ein mit etwa 700 Primärwindungen bewickelter ringförmiger Transformatorenkern wird umschlossen von einer napfkuchenförmigen Hülle aus Kupferblech, die zusammen mit dem zugehörigen Deckel eine einzige kurzgeschlossene Sekundärwindung des durch beide Teile gebildeten Transformators darstellt. Bringt man nun oberhalb des Ringes in den Luftraum zwischen Ring und Deckel einen aus Draht hergestellten Ring des zu untersuchenden Materials, dann wirkt auf diesen die eine sekundäre Transformatorenwindung magnetisierend, und der in dem Probering pulsierende Induktionsfluß wirkt wieder zurück auf den primären Kern, und zwar in Abhängigkeit vom Querschnitt und der Permeabilität des Versuchsringes. Aus der mit einer Brückenanordnung genau zu bestimmenden Selbstinduktion und dem effektiven Widerstand der Primärwicklung mit und ohne Versuchsring läßt sich nun die Permeabilität des letzteren in verhältnismäßig einfacher Weise berechnen, besonders bei Verwendung von Wechselstromfrequenzen in Tonhöhe, bei denen der OHMsche Widerstand gegenüber dem induktiven zu vernachlässigen ist und die ursprünglich etwas verwickelte Formel sich erheblich vereinfacht. Mit Hilfe eines Röhrenverstärkers sind nach Angabe der Verfasser Messungen bis zur Feldstärke von $\mathfrak{H} = 0,001$ Gauß herunter möglich. Da Vergleiche mit ballistischen Messungen an demselben Ring nicht ausgeführt zu sein scheinen, läßt sich ein Urteil über die Genauigkeit der Methode nicht bilden, auch gibt die Tatsache zu Bedenken Veranlassung, daß man dabei auf die Verwendung eines Ringes aus dem Versuchsmaterial angewiesen ist, dessen Herstellung kostspielig und auch in magnetischer Beziehung — wegen der notwendigen Deformation beim Wickeln — nicht einwandfrei ist.

e) Messung hoher Induktionen.

38. Sättigungswert; Isthmusmethode. Der Sättigungswert, also diejenige Magnetisierung, welche bei weiterer Erhöhung der Feldstärke nicht mehr meßbar zunimmt, tritt bei weichem Eisen bei einer Feldstärke von etwa 2000 Gauß

---

[1]) H. JORDAN, Elektr. Nachr. Techn. Bd. 1, Nr. 1, S. 7—29. 1924.
[2]) G. A. KELSALL, Journ. Opt. Soc. Amer. Bd. 8, S. 329, Nr. 2. 1924.

ein, bei hartem Stahl, bei Eisenlegierungen, bei Kobalt usw., unter Umständen erst bei sehr viel höheren Feldstärken. Er kann wohl grundsätzlich sehr genau ballistisch an Ellipsoiden in freier Spule gemessen werden, falls eben besonders dafür eingerichtete Spulen zur Verfügung stehen, und tatsächlich sind neuerdings wassergekühlte Spulen konstruiert worden, welche Felder bis zu 40000 Gauß liefern (s. später), aber sie sind natürlich sowohl in der Anschaffung als auch im Betrieb außerordentlich kostspielig und kommen daher zumeist nicht in Betracht. Als sehr praktisch hat sich dagegen die von EWING[1]) eingeführte und neuerdings mehrfach verbesserte Isthmusmethode erwiesen; sie besteht der Hauptsache nach aus folgendem: Zwischen die kugelförmig ausgeschliffenen Pole P eines Elektromagnets (Abb. 19) wird ein mit entsprechenden Endflächen versehener, um eine vertikale Achse drehbarer Zylinder aus dem zu untersuchenden Material eingesetzt, der nach der Mitte zu in Form eines Doppelkegels AA verjüngt ist, dessen Spitzen durch einen kurzen und dünnen zylindrischen „Isthmus" J verbunden sind. In ihn wird der in P herrschende Induktionsfluß im wesentlichen hineingedrängt, so daß hier eine recht hohe, zur Bestimmung der Sättigung zumeist ausreichende Induktion herrscht. Der Isthmus trägt direkt auf der Oberfläche eine Lage von Windungen aus sehr dünn besponnenem Kupferdraht, in geringem Abstand davon eine zweite Lage von genau derselben Windungszahl. Verbindet man nur die Enden der inneren Spule mit dem ballistischen Galvanometer, so rührt der beim Drehen des ganzen Isthmusstückes um 180° entstehende Galvanometerausschlag von den innerhalb des Isthmus verlaufenden Induktionslinien her, ermöglicht somit in bekannter Weise die Bestimmung der Induktion. Schaltet man dagegen die beiden Spulen gegeneinander und verbindet sie mit dem Galvanometer, so wirkt der Induktionsfluß im Eisen auf beide Spulen gleich stark, aber entgegengesetzt, er bringt also auf das Galvanometer keine Wirkung hervor, wohl aber die zwischen den beiden Spulen verlaufenden Feldlinien, die unter Berücksichtigung des Querschnittes der ringförmigen Luftschicht die darin herrschende Feldstärke aus dem Galvanometerausschlag zu berechnen gestatten. Nach dem Gesetz vom stetigen Übergang der Tangentialkomponente des Feldes, von dem auch bei früher besprochenen Apparaten bereits mehrfach Gebrauch gemacht wurde, kann man nun annehmen, daß das so gemessene Feld mit dem im Eisen herrschenden identisch ist, und man findet also auf diese Weise die zur Induktion $\mathfrak{B}$ im Isthmus gehörige Feldstärke $\mathfrak{H}$.

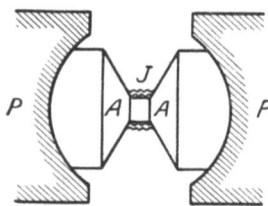

Abb. 19. Isthmusmethode von EWING.

Tatsächlich hat wohl EWING zuerst nach dieser Methode den Sättigungswert verschiedener mehr oder weniger reiner Eisensorten mit ziemlicher Genauigkeit bestimmt, aber im einzelnen haften der Methode doch noch erhebliche Mängel an. Zunächst muß für jede Messung ein besonderes Doppelkegelstück hergestellt werden; sodann ist der Querschnitt des Luftraumes zwischen den beiden Spulen, der direkt in die Bestimmung der Feldstärke eingeht, nur durch mechanische Ausmessung, und daher nur recht ungenau zu ermitteln, und dasselbe gilt für die „Luftlinienkorrektion", d. h. die Korrektion wegen der Feldlinien, welche außerhalb des Eisens, aber innerhalb der inneren Induktionsspule verlaufen und somit ebenso wie die Induktionslinien auf das Galvanometer wirken, so daß ohne genaue Berücksichtigung derselben der Sättigungswert zu hoch ausfallen würde. Endlich ist die Methode erst von höheren Feldstärken, etwa einigen

---
[1]) J. A. EWING, Magnetische Induktion im Eisen. Deutsche Ausgabe von HOLBORN und LINDECK, 1892, S. 131.

tausend Gauß ab, brauchbar, da bei der geringen Länge und der kleinen Windungszahl der Feldstärkenspule die Galvanometerempfindlichkeit für die Messung von niedrigeren Feldstärken im allgemeinen nicht ausreicht. Da nun die gewöhnliche Jochmessung nur bis zu Feldstärken von 300 bis 500 Gauß anwendbar ist, die Brauchbarkeit der Isthmusmethode aber erst bei einigen tausend Gauß beginnt, so bleibt dazwischen eine unausgefüllte Lücke, und man hat außerdem keine Kontrolle dafür, ob die magnetischen Eigenschaften des zum Isthmus verwendeten Materials mit denjenigen des Stabmaterials bei der Jochmessung übereinstimmen oder nicht. Diese Mängel können nach Angabe des Verfassers[1]) dadurch vermieden werden, daß man stets dieselben Doppelkegelstücke aus weichem Eisen verwendet und nur das dazwischen befindliche Isthmusstück aus dem jeweils zu untersuchenden Material herstellt und auswechselt (Abb. 20).

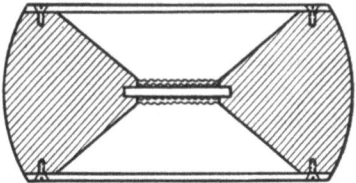

Abb. 20. Verbesserte Isthmusmethode.

In der vom Verfasser verwendeten Anordnung hat es eine Dicke von 3 mm und eine Länge von 28 mm und ist beiderseits je 4 mm tief in die Endflächen der Doppelkegel eingelassen; es bleibt somit für die auf eine dünne feste Unterlage zu wickelnde Doppelspule, die vor der Messung auf das Stäbchen geschoben wird, eine Länge von 20 mm, die bei Verwendung von dünnem Draht ausreicht, um die Windungsflächen der beiden Spulen und somit auch den Querschnitt des zylinderförmigen Zwischenraumes zwischen den beiden Spulen mit hinreichender Genauigkeit auf magnetischem Wege mittels einer Normalspule zu bestimmen (vgl. später), was von ausschlaggebender Bedeutung für die Zuverlässigkeit der Messung ist. Endlich kann man bei dieser Länge und Windungszahl der Spulen bis zu einer Feldstärke von etwa 130 Gauß herab messen, so daß der Anschluß an die entsprechende Jochmessung gesichert ist. Eine tatsächlich vorhandene Ungleichmäßigkeit von Feld und Induktion längs des Stäbchens hat sich durch vergleichende Messungen mit der später noch zu beschreibenden Jochisthmusmethode als unbedenklich erwiesen, da bei den in Betracht kommenden hohen Feldstärken die Induktion in Abhängigkeit von der Feldstärke bereits hinreichend geradlinig verläuft, so daß die gemessenen Mittelwerte von Feldstärke und Induktion über die Länge des Stäbchens tatsächlich einander zugeordnet werden dürfen. Dagegen gestattet natürlich der große Abstand der Kegelspitzen bzw. die erhebliche Länge des Stäbchens bei Verwendung des gleichen Elektromagnets nur die Erzielung einer viel geringeren Feldstärke als bei Verwendung des kurzen Isthmus von EWING. Dies ist jedoch in den meisten Fällen ohne Bedeutung, denn schon mittels eines kleinen Halbringelektromagnets von DU BOIS erreicht man mit der beschriebenen Anordnung ohne weiteres etwa 4500 Gauß, was für magnetisch weiches Material vollkommen ausreicht; bei härterem Material muß man entweder einen stärkeren Elektromagnet verwenden oder das Interferrikum zwischen den Polspitzen verkürzen. Dies erreicht man am einfachsten dadurch, daß man beiderseits je einen Ring aus weichem Eisen vom Durchmesser der Spule über das Stäbchen schiebt und eine entsprechend kürzere Spule zur Messung verwendet; mit diesem einfachen Hilfsmittel erzielte man bei demselben Elektromagnet, einer Spulenlänge von 7 mm und zwei Ringen von je 6,5 mm Höhe, eine Feldstärke von 6500 Gauß.

Verfügt man nicht über ein hinreichendes empfindliches Galvanometer zur magnetischen Ausmessung der Windungsflächen dieser kürzeren Spule, so

---

[1]) E. GUMLICH, Elektrot. ZS. Bd. 30, S. 1065. 1909.

kann man sich so helfen, daß man mit der längeren Spule an einem Stäbchen aus weichem Eisen eine Reihe von Messungen zwischen 2000 Gauß und 4000 Gauß ausführt und sie mit der kürzeren Spule wiederholt. Aus den Messungen mit der längeren Spule erhält man dann die richtigen Feldstärken, die man zur Berechnung der Konstanten der kürzeren Spule benützt. Zur Bestimmung einer vollständigen Induktionskurve zwischen 0 und 6500 Gauß wird man also praktischerweise die Jochmethode zwischen 0 und 300 Gauß verwenden, zwischen 150 und 4500 Gauß das Stäbchen mit der längeren Spule und zwischen 3000 und 6500 Gauß das Stäbchen mit der kürzeren Spule, so daß stets hinreichend lange übereinandergreifende Kurvenstücke bleiben, aus deren Übereinstimmung dann auf die Richtigkeit der einzelnen Messungen geschlossen werden kann.

Ein gewisser Vorteil dieser Methode besteht darin, daß sie nur außergewöhnlich wenig Material erfordert, und wo wenig davon zur Verfügung steht, wird sie auch dauernd gebraucht werden. Andererseits aber läßt doch die Genauigkeit der Messung noch zu wünschen übrig, und zwar deshalb, weil die Voraussetzung, daß die in dem Hohlzylinder zwischen beiden Spulen gemessene Feldstärke identisch sei mit derjenigen innerhalb des Probestäbchens, nicht genau zutrifft. Dies wäre nämlich nur dann der Fall, wenn die Feldstärke direkt an der Eisenoberfläche selbst gemessen werden könnte; das ist aber wegen der Dicke der Spulenunterlage nicht möglich, und da tatsächlich die Feldstärke mit dem Abstand vom Eisen erheblich variiert, die gesuchte Größe $4\pi J = \mathfrak{B} - \mathfrak{H}$ aber bei dem hohen Wert von $\mathfrak{H}$, der auch in die Luftlinienkorrektion mit eingeht, in erheblichem Maße von der Richtigkeit von $\mathfrak{H}$ abhängt, so wird man stets mit einer gewissen Unsicherheit zu kämpfen haben. Diese Tatsache führte zur Ausarbeitung einer anderen Methode, der Joch-Isthmusmethode[1]), welche sich im Prinzip ebenfalls an die EWINGsche Isthmusmethode anlehnt, aber von der erwähnten Fehlerquelle frei ist und außerdem noch den Vorteil hat, daß man die Messungen direkt mit denselben Probestäben ausführen kann, die man bei niedrigen Induktionen im Joch benutzt hat, so daß man sicher sein kann, daß in beiden Fällen vollkommen identisches Material verwendet wurde.

39. Joch-Isthmusmethode. Der Apparat setzt sich zusammen aus einem Joch von besonderer Beschaffenheit (s. später), einer zugehörigen Magnetisierungsspule mit einer lichten Weite von 2,5 bis 3 cm und einem genau dazu passenden Einsatz, der in Abb. 21 wiedergegeben ist. Der Einsatz besteht aus zwei Hohlzylindern aus weichem Eisen von 0,6 cm lichter Weite, welche nach außen hin die Magnetisierungsspule und die zylindrische Bohrung im Joch vollkommen ausfüllen, im Innern aber durch ein Interferrikum $ABCD$ von 12 mm Länge getrennt sind, dessen Raum die zur Messung erforderliche Spulenkombination aufnimmt; beide Eisenzylinder sind durch ein dünnes Messingrohr F verbunden, das über die etwas verjüngten inneren Enden der beiden Zylinder geschoben und mit ihnen verschraubt ist. Die vier in Abb. 21 erkennbaren Meßspulen von 6 mm Länge sind auf ein dünnes Messingröhrchen von 6 mm lichter Weite aufgewickelt und werden durch zwei Hartgummiflansche von je 3 mm Dicke zusammengehalten; diese tragen auch die Schräubchen zur Ver-

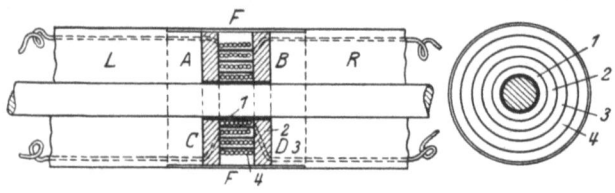

Abb. 21. Joch-Isthmusmethode.

---

[1]) E. GUMLICH, Arch. f. Elektrotechn., Bd. 2, S. 465. 1914; Verh. D. Phys. Ges., Bd. 16, S. 395. 1914.

bindung der Spulenenden mit den zugehörigen stärkeren Zuleitungsdrähten, welche, durch dünne Hartgummiröhrchen isoliert, in möglichst kleine Nuten an der Oberfläche der Eisenzylinder eingelassen sind. Die vier Spulen bestehen aus je zwei Lagen von je 20 Windungen dünnen, seidenumsponnenen Kupferdrahtes, von denen die innerste, gut isoliert, direkt auf das Messingröhrchen aufgewickelt ist, während die drei anderen Spulen durch Papierzwischenlagen von passender Dicke voneinander getrennt sind; vom äußeren Rande der Eisenzylinder bleibt die äußerste Meßspule noch ca. 2 mm entfernt. Von größter Bedeutung ist es dabei, daß nicht nur die einzelnen Spulen genau die gleiche Windungszahl haben, sondern daß auch jeder noch so geringe Nebenschluß zweier nebeneinanderliegenden Windungen vollkommen ausgeschlossen ist, da sonst das ganze Prinzip der Feldstärkenmessung nicht mehr gilt.

Wie ersichtlich, hat man es auch hier mit einer Isthmusmethode zu tun: Der in den Eisenzylindern durch die Magnetisierungsspule erzeugte Induktionsfluß wird an der Stelle des Interferrikums in den Stab gepreßt und erhöht dort die Induktion sehr erheblich, während das zugehörige Feld, das wegen der beträchtlichen Ausdehnung der den Kegelpolflächen entsprechenden Zylinderflächen von vornherein eine ziemlich gute Gleichmäßigkeit verspricht, durch Spulenkombinationen gemessen werden kann; im Gegensatz zu der gewöhnlichen Isthmusmethode läßt sich aber hier eine eventuelle Änderung der Feldstärke mit dem Abstand vom Eisenkern meßbar verfolgen. Auch hier dient natürlich die innerste Spule allein zur Bestimmung der Induktion im Stab mittels des ballistischen Galvanometers bei Kommutierung des Magnetisierungsstromes, während die Spulenkombination 1/2 bei Gegeneinanderschaltung der Spulen den in dem hohlzylindrischen Zwischenraum zwischen Spule 1 und 2 verlaufenden Kraftlinienfluß und damit die darin herrschende Feldstärke liefert, vorausgesetzt, daß die Windungsflächen der einzelnen Spulen und somit die Querschnitte der Luftzylinder genau bekannt sind. Verfährt man nun ebenso mit den Spulen 2/3 und 3/4, schaltet also auch die anderen Spulen paarweise gegeneinander und mißt den beim Kommutieren des Magnetisierungsstromes entstehenden Ausschlag des ballistischen Gal-

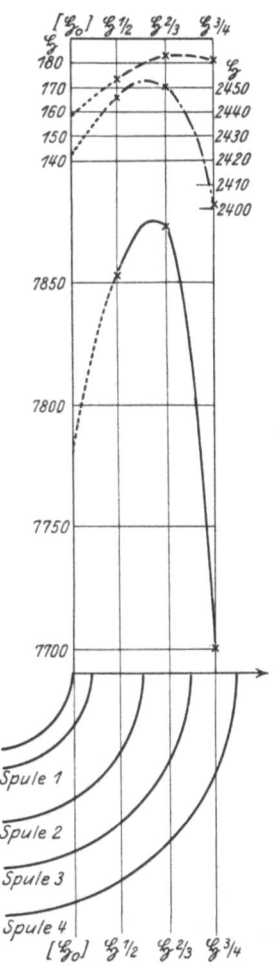

Abb. 22. Feldverteilung bei der Joch-Isthmusmethode.

vanometers, so erhält man auch die mittlere Feldstärke in den Lufthohlzylindern zwischen den Spulen 2 und 3 bzw. 3 und 4. Wir finden also für 3 in verschiedenen Abständen von der Eisenoberfläche gelegene Ringzonen, deren Lage sich durch die magnetische Ausmessung der einzelnen Windungsflächen recht genau ermitteln läßt, drei Werte der Feldstärke, aus denen sich durch graphische Extrapolation nach Abb. 22 die auf der Eisenoberfläche selbst herrschende Feldstärke mit ziemlicher Sicherheit ermitteln läßt. Abb. 22 zeigt ohne weiteres, wie außerordentlich stark bei hohen Feldstärken die Änderung der letzteren mit dem Abstande von der Eisenoberfläche ist, und einen wie erheblichen Fehler man beginge, wenn man, wie bei der gewöhnlichen Isthmusanordnung, die Feldstärke an der Eisenoberfläche mit derjenigen zwischen den Spulen 1 und 2 identifizieren würde, denn die Feldstärke ist nicht etwa, wie man glauben möchte, in der Nähe der Eisenoberfläche konstant, um mit wachsendem Abstand davon immer mehr zu sinken, sondern sie steigt im Gegenteil zunächst erheblich an und beginnt erst nach Überschreiten des Maximums in der Gegend der zweiten oder dritten Spule wieder zu sinken. Es zeigt sich aber auch, wie vorteilhaft es wäre, mit diesem Prinzip noch etwas weiter zu gehen, die Spulen durch möglichste Verringerung der Dicke des Messingröhrchens und der Zwischenlagen zwischen den einzelnen Spulen noch erheblich näher an die Eisenoberfläche heranzubringen und durch eine 5. Spule zu vermehren, damit jede Willkür bei der Extrapolation, die in der vorliegenden Anordnung nicht ganz zu vermeiden ist, ausgeschlossen bleibt.

Diese Feldverteilung fällt aber auch noch bei einer Korrektionsgröße von erheblicher Bedeutung sehr ins Gewicht, nämlich bei der sog. Luftlinienkorrektion: Bei der ballistischen Messung der Induktion mittels der Spule 1 erhalten wir ja in dem Galvanometerausschlag nicht nur die Wirkung des gesuchten, im Stab selbst vorhandenen Induktionsflusses, sondern auch diejenige der Feldlinien, welche außerhalb des Eisens, aber innerhalb der Spule 1 verlaufen und natürlich in der Größe $(q'/q - 1)\mathfrak{H}$ von der Induktion abzuziehen sind; dabei bezeichnet q' den durch magnetische Ausmessung genau zu bestimmenden Querschnitt der Spule 1, q denjenigen des Probestabes und $\mathfrak{H}$ die mittlere Feldstärke zwischen Stab und Spule. Diese Korrektion ist natürlich klein bei niedrigen Feldstärken von der Größenordnung von einigen hundert Gauß, sie erreicht aber 10 bis 15% bei den höheren Feldstärken, und es ist daher dringend erforderlich, daß auch der Wert von $\mathfrak{H}$, der hierfür in Betracht kommt, möglichst genau bestimmt wird; auch er ergibt sich aber nur aus dem Verlauf der Extrapolationskurve und ist, wie aus Abb. 22 hervorgeht, nicht unbeträchtlich größer als der für die Eisenoberfläche gefundene. Ein Kriterium dafür, daß die Messungen der Windungsflächen der einzelnen Spulen sowie die Bestimmung der Feldstärke und der Luftlinienkorrektion hinreichend genau ausgefallen sind, bildet der Gang des Sättigungswertes $4\pi J = \mathfrak{B} - \mathfrak{H}$. Bei weichem Eisen muß dieser Wert von etwa $\mathfrak{H} = 2000$ Gauß ab aufwärts konstant werden, die Abweichungen müssen also den Charakter von zufälligen Beobachtungsfehlern tragen, dürfen aber keinen systematischen Gang zeigen. Tritt ein solcher dennoch auf, werden also die Werte von $4\pi J$ mit wachsender Feldstärke dauernd größer oder kleiner, dann kann man sicher sein, daß noch irgendein Fehler in der Bestimmung der Windungsflächen oder der Feldstärke vorliegt. Ist er ermittelt, dann wird man auch bei härterem Material nahezu konstante Werte für $4\pi J$ erhalten, deren Mittel als Sättigungswert $4\pi J_\infty$ anzusehen ist. Genauere Werte hierfür erhält man in diesem Fall nach einem Vorschlag von STEINHAUS dadurch, daß man die Werte $4\pi J/\mathfrak{H} = 4\pi\varkappa$ bildet, die mit wachsendem $\mathfrak{H}$ gegen Null abnehmen müssen, und sie als Ordinaten, die Werte $4\pi J$ aber als Abszissen aufträgt. Legt man durch die Punkte $4\pi\varkappa$ eine zwanglose Kurve, so gibt der Punkt, in dem diese die Abszissenachse schneidet, also $4\pi\varkappa$ Null wird, den Wert von $4\pi J$ für $\mathfrak{H} = \infty$, h. d. also den gesuchten Sättigungswert $4\pi J_\infty$. Natürlich ist auch bei dieser Darstellungsweise vorausgesetzt, daß systematische Fehler nicht mehr vorhanden sind.

Zur Bestimmung der Windungsflächen der Spulenkombination bedient man sich am besten eines möglichst homogenen Hilfsfeldes zwischen breiten Polen eines Elektromagnets oder [nach GANS und GMELIN[1]] eines geschlitzten und

---

[1] R. GANS u. P. GMELIN, Ann. d. Phys. (4) Bd. 28, S. 927. 1909.

bewickelten Eisenringes, das man mittels einer Induktionsspule von hinreichend großer Windungsfläche mit dem homogenen, bekannten Feld innerhalb einer Normalspule (Ziff. 21) vergleicht. Erhält man dann beim Herausziehen der zu eichenden Spule aus dem hohen Feld von bekannter Feldstärke $\mathfrak{H}$ einen Ausschlag α am ballistischen Galvanometer, so ist nach Gleichung (25) die gesuchte Windungsfläche $q\nu = Cw\alpha/\mathfrak{H}$, wobei C die bekannte Galvanometerkonstante und w den Widerstand des Sekundärkreises bezeichnen. Direkt kann man dazu die Normalspule selbst natürlich nicht benutzen, da ihr Feld stets zu gering sein wird, als daß es bei den kleinen Windungsflächen der zu eichenden Spulenkombination einen hinreichenden Ausschlag liefern würde.

Der Jochkörper des Joch-Isthmusapparates ist bei dem in der Reichsanstalt hergestellten Original aus Ringen von Dynamoblech zusammengesetzt, um das Entstehen von Wirbelströmen beim Kommutieren des Magnetisierungsstromes möglichst zu vermeiden; es hat sich aber gezeigt, daß dadurch der magnetische Widerstand des Joches unerwünscht hoch wird; bei Verwendung eines kompakten Joches aus einer 4- bis 5 proz. Fe-Si-Legierung oder, noch besser, einer etwa 50 proz. Fe-Ni-Legierung würde man wohl noch erheblich günstigere Ergebnisse erzielen können.

40. Bestimmung der Sättigung von Ellipsoiden, kurzen Stäben und Blechbündeln; abgekürztes Meßverfahren. Unter Umständen kann es von erheblichem Wert sein, die Magnetisierung von Ellipsoiden, die man in freier Spule oder mit dem Magnetometer bis zu Feldstärken von einigen hundert Gauß untersucht hat, auch bis zur Sättigung weiter zu verfolgen; diesbezügliche in der Reichsanstalt angestellte Versuche haben ergeben, daß dies bei einigermaßen langgestreckten Ellipsoiden mit der gewöhnlichen Anordnung für Stäbe ohne weiteres möglich ist; auch kürzere Stäbe von 6 mm Durchmesser geben einwandfreie Sättigungswerte, wenn man sie durch Ansatzstücke aus weichem Eisen bis auf 33 cm verlängert. Hieraus läßt sich auch der Schluß ziehen, daß man die Messung von längeren Stäben durch Verschieben derselben an verschiedenen Stellen vornehmen und so etwaige Materialverschiedenheiten feststellen kann.

Für die Technik ist die Bestimmung des Sättigungswertes von Dynamoblech von erheblicher Bedeutung, da die Ankerzähne von Dynamomaschinen vielfach bis zur Sättigung magnetisiert sind und ihre Permeabilität in diesem Zustand als wichtige Größe in die Berechnung eingeht. Nun ist es allerdings gelungen, auch mit der verbesserten Isthmusmethode dadurch Sättigungswerte von Dynamoblech zu bestimmen, daß man abgebeizte schmale Blechstreifen mit möglichst wenig Zinn zusammenlötete und das entstandene Stäbchen durch Abdrehen auf die gewünschte Zylinderform brachte, doch ist es bei der bekannten Ungleichmäßigkeit des gewalzten Materials unvorteilhaft, daß hierbei nur eine außerordentlich kleine Menge zur Untersuchung gelangt, und außerdem kann natürlich der Blechquerschnitt nicht direkt bestimmt, sondern muß indirekt durch Vergleich von Messungen mit demselben Material im Joch und nach dem Isthmusverfahren ermittelt werden[1]). Weit besser gelingt die Lösung der Aufgabe mit Hilfe des Joch-Isthmusverfahrens. Natürlich hat der hierbei verwendete Jocheinsatz nicht eine kreisförmige, sondern eine rechteckige Öffnung von etwa 16×5 mm, welche entsprechend geschnittene Probestreifen aufnehmen kann, und dieselbe Form hat der Spulenkern (Abb. 23), der von der innersten Spule eng umschlossen wird, während die drei anderen Spulen durch halbmondförmige Zwischenlagen von einander getrennt sind. Die Windungsfläche und der Luftraum zwischen den einzelnen Spulen läßt sich auch hier magnetisch genau

---

[1]) E. GUMLICH, Elektrot. ZS. Bd. 30, S. 1065. 1909.

messen, nur die Bestimmung des Punktes der jeweiligen Ringzone, zu welchem die gegebene mittlere Feldstärke gehört, ist unsicherer als bei den kreisförmigen Spulen für die Stabmessung, und auch das Feld, in dem sich die Probe befindet, ist hier nicht so gleichmäßig, da ein Teil der Probe bereits an die Randzone heranreicht, wo der Feldabfall schon merklich wird; gleichwohl hat sich auch diese Anordnung für die Bedürfnisse der Technik als hinreichend genau erwiesen.

Bisher war angenommen worden, daß die Feldmessungen für jeden einzelnen Punkt mit allen vier Spulen durchgeführt werden, und für genaue Bestimmungen ist dies auch nicht zu umgehen, aber für laufende Prüfungen, bei welchen nicht die äußerste Genauigkeit erforderlich ist, kann man sich mit einem abgekürzten Verfahren begnügen, indem man zur Bestimmung der Feldstärke nicht die drei Spulenkombinationen benutzt, sondern nur die Kombination 1/3, und an dieser dann eine Korrektion anbringt, die man ein für allemal durch Vergleich mit der mittels sämtlicher Spulen beobachteten Feldverteilung bestimmt, und die beispielsweise bei der in der Reichsanstalt benutzten Anordnung — 0,8% beträgt. Das Fehlen eines systematischen Ganges in den auf diese Weise für mehrere hohe Feldstärken berechneten Werten von $4\pi J$ gibt auch hier wieder ein brauchbares Kriterium für die Richtigkeit der angewandten Korrektion.

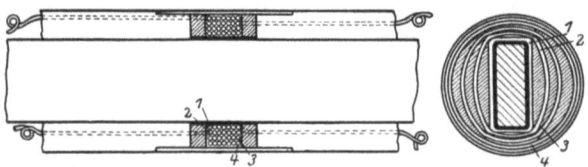

Abb. 23. Joch-Isthmusmethode; Anordnung zur Messung von Blechproben.

41. Messungen mittels des Kerrschen Phänomens. Zur Messung hoher Induktionen läßt sich nach dem Vorgang von du Bois[1]) auch die von Kerr[2]) gefundene Tatsache verwenden, daß durch die Reflexion an magnetisiertem Material bzw. an einem Magnetpol die Polarisationsebene geradlinig polarisierten Lichtes eine Drehung erfährt, die von der Natur des zu untersuchenden Körpers abhängt und der Magnetisierungsintensität J desselben proportional ist; kennt man den Proportionalitätsfaktor, so läßt sich mit Hilfe desselben natürlich auch die Magnetisierung ermitteln; du Bois verfuhr dabei folgendermaßen: Ein auf Hochglanz poliertes dünnes Plättchen des zu untersuchenden Materials wird an dem einen konischen Pol des Elektromagnets befestigt, dessen mit einer Bohrung versehener Gegenpol den Zutritt des polarisierten Lichtes gestattet. Erregt man nun den Elektromagnet, so erfährt die Polarisationsebene des Lichtes durch die Reflexion an dem hochmagnetisierten Plättchen eine meßbare Drehung, aus der man durch Division mit der Kerrschen Konstanten unmittelbar den Wert J der Magnetisierungsintensität erhält. Zur Ermittlung der zugehörigen Feldstärke wird vor dem Metallplättchen noch eine Platte von der Dicke d aus Jenaer Flintglas mit versilberter Rückseite befestigt, dessen Verdetsche Konstante w bekannt ist (vgl. Bd. VII ds. Handb.). Diese wird von den aus dem Plättchen austretenden Induktionslinien durchsetzt, ein an seiner versilberten Rückseite reflektierter polarisierter Lichtstrahl erfährt also eine Drehung α, aus der sich mittels der Beziehung $\mathfrak{B} = \alpha/2\omega d$ die Induktion $\mathfrak{B}$ ergibt. Man kennt also einmal die Größe J, sodann auch die Größe $\mathfrak{B} = 4\pi J + \mathfrak{H}$ und findet somit auch die zur gemessenen Magnetisierungsintensität J gehörige Feldstärke $\mathfrak{H} = \mathfrak{B} - 4\pi J$. Die von du Bois für Co, Ni und Fe bei verschiedenen Wellenlängen bestimmten Werte der Kerrschen Konstante K, also die Drehung in

---

[1]) H. du Bois, Phil. Mag. Bd. 29, S. 263. 1890.
[2]) J. Kerr, Rep. Brit. Assoc. 1876, S. 40; Phil. Mag. 1877, S. 321.

Minuten für die Feldstärke 1 Gauß, sind in der folgenden Tabelle 3 zusammengestellt.

Tabelle 3. Werte der KERRschen Konstanten K.

Farbe	Linie	Wellenlänge in μ	Co	Ni	Fe
Rot	Li_α	0,67	− 0,0208	− 0,0173	− 0,0154
Orange	—	0,62	− 0,0198	− 0,0160	− 0,0138
Gelb	D	0,59	− 0,0193	− 0,0154	− 0,0130
Grün	b	0,52	− 0,0179	− 0,0159	− 0,0111
Blau	F	0,49	− 0,0181	− 0,0163	− 0,0101
Violett	G	0,43	− 0,0182	− 0,0175	− 0,0089

Co zeigt also ein ausgesprochenes Minimum der Drehung beim Blaugrün, Ni beim Gelb, während die Eisenkurve ohne ein solches Minimum fast geradlinig verläuft.

f) Verlustmessung.

42. Hysterese- und Wirbelstromverlust. Neben der Bestimmung der Permeabilität ist speziell für den Bau und Betrieb von Wechselstromapparaten und -maschinen der Energieverlust, der in den Eisenteilen bzw. in den Kernen von Transformatoren u. dgl. beim Ummagnetisieren auftritt, von höchster Bedeutung und daher genau zu berücksichtigen, denn einmal muß natürlich dieser Verlust durch die von außen aufgewendete Energie stets gedeckt werden und fällt somit beim Betrieb auch pekuniär dauernd ins Gewicht, sodann aber tritt diese verlorene Energie in der zumeist höchst unerwünschten Form von Wärme wieder auf, welche die Isolation gefährdet, den Wirkungsgrad von Transformatoren herabsetzt usw. und daher bei den Abmessungen der einzelnen Teile in Rechnung gezogen werden muß. Der gesamte Verlust setzt sich aus zwei Teilen zusammen, nämlich dem Hysterese- und dem Wirbelstromverlust. Der erstere ist nach WARBURG[1]) dem Flächeninhalt der Hystereseschleife proportional, und zwar beträgt die pro Zyklus im Kubikzentimeter Eisen verbrauchte Energie

$$E = \int \mathfrak{H} dJ = \frac{1}{4\pi}\int \mathfrak{H} d\mathfrak{B} \quad \text{Erg}, \qquad (40)$$

wobei das Integral über die ganze Hystereseschleife zu erstrecken ist. Man kann also, wenn man Periodenzahl, Volumen des betreffenden Eisenkörpers und den Verlauf der Hystereseschleife kennt, durch Planimetrierung der letzteren den gesamten Hystereseverlust in Erg berechnen und dann auf die in der Technik gebräuchliche Einheit Watt/kg übergehen, doch ist dies Verfahren natürlich umständlich und wird besser durch direkte Energiemessung ersetzt. Aus der bekannten Tatsache, daß die Hystereseschleife mit wachsender Induktion auch an Breite und daher an Flächeninhalt zunimmt, ergibt sich ohne weiteres, daß der Hystereseverlust ebenfalls von der Höhe der Induktion abhängt, und zwar soll nach STEINMETZ[2]) die Beziehung gelten $E = \eta \mathfrak{B}^{1,6}$, wobei η eine für das betreffende Material charakteristische Konstante, den sog. STEINMETZschen Hysteresekoeffizienten bezeichnet, durch den auch heute noch zum Teil in der Technik der Hystereseverlust charakterisiert wird. Dies ist auch unbedenklich, wenn die Induktion, für welche der betreffende Wert gelten soll, mit angegeben wird, und auch für kleine Änderungen von $\mathfrak{B}$ kann das Gesetz zur Berechnung verwendet werden, allgemeine Gültigkeit für große Bereiche von $\mathfrak{B}$ aber besitzt es nicht. Hier bewährt sich besser die von

---
[1]) E. WARBURG, Wied. Ann. Bd. 13, S. 141. 1881.
[2]) CH. STEINMETZ, Elektrot. ZS. Bd. 12, S. 62. 1891; Bd. 13, S. 43 u. 55. 1892.

RICHTER[1]) aufgestellte Beziehung $E = a\mathfrak{B} + b\mathfrak{B}^2$, die jedoch natürlich zur Bestimmung der beiden Konstanten a und b mindestens zweier Messungen des Hystereseverlustes bei verschiedenen Induktionen bedarf.

Das Entstehen der Wirbelströme in den Eisenkernen hat man sich ebenso zu denken wie dasjenige der Induktionsströme in einer kurzgeschlossenen Windung, welche einen von Wechselfeldern durchsetzten Eisenkern umgibt, nur fällt hier Kern und Windung zusammen. Die Wirbelströme sind also um so größer, je geringer der Widerstand in dem betreffenden Eisenkern ist, weshalb man dickere Eisenkerne unterteilt bzw. aus Blech herstellt, am besten aus dem sog. legierten Blech mit 4 bis 5% Si-Zusatz, das etwa den 3- bis 4fachen spezifischen Widerstand vom gewöhnlichen Dynamoblech besitzt; außerdem wachsen sie mit der Höhe der Induktion und der Periodenzahl, so daß sich der pro Sekunde entstehende Energieverbrauch W_E im Eisen darstellen läßt durch die bekannte Formel von STEINMETZ

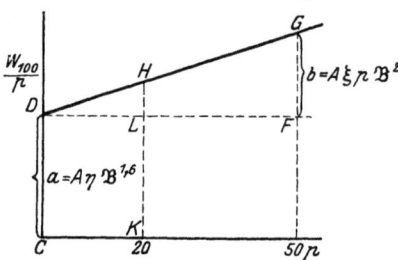

Abb. 24. Trennung von Hysterese- und Wirbelstromverlust.

$$W_E = W_h + W_w = \eta p \mathfrak{B}^{1,6} + \xi p^2 \mathfrak{B}^2 ; \quad (41)$$

hierin bezeichnet p die Periodenzahl, η den Hysteresekoeffizienten und ξ den Wirbelstromkoeffizienten. Genau genommen ist ξ ebensowenig konstant wie η; da es sich aber bei jedem Versuch nur um ganz bestimmte Induktionen handelt, so kommt eine Änderung von η und ξ hier nicht in Betracht. Dividiert man die Gleichung (41) durch die Periodenzahl p, so erhält man in

$$\frac{W_E}{p} = \eta \cdot \mathfrak{B}^{1,6} + \xi p \mathfrak{B}^2 , \quad (42)$$

die Gleichung einer Geraden; dies gilt natürlich auch, wenn man, wie üblich, statt des in Erg ausgedrückten Energieverlustes pro Kubikzentimeter den in Watt ausgedrückten Energieverlust pro Kilogramm Eisen einführt, wodurch man erhält

$$\frac{W}{p} = A [\eta \mathfrak{B}^{1,6} + \xi p \mathfrak{B}^2] . \quad (43)$$

Dies gibt die Möglichkeit einer Trennung von Hysterese- und Wirbelstromverlust. Wenn man nämlich mit dem Wattmeter den Gesamtverlust im Eisen für eine Anzahl verschiedener, etwa zwischen 20 und 50 liegender Periodenzahlen p bestimmt und die Verluste durch die zugehörige Periodenzahl dividiert, so müssen die so erhaltenen Werte auf einer Geraden HG (Abb. 24) liegen, deren Verlängerung bis zum Schnittpunkt D mit der Ordinatenachse in der Strecke $CD = A\eta\mathfrak{B}^{1,6}$ den Hystereseverlust, in der Größe $FG = A\xi p\mathfrak{B}^2$ aber den Wirbelstromverlust pro Periode liefert, und zwar bei der in der Technik üblichen Zahl von 50 Per./sec. Tatsächlich liegen nun bei der praktischen Durchführung der Messung die einzelnen gefundenen Werte nicht genau auf der Geraden HG, sondern auf einer nach unten etwas konkaven Kurve, da die gemessenen Werte relativ um so niedriger ausfallen, je höher die Periodenzahl ist. Dies rührt daher, daß infolge der zunehmenden Erwärmung durch Hysterese- und Wirbelströme der spezifische Widerstand des Eisens zunimmt, der Wirbelstromverlust also sinkt; es ist somit bei genauen Messungen, welche einige Zeit beanspruchen, durchaus erforderlich, die jeweilige Temperatur des Eisens mittels eines Thermoelementes oder eines geeigneten Quecksilberthermometers zu messen und alle Messungen auf eine

---

[1]) RUD. RICHTER, Elektrot. ZS. Bd. 31, S. 1241. 1910.

Normaltemperatur — etwa 20° — zu beziehen, wozu allerdings der Temperaturkoeffizient des Widerstands des betreffenden Versuchmaterials einigermaßen bekannt sein muß. Auch die gewünschte Einstellung auf runde Induktionswerte (zumeist $\mathfrak{B} = 10000$ oder 15000) mit Hilfe der an einer Sekundärspule gemessenen Spannung gelingt zumeist nur unvollkommen und erfordert eine entsprechende Reduktion, wegen deren auf die einschlägige Literatur verwiesen werden muß[1]). Die Ermittlung der Periodenzahl erfolgt wohl am besten vor und nach jeder Messung mit Hilfe eines mit der Maschine in Verbindung stehenden Tourenzählers, doch ist es notwendig, etwaige Änderungen der Periodenzahl während der Messung selbst fortlaufend zu kontrollieren und durch Regulierung des Motors zu beseitigen. Hierzu dient entweder der bekannte Zungenfrequenzmesser oder die Spannung einer mit der Dynamomaschine gekuppelten Unipolarmaschine, die an einem Mikrovoltmeter abgelesen wird, oder auch eine Stimmgabel von der gewünschten Schwingungszahl, die man mit einer Glimmlampe von derselben Frequenz beleuchtet; alle diese Apparate müssen natürlich durch einen Tourenzähler geeicht werden.

43. Meßanordnungen zur Bestimmung der Verluste. Am einwandfreiesten ist auch bei den Verlustmessungen die Verwendung von gestanzten Blechringen von mäßiger Breite, die unter Verwendung von isolierenden Zwischenlagen aus Seidenpapier übereinandergeschichtet und mit Primär- und Sekundärwicklung versehen werden, und bei Präzisionsmessungen wird man wohl auch stets zu dieser Anordnung greifen; für laufende Prüfungen hat sich diese Anordnung hauptsächlich wegen des starken Materialverbrauches — es sollen für jede Probe stets 10 kg Material zur Verwendung kommen — nicht einbürgern können, trotzdem MÖLLINGER[2]) einen Apparat angegeben hat, bei welchem die notwendige Primärwicklung durch biegsame, mit Stöpselkontakten versehene Kabelstücke in einfachster Weise ersetzt wird.

Der Eisenprüfapparat von RICHTER[3]), welcher gestattet, den Wattverlust an ganzen Blechtafeln zu messen, hat nur technisches Interesse und kommt aus verschiedenen Gründen wohl nur bei Vergleichsmessungen in Frage. Dagegen hat der Eisenprüfapparat von EPSTEIN, trotzdem er theoretisch nicht so einwandfrei ist wie der bewickelte Ring, wegen der Bequemlichkeit in der Handhabung und des relativ geringen Verbrauches von Probematerial eine außerordentliche Verbreitung gefunden; seine Verwendung ist auch vom Verband Deutscher Elektrotechniker in den „Normalien zur Prüfung von Eisenblech" vorgeschrieben worden. Er besteht im wesentlichen aus vier im Quadrat angeordneten Magnetisierungsspulen von etwa 42 cm Länge, von denen jede ein 2,5 kg schweres Paket aus Blechstreifen von 50 cm Länge und 3 cm Breite aufnimmt, die durch Seidenpapier von einander isoliert sind, um dem Übergreifen von Wirbelströmen von einem zum anderen Blechstreifen vorzubeugen; aus demselben Grunde werden die durch Schrauben fest aneinandergepreßten Stoßstellen der vier Pakete durch zwischengelegte Plättchen aus Preßspan isoliert. Jede Magnetisierungsspule besteht aus 100 Windungen aus dickem Kupferdraht, innerhalb deren noch eine Sekundärspule aus dünnerem Draht mit ebensoviel Windungen angeordnet ist, welche die eingelegte Probe möglichst eng umschließt. In Abb. 25 ist die ganze Meßanordnung schematisch dargestellt; M bedeutet die Wechselstromquelle, welche über das Wattmeter W und das Amperemeter A mit der (stark gezeichneten) Magnetisierungsspule des Apparates verbunden ist, während die

---

[1]) Vgl. E. GUMLICH, Leitfaden der magnetischen Messungen. Braunschweig: Vieweg & Sohn 1918.
[2]) J. A. MÖLLINGER, Elektrot. ZS. Bd. 22, S. 379. 1901.
[3]) RUD. RICHTER, Elektrot. ZS. Bd. 23, S. 491. 1902; Bd. 24, S. 341. 1903.

Enden der (dünngezeichneten) Sekundärspule einesteils mit dem Voltmeter V, anderteils mit der Spannungsspule des Wattmeters W verbunden sind. Als Stromquelle dient am besten eine durch Aufsetzen von zwei Schleifringen zur Entnahme von Wechselstrom eingerichtete Gleichstrommaschine, welche auch unter Belastung eine möglichst sinusförmige Spannungskurve geben muß und daher nicht zu klein gewählt werden darf. Aus demselben Grunde ist der OHMsche Widerstand des primären Stromkreises möglichst niedrig zu halten und die notwendige Spannung nur durch Erregung der Feldmagnete, nicht durch Einschalten von Widerstand hervorzubringen, da sonst ein erheblicher OHMscher Spannungsabfall eintreten würde, der mit dem Strom und nicht mit der Spannung in Phase ist und daher eine Verzerrung der Spannungskurve hervorbringen würde. Etwa vorhandene oder durch die Belastung eintretende Abweichungen der Spannungskurve von der Sinusform sind durch Bestimmung des Formfaktors f, d. h. des Verhältnisses der effektiven zur mittleren Spannung, etwa mittels der bequemen und sicheren Methode von ROSE und KÜHNS[1]) festzustellen und in Rechnung zu ziehen. Zur Ermittlung der in den Eisenkernen herrschenden Induktion dient die durch den Eisenkern selbst in der Spule hervorgebrachte Spannung E, die man aus der am Voltmeter abgelesenen Klemmspannung E_k durch Berücksichtigung des in der Spannungsspule des Apparates und der Spule des Voltmeters entstehenden OHMschen Spannungsabfalles erhält, und zwar gilt

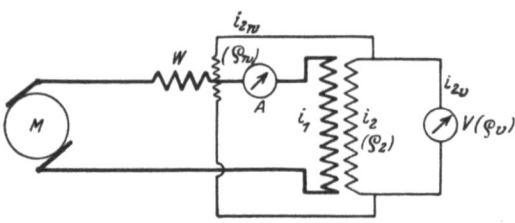

Abb. 25. Anordnung des EPSTEINschen Apparates zur Verlustmessung.

$$E = E_k\left(1 + \frac{\varrho_2}{R}\right); \qquad (44)$$

hierbei ist $1/R = 1/\varrho_v + 1/\varrho_w$, wobei ϱ_v den Widerstand des Voltmeters, ϱ_w denjenigen der Spannungsspule des Wattmeters und ϱ_2 den Widerstand der Sekundärspule des Apparates bezeichnet; es ergibt sich dann die Maximalinduktion $\mathfrak{B}_{\max}$ zu

$$\mathfrak{B}_{\max} = \frac{E \cdot 10^8}{4 f n_2 q p}; \qquad (45)$$

hierin bedeutet also E die sog. Eisenspannung, f den Formfaktor, n_2 die Anzahl der Sekundärwindungen des Apparates, q den aus Gewicht und Dichte zu bestimmenden mittleren Querschnitt der Eisenbündel und p die jeweilige Periodenzahl.

In dieser Größe $\mathfrak{B}_{\max}$ sind aber, genau genommen, noch die zwischen Eisenkern und Sekundärspule sowie die in den Luftspalten zwischen den einzelnen Blechstreifen verlaufenden „Luftlinien" mit enthalten, die, wie bei den ballistischen Messungen, im Betrage von $(q'/q - 1)\mathfrak{H}$ von dem oben ermittelten Wert $\mathfrak{B}_{\max}$ abgezogen werden müssen; hierbei bezeichnet wieder q den Eisenquerschnitt, q' den Querschnitt der Sekundärspule und $\mathfrak{H}$ die Feldstärke, die der Magnetisierungskurve des betreffenden Materials zu entnehmen ist. Diese Korrektion ist natürlich meist klein und bei niedrigen Induktionen evtl. zu vernachlässigen, wächst aber unter Umständen stark bei höheren Induktionen, namentlich bei legiertem Material, dessen Permeabilität bei hohen Feldstärken bekanntlich verhältnismäßig gering ist. Sollte die Magnetisierungskurve nicht bekannt sein, so muß man sich durch Überschlagsrechnungen helfen; für den in der Reichsanstalt verwendeten Epsteinapparat, für welchen die Größe q'/q

---

[1]) P. ROSE u. A. KÜHNS, Elektrot. ZS. Bd. 24, S. 992. 1903.

etwa = 2 ist, was auch für andere Apparate ähnlicher Art angenähert gelten wird, hat sich für die durch ihre Dichte gekennzeichneten, verschieden hoch legierten Blechsorten nebenstehende Korrektionstabelle feststellen lassen.

Hierin bezeichnet a_e die jeweils bei der wattmetrischen Messung abgelesene effektive Stromstärke.

Der wahre Wattverbrauch im Eisen W_e ergibt sich aus dem am Wattmeter abgelesenen gesamten Wattverbrauch W_g unter Berücksichtigung des durch das Voltmeter und die Spannungsspule des Wattmeters sowie den OHMschen Spannungsabfall in der Sekundärspule bedingten Energieverbrauch zu

Tabelle 4. Luftlinien-Korrektion beim EPSTEINschen Apparat.

Blechsorte	Dichte	Abzuziehende Anzahl der Kraftlinien
I	7,80	$6 \cdot a_e$
II	7,75	$7 \cdot a_e$
III	7,65	$8 \cdot a_e$
IV	7,55	$9 \cdot a_e$

$$W_e = \left(W_g - \frac{E_k^2}{R}\right)\left(1 + \frac{\varrho_2}{R}\right);\qquad(46)$$

wegen der Ableitung dieser Formel muß auf die von ROGOWSKI ausgeführten Rechnungen in dem Leitfaden des Verfassers (l. c.) verwiesen werden. Die so gefundenen Werte W_e gelten nun natürlich für das im Apparat befindliche Eisengewicht von 10 kg; die als „Verlustziffern" bei 50 Per./sec für 1 kg Eisen und die Induktionen $\mathfrak{B} = 10000$ bzw. 15000 definierten Wattverluste erhält man also durch Division der gefundenen Werte durch 10; zum Zweck der Trennung in Hysterese- und Wirbelstromverlust hat man schließlich noch die ermittelten Werte durch die Periodenzahl p zu dividieren und das oben angegebene graphische Verfahren (Abb. 24) anzuwenden.

44. Ersatz des Zeigerwattmeters durch ein Spiegeldynamometer; Apparat von VAN LONKHUYZEN. In erster Linie wird man sich zur Messung des Wattverlustes natürlich eines Zeigerwattmeters bedienen, das ja bei großen Ausschlägen hinreichend genaue Messungen gewährleistet. Leider aber sind mit der Verbesserung des Materials und namentlich mit der Einführung der legierten Bleche die Phasenverschiebungen zwischen Strom und Spannung so erheblich geworden, daß die Ausschläge der gewöhnlichen, im technischen Betrieb verwendeten Wattmeter zu genaueren Messungen nicht mehr ausreichen; man benützt daher für Präzisionsmessungen besser die mit Spiegel und Skala abzulesenden Dynamometer mit Kugelwicklung (Siemens & Halske). Da diese Instrumente für so hohe Stromstärken, wie sie im Epsteinapparat gebraucht werden, nicht eingerichtet sind, so verwendet man einen von einem induktionsfreien Widerstand bekannter Größe abgezweigten Teilstrom. Durch die Selbstinduktion der Spulen des Instruments werden die Phasenfehler desselben ungleich groß, sie müssen daher durch vorgeschaltete induktionsfreie Widerstände von passender Größe in beiden Zweigen künstlich gleichgemacht werden. Die Eichung des Instruments erfolgt entweder durch Gleichstrom oder durch Vergleichung desselben bei geringer Phasenverschiebung mit einem genau geeichten Zeigerwattmeter. Da die Widerstände des Dynamometers einschließlich der Vorschaltwiderstände höher sind als diejenigen des Zeigerwattmeters, so werden die notwendigen Korrektionen entsprechend kleiner und die Meßgenauigkeit wächst auch aus diesem Grunde.

Für die Messung von Normalbündeln, wie sie zu Vergleichszwecken in der Technik Verwendung finden, ist diese absolute Messung natürlich notwendig und nicht zu ersetzen, für den laufenden technischen Betrieb dagegen erweist sie sich als zu umständlich und zeitraubend; hier tritt hilfreich der von VAN LONKHUYZEN konstruierte Apparat ein, der gelegentlich der Induktionsmessung bereits an anderer Stelle erwähnt wurde (Ziff. 31). Die Aufgabe, den Wattverlust einer Probe für eine bestimmte Induktion durch Vergleich mit einer Probe von bekanntem Wattverlust zu ermitteln, ist hier in einfachster und dabei recht vollkommener Weise gelöst; das Prinzip ist aus Abb. 26 ersichtlich. Wir nehmen zunächst an, die Magnetisierungswickelungen der beiden zu vergleichenden Proben, nämlich der Normalprobe N und der zu untersuchenden Probe X, seien in EPSTEINscher Anordnung mit den Stromspulen zweier gleich dimensionierter Wattmeter in je einem Stromkreis vereinigt, während die gleich dimensionierten Sekundärspulen über zwei induktions- und kapazitätsfreie Widerstände W_n und W_x geschaltet sind. Wenn die beiden Proben gleiche Verlustziffern besitzen, so geben die beiden Wattmeter auch gleiche Ausschläge, falls die beiden Vorschaltwiderstände W_n und W_x einander gleich sind. Weichen die Verlustziffern dagegen voneinander ab, wäre beispielsweise die Verlustziffer der Probe X doppelt so groß wie diejenige der Probe N, so würde auch das Wattmeter L_x den doppelten Ausschlag geben, man würde ihn jedoch auf dieselbe Größe zurückbringen können, wenn man den Widerstand W_x verdoppelte. Es verhalten sich also die Verlustziffern V_n zu V_x wie W_n zu W_x, und daraus folgt $V_x = V_n \cdot W_x/W_n$ oder, wenn man den Widerstand W_n der bekannten Verlustziffer V_n numerisch gleich macht: $V_x = W_x$, d.h. die zu bestimmende Verlustziffer ist numerisch gleich dem abgelesenen Widerstand W_x. Tatsächlich sind die Widerstände so abgeglichen, daß sie das 10000fache der Verlustziffern betragen, die ja immer zwischen 1 und 10 liegen. In Wirklichkeit werden nun nicht zwei getrennte Wattmeter verwendet, sondern ein empfindliches Differentialwattmeter, das in Ruhe bleibt, wenn die Gleichheit beider Einzelinstrumente erreicht ist, so daß also nur ein etwaiger Ausschlag nach der einen oder der anderen Seite durch Regulierung des Widerstandes W_x beseitigt werden muß; die Messung kann somit von durchaus ungeübter Hand ausgeführt werden.

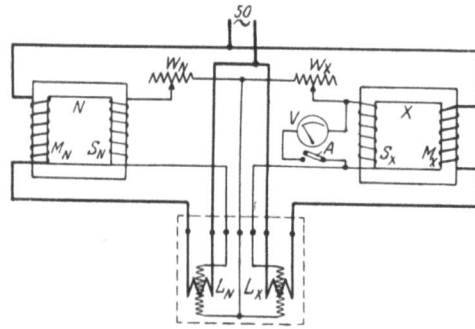

Abb. 26. Anordnung von VAN LONKHUYEN zur Bestimmung des Wattverlustes.

Selbstverständlich geht jeder Fehler in der Messung der Normalprobe auch in diejenige der Vergleichsprobe voll mit ein, auf die Messung der Normalprobe ist also, evtl. unter Mitwirkung der Reichsanstalt, größte Sorgfalt zu verwenden; dagegen spielen sonstige Fehlerquellen, wie Unsicherheiten in der Frequenz, kleine Abweichungen des Formfaktors und kleine Ungenauigkeiten in der Einstellung der Induktion mittels des an der Sekundärspule der Versuchsprobe X liegenden, während der Verlustmessung aber wieder abzuschaltenden Voltmeters V nur eine untergeordnete Rolle, namentlich wenn die Eigenschaften der beiden zu vergleichenden Proben nicht zu weit voneinander abweichen, da sie sich ja bei beiden Proben in ungefähr gleicher Weise geltend machen und daher nahezu vollständig aufheben.

45. Hysteresemesser von SEARLE und BEDFORD, von EWING und von BLONDEL. Die bisher besprochenen Methoden der Verlustmessung geben den aus Hysterese- und Wirbelstromverlust bestehenden Gesamtverlust, der sich dann durch geeignete Beobachtungsmethoden (Messung bei verschiedenen Periodenzahlen, s. Ziff. 42) in seine beiden Bestandteile zerlegen läßt. Die zur Bestimmung der Wattverluste dienenden Apparate sind aber meist, den technischen Anforderungen entsprechend, für Proben von 10 kg Gewicht eingerichtet, die nicht immer zur Verfügung stehen; außerdem interessiert zur Charakterisierung des Materials in magnetischer Hinsicht vielfach nur der Hystereseverlust allein. Hierzu dient, wie bereits früher (Ziff. 42) erwähnt, in erster Linie die Bestimmung des Flächeninhalts der Hystereseschleife mittels des Planimeters, da nach WARBURG der Hystereseverlust gegeben ist durch $\int \mathfrak{H} dJ$ oder $1/4\pi \int \mathfrak{H} d\mathfrak{B}$; hierbei ist das über die ganze Hystereseschleife zu erstreckende Integral eben dem Flächeninhalt derselben proportional. Diese Methode ist durchaus einwandfrei und kann durch kein anderes Hilfsmittel vollkommen ersetzt werden, aber sie ist natürlich recht zeitraubend; es sind daher mehrere Apparate konstruiert worden, welche die Messung des Hystereseverlustes rasch, wenn auch weniger genau, durchzuführen gestatten und die hier wenigstens kurz Erwähnung finden mögen: SEARLE und BEDFORD[1]) verwenden ein Dynamometer, dessen Stromspule mit der gleichmäßigen Magnetisierungswicklung des zu untersuchenden Proberinges von bekanntem Querschnitt verbunden ist, während die Spannungsspule mit der Sekundärspule des Ringes von bekannter Windungszahl in Verbindung steht. Läßt man nun den Magnetisierungsstrom einen vollständigen Zyklus in so kurzer Zeit durchlaufen, daß sich die bewegliche Spule des Dynamometers noch nicht merklich aus ihrer Ruhelage entfernt hat, ehe der Zyklus beendigt ist, so ist der entstehende Dynamometerausschlag proportional dem Hystereseverlust während dieses Zyklus. Die Eichung des Instruments erfolgt mit Hilfe eines bekannten Gleichstromes in der Magnetisierungsspule und einer bekannten, an den Enden der Spannungsspule erzeugten Momentanspannung, zu deren Hervorbringung ein Erdinduktor oder die Sekundärwicklung einer Normalspule verwendet werden kann.

Der früher in der Technik viel verwendete Hysteresemesser von EWING[2]) besteht aus einem (im Indifferenzpunkt) vertikal aufgehängten Hufeisenmagnet mit großer Maulweite, zwischen dessen Polen sich mittels eines Getriebes das zu untersuchende Probebündel von genau bestimmten Abmessungen mit gleichmäßiger Geschwindigkeit um eine Achse drehen läßt. Durch Induktion werden von den Polen des Magnets in den benachbarten Enden des Bündels entgegengesetzte Pole erzeugt, die den permanenten Magnet in derselben Richtung zu drehen suchen; diese Drehung würde jedoch nicht zustande kommen, wenn das Versuchsmaterial keine Remanenz besäße; erst das Vorhandensein einer solchen bringt eine wirkliche Drehung zustande, deren Größe mittels Zeigers und Skala gemessen werden kann. Sie ist um so beträchtlicher, je größer die Hysterese ist und je andauernder diese wirkt, d. h. je größer auch die Koerzitivkraft ist. Da nun Koerzitivkraft und Remanenz die maßgebendsten Faktoren für die Höhe des Hystereseverlustes sind, so kann der Betrag der Drehung tatsächlich wenigstens als angenähertes Maß für die Größe des Hystereseverlustes verwendet werden, vorausgesetzt, daß der Apparat mit einem Probebündel von bekannter Hysterese geeicht ist.

Ein Hauptmangel des EWINGschen Apparates beruht darin, daß er sich wegen der beschränkten Stärke des permanenten Magnets nur für bestimmte Induktionen bis $\mathfrak{B} = 4000$ oder $\mathfrak{B} = 6000$ verwenden läßt. Diesen Nachteil haben BLONDEL und CARPENTIER[3]) bei ihrer Anordnung, bei welcher nicht das Probebündel, sondern der Magnet um eine ringförmige, zwischen seinen Polen aufgehängte Probe gedreht wird, dadurch vermieden, daß hier nach Bedarf an Stelle

---

[1]) G. F. C. SEARLE u. T. G. BEDFORD, Phil. Trans. Bd. 198, S. 33—104. 1902; Electrician Bd. 36, S. 800.
[2]) J. A. EWING, Elektrot. ZS. Bd. 16, S. 292. 1895.
[3]) A. BLONDEL u. J. CARPENTIER, Bull. Soc. Intern. des Electr. (2) Bd. 2, S. 751. 1902; Elektrot. ZS. Bd. 20, S. 178. 1899.

des permanenten Magnets auch ein Elektromagnet verwendet werden kann; damit läßt sich natürlich das Meßbereich willkürlich verändern und bis etwa $\mathfrak{B} = 10000$ ausdehnen. Nach einem neueren Aufsatz des Verfassers[1]) kann man auch beim Gebrauch von permanenten Magneten durch Verwendung von nur sehr wenig Proberingen die Höhe und Gleichmäßigkeit der Induktion erheblich steigern und mittels magnetischer Nebenschlüsse auch derart variieren, daß man die Hysteresemessung mit verschiedenen Induktionen ausführen kann. Ist dann der durch Eichung bekannte Torsionskoeffizient des Apparats gleich C, die an der Skala abgelesene Ablenkung gleich ϑ, so gilt nach dem STEINMETZschen Gesetz $C\vartheta = V\eta\mathfrak{B}_{\max}^n$, worin V das Volumen der Probe, η den sog. Hysteresekoeffizient und n einen Exponent in der Größe von etwa 1,6 bezeichnet. Durch den Übergang zu den Logarithmen erhält man daraus

$$\lg\vartheta = n\lg\mathfrak{B}_{\max} + \lg\eta + \lg\frac{V}{C}. \tag{47}$$

Trägt man nun die Logarithmen von $\mathfrak{B}_{\max}$ als Abszissen, die Logarithmen der Ablenkung ϑ als Ordinaten auf, so gibt die obige Gleichung eine Gerade, deren Neigung gegen die Abszissenachse die Größe n liefert, während der Abschnitt auf der Ordinatenachse den $\lg\eta$, vermehrt um den bekannten Wert von $\lg V/C$, ergibt.

Grundsätzlich besteht zwischen den im Betrieb so ähnlichen Apparaten von EWING und von BLONDEL der Unterschied, daß es sich beim EWINGschen Hysteresemesser um Wechselstromhysterese handelt wie beim Transformator, beim BLONDELschen dagegen um die sog. drehende Hysterese wie beim Anker einer Dynamomaschine, die bei gleicher Induktion im allgemeinen verschiedene Werte geben, und zwar liefert wenigstens bis zu $\mathfrak{B} = 14000$ nach GANS und LOYARTE[2]) die drehende Hysterese den größeren Verlust. Man kann jedoch auch beim BLONDELschen Apparat den Hystereseverlust der Wechselmagnetisierung erhalten, wenn man BLONDELS neuerem Vorschlag zufolge die ringförmige Probe durch zwei Blechstreifen ersetzt, die an den Enden rechtwinklig umgebogen sind und in die Nut einer Platte von isolierendem Material eingelegt werden. Zweckmäßig gestaltete Polstücke des Hufeisenmagnets sorgen für möglichst gleichmäßige Magnetisierung der beiden Probestreifen.

46. Formeln zu Überschlagsrechnungen. Es sind natürlich schon zahlreiche Versuche gemacht worden, den Hystereseverlust in eine einfache Beziehung zu den anderen aus den magnetischen Messungen sich ergebenden Größen, wie Remanenz, Koerzitivkraft, Maximalinduktion usw. zu bringen, um so die zeitraubende Ausmessung des Flächeninhalts der Hystereseschleife zu umgehen, doch kann man bei der Verschiedenheit der Gestalt der Hystereseschleifen bei gleichem Flächeninhalt von vornherein ein Mißlingen dieser Versuche voraussagen, falls man dabei Ansprüche an größere Genauigkeit stellt. Handelt es sich aber nur um oberflächliche Überschlagsrechnungen, dann läßt sich die von ANDERSON und LANCE[3]) angegebene Formel

$$W_h = a\mathfrak{B}_m\mathfrak{H}_c, \tag{48}$$

bei Schleifen bis zur Induktion von etwa $\mathfrak{B} = 12000$ verwenden, in welcher $\mathfrak{B}_m$ die Maximalinduktion, $\mathfrak{H}_c$ die zugehörige Koerzitivkraft und $a = (0,2133 + 0,01082 \cdot 10^{-3}\mathfrak{B}_m)$ einen von der Maximalinduktion abhängigen Zahlenfaktor bezeichnet. Für Schleifen bis zur Maximalinduktion $\mathfrak{B} = 18000$ genügt nach der von GUMLICH[4]) durchgeführten Diskussion diese Darstellung nicht mehr, sie wird aber

---

[1]) A. BLONDEL, C. R. Bd. 181, S. 34. 1925.
[2]) R. GANS u. R. G. LOYARTE, Arch. f. Elektrot. Bd. 3, S. 139. 1915.
[3]) N. L. ANDERSON u. T. M. LANCE, Eng. News-Rec. Bd. 114, S. 351. 1922.
[4]) E. GUMLICH, Elektrot. ZS. 1923, H. 4.

wieder einigermaßen brauchbar, wenn man für den Faktor a nicht eine lineare, sondern eine quadratische Funktion der Maximalinduktion $\mathfrak{B}_m$ einführt, nämlich $a = 0,225 + 0,000889 \cdot 10^{-3} \mathfrak{B}_m + 0,000861 \cdot 10^{-6} \mathfrak{B}_m^2$; vorausgesetzt dabei ist allerdings, daß die Hystereseschleifen keine außergewöhnliche Form besitzen; in diesem Fall ist eine Planimetrierung der Fläche nicht zu umgehen.

g) Induktionsmessung bei Wechselstromfeldern.

47. Kurvenaufnahme bei Wechselstrommagnetisierung. Bei der Bestimmung der magnetischen Eigenschaften von ferromagnetischen Stoffen wird man sich im allgemeinen der bisher besprochenen statischen Methoden bedienen, bei denen nur ganz langsame Änderungen der Feldstärke in Betracht kommen. Immerhin kann es unter Umständen erwünscht sein, Magnetisierungskurven auch bei raschen Wechseln aufzunehmen, namentlich wenn es sich darum handelt, zu ermitteln, ob und wieweit die Magnetisierungsvorgänge bei raschen Wechseln mit denjenigen bei langsamen Wechseln übereinstimmen, oder auch, um aus derartigen Kurvenaufnahmen rasch eine Übersicht

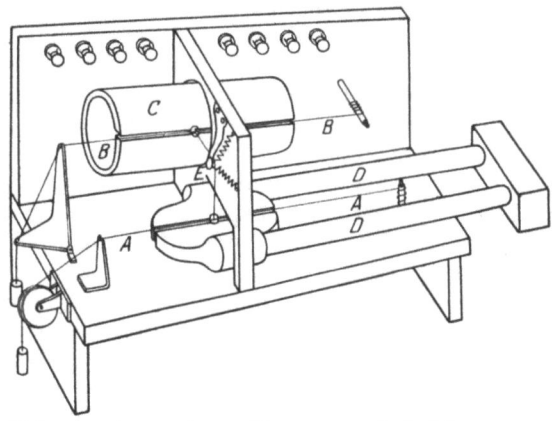

Abb. 27. Apparat von EWING zur Aufzeichnung von Hysteresiskurven.

über die magnetischen Eigenschaften einer größeren Anzahl von Proben zu gewinnen. Für die praktische Aufnahme von Magnetisierungskurven von relativ niedriger Periodenzahl, etwa bis zu 20 Per./sec, hat EWING einen Apparat angegeben[1]), dessen Prinzip auch noch von anderer Seite verwertet und teilweise verbessert wurde: Ein auf einer Spitze gelagerter Spiegel E (Abb. 27) ist um eine vertikale und eine horizontale Achse drehbar, und zwar wirkt auf ihn gleichzeitig in der einen Richtung eine der Induktion des zu untersuchenden Materials und senkrecht dazu eine der zugehörigen Feldstärke proportionale Kraft. Das zu untersuchende Material kommt in der Form von zwei zylindrischen Stäben DD zur Verwendung, die von zwei auf der Abbildung nicht sichtbaren Magnetisierungsspulen umgeben sind und durch ein Jochstück und zwei Polstücke zu einem magnetischen Kreis geschlossen werden, der nur von einem schmalen Spalt unterbrochen ist. In diesen wird der mit dem Spiegel verbundene Eisendraht A proportional der Magnetisierung von D mehr oder weniger stark hereingezogen; der Spiegel erfährt also Drehungen, die der Induktion in den Probestäben proportional sind. Die zweite dazu senkrechte Bewegung erteilt ihm der vom Magnetisierungsstrom durchflossene Draht BB, der in den Schlitz eines röhrenförmigen Magnets C um so stärker hereingezogen wird, je größer der im Draht verlaufende Magnetisierungsstrom, d. h. je größer die Feldstärke ist. Ein von dem Spiegel reflektierter Lichtstrahl beschreibt also auf einem Schirm eine vollständige Magnetisierungskurve, die je nach Bedarf mit dem Bleistift nachgezeichnet oder auch photographisch aufgenommen werden kann. Bei rascheren Wechseln wird die Magnetisierungskurve auf dem Schirm in Form einer ununterbrochenen leuchtenden Linie sicht-

---

[1]) J. A. EWING, Magnetische Induktion in Eisen usw. Deutsch von HOLBORN und LINDECK. S. 328. Berlin: Julius Springer 1892.

bar, doch müssen in diesem Fall der Wirbelströme wegen die Probestäbe der Länge nach mehrfach unterteilt sein. Durch einen Vergleich mit entsprechenden, mit Material von bekannten magnetischen Eigenschaften aufgenommenen Kurven wird man sich ein angenähertes Bild von der Güte der jeweiligen Probe machen können, doch sind natürlich genaue Resultate von dieser Methode nicht zu erwarten und wohl auch nicht beabsichtigt.

Bei höheren Wechselzahlen versagt diese Anordnung, man kann sich dann dadurch helfen[1]), daß man unter Zugrundelegung der Strom- und Spannungskurven, welche man etwa mittels eines FRANKEschen Kurvenindikators oder eines Oszillographen für die Primär- und Sekundärwicklung einer ringförmigen Magnetisierungsprobe aus Blech oder Draht erhält, die Induktion und die zugehörige Feldstärke Punkt für Punkt berechnet. Auf diese Weise läßt sich ohne weiteres der Verlauf einer Art von Kommutierungskurve ermitteln, indem man für eine ganze Reihe von Magnetisierungszyklen mit wachsender Feldstärke die maximale Induktion und die dazugehörige Feldstärke bestimmt. Die erstere ist gegeben durch die Beziehung $\mathfrak{B}_{max} = E \cdot 10^8/4 f n_2 q p$ (vgl. Ziff. 43), worin f den Formfaktor, n_2 die Zahl der Sekundärwindungen, q den Querschnitt des Ringes, p die Periodenzahl und E die reine Eisenspannung in Volt bezeichnet, die man dadurch erhält, daß man von der an den Enden der Sekundärspule mittels eines Voltmeters abgelesenen Spannung die sog. Luftlinienkorrektion $(q'/q - 1)\mathfrak{H}$ (vgl. Ziff. 43) in Abzug bringt; für die zu dieser Induktion gehörige Feldstärke gilt die Beziehung $\mathfrak{H} = 0.4\pi n_1 i/\lambda$, wobei i den Maximalwert des in Ampere gemessenen Magnetisierungsstromes und λ die mittlere Magnetisierungslänge bezeichnet, für welche bei geringer Breite des Ringes hinreichend genau $\lambda = \pi(d_a + d_i)/2$ gesetzt werden kann, während bei größerer Breite die genauere Formel

$$\lambda = \frac{\pi(d_a - d_i)}{\ln(d_a/d_i)}, \tag{49}$$

gilt[2]); hierbei bedeutet d_a den äußeren, d_i den inneren Durchmesser des Ringes. Den Maximalwert des Magnetisierungsstromes erhält man durch Multiplikation des am Amperemeter abgelesenen effektiven Wertes mit dem sog. Scheitelfaktor, d. h. mit dem Verhältnis des Scheitelwertes des Stromes zum effektiven Wert, das man der Stromkurve entnimmt. Hierbei ist allerdings vorausgesetzt worden, daß, wie bei der statischen Magnetisierung, dem Maximum der Induktion in jeder Hystereseschleife auch das Maximum des in der Spule verlaufenden Stromes entspricht. Dies ist aber namentlich bei niedrigen Induktionen und höheren Periodenzahlen von der Größenordnung 50 und mehr nicht genau der Fall, und zwar infolge der Wirbelströme, welche bewirken, daß die Spitze der Hystereseschleife sich abrundet, und daß somit der Maximalinduktion eine zu hohe Feldstärke zugeordnet wird, die auf diese Weise gewonnene Nullkurve also wenigstens für niedrige Induktionen mehr oder weniger stark unter der durch statische Messung gewonnenen liegt. Dieser Fehlerquelle kann man Rechnung tragen durch Aufnahme der ganzen Hystereseschleifen, die man für verschiedene Induktionen aus den zugehörigen Strom- und Spannungskurven ableitet. Da die Momentanspannung e proportional $d\mathfrak{B}/dt$ ist, so ist umgekehrt $\mathfrak{B}$ proportional $\int e dt$; man erhält also für jeden Zeitpunkt den Momentanwert von $\mathfrak{B}$, indem man von dem betreffenden Punkt aus über eine halbe Periode graphisch integriert. Den so berechneten Induktionen ist dann die Feldstärke zuzuordnen, welche man aus den entsprechenden Ordinaten der Stromkurve und dem Faktor $0.4\pi n/\lambda$ ermittelt. Da man jedoch aus der Stromkurve nicht ohne weiteres den erforder-

---
[1]) E. GUMLICH u. P. ROSE, Wiss. Abh. d. Phys.-Techn. Reichsanst. Bd. 4, S. 209. 1918.
[2]) Vgl. F. NIETHAMMER, Wied. Ann. Bd. 66, S. 29. 1898.

lichen Scheitelwert des Stromes erhält, so hat man zunächst den Scheitelfaktor der Stromkurve zu berechnen; das Produkt aus diesem und der am Amperemeter abgelesenen effektiven Stromstärke gibt dann den dem höchsten Punkt der Stromkurve entsprechenden absoluten Stromwert; die Stromstärke für andere Punkte der Kurve ergibt sich aber aus dem Verhältnis der betreffenden Ordinate zur maximalen Ordinate. Auf diese allerdings recht mühselige Weise ist es möglich, nicht nur die der Kommutierungskurve entsprechende Magnetisierungskurve, sondern auch den Verlauf der Hystereseschleifen für verschiedene Maximalinduktionen zu finden, die sich um so mehr verbreitern und abrunden, je größer die Wirkung der Wirbelströme ist. Diese aber wachsen mit der Leitfähigkeit des Materials, dem Querschnitt der Probe und in ganz besonders hohem Maß mit der Periodenzahl, so daß man bei Hochfrequenzströmen auf die Verwendung von ganz dünnen Blättchen oder von feinem Haardraht angewiesen ist; aber auch hierbei machen sich die Wirbelströme noch recht unangenehm bemerkbar.

Die Methode zur Darstellung der Hystereseschleifen bei hohen Frequenzen ist im Prinzip dieselbe wie für mittlere Periodenzahlen, nur versagt hier wegen der Trägheit der Materie natürlich jede Anordnung zur Aufnahme von Strom- und Spannungskurven, welche sich mechanischer Hilfsmittel bedient, dagegen läßt sich, wie FASSBENDER und HUPKA[1]) zeigten, die BRAUNsche Röhre zur Spannungsanalyse bei schnellen Schwingungen benutzen. Die Ablenkung, welche die Kathodenstrahlen durch ein homogenes elektrisches Feld erfahren, ist dessen Stärke proportional, man läßt sie daher nacheinander zwischen zwei Kondensatorplattenpaaren hindurchgehen, welche senkrecht zueinander orientiert sind, und von denen das eine mit der zu untersuchenden Spannung, das andere mit einer Hilfsspannung von bekannter Kurvenform in Verbindung steht; das Strahlenbündel beschreibt dann eine geschlossene LISSAJOUsche Figur, aus der sich die Kurve der Klemmspannung an den Enden der Spule in Abhängigkeit von der Zeit ergibt; um hieraus die reine Eisenspannung zu gewinnen, ist der OHMsche Spannungsabfall unter Berücksichtigung der Phasenverschiebung in Abzug zu bringen, ebenso natürlich die von den Luftlinien herrührende Spannung (vgl. oben).

---

[1]) H. FASSBENDER u. E. HUPKA, Verh. d. D. Phys. Ges. Bd. 14, S. 408–413. 1912.

Kapitel 27.

Herstellung und Ausmessung magnetischer Felder.

Von

E. GUMLICH, Berlin.

Mit 7 Abbildungen.

a) Herstellung magnetischer Felder.

1. Allgemeines. Felder permanenter Magnete. Bei der Herstellung magnetischer Felder kommen natürlich im allgemeinen ganz bestimmte Gesichtspunkte in Betracht, die sich zumeist schwer miteinander vereinigen lassen: Homogenität, Stärke, willkürliche Veränderlichkeit, zeitliche Konstanz und Preis. Wo Konstanz und geringer Preis ausschlaggebend sind, da wird man in erster Linie zu Dauermagneten greifen. Es ist an anderer Stelle (Bd. XV, Kapitel 4, Ziff. 21) darauf hingewiesen worden, daß nach geeigneter thermischer und mechanischer Behandlung die Konstanz der Dauermagnete, namentlich der Co-Magnete, sehr befriedigend ist, und auch ihr Anschaffungspreis ist, abgesehen von den teuren Co-Magneten, so gering, daß man mit Rücksicht auf das Fehlen von Betriebskosten permanente Magnete verwenden wird, wenn nicht andere Gründe dagegen sprechen. Daß die Stärke der von permanenten Magneten herrührenden Felder nicht sehr hoch sein kann, geht schon aus der relativ niedrigen Remanenz der permanenten Magnete hervor, deren Wirkung sich auch nur innerhalb gewisser Grenzen durch Verwendung von geeigneten Polschuhen usw. verstärken läßt. Die Homogenität der durch permanente Magnete gelieferten Felder ist im allgemeinen recht gering, da die Streuung erheblich ist und sogar ein beträchtlicher Teil der Kraftlinien sich schon vor Erreichung der Pole von Schenkel zu Schenkel schließt, was durch geeignete Form der Magnete selbst und der Polstücke nur unvollkommen verbessert werden kann. Schließlich ist ihre Verwendbarkeit auch dadurch begrenzt, daß sie — abgesehen von der Wirkung magnetischer Nebenschlüsse — nur ein Feld von bestimmter Größe liefern, während die von Elektromagneten herrührenden Felder innerhalb gewisser Grenzen willkürlich verändert werden können. Trotzdem ist der Bedarf an diesen als Zählermagnete, Zündmagnete, Telephonmagnete usw. verwendeten permanenten Magneten dauernd so stark im Steigen begriffen, daß ihre Herstellung und Verbesserung auch wirtschaftlich beträchtlich ins Gewicht fällt.

2. Felder eisenloser Spulen. Besonders gleichmäßige Felder geringer Stärke, wie sie z. B. beim Gebrauch von Tangentenbussolen erforderlich sind, lassen sich nach HELMHOLTZ[1]) dadurch erzielen, daß man als Strombahn zwei parallele Ringe aus Kupferband benutzt, deren Abstand gleich ihrem Radius ist; das

---

[1]) H. v. HELMHOLTZ, vgl. Winkelmanns Handb. der Physik. Bd. IV, 2. Aufl., S. 263. 1905.

Feld in der Mitte der Anordnung ist dann in ziemlichem Umfang sehr gleichmäßig. Zur Verstärkung der Wirkung kann man statt der einzelnen beiden Bänder auch nach GEHRCKE und v. WOGAU[1]) konisch gewickelte, also nach innen zu verjüngte Spulen aus etwas keilförmig gewalzten Kupferbändern verwenden, doch bleibt die erreichbare Feldstärke natürlich gegenüber derjenigen in gestreckten Spulen gewöhnlicher Art immer nur gering, wogegen ein wesentlicher Vorteil diesen gegenüber in der bequemen Zugänglichkeit liegt.

Die Feldstärke gleichmäßig bewickelter zylindrischer Spulen ist ja bekanntlich gegeben durch die Beziehung $\mathfrak{H} = 0{,}4\pi n i$, wobei n die Zahl der Windungen pro Zentimeter und i die Stromstärke in A bezeichnet. Dies gilt aber genau genommen nur für unendlich lange Spulen bzw. für die Mitte der Spulen von endlicher Länge, bei welchen das Verhältnis $r^2/(l/2)^2$ gegen 1 zu vernachlässigen ist (r = Radius, l = Länge der Spule); für kürzere Spulen hat man ganz allgemein für einen Punkt im Abstand a cm von einem Ende

$$\mathfrak{H} = 0{,}2\pi n i \left[\frac{a}{\sqrt{r^2 + a^2}} + \frac{(l-a)}{\sqrt{r^2 + (l-a)^2}} \right], \tag{1}$$

für die Mitte ($a = l/2$), also

$$\mathfrak{H} = 0{,}4\pi n i \cdot \frac{l}{\sqrt{4r^2 + l^2}}, \tag{2}$$

und für das Ende

$$\mathfrak{H} = 0{,}2\pi n i \cdot \frac{l}{\sqrt{r^2 + l^2}}. \tag{3}$$

Schon aus diesen Formeln folgt, daß sich hohe Feldstärke und große Gleichmäßigkeit auf längere Strecken in zylindrischen Spulen nicht vereinigen lassen, denn der Radius r der Spule bezeichnet natürlich den mittleren Windungsradius, und dieser wächst mit der Anzahl der Windungslagen und mit der Drahtdicke. Auch die Größe des Widerstandes der Wickelung bzw. die Höhe der Spannung der verfügbaren Stromquelle setzen zumeist der Steigerung der Feldstärke in eisenlosen Spulen eine Grenze, ganz besonders aber die Abführung der entwickelten OHMschen Wärme. Trotzdem ist man in neuerer Zeit auf diesem Wege zu Feldstärken von außerordentlicher Höhe gelangt. Während nämlich für Spulen ohne besondere Kühlung Feldstärken von etwa 2000 Gauß schon den höchsten erreichbaren Wert darstellen dürften, erzielten FORTRAT und DEJEAN[2]) mit einer Spule von 3,4 cm lichter Weite, deren Wicklung aus rechteckigem Emailledraht bestand, dadurch daß sie die einzelnen Lagen durch fließendes Wasser trennten, ein Feld von über 40000 Gauß, allerdings unter Verwendung einer Stromstärke von nahezu 4000 Amp. bei 52 Volt Spannung.

Über außerordentlich interessante Versuche mit eisenlosen Spulen berichteten in den Jahren 1914 und 1915 DESLANDRES und PEROT[3]). Die von ihnen benutzte Spule $b d c e b' d' c' e'$ (Abb. 1), welche einen Hohlraum von 2 cm Durchmesser und 2 cm Länge einschloß, war aus einem 17 m langen, 0,3 mm dicken, trapezförmigen Silberband gewickelt, dessen von 2 cm bis auf 12 cm ansteigende Breite so bemessen war, daß alle Windungen von innen nach außen trotz der Zunahme der Länge den gleichen Widerstand hatten. Die einzelnen Windungen wurden durch Korkstückchen in einem Abstand von 0,3 cm gehalten; zur Kühlung wurde anfänglich gekühltes Petroleum, später Wasser benutzt, welches das die Spule umschließende Gehäuse unter starkem Druck durchsetzte und dessen elektrolytische Wirkung dadurch vermieden werden konnte, daß man die Spannung zwischen

---
[1]) E. GEHRCKE u. M. v. WOGAU, Verh. d. D. Phys. Ges. Bd. 11, S. 664—681. 1909.
[2]) R. FORTRAT u. P. DEJEAN, C. R. Bd. 177, S. 627. 1923.
[3]) H. DESLANDRES u. A. PEROT, C. R. Bd. 159, S. 438. 1915.

zwei aufeinanderfolgenden Windungen unter 1,4 Volt hielt. Ein konisches Rohr, welches das Gehäuse durchsetzte und sich an den inneren Spulenraum anschloß, diente zur Einführung und Beobachtung der Proben und konnte auch mit einem durchbohrten Eisenkern ausgefüllt werden, wodurch natürlich die Feldstärke noch erheblich stieg, aber auch die Bequemlichkeit in der Handhabung entsprechend verringert wurde. Zur Messung der Feldstärke benutzte man die photographisch aufgenommene Wirkung des Zeemaneffekts an Funken zwischen Zinkelektroden. Die Leistung des Apparates ohne Eisenkern ergibt sich aus nebenstehender Tabelle 1:

Tabelle 1.

Stromstärke in Amp.	Spannung in V	Feldstärke in Gauß
1040	12	10300
3150	40	29800
4100	54	42600
5000	68	49900

Hierbei ist noch der bei diesen Aufnahmen versehentlich erfolgte Kurzschluß von 7 Windungen zu berücksichtigen, ohne welchen im Höchstfall etwa 64000 Gauß erreicht worden wären; die Verwendung eines Eisenkernes würde eine weitere Steigerung der Feldstärke um 20 bis 23000 Gauß ermöglicht haben, doch konnten die diesbezüglichen Versuche wegen des Krieges nicht zu Ende geführt werden. Erstaunlich ist es immerhin, daß der nur etwa 30 kg wiegende kleine Apparat bei gleichen Abmessungen des Interferrikums die bisher erreichten Leistungen der größten Elektromagnete von mehreren hundert Kilogramm Gewicht erheblich übertraf, allerdings auf Kosten des Energieverbrauchs, der hier sehr viel höher ist als bei den später zu besprechenden Elektromagneten.

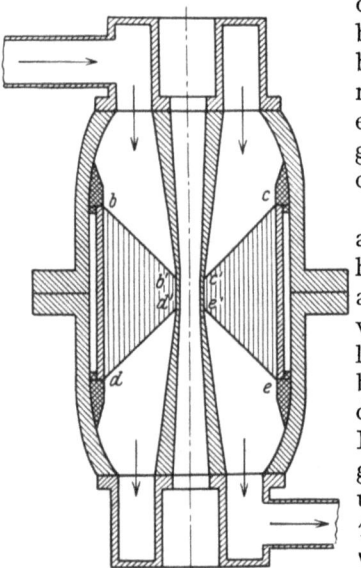

Abb. 1. Spulenanordnung von DESLANDRES und PEROT.

Selbstverständlich kann man mit allen derartigen Vorrichtungen für kurze Zeiten erheblich höhere Werte gewinnen als im Dauerbetrieb. Hierauf gründen sich die Versuche von KAPITZA[1]) und von WALL[2]), welche die starken momentanen Entladungsströme einer Batterie von Akkumulatoren bzw. von Kondensatoren zur Erzeugung außerordentlich hoher Felder von allerdings nur sehr kurzer Dauer benutzten. Der erstere verwendete eine große Anzahl von Bleiplatten von 35 × 35 cm Größe und nur 1,5 mm Dicke, die durch zwischengelegte 1,7 mm dicke Gummiplättchen getrennt waren, während die Ränder an drei Seiten durch U-förmige Gummistreifen abgedichtet wurden; je eine Schicht von 71 derartigen Platten, die nach Füllung mit 30proz. Schwefelsäure eine Batterie von 70 Akkumulatoren bildete, wurde durch Schieferplatten und Bolzen zusammengehalten und nur soweit geladen, daß sich eine dünne positive Oberflächenschicht bildete. Vier derartige Batterien wurden in Gruppen von 2 und 2 hintereinandergeschaltet; ihre Entladungsstromstärke über einen Widerstand von 0,025 Ohm betrug 7000 Amp., und zwar sank die Energie innerhalb von 0,01 Sek. von 970 kW auf 480 kW. Zur Messung von Strom und Spannung diente ein besonders konstruierter Hochfrequenzoszillograph von 20000 bis 30000 Schwingungen pro Sekunde; die Vermeidung von Öffnungsfunken gelang durch Verwendung geeigneter Nebenschlüsse. Die zur Erzeugung des Feldes verwendete Spule bestand aus zwei getrennten Hälften von 48 bis 70 Windungen, die in der

---
[1]) P. L. KAPITZA, Proc. Roy. Soc. London Bd. 105, S. 691—710. 1924.
[2]) T. F. WALL, Nature Bd. 113, S. 568. 1924; Bd. 114, S. 898. 1924.

Mitte einen 2,5 cm langen Zwischenraum für den praktischen Gebrauch freiließen; die Ungleichmäßigkeit innerhalb desselben konnte auf wenige Prozent beschränkt werden. Aus der experimentell und rechnerisch ermittelten Spulenkonstante und dem jeweilig bestimmten Höchstwert des Stromes ergab sich ein Maximalwert von 500000 Gauß. — Zu noch wesentlich höheren Beträgen gelangte WALL (a. a. O.) durch Verwendung von Kondensatoren, welche durch eine Hochspannungsmaschine auf beträchtliche Spannung geladen und dann über eine Spule von verhältnismäßig wenig Windungen entladen wurden. Mittels einer Quecksilberwippe ließ sich der Vorgang des Ladens und Entladens mit bestimmter Geschwindigkeit wiederholen. Aus der oszillographisch aufgenommenen Stromstärke und der bekannten Spulenkonstante berechnete sich die vom Verfasser erreichte maximale Feldstärke zu 1 400000 Gauß, doch lassen sich auf diesem Wege evtl. noch sehr viel höhere Beträge erreichen.

3. Elektromagnete. Trotzdem man mit den oben beschriebenen eisenlosen Spulen unter Umständen so hohe Felder erreicht hat, wie sie mit Elektromagneten bisher nicht hergestellt werden konnten, tritt ihre Anwendung doch den letzteren gegenüber sehr in den Hintergrund, denn einmal ist der Betrieb außerordentlich kostspielig und dann sind sie auch wegen ihrer schweren Zugänglichkeit nur in Ausnahmefällen praktisch verwendbar; man wird sich also bei der Herstellung hoher Felder, wie sie für viele physikalische Untersuchungen gebraucht werden, doch im wesentlichen der Elektromagnete bedienen. Diese haben sich aus der U-Form der Hufeisenmagnete entwickelt, indem man statt des Magnetstahls weiches Eisen verwendete und die beiden Schenkel mit Magnetisierungsspulen versah, wodurch sich ohne weiteres die Leistungsfähigkeit auf das Mehrfache steigern ließ. Ein weiterer, durch die bequeme Verwendungsmöglichkeit bedingter Schritt führte dazu, die beiden bewickelten Schenkel von dem beim Hufeisen gekrümmten Verbindungsstück zu trennen und dieses durch ein gerades dickes Jochstück aus weichem Eisen zu ersetzen, auf dem die beiden Schenkel nach Bedarf verschoben

Abb. 2. Elektromagnettypus des Hufeisenmagnets.

und festgeklemmt werden konnten, so daß sich damit ihr Abstand beliebig verändern ließ. Für die Herstellung und evtl. notwendige Reparatur erwies es sich als vorteilhaft, die Schenkel nicht direkt zu bewickeln, sondern die Wickelung aus einzelnen leicht auswechselbaren Spulen herzustellen. Versah man noch die oberen Enden der Schenkel mit drehbaren und verschiebbaren Polstücken aus weichem Eisen, die auswechselbare Polspitzen verschiedener Art trugen, so waren die Vorbedingungen zur Hervorbringung der dem jeweiligen Bedarf angepaßten Felder von größerer

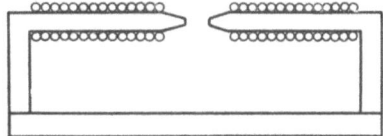

Abb. 3. Elektromagnettypus RUHMKORFF.

und geringerer Ausdehnung, Gleichmäßigkeit und Stärke gegeben. Diese nach dem Typus der Abb. 2 gebauten Elektromagnete sind zum Teil heute noch in Anwendung; die höchsten Leistungen kann man allerdings von ihnen schon deshalb nicht erwarten, weil der relativ geringe Abstand der beiden langen parallelen Schenkel ebenso wie bei sehr gestreckten Hufeisenmagneten zum Entstehen von Streulinien zwischen den beiden Schenkeln Veranlassung gibt, die auch den Kraftlinienfluß zwischen den Polen beeinträchtigen. Von diesem Fehler ist die auf RUHMKORFF zurückzuführende, nach dem Typus der Abb. 3 ausgeführte Anordnung frei. Sie geht von dem richtigen Prinzip aus, daß zur

Verringerung der Streuung die magnetomotorische Kraft der Spulen möglichst nahe an den Luftspalt zwischen den Polen herangebracht werden sollte, da in ihm der magnetische Widerstand für den gesamten Kraftlinienfluß am größten wird. Auch hier sind natürlich die einzelnen Teile des Apparates verschiebbar und gegeneinander drehbar, und gestatten somit eine vielseitige und bequeme Ausnutzung des Feldes. Es ist aber zu bedenken, daß auch der magnetische Widerstand der langen und mit einer Wicklung nicht versehenen Jochteile des Elektromagnets keineswegs zu vernachlässigen ist und zwar um so weniger, je höher die magnetische Belastung dieser Teile wird, denn oberhalb der Induktionen von etwa 6000 bis 8000, für welche die Permeabilität des Eisens ein Maximum aufweist, nimmt diese bekanntlich wieder stark ab und nähert sich im Grenzfall der Sättigung der 1, der Widerstand wird also sehr hoch, wenn man nicht durch Vergrößerung des Querschnitts der Jochteile dafür sorgt, daß ihre Belastung die für die Maximalpermeabilität gültige Induktion nicht erheblich übersteigt; damit ist aber die Verwendung großer Eisenmassen, also ein hohes Gewicht des Apparats unvermeidlich. Nach diesem Prinzip ist der bekannte, von P. Weiss[1]) konstruierte und in Abb. 4 im Durchschnitt wiedergegebene Elektromagnet gebaut, der sich im wesentlichen an den Ruhmkorffschen Typus anschließt. Die Verwendung verhältnismäßig kurzer und dicker Magnetisierungsspulen gestattet nicht nur eine erhebliche Verstärkung der magnetomotorischen Kraft, sondern auch eine entsprechende Verkürzung des Jochteils, dessen magnetischer Widerstand durch Vergrößerung des Querschnitts noch nach Möglichkeit verringert wird. Ein besonderer Vorzug dieses Apparats besteht in der zweckmäßigen Einrichtung der Magnetisierungsspulen: Die Magnetisierungswicklung besteht nämlich nicht aus runden umsponnenen Drähten, welche nur eine verhältnismäßig schlechte Raumausnutzung gestatten, sondern aus Spiralen von 15 mm breiten und 1 mm dicken Streifen aus Kupferblech, deren einzelne Windungen durch eine 0,2 mm dicke Isolationsschicht getrennt sind. Die Spulen sind in Vaselinöl getaucht, das durch eine Wasserzirkulation gekühlt wird; jeder Schenkel erhielt 1680 Windungen, die einen Strom von 60 Amp. aufnehmen konnten, der ganze Magnet konnte also mit mehr als 200000 Amp.-W. erregt werden. Auch die Beschaffenheit des zu den Polstücken verwendeten Eisens spielt selbstverständlich eine erhebliche Rolle, ebenso wie der Neigungswinkel der zu den Polspitzen verwendeten Kegel, der auf Grund theoretischer Rechnungen zu 57° gewählt wurde. Der Apparat lieferte mit 53 Amp. bei Verwendung von ebenen Polflächen von 3,6 mm Durchmesser und einem Abstand von 2 mm ein Feld von 47000 Gauß; der Polabstand konnte

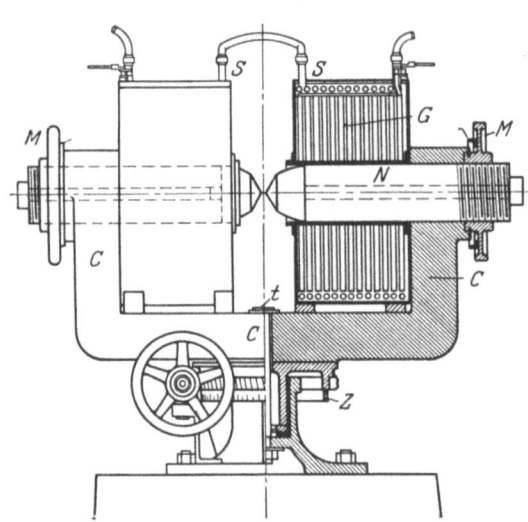

Abb. 4. Elektromagnet von P. Weiss.

C = Joch; G = Magnetisierungsspulen; S = Röhren zur Wasserkühlung; M = Schrauben zum Verschieben der Polkerne N; Z = geteilter Kreis; t = Tischchen.

---
[1]) P. Weiss, Journ. de phys. Bd. 6, S. 353. 1907; Arch. de Geneve (4) Bd. 26, S. 105. 1908; (4) Bd. 44, S. 465. 1917.

dadurch verändert werden, daß sich die Magnetkerne mehr oder weniger tief in die Spulen einschieben und festklemmen ließen. Der Magnet, der allerdings 1000 kg wog, wurde später noch durch Verwendung von wasserdurchströmten rechteckigen Kupferröhren an Stelle der Bewicklung mit Kupferband und durch Polspitzen aus Eisenkobaltlegierung weiter verbessert und hat sich bei vielen Untersuchungen von P. WEISS und anderen Forschern vorzüglich bewährt.

Ein verhältnismäßig einfaches, ebenfalls nach dem RUHMKORFFschen Prinzip gebautes Modell eines Elektromagneten beschrieben kürzlich BOAS und PEDERZANI[1]). Sie verwenden für die Wickelung nur die schwach konischen Polkerne, an die sich einerseits die ebenen oder stark konischen Polschuhe anschließen, während sie andererseits durch ein Schlußjoch aus gutem Flußeisen verbunden sind, das scharfe Ecken vermeidet. Die Polkerne sind verschiebbar und zu optischen Versuchen mit einer Bohrung versehen, die bei Verwendung für andere Zwecke mit Eisen ausgefüllt wird. Die Erregerwicklung besteht aus einzelnen nebeneinandergelagerten Spulen aus isoliertem Kupferband, die gegenüber der fortlaufenden Wicklung eine außerordentliche Durchschlagsicherheit gewähren. Statt der üblichen Wasserkühlung wird eine solche durch Luft verwendet, welche mittels eines elektrischen Antriebsmotors durch die die Spulen umgebenden Kästen gepreßt wird. Infolgedessen läßt sich dauernd ein Strom von 25 Amp. bei 132 Volt aufrecht erhalten, der zwischen Kegelpolen von 10 mm Durchmesser und 1 mm Abstand ein Feld von 48 kG lieferte, während sich bei Flachpolen von 84 mm Durchmesser und 15 bzw. 10 bzw. 7 mm Abstand bei 20 Amp. Stromstärke Felder von 18 bzw. 21,4 bzw. 25,5 kG ergaben; der Apparat wiegt 219 kg.

Der zweite bei den modernen Elektromagneten in Betracht kommende Typus ist der von DU BOIS eingeführte des Vollring- oder Halbringelektromagnets. DU BOIS ging von dem theoretisch richtigen Gedanken aus, daß man beim Bau von Elektromagneten nach Möglichkeit alle Unstetigkeiten, Ecken u. dgl. vermeiden soll, welche zu Streuungen Veranlaß geben, und daß man auch das Jochstück zwischen den beiden Hauptspulen bewickeln solle, um auch dann einen Verlust der Hauptspulen an Energie zu vermeiden, wenn der Querschnitt des Joches erheblich kleiner und der ganze Apparat infolgedessen leichter gebaut würde. Dieser Gedankengang mußte ohne weiteres auf die Wahl eines nahezu gleichmäßig bewickelten Ringes mit verstärkter Endwickelung führen. Der erste im Jahre 1894 von DU BOIS[2]) beschriebene Ringelektromagnet bestand aus einem geschlitzten Torroid mit 12 Erregerspulen, die $^2/_3$ des ganzen Umfanges bedeckten. Mit 45 Amp. gespeist, ergaben sie 108000 Amp.-W., die ein mittleres Spulenfeld von 860 Gauß lieferten, von dem nur 380 Gauß zur Erzeugung der eigentlichen Induktion im Betrage von etwa 20000 CGS-Einheiten, 480 Gauß aber zur Aufhebung der selbstentmagnetisierenden Wirkung dienten. Der Höchstwert der erzielten Feldstärke betrug etwa 40000 Gauß, ein zur damaligen Zeit noch unerreicht hoher Wert. Auf Grund der mit diesem Modell gesammelten Erfahrungen konstruierte DU BOIS später mehrere Halbringelektromagnete, die er im Laufe der Jahre noch erheblich verbesserte[3]). Der frühere Vollring wurde nunmehr in drei Teile geteilt, von denen die beiden mit Polschuhen versehenen Holme je $^1/_3$ des Kreisumfangs umfaßten, während der 3. Teil durch eine starke, als Joch dienende Fußplatte ersetzt wurde, auf welcher die Holme nach Bedarf verschoben und gedreht werden konnten. Die bei hohen Feldstärken besonders wirksame Wickelung liegt in der Nähe der Pole; außerdem trägt jeder Holm

---

[1]) H. BOAS u. TH. PEDERZANI, ZS. f. Phys. Bd. 19, S. 351. 1923.
[2]) H. DU BOIS, Wied. Ann. Bd. 51, S. 537. 1894.
[3]) H. DU BOIS, Verh. d. D. Phys. Ges. 1898, S. 99; 1909, S. 707; Ann. d. Phys. (4) Bd. 42, S. 903 u. 953. 1913.

noch eine gleichmäßige Wickelung, die besonders bei kleinerer Feldstärke und größerem Polabstand günstig wirkt; zur Ableitung der in der Wickelung entstehenden Wärme dienen zwischengelegte Wasserspülungsröhren. Die geeignete Form der Pole für die verschiedensten Verwendungszwecke wurde rechnerisch ermittelt und praktisch erprobt; hierbei bewährte sich zur Verwendung als Polspitzen eine Legierung von 35% Co und 65% Fe, die nach PREUSS einen etwa 10% höheren Sättigungswert besitzt als reines Eisen. Um diese Tatsache auszunutzen, genügt es, nur die Polspitzen, in denen die Dichte der Induktionslinien am größten und daher der magnetische Widerstand am stärksten ist, aus Eisenkobalt herzustellen; man kann damit eine Erhöhung der maximalen Feldstärke von etwa 5% erzielen, die man, da in der Nähe der Sättigung die Feldstärke nur sehr langsam mit der Zahl der Amperewindungen wächst, sonst nur durch Verdoppelung der Amperewindungszahl erreichen würde. Für optische Zwecke ist eine konische Bohrung der Polkerne vorgesehen, deren schwächende Wirkung auf das Feld geringer ist als vorauszusehen war, und die bei anderen Versuchen ausgefüllt werden kann. — Der DU BOISsche Halbringelektromagnet wird in vier verschieden großen Modellen von der Firma HARTMANN & BRAUN, Bockenheim b. Frankfurt a. M., hergestellt (vgl. Abb. 5), über welche in der nachfolgenden Tabelle 2 einige interessante Daten zusammengestellt sind:

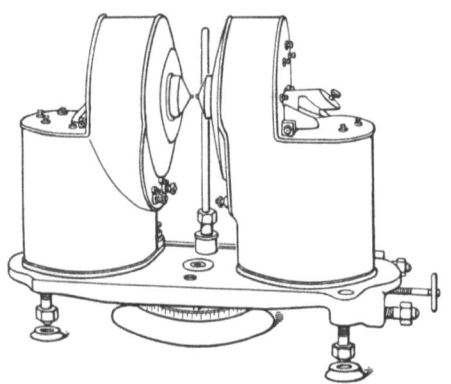

Abb. 5. Elektromagnet von DU BOIS (großes Modell).

Tabelle 2. Daten der Halbring-Elektromagnete nach DU BOIS[1]).

	Schwerstes Modell	Großes Modell	Mittleres Modell	Kleines Modell	Einheit
Gesamtgewicht ca.	1400	360	200	50	kg
Betriebsstrom	—	27,5	19	7,5	A
Gesamte Kilo-Amperewindungen . .	130 (180)	70 (100)	45 (75)	22	kA-W
Betriebsspannung bei 80°	—	2 × 70	2 × 55	2 × 45	V
Elektrische Betriebsleistung (80°) .	13 (16)	3,9 (6)	2,1 (4)	0,7	kW
Gesamte Stromwärme (80°)	190	55	30	10	cal/min
Maximalfeld für 6 × 1 mm Schlitz .	(55)	45 (50)	43 (47)	35	kG
Maximalfeld für 3 × 0,5 mm Schlitz	(65)*)	55[1]) (60)*)	47 (52)	40	kG

Es ist interessant, daß DU BOIS mit seinem zweitgrößten Modell ungefähr das gleiche erreichte, wie P. WEISS mit seinem Apparat von etwa vierfachem Gewicht und doppelter Betriebsleistung.

Außer diesen genannten Elektromagneten ist natürlich noch eine Anzahl anders geformter und besonderen Zwecken dienender Typen, wie Glocken-, Röhren-, Zylindermagnete usw., konstruiert worden, auf deren Beschreibung hier nicht näher eingegangen werden kann.

b) Messung magnetischer Felder.

4. Feldmessung mit Induktionsspulen. Zur Messung der absoluten Größe eines Feldes oder zum Abtasten eines in seiner Ausdehnung nicht vollkommen homogenen Feldes bedient man sich am einfachsten einer Prüfspule, die mit

---

[1]) Hierbei beziehen sich die eingeklammerten Werte auf kürzer dauernde Überlastung, die mit einem *) versehenen auf Fe-Co-Armierungen.

einem ballistischen Galvanometer von hinreichender Empfindlichkeit durch gut verdrillte Zuleitungsdrähte verbunden ist. Bezeichnet q die mittlere Windungsfläche einer aus n Windungen bestehenden Spule, w den gesamten Widerstand des Galvanometerkreises, und erhält man beim Herausziehen der mit ihrer Ebene senkrecht zum Verlauf der Kraftlinien des Feldes orientierten Spule den Ausschlag α, so gilt nach Kap. 26, Ziff 21 für die gesuchte Feldstärke $\mathfrak{H}$ die Gleichung:

$$\mathfrak{H} = C \cdot w \cdot \alpha/(n \cdot q). \qquad (4)$$

Hierin bezeichnet die Größe C die Galvanometerkonstante, die nach den dort angegebenen Vorschriften mit einer Normalspule od. dgl. zu ermitteln ist. Beim Drehen der Prüfspule um 180° oder, wo dies möglich ist, beim Umkehren der Richtung des zu bestimmenden Feldes erhält man den doppelten Ausschlag. Die Größe $(n \cdot q)$, die sog. „Windungsfläche" der Spule findet man durch Anwendung desselben Verfahrens auf ein bekanntes Feld $\mathfrak{H}'$, etwa dasjenige einer von einem gemessenen Strom durchflossenen Normalspule, in deren Inneren die Prüfspule, mit ihrer Ebene natürlich ebenfalls senkrecht zu den Kraftlinien, liegt. Gibt dann beim Kommutieren des Spulenstromes das Galvanometer den Ausschlag (β), so ist

$$n \cdot q = 2 C w' \beta / \mathfrak{H}', \qquad (5)$$

wobei w' den Widerstand des Sekundärkreises bezeichnet; es ist hierbei nach Kap. 26, Ziff. 23 darauf zu achten, daß bei beiden Messungen die Dämpfung des Galvanometerkreises gleich groß ist. Sind die beiden Felder, das zu messende und dasjenige der Normalspule, von derselben Größenordnung, also auch $w' = w$, so kann man ohne weiteres die Formeln (4) und (5) kombinieren, es fällt dann sowohl die Galvanometerkonstante C, wie auch die Windungsfläche $(n \cdot q)$, heraus und man erhält ohne weiteres:

$$\mathfrak{H} = \frac{\alpha}{2\beta} \mathfrak{H}'. \qquad (6)$$

Im allgemeinen wird dies jedoch nicht der Fall sein, man ist dann auf eine besondere Bestimmung der Windungsfläche der Prüfspule angewiesen. Ist diese nur klein, wie es beim Abtasten von Feldern geringer Ausdehnung erforderlich ist, so wird vielfach die Empfindlichkeit des Galvanometers nicht ausreichen, um hierzu das meist nur ziemlich niedrige Feld einer Normalspule zu verwenden; man muß dann starke Spulenfelder zu Hilfe nehmen, die man mittels Prüfspulen von hinreichend großer Windungsfläche, deren absoluter Betrag jedoch nach dem Vorstehenden nicht bekannt zu sein braucht, an die Normalspule anschließt. Gute Dienste leistet in diesem Fall ein von GANS und GMELIN[1]) vorgeschlagener „Magnetetalon für hohe Feldstärken", ein geschlitzter und mit Erregerwicklungen versehener Eisenring, in dessen Spalt eine von der Höhe des Erregerstromes abhängige Feldstärke herrscht. Hat man den Etalon (unter Berücksichtigung der Hysterese!) in Abhängigkeit vom Erregerstrom geeicht, so kann man die zur Bestimmung der Windungsfläche einer Spule erforderliche Feldstärke direkt mittels des zugehörigen Erregerstromes hervorbringen.

Außerordentliche genaue Ergebnisse lieferte eine von GEHRCKE und v. WOGAU[2]) getroffene Anordnung zum Vergleiche eines unbekannten Spulenfeldes mit einem solchen von bekannter Größe, und zwar kam dabei eine Nullmethode zur Anwendung, die ja gegenüber den Ausschlagsmethoden erhebliche Vorteile verschiedener Art besitzt; die Anordnung ist aus Abb. 6 ersichtlich: Ein von der Batterie B gespeister Hauptstromkreis enthält den Unterbrecher u,

---
[1]) R. GANS u. P. GMELIN, Ann. d. Phys. (4) Bd. 28, S. 927. 1909.
[2]) E. GEHRCKE u. M. v. WOGAU, Verh. d. D. Phys. Ges. Bd. 11, S. 664—681. 1909.

einen Regulierwiderstand ϱ und zwei Abzweigwiderstände ϱ_1 und ϱ_2 von bekannter Größe. Mit den Enden dieser Abzweigwiderstände sind über die Widerstände ϱ_1' und ϱ_2', die Unterbrecher u_1 und u_2 sowie zwei in der Zeichnung nicht angegebene Präzisionsamperemeter die beiden Spulen S_1 und S_2 verbunden, von denen die erste das zu messende unbekannte Feld liefert, welches mit dem bekannten Feld der Normalspule S_2 verglichen werden soll. Diese beiden Primärspulen umschließen die Sekundärspulen s_1 und s_2 mit den Windungsflächen $(n_1 q_1)$ und $(n_2 q_2)$, die über den Widerstand R und das ballistische Galvanometer G gegeneinandergeschaltet sind. Nehmen wir zunächst an, daß der Unterbrecher u_1 geschlossen, u_2 geöffnet sei, so wird beim Öffnen von u im ballistischen Galvanometer ein Ausschlag α_1 erzeugt werden, der proportional der Feldstärke in S_1 und der Windungsfläche $(n_1 q_1)$ ist,

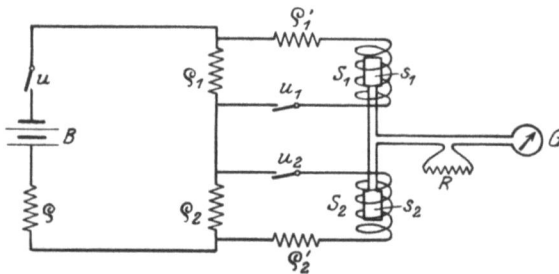

Abb. 6. Meßanordnung von GEHRCKE und v. WOGAU.

also $\alpha_1 \sim \mathfrak{H}_1 J_1 n_1 q_1$, wobei $\mathfrak{H}_1$ die sog. Spulen konstante, also das Feld der Spule S_1 für den Strom $J_1 = 1$ bezeichnet, und entsprechend ist für den Fall, daß u_2 geschlossen und u_1 geöffnet bleibt, der von der Spule s_2 herrührende Ausschlag $\alpha_2 \sim \mathfrak{H}_2 J_2 n_2 q_2$. Hieraus folgt

$$\mathfrak{H}_1 = \frac{\alpha_1 J_2 n_2 q_2}{\alpha_2 J_1 n_1 q_1} \cdot \mathfrak{H}_2 .$$

Sorgt man nun noch durch Regulierung der Widerstände ϱ_1' und ϱ_2' dafür, daß die Ausschläge α_1 und α_2 einander gleich werden, so muß, wenn u_1 und u_2 gleichzeitig geschlossen werden, das Galvanometer beim Öffnen von u in Ruhe bleiben; man hat also in diesem Fall

$$\mathfrak{H}_1 = \frac{J_2 n_2 q_2}{J_1 n_1 q_1} \cdot \mathfrak{H}_2 . \tag{7}$$

Dies Verfahren hat hauptsächlich den Vorteil, daß man auch bei einem hochempfindlichen Galvanometer Stromstöße verwenden kann, welche einzeln weit über die ganze Skala hinausgehende Ausschläge hervorbringen würden.

Genau genommen ist nun die vorausgesetzte Gleichheit der Ausschläge α_1 und α_2 noch nicht eine vollkommen ausreichende Bedingung dafür, daß das Galvanometer in Ruhe bleibt, es muß vielmehr auch der Ablauf der Induktionsströme in den beiden Sekundärkreisen genau identisch sein, und dies ist nur der Fall, wenn das Verhältnis Selbstinduktion: Widerstand, also die sog. „Zeitkonstante" in beiden Sekundärkreisen das gleiche ist, was man durch passende Wahl der Widerstände und durch nötigenfalls hinzugefügte Selbstinduktionen zu erreichen sucht.

Auch das Verhältnis $(n_1 q_1) : (n_2 q_2)$ der Windungsflächen der beiden Sekundärspulen läßt sich nach dieser Methode außerordentlich genau ermitteln. In der oben beschriebenen Anordnung gilt nach (7) $\mathfrak{H}_1 J_1 n_1 q_1 = \mathfrak{H}_2 J_2 n_2 q_2$; tauscht man nun die Sekundärspulen um, so daß s_1 in S_2 und s_2 in S_1 zu liegen kommt, und gleicht die Ströme J_1' in S_1 und J_2' in S_2 wieder so ab, daß das Galvanometer in Ruhe bleibt, so gilt nunmehr $\mathfrak{H}_1 J_1' n_2 q_2 = \mathfrak{H}_2 J_2' n_1 q_1$; aus diesen beiden Gleichungen folgt aber

$$\frac{n_1 q_1}{n_2 q_2} = \sqrt{\frac{J_2 J_1'}{J_1 J_2'}} . \tag{8}$$

Die Verfasser haben bei praktischen Versuchen für dies Verhältnis der Windungsflächen eine Fehlergrenze von weniger als $0,1^0/_{00}$ erreicht, ein im Vergleich zu der mit direkten Ausschlägen zu erreichenden Genauigkeit außerordentlich günstiges Ergebnis.

Auf einem ganz ähnlichen Prinzip beruht eine schon früher von PASCHEN[1]) angegebene und von PRÜMM[2]) noch genauer diskutierte Differentialmethode zur Feldmessung: Zwei nach Art der von HEFNER-ALTENECKSCHEN Trommelanker, aber ohne Eisenkern bewickelte Induktoren sind auf ein und derselben Achse angeordnet, und zwar rotiert der eine Induktor in dem zu messenden Feld, der andere in einer Spule, deren Konstante bekannt ist. Schaltet man beide Induktoren gegeneinander und reguliert die Stromstärke i der Vergleichsspule so, daß die an den Enden der Induktoren auftretenden Spannungen gleich sind, also ein eingeschaltetes Galvanoskop stromlos bleibt, dann ist die gesuchte Feldstärke $\mathfrak{H} = C \cdot i$, wobei C eine Apparatenkonstante bezeichnet, die sich aus den Dimensionen der Induktoren und der Spule ergibt. Eine wechselseitige Beeinflussung der beiden Felder muß natürlich vermieden bzw. berücksichtigt werden.

5. Drehspulenmethode; magnetischer Spannungsmesser. Wie sich mittels des bekannten Drehspulengalvanometers aus der Drehung einer im Magnetfeld aufgehängten Spule die Stärke des die Spule durchfließenden Stromes ermitteln läßt, so kann man natürlich auch umgekehrt, wenn man die Stromstärke selbst kennt, aus dieser Drehung die Stärke des Feldes ermitteln. Dies Prinzip hat STENGER[3]) benutzt, indem er eine Spule an bifilarer Aufhängung, die zugleich als Stromzuführung diente, so in das Feld brachte, daß die Ebenen der Spule und der Aufhängung den als horizontal vorausgesetzten Kraftlinien des Feldes parallel waren. Aus dem gemessenen Ausschlag α ergibt sich dann die gesuchte Feldstärke

$$\mathfrak{H} = D \operatorname{tg} \alpha / nqi , \qquad (9)$$

wobei D die Direktionskraft der Aufhängung, nq die Windungsfläche und i den durch die Spule gehenden Strom bezeichnet, dessen Größe natürlich die Empfindlichkeit des Apparates und somit auch seine Verwendbarkeit für Felder verschiedener Stärke zu regulieren gestattet. Eine besonders gute Durcharbeitung und handliche Ausgestaltung hat diese Methode durch SIEGBAHN[4]) erfahren, der sich noch mehr dem Typus des Drehspulengalvanometers anschloß, indem er die beiden von STENGER zur bifilaren Aufhängung benützten Drähte vollkommen zusammenrückte und zu einem aus zwei stromführenden Hälften bestehenden Draht vereinigte, der die notwendige Torsionskraft lieferte. Das ganze System ist in einer Messinghülse eingeschlossen, welche zur Dämpfung der mit einem Spiegel versehenen kleinen Spule mit Vaselineöl gefüllt ist, das die Spiegelablesung nicht hindert.

Der „magnetische Spannungsmesser" von ROGOWSKI und STEINHAUS, der hier natürlich ebenfalls in Betracht kommt, ist bereits in Kapitel 26, Ziff. 32 gelegentlich der Aufnahme von Induktionskurven besprochen worden; es kann daher hier auf die dortigen Ausführungen verwiesen werden.

6. Magnetische Wage; kommunizierende Röhren; Anordnungen von SCHRÖTER. Die magnetische Wage beruht auf der Messung der Kraft, welche von einem Feld auf ein senkrecht dazu stehendes Stromelement ausgeübt wird. Denken wir uns in einem Feld, dessen Kraftlinien horizontal gerichtet sind, ein ebenfalls horizontales, aber senkrecht zu diesen Kraftlinien gerichtetes Strom-

---

[1]) F. PASCHEN, Phys. ZS. Bd. 6, S. 371. 1905.
[2]) PRÜMM, Dissert. Tübingen 1906.
[3]) FR. STENGER, Wied. Ann. Bd. 33, S. 312. 1888.
[4]) M. SIEGBAHN, Dissert. Lund 1911.

element i von der Länge l, dann erleidet dies in vertikaler Richtung einen Zug f von der Größe $\mathfrak{H}li/10$ dyn, was einem Gewicht von

$$f = \frac{\mathfrak{H}li}{10\,g}\,\text{Gramm} \tag{10}$$

entspricht, wobei g die Beschleunigung der Schwere ∞ 981 cm bezeichnet und i in Ampere gemessen wird (daher der Faktor 10 im Nenner). Dies Gewicht entspricht für $\mathfrak{H} = 10000$, $i = 1$ Amp. und $l = 1$ cm etwa 1 g, ist also mit Hilfe einer Wagenanordnung noch recht genau meßbar. Zur Messung kleinerer Felder wird man den Strom oder die Länge l vergrößern müssen, und wo letzteres wegen der Abmessungen des Feldes nicht möglich ist, mehrere Stromelemente l nebeneinander, also gewissermaßen eine Spule mit geradlinigen Leiterstücken verwenden müssen. Eine praktische Lösung für das Problem fand COTTON[1]) in der durch Abb. 7 veranschaulichten Anordnung. Der um die Achse 0 drehbare Wagebalken EG trägt an einem Ende die Strombahn ABCD, die so gestaltet ist, daß die beiden Stromelemente AB und CD, von denen nur das erste dem senkrecht zur Bildebene gedachten Feld ausgesetzt ist, radial gerichtet sind, während die beiden Leiterteile BC und AD Stücke eines Kreisbogens mit dem Mittelpunkt 0 darstellen.

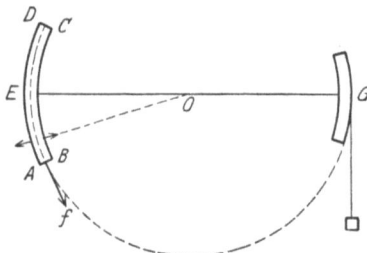

Abb. 7. Prinzip der magnetischen Wage von COTTON.

Die auf diese beiden Leiterteile von dem Feld ausgeübten Kräfte sind also sämtlich ebenfalls radial gerichtet und werden von der hinreichend festen Lagerung der Wage aufgenommen, während der senkrecht zu AB, also tangential zum Kreisbogen gerichtete Zug f ebenso wirkt, als wenn er an EO senkrecht nach unten angriffe. Er wird kompensiert durch das an dem Umfang eines ebensolchen Kreisbogens in G angreifende Gewicht. Die durch Quecksilbernäpfe vermittelten Stromzuführungen müssen, damit sie keine merkliche Wirkung ausüben, möglichst nahe an der Achse angeordnet sein. Eine Schwierigkeit liegt natürlich in der genauen Bestimmung der Länge l, deren Fehler voll in die Messung eingeht. Bei einem von WEISS und COTTON[2]) zu sehr genauen Messungen benutzten Modell war der Stromkreis aus einem Magnaliumblatt ausgeschnitten, und zwar betrug die mittlere Länge von AB 2,001 cm und wich somit nur um $1/2000$ von dem Sollwert ab; bei einem Feld von 20000 Gauß stimmten die Ergebnisse der mit der Wage und nach anderen Methoden ausgeführten Messungen bis auf etwa $2^0/_{00}$ überein.

Denkt man sich bei der magnetischen Wage das Leiterstück AB durch das Mittelstück einer mit Quecksilber gefüllten kommunizierenden Röhre ersetzt, dem der Strom durch besondere Zuleitungen zugeführt wird, so entsteht natürlich auch hier wie bei der magnetischen Wage ein Druck f, der aber nun in horizontaler Richtung wirkt und das Quecksilber im einen Schenkel zum Ansteigen bringt; aus der gemessenen Niveaudifferenz, der bekannten Stromstärke und den Dimensionen der Röhre läßt sich dann die gesuchte Feldstärke ermitteln (Näheres bei DU BOIS, Wied. Ann. Bd. 35, S. 142. 1888).

Schließlich benutzt SCHRÖTER[3]) die Durchbiegung, welche ein stromdurchflossenes dünnes Silberband im Magnetfeld $\mathfrak{H}$ erleidet, zur Bestimmung der Größe des letzteren; da nun die Messung dieser Durchbiegung unbequem und

---

[1]) E. COTTON, Journ. de phys. Bd. 9, S. 383—390. 1900.
[2]) P. WEISS u. E. COTTON, Journ. de phys (4) Bd. 6, S. 429. 1907.
[3]) F. SCHRÖTER, ZS. f. Instrkde. Bd. 44, S. 477. 1924.

unsicher ist, zieht es der Verfasser vor, die Stromstärke so zu regulieren, daß stets ein und dieselbe Durchbiegung erfolgt, die gerade zum Schließen eines Kontaktes hinreicht und mittels eines Telephons hörbar oder mittels eines Galvanometers sichtbar gemacht werden kann; dann ist

$$\mathfrak{H} = C/i, \qquad (11)$$

worin i die jeweilige Stromstärke und C eine Konstante bezeichnet, die durch Eichung des Apparates mit einem bekannten Feld ermittelt werden kann. Da zur Herstellung eines zuverlässigen Kontaktes die bloße Berührung zwischen Band und Spitze nicht ausreicht, so ersetzt der Verfasser den mechanischen Schluß durch einen elektrischen Überschlag, der durch ein kleines Induktorium vermittelt wird und ganz sicher funktioniert. Auf die Ausdehnung des Bandes durch die Stromwärme oder eine eventuelle Änderung der Außentemperatur muß natürlich Rücksicht genommen werden. Mit dem vom Verfasser benutzten Modell, dessen an Kupferfedern befestigtes Silberband die Abmessungen $50 \cdot 1 \cdot 0{,}01$ mm hatte, konnten Messungen von 10 Gauß aufwärts bis zu mehreren tausend Gauß ausgeführt werden.

7. Wismutspirale; Steighöhenmethode; Drehung der Polarisationsebene. Eine für den praktischen Gebrauch sehr bequeme Methode, um deren Ausbildung sich besonders LENARD[1]) verdient gemacht hat, beruht auf der Änderung des spezifischen Widerstandes der Metalle, besonders des Wismut, im magnetischen Feld. Zu diesem Zweck ist in der Ausführung durch die Firma Hartmann & Braun, Frankfurt a. M. der zu verwendende Bi-Draht zu einer kleinen, ebenen, bifilaren Spule gebogen, die mittels eines Handgriffes an der zu messenden Stelle senkrecht zu der Richtung der Kraftlinien gehalten werden kann. Eine mit den Enden der Spule in Verbindung stehende Meßbrücke gestattet die Ablesung der Feldstärke. Eine vorhergehende Eichung des Instruments mit bekannten Feldern ist natürlich erforderlich. Da die Spule sehr dünn gehalten ist, gestattet sie auch die Bestimmung und das Abtasten der Feldstärke zwischen eng gestellten Polen von Elektromagneten usw.

Wie man aus der an anderer Stelle behandelten Verschiebung des Meniskus einer para- oder diamagnetischen, in einem U-Rohr befindlichen Flüssigkeit durch Erregung eines nur auf den einen Schenkel des U-Rohres wirkenden Feldes die Suszeptibilität der Flüssigkeit bestimmen kann, so läßt sich natürlich auch umgekehrt aus der bekannten Suszeptibilität dieser Flüssigkeit und der beobachteten Verschiebung die Stärke des wirkenden Feldes ermitteln. Bei Anwendung dieser von QUINCKE[2]) erfundenen und von DU BOIS[3]) weiter ausgebildeten „Steighöhenmethode" benutzt man praktisch ein dünnes, in das zu messende Feld, also etwa zwischen die Pole eines Elektromagneten, zu bringendes Steigrohr, das mit einem Reservoir von erheblichem Volumen verbunden ist, so daß die in dem Steigrohr eintretende Niveauänderung sich beim Niveau der Flüssigkeit im Reservoir überhaupt nicht bemerkbar macht. Je nach der Suszeptibilität der gewählten Flüssigkeit und der Stärke des Feldes kann natürlich die beobachtete Verschiebung recht verschieden groß sein. Zur Messung stärkerer Felder ist sie mit der erwähnten Anordnung ohne weiteres anwendbar, zur Messung kleinerer Felder empfiehlt sich die Verwendung der von DU BOIS angegebenen Modifikation, bei welcher das Steigrohr nicht vertikal steht, sondern unter einem spitzen Winkel gegen das Reservoir geneigt ist und mit diesem mehr oder weniger stark gekippt werden kann. Aus der mit dem Mikroskop zu messenden, hier

---

[1]) P. LENARD, Elektrot. ZS. Bd. 9, S. 340. 1888; Wied. Ann. Bd. 39, S. 619. 1890.
[2]) G. QUINCKE, Wied. Ann. Bd. 24, S. 374. 1885.
[3]) H. DU BOIS, Wied. Ann. Bd. 35, S. 137. 1888.

natürlich sehr stark vergrößerten Verschiebung b des Meniskus und dem Winkel u zwischen dem Steigrohr und der Horizontalebene ergibt sich dann die gesuchte Feldstärke $\mathfrak{H}$ zu

$$\mathfrak{H} = \sqrt{\frac{2gd}{\varkappa}} \cdot \sqrt{b \sin u}, \qquad (12)$$

worin g die Beschleunigung der Schwere, d die Dichte der Flüssigkeit und $\varkappa$ ihre Suszeptibilität bezeichnet. Durch geeignete Wahl der in Betracht kommenden Größen läßt sich diese Formel leicht in eine für die praktische Verwendung bequeme Form bringen.

Einen anderen Kunstgriff zur Vergrößerung der Steighöhe wendet CHÉNEVEAU[1]) an: er benutzt zwei größere Gefäße, die unten durch ein enges U-Rohr verbunden sind; die Füllung des einen Gefäßes besteht aus einer paramagnetischen Flüssigkeit, also etwa einer 30proz. wäßrigen Mangansulfatlösung, diejenige des anderen aus einer diamagnetischen Flüssigkeit, also etwa Phenol; die Dichten d und d_1 der beiden Flüssigkeiten sollen angenähert dieselben sein. Bringt man nun den im U-Rohr an der Grenze zwischen beiden Flüssigkeiten sich bildenden Meniskus in das Feld $\mathfrak{H}$, so ist die Verschiebung h', die er erleidet, gegeben durch:

$$h' = \frac{\mathfrak{H}^2(\varkappa + \varkappa_1)}{2(d - d_1)g}, \qquad (13)$$

wobei $\varkappa$ und $\varkappa_1$ die Suszeptibilitäten der beiden Flüssigkeiten sind und g die Beschleunigung der Schwere bedeutet. Die Größe der Verschiebung kann also mit Hilfe der Differenz $(d - d_1)$ im Nenner leicht auf den 10- bis 100fachen Betrag gebracht werden. Nun wäre dies aber insofern kein Gewinn, als sich dann der Meniskus gar nicht mehr im Bereich des zu messenden Feldes befinden würde; infolgedessen kompensiert CHÉNEVEAU die Verschiebung mittels eines im einen Gefäß wirkenden Kompressors, dessen Druck durch ein Differentialmanometer sehr genau gemessen werden kann, so daß damit die Steighöhenmethode auch schon für relativ niedrige Felder verwendbar wird.

Schließlich kann als Hilfsmittel zur Bestimmung der Feldstärke die Drehung der Polarisationsebene des Lichtes herangezogen werden. Wie an anderer Stelle eingehender gezeigt wird, erleidet nach FARADAY die Polarisationsebene polarisierten Lichtes beim Durchgang durch Substanzen, die sich in einem magnetischen Feld befinden, eine Drehung, die proportional der Größe des Feldes und der Dicke der durchsetzten Schicht ist und mit geeigneten Hilfsmitteln (Halbschattenapparat usw.) recht genau gemessen werden kann; besonders groß ist diese Drehung beim Schwefelkohlenstoff, aber auch bestimmte Sorten von Jenaer Gläsern, deren Handhabung in Plattenform natürlich besonders bequem ist, zeigen hohes Drehungsvermögen. Was diese magnetische Drehung von der natürlichen Drehung unterscheidet, ist die Tatsache, daß im ersteren Fall die Drehung nur von der Richtung der Feldes abhängt, nicht aber von der Fortpflanzungsrichtung des Lichtstrahles wie bei der natürlichen Drehung. Läßt man also einen durch eine drehende Substanz hindurchgegangenen polarisierten Lichtstrahl von der versilberten Hinterseite reflektieren, so zeigt die Polarisationsebene des Lichtes keine Drehung, wenn es sich um eine natürlich drehende Substanz, wie Quarz u. dgl., handelt, dagegen die doppelte Drehung, wenn diese durch ein magnetisches Feld hervorgebracht wird. Es ist dann $\alpha = 2\omega d\mathfrak{H}$, worin α den Drehungswinkel, d die Dicke, $\mathfrak{H}$ die Stärke des wirkenden Feldes und ω die sog. „VERDETsche Konstante" bezeichnet, welche die Drehung der

---

[1]) C. CHÉNEVEAU, Journ. de phys. (4) Bd. 9, S. 692. 1910; C. R. Bd. 180, S. 1046. 1910.

betreffenden Substanz für die Dicke 1 und die Feldstärke 1 beim einfachen Durchgang angibt. Umgekehrt läßt sich natürlich auch aus der beobachteten Drehung die Feldstärke $\mathfrak{H}$ nach der Beziehung

$$\mathfrak{H} = \frac{\alpha}{2\omega d} \tag{14}$$

bestimmen. Die VERDETsche Konstante, die mit abnehmender Wellenlänge und abnehmender Temperatur stark wächst, beträgt beispielsweise[1]) bei Natrium-Licht und Zimmertemperatur für Schwefelkohlenstoff 0,044; für Wasser 0,013; für Flußspat 0,009; für mittleres Phosphat-Crown-Glas (Jena) 0,016; für gewöhnliches leichtes Flintglas (Jena) 0,032; für schwerstes Silikat-Flintglas (Jena) 0,089. Um die Ausbildung dieser Methode hat sich gleichfalls DU BOIS[2]) besonders verdient gemacht.

---

[1]) Nähere Angaben in den Tabellen von H. LANDOLT und R. BÖRNSTEIN.
[2]) H. DU BOIS, Wied. Ann. Bd. 51, S. 549. 1894.

Kapitel 28.

Erdmagnetische Messungen[1].

Von

G. ANGENHEISTER, Potsdam.

Mit 16 Abbildungen.

Die Beobachtungsergebnisse und die physikalische Natur des Erdmagnetismus habe ich besonders (Bd. XV, Abschn. A, Kap. 5) behandelt. Hier werden Instrumente und Methoden der Messung und Beobachtung besprochen.

a) Allgemeines.

1. Absolute Messungen und Variationsbeobachtungen. Die Aufgabe der erdmagnetischen Messung ist, den Feldvektor $\mathfrak{F}$ nach Größe und Richtung für jeden Ort der Erde und für jede Zeit zu ermitteln.

Man muß daher grundsätzlich unterscheiden zwischen „Variationsinstrumenten", die an einem bestimmten Ort fortlaufend die zeitlichen Schwankungen verfolgen, und „Meßinstrumenten", die die absoluten Beträge der Intensität und Richtung des Feldvektors für einen mittleren Zeitpunkt der Messung bestimmen und von Ort zu Ort zur Vermessung des Feldes benutzt werden können.

Eine Schwierigkeit bei der Ausmessung des Feldes entsteht dadurch, daß schon während der Zeit einer einzelnen Messung des Feldvektors dieser selbst zeitlichen Schwankungen unterliegt, die die Meßgenauigkeit oft ganz erheblich übersteigen (vgl. Bd. XV). Es ist also notwendig, daß für die Zeit der Messungen, die für die Horizontalintensität, Deklination und Inklination zusammen etwa 3 Stunden beträgt, die zeitlichen Schwankungen des Feldes verfolgt werden.

Noch stärker wird diese zeitliche Veränderlichkeit des Feldes bei der Herstellung der erdmagnetischen Karten wirksam. Die zeitlich weit — oft um Monate und Jahre — auseinanderfallenden Messungen an den verschiedenen Kartenpunkten müssen auf eine gemeinsame Epoche reduziert werden. Es ist also notwendig, die Ausmessung des Feldes (durch „absolute Messungen") mit einer fortlaufenden Verfolgung seiner zeitlichen Änderung (durch „Variationsbeobachtungen") zu ergänzen. Aber auch dann, wenn die Variationsbeobachtung Selbstzweck ist, z. B. zu theoretischen Untersuchungen über den täglichen, jährlichen Gang und die Störungen, ist die Kombination von absoluten und Variationsbeobachtungen notwendig. Denn die Angaben der Variationsinstrumente enthalten nicht nur Veränderungen des erdmagnetischen Feldes, sondern auch instrumentelle Einflüsse (Temperatur, Fadentorsion, Momentänderung),

---

[1] Eingehende neuere Darstellungen zu diesem Kapitel finden sich bei: AD. SCHMIDT, Erdmagnetismus. Enzyklopädie der math. Wiss. Bd. VI, S. 265−396. 1. Oktober 1917; F. AUERBACH, in Graetz' Handb. der Elektrizität und Magnetismus Bd. IV, S. 1−99, 166 bis 378 u. 1055 u. 1120. 1920; A. NIPPOLDT, in MÜLLER-POUILLET, Lehrbuch der Physik und Meteorologie Bd. IV, S. 1295−1385. 1914. — Eine Zusammenstellung der Literatur gibt: J. BARTELS, Bericht über die Fortschritte unserer Kenntnis vom Magnetismus der Erde. Geogr. Jahrbuch, S. 40. Gotha 1926. Methodische und instrumentelle Neuerungen finden sich fortlaufend in folgenden Zeitschriften: Quarterl. Journ. Terr. Magn. a. Atm. Electricity, Cincinnati, O., 1896−1927; ZS. f. Geophysik. Braunschweig: Vieweg, 1924−1927. Vgl. ferner ds. Handb. Bd. XV, Abschn. A, Kap. 5. Carnegie Institut Washington, Research of Dep. Terr. Magn.

die mit der Zeit veränderlich sind, und die zuverlässig nur dadurch eleminiert werden können, daß man von Zeit zu Zeit immer wieder den absoluten Wert des betreffenden erdmagnetischen Elementes bestimmt.

2. Übersicht über die Methoden. Bei den absoluten erdmagnetischen Meßinstrumenten wird die Gleichgewichtslage des drehbaren Meßmagneten oder der mit ihm grundsätzlich äquivalenten drehbaren stromdurchflossenen Spule aufgesucht. Wirkt nur das Drehmoment des erdmagnetischen Feldes auf den drehbaren Magneten, so gibt seine Achsenrichtung die Richtung des Feldvektors in seiner Drehebene. Wirken mehrere Drehmomente ein, so gibt seine Ablenkung aus der Feldrichtung ein Maß für die Feldintensität in der Drehebene. Bei den Variationsinstrumenten wird die zeitlich fortschreitende Änderung der Gleichgewichtslage aufgezeichnet. Beim Richtungsvariometer ist nur das magnetische Drehmoment des Erdfeldes, beim Intensitätsvariometer außerdem noch mindestens ein anderes Drehmoment wirksam.

Für die Messung des Feldvektors und seiner zeitlichen Schwankungen kommen folgende Methoden in Betracht:

Bestimmung der Richtung des Feldvektors.

1. Die Gleichgewichtslage eines in der Horizontalebene um eine vertikale Achse frei drehbaren Magneten bezogen auf die astronomische Nordsüdrichtung gibt die Deklination (Kompaß).

2. Die Gleichgewichtslage eines in der magnetischen Meridianebene um eine horizontale Achse frei drehbaren Magneten bezogen auf die Horizontalebene gibt die Inklination (Inklinatorium).

3. Die Achsenrichtung einer rotierenden Spule fällt in die Feldrichtung, wenn bei der Rotation ein Induktionsstrom nicht entsteht (Erdinduktor).

Bestimmung der Intensität des Feldvektors.

1. Das Drehmoment, das eine erdmagnetische Feldkomponente auf einen drehbaren Magneten ausübt, ist ein Maß für ihre Intensität. Es kann statisch oder dynamisch gemessen werden; statisch durch Vergleich mit einem künstlichen Drehmoment. Das letztere kann durch eine Torsion des Aufhängefadens (Horizontalvariometer), durch das Feld einer Stromschleife (Sinusgalvanometer) oder eines Dauermagneten (GAUSSsche Methode der Bestimmung der Horizontalintensität) oder durch die Schwerkraft (Horizontal- und Vertikalwage; bifilare Aufhängung) geliefert werden. Dynamisch kann das Drehmoment des erdmagnetischen Feldes aus dem Trägheitsmoment und der Schwingungsdauer bestimmt werden (GAUSSsche Methode zur Bestimmung der Horizontalintensität).

2. Der Induktionsstrom, der in einer rotierenden Spule induziert wird, ist ein Maß für die Intensität der wirksamen Feldkomponente (Erdinduktor).

3. Desgleichen die Magnetinduktion in Weicheisenstäben.

4. Grundsätzlich ist auch die Ablenkung einer bewegten elektrischen Ladung z. B. eines Kathodenstrahles oder die Drehung der Polarisationsebene des Lichtes zu Intensitätsmessungen verwendbar (Bahnen der Polarlichtstrahlen; Drehung der Einfallsebene in der drahtlosen Telegraphie).

3. Absolute und relative Instrumente zur Ausmessung der Intensität des Feldes. Die Meßinstrumente zur Bestimmung der Feldintensität sind in strengem Sinne „absolute" Instrumente nur dann, wenn bei jeder Messung alle Parameter in Grundeinheiten, Zentimeter, Gramm, Sekunden, ausgemessen werden. Das wird wegen des großen damit verknüpften Aufwandes an Arbeit nur selten möglich sein. Es erübrigt sich bis zu einem gewissen, später näher zu besprechenden Maße auch, da einige dieser Parameter, wie Kreisteilungen, Massen, Längen, Trägheitsmomente (die beiden letzteren für konstante Temperatur), erfahrungsgemäß genügende zeitliche Konstanz besitzen. Man wird sich also meistens damit begnügen können, die zeitlich variablen Parameter zu bestimmen und die anderen als konstant anzunehmen. Solche Messungen und Instrumente sind dann in strengem Sinne als „relative" zu bezeichnen. Zu den variablen Parametern gehören das Torsionsmoment des Aufhängefadens und vor allem das Moment, die Achsenrichtung, und bis zu einem bestimmten Grade auch die Verteilung des Magnetismus in den verwendeten Magneten, und zwar diese alle sowohl als Funktion der Temperatur als auch der fortschreitenden Zeit. Diese Parameter zeigen nämlich, und darin besteht eine besondere Schwierigkeit der Messung, nicht nur eine reversible und darum leicht eliminierbare Abhängigkeit von der Temperatur, sondern auch eine irreversible und oftmals ungleichmäßig fortschreitende Änderung mit der Zeit.

Man kann somit die Methoden und Instrumente zur Bestimmung des Feldvektors in absolute und relative einteilen. Wieweit ein Instrument „relativ" ist, hängt davon ab, welche Parameter man in die „Instrumentkonstante" einbezieht. Feste Aufstellung im Observatorium ermöglicht es, die meisten Parameter genau unter Kontrolle zu halten, und man wird nur wenig in die „Theodolithkonstante" einbeziehen. Auch bei den Reisetheodolithen ist es ratsam, wegen ihres lang andauernden Gebrauches bei Land- oder Seevermessungen möglichst wenig als konstant vorauszusetzen. Bei schnell verlaufenden Lokalvermessungen wird man dagegen möglichst viel in die Instrumentkonstante einbeziehen und für die kurze Dauer der Vermessung Konstanz oder doch lineare Änderung annehmen können.

Da die Bestimmung bestimmter variabler Parameter, insbesondere des magnetischen Momentes, des Verteilungskoeffizienten und der Achsenrichtung, erhebliche Schwierigkeiten veranlaßt, so hat man immer wieder versucht, die bisher verwendeten Dauermagnete durch elektrische Stromschleifen und Spulen zu ersetzen. In manchen Fällen ist dies auch gelungen. Insbesondere bei Richtungsbestimmungen nach Nullmethoden (Erdinduktor). Grundsätzlich lassen sich die Dauermagnete immer durch stromdurchflossene Spulen ersetzen. Doch erheben sich meßtechnische Schwierigkeiten, wenn der zu fordernde Genauigkeitsgrad erreicht werden soll.

b) Wirkungsweise permanenter Magnete[1]).

4. Elementarmagnete. Da beim Ausmessen des erdmagnetischen Feldes permanente Magnete verwendet werden, so ist es zweckmäßig, die Wirkungsweise der Magnete genauer zu beschreiben.

Legt man der Betrachtung Elementarmagnete (von unendlich kleinem Polabstand) zugrunde, so ergeben sich einfache Beziehungen. Das Potential V eines solchen Magneten auf einen äußeren Punkt $P(e\varphi)$ ist

$$V = \frac{M}{e^2} \sin\varphi, \qquad (1)$$

worin M sein Moment bedeutet. Der absolute Betrag der radialen Feldkomponente in P ist

$$Z = \frac{2M\sin\varphi}{e^3}; \qquad (2)$$

der tangentialen Feldkomponente, die in der Ebene durch den Magneten liegt, ist in P

$$H = \frac{M\cos\varphi}{e^3}. \qquad (3)$$

---

[1]) Allgemeinere Betrachtungen über die hier behandelte Wirkungsweise permanenter Magnete finden sich Handb. d. Phys., Bd. XV, Abschn. A, Kap. 1.

Die tangentiale Komponente senkrecht dazu ist in P
$$Y = 0. \tag{4}$$

Diese Beziehungen gelten um so mehr, je größer der Abstand r des betrachteten Punktes P vom Mittelpunkt des Magneten ist, verglichen mit dem Polabstand. Je größer aber dieser Abstand r ist, um so kleiner wird die Wirkung des Magneten auf den Punkt P und damit die erreichbare Genauigkeit der Messung. Wird der Abstand des Magneten von P von der Größenordnung des Polabstandes, so werden die mathematischen Beziehungen sehr viel weniger einfach. Dies soll jetzt näher untersucht werden.

In besonderem Hinblick auf die instrumentelle Aufgabe des Erdmagnetismus ist das Potential zweier Magnete aufeinander mehrfach entwickelt worden, und zwar sowohl in trigonometrischen Reihen, die nach Vielfachen der Winkelargumente fortschreiten, wie auch in Potenzreihen der Funktionen der Winkel, die die gegenseitige Lage der Magnete bestimmen.

5. Darstellung des Potentials zweier Magnete aufeinander. Entwicklung in trigonometrischen Reihen. Eine allgemeine Lösung der Aufgabe, die sowohl die drehenden wie auch die verschiebenden Kräfte zweier Magnete aufeinander umfaßt, hat AD. SCHMIDT[1]) gegeben. Er hat dazu die Darstellung in trigonometrischen Reihen benutzt. Das gegenseitige Potential zweier in einer Ebene gelegener Magnete vom Moment M und m aufeinander ist danach:

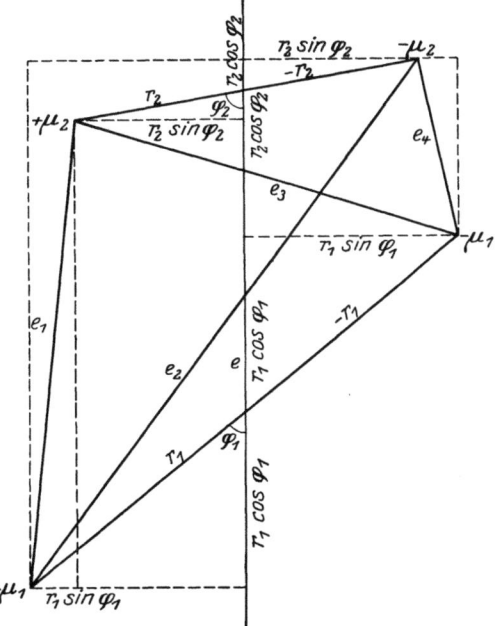

Abb. 1. Zur Entwicklung des Potentials zweier Magneten aufeinander. $+\mu_1$, $-\mu_1$, $2r_1$ und $+\mu_2$, $-\mu_2$, $2r_2$ Polstärken und Polabstand von zwei Magneten; e_1, e_2, e_3, e_4 gegenseitige Entfernung der Pole des einen von den Polen des anderen Magneten; e Abstand ihrer Mittelpunkte; φ_1, φ_2 Winkel zwischen den Magnetachsen und e.

$$W = Mm e^{-3} \sum_\mu \sum_\nu (g_{\mu\nu} \cos\mu\eta \cos\nu\zeta + h_{\mu\nu} \sin\mu\eta \sin\nu\zeta), \tag{5}$$

$\mu\nu$ bedeuten die ungeraden Zahlen, $g_{\mu\nu}$ und $h_{\mu\nu}$ sind reine Zahlen, dargestellt durch Reihen, die nach Potenzen von $1/e$ fortschreiten. Die Koeffizienten der Reihen sind Produkte aus je einem Parameter der beiden Magnete, die von der Verteilung des Magnetismus im Magneten abhängen.

Das Drehmoment von M auf m ist

$$\Phi = -\frac{\partial W}{\partial \zeta} = Mm e^{-3} \sum_\mu \sum_\nu (\nu g_{\mu\nu} \cos\mu\eta \sin\nu\zeta - \nu h_{\mu\nu} \sin\mu\eta \cos\nu\zeta). \tag{6}$$

Die verschiebenden Kräfte, die m durch M erfährt in den Richtungen $\zeta = 0$ und $\zeta = 90°$, sind

$$-\frac{\partial W}{\partial e} \quad \text{und} \quad \frac{1}{e}\left(\frac{\partial W}{\partial \eta} + \frac{\partial W}{\partial \zeta}\right). \tag{7}$$

---
[1]) AD. SCHMIDT, Berl. Ber. 1907, Nr. 16, S. 306; Terr. Magn. Bd. 17, S. 181. 1912; Bd. 29, S. 109. 1924; Tätigkeitsber. d. Pr. Met. Inst. 1920 bis 1923. Berlin 1924.

Mit abnehmender Entfernung wird die Konvergenz der Reihen $g_{\mu\nu}$ und $h_{\mu\nu}$ immer schlechter. Wird e kleiner als die dreifache Länge des großen Magneten, so wird die Formel unbrauchbar. Für diesen Fall hat AD. SCHMIDT besondere Formeln entwickelt.

6. Entwicklung in Potenzreihen der Winkelfunktionen. Die Entwicklung des Potentials nach Potenzen der Winkelfunktionen ist verhältnismäßig einfach zu überschauen, wenn auch langwierig in der Rechnung[1]). Sie wurde von FRITSCHE, BÖRGEN, CHWOLSON und LEYST benutzt.

Es wird vorausgesetzt: 1. daß die beiden Magnete $+\mu_1$, $-\mu_1$ und $+\mu_2$, $-\mu_2$ in derselben Ebene liegen; 2. daß die gesamte Magnetisierung in den Polpunkten vereinigt ist (schematische Magnete). Die Potentiale der einzelnen Polpunkte aufeinander sind dann (Abb. 1):

$$+\frac{\mu_1\mu_2}{e_1}; \quad -\frac{\mu_1\mu_2}{e_2}; \quad -\frac{\mu_1\mu_2}{e_3}; \quad +\frac{\mu_1\mu_2}{e_4}.$$

Das Potential der beiden Magnete aufeinander ist

$$V = \mu_1\mu_2\left(\frac{1}{e_1} - \frac{1}{e_2} - \frac{1}{e_3} + \frac{1}{e_4}\right). \tag{8}$$

e_1, e_2, e_3, e_4 ist jetzt durch e, r und φ_1, φ_2 auszudrücken. Das führt mittels einfacher Rechnung, die sich leicht an der Hand der Figur ergibt, zu

$$\frac{1}{e_1} = \frac{1}{e}(1+\lambda_1)^{-\frac{1}{2}},$$

$$\frac{1}{e_2} = \frac{1}{e}(1+\lambda_2)^{-\frac{1}{2}}$$

usw., worin

$$\lambda_1 = +\frac{2r_1\cos\varphi_1}{e} - \frac{2r_2\cos\varphi_2}{e} - \frac{2r_1r_2}{e^2}\cos\varDelta + \frac{r_1^2}{e^2} + \frac{r_2^2}{e^2}$$

$$\lambda_2 = +\ldots\ldots + \ldots\ldots + \ldots\ldots\ldots\ldots$$

$$\lambda_3 = -\ldots\ldots - \ldots\ldots + \ldots\ldots\ldots\ldots$$

$$\lambda_4 = -\ldots\ldots + \ldots\ldots - \ldots\ldots\ldots\ldots$$

Es ist dann:

$$V = \frac{\mu_1\mu_2}{e}\left((1+\lambda_1)^{-\frac{1}{2}} - (1+\lambda_2)^{-\frac{1}{2}} - (1+\lambda_3)^{-\frac{1}{2}} + (1+\lambda_4)^{-\frac{1}{2}}\right),$$

$$(1+\lambda_m)^{-\frac{1}{2}} = 1 - \frac{1}{2}\lambda_m^1 + \frac{1\cdot 3}{2\cdot 4}\lambda_m^2 - \frac{1\cdot 3\cdot 5}{2\cdot 4\cdot 6}\lambda_m^3 + \cdots(-1)^n\frac{2n!}{2^{2n}n!n!}\lambda_m^n \pm \cdots$$

Diese Reihe ist konvergent, solange $-1 < \lambda_m < +1$. Das ist der Fall, solange $2r_1/e$ und $2r_2/e$ nicht wesentlich größer als ein Drittel ist; d. h. der Polabstand der beiden Magnete darf nicht wesentlich größer sein als ein Drittel des Abstandes ihrer Mittelpunkte.

Die Weiterführung der Rechnung, die keine Schwierigkeiten bietet, ergibt:

$$V = \frac{mM}{e^3}\left\{\frac{1}{e^0}\left[\frac{2!}{1!\,2^1}\cos\varDelta - \frac{4!}{2!\,2^2}\cos\varphi_1\cos\varphi_2\right] + \frac{1}{e^2}\left[-\frac{4!}{2!\,2^2}\frac{(r_1^2+r_2^2)^1}{2!\,1!}\cos\varDelta\right.\right.$$

$$+ \frac{6}{3!\,2^3}\cos\varDelta\left(\frac{r_1^2\cos^2\varphi_1}{2} + \frac{r_2^2\cos^2\varphi_2}{2!}\right) - \frac{8}{4!\,2^4}\cos\varphi_1\cos\varphi_2\left(\frac{r_1^2\cos^2\varphi_1}{3!} + \frac{r_2^2\cos^2\varphi_2}{3!}\right)$$

$$\left.\left.+ \frac{6}{3!\,2^3}\frac{(r_1^2+r_2^2)^1}{2^1\,1!}\cos\varphi_1\cos\varphi_2\right] + \frac{1}{e^4}\left[\cdots\right.\right\} \tag{9}$$

Hierin bedeutet $m = 2\mu_1 r_1$ und $M = 2\mu_2 r_2$ und $\varDelta = \varphi_1 - \varphi_2$. Je kleiner r_1/e und r_2/e, das ist das Verhältnis der halben Länge der Magnete zu ihrer Entfernung, um so besser konvergiert die Reihe, und um so früher kann man sie

---

[1]) E. LEYST, Über erdmagnetische Ablenkungsbeobachtungen. Moskau: Kouchnereff 1910.

abbrechen. In vielen praktischen Fällen ist dies nach dem Gliede $1/e^2$ möglich. Sind die Polabstände r_1 und r_2 der beiden Magnete sehr klein gegen den Abstand ihrer Mittelpunkte e, so nähert sich ihre Wirkung aufeinander der Wirkung zweier Elementarmagnete aufeinander. Es geht dann V über in:

$$V = \frac{mM}{e^3}(\cos\Delta - 3\cos\varphi_1\cos\varphi_2);$$

das Drehmoment von M (Ablenkungsmagnet) auf m (Nadel) ist dann:

$$\frac{\partial V}{\partial \varphi_1} = \frac{mM}{e^3}(3\sin\varphi_1\cos\varphi_2 - \sin\Delta); \tag{10}$$

die verschiebende Kraft in der Richtung e:

$$\frac{\partial V}{\partial e} = -\frac{3mM}{e^4}(\cos\Delta - 3\cos\varphi_1\cos\varphi_2); \tag{11}$$

die verschiebende Kraft in Richtung senkrecht zu e:

$$\frac{1}{e}\left(\frac{\partial V}{\partial \varphi_1} + \frac{\partial V}{\partial \varphi_2}\right) = \frac{3mM}{e^4}\sin(\varphi_1 + \varphi_2). \tag{12}$$

Der Vergleich der Drehmomente mit den verschiebenden Kräften zeigt, daß letztere mit einer höheren Potenz der Entfernung der Magnete abnehmen, also klein sind gegen die drehenden Kräfte. Das ist einer der Gründe, weshalb die Drehmomente für die Ausmessung schwacher magnetischer Felder geeigneter sind.

Die Anwendbarkeit der entwickelten Formeln ist von den eingeführten beschränkenden Bedingungen abhängig. Bei der Ausführung der Messung ist die Bedingung, daß die Magnete in derselben Ebene liegen, in großer Annäherung erfüllbar. Auch die Bedingung, daß die Kraft in den Polen konzentriert ist, ist keine grundsätzliche Schwierigkeit, da man jeden regulären Magnet durch mehrere schematische (bei denen der gesamte Magnetismus in den Polpunkten vereinigt ist) ersetzen kann. Als regulärer Magnet läßt sich aber jeder achsensymmetrische Magnet, dessen Wirkung in bestimmter Lage gemessen wird, in großer Annäherung ansehen. Der Bedingung, daß die Entfernung der Magnete beträchtlich gegen die Länge ist, kann meist in ausreichendem Maße genügt werden.

7. GAUSSsche und LAMONTsche Hauptlagen (s. auch Kap. 26). Für die erdmagnetische Meßtechnik sind bestimmte einfache Lagen der beiden Magnete zueinander besonders wichtig. Sie werden als GAUSSsche und LAMONTsche I. und II. Hauptlagen bezeichnet und durch die schematische Figur 2 und 3 definiert.

Zur Bestimmung der zugehörigen Drehmomente muß erst aus der allgemeinen Form des Potentials, die Ziff. 6, Gl. 9 gegeben ist, $\partial V/\partial \varphi$ gebildet werden und dann die Winkelbedingungen, die diese besonderen Lagen bestimmen, eingeführt werden.

Der Magnet m sei um eine zur Ebene der Magnete senkrechten Achse drehbar (Nadel) und der Magnet M sei fest (Ablenkungsmagnet). Die Mitwirkung des Erdmagnetismus soll jetzt berücksichtigt werden. Seine in der Ebene der Magnete liegende Komponente H übt dann auf m ein Drehmoment aus. Die Ebene der Magnete sei nun die Horizontalebene. In der Gleichgewichtslage bilde m mit dem magnetischen Meridian den Winkel ψ. Die Gleichgewichtsbedingung ist dann

$$mH\sin\psi = \frac{\partial V}{\partial \varphi_1}.$$

Für die GAUSSschen und LAMONTschen Hauptlagen ergeben sich dann für H/M die angeführten Werte (Abb. 2 u. 3, NS ist der magnetische Meridian; der Nordpol des Ablenkungsmagneten M und der Nadel m ist geschwärzt).

Wie sich aus der Abbildung ergibt, verlangen die GAUSSschen Lagen, daß der Ablenkungsmagnet stets senkrecht zur Feldrichtung steht. Diese ändert sich jedoch während der einzelnen Messung und von Messung zu Messung. Die

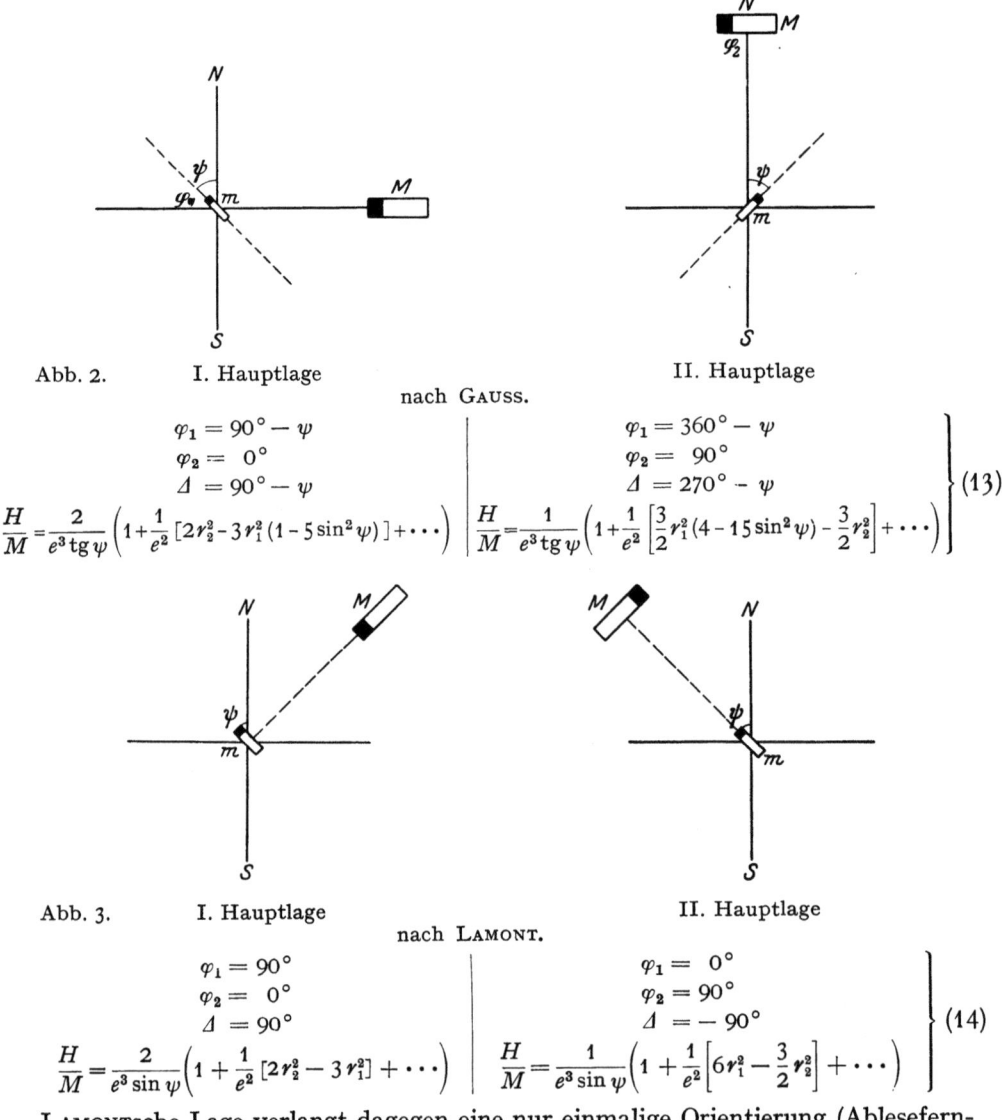

Abb. 2.   I. Hauptlage   II. Hauptlage
              nach GAUSS.

$$\left.\begin{array}{ll} \varphi_1 = 90° - \psi & \varphi_1 = 360° - \psi \\ \varphi_2 = 0° & \varphi_2 = 90° \\ \varDelta = 90° - \psi & \varDelta = 270° - \psi \\ \dfrac{H}{M} = \dfrac{2}{e^3 \operatorname{tg} \psi}\left(1 + \dfrac{1}{e^2}[2r_2^2 - 3r_1^2(1-5\sin^2\psi)] + \cdots\right) & \dfrac{H}{M} = \dfrac{1}{e^3 \operatorname{tg} \psi}\left(1 + \dfrac{1}{e^2}\left[\dfrac{3}{2}r_1^2(4-15\sin^2\psi) - \dfrac{3}{2}r_2^2\right] + \cdots\right) \end{array}\right\} \quad (13)$$

Abb. 3.   I. Hauptlage   II. Hauptlage
              nach LAMONT.

$$\left.\begin{array}{ll} \varphi_1 = 90° & \varphi_1 = 0° \\ \varphi_2 = 0° & \varphi_2 = 90° \\ \varDelta = 90° & \varDelta = -90° \\ \dfrac{H}{M} = \dfrac{2}{e^3 \sin \psi}\left(1 + \dfrac{1}{e^2}[2r_2^2 - 3r_1^2] + \cdots\right) & \dfrac{H}{M} = \dfrac{1}{e^3 \sin \psi}\left(1 + \dfrac{1}{e^2}\left[6r_1^2 - \dfrac{3}{2}r_2^2\right] + \cdots\right) \end{array}\right\} \quad (14)$$

LAMONTsche Lage verlangt dagegen eine nur einmalige Orientierung (Ablesefernrohr der Nadel m gegen die Ablenkungsschiene von M), die für alle Zeit gültig bleibt.

Die GAUSSsche Lage ist viel empfindlicher gegen Orientierungsfehler wie die LAMONTsche. Um dies festzustellen, muß man auf die allgemeine Gleichung für das Drehmoment $\partial V/\partial \varphi_1$ zurückgehen und sie nach φ differenzieren und dann die Winkelbedingungen einführen.

Aus den obigen Gründen ergibt sich, daß für genaue Messungen die LAMONTschen Lagen besser als die GAUSSschen sind.

In der ersten Hauptlage, sowohl bei LAMONT wie bei GAUSS, ist der Ablenkungswinkel nahe doppelt so groß als in der zweiten Hauptlage.

Der allgemeine Ausdruck für das Potential zweier Magnete aufeinander zeigt, daß einmal die Reihe um so besser konvergiert, je kleiner $2r/e$ die Länge der Magnete im Verhältnis zu ihrer Entfernung ist; andererseits die Wirkung mit wachsender Entfernung e schnell abnimmt. Man muß also die Form suchen, bei der bei vorgegebener Länge des Magneten sein Moment möglichst groß ist. Zunächst wird mit wachsender Dicke bis zu einer bestimmten Grenze das Moment zunehmen; gleichzeitig aber macht wachsende Querdimension die Formel sehr stark unhandlich.

8. Einfluß der Temperatur auf Dauermagnete[1]). Es ist zu erwarten, daß die Parameter, die die Wirkung der Dauermagnete bestimmen, also das Moment, die Verteilung der Magnetisierung, Poldistanz, Lage der Achse und des magnetischen Mittelpunktes sich mit der Temperatur ändern. Am eingehendsten ist der Temperaturkoeffizient α des Momentes untersucht. α ist vom spezifischen Magnetismus des Magneten, also vom Material und von der Gestalt abhängig. α ist für steigende und sinkende Temperatur verschieden und selbst mit der Temperatur veränderlich. α ist um so kleiner, je größer die spezifische Magnetisierung und je besser die Härtung ist. Das Produkt aus $\alpha \cdot l/d$ ist nahe konstant. l/d = Länge/Dicke ist das Dimensionsverhältnis, von dem der Entmagnetisierungsfaktor und damit die spezifische Magnetisierung abhängt. Der Temperatureinfluß auf das Moment läßt sich darstellen durch

$$M = M_0 (1 - \alpha t - \beta t^2), \tag{15}$$

worin die Größenordnung von α gewöhnlich bei 10^{-4} und von β bei 10^{-6} liegt. Bei gleichen Dimensionen ist α für große Momente kleiner als für schwache Momente. Es empfiehlt sich also, die Magnete aus Stahlsorten herzustellen, die möglichst großes Moment ergeben, d. h. bei hoher Remanenz hohe Koerzitivkraft besitzen (Kobaltstahl). Bei gleicher Querdimension ist α für lange Magnete geringer als für kurze.

Der Einfluß der Temperatur auf die Verteilungskoeffizienten, Poldistanz, Lage der Achse scheint gering zu sein. Er ist wenig untersucht und wird bei Messungen praktisch nicht berücksichtigt. Bei Erwärmung verlieren die Enden mehr als die Mitte, d. h. die Attraktionszentren rücken bei steigender Temperatur gegen die Mitte, die Poldistanz wird kleiner.

α zeigt eine Abhängigkeit vom Material, z. B. vom Kohlenstoffgehalt p oder vom Wolframgehalt. Für eine Reihe von Kohlenstofflegierungen ergab sich nach GUMLICH:

$$\alpha = -6 \cdot 10^{-4} + 4 \cdot 10^{-4} p.$$

Danach wird für Stahl von 1,5% C-Gehalt $\alpha = 0$. Für dieses Material ist leider die Remanenz gering. Es eignet sich deshalb doch nicht sehr für Dauermagnete.

Geringe und langsam erfolgende Temperaturänderungen sind mit reversiblen Änderungen des Momentes verbunden; sehr schnelle und starke Temperatursprünge oftmals mit einer dauernden Abnahme des Momentes.

Zur Bestimmung des Temperaturkoeffizienten eines Magneten kompensiert man seine Wirkung auf die Nadel eines Magnetometers durch einen Hilfsstab. Nun erwärmt man den zu untersuchenden Magneten, am geeignetsten in einem Wasserbad, und mißt die dadurch veranlaßte Ablenkung. Auch Schwingungsbeobachtungen bei verschiedenen Temperaturen des Beobachtungsraumes, sonst aber gleichen Verhältnissen, können verwendet werden. Zu beachten ist dabei, ob der Magnet bei der Rückkehr zur Ausgangstemperatur das alte Moment wieder erreicht.

---

[1]) Siehe ds. Handb. Bd. XV, Abschn. A, Kap. 4 I e.

9. Einfluß der magnetischen Induktion auf Dauermagnete. Die Induktionswirkung eines Magnetfeldes auf einen Dauermagneten ist bei Feldstärken von der Größenordnung des Erdfeldes diesen proportional. Verstärkungs- und Schwächungskoeffizient sind einander gleich.

Die Induktionswirkung ist von der Form und dem Material des Dauermagneten abhängig.

Bei achsensymmetrischen Magneten hat man zwischen Längs- (p) und Querinduktion (q) zu unterscheiden. Die durch die entsprechenden Feldkomponenten F induzierten Momente sind:

$$m_p = pF_p; \qquad m_q = qF_q. \tag{16}$$

Als Induktionskoeffizient bezeichnet man in der Lehre vom Erdmagnetismus gewöhnlich $k = m_p/F_p M$; $k' = m_q/F_q M$, worin M das wahre Moment des betreffenden Magneten bedeutet. k und k' sind also individuelle Konstanten. Die freie Magnetisierung im Felde F ist somit $M + m_p$ und m_q oder $M + kMF_p$ und $k'MF_q$. Die Querinduktion wird gewöhnlich vernachlässigt. k hat die Größenordnung 10^{-2}.

10. Messung des Induktionskoeffizienten (nach WEBER). Es wird eine Spule, die durch ein Galvanometer geschlossen ist, um eine horizontale Achse um 180° gedreht. Die Induktion der Vertikalkomponente Z des Erdfeldes erzeugt einen Ausschlag α_0. Das in die Spule induzierte Moment ist proportional $\alpha_0/2$. Der zu untersuchende Magnet wird in der Spulenachse befestigt. Die Drehung ergibt jetzt den Ausschlag α. Das im Magneten durch Z induzierte Moment m ist proportional zu $(\alpha - \alpha_0)/2$. Der Skalenwert wird jetzt bestimmt. Dazu wird ein kleiner Magnet von bekanntem Moment μ aus einiger Entfernung schnell bis in die Mitte der Spule geschoben. Der Ausschlag sei α_μ; der Skalenwert ist dann α_μ/μ. Es ist dann

$$m = \frac{\mu}{\alpha_\mu} \frac{\alpha - \alpha_0}{2}. \tag{17}$$

Das Erdfeld kann auch durch eine zweite über die erste geschobene stromdurchflossene Spule ersetzt werden; statt der Drehung der Spule wird der Strom kommutiert. Das Feld der Spule ist gleich $4\pi i n$, wo i die gemessene Stromstärke und n die Windungszahl pro Zentimeter bedeutet.

(Nach LAMONT.) Der zu untersuchende Magnet M wird senkrecht aufgestellt, einmal Nordpol oben, sodann Nordpol unten. Die Ablenkungen einer Nadel, die in der Horizontalebene durch den Mittelpunkt von M drehbar ist, werden gemessen.

11. Herstellung der Dauermagnete, Momentverlust mit der Zeit[1]). Für die Herstellung der Dauermagnete zu erdmagnetischen Meßzwecken sind im allgemeinen folgende Gesichtspunkte maßgebend: Die Magnete sollen klein sein, damit ihre Länge nur einen geringen Bruchteil der Ablenkungsentfernung beträgt, die schon aus praktischen Gründen selbst nicht groß werden darf. Auch sollen die Trägheitsmomente nicht zu groß werden, damit die Schwingungsdauer nicht zu lang wird. Die Magnete sollen möglichst hohes Moment besitzen, damit die damit proportionalen magnetischen Drehmomente möglichst groß werden, d. h. der Magnet darf nicht zu kurz sein im Verhältnis zu seiner Dicke; sonst wird der Entmagnetisierungsfaktor zu groß. Das Moment soll sich mit der Zeit möglichst konstant erhalten und gegen Erschütterungen und Temperatureinflüsse unempfindlich sein.

Das Material, aus dem die Magnete hergestellt werden, muß daher hohe Remanenz besitzen, damit die remanente Magnetisierung pro Volumeinheit

---
[1]) Siehe ds. Handb. Bd. XV, Abschn. A, Kap. 4 I e.

groß wird, und hohe Koerzitivkraft, damit das Moment sich gut erhält gegen Erschütterungen und Temperatureinflüsse und die Entmagnetisierung den remanenten Magnetismus nicht zu stark verkleinert. Weit besser als die bisher zu Dauermagneten verwendeten Stahlsorten eignen sich hierzu die neuen Kobaltstähle, die wegen ihrer hohen Koerzitivkraft bei hoher Remanenz ein bis dreifach höheres Moment ergeben.

Das Dimensionsverhältnis des Magneten ist für die Größe seines Entmagnetisierungsfaktors maßgebend. Magnete von gleichem Dimensionsverhältnis besitzen gleichen Entmagnetisierungsfaktor, und zwar kann dabei für zylindrische, hohlzylindrische und quadratisch-prismatische Formen das Dimensionsverhältnis Länge durch Dicke so verstanden werden, daß für Stäbe gleichen Flächeninhalts der Stirnfläche gleiche Dicke angenommen wird[1]). Bei Stäben gleichen Dimensionsverhältnisses aus demselben Material verhalten sich die erreichbaren Momente wie die Massen.

Die Magnetisierung der Magnete geschieht am besten in langen, stromdurchflossenen Spulen, wobei ungefähr bis zur Sättigung fortgeschritten werden muß, wenn man hohe Momente erzielen will. Die Sättigung wird bei Kobaltstählen erst bei Feldstärken von über 1000 Gauß erreicht.

Die Abnahme des Momentes mit fortschreitender Zeit verläuft in erster Annäherung als Exponentialfunktion; ist also gleich nach vollzogener Magnetisierung relativ groß, um dann allmählich langsamer abzuklingen, so daß eine lineare Interpolation für nicht zu lange Zeiträume möglich wird. Diesem Zustand linearer Momentänderung mit der Zeit kann man sich schnell durch künstliches Altern der Magneten annähern. Dies besteht in mehrfacher Erwärmung und Abkühlung auf 100° und 0°, je für etwa einen Tag. Hierdurch wird gleichzeitig eine günstige Einwirkung auf den Temperatureinfluß erreicht. Die anfangs zum Teil irreversible Momentänderung bei Temperaturänderung verliert sich dadurch nämlich für mäßige Temperaturintervalle vollständig, so daß nur mehr reversible Änderungen übrigbleiben.

Die Momentänderung mit fortschreitender Zeit ist besonders wichtig, wenn die Ablenkungsmagnete, wie es oftmals zur Erhaltung des Momentes geschieht, paarweise gebunden aufbewahrt werden. In der Bindung sind sie starken gegenseitigen Feldern ausgesetzt, gleich nach der Lösung aus der Bindung tritt ein schneller Momentabfall auf, der sich in 1 bis 2 Stunden verliert; früher soll man daher nicht mit der Messung beginnen[2]).

Über lange Zeiträume läßt sich die Momentabnahme darstellen durch die Formel (e bedeutet hier die Basis des natürlichen Logarithmus):

$$\frac{dM}{dt} = -Ce^{-\alpha t}; \qquad M = b + ce^{-\alpha t}, \tag{18}$$

oder auch durch

$$\frac{dM}{dt} = -CMe^{-\alpha t}; \qquad \log M = b + ce^{-\alpha t}. \tag{19}$$

Auch bei sorgfältiger Behandlung erfolgt die Momentabnahme mit der Zeit nicht vollständig kontinuierlich und gleichmäßig, sondern eher in kleinen Sprüngen, denen eine Zeit relativer Ruhe folgt. Nach Erschütterungen, schnellen Temperaturänderungen oder nach Einwirkung entmagnetisierender Felder tritt eine plötzliche Momentabnahme ein, der auch hier eine Zeit relativer Ruhe oder sogar geringer Rückbildung (Momentzunahme) folgt. Magnete müssen also stets mit größter Vorsicht behandelt werden. Dies gilt insbesondere auch für die kurze

---
[1]) W. SCHNEIDER, Dissert. Göttingen 1926.
[2]) W. KÜHL, Tätigkeitsber. Preuß. Meteor. Inst. 1922. S. 147.

Zeitdauer einer Messung, in der das Moment bestimmt oder eliminiert wird, und noch mehr für die Messungen und Zwischenzeiten, bei denen das Moment nicht bestimmt, sondern als konstant oder mit der Zeit linear veränderlich angenommen werden muß.

c) Messung des erdmagnetischen Feldvektors und seiner zeitlichen Änderung[1]).

12. Messung der Deklination. Die Richtung des magnetischen Meridians wird durch die Einstellung der magnetischen Längsachse eines um eine vertikale Achse drehbaren Magneten ermittelt. Das astronomische Azimut dieser Richtung ist die Deklination. Das in praktischen Berufen viel verwendete Instrument ist der Kompaß.

Die Einstellung der Indexlinie der Magnetnadel wird an einem Teilkreis abgelesen. Die Indexlinie ist eine Marke am Magneten (Spitze einer rhombischen Nadel) oder, falls der Magnet einen Spiegel trägt, die Spiegelnormale. Indexlinie und magnetische Achse des Magneten sollen zusammenfallen. Die kleine Abweichung beider, die Kollimation, wird durch halbe Umdrehung der Nadel um die Längsachse und Beobachtung in beiden Lagen bestimmt.

Die Aufhängung des Magneten erfolgt mittels eines dünnen Kokon- oder Metallfadens, oder mittels Achathütchen auf einer Stahlspitze (Pinne).

Bei Fadenaufhängung sucht man die Fadentorsion durch Anhängen eines gleich schweren unmagnetischen Gewichtes und Nachdrehen des Torsionskopfes zu beseitigen. Der übrigbleibende Rest von Torsion muß bestimmt werden. Dazu beobachtet man die beiden Einstellungen α_1 und α_2 für zwei Magnete von gleicher Form und gleichem Gewicht, aber verschiedenem Moment, m_1 und m_2; α_1 und α_2 sind bei Verwendung geeigneter dünner Fäden höchstens um wenige Bogenminuten von dem magnetischen Meridian α_0 verschieden. Es ist dann

$$\frac{\alpha_1 - \alpha_0}{\alpha_2 - \alpha_0} = \frac{m_2}{m_1} \quad \text{oder} \quad \alpha_0 = \alpha_1 + (\alpha_1 - \alpha_2)\frac{m_2}{m_1 - m_2} = \alpha_1 + (\alpha_1 - \alpha_2)\frac{1}{m_1/m_2 - 1}. \quad (20)$$

Das Verhältnis der Momente m_1/m_2 läßt sich bequem durch Torsion des Aufhängefadens bestimmen. Beträgt die Ablenkung des Magneten m_1 aus der Anfangslage durch Drehung des Torsionskopfes φ_1; die Ablenkung von m_2 durch eine gleich große Drehung φ_2, so ist $m_1/m_2 = \varphi_2/\varphi_1$.

Die Torsionskorrektion soll möglichst klein sein. Die Torsionskraft wächst mit der 4. Potenz des Radius des Aufhängefadens, die Tragkraft nur mit der 2. Potenz. Da das Moment der für solche Messungen üblichen Magnete annähernd proportional ihrem Gewicht ist, so ist es ratsam, leichte Magnete zu benutzen, und Fäden, so dünn, daß sie diese Magnete gerade noch gut zu tragen vermögen. Um eine sichere Einstellung zu erhalten, darf man die Fäden nur bis zur Hälfte der Reißgrenze belasten. Die Genauigkeit der Einstellung ist bei Verwendung der Pinne etwa 0',5, bei Fadenaufhängung 0',1.

Die Bestimmung des astronomischen Meridians kann bei geringen Ansprüchen an die Genauigkeit durch Anpeilen einer festen Marke und Entnahme ihres astronomischen Azimutes aus einer Karte geschehen.

Die Festlegung des astronomischen Meridians geschieht sonst in der üblichen Weise, am besten, da die Messung meist bei Tage geschieht, durch Beobachtung

---

[1]) Historisches findet sich bei A. NIPPOLD. Zur Geschichte der erdmagnetischen Instrumente. Feinmechanik I. 1922. S. 181. Einzelheiten über absolute Messungen siehe: Ergebn. der magn. Beob. in Potsdam, Veröffentl. d. preuß. met. Inst., besonders Nr. 232; ferner deutsche Südpolarexpedition, BV. I, FR. BIDLINGMAIER, Die Grundlagen. Berlin De Gruijter.

der Sonne, z. B. durch Einstellung eines Sonnenrandes im „wahren" Mittag (mittlerer Mittag minus Zeitgleichung), korrigiert um $\varepsilon = \varrho/\sin(\varphi - \delta)$; wo ϱ Sonnenradius, φ Polhöhe und δ astronomische Deklination der Sonne bedeutet. Auch ist die Beobachtung des westlichen und östlichen Sonnenrandes in korrespondierenden Höhen geeignet. Es ist dann eine Korrektion wegen Änderung der Sonnendeklination in der Zwischenzeit anzubringen.

13. Messung der Inklination. Inklinationsnadel. Die Richtung des Feldvektors wird durch die Einstellung einer Magnetnadel ermittelt, die um eine horizontale Achse durch ihren Schwerpunkt drehbar ist. Die Schwingungsebene der Magnetnadel soll in die magnetische Meridianebene fallen. Der Winkel zwischen der Richtung der Inklinationsnadel und der Horizontalebene ist die Inklination.

Die Fehler des Instrumentes, die bestimmt oder eliminiert werden müssen, sind also:

1. Kollimation; Abweichung der Indexlinie von der magnetischen Achse (wie bei der Deklination).
2. Abweichung der Schwerpunktslage von der Drehachse, und zwar Längsverschiebung des Schwerpunktes in Richtung der Längsachse der Nadel; Querverschiebung senkrecht dazu.

Abb. 4. Inklinatorium. Länge der Nadel 20 cm.

1 Dreifuß. 2 Fußschrauben. 3 Horizontalkreis. 4 Magnetgehäuse. 5 Spiegelglas mit Teilung. 6 Magnetlager. 7 Deklinationsaufsatz. 8 Kreisklemmung. 9 Kreisfeinbewegung.

3. Abweichung der Schwingungsebene von der magnetischen Meridianebene.
4. Abweichung der Drehachse von der Horizontalen.

Um die Kollimation zu eliminieren, wird die Nadel um 180° um ihre Längsachse gedreht. Die Beobachtungen in beiden Lagen werden gemittelt.

Die bei guten Inklinationsnadeln geringe Abweichung der Schwerpunktslage von der Drehachse kann in eine Quer- und Längsverschiebung zerlegt werden (Längsverschiebung in Richtung der Längsachse des Magneten). Die obige Drehung und Mittelung zur Beseitigung des Kollimationsfehlers, eliminiert auch den Fehler der Einstellung, der durch die Querverschiebung des Schwerpunktes veranlaßt ist. Der Fehler, der durch die Längsverschiebung entsteht, wird durch Ummagnetierung (Polvertauschung) der Inklinationsnadel bestimmt.

Schwingt die Nadel in der magnetischen Meridianebene, so ist ihr Winkel mit der Horizontalen, also die Inklination bestimmt durch $\operatorname{tg} I = Z/H$. Bei

Abweichung der Schwingungsebene um α von der Meridianebene gilt $\operatorname{tg} I' = Z/H \cos\alpha = \operatorname{tg} I/\cos\alpha$.

Steht die Schwingungsebene senkrecht zum magnetischen Meridian, $\alpha = 90°$, so steht die Nadel senkrecht zur Horizontalebene. Hieraus läßt sich die Richtung des magnetischen Meridians bestimmen. Ist $\alpha = 1°$, so ist in unseren Breiten $I' - I = 0',2$.

Beobachtet man in zwei aufeinander senkrechten Azimuten 1 und 2 die Inklinationswinkel I_1 und I_2, so ist $\cot^2 I = \cot^2 I_1 + \cot^2 I_2$. Abb. 4 zeigt das Inklinatorium.

Erdinduktor. Nach der Methode von W. WEBER wird eine Spule einmal um eine horizontale, sodann um eine vertikale Achse gedreht. Das

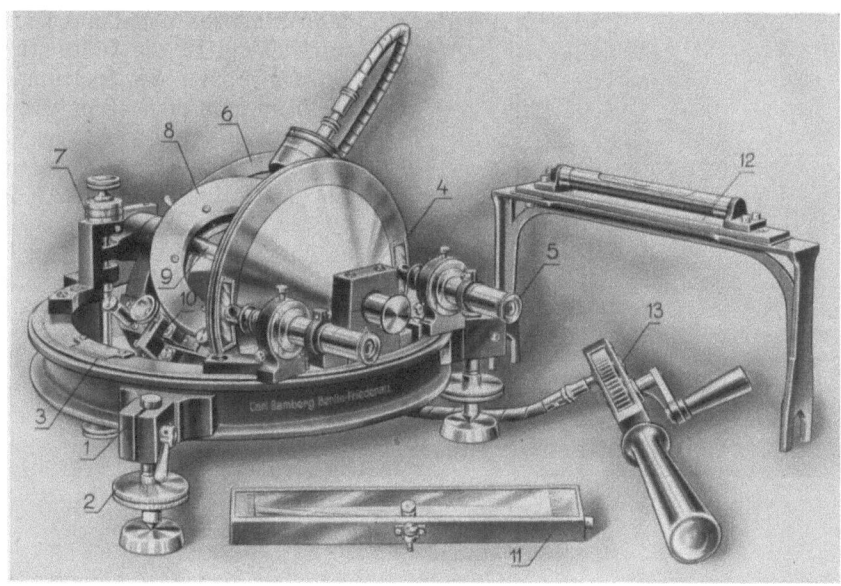

Abb. 5. Erdinduktor.

1 Dreifuß. 2 Fußschrauben. 3 Horizontalkreis. 4 Vertikalkreis. 5 Ablesemikroskope. 6 Ring und Lager für Drehspule. 7 Feinstellung für 6. 8 Drehspule. 9 Niveau. 10 Kommutator und Anschlußklemmen. 11 Magnetnadel. 12 Aufsatzniveau. 13 Antrieb für 8.

erstemal induziert die vertikale, das andere Mal die horizontale Komponente des Erdmagnetismus einen Stromstoß in die Spule. Diese Stromstöße werden am ballistischen Galvanometer gemessen. Ihr Verhältnis gibt $Z/H = \operatorname{tg} I$.

Hieraus hat sich die heute gebräuchliche Nullmethode entwickelt. Hierbei wird die Stellung der Drehachse aufgesucht, in der die Induktion durch das Erdfeld bei Drehung der Spule Null ist. Dies ist der Fall, wenn die Richtung der Spulenachse mit der Feldrichtung zusammenfällt. Man stellt die Spulenachse zunächst in die magnetische Meridianebene und sucht dann in dieser Ebene die Nullstellung. Die Neigung der Drehachse gegen die Horizontalebene ist dann die Inklination. Die durch die Drehung der Spule erzeugten Wechselströme werden durch einen Kommutator gleichgerichtet und in ein hochempfindliches Spiegelgalvanometer geleitet. In der Nullstellung der Spule bleibt das Galvanometer in Ruhe. Die Genauigkeit der Messung beträgt $0',1$ (Abb. 5). Beim Feldgebrauch verwendet man statt des Galvanometers mit gutem Erfolg das Zeisssche Schleifengalvanometer [1, 2]).

14. Messung der Horizontalintensität nach der GAUSSschen Methode.
Die GAUSSsche Methode besteht in der Kombination einer Ablenkungsmessung, die H/M ergibt, mit einer Schwingungsmessung, aus der HM folgt. Die Rechnung ergibt dann H und M getrennt.

Ablenkungsbeobachtung. Eine an einem dünnen Faden aufgehängte horizontale Nadel wird durch einen in derselben Horizontalebene befindlichen Ablenkungsmagneten abgelenkt. Die Ablenkungsentfernung, die Ablenkungswinkel und die Parameter der beiden Magnete sind zu bestimmen. Aus den schon oben angeführten Gründen benutzt man in Observatorien ausschließlich die erste LAMONTsche Hauptlage. Sie ergibt die größte Ablenkung, die bei sonst gleichen Verhältnissen möglich ist. Auch ist bei dieser Lage der Fehler der Aufstellung in der gegenseitigen Lage der Magnete weniger wirksam als bei der GAUSSschen Lage.

Für die erste LAMONTsche Lage gilt

$$\frac{H}{M} = \frac{2}{e^3 \sin \psi} \left[1 + \frac{1}{e^2} (2r_2^2 - 3r_1^2) + \frac{1}{e^4} \left(3r_2^4 - 15 r_2^2 r_1^2 + \frac{45}{8} r_1^4 \right) + \cdots \right]. \quad (21)$$

Für verschiedene Entfernungen e_1 und $e_2 \ldots$ läßt sich dies auch schreiben in der Form

$$\left. \begin{array}{l} \dfrac{H}{M} = \dfrac{2}{e_1^3 \sin \psi_1} \left[\dfrac{p_0}{e_1^0} + \dfrac{p_2}{e_1^2} + \dfrac{p_4}{e_1^4} + \cdots \right] = \dfrac{2 F_1}{e_1^3 \sin \psi_1} \\[4pt] \phantom{\dfrac{H}{M}} = \dfrac{2}{e_2^3 \sin \psi_2} \left[\dfrac{p_0}{e_2^0} + \dfrac{p_2}{e_2^2} + \dfrac{p_4}{e_2^4} + \cdots \right] = \dfrac{2 F_2}{e_2^3 \sin \psi_2} \\[4pt] \cdots\cdots\cdots\cdots\cdots\cdots\cdots\cdots\cdots\cdots\cdots\cdots\cdots \end{array} \right\} \quad (22)$$

$p_0 = 1$; p_2 und $p_4 \ldots$ heißen Verteilungskoeffizienten. F Ablenkungsfunktion. Wird für verschiedene Entfernungen ψ_1, $\psi_2 \ldots$ und e_1, $e_2 \ldots$ gemessen, so läßt sich p_2, $p_4, \ldots$ berechnen. Die p sind nur von der Poldistanz abhängig. Aus zwei Entfernungen ergibt sich p_2. Ist e_1 und e_2 nicht gemessen, wird aber angenommen, daß e_1 und e_2 sich mit der Zeit unverändert erhalten hat, so läßt sich aus $\sin \psi_1/\sin \psi_2 = F_1/F_2$ erkennen, ob in derselben Zeit F_1/F_2 konstant geblieben ist. Die Erfahrung lehrt, daß p praktisch von dem mit der Zeit veränderlichen Moment unabhängig ist. Aus p_2 und p_4 läßt sich die Poldistanz r_1 und r_2 ermitteln. Die Poldistanz beträgt für prismatische Stäbe nach KOHLRAUSCH fünf Sechstel, nach BÖRGEN vier Fünftel der Länge der Stäbe. Die Poldistanz ist nach der Erfahrung von Moment und Temperatur hinreichend unabhängig.

Da ψ und damit die Genauigkeit der Messung mit wachsendem e schnell abnimmt, so wird man kaum in mehr als drei Entfernungen messen, d. h. nur p_2 und p_4 bestimmen können. Durch geeignete Wahl des Verhältnisses der Dimensionen der beiden Magnete kann p_4/e^4 zum Verschwinden gebracht werden. Für $r_1/r_2 = 0{,}467$ wird $p_4/e^4 = 0$.

Man begnügt sich durchweg mit der Kontrolle von $\sin \psi_1/\sin \psi_2$ und schließt, wenn $\sin \psi_1/\sin \psi_2 = $ konst, mit großer Wahrscheinlichkeit, daß auch p_2 konstant geblieben ist.

Die Genauigkeit der Messung von H ergibt sich aus $dH/d\psi = \text{const} \cdot \cot \psi/\sin \psi$. Sie ist also am größten für $\psi = 90°$, d. i., wenn das Feld des Ablenkungs-

---

[1]) O. MEISSER, ZS. f. Geophys. Bd. 2, S. 110. 1926. S. a. ds. Bd., Kap. 9.
[2]) Neuere Untersuchungen über den Erdinduktor finden bei O. VENSKE, Tätigkeitsber. d. preuß. Meteor. Instit. 1920—1923. S. 96; 1924, S. 90; Nachr. Ges. d. Wiss. Göttingen 1909. S. 219. Die Einwirkung ungenauer Orientierung der Drehachse und der thermoelektrischen Kraft am Kommutator wird dort behandelt.

magneten im Ort der Nadel gleich H wird. Dies Feld war aber bisher für den Wert von H in mittleren Breiten praktisch nicht erreichbar. Der Abstand e des Ablenkungsmagneten von der Nadel unterliegt nämlich der Bedingung, daß l/e kleiner als $1/3$ sein muß, damit die Reihe konvergiert. Ferner nimmt die Magnetisierung der Volumeneinheit mit sinkendem Dimensionsverhältnis $\varepsilon = l/2r$ eines zylindrischen Magneten schnell ab. Das Feld des Ablenkungsmagneten ist in erster Annäherung

$$F = \frac{2M}{e^3} = \frac{2Jr^2\pi l}{e^3} = \pi \frac{J}{2\varepsilon^2}\left(\frac{l}{e}\right)^3.$$

Für das gebräuchlichste Dimensionsverhältnis $\varepsilon = 10$ ist die Magnetisierung der Volumeneinheit bei den bisher verwandten Stahlsorten kleiner als 200 c.g.s., so daß für $l/e = 1/3$ sich höchstens ergeben kann $F = 0{,}12$, also nur die Hälfte des Wertes von H in mittlerer Breite, so daß $\psi = 30°$ werden würde.

Ablenkungsmagnete aus dem neuen für diese Zwecke besonders geeigneten Material, dem Kobaltstahl, der bei hoher Remanenz eine außerordentliche Koerzitivkraft besitzt, würde eine etwa doppelte Volummagnetisierung bei gleichem Dimensionsverhältnis ermöglichen. Dadurch würden kleinere Ablenkungsentfernungen, also handlichere Theodolithe, oder größere Ablenkungswinkel, also größere Empfindlichkeit erzielt werden.

Die Messung der Ablenkungsentfernung e setzt die Kenntnis der magnetischen Mittelpunkte von Nadel und Ablenkungsmagnet voraus, die tatsächlich nicht gegeben sind. Der Ablenkungswinkel wird in vier Lagen des Ablenkungsmagneten bestimmt, zwei östlich, zwei westlich der Nadel, einmal in jeder dieser Lagen N-Pol Ost und einmal N-Pol West. Aus der Verschiebung $e_1 + e_2$ des Ablenkungsmagneten und den vier Ablenkungswinkeln läßt sich dann die mittlere Ablenkungsentfernung $e = (e_1 + e_2) : 2$ und ein Korrektionsglied bestimmen, das die Ungleichheit der Ablenkungsentfernungen e_1 und e_2 berücksichtigt[1]).

Der magnetische Normaltheodolith, der zu Ablenkungs- und Schwingungsbeobachtungen verwendet wird, besitzt in der neuesten Ausführung (Abb. 6) einen Horizontalkreis von 270 mm Durchmesser, der eine direkte Ablesung von $1''$ erlaubt. Die doppelte Entfernung des Ablenkungsmagneten von der Nadel beträgt 60 cm. Dieser Abstand wird durch eine Komparatoreinrichtung kontrolliert. Das Fernrohr besitzt 36fache Vergrößerung.

Ohne Ablenkungsmagnet befindet sich die Nadelachse im magnetischen Meridian. Die Nadel trägt einen Spiegel und die Lage der Nadel wird durch ein Fernrohr mit GAUSSschem Okular beobachtet. Fernrohrachse und Spiegelnormale sind in dieser Stellung parallel. Nach Einlegen des Ablenkungsmagneten wird der Aufsatz des Theodolithen gedreht, bis die für die 1. LAMONTsche Hauptlage geforderte Stellung erreicht ist, d. h. bis Nadel und Ablenkungsmagnet senkrecht zueinander stehen. Spiegelnormale und Fernrohrachse sind dann wieder parallel. Die Anfangstorsion bleibt, da die Aufhängevorrichtung mitgedreht wird, in allen Lagen ungeändert[2]).

---

[1]) Korr $= -0{,}5236 \left(\frac{1}{8}\operatorname{tg}\psi + \frac{1}{6}\cos\psi\right)(\Delta\psi_1^2 + \Delta\psi_2^2)$, worin $\Delta\psi_1 = v_1 - v_2$; $\Delta\psi_2 = v_3 - v_4$; v_1, v_2, v_3, v_4 sind die 4 Kreisablesungen in den 4 verschiedenen Lagen des Ablenkungsmagneten. ψ ist der mittlere Ablenkungswinkel. Siehe auch S. 11, Fußnote 1.

[2]) Beim Normaltheodolith, Abb. 6, trägt jede Ablenkungsschiene ein Kreissystem (Ziff. 6), so daß der Ablenkungsmagnet in verschiedene Azimute zur Schiene und zur Nadel gebracht werden kann. Die zugehörigen Ablenkungswinkel liefern das vollständige Potential des Ablenkungsmagneten, seine Wirkung im ganzen Außenraum und Einwirkung des Erdfeldes auf ihn selbst. Ad. SCHMIDT, Sitzungsber. Preuß. Akad. d. Wiss. Berlin 1907, S. 306.

Schwingungsbeobachtung. Bei der Schwingung eines Magneten um eine vertikale Achse unter der alleinigen Direktionskraft des horizontalen erdmagnetischen Feldes besteht vollständige Analogie mit der Schwingung eines

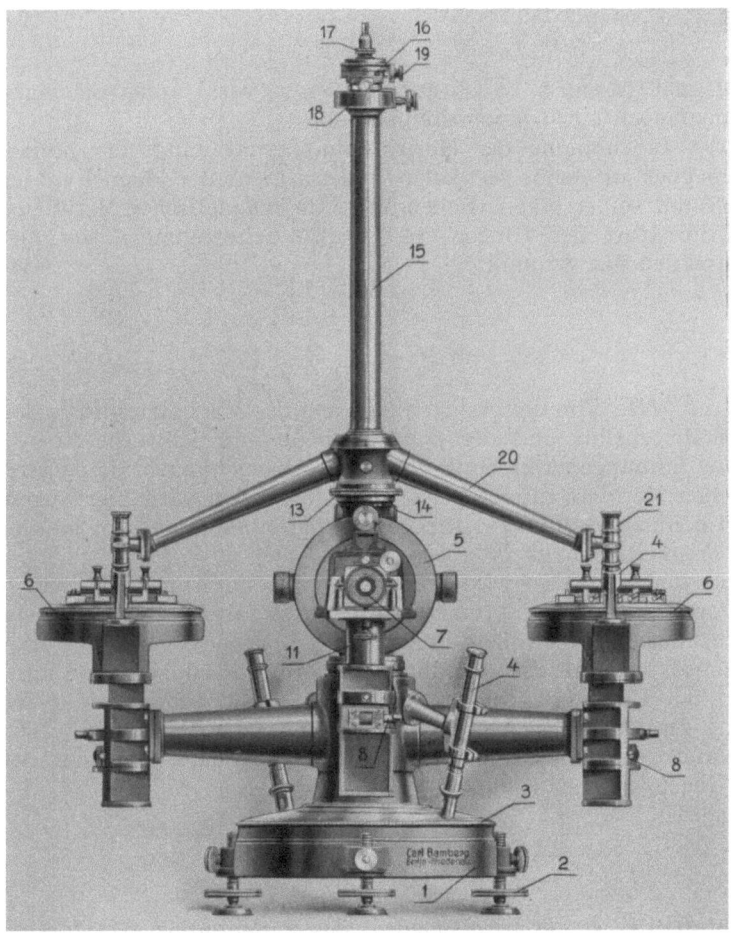

Abb. 6. Magnetischer Normaltheodolith.

1 Dreifuß. 2 Fußschrauben. 3 Horizontalkreis. 4 Ablesemikroskope. 5 Magnetgehäuse. 6 Kreissysteme mit Ablenkungsmagnet. 7 Beobachtungsfernrohr. 8 Bewegung in Höhe durch Zahn und Trieb. 11 Feinbewegung für Fernrohrneigung. 13 Arretierung. 14 Glasfenster. 15 Torsionsröhre. 16 Torsionskopf. 17 Verstellung in Höhe. 18 Kreuzschlitten. 19 Feinbewegung. 20 Komparatorienrichtung. 21 Schätzmikroskop zu 20.

Pendels im Schwerefeld. Bedeutet φ den Ablenkungswinkel aus dem magnetischen Meridian zur Zeit t, so gilt für genügend kleine Winkel

$$\frac{d^2\varphi}{dt^2} + c^2\varphi = 0,$$

worin $c^2 = MH/K$. H ist die wirksame Feldkomponente, K ist das Trägheitsmoment des Magneten. Die Integration liefert (e bedeutet Basis des natürlichen Logarithmus):

$$\varphi = C_1 e^{cit} + C_2 e^{-cit} = (C_1 + C_2)\cos ct + i(C_1 - C_2)\sin ct.$$

Zur Zeit $t = 0$ sei $\varphi = \varphi_0$. Diese Anfangsbedingung liefert den Wert der Konstante und führt auf $\varphi = \varphi_0 \cos ct$ und $T = \pi/c$. φ_0 ist die maximale Amplitude.

Die Schwingungsdauer T für kleine Winkel ist dann:

$$T = \pi \sqrt{\frac{K}{MH}}. \tag{23}$$

Für größere Winkel wird, wenn a die Amplitude der Schwingung bezeichnet,

$$T_0 = T\left(1 + \frac{1}{4}\sin^2\frac{a}{2} + \cdots\right). \tag{24}$$

Ist der Magnet an einem Faden aufgehängt, so wirkt außer dem magnetischen Drehmoment noch ein Torsionsdrehmoment.

Bei der Bestimmung der Horizontalintensität hängt der horizontale Ablenkungsmagnet an einem vertikalen Faden. Liegt der Magnet in der torsionsfreien Lage mit seiner magnetischen Achse im magnetischen Meridian, und ist ϑ die Direktionskraft der Torsion, so gilt für Schwingungen um die vertikale Achse durch den Schwerpunkt:

$$\frac{\pi^2}{T^2} = \frac{MH + \vartheta}{K},$$

$$MH = \frac{\pi^2 K}{T^2(1 + \Theta)}, \tag{25}$$

worin $\Theta = \vartheta/MH$. Von der geringen Neigung des Magneten infolge der Wirkung der Vertikalintensität und der dadurch bedingten Schwerpunktsverschiebung gegen den Aufhängepunkt und von den Abweichungen der Ruhelage vom magnetischen Meridian infolge geringer Fadentorsion wird hier abgesehen[1]).

Es ist dann zu bestimmen die Schwingungsdauer T, das Torsionsverhältnis Θ und das Trägheitsmoment K.

Die Schwingungsdauer wird beobachtet nach der Aug- und Ohrmethode oder durch Chronographenregistrierung. Man benutzt dabei mehrere Sätze von Durchgängen, die durch eine größere Anzahl von Schwingungen getrennt sind. Die Schwingungsdauer muß auf unendlich kleine Bogen reduziert und auf den Gang der benutzten Uhr korrigiert werden. Das Torsionsverhältnis Θ ergibt sich durch eine Drehung des Torsionskopfes um einen Winkel α. Ist die neue Ruhelage um den kleinen Winkel φ vom magnetischen Meridian entfernt, so gilt die Gleichgewichtsbedingung

$$\vartheta(\alpha - \varphi) = MH \sin\varphi,$$

$$\frac{\varphi}{\alpha - \varphi} = \frac{\vartheta}{MH} = \Theta. \tag{26}$$

Die Tragkraft wächst mit dem Quadrat des Fadenradius, das Torsionsmoment mit der vierten Potenz. Da das Moment bei gleichem Dimensionsverhältnis sich linear mit dem Gewicht ändert, so tritt der Torsionseinfluß um so mehr zurück, je leichter der Magnet ist und je dünner man infolgedessen den Aufhängedraht wählen kann. Die Verwendung von Kobaltstahl, d. h. Material von höherer Magnetisierung, drückt gleichfalls den Einfluß der Fadentorsion herab.

Die Bestimmung des Trägheitsmomentes K des Magneten geschieht durch Hinzufügung einer unmagnetischen Masse von bekanntem Trägheitsmoment K', z. B. durch Einschieben eines Trägheitsstabes in den hohlzylindrigen Magneten. Der Vergleich der Schwingungsdauer T' und T mit und ohne Trägheitsstab bei ungeänderten drehenden Kräften ergibt

$$K = K' \frac{T^2}{T'^2 - T^2}. \tag{27}$$

---

[1]) LINKE u. ANGENHEISTER, Ergebn. d. Arbeiten des Samoa-Obs. Abh. d. Ges. d. Wiss. Göttingen (N. F.) Bd. 9, Nr. 1 1911 und FR. BIDLINGMAIER, Südpolarexpedition V. I. Die Grundlagen.

Abb. 7 zeigt den zum Normaltheodolithen gehörigen Schwingungskasten.

Berechnung von H. Bei der Berechnung von H aus Ablenkung und Schwingung muß berücksichtigt werden, daß das magnetische Moment des Ablenkungsmagneten, das eliminiert werden soll, sich durch die Temperaturänderungen während der Messung verändert hat. Es muß also auf eine mittlere Messungstemperatur reduziert werden. Desgleichen muß die verschieden große Induktion des Erdfeldes in der Ablenkungs- und Schwingungslage in Rechnung gesetzt werden. Bei der Ablenkung in der ersten LAMONTschen Hauptlage liegt der Ablenkungsmagnet derart, daß der für die Längsinduktion wirksame Teil der Horizontalintensität ($H \sin \psi$) vermindernd wirkt. Es ist dann:

$$\frac{H}{M(1 - kH \sin \psi)} = \frac{2F}{e^3 \sin \psi}.$$

Bei der Schwingung wirkt die Horizontalintensität vermehrend:

$$HM(1 + kH) = \frac{\pi^2 K}{T^2}.$$

Es folgt:

$$H = \pi \sqrt{\frac{2FK}{e^3} \cdot \frac{1}{\sin \psi \, T^2} \cdot \frac{1 - kH \sin \psi}{1 + kH}}.$$

kH ist hier klein gegen 1.

15. Die Theodolithkonstante. Die Genauigkeit der Messung von H hängt ab von der Genauigkeit der mit der Zeit und dem Ort veränderlichen Größen ψ und T, die stets neu bestimmt werden müssen. Ferner von der Genauigkeit der Konstanten e_1, r_1, r_2, K, die in erster Annäherung als praktisch unveränderlich angesehen werden können. Die Bestimmung dieser Konstanten mit einer Genauigkeit, die der Präzision der Messung von ψ und T entspricht, erfordert einen sehr großen Aufwand an Zeit und

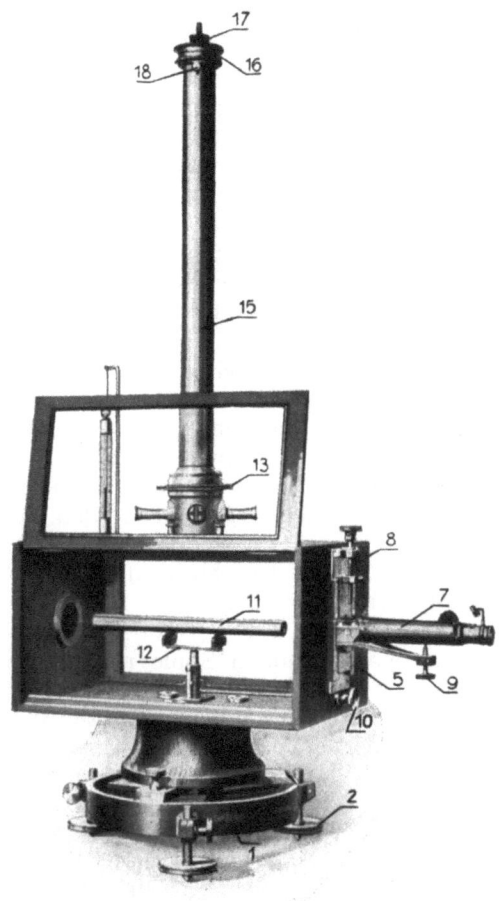

Abb. 7. Schwingungskasten für die magnetischen Normal-Theodolithen.
1 Dreifuß. 2 Fußschrauben. 5 Holzkasten. 7 Fernrohr. 8 Höhenverstellung für 7. 9 Feinstellung für Fernrohrneigung. 10 Knopf zur Betätigung von 12. 11 Magnet. 12 Umlegevorrichtung. 13 Arretierung. 15 Torsionsrohr. 16 Torsionskopf. 17 Höhenverstellung. 18 Zentrierung von 16.

Mühe, den nur wenige Observatorien der Welt aufbringen können. Der Vergleich der „absoluten Theodolithen" für Horizontalintensität an den verschiedenen Observatorien hat ergeben, daß dieser Genauigkeitsgrad nur selten erreicht ist. Es hat sich daher als zweckmäßig erwiesen, daß nur Observatorien, die mit den allerbesten Hilfsmitteln ausgestattet sind, solche absoluten Bestimmungen der Horizontalintensität vornehmen, während die anderen Observatorien ihre Theodolithe durch Vergleichsmessungen anschließen.

Das Wesen der „relativen Theodolithe" ist dann dadurch charakterisiert, daß mit ihrer Hilfe nur ψ und T gemessen wird, während die schwer zu bestimmenden Größen K, e und F (in F ist r_1 und r_2 und e enthalten) in die Theodolithkonstante $C = \pi\sqrt{2FK/e^3}$ zusammengefaßt werden. C wird durch Vergleichsmessungen bestimmt. Es ergibt sich H dann aus

$$\log H = \log C - \tfrac{1}{2}\log \sin\psi - \log T - \tfrac{1}{2}\operatorname{mod} kH(1+\sin\psi). \tag{29}$$

Das letzte Glied enthält den Induktionseinfluß; k = Induktionskoeffizient. In diesem Korrektionsglied genügt es, einen angenäherten Wert für H einzusetzen.

Die Carnegie-Institution hat in allen Observatorien der Welt Vergleichsmessungen zwischen den Stationstheodolithen und ihren Instrumenten durchgeführt und einen internationalen Standart geschaffen. Da F und e wohl keine absolut unveränderlichen Größen sind, so ist es nötig, C in Zeiträumen von höchstens einigen Jahren zu kontrollieren. Die Genauigkeit der H-Messung, die auf diesem Wege erreicht wird, läßt sich etwa auf 1γ schätzen.

16. Messung der Horizontalintensität mit dem Sinusgalvanometer. Die Messung von H mit Hilfe permanenter Magnete führt auf große prinzipielle und technische Schwierigkeiten, die nur mit einem stets erneuten großen Aufwand von Sorgfalt und Arbeit zu überwinden sind. Es hat daher nicht an Versuchen gefehlt, das Drehmoment der Ablenkungsmagnete auf die Nadel durch das Drehmoment einer Stromspule zu ersetzen, trotzdem hierbei große Anforderungen an die Präzision des Instrumentenbaues, Ausmessung der Dimensionen der Spule und der Stromstärke gestellt werden. Siehe Abb. 8.

Die Windungsfläche der Spule stehe vertikal und sei um ihre vertikale Achse drehbar. Die horizontale Symmetrieachse der Spule liege im ersten magnetischen Vertikal. Der Mittelpunkt der Nadel liege im Schnittpunkt der horizontalen und vertikalen Achse der Spule. Die Richtung der Nadel stimme bei stromloser Spule mit der horizontalen Feldrichtung überein, stehe also parallel zur Windungsfläche der Spule. Bei Durchgang eines Stromes I ist das Feld der Spule GI senkrecht zur Windungsfläche, also senkrecht zur Nadel. Das Feld der Spule sei für die ganze Länge der Nadel homogen. Die Nadel wird dann durch das Feld der Spule abgelenkt um den Winkel ψ. Es gilt dann

$$\operatorname{tg}\psi = \frac{GI}{H}.$$

Die Spule wird jetzt um ihre vertikale Achse gedreht, bis die Nadel wieder parallel zur Windungsfläche steht. Der Ablenkungswinkel der Nadel aus dem magnetischen Meridian sei jetzt Θ, dann ist:

$$\sin\Theta = \frac{GI}{H} = \operatorname{tg}\psi. \tag{30}$$

Läßt sich G, I und Θ bestimmen, so ist das Instrument ein „absolutes". In dieser Stellung, die der ersten LAMONTschen Hauptlage des Ablenkungsmagneten entspricht, ist die Anfangstorsion des Aufhängefadens nicht geändert.

Die Anforderung an die Genauigkeit der Galvanometerkonstante G der Strom- und Winkelmessung I und Θ für eine vorgegebene zulässige Fehlergrenze $\Delta H/H$ ist gegeben durch:

$$\frac{\Delta H}{H} = \frac{\Delta G}{G} + \frac{\Delta J}{J} - \cot\Theta\,\Delta\Theta. \tag{31}$$

Für unsere Breiten entspricht eine Bestimmung von H auf 1γ einem

$$\frac{\Delta H}{H} = \frac{1}{20\,000} = 5\cdot 10^{-5}.$$

Zunächst muß alles verwendete Material außer der Nadel eine magnetische Suszeptibilität besitzen, die hinreichend wenig verschieden ist von der Suszeptibilität der Luft. Die größte Schwierigkeit macht die Herstellung und Ausmessung einer Spule, die ein genügend homogenes Feld garantiert. Abb. 8 stellt die Ausführung des Sinusgalvanometers der Carnegie-Institution dar[1]).

Das homogene Magnetfeld wird durch die Helmholtzspule geliefert, die aus zwei gleichen konaxialen Kreiswindungen besteht, deren Abstand gleich ihrem Radius ist. Bei einem Radius von 15 cm ist die Intensität auf der Achse der Spule in 1 cm Entfernung vom Mittelpunkt weniger als 1/42000 verschieden vom Mittelpunktswert. Innerhalb der Fehlergrenze 1/84000 wird man also die beiden Kreiswindungen durch zwei konaxiale Spiralen von je n Windungen gleicher Ganghöhe ersetzen können, wenn die korrespondierenden Teile der beiden Spiralen stets den geforderten Abstand von 15 cm besitzen und die Gesamthöhe der n Windungen jeder Spirale 2 cm nicht überschreitet. Durch die Spiralen erhält man ein $n$fach stärkeres Feld.

Bei dem Normal-Sinusgalvanometers der Carnegie-Institution sind die Ausmessungen der Dimensionen so genau, daß erreicht wurde

$$\frac{\Delta G}{G} < 10^{-4}.$$

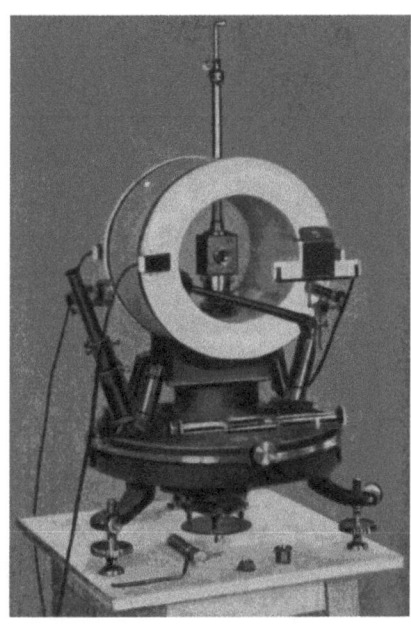

Abb. 8. Sinusgalvanometer.

Die Messung von J mit Normalwiderstand und Westonelement erreichte eine Genauigkeit von

$$\frac{\Delta J}{J} = 2 \text{ bis } 3 \cdot 10^{-5}.$$

Der Fehler der Winkelmessung konnte vernachlässigt werden.

Als erreichte Genauigkeit $\Delta H/H$ kann man 10^{-4} ansehen, d. h., daß H für mittlere Breiten bis auf etwa 2γ bestimmt werden konnte. Die Dauer eines vollen Beobachtungssatzes mit mehrfachen Ablesungen beträgt 2 Minuten (die Bestimmung von H mit dem Magnetometer wenigstens eine Stunde). Die kurze Meßzeit vereinfacht die Reduktion auf eine mittlere Meßzeit außerordentlich.

Weitere Versuche, H mit der galvanometrischen Methode zu bestimmen, wurden von A. SCHUSTER[2]), F. E. SMITH[3]), N. WATANABE[4]) und W. ULJANIN[5]) unternommen.

17. Lokalvariometer. Noch stärker als bei den relativen Stations- und Reisetheodolithen zur Welt- und Landesvermessung ist der relative Charakter betont bei den Instrumenten, die zur Lokalvermessung kleiner Gebiete, z. B.

---

[1]) S. J. BARNETT, Carnegie Institution Washington; Terr. Magn. Bd. 4, Publ. 175, S. 373.
[2]) A. SCHUSTER, Terr. Magn. Bd. 19, S. 19. 1914.
[3]) F. E. SMITH, Phil. Trans. Bd. 223, S. 175. 1922.
[4]) N. WATANABE, Japan. Journ. Astr. and Geophys. Bd. 1, S. 6 u. 191. 1924.
[5]) W. ULJANIN, Terr. Magn. Bd. 24, S. 118. 1919.

zu bergbaulichen Zwecken, benutzt werden. Bei diesen Lokalvermessungen werden nur die relativen Differenzen der Stationswerte untereinander gesucht, nicht ihre absoluten Beträge. Die Lokalvermessung eines solchen Gebietes ist meist in wenigen Tagen erledigt. Bei sorgfältiger Behandlung der Magnete kann man für diese kurzen Zeiträume Konstanz ihrer Momente, oder doch

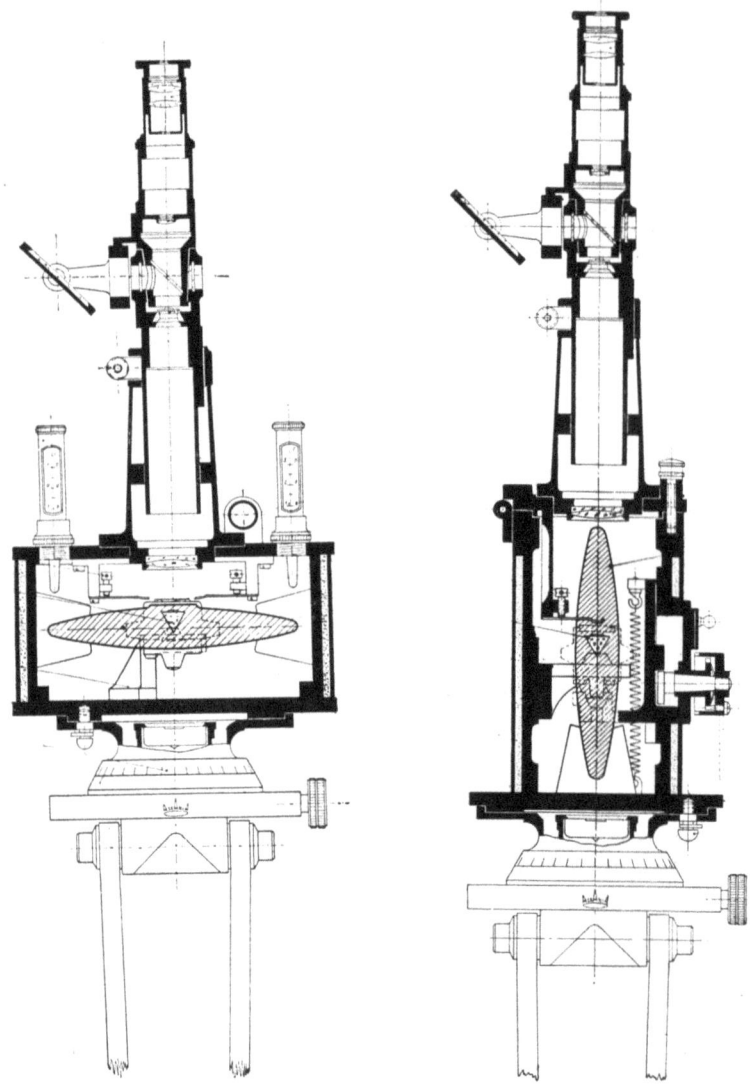

Abb. 9. Vertikalwage.   Abb. 10. Horizontalwage.

wenigstens linearen Verlauf ihrer Momentänderung annehmen. Diese Annahme läßt sich durch Anschlußmessungen vor und nach der Vermessung kontrollieren.

Unter solchen Voraussetzungen kann außer der Ablenkungsfunktion auch das Moment in die Instrumentkonstante einbezogen werden. Diese Konstante braucht — wenn es sich nur um Differenzen der Stationswerte untereinander

Ziff. 17.   Lokalvariometer.   785

handelt — nicht einmal bekannt zu sein. Die Ausmessung der Verteilung der Feldintensität reduziert sich jetzt lediglich auf Ablenkungs- oder Schwingungsmessungen. Der Bau der Instumente wird dadurch verhältnismäßig einfach. Zur Zeit werden nur Instrumente für Ablenkungsmessungen benutzt.

Zur Bestimmung der örtlichen Verteilung der Horizontal- und Vertikalintensität wird eine magnetische Vertikal- und Horizontalwage verwendet[1]). Bei beiden wird das erdmagnetische Drehmoment (HM bzw. ZM) verglichen mit dem Drehmoment der Schwerkraft auf den Wagebalken, dessen Schwerpunkt seitlich vom Drehpunkt liegt.

Abb. 11 stellt das Schema der Horizontalwage I (Abb. 10) und Vertikalwage II (Abb. 9) dar. Die ausgezogenen Linien geben die Nullage; die gestrichelten die abgelenkte Lage. NS ist der Wagemagnet, der um 0 drehbar ist; P der Schwerpunkt, s dessen Abstand vom Drehpunkt; mg das Gewicht; M das Moment des Magneten; α der Ablenkungswinkel.

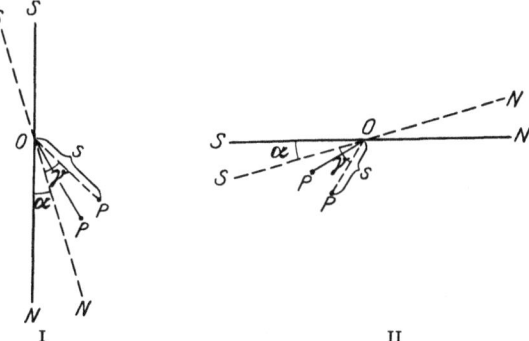

Abb. 11. Schema der Horizontalwage I und der Vertikalwage II.

Die Gleichgewichtsbedingung lautet für kleine Winkel:

1) $$MH \cos\alpha = mgs \sin(\alpha + \gamma),\qquad (32)$$
2) $$MZ \cos\alpha = mgs \cos(\alpha + \gamma).\qquad (33)$$

Die Nullage ist durch den seitlichen Abstand des Schwerpunktes vom Drehpunkt bestimmt und durch ein Schräubchen regulierbar. Dieser Abstand d ist für

1) $$d_H = s \sin\gamma = \frac{M}{mg} H,$$
2) $$d_z = s \cos\gamma = \frac{M}{mg} Z.$$

d ist also nicht vom Gewicht des Magneten, sondern nur von dem Verhältnis Moment zu Gewicht und von der betreffenden Intensität abhängig. Da M/mg bei den üblichen Dimensionen und bisher verwendeten Stahlsorten etwa 15 bis 20/g beträgt, so ist in mittleren Breiten ungefähr $d = 0{,}005$ cm; für Kobaltstahl mindestens 2 bis 3 mal größer. Für kleines α ergibt sich

1) $$\frac{dH}{d\alpha} = \frac{mg}{M} s \cos\gamma,\qquad (34)$$
2) $$\frac{dZ}{d\alpha} = \frac{mg}{M} s \sin\gamma,\qquad (35)$$

$\Delta H/\Delta\alpha$ und $\Delta Z/\Delta\alpha$ sind ein Maß für die Empfindlichkeit; je kleiner ihr Wert, um so empfindlicher ist das Instrument. Sie sind von dem Quotienten Gewicht durch Moment und von dem vertikalen Abstand des Schwerpunkts vom Drehpunkt abhängig. Je größer das Moment pro Gramm, um so empfindlicher ist die Wage. Je näher der Schwerpunkt dem Drehpunkt kommt, desto höher

---

[1]) Nach Angaben von AD. SCHMIDT bei Bamberg gebaut. Siehe Tätigkeitsbericht Preuß. Met. Inst. 1914, S. 109; 1915, S. 87. Ferner ein Lokalvariometer für H nach anderem Prinzip siehe NIPPOLDT Geol. Arch. III S. 114, 1924.

steigt die Empfindlichkeit. Dieser Vertikalabstand D des Schwerpunktes vom Drehpunkt ist durch eine vertikal verstellbare Schraube regulierbar. $D = s\cos\gamma$ bzw. $s\sin\gamma$. Wird die sehr hohe Empfindlichkeit $1\gamma/1'$ verlangt, so darf für das übliche Material ($mg/M = 50$) D nur $7\cdot 10^{-4}$ cm betragen. Kobaltstahl erhöht bei gleicher Schwerpunktslage die Empfindlichkeit auf das 2- bis 3fache. Für Lokalvermessungen läßt sich nun durchweg $mgD/M = c$ als konstant ansehen; dann ergibt sich als Differenz gegen eine Nullstation

$$\Delta H = c_H \Delta\alpha; \qquad \Delta Z = c_Z \Delta\alpha,$$

worin c den Skalenwert bedeutet.

Die Schwierigkeit beim Bau dieser Instrumente besteht in der Sicherung der Nullpunktslage, die sich durch den Transport und die Neuaufstellung nicht ändern darf. Man hat die Drehachse in zweifacher Weise herzustellen versucht; einmal durch Stahl-, Quarz- oder Steinschneiden auf Stein- oder Quarzlagern; hierbei muß ein Abnutzen und Verbiegen der Schneiden vermieden werden. Sodann sind horizontale Fadenaufhängungen benutzt worden[1,2]. Falls die Fäden so dick gewählt werden, daß ihre Torsionskraft bei der Einstellung wesentlich mitwirkt, tritt zu den obigen Drehkräften noch das der Fadentorsion hinzu. Dies kann zur Elimination des Temperatureinflusses auf das magnetische Moment benutzt werden, da der Temperatureinfluß der Fadentorsion gleich groß und entgegengesetzt wirkend gewählt werden kann.

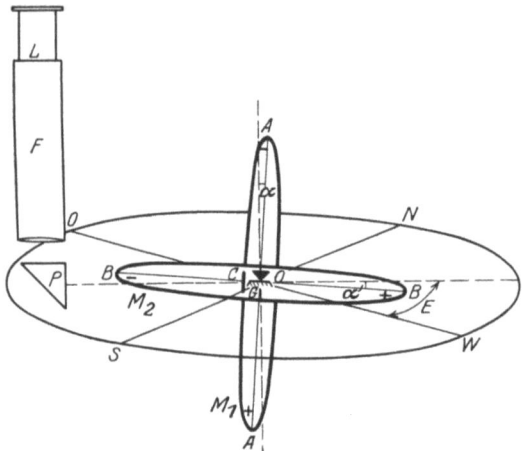

Abb. 12. Prinzip der magnetischen Wage mit gekreuzten Magneten. $NSOW$ magnetisches Meridiankreuz; $AABB$ Wagesystem aus zwei starr verbundenen, zueinander senkrechten Magneten; G Schwerpunkt; O Drehpunkt; $\alpha =$ Kippung des Wagebalkens aus der Nullstellung; $\gamma =$ Winkel zwischen GO und der Horizontalen.

Bei Verwendung dicker Wolframeinkristallfäden für die Torsionsaufhängung wird die Nachwirkung gering. Die nötige Empfindlichkeit läßt sich auch dann erreichen; der Schwerpunkt muß dazu oberhalb der Drehachse gelegt werden[1].

Ein anderes Vertikalvariometer[3]) benutzt einen Wagebalken, der aus zwei gekreuzten, starr miteinander verbundenen Magneten besteht, von denen der eine horizontal, der andere vertikal gerichtet ist. Abb. 12. Das Moment des vertikalen Magneten sei M_1, das des horizontalen M_2. Der negative Pol des vertikalen Magneten befinde sich oben. Der Schwerpunkt G liegt seitlich unterhalb des Drehpunktes O im Abstand s. Das Magnetkreuz schwinge in einer Vertikalebene, die nahezu auf der magnetischen Meridianebene senkrecht steht Der Winkel zwischen beiden Ebenen sei $90° - E$. Die Gleichgewichtsbedingung lautet:

$$Z(M_2\cos\alpha - M_1\sin\alpha) - H\sin E(M_1\cos\alpha + M_2\sin\alpha) - mgs\cos(\gamma - \alpha) = 0. \qquad (36)$$

---

[1]) G. ANGENHEISTER, ZS. f. Geophys. Bd. 2, S. 43. 1926.
[2]) J. KOENIGSBERGER, ZS. f. Geophys. Bd. 1, S. 237. 1925.
[3]) Universalwage nach H. HAALCK, ZS. f. techn. Phys. Bd. 6, S. 262. 1925. ZS. f. Instrumentenkunde B. 47, S. 16. 1927. ZS. f. Geophysik Bd. 3, H. 2. 1927.

Die Nullage $\alpha = 0$ ergibt
$$ZM_2 - H \sin E\, M_1 = mgs \cos\gamma.$$
Eine Änderung von Z läßt sich durch eine Drehung der Schwingungsebene auskompensieren:
$$\varDelta Z = H \frac{M_1}{M_2} \varDelta E. \qquad (37)$$
Die Messung stellt also eine Nullmethode dar. Es wird E so lange geändert, bis die dadurch eintretende Änderung des horizontalen Drehmomentes gleich groß wird der gesuchten Änderung des vertikalen Drehmomentes.

18. Variometer zur Messung der zeitlichen Änderung. Bei der Ausmessung des Feldvektors wird aus praktischen instrumentellen Gründen eine Intensität und zwei Richtungswinkel, H, I, D, gemessen; bei der Verfolgung der zeitlichen Änderung dagegen zwei Intensitäten und ein Winkel H, Z, D. Die Variometer für zeitliche Änderungen der Intensität sind mit den entsprechenden Lokalvariometern für örtliche Änderung prinzipiell nahe verwandt. Die Schwierigkeit bei Lokalvariometern besteht in der Sicherung der Nullage bei Neuaufstellung am anderen Ort. Diese Schwierigkeit fällt bei den in Observatorien aufgestellten Zeitvariometern fort. Da die Zeitvariometer über große Zeiträume hin (Monate, Jahre) die Feldänderungen verfolgen sollen, entstehen hier andere Schwierigkeiten. Es lassen sich nämlich die Momente der verwendeten Magneten nicht mehr als konstant ansehen, auch nicht als linear veränderlich. Dasselbe gilt von den benutzten Torsionsmomenten. Die

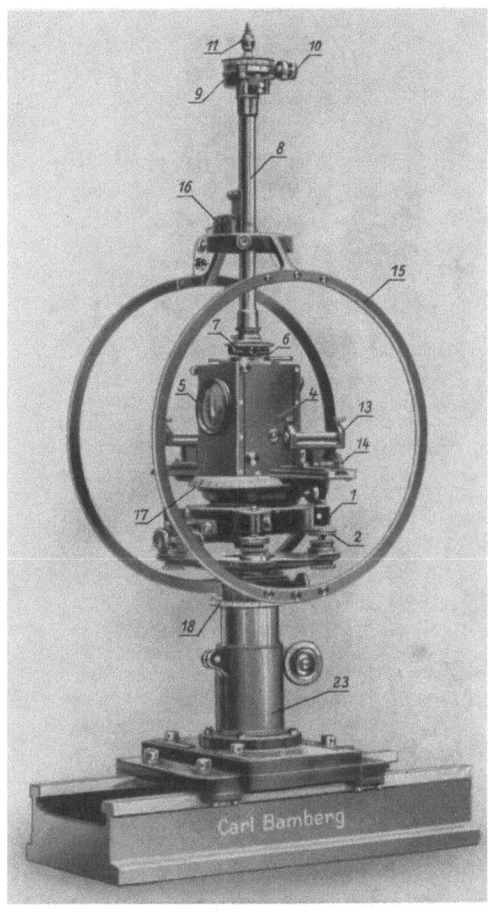

Abb. 13. Horizontalvariometer mit Vorrichtung für galv. Skalenwertbestimmung.

5 Registrierlinse. 6 Positionsdrehung. 7 Arretierung. 8 Torsionsrohr. 9 Torsionskopf. 10 Feindrehung. 11 Höhenverstellung. 13 Kompensationsmagnete. 14 Feinstellung für 13. 15 Einrichtung für galv. Skalenwertbestimmung. 16 Anschlußklemmen. 17 Teilkreis für Instrumentendr. 18 Teilkreis für 15. 23 Verstellbarer Untersatz.

Zeitvariometer der Intensitäten müssen daher fortlaufend, praktisch etwa wöchentlich, durch absolute Messungen kontrolliert werden. Das Variometer für die Deklination seltener. Es sollte unabhängig sein von Torsion und Moment.

Zur Verfolgung der zeitlichen Änderung der erdmagnetischen Feldstärke (Horizontal- und Vertikalvariometer) werden auf einen um eine Achse drehbaren Magneten zwei oder mehrere Drehmomente ausgeübt. Bei dem Horizontalvariometer ist der Magnet um eine vertikale Achse drehbar aufgehängt; beim Vertikalvariometer um eine horizontale Achse. Die Drehmomente sind außer dem Drehmoment der Feldkraft, dessen Änderung verfolgt werden soll, ein zweites magnetisches, mechanisches, bifilares oder Torsionsdrehmoment. In der Gleichgewichtslage ist die Summe der angreifenden Drehmomente Null.

Je nach dem benutzten Drehmoment kann man magnetische Schwerkrafts-, Torsions- oder Bifilarvariometer unterscheiden[1]).

Abb. 14. Vertikalvariometer mit galvanischer Skalenwertbestimmung.

1 Dreifuß. 2 Fußschrauben. 4 Mittelkörper. 5 Registrierlinse. 6 Klemmung und Feinstellung der Drehung von 4. 7 Magnetarretierung. 8 Magnetdämpfung. 9 Deckelglas. 13 Kompensationseinrichtung. 14 Feinstellung für 13. 15 Vorrichtung für galvanische Skalenwertbestimmung. 16 Anschlußklemmen. 17 Teilkreis für Drehung von 13. 18 Teilkreis für Drehung von 15. 23 Verstellbarer Untersatz.

Horizontalvariometer. Ein horizontaler Magnet ist an einem vertikalen Quarz- oder Metallfaden aufgehängt: die Drehung erfolgt in der horizontalen Ebene. Durch Fadentorsion wird der Variationsmagnet senkrecht zum magnetischen Meridian gestellt. Die Drehmomente werden durch die Fadentorsion und die erdmagnetische Horizontalintensität geliefert. Die Gleichgewichtsbedingung lautet für kleine Abweichung α:

$$MH\cos\alpha - \frac{\Phi r^4 \pi (\varphi + \alpha)}{2l} = 0. \quad (38)$$

Hierin bedeutet Φ den Torsionsmodul, r den Radius, l die Länge des Aufhängefadens, φ die Anfangstorsion

$$\frac{\Delta H}{\Delta \alpha} = \frac{\Phi r^4 \pi}{2l M}. \quad (39)$$

Damit $\Delta H/\Delta \alpha$ möglichst klein wird, d. h. die Empfindlichkeit möglichst groß wird, muß der Fadenradius klein sein, das Moment möglichst groß sein. Andererseits muß der Faden den Magneten tragen. Da die Tragkraft mit der zweiten, das Torsionsmoment mit der vierten Potenz von r wächst, wird man kleine Magneten und dünne Fäden vorziehen. Da die Nachwirkung proportional ist der Anfangsbelastung — hier also dem Torsionswinkel, der den Variationsmagneten senkrecht zum magnetischen Meridian stellt —, so darf man nicht allzu dünne Fäden wählen und wird ein Material geringster Nachwirkung, Quarz, von etwa $2r = 0,01$ cm benutzen.

Der lästige Temperatureinfluß auf das Moment des Variationsmagneten kann durch Hinzufügen eines magnetischen Drehmomentes mittels eines Hilfsmagneten abgeschwächt werden.

Vertikalvariometer. Das Variometer zur Verfolgung der Vertikalintensität entspricht im Prinzip ganz der Vertikalwage, die als Lokalvariometer beschrieben ist. Abb. 14 gibt die neueste Ausführung.

---

[1]) Neue Einrichtungen für Variationsmessungen sind beschrieben in den Jahresberichten der verschiedenen Observatorien, insbesondere in Ergebnisse magnetischer Beobachtungen. Potsdam 1908, sodann AD. SCHMIDT, ZS. f. Instrkde. Bd. 26, S. 269. 1906; Bd. 27, S. 137. 1907.

Variometer für Deklination. Ein horizontaler Magnet ist an einem sehr dünnen austordierten Faden aufgehängt. Die Torsionskraft ist verschwindend klein gegenüber der erdmagnetischen Richtkraft. Die Magnetachse wird infolgedessen stets genügend genau in der magnetischen Meridianebene liegen und den Drehungen derselben, d. h. den zeitlichen Änderungen der Deklination folgen. Hierbei benutzt man am besten Quarzfäden von etwa $2r = 0,001$ cm.

Registriervorrichtung. Die Variationsmagneten in den oben beschriebenen Variometern ändern infolge der Feldschwankungen fortwährend ihre Lage. Ein mit dem Variationsmagneten starr verbundener Spiegel wirft das Licht eines Lichtspaltes auf eine rotierende Walze, die mit lichtempfindlichem Papier bezogen ist und durch ein Uhrwerk einmal pro Tag rundgedreht wird. Vor der Walze steht eine Zylinderlinse von kurzer Brennweite (wenige cm), die das Bild des Lichtspaltes zu einem Punkt zusammenzieht. Vor dem Spiegel des Magneten befindet sich eine Linse größerer Brennweite (1 bis 3 m), in deren Brennpunkt sich einerseits die Lichtquelle, andererseits die Zylinderlinse befindet. Die Lage des Magneten wird so fortlaufend aufgezeichnet. Abb. 15.

Skalenwert. Der Skalenwert der Registrierung ist durch die „innere" Empfindlichkeit des Instrumentes (z. B. $\Delta H/\Delta \alpha$) und durch den Abstand Spiegel-Walze bedingt. Die üblichen Skalenwerte sind für H und Z 1 bis 5γ pro mm, für D 1'/mm. Bei Feinregistrierungen zu besonderen Zwecken wurden 10- bis 20fach höhere Empfindlichkeiten, also etwa 0,1 γ/mm benutzt.

Der Skalenwert ε des D-Variometers ergibt sich rein geometrisch; für die übliche Registrierentfernung von 1719 mm zu 1'/mm.

Zur Bestimmung des Skalenwertes ε' des H- und ε'' des Z-Variometers wird der Variationsmagnet des D-, H- und Z-Variometers nacheinander durch denselben kleinen Ablenkungsmagneten aus der gleichen GAUSSschen Hauptlage und der gleichen Entfernung abgelenkt. Bezeichnen n, n', n'' die Ausschläge in Skalenteile am D-, H-, Z-Variometer, so ist

$$\varepsilon' = \frac{n}{n'}\varepsilon H \operatorname{tg} 1' ; \quad \varepsilon'' = \frac{n}{n''}\varepsilon H \operatorname{tg} 1'. \tag{40}$$

Der Ablenkungsmagnet kann durch festmontierte äquivalente Stromkreise in entsprechenden Lagen ersetzt werden. Geeignet sind HELMHOLTZspulen (s. Ziff. 16).

Bei den gebräuchlichen Instrumenten besitzt das Z-Variometer einen verhältnismäßig langen Variationsmagneten. Es empfiehlt sich dann, eine Korrektion zuzufügen, die höhere Glieder der Ablenkungsfunktion berücksichtigt[1]).

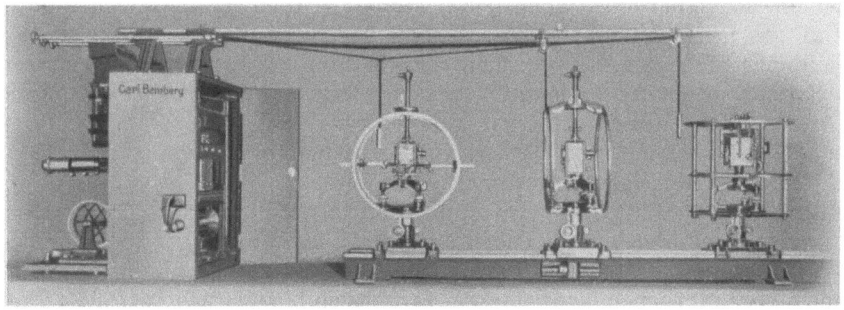

Abb. 15. Registriereinrichtung.

---

[1]) Ergebnisse der Arb. d. Samoa-Obs. F. LINKE u. G. ANGENHEISTER. Abh. d. Ges. d. Wiss. Göttingen Bd. 9, Nr. 1, Bd. 5, S. 14.

Die Registriergeschwindigkeit beträgt meistens 2 cm pro Stunde. Gleichzeitig mit den Variationen wird die Temperatur des Registrierraumes und eine feste Basislinie aufgezeichnet. Abb. 15 zeigt die Aufstellung der drei Variometer nebst Registrierapparat. Die Variometer besitzen Vorrichtungen für galvanische Skalenwertsbestimmung.

d) Analyse der Beobachtungen.

19. Zeitliche und örtliche Veränderung des Kraftfeldes. Die Beobachtungsergebnisse der Vermessung im Felde und der Variationsbeobachtung in den Observatorien sind einer zweifachen Analyse zu unterwerfen, ganz entsprechend der doppelten Aufgabe, die die zeitliche und die örtliche Veränderung des Kraftfeldes ermitteln soll. 1. Hierzu sind an Hand der Vermessung „Normalwerte" für die Beobachtungsstationen abzuleiten und aus ihnen Karten isomagnetischer Linien zu konstruieren. Sodann sind die Abweichungen dieser tatsächlichen isomagnetischen Linien festzustellen gegen solche, die einer theoretischen Feldverteilung auf Grund einfacher Annahme entsprechen, z. B. einer parallel zur magnetischen Achse homogen magnetisierten Erde, die im ersten Hauptglied der Entwicklung nach Kugelfunktionen dargestellt wird. Solche Abweichungen lassen sich zu einem Kartenbild der Isanomalen oder auch im Bild der Störungsvektoren vereinigen, das Aufschluß gibt über die Form und Lagerung der „störenden magnetischen Massen", die das normale Kraftfeld deformieren. Ebenso wie die Anomalien der Schwerkraft in Beziehung stehen zu den Massenlagerungen, die das normale Niveausphäroid deformieren. 2. Sodann muß die fortlaufende zeitliche Veränderung in ihre, der Form und dem Ursprunge nach verschiedenen Variationen — periodische und unperiodische, aus äußeren und inneren Kraftfeldern stammende — zerlegt werden. Zur Ableitung der Normalwerte der Vermessungsstationen ist gerade diese Analyse notwendig.

20. Ableitung der zeitlichen Variationen[1]). Die fortlaufenden photographischen Registrierungen von H, Z und D in den Observatorien werden mehrmals im Monat durch absolute (!) Messungen von H, D und I (meist mit relativen Theodolithen) kontrolliert. Z ergibt sich aus $Z = H \operatorname{tg} I$. Es wird daraus rechnerisch fortlaufend der Wert einer festliegenden, dauernd mitregistrierten Basislinie festgestellt, auf die die Variationskurve bezogen wird. Die mit der Zeit eintretenden instrumentellen Veränderungen der Variometer (Moment-, Torsionsänderungen usw.) wirken sich als Änderung des Basiswertes aus. Auch auf den Skalenwert der Intensitätsvariometer wirken diese Veränderungen ein, der daher etwa monatlich bestimmt werden muß.

Um die fortlaufende photographische Aufzeichnung der erdmagnetischen Bestimmungsstücke der theoretischen Verarbeitung zugängig zu machen, werden die Variationskurven in Stundenintervalle eingeteilt und integriert. Diese Stundenmittelwerte müssen auf eine mittlere Temperatur des Variationsraumes korrigiert werden. Die dazu nötigen Temperaturkoeffizienten werden durch Heizung und Abkühlung des Variationsraumes ermittelt.

21. Säkulärer Gang. Aus den Stundenmittelwerten werden Tages-, Monats- und Jahresmittel abgeleitet. Die Jahresmittel zu 11 jährigen Sonnenfleckenperioden zusammengefaßt. Die Tagesmittel sind vom täglichen, die Jahresmittel außerdem vom jährlichen Gang und die 11 jährigen Mittel auch noch vom Einfluß der Sonnentätigkeit befreit. Der tägliche, jährliche und 11 jährige Gang rührt von Kraftfeldern her, deren Sitz sich im Außenraum befindet und deren Schwankung durch die Achsendrehung der Erde, ihren Umlauf um die Sonne und die

---
[1]) Vergleiche zum Folgenden die entsprechenden Abschnitte im Kap. Erdmagnetismus. Handb. d. Phys., Bd. XV, S. 271.

Sonnentätigkeit bedingt ist. Nach der Elimination dieser Einflüsse tritt der säkuläre Gang des „permanenten Feldes", das seinen Sitz im Erdinneren hat, zutage, besonders deutlich, wenn das elfjährige Integrationsintervall stetig verschoben wird, wobei eine nicht streng erfüllte Voraussetzung ist, daß die Intensität und Periodenlänge des äußeren Störungsfeldes in den aufeinanderfolgenden Zyklen der Sonnentätigkeit gleich groß ist.

Der von Jahr zu Jahr fortschreitende Verlauf der 11 jährigen Säkularwerte wäre der geeignetste Ausgangspunkt für die Definition der Säkularvariation. Da aber nur für sehr wenige Punkte der Erde eine genügend lange und zusammenhängende Beobachtungsreihe vorliegt, begnügt man sich mit Jahresmitteln als „Normalwerte", die für die Epoche der Jahresmitte gelten. Die Jahresmittel sind schon teilweise von Störungseinwirkungen befreit, da sich ein Teil derselben, und zwar gerade die mehr zufälligen, großen, schnell verlaufenden Schwankungen, bei der Mittelbildung aufheben; der mehr systematische und einseitig wirkende Anteil der Nachstörung geht allerdings mit seinem mittleren Betrag in das Jahresmittel ein. Die Säkularvariation ist für Gebiete von der Größenordnung 1000 km im Verlauf einiger Jahre eine lineare Funktion des Ortes. Die Koeffizienten dieser Funktion ändern sich nur langsam mit der Zeit. Für jeden Ort in Europa kann daher die Säkularvariation aus den Beobachtungen der Observatorien mit einiger für praktische Bedürfnisse genügender Genauigkeit intrapoliert und für ganz wenige Jahre, jedoch erheblich unsicherer, vorausberechnet werden. Für theoretische Untersuchungen ist das Beobachtungsmaterial weniger ausreichend.

Die täglichen Schwankungen betragen in der Intensität bis zu 50γ, die jährliche etwa 10γ, die Störungen bis zu 1000γ, die säkulare Variation pro Jahr nur 20γ. Die Periodenlänge der säkularen Variation — ob sie überhaupt periodisch verläuft, ist noch nicht sichergestellt — ist jedenfalls, wenn sie vorhanden ist, nach Jahrhunderten zu bemessen. Um festzustellen, ob die Säkularvariation für alle Teile der Erde mit derselben Periodenlänge verläuft, sind die zu vergleichenden Normalwerte scharf zu erfassen. Dazu müssen die nichtsäkularen Schwankungen, die an verschiedenen Orten der Erde verschieden stark hervortreten, eliminiert werden, und dies ist wegen ihrer relativ hohen Beträge besonders bei den Störungseinflüssen schwierig, zumal für die Ableitung der Säkularvariation der Intensitäten nur für kurze Zeiträume und wenige Observatorien Normalwerte zur Verfügung stehen. Die Versuche, die säkulare Variation in Kugelfunktionen darzustellen, haben nicht zum Erfolg geführt. Der Grund hierfür kann, wenigstens zum Teil, darin bestehen, daß die verwendeten Jahresmittel gar nicht Normalwerte darstellen, die von Einflüssen der zeitlichen Schwankungen des Außenfeldes in gleichmäßiger Weise und in hinreichendem Maße befreit sind. Außerdem mag auch die Säkularvariation selbst zu sehr regionalen Charakter besitzen, als daß sie durch die beiden ersten, bisher allein erreichbaren Ordnungen der Entwicklung nach Kugelfunktionen dargestellt werden könnte.

Gerade aus diesem regionalen Verlauf der Säkularvariation läßt sich vielleicht ihre physikalische Ursache erkennen. Es muß dazu festgestellt werden, ob die erheblichen, bis rund 50% betragenden Abweichungen vom jährlichen Betrag der Säkularvariation tatsächlich einen von Ort zu Ort fortschreitenden Charakter besitzen. Das würde auf eine fortschreitende Verschiebung der äußeren Erdrinde gegen tiefere Schichten deuten, wobei die tieferen Schichten eine unregelmäßige Magnetisierung besitzen müßten.

22. Nachstörung. Wählt man als Integrationsintervall die Tageslänge, so eliminiert man dadurch die mit der Rotation der Erde periodischen Schwankungen und es ergibt sich der Einfluß der magnetischen Störungen, besonders der Stürme. Bei stetiger Verschiebung des 24 stündigen Integrationsintervalles — praktisch genügt schon eine Verschiebung von 6 zu 6 Stunden — tritt in einem besonders charakteristischen Verlauf der Einfluß der Stürme zutage. Dieser verläuft auf der ganzen Erde zwar nicht gleich, aber ähnlich, und besteht in einer plötzlichen Erniedrigung von H, die sich erst im Laufe mehrerer Tage rückbildet. Diese Nachstörung ist am stärksten in niederen Breiten ausgeprägt und nimmt in gesetzmäßiger Weise mit wachsender Breite ab, woraus die Lage und Form des äußeren Störungssystemes abgeleitet werden kann. Der aus den drei Komponenten durch Rechnung abgeleitete Nachstörungsvektor hat an jedem Ort eine annähernd feste mittlere Richtung. Die Rückbildung zum Normalwert, das ist das zeitliche Abklingen der Störung, folgt einer ausgesprochenen Gesetzmäßigkeit, die aus dem Verlauf der stetig fortschreitenden Tagesmittel bestimmt werden kann und die physikalische Natur des Vorganges charakterisiert (Abb. 16).

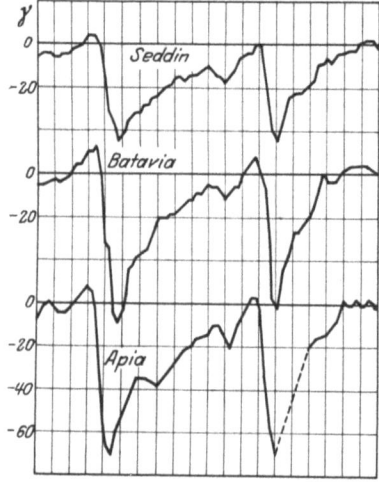

Abb. 16. Tagesmittel der Nordkomponente von 6 zu 6 Stunden in Abweichungen vom Normalwert[1]).

23. Zeitliches Störungsfeld. Zur Ableitung des Störungsfeldes kann man wegen seiner kurzen Dauer das permanente Feld und seine säkulare Variation als konstant ansehen. Das Feld der täglichen Variation kann aus seinem Gang an benachbarten ruhigen Tagen abgeleitet und in Abzug gebracht werden. Das während der Störung stark ausgebildete Nachstörungsfeld kann in erster, nur roher Annäherung aus seinem Verlauf nach Ablauf der Störung ermittelt und rückwärts bis zum Störungsanfang extrapoliert werden und gleichfalls abgezogen werden. Das dann noch übrigbleibende Störungsfeld besitzt im wesentlichen den Charakter einer Schwingung. Diese Schwingung verläuft nach Weltzeit; ihre Intensität ist jedoch an jedem Ort eine Funktion der Ortszeit. Sie läßt sich daher auch formal in einen weltzeitlichen und einen ortszeitlichen Anteil zerlegen. Für eine einzelne Störung stößt man dabei auf technische und prinzipielle Schwierigkeiten. Leichter ist es, aus einer größeren Anzahl von Störungen, die am selben Observatorium aufgezeichnet sind, einen mittleren ortszeitlichen und weltzeitlichen Anteil abzuleiten. Man mittelt dazu die Störungswerte der verschiedenen Störungen, einmal geordnet nach Störungszeit, gerechnet vom Beginn jeder Störung. Da sich bei einer großen Anzahl von Störungen die Störungsbeginne auf die verschiedenen Ortszeiten (Tageszeiten) einigermaßen gleichmäßig verteilen, hebt sich durch dies Verfahren der ortszeitliche Einfluß gegenseitig auf und der weltzeitliche Charakter der mittleren Störung tritt zutage. Das andere Mal ordnet man die Störungen nach Ortszeit und bildet dann einen mittleren Störungsverlauf, der jetzt vom weltzeitlichen Anteil befreit ist[2]).

24. Internationale erdmagnetische Charakterzahl. Die erdmagnetische Aktivität oder die Gestörtheit des normalen Feldes wird in einfachster Weise gemessen durch die internationale erdmagnetische Charakterzahl. Sie kommt auf folgende Weise zustande. Jedes Observatorium, das fortlaufend erdmagnetische Variationen aufzeichnet, charakterisiert jeden Tag (gezählt nach Weltzeit

---

[1]) Nach AD. SCHMIDT, Das erdmagnetische Außenfeld. ZS. f. angew. Geophys. Bd. 1, S. 10. 1924/25.
[2]) S. CHAPMAN, Proc. Roy. Soc. London Bd. 95, S. 61. 1919; G. ANGENHEISTER, Nachr. Ges. d. Wiss. Göttingen 1924, S. 1.

von Greenwich Mitternacht bis Mitternacht) durch eine einzige Ziffer 0, 1 oder 2. Hierin bedeutet 0 vollständige erdmagnetische Ruhe; 2 stärkste Gestörtheit, so stark, daß der tägliche Gang nicht mehr erkennbar ist. Diese Charakterzahlen der einzelnen Observatorien werden für jeden Tag zu einem mittleren, für die ganze Erde geltenden Wert zusammengefaßt und auf Zehntel abgerundet. Aus diesen Zahlen lassen sich Charakterzahlen für jeden Monat und jedes Jahr ableiten. Die Ableitung dieser Charakterzahlen wird vom Niederländischen Meteorologischen Institut vorgenommen. Diese internationale Organisation hat sich als sehr nützlich erwiesen. Die Charakterzahlen zeigen überraschend nahe Zusammenhänge mit den Wolferschen Relativzahlen der Sonnenflecken, die die Sonnentätigkeit charakterisieren. Ferner werden an Hand der Charakterzahlen für jeden Monat fünf ruhige und die am stärksten gestörten Tage ausgesucht. Die ersteren dienen zur Ableitung des täglichen Ganges an ungestörten Tagen, die letzteren zum Studium der Störungen. Es ist für die Erklärung der physikalischen Natur dieser Erscheinungen von großer Wichtigkeit, daß alle Observatorien der Erde in ihren Veröffentlichungen dieselben Tage für die Ableitung des täglichen Ganges oder für die Wiedergabe der Störungskurven auswählen.

25. Täglicher und jährlicher Gang. Durch geeignete Gruppierung und Mittelung der Stundenmittelwerte für einen größeren Zeitraum, z. B. für einen Monat, läßt sich der mittlere sonnen- oder mondtägliche Gang der Bestimmungsstücke des Feldvektors für diesen Zeitraum ableiten[1]).

Der hierbei noch vorhandene systematische Einfluß der Nachstörungen kann durch Vergleich des Anfangs- und Endwertes des 24stündigen Zeitraumes in Rechnung gesetzt werden (non cyclic Effect).

Der tägliche Gang des horizontalen oder totalen Kraftvektors wird anschaulich im ebenen oder räumlichen Vektordiagramm dargestellt. Im horizontalen Vektordiagramm wird die Differenz des Stundenmittels gegen das Tagesmittel als Vektor $\sqrt{X^2 + Y^2}$ eingetragen. Die Tageszeit zeigt dabei große, die Nachtzeit geringe Veränderung des Vektors. Der Vergleich der Vektordiagramme verschiedener Breiten ergibt eine Umkehr des Umlaufsinnes bei etwa 25° nördlicher und südlicher Breite.

Die harmonische Analyse des täglichen Ganges hat eine physikalische Berechtigung, da der tägliche Gang der erdmagnetischen Elemente durch den täglichen Gang des Luftdruckes hervorgerufen wird und bei diesem Grund- und Oberschwingung — ganz- und halbtägige — physikalisch bedingt sind.

Der Vergleich der harmonischen Koeffizienten des täglichen Ganges des Luftdrucks und des Erdmagnetismus gibt Aufschluß über diesen Zusammenhang. Ebenso die Veränderlichkeit dieser Koeffizienten im Verlauf der Jahreszeiten.

Die erschöpfende Darstellung des täglichen Ganges für die ganze Erde — sowohl des solaren wie lunaren — geschieht durch Kugelfunktionen. Diese Darstellung ermöglicht, zu entscheiden, ob die Kräfte, die den täglichen Gang verursachen, ein Potential besitzen und wie weit sie ihren Sitz im Außenraum und im Erdinnern haben. Das Beobachtungsmaterial, das zur Lösung dieser Aufgabe geeignet ist, ist jedoch, insbesondere für die Südhalbkugel, nur spärlich vorhanden.

Der mittlere jährliche Gang wird am besten aus den Monatsmitteln eines 11jährigen Zeitraumes abgeleitet. Er ist im wesentlichen dadurch bedingt, daß die Störungsfelder für eine bestimmte Stellung der Erdachse zur Sonne, nämlich zur Zeit der Äquinoctien, am wirksamsten werden.

---

[1]) Siehe die sehr eingehende Untersuchung über die mondtägliche Periode von O. VENSKE, Veröff. d. preuß. Met.-Inst. Nr. 291. 1916.

26. Ableitung des permanenten Normal- und örtlichen Störungsfeldes[1]). Praktisch definiert man als Normalwert das durch Integration der Registrierkurven gewonnene Jahresmittel, da in ihm die Schwankungen des äußeren Feldes bis auf einen einseitigen, systematischen Anteil des Nachstörungsfeldes als ausgeglichen gelten können.

Bezeichnet man mit y den Wert des erdmagnetischen Bestimmungsstückes. zur Zeit t und mit a die Länge des Jahres in der verwendeten Zeiteinheit, so ergibt sich dieser Normalwert y_0 im Augenblick t_0 zu

$$y_0 = \frac{1}{a}\int_{t_0 - a/2}^{t_0 + a/2} y\, dt. \qquad (41)$$

Der totale Feldvektor F setzt sich in jedem Augenblick zusammen aus dem Vektor E des permanenten, zeitlich nur langsam veränderlichen inneren Feldes, und den zeitlich schnell veränderlichen Vektoren der äußeren Felder, nämlich des Feldes der täglichen Variation T, des Störungsfeldes S und des Nachstörungsfeldes A. Es ist also $F = E + A + S + T$. Die Intensität von A schwankt mit der Sonnentätigkeit, deren Einwirkung auf A durch die Bildung des Jahresmittels nur zum Teil eliminiert wird. A besitzt aber im Gegensatz zu S, das zeitweilig verschwindet, einen nahezu konstanten Anteil. Tatsächlich steht dieser konstante, immer vorhandene Anteil von A mit dem permanenten Feld E in einem ursächlichen Zusammenhang und muß daher auch mit der säkularen Variation von E (z. B. mit der Lage der magnetischen Achse und der Intensität von E) schwanken.

Sieht man hiervon ab und nimmt den konstanten Anteil von A in E hinein, so reduziert sich im Jahresmittel der totale Vektor bei der hinreichenden Elimination des variablen Anteils von A und der vollständigen von T und S auf $F = E$, d. h., das aus den Registrierungen des totalen Vektors F abgeleitete Jahresmittel stellt im wesentlichen den Anteil des permanenten Feldes dar; und die Differenz aufeinander folgender Jahresmittel $\Delta F = \Delta E$ gibt die Änderung des permanenten Feldes, d. i. die Säkularvariation.

Dies ist die tatsächlich benutzte Voraussetzung bei der Ableitung des Normalfeldes für eine bestimmte Epoche und der Säkularvariation aus den Werten des Normalfeldes für zwei verschiedene Epochen. Ist an einem im Vermessungsgebiet möglichst zentral gelegenen Observatorium (Basisstation) der Normalwert F_0 für eine Epoche bestimmt, so ist der Momentanwert für den Augenblick der Vermessung $F'_0 = F_0 + \Delta F_0$. In ΔF_0 sind enthalten der Betrag der Säkularvariation ΔE für den Zeitraum zwischen dem betrachteten Zeitpunkt und der Epoche, ferner die Beträge von T, A und S für den Ort des Observatoriums. Wird nun im selben Zeitpunkt an der Vermessungsstation der Momentanwert F'_1 beobachtet, so ist die Ableitung des Normalwertes F_1 für diese Station gegeben, wenn auch hier dasselbe ΔF_0 gilt, das aus der fortlaufenden Registrierung des Observatoriums bekannt ist, wenn also

$$F'_1 = F_1 + \Delta F_0.$$

Dies setzt voraus, daß an der Vermessungsstation und an der Basisstation ΔE, A, S und T gleich groß sind. Für A ist dies erfahrungsgemäß für ein Vermessungsgebiet von einigen hundert Kilometer Radius ohne weiteres anzunehmen. Auch für S wird dies, bis auf bestimmte starke, schnelle Schwingungen gelten, die bei

---

[1]) S. hierzu AD. SCHMIDT, Magn. Karten von Norddeutschland. Abhandl. Preuß. Met. Inst. 1909, Nr. 217; Magn. Vermess. Preußen, ebenda 1909, Nr. 276; A. NIPPOLDT, Magn. Karten v. Süddeutschland; ebenda Nr. 224, 1910; K. SCHERING u. A. NIPPOLDT. Erdmagn. Landesaufnahme v. Hessen. Darmstadt 1923.

sehr großen Störungen oft lokale Verschiedenheiten zeigen. Bei dem nach Ortszeit ablaufenden T wird der Unterschied der Länge berücksichtigt werden müssen; außer dieser zeitlichen Verschiebung wird T für gleiche Breite konstant gesetzt werden können; bei Breitenunterschieden wird die Amplitude von T sich in geringem Maße ändern. Aus dem Verlauf von T an Nachbarobservatorien wird sich dies mit hinlänglicher Genauigkeit interpolieren lassen. Auch ΔE ist für kurze Zeiträume nur wenig von Länge und Breite abhängig, es kann, wenn nötig, aus der Änderung von F an Nachbarobservatorien linear interpoliert werden.

Die normale Verteilung der erdmagnetischen Kraft in Vermessungsgebieten von einigen hundert Kilometer Radius wird durch lineare, oder für größere Genauigkeit quadratische Funktionen des Breiten- und Längenabstandes vom mittleren Punkt dargestellt. Die Abweichungen der beobachteten Werte, der Feldkomponenten X, Y, Z, von denen, die sich aus diesen ausgleichenden Formeln ergeben, lassen sich als Komponenten eines örtlichen Störungsfeldes ansehen, das dem Normalfeld aufgesetzt ist. Zunächst hat dies nur eine rein formale Bedeutung. Was als örtliches Störungsfeld und was als Normalfeld anzusehen ist, ist z. B. wesentlich durch die Größe des betrachteten Gebietes bedingt. Aber durch Elimination der örtlichen Störungsfelder wird man bei Betrachtung immer größerer Vermessungsgebiete sich schrittweise dem Normalfeld der Erde annähern, dem zweifellos eine physikalische Bedeutung zukommt. Andererseits wird man bei wachsender Spezialvermessung und Wiederholung derselben nach geeigneten Zeiträumen die von der säkularen Änderung befreiten Störungsgebiete genauer erfassen und aus diesen lokalkonstanten Anomalien auf den Bau der Erdrinde schließen können. Die Aufgabe präzisiert sich dahin: zunächst aus der Vermessung und ihrer ausgleichenden formalen Darstellungen das Normalfeld $F(\lambda, \varphi)$ abzuleiten; sodann aus Wiederholung der Vermessung an wenigen, geeignet ausgewählten Säkularstationen und aus den fortlaufenden Aufzeichnungen der Kraftänderungen an Observatorien die Änderung des Normalfeldes mit der Zeit $f(\varphi, \lambda, t)$ zu ermitteln. Die Differenz des ausgeglichenen Normalfeldes gegen das tatsächliche Feld ergibt das mit der Zeit konstante örtliche Störungsfeld $\Delta(\varphi, \lambda)$, das in der lokalen, unveränderten Massenlagerung des Untergrundes bedingt ist. Das Gesamtfeld, zur Zeit t, besitzt danach die Form

$$F(\lambda, \varphi) + f(\varphi, \lambda, t) + \Delta(\varphi, \lambda). \tag{42}$$

Die Frage, ob das abgesonderte Normalfeld oder auch das Totalfeld ein Potentialfeld ist, läßt sich auf zwei Wegen prüfen. Falls ein Potential besteht, muß für jeden Punkt (φ, λ) sein

$$\operatorname{rot} \mathfrak{H} = 0 \quad \text{oder} \quad \frac{\partial X}{\partial y} - \frac{\partial Y}{\partial x} = 0 \quad \text{oder} \quad \frac{\partial X}{\partial \lambda} - \frac{\partial Y}{\partial \varphi} \cos \varphi = 0. \tag{43}$$

Verschwindet dieser Ausdruck nicht, so gibt sein Wert ein Maß für die Flächendichte vertikaler elektrischer Ströme, die die Oberfläche durchsetzen.

Das Integral über der horizontalen Kraftkomponente längs einer geschlossenen Kurve muß im Potentialfeld gleichfalls verschwinden. Sein Wert

$$\int S\,ds = R \int (X\,d\varphi + Y \cos\varphi\,d\lambda) = 4\pi I \tag{44}$$

gibt den Vertikalstrom I durch die Fläche o d e r den Schlußfehler der Vermessung. Es muß also an der Genauigkeit der Vermessung geprüft werden, ob der Schlußwert innerhalb der Fehlerwahrscheinlichkeit liegt. Beim Vergleich mehrerer Polygonzüge ist darauf zu achten, ob ein systematischer Gang auftritt, der auf die Realität des endlichen Wertes des Ringintegrals $\int S\,ds$ deutet, oder ob die Häufigkeit der verschiedenen Beträge dem Fehlerverteilungsgesetz folgt, d. h. daß das $\int S\,ds$ nur den Schlußfehler der Vermessung angibt.

Sachverzeichnis.

Abklingzeit von Vibrationsgalvanometern 311.
Ablenkungsbeobachtungen, erdmagnetische 777.
Abscheidungspotential, elektrochemisches 671.
Abschützung von Induktivitätsnormalen 491.
Affinitätskonstante 618, 673.
Akkomodation, magnetische 700.
Aktivität von Ionen 618.
Altern von Widerständen 426.
Aluminiumgleichrichter 141, 142.
Amalgamelektroden 655.
Amalgamierung von Metallelektroden 655.
Ampere, internationales 57.
Amperestundenzähler 283.
Anfangspermeabilität 405, 729.
Antennenwiderstände 586.
Äquivalentleitvermögen 617.
Arbeitsfähigkeit, integrale, galvanischer Elemente 673.
Argonalgleichrichter 149.
Aufladeelektrometer 231.
Ausschaltvorgänge im Gleichrichter 147.

Bairsteschaltung 124.
Balkitegleichrichter 142.
Ballistische Methoden, magnetische 708.
Ballistischer Ausschlag 206.
Ballistisches Galvanometer 381.
Bändchenlautsprecher 178.
Bändchenmikrophon 198.
Belastung von Widerständen 429.
Betriebskapazität von Kondensatoren 515.
Bewegungsgleichungen von Meßgeräten 201.
Bifilarbrücke von GIEBE 503.
Bifilar-Vibrationsgalvanometer 321.
Bifilare Wickelung 427.
Binantenelektrometer 244.

Blatt, elektrodynamisches 179.
Blättchenelektrometer 226.
Blatthaller 179.
Blechwiderstände 428.
Bleivoltameter 348.
Blinkschaltung 563.
Bogenlampe, sprechende 193.
Bolometer 339.
BRAUNsche Röhre 590.
BRAUNsches Elektrometer 228.
Brücke, magnetische 719.
—, WHEATSTONEsche 432.
Brückendraht, Kalibrierung 464.
Brückenschaltung 401.

Chaperon-Wickelung 427.
Charakteristik des Lichtbogens 558.
— der Ventile 121.
Charakterzahl, internationale, erdmagnetische 791.
Chinhydron-Elektrode 659.
Clark-Element 33.
Coulometer 628.
Cymometer 565.

Dampfelektrisiermaschine 78.
Dämpferöl für Oszillographen 329.
Dämpfung von Meßgeräten 201.
— der Nadelgalvanometer 263.
— der Vibrationsgalvanometer 306.
Dämpfungsdekrement von Schwingungskreisen 577.
Dämpfungsverhältnis von Meßgeräten 209.
Dauermagnete 766.
—, Temperatureinfluß 771.
Definition von Widerständen 445.
Deklination 774.
Dekrement, logarithmisches, bei Meßinstrumenten 209.
Dekrementsmethode 549.
Delonschaltung 125.

Depolarisation, elektrochemische 662.
Deprez-d'Arsonval-Galvanometer 276.
Deprez-Unterbrecher 105.
Detektoren 153.
Diamagnetische Stoffe 679.
Dielektrische Festigkeit 413.
— Verluste 412.
— — in Kondensatoren 472.
— — in Spulen 484.
Dielektrizitätskonstante 540.
Diesselhorst-Galvanometer 277.
Differentialgalvanometermethode 455.
Differentialtransformator 534.
Diffusionskoeffizient, elektrolytischer 671.
Diffusionspotentiale 644, 646.
— Tabelle 648.
Diffusionsschicht bei Elektrolyse 664, 671.
Dimensionen elektrischer Größen 8, 12.
Dimensionsgleichungen 4.
Dipolmoment 540, 551.
Dissoziation, elektrolytische 617.
Dissoziationsgrad 646.
Doppelmagnetinduktor 117.
Doppelquarz, CURIÉS 251.
Doppelschaltung bei Elektrometern 237.
Doppelschlußjoch 719.
Dosentelephon 196.
Drahtwiderstände 428.
Dreheiseninstrumente 267.
Dreheisenoszillograph 329.
Drehspulenmethode 759.
Drehspulgalvanometer für Wechselstrom 291.
Drehspulinstrumente 269.
Drehspulzeigerinstrumente 277.
Drehung, magnetische, der Polarisationsebene 761.
Drehwage, COULOMBsche 239.
Drehwagenmethode, magnetische 681.
Duantenelektrometer 245.

Duplikatoren 85.
Dynamometer 287.

Eigenfrequenz von Schwingungskreisen 575.
— von Spulen 485.
Eigenkapazität von Spulen 483.
Eigenschwingungen 555.
— von Meßgeräten 204.
Einblättchenelektrometer 229.
Einheiten, elektrische und magnetische 2.
—, —, Beziehung der internationalen zu den absoluten 56.
—, —, geschichtlicher Überblick 14.
—, internationale elektrische 13.
—, praktische 9.
Eisengleichrichter 142.
Eisenkern des Induktors 99.
Eisenprüfapparate 741.
Elektrisiermaschine 77.
Elektrisierung durch Reibung 76.
Elektrizitätsmenge, Messung 380.
Elektrizitätszähler 300, 302.
Elektrochemische Messungen 594.
— Potentiale 634.
Elektroden für Elektrolyte 604.
—, Oberflächenbeschaffenheit arbeitender 663.
— für Überführungsmessungen 625.
—, unpolarisierbare 615.
Elektrodenpotentiale 635.
—, Beeinflussung 647.
— und Reaktionsgeschwindigkeit 652.
Elektrodenprodukte 665.
Elektrodenreinigung 606.
Elektrodenvorgänge 651.
Elektrodynamometer 287.
—, absolute 209.
Elektrolysierstrom 666.
Elektrolyte, Leitvermögen 594.
Elektrolytgleichrichter 140.
Elektrolytische Unterbrecher 108.
Elektrolytverbindung von Elektroden 667.
Elektrolytzähler 348.
Elektromagnete 753.
Elektrometer 393.
—, absolute 248, 419.
—, relative 226.
Elektrometerformel 393.
Elektrometrie 415.

Elektronenröhren 66.
Elektroosmose 627, 633.
Elektrophor 79.
Elektroskope 227.
Elementarmagnete 766.
Elemente, galvanische 613.
Elkongleichrichter 139.
Ellipsoidmethode 547.
Empfindlichkeit der Brückenmethode 447.
— von Elektrometern 227.
— von Galvanometern 446.
— von Nadelgalvanometern 261.
— von Vibrationsgalvanometern 308.
Energie, freie elektrochemische 672.
Energieverlust in Ventilen und Gleichrichtern 126.
Entladungselektrometer 231, 233.
Entmagnetisierung 688.
Entmagnetisierungsapparate 689.
Entmagnetisierungsfaktoren 699.
EPSTEINscher Apparat 723.
Erdinduktor 116, 776.
Erdmagnetische Messungen 764.
Ersatzkreismethode 171.

Fadenelektrometer 234.
FARADAYsche Gesetze 341.
Feldmessung, magnetische 756, 759.
Feldspulen der Galvanometer 261.
Feldstärke, wahre magnetische 698.
Feldvektor, erdmagnetischer 765, 774.
Fernmessung von Gleichströmen 374.
Ferromagnetische Stoffe 688.
Festigkeit, dielektrische 413.
Fizeau-Kondensator 89.
Flammengleichrichter 138.
Flüssigkeitsgrenze, Sichtbarmachung bei Elektrolyse 634.
Flüssigkeitskondensator 597.
Flüssigkeitspotentiale 636.
Flüssigkeitsstrahlmikrophon 200.
Flüssigkeitswiderstände 613.
Frequenzmessung 572.
Frequenznormale 565, 570.
Fritter 153.
Funkeninduktor 87.
Funkenstrecke 379, 406.

Galvanische Elemente, Widerstandsmessung 613.

Galvanische Ketten 649, 660.
Galvanometer 255.
Galvanometerausschläge, Vergrößerung der 74.
Gang, jährlicher, erdmagnetischer 792.
—, säkularer, erdmagnetischer 789.
—, täglicher, erdmagnetischer 792.
Gaselektroden 656.
GAUSSsche Hauptlagen 769.
Gebrauchsnormale der Gegeninduktivität 492.
Gegeninduktivitätsbestimmung 532.
Gegeninduktivitätsnormale 492.
Geschwindigkeit, kritische 59.
Glaskondensatoren 482.
Gleichgewichtspotentiale, elektrochemische 651.
Gleichrichter 121.
—, mechanische 136.
Gleichstromarbeit 380.
Gleichstromleistung 379.
Gleichstrommessung 368.
Gleichstromquellen 60.
Glimmerkondensatoren 479.
Glimmlampe als Meßinstrument 409.
— als Schwingungserzeuger 563.
Glimmlichtgleichrichter 143.
Glimmlichtoszillograph 589.
Glühkathodengleichrichter 150, 410.
Goldelektroden 657.
GRAETZsche Schaltung 123.
Greinacherschaltung 125.
Grenzfläche, Methode der wandernden 630.
Grenzschicht bei Elektrolyten 646.
Grenzstrom, elektrolytischer 670.
Grenzwert des Äquivalentleitvermögens 620.
— des Leitvermögens von Elektrolyten 619.
Grenzwiderstand von Galvanometern 271.

Halbelemente, Zusammensetzung zu Ketten 660.
Hauptlagen, magnetische 694.
Hautwirkung 486.
Heterostatische Schaltung 226.
HITTORFsche Überführungszahl 624.
Hitzdrahtinstrumente 334.
Hitzdrahtleistungsmesser 339.
Hitzdraht-Luftthermometer 339.

Hitzdrahtwellenmesser 567.
Hochspannungselektrometer 240, 249.
Hochspannungsgleichrichter 152.
Hochspannungsleistungsmessung 411.
Hochspannungsmessung 405.
—, absolute 420.
— mit dem Elektrometer 250.
Horizontalintensität, erdmagnetische 776.
Horizontalvariometer 786.
Horizontalwage, magnetische 783.
Hydrolyse 610.
Hygrostaten 426.
Hysterese 709.
Hysteresemesser 744.
Hystereseverlust 739.

Idiostatische Schaltung 226, 396.
Induktionsinstrumente 301.
Induktionsmessung bei Wechselstromfeldern 747.
— bei Elektrolyten 616.
Induktionsmethoden, magnetische 686.
Induktionsmikrophon 198.
Induktionstonsender 180.
Induktionszähler 302.
Induktivität 37.
— von Drahtwiderständen 531.
Induktivitäten, Messung 495.
—, stetig veränderliche 493.
Induktivitätsnormalen 482.
—, absolute 488.
—, für hohe Frequenzen 490.
— für Niederfrequenz 489.
Induktor 87.
Influenzmaschinen 79.
Inklination 775.
Inklinatorium 775.
Instrumente, erdmagnetische 765.
Ionenaktivität 618, 641.
Ionenbeweglichkeit 623, 630.
Ionenkonzentration, potentiometrische Bestimmung 673.
Ionenwanderungsapparate 632.
Ionenwertigkeit 676.
— und Leitvermögen 621.
Iridiumelektroden 657.
Isolation von Elektrometern 416.
Isolierstoffe, Widerstände von 417.
Isthmusmethode 731.

Joch, kompensiertes 721.
Jochmethode 715.

Joch-Isthmusmethode 734.
Jochscherung 717.
Jodvoltameter 348.
JOULESche Wärme in Elektrolyten 596.

Kadmiumvoltameter 348.
Kalomelelektroden 637.
Kapazität 37.
— eines Elektrometers 421.
— eines Kondensators 470.
—, elektrolytische 611.
Kapazitäten, sehr kleine 516.
Kapazitätsmessung 495, 508.
Kapazitätsvergleichung 512.
Kapazitätsnormale, absolute 473.
Kapillarelektrometer 352, 650.
Kathodophon 200.
Kelvingalvanometer 257.
KERRsches Phänomen, magnetische Messungen mittels des 738.
Ketten, galvanische 649, 660.
Kettenleiter 69.
Kippelektrometer 232.
Kippschwingungen 554, 560, 563.
Knallgasamperemeter 346.
Knallgasvoltameter 345.
Koerzitivkraft 699.
Kohärer 153.
Kohlemikrophon 167, 193.
Kohlrausch-Methode bei Elektrolyten 594.
Kolbenmembran 169.
Kolloidgleichrichter 142.
Kombinationsschaltung von Elektrometern 238.
Kommutatormethode 668.
Kommutierungskurve 710.
Kompensationsapparate 370, 435.
Kompensationsmethoden 377, 398.
— bei galvanischen Ketten 650.
Komplexbildung in Elektrolyten 624.
Kondensatoren 470.
—, unvollkommene 473, 513.
Kondensatorkapazität 470.
Kondensatorlautsprecher 187.
Kondensatormaschine 84.
Kondensatormethode bei galvanischen Ketten 649.
Kondensatormikrophon 198.
Kondensatortelephon 184, 187.
Konduktometrische Analyse 622.
Konstanz der elektrischen Grundeinheiten 38.
Kontaktdetektoren 157.

Konzentration, wirksame, von Ionen 618.
Konzentrationsbestimmung, potentiometrische 673.
Konzentrationsketten 677.
Kopfhörer 172.
Kraftwirkungsmethode 546.
Kreuzspulinstrumente 282.
— für Wechselstrom 298.
Kriechgalvanometer 383.
Kriechschutz des Elektrometers 417.
Kristalldetektoren 155.
Kugelpanzergalvanometer 264.
Kupfervoltameter 344.
Kurbelinduktor 118.
Kurbelkondensatoren 480.

Labilität von Schwingungen 555.
Ladungsempfindlichkeit von Elektrometern 227.
LAMONTsche Hauptlagen 227.
Langsaiten-Vibrationsgalvanometer 322.
Lautsprecher 168, 187.
—, elektromagnetischer 177.
—, piezoelektrischer 192.
Leistungsfaktor 392.
— von Ventilen 127.
Leistungsmesser 292, 302.
Leistungsmessung bei Schwingungen 586.
Leitfähigkeitsgefäße 603.
Leitfähigkeitstitration 622.
Leitfähigkeitswasser 608.
Leitungswiderstände in Kondensatoren 471.
Leitvermögen von Elektrolyten 594, 614.
Lichtbogengleichrichter 144.
Lichtbogenhysteresis 555.
Lichtbogenschwingungen 557.
Lichtgeschwindigkeit, elektrische Messung der 59.
Liebenröhre 161.
Lissajous-Figur, Analyse 592.
Litzendrahtspulen 487.
Lochunterbrecher 109.
Lokalvariometer 783.
Londoner Beschlüsse 21.
Löschfunken 68.
Löslichkeitsbestimmung 622.
—, potentiometrische 674.
Löslichkeitsprodukt 675.
Lösungsmittel, Eigenleitvermögen 608, 611.
Lösungsmittelüberführung 629.
Luftfeuchtigkeit, Einfluß auf Widerstände 426.
Luftkondensatoren 473.
— für hohe Spannungen 478.
—, stetig veränderbare 478.

Luftlinienkorrektion, magnetische 714.
Lufttransformator 356.

Magnaninische Lösung 613.
Magnete, permanente 766.
Magnetetalon 713, 757.
Magnetinduktor 116, 117.
Magnetische Felder, Herstellung und Ausmessung 750.
— Messungen 679, 688.
Magnetisierungsapparat von BRUGER 729.
— von KOEPSEL-KATH 728.
Magnetisierungskurve 709.
Magnetometer 691.
—, astasiertes 701.
—, störungsfreies 703.
Magnetometermethode 686, 690.
Magnetrelais, polarisiertes 163.
Manganinnormale 28.
Maschinen, magnetelektrische 118.
Massenwirkungsgesetz 618.
Maßanalyse, potentiometrische 675.
Maßsysteme, elektrische 1.
MAXWELLsche Gleichungen 11.
Messungen, elektrische, Allgemeines und Technisches 60.
Meßbrücken 432.
Meßgenauigkeit von Galvanometern, Grenzen der 274.
Meßgeräte, Schwingung und Dämpfung 201.
Meßinstrumente, elektrische, Eichung 72.
—, elektrodynamische 253.
—, elektrostatische 225.
—, auf elektrolytischer Wirkung beruhende 341.
—, auf thermischer Wirkung beruhende 331.
—, thermoelektrische 331.
Meßwandler 355, 391.
Metallelektroden in galvanischen Ketten 653.
Mikrophon 167.
—, elektromagnetisches 196.
—, piezoelektrisches 200.
Mikrophonsummer 64, 106.
Mikrophonverstärker 195.
Millivolt- und Amperemeter 280.
Molargröße von Ionenbildnern 676.
Molarleitvermögen 617.
Motor, elektrostatischer 85.
Motorzähler 300.
Multiplikationsverfahren 115.

Multivibrator 569.
Multizellularvoltmeter 247.

Nachstörung, erdmagnetische 790.
Nachwirkung, magnetische 700, 710.
Nadelelektrometer 239.
Nadelgalvanometer 255.
— für Wechselstrom 266.
Nadelinstrumente 254.
Nadeloszillograph 324.
Nadelschaltung von Elektrometern 241.
Nadelsystem, astatisches 255, 260.
Nadel-Vibrationsgalvanometer 313.
NEEFscher Hammer 105.
Nernstgalvanometer 265.
NERNSTsche Methode für Dielektrizitätskonstanten 544.
Normale, gesetzliche elektrische 24.
— der Gegeninduktivität 492.
Normalelektroden 637.
—, absolute Potentiale der 643.
—, Potentialtabelle 640.
—, Temperaturkoeffizient 642.
Normalelemente 33.
Normalflüssigkeiten für Widerstandsmessungen 607.
Normalien, elektrische 1.
Normalkondensator 474.
Normalpotential, elektrochemisches 653.
Normalspule für magnetische Messungen 712.
Normaltheodolith, erdmagnetischer 779.
Normalwiderstände 427.
Nullinstrumente 398.
Nullmethoden 397.
Nullpunkt elektrochemischer Potentiale 635.

Öffnungsstrom 91.
Ohmbestimmung, absolute 40.
Ohmmetermethode 460.
OHMsches Gesetz bei Elektrolyten 594.
Ölkondensatoren 482.
OSTWALDsches Verdünnungsgesetz 619.
Ostwald-Walden-Bredig-Regel 620.
Oszillographen 324.
Oxydationspotential 658.

Panzergalvanometer 264.
Papierkondensatoren 482.
Paralleldrahtsystem von LECHER 572.
Paramagnetische Stoffe 679.
PASCALsche Wage 681.
Pendelumformer 65, 104.
Pendelzähler 300.
Perikondetektor 155.
Permeabilität, reversible 729.
Permeameter 721.
Petroleumbäder 430.
Phasenfolge 393.
Phasengrenzpotentiale 648.
Phasenverschiebung in Ventilen 127.
—, künstliche 70.
Phonophor 195.
Piezoelektrischer Apparat von CURIE 252.
Platinelektroden 657.
Platinieren von Elektroden 605.
Plattenbrücke 573.
Polarisation, elektrolytische 662, 665.
— von Normalelektroden 644.
Potential, absolutes elektrochemisches 635.
—, absolutes von Normalelektroden 643.
— zweier Magnete 767.
Potentialvermittler, elektrochemische 659.
Potentialwage 249.
Poulsenlampe 66.
Präzisionswiderstände 426.
Prüftransformator 409.

Quadrantelektrometer 240, 418.
Quadrantenschaltung 241, 394.
Quarzresonatoren 570.
Quecksilberdampfgleichrichter 144.
Quecksilbergroßgleichrichter 148.
Quecksilberlichtbogenrelais 165.
Quecksilbernormale 25.
Quecksilber-Normalelektroden 637.
Quecksilberstrahlgleichrichter 138.
Quecksilberunterbrecher 106.
Quecksilbervoltameter 348.
Quecksilberzähler 349.

Rationales System, elektrisches 12.
RAYLEIGHsche Theorie der Telephone 169.
Reaktionsisotherme 673.

Reduktionspotential 658.
Registriereinrichtung, erdmagnetische 788.
Registrierelektrometer 247.
Regulierung von Strom und Spannung 71.
Reibungselektrisiermaschine 77.
Reibungselektrizität 76.
Reichsgesetz, Deutsches, über elektrische Normale 24, 342.
Relais 162.
—, elektrodynamische 162.
—, elektrostatische 163.
—, quantitative 165.
— nach JOHNSEN-RAHBEK 163.
Replenisher 85.
Resonanz bei Meßinstrumenten 219.
Resonanzbreite von Vibrationsgalvanometern 310.
Resonanzbrückenmethode 526, 568, 574.
Resonanztelephon 176.
Reststrom, elektrolytischer 670.
Richtkraft, elektrostatische, bei Elektrometern 242, 246.
Röhren, kommunizierende, zur magnetischen Feldmessung 760.
Röhrengalvanometer 373.
Röhrensender 561.
Rückzündung im Gleichrichter 145.
— des Lichtbogens 560.
Ruhepotentiale, elektrochemische 651.

Saitenelektrometer 234.
Saitengalvanometer 284.
Saitenschaltung von Elektrometern 237.
Saitenunterbrecher 64, 107.
Sättigungswert, magnetischer 731.
Schaltrelais 162.
Schaltungskapazität von Kondensatoren 481.
Schleifengalvanometer 286.
Schließungsstrom 90.
Schlömilchzelle 155.
Schlußjoch, magnetisches 715.
Schneidenschaltung von Elektrometern 237.
Schutzhüllen, eiserne, für Galvanometer 261.
Schwebungsmethode 551, 574.
Schwingungen von Meßgeräten 201, 213.

Schwingungen von Vibrationsgalvanometern 306.
Schwingungsbeobachtungen, erdmagnetische 778.
Schwingungsdauer von Meßinstrumenten 209.
Schwingungserzeugung 553.
Schwingungsformen 557.
Schwingungsinstrumente 304.
Schwingungskreis, elektrischer 202.
Schwingungskurven 589.
Selbstentladung der Elektrometer 417.
Selbstinduktivitäten, sehr kleine 530.
Selbstinduktivitätsbestimmung 519.
Selbstinduktivitätsnormale 488.
Siebketten 69.
Siemensoszillograph 327.
Silberäquivalent des Coulomb 57.
Silberelektroden 638.
Silbervoltameter 31, 342.
Simonunterbrecher 109.
Sinusbussole 255.
Sinuselektrometer 230.
Sinusgalvanometer 781.
Sinusinduktor 119.
Skineffekt 486.
Solvolyse 620.
Spannungsabfall, OHMscher, in elektrolytischen Zellen 666.
Spannungsempfindlichkeit von Elektrometern 227.
Spannungsmesser, dynamometrische 296.
—, magnetischer 725, 759.
Spannungsmessung bei Gleichstrom 375.
— bei Wechselstrom 385.
— an galvanischen Ketten 649.
Spannungsreihe 77.
Spannungsstromwage 250.
Spannungsteiler 440.
Spannungsteilung 408.
Spannungswandler 362, 408.
Spiegeldynamometer 288.
Spulen 482.
—, Felder eisenloser 750.
Spulengalvanometer 270.
Spulenhochfrequenztelephon 182.
Spulen-Vibrationsgalvanometer 320.
Stabilität von Schwingungen 555.
Steighöhenmethode, magnetische 683, 761.
Stiazähler 349.
Stimmgabelunterbrecher 64.

Stöpselkondensatoren 480.
Stöpselwiderstände 431.
Störungsfeld, erdmagnetisches 791.
Stoßprüfung von Isolatoren 414.
Strahlungswiderstand eines Telephons 169.
Ströme, sehr schwache, Messung 422.
Stromempfindlichkeit von Galvanometern 272.
Strommesser, dynamometrische 296.
—, Induktions- 301.
Strommessung 368.
—, absolute 49.
Stromspannungskurve bei Elektrolyten 670.
Stromschlüssel 72.
Stromverstärkung 74.
Stromwage 50, 290.
Stromwandler 355, 359, 403.
Stromwender 72.
Summer 106.
Summerschaltung 68.

Tangentenbussole 254.
Tantalgleichrichter 141.
Tauchelektroden 603.
Teilkapazitäten von Kondensatoren 515.
Telephon 167.
—, elektrodynamisches 178.
—, elektromagnetisches 171.
—, piezoelektrisches 192.
— nach SELL 176.
Temperaturabhängigkeit des Widerstandes 466.
Temperaturkoeffizient von Normalelektroden 642.
— von elektrochemischen Einzelpotentialen 636.
Theodolithkonstante 781.
Thermobrückeninstrumente 332.
Thermogalvanometer 334.
Thermokette für Hochfrequenz 334.
Thermokreuz 331.
Thermophon 192.
Thermorelais 75.
THIESENsches Verfahren 467.
Thomsonbrücke 434, 452.
Thomsongalvanometer 257.
Torsionsdynamometer 295.
Transformationszahl des Induktors 94.
Transformator 357.
Transformatorschaltung 123.
Trockenplattengleichrichter 139.
Tropfmethode, magnetische 686.

Sachverzeichnis.

Überführungszahl 623, 627, 630.
—, HITTORFsche 624.
—, wahre 624, 629, 631.
Überspannungen 410.
Umschalter 72.
Umwandlung von Gleichstrom in Wechselstrom 64.
Umwandlungstemperatur polymorpher Stoffmodifikationen 677.
Unipolarinduktion 119.
Unipolarmaschine 119.
Universalelektroskop 231.
Universalgalvanometer 434.
Unterbrecher 105.
—, elektrolytische 108.
— für Polarisationsmessungen 668.
—, rotierende 65.
Unterbrechungsfunken 95.

Variationen, zeitliche, erdmagnetische 789.
Variationsbeobachtungen, erdmagnetische 764.
Variationsinstrumente, erdmagnetische 764.
Variatoren 493.
Variometer 493.
—, erdmagnetische 786.
Ventile, elektrische 121.
— mit Hilfsspannung 159.
—, Verwendung zur Erzeugung beliebiger Kurvenformen 136.
—, Verwendung zu Meßzwecken 135.
—, Verwendung zur Erzeugung von Schwingungen 135.
—, Schaltungsweisen 122.
Ventildetektoren 154.
VERDETsche Konstante 763.
Verdünnungsgesetz, OSTWALDsches 619.
Verkettung elektrischer und magnetischer Größen 5.
Verlustmessung, magnetische 739.
— bei Schwingungen 586.
Verstärkerröhren 160.
Vertikalvariometer 787.

Vertikalwage, magnetische 783.
Verzweigungswiderstände 429.
Vibrationsgalvanometer 304.
Viskosität, magnetische 700.
Volt, internationales 56.
Voltmeter, elektrostatische 247.

Wage, magnetische 726, 760, 785.
Wagen, beweglicher 682.
WAGNERscher Hammer 105.
Wägungsmethoden, magnetische 680.
Walzenbrücke 433.
Wanderungsgeschwindigkeit von Ionen 623, 630.
Wärmetönung chemischer Reaktionen 673.
Wasserstoff, Darstellung und Reinigung 657.
Wasserstoffelektrode 656.
—, Potentialtabelle 640.
Wasserstoffionenkonzentration 673.
Wasserstoff-Normalelektrode 639.
Wasserstoffvoltameter 347.
Wasserstoffzähler 351.
Wasserüberführung 629.
Wasserzähler 349.
Wattstundenzähler, dynamometrische 299.
Wechselstrom, Einfluß auf Polarisation 667.
—, Reinigung 69.
Wechselstromarbeit 391.
Wechselstrombrücke 511, 520.
Wechselstromleistung 386, 395.
Wechselstrommessung 384.
Wechselstromquellen 62.
Wechselstromsirene 63, 118.
Wehneltgleichrichter 150.
Wehneltunterbrecher 109.
Weicheiseninstrumente 267.
Wellengruppenfrequenzen 577.
Wellenmesser 565.
—, dynamometrischer 567.
Westonelement 34.

WHEATSTONEsche Brücke 432, 447.
— bei Wechselstrom 498.
Wicklungsarten von Widerständen 427.
Widerstände 424.
— von Elektrolyten 594, 614.
—, sehr große 431, 460.
— von Isolierstoffen 417.
—, negative 555.
Widerstandsapparate 424.
Widerstandskapazität 596, 603, 606.
Widerstandskasten 463.
Widerstandskombinationen 432.
Widerstandsmaterial 425.
Widerstandsmesser 282.
Widerstandsmessung 445.
— mit Elektrometer 423.
— mit Kompensator 458.
— höchster Präzision 468.
— durch Vertauschung 459.
Widerstandssätze 430.
Wiedemanngalvanometer 256.
Windungsfläche 113.
Wirbelstromverlust 739.
Wirkwiderstand bei Schwingungskreisen 577.
Wismutspirale 761.
Wolframlichtbogengleichrichter 149.

Zähler, elektrische 348.
Zählerspannungsspule 404.
Zeigergalvanometer 266.
Zeigerinstrumente, dynamometrische 291.
Zeitkonstante von Drahtwiderständen 518, 531.
Zersetzungsspannung von Elektrolyten 671.
Zerstreuung der Elektrometerladung 417.
Zinkzähler 348.
Zugkraftmethoden, magnetische 680.
Zündspannung des Lichtbogens 560.
Zungenfrequenzmesser 322.
Zungentelephon 177.
Zurückwerfungsmethode 115.
Zwischenelektroden 648.

If you have any concerns about our products,
you can contact us on
ProductSafety@springernature.com

In case Publisher is established outside the EU,
the EU authorized representative is:
**Springer Nature Customer Service Center GmbH
Europaplatz 3, 69115 Heidelberg, Germany**

Printed by Libri Plureos GmbH
in Hamburg, Germany